U.S. Department of the Interior Bureau of Reclamation Design Standards No. 13

Embankment Dams

美国内政部垦务局
设计标准

填筑坝

（上册）

中国水电工程顾问集团有限公司
水利水电规划设计总院 编译

中国电力出版社
CHINA ELECTRIC POWER PRESS

内 容 提 要

本书是根据美国内政部垦务局标准“Design Standards No.13 Embankment Dams”翻译而来。本书系统地介绍了美国内政部垦务局在填筑坝设计与建设方面的理论与案例，共分二十一章，主要内容涉及设计标准概述、填筑坝设计、基础表面处理、静力稳定分析、保护性反滤、超高、抛石护坡、渗流、静力变形分析、填筑坝施工、仪器与监测、地基与料源勘察、抗震设计与分析、基础灌浆、防渗墙、水泥土护坡、土工织物、土工膜、排水与控水等。本书提供的大量参考资料，可为需要进一步了解和研究填筑坝的读者提供参考。

本书内容全面，并结合了美国内政部垦务局具体填筑坝案例，适合从事填筑坝设计和建设的相关工作人员参考与借鉴。

图书在版编目（CIP）数据

美国内政部垦务局设计标准：填筑坝/中国水电工程顾问集团有限公司，水利水电规划设计总院编译．—北京：中国电力出版社，2020.6

ISBN 978-7-5198-3709-9

Ⅰ.①美…　Ⅱ.①中…　②水…　Ⅲ.①填筑—筑坝—工程设计—标准—美国　Ⅳ.①TV541-65

中国版本图书馆 CIP 数据核字（2019）第 205961 号

出版发行：中国电力出版社
地　　址：北京市东城区北京站西街 19 号（邮政编码 100005）
网　　址：http：//www.cepp.sgcc.com.cn
责任编辑：杨伟国　韩世韬　孙建英（010－63412369）　霍　妍　何佳煜
责任校对：黄　蓓　常燕昆　郝军燕
装帧设计：王红柳
责任印制：吴　迪

印　　刷：三河市百盛印装有限公司
版　　次：2020 年 6 月第一版
印　　次：2020 年 6 月北京第一次印刷
开　　本：787 毫米×1092 毫米　16 开本
印　　张：79.25
字　　数：1816 千字
定　　价：495.00 元

美国内政部垦务局设计标准

填筑坝 Embankment Dams

编译委员会	周建平　卢红伟　袁建新　黄晓辉　吴鹤鹤 杨　静　陈建苏　冯业林　李志山　孔令学
审　　核	吴鹤鹤　陈建苏　冯业林　李志山　孔令学 周飞平　樊友海　张　雄　杨　静　刘　超 何万通　彭富平　韩益民

各章译校人

标准名称	翻　　译	译　　校
第 1 章　设计标准概述	陈建苏	吴鹤鹤
第 2 章　填筑坝设计	代艳华	凌云　彭富平　孔令学
第 3 章　基础表面处理	赵云秀	凌云　彭富平　代艳华
第 4 章　静力稳定分析	相彪　闫尚龙	冯业林
第 5 章　保护性反滤	黄青富　邓建霞	陈域　冯业林
第 6 章　超高	李士杰	凌云　彭富平　孔令学
第 7 章　抛石护坡	李志山、侯磊	李志山
第 8 章　渗流	黄青富　胡灵芝　陈域	冯业林　邹青
第 9 章　静力变形分析	相彪　黄青富　行亚楠	冯业林
第 10 章　填筑坝施工	易义红	晋国辉　周绍红　胡传彬
第 11 章　仪器与监测	胡灵芝　张帅	邹青　张礼兵
第 12 章　地基与料源勘察	姚翠霞　彭森良　郭波　徐敬宾	李忠　陈砺　杨传俊
第 13 章　抗震设计与分析	周飞平	李志山
第 15 章　基础灌浆	李志山　郭洁	李志山
第 16 章　防渗墙	李志山　郭洁	李志山
第 17 章　水泥土护坡	李志山　齐文	李志山
第 19 章　土工织物	周飞平　高燕	李志山　周飞平
第 20 章　土工膜	周飞平　高燕	李志山　周飞平
第 21 章　排水与控水：降水及排水系统	李志山　侯磊	李志山

译　者　序

在我国“走出去”战略和“一带一路”倡议引领下，从2017年起中国工程建设企业在国际工程承包领域业务量占比保持第一位。但国际工程大多数采用ISO、IEC标准以及欧洲、美国等西方国家技术标准，使得中国企业在国际工程建设与经营中遇到了诸多瓶颈，这成为制约中国工程企业进一步拓展海外市场、提高履约能力的重要因素之一。中国电建集团2015年设立了重大科技专项，开展“国际工程技术标准应用研究”项目。《美国内政部垦务局设计标准　填筑坝》的翻译、对照和应用指南，是该重大科技专项中课题1“国际工程水电勘测设计技术标准应用研究”的成果之一。

美国内政部垦务局隶属美国内政部，负责美国西部地区17个州的大坝、水电站和渠道的建设，是美国最大的水管理机构，还是美国西部第二大水力发电生产商。美国内政部垦务局的标准体系包括设计标准和设计手册两大类。

美国内政部垦务局的设计标准（Design Standards）是指导垦务局承担工程设计和施工的技术规范，目前共有13部（包括No.1《设计标准概述》，No.2《混凝土坝》，No.3《输水设施、过鱼设施、道路和桥梁》，No.4《电气仪表和系统》，No.5《现场安装程序》，No.6《水轮机和水泵》，No.7《阀、闸门和钢管道》，No.8《机械设备》，No.9《建筑物》，No.10《输电结构》，No.12《设备试验》，No.13《填筑坝》，No.14《坝的附属结构——溢洪道与出水口》），构成了一个覆盖水利水电工程勘测设计、施工、设备安装多专业的完整标准体系。美国内政部垦务局的每一部标准又分成若干章，各章分别编制，独立发布，编制、修订与审批互不干扰，但又能互相照应、彼此协调。增加了标准的灵活性，提高了标准制修订的速度，还保证了标准及时反映新技术成果。

本书是美国内政部垦务局的设计标准之一。考虑到美国内政部垦务局的设计标准在国际上认可度很高，且填筑坝大部分章节已于2011年以来陆续修订，因此将填筑坝的翻译及对比研究列入了中国电建集团2015年重大科技专项“国际工程水电勘测设计技术标准应用研究”中。为更好地推广利用“国际工程水电勘测设计技术标准应用研究”的成果，现将填筑坝已更新的19章标准正式出版，以供更多的技术人员参考和借鉴。

本书的翻译及译校工作由中国电建集团昆明勘测设计研究院有限公司和中国电建集团北京勘测设计研究院有限公司承担，译审及出版工作由水电水利规划设计总院和中国水电工程顾问集团有限公司负责。在中国大坝工程学会的协助下，本书的翻译出版得到了美国内政部垦务局相关人士的认可。

翻 译 说 明

《美国内政部垦务局设计标准　填筑坝》自 2011 年以来陆续进行了修订，更新的电子文件可从其官网免费下载，共 21 章，目前在其网站上公布的已完成修订的有 19 章。

《美国内政部垦务局设计标准　填筑坝》的中文版是中国电建集团 2015 年重大科技专项“国际工程水电勘测设计技术标准应用研究”的成果之一，其译审及出版工作由中国水电工程顾问集团有限公司和水电水利规划设计总院负责。中文版与原版内容的任何不符与偏差均为翻译者的理解问题，美国内政部垦务局不负任何责任。

中文版与原版在编辑方面的不同之处说明如下：

（1）美国内政部垦务局网站上公布的本书共 21 章，其中“第 14 章决策分析”和“第 18 章制图标准”不再使用，中文版沿用美国内政部垦务局对章节的编号，因此没有 14 章和 18 章。

（2）本书 19 个章节是单独成册的，每章的第一节内容有些重复，仅在前两章中保留全部内容，其后有删减。

（3）原版中附有大量彩色工程照片，但本书非彩色印刷，有些照片要说明的问题很难辨认，因此本书删减了少数效果太差的照片。

（4）原版中附有大量参考文献，中文版将所附参考文献均予省略，有兴趣的读者可查看原版。

（5）原版中有些图纸线条或注释文字不清楚，达不到出版质量要求，本书予以略去，但保留其编号，便于有兴趣的读者查看原文。

（6）原版中有些附录直接引用某具体工程的设计或施工文件作为示例，考虑到中美两国的工程实践差异，本书省略了一些附录，但在目录中仍列出，便于有兴趣的读者查看原文。

（7）原版中大部分采用英制单位，亦有一些采用国际单位之处，中文版遵循原版情况未做改动，但为方便读者，本书文前附有“英制单位与国际单位换算表”。

这套标准涵盖了填筑坝设计、施工、监测的方方面面，内容丰富，但是这也正是令译校人惶恐之处，虽然译校人大多为专业技术人员，对技术问题亦不敢说全精通，加之英文水平有限，译文难免有谬误之处，欢迎指正。

译　者

2019 年 12 月

英制单位与国际单位换算表

量	英制单位	国际单位	换算
长度	英寸（in） 英尺（ft） 码（yd） 英里（mile） 密耳（mil）	毫米（mm） 厘米（cm） 米（m） 千米（km）	1in＝25.4mm 1ft＝30.5cm 1yd＝0.914m 1mile＝1.609km 1mil＝0.0254mm
面积	平方英寸（in^2） 平方英尺（ft^2） 平方码（yd^2） 平方英里（mile^2）	平方毫米（mm^2） 平方厘米（cm^2） 平方米（m^2） 平方千米（km^2）	1in^2＝645mm^2 1in^2＝6.45cm^2 1ft^2＝929cm^2 1yd^2＝0.836m^2 1mile^2＝2.59km^2
体积	立方英寸（in^3） 立方英尺（ft^3） 立方码（yd^3）	立方厘米（cm^3） 立方分米（dm^3） 立方米（m^3）	1in^3＝16.4cm^3 1ft^3＝28.3dm^3 1yd^3＝0.765m^3
容积	美制品脱（pint） 美制加仑（gallon）	毫升（mL） 升（L） 立方米（m^3）	1pint＝473mL 1gallon＝3.79L
质量	磅（lb）	千克（kg）	1lb＝454g
流量	美制加仑每分（GPM） 立方英尺每分（CFM）	升每秒（L/s）	1GPM＝0.063L/s 1CFM＝0.4719L/s
力	磅力（lb force）	牛顿（N）	1lb force＝4.45N
压力	磅力每平方英寸（PSI） 英寸水柱（in H_2O） 巴（bar）	千帕斯卡（kPa）	1PSI＝6.89kPa 1in H_2O＝249Pa 1bar＝100kPa

总目录[1]

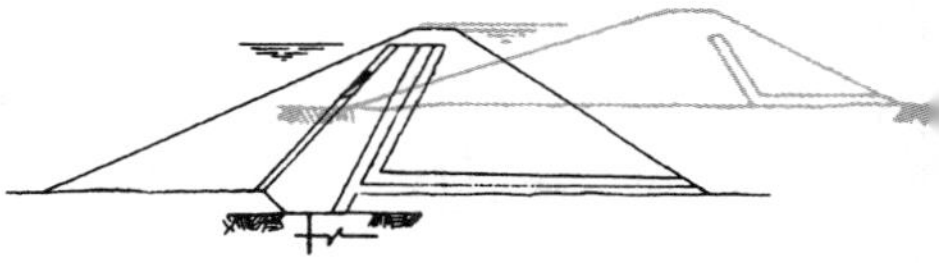

CONTENTS

[1] 美国内政部垦务局网站上公布的本书共 21 章，其中“第 14 章决策分析”和“第 18 章制图标准”不再使用，中文版沿用美国内政部垦务局对章节的编号，因此没有 14 章和 18 章。

美国内政部垦务局设计标准

填筑坝 Embankment Dams

第1章 设计标准概述

2011年10月修订

目　　录

1.1 简介

1.1.1 目的

本章的目的是提出填筑坝设计的一般原则，为设计者提供基础资料，作为填筑坝设计的依据，以及对已建坝缺陷提出修补措施。

1.1.2 范围

本章讨论不同类型的坝以及填筑坝必须满足的总体设计要求。

1.1.3 标准的修订（略）

1.1.4 堤坝分类方式概述

堤坝有不同分类方式。本标准中采用三种分类方式，即根据用途、根据水力设计和根据筑坝材料。本标准中所列举的各类型堤坝实例都是由美国内政部垦务局（以下简称“垦务局”）建造的，除非另有说明。

1.2 堤坝类型

1.2.1 根据用途分类

根据大坝使用功能可以将其分为蓄水坝、引水坝和滞洪坝，也可以根据具体功能，进一步细分。

1.2.1.1 蓄水坝

蓄水坝的用途是在丰水期将多余的水储存下来，以供缺水期使用。这些时期可以是一个季节、一年或更长的时间。美国西部的许多堤坝是在春季存蓄径流，供干旱的夏季使用。根据蓄水的用途，蓄水坝还可进一步分类，如供水、娱乐休闲、野生动物、水力发电、灌溉等。蓄水坝的特定用途或其经常承担的用途对结构设计有影响，可以建立相应标准，如预期的水库水位变幅以及允许的水库渗漏量。靠近科罗拉多州多洛雷斯的Mc Phee坝（图1.2.1.1-1）是一座土石填筑的蓄水坝，亚利桑那州配吉附近的Glen Canyon坝（图1.2.1.1-2）则是一座混凝土蓄水坝。

1.2.1.2 引水坝

修建引水坝通常是为了形成水头，以便将水引入到沟渠、运河或其他输水系统中，输送至使用地区。引水坝通常都设计成可以漫顶的。这类坝用于灌溉，或从一条天然河流中将水引入到一个河道外的蓄水库，或用于提供市政和工业用水，或前述用途的组合。在许多西部河流上都建有引水坝。蒙大拿州大瀑布城附近的Sun River坝（图1.2.1.2-1）是一座混凝土引水坝。

1.2.1.3 滞洪坝

滞洪坝用于滞留洪水径流，将突发洪水的危害降至最低。滞洪坝有两种主要类型，最常见的是临时拦蓄洪水，然后通过泄水建筑以不会超出下游河槽承载力的流量将水泄

图 1.2.1.1-1　Mc Phee 大坝

图 1.2.1.1-2　Glen Canyon 坝

放；另一种类型是将水尽可能长时间地拦蓄在堤坝内，在作物生长季节通过带闸门的泄水建筑泄放，灌溉植物。后一种类型既是滞洪坝又是拦水坝，是补充地下水系统的一部分。蒙大拿州格拉斯哥附近的 Triple Crossing 坝（图 1.2.1.3-1），就是一座拦洪、滞洪和蓄水坝，其主要用途是补充地下水。Triple Crossing 坝属美国土地管理局所有并管理。滞洪坝也用于截沙，这时通常被称作拦沙坝。科罗拉多州丹佛市的 Bear Creek 坝（图 1.2.1.3-2）是用于防洪目的的滞洪坝，由美国陆军工程兵团设计和建造。

1.2.1.4　多用途坝

通常的大坝是服务于一个以上的用途。当涉及多用途时，水库库容分配通常要考虑到每个单独用途。常见的多用途项目通常包含蓄水、防洪和娱乐休闲等。俄克拉荷马州阿托卡附近的 McGee Creek 坝（图 1.2.1.4-1）是一座多用途坝。

图 1. 2. 1. 2-1　Sun River 坝

图 1. 2. 1. 3-1　Triple Crossing 坝

图 1. 2. 1. 3-2　Bear Creek 坝

图 1.2.1.4-1 McGee Creek 坝

1.2.2 根据水利设计分类

大坝还可以分为溢流坝和非溢流坝。

1.2.2.1 溢流坝

溢流坝可以从坝顶泄流。建造溢流坝的材料必须能够抵御水流的侵蚀。混凝土、砖石、钢和木材曾用于建造溢流坝。溢流坝只有数英尺高，需要的保护较少。蒙大拿州奥古斯塔附近的 Gibson 坝（图 1.2.2.1-1）就是一座溢流坝。

图 1.2.2.1-1 Gibson 坝

1.2.2.2 非溢流坝

非溢流坝是指那些坝顶不允许过流的大坝。这种类型的设计扩展了筑坝材料的选择，包括填土坝和堆石坝。非溢流坝经常采用设有溢洪道的混凝土坝，结合填土或堆石副坝的复合结构。科罗拉多州普韦布洛附近的 Pueblo 坝（图 1.2.2.2-1）是一个复合设计的实例。

图 1.2.2.2-1 Pueblo 坝

1.2.3 根据筑坝材料分类

设计中最常见是根据筑坝材料分类。这一分类也经常确认设计的基础类型，如混凝土重力坝、混凝土支墩坝、混凝土拱坝、碾压混凝土坝、土坝或堆石坝。本标准仅限于土坝和堆石坝，即填筑坝。

1.3 填筑坝

1.3.1 土坝

土坝是最常见的堤坝类型，主要是因为其建造材料来自必需的开挖，及当地即可获取的只需要很少处理的天然材料。使用大量的必需开挖料和当地料场的材料是采用土坝的经济因素。此外，比较其他坝型，土坝可以建在更软弱的地基或不利的地形处。与其他类型的蓄水坝相比，土坝很可能继续得到广泛应用。

填筑土坝有几种方法，现代开挖、运输和压实设备的发展使得压实型坝变得经济，以至于实际上替代了将土与水混合，然后抽取泥浆到筑坝处，让土沉积下来的半水力冲填和水力冲填式的填坝方式。此外，与水力冲填坝相比，压实型土坝在应对地震负荷时更加稳定。出于这些原因，本标准中只论及压实填土型。压实型土坝还可以进一步分类为均质坝和带不透水心墙或斜墙的分区坝，如图 1.3.1-1 所示。分区是为了确保足够的强度，以及控制渗透和开裂。很多坝均可以设计几种安全分区，但分区的最终选定是寻求一个理想的横剖面，使大坝在利用开挖料与料场料的安全和经济方面达到平衡。为防止可能的开裂，大坝的下游部分采用一个水平排水层结合一个垂直或倾斜的反滤排水层排水。有排水的下游坝壳，允许在内部排水的下游段使用质量较低的土料，即任意料区。

通常，土坝需要有附属建筑物，如溢洪道和泄水建筑。土坝的主要缺点是在水流漫顶的侵蚀作用下会损坏或完全溃决。如果没有设置足够的溢洪道和泄流能力，破坏可能

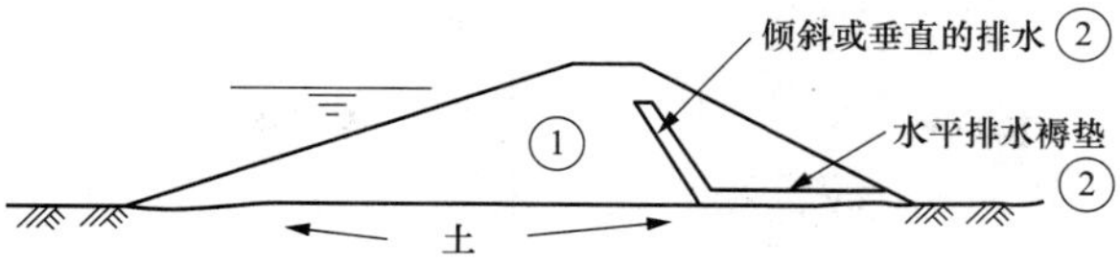

(a) 建于不透水基础上设有内部排水的均质坝

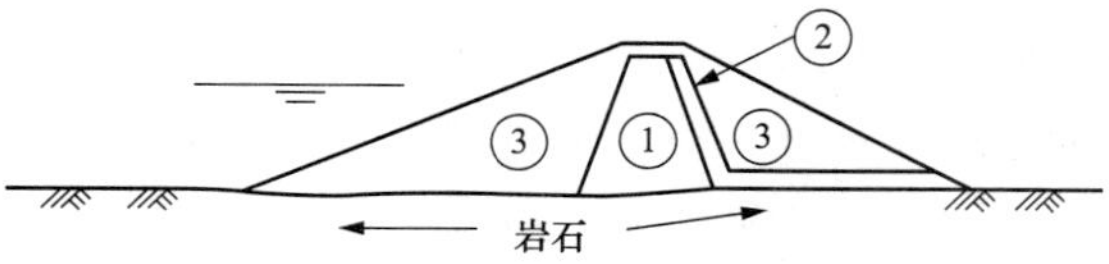

(b) 建于不透水基础上的中央心墙分区坝

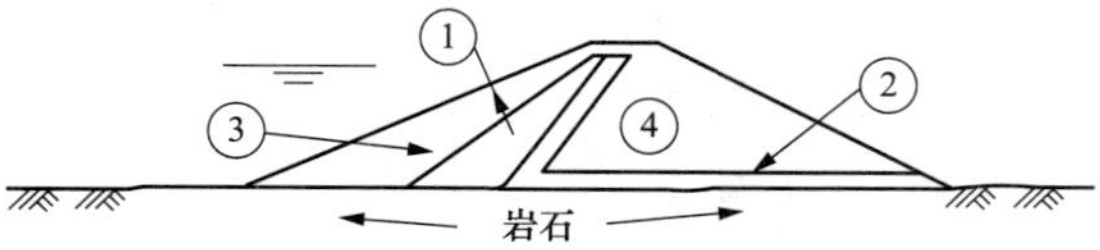

(c) 建于不透水基础上的斜心墙分区坝

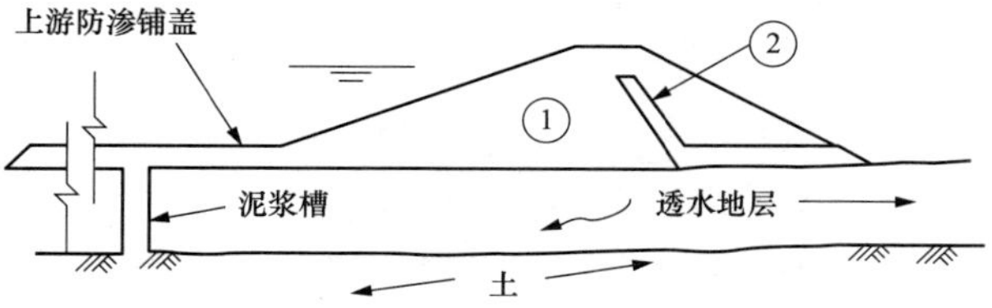

(d) 建于透水基础上设有内部排水的均质坝

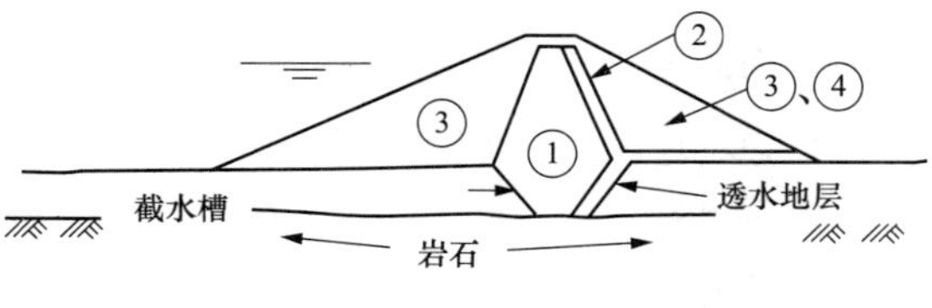

(e) 建于透水基础上的中央心墙分区坝

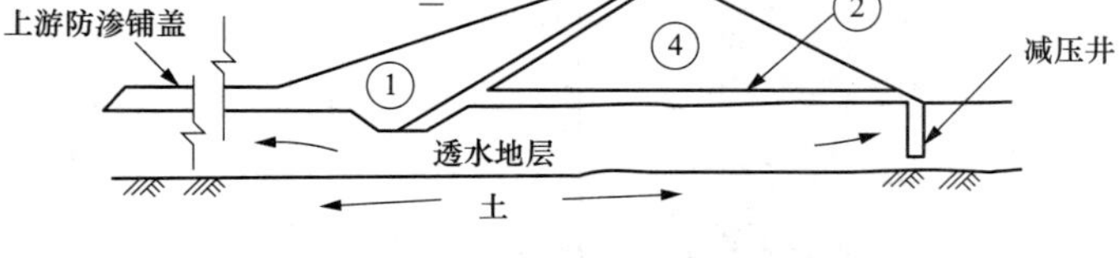

(f) 建于透水基础上设有上游防渗铺盖的分区坝

图例：

①——分区 1，不透水土料；②——分区 2，过滤排水料（可能需要两层料，通常采用砂砾石）；

③——分区 3，透水土料（砂砾石）；④——分区 4，随机土料（要求适宜的工程特性，但塑性和级配不是关键问题）。

图 1.3.1-1　土坝剖面类型

会发生。这一缺点在施工期间更加突出。同其他类型的大坝相比，土坝需要更关注导流规划以及制定更加详尽的导流方案。施工过程中经常需要一些专门设施，如渠道、辅助隧洞、管道，或采用重型石块或钢筋加固堆石段，以允许填筑体施工中过流。

1.3.2 堆石坝

堆石坝是以石料为主要材料的坝，以相对薄层碾压方式修建。本标准对石料有着进一步的限制，即石料应包括有棱角的碎石，例如取自采石场的或天然的碎石，以及半棱角状或圆形的碎石，如粗砺石、中砺石和大块石。堆石坝采用不透水的防渗体防渗。防渗体可以是上游防渗面板，也可以是内部防渗心墙。不透水层或防渗面板包括在上游透水的堆石区铺设的混凝土面板、沥青混凝土面板、防渗膜、钢板、木板。内部防渗心墙包括坝体内薄的不透水土料区、混凝土、沥青混凝土和防渗膜。许多堆石坝设有中央心墙或斜心墙及上游和下游反滤区和排水（或过渡）区。相关实例如图 1.3.2-1 所示。

适于修建堆石坝的场址具有如下特征：有丰富良好的石料料源，坝址基岩裸露或靠近地表，适于建土坝的土料不易获得，经常长时间下大雨建土坝不可行，建混凝土坝不经济。修建堆石坝在热带气候地区很普遍，因为可以在长时间大雨环境中施工。如果能够从必需的开挖（溢洪道、隧道）中获得大量的石料，修建堆石坝是具有吸引力的。

像土坝一样，堆石坝也会因漫顶而毁坏，通常必须设置具有足够容量的溢洪道，防止大坝漫顶。要求堆石坝基础不会发生足以破坏防渗体的沉降，因此唯一适合堆石坝的地基就是岩石或者非常密实的砂砾石层。

堆石坝的坡度通常比土坝陡峭，因为压实的石料（排水后）比压实的土料更坚固。坡度陡的大坝基础区域小，基础处理的工程量少。

1.3.3 填筑坝基本要求

为确保符合填土和堆石结构的要求，下列标准必须满足：

（1）填筑体、基础、坝肩和水库库岸必须稳定，在堤坝施工、水库运行和地震引起的任何荷载条件下都不得产生不可接受的变形。

（2）最恶劣的运行条件下，库岸必须保持稳定，消除可能不稳定的薄岸坡，以及在水库满水或水位快速下降期间，会触发和引起大量滑坡材料进入水库，产生大浪及可能漫过大坝的大型山体滑坡。

（3）必须控制通过填筑体、基础、坝肩和库岸的渗漏，防止过度的扬压力、内部腐蚀和管涌、不稳定性、坍塌、溶蚀导致的坝料流失或溶蚀材料进入裂缝、节理和洞穴。此外，工程用途可能会对渗漏量有限制。

（4）要求任何有高度或中度失事危险的填筑坝都必须设反滤。

（5）必须设足够的超高，防止波浪漫顶。

（6）必须有足够的超填，以允许地基和填筑体沉降。超填不属于超高的一部分，除极少数情况。

（7）溢洪道和泄水建筑物的泄量必须足够大，防止堤坝漫顶以及侵蚀超高。

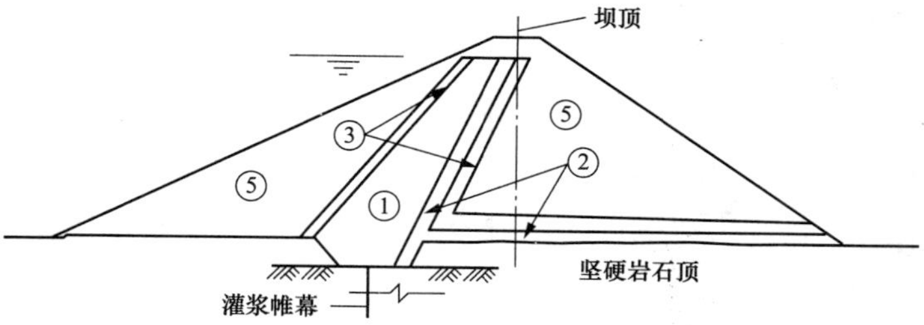

(a) 设有斜防渗区的坝

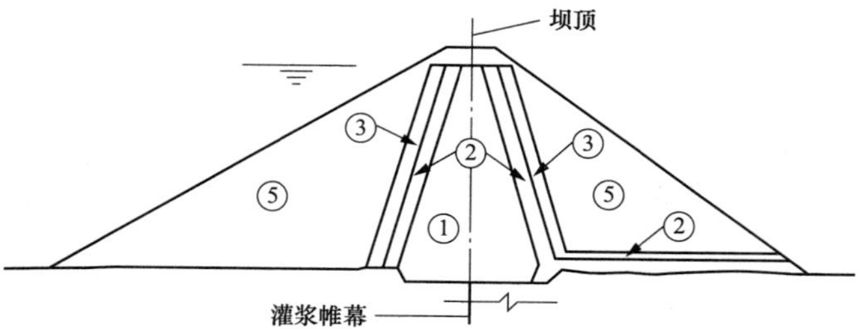

(b) 设有中央心墙的坝

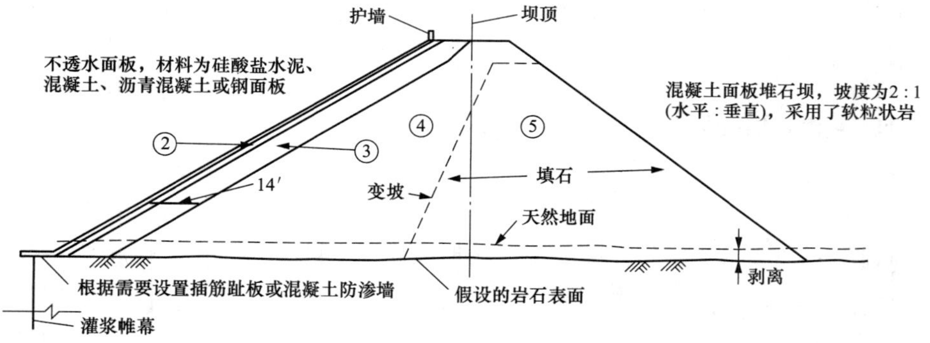

(c) 设有上游面板的坝

图例：

①—不透水土料；②—反滤区；③—选定的级配良好的压实石料，用做面板和/或过渡区的排水和支承；

④—采石场的小粒径石料和地基开挖的质量较差石料，压实以减少面板沉降和/或提供过渡；

⑤—质量最好的高强度压实石料，以提供稳定断面。

图 1.3.2-1　堆石坝类型

1.3.4 渗漏控制

设计应考虑渗漏控制措施如下：

（1）地基截水墙；

（2）适当宽度的非脆性不透水料心墙；

（3）上游防渗铺盖；

（4）过渡区和反滤层、内部排水，如倾斜或垂直排水，排水褥垫或透水区；

（5）趾部排水；

（6）减压井；

（7）针对所有填筑体/结构界面的防渗和防管涌措施。

此外，需要严格控制施工，以确保适当的地基处理、填料的使用、级配控制、含水量控制、压实控制及防渗墙和/或排水设施的安装。

1.3.5 孔隙压力

必须特别注意地基中可能出现高孔隙水压力，特别是在分层可压缩材料中，如包含透水层黏土、黏土夹层的地基材料、分层的砂层或带状黏土。在这类地基中，孔隙压力的移动可能引起坝趾以外地基中的孔隙压力，在那里上覆材料重量产生的平衡荷载很小。因此，坝趾以外地基土的有效强度可能会降低，导致结构不稳定。当地基由类土的板岩、黏土页岩或压实页岩组成时，必须对施工孔隙压力的影响进行评估。

1.3.6 冲刷防护

竣工的堤坝表面应有适当的坡度并进行保护，避免波浪和表面侵蚀，防止出现堆积或严重的维护问题。防护应采用抛石和垫层、水泥土、草皮、植被等。因为地表水流集中，坝体与坝肩接触部位需要做防冲处理。坝体的最终轮廓线、坡度和坡面防护应可防冲蚀且美观。

1.4 影响坝址和坝型选择的自然因素

1.4.1 概述

在规划和设计的早期阶段，要认真考虑坝址和坝型的选择。一个坝址只适于建一种类型的坝或附属建筑物的情况极少见。一般情况下，需要对几种坝型及其附属建筑物进行初步设计和评估，选定最适用并经济的方案。需要强调的是，对坝址和坝型的选择应基于充分的研究，以免花费过多。

坝型选择需要各专业的人员合作（包括规划、水文、岩土、水力学、结构、工程地质、地震学以及地球物理学），确保设计经济且适应各种自然因素，如地形、地质和地基条件、可用材料、水文和地震活动等。

影响坝型最终选择的因素如下：

（1）泄水建筑物的限制条件；

（2）施工期导流；

（3）可用的劳动力和设备；

（4）坝址处的交通条件；

（5）坝址处的自然条件；

（6）溢洪道的尺寸和位置；

（7）建材的可获取量；

（8）地基条件；

（9）地震活动；

（10）环境问题；

（11）坝的用途；

（12）坝的安全性。

通常，最终的坝型选择基于对各种坝型建设成本的综合比较。下文对坝型选择中重要的自然因素进行讨论。

1.4.2 地形

地形考虑包括坝址和库区的地表形状、坝址处的交通条件以及筑坝材料。地形很大程度上决定了首选坝型。对于两岸为高岩壁的狭窄河流，建议采用堆石坝或混凝土坝。相反地，对地势较低的起伏平原，建议采用土坝。介于两者之间的条件，则建议采用其他坝型，如组合结构等。地形在坝型选择中有重要意义。

地形对附属建筑物的选择也有重要影响。例如，如果存在天然垭口，可将溢洪道设于垭口处。如果水库库岸比坝高且连续，则需要设置陡槽式溢洪道或泄洪隧洞。

1.4.3 地质和地基条件

地质方面需要考虑的事项包括各种类型岩土的现状及其作为地基和建材的适用性。坝址处的地质条件通常决定适用的坝型。岩层的强度、厚度和倾角、渗透性、断裂、节理以及断层均是考虑坝型的重要因素。以下是对一些常见地基的讨论：

（1）岩石地基。坚固的岩石地基无重大地质缺陷，具有较高的抗剪强度及抗冲和抗渗能力，对坝型限制较少。材料的经济性或总成本将成为决定性因素。经常需要清理破裂或风化的岩石，并通过灌浆封堵裂缝和断裂。较软的岩石（如页岩和黏土页岩）可能对坝的设计和施工造成巨大困扰，对坝型选择也有较大影响。

（2）砾石地基。压实良好的砾石地基适合建土坝或堆石坝。砾石地基通常具有较高的渗透性，因此应特别注意提供足够的渗流控制和/或有效的截水或止水设施。

（3）粉土或砂土地基。设计合理的粉土或砂土地基可支承土坝，但一般不适于建堆石坝。设计中的考虑因素包括地震荷载作用下液化的可能性、不均匀沉降、土体饱和状态下可能发生的塌陷、防止管涌、防止过大的渗漏损失和过大的扬压力、下游坝趾处地基冲刷防护。

（4）黏土地基。黏土地基可用于支承土坝，但由于地基抗剪强度相对较低，要求坝坡平缓。坝下的黏土地基会发生显著固结。由于黏土地基需要较缓的坝坡，且沉降较大，因此在黏土地基上建造堆石坝是不经济的。通常需要在自然状态下对地基材料进行现场测试，以确定地基岩层的固结和抗剪强度特性，及其对上覆荷载的承载能力。

（5）非均质地基。有时会发生这样的情况，由于找不到上述任意一种合理的均质地基，只能利用岩石和软弱材料组成的非均质地基建坝。此种情况通常可通过特殊设计来解决。一般说来，每一处坝址均存在特殊问题，需要经验丰富的工程师选择合适的处理方法。

有关上述地基处理的详细叙述见本标准的相应章节（第 2、3、5、8 章和 9 章）。

1.4.4 可用材料

可在坝址或坝址附近获得的各种类型筑坝材料如下：

(1) 填筑土料；

(2) 填筑和抛石用石料；

(3) 混凝土骨料（砂、砾石、碎石）。

最经济的坝型通常是在现场或在合理运输距离内能获得足够的筑坝材料。因此填筑坝设计应充分利用最近的适用材料，免除或减少建材（尤其是用量较大的）的运输费用将大大减少工程总成本。

可获得适用的石材是采用堆石坝的一个有利因素。如果能从附近的料场获得适用土料，则土坝可能是最经济的。应充分利用各种当地资源，以不降低最终结构物有效性和质量为前提，减少工程成本。

1.4.5 水文

水文研究将确定在充分开发条件下，供水工程目标的实现程度。水文和经济因素之间有着密切的关系，决定着坝型和附属建筑物的选择。河流流量特性和降雨量可能会影响水的导流及延长土坝施工时间，从而对施工成本造成明显的影响。当需要大型隧洞导流时，在后期将导流隧洞改为泄洪隧洞是最经济的泄洪方案。

1.4.6 地震活动

坝址处地震活动可能限制了适用于该坝址的坝型。假设存在地基移动，则堆石坝比土坝更适应，除非土坝有很宽的心墙。如果坝址区域会遭受地震荷载，则设计须包括抵御附加荷载和增加应力的措施。地震设计参见本标准第 13 章“地震设计和分析”及第 2 章“填筑坝设计”。

1.5 附属建筑物

1.5.1 泄水建筑

泄水建筑是填筑坝设计的一项重要考虑内容，在施工期间，通常将其纳入导流方案中。当进行维护或发生紧急情况时，可通过泄水建筑将水库放空。

泄水建筑由进水口、输水管道、控制结构以及操作设备（电气或机械式）组合而成，操作设备用于安全运行和为满足下游需求而进行的水库放水控制。泄水建筑具有多种用途，如调节水流和水质、泄洪、发电、紧急放空以及供应灌溉、生活和/或工业用水。

考虑大坝安全，应避免泄水建筑穿过坝体和/或排水沟，或位于坝体和/或排水沟下方，以限制泄水道与填筑材料的接触，尽可能减少填筑土料进入管道或沿管道发生内部侵蚀。泄水隧洞可穿过库岸和坝肩区域，那里填筑土料与泄水建筑无直接接触。

如果泄水建筑必须穿过填筑坝或位于填筑坝下方，则应特别注意与泄水建筑相邻的填坝分区。特别要考虑的因素包括避免形状突变（如截流环或支墩）以及需要将内部填土特别夯实的狭窄沟槽。泄水建筑周围的填筑分区应包括设计合理的反滤料，以防渗流穿过坝体时将防渗心墙的细粒土带走。在施工期间，需注意泄水道周围反滤层的铺设和压实。

泄水建筑和坝体的设计者需密切合作，以确保充分满足二者的需求。

1.5.2 溢洪道

溢洪道是土坝的重要附属建筑，用于防止洪水漫溢。对溢洪道的要求主要取决于径流和河川流量特性以及水库库岸的高程和挡水能力，与坝的类型或尺寸无关。溢洪道类型的选择受所要宣泄的水量大小影响。在可能有大洪水的河道上，溢洪道的设计至关重要。

溢洪道是一种水工建筑物，以保护坝和/或堤结构整体性的方式，宣泄正常（运行）流量和/或洪水。从水力学角度考虑，溢洪道的尺寸应能够安全泄放设计洪水。溢洪道可按照使用频率分为持续或经常使用的工作溢洪道、使用频率较低的辅助溢洪道以及用于极端洪水条件下泄洪防止漫顶的紧急溢洪道。

修建大型溢洪道的费用往往占大坝总成本的较大比例。在一些实践中，泄洪道的开挖料可用做坝的填筑料，从而降低总成本。

除了低拦沙坝，非必要时，溢洪道不应建在填筑坝/堤之上或穿过坝/堤。最好将其布置在坝肩或穿过库岸。如果无其他可替代位置（除了堤坝上方或穿过堤坝），需要更保守的设计假设（冗余）和更多的关注，以确保溢洪道的安全运行。与设计相关的常见问题：水库蓄水后，由于坝体和地基固结不同引起的不均匀沉降；需要特别措施防止混凝土开裂或接缝张开，使渠道的渗流进入填筑体，而导致管涌或将周围土料冲走；管涌可能沿溢洪道壁发生，最好在溢洪道开始施工前，完成坝体填筑和季节性填筑。一般情况下，这些考虑因素加上较保守的施工细节（如增加衬砌厚度、增加钢筋、截水墙、接头处理、排水以及预压）而增加的成本，导致选用其他溢洪方案。

溢洪道通常位于或穿过坝肩或库岸的天然地基（最好是岩石）。这样做消除了溢洪道位于或穿过填筑体时引发的问题。如果溢洪道泄水靠近坝趾，大体积的高速水流会严重侵蚀坝趾。在这种情况下，泄水渠道和坝趾需有充分保护。

溢洪道和填筑体的设计者应紧密合作，确保溢洪道方案与两者的需求兼容。

1.6 已建坝

采用最新的土力学知识、地震和水文荷载以及施工方法和设备，对已设计和已建坝进行安全评估是一个持续的过程。已建坝可能需要改建，以使其溢洪道和泄水建筑能够承受更大的地震荷载或泄放更大的流量。通过正常运行条件下观测到的大坝性能，也可能需要完善已建坝设计和施工中的不足。根据 1978 年美国垦务局《水坝安全法》的要求，这项工作一般在水坝安全计划下执行。

已建坝中常见的安全缺陷是缺少有效方法控制渗流经过坝体和地基时将其中的细粒土带走。同样，当水坝附近发生大地震时，在设计构件不足以容纳变形和开裂时，地基中的液化土可能导致大坝失事。已建坝中的水力学缺陷是由于溢洪道和泄水建筑在大洪水条件下的泄水能力不足造成的。对这些问题的评估通常从风险角度进行。纠正这些缺陷的设计措施在本标准的相应章节讨论。

部分已完工的改建坝示于图 1. 6-1～图 1. 6-3。其他信息在填筑坝改建数据库中。

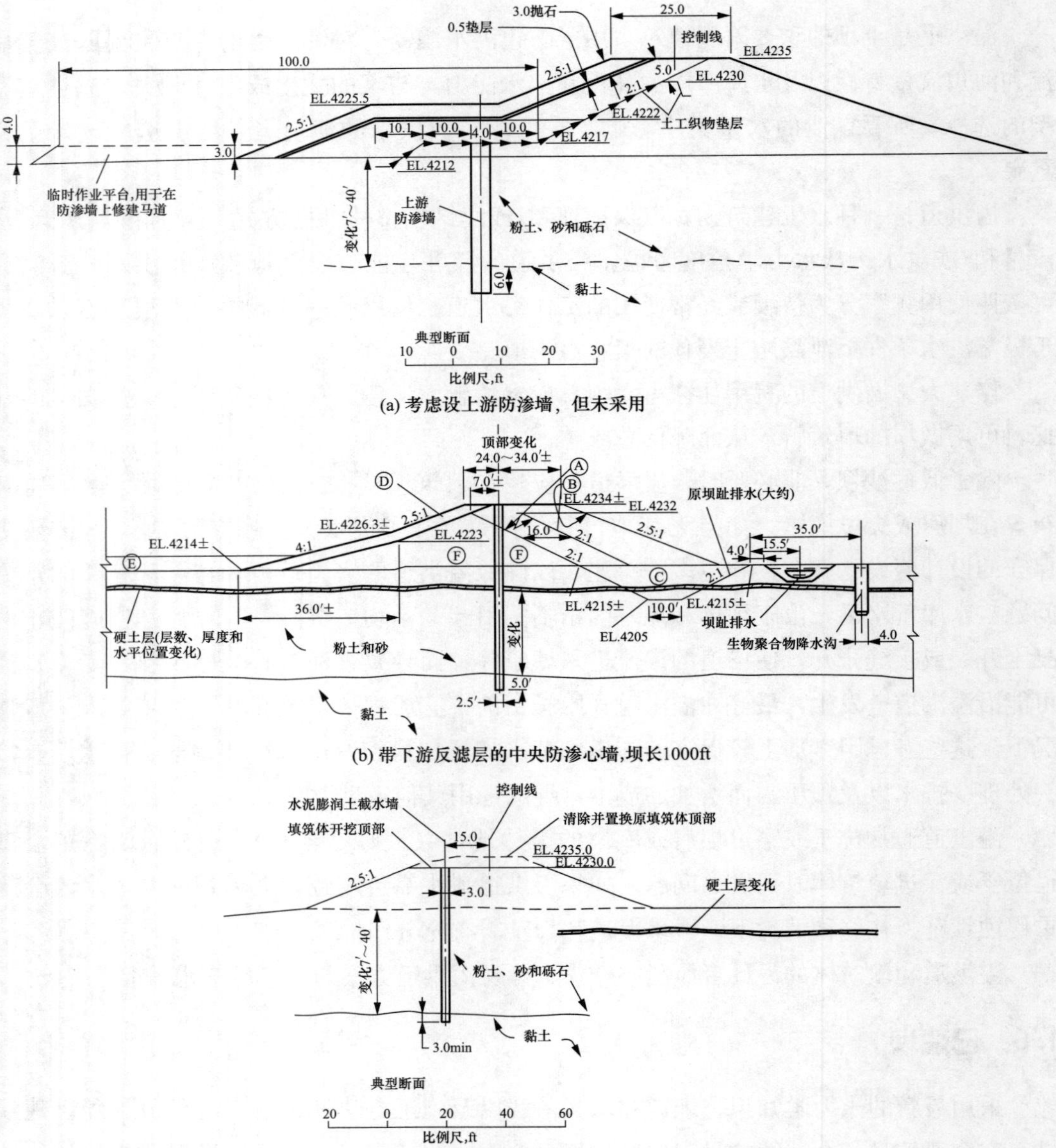

(a) 考虑设上游防渗墙，但未采用

(b) 带下游反滤层的中央防渗心墙,坝长1000ft

(c) 中央防渗墙,坝长1000ft

图 1. 6-1　为了防止内部侵蚀对 A. V. Watkins 坝剖面进行的修改

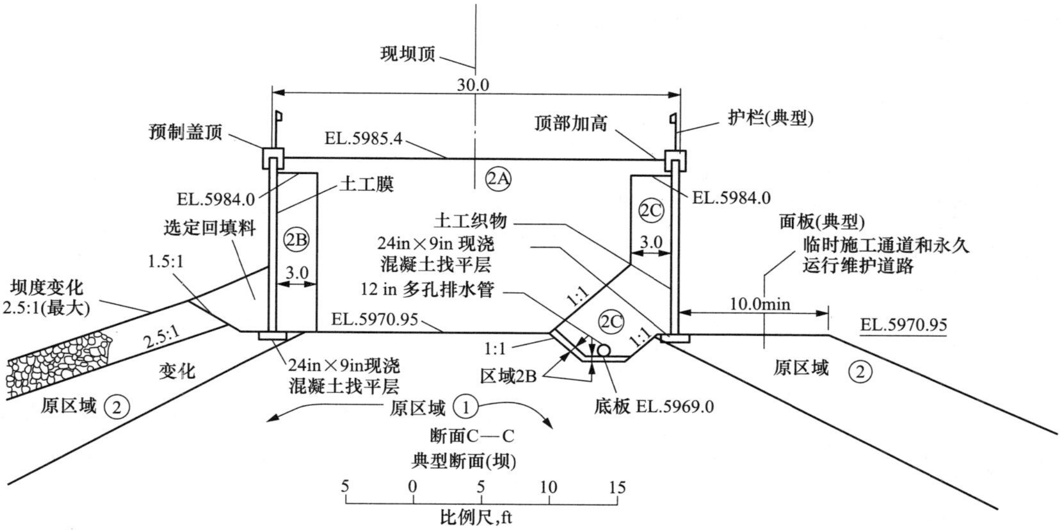

图 1.6-2　为了防止漫顶，对 Stampede 坝剖面进行的修改

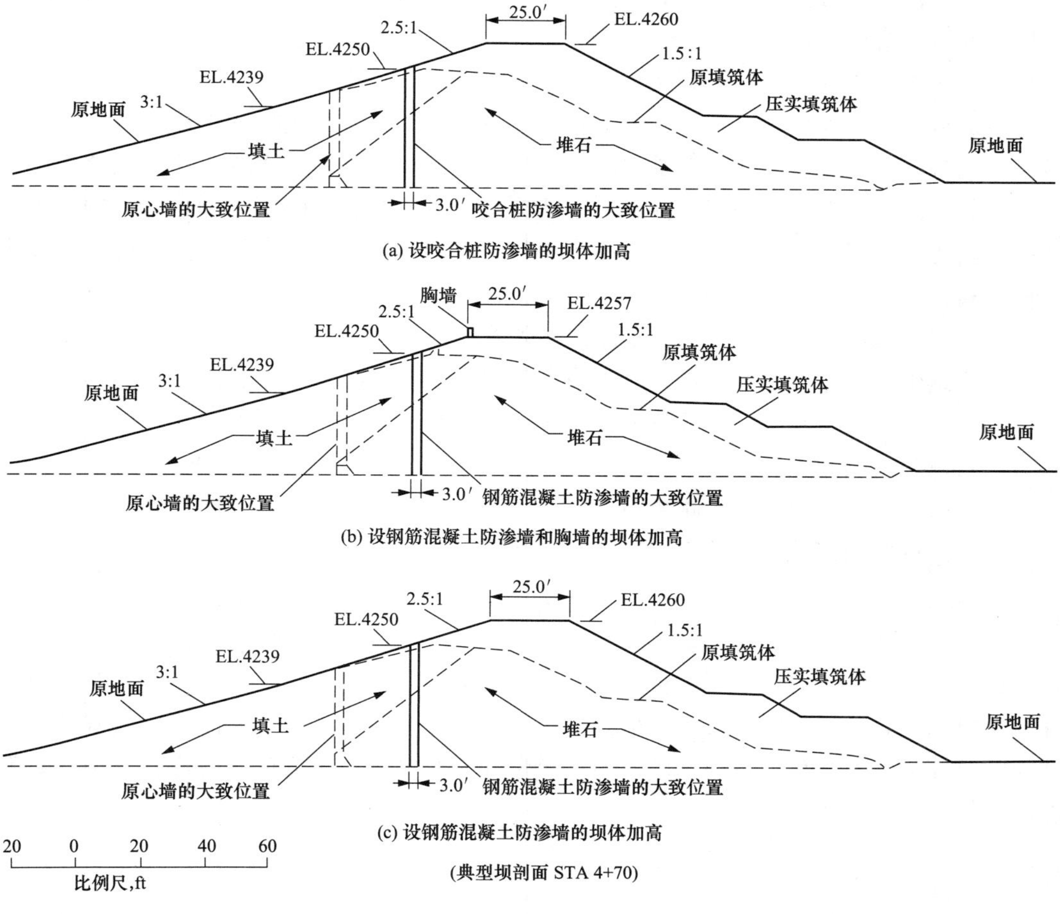

图 1.6-3　为增加水库容量对拟建 Minidoka 坝剖面进行的修改

1.7 法律、经济、美观和环境考虑

1.7.1 法规限制

对通航河流的管理有法规限制。这些河流的引水或水量控制和很多与水坝建造和使用相关的法规，可能在设计过程中成为决定因素。所有的法规要求必须满足，并且作为规划、设计、施工和运行过程中的一部分。遵循这些要求可能会对设计过程有影响。

1.7.2 外观

每种建筑物均应具有与其功能用途协调并装饰良好的外观。精饰表面的线条和质地应符合设计要求，且无难看的不平整。审美考虑是设计的重要部分。

1.7.3 环境

环境保护已成为水坝设计的重要考虑因素，可能影响坝的类型和尺寸以及溢洪道和附属设施的位置。目标是使水域清洁健康，保证水生物、经济发展和人类的需求。河流流域水资源的管理（包括堤坝的设计和建造）对流域水的自然循环具有重要影响。影响的规模取决于拟开发区域的实际大小和自然条件以及开发程度。

减缓措施是堤坝规划、设计、施工和运行中的必要部分，包括清理淹没区域中的植被，采用多层泄水建筑以优化下游水温和水质，考虑鱼类和其他水生生物，调整下游关键时期的流量以保护生物繁衍的栖息地或迁徙路线。这些技术的实施加上合理的坝址选择将使新建和改建工程对环境不利影响最小化。堤坝设计、施工和运行阶段应考虑以下环境因素：

（1）避免或尽量减少在坝和溢洪道区域外施工。

（2）施工期间以及施工后尽量减少或不影响地表植物。

（3）施工期间以及施工后的侵蚀最小化。

（4）充分控制淤积。

（5）施工期间对水质的影响最小。

（6）运行期的影响最小或没有。

1.7.4 经济

设计者应不断努力，实现经济性、用途、安全和环境之间的合理平衡。水坝必须实现其建设用途，并满足安全要求，但同时也应具有经济上的可行性。基础设施投资应以预期收益和成本的系统分析为基础，包括定量和定性措施。优秀的工程在恰当的设计和经济性间具有良好的平衡。

1.7.5 价值研究

价值研究是基于价值法的多功能团队的活动，是解决问题和做出决策的过程。价值

规划研究在工程的概念设计阶段进行。价值工程研究在工程的设计阶段进行。每项研究均使用价值法，价值法是系统、条理的方法，用于制定和比较替代性方案（提供所有必要功能），以实现最大的价值（经济、质量并将延误降至最低）。

价值研究团队通常包括 5～7 名成员，均具有与该项目有关的专业知识。基准成本估算和项目进度表一般应在研究开始前完成，以供团队使用。

1.8 补充信息（略）

1.9 参考文献（略）

美国内政部垦务局设计标准

填筑坝 | Embankment Dams

第2章 填筑坝设计

2012年12月修订

目　　录

2.1 简介

2.1.1 目的

本章的目的在于为垦务局范围内的填筑坝设计提供基本导则。

2.1.2 范围

本标准相应章节中提出的具体方法和分析是土坝与堆石坝的设计方法与概念。本标准仅限于碾压式填筑坝设计。这种铺筑方式，现在几乎毫无例外地用于填筑坝的施工，而替代半水力冲填、水力冲填和抛填堆石筑坝。本章的重点在于新建填筑坝的设计，仅在第2.4节“已建填筑坝的评估和改建”中讨论已建填筑坝。

2.1.3 与本标准不一致的情况

垦务局所辖范围内填筑坝的设计与分析，均应遵守本标准提出的概念和方法。对合理的与本标准不一致的情况，应在技术文件中说明理由，且该技术文件须获得相应部门主管和经理的批准。

2.1.4 标准的修订（略）

2.1.5 适用范围

本标准适用于垦务局设计的所有填筑坝（土坝或堆石坝）。

2.2 土坝

2.2.1 起源与发展

历史学家和考古学家证实，填筑坝用于蓄水灌溉始于人类文明的早期。古代的一些建筑物规模相当大。公元前504年，在斯里兰卡锡兰建成了一座土坝，长11mi，高70ft，其填筑方量约1700万（cu yd）。像过去一样，现在填筑坝仍然是最常见的坝型，这主要是因为施工所用材料可从需要的挖方和坝址附近的土料和石料场就近取材。

直到近代，填筑坝都是根据经验和按经验方法设计的。工程文献还记载了许多填筑坝的失事实例。这些失事促使在设计和施工中必须采用合理的工程分析方法来取代完全的经验方法，或者至少对其进行补充。1907年贝塞尔首先提出土坝坝坡要在分析的基础上选定。但是直到20世纪30年代，合理设计方法的研究进展都不大。此后，土力学和岩土工程的迅速发展，才使填筑坝设计方法大为改善。

这些改进的方法如下：

（1）施工前全面地调查坝基条件与筑坝材料；

（2）将工程分析与经验应用于设计；

（3）对施工方法进行精心计划和控制；

（4）精心计划并设计量测仪器与监测系统。

贯穿于填筑坝的规划、设计、施工、运行和维护全过程的原则：只有当大坝达到了设计目的，并且经过几个运行周期证明其是安全的时候，大坝的设计工作才算完成。

目前，通过采用合理的工程分析方法，建成了几座坝基以上高度超过 1000ft 的填筑坝，并且在过去 50 年里极为成功地建成了数以百计的大型碾压式填筑坝。

2.2.2 土坝总则

2.2.2.1 土坝类型及选择

坝型选择已在第 1 章“设计标准概述”中讨论过。当按照该方法选用时，还须进一步确定土坝的类型，有防渗体的、均质的或分区的。土坝的设计需考虑地形和坝基条件及可获取的筑坝材料。

2.2.2.1.1 薄防渗体填筑坝

这种类型的坝，其主体采用透水性材料（砂、砾或块石）填筑，设一道不透水材料的薄防渗体，形成隔水层。该防渗体可以是设在上游坝面的面板，也可是设在坝体中央的隔墙。防渗体可由沥青混凝土、钢筋混凝土、金属、压实的填土层或土工膜构成。如果采用压实填土层做防渗体，则通常被称为薄心墙。内部防渗体的缺点在于，如果由于材料缺陷或者坝体或坝基沉陷而发生破裂，无法立即进行检查或抢修。

已用做防渗体的材料如下：

（1）上游坝面的土工膜——Warren H. Brock 水库（加利福尼亚州）；

（2）内部土工膜——Reach 11 堤（亚利桑那州）；

（3）混凝土防渗墙——Tieton 坝（华盛顿州）；

（4）其他防渗墙，例如咬合桩（Lake Tahoe 坝）和板桩（Fourth Creek 坝，美国印第安事务局）；

（5）塑性混凝土防渗墙——Meeks Cabin 坝（怀俄明州）；

（6）纤维复合材料——Coquille 坝（美国印第安事务局，俄勒冈州）；

（7）水泥膨润土防渗墙——Diamond Creek 堤（怀俄明州）；

（8）钢板桩防渗墙——Lake Wolford 坝（加利福尼亚州）；

（9）上游钢面板——El Vado 坝（新墨西哥州）；

（10）混凝土面板堆石坝——Exchequer 坝（加利福尼亚州）；

（11）沥青混凝土面板填筑体——Montgomery 坝（科罗拉多州）。

如果坝的主体材料是石料，则划归为堆石坝，其设计将在第 2.3 节“堆石坝”中论述。

2.2.2.1.2 均质填筑坝

已设计和建成了相当多的填筑坝，其中大多数都是均质坝。同样，垦务局的许多大坝也采用的是均质填筑坝。总的来说，填筑坝的设计理念已经从利用较宽的均质横断面将渗流减到最小，发展到通过反滤和排水结合来控制渗流。因此，在设计/建设新建坝（尤其是高风险大坝）时，已不建议采用完全均质的填筑坝。

完全均质的土坝是由一种材料（护坡材料除外）修建的。筑坝材料必须有足够的不透水性，以便形成满足要求的隔水层。满足这一要求的土料所具有的抗剪强度使得坝坡必须相对平缓，以保持稳定。为防止塌陷，上游坝坡必须足够平缓，以便在水库长期蓄水后水位骤降的情况下保持稳定。下游坝坡必须足够平缓，以使其在水库蓄水、坝体饱和的情况下保持稳定。对于建在不透水坝基上的完全均质坝段，如果水库长时间维持在一个水位，则不论其填筑体坡度与填筑材料不透水性如何，渗流都将在其下游坝坡逸出。在这样的条件下，下游坝坡最终受到渗流影响的理论高度约为水库深度的三分之一，如图 2.2.2.1.2-1（a）所示。但是，实际上，渗流是否在下游坝面逸出，取决于坝基和填筑材料的渗透性以及水库的运行条件。

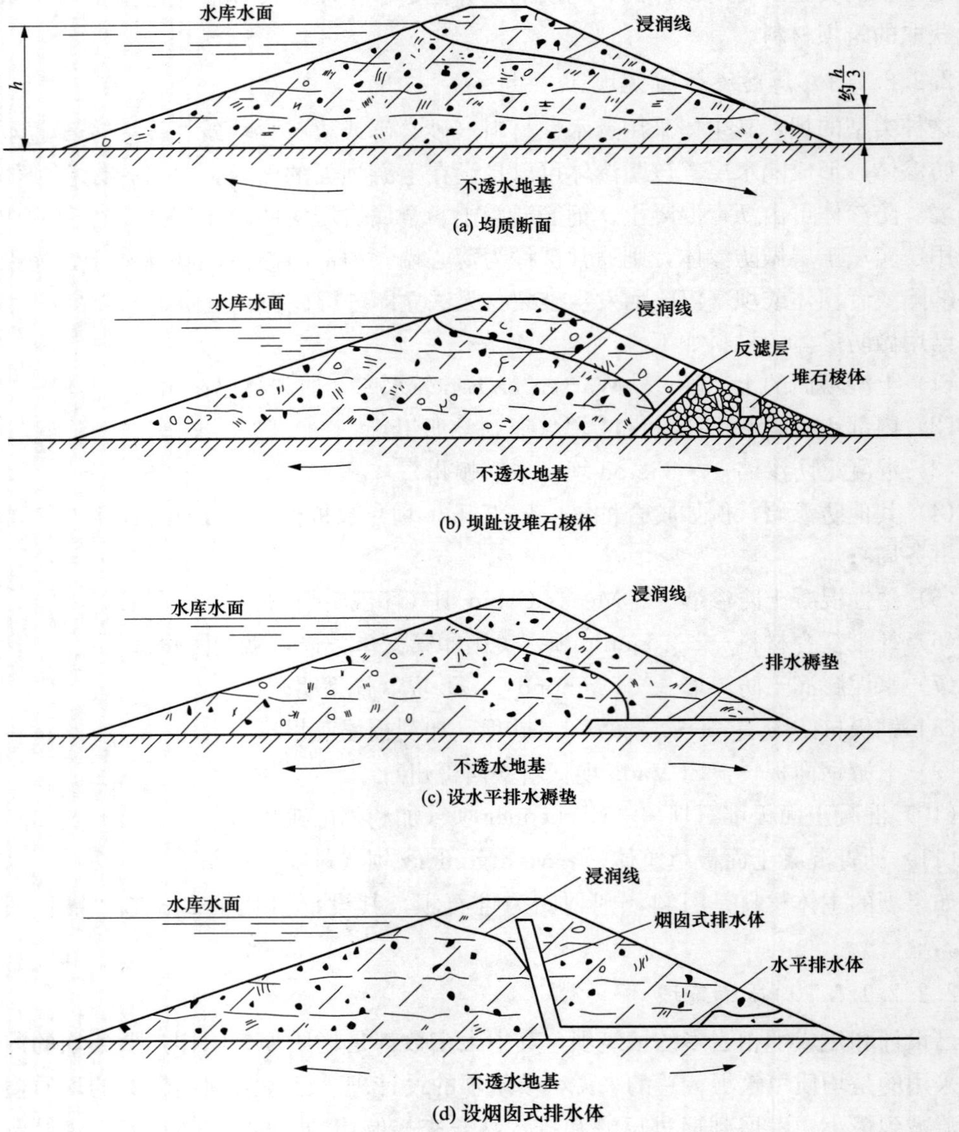

图 2.2.2.1.2-1　排水体的作用

虽然完全均质断面的大坝以前很普遍，但现在已由一种改进的均质断面所取代。对于这种改进的均质断面，坝内可铺设透水材料，控制渗流与饱和（浸润线），从而可以采用较陡的坝坡。改进的均质坝借助于设置排水，大大改善了设计。可用于渗透性变化很小的土料易于获取而渗透性相差很大的土料数量较少或获取成本较高的地区。

图 2.2.2.1.2-1 示出改进的均质坝在下游坝趾处设置排水的作用。

从理论上说，图 2.2.2.1.2-1（b）和 2.2.2.1.2-1（c）所示的坝趾堆石棱体或排水褥垫将降低浸润线。但是，设计这些结构并不是用来拦截沿填筑后形成的裂缝发生的渗流或渗漏（以及可能的管涌），或截断施工中偶然出现的透水性较大、碾压不实或结合较差的填筑层。从根本上讲，内部反滤/排水设施无法防止内部侵蚀可能是这类坝型最重大的缺陷。另一个因素是，分层填筑的土质填筑体，其水平方向的渗透性原本就比垂直方向的大得多，致使渗流具有一种沿水平方向前进更快、更远的倾向。其比例难以预测，导致渗流将在坝坡何处涌出也难以预测。图 2.2.2.1.2-1（d）所示用来拦截这些渗流和缓解这种潜在缺陷的烟囱式反滤/排水设计。近年来，采用烟囱式反滤/排水设施几乎成为在所有均质坝中的标准做法，故在垦务局设计的大坝中也应采用，除非有极为特殊的情况的排除这一需求。设计的排水体和反滤层必须满足周围填筑层或坝基材料的反滤要求。

另一种改进和汇集排水的方法是安装排水管。通常这些排水管与水平排水垫层或坝趾排水结合使用。排水管只能布设在对其进行检查、维护和修理时不危及坝坡稳定性的部位。

如果可获取的材料是分散和易受侵蚀的（例如粉土和细沙），或者会因干燥或高地震活动性出现中度到重度开裂，则绝不能用于均质断面。土料的特性应进行测试。

2.2.2.1.3　分区填筑坝

与改进的均质坝相比，分区坝（例如 Ridgway、McPhee、Jordanelle 和 New Waddell 等大坝）通常修建在可以得到几种筑坝材料（例如黏土、粉土、砂、砾和石料）的地区。分区填筑坝通过在不同区域铺筑不同的材料，从而最大限度地利用材料的良好性能，减轻其不良性质的影响。典型情况下，分区土坝有一道中央不透水心墙，两侧分别是上游过渡区、下游反滤层和排水体，而外侧坝区或坝壳是由比心墙强度大得多的砾石、块石或任意填筑料构成。过渡区的设置视可获取材料的级配选择，可能不是必需的。坝壳支撑并保护不透水心墙、过渡区、反滤层及排水体；上游透水区为库水位急剧下降时坝体稳定提供强度；下游分区则提供支撑心墙与反滤层的强度，以便能够采用更陡（更经济）的坝坡。如果因为坝壳透水性大而需要设置上游过渡区，则该过渡区会保护心墙防止其在库水位骤降期间发生内部侵蚀或冲蚀，及防止心墙开裂。下游反滤层与排水体控制渗流与渗漏，防止通过中央不透水心墙裂缝的泥沙输移。在正常库水位以下任一高程处不透水区的水平宽度均小于 10ft，或水头与水平宽度之比等于或大于 2.0 的坝被称为薄心墙坝。为了控制通过不透水心墙及其基础的渗流及过高的渗流逸出坡降，水头与水平宽度之比不得大于 4，除非有专门的分析与预防措施。

坝壳与过渡区最好采用砂、砾石或石料，或这些材料的混合料。不透水心墙采用不透水的细粒土料，如粉土、黏土、砂质粉土、砂质黏土及砾质黏土，或这些材料的混合料。肥黏土和砾质粉土虽然不理想，但也曾用于不透水区。砾质黏土、砂质黏土以及瘦黏土是最适用的不透水土料。反滤层和排水体一般可采用经过加工的砂砾料，并且必须符合对周围土料的反滤准则（见本标准第 5 章“保护性反滤”）。本标准第 4、5、7、8 章和 9 章讨论了各种坝体分区的设计。

当大坝具有用良好土料修建的、中等宽度的心墙以及透水坝壳时，其坝坡可设置得相对较陡，只需考虑坝基材料的强度、填筑体自身的稳定性以及维护等因素。选择设计横断面主要考虑的条件是增加稳定性，即使为此需从较远处获取填筑材料。

如果可获得多种土料，则一般选用分区填筑坝，因为这种坝型稳定性和防渗性能均较优越。分区坝还能更好地利用工程开挖料。最经济的做法是充分利用离坝最近并只需最少加工处理的材料。

2.2.2.2 设计资料

填筑坝设计所需的坝基勘察与料场调查资料，在本标准第 12 章“地基与料源勘察”、《土工手册》（Earth Manual）以及《工程地质现场手册》（Engineering Geology Field Manual）内均有论述。所需资料的深度以及这些数据的获取方法取决于工程性质和设计目的（即设计是作为费用估算的依据，用于确定工程的可行性，还是用于施工或其他目的）。坝基勘察与料场调查的深度也取决于现场条件的复杂程度。

2.2.2.3 设计准则

设计的基本目标是以最低的总费用修建出具有良好功能的建筑物，维护所需成本亦必须予以考虑，以便通过选择或去除某些设施所节约的成本不会导致运行期维护费用增加过多。维护费将随上下游护坡、维护与修理用材料的可获得性、排水设施以及附属结构类型和机械设备而不同。

为了使费用最少，设计大坝时应最大限度地利用最经济的可获取材料，包括坝基和附属结构的开挖料。图 2.2.2.3-1 举例说明了土坝的类型。

在施工的各个阶段以及水库运行期间，土坝都必须是安全和稳定的。由于大多数的大坝都有潜在危险，因此需要采取防护性设计措施，而且通常还要求有一些安全裕度。例如，为控制渗流与渗漏，需要在填筑体内和通过坝基透水区开挖的截水槽内设置某种形式的不透水区。此外，还需要设置反滤层和排水设施，以便控制通过不透水区的渗流和渗漏，防止内部侵蚀。在地震区内，反滤层和排水体要增加宽度，以防地震期间填筑体发生裂缝或位移。坝趾排水体通常用于控制渗流；在透水坝基中，有时设置减压井控制渗流或减少坝基内较深处的孔隙压力。

符合第 1 章“设计标准概述”所列举的各项设计要求的土坝，只要施工方法与管理得当，就能够安全地实现工程目标。满足这些准则要求所需的设计方法和设计导则分别载于本标准的相应章节中。

2.2.2.4 通用施工方法

设计人员确定采用的施工方法，例如分层铺筑及施工设备（如压实填筑体的碾压机等）。设计的成功取决于这些方法和设备的实施过程，因此，有必要监督施工，以确保使用了适宜的施工方法和设备。相关事项将在第 10 章“填筑坝施工”中详细论述。

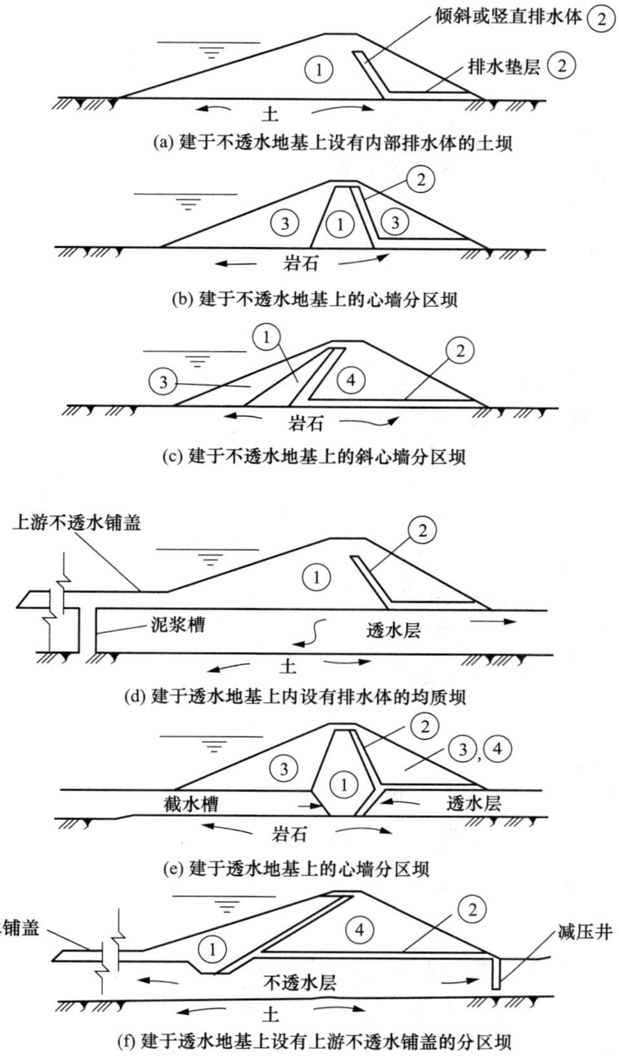

图例：

①——分区 1，不透水土料；

②——分区 2，反滤排水料（可能需要两层料，通常采用砂和砾石）；

③——分区 3，透水土料（砂和砾石）；

④——分区 4，任意料（要求适宜的工程特性，但塑性和级配不是关键问题）。

图 2.2.2.3-1　土坝剖面类型

2.2.3　土坝坝基设计

2.2.3.1　概述

此处所用的“坝基”一词，包括拟建坝基的河床和两岸坝肩。用做土坝的坝基有两条基本要求：①在各种饱和与荷载条件下都能为坝体提供稳定的支撑；②必须能够提供足够的渗流阻力，防止内部侵蚀或者水过多流失。

虽然坝基实际上并非由设计决定的，但是为了确保满足基本的要求，设计要提出一些处理措施。这类措施可能包括挖除不符合要求的材料、基础灌浆、材料致密化、采用反滤层以及修整、刮浆填缝和填补混凝土等表层处理方法。每一座大坝均有其特定的坝基问题，需要进行相应的专门处理和准备工作。采用的各种方法，都必须适应当地条件，如加固软弱坝基、减少透水坝基的渗流量、修整体形以将不均匀沉陷减少到容许水平以及拦截地下渗流所用设施的类型和位置等。

尽管研究调查和统计数据不同，但总体来说约有10%～20%的填筑坝溃坝和近50%的填筑坝意外事故可能是由于坝基导致的。因此坝基勘探必须充分，以确定坝基的各种性质。勘探所得的资料由工程地质学家解释，须揭示地表以下的情况，以确保坝基处理设计安全又经济。勘探工作应是持续的［见《最终设计过程》(Final Design Process)］，贯穿于从项目开始到施工整个过程。随着设计的进行，应依据前一阶段调查所得数据制定勘探计划，并以地质资料判读为依据进行调整。在设计和施工的各个阶段，随着可用数据的不断增加，应不断对地质图的精度进行评估。

坝基渗流、沉陷和稳定性的一些问题，可以根据岩土力学原理获得理论解决方法。但是，由于难以准确确定坝体和坝基的强度和渗透系数及其变化性，也就难以精确地模拟坝体和坝基。因此，在将理论应用于实践时，良好的工程判断在设计中发挥着极其重要的作用，有时需要综合多种措施（多道防线）。

因为某些类型的处理方法适用于特定的地基情况，根据地基的主要特征，坝基可分为三类：

(1) 岩石基础；

(2) 粗颗粒料（砂和砾石）坝基；

(3) 细颗粒料（粉土和黏土）坝基。

但是，许多地基组成材料来源各不同相同，比如来自河流冲积、冰川沉积、山麓堆积和其他的冲蚀、崩解和沉积过程，不是由单一物质组成，而是以结构分布和物理特征混杂为特征。坝基沉积一般是成层的，含有黏土层、粉土层、砂层和砾石层；但也有由不同材料、产状、无规律、大小厚度不一致的扁豆状构造、溶蚀坑或槽组成。尽管如此，地基的性质仍能通过地质勘探可靠地揭示。通常，只要充分地了解了地质状况，便能通过设计和施工技术得到可靠安全的坝基。

不同类型坝基所需的分析和施工技术，在本标准相关章节中论述。

一座坝的基础，通常由前述的三种主要类型地基组合而成。例如，河道部分常是砂砾石基础，而坝肩则是岩石的，陡坡地段岩石裸露，缓坡地段则被黏土或粉土的沉积物所覆盖。因此，任何一座坝的设计都可能涉及不同的地基问题。

2.2.3.2 岩石基础

2.2.3.2.1 概述

一般认为，岩石比土料更适合做坝基，即使较为软弱的岩石基础也优于土基。岩体是均质的、坚硬的，则无疑应优先采用岩基。但是，因为岩基内可能含有许多的节理、断层以及其他的结构面，需要仔细调查，以确保其可以作为大坝基础。

从稳定性的角度来看，含有黏土岩、粉砂岩和页岩的岩基有时特别不可靠。必须确定软弱带、夹缝和软弱夹层的位置，以便对坝基在承受坝体和水库荷载条件下的稳定性进行充分的分析。例如，许多的沉积岩基含有厚度仅为几毫米的黏土软弱夹层，如果勘探时没有认真研究这些夹层，在设计与施工过程中也未定位和考虑，则很可能会导致失稳破坏。

如果岩基的黏土部分是易侵蚀或者分散的，则存在内部侵蚀的威胁。此外，含有断层、断裂带或溶蚀带（如石膏）的岩基，会引起严重的渗流或渗漏问题。必须确定过量渗流或渗漏的可能路径，并进行恰当地处理，以控制在坝基和填筑体交界面处可能导致内部侵蚀的渗流，防止水渗漏浪费，并确保所采取措施足以控制坝基内的水压力。未经处理的溶洞、断层带、火山岩脉或岩床、破裂带，这些地方的排水设施因承受意料之外的压力和流量而超载运行，将水库水压力传递到坝的下游地带。在这样的情况下，过大的内部侵蚀或扬压力都可能引起不稳定。

2.2.3.2.2 地下渗流

需要确定岩基的渗透性，以估算渗流损失及渗流梯度。岩石的次生渗透率（非原始渗透率）对计算更为重要。现场试验被视为是获得次生渗透率的最好方法。此类试验需要在代表不同的地质和现场条件的各种地点进行。更多论述见第 8 章“渗流”。

2.2.3.2.3 基础表面处理

用做基础的岩石表面必须适当加以处理，以确保断裂、断层带、陡峭面、粗糙面、风化区等不会导致在基础/填筑体的交界面处产生渗流与内部侵蚀。对于不透水心墙基础，对坝基有缺陷的区域进行处理特别关键；对于紧靠不透水坝基下游的反滤层与排水层区域，处理坝基中的缺陷也很重要。

必须将坝肩上所有松动和倒悬的岩石移除，使其表面适合填筑和压实；岩质边坡的坡度不应超过 0.5∶1（水平∶垂直），越平坦越好。如果无法放缓岩坡或清除倒悬体，则可使用填补混凝土修整坡度。

若基岩是在空气中会被风化的页岩，在填筑之前，有必要挖入基岩几英尺，以清除表面崩解。对于耐久性强的岩石，通常进行少量开挖也是必要的。破碎岩石应进行刮浆填缝处理。

坝基表面处理的要求见第 3 章“地基表面处理”。

2.2.3.2.4 灌浆

蓄水坝的初步设计与费用估算应涉及基础灌浆，包括帷幕灌浆和铺盖灌浆。基础灌浆是在压力作用下，通过专门的钻孔将胶结浆液注入到下伏岩层内，以填充节理、断裂带、裂隙、层理面、洞穴或其他孔洞。灌浆一般用来减少侵蚀性渗漏、过度扬压力以及大量水通过基岩漏失。这一做法一般应用于新建坝的设计，但也可作为补救措施，帮助控制已建坝的渗流。

由于基础灌浆是一个工程工艺过程，必须由有经验的设计师、灌浆专业人员和地质学家设计和规划，然后由具备所需经验的现场人员实施。基础灌浆设计应根据现场地质情况、勘探结果、渗流分析、长期维护以及坝基内水的流失量进行。灌浆设计及其技术要求应该灵活，根据现场观测到的灌浆情况进行调整。直到最后一个孔洞灌浆完成，基础灌浆才算完成。

帷幕灌浆可能是减少坝下渗流最常用的一种方法，做法是按照规则的间距沿平行于坝轴线且垂直于渗流方向的一条线或者多条线，在岩基内钻孔。然后将水泥浆注入钻孔，以填充基岩内的节理、裂缝、裂隙、层理面、洞穴或其他孔洞。垦务局进行帷幕灌浆的一般做法是将浆液灌注到岩石中，深度为作用在岩石表面以上的水库水头的0.5～1.0倍，因特殊地质条件需要的除外。对于中央不透水心墙的分区坝，灌浆帷幕通常位于心墙底部中点略微靠上游处。若灌浆帷幕置于更靠近心墙底部偏上游的位置，填筑体到坝基之间可能存在高水力梯度。若灌浆帷幕置于更靠近心墙下游底部的位置，则坝基到心墙之间可能存在高水力梯度。

垦务局帷幕灌浆所用的浆液根据最佳配合比理论进行配比。垦务局基础灌浆使用的浆液初始配比较世界各地所使用的要稀一点，通常开始时为5：1（水灰比，按体积计），含高效塑化剂。在每个灌浆阶段，浆液配比逐渐稠化，直至达到最佳配合比。最佳配合比理论允许灌浆帷幕向上下游有较大的流动距离。使用最佳配合比理论时，垦务局大坝的帷幕灌浆在约80ft的范围内，通常采用一道帷幕，包含间距10ft的一序、二序、三序和四序灌浆孔。如未能封闭，则可以加密灌浆（五序和六序灌浆孔）。在某些情况下，如果地基条件较差，例如岩体断裂严重或易溶岩，则有必要采用多道灌浆帷幕。

决不可将灌浆帷幕视为减少渗流和降低相关扬压力的单一措施，而减少或取消下游的排水或减压设施。

如果岩石断裂层与坝基的接触面积较大，通常采用铺盖灌浆以减少进入断裂层的渗漏，并为大坝提供坚实的基础。正常情况下，铺盖灌浆只用于坝体不透水区的下方。这种类型的灌浆对于防止侵蚀性渗流或水流通过岩基内不透水区/地基接触面附近的断裂层是很有用的，在设计中经常予以考虑。铺盖灌浆一般与帷幕灌浆结合使用，通常在帷幕灌浆之前进行。铺盖灌浆的孔深为20～30ft，采用网格状布置，一序孔间距为20ft。当需要采用加密灌浆法封闭一序孔之间的区域时，一序孔之间补充的灌浆孔间距可适当减小。

灌浆技术在第15章“基础灌浆”中有所论述。

2.2.3.2.5　截水设施

在某些透水性很强的岩基（如多孔砂岩或含石灰岩、石膏等溶蚀带或溶蚀层的岩石）中，设置穿过透水层的截水设施控制渗流和减少溶蚀，是适宜的。有时截水设施也可穿过风化的或破碎的岩基上层。浅的截水设施，通常是截水槽，两侧开挖成斜坡后回填压实土料，并在必要时设置合适的反滤层。为了提供足够厚（宽）的不透水材料以及与岩石或者其他不透水基础层充分的接触面，截水槽的底宽应随水库水头的增加而增加。小坝的截水槽底宽可根据式（2.2.3.2.5-1）获得

$$w = h - d \tag{2.2.3.2.5-1}$$

式中　w——截水槽的底宽；

h——地表以上的水库水头；

d——地表以下截水槽的开挖深度。

在任何情况下，最小底宽应为20ft，以便挖掘和压实设备能在截水槽内有效作业，并为降水和排水设备留出空间。

对于大型填筑坝，尤其是那些含有易蚀土或可能出现高渗流的坝，应考虑渗流分析和/或预期坡降，以确定恰当的截水槽底宽。

在需要深截水设施的地方，采用薄的基础截水（如混凝土防渗墙）可能更经济。第 16 章“防渗墙”论述薄基础截水设施的设计。

2.2.3.2.6 反滤和排水

反滤层和排水体是收集和控制通过岩基上的坝体和坝体下方渗流的主要措施。即使岩基可灌浆并设置截水设施，仍然需要适当的反滤层和排水体，以便汇集渗流，降低不透水坝区下游地带以及下游坝趾外地基内的扬压力和渗透压力。这是必要的设计措施，可应对各种未预见的情况，如未探明的基础内结构面、地震造成的基础断裂，或者灌浆帷幕或截水设施施工中发生的缺陷。应根据需要，分别或联合采用排水垫层、坝趾排水体、坝趾排水沟以及减压井（在大多数岩基内并不是很有效），以确保控制渗流。第 5 章“保护性反滤”和第 8 章“渗流”述及这些设施的设计。

2.2.3.3 砂砾石坝基

2.2.3.3.1 概述

大坝地基通常由冲积层组成，而这些冲积层包括不透水地质构造和覆盖其上的较为透水的砂石和砾石。透水材料的范围从细沙到架空的砾石，但是更为常见的是成层的、非均质的混合料。通常，砂砾石基础具有足够的强度来支承坝体和水库荷载，但坝的稳定性必须通过充分的勘探、试验与分析予以验证。了解地质沉积过程，有助于确定低强度带存在的可能性。

透水地基一般会遇到三个基本问题：①地下渗流量；②渗流压力；③内部侵蚀的可能性。减少渗流量的合理处理方式和程度，将根据建坝的目的、容许的渗流损失以及为重要用户供水或维持渔业生态流量而持续泄放库水的必要性等确定。地下渗流损失，对蓄水坝来说可能是个经济问题，但对滞洪坝或防洪坝却影响不大。在某些场合，需要对水的价值与限制地下渗流量所需费用进行经济分析，以确定基础处理的范围。但是，必须采取适当措施保证大坝安全，防止内部侵蚀破坏或由渗透压力和扬压力所导致的失稳，这虽与渗水量的经济价值无关，但关系到大坝的安全性。

由低密度砂砾石构成的地基可能存在其他的问题。饱和砂砾石的结构松散，在地震荷载作用下易于塌陷（液化）。虽然松散沙可以通过砂粒间的点接触支承适度的静荷载，但是振动可使颗粒重新调整形成更加紧密的结构。因为不能立即排水，原来由砂粒承担的一部分静荷载暂时转换成孔隙水压力，可能会大大降低坝基的有效强度，导致破坏。由低密度的无粘性砂砾石组成的坝基是不可靠的，应进行专门的调查研究和分析，以便确定所需的补救措施。第 13 章“抗震设计与分析”中有更多详细信息。

有些很松散的砂基，在静力荷载作用下也易于崩塌。这种坝基承受填筑施工荷载，在水库充水期间湿化或饱和，随后迅速固结或“湿陷”。在设计时，必须识别和考虑这类基础土。

控制沉陷的设计方法有将土料加湿预固结和预加载至致密状态，如密实桩、动力压实以及挖除沉陷土等。对于重要的大坝结构来说，挖除通常是最好的办法，但应对其可行性和费用进行评估。

第 9 章“静力变形分析”论述识别与预测湿陷性土固结的试验和分析方法。

2.2.3.3.2 地下渗流

为了估算预期的地下渗流流量，需要确定透水坝基的渗透系数。渗透系数是粗颗粒粒径与级配、细颗粒含量以及混合料密度的函数。一般说来，估算渗透性现场试验优先于实验室测试。确定坝基渗透系数一般采用下述三种现场试验方法：①抽水试验，以给定速率将水由井中抽出，观测井中水位的下降。观测井设置在以抽水井为中心的辐射线上不同距离处；②测量染料或电解液从注入点到观测井的迁移速率，以确定渗流速度；③压水试验，将水泵入钻孔或试坑内，测定在给定水头下的渗流量。还有各种确定渗透系数的室内试验方法，比如渗透与沉陷试验、一维固结试验、降水头和定水头渗透试验。这些试验大多载于《土工手册》。渗流分析与控制见第 5 章“保护性反滤”和第 8 章“渗流”。

2.2.3.3.3 减少和控制渗流

可以采用不同的方法减少和/或控制渗流，这取决于防止水量浪费的需要和坝基传递与渗流有关的水势和水压力的可能性，水势和水压力可能会造成静力不稳定性并引起内部侵蚀、波动或喷水。压实土回填截水槽、水泥-膨润土防渗墙、土料-膨润土防渗墙、水泥土防渗墙、混凝土防渗墙、上游不透水铺盖，或者这些措施的组合，已用于减小渗流量和控制有关水压力。下游排水垫层、坝趾排水、排水沟、减压井，或者这些措施的组合，用于汇集渗流，从而降低有关的水压力，充分控制坝基下游区内的静力不稳定、波动、喷水和内部侵蚀。

2.2.3.3.4 反滤和排水

典型的排水设施包括排水垫层、坝趾排水和排水槽。水平排水垫层可以与坝的下游段合并，或者用来覆盖靠近坝趾的下游地区，以截断并控制来自可能承受过大静水头作用的坝基的渗流。这些垫层的目的在于允许自由流动并消散压力，而不破坏坝基结构，或导致细颗粒土流失（管涌）。坝趾排水通常沿坝的下游坝趾设置，并与水平排水垫层连接。通常，这些排水设施用于汇集来自坝体和坝基的渗流，并将其引送至一个排水管，再将水排入溢洪道或者泄水建筑物的消力池内，或者排入坝下游的河道。最好采用设有多孔排水管的排水沟，管道周围设置反滤和/或排水材料，以确保有足够的输送渗流的能力，而不采用毛石排水沟。由适宜反滤料和排水料回填的排水沟可以用来截断并控制坝基较浅区域内的渗流，防止在下游坝趾附近的重要部位发生管涌和喷水。通常，坝趾排水沟中也采用多孔管汇集渗水，并输送至排放点。这些设施的设计和案例图纸见第 5 章“保护性反滤”和第 8 章“渗流”。评估大坝性能的渗流测量仪器通常与坝趾排水设施一起安装。仪器安装设计见第 11 章“仪器与监测”。

2.2.3.3.5 减压井

减压井是减小坝基较深处水压力作用的设施，它可截断用排水沟难以拦截的地表以下的渗流，减压井通常用来防止承压层的上抬或井喷。也可加密间距设置减压井，以减小细砂等易冲蚀材料中的压力。减压井还可用作已建坝的补救处理措施，以降低高压区的压力。北达科他州一座现存的垦务局坝——Jamestoen 坝就在其坝基中采用了减压井来控制渗流和高静水压。类似的应用实例还有德克萨斯州的 Sanford 坝和 Twin Buttes 坝、俄克拉荷马州的 Foss 坝以及内布拉斯加州的 Virginia Smith 坝。这种型式的设计见第 8 章“渗流”。

2.2.3.3.6 截水设施

如果主要用于减少渗流，最好将截水槽布置在坝顶以下坝顶中心线上游侧。但不宜太靠近上游，否则截水槽上覆的不透水填筑体不能提供至少等于截水槽本身的抗渗力，而且，使得从坝顶经过截水槽进入坝基的勘探钻孔、仪表安装和灌浆等难以进行。截水槽的中心线应与横跨谷底或河床的大坝中心线保持平行，但当它延伸到两岸坝肩时，应向坝的中心线靠拢，以保持必要的不透水层厚度。视坝基材料的性质和保水的必要性，截水槽既可以是局部贯入的，也可以是完全贯入的。但是，局部截水槽并不能显著减少渗流量，除非它贯穿了大部分的透水层，在其下方只剩下半透水至不透水的土料，或者它差不多完全贯入到坝基的不透水带。部分贯入松散区域的截水槽有时会被挖开以对地基上部进行检查。

截水槽可分为两类：碾压斜坡式（两侧放坡）和浇筑直墙式（两侧为直墙）。传统的碾压式截水槽选用较多。这种斜坡式截水槽采用装载机、反向铲、正向铲、索铲或铲运机开挖，再回填不透水料，压实不透水料采用与压实坝体不透水区同样的方式。此外，开挖截水槽的下游面通常用一层反滤保护。薄的直墙式截水槽一般用于需要深截水设施而明挖又不经济的情况。这些截水槽一般用泥浆固壁，如泥浆土回填防渗墙、混凝土防渗墙、水泥膨润土防渗墙等。垦务局在犹他州的 Watkins 坝就采用了水泥膨润土防渗墙，其断面和图片见第 1 章“设计标准概述”，坝基薄截水设施的设计见第 8 章“渗流”和第 16 章“防渗墙”。

填筑体稳定性存在问题时（比如，坝基材料可能液化），截水槽不仅仅用于减少渗流，还有改善基础的作用。移除或替换低强度或者存在液化可能的地基土可能需要不止一个“地基槽”，或需要从上游一直开挖到下游坝趾。研究发现，地震或者水位快速泄降条件下，大坝中心线上游的截水槽有益于上游坡的稳定。犹他州的 Jordanelle 坝采用的方法就是移除几乎全部粗颗粒基土，以确保在瓦萨奇断层处大地震导致的坝基液化不会危及填筑体的地震稳定性。

2.2.3.4 粉土与黏土地基

2.2.3.4.1 概述

细颗粒土一般具有足够的不透水性，无需采用防止地下渗流与内部侵蚀的设计措施。粉土与黏土地基的主要问题是稳定性。除了饱和粉土和黏土坝基具有明显的不稳定危险之外，设计还须考虑施工完成后坝基因水库饱和对坝及其附属建筑物的影响。坝基处理方法根据土壤类型、地下水位和土壤密度而定。

尽管所有的土壤都会因侵蚀和管涌而破坏，但某些黏土尤其容易受到影响。这些黏土因其在水中容易分散或不固结而被称为分散性土。其分散趋势取决于多种变量，例如土壤孔隙中黏土和溶水的矿物和化学因素。实验室试验，如团粒试验、双比重计试验、针孔试验和土壤化学试验等，均可用于识别分散性土。如果反滤层设置在靠近不透水区，则分散性土可用于填筑体的不透水区。此外，可采用能够中和多余钠盐的石灰或其他掺和料固定分散性黏土。但石灰的使用需遵守专门的施工程序才能成功，该施工程序未在本标准中提及。考虑或使用石灰处理方法时，应咨询业内专家、参考已出版的参考文献，并请教有石灰稳固经验的人士。

2.2.3.4.2 饱和地基

当土坝的基础是由饱和的细颗粒土构成时，必须通过确定土料的强度和进行稳定性分析，来分析基础土对坝体重量和水库荷载所致剪应力的抵抗能力。正常固结的土料是没有经受过大于现有覆盖层地质荷载的。这些土比被成百上千英尺的冰或土覆盖而固结的土层软弱得多。确定强度参数用的勘探和试验，在第 12 章“地基与料源勘察”和《土工手册》内均有论述。静力稳定分析的要求见第 4 章“静力稳定分析”。考虑到稳定要求，填筑体的设计应基于大量的稳定性分析结果，这些分析采用不同坝高、不同坡度，以保证各种坝高条件下填筑体的稳定。

2.2.3.4.3 相对干燥的地基

水库蓄水会导致地下水位上升，坝的建成和运行将使不饱和不透水的土料最终变成饱和土。地基材料饱和会引起类似于前述的稳定性问题。由于固结过程不同（即在干燥条件下固结和在饱和条件下固结），其有效强度将有些差异。

此外，有些低密度的土在天然状态时干燥强度高，但蓄水饱和时，会发生很大的沉陷或“塌陷”。如果未采取适当的措施控制过度沉陷，大坝就会因下列原因产生性能恶化或被破坏：①不均匀沉陷，引起坝体不透水部分开裂（和潜在的内部侵蚀）；②地基沉陷，因此造成超高减少，可能发生漫坝；③跨过坝基软弱区的填筑体，通过低应力区发生冲蚀性渗漏（内部侵蚀）的趋势。

这些低密度土中典型的就是黄土，但不仅限于黄土。黄土是一种很疏松的风积土，几个大洲（包括北美洲）的广大地区均有覆盖。真正的黄土是不饱和的，一般由均匀的、粉土级的颗粒组成，这些颗粒被少量的黏土胶结在一起。当含水量较低时，黄土的强度足以支承高填筑坝而不产生很大的沉陷。但是，含水量显著增大会大大降低其粘聚力，即使在相对较低坝的荷载作用下，也会导致松散结构的塌陷。垦务局在密苏里河流域黄土上建坝的部分经验，在克莱文杰的文章以及垦务局专著中有论述。在第 9 章“静力变形分析”中论述了地基固结问题。内布拉斯加州的 Davis Creek 坝就是细颗粒黄土基础，考虑到水库蓄水后的沉陷，将填筑体底部以下的黄土完全清除了。

土料的压缩特性决定干燥、低容重地基所需的处理方法。这些特性最好通过对天然含水量状况下的原状土试样进行实验室试验来测定，以确定由饱和引起的施工后沉降是否显著。如果饱和地基施工后没有发生大的沉降，那么基本不需要对其进行相应处理。应剥离地基表土，清除有机物，并适当碾压，应设截水槽和坝趾排水层，防止下游坝趾处的地基饱和。

如果地基在饱和时出现大的施工后沉降，应采取措施将沉降量减至最少。如果地表岩层存在低容重土料，经济的做法是挖除这种材料并用压实填筑体替代。如果土层太厚，置换不经济，则应采取措施确保在施工过程中地基固结。垦务局采用预湿方法对低容重黄土地基进行过固结，这种方法存在的主要问题是，在施工过程中可能发生较大的沉降，导致填筑体开裂。

2.2.3.4.4　地震引起的强度损失

某些低密度的粉土和黏土地基在地震荷载下可能出现强度损失的现象，对这种可能性必须加以研究和分析。如 2.2.3.3.6　截水设施中所述，可能需要大量的地基开挖以确保抗震稳定性。该方法载于第 13 章“抗震设计与分析”。

2.2.3.4.5　渗流控制

粉土是相对不透水的，但黏性低；在粉土地基中，即使很小的渗流和低静水压力也能导致管涌和失事。必须在下游坝体基础中和下游坝趾区设置适当的反滤和排水系统，以防止发生内部侵蚀。

这些排水系统，类似于砂砾石地基的排水系统，应按照第 5 章“保护性反滤”和第 8 章“渗流”进行设计。尽管在粉土和黏土坝基里一般无需设置控制渗流的截水设施，但通常要求设置穿过坝基上部的检查槽，以截断因冻融、植物根系或脱水而松散的土料，并供检查坝基上部区域使用。此外，通常还要求在施工期间对地基进行检查，查明产生不均匀沉降或局部位移的软弱区域，以便采取挖除和置换处理。对于含有大范围软弱区域的地基，往往需要挖除并置换，以保障坝体稳定；或者在关键部位设置高强度材料的抗剪键。施工时，地基表面也需处理，其处理方法见第 3 章“地基表面处理”。

2.2.4　土坝坝体设计

2.2.4.1　静力稳定性

设计目的主要是确定在利用当地材料筑坝时坝体的断面形式和基础处理方法，在运行安全和造价最低的条件下满足所需功能要求。坝体的设计准则见第 1 章“设计标准概述”。这些设计准则要求：在所有施工和水库运行条件下，坝坡都是稳定的；坝基不产生过大的应力；经过坝体和基础的渗流是可控的；坝体能够抵御水文和地震设计荷载。

土坝的设计人员在确定所需的坝体横断面时，不能像设计人工材料（如混凝土）修建的结构物那样，依赖于数学分析或公式。土是以不同的颗粒级配、矿物成分和颗粒形状的组合出现的，因此，在不同的饱和条件（含水率）、密度与荷载条件下，其性状也各不相同。而且坝体内的应力-应变关系也很复杂。随着土力学的发展，在勘察、材料试验和分析方法等方面有了较大的进步，从而可以对坝体稳定进行综合评价。这些手段很有用，特别是对大型建筑物，坝基和筑坝材料的详尽勘探与室内试验的费用，只占整个工程费用的很小部分。在这种情况下，以相对较低的费用获取更可靠的信息和分析方法，可能会产生更佳的设计。当前确定土坝所需横截面的做法，在很大程度上是参照成功的已建坝的坝坡和设计特征值，考虑可获取筑坝材料的质量和数量，对异常条件进行分析和实验研究，以及严格控制坝体材料的选择与填筑。

当有必要修改设计以适应特定条件时，应避免根本性的修正，设计概念的重大改变要通过实践经验和试验逐步发展和实施。虽然通过已被验证的原型设计逐渐改变惯例的做法，会被批评为过于保守，但没有已被明确验证的更好方法。大坝失事可能造成的生命和财产重大损失、巨大的经济投资以及蓄水的重要性，是维持目前保守的做法的充分理由。

填筑坝稳定性分析见第 4 章“静力稳定分析”。填筑坝的稳定性取决于由重力提供的驱动力（有时候由地震荷载提供）、填筑体和地基材料的强度性能以及这些材料中的孔隙水压力。在实践中，建立了原则和程序，但异常情况可能会与标准实践有偏差。

填筑体和地基材料的强度性能取决于土壤的性质（类型、级配、矿物质，特别是黏土）和密度。一般而言，粒粗土和棱状土有更高的抗剪强度。提出最低的密度要求，确保筑坝材料有足够的强度。如果基础土太软弱或易沉陷，则需要将其挖除或加密。

抗剪强度随着有效正应力的增加而增加，该有效应力等于施加的正应力减去孔隙水压力。因此，为减小下游坝坡内部和下部应力，坝体通常分区设计，可使坝坡更陡，需要的填筑更少。在库水位快速泄降期间，为了维持上游坡的稳定性，有必要在上游坝坡铺设自由排水料，以确保坝体内不存在高孔隙压力。

2.2.4.2 坝体渗流与渗漏

土坝的心墙或防渗体可阻止渗流，从而形成水库。然而，土的渗透性差别很大，最紧密的黏土也有一定渗透性，不能阻止渗流通过。此外，防渗体由于不均匀沉陷、干燥、冻结作用及水力劈裂等也可能出现裂缝。渗流与渗漏的路径也可能由施工缺陷引起，如较差的碾压层或粗颗粒透水层材料取自不同料场。

水库水通过心墙的渗漏过程，取决于库水位的持久性、心墙材料沿水平和垂直方向的渗透性、施工碾压形成的残余孔隙水压力以及时间因素。渗透区上表面称为浸润面（压力为零），在横断面内即为浸润线。论述见 2.2.2.1.2。

虽然浸润线以上的土可能因毛细作用而饱和，使饱和线升高，但渗流仍限于浸润线以下的部分。

浸润线的位置仅取决于水库水位、填筑断面几何形状、心墙渗透系数与坝壳渗透系数之比以及水平渗透系数与垂直渗透系数之比。对于由渗透性差异很大，但水平与垂直渗透系数之比相同的材料筑成的均质坝，其浸润线最终将到达同一位置。对于相同的填筑断面，在黏土中达到稳定渗流状态的时间，要比在砂土中长得多，其在下游坝坡上溢出的水量比透水材料的大。

坝体渗流的控制方法在 2.2.2 “土坝总则”中讨论。这些设施的设计要求与分析要求见第 5 章“保护性反滤”和第 8 章“渗流”。

除了通过坝体的渗流之外，还应特别注意嵌入坝体内建筑物（泄水管和溢洪道）附近坝体的渗流或渗漏。刚性结构与土结构交界面附近的填土区域可能成为渗流失控和管涌的部位，原因如下：

（1）在这些结构物附近部位，用机械设备铺筑和压实填土层较困难，通常使用人工铺筑和压实设备。

（2）与机械设备比较，人工铺筑和压实作业劳动强度大、效率低。

（3）机械与人工两种作业之间的界面是易出现问题的部位，机械设备操作人员自然要躲避人工作业中的工人，手工碾压往往滞后于机械设备的压实，经常造成两种作业的界面处压实不充分，致使填筑层面高度不等。

(4) 由于人工压实慢，滞后于大型设备的压实，为达到适宜的含水量和密度就要做更多的工作，可能需要有专门的颗粒级配，进行更严格的检查，使承包人和业主感到麻烦。因而往往集中于关注填铺进度，而不是良好的压实技术。

(5) 人工压实要求填筑层较薄，达到规定压实所花的时间更多，并且填筑层表面的耙松工作也困难。这些因素增加了填筑层面结合不良的可能性，从而可能形成渗流路径及被水压力抬升的部位（水力劈裂区）。

(6) 建筑物周围的应力分布是不均匀的，土压力有一种在其上成拱的趋势，致使填筑土体内产生低应力，有较大可能穿过不透水区产生水力劈裂。不规则的结构物表面会使这个问题更加复杂化。

针对这些问题，逐渐形成了土坝设计人员普遍接受的做法。避免设置穿过坝体的建筑物，除非因经济因素或地质条件。如设置这样的建筑物，控制沿该建筑物表面或相邻不透水区渗流的主要方法是，在不透水心墙下游的管道周围采用设计得当的反滤层与排水区；同时，保证该建筑物附近填筑层的施工质量。

以前，美国垦务局在穿过不透水坝区的管道周围采用截流环控制渗流，采用这种做法的垦务局大坝一直未出现问题。然而，大多数坝工工程师认为，截流环并没有达到控制渗流的预期目的，可能是有害的。截流环周围填筑体的压实与之前所讨论的穿过填筑体的刚性结构有相同的问题。截流环的优缺点，在工程与研究署（ACER）技术备忘录 No. 9《坝体内管道的渗流控制导则》中有所论述。该备忘录是由美国内政部垦务局工程师组成的专题小组撰写的。由联邦应急管理局编写的《穿过坝基的管道技术手册》是极好的补充参考。垦务局的策略是截流环不用做控制渗流的措施，并应避免在管道上设置任何凸出的结构。

对建于土基的管道，在紧靠不透水心墙下游的管道周围应设置反滤/排水系统。实例（原书实例图为图 2.2.4.2-1，由于清晰度这里略去）可参见第 5 章“保护性反滤”中图 5.2.5.1-1 和图 5.2.5.1-2，新建的和已建的填筑坝应考虑使用与其相似的管道包覆类型。若管道建于岩石上，则视岩石好坏，可考虑只在填筑体内管道周围设置反滤排水系统。

烟囱式反滤/排水系统可以满足这一要求。此外，还必须采取措施，将汇集的渗流从坝体内安全输送出去。这一点，通常可以通过将反滤/排水垫层紧靠在混凝土结构上来实现。这一部分反滤/排水系统不必包覆建筑物或管道，但必须具有足够的输水能力和反滤性能，并与管道周围的保护性反滤层/排水层连接。如果内部反滤/排水系统不能联合起来为穿过坝体的建筑物提供可靠的反滤与排水作用，就应设置独立的反滤/排水系统。关于反滤/排水设计的细节，参阅第 5 章“保护性反滤”和第 8 章“渗流”。

为了使与管道或建筑物接触的不透水心墙填筑层施工完好，建筑物的表面应光滑，直立面最小坡度应为 1∶10。尽可能使用机械设备压实毗邻建筑物的填筑层，将建筑物附近的填筑层修成 6∶1 的斜坡，使用气胎碾平行于建筑物表面或墙作业即可达这一要求。图 2.2.4.2-2 示出的实例说明了设计和施工详情。理想情况下，铺筑在管道周围的不透水土料应具有适宜的级配，最大粒径小于 1in（包括土块）；通过 200 号筛的颗粒重量至少占 50%，且其塑性指数介于 15%～30%之间。

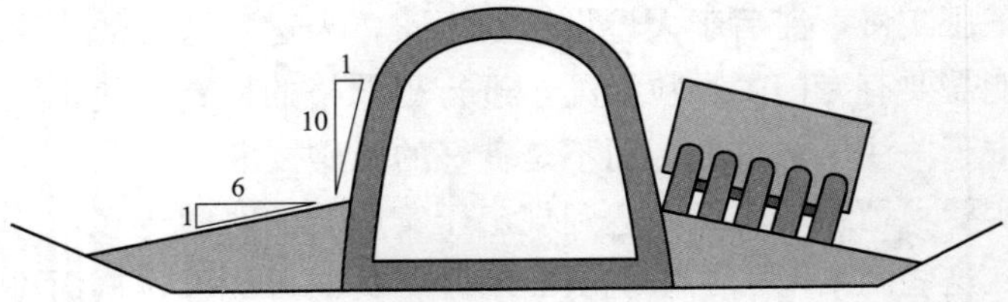

混凝土管道侧面放坡(1∶10)
紧临管道的填筑层放坡(6∶1)
管道两侧填筑高程相同(+/–2ft)

图 2.2.4.2-2 推荐的贯入填筑体的管道周围设计和压实细节

填土应平行于建筑物分层卸料和摊铺，以这种方式确保沿着建筑物的填筑材料与紧临的坝体填土性质和透水性一致。应利用气胎碾或轮式设备紧邻斜坡填筑面平行于建筑物行走压实填筑层。填筑层应压实至 6in 或以下，并且在铺筑下一层之前，将该表面耙松。压实时的含水量为最优含水量或略高于最优含水量，碾压后的干容重应与不受建筑物影响、正常压实的填筑体所要求的干容重相等。

2.2.4.3 建筑物开挖料的利用

2.2.2.3“设计准则”中指出，出于经济上的考虑，设计大坝应最大限度地利用最经济的材料，包括从坝基、溢洪道、泄水建筑物、渠道、厂房、道路及其他附属建筑物开挖出来的材料。当这些来源的材料在坝体总方量中占有相当比例时，便可能对坝的设计有很大影响。即使这些开挖料不如料场开采料理想，但是经济因素可能要求考虑采用。在合理的设计中，料场料和建筑物开挖料应同时考虑。建筑物开挖料，也要实施与料场开采料相同的勘探和室内试验程序，以确定其可用性、适宜的使用区域及可用量。开挖料需堆存，以待填筑坝体使用。但是，如果各种建筑物施工安排使得开挖料可以直接利用，则可节省更多费用。

截水槽在地下水位以上的开挖，可为坝的不透水心墙提供材料，或为反滤层、排水体和坝壳提供砂砾石料。砂砾石料也可从截水槽开挖地层中的无水部位获取。当出现厚层的洁净砂砾石时，可将这些材料用于坝的外部坝区或用来制备反滤料和排水料。但是，在截水槽开挖中，有时遇到粉土和黏土的囊穴或透镜体以及高度有机质材料。如果在施工期间没有适当控制，这些材料会污染洁净的土料，可能导致填筑料含水量过高，渗透性变化和施工性能差。这种土料只能用于任意料区，否则应当废弃。

溢洪道开挖料可用做覆盖土料和构造石料。在规划这些材料的用途时，设计人员应认识到，堆放、水分控制、加工处理和特殊尺寸要求会增加工程费用。因此，通常溢洪道开挖料主要用于坝体的主体结构区（坝壳）。

隧道开挖方量虽然少，但也能提供用于坝的过渡区或透水区的堆石料。

采用建筑物开挖料的可行性，受施工顺序的影响。而施工顺序又受下列因素影响：

（1）坝址处的地形；

（2）施工导流要求；

（3）流域的水文条件；

（4）气候季节性变化；

（5）所需开挖的方量；

（6）承包商作业。

坝体填筑直接利用溢洪道或截水槽开挖料，不用堆存和再次处理，但需要有足够的铺筑面积。在施工早期，铺筑面积通常受到限制，因此，设计人员要对下述办法做出选择，即在具备铺筑场地前，推迟开挖溢洪道；大量堆存开挖料；允许大量开挖料废弃。施工早期可提供的填筑场地的大小，部分取决于承包商作业，包括导流要求与计划。通常，允许承包商在整体作业和导流方法上有较大的灵活性，这就增加了设计人员在规划建筑物开挖料利用时的不确定性。

分区坝为利用建筑物开挖料提供了机会。坝体分区应依据材料的最经济利用来确定。但是，如前所述，坝的分区必须符合稳定性和渗流控制的要求。例如，堆石段可在潮湿或寒冷的天气条件下持续施工，从而延长了施工季节。

建筑物开挖料的重要用途是用在坝体内渗透性与抗剪强度均非关键的部位和主要需要质量及体积的部位，例如，用做软弱坝基上的填筑体起稳定作用。

坝体内填筑开挖料的地区，称为任意料区。这种任意料区的位置，如图 2.2.4.3-1。

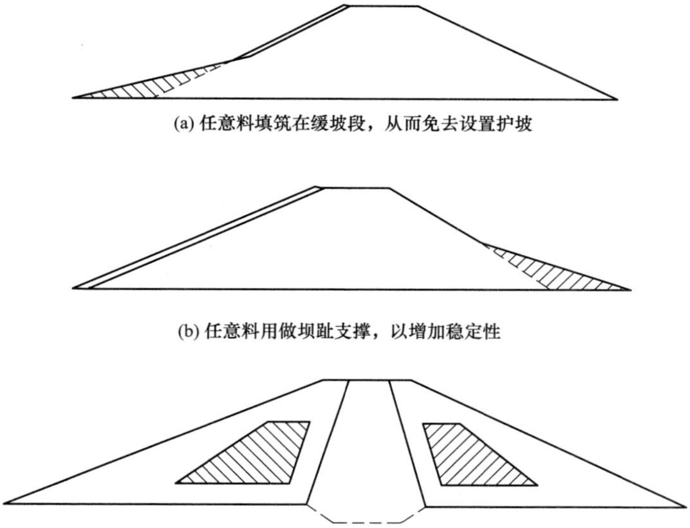

(a) 任意料填筑在缓坡段，从而免去设置护坡

(b) 任意料用做坝趾支撑，以增加稳定性

(c) 任意料埋置于支撑坝壳内

图 2.2.4.3-1　任意填筑料在坝体内的使用

因为建筑物开挖料可用于坝体内的估算百分率可能变化，所以有时需改变坝区的分界线（如 Anderson Ranch 坝），以适应这种材料的多余或短缺。在某些场合里，在确定有问题材料的处理或选择任意料区的尺寸之前，可能要求进行专门的实验室试验或试验填筑。在设计时，设计人员预先考虑建筑物开挖料中适用于坝体不同坝区的百分率，以及所用材料的产出率（缩减或扩大）。然后，把这些预测数量与所需的料场开采量结合起来，以确定一个既经济又有合理施工顺序的最终设计。在文献中可以找到各种材料的

典型缩减或扩大因素，其中一例是丘奇所著的《开挖手册》(*Excavation Handbook*)(1981 年出版)。

为了最好地利用所需开挖料，往往需要有几种分区方案。采用材料分布图（如图 2.2.4.3-2 所示）有助于下列工作：把开挖方量汇总到坝体断面；确定每一坝区所需的料场材料的数量；使施工顺序形象化。图 2.2.4.3-2 所示是垦务局的 New Waddell 坝的材料分布图，图中示出所有填筑材料的来源，还载有确定规格数量的假设缩减、扩大和产出率。

2.2.4.4 坝的分区

2.2.4.4.1 概述

坝体的设计坡度，视可用的建筑物材料的性质、坝基条件以及建筑物的高度，可以在很大的范围内变化。透水坝基可能要求增设不透水的上游铺盖，以减少渗流量；或者增设下游水平排水垫层，以抵抗渗流导致的扬压力。软弱的坝基可能要求在一侧坝脚或上、下游坝趾增设起稳定作用的填筑体。

土坝坝坡取决于坝型（即防渗墙坝、改进的均质坝或分区坝）以及建筑材料的特性。其中，特别重要的是要用来修建改进的均质坝或分区坝心墙的土料的特性。在分区坝中，心墙的宽度对于外侧坝坡非常重要。总体来讲，心墙越宽，外侧坝坡就越缓。

在设计初期阶段，坝坡一般根据以往的筑坝材料和坝基方面的经验估计，然后在最终设计期间通过稳定分析加以验证，并进行必要地调整。初步估计应包括适当的紧急事件，以确保成本估算充足。

有时采用较缓的上游坝坡，是为了免除或减少昂贵的护坡工程。在死水位以下约 5ft 的高程处可设置一马道，作为上游护坡的底线，低于此线的坝坡无需保护。蓄水位以上的上游坝坡部分（即超蓄范围内）通常较陡。共用库容或防洪库容范围内的坝坡应针对每一座坝的具体情况考虑。

水库水位下降速率是影响坝体上游坝坡稳定的一个重要因素。因为，如果水库水位以很快的速率下降，则上游坝区和坝基内的孔隙水压力可能没有时间消散，可能导致上游坝坡失稳。对于水库水位会急剧下降的蓄水坝，其上游坝区必须具有足够的尺寸和渗透能力，以消散下降期间的孔隙压力。关于自由排水的上游坝壳的设计方法，请参阅赛德格林著作。在只有低渗透性细料可用的地方，针对水位骤降稳定性而设置一个缓的坝坡，可能是必要的。在有自由排水的砂砾石或坚硬耐久的石料可供修建上游坝区时，只要坝基具有足够的强度，便可采用较陡的坝坡。若采用堆石，则在堆石体与不透水填筑体表面之间，有必要设置一层砂砾石过渡区，以防止细颗粒料进入到堆石体里。

当水库蓄满水时，作用于坝上游区的库水荷载和静水压力起稳定作用。除地震等异常荷载条件，上游的破坏一般只在施工期间或者库水位急剧降落之后可能发生，在这两种情况下，水库实际上都是空的。因此，在静力荷载条件下，上游坝坡破坏而造成库水损失是极不可能的。不过，大坝长时间不能投入运行，并且需要花钱修理或者改建，对用水户和当地社区的经济影响将是严重的。

2.2.4.4.2 薄防渗体

薄防渗体坝在 2.2.2.1.1 内论述过，一般在下列条件下采用。

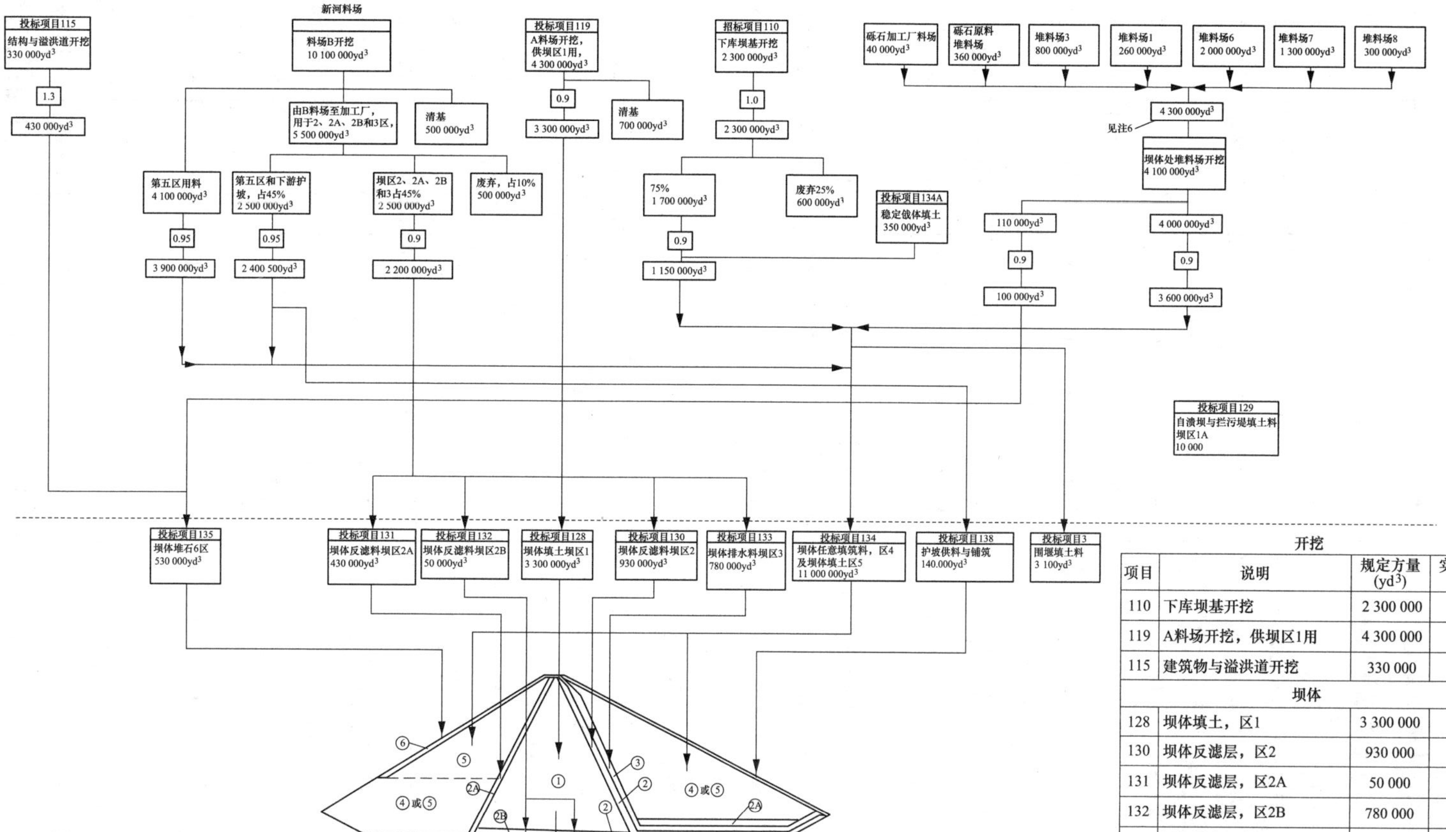

附注：

1.绘制本图是为示出预期的开挖料源及其在坝体内建议的分配，本图所示材料分配只能用作指南，并将在工程进展期间加以修正，以适应现场状况。

2.坝体竣工之际，须将一份盖有印记的本图送交美国垦务局工程与研究局副局长（代号D-3620）；图中须在预留空格内填好最终的实际方量。

3.1991年1月1日前，砾石加工厂堆料区不能使用。

4.坝体内的6区所需之堆石料由开挖溢洪道所得的砾石组成，填筑6区所不足的材料，由备堆石料开挖所得砾石补充。

5.下游护坡用料，从2、2A、2B和3区加工时所得的较大粒料中获取。

6.方量系假定堆存料中，有5%挖不出来。

7.所示的坝体方量，都是按照有关图纸上的线和坡度计算出来的。这些方量未考虑施工期沉陷和固结的留量，并且未计因承包单位开挖和铺筑工造成的损耗。

开挖

项目	说明	规定方量 (yd³)	实际方量 (yd³)
110	下库坝基开挖	2 300 000	
119	A料场开挖，供坝区1用	4 300 000	
115	建筑物与溢洪道开挖	330 000	
	坝体		
128	坝体填土，区1	3 300 000	
130	坝体反滤层，区2	930 000	
131	坝体反滤层，区2A	50 000	
132	坝体反滤层，区2B	780 000	
133	坝体排水，区3	11 000 000	
134	坝体任意填筑料，区4 及坝体填土，区5	530 000	
135	坝体堆石区6	4 300 000	
129	自溃坝与拦污堤填土，区1A	530 000	
3	围堰填土	10 000	
138	护坡供料与铺筑	140 000	
134A	稳定戗体填土	350 000	

图 2.2.4.3-2 材料分布图

（1）可用的不透水土料数量有限；

（2）气候潮湿；

（3）施工季节短。

修建薄防渗体坝所用的透水材料，必须能够被压实，以形成一个稳定的填筑体，竣工后只有小量的沉陷。不过，如果防渗体布置在坝体中央，设计者应该考虑，若防渗体周围的过渡区和反滤层刚度较大，以致不能跟防渗体一道固结，则在防渗体内有产生低应力的可能性。这种低应力可能导致防渗墙断裂或开裂。级配不好的砂（SP）是难以压实的，但可用于填筑体；垦务局新近修建的 Warren H. Brock 水库便是一个采用级配不好的砂修筑均质坝土工膜做上游防渗体的实例。级配良好的砂砾混合料（SW 或者 GW）或者级配良好的砾石（GW）筑坝可获得良好结果。级配良好的砂砾混合料，当其小于 200 号筛的细粒料超过 5%时，应进行试验，以确定其压实后是否将形成自由排水。正常情况下，级配良好的砂砾土，较之级配不好的砂砾土，其渗透能力对细颗粒（小于 200 号筛的颗粒）含量百分比更为敏感。

除采用透水材料而不用石料之外，薄防渗体土坝的设计与堆石坝的相似，堆石坝设计在 2.3 节论述。在设计薄防渗体土坝的坝基和上游面板时，应参考那些论述。

2.2.4.4.3　均质坝

如前所述，新建坝不推荐采用纯均质坝，而只推荐经过改良的均质坝，即坝内设置烟囱式反滤/排水和水平排水垫层。这样的坝也可以看成是特殊的分区坝。其内部排水设计应遵照第 6 章“保护性反滤”和第 8 章“渗流”。

2.2.4.4.4　分区坝

分区坝在第 1 章“设计标准概述”中讨论，并有实例。

在有各种土料可供使用的地区，分区坝能节省费用。采用分区坝有三个主要优点：

（1）可以采用比较陡的坝坡，减少坝体总方量，缩短附属建筑物的长度。

（2）可利用材料的范围很大。

（3）可以最大程度地利用坝基、溢洪道、泄水建筑物及其他附属建筑物的开挖料。

分区方案要根据建筑物开挖料和可用的料场开采料的估算量来决定。视可用筑坝材料的工程性质，可以将坝分为两个、三个或者更多的坝区。在不透水心墙的下游侧，要设置一道反滤层，其设计需要遵照第 5 章“保护性反滤”和第 8 章“渗流”。一般来讲，每一坝区的渗透能力都应越靠外部坝坡越大。采用相对可自由排水的材料，以及内在稳定性较高的材料来封闭并支撑稳定性较差的不透水心墙和反滤层。如果可得到透水材料，一般都在上游断面铺筑，以消减库水位急剧下降时的孔隙水压力。如果没有可用的透水材料，也可以采用当地的天然材料，但为了使库水位骤降期间有足够的稳定性，可能有必要采取比较缓的坝坡。

如图 2.2.4.3-1 所示，在坝体的下游段常设任意料区，以便利用渗透性不确定的开挖料。不适合用于任何坝区的开挖料以及多余的开挖料，可以废弃在上游或下游坝趾处。然而必须注意，不要破坏坝趾或者过多掩埋坝趾排水层。2.2.4.3“开挖料的利用”全面论述了开挖料的使用问题。

2.2.4.4.5 过渡区

相邻分区的颗粒级配应保证不论是稳定渗流，还是库水位骤降期的渗透力，都不会将各区的颗粒冲刷到相邻坝区的孔隙内。过渡区（和反滤层）可防止管涌，还有一种额外的好处是，随着渗透减少，部分坝体裂缝可以自愈。应根据第 5 章“保护性反滤”，在不透水心墙的下游设置反滤层和排水。

过渡区的另一个目的是减少开裂，这种开裂是因为两种变形模量差别很大的相邻分区紧随着相继铺设，其不均匀沉陷造成的。例如，在级配良好压实紧密的砾石坝壳间设置中央黏土心墙，心墙的固结往往要多于砾石坝壳。而在心墙两侧表面上产生的剪应力往往阻止心墙固结，使心墙内部产生裂缝。因而在心墙与坝壳之间需要有过渡性模量的材料。过渡区通常 10～12ft 宽，采用粒状材料，其压实密度小于坝壳密度。心墙下游的反滤层，通常可以起反滤和过渡的双重作用。在心墙的上游，也可以要求设置专门的过渡区，该区可以起阻止开裂的作用，有助于不透水心墙中的裂缝自愈。

2.2.4.5 抗震设计

填筑坝必须能够抵御地震荷载，不会使水库蓄水突然泄放，造成灾害。所有的填筑坝都应考虑潜在的地震荷载，并且应按照需要的抗地震荷载设计。抗震稳定性的研究方法及步骤载于第 13 章“抗震设计与分析”。

2.2.4.6 安全注意事项

设计填筑坝时必须考虑潜在安全事故造成的影响，比如坝顶的爆破装置。爆破引发灾难性破坏的可能性取决于多种因素，包括坝体类型、材料、坝顶宽度、超高、至坝顶的通行以及爆破物的数量与类型。

2.2.5 土坝坝体细部

2.2.5.1 坝顶细部

2.2.5.1.1 概述

在设计一座土坝的坝顶时，应考虑以下各项：

（1）宽度；

（2）排水；

（3）坝顶超填；

（4）坝顶表面；

（5）公共安全；

（6）分区。

通常，可施工性决定坝顶细部结构。坝顶施工中，运输、浇筑和压实设备的工作区域十分有限。设计者通常选择坝顶细部结构可能涉及坝顶附近施工操作所需的狭窄区域。

因为担心破坏行为和安全问题，理想的是坝顶区禁止公众通行，在坝结构以外为来访人员以及其他到水库的休闲人员设置停车场。当坝顶道路只通至坝肩时，应为维修车辆设置回车场。在坝顶的闸门室或者仪器室区域也应为运行和维修车辆设停车场。应按需要设置护栏和锁闭等装置，不仅是为了保护公众，也是为了防止破坏行为。

2.2.5.1.2 坝顶宽度

土坝的坝顶宽度取决于以下的一些考虑：①填筑材料的性质，及正常库水位下通过坝体的允许最小渗径长度；②道路要求；③施工方法的现实可行性；④强地震区的坝设计；⑤将来的计划加高；⑥潜在的安全隐患。最小的坝顶宽度应在最高库水位时，使通过坝体的渗流有合理的低渗透坡降。在强地震区内，比较宽的坝顶为在大地震期间抵御垮坝提供更大的安全性。增加坝顶宽度一般将降低坝顶的安全隐患。

2.2.5.1.3 排水

应在坝顶表面设置排水，采用2%坡度的路冠，或者坝顶倾斜2%，向上游坡排水。后一种办法比较受欢迎，除非下游坝坡为防止冲蚀而采用了某种型式的护坡或者由因环境问题另有规定。

2.2.5.1.4 坝顶超填

通常都沿土坝坝顶设置超填，以确保坝顶超高不会因竣工后的坝基固结和坝体压缩而减少。选择坝顶超填量是根据预期的坝基固结量和坝体压缩量，其目的在于确保经过沉陷之后，坝顶高程仍保持或高于设计高程。坝顶超填还改善坝顶的远眺外观。不透水区的顶部也应与坝顶同样地超填，以使它不致沉陷得低于最高库水位（见图2.2.5.1.4-1)。

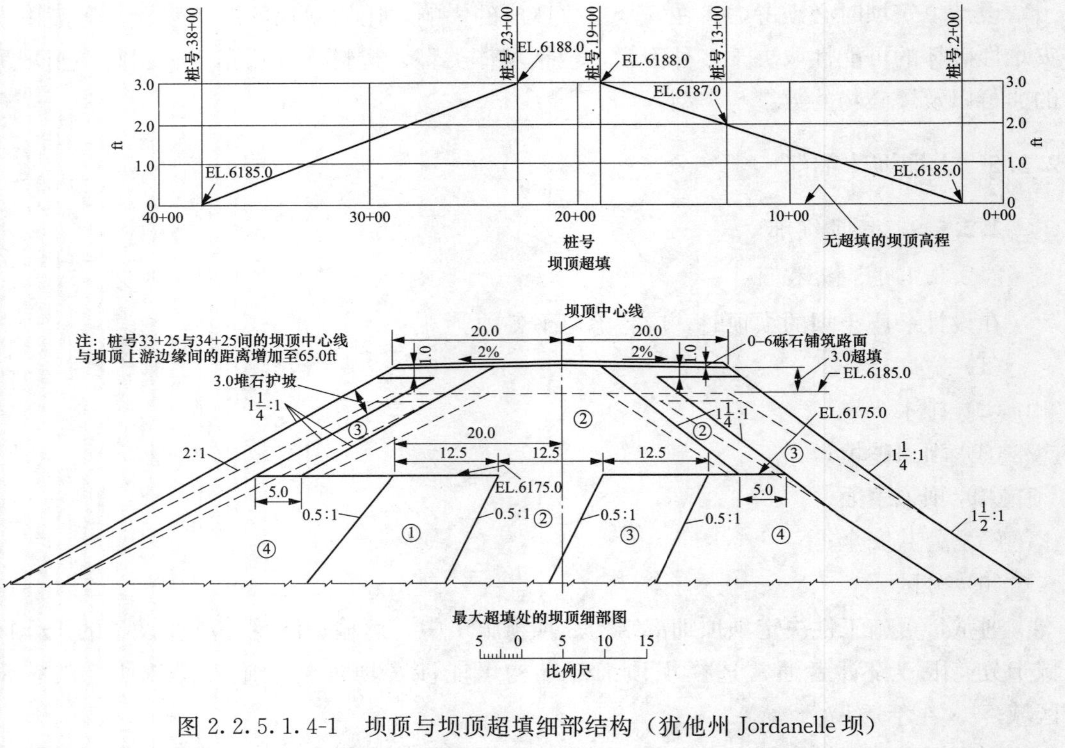

图2.2.5.1.4-1 坝顶与坝顶超填细部结构（犹他州Jordanelle坝）

按大约相当于标准普氏试验最大密度铺设的不透水填筑材料，当其受到上覆填土的荷载时，将发生明显固结。预期这种固结的主要部分将在坝体竣工之前的施工期内发生。对于建在相对不可压缩的坝基上的坝，常设置约 1% 坝高的超填。在可压缩的坝基里，排水是缓慢的，在估算坝顶超填量时，坝基固结是比坝体沉陷更为重要的因素。

对于建在预期要沉陷的坝基上的坝，可能要有几英尺（坝高的 1% 至 2%）的额外超填量。注意：建于土基上的坝，预期的沉陷明显大于其他设计问题，需要予以考虑。坝基沉陷量的确定方法载于第 9 章“静力变形分析”。应采用直线变化形式来表示坝顶超填量，使其大致与基础以上的坝高成正比。这种方法既易于在办公室内使用，也便于施工。图 2.2.5.1.4-1 是 Jordanelle 坝的坝顶超填实例。

坝顶超填所需的额外填筑材料的数量通常是极少的，而增加坝体高度的材料是放陡坝顶附近边坡而得到的，如图 2.2.5.1.4-1 所示。在计算坝体稳定性时，不考虑由于坝顶超填而对坝体断面进行的修正。

2.2.5.1.5 坝顶表面

在坝顶的表面应设置某种型式的铺面，以防止其受到波浪飞溅、雨水、径流、风和冰冻作用的损害以及坝顶用做公路时的交通磨损。通常的处理办法是铺一层经过筛选的碎石或者砾石料，其最小厚度为 6in。在公路穿过坝顶的情况下，其宽度与面层的型式应符合与之相连的公路的要求。即使不用考虑交通磨损，对在坝顶铺设一层保护以防止波浪飞溅及径流损害，也是有利的。即使设计时不考虑漫顶，但坝顶铺面仍能对漫坝提供某种保护。如果坝内发生了裂缝，那么它几乎肯定要通过铺面显露出来而被注意到，但在砾石面层或无任何面层的情况下，这些裂缝可能不会被注意到。

2.2.5.1.6 公共安全

如果坝顶被用做公路，通常要沿着坝顶两侧的路肩修建梁式护栏。如果预期没有公路交通，可以用间距 25ft 的短立柱把坝顶标识出来；如果属于很次要的建筑物，在许多场合里，不需要任何处理，也可沿着坝顶每隔一段距离堆放块石来标志坝顶。应该确保符合现行的安全标准。

2.2.5.1.7 分区

坝顶分区设计不当，将导致施工不好控制，浪费时间并且可能使坝顶局部破坏。在均质坝和分区坝内，都必须考虑护坡和垫层将以何种方式与坝顶相交。为了修建不透水坝区或透水坝区，或者安装护栏，护坡的厚度可能会因在坝顶附近加陡坡度而减少。必须谨慎，使保留的护坡足以抵御波浪的作用。为坝顶超填而设置的边坡，应避免过陡，以便于施工。

对可能有收缩裂缝和冰冻问题的均质坝或者改良均质坝，理想的是在坝顶采用沥青混凝土或混凝土面层。在分区坝内，常见的做法是把心墙土料的高度限制在坝顶以下几英尺处，因为不透水坝区延伸到坝顶会受到干燥和冰冻作用的破坏，从而导致土料疏松与开裂。在不透水心墙周围应进行分区，或者在最高水位以上增加心墙高度，从而控制填筑坝渗流。应当考虑以下设计因素来确保填筑坝上部充分发挥功能。

（1）不透水心墙顶部，在入流设计洪水期间，达到预期水库最高水位或者高于该水位。

（2）垂直反滤应该延伸至不透水心墙的顶部。

（3）排水区应该延伸到较高位置，以收集填筑坝上部渗流。

（4）不透水心墙上应有足够的覆盖层，防止心墙结冰或变干。

在坝顶上出现因各坝区不均匀沉降而导致的纵向裂缝，是常见的。在变形模量相差很大的两种材料之间设置多个过渡区可以减少开裂。这一点，有时可通过减少对过渡区或者反滤区的碾压，得到从一种材料到另一种材料的过渡模量而达到。总而言之，必须保持谨慎，以确保过渡区压实充分，达到强度要求，并且不发生内部侵蚀。

2.2.5.1.8　典型的坝顶细部

图 2.2.5.1.4-1 是 Jordanelle 坝的坝顶细部图。在该坝的最大断面设置了 3ft 高的超填，不透水区和反滤层/排水区的最小顶宽为 12.5ft，以确保有足够的空间进行铺筑和碾压。

图 2.2.5.1.8-1 显示了更多垦务局坝的坝顶细部。

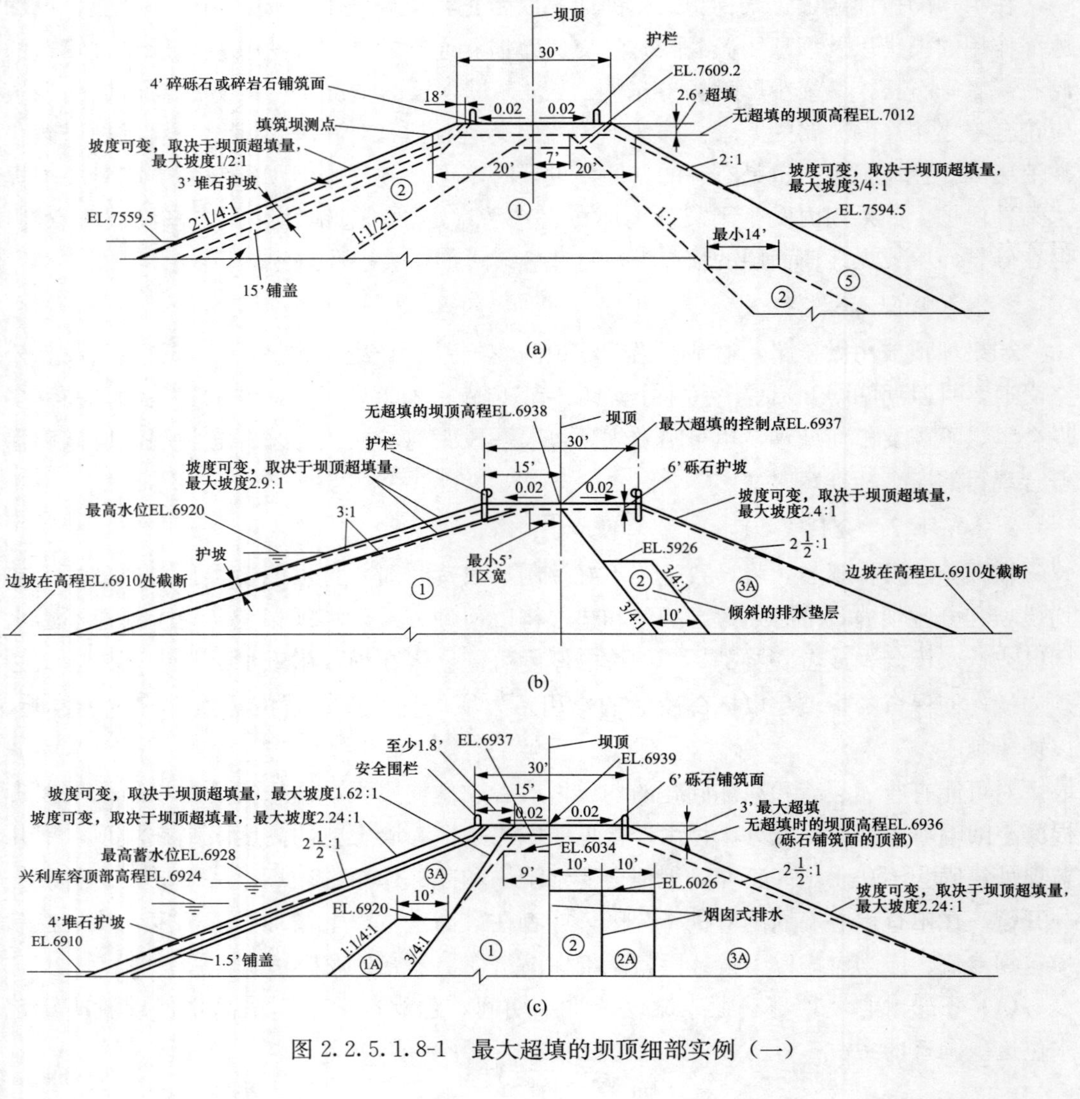

图 2.2.5.1.8-1　最大超填的坝顶细部实例（一）

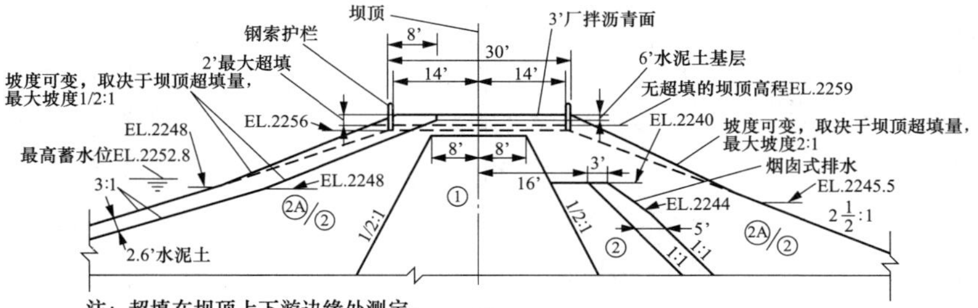

注：超填在坝顶上下游边缘处测定。

(d)

图 2.2.5.1.8-1　最大超填的坝顶细部实例（二）

2.2.5.2　超高

超高是坝顶（不计坝顶超填）与水库水面之间的垂直距离。术语“正常超高”的定义是：坝顶与按照设计要求确定的兴利库容、共用库容或者防洪专用库容水位之间的高程差。“最小超高”的定义是：泄水建筑物和溢洪道按设计运行时，坝顶高程与泄放设计洪水所形成的最高库水位之差。超高应留一些裕度，以应对可能存在的溢洪道和泄水建筑物闸门误操作以及相关安全事故。这被称为设计的稳健性，在《垦务局设计标准No. 14》第2章“水文”里讨论。正常超高与最小超高之差，称为超蓄水头。如果溢洪道没有闸门控制，设计将包括超蓄水头；如果溢洪道设有闸门，则正常超高和最小超高可能差不多。因为在正常运用期间发生较高波浪的几率比较大，所以也可能要求用正常超高来控制坝顶高程。第6章“超高”对超高要求和确定超高的方法有详细论述。

2.2.5.3　上游护坡

2.2.5.3.1　概述

土坝的上游坝坡必须加以保护，抵抗破坏性波浪作用。在某些场合，必须采用措施防备挖洞动物（如上游隔板或不透水区）。上游坝坡的护面工程常用堆石、抛石和水泥土，其他的护坡型式有钢面板、混凝土铺面、沥青混凝土铺面、预制混凝土块以及木块和袋装混凝土（用于小的、相对不重要的建筑物）。正常情况下，上游护坡由坝顶延伸到死水位以下某一安全距离（一般约5ft）。在某些情况下，护坡终结于支承马道处是有利的。由于上游护坡的费用高，因此通常只在常遇库水位区和坝顶处设置抛石带。在这种情况下，在无抛石保护的区域必须提供措施防止表面径流。

2.2.5.3.2　护坡型式的选择

经验证明，在大多数情况下，铺设具有足够耐久性、级配适当的抛石是成本最低的最佳上游护坡型式。美国陆军工程兵团对位于美国不同地区、气候条件和破浪破坏严重程度不同的约100座坝进行过调查，作为建立最实用、最经济的护坡措施的基础。这些大坝已建成5～50年，并且是由不同的单位修建的。这些调查发现：

（1）在抛石护坡的实例中，失败案例占5%，系因石块尺寸不当而致。

（2）在人工砌石护坡的实例中，失败案例占30%，系因单层砌筑缺乏连锁。

（3）在混凝土铺面的实例中，失败案例占36%，一般系因设计不当和施工细节缺陷。

这项调查证实，抛石护坡是迄今最可取的上游护坡型式，将在以下部分展开叙述。

2.2.5.3.3　抛石

抛石是将级配合理的石料或石块堆填在填筑坝上游坝坡上，用于防止坝坡受波浪作用的损害。抛石铺在配级适当的反滤层（垫层）上，既可以是一层专门铺设的铺盖，也可以是分区坝的上游区，与相邻区域在反滤方面兼容。抛石设计见第 7 章“抛石护坡”。

垦务局修建的 Horsetooth 坝，是堆石防护作用发挥极佳的代表。图 2.2.5.3.3-1 示出该坝上游坝坡的抛石在运行 60 年后仍有极好的防护作用。

图 2.2.5.3.3-1　科罗拉多州 Horsetooth 坝的上游抛石护坡

与其他类型的护坡相比，上游抛石护坡的优势及其较低的维护成本具有说服力。为避免使用其他方式为重要大坝修建护坡，人们认为从远处获取石块仍是经济的。因为运输成本提高，可用水泥土来代替需要长途运输的抛石。用水泥土替换抛石是经过对成本考虑而得出的。

也采用过质量勉强合格的抛石，但需增加层厚，并在施工期堆存一部分石料，供将来维护使用。如果使用抛石的成本很高，应该认真考虑使用水泥土。水泥土护坡设计见第 17 章“水泥土护坡”。碾压混凝土也可用于护坡，与水泥土的作用相当。虽然有些不同，但是碾压混凝土的铺设技术与水泥土铺设技术基本相似。

如果经济实惠，也可考虑其他上游护坡类型，如预制混凝土块、沥青混凝土、钢板以及混凝土铺面。对上游薄防渗体坝，护坡和防渗可结合。采用混凝土、沥青混凝土或钢板的上游薄防渗体，可使坝坡更陡，增加填筑坝的经济性。在大多数情况下，对于分区坝或均质坝，抛石和水泥土是最合适和经济的解决办法。

2.2.5.3.4　水泥土

近年发现，在坝址附近没有合适抛石料的情况下，采用水泥土作为土坝护面材料是经济的。在坝体设计中无需任何特殊措施，采用常规的坝体施工方法和步骤，但是需要特别注意的是要保证竣工后的坝体固结和坝基沉陷最小。图 2.2.5.3.4-1 示出在德克萨斯 Choke Canyon 坝上所用的水泥土护坡。

图 2.2.5.3.4-1　德克萨斯州 Choke Canyon 坝水泥土护坡

水泥土常摊铺并碾压成阶梯状的水平层，如图 2.2.5.3.4-2 所示的犹他州 Starvation 坝。这样使施工效率最高和运用效果最好。在典型的 2∶1（水平∶垂直）至 4∶1（水平∶垂直）的坝坡情况下，坝坡保护层水平向宽度为 8ft，相应的最小防护厚度 2～3.5ft，测量时垂直于坝坡。然而，水泥土也可以与上游坝坡平行铺设，通常称为平板法。使用平板法可在与坝坡表面平行的一层或多层上进行水泥土铺设。以往案例表明平板水泥土铺设坝坡为 3∶1（水平∶垂直）或更缓。碾压设备无法在陡峭的坝坡上使用。图 2.2.5.3.4-3 所示为在加利福尼亚 Wawan H. Brock 水库的内部坝坡采用平板铺筑法进行的水泥土铺设。

图 2.2.5.3.4-2　犹他州 Starvation 坝水泥土护坡

水泥土护坡详细论述见于第 17 章，“水泥土护坡”。如前所述，对护坡而言，碾压混凝土的质量与水泥土相当。

2.2.5.4　下游护坡

如果填筑坝的下游地区由石块或大卵石填筑，则其坝坡无需进行专门的表面处理。均质坝或坝壳为砂砾石的分区坝，其下游坝坡应用一层石料、大卵石或草皮来保护，以免受到风和坝面水流的侵蚀。在许多坝址处，尤其是干旱地区，鉴于挖洞动物的影响和植被护坡的难度，所以采用大卵石或石块护坡是比较好的，在费用不是太高的地方应当使用。图 2.2.5.4-1 示出 Jordanelle 坝下游的大卵石护坡。24in 厚的石层较易铺设，但通常 12in 厚的石层便可提供足够保护。这种材料可以从料场或骨料加工厂通过捡出超径材料获得。

图 2.2.5.3.4-3　加利福尼亚 Warren H. Brock 水库

图 2.2.5.4-1　犹他州 Jordanelle 坝下游的卵石护坡

如果种草或其他植被，需要选择适于当地生长的品种，通常需要顶层土。应向农艺师咨询，以确保成功。

不得采用会隐蔽渗流、动物洞穴的植物。植被不得覆盖出口表面至内部排水层。不会遮蔽有害情况的植被覆盖应予保留。坝坡应平缓，便于维修设备运行。通常，为了促进草皮发芽和助其生长，有必要对播种地区施肥并均匀洒水。

图 2.2.5.4-2 展示垦务局 Scoggins 坝下游的当地草皮护坡，其保护下游坝坡免受侵蚀已超过 35 年。

图 2.2.5.4-2　俄勒冈州 Scoggins 坝下游的植被护坡

2.2.5.5　地面排水

在设计土坝时，往往忽视坝肩和河谷处设置地面排水设施的需要，其结果是，在坝体与两岸土质坝肩的接触面附近会出现难看的沟蚀，陡峻坝肩尤其如此。在施工过程中，当清除了坝肩接触面附近的植被后，便加重了冲刷问题。

这种情况最可能沿着下游坝坡与坝肩的接触区，或在超高大的坝上沿上游坝坡与坝肩的接触区形成。通常可沿着接触区修建一道排水沟来控制冲刷。排水沟可用下游护面所用的大卵石或石块修筑。若下游坝坡是种草皮的，则须设置混凝土、沥青混凝土或干砌石的排水沟。沿下游坝坡的径流对坝坡或河床平缓的底坡形成沟蚀的可能性也应加以考虑；为了控制冲刷，可能需要沿等高线开沟或设明渠排水。图 2.2.5.5-1 是一典型等高线排水沟的照片，图 2.2.5.5-2 所示为等高线排水沟和明渠的典型断面。

需要特别注意修建排水沟或排水渠，将坝趾排水或排水槽的流量引离下游坝趾，使其不致形成难看的沼泽区。具体坝趾的地面排水设施及其最合适的型式，通常均可在施工前或施工期间经现场观测做出最好的决定。

2.2.5.6　坝肩处的裹头斜坡

在坝肩处，填筑坝的上游坝坡和下游坝坡均可放缓作成裹头斜坡，以利坝肩稳定，通过使坝的不透水坝区与坝肩有较长的接触面而控制渗流，或是给透水的坝肩提供一道不透水的覆盖层。若坝肩是透水的，且无法经济地建成有效的防渗墙，则通过裹住坝体或将坝顶中心线布置在脊线的上游，可能起到上游不透水铺盖的作用。在这样的情况下，不透水区与透水区基础之间，可能需要设反滤层。由正常坝坡到带裹头斜坡之间过

图 2.2.5.5-1　南达科塔州 Belle Fourche 坝的等高线排水沟

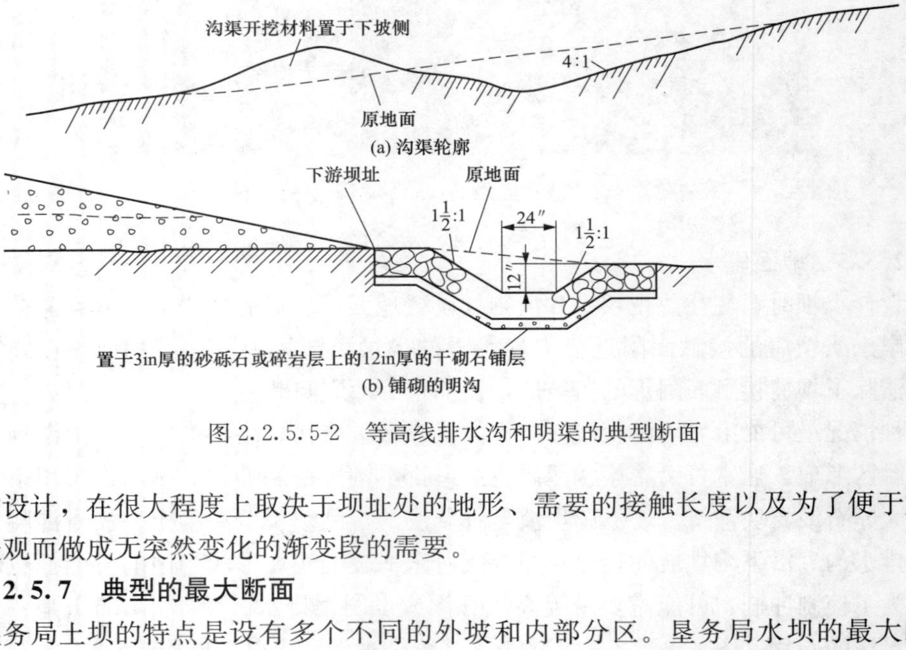

图 2.2.5.5-2　等高线排水沟和明渠的典型断面

渡段的设计，在很大程度上取决于坝址处的地形、需要的接触长度以及为了便于施工和为了美观而做成无突然变化的渐变段的需要。

2.2.5.7　典型的最大断面

垦务局土坝的特点是设有多个不同的外坡和内部分区。垦务局水坝的最大断面见《最大断面及土方工程控制》。

2.3　堆石坝

2.3.1　起源与应用

堆石坝起源于 100 多年前加利福尼亚采金潮期间。从 19 世纪后期至 20 世纪 30 年代中期，修建了许多座堆石坝，其中一些坝的设计和施工，在盖洛韦的著作中有所叙述。

虽然许多大坝是在 20 世纪 50 年代修建的，但在 1930 年后，由于获取与铺筑大量堆石料的费用增加，致使对修建堆石坝的兴趣下降。自 1960 年以来，堆石坝的兴建显著增加，这缘于坝址较偏远，采石与铺筑作业更为经济，开挖料被用于任意坝料区，细部设计更良好，增加了对堆石的认知，以及出现了在山区修建的抽水蓄能工程。运行良好的堆石坝的数量日益增多，又进一步促进其应用。

当具备下列条件之一时，便可证明修建堆石坝是经济的：

（1）大量石料可很容易地获取，或是可自工程项目开挖得到，如溢洪道或隧洞开挖。

（2）难以得到土料或混凝土骨料，或需大量的加工处理。

（3）施工季节短。

（4）气候过于潮湿，限制大量土料的铺筑。

（5）预期坝在日后要加高。

采用堆石坝的其他有利因素：在寒冷地区，整个冬季都能铺筑堆石，并且还可以同步进行基础灌浆，且抗震稳定性高；扬压力和通过堆石料的渗流一般不会出现显著的设计或运行问题（但渗流损失在经济上值得关注）。

2.3.2 定义与类型

堆石坝的定义如下："堆石坝是以厚层抛填石料或薄分层碾压石料为主的挡水结构物"。本标准对石料还有进一步的限定条件，即石料包括多角的石块，如采石场生产出来的或是天然状态下的岩石堆积体，以及有圆角的石块，如粗砾、大卵石和漂石。目前厚层抛填石料已基本上被薄分层碾压石料取代。防渗体可当做防水层使用，可以布置在坝体内或上游坝坡上。防渗体使用各种材料修建，包括土、钢筋混凝土、钢板、沥青混凝土、土工膜和木材。

堆石坝可按防渗体所在的位置，分成三类：①中央心墙；②斜心墙；③上游面板。图 2.3.2-1 是这些不同类型堆石坝的横截面示例。但是，混凝土和沥青混凝土板都是用于内部防渗体和上游防渗体。在一些欧洲国家，常规的办法是采用沥青混凝土。各种位置的防渗体，各有其优缺点，随防渗体的类型、现场可获取材料以及基础条件而异。中央心墙和斜墙都属于"内部防渗体"，一般用不透水土料来修建。不论是内部的或是上游的（外部的）防渗体，在确定其要使用的材料类型时，均应进行经济分析。若拟采用位于坝内部的不透水土质防渗墙，则中央的直立心墙，较之靠上游的斜墙，并没有明显的优越性。一般根据经济性和现场的具体环境选择。在考虑直立心墙或斜墙时，请参考《土坝与土石坝》（*Earth and Earth Rock Dams*）和《填筑坝设计与施工的流行趋势》（*Current Trends in Design and Construction of Embankment Dams*）

当对内部防渗体与上游面板进行比较时，应考虑各自的下述优点：

（1）内部防渗体：

1）由于是直线布置，灌浆帷幕的长度较短；

2）避免了气候与外部破坏的影响；

3）若心墙位于中央，则将来的修补灌浆可自坝顶实施。这一点，也适用于稍微倾向上游的斜墙；

4）比较易于适应不利的坝基条件，尤其是当心墙位于中央时；

5）不要求上游防渗体所需的专业施工。

（2）上游面板：

1）如果水库水位可以下降至一定的高程，则易于检查与修补；

2）面板通常可以在堆石体施工期间或竣工之后完成；

3）基础灌浆不在填筑施工的关键路径上；

4）若坝内廊道设于上游坝脚，则将来可以实施修补灌浆；

5）大部分坝体保持不饱和状态，有利于静力稳定和动力稳定；

6）较大体积的坝体可用做底面抗滑稳定（见图 2.3.2-2）；

7）面板起到了护坡作用；

8）由于面板和反滤层不必像内部防渗心墙那样与堆石体同时铺设，更适于在潮湿或寒冷气候条件下施工；

9）因下游坝体基本不饱和，而且牢固，此类坝的失事情况很少见；

10）日后更易于加高。

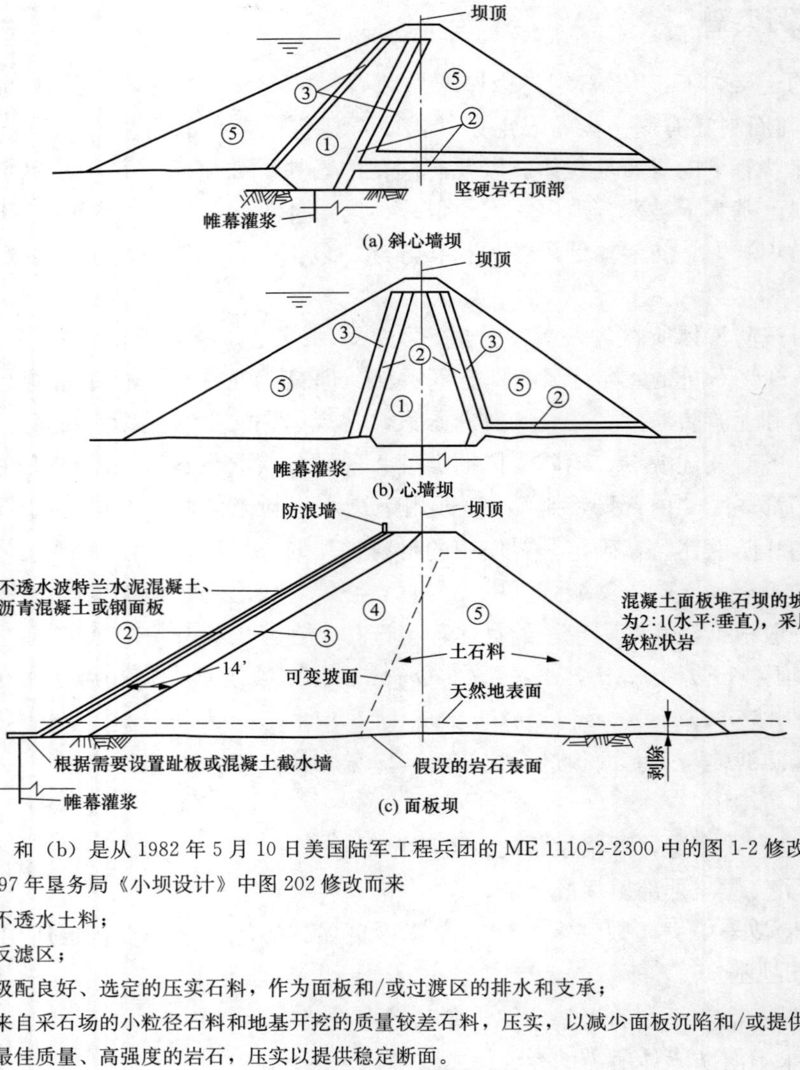

注：(a) 和 (b) 是从 1982 年 5 月 10 日美国陆军工程兵团的 ME 1110-2-2300 中的图 1-2 修改而来。(c) 是从 1997 年垦务局《小坝设计》中图 202 修改而来

①——不透水土料；

②——反滤区；

③——级配良好、选定的压实石料，作为面板和/或过渡区的排水和支承；

④——来自采石场的小粒径石料和地基开挖的质量较差石料，压实，以减少面板沉陷和/或提供过渡；

⑤——最佳质量、高强度的岩石，压实以提供稳定断面。

图 2.3.2-1　不同类型堆石坝的横截面

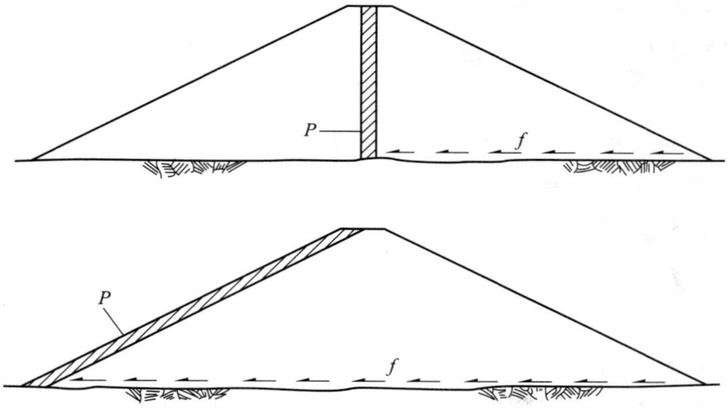

说明：P——总水压力；
f——抗滑力。

图 2.3.2-2 上游防渗体对坝体抗滑力的影响

若采用外部上游防渗体，则建议用混凝土或沥青来修建。水库水位应能够下降到一个可以进行检修的高程；摄像机或声波设备可以用来检查漏水，小修理可由潜水员实施。

若采用土质心墙堆石坝，则要求在上游和下游均设置恰当的反滤层。其下游反滤层需满足第 5 章“保护性反滤”以及第 8 章“渗流”中所列举的各项要求。上游反滤层的一项关键功能是防止裂缝，尽管它的设计要求不太严格，但其所含的通过 200 号筛的无黏性细粒料应为 5%或小于 5%。上游反滤层还必须防止在库水位下降期间不透水心墙料被带走。若在坝址处没有合适的材料修建心墙或反滤层，不透水土料或反滤料需加工获取，则土质心墙堆石坝可能是不经济的，因为反滤料加工费用会极高。若为了保证心墙与堆石壳之间的反滤，需要设多层反滤，则土质心墙堆石坝的建设费用也将显著增加。

2.3.3 非土质防渗体

有时，用非土质材料修建填筑坝或填土坝的不透水结构是有利的，或者可能是必要的。主要原因是缺乏合适的不透水土料、气候条件以及节约费用。其他替代防渗体在设计和施工方面的先进技术使其应用显著增加。在第十六届国际大坝会议上，对各种可获取材料做了广泛地报道。本章以下章节中提出替代材料的基本设计原理，但考虑采用这些材料作为土质心墙代用品的工程师们还应参考第十六届国际大坝会议论文集。

2.3.4 坝基设计

2.3.4.1 坝基要求与处理

最理想的坝基是坚硬而抗侵蚀的基岩。由河砾石与碎石组成的坝基，在一些场合是可以采用的，但是通常需设置嵌入基岩的防渗墙。选择和处理坝基，必须考虑到使堆石坝体的沉降最小。为防止裂隙中或深开挖中的材料被冲刷最终从坝基或坝肩进入堆石体内，应用反滤层加以保护，或者必要时予以清除，并用混凝土或适当的回填料回填。若拟采用土质心墙，则坝基须按第 3 章“坝基表面处理”的要求加以处理。对反滤层和过渡区下的“中央接触区”，应按不透水心墙基础的要求加以处理，除非这些区域在特殊位置，需要排出坝基渗流。

坝轴线的选择应使坝体方量最小，或使防渗体最小，视哪一条准则在经济上更有利而定，或者同时使坝体方量和防渗体面积最小，只要利用已有的有利地形和地质条件，并对基础条件予以充分考虑和处理即可。

坝基处理必须充分满足下列准则：

（1）渗漏最少；

（2）防止内部侵蚀；

（3）防止沉降，以免坝肩与填筑体之间产生脱离或出现大的不连续面；

（4）在坝体与坝肩及坝体与坝基之间建立足够的摩擦力，以确保底面的抗滑能力。

以前设计师们认为，在面板堆石坝（即上游面有不透水结构）下方的所有沉积土都要清除。现在流行的做法是允许在坝体下游三分之一处下方保留良好的沉积土，当存在如密实砂砾石层等十分适宜的沉积土时，甚至可保留更多。其基本原理是：在地下水位低的情况下，防渗体靠上游设置，堆石体能提供更大的抗滑力。在做出保留原位土体或较差岩层的决定之前，需对坝体稳定性和坝体材料液化趋势进行全面的评价。采取此方法之前，认真评价沉积土的液化趋势是必要的。

2.3.4.2　防渗面板

为安全有效地运行，防止坝下渗流和防渗体与坝基之间不透水是至关重要的。为了减少坝下渗流，坝基通常要灌浆。应根据对坝址地质条件的精心分析、岩基钻孔的观察及钻孔水压实验，确定是否需要灌浆及灌浆范围。若无资料可参考，则应认为需要进行灌浆。但是，对于每年都要放空的水库，可根据最初几年水库运行期间的渗流观测确定灌浆需要。

嵌入基岩内不同深度的防渗墙（当防渗面板采用混凝土板时，称趾板），用于防止坝基上部的渗漏，方便灌浆作业，为防渗体提供防渗止水，并承受防渗体向下的推力。图 2.3.4.2-1、图 2.3.4.2-2、图 2.3.4.2-3 示出典型的防渗墙细部。排水廊道有时与防渗墙或趾板联合使用，便于以后的灌浆，并用来确定渗漏位置和渗漏量。

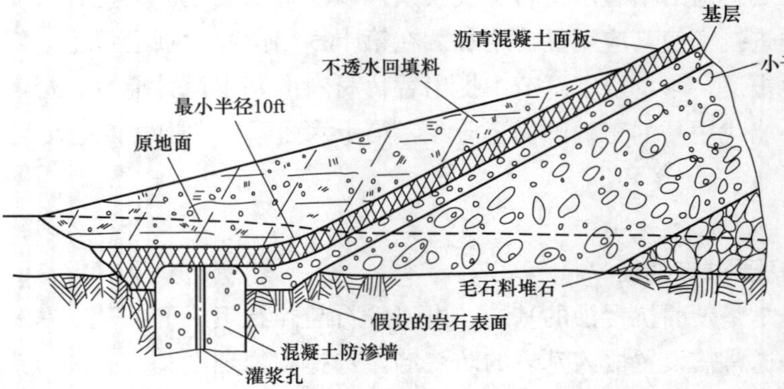

图 2.3.4.2-1　沥青混凝土面板与防渗墙连接细部

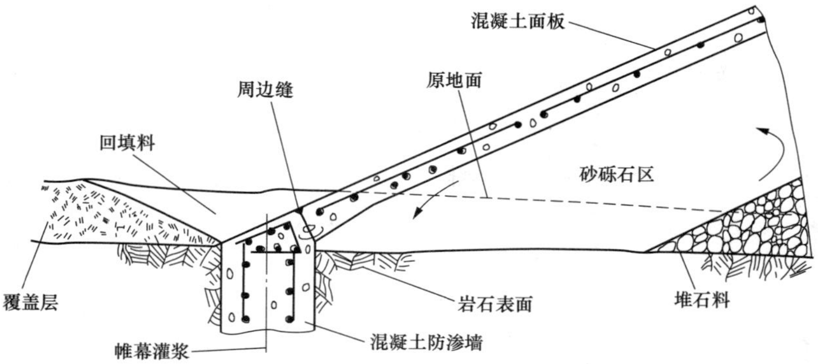

(a) 混凝土面板与防渗墙连接

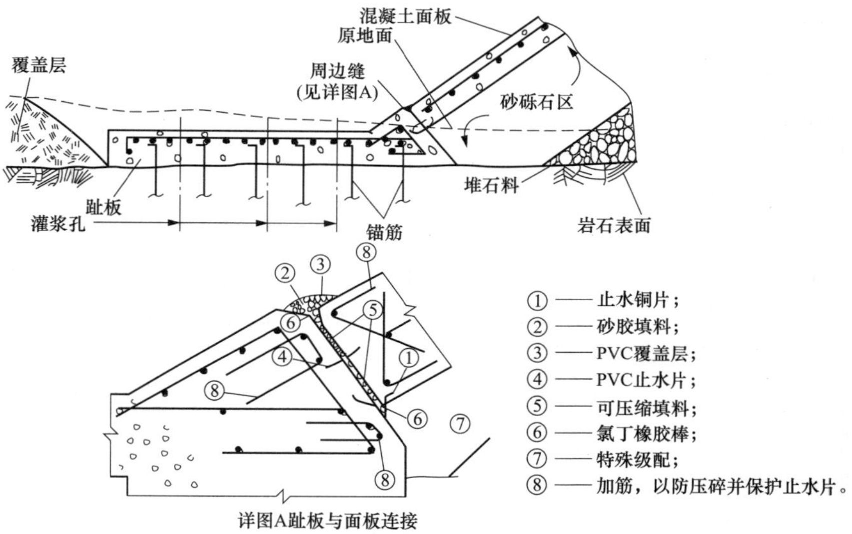

详图A趾板与面板连接

(b) 与上游混凝土面板联合使用的趾板

图 2.3.4.2-2 混凝土防渗墙连接细部

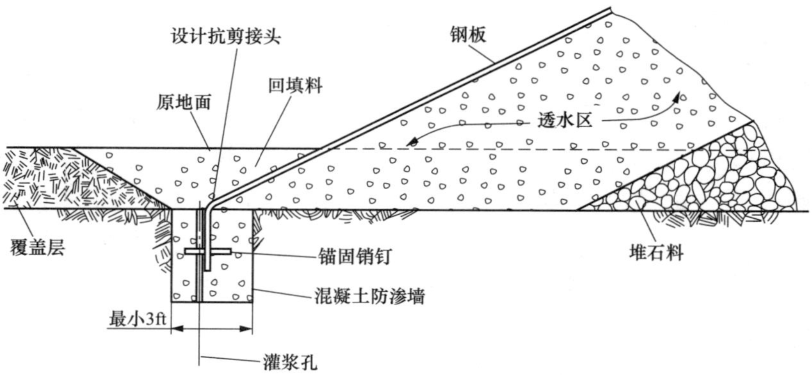

图 2.3.4.2-3 钢面板与防渗墙连接细部

图 2. 3. 4. 2-2（b）所示的趾板防渗墙与混凝土面板联合使用，在坝基和面板之间提供了防渗止水片。趾板的优点是无需在岩石中大范围开挖，从而防止破坏坝基，并且能使灌浆作业更早开始，缩短施工时间，减少费用。在岩基坚固无侵蚀，且预期地下渗流问题少的地方，可使用趾板。趾板下岩石表面的处理，应与土质心墙坝不透水区下岩石的表面处理类似。当坝基接触区上部的渗透性不明时，如存在软弱岩石或裂隙岩石，嵌入岩基内的防渗墙能提供更多保护，并可检查有问题的材料。防渗墙周边的任何爆破作业应谨慎进行，减少对其周边岩石的破坏。

建议坚固岩基中的防渗墙最小宽度和深度为 3ft，并且应视岩基风化的深度和强度而加深。趾板的宽度将取决于水深、坝高、坝基条件、施工或灌浆要求，最小宽度一般为 10ft。若基岩条件不良，则需要更宽的趾板。在趾板下方最容易修建多排灌浆帷幕。除了防止渗漏之外，防渗墙和趾板还必须能够承受面板的推力，在采用钢面板的情况下，还要承受因坝体沉陷而传给防渗墙的拉力。应考虑使钢面板的下缘保持自由，直到坝体完成初始沉降。

防渗墙应沿面板与坝基之间的整个上游接触面延伸。

2. 3. 5 坝体设计

2. 3. 5. 1 石料的选择

采用过很多种石料修建堆石坝，从坚硬、耐久的花岗岩和石英岩，到比较软的材料，如杂砂岩、砂岩和板状页岩。过去，设计者认为只有质量最高的堆石材料才能应用；然而，随着较薄填筑层的出现以及更有效碾压技术的应用，质量较差的石料被用于填筑坝段中。级配良好的圆砾石和卵石现在被认为是最耐久的堆石料，因为多角的石块在高应力作用下，往往在石块接触点或沿裂隙破裂，导致更大的沉陷和变形。利用溢洪道、泄水建筑物、隧洞及其他附属建筑物的开挖料，降低了堆石坝的建设费用，而又不削弱堆石坝坝体的实用性或稳定性。若有少量质量较差的石料，可将它们用于坝体内部的任意料区；任意料区可用材料在第 2. 2. 4. 3 节“建筑物开挖料的利用”中有论述。

石料最好是坚硬、耐久、抗风化、抗潮湿的，并且不致因开采、装载、运输和填筑作业过分破碎。图 2. 3. 5. 1-1 展示的是加利福利亚州的 New Melones 坝下游面上的变质蛇纹岩堆石。石料还应不含可能导致其发生物理化学风化并崩解的不稳定矿物质。火成岩、变质岩和沉积岩都成功地用于填筑，关于岩石类型，只能给出一般的建议，因为每一坝址使用的石料应体现就地取材的原则。

测定抗磨性、冻融特性及吸水率的实验室试验，可以用来评价石料料源及类型是否适合用做堆石料。岩相分析和 X 射线衍射分析，可以用来识别易受风化的矿物质。无侧限压缩试验或三轴压缩试验可用于评价堆石料的强度特性。确定岩石抗风化能力的最好方法之一就是简单地观察其在现场原位状况。不过，这种方法并非总能显示石料在填筑体饱和之后的工作状况。对坝址处可以获取的各种材料应进行填筑试验，在材料性质可疑的情况下，尤需如此。填筑试验可以判定下列各项：

（1）处于临界状态的材料，究竟能否使用。

（2）所选用的坝体材料，在碾压期间的实际状况。

图 2.3.5.1-1　加利福利亚州 New Melones 坝下游坝坡的堆石料

（3）每一种材料的适用碾压设备类型。

（4）每一种材料所用碾压设备所需的碾压遍数。

（5）每种材料适宜的摊铺厚度。

（6）为了适应新材料或不同材料的不同性质，改变填筑断面的必要性。

试验填筑应采用承包商很可能要用的设备和方法。

采石爆破方法对岩石级配、超径石块的百分率及是否需要加工处理的影响，也应检验，还包括估算所需的开采范围。

设计工程师评估堆石料时很重要的一点是，小规模三轴压缩试验所提供的强度参数适用于实际堆石材料的程度，而大规模三轴压缩试验的费用是高昂的。幸运的是，马里奇等人在排水三轴压缩试验中，通过对 36in、12in 和 2.8in 直径的试件进行试验，研究了这个问题，并得到了数据。采用平行的粒径曲线和相似的颗粒曲线形状（模拟），估算粒径大小对堆石料的强度及变形特性的影响，还研究了颗粒压碎的影响。

试验的三种类型材料如下：

（1）Pyramid 坝：泥质板岩，细粒沉积岩，在采石场爆破开采，角状，颗粒比较软弱（G_s＝2.67）；

（2）压碎的玄武岩：爆破开采，并且压碎至要求的粒径，角状，十分坚硬（G_s＝2.87）；

（3）Oroville 坝：闪岩，变质岩，圆颗粒至略圆颗粒，夹有一些略带棱角的细砂粒，疏浚材料，坚硬（G_s＝2.86～2.94）。

实际堆石料与模拟材料的级配曲线示于图 2.3.5.1-2。

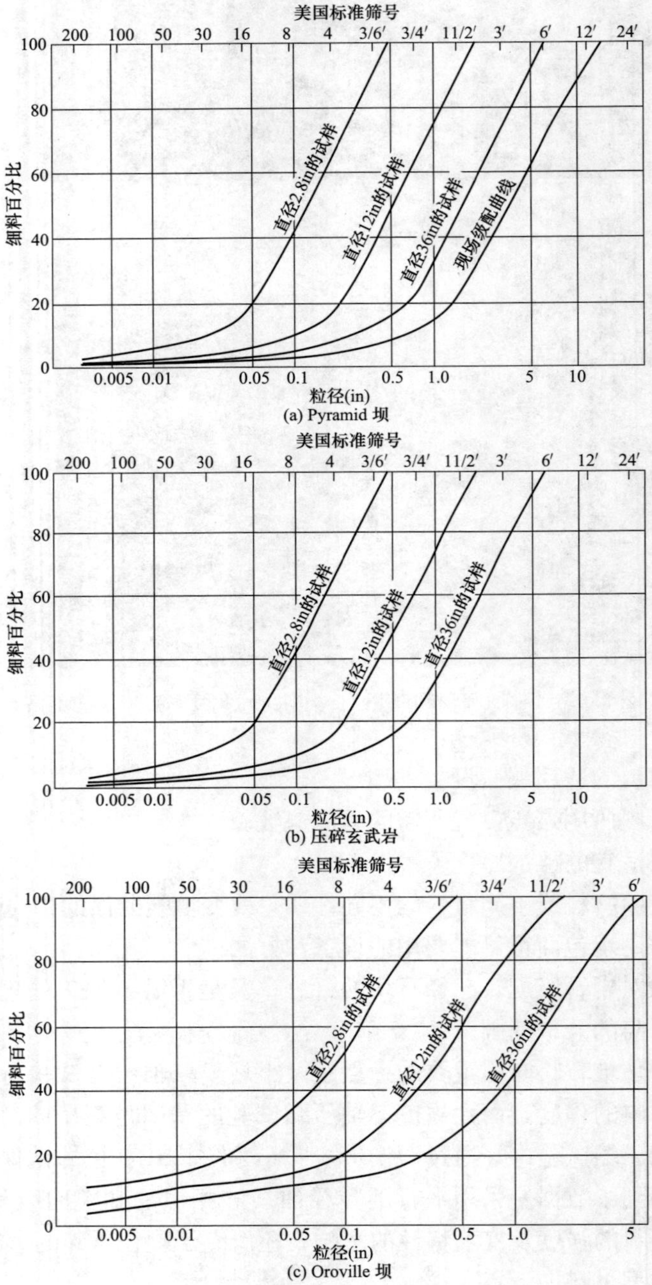

图 2.3.5.1-2　试验堆石料的颗粒级配

虽然上述报道主要针对堆石料在高坝上的应用，但是，下列一般性结论适用于各种规模的堆石坝：

（1）由于可以较好地模拟堆石料，故可由小规模试验获得实际材料的强度和变形特性。

（2）在任意给定的侧限压力下，随着试件粒径的增大，内摩擦角减小不多，但幅度较大。

（3）由级配良好和圆度良好的颗粒组成的堆石料，比均匀级配的角状堆石料优越，对高坝尤其如此。

（4）对于任何给定的粒径，随着试件侧限压力的增大，内摩擦角减小。

图 2.3.5.1-3 示出内摩擦角和侧限压力的变化曲线。图中示出的内摩擦角，普遍随侧限压力的增加而减小，而在侧限压力固定不变的条件下随粒径的加大而减小，应引起设计人员注意。

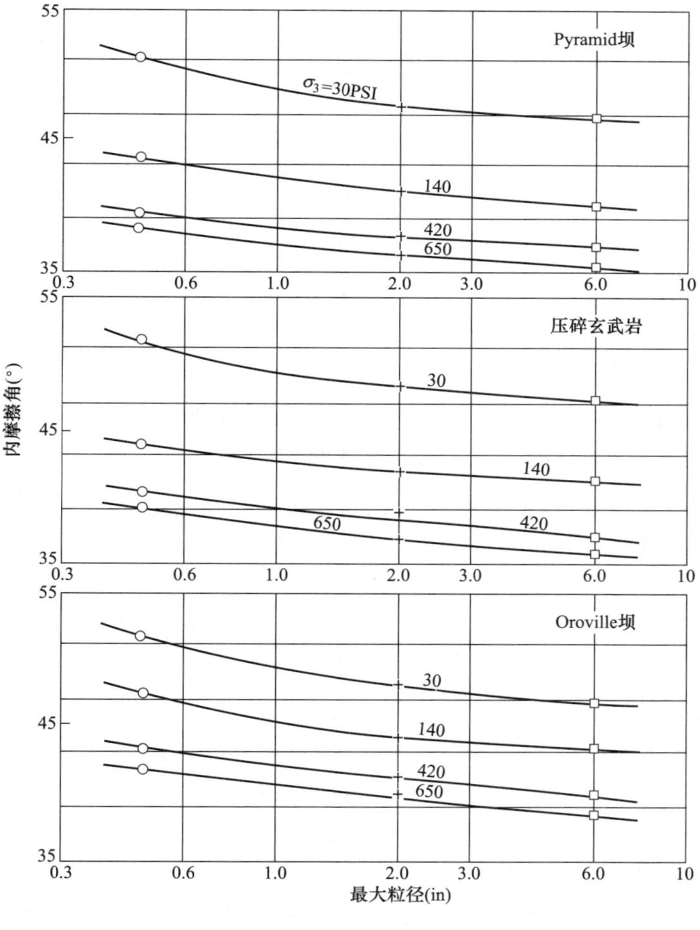

图 2.3.5.1-3　最大粒径对内摩擦角的影响

关于试验的详细情况、有关堆石料强度和变形特性、石料受高侧限压力时的压碎特性方面的进一步结论，参考莱普斯的报道，这些结论汇总在图 2.3.5.1-4 中。

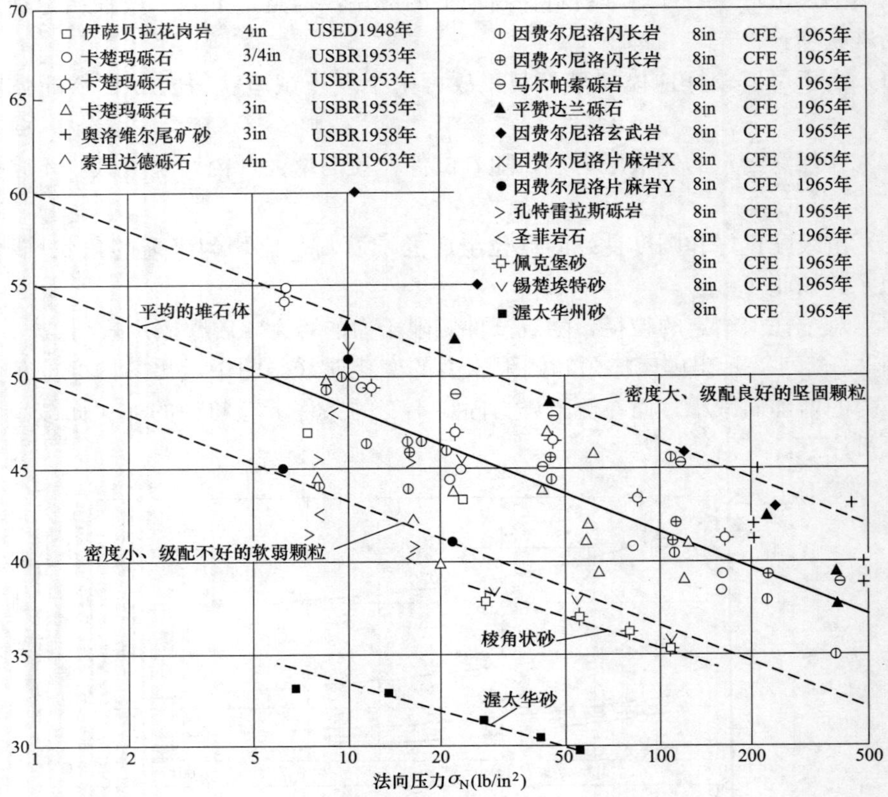

图 2.3.5.1-4 大型三轴压缩试验中堆石料的抗剪强度

还有其他一些出版物和文献，可作为选择堆石料抗剪强度时的指南。在可利用的资料里一般都能选出一个适宜的强度。若对按本标准所载曲线图或从其他出处选得的强度的适宜性感到怀疑，则应进行试验。

2.3.5.2 堆石坝坝体断面

堆石坝的坝坡，从早期通常 0.5∶1～0.75∶1 的很陡坡度，发展成当前实践中所用的较缓的 1.3∶1～2.0∶1 的坡度。1.3∶1～1.4∶1 的坡度大致相应于松散抛石的安息角，防止坝坡松散。如果砂砾或软弱石料用于堆石区，则需要较缓的坡度，以防止坝坡松散。在设计坝坡时也应考虑坝基材料的强度。坝基强度低可能要求较缓的坝坡。早期的堆石坝都是采用上游面板，并且为了减少堆石量，都修建成陡峻的上、下游坡。由于这些坝坡比抛填石块的自然坡度陡得多，所以它们是靠用起重机铺设的厚层干砌石来维持稳定的，干砌石层用做上游面板的垫层。这些坝的堆石部分是抛填或冲填厚层石料而构成的，坝高的范围在 30～165ft。后来的设计，将下游坝坡放缓到石块的自然安息角，取消了下游坝坡上的干砌石垫层，但仍保留了很陡的上游坝坡。因为上游坝区大部分施工是用起重机填筑大石块，所以坝的造价不断增加。设计人员发现，采用接近于抛填石料安息角的坡度，取消起重机填筑，更为经济。由于抛填堆石体的变形过大（对高坝尤其如此），故逐渐被碾压堆石所代替。

上、下游坝坡的坡度取决于防渗体的型式及其位置。具有土质中央心墙或斜心墙的堆石坝，通常上、下游坝坡约为 1.5：1～2：1，取决于心墙的位置。上游坝坡一般比较平缓，尤其是上游斜心墙的坝坡。上游坝面为薄面板的坝，上游坝坡通常为 1.3：1～1.7：1，且其下游坝坡接近于石块的安息角。

大多数的沥青混凝土面板坝，为方便面板施工，其上游坝坡都修成 1.6：1～1.7：1。而大多数的钢面板和混凝土面板堆石坝则采用 1.3：1～1.4：1 的坡度。现有文献表明，这样的坝坡运行良好。对于沥青混凝土面板坝来说，技术方面的进步允许采用更陡的坝坡。

土质中央心墙或斜心墙堆石坝，其上、下游坝的坡度将取决于心墙的尺寸、土的性质、所需反滤区的宽度、坝基材料类型、水库水位泄降要求和施工顺序等，以及每一坝址特有的设计问题。图 2.3.2-1 为典型的土质心墙堆石坝坝体断面。具体坝体断面见《最大断面和土方控制统计》。

图 2.3.2-1（c）中还示出面板坝的典型分区。需要指出的是，相似分区可在有内部心墙的堆石坝中使用，第 2 区和第 3 区可设计为反滤区，而第 4 区和第 5 区则为坝体堆石料。图 2.3.2-1（c）面板坝分区的编号与下述的分区描述编号一致，而不对应图 2.3.2-1（c）中的分区描述。面板坝的内部坝段可以分为 4 个区，描述如下：

第 2 区：级配良好的砂砾，用来作为面板的垫层、整平层和良好的工作面。

第 3 区：级配良好、尺寸较小的石块和砾石，用来支撑上游面板并提供从第 2 区到第 4 区的过渡。如果面板开裂或接缝张开，致使密封层和止水失去作用的话，该区还可延缓水的大量漏失。

第 4 区：尺寸比第 5 区小的石块，如从必要的开挖获取的高质量石料，用于减小造价。该区的可压缩性必须足够小，使面板不发生有害的移动。理想的情况是，该区的横向渗透率高，可以排出任何渗漏水。

第 5 区：较大的下游坝区，由高质量的、大尺寸的碾压石料组成。该区能使坝断面保持很高的下游稳定性。理想的情况是，该区的横向渗透率高，可以排出任何渗漏水。

这 4 个坝区的铺筑条件，在 2.3.5.4“堆石料的填筑”中论述。

级配要求是难以规定的，因为它们取决于采用石料的类型以及开采方法。与坝设计的许多方面一样，只能给出一般的规则，但是，第 5 章规定的反滤层准则是必须满足的。对于面板堆石坝，最好采用质量高的石料。下游第 5 区应使用可获得的最大石料。在填筑层内，不得放置大的片状石料（长宽比大于 3：1），因为它们往往架空，形成大的孔隙，如果石料破碎，还会导致过分沉陷。如果可能的话，第 5 区的石料应级配良好，最大粒径约 1yd^3。其细粒料的含量应该较少，以确保渗透能力令人满意。第 4 区的材料应级配良好，最大粒径 10ft^3，并且压实后仍具有很高的渗透性。第 3 区石料应级配良好，由粒径约 3in 至通过 100 号筛占 5%～15%的材料组成。若按后文所述，无需设置第 2 区，第 3 区的级配将取决于所用面板的类型及施工方法。若不设置第 2 区，则第 3 区的材料应为面板提供一个光滑均匀的承载面，材料级配应能够在面板开裂时延缓水的大量流失。

第 2 区可能并非总是必要的，这取决于是否需要有一个整平层和第 3 区的材料级配，以及第 3 区在铺设面板前抵抗降雨引起的冲刷的能力或抵抗铺筑面板时剥落的能力。任何情况下，都应在紧靠面板下的坝区为铺设面板的设备与工人设置一个良好的工作面，并能够阻止水的过量流失，抵抗地表径流的冲刷。第 2 区应采用级配良好的材料，最大粒径 3in 至通过 200 号筛的材料占 2%～12%。

一般来说，第 4 区和第 5 区的石料级配，应是从上游到下游由细变粗，在第 5 区的下游较低处，铺筑尺寸最大且最坚固的石料。每一坝区的石料选择，应在采石场进行。堆石坝的坝坡通常是根据经验和坝不会饱和的设计要求来选定。因此，重要的是堆石体是自由排水的，并且质量良好。

对于土质中央心墙堆石坝，较大和较坚固的石料应铺设在堆石区外侧，其级配是由反滤层到坝坡由细变粗。

坝轴线既可以是曲线（向上游凸出），也可以是直线。曲线坝顶，当水库蓄水时将对坝体有挤压作用，而直线坝顶的好处是易于施工布置，且坝的总造价较少。对于小坝，在坝基和坝肩条件良好的情况下，建议采用直线坝顶。对于上游面板堆石坝，建议其布置应使防渗面板暴露的面积最小。这样能加快面板施工，降低面板和防渗墙的造价，还可降低维修费。

在堆石坝内，也可使用强度或渗透性差的石料来填筑任意料区，以节约费用。其条件是：该填筑段的稳定性不致受到损害，且设置了恰当的排水，防止填筑体饱和。可采用试验填筑来确定石料是否适用。

坝顶宽度取决于其竣工后的用途及所采用的防渗体型式。但是，坝顶应有足够的宽度以适应上游面板的施工，建议其最小宽度为 20ft。坝顶超填量应按预计的坝基和坝体沉降量来确定，有时采用坝体高度的 1%，有关导则见第 9 章“静力变形分析”。可采用直线方程按照图 2.2.5.1.4-1 所示，确定坝顶超填。有关坝顶细部的其他各种考虑载于 2.2.5.1“坝顶细部”。超高的要求取决于最大风速、吹程、水库运行条件、坝坡粗糙率和溢洪道泄洪能力等。超高的确定应符合第 6 章“超高”。

如果采用顶部挡墙或防浪墙防止因波浪爬高而导致的漫坝和溅水，那么其超高要求可比对抛填堆石坝的正常要求低。若不采用顶部挡墙，则应有足够的超高，以防波浪爬高越过坝顶。采用质量高的顶部挡墙，并使其支撑坝体的上部，可获得利用堆石的经济效益。顶部挡墙的高程应起自坝体上混凝土面板滑模设备作业及材料供应之处。采用较高的顶部挡墙可减少坝上游面的堆石量。顶部挡墙在紧贴其填筑的堆石荷载作用下应是稳定的。利用顶部挡墙已经取得良好的效果，因此推荐采用。

2.3.5.3 稳定性

在确定一座堆石坝的稳定性时，经验和判断是很重要的。如果坝体内的堆石料不是高质量的石料，或者坝基有软弱带，就必须进行稳定分析。如果填筑料坚固良好，并且坝基也适宜，只做坝坡稳定分析即可。静力稳定性及抗震稳定性均应加以考虑，并写成文件，包括陈述在稳定分析受到限制的情况下所用方法的原理。对堆石体强度随侧限压力而发生变化的研究，对于高坝的稳定分析是重要的。在进行稳定分析时，应根据第 4 章“静力稳定分析”以及第 13 章“抗震设计和分析”。

2.3.5.4 堆石料的填筑

在修建堆石坝时，把沉降控制在允许的范围内是至关重要的，因为过度沉降可能导致上游薄防渗体破裂或接缝脱开，造成堆石坝漏水。对于中央心墙堆石坝，过度沉陷会导致心墙和堆石坝壳间的不均匀沉陷，产生潜在阻力、低应力区和开裂。早期的堆石坝都是采用后填筑层，当时认为抛填高度可将填筑层压实，减少坝体的孔隙，从而减少沉陷量。经验已经证明：抛填形成的堆石坝往往在初始蓄水期间就显著地沉陷并向下游偏移。有许多厚填筑层的坝都发生了渗漏问题。经验表明，薄层石料（1～4ft）经振动碾压后，形成较稳定的坝体，沉陷量最小。就面板堆石坝而言，坝体最好在开始修建上游面板之前就已填筑完毕，因为这样能够完成初始沉降，从而减少面板严重开裂的概率。

堆石体的沉陷可能与加水有关。索尔斯等人已证明，干铺随后浇湿的堆石料沉降显著。在很多情况下，充分碾压并不是必须加水，为此使用水是浪费。不过，对某些堆石体，加水是必要的，并且要加足够的水，以利于压实和碾压期间的沉陷。应当利用试验填筑和压缩试验来确定，为压实是否需加水。在干旱和半干旱地区，加水费用是关键性的。压实良好的堆石料不仅总沉降量最小，而且还使固结特性不同的分区之间的不均匀沉降最小。

2.3.5.5 碾压

图 2.3.2-1 示出堆石坝的典型断面。第 5 区的石料应当是坚固耐久的高质量石料，摊铺成 2～4ft 厚的层（视石块大小），再用振动碾碾压。第 4 区的石料可以小于第 5 区的石料，如利用溢洪道或隧洞开挖料，摊铺层厚度 2～3ft，用振动碾碾压。但是，第 4 区的压缩模量必须足够高，防止沉陷造成面板开裂。第 3 区为上游面板提供承载面，或为不透水心墙提供过渡区，其石料可以是加工的或挑选的料场开挖料。第 3 区的石料应用振动碾压成 12in 厚的填筑层；若为了碾压而必须加水，则应在碾压前将石料全面润湿。第 2 区通常用做面板堆石坝的工作面和整平层以及心墙区的反滤层。如果第 2 区用做面板堆石坝的斜坡层，则应按照第 3 区的要求碾压坡面。第 2、3、4 和 5 区的推荐级配见 2.3.5.2“堆石坝坝体断面”。

每一堆石区所用的振动碾的规格取决于该区石料的性质，并且最好是通过试验填筑来选定。堆石碾压作业最广泛使用的振动碾是 3～20t 的。对于较厚的填筑层和较大的石料，要使用大振动碾，而在面板堆石坝的表面、较薄的过渡层或难以抵达的区域，则用较小的振动碾。第 3 区石料表面应用振动平碾上下牵引碾压。一般来说，前两遍碾压要关闭振动器以防位移。位于面板底下的第 2 区也应用振动平碾上下牵引碾压。与第 3 区一样，在前两遍时要关闭振动器。

对于中央心墙或斜心墙式堆石坝，应用振动碾将其上、下游的堆石体按层厚 2～4ft 压实，以提供尽可能稳定的断面。如前所述，如必要，应将填筑层全部润湿，以利碾压。

对于所有类型的堆石料，最终选用的摊铺厚度和碾压程度取决于以下考虑因素：最大石块尺寸、使用的振动碾、容许沉陷量、抗震事宜和类似因素。

堆石区碾压的详细论述见第 10 章“填筑坝施工”。

2.3.6 防渗体设计

2.3.6.1 不透水心墙

图 2.3.2-1 示出土质心墙和斜心墙堆石坝的典型断面。从铺筑顺序和/或材料可获取性来看，用不透水土料做斜心墙是有利的。坝内也用过混凝土、沥青和钢隔板，它们有时也是有用的。但由于它们比较薄、比较脆，容易断裂，因此采用土质心墙更有益。随

着技术发展，出现了脆性较小的塑性混凝土和沥青混合料。缺点是不能对它们进行检查和修补。内部心墙坝的堆石区见 2.3.5.2“堆石坝坝体断面”以及第 2.3.5.5 节“碾压”。上游堆石料应有足够的尺寸和质量，以满足第 7 章“抛石护坡”所述的抛石要求。

在当地有可资利用的不透水土料，且气候条件适宜于铺筑的条件下，土质心墙堆石坝是经济的。用于心墙的不透水材料应该与 2.2.2.1.3“分区填筑坝”所述的土坝材料相似。该土料应在接近最优含水量状态下铺筑，并按薄层碾压，如第 10 章“填筑坝施工”所述。土料的塑性指数应当允许心墙变形而不产生裂缝。须采取措施使心墙与其相邻的材料以相同速率沉陷，且其沉陷量不会导致心墙内产生低应力区和开裂。实现这一点的方法就是采用过渡区，该区的压实程度低于坝壳。通过心墙与坝基接触面的水力坡降，也应予考虑。在文献中，常见最小值为水头的 1/4，但该值取决于不透水土料的类型和可获取性、反滤与排水是否充分、基岩的质量、基岩表面处理等。

在稳定状态或水位急剧下降状态下，反滤层应能够防止不透水土料发生内部侵蚀。对于下游反滤层和排水体，须采用第 5 章“保护性反滤”的反滤准则。对于上游的过渡区，可以考虑放松反滤要求。如果心墙土料与堆石料之间的级配差很大，可设置多层反滤。图 2.3.6.1-1 示出科罗拉多 Spring Canyon 坝中砂质反滤层和砂砾排水材料在的铺筑。

图 2.3.6.1-1　科罗拉多 Spring Canyon 坝的砂滤层和砂砾排水材料铺筑

坝基与两岸坝肩与心墙接触部位，应按第 3 章“坝基表面处理”所述精心地加以处理，以免发生内部侵蚀。其超高的要求，与土坝的相同，在第 6 章“超高”中有详细论述。

2.3.6.2　钢筋混凝土面板

采用钢筋混凝土做面板的堆石坝，在数量上比采用其他类型不透水面板的多。在大多数情况下，当堆石坝体碾压得比较好时，这些钢筋混凝土面板都工作得很好，其渗漏在允许的范围内，且较少修补。板厚与配筋要求，通常是靠经验或先例来确定的，并要满足下列准则：

(1) 低渗透性；

（2）抗风化能力强；

（3）有足够的强度，在周边凹陷时能自承；

（4）板接头可以承受坝体少量沉陷。

随着碾压堆石坝的出现，后两项的重要性降低了。

堆石体的碾压大大减少了坝体沉陷，而采用压实良好的面层作为混凝土面板的连续、坚实垫层，则减少了面板的自承要求。混凝土面板应配筋，且其最小厚度应为 12in。计算面板上某处板厚的经验公式为

$$t = 1 + 0.003h$$

式中：h 为该面板处以上的坝高，ft。

混凝土应当密实、耐久、抗风化并且低渗透性。混凝土的抗压强度应为 3000～3500lb/in^2。

一般不建议用强度更高的混凝土，因为其水泥含量高，很有可能会收缩和开裂。在极端天气条件的地区，应该考虑采取措施防止冻融破坏，诸如在混凝土内加气和火山灰。如果坝基可能发生沉陷，或者存在其他因素，如地震，面板设计应能够抵抗这些作用的影响。

使用钢筋控制因温度和收缩导致的开裂。一般来说，面板是受压的。钢筋用量应符合一般要求，即沿每个方向为混凝土面积的 0.4%～0.5%。单层配筋应布置在板的中心内。

面板用连续滑模法分条浇筑。通常需要在面板底部周边用人工铺筑面板起点。水平缝不是必需的，除非是施工缝。施工缝应采用一种钢筋可穿过的简单缝。垂直缝是冷缝，采用聚氯乙烯（PVC）止水片或橡胶止水片，以确保沿缝不透水。凡采用水平冷施工缝之处，应精心铺设，防止混凝土出现蜂窝。垂直缝处也须仔细处理，确保止水片安装正确，混凝土浇筑密实。一切接缝处均需良好监督和仔细铺设，以达到防渗功能。在选择止水片时，还须考虑水库里水的化学性质。水的化学侵蚀性较强时，就可能需要更换材料，或预留较多的备用品。目前，在面板与底座或趾板的接触处（周边缝处）采用多种止水片（铜止水片、橡胶止水片和 PVC 止水片）。

混凝土面板和地基之间的防渗设施的型式，将取决于所遇到的岩石的质量。对于坚硬岩石，图 2.3.4.2-2（b）所示的插入式截水是适用的和经济的。而在节理密集的风化岩石或质量差的岩石里，则应采用防渗墙。在防渗墙与面板之间，应使用止水片。不推荐刚性防渗设施，因为它们限制面板的容许沉陷量。

因为混凝土面板的波浪爬高阻力小，所以需要增加超高，以防溅水。可采用顶部挡墙或防浪墙来降低超高；这些墙与混凝土面板连成整体，并且要相应地配筋。这些墙只能在超高范围内使用。针对所施加的荷载条件，这些墙的设计应采用相应的分析。堆石体的设计顶面应高于最高水位。应设置坝顶超填量，以确保设计坝顶不致沉陷到最高水面以下。坝顶超填应设置在防浪墙基础下方。应参考第 6 章“超高”来确定超高要求。

混凝土浇筑一般采用与公路和渠道施工相同的滑模法进行。图 2.3.6.2-1 示出了加利福尼亚 New Exchequer 坝利用滑模浇筑上游坝坡使用滑模浇筑混凝土。最好在整个坝体都铺筑完成之前，不铺筑混凝土面板；这样可完成施工期最大沉陷，减少面板开裂及

图 2.3.6.2-1　加利福尼亚州 New Exchequer 坝的上游坝坡

过量渗漏的可能性。若必须同期浇筑混凝土，则应针对施工期沉陷留出设计裕量。

对混凝土面板堆石坝的设计和施工十分重要的出版物是美国土木工程师协会（ASCE）1985 年 10 月在底特律举办的混凝土面板堆石坝研讨会论文集《混凝土面板堆石坝—设计、施工和性能》和 1987 年 10 月发表在 ASCE 岩土工程学报上的该研讨会的 24 篇文章。岩土工程学报还载有两篇新增加的文章，其中一篇对混凝土面板堆石坝做了总体评价，另一篇评述各种设计细部。这两篇文章是混凝土面板堆石坝实践的综合实用参考文献。从事堆石坝设计的工程师们应参考这些出版物。

2.3.6.3　水工沥青混凝土面板

第二种使用最广泛的堆石坝面板是水工沥青混凝土面板。水工沥青混凝土更具柔性，因而其允许的沉陷比钢筋混凝土面板大，是混凝土的一种经济替代物。已经证明，只要施工得当，水工沥青混凝土面板是可靠的。水工沥青混凝土中通过 200 号筛的材料的百分率及沥青百分率都比铺路沥青的高，而孔隙率则比铺路沥青的低。虽然使用现代施工设备和方法，已经可以按水平与垂直比 1.1∶1 的比例铺设沥青面板，但建议沥青堆石坝的上游坝坡取 1.6∶1（水平∶垂直）或更缓。第 3 区的石料应级配优良，设自由排水层以消除由于水位骤降产生的扬压力。沥青面板应能提供充分的阻力限制极限水流速度，也能防止因薄防渗体内开缝造成的内部侵蚀。第 3 区材料的级配应小于第 4 区材料的级配。在浇筑沥青面板之前，应铺设一道垫层，作为铺筑沥青的整平层、工作面和平滑底面。应用振动碾结实基层压。图 2.3.6.3-1 示出 Upper Blue River 坝在浇筑面板之前的堆石坝断面竣工情况。

在浇筑面板之前，应在底层表面铺设一层黏合层，以黏合并稳定面板。摊铺机械的重量可能在底层上压出槽，故而可能需要用人工在底层压出的槽中铺筑沥青混凝土。

单层沥青混凝土面板的厚度一般在 2～4in 之间，视水头的大小，有时候需要厚一点。也使用过双层面板，其特点是第二层沥青混合物有更高的渗透系数，放置在主要面板的下面。第二层面板连同其下的颗粒材料作为排水层。用摊铺机铺设水工沥青，视面板总厚度，铺设一层或大致相等的两层沥青。用卷扬机将摊铺机、打磨机及其他设备固定在上游面。图 2.3.6.3-2 示出科罗拉多州 Montgomery 坝沥青混凝土面板的铺设情况。

在已竣工的面板表面铺设一道封闭层是很理想的。封闭层可有效保护表面免受紫外

图 2.3.6.3-1　科罗拉多 Upper Blue River 坝浇筑面板期间堆石体填筑完毕的情况

图 2.3.6.3-2　科罗拉多 Montgomery 坝沥青混凝土上游面板的摊铺情况

线和氧化破坏。每层均按条铺筑，条宽取决于所用设备，宽度为 10～12ft，铺筑方向与坝轴线成直角，临近底座的区域除外。底座附近需人工浇筑，且通常需要特殊的压实方法。摊铺只在向上行进时进行，然后摊铺机在顶部或返回底部装料，这取决于现场配置。若摊铺机的料斗容量不足，无法供应每一条铺层所用的沥青料，则必须在上游面上重新装料。近年来，已经研究出一些可以沿水平方向铺很长面的方法。水平作业需要卷扬机能够横跨坝顶运行，同时支持摊铺设备和其他设备。坝顶布置打磨设备和摊铺设备可能有拥挤和补给困难的问题。如果可能的话，降低坝顶高度，将会为施工活动提供额外的操作空间。碾压作业须紧接浇筑作业进行，确保水工沥青在适宜的温度下压实。不论是振动式的还是标准串联式的平碾，均可用于各层的碾压。

各层碾压均应至少达到97%的马歇尔密度❶。通过从沥青面板任意位置取试样，进行沥青含量、密度、稳定性和渗透性试验，以及要求的其他试验，来控制施工质量。得到的密度应能确保空隙率少于3%，如后文所述。

相邻面板条带之间的缝要紧密而不透水，这一点对面板的不透水性非常重要。横缝应尽可能保持最少，并且施工应在热缝状态下进行。冷缝不论是平行条带间的接缝还是单一条带内的横缝，都应做如下处理：

（1）涂一层沥青玛蹄脂，该材料通常满足配合比设计要求。

（2）紧贴冷缝铺筑沥青混凝土，确保没有留下空隙。

（3）用红外线加热器重新加热该缝，加热时避免过热、燃烧或明火。

（4）重新加热之后，立即将该缝压实。

当在层面上铺筑下一层时，该层各条带的平行缝应与下层各条带的缝错开3～4ft，避免形成垂直的连续缝。

沥青面板与坝基防渗墙结合时，坝基混凝土底座接触处的沥青应易于浇筑。图2.3.4.2-1所示的是槽式防渗墙。已经成功建造了很多锚固在处理过的基岩顶部、尺寸足够大可以容纳基础灌浆作业的大体积底座。图2.3.6.3-3示出美国科罗拉多州Montgomery坝的防渗墙，该坝采用了12in的排水管，以减小面板下的扬压力，尤其在水库水位下降期间。图2.3.6.3-1的左上角，可以看到Upper Blue River坝的防渗墙。

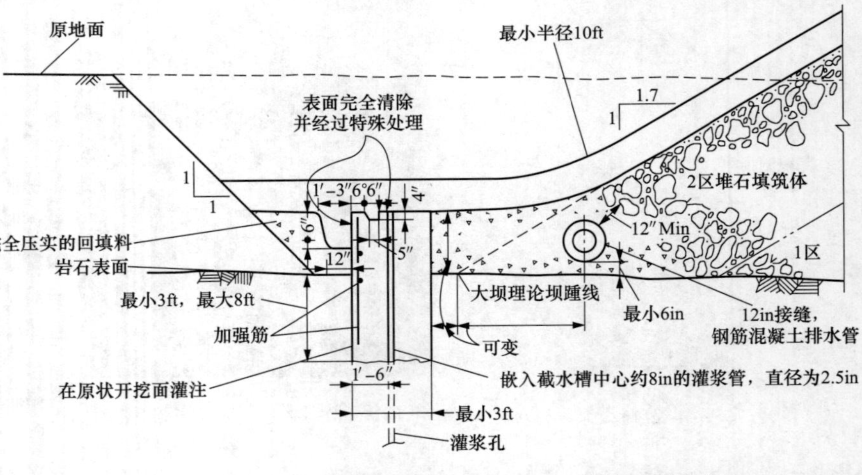

图2.3.6.3-3　美国科罗拉多州Montgomery坝的基础防渗墙

上游沥青面板应当具有以下特性：

（1）稳定；

（2）耐久；

（3）有柔性；

（4）不透水；

---

❶ 马歇尔密度试验有助于确定沥青混凝土混合料的稳定和流动特性，以及密度、孔隙或矿物骨料中的孔隙。该试验参见ASTM D6927-06。

（5）不开裂；

（6）不蠕变；

（7）抗风化。

如有可能，沥青混凝土材料的运距应在经济距离之内，然而考虑到生产水工沥青需要特别的骨料，施工现场不需要特殊加工就能获得合适材料的情况并不常见。如果施工现场确实有合适的骨料，一般需要就地加工。采购材料也很常见，尤其是细矿物填料。修建上游面板使用过从粉质砂到级配砾石等多种材料。混合料中，不允许有黏土，因为黏土在干燥过程中往往呈球状，并在碾压时破碎，从而留下干燥土料暴露于水库的水中。石粉（也称作矿物填料）是较好的细粒料。

制备沥青混凝土材料的技术要求是变化的，应参考最新的有关文献。

为了得到耐久的面板，要求通过适当的配合比设计和压实使孔隙率很低；单靠增加沥青胶结料是不能实现低孔隙率的。需要用细粒料，比如矿物填料，充填沥青混合物中的空隙。细矿物填料加入混合物中之前必须彻底干燥，以保证细填料分布良好。通常实验室测试得的孔隙比为 1%，而沥青面板施工中所允许的最大孔隙率应为 3%。

全世界范围内，几种不同类型的水工沥青面板已经成功应用到了不同工程中。不同的现场条件包括天气状况、当地可用的骨料和沥青及所有可用于完成最终沥青配料设计的设备。应在工程建设早期进行配比设计，保证为特定工程挑选最佳的水工沥青拌合料。实验室试验和现场铺筑试验对选择最佳配比意义重大。挑选恰当的沥青胶结料非常重要。试验通常包含贯入试验、黏度试验和延度试验。此外，也应确定沥青胶结料对骨料的黏附性。如果骨料没有被沥青胶结料全部覆盖，可能会增加渗透性。

防浪墙与沥青混凝土面板一起阻止波浪爬高和飞溅，而不是增加坝高。有许多小坝用镀锌波纹板做防浪墙，但是随着时间的流逝，此种类型防浪墙上的许多焊接因为金属板的热胀冷缩而失效。在最低波浪爬高可预测的情况下，已经成功使用过预制混凝土护栏，如常用的泽西护栏（Jersey Barrier）。为特定现场条件设计的现浇防浪墙，能提供最强的防护。图 2.3.6.3-4 示出 Upper Blue River 坝所用的防浪墙。当防浪墙用于防范波浪爬高和飞溅时，坝的超高相较于要求的高度可以降低一些；但坝顶必须高于最高水位（防浪墙不应用于蓄水）。防浪墙的高度可根据先例或设计经验确定，且应与该工程的有关规定相符。

2.3.6.4 钢面板

在全世界，钢面板坝比较少。钢面板很适用于极为寒冷的气候条件。除了先例之外，可以利用的设计准则不多，为了全面的评述其实践，应参阅有关文献。

图 2.3.6.4-1 是垦务局所属的位于新墨西哥州的 El Vado 坝上游面板的照片。虽然目前存在对其性能的担忧，但该钢板一直是该坝的上游防渗隔板。近 75 年的运行后，该钢面板出现了损坏和恶化的迹象。整个面板上普遍存在破裂，还有接缝分离和凹陷。有些锈蚀凹坑已经深入钢板 1/4in。记录到的活跃坝肩滑坡对坝的损坏产生影响，但面板恶化只是影响了钢板的使用寿命，目前还没有替换面板的计划。

钢面板坝施工速度快，并且比混凝土或沥青面板允许的坝体位移大。钢面板最突出的缺点是可能发生锈蚀而缩短其经济寿命，但这一点可以通过在钢板的上下两面采用阴

图 2.3.6.3-4　科罗拉多州 Upper Blue River 坝防浪墙

图 2.3.6.4-1　新墨西哥州 El Vado 坝上游坡

极保护而有效控制。现有的少数几座钢面板坝的经验有力证明，从实用目的看，钢板的锈蚀损坏时间很长，如果加以适当的维护，则可认为钢面板具有永久性。

钢面板坝一般采用上游坝坡 1.3∶1～1.7∶1。就堆石坝而言，其上、下游坝坡都不必比石料的自然稳定坡度缓，而石料的自然稳定坡度一般为 1.3∶1～1.4∶1。采用陡坡可减少投资，但将稍微加大面板施工的困难程度。

支承钢面板的坝体一般应用级配良好的透水砾石来修建，以便为钢面板提供一个均匀的支承面。锚杆应由面板延伸入坝体内，以防止面板因坝体沉陷或波浪作用而浮起或脱离。垦务局的《小坝设计》第 7 章 7～12 节论述并展示了钢面板坝的钢板、锚杆、接缝、坝基防渗墙、防浪墙等细节。

2.3.6.5 木面板

木板曾用做临时性的面板，尽管它是建筑费用最低廉的面板，但仍不推荐普遍采用。对这种类型结构形式的主要异议是：低水位时有被火烧毁的危险，并且木结构面临干湿交替时，其寿命相对比较短。

2.3.6.6 土工膜

尽管一些人质疑土工膜的长期耐久性，但土工膜正在广泛地用做坝的不透水构件（在土坝和堆石坝中）。一般说来，土工膜应予以保护避免暴露，且应便于接近，以便其日后的修补。此外，应采取防御型的设计措施，预防任何意想不到的渗漏。

本标准第 20 章“土工膜”全面论述土工膜。

2.4 已建填筑坝的评估与改建

本章重点推荐设计新填筑坝的措施，不论其为土坝还是堆石坝。改建已建坝经常会涉及与设计新坝一样需要考虑的因素。加高已建坝或进行诸如下游烟囱式反滤/排水和支墩的改造时，新结构或改建部分应符合本章所述的要求。

需要注意的是，大部分对垦务局建筑物的改造，是为了解决坝的安全问题。因此，改造已建坝时，应以降低与潜在故障相关的风险为目的。这些情况中，遵循推荐的超高、推荐的安全系数和类似标准，可能与降低特定坝风险的风险分析方法不同。认识标准和风险概念的重要性意义重大。设计者对已建填筑坝进行任何修改设计，必须认真考虑相互矛盾的要求的优点和缺点。在最终设计决策时，有特定标准或概念支持的案例是主要考虑因素。

2.5 参考文献（略）

美国内政部垦务局设计标准

填筑坝 Embankment Dams

第3章 基础表面处理

2012年7月修订

目　录

定义

填补混凝土：用于对基础不规则处（如孔洞、凹槽、垂直表面、倒悬、溶蚀、剪切带、大节理或暗河槽）进行填充或修整的混凝土。

降水：清除或控制来自土或岩石构造中的孔洞或其他开放空间中的地下水；包括释放地下水压力，以便施工活动按照计划进行。

喷混凝土：现场喷射的混凝土或灰浆。

水泥浆：填入基础裂缝的净水泥浆液（用于小于$\frac{1}{2}$in 的裂缝）或水泥砂浆（用于大于$\frac{1}{2}$in 的裂缝）。

排水：通过沟渠、砾石排水沟、砾石垫层、管道、集水坑和排水管线等控制或清除开挖施工基坑及附近范围内的积水、渗水、地面流水以及地面逸出水。

3.1 简介

3.1.1 目的

本章主要讨论填筑坝及附属建筑物的基础准备和前几层填土的铺筑。准备工作包括开挖覆盖层，初步清理与检查，清除不适合材料，通过开挖与充填对基础表面进行整形，开挖降水及排水，最终清理、检查，基础验收。最终基础清理需要在填筑前完成。

3.1.2 范围

本章提出了填筑坝基础表面处理的设计标准，以保证基础表面条件满足坝体填筑要求。讨论的标准涉及土基和岩基。本章所列出的基本数据供参考，已应用在由垦务局设计的有关结构中。

混凝土坝的基础处理见《美国垦务局设计标准 No. 2 混凝土坝》的第 1 章“概述”。填筑坝和混凝土坝溢洪道及泄水建筑物的基础处理见《美国垦务局设计标准 No. 14 大坝附属建筑物》的第 3 章“溢洪道设计”和第 4 章“泄水建筑物和导流设计”。地下处理，如基础灌浆和防渗墙，见本标准第 15 章“基础灌浆”和第 16 章“防渗墙”。基础表面处理，如保护性反滤，见本标准第 5 章“保护性反滤”。

3.1.3 与本标准不一致的情况（略）

3.1.4 标准的修订（略）

3.1.5 适用性

本章所述方法及建议适用于修建以土或岩石为基础的填筑坝及附属结构。

3.1.6 结构物/基础接触面

地质作用导致大坝基础不适合进行填筑施工。因此，在大坝施工之前，通常都需要进行基础处理，改善基础使其达到合适的条件。认识对基础造成损害的自然作用，将有助于制定处理目标。这类作用及其影响如下：

（1）埋藏的河道；

（2）断层作用；

（3）剪切作用；

（4）边坡失稳；

（5）溶洞；

（6）壶穴；

（7）台地；

（8）倒悬；

（9）阶地；

（10）应力释放节理。

对于这些及其他异常现象，需要进行基础处理。

基础表面处理的基本目的如下。

（1）填筑体与基础接触：获得上覆填筑坝体与基础之间的适当接触。基础表面必须通过开挖或混凝土铺筑（填补混凝土）进行修整，以提供适合压实填土的基础表面。压实初始填土的技术应使填筑材料与基础紧密接触，充分压实，同时，在铺筑第一层和后续填土层期间不会对基础造成损害。

（2）防止填筑材料内部侵蚀：通过填充基础表面的裂缝、铺盖灌浆、反滤保护和在基础接触面使用不易侵蚀的天然或人工填筑材料，防止诱发填筑材料侵蚀的渗流进入基础或者沿接触面冲刷。灌浆铺盖和反滤设计分别在本标准的相应章节中叙述。

（3）清除不适合的基础材料：清除或处理不适合、易侵蚀、软弱、不稳定、可液化或透水的材料，以确保基础具有足够的强度和适当的渗透性。有疑问的材料应及时清除。不透水心墙下的基础应尽可能不透水。对岩基缺陷（包括断层泥、岩屑、软土或透水性土壤、断裂、节理、层理等）必须进行评估。基础中的这些缺陷需要清除至适当深度，并使用水泥浆、填补混凝土、反滤材料或专门的压实填土进行处理，并且在第一次铺筑坝料之前，及时清理坝基。

（4）防止填筑体开裂：避免填筑坝中可能因基础表面不规则所引起的开裂与渗流问题，如台阶式表面、坡度突变，倒悬、过陡的表面以及深窄填料区。这些区域附近的填筑区可能发生不均匀沉陷。在过陡表面附近低应力区可能出现拱效应。这类区域也容易受到水力压裂破坏。应修整基础表面，以获得光滑、连续的表面，最大限度地减少不均匀沉陷和开裂的可能性。

（5）修整心墙与基础接触的外侧：修整心墙与基础接触的外侧，以方便铺筑和压实作业。确定的不合适软弱材料或可压缩材料必须清除。防止坝壳料和反滤料移动到基础内的开放节理或透水区，并且，必须采用适当级配的反滤层防止易受侵蚀的基础材料移动到填筑体内。

（6）防止基础被破坏：一定要小心，避免施工开挖破坏。松土机、爆破、履带式设备以及无保护软岩的崩解均可能破坏基础。在开始的几层填筑，通过规定设备行走路线和仅允许橡胶轮胎设备通过基础表面、临时覆盖或其他必要措施防止填筑设备对基础造成破坏。对于在暴露条件下会快速潮解或崩解的岩石表面，应立即用填筑材料、化学密封剂或混凝土进行保护或覆盖。

(7) 记录并验证基础条件：填筑坝料或混凝土之前，绘制地图、拍照并充分了解所有重要的地质特征。必须验证工程设计是否仍然适用于所遇到的实际基础条件。在进行大坝施工之前，应获得项目工程师对基础的正式批准。

3.2 坝基处理

3.2.1 开挖

分区土坝和堆石坝通常是在较宽阔的场地施工，因为其基础占用面积较大。填筑坝通常会有允许的基础和坝体沉陷，这主要发生在施工期间。填筑坝常常是修建在很难或无法建混凝土坝的基础上。

图 3.2.1-1 清除土基上所有有机物或其他不合适材料

任何基础的最低处理要求包括剥离或清除有机物质（树根、树桩、草皮、表层土、木材、垃圾等）和其他不合适的材料。当基础为土基时，应将所有有机物或其他不适合的材料（如树桩、灌木丛、草皮和大型树根等）剥离，见图 3.2.1-1。草皮和表层土等材料可重复利用，用于覆盖可播种的区域，而其他材料应作为废弃物处理。当基础为岩基时，应按照图 3.2.1-2～图 3.2.1-4 进行处理，这些图详细地描述了边坡修整和基础开挖的要求。

应仔细进行剥离工作，以确保清除下述所有材料：可能因饱和、潮解或腐烂等原因变得不稳定的材料；可能妨碍基础与填筑体之间良好结合的材料；明显比平均基础材料更软弱或可压缩的所有土穴或岩穴。如果剥离作业揭示存在不稳定或不合适的材料，可能需要开挖探坑。

3.2.2 初步清理与检查

对基础进行清理，以提供大坝主体及其基础之间可接受的接触条件，并观察和记录交界面处基础条件的详细信息。在清理期间暴露出的潜在不利条件，为采取补救措施提供了机会。基础必须清理，以进行必要的观察，并确定何时需要进行补充处理。

在初步剥离或者充分的开挖工作完成且开挖深度接近最终平面与坡度之后，应对基础进行清理，以便设计师、施工工程师、施工检查人员以及地质工程师检查。只要有可能，咨询审查委员会或其部分成员也应作为初步基础检查人员。初步的基础清理应充

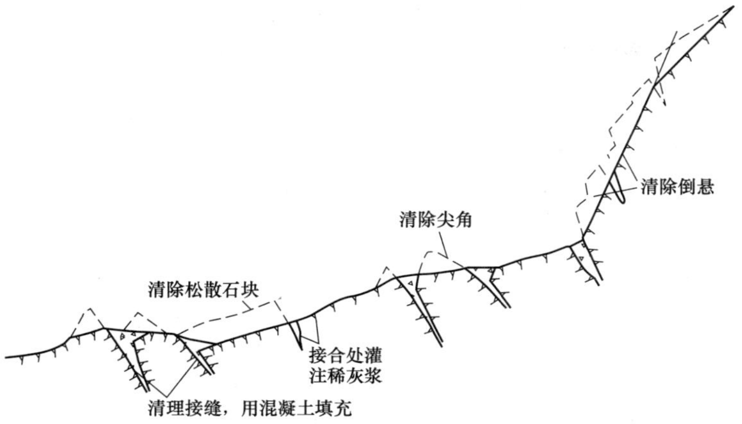

图 3.2.1-2　岩基处理

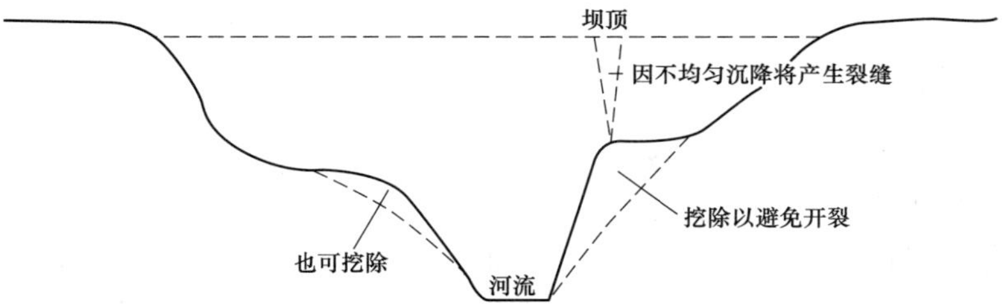

图 3.2.1-3　修整边坡，减少不均匀沉陷和土心墙开裂

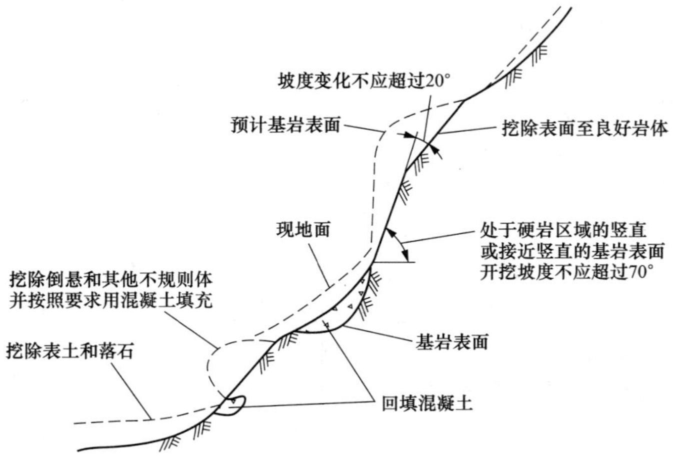

图 3.2.1-4　典型的基础开挖细部（Mica 坝）

分，以便进行观察、可能需要的取样，进而确定基础中是否存在不合适的材料或条件（如张开裂缝、剪切、断层、倒悬等）。初步检查应足以确定如何整改基础中的缺陷。

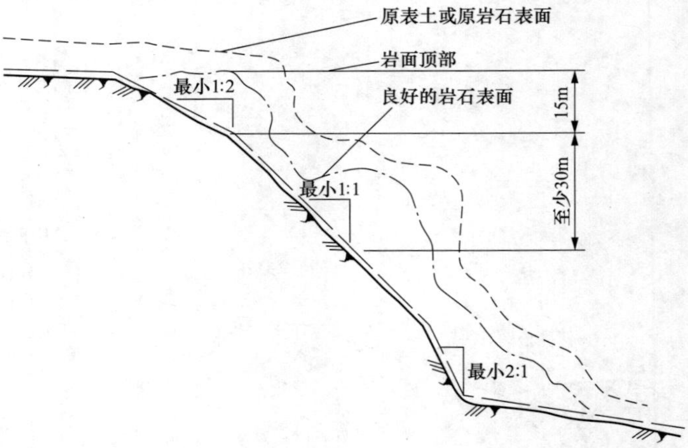

图 3.2.1-5　典型的心墙坝肩开挖要求（Bennet 坝）

3.2.3　清除不合适材料

3.2.3.1　土基

当基础为土基时，应将所有有机物或其他不适合的材料（如树桩、灌木丛、草皮和大树根等）剥离，并作为废弃物处理。应认真进行剥离工作，以确保清除了下述所有材料：可能因饱和或分解等原因变得不稳定的材料；可能妨碍基础与填筑体之间适当黏合的材料；明显比平均基础材料更软弱或可压缩的土坑。可能需要对高透水性土（如露天开采砾石）进行清理或处理。应将松散的低密度土清理干净，以避免沉陷过大和发生地震液化的可能。如果剥离作业表明存在不稳定或不合适的材料，则可能需要开挖探坑。

3.2.3.2　岩基

当基础为岩石时，应将不进行处理就不适用的所有易受侵蚀、软弱、不稳定、可压缩（或松散）或透水材料清除干净，以确保基础具有充足的强度和适当的渗透性。在岩基中，断层、裂缝、张开节理、侵蚀潜沟或溶洞、溶槽等缺陷不可能完全清除。岩体缺陷中的材料包括剪切/断层泥、岩屑、软土或透水性土壤或岩溶。这些材料需要清除至适当深度，并使用水泥浆、填补混凝土或专门压实的填土进行处理。

其他基础不利条件可能是由于层状黏土和页岩缝隙、洞穴或泉水等引起的。处理这些条件的方法将会有所不同，取决于需补救的具体条件的特征。

页岩、白垩岩、泥岩和粉砂岩等岩石基础可能需要有应对风化、潮解或在某些环境中防冰冻措施。可以通过下述方法对这些开挖部位进行保护，预留临时不开挖的保护层、在暴露表面上及时铺设至少 12in 水泥砂浆、及时用填筑材料覆盖、使用沥青覆盖层或可防止对基础造成损坏的其他方法。

潮解会因岩石类型不同而不同，可能需要针对具体情况进行评估。断层、剪切、节理和溶槽等可能含有易受侵蚀的材料。

3.2.4　通过开挖和填充修整基础表面

3.2.4.1　土基

应该通过开挖和填充心墙接触面以下和心墙接触面外侧，对基础表面进行修整，以便于铺筑和压实作业。

在软表面使用有履带的设备或者在基础坡度附近使用松土机之类的施工活动可能会松动或破坏土基。应该也可以通过限制开挖、回填和清理来避免这类破坏发生。必须清除不合适或者遭到破坏的材料，必须对基础表面进行修整，以提供足够规则的表面，在其上可以铺筑土料而不发生不均匀沉陷。如果不规则面很小，且在水平和垂直方向上不连续，可进行适量超挖，然后利用适当材料回填压实。一般情况下，可以通过常规开挖对基础表面进行充分修整。

应该清除土基内的所有不规则、凹槽和冲蚀，以提供平滑、坚固适宜的基础。开挖边坡应平缓，足以防止滑塌，不陡于 1∶1。对于心墙之下从上游至下游的基础开挖，4∶1 的坡度更好。深度小于 6in 的松散材料经常通过压实来处理。深于 6in 的松散材料无法充分压实，应予清除。

3.2.4.2 岩基

应该通过开挖和填充心墙接触面以下和心墙接触面外侧，对基础表面进行修整，以便于铺筑和压实作业。在清除不适合的覆盖材料以后，如何修整暴露的岩石表面取决于岩石类型和所呈现出的不规则性。在软性岩石表面使用履带设备、在基础坡度附近使用松土机或者进行爆破之类的施工活动可能会松动岩石，或者在原本良好的岩石内形成裂缝。应该也可以通过开挖和清除进行限制，避免这种类型的破坏发生。外露岩石表面的结构主要受层理、节理、其他不连续面和开挖方法控制。根据不连续面的方位，这些特征可能引起垂直面、平台、倒悬或者锯齿。凹坑、埋藏河道、溶洞和剪切带之类的特征可能导致需要处理的不规则面，如图 3.2.4.2-1 所示。不适合材料必须从不规则面清除，且必须修整基础表面，以提供足够规则的表面，在其上可以铺筑土料而不发生不均匀沉陷，如图 3.2.4.2-2 所示，如果不规则面很小，且在水平面和垂直面上不连续，可进行适量超挖。一般说来，基础表面可以通过常规开挖或者光面爆破得到充分修整。当需要通过大量可能破坏基础的开挖或者爆破才可修整不规则面时，采用填补混凝土进行修整可能是适宜的（见图 3.2.4.2-3）。

注：剪切带形成了基础不规则面，需要处理。应该清除表面上所有松散和风化的岩石，剪切带应该用填补混凝土填充。或者可使用光面爆破技术修整表面。

图 3.2.4.2-1 Upper Stillwater 坝

在从基岩上剥离上覆层，铺筑填筑体之前，应仔细清理岩石表面以及所有土穴和岩穴或凹陷，如图 3.2.4.2-1～图 3.2.4.2-6 所示，这些操作可能需要用压缩空气和水清洗，以及手工措施，如图 3.2.4.2-7 所示。对可能快速湿化或者分解的暴露岩石表面，应立即采用填筑材料、混凝土（填补、喷混凝土）进行保护，或者通过将开挖推迟至填筑前进行等其他方式来加以保护。应对基础岩石进行修整，清除倒悬和陡峭面（图 3.2.4.2-8）。在施工期间，高岩石表面必须是稳定的，应对其进行修整，以保持平顺连续的轮廓，

注：修整坝基，以确保填土适当压实，防止在填筑上覆层时出现应力突变

图 3.2.4.2-2　Ridges Basin 坝

图 3.2.4.2-3　采用填补混凝土大范围填充岩石表面的洞坑、凹陷和沟槽

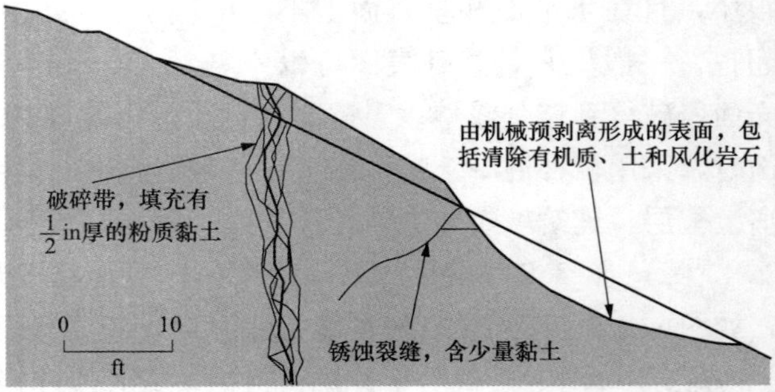

图 3.2.4.2-4　基础剥离

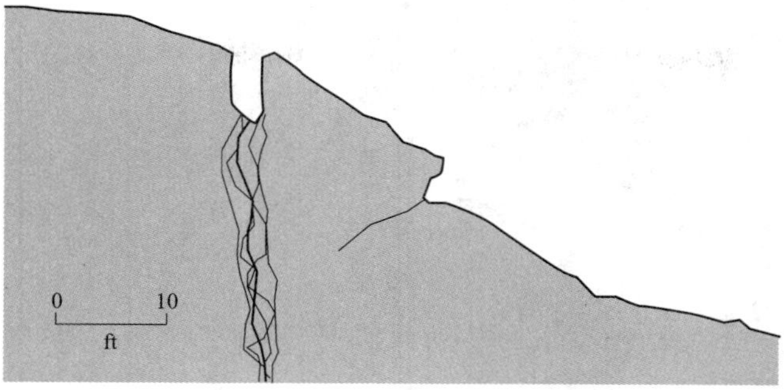

图 3.2.4.2-5 完成清理的基础，清除全部软弱、松散或孤立的石块和土质沉积物

图 3.2.4.2-6 剥离后、清理前的基础，Ridges Basin 坝

图 3.2.4.2-7 用压缩空气清理基础，Ridges Basin 坝

图 3.2.4.2-8　钻孔爆破，以便清除倒悬岩石，Teton 坝

注：右坝肩齿槽中的台阶可能导致上覆填筑体内开裂和渗漏，
台阶表面附近的填筑体可能不均匀沉陷，从而产生裂缝。

图 3.2.4.2-9　Teton 坝

使不均匀沉陷和填筑体内的应力集中最小。最终坡度应该是 0.5∶1 或者更为平缓。应清除防渗体下的所有倒悬；陡于 0.5∶1 和高于 0.5in 的台阶面应该开挖或者使用填补混凝土处理，将坡度修整为 0.5∶1 或者更平缓，如图 3.2.4.2-9 所示。应清除防渗体外侧的所有倒悬，陡于 0.5∶1 和高于 5in 的台阶面应该开挖或者使用填补混凝土处理，将坡度修整为 0.5∶1 或者更平缓。这些是指导方针，岩石表面修整的最后决定应该在基础检查和验收过程中做出。

倒悬和台阶应予清除或者填充混凝土，优先选择清除。最终的修整面应通过光面爆破或者钻孔形成。在施工期间，高的岩石边坡必须是稳定的，且必须向后倾保持平滑且连续的轮廓面，以使不均匀沉陷和应力集中最小化。其坡度应为 0.5∶1 或者更为平缓，这取决于填充材料。

在陡峭的表面上，填筑体层面应该倾斜铺设，这样有助于压实，采用不陡于 6∶1 的坡度。

基础中的狭窄缝隙应该用水泥浆或者接缝砂浆填充。然而，这些浆液不应用于覆盖基础的暴露区域。一般情况下，水泥浆和接缝砂浆由波特兰水泥和水组成，用于开口小于 1/2in 的缝隙，或者在某些情况下，由波特兰水泥、砂和水组成，用于开口大于 1/2in 的缝隙，如图 3.2.4.2-10 和图 3.2.4.2-11 所示。水泥浆最好在填筑之前使用，以便消除硬化水泥浆在承受填筑荷载时可能出现裂缝的情况。层理面上的坑、槽和其他不规则

图 3.2.4.2-10　基础内的应力释放节理，需要填满水泥浆（Ridges Basin 坝）

图 3.2.4.2-11　用水泥浆填充大坝基础内部间隙

面，如位于岩石表面经预先清理的剪切带以及大节理或者沟槽，应该用填补混凝土填充，如图 3.2.4.2-3 所示。成形的填补混凝土可以用于填补陡坡和倒悬。

坡度超过 0.5：1 且高度大于 0.5ft 的台阶面应该开挖或用填补混凝土进行处理，以使坡度达到 0.5：1 或者更缓，而这取决于所使用的填充材料。

清除倒悬如图 3.2.4.2-8 所示。应该修整倒悬，或者用填补混凝土填满倒悬以下的空间。如果用混凝土填充，应该确保混凝土和岩石之间的连接不透水。

如果修整需要爆破，则适宜的爆破程序是必要的，以确保岩石的渗透性和强度没有受到不利影响，岩石可以立在坡上，并能够承受荷载。岩体内部已有的断裂和节理以及不良的爆破技术，可能造成不可接受的开挖表面。禁止或者严格控制为开挖而进行的爆破，以避免破坏基础。承包商爆破计划的审查、批准和实施、爆破细节的控制、开挖表面可接受性要求和对于振动程度的控制有助于获得理想的开挖表面。

如果不能使用带岩石铲斗的液压式挖掘机开挖，可以将灌浆管直接设在有一定承载力的基础内。强风化区域通过保留适当高度的基础并将灌浆管设置在不适宜的地基中，可以得到有效灌浆。在质量较差的岩石内设较长的灌浆管可能是必需的。灌浆完成后，将基础开挖至最终坡度。

图 3.2.4.2-12　清除基础内部的剪切带以便回填混凝土（Upper Stillwater 坝）

所有松散和不适宜材料应该通过手工、撬挖、掘开、扫毛、水力喷注或者空气喷射的方式清除。清除清理操作中的积水。当岩石表面可能因水洗而软化或者湿化时，应该采用压缩空气喷射或者在空气中掺少量水喷射清理。空穴、剪切带、裂缝中的松散或者不适合材料应该按照以下方式处置（见图 3.2.4.2-4、图 3.2.4.2-5 和图 3.2.4.2-12）：

（1）开口窄于 2in 的缝隙，应该清理到开口宽度三倍的深度，并且予以填充。

（2）开口宽于 2in 窄于 5ft 的缝隙，应该清理到开口宽度三倍的深度或者开口宽度等于或少于 0.5in 之处，但是通常清除深度不会超过 5ft，并且予以填充。

（3）开口宽于 5ft 的缝隙是特殊情况，清理和处理深度需要现场确定。

修整基础，以确保填充材料得到适当压实，避免上覆填筑体中出现不规则应力（见图 3.2.4.2-2 和图 3.2.4.2-8）。基础表面应该通过开挖或者填充混凝土修整而获得一个平顺连续的表面。

在填筑坝内的应力裂缝、断裂和联合渗透问题可能是由基础内部的不规则性导致的，诸如台阶性表面、坡度突变和过陡的表面。临近这些区域的填筑区可能发生不均匀沉陷，导致裂缝。在陡峭表面附近可能发生拱效应，导致在陡峭表面附近形成低压力区。填筑体内的拉力区或低侧限应力区容易受到水力劈裂或者渗流压力的影响。

3.2.5 开挖降水/排水

开挖截水沟或保护基础的排水和控水方法（降水/排水）应确保细粒材料不会因为不恰当的反滤井或集水坑而被冲出基础。应该将水位降到足以确保施工能在干燥条件下进行，维持开挖边坡和开挖底板的稳定性。

在条件允许的情况下，将井点和集水坑设在将要开挖的区域以外，以免干扰施工。避免造成土壤松弛或因水上涌或设备振动而快速形成不良底部；避免将集水坑和相关排水沟和管道设在不透水区内，因为填筑后很难充分灌浆，使不透水区/基础接触面存在被破坏的危险。如果设置排水沟和管道，不应由上游到下游直线布设。

3.2.6 最后清理

填土或浇筑混凝土前，对基础进行恰当的清理和控水工作，可以使结构与土或岩石的接触发挥预期作用。完善的清理可以使接触区达到设计预期的抗压和抗剪强度及渗透性；不良的清理会减小抗压和抗剪强度，在结构下形成一个软弱区，为渗流提供高渗透路径。

当基础材料暴露于空气中或水中会发生质变（潮解）时，需要使用专门的清理程序。如果质变是因暴露于空气中造成，应保持基础湿润；如果质变是因暴露于水中造成，应保持基础干燥。清理基础表面，浇筑约 4in 厚的贫混凝土“泥板”可能是有效的。通常，最好的办法是：在首次填筑前，清除最后几英寸（或英尺）材料，并进行清理。在最终边坡坡面暴露和采用回填土或其他合适材料做保护层之间，可以规定一个最大的时间间隔。

心墙基础的外部清理通常没有那么重要。应清除松散的材料，以便填筑体与岩石直接接触。如果缺陷较小，且位于心墙之外，则不需清理或再次填充；如果缺陷从上游一直延续到下游，则应按照心墙下基础的要求进行清理。

3.2.6.1 清理

基础清理是一项劳动密集型工作（如图 3.2.6.1-1 所示），花费高，但也是一项必要的工作。一旦忽略清理，将会使基础不达标，不满足设计要求。岩石基础应按如下方法清理：

（1）拦挡和撬松所有的鼓形岩石；

图 3.2.6.1-1 基础清理工作

（2）使用喷射空气或水清除尽可能多的松散材料；

（3）用手清除空气或水喷射未清除的松散材料。

在进行土基清理时，应清理掉机器剥离时遗漏且压实后不适用于基础的材料。

可以通过刮削或使用牵引焊接了钢板的反铲挖土机或液压挖土机清理软质岩石或硬土基础，从表面剃去或剥离不恰当的材料，使基础干净只需很少手工清理。

根据现场特定情况，选择基础清理方式，空气喷射、空气和水混合喷射，或水喷射。熟化页岩和白垩岩等岩石材料应选用空气喷射进行清理，因为水可能会破坏它们。在塑性土覆盖岩石的地方，采用空气和水相结合的方法或水喷射方法清理表面比较合适，在这种情况下，空气往往起不了作用。仅用水喷射的清洗力最大，适用于清理强度高且极不规则的岩石表面。软弱岩石如薄层砂岩可能会被强力的喷射水破坏，因此最好采用空气和水混合喷射的方式清理，这个方式造成的影响比仅用水喷射小。还可辅以用真空吸尘车吹干的方法清理大面积区域，或用真空泵冲干小面积区域。在岩石易于潮解的区域，基础清理工作应在岩石潮解前完成；填料或回填混凝土前，不宜开展基础清理工作。

3.2.6.2　排水

排除低洼地带所有积水。避免使用压缩空气排除积水，因为这通常会在周围岩石的表面形成淤泥层，而淤泥不能与上覆填土或混凝土充分黏结，从而需要在随后的工作中清除。从岩石表面清除淤泥层。

少量的积水可以通过真空装置（有大量真空或气动的管道）清除，或在填筑前吹除土料和湿料。大量的渗水可以隔离在砂石集水坑中后泵出。应安装灌浆管，集水坑用织物或塑料覆盖，在织物上铺筑，铺筑后应高于集水坑几英尺，集水坑应利用自重进行水泥灌浆。避免从上游到下游的方向直线布置水沟和管道。避免将集水坑和相关排水沟及管道设在不透水区内，因为填筑后很难充分灌浆，使不透水区/基础接触面存在被破坏的危险。

3.2.6.3　填补混凝土

填补混凝土用于填充或修整孔、槽和大面积垂直表面以及层理、节理及其他不规则面的锯齿或阶梯面，如已清理的溶蚀面、剪切带、大节理或者暗河槽（见图 3.2.6.3-1～图 3.2.6.3-3）。成形的填补混凝土可用于填充陡坡和倒悬。在一定区域的不规则面附近浇筑混凝土垫层是可行的。在需要大量挖方时，填补混凝土可用于代替爆破清除。

除非在浇筑上覆填筑体时回填混凝土就已经完成主要体积收缩，否则回填混凝土边界附近的上覆填筑体可能会产生裂缝。回填混凝土的持续收缩会导致支撑性能降低。在密集作业区，应该在该区域填筑前浇筑并养护回填混凝土。

填补混凝土板至少应为 2～6in 厚，该厚度由基础的质量决定。在锯齿状岩石表面有岩石凸起处覆盖较薄的填补混凝土，混凝土可能出现裂缝，应通过使用足够厚的填补混凝土来避免这些情况，或避免在包含很多不规则面的软弱基础中浇筑连续性混凝土板。软弱基础上的混凝土板末端不应出现单薄边缘，板边缘的倾斜度不可大于 45°，如图 3.2.6.3-4 所示。

混凝土配合比的 28d 强度为 3000lb/in^2。最大骨料粒径应小于混凝土板厚度的三分

图 3.2.6.3-1 填补混凝土和垂直台阶

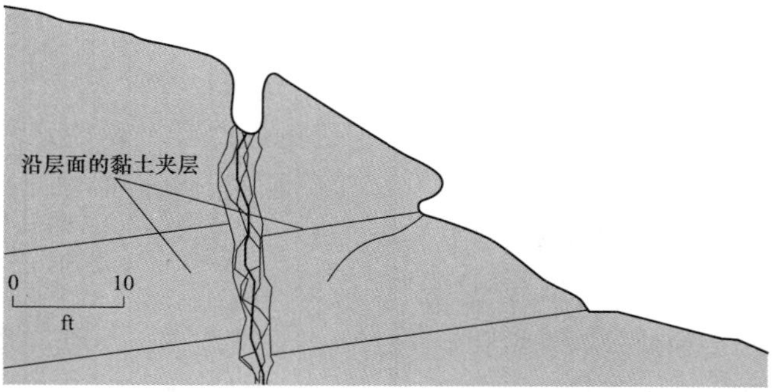

注：图中，决定清除岩体，而这一决定影响着后续处理。

图 3.2.6.3-2 可能改变清理方案的层面

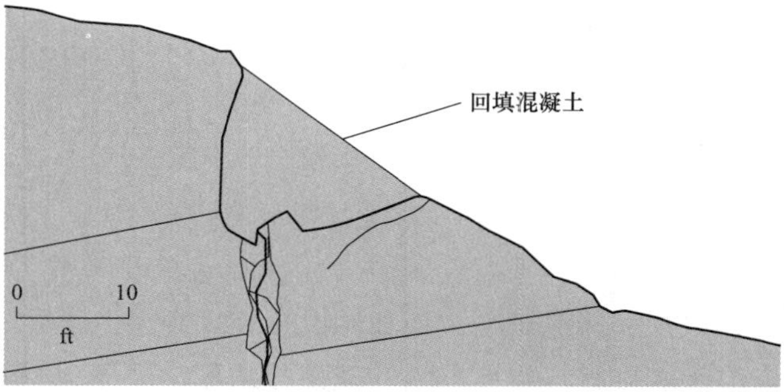

图 3.2.6.3-3 清除断裂带、层面及节理间的岩体，用回填混凝土修整表面

之一或模板与岩石面间最小间距的五分之一。水泥型号取决于基础材料中的硫酸盐浓度和地下水。对碱反应骨料应使用低碱水泥。骨料和水的质量应与用于结构性混凝土中的相同。

浇筑混凝土前，岩石表面应经过彻底清理和湿润，以确保混凝土和岩石表面有良好

图 3.2.6.3-4 混凝土浇筑边缘不允许出现薄片结构，混凝土边缘放坡不应缓于 45°

的黏结。如果倒悬用填补混凝土充填，混凝土与倒悬的上表面必须充分黏结。倒悬应进行修整，允许混凝土浇筑过程中空气流出，并避免在混凝土和倒悬的上表面间产生气泡。混凝土应用模板浇注，混凝土的顶部应高于倒悬的上表面，以便在压力下与其紧密贴合。填补混凝土中应安装灌浆管，用于后期填充气孔。如果通过填补混凝土进行灌浆，应严密地控制好压力，防止顶起混凝土或压裂填料。

完成的填补混凝土板应该有一个粗糙的、刮扫过的表面，以便与填充混凝土良好黏合。填补混凝土应用水或批准的固化剂养护 7d，或用填土覆盖。填土覆盖新浇筑填补混凝土的时间不允许少于 72h（或达到 70%的强度设计值），以使其强度足以抵御由填筑和压实所造成的应力。不适当的养护可能会造成混凝土开裂。

3.2.6.4 水泥浆

水泥浆是一种灌于基础裂缝中的净水泥浆液（用于小于 1/2in 的裂缝）或水泥砂浆（用于大于 1/2in 的裂缝）。水泥浆是填入裂缝或节理，而不是铺在其表面上（如图 3.2.6.4-1 所示）。水泥浆应用于填补窄的表面裂缝，不用于覆盖基础。为确保充分灌入裂缝，水泥浆混合物中最大颗粒的尺寸不应超过裂缝宽度的 1/3。水泥浆混合物的稠度是可以变化的，从稀薄混合物至灌入裂缝所需的砂浆。水与水泥之比应尽可能低，以防止收缩。浆液最好由机械拌和器或离心式拌和器搅拌，且应在搅拌后 30min 内使用。

所需水泥类型取决于基础材料和地下水的硫酸盐浓度。对于碱活性敏感的骨料采用低碱水泥。砂质和水质应与结构混凝土所需相同。垦务局使用含无水铝酸钙的 K 类型水泥，无水铝酸钙是一种能减少收缩的发泡剂。

清理裂缝如上所述。在填筑水泥浆前，所有的裂缝都需湿润。水泥浆可刷在含有密集裂缝的表面，或通过抹灰、浇注、捣入或用漏斗灌注单独裂缝等方式使用。刷水泥浆最好是在填筑前完成，在压实时便不会产生裂缝。

图 3.2.6.4-1　水泥浆灌注清理完毕的张开节理（Ridges Basin 坝）

3.2.6.5　喷混凝土

喷混凝土是喷洒在某个位置的混凝土或砂浆。一些喷混凝土中加入合成纤维，获得更高强度，可以黏附于陡峭的边坡。喷混凝土的质量取决于使用人员的技能和经验，特别是回弹量、厚度、薄缘方面，以及确保不规则表面的凸出部分有足够的覆盖厚度方面。喷混凝土应薄层铺筑（2in 或更少），以确保与基岩紧密接触。因喷混凝土容易、快捷，一些未经准备的基础可能被无意间覆盖了。只有在现场条件不可以使用填补混凝土时，喷混凝土才可用于不透水区下面。如果使用了喷混凝土，严格检查且小心谨慎是必要的。在心墙接触区以外，喷混凝土可作为填补混凝土的替代物（见图 3.2.6.5-1）。

图 3.2.6.5-1　喷混凝土

3.2.6.6　基础开挖、处理和清理的实例

图 3.2.6.6-1～图 3.2.6.6-10 为基础开挖、处理和清理的实例。

图片左边展示了可接受的台阶；右边展示的台阶需用混凝土填补。

图 3.2.6.6-1　基础开挖至能够承受大坝荷载的地层（Upper Stillwater 坝）

图 3.2.6.6-2　使用填补混凝土对基础进行处理

图 3.2.6.6-3　使用填补混凝土修整泄水工程基础

有时填补混凝土板体积较大

图 3.2.6.6-4　基础填补混凝土（Ridges Basin 坝）

图 3.2.6.6-5　混凝土重力坝基础整体开挖至能够承受大坝荷载的地层

图 3.2.6.6-6　剥离之后，清理之前（Upper Stillwater 坝）

图 3.2.6.6-7　初步清理之后，处理之前（New Waddell 坝）

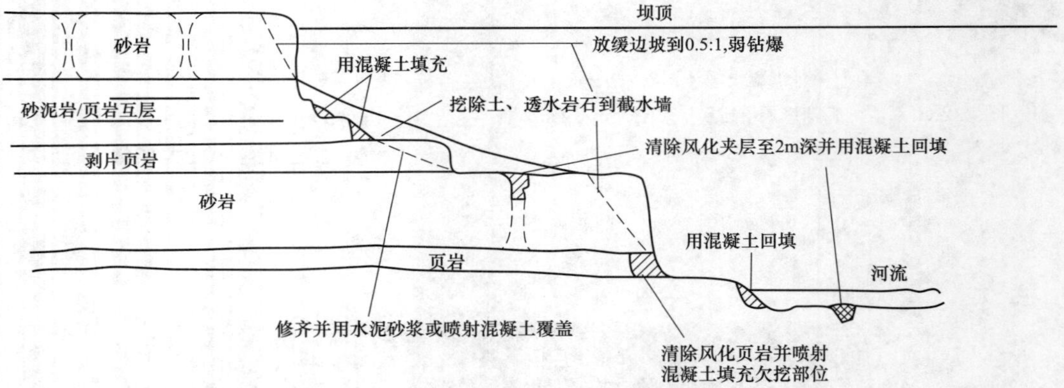

图 3.2.6.6-8　典型基础开挖细节（Mica 坝）

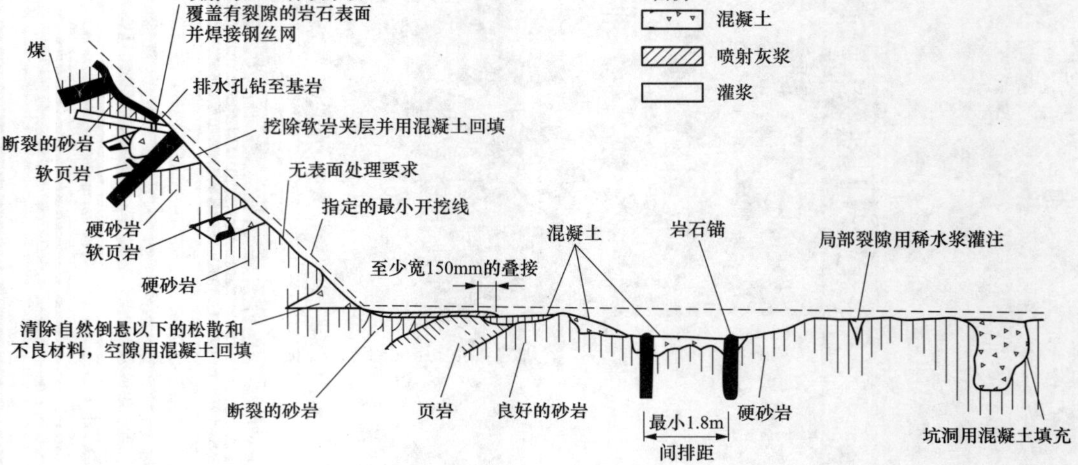

图 3.2.6.6-9　典型心墙接触面处理（Mica 坝）

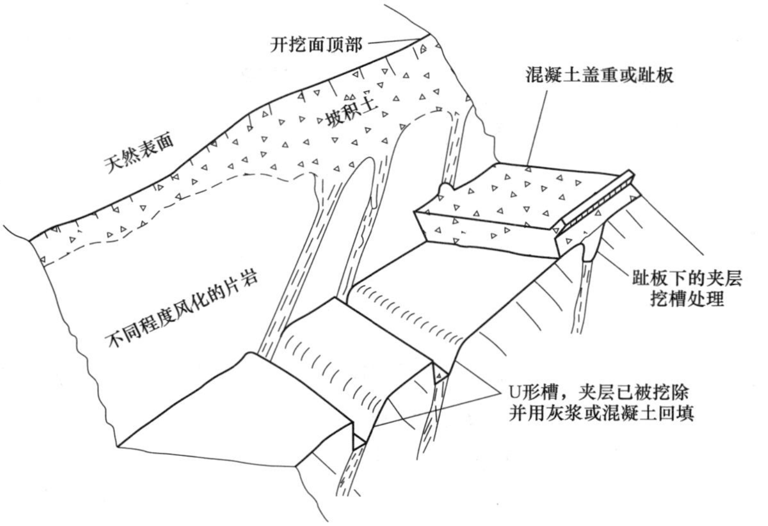

图 3.2.6.6-10　填补混凝土处理趾板基础中的软弱夹层（Kangaroo Creek 坝）

3.3　检查与基础验收

填筑坝主设计师和地质工程师应该检查最终的基础开挖表面，以验证基础条件符合预期，达到了设计意图。这点相当关键。任何基础相关问题应适时检查，并提出有效解决措施。以下信息被验证后，基础才能被验收，可以进行混凝土或填筑料铺筑：

（1）基础地质记录质量好，并足够详细。

（2）有经验的工程地质工程师已经审查和签署了地质记录。

（3）测量最终开挖表面地形采用的比例尺足以确认倒悬、不可接受的变坡等不利表面不存在。

（4）地质图和最终开挖表面的照片，所有重要地质特征的全面理解应在填筑前确认。

（5）填筑坝主设计师已对基础进行评估，且已判定基础符合设计意图；修整、处理和清理满足要求；可在该基础上进行填筑施工。

如果区域很大，基础应被分为多个区域，以易于管理。

基础检查和验收必须以备忘录形式正式记录，包括照片和地质图。提供清晰的检查结论陈述。备忘录应包括施工技术报告。备忘录应包括但不限于描述以下各项：

（1）现场条件；

（2）基础地质；

（3）基础条件不符合设计意图的情况；

（4）岩土工程考虑；

（5）需要进行的基础处理及完成情况；

（6）批准的位置和专门的验收要求；

（7）照片和地质图。

多数时候，大坝基础外的地质特征对大坝的稳定性有着至关重要的作用。例如，一些非常重要的特征并不是恰巧暴露在基础上，而可能经过其下面，如缓倾角节理、剪切或断层。

文件应反映对基础的全部了解，并且提供最好的信息来预测与潜在失事模式相关的基础性状。

3.4 坝体填筑

3.4.1 土基

在土基上填筑第一层土料之前，湿润并用夯击碾压实基础表面是必要的，以便充分黏合。土基表面有时需要用圆盘耙或耙路机耙松，以确保充分黏合。如果夯实碾能够贯入填料中，便没有必要进行额外的耙松。

心墙或者基础接触面的基础材料必须压实，其密度应与上覆的填筑料相似。细粒土基础可能需要被压实，填筑第一层材料，然后用圆板耙耙松，以使基础与第一层心墙料之间得到良好的混合和黏合。

细粒土基础需要采用夯实碾压实。如果基础过于坚实，导致夯脚无法贯入，那么就应当用圆盘耙松表面，达到6in的深度，并且在压实之前润湿。施工车辆在压实的基础表面行进，使表面光滑，应该用圆盘耙耙松光滑基础，达到2in或更深的深度。

粗粒土基础应该采用振动碾压实。振动压实使基础表面更加均匀平滑，利于填筑第一层填料，是较好的压实方法。

灌注水泥的土料以及过度固结的土料会形成硬质厚块，可能需要特殊处理。在某些情况下，这些土壤可以留置在原处，不应当重新加工或者耙松，使其与基础和心墙材料混合。第一层填料的填筑方式与在岩基上填筑的方式相似。

位于反滤层和坝壳区之下的土基的压实要求应与此节概括的那些内容一样，但是不要求基础与上覆填料黏合。

达到足够的压实度时，细粒土基上部6in内材料的含水量应在普氏最优含水量的干侧2%和湿侧1%之间。粗粒土基础材料应该保持足够的湿度，确保其可压实到规定的相关密度，但是不允许饱和。基础上部6in内的干燥材料需用圆盘耙耙松，并加湿，以使其湿度均匀且在指定范围内。湿填料应通过耙松使其干燥，从而使上部6in内材料在规定的含水量限制范围之内。如果干燥不起作用，或者耙松造成表面泥泞，可能需要将材料移除并用具有适当的含水量的土料替换。潮湿地基应进行充分的排水或降水，防止毛细上升或施工设备驶过的抽吸效应所导致的饱和。

应根据需要，采用符合反滤规则的过渡带或者反滤料，保护所有的填筑料不会因冲蚀进入基础粗粒土区（如果粗粒土要铺筑在细粒土基础上，反之也是必要的）。应当防止截水槽下游面以及下游区以下的过渡带和反滤层基础中的细粒料进入填筑体。

如有可能，应避免使用分散性填筑料。如果使用，则应通过在填筑体与基础之间铺设反滤料，防止分散性填筑料受到冲蚀，移入基础的粗粒土区。开始几层填筑料应优先选择石灰改性材料或者天然非分散性材料。使用反滤层是优选方法，除非有些区域需要在填筑体与基础之间设置一个不透水的密封设施。

在淤泥质或者冻结的基础表面铺筑填料或者反滤料，应当采取相应的预防措施。

3.4.2 岩石基础

岩石基础表面应该是湿润的，但在填筑第一层材料时，不允许有积水。基础应进行适当润湿，防止土料干燥，如图 3.4.2-1 所示。不透水土料的含水量应在最佳含水量湿侧 0%～2%之间，最大颗粒粒径为 1～2in。当可用的塑性填料有限时，按照惯例在基础接触区，应该挑选和使用更好的塑性填料。由于填筑层具有较高的塑性，如果允许其过度脱水，那么它们很容易干燥。干燥的填筑层应当全部清除。在陡峭且不规则的岩石坝肩上，可能需要略湿于最佳含水量的填料，以获得良好的施工性能和适于黏合。当采用专用压实手段时，务必注意确保在连续填料层之间黏合良好。这通常需要在压实层之间进行轻微翻松。专用压实法，如人工捣实，应在碾压设备无法压实的坑洼区使用，比如不规则的岩石表面。只要基础表面允许，就应采用轮式碾压机或者其他轮式设备。替代方案是，采用轮胎式碾压机或者带斗的轮式装载机（见图 3.4.2-2 和图 3.4.2-3）薄填碾压，并且用圆盘耙耙松填筑层表面，使层间黏合。当填料具有足够厚度，并且需保护基础不被夯实脚贯入时，可采用夯实碾压机。应当认真监测基础接触区材料的单位重量与含水量，并且检查填筑和压实作业。在岩石基础进行填筑的过程见图 3.4.2-4～图 3.4.2-6。

对于不规则的基础表面和难以到达的区域，根据现场特定条件确定最佳解决方案，是手工压实填土还是用填补混凝土填充。采用何种压实方法取决于基础表面的坡度、基础表面不规则性及填料性质。

图 3.4.2-1　最终清理之后，在铺筑和压实填筑料之前湿润基础

可以使用手动夯实机压实坝肩处或坝肩不规则表面附近的填料，或者坑槽和凹地中的填料，以及重型压实设备不易接近的结构物附近的填料。通常，手工夯实填土层的最大厚度为 4in（10.2cm），且层间需耙松。

当填料具有足够厚度，夯实脚无法与基础接触时，可以使用羊脚碾或者夯实碾压机。

图 3.4.2-2　采用轮式设备压实基础接触面附近的填料

图 3.4.2-3　轮式设备将塑性可变形的土料压入不平整的基础表面，在填筑边缘可能产生薄片结构

图 3.4.2-4　基础最后清理以及铺筑第一层填料（Ridges Basin 坝）

图 3.4.2-5 基础最后清理、润湿以及铺筑第一层填料（Ridges Basin 坝）

推土机在填料上作业，而不在基础表面，防止破坏基础。基础岩石已经过湿润。

图 3.4.2-6 基础最后清理和铺设第一层填料（Ridges Basin 坝）

碾压机的压脚不能贯入第一层填土，以免对基础造成损坏。采用橡胶轮胎式设备或者橡胶轮胎式装料机压实开始几层填筑层，并且翻松填筑层之间的土料，可以阻止贯入填筑层。采用轮式设备压实填土层，通常最大层厚为 6in。铺筑靠近缓坡岩面的水平填筑层，会导致填筑层边缘变成薄边。如果压实机沿着坡度上行不会疏松或者扰动之前压实的填土层，在缓于 10：1 的基础表面（与水平填筑层不同）平行铺筑第一层填料是可接受的。

紧靠陡峭表面的心墙料的压实通常采用 6in 层厚、层间翻松的方式。陡峭表面填料 8～10ft 厚，向陡面倾斜，坡度在 6：1～10：1 之间，以使压实力的分量可以作用在陡峭表面。

紧靠不均匀表面的小面积填土层应当是塑性的、可变形的，以便通过压实或者随之而来的装载将填料挤入基础表面上的不规则处，如图 3.4.2-3 所示。第一层填料的含水量应当在最佳含水量湿侧 0～2%的范围内。通常在规定的塑性范围之内选择填料。虽然不是绝对必要，优先选择的土壤塑性指数在 16～30 范围内。在随后的铺筑作业之前，应当先清除压实填土的薄边，如图 3.4.2-7 所示，准备填筑。

图 3.4.2-7 清除、清理第一层压实填料的薄边

易受侵蚀的心墙料包括低塑性土或非塑性细粒土、粉沙和分散性黏土。使用水泥浆和填补混凝土封闭基础上的裂缝，并且在细粒料和基础之间设反滤区，阻止填筑料进入基础。密封裂缝并不完全可靠，因为混凝土及砂浆可能会由于收缩和荷载而产生裂缝。从心墙基础接触面开始的前几层填筑，采用天然或者加工的抗侵蚀材料（高塑性土）是好方法。

如果可获取抗侵蚀塑性材料，应该用于沿基础接触面开始的前几层填筑中，避免将易侵蚀的非塑性填料直接铺筑到岩石表面。如果没有塑性材料可用，可以将天然土与钠质膨润土或者其他黏土相混合作为心墙料，铺筑在紧靠基础处。实验室试验应确定所需黏土量及其特性。不透水料必须混合均匀，一般使用土料粉碎机或耕作机混合。在采料区内或者在填料上用圆盘耙不会生成均匀的填料。

在一些重要部位，如沿心墙基础接触面，应使用非分散性材料代替分散性材料。在含有分散性材料的沉积物中，一般在很短的距离内分散性便可能有很大差异。从含有分散性材料的沉积物中有选择地开挖非分散性材料，常常会遇到困难，而且并不可靠。可以将石灰加入分散性材料中，降低分散性，或者将土料转化为非分散性的材料。处理分散性土所需的石灰剂量应通过分散性试验来确定，试验试样是用百分比不同的石灰处理的土样。在土料里添加石灰导致其塑性降低，脆性增强。因此，用于处理分散性土料的石灰含量应取最小值。若不是必要，不要靠添加石灰来处理天然低塑性材料。

3.5 参考文献（略）

附录 A 施工爆破振动限制意见书（略）

附录 B Ridges Basin 坝 1 区基础检查文件及验收（略）

美国内政部垦务局设计标准

填筑坝 Embankment Dams

第4章 静力稳定分析

2011年10月修订

目　　录

4.1 简介

4.1.1 目的

本章为填筑坝坝体的静力稳定分析验证提供指导原则。本章讨论荷载条件、材料性质、孔隙水压等因素以及在这些荷载条件下应满足的最小安全系数。

4.1.2 范围

本章提出以下一些原则：①荷载条件与最小安全系数；②材料强度；③孔隙水压。

4.1.3 与本标准不一致的情况（略）

4.1.4 标准的修订（略）

4.1.5 适用性

本章提出的稳定分析标准适用于土基或岩基上的填筑坝。本章所讨论的稳定分析方法也适用于分析开挖边坡和自然边坡，但在实际分析开挖边坡和自然边坡过程中很可能会涉及一些本章未述及的其他因素。对于低坝可依据垦务局出版的《小坝设计》进行设计。

4.2 荷载条件与安全系数

4.2.1 综述

对于在建或已建填筑坝，荷载条件应基于以下几个方面：坝体施工进度、水库运行、紧急情况处理、坝体维护、水库蓄洪及泄洪、坝体及坝基孔隙水压的发展对于坝体及坝基材料的影响。

本标准会指出各种荷载条件下坝体的相应最小安全系数。

4.2.2 荷载条件的选择

荷载条件如下：

（1）施工条件。对于在建填筑坝，应分析其完建期的情况。基于施工计划及孔隙水压随时间的变化，如有需要也应考虑填筑坝在部分完成条件下的稳定分析。

（2）稳定渗流条件。对于在建或已建填筑坝，应分析在能够控制填筑坝坝体浸润线发展的水位条件下的下游坝坡稳定情况，该水位通常是兴利库容上限水位，但是随着水库的运行，该水位会有上下的波动。

（3）运行条件。对于在建或已建填筑坝，如果水库最高水位显著高于兴利库容上限水位，则应分析水库最高水位条件下的坝体下游坝坡稳定情况。坝体上游坝坡稳定应分析由水库兴利库容上限水位快速泄水至无效库容上限水位或水库最高水位快速泄水至无效库容上限水位两种情况。如上游坝坡设有戗台时，坝体上游坝坡稳定分析还应分析水库由兴利库容上限水位快速降水至戗台高程之间的特定水位。

（4）其他条件。在某些情况下还应考虑的其他荷载条件：①坝体内部排水阻塞或局部阻塞；②异常高的用水需求导致的水库水位骤降；③水库因紧急情况发生的泄水；④施工条件的改变；⑤地震荷载。

4.2.3 各荷载工况下计算参数的探讨

不同荷载工况下，水库水位、土石料性质、孔隙水压力系数的一般确定原则如下：

（1）施工工况。竣工期可用有效应力剪切强度包络线法或不排水剪强度包络线法来分析。

1）有效应力剪切强度包络线法。坝体填筑过程中，由于填筑土体的自重荷载会导致坝体或坝基材料出现超孔隙水压力，有效应力剪切强度包络线法需要估算在坝体施工过程中及之后一段时间内的孔隙水压的变化，坝体施工过程中应特别注意监测孔隙水压，以确保孔隙水压不会超过预估值太多。在坝体施工期间及完工时估算孔隙水压比较好的方法主要有：

a）用具有代表性的坝体或坝基材料进行室内试验，确定初始孔隙气压力及水压力。

b）对每种材料进行室内试验，确定材料孔隙水压随时间及荷载的变化情况。

c）制定施工计划，确定在该施工计划条件下材料孔隙水压相对于时间变化的函数，并检验上下游边坡稳定性。

d）如有需要，根据实际情况修改施工计划，重新分析坝坡稳定性。

2）不排水剪强度包络线法。这种确定土体抗剪强度的方法不考虑测量土样中的孔隙气压力及水压力，因此，相对于上述的有效应力剪切强度包络线法，该方法比较简单。采用不排水剪强度包络线法，意味着假定材料在室内试验中产生的孔隙水压与现场孔隙水压相近，因此，材料的抗剪强度也相近。应将抗剪强度试验所用的试样夯实到与现场的含水率和密度相同。分析中采用的材料的不排水剪强度应与预期的现场材料的有效固结应力相对应。

（2）稳定渗流条件。根据水库的年运行计划，确定合适的水库水位以便估算稳定浸润面。合适的水库水位高程通常为兴利库容或共用库容的上限水位，尽管在某些特定的条件下，这个水位在一年中只有很少的时间能够到达，或者是上下循环波动的。两种情况下均可以取这个循环波动中点附近的水位值作为有效水库水位。虽然稳定浸润面的发展不会超过很长时间，但是对于宽黏土心墙坝来说，在稳定分析中采用稳定浸润面也是可以接受的。

对于已建填筑坝，合适的库水位高程通常可以通过水库运行记录确定，特别是根据库水位高程与时间的关系曲线确定。在垦务局可以获得绝大部分大坝的水库运行图。若可以获得压力计数据，则可以用来估算填筑坝内部浸润面。

（3）运行条件。

1）最高库水位。如果在洪水条件下坝体浸润面明显不同于（高于）兴利库容水位稳定条件下的坝体浸润面，那么就应分析在较高浸润面条件下的坝体稳定。应分析最高库水位对应的坝体浸润面。水库超量蓄水但很快排出，或者水库进行防洪控制蓄水而且好几个月都不会排出，都会使水库产生最高库水位。在确定坝体浸润面位置时，采用稳态分析还是瞬态分析，应考虑到水库水位的波动对处于坝体上游的材料水力性质（渗透性）的影响。如果坝体浸润面明显不同于（高于）兴利库容水位稳定条件下的坝体浸润面，则应分析在该条件下（坝体浸润面较高）的坝体稳定性。

2）快速泄水。在水库处于兴利库容水位阶段时，坝体可能会因为渗流而处于饱和状态，如果库水位下降比土壤孔隙内孔隙水压的消散更快，则会在坝体内部产生超孔隙水压及不平衡渗流力。一般而言，水库快速泄水分析基于以下几点保守的假设：①不透水材料的孔隙水压不会随水库快速泄水而消散；②坝体上游面的浸润面与防渗体上游面重合，起点由非有效库容顶部水位开始。

坝体稳定的最不利水位高程不一定与水库最低库水位高程一致，因此水库快速泄水过程中的所有水位均应考虑。

（4）其他工况。

1）不能控制的内部排水。对于已建坝体，如果坝体内部排水设施或控制坝体浸润面的排水系统可能失效，则应检测假设在排水系统不能发挥全部作用的条件下坝体浸润面的发展。

2）不寻常的快速泄水。所有水库正常维护或紧急情况下的泄水计划都应考虑，以确定坝体稳定分析所需的合适参数，同时也是修正坝体上游坝坡浸润面的需要。枯水期可能会导致水库水位下降，在坝体稳定分析中应考虑。通常，介于上述两种情况的水库水位下降不予考虑。

3）施工改建。在已建填筑坝的附近进行的所有开挖都应经过评估以确定合适的参数，用以进行开挖稳定分析及对填筑坝的稳定影响分析。同样，所有的填筑坝加高也应经过评估，以确定合适的参数，用以进行已有坝体及加高坝体结构的稳定分析。

4.2.4 安全系数准则

对于上述每一个荷载条件，本章将提出相对应的建议最小安全系数。如有已证明合适的高于或者低于本标准提出的最小安全系数，也可考虑。选取特征值时应考虑：①已分析的设计条件及坝体破坏的后果；②抗剪强度参数、孔隙水压及其他土体参数的可靠性；③坝体内部构造；④现场及室内试验的可靠性；⑤坝体及坝基材料的应力应变关系；⑥施工质量控制；⑦坝高；⑧基于已建土石坝的经验判断。

坝坡稳定分析中，安全系数可以定义为沿某一潜在滑动面上所有土体抗剪强度与维持土体稳定所需剪力的比值，安全系数表明不同荷载条件下坝体稳定的相对量值，而非安全余量的精确值。此外，相对较大的安全系数表明坝体或坝基存在相对较小的剪应力水平及相对较小的位移。坝体设计中，确定用于稳定分析的最小安全系数应考虑很多因素，包括孔隙水压的监测范围和材料强度假定及其不确定性。

本标准提出的安全系数准则是在使用斯宾塞程序的极限平衡法进行坝体边坡稳定分析的基础上提出的。对相同的坝体在同断面、同材料、同荷载条件下用不同的程序进行极限平衡法分析，会得出不同的安全系数。

对于完建期的荷载工况，在坝体或坝基的相对不透水层可能存在超孔隙水压力，这是因为在施工期间，这些部位不能完全固结。如果分析中使用有效应力强度参数，则超孔隙水压会对坝体安全系数产生重要的影响。若施工过程中对孔隙水压进行监测，则可以相应地考虑取最小安全系数为 1.3，若对孔隙水压没有任何现场监测而使用有效应力强度包络线，则最小安全系数至少为 1.4，以消除超孔隙水压的不确定性。

当使用不排水抗剪强度包络线法分析时，也可以取最小安全系数为 1.3。如果使用不排水剪强度包络线，则该包络线的室内试验必须要能较好地模拟在场地荷载条件下预期的孔隙水压及应力状态。

在兴利库容水位下的稳定渗流条件下，若考虑到材料强度的不确定性、不透水材料的孔隙水压及长期荷载等，最小安全系数可以取为 1.5。此外，在稳定渗流条件下，下游坝坡的失稳很可能会造成坝体灾难性的溃决。因此，相对于完建工况或快速泄水条件，在稳定渗流条件下应留有更高的安全裕度。

在水库高水位持续时间相对较短、水库运行采用溢洪道或其他坝基排水设施快速泄洪、水库蓄水至兴利库容水位这三种情况下，假定的水库最高水位时稳定渗流条件下的坝体最小安全系数 1.2 应予以调整。如果高水位持续时间较长可能导致坝体浸润面明显高于兴利库容水位条件下的坝体浸润面时，应取较高的坝体安全系数（接近 1.5）。

在水库从兴利库容水位（正常蓄水位）快速泄水至非有效库容水位或某一中间水位的条件下，不平衡渗流力产生的荷载可能会导致坝体上游坝坡的失稳。然而，该荷载持续时间较短，同时库水位在泄水过程中下降，所以上游坝坡的失稳可能不会造成坝体溃决，因此最小安全系数可取 1.3，在某些条件下，通过验证也可以取更小的安全系数。同样，对于水库从最高库水位（对应于一个可能的最高洪水位）快速泄水至兴利库容水位的工况，考虑到水库在最高洪水位超量蓄水的持续时间较短，最小安全系数可取 1.2。水库在兴利库容水位以下快速泄水时最小安全系数可取 1.3。

对于其他荷载条件，针对最大泄流量、内部排水无效或降水系统破坏的情况，由于内部排水无效和降水系统破坏很少发生，且快速补救措施是可信赖的，采用 1.2 的最小安全系数是适当的。然而，如果快速补救措施不能事先保证的话，则必须有更高的安全系数（接近 1.3 或更高）。对于施工改建工况，保守的综合考虑地下水和地基土的条件，临时开挖边坡的稳定及整个填筑坝的稳定应采用 1.3 的最小安全系数。同时，所有的施工措施都必须要有合理的施工计划，并由专业人员执行。

表 4.2.4-1 整理了不同荷载条件下的最小安全系数。

表 4.2.4-1　　基于斯宾塞程序的二维极限平衡法最小安全系数

荷载条件	抗剪强度参数	孔隙水压特性	最小安全系数
施工结束（竣工期）	有效应力	在坝体及坝基材料中产生超孔隙水压，并有室内试验的确定及施工过程中的监测	1.3
		在坝体及坝基材料中产生超孔隙水压，但没有室内试验的确定及施工过程中的监测	1.4
		只在坝体内部产生超孔隙水压，没有室内试验资料，有或无施工过程中的监测	1.3
	不排水强度		1.3
稳定渗流	有效应力	在有效库容条件下的稳定渗流	1.5

续表

荷载条件	抗剪强度参数	孔隙水压特性	最小安全系数
运行	有效应力或不排水强度	最高库水位条件下（在一个可能的最大洪水期间）的稳定渗流	1.2
	有效应力或不排水强度	从正常蓄水位快速泄水至非有效库容水位	1.3
		从最高库水位快速泄水至有效库容水位（对应于一个最大洪水）	1.2
其他	有效应力或不排水强度	以最大下泄流量快速泄水（内部排水失效，不寻常的骤降）	1.2
	有效应力或不排水强度	施工计划的改变（仅适用于施工期间的临时开挖边坡及整个坝体的稳定）	1.3

注 抗剪强度参数选择可参考附录 4-A。

4.3 材料抗剪强度

需要采用填筑坝体和自然边坡稳定分析确定沿任一潜在滑动面上材料的抗剪强度，与土体抗剪强度相关的可用资料很多，本章不详细讨论这些资料。重要的是，认识到边坡（自然或人工）的数值分析中使用的材料剪切强度必须慎重选择，同时这个选择也需要整个设计团队参与（如设计者、室内试验人员、地质学者等）。

4.3.1 一般准则

需采用填筑坝体和自然边坡稳定分析确定沿任一潜在滑动面上材料的抗剪强度。基于有效应力概念的莫尔-库伦破坏准则，剪切强度 S 可表示为

$$S=c'+(\sigma-u)\tan\varphi'$$

式中：c' 为有效黏聚力；φ' 为有效抗剪内摩擦角；u 为破坏时滑动面产生的孔隙水压；σ 为破坏时因受荷载在滑动面产生的总正应力。

基于不排水抗剪强度概念，不排水剪切强度 S_u 可表示为：

$$S_u=f(\sigma_c')$$

式中将不排水剪切强度表示为剪切破坏前有效正应力 σ_c' 的函数。

4.3.2 抗剪强度参数获取方法

根据不同的设计阶段，材料剪切强度可从现场试验、室内试验或基于一些经验类比得出。获取剪切强度参数需考虑边坡最终稳定性对于强度参数的敏感性，例如，稳定性分析可能会证明边坡稳定对砂砾石趾板排水沟这类小构造不敏感，改变排水沟材料的强度值可能对于计算这类边坡稳定性没有很大的影响，因此在某些情况下，使用材料的典型值是适宜的。

垦务局材料工程研究实验室推出的与土体材料相关的工程报告提供了垦务局范围内已建填筑坝的详细土体强度数据。但是，如果现场应力条件与室内试验应力条件不匹配，使用这些已有实验数据时要特别注意，在确定已有实验数据的适宜性时应参考已建

工程的经验。

通常，可基于以往工程的经验、试验、当地地质数据等，评估或选取可行性研究设计阶段所用材料的抗剪强度参数值。在设计中期或最后阶段，材料剪切强度参数应从合适的室内试验或现场试验中获取。

干湿循环作用可使可塑性黏土的抗剪强度降低至完全软化状态，此外，如果地基材料内部已发生的剪切变形或材料应力应变行为表现为应变软化，则黏土材料的抗剪强度可能是其残余强度。固结不排水（CU）试验和孔隙水压测定可以用来获取材料的完全软化强度，扭矩环剪切试验及反复直剪试验可以用来获取地基、自然边坡或人工边坡处黏土材料的残余剪切强度。

现场剪切强度试验可直接在现场坝基或坝体材料上进行。现场试验方法包括标准贯入试验、十字板剪切试验、钻孔剪切试验等。现场试验经常用来测定材料不排水剪强度参数。

室内抗剪强度试验是在扰动或不扰动的坝料试样上进行，以获取剪切强度参数。常用的室内剪切强度试验包括直剪试验、反复直剪试验、三轴试验、扭矩环剪切试验、单剪试验。剪切强度试验应配合一维固结试验（固结仪）以获取材料的历史应力，特别是在确定材料不排水剪强度时。

确定材料抗剪强度参数是坝体稳定分析中最重要也是最困难的一个部分，特别是确定材料不排水剪强度。制备代表性材料试样、避免试样扰动、模拟外部荷载及内部孔隙水压、避免试验方法上的误差等都是比较困难的，通常情况下要获取与现场材料完全一样的试样几乎是不可能的。因此，材料抗剪强度参数是以可以代表极限情况的试样为基础，在一定范围内选取的。室内试验试样的荷载及应力不同于现场处于破坏面上的材料的荷载及应力，因此，在评估试验结果以确保所选参数能够代表现场材料方面，经验判断极其重要。

一般来说，对于极其重要的工程，材料剪切强度参数应结合相应的室内试验及现场试验来选取。不管剪切强度数据来源于何处（室内试验、现场试验、已有数据），均必须通过改变材料强度参数值进行敏感性分析，以确保坝体设计安全。

边坡稳定分析成果，包括材料敏感性分析，应经专家讨论，同时在设计中应考虑此项成果。

4.3.3 抗剪强度与加载条件的相关性

在填筑坝稳定分析中，通常要考虑以下荷载条件：①完建工况；②稳定渗流工况；③快速泄水工况。分析中所用的材料剪切强度参数必须要能正确地反映在各种荷载条件下材料的性能。

（1）不排水剪强度包络线和有效应力强度包络线都可以用来分析完建工况的荷载条件。

1）不排水剪强度包络线。饱和细颗粒坝基土抗剪强度参数可通过未扰动试样由不测量孔隙水压的不固结不排水（UU）三轴试验确定，未扰动的试验试样应从坝基材料的一定深度范围内选取，如果采取现场十字板试验，也应在一定深度范围内操作。代表坝体材料的试样应压实至与现场材料相同的密度和含水率，并进行不固结不排水（UU）

三轴压缩试验，试验所用围压应与现场预期的土体应力在一定范围内一致。一般来说，对于饱和细粒土，不排水剪切强度包络线与正向应力轴平行，但是对于部分饱和土，包络线在低正应力范围内有一段呈曲线，当预期的坝体正应力在此范围内时应使用该曲线部分或其近似值。不固结不排水（UU）三轴剪切试验结果与坝体内部不透水区材料在施工结束条件下剪切强度相近。这些使用未扰动试样的试验也适用于固结速率低于填筑速率的不透水区坝基材料。

2）有效应力。有效应力抗剪强度参数通常与由坝体材料位移而导致的坝体或坝基孔隙水压配合使用。可测量孔隙水压的固结不排水（CU）三轴剪切试验适用于黏土及粉砂，因为它们有较低的渗透性，可假设其在不排水条件下破坏。固结排水（CD）三轴剪切试验或直剪试验适用于易排水的地基和坝体材料，超固结黏土及泥页岩坝基材料的剪切强度可由固结不排水（CU）三轴剪切试验获得。如果这些黏土此前已经经受剪切变形或应力应变行为，表现为应变软化型，则应采用材料残余强度，残余强度可由反复直剪试验或扭环剪试验确定。当材料表现出可能的触变性时，应考虑采用高于残余强度的剪切强度参数。

（2）稳定渗流工况。应采用有效应力强度参数，并结合测量或估算的坝体及坝基孔隙水压来分析，固结排水（CD）三轴剪切试验或可测量孔隙水压的固结不排水（CU）三轴剪切试验皆可用。对压实的坝体材料试样或未扰动的坝基材料试样应施加足够的负压使其达到百分之百的饱和度，以确保获取准确的孔隙水压。直剪试验适用于砂土，同样也可用于粉砂或黏土，但要求有很小的剪切速率，因此可能不太实际。如果地基材料先前已经受剪切变形或应力应变行为表现为应变软化型，则应采用残余强度。如果地基材料含有非常软的黏土，则这些材料的不排水剪切强度应按“1）不排水剪切强度”中讨论的确定。

（3）快速泄水工况。应采用有效应力强度参数并结合坝体或坝基孔隙水压来分析，或采用对应于骤降前发生的固结应力的不排水剪切强度来分析。对于不透水或半透水的土体材料应推荐使用可测量孔隙水压的固结不排水（CU）三轴剪切试验，因为该试验可同时提供有效应力抗剪强度参数及不同固结压力条件下的不排水抗剪强度。材料试样应施加足够的负压使其达到百分之百的饱和度，以确保获取准确的孔隙水压。对高渗透性材料（$>10^{-4}$cm/s），可使用固结排水（CD）三轴剪切试验或直剪试验。

对超固结黏土进行试验时，必须考虑到坝址地质条件、层面、历史剪切变形等因素，可测量孔隙水压的固结不排水（CU）三轴剪切试验、固结排水（CD）三轴剪切试验、直剪试验皆可用于这些材料。当沿着潜在滑面破坏时，应采用由反复直剪试验或扭环剪试验获取的材料残余强度。

不排水强度分析所用的剪切强度应基于坝体或坝基材料的固结排水（CD）和固结不排水（CU）剪切强度包络线的最小值。用来确定不排水剪切强度的有效应力应为对应于快速泄水前所发生的固结应力。此荷载条件下应分析上游坝坡的稳定性。

4.3.4 抗剪强度的各向异性

黏土不排水强度随着破坏时主应力的方向及破坏面的方向而变化。在垂直的、倾斜的、水平的试验试样上进行的不固结不排水（UU）试验可用来确定不同方向的不排水强度。抗剪强度的各向异性可以由随着破坏面的方向而变化的不排水剪切强度 S_u 表现出来。

4.3.5 残余剪切强度

黏土残余剪切强度可以通过在改造过的试样上进行反复直剪试验或环剪试验确定，然而，由于反复直剪试验程序的标准化还在进行中，因此在这些试验操作过程中应参考一些专业指导。

4.4 孔隙水压的确定

4.4.1 浸润面法

稳定渗流工况下的孔隙水压可由稳定渗流浸润面水位以下的静水压力估算，同时不至于有太大的误差，稳定渗流浸润面可由卡萨格兰德、巴夫洛夫斯基、塞德格伦或其他学者提出的程序来估计。一般来说，对于分区坝体，以浸润面水位来估计孔隙水压比较保守，然而，此方法在有些特别荷载条件下可能会低估孔隙水压，如雨水下渗、坝基内有自流井水压等，在这些情况下应采用其他的方法确定孔隙水压。在一个分区坝体内部有多重浸润面或者在坝体和坝基内部每一个分区里都有一个浸润面是可以接受的。

浸润面法也可以适用于确定快速泄水条件下的孔隙水压，但稳定渗流条件下的浸润面水位应依以下假设加以修改：①不透水材料中的孔隙水压不因排水而消散；②水面由兴利库容上限水位瞬间降低至无效库容上限水位，在此情形下可假设浸润面沿着坝体上游坝坡面，如果坝体内部含有半透水材料，可假设在半透水材料中孔隙水压部分消散。

浸润面法不适合确定施工结束时或施工期间荷载条件下的孔隙水压。

4.4.2 图解流网法

稳定渗流条件下，可在坝体和坝基使用流网分析法求得其孔隙水压。水平与垂直渗透系数比取决于坝体材料的夯实度和（或）坝基材料的地质历史。

4.4.3 数值模型法

复杂地质条件下，数值分析方法是确定快速泄水荷载条件和稳定渗流荷载条件下孔隙水压的最好的工具，同时也是唯一能计算三维空间孔隙水压的工具，然而大部分情况下未必一定要用复杂的数值计算。一些众所周知的确定孔隙水压的数值计算方法包括有限单元法、有限差分法、边界元法等。

为确定快速泄水过程中的孔隙水压，建立在快速泄水过程中应力变化基础上的数值程序可以反映膨胀对孔隙水压变化的影响。

为了能够准确估计孔隙水压与渗流量，必须要知道坝体与坝基所有材料的渗透系数。

如有需要，应在最终设计阶段考虑使用数值方法。

上述所有的方法在本标准第 8 章“渗流分析”中有详细介绍。

4.4.4 现场测量（监测）法

施工过程中坝体与坝基内部孔隙水压的发展取决于土壤的特性及施工过程中的压实度。应将施工过程中所观测到的孔隙水压与有效应力分析预测的孔隙水压进行比较，以确保实际的孔隙水压不至于升高到可能引起坝体不稳定的程度。施工中用来监测孔隙水压的仪器（水压计）应属于无流量设备。

如需计算施工过程中坝体的稳定性，应在根据边坡稳定分析确定的临界断面上对坝体与坝基的变形与孔隙水压进行适当的监测。

由水压计测得的孔隙水压可直接用来分析快速泄水及稳定渗流荷载条件下的坝体或自然边坡的稳定性，由水压计测得的数据可转换为坝体或坝基材料内部的浸润面，用于进行稳定计算。

4.4.5 希尔夫（Hilf）法

希尔夫根据少数室内压实试验和大量现场浸透-沉降试验提出了一个预测总应力-孔隙水压曲线的详细方法，该程序可用来估计施工过程中的孔隙水压。

4.5 边坡稳定分析

4.5.1 分析方法

垦务局推荐的土石坝稳定分析方法是基于斯宾塞程序的有限单元法，该程序：①假设作用于每一条块的侧向合力相互平行；②满足全部的静力条件；③适用于计算安全系数及圆形或非圆形剪力面的侧向力角度。为了便于填筑坝的稳定分析，斯宾塞程序实现了计算机编程操作。

基于有限元分析方法或有限差分法的连续介质力学满足静力平衡条件，同时能够考虑不同的弹性性质、非均质土体、几何形状下的应力的变化，设计者也可以据此判断进行边坡稳定分析，但同时应与基于极限平衡分析的斯宾塞程序所得结果做比较。

4.5.2 滑动面形式

边坡稳定分析中有两种常用的滑动面形式，圆弧滑动面更适合于分析均质坝或坐落于厚层、细料坝基上的分区坝。

非圆弧滑动面，由线段组成，一般更适合于分析坐落于含有一个或多个水平或接近水平的软弱层坝基上的分区坝。

自动搜索的滑动面应只视为临界滑动面的第一个接近值，为了获取精确的结果，应使用几条自动搜索的滑动面，每一条滑动面对应不同的起点值。考虑到复杂的条件及坝坡构造，在临界滑动面中选择潜在滑动面的构造需要有丰富的经验判断。

4.5.3 滑动面位置

临界滑动面的位置应与相对较软材料及高孔隙水压区的位置相关，设计者应评估所有滑动体的整体稳定性，并确定安全系数最小的滑动面位置。一般而言，应对以下滑动面进行复核：

（1）滑动面只穿过填筑材料，或穿过填筑材料与坝基材料但并未达到坝顶。

（2）滑动面只穿过填筑材料，或穿过填筑材料与坝基材料并达到坝顶。

（3）滑动面穿过坝体或坝基的主要填筑区域。

（4）滑动面只穿过上游或下游边坡的外部区域，这种情况下，无限斜率法适用于无黏聚力材料的边坡稳定分析。

在稳定渗流荷载条件下，应分析下游坝坡的稳定性。一般来说，在此荷载条件下，上游边坡的稳定性不太重要。但是，对于填筑坝上游坝坡某些区域的特殊构造或坝基（如上游防渗斜墙、下游截水槽、没有移除的上游软弱地基材料等），也应进行稳定性分析。

4.5.4 渐进式破坏

以下介绍一些常规条件导致的渐进式破坏及可行的解决措施，也可能有其他的一些渐进式破坏模式。

由于在潜在滑动面上的不均匀应力分布，有些区域可能会发展出较大的应变，不同区域逐步达到剪应力极值，从而导致整个破坏面上总抗剪强度小于同时使用剪应力极值时的抗剪强度。当达到剪力强度极值后，在土体应力应变曲线上剪应力显著下降（应力应变行为表现为应变软化）时，发生渐进式破坏的可能性就增大，此时在稳定分析中使用剪力强度极值就不保守了。可行的解决措施：①加大所需安全系数并使用剪力强度极值；②使用小于剪力强度极值的抗剪强度同时使用典型的所需安全系数。在某些土体材料中还可能需要使用残余剪力强度。

当填筑坝建在含脆性、敏感性、高塑性或超固结的黏土或黏土质页岩之上时，应力应变特性显著不同于坝体材料，应考虑：①提高所需安全系数超过表 4.2.4-1 中所列的最大安全系数；②采用对应于坝基材料应变的坝体材料抗剪强度；③使用坝基材料的残余抗剪强度。

渐进式破坏也可能始于填筑过程中、填筑完成后或干燥收缩所引起的纵向或横向不均匀沉降而产生的张裂缝。最大开裂深度的计算，可假设为无限坡，则最大开裂深度约等于 $\frac{2c}{\gamma}\tan\left(45^\circ+\frac{\varphi}{2}\right)$，同时其最大深度不大于 0.5 倍坡高。在填筑坝所有的稳定分析中不用考虑沿裂缝的抗剪强度，但应考虑裂缝充满水的情况。

4.5.5 三维效应

当分析狭窄山谷中的填筑坝和坝肩接触区域的上下游边坡稳定性时，应考虑三维效应。当地基中存在局部低强度材料时，在填筑坝纵向上的压力分布和斜坡的稳定性应该纳入考虑范围之内。建议采用基于连续介质力学的有限元或者有限差分来评估三维效应。以极限平衡法为基础的分析提供了另外一种方法，来解释三维几何（剪切面）效应对安全性结果的影响。

建立三维数值模型。

4.5.6 分析验证

设计师必须保证稳定分析正确无误，能够达到其满意度，这主要取决于设计师的知识和经验。一位经验丰富的设计师也许能够判断计算机程序得到的安全系数是否合理，而经验较少的工程师可能需要做出更加详细的检查，例如针对临界面可能需要一个手动解决方案。

作为最低限度，任何一位进行稳定分析的工程师都应该对正在使用的程序进行研究，以便理解该程序中固有的假设、理论、方法和弱点。工程师应该熟练掌握土力学知识，以便能够就抗剪强度参数和其他程序输入中所使用的参数做出明智选择，并应该两次单独检查所有输入数据（材料强度、重量、孔隙压力和几何结构）。工程师应该评估计算机程序的输出（计算得到的应力、力、孔隙水压力和重量），以确保其合理性。

有一系列方法可用于检查程序稳定性，包括在临界面上通过同种或者不同的方法，使用人工或者不同的计算机程序来进行结果对比；根据程序输出中所计算出来的应力、力和重量，评估每一部分的平衡条件；或者基于过去经验分析安全系数和输出结果做出判断。最终目标是设计师必须用一种确保准确度的方式确认分析结果，可以有信心地提交所做的分析以供审查。

打印的输出成果应足够详细。每一部分的所有输入数据都应检查。应仔细评估孔隙水压力，尤其是不同区域组成的复杂浸润线或者根据现场测量值使用孔隙水压力数据的时候。就解决方法的有效性而言，应满足下列特点：①条间力应是受压的；②条间力（推力线）应该处于滑动体之中，最好是中间第三层；③条间力斜度应该在合理界限内；④在条块基础上的法向力应是受压的。更多关于确认解决方案合理性的附加信息，应参考相关的计算机程序用户手册。

4.5.7 已建坝

如果需要扩建大坝以增加防洪库容或者增加水库的永久性库容，分析已建坝的边坡稳定就必不可少。如果已建坝经历过边坡崩塌（如图 4.5.7-1 和图 4.5.7-2 中位于加利福利亚州的 B. F. Sisk 坝），边坡稳定分析就成为调查研究的一个重要组成部分，以便了解事故的原因及设计补救措施。已建坝的边坡稳定分析中，其他需要考虑的情况包括增加稳定平台以改善大坝在地震期间的性能（如图 4.5.7-3 和图 4.5.7-4 中的 Pineview 坝）。

一般说来，对于运行状况令人满意的大坝，如果没有补救性能缺陷的需要，则不是必须进行边坡稳定分析。

4.5.8 开挖边坡

造成开挖边坡不稳定性的原因分为：①边坡内部和边坡脚下的渗透力问题；②斜坡过于陡峭；③路基土壤的抗剪强度不够。在边坡开挖过程中或者边坡已经矗立一段时间后，可能会突然出现边坡失稳。边坡稳定分析在砂土、砂浆、一般性固结和超固结的黏

图中显示在水库水位降低期间上游坝坡出现失稳

图 4.5.7-1　B. F. Sisk 坝（位于加利福利亚州洛斯巴诺斯附近）

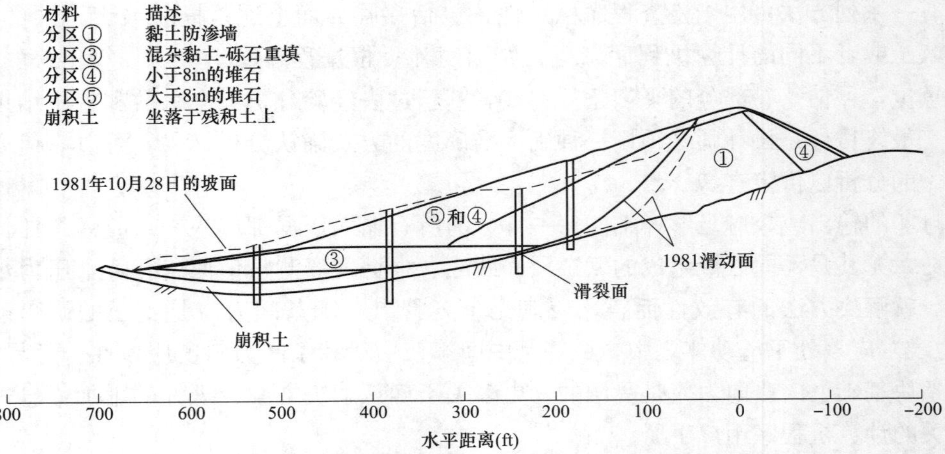

图 4.5.7-2　水库水位降低期间 B. F. Sisk 坝在滑动位置的典型横剖面

图中表示在发生地震期间稳定平台对大坝性能的提高作用

图 4.5.7-3　Pineview 大坝（位于犹他州奥格登市附近）

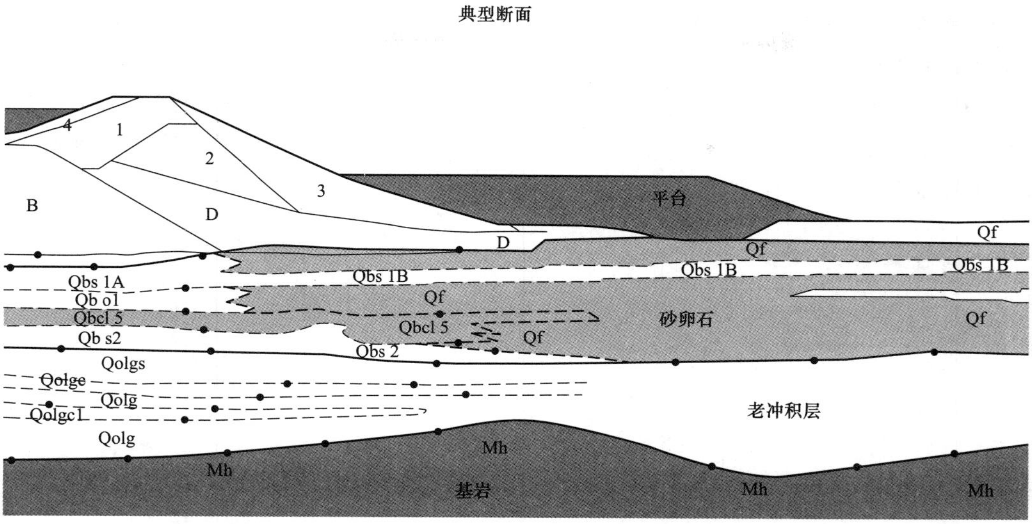

图 4.5.7-4 有稳定平台的 Pineview 坝典型横剖面

土中都是有用的。必须谨慎选择恰当的抗剪参数。对于严重超固结的黏土边坡，适于采用足够低的抗剪强度。对于无黏性土来说，破坏面一般较为浅薄并且为圆弧形；对于黏土而言，滑动表面是楔形的，并且可能是深层滑动。

4.5.9 反分析

如果边坡随滑动而出现破坏，可通过数值模拟反分析破坏时边坡内部的条件。发生破坏时，安全性系数的取值为1.0。一般情况下，在重大边坡破坏后，应在现场和实验室开展反分析研究。这些研究可以为数值模型提供一些数据（如剪切破坏的位置和程度、土壤的单位重量、地下水和孔隙水压力）。数值模型中，这些数据可以用于反演计算安全系数为1.0时的抗剪强度。通过现场和实验室研究及数值模型反分析，反演计算得出的抗剪强度，可为补救措施设计提供有用信息。然而，在数学分析和评估数值模型结果的过程中，需要很多经验和判断。

4.5.10 水位骤降的多阶段稳定分析

在水位骤降期间，坝体上游面水体的稳定性效应已经丧失，然而在坝体内部孔隙水压力可能会保持得较高。因此，可能会大量降低大坝上游面的稳定性。在坝体中，孔隙水压力的损耗主要受坝体材料渗透性和储水特性的影响。高渗透性的材料在水位骤降期间快速排水，而低渗透性材料则需要更长的时间排水。

对于高渗透性土，利用初始的和最终的稳态潜水面以及有关水荷载，可合理有效地进行稳定分析。

对于低渗透性土，应该考虑多阶段稳定分析，分别利用有效强度结果和总强度（CU）结果来评估最坏情况。

二阶段稳定计算针对每个潜在的滑动面包含了两个完整的稳定计算：①针对水位降低前的稳态潜水面和全水库荷载条件，用于计算沿滑动面的有效法向应力和剪切应力；②针对由于水位突降引起的不排水荷载，用于计算安全系数。

三阶段稳定计算针对每个潜在滑动面包含了三个完整的稳定计算，其中前两个与二阶段稳定计算相同。如果第二阶段某些条块计算使用的不排水抗剪强度比土壤排水时得到的抗剪强度更大，则执行第三个计算。

4.6 参考文献（略）

附录 4-A 剪切强度参数的选择

试验类型：不固结不排水（UU）三轴压缩试验

荷载条件及莫尔-库伦包络线如图 4-A-1 所示。

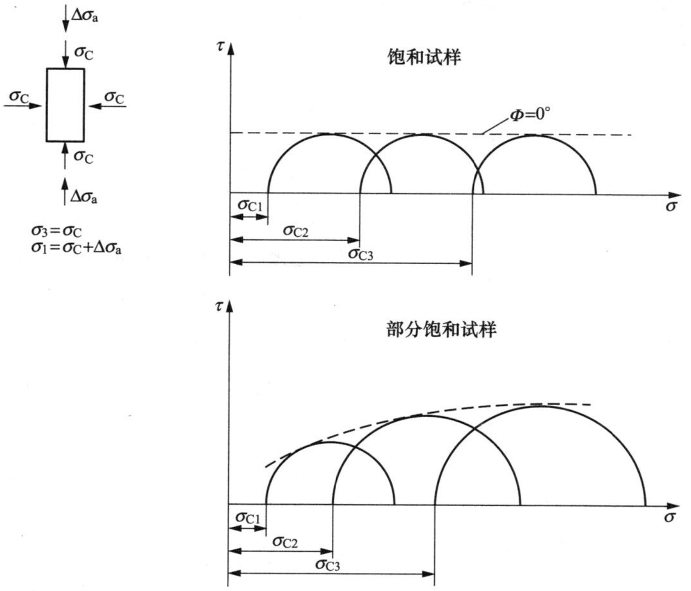

注：因饱和度接近 100%，最终包络线趋于水平向。

图 4-A-1　不固结不排水（UU）三轴压缩试验

在稳定分析中的应用：不固结不排水三轴压缩试验可近似地模拟施工结束时坝体不透水区材料的性状，该区材料压实速率相对于坝体填筑速率很慢，试验中所用围压应涵盖穿过坝体不透水区域的潜在破坏面上的所有总正应力。材料不固结不排水强度很大程度上取决于试样压实干密度及含水率，室内试验试样应夯实到指定的坝体不透水区域干密度，并且最大干湿含水率应在技术条款容许的夯实含水率范围之内。由于材料不固结不排水（UU）强度决定于材料干密度，试验试样最好为在模具内夯实的三轴圆柱形试样。推荐的压实试验见图 4-A-2。

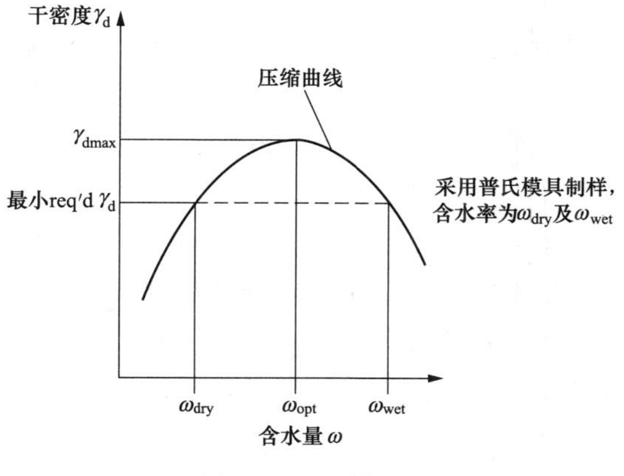

图 4-A-2　压实试验

硬且有裂隙的坝基材料，尽管为细颗粒材料，受如施工结束的短期荷载，在不排水条件下（如剪力引起的孔隙水压等于零）可能会破坏。因此，对于这些材料，假设剪力引起的孔隙水压为零的有效应力分析可能会更为保守，应使用该分析取代使用不固结不排水（UU）结果的分析。

一般情况下，特别是对于地基材料，由于在不固结不排水（UU）试验中试样扰动及高应变速率的影响，固结不排水（CU）试验要比不固结不排水（UU）试验要好，这些影响以一种不可预测的方式相互抵消。

试验类型：固结不排水（CU）三轴压缩试验

荷载条件及莫尔-库伦包络线如图 4-A-3 所示。

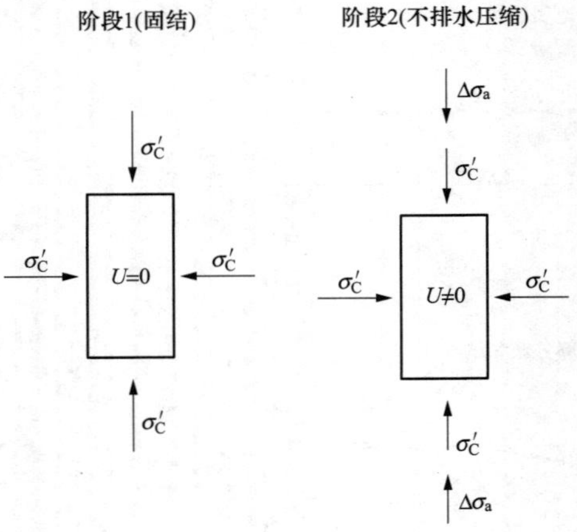

图 4-A-3　各项同性围压的固结不排水（CU）三轴压缩试验

在稳定分析中的应用：兼测量孔隙水压的固结不排水三轴试验在稳定分析中有以下两种最基本的应用：①试验提供了两种有效应力剪切强度参数 φ' 和 c'，在稳定渗流荷载条件或其他由剪力引起的孔隙水压可视为零的荷载条件（如快速泄水或施工结束时的坝体透水区）中使用；②在施工结束条件或快速泄水条件分析中，试验提供了对于饱和材料的不排水剪力强度与有效固结压力的相关函数。如本文所述，在快速泄水条件分析中使用的剪力强度应从绘制有效应力及不排水强度包络线中获取。从绘制包络线选取剪力强度的主应力应为在快速泄水之前作用于切片底部的有效固结应力，如图 4-A-5 所示（即总正应力扣除由对应于快速泄水前的稳定渗流流网所得的孔隙水压）。

在固结不排水（CU）试验中使用的固结压力应涵盖在快速泄水前作用于沿潜在破坏面上的有效正应力，由于通过固结不排水剪（CU）试验得到的不排水剪强度很大程度上取决于试样的压实干密度及含水率，因此试验试样的制备应如不固结不排水试验（UU）中所述。

固结不排水三轴试验可在压缩或张拉的条件下进行，荷载条件应建立在预期的破坏应力状态的基础之上。现代计算机的自动控制与操作可在三轴试验中实现材料的各向异性或 K_0 固结，如果现场应力状态是各向异性的，则各向同性固结会导致过大的材料强度参数。

由于固结不排水（CU）试验中有效应力剪切强度参数的来源取决于剪力引起的孔隙压力的准确测量，试样必须经足够的饱和压力以确保试样 100%的饱和。试样最终是否饱和可通过给试样加一增量围压并关闭排水，然后测量试样内部孔隙水压的改变，计算孔隙水压参数 B（量到的孔隙水压改变量除以围压增量）来检核。试验中加轴向荷载之前，孔隙水压参数 B 必须至少达到 0.95 以上。

破坏时，总应力为

$$\sigma_3 = \sigma'_C$$

$$\sigma_1 = \sigma'_C + \Delta\sigma_a$$

有效应力为

$$\sigma_3' = \sigma_3 - U_f = \sigma_C' - U_f$$

$$\sigma_1' = \sigma_3' + \Delta\sigma_a = \sigma_C' + \Delta\sigma_a - U_f$$

式中：U_f 为破坏时由 $\Delta\sigma_a$ 产生的孔隙水压。

不排水剪强度为

$$S_U = 0.5\Delta\sigma_a \cos\Phi$$

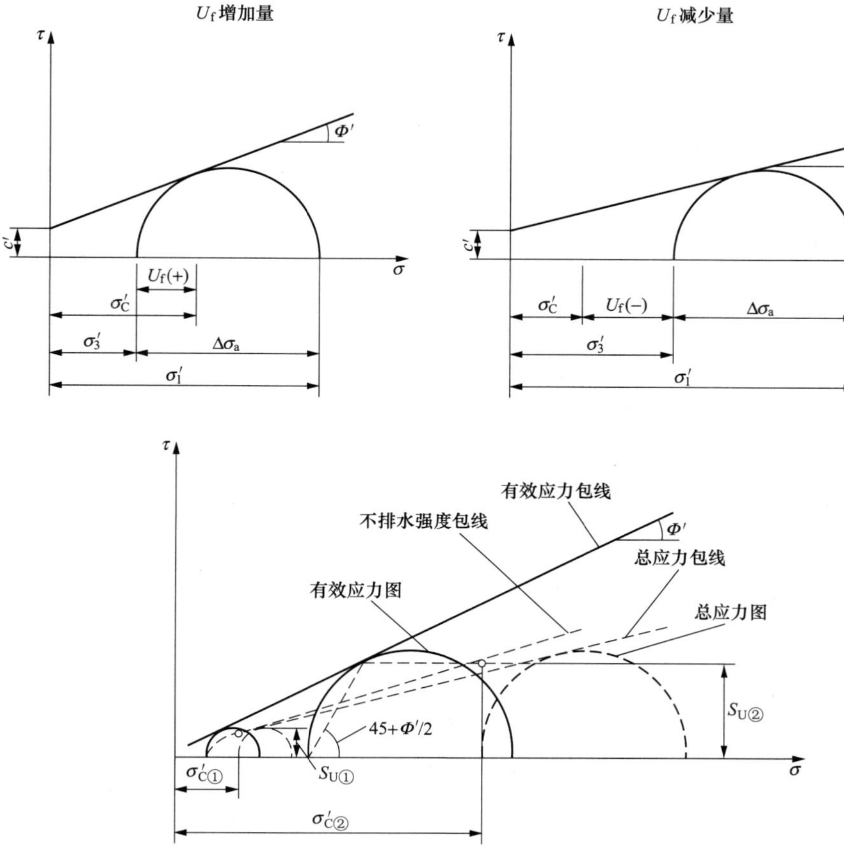

图 4-A-4　固结不排水（CU）三轴压缩试验剪切强度包络线

试验类型：固结排水（CD）三轴剪切试验

荷载条件及莫尔-库伦包络线如图 4-A-6 所示。

在稳定分析中的应用：固结排水三轴试验用来获取有效应力剪切强度参数 φ'和 c'，这些参数适合于有效应力分析。范例包括所有坝体及坝基材料的稳定渗流分析（除了已经受剪切变形的超固结黏土或页岩的自然土壤，这些土壤应使

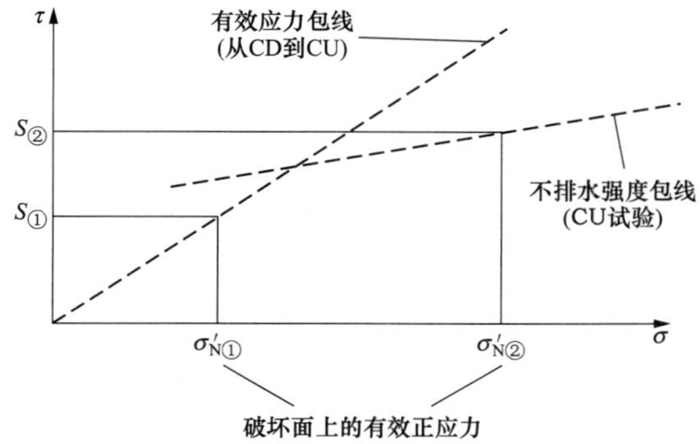

图 4-A-5　固结排水（CD）或固结不排水（CU）三轴压缩试验剪切强度包络线

用由反复直剪试验或环剪试验确定的残余剪切强度），或在施工结束荷载条件及快速泄水条件下的透水区材料的分析。从固结排水（CD）试验中得到的有效应力剪切强度参数可替代固结不排水（CU）试验测定的参数来绘制莫尔-库伦包络线。

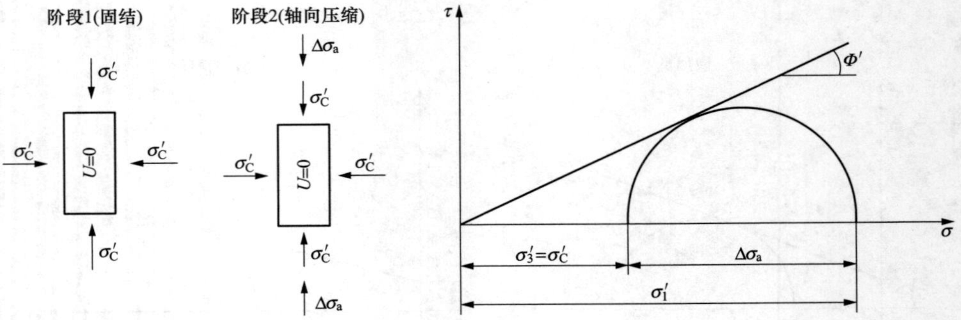

破坏时（所有的应力均为有效应力），总应力为

$\sigma_3' = \sigma_C'$

$\sigma_1' = \sigma_C' + \Delta\sigma_a$

图 4-A-6　各项同性围压的固结排水（CD）三轴压缩试验

对于给定的土壤由于有效应力剪切强度参数在很大程度上是材料初始干密度的函数，因此试样的准备应如不固结不排水试验（UU）中所述。

试验类型：直剪（DS）试验

荷载条件及莫尔-库伦包络线如图 4-A-7 所示。

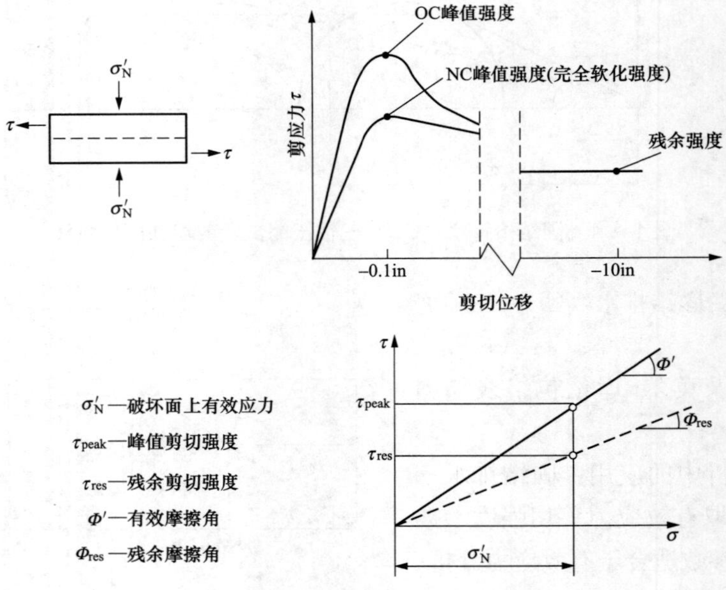

图 4-A-7　直剪试验

在稳定分析中的应用：直剪试验可以用来确定很多类型土壤的排水剪切强度参数，根据土壤的最大颗粒尺寸提供了试验盒子的准确尺寸，试验中可使用不扰动或压实试

样。直剪试验也可用来确定材料完全软化强度（如正常固结峰值强度），试验中固结应力应涵盖在预测破坏面上的原位应力。

含有超固结黏土或页岩的地基材料，沿着层面、剪裂带或断层可能已发生变形，使得沿着这些结构面的材料最大剪切强度为残余剪切强度。在这种条件下，直剪试验适合用来获得材料残余强度。直剪试验设备中试样的方向应调整到其剪动方向平行于结构面以获取材料残余强度，如果分析中使用材料残余强度，所得安全系数略低于表 4.2.4-1 中所列的安全系数是可以接受的。

试验类型：直接单剪（DSS）试验

荷载条件及莫尔-库仑强度包线见图 4-A-8。

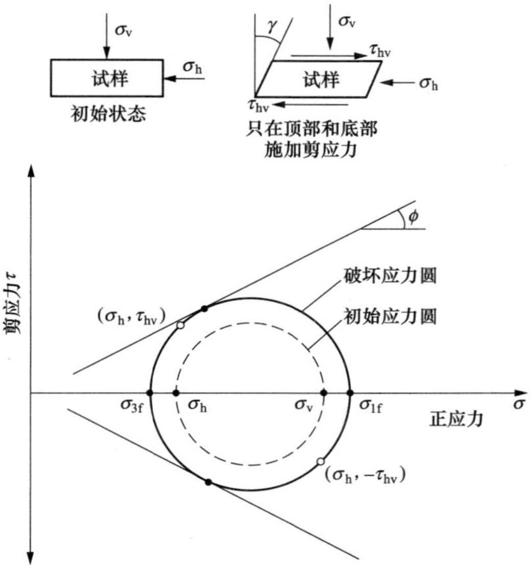

图 4-A-8　直接单剪试验

在稳定性分析中的应用：直接单剪试验采用了定容和不排水剪切。试验测得的强度参数也类似于固结不排水剪试验测得的强度参数。

此单剪应力状态和持续旋转的主应力均符合平面应变问题，在路堤边坡下部区域经常出现单剪应力状态。应该注意的是，此样本的应力状态与三轴压缩试验的结果不尽相同，也不及三轴试验的结果定义明确。尽管此结果按照水平面的剪应力和法向有效应力标绘并且为工程所用，但仍不能与其他试验方法测得的有效应力强度做直接的比较。

试验类型：扭环剪切试验

荷载条件及莫尔-库仑强度包线见图 4-A-9。

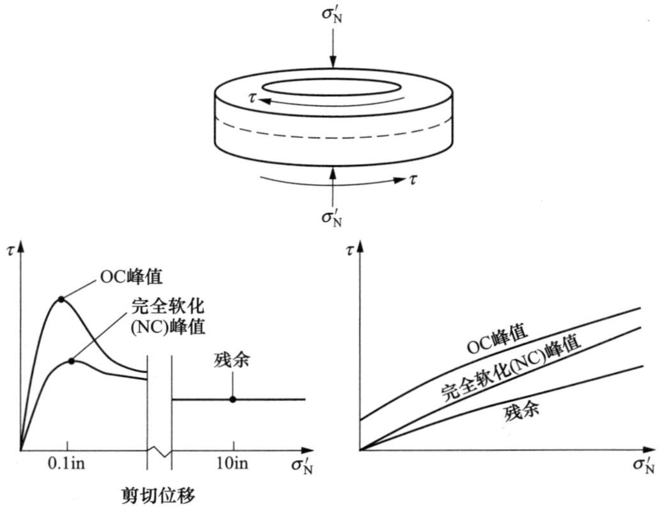

图 4-A-9　扭环剪切试验

在稳定性分析中的应用：扭环剪切试验可以用来完全地判断有黏聚力的（淤泥和黏土）材料的软化强度和残余强度。试验在排水条件下进行并采用典型的重塑样本或泥浆样本。试验装置可以保持剪切面面积为常数，并且在剪切时能够以任何变形幅度沿某一方向持续旋转。这使得黏土颗粒在剪切方向上平行排列，达到残余应力状态。泥浆样本的试验确定完全软化强度，此强度常被用做普通固结土壤的峰值应力。

附录 4-B 斯宾塞分析法（略）

附录 4-C 计算机程序

4-C.1 运用极限平衡法的二维分析

极限平衡法中，仅考虑了滑体的静力平衡。在给定的土壤沉积中，剪切面定义了滑体的几何结构。要求分析的材料属性有土壤的密度或单位重量以及它们的剪切强度。利用数值方法解答的平衡方程式中通常暗含边界状态。

为解决坡面稳定性问题，运用极限平衡法设计若干程序，部分程序由计算机进行以方便计算。不同程序间的差异与实现静态确定性的假定相互关联，其中某些能满足力平衡或力矩平衡方程，其余的程序则两者都能满足。这些程序的附加局限在于滑面的几何结构的测绘，例如圆形、非圆形、螺旋形等。

垦务局偏向于采用符合完全静力学、与一般滑面集合图形相适应的坡面稳定性分析程序——斯宾塞法即是其中的一种。此方法与同样符合完全静力学却需要附加信息（条间剪力方向的变化）因而不为优先级的摩根斯顿-普赖斯法相似，但更为简便——斯宾塞法假定条间剪力是相同的（如平行）。因此，垦务局多采用斯宾塞法进行坡面稳定性分析。

若干计算机程式被用于斯宾塞程序的运行——由 SSTAB1 改造、垦务局研发的 SSTAB2 为其中之一，除此之外，还包括 UTEXAS2、UTEXAS3、SLOPE/W。经各级负责管理批准，这些计算机程式都被垦务局采用。

4-C.2 运用连续介质力学法的二维分析

在连续介质力学法中，考虑采用力学平衡和工程力学的张力相容方程式，同时与固体中的力和位移相关的微分方程运用了数值方法得以解决。与基于坡面稳定性分析的求解过程的极限平衡不同，连续介质力学基于与解决坡面稳定性相适应的求解过程。而且，基于求解过程的连续介质力学除了抗剪强度以及物质密度或单位质量的数据外，还要求形变特性（弹性形变和塑性形变）数据。边界条件明确规定为输入数据的一部分。在连续模型中，剪切面并不作为优先级，而是作为解决方法中的一部分。通过相继采用得出的抗剪强度参数的减小值 c' 和 φ'（标量因子）直到模型变得不稳定（如解决方案无法收敛）来解决问题。因抗剪强度参数中标量因子的减少数值模型变得不稳定，这被视为安全因素以及剪切面位移元素与非位移元素的接口。

有几个设计程序用于解决工程力学中的力-位移方程。垦务局使用了基于有限法和有限差数的求解过程。

根据坡面稳定性分析的需要，我们使用了基于有限差分的电脑程式 FLAC 来进行基于连续介质力学的坡面稳定性分析。同样的问题也采用基于极限平衡的斯宾塞求解程序进行分析，并比较计算机操控的安全因素和相关联的剪切面数据结果。

采用工程评价来决定项目结果的关联性以及利益和关系方面的问题。

4-C.3 运用极限平衡和连续介质力学法的三维分析

从三维角度上看，天然或人造的坡面的稳定性受其自身横向伸展的影响。三维求解过程是二维的扩展，同时也采用相同的求解策略。然而，额外的三维求解却增加了解决问题的方法论的复杂性。

为寻求极限平衡的解决方案，我们采用计算机程式 CLARA-W 来进行三维的坡面稳定性分析。CLARA-W 为斯宾塞程序的三维延伸。同样的问题在二维的角度也通过比较基于极限平衡的斯宾塞求解过程及其结果进行了分析。

在基于连续介质力学的解决方案中，我们采用了基于有限差数的计算机程式 FLAC3D 来进行坡面稳定性分析。FLAC3D 是 FLAC 程序的三维延伸。

采用了工程评价来决定项目结果的关联性以及利益和关系方面的问题。

其他基于极限平衡和连续介质力学法的，市售的计算机程序也可用于进行静力稳定分析。为了方便起见，垦务局采用 herein 程序，但并不代表支持和推荐此程序。

附录 4-D　静力稳定分析参考论文（略）

美国内政部垦务局设计标准

填筑坝 Embankment Dams

第5章 保护性反滤

2011年11月修订

目　　录

5.1 简介

5.1.1 目的

数千年前，人们就知道利用反滤层与排水层来引导与控制多孔介质中的水流；最早使用排水控制的记录是在迦勒底（Chaldees）的吾珥（Ur）。反滤层被用来防止填筑坝不同区域及坝基间细颗粒的运移。渗流引起的填筑坝分区间土颗粒的运移可能导致严重的后果，在极端情况下，甚至会造成大坝的溃决。本章为填筑坝反滤层、排水层及坝体分区设计提供指导。

每座填筑坝的设计要求及坝址条件均不相同，没有一个单一的出版物能涵盖设计与建设过程中遇到的所有要求及条件。因此，为保证填筑坝的反滤层设计安全，需由有丰富设计及建设经验的工程师参与设计。

不论大小，堆石坝均会面临由于蓄水而引起的潜在危险。例如，在 1977 年突然失事的 Kelley Barnes 坝，表明即使是规模较小的堆石坝，库水瞬间释放产生的破坏力仍然很强大。该坝坝高小于 40ft，长度小于 400ft，但是当其失事时，库水以大约 24 000ft^3/s 的流量向下游倾泻，导致 39 人死亡。

5.1.2 标准的应用

所有的垦务局设计工作，不管是由技术服务中心还是建筑/管理公司设计，均需遵循本标准。

5.1.3 与本标准不一致的情况（略）

5.1.4 术语

近几十年来，产生了大量与反滤层及反滤料有关的术语，但由于历史的原因，部分术语的含义出现混淆。本节为这些术语提供相关背景介绍，并对本章使用的术语进行释义。

通常，土体是根据粒径分布或级配来描述的。从工程意义上看，单一粒径土和宽级配土的性状是有不同的，从而出现相应的术语对这两种不同类型的土进行描述。随着混凝土配合比设计的发展，含有大致相同数量的砂和砾石的骨料所生产产品，比仅含砂的骨料所生产产品强度更高且经济。因此，骨料级配中含有大致相同数量的砂和砾石，通常称为良好级配，是很好的混凝土骨料。同理，只含砂的骨料，因其配比性能不良，而被称为不良级配。虽然宽（良好）级配土适用于某些反滤应用，但不能说宽级配土一定优于均匀（不良）级配土。均匀（不良）级配土适用于两层设计，如坝趾排水，不应认为其质量不好或不能使用。

为免混淆，引入更为通用的新术语描述级配曲线的形状，而不再着眼于某一特定级配的性能上。包含多种类型土的级配，因其级配曲线看起来较宽，称为宽级配。而单一类型土的级配，其级配图看起来较窄，称为窄级配。由于窄级配分布均匀，所以也称作均匀级配。因此，以下几个术语为同义词：

窄级配——均匀级配——不良级配

宽级配——泛级配——良好级配

在统一土壤分类系统（USCS）中，良好级配土和不良级配土是通过不均匀系数（C_u）及曲率系数（C_z）来区分的。良好级配（宽级配）土在该系统中的定义为：

$$C_u \geqslant 4 \quad 且 \quad 1 \leqslant C_z \leqslant 3$$

不良级配（均匀级配）土的定义为：

$$C_u < 4 \quad 和/或 \quad C_z < 1 或 C_z > 3$$

图 5.1.4-1 为两组土的级配图。本标准使用更为通用的术语：宽级配和均匀级配。

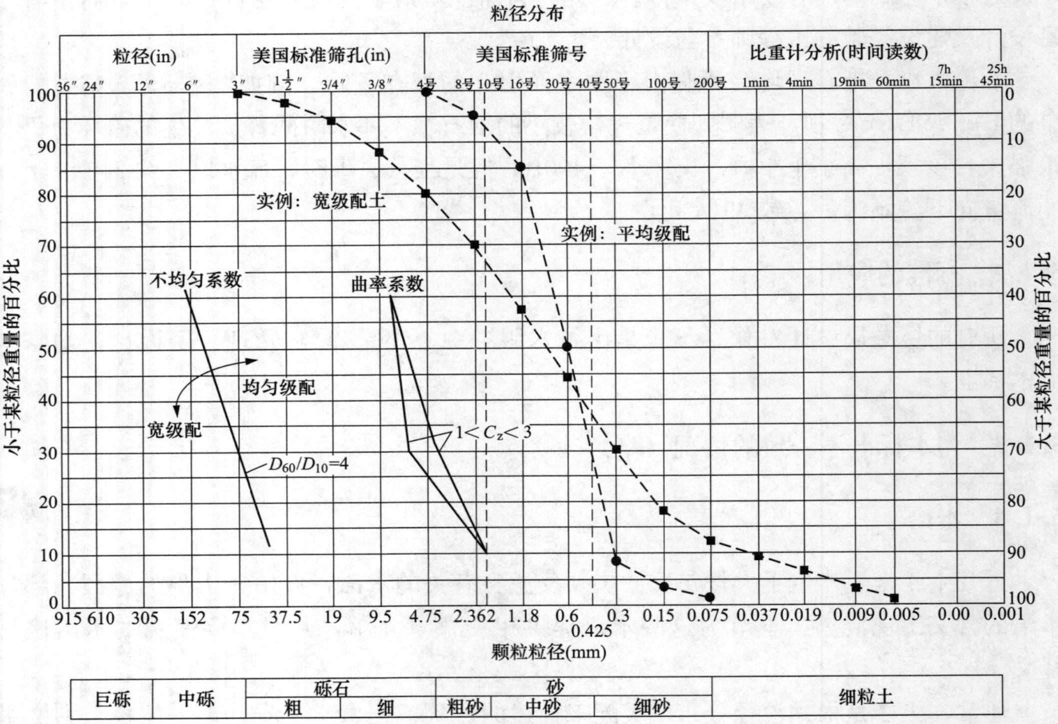

图 5.1.4-1　宽级配土和均匀级配土示例

描述土壤级配的另外两个术语是间断级配和跳跃级配。间断级配和跳跃级配原为相同的含义，即级配中缺乏某一范围粒径颗粒。在观察级配测试结果时，发现部分筛上的土颗粒所剩无几或无剩余，故使用了间断级配和跳跃级配两个术语。图 5.1.4-2 是这种土的级配图。本标准将统一使用间断级配。

过去，不同的作者使用反滤和排水会有不同的含义。两个术语同时用做动词和名词使得其含义更为混淆。根据本标准设计的反滤材料可以在填筑坝中起到保留土颗粒和排水的作用。因此，同一种材料既可以保留基土中的颗粒，同时也具有足够的透水性，可用做排水体。由于该种材料兼具两种功能，故两个术语可互换，尤其当材料用于填筑体

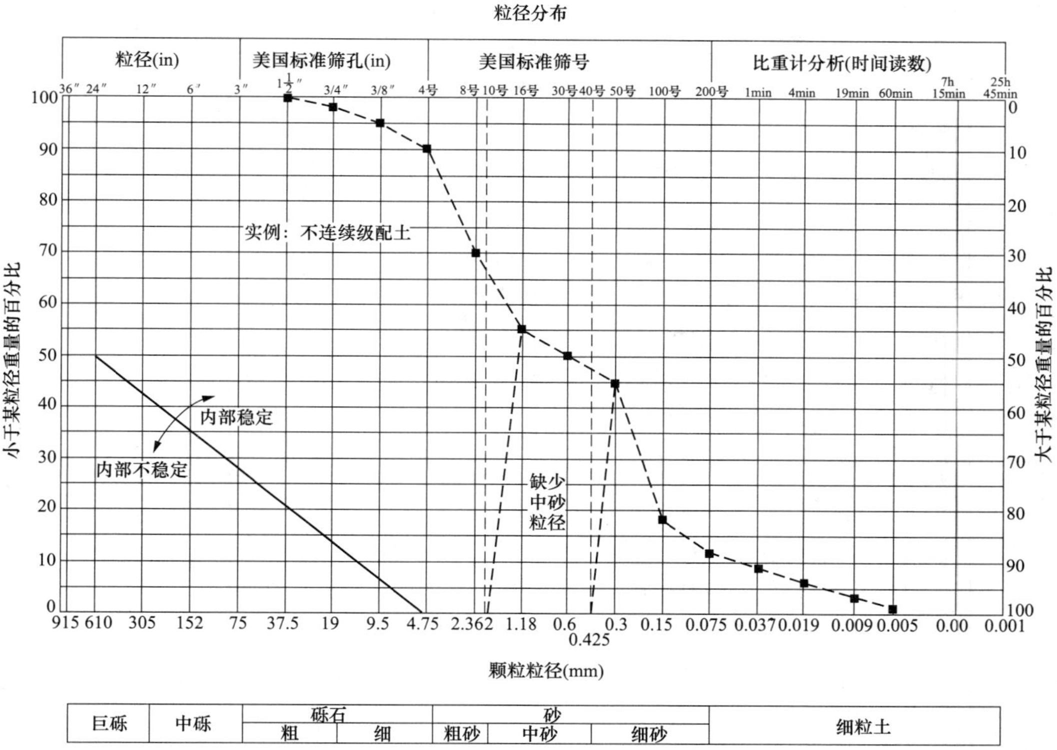

图 5.1.4-2　间断级配土示例

的横断面时。所以一些作者会使用排水来代替反滤，或使用反滤来表示排水。其他作者则将两个词结合使用，表示为反滤/排水、反滤-排水、反滤和排水。

一般来说，反滤和排水可通过材料的层级来区分。第一层反滤用于保护基土，其主要作用是颗粒保护。许多情况下也会采用第二层材料，但其主要作用是排水。虽然两种材料都满足颗粒保护及排水的标准，但第一层反滤主要是颗粒保护，而第二层反滤主要用于排水。根据该原理，对使用一层材料的填筑区，本标准使用术语“反滤”。同理，阐述采用第二层材料的填筑区时，使用术语“排水”。如果两种情况同时存在，则使用反滤/排水来表示。

对于表示代数变量的术语，太沙基和谢拉德都使用小写字母“d”表示基土的粒径，大写字母“D”表示反滤材料的粒径。这种用法被很多作者接受，现已广泛使用，适用于单一反滤层的设计。但如果需设计两层反滤，第一层反滤会成为第二层的基土，故会造成混淆。因此，本标准使用以下术语：

$D_{XX}Y$

式中：D ＝粒径；XX＝比粒径（D）细的土粒重量百分比；Y＝材料名称，其中：B＝基土，F＝滤层（第一级），E＝外壳或其他排水单元（第二级）。

例如，$D_{15}F$ 表示过筛百分比为 15％的第一级反滤的粒径。

5.1.5 适用范围

本标准适用于天然土料或由天然土料经分级、筛选、冲洗、破碎制作而成的反滤层。本标准述及设计原理和反滤准则，包括质量、进入管道的水流、分区的几何形状和施工注意事项。

不建议将纺织物或非纺织滤材用做反滤保护，因此本章不包括此类滤材。其介绍见本标准第19章“土工织物”。关于土工织物使用缺陷的论述见附录B。

反滤层用于防止土粒从填筑坝各个分区和坝基中流失或在区间流动。近50%的溃坝是由严重渗流造成的。这些失事一般是逐渐发展的，通常是从少量土颗粒被冲蚀开始，而这种冲蚀一般检测不到。土颗粒的流失造成更严重的渗流，并由此造成更多的土颗粒冲蚀。这个过程会持续进行，直至被注意到，但那时想阻止大坝被破坏已经太迟了。

众所周知，很多大坝发生裂缝，可能是施工不当，有些是因为使用了极易受侵蚀的材料，也有可能是因为坝基存在大量地下渗流。这些条件可能产生潜在危险，并最终导致溃坝。因此，采用反滤层等设计保护上述几种类型的结构，防止出现可能引起大坝破坏的不利条件。本标准提出反滤层的合理设计方案及其在填筑坝中的运用。

本章的反滤设计标准适用于水工建筑物中各种反滤层及排水层的设计。本章的标准和程序主要用于填筑坝，也可用于溢洪道下的排水结构、防洪堤保护、抛石垫层设计及其他应用。

填筑坝的设计目标是：以最低的施工和维护费用，采用现场可利用材料修建一个安全的挡水结构。节约型设计要求使用既能防止溃坝又经济实惠的材料。由于反滤料是堤坝建设中最昂贵的材料之一，故需尽量减少该类的使用量。因此，在设计既经济又安全的结构时，应同时考虑成本、可施工性和可靠性。

土颗粒运动有两种基本机理：向上游逐步发展的侵蚀管涌和内部侵蚀。当土粒在渗流出口或颗粒间渗流面分离时，会发生向上游发展的侵蚀管涌现象。当土粒随沿裂缝或开孔的集中渗漏水流分离时，会发生内部侵蚀现象。反滤层的作用是防止这两种侵蚀发展成为集中的大渗漏，以免造成水流过度流失或堤坝结构破坏。设计合理的反滤层土料的级配空隙很小，能防止土颗粒迁移。同时，反滤层具有较高渗透性，能保证水流畅通❶。

通过拦截来自高水力梯度（给定距离内的水头变化值）区域的渗流，并在排水系统中将其降至接近零，反滤层能调节坝内的高水力梯度。由于大坝的水位差必须从上游侧的水库水位降低至下游侧的尾水水位，所以大坝防渗区的细粒土通常会承受高水力梯度。在细粒土（心墙区）上铺筑反滤料层，可防止土粒移动，并保护其不因高水力梯度而受到侵蚀。

另外，按要求应使用高质量的反滤料，以免产生裂缝。过去，材料的质量是通过最大细粒含量和材料的塑性来判断的。近年来发现，之前检查程序未检测的其他类型的黏

❶ 在一些特殊情况中，水流（排水）不是关键，如在过渡区中。这些区域通常在坝的设计断面中。

合剂或胶结料也会导致材料产生裂缝，详见 5.6.2 节。

5.1.6 适用性

这些反滤准则可以广泛应用于水工结构物特定单元的反滤层及排水系统设计，包括以下情况：为避免过大的扬压力而造成土颗粒迁移、流土及内部侵蚀；渗流量需控制及定向；浸润面必须控制在某一高程之下；出逸水力梯度最大值必须降低至某一可接受的数值以下；要求降低孔隙水压力；必须采用防冲蚀保护时。相互连接的反滤层形成一个内部排水系统，起到保护结构的作用。需要采用排水系统的水工建筑物包括但不限于：填筑坝、沟渠、堤防、边坡防护、上游防渗斜墙、坝基及坝肩、排水管道、消力池、挡土墙及渠道衬砌。反滤准则可用于与无黏性土或黏性土及与岩石上方或周围相接触的反滤层设计。土壤种类包括所有在统一土壤分类系统和垦务局《土工手册》中定义的土壤。虽然本标准最初是为新建坝的设计及建设提出的，但其同样可用于已建坝。本标准亦适用于评价既有建筑物中反滤层的性能。

5.1.7 致谢（略）

5.1.8 历史发展

早期研究人员发现，在渗流出逸区域覆盖一层设计合理的材料能阻止基土颗粒的流失，同时能使渗漏水安全排出，这层材料被命名为反滤层，因为其能阻止基土颗粒流失。大部分的早期反滤研究涉及材料设计，需要材料既足够细以保证阻止基土颗粒流失，又有足够的渗透性以保证渗漏水能自由排泄。这些研究主要致力于确定反滤层所需的颗粒尺寸，以保护基土。通常研究的大部分基土为粉质砂，因为这些材料最易发生管涌侵蚀。

颗粒保护的概念可以简化为等粒径球形颗粒。颗粒间的空隙有确定的最大开口尺寸，该尺寸是基于孔隙的颗粒尺寸。然而这是一个简化的数学过程，由于土颗粒并非等粒径的球形，故该理论应用于土料是受限的。因此反滤层的设计准则发展主要基于由实验室试验得出的经验关系。

5.1.9 颗粒迁移及接触面

当基土存在缺陷[1]，或渗流水仅通过土体孔隙流动的情况下，反滤层用于防止土粒在颗粒间渗流作用下迁移。水流可能通过填筑区或坝基。如果未采用反滤层保护，易发生向上游发展的侵蚀管涌，流经基土的水流足以使颗粒移动并带出水面。水力梯度，即两点间的水头差与渗径的比值，是土壤中渗透的一个控制因素（通常渗流流入大气或其他区域）。根据自身的特性，每种土壤都有一个临界水力梯度。如果在出逸点超过了临界梯度，土粒就会被水冲走。

---

[1] 本章中的缺陷包括裂缝、压实不良的土层、粗粒土层，或其他异常现象。

通常，对于塑性指数（PI）大于 7 的粉土和黏土，需很高的梯度值（>100）才会发生向上游发展的侵蚀管涌❶，普通填筑坝和坝基中的水力梯度通常无法达到这个值。

对于无黏性土（$PI<7$），尤其是非塑性土，很低的梯度值即会造成向上游发展的侵蚀管涌。这些土壤的临界梯度取决于颗粒粒径的均匀性、颗粒的质量和尺寸以及密度。由不含黏合性的级配不均匀的细粒砂组成的土料（通常为 SP 或 SP-SM 级），由于颗粒质量低，颗粒间没有吸附力，很容易分离。较大的砂粒或砾石因质量较大而不易分离。小颗粒土因混在大颗粒土中而不易穿过土体，故宽级配砂能较好地抵抗管涌，压实土或天然密实土能更好地抵挡管涌。

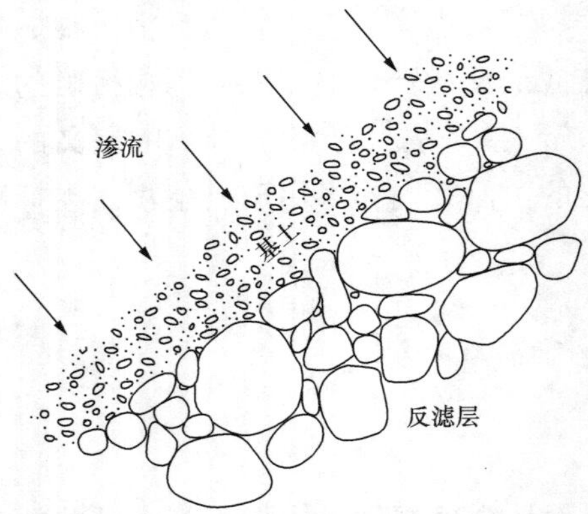

由于压实作用使两个区结合在一起，颗粒间接触点形成的拱作用能防止基土颗粒进入反滤层。同时，反滤层的空隙较大，容许渗流水自由流动。

图 5.1.9-1　反滤层保护渗流出逸面处受渗流力作用的基土，防止其流失

颗粒反滤料应铺设在渗流穿过土壤孔隙到达的基土表面上。施工中，采用压实反滤层和基土的方法，确保其紧密贴合。由于颗粒反滤料的特性及其铺设方式，砂料给予土表面一个正压力。图 5.1.9-1 示出了逸出面处的反滤层对土体起支撑并防止土料移动的作用。

随着渗流流经坝体、坝肩和坝基，渗流的水力梯度在水流出逸点可能会超过土壤的临界水力梯度。如果未进行反滤保护，当渗流出逸面的水力梯度超过临界水力梯度，没有保护的逸出面的颗粒易受侵蚀，形成从下游向上游延伸的凹槽或"管道"，最终在管状凹槽中形成集中渗漏通道。凹槽在冲蚀力的作用下不断扩大，最终导致溃坝，这种现象称"管涌"。研究表明，级配合理的反滤层能够支撑逸出面并防止土粒移动。

反滤层能防止颗粒因内部侵蚀而沿着坝体中裂缝、异常部位或缺陷移动。土质填筑体及其基础，或填料和混凝土结构物之间及填料和基岩之间的接触处可能会产生集中水流通道。此类机理的土壤侵蚀，土粒沿着集中水流通道（如沿基土中的裂缝）分解，接着，土壤被流速较高的水流（与颗粒间水流的流速相比）冲蚀带走。被冲走的土粒会通过集中水流通道到达反滤层表面。大多数土壤都会受到此类侵蚀作用，而现代反滤标准也对此类侵蚀进行控制。图 5.1.9-2～图 5.1.9-4 为反滤层防止内部侵蚀的示意图。

5.1.10　优先流道及内部侵蚀

填筑坝设计需要假定存在裂缝或其他缺陷。由于施工前无法完全了解坝基情况及与施工质量相关的不确定性，谨慎起见，应假设填筑坝会出现某种缺陷。根据以往经验，裂缝或其他优先流道易出现在以下位置：

（1）填筑体的上半部分；

❶　分散性土除外，分散性土中较低的梯度即可产生侵蚀。

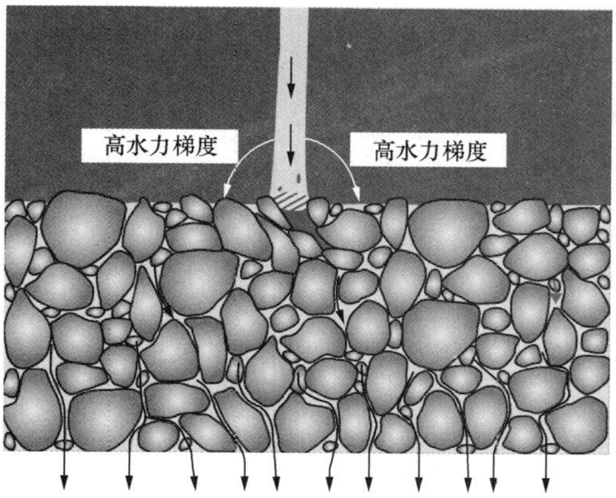

高水力梯度作用下产生了从裂缝
至邻近反滤层的水力压裂。

图 5.1.9-2　裂缝中被侵蚀的土料留在
反滤层表面阻止了裂缝中的水流流动

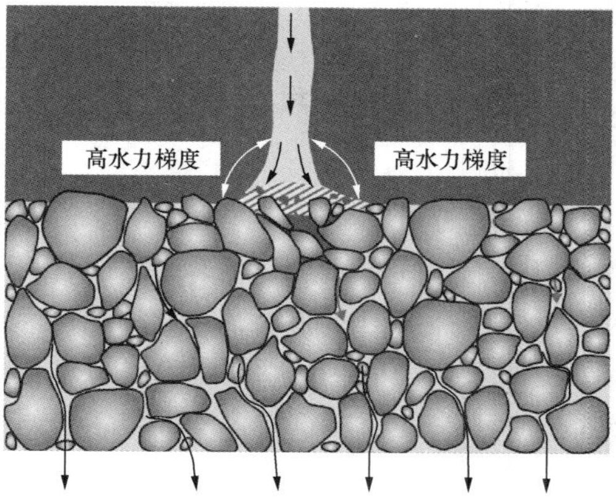

裂缝中水流和邻近反滤层的高水力梯度形成的水力压
裂，使得裂缝两侧反滤层上的滤饼一定程度上扩大。

图 5.1.9-3　裂缝中侵蚀土料留在反滤层表面

(2) 十分陡峭的坝肩，或坝基及坝肩轮廓突变处上方；

(3) 填筑体/坝肩的接触面；

(4) 填筑体/坝基的接触面；

(5) 穿过填筑体的管道或其他穿过填筑体的结构周围及上方；

(6) 填筑体和溢洪道或填筑体和坝肩的接触面；

(7) 窄的和/或陡的截水槽。

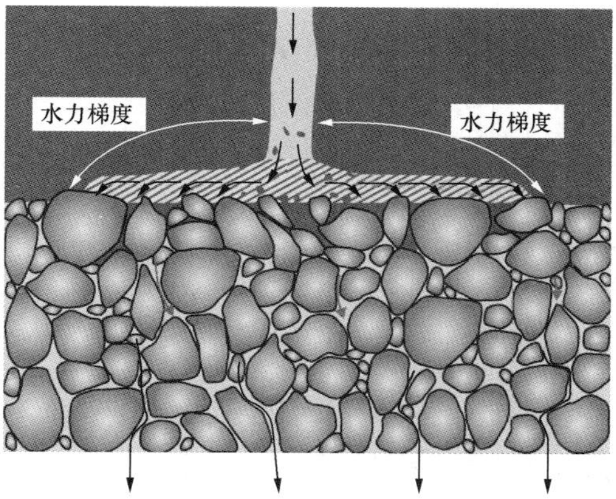

裂缝中水流和邻近反滤层的高水力梯度形成
的水力压裂进一步扩大反滤层上的滤饼，直至
水力梯度减小。低透水性的滤饼覆盖裂缝及裂
缝两侧上的滤饼一段距离。其余部位的反滤层
仍能使裂缝间土壤孔隙间的渗流通过。

图 5.1.9-4　裂缝中侵蚀土料留在反滤层表面

施工期及运行前几年，尤其是水库第一次蓄水，坝体和坝基会发生沉降❶。由于坝基土具有不同的沉降特性或坝肩坡度变化或陡峭，短距离内会发生不同的沉降。大坝的这些运动会造成应力释放。应力释放可以是横向或纵向的。纵向应力释放是由两个或两个以上部位之间的拱作用引起的，这些部位的沉降不均匀。填筑体中的排水管道通常是薄弱区，容易产生应力释放和开裂。由于管道横向穿过填筑体，所以成为易产生裂缝及形成集中通道的危险区域。除横向裂缝外，不均匀沉降或边坡失稳会产生纵向裂缝。纵向裂缝通常没有横向裂缝严重。

压实不良部位或比规定更粗糙的填筑层可能会产生内部侵蚀。其他压实不良的区域

❶ 注意，防洪坝在建成很多年后都没有蓄水。由于没有经历过关键的首次蓄水，故在其第一次蓄水前，都应视为一座“新的”堤坝。

包括冬季停工期暴露在外的坝面、导流缺口及和横向接缝等处。由于周围土层压实不良，可能会沿着建筑物或贯穿大坝的结构产生开裂。没有结构支撑或外包混凝土❶的管道下方常成为产生漏洞和压实不良的区域。动物巢穴和植物根孔也可能引起填筑体开裂。

一些裂缝可能很窄，尤其是由水力劈裂造成的裂缝。水流渗入裂缝内会使不饱和土膨胀，在进一步侵蚀使得裂缝扩大前可将裂缝封闭。多年来，这样的裂缝自愈使得许多大坝得以保存，但不能依靠该过程确定性地解决问题。因为需比较膨胀或侵蚀哪一过程发展更快。在分散性土中通常都是侵蚀作用更快，以至于很多使用分散性土料建成的大坝都因此溃决。而对于大多塑性土料，结果是相反的。

在干旱环境中，用高塑性黏土建成的坝顶会出现干缩裂缝。这类裂缝通常出现在正常蓄水位以上的填筑体上半部分，并可能发展一段时间，在持续干旱的条件下可能会更严重。当发生洪水时，水库水位上升至从未有过的高度，各种问题便随之而来。水可能流入干缩裂缝，洪水还未漫顶便会造成溃坝。

5.1.11 集水及减压

大坝和挡水结构的反滤层的另一个主要功能是收集渗水，以减小大坝下游的孔隙水压力，并将水引至安全和受控的排水口。为此，反滤排水系统的渗透性必须大于其周边坝体坝基中的任何土层。如果反滤层下土的渗透性低于基土层，则基土层内的水压力就会增加。如果反滤排水系统没有充分的能力排除渗水，也会存在这样的潜在危险情况。本章后文及附录 A 将详细论述这个问题。

5.2 应用

在填筑坝内布置反滤层应是惯例，而非特例。本章将讨论有关反滤层在坝中的应用以及反滤层的类型。应该认识到，反滤材料的成本及其对工程总造价的影响是很重要的问题，尤其是小坝。对于小坝，特别是那些偏远地区的小坝而言，反滤材料的成本在总造价中占有相当大的比例。为降低成本，设计者可能被迫减小使用或甚至不用反滤。尽管成本很重要，但不应忽视坝体安全。

过去，很多小坝（高度低于 50ft）在修建的时候并没有设置任何反滤层或排水区，尤其是 1980 年以前建的坝。此外，很多中型坝（高度为 50～300ft）尽管采用了级配过渡带，却没有现代意义上的反滤层。尽管很多这样的坝数十年来安然无恙，但也出现过很多溃坝现象，涉及各种规模的坝，造成了严重的人身和财产损失。鉴于没有反滤层的坝体出现溃坝现象，20 世纪 70 年代填筑坝总体设计原则发生了变革。如今，被视为高风险建筑物的大中型坝通常都设置大型的反滤结构，一些人质疑小坝所需的防护等级主要是出于成本考虑。然而，值得注意的是，自 20 世纪 70 年代末大坝安全运动出现以来，因内部侵蚀而引起的溃坝率基本保持不变。原因主要有两方面：首先，随着坝体老化，坝体自身会因未被探测到的内部侵蚀而不断恶化，最终导致溃坝；其次，小坝在修建时

❶ 本标准要求妥善处理管道。

依然没有设置足够的反滤，往往在初次蓄水时就会溃坝。

5.2.1 反滤层及排水区

过去，填筑坝是否设反滤层主要取决于结构物风险的高低。但风险分类的问题是，风险类别如何随时间而改变。随着农村和城镇区域的不断扩展，很多以前的低风险坝重新划分之后变成了高风险坝。因而，坝体所有者就面临要么加固有缺陷的坝体，通常成本会很高，要么弃用。因此有人提议，所有新建填筑坝，不论大小和风险等级的高低，都要布置反滤层。

在对已建的坝体做安全性评估时，经常会出现是否需要加设反滤层的问题。由于很多没有反滤层的坝运行良好，通常，只有对发现有明显缺陷的坝体加设反滤层才是合理的。如果坝体的管道有问题，应增加一层反滤包裹。坝基的渗流问题可以通过加设坝趾排水解决，而对于填筑体的渗流，则需设烟囱式反滤层。此外，对于那些处于大城市地区、下游人口多、且存在相关后果的已建坝，即使未发现明显缺陷，也应增设反滤层。

5.2.1.1 和 5.2.1.2 中论述反滤层在新坝和已建坝中的应用情况。填筑体要素的具体描述见 5.2.2。

5.2.1.1 新建坝

所有新建坝都应布置反滤层。坝体布置和反滤层作用的更多描述见 5.2.2。

下列条件下，应特别注意反滤层的细部设计：

（1）坝体的心墙区为非塑性的（$PI<7$）。没有可用于大坝心墙区和具有高 PI 值的碾压式填土截水槽的土料。

（2）从最高水面处测得的水深值与防渗心墙宽度的比值大于等于 2，即通过心墙的水力坡度大于 2。

（3）填筑体和/或坝基土壤为分散性黏土。

（4）坝基土壤极易被侵蚀或易形成内部侵蚀，缺乏有效的截流区。

（5）不均匀沉降可能导致填筑体出现横向裂缝。造成不均匀沉降的原因：基岩陡峭、坝基土层问题（如软黏土或湿陷土壤）。不均匀沉降率大于 1%（每 100ft 高度沉降 1ft）即为过大。

（6）基于坝体内部潜在的拱作用，心墙区域很可能出现水力裂缝。

（7）大坝下方或下游侧的建筑物或黏土层以下的承压水压力。

（8）任何穿过填筑体的结构，包括用做排水管或溢洪洞的管道。

（9）透水的（砂、砾石或鹅卵石坝基）坝基。

（10）高度节理发育或断裂的基岩坝基，包括已灌浆处理的坝基。

（11）坝体位于高地震烈度区（$>0.25g$），高烈度地震会导致坝体开裂。

（12）坝体位于活动断层之上。

（13）坝体位于岩石地基之上，该岩石坝基由于长时间的地质作用致使表面附近产生了拉应力区。

（14）坝体建于可液化土基之上。

表 5.2.1.1-1 总结了用于应对以上情况的反滤层的条件和类型。注意，上述情况是

相互独立的，如果在一个坝址出现了上述多种情况，则需采用多种类型的反滤层。

表 5.2.1.1-1　　填筑坝区出现的各种情况及采用的反滤层保护

部位	具体情况	可能产生的后果	需要的反滤类型
填筑体	由非塑性（*PI*≤7）材料填筑的不透水心墙，不包括分散性土层（见后文）	颗粒侵蚀，裂缝	烟囱式反滤层，水平反滤层，坝趾排水
填筑体和/或坝基	由分散性黏土填筑	颗粒侵蚀	烟囱式反滤层，水平反滤层，坝趾排水
填筑体	由塑性材料填筑的不透水心墙	裂缝	烟囱式反滤层，水平反滤层，坝趾排水
无截水槽的坝基	含有易侵蚀材料	颗粒侵蚀	水平反滤层，坝趾排水
填筑体和/或坝基	不透水心墙可能发生不均匀沉降[1]	不透水心墙内纵向裂缝	烟囱式反滤层，水平反滤层，坝趾排水
填筑体	不透水心墙内水力裂缝[2]	不透水心墙内横向裂缝	烟囱式反滤层，褥垫，坝趾排水
坝基	承压水压力	颗粒侵蚀，坝趾砂涌	水平反滤层，坝趾排水
填筑体	管道贯穿结构	裂缝，颗粒侵蚀	反滤包裹排水
坝基	透水性材料	颗粒侵蚀	水平反滤层，坝趾排水
坝基	高度节理发育或断裂的岩石	颗粒侵蚀	水平反滤层，坝趾排水
填筑体和/或坝基	地震区和/或位于活动断裂层之上	裂缝	烟囱式反滤层，水平反滤层，坝趾排水
坝基	基岩表面附近的拉应力区	裂缝	烟囱式反滤层，水平反滤层，坝趾排水
填筑体	建于透水坝基之上	颗粒侵蚀	阻滞（见 5.2.4）

1　造成不均匀沉降的原因包括过于陡峭的和/或不规则的坝肩以及有问题的坝基，例如不连续的地层或由厚度和材质不同的材料构成的地层。通常，每 100ft 高度产生 1ft 的不均匀沉降被视作不合规。

2　通常是由于心墙两侧区域材料（一般比心墙料更硬）与心墙料模量不同，引起拱作用所致。

5.2.1.2　已建坝

新建坝和改造已建坝没有太大的区别。对于新建坝，反滤层位于大坝的中心线附近，以便中央心墙设计，而给已有大坝加筑反滤层时，则需要从坝体上挖除一大部分，为反滤层留出空间。反滤层最好置于中心位置，以减小下游坝壳中的静水压力，同时防止管涌。然而，在改建已建坝时，反滤层的位置要比在新建坝中反滤层的位置更靠下游。将反滤层安置在下游时，要有足够的上覆层来抵抗库水头以及防止管涌。同样，为已建坝增加褥垫时，褥垫会短一些，因为其连接的反滤层更靠下游。这两种设计示例见图 5.2.1.2-1 和图 5.2.1.2-2。

5.2.1.3　反滤层及排水层的横向及竖向延伸

虽然用于填筑体的反滤层有理论最小厚度，但在设计中一般不会用到，因为施工条件一般会控制反滤层的最小厚度。修建反滤层有一定的难度，过薄或者未覆盖的地方会留下“空腔”，使反滤层失去作用。关于这种问题的实例见附录 D，“案例——不当的反滤层和排水”中可以找到。因此，施工条件通常是确定反滤层厚度的决定性因素。在地

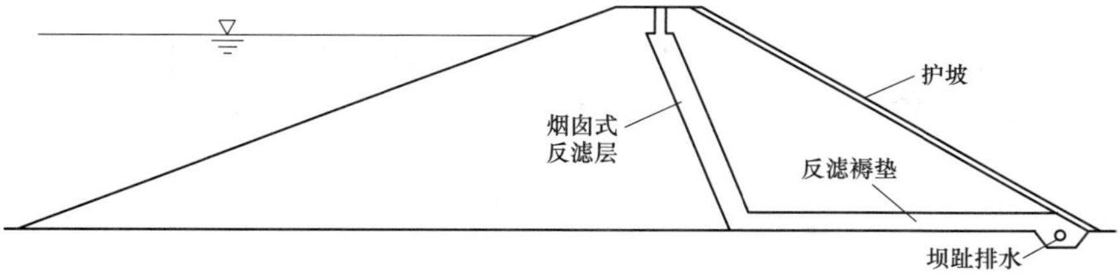

图 5.2.1.2-1　新建坝中反滤层的断面简图

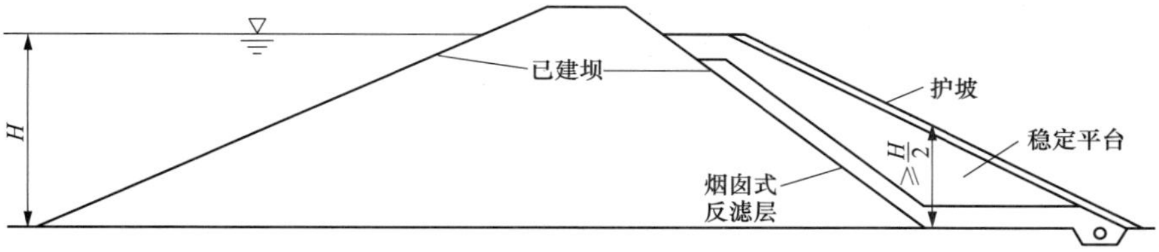

图 5.2.1.2-2　已建坝中加筑反滤层的断面简图

震比较活跃的区域，坝体可能有几英尺的位移，如果坝体跨越了活动断层，位移会更严重。关于上述两种位移的量级的评估不在本章范围，但仍然有必要使用一个比较保守的反滤层宽度安全系数。建议反滤层宽度是最大预期位移的两倍以上。

当满足施工条件中的最小厚度时，若已知渗流或裂缝所致的渗流量，便可确定反滤层的厚度或宽度。对于大型土石坝设计，流量计算可采用第 8 章“渗流分析与控制”中的方法或塞得格伦提供的方法。宽度应该相对保守，以便得出安全系数，用以预防未知的地质条件、设计参数的误差、不当的施工做法等。

大多数情况下，反滤层的深度应一直延伸至坝顶。有些设计者倾向于将反滤层延伸到最大正常蓄水位（也被称为最大兴利库容水位）的高度。由于在坝体最窄部位修建反滤层比较困难，该做法就显得很有吸引力。反对该做法的观点认为，坝体最容易出现裂缝的地方就是坝顶，所以应该将反滤层延伸至坝顶。如果超高高于最大洪水位，为了防止在最大洪水期间的波浪爬高，可以将烟囱式反滤延伸至最大洪水位高程。

坝肩（褥垫）上的反滤层横向延伸范围取决于峡谷或山谷的几何形状及地质情况。对于较宽阔的山谷（与土基一样较缓的坝肩坝坡），褥垫应延伸至最大正常蓄水位高程。对于较陡的坝肩边坡，如在峡谷中，岩石条件决定防护范围。对于开裂很少的优质岩石，无需保护。对于严重破裂、渗流量较大的岩石，需设置褥垫。需要注意的是，在此种情况下，无论坝基灌浆量多少或坝基表面如何处理，都应该修建褥垫。

如果烟囱式反滤层与陡峭坝肩或建筑物（混凝土重力坝段、溢洪道边墙等）相交，反滤层应向外展开，以增加坝肩或坝段的表面积，如 5.2.2.4 节所述。

5.2.2　填筑坝的反滤层

填筑坝的渗流可以用防渗体和反滤层/排水区来控制。防渗体用于防止或减少渗流，而反滤层和排水区是为了安全地控制渗流。在填筑体设计中最常用的反滤层和排水区将在本章论述。有些设计只包含一种反滤层或排水类型，但大多数设计包含了多种类型。

图 5.2.2-1 示意了中央心墙填筑坝设计中，最主要的渗流控制类型，一个设计中很少会全部包含这些类型，此处旨在为不同类型的渗流控制提供图解。

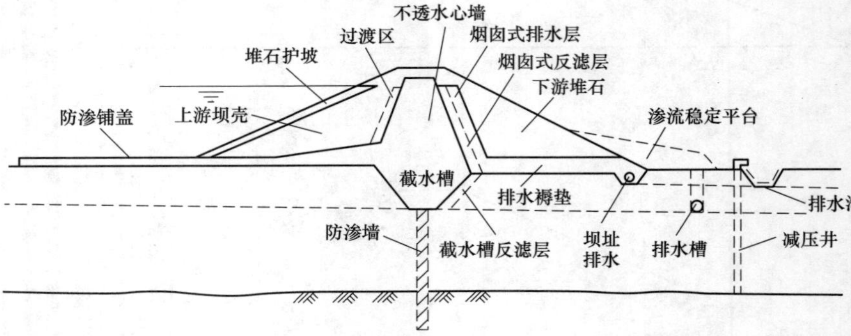

图 5.2.2-1　中央心墙设计中的典型填筑坝设计要素

图 5.2.2-1 中所示现代填筑坝的构成如下：

不透水心墙：低透水性土壤区，用做防渗。

截水槽：与岩石或其他低透水性层连接的截水槽，与上覆心墙结合。

上游坝壳：高强度土质区，用以支撑心墙的上游表面。上游心墙的几何结构有时取决于水位骤降的工况。

过渡区：上游或下游坝壳内部的区域。上游过渡区也可用做防裂层。

烟囱式排水层：将进入烟囱式反滤层的水导入排水褥垫中。同时也是烟囱式反滤层和下游堆石之间的过渡区。通常由砾石颗粒构成。

烟囱式反滤层：保护心墙不受内部侵蚀和裂缝的影响。通常由砂石颗粒构成。

堆石护坡：抛石是用来保护上游坝坡不受由水库波浪作用引起的侵蚀的岩石层。

下游堆石：用以支撑烟囱式反滤及心墙下游坝坡的区域。

排水褥垫：用以降低透水坝基水头或防止土质坝基中颗粒的运移。同时也将烟囱式反滤层收集的渗流水和来自坝基的渗流水排出坝体。

趾坝排水：收集来自排水褥垫的水以及任何坝基渗流水，并安全地将其排出坝体。

截水槽反滤层：布置于截水槽下游与基础接触区域，用以降低透水坝基的水头，同时保护坝基土颗粒的侵蚀。

排水槽：收集坝基的渗流水并将其安全地排出坝体。

排水沟：坝体下游的明渠，用以收集渗流水。当其延伸至透水层时，效果更佳。同时也可以用来收集来自减压井的水。

减压井：收集坝趾排水无法收集的坝基水。通常用来降低坝基承压含水层中的水压力。

防渗铺盖：当布置于透水地基上的大坝截水槽失效时，用于延长渗径以增加水头损失。上游防渗铺盖与坝体心墙连接。

防渗墙：垂直防渗。防渗墙用于土质坝基或岩基（如裂隙高度发育的岩基）的垂直防渗措施。防渗墙通常是采用水泥-膨润土、土壤-膨润土、混凝土等回填的深沟槽。

另一种现代坝体设计常采用的分区是设在穿过坝体的管道周围的反滤包裹，这将在本节的后面部分提到。

在具体填筑体设计中需要考虑的因素主要有地质情况、现场条件、可用建筑材料、荷载条件以及资金状况。具体的填筑体设计不在本章论述范围。

填筑体渗流控制设计包括坝基和填筑体反滤层/排水区，它们共同作用可以提供一个完整的系统。除了反滤层和排水区，大多数设计会采用各种方法来截断渗流，减少渗流量以及降低水力梯度。

5.2.2.1 中央心墙

中央心墙是主要的防渗体，具有低渗透性，但心墙材料的强度通常较低，而且可用的心墙料料源受限于现场条件。基于这些原因，有必要限制心墙的大小。如果防渗土料料源充足，整个大坝可由单一坝料建成，称作均质坝，但是不推荐这种方法。当心墙尺寸被最小化时，其边坡一般是较陡的，需要支护。支护由具有一定强度的上游和下游坝壳承担。中央心墙和坝壳布置见图 5.2.2-1。

渗流通过中央心墙后，理想的是在接近或到达大坝轴线下游时水头完全消散。根据心墙料情况，水头可能完全靠心墙自身削减。即使没有完全消散，布置在心墙下游的烟囱式排水区也能起到削减水头的作用。这个靠近心墙的区域被称为烟囱式反滤层，能起到排水和防止颗粒流失的作用。根据需要，可以在下游布置第二级反滤，称为烟囱式排水。布置在心墙和下游坝壳之间的这两层可以保证其下游不会出现过高水头，如图 5.2.2-1 所示。

5.2.2.2 薄防渗体（面板防渗体）

现在，薄防渗体坝基本都是混凝土面板堆石坝（CFRD），沥青混凝土面板堆石坝不常见。顾名思义，薄防渗体是大坝上游表面上的混凝土或沥青混凝土面板。用混凝土作为防水体的同时，另一种“半透水”土料布置于面板下方，以减轻面板结合处的渗流。在不透水层下方，设一级、二级反滤层，它们同时作为坝体堆石料的过渡区。

过去，修建了一些心墙位于上游 1/3 部位处的填筑坝，其中一些坝的心墙很薄，接近隔板厚度。考虑到上游坝坡稳定性和这一区域的高水力梯度问题，这种布置不常用。如果采用这样的型式，必须要采用与混凝土面板堆石坝相似的反滤层进行保护。

5.2.2.3 烟囱式反滤层

烟囱式反滤层可用于保护不透水心墙免受潜在内部侵蚀，同时还有效控制填筑体内的浸润线。在建的典型烟囱式反滤层见图 5.2.2.3-1。烟囱式排水层的布置取决于预计会通过心墙的渗流量，心墙开裂尤其是地震荷载引起开裂的可能性以及下游坝壳的结构。如果下游坝壳与烟囱式反滤层不能满足反滤要求（根据本标准中的反滤层标准），就需要一个过渡区或烟囱式排水层。在美国西部，很多情况下堆石料可用于坝壳材料，因为它的强度高，成本低。在这种情况下，反滤层和坝壳之间需要增加一个坝区或多个坝区。由于烟囱式排水已经满足排水功能，所以这些坝区被称为过渡区。过渡区和坝壳之间应满足颗粒保护准则。

图 5.2.2.3-1 分区坝中用平行施工法修建二级烟囱式反滤系统

设计中，堆石坝的反滤层和排水层常采用竖向和倾斜几何结构。需要指出的是，虽然竖向的反滤层在外形上与传统房屋的烟囱相似，但是倾斜的体型仍被称为烟囱式。具体型式需综合考虑坝的尺寸、施工方法和心墙结构等因素，这些将在下文详述。第 5.8 节论述了竖向和倾斜两种结构的施工注意事项。

垂直反滤层常用于缺乏心墙料和心墙下游坡度是垂直的情况。另外，垂直反滤层有时会用于均质坝，反滤层施工采用第 5.8 节所示的沟槽法。垂直反滤层的主要优点在于它可以在施工中很好地保持位置，比倾斜反滤层更可靠。因此垂直反滤层需要的宽度较小（4ft 或 5ft），所需材料也较少。

5.2.2.3.1 倾斜烟囱式反滤/排水区

倾斜烟囱式反滤/排水可采用两种施工方法与心墙及下游坝壳料连接。第一种较好的方法是，比周围区域坝料先填筑一层；第二个方法是，周围坝料后填筑一层，如 5.8 节所述。

5.2.2.3.2 竖直烟囱式反滤/排水区

竖直烟囱式反滤/排水系统有时采用先用心墙料填筑几层，然后开挖沟槽，在沟槽中回填反滤层并压实。这个方法有时被称为沟槽回填法。一直重复这个过程直到反滤系统高度足够（5.8 节详细介绍了这个施工过程）。需要注意的是开挖沟槽时要保证开挖到上次沟槽回填时的顶部。

5.2.2.3.3 反滤层宽度

除了考虑施工因素外，还有如下 4 个因素影响竖直或倾斜反滤层的宽度：

(1) 反滤层的定向：是竖向还是倾斜；

(2) 载荷条件：静态还是动态；

(3) 坝高：大于 40ft 还是小于 40ft；

(4) 危害等级：高还是低。

本标准中，反滤层宽度是指反滤层的水平测量值。反滤层厚度是指垂直于坡度的测量值。特殊的竖直反滤层厚度值等于宽度值❶。当反滤层倾斜时，宽度值总是大于厚度值。随着坡度变缓，宽度值和厚度值的差值增大。坡度缓宽度窄会使厚度偏低，这会导致下面提及的“圣诞树”效应，而成为一个大问题。

当反滤层设计考虑地震问题时，反滤层的尺寸由地震时可能产生的最大变形控制。坝基断层位移、坝坡崩塌、已建坝的坝基或填筑体液化、填筑体或坝基的非液化沉降均会导致反滤层变形。一般来说，反滤层宽度大小应该是预期变形大小（水平或垂直方向的变形）的 2 倍。这个标准适用于任何规模的大坝。

当不需要抗震措施时，往往根据成熟的施工方法确定反滤层的宽度。经验证，倾斜反滤层的宽度可以为 6ft 或更宽，竖向反滤层的宽度可以为 4ft 或更宽。为了使大型坝的倾斜反滤层更便于施工，常用宽度为 8～10ft，便于使用运输车和小型推土机。然而，当采用底部倾卸式装载机（铲土机）铺料时，承包商更倾向于使用 16ft 的水平宽度。基于成本考虑，有时只能使用 3ft 的宽度，这是反滤层所需宽度的最小值。反滤区狭窄需要特别的填筑步骤，并且在施工时要严密检查。窄反滤区的抗裂性和自动修复能力比宽反滤区弱。如果大多数材料都足够经济，就不应该采用窄反滤层。通常情况下，宽反滤层所节省的填筑开支与窄反滤节省的材料成本相抵。当窄反滤区满足设计要求时（排水量、阻止开裂、反滤、地震变形协调以及自愈能力），才考虑成本问题。

在铺筑竖向反滤层时，可以使用一些可移动模板或箱型布料器❷。方法多种多样，有些是专利技术。利用“回填沟槽法”也可以修建竖向反滤层。如果使用回填沟槽法，先填筑几层毗邻填土，然后再开挖沟槽。沟渠最好 2 至 3ft 宽，不要深于 3ft（这是为了施工人员的安全），然后回填。重复开挖和回填沟槽的步骤，直到反滤层达到足够的高度。当填筑不同模量（刚度）的区域时，会出现不均匀沉降，可能导致反滤层出现拱作用。

当采用相对狭窄的倾斜层时，设计者应认识到，铺筑中反滤排水系统与相邻区域的接触面并不是顺直的，会出现很多的“圣诞树”现象，如图 5.8.1-3 所示。应指定最小的宽度，以避免出现“圣诞树”现象，从而保证足够的排水能力。同时，应禁止使用会导致材料严重分离的施工设备和方法❸。

5.2.2.4 附属建筑物

以下段落将探讨在附属建筑物附近或与之连接部位布置反滤层，包括管道、混凝土坝段、溢洪道泄槽、出水口消力池。保护填筑体心墙材料与这些混凝土结构之间的接触面非常重要，因为接触面最容易形成裂缝。

5.2.2.4.1 管道反滤包裹

对穿过填筑坝的管道和其他结构物的保护很重要。这些管道会在填筑坝内从水库到下游坝趾之间形成一条优先渗流通道。这些情况在以前也出现过，补救措施是在管道的周围使用防渗环，这个想法的根据是水流在管道交界面的渗径会加长。现在了解到，这

---

❶ 其余说明详见第 5.8.1 节。

❷ 其余说明详见第 5.8.2 节。

❸ 其余说明详见第 5.8.3 节。

些环的使用会导致碾压设备难以接近管道，使得碾压不充分。即使采用特殊的碾压方式，还是会导致管道周围和环的外围处出现低密度区。在环的外围处会形成一个更优先的渗流通道。两种不同压实度的坝区之间不同的沉降和裂缝产生会导致其他的问题。这种情况发生后的可能潜在后果见图 5.2.2.4.1-1，图中视图朝向上游侧。从 20 世纪 80 年代开始，尽管垦务局不容许再使用截流环，但是仍有人使用，特别是在小型坝中使用。为了防止大坝沿着管道发生内部侵蚀破坏，使用反滤包裹是个可行的方法。

图 5.2.2.4.1-1 沿着管道出现管涌后，填筑坝溃坝

作为烟囱反滤层的一部分，管道反滤包裹围绕着管道将其包裹起来。当已建坝的管道被修复或替换，反滤包裹会受到水平和垂直方向的约束。反滤包裹用于需要反滤保护的地方，已有结构部分需要包裹，如 5.2.5 部分所描述的一样。需要注意的是，在填筑坝体中设置贯穿性烟囱反滤层时，它将包裹全部管道，它会被管道围绕，不需要增设其他特殊的反滤包裹层。围绕穿过填筑体的管道采用反滤包裹的作用是拦截填筑体/管道接触面的颗粒间渗流，防止土壤内部侵蚀，并阻止可能由管道引起的坝体不均匀沉降造成的裂缝。

5.2.2.4.2 混凝土结构附近的反滤层

应特别关注混凝土结构和填筑体的连接处，如混凝土坝、溢洪道边墙、闸墩、发电厂房，以避免沿接触面出现内部侵蚀。高混凝土墙附近的填筑体沉降，可能会在填筑体顶部形成一个拉力区，与陡峭坝肩附近的拉力区相似。凿毛的混凝土接触面应能够保证固结时，填土体与墙体压实。填筑土料和混凝土结构的接触面最好有一定角度，以便水荷载迫使填筑土料与结构紧密接触，减少沿接触面的渗流。当从混凝土坝过渡到相邻的土坝时，推荐采用包裹式连接，如图 5.2.2.4.2-1 所示。应将填筑体心墙下游和填筑体下游底部的反滤层和/或排水系统延伸至下游与混凝土结构的接触面。

5.2.2.4.3 其他结构物

反滤层和排水区常布置于附属结构物附近，以提供保护。这样的结构物包括溢洪道泄槽、出口消力池等。图 5.2.2.4.3-1 展示了位于溢洪道泄槽区域的混凝土挡墙外侧的

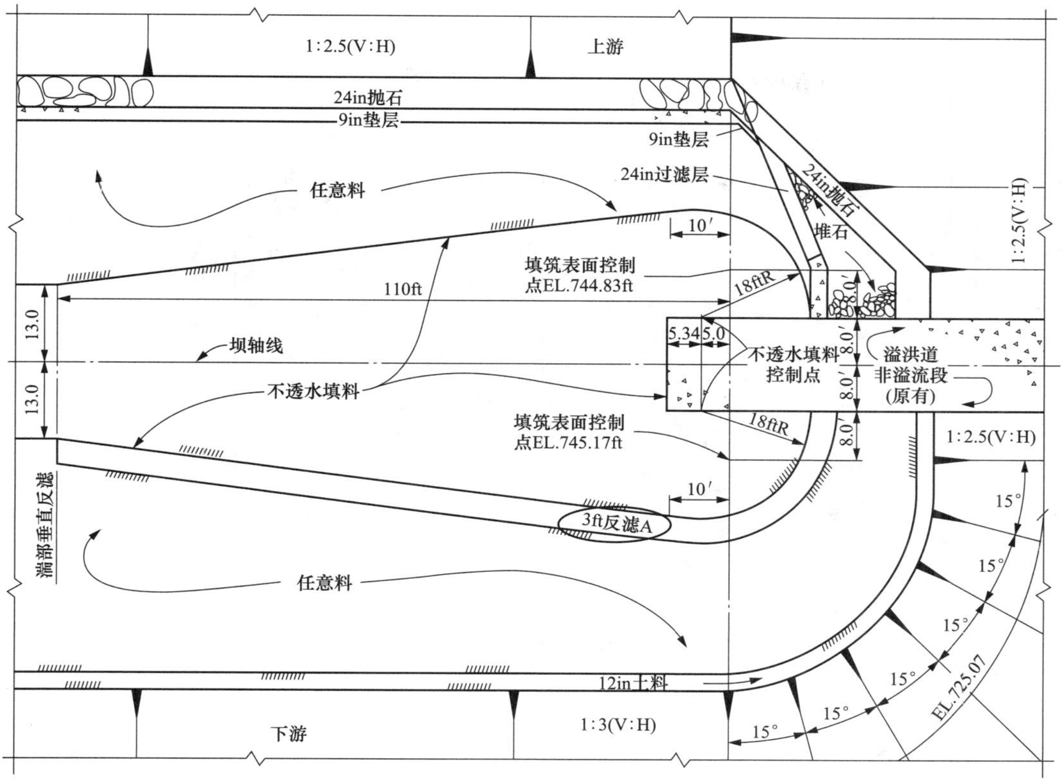

图 5.2.2.4.2-1　混合坝中填筑段与混凝土坝段相接处反滤层的布置

排水布置。在这个工程中，置于砾石回填区的排水花管用于墙后的排水。由于砾石排水不能满足基础反滤要求，铺设一层砂，用做反滤保护。这是一个两级系统，保护基础的同时，为混凝土墙提供排水。

图 5.2.2.4.3-1　溢洪道泄槽挡墙回填土处的反滤层和排水区布置

5.2.3　坝基的反滤层

本节主要对坝基反滤层和排水的布置及相互之间的关系进行说明。

5.2.3.1　水平反滤层

水平反滤层可以包括在堆石坝设计中，其目的在于收集坝基表面渗水，并为烟囱式反滤/排水收集到的渗水提供一个排水通道。由于水平反滤层位于坝体和坝基之间，既可归类为坝体的一部分，又可归类为坝基的一部分，在本标准中，将其归为坝基的一部分。

当坝基（土基或岩基）与上覆坝体之间不满足反滤准则时，就需要设置褥垫提供反滤保护。设计合理的水平反滤层可以保护坝料中的细颗粒免受内部侵蚀而进入下伏较粗的土基或岩基的节理、断层中（见图 5.2.3.1-1），也可以保护较细的基础土料免受内部侵蚀而进入上覆较粗的坝料中。

图 5.2.3.1-1　灌浆及铺设水平反滤层前，在坝壳下游处对基岩表面节理和断层进行压力冲洗

在下列情况下，需布置水平反滤层：

（1）当布置有烟囱式反滤层，而没有明确的排水通道时（如砂或砾石层），必须设置水平反滤层。

（2）当下游坝壳是建在土质沉积层之上，且下游坝壳土不能满足基础土的反滤要求时，需设置水平反滤层。

（3）设置水平反滤层的目的在于收集坝基渗流和将烟囱反滤层收集的渗流传导至下游坝趾排水区。由于心墙土料是分层水平铺筑和压实的，其水平渗透性高于垂直渗透性，因此水平反滤层并不能用于控制坝体内浸润面。拦截水平渗流主要是通过竖向排水完成。

（4）当下游坝壳置于透水砂和/或砾石基础上，且下游坝壳土满足基础土的反滤要求时，不需要布置水平反滤层。这是由于坝基土就能有效地起到水平反滤层的作用，不论是否设置烟囱式反滤层。

图 5.2.3.1-2～图 5.2.3.1-4 中给出了两级水平反滤/排水系统的实例。在这一应用中，如图 5.2.3.1-2 所示，在出水口管道附近，第一级反滤布置在坝基上，保护坝基土免受渗流侵蚀，而从坝基进入下游坝壳中。在第一级反滤上铺设第二级砾石，将收集到的水排至下游坝趾。在砾石层又布置另一层反滤，其目的在于防止上覆坝壳的坝料侵蚀而进入水平排水层。这一布置满足了保护两条渗径的目的：一条源自于坝基，另一条源自于坝壳。值得注意的是，浸润面并没有因为烟囱式反滤层或坝壳排水区而得到充分降低，通过坝壳的渗流可能来自浸润面。

根据要求，一层反滤的最小厚度约 18in，所需总厚度不少于 36in。在陡峭的台地或者斜坡上，可能需要特殊设备和铺筑技术以及更加严格的检查。在考虑这些因素时，往

排水管位于照片的右侧。挖土机部位的基岩面还暴露在外尚未覆盖。

图 5.2.3.1-2　在下游坝壳下的基岩上铺设反滤层（图中视角是向下游坝趾）

图 5.2.3.1-3　在图 5.2.3.1-2 所示反滤层上铺设砾石褥垫

图 5.2.3.1-4　在图 5.2.3.1-3 所示的砾石褥垫上铺设反滤层

往谨慎地选择更厚的防渗层。这一做法也用于截水槽及坝趾排水沟等斜坡上的反滤层/排水层、过渡层等。

即使在进行大量的现场地质调查后，仍会有很多未知因素存在，这将导致在粗料坝基上的反滤和排水层设计仍可能存在问题。图片 5.2.3.1-5 示出了建于 1920 年的大坝坝基。虽然渗透性能和地质勘探表明是渗透坝基，开挖揭露的孔洞数量仍然是令人惊讶的。对于新建坝而言，这一问题是特别困难的，因为初期水库蓄水将会是第一个荷载条件。经验表明很容易会低估流经这些类型坝基的渗流量。由于计算的进步，渗流估算技术已经随着时间的推移而发展。无论是采用人工还是计算机计算，材料特性的假定是否合理将会直接影响预测是否准确。

图 5.2.3.1-5　Ochoco 坝右坝肩基础开挖揭露的孔洞（坝肩由滑坡堆积物组成）

对于关键的坝基材料，应假定一定范围的渗透性和各向异性来进行参数敏感性分析。由于只有当开挖后才会对坝基条件有最好的了解，应基于可能遇到的最坏的坝基条件来进行设计。如果开挖后揭示的地质条件与原设计不同，应对设计进行调整。

5.2.3.2　坝趾排水

位于土石坝下游坡脚的排水沟又称作坝趾排水，几十年来土石坝设计中一直采用。正如其他类型的反滤层和排水层一样，坝趾排水的设计和布置已经随着时间的变化而发展。这些类型的排水经常建在位于填筑体下游的坝趾附近，然而，在某些应用中，可布置在下游坝壳之下，但这种情况应尽量避免，因为排水层一旦需要维修，则要挖除坝壳。坝趾排水层的目的在于从两个来源中收集渗流：烟囱式排水层/水平排水层和位于大坝下方的坝基渗流（地下渗流）。此外，位于坝肩的坝趾排水也会收集坝肩渗流。在任何一种情况之下，渗流的收集应使得位于大坝下方和坝趾下游的水头减小。

坝趾排水应布置一根开孔的管道，管道周围包裹砾石排水层，而砾石排水层又被砂石反滤层所包裹。这就是熟知的二层坝趾排水系统。图 5.2.3.2-1 中示出二层坝趾排水的一个实例。随着坝基条件的变化，这一布置被认为是最基本的有效排水措施。在透水坝基中，收集渗流以及减少静水压力的重要性怎么强调都不为过。就透水坝基工程而言，排水层由于成本高，可能成为降低成本的重点目标。正如第 5.4.1.6 节“反滤层阻水效应”中所描述的，这样会导致设计达不到减小水压力的目的，而在已建坝修缮工程中，会使得情况变得更为严重。有时为了节省成本，会使用单层坝趾排水（一种仅由反滤砂与排水管道组成的排水层）。由于首次蓄水后坝基条件及建筑物运行的不确定性，不建议使用单层坝趾排水。

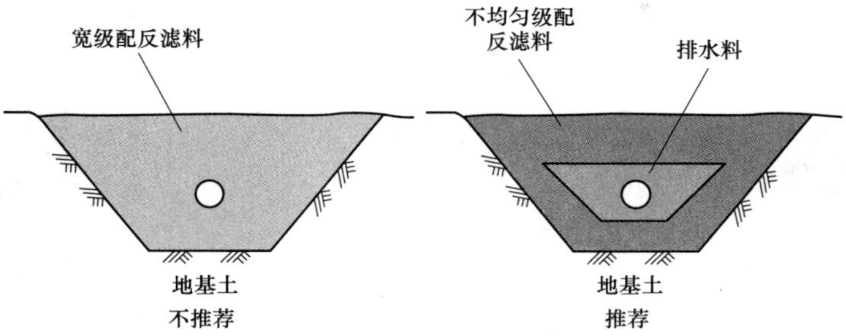

图 5.2.3.2-1　梯形排水沟中典型的一层（左侧）和二层（右侧）坝趾排水层

坝趾排水层可传输渗流并将其排出大坝，同时也是土石坝的一项重要监测设施。随着大坝老化，其性能可能发生变化，大坝监测是非常重要的。一个设计缺陷或者在施工期间所犯下的错误可能在几年甚至几十年内都不会被发现，而监测可对该结构的长期性能起到辅助性作用。坝趾排水处可以进行三种关键的监测，渗流量测量、渗水浑浊度观测及泥沙（土颗粒）收集。这三种监测均可通过布置在坝趾排水出口端或沿坝趾排水设置的检查井实现。一般而言，一口检查井包括一台流量测定仪器（堰或槽）和位于测量设备上游的一个沉淀物收集装置。坝趾排水层和检查井布置详见附录 E。

自行式摄像机可以用于检查并记录排水管道运行条件。在大坝施工期和定期安全性检查期，视频调查具有重要价值。受限于该装置的电缆长度和牵引能力，沿着排水管深入的长度不超过 500ft。如果存在转弯或者较大的高差，这一距离可能变得更小。摄像机和清理设备进入的通道转弯角度不应大于 22.5°。

排水管应该以均匀坡度敷设，不要出现下垂或者弯曲的情况。下垂会使水流完全流过凹陷处，而导致坝基的水回灌，进入凹陷处。当排水管道建在不均匀的软弱坝基上时，可能会发生不均匀沉降，导致管道下垂。如果预计会发生这种情况，应该增加管道口径，使得计算水深不超过管道内径的 25%。

正如下列章节中所述，坝趾排水可以采用多种不同的几何断面型式和施工方法。布置型式是由预估渗流量所决定的。通常采用矩形和梯形两种截面型式。预估渗漏量较小时，使用带有垂直侧坡的矩形断面型式，预估渗漏量较大时，使用梯形断面型式。

在已建坝内新增或替换原坝趾排水时，应该考虑坝下水力梯度可能会增加的情况。在水头接近或者超过地面时，增设的坝趾排水会使水头降低。然而，这也会使得水库与下游坝趾的水头差增加，从而导致坝基的水力梯度增大，从而增加颗粒移动的可能性。

5.2.3.2.1　矩形与梯形沟渠

如前所述，坝趾排水沟可采用如图 5.2.3.2.1-1 和图 5.2.3.2.1-2 所示的矩形和梯形断面。如果施工人员和其他人员需要进入排水沟，出于安全性考虑，矩形排水沟的开挖高度受到限制。矩形排水沟由于开挖及回填量较小，造价相对较低。在狭小空间中二层坝趾排水的施工较为复杂。解决这个问题的一个方法是，施工中采用可移动的箱形设施，分别铺设过滤料和排水料，如图 5.2.3.2.1-1 所示。需注意，管道托架下铺料应充足，以提供足够的支撑。

如图 5.2.3.2.1-1 和图 5.2.3.2.1-2 中所示，梯形截面允许坝趾排水埋设更深，截留坝基渗水的排水料铺设面积更大。因此，梯形截面将为有渗流问题的场地提供一种更为稳妥的截渗方法。

图 5.2.3.2.1-1　矩形截面坝基排水沟采用集水花管，周围包裹砾石反滤层，外围包裹细砂反滤层

图 5.2.3.2.1-2　坝趾处的梯形基坑排水

5.2.3.2.2　*一层设计和二层设计*

过去坝趾排水通常是采用一层设计和二层设计，如图 5.2.3.2-1 所示。一层设计用于预估渗流量较少的情况；二层设计则用于预计渗流量较大的情况。在二层设计中通常结合采用排水花管，加强排水。将水收集到坝趾排水系统内并不总是容易实现的，应该留意水是怎样进入排水系统的。此外，布置在坝基上的反滤措施设计也是复杂的，因为这些材料相比心墙料或其他填筑材料更具不确定性。应检查坝趾排水系统的级配，以确

保反滤层不会成为坝基的隔水层。这种隔水层不能充分释放压力，在加固已建坝时，还可能引起压力增加。

5.2.3.2.3　集水管

过去，集水管在土石坝中的运用一直不太理想。早先的材料，如黏土、混凝土和波纹金属管（CMP）等存在强度不够、接缝性能不好和易腐蚀等缺点。集水管接头也是一个大问题，因为目前该领域还没有可用的成品，连接部位通常是因地制宜的。图 5.2.3.2.3-1 示明坝趾排水管的“Y”形连接接口的情况。也使用过性能相对较好的塑料管材，但也出现过故障。一些聚氯乙烯（PVC）产品通常很易碎，且不能经受重型施工的严酷考验，一些高密度的聚乙烯产品还存在容易老化的问题。

图中可见与一条干线相连的有两个分支的“Y”形接合点。因为没有为该配置制作的连接器，将破损的管片堆放在一起，形成接合处的保护盖。更换坝趾排水时发现了该连接点。

图 5.2.3.2.3-1　20 世纪 50 年代，混凝土管用做坝趾排水体，水通过接口处的间隙进入管道

过去的 20 年里，带波纹的高密度聚乙烯管材通常是垦务局青睐的坝趾排水材料。20 世纪 90 年代末，垦务局坝趾排水体的视频监测显示，有许多这种类型的设备存在各种各样的问题，从较小的变形到完全倒塌等。存在问题多为单壁波纹高密度聚乙烯材料，这些材料随着时间的积累强度逐渐降低。有孔的塑料管材比无孔的塑料管材，存在大量的结构破坏实例，但缺乏室内试验数据。垦务局对这些产品进行了评估研究。研究发现有孔的波纹管（PVC 或高密度聚乙烯）和没有孔的波纹管具有相同的承载能力，因为管的强度来自于外侧的波纹，而波纹是没有孔的。该研究也表明，多孔固体管相对于没有孔的管，强度有所减弱；也表明了一些 PVC 产品易碎。研究报告提出了安装问题、常用开孔尺寸和不同产品的连接型式。鉴于管材设计是基于其静态工作条件，因此认为，施工荷载是管材破坏的关键因素。

有波纹的高密度聚乙烯管和 PVC 管的接口通常采用承接式接口或对接环型式。垫圈对大部分这种接头类型很管用，因为密不透水。需要特别关注的是合理的现场安装方法。如果管端或连接器在连接之前被损坏或被弄脏，就很难在现场把管的各段插接起来。使得施工人员花费很大的力气进行管道连接工作，或者无法进行连接。最近的视频显示接口连接不好与主体破损引发的问题一样严重。

考虑以下因素，推荐坝趾排水采用高密度聚乙烯管❶。此类管的优势如下：

（1）承载能力大。

（2）当承载能力超过覆盖层需要的承载力时，此管更能承受因不当或错误的安装方式带来的损害。

（3）接头现场焊接，牢固且不透水。

（4）连接器工厂焊接，牢固且不透水。

（5）管道开孔可在售后进行，允许设计者规定开孔尺寸，也使选择包裹管道的砾石材料更具灵活性。

至少应在竣工时用摄像头检查有孔的集水管，确认安装过程中没有损坏。过去检查坝趾排水体的方法是拉着一个球形或鱼雷形状的物体通过管道。虽然可以使用这种方法，但它不应该是安装验收的唯一方法，因为用这种方法很容易受骗。

几乎所有使用过一段时间的有孔集水管都会被一些物质堵塞，如藻类、树根或沉淀物等。由于现在电动清洗很常见，所以可以用于清洗这些管道。清洗之前，应该考虑清洗管道是否会导致其被损坏或是会加重侵蚀状况。如果排水系统设计质量很好，就可以清洗。如果排水沟的质量很差或者不清楚质量情况，就不应该清洗，因为系统可能有自愈至良好状态的功能，清洗反而会重新激活颗粒的移动。

5.2.3.3 减压井

当坝基为透水层上覆一层不透水层时，透水层中可能存在高水头或承压流。会造成上覆不透水层（弱透水层）爆裂。这种情况下，为透水层设置一个坝趾排水可能不太实际，尤其在透水层非常深的情况下（深度大于20ft）。这种情况可以采用减压井。带有井壁的减压井像一个水井，井壁周围有一层被反滤料填充的环形空间。减压井的出水口通常连着地面或地下排水管。应注意，设计减压井的颗粒保护准则与本标准可能有差别。井的设计标准主要受控于对渗透性的要求。

减压井的一个显著缺陷是需要不断的维修，以维持其排水能力。水锈会给减压井带来麻烦，且维持其排水能力的花费也必须考虑在其使用周期成本中。由于维修问题，再加上减压井不能100%拦截地表水流，所以在浅层情况下采用坝趾排水是更好的减压措施。

5.2.3.4 泥浆槽式反滤

如前所述，当下游坝趾需要排水或反滤时，高地下水位或高承压水会使反滤或排水在露天开挖施工中很难设置。反滤或排水的另一种施工方法是泥浆槽法。采用泥浆槽听起来似乎存在问题，因为泥浆槽法通常用于修建穿过坝身的防渗墙。采用膨润土泥浆也与建造较周围坝基更具高渗透性的排水系统相矛盾。为了克服这些阻碍，使用降解技术开发了一个新的泥浆槽法。该方法采用一种合成的生物聚合物或其他有机掺合料，如用豆胶代替大多数泥浆中使用的膨润土。这些掺合料与水混合成泥浆，在填充反滤或排水料前稳定沟槽。然后对泥浆进行生物降解，使之成为截水设施。这种方法的缺点是不能通过目测检查沟槽，也不能压实回填料。

---

❶ 是典型的含光滑内外表面的管子。

5.2.3.5 对已建排水管的改造

由于对坝址条件的误判、不良的设计、不良的施工技术或三者都有的原因，许多已建坝都存在渗流问题。除了这些问题外，还可能包括不良的排水系统设计等因素。数十年来，坝趾排水体是由被粗砾石包裹的连接管组成，如图 5.2.3.5-1 所示。砾石很少能满足坝基土保护颗粒的标准，管接头之间的间隔也不能很好地控制，使得细颗粒穿过砾石回填土。内布拉斯加州的 Lake Alice 坝坝趾排水体发生堵塞就是由这些情况导致的。

环绕砾石的是粉土与砂的混合物，不满足反滤标准。渗流通过管段之间的接头进入管内。
粉土和砂可能被侵蚀，穿过砾石回填物，通过接头进入管道。

图 5.2.3.5-1　被砾石材料环绕的瓦管（注意表示砾石尺寸的自动铅笔）

此外，旧的排水管没有足够的强度，会破裂、变形（见图 5.2.3.5-2）或完全坍塌。如果排水管出现问题，会造成大量的土料进入管道，从而导致系统完全被坝基材料堵塞，如图 5.2.3.5-3 所示。

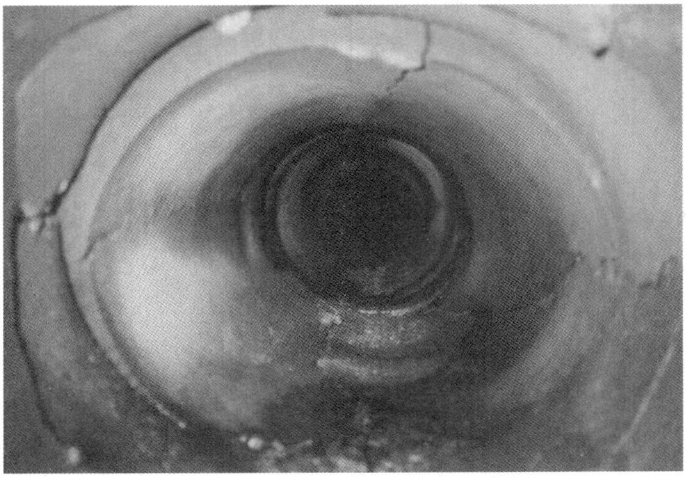

管道因应力过大在顶拱和起拱线处已经产生裂缝。管道变形成椭圆形。近景处可以看到砂从接头处析出。

图 5.2.3.5-2　20 世纪 50 年代钢筋混凝土管的内视图

图 5.2.3.5-3 1916 年开挖时发现的黏土瓦管里塞满了粉土和泥砂

由于多数坝趾排水设施在施工时并没有考虑将来的检查，因此使录像调查变得很复杂。由于有许多转弯的地方，摄像机没法通过这些转弯点。并且，如果管道被堵塞或者垮塌，就不能进行检查。植物也可能给已建的排水管带来一些麻烦。排水沟能聚集水源，对植物的根系很有吸引力。极端情况下，根系的生长可以完全堵塞排水管，极大减少了管道的排水能力，如图 5.2.3.5-4 所示。

图 5.2.3.5-4 改建大坝期间开挖出来的坝趾排水管

以上描述了排水管的一个很典型的缺陷，因此已建坝的改建就存在安全隐患。修复已有的排水不常见，完全更换是比较常见的做法。当替换已有排水设施时，应考虑这些设施汇集的渗水流量。当排水管本身质量不佳，不满足颗粒保护准则时，可能会因颗粒沉淀而阻碍管道排水。用符合颗粒保护准则的单级反滤层取代排水设施能显著地减少对渗流的拦截。这反过来会导致更高的压力，可能会造成地面渗流，在改建之前是不会出现这种情况的。

5.2.4 反滤层分类

反滤层这个词一直被用来描述一种在土石坝上具有很多功能的工程材料。这些功能包括防止心墙土料迁移到较粗的坝壳料中、收集和过滤透水基础中的渗流。不同功能对反滤层料的级配要求也不一样。如前所述，设计反滤层时，应考虑两个标准——防止颗粒移动和渗透性。一座大坝不同位置所用的反滤层对这两个标准的要求也不尽相同。下文介绍四种不同类型或等级的反滤层，主要根据它们在土石坝中的功能。

排水反滤层（Ⅰ类）。该类反滤层的作用是收集和排出坝体、坝基的主要渗水。该反滤层必须能排出建在透水性坝基上或施工不良的大坝的大量渗流。反滤层通常由均匀级配的材料组成，且一般采用两级。反滤层必须满足颗粒运动和渗透性标准的要求。坝趾排水就是这种类型的典型例子。

保护性反滤层（Ⅱ类）。该类反滤层的目的是保护基土免受渗透破坏，也有一定的排水功能，排水是为了控制大坝的孔隙水压力。这种类型的反滤层采用均匀级配，且分为几级，但是为了减少过渡到坝体材料的分区数量，会采用宽级配土料。不透水心墙下游侧布置的烟囱式反滤层、水平反滤层和过渡区等均属这种类型。

阻塞式反滤层（Ⅲ类）。该类反滤层的作用是防止上覆填料（坝体材料）进入透水或有孔洞的坝基里。反滤层通常是宽级配的，唯一的要求就是阻止颗粒运动，没有渗透性的要求。阻塞式反滤层可用于透水坝基之上的上游防渗铺盖下，也用于紧急情况下堵塞漩涡和落水洞。

防裂塞（Ⅳ类）。此种类型的反滤层是为了防止心墙产生裂缝，特别是由地震或过大变形导致的裂缝。尽管应用的原理相同，但严格来讲，这类反滤并不是本标准所阐述的反滤，其尺寸是根据预计的位移（水平或垂直）决定的。然而，此种类型的反滤层没有渗透性的要求，细料含量相对较少以保证其本身不会产生裂缝。由于存在胶结作用，一级反滤层（砂）难免产生裂缝，需要布置二级反滤层（砾）。二级反滤层可能也需要向较粗的坝壳料过渡。这种类型的反滤层或过渡层可布置于心墙的上、下游。地震荷载较大时，建议使用该种反滤层。

表 5.2.4-1 总结了这些反滤层及其要求。关于分层、级配和渗透性等问题在随后的设计标准里有更详细的讲解。

表 5.2.4-1　　反滤层类型及其用途和要求

类别	反滤层类型	用途	是否需要多层	是否需要不一致的级配	渗透性和排水性要求
Ⅰ类	排水反滤层	坝趾排水、减压井、排水区	是	是	是
Ⅱ类	保护性反滤层	下游烟囱式反滤层、水平反滤层和过渡区	时常	否	是
Ⅲ类	阻塞式反滤层	坝基反滤层和落水洞回填	否	否	否
Ⅳ类	防裂塞	上游和下游烟囱式反滤层	时常	是	否（但是反滤层不能有裂缝）

5.2.5 已建管道增设反滤保护层

许多已建坝，不管规模大小，最初都设有不含反滤层保护的排水设施或其他管道。如果一座坝因为已有的排水管道性能不佳出现安全问题，或在已建坝上增加了烟囱式反滤层，那么一般就需要在排水管的周围增设一层保护性反滤。本节将重点讲述排水设施或其他类型的管道，如建在松散沉积物（土）上、上覆填筑料的溢流管道。这种类型的管道通常采用以下两种方法施工：①如果是建在地面线之下，需开挖再回填。②如果建在地面上，则和坝体一起修筑。

土基上的管道需要采用完全包裹的反滤层进行保护。只在排水管侧边和顶部增加反滤层，将使排水管下方的坝基处于无保护状态。在管道下面会形成管涌通道，而管道成为管涌通道的顶部，利于管涌发展。在管道下部填筑反滤层需要一个可靠的方法，因为任何有间隙或没有压实的区域都将导致保护无效。已经有一些在管道下部增设反滤层的方法，表 5.2.5-1 总结了这些方法。岩基上的管道不需要在其下部设置反滤层。埋设在岩基槽中的管道，其底部和侧面紧靠岩石，这些部位也不需要反滤层。

表 5.2.5-1 在管道下方增设反滤层的不可行方法

方 法	说 明
(1) 在排水管的下面开挖掘管的一侧的位置，并用反滤材料回填。下一步，挖掘并回填另一侧的下面	反滤层料不能被充分压实，一旦水位上升，无法防止沉降
(2) 挖除管道底部的基础，采用反滤层回填	由于会剪断钢筋混凝土管道中的钢筋，会损失管道的环向强度
(3) 采用上述两方法之一填筑反滤层后，从管道内部进行灌浆，回填管道底部与反滤层顶部之间的空隙	切忌在临近反滤层的位置进行灌浆操作，因为反滤层可能会被浆液污染，从而无效

为了使反滤层和管道底部紧密接触，铺设反滤层后，应移除并重铺管道。

5.2.5.1 排水管道周围反滤层的位置

对于已有的管道，通常在两个位置周围增设反滤保护层：较好的位置是靠近大坝轴线，也可设置在靠近下游坝趾处。轴线位置较好是因为较大的上覆土压力会使反滤层与管道接触紧密，能更好抵抗水力劈裂。在轴线附近增设反滤层需要挖除很多填筑部分，包括坝顶，还需要下泄水库水量。如果施工过程中水库需要持续运行，这个办法可能就不太可行。图 5.2.5.1-1 为在大坝轴线附近增设反滤层的典型断面图。

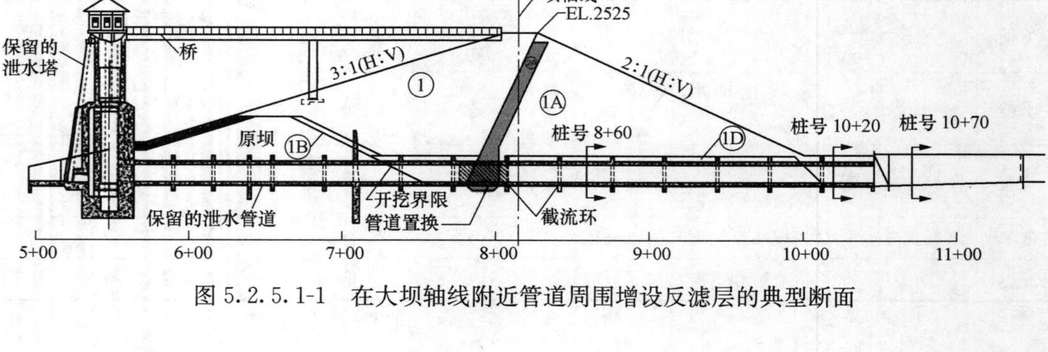

图 5.2.5.1-1 在大坝轴线附近管道周围增设反滤层的典型断面

在下游位置也可以增设反滤层，但需要足够的上覆压力以克服任何可能的“爆裂”。假设沿着管道存在渗流通道，反滤包裹处的水头就是水库满水位，这就需要足够的上覆压力来克服静水压力。在覆盖反滤包裹的下游坝趾处布置一个稳定平台可以解决这个问题。假设盖重平台材料的密度是水的两倍，那么稳定平台的高度可达到上游水位的一半。图 5.2.5.1-2 是在靠近大坝下游坝趾处增设反滤层的典型断面图。

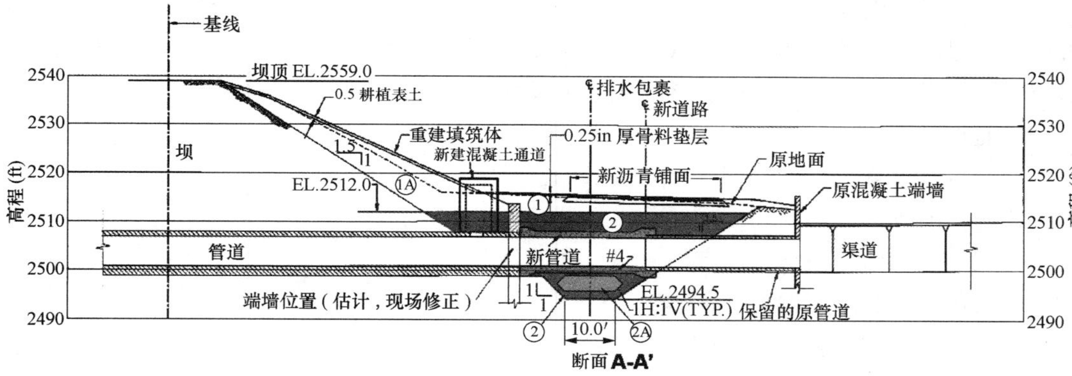

图 5.2.5.1-2　下游坝趾附近管道周围增设反滤层的典型断面

表 5.2.5.1-1 列出了在土基上的混凝土管道周围增设反滤包裹的一些可行施工方法。过程与其他管道相似，但可能需要增加托架。

表 5.2.5.1-1　　土基上管道周围增加反滤层的可行方法

步骤	方　法
第一步	开挖管道周围区域，暴露出铺设反滤层的区域
第二步	截断管道，拆除被截断部分
第三步	开挖管道下部基础，深度至少 2ft，沟槽开挖宽度（顺河向）应大于 6ft。上、下游侧坡度坡比应不陡于 2∶1。开挖边坡顶部和截断面之间至少应间隔 1ft
第四步	基础验收
第五步	把反滤料铺在沟槽底部，压实。采用原位密度试验检测反滤层的密度
第六步	重铺管道
第七步	置换包括管道周边反滤包裹在内的填料，根据需要填筑稳定平台

5.2.5.2　增设管道反滤层的最小尺寸

已有管道四周增设反滤保护层的最小尺寸与管道尺寸和是否有截流环有关。对于没有截流环，内径小于等于 2.5ft 的管道，侧面和顶部的反滤保护层一般延伸 3 倍管径长度，底部一般延伸 1.5 倍管径长度。反滤层的厚度（顺河向）应不小于 3ft。

因为沿着管道的侵蚀模式取决于沿着管道外部的水流，所以上述规定应取决于管道外部或最大结构尺寸。如果管道外包混凝土，或者管道设在混凝土基座上，就应该采用混凝土的外部尺寸。至于内径大于 2.5ft 又没有截流环的管道，侧面和顶部的反滤保护层至少应延伸 8ft，底部至少应延伸 4ft。反滤层的厚度（顺河向）一般应不小于 8ft。较大的管道采用较大的反滤层厚度，这主要取决于施工设备。

对于设有截流环的管道，不论管径大小，反滤层的厚度取决于截流环的大小。在这种情况下，侧面和顶部的反滤层边界应至少超过截流环 8ft，底部边界应至少超过截流环 4ft。管道外侧与截流环外侧边缘之间的空隙部分应采用反滤料填满。本节是假设管道建在土质沉积物上，5.2.5 节介绍建在岩石上的管道的案例。

举例：一个内径为 6ft 的钢筋混凝土管道，外部为马蹄形状，结构侧面宽度 8ft。该管道设有截流环，截流环尺寸较管道外部尺寸大 4ft。换言之，截流环的顶部、侧面和底部与管道外形一样。本案例可能会用到以下尺寸的反滤包裹层：

侧面：超过截流环的长度：8ft；

超过管道结构长度：8+4=12ft。

顶部：超过截流环的长度：8ft；

超过结构顶部的长度：8+4=12ft。

底部：超过截流环的长度：4ft；

超过结构底部的长度：4+4=8ft。

5.3 设计原理

5.3.1 总则

反滤和排水设计时重要的是，需同时考虑颗粒保护要求及排水的要求。本节给出的“反滤准则”针对以反滤（颗粒保护）为主要需求，且任何情况下都不会产生孔隙水压力或水头的情况。

当水头不大的渗流无法避免时，设计人员需采用本标准第 8 章“渗流”及其附录 A 来估算需要排出的全部渗流量。设计人员还需分析整个排水系统，确保所有渗流能完全地通过整个系统排出。

本章所描述的准则由太沙基理论发展而来，辅以伯特伦的室内控制试验与研究，垦务局，美国陆军工程兵团水道实验站，美国农业部水土保持局，谢拉德、邓尼根、塔尔博特，谢拉德、邓尼根及费尔、福斯特等的研究成果。

应在级配试验表（如图 5.3.1-1）中绘制出基土（被保护土）及反滤/排水料的级配范围。图 5.3.1-2 给出一个空白表格，将一种基土的所有试样级配曲线，例如所有用做防渗区料的级配曲线，均绘制在同一张表中是比较可取的。适合做防渗土料的典型级配范围以及范围之外（不在适合做防渗土料典型范围之内）的级配，都在同一表中一目了然。反滤/排水通常是用来保护典型级配范围内的基土，设计准则并不需要满足范围以外的基土。如果反滤层/排水是用于保护地基土，则需选择被保护地基土的范围。这些细节将在 5.4.1 节中详细讨论。

将地质勘察中所有可用做反滤/排水料料源的级配绘制在同一张表格中并与要求的反滤/排水料级配进行比较是非常有益的。最终应将被保护土的级配范围、反滤料的级配范围和排水料的级配范围绘制在同一表格中（参见附录 C 的设计示例）。

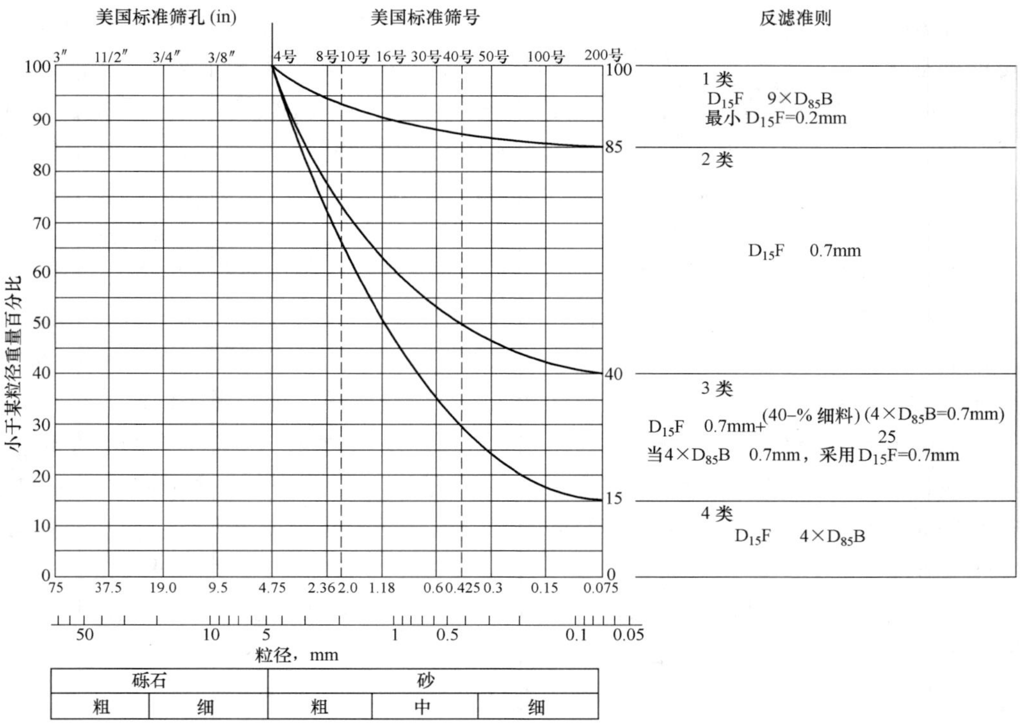

图 5.3.1-1 基土的分类图（见 5.4.3 节中的基土分类说明）

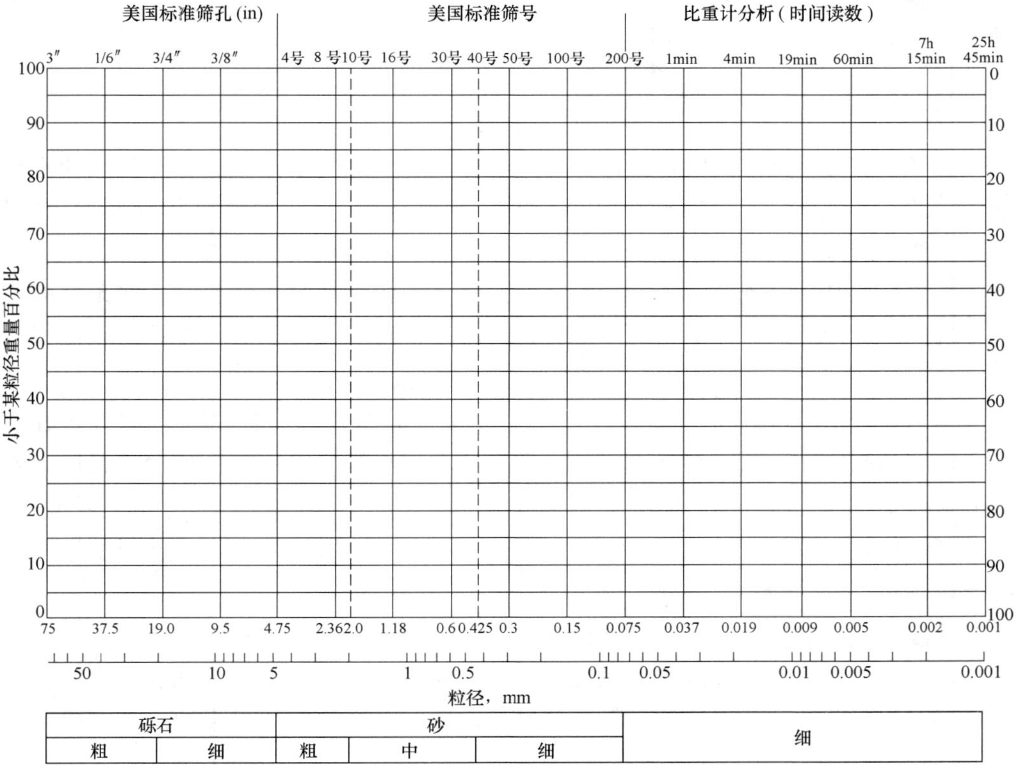

图 5.3.1-2 级配试验表

设计人员应认识到即使 $D_{15}E$ 与 $D_{85}F$ 的比值设定为 4，第一层反滤内的一些细颗粒[1]仍可能移动至第二级反滤内，从而污染该反滤层，尤其是均匀反滤料或排水料的准则不满足要求时。这种污染情况通常发生在变坡部位，如烟囱式反滤层与水平反滤层之间的过渡区域。此时需考虑加厚反滤层厚度或增加排水措施。同时，也应进行室内试验检验排水层是否具有足够的反滤能力，并分析证明反滤/排水层内的水力梯度不会太高。需要注意的是，选择较粗反滤料的 D_{15} 是比较困难的，这种情况下，可以采用通过下一级筛的颗粒粒径作为 D_{15}。反滤料的级配曲线并不一定要与基土（被保护土）的级配曲线平行或有相似的形状。通常，反滤层料应具备均匀级配以保证足够的透水性，并避免在加工、运输和铺设过程中产生分离。应该注意的是，如果能避免铺设时的分离，级配良好的砾质砂对于级配非常均匀的粉土或细砂而言可以是非常优良的反滤材料。

为了确保反滤层有适当的透水性，压实后的反滤层通过 200 号筛的颗粒含量以重量计不能超过 5%（堆料处细粒含量不能超过 2%，原位压实后不能超过 5%）。一般而言，当需要增大透水性及减少反滤层的开裂风险时，需进一步减少细粒含量。反滤层的渗透性至少要比基土材料的渗透性大 25 倍。此要求通常在 $D_{15}F$ 与 $D_{15}B$ 之比大于 5 时可以满足。均匀级配到中级配砂砾石反滤料（均匀料的不均匀系数 C_u 在 1.5～8 之间）的渗透系数（k）可以采用下面的经验公式来估算：

$$k = 0.35(D_{15}F)^2$$

其中，k 的单位为 cm/s，$D_{15}F$ 的单位为 mm。

其他使用粒径的经验公式也可用来估算渗透性，如自然资源保护署（NRCS）土壤力学注解 9（SM-9，1984 年 3 月）等。

5.3.2 注意事项

在使用反滤层设计准则时，设计人员应该切记这些准则是在试验室内受控的理想情况下确定的，与现场情况可能不尽相同。此外，在试验室内可以达到的均质各向同性，无论是反滤料或基土，在现场施工中无法达到。当投入运行后，随着风化、沉积、腐蚀或变质等作用的开始，现场实际情况会逐渐偏离之前的设计假定情况。这些条件的改变很难在反滤层设计时进行评估，可以作为判断因素，设计人员据此对设计准则进行调整以适应运行时可能出现的情况。采用保守的设计是比较稳妥的。

如果设计人员对反滤层的性能有任何的怀疑，应该进行反滤试验。例如，分散性土、非常细的非黏性土、高塑性土以及易干燥的土可能需要采取额外的预防措施。本准则充分考虑了这些类型的土，但是，对基土与反滤料进行反滤试验依然是稳妥的做法。对于不良的细粒土，建议使用 5.6.1.1 节中提出的方法来指导基土和反滤料的试验。材料的质量同样需要检验，在 5.6.2 节中介绍。

当为渗流量可能较大的透水地基设计坝趾排水或者其他排水系统时，需要考虑反滤层与地基的渗透性关系（在附录 A 中介绍）。当地基包含粉土夹层、砂和砾石时，设计人员可能会选择反滤层的尺寸作为粉土的尺寸。这可能导致设计出来的反滤层主要由砂

[1] 这些细颗粒为经过清洗或放置和压实产生的颗粒破碎后存在的细颗粒。

组成，铺设在渗透性较好的砾石层上。这样的反滤层起到阻挡砾石层中水流的作用，使得收集渗流的效果差，并产生较高的孔隙水压力。如果这个问题不能通过调整反滤设计（或改进排水）解决，则可能需要额外的挡水措施（如防渗墙）。

从经济和简化角度出发，有时会考虑采用单级排水。这种类型的排水将砂砾直接铺筑在排水管周围。当评估这种类型的反滤层时，需要考虑内部稳定性（5.3.8 节）和排水花管的堵塞（见 5.5.2 节中对花管堵塞的讨论）。设计人员需意识到，相对于均匀级配砂反滤层，宽级配砂砾石反滤层可能渗透性能更差。相对于单级反滤措施，两级反滤/排水组合措施有较大的渗透性，能更有效的收集渗水。

5.3.3 成本

反滤层的设计应尽量采用最小成本满足应用要求，并提出合理可行的施工方法。如果天然沉积物可用，并经过经济性的加工后可获得充足的材料，则其应当用于生产反滤料和排水料。在满足水力要求的前提下，反滤区和排水区的尺寸应在便于施工和可用料储量之间取得平衡。

另一成本因素为单级、两级（或多级）过滤/排水系统。对于某些项目，单级可同时起到过滤和排水作用，而对于另一些非常重要的大型项目，宜采用两级系统。

控制过滤/排水系统成本的因素：商业可用性与专门定制加工的对比，材料的需要量、运距、标准级配与定制级配的对比及填筑方法。在设计的早期阶段，工程师应该确定商业生产骨料的可用性及其到工地的距离。如 5.7.2 所述，大量标准规格的骨料可满足反滤和排水材料的级配要求。使用最多的骨料是混凝土砂，又被称为细骨料（见 ASTM C33）。应注意，标准规格的细砂含量需要降低。采用市场标准骨料通常会降低材料的成本。关于该方面的更多讨论，详见 5.7“料源”。

如果工程较大，并且商品料购买地远离工作现场，或者需要定制级配，现场加工可能是最经济的。因数量的不确定性，可用料的研究有利于评估现场加工与商业购买哪一种更加经济。

设计反滤层时应考虑施工方法。通过采用狭窄过滤/排水区，以减少材料用量，降低成本的方法比较有吸引力。然而，填筑费用的增加可能会抵消节省的成本。2001 年所做的研究表明，距离大坝 15ft[1] 之内可获取材料用于填筑最小宽度为 8ft 的反滤层最经济。对于运距较大而规模较小的工程，窄条带则更具吸引力。

采用专门加工的大型工程，设计应考虑生产各种材料的加工厂及其应用。例如，加工厂生产等量的反滤料和排水料，但工程中需要更多的反滤料，导致一些排水料被闲置。此时，可以调整设计，增加排水料用量减少反滤料用量，多余的排水料可用于护坡和抛石垫层等部位。

5.3.4 当前技术水平

由于反滤和排水对于水工建筑物的安全至关重要，对其进行了广泛的研究。为了完

[1] 不同于 2001 年的燃料价格将影响分割点。

整性，本标准包括了这些研究内容，但由于有些未经现场应用检验，本标准并不支持它们。

20 世纪 80 年代，发展形成了反滤准则，确定了太沙基关系式 $D_{15}F/D_{85}B$，增加了 $D_{95}B/D_{15}F$ 的要求。这个附加要求解决了内部稳定性问题，具体说明详见 5.3.8 节。

新南威尔士大学在填筑坝失事模式及风险研究方面做出了显著贡献。根据一系列粒径持续增粗的反滤层及基土系统，研究了局部冲刷和持续侵蚀的界限。该研究指出现行的反滤层设计准则是适当的，能确保无侵蚀形成。读者可能会对该研究讨论的已建坝中各分区之间的反滤兼容性感兴趣，特别是在考虑已有建筑物中的局部冲刷和持续性侵蚀问题时。

此处提出的反滤层设计准则，是基于传统的太沙基反滤准则和美国农业部水土保持局进行的一系列室内试验提出的，考虑充分，便于应用，拥有其他新近提出的设计流程所没有的优良的表现记录。在过去的几十年，费尔对谢拉德的研究进行了后续研究，并更完整地检验了分散性土。由于保护分散性土的敏感性，准则中增加了相应的设计流程。目前而言，这些准则将作为垦务局的基本准则设计。

5.3.5 材料质量

耐久性和材料质量息息相关。这些特性关系到施工过程中的破碎和长期的劣化。从加工厂生产出来后，反滤料在装卸过程中可能会发生破碎。装载机和推土机将反滤料集中形成较大的物料堆，随后装入卡车，倾倒在填筑面上，铺成均匀的厚度，并用光面碾压实。其中的任何一个操作均可能使得颗粒产生破碎。这些破碎导致加工厂生产料与填筑坝料的级配发生了变化。一般要求反滤料在压实后细粒含量不能超过 5%。存储及填筑过程中坝料将破碎 1%～2%。规定施工过程中对储料堆的坝料进行检测是有益的，填筑过程中也需要检测铺设过程中产生的破碎量。无论是生产原材料的破碎和加工，还是从工厂到填筑过程的运行操作引起的破碎，破碎量均与原料的耐久性相关。相对于较粗的排水料，破碎对于较细的反滤料往往是个更重要的问题。

反滤料和排水料应由洁净、坚硬、耐久和密实的骨料组成，不含任何不良的涂覆或薄层，且必须进行室内试验以评估其适用性，及满足规定颗粒级配所需的加工量，详见 5.6 节。

至少，原材料需满足 ASTM C 33-02A 中对混凝土骨料的耐久性要求。除了上述质量要求，材料还应为非塑性的。需根据土壤手册第 2 部分 USBR 5360 通过 40 号筛的材料来判断其塑性。PI 为 0 的土被定义为非塑性土。此外，原材料应不含胶结物，比如但不限于碳酸盐矿物、石膏、硫化物和砂粒大小的火山灰（或火山碎屑物）。胶结作用表现为颗粒物质的黏结。胶结物可通过材料对盐酸的反应，或者 5.6.2 节中介绍的方法来测试。

对于小工程，采用试验方法判断材料的质量可能不太可行。这种情况下，工程师需考虑原材料的矿物学性质。相对于沉积岩石料，石英质石料拥有更好的质量。对于购买的商品料，需检验物料堆坡面的均一性。拥有不规则坡度或近乎垂直表面的物料堆可能预示着细颗粒含量高或材料内存在黏结物或胶结物。

当可获取的材料无法满足一般混凝土骨料的耐久性要求，或者料源的适用性因其他原因而不确定时，应该在设计或施工初期进行现场碾压试验，以确定反滤及排水料在加工、装载、运输、铺设及压实过程所产生的破碎。

一般而言，料坑的料相对于破碎料拥有更好的质量。当有条件时，应优先选用坑料。

5.3.6 级配均匀性及渗透性

任何土料的级配分布会影响其渗透性。也就是说，当 D_{10} 相同时，级配均匀土较宽级配土渗透性更强。这是因为均匀级配土中砂粒之间的孔隙被宽级配混合物中的砾石颗粒所填充，如图 5.3.6-1 所示。左图代表均匀级配土中两种尺寸的球体（如粗砂）；右图中，显示为红色的三个较大球体叠加在原图上，这些球体代表夹杂了砾石大小的颗粒，使得级配变宽。该图显示，较大颗粒替代了之前的渗流通道，如图中的蓝色所示。需注意的是该图未修正，实际上较大尺寸的颗粒与周围颗粒是紧密接触的。宽级配土中空隙被填充导致了较差的渗透性。

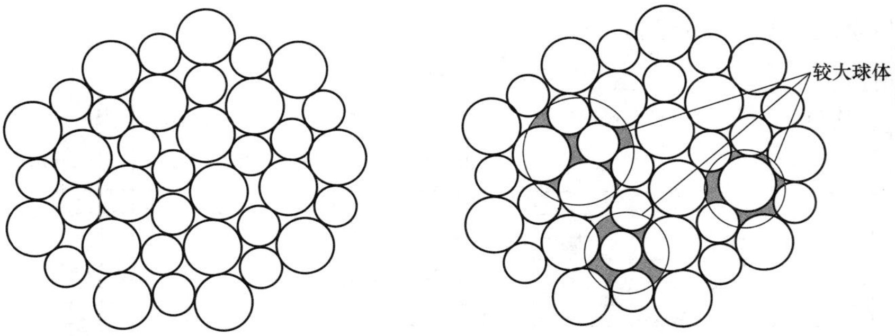

图 5.3.6-1　均匀级配土中砂粒之间的孔隙被宽级配混合物中砾石填充

5.3.7 内部不稳定性

针对本标准的目的，不均匀系数 $C_u \geqslant 4$ 和曲率系数 C_z 介于 1 和 3 之间的砾石土被定义为宽级配土。$C_u \geqslant 6$ 和 C_z 介于 1 和 3 之间的砂土定义为宽级配土。与统一土壤分类系统中的定义相同。如前所述，本标准中的术语“宽级配”和“级配良好”意思是相同的。

在自然界中存在一些级配间断和不稳定、宽级配的基土，通常被分为从黏土到砾石，如内部不稳定的冰渍物。在此类材料中，土中的细颗粒可移动至粗粒中。如果反滤料基于基土的全级配设计，该反滤料将会过粗，从而导致基土中的细颗粒也会移动至反滤层中。垦务局设计的 Steinaker 坝下游即发生了此种情况，该坝在 20 世纪 60 年代第一次蓄水后不久，就在坝体下游部位出现了落水洞。对于这种类型的土料，反滤料是用于保护基土中的细粒料而不是全级配料。如 5.4.2 节所提出的，如果反滤料的设计基于剔除 4 号筛孔以上级配的基土料，该问题即可避免。一些研究者已为判断基土内部是否稳定制定了标准，也为这种类型土确定了反滤准则。部分研究者所做工作被收录在美国大坝委员会出版物中：《填筑坝中颗粒状反滤料和排水料的应用》和《颗粒土内部稳定条件的相似性》。

内部不稳定性是土体内部空隙尺寸超过土壤级配中最小粒径的一个属性。也就是说，较小的土颗粒可以移动并再次分散到相邻空隙。这一特性取决于土壤的级配，加工料与天然土料一样均具备此特性。内部不稳定性的研究结果在几本技术出版物中有描述。研究只关注土壤的级配，但是密度、黏度和荷载（渗流或动态）也是决定土颗粒是否会重分布的重要考虑因素。

内部不稳定的土料通常会出现落水洞，如 Tarbela 坝和 Keechelus 大坝中所见。谢拉德推测，当存在不连续性或其他缺陷时，会引发土体内部的不稳定性。不连续性包括竖管钻孔、仪器埋设、低密度区和高水力梯度区。图 5.3.7-1 可用于协助鉴定内部不稳定土。谢拉德从被判断为内部不稳定的多种土壤中获得数据。如图 5.3.7-1 所示，他在这些级配周围绘制了一个包线。绘制在该包线范围内的土壤级配可能内部不稳定。另一种检查内部不稳定性的方法是将级配曲线的斜率与 $D_{point1}<4\times D_{point2}$ 线的斜率进行对比，如图 5.3.7-1 中标注为“4x”的斜线。线条的斜率是关键，绘制在哪个位置并不重要。级配曲线缓于该斜线的表明该土壤内部可能是不稳定的，而级配曲线陡于该斜线的则表明土壤内部可能是稳定的。该方法也可用于评价间断级配的土壤。请注意，4x 线的斜率与谢拉德条带的斜率大致相等。

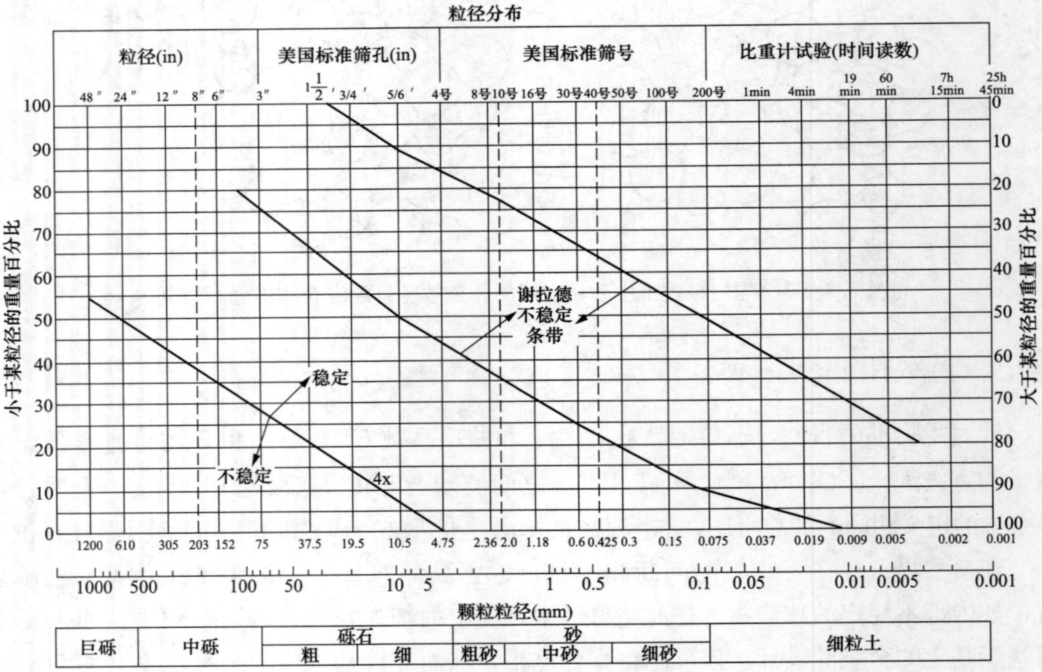

图 5.3.7-1　内部不稳定级配图

5.3.8　分散性土

如果基土的粉粒含量超过 15%，则应通过足够的试验来检测粉质黏土是否具有分散性。采用 ASTM 的碎块试验（D6572）和双比重计试验（D4221）通常足以明确。但是在某些情况下，也需要进行 ASTM 的针孔试验（D4647）以及化学试验。分散性黏土的取样和试验指南可见 R-91-09《分散性黏土的特征与问题》。

顾名思义，分散性黏土的矿物在遇水后有分散的趋势，与其他类型黏土的絮凝现象相反。这种解体趋势会使单个颗粒比标准级配测试中量得的要小❶。因为颗粒变小，就不能完全应用基于粒径 D_{15} 的保护准则。基于这个原因，分散性土使用一套不同于非分散性黏土的保护准则（详见 5.4.4-1 节）。

5.4 级配设计

本节将介绍合理选择反滤料或排水料级配范围的程序。此程序适用于填筑坝的分区，坝基中的渗流收集区，如坝趾排水或其他需防止渗流和颗粒迁移的地方。此方法在单级反滤层或多级反滤层中都可使用。对于多级布置，每个区域边界（或交界面）按照从细到粗的顺序重复运用此程序。

此程序选择的反滤层级配应权衡渗透性对细粒部分的要求和颗粒保护对粗粒部分的要求。选择反滤级配范围时可相对灵活，这取决于材料的主要用途，详见本节末的说明。

5.4.1 基土级配选择（步骤 1）

5.4.1.1 简介

根据本标准的定义，基土是被反滤层保护的土壤。对于保护性反滤层，水流从基土流向反滤层。基土可以是天然沉积土，也可以是施工中的填筑土。对于坝趾排水和水平反滤层，基土通常是天然沉积土，反滤层紧靠天然或开挖面设置。对于新建坝，烟囱式反滤层紧靠心墙布置，加固已建坝时，烟囱式反滤层紧靠已有坝体布置。

土壤基土的变异性使得基土选择复杂化，土壤的变异性在级配测试中有所呈现。坝体填筑土的变异性较小，因为土料从料场开挖到上坝填筑中得到了混合。坝基材料变异性较大，所以在选取基土级配时的困难更大。坝基土的级配选择也存在困难，只有很好地了解地质条件，才能正确选择基土的级配。如果未充分了解地基岩性，可能造成土壤级配分组错误，进而导致设计出来的反滤料对于某一地质单元来说过粗或过细。未风化地段可能是最难以量化的地质条件。这种类型的土通常面积有限，且无法保证绘制成特定土层，所以在选择级配时，可能要考虑更多的土壤类型。

此外，还应该考虑取样和分类的误差及所谓的异常值。即使认为取样层是均匀的，在大量的土样中，总会有一、两份与其他有差异。这种差异可能源于材料本身的多样性或者土样采集或试验的误差。当土样偏细时，如果将其用做基土的代表性级配，会导致设计的过滤层过细。

过去几十年的若干实例已证明，反滤层作为透水基础屏障的重要性，当存在如表 5.4.3-1 所示（见后文第 5.4.3 节）的多种土壤时，这个问题尤其普遍。根据 5.4.1.6 节选择基土级配，该问题可得到一定程度的解决。

---

❶ 在液体比重计测试中使用的普通分散剂（六偏磷酸钠六偏磷酸盐）以同样的方式在现场使用的话，不会分散黏土的絮凝。

如上所述，由于基础土料的变异性大于填土料的变异性，两者的基土级配选择步骤也各不相同。正如预期，变异性越大的土，需要评估的特性就越多（见图 5.4.1.7-2），变异性小的土则相对简单（见图 5.4.1.7-1）。

5.4.1.2　基土的变异性

了解基土的变异性有助于设计合适的反滤层。基土通常都存在变异性，而天然沉积土的易变性大于填筑料的。由于从开挖到填筑操作过程中发生混合，填筑料的均匀度更高，如图 5.4.1.2-1 和图 5.4.1.2-2 所示。图 5.4.1.2-1 是一座已建坝心墙料的 7 个级配曲线，图 5.4.1.2-2 是该坝基础料 19 个试样的级配曲线。级配属于 5.4.3 节所述的土壤类别。对于心墙料，所有的试样都被归为 2 类（含有 40%～85%的细粒），所有的基础料试样被归为 2、3、4 类。由于反滤层设计是以针对一种类别的土为基础，因此必须选择某一种类别的土。

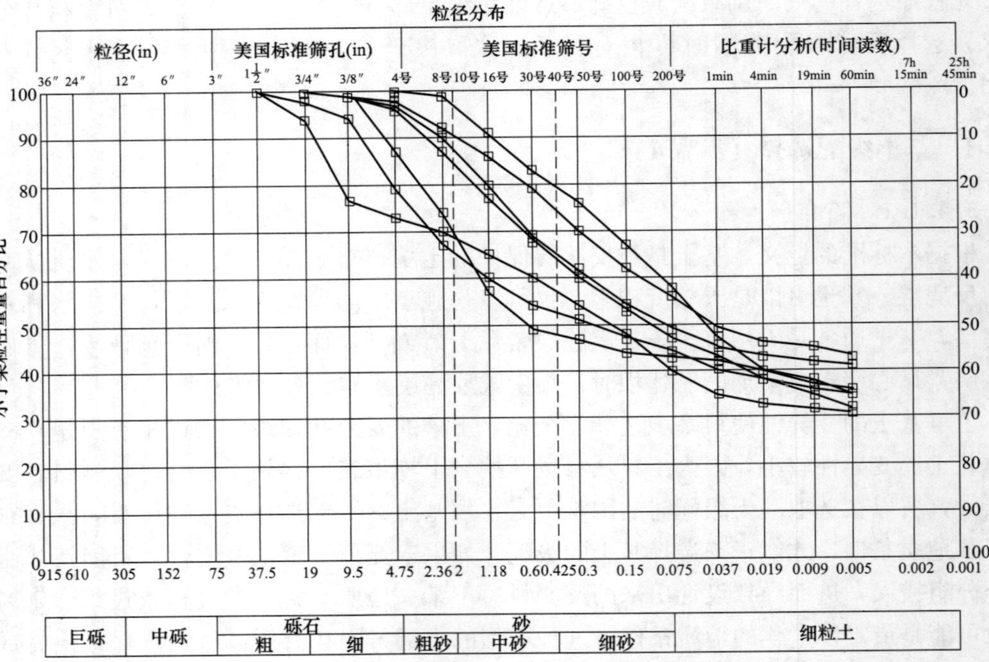

图 5.4.1.2-1　心墙土料试样级配图

前段着重于已建坝的心墙料，但对新建坝的考虑略有不同。图 5.4.1.2-3 示出用防渗心墙土料场土样获得的级配。因为料场区均匀，采用平均级配设计反滤料是合理的。虽然用单一级配来代表材料简化了反滤的设计程序，但也可能导致后文提及的问题。同理，采用较细级配可能是保守的，也会导致麻烦。只有料源显示均匀，且对料场土样进行了充分的勘察，证实了假设时，才能使用平均级配来代表基土。采用较细级配的设计详见 5.4.1.7 节。

5.4.1.3　地质条件

如 5.4.3 节所述，依据细粒含量对基土进行分类，后面的计算工作就取决于这些分类，错误的分类会导致反滤设计不合理。土壤分类不正确主要源于以下因素：

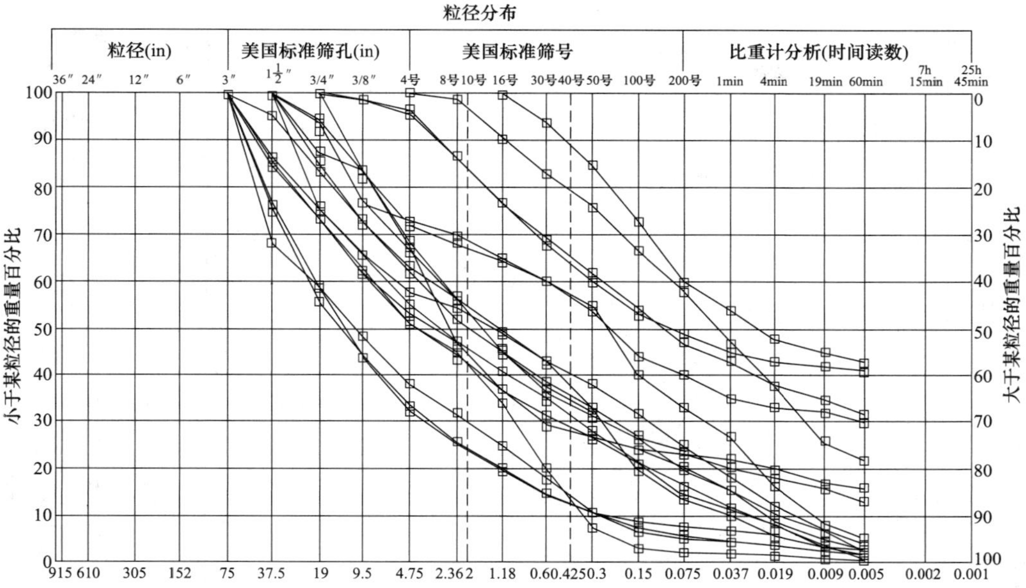

图 5.4.1.2-2　基础土试样级配

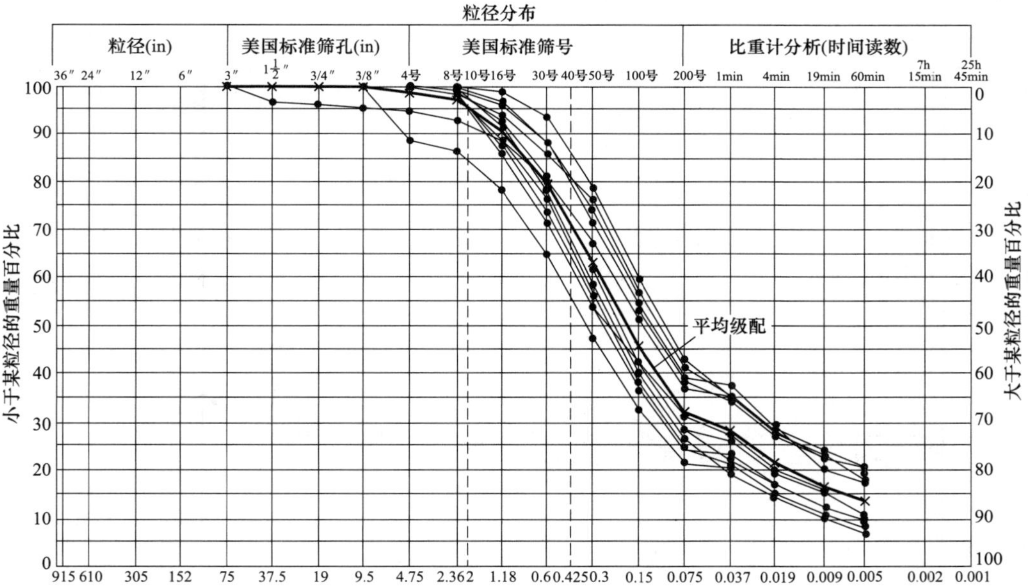

图 5.4.1.2-3　料场均匀心墙料试样级配

（1）地质解读不正确；

（2）取样不正确；

（3）将两种或多种不同的土壤归入同一个地质单元；

（4）级配分析中的异常值未剔除。

对于天然沉积土，当基础单元的范围较小时，很难对其分类。基础单元的地质分类通常取决于导致沉积的地质过程。例如，基础地层可分为由快速流水形成的冲积土和由风形成的风积土。需要注意的是，虽然这个分类并不是依据土的物理特性进行的，但是，物理特性会随着沉积过程的改变而发生变化。在这种情况下，充分了解地层可以为每一个单元设计不同的反滤层。在某些情况下，基础可能包括了一个地质过程的几个子单元，如几个冲积单元（冲积层 1、冲积层 2 和冲积层 3），如图 5.4.1.3-1 所示。

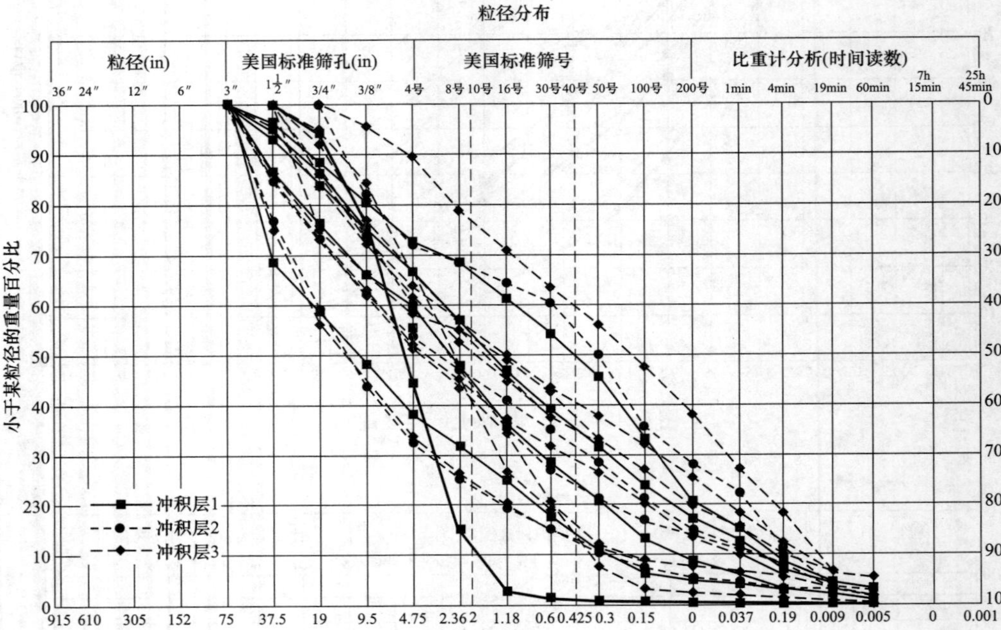

图 5.4.1.3-1　三种冲积层的级配图

级配试验显示，根据粒径分布，三个子单元没有差别，均不能单独划分在某个区域内。因此，为实现反滤层设计，上述三个地质单元可划分在同一材料范围内，即冲积层，如图 5.4.1.3-2 所示。

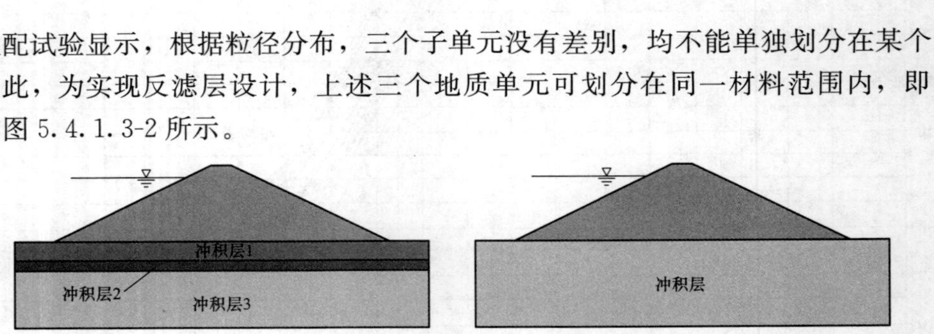

图 5.4.1.3-2　三种冲积层由于材料相同而被简化为一个地质单元

与上述情况相反，地质也会将粒径分布不同的两种土归为同一类。图 5.4.1.3-3 给出了某一冲积扇的地质剖面图，图中冲积扇被划为一个地质单元。图 5.4.1.3-4 中给出了某一冲积扇沉积土 19 个土样级配，根据级配，土样可分为两组，基土 1 和基土 2。基土 1 为 2 类土，基土 2 为 3 类和 4 类土。

结合钻孔记录，注意到基土 1 的 6 组土样均位于冲积扇上部，而基土 2 中的 13 组土样则位于冲积扇下部。因此，为方便反滤层的设计，应将该冲积扇划分为两个单元，即 Q_af_1 与 Q_af_2。若未将两种基土分开，根据规程针对基土 1 设计的反滤层可能会成为基土

2 的阻水层。第 5.4.1.6 节对阻水问题有详细描述。同时也需要注意，如果土样在冲积扇中是随机分布的，便无法进行分类。

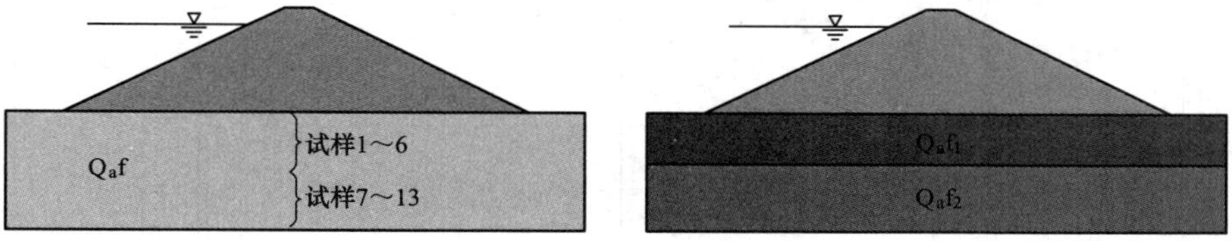

图 5.4.1.3-3　同一冲积扇沉积层由于材料级配不同而被分为两个不同的单元

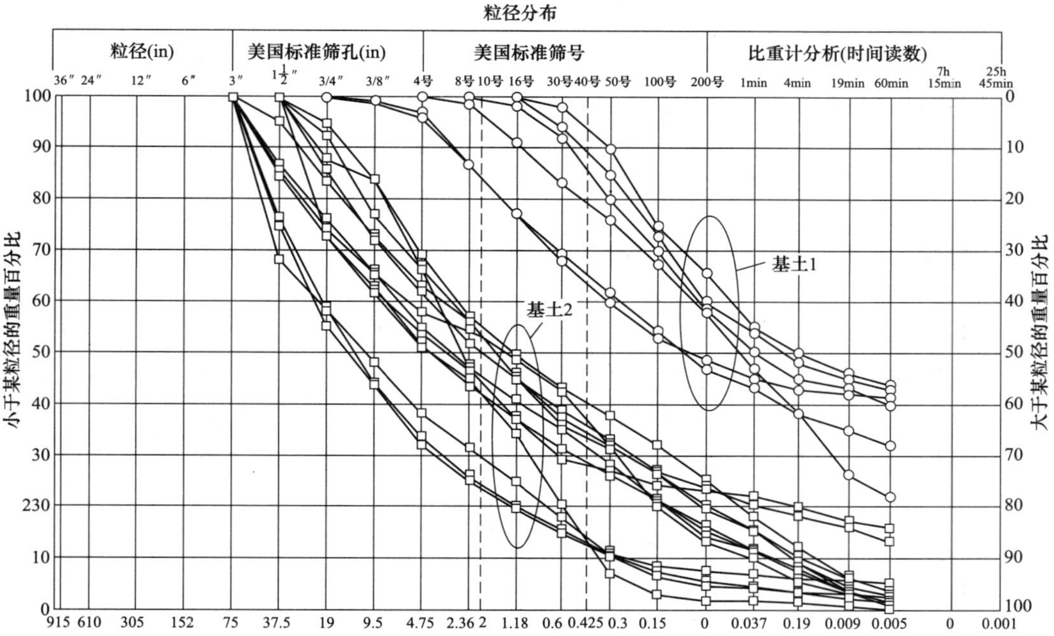

图 5.4.1.3-4　冲积扇土的级配表明有两种不同的单元

5.4.1.4　未分化地层结构

在反滤分析过程中，很难对未分化的地质结构进行分类。图 5.4.1.4-1 显示了由淤泥、砂、砾石及其混合物组成的复杂地层。由于河系可提供各种的沉积能量，所以冲积过程会形成上述类型的沉积物。大部分河谷侵蚀和沉积过程都发生在洪水期间。在河谷底部附近或峡谷最深处，是能量最大的部位，大的物质会被移走。而在远离河谷底部的地方，能量较弱，只有较小的物质被移走，甚至由于能量太小，较小的物质反而沉积了下来。尽管如此，我们并不能假定说当前河谷底部的位置就是最粗沉积物所在的位置。由于河流的中央河道在山谷内来回流动（曲流），任何位置都可以找到较粗颗粒。一般情况下，勘探程中会发现被掩埋的古河道或废弃的水道。不幸的是，当勘探工作不充分时，有时施工过程中才发现这些。河流在山谷中蜿蜒、曲折地流过，使得侵蚀和沉积过程更加复杂。“S”形河流的范围与能量有关。随着时间的推移，蜿蜒的河道不断地被冲刷。以上就是形成图 5.4.1.4-2 中复杂沉积层的过程。

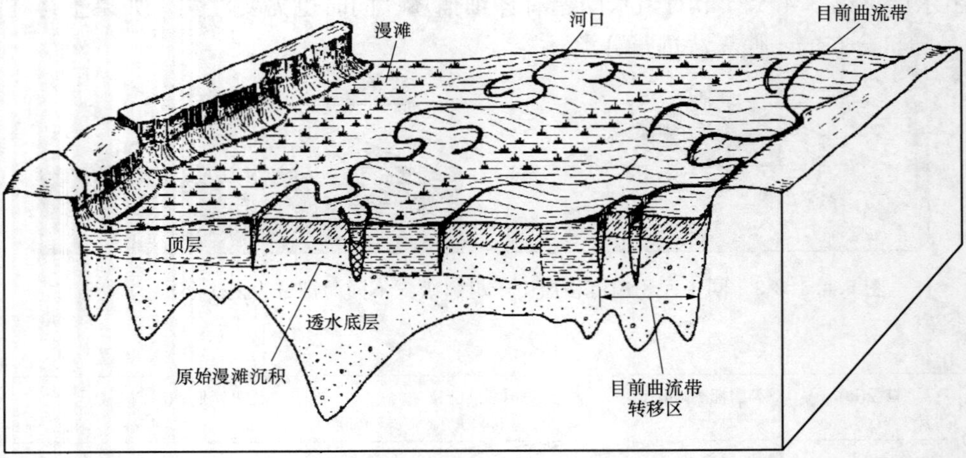

示出河流随时间变道时，各类材料如何在穿越河谷时形成沉积。

图 5.4.1.4-1 密西西比州维克斯堡附近密西西比河的走势

前例描述了冲积层中不同沉积物形成的原理，在冰川冲积扇作用中也会形成类似的沉积物。

应注意的是未分化沉积的范围和连续性是很难确定的。通过绘制一幅简单的上游到下游的剖面可以看出，由于受到其他材料的截断，单元内某一物质是不连续的。如图 5.4.1.4-2 所示，在已确定砾石沉积物的情况下，可看出剖面被淤泥和砂截断。由于砾石层可能天然就是弯曲分布的，则假设其如剖面所示被截断是不准确的。

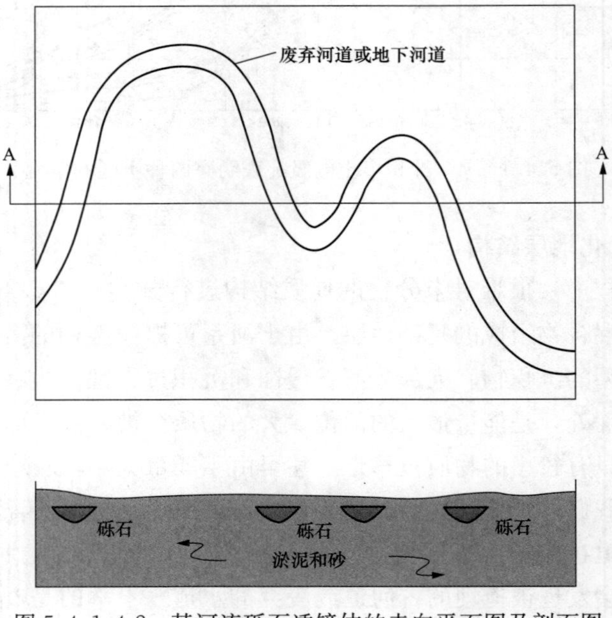

图 5.4.1.4-2 某河流砾石透镜体的走向平面图及剖面图

5.4.1.5 异常值及取样误差

级配试验数据可能包括了不能代表现场条件的统计结果，如图 5.4.1.5-1 的级配曲线所示。图中，一组土样的级配比其他 7 组土样的级配细很多，而其他 7 组土样的级配均在一个范围。导致这组土样与其他 7 组土样不同的因素有很多：

（1）不正确的取样方法（如由于无法装袋或者太重，技术人员未选取试坑中的大粒径料）。正确的采样步骤见第 5.6.2.1 节。

（2）级配试验操作不正确。

（3）编目不正确（如土样事实上来自于另外的位置）。

（4）土样取自地表附近（表层土），而该层土在施工过程中将被移除（剥离）。

（5）存在特别薄的土层。

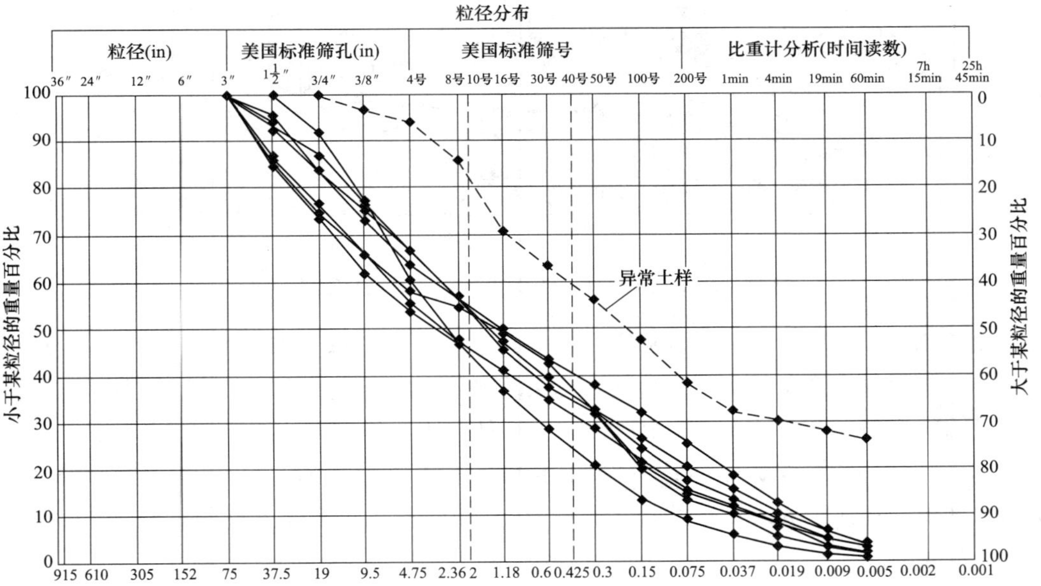

图 5.4.1.5-1 级配试验中的异常土样

设计者应该研究这些因素以确保试验数据的有效性。如果发现错误，应该立即纠正，从而确保数据的准确性。很难制定规则来排除异常值，但一般可根据图 5.4.1.5-1 所示的方法来直观地进行判断。剔除的异常值不应大于样本总数的 15%。若认为大于 15%的土样均为异常值，则应重新复核前文所述的地质条件。

另一个土壤分类时会产生的误差与取样误差有关，最常见的是取样器较小。常用的对开式取样器内口约 1～7/8in，无法取到较粗的卵砾石土样。这些粒径的缺失会导致不正确的基土分类和反滤设计，即使重新进行分类。使用较大尺寸的取样器也会导致类似的误差。设计者应该根据预测的勘探条件，随时检查使用的取样器大小是否合适。如 5.7 节所述，进行基土评价时，应优先选择试坑进行勘探。收集试坑中的土样可以得到最准确的基土数据以及地层信息，而这些信息可能无法从钻孔数据中得到。

注意不应使用距反滤层位置较远的土样数据。例如，在进行现场勘探工作时，取样间距为 10ft。某些钻孔中，位于表层部位的首个土样是无法获取的；将顺利地从 10ft、20ft 和 30ft 深处获取的土样进行试验，用于代表地基土（基土）。如果利用这些资料，计划修建一个 6ft 深的坝趾排水，应该认识到，勘探工作未涉及上部 10ft 范围内的基础，而这一层的物质可能与所看到的物质大不相同，因此，基土信息可能具有误导性，会导致坝趾排水的反滤设计有误。

5.4.1.6　反滤层阻水效应

采用反滤设计程序得到的反滤层透水性可能小于基础部分。图 5.4.1.6-1 即展示了这样的阻水效应。该图表示的是未分化沉积层的透镜地基。尽管不存在明显的砾石层，但透水性较强的透镜体中仍然会出现集中渗流。如图 5.4.1.6-1 所示，排水沟底部的砂滤层充当了阻水层的作用，导致进入管道的流量少于预期，同时还会形成较高的压力。

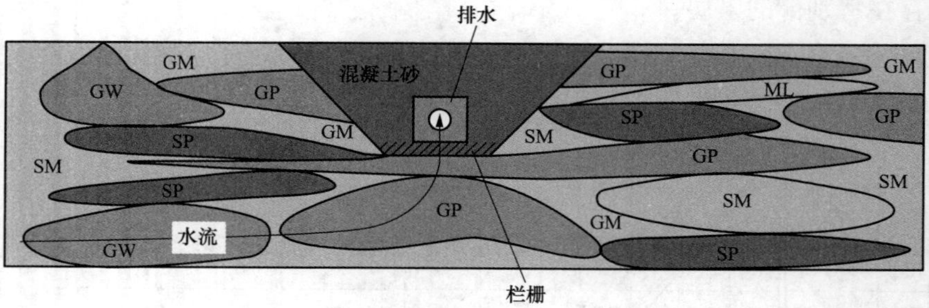

图 5.4.1.6-1　坝趾排水的反滤层成为透水基础的阻水层

图 5.4.1.6-2 是认识这个问题的第二个方法。该图汇总了基土级配及拟用的反滤层级配。基土通过重新调整的级配包线表示。重新调整主要是按照反滤设计程序，剔除大于 4 号筛的土料。图 5.4.1.6-2 中还绘制了一种常用反滤层料，即混凝土砂的平均级配。图 5.4.1.6-2 中阴影部分表示的是比反滤料粗的基土级配范围。由于该反滤料级配比基土料级配更细，使其成为这些土料（粒径为 D_{15} 的约 25％的基土）的阻水层。

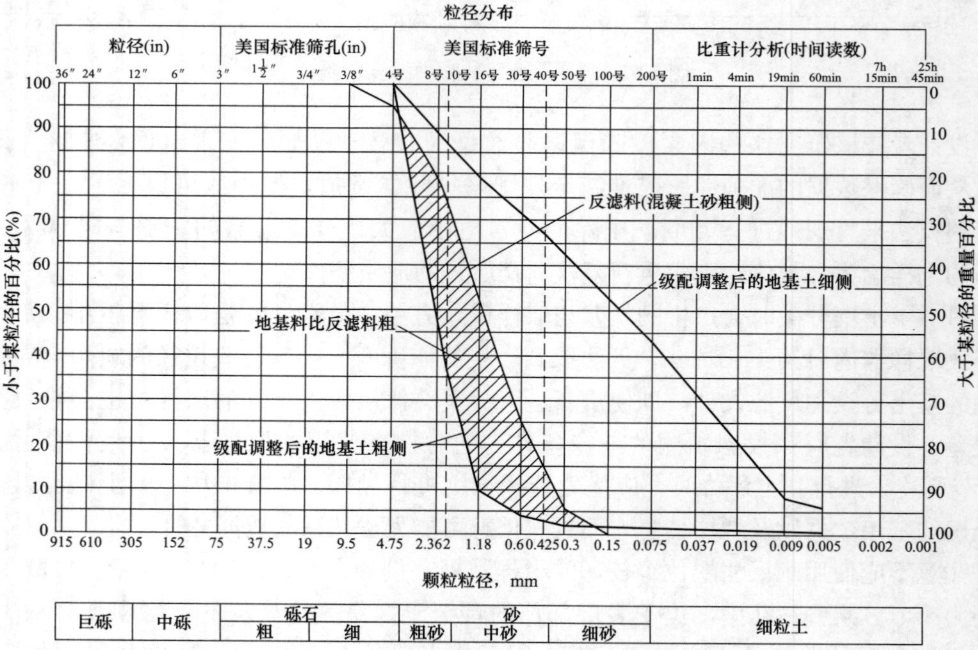

图 5.4.1.6-2　运用级配分布说明反滤层的阻水概念

最后一例，图 5.4.1.6-3 说明了反滤层阻水对理想沉积土的影响。该图的上部示意了一个由三层土组成的模型，每层土厚 1ft。模型的左侧施加一个水头，右侧为排水。这一结构使水在通过模型时有 10ft 的水头差。模型长 100ft，即水流长度。运用达西方程式，通过模型的总流量按图中所示的方法计算。该结构的总流量是 $5\times10^{-1}ft^3/min$。

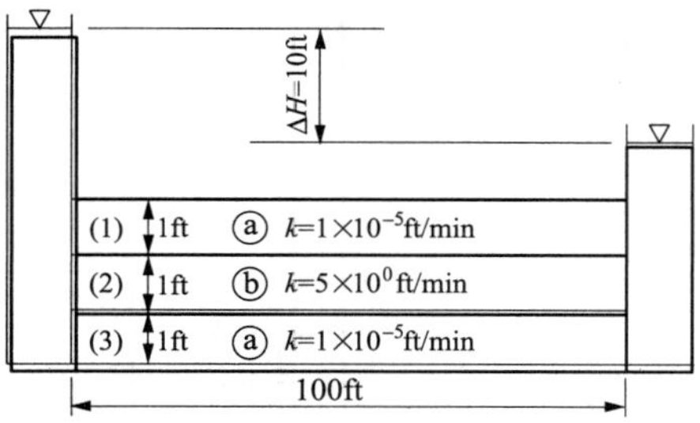

$$Q_T=\Sigma k_i \cdot i_i \cdot A_i$$

$$Q_1=(1\times10^{-5})(10/100)\ (1)=1\times10^{-6}ft^3/min$$

$$Q_2=(5\times10^{0})(10/100)\ (1)=5\times10^{-1}ft^3/min$$

$$Q_3=Q_1=1\times10^{-6}ft^3/min$$

$$Q_T=Q_1+Q_2+Q_3=5\times10^{-1}ft^3/min$$

(a) $Q_T=5\times10^{-1}ft^3/min$

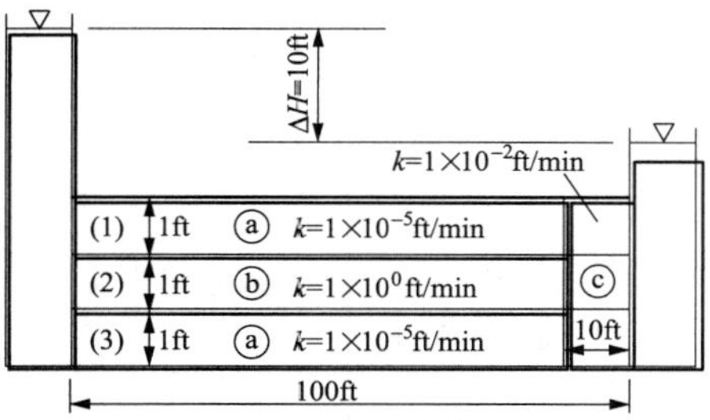

$$k_{eq}=\frac{\Sigma L_i}{\Sigma \frac{L_i}{k_i}}$$

$$(k_{eq})_1=\frac{100}{\frac{90}{1\times10^{-5}}+\frac{10}{1\times10^{-2}}}=1.11\times10^{-5}$$

$$(k_{eq})_2=\frac{100}{\frac{90}{5\times10^{0}}+\frac{10}{1\times10^{-2}}}=9.82\times10^{-2}$$

$$(k_{eq})_3=(k_{eq})_1=1.11\times10^{-5}$$

$$Q_T=\Sigma (k_{eq})_i \cdot i_i \cdot A_i$$

$$Q_1=(1.11\times10^{-5})(10/100)\ (1)=1.11\times10^{-6}ft^3/min$$

$$Q_2=(9.82\times10^{-2})(10/100)\ (1)=9.82\times10^{-3}ft^3/min$$

$$Q_3=Q_1=1.11\times10^{-6}ft^3/min$$

$$Q_T=Q_1+Q_2+Q_3=9.82\times10^{-3}ft^3/min$$

(b) $Q_T=9.82\times10^{-3}ft^3/min$

图 5.4.1.6-3　运用水流模型实验说明反滤层的阻水概念

运用同样的结构，如图所示在模型右侧下半部添加一个反滤阻水区，此时的总流量是 $9.8\times10^{-3}ft^3/min$，是之前流量的 1/50。

需要注意的是，当认为反滤层可能会阻碍透水基础层的水流时，可以采用第二级反滤提高排水效果。

5.4.1.7　代表性基土级配选择流程

因为反滤层设计方法是基于单一级配的，需要一个程序将多个基土级配转换为单一级配。如果将基土分为两类或更多的类别，这个过程就更加复杂。由于在实际工程中可能会遇到基土级配变化的情况，需要进行工程评价，还需考虑设计要素的具体应用及失效模式的处理。本节所述示例将会给出解决前四节所提问题的方法。考虑到填土料和原位土的差异，需要分别使用两种流程。图 5.4.1.7-1 为填土料的选择步骤，图 5.4.1.7-2 为原位（坝基）土的选择步骤。

如图 5.4.1.7-1❶ 所示，基土分类的第一步就是判断大坝是新建还是已建。对于新建坝，如果基土仅分为一类，一般可以使用基土土样的平均级配；如果基土不止一类，

❶ 这个流程图中的反滤层设计受颗粒保护准则控制。

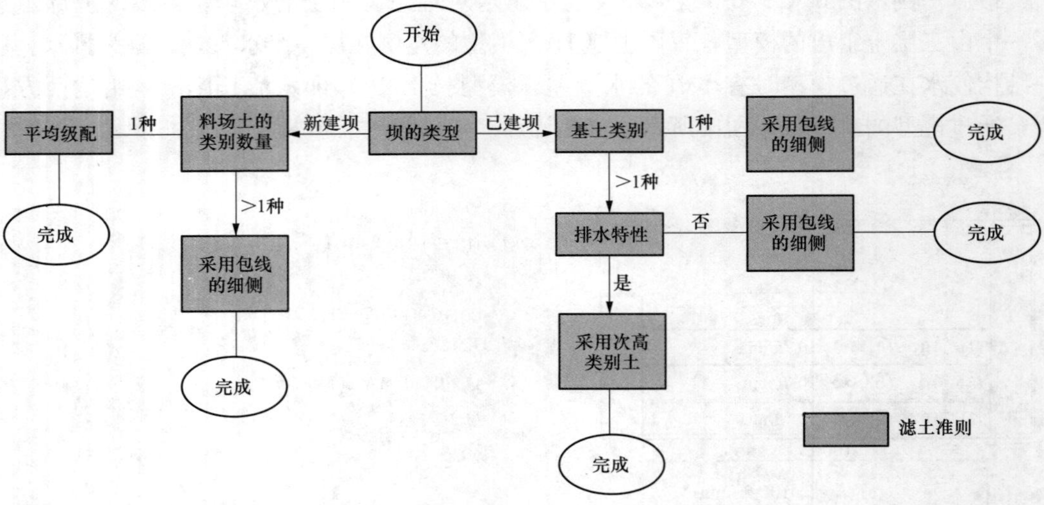

图 5.4.1.7-1　填筑基土的选择流程

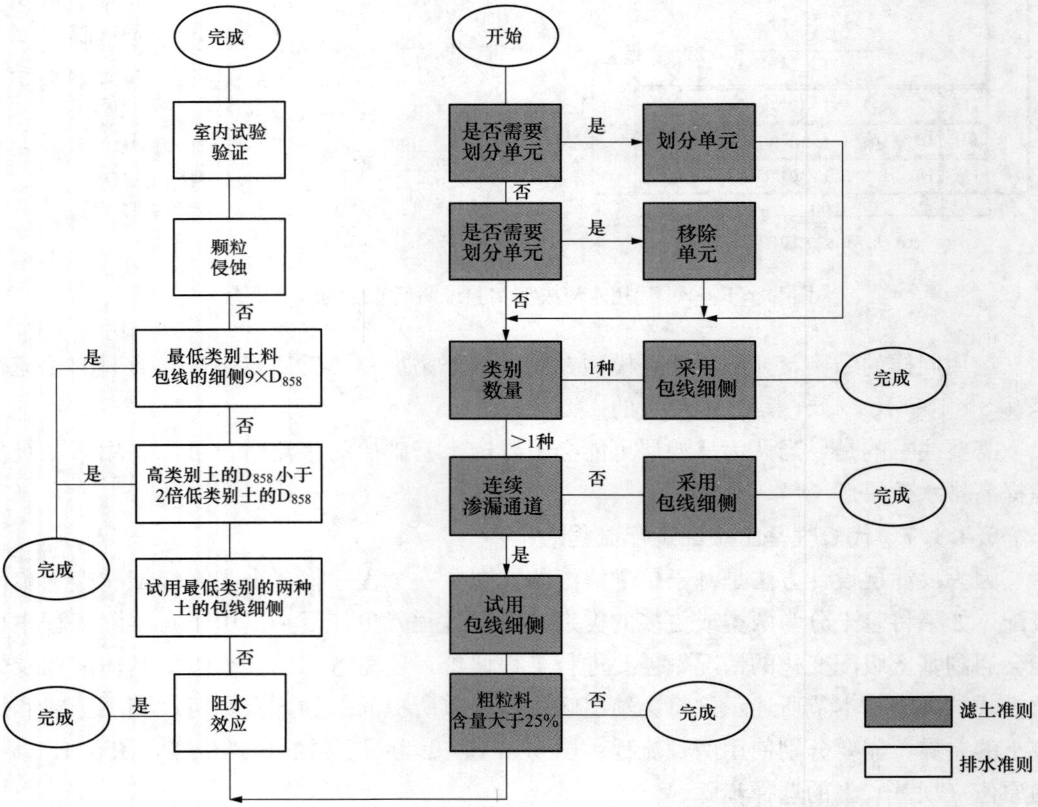

图 5.4.1.7-2　原位基土的选择流程

无论是新建坝还是已建坝，都应该使用包线范围中较细的级配。

如果填土料不止一类，且不需要排水功能（坝趾排水、减压井等）时，也可以使用包线范围中较细的级配。如果填土料不止一类，且反滤层需要有排水功能，那么就使用最高类别土的较细级配。

由于天然沉积土的异变性总是大于填土料，所以原位土的基土选择更为复杂。此选择流程在已建坝和新建坝之间没有区别，因为与此无关。在评价复杂地基土的反滤层时，设计者必须仔细考虑潜在的渗流通道和需减缓的内部侵蚀机理的类型。对于这种类型的评价，图 5.4.1.7-2 提出了一个可行的办法。图 5.4.1.7-2[1] 所示第一步，是根据级配分布情况检查原位土的分类是否正确，详见 5.4.1.2 节。然后确定基土可以分为几类，如果只分为一类，则选择该类土的细侧级配。若可分为多类，要判断是否存在连续的渗流通道，详见 5.4.1.2 节。若渗流通道不连续，则选用最低级别土偏细一侧的级配。如果有连续渗流通道，则先使用最低级别土偏细一侧的级配进行试算。检查试算出来的反滤料级配偏细一侧的粒径是否小于 25％的基土级配。如果不超过 25％，则该试算可行。若超过 25％，则应对整个项目设计进行评估。在此情形下应考虑采用减少渗流量的设计措施，如防渗墙、上游铺盖和灌浆。

若现场条件很差（通常出现在已建坝中），或者费用不容许，无法采用这些处理措施，设计应重视透水性要求而非颗粒保护要求。根据两个级别最低土料偏细一侧的级配进行反滤料试算，比较试算成果，可以实现该想法。若类别相对较高的 $D_{85}B$ 比类别相对较低的 $D_{85}B$ 的两倍还小，可依据类别相对较高的基土进行设计。需要注意的是，此设计会使所有颗粒保护准则中隐含的安全系数被消除。

若类别相对较高的 $D_{85}B$ 比类别相对较低的 $D_{85}B$ 的两倍还大，那么就需要重新试算。在新的试算过程中，用类别相对较低土的偏细级配上的 $D_{85}B$ 乘以 9 可以得到反滤料的 $D_{15}F$：

$$D_{15}F = 9 \times D_{85}B$$

将容许反滤层发生局部侵蚀，但不会发生贯通的侵蚀。应采用室内反滤试验对设计进行验证，反滤试验应选用最低级别的土料和拟用的反滤层料。

5.4.2 基土的级配调整（步骤 2 和步骤 3）

在适用的情况下，基土级配的调整是初始阶段必须采取的关键步骤[2]，以获得一个设计恰当的反滤层。级配调整的概念是由谢拉德提出的，用于校正宽级配土。5.3.8 节所述的土料可能内部不稳定，而级配调整可以纠正这种现象。基土级配中若含有砾石（大于 4 号筛）会导致其 $D_{85}B$ 较大，进而计算得到的反滤料 $D_{15}F$ 也较大。由于砾石在宽级配或间断级配土中无任何颗粒保护能力，据此设计的反滤料会太粗，而无法为基土中较细部分的颗粒提供保护（即反滤料不满足基土的颗粒保护准则）。

图 5.4.2-1 和图 5.4.2-2 中示意了这样的问题。图 5.4.2-1 示出基土级配没有进行调整的情况。原始级配表明，粒径大于 3/8in 的部分是内部不稳定的。就是说，该级配曲线缓于稳定线（见 5.3.8 节中图 5.3.8-1 中的稳定线）。基于这种材料设计的反滤料主要

[1] 流程图中的反滤设计有些情况下受颗粒滞留准则控制，有时受渗透性控制。

[2] 例外情况在图 5.4.2-3 中说明，这些例外基本与砾石的均匀性有关，适用于第二粗颗粒区，如排水包络线。

由粗砾石组成，如图 5.4.2-1 所示。这个设计将导致基土中的粉土和细砂流入粗砾石反滤料的孔隙中，进而产生侵蚀。

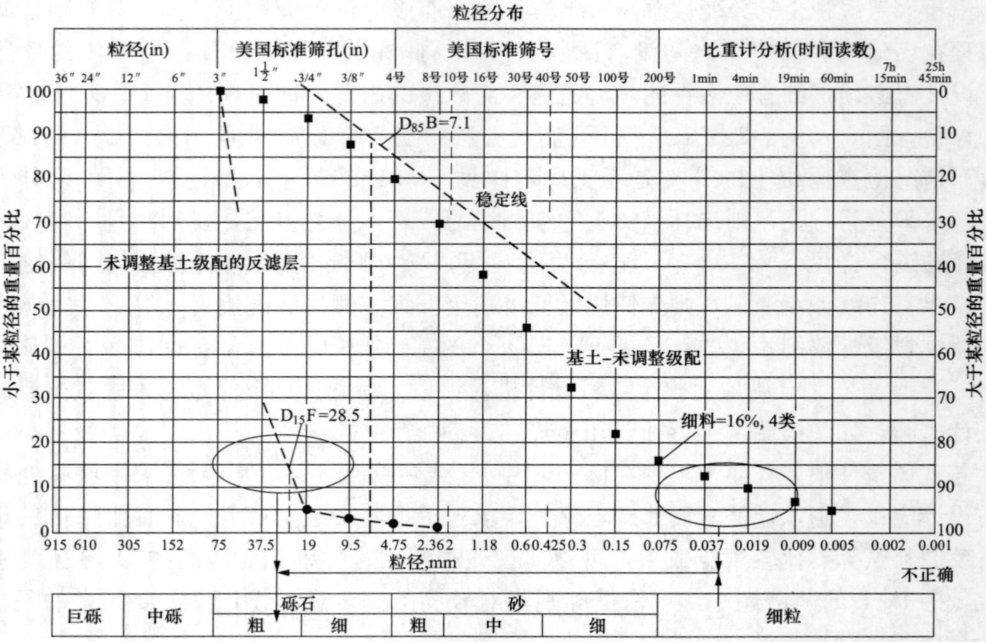

图 5.4.2-1　基土级配未进行调整的错误反滤设计示例

图 5.4.2-2 示意了同一种基土料，采用 4 号筛进行级配调整的情况。可以看出级配

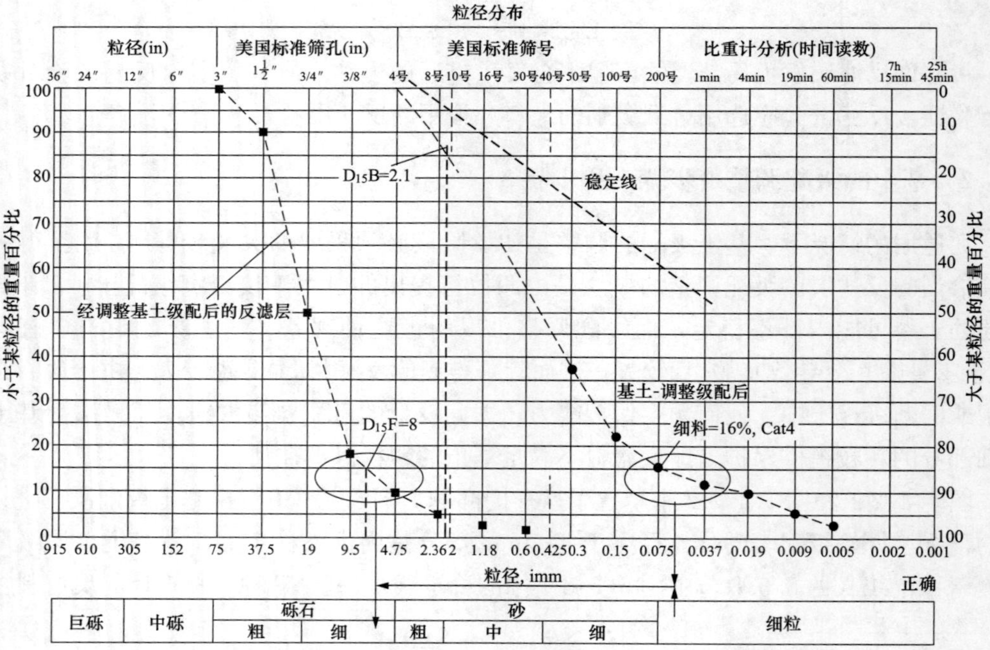

图 5.4.2-2　与图 5.4.2-1 基土相同的正确反滤设计示例

调整后内部是稳定的（较粗部分的级配比稳定线陡）。基于调整后的基土所设计的反滤料是含有 10％砂的细砾料。这样的设计就不会使基土中的粉土和细砂流失到细砾料反滤层中。

由于级配调整剔除了通过 4 号筛的粒径部分，其并不适用于所有的土料，特别是大于 4 号筛的均匀砾石。图 5.4.2-3 用来判断哪些基础土需要级配调整，并给出了调整步骤。如图 5.4.2-3 所示，如果土料不含任何的砾石（粒径大于 4 号筛的颗粒），就不需要级配调整（步骤 2a）。如果土料即使含有砾石，但其满足了列于图中的所有三个属性（步骤 2b），仍然不需要进行级配调整。如果只满足一、两个属性，则需根据步骤 3 对基土进行级配调整。

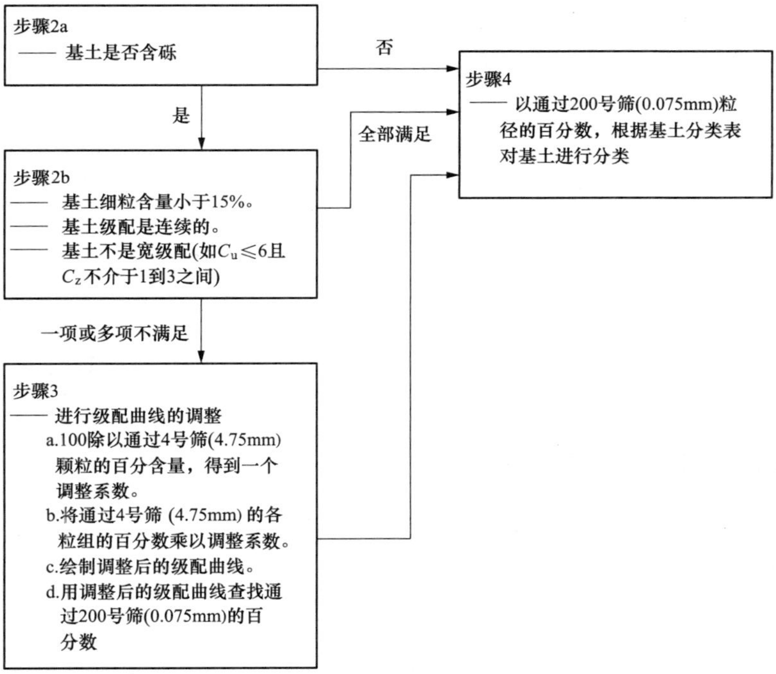

图 5.4.2-3　基土级配调整的逻辑流程图

图 5.4.2-4 列出了步骤 3 中的一个计算示例。

5.4.3　基土分类（步骤 4）

当水流通过土料时，不同的土料抗侵蚀能力不同。由于黏粒之间存在化学键，非分散性塑性黏土比非塑性粉土的抗侵蚀能力强。砾石比细砂的抗侵蚀能力更强，因为他们的单个颗粒质量和移动颗粒所需的牵引力更大。为此，根据细粒（粒径小于 200 号筛的颗粒）含量对土壤进行分类。本步骤的下一步即根据表 5.4.3-1 将基土级划分为四类中的一类。

筛目	原始过筛率	级配调整	最终过筛率
3″	100.0		
1 1/2″	85.7		
3/4″	74.6		
3/8″	65.9		
#4	57.9	(57.9/57.9)×100	100.0
#8	54.6	(54.6/57.9)×100	94.3
#16	49.0	(49.0/57.9)×100	84.6
#30	42.6	典型值 → (42.6/57.9)×100	73.6
#50	32.2	(32.2/57.9)×100	55.6
#100	19.8	(19.8/57.9)×100	34.2
#200	13.0	(13.0/57.9)×100	22.5
1min	9.9	(9.9/57.9)×100	17.1
4min	5.4	(5.4/57.9)×100	9.3
19min	2.9	(2.9/57.9)×100	5.0
60min	1.6	(1.6/57.9)×100	2.8

图 5.4.2-4　级配调整计算示例

表 5.4.3-1　　基　土　分　类

基土分类	细于 200 号筛（0.075mm）的百分比（适用于调整级配后的土料）	基 土 描 述
1	＞85	细淤泥和黏土
2	40～85	粉土、黏土、粉土质砂和黏土质砂
3	15～39	粉土质和黏土质砂，砾石
4	＜15	砂和砂砾

5.4.4　颗粒保护要求（步骤 5）

为了满足颗粒保护的要求，按表 5.4.4-1 确定反滤层的容许最大 $D_{15}F$。根据基土的 $D_{85}B$ 或级配调整后的 $D_{85}B$ 进行选择。将该值绘制成 A 点（如图 5.4.4-1 所示）。注意本步骤对分散性土有专门的规定。

表 5.4.4-1　　反　滤　准　则

基土类别	反滤层容许最大 $D_{15}F$ 值
1	非分散性土：$D_{15}F \leqslant 9 \times D_{85}B$，但不小于 0.2mm； 分散性土：$D_{15}F \leqslant 6.5 \times D_{85}B$，但不小于 0.2mm
2	非分散性土：$D_{15}F \leqslant 0.7mm$； 分散性土：$D_{15}F < 0.5mm$
3	A. 对于非分散性土， $D_{15}F \leqslant \left[\frac{40-A}{25}\right][(4 \times D_{85}B) - 0.7mm] + 0.7mm$ 式中：A 为通过 200 号筛的百分数。 当 $4 \times D_{85}B$ 小于 0.7mm 时，采用 0.7mm。 B. 对于分散性土，采用 0.5mm
4	$D_{15}F \leqslant 4 \times D_{85}B$（级配调整后）

5.4.5 渗透性要求（步骤 6）

为满足渗透性要求，确定容许的最小 $D_{15}F$：

$D_{15}F \geqslant 5 \times D_{15}B$，但是不小于 0.1mm。

将该值绘成 B 点（如图 5.4.4-1 所示）。

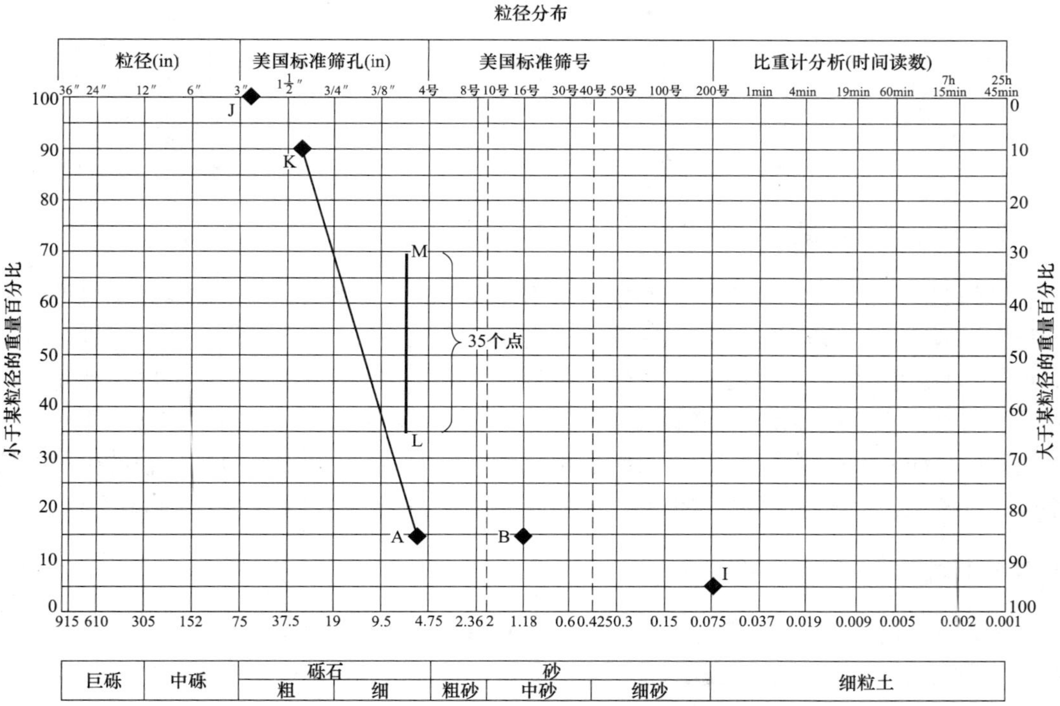

图 5.4.4-1 间断级配土料的级配范围示例

5.4.6 细粒料含量和超径料限值（步骤 7）

为了限制第一级反滤的细粒料和超径料的含量，根据表 5.4.6-1 确定最小 D_5F 和最大 $D_{100}F$。

表 5.4.6-1 最大和最小粒径准则

基土类别	最大 $D_{100}F$	最小 D_5F
所有类别	≤2in (51mm)	0.075mm (200 号筛)

在图 5.4.4-1 中，最小 D_5F 为 I 点，最大 $D_{100}F$ 为 J 点。

为限制分离的可能性，由表 5.4.6-2 确定 $D_{90}F$ 值。

最大 $D_{90}F$ 在图 5.4.4-1 中表示为 K 点。

注意，表 5.4.6-1 给出的最大粒径（≤2in）针对的是第一级反滤，或砂反滤层。较粗的第二级反滤，例如排水反滤层，则可能包含直径大于 2in 的颗粒。此外，细粒含量的容许值（最小 D_5F）是通过原位测量得到的。由于填筑碾压过程会导致破碎，在物料堆中测量出的含量需更少（2%）。

表 5.4.6-2　防止分离准则

基土类别	$D_{10}F$（mm）	最大 $D_{90}F$（mm）
所有类别	＜0.5	20
	0.5～1.0	25
	1.0～2.0	30
	2.0～5.0	40
	5.0～10	50
	＞10	60

5.4.7　防止级配间断（步骤 8）

如果规定的级配范围太宽，有可能产生不连续级配的反滤层。为限制这种可能性，本步骤中引入了额外的限制，即将某一粒径的最低含量和最高含量差值限制在 35%以内。图 5.4.4-1 中线段 LM 的最大长度为 35%，直观地显示了该限制。线段 LM 可以在级配图中移动，但是 L 点不能移动到 AK 线段的左侧，也不能移动至 B 点的右侧。正如下个一步骤中说到的，线段 LM 可以移动至与反滤层预期用途相符的位置。对于侧重于颗粒保护的较细反滤料来说，该线段的位置在右侧。而侧重于渗透性的粗粒反滤料的位置则在左侧。

5.4.8　最终级配选择（步骤 9）

通过前面的步骤，已确定了反滤料的容许最小值与最大值（控制点）。如图 5.4.8-1 所示的 7 个控制点，分别为 A、B、I、J、K、L 和 M。根据其目的，这些容许值使得反滤层级配选择的最后一步更具灵活性。本节讲述在不同的应用中，如何在这些容许值范围内选择反滤层的级配包线。本例假定这些应用中的基土都是一样的，属于第 2 类基土。

本例中针对第 2 类基土的反滤料级配范围如图 5.4.8-1 所示。可以认为反滤料级配可能会落在这些范围内。容许级配范围内的反滤层符合渗透性（最小细粒径容许值）和颗粒保护（最大粒径容许值）准则。根据反滤层的目的，级配可以位于范围内的任意位置，均能满足准则。5.4.8.1～5.4.8.4 列举了几个例子。这些级配仅作为示例，没有经过前述的设计流程，不能直接应用于实际工程中。

通常，在范围内确定级配包线的方法分为以下三个步骤：

（1）由较小的粒径开始，因为这里是颗粒保护和渗透性限制的位置（点 A、点 B 及点 I）。如果颗粒保护更关键，级配位置应该更接近 B 点。如果渗透性要求更重要，级配包线则应更靠近 A 点。

（2）根据对级配均匀性的要求来确定线段 LM 的位置。如果需要更均匀的级配，将线段移到右边，靠近 B 点。如果需要更宽的级配，则将线段移至左边靠近 AK 线。

（3）选择最大粒径的范围。该部分的限制点最少（只有点 J 和点 K），为级配选择提供了最大的灵活性。通常，级配曲线的坡度应该与过筛率为 30～60 的级配曲线一样或者稍微更平缓一些。级配应该偏向左侧，与 JK 线段斜率相似。

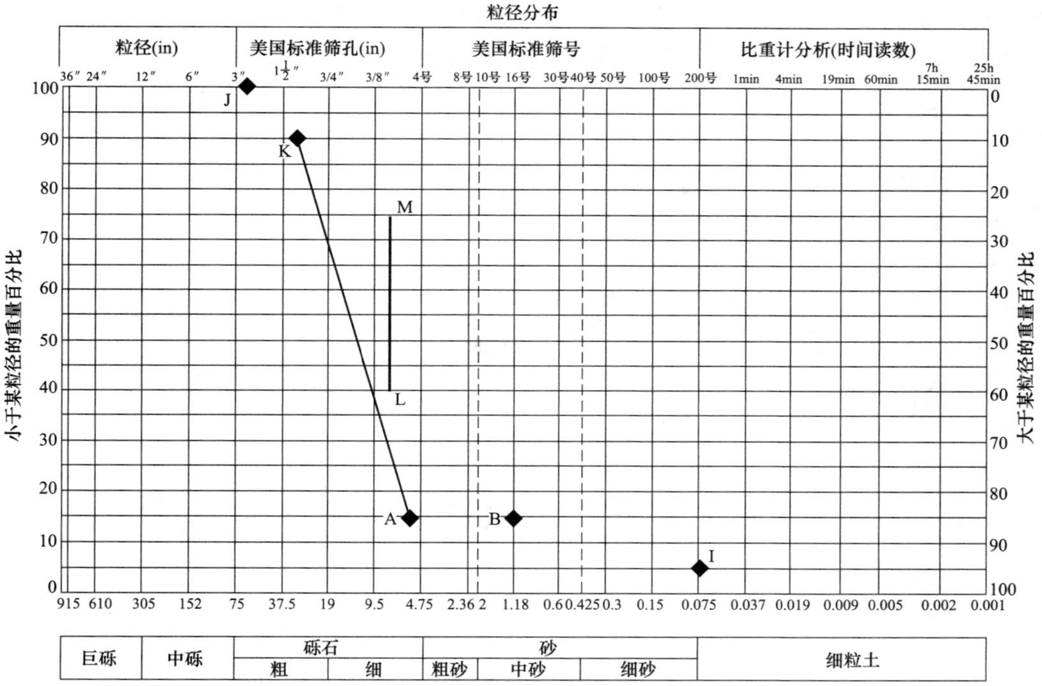

图 5.4.8-1 第 2 类基土反滤料的限值（控制点）示例

5.4.8.1 颗粒保护反滤层

在最关心颗粒保护的情况下，可以采用图 5.4.8.1-1 所示的反滤层级配。以保护心

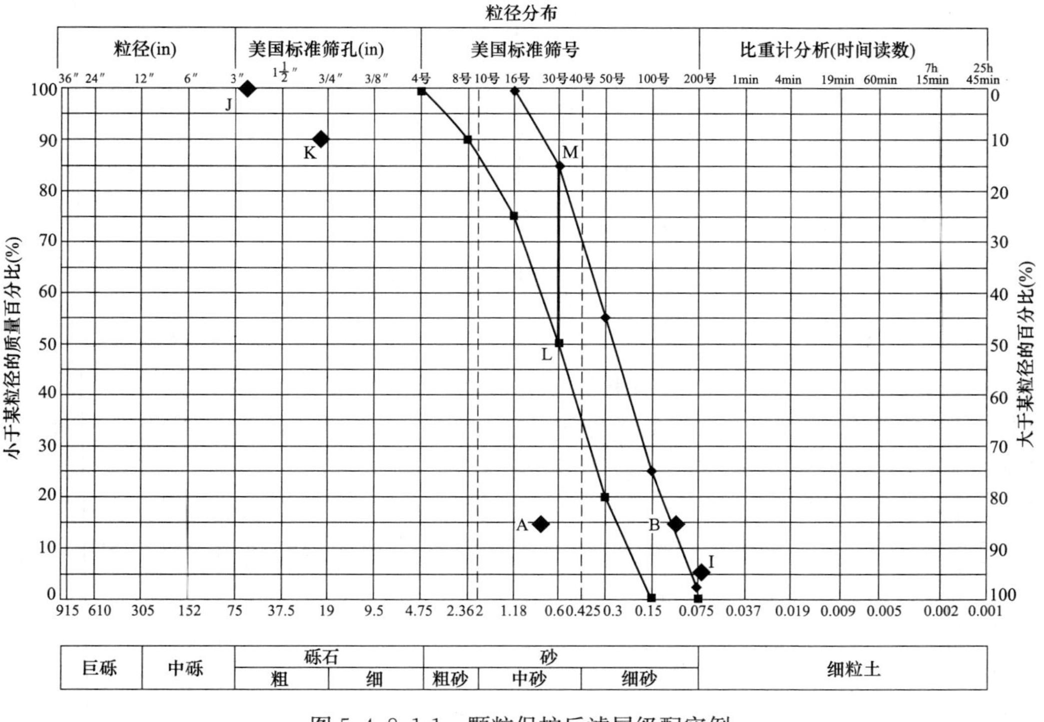

图 5.4.8.1-1 颗粒保护反滤层级配实例

墙为重点的烟囱式反滤层可采用这种级配。当预计渗流量不大时，坝趾排水层也可采用这种级配。要注意的是，为了减少材料分离，有意使用级配均匀的反滤料。

首先选择B点附近作为级配的上包线。由于希望得到更加均匀的级配，接下来，将线段LM置于右侧，靠近在B点。级配扩展至线段LM范围。最后降低级配线的坡比，调整平顺最粗部分的级配曲线，得到一个细到中砂的反滤层。

5.4.8.2 排水反滤层

对于将排水作为首要目标的情况，例如透水地基上的坝趾排水层，可以采用图5.4.8.2-1所示的反滤层级配。在本例中，将级配的 D_{15} 靠近粒径上限（点A），以最大化渗透性。为提高渗透性，曲率系数 $C_z=2$ 的级配更加均匀。为了满足这个坡度，将线段LM置于A点上方。余下部分的曲率略小于 $C_z=2$，同时向左弯曲。正如之前提到的，这种类型的级配可以用于透水地基上的坝趾排水层，也可以用于类似基础上的水平排水层。

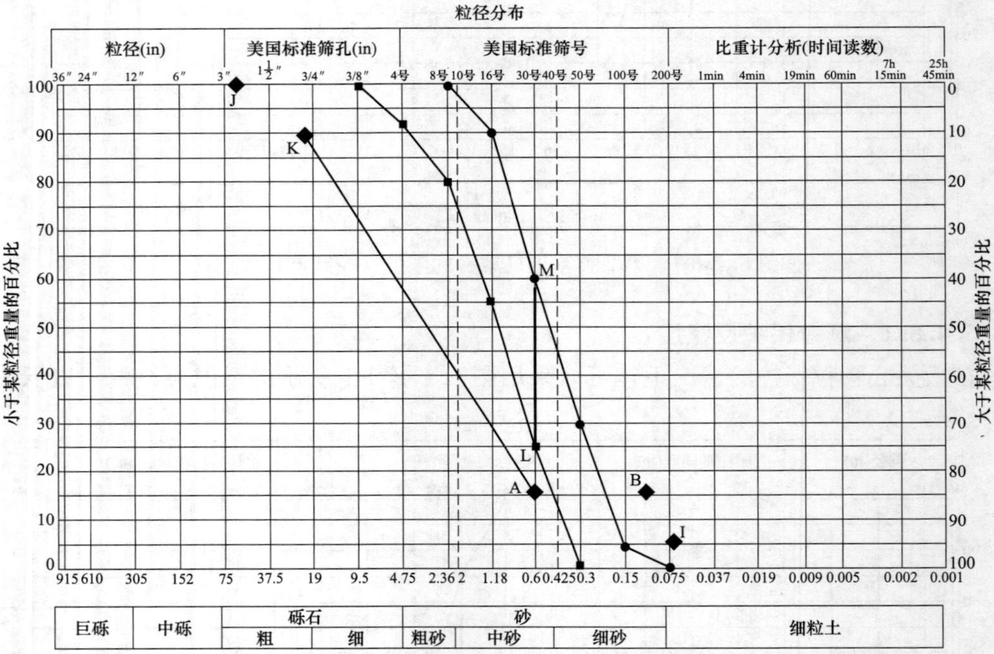

图5.4.8.2-1 排水反滤层级配实例

5.4.8.3 过渡层

图5.4.8.3-1列举了一种可以用于烟囱式过渡区的宽级配材料。这种级配的优点在于生产上的经济性，因为在单个区域使用了更宽的粒径范围。注意，当级配遵守颗粒保护准则（最小 D_{15} 靠近点B）时，粗粒径则设为最大值（点J和点K），这样就涵盖了的整个限制范围。该级配的最大粒径大于均匀级配的最大粒径，这就使下一过渡区料的最小粒径可达到1in。分区数量的减少也使得成本更低。但该级配比均匀级配料更容易分离，5.8.3节部分描述了控制材料分离的施工技术。

5.4.8.4 标准材料反滤层

图5.4.8.4-1举例说明了在大部分地区市场上都提供的改性C-33混凝土砂的应用。将该级配与采用本标准设计流程得到的级配范围绘制于同一图内。可看出其在级配范围

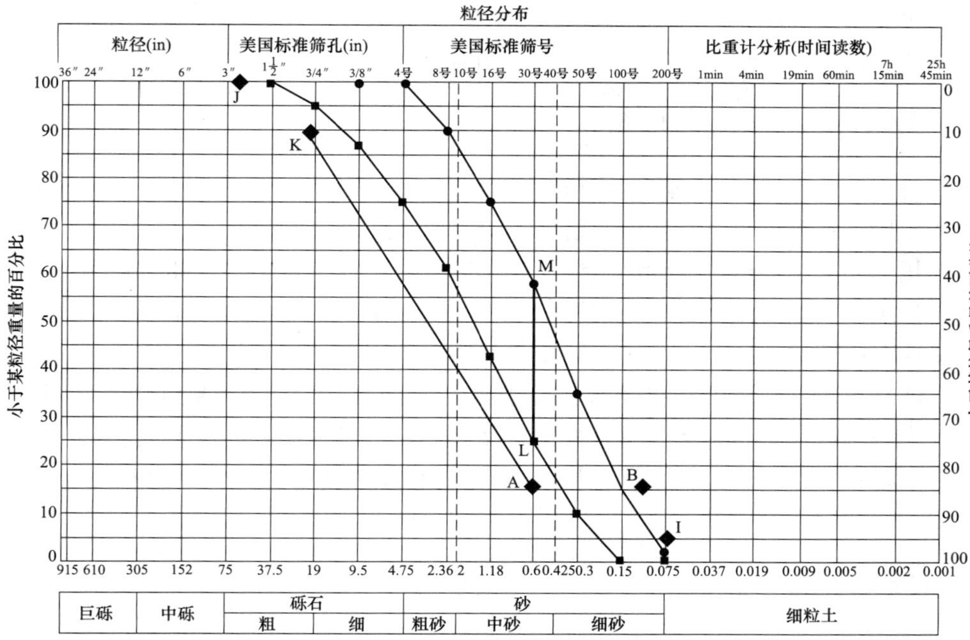

图 5.4.8.3-1 过渡层级配实例

内，所以这种材料可以应用在第 2 类基土上。注意，在 C-33 设计中应额外限制细料含量。

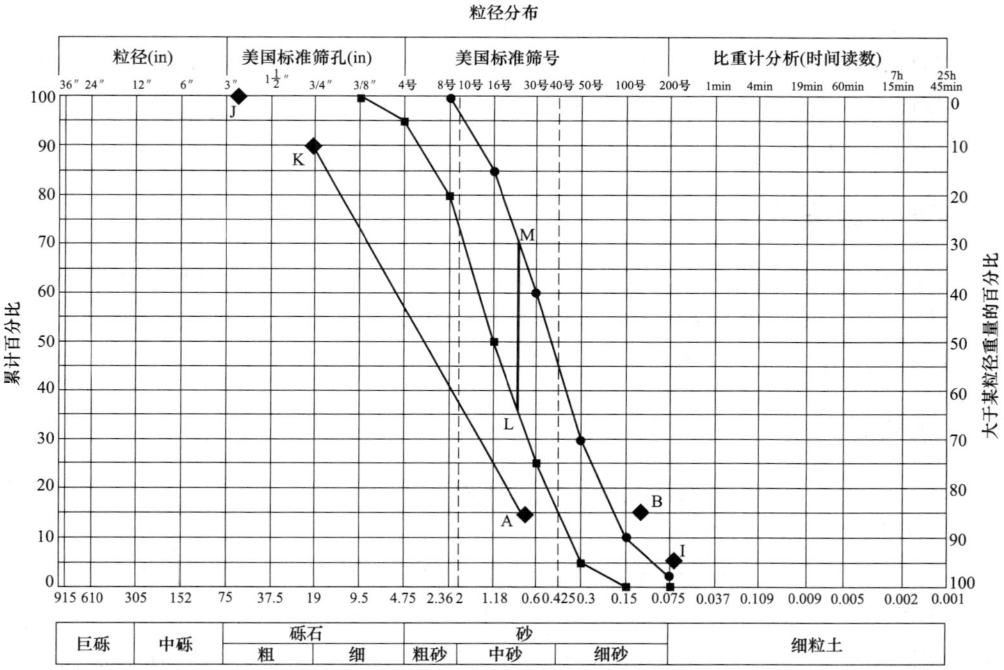

图 5.4.8.4-1 标准材料示例（C-33，改性混凝土砂）

5.5 排水管反滤包裹与排水管

排水反滤包裹是布置于排水管与保护基础的第一级反滤之间的第二级反滤。可以应用前面描述的级配选择方法来确定排水反滤包裹层的级配。在这种布置中，第一级反滤成为基土，包裹层则成为反滤层。

5.5.1 排水管反滤包裹厚度与级配

排水管周围的反滤层最小厚度应为12in。设计师确定该厚度主要从易于填筑施工及检查方面考虑。在难于填筑及检查的情况下，应提高上述最小厚度值。

在使用5.5节中的标准设计第二级反滤（通常被认为是排水层或排水区）时，相比于保护天然土或未加工土而言，有时可以增大$D_{15}F$与$D_{85}B$的比例。比值可高达9，但是通常来说，比值为5就可以满足实际要求。增大比值有时是可能的，因为第一级反滤具备以下特性：①是一种严格按照级配要求生产的材料，并且填筑施工条件是受控的；②经过了检查与测试，材料属性符合规定；③水力梯度通常比需要保护的坝基或防渗区的渗透梯度要小很多；④第一级反滤料中的D_{85}比被保护料中的大，因此不太可能移动。但是，增大比值时应该谨慎。

5.5.2 排水管开孔尺寸

排水管最大开孔尺寸[1]不应大于包裹层（排水）料的最小$D_{50}E$。即

$$最大开孔尺寸 \leqslant D_{50}E$$

要强调的是，应该避免将排水管布置在难以靠近的填筑坝下部。设计应确定排水管的尺寸及位置，同时设置检查井，以便在有需要时能进行检查、维护及修缮。建议每一个管段都能够从两端进入。为了提高管道的安全裕度，排水管的尺寸应保证在最大流量时水深不超过管道内径的50%。如果预计排水管会汇集来自透水地基或者堤坝的大量水流，由于流量的不确定性，最大水深不应超过排水管内径的25%。

5.6 室内试验程序

本节介绍室内试验的程序。试验分程序为颗粒保护和材料质量两类。颗粒保护试验由最初用于颗粒运动研究的试验演变而来。材料质量试验主要源于行业标准测试，但是其中一个始于研究工作。

5.6.1 颗粒保护试验

如5.1.7节中所述，室内试验研究以往都用于研究颗粒保护的经验关系。本节将概述并比较这些试验方法。

谢拉德开展了反滤层对粉土和黏土的适应性试验。在该研究中，厚度为30～60mm（1.18～2.36in）的粉土和黏土的原状样被压实于反滤层之上，反滤料的部分粒径还明显粗于反滤准则的容许值。试验施加的初始水力梯度范围为167～333。在这些水力梯度下，并没有引起土样的破坏，这是因为反滤层/基土接触面的渗透力不足以引起内部侵蚀。只有继续增大水力梯度，诱发水力裂缝后，才会引起破坏。根据这些试验结果，谢

❶ 此处用到的最大尺寸指的是沟槽的宽度和孔洞的直径。

拉德提出了一个改进的试验方法，即在基土中预留狭槽或孔洞。因精确地限定了渗流的通道，这个试验方法是值得推荐的。早期试验中狭槽的尺寸约为 12mm×1.5mm。基土原状样高度约为 6.5in（165mm），反滤层约为 3in（76mm）长。

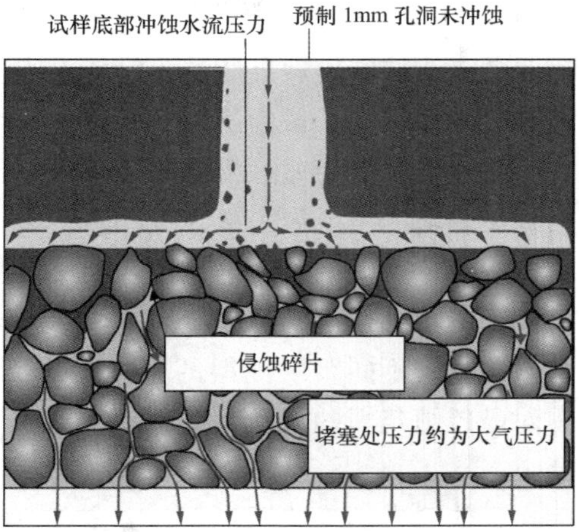

被带出的颗粒不断累积，反滤层的封堵能有效地阻止更进一步的渗流和颗粒被带出。

图 5.6.1.1-1　该图说明了颗粒从基土裂缝边缘被带至反滤层表面时，反滤层封堵过程的发展

5.6.1.1　无侵蚀反滤试验

最初的试验是由无侵蚀反滤试验发展而来。以下概述及结论摘自谢拉德的论文《不透水土的关键反滤层》（1989 年），说明了试验设备的变化。图 5.6.1.1-1 引自谢拉德的出版物《粉土和黏土的反滤层》。

（1）无侵蚀反滤试验是评估位于填筑坝不透水心墙下游的关键反滤层的最好的试验。这被认为是长达四年研究工作的最有价值的唯一结论。试验条件模拟了大坝可能出现的最严峻的情况，即发生贯通心墙至反滤层的集中渗漏裂缝。由于试验中反滤料比临界反滤料细（D_{15} 小于 D_{15b}），因此在土样内预留的渗漏孔壁上，并没有见到侵蚀的现象。

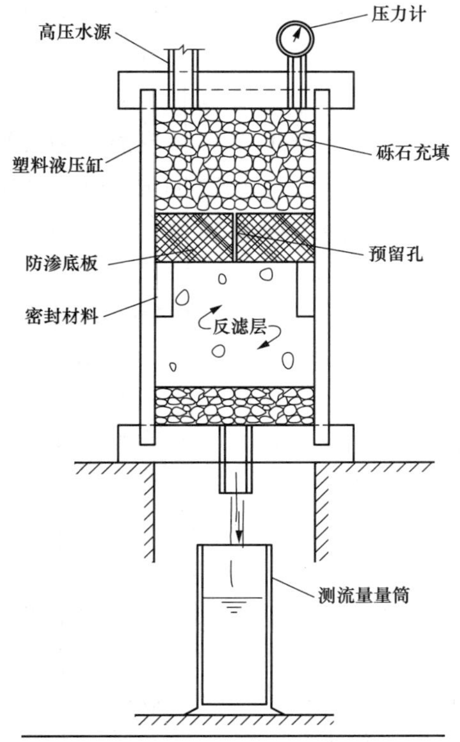

图 5.6.1.1-2　无侵蚀反滤试验装置

（2）无侵蚀反滤试验是一个可以在任何土力学实验室进行的简单实验。它给出了可重现且易理解的结果，适用于所有的心墙不透水土料。

（3）根据无侵蚀反滤试验，对于同一种不透水料，发生侵蚀与不侵蚀的反滤料临界 D_{15b} 是唯一的。反滤料的临界 D_{15b} 不取决于试验设备的大小，只取决于被保护的不透水土（基土）的属性。可以认为反滤料的边界 D_{15b} 是基土的一种属性，就像土的阿太堡限值和有效抗剪强度是不透水土的特性一样。

（4）根据无侵蚀反滤试验成果，按细粒含量，将用做填筑坝的防渗土料分为 4 个类别❶。

“填筑坝反滤层与渗漏控制”中对无侵蚀反滤试验的设备及方法进行了说明。试验示意见图 5.6.1.1-2。试验方法详见垦务局的 USBR 5630-89《土壤手册》。

❶　对这些分类的解释见 5.4.3 节。

5.6.1.2　持续侵蚀反滤试验

福斯特、费尔和斯潘纳格尔对无侵蚀反滤试验进行了改进，称为持续侵蚀反滤试验。福斯特、费尔和斯潘纳格尔使用无侵蚀反滤试验设备来评估持续侵蚀的可能性。需要说明的是，持续侵蚀反滤试验设备也能进行无侵蚀反滤试验。

在持续侵蚀反滤试验研发过程中，对无侵蚀反滤试验装置做了以下改进：

(1) 收集试验中通过反滤层的渗水，将被侵蚀带走的材料烘干并称重，从而确定需要反滤层封堵的基土损失量。

(2) 逐步增大反滤料的粒径，至反滤层不能保护基土为止。

(3) 考虑到较大的侵蚀流失量，基土试样设置得较厚。

本研究在不同级配土料的基础上，测定了局部侵蚀和持续侵蚀的临界值。成果表明，对已建填筑坝的反滤层进行评价与新设计反滤层是不同的。以下内容摘自他们的文章。

在评价已有的反滤层方面，应该考虑到当心墙土料出现贯通性集中渗漏时，如何发挥反滤层的作用。布置在填筑坝中的反滤层，其作用分为如下三种：

(1) 能快速封堵集中渗漏，未发生侵蚀，无破坏风险，渗漏不增加或少量增加。

(2) 能封堵集中渗漏，有一定的侵蚀，存在一定的破坏风险，渗漏少量增加或者适度增加。

(3) 能减缓慢部分封堵或不能封堵集中渗漏，侵蚀范围大，大范围侵蚀损失、渗漏大幅增长、发展成顶部塌陷和心墙贯通性侵蚀通道的风险大。

5.6.1.3　侵蚀率试验

新南威尔士大学做了后续研究，使用了相同的试验步骤研究无有效反滤保护层的土壤侵蚀率。该研究主要关注基土的侵蚀问题，尤其是土壤对内部侵蚀的敏感性。针对本研究，开展了两项室内试验：孔蚀试验和槽蚀试验。还同时检查了发生内部侵蚀所需的临界水力剪应力。

孔蚀试验在土样中钻一个 6mm（0.24in）的孔洞，用以模拟填筑坝中出现的侵蚀。无侵蚀反滤试验中的孔洞则只有 1mm。孔蚀试验施加的水头为 50～1200mm（2in～4ft），而无侵蚀反滤试验施加的是 138ft 水头。

垦务局对用于风险分析的该研究产生了兴趣，其他机构也参与了研究，尤其是从孔洞侵蚀到槽蚀的过渡方法。

5.6.2　材料质量试验

本节介绍用于评价过滤层材料质量的试验。因为反滤层最关键的特点是用于防止基土料的裂缝，所以反滤层自身不容许产生任何裂缝，这点至关重要。过去，反滤层材料的质量试验都关注在其细粒料的含量和塑性上。采用常规的级配分析试验（ASTM C117）和塑性试验（ASTM D4318）即可进行检测。最近竣工的反滤工程运行效果表明，其他类型的黏结料，如可溶性矿物质，也可能引起反滤材料的黏结，而常规的试验方法或许不能检测出这些黏结剂。因此，除了常规的试验方法，本节还介绍了其他的试验，以更精确地评估材料质量。有些方法在行业里尚没有得到普遍的应用，有些则没有公认的标准化试验方法。

黏结剂的有害作用可于再生混凝土中发现。通过破碎已有混凝土，如铺筑路面，作为混凝土骨料的方式得到广泛应用。由于混凝土骨料的级配范围通常适用于反滤料或排水料，填筑坝施工中使用这种混凝土骨料就十分有吸引力。但是这种材料在质量方面是不达标的，因为即使在填筑后，黏结剂的水化作用仍然会持续很多年。水化作用会使材料产生强度进而出现裂缝。因此，填筑坝绝不能使用再生混凝土骨料作为反滤料或排水。

与生产混凝土用的骨料（砂和砾石）类似，反滤料和排水料也采用洁净的砂砾石料。因此采用混凝土骨料的质量检测方法来检测反滤料和排水料的质量，也就不足为奇。评价骨料质量的试验很多。值得注意的是，不同于材料试验，对骨料和反滤/排水料的质量要求已经列进了技术条款。联邦公路局提出了一份典型的技术条款，其内容为：“用于铺路的混凝土拌和物中的骨料应洁净、坚硬、坚固、耐久，并且相对不吸收化学物质、没有包覆黏土即其他细粒料。”

垦务局也做出了类似的规定，以告知有意向的承包商。然而，由于这种要求是主观的，难以强制执行。本节提到的试验方法有利于规定给定材料的质量要求。技术条款中应避免使用主观陈述。

5.6.2.1　试样

可选材料试验的第一步是收集试样。按照 ASTM D75“骨料取样操作标准”和 USBR 7000 搜集具有代表性的试样十分重要。试样尺寸必须足够大，才能如实地代表材料；实际操作中试样尺寸不足是常见问题。ASTM D75 对骨料试样最小尺寸的要求见表 5.6.2.1-1。

表 5.6.2.1-1　最大粒径的最小试样尺寸

骨料最大尺寸（mm）	样本最小重量（kg）	样本最小重量（lb）
细骨料		
2.36mm（8 号筛）	10	22
4.75mm（4 号筛）	10	22
粗骨料		
9.5mm（3/8in）	10	22
12.5mm（1/2in）	15	33
19.0mm（3/4in）	25	55
25.0mm（1in）	50	110
37.5mm（1.5in）	75	165
50mm（2in）	100	220

5.6.2.2　黏土块及易碎颗粒试验

采用美国州公路与运输协会试验标准 AASHTO T112 和 ASTM C142 测定给定试样中是否存在黏土块和易碎的颗粒及其含量。将土样在蒸馏水中浸泡 24h，通过指压可以捏碎或者能通过湿筛的颗粒就被归为黏土块或者易碎颗粒。对于骨料，ASTM C-33 规定试验测的黏土块或者易碎颗粒不能超过3%。如果反滤料质量要求的技术条款涵盖了ASTM C-33对骨料的质量要求，反滤料的质量就必须满足此要求。

5.6.2.3 坚固性试验

ASTM C88“使用硫酸钠或者硫酸镁检测骨料耐久性的试验方法”是一项检测颗粒坚固性的试验。ASTM C-33要求，在5个耐久性试验周期内，当使用硫酸钠时，平均损失应限制在10%以内；使用硫酸镁时，平均损失应限制在15%以内。如果反滤料质量要求技术条款涵盖了ASTM C-33对骨料的质量要求，反滤料的质量就必须满足此要求。

另一个颗粒耐久性试验是ASTM C131“用洛杉矶试验机测定小粒径粗骨料耐磨耗和抗撞击性的标准试验方法”，一般称之为“洛杉矶耐磨试验”。ASTM C-33要求在洛杉矶耐磨试验中，至多容许50%的损耗。如果反滤料质量要求技术条款涵盖了ASTM C-33对骨料的质量要求，反滤料的质量就必须满足此要求。

5.6.2.4 细粒料塑性试验

由于不能仅凭材料粒径大小测定塑性，反滤料的技术条款常涉及对试样细粒料塑性要求。通常要求，反滤层中的细粒料是非塑性的，采用ASTM D4318的方法试验。塑性试验要求至少含有20g比40号筛[1]更细的细粒料。一般而言，试验仅要求检测塑限。必须要说明的是，试样在任何含水率下，都不能被搓成直径约1/8in（3.175mm）的土条。

5.6.2.5 砂当量试验

砂当量试验方法在ASTM D2419和AASHTO T176里有描述。砂当量试验用于测定细骨料中细料与黏土状料的相对比例。通过4.75mm（4号）筛的骨料，装入标有刻度的透明圆筒中，注入水和絮凝剂的混合物。搅拌后沉淀20分钟，砂土与絮凝的黏土分离，测定圆筒中砂土与絮凝黏土的高度。砂土高度 S_h 与黏土高度 C_h 的比值乘以100就是砂当量SEV。

$$S_h/C_h \times 100 = SEV$$

砂当量的值越高，骨料中含杂质越少。沥青混合料要求细骨料的砂当量至少在25～60之间。混凝土骨料一般要求砂当量在70或80以上。砂当量超过80可用做反滤材料。

5.6.2.6 岩相分析

岩相分析可用于评价过滤料中的骨料。ASTM C295“混凝土骨料岩相检验的标准指南”，为过滤层骨料质量标准提供参考。在分析过程中，评价因素包括：

（1）骨料是否包含化学不稳定的矿物质，如可溶解矿物质碳酸盐。

（2）骨料颗粒是否由风化颗粒组成。

（3）测定一个或多个试样中的立方颗粒、球形颗粒、椭圆体颗粒、角锥状颗粒、板状颗粒、扁平颗粒和针片状颗粒的比例。

（4）鉴定潜在的碱硅反应成分和碱-碳酸盐反应成分，定量测定这些成分，建议增加其他测试，确定是否存在大量会发生碱活性反应的成分。

（5）鉴定骨料中的其他杂物，比如有机玻璃、煤渣、炉渣、煤灰、氧化镁、氧化

[1] 注意事项：在这种情形下，采用比40号筛更细的土料开展试验可能比较困难。可以使用比200号筛更细的土料试样。如果进行了如此调整，在技术条款中就应该说明使用的试验方法与ASTM D4318不同。

钙等。

这些因素对反滤料的质量十分重要，因为他们一般表明在什么情况下可能存在黏合剂。化学不稳定的矿物质或者可能分解的矿物质在土体中重新组合，包覆较大的骨料，将其黏合在一起。碱活性反应也会发生相似的过程。

颗粒风化状况和颗粒形状的评估为颗粒强度提供参考。风化的颗粒比风化程度浅的颗粒强度差。块状颗粒比扁平的、片状的、椭圆形的、球形和细长形颗粒强度大。

ASTM C294“混凝土骨料成分标准术语”，对常用于骨料生产的各种岩石进行了描述，有助于记录骨料的特性。

5.6.2.7　砂堆试验

沃恩和苏亚雷斯引进了砂堆试验，用以评价土石坝反滤区的自愈特性。英国的 Balderhead 坝所暴露的诸多问题使他们两人对反滤区的自愈特性产生了兴趣。沃恩提出一项试验（有时被称为砂堆试验）用于评价过滤料开裂可能性。沃恩对此进行了如下讨论：

“若产生了裂缝，对于一个有效的反滤层而言，必须是无黏性的。如果反滤料具有黏性，那么其自身可能出现张开的充水裂缝，而不塌陷，因此不能保护开裂的心墙。反滤料中较多的细粒料会使反滤层能保留黏土的絮凝料，使其具有黏性。”

沃恩继续进行了一项试验，他推荐用这项试验来评估如下特性：

“这项简单的试验适用于工地试验室检测反滤层的黏合性。采用压制模具或小孩子在沙滩上玩耍用的小水桶，制作一个圆筒形或圆锥形的压实反滤料试样。将试样放置在一个浅盘中（如果使用的是一个水桶，那么该操作就与建造小孩的沙堡一样），谨慎地往盘里注水。如果随着水位的上升，反滤料中毛细管吸力被破坏，试样坍塌至安息角，那么反滤料就是不具黏性的。保存试样，观察黏性是否会随时间推移而产生。这种试验实际上是在零有效围压和非常小的剪应力下进行的压缩试验，对非常小的黏聚力也非常敏感。”

美国陆军工程兵团在工程手册 EM 1110-2-1901“填筑坝渗透控制”中采用了砂堆试验，说明如下：

“同样，细料的数量和类型影响反滤层的自愈能力（如本标准中的图 5.6.2.7-1 所示），因此，土石坝反滤层中容许的细粒料最大含量及其类型（粉土、黏粒等），要通过室内反滤料试验表明其具备足够的渗透性及破坏试验验证其自愈能力。”

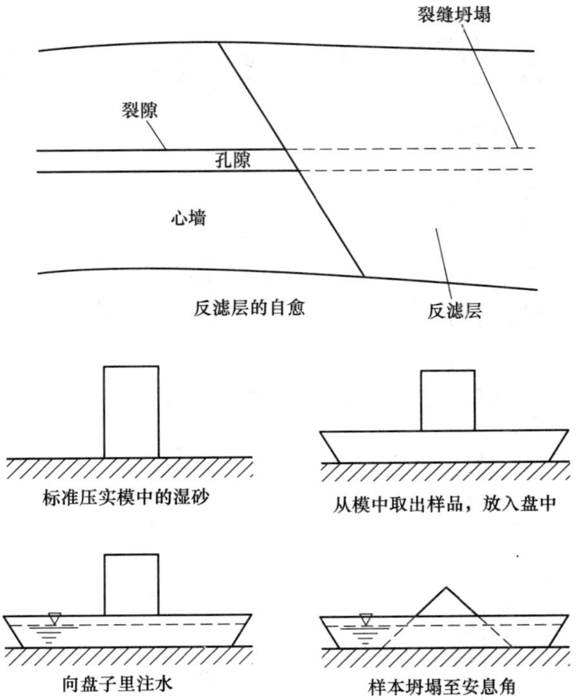

图 5.6.2.7-1　沃恩的砂堆试验

根据美国陆军工程兵团手册，材料性能合格及不合格的试验成果分别如图 5.6.2.7-2 和图 5.6.2.7-3 所示。

图 5.6.2.7-2　自愈能力相对较差的试样浸没 50%之后不会坍塌

图 5.6.2.7-3　自愈能力相对较好的试样浸没后坍塌速度相对较快（一）

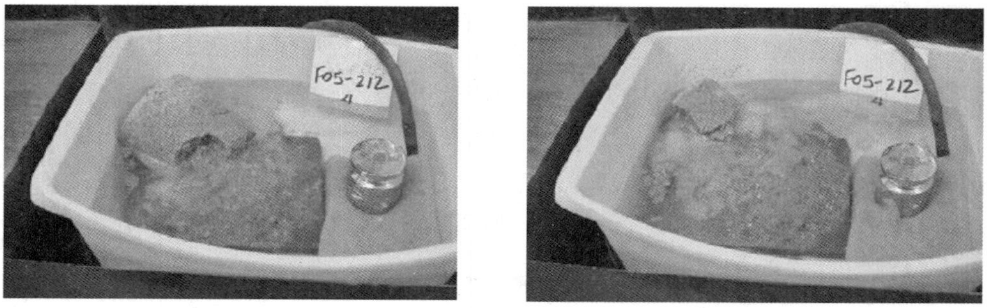

图 5.6.2.7-3 自愈能力相对较好的试样浸没后坍塌速度相对较快（二）

缺乏精确性和不能定量表示结果是该项试验的两大缺点，试样制备也被认为是一个问题。考虑到这些因素，垦务局开展了一项研究，研究开发了一种更为具体的制样方法，看看是否可以改善该试验程序。改进的试验将试样在华氏 120℉下烘干，直到试样的重量稳定。增加这一步骤是因为，通过观察，已经注意到在施工现场，填筑层间的反滤料可以暴露在干燥、温暖的天气下，有时持续几天的时间。有人认为这些条件有助于土颗粒之间的物理化学结合。通过用湿法养护混凝土之后，把试样放到水里，记录试样坍塌的时间。

养护后，把试样置于水中，记录坍塌的时间。该步骤似乎是使砂堆试验更符合反滤料现场条件的一个关键的因素。

5.6.2.8 抗压强度试验

如上所述，通过烘干来黏合反滤料，使反滤层保持一条裂缝，而不是防止反滤层开裂。采用改进的砂堆试验程序，在华氏 120℉下养护的样本可以用来进行无侧限抗压试验。养护后，与砂堆试样的浸泡步骤不同，应根据 ASTM D2166-06“黏性土的无侧限抗压强度标准试验方法”对试样进行试验。

5.7 料源

一般来说，反滤/排水料可以采用开采料和现成的商品料两种料源。对于小坝，采用商品料可能更经济。而对于大型项目，若工地附近可找到合适的料源，则专门为该工程生产加工料将会更加经济。设计必须考虑到料源的可用性和适用性。例如，如果合适的料源数量有限或开采昂贵，为了确保足够的过滤/排水区，采用薄或窄的反滤层（小于填筑设备宽度）、精细的填筑及检测技术将会更加经济。另一方面，如果工地现场附近有充足的原料，而且开采较经济，则反滤/排水区的宽度考虑填筑设备尺寸，并采用不那么精细的填筑和检测技术会更经济。设计者必须确保工程有足量的料源。一般来说，谨慎的做法是可开采的料源数量是过滤/排水料需用量的 2～4 倍。对于大型工程，应进行筛分试验以确定对某一特定料坑哪些粒径是关键的。如果使用较薄的反滤层，必须检测粒径尺寸以确保足够的水力特性。必须对可能的料源进行调查，对于已批准的料源，需在技术条款中说明适当的信息，如位置、可用性、权属、钻孔记录、试坑记录、适宜的室内试验及地质条件等。另请参考本标准第 10 章“填筑坝施工”和第 12 章“地基与料源勘查”。

包含在技术条款中的信息应充分，以使竞标者编制价格可靠的投标。批准的料场信息应详尽，以使竞标者设计一个有效的加工厂。必须在技术条款中明确料源的级配范围，以便设计的加工厂具备足够的灵活性，能有效地处理级配范围的料源，生产满足要求的材料。灵活性不足的加工厂会成为承包商因巨大条件改变而索赔的原因，因为他们认为提供的资料不准确或不充分，误导了他们的工厂设计。

5.7.1 现场料源

必须对可能的料源进行调查，对于已批准的料源，需在技术条款中说明适当的信息，如位置、可利性、权属、钻孔记录、试坑记录、适宜的室内试验及地质条件等。

料源调查的第一步就是查阅文献。已有文献是找到可能料场的最快方法。这些资料包括地形图（也称为矩形图）、土壤报告和区域地质报告。可以根据当地的矩形图（美国地质调查局矩形图），仔细察看现存的或历史上的采石场，这些采石场以采矿符号（一对交叉的镐）标记。可利用的公开资料还有美国农业部水土保持局的土壤报告（又称为土壤调查）。这些几乎涵盖了美国各州郡的报告包括了当地的土壤图和土壤工程性质。尽管土壤以农学术语描述，但这些信息对工程师依然有价值。同样可用但不是统一编制的资料还有由美国地质调查局、大学及有关各方所做的更新世（或第四纪）地质报告。这些报告可能不会给出具体料场位置，但对了解该地区的地质背景有参考意义，并指出了可进行更详细调查的区域。

完成料场区文献查阅后，下一步应进行地层鉴定。地层鉴定可采用两种方式：空中摄影和现场勘察。通过照片进行地层签订在多本教科书中有描述，书中讲到植被和土地利用变化的地方，通常表明存在的地层类型。

当进行现场勘查时，识别地层剖面或其他侵蚀特征的最简便方法是通过道路开挖面和天然存在的切割面。图 5.7.1-1 示意了被小溪切割的冰渍层，也初步显示了下部的地层。

图 5.7.1-1　裸露的冰渍土横截面展示了覆盖在冰水沉积上的冰渍土

通常，砂砾石沉积物与以下地质特征有关：

（1）沿水道的冲积层；

（2）冰水沉积层；

（3）冲积扇。

地下水条件对料场特性也很重要，因为在地下水位线上、下的开采技术并不相同，因此有必要对地下水位线及其波动情况有一个清晰的了解。若料场开采需要降低水位，则费用应计入工程预算。还应考虑到地下水位的季节变动。若仅提供单一的静水位，承包商可能会因地下水位上升被淹而提出索赔。因此，应在技术条款中提供可能的水位范围值。

料场研究的常用勘探方法包括钻探、槽探、戽斗钻探和坑探等方法，根据现场料源的最大粒径和变化决定采用何种方法。小于 3in 的材料应送室内实验室做颗分试验。粒径较大的材料通常是在现场目测。必须提供材料的全部粒径范围，因为经验表明很多索赔都源自该特性。

地下水位以上的砂砾石料场勘察推荐采用槽探。尽管推土机可开挖较大的探槽，通常是采用拖拉机或挖掘机开挖探槽。起初，为了最好地表征材料，探槽的侧坡通常是垂直的。出于安全考虑，不容许员工在超过 3ft 深的垂直探槽里工作。图 5.7.1-2 示意了可用于探槽开挖的方法，探槽中可进行地质素描和取样工作。

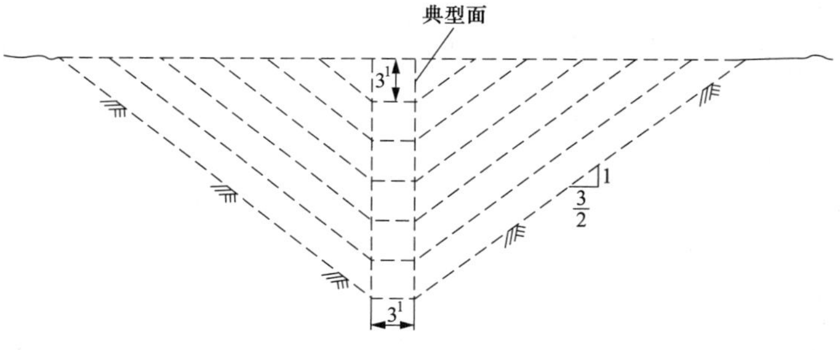

图 5.7.1-2 探槽开挖顺序

当从探槽中取样时，应收集所有材料，包括超径材料，以便估算料场的超径料含量。出现鹅卵石和大块石时，应现场目测其体积。通常，只有小于 3in 的材料才会送实验室做颗分试验。图 5.7.1-3 示意了开挖探槽时，将巨砾置于探槽一侧以更好地描述沉积层的特性，说明了巨砾的尺寸和分布。图 5.7.1-4 展示了槽壁材料的分布，包括互层。需要注意的是，从该槽壁获得的信息比从钻孔或螺旋钻中获得的信息更加详细。从地下水位以下取样时，可能需要采用戽斗钻。

5.7.1.1 缺乏合适的洁净料源

虽然砂砾石料是生产反滤和排水料的理想料源，但在现场很少能找到洁净的砂砾石料。通常，一定数量的细粒料（小于 200 号筛）会出现在沉积物中，而细料的数量将决定该料坑是否可用。一般来说，现在的加工厂能够较经济地生产出细粒含量约 8%的原料（基于已筛除粒径大于 3in 料的试样）。加工厂生产出的材料（储料堆）的细粒含量应不大于 2%。大量可行的冲洗操作，包括使用喷雾杆、磨砂螺旋桨、冲洗盘等，可以用

图 5.7.1-3　潜在料场内开挖的探槽

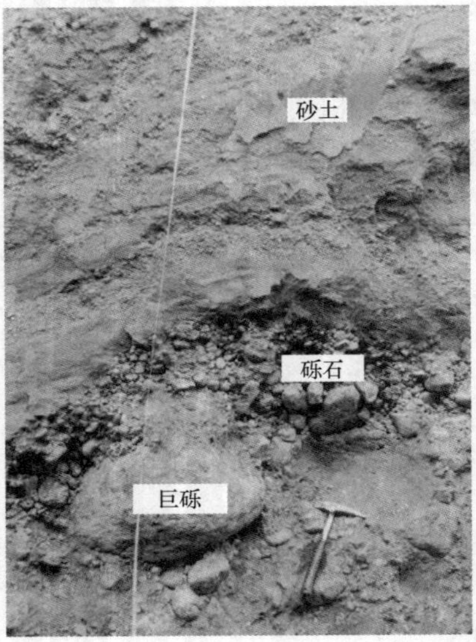

探槽揭露的信息无法在钻探中获取。
图 5.7.1-4　暴露的垂直探槽面揭露了潜在料场的地层

来清除这些细粒料。当细粒料均匀地分布在原材料中时，这些方法非常有用。含有黏土或粉土层的料场不可用。料层的高程和厚度将会影响料场是否可用。开采所需的下伏砂砾石料之前，要剥离并废弃地表的覆盖层。上覆层的容许厚度与前述的成本分析有关。贯穿料坑的层很难分析。厚度低于 1in 的薄层，如果混合细料含量在重量上小于 8%，也可接受。存在多个 1in 厚夹层的料场可能不可用。夹层几英尺厚以及在探坑深处的情形常使得探坑不可用。由于探坑通常垂直开挖，即可采用挖土机（挖掘机）从顶部开挖，也可采用装载机从底部开挖，质量差的料层可能污染每一车料。在某些情况下，开采可用的那一层料运至加工厂，挖除不可用的那一层料，然后再恢复开挖下部的可用料。这样会增加上部可用料加工之前的储存成本，或者增加挖除无用料时关闭加工厂的成本。

除了不连续地层中出现的细粒料外，黏附在大粒径料如砾石、卵石上细粒料也会带来问题。料场勘察期间，应仔细检查黏附在大粒径料上的细料。一般来说，黏附在大粒径料上的细料用手很容易擦除的话，在加工厂也能将其冲洗掉。只能通过摩擦去除的细料，不能通过任何冲洗操作清洗。这种情况通常出现在地下水位线以上，位于水位线以下的类似材料则很容易被清洗。这种情况下，位于水位线以上的材料即使细粒含量小于 8%，可能也是不合适的❶。

---

❶ 室内级配试验应该采用湿筛，添加的六聚偏磷酸钠（润湿剂）会除去黏附的细粒料，该条件通常不能在加工厂实现。

考虑潜在料坑中细料含量的同时，也应确认骨料的质量。具体详见 5.6.2 节对反滤料和排水料的质量要求以及相应的试验方法。

5.7.1.2 反滤料加工厂

加工厂三大操作分别为初筛、筛选和清洗。初筛能去除所有的超径料，特别是大于 3in 的材料。初筛可通过在料场开挖面处用耙子捡出超径料；也可采用装载机上的骨料桶盛放超径料；或者在初次进入加工厂时，通过所需级配的格栅来剔除超径料。

筛选操作由众多机械筛构成，筛分尺寸根据料源和所需料的级配确定。尽管使用喷雾杆来减少灰尘，但筛选还是主要在干燥的环境中进行。类似于初筛操作，为了减少对细筛的磨损，首先将较大粒径料分离出来。

最后一步操作是清洗。由于初筛和筛选操作已将超径料和砾石料分离，只有砂、粉土和黏土留了下来。分离砂和细料（粉土和黏土）需湿法清洗。许多方法是商业可行的，有些是专有的，但都包含相同的概念，即将砂/粉土/黏土混合物置于静水中，然后搅动。清洗机效应使得较大颗粒（砂）沉入混合物的底部，较小的颗粒（粉土和黏土）则浮到表面或留在悬浮液中被排出。之后，砂土直接传送至料堆，而粉质黏土浆则输送至沉淀池。

在天然开采料不可用，但有优质岩石的区域，可通过爆破开采岩石，并轧制成砂、砾石的尺寸。不能认为轧制的材料不含细粒料，通过该方法获得的材料也应采用上述操作进行清洗。料场中没有砂或砂的储量不够时，可轧制。应注意的是，轧制操作将引起颗粒细微破裂，在运输、铺料和压实过程中可能会破碎。一般情况下，不破碎的材料比破碎的材料有较好的耐久性。同时，破碎的材料拥有锐利的边缘，与少棱角的材料相比，不容易坍塌。

由于加工厂的分离过程会产生很多砾石堆和砂堆，将其混合可生产出所需的最终材料。该过程也称为重组，通常是与筛选操作分离的独立操作。

如上所述，开发料场和加工材料的周期很长。为了抵销一部分时间，可在主体工程招标前进行材料招标。材料招标生产相对较快，承包商可在编制主体工程技术条款期间便生产和储备材料。该招标过程可缩短几个月的项目总进度。这也有助于降低主承包商的风险，因为生产材料的不确定性已被排除在这部分工作中。

5.7.2 商品料源

在反滤层设计中，经验表明，如 ASTM C33 指出的一样，改进的混凝土细骨料符合许多基土的要求。该材料通常被称为“C33 混凝土砂”或简称为“混凝土砂”。对 200 号筛的额外要求是需满足反滤层设计的渗透性要求。表 5.7.2-1 给出该材料可接受的级配范围。因为不同场地情况不同，应针对基土对该级配进行复核。

同样，使用改进的 C33 混凝土砂作为反滤（第一级）时，标准材料可用做砾石排水层或第二级反滤。ASTM D448 中的几种材料已针对改进的 C33 混凝土砂进行了复核，列于表 5.7.2-2 中。使用改进的 C33 混凝土砂时，没必要复核 D448 材料，因为第一层反滤料的级配是固定的。因在不同的区域并非所有材料都可获取，所以只包含了三种材料。

许多州的公路机构也提供了可能适用于反滤或排水的标准材料。每种材料都应分别针对基土进行复核，以确保满足级配设计准则。此外，骨料供应商也可为其他客户或需求生产满足设计准则的材料。

表 5.7.2-1　改进的 ASTM C33 细骨料级配[1]

筛　目	按重量计的过筛百分率（%）
3/8in（0.95cm）	100
No.4（4.75mm）	95～100
No.8（2.36mm）	80～100
No.16（1.18mm）	50～85
No.30（0.6mm）	25～60
No.50（0.3mm）	5～30
No.100（0.15mm）	0～10
No.200（0.075mm）	0～2[2]

1　要求高于 ASTM C33。

2　料堆为 2%（或更少），现场填筑为 5%（或更少）。

表 5.7.2-2　ASTM D448 排水材料级配（按重量计的过筛百分率）

筛目	混合物 579[1]	No.8	No.89
2in（5.08cm）	—	—	—
3/2in（3.81cm）	100	—	—
1in（2.54cm）	90～100	—	—
3/4in（1.91cm）	75～85	—	—
1/2in（1.27cm）	—	100	100
3/8in（0.95cm）	45～60	85～100	90～100
No.4（4.75mm）	20～35	10～30	20～55
No.8（2.36mm）	5～15	0～10	5～30
No.16（1.18mm）	0～5	0～5	0～10
No.50（0.3mm）	—	—	0～5

1　该级配为 No.5、7 和 9 的等量混合级配，不是 ASTM 标准骨料。

第二级料级配可比表 5.7.2-2 中的级配略粗，表 5.7.2-2 是基于下式：

$$D_{15}E \leqslant 4 \times D_{85}F$$

$D_{85}F$ 为混凝土砂的特征粒径。

第二级料可采用颗粒保护要求较宽松的级配，因为基土（混凝土砂）是一种成品，并且级配较宽（由细砂到粗砂）。

通常情况下，已应用 $5 \times D_{85}F$ 关系。当预计有大量的渗流（强透水地基）时，可以使用以下关系式，但须小心谨慎，因为此关系式基本未考虑颗粒移动的安全系数。

$$D_{15}E \leqslant 9 \times D_{85}F$$

根据该关系式，对商品料进行了复核，见表 5.7.2-3。

表 5.7.2-3　　ASTM D448 排水料级配（按重量计的过筛百分率）

筛目	No. 467	No. 57	No. 67
	$D_{15}E \leqslant 9 \times D_{85}F$ 按重量计的过筛百分率		
2in（5.08cm）	100	—	—
3/2in（3.81cm）	95～100	100	—
1in（2.54cm）	—	95～100	100
3/4in（1.91cm）	35～70	—	90～100
1/2in（1.27cm）	—	26～60	—
3/8in（0.95cm）	10～30	—	20～55
No. 4（4.75mm）	0～5	0～10	0～10
No. 8（2.36mm）	—	0～5	0～5
No. 16（1.18mm）	—	—	—
No. 50（0.3mm）	—	—	—

基于表 5.7.2-2 和表 5.7.2-3 中的材料 D_{50}，最大开孔尺寸可按照 5.5.2 节所述计算。表 5.7.2-4 总结了开孔尺寸的计算结果。

表 5.7.2-4　　针对 ASTM D448 排水料的最大开孔尺度[1]　　单位：in(mm)

No. 467	No. 57	No. 67	579 混合物	No. 8	No. 89
0.53 (13.4)	0.38 (9.6)	0.35 (9.0)	0.37 (9.5)	0.19 (4.8)	0.18 (4.5)

[1] 应使用最小尺寸。对于圆形孔，使用直径；对于窄孔，使用宽度。

5.7.3　费用

是否采用现场料场与成本及进度有关。可进行经济比较来估算不同料场料源的单位成本。若其他条件相同，应比较建立、运行当地加工厂的费用与购买商品料运输到现场的费用。2002 年 Keechelus 坝改造期间的研究表明，尽管有许多影响距离的因素，等值点大约是 20mi。成本估算完成后，若费用差异显著，则可决定使用哪一种资源。如果费用大致相同，开发料场和商业购买方案都可能包含在招标中。这样，该工程将会使用最经济的方案。

同样，也需要考虑到工程进度因素。根据土地拥有权和国家规定，开发新料场需要一个或多个许可证。审批过程可能很久（超过一年），甚至在项目进度内也不可能完成。这也会产生与工程相关的费用，应计入成本分析中。

通常，反滤材料的容许细粒料含量越低，成本就会更高。因为需要大量的工序来除去细料。通常需要清洗操作以除去细料，而此操作是洁净材料生产中最昂贵的程序之一。当然，级配更均匀的反滤料比宽级配的反滤层花费更高。如 5.2.4 节所述，级配均匀性的程度取决于反滤层的用途。

5.8　施工注意事项

下文讲述的是与施工相关的注意事项，包括最小尺寸、升降机安置、运输、铺料以及压实。也讲述了用于限制分离和污染及最小化破碎的方法。同时也涉及质量控制、检查和现场检测的相关内容。

5.8.1 最小尺寸

烟囱式排水层是倾斜或垂直的保护结构，一般布置于填筑坝中心附近，与褥垫相连，至少应延伸到有效库容的顶部。任何排水系统的排水能力要通过恰当的计算方式（如附录 A 中的描述）和/或室内试验来验证，以确保在没有造成水头增加、堵塞或反滤层自身内部侵蚀的情况下，可以排出所有汇集在其中的水。

影响垂直或倾斜反滤层宽度的因素有以下 3 个：

（1）反滤层的定向——垂直或倾斜。

（2）荷载条件——静态或动态。

（3）承受裂缝的能力——较薄的烟囱式反滤层承受贯穿裂缝的能力可能更强。

反滤层的宽度是指横穿反滤层的水平距离。反滤层的厚度是指垂直于坡面的距离。这两个定义详见图 5.8.1-1。垂直反滤层的厚度与宽度相等。

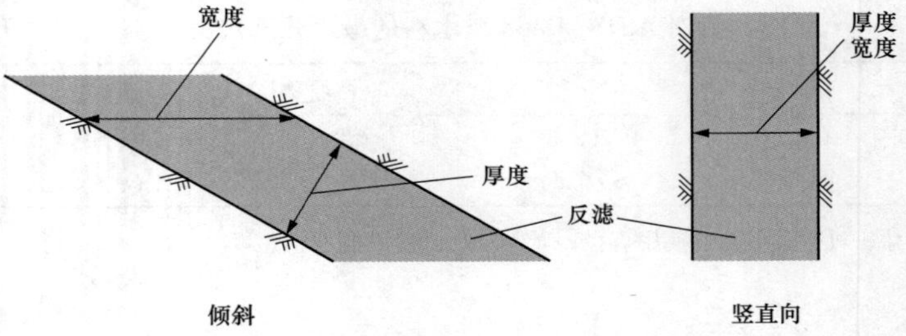

图 5.8.1-1　反滤层宽度和厚度的定义

将反滤层放置在斜坡上时，其宽度通常大于厚度。斜坡越缓，反滤层的宽度与厚度间的差异的就会越大，如图 5.8.1-2 所示。由于下文所述的“圣诞树”效应，坡度较缓的斜坡上，较小的宽度会造成较薄的厚度，甚至会出现开窗等问题。

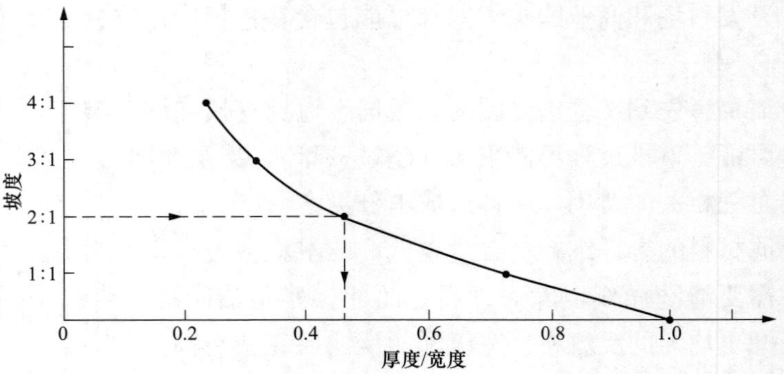

图 5.8.1-2　坡度对反滤层宽度的影响

例如，设置在 2∶1 坡度上的 10ft 宽反滤层，需要计算出反滤层的厚度。结合图 5.8.1-2，得出以下计算结果并说明上图：

0.45＝厚度/宽度，2∶1坡度

宽度＝10ft

厚度＝0.45×10＝4.5ft

因此，反滤层的铺筑厚度为4.5ft。

反滤层设计考虑抗震时，其尺寸通常取决于预计的地震最大变形程度。变形一般由基础断层位移、基础或坝体液化、边坡破坏及坝体或基础非液化沉陷等引起。作为首要的经验法则，为保证足够的安全系数，反滤层的尺寸至少应该是预期变形（水平的或垂直的）的两倍。

如果不需要抗震保护，反滤层宽度则取决于施工方法。由于运输和施工过程中使用很多设备，而设备的大小与工程的大小紧密相关，各种反滤层厚度都是可接受的。已验证的方法表明，倾斜的烟囱式反滤层可以可靠地采用6ft或更大的宽度，垂直的反滤层可以采用4ft或更大的宽度。检查和质量控制/质量保证对确保反滤层的连续性是至关重要的，此类要求的严格程度会随着反滤层宽度/厚度的减小而增加。

在施工过程中，狭窄的分区要求特殊的填筑程序和严格的监督。狭窄分区中，裂缝的抵抗/自愈能力不如宽分区中的裂缝高；如果有足够经济上可用的材料，不应使用狭窄的分区。通常情况下，较宽的分区填筑费用降低，可以抵消较窄分区所需高质量坝料的费用。只有狭窄分区完全满足设计要求时（水流容量、裂缝、反滤、对假设地震活动的调节及自愈能力），成本考虑才会成为决定性因素。布置在平缓的斜坡上时，较窄的反滤层可能会显得较薄。表5.8.1-1汇总了一些斜坡适宜的反滤层厚度，提出了小于2ft厚度的反滤层宽度/坡度组合。

表5.8.1-1　倾斜烟囱式反滤层的一般厚度（阴影单元表明反滤层厚度小于2ft）

坡度	宽度（ft）				
	16	9	6	5	3
1∶1	11.7	6.6	4.4	3.6	2.2
2∶1	7.5	4.2	2.8	2.3	1.4
3∶1	5.1	2.9	1.9	1.6	1.0
4∶1	3.8	2.2	1.4	1.2	0.7

布置狭窄倾斜的分区时，设计者应该注意填筑方法，避免形成滤水暗管和周围区域间的直接接口，相反的，大多数都会出现如图5.8.1-3所示的“圣诞树”现象。尽管该图一般用于解释说明修建于上部的情况，但同样也可以解释说明修建于下部的情况。修建于下部时，反滤层会收缩，甚至在极端的情况下不存在，仅在反滤层位置上留下一个未设保护的开窗。规定的最小宽度应符合“圣诞树”结构，以确保其拥有足够的排水能力。

当填筑高程在平行于坝轴线方向未均匀上升时，倾斜的烟囱式反滤层宽度会有所减小。随着烟囱式反滤层的上升，在顶部的位置通常可能会出现低点或凹陷现象。存在低点时，人们往往会犯一个普遍错误，即需要将较低部分转向下游区域时，让较低的部分与大坝轴线平行，而这一错误的结果是：下倾的地方变得较薄。一个在纵横比为3∶1

图 5.8.1-3　倾斜烟囱式反滤层中的“圣诞树”效应

斜坡上的 2ft 下倾会造成 6ft 的误差，而这个误差会导致反滤层变窄或在反滤层上留下空窗。

5.8.2　烟囱式反滤层施工方法

土石坝的垂直和倾斜的砂石反滤层/排水沟和过渡区的施工，通常会使用 3 个基本方法：

（1）保持相邻防渗心墙比反滤层/排水沟先施工一层。

（2）保持反滤层/排水沟比防渗心墙先施工一层。

（3）沟槽法。

5.8.2.1　保持相邻心墙比反滤层先铺一层料

并不推荐这一方法用于大多数的施工，仅作为一个以往程序供参考。图 5.8.2.1-1 展示了该施工方法的步骤。该方法的优点是压实过程中砂料的摊铺最少，有助于得到预期的或特定的压实度和相对密度。但是该方法造成的反滤层/排水层的污染较大，主要污染来源于相邻的坝料混入、下雨时被雨水冲刷的材料和水罐车的喷洒。该方法的另一个缺陷是很难保持特定的反滤层宽度。因为会首先放置并击实相邻的材料（如在反滤层之上），而这些材料有可能与反滤层/排水区域重叠。

5.8.2.2　保持反滤层比心墙先铺一层料

图 5.8.2.2-1 展示了该方法的施工顺序。该方法的优点是可以预防污染、维持纵向连续性和反滤层/排水沟的全宽。在维护填筑体表面，确保反滤层/排水沟是横截面的高点时，这些优势尤其明显，可以让径流或潜在的污染远离反滤层/排水沟区域。该方法的缺点是加大了压实的难度，因为在压实过程中，砂子会摊撒到外部边缘，可能会增加用于反滤层/排水层材料的使用量。而这会明显增加成本，因为反滤层/排水层材料是整个堤坝建设中最昂贵的材料。但是，经验表明，这些缺点都是可以克服的，克服的方法是在反滤层/排水层的边缘堆积松散材料，如图 5.8.2.2-1、图 5.8.2.2-2 所示。该堆积

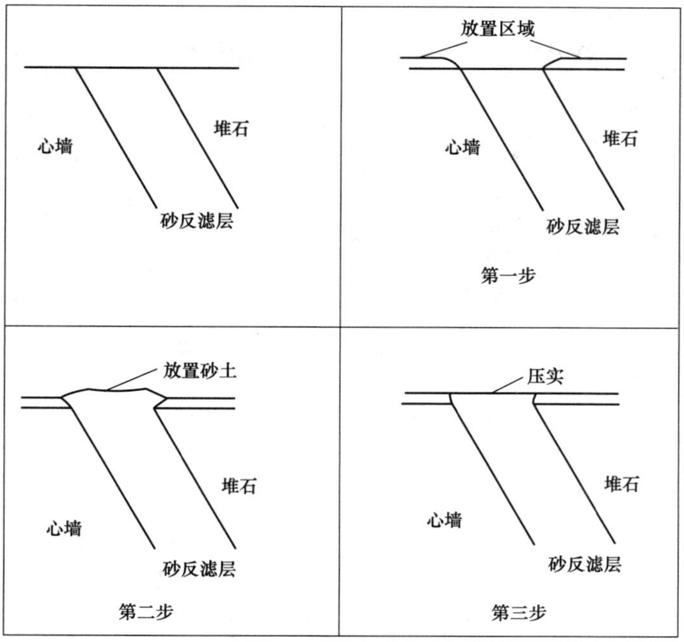

图 5.8.2.1-1　保持心墙先于烟囱式反滤层施工的步骤（不推荐）

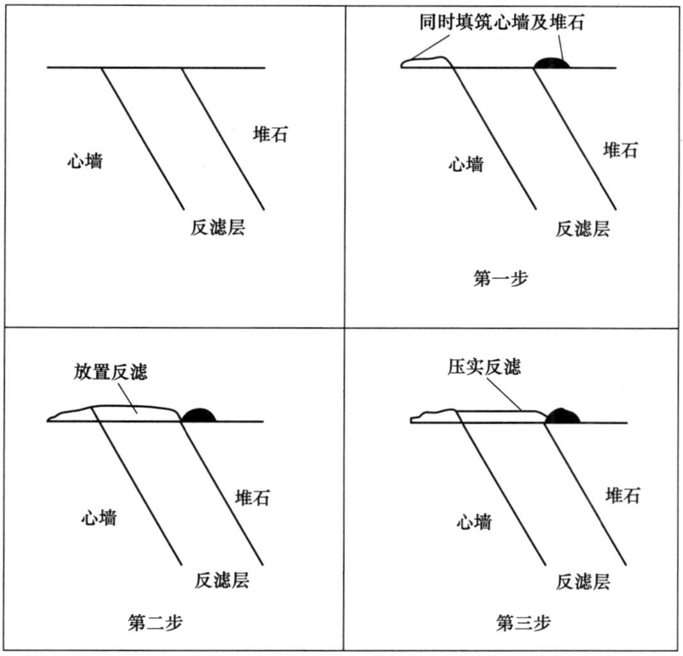

图 5.8.2.2-1　保持烟囱式反滤层先于防渗心墙施工的步骤

带应该足够宽，以有效地容纳反滤层/排水层材料，从而将压实过程中砂石的摊撒减至最小。由于小型“圣诞树”效应，该方法可能需要使用额外的反滤层/排水层材料，但为确保排水系统的宽度和级配是按照设计施工的，额外的费用并不高。该方法尤其适用于宽度较小的反滤层/排水层。

图 5.8.2.2-2 与反滤层/排水系统相邻的防渗料带

5.8.2.3 沟槽法

图 5.8.2.3-1、图 5.8.2.3-2 和图 5.8.2.3-3 展示了沟槽法，这一方法是在反滤层/排水系统修建在基本上均匀的防渗心墙内时使用。这个方法中，3～5ft 厚的防渗心墙完全建在反滤层/排水系统之上。运用挖渠机械或其他适当的开挖设备，将防渗心墙一直开挖到先前设置好的反滤层/排水系统的顶部，采用反滤层/排水系统材料对沟渠进行回填，并压实。沟槽法有利于坝料压实，因材料三面受限，可控制用料量以及有助于反滤

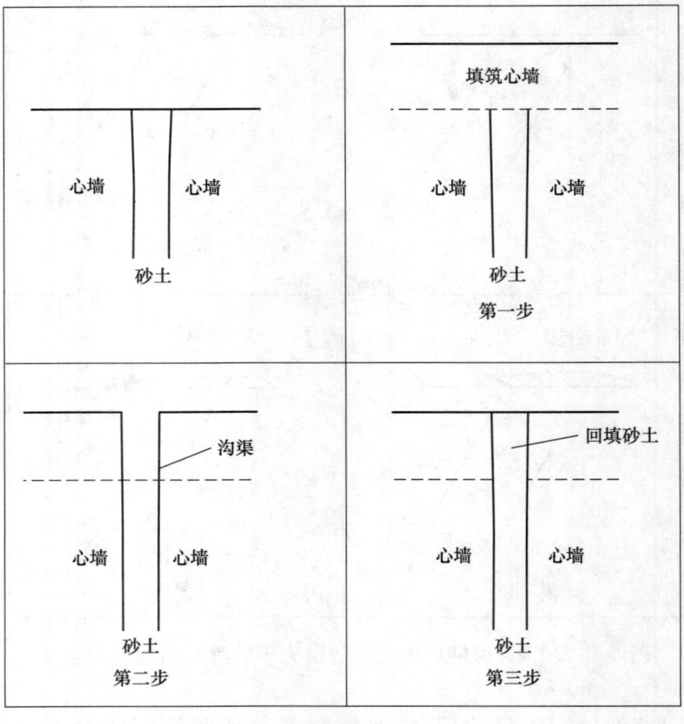

图 5.8.2.3-1 沟槽法的步骤

层/排水系统和相连接的防渗心墙间的良好的接触。而该方法缺点在于其耗时长、花费高、对施工现场需密切监督，以确保现有反滤层/排水系统材料和未被污染的新填筑材料间的连接，以及沟渠会发生拱作用，而减少了反滤层自愈能力。此外，该方法仅适用于填筑体中的狭窄、垂直反滤层/排水系统，且该填筑体的中央和下游区域是由均质材料组成，开槽时，此类材料能保持直立，不塌落。

图 5.8.2.3-2　沟槽法——开挖沟槽

图 5.8.2.3-3　沟槽法——回填沟槽

5.8.2.4　运输和卸料

运输和卸料过程会导致反滤/排水料分离和污染，应采取严密的监控将不利影响降至最低。通常会用卡车运输反滤/排水料。大型工程中，使用如图 5.8.2.4-1 中所示的大型后卸式卡车（有时也被称为采石矿车），或者是铰接式后卸式、边卸式和底卸式的大型卡车。图 5.8.2.4-2 所示为运输反滤/排水料的铰接底卸式卡车。小型工程中，则可使用公路运输用后卸式卡车。无论用什么类型的车，由于可能造成污染，必须禁止运输设备在反滤/排水料上通过。如果无法避免，则将其必要性降到最低。如果卸料过程中无法避免在反滤/排水料堆放区中穿行，那么应该告知驾驶员一旦车辆进入反滤/排水料区，则应停留在那里，不可驶离后再次进入，因为会把附近其他类型的材料带入该区，造成材料污染。在实际可行前提下，卸料时要尽可能将材料堆成指定的厚度。必须要为所有有必要经过材料区的施工设备（包括小货车）建立一个交通点。如果使用底卸装备，而区域的宽度也容许的话，车辆在卸载时要骑行于砂土之上，并通过交通点出入。用边卸式卡车装卸反滤/排水料较有优势，因为其在卸料时不必压在材料上。后卸式卡车是最常用的运输反滤/排水砂土的车型，因为其在倾倒时是沿着一条纵向的轴垂直倾倒，所以其车轮接触砂土是最少的。为避免将车中所有的砂土都倒在一个地点，有时需要将车辆停在不同的点（这需要额外的推平工作）。如果车辆的轴距足够宽，则车辆在卸载时应行于材料上。

图 5.8.2.4-1　大型底卸型卡车通过覆盖的烟囱式反滤层

图 5.8.2.4-2　铰接式底卸型车辆

运输反滤/排水料的车辆应该仅作为反滤/排水砂土运输的指定车辆，不能做他用。应定期对车厢进行检查，因为细粒材料极有可能在车厢的角落空隙内结成块，在卸料时被一并倒出。必须检查车辆经常经过的反滤/排水料区，清除从轮胎上掉落的任何有害物，这需要注意，并经常需要手工作业。

5.8.2.5　铺料

烟囱式反滤/排水料的铺设方法有很多种，具体用法因其宽度而异。8ft 及更宽的烟囱式反滤/排水可直接用卡车运输，然后用推土机或平地机平整。8ft 及以下反滤/排水的铺设则可用箱式摊铺机或装有传送带的卡车来铺设。具体如下文所述。

5.8.2.5.1　平料

因为摊平卸料不可避免引起材料分离甚至污染，所以应尽可能少平料。反滤/排水料的平料工作一般由推土机和平土机完成，如图 5.8.2.5.1-1 中所示。由于将车辆接触砂土的几率降到了最小，所以也就降低了造成材料混合的概率。要使材料混合的可能性降到最低，需要使推平设备处于最低速运行，并且设备接触砂土的概率也要做到最少。平料工作有时可能需要一些人工操作。

图 5.8.2.5.1-1　整平反滤砂料

5.8.2.5.2　箱式摊铺机

箱式摊铺机也可以用于摊平反滤/排水料，如图 5.8.2.5.2-1 所示。将砂土装入箱式摊铺机然后沿着反滤/排水料区的轴推或拉（具体操作视情况而定）。随着箱式摊铺机的移动，材料就会从机箱的后面按照规定的厚度和宽度倒出来。虽然使用这种装置有些笨重，但这种工作是值得的，因为这样做就不需要其他运输或摊铺设备，将反滤/排水料

图 5.8.2.5.2-1　简单的单箱式摊铺机

按照指定厚度和宽度摊铺。不同种类的摊铺机根据特定具体工程项目的要求配置后投入使用。在另一个案例中，机箱设隔墙，可以同时进行第一、二阶段的任务，如图 5.8.2.5.2-2 中所示，每分区宽度为 4ft，厚度为 12in。机箱被从两侧填满（图 5.8.2.5.2-3），由一辆卡特皮勒 D6 型推土机缓速向前拖动（图 5.8.2.5.2-4）。在另一个案例中，如图 5.8.2.5.2-5 所示的可同时覆盖两个 5ft 宽区域的机箱被放置在一个具有液压升降能力的推土机的前面。在推土机向后倒行的过程中材料流出机箱铺在地上，倾卸的宽度和厚度适宜，如图 5.8.2.5.2-6 所示。

图 5.8.2.5.2-2　双箱式摊铺机

图 5.8.2.5.2-3　向箱式摊铺机内装料

5.8.2.6　车载输运机

从 2000 年开始，承包商们将装有输运机的卡车运用于宽度较窄反滤的铺设和一些车辆无法直接铺撒处的工作当中。起初在农业中被用来运送谷物的车辆经过改装后被用来运送粗粒砂土。这种拥有一个大车箱或漏斗的卡车与在尾部安装了输运机用来装卸反滤/排水砂的卡车极为相似。车载的输运机可相对卡车长轴移动，且可升降，其活动性

图 5.8.2.5.2-4　拖动箱式摊铺机

图 5.8.2.5.2-5　装配推土机的双箱箱式摊铺机（侧视图）

图 5.8.2.5.2-6　安装于推土机尾部的双箱型摊铺机（后视图）

类似于混凝土运送车的溜槽。有些卡车可以通过缆线一端的控制器遥控，驾驶员在不需要任何协助的情况下就可以将砂土卸倒在指定位置。然后，砂土料以有点类似于混凝土浇筑的方式被传送到指定区域。操作过程加以注意，砂土料就可被均匀地铺撒成指定的厚度并无需推平。但如果操作人员技术不是很娴熟的话，有时则需要手动耙平，但几乎不需要使用推土机。图 5.8.2.6-1 为在大坝铺设一个 4ft 宽的反滤层的操作。

图 5.8.2.6-1　增建 4ft 宽的反滤层

5.8.3　分离

在施工过程中，完全避免建筑材料的混合是不可能的。因为所有的材料都需要加工处理，而加工处理本身就会造成材料的混合。但是，如果遵循一些实践经验得出的存储、运输、卸料、摊铺和夯实反滤/排水料的适当施工方法，可以大大降低混合量。

加工和布料过程中材料的分离是一个常见问题。材料分离会导致反滤/排水料中的过粗料与相邻的细粒料接触，降低反滤/排水效果。导致接触面的材料不相融。很多研究人员将控制分离作为反滤/排水施工中最重要的方面。分离对土石坝的最终运行效果影响极大。

导致材料分离的一个常见原因是加工处理方法。因为从输送机、溜槽或料斗上卸下材料时，较大颗粒总会滚到砂土堆的边上，或运输装置内材料堆的边上。材料从卡车、单斗装载机和其他的运输卸载装置中卸下时，总会分离，且随卸载高度变高更严重。材料倾倒填筑时，也会造成分离。

有几种可以有效控制材料分离的方法。首先，设计者可在标准中明确一个统一的反滤/排水级配，并如上文所述限制最大尺寸。其次，应规定并实施控制分离的施工方法。使用斗式输送机、箱式摊铺机和“象鼻管”装卸输送材料，必要时手工作业来防止材料分离。在倾卸材料时，倾卸高度限制在 2ft 以下。铺设反滤/排水料时，采用翻斗通常能充分限制铺料过程中的分离。通过工程措施限制翻斗开口的宽度能提高其限制分离的能力。在箱式摊铺机或其他的布料装置内部安装挡板也有利于减弱分离。检查反滤/排水料的卸载、夯实的人员应明白限制分离的重要性。

5.8.3.1 前后分离

前后分离或输送带分离主要发生在传送带上。通常的情况是，材料通过托辊时，细料被振动到底部，而粗粒材料仍在顶部（如图 5.8.3.1-1 所示）。此外，如果粗料在传送带的末端没有转弯，有可能掉出传送带，与此同时，细料却已到了传送带下方指定的位置。传送带的运转速度越高，距地面的距离越大，分离越严重。这种情况可以通过降低转速和与地面距离，使用导流板来改善，在“粗细骨料的检验与取样程序”中有详细的说明。

5.8.3.2 滚落分离

堆料时也会造成分离，料堆越高，分离越严重。大颗粒料会顺着料堆的边缘滚下，如图 5.8.3.2-1 所示。料堆和倾卸高度越高，分离越严重。此情况可通过降低倾卸高度和料堆高度来改善。

图 5.8.3.1-1 前后或带状分离

图 5.8.3.2-1 宽级配粗粒料堆的分离

5.8.4 颗粒破碎

在装填和压实作业中，所有颗粒材料都会破碎，较典型的是装载机或推土机将材料从料堆装到卡车上，倾倒在填料处，刮平至均匀松软的厚度，再用光滑滚筒式压路机压实的过程中。这些作业中的每一个操作都能导致单个颗粒的破碎，破碎料更严重。破碎导致工厂生产出的材料与填筑在坝体上材料的级配发生改变。在过去 40 年里的施工项目中，垦务局对料源处和填筑面两个部位均进行颗分试验，检测颗粒破碎。这些级配的结果表明：颗粒破碎导致细骨料普遍增加了 1%～3%，对美国西部的材料来说，细料增加 2%是比较普遍的。值得注意的是，粉碎作业得到的材料比加工的天然材料的破碎要更大。根据这些数据，料源处的级配应比坝体所需级配小 3%。规定加工厂的材料级配时，应考虑到颗粒破碎，并应在现场进行铺筑试验。当仅规定填筑料的级配时，工厂料与填筑料之间的破碎问题应由承包商负责。这种情况会导致工期延误，还可能被无经验的承包商索赔。

对于小型工程，由实验室测试来确定石料质量可能不太实际。在这种情况下，设计师应考虑母岩材料的矿物学特征。砂岩骨料比沉积岩骨料的质量要好。对于从商业资源获得的物料来说，应检查料堆坡度的均匀性。有不规则或近似垂直坡的料堆可能表示细粒含量高，甚至可能会出现与图 5.8.4-1 中相似的黏结剂或胶结料。

图 5.8.4-1 砂砾石（再生混凝土）料堆

5.8.5 压实

通常，压实反滤层的原因有以下一个或几个：

(1) 在潮湿的情况下不会塌落；

(2) 在动力荷载的情况下不会液化；

(3) 达到设计抗剪强度；

(4) 与坝体内临近区域的应变协调；

(5) 基于压实材料的颗粒保护准则。

这些特征通常要求相对较高的密度。另外，还有一些砂石反滤层、排水层以及过渡区不应压实至相对较高密度的原因❶。过于密实的细砂将导致该区域过脆，没有理想的自愈能力（承受裂缝）。要求较脆性区域具有高抗剪强度和低压缩性常会出现附属的性能：在狭窄区有破裂变形和易拱起的趋势。为能达到高密度，有时会规定重型振动设备

---

❶ 最小限度的压实反滤层。过度压实，尤其是轧制料，可能导致反滤层细料过多，而易于开裂。

需碾压几遍，这可能增加颗粒破碎的趋势，在浇筑层表面生成含过多细砂的薄层，这可能减少垂直渗透性，同时也降低了材料的自愈能力。

从根本上来说，颗粒土的压实是采用碾压设备压实土体来完成的。碾压能量与碾压设备的自重、动力、对指定区域的碾压次数和层厚相关。可以用很多不同的方式改变这些因素，以达到要求的密度，但是，减少材料颗粒破碎的要求又会减少压实度。为减少颗粒破碎，碾压遍数不应超过两次，分层数量应尽可能少，以使层交界面的数量最少。以下部分将讲述典型的压实方法以满足设计要求。

5.8.5.1 现场压实

最有效的压实洁净颗粒材料的设备类型是振动型，如振动压路机或振动平板夯。在压实用于反滤层的洁净细砂上，振动压路机已有很长久的成功历史。D. 阿波罗尼亚等人称，用相对较小的碾子（12500lb）压实 ASTM C33 的洁净砂有很好的压实效果。此研究总结出，对于相对薄的碾压层（小于 1.5ft），采用轻型振动碾碾压 2 遍就能取得一个好的压实效果，相当于砂料相对密度 75%左右。

通常建议在压实之前彻底润湿砂石料，但不是必需的。压实设备的动力载荷在压实颗粒材料中是很关键的因素。

5.8.5.1.1 振动压路机

振动压路机或振动碾在型号上有大型双钢轮及小型后操控筒型或平板型等类型。这些类型的设备见图 5.8.2.6-1 和图 5.8.5.1.1-1～图 5.8.5.1.1-3。

图 5.8.5.1.1-1 双钢轮振动压路机

通常要求在合同技术条款中给出一个或更多的以下的特性：

（1）静重；

（2）轮的直径与宽度；

（3）运行振动频率的范围；

（4）动力；

图 5.8.5.1.1-2　单钢轮振动压路机

图 5.8.5.1.1-3　后操控振动平板压实机

（5）碾压作业（详见下述）。

在使用之前，必须根据技术条款的要求检查并核实所有特定振动碾的规定静态和动态特性。即使已经规定了碾压设备的性能，在施工反滤层或排水层之前，通常会进行现场碾压试验，以确保其能够成功达到预期效果。

5.8.5.1.2　碾压设备操作

对批准使用的碾压设备，应规定其操作，包括碾压遍数、碾压搭接、最高行驶速度以及振动频率。另外，可能还有与换向和后退相关的附加操作要求。有无激振力时，碾子都需处于运转的状态。另外，不能在振动的状态下让设备空转，因为这会导致其处于开挖状态或反滤层过于密实。每层的碾压遍数，以及搭接部分（通常最小为 1ft），必须经现场实地观察而确定。光面振动碾完全通过压实区域称为一次碾压。双钢轮振动压实机的碾压遍数❶相当于单钢轮振动压实机的两倍。因这些术语需要说明，因此技术条款中应包含对这些术语的解释。可通过在一个已知距离上记录运动时间核准行驶速度，直到监督人员满意其目测评估速度为止。

5.8.5.1.3　沿管道压实

因为过去采用防渗环的压实效果不佳，沿管道周边的压实需特别考虑。在压实时，

❶　假设每个碾子都有动力。

还需考虑钢筋混凝土管的强度。对于新管道，要给予足够的时间让混凝土的强度能够承载压实作业。在混凝土浇筑或修正有问题部位之后，为了能尽快填筑，压实的要求不能降低。

邻近管道的压实应平行于管道，即与坝轴线垂直。要注意，这与坝的纵轴线是相反的，主要用于烟囱式反滤的压实。填料应均衡倾斜地填筑在管道两侧，如图 5.8.5.1.3-1。压实机的轮胎或滚筒应紧贴管道运行，不偏移。

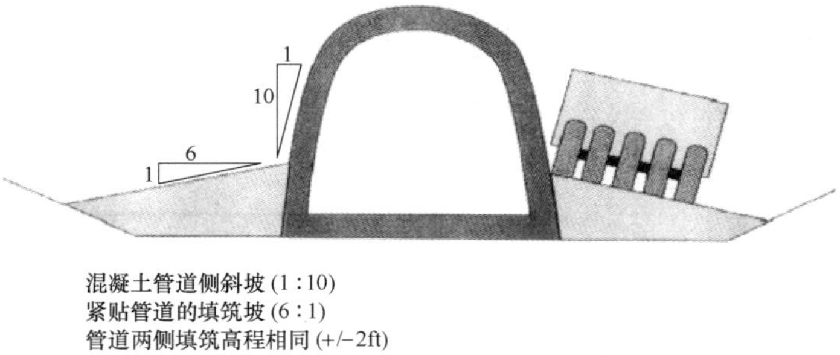

图 5.8.5.1.3-1　推荐的管道周围坝料填筑压实方法

5.8.5.1.4　分区之间接触带的压实

反滤层/排水层和相邻材料之间的接触带，如反滤层/排水层和防渗心墙之间，必须充分压实。如果未压实，低剪切强度和高压缩的区域可以沿着接触带发展。分区接触带压实很容易被忽视，由于反滤层/排水层由光面振动碾压实，而防渗墙一般用振捣碾（羊角碾）或橡胶轮（气胎）碾压实。每种压实设备操作人员均被告知应避免压到相邻区域，操作人员按说明操作，可能导致接触带周围未获得足够的压实。

接触带的适当压实可通过在相邻材料上重叠振动碾压来完成，而不是通过在反滤层/排水层上重叠夯实。然而，压实碾操作人员和监督人员应该知道，未压实接触带的危害比两种相邻材料少量混合要大。通常规定 1ft 的重叠。为了方便接触带压实，在压实之前，应移除所有用于标记边界的水平点标桩，以便操作人员不围着标桩操作。应在边界区域或邻近边界区域进行密度测试，以核实此区域已达到适当的压实。砂料反滤或排水层接触带的碾压示例见图 5.8.5.1.4-1。

5.8.5.1.5　压实要求

压实反滤排水材料时，应该保证达到足够的密度，防止液化，限制固结并保证足够的强度。然而，过度压实会导致颗粒破碎，渗透性降低（第 5.8.4 节）。因此，压实的力度应该限制在要求的力度，以保证要求的强度和固结，而不造成过度的颗粒破碎以及不必要的高密度，这两者都会降低渗透性。应该考虑指定的碾压遍数，而不是仅仅遵循以往做法。如果碾压两遍已经能达到要求的密度，那么另加遍数就是不合理的，因为这样会降低渗透性，导致更多的颗粒破碎并加大了密度。通常存在的误解是，如果要求碾压两次，那么碾压三次会更好。其实不然，承包商及其施工人员必须意识到，不能多加

图 5.8.5.1.4-1　振动压路机正在压实两个坝区之间的接缝（注意已经不推荐使用喷杆）

碾压遍数来保证密度，也不能因为施工人员不忙而多加遍数。

通常，最低密度不低于相对密度的 70%，如果要考虑液化就更应如此。只要规定了反滤/排水的现场粒径，都应该在压实后现场取样做颗分试验。在试填筑不同阶段做渗透试验是获取压实后反滤排水层实际垂直渗透性的一种方法。几乎重现现场铺筑和压实方法的实验室程序，也能为反滤排水层渗透性的预期水平提供合理值。如果推荐的材料在压实后并没有足够的渗透性，为了达到要求，应该改变材料粒径。同时，在设计必需的反滤保护时，还应考虑改变排水层的厚度和几何形状，以增加排水能力，使之达到要求的水平。

反滤材料过度压实也会导致非均质材料顶层附近的颗粒破碎。这种非均向性会导致垂直渗透性低于水平渗透性，进而导致烟囱式反滤的性能不佳。

5.8.5.2　含水率要求

经验表明，由于颗粒料有自由排水的特性，因此很难通过饱和来达到并保持最大密度，因而现在不再推荐。为了达到饱和，过去尝试过的一个方法是，在滚筒上安装一个喷杆，可以在滚筒的前方直接喷水。另一个选择是在滚筒旁同时操作一台洒水车，这样就能在滚筒的前方人工洒水了。

然而，这两种方法都很费时，很难协调，费用高，且效果存疑。在压实前仅对材料进行喷洒只能略微增加其含水率。颗粒料的含水率介于全干与完全饱和之间时，会发生膨胀现象。当粗粒土部分饱和时，颗粒间会产生毛细张力，这将不利于达到最大密度。图 5.8.5.2-1 示出，最低密度在适度含水率时达到，普氏压实曲线产生了相反的结果应注意，图中所示关系与含细料的土料表现的关系是相反的。幸运的是，膨胀时产生的毛细张力可以很简单地被动力克服。现在已公认，振动压实是增加粗粒料密度的最有效方法，不论其饱和程度。然而，米利根等指出，操作时，湿砂的分离显然比干砂少很多。如果料堆的砂料是完全干燥的，应该在运输和铺筑前将其润湿。

5.8.6 污染

为了避免施工时填筑区侧面过多的细料污染反滤/排水区，需要采用几个方法。反滤/排水区应该保持比周围的填筑面高，周围的填筑应该保证将表层水排离反滤/排水区，以避免泥水流入反滤或排水区。应该控制好交通，限制横穿运输通道，该通道将在铺设反滤/排水料前整体拆除。交叉处应错开，排除一切会减弱反滤/排水区垂直传输性的可能。耐久材料应该特别规定，以尽可能少的压实来获得想要的现场密度，尽量减少铺设与压实过程中的颗粒破碎。用于反滤/排水料铺设与压实的设备必须保持清洁，并且限制只能在这些区域工作；其他设备在进入反滤区之前应该清洗干净，避免不必要的交叉污染。施工结束，反滤/排水区的表面应予覆盖（除地表排水要求），继续后续的铺设工作时，应将表面的覆盖材料完全移除。

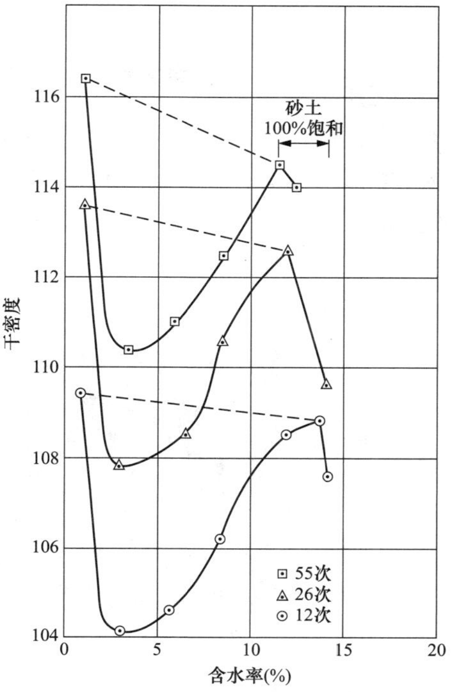

图 5.8.5.2-1 洁净砂典型的压实曲线

在装载、运输、铺设和压实过程中，会产生污染，因为这些过程会引起材料破碎，有时甚至达不到级配要求。贮存期间也会产生污染，在料堆周围采用除尘控制方法以及使用设备保证环境清洁，可以减少污染。有必要舍弃料堆底部材料或者对其进行再加工，因为料堆底部是最可能发生污染的地方。一般比较关心的是细粒成分的增加，因为细粒材料会降低反滤区的渗透性。然而，任何粒径材料破碎都是不利的，因为这会改变反滤能力。

压实后细粒所占百分比应不超过 5%，以保证渗透性不至于降低到不能接受的程度。为了达到这个目的，料堆中的材料细粒含量应低于 2%，具体含量取决于颗粒的耐久性。应规定耐久性要求。材料的耐久性最好能等同于混凝土骨料，这样能保证材料可承受必要的铺设与压实，而不会过分破碎，同时也有助于保证工程运行期间长期的磨损。尽管最好可以将这些技术条款作为现场压实后的反滤料的级配要求，但是在某些情况下，例如材料已经进行过预加工，提出压实后的要求就不现实了。在这些情况下，重要的是规定材料的洁净度（料堆中细粒含量低于 2%）和足够的耐久性。

料堆可能会被空气中的尘埃和排水污染，导致材料中细料成分增加。应采用除尘方法来防止细污染物进入料堆，可靠的排水保证悬浮泥砂不会被带入料堆。应使用料堆衬垫，尽可能减少料堆与地面之间的污染。料堆衬垫可采用混凝土、土工膜或超挖回填料。

5.8.6.1 已完工部位的保护

下面的章节将讲述如何在天气不好和设备经过的情况下保护结构。特别描述了如何在雨水腐蚀和寒冷气候冬季结冰的情况下对已完工部位进行保护。

5.8.6.1.1 表面坡度

填筑体表面应该保持一定坡度，以便保护反滤/排水区免受地面径流的污染。为了达到这个目的，反滤/排水区应保持在填筑坝表面的顶部，并用必要的方式（坡度、条带堆积等），在层的末端或者预告有暴风来临时，对其加以保护。此外，填筑体表面应该没有低洼区，尤其是涉及反滤/排水的区域。监督人员应小心由邻近区域运水车操作带来的污染。一旦反滤/排水区发生污染，必须移除所有被污染的材料，以保证正常的铺筑作业继续进行。图 5.8.6.1.1 所示为不受控制的地面径流可能造成的破坏。

图 5.8.6.1.1-1 地面径流污染了反滤层

5.8.6.1.2 横穿的运料道路

如图 5.8.6.1.2-1 所示，为了修建一个分区的填筑坝，用于修建其他区域的设备不可避免需要横穿反滤/排水/过渡区。设备横穿时，可能会发生反滤/排水区污染、反滤/排水区宽度减小、反滤/排水区部分或全部被垂直切断。因此，必须采取特殊手段，来避免横穿对设计断面或反滤/排水性能带来负面影响。应该控制设备横穿，保持其最低的绝对必要性，且必须限制在确定的有限区域。必须告知坝上所有工作人员横穿区域的位置以及使用这一区域的重要性。

假设横穿交叉控制到最少，且在指定限制的有明显标记的区域内，保护反滤/排水区的一个方法是，在每个交叉处放置一块排水材料制成的衬垫。这一衬垫应该足够宽，以适应使用的设备，且至少 18in 厚。当不再需要横穿时，挖除衬垫以及横穿处的排水料，用干净、压实良好的反滤/排水料将排水区恢复到预期的坡度。图 5.8.6.1.2-2 所示为开挖横穿处。另一个方法是在排水区的横穿处铺设厚土工膜或者钢板，用于保护材料免受车辆通行的影响。图 5.8.6.1.2-3 所示为设置土工膜。即使使用了土工膜或者钢板，还是需要挖除交叉处的反滤/排水料并进行回填，不过挖除量没有不覆盖时那么多。不论使用什么保护方法，在额外铺设反滤/排水料前，都必须对现场材料进行仔细的外观检查以及级配检验。这样的检查以及级配检验将证实并保证现场条件，也为清扫横穿处的工作提供记录。

图 5.8.6.1.2-1　运料道路横穿烟囱式反滤和排水层

图 5.8.6.1.2-2　挖除设备横穿处的反滤料

图 5.8.6.1.2-3　在横穿烟囱式反滤层和排水管处铺设土工膜

5.8.6.1.3　在冬季停工期间的填筑面

在预计有冰冻区域内，应铺设一层几英尺厚的松散保护层。当恢复施工时，移除保护层。发生在冻料内最严重的损害是由于霜冻作用而对已经完工的填筑层变得松散。如果发现松散表面层，则在春天进行下一层铺料前应予挖除。需要的剥离深度最好能够利用浅探坑目测确定。冬季停工保护方案的关键在于，确保春季采用的第一层铺筑材料的性能参数完全符合要求。

5.8.7　检查和现场检测

正如下述，土石坝的反滤和排水施工的质量是通过检查和现场试验完成的。为获得最具代表性的试验结果和最高的施工质量，强制执行目测检查。

5.8.7.1　检查

按照派克博士所说："在确保施工作业的质量方面，几乎没有事情比拥有一双眼睛和经校准的大脑来观察施工作业更重要"。尽管进行了若干次检测，也仅能代表已经铺筑材料的一小部分。因此，采用目视方法持续检查现场操作和条件是质量控制（QC）程序的主要内容，对确保质量极其重要。就反滤/排水/过渡区施工而言，监督人员应该观察的典型项目：运输、卸料、铺料和碾压操作，材料的现场状况以及对已完成作业的保护。除了观察以外，监督人员必须要求在确定可疑的位置执行试验。所有这些操作应遵守技术条款和相应的施工惯例，并被监督。

为了最有效地实施检查，监督人员必须建立严格而公平的信誉。检查人员必须富有经验，了解检查计划和技术条款，且具有良好的沟通技巧。在作业初期，监督人员必须尽最大努力成为施工过程中材料性能和性状的校准人。这是达成可信观察和高效工作必需的能力。在进行试验前，有校准能力的监督人员应通过观察施工过程和材料状况，对所铺设的材料是否符合要求有正确的判断。监督人员必须能进行良好沟通，尤其是与承包商。经验已经反复表明：监督人员应该与承包人员建立良好关系，并向他们解释移除受污染物质、保持规定的最小排水区宽度、将污染减到最小等等的重要性。在知晓他们正进行作业的原因和重要性而受到激励时，劳动者和设备操作人员通常会为其工作自豪，从而更加渴望完成高质量作业。检查工作文件及其形成的检查报告非常重要，由监督人员每天编制。监督人员应该每天对这些报告进行复审，以确保所执行工作的妥善性。

5.8.7.2　检测

现场检测和实验室试验为铺筑在填筑体内的反滤/排水和过渡区料提供是否符合要求的验证。此外，检测结果为竣工结构提供证明文件。检测结果在校准过程中对于质量控制人员有所帮助并告知承包商现场有望实现的情况。正如检查一样，现场检测和实验室试验构成质量控制项目不可分割的部分，且就获得产品质量而言是必需的。由于时间限制，大多数工程项目都需要一个现场实验室，并配备有训练有素、经验丰富的技术人员。另外，所有检查和实验室技术人员都应该在最新的试验方法和要求方面富有经验。

5.8.7.2.1　现场检测

对反滤/排水和过渡区施工进行的现场检测包括确定干密度。最终结果需要测量压实的反滤/排水区，以确定其符合技术条款，并给予证明文件。为证明技术合规性而进行的施工检测没有方法和类型的限制。然而，即使采用了规定的方法，仍应该定期对分区压实密度进行现场测量，以便确保规定的方法能够达到预期的结果，并提供竣工证明文件。如图 5.8.7.2.1-1 所示，现场密度检测应使用砂锥法（ASTM D1556）进行。垦务局的检测数据表明，核子测定仪经常低估干密度，在没有用砂锥法进行频繁校准的情况下，不容许在土石坝内部进行颗粒材料的检测。应该在下伏层的上表面进行该检测。注意准备一个适当的表面，并确保检测检测位置和材料层是预期的。

图 5.8.7.2.1-1 在反滤砂褥垫中实施砂锥检测

5.8.7.2.2 选择检测位置

密度试验位置应该由一直都在观察施工操作的监督人员选择，并与实施检测的技术人员讨论影响检测位置选择的因素。与检测过程中的许多错误相比较，不合适的选择常常可能会给实践带来更多的困难。选择检测位置时，应以获取监督人员怀疑有不当压实区域内的平均压实百分数和压实百分数为目的。

砂料的过度压实可能会导致在料层表面或者附近细粒土增加，对最大细粒含量百分率的要求带来负面影响。欠压实可能会造成现场填土低密度。同理，进行级配检测的取样地点也应该由观察过铺筑和压实操作的工作人员挑选。级配符合性检验是在压实后的砂料样品上进行的。正如密度检测的情况一样，级配检验位置的选择应基于目测确定的能代表整个施工过程，同时考虑到监督人员通过观察怀疑不满足指定级配的位置。

5.8.7.2.3 检测频率

密度和级配检测的频率应该由设计师确立并规定。通常情况下，检测频率是以铺设体积量为基础的，在位于压实可能较为困难的临界区域（诸如靠近泄水管或者泄洪道壁面），可能会要求有更多的检测次数。对于土石坝施工，表 5.8.7.2.3-1 示出由设计者规定的频率要求的实例。要注意的是，所标识的值代表了最小检测频率。这些频率应该在施工初期以及在有问题或者其他情况下增加。

表 5.8.7.2.3-1　对压实反滤料和过渡料进行质量控制和质量保证检查的最小检测频率实例

	检测类别	检测反滤层（砂）次数	检测过渡层（砂和砾石）次数
质量控制	级配	$1/2000yd^3$	$1/5000yd^3$
质量控制	密度	没有要求	没有要求
质量保证	级配	$1/5000yd^3$	$1/10000yd^3$
质量保证	密度	$1/5000yd^3$	$1/7500yd^3$

注　所示的检测频率是可接受的最小值，可能需要更加频繁的检测（每班至少有一次检测）。

5.8.7.2.4　参考密度

几种类型的控制检测已经并正在用于获取颗粒状反滤区的设计和施工参考密度值。所采用的检测主要类型如下：

相对密度试验：最小干密度 ASTM D4254，最大干密度 ASTM D4253；

压实（普氏）试验❶：ASTM D698 和 ASTM D1557；

振动锤击实试验：ASTM D7382。

以下章节对这些用于施工控制的检测进行更为详细的讨论。

5.8.7.2.5　相对密度

按照 ASTM D4253 和 D4254 的描述，最小和最大密度检测可以在大范围的反滤料上（包括从细混凝土砂到砾石）实施。在为材料确立最小密度和最大密度以后，可获得中间插值，这为渗透性和剪切强度值提供了基础。这一插值（中间）被作为相对密度。在使用这一程序的过程中，70%作为一个典型的最小相对密度已经规定作为颗粒材料的密度。使用相对密度来控制颗粒状反滤层的填筑有着悠久传统，不过检测中的问题已经使得设计者们探索其他确定设计密度及填筑要求的方法。相对密度检测的问题包括：

(1) 很难标定用于最大干密度检测的振动台；

(2) 检测重复性差：缺乏精确度；

(3) 施工现场缺乏设备和检测费用。

塔维纳斯等人和霍尔茨描述了在施工控制中使用相对密度方面的问题，报告了检测结果中不能接受的实验室标准样本之间的较大偏差。他们的研究表明，尽管检测的标准化过程得到了规定，但是最小和最大干密度检测的结果还是有较大的波动范围。检测示出了一个更为广阔的置信区间，例如净砂有 95%的置信区间覆盖了 $6.8lb/ft^3$ 的范围。除检测本身所出现的上述问题，性能检测是耗时的，因此无益于施工期内的符合性试验检测。

5.8.7.2.6　普氏最大密度

通过通常所熟知的普氏或冲击压实检测而进行的最大密度测定已经使用了几十年。存在两种基本类型的检测，区别在于作用于压实土的功。由于普氏试验主要用于需要最大干密度和最优含水率的不透水土，很少也不应当用于透水性土料。洁净砂的典型水分-

❶　由于在粒状土上没有得到恰当应用，某些测试不再使用。

密度曲线在图 5.8.5.2-1 中示出，表明当材料几乎是干燥的或者是完全饱和的时候，达到最大密度。

5.8.7.2.7 振动锤击实试验

对于洁净砂而言，获取指数密度值的另一种方法是采用振动锤（图 5.8.7.2.7-1 所示设备）。普罗查斯卡和德内维奇等人详细讨论了该项检测方法。该检测是美国材料检测协会的检测标准（ASTM D7382）。参考密度通过用振动锤将三层反滤材料样品压实到钢制模子中得到。在检测期间，反滤层是烘干或者饱和的。使用两种尺寸模子，直径为 6in 的模子用于最大粒度为 3/4in 的反滤料，直径 11in 的模子用于最大直径达 2in 的反滤料。得出的振动干密度值作为实验室检测的参考密度，换句话说，可以规定为所检测材料的最小可信密度。

图 5.8.7.2.7-1 用于获取反滤料参考密度值的振动锤

5.8.7.2.8 级配

级配符合性的砂质样本实验室检测是通过使用 ASTM D422《土壤粒径大小分析标准方法》中所示的检测方法完成的。在快速检测有用的情况下（作为通过 200 号筛的百分比），可以进行局部级配检测。另外，检测中所使用的筛子应当具有与规范中提及的尺寸和数量相同。

5.8.8 管道保护

在 FEMA P-676 中描述了安装塑料管的适当方法。

水平式排水管常用于收集渗流，特别是在坝趾排水内。一些不适当的惯例常在管道安装中遇到，应当避免，包括但不限于：

（1）使用反铲斗重击或者将反铲斗置于回填土上，通过对铲斗施压使其后部抬起而压实回填土；

（2）任何类型的施工设备或车辆的车轮在管道上（平行或横向）滚动；

（3）在管道的拱腋之下不铺筑或者完全压实回填土；

（4）横穿管道的运料路或者设备没有足够的覆盖物。

根据 AASHTO 的规定，承载 H-20 公路卡车荷载（前轴负载为 8000lb，后轴负载为 52000lb）的管道上方深度最小应为 4ft（如果制造商建议，可能有更大的深度要求）。应注意，在运料路的低点穿过管道时，由于刹车，将导致高于正常的负载。类似地，一条未进行维护且不均匀的运料路将会导致反弹，而这也导致更高的负荷。如果运料路没有得到较好维护或者没有一个均匀的坡度，应限制交通速度，在十字路口交通速度不得超过每小时 5mi。第 5.2.3.2 节中给出了在这些荷载条件下推荐使用的管道类型。为了确定所安装的管道未遭到破坏，在管道上方填筑 4ft 厚的永久性填料后，建议进行一次视频检查。

5.9 词汇表

吸水率（absorption）——由于材料孔隙中的水而产生的骨料重量增加，但不包含附着在颗粒表面的水，用干重的百分比表示。干骨料系在110±5℃温度下充分放置一段时间直至所有未结合水蒸发完毕的骨料。

坝肩（abutment）——筑坝依靠的河谷壁部分。左、右岸坝肩依据向下游的方向而定。

各向异性（anisotropy）——导致土体水平渗透性不同于垂直渗透性的变异性。通常，天然沉积和人工填土的水平向渗透性高于垂直渗透性，因为这些沉积物和填料都是水平向分层沉积的。

表观比重（apparent specific gravity）——在固定温度下不透水骨料在空气中的单位体积的重量与同等温度下同等体积的蒸馏水重量（不含空气）之比。

拱效应（arching）——土体特性，将应力分布到岩层或混凝土等硬质结构上，使得较软部位的垂直应力小于上覆土压力。

反向冲刷管涌（backward erosion piping）——从集中渗漏位置开始的土壤侵蚀，通常发生在坝下游。随着侵蚀的继续，越来越多的材料被带走，形成一个管状的空腔。这种侵蚀会继续向上游发展至最高水力梯度处或从侵蚀始点向后发展。

基土（base soil）——被反滤层保护的土料，从渗流方向看，基土是反滤层的上级料。

基岩（bedrock）——一个广义术语，包括一般意义上构成地壳的硬质材料或晶体材料。基岩中的个别地层单元或工程地质上重要的单元可能包括不良或软弱的材料，如河床、透镜体或夹层等。

黏合剂（binding agents）——覆盖在过滤料上的矿物或化学物质，使过滤料颗粒胶结或黏合在一起。

褥垫（blanket）——位于下游坝壳和坝基之间，与填筑坝坝基平行的层面或区域。通常用于烟囱式反滤层到坝趾排水层的排水。参见“排水褥垫”。

褥垫式排水（blanket drain）——第二层反滤/褥垫式排水系统，主要由砾石料构成。

褥垫式反滤（blanket filter）——第一层反滤/褥垫式排水系统，主要由砂粒大小的材料构成。

宽级配（broadly graded）——土料的级配特征，表现同种土含多种颗粒粒径。

1类土（category 1 soil）——级配调整后，细粒（小于0.075mm）含量大于85%的基土。

2类土（category 2 soil）——级配调整后，细粒（小于0.075mm）含量在40%～85%之间的基土。

3类土（category 3 soil）——级配调整后，细粒（小于0.075mm）含量在15%～40%之间的基土。

4类土（category 4 soil）——级配调整后，细粒（小于0.075mm）含量小于15%的

基土。

胶结剂（cementing agents）——化学物质，通常为溶液状，覆盖于反滤骨料上。无法通过级配分析检测出这种物质，也无法用 USCS 将其分为细粒料。

烟囱（chimney）——从填筑坝的坝基延伸至坝顶附近的坝区。烟囱可以是垂直或倾斜的。

烟囱式排水（chimney drain）——烟囱式反滤/排水系统的第二层，主要由砾石材料组成。

烟囱式反滤层（chimney filter）——第一层烟囱式反滤/排水系统，主要由砂粒材料构成。

洁净（clean）——一种土料级配，按质量计的细粒含量小于 5%。

曲率系数［也称级配系数（coefficient of curvature）］（coefficient of gradation）——通过级配分析确定，计算公式为：$C_z = D_{30}^2 / (D_{60} \times D_{10})$，其中 D_{60}、D_{30} 和 D_{10} 分别表示级配曲线上含量低于 60%、30%和 10%的颗粒粒径。

级配系数（coefficient of gradation）——见“曲率系数”。

内摩擦系数（coefficient of internal friction）——内摩擦角的切线。

不均匀系数（coefficient of uniformity）——通过级配分析确定，等于 D_{60}/D_{10} 的比值，其中 D_{60} 和 D_{10} 分别表示级配曲线上含量低于 60%和 10%的颗粒粒径。

压实（compaction）——通过减少材料的孔隙提高其密度的一种机械作用。

- 最终结果（end result）——压实过程，包括对密度、含水率等其他标准的要求，以确保压实的土料具备预期的性能。
- 施工方法（method）——碾压过程，规定了压实土料的铺料厚度、设备以及压实操作。

压土机（compactor）——用于提高土体密度的机器设备。另见“碾压机”。

管道（conduit）——通常为管状、箱形或马蹄形结构，采用随挖随填的施工方式。管道可以用做输水，也可以在其中敷设其他的管道、电缆、电线等。

心墙（core）——在分区坝中，心墙通常是坝体中渗透性最低的部分，用于将通过坝体的渗流量控制在可接受的程度。

覆盖面（coverage）——一次压实所覆盖的面积。钢轮压路机的覆盖面为 100%。而胶轮压路机的覆盖面为 50%，因为轮胎间存在空隙，要达到 100%覆盖就必须碾压两次。

裂缝（crack）——在原本完整的填料上出现的狭长的开裂或分离。也可参考“纵向裂缝”和“横向裂缝”。

临界水力梯度（critical gradient）——致使土颗粒移动的渗流比降。在渗流垂直于地面的情况下，如果土体相对密度为 2.74，则临界水力梯度可以整体计算。比重不同的土壤，其临界水力梯度也不同。

截水槽（cutoff trench）——为了减少地下渗流，在填筑坝坝基中于原河床高程开挖的槽。

防渗墙（cutoff wall）——坝下的垂直屏障，通常修建于边壁垂直的深沟槽中。可采用多种材料回填沟槽，包括混凝土、土-膨润土和土-水泥-膨润土。用不透水材料建造的一道墙（如混凝土、木料、钢板桩），位于坝下基础中，形成减少地下渗流的防水屏障。

大坝（dam）——可以拦蓄河水、污水或任何液体的人工屏障，用于蓄水或控制水。

- 土坝（earthfill）——50%以上的体积由小于3in的土颗粒料压实而成的填筑坝。
- 填筑坝（embankment）——用天然开挖料或工业废料填筑的坝，前者如土坝和堆石坝，后者如尾矿坝。
- 堆石坝（rockfill）——50%以上的体积用粒径大于3in的鹅卵石、大卵石、轧碎的块石或开采的石料压实或抛填而成的填筑坝。
- 尾矿坝（tailings）——由采矿作业或矿物加工产生的废料填筑的工业废料坝。

坝高（dam height）——坝轴线（或坝顶中心线）处原河床最低点与坝顶之间的垂直距离。

缺陷（defect）——土坝中出现的诸如裂缝、填筑质量不良或填料与混凝土结构之间存在分离等异常现象。

变形（deformation）——应力导致的尺寸或形状的变化。

反滤包裹（diaphragm）——为保护管道不受内部侵蚀，沿着管道外部布置的反滤层。相对于整个大坝横截面来说，反滤层的厚度较薄（约8ft）。当仅用于保护已建的管道时，其在垂直向和水平向的范围式有限的。若除了用于保护已建管道之外，还用于为已建的大坝增设烟囱式反滤层，则应将其视为烟囱式反滤层的一部分。也可参见“Envelope”。

逸出面（discharge face）——渗流通过的基土下游面。

排放点（discharge point）——排水系统的终端，水流在此处排入其他水道或排水道。

分散性土（dispersive soil）——具有罕见特性的黏土，其分散到渗流中像进入溶液一样，其侵蚀破坏风险较典型的潜在侵蚀高。

排水层（drain）——通常是反滤/排水系统的第二层，由砾石构成。主要用于集水并将水输送到排放处。一般而言，排水层是为了释放过高的水压力。

排水褥垫（drainage blanket）——填筑坝区，从烟囱式反滤层底部到下游坝趾区的排水。

排水管（drainpipe）——填筑坝内的管道系统，用于收集来自坝基和填筑体的渗流，并将其排至自由出水口。

反滤包裹（envelope）——反滤保护层，用于包裹管道或其他穿过填筑坝的构件，可参见“diaphragm”。

侵蚀（erosion）——地表水流或地面渗流带走土颗粒的现象。

失事（failure）——大坝发生不受控制地泄放水库水，给下游人员或财产带来不利影响的情形。

失事模式（failure mode）——填筑坝发生破坏的一种合理物理过程。与天然基础条件，大坝或附属结构的设计、施工及材料，运行及维护有关的不足或缺陷或结构老化，都会引起不受控制地泄放水库水。

反滤层（filter）——用于排水和防止土颗粒被水流带走而设计和铺筑的坝料区。填土构造区，容许水流通过，但不容许水流中携带的悬浮颗粒通过。

● 烟囱式（chimney）——烟囱式反滤层是填筑坝中的一个构件，是垂直或倾斜的，紧靠大坝心墙的下游。烟囱式反滤层通常布置于大坝的中央部位。

● 环（collar）——围绕填筑坝内部管道指定长度铺筑的有限反滤料。滤环通常用于填筑坝修复时无法采用反滤包裹的情况下。滤环一般设于管道的下游端。滤环与反滤包裹不同，反滤包裹通常设于填筑坝内部范围。

● 反滤包裹（diaphragm）——反滤包裹是一个反滤料区，是包裹穿过坝堤的管道一个隔层，可以保护管道附近的填筑体免受因该区域出现裂缝而造成的内部侵蚀。位于烟囱式反滤层和滤环之间的反滤包裹为中等尺寸。如果管道是设于土基中，且距填筑体有一段距离，则反滤包裹应完全包裹该管道。

滤饼（filter cake）——水流流经上游区域的裂缝时将侵蚀颗粒带至反滤层表面，从而使滤层表面积累起的土粒薄层。侵蚀颗粒嵌于反滤层孔隙附近的表面时，形成滤饼。滤饼有利于减轻水流对裂缝的进一步侵蚀。

滤环（filter collar）——见“反滤层中环”。

反滤包裹（Filter diaphragm）——见“反滤层中反滤包裹”。

细粒料（fines）——颗粒尺寸小于 USCS200 号筛筛孔尺寸（0.075mm）的土料。

初次蓄水（first filling）——通常指水库或管道的初次蓄水。大修结束后，水库的再次蓄水也可称为初次蓄水。

第一层（first stage）——反滤层/排水层，通常由反滤砂构成。第一层可保护地基土或不透水心墙。

软管（flexible pipe）——一种管道，承受荷载时，可向周围介质偏转至少 2%。

洪水（flood）——水面高程暂时性的上升，会导致正常情况下的无水区域被水淹没。

取证（forensics）——利用科技来帮助确定事实的一个科学分支。具体针对填土结构时，是指对溃坝区域进行考察以便确定溃坝原因。

基础（foundation）——山谷底部的一部分，位于填筑坝之下，并支撑填筑坝。坝址处用于筑坝的土壤或岩石材料。岩石或类岩石材料固结的地基材料可称基岩，而黏土、砂或砾石等未固结材料则称为表层材料。

间断级配（gap-graded）——在级配曲线的中心部位缺少某一粒组，比如砂或碎石土中缺少细砂粒，细砂便有了间断，也称为跳跃级配。

土工织物（geotextiles）——天然或合成的纺织物，用做与土壤、地基或岩石结合的工程材料。土工织物有以下用途：排水、反滤、分隔材料、加筋、防潮以及冲蚀防护。

级配（gradation）——标准尺寸中颗粒材料的分布，通常根据比每一系列筛孔大或小的累计百分数来表示。

级配包线（gradation band）——指定的反滤料级配范围。级配包线必须与反滤层设计过程的容许值相适应。见“容许值”。

梯度（gradient）——给定距离内水头损失变化。该特性通常用于评价渗漏水带走（侵蚀）土颗粒的潜在能力。

粒度分布（grain size distribution）——规定土颗粒尺寸之间百分数的可视化表示

形式。

砾石（gravel）——能通过 3in（76.2mmmm）筛孔并且保留在美国标准 4 号筛（4.75mm）上的土料。

交叉拱（groin）——坝面（上游或下游）和坝肩之间的接触线。

浆液（grout）——流态材料，注入到土壤、岩石、混凝土或其他建造材料中，用于封闭孔口并降低渗透性和/或提供额外结构强度。有四种主要的灌浆材料类型：化学制品、水泥、黏土和沥青。

浆液比（grout mix）——在浆液中使用的各种材料的比例和量，按质量或体积计。

灌浆管（grout pipe）——用于将浆液输送至指定位置的管道，可采用重力流或压力灌注。

风险（hazard）——可能产生不良后果的情况，比如失去生命或有财产损失。

潜在风险分类（hazard potential classification）——根据由溃坝或误操作造成的不良后果程度的对土石坝进行分类的系统。潜在风险分类不会以任何方式反映出土石坝的近期情况（如安全性、结构完整性、泄洪能力）。

水头（head）——两个水面高程之间的垂直差，一般以 ft 为单位。

高度（地面以上）［height（above ground）］——从原始地面至填筑坝顶部的最大高度。

非均匀性（heterogeneous）——包含不同成分。对于土壤，包含几种土壤类型。

高密度聚乙烯（HDPE）［high density polyethylene（HDPE）］——作为唯一单元结构的乙烯的聚合作用产生的高分子聚合物。

均匀性（homogeneous）——包含相似的成分。对于土壤，含单一土壤类型。

水力传导性（hydraulic conductivity）——水流渗透土壤的难易程度。水力传导性是反映水在土体中流动的一种特性，它是水力梯度和水流经区域横断面积的一个函数。

水力压裂（hydraulic fracture）——当作用的水压在总体上超过横向有效应力的时候，出现土壤或岩体的分离。水力压裂可能出现在坝轴线的垂直裂缝横轴中或其他缺陷上。比最优含水率稍干的土体更易受水力压裂的影响。

水力梯度（hydraulic gradient）——水力坡降线的斜率。水力梯度就是在明渠中水面的坡度。

水力高度（hydraulic height）——坝轴线（或坝顶中心线）部位天然河床的最低点和最大可控水面（通常为无闸控制的溢洪道堰顶）之间的垂直高差。

水工建筑物（hydraulic structure）——能够蓄水或运输水的任何建筑物（水坝、防洪堤、运河、溢洪道、挡土墙等）。

亲水性（hydrophilic）——对水有很强的吸引力。

疏水性（hydrophobic）——对水有很强的排斥性。

静水头（hydrostatic head）——给定点之上水的高度产生的水压力。

静水压力（hydrostatic pressure）——静态水产生的压力。

冰水透镜体（ice lens）——在土石坝建设期间，湿土料暴露于冰冻温度下形成的大量冰土体。对于某些类型的土（粉土和粉质黏土），冰块的尺寸会随着其将未冻住的毛细水从周围土壤中吸收过来而增加。一块含有孔洞的松散土壤晶体可能在冰透镜体融化后依然保留。

防渗（impervious）——不透水的，液体不能轻易流过。关于土石坝，往往是作为防渗体使用。

事故（incident）——需要大修的失事或意外。

倾斜式反滤层（inclined filter）——位于填筑坝横截面中控制性部位附近的倾斜反滤层区。也见于“烟囱”。

渗透（infiltration）——通过土壤表面的水流或通过开孔、接合处或缺陷进入管道的水流。

检测（inspection）——对一种结构的操作、维护和状况的检验和评估。

监督人员（inspector）——指定的负责对如之前合同说明书所述的工作的验收、批准或拒绝的现场代表。负责进行物理检查和为土石坝及其附属结构物检查准备文件材料的任务的被授权人。

仪器仪表（instrumentation）——安装在填筑坝中或填筑坝附近的一组设备，获取可以用于评估结构性能和性能参数的测量值。

颗粒间的渗流（intergranular flow path）——通过土壤的各个孔洞和孔隙的水流。

内部侵蚀（internal erosion）——用于描述所有各种侵蚀过程的一个通用术语，在这些过程中水流在内部穿过或者经过填筑坝和地基的土壤地带。内部侵蚀这一项用于本设计标准，代替一些已经用于描述各种各样侵蚀过程的术语，比如冲刷、潜蚀、集中渗漏现象及其他。用于描述水流通过大坝或地基土壤而引起侵蚀的一个术语，包括冲刷、土壤内部不稳定性、波动或管涌等。

内在不稳定性（internal instability）——土壤的一种特性，其颗粒可以在土壤中移动。

淹没图（inundation map）——地图，示出将受到水库泄水影响的区域。洪水可能来自于可控制的或不可控制的泄放，或是溃坝。关于大坝的一系列图纸可以展示大洪水泄放所淹没的区域。

反向反滤层（inverted filter）——逆向铺设的反滤层，防止集中渗流区域产生坝料侵蚀。先放置第二层（碎石）以减弱水的流动，再铺设第一层（砂子）以阻止材料侵蚀。

各向同性（isotropy）——水平渗透性与垂直渗透性相同的土壤特性。

渗漏（leakage）——流经一个孔洞或裂缝的不受控制的水流损失。

铺层（lift）——填筑坝施工铺筑的给定厚度的土层。

容许值（limits）——根据反滤设计方法而确定的控制点，其中的反滤料级配必须满足反滤准则的要求。

液化（liquefaction）——饱和土因孔隙压力的增加而强度突然下降，这是由于低密度土壤受到地震摇晃的影响。填筑体或地基土的这种强度下降可能导致坝坡破坏。

黄土（loess）——被风远距离吹送的粉土，有时候会吹过几百英里，形成几英寸到几百英尺厚的沉积物。很多黄土沉积物都是无塑性的，耐侵蚀性很低。

纵向裂缝（longitudinal crack）——填筑坝中的一条裂缝，与大坝的轴线（中心线）

近似平行。

维护（maintenance）——为了满足设计目的，所有用于保持设备保养完好和可靠工作状态的日常和额外的工作。包括维护结构和设备在预期的运行状态下，并且进行必要的设备和次要结构的修理。

最高水位（maximum water surface）——设计洪水形成的水库水面。

水分含量（moisture content）——见“含水率”。

监控（monitoring）——测量、观察或在一段特定的时间内或每隔一段特定的时间记录一些事件的过程。

多层反滤（multilayer filter）——一个包含超过一级的反滤或排水系统（如两级反滤装置）。

正常蓄水位（normal water surface）——对于有固定溢流槛的蓄水库，系指最低顶部高程。对于通过可移动的闸门、虹吸管或其他方式可全部或部分控制出流量的蓄水库，亦指库水在正常操作状态下可以升高的最大高程，不包括任何超常规洪水的情况。

核子测定仪（nuclear gauge）——用于测量天然土壤和压实土壤、岩石和混凝土的密度和含水率的仪器。此仪器通过测量仪表中发出的伽马射线和中子获得密度和水含量。伽马射线是由插入测量物体中的探针发出。当进行适当校准时，对于通过物体传输的伽马射线的测量反映出物体的密度。此测定仪的底部会发出中子。当对此测定仪进行准确校准时，测量反射中子的返回可与物体的含水率相关联。

明挖（open cut）——在地表进行的石方或土方的开挖。

最优含水率［optimum moisture content（optimum water content）］——通过一个给定的击实功将土壤压实至最大干密度时的含水率。

泄水工程（outlet works）——可泄放水库水流（一般为受控制的）的填筑坝附属结构。大坝可通过隧洞、沟渠或管道对库水进行正常释放。

覆盖层（overburden）——覆盖在基岩之上的土壤。

碾压遍数（passes）——单滚筒碾压机的碾压一次。当一个碾压机有两个滚筒时，碾压一次等于2次碾压遍数。

开孔管（perforated pipe）——通过其表面上的圆孔或方槽收集渗流的管道。

渗透性能（permeability）——水或其他液体，包括气体，可以流过一种材料的难易程度。

透水的（pervious）——可渗透的，具有容许水流通过的空间。

透水区（pervious zone）——填筑坝中由透水材料构成的区域。

浸润线（phreatic line）——水面边界。在这条线以下的土壤是饱和的，在这条线以上，土壤孔隙中包含气体和水。

潜水面（phreatic surface）——饱和层和通气层之间的平面。又称为自由水面、自由水位、地下水面和地下水位。填筑坝的饱和层顶部。通过填筑坝体的渗流产生饱和，并且潜水面的位置会根据库水位和下游尾水位的改变而发生明显的改变。

渗压计（piezometer）——测量土壤、岩石或混凝土中流体压力（空气或水）的仪器。测量填筑坝或地基材料中指定位置的孔隙水压力的装置。

管道（pipe）——用于输送水的混凝土、塑料或金属的空心圆柱体。

- 铸铁管（cast iron）——一种金属合金管的类型，主要成分为铁，在模具中铸造。
- 波纹金属管（corrugated metal）——一种镀锌轻量金属管道，其波纹是为了提高其力量。
- 球墨铸铁管（ductile iron）——一种铸造成型的金属合金管道的类型，主要成分为铁。
- 塑料管（plastic）——塑料材料制成的空心圆柱体，与其直径相比，管壁的厚度通常很小，其内壁和外壁基本上是同轴的。
- 预制混凝土管（precast concrete）——在工厂制作的混凝土。
- 钢管（steel）——一种铁基的金属合金管道，其碳含量比铸铁低，但是高于球墨铸铁。

管涌（piping）——水流穿过限定尺寸（最初）的横截面将坝或地基材料带走，由于坝或地基提供了一个“顶部”，使正在形成的“管道”不会明显坍塌。如果正在发展的“管道”从下游出口向上游推进，达到蓄水库的位置或者扩大的管道坍塌引起坝顶塌陷，可能导致溃坝。与渗流的地下侵蚀或内部侵蚀相似，只是真正真正的管涌提供了一个顶部，减少了将渗径从下游出口延伸至水库需要被渗流带走的坝或地基土料的量。也可见“反向冲刷管涌。”

塑性（plasticity）——土壤的一种特性，表明其可塑性或重塑能力。

孔隙水压力（pore pressure）——大量土体、岩体或混凝土中流体（空气或水）的间隙压力。

优先流道（preferential flow path）——土体中或土体/岩体与结构接触处的裂缝。

断层（pull-a-part）——基岩的一种地质情况，由于地质运动使岩石表面产生受拉区。这些受拉区导致了大量节理和断裂分离。导致产生受拉区的地质运动集中向上，产生了凸面或倾斜层，如同在拱背上，可能向下滑。

质量保证（quality assurance）——指一系列有计划的活动，为业主和项目管理单位提供保证，确保设施按照设计修建。工程质量保证包括对材料和进行必要的检测、确认、审计和评定，以确定和记录建造设施的质量。质量保证亦指工程质量保证部门的一种手段，用以评定安装者或承包人是否遵守了项目的计划和技术条款。例如，对承包人用独立的设备和方法实施的质量控制检测进行验证，是一项质量保证活动。

质量控制（quality control）——指一系列有计划的检测，用于直接监控工程项目的质量。工程质量控制通常由承包人完成，是建造系统中保证质量不可或缺的。工程质量控制是承包人的一种手段，用来确定是否遵从了材料要求和工程计划和技术条款指明的工艺。例如，测量压实填土料的干密度和含水率，通过对比测量值与设计值，控制填筑质量，是一项质量控制活动。

再次蓄水（refilling）——指首次蓄水后的蓄水过程，通常是指对已建坝进行改造后的蓄水。

级配调整（regarding）——将原有级配中的某确定部分剔除的数学过程，例如剔除所有粒径的砾石颗粒（用 4 号筛进行级配调整）。

相对密度（relative density）——定义无黏性土相对密实程度的数值表达式。这个表达式基于对比给定条件下土体的密度与根据标准检测得出的极端值，这一标准检测，描述的是土壤的最大与最小密度指标。相对密度是一个比值，通常用百分比表示，是自由排水无黏性土的最大指标孔隙比与给定孔隙比之差与最大最小指标空隙比之差的比值。

减压井（relief well）——是指设于下游坝趾附近的竖井，用于为处于高压下的较深基础层减压。

修复（repair）——以维护为目的，改造或修复已有建筑物的任何部位。

替换（replacement）——清除已经不能完成目标功能的已有材料，设置合适的替代品。

水库（reservoir）——被填筑坝拦挡并存蓄的水体。

水库泄水（reservoir evacuation）——通过泄水工程、溢洪道或填筑坝的其他建筑物泄放水库水。

护坡（riprap）——是指通常放置在填筑坝的坝坡上，或者沿着河道设置的一层大块的毛石、预制块、水泥袋或其他合适材料，用于抵御波浪的冲击、腐蚀与冲刷。堆石护坡一般通过抛填或其他机械方法来完成，有时甚至是人力。它由相对大尺寸的石块构成，区别于砾石层。岩块、岩石或卵石，放置在填筑坝上游或下游面上，保护其免受风力和水力的侵蚀。

护坡垫层（riprap bedding）——护坡下部的基层，通常由砾石和卵石大小的材料构成。垫层是为铺设护坡做准备，为护坡与上游坝壳或心墙间提供一个过渡。

风险（risk）——衡量不利后果的可能性和严重程度。

岩石（rock）——岩化或硬化的结晶或非结晶材料。岩石通常以块状或大块的形式出现，其设计和施工的结果与土壤不同。

堆石坝（rockfill dam）——见“大坝，堆石坝”。

碾（roller）——用于提高土壤密度的设备，通常为滚筒碾压填料。见“碾压机”

车辙（rutting）——设备或轮胎在压实填料表面留下的印记。在土料的湿度和密度适宜时，设备反复碾压会出现车辙。通常，土料没有充分压实和/或含水量对于有效压实来说过高时，会产生车辙。

砂（sand）——岩石颗粒，可通过美国标准 4 号筛（4.75 μm），滞留在 200 号筛（0.075mm）上。

砂沸（sand boil）——没有反滤层阻止的砂子或粉土颗粒随渗流堆积到地表的运动。视随渗流运动颗粒的大小与级配，砂沸通常为火山锥体的形状，有从平到陡的斜坡。砂沸是填筑坝或防洪堤基础出水点水力梯度过大而发生管涌的证据。渗流出现在水坝的下游，表现为地表上的沸腾动作，主要被一圈材料环绕（由于基础的沉积物和或填筑材料被渗流带出）。

冲刷（scour）——发生在侵蚀表面的材料流失，侵蚀表面位于水流集中处，如贯穿水坝或坝与基础接触部位的裂缝。持续不断的水流导致侵蚀进一步加深，形成越来越大的侵蚀区。

第二级（second stage）——第二级反滤/排水系统，通常由砾石组成。第二级保护第一级，包裹坝趾排水系统的排水管。

第二级保护构件（secondary defensive elements）——填筑分区，有意料之外的缺陷或情况产生时，可用来保护大坝心墙和基础。同见“反滤层”。

拦沙坑（sediment trap）——一个容纳区，在此处流速降低，土颗粒因而沉积下来。

渗流（seepage）——渗透过岩石或土壤，或来自地面的水流。

分离（segregation）——一定量的骨料中相同大小的颗粒在装载、运输或有其他扰动时聚集在一起的趋势。反滤材料的分离会导致产生一块块分离的粗粒区和细粒区，无法成为被保护材料的反滤层。

地震活动（seismic activity）——地球构造运动的结果。

自愈（self-healing）——土壤的一种特性，土颗粒自身可以重新排列达到稳定。基层土颗粒也可以在反滤层表面重新排列。

沉降（settlement）——结构物或其基础的垂直向下运动。

抗剪强度（shear strength）——材料抵御沿着内部平面运动的力的能力。

剪应力（shear stress）——平行于平面表面的应力。

坝壳（shell）——填筑坝中的一个分区，坝壳一般设在心墙下游，有时也可能在心墙上游，为大坝填筑体提供稳定性。坝壳区比心墙有明显更高的渗透性和抗剪强度。

粉粒（silt）——能通过美国标准 200 号筛（75μm）的颗粒，无塑性或有轻微塑性，风干后没有强度或有微弱强度。

单级反滤层（single-stage filter）——仅由单一材料组成的反滤层。

落水洞（sinkhole）——凹陷，表明有地下沉降或颗粒运动，特点是有明显的边界和急剧偏移。移除地下填筑或基础材料时形成的边缘很陡的凹陷，会导致上覆的材料陷入其孔隙中。

崩解（slaking）——由于暴露在空气和潮湿环境中，开挖出的基础发生剥蚀。

坡度（slope）——水平倾角。从垂直方向测量时，也叫做内倾角。

开孔管（slotted pipe）——见“开孔管”。

滑塌（slough）——见“坍塌”。

坍塌（slump）——土体沿斜坡向下运动。

浆液（slurry）——固体和液体的混合物。

土壤（soil）——一种土质材料，由三种成分组成：固体（矿物颗粒）、液体（通常是水）和气体（空气）。

可溶盐（soluble salt）——能融于水的盐。

技术条款（specifications）——对材料、设备、施工系统及标准的书面要求。

溢洪道（spillway）——通过洪水的建筑物，从而保护大坝完整性。在有多个溢洪道的大坝中，首先泄洪的是正常溢洪道，其次是辅助溢洪道（如果大坝有 3 个溢洪道的话），最后是非常溢洪道。

稳定性（stability）——抵抗滑动、倾覆和塌陷的能力。

标准普氏击实试验（standard Proctor compaction test）——为测量土壤的最大干密度和最佳含水率，对土壤进行的一种标准的室内或现场试验。该试验使用了 ASTM 标准试验方法 D698 指定的标准能量和方式。

标准（standards）——被广泛运用和接受的具有权威性的规范。

静力稳定性（static stability）——结构物的稳定性，通常作为评定抗滑、抗倾覆和边坡破坏等的安全系数。

蓄水（storage）——通过水库按计划运行而滞留水或延迟径流，或在洪水流经天然河道的过程中临时蓄入溢流区。

带状排水（strip outlet drains）——将排水材料以垂直于大坝中心线的带状形式放置在坝壳下游，以连接烟囱式排水底部与下游坝趾。

结构高度（structural height）——开挖地基（不包括狭窄的断裂带）最低点与大坝顶部的垂直距离。

沉陷（subsidence）——地下沉降或颗粒移动形成的凹陷，通常没有明确界定的边界。

潜蚀作用（suffosion）——渗流通过某种材料时，土壤基中的部分细粒被水流带到粗粒部分中。这种类型的内侵蚀作用仅会发生在间隔级配的土体中（内部不稳定的土体）或整体平滑级配曲线，但是有代表细粒部分过多的“平尾”的级配曲线土体中。发生这种类型的内侵蚀不需裂缝，仅需水流集中在土体的某部分。

地表沉积（surficial deposits）——覆盖在基岩上的或地表附近较新的材料。一般在两种情况下形成：①由被水、风、冰、重力和人为干预输送的基岩材料形成的沉积物；②在风化作用的地方形成的残余沉积物。地表沉积可能是分层的或不分层的，可能是硬质的或是被硅盐酸、氧化物、碳酸盐或其他化学成分（钙质层或稳砂砾层）胶结的材料。

尾水（tail water）——填筑坝下游侧自由水面的高程。

坝趾排水层（toe drain）—— 一般指位于下游坝趾附近的排水层，有时下游坝壳和坝趾下游之下的排水层也被称为坝趾排水层。排水层的目的是收集来自于烟囱式排水层和褥垫的水流，如果条件容许，也用于收集地基的渗流。坝趾排水层既可以是单级的也可以是两级的反滤/排水系统，可以包括集水管，有时不包括集水管。集水管可能是明接瓦管也可能是多孔管，它一般安装在坝趾上或在坝趾附近，起到收集渗流并将渗流输送到下游出口的作用。

填筑坝坝趾（toe of the embankment dam）——指大坝下游坡或下游坡面与地面的接合处，也指下游坝趾。大坝迎水坡与地面的接合处称为上游坡脚。

过渡区（transition zone）——填筑坝中的分区，为不适合反滤的两个区域（如一个区未达到滞留另一个区颗粒的标准）提供颗粒级配过渡。典型的过渡区是黏土砾石心墙和下游卵石壳体之间的区域。

横向裂缝（transverse crack）——在填筑坝内或贯穿坝的上下游走向的裂缝。

沟渠（trench）——狭窄的（相对于长度来说）开挖渠道。

行程（trip）——单个碾压设备在压实面上行走一次。

两级反滤层（two-stage filter）——由两种材料组成的反滤层。这两种材料是保护地基的砂料和用做穿孔收集管周围过渡带的砾石料。示例中，反滤层为一级，砾石为二级。

隧道（tunnel）——有两个或两个以上地面出口的较长的地下开挖通道，一般情况下，它们有均匀的横截面，用作通行和输水。

浊度计（turbidity meter）——测量光束穿过溶液时光损失的设备，溶液中的颗粒很大，能散射光。

均匀级配（uniform gradation or uniformly graded）——由大小几乎一致的土颗粒组成的土壤级配。

排水（unwater）——排出地表水；排出可见水；排出管道内的水。

扬压力（uplift）——作用于结构底部，如填筑坝、管道、土层底部，向上的压力。

上游铺盖（upstream blanket）——铺设在大坝上游与心墙连接的不透水土层，其作用是增加大坝下部或透水地基的渗径长度。

垂直反滤层（vertical filter）——布置于填筑坝体中央附近垂直的坝区，也称作烟囱式反滤层。

孔隙（void）——地基内或填筑材料中的孔或洞。

含水率（water content）——土料或岩石材料孔隙中所包含的水量与材料中固体颗粒含量的比率，通常表示为百分比。

堰（weir）——水道上的一个屏障，用于调节水位或量测流量。通过将水流引向标准化出口，准确测量排水流量、渗流量，测量堰前静水池水面和堰顶高程的高程差，用水尺确定与堰体间的恰当距离。如果用标准方式建堰，可以利用相关水尺对水流速率读数的图表。堰体的类型主要有梯形、矩形和 V 形切口。

级配良好（well-graded）——由颗粒大小不同的土壤组成的土壤级配，在对数坐标图中，此种级配曲线是光滑的。

分区（zone）——用相似的材料、布置和压实方法建成的填筑坝的一部分。

5.10 参考文献（略）

附录 5-A 大坝和其他蓄水建筑物中排水系统所需的反滤保护和传导性

5.1.11 节强调，当排水系统的排水能力（过渡性）的需求很重要时，渗流分析可与反滤分析同等重要。本附录说明传导性与反滤保护同等重要的一些典型情况。

图 5-A-1（a）示出了坝体内烟囱式排水以及水平排水。这两个部分均包含：一个紧靠土体的反滤层区（1 区），水流经此进入排水区；一个内部有粗砾石或碎石块排水区（2 区），以及一个保护粗颗粒层不被邻近坝体材料污染的过渡区（3 区）。1 区是真正意义上的反滤层，必须使用本章所述的标准来设计。当反滤层区域很广，为渗流提供了大面积的入流面，没有造成水流汇集或集中时，如图 5-A-1（a）所示，则标准的反滤层设计准则通常能够确保反滤层比心墙的透水性要高一些。设计者一定要确保反滤层比心墙的透水性高，绝不能低。如果有任何的疑虑，反滤层的透水性应该由适当的室内试验或现场试验来验证。

图 5-A-1（a）中烟囱式排水系统中内部排水层（2 区）的水流是以接近于 1.0 的水力梯度垂直向下。缺省的传导性 T 等于 kt，而 kt 等于渗流量 Q 除以排水区内的水力坡降 i，因此排水区的传导性必须大于 Q/i，$Q/1.0$，或 Q。但是，在水平排水系统中，为防止水头过高，水力坡降是受限的，通常被限制在 2%或 3%以内。所以其传导性一般等于渗流量 Q 除以 0.02 或 0.03（需注意竖直排水区的 Q 与水平排水区的 Q 不同。如果需要可以用下脚标区分，例如“1”或“2”）。因为水平排水系统准许的水力坡降很低，而渗流量较高，因此其传导性通常必须是竖直排水区的 50～100 倍。

虽然只有少量的水会从下游填筑区进入排水系统，但是过渡区（3 区）的设计仍应该满足反滤准则，确保细粒料不会从下游侧进入而堵塞排水系统。

图 5-A-1（b）示处一坝趾排水或排水沟，利用排水管将渗水。排水管周围为碎石或砾石区（2 区），其设计是为防止周围的砂土与砾石（1 区）穿过排水区而发生管涌。排水管上的孔或槽应该小到足以防止碎石或砾石进入排水管。砂与砾石的主要功能是反滤，必须将所有周围土壤限制在原位；但是，它必须具有足够的传导性，让所有进入的水能够顺利的流入粗料区（2 区）而不会被堵塞。因为 1 区范围相对比较大，且能提供相当大的过水断面，要保持适当的透水性并不难。但是，在此所述的情况下，如果透水性不当则将可能危害工程，因此 1 区和 2 区的传导性都应该用渗流计算来检验。2 区相对比较小，所以其透水性应该足够大，以弥补减小的过水断面。

虽然排水系统的排水能力必须大到能够排出所有必需的渗流以避免水头过高并不是新概念，但几乎没有一位设计人员在实际设计工作中通过渗流计算来确定排水区可以接受的最低透水性。过去 20 到 30 年间所建造的堆石坝都设有昂贵而复杂的排水系统，但它们并没有发挥实际的功效，因为排水区内含有过多的细料，使其排水能力低到只有所需值的 1%。认真地运用本附录所列举的原则可以完全避免这些错误。当排水系统的排水能力很重要时，进行前面所述的渗流分析可以和反滤层级配设计分析一样重要。

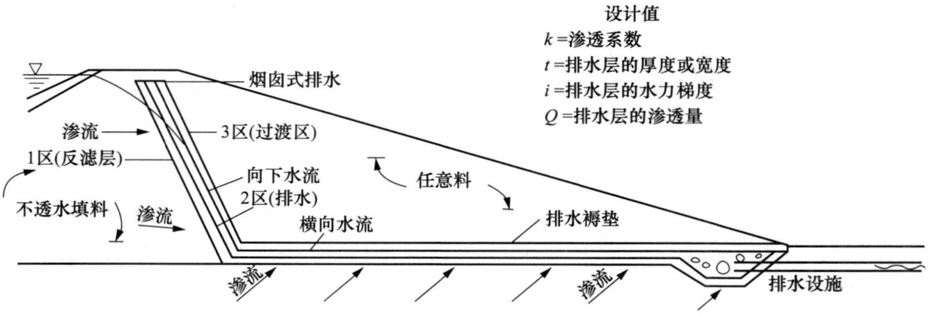

(a) 布置有烟囱式排水及水平排水的大坝

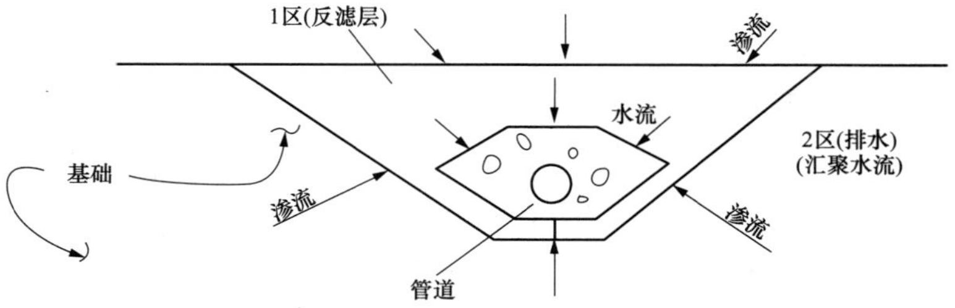

(b) 坝趾排水或排水沟

图 5-A-1　坝体及其他蓄水建筑物内排水系统所需反滤及传导性图释

附录 5-B 土工织物反滤层

5-B.1 填筑坝中的土工织物

以下陈述说明了当前大坝中使用土工织物的情况，资料来自 2007 年 7 月一份填筑坝建造和修复过程中使用土工织物情况的现状报告《土工织物在填筑坝上的使用》。

“土工织物在填筑坝建造和修复过程中有很多用途。虽然政策变了，但是美国大多数实践者都不会在容易修复和替换的地方（浅埋）或在土工织物对大坝的安全不利的地方使用土工织物。

在少数案例中，在法国、德国、南非和其他一些国家中土工织物用于深埋的反滤层。最值得注意的是土工织物作为 Valcross 坝的反滤层已成功运行 35 年。这些应用仍有争议，被认为与美国公认的工程实践不一致。因为土工织物在安装过程中易损坏，并且有阻塞的风险，所以它们的可靠性仍待验证。很多组织禁止在填筑坝重要的部分使用土工织物，因为土工织物可能破坏大坝或导致需要很多的费用进行修复。设计者需要慎重考虑土工织物作为重要的设计构件以无裕度的方式深埋大坝中可能产生的危害。

国家大坝安全审查委员会政策表明土工织物不能用于对大坝安全有威胁并不能进行替换的地方。”

本文作者的观点与这个政策一致，以下部分是补充讨论。

5-B.2 土工织物用做大坝反滤或排水系统的技术评估

研究模拟了砂砾反滤层在大坝的应用条件，该反滤层作为反滤/排水系统的主要构件防止大坝管涌和集中渗漏已经成功使用多年。研究实验及其成功使用验证了这些材料作为大坝的反滤层能够满足反滤性能要求。这个实例不适用于土工织物，因为土工织物在填筑坝中的使用还十分有限。通过比较砂滤层的使用性能，可以评估土工织物是否可以作为替代品并有同样令人满意的性能。

洁净砂或砂砾混合料可以作为单一颗粒材料。当砂粒中没有或只有很少的胶结材料（如粉砂、黏土或黏结剂）时，会流至土体边界处，例如沟渠或填筑体中的土料区，并且会有一个正压力。土体边界可以成为一个屏障，阻挡砂料，并且使其压实在一个区域或沟渠中。如果没有土黏结剂或胶结剂，在施工期、水库初次蓄水，或因地震大坝沉陷或移动时，砂料容易移动或塌陷，形成一个没有裂缝和孔洞的连续均质区。

试验中，对于颗粒间的渗流作用（不会引起土料开裂或塌陷），采用现行标准的反滤层是成功的，可以防止颗粒在高梯度情况下自泄流面分离。显然，在密集接触点有一些起拱，在那些点上反滤层与泄流面相接，防止颗粒移动。实验和经验表明，太过粗糙的反滤层或其他材料不能支撑密集接触点的泄流面，正如当渗流梯度高于土壤的临界梯度时，颗粒反滤层不能防止土颗粒分离。

土工织物不能够为它们所处的表面施加正压力，如图 5-B.2-1 所示。因为土工织物是柔性织物，所以在其下游侧必须铺设其他材料以支撑泄流面。下游侧所用材料需要有一定的形状，使泄流面的接触点与砂滤层有相似的间隙。铺设在土工织物下游侧的栅格材料或砂砾材料不能为泄流面提供足够的支撑面分离，并且接触点间隔太远不能防止土颗粒分离，土工织物从砂砾接触处鼓起于土体表面。如果土工织物上游渗流梯度高于坝基材料的临界梯度，土颗粒会与表面分离，悬浮的土料将到达织物表面。为满足土体反滤要求，土工织物设计为等效孔径（EOS）的，悬浮颗粒会以极小的渗透值附在滤饼的滤面。结果是土工织物会阻塞在高梯度的所有地方（通常是在大排水段）。对于等效孔径较大的织物，土料会通过织物，坝体中会出现管涌，并最终导致大坝失效。

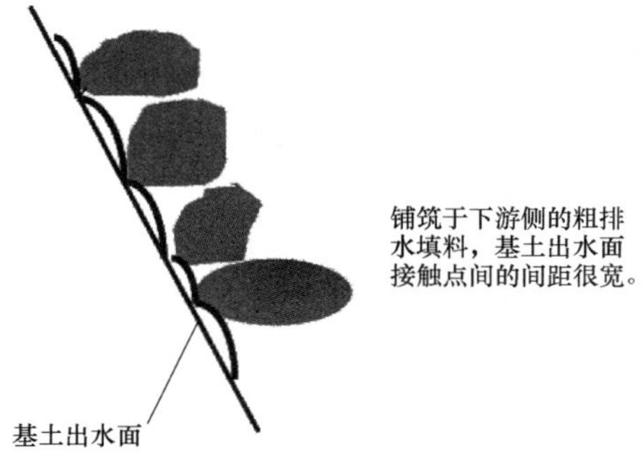

基土断面，先是由土工织物覆盖，然后以粗砂砾覆盖。由于砂砾中的空隙，土工织物可以向空隙鼓起，引起基土出水面上正压力消失，然后基土颗粒分离，并且阻塞土工织物。

图 5-B. 2-1　土工织物的局限性

在对土工织物进行梯度比试验中展示了这种状况。试验中，向下面有土工织物的土样施加受压水。用豆状砂砾支撑土工织物。实验报告提出，一些情况下，有土料阻塞和/或穿过土工织物的情况。引用的大坝成功使用土工织物（如 Valcros 坝）的案例，渗流梯度可能并不足以造成土颗粒移动。但没有提供足以支撑的数据，显然没有安装专门的仪器来检测 Valcros 坝或其他成功使用土工织物的大坝的梯度。这些成功案例的唯一证据是：通过对表面的目视观察，大坝表现良好。如果梯度保持很低，土工织物有可能成功作为排水系统的反滤层；然而，大多数大坝的梯度很高，可能造成土工织物与排水或土料交界面颗粒分离。而且，多年后，随时间发展的管涌或内部侵蚀才会肉眼可见。

有很多实例可以证明，临界梯度过高，在与排水或土料的交界面，土工织物不能防止土颗粒分离。土工织物用于堆石之下的工程 Tennessee-Tombigbee 水道工程（美国陆军工程兵团，工程师技术函 No. 1110-2-286，《在堆石下使用的土工织物的施工和设计》，1984 年 7 月 25 日）表现情况是：如果等效孔径太小，土工织物阻塞是一个问题，会造成堆石下渗流压力增大。只有当土颗粒从土工织物后渠道岸坡的渗流水中分离，才会发生阻塞。采用较大等效孔径，土颗粒才会顺利通过土工织物，但是也会因此造成管涌的风险。对于有堆石的渠道，情况可能不太严重，但是对于拦挡大水库的土坝，库水可能成为渗流重要来源，从而引起管涌破坏发生，等效孔径会造成严重影响。

使用土工织物进行公路排水工程的大多数研究和报告表明，土工织物要么阻塞土颗粒通过，要么允许土颗粒通过。其中最重要的是土工合成材料研究所在 2005 年会议提出的文献（GRI-18《使用柔性墙梯度比试验对潜在土工织物阻塞进行快速评估》）。文献援引的结果表明，大多数试验都证明了土工织物会造成一些或重大阻塞，然而有些测试表明颗粒可以通过土工织物。这对于公路排水是可以接受的，但是对土坝排水系统是不可接受的。其他的报告显示了相似的结论，如 ASM STP-1281《土工织物反滤层和预制排水复合材料的当前发展状况》，以及 NCHRP 报告 367《排水中土工合成材料的长期运行情况》。

5-B. 3 土坝中使用土工织物的历史

土工织物在砂滤层和下游坝趾排水粗填料间用做分隔层。设计适当的砂滤层铺设在可能存在高梯度的土料区旁，可以阻止细颗粒移动至土工织物处造成阻塞。如果土工织物设在两种不同的土之间或在土料和人造材料之间，土工织物会起到隔离层的作用，阻止材料混合，但没有反滤/排水功能。但是需要特别注意的是反滤层中的少量细料也会造成土工织物阻塞。基于这个原因，不推荐使用土工织物。

在距水力梯度不高的大坝较远的沟渠中，已有成功应用土工织物排水的实例。在这类运用中，土工织物仅靠沟渠土料铺设，在设或不设穿孔或开槽排水管的土工织物中填粗砾排水料，将渗流水输运至安全出口处。在这些成功案例中，土工织物未与砂砾之间的土料紧密接触，渗流穿过土料时没有足够大的水力梯度使土颗粒分离。因为确定排水过程中的水力梯度很困难，尤其是估算临界梯度，所以不推荐使用这种设计。

在堆石和大坝上游面之间使用土工织物作为隔离层会造成多种情况发生。需要谨慎考虑土工织物之下的排水情况。如果不能排水，可能是因为阻塞，为边坡稳定性，应假定水位快速下降过程中不释放孔隙压力。

土工织物和其他土工合成材料已成功运用于加固应用中。将土料或邻近材料中的应力传递至土工合成材料中，从而加固结构。因此，边坡或墙内的土料层可以用专门设计的土工合成材料承担应力，从而提高边坡或墙的稳定性。虽然已在需要传递低应力的地方使用了织造和非织造的土工织物，但也可用使用专门设计的土工格栅。

土工织物具有保护功能，已用于土工膜与混凝土之间，或土工膜与面板下的土料接触处。重型非织造土工织物常用于此目的。这些重型的土工织物也用于将水排离与其平面方向的接触点。

土工织物也用于侵蚀控制。很多产品（某些类型的土工复合材料）都能为土表提供稳定性，从而控制因降雨或水流造成的侵蚀和颗粒运动。这些产品可用于大坝，尤其是泄洪道，以及下游边坡处，以防止侵蚀。

附录 5-C 案例——反滤层设计

反滤层粒径设计

5-C. 1 背景

该案例中，要求沿坝顶部修筑的防浪墙设置反滤层，如图 5-C. 1-1 所示。反滤层没有排水功能，但是反滤材料的铺筑位置使其能起到隔离已建坝心墙材料与级孔碎石基层❶的作用。在洪水超高时，坝顶部防浪墙后渗流梯度可能提高的区域需铺设沥青，级孔碎石基层即用做沥青铺设。设置反滤层（5 区）是为了在洪水超标时，可以不受墙下渗流所引起的管涌破坏的影响。接触面 1 是土石坝心墙和反滤层之间的接触面。接触面 2 是反滤层和级配碎石基层之间的接触面。

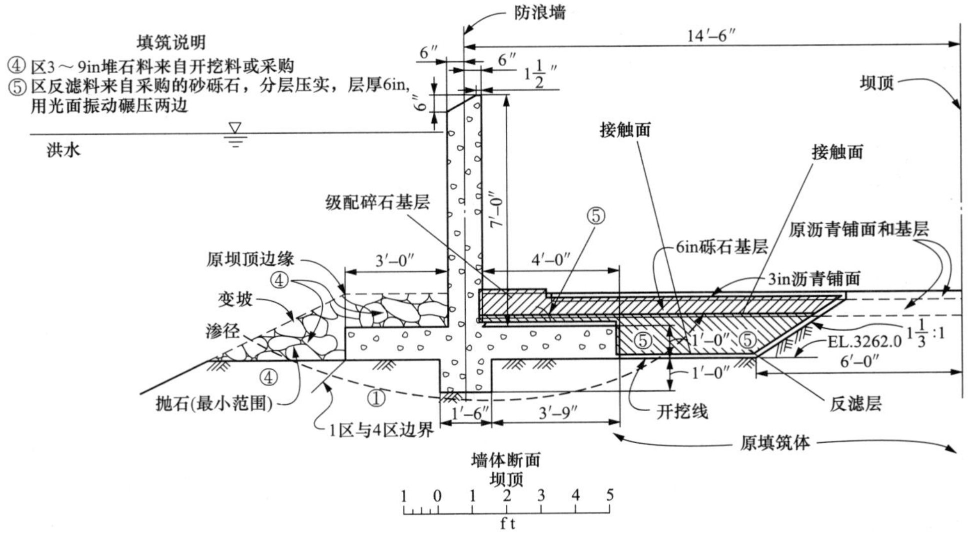

图 5-C. 1-1 防浪墙剖面及 5 区反滤层和级配碎石基层

下列步骤概括了此案例中反滤层材料的检查步骤。案例检查了反滤层在两个接触面中的适应性：

（1）土石坝心墙到 5 区反滤层；

（2）5 区反滤层到级配碎石基层。

5-C. 2 接触面 1 反滤层检查

由于洪水超标期间，接触面 1 中的渗流从坝心墙流向 5 区反滤层，所以在这次检查中，坝心墙材料起到基层土的作用，5 区的材料为反滤。

步骤 1：标出基层土的级配曲线，并确定基层土是否含分散性黏土。在图 5-C. 2-1

---

❶ “级配碎石基层”是路面基层的标准命名。“基层”不应与此案例中别处所使用的基层土相混淆。

中标出坝心墙材料的级配曲线。五个样本的级配非常统一，整个曲线过筛百分比差异在10以内。土石坝所处区域未见分散性黏土。

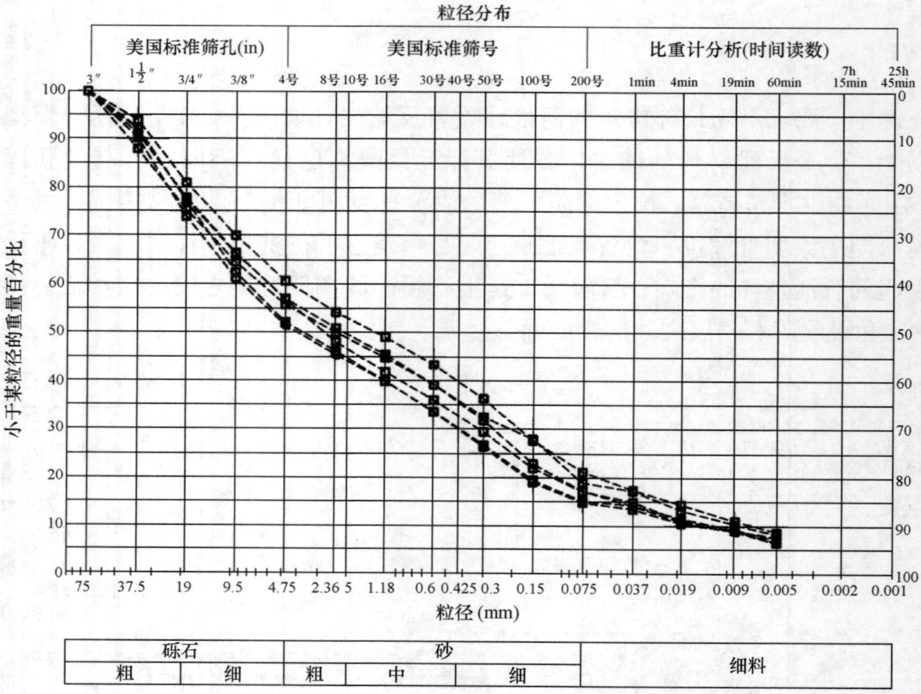

图 5-C.2-1　已建填筑坝心墙土料级配

步骤2：确定基层土颗粒是否大于4号筛，以及基层土是否为间断级配或是否具有潜在内部不稳定性。坝心墙的级配曲线包括超过40%的砾石和15%～20%的细料。土料的大致分级为：C_u=398～811（远远超过C_u<6的限值），C_z=0.64～1.57（在大致分级范围1～3内）。级配曲线分级应通过计算。

步骤3：准备调整基层土重新分级的级配曲线。五个级配曲线都利用第5章所描述的过程进行了重新分级。重新分级曲线如图5-C.2-2所示。

步骤4：根据通过200号筛的百分比确定土料的基本类别。通过200号筛的百分比重新分级后下降到28%～35%，得到五个级配曲线中3个基土分类。5.4.1.7提供的指导中提到，已建坝基土填充材料在一种基土中选择。据此，基土级配曲线的细料边界用于反滤层设计，如图5-C.2-2所示。

步骤5：确定满足滤土要求的$D_{15}F$的最大容许尺寸。3类基土中，已建坝心墙级配曲线的细级配碎石边界中，细料含量为35%，$D_{85}B$=1.71mm，最大$D_{15}F$计算如下：

$$(D_{15}F)_{max}=[(40-35)/(40-15)](4\times 1.71mm-0.7mm)+0.7mm=1.98mm$$

该值在图5-C.2-3上标为反滤层控制点A。

步骤6：确定满足透水性要求的$D_{15}F$的最小容许值。已建坝心墙级配曲线的细级孔

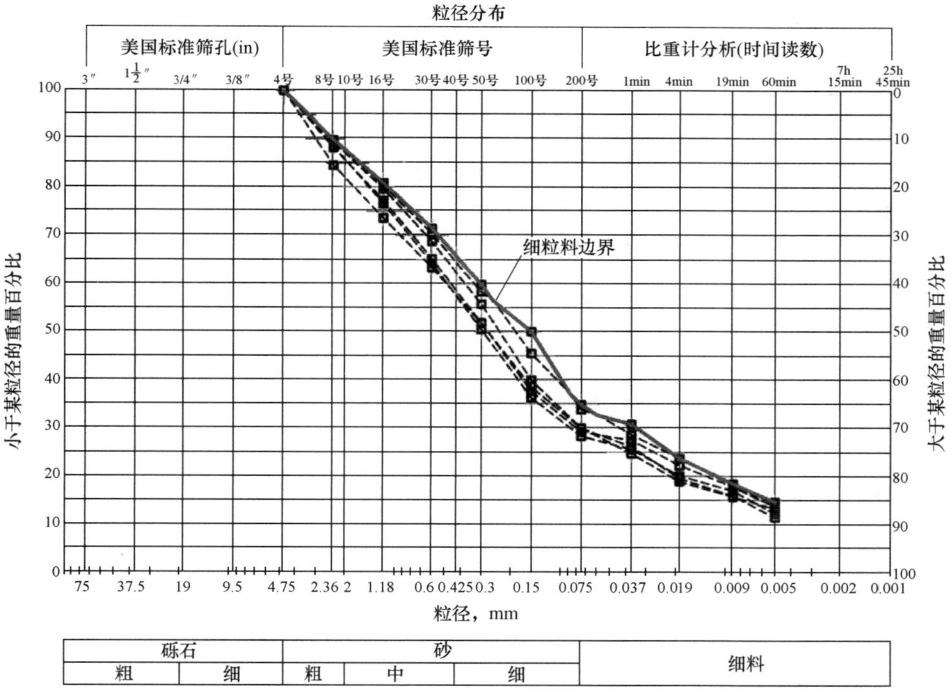

图 5-C. 2-2　已建填筑坝心墙土料调整后的级配

碎石边界中，$D_{15}B$ = 0.005mm，$D_{15}F$ 的最小容许值为：

$$(D_{15}F)_{min} = 5 \times 0.005mm = 0.025mm$$

该值小于过程中指定的最小值 0.1mm，所以 $D_{15}F_{min}$ = 0.1mm。该值在图 5-C. 2-3 上标为 B 点。

步骤 7：确定 $D_{60}F$ 的极限，限制反滤料的带宽和可能的间断级配。

(a) 定位点 D_{10} 的最大值（点 C)：

$$C = A \times 0.7 = (1.98mm) \times 0.7 = 1.39mm$$

(b) 定位点 D_{10} 的最小值（点 D)：

$$D = B \times 0.7 = (0.1mm) \times 0.7 = 0.07mm，小于最小值 0.75mm$$

根据指南，D 的计算值小于最小值 0.75mm 时，D = 0.075mm。

(c) 定位点 D_{60} 的最大值（点 E)：

$$E = C \times 6 = (1.39mm) \times 6 = 8.34mm$$

(d) 定位点 D_{60} 的最小值（点 F)：

$$F = D \times 2 = (0.075mm) \times 2 = 0.15mm$$

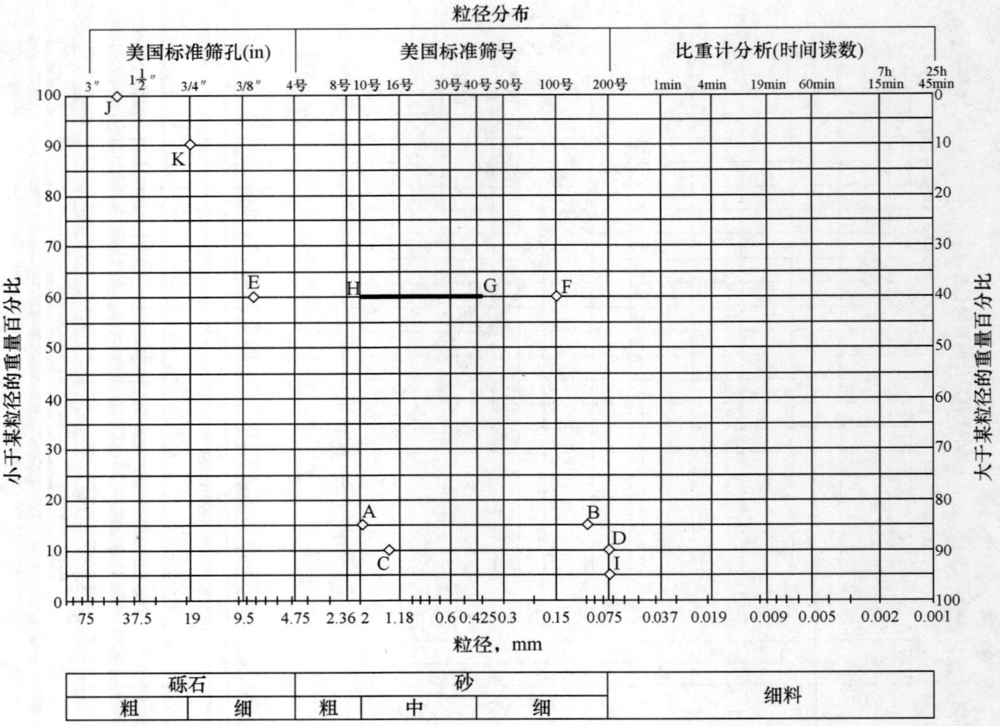

图 5-C. 2-3　接触面 1 的反滤层控制点

(e) 水平滑杆尺寸（点 G 和点 H[1]）

$$G \geqslant 0.15\text{mm}$$

$$H = G \times 5$$

这些数值在图 5-C. 2-3 上标为点 C 到点 G。

步骤 8：确定最小值 D_5F 和最大值 $D_{100}F$，限制潜在离析。所有基土类别中，$(D_5F)_{min} = 0.075\text{mm}$，$(D_{100}F)_{max} = 51\text{mm}$。这些点在图 5-C. 2-3 上分别标为点 I 和点 J。

步骤 9：确定 $D_{90}F$ 的最大值，限制潜在离析。所有基土类别中，$D_{10}F_{min} = 0.075\text{mm}$，$D_{90}F_{max} = 20\text{mm}$。该点在图 5-C. 2-3 中标为点 K。

步骤 10：确定控制限值内的级配带。试验中，在图 5-C. 2-4 中标出 C33 混凝土砂的级配带，沿图 C. 2-3 中的反滤层控制点，确定是否在控制点内。

点 G 和点 H 确定的带宽在点 E 和点 F 之间下降，与 C33 混凝土砂级配带重合。因为级配带 C33 混凝土砂落入接触面 1 的所有反滤控制点内，C33 混凝土砂可用做接触面的反滤材料。

---

[1] 该例中，“水平滑杆”用于级配限制的宽度。此过程为自然资源保护局反滤层设计标准所用方法的一个变形。此过程在本章 5.4.7 有所展示，使用了“垂直杆法”。“垂直杆法”后文提及。两个方法所得到的解决方案是一样的。

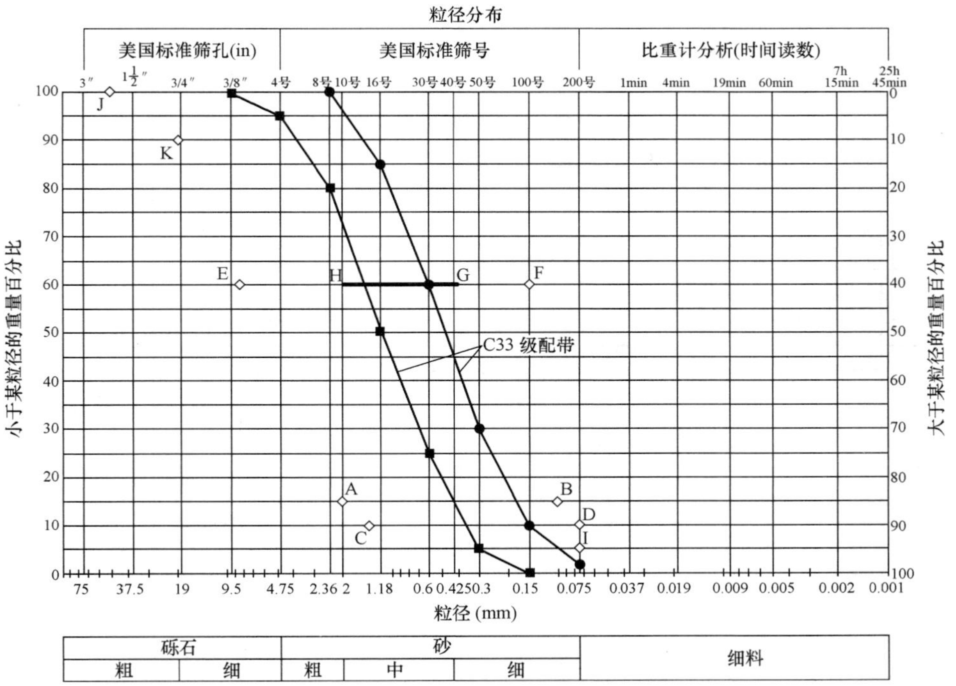

图 5-C. 2-4　C33 混凝土砂级配及接触面 1 的反滤控制点

反滤层设计时限制间断级配的垂直杆法示于图 5-C. 2-5。该方法利用的反滤设计控制点 A、B、I、J 和 K 见图 5-C. 2-3，点 L 和点 M 标出滑动垂直杆，不可越过点 A 和点 K 之间的线，要求反滤级配垂直向差值不能大于 35%。C33 混凝土砂级配带在图 5-C. 2-5 中标出，以检验其与反滤设计标准的兼容性。由于 C33 混凝土砂级配带落入接触面 1 的所有反滤控制点，C33 混凝土砂可作为该接触面的反滤料。

5-C. 3　接触面 2 反滤层检查

由于洪水超标期间的渗流会从 5 区反滤层材料中流入接触面 2 铺设沥青用的级孔碎石基层。在此次反滤层检查中，C33 混凝土砂反滤层材料为基层土，级配碎石基层为反滤层。级配碎石基层为 ASTM D448 提及的 No. 467 骨料，级配见图 5-C. 3-1。

步骤 1～3：在图 5-C. 2-3 和图 5-C. 2-4 中，C33 混凝土砂的级配范围是统一的，通过 No. 4 筛网的百分比低于 5%。该材料不是间断级配（$C_u = 4 \sim 4.2$，$C_z = 0.9 \sim 1.0$）。所以，C33 的级配不需要重新分级。

步骤 4：通过 No. 200 筛网的 C33 混凝土砂的百分比不到 2%，所以基层土料为类别 4。根据 5. 4. 1 提供的关于在基层土料中选择填筑料的指导，细料边界应用于反滤设计。

步骤 5：基层土料类别 4 中，C33 级配曲线的细级配碎石边界 $D_{85}B = 1.18$mm，$D_{15}F$ 最大值计算如下：

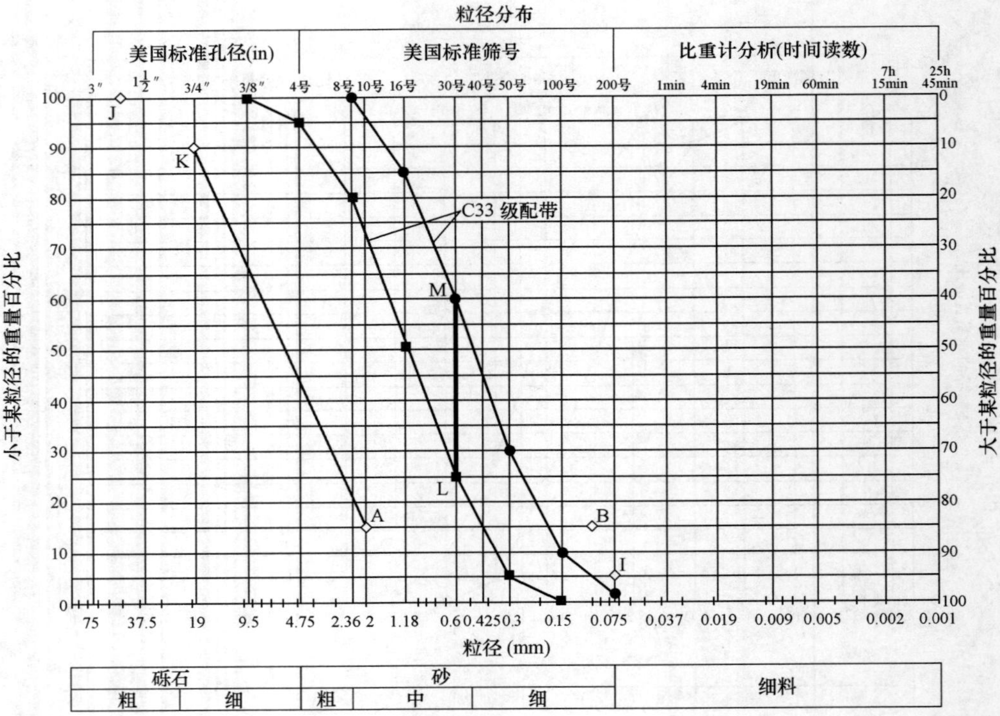

图 5-C. 2-5 运用替代法绘出 C33 混凝土砂的级配及在接触面 1 中的反滤控制点

$$D_{15}F_{max} = 4 \times D_{85}B = 4 \times 1.18\text{mm} = 4.72\text{mm}$$

图 5-C. 3-1 中，该值标为反滤层控制点 A。

步骤 6：C33 级配曲线的细颗粒边界，$D_{15}B = 0.18$mm，$D_{15}F$ 的容许最小值的计算式如下：

$$(D_{15}F)_{min} = 5 \times (0.18\text{mm}) = 0.9\text{mm}$$

该值为图 5-C. 3-1 中的点 B。

步骤 7：确定水平滑杆。

(a) 定位点 D_{10}（点 C）的最大值：

$$C = 0.7A = (4.72\text{mm}) \times 0.7 = 3.30\text{mm}$$

(b) 定位点 D_{10} 的最小值（点 D）：

$$D = 0.7B = (0.9\text{mm}) \times 0.7 = 0.63\text{mm}$$

(c) 定位点 D_{60} 的最大值（点 E）：

$$E = 6C = (3.30\text{mm}) \times 6 = 19.8\text{mm}$$

(d) 定位点 D_{60} 的最小值（点 F）：

$$F = 2D = (0.63\text{mm}) \times 2 = 1.26\text{mm}$$

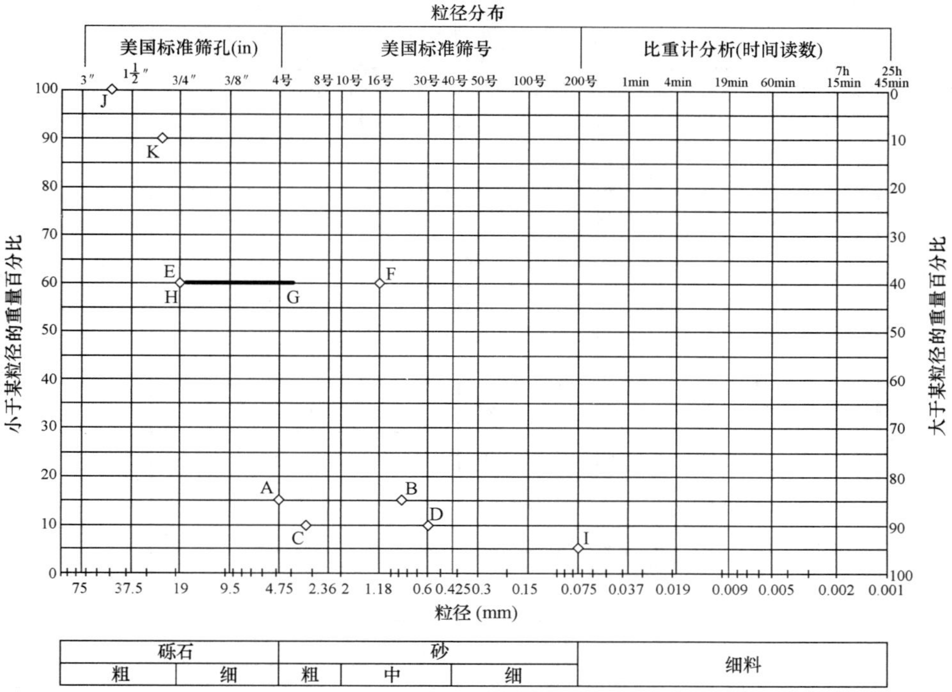

图 5-C. 3-1 接触面 2 的反滤层控制点

(e) 滑杆尺寸（从点 G 到点 H）：

$$G \geqslant 0.15\text{mm}$$

$$H = 5G$$

这些数值在图 5-C. 3-1 上标为点 C 到点 G。

步骤 8：所有基层土分类中，$D_5F_{min}=0.075$mm，$D_{100}F_{max}=51$mm。在图 5-C. 3-1 中，这些点分别为点 I 和点 J。

步骤 9：所有基层土分类中，$D_{10}F_{min}=0.63$mm，$D_{90}F_{max}=25$mm。在图 5-C. 3-1 中标为点 K。

步骤 10：选 ASTM D448 的 No. 467 为实验级配。在图 5-C. 3-2 中标出材料 No. 467 的级配带与图 5-C. 3-1 的反滤控制点，确定其是否落入控制点范围内。

由于材料 No. 467 的级配带落入 C33 混凝土砂的粗级配碎石侧反滤级配控制点（需要滞留颗粒）之外，此接触面的反滤层设计应做调整，突出渗透性要求。在该反滤层接触面中，$D_{15}F$ 的最大值可增加到 $D_{15}F_{max} = 9 \times D_{85}B$，容许颗粒重新排列[1]。因为基层土料（C33 混凝土砂）和反滤料（ASTM D448 No. 467）都是加工材料，且粒径的可变性已降到最低。

---

[1] 也称为局部侵蚀，是“无侵蚀”和“持续侵蚀”之间的侵蚀界限。

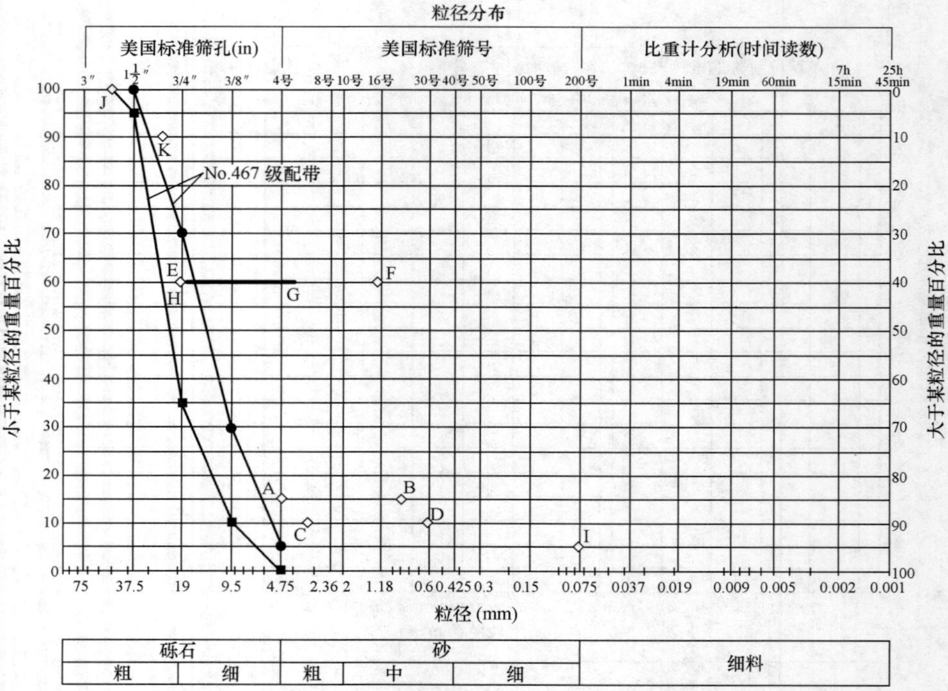

图 5-C. 3-2　ASTM D448 No. 467 的级配及接触面 2 的反滤控制点

调整后的 $D_{15}F$ 最大值（反滤层控制点 A）：

$$(D_{15}F)_{max} = 9D_{85}B = 9(1.18mm) = 10.62mm$$

调整后的定位点 D_{10} 的最大值（点 C）：

$$C = A \times 0.7 = (10.62mm) \times 0.7 = 7.43mm$$

调整后的定位点 D_{60} 的最大值（点 E）：

$$E = C \times 6 = (7.43mm) \times 6 = 44.6mm$$

此外，点 K 的位置可作调整，根据此接触面的反滤材料 No. 467，考虑修改后的 $D_{10}F$ 最小值，而不是根据反滤定位点 D。所有的基层土料级配中，No. 467 级配的细级孔碎石边界最小 $D_{10}F$ = 5.5mm，最大 $D_{90}F$ =50mm。

图 5-C. 3-3 标出了调整后的点 A、点 C、点 E 和点 K，接触面 2 上其他反滤层控制点以及级配带 ASTM D448 No. 467。

带宽由点 G 和点 H 确定，从点 E 和点 F 处下移，对级配带 No. 467 复核。因为级配带 No. 467 落入接触面 2 中所有的反滤控制点内，No. 467 可作为该接触面的反滤料。

5-C. 4　最终级配

图 5-C. 4-1 示出已建坝心墙材料重新分类后的级配曲线和 5 区反滤层的 C33 混凝土砂级配带，以及 ASTM D448 No. 467 级配碎石基层。

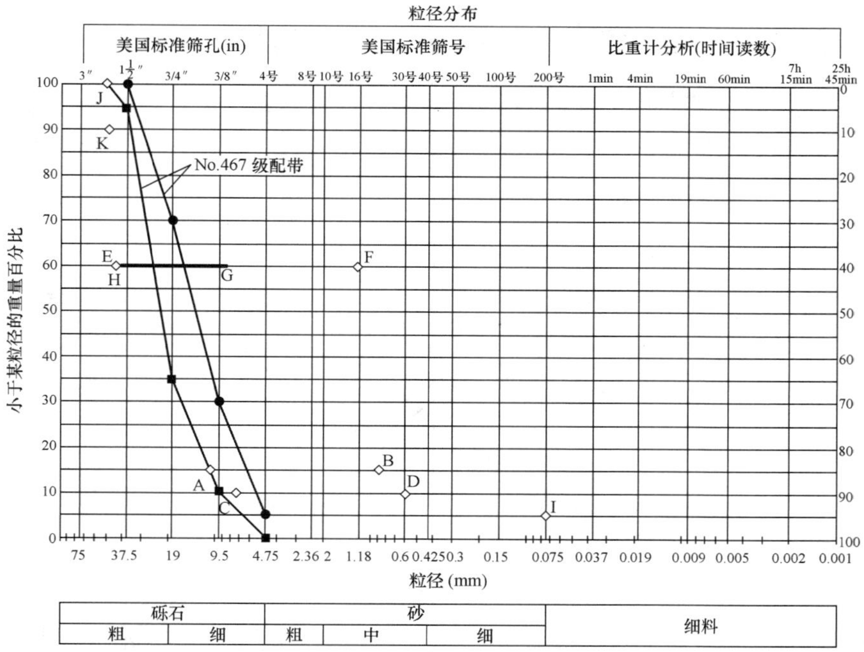

图 5-C. 3-3　ATSM D448 No. 467 材料的级配及接触面 2 中修改后的控制点（考虑到颗粒再分配）

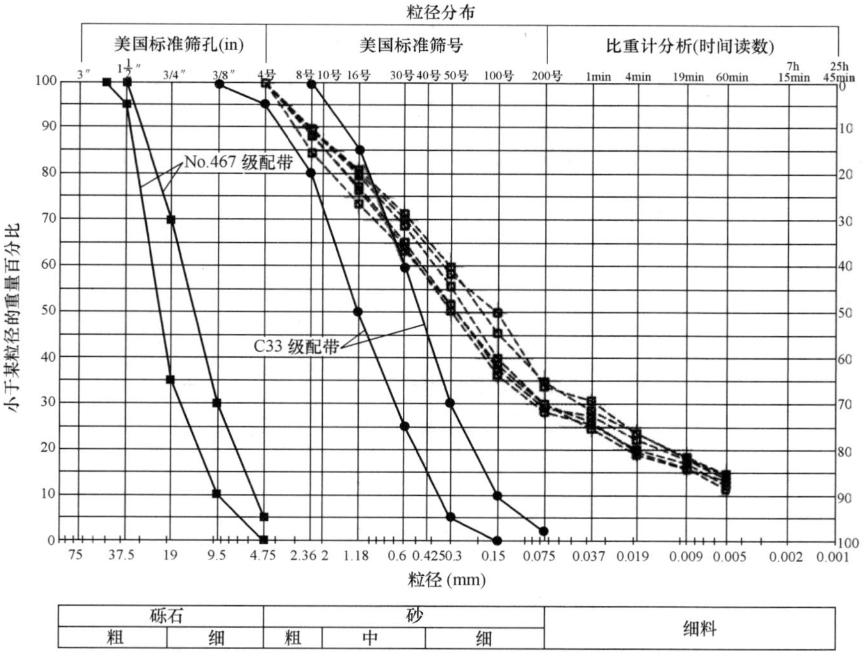

图 5-C. 4-1　已建土石坝心墙材料调整后级配、C33 混凝土砂（5 区反滤层）以及 ASTM D448 No. 467 的碎石基层

注：路面是不透水的，可以防止基层材料流出。不过，路面的下游一侧需有充足的排水口，以释放扬压力，否则路面会抬升、受损。

附录 5-D 实例——不当的反滤和排水结构的几何形状

作为百年大坝安全整修的一部分，添加了大型坝趾排水系统，以解决通过地基渗透的缺陷。鉴于此次整修的规模，以及成本最小化的考虑，采用了如图 5-D-1 所示的横截面。

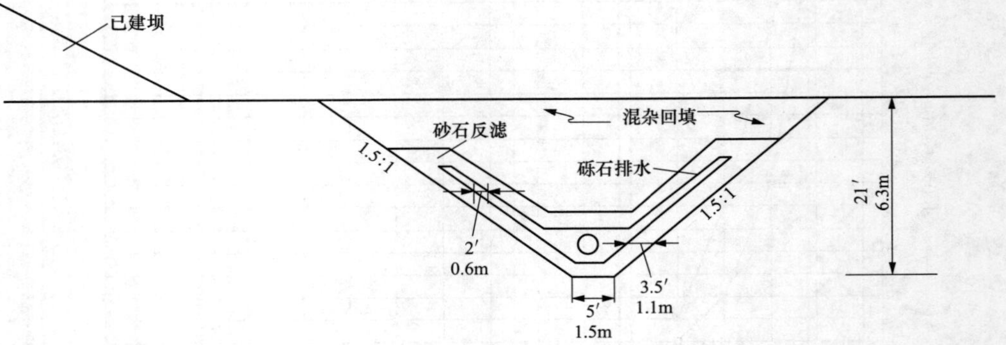

图 5-D-1 坝趾排水结构

整修期间，首次填筑时，在检查井的沉积区中检测到粉土和砂。在沉积区材料沉积的速度以及收集到的浑浊水流样本，表明新排水系统在某些方面失败了。随后拆除了部分新排水系统的结构进行事故调查。此次调查对所发生情况得出下列一些解释。

如图 5-D-2 所示，调查发现，紧靠地基的反滤层不仅没有达到规定宽度，而且在一些区域甚至完全缺失。可推测，履带式挖土机运行时，驾驶室后部会撞入先前铺筑的反滤料。也可能是沿着沟渠行走及进出的设备，造成地基上反滤层的位移。施工是在冬季水库水位低时进行，由于白天时间有限，有些施工在晚上进行。虽然业主不断地进行现场施工检查，但没有检测到破损部位。

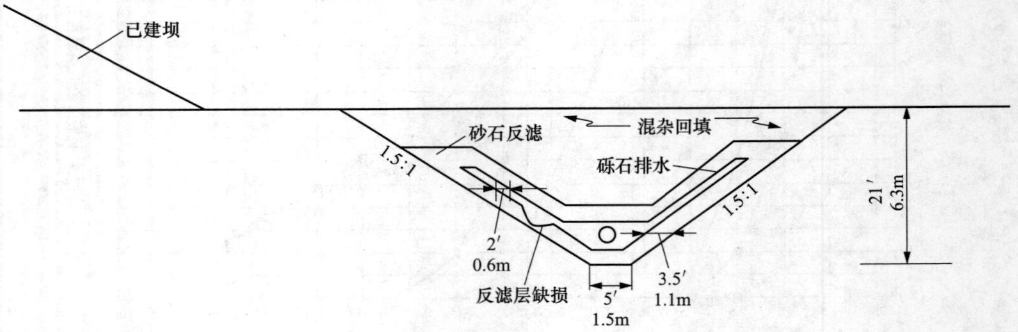

图 5-D-2 可能破损的反滤区

因砾石排水在某些位置与地基直接接触，而地基含有粉土、砂砾和碎石，可能并不符合反滤要求。因此，粉土和砂砾可以通过如图 5-D-3 所示方法侵蚀（管涌）至砾石排水沟内。

材料持续不断地通过砾石排水和穿孔管进入排水管道。继而管道中的水流携带这些材料进入沉积区，这些情况在补充监测中被发现。材料转移至管道的过程如图 5-D-4 所示。

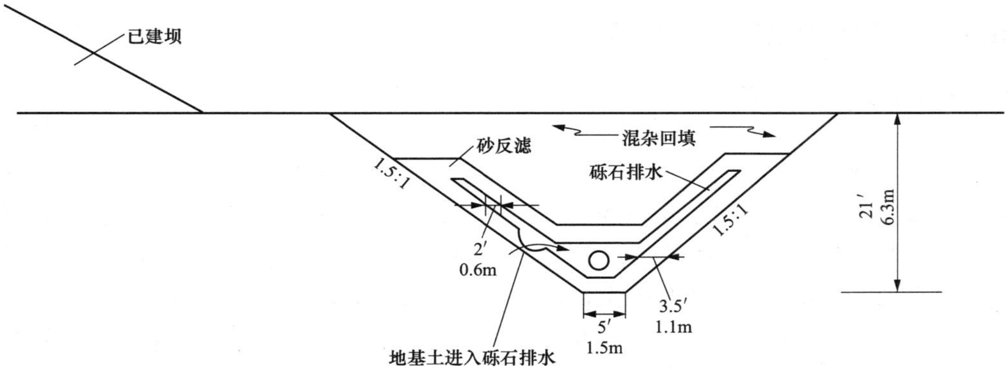

图 5-D-3　地基土管涌进入砾石排水系统

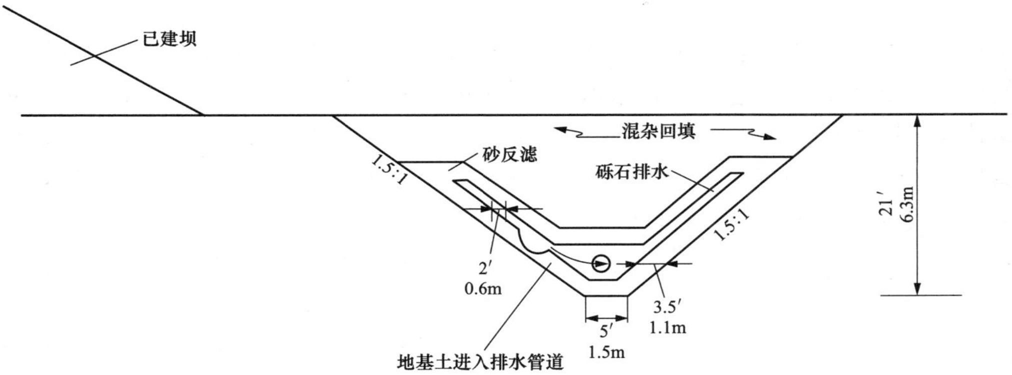

图 5-D-4　地基土通过砾石排水进入排水管道

图 5-D-5 阐释了坝趾排水设计中存在的问题。底部狭窄使常用的施工设备无法在沟渠底部工作。21ft 的深度又造成在顶部进行沟渠底部第一层施工无法进行。沟渠尺寸设计应考虑到便于施工设备能够直接在渠内工作，而非顶部。对相对陡峭的斜坡，尽管材料可以在其上铺筑和压实，但坡上来往的设备可能破坏坡面。最后，过窄的反滤层及砾石排水区增加了铺料难度，且易破损。

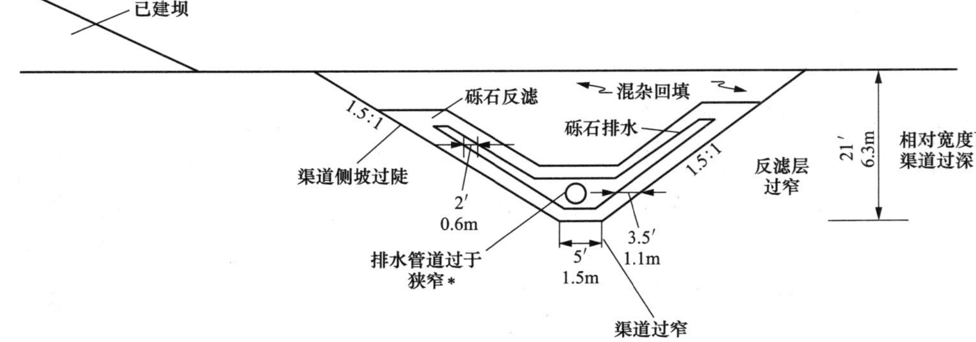

＊ 分区过多

图 5-D-5　坝趾排水构件设计中的问题

附录 5-E 坝趾排水区通道特性

5-E.1 通道类型

检查井与两段排水段连接时，可用做通道、沉砂区以及流量测定。这些检查井是通向坝趾排水成本最高的通道，小口径的浅井报价约 5 万美元，更深、更大口径的、具有机械通风和照明的检查井则报价 7.5 万美元。坝趾排水上游末端（相对于管道中水流）的通道可以通过比检查井成本低的末端通道连接。这些通道通常包括清洁口、末端通道点或尾部弯道。在类似的方式中，在非常长的排水段中，可以用侧向通道点作检查井与末端通道点间的连接通道。但侧向弯道不可能用做沉积区和流量测定。

5-E.2 检查井

检查井的首要组件为图 5-E.2-1 所示的方形底板，可以采用浇筑或预制的钢筋混凝土。大于 14ft 的底板，地面运输较困难，因此必须使用现场浇筑的方法。基底的尺寸大小取决于下述的立管尺寸。基底的尺寸应至少比立管的外径大 6in（如一个直径 10ft 的立管应配 11 平方 ft 的底板）。因土体被替换为检查井的体积，类似于浮基的情况，因此检查井基底的承受能力并不成问题。

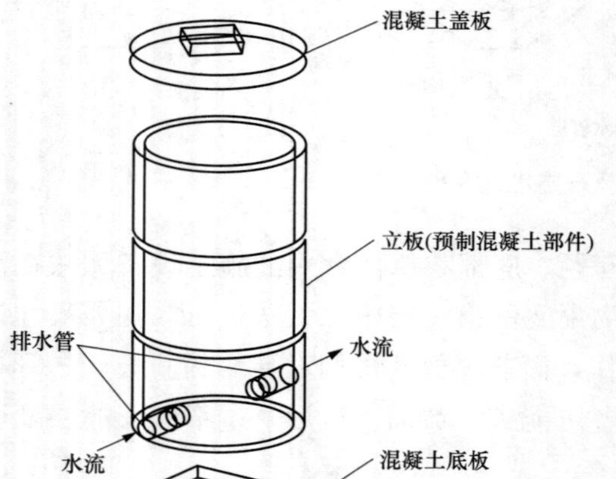

图 5-E.2-1 检查井基本构成部分的等距视图

检查井的另一组件为图 5-E.2-1 所示的立管。立管为预制的直径为 8、10ft 或 12ft 的混凝土环（污水管）。立管的尺寸（直径）取决于井中的预期水流量。大的水流量需要大型的结构以适应沉砂区和流量检测设备。较小的水流可直接用堰测量，而大水流则需要测流槽，测流槽需设一个大口径的井。检查井的高度取决于排水管道的底拱高程以及地表最终的高程。立管应高于地面最终高程 1ft 以上。当地表倾斜时，立管顶部应高于斜坡与之相交的最高点 1ft 以上的地方。立管通常长度为 4～8ft，这也决定了所需立管的数量。一般来说，预制混凝土厂商将根据所需的总高度，决定每单段立管的长度。立管应符合 ASTM C478 的要求。立管之间应采用联锁接头，这些接头应符合 ASTM C920 的水密性密封要求。底部立管的底面以及顶部立管的顶面应平整，与地基和顶盖紧密对接，这些立管表面应密封。最后，将预制的混凝土盖置于检查井上方。井盖的厚度由预制混凝土厂商决定，其取决于检查井直径和规定荷载。一般来说，在大坝的运用中，并未要求交通荷载；然而，若检查井位于车辆可能通过的位置，可规定 HS-20 荷载标准。

检查井底部被分为数条支流。利用分水墙来分隔出这些支流。支流的数量取决于入口管和出口管的数量以及要求的水流量。分水墙应采用金属制作，使其具有可塑性以应对日后可能的修整。上游支流湾区被用做沉积区以及作为在水流通过堰或水道前的消能水池。根据流入支流的水量，可能需要隔板使水流平顺。支流底部应用防水漆标记白色以帮助探测底部沉积物。然后水流经过堰或水槽铺成的测量装置。尽管水堰更加经济，所需空间更小，但却很难达到使水流消声的要求。对检查井而言，水槽通常是更好的水流监测手段，因其在最大的流量范围监测能够有更稳定的读数。水堰和水槽下游为排水支流，无特别要求。如前文所述，入口管和出口管的数目取决于排水系统的整体布局。最简单的布局为一个管道作为入口，一个管道作为出口。图 5-E. 2-2 展示了检查井底部的基本组成部分。

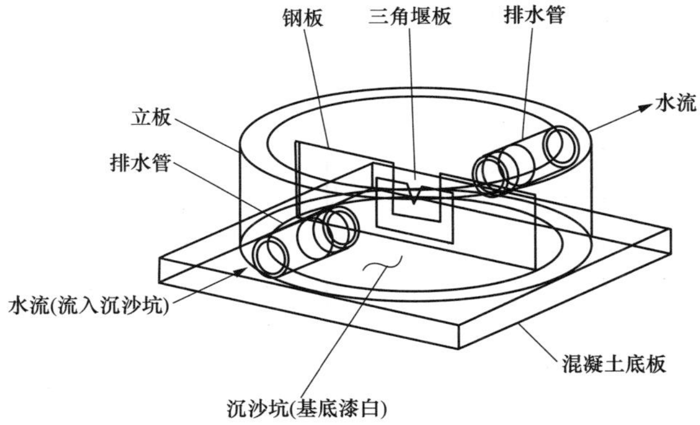

图 5-E. 2-2　典型检查井的组成部分（入口管末端的可选式挡板未标出）

为了使测量设备运转，检查井中要求有水流落差。此落差应不低于预制的最大的检查井的管道直径。例如，倒置的 12in 的入口管应比倒置的 12in 的出口管至少高出 12in。假定出水管道并不会被水流全部淹没，倒置的测量设备应设在出水管道的拱脚线上。应注意这些布局可能引起入口管的水流壅高（此装置将使水流回流到入口管）。为了避免这种情况，入口管应设于通过该装置水流预期深度之上。设计者应注意满足检查井中水流落差的要求，排水管入口和出口的坡度应保持超过 1ft 的差距（也就是说，不可能将检查井从某段移动，并嵌入一个恒定的坡度）。检查井水位抬升可能因地形起伏造成问题，同时入口管和排水管的水流淹没问题始终无法规避。

检查井的出入口通道配备阶梯。为了防止意外坠落伤害，应采用安全阶梯（安全护栏）或楼梯平台。楼梯平台应按照安全标准所规定的间距，由金属制成。应注意给楼梯平台留出足够大的空间，以移除或者更换井底的设备。在楼梯顶部，应安装有可延伸的安全抓杆（Ladder Up 或同等品牌）以帮助工作者进入门内。图 5-E. 2-3 展示了典型的安全楼梯和相关安全特点。

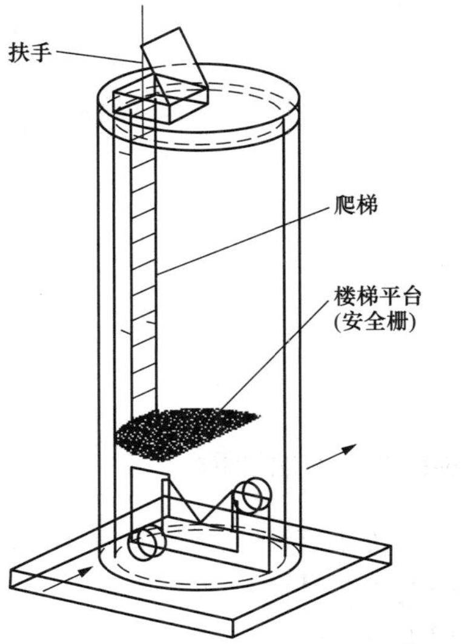

图 5-E. 2-3　典型安全楼梯及其安全特点

检查井的通风设备可为被动或主动（被动系统成本

较低)。可按顾客需求或安全需求决定采用哪种类型的通风系统。被动系统含有一个通风管,通常直径约 8in,位于检查井底部,穿过盖子,终端为 180°的弯管。这一管道其外形也被称为 J 型通风管。应注意使用被动通风系统时,因检查井位于较密闭的空间内,须进行空气监测。

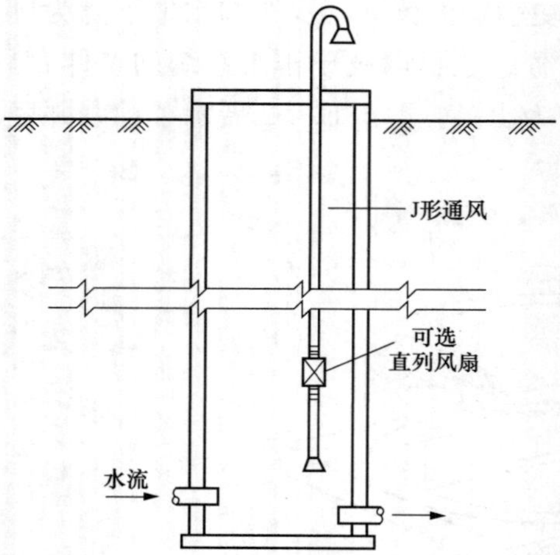

图 5-E. 2-4　典型的检查井通风系统

主动通风系统同样采用了 J 型通风管,但在检查井底部附近的管道内添加了一个管道风机。此风机的尺寸细节以及开关等不在本章叙述范围内。典型的 J 型通风布局详见图 5-E. 2-4。

发电系统为检查井的可选部件。若需主动通风,则需要发电系统。若使用发电系统,可在井内增加照明设备,也可为电动工具提供插座等。

检查井外,应尤其注意回填过程。若坝趾排水层(反滤层或砂砾覆盖层)周围的回填方式在检查井周围的重复,这将导致反滤层及排水管中的水流(坝趾排水层方向平行的水流)无法进入管道,同时绕开流量监测设备。因此,需要采用"地下堤坝"来迫使水流进入管道,通过监测设备。此坝由包裹检查井的细颗粒材料组成。采用无孔管穿过回填坝体。图 5-E. 2-5 展示了这一布局。

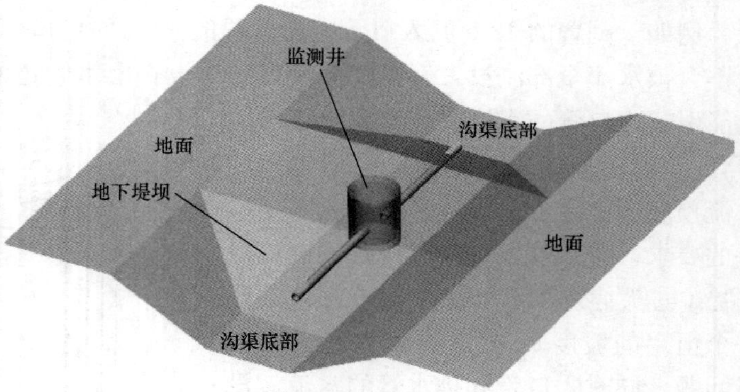

图 5-E. 2-5　检查井周围地下堤坝的轴侧图

5-E. 3　末端通道

排水系统末端的通道通过在地表引入排水管(也是延伸管道)建造。这可以用一系列的常备装置完成。可使用两个 22. 5°角的装置来引入与地面倾角为 45°的管道。不应使用大于 22. 5°的角,因为更大的弯曲角度会导致摄像和清理工具难以通过弯曲处。在排水管和延伸管道连接处,管道应由有孔管道换为无孔管道,因为延伸管道会被细粒材料回填。这种材料可防止地表水流沿延伸管进入排水管道,与坝趾排水层上的防渗盖类似。在地表附近的排水管道,尤其是金属波纹管(CMP)的排水管道应妥善保护。这种排水管道位于金属波纹管（CMP）中心并含有细粒材料回填物。可在金属波纹管上安装可锁的封闭盖来保护进入排水系统的通道。这些管道的构成及特征详见图 5-E. 3-1。

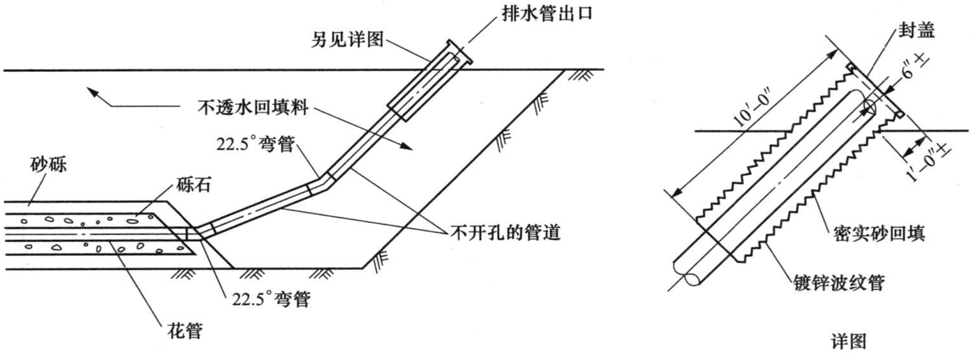

图 5-E. 3-1　坝趾排水层端部通道特征

5-E. 4　侧向通道

与前文所述的末端通道类似，可通过添加侧向通道进入长段的排水管道。这种类型的通道为嵌入坝趾主要排水层的、只有单向通道的"Y"形装置。"Y"形装置的侧面安装了无孔的短水管。此装置在水平方向调整水流。然后在此装置中添加一根弯管将水流调整至竖直方向。带一根无孔短管和另一根弯管也被加入到此装置中。这两根弯管将放置于与地面垂直面为 45°夹角的位置。最终此通道装配完成，细节如图 5-E. 3-1 所示。典型的侧向通道及其组成部分的等距视图如图 5-E. 4-1 所示。

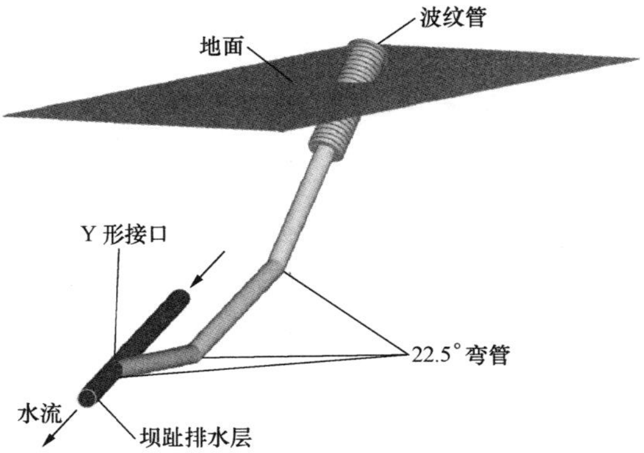

图 5-E. 4-1　典型侧向通道的等距视图

美国内政部垦务局设计标准

填筑坝 Embankment Dams

第6章 超 高

2012 年 9月修订

目　录

6.1 简介

6.1.1 目的

本章的目的是提出一套用于超高分析与设计的一致方法，主要保护填筑坝免于遭受因波浪爬高和水库壅高导致的漫顶。填筑坝超高应该包括防止因常遇或非常遇大涌浪造成的大坝漫顶，这种大坝漫顶情况可能会干扰工程的有效运行、对人员造成危害、导致并不一定与结构总体安全性相关的其他负面影响，或者导致大坝溃决或破坏。然而这并不是要求完全防止在完全超载和极端条件下偶然的波浪飞溅过坝，但是需要保证这种量级和持续时间的大涌浪不会威胁到大坝的安全。此外，增加超高可缓解大坝安全问题，但本章不对此做详细介绍。

6.1.2 与本标准不一致的情况（略）

6.1.3 标准的修订（略）

6.1.4 范围

本章主要集中在确定适当的超高，以便将大坝受风成波作用而发生漫顶或溃坝的可能性降到最低。本章还介绍了水库风区长度（吹程）和风速分析，提供了用于确定最低、中间和正常超高的方法。表 6.1.4-1 示出通常用于求新建坝最小超高和正常超高或复核已建坝最小超高和正常超高是否足够的计算方法。

表 6.1.4-1　超　高　计　算

超高类型[1]	超高分析方法	
最小超高[2]（第 6.2.1 节）	选择设计坝顶高程	
	最高库水位＋3ft	最高库水位＋超越概率为 10%的风速产生的爬高和风壅水面高度
正常超高[3]（第 6.2.2 节）	正常蓄水位＋100mi/h 风速引起的波浪爬高和风壅水面高度	
校核[3]（第 6.3.1 节（2））	入库设计洪水期间，库水位低于最高库水位 2ft 以内时遭遇可能最大风情况下，坝顶设计高程足以防止波浪爬高和壅高漫顶	
	入库设计洪水期间，库水位低于最高库水位 4ft 以内时遭遇可能最大风情况下，坝顶设计高程足以防止波浪爬高和壅高漫顶	

1　对于新建坝，执行上表所列的全部超高计算与核查，并且如果必要，还包括中间超高计算（上表未列出）。

2　由于安保问题与水库水位升高有关，用于确保安全的超高可以合并到最小超高值中。

3　对于已建坝，按照第 6.2.2 节所述方法核查正常超高的充分性，按照第 6.3.1 节（2）中所述方法核查最小超高的充分性。

因水库水面上方风切力所引起的波浪爬高和水库风壅水面高度是本章所讨论的填筑坝超高的主要因素。除风荷载之外，本章所介绍的其他因素仅作为额外的超高考虑因素，并未详细阐述。其他超高考虑因素（包括洪水荷载和相关附属工程运行）见垦务局设计标准 No. 14《大坝附属结构（溢洪道和泄水建筑物）》第 2 章。有关洪水荷载、漫顶和超高的风险分析见《大坝安全性风险分析最佳实践培训手册》。在为大坝确定超高时也应该考虑安保问题。

6.1.5 适用范围

本章所述导则和程序可用于新建填筑坝和已建填筑坝及堤坝的超高分析。

6.1.6 概述

超高通常是指从水库水面到大坝坝顶（设计坝顶高程）之间的距离。即使某些填筑坝防渗心墙的顶部可能略低于设计坝顶高程，但心墙以上的填筑体通常被认为是稳定的，足以在短时间内维持高水位，因而被视为是超高的一部分。但是如果洪水使得水库水位长时间高于心墙，则以上描述可能会不准确。已建坝的风险分析可以考虑这种情况，绘制将超高值与溃坝概率相互关联的“易损性曲线”（如果大坝漫顶，则超高为负数）。6.3.2 节中给出了该曲线的示例。有关绘制易损性曲线的详细信息见《大坝安全性风险分析最佳实践培训手册》。考虑沉降的大坝超填不属于超高部分。防浪墙有时会用于应对波浪爬高和风壅水面高度的超高，但通常不用于蓄洪。为抵御对大坝坝顶的攻击，也可以在水库高水位以上增加额外的超高，但本章并不涉及对此特殊类型进行分析。

经验表明，具有大型水库和长风区的填筑坝可能会受到在上游坡面爬升很高的大浪的影响。因波浪作用，在洪水漫顶之前，大坝坝顶也可能受损，填筑坝可能溃坝，一些小型坝已经被破坏。当高库水位水面出现高速风时，波浪飞溅或局部水流喷射越过坝顶的情况并不少见。飓风可能会产生这种极具破坏性的组合，因为高速风可能在水库峰值水位期间持续存在。长期以来，风和波浪作用被视为是确定填筑坝设计坝顶高程（不包括超填）和分析各种类型超高的重要因素。

风成波高度和波浪爬高可能是影响超高设计因素中被研究和理解得最为彻底的。波浪产生受风的特征（如风速、持续时间和相对于水库的风向）、库区地形（包括深度和浅滩作用）以及吹程的影响。吹程会对开敞式水面的波浪长度产生影响。波浪爬高取决于波浪高度和陡度，坝面坡度、粗糙度和孔隙率，坝面坡度变化以及是否存在马道。风壅水面高度是由风的剪力效应引起的，该剪力效应往往会使水库水面沿顺风方向被抬高。附录 6-B 示出推导吹程的方法，包括有效波高、风壅水面高度和波浪爬高的公式。

垦务局在超高和抛石分析中所使用的风力数据是由巴特利（Battelle）国家实验室从二十世纪五十年代、六十年代和七十年代涉及美国本土 48 州所有地区的风力数据中整理汇编而成的。来自这一数据源的风速持久性数据在垦务局计算机程序 PFARA 中被处理成小时概率关系。该程序生成一条特定场地的小时概率（P_{W_H}）与风速（WMPH）的关系曲线，供分析所用。附录 6-B 对此有深入讨论。

通常，新建坝与已建坝的超高分析并不相同。除非另有说明，否则本标准所提供的设计准则均针对新建填筑坝。在本章后文中有专门针对已建坝的有关阐述（从第 6.3.2 节开始）。

选择入库设计洪水不属于本标准范围，而是见垦务局设计标准 No. 14 第 2 章。风险分析所用水文荷载在《大坝安全性风险分析最佳实践培训手册》第3章讨论，而第11章涉及有关洪水漫顶溃坝的风险分析。本章对这些话题有所涉及但并未做详细说明，因为其他参考文献非常详细地解决了这些话题。填筑坝超高可能会考虑风险及各种其他因素。本章明确了许多这些其他因素，并提供了如何将它们整合到超高中的指导。风成波爬高和风壅水面高度是本章所述超高分析的两个主要因素。这些因素也应该包括到水文风险分析中。

“超高”的另一功能是在如果因地震荷载出现滑坡和坝顶塌陷的情况下确保水库水位以上填筑量足以抵抗漫顶溃坝。对于一些新建坝和已建坝，不仅只是波浪作用，地震问题也可能影响超高的选择。本标准中未考虑有关地震变形的超高，有关内容见第13章“抗震设计和分析”。

6.2 新建坝超高标准

6.2.1 最高水库水面高程时的超高标准——最小超高

根据《现行作业程序》要求，最高库水位是预期入库设计洪水经过库区和大坝之后能达到的最高水位。在垦务局标准中，入库设计洪水可以是可能最大洪水（PMF），也可以是具有较长重现期的洪水，PMF通常用于新建坝。有关大坝水文学、入库设计洪水选择及除风荷载之外可能影响超高的其他因素的更多讨论见设计标准No.14第2章“水文因素”。

当水库处于最高库水位时，用于防止因风荷载所致填筑坝漫顶的最小超高为后述两项中较大者：3ft或由预计会在大洪水期间发生的典型风引起的风壅水面高度和波浪爬高之和（即入库设计洪水、PMF或超过千年一遇的洪水，无论其中哪一个都与设计最高库水位有关）。

第一准则“3ft”是垦务局对填筑坝的历史标准。在某种程度上，它包括了在大坝寿命周期内风荷载的不确定性和风与水文荷载的可能变化。当这些荷载或其他超高因素中存在的重大不确定性或者当大坝存在异常高的因漫顶而至溃坝风险时，就应增加3ft。第一准则增加了大坝超高设计的鲁棒稳健性作为解决不确定性的一种方法。

第二准则中的典型风适合大多数情况，在水库面积或流域面积与降雨规模相比非常大的情况，库水位最大攀升与暴雨经过的时间之间存在明显的滞后，并且当水面接近最大值时出现的风与产生洪水的暴雨无关。因此，最小超高的部分要求考虑在入库设计洪水期间库水位达到最大时至少会刮的典型风。通常，典型风的最低风速小时超越概率等于10%（$P_{W_H}=0.1$），将此风产生的爬高和风壅高度相加，计算出最小的最低超高值。

当水库处于最高库水位时，如果出现在入库设计洪水期间的风与水文事件相关（例如伴随有飓风的暴雨或当小流域内发生洪水时），那么应咨询当地机构或气象学家，以评估当时可能出现的风速。由于无法避免这种评估的不确定性，可能需要进行超高敏感度分析，该分析应涵盖多种可能出现的风。

与坝顶被攻击相关的安保问题可能与较高的库水位有联系，安保用超高或可归并到最小超高中。安保用超高可能不会增加到最高预期水库水位（即最高库水位，如同最小超高的情况）。对于安保，用一个更加常见的“加高”库水位（即“中间水位”，见第 6.2.3 节）来确定适当的超高值可能更合理。没有必要将安保用超高值添加到风和其他因素所要求的最小超高上；更确切地说，安保所要求的超高可能会包括在风和其他因素所要求的超高中作为其全部或部分。

6.2.2 正常蓄水位的超高标准——正常超高

应该规定水库处于正常蓄水位、共用库容上限或兴利库容最高值时的正常超高，以保护大坝，抵挡因现场最高持续风速风所引起波浪。所谓“正常”水库水面时的大坝高程是其年度运行典型范围中的最高值（不包括调洪操作）。垦务局填筑坝标准适用于在正常蓄水位条件下以 100mi/h 风速推导出的所需正常超高。图 6.2.2-1 可用于确定 100mi/h 持续风速所导致的风壅水面高度和波浪爬高。此图以工程兵团所推导的公式（见附录 6-B）为基础。为了将漫顶波浪数量降到最低，设计采用的与爬高有关的超越概率是 2%。

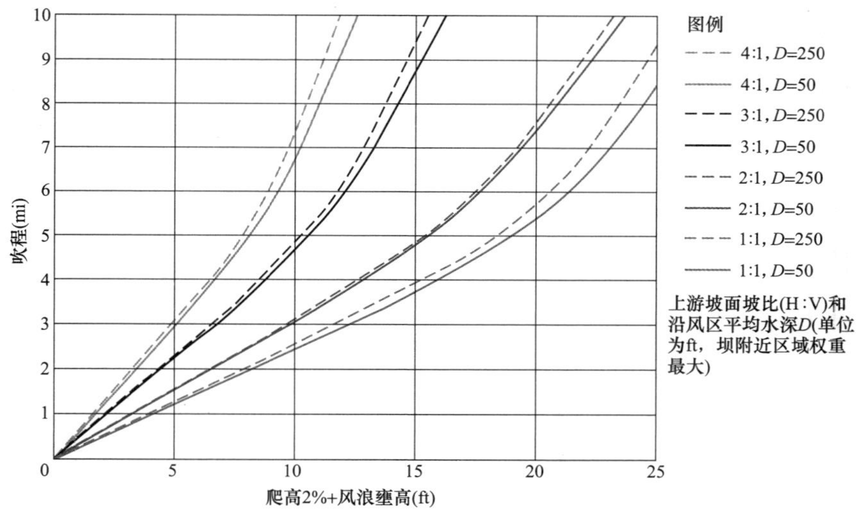

图 6.2.2-1 抛石护坡面上 100mi/h 持续风速条件下的爬高 2%＋风壅水面高度

6.2.3 中间水位超高标准

对于一些大坝、运行工况或水库调度，当水库处于中间高度（即最高库水位与正常蓄水位，或共用库容上限或兴利库容上限之间）时，可能需要确定中间超高要求，以提供风成波与库水位的任意组合同时发生时可接受的超越概率。如果预计水库水位会频繁地超过正常蓄水位，或常常接近最高库水位，且在较长时间内保持高水位，这就是一个非常重要的因素。频繁进行蓄洪操作的大坝可能需要中间超高分析。换句话说，对于水库水面经常位于正常蓄水位之上或长时间接近最高库水位的大坝而言，应考虑进行中间超高分析。

为计算在正常蓄水位和最高库水位之间某个特定水面高程之上所需的中间超高，首先需要从特定场地风概率曲线（见第 6.2.2 节和附录 6-B）中选择一个风速。选择的风速应为风速概率等于可接受的总设计概率除以所分析的中间水位发生概率。利用该风速和本章附录 6-B 所述公式计算风壅水面高度和波浪爬高。风壅水面高度和波浪爬高之和即为特定水面高度的中间超高。此分析应反复进行，因为可能有多个预计会频繁长期出现的中间水库水位，尤其是当该水位接近最高库水位时。

用于推导频繁高于正常蓄水位的高库水位的中间超高的一种保守方法就是选择在所考虑库水位和风速 100mi/h 条件下所产生的大于波浪爬高和风壅水面高度的中间超高。图 6.2.2-1 可以用于此目的。这可能导致将正常蓄水位的超高要求用于接近最高库水位的水库水位，因此有必要选择比本章前面两节所述正常超高或最小超高计算所要求的更多的超高。

6.2.4 与上述准则不一致的情况

虽然最高库水位以上 3ft 的超高值是本标准所推荐的新建填筑坝的最小超高值（见 6.2.1 节），但是，与此不一致的情况也是可以接受的，这取决于具体的水文、运行或大坝环境。例如，河道外没有溢洪道的蓄水坝可能要求最小超高多于 3ft，以便在泄水建筑物或引水渠进出流操作失误的情况下增加安全性或使设计保守些。一些大坝的设计可能会使其足以抵抗漫顶水流，且有望在较低超高条件下运行良好。如下文所述，已建坝的超高估算可能存在一定的风险，且可能不会与 PMF 紧密地联系在一起。下文提供了有关特殊因素的进一步讨论。需要判断任何与设计标准不一致情况的合理性，并应做好记录，获得批准。

6.3 超高分析范围

6.3.1 新建填筑坝

进行新建填筑坝超高分析的推荐方法是先选择一个设计坝顶高程（不包括沉降超高），然后检查其是否满足最小超高和正常超高要求。该设计坝顶高程应选择下述两项中较高者：①最高库水位高程加 3ft；②最高库水位加 10%超越概率风速产生的爬高和风壅水面高度。在确定该设计坝顶高程符合要求之后，加上超填和其他因素的容许值，如安保所需（或将其计入超高）。

进行两次相对保守的检查，以确定该设计坝顶高程是否足以防止风成波漫顶：

（1）第一次检查是核查在水库在蓄洪库容水位以下正常运行和 100mi/h 风速条件下，该设计坝顶高程是否足以保护大坝免于波浪漫顶。已知正常蓄水位时的水库吹程（吹程计算，见附录 6-B 图 6-B3.5-1）、大坝上游面坡度、吹程沿线平均深度（大坝附近的深度赋予较大权重），使用图 6.2.2-1 或附录 6-B 的公式推导出持续 100mi/h 风可能导致的爬高和风壅水面高度值。如果正常水库水面与大坝设计坝顶高程之间的垂直距离（此距离包括最小超高）大于图 6.2.2-1 所确定的爬高与风壅水面高度之间的垂直距离，那么大坝设计通过此次检查，在非洪水期，该设计坝顶高程足以保护大坝免受 100mi/h 风速的风成波影响。

（2）第二次检查，核查在入库设计洪水及预计在此期间（即时长等于水库水面接近最高库水位的持续时间）出现的风力条件下，该设计坝顶高程是否足以保护大坝免受漫顶影响。有关必要信息如下：

1）由入库设计洪水过程线推导出的水库高程与时间的关系图，图 6.3.1-1。

2）从风力数据分析（计算机程序 PFARA；见附录 6-B）中推导出的小时概率 P_{W_H} 与风速 VMPH 之间的关系。

在水库高程与时间关系图中最高库水位以下 2ft 和 4ft 处画两条水平线，如图 6.3.1-1所示。库水位处于距最高库水位 2ft 范围内的持续时间等于在洪水曲线下侧的上水平线长度。该持续时间的倒数可以假设为在库水位处于距最高库水位 2ft 以内时可预计的最大风的小时超越概率。从 P_{W_H} 与风速关系曲线中选取一个风速值。利用附录 6-B 所述公式，计算出该风速可能产生的爬高和风壅水面高度。如果该值小于 5ft，那么，当水库低于坝顶 5ft 时，3ft 最小超高就足以保护大坝免受该风的影响。同样地，在水库高度与时间关系图中最高库水位以下 4ft 处所画水平线所代表的持续时间被用于找出当水库处于距离最高库水位 4ft 时可预计的 P_{W_H} 和最大风速。该持续时间的倒数可以假设为在水库处于 7ft 坝顶范围内时可预计的最大风的小时概率。再次从 P_{W_H} 与风速关系曲线中选取一个风速值。利用该风速和附录 6-B 所述公式，计算出爬高和风壅水面高度。如果因该风速所产生的爬高和风壅水面高度小于 7ft，那么，当水库低于坝顶 7ft 时，3ft 最小超高就足以保护大坝免受该风的影响。如果所计算爬高和风壅水面高度小于上述 5ft 和 7ft，则第二次校核通过。

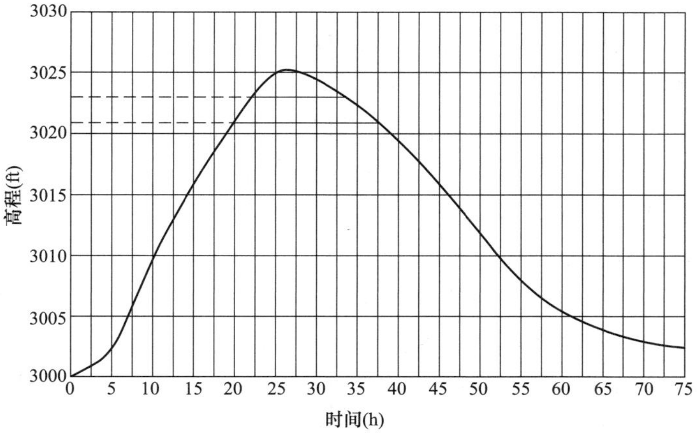

图 6.3.1-1 入库设计洪水过程的库水位与时间关系曲线

如果大坝设计通过了上述检查，则不需要使用其他方法计算因风成波所产生的超高要求。如果没有理由认为，在最大洪水期间库水位处于距最高库水位 4ft 范围内时会出现极端高风速的大风（无必要预计），那么上述两次检查便足够用于与风有关的超高分析。如果大坝设计未能通过这两次检查，则应反复增高设计坝顶高程，直至通过检查为止。

估算者可能需要考虑发生比以上分析所采用的更为严重的风和洪水的可能性。在最大洪水期间，水库水位达到最高值时，如果大坝所在位置可能出现超强风，应该对此种状况进行进一步考虑并包括在超高设计中。应向具备资质的气象学家咨询以对这些风速进行量化，或者可能需要在最小超高上加上额外超高值以应对可能出现的此类极端情况。

6.3.1.1　防渗区顶部

当水库因长时间洪水或某些其他原因预计会长时间处于较高水位时，心墙或防渗区顶部应足够高，以防止大坝内出现不受控制的渗流和没有反滤保护的内部侵蚀。在这种情况下，防渗区顶部的设计应使其在沉降之后位于或高于最高库水位加风壅水面高度（不一定要加上爬高）后的高程，风壅水面高度由与最大洪水相关的风或不小于10%超越概率的典型风（取其中较大者）引起。同样地，如果防渗区顶部会受到冰冻作用或干燥开裂影响，那么新建坝的分区必须包括反滤层，以控制通过裂缝或冰冻缺口的渗漏，否则水库水面必须保持低于这些影响的深度。在选择防渗层顶部时，这些风险应与心墙材料及铺筑的成本进行平衡考虑。

6.3.2　已建填筑坝

6.3.2.1　已建填筑坝超高评估

针对已建填筑坝超高进行分析，旨在确定可能导致填筑坝溃坝的水文或水力缺陷问题。如果水库的最高库水位非常接近坝顶，那么风力形成的爬高和风壅水面高度将漫过坝顶，或者如果最高库水位高于已建坝顶，那么在评估高水位条件下造成填筑体溃坝的潜在可能性时，应考虑以下因素。

（1）坝顶高程、宽度和坡度。当漫顶是潜在问题时，与坝顶高程均一漫顶水流为片流的大坝相比，水流集中在低位点，更易导致冲蚀。通常填筑坝的两个最低坝顶区域位于超填量最少的两端。应对坝顶进行测量，确定实际坝顶高程和定位低位点。漫顶时，较宽的坝顶或者向水库侧倾斜的坝顶可能降低漫顶过程中的潜在侵蚀。此外如果填筑坝上部高度透水或可能开裂（即防渗区的顶部低于坝顶），那么认识到库水位持续低于坝顶高程有溃坝的可能性很重要。

（2）坝顶和下游坡面材料。填筑坝顶部（心墙顶或坝顶）材料通常选择级配良好、密实、不透水、不掺杂大量粗粒料的黏性土，发生漫顶时这种材料最能抵抗侵蚀。铺筑路面有助于降低漫顶时溃坝的可能性，但漫顶水流经过铺砌的坝顶时流速可能增加的情况除外。在流速增加的情况下，铺砌面下游边缘更有可能发生侵蚀。未铺砌的碎石路也有益于防止溃坝，因为车辆通行和道路基层结合料会使坝顶材料达到更加密实的状态，即使材料粒径较大且具有透水性，但是仍然能够充分地抵御侵蚀。填筑体漫顶造成的侵蚀最有可能发生在下游坝坡上，尤其在下游填筑体趾部，此处漫顶水流流态较为紊乱。对填筑体抵挡漫顶能力的评估应该在靠近下游坝坡趾部开始，并沿着坝下游防波堤或者下游坝坡变坡处进行。

（3）植被。通常植被会抑制侵蚀，但树木和其他障碍物会造成湍流或汇流。

（4）表面材料的渗透性。虽然透水不饱和的表面材料会阻止波浪爬高，但更多的渗流进入坝体内，当水位高时可能侵蚀填筑材料。遭遇漫顶时，填筑材料受到更多浮力作用，渗透压力和漫顶水流的牵引力会加快侵蚀。

（5）结构的总体状况。大坝抵御漫顶、暴雨或极端波浪作用后侵蚀的能力的历史记录可以帮助我们了解 PMF 期间大坝的预期性能。同一区域或使用与被漫顶大坝相同材料建造的大坝也能够提供有用的信息。自然或人为暴露的坝料可以提供材料侵蚀的证据。已建了很长时间且坝顶、下游坝面或坝趾没有任何明显侵蚀的结构物可能比那些在自然风化下已经恶化的大坝更能经受漫顶。

（6）漫顶的深度、速度和持续时间。流过大坝的水越深、越快、时间越长，大坝越有可能发生溃坝。可以用经验关系式来评估溃坝临界条件，在该条件下漫顶时填筑坝将会发生侵蚀。漫顶临界深度是通过将牵引剪切应力和溢流速度与容许值相比较推导出来的。容许值取决于粗糙度、坡度角和下游面所用材料的类型。通过比较选定持续时间间隔内漫顶水的深度和流量与不同表面粗糙度的容许值，计算漫顶的持续时间。开始发生溃坝的时间就是洪水期间漫顶达到临界深度的时间。

（7）风力。第 6.3.1 节给出的两次检查可用于核查超高是否足以防止因风成波所导致的漫顶。第一次检查使用图 6.2.2-1，利用在正常水库水面时的水库吹程（吹程计算见附录 6-B）和下游坝面坡度，推导出持续 100mi/h 风速条件下预计可能导致的爬高和风壅水面高度值。如果正常水库水面和大坝坝顶之间的垂直距离大于图 6.2.2-1 所确定的爬高与风壅水面高度之间的垂直分量，那么在水库正常运行条件下，风成波不会漫过坝顶。第二次检查，在入库设计洪水位与时间曲线图中低于最高库水位高程 2 和 4ft 处画水平线，如图 6.3.1-1 所示，得出库水位不低于该高程的持续时间最大值。持续时间的倒数可以被视为风概率曲线上相应风速风的小时概率。如果确定，即使最高库水位低于坝顶，波浪也会漫过坝顶，那么就应考虑本节所含因素，以确定这些波浪是否会达到坝顶的下游边缘和有无可能造成侵蚀。由风在水库水面上所产生的高于坝顶的波浪将会增加漫顶的深度，此深度相当于波高的一半。基于土料侵蚀和输移得到的关系式可用于研究两种情形下发生溃坝的可能性，有关讨论不在本章的范围内。

（8）安保。如果大坝很脆弱、库水位经常较高或大坝是一个有吸引力的目标，则可能需要考虑敌对势力蓄意破坏坝顶导致大坝溃坝的攻击行为。在评估已建超高或确定新建超高时，可能需要考虑安保问题。这类分析应咨询垦务局安保安全及执法办公室。

当确定超高不充足，可能会在洪水事件中导致溃坝时，应进行大坝安全性评估。风险分析通常包括在对溃坝概率和漫顶所致溃坝后果的评估中。估算漫顶概率时应考虑爬高和壅高。尽管通常会假设填筑坝可能会因一定次数的漫顶出现溃坝，但是波浪的间歇性作用和以上任何因素增加或降低溃坝概率的可能性都应该风险评估中考虑。在风险分析中，通常会绘制易损性曲线来估算在考虑到漫顶或重大超高损失条件下的溃坝概率，以此来解释所述相关因素的可能性和波浪作用（爬高和壅高）的间歇性。风险分析所用易损性曲线的示例（此曲线针对的是具体的大坝或坝址，未必适用于所有大坝的风险分析）见图 6.3.2.1-1。

已建坝的评估也需要考虑到最初超高设计确定的条件已经改变的情况。例如随着维修和操作经验的积累，对溢洪道和泄水建筑物发生故障的风险会比初始设计时更加了解。评估故障风险时，应考虑已知的闸门启闭限制，同时还应考虑机械和电气性能的改进，及增加运行由有经验人员操作的规定。因为基础与坝体沉降往往已经发生，增加防浪墙可能是为已建填筑坝提供超高的一个可行办法。

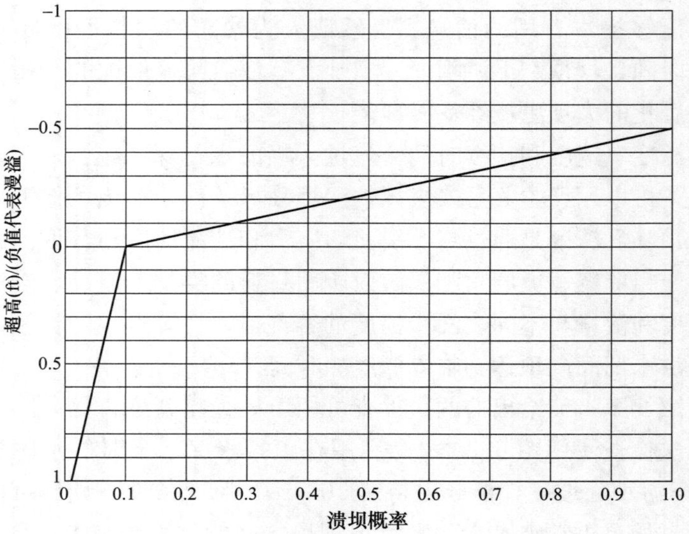

图 6.3.2.1-1　填筑坝水文风险分析易损性曲线示例

人为干预避免溃坝也可纳入风险分析中，但应该谨慎处理，因为在极端水文事件中很难预测此类情况的发生。参阅《大坝安全性风险分析最佳实践培训手册》第 11 章“洪水漫顶溃坝”，获取更多关于水文风险分析的详细论述。

6.3.2.2　已建坝的超高设计因素

先前的设计标准包含这样一条准则：如果要对已建坝进行改造，超高也是改造的一部分，应根据为新建坝确立的标准来设计超高（前述章节）。这往往是不适宜的，因为在确定需改造已建坝的超高要求时所考虑的因素与新建坝的要求不一样。与已建坝相比，在设计阶段新建坝增高几英尺的成本增加是很少的。对已建坝进行改造，在设计数据收集、设计时间、合同签订、施工组织和材料单价方面的费用将会更高。对已建溢洪道而言，增加溢洪道容量以提供更多超高的方案，费用可能相当高，而新建坝采用此方案对成本影响相对较小。

风险分析中所做的大坝安全决策可能会影响已建坝改造的超高选择。对于计划进行改造的已建坝，应进行鲁棒性研究，以便帮助选择超高。鲁棒性研究详见设计标准 No. 14 第 2 章“水文因素”，并确定入库设计洪水期间与库水位最大值相关的不确定性因素。此类研究用于确定和量化（如可能）分析或设计中的不确定性因素。这些不确定性因素可能与水文不确定性、溢洪道闸门误操作、杂物堵塞和风成波相关。在进行入库设计洪水演算时，假设不利状况发生（如所有闸门不起作用、杂物堵塞溢洪道入口），且在这些情况下的最高库水位已经确定。这些因素中许多发生的概率不易量化。鲁棒性研究可用做检查事件或因素的范围和在不理想状况下可能达到的最高库水位范围的一种方法（持续的或间歇的）。还应进行敏感性研究，以确定一些不确定性因素对最终设计有多重要或者哪些最为关键。鲁棒性研究和敏感性研究的结果将会用做说明推荐超高的合理性。

还应估算不同水平的超高所花费的成本。

安保问题可能很重要，这取决于大坝、坝址、水文等因素，并且可能需要在超高分析和设计中加以考虑。

设计团队应对超高提出建议，并以鲁棒性研究结果、不同水平超高的成本增量、敏感性分析和其他相关因素的论述作为依据。

6.4 防浪墙

可以根据具体情况考虑利用防浪墙为填筑坝提供超高余量。

防浪墙一般都是置于填筑坝顶部并嵌入坝肩和大坝防渗区中的直立墙（通常为钢筋混凝土材料）。防浪墙的顶部高程高于填筑坝的顶部高程，这部分高差就是防浪墙所提供的增加超高部分。防浪墙体型通常为变截面的，由底及顶逐渐变窄，一般是沿坝顶长度方向现浇筑的连续结构（并不像高速公路护栏那样分段或者由很多短墙连接组成）。加筋土挡土墙或块石挡土墙也可以用做防浪墙。

作为抵挡水作用力的屏障，防浪墙或许比填筑坝要逊色一些。例如，2005 年卡特里娜飓风发生期间，新奥尔良设计不良的防浪墙就是显而易见的例子，当时很多用于增加防洪堤超高的防浪墙都没能经受住考验。应对利用防浪墙增加填筑坝超高的做法进行限制、全面评估并谨慎设计。防浪墙不得用于蓄洪或者为用于新建坝应对风壅水的超高。防浪墙已用于增强大坝的安全性，将其战略性地设置于能够令攻击者远离的坝顶最敏感区域。

对于已建坝改造，防浪墙仅用做应对波浪爬高（而非风壅水面高度或蓄洪）的超高。因为波浪爬高是间歇性荷载，而风壅水面高度和蓄洪是持续荷载，会造成渗流和侵蚀问题。在某些罕见情况下，防浪墙也被用于抵挡风壅水面高度或者极端洪水事件的最高蓄洪量。如果要在蓄洪或风壅水面高度范围内采用防浪墙，如本章开篇所述，应对与本标准不一致的情况进行记录。此类记录文件应包含渗流与稳定性（可能为静态、水力以及水动力）分析、风险分析、成本分析以及证明防浪墙与大坝及其坝肩之间良好连接的设计信息。

采用防浪墙时必须做好以下防护措施：

（1）防浪墙边缘必须充分嵌入填筑坝的防渗区和坝肩，以避免墙下产生过度的渗流或冲刷。如果可以将防浪墙嵌入其他临近心墙且具有足够不透水性、能够提供良好防渗屏障、能抵御侵蚀的填筑坝材料中，或者如果暴露在洪水中的时间非常短，就没有必要总是将防浪墙深嵌入心墙中。

（2）在防浪墙周围及下方提供适当的分区，包括必要时适当地嵌入不透水区以防止底切作用和侵蚀。

（3）必须在施工顺序或防浪墙设计中充分考虑未来会给防浪墙结构完整性带来不利影响的基础和填筑体沉降。

（4）防浪墙的设计必须能够抵御水静力和水动力（波浪）荷载。

(5) 必须提供围绕或穿过防浪墙的排水措施。

(6) 应在防浪墙部件之间和部件与大坝之间进行连接并封闭。

(7) 必须确保安全和安保。

(8) 还应解决维护、冰雪清除、视线及美学等问题。

如果要对已建防浪墙进行评估，则须记录墙体是如何构建并嵌入坝肩及不透水区的。一些已建防浪墙只延伸到坝端，为洪水或波浪作用留出通道，使其汇集到超填最小的墙末端，并沿着坝坡与岸坡接触线侵蚀坝体。此种做法应被纠正。

6.5 影响超高的其他因素

第 6.3.2 节中已经介绍了一些影响填筑坝抵抗漫顶能力的因素。上文的重点主要集中在波浪爬高及风壅水面高度，本节列出了确定一个足够的超高时可能还需考虑的一些其他因素。在某些情况下，这些因素可能会超过用于应对风力荷载的超高。本节意在呈现这些考虑因素中的一部分，但不会对每一个因素都给出全面的论述。有关这些因素完整内容的信息来源，请参阅下文及本章其他节所述内容。要特别说明的是，《设计标准 No. 14》第 2 章涵盖了有关洪水、水文、水力等下文所列全部因素及其他因素，尤其是关系到溢洪道和泄水建筑物的内容。

6.5.1 洪水

入库设计洪水过程线形状、峰值流量、洪水总量等的洪水特征会影响到确定超高时用到的方法及运用的计算方式。利用水库进水过程线、水库库容、溢洪道等泄水建筑物特征以及水库运行操作来推演入库洪水。同时也需要考虑气候变化。设计标准 No. 14 第 2 章解决了大坝设计的入库设计洪水选择问题。

6.5.2 水库运行

因用水量的变化，水库水位可能会有很大的季节性波动。如果有关数据可获得，则应该将这种季节性的波动与风的季节性变化一同纳入考虑范围。此外，这将成为洪水演算时需要考虑的因素。

坝址偏远程度及下游因素（如下游河道安全容量）都有可能对水库运行产生影响，因此需要将其纳入超高考虑因素中。关于这些及其他水库运行和洪水演算相关因素的全面论述，参阅设计标准 No. 14 第 2 章。

6.5.3 溢洪道及其他泄水建筑物故障

在确定超高要求时，应仔细考虑运行及维护因素。由于操作错误和机械与电气故障或杂物堵塞造成的溢洪道和/或其他泄水建筑物故障可能会导致水库水面上升，超过设计中考虑的高程。在确定适当超高量时，溢洪道和其他泄水建筑物的类型及预期操作是较为重要的因素。设计标准 No. 14 第 2 章对这些及其他有关附属工程的因素进行了详细论述。

6.5.3.1　无闸溢洪道

无闸溢洪道受不当维护及操作问题的影响较小，但设有闸墩（如支撑桥梁等）及宽度小于 40～50ft 的曲线形坝顶溢洪道（可能会被杂物阻塞）例外。除那些依赖于泄水建筑物泄放大部分洪水的水库之外，对大多数设有无闸溢洪道的大坝来说，应对故障的超高余量通常不做要求。采用竖井溢洪道时，要特别留心杂物堵塞入口可能会造成泄流能力损失。杂物的影响取决于竖井溢洪道系统中控制流量的位置。一些超高是用来考虑了杂物造成的泄流能力潜在损失。

6.5.3.2　带闸泄洪洞

当使用大型带闸泄洪孔（洞）完全代替溢洪道或者因此采用小型溢洪道时，应采用下文介绍的带闸溢洪道超高余量。

6.5.3.3　带闸溢洪道

虽然操作人员会对设备进行定期维护和充分保养，但还是应该注意机械和电源故障或误操作可能会造成带闸溢洪道和其他泄水建筑物故障的可能性。

6.5.4　贯穿填筑体顶部的开裂

填筑坝顶部可能会产生开裂深度达到能与水库水面接触程度的横向（上游至下游）裂缝。此类开裂可能由不均匀沉降、干燥、拱效应、内应力集中或低内应力区、地震活动或其他动力荷载、不利地形或异常现象、沟渠或渗透、钻孔、灌浆、量测仪器或其他结构的存在等引发。一般来说，填筑体材料越坚实，裂缝就延伸得越深。开裂的深度是填筑体材料无侧限抗压强度的函数。由于维护工作或其他干扰因素，已建填筑坝坝顶或表面可能有也可能没有开裂迹象。虽然裂缝深度一般大致相当，但表面出现的裂口越宽，其深度可能延伸越深。铺筑时比最佳含水量干的填筑料比最佳含水量湿的料更有可能发生开裂。

通常并不以增加最小超高来减少裂缝。心墙下游垂直反滤区是应对填筑坝开裂的主要防御区。此外，在洪水荷载重现期，水库水位上升到一定高度便可阻断完全贯穿填筑体断面的裂缝，重现期长，提供了另一种程度的保护。

另一方面，如果预期坝顶裂缝会延伸到水库正常运行期间的水位高程处，同时下游又缺少反滤层或者反滤层性能较差，可能需要将正常超高增加到按前文所述方法确定的超高高程之上。

开裂通常随着深度的加深而变窄，并且可能是间断性的。深度开裂可能只会由地震运动造成。通常，为处理静力开裂和地震开裂，在现代填筑坝的设计中所包括的是反滤层而不是超高。本标准第 13 章描述了潜在地震破坏模式和用于应对该破坏模式的设计，第 9 章涵盖静力变形，第 5 章描述用于缓解各种裂缝的反滤层设计。

6.5.5　地震与滑坡形成的涌浪

地震、水库附近或内部断层位移或者水库库区（谷底及谷壁）振动都会产生波浪。断层位移的数量和类型、能量和频谱都是能够单独或共同影响水库中波浪强度的因素。因山体滑坡所形成的波浪，其强度会受到滑坡体方量、速度、几何形状等的影响。地震形成的波浪和山体滑坡形成的波浪均称为湖震涌浪。在始发事件之后水库达到平静之前的很长一段时间里，一些湖震涌浪可能会多次漫过大坝。针对所有湖震涌浪的波浪爬高计算与针对风成波的计算相同（采用附录 6-B 中的式 6-B. 4. 3-4 进行计算）。

地震引起波浪的机制为，在断层位移发生时，水库中的水会急速填补因坝下或附近垂直位移或倾斜所形成的空隙。如果出现水库库区地表振动，水库中的水随着地表振动波流动，范围很广。与在水库附近发生的地震相比，发生在距离水库较远处的地震更有可能在水库中造成湖震。断层位移波浪从最大垂直位移处呈放射状扩散。如果水深不超过位移，波浪会很快中断而消散。然而水堆叠在一个竖直波前的位移波浪（钻孔波浪）不会受水库形状的影响。如果大坝位于断层下移的一侧，降低的坝顶高度会增加波浪漫顶的机会。1959 年，蒙大拿州 Hebgen Lake 坝，在断层沿水库右侧位移并导致水库向大坝倾斜时形成的波浪漫过坝顶，导致该大坝部分溃坝。对于断层位移波浪来说，应用水力学可以用于估测波浪高度和波浪传播。在预测地震活动所形成的湖震涌浪爬高方面已经进行过许多尝试。曾对 Jackson Lake 坝和 Lake Tahoe 坝的断层位移波浪荷载进行了分析，并进行了漫顶防护改造，以防止漫顶期间发生溃坝。结合概率地震构造分析的湖震涌浪模型已经应用于 Joes Valley 坝和 A. V. Watkins 坝，对其漫顶风险进行评估，进而做出大坝安全决策。

水库水位骤降、地震、降雨以及其他因素可能会引发水库处的山体滑坡。滑坡都是特定场地问题。必须对水库滑坡引发的波浪进行单独分析，得出波浪到达大坝之前可能出现的最大高度及衰减特征。滑坡引发波浪的高度取决于几个因素，滑坡的质量和速度、滑向水库的方向是估算滑坡引发波浪的最重要因素。滑坡所致的水库波浪高度极不同，可能小到只是一个干扰，也可能大到“瓦依昂特事件”的规模。有一些方法可估算滑坡引发的波浪的近似大小。该分析的出发点可参阅题为《波浪的出现、特征及预测模型》的文章。另一篇有用的论文是 1982 年里约热内卢第 14 届国际大坝委员会会议上 C. A. 皮尤和 D. W. 哈里斯提出的《对滑坡引发的波浪的预测》。

在某些情况下，应对大型波浪的超高可能会超出工程的经济能力或现实状况。当拟建或已建坝存在波浪漫顶的危险时，需进行评估，且有可能需要额外的正常超高或其他缓解措施。为容纳最大型的连续波，需增加正常超高。除增加超高之外，可以通过稳定滑坡来缓解因此形成的波浪。根据垦务局的经验，为受断层位移波浪影响的填筑坝提供漫顶保护可能比增加超高更为经济。

6. 5. 6 填筑体意外沉降

考虑到坝体和坝基在静态条件下的长期固结，填筑坝通常会填筑至高于设计坝顶的高程。填筑体高于设计坝顶的垂直距离被称为超填。超填通常为 0（坝肩处）～1ft 或以上（坝中间处）。超填要求和计算方法，参阅本标准第 9 章。超填不是超高的一部分。但如果沉降量难以预测，且可能大于分析值，则可能需要额外的超高。

有很多方法可用于估算因地震荷载所致的填筑坝永久性垂直变形。填筑坝地震变形分析见本标准第 13 章。正常超高应足以应对地震变形。对于已建坝，可在大坝安全评价的风险评估中将地震变形估算与正常超高进行比较。

6.5.7 安保问题

超高量以及坝顶宽度会大大影响填筑坝对安保相关事故的反应，例如在坝顶放置爆炸装置或试图使用机械设备在坝顶挖沟。通常，增加超高或坝顶宽度会降低与安保相关的弱点和风险。基于具体填筑坝的横断面和材料，安保及执法办公室和技术服务中心的工作人员可以提供对不同爆炸荷载的预测深度和宽度的数据。设计师可据此判断超高和坝顶宽度是否足以保护结构免受不同的威胁。

6.6 参考文献（略）

附录 6-A　术语表

F	水库吹程，风自某点起产生波浪的平均水平距离（mi）
g	重力加速度（32.2ft/s^2）。
H_s	有效波高，波浪场中高度占前三分之一的所有波浪高度的平均值。波高指波峰与前一个波谷的相同点之间的垂直距离（ft）
IDF	入库设计洪水。通常是可能最大洪水。
L	深水波波长，指两个连续波浪相同点间的水平距离（ft）。
MRWS	最高库水位高程（ft），由入库设计洪水演算的最高库水位。
PFARA	美国垦务局概率性超高和堆石护坡分析计算程序，用以获得小时概率（P_{WH}）与特定地点风速（VMPH）的相关关系。
PMF	可能最大洪水。
P_{WH}	任意小时风的超越概率。
RUNUP	爬高，水面产生的波浪冲击某结构物或滩地时的一种水面运动现象。爬高是波浪高出静水位的垂直高度（ft）。
SEICHE	湖震，因地震变形或大型滑坡进入水体造成的浪，一般较为巨大。导致湖震涌浪产生和用于超高分析的主要地震活动类型与水库内或水库周边的断层位移有关。
SETUP	壅高或风壅水面高度，指水体背风面水位在水面风力作用下相对静水位的垂直上升高度（ft），也称风潮。
T	深水波时长（周期）。即两个连续的波峰经过同一固定点所需的时间（s）。
TAC	兴利库容顶部高程（ft）。
t_{min}	给定风速和水库吹程下充分形成最大波浪所需的最短时间（h）。
V	陆面风速（mi/h）。
VMPH	水面风速（mi/h）。
α	填筑坝上游面与水平面的夹角（°）。
β	迎面波方向与坝轴线垂线之间的交角（°）。

附录 6-B 填筑坝风力荷载超高分析计算方法

6-B.1 吹程计算

对于岸线不规则的内陆水库来说，推荐的吹程计算法包括从目标点出发，构建 9 条射线，每条射线之间的夹角为 3°，然后将射线一直延伸至其与水库对岸的水域边界线首次相交（见图 6-B.1-1）。测量每条射线的长度并进行算术平均。尽管推荐使用 3°射线夹角，但射线夹角也可小于 3°。计算应从多个方向进行（以中心射线为基准），使射线靠拢大坝，计算的方向应包括与中心射线垂直的大坝轴线以及所有可能成为最长射线的延伸方向。

为计算每个吹程，应确定中心射线与垂直于大坝轴线的一条线之间的夹角。考虑到波浪有可能从不太严重的方向接近大坝，所以该夹角将与适当的换算系数一起使用，以便调整爬高值。

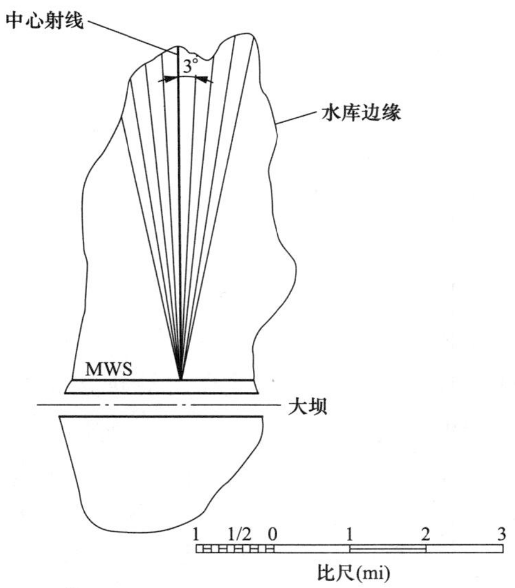

$$风区长度 = \sum_{N=1}^{9}(射线长度)/射线条数$$

$$= \frac{3.50+4.00+4.15+4.25+4.35+4.35+4.24+4.25+4.50}{9}$$

$$= \frac{37.8}{9} = 4.20(\text{mi})$$

图 6-B.1-1 吹程计算

在早期的波浪预测方法中，吹程宽度（有效吹程）对限制波浪增长有着重要作用。提出有效吹程是试图考虑风区附近岸线的影响。但是该方法依据的一些物理论证不再被认为有效。因此在本设计标准中没有给出有效风区的定义。如果沿吹程的水库非常窄，则吹程的宽度可能会很重要。目前并未发现吹程宽度（即参数 W/L）的影响与相对长度成比例。波浪增长曲线与实际观测的结果表明，如果使用有效吹程，会低估波浪大小。因此本标准中的曲线不采用有效吹程。

6-B.2 超高的分析方法

6-B.2.1 小坝设计

垦务局 1987 版的《小坝设计》中包括对低风险小型填筑坝超高的指南。表 6-B.2.1-1 给出了正常超高和标准超高的最小建议值。表格下方的内容指出水坝设计中以上两个值应符合最严格的要求。表中的数值依据经验关系式得出，正常超高使用 100mi/h 的风速，最小超高使用 50mi/h 的风速。《小坝设计》指出，“在吹程为 2.5mi 或更小时，对于极冷和极热条件下的水坝，可能会要求增加（表 6-B.2.1-1 中）所列的水坝超高值，尤其是当水坝的心墙部分使用的是 CL 和 CH 土时。”这一规定的部分原因是冻融或干旱作用可能会导致填筑顶部开裂。如果上游边坡使用了光滑的坝面，则建议将表中所列的超高增加50%。

表 6-B.2.1-1　　最小超高和正常超高的近似值

最长风区长度 (mi)	正常超高 (ft)	最小超高 (ft)
<1	4	3
1	5	4
2.5	6	5
5	8	6
10	10	7

注　这些数值基于正常水库水面上100mi/h的风速和最高水库水面高度（最高库水位）上50mi/h的风速。表中数值未考虑壅高作用。对于水泥土填筑的或其他光滑的上游坝面，视坝面的光滑程度，表中的数值应增加至多1.5倍。

6-B.2.2　概率统计方法

工程和研究助理专员（ACER）2号技术备忘录鼓励使用之前停用的复杂概率统计分析计算超高。该方法曾用于计算坝顶高度的概率分布函数，通过结合分析洪水在坝前形成低于坝顶的库水位的概率和风成波导致波浪爬高和壅高达到坝顶高程的概率，得到一个沿坝顶高程的概率分布函数。开发了计算程序“概率性超高和抛石分析”（PFARA）进行该计算。这一复杂程序在其存在20年后不再被人们使用，因为本标准中提供了更简便可行的计算方法，该算法引用数据的方式更可靠，且得出的结论也更让人满意。PFARA仍被用于超高和抛石分析，但主要是分析风力数据和求取设计风速。这部分内容包含在附录6-B.3中。该程序利用特定场地的风力数据生成水面风速的概率分布，采用其他数据和方法也可导出这样的关系式。

6-B.2.3　美国陆军工程兵团

美国陆军工程兵团对填筑体上的波浪高程测定和波浪爬高进行过大量的研究。其他发布的准则见工程兵团的ETL 1110-2-221（1976.11.29），ETL 1110-2-305（1984.02.16）。1984年发行的第四版《海岸防护手册》是之前美国垦务局有关超高的参考依据，也就是ACER 2号技术备忘录（1992）。但是《海岸防护手册》现已更新为《美国海岸工程手册》，编号为EM-1110-2-1100，其中的第二部分和第六部分适用于超高的计算，特别是第二部分第二章（2008年8月1日版）的波浪特征和第六部分第五章（2011年9月28日版）爬高和壅高计算，以及工程兵团用于漫顶概率估算的超高分析和计算。更新的《美国海岸工程手册》是超高设计标准的依据。

6-B.3　已有风力数据分析

6-B.3.1　风力数据站

从Battelle西北太平洋实验室出版的《风能资源地图册》可获知美国国家气象中心站风力状况数据。这些气象站汇总了风力数据并将其数字化，是持久性风力数据的重要资源，用于确定计算超高所需的设计风速。

从这些气象站获取的风力数据最适用于计算库区风成波的高度、波浪爬高和风壅水，包括考虑地形、植被和气象的接近性和相似性以及风力记录的时长和内容。

6-B. 3. 2　将风力数据换算成概率

Battelle 的《风能资源地图册》的风持续表列出了在选定的连续数小时内超过给定风速的发生次数。通过将“发生次数”转换为“小时数”，然后除以记录周期内的总小时数，得出超越概率 P_{W_H} 值。

6-B. 3. 3　将概率移植到水库区域

应将超过给定风速的概率移植至水库区域。移植多个测站数据时，应利用加权因子计及不同测站到水库的相对距离，测站与水库间的差异，如周围植被、地势、气候环境以及记录期内测站之间的差异。应将权重较高的因子分配至离水库较近、地势和周围植被与水库相似以及记录时间较长的测站。

将超过给定风速的概率从给定测站移植至水库区域的计算方法是，该测站的每个小时风速概率（P_{W_H}）乘以赋予该测站的加权因子，除以全部测站的总加权因子。水库区一定时间内超过给定风速的概率是每个测站代表性风速移植概率的总和。

6-B. 3. 4　风事件曲线

为每一个风速分别绘制连续 1、2、3、4、5 个小时内水库风速超过给定风速的概率（P_{W_H}）。数据点绘制在半对数坐标纸上，并且为每个数据系列绘制一条拟合曲线。每条曲线表示任何风事件中，在特定期间内风速超过给定速率的概率（P_{W_H}）。

6-B. 3. 5　水上风速换算

风吹过陆面上空经过水库时，其风速会发生改变。因此须进行换算，将计算的陆面上空风速转换为水面上方的风速。各风事件曲线中的陆面上空计算风速应调整为水上风速，以便计算波高、爬高和风壅水。图 6-B. 3. 5-1 说明陆面上空的风与水面（高于地面 32. 8ft）上方的风之间的关系。

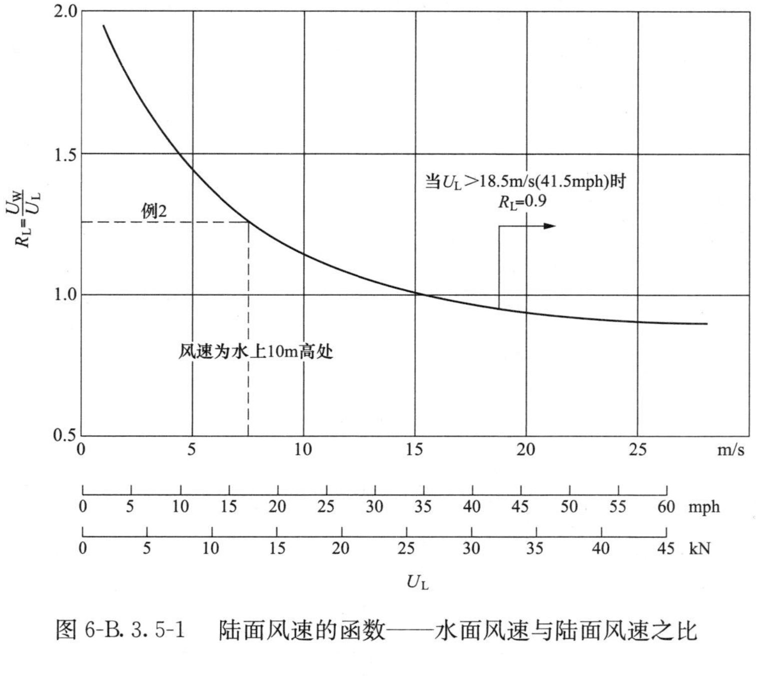

图 6-B. 3. 5-1　陆面风速的函数——水面风速与陆面风速之比

6-B.3.6　达到最大波高的最小风历时

水库的最大波高受三个因素限制：吹程（风吹过水面上空的距离）、风时（风况持续时长）以及风速（充分发展或对应最大波高的给定风速）。一般来说，设计条件主要受吹程限制。

一定吹程内由给定风速产生最大波高所需的时间称为最短风时。计算最短风时可用下列公式：

$$t_{\min}=1.87(F^{0.67}/VMPH^{0.34}) \tag{6-B.3.6-1}$$

式中：$t_{\min}$ 为产生最大波高所需的最短风时，h；F 为风区长度；VMPH 为水面上方风速，mi/h。

将最短风时分别绘制到风事件曲线上。将产生最大波高所需最短风时的各风速超越概率作为纵坐标，该风时与 P_{W_H} 风事件曲线上绘制的最小风时一致。

6-B.3.7　风事件概率

一条连接风事件曲线上的最短风时的曲线表示在产生最大波高所需的最短风时内，超过选定风速的概率。为确定某事件发生期间最短风时内可能产生的风速，应将风速超越概率（ P_{W_H} ）和水面风速曲线绘制在半对数坐标纸上。应使用 P_{W_H} 值及其各自的与最短风时相对应的陆面风速（转换为水面风速）。

6-B.4　风力对水的影响

6-B.4.1　波高

风成波的高度是不同，它们组成各种浪高分布。有效波高（H_s）为波浪场中三分之一最高波浪的平均值。有限风区的有效波高（ft）计算方法如下：

$$H_s=0.0245F^{1/2}\text{VMPH}(1.1+0.0156\text{VMPH})^{1/2} \tag{6-B.4.1-1}$$

根据瑞利分布，可用有效波高来估算其他统计波高（表 6-B.4.1-1）。从表 6-B.4.1-1 中，可以看到最高百分之十波浪的平均波高为 $1.27H_s$，最高百分之一波浪的平均波高约为 $1.67H_s$。

表 6-B.4.1-1　通常波高关系

计算特定波高的系列波浪总数百分比（H）	特定波高 H 与平均波高 H_{ave} 的比（H/H_{ave}）	特定波高 H 与有效波高 H_s 的比（H/H_s）	超过有效波高的波浪百分比（H）
1	2.66	1.67	0.4
5	2.24	1.40	2
10	2.03	1.27	4
20	1.80	1.12	8
25	1.71	1.07	10
30	1.64	1.02	12
33.33	1.60	1.00	13
40	1.52	0.95	16
50	1.42	0.89	20
75	1.20	0.75	32
100	1.00	0.62	46

应根据坝顶和下游坡面抵抗波浪漫顶的能力选择计算波浪爬高的波高统计数据。当坝顶和下游坡面受到充分的防侵蚀保护，不会过度剥落或软化，或坝上通行不会受影响时，应采用等于最高百分之十的波浪的平均波高（1.27 倍有效波高）来计算波浪爬高。如果仅允许罕见波浪漫过坝顶，则应使用 1.67 倍的有效波高。

对于与坝轴线不垂直的风区，应根据图 6-B.4.1-1 的系数对波高进行折减。正如波场中的波高并不统一，波浪分布（扩散）也有几个方向。有效波高乘以折减系数，得到一个折减的设计有效波高。

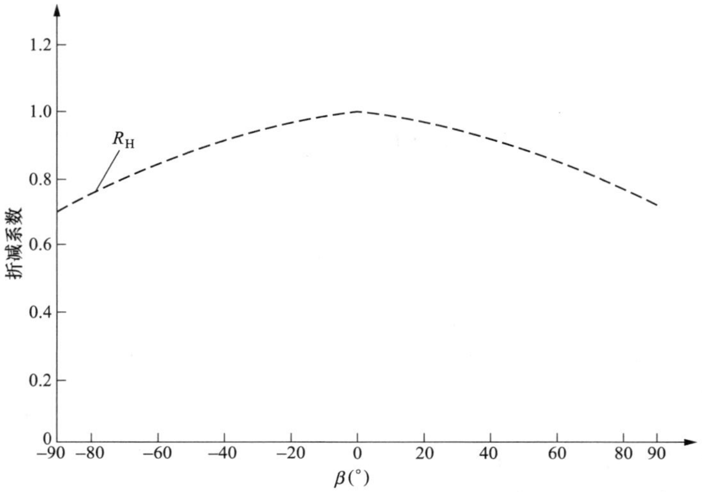

图 6-B.4.1-1 波高因扩散角度而致的折减

R_H—浪高折减

图中，β 为吹程与坝轴线之间的角度（°）（0°是垂直入射，通常用于计算吹程，即垂直于坝轴线）。

6-B.4.2 波长和波浪周期

深水区波长（ft）通过下列方式计算：

$$L=\frac{gT^2}{2\pi}=5.12T^2 \tag{6-B.4.2-1}$$

式中：T 为波浪周期，s 。有限风区最大波浪周期（s）为：

$$T=0.464F^{1/3}\mathrm{VMPH}^{1/3}(1.1+0.0156\mathrm{VMPH})^{1/6} \tag{6-B.4.2-2}$$

对于局部生成的波浪，波浪周期在最大周期附近呈正态分布。可假设波浪场中所有波浪周期 T 是相同的。

与风成波的波长相比，大多数大坝的水库相对较深，波浪不受库底的影响。当水深大于波长的一半时，以上关于波高、波浪周期和最短持续时间的等式［式（6-B.4.1-1），式（6-B.4.2-2）和式（B.3.6-1）］是有效的。如果水库深度成为限制因素，可以运用浅水波的不同关系式。浅水波的波高、波浪周期和最短持续时间可参考美国工程兵团《工程海岸手册》EM 1110-2-1100（第六部分）。

6-B.4.3 波浪爬高

如果深水区波浪特征没有较大变化就达到了填筑边坡，则波浪将在填筑体上破碎并冲上边坡，其所能达到的高度可由边坡角度、填筑体表面的粗糙度和透水性以及波浪特征所控制。波浪爬高 R 是波浪冲上边坡所达到的最大水位和静水位的垂直距离。

为计算波浪爬高，首先用下列等式计算峰值波高的碎波相似系数 ξ_p：

$$\xi_p = \frac{\tan\alpha}{\sqrt{s_p}} \tag{6-B.4.3-1}$$

式中，α 为上游坝坡与水平线的夹角 。通常，土石坝的上游面坡度为 3∶1，则 $\tan\alpha = 0.33$。注：这些计算爬高的公式只能用于计算 5∶1 或更陡的坝坡。s_p 为最大波浪的陡度，根据下式计算：

$$s_p = \frac{H_s}{L} = \frac{2\pi}{g}\frac{H_s}{T^2} \tag{6-B.4.3-2}$$

H_s =式（B.4.1-1）中入射波浪的有效波高（ft）；L =式（6-B.4.2-1）中的波长（ft）；T=式（6-B.4.2.-2）中的波浪周期（s）。

进一步简化：

$$\xi_p = \frac{2.26T\tan\alpha}{\sqrt{H_s}} \tag{6-B.4.3-3}$$

计算爬高 R 的等式如下：

$$R = H_s(A\xi_p + C)\gamma_r\gamma_b\gamma_h\gamma_\beta \tag{6-B.4.3-4}$$

式中，R 为不透水斜坡（如土石坝的上游坝坡）上的波浪爬高（ft）；H_s 为有效波高（ft）；ξ_p 为碎波相似系数［见式（6-B.4.3-1）］；A，C 为跟 ξ_p 和波浪爬高的概率有关的系数，见表 6-B.4.3-1（2%用于计算超高和堆石护坡计算）；$\gamma_r\gamma_b\gamma_h\gamma_\beta$ 为折减系数，取值如下：为了考虑边坡的粗糙度，取自表 6-B.4.3-1 的 γ_r 作为上述爬高公式的折减系数。对于抛石护坡，建议取值为 0.55。γ_b 是考虑马道的折减系数（γ_b =1.0 为无马道的剖面）。γ_h 为浅水条件下的折减系数，此时波高分布不符合瑞利分布（γ_h=1.0 瑞利分布波浪）。

考虑风区与坝轴线的相对位置对爬高的折减，可用图 6-B.4.3-1 得出 γ_β。

表 6-B.4.3-1　　表面粗糙度的折减系数（$1<\xi_p<3$ 时为有效）

坡面类型	γ_r
光滑的混凝土、沥青	1.0
光滑的块石护岸	1.0
有草（高度为 3cm）	0.90～1.0
一层岩石，直径 D（H_s/D = 1.5～3.0）	0.55～0.6
两层或更多层岩石（H_s/D = 1.5～6.0）	0.50～0.55

利用最大波浪的碎浪相似系数 ξ_p，从表 6-B.4.3-1 可得到前文 2%爬高的等式中的变量 A 和 C（最高百分之二的爬高的平均数，在《海岸工程手册》中被广泛使用，也可用于超高和抛石护坡分析）。

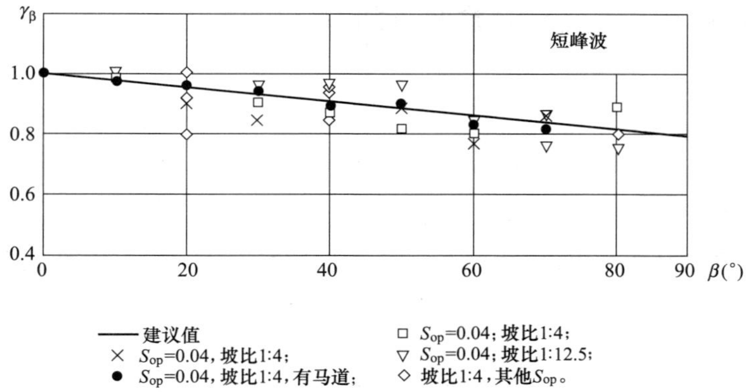

图 6-B.4.3-1　代尔夫特水力学中波浪入射角 β 和扩散方向对光滑坡上爬高的影响

表 6-B.4.3-2　　爬升等式中的变量值 A 和 C

ξ — Limits	A	C
$\xi_p \leqslant 2.5$	1.6	0
$2.5 < \xi_p \leqslant 9$	−0.2	4.5

6-B.4.4　风壅水面高度

风吹过水面所产生的水平剪切力使水壅向风的方向。在封闭的水体中，风力作用导致水位在风区顺风端升高。这种作用称为“风潮”或“风壅水面高度”。风壅水面高度 S（ft）的计算如下：

$$S = \frac{\mathrm{VMPH}^2 F}{1400D} \tag{6-B.4.4-1}$$

式中，VMPH 为设计水面风速（mi/h）；F 为风区长度（mi）；D 为平均水深（ft），D 值应为沿风区平均水深的合理近似值，应对计算壅高位置附近几英里处的水深更加侧重。风区方向为计算吹程时中心射线的方向。

附录 6-C　风荷载最小超高和正常超高算例

已有数据：

设计洪水过程线见图 6.3.1-1。

最高蓄水位（最高库水位）为 3025.0ft。

正常蓄水位为 3000.0ft。

吹程计算如图 6-B.1-1 所示。

沿风区平均水深为 D＝50ft。

上游抛石护坡坡度 3∶1

$$\tan\alpha = 1/3 = 0.33$$

该地点的风概率曲线如图 6-C-1 所示。

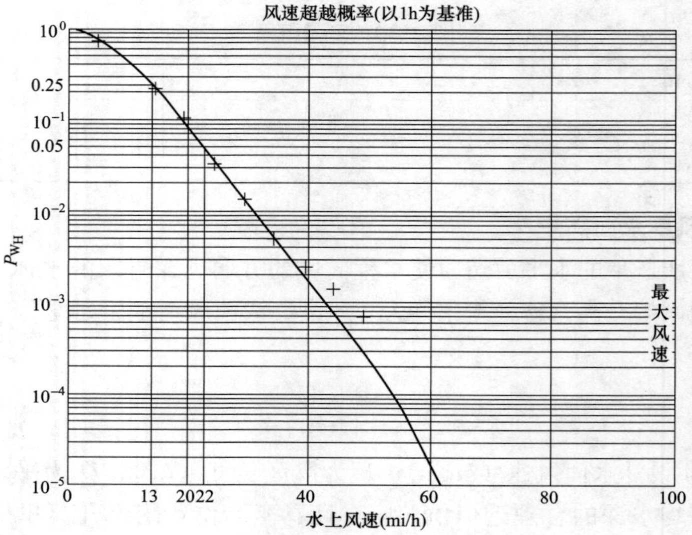

图 6-C-1　风力概率曲线

最小超高

选最高库水位＋3ft 和遭遇典型风时的爬高加壅高之间的较大值为设计坝顶高程。求最高库水位＋3ft 方案的坝顶高程：

$$坝顶高程 = 3025.0\text{ft}(最高库水位) + 3\text{ft} = 3028.0\text{ft}$$

求考虑最高库水位期间遭遇典型风时的坝顶高程：

风速超越概率为 10%：$P_{W_H}=0.1$。

水上风速＝19mi/h，数据源于图 6-C-1。

$$H_s = 0.0245F^{1/2}\text{VMPH}\,(1.1 + 0.0156\text{VMPH})^{1/2} \tag{6-C-1}$$

$$H_s = 0.0245 \times 4.2^{1/2} \times 19 \times (1.1 + 0.0156 \times 19)^{1/2} = 1.1\text{ft}$$

$$T = 0.464F^{1/3}\text{VMPH}^{1/3}\,(1.1 + 0.0156\text{VMPH})^{1/6} \tag{6-C-2}$$

$$T = 0.464 \times 4.2^{1/3} \times 19^{1/3}\,(1.1 + 0.0156 \times 19)^{1/6} = 2.11\text{s}$$

$$\xi_p = \frac{2.26T\tan\alpha}{\sqrt{H_s}} \tag{6-C-3}$$

$$\xi_p = \frac{2.26 \times 2.11 \times 0.33}{\sqrt{1.1}} = 1.50$$

$$A = 1.6$$

$$C = 0\text{（见表 6-B.4.3-2）}$$

$$R = H_s(A\xi_p + C)\gamma_r\gamma_b\gamma_h\gamma_\beta \tag{6-C-4}$$

$$\gamma_r = 0.55\text{（堆石护坡）}$$

$$\gamma_b = 1.0$$

$$\gamma_h = 1.0$$

$$\gamma_\beta = 1.0\text{（风向与坝轴线法线夹角 }\beta = 0\text{，见图 6-B.4.3-1）}$$

$$R = 1.1 \times (1.6 \times 1.50 + 0) \times 0.55 \times 1.0 \times 1.0 \times 1.0 = 1.45(\text{ft})$$

$$S = \frac{\text{VMPH}^2 F}{1400D} \tag{6-C-5}$$

$$S = \frac{19^2 \times 4.2}{1400 \times 50} = 0.02(\text{ft})$$

$$R + S = 1.45 + 0.02 = 1.47(\text{ft})$$

则所需坝顶高程为 3025＋1.47＝3026.47(ft)

选择以上计算结果中坝顶高程较大者，则

最小设计坝顶高程＝3028.0ft

最小超高＝3.0ft

通过校核，查看水库水位处于距最高库水位 2ft 和 4ft 高程时发生设计洪水并遭遇洪水期间可能发生的最大风情况下，3028.0ft 的坝顶高程是否可以防止波浪爬高和壅高漫顶。

此检验不仅适用于已建坝，还适用于新建坝。

求库水位处于距最高库水位高程 2.0ft 情况下需要的坝顶高程：

低于 MRWS 2ft 的高程＝3025.0－2.0＝3023.0（ft）

水位在 3023.0 高程持续时间 $t_D = 33.5 - 22.5 = 11.0\text{h}$ 见图 6.3.1-1。

$$P_{W_H} = \frac{1}{t_D} = \frac{1}{11.0\text{h}} = 0.091$$

VMPH＝20m/h 见图 6-C-1

$$H_s = 0.0245F^{1/2}\text{VMPH}\,(1.1 + 0.0156\text{VMPH})^{1/2} \tag{6-C-6}$$

$$H_s = 0.0245 \times 4.2^{1/2} \times 20 \times (1.1 + 0.0156 \times 20)^{1/2} = 1.2(\text{ft})$$

$$T = 0.464F^{1/3}\text{VMPH}^{1/3}\,(1.1 + 0.0156\text{VMPH})^{1/6} \tag{6-C-7}$$

$$T = 0.464 \times 4.2^{1/3} \times 20^{1/3} \times (1.1 + 0.0156 \times 20)^{1/6} = 2.15\text{s}$$

$$\xi_p = \frac{2.26T\tan\alpha}{\sqrt{H_s}} \tag{6-C-8}$$

$$\xi_p = \frac{2.26 \times 2.15 \times 0.33}{\sqrt{1.2}} = 1.46$$

$$A=1.6$$

$$C=0\text{（见表 6-B.4.3-2）}$$

$$R=H_s(A\xi_p+C)\gamma_r\gamma_b\gamma_h\gamma_\beta \tag{6-C-9}$$

$$\gamma_r=0.55 \quad \text{（堆石护坡）}$$

$$\gamma_b=1.0$$

$$\gamma_h=1.0$$

$$\gamma_\beta=1.0\text{（风向与坝轴线法线夹角 }\beta=0°\text{，见图 6-B.4.3-1）}$$

$$R=1.2\times(1.6\times1.46+0)\times0.55\times1.0\times1.0\times1.0=1.54(\text{ft})$$

$$S=\frac{\text{VMPH}^2F}{1400D} \tag{6-C-10}$$

$$S=\frac{20^2\times4.2}{1400\times50}=0.03(\text{ft})$$

$$R+S=1.54+0.03=1.57(\text{ft})$$

此时要求的最小坝顶高程＝3023＋1.57＝3024.6(ft)，满足要求。

求库水位处于距最高库水位高程 2.0ft 情况下需要的坝顶高程：

低于 MRWS 4ft 的高程＝3025.0－4.0＝3021.0(ft)

水位在 3021.0 高程持续时间 $t_D=37.5-20=17.5(\text{h})$ 见图 6.3.1-1。

$$P_{W_H}=\frac{1}{t_D}=\frac{1}{17.5\text{h}}=0.057$$

$$\text{VMPH}=22\text{m/h（见图 6-C-1）}$$

$$H_s=0.0245F^{1/2}\text{VMPH}\,(1.1+0.0156\text{VMPH})^{1/2} \tag{6-C-11}$$

$$H_s=0.0245\times4.2^{1/2}\times22\times(1.1+0.0156\times22)^{1/2}=1.3(\text{ft})$$

$$T=0.464F^{1/3}\text{VMPH}^{1/3}\,(1.1+0.0156\text{VMPH})^{1/6} \tag{6-C-12}$$

$$T=0.464\times4.2^{1/3}\times22^{1/3}\times(1.1+0.0156\times22)^{1/6}=2.22\text{s}$$

$$\xi_p=\frac{2.26T\tan\alpha}{\sqrt{H_s}} \tag{6-C-13}$$

$$\xi_p=\frac{2.26\times2.22\times0.33}{\sqrt{1.3}}=1.45$$

$$A=1.6$$

$$C=0\text{ 见表 6-B.4.3-1}$$

$$R=H_s(A\xi_p+C)\gamma_r\gamma_b\gamma_h\gamma_\beta \tag{6-C-14}$$

$$\gamma_r=0.55 \quad \text{（堆石护坡）}$$

$$\gamma_b=1.0$$

$$\gamma_h=1.0$$

$$\gamma_\beta=1.0\text{（风向与坝轴线法线夹角 }\beta=0°\text{，见图 6-B.4.3-1。）}$$

$$R=1.3\times(1.6\times1.46+0)\times0.55\times1.0\times1.0\times1.0=1.67(\text{ft})$$

$$S=\frac{\text{VMPH}^2F}{1400D} \tag{6-C-15}$$

$$S = \frac{22^2 \times 4.2}{1400 \times 50} = 0.03(\mathrm{ft})$$

$$R + S = 1.67 + 0.03 = 1.70(\mathrm{ft})$$

此时要求的最小坝顶高程＝3021＋1.70＝3022.7（ft），满足要求。

正常超高

检验坝顶高程 3028.0ft 是否满足正常超高。

100mi/h 风速下的波浪爬高＋风壅水面高度＝9.0ft（见图 6.2.2-1）

正常蓄水位＝3000.0ft

满足正常超高要求的最小坝顶高程＝3000.0＋9.0＝3009.0ft

因此，3028.0ft 的坝顶高程满足正常超高标准

正常超高＝3028.0－3000.0＝28ft

取坝顶高程＝3028.0ft

美国内政部垦务局设计标准

填筑坝 Embankment Dams

第7章 抛石护坡

2012年5月修订

目　　录

7.1 简介

7.1.1 目的

填筑坝或填筑堤的上游坡一般情况下需加以保护，以防止波浪作用、地表径流、风化、冰和漂浮物对其的破坏。本章是为经受波浪作用的特定场址的抛石护坡设计提供指导（图 7.1.1-1），重点是防止波浪作用影响下抛石位移和垫层冲蚀。本章也论述抛石护坡设计与施工时应考虑的主要因素及方法，以获得满意的性能，且施工及维护费用合理。

图 7.1.1-1 填筑坝的抛石护坡

7.1.2 范围

为确定对抛石设计至关重要的风情数据与水库运行数据，以及评价其他因素对设计的影响，本章提出准则与方法，并叙述确定恰当的抛石尺寸、级配与垫层要求的方法。

其他型式的护坡，如水泥土护坡❶，其设计方法与要求不在本章详细论述。本章 7.5 节“边坡保护方法选择”中涉及的其他护坡方法，可供参考。

7.1.3 适用性

本章适用于受到波浪作用的填筑建筑物的抛石护坡设计，不适用于消力池或渠道中

❶ 参阅本标准第 17 章“水泥土护坡”。

抛石的防冲刷设计。

7.1.4 一般设计程序

填筑坝上游采用抛石或其他护坡构件的主要目的是防止波浪对坝体的冲刷与破坏。由于护坡可能需要较多费用，因此在确保结构物安全的条件下，需要设计在初始施工费用与未来维护费用之间进行适当的权衡。

抛石设计一般包括下列步骤：

（1）评估现场资料，以确定设计所需的风情数据（使用一个或多个气象站风情数据）；

（2）确定水库风区长度（参见 7.3.2 节）；

（3）确定设计风速（参见 7.3.3 节）；

（4）根据设计风速确定波浪特性与设计波高（参见 7.3.4 节）；

（5）确定能充分抵御水库内波浪力的抛石要求（容许损坏公式和无损坏公式；参见 7.3.5）。这些要求包括石块尺寸、耐久性、级配和层厚（参见 7.3.5 节）。作用在抛石单元上的波浪力包括在抛石稳定性公式中，在第 7.3.1 节讨论。

（6）利用估算的石块重量绘制抛石级配曲线（参见 7.3.6 节）。

（7）确定抛石下方垫层的级配和物理性质，以确保抛石材料的性能正常发挥作用（参见 7.3.7 节）。垫层厚度的相关数据详见表 7.3.7.6-1。

7.2 影响抛石设计因素

7.2.1 概述

有许多因素影响填筑坝坝坡上抛石的稳定性，如下：

（1）风速、风历时与风向；

（2）波高；

（3）波浪周期；

（4）水库形状；

（5）水库深度；

（6）水库吹程；

（7）波浪冲击方向；

（8）波浪拍击坝体的方式（破碎波的型式）；

（9）波浪冲击坝体的次数；

（10）坝坡；

（11）抛石表面的糙率；

（12）抛石层的孔隙率；

（13）石块的重量、尺寸与形状；

（14）石块的密度；

（15）石块的互锁作用；

（16）抛石层厚度；

（17）垫层承载力；

（18）垫层级配；

（19）垫层厚度。

上述因素，有许多是彼此相关的，有些能够用数学方法定义。在设计过程中特意将所有这些因素都考虑进去，既不可行，也不实际。但是，设计人员应当意识到它们对抛石工作性能的影响。下文将讨论波浪特性、水库运行、坝体设计与石块质量等因素。

7.2.2 波浪特性

如上所述，边坡上抛石的稳定性取决于许多因素，包括冲击边坡波浪的特性。波浪特性包括波高、波长、波浪周期、冲击方式以及击打边坡波浪的一般分布。这些特性主要受风速、风历时、风在水库开阔水域的吹程及填筑坝坡上的风向等因素影响。

对抛石设计至关重要的波浪特性是波高。波高主要取决于风速、风历时及吹程（7.3.2～7.3.4 节讨论这些因素的计算）。只要风速能够持续足够长的历时，风速越高，波高越大。如果风速持续历时不够长，则不会产生最大波高。风浪区吹程是重要的，因为它代表了风产生作用的水上距离。内陆水库（特别是那些狭窄且具有不规则岸线的水库）只有较小的水面可供风力作用，因此所产生的波高一般较大面积开放水域低。

模型研究采用波长基本均匀的波浪，假设自然界所产生的波长与机械所产生的波长不一致。波长对抛石稳定性的影响尚未明确。然而，波长与波浪周期有关，而且波浪周期的影响已经研究过。总之，较长的波浪周期会给护坡造成更多的不稳定（与较短周期相较）。

随着波浪接近河岸（或堤坝），它们通常会变形和破碎。破碎波有四种形式，被称为碎波（图 7.2.2-1 及图 7.2.2-2）：

（1）崩破波（spilling）：波峰变得不稳定并沿着波浪的正面流动，逐渐形成不规则的泡沫状水面。

（2）卷破波（plunging）：波峰正面出现卷涡并落入波浪底部，产生高飞溅。卷破波具有在波峰顶部发生卷涡以及水团急剧下降的特点。这是一种典型与冲浪有关的波浪类型。

（3）涌破波（surging）：波峰保持不发生破碎，而波浪正面的底部向沙滩推进，发生轻微破碎。涌破波顶端好像要以卷破波的方式破碎，但波浪底部急剧上涌到沙滩面，导致了涌破波的消失。

（4）塌破波（collapsing）：波峰保持不发生破碎且相对平坦，波前底部变陡，继而，形成一组不规则的湍流水面流向沙滩。塌破波是卷破波和涌破波的结合体。

除波浪周期外，波浪碎裂形式还取决于其他因素，例如填筑坝边坡、波速以及水深。在内陆水库观察到的波浪周期与填筑坝边坡通常会形成卷破波或塌破波。长周期（在长吹程和高风速条件下）或非常陡的填筑坝边坡（1∶1 或更陡）可能会产生涌破波。在填筑坝通常采用的坡度范围内，卷破波和涌破波的破坏性相对较小。

塌破波产生最严重的荷载，所以这一条件常用于模型研究中，以推求抛石稳定公式

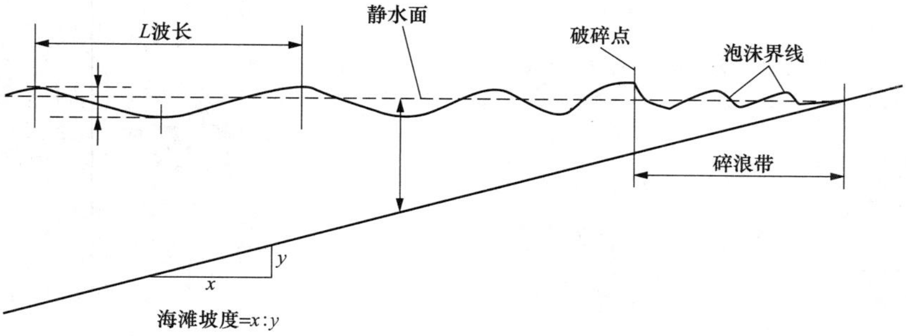

(a) 沿海滩断面

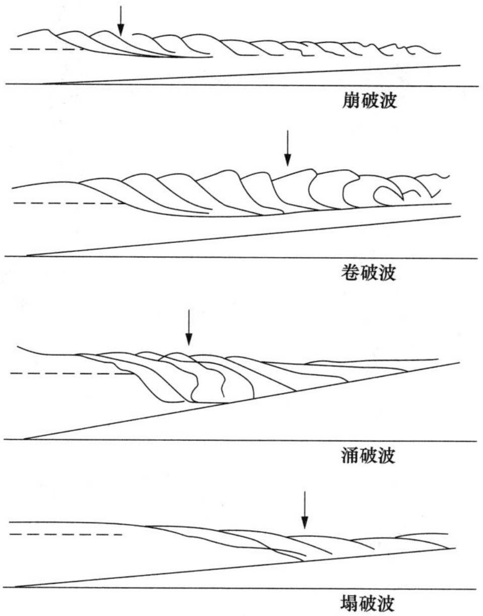

(b) 追踪实验海滩碎波的录像：相同时间增量下的水面比较(箭头显示破碎点)。水平虚线是静水面

图 7.2.2-1　碎波堤型式

的相应系数与指数。

波浪水槽模型研究中产生的波高分布往往比内陆水库的实际波高分布均匀。对于长周期波（波浪周期大于 3s）而言，在抛石设计上的差异和影响甚微；然而，短周期波（波浪周期小于 3s）却差异显著。当可能发生短周期波时，需进行额外的研究，以便确定是否应将此有效波高（定义在后文中）作为设计波高。受吹程限制的峰值波期（以 s 为单位）可以通过以下公式估算：

$$T=0.464F^{1/3}\mathrm{VMPH}^{1/3}(1.1+0.0156\mathrm{VMPH})^{1/6} \qquad (7.2.2\text{-}1)$$

(a) 崩破波　(b) 卷破波　(c) 涌破波　(d) 塌破波

图 7.2.2-2　破碎波类型图片

式中，T 为波峰周期，s；VMPH 为设计水面风速，mi/h；F 为吹程，mi。

变量 VMPH 和 F 在 7.3.2～7.3.4 节中详细讨论。本章提出的抛石尺寸公式不直接纳入波浪周期。如果为保护填筑坝边坡免受短期波（波浪周期少于 3s）影响，采用本章提出的公式计算的石块尺寸将过大。为受短期波影响的坝坡进行抛石设计，可参考美国陆军工程兵团的文献。

选择设计风时，应考虑与水库水位的吹程相关的相对较远/较剧烈的设计风影响（高风速）。水库水位指兴利库容或共用库容对应的最高水位（见图 7.2.2-3）。这些将在 7.2.3 节与 7.3.3 节中深入讨论。

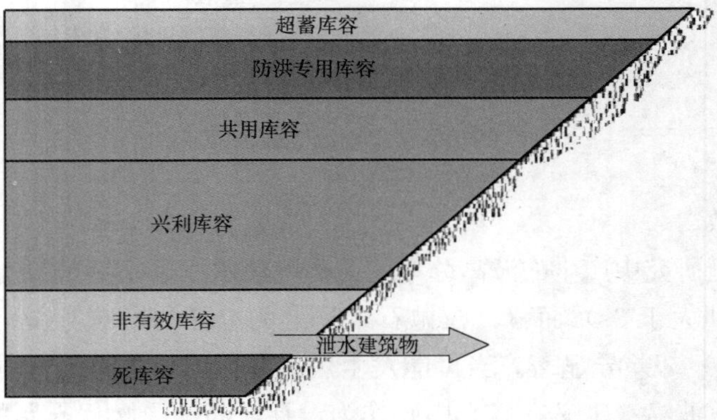

图 7.2.2-3　垦务局所属水库的典型库容分配

7.2.3 水库运行

美国垦务局管辖水库是按特定用途分配其蓄水空间的（图 7.2.2-3）。这些蓄水空间典型名称定义如下：

（1）死库容：死库容顶部设定于可控制流量的最低高程。通常，只有在施工与水库初次蓄水期间，水库水面低于死库容顶部。

（2）非有效库容：非有效库容为水库蓄水容量中不能被正常使用的容量。该容量介于死水位顶部与正常调节库容底部。水库水位位于此界限非常罕见，主要出现在施工、初次蓄水与放水检修或维护期间。在偶然情况下，如干旱季节，水库蓄水可能用于满足部分使用需求。

（3）兴利库容：此蓄水空间用于满足除防洪外的所有工程需求。在水库正常运行期间，水位将在此库容范围内变化。

（4）共用库容：此蓄水空间在每年一定时期内用于防洪，除此之外将用于正常蓄水。水库水位在共用库容范围内变化的频率和历时，由水库运行准则来确定。

（5）防洪专用库容：此蓄水空间仅用于调节入库洪水流量。水库水位必须严格控制在专用库容范围内，且仅限于洪水期间。

（6）超蓄库容：此蓄水空间作为在洪水通过时的临时蓄水。对水库水位的限制依照发生的洪水事件的严重程度而定。

位于兴利库容底部与共用库容顶部之间的填筑坝坝坡最大限度地暴露在波浪作用之下。由于该区域遭受严重波浪作用的可能性最大，因此，需要更好的保护。在该区域水库水面的高程范围内，水库吹程可能显著变化，在兴利库容下部，可以降低对抛石护坡的要求。

对大部分填筑坝而言，通常最经济的做法是整个上游抛石护坡采用相同的设计方案（石块尺寸、级配、厚度等）。然而，如果符合以下条件，可能就有充分的理由来改变填筑坝某些部分的设计：

（1）坝很高，很长，或既高又长。

（2）蓄洪库容的垂直高度很大。

（3）在正常调节库容内，水位高程变化显著。

（4）植被可以作为保护边坡的措施。

（5）坝线或边坡角度是变化的。

（6）泄水建筑物泄量相当大，即使是巨大洪水来临，水库水位可轻易控制。

（7）合适尺寸的材料供应短缺或价格昂贵。

（8）填筑坝是由相对抗侵蚀的材料建造的。

（9）主导风向远离坝区。

（10）可能降低坝区某些部位侵蚀的其他因素。

填筑坝采用不止一种的抛石设计或级配是困难的，可以排除这一考虑。当条件允许在填筑坝边坡不同部位采用不同护坡设计时，设计风力的选择可视其在水库水面某些确定界限内的出现概率而不同，如防洪专用库容或超蓄库容。

位于死库容与非有效库容水位高程范围内的边坡通常并不需要防护，因为正常运行水库的水面通常超过那些高程。然而，如果在施工、首次蓄水或运行过程中，水库水位可能有一段长时间在此范围内，则应考虑边坡防护设计。

7.2.4 填筑坝坡

利用垦务局的抛石稳定方程［式（7.3.1-1），式（7.3.5-1）和式（7.3.5-2）］计算抛石石块尺寸时所用的唯一设计参数是坝坡坡度。抛石稳定方程适用于坡度约为2∶1～5∶1的坝坡，因为这些坝坡是推导该关系式时边坡模型所用的坡度。缓于约为8∶1的坝坡，视坝坡材料的抗冲能力，无需护坡，或只需极少的防护。坡度陡于2∶1的坝坡，一般是用堆石修筑的，堆石本身会提供所需的坝坡保护。然而，堆石料有可能不适合用做坝坡防护，因为在较大的块石之间通常含有大量的砂和砾，很容易在波浪作用下被冲走。如果较粗的堆石块没有集中在坝坡的外部，那么填筑坝可能仍需设计一个由抛石和垫层组成的护坡。

7.2.5 石块质量和形状

用做抛石的石块应该质地坚硬、致密、耐久并能抵御长时间暴露导致的风化。为防止石块出现不可接受的劣化，需要定量和定性的设计措施。对于抛石石块质量的适用性，通常由实验室试验与岩相检查来确定。许多物理性质通过实验室试验确定，如下：

（1）比重（ASTM C127，USBR 4127）：比重是表示岩石密度的一种量。通常，比重大于2.60表明石料质量良好，铺筑之后会是稳定的，而比重小于2.60则表明岩石耐久性差，在波浪作用下移动的可能性比较大。然而，比重较2.60小很多的石料，亦曾经成功地用做抛石，特别是当石料质量的其他指标符合要求时。

（2）吸水性（ASTM C127，USBR 4127）：吸水性是表示岩石孔隙率的一种量。试验结果大于2%，表明石料质量不好，空隙过多或具有裂隙组。这种石料容易因冻融、干湿或波浪作用而恶化。

（3）硫酸钠安定性（ASTM C88，ASTM D5240，USBR 4088）：硫酸钠安定性是石料结构坚固的一个指标。实验结果显示，损失率大于10%，表示石料因具有过多的孔隙和断裂，很容易遭受冻融破坏，抗风化能力低。一般说来，硫酸钠安全性与冻融试验结果之间具有良好的相关性。

（4）洛杉矶磨损试验（ASTM C131，ASTM C535，USBR 4131）：洛杉矶磨损试验结果是硬度和结构坚固性指标。这项试验是测量岩石对表面磨损与冲击的抵抗能力。100次旋转的试验结果大于10%及500次旋转的试验结果大于40%，表明该石料很可能因波浪作用而磨损。需要指出的是，高质量的粗晶花岗岩用做抛石质量是适当的，但在洛杉矶磨损试验中也会出现很大的损耗。

（5）冻融耐久性试验（ASTM D5312，USBR 4666）：冻融耐久性试验显示石料的结构弱点，可测量暴露于各种现场环境下的石料的耐久性，如冻结、融解、润湿、干燥、波浪作用。由于它可以作为耐久性的通用指标，所以即使在无冻融地区，冻融试验结果依然适用。

调查现场岩石的地质情况和/或岩石节理与破裂面间距，可以提供相关石料尺寸和形状等有价值的信息。岩石的地质成因会影响容重、强度与耐久性。大多数火成岩和变质岩、多数石灰岩以及一些砂岩都是适合的抛石材料。有页岩夹缝或薄层的石灰岩和砂岩则不适合用做抛石材料。其他的岩石特性，包括石块尺寸、粒径、构造、节理发育程度、断层、渗透率与形状也应该进行评估。

石块形状可以反映岩石的物理性质，也可以影响抛石设计，例如，抛石层的厚度与稳定性以及抗冲蚀能力。

岩石碎块的形状（图 7.2.5-1）可以描述为：

（1）扁平状（也称细长状）：石块长宽比超过 2.5∶1，并且形状为边缘相对尖锐的“矩形”或“板状”。

（2）不规则状：长、宽、高尺寸不同，且边缘相对尖锐。

（3）等边形状：通常被描述为“等边长”“立方”或“块状”，并且有相对尖锐的边缘。

（4）半圆状：通常与不规则或板状石块相似，但是边缘更为柔和/更圆。

（5）圆状：有些像球形或与等边形状石块相似，但其边缘是圆的。

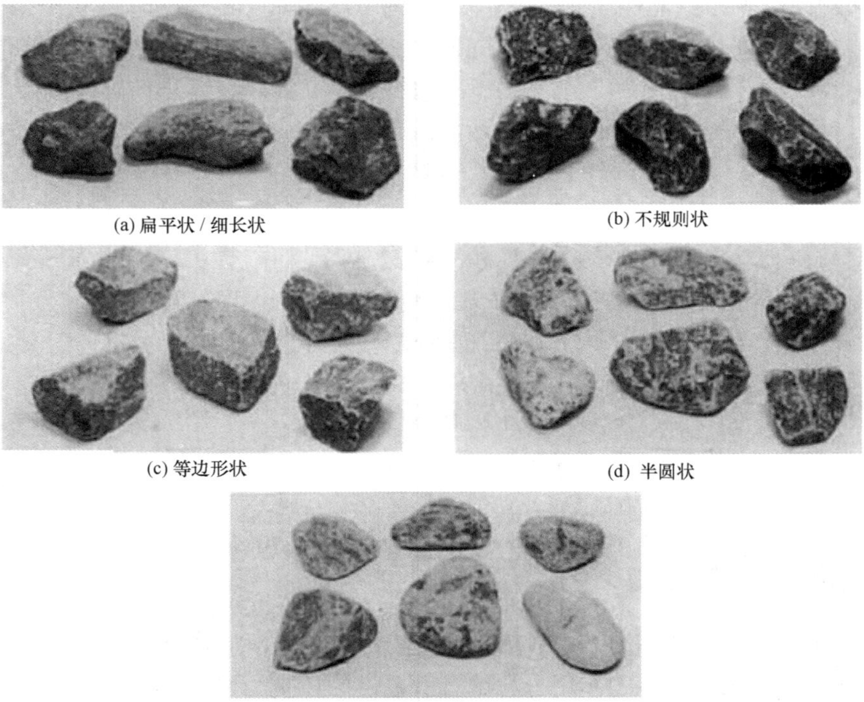

(a) 扁平状 / 细长状　(b) 不规则状　(c) 等边形状　(d) 半圆状　(e) 圆状

图 7.2.5-1　石块形状比较

石块形状对岩石性质和抛石设计的一些影响如下：

（1）强度：等边形石块强度更高，在搬运和铺设期间最不容易出现问题。

（2）厚度：不同形状的石块可能需要不同的抛石层厚度，本章推导的抛石层厚度采用的是等边形石块。如果使用板状石块作为抛石，就需要更大的抛石层厚度。

(3) 孔隙率：通常圆形石块结合更紧密，可减少孔隙率。

(4) 静态水力稳定性：试验表明，扁平石块比等边形石块稳定，比圆形石块更稳定。

也可以用石块的长宽比来描述岩石形状。这样设计人员可通过数值规定可接受的形状。通常要求扁平状或细长状（长宽比大于 2.5）的石块总量小于 30%，因为这些石块易凸出于抛石层，且在搬运期间，更易破碎成小石块。

岩相检验还可以评价颗粒形状、构造、层理、节理密集程度、风化、吸水率、硬度、孔隙率及渗透性。岩相分析包括观察岩石样品中极薄的部分，以确定其矿物成分及百分比、结构、构造、颗粒尺寸、胶结物质及岩石分类。

结合岩相评估，可以用物理性质来评价岩石的物理和化学性质。没有一个单独的试验被证明在评估岩石质量方面占优势。任何单独的试验结果都不应该用来作为接受或拒绝潜在抛石源的唯一理由。应尽可能将实验室试验数据与相似类型坝坡抛石的实际性能进行比较。

垦务局的《岩土手册》与《工程地质现场手册》中概述了潜在抛石源的勘察程序，具体调查要求由现场决定；然而，所有可行的料源一般来说都要根据垦务局规定 USBR 6025-09 来鉴定、勘察、取样和试验，USBR 6025-09 收录在本章的附录 B 中。ASTM D 4992-07 也描述了评估抛石的实践。在考虑潜在抛石源时，可利用已建坝的抛石性能记录。如果当地没有优质抛石源，就必须考虑抛石成本。如果在合理的运距内难以获得高质量岩石，那么水泥土护坡可能是更为经济的选择。

7.2.6 其他考虑

其他会影响设计的情况包括受冰冻和漂浮物损害的可能性、极端的冻融条件、优质抛石的可获取性与水库场址的偏远性（无法经常检查）。在抛石设计中，设计人员将依据上述因素及现场的特定条件，选择抛石设计参数及提出必要的抛石质量要求。

7.3 设计程序

抛石的设计范围包括选定一种设计风、计算设计波高、计算抛石料尺寸范围、确定抛石和垫层可接受的级配范围。

7.3.1 通用稳定计算公式

抛石所抵抗的主要作用力是由风成波和重力形成的。不同的研究人员已经建立了关系式，用于表达波浪所产生的作用力与抛石所提供的抵抗力之间的关系。作用在抛石上的作用力以流速、重力、石块特征尺寸以及表示阻力、质量和静水压力的系数来表示。由抛石提供的抵抗力以石块体积和浮容重来表示。作用力和抵抗力对坝坡的坡度很敏感。通过石块上的作用力和抵抗力推导出的通用稳定计算公式如下

$$W_r = \frac{\gamma_r H^a}{K(G_s - 1)^3 (\cot \propto)^b} \tag{7.3.1-1}$$

式中，W_r 为抵抗波浪作用所需的单独石块的重量，lb；γ_r 为石块的容重，lb/ft^3；G_s 为

石块的比重；∝为坝坡与水平方向的夹角，°；H 为设计波高，ft；K 为实验确定的系数；a，b 为实验确定的指数。

依据水槽模型中的波浪观测和研究，确定了 K、a 和 b 的值。一些作者为这些变量推荐了不同的数值，分别用于“可容许损坏”和“无损坏”设计方案。关于这些设计方案的补充信息见第 7.3.5 节和附录 7-A-1，各种数值见附录 7-A-2。垦务局采用最早由美国陆军工程兵团在 1975 年提出的数据，见表 7.3.1-1。

表 7.3.1-1　　通用稳定公式的变量

来源	系数			备注
	a	b	K	
美国陆军工程兵团（1975）	3	0.67	3.62	最恶劣波浪条件下的平均无损坏水平
	3	1.00	4.37	最恶劣波浪条件下的平均容许损坏限值

7.3.2　水库吹程

计算水库吹程用于在估算设计波高时计及水库的大小及形状。内陆水库吹程确定方法可参阅工程兵团“确定避风波特性”以及本标准第 6 章“坝顶超高”。确定吹程涉及计算沿兴利库容（第 7.2.3 节）顶部水面高程或共用库容顶部水面高程（如适用）处的吹程。从坝面某一个点向外延伸出 9 条射线（间隔 3°、覆盖 24°弧区域）到水域边界，然后将 9 条射线半径平均。9 条射线的中心射线尽可能垂直于坝轴线，同时最大化所有射线的半径。应沿坝选几个点进行评估，以确定产生最大平均半径的点，这个值就被称为吹程。采用此方法的成功实例参阅附录 7-C 中的图 7-C.1。应该指出的是，此方法与之前用于确定“有效吹程”的方法不同。

7.3.3　设计风速

为了计算设计波高 H，必须选择设计风速（VMPH）。当选择设计风速时，最好使用特定地点以概率方式统计的长时段风力数据库资料。垦务局使用的风力数据，是由美国能源部 Battelle 西北太平洋实验室记录研究所 1980 年编制的。这些风力数据包含相邻 48 州内多个的测风站数据。这些测风站每小时风速和风向的记录资料通常超过几年的期间。在一些测风站，数据是处理（数字化和汇总）过的，也有一些测风站的数据是未经处理的。

选择设计风力，必须选择最接近坝址的测风站（最好具有类似的高程和植被）作为代表性站。然后，垦务局能够将这个站的历史风速记录与一小时超越概率风力事件相关联，通常使用垦务局超高和抛石概率分析程序来完成。抛石概率分析程序需要设计人员录入代表性的测风站（数据必须是处理过的）、水库吹程距离和最大风速（默认 100mi/h）第 6 章“超高”包含如何使用该程序的进一步信息。

在没有 Battelle 风力数据或垦务局抛石概率分析程序的情况下，收集代表性测风站每小时的数据，对其进行排序和统计转换，可建立同样的关系式。为了选择合适的风速和超越概率，应检验非超越概率对所选风速的敏感度。选择一组风速（如 50、55、60、

65mi/h 和 70mi/h)，在给定的设计寿命内，其非超越概率按下式计算：

$$P_{NE_L}=(1-P_{W_H})^{8760L} \quad (7.3.3\text{-}1)$$

式中，P_{NE_L} 为设计寿命周期（L）内非超越概率；P_{W_H} 为设计风事件的小时超越概率；L 为设计寿命，年。

对大多数的填筑坝来说，可假设其设计寿命为 100 年（也可以简单地与建筑物的剩余寿命关联），尽管受经济因素影响可能会使用一个不同的设计周期（例如，由于抛石难以获得而采用一个更长的设计寿命周期）。

垂直轴上的非超越概率与水平轴上的风速关系曲线典型地表明，在达到某一特定风速后非超越概率逐渐降低（由接近水平方向的曲线表示）。曲线的这种渐缩表明，采用更大的非超越概率（即随着设计风速的加大，非超越概率的增值减小），几乎没有增加加利益。因此，通常选择刚好在该曲线弯曲段上的一个风速作为设计风速（如附录 7-C，图 7-C.3 所示）。然而，如果此设计风速不能提供至少 90％的非超越概率，那么就会选择一个更大的设计风速来保证至少 90％的非超越概率（设计周期内）。

7.3.4　设计波高

风成波在高度上并不一致，或者说，它包含不同高度的波浪。可以假定这种波浪分布遵循瑞利型（rayleigh-type）分布，设计者可以基于有效波高值（H_s）来计算不同波高的百分比。有效波高定义为波浪系列中最大 33％的波浪的平均值。由于本章 2013 修订版之前，式（7.3.1-1）已被用在抛石设计中，垦务局使用 H_s 来表示设计波高，即式（7.3.1-1）中的 H。

2008 年，美国陆军工程兵团更新了《海岸工程手册》EM-1110-2-1100，使用修改后的公式计算 H_s：

$$H_s=0.0245F^{1/2}\text{VMPH}(1.1+0.0156\text{VMPH})^{1/2} \quad (7.3.4\text{-}1)$$

式中，H_s 为有效波高，ft；VMPH 为通过水面设计风速，mi/h；F 为吹程，mi。

这一修改导致设计波高比使用美国陆军工程兵团以前的有效波高 H_s 公式产生的设计波高小约 25％。反之，采用式（7.3.1-1）的设计波高，使用石块较小。因此决定，在本章 2013 修订期间，补充收集信息，以确定使用更小石块是否可行，或它对抛石性能会否产生负面影响。

主要集中研究垦务局工程使用抛石的尺寸和性能的历史（参阅附录 7-D）。该研究将本章以前版本中计算 H_s 的公式与更新后确定各种坝所使用抛石尺寸的公式［式（7.3.4-1)］进行比较。然后将这些值代入式（7.3.1-1）来计算石块重量的中值 W_{50}。将所得石块尺寸与垦务局填筑坝实际使用的石块尺寸（根据规格估计）进行比较。将计算得出的所需抛石尺寸与实际采用的抛石尺寸和性能相比较，从而得出结论：基于式（7.3.4-1）所求得的有效波高 H_s，10％ 的波高（H_{10}）获得的抛石尺寸表现良好，无需采取不必要的保守措施和投入不必要的成本。这与美国陆军工程兵团关键护岸结构保护层防护设计方法是一致的。H_{10} 计算是基于波系内瑞利波分布的假设计算出来的：

$$H_{10}=1.27H_s \quad (7.3.4\text{-}2)$$

式中，H_{10} 为波浪系列中最大 10％波浪的平均高度，ft。

因此，从式（7.3.4-1）和式（7.3.4-2）中得到的 H_{10} 将被用做式（7.3.1-1）以及本章后续公式中的设计波高，以计算填筑坝上游边坡防护抛石设计中的石块重量（W_{50}）。

7.3.5 石块重量与厚度

为了确定石块尺寸，垦务局使用式（7.3.1-1）来计算 W_{50}，用 H_{10} 来表示 H，这些数值列在表 7.3.1-1 中（如适用）。

设计中选择可容许损坏，W_{50} 计算为：

$$W_{50}=\frac{\gamma_r H_{10}^3}{4.37(G_s-1)^3(\cot x)} \tag{7.3.5-1}$$

设计中选择无损坏，W_{50} 计算为：

$$W_{50}=\frac{\gamma_r H_{10}^3}{3.62(G_s-1)^3(\cot \propto)^{0.667}} \tag{7.3.5-2}$$

计算的石块重量可能依所用公式而不同，即容许损坏还是无损坏公式。建议使用容许损坏公式时，选择 7.3.3 节所描述的设计风速（90% 最小非超越概率）。对于高风险、高危险性的结构物采取较为保守方式，增加经容许损坏公式计算的石块尺寸（不超出无损坏公式计算的尺寸）；然而，如果需要更加保守，则应该逐案审议。需要注意的是，使用无损坏公式计算的石块重量几乎是大部分设计要求重量的两倍。如果抛石损坏不会引起溃坝，定期维修损坏抛石的费用经济合理，不保守（即石块尺寸更接近容许损坏）可能是合理的（更多关于容许和无损坏的详细定义参见附录 A）。

式（7.3.5-1）和式（7.3.5-2）计算出的 W_{50} 值受石块最小和最大重量限制，坝的最大 W_{50} 值一般为 2000lb。在附录 7-D 提出的所有研究案例中，石块尺寸 W_{50} 已经足以避免冲刷导致的抛石破坏，同时经济合理。垦务局填筑坝典型护坡的最小 W_{50} 值应该不小于 160lb。

为了将代表性的石块重量（W_{50}）转换为代表性的石块体积（V_{50}），假定石块形状是标准的。采用式（7.3.5-3）计算体积，假定石块为等边形（即近似球体和立方体之间）。从该公式还可以大致估计石块直径。基于这个假设，代表性的石块体积可以利用下式计算：

$$V_{50}=W_{50}/\gamma_r=0.75(D_{50})^3 \tag{7.3.5-3}$$

式中，V_{50} 为石块代表性体积，ft^3，50%的石块小于该体积；D_{50} 为石块的代表性直径，ft，50%的石块小于该直径。

垦务局发现，对于许多主坝而言，3ft 厚（垂直于边坡）抛石护坡通常是经济且令人满意的。对于低坝或堤防，由于预期波浪作用不太严重，护坡可采用较小厚度。对于主要用于防洪的水库大坝上部边坡，也规定采用较小的厚度。在使用低比重（$G_s<2.5$）石块或大块石（如 $D_{50}>18in$）的情况下，规定采用较大的厚度。抛石层最小厚度可以用下式计算：

$$T \geqslant 2D_{50} \tag{7.3.5-4}$$

式中，T 为垂直于边坡的抛石层厚度（单位与 D_{50} 相同）。

在施工中，通常规定抛石层厚度为 12in，但是如果需要，也可以规定再增加 6in。

7.3.6 抛石级配

抛石级配是基于式（7.3.5-1）或式（7.3.5-2）计算的 W_{50} 值确定的，级配计算应该基于从最小尺寸至最大尺寸级配良好的材料。抛石级配的最大和最小石块重量（以 lb 计）可以用下式计算：

$$W_{max}=4W_{50} \tag{7.3.6-1}$$

$$W_{min}=W_{50}/8 \tag{7.3.6-2}$$

式中，W_{max} 为级配中 100％石块小于的重量；W_{min} 为级配中大约 5％～20％ 石块小于的重量。

采用本章提供的指南，基于式（7.3.6-1）和式（7.3.6-2）的计算结果，可以绘出可接受的抛石级配范围（由大石块上限级配曲线和小石块下限级配曲线组成的区间）（图 7.3.6-1）。推荐采用“20％ 区间带”，但是如果考虑合适规格材料的供应问题，为施工便利，也提供了“35％ 区间带”的施工指南。图 7.3.6-2 还提供了一个抛石级配表，以帮助设计人员进行抛石设计和设定抛石材料区间带。

7.3.6.1 20％区间带

利用计算出的 W_{max}、W_{50} 和 W_{min} 值可以建立一个抛石级配范围，用做施工规定。在设计过程中最初建立的区间带介于较高（细粒径）级配曲线和较低（粗粒径）级配曲线之间至少相隔 20％的纵向带。该“20％区间带”是抛石级配的最小规定宽度。这样的带宽足以满足施工要求（从材料可用性的观点来看），而且也足够窄，从而可减少间断级配材料或铺筑期间抛石分离的可能性。表 7.3.6.1-1 可以用来建立抛石级配的初始“20％区间带”。

表 7.3.6.1-1　用于定义初始 20％ 区间带抛石级配粗细界限的值

20％区间带粗粒径限值曲线	
石块重量	小于某石块重量百分比
W_{max}	100
$0.5W_{max}$	70
W_{50}	35
W_{min}	0
20％区间带细粒径限值曲线	
石块重量	小于某石块重量百分比
$0.5W_{max}$	90
W_{50}	55
W_{min}	20

选择所使用的范围，以便提供一个位于石块上下限曲线之间的 20％垂直区间。W_{50} 的尺寸在 35％～55％之间调整，并不是以 50％为中心。这样降低了区带的中心，增加了大于 W_{50} 块体的百分比。在“20％区间带细侧”（石块尺寸小于 W_{min}）的水平虚线处，出于施工的需要，允许级配中的细料部分减少。该区域内的材料通过填充部分较大块石之间的孔隙可能提高抛石的稳定性。在 20％范围内，材料的级配分布可能出现间断，尽管不太可能影响稳定性，但是仍不应允许。

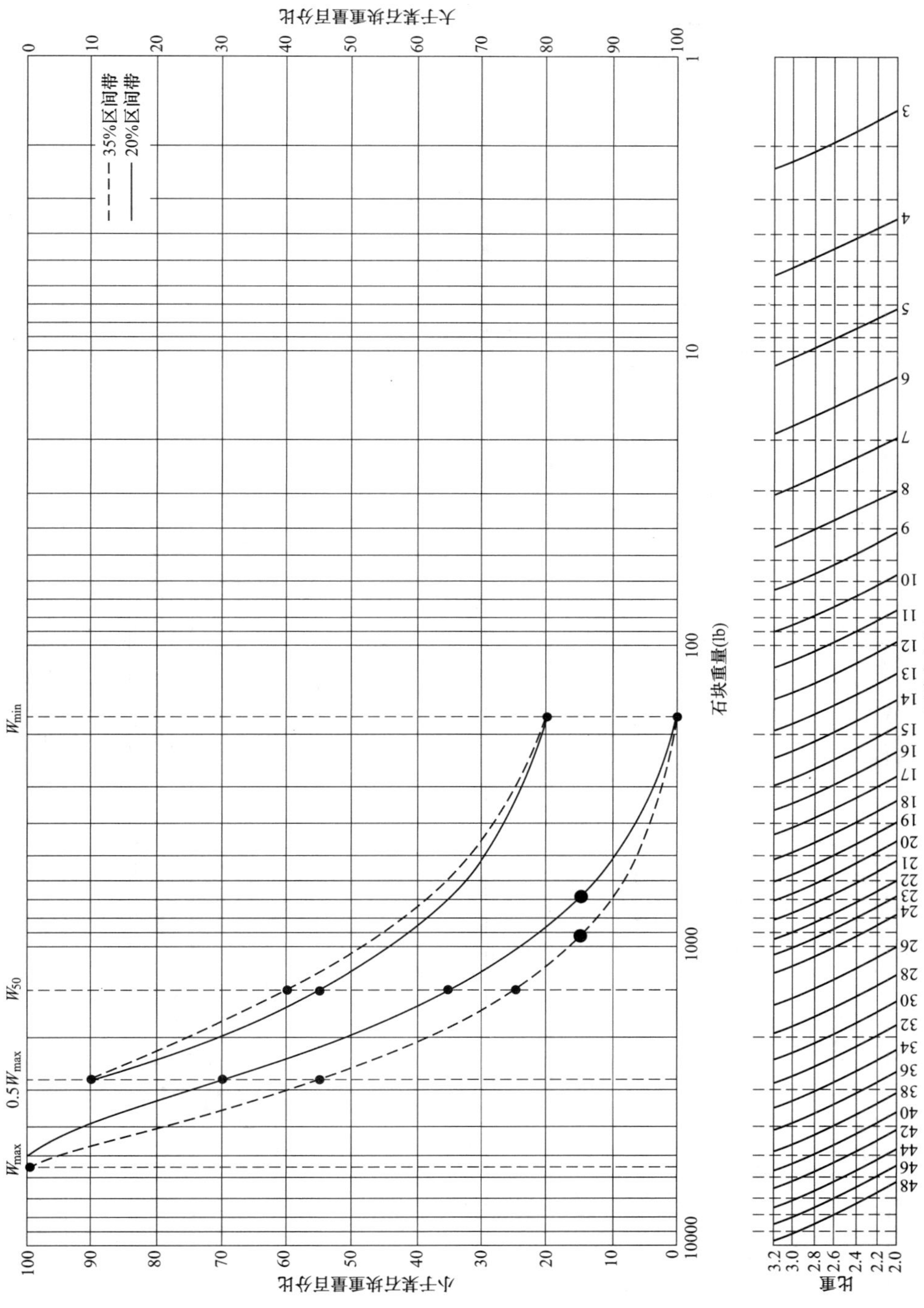

图 7.3.6-1 抛石级配示例（20% 及 35% 区间带）

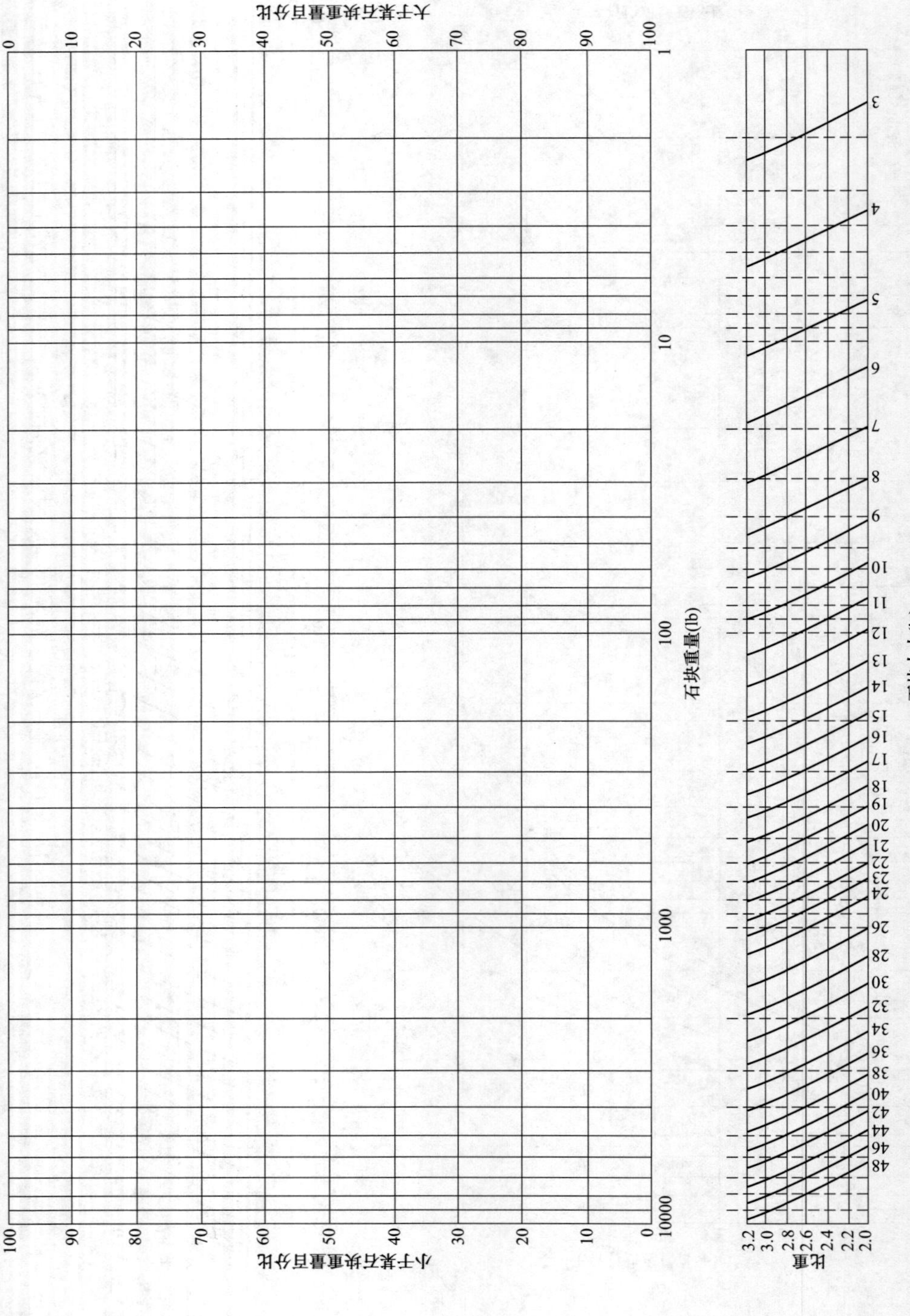

图 7.3.6-2　抛石级配表［按重量计（lb），假定为等边形状］

使用上述方法构建级配范围，使设计者更容易地规定允许级配。如表 7.3.6.1-2 所示，通常采用三种到四种尺寸的区带作为指定级配范围。

表 7.3.6.1-2　W_{50} 为 1400lb 的块石级配表（小于某石块重量百分比）（保持初始 20%区间带）

设计参数	块石规格（lb）	小于某石块重量的百分比
W_{max}	5600	100
$0.5W_{max}$	2800	70～90
W_{50}	1400	35～55
W_{min}	175	0～20

7.3.6.2　35%区间带

在确定最终的抛石级配曲线时，只要有合理的工程判断，就可以做出某些调整。调整时经常扩宽初始级配范围，以提高可施工性或与来自采石场、料场、商业来源等处的岩石规格相匹配。当修改抛石级配范围时，不应将曲线分开（垂直）超过 35%（见图 7.3.6-1），有助于避免级配间断和铺筑时分离。

可以使用表 7.3.6.2-1 来建立“35%区间带”（见图 7.3.6-1）。

表 7.3.6.2-1　用于定义“35% 区间带”抛石级配粗细界限的值

35%区间带粗粒径极限级配曲线	
石块重量	小于某石块重量百分比
W_{max}	100
$0.5W_{max}$	55
W_{50}	25
W_{min}	0
35%区间带细粒径极限级配曲线	
石块重量	小于某石块重量百分比
$0.5W_{max}$	90
W_{50}	60
W_{min}	20

相关的石块规格范围按表 7.3.6.2-2 所示指定。

表 7.3.6.2-2　W_{50} 为 1400 lb 的抛石规格表实例（小于某石块重量百分比）

设计参数	规格（lb）	小于某石块重量百分比
W_{max}	5600	100
$0.5W_{max}$	2800	55～90
W_{50}	1400	25～60
W_{min}	175	0～20

7.3.6.3　其他考虑

对于一般填筑坝，20%和 35%区间带可以为边坡保护提供尺寸足够大的石块。规定的填筑坝上游护坡抛石级配应不小于 20%且不大于 35%带宽。用以选择抛石大小的区间带可用于其他应用。ASTM 已经公布了 9 个不同尺寸的抛石级配范围，见 ASTM D 6092-97。这些级配范围中三个范围（R-1500、R-750 和 R-300）的石块尺寸（分别为

1000lb、425lb 和 200lb）可能适用于垦务局填筑坝护坡，只要它们符合上文提到的 W_{50} 尺寸和级配要求。其他的 ASTM 抛石级配范围是对更小石块而言，更适合于其他冲刷保护的应用，例如作为抛石的第二层、垫层或渠道内的冲刷保护。需要重点指出的是，对于 ASTM 的大多数级配范围而言，粗细石块限制曲线间隔超过了 35%，尤其在区带的粗侧。因此，采用这些级配施工的抛石可能在铺筑期间分离。

由于大颗粒石块占比高，如果设计和施工合理，抛石内部稳定性不成问题。较大石块构成了抛石区的主要“骨架”，并且能够通过石块彼此接触提供稳定性。任何能够移动或通过较大石块冲刷出的较细材料通常不足以引起材料内部的不稳定。在抛石正下方的材料内部冲蚀能够进入抛石层的情况下，不稳定更可能发生。为了解决这个问题，抛石之下应该设置一层或多层垫层。设计这些垫层时应考虑其反滤与周围材料相容，以防止内部冲蚀。

7.3.7 垫层要求

垫层料设计应符合 3 个主要标准：①级配不能太宽，否则易导致内部不稳定；②材料必须足够粗，防止其侵蚀抛石层；③材料必须足够细，以滞留下层的填筑料。满足这些要求的垫层设计过程定义如下。需要指出的是，垫层设计主要基于本标准第 5 章“保护性反滤”，其要求的材料规格由直径而不是重量界定。应使用式（7.3.5-3）将上述的石块重量转换为当量直径。图 7.3.7-1 可用于垫层设计。

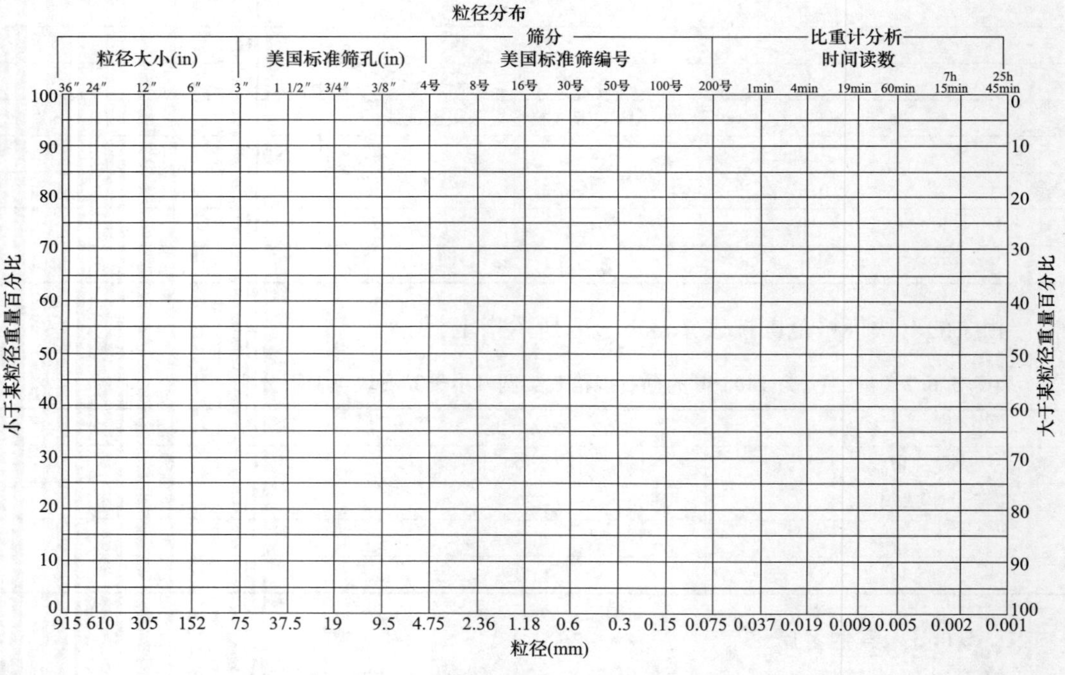

图 7.3.7-1 抛石和垫层料设计级配图（按粒径计）

7.3.7.1 内部稳定性标准

当设计的抛石级配比填筑材料的级配更粗时，为了符合 7.3.7 节所述的后两个垫层标准，单一的垫层材料需要较宽的级配范围。然而，如果垫层料级配过宽，则易受到内部不稳定性的影响，并且不符合 7.3.7 节提出的第一个标准（可能需要第二层垫层，如 7.3.7.5 节所述）。根据第 5 章“保护性反滤”，当一种材料级配曲线位于谢拉德（Sherard）不稳定区带或当其级配曲线较为平缓且不陡于“4x”线（图 7.3.7.1-1）时，需要考虑其内部不稳定性。当均匀系数 C_u的值小于 10 时，可以将垫层料视为是内部稳定的。

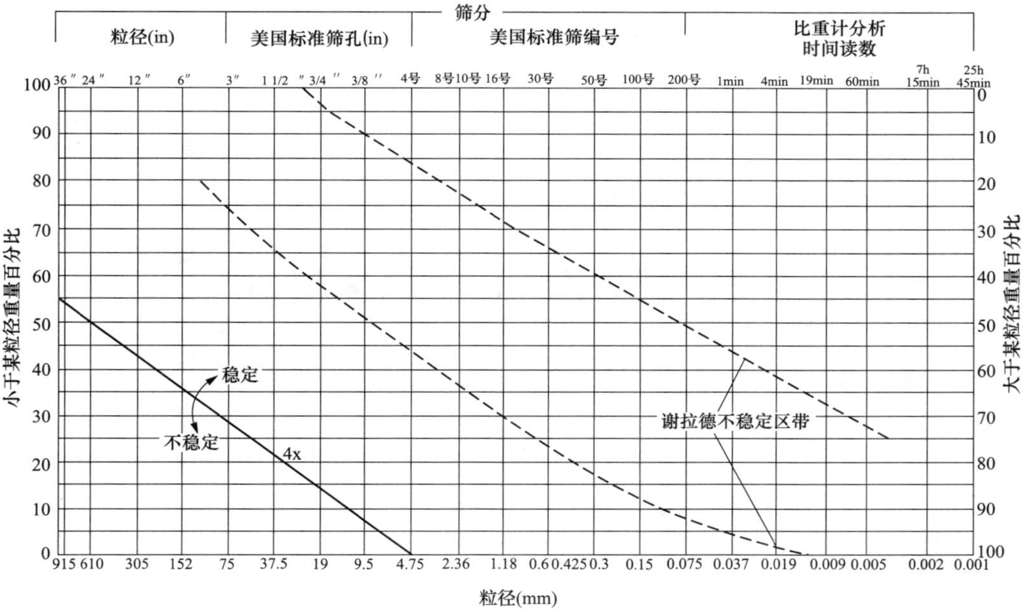

图 7.3.7.1-1　垫层料不稳定图

$$C_u < 10, C_u = \frac{D_{60B_{\text{coarse limit}}}}{D_{10B_{\text{fine limit}}}} \qquad (7.3.7.1\text{-}1)$$

式中，$D_{60B_{\text{coarse limit}}}$ 为垫层料设计级配范围内的粗限粒径，即过筛率 60%的粒径；$D_{10B_{\text{fine limit}}}$ 为垫层料设计级配范围内的细限粒径，即过筛率 10%的粒径。

定义粗细限级配曲线的过程见 7.3.7.4 节。

7.3.7.2　稳定抛石的垫层料

为了保护垫层料，避免其被冲刷进入抛石层，垫层料的设计要符合第 5 章“保护性反滤”所提出的反滤标准。图 7.3.7.2-1 显示了垫层料与上覆抛石相容的情况。确保抛石稳定的垫层料所采用的标准为：

$$D_{85\text{min}} > \frac{D_{15R_{\text{coarse limit}}}}{5} \qquad (7.3.7.2\text{-}1)$$

式中，$D_{85\text{min}}$为垫层料中最小过筛率为 85%的粒径，以确保垫层料粒径足够粗，能使抛石稳定；$D_{15R_{\text{coarse limit}}}$ 为抛石级配范围曲线中粗限粒径，即过筛率为 15%的粒径。该值用式（7.3.5-3）通过 $W_{15R_{\text{coarse limit}}}$ 计算。

式（7.3.7.2-1）中的分母之所以选择 5（而不是第 5 章中用于保留“第 4 类地基土”所需的值 4），主要是根据垦务局“不冲刷”的反滤层标准，考虑反滤与抛石的相容性，允许稍微小一点的垫层级配。考虑到垫层和抛石都很粗糙，这种合理的调整使垫层料受到冲刷进入抛石变得更不可能。这些部位应精心设计，对其尺寸进行充分控制，并且在施工期间对其铺筑进行必要检查。当评估已有的抛石与垫层或其他下伏材料及抛石附近材料的相容性时，下伏材料的级配可与费尔（Fell）的“过度冲刷”界限相比较。此界限可以用式 7.3.7.2-1 计算，但分母采用 9。这是假设下伏材料“有些冲刷”将会进入或穿过抛石，因为下伏材料粒径是垫层料粒径的一半，垫层料粒径是采用未改变的式 7.3.7.2-1 计算的（即分母为 5）。在新建或改建抛石和垫层设计中，不推荐采用“有些冲刷”。

图 7.3.7.2-1 施工中的抛石和垫层

7.3.7.3 填筑料的稳定

设计的垫层材料级配必须足够细，以便稳定其下伏的填筑料。如果下伏的填筑料是坝体的主要防渗心墙，其具有低塑性或易蚀性，这一点对垫层料的要求尤其重要。为了确保垫层材料足够细，定义了一个 15％的粒径限制：

$$D_{15\max} < 5D_{85E_{\text{fine limit}}} \tag{7.3.7.3-1}$$

式中，$D_{15\max}$为过筛率 15％的垫层料最大粒径，以确保垫层材料足够细，能滞留填筑料；$D_{85E_{\text{fine limit}}}$为过筛率 85％的填筑料最细级配试样粒径。如果填筑料级配较宽，且包含大于 No. 4 筛的颗粒时，该值应在重新筛分填筑料并忽略较大粒径后重新计算（按照第 5 章“保护性反滤”中图 5.4.2-3）。

如果垫层正下方的填筑料是“1 类地基土”材料时［即按需要，重新筛分后的填筑料粒径小于 No. 200 筛（0.075mm）的超过 85％］，式（7.3.7.3-1）中的系数可以从 5 增加到 9。

图 7.3.7.3-1 给出了使用 $D_{15\max}$ 和 $D_{85E_{\text{fine limit}}}$ 的示例，这些基于图 7.3.6-1（35％区间带）抛石级配案例以及两个填筑料试样。

7.3.7.4 垫层级配范围的确定

施工中确定垫层级配粗、细颗限值曲线按照以下方式进行：

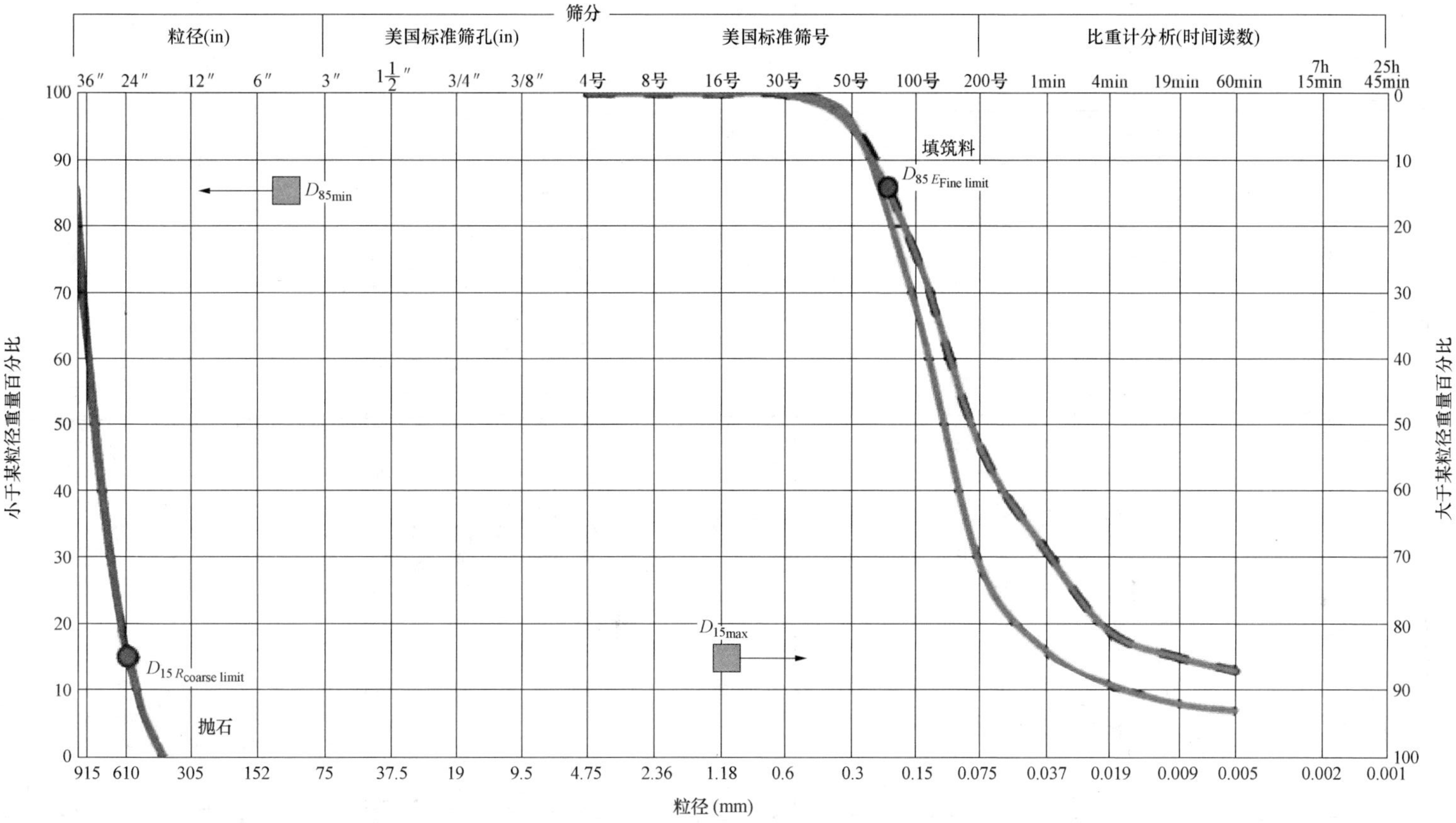

图 7.3.7.3-1 滞留填筑料所需的垫层粒径

（注：$D_{15\text{max}}$和 $D_{85\text{min}}$用方块表示）

（1）使用 $D_{85\min}$ 来定义细颗粒限值曲线上的第 85 个百分位点和粗颗粒限值曲线上的第 60 个百分位点：

$$D_{85\min}=D_{85\mathrm{Bl}_{\text{fine limit}}}=D_{60\mathrm{Bl}_{\text{coarse limit}}} \tag{7.3.7.4-1}$$

式中，$D_{85\mathrm{Bl}_{\text{fine limit}}}$ 为第一层垫层料的细颗粒限值曲线，即过筛率 85%的粒径；$D_{60\mathrm{Bl}_{\text{course limit}}}$ 为第一层垫层料的粗颗粒限值曲线，即过筛率 60%的粒径。

（2）为了确保垫层均匀系数，设 C_u 小于 10，则

$$D_{10\mathrm{Bl}_{\text{fine limit}}}=\frac{D_{60\mathrm{Bl}_{\text{coarse limit}}}}{10} \tag{7.3.7.4-2}$$

式中，$D_{10\mathrm{Bl}_{\text{fine limit}}}$ 为第一层垫层料的细颗粒限值曲线，即过筛率 10%的粒径。

（3）在 $D_{85\ \mathrm{Bl}_{\text{fine limit}}}$ 和 $\mathrm{D}_{10\ \mathrm{Bl}_{\text{fine limit}}}$ 点之间绘一条直线，来定义细颗粒限值曲线的中心部位。该线的顶端应该延伸到与过筛率 100% 线相交，其底端应该是弯曲的，以允许垫层包含一些更细的材料（见图 7.3.7.5-3 或见附录 7-C，图 7-C.6）。

（4）为了定义粗颗粒限值曲线，绘制一条直线与细颗粒限值曲线的直线部分平行。这条线应该通过点 $D_{60\ \mathrm{Bl}_{\text{coarse limit}}}$，并且其顶部可以延伸到过筛率 100%线，而底部朝向过筛率 0%线。

表 7.3.7.4-1 汇总了用于此方法的点。

表 7.3.7.4-1　　用于确定垫层级配的点

粒径（*X* 轴）	小于某粒径重量百分比（*Y* 轴）	垫层范围曲线
$D_{85\ \mathrm{Bl}_{\text{fine limit}}}$	85%	细颗粒限值曲线
$\mathrm{D}_{10\ \mathrm{Bl}_{\text{fine limit}}}$	10%	细颗粒限值曲线
$\mathrm{D}_{60\ \mathrm{Bl}_{\text{coarse limit}}}$	60%	粗颗粒限值曲线

根据需要，级配范围可以有细微修改。可以考虑的修改以下：

（1）曲率：略微增加粗、细颗粒限值曲线的曲率（图 7-C.7）；

（2）加宽：加宽粗、细颗粒限值曲线之间的垂直距离（最多为 35%）；

（3）缩窄：缩窄粗、颗粒细限值曲线之间的垂直距离（最小为 20%）；

（4）变陡：变陡粗、细颗粒限值曲线，可伴随区带范围的拓宽；

（5）变缓：变缓粗、细颗粒限值曲线，通常伴随区带范围的缩小以满足 C_u 标准。

当进行任何修改时，必须检查级配，以确保符合式 7.3.7.1-1、式 7.3.7.2-1 和式 7.3.7.3-1 提出的标准。

7.3.7.5　采用第二层垫层

如果垫层料级配粗颗粒限值曲线位于 $D_{15\max}$ 点右侧（小于），那么垫层就足以滞留填筑料。然而，如果粗颗粒限值曲线位于 $D_{15\max}$ 点的左侧（大于），那可能需要多层垫层（图 7.3.7.5-1 和图 7.3.7.5-2），这是因为垫层料可能不足以滞留填筑料（图 7.3.7.5-3）。

第一层垫层使用 7.3.7.4 节中给出的方法确定，第二层垫层的设计采用与第一垫层相似的方法（图 7.3.7.5-3）。

第一层垫层的粗颗粒限值曲线过筛率 15%的粒径 $D_{15\ \mathrm{Bl}_{\text{coarse limit}}}$，是根据 7.3.7.4 节中的粗颗粒限值曲线目测确定的。

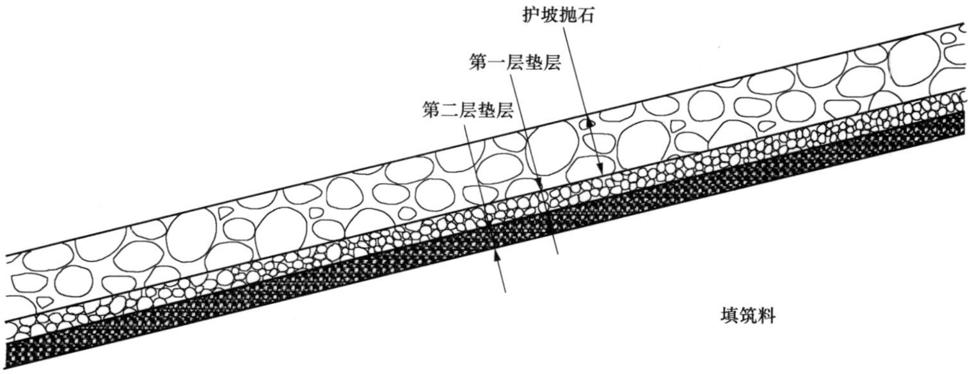

图 7.3.7.5-1　稳定性差的垫层料

图 7.3.7.5-2　采用双垫层

（1）第一层垫层的粗颗粒限值曲线过筛率15%的粒径 $D_{15\ B1_{coarse\ limit}}$，是根据7.3.7.4节中的粗颗粒限值曲线目测确定的。

（2）$D_{85\ B2_{fine\ limit}}$ 由 $D_{15\ B1_{coarse\ limit}}$ 确定为：

$$D_{85\ B2_{fine\ limit}} \geqslant \frac{D_{15\ B1_{coarse\ limit}}}{5} \tag{7.3.7.5-1}$$

式中，$D_{85\ B2_{fine\ limit}}$ 为第二层垫层的细颗粒限值曲线，即过筛率85%的粒径。

（3）为了确保垫层均匀系数 C_u 小于10，应计算 $D_{10\ B2_{fine\ limit}}$ 以确定细颗粒限值曲线过筛率10%的粒径：

$$D_{10\ B2_{fine\ limit}} = \frac{D_{60\ B2_{coarse\ limit}}}{10} \tag{7.3.7.5-2}$$

式中，$D_{10\ B2_{fine\ limit}}$ 为第二层垫层的细颗粒限值曲线，即过筛率10%的粒径。

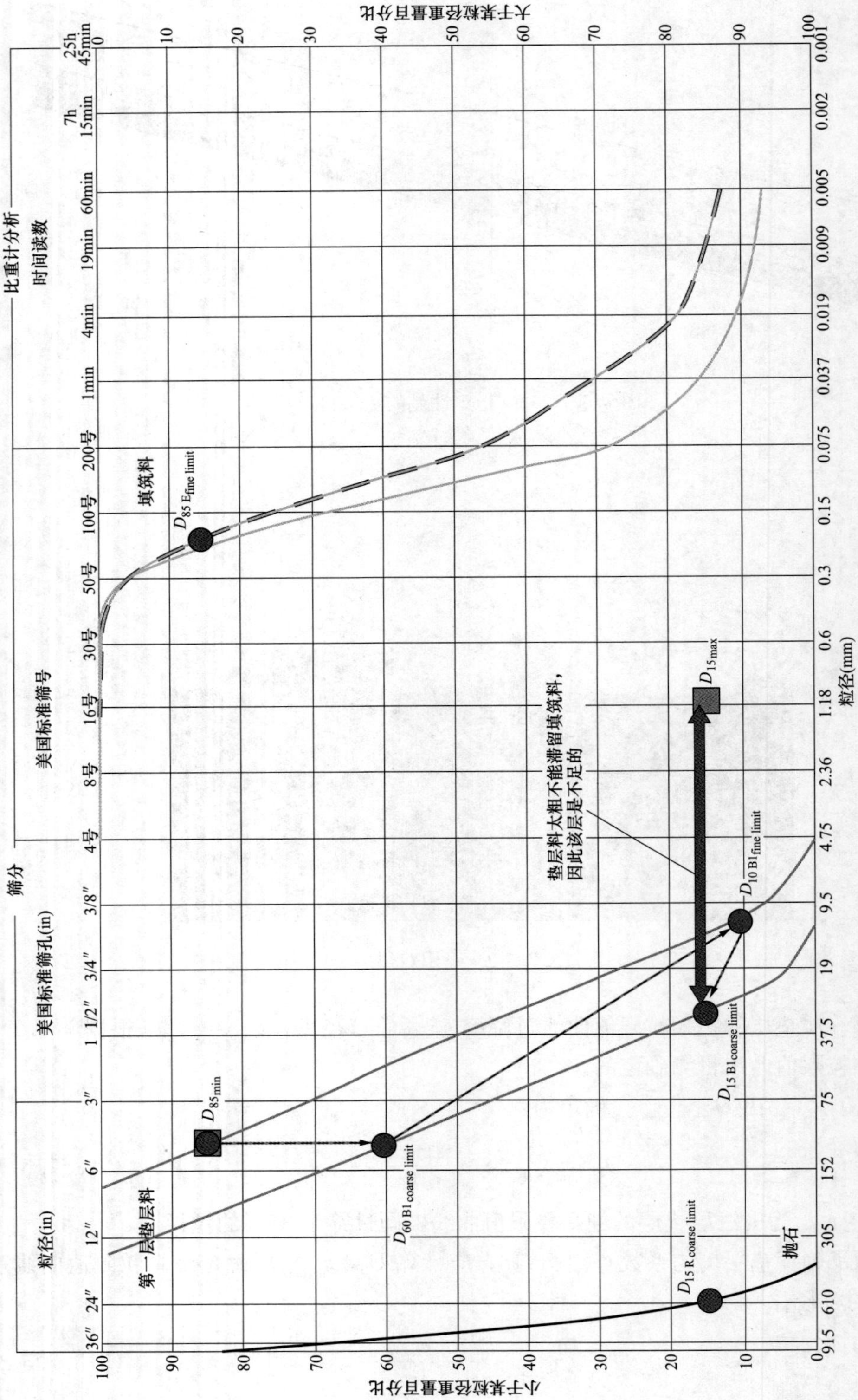

图 7.3.7.5-3　不能滞留填筑料的第一层垫层料

（注：因为 $D_{15\ B1coarse\ limit}$ 大于 D_{15max}，虚线箭头表示在构建垫层级配范围时计算点的顺序）

(4) 在 $D_{85\ B2_{\text{fine limit}}}$ 和 $D_{10\ B2_{\text{fine limit}}}$ 点之间绘一条直线来定义细颗粒限值曲线的中心部位。该线的顶端应该延伸到与过筛率 100% 线相交。其底端应该是弯曲的，以允许垫层包含一些更细的材料（见附录 7-C 中图 7-C.6）。

(5) 为了定义粗颗粒限值曲线，绘一条直线与细颗粒限值曲线的直线部分平行。这条线应该通过点 $D_{60\ B2_{\text{coarse limit}}}$，并且其顶部可以延伸到过筛率 100%线，而底部朝向过筛率 0%线。

(6) 最后一步是要确保第二层垫层可以滞留填筑料。$D_{15\ B2_{\text{coarse limit}}}$ 是由第五步构建的第二垫层粗颗粒限值曲线目测确定的。该值应该细于 7.3.7.3 节得到的 $D_{15\max}$（来自式 7.3.7.3-1）。

$$D_{15\ B2_{\text{coarse limit}}} < D_{15\max} \tag{7.3.7.5-3}$$

式中，$D_{15\ B2_{\text{coarse limit}}}$ 为第二层垫层粗颗粒限值曲线，即过筛率 15%的粒径。

上述步骤和 7.3.7.4 节中的步骤顺序显示在图 7.3.7.5-4 中。如果 7.3.7.1 节～7.3.7.3 节中提出的标准仍不符合步骤（1）～（6）的要求，则可以按照 7.3.7.4 节中讨论的标准（图 7.3.7.5-5）对垫层级配进行略微修改。或者，可以使用第三层垫层，如果更具成本效益且依旧满足滞留和稳定性标准的话。

7.3.7.6 垫层厚度

需要足够的垫层厚度来为抛石提供反滤保护和支撑。抛石层石块将部分伸入到垫层内，并由此产生一定的稳定性。表 7.3.7.6-1 提供了相应抛石厚度的最小垫层厚度，垫层采用常规方法设计。如果设计多层垫层，每一层均应采用表 7.3.7.6-1 推荐的厚度。

表 7.3.7.6-1　抛石垫层厚度

抛石厚度（in）	最小垫层厚度（in）
12～24	12
24～36	15
>36	18

7.3.8 其他抛石设计考虑

为了用经济的方式提供保护填筑体所需的抛石层与垫层，设计应该编制一份定义其材料级配和层厚的技术标准。如果已知有适当的抛石料源，且其质量经过相关试验检测后是可接受的，应在技术标准中标明。如果可能使用尚未检测的抛石料，技术标准中应提出对石料的最低质量要求（如比重、硫酸钠安定性指数、洛杉矶磨损试验）。

在设计过程中，坝顶高程的选定通常比护坡设计要早很多。当选择护坡设计方案时，应对坝顶高程重新检查，确保波浪爬高的计算与护坡类型一致。在坝顶附近的上游护坡，也必须与确定坝顶高程时采用的设计波浪一致。

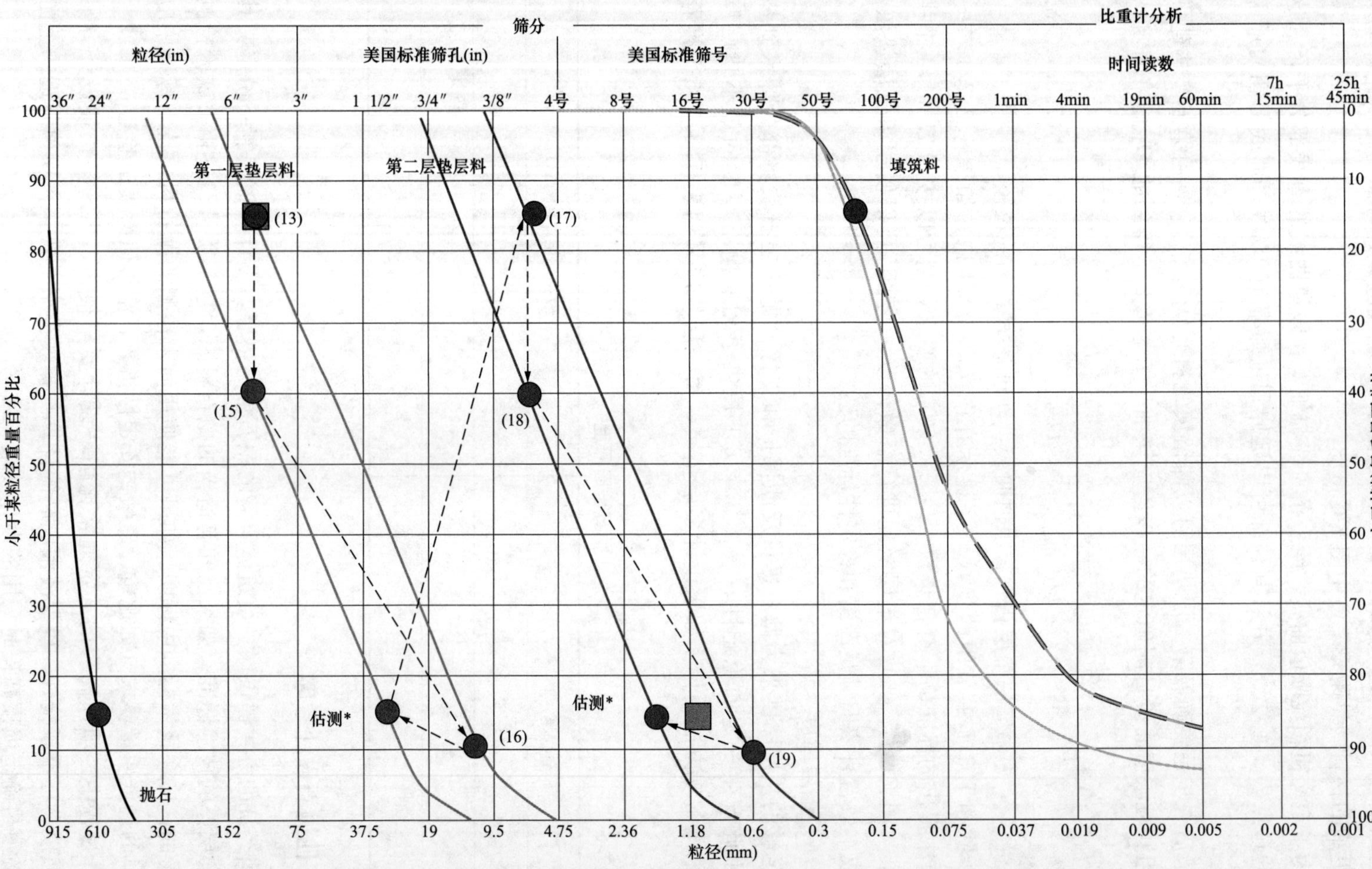

注：虚线箭头定义第一层的步骤。实线箭头定义第二层的步骤。黑色突出显示的数字表示用公式确定点位置的公式。带有“估测*”标签处的粒径是从构建后的级配范围内估计的。

图 7.3.7.5-4　用于确定两层垫层料级配范围的步骤

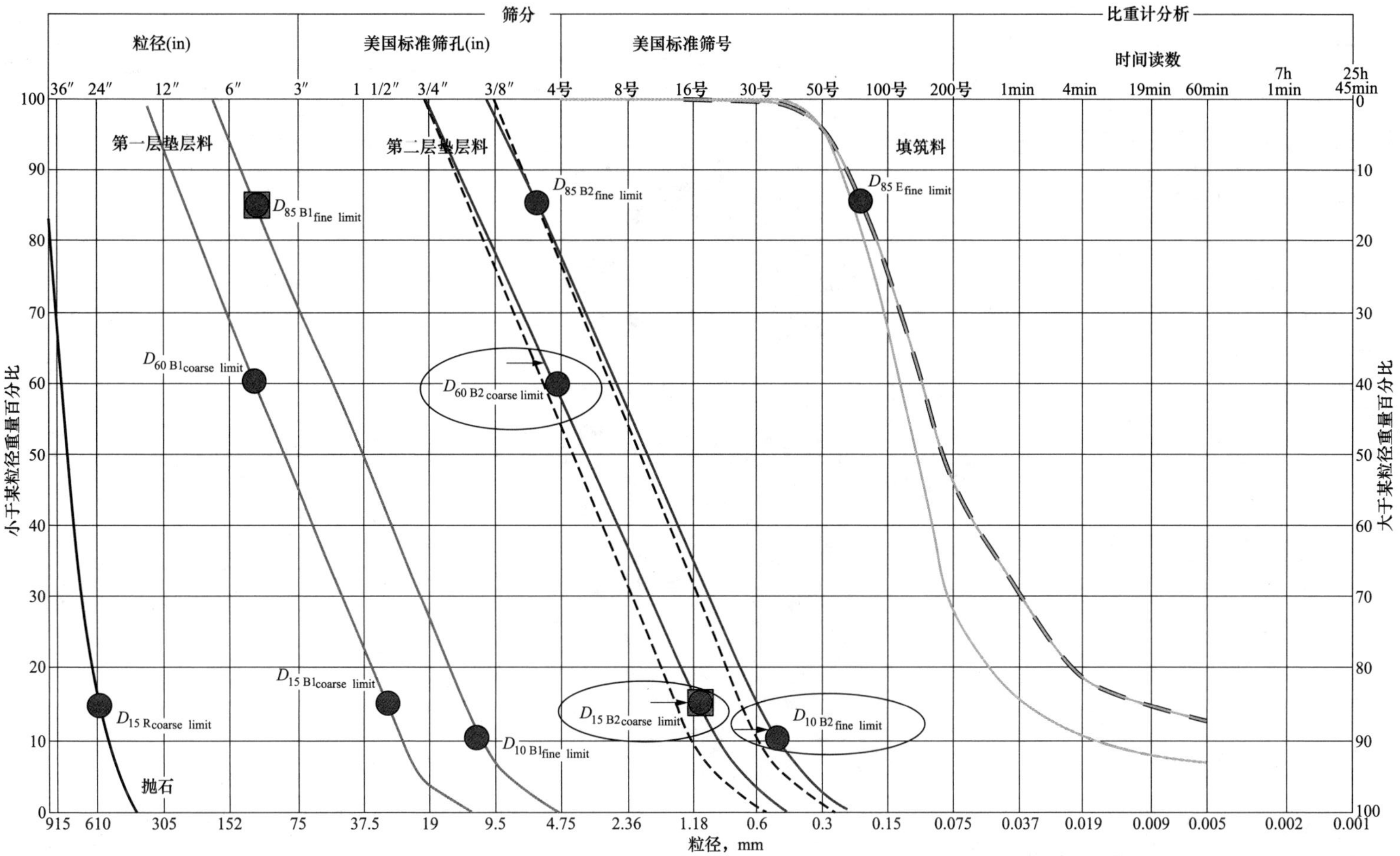

注：圆点被解读为符合 D_{15max}标准，导致更宽（更平缓）的级配。移动粗、细颗粒限值曲线使其相互更靠近，以满足稳定性标准（$C_u>10$）。

图 7.3.7.5-5　第二层垫层料的调整

7.4 施工

如果石料场在提供满足抛石护坡用的石料数量及规格、形状、质量方面存在不确定性，可指定试验采石场（或在采石场、取料场内选一个试验区域）。

抛石铺筑必须仔细，避免分离（图 7.4-1）。抛石不需要碾压，但应以确保石块均匀分布（级配良好）的方式倾倒或铺筑，使小石块能够填充较大石块之间的空隙，形成咬合良好、紧密且均匀的层。为了达到上述目的，通常需要通过手工或施工设备来重新整理，以实现可接受的石块分布。ASTM D 6825-02，《抛石护岸铺筑标准指南》包含了抛石铺筑的方法。ASTM D 5519-94（2001），《天然和人造抛石材料粒径分析的标准试验方法》描述了抛石级配的现场试验方法。本标准第 10 章“填筑坝施工”，第 10.6.8.2.1 节中可得到更多关于抛石施工的信息。

图 7.4-1　仔细铺筑抛石（注意小落差）

7.5 可采用的其他护坡方法

虽然本章不包括非抛石护坡设计，但在下文中对取代抛石的各种可能方案做一些论述。在功能与费用方面均有效的其他护坡方案，都应加以考虑。影响护坡选定的因素是：①对坝体可能的损害；②必要开挖中可利用的石料；③运距；④坝址以外采石场石料的质量。

替代抛石层的可行方案是采用不符合抛石层设计级配要求的劣质石料，铺设较大厚度的堆石区。

当上游坝坡采用堆石区，而不是经过设计的抛石层时，石料一般是倾卸在坡上，经过摊铺，之后再用耙岩机将比较大的石块耙到外坡。填筑坝护坡的外坡堆石应满足本章规定的石块大小和质量标准。堆石通常也进行碾压。大石料区内部的较小石块起着反滤垫层区的作用。堆石区外侧石块的尺寸可以通过爆破、石块搬运以及耙岩机耙齿的间距部分地加以控制。考虑到石块质量较差或级配不良的事实，外侧大石块区的厚度应比设计抛石层厚度要大得多。

当质量好的天然石料供应短缺时，另一种替代抛石的方案为水泥土（图 7.5-1）。水泥土的设计见本标准第 17 章“水泥土护坡”。水泥土护坡的潜在问题包括层间粘结不良、耐久性不足（特别是在非常寒冷的天气下暴露在风和冰中）、水泥的可获取性、水泥的高成本、不恰当的配合比设计、合适骨料供应的充足性、脆性、排水不足、铺筑效率低、施工质量控制不当、外观等。

图 7.5-1 典型的老化水泥土护坡

有时也用灌浆来稳定抛石。通过填充石块之间的空隙，石块相互咬合并黏结在一起，增加了稳定性（图 7.5-2）。使用稀水泥浆［流动性好、坍落度高、可控的低强度材料（CLSM）］可以使浆液自流到抛石石块周围的空隙。灌浆的抛石还增加了抗冲刷性，而且可以减薄抛石层的厚度。通常情况下，需要大量的拍实、捣实或手工夯实以及众所周知的“填鸭式灌浆”，将浆液最大限度地灌入到抛石中。需要设置通过灌浆抛石区或位于其下的排水（借助泄水孔），以避免隆起或喷出问题。部分灌浆的抛石或矩阵抛石是欧洲经常使用的一种特殊灌浆抛石方式。在这种施工技术中，对倾卸的抛石部分灌浆是为了将水泥浆置于石块间的接触点，而不是填满整个空隙。通常情况下，这种技术的灌浆可能填满总空隙的三分之一或一半。部分灌浆抛石以下有三个目的：

（1）产生大大超过石块基本尺寸的聚集抛石石块，并与邻近聚集的抛石紧密相连。

（2）产生的抛石层适应性强，能够通过自身调整来应对未来沉降及下伏材料的位移。

（3）产生的抛石层是多孔的，当水流发生在抛石内或穿过抛石时，能够释放可能在其下方聚集的孔隙水压力。

当设计波高超过 6ft 或 7ft，所需的大石块不可能从天然料源获得。在这种情况下，用混凝土块作为抛石料是一个可行的替代方案。这些混凝土块的尺寸可以用式7.3.1-1来确定，并且可以构建成各种形状（即异形石块、立方体、四脚护堤块等）。应该指出，一般很难在抛石和填筑料之间设计足够的反滤层，反滤层要比天然石料贵得多。

可以采用铰接混凝土块的形式。但是，在垦务局的工程中，铰接混凝土块在填筑坝上游护坡中使用并不多，因此需要由熟悉铰接混凝土块使用的顾问来审查设计的合理性。

土工织物已经被用于代替抛石垫层（图 7.5-3）。然而，使用这种类型的设计还有许多问题需要注意：①沿着土工织物顶部和底部表面的稳定性；②土工织物与下伏填筑料的反滤兼容性；③对土工织物的适当支撑；④耐受性。耐受性是指土工织物避免过度的损坏的能力。当其铺设在粗糙或有棱角的基层或抛石上，或在铺设过程中受到因未能最小化或小心控制的抛石落差的影响。土工织物设计见本标准第 19 章“土工织物”。

图 7.5-2 Ridges Basin 坝下游过水结构采用的灌浆抛石

图 7.5-3 抛石被置于作为垫层的土工织布上

7.6 参考文献（略）

附录 7-A

附录 A-1 定义

20%区间带	位于粗、细级配限值曲线之间且垂直间距不小于 20% 的抛石级配区间，用于提供符合施工要求的材料（材料可用性），并减小抛石铺筑期间出现分离或级配间断的可能性。
35%区间带	位于粗、细级配限值曲线之间且垂直间距不大于 35% 的抛石级配区间，用于提高可施工性（材料可用性），同时进一步避免抛石铺筑期间出现分离或级配间断。
垫层	填筑料与抛石之间的反滤层，用来滞留坝体填筑料，又被抛石所滞留。
塌破波	处于中间状态的一种破碎波；在这种状态下，波的下半部分发生破碎，不规则紊流水面涌向坝体。
吹程	风沿通常方向（24°夹角范围内）在水面上吹过的平均水平距离。
非超越概率	在给定设计时限内未超越的概率。
卷破波	一种破碎波；在这种波中，波峰在波面卷曲，并落到波底，溅起很高的浪花。
超越概率	在一段时限内超过给定量的概率。
抛石	耐久的石块保护层，通常粒径范围很宽且级配良好，用于防止其下伏边坡发生侵蚀、堆积、冲刷或坍塌；也指使用的石块。
有效波高	特定波组中最高三分之一波的平均高度。
石块	单独的岩块。
涌破波	一种破碎波；在这种波中，波峰保持不破碎，而底部波浪涌向坝体。
容许破坏限值	一种破坏程度；指抛石已经发生较大位移，但是垫层料并没有损失，没有出现填筑料被带入垫层或抛石层的情况。（预计抛石需要定期维护，维护方案包括在大坝附近储备抛石，并配置铺筑所需的物料。）
波高	波峰与前一个波谷之间的垂直距离。
波长	两个连续波上对应点之间的水平距离。
波浪周期	两个连续波峰通过固定点所需的时间。波峰的波长等于一个波长的时间。
无损坏水平	抛石层未发生损坏，且抛石的位移非常小（如果有的话）。

附录 A-2　系数

抛石经验公式（如本章的式 7.3.1-1）中采用的各系数。

来源	系数			备　注
	a	*b*	*K*	
Hudson and Jackson (1962)（美国陆军工程兵团海岸工程研究中心，1973 年）	3	1	2.2	对于破碎波，*K*=2.2
	3	1	2.5	对于非破碎波，*K*=2.5
Thomsen，Wohlt and Harrison (1972)	3	0	14	*K*=14，坡度 1∶2
	3	0	18	*K*=14，坡度 1∶2.5
	3	0	27	*K*=14，坡度 1∶3
	3	0	51	*K*=14，坡度 1∶5
EM1110-2-2300，美国陆军工程兵团（1971）	2	1	1.36	
技术备忘录 51，美国陆军工程兵团（1975）[1]	3	0.67	3.62	最坏波浪条件下的平均无损坏水平
	3	1.00	4.37	最坏波浪条件下的平均容许损坏限
Beene and Ahrens (1973)	3	1	2.63	无损坏水平

[1] 垦务局采用的方法。

附录 7-B 垦务局抛石护坡用岩石取样及质量评估试验程序（编号： USBR 6025-09）

本程序由科罗拉多丹佛技术服务中心材料工程与研究实验室（代码 86-68180）管控。本程序发布时采用固定编号 USBR 6025。编号后面紧跟的数字表示第一次验收的年份或最后一次修订的年份。

1. 范围

1.1 应用。本程序涉及护坡（抛石）用岩石的取样和质量评估试验，岩石取自正在运营的采石场、潜在的采石场、山麓碎石堆或河流卵石沉积区。

1.2 其他应用。本程序还提供了以下有效信息：

· 料源地的运行控制

· 使用现场的运行控制

· 物料的验收或弃用。

1.3 单位。以采用 SI/公制（in-lb）单位表示的数值为准。

1.4 注意事项。本程序并不用于解决与使用和涉及使用危险材料、设备与操作相关的所有安全问题。使用者应负责确立和实施适当的安全和健康措施。另外，使用者在使用本程序时，还必须遵守适用法规的要求。

2. 适用文件

2.1 垦务局试验程序：

USBR 4075：骨料取样；

USBR 4088：含硫酸钠的骨料的安定性；

USBR 4127：粗骨料的比重和吸水性；

USBR 4131：防止小粒径粗骨料因洛杉矶设备的磨损和冲击作用造成的降级；

USBR 4295：混凝土骨料的岩相检查；

USBR 4666：混凝土的快速抗冻融；

USBR 4702：将现场骨料样品减小至试验尺寸。

2.2 ASTM 标准：

ASTM C 294：天然矿物骨料成分的标准描述性术语；

ASTM D 4992：侵蚀控制用岩石评定的标准规程；

ASTM D 5121：耐久性试验用岩块的标准制备规程。

2.3 其他文件：

设计标准 No. 13：《填筑坝》，第 7 章抛石护坡，垦务局，1992 年；

报告 No. REC-ERC-73-4 《土坝的抛石护坡：实践和程序审查》；

OSHA 规则（29 CER，CH. XVII，1926. 900—. 950，1989），《爆破安全》；

《小坝设计》，垦务局，第 3 版，1987 年；

《工程地质办公室手册》，垦务局，1988 年；

《工程地质现场手册》，垦务局，1989 年；

《施工安全标准》，垦务局，1987 年；

《岩相实验室分析技术及能力参考文件》，第 6-8 页，垦务局，1985 年 9 月。

3. 方法概述

本程序介绍了抛石调查的各种情况。采用岩相学方法，对从采石场、取料区或山麓碎石堆获取的代表性岩石样品进行分类，并测定其物理性能（包括冻融耐久性）。

对可能遭受较大浪压力和暴露在环境中的关键结构区域的抛石护坡，应根据实验室数据评价所用岩石的质量和适应性。

4. 意义和用途

4.1 护坡。本程序提供了对护坡所用抛石块体进行勘察、取样和质量评价试验的建议。料源应生产所需的合适尺寸的岩石块体。岩石块体应具有足够的硬度/密度和耐久性，从而确保在采购、运输、铺筑、风化过程中，以及大自然的物理作用力（比如风力和波浪作用、冻融、干湿以及冷热）下，不发生损坏。必须经过勘察确认符合质量要求的材料的数量充足。

4.2 填筑坝。垦务局修建的大部分填筑坝含有一个或多个提供石料的区域。这些石料用做防冲刷的抛石、堆石，或用于加强填筑体及促进排水的反滤层，从而提高稳定性。溢洪道和泄水工程消力池的下面以及渠道和河道的保护通常也需要抛石铺盖。

4.3 制备。此类岩石的生产通常需要钻孔、爆破和加工，以获得所需尺寸的石块。

4.4 抛石。火成岩、变质岩和沉积岩可用做抛石。

5. 装置

5.1 开挖设备。推土机、反铲挖掘机、拉铲挖土机、短管螺旋钻具、岩芯钻机、手提钻。

5.2 爆破设备。炸药、爆破雷管以及钻孔设备（钻孔用于放置爆破物）。

5.3 生产评价。生产评价用测量设备和卡车称重设备。

5.4 锯。用于制备立方体岩石试件的金刚石锯、板皮锯或其他合适尺寸和质量的锯。

5.5 其他材料。运输和处理样品需用的袋子和托盘。

6. 防范措施

6.1 危险物质。本试验程序可能会涉及危险材料、操作和设备，不要求解决与其使用有关的所有安全问题。使用者有责任在使用前咨询和确立合适的安全和健康措施，并确定所规定的限制条件的适用性。

6.2 合格操作员。相应人员应熟练操作上述设备。应只允许具备相关资质且获得授权的人员处理和使用爆炸物。

6.3 安全标准。爆破安全必须按照《内政部垦务局施工安全标准》和 OSHA 规范（29 CFR，CH. XVII，1926.900－.950，1989）二者中的较严格者，以最大程度地确保爆炸的安全性。

7. 料源勘察阶段

7.1 总则。用以确定适用抛石料源的勘察的复杂程度取决于工程开发阶段和设计要求。通常情况下，工程开发分四个阶段进行：调查、可行性研究、编制技术要求和施工。

7.1.1 调查。最初的或初步踏勘主要借助地形、地质和农业土壤地图及航空照片，以及来源已知的补充信息，进行现场地表调查。通过研究地图和航空照片，或许可以找到可能的料源。等高线经常是材料类型的标志；突然的折断通常表示坚硬岩石；悬崖下的斜坡通常有岩屑堆积。在现场调查过程中，应检查乡村区域是否有外露岩石或峭壁。道路开挖和壕沟也可能揭露有用的沉积物。应通过获得的资料来确定在距施工现场合理运距内的可能料源的主要优缺点。此阶段收集资料和信息工作完成后，应向技术服务中心提交施工材料报告。

7.1.2 可行性研究。此阶段收集的信息用于进行初步设计和成本估算。应收集足够的关于可能料源的信息，用于确定是否由政府获得料源，或者由承包商提供石料。料源的选择应限制在技术要求中最终提到的料源。可能需要钻取岩芯或进行爆破试验，来确定料源处可用的石块尺寸和数量。检查可能的料源，以确定石料尺寸和特性，尤其需要观察岩石的节理和裂隙间距、耐风化性及变化性。节理间距、裂隙、片理、轮廓、层理及其他可能会影响石块尺寸的软弱面。现场观察到的岩石的耐风化性可以证明其耐久性。应特别注意注明开采时必须避开或废弃的有缺陷接缝或地层的位置和分布。需编制一份总位置图和报告，描述可能的料源，并介绍预估的可用量、覆盖层、运输道路和对外交通情况。还需从最有希望被采用的料源处抽取有代表性的抛石料样品提交丹佛材料工程和研究实验室或其他被批准的实验室，进行质量评估试验。

7.1.3 编制技术要求。此阶段的勘察提供编制技术要求所需的设计数据和信息。技术服务中心提出的勘察要求定义了对抛石料的勘察要求。可行性研究阶段勘察数据表明质量适合的料源应当被调查和勘察，以确定可用石料的数量及其均一性。

7.1.3.1 如果地质条件需要，可能要求钻取岩芯。岩芯钻取作业应根据网格系统（如适用）进行，并包含地质学家或材料工程师规定的垂直孔和斜孔。如果之前未做过爆破试验，则应在此时进行。爆破试验数据应采用施工报告的形式提交技术服务中心，以便编制技术要求时参考。取样和试验也应在此阶段完成。

7.1.3.2 如果在此阶段考虑到增加储料场，则必须像最初考虑料源时一样进行仔细勘察。

7.1.4 施工。有时需要在施工阶段进行勘察，以向现场和设计人员提供合适料源的补充详细信息。因此，应在采石或开挖作业前充分获取此类信息，以便对石料进行合适的处理和加工。如果从料源取出的石料的质量发生不可预见的变化，则可能需要对石料进行取样和质量评估试验，同时，应确认石料的适用性或确定出不适合的石料区。

8. 料源信息

8.1 背景。在任何勘察阶段收集的信息和数据报告都非常重要。尽管随着每一阶段的进行，详细信息要求会增多，但是在可行性研究阶段必须有可利用的合适信息，以便估算实际成本，并合理选择可利用的料源。

一旦获得在需要之前即获取所需数据，应立即提交，不得保留。在可行性研究阶段，设计人员应具有足够的信息对实验室试验数据进行补充，从而确定是否由政府获得石料源，或者由承包商提供石料，或者考虑其他类型的护坡。对未开发的采石场提出的抛石报告建议包括如下内容：

a. 所有权。

b. 位置。参照美国公共土地调查法的描述（地区、镇、范围和经纬线），用地图描绘出。如果对于未勘察的区域，不能使用法定描述，则应获得纬度和经度坐标（度、分和秒）。

c. 一般性描述。

d. 地质类型和分类。

e. 节理间距和裂隙组。

f. 层理和层理面。

g. 受节理、层理或内部应力影响，岩石在爆破时的破裂方式和破裂后形成的石块尺寸。

h. 岩石块体的形状和角度。

i. 岩石的硬度和密度。

j. 风化程度。

k. 上述未涉及的任何异常特性或状况。

l. 储存场的厚度、范围、预估量和平均深度；覆盖层的类型、范围和厚度。

m. 对外交通（通往高速公路或铁路的道路；说明此类道路的距离、承重极限、所需维护、是否私人拥有，以及其他相关信息）。

n. 照片和可能有用或需要的任何其他信息。

8.2 采石场。如果考虑使用商业采石场的石料，应获得下列信息，并将其纳入报告中：

a. 加工厂运行者的姓名和地址；如果采石场未投入使用，则说明其所有权或管理权。

b. 加工厂和采石场的位置。

c. 加工厂的使用年限（如果没有运营，则说明停止运营的大致日期）。

d. 运输设施和困难状况。

e. 储存范围、设备和储备能力。

f. 加工厂描述（开挖设备、运输设备、破碎设备、分拣设备和装载设备的类型和状况以及限制条件，如有）。

g. 加工厂生产的各种块石尺寸的大致百分比。

h. 用于称量货物的磅秤的位置。

i. 加工厂生产的石料的大致价格。

j. 加工厂生产的石料的主要用户。

k. 所生产的石料的使用历史。

l. 其他相关信息。

8.3 非采石场。当考虑用非采石场生产的岩石储存料作为抛石时，应采用与采石场石料相同的方式描述石料性质和储存情况；此外，储存情况描述应说明岩石的形状、平均尺寸和尺寸变化。

8.4 数据表。典型的料源信息表，如图 6025-1 和图 6025-2 所示。

9. 取样

9.1 代表性。取样，通常是勘察程序链中的一个薄弱环节，与试验同等重要。取样人员在取样时应采取各种防范措施，取出的样品应可以代表所取材料的自然性质和状况。因此，取样必须由具备资质和经验的人员谨慎进行。

9.2 报告。取样在编制技术要求阶段进行。取样依据勘探或设计要求的资料进行，应标明对石料规格和抛石源位置的要求。详细的勘察报告应作为设计资料或施工材料报告的一部分，提交技术服务中心。

9.3 规格。样品至少应为 275kg (600lb)，并代表料源地由差到中等，再到最佳的石料质量范围。如果石料质量变化较大，最好分别获取代表最差、中等和最佳质量石料的 3 种样品。如果可能，所选取的各类质量石块的最小体积至少为 $0.014m^3$ ($1/2ft^3$)。应估测各类质量材料的相对百分比，并将其作为与料源相关的信息列入。从未开发料源获得的样品应仔细选取，从而确保所选石料尽可能代表储料，并包括任何重要的岩石类型变化。

9.3.1 获取有代表性的样品可能较为困难。覆盖层可能会限制石料的开采区域，掩盖大部分沉积物的真实特性。岩石露头的风化程度通常大于沉积物内部的风化程度。从地表上的疏松岩石碎块或外露岩石的风化外表面采集的样品代表性不足。可以通过去除外表面，或挖沟、爆破或钻取岩芯方式获得新鲜材料。对于分层沉积物（如石灰岩或砂岩），必须评估其垂直和水平的均一性，因为各层的特性和质量通常有差别。

9.3.2 还必须考虑岩层结构的倾角。岩层相对于地表坡度的倾斜度将使得该区域不同部分地表上的岩层也有所不同。应注意可能会出现不良材料区域或层。由于黏土或页岩裂缝可能非常大或普遍，从而需要有选择的开采，或大量抛弃石料中不可用的部分。

9.4 样品运输

9.4.1 岩石碎块样品可以采用传统运输方式，比如卡车运输。大型石块应牢固在运输托盘上。小碎块应装在袋子或容器中运输，以避免运输过程中因处理不当造成的损失、污染或损坏。

9.4.2 石块的运输容器应加贴相应的标识。还应附上所运输样品的详细信息数据表。经常通过喷涂编码或类似方式标识各种石块。

10. 试验程序

10.1 试验。使用从现场提交的代表性样品，在技术服务中心实验室进行质量评估试验包括详细的岩相检验、物理性能测定和快速冻融耐久性试验。这些试验是确定石料是否适合用作抛石或填筑料的指南。

10.2 岩相检验。未详细介绍抛石/填筑石料的实验室岩相检验程序，但是可以参考 USBR 4295（尽管其是针对混凝土骨料编制的）。关于具体程序方法和试样制备取决于岩石的性质、岩石的既定用途以及岩相学家的判断。

10.2.1 需要目测检查用作样品的石块；不同岩相和岩石类型（如存在）需单独评估。记录石块的尺寸范围和特征形状。研究石块，评估其形状和/或尺寸是否由于不连续面而形成的（如节理、裂隙、层理面或剪切带）。记录碱金属盐或黏土的表面风化和次生沉积物。介绍裂隙或岩脉系，以及裂隙处或岩脉的张开难易程度。记录硬度、韧度或脆度，及可见孔隙或孔洞特性及其变化。确定各岩相和各类型岩石的纹理、内部结构、粒度和矿物学特征。需特别注意沉积岩中的内部孔洞和裂隙，以及其中胶结料的类型和数量。需根据需要进行薄片分析，有时辅以 X 射线衍射分析。

10.3 冻融试验试样制备。对于冻融耐久性试验，从目测检查选定的可以代表各岩相或类型的质量最差、中等和最佳石块上锯下大小为 73mm（$2\frac{7}{8}$in）的立方体。由于石块可以展示重要的物理或结构特性（如节理、裂隙、层理面），故用于试验的立方体的数量将因样品而异。在进行冻融试验前，拍摄试验前的照片，并确定用烘箱干燥后的立方体重量。试验前，将立方体浸入水中 72h，并根据 USBR 4127 测定比重（烘干后的松散比重、饱和表干松散比重，及表观比重）和吸水性。并再次将立方体浸入水中，以保持冻融试验所需的饱和状态。

10.4 冻融试验的执行。对所有抛石样品进行快速冻融耐久性试验（USBR 4666），包括从未暴露于冻融环境的区域采集的样品。试验可以检测结构的缺陷，并可以很好地表征岩石的耐久性。

10.4.1 在测定了饱和面干的立方体质量后，将立方体插入大小为 76mm（3in）的方形橡胶套中，并加入足够的水，淹没过试件。将装有试件的橡胶套放入自动控制的冻融柜中；在冻融柜中，立方体在水中经受快速循环冻融。每一个冻融循环包括－12℃（10℉）下一个半小时的冷冻和 21℃（70℉）下一个半小时的融化。试验过程中，定期测定立方体质量损失，并记录立方体的外观及损坏方式。试验在进行 250 次循环或当试件开裂或损坏时终止（见 10.4.2 节）。

10.4.2 岩石破裂的判断标准是立方体试件的质量损失达到 25%；立方体试件的

质量损失系指试验后的最大立方体质量与最初立方体质量之差值。记录立方体试样的“损坏模式”(如开裂、分解、坑穴、剥落),并拍摄试验后立方体试件的照片。当立方体试件沿着之前存在的裂隙、节理、层理面或层合岩面破裂成多块较大碎块时,计算表观质量损失和实际质量损失。表观质量损失使用试验后留存的最大碎块的质量,按照上述方法计算。实际质量损失为试验后留存的所有碎块的总质量与立方体试件的最初质量之差。

10.5 物理性能样品制备和试验。将岩石样品的岩相检验完成后剩余的石料(选取用于进行更详细岩相分析和冻融耐久性试验的石块除外)压碎成大小为 37.5～75mm、19.0～37.5mm、9.5～19.0mm 及 4.75～1095mm(3/2～3in、3/4～3/2in、3/8～3/4in 及 No.4 筛 3/8in)的碎块。抽取各尺寸级别的代表性样品,进行物理性能试验(USBR 4702)。对压碎后的各尺寸石块进行的物理性能试验有:①大部分饱和但表面干燥情况下的比重,USBR 4127;②洛杉矶磨损,USBR 4131;③硫酸钠安定性,USBR 4088。典型的实验室工作类型见图 6025-3 和图 6025-4。

注意:如果需要评估石料是否适合压碎用作混凝土骨料,还需要获取代表性样品,进行岩相检验。

11. 抛石质量评估报告

11.1 岩石类型。制备抛石用的岩石应坚硬、密实,具有耐久性,耐磨损,没有不连续面。不连续面往往因波浪作用或各种环境条件(比如润湿和干燥、加热和冷却及冻融)变化而导致破坏或位移增大。结构设计要求各不相同,并且每个现场出现的问题均较为独特。为了使设计人员的设计符合上述结构和环境参数要求,垦务局护坡用的抛石质量评估基于放置在关键区域的材料要求,这些区域水位波动频繁、长期被水淹没并且遭受较大波浪作用和暴露于严苛环境条件下。在选择抛石料来源时,还应考虑经济因素。

11.2 试验的意义。抛石质量评估报告基于物理性能试验数据、冻融耐久性和岩相检验。根据垦务局的经验证实,没有任何一种单一的试验在评估抛石质量方面是最重要的。岩相分析(尽管是一种主观性评估)和冻融耐久性试验是对抛石质量的最可靠、一致的评估。考虑到所有可利用的试验数据,应单独判断各种可能的抛石材料。需讨论试验数据的意义,因为尽管一些材料的试验数据表明其质量较差,但却适用于护坡。如果条件允许,建议提高和延长抛石层的寿命和耐久性。

11.3 报告表。典型的抛石质量评估报告表格如图 6025-1～图 6025-5 所示。

USBR 6025-09

表编号： 垦务局	岩石料源信息	标准号：USBR 6025
储存料类型 采石场：□未开发；□商用； □山麓堆积；□河床沉积；□取料区；□其他（说明）		
所有者（姓名/地址）：		
石料加工厂运营者（姓名/地址）：		
石料加工厂位置：		
石料加工厂说明：年限（如已停止运营，说明停止运营的大致日期）；挖掘设备、运输设备、破碎设备、分拣设备及装载设备的类型和状况，以及限制条件（如有）		
对外交通/运输设施：		
采石场范围/生产和储备能力：		
所生产的石料尺寸的百分比/材料价格：		
称重设备的位置：		
设备使用者：		
石料使用历史：		

图 6025-1

USBR 6025-09

特性	工程	技术规格
□骨料　□抛石　□其他________________ 试验：　　　　　　　冻融耐久性 □岩相 □常规骨料　　　　　□混凝土 □常规抛石　　　　　□抛石 □其他：________________		样品编号：________ 收样日期：________ 加工处理：________ 试验：________ 试验：________ 计算：________ 检查：________
样品来源		

砾石或抛石

级配 USBR 4136					24h 比重和吸水性 USBR 4127						
					试验样品质量						
标称筛孔尺寸		筛余质量 lb/kg	筛余百分比		B SSD 空气中质量 g	C SSD 水中质量 g	$B-C$ 置换的水的质量 g	A 空气中烘干样品的质量 g	$B-A$ 水的吸收量 g	$\left(\frac{B-A}{A}\right)$ (100%) 吸水百分比	$\left(\frac{B}{B-C}\right)$ SSD 松散比重
in 或筛号	mm		单独	累积							
6+	150+										
3～6	75～150										
$1\frac{1}{2}$～3	37.5～75										
3/4～$1\frac{1}{2}$	19.0～375										
3/8～3/4	9.5～19.0										
No. 4～3/8	4.75～9.5										
砾石总计质量			—	—	No. 4 筛到 1 in (4.75～37.5mm) 　　平均　加权　平均　加权 比重　______　______　______　______ 吸水率,%　______　______　______　______						
FM（细度模量）		—	—								
砂质量			—	—							
样品总计质量			—	—							
砂百分比		—		—							

Los Angeles 磨损-USER-4131 □分级 A　B　C　D-USBR 1535 □分级　1　2　3

		质量 g	转数	筛余质量 No. 12 (1.70 mm) g	质量损失 g	损失百分比
USER 4131	试验样品		100			
	磨损量		500			
USER 4535	试验样品		200			
	磨损量		1000			

	级配分级（原样）USBR 4136								级配分级（冲洗后）USBR 4136							
	No. 1 样品			No. 2 样品			平均									
	筛余质量,g	筛余,% 累积	筛余,% 单独	筛余质量/g	筛余,% 累积	筛余,% 单独	筛余,% 累积	筛余,% 单独	筛余质量,g	筛余,% 累积	筛余,% 单独	筛余质量,g	筛余,% 累积	筛余,% 单独	筛余,% 累积	筛余,% 单独
* No. 4 (4.75mm)																
No. 8 (2.36mm)																
No. 16 (1.18mm)																
No. 30 (600μm)																
No. 50 (300μm)																
No. 100 (150μm)																
No. 200 (75μm)																
Pan																
FM	—		—			—		—								
洗掉质量	* *		—	* *			有机杂质-USBR 4040									

* 表示尺寸过大
* * 表示 USBR 4117 的质量

颜色　□原样　纯净　1　2　3（标准）　4　5
　　　□冲洗后　纯净　1　2　3（标准）　4　5

石料通过 No. 200[75(μm)筛] USBR 4117	24h 比重和吸水性 USBR 4128 样品　□原样　□冲洗后		备注：
	比重	吸水	
试验样品质量 干燥 (B) = 冲洗后 (C) = 减去 No. 200 (75μm) ($B-C$) = 通过 No. 200 (75μm) $\frac{B-C}{B}$ (100) =____%	罐编号　水温＝____℉ (℃) SSD 样品质量 (B) = 罐校准质量 (E) = 总质量 ($B+E$) = 罐样品，水 (F) = 位移 ($B+E-F$) = 比重 $\left(\frac{B}{B+E-F}\right)$ =	样品质量 SSD (B) = 干燥 (A) = 吸水， 水 ($B-A$) = 吸水率 $\left(\frac{B-A}{A}\right)$ (100) =______%	

备注：

图 6025-2 (1/2)

USBR 6025-09

硫酸钠安定性 USBR 4088

碗编号　开始日期　出结果日期

溶液 □新鲜 □循环利用　循环数 □5（标准）□其他

标准筛孔	分级 标准		分级 其他	样品质量 试验前	样品质量 试验后	样品质量损失 实际%	样品质量损失 加权%
砂							
No. 8（2.36mm）	20						
No. 16（1.18mm）	20						
No. 30（600μm）	30						
No. 50（300μm）	30						
总加权	100			—	—	—	
砾石-抛石							
2½in（63mm）							
1½in（37.5mm）							
¾in（19.0mm）	50						
3/8in（9.5mm）	30	60					
No. 4（4.75mm）	20	40					
总加权	100	100					

质量检查-粗粒

标准筛孔	总颗粒	分裂 No.	分裂 %	破碎 No.	破碎 %	裂缝 No.	裂缝 %	剥落 No.	剥落 %
2½in（63mm）									
1½in（37.5mm）									
¾in（19.0mm）									

备注：

低密度块 USBR 4123

尺寸 质量	1½～3in（37.5～75mm）	¾～1½in（19.0～37.5mm）	⅜～¾in（9.5～19.0mm）	No. 4～3/8in（47.5～9.0mm）	砂＋No. 30（600μm）
原样品					
漂浮物					
漂浮物/%					

重质液体：　　比重＝

黏土块（CL）和易碎颗粒（FP）USBR 4142

砾石分级 尺寸 质量	1½～3in（37.5～75mm）	¾～1½in（19.0～37.5mm）	3/8～¾in（9.5～19.0mm）	No. 4～3/8 in（47.5～9.0mm）	砂＋No. 16（1.18mm）
原样品					
试验后样品					
加上 No. 200（75μm）*					
减去 No. 200（75μm）*					
CL/FP					
%CL/FP					
%FP					
%CL					
加权 %CU/FP					—
* FP * * CL	砾石 CL/FP 总加权百分比＝				—

骨料的水分含量—USBR 4566

尺寸 质量		1½～3in（37.5～75mm）	¾～1½in（19.0～37.5mm）	3/8～¾in（9.5～19.0mm）	No. 4～3/8in（47.5～9.0mm）	砂
原样品						
烘干样品						
水分						
含量%	总计					
	表面					

物理性能与标准混凝土冻融耐久性 USBR-4666

砾石 — 30min 比重和吸水性-USBR 4127

标称筛孔尺寸 in	标称筛孔尺寸 mm	样品质量 B SSD空气中质量 g	样品质量 C SSD水中质量 g	样品质量 B−C 置换的水的质量 g	样品质量 烘干质量 g	B−A 吸水量 g	$\frac{B-A}{A}$（100）吸水率 %	B（B−C）SSD松散比重
3/8～¾	9.5～19.0							
4～3/8	4.75～9.5							

比重　　平均 ______　加权 ______

吸水率　平均 ______　加权 ______

标准分级 USBR 4666

砾石 分级	%	砂 筛分粒径	%
3/8～¾in（9.5～19.0mm）	60	No. 8（2.36mm）	15
		No. 16（1.18 mm）	15
No. 4～3/8in（47.5～9.0mm）	40	No. 30（600μm）	25
		No. 50（300μm）	24
总计	100	No. 100（150μm）	16
		Pan	5
		总计	100

FM = 2.74

砂料通过 No. 200（75μm）筛 USBR 4117

试验样品质量
干燥（B）＝
洗涤后（C）＝
减去 No. 200（75μm）（B−C）＝
通过 No. 200（75μm）
$\frac{B-C}{B}$（100）＝____%

30min 比重和吸收性 USBR 4128

比重：
罐编号　水温＝
SSD 样品质量（B）＝
罐校准质量（E）＝
总质量（B+E）＝
罐样品，水（F）＝
位移（B+E−F）＝
比重
$\left(\frac{B}{B+E-F}\right)$＝

吸水：
样品质量
SSD（B）＝
干燥（A）＝
吸收，
水（B−A）＝
吸水
$\left(\frac{B-A}{A}\right)$（100）＝____%

净吸水（在拌合时间）百分比，%净吸水率＝%Abs.－%RM（残余水分）

分级	%Abs.	%RM	%净吸水率
3/8～¾in（9.5～19.0mm）			
No. 4～3/8 in（47.5～9.0mm）			
砾石称重			
砂（FM = 2.74）			

冻融试样-制作日期__

强度 lbf/in² W，MPa	质量损失，%	循环

备注：

图 6025-2（2/2）

USBR 6025-09

工程	所有者：	编写 日期
特性	位置： 地区________镇区________ 范围	检查 日期
信函传送日期		审查 日期
分文件编号 C−		提交 日期

质量评估

☐混凝土骨料　　☐ 抛石　　☐ 过滤料

州________地区________来源编号________纬度________经度________
样品编号 M-________收样日期________材料________所取样品的最大尺寸________ in（mm）
附加部分的目测估测尺寸________－in（mm）
料源名称________覆盖层________体积________ yd^3（m^3）
备注：

试验结果

筛分分析 USBR 4117 和 4136				
标准筛号及尺寸 in 或 mm		筛余的累积百分比		
		砾石，原样	砂，未冲洗	砂，冲洗后
砾石				
砂				
细度模量				
砂百分比				
细骨料百分比				

标称筛孔尺寸 筛号 in/mm							细骨料	洗后的细骨料
有机杂质 USBR 4040	—	—	—	—	—	—		
低密度块 比重 USBR 4123								
比重 USBR 4127、4128								
吸水率，% USBR 4127、4128								
黏土块和易碎颗粒，%USBR 4142								
硫酸钠安定性☐USBR 4088 ☐ASTM C88 溶液：☐新鲜 ☐循环利用 循环次数								
有机杂质对砂浆强度的影响 — USBR 4087								
级配分级：☐标准　☐其他	由未经处理到处理条件下细骨料的平均强度比							

抗压强度，lbf/ in^2（kPa）			
	________天		
	7 天		
	________天		
	28 天		

洗涤后的砂	☐淡水　☐烘干　☐润湿剂____　☐快速干燥

洛杉矶磨损								
	USBR 4131				USBR 4535			
	分级					分级		
	A	B	C	D		1	2	3
100 转								
500 转								

备注：

水泥-骨料混合物的潜在的碱活性 USBR 4227													
	砂				砾石				样品编号 M−	类型或级别	% K_2O	% Na_2O	% Na_2O（当量）
	100	100	50	25	100	100	50	25					
试验骨料/%													
中性骨料/%													
	低碱性	高碱性			低碱性	高碱性							
No. 1 水泥													
No. 2 水泥													
火山灰													
扩大率，4个的平均 %													
____月													
6 个月													
12 个月													
____月													

混凝土的抗快速冻融性 USBR 4666												
混凝土：☐圆柱　☐岩芯　尺寸：________										抛石尺寸		
新制				经硬化								
$\frac{W}{C+P}$	坍落度 in 或 mm	仪表空气含量 %	密度，lbm/ yd^3 kg/ m^3	水 lbm/ yd^3 kg/ m^3	密度，lbm/ yd^3 kg/ m^3	空气含量 %	28 天抗压强度 Lbf/ in^2 kPa	质量损失 %	循环次数	密度，lbm/ yd^3 kg/ m^3	质量损失 %	循环次数

本数据表上所示关于商业产品的信息不得用于广告宣传或促销目的，并且不得理解为垦务局对任何产品的批准。合同签订人员对储料场的批准不得理解为构成对来自该储料场的所有或任何特定材料的批准。

图 6025-3（1/2）

USBR 6025-09

岩相特性汇总-USBR 4295	备忘录编号	日期	编制人

图 6025-3（2/2）

USBR 6025-09

	所有者：	编写 日期
特性	位置：	检查 日期
信函传送日期	地区 ____________ 镇区 ____________	审查 日期
分文件编号 C—	范围 ____________ 经纬度 ______________	提交 日期
矿物骨料的其他物理特性		

☐混凝土骨料 ☐过滤料☐底基层 ☐基层☐沥青混凝土骨料☐其他

州_________地区_________来源编号_________纬度_________经度_________

样品编号 M— _________收样日期 _________材料_________ 所取样品的最大尺寸_________ in（mm）

附加部分的目测估测尺寸 _________ in（mm）

料源名称______________覆盖层______________ 体积______________ yd^3（m^3）

备注：

试验结果

细骨料和粗骨料的筛分分析—USBR4.136

矿物骨料中通过冲洗获得的小于 No. 220（75μm）的材料—USBR4117

冲洗样品：in（mm）通过 No. 220（75μm）筛 ☐淡水 ☐润滑剂

烘干 快速干燥 样品描述	累积百分比 ☐筛余 ☐过筛														
	MSA in(mm)						No. 4 4.75mm	No. 8 2.36mm	No. 10 2.00mm	No. 16 1.18mm	No. 30 600μm	No. 50 300μm	No. 100 150μm	No. 200 75μm	Pan

_______% 砂 _______%砂质 细度模量：粗粒 _______细粒：冲洗后 _______未冲洗_________

备注：

骨料中的扁平和细长颗粒 USBR 4903

长—宽比或宽—厚比＝	砾石（加权平均）				砂（加权 平均）			
					No. 4（4.75mm）～No. __ （ mm）			
	颗粒质量	颗粒数量	总加权平均		颗粒质量	颗粒数量	总加权平均	
扁平颗								
细长颗粒，%								
扁平和细长颗粒，%								
扁平和细长颗粒总量，%								
骨料中的粉碎颗粒 USBR4904	__ in（mm）～No. 4（4.75mm）				No. 4（4.75mm）～__ （__ mm）			
单面破裂，%								
多面破裂，%								
总破裂骨料，%								

土和细骨料的砂当量值 ASTMD2419

$$砂当量,\%=\frac{砂读数}{黏土读数}(100)$$

1	2	3	平均	1	2	3	平均

因摩擦造成的细小骨料的降级—ASTM C-9，建议 P19R

分级：☐ 标准 ☐ 规范 叶轮质量：lbm（kg）：摩擦前： 摩擦后：

细度模量摩擦前： 摩擦后： 小于 No. 200（75μm）：摩擦后

备注：

图 6025-4

USBR 6025-09

技术服务中心 土建工程服务 材料工程和研究实验室	美国垦务局	第__页，共__页 分文件编号 C— 编写： 检查： 审查： 提交：
	抛石-堆石质量评估	

州	地区	来源编号	纬度	经度
样品编号 M—	材料		收样日期	
储料场名称			覆盖层	
所有者			数量	
位置	地区	镇区	范围	子午线
特点				
项目项目：			日期 RFF. LTR.	
备注				
现场地质情况说明：				

重要提示

本数据表上所示关于商业产品的信息不得用于广告宣传或促销目的，并且不得理解为垦务局对任何产品的批准。合同签订人员对储料场的批准不得理解为构成对来自该储料场的所有或任何特定材料的批准

实验室试验结果

	75～37.5mm (3～1.5in)	36.5～19.0mm (1.5～0.75in)	19.0～9.5mm (0.75～375in)	9.5～4.75mm (0.375～No.4)	平均
比重散 SSD USER 4127					
吸收率,% USBR 4127					
硫酸钠安定性 5 次循环损失加权 % USHR 4088					

洛杉矶磨损	USBR 4131					USBR 4535			
样品分级	—	A	B	C	D		1	2	3
%损失	100 转					200 转			
%损失	500 转					1000 转			

立方体石料的冻融耐久性 USER 4666

立方体试样的数量	吸水率,% USBR 4127	比重 USBR 4127			质量损失,%	冻融循环
		SSD（散）	烘干（散）	表观		

立方体石料损坏模式：

岩相特性汇总 USBR 6025 备忘录编号：　　日期　　编制人：

图 6025-5

附录 7-C　抛石护坡分析示例

简介

本附录列举了一个抛石护坡的案例，该设计是采用垦务局的《设计标准 No. 13 填筑坝》第 7 章“抛石护坡”（2013 年更新版）中介绍的方法设计。

本附录中介绍的设计基于一座已建坝。但是，为了公开发布，已将其做成通用实例，本文中称作大坝 A。大坝 A 是均质土坝，位于亚利桑那州东部，坝顶长约为6800ft，坝顶宽度约 40ft，最大高度约 200ft。已经设计了新的抛石护坡替换原护坡。原护坡已损坏，并发生位移。

土坝护坡的上游面坡度为 3.5H∶1V。本附录提供的抛石设计，是指沿着大坝的上游面铺设的护坡。

设计详情

抛石护坡的设计基于垦务局的《设计标准 No. 13 填筑坝》第 7 章，该标准于 2013 年进行了更新。根据抛石设计标准，抛石设计可以采用下列两种常用方法中的其中一种：①容许损坏法；这种方法计算的抛石块体较小，并且假定在大坝的寿命期间可能需要进行维修。②无损坏法；这种方法计算的抛石块体较大，并且假定在项目的寿命期间不发生损坏。这两种方法均根据多个因素（包括设计波浪高度、岩石密度及大坝的坡度）计算石块的中值重量（W_{50}）。由 W_{50} 确定其余级配，具体解释见下文。

对于大坝 A，假设使用较大尺寸的石块（可以减少维护需求）比使用较小尺寸石块（需要不定期维护）更可取。这是因为抛石采集区中有大量可以利用的岩石，维护用资源非常有限。为此，基于无损坏法进行设计。采用此方法计算石块的中值重量（W_{50}），如下：

$$W_{50}=\frac{\gamma_r H_{10}^3}{3.62(G_s-1)^3(\cot\alpha)^{0.667}} \tag{7.3.5-2}$$ [1]

式中，W_{50} 为抛石中中等尺寸石块的重量，lb；γ_r 为石块的单位重量，lb/ft^3；H_{10} 为预计 10%最大波浪的平均高度，ft；G_s 为石块的比重；α 为坝坡相对于水平方向的夹角。

大坝 A 的上述某些参数已知，包括 α（经计算为 3.5H∶1V）。G_s 被假定[2]为 2.7，从而 γ_r 值为 168.5lb/ft^3（62.4lb/ft^3 × G_s）。H_{10} 基于有效波高（H_s）计算，由式（7.3.4-1）计算。

设计波高

如前所述，H_{10} 由 H_s 计算得到，H_s 为吹程距（F）和设计风速（VMPH）的函数。H_s 表示最高三分之一波浪的平均值，按照如下方法计算：

---

[1] 本附录中的公式编号引用本章正文中的公式编号。

[2] 对于新建坝或进行重大维修的坝，石料来源是已知的，并且进行了试验，因此通常不需要做出假设。

$$H_s = 0.0245F^{0.5} \times VMPH(1.1 + 0.0156VMPH)^{0.5} \quad (7.3.4\text{-}1)$$

式中，H_s为有效波高，ft；VMPH 为设计风速，mi/h；F 为吹程，mi。

吹程 F 的计算

吹程采用第 7.3.2 节中建议的方法计算，即取自大坝上游面上的多个点延伸出的九个最长射线段半径（间隔 3°）的平均值。计算时，假定水库水位为正常蓄水位。对于大坝 A，经计算 F 为 3.4mi（图 7-C-1）。

代表性风站的选择

风站基于第 7.3.3 节的指南选取，采用垦务局的 PFARA 程序。鉴于其距离坝址较近及其他相似之处（高程、植被等），选取了位于亚利桑那州温斯洛的风站。该风站是参考太平洋西北实验室出版的风能资源地图集中的风站位置图（图略）选取的，风站的识别编号见与图相对应的表格（表 7-C-1）。

表 7-C-1　　太平洋西北实验室出版的风能资源地图中所示风站示例表

站号 ID No.	站名	观测次数	站号 ID No.	站称	观测次数
	亚利桑那州			加利福尼亚州（续）	
AZ03103	Flagstaff	27768	CA23192		15298
AZ03124	Fort Huach	147164	CA23195	Silver Lake	55411
AZ03125	Yuma	69980	CA23199	Chula Vista	69959
AZ03148	Gila Bend	5839	CA23202	El Centro	191322
AZ23104	Chandler	122676	CA23203	Fairfield	165611
AZ23109	Tucson/Da	163557	CA23206	Merced/Cas	157184
AZ23111	T	164158	CA23208	Sacramento	174568
AZ23160	Phoenix/Lu	87984	CA23211	Sacramento	192781
AZ23168	Tucson/mt	54036	CA23225	San Rafael	92883
AZ23183	GilaB	91217	CA23226	Blue Canyon	27413
AZ23184	Winslow	149037	CA23230	Dormer Sum	130006
AZ23194	Yuma/int	65628	CA23232	Oakland	97868
AZ23195	Douglas	120209	CA23233	Sacramento	122243
AZ93026	Phoenix/Li	54047	CA23234	Salinas	103720
AZ93105	Payson	71472	CA23236	San	59594
AZ93139		26138	CA23237		54031

设计风速 VMPH 的计算

VMPH 采用第 7.3.3 节中所述方法计算。采用 90%非超越概率（100 年）选择设计风速。为绘制风速-非超越概率图（图 7-C-3），需要在垦务局的 PFARA 程序中输入多个重要参数：

（1）代表性风站：“亚利桑那州温斯洛”，风站 ID AZ23194。

（2）“最大风速”：默认为 100mi/h。

（3）吹程：经计算为 3.3mi，如上所述。

尽管大坝处的风不直接吹向大坝，但是假设设计风直接吹向大坝，以便将最坏情况考虑在内。经计算，大坝 A 处的设计风速 VMPH 为 79.1mi/h（图 7-C-3）。该值近似至 80mi/h，以便在设计中使用。

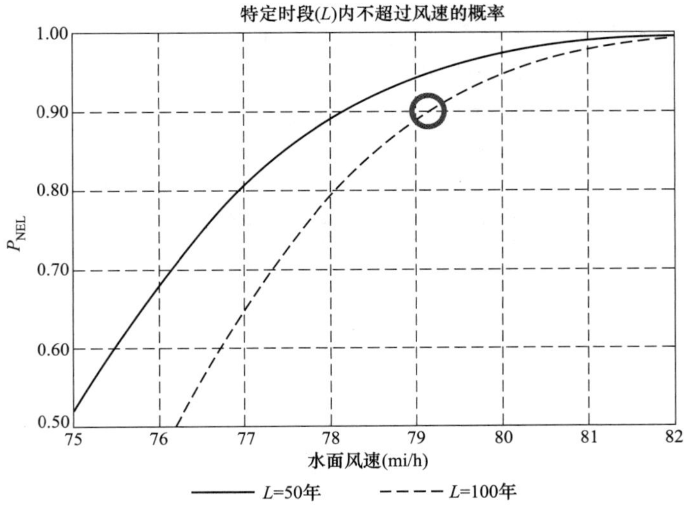

图 7-C-3　大坝 A 的设计风速——非超越概率图

H_{10}的计算

H_{10}采用 2013 年更新的垦务局《设计标准 No.13 填筑坝》第 7 章“抛石护坡”中的式（7.3.4-2）计算：

$$H_{10} = 1.27H_s \tag{7.3.4-2}$$

基于之前计算的 F 和 VMPH 值，H_{10}的值为 6.98ft。

抛石中值重量W_{50}的计算

W_{50}采用式（7.3.5-2）计算。假设 G_s为 2.7，从而 $\gamma_r = 168.5\text{lb/ft}^3$。计算上述值，计算 W_{50} 为 1398lbs。为了方便计算，在计算其余级配边界限值时，将 W_{50} 近似至 1400lb。需要注意的是，该值符合垦务局建议的抛石尺寸指南要求，因为其大于建议的最小 W_{50}值（160lb），并小于建议的最大 W_{50}值（2000lb）。

最小和最大抛石尺寸

大坝 A 上抛石的最大和最小重量采用下列公式，由 W_{50}计算得到：

$$W_{max} = 4W_{50} \tag{7.3.6-1}$$

和

$$W_{min} = \frac{W_{50}}{8} \tag{7.3.6-2}$$

W_{50}为 1400lb 时，经计算 W_{max}为 5600lb，W_{min}为 175lbs。由上述值，可以采用下列公式，计算体积和直径：

$$V = 0.75 D_n^3 = \frac{W_n}{\gamma_r} \tag{7.3.6-3}$$

式中，V 为石块的体积，ft^3；D_n为过筛率 $n\%$石块的直径，ft；W_n为过筛率 $n\%$石块的重量，lb。

式（7.3.5-3）假定抛石的典型形状处于球形和立方体之间。根据式（7.3.5-3），可以预测大小为 1400lb 的 W_{50}设计值相当于直径为 2.2ft，体积为 8.3ft^3的石块。W_{min}值 175lb 相当于直径为 1.11ft，体积为 1.0ft^3的石块；W_{max}值 5600lb 相当于直径为 3.54ft，体积为 33.2ft^3的石块（表 7-C-2）。

表 7-C-2　　经换算得到的抛石的重量、直径和体积

	重量（lb）	直径（ft）	体积（ft^3）
W_{min}	175	1.1	1.0
W_{50}	1400	2.2	8.3
W_{max}	5600	3.5	33.2

抛石级配

大坝 A 附近没有可以用作抛石料的块石来源，因此，将采用“35%区间带”确定抛石级配，因为其允许使用最大尺寸范围的石块作为抛石，从而提高抛石级配的可操作性。“35%区间带”法采用 W_{50}、W_{min}和 W_{max}确定抛石级配（见第 7.3.6 节）。

按照通常的做法，将根据表 7-C-3 绘制的曲线转化成一个表格（表 7-C-4），从而采用表格形式介绍级配标准。

表 7-C-3　　用于绘制“35%区间带”抛石级配曲线的点

35%区间带粗粒径极限级配曲线	
W 值	小于某石块重量百分比
W_{max}	100
$0.5W_{max}$	55
W_{50}	25
W_{min}	0
35%区间带细粒径极限级配曲线	
W 值	小于某石块重量百分比
$0.5W_{max}$	90
W_{50}	60
W_{min}	20

表 7-C-4 大坝 A 的最终抛石规格

设计参数	规格（lbs）	小于某石块重量百分比
W_{max}	5600	100
$0.5W_{max}$	2800	55～90
W_{50}	1400	25～60
W_{min}	175	0～20

抛石层厚度

所需的抛石层（与坡垂直）的厚度采用式（7.3.5-4）计算：

$$T > 2D_{50} \quad (7.3.5\text{-}4)$$

式中，T 为与坝坡垂直的抛石层的厚度。

D_{50}为 2.2ft 时（见表 7-C-2），所需的抛石层的厚度为 4.4ft。为了方便计算，规定抛石层的厚度为 54in(4.5ft)。

垫层级配

应按照第 7.3.7 节的要求确定垫层料的尺寸，以防止垫层内部不稳定、垫层内部侵蚀穿过抛石层，或填筑料内部侵蚀穿过垫层。

填筑料滞留要求

垫层料必须足够细，以滞留粉质砂性填筑料。为此，垫层料的最大粒径控制为过筛率 15%相应的粒径，该尺寸由式（7.3.7.3-1）计算得出：

$$D_{15max} < 5D_{85E_{fine\ limit}} \quad (7.3.7.3\text{-}1)$$

式中，$D_{85E_{fine\ limit}}$为填筑料试样中最细颗粒过筛率 85%的粒径；D_{15max}为垫层料中过筛率 15%的最大粒径，确保垫层料足够细能够滞留填筑料。

对于大坝 A，所取样的填筑料的级配（图 7-C-5）表明填筑料含有 28%～46% 的粉质砂细小颗粒。基于两种级配样品中的更细小者，取 $D_{85E_{fine\ limit}}$为 0.22mm。从而，由式(7.3.7.3-1)，计算 D_{15max}为 1.10mm。

垫层料滞留要求

垫层料必须足够粗，以防止其受侵蚀穿过抛石。为满足这一要求，垫层料必须符合式（7.3.7.2-1）的条件：

$$D_{85min} > \frac{D_{15R_{coarse\ limit}}}{5} \quad (7.3.7.2\text{-}1)$$

式中，D_{85min}为垫层料中过筛率为 85%的最小粒径，以确保垫层料粒径足够粗而能被抛石滞留；$D_{15R_{coarse\ limit}}$为抛石设计级配带中粗颗粒限值曲线中过筛率为 15%的粒径。

由图 7-C-4 中 35%区间带的粗颗粒限值曲线，可以估算 $D_{15R_{coarse\ limit}}$约为 900lbs。根据式（7.3.5-2），这相当于直径为 586mm 的石块。由式（7.3.7.2-1），计算 D_{85min}为 117mm。

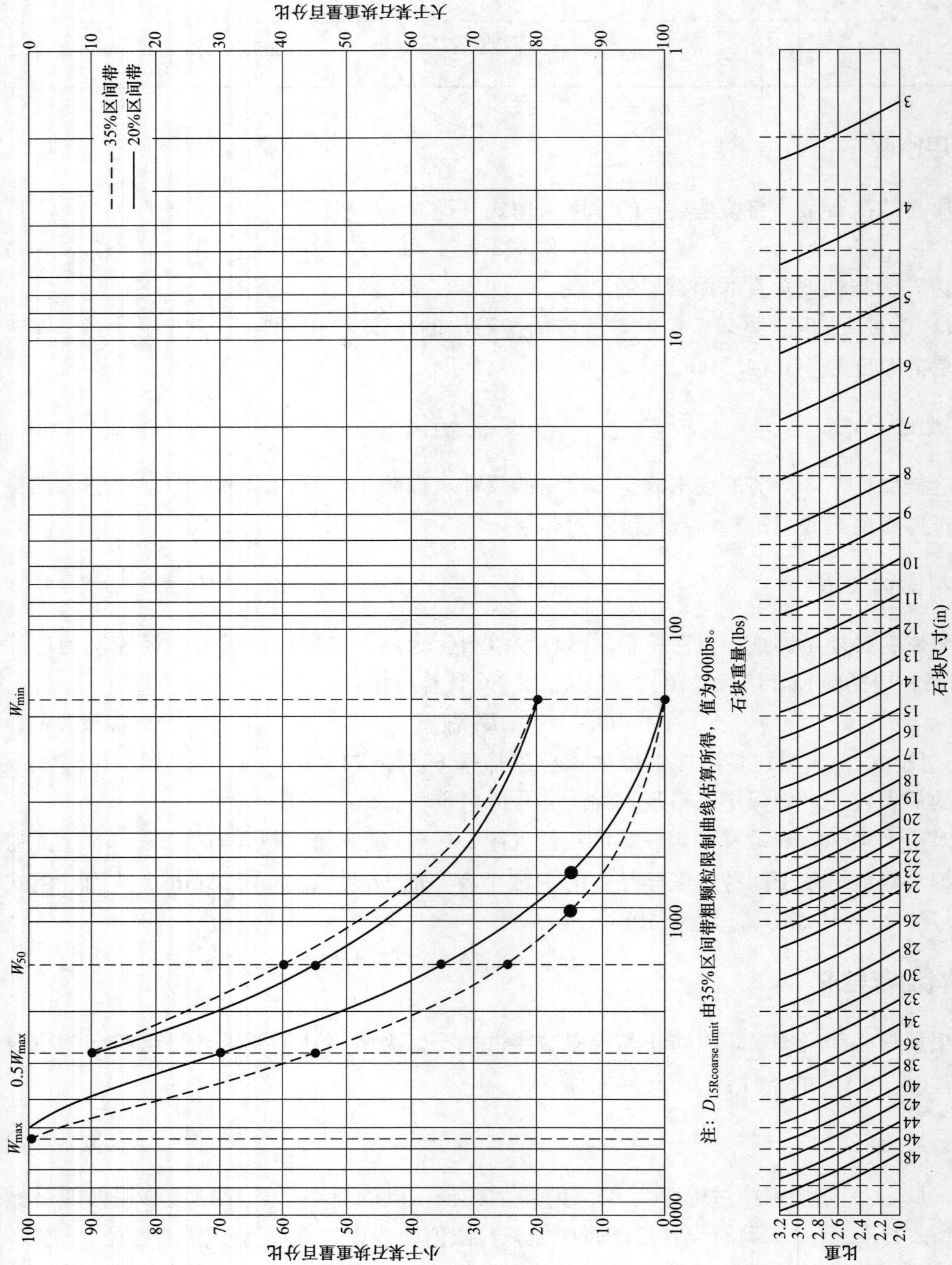

图 7-C-4　抛石的设计级配曲线范围

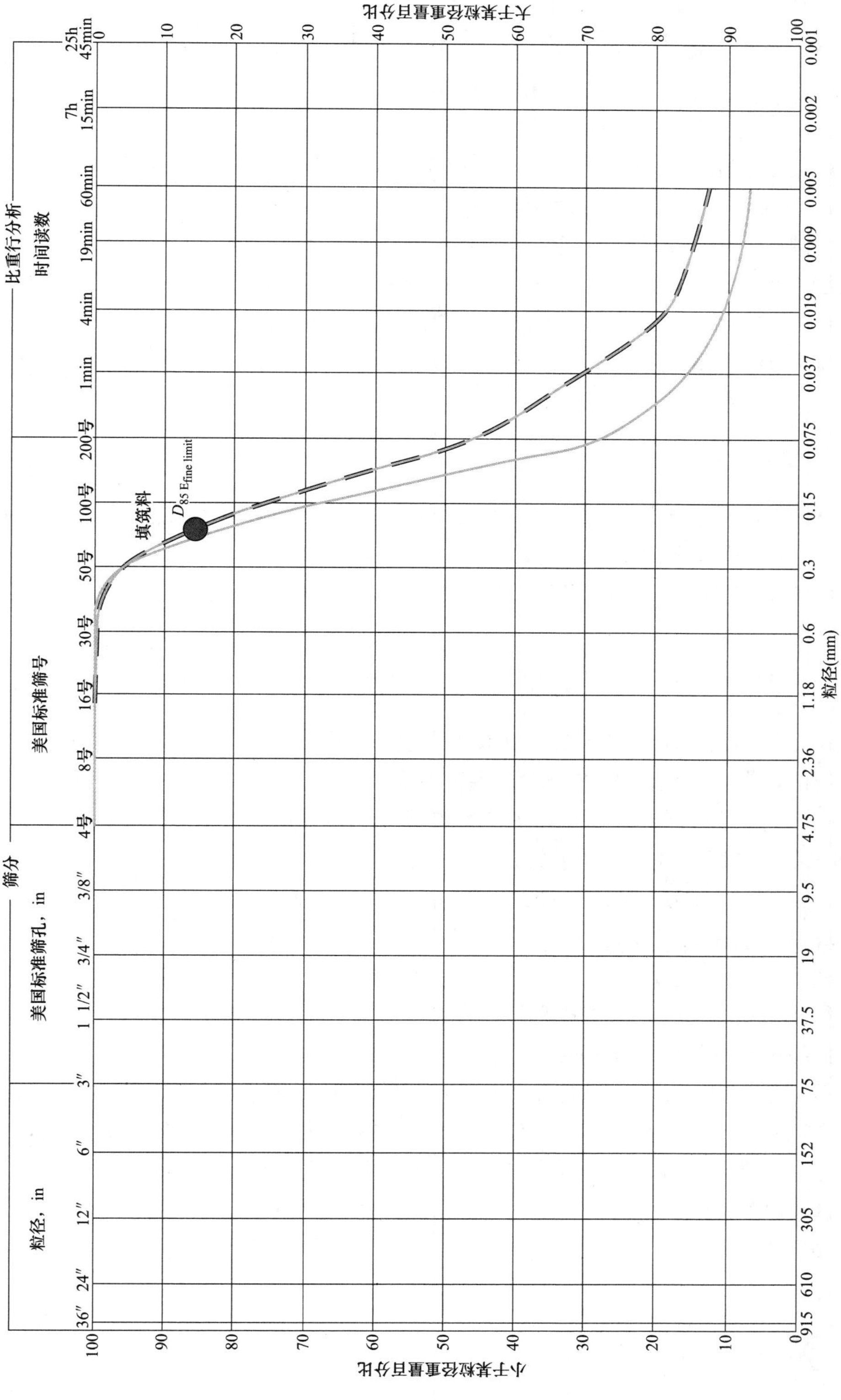

图 7-C-5 大坝 A 填筑料取样的级配曲线

定义垫层级配带

根据第 7.3.7.4 和 7.3.7.5 节，确定初始垫层级配带：

（1）$D_{85\mathrm{B1\,fine\,limit}}$ 设定为 117mm，相当于 $D_{85\min}$；

（2）$D_{60\mathrm{B1\,coarse\,limit}}$ 设定为 117mm，相当于 $D_{85\min}$；

（3）$D_{10\mathrm{B1\,fine\,limit}}$ 由式（7.3.7.4-2）计算得到，为 11.7mm；

（4）在 $D_{85\mathrm{B1\,fine\,limit}}$ 与 $D_{10\mathrm{B1\,fine\,limit}}$ 之间绘制一条直线；

（5）绘制另一条与上一条直线平行的直线，并确保其通过该点 $D_{60\mathrm{B1\,coarse\,limit}}$。

该级配带如图 7-C-6 所示，称作"第一层垫层料"。可以看出，粗颗粒限值曲线位于 $D_{15\max}$ 限值的左侧，这意味着拟定的垫层料级配不适用于滞留其下的填筑料。尝试通过将粗糙限值曲线移至 $D_{15\max}$ 的右侧修改级配区带，导致 C_u 值显著大于 10（细虚线）。

多层垫层的要求

不是试图改善垫层的级配使其满足所要求的标准，而是采用第二层垫层料。初始级配区用作第一层垫层，不改变。

第二层垫层采用第 7.3.7.5 节中所述方法设计。$D_{85\mathrm{B2\,fine\,limit}}$ 首先由式（7.3.7.5-1）计算：

$$D_{85\mathrm{B2\,fine\,limit}} \geqslant \frac{D_{15\mathrm{B1\,coarse\,limit}}}{5} \tag{7.3.7.5-1}$$

式中，$D_{85\mathrm{B2\,fine\,limit}}$ 为第二层垫层的细颗粒限值曲线中过筛率 85%的粒径；$D_{15\mathrm{B1\,coarse\,limit}}$ 为第一层垫层料的粗颗粒限值曲线中过筛率 15%粒径。

$D_{15\mathrm{B1\,coarse\,limit}}$ 由第一层垫层的级配估算得到，为 30mm。然后计算 $D_{85\mathrm{B2\,fine\,limit}}$，为 6mm。第二层垫层级配区带的其余部分定义如下：

（1）$D_{60\mathrm{B2\,coarse\,limit}}$ 由式（7.3.7.5-1）计算得到，为 6mm；

（2）$D_{10\mathrm{B2\,fine\,limit}}$ 由式（7.3.7.5-2）计算得到，为 0.6mm；

（3）在 $D_{85\mathrm{B2\,fine\,limit}}$ 与 $D_{10\mathrm{B2\,fine\,limit}}$ 之间绘制一条直线。

（4）绘制另一条与上一条直线平行的直线，并确保其通过该点 $D_{60\mathrm{B2\,coarse\,limit}}$。

发现此级配区的粗颗粒限值曲线（细黑线，图 7-C-7）也位于 $D_{15\max}$ 点的左侧。因此，认为粒径过于粗，而不能满足滞留较细小填筑料所需要的标准。但是，通过稍微改变第二层垫层的级配（粗黑线，图 7-C-7），即能够满足所要求的标准。使粗颗粒限值曲线和细颗粒限值曲线变平，满足颗粒过滤条件要求［式（7.3.7.1-1）和式（7.3.7.5-1）］。将粗颗粒限值曲线稍微提升至接近细小限值曲线后，C_u 的值仍低于 10，并且因此满足内部稳定性要求。尽管两条曲线相互靠近，但是它们在垂直方向上仍间隔 20%，确保可施工性。

技术要求中采用的垫层级配表格

将图 7-C-7 中所示垫层级配曲线转化成表格（表 7-C-5），以纳入技术要求中。

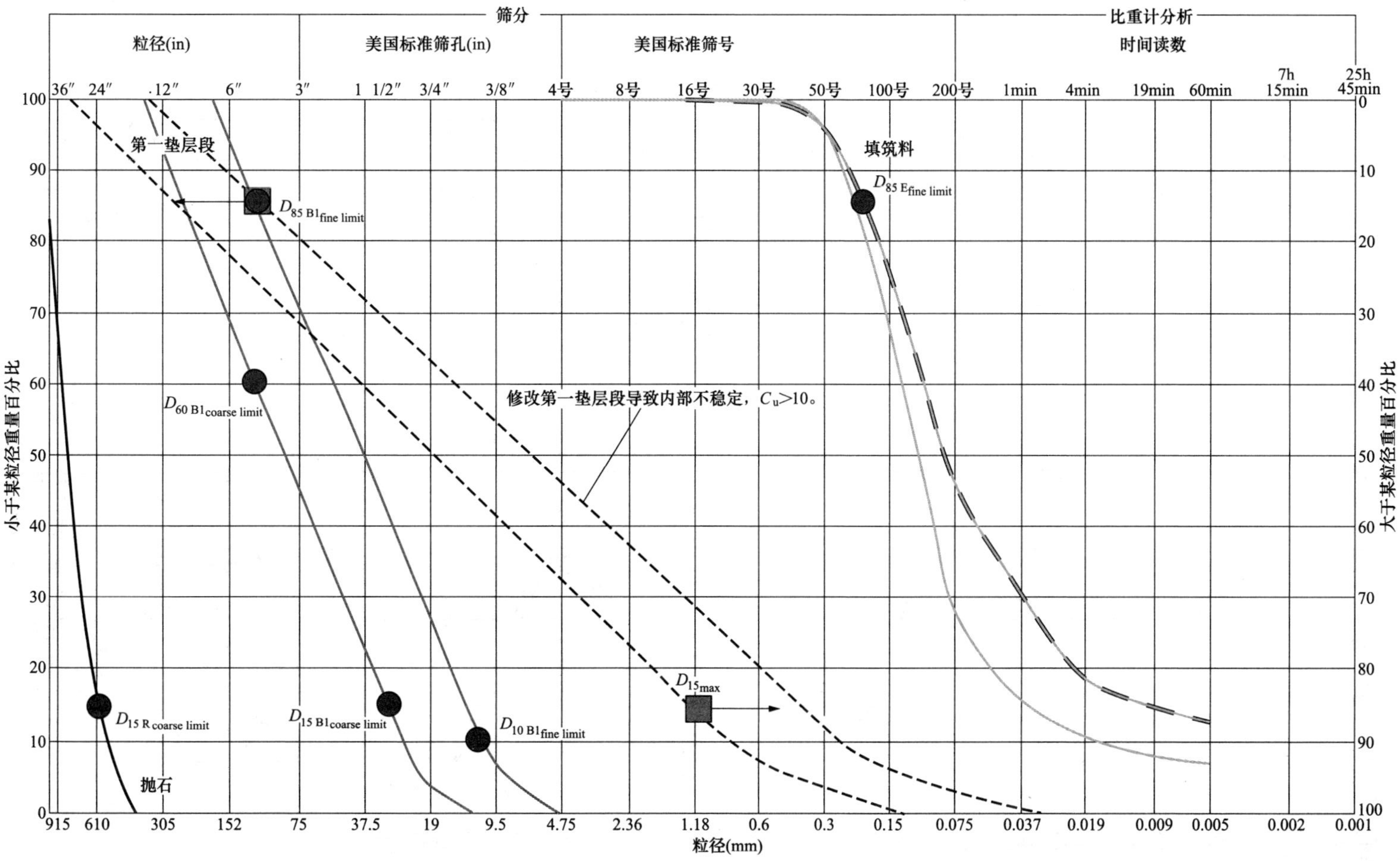

注：第一垫层料不满足 D_{15max}要求，修改后的垫层料级配不满足内部稳定性要求。

图 7-C-6 第一层垫层料级配选择

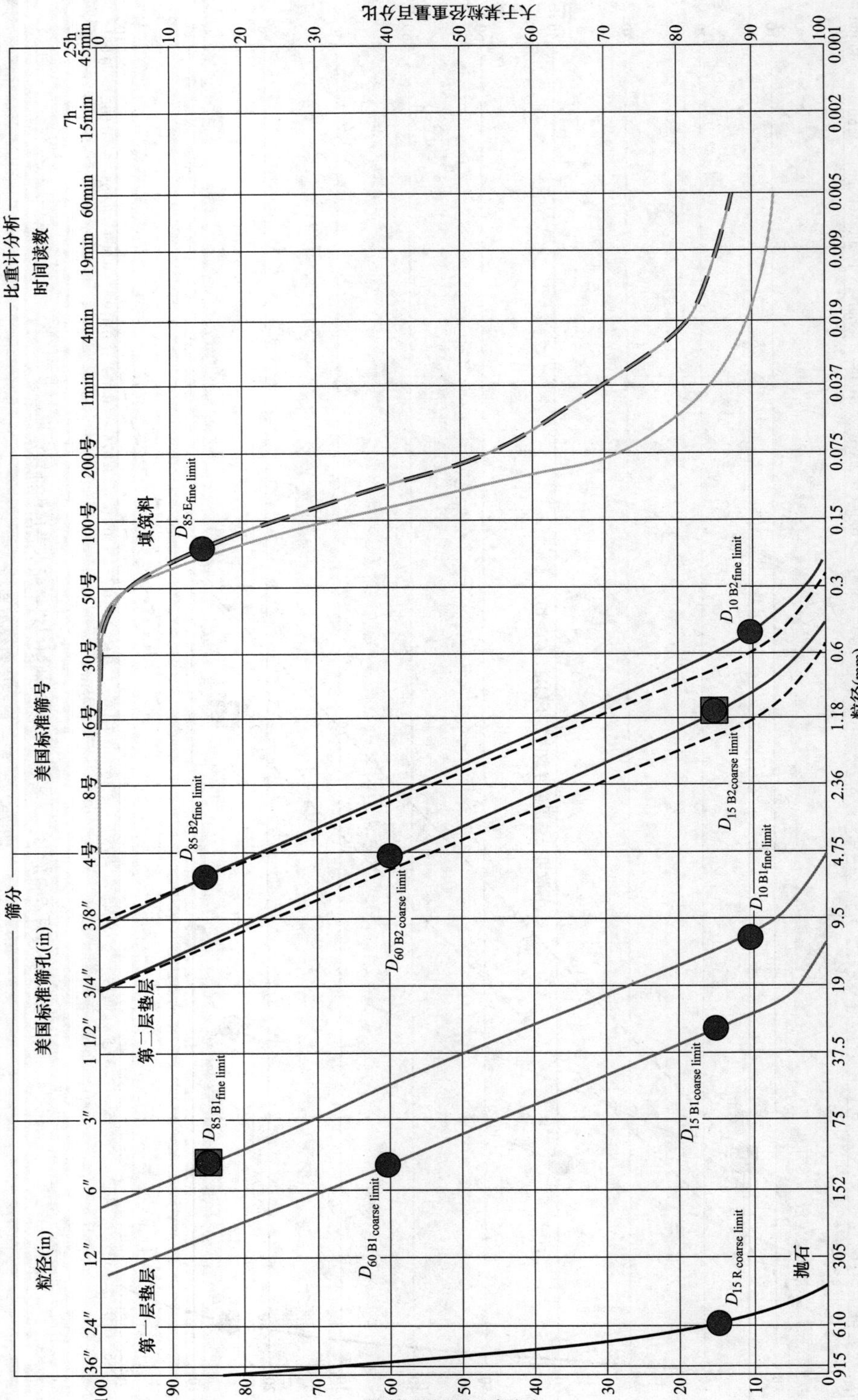

图 7-C-7 第一层和第二层垫层的最终级配曲线

表 7-C-5　　大坝 A 的最终垫层级配要求

第一层垫层		
粒径（mm）	粒径（in）	小于某粒径重量百分比
350	13.8	100
117	4.6	60～85
30	1.2	15～40
11	0.4	0～10
第二层垫层		
粒径（mm）	粒径（in）	小于某粒径重量百分比
19	0.7	100
6	0.2	65～85
1.1	0.04	15～35
0.5	0.5	0～10

垫层厚度

垫层厚度由抛石层的厚度得到（表 7.3.7.6-1）。由于大坝 A 的抛石层设计厚度为 54in，则两层垫层的设计厚度均为 18in（1.5ft）。

总结

抛石和垫层设计基于本标准第 7 章"抛石护坡"。抛石按无损坏标准设计，并假定设计寿命为 100 年。采用无损坏设计，并进行最小程度地调整，以符合构建合理并保守的级配。

设计考虑在抛石下面设置两层垫层料，以防止内部不稳定、填筑料受侵蚀穿过垫层，及垫层料受侵蚀穿过抛石。

抛石和垫层料的最终技术要求见表 7-C-6，这些值由上文所述值近似得到，以提高可施工性。

表 7-C-6　　大坝 A 的抛石和垫层规格最终技术要求

抛石		第一层垫层		第二层垫层	
抛石厚度	54in	垫层厚度	18in	垫层厚度	18in
规格（重量）	小于某石块重量比（%）	尺寸（直径）	小于某粒径重量比（%）	规格（粒径）	小于某粒径重量比（%）
5600lb	100	15in	100	0.75in	100
1400lb	35～55	4.5in	60～85	0.25in	65～85
175lb	0～20	1.25in	15～40	0.04in（16 号筛）	15～35
		0.5 in	0～20	0.425in（40 号筛）	0～10

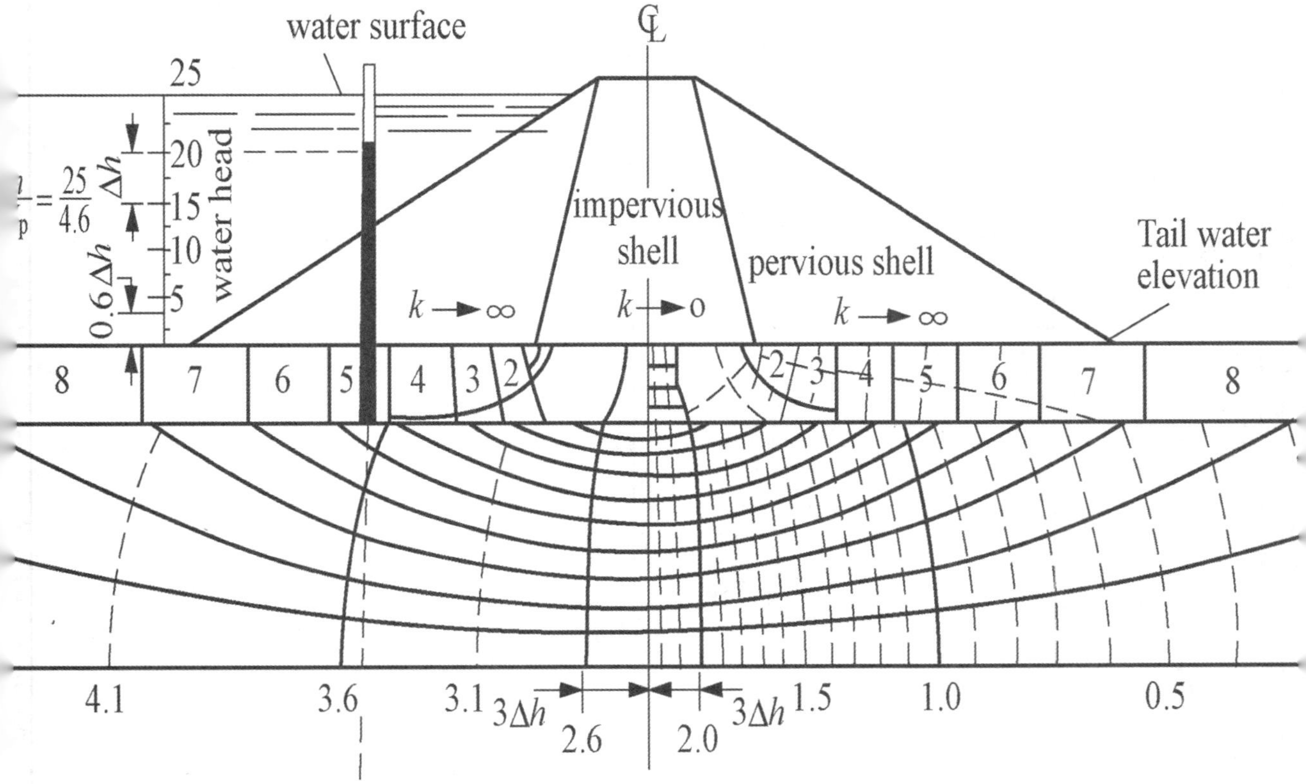

美国内政部垦务局设计标准

填筑坝 Embankment Dams

第8章 渗　　流

2011年10月修订

目　　录

8.1 简介

8.1.1 目的

本章的目的在于关注渗流导致的破坏模式，及对新建填筑坝进行设计或对已建坝进行评估与整修时，应仔细考量的各项渗流控制措施，并针对渗流分析及渗流控制措施设计提出建议性方案。

8.1.2 范围

本章重点介绍通过渗流分析可进行的以下工作：①理解和评估可能影响大坝或坝基安全的基本渗流相关问题；②评估已建或新建（或改建）坝的渗流特性；③评估各种渗流控制措施的有效性；④针对所选择的渗流控制措施，提供定量预测和总体结论；⑤为设计完善的渗流监控措施提供基本知识。

应注意，在评估和模拟中，由于渗透性的变异及坝基情况的复杂性，精确预测渗流特性是很困难的。渗流分析通常被认为能够预测大致的结果和近似的渗流特性。因此，经验和判断在评估渗流特性的过程中是非常重要的。

8.1.3 与本标准不一致的情况（略）

8.1.4 标准的修订（略）

8.1.5 适用性

本章中的指导意见及步骤，适用于分析填筑坝及其坝基的各种渗流问题。主要指导意见和讨论：渗流可能引起的各种破坏模式；评估渗流问题所需的数据；渗流分析的原理及步骤；各种渗流控制措施及渗流监控的重要设计考虑事项。对减少潜在渗流问题的特殊细节和准则的讨论不在本章的研究范围内，但提供了对其他相关设计标准章节的参考，以及垦务局的设计措施实例。

8.1.6 术语

以下是本章中使用到的术语定义。

8.1.6.1 渗流

渗流是指所有穿透填筑坝、坝基及坝肩的水流，包含了多孔介质（颗粒间）流、裂隙流和通过某些“缺陷”，如裂缝或松散填筑层等的集中渗漏。

8.1.6.2 孔隙水压力

孔隙水压力是指在填筑坝或坝基材料孔隙中的水压力，包括正压和负压。

8.1.6.3 浸润面

浸润面是指在填筑坝或坝基内的一个表面，此表面上的压力水头均为0。

8.1.6.4 水力坡降

流线上某一点的水力坡降是矢量，包括3个部分：$\partial h/\partial x$，$\partial h/\partial y$，$\partial h/\partial z$。

其中 h 为总水头（总水头为压力水头和位置水头之和）。通常，水力坡降可以近似为两点间总水头之差与两点间距离的比值，即沿该段距离的平均水力坡降。实际的水力坡降随着土体渗透性或当水流进入坝趾排水或排水井时在短距离上会发生显著变化。在实际应用中，采用计算的水力坡降需谨慎评估。

8.1.6.5 渗透性

渗透系数（k）是多孔介质（如土体或岩石）层流状态下在给定方向单位水力坡降作用下透水的平均速度。原始渗透性是指土体或岩石孔隙中的流动，而次生渗透性是指在有限开度（如裂缝或溶解通道）内的流动。“渗透系数”将在 8.3.2 节中进一步叙述。导水率被广泛用作渗透系数的代名词，虽然它们之间在理论上有些区别，但是对分析并没有影响。本标准中，这两个概念将被认为代表同一个意思。

8.1.6.6 各向异性

各向异性是指非均质材料的渗透具有方向性。例如在土体渗流中，平行于层面方向的渗透性和垂直于层面方向的渗透性大不相同。其可表示为：k_H/k_V 或 k_V/k_H。

8.1.6.7 饱和渗流

饱和渗流是指在浸润面以下（具有正孔隙水压力）的流动，它主要是因重力作用引起的水库与出逸区（排水层或开裂面）之间的水力坡度而产生。

8.1.6.8 非饱和渗流

非饱和渗流是指在浸润面上方（具有负孔隙水压力并且部分饱和）的流动，它主要是由于毛细表面张力不同而引起的饱和区与出逸区（排水层或蒸发面）之间的水力坡度而产生。

8.1.6.9 非稳定渗流

非稳定渗流是指渗流是随着时间变化。在非稳定渗流中，孔隙水压力和有效应力均随时间发生变化。如表面入渗、首次蓄水期间的前端饱和面和库水位下降等。

8.1.6.10 渗流力

渗流力是指由于水流的运动而施加在土颗粒上的力（沿水流方向）。

8.1.6.11 干燥

干燥是指土体的干燥，尤其与填筑坝中可能产生的收缩裂缝有关。

8.1.6.12 破坏模式

破坏模式是指引起大坝失事的可能原因及机理，需进行充分详细的论证以确保对整个破坏过程的彻底了解。

8.1.6.13 内部侵蚀

垦务局使用的“内部侵蚀”概念是指广义的或通用的词语，用于描述当水流流经土体时引起的土颗粒侵蚀；其包含多种机理，如管涌和冲刷等。

8.2 渗透破坏模式

8.2.1 概述

当水流流经土体时，可能引起土颗粒的移动。持续的移动即为侵蚀。影响土颗粒是否移动有很多因素，包含水力坡降、土体塑性、颗粒尺寸、毛细张力、胶结等。土体侵蚀的可能性将在随后的章节中叙述。

对历史上失事的大坝进行回顾，可发现几乎一半的失事填筑坝均与渗流引起的内部侵蚀有关。其他由高孔隙水压力或边坡饱和（渗透水流引起）造成的大坝失事，均计入渗流引起的失事。由于所有的土体在某种程度上均可能被侵蚀，因此填筑坝总是存在由渗流引起失事的可能。为了评估新建和已建坝的渗流安全性和设计有效的渗流控制措施，了解由于库水对填筑坝和坝基的作用而导致的各种失事模式是非常重要的。

需要注意到，垦务局有非常多在 Teton 坝之前设计建造的填筑坝。这些坝通常并没有采用现有的许多设计措施，如烟囱式反滤系统、设计良好的排水系统、某些地基处理方法和多重防护措施等。因此，在评估这些填筑坝的安全时，认真评估潜在的渗透破坏模式很重要。

8.2.2 过大的出逸坡降和扬压力

8.2.2.1 概述

评估填筑体背水坡和坡脚区域渗流力和孔隙压力很复杂，需仔细考虑现场条件。在没有了解具体的破坏机理情况下，很容易误用估算出逸（接近垂直）坡降和安全系数的简化公式。此外，对于下游坝趾处可能出现并发展成导致填筑坝溃决的内部侵蚀机理，需要进行额外的考虑。本章以下部分讨论与填筑坝下游坝趾处渗流条件临界度评价有关的问题和因素。

需要重点记住，在处理出逸坡降或扬压力时所考虑的流动和坡降通常都垂直于填筑坝坡或地面。内部（水平）坡降，通常与沿着水平路径可能产生的管涌或内部侵蚀有关，与垂直出逸坡降截然不同，将在 8.2.3 节中分别进行讨论。

8.2.2.2 无黏性土的高出逸坡降

大坝渗流分析中，出逸坡降是指自由面上的水力坡降或进入相对透水材料的水力坡降。如果无黏性土中向上出逸坡降较高，则该坡降可能导致渗流部位松软并出现流砂，也可能引起砂沸。在细砂和粉粒粒径分布较窄的无黏性地基土中，水库到达了土体临界坡降（定义见下述）所需的水头时，大量的土体是可液化的。如果大部分土体损失了抗剪强度，可能导致填筑体灾难性的边坡崩塌。在大颗粒尺寸（中粗砂和砾石）含量较高的无黏性地基土中，土体中的细颗粒可能被搬移并堆积在表面形成砂沸，而大颗粒结构保持稳定，从而导致渗流量增大。第 8.2.2.4 节进一步讨论了这些较高坡降是如何导致大坝失事的。

较高或临界（垂直）出逸坡降的评价应限于无黏性土地基渗流。尽管这个问题更可能涉及透水无黏性土，但是当考虑评估临界出逸坡降是否使用经典方法时，渗透性并不如土体的黏性重要。临界出逸坡降相关的传统土体力学或渗流讨论通常只用于砂土地基。土体的临界坡降的确定来源于有效应力的评估。从本质上讲，有效应力为零时处于临界坡降。在这种情况下，无黏性土中存在流砂情况，而地基材料可能沸动或隆起。砂沸是局部区域达到临界出逸坡降时的表现。临界坡降（I_c）通常表述为土体浮容重（γ_b）与水溶重（γ_w）的比率，即

$$I_c=\gamma_b/\gamma_w \tag{8.2.2.2-1}$$

该公式的另一种形式是假设地基土饱和，利用土体的比重（G）和孔隙比（e），即

$$I_c=(G-1)/(1+e) \tag{8.2.2.2-2}$$

重要的是，临界出逸（垂直）坡降以及颗粒沸动和隆起仅发生在无黏性土中。在大多数黏性土（塑性黏土）中，除了分散性土，由于颗粒间的黏聚力，这些土体不太可能在渗流作用下失去强度，单个颗粒也很难流失。室内试验显示，当向上坡降约为1时，通常砂会移动或形成流砂，但是黏土颗粒不会移动，除非临界坡降值达到几十甚至几百。因此，黏性土中任何类型的临界坡降都将难以测量，这些土体之间的临界坡降差别很大（因为黏粒含量百分比、黏土矿物类型、含水量以及密度等变量的影响），不宜通过上述方程进行计算。

对于无黏性土，垂直出逸坡降（抵抗沸动或隆起）的相关安全系数（FS）通常被定义为临界坡降（I_c）与预测或实测的出逸坡降（I_e）的比值，即

$$FS=I_c/I_e \tag{8.2.2.2-3}$$

应注意，这不是抵抗内部侵蚀或无反滤情况下出逸的安全系数。即使该安全系数较低，甚至低于1，也无法确定内部侵蚀破坏机理将产生或发展。还有许多其他因素，诸如沿着渗流路径的水平坡降、有顶板支撑以及可防止内部侵蚀产生或发展的自愈能力。该安全系数仅表示是否有可能出现砂沸或隆起。

通常，在大坝无测压数据时，I_e值采用渗流分析方法确定，在有测压数据时，则通过评估测压数据来确定。基于对特定坝址的认知状态，坡降的评估值（和由此进行计算所得的安全系数）可能具有很大的不确定性。非均质地基土会让评估临界坡降变得更为复杂。下游坝趾处仪器（测压计）数量不足可能导致不能准确测量实际的出逸坡降。对于新建坝或无测量设施的情况，渗流模型可能是估算出逸坡降仅有的依据。模拟天然地基土以及准确确定渗透性和其他工程特性时遇到的难点都会导致坡降计算的各种不确定性。因此，在评估较高出逸坡降是否具有威胁时，应使用保守的安全系数。对于分析已建坝，通常认为合理的安全系数为3.0，尤其当已建坝满足正常荷载条件的要求时。然而，设计新的大坝或对已建坝进行补救性修理以纠正较高出逸坡降时，建议安全系数取4.0。在所有情况下，如果对地基土特性有较好的了解，并且布置了足够的测压计来测量压力，不确定性较少，则较低的安全系数（近似为2.0～2.5）也可以接受。表8.2.2.2-1为建议的抗隆起安全系数。

表 8.2.2.2-1　　建议的抗隆起安全系数

类型	建议安全系数
新建坝	4.0
已建坝	3.0

8.2.2.3 隔水土层的浮起

如果上游未设防渗墙的相对透水的土体地基（如砂）被透水性低得多的隔水层（如黏土）覆盖，则透水层中可能存在具有危险性的高水压。填筑坝下游坝趾处，如果透水层的渗流压力高于隔水层的覆盖压力，则隔水层可能浮起（或突涌）。隔水层破裂将导致透水层中出现大的出逸坡降，从而导致流砂和砂沸。通常，在这种情况下，隔水层由具有一定程度黏聚力的细粒土（通常为黏土）组成。由于临界坡降的概念不适用于黏性土，所以要求使用不同的方法计算抗浮安全系数。

强调一点，临界出逸（垂直）坡降和颗粒隆起或沸动的概念仅适用于无黏性土。如果要分析的隔水层由黏性土组成，则临界出逸坡降方法不适用于评估扬压力或突涌。

从业者可能很熟悉“总应力法”和“有效应力法”这两个术语，它们是评估隔水层扬压力的方法。课本和文献并不总是完全明确规定优先选择其中的哪一种方法，甚至没有对两种方法加以区分。有时候在没有完全了解隔水层的特点时，评估扬压力可能性似乎是靠简单假定。实际上，评估扬压力是一个相当复杂的问题，通常没有办法获得足够的信息以准确估算抗浮安全系数。附录 8-A 详细讨论了两种方法的不同点，并给出了计算抗浮安全系数的实例。

应注意，这不是抵抗内部侵蚀或无反滤情况下发生出逸的安全系数。即使该安全系数较低，甚至低于 1，也无法确定内部侵蚀破坏机理会开始并发展。该安全系数仅表示隔水层出现浮起或突涌的可能性。

简言之，抗浮安全系数的计算可以采用总应力法，将隔水层重量产生的总的向下压力除以隔水层底部向上水压力。总应力法计算得出的该安全系数定义如下：

$$FS = \gamma_t t / \gamma_w h_p \tag{8.2.2.3-1}$$

式中，γ_t为隔水层土体总容重；t 为隔水层垂直厚度；γ_w为水的容重；h_p为隔水层底部（或透水层顶部）压力水头。

该情况如图 8.2.2.3-1 所示，附录 8-A 对此给出了详细的计算过程。

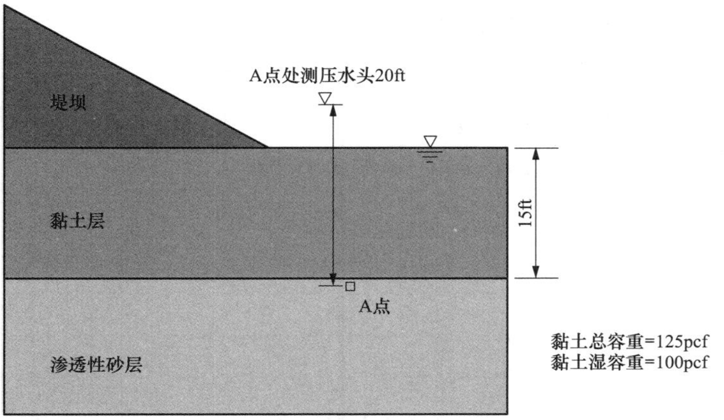

图 8.2.2.3-1 填筑体下游坝趾处的承压层

“有效应力法”使用浮力和渗流力。考虑到渗流力、扬压力本质上是透水砂层顶部

的总水头差。在这种情况下，通常使用的公式为

$$FS = \gamma_b t / \gamma_w \Delta h \quad (8.2.2.3\text{-}2)$$

式中：γ_b为隔水层土体的浮容重；t 为隔水层的垂直厚度；γ_w为水的容重；Δh 为作用在隔水层底部（或透水层顶部）的测压管水头差。

尽管通过这两种方法测得的隔水层底部的有效应力是相同的，但是两种方法得出的抗浮安全系数却不同。该差异在附录 8-A 中进行了详细讲解。附录 8-A 中的讨论还指出隔水层中潜水位（或浸润线）的差别是如何影响两种方法计算所得的抗浮安全系数的。

根据附录 8-A 中的实例，与总应力法相比，浮容重/渗流力（有效应力）法的安全系数似乎更加不稳定（安全系数变化很大）。有效应力法得出的安全系数（附录 8-A 算例中的 FS =3.0）似乎比人们期望从大部分岩土工程分析案例中得出的值略高。也就是说，在静力稳定分析中，安全系数为 3.0 表明极其稳定，而描述的突涌情况的例子似乎并没有那么明显地稳定。因此，垦务局建议使用总应力法进行抗浮安全系数评估。

关于现有或拟定条件容许的安全系数，值得注意的是扬压力计算中涉及的一些不确定性。透水砂层的较高扬压力通常使得上面饱和黏土层内的渗流坡降向上。如果隔水层中渗流不是向上，或者隔水层中渗流力甚至可能因为出现不同的水源（表面渗流、坝趾排水或消力池“尾水”）而向下，这种情况会提高黏土层承受扬压力的能力；这种有利因素在上述计算中并未明确考虑。

扬压力计算中未被明确计入的另一个因素是隔水层的实际抗剪强度或内聚力，尤其是在该层为黏土层时。高扬压力要导致黏土层裂缝（或浮起）可能不仅仅是需要超过层重，这些力还必须超过黏土层的黏聚力。由于缺乏任何行之有效的方式来计入这一因素，大部分的评估忽视了在降低扬压力破坏可能性中这一因素带来的好处。

出于这两种考虑，扬压力的计算可能低估了黏性土隔水层实际的抗浮安全系数。然而，如之前就临界出逸坡降问题进行的讨论所述，通常缺少可靠数据，而难以精确确定测压水位。对于隔水层的浮起问题，在隔水层和下覆的透水层中放入测压计会很有帮助。对于大多数涉及已建坝坝址的情况，使用建议的总应力法得出的合理的安全系数通常认为是 1.5，对于测压数据不完整或地基条件和土体特性变异性较大的情况，允许一些误差幅度。如果测压计数据不可信或数量不足，应考虑采用较高的安全系数。对于新建填筑坝，应尽一切努力消除浮起或尽量降低浮起以使得安全系数为 2。表 8.2.2.3-1 为建设的抗浮安全系数。

表 8.2.2.3-1　　建议的抗浮安全系数

类型	建议安全系数
新建坝	2.0
已建坝	1.5

要注意的是，这种分析通常用于新建坝或已建坝经受前所未有洪水的情况，在这两种情况下，性能均未测试。在现有条件下或过往载荷下满足要求的性能或可接受的安全系数不能保证在更高压力下仍然处于安全状况。

8.2.2.4 高竖直出逸坡降和扬压力反映的问题

如果上述分析表明，渗流坡降可能接近临界坡降，或扬压力可能接近上覆地层抗力，那么填筑体和地基会出现砂沸（在无黏性土地基中），或者低渗透性隔水层可能产生开裂。也许最常见的破坏机理就是这些事件随后将导致逐渐的反向侵蚀并最终导致溃坝。需要注意的是，研究人员进行的室内试验得出结论，出逸点（由于出逸坡降较高）出现较低或为0的有效应力情况会促成反向侵蚀，形成管涌。在微观层面，似乎很小的滑坡或“管”壁坍塌发生在出逸点，然后继续向上游发展。按照这些研究人员的看法，出逸点强度为0的情况可以帮助解释为什么在可塑性非常低的土体中水平水力坡降相当低时就会出现水平管涌（将在8.2.3节讨论）。

孔隙压力较高也可能导致填筑体不稳定，如第8.2.4节中所述。

8.2.3 无反滤情况下过高的内部水力坡降

8.2.3.1 概述

上述关于出逸坡降的介绍主要讨论了垂直坡降，这节将集中讨论填筑体或地基的内部水力坡降，这些坡降在许多（即便不是大多数）内部侵蚀破坏机理案例中一般是水平的或者近乎水平的。虽然有临界出逸（垂直）坡降条件下安全系数的计算公式，但当涉及能够造成内部侵蚀的内部（水平）坡降因素时，却有许多不确定性。这种不确定性来源于填筑体或地基土体的漫长渗流路径所固有的变量和不同条件。若设置一个上游测压计和一个下游测压计（或利用库水位和尾水位）评估渗流路径的总体平均坡降是可行的。然而，渗流路径沿途不同地点的内部水力坡降都因自然土体或工程土体的高度变异性而各不相同。毫无疑问，渗流路径并非直线而是较为曲折，渗流在沿途不同部位经历着不同的水头损失。在坝内或坝下沿渗流路径的重要位置设置足够多的测压计以精确地测量渗流路径关键部位（薄弱环节）的压力是极不可能的。再者，精确地评估整段渗流路径的土体是如何对渗流坡降做出反应是非常困难的。通过室内试验测试可以观察到一小部分有代表性的土体在不同水力坡降下的移动情况，研究表明，土体塑性和颗粒大小等重要因素是决定内部侵蚀可能性的重要参数。在实际现场条件中的多数情况下，土体和坡降都有所不同。

这些复杂变量以及许多其他在内部侵蚀过程中起着重要作用的物理或化学因素，有助于解释为什么没有普遍认可的方法来确定抗内部侵蚀或抗管涌安全系数。垦务局人员通常使用可行的试验测试、研究和经验证据来大致估计风险分析中的内部侵蚀可能性，而不是使用确定性的安全系数。对这些决定性因素有帮助的参考文献包括新南威尔士州大学的研究、施默特曼和汤森德等人所做项目以及《垦务局大坝安全风险分析最佳实践培训手册》中的“填筑体的内部侵蚀和管涌风险”部分。施默特曼和汤森德研究的一个重要发现是，提出了确定洁净、细腻、均匀砂土中内部侵蚀的最小坡降的方法。基于他们的室内试验，这类砂土的内部侵蚀（反向侵蚀管涌）临界坡降为0.08。这似乎是在模拟一个相对极端的情况，使用了高度易受侵蚀的土体，并且在其上设置了一块稳定顶板（有机玻璃板）。许多垦务局设施的现场条件为粗质土体，天然顶板可能在整段渗流路径中都不会形成。然而，需要指出的是，2006年A.V. Watkins坝发生管涌的材料和条件与施默特曼和汤森德所做模型类似，而且该管涌发生在一个较低的水力坡降时，类似于两位研究者所测试的。另一个工程事例是俄克拉荷马州的 Wister 坝，该坝由分散性黏土（分散性黏土是典型的高度易蚀性材料，遇水就悬浮）构成的填筑体的内部侵蚀可能在低至 0.02 的坡降下就已经发生。就 Wister 坝而言，内部侵蚀的发生可能是因为不均匀沉降和/或水力劈裂所造成的裂缝，而不是管涌。

强调一个概念，即可能导致产生内部侵蚀的内部水力坡降对特别敏感土体来说可能低至 0.02～0.08。这些内部（水平）水力坡降比通常为出逸（垂直）坡降假定的 1.0 的“经验法则”临界坡降低得多。

当考虑到高内部水力坡降可能引发内部侵蚀时，对可能发生的破坏机理的特殊类型有一个全面理解是有帮助的，以下部分讨论在垦务局的研究中通常被评估的那些机理。

8.2.3.2 典型管涌

当渗流出逸点开始发生土体侵蚀且通过大坝或地基反向侵蚀时，典型管涌就会产生，且周围土体能提供支撑（顶板）来保持管涌通道畅通。管涌的发展需要四个条件：①集中渗漏/水源（流量及流速足够大，可侵蚀土体）；②渗流出逸点无保护措施；③渗透路径中存在易受侵蚀材料；④正被侵蚀土料或者邻近土料能支撑管涌通道或顶板。如果这些条件具备，则不受控制的侵蚀开始在填筑体或地基中形成管涌通道。最后，该通道可以发展到上游坡面，并导致侵蚀通道的总体扩大从而导致溃坝，或导致大坝中形成较大的落水洞，进而落水洞塌陷，坝顶降低而造成漫坝。另一类可能由侵蚀造成的溃坝是，该侵蚀导致了下游坡面变陡和渐进式滑动，从而导致反向穿过坝顶的崩塌，最终造成漫坝。关于内部侵蚀破坏模式是否会发展成溃坝的某些考虑因素，补充讨论包含在附录 8-A 中结尾部分。

在费尔等人 2008 年发表的书中，反向侵蚀被称为是发生在出逸点的内部侵蚀的一个特例。在出逸处，被侵蚀土料无黏聚力，也不能支撑顶板，但上覆土料能够形成顶板。该类土料及条件极易引发内部侵蚀。垦务局工程已有几个实例，在低塑性土体中的反向侵蚀或管涌已导致了较大的内部侵蚀事故。重要实例包括 A. V. Watkins 坝地基中的内部侵蚀以及 Deer Flat 坝 Caldwell 运河出水口管道的内部侵蚀。务必注意的是，这类内部侵蚀并不总是非常快，而是循序渐进的，需花费几十年而不是几个小时或几天时间。在某些实例中，内部水力坡降只是在短时间内处于临界状态，因此侵蚀的发生也是断断续续的。

8.2.3.3 内部颗粒输移

当土体不能支撑顶板或管涌通道时，将会产生内部颗粒移动。土体颗粒被侵蚀，临时空隙增大直到不能支撑顶板时，空隙坍塌。这种机制慢慢重复着，直到空隙缩短了渗流路径，从而导致无法控制的侵蚀，最终导致 8.2.3.2 节中所论述的溃坝。内部颗粒输移事件经常表现为落水洞和填筑体土料的顶蚀作用。垦务局的工程实例包括 Willow Creek 坝、Helena Valley 坝和 Davis Creek 坝的落水洞。

8.2.3.4 冲刷

当沿着表面（如土体内部裂缝，接近防渗墙或管道，或者沿大坝/地基接触面）的牵引渗流力足够将土体颗粒输移到无保护措施的区域时，便会产生冲刷。一旦冲刷形成，类似于管涌或逐渐侵蚀过程的破坏现象就会产生。垦务局设施中的疑似冲刷实例包括 Steinaker 坝和 Fontenelle 坝的内部侵蚀事件，也包括 Teton 坝的失事。

8.2.3.5 内部不稳定性、微蚀和潜蚀

微蚀和潜蚀是发生在内部不稳定土体的内部侵蚀机理。这两种过程类似，但在国际出版的文献中，对它们的定义和描述有所不同。以下定义是基于国际大坝委员会（ICOLD）内部侵蚀工作小组的公告草案。

微蚀：一种内部侵蚀，涉及细粒土从以点对点方式接触的粗粒土中流失，其方式为细粒土穿过粗粒土之间的孔隙被渗流带走，而留下由粗粒土构成的土体骨架。微蚀通常涉及很少量的土体体积变化或无土体体积变化。

潜蚀：一种内部侵蚀，最初涉及细粒土从粗粒土中流失，但在较大水力坡降时也会导致中等颗粒的移动。细粒土的体积大量减少，以致粗粒土成了浮动的并且不是点对点接触了。潜蚀现象涉及土体体积的减少。

在微蚀情况下，细粒土从粗粒土构建的骨架中被渗流带走将会导致材料的渗透性变大，但被微蚀材料的体积没有变化。心墙材料或地基材料（特别是冰川地基材料）的微蚀作用会导致渗透性和渗流量（也可能包括流速）的增加。当渗流速度增加时，另一内部侵蚀机理（如冲刷）将会产生。

潜蚀现象不同于微蚀作用，粗粒土不处于点对点接触，因此，当它们被侵蚀完时，可以观察到土体体积的变化（例如落水洞和凹陷）。土体中的渗流速度必须施加足够大的应力，以抵御周围土体施加于颗粒的应力。与微蚀作用相比，潜蚀现象需要渗流速度和坡降更为极端的组合，以使得颗粒产生移动，因为周围土体施加于细颗粒的现场应力必须被克服才能产生侵蚀。

垦务局的疑似微蚀/潜蚀实例包括 Bumping Lake 坝、Keechelus 坝和 Twin Lakes 坝（均建立在冰川土体上）。

8.2.3.6 无反滤情况下内部高水力坡降的分析

尽管预测或确定已建坝的实际内部水力坡降是很困难的，但是采用数值模型可以帮助估计已建坝和新建坝的水力坡降值。这些方法在 8.4 节中讨论，8.4.6 节详细地描述了计算机程序在计算重要渗流特性方面的使用方法。

从数值渗流分析中可获得的数据包括填筑体中不同部位的预测压力和测压水头，可用于水力坡降计算。对于已建坝、填筑体和/或地基中的测压计有时也用于计算内部水力坡降。通常，用测压计或渗流模型确定的坡降会大于施默特曼和汤森德通过研究洁净细砂所确定的最小值 0.08。这些水力坡降是否可能造成危害，通常是由工程师综合考虑土体级配和土体塑性、相邻土体的反滤作用、自愈可能性、分散性等因素后再做出判断。大坝产生侵蚀的可能性主要通过不同内部侵蚀破坏模式的风险分析来评估。《垦务局大坝安全风险分析最佳实践培训手册》的内部侵蚀章节对该过程提供了参考。

关于内部水平坡降是否有意义的一个公认的简化方法是加权蠕变法，该方法基于 1910 年布莱最初开展的工作，随后在 1935 年被莱恩做了改进（他调查过 250 多座建在土体地基上的浆砌石坝，其中有 20 多座失事了）。该概念的发展在莱恩原著论文和太沙基与佩克的论文中有详细论述。本质上，当某些土体不会发生管涌时，需收集实证数据加以解释。加权蠕变法表明在不同类型土体中，达到内部侵蚀的临界条件时所需的渗流路径长度。在极细砂或粉土中运用该方法表明，对于出逸口仅为水平渗流的最坏假设情况，防止内部侵蚀发展的安全（水平）水力坡降约为0.04。对于粗粒土，临界水力坡降增大。加权蠕变法方法也证明在减少内部侵蚀发生可能性中任一垂直渗流分量的重要性。该方法已不再使用，取而代之的是对重要结构或大型结构，如大坝，进行渗流分析。然而，莱恩的方法是基于大量有效实证数据，其重要贡献是该方法证明了内部侵蚀事实上可以在相对较低的水平坡降下产生。

在评估内部侵蚀的可能性时，鉴于填筑体或地基中无反滤条件下内部高水力坡降造成的不确定性，谨慎的做法是认真考虑所有破坏模式。在类似于产生内部侵蚀的工程事例的情形中，需要格外小心。紧急情形包括但不只限于以下情况：

（1）渗流通过塑性较低或无塑性的土体；

（2）分散性黏土或类似极易侵蚀的土渗流从填筑体上部由于不均匀沉降、干燥或其他情况所造成的裂缝通过；

（3）渗流进入或沿着泄水管道或类似结构；

（4）渗流沿着土体和混凝土墙之间的接触面，特别当该混凝土墙为垂直时；

（5）渗流进入排水不够顺畅的区域，如坝趾排水层和附属建筑物的底部排水区域；

（6）大坝邻近区域明显不满足反滤要求（包括大坝/地基接触面）；

（7）在大坝修建过程中基岩基础裂缝没有得到完全处理；

（8）渗透路径基本上是水平的，几乎没有垂直分量或路径阻碍；

（9）防渗墙没有完全深入相对不透水基础。

8.2.3.7 内部高水力坡降防护措施的详细设计

所有新建坝或已建坝的改造工程须包含详细设计，以确保内部高水力坡降下任何渗流在抵达自由面之前均通过反滤，或采用不易侵蚀的设施以降低坡降。防止内部侵蚀的主要手段是使用反滤层。应谨慎设计和施工反滤层，确保经过易受侵蚀的土体的渗流没有开敞的或未反滤的通道，如粗粒土或堆石（无论是在地基还是在邻近的填筑体区域）、基岩裂隙或孔洞、混凝土结构中的渗水孔或裂缝、排水明沟等等。所有潜在的渗流出逸点都应妥善反滤，以确保不会产生细颗粒的输移。其他对于内部高水力坡降的保护手段如下：①谨慎处理填筑体/基岩接触面；②填筑体心墙采用塑性土体；③使用宽心墙及完全穿入基岩的截水槽；④采用上游铺盖或防渗墙来延长渗流路径；⑤对地基进行灌浆以封堵地质缺陷并减少渗流。第8.5节将对渗流的防范措施做进一步的探讨。其他参考文献包括本标准第2章“填筑坝设计”以及第5章“保护性反滤”。

应注意，许多（如果不是绝大部分的话）垦务局已建坝并不包含防止内部侵蚀的现代化措施；因此，必须谨慎评估其潜在的与渗流有关的失事模式。

8.2.4 高孔隙水压力及渗流力

不受控制的或控制薄弱的渗流可能导致填筑坝或地基中形成高孔隙水压力和/或高渗流力。坝趾区域的高孔压可能导致如8.2.2节中所述的地基土的流土和浮起。但是，主要关注的是这些高孔压对整个填筑坝坝坡稳定的影响。填筑体或地基高孔压的存在导致这些土体有效应力/强度减小，使得填筑体边坡更容易失稳。类似地，穿过填筑体的渗流使其沿流线产生渗流力。渗流出逸点位于下游坝趾处或坝趾上方时，渗流力使得滑动力增大，从而导致边坡抗滑稳定安全系数降低。在某些案例中，填筑体的破坏并不是由于深层的坡面失稳，而是下游坡面缓慢坍塌导致的。这是填筑体采用分区设计及设置内部反滤及排水措施的主要原因，以确保填筑体的下游区域在渗流区外（保持非饱和及高强度状态），同时为大坝中部区域提供支撑。

尽管本标准主要集中在填筑坝方面，但必须认识到高压力也可能对填筑坝的其他附属结构造成严重的损坏：

（1）溢洪道泄槽、消力池、渠道衬砌的浮起；

（2）基础高扬压力导致重力坝或重力挡墙的滑动破坏；

（3）高静水压导致的挡土墙破坏。

对高孔压的防护措施主要是采用精心设计的反滤/排水系统，防止因渗流导致的高压形成。

8.2.5 渗流量过大

无土体侵蚀的渗流量过大现象（见8.3节）通常不是建筑物或大坝的安全事故。然而，应考虑到若其导致了工程严重的水和效益损失，则可能引发工程失败。渗流量过大也可能导致下游洪水泛滥或破坏性的高水位。另外，在检查与分析期间对渗流范围及威胁的不确定性，以及公众对漏水大坝的认知等都是潜在问题。而且伴随着高渗流量，持续的内部侵蚀也可能进展迅速。基于这些原因，设计应使渗流量最小，并且可控。

8.2.6 溶解及岩溶

一些包括石灰岩、石膏及硬石膏组成的地基岩体是可溶的，常常遭受库区渗流导致的溶解。尽管石灰岩的溶解过程缓慢，通常以世纪为计量单位，但是更易溶解的岩石，如石膏和硬石膏，则可能几十年就溶解了。坝基基岩的溶解可产生数种潜在的破坏模式，包括在地基中形成通向可侵蚀坝体填筑料的通道；基岩上部的高渗流量可能会导致沿填筑体基底的冲刷流失；以及填筑体下部或地基中高孔压的发展可能导致稳定问题。

虽然在水库使用年限中，溶解作用达不到严重的程度，但基岩可能在过去的地质时期已经经历了溶解过程。可溶性岩层中的溶洞和古老落水洞的存在造成“岩溶”地貌。这些地区的渗流也能导致与前面章节中所述相同的破坏模式。然而，已有的渗流通道的发展与扩大不是因水库诱发的渗流导致的溶解作用所致，更可能是古老溶洞中的土体填充物流失所致。由于可溶性地基导致大坝内部侵蚀事故的有肯塔基州的Wolf Creek坝和伊拉克的Mosul坝。

鉴于天然溶解模式的不可预测性，很难采用足够多的钻孔评估岩溶地基的风险。因此，当评估或设计建在含可溶性岩层地基上的大坝时，需特别谨慎。对于已建的工程项目，在数年的水质测试中，通过监视渗流水中特定的溶解矿物和化合物（或悬浮颗粒物）的数量，能够判断出溶解（或填充物侵蚀）是否在发生。某些情况下，也可采用地球物理探测来检测渗流路径。对地基测压计和地表渗流的监视也能提供关于地基条件是否在变化的信息。对于新建坝，大量的地基勘察是必需的，典型的地基处理手段包括大量的灌浆以及穿过基岩的可溶部位建造防渗墙。若已建坝上没有充分采用这些措施，则有必要增加。

8.2.7 水力劈裂

水力劈裂即作用于土体的水压超出小主应力及土体的抗拉强度时引起的土体劈裂或开裂。此论题在谢拉德 1985 年发表的一篇论文中有精彩的论述。水力劈裂通常发生在填筑坝不适当的钻孔或灌浆操作过程中。在这些操作中采用了有压流体，导致钻孔内存在高压流体，此压力可能会大于上部坝体产生的自重应力。因此，大坝的薄弱位置为侧限应力非常低的区域（如垂直接触面附近、排水管道附近、窄槽内等）。高水压导致填筑体发生裂缝，理论上裂缝会延伸较长的距离。尽管在许多案例中，这种裂缝可以采用回灌泥浆或灌浆来处理，但在填筑坝心墙中仍可能存在未经处理的缺陷。因此，应尽量避免在大坝心墙实施钻孔和灌浆操作或须按照规定谨慎进行，以使水力劈裂的可能性减到最小，同时防止产生压缩空气或泡沫。

另一个可能导致填筑体水力劈裂的情况为低应力区，尤其是那里的拱效应可能使填筑体的部分区段没有被上覆土层全部覆盖。此情况的明显实例是在狭窄而陡峭的开挖槽（齿槽/地基截水槽）内，或是为排水管道开挖的沟槽内。对于这些设施，上覆土层会在狭窄沟槽之上形成拱桥，导致回填沟槽内只有相对较低的应力。若水库水进入这些区域，高水压可能导致低应力土体的水力劈裂。这种机理被认为对 Teton 坝的失事可能起了重要作用，该坝的特征是有着非常狭窄和陡峭的地基截水槽，并采用塑性土回填。避免这种潜在失事模式的详细设计包含采用边坡更平缓的宽开挖槽，采用反滤层，以确保在压实的填筑体中产生裂缝时，渗流路径均被反滤保护。

具有讽刺意味的是，另一个潜在的水力劈裂情况会发生在降低渗流量的措施中。泥浆槽防渗墙是以膨润土泥浆护壁保持开敞的垂直沟槽，但最终采用不同的材料回填。这种类型的垂直沟槽存在很大的拱效应可能性，上覆土层不太可能全部覆盖膨润土等回填材料。因此，膨润土构成的泥浆槽防渗墙（或相似的低强度回填料构成的防渗墙）有着潜在的水力劈裂可能性。垦务局 Virginia Smith 坝的泥浆槽防渗墙在建设过程中就发生了水力劈裂。为减少工程中此类情况的发生，当防渗墙作为降低渗流量的仅有或主要措施时，应采用混凝土（或者水泥土，若条件允许）等更高强度的回填物。

8.2.8 干燥裂缝

与渗流量过高导致的失事模式不同，干燥裂缝是由于黏性或塑性土中渗流量或水分缺失引起的。特别是含水量减少及随后的收缩造成的干燥裂缝。土体塑性的提高会增大干燥裂缝产生的可能性。对于分区的填筑体而言，干燥裂缝通常只是心墙需要关注的问题。干燥可能导致填筑体的横向裂缝，进而可能会引起大坝发生内部侵蚀，通常是在大坝的上部区域。一些可能造成干燥裂缝的原因如下：

（1）地表水分蒸发；

（2）水库区长期低水位；

（3）细粒土体的毛细管作用。

干燥裂缝的分析和评估方法并不是很重要，与之相比，填筑体的设计人员和分析人员仅需注意填筑体上部的保护措施。最可靠的保护方法是采用反滤层，并延伸至坝顶，以防止当水库处于极限洪水位时干燥裂缝导致的内部侵蚀。新墨西哥北部的 Stubblefield 大坝可印证此例。垦务局与新墨西哥州工程师办公室合作，对该坝进行了修复设计。这些修复包括从坝顶挖掘约 10ft 深的垂直沟槽，随后以砂砾和碎石反滤材料回填。

8.2.9 不均匀沉降裂缝

填筑坝土层的裂缝也可能由不均匀沉降引起。事实上，这种类型的裂缝比干燥裂缝更有可能发生。如下情况可能导致此类裂缝的产生：

（1）坝肩上部或中部过宽的台阶或“阶梯”；

（2）邻近坝顶的陡峭坝肩；

（3）不规则的地基形态，如悬壁等；

（4）未得到及时移除或处理的地基软弱材料；

（5）可能产生不均匀沉降的不同压缩性地基材料；

（6）不同刚度的填筑体区域沉降速率不同，导致心墙的拖拽和横向剪切。

8.2.10 其他缺陷

还有一些其他情况也可能导致填筑体内产生渗流通道的缺陷：

（1）以粗陋技术修建的填筑体心墙，如厚层填筑而没有压实或压实不足（缺少正规压实）；

（2）由于土料场变化或填筑过程中的分离导致心墙内出现粒径较粗的填筑层（较差的施工技术）；

（3）在冬季（或雨季）停工时，填筑层未被恰当处理或移除，而直接进行后续的填筑；

（4）穿越填筑体心墙的设施，如排水管或测压槽等，该区域可能存在压实不当的问题；

（5）填筑体与地基接触面压实不充分或施工技术简陋。

8.2.11 湿陷性土

湿陷性土包括在美国中西部大平原和美国其他地区所发现的细粒黄土和细砂，也包括美国西南部的一些荒漠土体，这些土体通常为风积土。本质上，湿陷性为非常松散的状态，土颗粒时常为松散结构排列，颗粒间由弱胶结黏性土粒连接。这些土体在干燥状态下能展现出高强度和高硬度。而水分的存在可能导致此结构的破坏，同时造成蜂巢结构的崩塌，并最终引起显著的沉降。这些土体在上部饱和容重作用下可能会也可能不会产生沉陷，但承受外部荷载后，极易产生沉陷。

因此，在湿陷性土地基上建造填筑坝或其他建筑物，当地基经历首次浸润时，上部建筑物可能产生沉陷或裂缝。这种裂缝可能导致内部侵蚀的发生，继而因这些土体的低塑性而迅速造成溃坝。另一种破坏机理在地下水位降低时发生。因为这种类型的土体可能不会单纯因为其饱和而产生沉陷，额外的荷载有时就会触发其沉陷。地下水位降低造成地基土体承受较高的荷载（因为上覆土层变为总体容重，不再是浮容重），从而造成土层的沉陷和崩塌。

最常见的处理潜在湿陷性土的方式：移除这些土体并采用压实填料置换；对这些土体进行预加湿和预加压处理，但是对浅表土层需考虑采用振动压实。典型的预加湿处理技术系采用自动洒水系统或水池等浸湿土体，然后在上部铺设土体等盖重。此措施旨在使湿陷性土体在填筑坝施工前和水库运行前产生沉陷。随着填筑体的升高，施工前未沉陷的湿陷性土体仍会沉陷。预加水处理并不总是能生效，也可能使得湿陷性土体无法抵抗地震液化或震陷。更好的处理办法为完全移除湿陷性土，以消除因土体沉陷导致的裂缝风险（这可能是成本最高的选择）。

8.3 渗流评价关键参数

8.3.1 概述

预测渗流特性是非常困难的，因为评估和模拟土体材料时涉及众多变量和潜在的复杂坝基条件。鉴于这些困难，需对有助于进行渗流问题评估与分析的资料进行广泛地收集和查阅，这是非常重要的。本章后续将探讨为更好地了解特定坝址条件下的渗流特性提供帮助的各种数据、调查资料或者试验测试。

8.3.2 渗透性

在评估坝体和坝基土体和岩体的渗流特性时，渗透性是最常用的参数。渗透性也是非常难量测的参数，这意味着采用多种方法来评估渗透性是非常有用的，有助于了解特定的大坝及坝基渗透性的可能范围。渗透性，或者更准确地说是渗透系数，时常与导水率交互使用。本标准中，这两个术语是可交互使用的，均代表在单位水力坡降（1.0）下流经饱和多孔介质的流速。在 8.4.2 节中将讨论采用达西定律确定层流下渗透性的理论基础。

由于渗透性在上面被定义为流速，其单位一般采用 ft /年或 cm/s。图 8.3.2-1，可以被用来对两种单位进行转换。

影响土体渗透性的因素很多，估算渗透性的方法也非常多。下面将探讨影响渗透性的一些关键因素和如何使用这些因素的研究成果对渗透性进行预测，并叙述测试不同土体及岩体渗透性的典型现场试验和室内试验方法。

8.3.2.1 参考已出版资料进行各种岩土的渗透性估算

估算某一坝址的土体和岩体渗透性的一种方法是参考之前已出版的资料。这种类型的资料可以用来估算渗透性，对特定大坝或基础的现有资料进行比较和校准，用来作为渗流数字模型的初始输入。这方面有非常多的研究成果，学者们给出了不同土体和岩体与渗透性的关系。下面是一些重要的讨论和已发表的关系式。

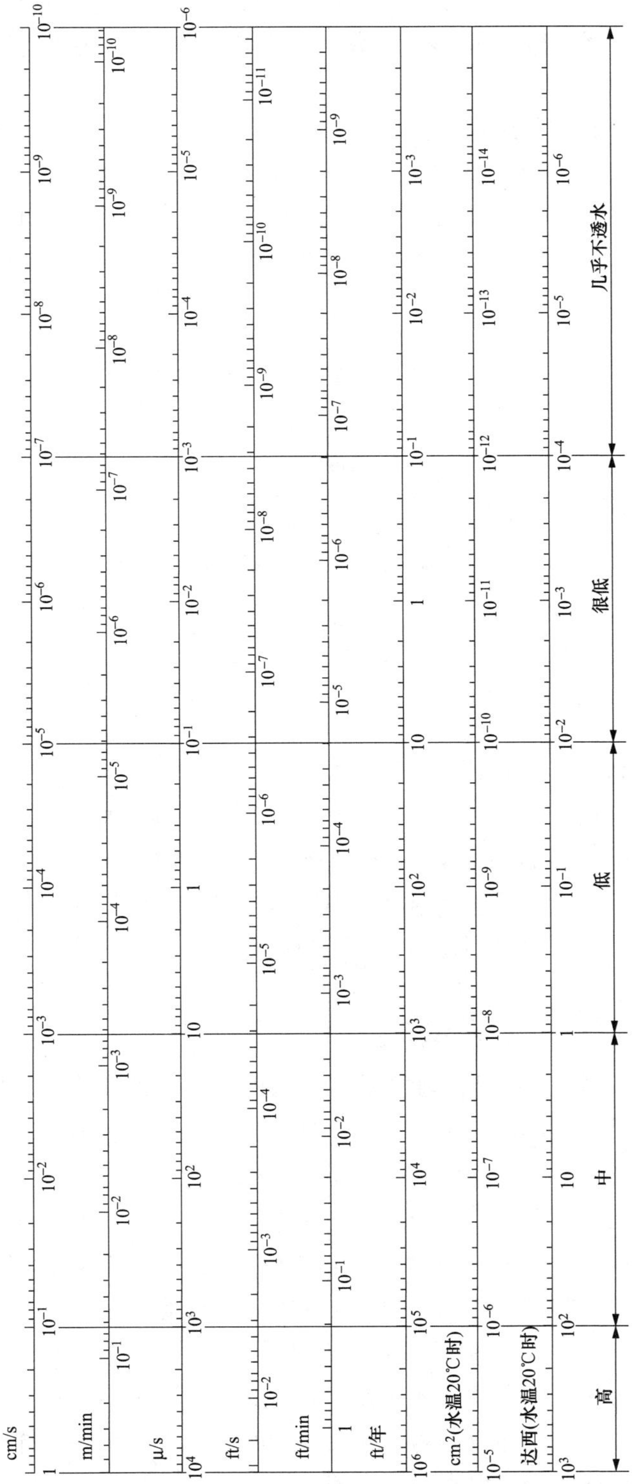

达西(水温20℃时)

由cm/s转换成：	m/min	μ/s	ft/s	ft/min	ft/年	cm²	达西
乘以：	0.600	10^4	0.0328	1.968	1.034×10^6	1.031×10^{-5}	1.045×10^3

图 8.3.2-1 渗透性转换表

应注意，填筑坝和坝基中具有最大渗透性的土体往往影响着渗流分析的结果。因此，应对评估大坝任何地方的渗透层都给予重点关注。相对不透水单元（如黏土层或填筑坝心墙）的渗透性通常比透水材料的渗透性低几个数量级，所以可能不需要太高的精确值。

8.3.2.2　岩土体渗透性的典型范围

众所周知，随着土体类型的变化，其渗透性有非常大的变化范围。图 8.3.2.2-1 简要给出了不同类型岩土体的典型渗透性，其范围跨越 10 个数量级。土体（或任何其他建筑材料）的任何一种其他工程特性都没有如此大的变异范围。

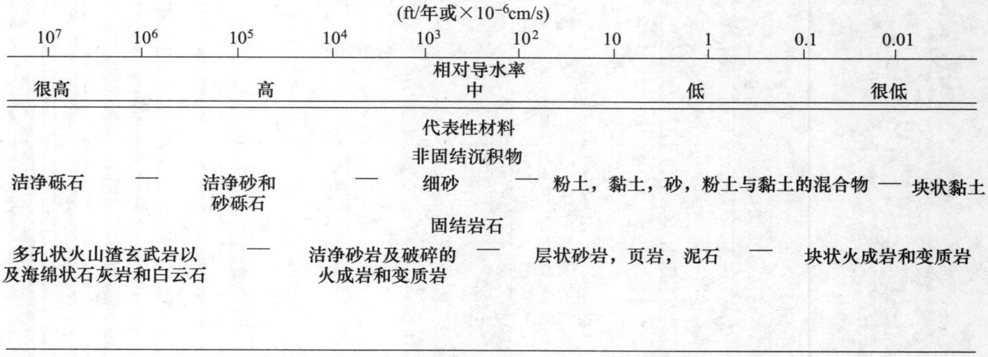

图 8.3.2.2-1　不同类型岩土体的渗透性

8.3.2.3　各向异性引起的渗透性变化

具有一般分层特性的天然沉积物和某些情况下的人工填筑物，除了渗透性的可能取值范围较大外，大部分土体的水平向渗透性与竖直向渗透性比值也可能有明显的不同。本设计标准中，水平渗透性与竖直渗透性的不同被定义为各向异性。各向异性主要受沉积或填筑方法的影响，也可能受颗粒形状及走向的影响。对于岩体而言，裂隙和节理的模式显然是重要因素。

8.3.2.3.1　天然沉积土的各向异性

冲洪积土包含冲积/河流冲刷和湖泊形成的沉积土，是典型的水平沉积层，且天然状态下分层明显。这种类型的沉积土水平向渗透性与竖直向渗透性之比（k_H/k_V）可能超过 100。细粒土层通常控制着竖直向渗透性，而粗粒土层则控制着水平向渗透性。对于给定的较大厚度的层状沉积土，一个连续的黏土层就能控制着整个沉积土层的竖向渗透性，而一个均匀的露天的或者渗透性大的粗粒土层则能控制着整个沉积层的水平向渗透性。因此精确地判断该类型土体地基的分层现象是非常重要的。

风积土，如沙丘土和湿陷性黄土，k_H/k_V值往往比较低，范围在 0.2～2。对于湿陷性黄土的渗透性，这种类型的沉积土往往拥有较高的竖向渗透性，相比于水平渗透性而言，这是由于其含有树根孔，而没有水平向层理。就像之前说明的一样，评估风积土的渗透性是很复杂的，因为该型土遇水会产生重大湿陷，继而导致渗透性在原状条件和水库蓄水条件之间发生显著的变化。

表 8.3.2.3.1-1～表 8.3.2.3.1-3 给出了参考各类资料后得出的天然土体的一些典型渗透性值和各向异性范围。

表 8.3.2.3.1-1　非固结天然土体的渗透性 k_H（k_H与细颗粒含量成反比）

土	k_H范围（ft /年 或 10^{-6} cm/s）
砾石，露天开采	>2 000 000
砾石（GP）	200 000～2 000 000
砾石（GW）	10 000～1 000 000
砂，粗粒（SP）	10 000～500 000
砂，中粒（SP）	1000～100 000
砂，细粒（SP）	500～50 000
砂（SW）	100～50 000
砂，粉质（SM）	100～10 000
砂，黏土质（SC）	1～1000
粉砂（ML）	1～1000
黏土（CL）	0～3

表 8.3.2.3.1-2　无裂缝岩体的渗透性 k_H（k_H与孔隙大小成正比）

岩石	k_H范围（ft /年或 10^{-6} cm/s）
砂岩，中粒	100～200 000
砂岩，粉质	0～5000
石灰岩	0～15 000
花岗岩，分化的	200～10 000
片岩	0～2000
凝灰岩	0～1000
辉长岩，分化的	50～500
玄武岩	0～50
白云石	0～5
片麻岩	0～2

表 8.3.2.3.1-3　天然土和岩石的各向异性

构　造	k_H/k_V	备　注
层状沉积土	10～1000	k_H/k_V取决于下层的颗粒大小
大块土体和岩体	1～3	取决于颗粒形状及排列方向
裂缝岩体	0.1～10	取决于孔隙的排列
风积土（黄土和沙丘）	0.02～2	取决于固结度

8.3.2.3.2　基岩的各向异性

岩体中的渗透性通常定义为原始渗透性和次生渗透性。岩体中的原始渗透性指流经材料颗粒结构的流动，次生渗透性是指流经节理，裂隙或者其他开度有限的结构面的流动。非层状（块状）岩体中的原始渗透性通常各向异性较低（$k_H/k_V=1$ 或 2）。裂隙岩体的各向异性，或者次生渗透性，是非常复杂的，且受裂隙走向、裂隙密度和孔隙开度控制。这些因素同时也决定了达西定律是否能够被应用于基岩。

表 8.3.2.3.1-1～表 8.3.2.3.1-3 给出了岩体的一些典型渗透性值和各向异性范围。图 8.3.2.3.2-1 给出了岩体次生渗透性与孔隙大小的关系。从图中可以看出，相当小的孔隙就能导致相当大的渗透性；如果基岩或管道中的小缺陷是连续的，则会导致显著的渗流。

8.3.2.3.3 填筑坝土料的各向异性

垦务局的填筑试验资料表明，一些填筑坝的 k_H/k_V 范围在 2～10 之间，比值较高是由于填筑过程中含水率较高导致的。二十世纪早期建设的大坝或水力冲填坝的渗透性各向异性高达 50，由于铺筑的形成层面及早期压实方法并不重视混合和搅拌。

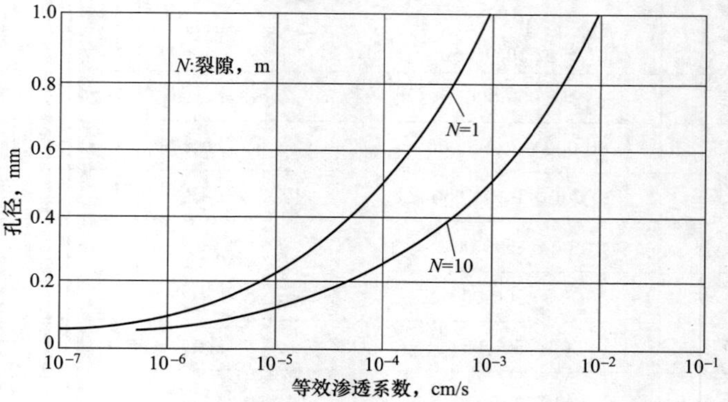

图 8.3.2.3.3-1 简单平行裂隙阵列内的等效次生渗透系数

然而，粗粒材料，例如坝壳堆石料或反滤料及排水料，填筑层均较厚，且未经非常紧密的压实，因此其渗透性的各向异性比值往往较低。该类型土体的各向异性比值通常为 1。

表 8.3.2.3.3-1～表 8.3.2.3.3-4 给出了参考各类资料后得出的填筑料的一些典型渗透性值和各向异性范围。

表 8.3.2.3.3-1 填筑坝心墙料的渗透性 k_V（k_V与细颗粒含量成反比）

土体的统一分类	k_V范围（ft/年或×10^{-6} cm/s）*
GM-SM	0.0～10.0
GM/GC	0.0～10.0
SP-SM	0.0～10.0
SM	0.0～10.0
SM-SC	0.0～3.0
SM-ML	0.0～10.0
SC	0.0～3.0
ML	0.0～10.0
ML-CL	0.0～1.0
CL	0.0～1.0
MH	0.0～0.1

* 主要基于垦务局的室内试验资料。

表 8.3.2.3.3-2 填筑坝坝壳料的渗透性 k_V（k_V与细颗粒含量成反比）

土体的统一分类	k_V范围（ft /年 或×10^{-6} cm/s）
GP	2000～1 000 000
GW	2000～1 000 000
GP-SP	1000～50 000
GW-SW	500～5000
GM	500～5000
SP（中 ～粗）	10 000～20 000
SP（细 ～中）	5000～10 000
SP（很细 ～细）	500～5000
SW	300 to 5000
SP-SM	10～1000
SM	10～500

表 8.3.2.3.3-3 被冲蚀的填筑坝排水料渗透性（k_V）（k_V与颗粒粒径成正比）

材料	k_V范围（ft/后或$\times 10^{-6}$ cm/s）
粗砂和砾石	150 000～500 000
中-粗砂	50 000～150 000
细-中砂	10 000～50 000

表 8.3.2.3.3-4 填筑坝材料的各向异性（k_H/k_V）（k_H/k_V与填筑含水量成正比）

材料	k_H/k_V范围
填筑坝心墙（按垦务局标准填筑）	4～9
非标准填筑	9～36
水力冲填	64～225
填筑坝坝壳（垦务局标准）	4～9
填筑坝排水层（垦务局标准）	1～4

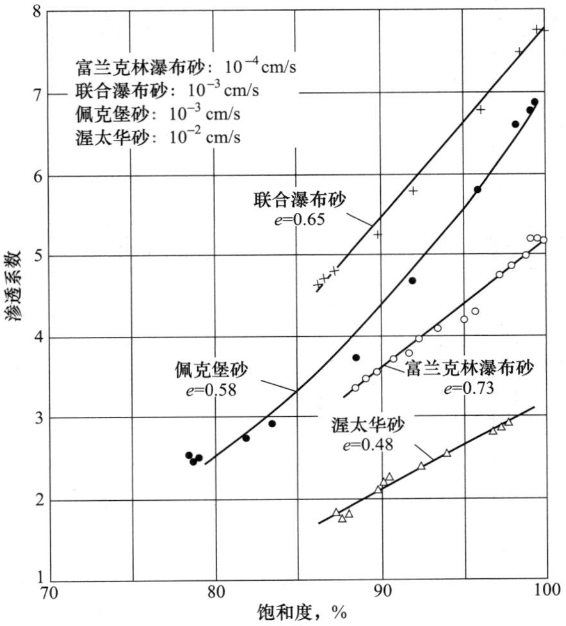

图 8.3.2.4-1 不同砂料渗透性与饱和度的关系

8.3.2.4 饱和度对渗透性的影响

土体的饱和度对渗透性有显著的影响，随着饱和度的降低渗透性同时降低。拉梅所做试验表明，当土体的饱和度小于85%时，土体孔隙中的大部分气体是连通的，则达西定律不再适用。然而，当饱和度大于85%时，大部分的气体是以气泡形式存在的，因此达西定律仍是适用的。对于压实过的细粒填土，标准普式密度下的饱和度在75%～85%之间。图8.3.2.4-1给出了华莱士所做试验的结果，即饱和度对某些砂土渗透性的影响。

就像美国陆军工程兵团《渗流分析工程手册》中所介绍的一样，同一孔隙比条件下，部分饱和砂与完全饱和砂的渗透性比值定义为：

$$\text{当 } 100>S>80 \text{ 时}, k_{us}/k = 1-m(1-S/100) \qquad (8.3.2.4\text{-}1)$$

式中：S 为饱和度；k_{us}为非饱和（部分饱和）渗透性；k 为饱和渗透性；m 为常数，在 2（对于均匀级配）和 4（对于宽级配）之间。

在上一版的垦务局渗流设计标准中，非饱和渗透性有时被称为相对渗透性，即 k_{us}/k。此外，相对渗透性与含水率之间的函数关系被认为在本质上是滞后的，即排水过程中的相对渗透性大于吸水过程中的渗透性。然而，对于实际遇到的大部分填筑坝问题而言，采用单值函数是可以接受的。下面给出了饱和渗透性与非饱和渗透性之间的经验关系式为

$$k_r=(\theta/n)^{\varepsilon} \qquad (8.3.2.4\text{-}2)$$

式中：k_r为相对渗透性，即 k_{us}/k；θ 为土体含水率；n 为土体孔隙率；ε 为经验指数，取值范围在 3 到 6 之间，典型取值为：对于压实排水材料或天然砂取 3.5，对于压实填筑

材料和多孔介质岩石取 4.0，对于含细料的天然土取 4.5。

当分析非饱和土（瞬态）时，采用图 8.3.2.4-1 和式 8.3.2.4-2 可以获得一个合理的取值范围，用来降低饱和渗透性。然而，渗流分析软件如 SEEP/W 一般都提供函数以计算非饱和渗透性。这通常是个谨慎的办法，因为在大部分情况下，85%的饱和度临界值是未知的。同样要注意到，这个问题对于渗流分析而言不是决定性的。

8.3.2.5 孔隙比对渗透性的影响

很显然，土体孔隙比对渗透性有显著影响，因为孔隙越大可以允许越多的水流通过土体。图 8.3.2.5-1 为一系列土体渗透性与孔隙比之间的关系。大量试验数据表明同一土体的孔隙比与渗透性的对数值关系通常是一条直线。

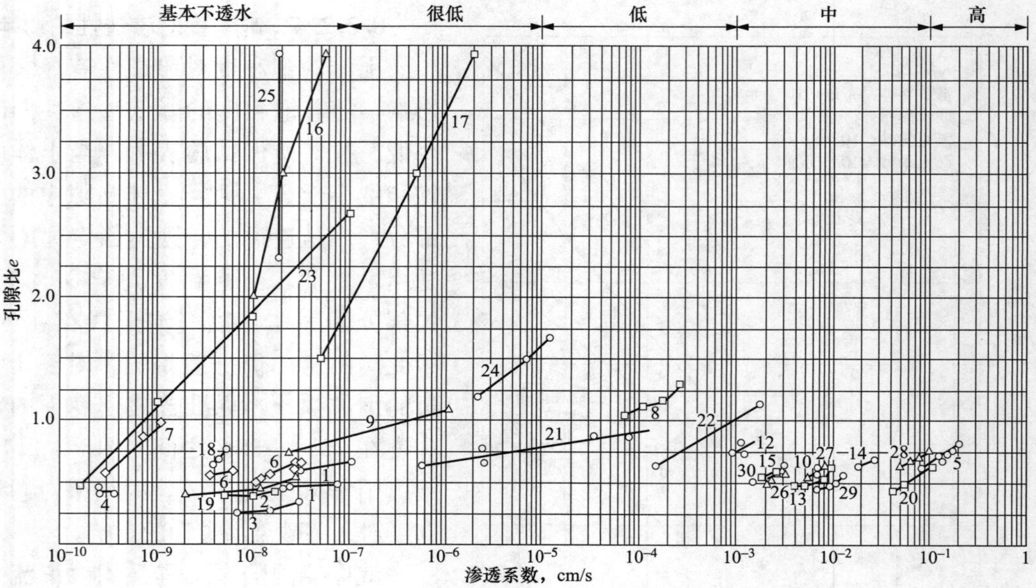

土体编号

1——压实钙质层；
2——压实钙质层；
3——粉砂；
4——砂质黏土；
5——滩砂；
6——压实的波士顿蓝色黏土；
7——Vickburg 熔岩粒黏土；
8——砂质黏土；
9——粉土（波士顿）；
10——渥太华沙土；
11——砂（Gaspee Point）；
12——砂（富兰克林瀑布）；
13——砂（Scituate）；
14——砂（Plum 岛）；
15——砂（佩克堡）；
16——粉土（波士顿）；
17——粉土（波士顿）；
18——黄土；
19——瘦黏土；
20——砂（联合瀑布）；
21——粉土（北卡罗莱纳）；
22——堤砂；
23——钠（波士顿蓝色黏土）；
24——钙质高岭土；
25——钠蒙脱土；
26～30——砂（大坝反滤层）

图 8.3.2.5-1 渗透性试验数据

8.3.2.6 颗粒粒径对渗透性的影响

类似于孔隙比，显然颗粒更大且粒径大小均一的土体包含了更大的孔隙空间，因此渗透性也更高。对于无黏性土来说这尤其重要。该领域中最出名的著作［出自哈森（Hazen）］、基于对均匀（均匀系数<5）、松散和洁净砂粒（D_{10} 在 0.1～0.3mm 之间）

的测试，提出了以下的公式

$$k=100(D_{10})^2 \quad (8.3.2.6\text{-}1)$$

式中：k 为渗透系数，cm/s；D_{10}表示占土重 10%的细颗粒粒径，cm。

必须强调的是，式 8.3.2.6-1 仅适用于洁净（粉土和黏土含量小于 5%）、未胶结、粒径大小均一的砂和砾石。例如，该公式适用于反滤和排水材料。对于更大范围的土体，Moretrench 公司绘制了粒径 D_{50}和均匀系数与渗透系数的关系曲线。

垦务局水土保持局在 1984 年出版的资料也指出，洁净砂和砾石的渗透性与级配有关。然而，他们研究的不是给定的颗粒粒径关系，而是给出了全级配的渗透性关系曲线。

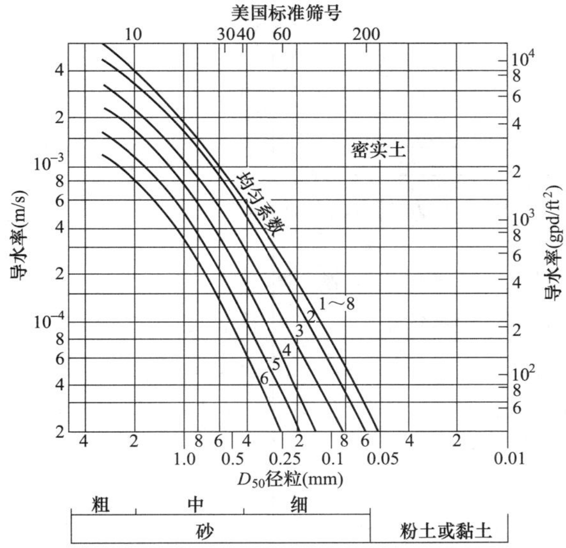

图 8.3.2.6-1 基于粒径、均匀性和密度的无黏性土渗透性

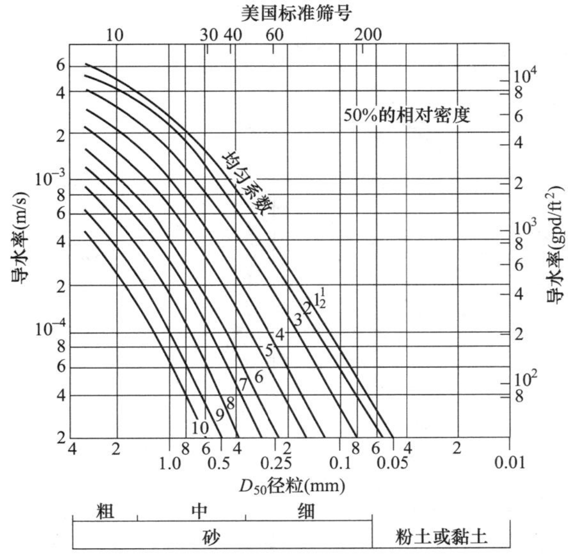

图 8.3.2.6-2 基于粒径、均匀性和密度的无黏性土渗透性

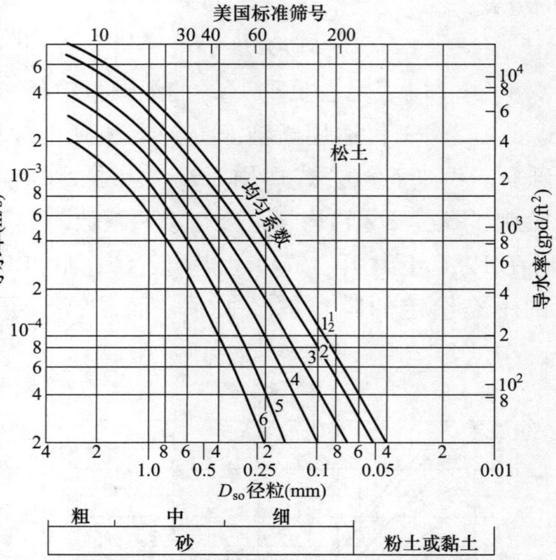

图 8.3.2.6-3　基于粒径、均匀性和密度的无黏性土渗透性

对于黏性土，渗透性会随着黏土矿物粒径的增加而增加。图 8.3.2.6-4 给出了三种普通类型黏土的关系曲线。对于黏土，重要的是需要认识到黏土矿物中的化学作用是影响渗透性的一个重要因素。具体地说，黏土的离子交换能力变化会对渗透性产生几个数量级的影响。但是，由于黏性土的渗透性相当低，因此在大多数填筑体分析中几乎都不考虑这个问题。

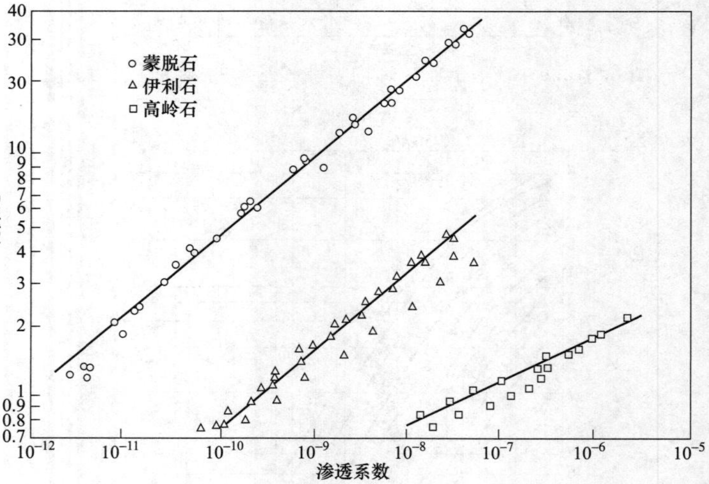

图 8.3.2.6-4　三种不同类型黏土的渗透性随孔隙比增加而增加

8.3.2.7　土体构造对渗透性的影响

通常，土体构造对压实的黏性土而言是需要考虑的问题，关系到其构造是絮凝性还是分散性的。在最佳干燥状态下压实的土体，其颗粒往往处于絮凝状态（就像一摞纸

牌），形成更多开敞的渗流通道，因此渗透性较高。在最佳湿状态下压实的土体，其颗粒往往处于分散状态（平行），形成曲折且通道尺寸较小的渗流通道，因此渗透性较低（这类土壤一般是不怎么弱脆的）。由于垦务局过去的做法都是按照最佳干燥状态建造填筑坝心墙，以使孔隙压力最小，这些大坝中许多或大多数坝的土体构造都是絮凝结构要比分散结构多，因此渗透性也较高。根据估计，渗透性的差异通常为一个量级，且对于低渗透性的黏土而言，无关紧要。

8.3.2.8 根据现场试验进行渗透性估算

原位试验通常被视为确定地基材料渗透性最可靠的方法。根据情况，垦务局经常采用一些不同的试验方法，这些试验多为大规模的含水层试验和其他几种钻孔渗透性试验。

现场试验计划需要在工程地质工作人员或水文工作人员的协助下运用垦务局的规程制定，以确定现场勘探要求。

8.3.2.8.1 含水层抽水试验

含水层抽水试验被广泛视为确定某一透水层水平渗透性的最准确（最昂贵）方法。然而，该类型试验只适用于测试地下水位线以下的土体渗透性，因为试验包括有控制地抽取一口井的水和仔细测量数个相邻的观测井的水位下降。通过测量一定距离（抽水井和观察井间的距离）的含水层的响应，而不是跟其他试验方法（即钻孔周围的有限区域或小尺寸的室内试验样本）一样只用一小部分含水层，含水层抽水试验消除了局部条件对试验结果的影响。这种类型的试验通常在大型建筑降水设计需要精确数据时就会进行。该试验的具体事宜在《垦务局地下水手册》的第 9 章及美国材料试验协会的大量规程中有详细的描述。该试验结果的整理分析需要采用可模拟含水层渗透性、储水性及导水系数等因素的商业软件。

8.3.2.8.2 钻孔渗水试验

钻孔渗水试验通常会在垦务局工程的钻探计划中进行。钻孔试验可能是恒定水头注水试验、段塞试验或水位恢复试验。该试验既可以在土体中进行，也可以在岩石中进行，但多数情况下是在岩石中进行。将水注入钻孔中的一个分隔层段，注入的水量由具体的时间段决定。这些试验通常在预先选定的或连续的层段中进行，其位置既可高于，亦可低于地下水位，这些试验较好地给出了各层段的相对水平渗透性。因为试验在沿着钻孔深度的各个层段中进行，所以试验时间较短（一般为 3～10min）。因此，渗透性的数值可能不够准确，误差最大可达 10 倍。尤其是在高于地下水位的地方得出的试验结果，因为高于地下水位的区域为非饱和状态。与其他类型的试验相结合，这些试验有助于得出各层段的相对水平渗透性和实际渗透性数据。试验过程中所使用的压力必须是事先确定且严格控制的，以防止水压力使得岩层中的已有裂缝变大。详细资料、保护措施及试验程序已记叙在垦务局《土工手册》第二部分（USBR 7310）和《工程地质现场工作手册》中。土体中喷注压力的一般经验法则是每英尺深度不超过$1/2lb/in^2$。

8.3.2.8.3 岩石钻孔压水试验

岩石压水试验通常采用配有栓塞系统的 Hq3 绳索金刚石钻机。试段长度一般为

10ft，取出岩芯后，拉回钻杆，固定栓塞，并向孔段压水。试验压力可以上升也可以下降。从本质上说，在表面使用压力计和流量计时，这些试验更具有效性。针对一直开敞的岩石钻孔，压水试验可以在完成钻孔之后向上分段进行。更多的精确测量，采用双栓塞分段进行压水试验。试验的详细资料可参考垦务局《工程地质现场工作手册》第二卷。

8.3.2.8.4 土体的直推式气动塞试验

用于地下水位以下土体的气动塞试验系统已经发展成为双管系统的直推试验（ASTM D 7242）。该试验采用液压锤击驱动的直推设备，驱动双管杆。制定直推试验是为了适应现场环境特征，因为在钻孔过程中没有或很少产生岩屑。直推试验和气动塞试验的试验进度比传统的回转钻进法要快很多。双管系统中，可用内部采样筒连续收集样本。在选定的试验层段中，外部管道是可缩回的，一个有立管的井管滤网暴露在外部，位于管道的下面。试验程序主要包括建立井管滤网，安装有压力传感器的管路并使之深入水层。通过该管路，采用压力或真空时，通过管路的水位要么下降要么升高。渗透性取决于恢复时间。根据试验深度，可分阶段进行多次试验。对于渗透性低于 10^{5} cm/s 的土体，进行该试验相对较难。

8.3.2.8.5 浅井渗水试验

浅井渗水试验，即井渗透仪试验，用于测量位于地下水位之上的表层土体的水平渗透性。主要的方法是测量恒定重力水头下，水从无套管的井中流出的速率。如果土体处于即将饱和的状态，那么所测量的导水率可能不足以反映饱和渗透度。对于渗透性低于 10^{-5} cm/s 的细粒土体，该试验结果是值得质疑的。充满水的井部位的平均渗透性在常水头的渗透速率稳定后方能确定。更多关于该试验细节的描述详见垦务局《排水手册》B 部分的第 3 章及垦务局《土工手册》第二部分中的 USBR 7300 和 7305。

8.3.2.8.6 环渗透仪试验

环渗透仪试验用于测量位于地下水位之上的表层土体的垂直渗透性。可在试验井挖掘期间在选定的高程下进行试验，以确定渗透性随深度的变化。如果土体处于即将饱和的状态，那么所测量的导水率可能不足以反映饱和渗透度。对于渗透性低于 10^{-5} cm/s 的细粒土体，该试验结果是值得质疑的。更多关于该试验细节的描述详见垦务局《排水手册》B 部分的第 3 章。密封的双环渗透仪试验（ASTM D 5093）用于渗透性低于 10^{-5} cm/s 的土体的表面检测。

8.3.2.9 根据室内试验进行渗透性估算

有多种室内试验可用于估算土体和岩石材料的渗透性。在垦务局研究中，这些试验通常用于压实的填筑土体，因为与试图获取、运输和试验的原状样本不同，这些样本可以重塑。有人将实验室渗透性测试视为检测细粒土填筑体最有效的方法，因为可采用较大的梯度范围对土壤进行试验，相对于现场测试，较高的梯度可缩短试验时间。室内试验的主要缺陷是尽管它们对于小型样本是比较准确的，但对于现场的大体积材料，小型样本的代表性不强。针对同样的材料，土体和岩石原状样品的室内试验结果得出的渗透性比现场测试得出的渗透性要低（某些情况下相差达数量级）。有很多特性控制着渗透性，如土体中的裂缝、岩石中的节理等，而这些因素在小型试验样品中不大可能完全获得。其他需要关注的问题包括样本的方向性，以确定是测量水平渗透性还是垂直渗透性；以及一些室内试验（如刚性井壁渗透仪试验）过程中气泡发生的趋势，该趋势会导致对渗透性的估算严重不足。鉴于以上原因，在估算渗透性时，人们通常认为室内试验没有现场测试可靠。一旦决定要进行室内试验，一定要协同材料工程师和实验室工程师一起制定试验计划。

典型的室内试验可以是常水头测试，也可是变水头测试。本质上，这些都是控制试验，在测试中横断面积、水力坡降、水流流量都是可以测量的。然后，通过达西定律即可计算渗透性。

以下对垦务局室内试验进行简要说明。

8.3.2.9.1 渗透沉降常水头试验

20 世纪 50 年代到 70 年代大坝建设过程中，垦务局通常使用刚性井壁渗透仪进行常水头渗透与沉降试验。这些测试一般是为设计工作进行的，但也可以是为了做记录，通常在建设过程中用于每 30 000yd^3 的碾压土体。施工报告（L-29 报告）在施工过程中报告此类数据信息。这些数据对于评估已建结构的渗流具有较大价值。渗透仪是用于模拟上覆填土的，试验时在装置的顶板施加荷载。因此，它也可以用于测量饱和夯实填土的沉降。

对于小于 4 号筛孔径的土体，将一个 3in 厚的土体样本（重塑的或原状的都可以）放入一个内径 8in 的刚性井壁渗透性圆筒中。对于小于 3in 粒径的土体，将一个 9in 厚的土体样本压缩放置在一个内径 19in 的刚性井壁渗透试筒中，使来自常水头槽的水在特定的水力坡降下流经样本（经完全浸透后），并且一旦水流稳定时便测量水的流速，同时还要测量变形。一旦测量完成所有需要的压力坡降，可以增大围压继续进行试验。对详细资料、保护措施及试验程序的描述见垦务局《土工手册》第二部分的 USBR 5600 和 5605。

由于在没有反压的情况下，仅通过重力渗流无法确认渗透性低于 10^{-5}cm/s 的土体的饱和度，所以对于渗透性较低的土体，该试验结果是值得质疑的。

8.3.2.9.2 常水头试验

刚性压力盒粒状土标准常水头试验（ASTM D 2434），可以在渗透性高于 10^{-5}cm/s 的土体中进行。这种简单的试验仅在夯实的土体样本中进行。可以使用真空压力将水从样本的底部抽到顶部，以浸透整个样本。常水头水流可以运用在不同的水力坡降。该试验在检验自由排水区的导水率方面是很有效的，如填筑体中的反滤层和过渡带。

8.3.2.9.3 柔性膜反压试验

该试验与先前的试验不同，试验样本并不是被限制在刚性试筒中，而类似于三轴压缩试验，通过压力盒围压将试样限制在膜内。通过反压实现较高饱和度以后，水可以流经整个样本。反压试验可以评估不同组合的有效围压和水力坡降的渗透性（低至 10^{-9}cm/s）。该试验不适用于胶凝土和岩石，包括水泥浆槽材料，因不能用水实现有效反压。标准试验是采用小直径管进行降低水头、抬升尾水位试验。对于渗透性极低的土体，试验可改用液压泵，利用样本底板上的压差传感器测量梯度。该试验可在夯实或完整的土体或岩石样本中进行。试验也可以在不同方向的试样上进行，以评估岩石的各向异性。一般情况下，这一步骤可以通过刚性壁渗透仪降水头或常水头试验（清除土体孔隙中空气的相关规定不适用）获得更可靠、更准确地渗透系数，尤其是对于细粒土体。详细资料、保护措施及试验程序的描述见垦务局《土工手册》第二部分的 USBR5610 和 ASTM D 5084。

8.3.2.9.4　多孔岩石原始渗透性的常水头试验

在真空和常水头条件下，该试验可在圆柱形的岩石样本上进行。主要测试多孔岩石、有缺陷岩石或水泥土衬砌。水流通过样本岩石快速向内流至沿着样本垂直轴纵向钻出的 1/2in 直径的孔中。样本岩石放入容器后，通过中心钻孔对样本施加真空压力，按给定的时间间隔测量水流。然后即可计算出岩石的原始渗透性。详细资料、保护措施及试验程序的描述见垦务局《土工手册》第二部分中 USBR5615。

8.3.2.9.5　非砾石土体的变水头试验

该试验是简单的传统单维固结试验，试验中，可以通过与样本基底相连的水头测管测量渗透性。该试验仅限于渗透性高于 10^{-5}cm/s 的土体，主要取决于固结仪的大小。不同于常水头试验，该试验的水位可以有所下降，但一定要经过精细的测量。对于黏性土，可以通过估算不同荷载下的时间-压缩曲线来测量渗透性。固结发生时的速率是渗透性的函数。详细资料、保护措施及试验程序见垦务局《土工手册》第二部分中 USBR5700。

8.3.2.10　用于渗透性估算的相关施工/勘测数据

对于已建坝，重要的是从工程记录中寻找过去的资料、研究报告或设计详图，这些将会有助于对大坝现场渗透性的理解。这些资料包括：

（1）现场或室内渗透试验（在施工前或施工过程中进行的，垦务局 L-29 施工报告通常包含这些试验结果）。

（2）材料特性数据（特别是级配），可以用于根据已出版资料来估算渗透性。

（3）地质报告和钻孔柱状图，其中可能包含钻孔压水试验资料、裂隙密度和开度尺寸、地基土特性和分层特性、可溶岩体等。

（4）灌浆记录，包含压水试验结果和岩石块体的吃浆情况。

（5）施工图片资料，可以提供施工过程中采用的材料类型信息或遇到的地基材料类型信息。

对于新建坝，类似的数据可以从附近区域建设的其他大坝或工程获得，包括其他土木工程的勘探或施工、油气钻孔勘探或开采、水井钻探记录，以及区域性地质调查等。

8.3.3　测压计和渗流读数

对于已建坝，有关测压管水位和渗流流速的仪表监测数据对评估和分析渗流很有帮助。

8.3.3.1　测压计数据

以下都是测压计数据在渗流分析和评估中的重要作用，下文中的先后不代表这些用途的重要性和适用性排序。

8.3.3.1.1 测定浸润面

测压计常见的用途之一是用来测定填筑体内部的浸润面。浸润面的定义是在填筑体和/或地基内部的一个水面，沿着这个水面孔隙压力和大气压力值相等。换句话说，在渗流分析中，浸润面代表着零压力等高线和任一渗流路径的最高限。

有一点很重要，浸润面不等于测压管水位线。用于极限平衡稳定分析的测压管水位线是一条假想的用来反映填筑体内部孔隙压力的线（如在 SLOPE/W 边坡稳定分析软件中一样）。在稳定分析中，这条线被用来测量每个条片底部的孔隙压力。具体操作方法是用测压管水位线与条片底部的垂直距离乘以水的容重。在稳定性分析中，在纯水平流动或者水面静止的情况下，浸润面才等同于测压管水位线。对于填筑体来讲，流线通常是缓慢下降，因此，等势线不是垂直的，如图 8.3.3.1.1-1 所示。由于有相当大的水头损失，图 8.3.3.1.1-1 中所示浸润面要高于通过测量垂直钻孔中的水位假定的值。在其他水头损失不大的情况下，例如穿过一个强透水层，测压管水位会高于浸润面。因此，在用测压计数据校准渗流模型时，弄清浸润面和实测测压管水位的区别是很重要的。

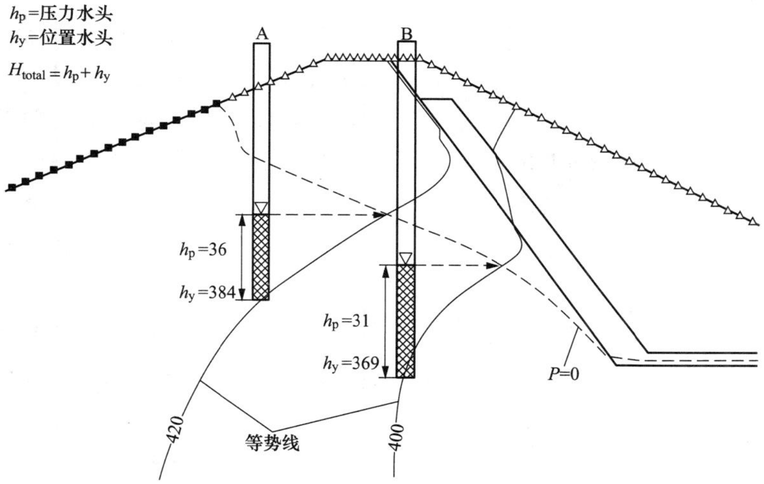

图 8.3.3.1.1-1 测压管水位

8.3.3.1.2 渗流路径位置

在填筑体或地基内设置一系列的测压计有益于对渗流路径的分析。运用多个测压计就有可能绘制出测压管水头等高线，因此也就可以知道大坝或地基哪个部位渗流量较大。

8.3.3.1.3 渗流破坏模式的发展

测压管水位随时间的变化（与库水位的不断变化校正后）可以明显反应大坝或地基内部渗流性状的变化。无法解释的压力上升或下降（波动）可表明存在持续性的内部侵蚀。连续不断的压力值变化可能是由内部渗流路径周期性或间歇性的扩大或缩小（自我修复）引起的。任何过去观测到的测压管水位变化数据都值得研究。

应注意，对于任何涉及水压特性的评估，关键是要认识到填筑体或地基中的临界渗流路径不可能发生在显而易见的位置，所以不太可能将测压计放在准确的地方，测量渗流路径的薄弱环节或关键部位上的重要渗流和内部侵蚀形态。这并不是要贬低测压计的整体作用，而是说不应将令人满意的测压计数据解读为在大坝其他地方不可能有渗流或内部侵蚀发生。

8.3.3.1.4 估算水力坡降

在坝趾不同高程的不同垂直影响区设置多个测压计，有助于对垂直出逸梯度的评估，为评价抗浮稳定性提供数据。在这些情况下，应仔细观察界定的影响区，以确保区分测压计读数位于透水层还是不透水层。跨越数个土层的影响区可能无法提供足够的数据用以精确评估垂直出逸坡降。测压计读数往往反映影响区内透水性最好土层的情况。如果在坝趾处只放置一个测压计，则必须假定测压计水位是位于地基上部还是下部，这使得坡降评估的精确性更值得质疑。

在填筑体或地基的水平向放置两个或两个以上的测压计，得出的数据就可以用来评估渗流路径的水平坡降。因为渗径可以在很多天然（甚至是夯实）材料中蜿蜒缓慢流动，所以，对于坡降到底能否反映潜在的渗流路径的真实状况存在不确定性。

8.3.3.1.5 测定孔隙压力对填筑体稳定性的影响

要想测定会造成填筑体不稳定的高孔隙压力是否存在，放置在填筑体和地基内的测压计提供的数据就显得尤为重要。如果在洪水荷载或其他高库水位情况下测压管水位升高，就必须用文件记录库水位及相关的测压计读数，以识别任何内部孔隙压力引起的测压管水位升高。为了在没有实际高库水位数据时能预测潜在的孔隙压力变化，可将散点图（测压计水位与库水位的关系曲线）中标示的测压管水位变化趋势外推为预期的未来库水位。

8.3.3.1.6 模型校准

使用多个测压计可以为渗流模型的校准提供非常有用的数据。如之前在关于浸润面的讨论中提到的那样，根据预期的流线来确定放置测压计的位置对于精确校准渗流模型有着至关重要的作用。此外，测压计读数可以与模型推导出的水压力拟合，这样可提供比浸润面更严密的校准依据。分析人员应时刻避免只根据现有数据校准而做出不切实际的推测。由于测压计既可以放在关键渗径上也可以不在关键渗径上，所以其数据并不能代表所有情况。当可用的测压计数量增加时，将模型校准至与实际渗流状况相符合的机会也随之增加。在渗流模拟中很重要的一点是，对于任何问题，合理的解决方案也许有多个。在校准的整个过程中，工程经验判断都是必要的。

8.3.3.2 渗流数据

对于新建坝来讲，已有的渗漏或泉涌现象都应该被充分重视，以便于必要时将蓄水后的渗流特性与先前已有的渗流性状联系起来。对已建坝而言，渗流数据对评估渗流问题与建立渗流模型都是很有价值的。下面是渗流数据在渗流评估和分析的重要应用，重要性和实用性无特定顺序。

8.3.3.2.1 渗流路径位置

在填筑体或地基内部某个区域出现的渗漏都可作为渗流路径的指向标。渗流量的相对大小反映了渗流路径的重要性。地表处的渗漏位置有助于摸清由内部侵蚀引发溃坝的潜在危险。例如，接近排水管道下游端的渗漏或者是沿着溢洪道边墙的渗漏可能说明在填筑体/建筑结构的交界处存在内部侵蚀。需要记住的是，关键的渗漏出口有可能藏在堆石区底下，也有可能在未衬砌的消力池里。

8.3.3.2.2 颗粒输移的征兆

设计合理的渗流堰（及类似的流量监测装置）后面都有一个大小适度的水池用以减缓流速，使水中的泥土颗粒沉淀下来。因此，现场渗流量监测很适合用来检测渗流中是否发生颗粒输移。颗粒输移通常被认为是发生潜在内部侵蚀的直接证据。替代沉砂池的较不可取的方案是浑浊度监测装置。这种装置通过观测水的明暗度变化来反映渗流中是否有悬浮细粒土。尽管该方法概念上看似合理，但在实践中，浊度监测装置在渗流挟带泥沙输移的检测中无法提供有用的信息。当渗流量无法被定量，或许是因为渗漏部位无法采取测量措施或流速很低时，肉眼观察的泥沙输移（如沿渗径的颗粒输移）毫无疑问是非常重要的。然而，应该尽一切可能对所有的渗流量进行定量监测。

8.3.3.2.3 渗流破坏模式的发展

渗流量随时间变化时（与库水位变化校准后）可以明显反映出大坝或地基内的渗流特性变化。原因不明的流量增大或减小（即流量波动）可表明存在一个持续性的内部侵蚀，流量的增大或减小可能是由内部渗流路径周期性或间歇性的扩大或缩小（自我修复）引起的。所有过去观测到的渗流量变化都值得认真研究。

8.3.3.2.4 模型校准

流速的测量结果可用来校准渗流模型。在某些情况下，可以测量某个渗流点的总水头并将其与渗流模型联系起来。具体做法是，可以环绕渗流出逸点堆置砂袋，直到水流中断，然后测量水深。除此之外，坝趾的渗流量也可用来校准渗流模型。使用任何实测流量都必须注意它们的来源很多（是三维的），在二维模型中可能无法被充分考虑。

8.3.4 物探检测

物探检测领域在持续改进用于已建坝及地基内渗流场的定位技术。自电位、电阻率成像和电磁勘探在填筑体内部渗流路径的定位方面已经取得了一些成果。通常情况下，这种勘探会在低库水位和高库水位时都进行，以便更好地探测渗流中的异常现象。

物探检测方法同时也可以用来定位由渗流量引发的异常现象。在库内的侧扫描声呐系统探测可以提供关于落水洞或渗流入口点的非常清晰的图像。在探测填筑体内部、混凝土衬砌和管道下方或后方的孔隙或异常现象时，地质雷达非常有用。与其他地球物探技术一样，验证性勘察通常也被用来更好地关联和验证地球物理探测中得来的数据。

8.3.5 染剂示踪试验

染剂示踪试验通常被用在已有渗流的探测中。将有颜色的染剂放入渗流入口点，并对下游的区域持续监测以确定这种染剂在何时何地出现。这种探测方法可以显示渗流的位置及其连续性。通过测量染剂随水流流动的时长便可估算出渗流路径内水流的流速，在假定渗径的面积后，便可将其转化为渗透系数。

用于渗透试验的染剂不止一种，最常见的是罗丹明（玫瑰红），此种染剂可直接用肉眼观察到。为使其可见，其浓度需较高，这对于路径较长或流速较快的渗流来讲有些不切实际。另外一种是荧光剂。这种染剂可以在低浓度下被探测到，但需要借助紫外线传感器或流量计。值得注意的是，有些染剂含有有机物质，所以在含有常见菌群的水库中无法运用。

染剂示踪法也可以用于水下测试。经验表明，在潜水者无法感知的流速下，将染剂撒于可疑的区域，例如靠近大坝上游的地方，可有助于潜水者直接用肉眼观察到水流进入大坝或地基内部。

8.3.6 水、土和岩石化学分析

当溶解现象对大坝构成潜在的威胁时，推荐采用化学分析法。对于一座新建坝来讲，对库水源进行分析时，应该对土体尤其是岩基构成材料做化学成分测试。对可溶性材料来讲，其组成物质以及水的 pH 值将决定其是否有进一步溶解的可能，以及如果有的话会以怎样的速率溶解。总体来讲，这跟地基中水的可溶性矿物质含量是欠饱和还是过饱和有关。

对于已建坝来说，溶解是一个潜在威胁，对水质的周期性检测可以显示是否有溶解发生以及溶解的程度是否有改变。在对库水进行取样时，也应该从确信设在渗流路径上的测压计及下游面渗出点进行渗水取样。然后对所有的样品进行化学分析，以确定水中矿物质以及化合物所占的比例。通过下游渗流水水质与库水质进行对比，就会知道是否有溶解发生以及何种组成物质正在被溶解。进而，通过观察渗流水中已溶解的矿物质及化合物的相对数量，在已知流速的情况下，就可粗略地推算被溶解的地基材料有多少。

化学分析法也可以用于检测在坝体内、坝下或大坝周围的渗流路径。该方法需要从水库、测计以及地表渗出点提取水的样本，通常是在库水位较高时。对每个样品都进行化学分析，绘制一张关于主要化学成分的图表（又称为六成分图法）。然后对各个成分进行比对，分析填筑料和地基土中的何处可以聚集离子，从而弄清楚渗流路径的位置。垦务局对麦凯坝就做过此种类型的评估。

更多关于水质测试的具体信息，可参阅垦务局的《渗流化学手册》。

8.3.7 温度数据及分析

虽然温度监测措施至今在垦务局中并未被广泛使用，但温度数据和温度监测仍然可用于渗流评估。8.6.2.5 节中对该技术进行了论述。

8.3.8 挖槽探测裂缝及空腔

由于下沉、干燥或其他原因，很多填筑坝的上部都会出现裂缝。通常用挖掘法来确定裂缝的深度、宽度和方向。挖掘时必须极度小心，以免危害大坝的完整性。目标位置在经常出现裂缝的坝顶，包括大坝两端附近，坝底地形突变的基岩上方，以及管道的上

方。探测有助于摸清裂缝和空腔的范围，同时有助于跟踪顶蚀或落水洞至其源头。重要的是，应在记录中详细绘制挖槽的边壁及底部等信息。

8.3.9 易侵蚀土体

内部侵蚀能否造成大坝失事很大程度上取决于填筑体和地基内部土体的侵蚀性。土体侵蚀性的可变范围很大。影响土体侵蚀性的参数有：原位应力、土体细粒及黏粒粒径与含量、塑性、分散性、碾压含水量、密度、饱和度、黏性土矿物性质和胶结状况。通常最主要的因素是塑性指标。就大坝的压实土料而言，关于压实度及含水量对各种土体的影响已有大量研究成果。研究显示，在最佳状况下夯实的土层抵抗侵蚀的能力最强。夯实的强度越高，抗侵蚀能力就越强。但是，土体特性如构造、塑性等因素对抗侵蚀性的影响要远大于压实因素的影响。

在多项评估土体侵蚀性的试验中，最常见的是洞侵蚀试验（hole erosion test）和射流侵蚀试验（jet erosion test）。这种试验类似于针孔试验，但规格要大一些，通常为压实试模。洞侵蚀试验是由万和福尔提出，用于简要评估管涌侵蚀和内部侵蚀的潜在风险。万和福尔提出了被称作洞侵蚀指数（I_{het}）的 6 个指数，见表 8.3.9-1。垦务局能够进行洞侵蚀试验，但有些土体不容易测试。表 8.3.9-1 中第 1、2 组土体常因过饱和导致分离，第 6 组土体可能由于水头不够而无法测试到发生侵蚀。

通常，射流侵蚀试验用在需要土体的真实侵蚀特性以评估侵蚀发生的可能性和侵蚀速率时。也可用于指导估计大坝溃口时的侵蚀速率和由于内部侵蚀导致大坝失事的耗时。该试验是将一股水冲射到容器中的浸没土样上。采用深度测试计来测量侵蚀量。垦务局能够进行射流侵蚀试验，如果需要侵蚀率的精确数据时，相比洞侵蚀试验更推荐采用该方法。该试验可在现场进行，也可在试验室内对原状土样以及重塑土样进行。总体而言，该试验所得出的数据可用以更好地评估土体的侵蚀率以及引起侵蚀所需的临界拖拽力。

表 8.3.9-1　　代表性侵蚀指数的定性标准

组别编号	侵蚀指数	状况描绘
1	＜2	极快
2	2～3	非常快
3	3～4	相对较快
4	4～5	相对较慢
5	5～6	非常慢
6	＞6	极慢

一个典型的易侵蚀性土体为分散性黏土。分散性黏土具有高度的可侵蚀性，其之所以被称之为分散性黏土，是因为其很容易分散或悬浮在水面。高度的可侵蚀性是由土体的化学成分和矿物质导致的。典型的指标测试如级配或阿太堡界限含水量等对分散性土的判定没有帮助。因而，垦务局通常采用三个标准试验来界定土体是否为分散

性，及分散性程度。这三个试验分别是：碎块试验，双比重计试验和针孔试验。关于这些试验的规程在垦务局《土工手册》第二部分的 USBR5400，5405 和 5410 中分别有介绍。针孔试验被视为是评估分散性黏土最有效的试验，而其他试验则可以提供更定性的评估。

如果怀疑某个坝体内存在分散性土，则需要进行上述测试，因为分散性土极易发生内部侵蚀而引起溃坝，而且分散性土的内部侵蚀速度要比其他类型土的内部侵蚀速度大得多。在美国和世界的很多地方都有分散性土。那些发现严重侵蚀的细粒裸露的路堑或类似的裸露边坡往往是最可能出现分散性土的可疑地方。

8.4 渗流分析原理及程序

8.4.1 概述

本章的渗流分析主要注重于预测填筑坝和坝基渗流计算的理论和方法。简要的理论介绍后，对不同的分析方法进行了讨论，并探讨了岩土工程评价分析对填筑坝的适用性。

8.4.2 达西定律

最早的渗流逻辑分析是由 1856 年达西定律的发表开始的。法国工程师亨利·达西进行了一系列直立均质砂柱模型渗流试验。该试验证明了层流下的渗流与砂柱的截面积和砂柱两端的水力坡降有关。达西定律的两种常用形式如下

$$q = kiA$$

$$q = VA$$

式中，q 为流量；k 为渗透系数；i 为水力坡降；A 为过水断面面积；V 为表观流速。

需要注意，V 是表观流速，并不是实际流速，实际流速比表观流速大。达西定律适用于大部分土体，但是粗砾石和岩体裂缝中水流可能为湍流，背离了达西定律的假设。对于预测湍流情况下的流速，塞德格伦提供了良好的参考。严格意义上说，达西定律只适用于饱和材料的渗流分析。本节接下来主要分析稳定渗流条件下饱和土体中的假定层流。

8.4.3 拉普拉斯方程

渗流分析主要通过已知边界条件和材料特性模型或方程来描述渗流现象。流经多孔介质如土体的渗流可以采用拉普拉斯方程描述，拉普拉斯方程是大部分渗流分析模型或方法的数学基础。

数学上，拉普拉斯方程是许多科学领域（如电磁学、天文学、流体力学等）的重要偏微分方程，因为其能描述电力场、重力场和流体势能。拉普拉斯方程运用于渗流，其基本原理是流入单元的流量必须与流出单元的流量相同。对于渗流分析，三维拉普拉斯方程的形式如下

$$\frac{\partial u}{\partial x}+\frac{\partial v}{\partial y}+\frac{\partial w}{\partial z}=0 \tag{8.4.3-1}$$

式中，u，v 和 w 分别为流速在 x，y 和 z 方向上的分量。

采用达西定律，上述方程可以用水力坡降和渗透性来表达，只要满足以下假设：

（1）土体是均质的。

（2）孔隙完全充满水（即是饱和的）。

（3）土体无固结和膨胀。

（4）土体和水体均为不可压缩。

（5）渗流为层流，且达西定律适用。

多孔介质中稳定渗流的拉普拉斯方程为

$$\frac{\partial^2 \varphi}{\partial x^2}+\frac{\partial^2 \varphi}{\partial y^2}=0 \qquad \text{2 维渗流} \tag{8.4.3-2}$$

$$\frac{\partial^2 \varphi}{\partial x^2}+\frac{\partial^2 \varphi}{\partial y^2}+\frac{\partial^2 \varphi}{\partial z^2}=0 \qquad \text{3 维渗流} \tag{8.4.3-3}$$

式中，$\varphi=kh$；k 为渗透性（均质各向同性）；h 为总水头；x、y 和 z 为坐标方向。

更详细的渗流拉普拉斯方程的探讨及理论，可参考太沙基和佩克及塞德格伦的论文。

8.4.4 分析方法

有多种渗流分析方法，大部分都采用达西定律并包含求解上述的拉普拉斯方程。分析方法包含简单的图解法到精细的数值分析。

8.4.4.1 图解法

一些渗流分析可以根据已出版文献中的图表进行。这些简化的方法是基于饱和渗流理论和高度理想化的条件，可以用于渗流的初步分析。可用于渗流分析的一系列图表见附录 8-B，根据这些图表可初步评估设计方案（如截水槽、防渗墙、上游铺盖和减压井等）的有效性。

被广泛运用于预测填筑坝内浸润面位置的图解法由塞德格伦建立。图 8.4.4.1-1 ～图 8.4.4.1-3 描述了利用塞德格伦创立的图解法建立浸润面的方法。最著名的渗流图解法应该是流网法。该方法将在 8.4.5 节中单独叙述。

8.4.4.2 物理模型

在数值分析计算机程序出现之前，有时候会通过缩尺物理模型来模拟多孔介质中的渗流，以评价渗流性状。这些模型包括电模拟，砂土模型和黏性流模型等。其中，电模拟法最常用。电模拟法是有效的，因为欧姆定律和达西定律类似，且拉普拉斯方程同样可解释导电介质中电位势能分布及在饱和多孔介质中的水力势能分布。但是由于物理模型已不再使用，因此更多的细节不在此处进行讨论。

8.4.4.3 数值分析

如今，通过计算机编程的数值分析是渗流分析的最常用方法。垦务局渗流分析中常用的程序将在 8.4.6 节中讨论。

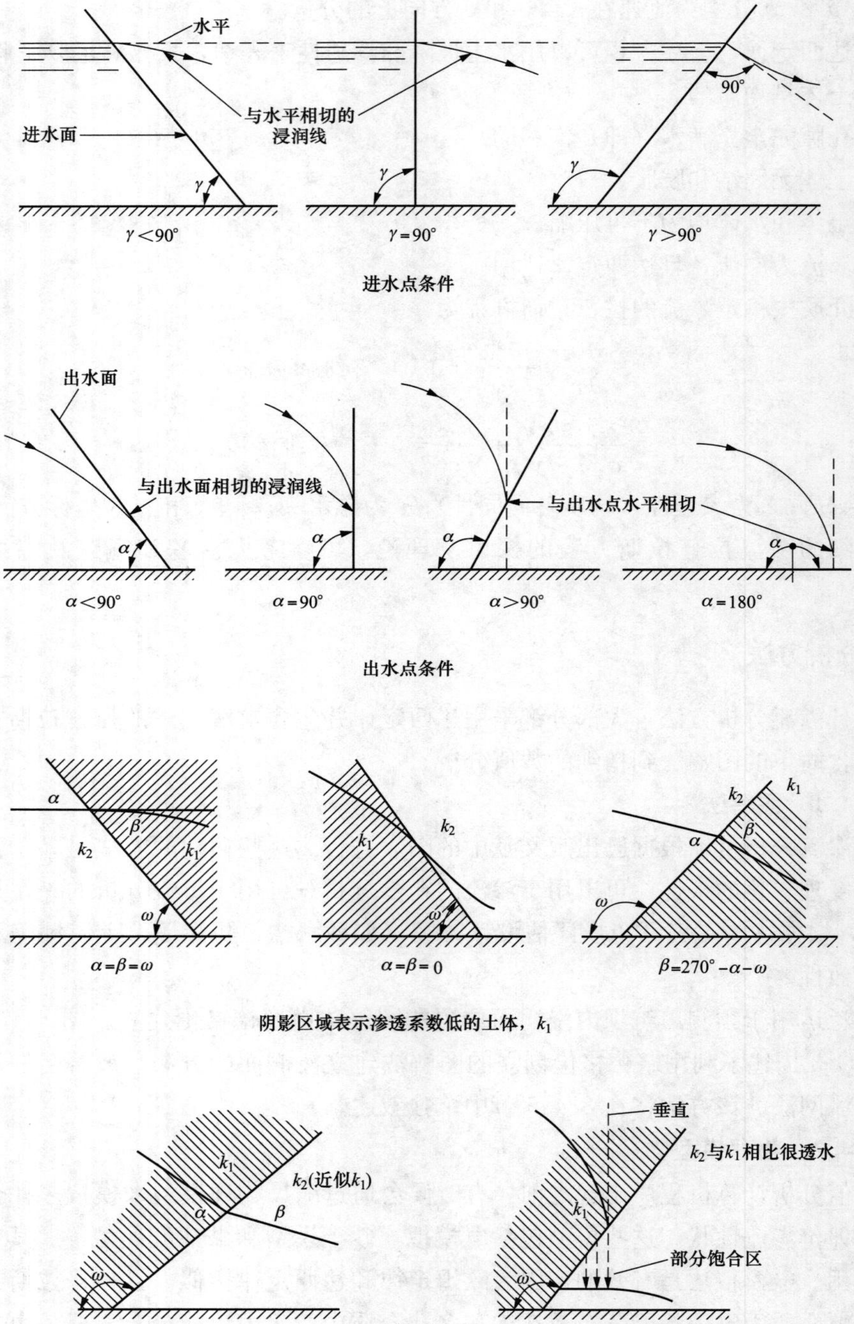

图 8.4.4.1-1　浸润线的入口、出逸以及转移条件

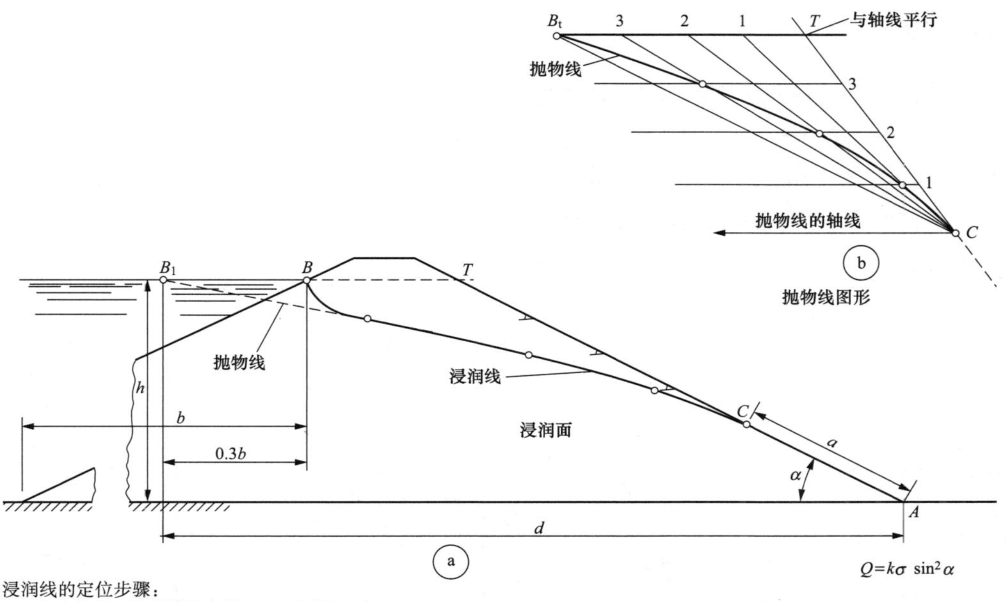

浸润线的定位步骤：

(1) 如有必要，按照附录中图 8-B-2 换算断面。

(2) 定位 B_1 点。

(3) 由公式 $a=S_o-\sqrt{S_o^2-\dfrac{h^2}{\sin^2 a}}$，$S_o=\sqrt{h^2+\sigma^2}$ 定位出水点 C。式中，S_o 为浸润线的长度 $\overline{B_1CA}$。

(4) 用图解法绘制抛物线，如ⓑ图所示。

(5) 通过画一条将 B 点与抛物线连接的过渡曲线来完成浸润线。

(6) 按照附录中图 8-B-2 再次换算断面。

图 8.4.4.1-2 不透水坝基均匀断面浸润线的确定 $\alpha<60°$

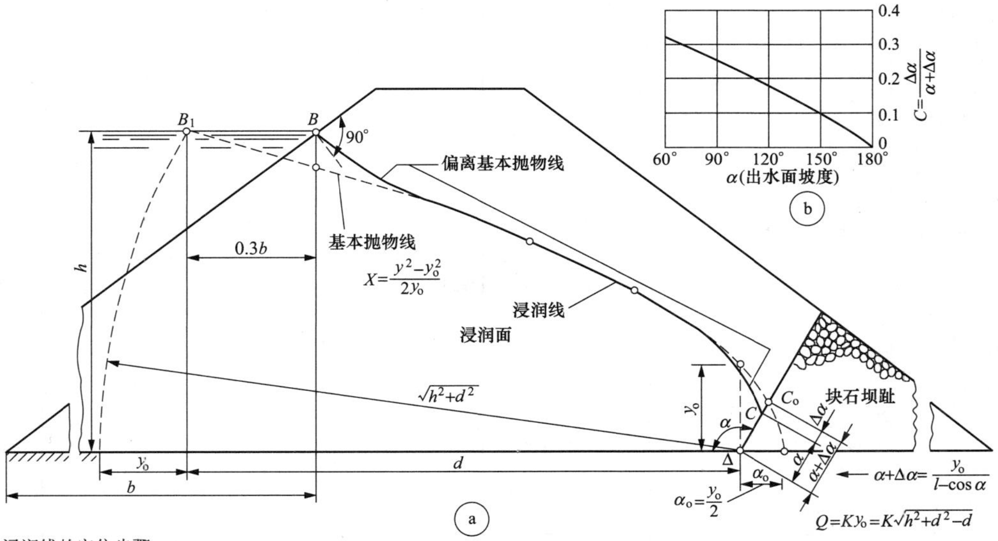

浸润线的定位步骤：

(1) 如有必要，按照附录中图 8-B-2 换算断面。

(2) 确定 B_1 点。

(3) 按图解法或由公式 $y_o=\sqrt{h^2+\alpha^2}-d$ 确定 y_o。

(4) 由公式 $x=\dfrac{y^2-y_o^2}{2y_o}$ 或按附录中图 8-C-2ⓑ中的图解法绘制基本抛物线。

(5) 确定距离 $\alpha+\Delta\alpha$ 并根据本图ⓑ部分计算 $\Delta\alpha$。

(6) 定位 C 点，并用眼测绘从 C 点到基本抛物线的过渡曲线。

(7) 通过画一条将 B 点与抛物线连接的过渡曲线来完成浸润线。

(8) 按照附录 8-B 中图 8-B-2 再次换算断面。

图 8.4.4.1-3 数个不透水坝基均匀断面浸润线的确定 $\alpha<60°$

8.4.5 流网

流网是一种二维饱和稳定渗流中求解水力势能和水流方向的图解法。当渗流系统可理想化为一种或两种均质材料区，且参数的变异性有限时，流网法在估算孔隙水压力、水力坡降和流量时相当有用。流网的基本特性示于图 8.4.5-1 中，流网计算样例示于图 8.4.5-2 和图 8.4.5-3。对于各向异性渗透性，流网可以换算成竖直向和水平向的不同值。图 8.4.5-3 描述了换算断面的用法。

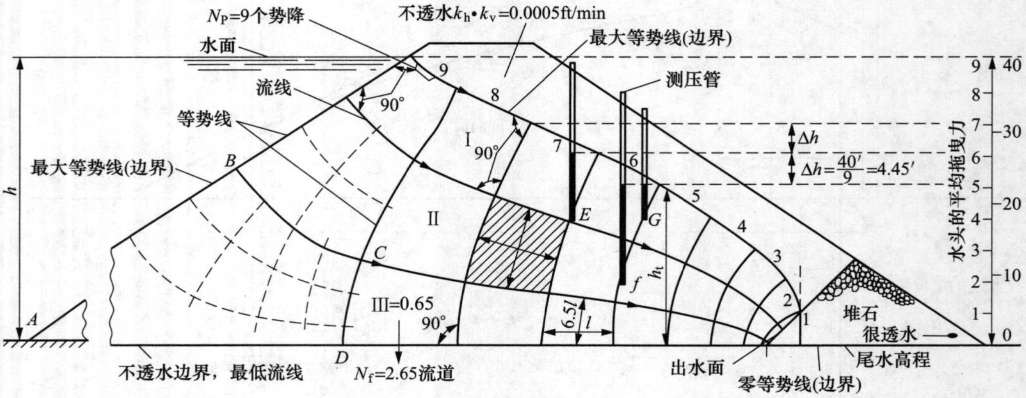

计算：

(1) 断面单宽流量：填筑坝每应酬为 $Q=kh\frac{N_f}{N_P}=0.0005\times40\times\frac{2.65}{8}=0.0059\text{ft}^3/\text{min}$。

(2) 任何一点的静水压力：$h_t=\frac{h_p}{N_p}h$，式中，h_p 为点与零势能之间的势降数量。

在 E 点，$h_t=\frac{6}{9}\times40'=26.7\text{ft}$ 。

在 F 点和 G 点，$h_t=\frac{5}{9}\times40'=22.2\text{ft}$ 。

h_t也可用图解法确定。

(3) 任一"方形"元素的平均水力坡降：$i=\frac{\Delta h}{1}$；对于阴影区，$i=\frac{4.45'}{11.2'}=0.40$。

图 8.4.5-1 表示基本需求与计算的典型流网

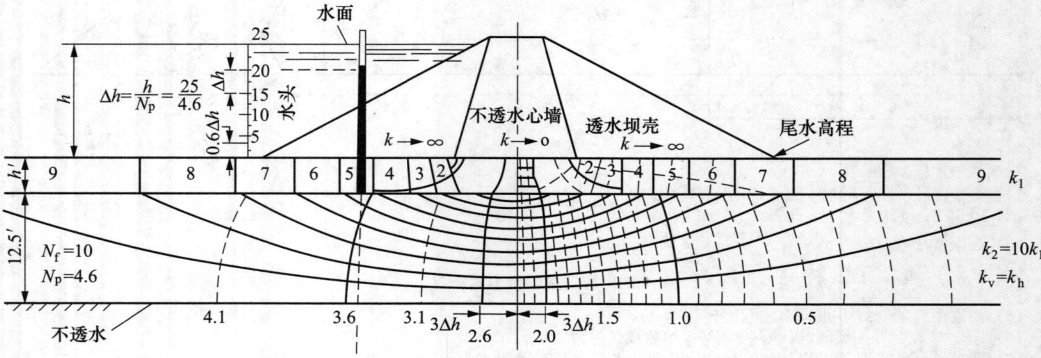

图 8.4.5-2 坝基渗流演算（一）

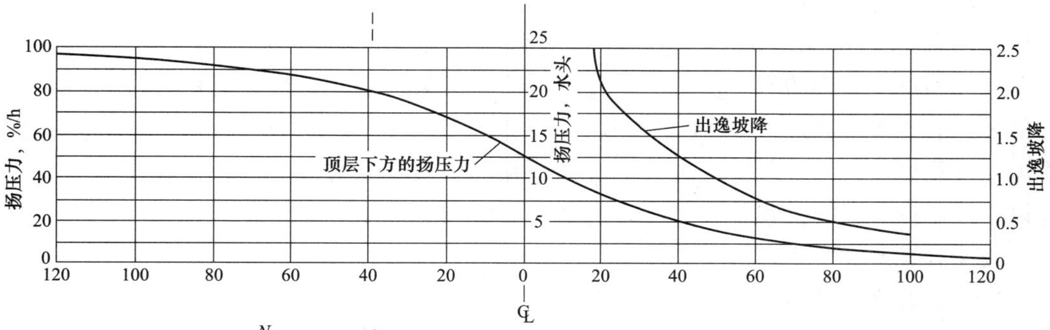

$Q=kh\ \frac{N_f}{N_p}=k_1\ (25\times\frac{10}{4.6})$

图 8.4.5-2 坝基渗流演算（二）

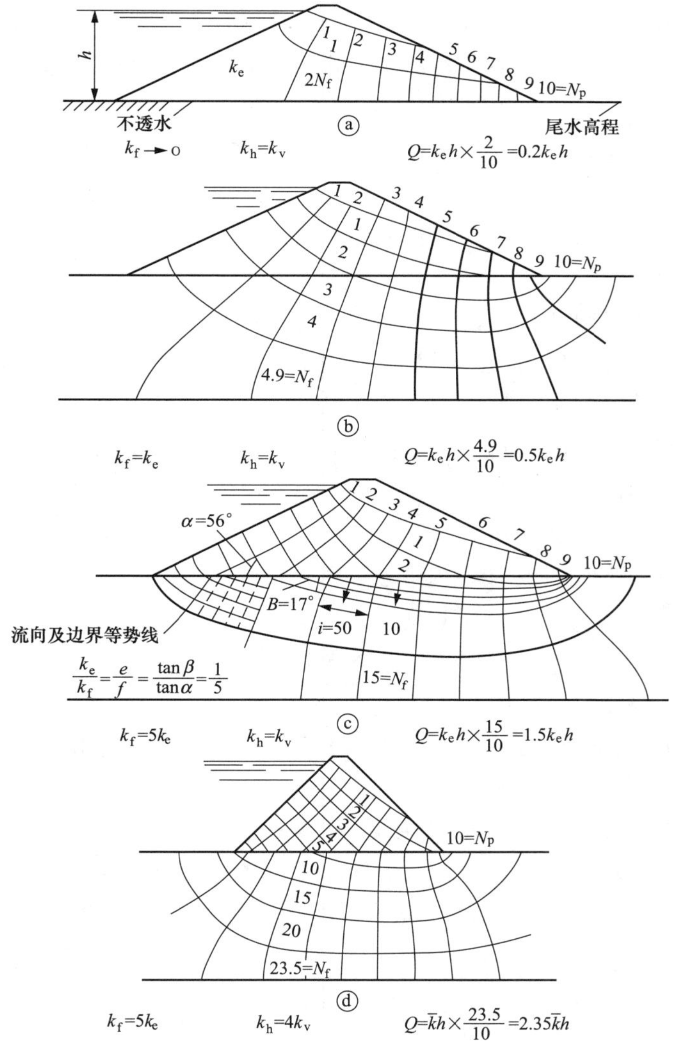

图 8.4.5-3 填筑体和坝基中的渗流

k_e—坝体渗透系数；k_f—坝基渗透系数；k_v—竖向渗透系数；k_h—水平渗透系数；$\bar{k}=\sqrt{k_vk_h}$

流网法有助于渗径的可视化，并能让工程师深入了解断面中的关键区域。虽然流网法现在不常用于渗流分析，但该方法仍是了解流经大坝的渗径和水头损失的最佳教学工具。对于相对不复杂的问题或初步分析，采用流网法仍是合适的。流网由两部分组成：近似竖直的等势线和近似水平的流线。绘制准确的流网需要丰富的经验，因为图解过程中需要反复试探以满足要求（单元长度等于单元高度，等势线和流线夹角垂直）。强烈建议进行渗流分析的工程师，参考流网法的相关文献（如塞德格伦），学习绘制流网的基本技能（或最少要了解），以便在适当的条件下能够运用这一简单方法。

这种图解法最好用于均质和简单的渗流系统，因为多种各向异性材料区域或者需要多参数分析时，往往需要采用更高级的分析技巧。

8.4.6 数值分析

数值分析采用的是一种可获得的商业化计算机程序，其形式越来越复杂、使用范围越来越大，可以模拟各种渗流条件和环境。除了最简单的渗流系统模型，其他方法建议使用计算机数值分析，其优势如下：

(1) 能对复杂系统进行较为简单地模拟，不过仍需要对模型进行简化或概化。

(2) 不需要换算维度或材料特性。

(3) 因为大部分数值模型都利用有限元网格，因此可获得每个节点或位置的计算结果（渗流量、孔隙压力等）。

(4) 更加有利于参数变化分析（敏感性分析）。

(5) 可将结果（孔隙压力、浸润面）运用于边坡稳定性程序中。

(6) 容易模拟填筑坝中添加或删除设计元素。

通常，做渗流分析有以下几个原因：

(1) 估测填筑坝内的浸润面。

(2) 估测填筑坝或坝基的孔隙压力。

(3) 估测填筑坝坝趾的出逸坡降和/或扬压力。

(4) 估测填筑坝或坝基中的水平坡降。

(5) 估测可能穿过填筑坝或坝基的渗流量。

(6) 评估各种降低渗流量措施的有效性。

(7) 估测如坝趾排水或减压井这样的排水设施所排出的渗流量，测定并优化这类排水设施的配置。

(8) 评估降水系统的有效性，或帮助设计降水系统。

并不是本文中所有与渗流有关的数据和问题都采用逻辑分析或数值分析，特别是在采用本章所提到的 2-D 分析措施时。在垦务局，2-D 渗流分析是基准；相关渗流问题的 3-D 数值模型则是在一些项目（如弗吉尼亚州的 Smith 坝）中使用。此外，通常使用的数值模型是以解拉普拉斯方程为基础，$\nabla^2\varphi=0$，这是一个势能边值问题；φ 是势函数；∇^2 是拉普拉斯算子：$\frac{\partial^2}{\partial x^2}+\frac{\partial^2}{\partial y^2}$。对于渗流问题，势函数为总水头。

下列是垦务局（无论是内部处理或是外包）采用的渗流分析程序，用于评估此类渗流问题。

8.4.6.1 SEEP/W 渗流分析程序

SEEP/W 是最主要的渗流分析程序，近年来多为岩土工程小组所使用。作为工程分析应用软件 GeoStudio 的一个组成部分，SEEP/W 是一款 2-D 有限元软件程序，可以分析地下水，也可以分析多孔介质中超孔隙水压力耗散问题。

该程序综合性较强，既能分析简单、饱和、稳定状态下的问题，也能分析复杂、饱和与非饱和、随时间变化的问题。优秀的后处理功能将等势线和渗流路径可视化，可以绘制孔隙压力、渗流速度和坡降等结果的分布云图。跟大部分渗流分析程序一样，计算包括模型内用户自选位置的渗流量和扬压力。附录 8-C 对 SEEP/W 的使用进行了详细介绍以及案例分析。

8.4.6.2 连续介质快速拉格朗日分析法

连续介质快速拉格朗日分析法（fast lagrangian analysis of continua）是一款 2-D 显式有限差分程序，可以对大量的工程用途进行模拟。虽然在垦务局内经常将其用于地震变形分析，但也可以用于渗流分析。不过，作为一个 2-D 程序，相比 SEEP/W 这样的简单程序，它的使用没有什么优点。拉格朗日法能用来模拟孔隙压力对填筑体稳定性的影响。由于在垦务局内使用拉格朗日法进行渗流分析的经验较少，分析师们应参考软件的使用手册，分析其适用性，并判断该程序是否为渗流分析的最好工具。

8.4.6.3 模拟岩石裂隙网络的程序——FRACMAN

FRACMAN 是一款可模拟岩石裂隙网络的程序，因而可以模仿水流经过基岩裂隙的流动，这与等效的多孔介质模型是不同的。垦务局在该程序上的经验相当有限。为了建立一个合适的裂缝/节理基岩系统模型，需要很多地质信息。美国地质调查局有更多该程序的经验，垦务局已经与其签订了对 Horsetooth 坝基岩地基渗流做模型试验的合同。

8.4.6.4 模拟裂隙岩体地基渗流的方法——FRACK

另一个模拟裂隙岩体地基渗流的方法是使用 FRACK 程序。FRACK 是一款目前正在开发中的模拟裂隙介质中的渗流和溶质输移的免费软件。当模拟裂隙介质中的渗流时，FRACK 可作为多孔介质流动模拟装置——MODFLOW 的前处理程序。该程序可以建 2-D 和 3-D 裂隙网络模型。FRACK 基于连续裂隙方法，通过将裂隙绘制于一个计算效率高的有限差分网格中，该方法求得的解与离散裂隙网络（discrete fracture network）计算结果非常接近。网格的采用使得可以利用标准的 MODFLOW 来求解基质流与裂隙流。FRACK 作为前处理程序时，在规则的有限差分网格上绘制确定的和/或随机的裂隙网络，依据的是一种求得的渗流解与离散裂隙网络模拟结果非常接近的连续裂隙方法。因而，FRACK 使用的方法同样可用于离散裂隙网络模拟方法适用的现场，如岩体中的渗流只流经裂隙相互连通、密度从稀疏到中等的裂隙网络。

8.4.6.5 多孔介质流动模拟装置——MODFLOW

垦务局经常使用 MODFLOW 进行降水和排水系统的设计。在垦务局范围以外，这个程序广泛用于评估 3-D 地下水流和污染物迁移模拟，除此以外，还用于评估井的性能。

8.4.6.6 边界积分方程（BIE）

在垦务局，边界元法被用于求解渗流相关边界值问题。与本章所提到的其他数值方法相比，这种程序效果好、效率高、结果精确。在这个方法中，只有渗流区域边界是离散化的，因此 2-D 问题简化为 1-D 问题。垦务局使用计算机程序 BIE2DCP 和 BIE2DCS 进行分区的各向异性介质中的渗流分析。

8.4.7 常规渗流状况模拟

8.4.7.1 稳定渗流

垦务局最常见的渗流分析是模拟稳定库水位下渗流对的大坝影响。该工况的基本假定为不考虑时间变量；而水库水头在充足时间内保持不变，从而形成稳定流态。总之，这多多少少使得分析趋于保守，因为垦务局的水库一般用于灌溉，所以很多水库经历的年度波动显著。分析填筑坝的测压计，显示出一些填筑坝在运行几十年后也没有形成稳定的浸润面。考虑到在测定渗透性和模拟渗流性状方面的不确定性，任何稳定工况假设中的保守假定通常是可以接受的。由此，分析正常运行条件下填筑坝内的渗流量、坡降和孔隙压力时，稳流状态分析是合适的。附录 8-C 给出了一些利用 SEEP/W 软件评估稳定渗流工况的案例。

对于洪水工况，当库水位仅在短时间（几天或几周）内就提升到高水位时，采用高水位下的稳定渗流分析可能太保守，而采用瞬态分析更为合适。

8.4.7.2 水位骤降

库水位骤降可能导致上游边坡失稳，因为库水位骤降会使得库水位对上游边坡支撑作用降低，填筑体内的孔隙水压力来不及消散。这两个因素结合起来，会导致上游坝坡不稳定。在大部分情况下，该破坏机理都没有被考虑到大坝的安全风险中，因为低水位和较大的超高使大坝不会产生溃坝或导致灾难性的渗流量。不过，会产生很多经济上和/或操作上的影响（如 B. F. Sisk 大坝的案例），所以评估水位骤降工况下坝坡的稳定性是很重要的。不同于不考虑孔隙水压力消散的保守假定，SEEP/W 可以用来预测库水位骤降时坝体内的孔隙水压力（是保持不变还是变化）。这些孔隙压力值可导入 SLOPE/W，用以分析上游坝坡的稳定性。

8.4.7.3 非稳定渗流

瞬态分析的案例包括确定填筑坝（或者大堤）受短期洪水荷载的影响情况，评估饱和锋面穿越填筑坝或基础的耗时。可以模拟这些工况下通过填筑坝和地基不饱和区域的渗流。附录 8-C 给出了采用 SEEP/W 对一座新建填筑坝首次蓄水时的非稳定渗流进行瞬态分析的案例。瞬态分析也可以用于预测降水井的水位下降需要耗费的时间。

8.4.7.4 井的性能（降水井、减压井等）

可能会要求岩土工程师为一个有潜在承压流的大坝设计减压井，或者可能需要设计一个降水系统，将水从将要开挖的填筑体/地基中引开。尽管这是一个明显的 3-D 问题，涉及到排水区的深度和水平向面积，但井的性能通常可采用如 SEEP/W 等的 2-D 软件模拟。与建立一个典型的竖直截面不同，一个“平面视图”被用来模拟均匀渗透性和指定深度的地基。这样就可以评估井的间距。附录 8-C 给出了 SEEP/W 模拟井性能的案例。

8.4.8 特殊渗流问题模拟

8.4.8.1 渗流量

对于渗流相关措施的设计、比较不同措施的有效性、判断水库渗流量是否对大坝性能产生不利影响及其类似的问题而言，预测渗流量十分重要。例如设计降水系统，可利用渗流分析为排水管道的预期流入量提供一个大致量级的估计，该计算结果可用于挑选管道的尺寸。实例包括估计流向减压井的坝趾排水流量或其他潜在流量。

渗流量的定量估计也可用于比较各种渗流控制措施的有效性，进而对设计进行优化。例如确定上游铺盖的最佳长度或垂直防渗墙的最佳深度，不同排水位置（和深度）的影响，不同心墙宽度、甚至不同心墙位置的渗流控制效果。

对于新建坝，或加高的大坝（运行改变导致库水位相比以前更高）而言，总体的渗流量显然是需要考虑的问题。

任何渗流分析（渗流量的确定和/或作为设计依据时），应注意这些分析本身的不确定性，并应采用保守的安全系数，以使得设计可以处理预估渗流量可能大幅度增加的问题。进行敏感性分析也是非常有用的，方法是假设关键参数（如渗透系数）的可能变化范围，以便更好地了解可能的渗流量范围。

8.4.8.2 出逸坡降及扬压力可能性

如果测压计覆盖不充分，则无法可靠地确定坝趾处的垂直坡降，需要使用渗流分析来预测垂直坡降。如在 8.2.2 节中所讨论的一样，预测出逸坡降应限制在无黏性土范围内，而扬压力的评估则通常与覆盖在承压透水土层之上的低渗透性土层有关。这些类型的分析对渗透性值、尾水的存在、以及上下土层不同的测压管水位线等因素非常敏感。再次强调，敏感性分析对于评估可能的渗透坡降范围是非常有用的。而且，要注意数值模型的单元大小对于出逸坡降的计算有影响。

计算抗浮安全系数时，应注意为上覆土层或任何作为缓解措施而设置的压重马道、以及隔水层中的预期测压管水位（如果有）赋予容重。

8.4.8.3 内部水力坡降

虽然评估沿典型水平渗流路径上内部侵蚀的形成是非常困难的，但渗流分析可以提供渗流路径上可能渗透梯度的有用信息。利用 SEEP/W，可以获得有限元网格的每个节点或单元的测压水头或坡降，分析者可以借此对被模拟填筑体或地基内的计算坡降进行查验。结合查验预估的渗流路径以及了解渗流路径上的土体性质，其渗透坡降有助于了解内部侵蚀发生的可能性，也许恰位于关键部位。

8.4.9 渗流模拟注意事项

8.4.9.1 模型尺寸及复杂性

对于大多数渗流模型而言，标准的建模方法是确保模型边界远离被模拟的关键建筑物，以确保不产生终端效应。这也有助于确保在关键建筑物的上下游端补充设计措施（非预期）。当初步确定整个模型的尺寸后，有必要考虑将其扩展得更大一些，在随后进行模型缩小远比扩大容易得多。另外，鉴于计算机的运行速度，大型的模型并不是一个难题。其中一个经验法则是首先确定被评估填筑坝（或其他类似建筑物）的底宽，将模型在上下游分别延伸 2 倍底宽的长度。

有限元网格的总尺寸和单个单元（如 SEEP/W 软件中所采用的），很好地反映出足够的尺寸与单元数的最佳平衡，用以描绘合理的特性和有效结果，同时也保证合理的计算耗时。好的建议是从相对简单的模型开始，并根据需要逐步提高复杂度。鉴于在大多数天然（甚至人造的）土体中存在大量的变量和不均匀性，以及地下水或渗流状况的复杂性，任何模型最终都是对实际情况的一个简化。很少有充足的数据可以充分定义岩土工程问题，这就是我们工作的性质。基于这种认识，一个优秀的模型是相对简单地展示工程现场的关键性部位，同时不包含那些对特性模拟不起重要作用的设施（作用较小的单元）。以简单模型开始的优点在于分析者可以轻松核查模型以寻找错误，同时能够对系统特性有基本的了解。开始时，有限元相对粗糙；随着建模继续，单元可变得更小，如果需要，可模拟更多的材料或地质单元，加入额外的模拟细节以更好地了解系统特性。

8.4.9.2 边界条件

边界条件的建立是任何渗流分析的关键组成部分，应谨慎考虑。在渗流问题中，边界条件是用总水头或垂直于边界的坡降来表示的。填筑坝和坝基的典型边界条件示于图 8.4.9.2-1 中。

鼓励分析人员仔细阅读用户手册及其他与项目相关的信息，或向更有经验的使用者咨询，以确保深入理解边界条件选项和选择适合的边界条件。此外，还建议了解不同的水力边界条件（如变水头）。

8.4.9.3 三维效应

鉴于 SEEP/W 程序的便利性和相对快速的求解速度，二维渗流模型是岩土工程小组最经常采用的典型方法。此外，鉴于填筑体和地基渗流模型的复杂性和不确定性，有充分的理由采用相对简单的模型。然而，认识到一些渗流问题有着重大的三维效应也是很重要的。某些三维效应作用很重要，例如，防渗墙末端或裂隙与缺陷处的渗流与坡降，进入排水设施的渗流，以及大面积区域渗流最终汇聚于小面积区域等类似情况。

这些情况中，分析者应认识到二维模型不能完全地反映现场实际情况，并且可能低估渗流量。因此，设计时需要增加一些措施或安全系数，以满足更大渗流量或更高坡降的可能性。为进行更细致的分析，可以建立两个 SEEP/W（2-D）模型。其中一个用于描绘剖面图，另一个用于描绘平面图，以对渗流分量有更深的了解。另外，靠近排水设施和防渗墙端部的渗透性可能增大，表示这些区域可能有较大渗流量。最后，如果认为三维效应可能很关键，则可以使用 8.4.6 节中介绍的一些三维模拟软件。

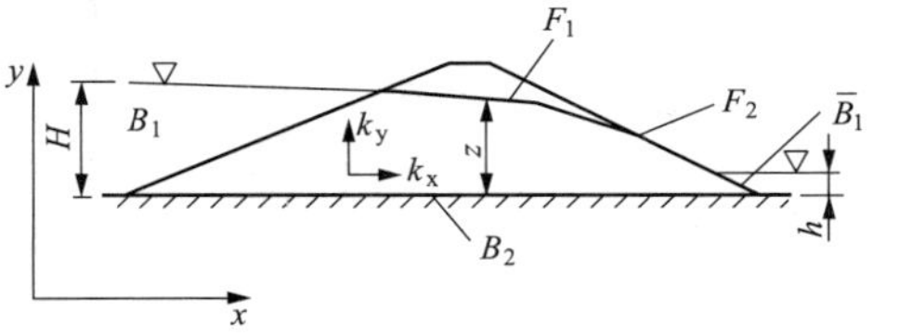

(a) 均质填筑坝中自由面渗流的边界条件(无压流问题)

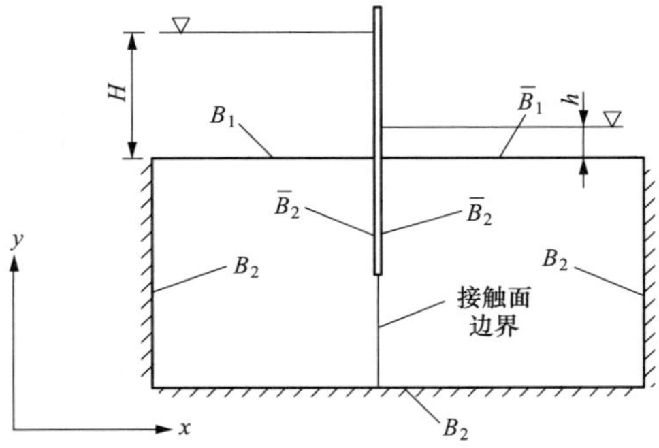

(b) 板桩墙下的渗流边界条件(典型承压流问题)

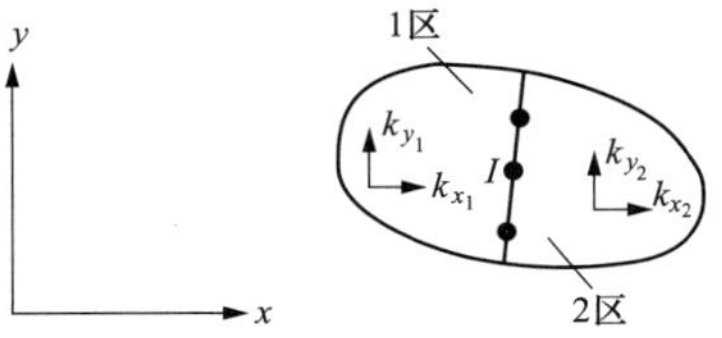

(c) 分区均质各向异性区域之间接触面的边界条件

均质各向异性介质中稳定渗流的控制性微分方程：

$$\frac{\partial}{\partial x}\left(k_x \frac{\partial \phi}{\partial x}\right)+\frac{\partial}{\partial y}\left(k_y \frac{\partial \phi}{\partial y}\right)=0$$

图（a）无压流边界条件：

面	规定的边界条件
B_1	$\phi = H$
B_1	$\phi = h$
B_2	$\frac{\partial \phi}{\partial n}=0$
F_1	$\phi = z$；$\frac{\partial \phi}{\partial n}=0$
F_2	$\phi = Y$

图(b) 承压流边界条件：

B_1	$\phi = H$
$\overline{B}_1$	$\phi = h$
B_2	$\frac{\partial \phi}{\partial n}=0$
$\overline{B}_2$	$\frac{\partial \phi}{\partial n}=0$

图（c）接触面的边界条件：

在 $X_T=\sqrt{\frac{k_y}{k_x}}\times X$ 和 $Y_T=Y$ 的换算空间内，接触面的边界条件为：

$$\phi_{I_1}=\phi_{I_2}$$

$$\left[\sqrt{k_{x_1}k_{y_1}}\frac{\partial \phi}{\partial n}\right]_{I_1}=-\left[\sqrt{k_{x_2}k_{y_2}}\frac{\partial \phi}{\partial n}\right]_{I_2}$$

图 8.4.9.2-1 边界条件

8.4.9.4 模型率定及敏感性研究

鉴于在绝大多数的岩土工程评估中，土体和岩石性质都具有不确定性，模型率定在任何渗流分析中都是非常重要的步骤。模型率定主要包括改变土体特性和水库荷载，以确定分析结果与观测值符合程度。对渗流分析尤其如此，因为对于大多数材料而言，渗透性对级配和密度变化非常敏感。进行敏感性或参数研究应是所有渗流模型中的重要部分。当分析已建建筑物（已有观测数据，如测压管水位和渗流量）时，敏感性研究是根据实测性能对渗流模型进行校准的一个重要手段。在这种情况下，参数数值是可变的，通常每次改变一个参数，直到模拟特性逼近实测特性。对于任何未知数超过已知数的给定模型，有多个有效解。因此，需要根据判断、经验，以及考虑每种材料及参数特性的合理性，来选择模型最终采用的数值。此外，须注意有些观测数据可能是值得怀疑的，这可能是由于仪器误差、未能在最关键的位置布置仪器或仪器不足等。换言之，须考虑布置的测压计和渗流量测量装置是否充分获取了填筑体或地基的预期性状。

对于无监测数据的新建坝或已建坝，敏感性研究同样非常重要。因为敏感性研究对深入了解可能的渗流性状有着重要的作用。涉及的敏感性研究应适当并且考虑周全。大量的模拟工作是靠不断改变参数，每次改变一个参数，并且对结果进行对比和解释。敏感性研究不应轻率实施，但在整个模拟中都充当重要角色。完整的敏感性研究应使分析者对最影响系统特性的那些变量有更深的了解。这也为完善这些数值或对这些数值的变化范围进行模拟以更好地了解建筑物的潜在渗流性态提供了机会。重要的是，寻找到一个解决问题的最好答案是不太可能的，但是通过分析预测潜在性态的变化范围是可能的。避免盲信分析结果，而是将分析结果看作预期性态的指示器，并根据工程经验和判断来分析其合理性。

8.4.10 利用分析结果进行设计和决策

毫无疑问，渗流分析能够为了解潜在的渗流问题提供有价值的见解。然而，在采用分析结果时应了解渗流模型中包含的不确定性。尽管在很多岩土工程问题中存在大量的不确定性，但渗流性状模拟及预测面临的不确定性可能是最强的。因此，在制定解决渗流相关问题的方案时，应对分析结果进行慎重考虑。

8.4.10.1 分析的准确性

渗流分析人员以及分析结果的最终使用者应查阅作者塞德格伦在其文章中对于渗流分析准确性的讨论。实质上，塞德格伦指出渗流分析可视为能预测一般量级的结果，并能逼近渗流性状。即使谨慎地进行详细数值分析，其结果也只相当于对材质特性如渗透性（包括各向异性）的初始假设，以及对填筑体及地基（地质）条件的表述与认知。在岩土工程模型中，拥有充足的数据以反映所有关键部位的情况基本是不可能的。因此，塞德格伦建议在模型建立和结果判读中必须结合自身经验和常识进行。

8.4.10.2 安全系数的考虑

本章列出了必须满足的安全系数（例如高出逸坡降或高扬压力的情况），这些系数较为保守但合理，可以为避免事故的发生提供保障。然而，应该认识到有大量的优质数据和模型置信度较高时，可降低对安全系数的要求。例如，当设有很好的一组测压计，可以对大坝及基础的渗透压力及水力坡降有透彻的认识时，则可以降低对安全系数的要求，因为分析的不确定性少了。尽管在特定工程坝址安全系数的降低是可以接受的，但因为渗流分析在很多关键问题上仍存在不确定性，因此通常不会降低所需的安全系数。

8.4.10.3 在新建和已建坝中的不同应用

对于新建坝而言，几乎没有任何监测数据来论证降低安全系数的合理性，因此在进行新建坝设计或设计优化时，应尽力满足建议的安全系数要求，并遵循本标准中所描述的工程实践。在设计新建坝和已建坝改建时，所有可能的失事模式都应被考虑在内。渗流分析是适当的，但最终设计应确保所有潜在的渗流问题都被相应的设计措施控制在可控的范围内。该分析有助于判断需特别关注的区域（如坝肩处或防渗墙底部），让设计者能深入了解需要排出的大概渗流量（这有助于排水设施尺寸的确定），并给出可能的水力坡降（这可能会导致设计修改以降低水力坡降）。

垦务局对已建坝的安全评估和分析趋向于提供概率性分析结果，而不是确定性的安全系数。严格的确定性安全系数或分析结果通常纳入概率性风险分析。已建坝在水库数十年的运行过程中通常都经过了考验，可提供渗流性状的经验证据（与新建且未经历运行的大坝的假定理论渗流性状截然不同）。因此，对于有良好的监测数据支撑及已成功运行多年的大坝，分析结果的置信度较高，安全系数可适当降低。

然而，应注意不可盲信此前成功运行的情况。垦务局调查显示，即使在满意运行多年后，内部侵蚀仍可能会突然发生。

8.4.10.4 作为风险分析的输入

预测包括内部侵蚀在内的渗流破坏模式的概率是很困难的，尤其在大量因素，包括材料渗透性、实际的水力坡降、渗流路径的准确位置和其他类似变量等，存在不确定性的情况下。为了帮助预测过程，风险调查小组需要依据实际运行数据和渗流分析结果来评估建筑物对渗流的反应。调查小组尤其应该在填筑体或地基的各个部位的水力坡降、孔隙压力、渗流速度、渗流量以及任何异常渗流现象所在位置等方面寻求指导。材料的抗侵蚀性也非常重要。计算的安全系数、渗流量的定量估计及其他参数，可能都没有深入了解大坝/基础特定区域的相对性状（或趋势）以及对比其他大坝所得出的大坝预测性状那么重要。

8.5 渗流减缓措施

8.5.1 概述

本节讨论减轻渗流问题的各种典型措施和设计方法，不管是针对新建坝还是已建坝。这些措施可以归为两大类：渗流控制和降低渗流量。填筑坝的一个基本设计原则就是采用多种防护措施以确保安全。因此，一个良好设计的大坝一定有一系列的渗流控制措施组合。这种设计方法对于渗流问题可能更为重要，因为与坝体及坝基渗流相关的变量和不确定性的范围广。垦务局设计的新建坝或对已建坝的改建均应始终遵循设置多重防线的理念。

8.5.2 渗流控制措施

渗流控制措施目的在于收集或引导渗流进入设计的设施，使渗流得到控制，将不利情况（如高水力坡降、超孔隙水压力、渗流量过大等问题）的危害降到最低。总而言之，这些措施主要就是良好的反滤系统和排渗系统。

8.5.2.1 填筑坝内部的反滤层或排水层

填筑坝内的反滤系统和排水系统通常包括直接置于心墙下游侧的烟囱式反滤层和/或排水层，并与延伸至下游坝趾处的水平反滤层和/或排水铺盖相连。通常，该反滤和/或排水系统由两个独立的区域组成，以保证反滤层相容性和充分的排水能力。应避免在填筑坝内采用上游至下游方向的管道增强水平排水能力，因为这可能使坝体内产生横向缺陷，且难以修复，甚至难以检查。类似的，不鼓励采用土工织物作为坝体内的反滤层或排水层。天然的或经过加工的砂和砾石是最好的内部反滤和排水材料。反滤层的烟囱式部分和铺盖部分的设计均是为了确保心墙或地基中的细颗粒不会被侵蚀进入下游坝壳区。反滤和排水在坝基中应延伸足够深，且在坝体内延伸足够高，以确保所有可能的内部侵蚀通道均被设防。内部的反滤和排水系统毫无疑问是填筑坝设计中最重要的环节之一，应该认真设计和施工。反滤和排水的设计方法在本标准第 5 章“保护性反滤”中有详细讨论。

8.5.2.2　坝趾排水

坝趾排水通常用于来自坝体内排水系统中的水流以及坝基内的渗流。因此，坝趾排水需认真仔细设计，以保证完全满足填筑料和地基土的反滤准则。坝趾排水通常包含带孔的或开槽的管道，管道周围环绕着砾石或小块岩石，外侧再环绕着砂或砾石组成的反滤层。坝趾排水处的反滤层设计在本标准第 5 章“保护性反滤”中详细讨论。

坝趾排水管的大小应确保能排放预测的渗流量。渗流分析经常被用于估算渗流量，由于分析中的不确定性，管道的尺寸设计应确保能排放的渗流量比估算的更大。坝趾排水通常设置在填筑坝内尽量低的部位（符合出逸点及下游地形要求），以便能发挥最大的排水效果。沿着坝趾排水设置的观测井能为检查、监控和维护排水系统提供通道。坝趾排水的设计细节在垦务局大坝与相关建筑物排水系统，《小坝设计》，以及本标准第 5 章“保护性反滤”中详细论述。

坝趾排水的另外一个重要优点是，可定量测量渗流量，有利于对渗流性态的观察和分析。因此，通常在坝趾排水系统内的一个或多个位置设置流量测量系统，如量水堰或量水槽等。

8.5.2.3　排水沟槽

下游排水沟槽用于坝基下游面除了坝趾排水外还有额外排水需求的情况，一般与坝趾平行设置。实质上，沟槽比坝趾排水更深，能进一步减少水压力，为位于典型坝趾排水深度达不到的渗流层提供出口。沟槽开挖后通常用特定级配的反滤/排水料回填，以防止相邻的地基土发生管涌流入沟槽。与坝趾排水一样，一般也设一个开孔的或开槽的集水管，集水管位置尽量低，以便下游仍然有出水口。可以使用安装农业排水装置的专用设备，这些设备可以进行沟槽开挖，明挖支护，以及管道安装与回填（就像在 Bonny 坝和 Pablo 坝中运用的一样）。垦务局也采用泥浆（可生物降解的泥浆）槽法来建造排水沟槽（如在 Wasco 坝）。对于在已建坝中的运用，需对开挖及回填沟槽的稳定性进行评估。

8.5.2.4　减压井

减压井用于将透水地基的超孔隙水压力降低至允许的范围。减压井提供了抗高出逸坡降和扬压力的安全保障。减压井经常被用于减少承压层中的水压力。经过精心设计的过滤垫层被置于井管滤网的周围，以确保地基土不会从井管流入井内。设计此类井的注意事项在垦务局《地下水手册》和美国陆军工程师兵团的《减压井手册》中有详细论述。

减压井的潜在缺陷在于渗流收集效果相对较差，这是由于其影响区域较小。且随着时间发展可能产生淤堵（如在 Red Willow 坝中发生的）。通常，设计时需考虑定期清洗减压井的计划。应测量并记录满库容下的渗流量。减压井可能仅在洪水超高期间才会运行，因此其性能只有在运行时才能被确定。应急措施可能包括在井内放置抽水泵以增强排水性能。

8.5.2.5　水平排水

水平或半水平排水可以钻进到坝基内（通常位于坝肩区域），以减少超孔隙水压力或截断渗流。水平排水修建在岩石和土壤材料中。仔细注意隔离和反滤，防止排水体受到潜在的内部侵蚀是非常重要的。这种类型的排水被用于 Joes Valley 坝、Red Fleet 坝和 Costilla 坝，以降低坝肩的高孔隙水压力和渗流坡降。

8.5.2.6 排水廊道与隧洞

隧洞周围，包括坝底的排水廊道或坝基的隧洞，成扇形布置着一系列深入坝基（通常是岩石）的排水孔。对于可侵蚀基岩，可能需要规划隧洞线路。这些措施的主要目的是降低孔隙水压力，并移除和控制坝底的渗流，通常重点关注填筑坝和坝基的接触面。排水廊道有时也可以用作基础灌浆廊道。垦务局设计的一个实例是 Ridgway 坝的排水廊道（为原始建筑的一部分），排水廊道一部分为隧洞（坝基内），一部分为管道（填筑坝内），并结合大范围的排水孔幕以阻止渗透水流进入左坝肩并降低水位线。类似的措施在建成之后的 Soldier Creek 坝和 Navajo 坝也采用了。采用这种设计措施需注意的是，排水管周围土体内可能产生的潜在高水力坡降。由于这个原因，与填筑坝接触面相邻的或易侵蚀性基岩中的排水管需设置反滤层，以尽可能降低流土进入排水管的任何可能性。对排水管必须进行定期观测，以检查是否有颗粒输移的任何迹象。

8.5.2.7 建筑物的地下排水管

溢洪道和泄水建筑物设计通常包含建筑物的地下排水管，在泄槽和消力池的底下，以降低扬压力和滞点压力，这些力可能导致底板顶托。设在坚硬岩基上的地下排水管很少出现问题。然而，垦务局几座土基上已建坝的建筑物的地下排水管经验表明，破损的管道或设计不当的反滤层包裹会导致回填料或坝基料发生管涌，流入排水设施。这种情况不但危及上覆建筑物，而且可能产生从坝体底下/中间穿过通向大坝上游的内部侵蚀通道，最终可能导致溃坝。设计新的建筑物或重修建筑物时，需特别注意保证地下排水管被适当级配的反滤层包裹，并在施工过程中受到认真的保护。由于在建设后无法进入这些设施，地下排水管不应使用土工织物包裹。

8.5.2.8 排水管的反滤层包裹

过去，沿着排水管道的集中渗流一直是导致填筑坝发生内部侵蚀失事的重要因素之一。在 20 世纪 70 年代中期之前，垦务局设计的填筑坝内的排水管经常设置截水环，以增加排水管外侧的渗径。但从那时开始，设计中不再使用截水环，因为其使得压实工作复杂化，且可能产生不利的应力集中。取代截水环的是采用斜墙的现代管道，利于填筑料的压实。另外，管道槽的开挖宽度应足以形成合理的边坡坡度，以保证充分的压实和最大限度地降低开挖上方填筑土料产生拱效应的机会。但是，保护排水管免受内部侵蚀的最重要措施是完全包裹排水管及与排水管紧密接触的反滤层。通常情况下，这些反滤层可以是填筑体内烟囱式反滤层或排水层的一部分，如 8.5.2.1 节所描述。为了在下覆可侵蚀土料的已有排水管道下方设置反滤层，可能需要移走一小段排水管，并重新放置，如 Keechelus 坝和 Deer Flat 坝的 Caldwell 渠。对新建或改建坝，应在所有穿过填筑坝的管道周围设置反滤层包裹。

8.5.2.9 坝基表面处理

因为在填筑坝/基岩接触面（特别是截水槽底部）可能存在一个无反滤保护的出逸口，适当的坝基处理措施是需要的，以确保心墙材料不会被侵蚀进入基岩结构面。这类处理措施包括在基岩表面开敞式裂缝中灌注水泥浆，用挖补混凝土覆盖裂缝或节理区域，平整坝基不规整表面，以及在高度变质或裂隙节理发育的岩基表面设置反滤层。坝基表面处理措施见本标准的第 3 章“地基表面处理”。

8.5.3 降低渗流量措施

有一系列不同的降低渗流量的措施，其中几乎全部是通过利用竖直或水平帷幕增加渗径的方式来降低渗流量。渗径的增加致使水力坡降降低，进而渗流量降低。

8.5.3.1 填筑坝心墙及位置

宽心墙作为防渗幕的有效性不应被低估。由于宽心墙的低水力坡降，渗流量降到最小。数十年来，宽心墙一直是垦务局大坝的一个特征，这有助于解释为什么没有设置烟囱式反滤层或排水层的老坝没有发生内部侵蚀。相对不透水的土质宽心墙使得水流在经过较长的渗径后水头明显降低。另外，宽心墙减少了坝体内任何缺陷造成渗径连续的机会。鉴于此，过去的垦务局导则通常要求心墙的宽度不低于 1/4～1/3 的水库水头。薄心墙可以使用，但是薄心墙会导致心墙的高水力坡降，且更加依赖于相邻反滤层或排水过渡带的相容性。

在垦务局的填筑坝中，心墙的位置各异。最通常的是将心墙置于坝体的中央，其优点是能提供心墙底部的高接触压力，并经常需要在坝体中央位置设置一个截水槽。这种布置方法有利于增强位于薄弱坝基层上的大坝坝坡稳定性（通过限制上游和下游破坏面穿过地基）。然而，上游斜心墙同样具有优点，如在大坝上游侧进一步降低水头（这能尽量减小下游侧的水力坡降），为大坝下游侧提供大范围的非饱和区，以增强在地震作用下的坝体稳定性。不论心墙的位置，心墙的顶部高程至少应取设计洪水条件下的最高库水位。

填筑坝的分区设计在本标准第 2 章“填筑坝设计”中有详细讨论。

8.5.3.2 截水槽

位于心墙下方并采用不透水土料回填的精心施工的截水槽是尽量减少透水地基渗流量的可靠措施。另外，通过截水槽的开挖过程，可以对坝基条件有更全面的了解，使设计人员获得坝基材料的第一手资料。如果需要的话，可及时调整设计方案（如反滤层级配设计），并进行开挖区底部地基处理，以及沿开挖区下游表面设置反滤层保护。如果可行，截水槽应深入不透水层，底部应较宽，且边坡不应过陡。边坡较陡的狭窄截水槽，会使坝体土体沿槽发生拱效应的可能性增大。一旦这种情况发生，截水槽内的土体并没有承受上覆坝体的全部压力，可能容易产生水力劈裂。局部深入的截水槽相比于全封闭式截水槽，渗流量降低效果较弱，且通常只有在其能嵌入一个相对低渗透性的坝基地层时，或延伸至基岩很深时才使用。附录 8-B 中对不同截水槽深度防渗效果进行了对比。

截水槽的设计在本标准第 2 章“填筑坝设计”中有详细讨论。

8.5.3.3 泥浆槽防渗墙

用泥浆槽法建成的防渗墙能够有效截断大坝填筑体以及地基渗流。对于新建坝，泥浆槽防渗墙可被用作防渗墙（取代防渗的土质心墙），或是在基岩（或其他相对不透水层）埋深相对较深，开挖传统的截水槽过于昂贵时用作基础防渗墙。在已建坝中，泥浆槽防渗墙用于降低填筑体、土质地基以及岩石地基中的渗流量。

这些设施都是通过修建相对较窄的沟槽实现的，沟槽通常宽2～5ft，将膨润土泥浆灌入沟槽，支撑沟槽内壁，以防止施工过程中坍塌。这种相对具有抗渗性的泥浆槽防渗墙部分得益于泥浆在槽的两壁形成了滤饼。为保证泥浆面大致齐平并且距离沟槽顶部几英尺，作业面必须保持齐平。对于相对平坦的地面（同时也取决于回填物的特性），可以让沟槽在相当长距离内保持开敞。在斜面上工作时，需要设一系列的阶梯式作业面，同时，新墙段施工时应与之前施工的墙段间设置搭接。用于修建该类防渗墙的设备包括大型反铲、正铲挖土机、抓岩机以及用于切割岩石及土体的特制岩石铣削机。泥浆槽通常深约400ft，甚至更深，这被业内一些人认为是可行的极限深度。然而，一些专业的承包商称可以修建更深的，同时科技的进步可能使深度加大成为常见的事。

许多回填料可以用于修建防渗墙。以往的泥浆槽防渗墙通常是用土-膨润土料回填而成。掺有泥浆的开挖土料被抛到沟槽的一边。然后，将更多的膨润土浆浇灌到这些材料中，如有必要，需要掺入更多的细颗粒以确保低渗透性，之后用推土铲拌和这些材料，以便制备出充分混合的土-膨润土回填料。最后，将这些回填料用推土机推入沟槽中，这便构成了开挖作业之后的斜坡式回填。垦务局工程中这种结构的例子是弗吉尼亚州 Virginia Smith（Calamus）坝上游铺盖内的防渗墙。这个防渗墙是在大坝施工期间为了尽量降低渗流量而修建的。

另一种泥浆槽防渗墙的修建方法是在膨润土泥浆中加入水泥，形成低强度不含土料的回填物。用这种方法，通常首先在泥浆池或大型搅拌箱中拌和膨润土泥浆，直至完全与水融合。然后，在将完全水合的膨润土泥浆泵送到截水槽现场的时候，在泥浆中加入干水泥。因为水泥-膨润土泥浆混合物同传统的膨润土泥浆密度几乎相同（并且不可能采用导管法将其中的膨润土泥浆置换），这种水泥-膨润土泥浆被用于在挖掘过程中稳定沟槽壁并且留在槽中形成泥浆防渗墙。最终，水泥-膨润土泥浆混合物变硬，形成28d内无侧限抗压强度约为10～30lb/in^{2}防渗墙，其具体数值取决于水泥含量。该类防渗墙可见于垦务局 Diamond Creek Dike 坝，并且曾用于垦务局 A. V. Watkins 坝的修补。

这两种泥浆槽防渗墙的局限之一就是回填料强度低。由于沟槽较窄，会明显起拱，以至于回填物通常不承受覆盖在其上的土体的压力，处于低应力状态。这使得土-膨润土和水泥-膨润土在较小程度上会遭受水力劈裂。事实上，弗吉尼亚州 Virginia Smith（Calamus）坝的土体-膨润土泥浆槽防渗墙在修建期间（在没有库水荷载时）就发生了水力劈裂。这种防渗墙的另一个问题是在高坡降状态下会产生井喷。如果一个泥浆槽防渗墙相对不透水，其沟槽可能承受较高的水力坡降。如果防渗墙将一个渗水的粗颗粒区域截断，高渗透梯度将使得回填物产生管涌，进入下游的坝基粗料层。

为了增强回填物的抗水力劈裂或井喷，可以在土-膨润土混合料中加入水泥，制成土-水泥-膨润土回填料。这种操作比传统的土-膨润土拌和作业更为复杂，可能需要使用拌土机。垦务局 Twin Buttes 坝改建工程就采用了这种防渗墙。

另一种采用泥浆槽法施工的是混凝土防渗墙。使用这种方法，挖掘沟槽通常采用护墙板，然后再用导管灌注混凝土置换泥浆。同样也可以使用塑性混凝土来进行该操作。

这种混凝土掺有膨润土，与传统的混凝土相比脆性较低，与周围的土体具有更高的融合性。塑性混凝土防渗墙用于垦务局 Meeks Cabin 大坝工程中。为增加强度，在浇筑混凝土之前，可制作钢筋混凝土笼下放到开挖处以形成钢筋混凝土墙。垦务局的 Navajo 坝和 Fontenelle 坝的修复都采用了无钢筋的混凝土防渗墙以增加大坝的安全性。无筋混凝土防渗墙也用于 New Waddell 坝的设计与建设中。

泥浆槽防渗墙通常可用于填筑体的上游坝踵处或是贯穿坝顶。在上游位置，防渗墙通常接入上游铺盖中。这个位置的优势有：减小填筑体大部分区域的水力坡降、孔隙压力以及渗流量；分隔工程的主体部分，以加快或优化施工进度；提供更宽阔的工作面；如果库水能放空，就有维修的可能性；避免填筑坝大部分区域可能的低竖向应力。在进行大坝修复时，采用防渗墙贯穿大坝顶部是常见的措施，其优势在于可以降低地基和填筑体的渗流量。

对于所有新建和已建坝而言，渗流分析可用于评估该类措施的有效性，并且确定防渗墙的最佳位置、深度以及范围。对于初步评估，附录 8-B 中的图可以为深入了解不同深度防渗墙的效果提供参考。

在设计泥浆槽防渗墙时，了解横跨这些薄防渗墙、在墙的底部以及墙的端部均会存在较高的水力坡降是非常重要的。因此必须特别重视，以保证在这些部位使用的防渗墙材料能够承受高渗透坡降，以及渗流集中带来的潜在侵蚀影响。当防渗墙与填筑坝心墙存在搭接时，应格外注意确保连接部位不会受到内部侵蚀。

8.5.3.4 其他形式的防渗墙

在修建填筑坝时，除了泥浆槽防渗墙，还有其他类型防渗墙也可以用作控制渗流的垂直屏障。这些防渗墙包括板桩墙、咬合桩墙、刚性土工膜面板墙以及喷射灌浆墙或新型水泥土搅拌桩墙（SMW 工法墙）。

早期的填筑坝板桩墙使用木材，这在古老的坝中偶尔能见到。然而，现在木质板桩墙非常稀少，常见的板桩墙是轧钢材料，最新兴起的板桩是乙烯基和复合材料（如纤维增强聚合物）的板桩。这些产品由不同容重、刚度和截面参数的桩板构成。其特点是沿桩板边缘的联锁接合，这样可以形成连续墙。这些桩板通常用专用设备打入或振捣入地下。有时采用射流促进板桩贯入。用板桩修建防渗墙是非常高效且经济的手段，尤其是在深度相对较浅以及土体中大颗粒较少的情况下。然而，这些防渗墙也有自身的局限以及难度，同时，它们可能不适于作为永久性的或者唯一的防渗措施。密实土层、含有卵石或者大颗粒的土层会损坏板桩，或者在安装时给有效锁口造成困难。在锁口部位出现局部渗漏是正常的，但是随着时间的推移，由于腐蚀（对于钢板桩而言）或细颗粒的移动，这些锁口缝会某种程度地封闭。在 Tarheel 坝以及 Fourth Creek 坝采用了垦务局设计的复合板桩防渗墙来减少渗流量。

咬合桩防渗墙不如其他防渗墙常见，但是可以被视为修建防渗墙的一种潜在方法。这种防渗墙由开挖的圆柱体组成，并回填混凝土，通过在相邻圆柱中重叠以及联锁的方式形成连续墙。为尽量减少穿过小型填筑翼坝的渗流，垦务局 Lake Tahoe 坝工程中采用了咬合桩防渗墙。

垦务局在 Reach 11 号堤（亚利桑那州荒漠中）采用了一种较为独特的防渗墙，它由一层防渗幕及一层砂土反滤层构成，以减少防洪大堤内部侵蚀破坏的可能性。从填筑大堤顶部挖一条沟槽，用可生物降解的泥浆护壁。将 80mil 的高密度聚乙烯刚性土工膜板放入沟槽中的钢制框架上。类似板桩上的联锁装置将膜板连接形成连续墙。将钢制框架拆除，留下土工膜板，然后将反滤砂料回填至沟槽中（通过导管），作为防止发生内部侵蚀的额外措施。原则上讲，可生物降解的泥浆完全分解后，不透水滤饼也就没了踪影，因此反滤层构成有效的第二道防线。

喷射灌浆墙以及 SMW 工法墙被视为改良地基的手段，用于改善易液化的地基。然而，它们有时也被看作降低渗流量的一种途径。喷射灌浆法是将一根特殊的灌注管插入到需要处理区域的底部。在灌注管缓慢提升的同时，旋转并向周围的土体喷射混合浆液，形成一个灌注桩。SMW 工法使用类似的技术形成水泥柱或墙。通过这些圆柱的交错或者布设成一个间隔紧密的圆柱网，大多数地基能够得到处理。总体来说，这些防渗墙作为唯一的控制渗流措施或者防止内部侵蚀的措施让人有所担忧。这是因为构筑完全连续的防渗墙难度大，极有可能存在一个窗口，从而发生局部集中渗流。垦务局尚未使用这种墙作为降低渗流的措施。

8.5.3.5 灌浆帷幕

灌浆帷幕经常用来降低通过坝基及坝肩岩体的渗流量，但是作为一种防渗措施，灌浆帷幕的效果根据地质条件区别很大。尽管灌浆帷幕可以有效地减小坝基的总渗流量，但是若帷幕里存在一个窗口，将使渗径变短，并产生集中渗漏。设置多重帷幕灌浆可提高帷幕的有效性。纯混凝土帷幕灌浆是垦务局工程中最常见的，通常应用于含有裂缝和节理的岩石地基中。与防渗墙要注意的类似，一个成功的灌浆帷幕会在填筑坝与地基接触面的灌浆帽顶部产生非常大的水力坡降。采取一些谨慎的地基处理措施，如灌泥浆、挖补混凝土、铺盖灌浆、地基反滤层（同时设在心墙底部和截水槽的下游面）等，是非常必要的，以确保不存在可能造成心墙侵蚀的无反滤保护的渗流出口。

8.5.3.6 上游铺盖

上游铺盖是填筑坝防水幕（通常为填土心墙）的水平向延伸，通常用于高渗透性覆盖层地基过深，使得采用全封闭式防渗墙不经济时。与之前讨论的降低渗流量的措施一样，上游铺盖也是要延长地基中的渗径。

相对不透水土料常被用于上游铺盖，土工织物也是一种比较经济的选择。通常情况下，上游铺盖的水力坡降较高，确保铺盖材料不产生管涌进入到下面的地基中是很重要的。这可以通过在不透水土料下设置一个过渡带或者反滤层以满足铺盖和地基间的反滤标准来实现。使用土工织物代替低透水性土料，通常不需要在其下面设置反滤层，但是在坝体施工或整个运行期都需要一个垫层或保护层来保护土工织物。由于上游铺盖采用低透水性材料，因此没有必要很厚。铺盖延伸到上游的长度一般来说更重要，可以通过渗流数值分析来估算。对于初步估算，附录 8-B 中的一些图能为深入了解不同长度铺盖的有效性提供有用信息。上游铺盖设计需考虑的因素可参考垦务局《小坝设计规范》，土工织物设计需考虑的因素可参考本标准第 20 章“土工膜”。

8.5.3.7 缓坝坡与马道

采用较缓的填筑坝外坡和马道可以作为一个有效增加坝体与坝基渗径的措施，以降低渗流量。另外，下游侧的马道可以增大安全系数，以抵抗由于坝基高孔隙水压力所引起的扬压力和不稳定性。当设置相应的反滤层和排水层时，下游马道同时可以作为一种渗流控制措施。

8.5.3.8 基础表面处理

坝基表面处理通过封闭未受反滤保护的渗流出口作为渗流控制措施在 8.5.2.9 节中已有讨论。但是，还有一些表面处理同样可以作为降低渗流量的措施，如铺盖灌浆和心墙。铺盖灌浆是一种新方法，而心墙是一种老方法。铺盖灌浆主要用于巩固填筑坝心墙下基岩面的上半部分，采用大量的密集灌浆孔，灌浆孔深度约为 30ft。除了巩固和改善岩基的工作性能外，铺盖灌浆同样可以减少上半部分基岩面的渗透性，进而减少坝体和坝基接触面的渗流量。根据坝基条件，铺盖灌浆可以延伸至心墙下游侧。

起防渗作用的心墙，常用于早期的垦务局大坝中。基本上，将混凝土墙建在截水槽的底部，以便在坝体和坝基接触面上形成隔水幕。这种墙通常伸入基岩至少 5ft，并伸入上覆坝体心墙至少 8ft。这些心墙是从在排水管周围采用的渗流截水环的思路得来的；这些阻水设施阻断并延伸了心墙和坝基接触面的渗径。然而，由于这些墙的不可靠性、易引起的应力集中问题，以及难以压实，这些设施在新建坝中不应使用。

8.5.4 临时应急措施

发现渗流问题时，通常应谨慎，要立即采取行动，因为未受控制的渗流可能很快对填筑体内部造成严重的侵蚀，从而有可能引发溃坝。

8.5.4.1 降低库水位

如果能够在足够短时间内降低库水位，这将是一个最有效的应对渗流问题的应急措施。随着库水位的降低，压力水头以及渗透坡降都会下降，形成更多的安全超高，从而降低溃坝的可能性。当发现产生的渗流或内部侵蚀可能恶化时，垦务局的第一反应通常是降低库水位。而通常这种措施成功与否取决于能否快速地降低库水位。这涉及库容与排泄能力的问题。例如，1965 年在 Fontenelle 坝就采用库水位泄降措施化解了可能由侵蚀引起的溃坝。

8.5.4.2 应急反滤层

如果出逸口无反滤保护，容易引起内部侵蚀的持续发展与扩大。因此，如果在大坝的下游发现大量渗流浑浊时，应使用反滤材料覆盖渗流出逸口。在紧急情况下，如无法及时找到理想的反滤材料，任何相近的材料都可被用来堵漏。C33 型砂石和标准混凝土混合料都是比较合适的。坝顶表面和与之相似的区段都有渗流突发的紧急情况。反滤材料的厚度主要取决于渗流量的大小。小流量的渗漏，比较薄的反滤层就可以解决问题，而对于流量比较大的渗漏而言，则需要厚达几英尺的反滤层，上面覆盖一条由混合料填筑的马道。对于大流量的渗漏而言，最初设置的反滤层由于集中渗流的强大冲击力，也许被直接冲走或侵蚀。在此情况下，应当首先在渗漏处铺设一些较粗的材料（中等大小的砾石到鹅卵石），以分散集中渗流，然后再铺设反滤料和后续的盖重层。在采用这样的渗流分散措施时，很重要的一点是要控制最初铺设的粗料层的面积范围和厚度，因为渗径中的侵蚀沉积物会不断填充粗料层中的缝隙（因此内部侵蚀有可能继续）。此外，在粗料区的上面建立一组顺序合理的反滤层（有足够的容重、厚度），确保出逸口受有效反滤的保护是非常重要的。在周围建立一个反滤料充填的浅槽也很有必要，这样可以截断绕过反滤层的渗流。

8.5.4.3　上游抛填

当发生内部侵蚀通道导致大量浑水渗流的特别紧急情况时，在可疑的渗流入口点向水库抛填填充物可阻断渗流。当有明显迹象表明某个点就是渗流入口点时（可根据水面的漩涡判断），要采取一切必要措施进行封堵。2006 年，垦务局的 A. V. Watkins 坝差点由于管涌而失事，虽然在下游铺设了反滤料，但渗流仍继续（流向其他出逸点），直到在水库以及大坝上游面抛填了土料，大部分渗漏才停止。在下游铺设反滤层可以减缓或阻止内部侵蚀，但无法阻断渗流。而从上游抛填可封堵渗漏入口点，或利用渗流将泥沙携带通过不断发展的孔隙，最终在下游应急反滤层处淤堵。采用上游抛填方法时，同时结合在下游铺设反滤层/马道，效果更为明显。

就像当年垦务局在对 Ochoco 坝进行抛填处理时一样，需考虑在上游抛填料中加入在以后的法证调查中易于辨认的特殊材料。这种添加材料可以包含玻璃岩或煤渣等。这类材料可作为一种标记沉积物，有助于开挖定位内部侵蚀通道。

8.5.4.4　灌浆

即使在紧急情况下，想要找到一个合适的灌浆施工方也需要一些时间。因此，灌浆并不是一个特别常见的用来应对紧急情况的办法。然而，当有足够的证据表明渗流破坏模式正在缓慢发生时，在做出正确行动的最终决定之前，灌浆可以作为一种临时的应急手段。此外，有很多重力灌浆手段，不需要特殊的操作，可以在短时间内施工。这些补救型灌浆被用于值得注意的内部侵蚀事故。

灌浆的用途之一是封堵一些坍塌或设计不合理的排水设施（已成为无反滤保护的内部侵蚀出逸口）。这些排水设施包括坝趾排水管和建筑物的地下排水管。Enders 大坝泄水建筑物消力池底部的排水系统就是个例子。发现消力池附近出现一个渗漏洞，录像监控显示排水管道内有一定的沉淀物，灌浆就被用作缓解内部侵蚀进一步扩大的临时手段之一（并构成永久修复措施的一部分）。

此外，灌浆也可用来填充被探测到的填筑体或地基中的空隙。例如，美国陆军工程师兵团 East Branch 坝内发现了一个大的空隙，探明渗漏洞之后不久，便用重力灌浆法将其填充。伊拉克的 Mosul 坝，其可溶性地基持续恶化，于是便通过廊道进行了不间断的基岩灌浆。另外就是垦务局的 Horsetooth 坝，当时在上游坝趾附近暴露的一个倾斜石灰岩层的上方发现了一个渗漏洞，于是钻了三个直通石灰岩内部空隙的钻孔，通过导管将灰浆灌入钻孔中封堵空隙。

灌浆潜在的局限如下：

（1）如果在渗漏量大的地方进行灌浆，浆液可能被冲走；

（2）灌浆可能只是改变渗流的流向，渗流会在另一个地方导致内部侵蚀，扩大现有的空隙，或产生新的空隙；

（3）灌浆可能会导致反滤层和排水管堵塞，否则，反滤层和排水管将有助于控制渗漏；

（4）浆液会随着时间的推移而变差或析出；

(5) 如果操作不慎，灌浆会带来土体水力劈裂的风险；

(6) 传统的水泥灌浆用在土体中可能不是特别有效，需要考虑化学灌浆。

8.6 渗流监测

8.6.1 概述

填筑坝工程经验表明，失事或事故的主要风险很大程度与内部侵蚀有关，尤其是在首次蓄水期，以及没有反滤措施的老坝中。因此，对填筑坝渗流相关状态进行周密的监测尤为重要。通过实例经验证明，监测可以查明大坝变化状况，转而进行调查或采取干预措施，从而遏制渗流问题发展成为溃坝事故。因此，全面的渗流监测方案极其重要。下面将讨论综合监测方案中的重要组成部分。

8.6.2 仪器监测

填筑坝仪器监测的目的有：①对设计假定和预期进行验证；②有助于更好地了解填筑坝的状态；③监测现场的实际性能；④诊断大坝异常的工作状态；⑤预测在潜在的不同荷载条件下大坝未来的工作性能。在评估大坝潜在的渗流问题方面，目的③～⑤是最主要的。对于大多数新建或者已建坝来说，仪器设施监测渗流影响是至关重要的，因为仪器装置可以提供定量数据，无论是在现有的条件下，还是在潜在的高于经历过的水库水位情况下，运用这些数据都能更深入地分析和评价渗流性状。与大坝的安全性密切相关的渗流问题包括渗流量和水压，有好几种仪器装置可以提供渗流量和水压的有用信息。后面章节没有探讨各种仪器的具体细节。可供读者寻求具体仪器更多细节的现有参考文献包括，本标准第 11 章“仪器与监测”、垦务局的《水测量手册》和《填筑坝仪器监测手册》、美国土木工程师协会的《监测大坝性能的仪器和测量指南》以及邓尼利夫的著作《监测现场性能的岩土仪器》。

8.6.2.1 测压计

测压计被广泛用于填筑坝坝体和坝基，以测量各种不同位置的水位或者水压。常用的测压计在有限的区段或范围内都有一个特定的影响区，使得能够测定土层或岩层中不同位置的水压或者水位。这与观测井是不同的，观测井不是在特定影响区设过滤网。有几种不同类型的测压计，在上面提到的参考文献中都有所列举。在垦务局大坝中常用的测压计包括条孔管测压计、多孔管测压计、(双管式) 孔隙压力计、振弦式测压计。

如 8.3.3.1 节所提到的，测压计数据可以提供浸润面的位置信息、指明渗径的位置、用于估算水力梯度、确定可能影响大坝稳定性的孔隙水压力、识别那些可显示内部侵蚀路径发展的渗流变化。另外，测压计数据可以就渗流控制的有效性和减渗效果提供判据。鉴于各种潜在的益处，安装测压计作为一种评估渗流问题和监测性能的方式，已经普遍被认为是一种慎重而有附加值的做法。但是，关于测压计仍然存在的一些争议，值得进行简要的讨论。

对测压计数据应该仔细研究，以确保反映的渗流状态是合理的。仪器往往会有缺陷或者衍生问题，这会导致错误的数据。这样的仪器问题可能包括堵塞（可能是人为因素）或在立管的某个位置发生剪断（可能在安装过程中），在一个钻孔中由多支测压计构成的装置密封性不好（导致影响区的互通，可能使个别影响区的水位和水压数据不精确），以及仪器性能随着时间的推移发生退化（在很多垦务局的孔隙压力计中发现）。此外，分析人员了解每支测压计的影响区也很关键，这就需要对钻孔记录进行审查。测压计填砂区段的位置与安装和/或测压计间隔不当，都可能意味着不仅仅一个土层和区段的水压和水位受到影响。

在尝试评估大坝内部侵蚀风险时，测压计必须放置在正确的位置（即在集中的渗径）来测定水力梯度，或者为发展中的问题提供预警。由于现场有大量的测压计就相信渗流问题可以被查明，这是错误的，因为大部分基础是不均匀的，坝体土料有潜在的变异性，并且大坝或基础相对于测压计的影响区是无限大的。

当考虑到在可能发生渗流活动的位置安装测压计监测渗流性态时，必须集中注意那些预计会发生更大渗流、更高水力梯度和存在潜在缺陷的区域。由于地质条件和材料性状的变化，坝基和坝肩也许具有更高渗透性的部分，比大坝其他位置可能输送更多渗流。在一些防渗设施附近存在较高水力梯度，如截水槽、灌浆帷幕和防渗墙，在这些防渗设施的上下游侧布置测压计可用于计算水力梯度。基岩中不利的台阶或陡坡，以及泄水管道或溢流道边墙等贯穿性设施，有可能使坝体开裂并存在较强的渗流和渗压。当基础中存在隔水层时，在下覆透水层和上覆隔水层的不同深度布置测压计，会很有利于评估隔水层的浮起问题。

因为在大坝心墙钻孔安装测压计可能会导致水力劈裂，对于在此安装测压计的决策以及安装仪器的顺序和装置都必须格外谨慎。

8.6.2.2 观测井

观测井往往比测压计实用性低很多，主要原因是观测井通常要在很大的深度范围设过滤网，而测压计通常在钻孔的有限区段里有特定的影响区。测压计可以监测土层或岩层中不同位置的压力或水位，但是观测井中的水位可能是钻孔中仅穿过一个特定透水层的渗流所致，又或是具有不同渗透性的不同透水层作用下的复合水位。但是这并不是说，观测井的数据毫无用处，重要的是要认识到观测井数据的局限性和不确定性。总而言之，观测井可合理精确地测定相当均匀沉积层或含水层的地下水位，或大致测定大坝坝肩及周围区域的地下水位。但对于任何需要特定土层的水压和水位的渗流分析或评估而言，观测井的数据可用性低。

8.6.2.3 渗流监测

渗流监测有很多不同的方法。对于小渗流，有时用桶和秒表测量，这种方法就是简单地监测装满一定体积容器所消耗的时间，然后换算成每分钟多少加仑的涌水量。在其他应用中，流量计被用来监测渗流和排水。但是，大多数情况下，通常用量水堰和测流槽测量水流，因为这些设备价格相对低廉且在合理安装和维护的情况下测量结果可信度高。《水测量手册》详细描述了不同类型的量水堰和测流槽，以及大量关于将量水堰和测流槽水尺读数转化成流量的表格。

在填筑坝中，通常要测量所有可到达的排水设施的流量，一般包括坝趾排水、减压井、水平排水、排水隧道以及附属建筑物中的排水设施。由于填筑坝坝趾排水通常几千英尺长，好的做法是沿着坝趾排水系统设置一些检查井，每口井均能测量流量。设在这些井底部的预制或是现浇的测流槽或量水堰，均可沿着坝趾排水系统长度方向分别测量渗流，从而便于确定坝体或坝基发生最强渗流的位置。

通过大坝和坝基的渗流很少能被设计的内部排水系统完全阻断。一些渗流穿过坝基和大坝中无法观察到的区域，因此这些渗流没有测量到。其他位置上，一些无法预测的表面渗流时有发生。如果表面渗流流量足以被测量和引入沟渠，就应对这些渗流进行日常监测。

鉴于渗流测量设备相对简单，其测量数据通常比测压计数据更加准确。但是，重要的是防止渗流绕过量水堰和测流槽、合理地安置和维护水位标尺、确保测量设备的进出通道没有杂草、泥沙和碎石。同等重要的是，渗流测量通常在干燥天气阶段进行，保证渗透测量读数不受最近降水量、地表径流量和地下水补给干扰。大坝的定期监测计划(L-23）通常规定在过去 24h（或 48h）内没有降水或冰雪融水发生时，应读取渗流数据(和进行例行的巡视检查)。

8.6.2.4 浑浊度与泥沙收集

为评估大坝内部侵蚀破坏模式，在渗流测点出现任何输移的土壤颗粒都是至关重要的。渗流物质输移的迹象是渗流相关破坏模式发生或发展的直接证据。渗流速度的增加(根据库水位变化修正）是一种间接的检查方式，因为导致渗流速度增加可能还有其他原因（如灌浆帷幕的功能退化)，它们与沿渗流路径的材料侵蚀和输移有关。

在大部分情况下，泥沙输移监测包括利用量水堰和测流槽上游的静水区或拦沙坑，静水区可使渗流所携带的土壤颗粒沉积下来。静水区应该划线标识以便于识别泥沙沉积。当采取渗流监测时，对静水区出现的任何泥沙都应进行记录，以及定期清理拦沙坑，这些措施是十分重要的。应测量和记录泥沙量，以便确定泥沙沉积速度的发展趋势。此外，须注意防止附近的土壤可能因风力活动和地表径流进入收集区。建议使用防护盖将量水堰和测流槽与外界杂土隔离。考虑到监测泥沙输移（内部侵蚀）的极端重要性，所有的渗流测点都要精心设计可使水流静止和允许泥沙沉积的设施。

另外一种监测泥沙输移的方式是使用浊度计，但是不推荐使用。垦务局的经验表明，该设备往往需要相对大量的维护和保养，并在大多数情况下，不能提供关于渗流泥沙输移的可靠信息。此外，这些设备也不能测量泥沙总淤积量。

一种从排水道监测泥沙输移的方法是引导泥沙流通过土工织物，定期地观测和称量土工织物来确定清水流量或者泥沙情况（和泥沙量)。Navajo 坝的排水道和 Kachess 坝的排水孔都设有此装置。

8.6.2.5 温度监测

温度监测是通常在地基中通过测量温度来探测渗流存在的一种方法。它不是定量的测量流量，而是反映渗流集中和渗径的一个指标。此外，它可以反映渗流的变化情况，这非常有利于监测可能发生的内部侵蚀破坏模式。垦务局在测温仪器方面的经验相当有限，但是，在欧洲测温仪器应用很广泛。温度测量设备可以用光纤电缆连接，基本上形成了一种可以水平或垂直放置的长传感器。从而对于温度测量设备可以沿坝趾线安装的长坝（或者对于防洪堤）而言，温度监测可能是一种非常有用的确定渗流集中的手段，结合其他的常规仪器，可以更加严密地监测集中渗流。

8.6.3 巡视检查

8.6.3.1 日常检查

经常对大坝及周围进行常规检查是大坝安全监测方案的关键部分。在坝体破坏前，全面的巡视检查是查明正在发生的内部侵蚀情况和渗流相关问题的关键。在已报道的发生渗透破坏和内部侵蚀的工程设施中，大部分事故都是通过巡视检查发现的，而不是异常的仪器读数。仪器观测往往只能聚焦于非常有限的影响区域，而全面的巡视检查可以覆盖整个大坝及其周围的区域，从而能更容易地探查到大坝变化情况和新发展的渗流。

常规检查的频率取决于大坝破坏模式存在的风险。因此，建在大的人口中心上游和历史上出现过渗流问题的大坝，需要频繁地进行巡视检查。大部分垦务局大坝根据巡视检查清单（OVIC），每月至少需要进行一次有文件记录的检查，检查单也应根据需要和坝址的环境变化情况进行更新。通常情况下，垦务局工程由运行人员每周检查一次或者在灌溉季节水库水位较高时，每周检查几次。在水库调度运行的重要时期，运行人员会每月多次另外进行非正式巡视检查。此外，巡视检查清单规定，在地震后、洪水期、非常规溢洪道运行时或水库水位超过历史最高水位时，需要进行更高频率的巡视检查。

除了要求大坝和下游区的全面检查，巡视检查清单一般要区分需特别关注的区域。显然，任何存在渗流的区域都非常重要，应格外注意。历史实例表明，填筑坝附近的输水管道或者贯穿性结构是特别易受渗流问题影响的点。地形急剧变化的位置也是有可能产生裂缝的可疑之处。

8.6.3.2 闭路电视监测

闭路电视（CCTV）监测对检查排水管非常有用，比如坝趾排水管、建筑物地下排水管。同样，闭路电视监测对检查大坝中管径小的泄水管道也是非常有用的，例如在印第安人事务局管理的坝中经常采用的金属波纹管。随着管龄的增加，管道退化，为渗流提供敞开的或无反滤措施的出逸口这种潜在可能性增加。闭路电视监测使用的微型相机安装在自行推进系统上或者由杆件和电缆推动，可提供管道内部视角和管道发生崩塌、腐蚀、接头分离、植物根茎侵扰或泥沙淤积的图像。在评价渗流相关破坏模式的潜在可能性时，通过这些监测可以察觉到管道内部是否已经发生腐蚀、排水管道是否在起着适当反滤的出逸口作用，或者反滤排水系统是否在一处或者多处已经受损。

8.6.4 综合监测计划

由于渗流问题在某些特定的条件下可能导致填筑坝灾难性失事，因此关键是要将渗流监测与综合评估大坝安全性相结合。下面着重强调在把渗流监测与垦务局大坝安全活动的其他方面相结合时需要考虑的重要内容。

8.6.4.1 仪器监测和巡视检查相结合

仪器读数和巡视检查各有千秋。为实现渗流性态监测的效益最大化，一个有效的监测方案应该着重强调仪器监测和巡视检查的结合。垦务局编制了一份定期监测计划，即 L-23 表格，用于每座大坝的监测方案。表 L-23 列举了所有需要读数的测量仪器和读数频率，也明确了使用大坝巡视检查清单的巡视检查频次。

8.6.4.2　数据描述和复查

在垦务局大坝中，仪器监测数据通常由灌区或者垦务局工作人员收集。现场读取数据时工作人员应该及时检查数据的合理性，然后向监测检查组提供数据，监测检查组输入数据（若是可用的）并进行检查，以确定读数是否有效，是否在预期限值范围内，或者是否异常。读数异常，通常要联系现场对结果进行核实；如果得以验证，就要与有关技术人员进行更多的讨论。为帮助确定异常性态，通常每台仪器设备都有性能参数，这些参数实质上是给定的条件（如水库水位），确定预期的渗流性态范围。通过将观测到的渗流特性与这些参数对比，异常读数是相当明显的。仪器数据需要存储、标绘，便于以后通过数据采集与管理系统（DAMS）进行审核和评估。借助这样的数据库，工程师可以登录并形成不同的报告和图表来描述任何指定的垦务局大坝的仪器读数。强烈鼓励负责特定填筑坝的岩土工程师定期地进入数据采集与管理系统，审核当前的仪器监测数据（和巡视检查数据）。观察长时间监测的渗流性态的曲线，可以帮助表明是否这些仪器在显示渗流性态长时间的一致性。此外，渗流和测压计读数和库水位的散点图可以验证渗流和压强是否响应水库水位的变化及其变化趋势。散点图是研究渗流和压力变化趋势的最重要图表。图 8.6.4.2-1 和图 8.6.4.2-2 是渗流量和压力散点图的样图。

Hyatt坝渗流与库水位的关系曲线

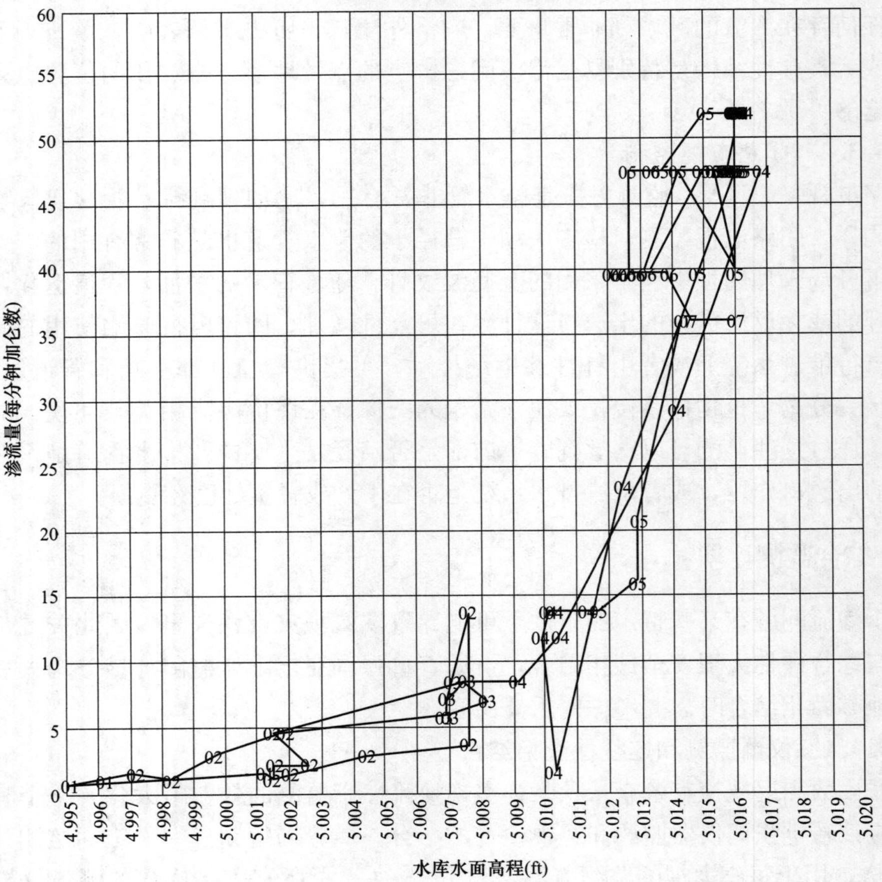

图 8.6.4.2-1　渗流数据散点图

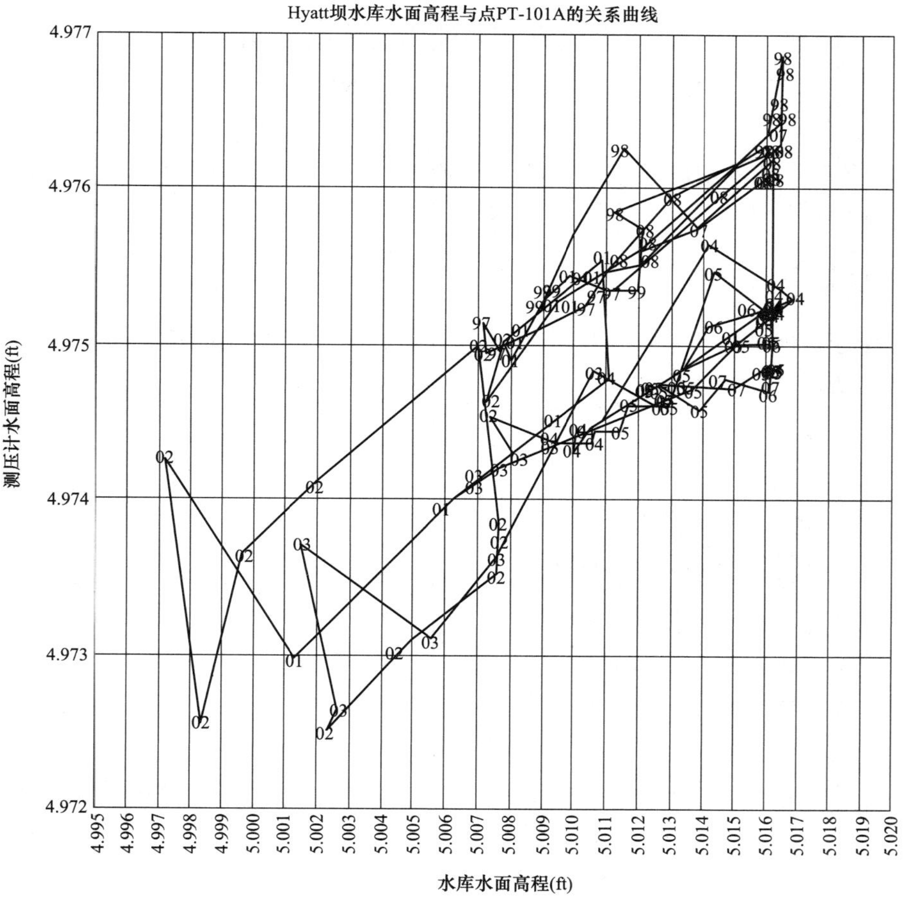

图 8.6.4.2-2　渗压数据散点图

仪器数据本身在监测变化趋势、比较现在的渗流性状和过去的渗流特性时有重要作用。但是，只有通过发挥填筑坝剖面图对坝体特征、地基地质条件、测点位置的描述，才能实现对数据更加全面了解。通过这些基础剖面图加仪器监测图表，可进一步了解整个坝址条件会如何影响或解释渗流特性数据。

8.6.4.3　监测与破坏模式评估相结合

监测方案包括巡视检查和仪器监测，是大坝安全方案的重要组成部分。另外一个必不可少的部分是对特定大坝潜在破坏模式的工程评估。全面调查每座大坝潜在的弱点和缺陷，会使监测方案质量更高，因为检查人员将会知道应该检查什么。在垦务局的大坝安全方案中，破坏模式评估作为大坝综合评估的一项内容，通常定期进行。破坏模式评估的第一步就是编制一份完整的潜在破坏机理清单。下一步就是确定引起破坏模式最可能和不可能的因素。最后一步是运用事件树来展开破坏过程的每一步，然后预估每年的破坏概率。为更好地了解破坏模式的发展和风险评估过程，参考垦务局的《大坝安全风险分析最佳实训手册》。

8.7　参考文献（略）

附录 8-A 填筑坝下游坝趾处的扬压力及出逸梯度注意事项

概述

8.2.2.3 节介绍了利用总应力法和有效应力法计算扬压力的相关讨论。本附录通过一个算例对两种方法进行比较分析。

算例—隔水土层的扬压力

为了便于说明与扬压力计算相关的因素，考虑没有防渗墙的填筑坝下游坝趾情况，如图 8-A-1 所示。

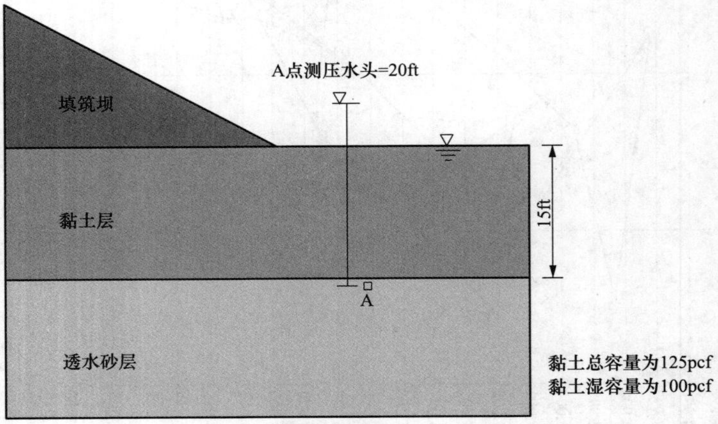

图 8-A-1 填筑坝坝趾处的承压土层

地基上部的隔水层为一层 15ft 厚的覆盖在深厚透水砂层上的黏土层。透水砂层的测压计表明地基砂层承受高水压力。在本例子中，砂层顶部的测压计读数为 20ft 压力水头，或在坝址地面之上 5ft。就像在大多数经典表达式中所做的那样，假设黏土层为饱和状态（即浸润线在地表顶部）。考虑总应力，A 点的扬压力（假设位于透水砂层的顶部）等于压力水头乘以水容重，即 20ft×62.4lb/ft^3，也就是 1248lb/ft^2。总抵抗力等于上覆黏土的饱和容重乘以土层厚度，即 125lb/ft^3×15ft，也就是 1875lb/ft^2。请注意，A 点的有效应力为这两个压力的差，即 1875－1248，也就是 627lb/ft^2。采用总应力方法，安全系数可以定义为黏土层的总重量（单位面积）除以扬压力（单位面积），即安全系数＝1875/1248＝1.5。

另外一种计算力的方法是考虑浮托力及渗流力。考虑渗流力的作用，扬压力实质上为透水砂层顶部的测压管水头差。在图 8-A-1 中，这等同于 20ft（砂层顶部的侧限压力）－15ft（黏土层底部的静水压力），也就是 5ft。于是，扬压力等于 5ft ×62.4lb/ft^3，也就是 312lb/ft^3。抵抗力等于黏土层浮容重与黏土层厚度的乘积，即（125－62.4）lb/ft^3×15ft，也就是 939lb/ft^2。需要注意，用这个方法计算出的 A 点的有效应力等于两者压力之差，即 939－312＝627lb/ft^2，这与上面计算的结果一致。然而，如果要计算两个压力之间的安全系数，即 939lb/ft^2÷312lb/ft^2，则得出的值是 3.0，是前面计算方法得出的安全系数的 2 倍。

很明显，不管用哪种方法计算压力值和其他力的大小，A 点的情况都是一样的。在这个例子中，黏土层有足够的重量和厚度来克服下覆砂层的高水压力，因此，在所假定的条件下该土层是安全的，不受扬压力影响。安全系数是 1.5 还是 3.0 取决于选择哪种分析方法；换句话说，这取决于如何定义安全系数。为了弄清楚两种方法的不同，下面举几个不同的例子来说明。

例如，在实际情况下，上覆黏土层中通常是不设测压计的，因为工程师和地质专家更关心透水层的情况。然而，黏土层的渗流梯度和孔隙水压力对估算扬压力有很大的影响。对库水位是波动的填筑坝（或尚未经历过一次较大水位的河堤）以及相对不透水的黏土层来说，即使运行多年后，黏土层也有可能是不饱和的或部分饱和的。在这种情况下，在黏土层中有一个相对较小的孔隙水压力，隔水覆盖层的抵抗力可由黏土湿容重乘以厚度来表达。假设图 8-A-1 的黏土湿容重为 $100lb/ft^3$。这种情况下黏土层总抵抗力（单位面积）为 $100lb/ft^3 \times 15ft$，也就是 $1500lb/ft^2$。黏土层底部的扬压力保持不变，即 $1248lb/ft^2$。这种情况下安全系数值为 1500÷1248，也就是 1.2。这比 1.5 的安全系数值要小，这是合理的，因为黏土层是非饱和的，其容重较小。

由于此类情况是建立在假设黏土层为非饱和的情况下，所以没有向上的渗流力。因此并没有真正运用浮托力和渗流力法。抵抗力为黏土湿容重减去为 0 的孔隙压力，也就是 $1500lb/ft^2$。扬压力为 A 点实测总水头，因为在黏土层上方没有水。因此扬压力值为 $1248lb/ft^2$，从而安全系数与之前计算的相同。这说明安全系数显著减小了，从 3.0 减到了 1.2，表观稳定性比总应力法推导出的大大降低了。

进一步考虑本算例，假设黏土层的测压水头在土层的中间位置。换言之，黏土中的浸润面在地表以下 7.5ft 处（因此，黏土层底部的静压水头为 7.5ft）。从总应力法来说，扬压力仍为砂层顶部 20ft 水头乘以水的容重，即 $1248lb/ft^2$。抵抗力则为一部分饱和黏土和上部湿黏土之和，即 $7.5ft \times 125lb/ft^2$ 再加上 $7.5ft \times 100lb/ft^2$，也就是 $1687.5lb/ft^2$。则抗浮安全系数为 1687.5÷1248，也就是 1.35。这个值在完全饱和黏土情况下的 1.5 到湿黏土情况下的 1.2 之间。

利用渗流力/浮托力法，净上举渗流力为（20－7.5)ft，也就是 12.5ft 乘以水的容重，等于 $780lb/ft^2$。抵抗力等于土体湿容重乘以 7.5ft（$125 \times 7.5 = 937.5lb/ft^2$）再加上土体浮容重乘以 7.5ft（$62.6 \times 7.5 = 469.5lb/ft^2$），即总计为 $1407lb/ft^2$。得出的安全系数为 1407/780＝1.8；这个值在饱和黏土安全系数值 3.0 和湿黏土安全系数值 1.2 之间。

最后，从另一角度比较两种方法的差别，假设砂层顶部压力水头同样为 20ft，计算原算例中安全系数为 1 时，所需的上覆黏土层厚度。采用总应力法，当安全系数为 1 时：

黏土总容重×黏土厚度＝总扬压力

$\gamma_t lb/ft^3 \times t\,ft = 62.4lb/ft^3 \times 20ft$

$t = 62.4 \times 20/125$

$t = 10ft$

采用浮托力/渗流力法，当安全系数为 1 时：

黏土浮容重×黏土厚度=净扬压力

$\gamma_b \text{lb/ft}^3 \times t\text{ft} = 62.4\text{lb/ft}^3 \times (20 - t)\text{ft}$

$62.6 \times t = 62.4 \times 20 - 62.4 \times t$

$125 \times t = 62.4 \times 20$

$t = 10\text{ft}$

可见，每种方法计算得出的当安全系数为1时的黏土层的临界厚度相同。

总之，使用总应力法以及浮托力/渗流力法计算扬压力可以在隔水土层的底部计算出相同的有效应力值。同样地，两种方法计算出的为抵消特定扬压力所需的临界黏土层厚度相同。基于这些例子，浮托力/渗流力法的安全系数值似乎更不稳定（安全系数值变化幅度很大），该方法似乎还表示安全系数（初始算例中的FS=3.0）通常比人们期望从大部分岩土工程分析案例中得出的值略高。换句话说，3.0的安全系数值在静态稳定分析中代表极其稳定，然而，所描述的突涌情况的例子似乎表明没有那么明显地稳定。鉴于此，推荐使用总应力法来评估抗浮安全系数。

扬压力会导致溃坝

正如上文所述，如果计算表明渗流梯度有可能接近临界梯度，或是扬压力有可能接近上覆地层的抵抗力，那么填筑体和地基就可能出现砂沸（在无黏性土地基中），或者也许会导致低渗透性隔水层产生开裂。对大坝可能构成最大风险的破坏机理是，这些事件随后将导致逐渐的反向侵蚀，从而最终导致溃坝。然而，尽管问题可能很严重，值得立即进行研究并采取可能的行动，但是这些情况并不意味着大坝一定有失事的危险。接下来需要进行的工作是评估潜在的失事模式，以确定砂沸或浮起等情况的严重性。通常，这项工作在垦务局内是通过进行定量风险分析来实施的。

本文件对风险分析不做详细描述，但是可以对几个总的思路和概念进行简单的探讨。以下是一些在确定填筑坝下游坝趾隆起或浮起的严重程度时值得考虑的关键因素。

水平水力梯度

一旦出逸点出现了土颗粒流失，若要出现有可能导致的严重后果，就必须出现反向侵蚀并逐步发展。因此，水平水力梯度（与起初关注的垂直梯度不同）是影响反向侵蚀能否开始并继续的重要因素。正如标准中探讨的一样，一些室内模型试验表明有的侵蚀可能在0.08的低梯度值下就会发生，在干净的细砂中可能更低。Lane的加权蠕变法表明，在非常细的砂或粉土中当水力梯度值大于0.04时就可能发生侵蚀。而且，Wister大坝案例表明分散性黏土在0.02的低水力梯度下就可能发生侵蚀。然而，在大多数情况下，填筑坝下的地基临界梯度值可能更高。风险管理团队必须认真评估潜在的水力梯度和地基土体的性质以确定反向侵蚀开始并继续发展的可能性。

自愈能力

即使产生了反向侵蚀，也有很多因数可以制止侵蚀继续或进行自我修复。首先，除非正在发展的“通道”上能形成一个“屋顶”，否则侵蚀是不会继续的。这通常需要一种有黏聚力的覆盖材料。如果填筑体和地基只由无黏性的材料组成，那么有可能不会发生反向侵蚀。同样，非均质的地基可能有不同材料的区域，它们不能支撑一个屋顶，却能提供填缝或封堵材料来堵塞正在发展的通道。这些方面都是风险分析中的重要探讨点，以评估反向侵蚀向上游持续发展进而导致大坝失事的可能性。

土体侵蚀性

另外一个因素在反向侵蚀过程中起了很重要的作用，它就是地基土体的相对侵蚀性。它反过来取决于土体密度、黏聚力和固结程度（结合水力梯度）。因此，深入了解地基土体的性质对了解侵蚀进展的潜力很重要。

其他的内部侵蚀影响因素

预测内部侵蚀导致溃坝的可能性，还需要考虑其他几个因素，在这里就不一一探讨了。但是，需要考虑以下几点可能性：渗流出口没有反滤措施；采取某些防渗措施限制渗流量；在发展的侵蚀可被监测并使其减缓；填筑坝可能溃坝。

填筑坝边坡稳定

除了上述探讨的内部侵蚀、管涌、溃坝问题等，由于有效应力的降低，坝基中的高孔隙水压力也可能对坝体的稳定造成不利影响。因此，除了内部侵蚀的可能性分析外，分析大坝的坝坡稳定性也是很重要的。这可通过利用诸如 SLOPE/W 等计算方法，以及输入实测或预测的地基孔隙水压力、材料强度、填筑体和地基的几何构造来实现。通常，对预估的几个孔隙压力值进行评估以了解其结果的敏感性。

附录 8-B　分析、设计公式和图表

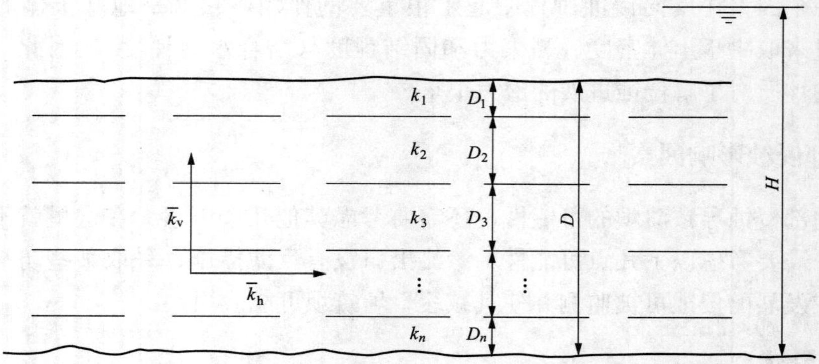

竖向	水平
假设： ①垂直速度 $v=\bar{k}_v\dfrac{H}{D}=v_1=v_2=\cdots=v_n$ $=k_1i_1=k_2i_2=\cdots=k_ni_n$ ②水头损失 $H=H_1+H_2+\cdots+H_n$ $=D_1i_1+D_2i_2+\cdots+D_ni_n$ 所以 $\bar{k}_v=\dfrac{D}{\sum_n^1\dfrac{D_n}{k_n}}$	假设： ①水平流动 $Q_h=\bar{k}_hi_hD=k_1i_hD_1+k_2i_hD_2+\cdots+k_ni_nD_n$ 所以 $\bar{k}_h=\dfrac{1}{D}\sum_n^1k_nD_n$

图 8-B-1　层状沉积土的等效渗透系数

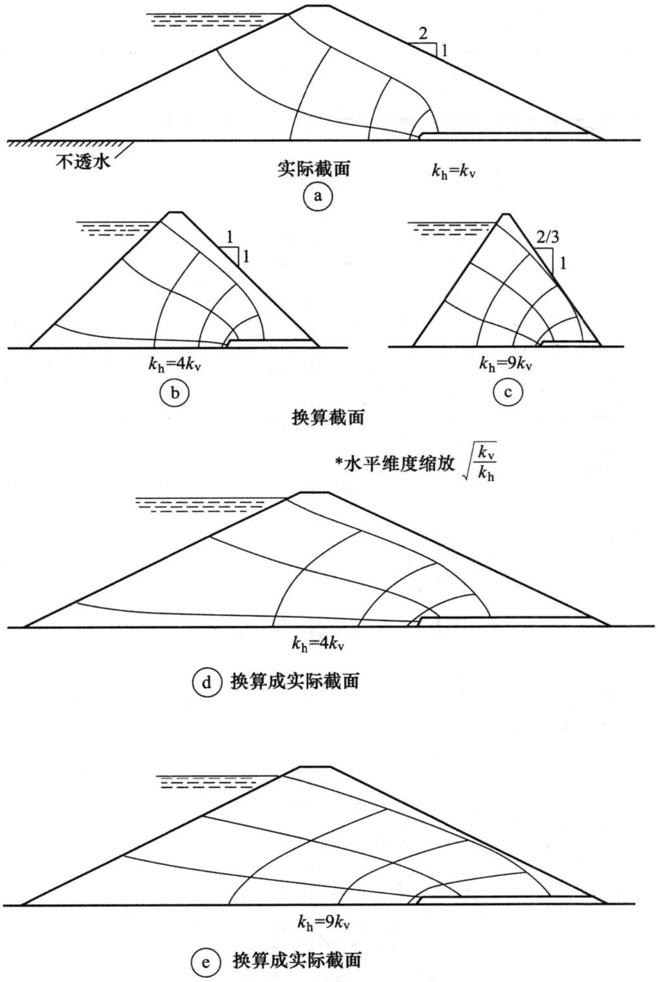

图 8-B-2　各向异性填筑体分析的换算方法

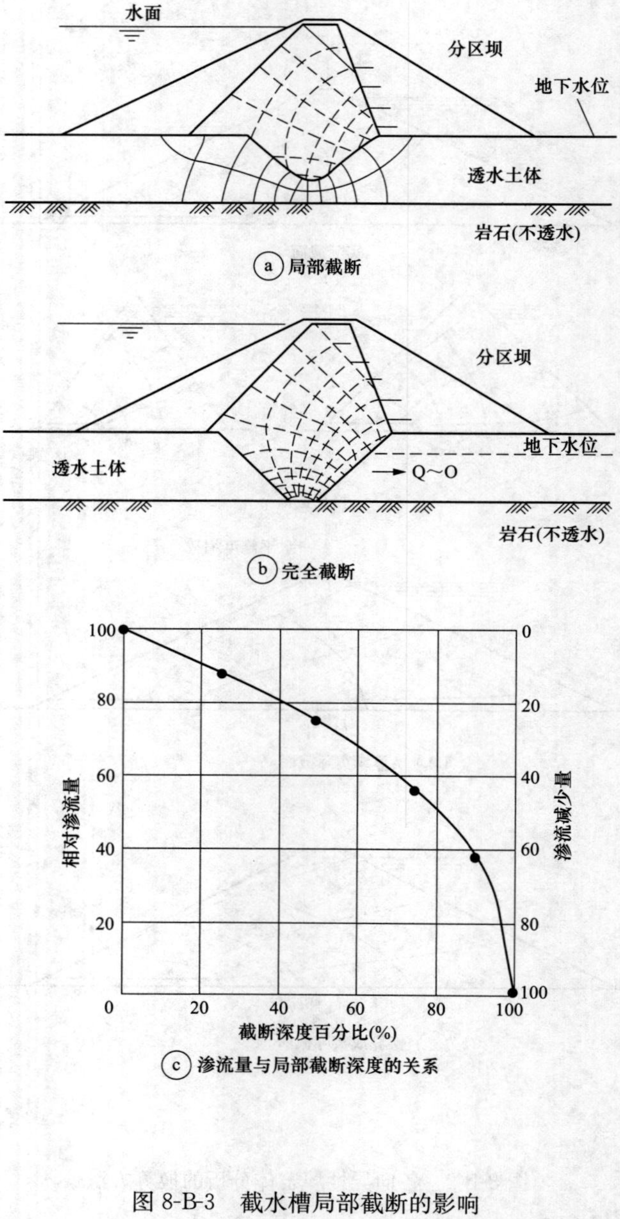

图 8-B-3 截水槽局部截断的影响

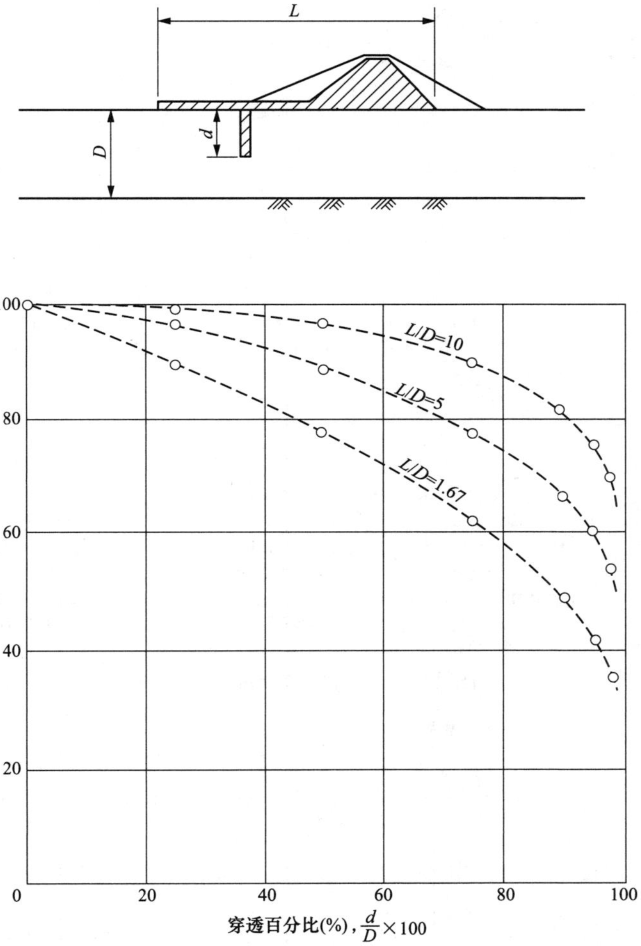

图 8-B-4　防渗墙局部截断的影响

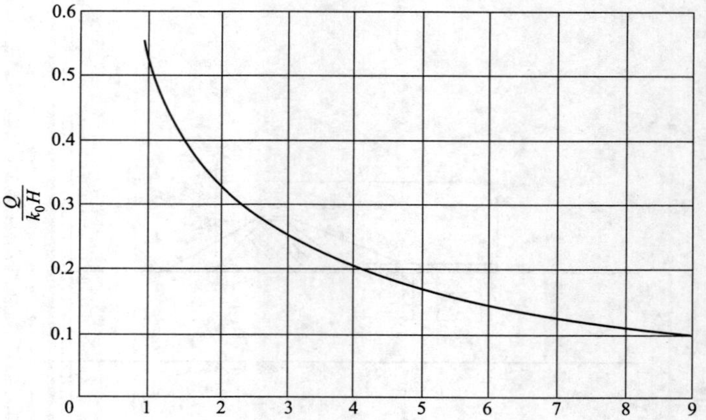

$$\left(\frac{B+B'}{D}\right),\ \left[\frac{B}{D}+\left(\frac{k_o}{k}-1\right)\frac{E}{D}\right],\ \left[\frac{B}{D}+\left(\frac{D}{\sum W}-1\right)\frac{E}{D}\right]$$

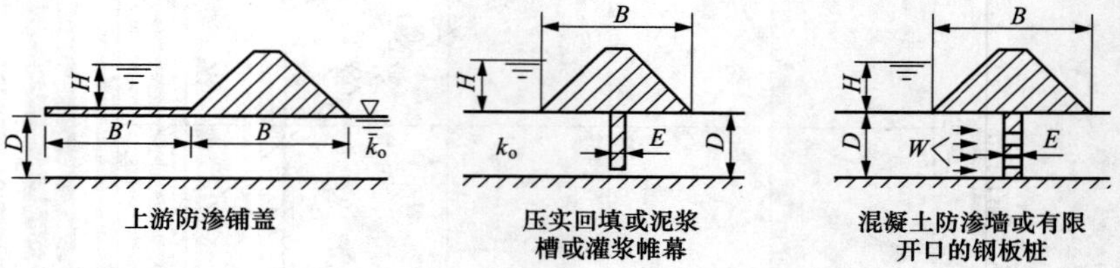

图 8-B-5　防渗墙局部截断的影响

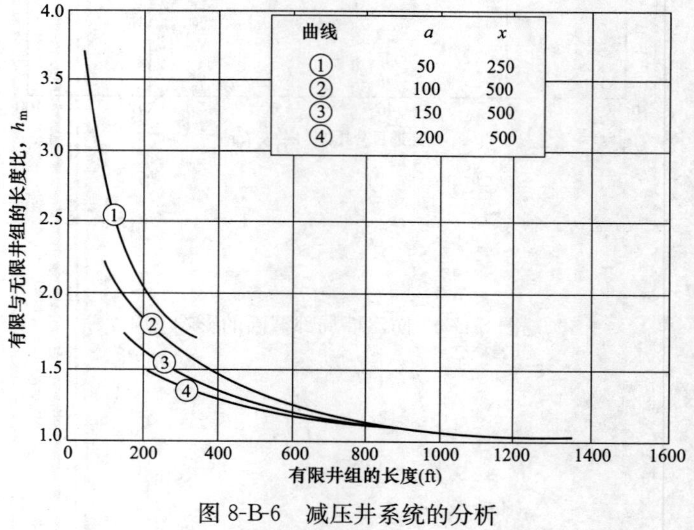

图 8-B-6　减压井系统的分析

①—r_w=1.0ft；②—仅 W/D=100%；③—a 为井组的间距（ft）；

④—x 为出逸口长度（ft）（井的下游）

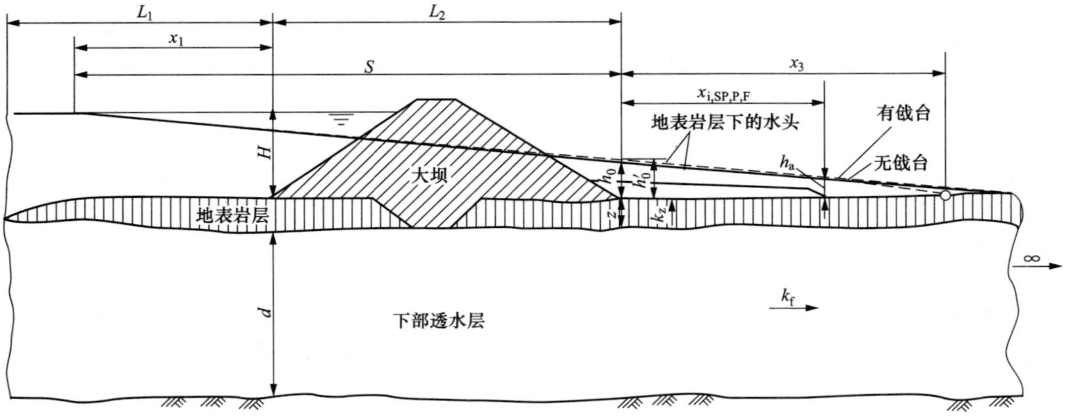

$c=\sqrt{\frac{k_z}{k_f z_d}}$

γ_2 为地表岩层浮容重

γ'_t 为浮容重

γ_w 为水容重

$x_3=\frac{1}{c}$，为下游铺盖的有效长度

$x_1=\frac{\tanh CL_1}{C}$，为上游铺盖的有效长度

$h_o=\frac{Hx_3}{s+x_3}$，为无戗台下游坝趾处的水头

h'_o 为有戗台下游坝趾处的水头

i_o 为下游坝趾处的容许垂直水力梯度（采用 0.2）

i_m 为戗台坡脚处的容许垂直水力梯度（采用 0.3）

h_m 为坡脚处的容许水头值

$x_{1,SP、P、F}$ 为需要的戗台宽度

t 为坝趾处戗台的需要厚度

k_t 为戗台的垂直渗透系数

F 为坝趾处的抗浮安全系数（采用 2）

Q_B 为进入戗台的单宽渗流量

不透水戗台

$$x_1=x_3\left(\frac{H}{h_o}-1\right)-8$$

$$h'_o=H\left(\frac{x_3+x_1}{8+x_3+x_1}\right)$$

$$t=\frac{h'_o-Z\left(\frac{\gamma'_2}{F\gamma_w}\right)}{1+\frac{\gamma'_1}{F\gamma_w}}$$

半透水戗台（$h_1=h_2$）

$$x_{8p}=\frac{-A+\sqrt{A^2-24(2+\gamma)(1+8C-\frac{H}{h_o})}}{2C(2+1)}$$

其中：

$$A=8+38C(r+1)$$

$$\gamma=\frac{i_o}{i_m}$$

$$h'_o=h_8\left[1+cx_{8p}\left(\frac{2+r}{6}\right)(cx_{8p})^2\right]$$

$$t=\frac{h'_o-i_oZ}{1+i_o}$$

透水戗台（$h_1>h_2$）

$$x_p=\frac{1}{3}(x_p+2x_{8p})$$

$$h'_o=h_8\left[1+cx_p+\left(\frac{2+r}{6}\right)(cx_P)^2\right]$$

$$t=\frac{h'_o-Z\left(\frac{r''_2}{F\gamma_w}\right)}{1+\frac{\gamma'_1}{\gamma_w}}$$

自由排水戗台

$$x_F=x_3\log e\left(\frac{h'_o}{h_8}\right)$$

$$h'_o=h_o\frac{Mx_3}{S+x_3}$$

$$t=\frac{h'_o-Z\left(\frac{r'_2}{F\gamma_w}\right)}{1+\frac{\gamma'_1}{F\gamma_w}}$$

$$Q_B=\frac{k_1dH}{8+x_3}(1-e^{\frac{kF}{K3}})$$

图 8-B-7　下游防渗戗台设计

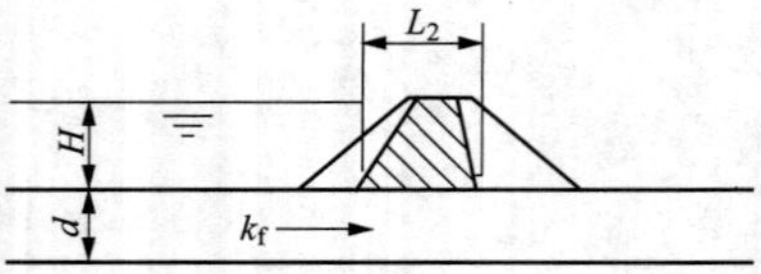

$$\$=\frac{d}{L_2+0.88d}$$

$$h_x=0$$

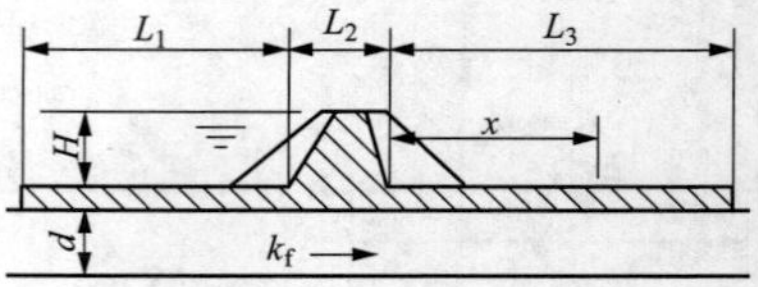

$$\$=\frac{d}{L_1+L_2+L_3}$$

$$h_x=H\left(\frac{L_3-x}{L_1+L_2+L_3}\right)$$

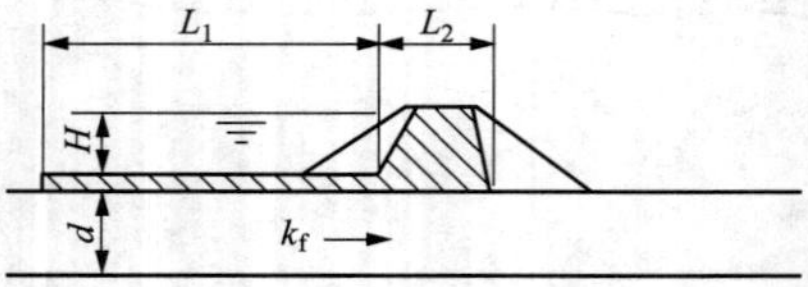

$$\$=\frac{d}{L_1+L_2+0.43d}$$

$$h_x=0$$

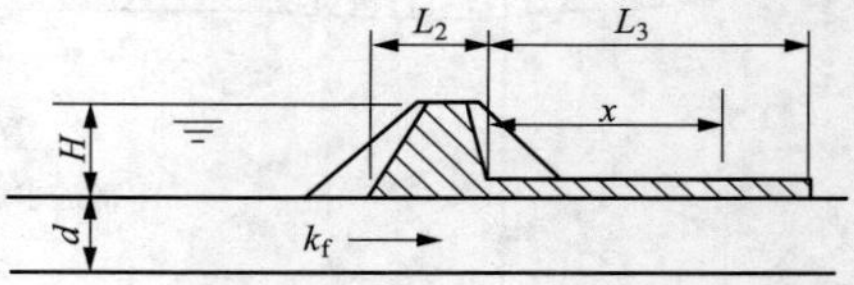

$$\$=\frac{d}{0.43d+L_2+L_3}$$

$$h_x=H\left(\frac{L_3-x}{0.43d+L_2+L_3}\right)$$

图 8-B-8　不透水铺盖计算公式

h_x 为距离下游坝 X 处铺盖下的水头；\$为渗流方程中的形状因子；$Q=\$k_fH$ 为大坝单宽渗流量。

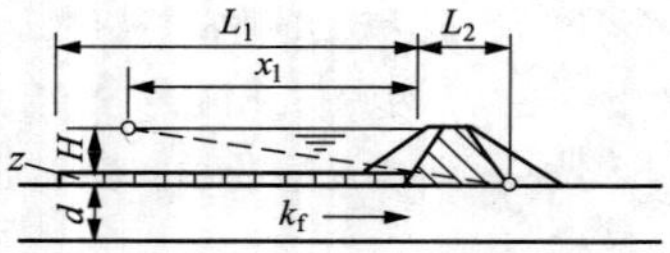

$$x_1=\frac{\tanh cL_1}{c}$$

$$\$=\frac{d}{x_1+L_2+0.43d}$$

$$h_x=0$$

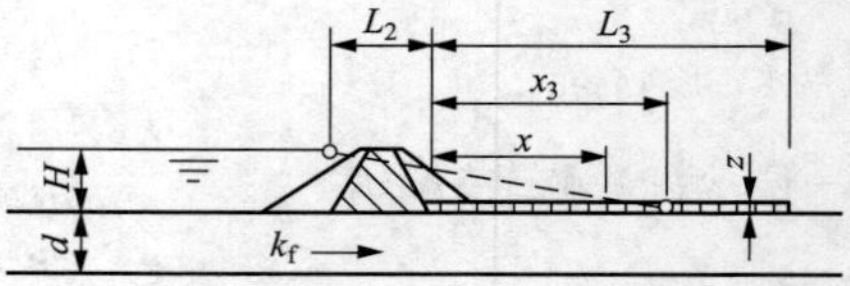

$$x_3=\frac{\tanh cL_3}{c}$$

$$\$=\frac{d}{0.43d+L_2+x_3}$$

$$h_x=H\left(\frac{x_3-x}{0.43d+L_2+x_3}\right)$$

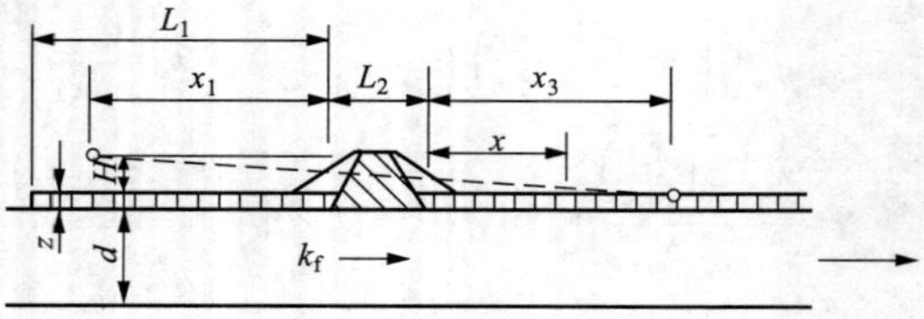

$$x_1=\frac{\tanh cL_1}{c}$$

$$x_3=\frac{1}{c}$$

$$\$=\frac{d}{x_1+L_2+x_3}$$

$$h_x=H\frac{e^{-cx}x_3}{x_1+L_2+x_3}$$

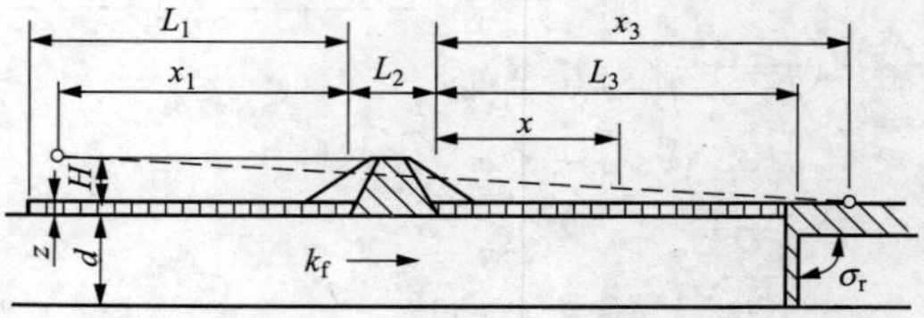

$$x_1=\frac{\tanh cL_1}{c}$$

$$x_3=\frac{1}{c\tanh cL_3}$$

$$\$=\frac{d}{x_1+L_2+x_3}$$

$$h_x=H\left(\frac{\cosh c(L_3-x)}{\cosh cL_3}\right)\left(\frac{x_3}{x_1+L_2+x_3}\right)$$

图 8-B-9　半透水铺盖的计算公式（一）

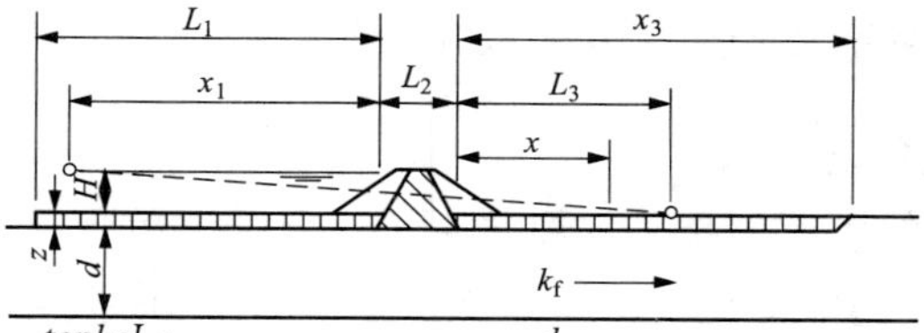

$$x_1=\frac{\tanh cL_1}{c}\qquad \$=\frac{d}{x_1+L_2+x_3}$$

$$x_3=\frac{\tanh cL_3}{c}\qquad h_x=H\left[\frac{\sinh c(L_3-x)}{\sinh cL_3}\right]\left(\frac{x_3}{x_1+L_2+x_3}\right)$$

图 8-B-9 半透水铺盖的计算公式（二）

h_x 为距离下游坝趾 X 处铺盖下的水头；k_b 为铺盖的垂直渗透系数；$c=\sqrt{\frac{k_b}{k_f z d}}$ 为因子；\$为渗流方程中的形状因子；$Q=\$k_f H$ 为大坝单宽渗流量。

附录 8-C SEEP/W 渗流分析的讨论和算例

一、SEEP/W 分析介绍

岩土工程小组进行的渗流分析，主要采用 GeoStudio 软件包中的地下水渗流分析软件（SEEP/W）有限元数值分析法。SEEP/W 程序可用于模拟土体和岩石等多孔介质内的流体流动以及孔隙水压力分布。总的来说，SEEP/W 程序可用于模拟完全饱和渗流或者饱和-非饱和渗流。典型的饱和渗流是一个承压流（非自由面流）问题，如结构下面的渗流，如图 8-C-1 所示。饱和-非饱和渗流是一个自由面流问题，如填筑坝内的渗流，如图 8-C-2 所示。

除传统的稳态饱和流分析外，SEEP/W 的饱和-非饱和流公式可将渗流作为时间函数分析，并将这样的渗流随时间变化的过程视为填筑坝库水位骤降情况及降雨入渗情况。这一瞬态特征使得能对湿润锋的移动和超孔隙水压力的消散等问题进行分析。

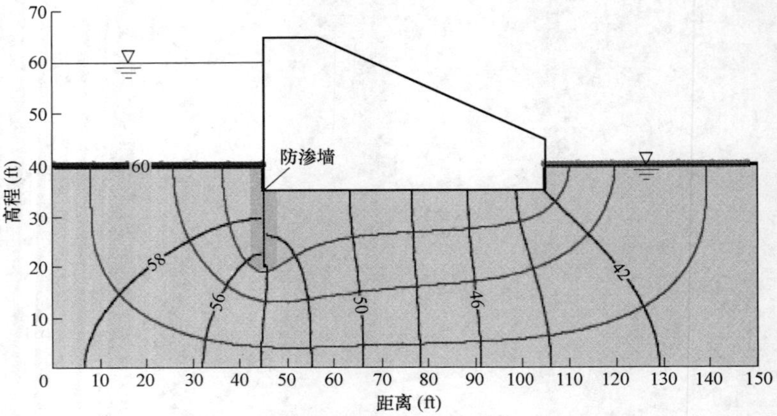

图 8-C-1 混凝土结构下的渗流

当饱和区上边界（或浸润面位置）未知时，水流视为自由面流。在自由面流问题中，渗流分析需确定浸润面位置，即正孔隙水压力与负孔隙水压力的交界面。因此，既要计算饱和流，又要计算非饱和流。SEEP/W 中的浸润面不是一个渗流界面，而是一个孔隙水压力为 0 的边界。图 8-C-2 给出了填筑坝内饱和与非饱和区域以及预估的浸润面位置。

二、SEEP/W 程序

1. 简介

有限元模拟的基础为离散化或网格化，并确定材料属性及边界条件。创建有限元模型包括选择恰当的几何体，将模型划分成相应的区域并创建离散化网格。需要输入的数据包括各子区域的材料属性技术要求，以及相应的边界条件技术要求。

SEEP/W 程序可以解决两种类型的渗流分析，即稳态分析和瞬态分析。稳态条件与时间无关；情况是模型的状态稳定且不会发生变化。瞬态分析的状态总是随时间不断变化。在瞬态分析过程中，为了得到随时间的演变，用户须提供初始条件以及当前和以后

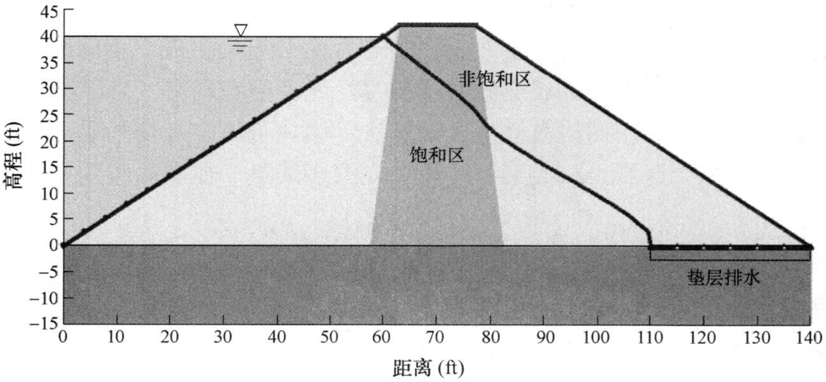

图 8-C-2 填筑坝的渗流

的边界条件，这亦可认为是荷载条件。稳态是稳定荷载，而瞬态的荷载则随时间的变化而变化。垦务局研究的大多数渗流情况属于瞬态，因为库水位通常会随着季节交替而变化。通常会简化假定其荷载为恒定或者稳定的，但这属于保守假设。

渗流模型的定义包括创建几何模型，定义材料属性及边界条件。这些任务在随后的章节中有所总结。

2. 几何形状

几何体剖面图通过一系列几何对象定义，这些对象可以是土体区域、圆孔、线型对象、表层区域以及点对象。

区域可以是简单的直线边形体如四边形、三角形或多边形。但是，如果剖面图由简单的三角区域或四边区域组成，那么计算难度将较低。

点对象可以出现在某一区域内或区域外。默认情况下，有限元中的节点必须位于所有点对象的位置上，无论是区域角点或是自由点。使用自由点的好处就是确保在指定位置能够应用边界条件。

自由线是线型对象，但不构成区域边界的任何一部分。其在模拟锚索、确定土工织物或隔离层等方面非常有用。还可用于创建部分在土中或在土外的结构。

圆孔属于区域的一种类型，其漂浮在其他土体区域的顶部。该区域可拖拽至不同的位置，还可以通过移动其圆周点来改变圆孔的尺寸大小。

3. 有限元

有限元模型的一大主要特征就是节点。所有有限元方程式均在节点处形成。共享同一个节点的所有单元形成方程组中该节点的特征值及系数，因此，渗流方程组在每个节点处形成，方程组中的材料特性取决于周围的单元。

SEEP/W 用户指南指出使用节点的目的如下：

(1) 坐标系中节点的位置用来计算单元的几何特征，如长度、面积或者体积。

(2) 节点用来描述在单元中的基本未知量的分布情况。基本场变量为水头值或孔隙水压力值。

(3) 节点用于连接或组合某一区域内的所有单元。共享同一节点的所有单元在该节点处相连。单元间共享的节点确保其相容性。

当前的 GeoStudio 2007 版本中，所有的网格完全是自动生成。不能画出单个的有限元。但无须再担心网格在不同区域交界处不相容，或者担心网格一旦改变其材料属性或者边界条件将会消失。利用网格自动生成演算法，用户可以定义全局单元尺寸大小，也可以在任意一个或多个区域、或沿某一线段、或围绕某点，在全局级别上改变整个网格的单元尺寸大小。

4. 土体特性

导水率或者渗透系数（包括各向异性）是渗流分析中所使用的最为重要的土体特性。土体中，导水率以及含水量随孔隙水压力变化。土体在饱和以及非饱和状态下运输或者传导水的能力是通过其导水率函数来反映的。由许多固相颗粒和颗粒间间隙组成的土体存在着孔隙或者空隙，其要么被水填满，要么被空气填满，或者要么被两者混合填满。土体的饱和度等于其体积含水量（VWC）除以土体孔隙率。饱和土体中，所有的孔隙均填满水，其体积含水量等于土体的孔隙率。非饱和土体中，孔隙的储水量与孔隙水中的基质吸力有关。因为在时间和空间上没有固定的含水量，需要用函数来描述土体中的含水量如何随孔隙水压力的变化而变化。

体积含水量函数描述在基质吸力变化下土体的储水能力的变化。图 8-C-3 给出了体积含水量函数的三个主要特征值。

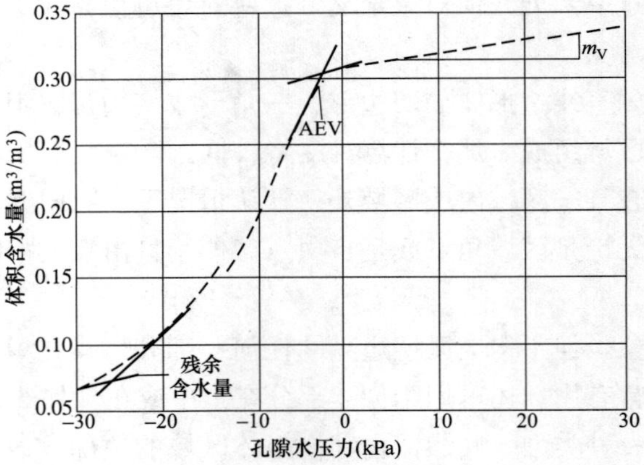

图 8-C-3　体积含水量函数

这三个主要特征值分别是进气量（AEV）、正负孔隙水压力函数的斜率（标示为 m_w）以及残余含水量或者饱和度（或者称为 S_r）。AEV 对应于最大的孔隙开始自由排水时的负孔隙水压力值，为土体中最大孔径的函数，也受土体中孔径分布的影响。拥有大而形状均一的孔隙的土体，其 AEV 值相对较低。

土体类型不同，其体积含水量函数各不相同；砂的排水速度快于粉土，粉土所需的排水时间又少于黏土。图 8-C-4 分别表明了砂、粉土和黏土的体积含水量函数的代表值。

对稳态渗流分析来说，渗流与时间无关，因此，不需要体积含水量函数。而进行瞬态分析，体积含水量函数则为所需输入参数之一。

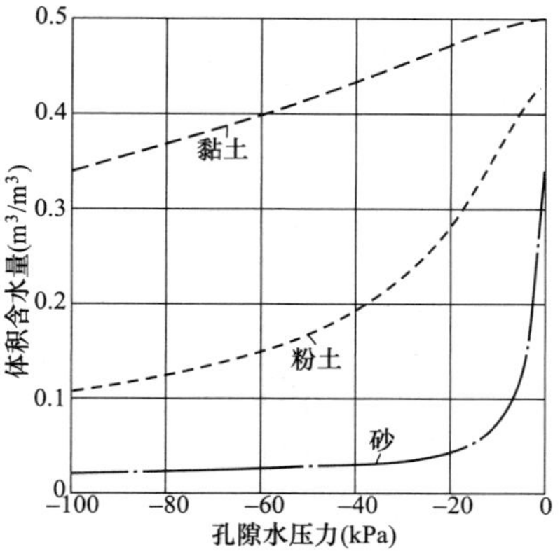

图 8-C-4 砂、粉土和黏土的体积含水量典型值

因为体积含水量的获取要耗费一定的时间，SEEP/W 用户可以采取以下四种方法中的任何一种方法预估体积含水量函数：

（1）封闭形式选项 1（Fredlund 和 Xing，1994）。该方法是闭式解，基于三个曲线拟合参数 a、n、m，可用于形成在零至零下一百万千帕范围内所有可能负压的体积含水量函数。

（2）封闭形式选项 2（Van Genuchten，1980）。Van Genuchten 提出了一个含四个参数的方程式作为闭式解，来预测体积含水量函数。

关于上述两种选择的详情可见“用 SEEP/W 建立渗流模型——一种工程方法论”GeoStudio 软件 2007，第四版，2009 年 5 月。

（3）估算方法 1：颗粒大小——修正的 Kovacs 法。该方法采用基于颗粒大小的预测方法估算数据点函数，采用基本的材料特性来预测体积含水量函数，尤其在初步分析阶段是非常有用的。

（4）估算方法 2：样本函数。SEEP/W 为不同类型的土体提供了几个典型的含水量函数。使用这些样本函数，用户要根据自身对现场条件的熟知情况选择相应的饱和水含量以及残余水含量（若有的话）。作为一种工具，提供的这些函数让用户可以快速建立一些测试模型、轻松改变函数、评估结果如何受函数形状的影响，并最终决定是否需要花费更多时间和财力以获得更为准确的数据。

图 8-C-5 给出了不同类型的土体典型体积含水量函数（比图 8-C-4 中所示的基质吸力范围更大）。

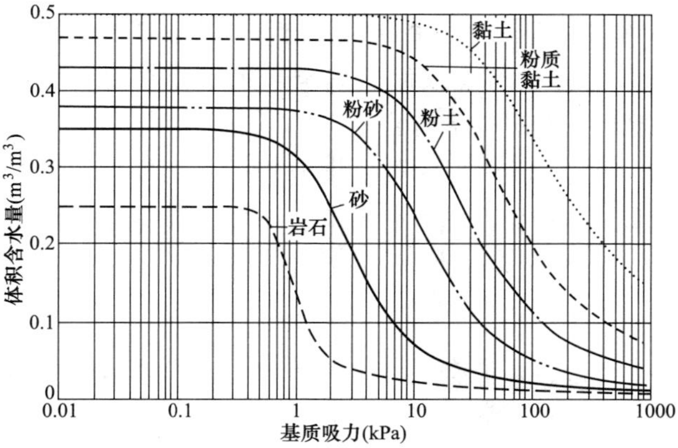

图 8-C-5 典型土体体积含水量函数

与获得 VWC 类似，测量导水率函数也是一个耗费时间而且可能花费昂贵的过程。使用颗粒级配曲线，或者使用测量得到的体积含水量函数以及饱和导水率等几种预测方法中的其中一种就可以轻松获得一些函数。

SEEP/W 含有内置预测方法，一旦确定体积含水量函数及饱和导水率 K_{sat}，就可用于估算导水率函数。关于如何估算导水率的详情可查阅 SEEP/W 工程方法论手册。

图 8-C-6 给出不同土料的导水率函数例子。

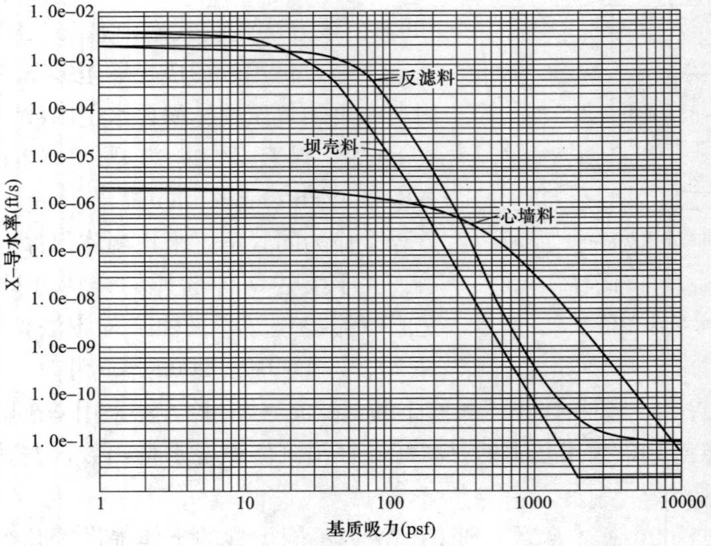

图 8-C-6　土体导水率

在 SEEP/W 程序中，定义材料属性用于分析时，有四种不同的模型可供选择。

(1)“无”规定了不包含在分析范围内的区域。

(2)“饱和/非饱和模型”，需要确定导水率值或者渗透率，渗透率比值以及方向性。在 SEEP/W 中，水平方向的渗透率（X 坐标）为输入值。渗透率比为垂直渗透率与水平渗透率之间的比值。除 X-Y 坐标方向上的外，另一流向的渗透率也可由用户确定。

(3)“完全饱和模型”，只需要一个饱和渗透率（K_{sat}）的常数值；因此，不需要渗透率函数。“完全饱和”土体模型应仅用于确定永远保持在浸润面以下的土体区域，从渗流模型的左端（上游）到右端（下游）。

(4)“交界面模型”，允许用户为一条线指定一个材料模型，并为该条线赋予一个厚度。可用于模拟土工膜、排水板，或者防渗墙。交界面模型在该线方向会具有垂向和切向渗透率。

5. 边界条件

渗流分析结果直接与边界条件有关。边界条件可以是两点之间的总水头差，或进入或离开系统的流量值，但两者不能同时存在。

在 SEEP/W 分析中，边界条件只能采用水头（H）或流量（Q）两者之一来确定。同一边界只有一个边界条件能被确定（水头或者流量）。水头边界可以为总水头或压力水头，或随时间变化的水头函数。流量边界可以为总流量或单位流量，或随时间变化的总流量或单位流量函数。

一个需要认识的重要概念是，当在节点处给定 H，则计算结果可得到流量 Q。另外，当给定 Q 时，则计算结果可得到总水头 H。

其他类型的边界条件①源或汇，②远场边界。源边界条件可以为注水井。典型的汇可能代表网格内某个点的排水管。关于源与汇的重要概念是它们代表了流入或流出系统的流量。

在许多情况下，模型边界条件需要远离主要关注点，如远离抽水井或基坑。这些被称为远场边界条件。这种边界条件位于剖面的边缘，这些剖面边缘被假定为远离主要关注部位。远场边界条件被称为无限元；其位于剖面的节点被假定在无限远处。

关于瞬态分析，边界条件被指定为时间（水头-时间）函数，或者随流出或流入渗流区域的总流量而变化（水头-体积）。

三、分析类型

有限元渗流分析有两种基本的类型：稳态和瞬态。稳态分析假设水压和水流速度达到稳定状态，与时间无关，尽管如此，在现实中，稳定状态是永远无法达到的。在稳态分析中，边界条件有两种选择：恒压（或水头）和恒定流量。恒定流量可以指定为节点上的总流量或单元边界上的单位流量。

瞬态分析是随时间变化的分析，允许使用者应用固定的或随时间变化的边界条件以计算不同时期的孔隙水压力变化。该分析必须输入时间步长信息。由于是依赖时间的分析，在进行瞬态分析之前必须定义初始条件。

对于瞬态分析，在所有节点上定义初始的（开始的）总水头是很有必要的。SEEP/W 允许用户制定初始条件，方法是通过查看单独分析中创建的初始条件文件数据，或是绘制初始潜水面位置。意识到初始条件对瞬态分析的结果上会有很大的影响是很重要的。不切实际的初始条件会导致不符合实际的、可能很难阐明的结果，特别是在瞬态分析的前期。大部分情况下，初始条件是通过进行稳态分析建立的。

四、分析结果

渗流分析结果在 SEEP/W 程序的等值线部分汇总。渗流分析的主要目标是经常获得孔隙水压力分布图，以及确定渗流量。

在 SEEP/W 有限元分析中，模型中任何（单元的）节点和高斯点的所有输出数据，都可以通过“观察结果信息”指令获得。图 8-C-7 给出了测压管水位线（零孔隙压力）上一节点信息的典型 SEEP/W 输出结果。

利用 SEEP/W，可以通过定义水流来计算流量。用 SEEP/W 计算获得的潜水面位置是沿水压力为零的等值线（浸润线）绘制的。图 8-C-7 表明在该点有水流流出（流量为负值）。图 8-C-8 表示浸润线下方单元内一个高斯点的输出数据。

SEEP/W 并没有形成真正的流网，但是它确实能计算和显示流网原理的要素。SEEP/W 生成的是流动路径，而不是流线。这条流动路径是虚构的某水滴从进口向出口的流动路径，并不是真实流网中的流线。流动路径并不是渗流通道，而是渗流路径。

在饱和/非饱和流系统中，水可以从饱和区域流动至不饱和区域，反之亦然。水流可以发生在浸润面上线，即水压力为零的线。因此，流动路径可能会穿过浸润面，如图 8-C-9 所示。

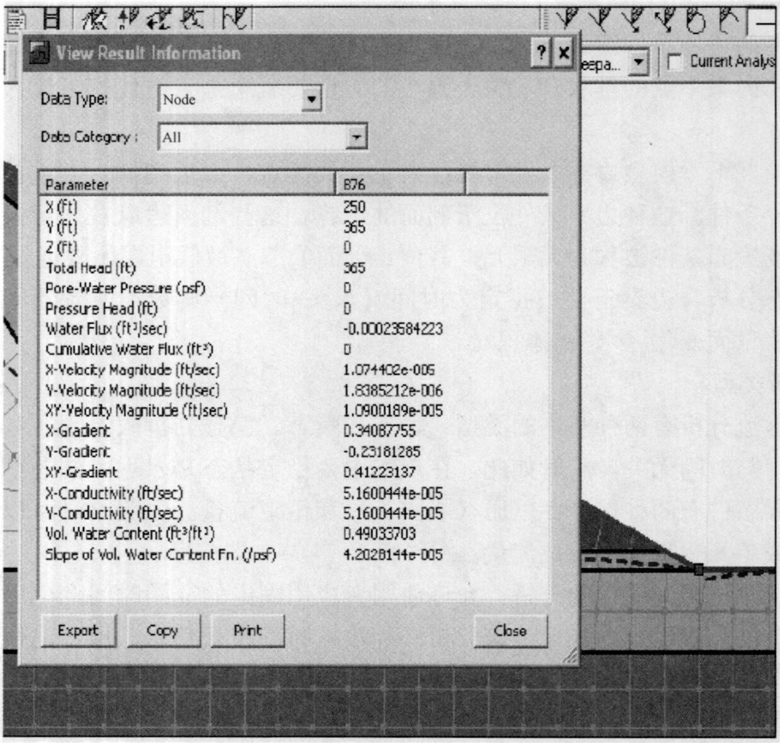

图 8-C-7　渗流分析输出结果——零压力节点

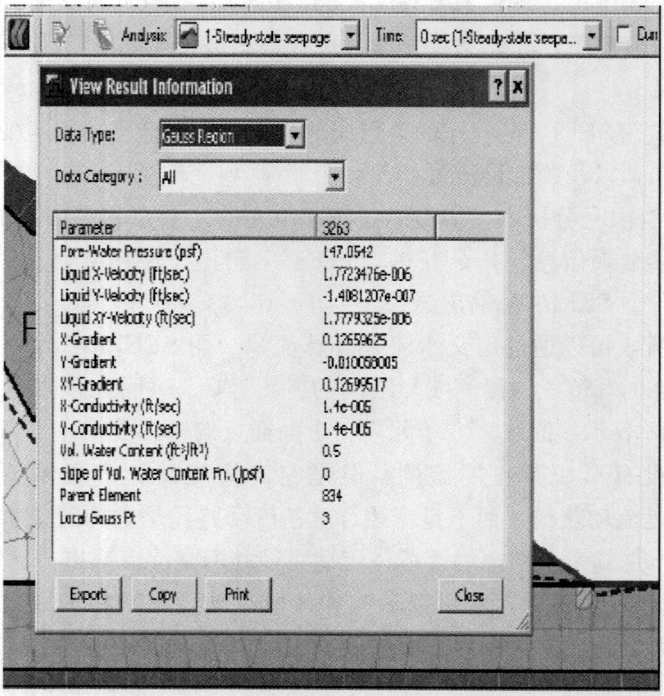

图 8-C-8　渗流分析输出结果——高斯点

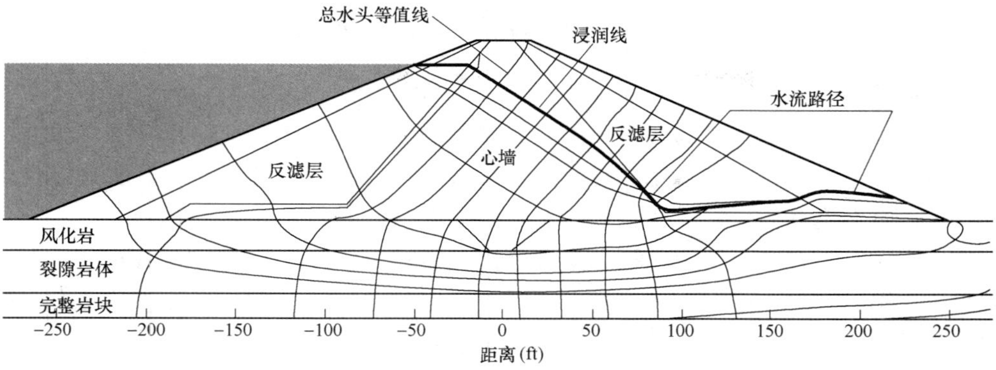

图 8-C-9 大坝内的浸润线、总水头及流动路径

五、算例

算例分为两类渗流：承压流和自由面流。承压流的一个例子是在钢筋混凝土结构下（饱和的）地基内的渗流。自由面流包括稳态分析和瞬态分析。

承压流和自由面流的算例如下：

（1）建筑物下的渗流。

（2）已建填筑坝的稳态渗流分析和水位骤降分析。

（3）新建填筑坝的初次蓄水和稳定渗流分析。

（4）不同厚度和渗透性的填筑坝心墙的渗流。

（5）梁渠堤排水的各种模型。

（6）填筑坝下游坝趾处减压井。

算例 1 建筑物下的渗流

一、概述

这个例子代表了承压流的分析，渗流通过混凝土大坝下的透水地基流动。大坝结构的上游地基位于库水位以下，尾水与下游地基表面保持同一高度。因此，地基材料处于饱和状态，具有饱和渗透性。

在这个例子中，进行了两次稳态渗流分析。第一个分析是没有防渗墙的混凝土大坝下的渗流；第二个分析是评估大坝之下不同位置的防渗墙的影响。防渗墙定义为交界面材料。总结了两个分析的结果，包括总水头、出逸梯度和扬压力。

二、分析数据

图 8-C. 1-1 表示有上游防渗墙的混凝土大坝的 SEEP/W 模型。此模型上游和下游的边缘被指定为远离主要关心区域的无限区域，以避免对结果产生显著影响。

模型上游侧的边界条件是总压力水头值，等于库水位高程。在下游侧，边界条件是将压力水头设置为零，表明下游全饱和，且尾水位高程不在地面之上。防渗墙设置在大坝下深 15ft，使用线型交界面元素建模。假定此界面的渗透性接近零，因此，它必须具备无渗流的特征，这可通过设置沿界面单元的切向和法向导水率为零得到。

均质地基材料的导水率为 1×10^{-3}ft/s。由于土体始终保持饱和状态，地基材料的渗透性定为完全饱和。此分析为承压流分析，所以不要求渗透性函数。

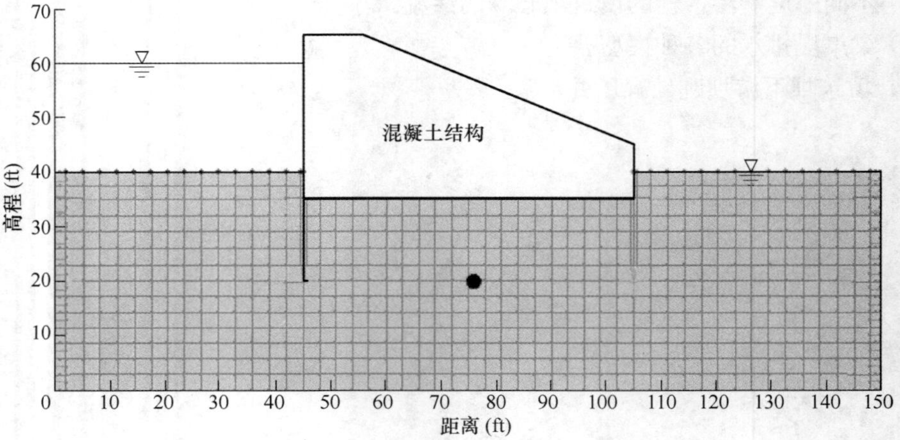

图 8-C. 1-1 SEEP/W 模型（包括边界条件）

三、分析结果

1. 大坝无防渗墙

假定没有防渗墙，界面区域被模拟为土体区域。图 8-C. 1-2 给出了分析预估的地基中总压力水头分布情况。

2. 大坝有防渗墙

模拟三种不同的防渗墙布置：防渗墙在建筑物上游坝趾；防渗墙在建筑物的下游坝趾；防渗墙在建筑物的上、下游坝趾。图 8-C. 1-3～图 8-C. 1-5 分别给出了总压力水头分

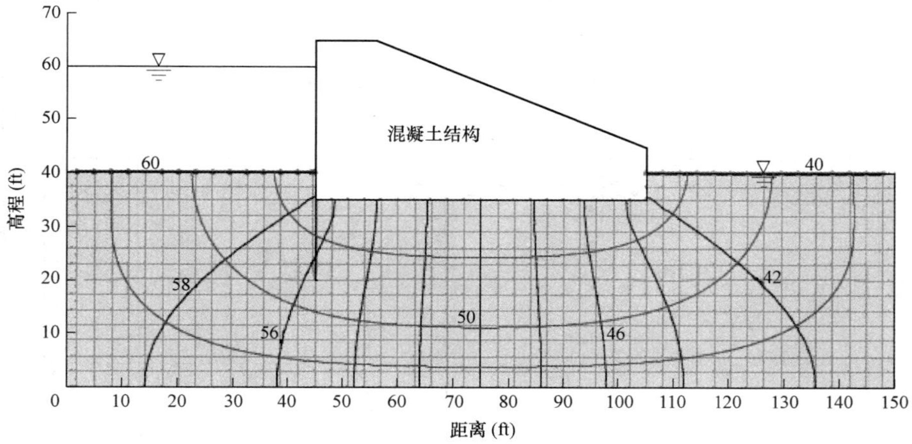

图 8-C. 1-2　总压力水头等值线分布——无防渗墙

布图。

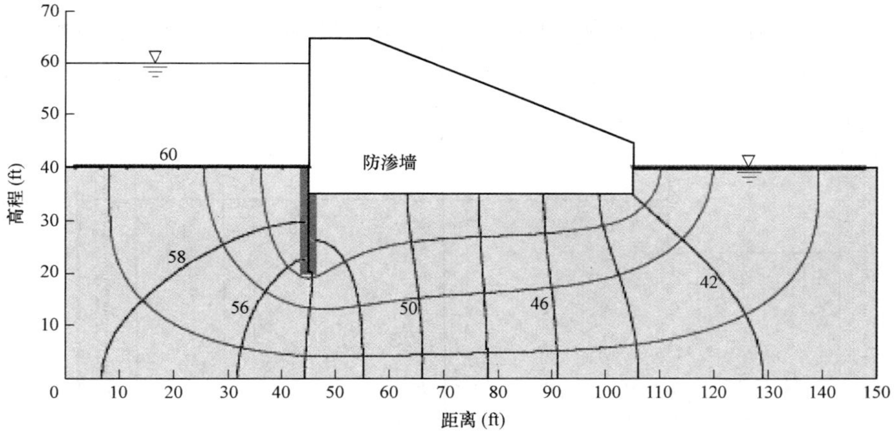

图 8-C. 1-3　总压力水头等值线分布——上游防渗墙

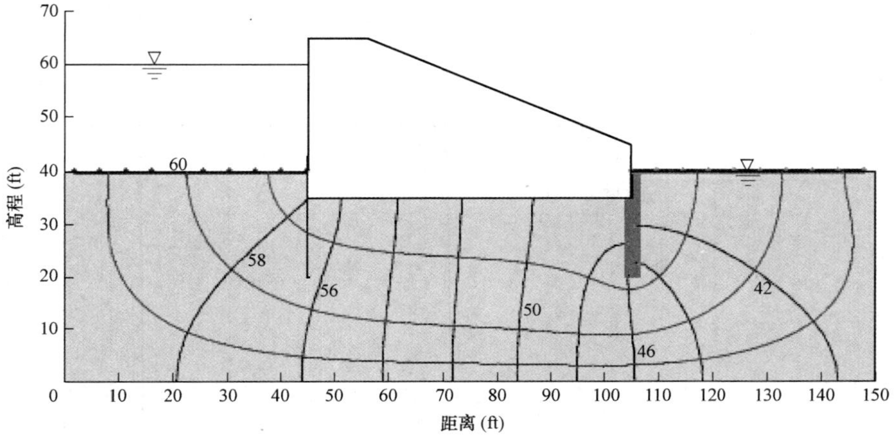

图 8-C. 1-4　总压力水头等值线分布——下游防渗墙

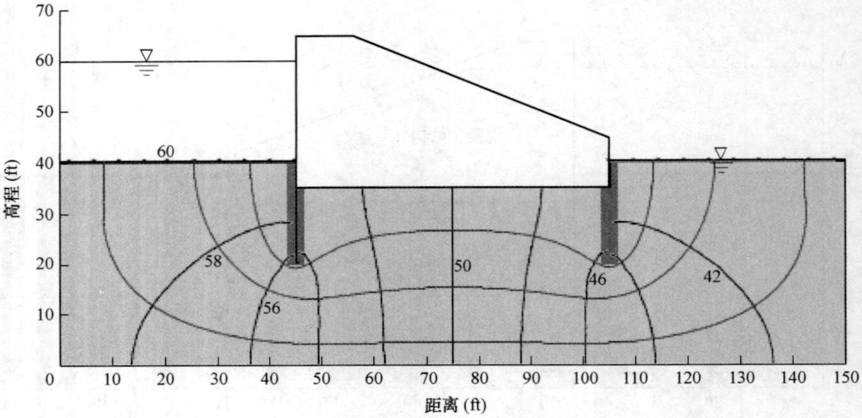

图 8-C. 1-5　总压力水头等值线分布——上、下游均设防渗墙

虽然建筑物下游坝趾的总压力水头等值线分布没有很大的差异，但下游坝趾周围节点的梯度等值线图更清楚地展示了防渗墙的作用。图 8-C. 1-6 给出了没有防渗墙时下游坝趾的垂直（*Y* 向）水力梯度，而图 8-C. 1-7 则给出了有防渗墙时下游坝趾的垂直水力梯度。

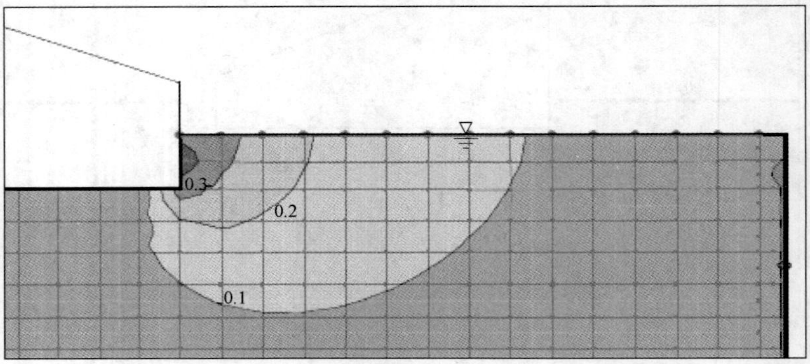

图 8-C. 1-6　渗流梯度等值线——大坝不设防渗墙

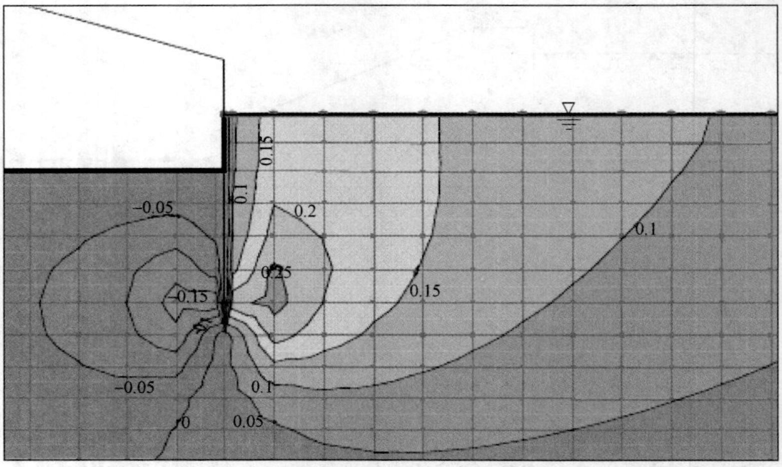

图 8-C. 1-7　渗流梯度等值线——大坝下游设防渗墙

建筑物下游设防渗墙时，其 Y 向梯度（见图 8-C. 1-7）比图 8-C. 1-6 中的 Y 向梯度小。

结果表明下游坝趾设有防渗墙结构的大坝，与没有防渗墙的大坝相比，其垂直出逸水力梯度有所减小。表 8-C. 1-1 总结了以上四个方案的水力梯度值。

表 8-C. 1-1　　不同的防渗墙位置的下游坝趾 *X*、*Y*、*XY* 梯度

说 明	无防渗墙	上游防渗墙	下游防渗墙	上游和下游防渗墙
X 向梯度	0.195	0.163	0.003	0.003
Y 向梯度	0.498	0.417	0.185	0.160
XY 向梯度	0.535	0.448	0.185	0.160

算例 2　已建填筑坝的稳态渗流分析和水位骤降分析

一、概述

本算例对一座已建填筑坝进行分析。此分析为自由面流分析，包含稳态分析和瞬态分析。大坝为最大坝高 185ft 的分区填土建筑物。典型横断面坝顶的宽度为 30ft 。大坝填筑体包含 3 块区域：A 区-坝壳区，位于下游和上游表面，由从河道开挖的杂质堆石料和以前库存的材料填筑成；B 区为过渡（反滤）带，位于心墙区的上游和下游，由河道挖掘后未经处理的砂、砾石和鹅卵石填筑成；心墙区即 C 区由风化的花岗岩和河道挖掘得到的细颗粒材料填筑成。大坝上游和下游坡比分别为 2.5：1 和 2：1。坝顶高程为 483ft 。

填筑坝建于花岗岩地层之上。上层多为厚度几英尺至 45ft 的风化至强风化花岗岩。中层为中等程度风化的花岗岩。底层为良好的基岩或未风化的花岗岩。图 8-C. 2-1 展示了大坝典型横断面的 SEEP/W 模型。

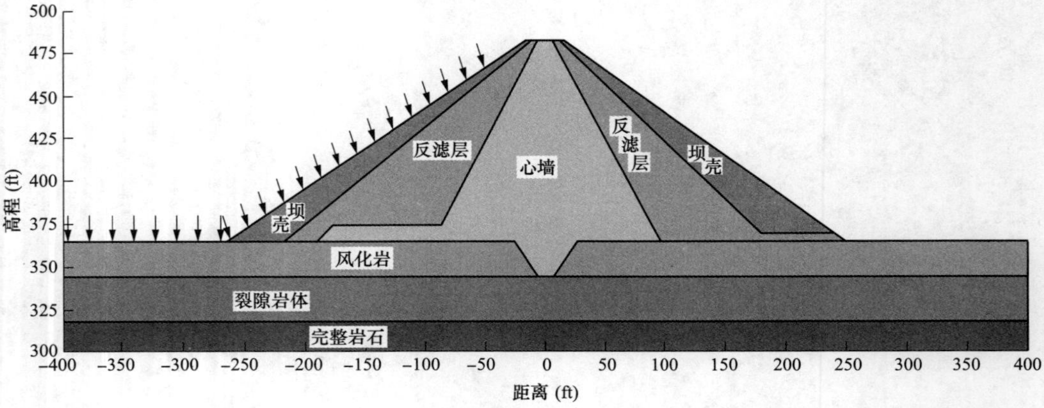

图 8-C. 2-1　作为算例的填筑坝的典型横断面

二、已有资料

在过去的现场勘探中，从坝顶钻了 7 个钻孔。这 7 个钻孔中获得的土样大多数为 C 区的心墙料。室内试验表明超过 80%的土体样本为非塑性粉砂（SM），部分地方为黏质细粒土，被归类为 SC-SM。

测压计置于钻孔中及填筑坝心墙区域之内。当库水位高程为 467ft 时，测压孔最高水位为 422ft，同时下游坝趾处的测得的最大渗流量约为 4.0E+4ft^3/(s · ft)。

设计期间，从料场和地基土料中获得了渗透数据。料场土料的饱和渗透率在 0.016～0.35ft /日之间。风化花岗岩的渗透率为 0.04～61ft/日。

为简化此算例，由于坝趾排水设置在离地表仅数英尺，因此将下游区域的上部地基设定为完全饱和区域。

填筑坝各区域的渗透性函数采用体积含水量函数进行估算，如图 8-C. 2-2 所示。

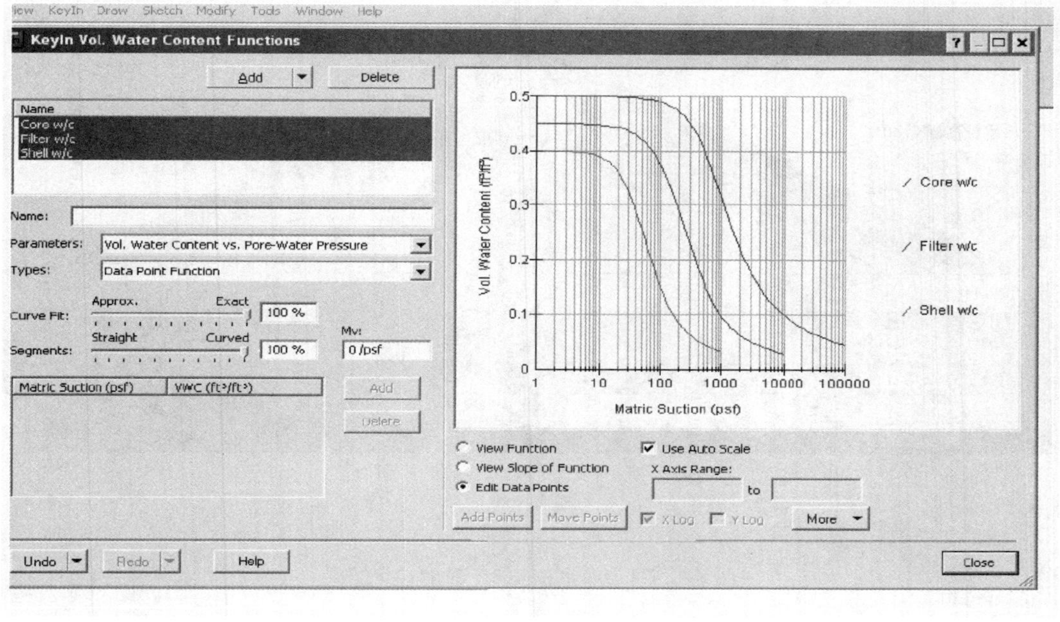

图 8-C.2-2　体积含水量——填筑料

三、分析

使用已有的填筑坝和地基材料的渗透性数值进行了多次 SEEP/W 校准运算，得到与已有数据较为接近的浸润面及渗流量。如图 8-C.2-3 所示，最终计算得到的观测孔处的总水头约为 422ft，渗流量约为 3.9E−04ft^3/(s·ft)。

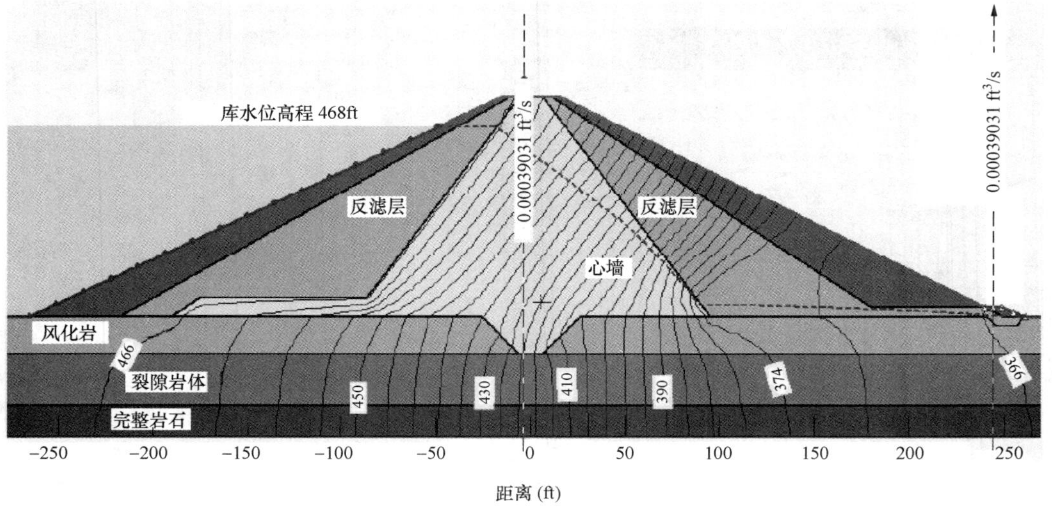

图 8-C.2-3　校准运算结果

然后，用校准运算得到的渗透性数值来估测正常蓄水位为 468ft 下的坝体渗流。图 8-C.2-4 表明总水头和渗透量稍微高于校准运算得出的结果。图 8-C.2-5 给出了校准运算

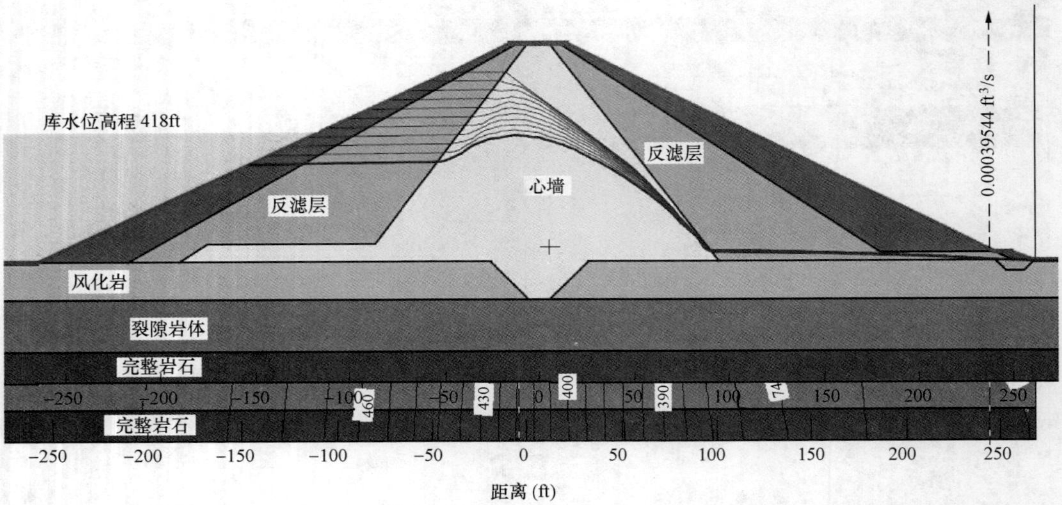

图 8-C. 2-4 库水位 468ft 时的运算结果

得到的填筑材料的渗透特性函数。

假定库水位在 10 天内从 468ft 降低到 418ft，分析按每天 5ft 的水位骤降进行。图 8-C. 2-6 给出了库水位从 468ft 降低到 418ft 时的渗流浸润线。

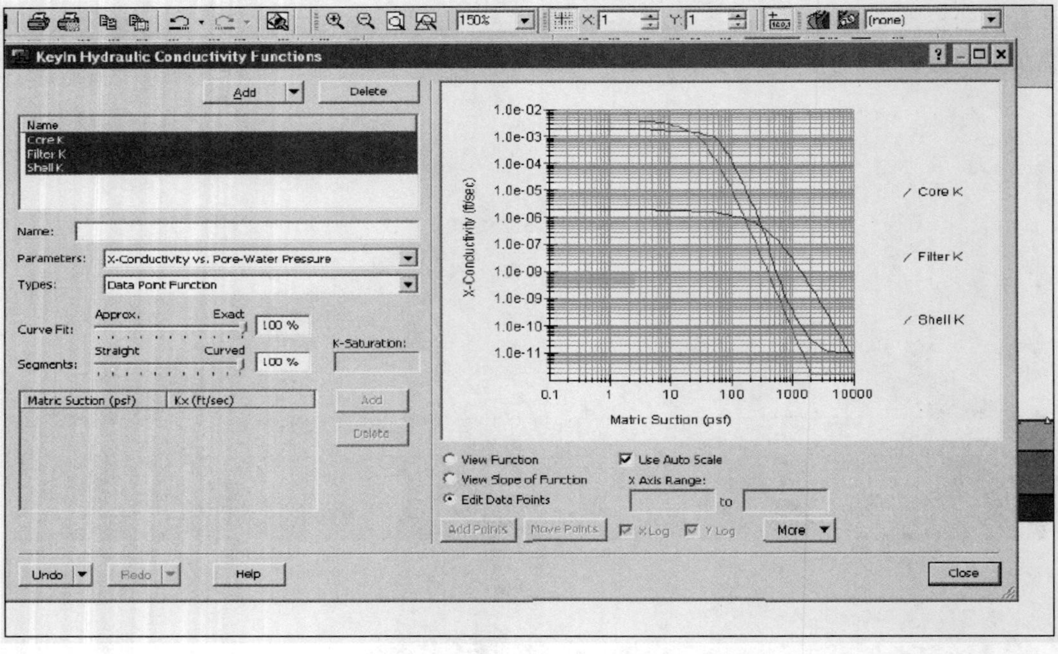

图 8-C. 2-5 用于校准运算的渗透性函数

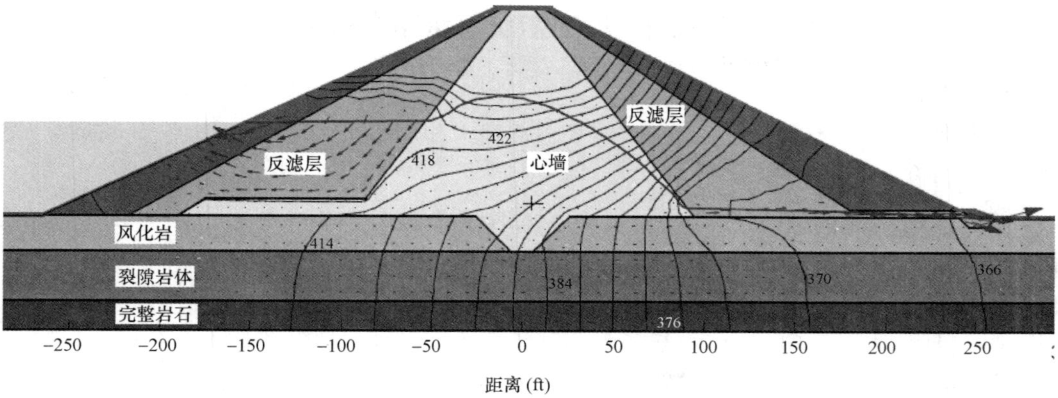

图 8-C. 2-6　库水位由 468ft 降至 418ft 时的渗流浸润线

图 8-C. 2-7 给出了水位骤降时的总水头等值线及渗流矢量图。根据总水头的分布可看出，地基内的渗流为向下游流动，而填筑坝内的大部分渗流为向上游流动。

算例3　新建填筑坝的初次蓄水和稳态渗流分析

一、概述

此算例为一座新建填筑坝的初次蓄水、蓄满水和库水位骤降时的渗流分析模型。各阶段的边界条件均为瞬态。

算例 2 中的填筑坝模型被假定为一座新建坝，在此分析中，将沿用同样的几何结构和渗透性值。

二、分析数据

假定大坝以 1ft/天的速度进行蓄水，因此，本分析中的计量单位为 ft /天。

图 8-C. 3-1 给出了用于分析的 SEEP/W 模型。

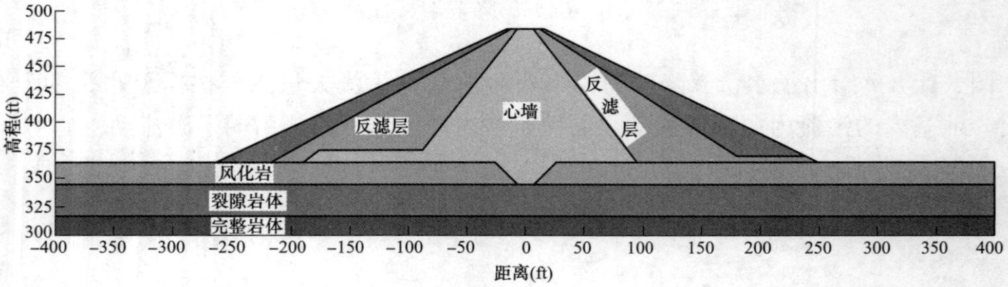

图 8-C. 3-1　新建坝水库未蓄水时的 SEEP/W 剖面

三个地基层假定均处于饱和状态，因而仅有饱和渗透性。因此，在这些地基层中无须估测渗透性函数。

填筑坝分区如心墙、反滤层以及坝壳有相应的渗透性函数，这些函数由典型的土体材料体积含水量（VWC）中估算出来。图 8-C. 3-2 给出了填筑材料的体积含水量函数 VWC，图 8-C. 3-3 给出了渗透性函数。

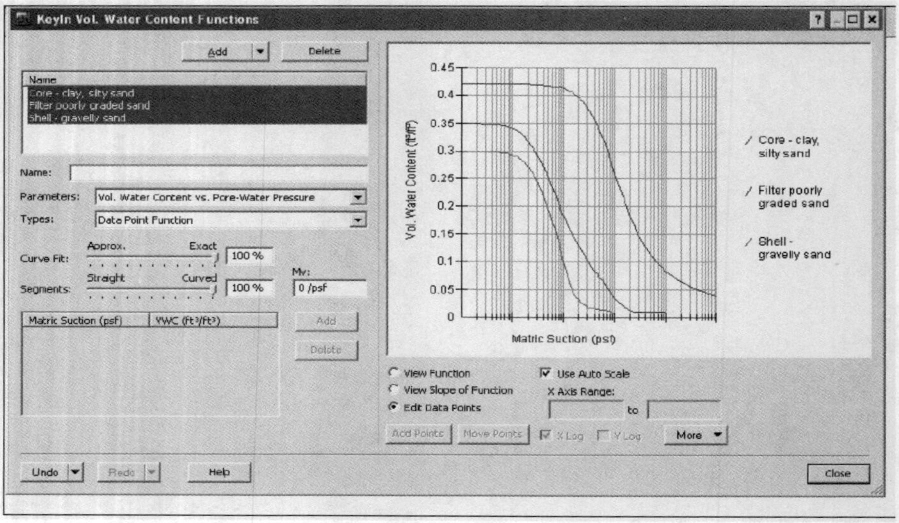

图 8-C. 3-2　三种填筑材料的体积含水量函数

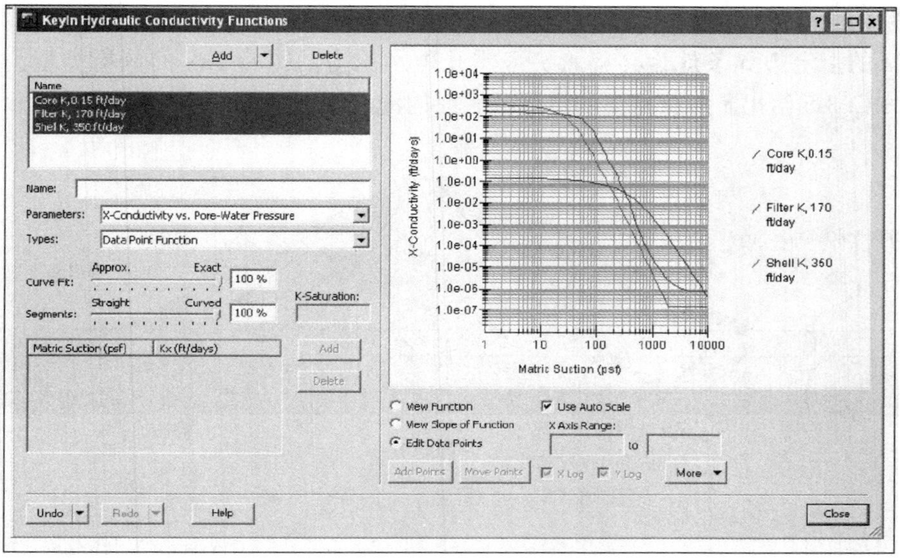

图 8-C. 3-3　渗透性函数——填筑料

三、分析

渗流分析包括水库未蓄水（初始条件）、初次蓄水、蓄满水以及水位骤降情况。

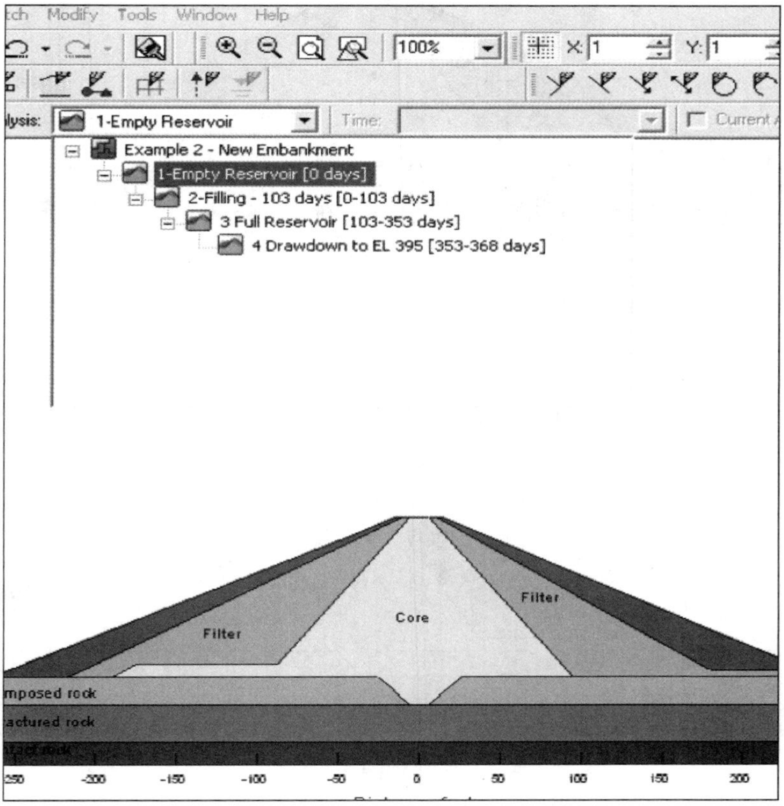

图 8-C. 3-4　四种工况的渗流分析汇总

在初始工况下，水库进行蓄水之前，上游和下游地表的孔隙水压力均为零。上、下游基础面的指定边界条件为高程水头或零孔隙水压力。初始工况的分析类型为稳态分析。图 8-C. 3-5 给出了分析得出的沿地基表面的浸润线。

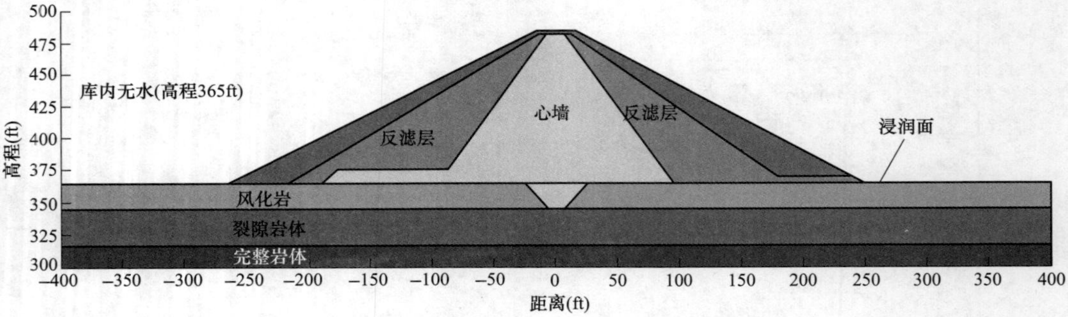

图 8-C. 3-5　分析结果——库内无水

此后，水库以 1. 0ft/天的速度进行蓄水，从 365ft 基础面高程持续蓄水至 468ft 高程需要 103 天。水库蓄水分析为瞬态分析。图 8-C. 3-6 给出了 103 天后填筑坝的渗流浸润线。

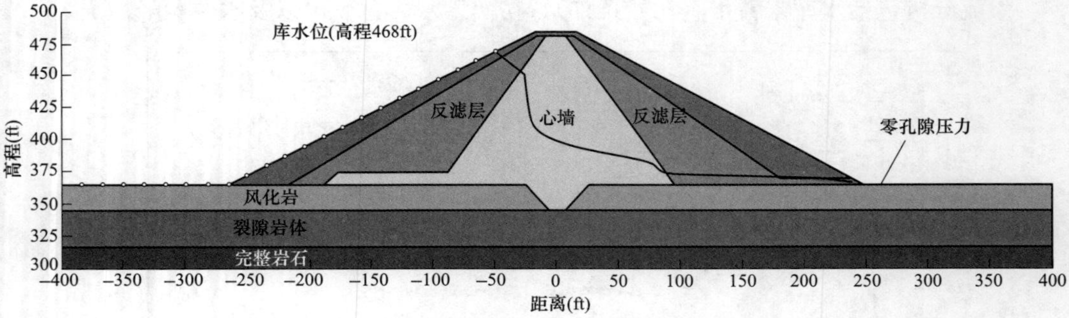

图 8-C. 3-6　水库蓄水至 468ft 高程——瞬态分析

水库蓄水到 468ft 高程 250 天后，心墙区域的渗流浸润线如预期的向下游延伸，同时大约进入稳定状态，如图 8-C. 3-7 所示。

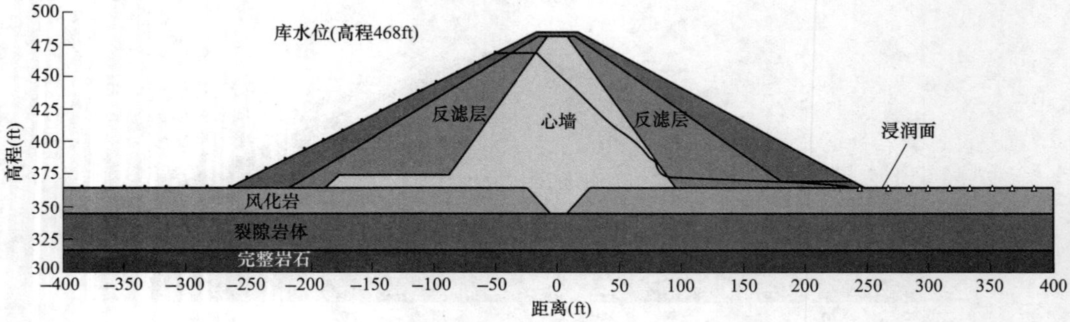

图 8-C. 3-7　蓄水至 468ft 高程后 250 天

在水位骤降的情况下，假定水库在 15 天内泄水至 393ft 高程处（共下降 75ft）。以 5ft/天的速度进行水位泄降。图 8-C.3-8 给出了水位骤降后的渗流浸润线。

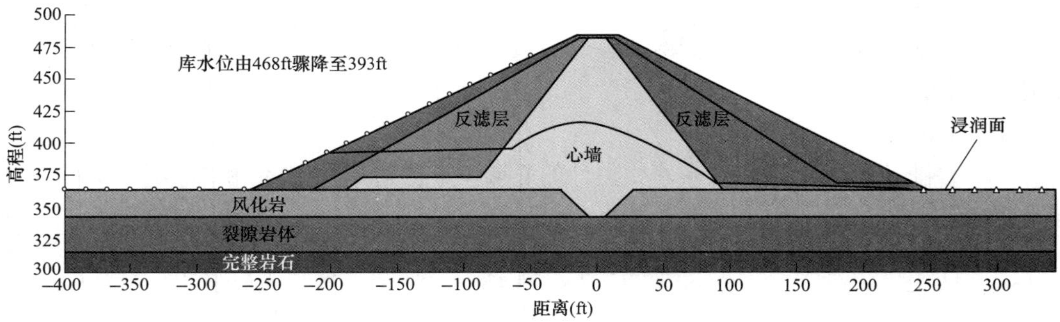

图 8-C.3-8　库水位由 468ft 下降至 393ft

算例 4　不同厚度和渗透性的填筑坝心墙的渗流

一、概述

本算例为分析在不同的心墙饱和渗透性及不同的心墙区宽度下，流经填筑坝心墙的稳定渗流情况。

分析如下：

（1）调查当心墙的饱和透水率比估计的心墙基准渗透率大 10 倍和 100 倍时，大坝心墙中的渗流情况。

（2）对比不同填筑坝心墙厚度的渗流量。

二、分析数据

图 8-C.4-1 显示了已建坝的几何图形。该大坝中央有一个大坝心墙区域，两边为反滤带，设在心墙上游面和下游面上。外部区域是可渗透的碎石坝壳。

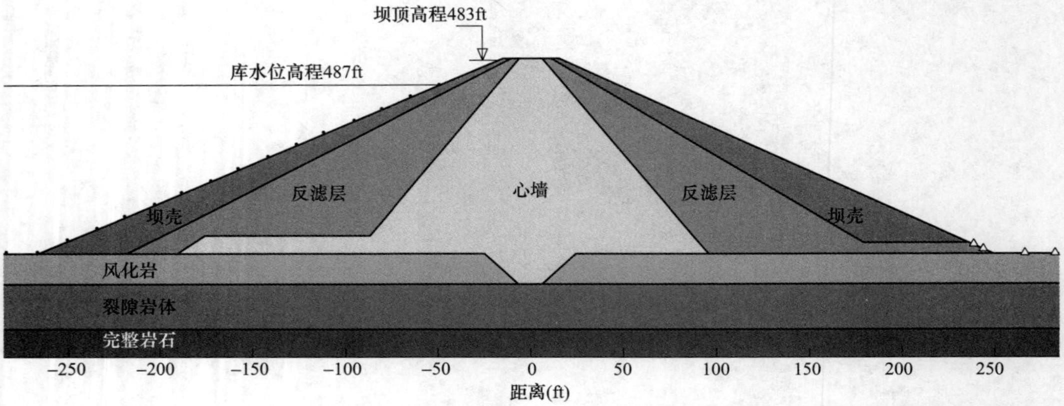

图 8-C.4-1　具有心墙、反滤层和堆石层的分区填筑坝

大坝上游端的边界条件是一个高程为 467ft 库水位。假设渗流出逸到下游的坝趾排水层，因此，指定下游坝趾排水层的边界条件为一个潜在的渗流面。所有填筑土体都具有饱和与非饱和渗透率函数。假设地基层位于水面之下，从而地基层只具有饱和渗透率。假设大坝心墙区的饱和渗透率约为 2.0E－06ft/s，反滤层和坝壳的饱和渗透率分别为 2.0E－03ft/s 与 4.0E－03ft/s。

三、分析结果

对于饱和渗透率为 2.0E－06ft/s 的心墙材料，稳态渗透分析预测流经大坝和地基的渗流量约为 5.2E－04ft^3/(s·ft)，如图 8-C.4-2 所示。

将填筑坝心墙的饱和渗透率比假定的基准渗透率放大 10 倍，即饱和渗透率是 2.0E－05ft/s，分析结果如图 8-C.4-3 所示。

图 8-C.4-3 显示，填筑坝心墙下游侧的浸润线出逸高程有所增大。与图 8-C.4-2 显示的基准渗透率情况下的高程 372.5ft 相比，增大到约 379ft。如更透水心墙中所预期的那样，当心墙的渗透率增大时，渗透量也增大了。大坝与地基的渗透量约为 1.4E－03ft^3/(s·ft)（约高出三倍）。

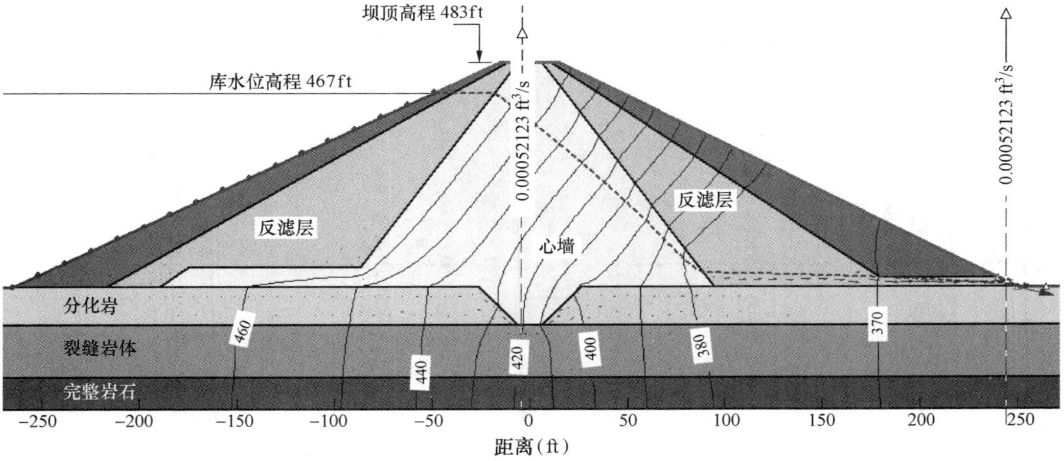

图 8-C.4-2 心墙为基准渗透率时流经大坝的渗流

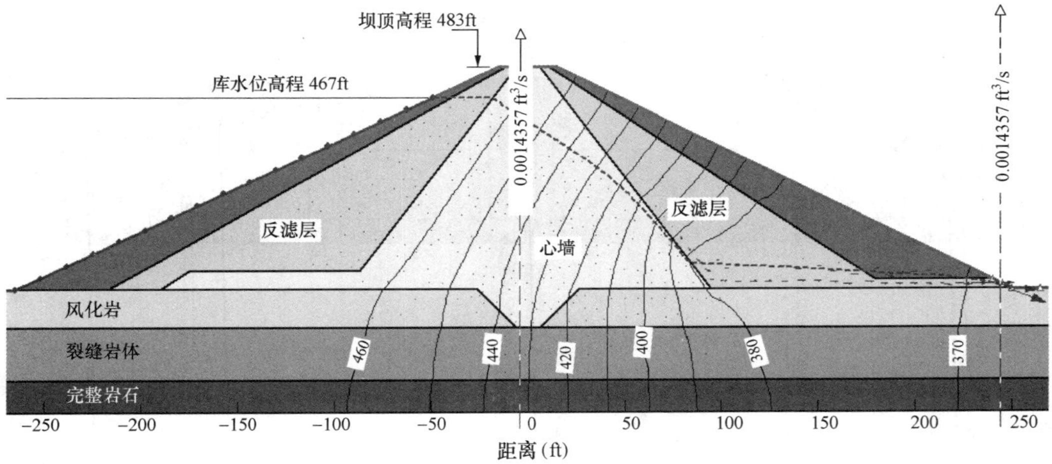

图 8-C.4-3 心墙渗透率放大 10 倍后的稳态渗流

对于饱和渗透率为 2.0E－04ft/s 的心墙，即比原来的心墙渗透率放大 100 倍，则通过大坝和地基的渗流量约为 8.6E－03ft^3/(s・ft)（高出 16 倍）。

图 8-C.4-4 显示潜在渗流估计从填筑坝的下游边坡出逸。浸润线在心墙下游侧的出逸高程约为 409ft。

接下来，将填筑坝心墙分为三个区域（上游区、中游区和下游区），如图 8-C.4-5 所示。

对大坝按以下不同的心墙厚度进行渗流分析：

工况 1：薄中央心墙，即心墙只是中间区，而心墙的上、下游区都假定具有与反滤层相同的渗透性。

工况 2：填筑坝心墙是上游区和中游区。

工况 3：填筑坝心墙是中游区和下游区。

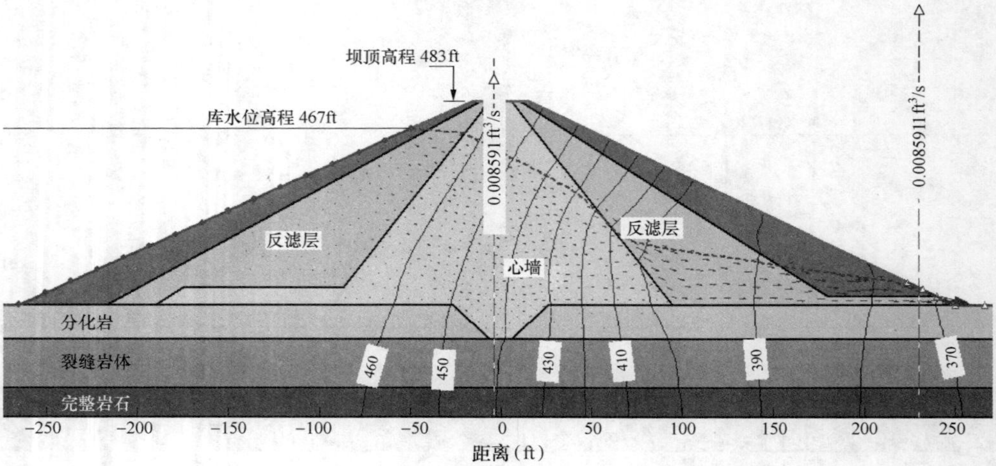

图 8-C. 4-4　心墙渗透率放大 100 倍后的稳态渗流

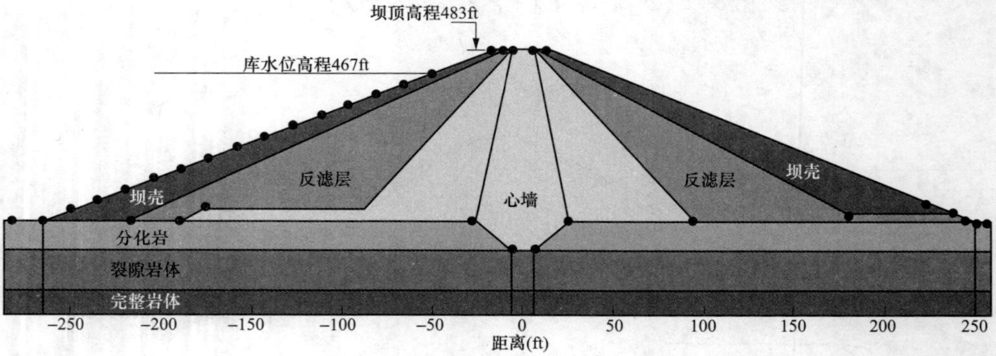

图 8-C. 4-5　分为三个区域的心墙模型

图 8-C. 4-6～图 8-C. 4-8 分别显示了以上三个工况的分析结果。正如预料的那样，大坝心墙较窄的比大坝心墙较宽的具有更大的渗流量。

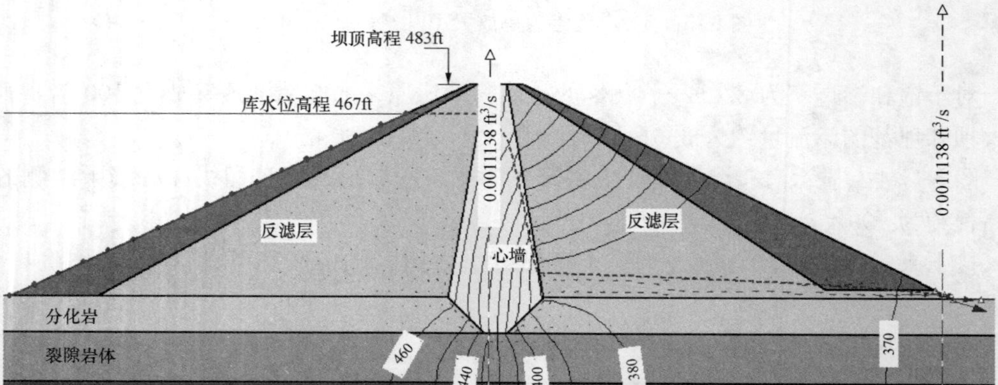

图 8-C. 4-6　稳态渗流——工况 1

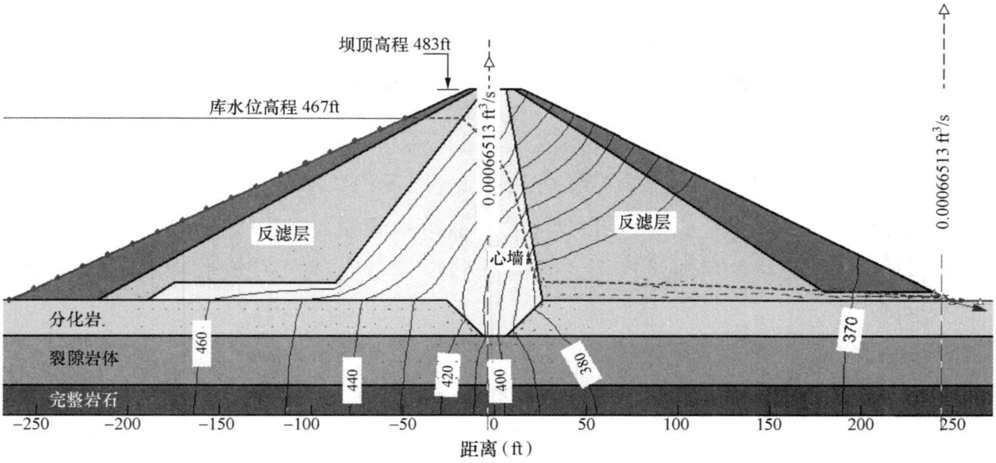

图 8-C.4-7　稳态渗流——工况 2

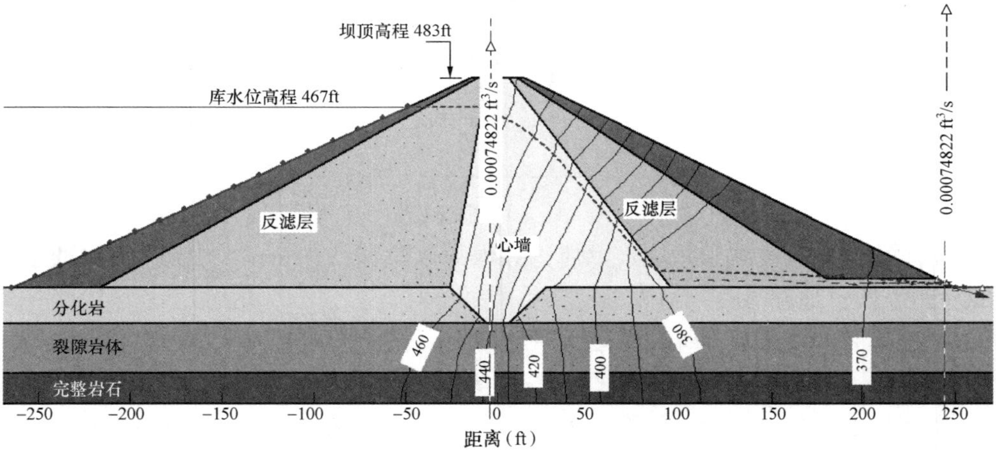

图 8-C.4-8　稳态渗流——工况 3

表 8-C.4-1 汇总了填筑坝心墙不同厚度和不同渗透率的模型渗流计算结果。

表 8-C.4-1　　不同心墙区域的估计渗流量

演算	渗透率（ft/s）			填筑坝心墙分区和指定的渗透率			渗流量
	填筑坝心墙	上游和下游反滤层	上游和下游堆石	上游	中游	下游	$ft^3/(s\cdot ft)$
1	2.0E−06	2.0E−03	4.0E−03	心墙	心墙	心墙	5.2E−04
2	2.0E−05	2.0E−03	4.0E−03	心墙	心墙	心墙	1.4E−03
3	2.0E−04	2.0E−03	4.0E−03	心墙	心墙	心墙	8.6E−03
4	2.0E−06	2.0E−03	4.0E−03	反滤层	心墙	反滤层	1.1E−03
5	2.0E−06	2.0E−03	4.0E−03	心墙	心墙	反滤层	6.7E−04
6	2.0E−06	2.0E−03	4.0E−03	反滤层	心墙	心墙	7.5E−04

算例 5　渠堤排水的各种模型（略）

算例 6　填筑坝下游坝趾处减压井

一、概述

本算体可用于估算为控制填筑坝渗流所需的下游坝趾处减压井数量。算例还研究了井距对渗流和孔隙压力分布的影响。该分析是通过 SEEP/W 软件的“平面视图”选项实现的。该分析采用一个简化假设，即填筑坝为不透水建筑物，而地基土体则扮演储水层的角色。即假设渗流发生在建筑物下方，因此假设地基土体只有饱和渗透性，所以不需要渗透性函数。

二、分析数据

如图 8-C. 6-1 所示，在 10m 厚的地基层上修建一座填筑坝。基准面之上的库水位（总水头）为 13m，该基准面位于地基的底部。填筑坝下游边坡上的“远场”总水头设定为 7m，这是地下水环境条件。

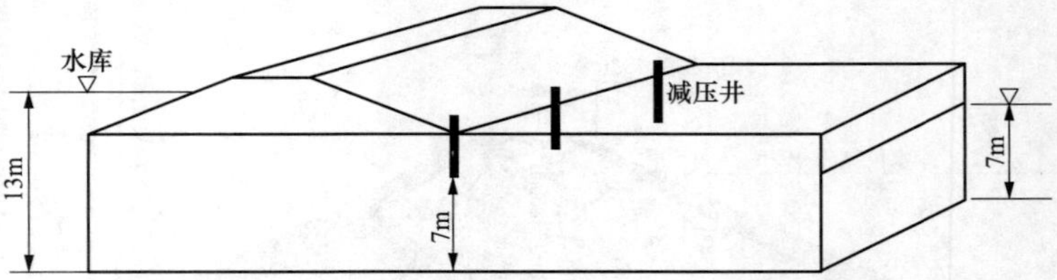

图 8-C. 6-1　概念模型

为了本算例，假设减压井抽水，使得井内的水位保持在 7m（与渗流出口的水位在同一高程）。假设地基渗透率约为 1m/天。

假设改建后的填筑坝的纵向长度大约为 50m，其上游长度（*X* 坐标轴）在 0～50m 之间（图 8-C. 6-3 中的点 1 和点 2）。远场边界距离上游点约 50m，如点 3 的 *X* 坐标所示。*Z* 坐标轴的数值代表地基的厚度为 10m。图 8-C. 6-2 和图 8-C. 6-3 显示了用于该模型的输入参数。

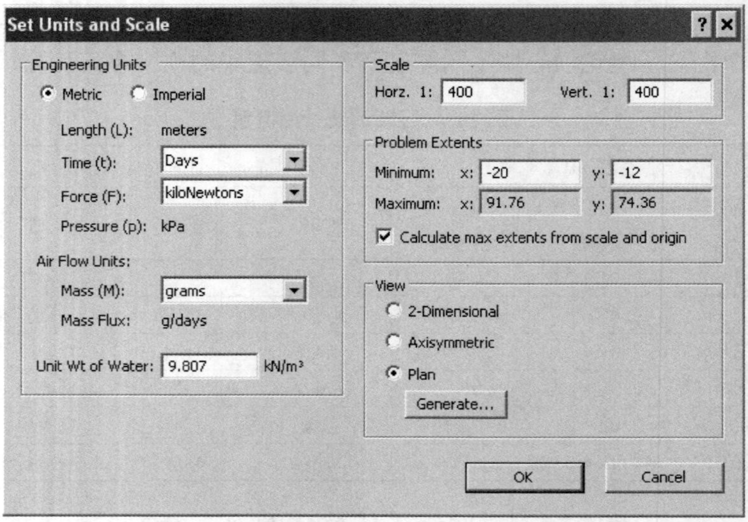

图 8-C. 6-2　平面视图选项（选择使用设置的单位与比例指令）

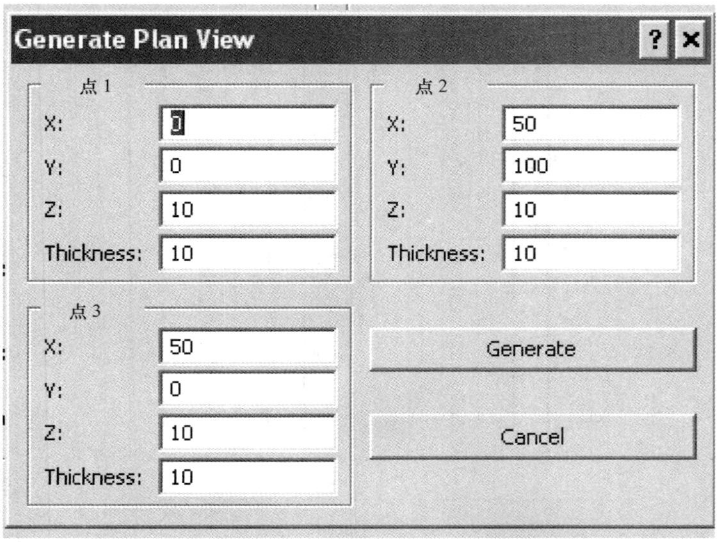

图 8-C. 6-3　网格厚度生成平面视图对话框

图 8-C. 6-4 给出了 SEEP/W 配置的平面视图。

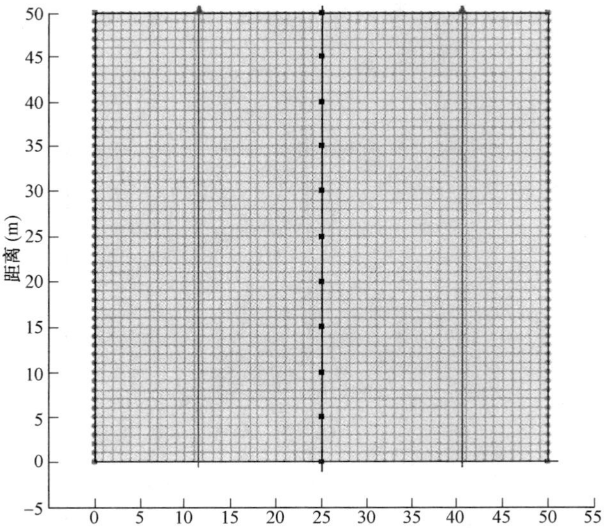

图 8-C. 6-4　SEEP/W 剖面图-平面视图选项

要用的分析类型是稳态分析。初始条件是在安装减压井之前。以下是间距为 50m、25m、10m 和 5m 的减压井分析。

三、分析结果

对于没有减压井的初始条件而言，地基渗流量估计约为 $60m^3$/天，如图 8-C. 6-5 所示。在坝顶下和下游（下游坝址）拟建减压井位置的两处预测渗流量是相同的。拟建减压井处的总水头在 10m 高程。

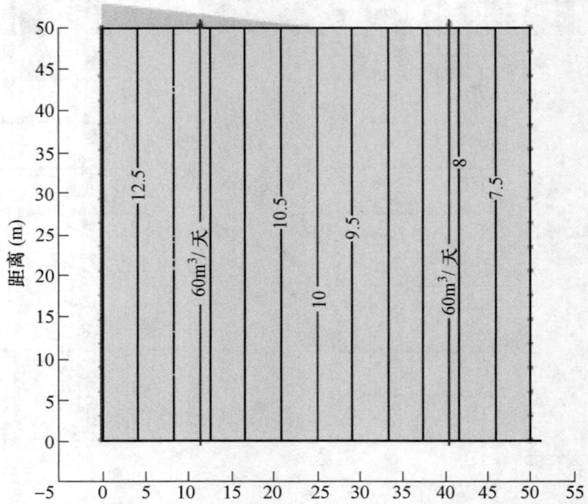

图 8-C. 6-5　估计的渗流量和总水头——未设置减压井

安装减压井之后，井所在地的总水头值降低了，井所在地下游的渗流量也减少了。坝顶之下的地基渗流量随着减压井数量增加而增加，而下游坝趾处的渗流量则逐渐减少，如图 8-C. 6-6～图 8-C. 6-8 所示。

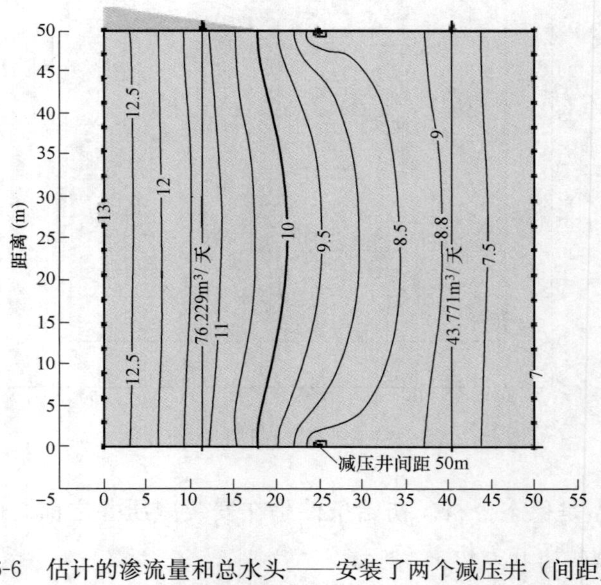

图 8-C. 6-6　估计的渗流量和总水头——安装了两个减压井（间距为 50m）

最后一个模型为沿下游坝趾开挖的连续沟槽，代表连续性排水措施。图 8-C. 6-9 给出了该模型的计算结果。可看出排水沟几乎排走了所有的水流，只剩下很少量的渗流（注意模型下游坝趾处的小股渗流量）。

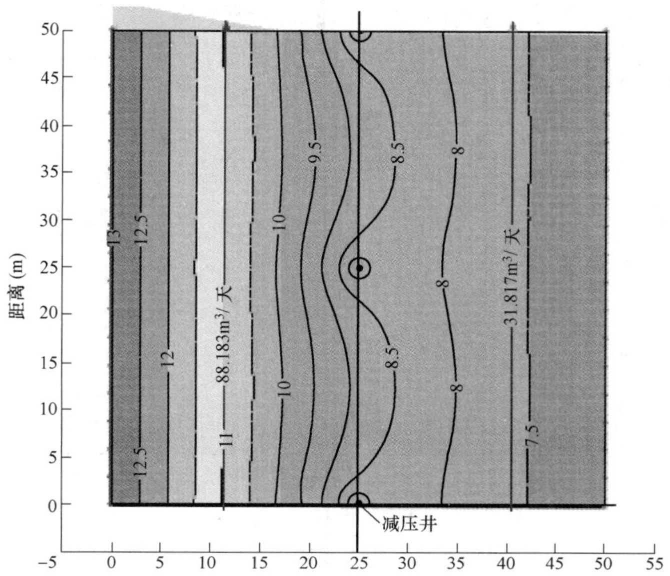

图 8-C. 6-7　估计的渗流量和总水头——安装了三个减压井（间距为 25m）

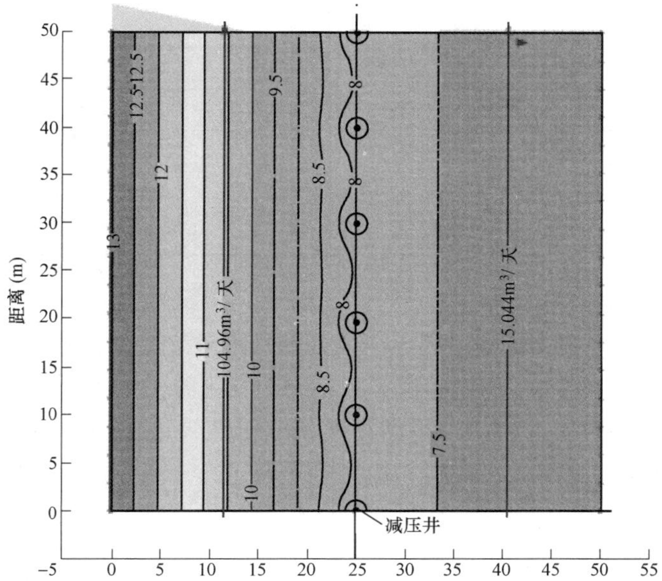

图 8-C. 6-8　估计的渗流量和总水头——安装了六个减压井（间距为 10m）

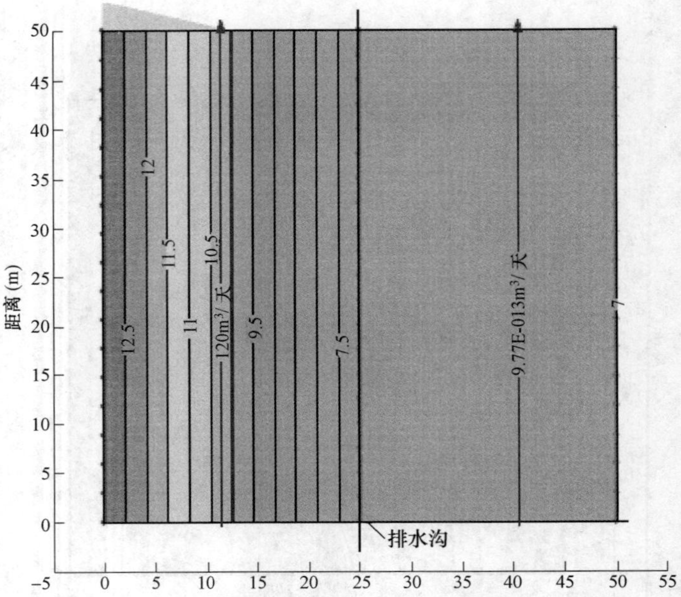

图 8-C. 6-9　估算的渗流量和总水头——连续排水沟槽

表 8-C. 6-1 汇总了所有模型的计算结果。

表 8-C. 6-1　　所有模型的估算渗流量和总水头值

编号	井的数量（井间距离/m）	渗流量（m³/天）		最大总水头（m）
		井的上游	井的下游	
1	无井	60	60	10
2	2 个井（50m）	76.23	43.77	9.5
3	3 个井（25m）	88.18	31.82	8.8
4	6 个井（10m）	104.96	15.04	7.8
5	11 个井（5m）	113.44	6.56	7.1
6	连续排水沟槽	120	9.77E－13	接近 7.0

四、结论

SEEP/W 软件平面视图选项可用于研究井的间距对渗流和孔隙压力的相对影响，此处使用术语“相对”是因为平面视图模拟不是一个真正的三维分析。

Geo-slope 软件用户指南指出，平面视图的分析结果最好视为不同井距研究的相对数值。真实的渗流量最好采用传统的二维分析来表述。

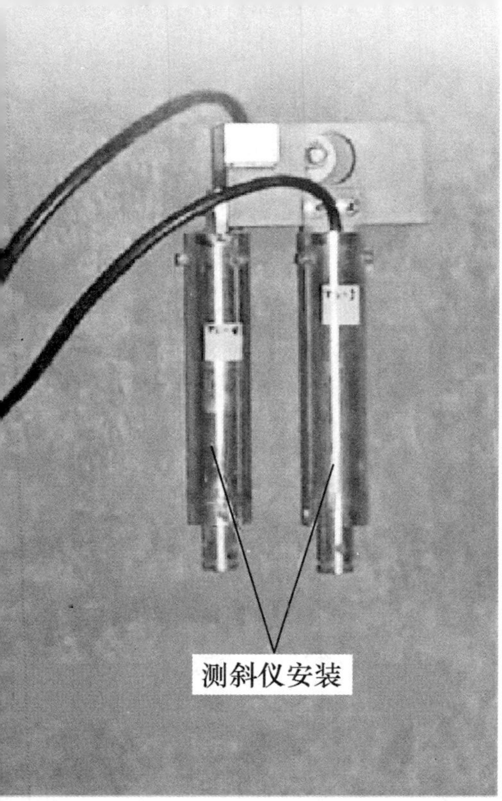

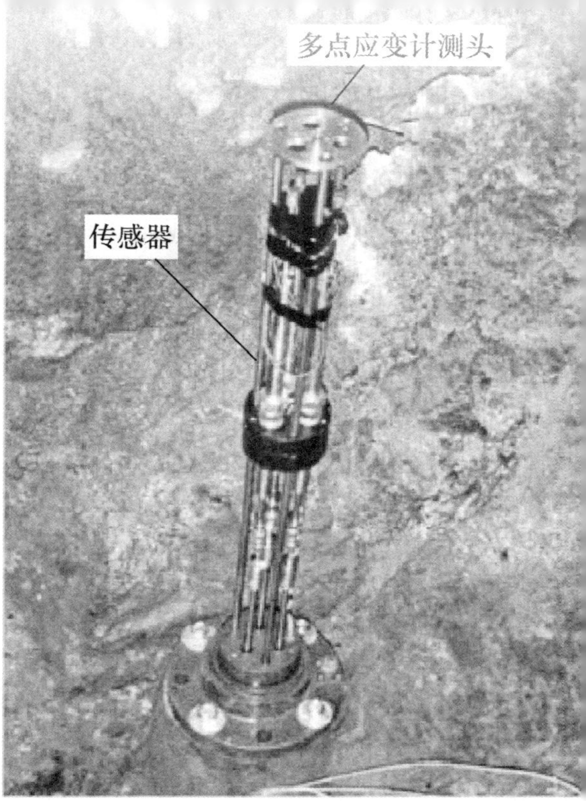

美国内政部垦务局设计标准

填筑坝 Embankment Dams

第9章 静力变形分析

2011年11月修订

目　　录

9.1 简介

9.1.1 目的

本标准为填筑坝在正常运行条件下（静力条件）的垂直变形分析提供指导原则。地震引起的变形在本标准第13章“抗震设计与分析”中讨论。静力变形分析用于设计坝顶超填量、评估不透水心墙产生裂缝的可能性、计算建筑物（局部建在填筑坝上、全部建在填筑坝上或建在填筑坝内）的沉降量。

9.1.2 范围

本章的范围仅限于：①使读者对静力荷载下控制填筑坝变形的因素有基本的认识；②介绍填筑坝变形的典型模式；③举例说明坚硬地基上填筑坝坝顶沉降计算的简单方法；④提供指导方针用于确定何时需要采用更复杂的分析和物理模拟程序；⑤提供填筑坝的沉降分析实例。

为此，当任一坝基的变形量与坝体的变形量相比，其数值小至可以忽略的程度时，即视为坚硬坝基。坝基的变形量与岩石类型、岩石节理、节理填充物、上层覆盖土密度、坝高及其他因素有关。本标准不涵盖以下坝基材料：熔岩、永久冻土，高压缩性、易液化、崩陷性、敏感性及膨胀性土壤。当遇到这些材料时，设计人员需研究这些材料的相关问题及解决方法。

9.1.3 与本标准不一致的情况（略）

9.1.4 标准的修订（略）

9.1.5 适用性

本章提出的程序及建议适用于在密实土层或基岩上建造的填筑坝的分析与设计。

9.2 填筑坝变形

9.2.1 引起变形原因

在静力荷载条件下的填筑坝变形源于填筑坝和坝基材料的体积改变、侧向扩展或剪切位移。体积改变是由于土体单元正应力增大引起孔隙体积减小，或剪切作用下土体单元剪胀。侧向扩展及剪切位移源于当材料的应力状态调整至与坝体填筑及水库运行所施加的应力相协调时，材料单元的挤压、扭曲及局部剪切破坏。变形发生的速率取决于超孔隙水压力的消散速率及达到稳定渗流状态的速率。

9.2.2 导致变形的因素

填筑坝变形的大小及方向由坝基和填筑坝的材料性质、坝肩及填筑坝几何形状、施工机械的类型、填筑坝填筑速度、库区荷载条件、填筑坝和坝基内不同区域或不同层内的应力分布等控制。对于坝基材料而言，设计人员可以控制的因素非常有限，除非将其挖除，而这样做并非总是可行。换言之，设计人员可以很大程度上控制填筑坝的相关因素。因此，在坝址调查时即应认识到这些因素，并在填筑坝设计过程中应适应既有的坝基条件。

控制变形的材料特性包括级配、矿物组成、颗粒形状、颗粒排列、含水率和密度等。在坝基中，这些因素源于地质材料的成因及坝址的历史。在填筑坝内，这些因素可以被设计人员控制，如在离坝址合适的距离内选用合适的建筑材料、在料场开采、大坝填筑中采用合理的施工控制及使用恰当的施工机械。

影响填筑坝变形的几何因素包括山谷形状、坝肩坝基的不连续性、填筑坝分区、附属建筑物的位置等。这些因素的控制主要受坝址选择和设计特征的影响。坝肩形状的修整，反滤层、排水区和过渡区的要求，坝坡的平缓化，分区的加宽及将附属建筑物完全移至坝体之外，这些措施均为适应几何因素的预防性措施。

与变形有关的施工因素包括含水率和密度控制、设备类型及施工顺序和施工速度等。通过制定材料级配、填筑含水率、设计密度、设备重量和压实步骤，设计人员可以控制填筑坝内的许多材料特性。当材料被压缩至完全饱和时，施工速度成为关键的影响因素。一旦低渗透性材料达到饱和后，施工速度对超孔隙水压力的发展及大小有很大的影响，进而影响填筑坝的稳定、施工过程中和施工完成后的固结及侧向变形。在封闭区域和坝肩的施工中，施工顺序常常是将变形影响降至最低的有效工具。

影响变形的三种库区荷载情况为：首次蓄水、正常运行和库水位骤降。在首次蓄水过程中，经常会发生坝顶朝上游方向略微变形，且上游堆石坝壳区内发生明显的沉降。随着填筑坝内浸润面的发展，填筑坝的固结可能减缓或停止，取决于填筑引起的孔隙水压力和高水位稳态渗流引起的孔隙水压力的相对大小。在浸润面的发展过程中，多数的填筑坝坝顶将倾向下游方向移动。大部分填筑坝均发生这类移动，但是由于这些移动量通常小到可以忽略的程度，因此在设计中并不需要加以计算。

坝基和填筑坝内的应力水平和分布对填筑坝的变形有很大的影响。但是基础内的原位应力很难得到精准的结果，且预测填筑坝内不同分区或填筑坝与坝基间的应力传递的方法仍有争议。基于这些原因，当进行竖直沉降计算时，需要采用保守的应力分布。一维的竖直应力分布（忽略了坚硬区与软弱区之间、土料与堆石间及建筑物间的荷载传递）通常被认为是保守的。然而，设计人员应明白这一假设的潜在问题，并考虑在特殊情况下，可能需要更深入的分析。

9.2.3 变形的影响后果

变形的主要影响：坝顶超高受损、危害坐落于坝内或坝上的附属建筑物、外表出现凹陷、填筑坝开裂（对不透水心墙危害最大）、水力劈裂影响区域发展及仪器失效。通过研究既有大坝的运行性状所累积的经验表明，可在不需要进行任何复杂分析的情况下，采用设计工程措施减缓变形的影响。大部分情况下，采用“经验法则”或基本的沉降计算来确定坝顶超高及附属建筑物的沉降量，可以得到令人满意的结果。填筑坝分区及坝基形状的精心设计，可以将不均匀沉降减至最低，进而降低心墙开裂的可能性或限制水力劈裂影响区域的发展。对于大型的或可能造成严重灾害的大坝，设计人员应假设心墙裂缝是无法避免的，因此必须设计反滤层和排水区以满足渗流控制及防止土料流失的要求。当根据经验法则及简单的沉降计算方法得到的结果表明需提高设计标准时，是否需要进行深入计算分析取决于节约成本的多少。

9.2.4 变形模式

图 9.2.4-1～图 9.2.4-3 给出了填筑坝变形的一般模式，从图中可以看出，对于填筑坝的最大剖面而言，一般的变形模式为，上游坝面变形为向下且朝向上游，而下游坝面变形为向下且朝向下游。在首次蓄水期间，坝顶变形向下且朝向上游，而当库水开始渗透进坝体后，坝顶变形向下且朝向下游。坝肩表面的位移包含了额外的朝向山谷移动的水平分量。此外，沿着坝体内任意一点的垂直线，竣工后的变形分布近似为抛物线形状，竣工后的沉降使得在坝顶处存在一定的垂直变形，该竖直沉降量近似保持定值至某一高程，该高程以上的填土重量足够使得该高层土料饱和，在该高程以下，这一竖直沉降量逐渐减小，直至在坝基接触面降为零。竣工后的竖直沉降，主要是因为施工期间产生的超孔隙水压力的消散，而竣工后的水平位移主要是由于坝体材料单元在新施加的应力分布作用下的变形协调。

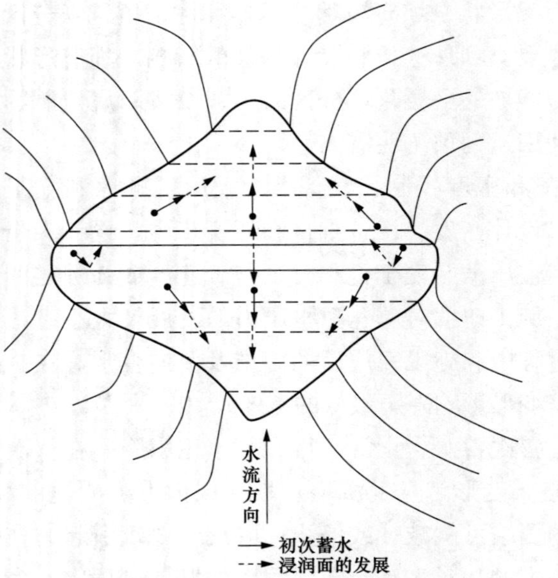

图 9.2.4-1 填筑坝水平表面变形的一般模式

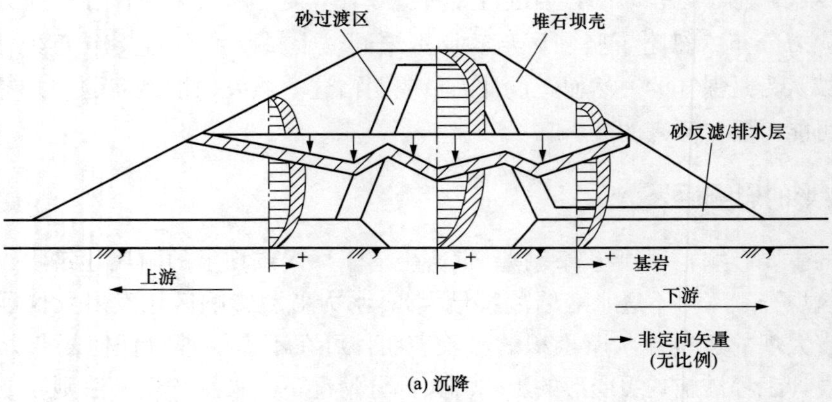

图 9.2.4-2 填筑坝沿最大截面位移的一般模式（一）

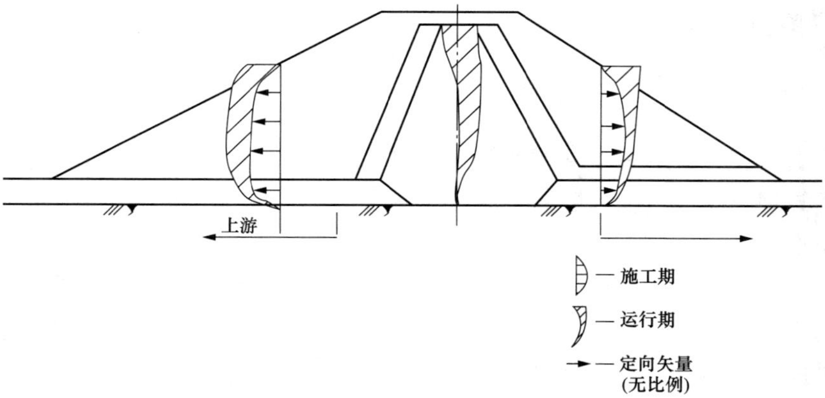

(b) 水平位移

图 9.2.4-2　填筑坝沿最大截面位移的一般模式（二）

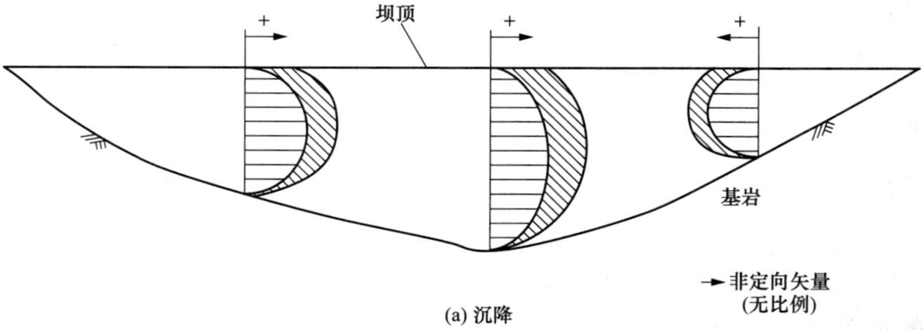

(a) 沉降

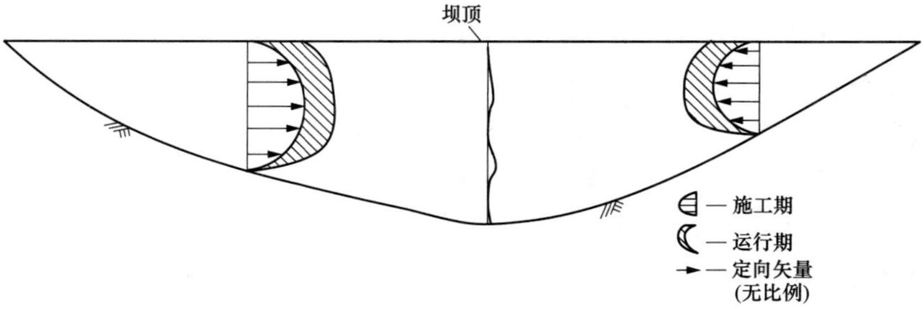

(b) 水平位移

图 9.2.4-3　填筑坝沿中心线位移的一般模式

与竖直沉降量相比，水平变形量（朝向山谷内且朝下）是相对较小的。两者的比值随着几何条件、坝体分区及材料特性的改变而改变。在实践中，通常仅进行竖直沉降分析，并假定当竖直沉降量在可接受的范围内时，则水平位移量也是可接受的。这个假设只有在已经对坝基形状、坝基和坝体材料的强度以及坝体分区进行认真细致研究的情况下成立。

9.3 估算填筑坝变形

9.3.1 需求

填筑坝的计算分析的深度主要取决于所考虑的设计细节。对于坝顶超填的设计而言，仅需估算坝顶的竖直沉降量。通常，这一估算可以采用根据对已建大坝的观测结果制定的简单准则。当不透水心墙的开裂为主要关注点时，或填筑材料或坝基材料可压缩性特别强时，一般需要先进行一些基本的沉降计算以决定是否需要进行更复杂的分析研究，或者是否仅仅采用更加预防性的设计措施。对于附属建筑物或者相似的建筑物，应尽量建在坝体外。当可能时，溢洪道和泄水建筑物应该穿过坝肩或水库边缘，或在坝肩或水库边缘之上。如果建筑物必须设置在填筑坝上，则需要进行沉降计算。对于附属建筑物的设计，如泄水建筑物工作桥（其中的一些支墩或基础可能位于填筑坝上，有些可能位于岩体上），用来估算坝顶附近浅基础沉降量的准则与确定坝顶超填设计的方法一致。对于埋设于填筑坝内的建筑物，基本的一维沉降计算通常已经足够。对于坝趾附近的建筑物，侧向位移可由相关的经验来估计，但通常需要用解析法或数值法进行分析。

9.3.2 程序

对于采用现代施工设备并按照垦务局标准设计建造在坚硬基础上的碾压填筑坝而言，施工后坝顶沉降范围一般在坝高的0.2%～0.4%之间，且很少超过坝高的0.5%。采用坝高的1%作为保守的坝顶超高设计的经验法则，已成为一个常用的法则。对于许多低风险的坝或高度低于200ft的坝而言，这个“1%法则”是达到令人满意的坝顶超高设计需要的唯一变形估计方法。

对于中高风险的坝、坝高超过200ft的坝或建在可压缩性坝基上的坝而言，仅采用“1%法则”来分析处理超出初步的坝顶超填设计范围的变形问题，经常被认为是不足的。随着近年来数值计算能力的提高，对于许多分析人员而言，会优先采用数值模型研究，但是这些研究既耗时又昂贵。基于这些原因以及材料模拟和边界条件选择相关的一些问题，建议先进行保守且经济的一维（1D）沉降分析。本章所述的一维分析无法获得可能引起裂缝的拉应力信息，但是可用来确定坝体是否存在过大的不均匀沉降，并可验证“1%法则”在设计坝顶超填时的适用性。如果一维分析结果表明不均匀沉降过大时，则有两种选择，进行预防性措施设计或进行更深入的计算分析。不均匀沉降的主要问题在于其可能造成开裂或水力劈裂，任何一种均可能引起内部侵蚀。由于在所有重要的坝中，均进行了适当的设计，并设置了反滤和排水系统，以防止开裂和颗粒的移动，因此实际上可能并不需要进行更深入的计算分析。

有些情况下可能需要更深入的计算分析，这些情况包括以下各项：

（1）土基较软且厚度较厚，特别是在下覆基岩表面起伏不平时。

（2）均质的黏土填筑坝，在填筑料中无法避免高含水率。

（3）坝肩非常陡峭或形状独特。

（4）穿过坝体或位于坝体之下的刚性建筑物，尤其当这些建筑物建在软弱的基础上，或建筑物非常大，或相对于坝高和坝体结构而言建筑物形状较为罕见时。

(5) 坝基在纵向或横向方向有明显不同的材料。

进行更深入的计算分析也有相当大的优点，如可将分析结果与实际结果进行比较并发表结果以提升技术水平。

一维分析可采用下列三种方法之一进行。第一，建立竖直应力和轴向应变的对数线性关系（半对数图），针对不同的填筑坝材料，可采用室内试验，而对于坝基材料，可采用室内试验或原位试验方法。第二，针对各种不同坝基和填筑坝材料试样，采用压缩试验得到的应力应变图，可直接用于确定沉降量。第三，对于填筑坝材料，可采用沉降分布的抛物线公式。附录 9-A 详细说明了这三种方法，而究竟采用哪一种方法，取决于竣工后沉降或不均匀沉降是否是最受关注的问题。例如，如果用于坝顶超填设计，则应采用方法一或方法二，而当坝体内的不均匀沉降是主要关注点时，则方法三适用于坝体填筑材料，方法一和方法二均适用于坝基材料。相比于方法一和方法二，方法三的优点在于坝体内不同高程部位的沉降量可以更迅速地估算出来。方法三的缺点是竣工后的坝顶沉降量无法采用该方法确定。

当遇到高压缩性坝基和坝体材料或特殊设计和/或施工时，“1%法则”和一维分析程序可能不适用，应对相关文献进行全面审核，并与有经验的设计人员进行深入的讨论。对于一些普遍问题，已有一系列的深入分析和分析结果发表，这些可以让设计人员对问题有更深入的认识。而一旦设计人员对于问题的独特性有充分的认识，并确定需要进行有限元分析后，设计人员应收集充分的背景资料以确保所采用的计算分析程序是合适的。当使用新开发的有限元程序进行分析时，设计人员应要求查看物理实验与分析预测的对比结果，以对分析程序的结果建立信心。这些物理实验可包括某种类似大坝的反演分析，在指定位置建立一个实验性坝，或针对指定的坝体与坝基的最重要特征进行离心模拟试验。

9.4 预防性设计措施

9.4.1 限制变形

实质上有如下五种可以限制填筑坝变形的方法：

(1) 可将不良的坝基材料移除，并以更适合的材料置换。

(2) 在填筑坝内避免使用软弱（可压缩）材料。

(3) 对于无法从坝基移除的或不得不在填筑坝内采用的不良材料，可加以处理以改善其性能。

(4) 对于软弱材料可采用约束支撑。

(5) 对于软弱材料可进行加强处理。

对于软弱坝基材料而言，移除和置换一般是优先的选择，因为这样可以确保不良材料在被控制的条件下进行处理。该方法包括移除软弱材料，并置换较强材料，或进行简单移动，再将移动的材料夯实至较高的密度。只要坝基的软弱材料埋深较浅，此方法通常是可行的。

为了避免在坝体内采用软弱材料，在调查料源时，即应确认不良材料，并确定较佳材料的料源位置。

坝基和坝体材料可使用不同的方法加以处理，以改善其性能。坝基内的颗粒材料可进行原位动力夯实，或由水泥灌浆注入技术加以强化。较细粒的材料可从坝基或坝体材料的料源区挖除，再与较粗的材料混合以形成合适的填筑料。极少情况下，材料可经由化学处理以改善其天然性质。

当坝基的软弱材料所在范围太深，以至于不可能移除或利用处理技术时，最普遍的做法是采用约束支撑。一般做法是将矮戗台置于软弱材料之上以束缚其在正常位置。当必须使用软弱的材料进行填筑坝填筑时，可使用较宽、较平缓的稳定坝基加以支撑。

软弱填筑材料的人工加强可通过在软弱材料内加入土工合成织物或设置加筋。软弱坝基材料的加强可通过植入桩和/或在坝基表面放置合成织物。目前在垦务局所属的大型坝内，软弱材料的人工加强并未被广泛采用。然而，随着在这些技术的长期应用中积累了更多的经验，这种现象可能会改变。

选用限制或控制变形方法最重要的一点是不同方法的经济性比较。坝址的形状、坝基材料的类型、料源的材料类型及所在位置等均需考虑。与远距离运输获得较佳材料相比，减缓坝坡可能相对较便宜。软弱坝基的变形，可由预压、分期施工、控制排水速度等加以限制或减缓。高等分析通常有助于指导施工分期及施工速度设计，并在施工期间协助监测。

9.4.2 可接受的变形

在不透水心墙的开裂无法避免的情况下，最谨慎的措施是在坝内采取设计措施，以减缓开裂造成的影响。设计措施，诸如采用较宽的心墙、抗侵蚀能力较强的高塑性黏土和/或在临界区域增大含水率、较宽的下游反滤层及排水区、上游的“止裂”砂区等，这些措施均曾在不同的坝上使用过。其他减小变形影响的方法有：①制定施工程序，使得各施工阶段内的变形是允许的；②预压坝基，结合坝基排水措施的加强，以使坝基变形发生在填筑坝施工之前。在可靠的判断前提下，所有这些预防性措施均可被采用。

9.5 变形监测

9.5.1 目的

监测变形有两种目的：①设计者应跟踪建筑物的性能，以确保实际变形在预定的容许范围内，且建筑物能安全运行；②监测既有建筑物的性能，为设计及施工程序的改进以及加强工程师的判断能力提供基础。

变形监测的最大问题在于确定容许的界限范围。竖直位移可以采用本章所述的简单方法加以估计。侧向变形通常需要更高等的分析。容许的界限范围一般是基于工程判断和过去在类似材料和运行验收合格的填筑坝方面积累的经验。因此，参考已发表的文献是非常重要的。

9.5.2 仪器

监测填筑坝和坝基变形的典型仪器包括表面监测点、垫板、测斜仪、剪切带装置、倾斜仪、钻孔应变计、液位计以及内部沉降监测设备等。图 9.5.2-1 展示了这些仪器。垦务局大坝采用的监测仪器的具体信息在本设计标准的第 11 章“仪器与监测”中介绍。由于目前可用仪器的型式很多及新仪器的开发，位移测量中特定仪器的选择最好由设计工程师和监测专家共同探讨决定。设计人员在监测中的角色是确认观测点的位置及变形类型，并会同监测专家选择合适的仪器，以监测相应的变形。

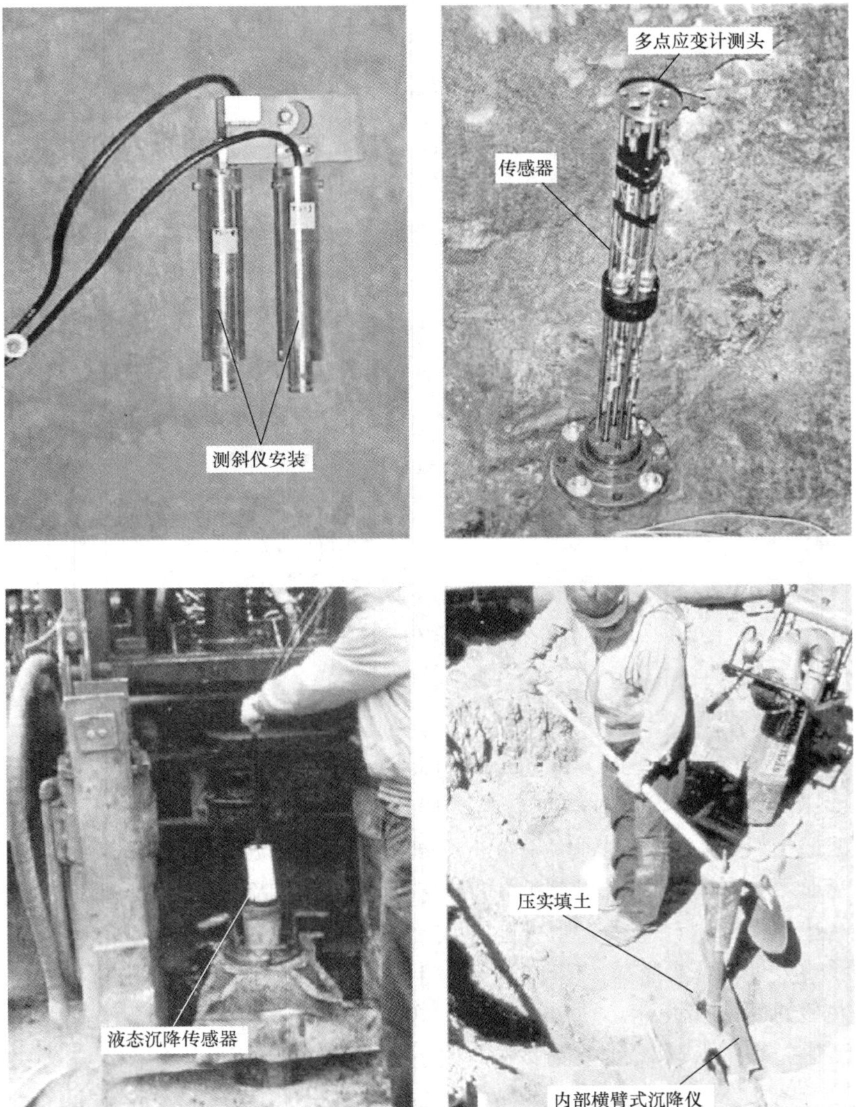

图 9.5.2-1 监测填筑坝和坝基变形的典型仪器（一）

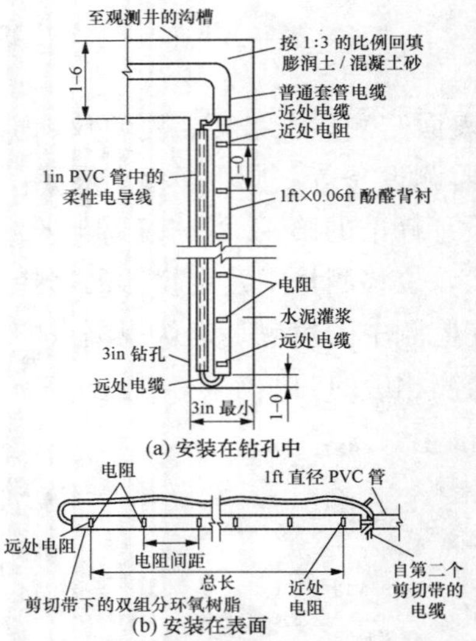

剪切带监测装置

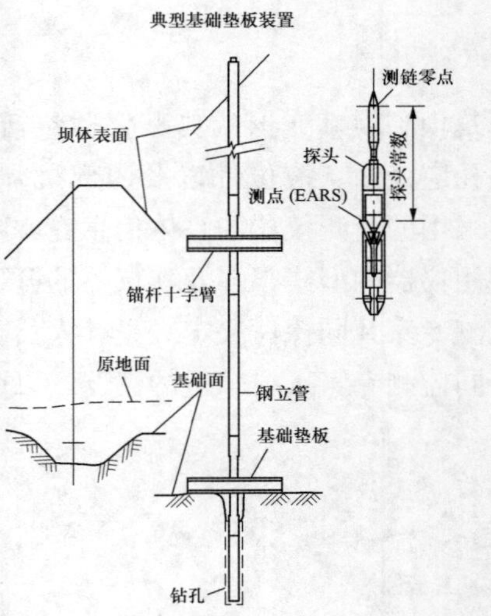

基础沉降监测

图 9.5.2-1 监测填筑坝和坝基变形的典型仪器（二）

9.6 已建坝

对于仍在运行的设计合理、施工良好的大坝，正常运行条件下的变形通常在设计允许范围内。然而，如果通过仪器观察到的变形或目测的变形已超过预期，则需要对坝址条件、施工记录以及仪器监测程序等进行详细调查，以了解引起非预期变形的原因。超过预期的变形可能是由于渗流相关的内部侵蚀所致，或者可能导致渗流相关的内部侵蚀，而对这些如果未引起重视，则可能导致严重的后果。每一座在正常运行条件下发现不寻常变形的大坝均需要深入调查并在经验丰富的设计人员的指导下进行恰当的修复。

新建大坝的性能和设计必须令人满意，这些基本要求同样适用于已有大坝的改建设计。对于已建大坝的改建设计，需要做改建引起的静力变形评估。

9.7 补充信息（略）

9.8 参考文献（略）

附录 9-A 范例

一、引言

变形分析的主要目的：①估算坝体沉降，以设计坝顶超填高度；②确定不透水心墙是否有开裂的可能性；③估算坐落在填筑坝上的附属建筑物的位移。因此，本附录中的例子用于介绍保守的沉降计算程序及评估是否需要更为复杂的解析计算。本范例中的大坝仅用于介绍计算方法，对大坝和坝基进行了适当简化，以强调计算过程，而非检验实际大坝的设计细节。附录 9-B 中给出了三个实际大坝的沉降分析实例。

二、讨论

1. 几何条件

图 9-A-1 显示了本例所用的大坝。对于本附录所介绍的计算方法而言，上、下游坝坡与心墙的坡度对计算过程并不重要。在最大断面上，自截水槽底部起算至坝顶的坝高为 225ft；地基中，在截水槽底部与基岩表面间保留了一层 25ft 厚的可压缩的不透水材料，以示范介绍坝基沉降的计算程序。可压缩的坝基材料被分为两层（1F 和 2F），具有不同的压缩特性。本范例中，基岩假设为不可压缩的。坝肩和坝基具有均匀变化的表面，而无不规则、倒悬或突然不连续的现象。

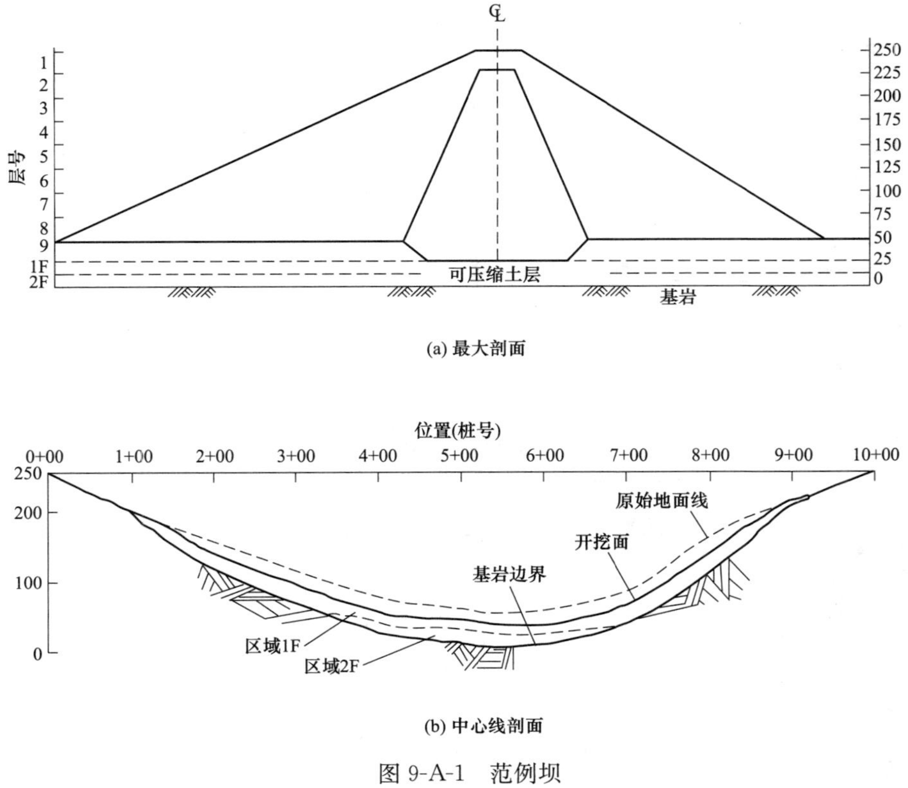

图 9-A-1 范例坝

2. 变形模量及应力分布

本范例详细说明了沉降分析的一种简单逻辑方法。用于此分析的假设反映了这一目的。已建大坝的运行特性累积的经验显示：变形模量与应力分布均采用保守估计时，会造成不经济且过度保守的设计。因此，分析中使用了约束变形模量、一维（1D）应力分布及沉降计算至时间无限的情况。事实上一座坝绝非一维的结构，也不会有无限的生命。做这些假设仅在于平衡使用束缚变形模量产生的影响。分析中的其他保守假设为：地下水位以上土体采用湿容重计算有效应力，进入坝体及坝基土体的库水并不会减少其有效应力水平。这些假设的联合影响使得分析程序在多数情况下均被认为是过度保守的。值得注意的是，当软弱的薄黏土心墙由相对刚性的反滤层或坝壳料支撑时，分析中可能会产生不可忽视的误差。如果需要更准确，进行高等有限元分析可能是可取的。

图 9-A-2 呈现了弹性坝体底部假设的一维应力分布与理论应力分布间的关系。由此图可见沿着中心线的一维应力分布假设是保守的，而对于接近坝趾部位的各点而言，此假设并不保守，但是由于该区域的坝体高度较小，其影响是可以忽略的。

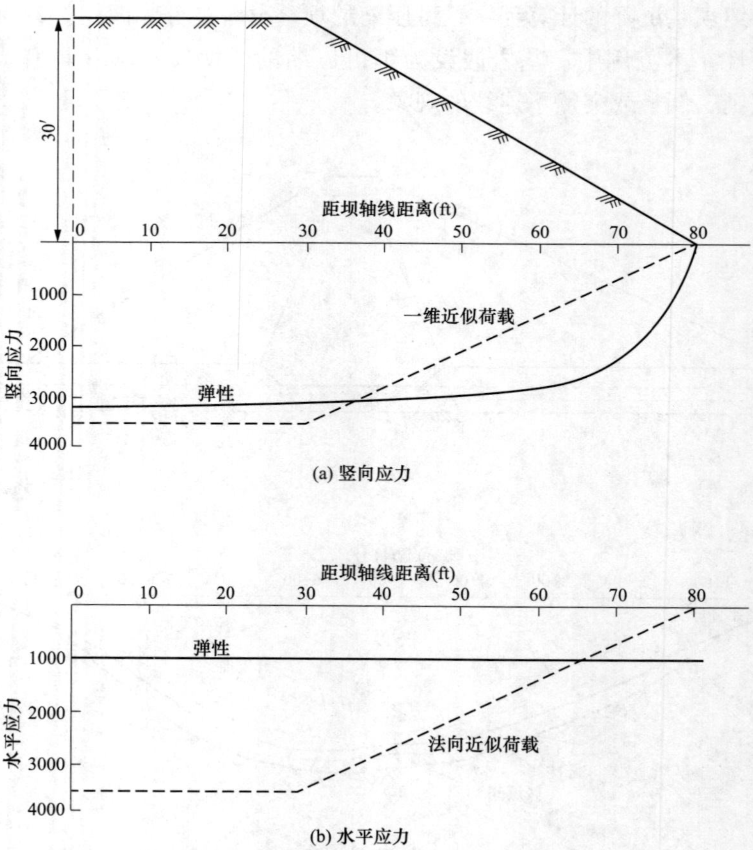

图 9-A-2 弹性填筑坝坝底的应力分布

3. 坝基沉降计算

坝基沉降计算主要是为了河道中泄水建筑物的沉降设计与坝体不均匀沉降的探讨。对于本范例而言，25ft 厚的可压缩材料被保留在最大剖面的坝基中，为了计算此材料压缩造成的坝体沉降，各土层的再压缩曲线斜率（$C_{r\varepsilon}$）与初始压缩曲线斜率（$C_{c\varepsilon}$）都必须加以估计。本计算中使用到的 $C_{r\varepsilon}$，$C_{c\varepsilon}$，σ'_p，σ'_{vo} 和 σ'_{vf} 等各项的定义见图 9-A-3。

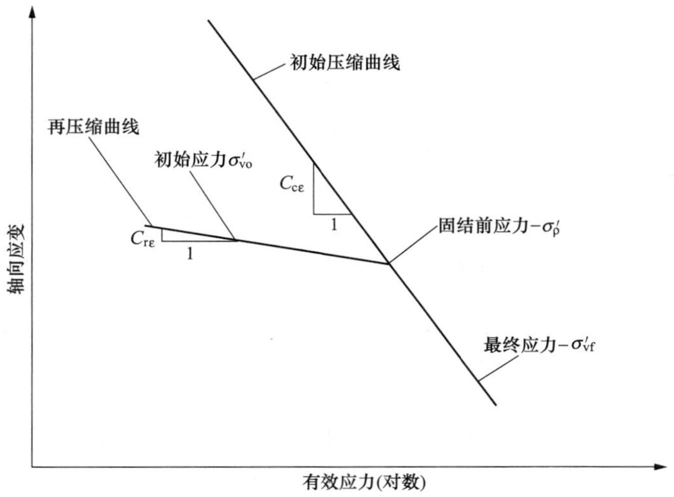

图 9-A-3　土体单元的一维理论压缩曲线

计算各层沉降量的通用公式为

$$S_i = C_{r\varepsilon} H_0 \log(\sigma'_p/\sigma'_{vo}) + C_{c\varepsilon} H_0 \log(\sigma'_{vf}/\sigma'_p) \tag{9-A-1}$$

式中，S_i 为各层沉降量；H_0 为初始层厚。

此通用公式适用于原位为超固结状态、在坝体竣工时被加载至正常固结状态的土体。土体存在另外三种可能的应力轨迹：①原位土体为超固结状态，竣工后仍维持原样；②偶尔情况下，原位土体为正常固结，竣工后仍维持原样；③极少情况下，原位土体为正常固结，但由于挖除不良的松散材料并铺设较高密度的材料，竣工后土体转变为超固结状态。由于上述第②种及第③种的应力路径很少在填筑坝分析时出现，因此此处给出的沉降分析的通用公式仅是由第①种情况简化而得。原位土体为超固结的，坝体完工后仍维持超固结的简化公式为

$$S_i = C_{r\varepsilon} H_0 \log(\sigma'_{vf}/\sigma'_{vo}) \tag{9-A-2}$$

表 9-A-1 给出了坝基的沉降计算。值得注意的是，估算得到的竣工后的坝基沉降量占坝基总沉降量的 25%。此估计值是基于建立在相对容易排水材料上的填筑坝的研究。竣工后坝基中黏土或粉土部分的沉降与水面的位置、饱和度、至排水面的位置与距离及施工荷载的施加速率等有关。因此，坝基内若存在厚层的黏土或粉土时，竣工后的坝基沉降量应依据固结速率的研究结果。

表 9-A-1　　　　坝基沉降计算

几何						荷载条件和材料特性					沉降			
大坝桩号	初始地基厚度（ft）	开挖深度（ft）	保留地基厚度（ft）	层号	层厚 H_0(ft)	C_{re}	C_{ce}	σ'_p lb/in²	σ'_{vo} lb/in²	σ'_{vf} lb/in²	公式编号	各层沉降量 S_i(ft)	总沉降量 S_t(ft)	预测竣工后的沉降量(ft)
0＋00	0	0	0	—	—	—	—	—	—	—	—	0	0	0
1＋00	15	0	15	1f	15	0.005	0.05	150	5.7	44.8	2	0.07	0.07	0.02
2＋00	30	15	15	1f	15	0.005	0.05	150	19.9	91.6	2	0.05	0.05	0.01
3＋00	40	20	20	1f	20	0.005	0.05	150	26.4	162.8	1	0.11	0.11	0.03
				2f	0	0.001	0.01	250	0	0	—	0		
4＋00	50	25	25	1f	15	0.005	0.05	150	29.2	192.7	1	0.13	0.14	0.04
				2f	10	0.001	0.01	250	39.2	202.7	2	0.01		
5＋00	50	25	25	1f	15	0.005	0.05	150	29.2	201.4	1	0.15	0.16	0.04
				2f	10	0.001	0.01	250	39.2	211.4	2	0.01		
6＋00	40	15	25	1f	15	0.005	0.05	150	19.9	175.3	1	0.10	0.11	0.03
				2f	10	0.001	0.01	250	29.9	185.3	2	0.01		
7＋00	30	15	15	1f	15	0.005	0.05	150	19.9	136.2	2	0.06	0.06	0.02
				2f	0	0.001	0.01	250	—	—	—	0		
8＋00	20	10	10	1f	10	0.005	0.05	150	13.2	82.1	2	0.04	0.04	0.01
9＋00	5	0	5	1f	15	0.005	0.05	150	3.8	29.2	2	0.02	0.02	0.01
10＋00	0	0	0	—	—	—		—	—	—	—	—	0	0

注：

假设：

(1) γ_w 开挖 ＝ 135lb/ft³；

(2) γ_{1f} ＝ 110lb/ft³；

(3) γ_{2f} ＝ 125lb/ft³；

(4) 竣工后坝基沉降＝0.25S_t；

(5) 坝基材料的 C_{re}、C_{ce} 和 σ_p 见表 9-A-1。

4. 坝顶超填设计

应用“1%法则”是最简单且往往是最实用的坝顶超填设计方法，此方法示于表 9-A-2 中。在此方法中，先计算沿着坝体不同位置对应的坝高的 1%，之后将得出的数值与完工后基础的沉降量加在一起，以便得到所需的坝顶超填高度。实际的坝顶超填高度设计是经由：①将坝的最大断面的计算结果四舍五入至最接近 0.5ft；②在河谷内的坝体断面均维持这一高程；③由此断面至坝的两端与坝肩接触点画直线；④在所选择的位置比较该直线近似值与计算得到的所需坝顶超填高度；⑤根据需要调整这条线以使得有足够的坝顶超填高度。本范例中有趣的是：如同真实情况一般，当存在性能满足要求的坝基材料时，与 1%的坝体高度比较，计算得到的竣工后的坝基沉降量是非常小的。

表 9-A-2 **由“1%法则”设计坝顶超高**

大坝桩号	堆石坝高度（ft）	1%坝高（ft）	竣工后坝基沉降（ft）	坝顶超填高度（ft）
0+00	0	0	0	0
1+00	45	0.45	0.02	0.6
2+00	115	1.15	0.01	1.2
3+00	200	2.00	0.03	1.8
4+00	215	2.15	0.04	2.5
5+00	225	2.25	0.04	2.5
6+00	195	1.95	0.03	2.0
7+00	150	1.50	0.02	1.5
8+00	90	0.9	0.01	1.0
9+00	30	0.3	0.01	0.5
10+00	0	0	0	0

注 （1）坝顶超高设计是由一系列的直线组成，在大坝桩号 0+00～4+00，4+00～5+00 及 5+00～10+00 间为直线。

（2）本范例中，竣工后坝基沉降量相比于 1%坝高值是很小的。

对于坝高超过 200ft 的高风险坝或填筑过程中必须使用高压缩性心墙材料的坝而言，一般应采用一维分析以验证“1%法则”是否仍然有效。以一维分析估计施工后沉降量需要进行额外的假设：①施工期间采用压实以使得土料达到饱和状态；②竣工后超孔隙水压力的消散引起的坝体固结已完成。由基本的土力学原理，可知压缩试验中达到饱和所需的轴向应变的百分比公式为

$$\varepsilon_a = V_a = \gamma_d(\omega_c/\gamma)(1/D_s - 1) \times 100 \tag{9-A-3}$$

式中：ε_a 为达到饱和时的轴向应变，%；V_a 为试验开始时试样中的气体体积百分比，%；γ_d 为试样的初始干容重；ω_c 为试样的初始含水率；γ 为水的单位容重；D_s 为试样的初始饱和度。

一维分析可以由与上述坝基沉降计算的相同方法来进行，或直接运用压缩试验所得的应力-应变图。为了采用对数线性压缩分析来计算竣工后的沉降，必须计算坝体总沉降及达到饱和的沉降量。而总沉降与达到饱和的沉降量的差值即被假设为竣工后的沉降量。

直接采用压缩试验所得应力-应变图的方法完整地列在表 9-A-3 的第（1）列～第（13）列。列出完整方法的目的在于将本分析结果与随后列出的抛物线公式方法的结果进行对比。为了检验“1%法则”，只需完成第（1）列～第（5）列及第（7）列。坝顶竣工后的沉降量为第（5）列总和与第（7）列总和的差值。图 9-A-4 给出了采用压缩试验进行该分析的结果。此方法的基本步骤为：①将坝分层，并计算每一层的平均应力[第（1）列～第（3）列]；②获得应力-应变图中对应于该应力值的应变值，并计算坝体的总压缩量[第（4）列～第（5）列]；③计算出使得土料达到饱和所需的应变量公式（9-A-3），并依此确定施工期间坝体的压缩量[第（7）列]。第（6）列及第（8）列～第（13）列的目的在于确定特定坝段的垂直沉降剖面。这一额外步骤的基础为：①确定每

一层达到顶部高程前坝体发生的压缩量；②从该高程以下坝体内发生的总压缩量减去此压缩量。这种沉降量的删减方法是考虑到实际施工中，每一层达到顶部高程前所发生的沉降量被等量的坝体材料补偿以达到该层的顶部高程。该沉降量计算结果见图 9-A-5。

表 9-A-3　　一维压缩计算

(1)	(2)	(3)	(4)	(5)	(6)	(7)	(8)	(9)	(10)	(11)	(12)	(13)
层号	层厚(ft)	平均应力(lb/in^2)	垂直应变(%)	各层总压缩量(ft)	各层顶部以下总压缩量(ft)	施工期各层压缩量(ft)	施工期各层顶部以下压缩量(ft)	竣工后各层压缩量(ft)	达到层顶前压缩量(ft)	总沉降量(ft)	施工期间沉降量(ft)	竣工后沉降量(ft)
1	25	10.9	0.2	0.05	10.43	0.05	7.80	0.00	7.80	2.63	0	2.63
2	25	32.6	0.8	0.20	10.38	0.20	7.75	0.00	6.55	3.83	1.20	2.63
3	25	54.3	2.0	0.50	10.18	0.50	7.55	0.00	5.30	4.88	2.25	2.63
4	25	76.1	3.2	0.80	9.68	0.80	7.05	0.00	4.05	5.63	3.00	2.63
5	25	97.8	5.0	1.25	8.88	1.25	6.25	0.00	2.80	6.08	3.45	2.63
6	25	119.6	6.0	1.50	7.63	1.25	5.00	0.25	1.55	6.08	3.45	2.63
7	25	141.3	7.2	1.80	6.13	1.25	3.75	0.55	0.75	5.38	3.00	2.38
8	25	163.0	8.3	2.08	4.33	1.25	2.50	0.83	0.25	4.08	2.25	1.83
9	25	184.8	9.0	2.25	2.25	1.25	1.25	1.00	0.05	2.20	1.20	1.00
总计				10.43		7.80		2.63				

注： $\gamma_w = 125lb/ft^2$

第（3）列：

$$Col(3)_1 = 1/2\gamma_w Col(2)_1 \frac{1}{144}$$

$$Col(3)_1 = \left[\gamma_w Col(2)_i \frac{1}{144}\right] + Col(3)_i$$

第（4）列：

由固结图（图 9-A-4）获得。

第（5）列：

$$Col(5)_i = Col(2)_i Col(4)_i / 100$$

第（6）列：

$$Col(6)^h_j = \sum_{i=j}^{n} Col(5)_i / Col(5);$$

$for(i) = 1$

第（7）列：

$for\ Col(15)_i < 1.25$；$Col(7)_i = Col(5)_i$

$for\ Col(5)_i \geqslant 1.25$；$Col(7)_i = 1.25$

第（8）列：

$$Col(8)^n_j - \sum_{i=j}^{n} Col(7)_i$$

$for j = 1$

第（9）列：

$$Col(9)_i = Col(5)_i - Col(7)_i$$

第（10）列：

$$Col(10)^n_j = \sum_{i=1}^{n-(j-1)} Col(7)_i$$

$for j = 1$

第（11）列：

$$Col(11)_i = Col(6)_i - Col(10)_i$$

第（12）列：

$$Col(12)_i = Col(8)_i - Col(10)_i$$

第（13）列：

$$Col(13)_i = Col(11)_i - Col(12)_i$$

式中 1.25ft 为 25ft 厚的那层达到百分之百饱和所需的压缩量

注意：对于坝顶超填设计校核，只需计算第（1）列～第（5）列和第（7）列。

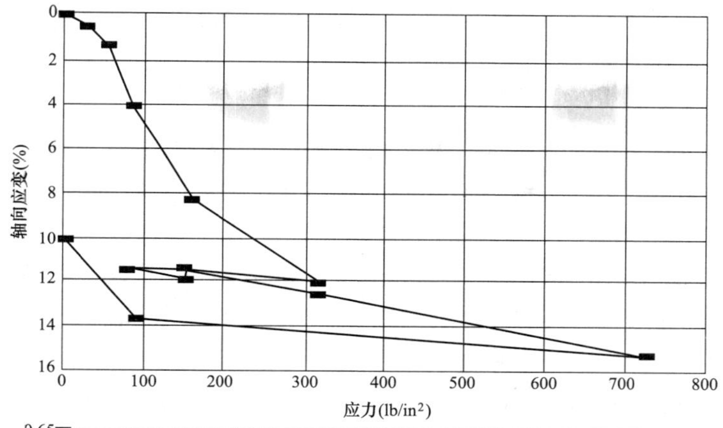

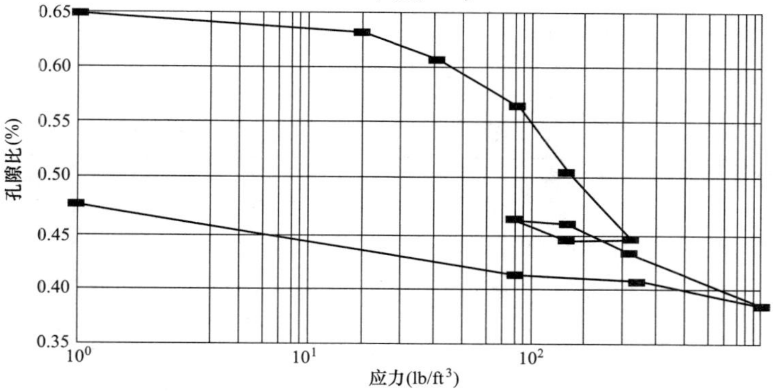

	初始	最大荷载
孔隙比	0.643	0.390
干容重(lb/ft^3)	103.8	122.7
含水量	20.6%	14.3%
饱和度	87.5%	100.0%

图 9-A-4　一维固结

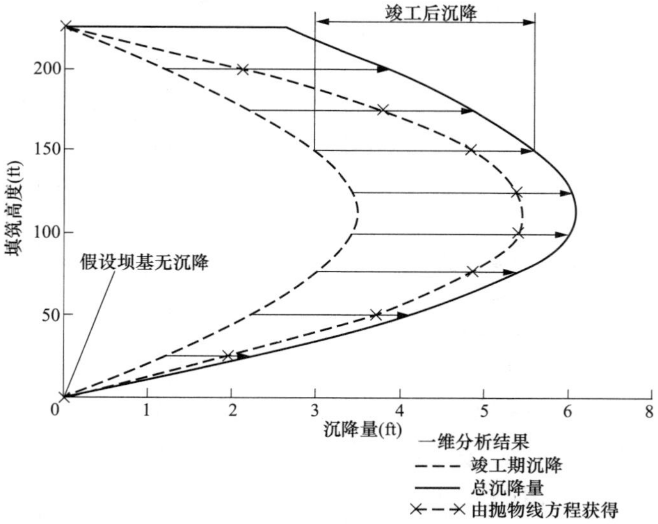

图 9-A-5　一维方程和抛物线沉降方程计算结果的比较

此处介绍的方法提供了特定坝段上沉降的垂直分布剖面。必须在适当的坝段上重复该方法以得到坝体的沉降剖面。

5. 开裂可能性评估

由于估算竣工后沉降量的任何一种一维方法均不能够预测坝体内拉应力的位置，此处建议了一个较快速的沉降剖面计算方法以评估开裂的可能性。评估开裂可能性的方法以及是否需要进行更精细的分析建模，是假设坝体内发生抛物线沉降分布。对于一些坝基坡度、坝体高度、坚硬结构接触位置等出现显著改变的断面，该沉降分布必须加以确定。这一抛物线沉降计算的公式为

$$S=(\gamma_w/E)(h-y)(y)/144 \tag{9-A-4}$$

式中：S 为坝体内某点的沉降量；h 为坝高；y 为某点下方的填筑量；E 为 1D 割线模量，对应于坝的中间高度的应力水平。

对于该范例坝而言，抛物线公式计算的结果示于表 9-A-4 及表 9-A-5 中。

表 9-A-4　　由抛物线方程计算堆石坝沉降

计算点下的填土高度 y(ft)	沉降量 S(ft)
225	0
200	2.17
175	3.80
150	4.89
125	5.43
100	5.43
75	4.89
50	3.80
25	2.17
0	0

$$方程\ S=\frac{\gamma_w}{E_{50}}(h-y)(y)\left(\frac{1\text{ft}^2}{144\text{in}^2}\right)$$

其中，

$\gamma_w = 125.2\text{lb/ft}^3$

$h = 225\text{ft}$

$E=\frac{100}{0.05}=2000$

注意：γ_w、h 和 E 均由图 9-A-4 固结图获得。

6. 结论

对于该范例问题而言，以一维方法计算得到的竣工后沉降量略大于坝高的 1%。对于坝顶超填高度设计而言，采用坝体高度的 1%可能是足够的。对于开裂可能性评估而言，建议假设此种材料的开裂发生在接近坝的两端及坝基严重不连续的区域或陡峭坝肩边坡区域，此时应考虑采用防护性设计。

附录 9-B　实际大坝的沉降分析实例

第一部分　Ridgway 坝的基础沉降分析（略）

第二部分　Horsetooth 水库大坝改造的沉降评估（略）

第三部分　Ridges Basin 坝体沉降和孔隙水压力

（改编自 2008 年 7 月第 RB-8311-39 号技术备忘录）

引言

推荐的 Nighthorse 湖，即 Ridges Basin 大坝水库，是 Animas-LaPlata 工程的主要蓄水设施。Ridges Basin 坝坝址位于科罗拉多州拉普拉塔县的杜兰戈西南部约 3.5mi 处。Ridges Basin 坝是一个从 Animas 河抽蓄水的备用蓄水设施。

大坝是一座坝顶高程 6893ft、坝顶长度约 1600ft 的中央心墙坝。筑坝前，基础开挖挖除坝基底部所有的冲积层直到露出基岩。坝体填筑高度约 275ft，见图 9-B-1。

四年的建设中最终设计发生了一些变化。这些变化有一定意义，变化的讨论包含在“施工变更”或“施工说明”中。

施工说明：施工期间，坝基高程最低点在桩号 19＋65、中心线下游支距 412.8ft 处。该点高程为 6620.3ft，坝体高度 273ft。竣工时最终坝顶长度为 1633ft。

Ridges Basin 坝的前期设计

Ridges Basin 坝的前期设计中结构高度约 345ft。前期设计（这里被称为“1995 年的设计”）允许挖除地下水位之上的冲积层的不饱和、易压缩部分。该层下部的饱和冲积层在中央心墙区和下游坝壳区下部的区域被挖除，上游坝壳下部不挖除。通过挖除来消除会导致上覆坝体发生不允许沉降的地基沉降。前期设计时，上游采用由压实细粒料组成的上游坝壳，允许留下该处下覆冲积层。然而，这要求安装灯芯式排水管作为冲积层基础处理的方法。这些排水管旨在随着上覆填土填筑时增加孔隙水压力消散的速率，允许一部分最终沉降随坝体上升而发生。

前期设计利用分期施工来控制施工引起的孔隙水压力。第一期施工包括：①开挖至坝基和基础处理；②安装灯芯式排水管和上盖作为砂排水铺盖；③下游砂石基础料填筑；④设置水泥膨润土防渗墙；⑤在灯芯式排水管之上填筑附加坝壳料。第二期施工包括大坝其余区域的填筑施工。

总评

改进方案中坝高变低，相比 1995 年的设计，新设计做出一些改进。不是简单地使先前设计适应修订后的坝高，而是抓住机会根据坝址条件调整新设计，这更有益于性能和经济问题。先前设计中的很多概念、试验和分析如本文所述，实际上被再次用于重新设计。这样做的实例包括在以下讨论中。

在讨论推荐的最终设计的具体方面之前，有必要阐明有关大坝的一般性问题和与大

坝体材料说明:

① 挑选的黏土、粉土和砂，通过200号筛子的细粒含量至少为40% 最小塑性指数为12 压实层厚6英寸，用羊脚碾碾压12遍。

(1A) 挑选的黏土、粉土和砂，通过200号筛子的细粒含量为40%(最小)～85%(最大)，最小塑性指数为12，压实层厚6ft，用羊脚碾碾压12遍。

② 加工砂反滤料，压实层厚15ft，用10t光筒振动碾碾压4遍。

(2A) 加工砂，压实层厚15ft，用10t光筒振动碾碾压4遍。

③ 加工的砾石排水料，压实层厚15ft，用10t光筒振动碾碾压4遍。

④ 未经筛选的砂、砾石、鹅卵石和巨石，压实层厚30ft，用10t光筒振动碾碾压4遍。

⑤ 其他坝体填筑料，填筑层厚12ft，用设备来回行走压实。

⑥ 加工的5～24ft的鹅卵石和巨石。

注释：

1.1区和1A区下面的基础处理按照发包方代表的指示进行，包括灌浆和回填混凝土。
2.2区和2A区下面的基础处理按照发包方代表的指示进行，包括回填混凝土。
3.3区和4区下面的基础处理应包括修补突出部位的回填混凝土。
4.1区和1A区下面的铺盖灌浆应按照图69-D-1565进行。1区和1A区下面的补充铺盖灌浆应按照发包代表的指示进行。
5.帷幕灌浆应按照图69-D-1563进行。补充帷幕灌浆应按照发包方代表的指示进行。
6.承包商应保护最终开挖基础面不发生损坏或崩解，直到开始填筑坝体材料时。因承包商保护不当而损坏的基础面应按照发包方代表的指示进行超挖并回填，增加的费用政府不承担。
7.最终开挖面为竣工开挖面。(根据2018年3月的地形图)。
8.下游4区下面的最终开挖面上方应填筑至少1.5ft厚的2区料 见图69-D-1578。
9.原始地面是近似的。
10.承包商应使开挖保持干燥。
11.应将开挖料堆存好以备将来使用 或根据发包方代表的指示将其运到指定的弃料处理场处理。
12.全部尺寸均用ft表示，除非另外标明处，坡度为V:H。
13.在大坝右肩一侧6665ft高程之上 安装指示将2区和3区延伸到峡谷沟槽中心线之上10ft的高程(见图69-D-1578)。
14.3区料的填筑在6665ft高程之上结束 图上所示和有指示的除外(见图69- D-1579)。
15.在6665ft高程之上，将3区料向3区垂直排水下游延伸50ft(见图69- D-1579)。
16.见图69-D-1579的注7。
17.交通道路的详情，见图69-D-1570和图69- D-1712。

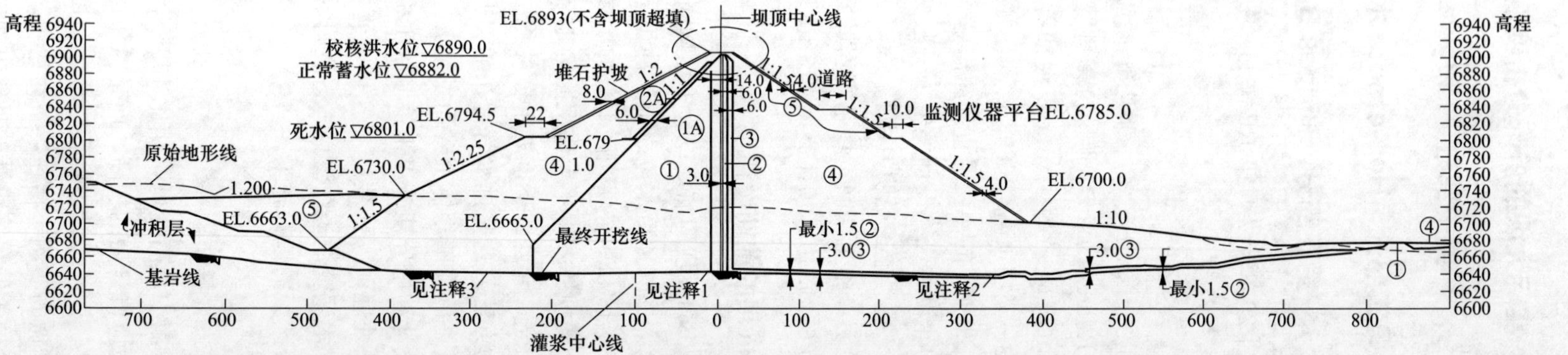

剖面C-C(1565)

桩号 坝20+00

图 9-B-1 Ridges Basin 坝剖面图

坝工程最新技术相关的适用信息。此外，对推荐的大坝设计方案与迪尼恩和戈德史密斯（1996）描述的先前方案进行了对比。

新方案大坝轴线位置与 1995 年设计方案相同。支持该方案的大量基础研究已完成。由于缺乏移动轴线的有利理由，因此该轴线保持不变。

先前的分析

1992 年进行了确定冲积层基础材料固结和孔隙水压力特性的研究。先前的坝体结构包括上游和中央黏土心墙区以及下游反滤层和坝壳。基础开挖设计包括移除坝体下面冲积层上部的 30ft，留下下部 45～65ft 的可压缩性黏土，如图 9-B-2 所示。该设计方案后来被改成移除下游坝壳下面的冲积层基础，但是新设计方案显然没有更新沉降和固结研究。

竣工时，坝顶上游 200ft 处超孔隙水压力估计为心墙内 361ft 水头。竣工后坝顶最大沉降估计为 2.2ft，或最大坝高 314ft 的 0.7%。坝顶测得的地基固结量估计为 6.7ft。因此，坝体压缩和地基固结导致的坝顶总沉降估计为 8.9ft。

自 1992 年设计起，该项目被重新拟订成可拦蓄 120000acre-ft 水的填筑坝。

目的

本技术备忘录的目的是记录分析结果和评估预计的坝体沉降和新坝体横剖面的施工期孔隙水压力，并给出超填需求建议。

准则

根据填筑坝设计标准第 13 号的指南，静态变形分析被用来评价坝体沉降。施工期孔隙水压力利用 Hilf 方法估计。

坝体沉降

垦务局标准在刚性地基上修建的压实坝体的仪器监测数据表明，竣工后沉降一般为坝高的 0.2%～0.4%，很少超过 0.5%。基于这种性能史料，经验法则保守采用坝体高度 1%的设计超填成为普遍做法。

通常，除初步超填设计外，1%的经验法则在分析上是不够的，无法计算中高风险坝及坝高超过 200ft 的坝的变形。然而，Ridges Basin 大坝的条件对相对小的静态变形有利。条件如下：

（1）完全移除基础冲积层材料。

（2）压实后坝体材料很坚硬。

（3）坚硬、透水的上下游坝壳料包围在中央黏土心墙周围。

基于上述条件，采用简化的经验法则进行超填设计被判定为合理方案。对已建成大坝的研究结果将被优先采用，以预计最终沉降量。

实例

对竣工后沉降特性与 Ridges Basin 大坝类似的大坝进行了调查，以帮助确定超填。表 9-B-1 总结了这些大坝与 Ridges Basin 大坝的对比。目前 Ridgway 和 McPhee 大坝观

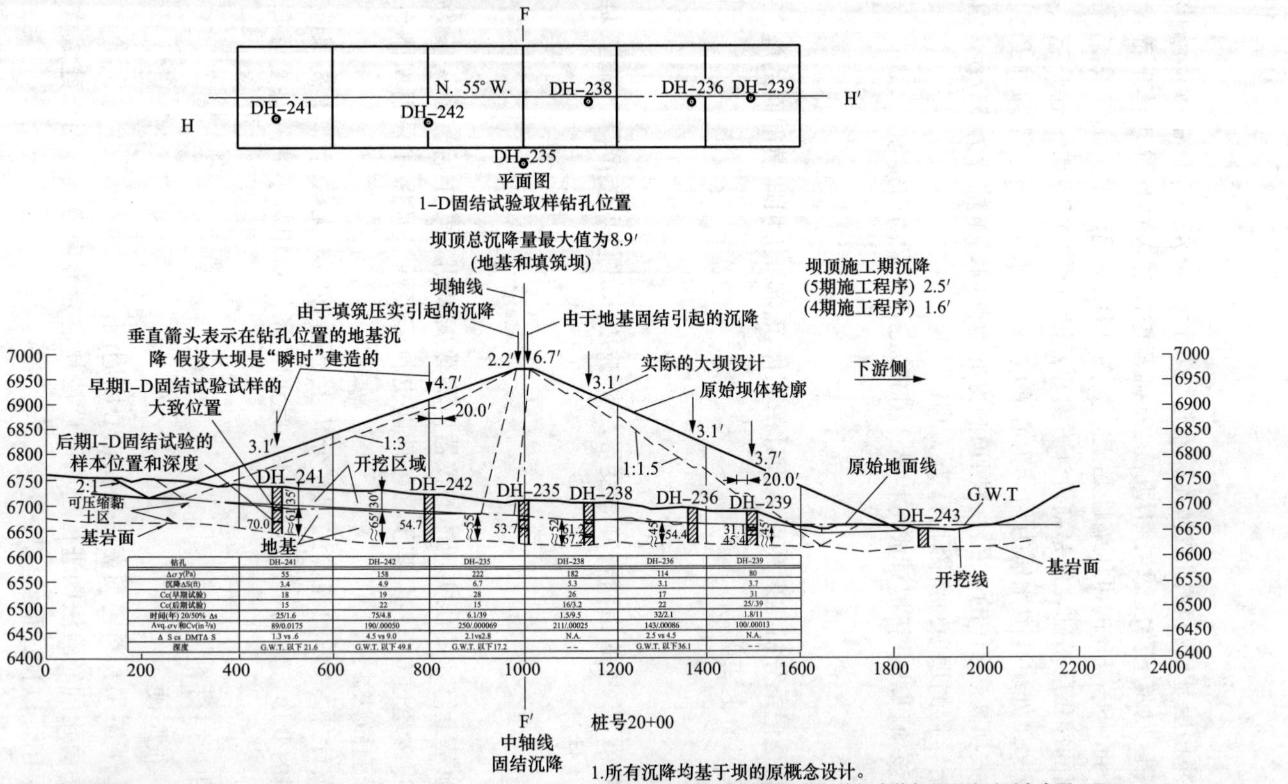

钻孔	DH–241	DH–242	DH–235	DH–238	DH–236	DH–239
$\Delta\sigma_y$(Pa)	55	158	222	182	114	80
沉降ΔS(ft)	3.4	4.9	6.7	5.3	3.1	3.7
Cc(早期试验)	18	19	28	26	17	31
Cc(后期试验)	15	22	15	16/3.2	22	25/.39
时间(年) 20/50% Δs	25/1.6	75/4.8	6.1/39	1.5/9.5	32/2.1	1.8/11
Avq.σv和Cv(in²/s)	89/0.0175	190/.00050	250/.000069	211/.00025	143/.00086	100/.00013
Δ S cs DMTΔ S	1.3 vs .6	4.5 vs 9.0	2.1vs2.8	N.A.	2.5 vs 4.5	N.A.
深度	G.W.T. 以下21.6	G.W.T. 以下49.8	G.W.T. 以下17.2	--	G.W.T. 以下36.1	--

参数说明

$\Delta\sigma_y$=由大坝引起的有效压力增加

C_c= 压缩指数(用于比较 ,不用于计算沉降)

C_v= 固结系数，基于钻孔上的平均坝体压力，取自早期的一维固结试验

Δs=计算的总基础沉降，按英尺计，采用了孔隙率变化

DMTΔs=原位基础沉降，膨胀计试验，基于等效深度的比较

N.A.=膨胀仪试验未在该钻孔采样

1.所有沉降均基于坝的原概念设计。
2.用于固结试验的试样的全部标注深度均以原地平面为参照。
3.除非另外注明，所有沉降均指基础固结，且基于坝的原概念设计。
4.膨胀仪试验在所示钻孔附近进行。
5.膨胀仪试验数据可较好的反映土层垂直向的压缩程度。因为由固结试验试样计算沉降时假设整个黏土层为连续各向同性材料，而DMT D S则是基于每隔0.2m所采集的数据。
6.早期的固结试验 ---- 每个钻孔一次试验,每个试样均位于地下水位之下约5～10ft 大致深度用“ - ”标注在钻孔处。试验于1990年完成。
7.后来的固结试验 ---- 每个钻孔的补充试验位于地下水位之下约15～35ft。后来的试验位置附近都有一个深度标示。这些试验于1991年完成。

大坝初步方案的最大断面沉降，固结速率，固结特性汇总1992年的分析

图 9-B-2 Ridges Basin 坝的沉降与固结速率

测到的最大沉降约为高度的 0.3%，New Waddell 大坝沉降为高度的 0.4%。附录中的沉降曲线表明 McPhee 大坝和 New Waddell 大坝微小沉降仍在发生，而 Ridgway 大坝沉降速率已放缓到一个很小的值。

表 9-B-1　　最近建成的垦务局填筑坝的实测沉降

大坝	建成年份	部位	基础	结构高度（ft）	沉降（%）坝顶
McPhee 坝	1984	中央心墙，垂直反滤层，上下游粗料坝壳		282	0.26[1]
Ridgway 坝	1987	中央心墙，下游反滤层，上下游粗料坝壳	心墙下面为基岩，坝壳下面为冲积层	330	0.28[2]
New Waddell 坝	1992	高塑性指数中央心墙，上下游反滤层，上下游粗料坝壳	90ft 冲积层	340	0.36[3,4]

1　依据直到 1999 年 9 月底的最大沉降。

2　依据直到 2001 年 7 月底的最大沉降。

3　依据直到 1999 年 12 月底的最大沉降。

4　含坝体沉降和基础固结两部分。

超填需求的选择

经验法则选择的 1%的设计超填可能过于保守，因为这主要基于相对现代工程来说没有严格的施工控制的旧水坝。此外，New Waddell 大坝的三维有限元分析表明，坝体在低于最优含水率的含水率下压实可以显著减少竣工后的沉降。可以预料，Ridges Basin 大坝的技术规范会要求 1 区心墙材料采用与上述案例研究结果相似的含水率填筑。

Ridges Basin 大坝施工期预计超过 21 个月。由于刚填筑后的沉降速率最大，大部分坝体沉降预计发生在坝体完工前。因此，超填设计只考虑竣工后的预期沉降。

施工说明：由于资金和合同问题，坝体施工被分为多个施工项目（即合同）。2005 年仲夏进行坝基第一批材料的填筑，坝体于 2007 年 11 月 16 日填筑到坝顶，为期约 28 个月。

1992 年的设计方案采用最大坝高的 0.7%作为估算坝体压缩量。根据对相关工程经验的审查，并考虑到 Ridges Basin 大坝坝址的特定条件，这个值被认为是保守但合理的。因此，仍然采用坝高的 0.7%作为新坝竣工后沉降的估计值。由于坝顶下部最大坝高为 273ft，因此最大超填为 2ft（由 1.9ft 四舍五入得到）。

施工期孔隙水压力

坝体横截面的选择不受施工在心墙处引起的高孔隙水压力的影响。完全透水的坝壳料、反滤层和排水材料都可以消除坝壳中的超孔隙水压力。由于大部分稳定性由坝壳提供，坝壳材料强度不会因为孔隙水压力的增加而受损，因此坝体稳定性不会受到显著影响。

然而，施工引起的心墙孔隙水压力的增加会使要进行的稳定性分析更接近实际情况。为了估计由不透水填土料在自重作用下压实产生的固结孔隙水压力，采用了 Hilf 程序。该方法假定施工期未发生孔隙水压力的消散。该程序目的是估计碾压土坝沿中心线作用的孔隙水压力。计算表明，孔隙压力水头在坝顶处大约为 0，变化到坝体与基岩接触面处的 45ft，如图 9-B-3 所示。

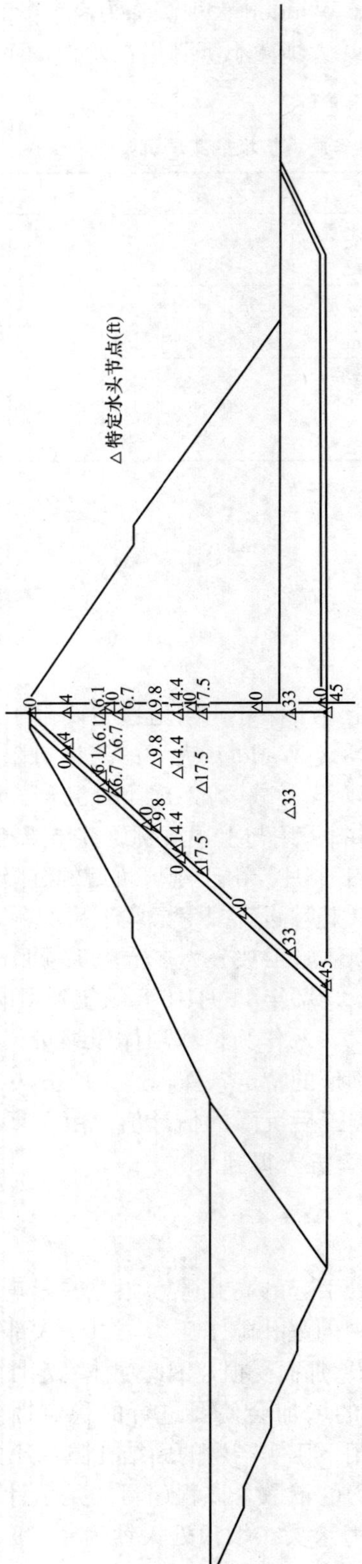

图 9-B-3　Ridges Basin 坝竣工时的稳定性（模拟孔隙水压力条件）

施工期间在刘易斯页岩或峭壁砂岩基础材料中预计不会产生超孔隙水压力。峭壁砂岩的原生渗透率和次生渗透率足够大，可以消除任何显著孔隙水压力的积聚。刘易斯页岩中的裂隙和层理面间隔紧密，比块状岩体更易渗透，因此产生的任何孔隙水压力在整个施工过程中都会很容易消散。

估计的孔隙压力水头被输入到竣工期工况稳定计算模型中。这是通过在 1 区材料中指定一个水头网格来实现的，如图 9-B-3.3 所示。沿坝中心线的估计水头保守地指定在 1 区材料上下游范围。未指定浸润面。0 水头边界条件指图 9-B-3.3 中上游过渡区和下游反滤材料内的离散点，因为这些区域作为排水边界显然比 1 区材料透水性更强。由于坝体其他区域的透水性，这些材料在施工期没有超孔隙水压力。

施工期孔隙水压力的其他细节及其对稳定性的影响见技术备忘录 RB-8313-35。竣工时的稳定性是足够的。

结论

Ridges Basin 大坝条件对小的静态变形是有利的，因为基础冲积层材料会被挖除且坝体材料会被很好地压实。

随着挖除基础冲积层材料使坝体坐落于基岩上，基础固结显得微不足道。因此，沉降计算只考虑预期的坝体压缩。

对应最大截面的最大超填选为 2ft。对于坝筑高度较低的区域，设计超填按比例减小。两坝肩接触面处超填为 0ft。

估计了施工期孔隙水压力，并将其纳入稳定性分析中。

美国内政部垦务局设计标准

填筑坝 Embankment Dams

第10章 填筑坝施工

2012 年 5月修订

目　　录

10.1 简介

10.1.1 目的

本章目的在于向设计人员提供在新建填筑坝施工或者已建填筑坝改建过程中应考虑的理念。

10.1.2 范围

本章的内容包括确保设计假定、现场条件与施工实践等相适应重要施工理念及细节。

10.1.3 与本标准不一致的情况（略）

10.1.4 标准修订（略）

10.1.5 适用性

本章提出的施工概念适用于土坝和堆石坝的设计和施工。

10.2 总体设计考虑

10.2.1 设计参与

土坝或堆石坝的设计会贯穿大坝整个施工及运行阶段，直到证明大坝按照设计人员的设计意图运行为止。设计团队中相应人员的及时参与，对于预见、预防以及解决施工期间可能出现的问题起着非常重要的作用，并能确保在预算范围内实现填筑坝的施工质量。设计人员必须确保坝基状况、填筑料及施工活动都与设计假设一致。若这些条件与设计师的假设不符，则大坝可能不会发挥设计预期的功能。在某些情况下，可能会导致严重的经济损失、结构故障以及生命损失。所以，设计人员直接参与坝的填筑施工是必不可少的。

施工期间，设计工程师和地质工程师应与施工现场人员紧密配合，经常评估设计方案和假设的基础条件，并与现场观测到的实际条件进行对比。在施工和设计人员之间建立公开的和频繁的交流机制，包括设计人员经常深入现场，观察实际的基础条件和施工程序，以便决定是否需要做出适应现场条件的设计变更。

在清基、剥离和必要的开挖过程中，能获得更多关于坝基和坝肩特性的资料，可以验证根据早期地质调查所做的设计方案。因此，有时候大坝的施工分阶段进行，能够根据现场基础条件对设计进行调整。料场的作业及必要的开挖也能提供有关填筑料或开挖边坡特性方面的资料。施工期间的天气和地下水条件，会显著影响填筑料含水量，或产生渗流及（或）水力条件的改变，从而需要对设计进行修改。承包商的操作、方法和设备等细节决定了工程的质量。设计人员和施工人员需要共同协作，以避免由于承包商的原因导致偏离设计意图。

设计评价必须包括对碾压控制结果的分析。设计人员可能需要根据下列情况，重新分析稳定条件：①对记录样本和新增加的坝基试样进行实验室试验的结果；(2) 孔隙水压力、沉陷或侧向位移的现场观测。设计工程师与施工工程师之间的高度协作是必不可少的。

10.2.2 设计与施工人员之间的协作

坝体施工期间，设计人员的参与有时可能造成困难，因为尽管设计与施工两方面的人员都希望有高质量的工程，但设计准则往往不同于施工准则。设计人员想要确保绝对符合设计意图，包括对现场施工条件的评估以及设计变更，可能会导致施工延期或者影响预算。承包商感兴趣的是保证其施工进度的同时获得利润。施工管理人员则处于这一对矛盾的中间。所有各方都在试图按照其最好的利益完成高质量工程，然而，各方利益不同可能导致产生矛盾。

一些可能在施工期间发生的潜在问题，可以通过明晰确切的技术要求和就各种设计假定和设计要求的理由给予合同管理人员简要说明来减少。这种信息，通常是由设计方给施工方准备的施工注意事项文档来传递。由于这种信息对承包商也很宝贵，所以现行的方法是把施工注意事项和各种假设的依据都列入在技术要求的相应章节里。例如，将坝基开挖到某些特定面的工程地质依据，列入坝基开挖的技术要求章节内。对各种要求所依据的基础信息的可信性也应在技术要求中说明。当在技术要求的相应章节里提供这类信息时，可供准备参加投标的投标人有一个更加清晰的信息来准备他们的投标，因而使他有更好机会做出更具响应性的投标，从而使发生索赔的可能性减小。还可将承包商因不了解投标准备的必要信息而拒绝的可能性降到最小。

承包商不需要的信息或对承包商来说不适宜的信息，设计人员可通过信函、备忘录或会议纪要的方式提交给合同管理人员。但是应明白，承包商有权获悉有关合同方面的任何信息。例如，在技术要求之外，单独地向项目建设工程师（project construction engineer，PCE）提交不同坝区质量保证取样和试验频率的信息。

在施工前及施工期间，设计人员和地质人员应安排与 PCE 方的会议，包括施工准备会、施工能力审查会及有承包商参与的施工前会议。其中，施工准备会主要由设计人员向 PCE 及 PCE 管理下的承包商人员做简要介绍。这种会议一般是讨论施工注意事项。如果 PCE 要求的话，也应与承包商举行关于设计要求与答疑的简要会议，以便使有关人员都对预期条件、设计意图和要求有一个清晰的了解。最终的目的是使垦务局的施工人员和承包商都对技术要求内的各种要求、依据及不确定性有一个尽可能确切的理解。对设计要求、设计意图及其依据的确切了解将促进良好的施工、合同管理与检查，并最终使合同运作顺利，保证施工质量。

设计人员和地质人员，尤其是主设人（principal designer）和主要地质工程师（principal geologist）应在项目收集设计数据阶段尽可能早地与在现场的施工人员建立良好的联系。这种良好的关系能促进对彼此需求更好地了解，并且促进相互信任和自由交换信息。当设计人员与施工人员之间存在着这样的关系时，便可避免许多误会。

施工联络工程师（construction liaison engineer）是促进设计与施工之间良好关系的关键人物。可以帮助协调和解决设计与施工中存在的争议，并促进彼此关系的良好发展。主设人与主要地质工程师则应确保其与施工人员的一切讨论均有施工联络工程师参与。施工联络工程师一般应具有良好的工程施工背景，并对设计需求有良好的理解。施工联络工程师能够促进设计和施工之间的相互理解，对双方来说都是有益的。主任设计师与主任地质师，在与项目办事处和地区办事处接触时，应充分利用这一点。

10.3 基础处理

10.3.1 坝基与坝肩处理

土坝或堆石坝的坝基与坝肩的准备工作是施工中的一个关键阶段，其工作的周密性反映在竣工后建筑物的工作性能上。在填筑过程中或者竣工后，想要处理出现的坝基和坝肩缺陷通常是非常困难的，代价也是很高的。坝基与坝肩处理的主要目的在于：

(1) 对地下渗流进行可靠的控制；

(2) 准备基础接触面，以便铺筑上覆压实填筑料；

(3) 使不均匀沉陷降至最小，从而防止填筑体开裂；

(4) 防止填筑料颗粒进入基础裂隙或者孔穴中。

这项工作旨在确保：

(1) 坝基与坝肩清理深度足以将软弱的、有机质的、破碎的、风化的或其他不良土层挖除；

(2) 清理岩面上的凹坑和断裂，并适当地充填水泥浆、挖补混凝土或者其他合适的材料；

(3) 通过处理和必要时回填挖补混凝土，使岩石表面规则平整；

(4) 探明地下的空洞和断裂，并进行灌浆处理；

(5) 截水墙延伸到相对不透水的岩层处。

图 10.3.1-1 展示的是北卡罗来纳州的 Ore Knob 坝施工中的岩石开挖，图中反铲挖不动坚硬岩石，在开挖过程中，坚硬岩石在铲齿的抓蹭下产出了“烟雾”（石粉）。

图 10.3.1-1 使用反铲挖机开挖并清理风化岩石

在这个施工阶段，设计与施工人员之间必须保持密切联络，因为设计假定与现场实际条件之间的差异大多数是在这一阶段发现的。很少有大坝在施工时没有遇到一些在设计勘探中没有发现的、不良的基础条件，如填充砂砾的古河槽、大块石、大范围的岩石风化带或破碎带、空洞、软土区、废弃的管道和沟渠以及堆积物等。这就是为什么不设置截水槽时，一般均要求在不透水区的下边要有检查沟。这些检查沟提供了沿着坝的全长仔细检查坝基的通道，以确保能检查并处理那些不符合要求的坝基条件。本标准第 3 章“坝基表面处理”，给出了坝基处理方面的各种具体细节；第 2 章“填筑坝设计”以及第 8 章“渗流”，根据更详细的资料给出了有关截水槽的具体资料，并对灌浆作简要论述；第 15 章-基础灌浆，则给出了关于灌浆的设计和施工资料，第 16 章-防渗墙，给出了防渗墙的设计资料。

在处理坝基和坝肩期间，施工人员与设计人员对现场进行细心的检查很重要。为了确保设计意图和要求能被清晰地理解，设计人员与检查人员之间保持开放的信息交流共享也极为重要。检查人员必须对与设计工程师和地质工程师预期的不同状况保持警惕，并确保这些差异能引起项目建设工程师、主设人和主要地质工程师的注意。在此阶段，主设人以及主要地质工程师应经常前往工地，亲自对基础条件及基础处理进行检查，并与现场检查人员直接交流。在此阶段施工开始之前，施工准备会应包含讨论预期的基础条件，以及设计意图可接受的基础处理。关于基础验收的要求和程序见《垦务局说明》(Reclamation Instructions) 中的 175. 4. 1 节，附录 A，并应该在施工准备会中讨论。

图 10. 3. 1-2 示出科罗拉多州 Horsetooth 水库的 Spring Canyon 大坝填筑体下岩石基础的清理。在基础清理过程中主要用到了反铲挖掘机、人工、高压空气和水以及真空吸尘车等。如果在不透水层或者填筑坝的反滤层或排水层下方存在不规则的基础条件，则须对岩石基础表面进行修整，改善基岩面平整度，以便压实铺筑在岩石基础上的填筑料。可以通过沿直线钻孔、手持式凿岩机、光面爆破以及铺筑挖补混凝土等方法修整岩

图 10. 3. 1-2 科罗拉多州 Spring Canyon 水库的 Horsetooth 大坝修整（填筑料之前清理基础）

石基础表面。基础表面不能留有任何松散的土和岩块。在铺筑填筑材料之前，需要通过人工、高压空气或高压水，或者高压的气水混合物对基础表面进行最后清理。图 10.3.1-3 展示的是最终清理完毕的岩石基础。应该注意的是，使用高压空气或者水时不能导致基础岩石松动。在开始填筑之前，可以将基础表面润湿，但不能有积水。

图 10.3.1-3　最后的基础清理（用压缩空气和水清除松散的岩石和土颗粒等）

图 10.3.1-4 展示的是蒙大拿州的 Bonneau 坝，应用高压空气对其页岩基础进行最后清理。图 10.3.1-5 展示的是在 Bonneau 大坝基础上铺筑挖补混凝土，以防止页岩风化。在基础上铺设了一个排水管道。该坝的分区 1 及反滤/排水层基础也需要进行同样的清理，但是通常不铺筑挖补混凝土，因为基础基本不需要修整，而且随后很快铺筑的填筑料可以起到防止页岩风化的作用。

图 10.3.1-4　蒙大拿州 Bonneau 大坝的改造施工（铺筑挖补混凝土之前清理基础）

图 10.3.1-6 展示的是内布拉斯加州的 Lake Alice 坝，靠近该坝的坝趾处出现的涌沙表明存在严重的渗漏问题，这是大坝基础渗漏没有得到充分控制的迹象。渗漏问题主要

图 10.3.1-5　蒙大拿州 Bonneau 坝改造施工

是该坝的原始设计和施工过程中地基处理不适当造成的，设计采用了不合适的渗漏收集系统也是原因之一。最后通过在涌沙区设置反滤层和排水通道的方法对大坝进行了改造。反滤层和排水层被填土压住。改造的目的主要是安全的收集和排出坝下渗水，增加坝坡的稳定性。在改造施工期间，修复了原坝趾排水层。该坝趾排水被来自布鲁尔地层（Brule Formation）和填筑体中的管涌土料填充。

图 10.3.1-6　内布拉斯加州 Lake Alice 坝下游靠近坝趾处的涌沙

10.4　降水与排水

10.4.1　开挖区的降水与排水

在施工期间，对地下渗流与地表水控制不当，会对开挖边坡及坝基表面的稳定带来很大难题，并且会对铺筑在坝基及坝肩边坡上的填筑料的碾压造成重大影响。控制不当会造成边坡失稳、滑塌，基础表面潮湿、泥泞，基础潮湿、呈泥沼状。这些都将造成填筑基础的接触面较差，并可能导致工期延迟。渗流控制系统与表面排水系统应控制开挖区内的渗流与静水扬压力，并收集与处理进入开挖区的地面排水。为了设计适宜的降水系统，必须大量收集准确的现场数据。必须进行检查与观测，以确保降水与排水控制系统安装正确，功效良好。本标准第 21 章“排水与控水”提供了更多的信息，适当的地表排水方法应在合同技术条款中提出。

10.4.1.1 地表侵蚀

在粉土、细砂、低塑性黏土、崩解性黏土以及软岩中开挖形成的边坡易因地表径流造成侵蚀问题。侵蚀土料被冲刷，充填到坡脚的挖方区，开挖边坡将留下很深的冲刷沟槽，以致在其上铺筑填筑料之前，需要对沟槽进行整平处理。图 10.4.1.1-1 示出内布拉斯加州的 Calamus 坝未保护开挖面的表面侵蚀。

图 10.4.1.1-1 内布拉斯加州 Calamus 大坝——截水槽开挖侵蚀

减少临时性开挖边坡表面侵蚀的最好办法是尽可能快地回填，减少表面暴露时间。但是，这一点常常很难做到，因而需要采取其他的措施。最好的保护措施是先采用欠挖的方法预留保护层，然后在铺筑前开挖至最终的设计高程。如果边坡上容易铺设草皮，且该边坡要暴露一个或两个季节，覆盖草皮是防止表面冲刷的较好措施。在边坡表面布置土工织物也可以减缓边坡侵蚀。其他的护坡措施，如抛石或沥青护面，对于施工边坡来说一般是不合适的。因此，有必要采取措施尽可能防止水进入边坡。大多数的边坡可经受雨水直接冲刷，只产生微小的坍塌。如果开挖区以外的地表水流入开挖区内，则有必要在边坡顶部开挖周边截水沟和（或）筑堰来防止地表水进入开挖区。为了收集和排走地表水，可能需要在开挖边坡的不同高程设置排水沟。有些情况下，施工期间的地表排水保护措施可并入最终的地表排水系统。

10.4.1.2 涌水

在岩基与坝肩内常常遇到涌水。对这些泉水，应该进行详细的记录备案和定位（坐标、高程、流量等），以供大坝运行期间参考。在渗水经岩石裂隙冒出之处，坝基铺筑不透水坝料时，会形成一个不能压实的泥浆孔，并且填筑料会从泥浆孔涌出。当泉眼水头较低，且只有单一泉眼时，通常可安装一条竖管。在泉水区内设置一根波纹金属管或者高密度聚乙烯管，其管径视泉水的大小而定，并且围绕此竖管底部周边填塞速凝水泥、砂、砾的湿拌合料。然后，压实该竖管外侧的填土，并且进行管底以上的正常铺筑层的铺筑与碾压。在管子外侧形成不透水的水封层过程中，竖管内的水要不断抽走，并且为了保持管内的水头，需要增加足够多的竖管。竖管可用砾石填塞，防止其倒坍，并在砾石的底面安装一根灌浆管，以便控制水头时进行灌浆之用。此后应连续检查该区，以证明是否出现新的泉眼，老泉眼封堵之后经常会出现新的泉眼。当填筑达到竖管同一高程时，对该管中的砾石进行灌浆，但需要用低压灌浆，以保证填筑层不会发生水力破坏或者地基抬动。如果管内没有填充砾石，则可以用振捣混凝土填满该管。然后继续填筑坝体，至高于竖管顶部高程。

当坝肩上发现涌水时，上述方法也可用于在填筑到与坝肩上的涌水同一高程时对涌水进行处理。当在泉水下进行填筑作业时，可用一根小管把浆液注入渗流通道内，并作为一种临时措施将水从填筑层排走。若泉眼并未在该填筑区内，则可能需要采用多种方法（见 10.4.1.3 节～10.4.1.6 节）。

10.4.1.3　降水

当坝基高程低于穿过地表沉积物的地下水位时，通常需采用深井或井点系统，或联合二者来控制渗流进入开挖区，尤其是在开挖穿过透水或半透水的土层区域。通过降水系统将水排走，使地下水位高程低于开挖面高程是较好的方法。

降水系统必须根据现场条件专门设计，这就要求了解坝址处的土力学条件。井与井点系统的设计，超出了本章的范围。本标准第 21 章“降水与控水”对此课题提供了专门的指导。对于渗流与渗流控制方面的一般原则，设计人员可参考第 5 章“反滤层设计”及第 8 章“渗流分析与控制”。

检查降水系统的安装与运行是一项很重要的工作，并且是设计人员与施工人员共同的责任。各种潜在的问题，常常能够在早期阶段通过目测观察发现，如渗流量增加，土料从坝基或边坡管涌而出，出现湿软区域，开挖面隆起，邻近区域沉陷，边坡侧向位移，持续降水时测压管内水位下降不多。必须每天都在排水口处观测降水系统抽出来的水，若排出的水是泥浆状的或含有细砂，则是坝基内的细粒料被抽出（也可以通过取一瓶水，观察沉淀于瓶底的泥沙而观测到）。从坝基内抽出细粒料可能导致在沉积土内形成内部冲刷槽（管涌），采取补救措施是必不可少的。排出细粒料的那些井或井点，必须予以放弃和封闭，并换用具有恰当过滤层的井。降水系统中，应安装侧压管，以监测开挖区内水位下降情况。测压管应逐日读记，并将读数画成曲线，以便能够连续地进行评价。在降水邻近区域和开挖区域附近安装测点以监测移动。应保存每天的降水记录并加以评价，以确定自降水系统和集水坑系统排除的水量。这些记录对于检查渗流控制以及评价承包商因计划与技术要求改变而提出的索赔来说，都是有价值的。图 10.4.1.3-1 是单级井点降水系统的示意，图 10.4.1.3-2 示出弗吉尼亚州 Calamus 坝的多级井点与深井结合的降水系统。

降水系统的失事能造成极为严重的问题，常常需要采取大量而昂贵的补救措施。为了防止其失事，所有的电源都应当备有以燃气或柴油为动力的备用降水或发电系统以及备用泵。如果开挖边坡的稳定性或者防止坡脚或坝脚附近破裂等都依赖于一个降水系统，配备备用降水或发电系统是至关重要的。当开挖区的底面位于不透水土料中时，其

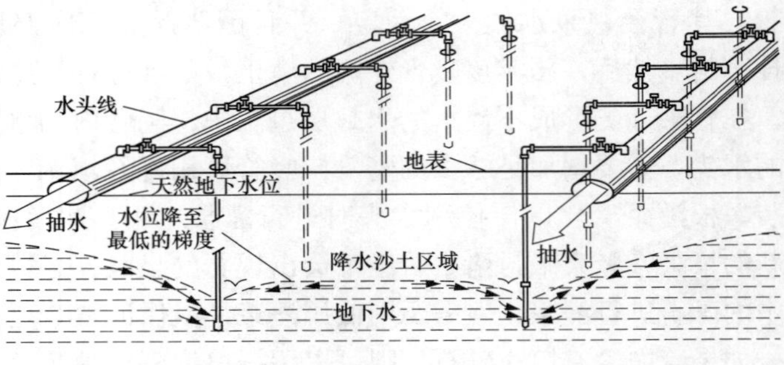

图 10.4.1.3-1 单级井点降水系统图

图 10.4.1.3-2 弗吉尼亚州 Calamus 坝的多级井点与深井结合的降水系统（用于出水口消力池的降水）

下垫的透水层内未释放出来的承压水压力，能使开挖区的底面鼓胀起来。如果不透水层在这些压力作用下破裂的话，将形成冒水翻砂现象（土与水汹涌喷出），并造成下垫的坝基材料流失，对施工带来的巨大的损害，并可能导致对开挖区采取昂贵的补救工作。

图 10.3.1-6 示出内布拉斯加州的 Lake Alice 坝永久性排水沟处的沙涌。虽然这些沙涌并非是因很高的静水水头而发生的，但它们是很令人担心的，并且表明假如渗流没有被正确控制时所发生的情况。类似的或者更严重的冒水翻砂现象可能会发生于开挖区域的底部，主要是因为下伏地层承受了太大的承压水压力而引起的。开挖边坡也会因过大的承压水压力而失事。

10.4.1.4 其他的渗流控制措施

某些土体不能进行有效的降水。黏性土不能采用井点法降水。遇到这类土体时，唯一有效的方法就是利用排水沟长期连续排水，这可能需要分阶段施工。其他稳定开挖边坡和防止渗水进入开挖区域的方法，例如射流排放法、电渗法、冻结法、板桩法、土-膨润土隔离墙法以及灌浆法等都曾被应用于建筑物的开挖中。这些方法，对于大体积的坝基开挖来说，在经济上是不可行的。但在建筑物比较集中的开挖区，且由于各种原因不能使用传统的降水方法时，仍是可以采用的。本标准第 21 章“降水与控水”有更详细的论述。

10.4.1.5 集水坑与排水沟

虽然应用降水系统来控制开挖面以下的地下水位是比较好的方法，但这对于整个开挖工程通常是不可能的。有时可能存在面源或点源性的严重渗水，有必要使用排水沟和集水坑来完成排水。当截水槽等开挖要延伸到岩石或不透水层时，即使采用了深排水井或井点系统，仍会有水渗入开挖区内，和（或）在开挖区的底面上出现“湿斑”。经由一条长截水槽的上、下游边坡渗入开挖区内的水，通常可以通过在边坡与开挖区底面的交界处开挖纵向的窄排水沟和（或）盲沟加以收集。有时，可以利用沙袋筑成这样的排水沟。通常需要在适当位置布设一些集水坑，收集水泵抽出的水。若开挖区底面的水未排干，则在不透水坝基内开挖任何排水沟之前，应先在该不透水坝基的上、下游边界处，试挖一些排水槽。若底面的水仍未排干，则可再挖一些较小的排水沟穿过有问题的区域，这些沟应向排水槽倾斜，以便将水排至边槽中。不管用什么方法，都必须注意防止基础填筑料移动。

在联合使用集水坑与排水沟时，必须极为仔细小心，以确保不透水坝区与其基础的接触面不受到影响。砾石充填的排水沟或地表排水沟在上游或下游方向上横穿不透水填筑体/坝基接触带的距离不允许超过其宽度的1/3。由不透水区两侧引入的排水沟或排水管的垂直距离，至少应为不透水区宽度的2/3。排水沟应尽可能平行于坝轴线布置。

为在回填时保持截水槽底面干燥，可以用砾石填充排水沟系统，使该系统在被土覆盖之后仍能继续发挥作用。砾石级配应均匀，最大粒径1.5in，以便这些排水沟灌浆时无需很高的压力。应对排水沟内所用的浆液体积进行统计，并与计算的填充孔隙所需的浆液体积进行对比。这些砾石填充的沟，应当只占排水区总面积的很小一部分，以免以后需要对大部分含砾石的截水槽底面都进行灌浆。在基础用水冲洗后，方可将砾石铺设在沟内。砾石的表面可以覆盖一层无纺土工布或类似材料，或一层干硬混凝土，以防止填筑料中的细颗粒进入砾石排水沟内。在开挖区的两端用混凝土塞堵住排水沟，但每个集水坑内均须设置一个升管连到表面。必要时，可将水由一根或多根升管抽出，其余的升管起通气管的作用。

当填筑达到将要抵消水头的高度时，对砾石充填的排水沟灌浆。通过一根升管，在重力作用下灌入水泥浆，而各通气管则可供砾石中的空气与水逸出。当水泥浆自通气管冒出时，封堵该通气管，并在排水系统内保持轻微的压力，直到浆液凝结为止。灌浆之后，可继续进行正常的填筑作业。若排水系统中只使用一个集水坑，则在开始继续填筑之前，必须在适当的位置安装一根单独的通气管。

在排水管完成任务之后，应极为谨慎确保用以封闭排水管的灌浆系统是绝对有效的。通气管/回浆管的间距不得超过约20～30ft，以保证浆液回流。惯例是通气管彼此间距不超过灌浆时砾石排水沟上面覆盖的填筑体厚度。砾石排水沟必须有效封堵，以使浆液留在沟内，不破坏周围的填筑体。必须控制灌浆压力，避免填筑料被顶起脱离坝基或者发生水力劈裂。灌浆压力应等于或大于上覆坝料压重。在进行灌浆时，每1ft的填筑厚度一般限制灌浆压力应小于1/2lb/in^2。较之灌浆平台高程处填筑体的有效压力，排水沟高程处灌浆压力的安全系数应保持一个正值。浆液按体积计的水灰比不应小于2∶1。浆液应当尽可能得稠，但又要能有效地在砾石排水沟内流动。

砾石排水管或排水沟的基本细节资料应示于图中，或在技术要求中予以说明。集水坑与排水沟系统一般由承包商在施工期间设计。在安装排水系统之前，应将技术要求送交政府/业主/工程师审核及批准。一般情况下，要求承包商提交他们的设计或计划以供审批。然而，要求承包商提交的相关计划，并不作为接收或者拒绝计划的依据。

在技术要求中应特别规定承包商应提交的资料，以及需要达到的性能水平。对技术要求的审查必须彻底，以使该系统被浆液封闭之后，能绝对确保其坝基接触的完整性。此外，在该系统的安装、坝料铺填和灌浆期间，还要求进行全面的检查，以确保设计要求在施工期间被准确无误地执行。

图 10.4.1.5-1 示出在 Horsetooth 坝成功使用的集水坑，图 10.4.1.5-2 展示的是 Ridgway 坝成功使用的排水系统。

图 10.4.1.5-1　科罗拉多州 Horsetooth 坝，为了在基础上铺设填筑料，利用集水坑进行基础疏干

图 10.4.1.5-2　科罗拉多州 Ridgway 坝，用于疏干截水槽内不透水基础的集水坑（垂直箭头所示）和排水沟（水平箭头所示）

10.4.1.6　不透水体

在许多采用降水系统的场合里，都在开挖边坡的坡脚处铺设一层 4～5ft 高坡比稳定

的不透水铺盖，用来防止可能发生的小渗流，从而提供干燥的底面。该铺盖应采用高塑性土料，并且要有足够的厚度，以防止渗透。需进行边坡稳定性分析，以评估由不透水铺盖引起的边坡范围内的地下水面的轻微上升。

10.5 土料场和石料场

10.5.1 土料的开挖、装卸和运输设备

过去数十年，土料运输设备取得重大进步，虽然设备的基本形式仍维持原样，但其速度、功率和容量却连续不断地得到提升。下面将论述一些常用机械的基本原理。

10.5.1.1 开挖设备

10.5.1.1.1 水上土料场

土方开挖通常用前卸式装载机、动力铲、索铲、铲运机、轮式挖机或侧卸式装载机来完成，这些设备各有优缺点。因此，在同一项工作里，往往同时采用几种型式的开挖设备。图 10.5.1.1.1-1～图 10.5.1.1.1-3 示意了几种典型的开挖和运输设备。

运输冲积层开挖料，包含砂，砾石，卵石和大块石，这些材料将运输层开挖料加工成反滤料和排水料。

图 10.5.1.1.1-1 12cuyd 前卸式装载机配合 30t 自卸汽车

图 10.5.1.1.1-2 荷兰轮式装载机立面开采淤泥和细砂沉积物混合料、用作该坝的不透水料

这种类型的装载操作，开采面陡峭，可以将分层的土料充分混合。

图 10.5.1.1.1-3　两台 992C 卡特彼勒前卸装载机在 4 号开采区（砾石和卵石填充）将土料装入一台 540Dart 自卸汽车

10.5.1.1.2　水下采料场

虽然垦务局很少采用水下采料，但可采用水下挖泥法将土料从料场运至坝址。当从淹没在河、湖里的采料场获取大量的坝料时，特别适合采用水下挖泥法。两种基本的挖泥法是斗式挖泥和水力吸泥。斗式挖泥法主要限制是：泥沿着开挖场地卸载堆放，最适合用于局部挖泥作业，或用于采料场的位置恰好能够利用卡车或驳船经济地将开采料运输到坝址处。水力吸泥采用一台离心泵和一条吸泥管路，土料通过吸泥管进入泵。这两种方法在疏松和挖掘土料方面是不一样的。水力吸泥的优点是：无须重新装卸，借助增压泵便可把土料输送到几乎不受限制的距离。过去，在用水力充填法修建临时堤坝，及可能的永久性建筑物时，水力吸泥法是特别理想的。水下挖泥法用于开挖砂料和硬黏土用于修建堤防和低矮的蓄水坝。这种施工方法应用在合适的条件下是很经济的。水力冲填法不应用于永久堤坝的施工。在地震高发区，水力冲填坝特别容易发生破坏，有些甚至在施工过程中就发生滑动破坏（如蒙大拿州的 Fort Peck 坝）。

10.5.1.2　运输、装卸和筛分设备

采用铲运设备（或某种挖泥方法）挖取土料时，可能无须额外增加运输和装卸设备。当采用其他形式的开挖设备时，则需要运输与装卸设备配合。不论使用何种开挖设备，取得的土料可能需要按照粒径或类型进行分离。以下各节论述用来运输、装卸和筛分土料的设备。

10.5.1.2.1　卡车

将填筑料从取土点运至坝上的卡车有许多形式，常见的一般容量高达 50t。底卸式（腹卸式）卡车则具有 100～200t 的容量。卡车按其卸载的方法分为底卸式、尾卸式和侧卸式。图 10.5.1.1.1-1 为用于 New Waddell 坝的尾卸式自卸汽车，图 10.5.1.1.1-3 是用于 Jordanelle 坝的底卸式自卸汽车。其他需要考虑的因素将在 10.5.1.4.2 节介绍。

10.5.1.2.2 带式运输机

当必须在困难条件下运送大量的坝料时，可利用带式运输机将坝料从取土区输送到坝址。皮带运输机最适合在地势起伏变化较大、土料场与坝址之间地形高差较大，且道路修建、养护以及运输费用较高或有环保要求的情况。带式运输机系统可以适应不同类型的自动化加工处理过程，如筛分厂、破碎厂、拌和作业、加水作业等。通常需要设转运点（即材料由一条皮带转移到另一条皮带）。在终点处，可以很容易地设置装载卡车用的自动化设施，或者有时也可将材料由皮带机直接卸在坝体铺筑区，用推土机或平地机摊铺再碾压。根据土料类型，可能存在分离的问题，特别是摊铺距离较长时。

加工流程和皮带输送的实例可参见 1962 年在北加利福尼亚建成的 Trinity 坝，高 538ft。防渗材料由铲运设备开挖并运输到皮带机装载站。在装载站利用筛孔 24in 的铁栅筛（钢筋格栅），去除超径材料。

将粒径超过 8in 的材料在辊式破碎机中压碎至小于 5in。再利用皮带机将破碎后小于 8in 的材料运送到坝址。皮带宽 48in 和 42in，总输送长度为 10415ft，高程下降 1000ft。该系统的输送能力为 1850cuyd/h；最长的输送长度为 1895ft，然后使用卡车将材料从三个装料点运输到坝体填筑区。

如果装料塔架和皮带运输机布置在填筑体上，可能发生填筑体过度压实的问题。在装料塔架下经常有运输车辆通行，可能形成过度压实的区域。最好是将装料塔架布置在坝体填筑区之外。如果装料塔架必须位于坝体上，则应布置在非关键区域。如果它必须位于防渗体区域，则其位置必须频繁移动。

10.5.1.2.3 筛分厂

如上所说，在需要把一种土料分离成不同粒径时，需采用筛分设备。一般来说，其目的是除去尺寸过大的块石或大卵石，以利于碾压，或是从反滤料中除去细粒料。筛分设备主要有下述四种类型：

（1）水平或倾斜的固定筛：筛子截留粒径较大的颗粒，并允许较细的颗粒在重力作用下跌落。

（2）振动筛：筛分过程因振动而加快。

（3）滚筒筛：金属的多孔转筒。

（4）偏心筛（或旋转偏心轮）。凸轮的旋转使细料落下，并且石料在前端筛出。

筛分设备的筛分能力可达 100～2000cuyd/h，但大多数设备都是加工处理 300～500cuyd/h。黏粒含量较多的湿料是很难筛分的，因为黏粒易堵塞筛孔。其他详情参见第 10.5.1.4.3 节。图 10.5.1.2.3-1 示意了亚利桑那州 New Waddell 坝反滤料的生产加工设备。

10.5.1.3 取土区作业

10.5.1.3.1 开采规划

技术条款应要求，承包商在施工前提交详细的用于取土场和采石场开采以及筛分厂

图 10.5.1.2.3-1 亚利桑那州 New Waddell 大坝反滤料生产

1—铁栅筛；2—振动筛；3—破碎机；4—棒磨机（湿法）；5—输送堆垛机；
6—清水沉淀池；7—超径料；8—反滤料；9—排水体料

操作的物料生产计划。这些计划及其修改应在批准前进行彻底审查。但是，让承包商提交“计划”并不能为计划的接受或拒绝提供依据。技术条款需要明确说明承包商必须提交什么信息，或必须达到的性能水平。这些计划一旦批准，施工期间应认真遵循。如果条件改变或不如预期，则可在施工期间做相应的调整。

10.5.1.3.2 检查

对土料场的检查是该项目现场施工人员的一项职责，而设计人员应了解他们的巡视责任。土料场的检查，包括在把土料倾卸在坝体填筑区之前，对在土料场内实施的一切土工作业进行观察和记录。土料场监理人员应观测所开挖的各区面积、开挖深度以及承包商人员所用的设备是否恰当。出现偏离计划与技术要求的情况，监理人员应向总监报告，以便必要时能够采取改进措施。偏离情况包括下述：

(1) 所取的土样，不同于预期要取的土料。

(2) 取土时的挖土作业没有生产出需要的混合料或所需类型的土料。材料若需要分离或混合，监督人员应进行级配试验，以确保土料类型和加工的级配都满足技术条款要求。对防渗体材料的典型技术要求是能通过标准 200 号筛（0.075mm）的材料至少为 25%。

(3) 料场土料太湿或太干，不能适当地碾压。开挖和加工处理过程中，监督人员应当对调整土料含水量的一切工作进行检测。

10.5.1.3.3 含水率控制

由于降雨、蒸发和取土作业，使料场内的含水率发生变化。技术条款应要求承包商在开挖出来的土料运输到坝体上之前，控制土料的含水率尽可能地接近于所需要的含水率。

1. 干土

(1) 对于大多数黏土来说，为获得均匀含水率给填筑层加超过1%～2%水是不可行的。垦务局的应用守则不允许在坝体填筑过程加水超过2%。在干旱地区，料场内土的平均天然含水率，可能比碾压所希望的含水率低5%～10%。在这种情况下，对料场土料加水能产生比较均匀的含水率，同时也是最经济的加湿方法。比最优含水率干燥的黏土，加水湿润到改善黏土中干粒的含水量。土料场加水往往能够湿润到深达5～15ft。

(2) 用低堰把水存储在地表，或用压力喷灌系统向取土坑灌水。蓄水灌注的方法最适用于低洼平坦处，以及需要长期湿润的低渗透性土。喷灌方法可以用于低处的平地，同时它对斜坡地以及取土区面积很大但只需湿润较浅的区域尤其有利。在某些取土区里曾经发现，在灌水之前不需要清理表层，其原因是：清理表层的作业往往把地表上能使水进入的那些天然的孔和裂隙封闭起来。但在另一些取土区内，剥离紧密的表层，却对加快湿润过程是有效的。当在山坡取土区采用喷灌方法时，往往愿意采用等高线开沟法，以防止地表径流。在湿润陡峻的山坡取土区取土前，应充分判明其不致引起滑坡。湿透所需的时间长短不同，几天至几月不等，视土的渗透能力和需要湿透的深度而定。灌水之后，应有一段养护期以使所加的水被土均匀地吸收。所需的时间和拟用的最佳方法可以在勘探期间或施工的初期阶段，在试验区内试验确定。

(3) 在某些场合里，对取土坑普通灌水是不可能的或不能令人满意时，可以在开挖时，对开挖面洒水。采用这种方法，水被挖机混合到土料中，并随着疏松土料的运输、卸料和摊铺而混合在一起。如果是需要经过筛分设备加工处理的土料，可以在筛分设备内利用喷灌方法把相当多的水混合到土料里去。

2. 湿土

(1) 一般地讲，给干土加水比使湿土降低含水率容易。降低土料含水率的困难程度，取决于该土料的渗透能力和施工期间的降雨量与降雨类型。降雨类型是重要的，例如，罕见大暴雨的危害，比在较长时间里降下同样水量的危害要小。实际上，不做很多工作并花大量的钱，是不可能将土料弄干的，除非有一段足够长的干旱季节。若施工不是在多雨季节，则把取土料弄干或保持其原位含水量的第一步是在取土区设置地表排水。这一点是通过在取土区内开沟，并使表面倾斜，通过这些沟排水来实现的。这将最大限度地减少后续降雨的吸收。湿土有时可以通过剥离表层，开槽和耙松几厘米，借以使土曝气、晾干。除了气候条件以外，变干所需的时间还取决于土的渗透性及土能曝气到什么深度。通过升降式平土机或铲运机把变干的土层除去之后，要反复进行这一过程。对于粉质土和砂质土，这是一种相对来说可靠的方法，但对于黏土，则不是很有效的办法。在干燥气候条件下，若高塑性黏土的含水量通过曝气而有所减小，黏土往往干缩成干硬的厚土块，而这种厚土块是难以加工处理的。在某些砂质土和粉质土里，在地下水位高的取土区内的明沟将把一些多余的水排走，并降低水位。

(2) 美国陆军工程兵团在建设俄勒冈州Dorena坝期间，耙松取土区并未使黏土料破碎并混合到均匀含水的状况。这个问题是在耙松之后，又采用一台由履带牵引装置牵引的重型旋转粉碎机来解决的。在粉碎之后不久，土料就处于或接近于铺筑含水量，这样易于装载，并且非常适合碾压。

(3) 在极潮湿的气候条件下，防止土料在施工期间变得更湿是可能的。这一点可通过在取土区设置地表排水以及选用开挖设备，使取土料吸收额外水分的机会最小化，在直立面上用动力铲开挖，便是这种方法的一个案例。一个极端的案例是 Mud Mountain 大坝的施工，土料采取了烘干措施。

10.5.1.3.4　采用开挖设备掺和土层

在取土区或所需的开挖区内存在不同的土层时，可能需要将两种类型的土混合起来。混合土的原因是：①获取具有某一特定坝区可以接受的特性的土料；②开采在原位成层的土料，因其不可能从各个层里单独的装载和铺筑材料；③生产足够数量的可用料。

凡需要混合的土料以水平层状出现时，都采用电铲、索铲和轮式挖掘机（见图 10.5.1.1.1-2），或在某些情况下用铲运机，在开挖过程中将它们混合起来。在直立开挖面上用电铲开挖时，土料将得到混合。需要较大量的混合时，可在装载之前，将敞口铲斗插入混合料几次，即可达到目的。在这种情况下，将要求把开采高度控制在一定范围，以便达到每种土料所需的配比，并确保这些土料混合彻底。混合土料应增加检测频次，以确保获得较好的效果。

来自不同料源的土料，可以通过把一处料源的一层土料堆放在另一料源的土料上，使开挖就像在天然成层土那样穿过两种土料，从而达到混合目的。不过，这种方法代价高，很少采用。

曾使用铲运机来拌和成层沉积土，其办法是铲运机在斜面上向上或向下开挖几个不同土料的水平层；不过，用这种方法进行混合，不如电铲、索铲或轮式挖土机有效。用铲运机向上装载比向下装载更有效。不过，承包商可能难以接受，因为上坡装载需要的辅助设备比较多，如推土机辅助开挖。这种额外的工作造成开挖工作面更紧张。

10.5.1.3.5　选择用于不同坝区的材料

坝体施工监督人员或土料场监理人员，应确保拟用于某一坝区的材料是在技术条款的限制以内的。材料的选择，在很大程度上根据土料场的勘察和设计研究而完成，如不同坝区材料的取土区将由设计人员指定。土料场的勘察应揭示出材料的本来性质及其预期的变化范围。监理人员将复核所有勘察结果，并应熟悉各种可用料。监理人员应有能力用目测再加上少量的指标试验鉴别这些材料。

承包商采用的设备适当，也有助于防止不同类型的土混合。例如，面积很广的、土类分明的、分层的、较厚的沉积土可以用铲运机开挖，使其保持各自分离的状态。其原因是铲运机是通过把土切割成相对来说比较薄的条带来进行开采的，因而能避免各层土的混合。这些土层是很难分离开来的。在分层的薄沉积土上，不使用铲运机，因为土层薄很可能会被混拌。为了达到所需的级配，有时需使用筛分和破碎设备。虽然当坝体填筑方量很大时对天然土料进行筛分是一种很昂贵的加工过程，但将其与综合效益对比时就不是过分昂贵了。利用筛分设备，可以避免主要的铺筑问题，允许坝体坡度较陡，且使填筑料方量较少。对于级配均一的反滤料，常常要采用筛分的办法来生产。

设计人员应在技术条款中提供有关土料场土料勘探与试验的资料，但是应小心谨慎，避免提供错误信息。设计人员陈述其为各特定的坝区选择不同土料场的基本依据，以及他们对设计文件中拟用土料的方量与质量方面的把握性。若在土料场内遇到材料质量不符合填筑要求的区域，也应在技术条款内予以注明。例如，如果防渗土料覆盖在页岩层上，就很难精确地定位页岩和土料的分界面。严格遵守垦务局或美国材料实验协会（ASTM）标准中岩土分级的规定。

一个重要的原则是，土料场勘察阶段的储量一般是坝体填筑需要量的 2～3 倍。在技术条款中，应注明供应可能短缺的土料，以便能够储备一些。

10.5.1.3.6　超径材料

在碾压填筑层里，容许的石块或大卵石的最大粒径，一般限制在约为碾压后层厚的75%。超径卵石或块石应剔除，剔除的超径材料可使用在大坝的外层。超径材料可在填筑体表面用人工或安装在拖拉机上的耙齿清除，或在取土区筛除。在取土区清除超径材料通常更为有效，一般使用岩石分离设备。但是用上述方法剔除防渗土料中的岩块将是困难和昂贵的，因此首先应尝试其他方法。除了在土料场处理外，一般可在填筑过程中用人工捡拾和耙除超径石料。处理方法详见 10.5.1.4 节。

10.5.1.3.7　堆存

承包商应将储料场作为工程设计的一部分。当由料源（包括所需开挖区的料源）开挖填筑料的进度比坝体铺筑速度快时，可将土料堆存在将要使用的地点附近。这一点涉及昂贵的再次装卸，一般只用在坝体填筑之前需进行料场开挖的大工程中，如取土区在施工期间将被洪水淹没，或为了合龙段的快速施工而必须将材料就近堆存。除非堆存是指定的项目，否则堆存的费用由承包商支付。当取出的土料必须经长途运输，并且要用皮带运输机或其他手段运到现场时，堆存的办法也是有用的。

当反滤料和排水体料必须从市场上购买，或必须在工地上加工制备时，常常将反滤料堆存起来。在某些情况下，大坝填筑施工前，为便于材料的购买和存储，反滤料和排水体料的技术指标可单独确定。在堆存反滤料和排水体料时应小心谨慎，以免土料离析、污染和颗粒破碎。堆存和再次转运反滤料和排水体料，或者其他任何土料，都会造成单个颗粒的破碎。应尽量避免土料过多转运。

在倾卸反滤料时，应保持跌落高度最小。为避免料物污染，反滤料和排水体料堆的位置需与其他类型的坝料保持足够的距离，并应避免重型机械设备在将用作反滤料的土料上作业。堆存区需有坡度，以便排水。由于土料转存时接触地表，可能会导致大量的土料被污染而产生弃料。应对堆存区的反滤料以及已经铺在坝内的多个部位的反滤料取样进行级配试验，以确保符合技术要求。由于在堆存料内采样困难，故而需定期对各项成果加以分析，以得出综合评价。关于骨料堆取样的相关信息可参见 ASTM 标准和垦务局的《混凝土手册》。任何堆存的坝料均应强调控制其堆存质量的重要性，如果其他承包商最终也要使用材料的话，就尤其要强调。关于反滤料和排水体料的堆存方法和需要注意的问题可参见本标准第 5 章“保护性反滤”。

10.5.1.3.8　寒冷天气作业

取土区作业常常能够持续到结冰的天气，无损于大坝填筑体的质量。除掉极冷的气候之外，原位细颗粒土冻结的深入过程是很慢的，并且如果取土作业连续进行，土将不会冻住。如果原位含水量无须调整的话，那么便可获得满足冻结条件下的填筑土料。即使在很低的气温下，一般仍可有效地开挖和装卸砂砾料，但在填筑层上加水以利碾压却可能有问题。在寒冷天气里的取土开挖作业通常受填筑要求的限制，在任何情况下，应有专门的限制条件，只能相当谨慎地加以使用。已经结冰的土料不应用于坝体填筑，也不应在已结冰的坝面或地基上填筑任何土料。

10.5.1.4 石料场与石方开挖

有经验的地质工程师，监理工程师和爆破专家，能凭借他们从以往石料场所得的经验，制订钻孔与爆破方案，优化采石作业。不过，即使是有经验的地质工程师和监理工程师也很难预测爆破期间和爆破之后，从采石场或开挖场地所得石料的破碎程度。最常遇的麻烦是获取的石料要么含有较多的细料和粉末，要么超径。由于石料的性状或其破碎程度与设计人员所预料的相反，有时必须对设计做重大的改变。承包商的钻孔和爆破方案需要获得批准，并且需要进行爆破开采试验，以表明该计划能生产坝体填筑所需的指定石料。然而，要求承包商提交计划并不能为该计划的批准或拒绝提供依据。技术条款应具体指出承包商必须提供的信息或能达到的施工水平。

10.5.1.4.1 装载设备

现在，在岩石开挖或石料场开采时，几乎毫无例外地都采用前卸式装载机装载卡车或其他车辆，偶尔也用动力铲。由于带有大容量铲斗的更大功率装置的出现，前卸式装载机变得突出重要。对于开采面高（深）的采石场，每次爆破之后，需对开挖面进行危石清理，对此应提出技术要求，以防止石块掉落造成事故。

尽管前卸式装载机使用更频繁，但直接从料堆装载时，有时仍喜欢用动力铲，不论其是电动的还是柴油机驱动的。因为它的容量大，切削力强，并且由铲斗装到运载车上时效率高。

从堆料场装载经过处理的坝料几乎毫无例外地利用前卸式装载机。前卸式装载机既可是履带式的，也可以是橡胶轮胎式的。过去常常采用履带式的，但近来四轮橡胶轮胎式变得普及了。虽然橡胶轮胎的装载机缺少履带式装载机的附着牵引力，但它速度比较快，并且在大多数的表面上有足够的附着牵引力来有效地满斗装载。

开采抛石料时，喜欢用装有槽型铲斗的前卸式装载机，岩石在铲斗里的晃动能使较小的石料和细料分离，这是开采抛石料的一种有效方法，并且经常采用。

10.5.1.4.2 运输设备

一般用卡车作为堆石料的主要运输设备。所用卡车有三种基本型式，即尾卸式、底卸式和侧卸式。侧卸式卡车很少在碾压式堆石坝施工中使用，它们在适用于填筑层的边缘。底卸式卡车是比较常用的运输设备，但有一定的局限性，它们有些难操纵，并且尺寸过大的石料经常挡住泄料闸板需要用推土机将其推离，因而浪费时间，并影响运输进度。由于尾卸式卡车速度快、机动性好，并且一般初期费用较低，故而或许是石料运输用得最多的车辆。尾卸式卡车的型号范围，从轻型的到容量超过 $100yd^3$ 的双轮拖车。因为在大多数场合里，由岩石开挖区及采石场开始的运输，并不是常规的公路运输，所以这些卡车不受在一般公路上行驶的那些车辆所受的尺寸与重量之限制，从而允许很大的容量。

10.5.1.4.3　加工设备

从石料场爆破开采就直接获得特定级配的石料是理想的，但是这经常是很困难的。当不能通过爆破方法得到特定尺寸或级配的石料时，就有必要对爆破所得的石料进行加工处理，可能涉及除去尺寸过大或过小（过细）的爆破石料，获取指定粒径范围的料，以便用于特定的坝区，可能就要采用石料加工厂。对于大块的抛石料的生产，主要是根据设备加工和外观检查。不管是从土料场开采反滤料还是从石料场开采排水体料，大多数情况下需要加工厂加工。还有必要研究一下是否需堆存反滤料，以便在雨季筛网经常被堵塞时，仍确保特定级配的细粒料的供应。

有几种不同型式的筛分加工设备；究竟使用哪一种，则取决于所希望获得的最终产品。图 10.5.1.2.3-1 为垦务局的 New Waddell 坝生产反滤料和排水体料的加工厂。这个坝料加工厂用于加工从冲积层土料场开采的坝料，石料场的加工设备跟这个相似。在下述几段里，简要叙述一些比较常用的设备。

（1）栅筛：栅筛或许是最常用的石料分离设备，用于分离超径石料。在许多场合里，这正是为了获得规定的级配所需做的全部工作。栅筛是用粗重的铁棒做成的筛箅，通常建在坡道上，石料通过这个筛箅。顶部的栅杆间距比底部的栅杆间距宽，以便两个铁棒之间的开口在宽度上随深度而增加，使杆间的筛孔不致被中途的石块堵住。栅筛时常与斜置的振动筛或旋转偏心轮（偏心筛分机）设置在一起，使超径石料越过栅筛末端而倾卸，而同时合乎尺寸的石料则通过筛孔。虽然有许多种办法修建栅筛。但人们全都采用某种型式的粗重筛箅。

（2）转筒筛：转筒筛是比较复杂的分离设备，它有一个用多孔的金属板或金属网制成的转筒，用来清除超径石料，但也能把其余的石料分离成几种粒径组。转筒筛的一端或两端是开口的，其转筒的轴是水平的或稍稍倾斜的，以便石料恰好能被筒子的转动而带着转动。为了获得不止一种粒径组的材料，金属板上的孔眼或筛网上的网眼尺寸是可以变化的。当把原料送入转筒内时，过大的石料从筛上通过，并在另一端排走，同时每一种粒径组的石料通过各自的筛眼，通常被料斗接住或被皮带运输机运往堆存地点。

（3）摇摆筛或振动筛：这种设备通常是用来按粒径筛分的。它有一道或几道不同筛孔的金属筛，水平或倾斜地装在一个刚性框架上。它可进行往复运动（在摇摆筛的工况下）或振动（在振动筛的工况下）。余留在筛子上的石料经过筛子运动到另一端，在那里石料被卸入一个斗仓内，或落到皮带上。第一道筛子下边的各筛，具有依次减小的筛孔，能分离出一种以上粒径的石料。

（4）岩石破碎车间。由于运行成本较高，岩石破碎设备通常不用于处理坝体填筑石料。然而，它被广泛地用于生产反滤料和排水体料。通常这些材料不得混入其他材料[通过标准 200 号筛（0.075mm）的含量小于 3%～5%]，并且粒径均匀（均匀系数在 1.5～8 之间）。破碎机的类型有几种，最常见的是颚式破碎机、冲击式破碎机、圆锥破碎机和辊式破碎机。一般来说，颚式破碎机和冲击式破碎机用于初级破碎，圆锥破碎机用于二次破碎，辊式破碎机用于三级破碎。然而，可以根据被破碎石料的尺寸、形状、裂隙和硬度而改用其他类型的破碎机。此外，还有用于特殊用途的破碎设备。破碎车间的设计取决于现场特定的条件。通常，应仔细咨询设备制造商，了解特定场所的需求。

（5）冲洗设备。通常，冲洗对于堆石料生产不是必需的，但一般用于反滤料和排水体料的生产。这两种石料要求将石粉含量控制在非常低的范围，例如通过美国标准 200 号筛（0.075mm）的含量控制在 2%～3%以下。冲洗在筛分过程中进行，将压力水从喷雾棒冲洗到筛网上的石料来实现。应安装喷雾棒，使喷雾与材料的通过量适应。使用垂直于筛网表面的高压喷射仅能驱动靠近筛网尺寸的材料进入筛网表面，导致黏在一起。冲洗作业在筛选过程快结束时进行。

10.5.1.5 石料开采试验

试采石料能帮助设计人员确定所开采出来的石料经过开挖与搬运之后的粒径、形状与级配。石料开采试验，通常是与碾压试验结合进行的，以便能够对石料从爆破到碾压整个过程中的性状进行评价。采石作业中的参数，包括钻孔和爆破技术参数，以及装载、加工和搬运的方法与设备情况。合理的开采试验能够：①为设计人员、地质工程师和现场人员提供有关开挖设计、地质结构对料源影响、最佳爆破技术参数及岩石破碎控制等方面的可贵信息；②提供有代表性的材料进行试验性填筑；③使可能的投标人更好地了解石料的钻进与爆破性状；④确定石料将如何加工，如果需要加工的话。

尽管石料试采通常都是在设计期间确定的，但是有时候会允许单项工程分包商获得用于设计准备和包含在技术条款中的用于承包商投标准备的试开采数据。如果可能的话，希望石料试采施工人员就是以后进行坝体填筑施工的人员。这些人员将对施工方法及材料性状有深入的认识，并且当组建大坝施工队伍时将成为其重要的核心。

施工控制确保遵循石料开采计划与技术条款中所要求的各种不同试验方法与步骤，以便使不同方法的对比及其他资料的分析有意义。必不可少的是，在整个工作过程要保持详尽和准确的记录。记录内容应包括所用钻孔设备的类型，在每一种岩石中的钻进速度，钻孔的直径、深度、布孔模式与间距，炸药类型、炸药单耗及炮孔间距，炮眼堵塞材料及堵塞方法，爆破时序，现场照片，位置及地质断面描述以及所得结果的各种细节。

10.5.1.6 获取特定的填筑石料

技术条款事先说明了在不同坝区所要铺筑的石料的级配。从石料场爆破作业直接得到可用的石料，是可能的，但有时也为了得到要求的级配，需要对开采的石料进行加工处理。承包商作业方法和加工流程对石料的级配有显著的影响。因此，设计人员应熟悉影响堆石料生产的各种作业方法。

10.5.1.6.1 钻孔与爆破

参见垦务局的《工程地质手册》（*Engineering Geology Manual*）第Ⅱ卷，第 19 章“爆破设计”（Blasting Design）。

承包商的钻孔和爆破方式对所获石料的级配有着显著的影响。当然，最好能由爆破后的石渣里直接得到正确级配的石料。不过，这一点并非总能容易做到，一般情况下，需要承包商做一些试验。第一批试验爆破应为建立令人满意的钻孔与爆破模式提供依据。炮眼的间距及装药量均取决于现场的岩石状况。

石料采用垂直钻孔的“梯段爆破法”或“药壶爆破法”开采。药壶爆破法是在钻进到岩面的隧道里，把大量的炸药安放在底板高程处，然后点火引爆。它比梯段爆破法便宜，但是往往造成过多的细料和超径石料，还需进行第二次爆破。一般来说，当开采堆石建筑物用堆石料或抛石料时，应禁止使用药壶爆破法。

在石料开采试验时，第一批爆破所破碎的材料，均应清理走，这不仅是为了确定是否已达到正确的级配，也为了检查一下岩石开挖面及开挖底板的状况。动力铲从斗容量上来讲，是装载爆破石料的最佳设备，但它必须从相对水平的底板进行作业。如果石料是不加工而直接用于指定填筑区域的话，通常需要按照装载规程操作，以确保装载机每斗料的粒径均匀。

在一次正常的爆破里，比较粗的石料将位于工作面外侧并且位于顶层；而较细的石料则集中在工作面至底层之间。操纵装载设备的人应小心谨慎，并遵循正确的装载程序。假如所装石料是不经加工处理即用于特定坝区的，则这种程序将有助于确保每次装载材料中各种粒径均匀分布。在许多石料场里，随着装载的进行，将有一层细料集中于底层，它们可用于其他地方，或被废弃。

10.5.1.6.2　加工处理

如果不能通过爆破得到适当粒径的石料，或者在技术条款里就要求进行专门的处理，那么，承包商就应对石料进行加工处理。所需的加工量将取决于爆破的结果，除非技术条款里专门规定了加工方法。不同类型的分离设备及其作用在前文论述过了。

加工的深度将是不同的，从利用简单的栅筛清除超径石料，或冲洗清除超细石料，通过破碎设备连续处理坝料。石料破碎设备，由于运行费用高，故而一般不用来处理堆石。然而，有时要用它来生产反滤料和排水体料、垫层料以及过渡料。

10.5.1.7　土料场、石料场和弃渣场的后期治理

对位于最低运行水位以下的库区土料场、石料场和弃渣场，一般无须进行任何处理，除非有稳定性问题。不过，对位于最低运行水位以上的库区土料场、石料场和弃渣场，以及坝址下游土料场、石料场和弃渣场，一般应进行一些处理以清除那些影响景观的开挖面。土料场、石料场和弃渣场的处理，通常从第一次开采时，承包商应当堆存剥离的表土。在土料场，不允许开挖至基岩，应在基岩上保留1～2ft的土层。在取走了一切可用的土料之后，应把先前堆存的表土摊回土料场表面上，并铺成光滑、一致的地面，且稍有坡度，以便排水。对于陡坡，可能不得不修成一些阶地或台地，以利控制冲蚀。最后，须对整个开采区施肥并播种。这些步骤的意图在于防止水土流失和使取土区恢复成赏心悦目的景观，并使其能供未来之用。

废弃的石料场不仅影响景观，而且可能是一种危险源。在实际可能的范围内，应将老旧石料场的积水排干，并采取一些措施，以防止将来在其内积水。所有的边坡都应清理危石并平整，以防石块或石屑坠落。凡适宜植物生长的地方，均应种植植物。在某些场合里，可能需要装设围栏，以限制自由出入。

必须设置特定的场地用于处理废料或弃渣。这些场地应在技术条款的附图中明确给出。先利用不适合坝体填筑的土石料，把坝体范围以外的各种洼坑，沟槽等填充起来。填充洼坑之后剩余的材料，可用于上游，以加强防渗铺盖，或用作马道，以增加建筑物的稳定性。位于坝体下游的废料区，必须仔细地加以选择，以免干扰建筑物的任何部分，或产生一些不需要的应过多维护或补救的地方。决不允许废料堵住排水体、透水坝区或坝趾堆石体内的渗流通道，也不允许废料堆置区恰好位于能够污染天然地下水的地方。弃渣场的弃料，除了运输设备通过时所产生的压实作用之外，一般无须进行其他的压实，但弃渣场的外坡例外。坡面应保持平整和合理的坡度，以利于坝体和施工区的排水。弃渣场的外坡由于易被冲刷的土石料组成时，应加以碾压或用履带机械简单碾压，以防止冲刷。如果可能的话，这些场地须施肥并播种，以改善其外观并防止冲刷，进而可使它们适合于休闲或其他用途。

10.6 坝体施工

10.6.1 坝体填筑和碾压设备

10.6.1.1 重型碾压设备

用作碾压坝料的重型设备，有四种主要类型：图 10.6.1.1-1 中的夯实压路机或羊脚碾，图 10.6.1.1-2 中的凸块碾，图 10.6.1.1-3 中的橡胶轮胎碾或气胎碾，图 10.6.1.1-4 中的振动平碾或钢轮振动碾。其他用来碾压填筑体的通用设备是运输与摊铺设备，这些设备在填筑层上行走，对其经过的坝料进行初步压实，当利用履带式拖拉机的履带对填筑体进行无间隙碾压时，有时能使透水的无黏性土料达到足够的密实度。图 10.6.1.1-5 示出 1900 年大坝施工的场景，与此对比的是，图 10.6.1.1-6 现在大坝施工的场景。

同羊脚碾和夯实压路机相似，一般用于碾压黏土或塑性土。

图 10.6.1.1-1 齿式压路机

10.6.1.2 手持式碾压设备

在可能的情况下，尽量使用重型气胎碾来压实坝肩或混凝土结构。但是手持式碾压设备代替轮式碾压机械有时候是很必要的。在受到限制的地方（如紧靠混凝土墙、

图 10.6.1.1-2　振动凸块碾（一般用于碾压沙质土）

有时用于压实防渗土料，完成碾压的表面需进行刨毛处理。

图 10.6.1.1-3　气胎碾（轮胎碾）

图 10.6.1.1-4　振动平碾（钢轮碾）（碾压砂砾石料和堆石料效果较好）

图片的下部中间可以看见马拉着刮刀在基岩上开挖坝体填筑料，开挖的填筑料被堆放在图片右侧的坝体上，并由马拉的碾磙压实。

图 10.6.1.1-5　内华达州 Lahontan 大坝的开挖和填筑的方式

自卸车穿过反滤料和碎石排水体料时，铺上了土工布防止污染料物，在图中上部可以看到，在岩质坝肩浇筑了纤维混凝土，以防止心墙料和反滤料随渗透水流进入坝肩岩体。

图 10.6.1.1-6　加利福利亚铁山矿 Slickrock Creek 大坝正在进行心墙料摊铺和碾压

管道周围或岩面的洼坑里）碾压时，使用至少重 100lb 的手持式动力打夯机，或人工操作的振动平板打夯机。振动平板压实机，只有在清洁的无黏性回填土里才是有效的。为了压实岩石或混凝土表面，应采用比最优含水率高 1%～2%的，更加塑性的防渗料。图 10.6.1.2-1 为科罗拉多州的 Ridgwar 坝施工时，用手持式打夯机碾压比较陡的坡面。

10.6.1.3　摊铺与处理设备

下面将讨论用于填筑坝填筑的摊铺和处理设备。在这个设备上安装 GPS，能确保设备按照规定的线路，铺土平整度和碾压前的铺筑层厚进行碾压。强烈推荐安装 GPS 辅助设备，在一些情况下，可能需要指定使用。

该部位先前已经用橡胶胎式碾压设备压实，手持式打夯机只是进行补充碾压。

图 10.6.1.2-1 手持式压实机沿着防渗基础碾压成型齿槽混凝土

10.6.1.3.1 履带式、轮胎式拖拉机和推土机

拖拉机用来牵引（现在的碾压设备都是自行式的）碾压设备、圆盘耙、路耙等，并且在装上推土机刮板后，可用于推动和摊铺土料，并将超径石块由填筑层内清除出去，如图 10.6.1.3.1-1 所示。当用装有刀片的推土机牵引碾压设备时，刀片应经过改装，使其不可用。

图 10.6.1.3.1-1 履带式推土机在摊铺堆石料

10.6.1.3.2 自行式平地机（养路平地机）

平地机系用来摊铺和拌和土料，修整不同坝区，如心墙区、过渡区和反滤层区之间的边界，除去超径颗粒，以及翻松碾压过的填筑层表面。

10.6.1.3.3 圆盘耙

圆盘耙是由轮胎式或履带式拖拉机牵引的，它用来翻松碾压过的填筑层，并使未经

碾压的填筑层在碾压之前曝气或加水拌和。圆盘耙的齿从松土层切入已经碾压好的土层时，就完成了翻松的过程。圆盘的直径（首选 36ft）和犁的重量应能让圆盘切入已碾压好的土层中 1～3ft 深。翻松时一般顺着纵向或是平行坝轴线。图 10.6.1.3.3-1 为 New Waddell 坝施工时的圆盘耙。这种犁的深度与角度可以在牵引设备上操纵人员的位置处进行调整。

图 10.6.1.3.3-1　用圆盘耙预处理和翻松防渗料

10.6.2　坝体填筑试验

10.6.2.1　石料碾压试验

在设计堆石坝时，修建试验坝，常常是很有价值的，并且在某些场合里，是绝对必要的。设计工程师应负责石料碾压试验计划，尽管根据合同这项试验可能由承包商来执行。石料碾压试验有助于设计人员分析堆石体填筑参数的影响。一项执行得顺利的试验计划应确定：①最有效的碾压设备型式，铺筑层厚和碾压遍数；②石料最大粒径；③运输、铺筑和碾压过程中所发生的粒径减小量或离析程度；④铺筑坝料的物理性质，诸如密度与粒径分布。从碾压试验获得的认识和依此进行的设计优化，能够显著影响建筑物的造价。

石料碾压试验常常与石料开采试验结合进行。这种做法不仅提供有关石料开采期间石料性状方面的信息，而且还确保碾压试验所用的石料能代表建议开采的石料。与开采试验一样，石料碾压试验计划常常由施工人员和设计人员管理，并且如有可能的话，可以建议指派参加试验计划的施工人员参与坝体正式填筑施工。

应严格控制石料碾压试验的施工，否则获得的数据就可能有问题。碾压试验的计划和技术要求应由设计工程师准备，用以评估施工程序和材料性状。这样试验的结果才能用于坝体原型的设计和正式施工。尽管碾压试验合同是由承包商负责执行的，但是设计方仍然应参与碾压试验。

应随时记录试验过程，并将逐日数据点绘成曲线，因为为了获得所要的信息，可能需要改变试验计划。记录及所需数据的型式，应由设计方确立。重要的是要把任何一项观测及所有的观测都记录下来，而不论这些观测资料在当时看来不重要。照片与检查记录是极其重要的，因为它们常常提供一些复杂问题的答案，否则这些问题也许会一直没有答案。设计人员应积极地参与碾压试验的施工，以便确保搜集到所需的数据。

在碾压前后，均应对石料进行级配试验。对比碾压前、后级配曲线，确定在运输和碾压期间可能发生的颗粒破碎量。必须测量填筑层厚度。碾压后压实石料的原位密度，必须用大比尺的常规方法直接确定（USBR 7220 或 7221 中的试坑法；ASTM D 4914 或 D 5030），或者通过观测填筑体的沉降而间接确定。通常采用后一方法，因为在堆石体内进行常规的密度试验是困难的，而沉降观测则可提供较好的密度间接测量。若由沉降读数确定出一层的压实程度，则必须小心谨慎，以确保所测得的沉降量确实是所测层的沉降量，不包含基础或其下各垫层的沉降。测沉降量需要使用测量设备。坝基的沉降量和各填筑层内的沉降量，都可以用沉降板来确定。如果可能的话，应进行少量的常规密度试验，以补充沉降量数据。

应在完成的试验填筑体内开挖一条试验槽，以便检查经过碾压后的填筑层厚度、细粒料的分布以及密度的分布。碾压试验的各种作业，包括对试验槽的检查，需全部编成文件，并附各种测量结果、照片和写成文字的检查结果。

10.6.2.2 土料碾压试验

对于土坝来说，经常需要进行坝体碾压试验，以便确定没有碾压经验的土料的适宜铺层厚度，及达到设计密度所需的碾压遍数。为了确定调整土料含水率的最佳方法和设备，以便在整个填筑层内形成特定的均匀一致的含水量，可能需要进行碾压试验。承包商拟使用不是技术条款所允许的某种设备时，也要进行碾压试验（费用由承包商支付）。承包商必须证明其建议使用的设备能够达到所要求的密度。碾压试验还用来确定在现场是否能够经济地获得所希望的密度。碾压试验区往往是实际坝体的一部分，如果达到了令人满意的结果，经过碾压的填筑体就可以作为坝身的一个组成部分。碾压试验一般在坝体非关键区域进行。

10.6.3 不透水及半透水填筑体

10.6.3.1 定义

不透水料包括黏土（CH 和 CL），粉砂（ML），砂质黏土（SC）或砾质黏土（GC）以及粉质黏土（CL-ML）；半透水料包括粉质砂土（SM）或粉质砾石（GM）。大坝的防渗区应优选黏性土，但是防渗区有时使用粉土，砂质粉土和砾质粉土，并且运行良好。增加土料的细粒含量能相应提高其防渗特性。一般来说，通过 200 号标准筛的含量至少 25％的材料可以被认为是不透水的［在一些情况下，通过 200 号标准筛（0.075mm）的含量至少 10％～15％的材料就可以认为是具备足够不透水性的］，这些土料的不透水性由普氏法和快速压实测试法来测定，含水量是实现压实的关键。通常，通过对不透水和半透水材料进行标准压实试验得出的压实曲线，可以得出土料的最优含水率及可以达到的最大干密度。防渗土料（1 区）用于防渗心墙、防渗铺盖和其他有防渗要求的坝体分区。

请注意，砂根据级配界线被分类为 SW-SM，SW-SC，SP-SM 或 SP-SC，即通过 200 号筛孔（0.075mm）的含量高达 12%的那些砂（一般 5%就是土料被划分为透水料的上限），尽管这样的土料按照技术条款允许用于被标为透水填筑体的坝区内，但它却具有半透水料的特性。

10.6.3.2 碾压技术要求

比较重要的碾压特性要求（如含水率界限，铺筑层厚，碾压设备，碾压遍数），都应在技术条款中说明，并将由监理人员认真检查，以确保其符合要求。图 10.6.3.2-1 表示防渗体（1 区）碾压填筑。设计文件应包括坝体特定区域的碾压附加要求，以及诸如反滤料、排水体料或 1 区心墙防渗体的施工特点。

图 10.6.3.2-1 防渗体料正在被履带式推土机倾卸和摊铺在坝面上，采用羊脚碾碾压

技术条款一般需说明所要使用的碾压设备的类型和型号，并要求承包商向政府提交该项设备制造厂家的资料和设备的规格。应对照工程施工技术要求对这些厂商资料进行复核，连同进行外观检查，以确保设备能够达到要求的压实程度。羊脚碾或夯实压路机需复核的项目包括碾筒的直径和长度，空筒重量和配重，羊脚的布置以及羊脚的长度和端面面积、连接布置。对于橡胶轮胎式压路机，应复核其轮胎充气压力，轮胎间距及空轮荷载和加载后的轮胎荷载。

铺筑层厚度是规定的，将依据所要碾压的土料类型与碾压设备来确定。不透水料或半透水料通常铺成 6～9in 厚的松铺筑层，用羊脚碾或凸块碾碾压 8～12 遍。羊脚碾在黏土中碾压效果较好，而凸块碾在粉土中碾压效果较好。对防渗体填筑区的土料，将规定碾压时的最大层厚 6～9in 和压实后要求达到的最小密度。在任何情况下，承包商必须证明其采用的碾压设备和铺筑层厚能达到要求的密实度。当使用任何一种碾压设备碾压后留下光滑表面时，规定要在铺新的一层填筑料之前，将已经碾压过的那一层的表面翻松，以便确保填筑层之间有良好的结合。在受到限制必须使用手持式打夯机的区域，填筑层一般碾压至最大厚度 4in，并且需达到规定的密度。通常需要使用手持式工具，如旋耕机，将手持式碾压设备碾压后的层面翻松，因为手工操作碾压后的表面几乎总是光滑的。

填筑施工现场的含水量和密度，分别与最优含水率和最大密度相关，以便判断碾压后的土是否是合乎要求。土料设计的最小密度，按最大干密度的某一个百分数（≥95%）确定，而填筑时含水量的容许变化范围则是在技术条款里按被碾压土的最优含水率来给定。每一种土，在某一种给定的碾压条件下，各有其最大密度和最优含水率值。因此，有必要把现场原位密度和含水量，与同一种土在实验室内所确定的最大密度和最优含水率进行对比。如果现场正在碾压的土料不能与可用的实验室压实数据相对比，那么，就应对该种土料进行压实试验。建议在铺筑坝体之前，进行校核性碾压试验，以确保符合该种土料在设计期间所确定的最优值。

在大坝设计过程中，对大坝填筑体的抗剪强度、渗透性和变形特性做了各种假设。这些性质都是随碾压后土的密度和含水量而变化的，这就是必须按照规定铺筑的原因，否则就不符合设计假定，并且建筑物可能发生事故。因此，所希望的密度和铺筑时含水量的范围，并非任意给定的，而是根据一些特定的原因来规定的。密度和含水量两方面的要求都必须满足。若含水量超出了规定的范围，即使达到了所希望的密度，仍需对该种土进行重新处理和重新碾压。如果最低密度未达到，那么，即使含水量是在规定的界限之内，并且也进行了规定的碾压遍数，仍需考虑是否要进行额外的补充碾压。在一些情况下，含水率和压实密度超出了极限值时，应挖除不合格的填筑土体，并置换土料，重新碾压。在换填之前，施工和设计人员应制定不符合技术标准土料的移除和置换操作指南。确定现场密度和现场含水量的试验方法及将这些试验应用于碾压控制的方法，均载于《土工手册》和 ASTM 卷 04-08 和 04-09《Construction，Soil and Rock》以及希尔夫的《压实填料》内。ASTM 关于《Quality Control of Soil Compaction using ASTM Standards》也有新的版本。事实上，所有垦务局土工手册《土工手册》中的土石方施工控制测试方法都能在 ASTM 标准中找到相应的规定。传统上，垦务局有自己的质量保证测试方法，《土工手册》和 ASTM 在施工技术条款中都能被引用。如果承包商要进行质量控制测试的话，则应采用 ASTM 标准。

10.6.3.3　压实基本原理

就粉质或黏质细料含量百分率较大的某一种特定土而言，在给定的压实作用力下碾压所能达到的最大密度也有其特定值。要想达到这个最大密度，又有必要使该种土处于某一特定的含水量状态。达到最大密度时的含水量，称为最优含水率。最大密度和最优含水率都是在实验室里对同一种土体的五个或更多的不同含水率的试件进行碾压，并绘制压实曲线而确定的，这就是普氏击实试验。图 10.6.3.3-1 示出垦务局几座大坝施工时的普氏压实曲线。普氏击实试验有两种试验击实功。第一种称为“标准击实试验”（ASTM D698 和 USBR 5500），第二种是在机场跑道和重载公路施工发展而来的“修正的击实试验”（ASTM D 1557）。垦务局的绝大多数大坝施工都采用标准击实试验。一个例外就是 New Waddell 坝的施工，为了提高心墙防渗体的刚度和节省碾压时的水量，而提高了压实能量。表 10.6.3.3-1 中列出了采用标准击实试验的填筑坝碾压要求。

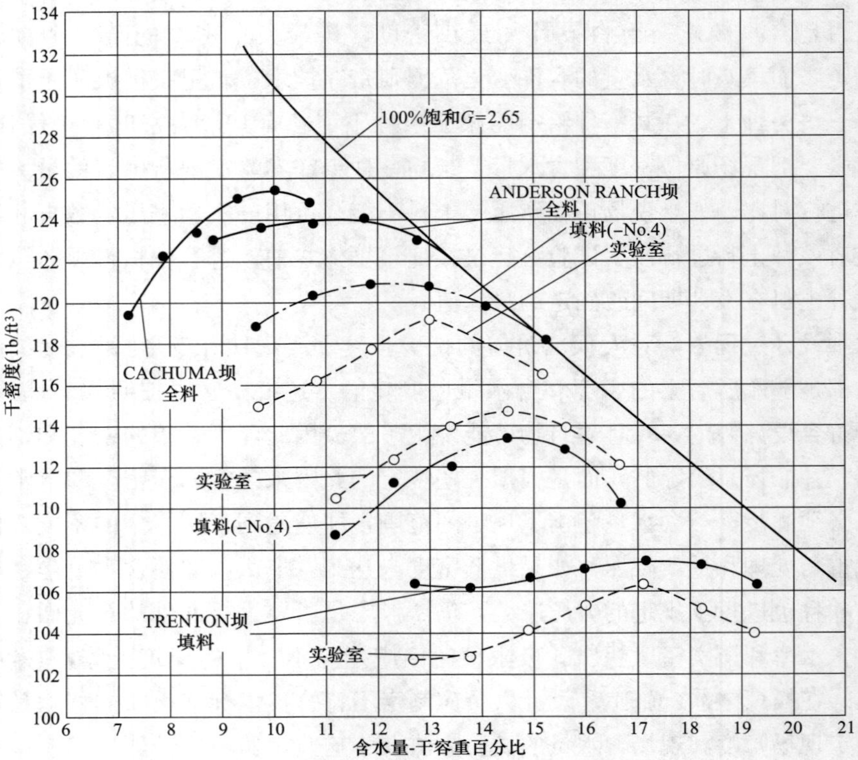

图 10.6.3.3-1　垦务局设计的几座大坝的实验室压实曲线

表 10.6.3.3-1　　填筑坝碾压控制准则

土料类型	大于 No.4 土体干重的百分比	小于 No.4 土体干重的百分比					
		坝高≤50ft			坝高>50ft		
		最小密度	平均密度	含水率限值 W_o-W_f	最小密度	平均密度	含水率限值 W_o-W_f
普氏试验，黏性土	0%～25%	D=95	D=98	−2～+2	D=98	D=100	2～0[2]
	26%～50%	D=92.5	D=95		D=95	D=98	
	>50%[1]	D=90	D=93		D=93	D=95	
相对密实度试验，非黏性土	细砂 0%～25%	D_d=75	D_d=90	土料非常湿润	D_d=75	D_d=90	土料非常湿润
	中等砂 0%～25%	D_d=70	D_d=85		D_d=70	D_d=85	
	粗砂和碎石 0%～100%	D_d=65	D_d=80		D_d=65	D_d=80	

注　1. W_o-W_f 为最优含水率与实际填筑土料含水率的差值。

2. D 为碾压后土体的干密度与普氏击实试验得到的最大干密度的比值。

3. D_d 为相对密实度，见 10.6.4.7.3 节的定义。

[1] 作为防渗料的黏土包含超过 50%的砂砾石时，整个土料应进行渗透性试验。

[2] 对于高填筑坝，通常要对土料的含水率限制做一个特定的说明。

对填筑体密度有重大影响的两个变量是现场压实能量（此能量是由给定的设备在给

定厚度的填筑层上行走时施加的）及铺筑含水量。当经特定的压实能量碾压的土的含水量，较之该种压实能量下的最优含水率偏大或偏小时，都将导致其密度小于最大密度；与最优含水率偏大或偏小得越多，其密度就比最大密度低得越多。当一种土的含水量比最优含水率偏小或恰好处于最优含水率时，加大压实能量，一般将增加其密度。当一种土的含水量比其最优含水率大很多时，加大压实能量，对该土可能形成剪切作用，而其密度不再进一步加大，因为土颗粒之间的间隙被压缩后的空气充填。

压实能量可通过下述方法来加大，即加大碾具在土上的接触压力，增加碾压遍数或减小填筑层厚度。在任一给定的工程上，是否联合使用这些办法，将视碾压的难度、所要求的压实程度和经济性考虑而定。

10.6.3.4 简易控制规程

外观检查和粗略测量是实施施工控制的两种基本方法，但是不能把它们当作唯一的控制方法来使用，必须辅之以内容广泛的室内试验程序。要想对材料特性的任何一项评估有意义和准确，检查人员就必须用其手和眼睛针对预期要遇到的各种条件进行校准。设计人员应考虑在进行大坝填筑之前，填筑小的试验坝段，以便监督人员、设计人员和承包人员都能熟悉填筑料的性状及压实特性，并熟悉碾压设备的性能。这样的试验常在非关键部位进行，如坝高小的坝段。

设计人员应鼓励监督人员在开始填筑作业前，充分熟悉填筑料特性。在现场实验室里工作一段时间，做几次压实试验，以便熟悉各种填筑料在外观和性状方面的区别，并能鉴别这些土料何时太干，何时太湿，以及何时处于最优含水率状态，这是有益的。还有细粒土的阿太堡含水量界限值，以及细粒土处于塑性极限时的外观和手感，有助于测定该种土在何时接近最优含水率。

受过培训的监理人员应能抓起一把土，根据感觉与外观，对手中土的含水率与其最优含水率的关系做出合理的估计（有经验的监理人员能够估出的含水量常常只与最优含水率相差±1%）。在碾压之前，应判断土料含水量是否适宜，并用湿度对照试验证实。一种简单的试验，就是在带夹紧装置的书写板上或两手之间捻搓少量的土料，判断其对塑限的接近程度。一般地讲，这是一个很好的显示方式，因为一种土的最优含水率与其塑限之间常常只有很小的差别。

除了知道一种土在特定含水率和密度时的外观与感觉外，还常用某种贯入阻力法作为指导。这种方法包括使用普氏贯入针，也包括使用普通的铲子。以前许多监理人员只要简单地观察碾压过的土对铲子的贯入阻力，或者是观察羊脚碾从填筑体碾过后的痕迹，就能成功地估计出土的密度。普氏贯入针校准和使用都很困难，因此现在基本上不再用了。

在观察者的判断经实际厚度对比校准后，规定的填筑层厚度是很容易估计的。一种简单的层厚测量方法是将一把锐缘的铲子，经疏松填筑层一直插入到碰上最后碾压过的那一层表面为止。一些监理人员也会用一根钢条或木板条来判断铺筑层厚度。铲子、钢条或者是木板条都有深度标记，铺层厚度值可以直接读出。这项工作须在第一遍碾压前进行，能很快完成并能满足控制精度要求。不过，因为许多承包商都希望把铺筑层铺得尽可能厚，在铺筑层厚上经常产生争议。因此，不得单纯采用目测法来控制填筑层的厚度，而必须辅之以测量手段。垦务局的技术条款要求承包商开挖探坑，在很多情况下，揭露的铺筑层厚都太厚了，碾压效果没有达到。采用GPS设备控制施工设备，能有助于确保铺筑层厚的一致性。另一种确定层厚的适当而又最可靠的方法，就是每3～5天测量事先规定的测点处的坝体高程，记录其填筑层数，并算出平均填筑层厚度。通常对于监理人员来说，在施工过程中做好填筑层数和水准测量的记录，既是为了施工期间的控制，也是为了将其作为永久性记录及档案文件的一部分。

通过观察碾压设备和重型运输设备在工作面上的操作，能获得很多信息。如果填筑料的含水量均匀一致，并且层厚不是太大，则碾子的动作将表明土料的含水量是否令人满意，以及是否达到了良好的压实程度。例如，气胎碾碾压第一遍时，轮胎下沉的深度等于或大于轮胎宽度的一半；经几遍碾压之后，土上的辙印过深；或者，在碾压过程里任一时刻，土料都在碾子前头发生摆晃或波状起伏（与正常情况下的表面“弹跳”相反），则要么是轮胎压力太高，要么更可能是土料的含水量太高。另一方面，若碾子的轨迹只是稍微变化，或根本不变化，并且经几遍碾压之后，所留下的表面是坚硬的，则土料大概相对于最优含水率是太干了。对于含水量适当的大多数土料来说，第一遍碾压时辙印将是明显的，轮子将下陷3～4in；在含水量适当的土料中总会有一些贯入压痕，尽管这种贯入深度将随着碾压遍数的增加而减小。

羊脚碾压了几遍之后，若达到了适当而有效的压实，则羊脚碾将开始自行脱档（自行脱档是指羊脚碾开始只用其羊脚支承在土上，而碾子则悬在土面以上几英寸处）。若羊脚碾只压了几遍就自行脱档，则该土可能太干；若它不自行脱挡，且经过所要求的碾压遍数后土仍不断地被翻搅上来，则是土太湿，或是碾子的羊脚接触压力太高。请注意，土的类型对碾子的运动也起作用，并且对橡胶轮胎的埋陷深度或羊脚碾的自行脱档有影响。图10.6.3.4-1中采用类似于羊脚碾的加长碾脚来对土体进行碾压，一台碾磙加

图10.6.3.4-1　卡特825C型碾正在碾压防渗体料（1区）

长的振动平碾正在碾压1区上游的反滤料，反滤料设置在基岩风化区和岩体破碎区。羊脚碾可能不会从低塑限土中脱档，在这种情况下，用凸块碾可能更加有效。保持羊脚碾的清洁也是很重要的。如果大量的土料被羊脚带起来，又被清洁齿除去，该种土一般地讲是太湿了。如果土料接近最优含水率时，则应只有少量的黏着。如果羊脚完全干净和干燥，土料可能比最优含水率干得多。监理人员应该知道这些土料是否达到最优含水率的各种特点，并根据这些特点来测试施工时碾压和压实功是否能得到满意的含水率和碾压后的密度。监理人员也应该知道碾压设备的变化，例如，羊脚碾上羊脚的磨损，或者是圆盘耙上圆盘的磨损，都会降低碾压设备的工作效能。

当土体含水率接近最优含水率时，随着任何一种重型施工机械通过，经常能观察到填筑体表面有明显的回弹现象；其回弹的程度在很大程度上取决于土的类型。无论如何，填筑体表面在通过的机械设备的重力作用下大幅度的起伏，正是表明其下方有湿的松软层或空洞。若根本毫无弹跳现象，则很可能是有几层填筑层铺得太干。如观察到这样的状况，那么就应对土料进行室内试验来复核，如果所用土料不符合技术条款中给定的范围，则必须修正。

一些压实难度较大的土料需要引起特别的注意。粉砂、粉土、低塑限粉质黏土在最优含水率或以上时，碾压时车轮容易深陷其中。可塑性黏土（CH）的含水率特别难控制。使用常规的碾压设备可能难以达到特定的碾压密度，土料也会附着在设备上并堵塞设备。当细粒土料含水率低于最优含水率时，将会严重影响碾压设备和其他设备的运行。可能需要测试最新碾压层的下一层土的密度。使用粉砂、粉土、粉质黏土和可塑性黏土作为填筑料时，应谨慎地通过碾压试验来优化设备选型和制定最有效的填筑、压实和施工控制流程。

10.6.3.5 现场控制试验与取样

10.6.3.5.1 概述

进行现场控制试验（现场密度试验）与碾压填筑料的记录取样，是由于下述两个基本原因：①确保符合设计要求；②提供已建坝体施工实际情况的永久性记录。现场控制试验主要包括确定现场碾压土料的含水率、密度、压实率和分类。记录取样则包括施工期间在坝体中选定的一些位置处取得原状土试样（常同时提供袋装的扰动土样）。通常每30000yd^3进行一次记录取样。块状样本的获取以及原位密度测试都在现场进行。这些样本通常要交到垦务局设在丹佛市的实验室，供强度试验与固结试验之用。为了与现场结果进行对比，一般也进行指标试验和施工控制试验。习惯上，进行记录试验的同时，垦务局工地实验室将利用冬季空闲时间在被重新压实的土体上进行渗透和沉降试验。尽管这种方法对于大坝渗透和沉降存在关联处的临界土壤仍然是有用的，但随着时间的推移，这种做法已经慢慢被淘汰。

设计人员必须监测这一信息，以确保填筑体施工是符合设计假定的。设计人员负责通过示范文件把最低限度的现场控制试验与取样计划提交施工人员。如果设计人员通过会议的形式，对施工人员口头传达相关要求，当场回答各种问题并能讨论所提各种要求的理由，也是有帮助的。

10.6.3.5.2　现场密度试验与记录取样计划

在开始填筑的阶段，应经常进行现场控制试验。但是，在碾压要求已经确立，并且监理人员已熟悉土料性状和许可的碾压方法步骤之后，试验的次数可减少。影响控制试验与记录取样的频繁程度及地点的因素有很多。其频繁程度取决于土料类型，以及正在碾压的土料对测试区域整个功能的重要性（如不透水心墙自然要比任意料戗堤需要更多地加以控制）。土体试样应在检查区域中具有代表性的地点获取。垦务局对经过培训的现场检查人员依赖很重，并且测试地点通常是由检查人员选定的。对于参与到填筑坝施工中的人员，垦务局提供了施工控制培训手册。

如前所述，应在工程开工之际就建立一个系统化的试验与取样计划。控制试验是检查人员每天进行的常规试验，用以确保合适的湿度和密度，并且不论其碾压作业进行得如何顺利，都要在先前指定的方法和设计要求的地点进行。《土工手册》第 3 章第一部分对数据的测试理论和数据管理进行了详细描述。垦务局的计算软件如 PC Earth 被用于大型工程数据的统计和整理，使检查人员可以在施工期间查看总体工程和趋势。这套程序可用于管理不同填筑区域和取土场。可以生成 L-29 施工总结报表和图表。每填筑和碾压 1000～3000yd^3 的土料，就应进行一次常规控制试验，由于在狭窄坝段只要较小量的土料就能使坝段快速碾压上升，因此，常规需要进行更多的控制试验。每一个填筑层至少需要进行一次控制试验，而且，每一个台班也至少需要进行一次测试。对坝基上的第一层填筑应进行多次试验，以确保在这个重要地区达到适当的压实程度和与坝基结合。

对记录取样（用于确认土体的工程特性，如剪切强度、固结系数、渗透性等）的粗略指导意见是，心墙填筑体每 30000yd^3 取一个土样，心墙以外的碾压土料则是每 30000～50000yd^3 取一个土样。这是最大的取样数量。可以根据填筑体的大小和填筑区域的重要程度来确定记录取样的数量。例如，较小的填筑坝比大型填筑坝的取样频率要高，填筑作业初期取样数量频率一般较高。

若取样基本上是为了确定填筑体抗剪强度，在许多坝上，更重要的是将更多的试验集中在心墙以外的土料上，因为抗滑阻力主要由这些部位产生的。相反地，若取样目的是为了验证防渗体固结参数，则从坝的黏土心墙中取样是更重要的。图 10.6.3.5.2-1 展示的是 McPhee 坝不透水填筑层的记录取样。

除了常规控制试验之外，在下列区域还要做补充试验：

(1) 有理由怀疑压实有问题的地方；

(2) 承包人在相对较小的工作面进行集中填筑作业的地方；

(3) 采用了特殊碾压办法的地方（在受到限制的地方采用动力打夯机等）；

(4) 放置仪表的地方；

(5) 毗邻坝肩及其他建筑物的地方。

在进行试验期间，检查人员和试验人员应目测检查开挖作业，以判定在填筑层中是否有薄弱层。如果怀疑有薄弱层，则可能需要挖特殊的试坑来检验。

10.6.3.5.3　记录取样

可以从碾压过的填筑体中仔细地挖出一块约 1ft^3 的碾压土料作为记录用的未扰动土

从1区获得的用于试验的块状样本，正在样品下部用一个配备了特殊碳化物合金锯齿的链锯进行锯切作业。还可以看到，在试样上游 2ft 的地方进行过原位密度测试。

图 10.6.3.5.2-1 科罗拉多州 McPhee 大坝获取用于试验的块状样本

样（见图 10.6.3.5.2-1）。曾经成功地使用链锯切取过未扰动土样，如果使用恰当，将会很省时。然后，把这个土样封在石蜡里，装在木箱里或用其他粗棉布包裹放入木箱保护起来，以防扰动或水分损失。也可以用推土机的推土板把一个大的钢质或塑料的圆筒推进到填筑体内，削去筒周围的土而取得未扰动土样。《土工手册》中论述如何记录获取与保存土样的各种细节。记录用的未扰动土样，要由垦务局丹佛办事处的实验室进行剪切试验，或许还进行固结试验，而修整下来的土料，以及记录土样或伴随的袋装土料中的未用部分，均用于室内的压实试验、级配分析、比重试验、阿太堡界限试验及其他试验。如果未扰动土样和袋装土样试验是用于施工控制的，必须及时进行。

10.6.3.5.4 现场密度试验

通过对填筑体试样进行体积测量、重量测量及含水量测量确定现场密度。体积和重量可以用直接或间接方法测定。对于直接法，采用从填筑体试验孔取出的土料的重量以及该孔的体积来确定其湿密度；直接含水量的测定，包括通过加热使土干燥，然后称量干燥后的土重，确定所失去的水量。确定密度与含水量的间接方法，包括测量原先已经与密度和（或）含水量建立了相互关系的土料的特性。一般来说，在填筑层表面以下的每1或2个填筑层厚度内，应进行几次现场密度试验。

1. 直接方法

测量体积的直接方法，包括砂锥法、推力缸法以及试坑法（用水或砂置换）。为了得到令人满意的结果，在《土工手册》中给出了砂锥法、水球法、推力缸法以及活塞取样器法等相关试验仪器、步骤以及指导。砂锥法和水球法是用得最广的原位密度测量方法，主要是由于它们适用的土类型范围广，并且试验性能好。砂锥法是最可靠的，也是最常用的方法，应成为其他一切控制方法的参考性试验。垦务局的砂锥法标准试验是在1区不透水心墙材料中进行的，采用直径 8in，深度 10～12in 的试验孔。试验孔需要约

35lb 土，并通过三次快速碾压试验进行测试。推力缸法和活塞取样器法、是确定所用土样密度的好方法，但局限于潮湿的细粒黏性土，其中含有很少或不含砾石及潮湿细砂和具有明显黏性的粉砂。采用水或砂置换的试坑法主要用于粗糙土体。排水置换法，一般用来试验砾质土，要想得到准确的结果，需要一个 $1yd^3$ 的大试验孔。这个孔用一张薄塑料膜做衬垫，以防渗漏，并且常常需要用专门的设备来处理和称重挖掘出来的大体积土，并测量水的最大体积。在填筑体表面粗糙、不平整的地方，常使用一个 3～6ft 直径且与碾压厚度相同的钢圈。求出充满带塑料衬砌的钢圈所需水的体积之后，取走水和薄膜，然后不移动钢圈开挖试验孔。在孔内铺上薄膜并确定把这个孔充水到钢圈顶面所需的水的体积。两次测量的水的体积之差，就是开挖出来的填筑料的原位体积。大体积的排水置换试坑法试验所用的仪器设备与步骤，在《土工手册》第二卷，USBR 7221 和 ASTM D 5030 有述。

除了快速碾压试验，为了控制铺筑含水量及在现场密度试验时确定干密度，均需测定含水量。含水量的直接测定法，包括烤箱烘干法、微波烘干法、热板烘干法或明火火焰烘干法，以及强制热风烘干法。烤箱烘干法的试验步骤，在《土工手册》中有述。在热板烘干法中，只使用一只锡制小皿、一块热板、油喷炉或天然气炉（提供快速加热的器具）。一个湿土试件称重之后，用前述方法之一烘干后再次称重，以确定试件中的量。这种方法虽然快，但必须小心确保土料已彻底烘干。有机质和结晶水也会被除去，有时会使其所得的含水量高于用烤箱烘干法求得的含水量。在所有情况下，热板炒干或明火火焰烘干法都必须与烤箱烘干法进行比较，以证实获得的结果是精确的。

2. 间接方法

测量原位密度与含水率的间接方祛，有时候用来作为直接方法的补充。这种间接方法可以给施工人员更好判别，以确保在整个填筑期间获得合适的含水量和密度，比单靠直接方法进行控制时更好。不过，任何一种间接方法不经过与直接方法所得结果校准不可以使用，并且在施工期间还要用直接方法进行定期的校核。若能得到可靠的校准，则间接方法的结果可以补充直接方法的结果。绝对不可用间接方法取代直接方法。间接方法包括采用核子水分密度仪及普氏贯入仪（常被称为普氏贯入针）。

（1）普氏贯入仪。普氏贯入仪一般只有在理想条件下才是准确的；它要求利用密度和含水量均已知的各种土进行精心的校准，还要求相当多的操作经验。在最优含水量条件下，以及应用标准的作用力，贯入针压力主要在 300～500lb/in² 之间。因此，贯入针可以用来评估填筑层的湿度情况。1000lb/in² 和更高的读数表明土体含水量比最优含水量要小。即使如此，贯入针的结果仍可能因含水量分布不均的巨大影响，或因一小块砾石对贯入阻力所产生的影响，受到质疑。因此，不推荐它普遍用于压实程度控制。不过，它可以作为阻力观测法的一种补充，并为检查出压实程度有怀疑的部位提供参考。《土工手册》中对用来确定湿容重、贯入阻力和含水量之间关系的贯入仪含水量试验方法进行了叙述。

（2）核子密度仪法。核子密度仪法是一种便利的方法，可以比传统的直接方法快速的同时确定含水量和密度。虽然如此，行业内对其精确性存在质疑，特别是对含水量的测量。因此，核子密度仪法没有被允许作为主要的控制方法，其只是作为直接法的一种补充。垦务局一般在特定的条件下使用核子密度仪法。对于处理过的反滤料、排水料、水泥土等材料，核子密度仪可能是很有用的。核子密度仪对淤泥土和黏土的含水量估计过高，误差一般在2%～4%左右。因此，不允许在1区不透水心墙料上使用。如果使用的话，则要求采用烘干水分测量含水量的方法来进行不断的校准。对于不透水心墙料，常用的是砂锥法和快速碾压试验。滥用核子密度仪法以及导致错误地使用含水量调整步骤已是一个长期的问题。垦务局《土工手册》USBR 7230-89 中，给出了使用核子密度仪进行测试的步骤。最近，美国试验与材料学会对核子密度仪法标准 ASTM D 6938 进行了修正，并且要求检查修正含水量。

10.6.3.5.5 试坑法

有时希望挖一些深的试坑来确定碾压过的填筑坝体的总体状况。试坑开挖时，要遵守美国职业安全与健康管理局的标准，同样也应该遵守垦务局《安全与健康标准手册》。随着试坑的开挖，可以在不同的高程处进行现场密度试验并获得未扰动土样。通过对一定间隔的深度处取得的试样进行试验，能够得知含水量沿深度分布的均匀程度。试坑法的一个重要优点，就是对压实的填筑体可以进行目测检查，可以发现其中的软弱点和软弱层，并且能够确定各填筑层之间是否黏合。在坝基附近，可用试坑法检查不透水坝区与坝基的结合情况。为了这种目的，也可以有效地使用大直径的螺旋钻（30～36in）钻孔。所有的试验与目测观察都应全部编入文件，包括众多的照片。试坑必须用适宜的土回填，并应完全地压实。

10.6.3.5.6 达到最大密度和最优含水量的方法

填筑体的密度和含水量，必须与相同材料的实验室最大密度和最优含水率相关，即填筑含水量与最优含水量的偏差与压实百分比相关。为了使这种对比关系有实用价值，必须选用有效的室内试验值。

对现场密度试验用的土料进行标准的五点压实试验是理想的试验方法，因为这种方法能给出特定淤泥土或者黏土的最大干密度和最优含水量。不过，该试验费时较长，并且一般不可能对每次现场密度试验所用的土料都进行五点压实试验。

还有其他一些费时较少的方法，可将现场试验土料与已经进行过室内标准压实试验的土料加以对比。对比验证的办法如下：

(1) 垦务局快速压实控制（最可取的方法）；

(2) 阿太堡界限相互关系法；

(3) 粒径分布相互关系法（有时用于粗粒土）；

(4) 目测对比法。

垦务局快速压实控制法是最精确也是最优先使用的方法，其用来代替其他快速方法。垦务局在20世纪50年代后期研发了快速压实试验法，已经使用这种试验方法的时间超过50年。三点快速压实试验（USBR 7240，ASTM D5080）以校正过的湿密度为基础，不需要测定含水量的值。这样可以实现试验结果在1h之内就能传达给现场检查人员。快速压实试验的另一个优势是，土料可以取自砂锥法的试验孔，并且通过三点曲线可以测量不同的土料属性变化值。在大型工程施工期间，土料场土料的性质每天都可能变化。垦务局使用大型换砂试验孔和试验孔中土料的三点压实试验，可以得到可靠的压实试验分析。试验提供了与应用标准方法进行的普氏压实试验相同的结果（USBR 5500，ASTM D698）。

上述每一种试验方法在《土工手册》中都有详细叙述。阿太堡界限相互关系法是依据液限、塑限或塑性指标与最优含水量和最大干密度的相互关系。目测对比法是通过肉眼观测，查明现场密度试验的土料与已经建立了实验室压实曲线的那些土料是一样的。这是一种经常使用的方法，但也是最不希望被使用的方法，因为看来很像，甚至是同一类别的土，都可能具有变化很大的压实曲线。

填筑坝是一种对公众具有现实危险的蓄水建筑物。因此，必须保持最高级别的施工质量控制。由于普氏压实试验的局限性，以及其不能很快获得试验结果的事实，一些机构使用典型曲线、单点压实试验和一组技术曲线来进行土方工程控制。但垦务局不允许在大坝上使用这些方法，主要应用上述的垦务局快速压实试验法。

10.6.3.5.7 *砾质土使用的方法*

若土料粒径小于 4 号筛孔，则通常将五点压实试验和目测对比法的砾质土结果直接与现场密度试验结果建立相互关系。不过，阿太堡界限相互关系法和垦务局快速压实控制法是依据小于 4 号筛孔的粒径组的。因此，现场密度试验结果必须加以修正，才能得出小于 4 号筛孔的粒径组（称为控制部分）的含水量和密度。当超径土料（未通过 4 号筛孔的土料）超过总量的 30%时，通过对控制部分进行标准压实而获得的密度是减小的。因此，控制部分所要求的密度可以根据表 10.6.3.3-1 中所示的情况进行缩减。当超径土料达到总量的 60%时，相互关系曲线可能失效。这时，检查人员就必须依靠规范指定的方法来对这些土料进行压实控制。表 10.6.3.3-1 中注 1 注明，当土料中含有超过 50%的砂砾石料时，如果用作防水层，则必须测量土料的渗透系数。在不透水区域，对粗粒土中的不透水细粒土含量（能通过 200 号筛孔的土料）有特别的要求，就是粗颗粒土中细粒土含量不小于 25%。在垦务局报告《土方施工控制导则-砾石土试验》中给出了修正公式及其应用步骤。

10.6.3.5.8 *试验结果的评价及其后要采取的措施*

一旦现场试验结果出来，就立即把它们与最大干密度和最优含水率进行关联对比，以确定是否符合技术条款的要求。若试验结果等于或高于技术条款的要求，则可进行下一层的填筑。若试验结果明显不符合技术条款的要求，则必须立即采取修正措施。若填筑层的土料相比最优含水率太湿或太干都应坚决废弃。若密度太低，但含水率可以接受，则一般只需要进行补充碾压。不过，若含水率超出技术要求，则整个填筑层必须重新加工和重新碾压。对于太湿的填筑层，应耙松曝气，直到含水量降低到容许值，然后再重新碾压。对于太干的填筑层，应耙松、洒水，并且用圆盘耙耙松到所加的水均匀分布为止，然后再重新碾压。重要的是，当对一个不合格的填筑层重新施工时，必须对整个填筑层进行重新施工，而不仅仅是处理上面的部分。对重新处理过的填筑层，是否要重新测试其密度与含水量由现场检查人员决定。劝阻承包商在正在进行评估是否满足要求的填筑层上，再填筑另外的填筑层是明智的，当填筑层评估结果不能被接受时，可以避免过多的清除工作以及坝上填筑、压实工作的中断。不管是由于料场开采作业还是填筑作业导致填筑层不合格，都希望能够确定原因，以使将来各填筑层的状况能够得到修正。

湿度的规定不一定只是基于最小密度或者特定的湿度范围。当土料试验百分比值允许在规定的湿度范围之外或者小于规定的密度时，有时可以使用实验结果的统计值。然后，对于所有可接受的大坝填筑料的平均湿度或者密度，其湿度必须在规定的湿度范围内，并且其密度必须等于或者大于一个指定的密度。在希尔夫报告《压实填土》的8.4节中“压实统计控制”的部分表述了这个概念。这种规定为检查人员接受稍微低一点的参数值提供了一点余地。

10.6.3.6 不利天气条件下的施工

10.6.3.6.1 寒冷天气

如果土被冻住，就得不到良好的压实，甚至在温度高于冻结点时，仍得不到良好的压实。研究表明，天气寒冷可能使取得良好的压实变得更为困难。施工计划工程师将面临准确决定什么时候因天气变得太冷而不能继续填筑的难题。对于在何种规定温度以下施工就不能取得令人满意的填筑，还没有确切的准则。未冻结土热量损失及冻结的速率取决于工作面的大小，以及填筑料的铺筑速率。在冻结温度期间施工，为了减少潜在的不良压实度，保持施工表面处于活跃（即不受频繁干扰而间断的情况下，连续铺筑填筑料）状态是很重要的。对于一些大坝，为了维持坝面处于“活跃”状态，在华氏20～30℃的气候下，曾一天24h，一周7天连续不断的工作。当土内的水迅速冻结，并且机械设备的操作变得困难时，则必须立即停止工作。

在冬季停止作业期间，保护工作面是面临的另一个问题。保护程度取决于冬季的严寒程度。在美国的许多地方，如果对填筑体表面进行适当地封闭碾压（采用光轮压路机碾压填筑体表面，使其变得光滑和致密，以使得土中的水不易渗漏或者流走），就不需要采用任何的保护措施。最严重的损害就是坝身填筑体最上边的几英寸（在极限情况下，可能是几英尺）因冻结作用而冻胀、变松，极端情况下，冻结影响深度达几英尺。在春季恢复施工之前，应将表面的土料挖除，直到冻结线以下为止。所需开挖的冻损深度，可以采用冻结管或者热电偶，辅以浅试验孔目测，便可很好地予以确定。在更冷的气候条件下，坝体填筑料冻达几英尺深时，理想的办法是用几英尺的松散土料保护施工表面。在极端寒冷的地区，曾采用过其他的保护方法。诸如在施工表面上储存一些水，或在各种建筑物（溢洪道，泄水塔等）的基础上采用某种类型的加热蛇形管。

10.6.3.6.2 潮湿天气

在多雨天气里铺筑填筑料时，对于必须保持适当的含水量，总是存在一些问题。尽管在两次降雨期间，常常可以继续成功地进行施工作业，但在暴雨期间，绝不可铺设不透水土料。在无雨期间，碾压摊铺填筑体上的土料之前，可以通过耙松等措施在一定程度上减少其含水量。

在摊铺之后尽可能快地碾压填筑料，以使松填料暴露在降雨中的时间减至最短。当降雨频繁时，橡胶轮胎碾优于羊脚碾，因为橡胶轮胎碾碾压后留下一个相对光滑的表面，可促进地表水流走；而羊脚碾则留下粗糙不平的松土面，容易被雨水浸透。若正常碾压时用的是羊脚碾，则在降雨临近之际，可用光滑（钢轮或橡胶轮）的碾子来封闭填筑表面。因为充气轮胎式碾比光面筒式碾运行快，所以，当临近下雨或下雪之际，为了快速封闭填筑体表面，通常优先使用充气轮胎式碾压设备。此外，应使工作面保持一定坡度，以便排水，而不致贮存在泥坑里而逐渐浸入土体。降雨过后，若出现积水，开挖几条小排水沟把水排走是非常有利的。在继续进行铺填和碾压作业之前，防渗填筑区光滑的表面应耙松。

在降雨过后，常常有必要翻晒施工表面，深度达到水分过度浸入的区域以下，直到其干燥程度达到令人满意为止，或者把所有受到降雨影响的土料都清除并废弃。如果遵循了所述的各种有利于径流的办法，则可将水分浸入的深度减至最小。

10.6.3.6.3 干燥天气

如 10.5.1.3.3 中所讨论的，填筑过程中，土料的含水量必须在规定的范围内，并且应避免加水。但是在干燥的气候下，并不一定能做到。如果填筑料在摊铺过程中变干，或倾卸于填筑体上的土料因蒸发变得太干而不能适当压实的话，则必须在其摊铺之后和碾压之前，通过洒水的方法给土料加水。在 10.5.1.3.3 中所述的预防措施应予以遵守。所要加的水量，以及为了确保水分在整个摊铺的土层内均匀分布而需进行的拌和工作量，取决于土的细粒含量和塑性。然后必须用圆盘耙犁土，以便把所加的水彻底拌入土中。水分的均匀分布是非常重要的，因为如果水在湿土里呈水囊状，将导致压实不充分。给土洒水的工作可以利用软管进行，软管接在一条水管上，水管沿坝趾或坝顶布置均可，也可利用洒水车进行。洒水车洒水是最有效也是最常采用的方法。洒水车上的压力喷洒系统优于重力洒水系统。凡有可能，均应采用压力喷洒系统。在土上洒水的压力不能太大，太大的话会把其中的细粒土冲走。如果监理人员和施工人员对所需的总水量没有经验的话，就要针对给定的面积粗略地计算要加的水量，并相应地施加。经几次尝试和试验之后，应该就能对所需合适加水量做出精确的判断。土料越粗、塑性越小，加水和将水均匀拌入土中越容易。在含有大土块的塑性黏土料中，不经过几天的养护期，要想得到均匀的水分分布是很难的。当然，在填筑体表面进行为期几天的养护也是不实际的。因此，为了在这样的土里达到水的均匀分布，可能需要先耙松然后加水，并用一台重型旋转式粉碎机进行彻底的拌合。

10.6.3.7 受限区域的压实

受限区域就是用重型机械设备进行正常碾压作业受到限制的地方，或者重型设备根本不能使用，而使用手持式压实机具更合适的地方。但要强调的是，凡是有可能使用重型机械的地方，应避免使用手持式压实机具。在受限区域，如果有重型设备的运行空间的话，那么常常仍能在谨慎的原则下使用，包括十分平坦的坝肩（岩石的或土质的）、溢洪道侧墙、管道、控制塔等部位。必须采用手持式压实机具压实的那些受限区域，常常都是毗邻薄混凝土建筑物，如翼墙、导墙等部位，因为在这些地方重型设备会损坏这些建筑物。在毗邻凹凸不平的不规则岩石的岸坡，重型设备不能紧靠表面将填筑料挤压到所有的不规则处及岩石的孔穴内。在沿线的截水环周围，机械操作是个问题。将坝肩和建筑物表面加以适当整形，几乎都可避免使用手持式压实机具压实。通常，坝肩可使用适当的开挖技术或使用挖补混凝土等填平洼地或者对突出的岩体部位进行整形，以消除使用手持式压实机具的需要。可以通过调整建筑物墙体，以便于重型机械压实。对于建筑毗邻区域或者岩石表面，如果规定的碾压设备无法使用，则轮胎碾压是普遍被接受的方法。前卸式装载机轮胎对坝肩或者重型结构的压实运作良好，而动力平土机前轮对轻型结构的压实较为有效。必须考虑混凝土龄期、强度、支撑及土压力的影响，并且碾压方法的确定需与设计人员配合。比起手动操作的重击机、打夯机和夯土机，反铲挖掘机配备的附加设备和小型压实机通常能提供更好的效果。

毗邻坝肩或者混凝土建筑物填筑的防渗材料须是可获得的高塑性土料。该土料必须具备足够的塑性，以利于渗入坝肩所有凹凸不平的地方，并形成与基础结合良好的密封接触带。在该区域填筑材料时，常常在最优含水量基础上略增加其含水量（从最优含水量增加到最优含水量+2%），以提供更高的塑性。有时候可以通过将可获得的不透水材料与膨润土混合的方法来增加土料的塑性，如在加利福尼亚州的 Sugar Pine 大坝所做的那样。

这些区域需要进行额外的碾压控制试验，以便与主填筑坝体进行比较，因为与渗漏和沉降有关系，这些区域可能引起裂缝和管涌，通常更为关键。应该建立一个专门的取样方法，同时检查人员须始终留心观察压实作业过程。

技术条款应清楚地指定需要进行特别压实作业的相关区域，并提供计量与付费方式。

10.6.3.7.1 重型设备

凡具备条件能够应用重型设备紧靠岩石坝肩或混凝土建筑物墙压实土料时，填筑体的工作面须从岩石或混凝土向外以 1∶6 的坡度，倾斜 8～12ft 的距离。这样将使碾压设备能够正对坝肩或建筑物来碾压土料。因此，该区域可以采用与坝肩或建筑物表面平行的方向碾压。在较平缓的坝肩坡面上，则该区域可以与坝肩垂直的方向碾压。在不透水区铺筑第一层填筑料时，必须小心进行，以免损害到坝基。在岩石基础上，第一层的填筑应用气胎碾或者重型气胎推土设备，然后再用夯击式压路机。本标准第 3 章“基础表面处理”中对靠近基础的碾压作业有更多详细的讨论。

10.6.3.7.2 手持式夯实机具

在前述不能使用重型碾的情况下，仍需用重型碾工作到尽可能靠近建筑物或者基础表面的地方，然后对紧靠着岩石或混凝土的那一部分填筑体，采用较小的碾压设备进行薄层填筑和碾压。较小的设备是指手持式动力夯，如图 10.6.1.2-1 所示，或装在小型拖拉机上的动力夯。这些动力夯通常采用汽油或压缩空气为动力。手工操纵的动力夯（有时叫作夯土机）也许是在狭窄区域压实细粒土用得最广泛的压实设备。采用这些动力夯时，填筑层厚度应不超过 4in。这些夯实设备至少应具有 100lb 的净重，并且监督人员应仔细检查，以确保所产生的空气压力是厂家所推荐的。经验表明，2in×4in 的木夯或单腿压缩空气夯不能达到恰当的压实程度。手工操作夯实区与重型设备碾压区之间的搭接很重要，这两区域之间不允许存在任何未被压实的土料。

10.6.4 透水性填筑体

10.6.4.1 定义

透水性填筑体，在这里定义为自由排水的、无黏性砂和（或）砾石，其所含的小于

200 号筛孔的细料约少于 5%❶。对这样的填筑料进行标准的冲击压实试验并不能得出很肯定的最优含水量和最大干密度值。对于干净的无黏性填筑料，如用于坝壳、排水沟以及反滤层等的填筑料，用相对密度来表示压实度是一个传统的方法，因为其压实度与含水量关系不是很重要。相对密度是现场填筑体密度的一种度量，相对于最小和最大孔隙率或者干密度。相对密度测试已经被振动锤击试验取代，主要原因已在 10.6.4.7.3 中陈述。目前，振动锤击试验（ASTM D 7382）已被用于透水性填筑体的压实控制。而且，为了克服相对密度测试中存在的问题，垦务局已经选择这种测试方法。这种新的试验方法适用于非塑性粒状土含量达到 30%，以及塑性细粒土达到 15%的粗粒土，并且能被用于评估压实时的最优含水量。当用百分比来表示最大干密度时，所需的压实百分比见表 10.6.3.3-1，与标准的压实要求一致。

10.6.4.2 碾压设备

重量在 5～12t 范围内的钢轮振动平碾是碾压透水砂和（或）砾石料的最佳设备。采用光面滚筒自行式振动碾碾压均匀细砂上是有效的，而其他振动碾却不那么有效。图 10.6.4.2-1 是 New Waddell 坝采用振动碾对反滤料进行压实，图 10.6.4.2-2 是 Horsetooth 坝采用振动碾进行反滤层的压实作业。

有时指定用气胎碾，如果履带式拖拉机能实现所需的密度，也使用履带式拖拉机。在崎岖不平的陡坡处，振动平碾不能有效发挥效力。例如，在起伏不平的基础上压实水平排水层时，振动碾不能很好作业，而履带式拖拉机有时反而能有效地碾压。履带式拖拉机的接触压力至少为 9lb/in^2，并且拖拉机能以对填筑料作用最大的振动速度运行。履带可能引起附近表层的颗粒破碎，破碎颗粒的含量应进行调查，以确保其在可接受的限度以内。

对于振动式碾压机，应对碾静重、振动力、工作振动频率以及振动碾直径和宽度等进行检查。事实上，如今所生产的所有重型滚筒振动碾都已经装备了智能压实技术的仪表测量系统。这套系统由安装在碾上的感应器组成。来自感应器的频率和加速度的数据，能估算土体的硬度。这项技术已经在欧洲使用了超过 20 年，很多国家的交通部门使用这项技术已经超过 10 年。垦务局承担了相关的工程示范项目，主要是在一些大坝的反滤层和排水体施工中应用了此项技术。这些先进的仪表测量系统数据会显示在仪表盘上，以使操作人员能够监控碾压的状况，彩色显示器直接显示土体从松软状态碾压到超压破坏的状态。计算机装置配备了 GPS 全球定位技术，施工过程能获得压实过程的完整记录。这样就能实现对填筑体压实的全面控制。所以，应考虑使用这种类型的碾具，因为操作人员可以实时看到土体被压实的过程，并可以显示压实进展。

对于紧靠混凝土墙和混凝土结构填筑的透水性坝料，如泄水管，需要使用小型碾压设备，其原因或是地方有限，或是那些部位不允许重型设备靠近。两种常用的小型振动

---

❶ 某些坝的外侧坝区，由含有数量可观的（即大于 5%的）细料的粗粒土组成，有时也叫作透水坝区。这种土料所用的碾压设备、方法步骤和控制，既可以是本节所论的，也可以是第 10.6.3 节就不透水或半透水筑料所述的。究竟采用哪种方法，取决于该种土的性状像透水料还是像不透水料，可以通过经验和（或）实验室试验确定。但为了确立更有效的铺筑和压实方法和步骤，可能需要进行碾压试验。

底卸式自卸汽车后退法卸料和10t级振动碾铺筑并碾压下游水平排水反滤料。通过洒水，反滤料已饱和。

图 10.6.4.2-1 亚利桑那州 New Waddell 大坝自卸汽车后退法卸料和振动碾铺筑碾压

应用 Cat CS563 圆筒振动碾碾压，履带式拖拉机铺料，前卸式装载机运输和倾卸反滤料和排水料。

图 10.6.4.2-2 科罗拉多州 Horsetooth 大坝反滤料压实

夯实设备是钢轮振动碾和振动板式压实机。气动式振捣器也曾成功地用于压实管线周围狭窄的透水料回填区。但是这种方法对于大坝碾压来说是不适用的。图 10.6.4.2-3 所示的是一台配备振动板压实器的挖掘机所和一个手动操作的振动压实机对反滤层进行压实。这些振动式设备应经常检查，以确保它们以适当的频率运行，保证碾压坝料获得足够的压实度。对于无黏性土，振动频率一般在 1100～2000 次/min 的范围。

10.6.4.3 坝料级配

对于要铺筑在很大的透水坝区内的坝料的级配，一般不做规定，只是限制其最大尺寸，以及（或）其小于 200 号筛孔的颗粒的重量百分率。另外，在标准粒径级配曲线图上，以大致平行的两条级配曲线为界的范围内分布的粒径，可选择用于水平和倾斜的反滤层或者排水层透水料的。见本标准第 5 章“保护性反滤”。

配备振动板压实器的 Cat 330L 挖掘机在进行砂滤层压实作业。图中右边的手动操作的振动压实机，是用来对混凝土面的土体进行压实作业，这是填筑坝与混凝土坝的结合部位。

图 10.6.4.2-3　加利福尼亚州 Folsom 大坝左翼在进行砂滤层压实作业

10.6.4.4　含水量控制

若透水料是砾石，则无须进行任何含水率控制，只要简单地把它压实到能够接受的状况即可。若透水料是砂，或含有很大部分的砂，则在碾压期间，须尽可能保持这种土料是饱和状态。方法是：用有压力喷嘴的洒水车洒水，用与沿坝体布置的总水管相连接的软管浇水，或用其他经过批准的方法加水。透水砂料水分不足的影响是使砂子呈块状（即表现出明显的凝聚力），当它干燥后，将造成较低的强度和密度。因此，当碾子在砂上碾压通过时，砂子饱和是基本的要求，但由于砂的透水性，有时是难以做到的。若透水料含有大量的细粒料（通过 200 号筛孔的细粒料超过 5%～10%），则可能有必要采用含水率控制措施，以确保其含水量处于可获得要求的压实密度的范围。

研究表明，在施工现场任由已碾压的填筑层变干是有害的。如果反滤料变干，并出现一些轻微的结块，反滤料可能会持续破裂。应杜绝反滤层在太阳下被晒干。如果变干，必须进行洒水，并重新碾压。

10.6.4.5　填筑层厚度与碾压遍数

在技术条款中应提供碾压设备所对应的填筑层厚度与碾压遍数。设计人员应特别关注碾重所对应的碾压遍数。如果技术条款中说 2～6 遍，承包商将只碾压 2 遍，而检查人员则希望是碾压 6 遍。一般来说，主要取决于碾的尺寸和重量。对透水填筑料，当用一台钢轮振动碾（首选）或一台 50t 的橡胶轮胎碾碾压 2～4 遍时，通常铺成 12～15in 的松填筑层；用履带式拖拉机碾压 3～6 遍时，则铺成 6～8in 的松填筑层[1]。对于这些填

[1] 指导性施工规范一般要求，橡胶轮胎碾或钢轮振动碾进行指定的完整遍数碾压，完整遍数是指整个填筑层都被规定的碾子碾压过相应的遍数。这个概念不适用于采用履带式拖拉机作为碾压设备的碾压场合，其原因是它的两条履带相隔较宽。因此，当规定用履带式拖拉机进行碾压时，施工规范应规定履带式拖拉机单条履带轨迹对整个工作面进行碾压的遍数。

筑区，应限制碾压的遍数。而且，在有的碾压遍数中，可能需要关闭振动器，以防止对这些填筑层的过度碾压。需要使用小型振动碾或手式操作的振动夯实机的那些受限地区，填筑料在正常情况下都是铺成3～4in厚的层，施加振动力夯实，直到其密度与用重型设备碾压所达到的密度相当为止。承包人必须证明，其采用的碾/夯土机以及填筑层厚度能够获得所要求的密度。

10.6.4.6 密度要求

在正常情况下，都专门规定碾压设备、碾压程序以及所期望的密度。预计指定的现场压实方法和设备将得到所要求的密度。若现场未达到所规定的密度，则规定的碾压程序或者碾压设备，例如，填筑厚度、碾压遍数、含水率或者碾重等必须进行调整，并且必须对承包人额外工作或设备更换做出合理的补偿。

一般来讲，透水填筑料的坝壳区的原位相对密度应与表10.6.3.3-1一致。但是，反滤排水区填筑体的相对密度应不低于65%，但不高于80%。应限制反滤排水区填筑体的最大密度，以防止形成持续的开裂，造成渗透能力减小。规定反滤排水区填筑体的最小密度的原因，主要是为了减少在发生地震荷载时发生液化的可能。

垦务局当前一般使用这些料源对应的碾压标准来进行密度控制（振动锤击试验）。使用附加智能碾压技术进行密度控制，能够确保获得连续的贯穿整个施工过程的密度控制（即100%的监控）。

10.6.4.7 施工控制

10.6.4.7.1 简单控制方法

透水体填筑层厚度的检查，采用与不透水和半透水料（见10.6.3.4）同样方法便可完成。不同的只是当采用铲子或测杆时，常常难以确定何时达到碾压过的下垫层的顶面。这种方法在含有大颗粒的砾石的填筑体里也不实用。在某些场合里，可能要在松土料里挖一个小测试坑直到下垫层的顶面，而这个顶面是因挖掘遇到的阻力相对较高而被识别出来的。施工GPS定位测量技术设备，可以简化对填筑层厚度的检查，推荐使用这种方法。

坝体的填筑表面应是有坡度的，以使地表水不致将不透水或半透水填筑料中的细颗粒冲刷到透水料填筑体（反滤层和排水体）中。土坝施工期间，反滤料或排水层填筑料的铺筑应尽可能保持比周围含有细粒料的填筑体高，以免细粒土从高处落在透水料上，并减少细粒土被地表径流冲入排水层填筑体内的可能性。设计和施工人员应辨认那些符合技术要求的透水料的外观，以便在等待试验结果之前就能够很容易地发现细粒料（通过200号筛孔的料）偏多的现象。细粒料过多的一个显著标志是运输设备和碾压设备压陷在土内，并在填筑体表面压出凹槽。这通常表明碾压期间所施加的水没有从土料中排走，由于细粒料过多而使渗透能力下降。另一种针对细粒料含量过多的试验叫作浊点试验，将沙放在一个盘子或者桶中，旋转土料让细粒土漂浮。如果能看到土粒穿过浊点，就表明土料可能含有较少量的细粒土。浊点很厚并使土粒模糊，则表明含有过多的细粒土。

一般来讲，振动碾作业时应当只在其前方推起少量的土料，在第一遍碾压时，碾子后边就留下一条平整的表面。若碾子压陷下去，并在前面推起大量的坝料，则要么是振动的频率对正在碾压的土料来说是不正确的，要么是该土料所含的细颗粒太多。

判断透水料碾压后的密度比判断细粒料碾压后的密度困难。铲子或钢筋的贯入阻力，并不是检查其密度的合适办法。对于检查人员来说，有必要更多地依靠现场控制试验和智能碾压技术。有些检查人员，通过在透水填筑体上走一遍，并感受一下坝料的反应，就能够判断该透水填筑体所达到的压实程度。应观察填筑层内粒径级配的均匀程度。如果填筑料颗粒在碾压期间被压碎，填筑层内的细粒料会聚集在离填筑层顶部几英寸的地方，这可能导致垂直渗透力极大降低。

应对装载、卸料和摊铺等作业进行观察，如果透水填筑料的级配良好，尤须观察，以确保不因这些操作而发生不希望的粗细颗粒离析。

水平的和倾斜的排水层对土坝功能有着特殊的重要性，并且这些排水层的厚度都受到限制，特别注意确保原位反滤料的级配与密度满足技术要求。

10.6.4.7.2 级配

应进行级配试验，以确保所铺筑的土料是在技术要求范围以内的。当然，所需的级配试验次数将取决于天然透水料从开采区内取得时的可变性。应对已给定粒径变化范围的填筑料进行完整的级配试验。对于那些只规定小于 200 号筛孔或其他型号筛孔的细粒料百分率的填筑料来说，应将其用水浸润，然后按照《土工手册》USBR 5335 在 4 号筛孔和指定筛孔上冲洗。也应对碾压后的土料进行级配试验，特别是当怀疑地表水带来的细颗粒已混入其中，或在碾压期间因颗粒压碎其级配已改变时。对每一个密度试验来说，需进行常规要求的清洗测试，以确保细粒含量在要求的范围内（反滤料中能通过 200 号筛孔的量一般少于 5%）。应在从已被压实的填筑体内取得的样品上进行反滤料和排水料的级配试验。

10.6.4.7.3 原位密度测试，相对密度和振动锤击试验

《土工手册》USBR 7205 和 7220 所述的挖坑灌砂法密度试验方法，可以用来确定在分类上属于砂和细砾的透水填筑体的原位密度。在透水料里挖一个测试坑是比较困难的。当填筑料所含大量的粗颗粒时，可能需要尽可能扩大该测试坑的体积，并且要铺设塑料膜，以便能够按充满该坑所需液体的量来确定其体积。在第 10.6.3.5.4 所述的条件下，可以采用核子密度计做补充性密度测定。

利用挖坑灌砂法测定现场密度，在施工开始阶段，每铺筑 1000cuyd 的透水料应测一次，其后每铺筑 3000cuyd 测一次。对于排水层，希望进行更为频繁的现场密度测定试验。这些试验应在每铺一个或者两个铺筑层厚度时进行，特别是砂料。

自由排水的透水填筑体和反滤料的密度，不能与标准的击实试验结果建立关系，因为这样的土料具有不同程度的塑性，故而含水量与密度关系曲线是无效的。对于干净的无黏性坝料，如用于坝壳、排水体以及反滤层等的坝料，用相对密度来表示压实度是一个传统的方法，因为其压实度与含水量关系不是很重要。相对密度是原位土体密度的一种度量方式，相对于最小和最大孔隙率或者干密度而言的。有两种试验方式可以运用（USBR 5525 和 5530，ASTM D 4253 和 D 4254）。表 10.6.3.3-1 示出典型的填筑坝所要求的相对密度。相对密度测试受到了很多的质疑，因为用于进行这项测试的大型振动台

获得的最大密度很难校准。而且两种测试方法极有可能存在着比较大的误差。多年以来，一些工程师直接指定了振实最大干密度的百分比。

振动锤击试验（ASTM D 7382），目前主要用于提供这类土体的压实控制。这种试验上的大型模具掌握了 2in 的控制部分。这种试验适用于含有少量细粒土的坝壳料。垦务局选择这种试验，主要是为了克服振动台校准的问题。这种试验方法适用于非塑性细粒土含量不超过 30%，以及塑性细粒土不超过 15%的粗粒土，并且能用于评估含有大量细粒土的坝料压实时的最优含水量。当用百分比来表示最大干密度时，所需的压实百分比见表 10.6.3.3-1，与标准工作的要求一致。

由振动锤击试验（ASTM D7382）所获得的现场密度通过最大密度百分比表示。利用《土工手册》USBR 5525、5530 和 7250 中所述实验室试验求得的现场密度由最大-最小密度的形式表示。垦务局优先考虑采用振动锤击试验。

当使用相对密度时，现场密度用最大和最小实验室密度的相互关系来表达。

原位坝料的相对密度 D_d 可按下式计算

$$D_d = \frac{\gamma_{d.max}(\gamma_d - \gamma_{d.min})}{\gamma_d(\gamma_{d.max} - \gamma_{d.min})} \times 100\%$$

式中：γ_d 为原位透水填筑体的干容重（现场密度），lb/ft^3；$\gamma_{d.min}$为实验室试验的最小密度，lb/ft^3；$\gamma_{d.max}$为实验室试验的最大密度，lb/ft^3。

虽然对每一次现场密度试验所取的坝料都进行最大密度与最小密度的测定，并给出原位坝料相对密度的精确值，但这往往由于时间与人力的限制而不可行。

如前所述，相应的技术规定可能基于最大密度的百分比（同样取决于振动锤）而非相对密度。压实率和相对密度的相互关系如下：

$$RC = 80 + 0.2 \times D_d$$

式中：RC 为相对密实度，同压实率。

振动锤击试验比相对密度测量的相关测试方法简单快捷，对于透水性坝料的压实试验，推荐采用这种试验方法。

对于某些粗粒坝料，密度控制测试可能是不可行的。不管使用什么方法，用作排水料的干净无黏性豆状砾石和均匀的细砾石都不能被可靠地测量。在此情况下，就可以使用技术规范指定的方法。由于这些坝料容易压实，相应的技术章节可以指定经合同管理人员批准的板式振动器或振动平碾的最小的碾压遍数。对于那些类似的坝料使用碾压试验和智能压实设备技术将是更有利。

10.6.4.8 试验结果与要采取的措施

假设已经查明，填筑层的相对密度介于 80%～85%之间，而技术条款中所规定的最小平均值为 85%，该如何处理呢？应当对所有的透水填筑层的结果进行一次总评，以确保如果接受这个存在问题的填筑层，仍能够维持相对密度的最小平均值为 85%。相对密度准则的用意在于，碾压之后立即测得的土料相对密度，在不考虑由于继续铺筑和碾压其后各填筑层而增加密度的条件下，必须符合技术条款中所说的各种要求。需要认识到的是，顶层约 2～3in 处可能会因为碾压设备而变得松弛。因此，在已经被压实的表面以下一到两个填筑层深度，需要进行密度测试。当规定了最大密度百分比时，同样的原因也可能应用于通过振动锤击试验检查出来的结果。

10.6.5 堆石体

10.6.5.1 概述

采用大量堆石区的堆石坝已经越来越普遍。这主要是因为：①有些必须利用的坝址地基条件，不适合修建混凝土坝；②现代施工设备适合运输堆石料；③高坝越来越多；④通过最大限度地利用开挖料而获得经济效益。

不易破碎的岩石在开采、运输和碾压的过程中，根据细颗粒数量的不同变成透水或非常透水的填筑层。这种新鲜的石料对于堆石坝来说是非常有利的，尤其是当这些石料来自必要的开挖，如溢洪道或者基础开挖。

不太符合要求的石料在开挖、装卸、碾压甚至在原地会出现不同程度的破坏。这些不太坚硬的岩石破坏可能是因为硬度不够、自身结构问题，例如薄层结构、断裂程度、风化程度或者其他物理化学因素。对于坝内的大堆石区而言，属于不坚硬石料的包括页岩、泥岩、砂岩、黏土岩、白垩岩、灰岩、分解的花岗岩及其他胶结不好的沉积岩。通常来说，高度风化及断裂严重的岩石极易破碎，因此不会被用于大坝的堆石区。一般有两种主要的堆石坝类型：①坝体上游面带有混凝土或沥青混凝土面板的面板堆石坝；②带有防渗心墙的堆石坝。不坚硬的岩石有时会被用在心墙坝上，尤其是心墙的下游侧基本上不接触水的部位。不坚硬的岩石也有可能会被用于心墙的上游侧那些对大坝稳定不是很关键或者对渗透性要求不是很高的部位。

一般来说，由于岩石破碎的不可预见性，在设计及施工堆石坝的时候通常会进行现场岩石开采及填筑试验。

10.6.5.2 坚硬岩石用于堆石坝

10.6.5.2.1 技术要求

透水堆石区的石料一般要求岩石坚硬、级配良好以及可以自由排水。级配取决于岩石的质量、开采和运输过程。装载的岩石有时候规定细粒径或小粒径含量。通常除规定最大容许粒径外，不规定原位级配。铺料厚度会根据有代表性的最大石料容许粒径规定。堆石料一般从卡车上倾卸下来，再用推土机摊铺成要求的摊铺厚度。卸料与摊铺要避免粗细石料的分离。这一点会在以下各段内做详细的论述。碾子的类型、填筑厚度和碾压遍数在技术条款中规定，最好是根据试验结果确定。

10.6.5.2.2 铺筑作业

细料聚集在两层填筑层的接触处，因此，通常水平渗透系数（K_h）会比垂直渗透系数（K_v）更大，这一点在设计时应考虑。将石料卸在填筑体表面，用推土机摊铺就位时，细粒料被推送到填筑层的上部，从而为碾压设备形成一个比较平整的工作面。然而，如果细粒料的厚度能堵塞填筑层的上部，并阻碍细粒料在整个填筑层内的分布，那么，就有必要规定把石料直接倾卸在工作面。

在碾压之前，必须清除一切超径石料。这通常是利用装有专门的“耙齿”的推土机、履带式拖拉机，或使用起重机。超径石料常常被堆入外侧边坡内的指定地带。特别大的石块有时被运到其他地方，或用落锤或炸药破碎，再用于抛石区内。另一种常用的破碎超径石料的办法是使用液压凿。超径石料不应沿合龙坝段的接触坡面堆放。

为了确保石料内不含过量的细粒料，应进行详细的检查。过多的细粒料将不利于在堆石区形成要求的自由排水通道。当水库蓄水时，过多的细粒料会造成坝体后期过大的沉陷。在技术条款内难以规定细粒料含量的限度，因此，很少做此规定。设计方应根据坝体石料填筑试验结果，为现场人员提供相应的指导，以帮助他们确定何时细粒料过多。设计和施工人员都必须关注材料的变化，这种变化可能导致正在运往坝体上的材料的级配发生不希望有的改变。如果发生了这种变化，应引起承包人的注意，以便能在石料开采工艺方面做相应修改。

10.6.5.3 碾压

现在流行的做法是使用光面钢轮振动碾，在相对薄的填筑层，少加水的条件下进行碾压。堆石坝施工采用静载10～20t的振动碾。

填筑层厚度取决于石料的粒径与类型，以及所使用的碾压设备，并且通常是根据坝体碾压试验所得的结果确定的。一般情况下，规定填筑层厚度不超过2～4ft，除非坝体填筑试验表明采用更厚的填筑层仍能得到恰当的压实度。碾压石料的最大粒径应不超过铺填厚度的75%。对碾压后的填筑层表面进行刨毛是不必要的，也是不允许的，因为会扰动已被压实的坝体。

10.6.5.4 软岩用于堆石坝

要求使用软的或非坚硬的石料，是由于有大量的开挖料可供使用。但使用这些石料的主要问题是，随着时间推移，它们会在坝体内的空气和水影响下风化和软化。然而，大部分填筑体由非硬岩构成的堆石坝显示：当把那些石料用于任意料区或半透水坝区时，它们具有足够的抗剪强度，并且在铺筑之后没有出现明显的破碎。当把非硬岩用于坝体重要结构部分时，需根据设计研究期间坝体碾压试验来确定这些石料的性质和最佳碾压方法。

有些由非硬岩料组成的堆石坝，先用装有长钉齿或凿状齿（破岩器）的重型夯实碾来碾压松铺筑层，然后再用常规的夯实碾或气胎碾碾压。这种技术的摘要，载于《土坝和土石坝》（Earth and Eearth-Rock Dams）一书中。

10.6.6 半压实填土

10.6.6.1 用途

压重平台、填渣便道、渠道回填以及保护农田用的矮堤，常常是用半压实的填土建成的。然而，半压实填筑体不能用于修建保护人员的堤坝。

10.6.6.2 技术要求

半压实填筑体是由运输和摊铺设备在铺筑层上来回碾压压实。规定了填筑层的厚度，但其铺筑含水量未加规定或允许范围很广。

10.6.6.3 施工控制

通常，检查半压实填筑体完全靠外观检查，但为了记录也会做一些密度试验。监督人员主要关心确保不超过规定的填筑层厚度，所用土料合适，并且运输和摊铺设备均匀地覆盖填筑体。

10.6.7 填筑顺序、施工期导流和计量

10.6.7.1 施工进度

一座土坝或堆石坝的施工，可能要求分阶段（或分期）进行。在河谷宽阔且平坦的地方，先在河谷的某一岸，在一个合同下或者合同期填筑至全部高度或部分高度，剩余的部分则在以后修建。分期施工有时有助于施工期坝体孔隙水压力的消散，特别是当材料含水率高于最优含水率时。若坝体处于软基上时，可能先把坝修建到某一规定的高层，然后延迟一年或者更长时间再填筑，以便坝基孔隙水压力消散，或使其达到足够程度的固结和沉降。在狭窄陡峭山谷的岩基上，整个坝体需在某个日期前填筑到规定高度，以免在汛期漫顶。

确定施工进度，要最大限度地利用可用的土料和开挖料，需考虑河道导流的要求、坝基条件和季节性天气条件。设计人员要负责说明施工的分期、阶段和进度安排，以便最好地利用已有料源，并且为了保护公众，要安全地、合乎逻辑地导流和蓄洪。上游料场的使用必须做好规划，以便低高程区料场被暂时或永久淹没时，截流和以后填筑所需的坝料能在料场较高高程处取得。承包商负责在规定时间内完成特定的施工阶段任务或坝段填筑，并且在合同期间保护好已完成的工作。监理人员负责确定每一阶段任务或每一坝段都是按适当的铺筑顺序修建的。设计人员需知道在工序或阶段确定时间方面的任何变动，以便能对每一处改变进行分析并批准，或适当调整。设计人员、施工人员和承包商都要对施工进度和阶段划分负责，以便确保公众安全和保护财产。设计人员和施工人员需共同提供包含在技术要求中的各施工逻辑关系图。

10.6.7.2 填筑顺序

通常要求正在施工的坝段在整个宽度和长度上均匀升高。在多雨季节，临时性的坝顶应做成略微的拱形，以利于坝面排水。规定的临时性排水横坡在1%～5%之间。首选的施工步骤在10.6.4.7节提及，在干燥天气，有时心墙防渗区的填筑高度允许超过两侧的透水坝区多达5ft，以便能够继续填筑防渗土料。但是需采取一些特别的措施，例如，设置从防渗体向外的坡度和遮盖透水体，以保证防渗土料不混入倾斜的反滤料区。这种做法在常常发生暴雨或者雷暴雨的地方或季节是不允许采用的。应严格遵循10.6.4.7中的各项要求。

截水槽内填筑时，应当先填筑下游反滤区的第一层（如果截水槽的下游坡处需设置反滤层），然后再填筑防渗体料的第一层。随即对这两个区各用单独的设备同时进行碾压。先铺填反滤料有利于保证反滤料区的宽度，防止反滤料被其他料物污染。反滤料区填筑时应跟周边填料区平齐上升，或高于其他填料区。下游水平反滤层和/或排水料区应在完成填筑后立刻多铺填两层，以防止地表水携带细粒料进入反滤层，进而污染反滤料。

设计人员应该指出诸如反滤层、排水层及护坡层等关键区域，应完全铺填的最小尺寸，监理应该知道这些区域。靠近坝顶区域是一个关键区域，各个填筑层宽度变窄，碾压较困难。在这些拥挤的区域可能有必要使用更小型的设备施工。另一个关键区域就是

风化的基础面，例如崩解页岩，需要立刻覆盖。

10.6.7.3 施工期导流

施工导流（溪流或者地表径流）是填筑坝设计时应考虑的十分重要的内容，施工程序安排需考虑正常情况下河道来水或因暴雨形成的径流能顺利通过。在大坝施工导流期，大坝遭到损坏的风险很大，因为未完建的大坝无法抵抗特大洪水，例如遭遇到已完建大坝和其泄洪附属建筑物能够安全挡泄的可能最大洪水或接近该级别的洪水。通常，泄水建筑物先于或同步于前期的坝体施工。在泄水建筑物施工期间，河道来水可能沿原河道泄至下游，直到泄水建筑物完建，河道来水能通过泄水建筑物下泄，那时大坝可在导流明渠（原河道）内施工。导流明渠的边坡不能陡于4：1。图10.6.7.3-1示出科罗拉多Bonny坝的临时导流明渠。图10.6.7.3-2示出科罗拉多Olympus坝施工和导流。合同技术条款中应要求承包商的导流方案应得到合同管理人员的批准，或在技术条款中提供导流方案（更优）。

图10.6.7.3-1 科罗多拉州Bonny大坝——临时导流明渠

从北边看过去是大坝南边的导流。

图10.6.7.3-2 正在大汤普森河上施工的科罗多拉州Olympus大坝

设计人员应确定通过坝址的洪水的规模，以使洪水能够安全地通过导流明渠泄向下游，不会对已完工的建筑物造成危害，挡水断面能够挡泄该标准洪水（一旦挡水断面形成），以保护下游人员及财产的安全。这需要水文专业和水工专业的共同参与。20 年、50 年和 100 年重现期的洪水需分别经过水文专业和水工专业工程师的分析计算。根据可能造成的生命财产损失程度来确定洪水标准，导流明渠的断面尺寸和截流段高度也取决于此。导流方案的选择是基于保护下游生命财产和工程建设的最低要求程度。

截流的地点和时机取决于河谷的形状和宽度。在狭窄陡峭的峡谷中，泄水建筑物先建成，再利用上游围堰挡水，泄水建筑物过流来进行导流。围堰高度取决于淹没范围，对生命财产安全保护的要求。截流后，坝基开挖和处理可在河床中进行，然后开始大坝施工。如果围堰能与大坝结合布置将是十分理想和经济的。

在宽阔河谷中，在河床的某一岸或两岸开始坝基清理和处理及大坝施工，以形成导流明渠过流。泄水建筑物也可在早期施工阶段开始施工。导流明渠的尺寸取决于保护生命、财产和已施工建筑物安全的要求。一旦泄水建筑物完工且大坝施工到足够安全高度，可利用上游围堰或部分截流段进行导流。如果围堰或部分合拢段能构成大坝的一部分将是十分理想和经济的。导流后，开始基础开挖、准备和清理，将剩余坝段/围堰施工到先期填筑坝段的高程。这时，整个坝段处于同一高程和宽度，然后大坝可以全长和全高程继续施工。

需要特别关注将来成为坝体一部分的两侧导流明渠边坡。边坡容易受到侵蚀、植物破坏和设备运输的影响而受损较深。这些边坡需重新开挖到满足坝体填筑要求，在大坝填筑至截流段高程时进行处理。在截流段铺筑新回填层之前，此前的坝段可以在水平方向上开挖至可接受的坝体。这可能需要对现有导流明渠边坡进行削坡，设计人员和监理需对局部不稳定多加注意。然而，在边坡比小于 4：1 的平缓导流明渠边坡上施工可能会平安无事，这也是规定采用平缓导流明渠边坡的原因。同时，防渗心墙下游面设置反滤层和排水棱体（管井排水）也是为了这个关键的施工交界面。任何沿着交界面的渗漏被竖井排水管截阻，从而防止内部冲蚀。

10.6.7.4 计量

开挖出来的土石料方量，通常是根据开挖区开挖前后的横断面测量来计算的，计算方量采用平均断面面积法。对于坝体填筑来说，测量其外边界的横断面，并用平均断面面积法来计算其方量。工程量也可以通过软件建立填筑及开挖数字模型来计算。对于不同坝区，则由施工图上所示的一些直线和坡度来算出其理论方量。用来计算方量的那些直线与坡度，应明确地规定并清晰地标示在施工图上，以便施工人员可以很容易地识别出超挖或填筑超出合同签订工程量的情况，这将有助于防止测量方面的误差，以及超出合同条款的方量付费证明方面的误差。

通常没有单独的计算施工导流工程量的方法。这一部分费用一般包括在施工投标的施工期导流总价项目之内，或者要求承包商将其费用直接包含在其他投标项目之内。

10.6.8 护坡

10.6.8.1 保护区域

采用护坡是为了保护上游坝坡不受来自波浪冲刷、风化、冰凌、漂浮杂物和表面冲蚀的损害。土坝的上游护坡通常由抛石构成，当抛石护坡在经济上不具备优势时，也用过水泥土、混凝土铺面和沥青铺面。用坚硬、耐久的大石料作外部坝壳料的堆石坝，可能不需要再护坡。下游护坡是为了保护其不受来自风和雨的表面冲蚀损害。下游护坡材料包括干燥气候条件下的砾石、潮湿气候条件下的草皮，尾水可能产生波浪的地方用抛石或废石料。护坡费用是坝体结构成本的一个重要组成部分，设计和施工不合适的护坡后期可能需要频繁维护。因此，合理的设计及现场施工方法和强制执行施工规范是特别重要的，可使护坡在坝的全部寿命周期里一直起作用并使维护工作量最小。

10.6.8.2　上游护坡

上游护坡的铺筑，既可随着坝的修建同时完成，也可以在坝体竣工之后再完成。这取决于护坡的高程范围、水库的蓄水计划以及护坡的型式。最好的办法是要求护坡的施工滞后于填筑坝坝体，高程差控制在10ft以内。

10.6.8.2.1　*抛石*

抛石是最常使用的上游护坡型式。良好的护坡是采用质量高、耐久性好、级配适当的抛石料，铺筑成为孔隙空间最少的良好护面体，使其下垫层不会被冲出。本标准第7章“抛石护坡”，提供了抛石护坡设计与施工方面的详细要求。控制施工成功的几项基本因素为：

（1）在石料场装载运出时，要使每次装载的材料都在所需级配范围内，各种大小石料混合良好。合适的采石场装载，要求爆破作业能生产粒径适当的石料，并要求对装载作业进行适当的监控。

（2）材料不能直接倾卸在边坡上，而应该放置在边坡上。装载抛石料应使不同尺寸的石料均匀分布而不发生分离。对于有大孔隙的区域，应重新铺筑单个石料，以便形成没有大孔隙的护面。在早期抛石料铺填时，每铺10000cuyd，就做一次级配试验（对足够多的抛石称重）。如果监理怀疑在后期工程中依然存在问题，可以随时决定通过增加试验对怀疑的部位进行判断。ASTM D 5519也提供了测定抛石级配的方法。铺每一车料应顺坝坡正对着先前铺设好的抛石进行，这样较石料分别堆积时所发生的离析少。为了避免离析，可采用图10.6.8.2.1-1中的方法。不允许从坝坡坡顶将石料倾卸入溜槽，

图10.6.8.2.1-1　拉索翻斗抛填块石

因为这将造成粗细石料离析。推土机摊铺抛石料几乎总是会造成离析，应避免采用。若由卡车倾斜石料，则通常需用绞车牵引运料车下坡，抵达铺筑地点。石料应水平成行倾卸，并逐步沿坝坡上行，不得将石料卸成一排，然后单排向上堆坡。若规定的石料粒径很大（直径为 4～5ft），则可在坝坡上修建一个平台，从平台上操纵一台带多爪式附件的起重机来堆放抛石。近年来，容量介于 1.5～2.5 立方码的反向铲，已成为铺抛石层的最常用设备。

（3）反铲可以用来分层修坡和铺填垫层，也可以用来铺填块石。图 10.6.8.2.1-2 为日立反铲在 Jordanelle 坝上铺筑上游块石护坡及下游砂卵砾石护坡。受反铲铲臂工作范围限制，抛石只能滞后在填筑体顶面以下约 15ft，所以抛石必须随着坝体的铺筑进行。其他设备，如 Gradalls 蛤壳式抓斗起重机（图 10.6.8.2.1-3），以及轮胎式前卸装载机，均可用来铺筑抛石。这些设备都适于从运料车上卸料。

(a) 修坡以便于铺筑块石

(b) 反铲在下游铺筑护坡的案例

图 10.6.8.2.1-2　犹他州 Jordanelle 大坝日立反铲铺筑护坡

（4）在卸料和摊铺之后，要求进行仔细检查，以确定各种不同粒径石料分布的均匀程度，以及各个石块排列的紧密程度。石块几乎总需重新码放，一般是用手工重放。然

图 10.6.8.2.1-3 亚利桑那州 New Waddell 大坝 Gradall 挖掘平整机铺筑护坡

而，如果在装载时注意确保每次装载都具有适当数量的各种尺寸石料（即具有适当的级配），则可将重放工作减至最少。有时，块石可以通过厚钢板机械或者小型推土机在上面行走而压实。检查级配和认可石料堆放是否恰当是很困难的。有时候，堆放一个级配合适的料堆，并用来从外观上校核其他石料级配是否合适的参考，是很有帮助的。另一种抛石堆放方法，开始是先堆一条经监理和承包商都同意的试验条带，以备将来参考。补充的级配检查工作，可以通过照相网格的方法来进行，这种照相网格就是在抛石上布置 10ft×10ft 的铝管框架，框架内含 1ft×1ft 的钢丝绳网格，并且拍摄照片。由照片可以定出表面上可以看到的石块的数目与尺寸。不过，对于曾经用手挑选排列过的石料，这种办法就不能准确确定石料的粒径分布了。要求坚决执行施工规范，在抛石铺筑的初期阶段，尤其如此，以便确保得到不含大孔隙的、级配良好的抛石护面。

（5）抛石时应该保持孔隙率接近 0.35 或更小。如果可以使用重量记录，则可以通过使用来自每个卡车的重量记录和堆放区域（如果体积被认为是固定的量）来估计堆放区域的孔隙率。孔隙率由固体体积和实际体积的比例确定。例如，假设尺寸在 100ft×100ft，3ft 厚的区域，抛石体的密度为 160lb/ft^3（或使用岩石的比重）。固体体积为 100ft×100ft×3ft＝30000ft^3。如果重力等于 1600t，则岩体的原位体积为 1600×2000lb/160lb/ft^3＝20000ft^3。孔隙率为（30000－20000)/30000＝0.33。这种计算孔隙率的方法确保结构紧凑，但不能确保岩石粒径的均匀分布。

（6）在抛石与坝体材料之间，必须设置一层或几层垫层，按反滤层设计（除非下覆的坝体，对于抛石来说，满足反滤准则，或坝体的内聚力很大，并且是不消散的），以保护坝体材料不受波浪作用的冲蚀，并为抛石提供一个稳定的基础。

许多抛石失事是因为垫层材料中没有足够比例的大粒径料，以致受波浪作用而使材料经过抛石的间隙被冲出。垫层损坏会造成上覆抛石沉陷和移位，使垫层和坝体材料直接面对波浪的作用。因此，垫层材料符合有关级配和层厚方面的技术要求是必要的。如果从采石场或开挖料中有可用的碎石片或尺寸相仿的碎石，则在垫层与抛石之间铺放这样的碎石或碎片是一种好办法。应对所用碎石片或相似碎石进行评估，如果适宜的话，应在技术条款中注明。在某些情况下，碎石片料能代替级配的垫层料。

10.6.8.2.2　水泥土

在美国垦务局所属的几座坝上，已用过水泥土护坡。本标准第 17 章“水泥土护坡”，载有对水泥土护坡的设计与施工方面的详细要求。通常是把在工厂里拌和好的水泥土，采用台阶法沿边坡摊铺成 6～9in 厚的水平填筑层，每条宽 7～10ft（视其坡度和规定的垂直于坝坡的厚度而定），再碾压密实。台阶法铺料（如图 10.6.8.2.2-1 和图 10.6.8.2.2-2 所示）用于水平方向上水泥土的连续铺料，与相邻的铺料层形成台阶状断面。随后的各填筑层，呈梯状上升坝坡。曾经使用羊脚碾碾压后，立即以胶轮碾压机碾压，结果成功得到了充分的碾压。

图 10.6.8.2.2-1　水泥土在坝体内部填筑［台阶法（上图）和平面铺筑法（下图）］

最近，很多水泥土护坡使用光面振动碾碾压已得到成功，压实效果很好。本标准第 17 章“水泥土护坡”有详细的压实说明。水泥含量、加水量和拌和料的均匀程度都要求控制，并且要求进行密度试验及测量填筑层厚度和宽度。在拌和车间确定水泥含量的快速测试方法是 ASTM D 5982 的中和热测试法。在台阶法中，在摊铺下一层料之前，要清理已铺水泥土，除去松散的材料并且用动力刷刨毛。过去，曾在连续的水泥土填筑层之间使用由干水泥或水泥浆组成的黏合剂，但垦务局不采用。第 17 章“水泥土护坡”对此做了探讨。养护是重要的，在干燥天气，为了防止压实后的层面变干，可能需要采

图 10.6.8.2.2-2　平面铺筑法及台阶法在坝体内部填筑的最终结果

取特殊的措施。

在 Warren H. Brock 水库工程中，水泥土护坡采用了平面铺筑法及台阶法。平面铺筑法将水泥土一层或多层平行的铺筑在坡面上。图 10.6.8.2.2-1 和图 10.6.8.2.2-2 示出平面铺筑法的过程及最终结果。履带式光面振动碾用于 3∶1 的坡上碾压水泥土。历史案例表明，平面铺筑法适用于坡比 3∶1 或更平缓的边坡。一般铺筑机械不太可能在陡坡上工作。由于水库大坝和坝基由砂质组成，采用土工布防渗阻水。9in 厚的水泥土被铺筑在土工膜上以保护其不受阳光及人类活动的破坏。为了防止水位迅速下降带来的破坏，通常在土工布及水泥土之间铺设一层排水层。发现水泥土顶上 2ft 厚被碾压机器“羽化”了。图 10.6.8.2.2-1 所示的第二种碾压机前面的一排橡胶轮子是用来封闭表面的水泥土。值得注意的是，推土机有一个 GPS 系统来确保摊铺水泥土厚度一致。因为灌砂法不可用，用核子测定仪来控制密度。

10.6.8.2.3　*其他类型的上游护坡*

其他的上游护坡类型还有：整体浇筑的混凝土护坡、浆砌石或干砌石护坡以及沥青铺面，这些护坡方法垦务局不常用。

10.6.8.3　下游护坡

10.6.8.3.1　草皮护坡

在潮湿气候里的土坝，通常指定用草皮来保护其下游坡。边坡应足够的平缓，方便草皮修理和维护。凡下游坝区是由透水料组成的区域，都必须铺足够的细粒土或种植土，以便植物的生长。通常，这种方法包括清除坝上的任何草根与小石块，直到开垦到至少 4in 的深度；施肥、播种或栽苗，压实、浇水并按草皮的要求进行维护。应尽可能快地在已完成的坝体部分建立临时性或永久性的护坡。在接近完工时，用松土填充冲刷沟槽来修整边坡，然后再施肥和播种，已在几个工程项目中发生持续不断的养护问题。最后的边坡表面应该能够允许合理地完成草皮修整。

10.6.8.3.2　抛石护坡

在下游坝坡较低部分铺筑抛石，以保护其不受尾水波浪作用，应按上游抛石护坡同样的方式加以控制。

10.6.8.3.3　砾石、卵石或碎石护坡

砾石、卵石或碎石（视可利用的材料而定）有时用于下游护坡。对于含有任意细粒料的下游坝壳外侧，常常规定：将卵石与石料堆至边缘处，用于护坡。在这种情况，理想的是保持下游护坡的铺筑比坝体铺筑滞后 5～10ft。对于砾石、卵石或碎石，通常沿外侧边坡水平卸料，并在垂直于坡面的方向摊铺至少 1ft 厚。若下游坝体容易被冲刷（比如无黏性的砂），则可能要求铺垫层，防止冲刷。该垫层须按坝体与碎石之间的反滤层来设计。利用反向铲铺筑细粒料和仔细修坡，可以得到美观的表面。

10.6.8.4　地表排水

地表排水在施工及运行期非常重要，坡面保护设计时必须考虑。坝面上设置横向排水沟，有助于分散排泄坝面上因暴雨形成的面流，并以更可控的方式汇水。因为坝面径流汇集在坝两侧的主沟内，这些区域可能需要采取特殊的边坡防护措施。

10.6.8.5　坝后道路及马道

坝后道路通常布置在坝坡上，以便在大坝的顶部和坝趾之间提供通道。这通常使得前往泄水建筑物或其他特殊区域更方便。大坝的宽度和坡比要适宜布置这种道路。坝后道路必须考虑路面类型（如卵石或铺装路）。在坝体坡面上设置马道有很多理由，包括监测通道，汇集表面雨水，增加坝坡稳定等。

10.6.9　施工期稳定

施工期间，临时或永久性边坡的稳定，都可能面临风险。随着时间的推移，如果它们在一段很长的时间内保持不封闭的状态，需要考虑土质边坡实际上可能会变得不稳定。施工期间，坝体内防渗体区和半透水区的孔隙水压力可能会比填筑坝全寿命周期其他时段要高。边坡在很长一段时间内都可能发生表面侵蚀和破裂，这可能导致边坡稳定性的降低。设计人员必须对这些条件进行评估和分析，以确保所有临时边坡在施工期间保持稳定，确保永久性坝坡在大坝施工结束时是稳定的。施工期间，承包商不能未经批准在不可预见其稳定性的边坡及其他影响稳定的条件下自行作业，例如不允许在大坝上或者是在开挖边坡上堆渣，除非附近的填筑坝边坡进行了稳定性分析，并且不可预见的条件下施工得到了设计方的批准。这些分析的必要性应在施工开始前传达给 PCE 和 PCE 的工作人员。第 4 章“稳定性分析”中提供的程序，用于在施工期间和施工结束时对填筑坝进行分析。

在空间有限的地方开挖，可能需要采用支撑或者是边坡支护和支撑组合的方式，例如，板桩墙、护坡桩、交叉桩板墙、木板桩和其他的支护系统。

设计者需要特别注意这些区域，并设计严格的支护系统，规定支撑措施。如果是由承包商设计支护和支撑措施，则需要提交设计、图纸及施工程序审批。垦务局应审查并批准承包商设计的支撑系统，并且设计方和承包商双方的人员应密切检查支撑系统的施工。

设计文件中应包含监测孔隙水压力和坝体位移变化的仪器的设计（如渗压计和测斜仪）。监测仪器的设计和安装数量应恰当，按照最低必要性设计，因为仪器的安装会影响大坝的施工，减缓施工进度。由于仪器安装施工方法/要求可能对不透水区域的完整性构成威胁，并且安装对施工进度影响特别大，因此在大坝防渗体内布置监测仪器应作为一个特别关键的问题。这些仪器可以由承包商或者垦务局的人员安装。在任一种情况下，都应在技术条款中提供仪器安装和监测要求，因为这将影响承包商的操作。如果安装仪表需要在坝体内钻孔，应参照垦务局的钻孔指南执行。施工期间，应定期检测，以确保孔隙水压力不会超过安全值，并且任何潜在滑移都未发生，或者只产生了轻微的移动。

要防止监测仪器受到施工机械的破坏。在整个施工期设置保护监测仪器的栅栏是很有必要的。这些栅栏将会随着坝体的上升不断重建。因为仪器附近不能使用重型施工设备，所以需要规定在仪器周围进行专门碾压施工的流程。

施工监测仪器的安装、保护和运行需要设计、仪器专家和施工人员的合作，施工人员需确保仪器不受损。第 11 章“监测仪器”中提供了应用于设计、安装、保护和监控仪器系统的工作流程。仪器的监测结果应与大坝设计时的预估值进行比较，以确保大坝在施工期和施工完成后仍然安全。

10.6.10 已建坝修复

最近的历史表明，垦务局的大坝设计和施工更倾向于修复已建坝，而不是新建一座大坝。只要在使用中做出良好的判断和处理，并且不会因为对现场情况不正确的理解而造成损害，上述的技术标准都适用于对已建坝的修复设计。例如，对大坝渗流情况了解不够可能导致不正确的排水设计，坝或其基础开挖时对结构造成不必要的损坏。水库应在施工期间降低水位或是采用特殊的运行管理方式，以便为防洪提供更多库容，减少渗流梯度，尽量减少施工风险。设计师应确保进行充分的调查，并充分了解现场的地质和工程条件，方可进行适当的设计，可以放心实施本标准中讨论的施工准则。

10.7 参考文献（略）

附录 10-A 大坝基础验收文件（垦务局规程，第4章）

1. 概述

设计团队必须对基础进行验收。基础验收的设计团队需包括主要的地质专家及相关专业合作者、主设人和其他相应专业的设计师。

在很大一部分基础暴露和地质测绘后，相应的设计团队代表需要彻底检查基础是否满足设计意图，并确定任何必要的措施使基础满足混凝土的浇筑。设计团队代表将准备一个引用了地图、照片或录像带的基础验收备忘录。如果有需要，在基础浇筑混凝土前，决议备忘录应该包含额外的相关规定。

基础验收工作应该尽可能覆盖更大的区域以减少现场勘查及文本的工作量。但是要尽可能地多重复验收以确保整个基础达到设计要求。设计代表验收必须基于第一手资料，并且不能授权于他人。无论如何，在这个过程中主设人和施工工程师应该提出一种设计代表借此判断整个基础情况的方法，而不是靠视觉检查。在相似的条件下，与施工人员沟通及通过电话、照片、录像或地质地图的方式了解的基础上进行批准。无论如何，设计代表必须经常巡视现场，以使基础开挖不会与设计意图大不相同。同样，施工工程师和人员要对工程位置条件及施工技术与设计不同的时候保持警惕，并通知设计团队。

2. 文档

每次基础验收都必须记录在决议备忘录上。备忘录上要有基础验收团队成员的签名。施工工程师或授权的代表将签署决议备忘录，同时基础验收应根据技术条款和设计团队书面签署的额外的工作进行准备和处理。如果基础验收是通过电话的方式进行，决议备忘录与现场验收一致，除非施工工程师的同意是通过电话获得。

决议备忘录应该在设计团队离开前或者在电话验收后马上准备，并且在两个工作日内发给各个相关团队。副本将被发送到所有参与成员、施工工程师、区域负责人及相关部门和部门主管。收到验收报告副本的部门应立即关注是否有疑问，如果有的话，应使设计团队注意。

在新建坝或者改扩建坝的整个基础验收完成后，主任设计师应该准备一个基础验收备忘录摘要。摘要应当从所有的基础验收备忘录里摘取数据并且完成基础的验收程序。备忘录邮寄给 ACER，并且通过专线传达。得到 ACER 的批准后，备忘录的分发方式与其他决议备忘录的方式一样。水库蓄水必须在 ACER 同意基础验收总结报告后才能开始。

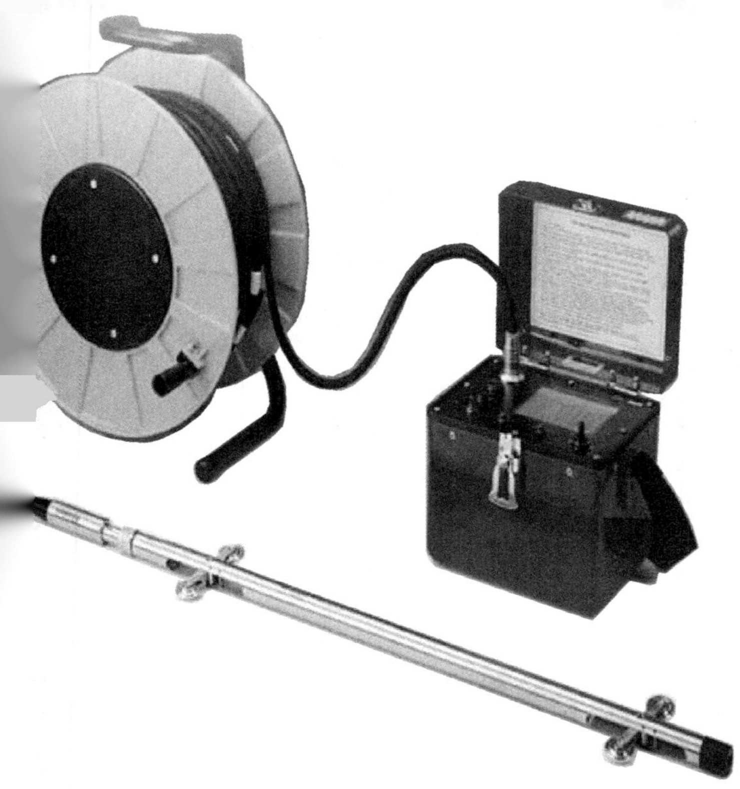

美国内政部垦务局设计标准

填筑坝 Embankment Dams

第11章 仪器与监测

2014年3月修订

目　　录

11.1 简介

11.1.1 目的

本章的目的在于提出与仪器观测和大坝安全监测相关重要问题的一些基本导则，包括①仪器观测和/或监测方案设计；②监测数据和信息的评价；③对异常监测数据或信息的处理。由于技术不断进步，本章仅限于讨论有关仪器观测设备的主要原则和通用性，以免发布后不久就变得过时。关于仪器观测和安全监测领域的最新发展情况可以咨询该领域的专业人士。

11.1.2 范围

本章论及填筑坝及其典型附属结构，如溢洪道和泄水建筑物设施等，安全监测的全部内容，但不包括混凝土坝以及复合型坝中混凝土部分的仪器观测和安全监测问题，这些信息应参见《设计标准 No. 2，混凝土坝》。本章不直接包括与渠道、河堤相关的仪器观测和安全监测问题，不过此处讨论的许多原则和设备类型与这些建筑物有关。

11.1.3 适用性

本章给出的导则和方案适用于填筑坝的仪器观测和安全监测方案的设计，以及评价通过这些方案所获得的监测据和信息。

11.1.4 与本标准不一致的情况（略）

11.1.5 标准修订（略）

11.1.6 内容概要

本章首先讨论了一般主题，包括潜在失效模式分析（PFMA）在仪器观测和安全监测方案设计中的关键作用，以及仪器监测与巡视检查之间的重要关系。分节叙述了用于监测以下内容的各种类型仪器：①渗流；②水压力；③土压力；④变形。随后论述新建和已建坝监测方案的制定，仪器监测系统的设计、安装和维护。然后叙述大坝安全监测方案的实施，包括数据的采集和传输（人工和自动）以及数据审查和评价。

11.2 仪器观测和安全监测总则

11.2.1 监测方案设计中采用潜在失效模式分析

在 20 世纪 90 年代早期，垦务局就意识到为了建立合理的、经济有效的大坝监测方案，首先需要识别大坝安全的潜在威胁或潜在失效模式，并布置相应的监测仪器监测。一个接一个大坝开始着手这项工作，这最初被称为性能参数确定，主要涉及以下三个步骤：

（1）识别潜在的失效模式（最可能的溃坝方式）。

(2) 针对每一个潜在的失效模式，确定其关键的监测参数，这些参数可以反映出潜在失效模式的发生和发展。

(3) 对于每个关键监测参数，确定预期的性能范围（符合大坝性能要求）。

垦务局人员最初针对填筑坝编制了《性能参数技术备忘录（TMs）》。不久，这项活动便成为综合设施复查（CFRs）的一部分，后来演变成综合复查（CRs）。

在 20 世纪初，美国联邦能源监管委员会对他们所监管的工程采用了性能参数方法，并称之为潜在失效模式分析（PFMA），这也成为一个常用方法的名称。为提供参考，联邦能源管理委员会研究制定了一份针对其管辖大坝的监视和监测计划，这也是潜在失效模式分析过程的一部分内容。

PFMA 活动将在 11.8 节“监测方案的制定”中进一步讨论，因考虑到其是大坝开展安全监测工作和活动的基础，有必要在本章的开始进行一些讨论。关于 PFMA 工作的其他两个说明如下：

(1) PFMA 方法关系到具体失效模式的监测活动。不过，有些适宜的监测内容可以归属到常规健康监测的范畴，而不是绑定一个具体失效模式。这类监测几乎总是“高价值，低成本”的。确定什么内容属于或不属于相应的常规健康监测范畴，是一个持续的挑战，因为没有明确的答案，而且意见也会随时间变化。

(2) 许多关键监测参数涉及巡视检查工作，而有些情况可以利用仪器进行有效监测。因此，本章名称为“仪器与监测”而不是先前的“仪器观测”，下一节将对这一主题进行更多的讨论。

11.2.2 巡视检查的重要性

填筑坝溃坝历史记录显示，与渗流相关的内部侵蚀失效约占溃坝事故的一半。与内部侵蚀潜在失效模式相关的关键监测问题如下：

(1) 是否有渗流引起的坝料流失的迹象？

(2) 渗流速率是否随时间增加？

(3) 是否有新的渗流区或潮湿区？

(4) 随着时间的推移，已有的渗流区、下游汇水区大小或深度是否正在增加？

(5) 是否出现新的茂盛植被区，或已有植被面貌是否出现变化？这些可能是因为出现了新的渗流或渗流情况发生了变化。

(6) 填筑坝上是否生长有木本植物？其根须可能产生集中渗流的通道。

(7) 是否有动物洞穴？这些可能导致渗流路径缩短和集中渗流。

(8) 是否有落水洞或沉陷？

(9) 坝体是否有横向裂缝？

对上面列出的这些项目内容，监测仪器可能无法进行有效监测。在这种情况下，除了仪器监测外，还需进行例行的巡视检查。许多潜在失效模式也同时需要仪器监测和巡视检查两种方式。对于潜在的不稳定边坡，水压力数据和变形数据（如测斜仪数据和测量标石）是重要的，同样对坡脚的裂缝和隆起等进行巡视检查也很重要。溢洪道结构的不利变形可能导致结构破坏，这些不利变形可以在洪水期通过安装在边墙和底板的测量标石探测到，也可被接头部位布置的监测仪器捕捉到。然而，最常用的监测变形和变位的方法，还是仪表观测和巡视检查相结合。

有经验的检查人员会对大坝、坝址区及其附属结构所有可见的地方进行检查，可能会发现预先没有辨别的大坝潜在失效模式的新迹象。然而，仅仅依靠巡视检查作为大坝安全监测的常规方案，也有以下两个主要的缺点：

（1）现场巡视检查可能无法查明细微变化。

（2）巡视检查无法查明坝内（包含基础或坝肩）的性能参数或功能。

通过对监测仪器数据进行定期采集和评价可以处理上面提到的两个问题：

（1）缺乏可靠数据。在仪器监测设计时，确保仪器可以提供精确性和灵敏性可控的可靠数据，捕捉到那些目测感觉不明显的变化。

（2）仅限于表面观察。仪器可以安装在大坝、基础、坝肩和/或附属结构的内部，可以提供一些表面巡视检查不可获得的性能参数信息。

常规大坝安全监测方案通常应该包括仪器监测和巡视检查两种。本章大部分内容针对仪器监测，但定期巡视检查和仪器监测至少是同等重要的。

11.2.3 仪器监测在大坝生命期不同阶段的作用

11.2.3.1 大坝设计阶段

采用勘探钻孔作为观测井或测压计，采集地下水或地下水压力信息，主要是为了以下因素：

（1）用于设计或提出施工技术要求之需。

（2）作为工程或法律所需的基准资料，当大坝建成和蓄水后，可以确定坝址或附近区域水位的变化情况。

11.2.3.2 大坝施工阶段

这个阶段设置监测仪器（并监测）的必要性可以分为以下三类：

（1）施工过程中验证设计假定和分析；

（2）指导施工活动；

（3）最大限度地保障施工现场工人的安全。

对于以上每个类别举例说明如下：

（1）验证设计假定和分析。施工填筑体的重量关系到基础沉降/压缩的量级。在施工过程中收集填筑体/基础接触沉降的数据，可以预估将要检查的状态。如果施工过程中的实际性能明显不同于设计假设和分析，可以根据已建成的部分坝体情况对大坝设计进行调整，以响应观测到的情况。

（2）指导施工活动。典型实例就是监测填筑体孔隙水压力，以保证施工引起的超孔隙压力不会发展到使坡体失稳的程度。当出现高孔隙压力时，可能需要减缓或暂停填筑施工，以便多余的孔隙水压力消散到一定程度，从而避免在填筑过程中发生要付出高昂代价的滑坡。

（3）最大限度地保障施工现场工人的安全。在截水沟或坝肩等处，临时开挖的暴露边坡往往是陡峭的（为节省开挖费用）。如果边坡失稳，会威胁施工工人安全，采用实时边坡监测可以监测到不稳定的初步迹象，从而采取措施，防止工人遭受滑坡的威胁。

11.2.3.3 大坝改造阶段

如果大坝需要重大改造，在改造工作中，上面讨论的关于原始设计和施工的观点基本上也是适用的，但也有几个值得注意的不同之处：

(1) 多年运行过程中收集的大坝和坝址区监测数据，将对改造设计工作很有益处。这些数据比原大坝设计过程中收集的数据很大不同。

(2) 在大坝改造施工期间，水库可能蓄有一定数量的水（也许蓄有很多水），因此在施工中应进行适当的监测，以限制不可控的溃坝和水库泄水风险。

11.2.3.4 水库首次蓄水阶段

水库首次蓄水信息适用于新建坝或已经过重大改造的坝。不过，它也可以类似应用到可能因地震影响损坏的大坝，或水库长时间低水位运行的大坝。对于此类填筑坝及其附属物的当前状态，没有适用的历史性能记录。因此，将来随着水库水位上升，其性能可能存在明显的不确定性，因为在条件没有明确掌握的情况下，新建、改造或可能损坏的大坝填筑体将接受库水位考验。这些通常是大坝整个生命周期内最需要加强监测之时，要求有经验丰富的检查员连续不断地在现场，并且需要在下游坡和坝趾区设置夜间照明，以便每天可以进行多次巡视检查（和仪器测读）。尽管需要关注边坡失稳，但是通常不良渗透性才是主要关注点。如果关注重点是大坝或基础浸湿后的潜在显著沉降，那么填筑体沉降和变位数据，以及关于填筑体开裂、凹陷区巡视检查信息，将有很大的价值。

11.2.3.5 长期性能监测

这个阶段的仪器观测（和监测）的必要性可以归为以下三类：

(1) 监测设计过程中的具体关注点或已识别的问题。

(2) 监测大坝失效模式分析中的具体关注点或已识别的问题。

(3) 一般情况下，长期监测（常规健康监测）是为了探查不利或异常性能，这些性能如果没有查明可能会导致溃坝或其他不良后果。

这三方面内容将在11.8节中讨论。

11.2.3.6 对不利或异常性能的响应

对不利和异常性能的探查可能需要补充监测，主要有以下两个方面：

(1) 需要增加监测，以确保尽早探查和识别某些状况，这些状况可能显示大坝向失事方向发展。

(2) 需要采集更多的数据，以支持评估和分析工作，以更好地理解坝址处发生的情况。

对于上述（1）项，可能需要连续不断的监测。依照紧急行动计划（emergency action plan），这时可能已经启动了1级或2级响应，应预先部署专用设备和材料，以利于遏制情况恶化。例如，在发生新渗流的情况下，可能有必要开渠或使用沙袋汇集水流，并引其越过新安装的量水堰，或通过沙袋堆成的墙进入一个管道，这样流量就可得到定量监测。沙袋墙后或堰前的静水池将使新渗流所携带的泥沙沉淀下来，并得到辨别。

对于上述（2）项，可及时安装新仪器，以便更好地了解和评估正在发生的情况。在边坡不稳定的情况下，应埋设测量标石、测斜仪、剪切带仪或测压计等仪器。对于与渗流相关的内部侵蚀，可以安装测压计，这样可更好地了解渗流路径和梯度。处理内部侵蚀时有两个重要的注意事项：

（1）新增加的测压计无法提供事前情况，因此它们不能解释类似“是什么发生了变化，而造成或者导致了这种情况”的问题。此时，常规健康监测项目埋设的测压计就将发挥作用，因为这些仪器可以提供事件前的信息（如果一个或多个测压计正好位于关键位置）。

（2）发生渗流相关事件后，通常迅速采用染料测试或物探检查，以更好地查清渗流路径以及沿渗流路径的水流速度（从染料注入点到染料出口点）。

11.2.3.7　大坝退役阶段

通常，仪器观测在大坝退役中发挥的作用不大。但是，需要收集地下水信息或地下水压力信息作为基准信息，以便当水库不再存在时，可以知道原大坝和水库附近的水位变化情况。水库撤除导致的地下水位变化，也许会对邻近的土地所有者造成不利影响。

11.2.4　仪器监测的益处

11.2.4.1　基本了解大坝和坝址区状况

仪器监测可以提供关于大坝重要性能的确凿数据，如，①沉降和变位；②渗流水通过坝心墙、坝基或坝肩流向下游时，水库水压力的消散；③灌浆帷幕，防渗墙等的上下游的水压下降值；④通过大坝、基础和坝肩等的渗流量。这些信息是大坝和坝址区的实际性能数据，可用于与设计预期值进行对比。

11.2.4.2　异常性能检测

这一类益处与日常大坝安全监测的基本目标密切相关。要使一个仪器监测项目能有效地预警一些潜在问题，必须对一些参数进行监测，记录这些参数的变化并及时将这些信息传达给大坝安全工程师和决策者。

PFMA 法促进了为每一座大坝制定特定的监测方案，这一监测方案是针对大坝当前的安全问题和威胁（潜在的失效模式）量身定制的。而针对常规健康监测也有一些规定，它们满足“高价值、低成本”试验，这些谨慎监测活动与确定潜在失效模式并不相关。

从仪器安装到数据评估者和决策者获得信息的及时性，在监测方案的有效性中是一个非常重要的因素，而监测方案是为潜在失效模式的启动或进展提供预警的。实际上，如果事故本身是可以预防的（如已有信息起到了作用），但因数据未被审查和评估而没有采取及时行动，这种情况是不应该出现的。及时性包括仪器测读频率、数据传达给评估者和决策者所需的时间，以及决策者处理信息和决策行动的时间。这些都是在设计一个有效的监测方案时所需考虑的重要因素。1999 年 4 月 12 日出版的垦务局手册 FAC01-08，《高和重大风险坝的安全性能监测》，示出了一些报告和审查监测数据、信息的默认时间表：

（1）数据传输和巡视检查的频率。（除非另有明确规定，“不经常测读仪器”的时间段是 2 个星期，指的是那些每年至多测读一次的仪器，而对其他所有监测仪器和巡视检查的要求是 3 个工作日。）

（2）在规定的时间段内，大坝安全性能监测专家，必须对收集在中心数据库的数据和巡查结果，进行审查，并报告结果。（除非另有明确规定，这个时间段对“不经常测读仪器”的要求是 2 个星期，指的是那些每年至多测读一次的仪器，而对其他所有监测仪器和巡视检查的时间要求是 3 个工作日。）

对于垦务局的每座坝，根据大坝各自的安全状况、风险以及失事后果，可以定制时间表取代上述的时间表。取代默认时间表的工作通常是 CR 的一部分。

11.2.4.3　异常性能的调查

一旦出现异常性能或疑似异常性能情况，仪器观测可以获悉更多的状况信息，从而能够更好地理解和评估出现的情况。可以收集到一些关于事件原因、性质或发生程度方面的信息。1981 年，B. F. Sisk 坝水库水位快速消落，导致其上游边坡滑坡，利用测压计、测斜仪和测量点信息协助界定了破坏面，并明确了滑坡的原因（在潮湿情况下坡积物强度降低，只有较低剩余强度）。基于这些信息，开展了适当的补救工作，包括对大坝的另外两个区域进行处理，这两个区域没有经历上游滑坡，但是由于上游边坡下部存在坡积物，显示其安全系数较低。

11.2.4.4　验证性能是否满足要求

当面临困境或者存在许多不确定因素时，能提供关于大坝性能的可靠数据资料是非常有价值的。通过仔细的选择监测参数、正确实施监测方案，仪器观测能够帮助工程师经济有效地处理难题和不确定性。如缺乏类似信息，很可能做出过于保守和昂贵的选择，或者可能涉及不必要的风险。Teton 坝溃坝后，Ririe 大坝是垦务局修建的第一座大坝，在水库初次蓄水期间，大坝右岸坡出现了渗漏。不过，在提堂坝溃坝后，在 Ririe 坝及其附近区域增设了监测仪器。从这些仪器所反映的情况判断，该渗漏不是来自水库，而是右侧坝肩处的灌溉农田。所以，Ririe 坝水库被允许继续蓄水（并且顺利完成）。

11.2.4.5　对补救措施有效性的反馈

仪器监测可以对大坝的补救工作进行有效评估。这对岩土工程问题尤为重要，在岩土工程方面有些实际情况的信息是可以获得的，但一些本质认识的缺口是通过经充分论证的假设推测出来的。在这种情况下，仪器装置就起到了一个至关重要的作用，让工程师了解到基于重要性能参数采取的补救措施的效果。使用这种方法，工程师可以可靠地判断问题是否已经圆满解决，或是问题没解决还需要进一步的工作。20 世纪 60 年代的 Helena Valley 大坝就是这样一个实例，当其下游坝趾区域出现了高水压，采用铺盖和灌浆措施解决时，测压计及时反馈了补救措施的有效性。

11.2.4.6　研究

以研究为目的安装监测仪器，业主很少能欣然同意的，因为他们不能从这些仪器信息中受益，收集的数据也不影响建筑物结构的设计和功能。这些数据只有利于将来其他结构的设计工作。为了研究用的仪器监测方案需要通过谨慎的考虑和设计，以提供有关研究情况的完整信息，从而获得所有有效和有用的相关参数。

研究的另一个方面是收集大量大坝监测数据，对大坝的一般性能模式进行分析。再者，需要获得所有相关参数来认识完整的性能图形。这种研究方法能够提供非常有价值的信息。

11.2.4.7 法律

这个主题在前面 11.2.3.1 和 11.2.3.7 节中探讨过。基于法律因素的考虑，需要收集地下水信息或地下水压力信息作为基准信息，以便当水库水位变化时，可以知道大坝和水库附近区域的水位变化情况。地下水位的变化，也许会对邻近的土地所有者的财产造成不利影响。

11.2.5 仪器选型的基本原则

在 11.3～11.6 节提供了各种类型监测仪器的信息。在讨论之前，有必要提出一些通用原则以选出最适宜的监测仪器：

（1）长期可靠性；

（2）尽可能简单；

（3）防破坏；

（4）低维护需求；

（5）与采用的施工技术相兼容；

（6）低成本。

11.2.5.1 长期可靠性

用于大坝监测的仪器，长期可靠性是非常重要的考虑因素，特别是埋设在大坝内部的仪器，若失效是无法恢复和替换的。许多岩土工程仪器用于施工时间相对较短的其他建筑物上（不包括大坝），监测临时施工支架的稳定性、监测排水系统的有效性等。在这些情况下，长期可靠性并不是一个首要考虑因素。要充分认识到，对于长生命周期的大坝来说，仪器的耐久性问题是不同的，一些可用的仪器并不适合在大坝上使用。最新的和最好的仪器总是诱人的，但是当考虑到将其用于大坝时，性能长期可靠的连续记录显然是更可取的。

11.2.5.2 尽可能简单

选用一种可提供所需信息，且尽可能简单的仪器或仪器观测系统，这关系到长期可靠性问题。复杂的系统带来更大出错的机会。当突然出现异常数据时，复杂的仪器（可能看起来像是“黑盒子”）可能面临数据有效性问题。当它们显示的情况与预期不符合而这些数据又不可信时，拥有这些仪器又有什么用?

11.2.5.3 防破坏

长期可靠性的另一个要考虑的因素是如何防止这些仪器被破坏。由于恶意破坏，损失一台不可替换的设备显然是一个很糟糕的情况。对于仪器来讲，封闭的坚实的保护罩是非常重要的。例如，使用太阳能电池板发电是容易遭受破坏的，虽然太阳能电池板可以替换，但当备用电池耗尽的时候，数据采集将会停止，从而导致数据中断。经常替换损坏的太阳能电池板也是非常不便和昂贵的。

11.2.5.4 低维护需求

从成本和便利性的角度来看，低维护需求或不用维护是真正理想的，并且对长期可靠性来说也是非常有利的。不能实施所需的维护可能导致仪器停止工作。如果不需要维护，那么仪器耐久性方面就不存在风险了。

11.2.5.5 与采用的施工技术相兼容

仪器安装应与正在进行的施工活动相兼容，主要有以下两个基本理由：

(1) 使仪器安装成功和符合要求；

(2) 安装仪器不会对施工中的大坝产生不利影响。

仪器安装与施工不兼容的典型实例是，在施工中的大坝坝体或下部安装大量开放立式测压计。测压计的立管及其周围的防护墩需要垂直延伸到大坝顶部。这对设备放置和坝料压实形成了大量障碍。图 11.2.5.5-1 示出在建大坝的仪器防护墩。

图 11.2.5.5-1 在建填筑坝上仪器周围的防护墩

铲运机和压实设备有损坏仪器设备的显著风险。过大比例的坝体填筑料因防护墩而专门压实，对坝体是不利的。而且，还必须确保防护墩附近的填筑料压实良好。1996 年，Bennett 大坝在与仪器安装有关的专门压实区中出现落水洞是一个令人警醒的事件。图 11.2.5.5-2 是其中一个落水洞的照片。

11.2.5.6 低成本

在所有其他因素相同的情况下，成本较低的仪器设备是优先选择的对象。然而，在牺牲本节所讨论的其他原则条件，而达到节约成本是不明智的。成本虽然重要，但是在本节讨论的原则中，成本可能是最不重要的因素。

11.2.6 详细的仪器信息来源

仪器设备和安装方法总是不断变化的，本章中提供的具体详细信息可能很快就会过时。因此，本章讨论的设备类型和安装方法是更通用的，以提供更加持久的关键信息和基本原则。

在下面讨论具体仪器设备和方法时，只提供了有限的图片和图表，主要有两个原因。从根本上讲，是已经有了提供这些信息的很好参考资料。再者，从实用的角度看，

图 11.2.5.5-2 Bennett 坝的落水洞被认为是由于仪器周围的填筑材料压实不足造成的

约翰·邓尼利夫题的著作《监测现场性能的岩土仪器》长达 500 页，是很多图片和图表的很好来源，但其太长的篇幅不适合用于此。

在 11.14 节“参考资料”中包括大坝安全监测方面的一些相当长的信息汇编。下面列举几个最有用的关于仪器和仪器安装的详细信息源。尽管任何出版的书在出版后会过时，但下面的信息源包含了大量有用的信息：

(1) 约翰·邓尼利夫 1993 年出版的《监测现场性能的岩土仪器》，人们普遍认为这本书包含了最全面和最详细的岩土仪器信息。

(2)《土工技术新闻》(BiTech 出版有限公司)。约翰·邓尼利夫表示，他不打算更新 1993 年的书 [见 (1)]；然而，他计划在这个杂志上定期发表与岩土仪器有关的、具有新想法和新发展的文章和信息。

(3) 1987 年 1 月，垦务局出版的《填筑坝仪器手册》。这本出版物在一些方面已经过时，但它包含了很多有价值的信息。

(4) 2005 年 6 月 7 日，垦务局出版的《大坝水管式水压力计操作和维护指南》。这本出版物包含当前在水管式水压力计安装方面的基本信息。

(5) 1997 年，垦务局出版的《水测量手册》。这本书是量水堰、测流槽和其他测流方法的重要信息源。它包括了将各种各样的量水堰、测流槽的标尺读数转换为流量的公式和图表。虽然它已经出版多年，但现今仍被认为是适用的。

(6) 2000 年，美国土木工程师学会出版了《监测大坝性能的仪器和测量指南》，这本指南由该学会的仪器观测和监测工作委员会编制。指南包括了汇编的一系列主题信息。新组成的工作委员会，在 2011 年开始更新这本指南。

仪器制造商在他们的网站会展出他们现有的设备。通常，其中也包含了有用的应用和安装信息。此外，设备制造商的销售人员有大量的可分享的实际经验。虽然提供的信息可能需要独立验证，但仍是巨大的信息来源。

11.2.7 安全性考虑

从大坝的监测系统中收集和传输的所有信息，均被认为是高度敏感和仅供官方使用的。从原始数据到基于数据的图和报告，仪器信息仅在需要知道的基础上共享。这包括了所有仪器的详细信息、仪器系统的图纸、大坝的几何信息、水库水位数据、运行数据、站点接入信息以及对风险与后果的评估。为了安全起见，任何使用此类信息的出版物和公告都要进行审查。应保证在严格限制的基础上访问与信息和数据文件相关的仪器。

11.3 渗流监测

11.3.1 概述

每座填筑坝的渗流、排水和减压井的流量都应定期、准确地测定，除非存在安全和无法进入的问题，在后者情况下，应该定期采用目测估计流量（每分钟）。渗流和排水量监测也必须了解与流量相关的坝料流失问题，水流悬浮物中可能携带坝料是首要关注点。

沿渗流路径设置的泥沙拦截装置（堰箱、堰前静水池、检查井中的静水池，设计的泥沙拦截装置等），可以连续监测可能被水流携带的泥沙，并收集泥沙，以便后续观察。由于随渗流的泥沙输移，通常是偶然的过程而不是稳定的过程，所以能够持续监测是非常重要的。泥沙拦截装置应该尽可能沿所有的渗流路径设置。此外，在可能的情况下，泥沙拦截装置处应该漆成白色，这样收集的任何泥沙都容易观测到。如果设置泥沙拦截装置不可行，则应该尽力采用近距离的目测观察，来寻找渗流携带泥沙证据。

监测随渗流的材料输移，使用浊度计可能是一个完美的方法。然而，实践中，还未能证实这些设备可以用来提供有用的信息（见 11.3.3.7 节）。

没有实际的性能数据，很难估算填筑体及其基础的渗透性。精确到某一数量级的估算值，其实是各种情况下都有可能出现的值。因此，流量监测装置应能够准确地监测大范围的潜在水流。用螺栓将堰板（V 形、矩形等）固定在混凝土端墙上，有很强的灵活性。例如，放置一个 V 形堰板，当流量超过其测量范围，堰板可改为矩形的。梯形堰槽可以准确监测更大的流量，不过在堰前缺乏必要的拦截泥沙的静水池。因此，量水堰仍是首选，除非在使用测流槽时，沿着渗流路径设置适宜的泥沙拦截装置。

垦务局的《水测量手册》是量水堰、测流槽和其他流量测量方法的重要信息来源。它包括了将各种各样量水堰和测流槽的标尺读数转换成流量的公式和图表。

11.3.2 应用

11.3.2.1 与潜在失效模式相关的具体问题

与渗流相关的内部侵蚀失效在溃坝历史记录上约占 50%。因此，准确地监测所有渗透、排水和减压井流量，这对于得到流量性能历史变化情况，以及随水流的材料输移证据都是非常重要的。随渗流的材料输移可能是内部侵蚀失效模式启动和发展的直接证据，在技术评估表明是其他情况前，都应保持这种认识。同样地，渗流增加的形式（响应库水位变化）可能表示流动路径随时间越来越开放，是由于内部侵蚀失效模式的发展，在技术评估表明是其他情况前也应保持这种认识。新的渗流区或潮湿区表明大坝、坝基和/或坝肩的渗流性能有变化。这时也应及时调查，以确定内部侵蚀失效模式是否正在启动或发展。

由于现场实际情况可能与设计和图纸（甚至是已竣工的）示出的情况不同，即便对已提供了反滤保护设计的水流路径，也应密切监测渗流与历史流量的不同和材料随水流输移的迹象。一些坝趾排水管的闭路电视检查揭示管道有破裂或损坏的情况，这是因为反滤料进入坝趾排水管中，导致反滤保护损坏。

11.3.2.2 一般性能问题

减压井、横向排水系统以及其他排水系统，会由于化学、矿物或有机物沉积而导致性能下降。监测这些设施的水流以及附近的水压力，可以知道什么时候需要冲洗或重新修复，以恢复其期望的性能水平。

可以制定监测方案来尝试建立地下渗流的一般模式，尤其是当出现异常渗流时。可以采用自然电位测量和电阻率测试方法，协助确定更广泛领域的一般渗流模式。

11.3.3 仪器类型

11.3.3.1 桶和秒表监测（容积法监测）

获取渗流量最简单的方法是测定装满一个已知体积容器的时间。这种方法适用于一个相对较低的流量，并且水流已经集中到一个特定的出水口位置（通常是一个管或三角堰），并且能够将所有水流汇集到容器里（即在水流下方存在足够的空间存放容器）。这个方法仅对大约 25～30gal/min 的流量有效，除非使用一个很大的容器。

11.3.3.2 量水堰

水流通过量水堰进入堰后的静水池，量水堰可以控制水流的排放。堰的主要类型有 V 形堰、辛普莱梯形堰、矩形收缩堰和两端不束窄的矩形堰，它们只是控制水流泄放的几何形状有所不同。在堰上游的一个合适点位（避开堰附近水位下降的影响）测量堰顶上静水池水面到堰顶的高程。然后，利用垦务局《水测量手册》中给出的相关性，将高程差换算为流量。《水测量手册》中的相关性是在假设堰的标准条件得到满足的基础上建立的。所有垦务局量水堰的设计和建造都应满足《水测量手册》中的相关要求，否则，手册中给出的相关性是无效的。图 11.3.3.2-1 列举了几种不同类型的量水堰。

堰的水流表面须保持无杂物和清洁，以便水“跃”出堰板。全流量收缩是在堰的两侧（除抑制堰外）和底部都收缩，同时在堰顶高程以下，水流必须自由下落，垂直距离不小于 0.2ft。在量水堰堰前设有拦截泥沙的装置，这对于监测内部侵蚀潜在失效模式是非常重要的。当采集流量数据时，应对拦截的泥沙进行检查，若出现任何沉积的迹象，都应立即报告。

11.3.3.3 测流槽

测流槽的基本原理和量水堰是相同的，但是控制水流不从堰顶跃出。测流槽是一个

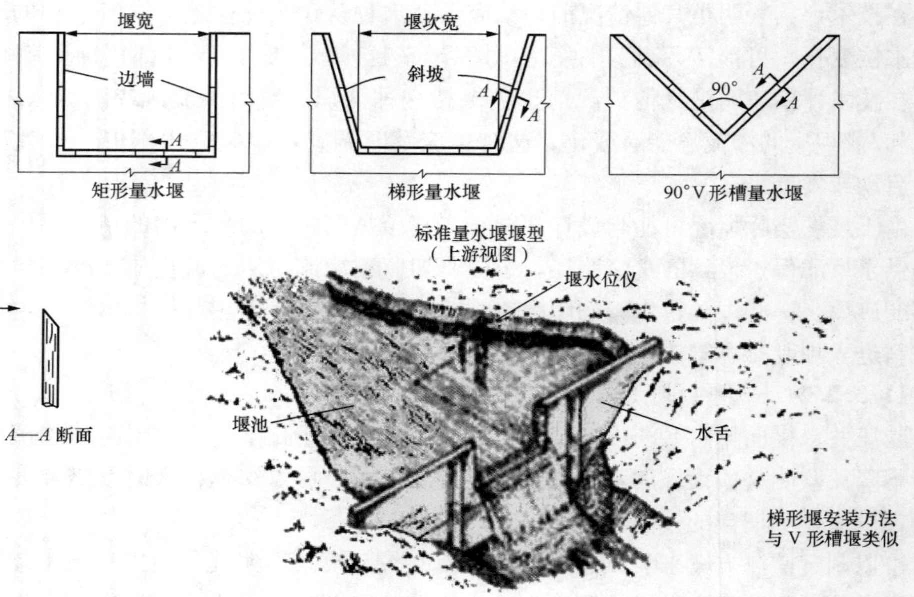

图 11.3.3.2-1　几种不同类型的量水堰

标准化的狭窄通道，在通道的上游和下游都有倾斜的过渡段。梯形槽侧壁是倾斜的，而巴歇尔槽侧壁是垂直的。由于梯形槽倾斜的侧壁结构，它们能准确地监测更宽范围的流量，因此，梯形槽常常比巴歇尔槽更实用。

测流槽处尾水较高（确切高度取决于具体的测流槽），需要确定其尾水以及上游水位的高程，并利用相关关系得出合理的流量。与量水堰一样，《水测量手册》中已经定义的标准水流条件对测流槽是非常重要的。满足这些条件，才可使用《水测量手册》中提出的流量表和相关关系确定准确的流量数据。

11.3.3.4　流速计

在已知几何形状的管道中，或者管道中流速和水量的相关关系已经确定的情况下，可以用流速计来测定流量。简单的流速计采用涡轮状的螺旋桨，它是绕一个与水流平行的轴旋转，其速度与流速成一定的比例。知道了该设备的转速和特性就可以计算出流速。更先进的流速计是利用电磁原理，即导体（水）移动通过磁场（探针），产生电压，该电压与导体（水）的运动速度成正比的。通过读取探针上相隔点的电压差和已知的相关性，可以确定水的流速。

为了正常工作，这些精密的仪器需要悉心维护，还必须经常校准。传感器针上的附着物会对采集的数据产生影响。根据在 Virginia Smith 坝上使用两种类型流速计的经验，因为螺旋桨设备相对简单，而且所得数据连贯，最终只采用了螺旋桨式的装置。据推测，可能是由于传感器上的附着物，使电磁速度计产生较多不稳定数据。在流速高和泄量大的地方，因为传感器上附着物不显著，电磁速度计可以获取更稳定和更可靠的数据。

11.3.3.5　水质分析

为了监测渗流中的泥沙输移，应采集水样本，对总溶解固体量和总悬浮固体量的浓度、常见的阳离子和阴离子浓度、pH 值以及其他参数进行分析。水质监测是即时监测，当泥沙输移突然喷出时，水质监测方案不如连续监测有效。通常，泥沙输移是不能假定为连续发生的，所以这种方法不能用作对渗流过程中泥沙输移的日常监测。

从现场几个位置采集的样本分析得出的水质数据中，可以获得关于材料溶解模式的一些信息。如果采集不止一天的数据，可以查明现场材料溶解物随时间变化的情况。如果关心渗流中是否有石膏或硬石膏溶解物，这个方法可能是有用的。同时，也应该注意帷幕灌浆中胶凝材料的析出。这些水质监测项目持续时间最多可达一或两年，可以用来解答溶出或析出问题。水质监测不是大坝日常安全监测的一部分，而是对日常安全监测的补充。水质监测方案需要认真地规划和实施，但有时结果是不确定的。

11.3.3.6　拦截悬浮物

监测随水流输移的悬浮物，一个简单但有用的方法是把一个滤袋放在排水道上，拦截那些粒径比滤袋网眼大的颗粒。通过指定的时间，就可以识别颗粒的堆积量，进而可以确定近似的堆积率。不过，一定要注意确保滤袋不堵塞，以免阻碍排水（这可能是一个非常不利的情况）。

可以沿着水流路径设置泥沙拦截装置，但不能设置的地方除外（如用测流槽测量流量之处）。水流可以引入并通过桶、水桶和罐等，这些容器内部最好是白色的，以便观察收集到的泥沙。应检查泥沙拦截装置的布置，以确保设在低流速处，使任何泥沙都能沉淀下来并被收集在装置中。

11.3.3.7　浊度计

可使用浊度计进行监测。在水中发射已知量的光，记录光从发射处到接收处经途中散射后的光量。光散射量的增加与水中悬浮物的增加有关。要使这种方法有效，必须要维持发射处、感测处以及该路径上的发射镜的光学性能在一个恒定的清晰度水平下，这也被证明是个问题。由于这个问题，在 Virginia Smit 坝上安装的计划永久使用的浊度计已经停止使用。持续变化的数据表明，在光学面和反射面上有附着物，使水质可能发生变化的信息模糊不清。

便携式浊度计可用于定期检查水的清澈度。因为仪表装置只是短时间放置，这可以防止光学面和反射表面的附着物问题。然而，定期检查浊度是一种即时监测，当泥沙输移偶发时（瞬间发生），即时监测就不是很有效（而且可能会产生误导性的结果）。通常情况下，不能假定泥沙输移是连续发生的，因此便携式浊度计不能用于监测渗流中可能的泥沙输移。

11.3.3.8　温度监测探头

温度监测可用于在一定区域获取一般形式渗流的信息。这种方法背后的原理是在空气温度有显著季节性变化的地区，水库里的水（也包括渗透水）也发生季节性的温度变化。温度探头网建在地面以下至少 6ft 的区域（很大程度地避免由于日常气温变化导致的温度变化）。每个探头记录的季节性温度变化幅度与探头在已知的无水流区有关，同时与该区域出现的渗透水也有关。随着时间的推移，比较每个探头数据，可以得到地下渗流潜在的变化信息。这种方法假定，在一个区域内材料的热性能是相对统一的，但在很多情况下，这种假设是不合理的。这种方法在 VirginiaSmith 坝中使用了很多年，但因为与其相关的成本和工作与大坝安全监测所得收益失衡，所以该方案最终处于搁置状态。如果在该坝址有重大渗漏问题时，该方案可能会恢复使用。

振弦式测压计一般使用热敏电阻作为仪器传感元件的一部分。若密集埋设了一组测压计，可以探寻异常的温度变化，这些温度变化可能是由于区域内大的或相对集中的渗流造成的。虽然这个理论非常有趣，但不确定能否从这种类型的监测中获得实际成效。

11.3.3.9 温度监测光缆

与使用探头进行温度监测类似，也可以安装光缆进行测温。沿着光缆每间隔约 3ft 测温度值，以找出温度异常值，这些异常值可能是渗流造成的。这个方法如图 11.3.3.9-1 所示。

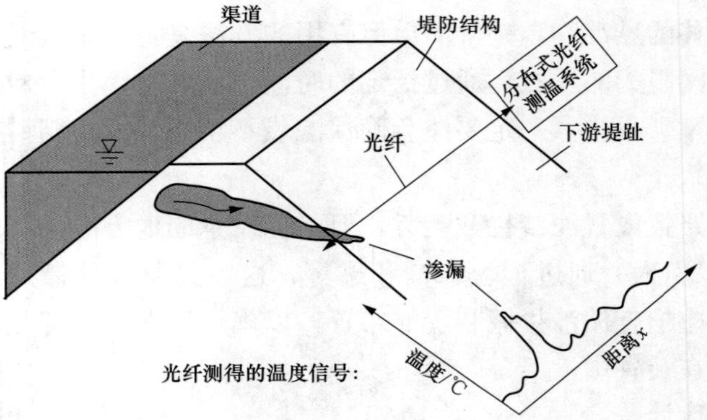

图 11.3.3.9-1 采用光缆测温示意

在光缆中有个加热元件，在进行渗流测试时，加热光缆，在加热过程中会发现渗流区域的温度局部降低，而加热停止时，该渗透区域会比邻近区域冷却更快。

11.4 水压力监测

11.4.1 概述

水压力信息被用来监测各种情况，主要包括以下几个方面：①地下水水位；②在坝肩、基础和/或下游区域的特定地质单元中的孔隙水压力；③因大坝填筑施工引起的填筑体和基础材料中的超孔隙水压力；④灌浆帷幕、防渗墙、截水槽、不透水填筑区和其他渗控措施的防渗效果；⑤减压井、坝趾排水、垂直排水、铺盖排水、其他排水措施的性能和效果；⑥施工降水措施的性能和效果。

11.4.2 应用

11.4.2.1 与潜在失效模式相关的具体问题

在确定大坝与渗流相关的潜在失效模式时，对于识别需特别关注的区域或情况，水压力数据是非常有价值的。特别关注的区域或情况的实例就是，在一个区域内，从一处到另外一处或一种材料到另一种材料存在水力梯度，或者没有反滤保护措施的区域，这些都可能使材料穿过该区域或材料的边界线而输移。另一个实例是在高水力梯度的区域，可能引发材料随渗流输移。重要的是，由于水压力仪只提供了具体位置的数据，因此它对探测坝内部侵蚀失效模式并不是一个好的方法。而期望在发展中的内部侵蚀失效模式路径上正好设有监测仪器，似乎是不太可能的。假定这样一个不太可能发生的事情也是非常不明智的，尽管因渗流问题而进行安全改造的 Ochoco 坝最早的渗流迹象是测压计提供的高且不稳定的测值。在 11.2.2 节“巡视检查的重要性”中列出了与典型潜在内部侵蚀失效模式有关的关键监测参数，它们中没有一个与水压监测有关，而渗流监测和巡视检查是关键活动。

有一种类型的潜在失效模式，水压力可以提供与大坝下游坝趾区扬压力有关的先导信息。如果下游坝趾区域出现高扬压力，可能会导致流土或破坏反滤保护的隆起，此时监测扬压力就显得非常重要，特别是洪水期间，当扬压力超过历史最大值时。可能引起大坝破坏的下游坝趾区的流土，主要是由于：①边坡逐渐失稳，导致漫坝；②流土位置突然出现大规模渗流引起内部侵蚀破坏，渗流路径扩大，并最终溃坝。如果关注流土，则需要收集和评估水压数据，从而可以对洪水期潜在扬压力进行估算。如果评估认为洪水引起的扬压力会导致失稳，则必须在洪水发生之前采取补救措施。在遭遇洪水时才发现问题，基本上对防止大坝破坏没有用处（唯一的益处是，在溃坝事件中采取紧急行动计划，减少下游潜在的生命损失）。

另一种类型的潜在失效模式，当地基或筑堤材料有可能液化时，采集水压力数据可能是有用的。在潜在的可液化材料中，水压监测仪可以示出这些材料何时出现液化，及水压力如何升高。事实上，如果仪器实现自动化，这样的监测是能提供有用的大坝安全或潜在的破坏信息。自动化设备包括一个地震触发器，在出现地震时，会触发并进行非常频繁的测读，并可以实时遥传给工作人员，以便他们在大坝出现液化现象时做出紧急应对措施。否则，这些监测仅仅具有研究价值。

11.4.2.2 一般性能问题

水压力数据对于很多性能问题都是有益的，除了在 11.4.2.1 节中列举的部分，还包括以下项目：

（1）检查水平铺盖排水的上、下水压，确保它们可以自由排水，并有足够能力使水流通过。

（2）检查混凝土溢洪道和泄水建筑物消力池下部的扬压力，以确保排水有效，可以防止结构浮托问题。

（3）通过查看绝对水压力读数，了解填筑体和基础材料的绝对和相对渗透性，以及库水位变化和所测水压力变化之间的相关性。

（4）了解不同的基础单元和填筑区域，以及基础/填筑体接触部位渗压梯度和水压力之间的相关性。

（5）查找填筑体或基础材料里因施工引起的超孔隙水压力，超孔隙水压力可能会导致坡体失稳。

（6）检查灌浆帷幕、防渗墙、截水槽、不透水填筑区和其他渗控措施的防渗效果。

（7）检查减压井、坝趾排水、垂直排水、铺盖排水和其他排水设施的性能和效果；

查看邻近这些设施的水压力是否与设计预期值一致，以及随时间变化是否在设计预期值内。水压的升高可能预示着减压井性能下降，需要进行恢复工作。对于其他设施，性能下降也可能需要进行更换或其他整治工作。

（8）密切监测施工降水系统的性能和效果，以便在工作区域发生洪水、滑坡等之前做好相关工作。

如 11.4.2.1 节所述，重要的是要记住：水压力数据反应的是仪器安装位置的情况，而渗流数据则是与坝址区域相关的。因此，渗流监测装置系统可以有效地对整个坝址区进行监测，显示与渗流相关的潜在内部侵蚀破坏模式发生和发展的迹象。然而不管设多少水压力监测点，也无法达到监测覆盖整个坝址区。

11.4.3 仪器类型

11.4.3.1 总则

水压力监测方法分为两大类：开放系统和封闭系统。有些人认为，开放系统指的是监测的水暴露在大气条件下，因此，系统中的空气可能会被忽略掉。而另一些人认为，开放系统意味着仪器传感部分监测的水是可接触的，因此，检查水位的方法不止一种。不考虑定义，观测井和立式测压计是开放系统的仪器。水管式水压力计、气动压力计、差阻式测压计、振弦式测压计和光纤测压计是封闭系统的仪器，封闭系统仪器即埋设安装后传感器密封不接触大气条件且人不能进入。封闭系统的测压计有一个传感器和电缆，将压力信息从传感单元传送到测读位置，并使用压力表或其他读出设备测读压力值。

11.4.3.2 观测井（水位孔）

观测井是获得水压信息最简单的方法。勘探钻孔经常被用作观测井。通常情况下，观测井是在钻孔中埋设有槽孔的塑料管并用细沙回填。塑料管延伸到地面并放置在一个可锁的保护罩内。一些路面上，在仪器装置顶部会留有一个小的防破坏的检查孔框，并和路面保持齐平。通常顶部密封使用混凝土、砂浆或膨润土，以防地表水进入影响水位数据。用水位计来测量管内水距离顶部已测位置的水深（参考位置一般是塑料管的顶部或是保护罩上某个点）。这种方法费用不多，但仅适用于孔内只有一个无压含水层的情况。若是观测井中有不止一个含水地质构造，那么水位数据代表什么就比较难确定（如某一个地层或哪个都不是）。在这种情况下，水位数据一般会接近渗透性最强的地层的水压。

11.4.3.3 竖管测压计

11.4.3.3.1 开槽测压计

开槽测压计与观测井相似，在设计上的差别是，水只能通过间隔不连续的区域进入塑料立管内，这个区域称为影响区。影响区只与某个地质构造或填筑体的一个区有关。一个竖管测压计的影响区长度为 3～6ft。图 11.4.3.3.1-1 示出测压计和观测井的差异。

在影响区，塑料管是开槽的，并在其四周填充比地基或填筑料更具渗透性的级配砂，且这些材料符合反滤标准。在其他区段，竖管是不开槽的。尽管在市场上有开槽宽度不同和排列不同的管，但通常做法是在管周凿三排 0.01in 宽的、沿管周 120°的槽。在影响区以上环绕竖管用膨润土密封，长度至少 5ft（如果适用的话，影响区以下也一样），从而防止钻孔区内水流垂直渗入影响区。

在同一个孔中安装测压计不应超过两支。一个孔中若超过两支测压计，由于膨润土截水层的缺陷，获得无效数据的概率会变得很高。如果可行，在一个钻孔中只安装一支测压计是理想的，而不必关注膨润土截水层以及可能影响数据的问题。

在施工过程中，也可以将开槽测压计安装在填筑坝里。然而，这对填筑施工会产生较大的干扰，可能会导致不良的施工或压实。此外，填筑体变形也可能导致安装的仪器受到破坏。如果采用这种安装方式，那么在大坝施工过程中，可以在竖管周围设置防护墩，并采用专门材料压实。

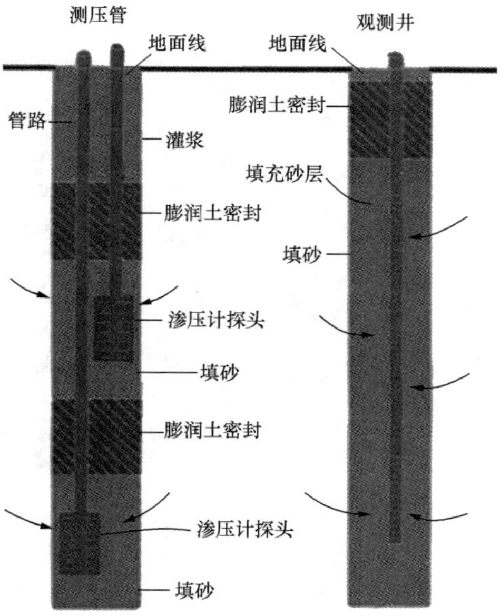

图 11.4.3.3.1-1　竖管测压计和观测井示意图

11.4.3.3.2　多孔测压计

多孔测压计与开槽测压计相同，只是在影响段采用一小段（大约 2ft 长）多孔“石”代替开槽管，多孔“石”通常是氧化铝或高密度聚乙烯塑料，其有效孔口尺寸为 1～100 微米。在影响区，如果开槽测压计的槽孔尺寸大于现场材料的颗粒尺寸，颗粒会进入塑料竖管，这时应使用多孔测压计而不是开槽测压计。在细颗粒土料中推荐使用多孔测压计。

11.4.3.4　水管式水压力计

由于从传感器到终端位置需要两个充水管路传输水压信息，因此水管式水压力计有时也被称为双管式水压力计。传感器有一个（或两个）类似于多孔测压计的多孔石，以保护充水腔，防止土颗粒进入。充满水的水腔与双管连接。图 11.4.3.4-1 是在大坝填筑材料中安装水管式水压力计的示意图。

在终端位置，每个水管与鲍登压力表连接，直接显示水压信息。计及压力表和传感器之间的高程差后，可以确定传感器的水压。终端结构必须放置在适当的位置以保证管路中是正压力。终端结构（或终端井）设有水泵、滤水器和空气装置，以定期清除管路中的空气（空气会导致数据不准确）和细菌的生长（这可能导致管路堵塞和仪器失效）。图 11.4.3.4-2 的照片是在一个水管式水压力计终端拍摄的，而图 11.4.3.4-3 是水管式水压力计终端井典型设备的安装说明。

多孔透水石的有效开孔尺寸大约 1μm，因为空气不能形成气泡通过透水石，被称为“高标准进气口”，除非在几个大气压下才有可能。在现场材料渗透性低和区域并不总是饱和的情况下，具有高标准进气口的多孔透水石可以获得压力计更及时的反应。当不存

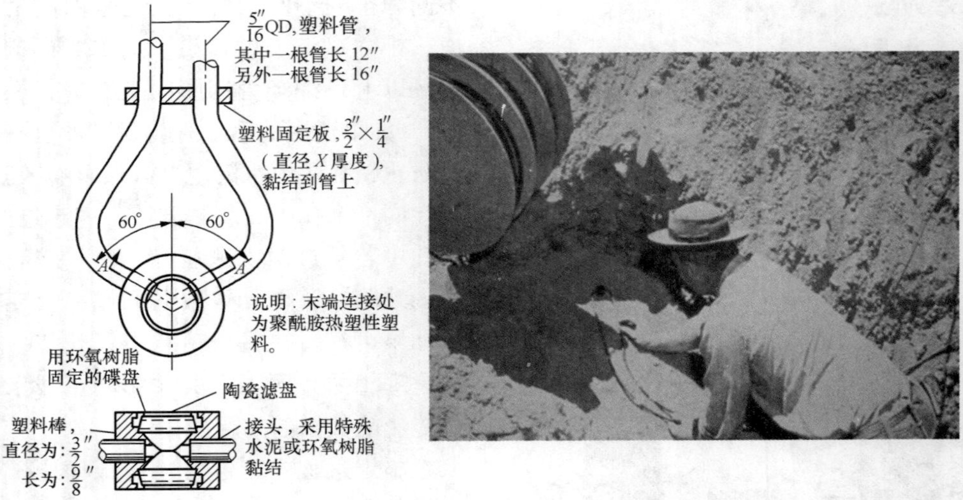

图 11.4.3.4-1　坝体填筑料中使用的水管式水压力计

图左边主要是测量仪器，空气装置和滤水器。右边是多对鲍登压力表，1 个水管式压力计与 2 个压力表相连。

图 11.4.3.4-2　水管式水压力计终端（照片）

在上述情况时，可有效应用具有更大有效开口尺寸（约 100μm）的多孔石。

由于水管式压力计的操作和维护要求是很重要的，垦务局已经制订了《大坝水管式水压力计操作和维护指南》(*Operations and Maintenance Guidelines for Hydraulic Piezometer Installations at DAMS*)（出版于 2005 年 6 月 7 日），对操作和维护要求进行了全面、深入地讨论。本章中的信息取代了《土石坝仪器手册》(*Embankment Dam Instrumentation Manual*)（出版于 1987）中的类似信息。在这些文件中主要讨论了以下几方面内容：

（1）水管式压力计终端井的安全入口；

（2）水管式压力计终端井的状况监测；

（3）水管式压力计的日常测读；

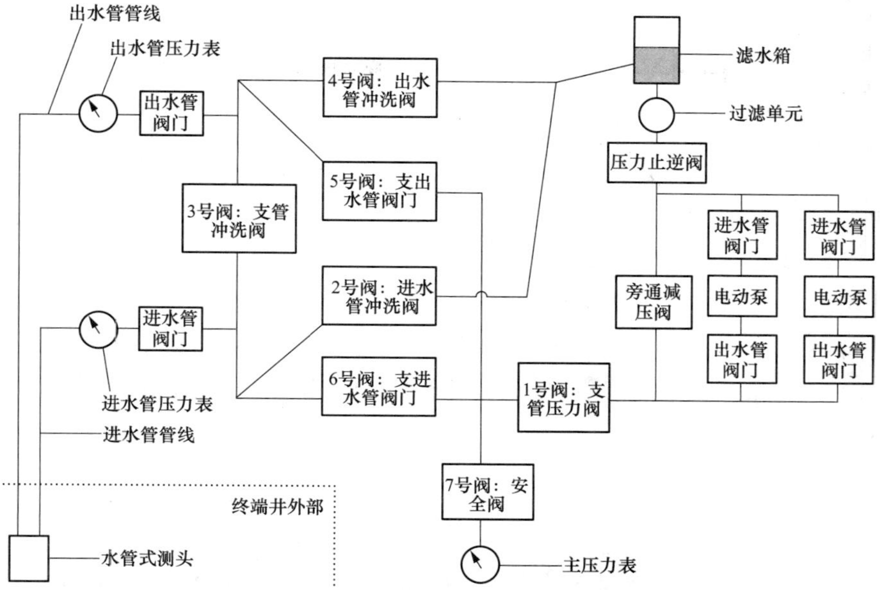

图 11.4.3.4-3 水管式水压力计终端井设备安装示意图

(4) 水管式压力计设备的年度维护；

(5) 水管式压力计数据的整理与评价；

(6) 与水管式压力计装置有关的渗流引起的潜在内部侵蚀破坏模式；

(7) 水管式压力计的报废。

水管式压力计装置需要持续不断的维护，且其管路会随时间老化，大约使用 30 年后仪器会基本失效。因为这些弊端，自 20 世纪 80 年代起，垦务局不再建造新的水管式压力计。一批老式的水管式压力计装置已被废弃，不过许多仪器仍在大坝中使用。

11.4.3.5 气压式测压计

气压式测压计利用气体，通常是氮气，将水压信息从传感器传递到测读位置。传感器有一个类似于多孔测压计的多孔石，保护水腔，防止土颗粒进入。腔体内的水作用在非金属弹性膜片的一侧。在测读时，从终端结构通过管道输入气体，气体作用在膜片的另一侧，并直到气压稍稍大于腔体里水压。在这一点，膜片有轻微的移动（“抬升”），并通过另外一个管道使气体回到终端位置。当发出端的气压与传感端的水压力相匹配时，在传感单元和终端位置之间就建立了连续的循环流。随着气流降到一个很缓慢的速率（由于管壁摩擦使压差减至最小）时，在终端位置读取气体压力。

11.4.3.6 差阻式测压计

如同气压式测压计，差阻式测压计的传感器有多孔石保护充满水的腔体，水压力在此处作用于膜片上。膜片在压力作用下发生变位，这些变位导致与膜片连接的电气电路产生电阻差。电路运行回到终端位置，就可以确定传感器的电阻，这意味着可以通过已知的校准信息来确定水压力。但电路的电阻水平发生变化可能是由于施工过程中电缆的连接和温度引起的电缆电阻变化，而不是传感器的电阻变化，因此，通常认为这种方法不如振弦式测压计。

11.4.3.7 振弦式测压计

类似于差阻式测压计，振弦式测压计的传感器包含多孔石，允许水进入水腔并作用于膜片上，膜片随施加的压力大小而有不同程度的变位。在这里，膜片是不锈钢的，将一根高强度钢丝一端固定在膜片的中心，另一端固定在“端块”上。钢丝密封在一个不锈钢壳里，并且在制造时便设置一个预定张力。不同的水压力会在线体上产生不同的张力，这会导致线体振动并产生不同共振频率。传感器内的线圈/磁铁可使远程读出设备启动线体振动（拉拽），随后确定线体共振频率。读出设备由一个电路连接到传感单元。可以通过普通方程式和每一个传感单元的唯一校准常数，由振动频率值计算出水压力。图 11.4.3.7-1 是振弦式渗压传感单元示意图，图 11.4.3.7-2 是振弦式测压计的终端装置以及这些仪器所用的测读单元。

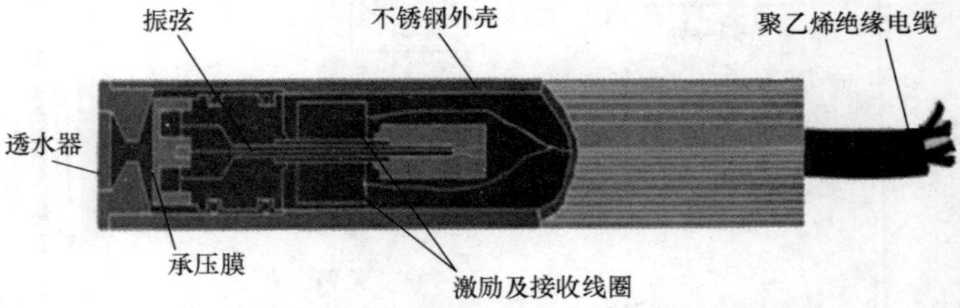

图 11.4.3.7-1 振弦式渗压传感单元示意图

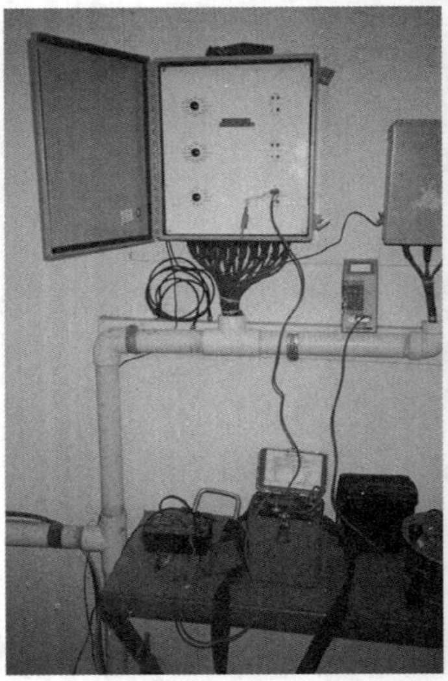

左图为振弦式测压计测读单元，右图为带锁的保护附件。

图 11.4.3.7-2 与振弦式测压计相连的室内（左）和室外（右）终端装置

11.4.3.8 光纤测压计

类似于振弦式测压计，光纤测压计传感器包含透水石，允许水进入水腔并作用于不锈钢膜片上，膜片随施加的压力大小而有不同程度的变位。膜片的一面是法布里-珀罗(Fabry-Rerot) 干涉仪的一个反射面，安装在膜片另一面附近的光纤反射面作为干涉仪的另一个反射面。法布里空腔长度上膜片的变位量可以通过相对干扰量准确测量，主要测量建设性的（同相光波）或破坏性的（异相光波），这些可以在光波两个反射面间多次反射产生的光信号中看见。光纤电缆将光信号传至测读单元，测读单元可识别输入的光信号，并建立膜片变位与作用在膜片上水压力的关联，这主要通过方程式和每一个传感单元的唯一校准常数来建立。

11.4.3.9　起泡式测线

起泡式测线是一端在水下另一端可接触的管路。通过可接触端将可控的空气压入管路。当管路中的空气压力达到或超过管路另一端的水压力时，管中空气冒泡溢出。通过这种方法，可以远程监测到管路端部的水压力。最常用的简单方法是，将压力传感器安装在观测井或测压计（通常是自动测读的）中，人工检查便可获得压力传感器的读数。图 11.4.3.9-1 为这种方法的示意图和照片。

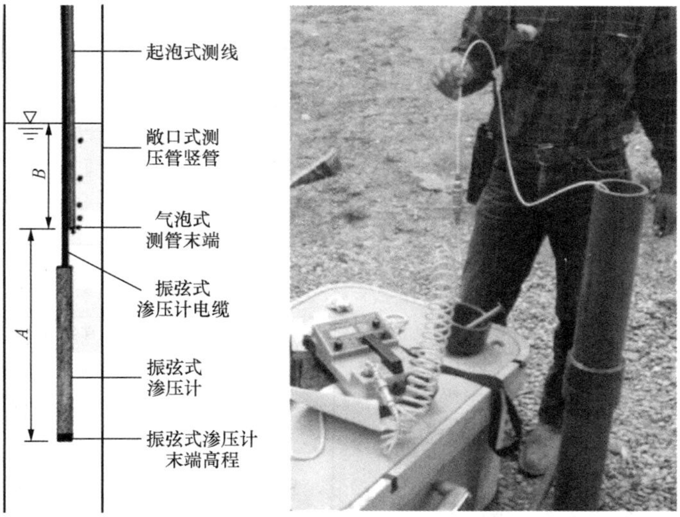

图 11.4.3.9-1　在安装振弦式测压计的测压管里用起泡式测线进行人工测读

11.4.3.10　常用的主要测压计的比较

表 11.4.3.10-1 列出了立式测压计、水管式水压力计、气压式测压计、振弦式测压计和光纤测压计的特性和参数的比较。该表反映了每一种压力计的优缺点，也代表了垦务局的当前观点。其他个人或组织可能有不同的观点。

由于立式测压计较简单，垦务局目前将其作为默认的选择。如果可行，在一个钻孔中只安装一支测压计，是非常理想的，既简单又能确保获得数据的有效性。当考虑施工实际情况、时间滞后因素、自动化等事项，测压计不适用时，垦务局认为振弦式测压计是封闭系统中最好的选择。在将来，光纤测压计可能成为封闭系统首要的选择，因为它们不易受雷击损害。然而，目前的费用、连接问题以及复杂性，使它们与振弦式测压计相比不太理想。雷击是一个普遍关注的问题，光纤数据传输线可以与振弦式测压计结合使用。

表 11.4.3.10-1 常用的主要测压计的比较

特性	立式测压计	水管式水压力计	气压式测压计	振弦式测压计	光纤测压计
使用时间	长	长	中等	中等	短
数据精确度	中等的	低	低	高	高
方法复杂性	简单	中等的	中等	复杂	复杂
在不透水土中的滞后时间	长	短	非常短	非常短	非常短
对新建坝施工干扰	很大	中等	中等	中等	中等
能否有一个中心测读位置?	不可以	可以（高程低时）	可以	可以	可以
允许距离中心测读位置的大约长度	不适用	600ft	600ft	10000ft	10000ft
获取读数所需时间	中等的	短	长	短	短
测读过程复杂性	简单	简单	复杂	非常简单	简单
可否测读负的孔隙水压力	不可以	可以	不可以	可以	可以
维护要求	低	高	通常低	低	低
未来出现问题的可能性	低	高	中等	中等	中等
其他评价	大坝施工期间由于坝体变形，立管可能会产生剪切或破坏。 钻孔中需要安装防水的膨润土塞	如没有定期和细致的维护，可能会出现许多问题，并随时间恶化	施工期间管路易损。 必须防止水分进入管路	黑盒子性质不理想。 防雷很重要，但即使有保护，雷击损坏仍可能发生。 附近输电线路或设备会影响数据。 电位零点可能漂移（随时间失去精确校准）	黑盒子性质不理想。 读出信息含义模糊；花费昂贵

11.5 土压力监测

11.5.1 应用

11.5.1.1 与潜在失效模式相关的具体问题

对于与渗流相关的内部侵蚀失效模式，特别令人关注的是填筑体/结构接触的位置，结构是贯穿于填筑体上游下游方向的。结构的存在可导致水流在填筑体/结构接触部位集中，由于拱效应和使用的特殊压实方法，相对于其他区域这里材料的密实度可能较差。在填筑体/结构接触部位进行土压力监测，当集中渗流薄弱点出现或正在明显发展时，可以提供一个预警（虽然沿潜在渗流设置反滤保护是解决这个问题的直接和首选方式)。所涉及的结构最常见的是泄水建筑物或溢洪道，但也可能是压力管道或混合坝的填筑体/混凝土接触部位。

关于坝肩边坡稳定性问题，可以用预应力锚索或类似项目加固边坡以防止失稳。荷载传感器可作为这些装置的一部分，用于监测锚索的张力，以指明不稳定现象的发展(张力上升趋势)和/或需要重新张拉构件(张力下降趋势)。

11.5.1.2 一般性能问题

可以尝试测量填筑体内土压力，来识别容易成为集中渗流路径的低压区(也许是由于拱效应)。然而，土压力传感装置附近的土料需要专门铺筑压实(使用与相邻区域不同的方法)，数据的代表性让人怀疑，会使监测工作无意义(或者更糟的是，将不具代表性的数据认为是有效的)。

土压力计可用来评估拱效应对管道或其他结构侧向压力的影响。这项工作不涉及大坝安全性能监测，但将是一个有利于今后设计工作的研究性尝试。

11.5.2 仪器类型

11.5.2.1 总压力计或土压力计

气压式总压力计和振弦式压力计两者都是可用的。总压力计的传感单元由两个圆形不锈钢板在其外缘焊接而成，板块之间的狭小空间里充填去除了气体的轻质油。油腔通过一根短的小直径钢管与一个类似气压式或振弦式测压计的装置连接。同气压式和振弦式测压计的作用一样，仪器装置可以在远程测定油压力。油压力与施加在焊接在一起的两个圆形板表面的平均压力相匹配。

11.5.2.2 荷载传感器

荷载传感器通常有一个带圆柱形孔的钢筒，孔与钢筒同轴，张拉锚索、杆及钢丝等可穿过荷载传感器的中心。在荷载传感器四周沿轴向环绕布置3支或更多应变测量装置，来确定锚索的代表性平均应变值。了解荷载传感器材料的应力/应变特性，就可以确定作用其上的应力，这与通过传感器中心的张拉元件的应力相同。应变测量装置通常是振弦式应变计或差阻式应变计。这些应变计的原理与测压计是一样的，都使用相同的技术，只不过现在读数变化反映的是应变计端点间的变位，而不是一个测压膜片。

11.6 变形监测

11.6.1 应用

11.6.1.1 与潜在失效模式相关的具体问题

变形监测可以提供与潜在失效模式相关的信息，主要包括以下几种情况：

(1) 坝体或坝肩边坡的失稳迹象。

(2) 异常的坝体沉降或凹陷，可能表明渗流引起材料内部侵蚀。

(3) 填筑体的不均匀沉降，可能导致坝体开裂及产生渗流路径。

(4) 在附属结构结合处(溢洪道，泄水建筑物等)的相对移动，可以引起水流表面不规则，继而可能会产生空化、高阻压力等，导致结构的水流冲刷破坏。

（5）附属结构移动，可能表明基础问题或渗流引起的坝料内部侵蚀，后者在洪水期间可能会导致结构破坏。

（6）异常的坝体沉降或凹陷，可能导致洪水漫顶。

（7）地震造成的变形，可能导致坝体开裂产生渗流路径，或边坡失稳。

11.6.1.2 一般性能问题

相对于广阔的范围和各种情况，有价值的变形信息如下：

（1）一般坝体表面沉降和/或偏移模式。

（2）在坝体/基础接触处发生的沉降。

（3）基础的沉降/压缩。

（4）填筑体压缩。

（5）附属结构的沉降和/或偏移（溢洪道及泄水建筑物等）。

（6）当进行地下灌浆时，附属结构消力池的可能移动。

11.6.2 仪器类型

11.6.2.1 内部垂直变位装置

内部垂直变位装置（internal vertical movement，IVM）也被称为横梁式沉降仪，包括直径约 2in 的钢管，其随着填筑材料铺设垂直安装。在测量位置，将小直径管插入立管中（细管可以不受限制地移动），并将短（如 2ft）槽钢（横梁）水平向牢固地连接在小直径细管上。可根据需要在装置里面安装更多横梁，横梁垂直间距一般 10ft。用探头测定每一个横梁处小直径管底端的高程，从而监测横梁的垂直变位。图 11.6.2.1-1 示出两个 IVM 装置的横断面图。图 11.6.2.1-2 为嵌套管和与 IVM 装置连接的横梁、IVM 测量探头的示意图，以及 IVM 测量探头和 IVM 装置顶部的图片。

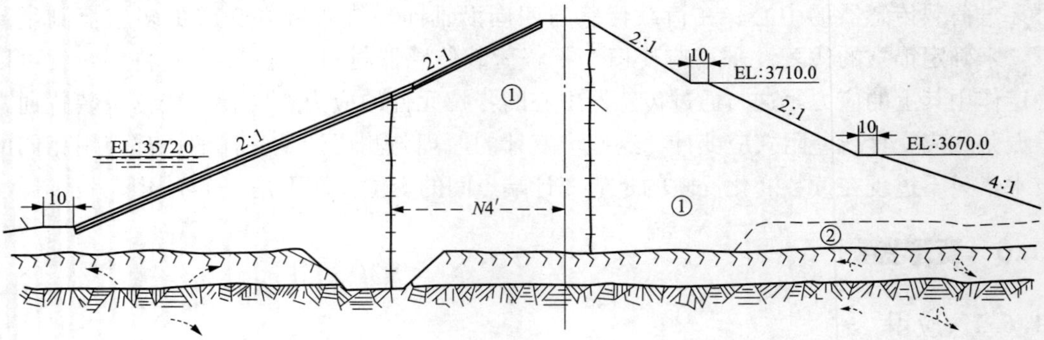

左边 IVM 装置的横梁底部是在基岩上，而右边 IVM 装置的横梁底部是在地基土上。

图 11.6.2.1-1 填筑坝中 2 个 IVM 装置的横断面图

11.6.2.2 沉降板

沉降板装置和 IVM 装置是一样的，但只安装一个横梁，通常横梁安装在基础与填筑体接触处。沉降板装置安装方式是：在需要监测的位置放置一个方形钢板（例如 2ft×2ft），认真找平，获得初始测量高程，在平板上填筑坝体材料直到填筑施工完成，然后在完成的填筑体顶部垂直钻孔至沉降板。在钻孔中放入小直径管直到沉降板高程，再将

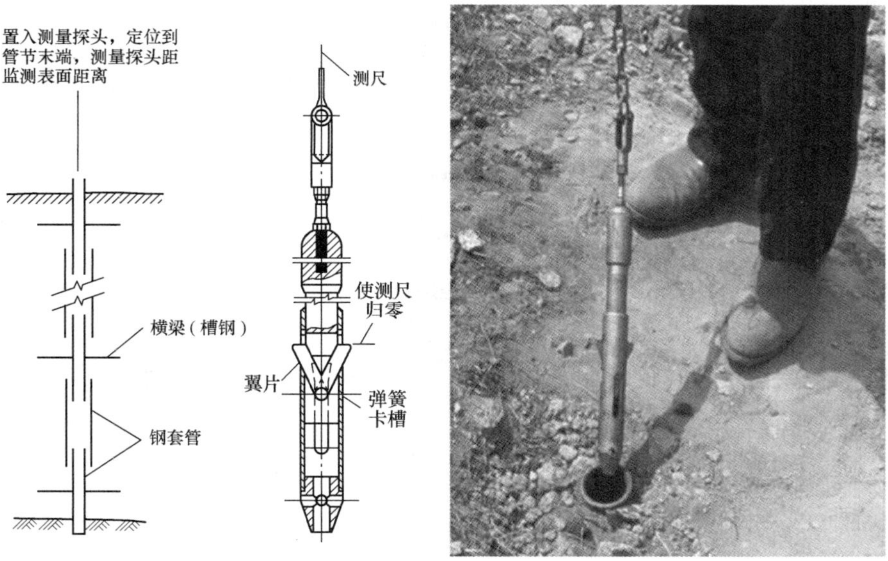

图 11.6.2.1-2　嵌套管和与 IVM 装置连接的横梁、IVM 测量探头（左）及 IVM 测量探头和 IVM 装置顶部（右）

1 个杆件置入管中，放在沉降板上并延伸到地面。管子隔离了填筑压缩对杆的阻力。已知杆件长度，测量杆顶高程，就可以确定该沉降板的高程（再与初始测量高程相比）。显然，在施工过程中没有采集到沉降数据，但如果这个不构成影响，那么这样安装就避免了对填筑施工的干扰。在 Davis Creek 坝施工过程中就成功地安装了这种类型的装置。

11.6.2.3　测斜仪

11.6.2.3.1　一般原则

测斜仪装置中的测斜管通常是垂直安装在钻孔中的，或者是随施工填筑放置在钻孔或填筑料中。测斜管材质为阳极氧化铝、环氧涂层铝或塑料，其直径约 3.5in。测斜管有四个垂直槽（相隔 90°），在交叉连接位置处是连续的，这使测量探头的弹簧导向轮在每次测读时能定位到孔中同一位置处。在连接部位每节测斜管不是相互直接顶触，而是容许有一些伸缩空间以适应将来周围材料的压缩。

11.6.2.3.2　测斜探头

测斜探头是采用力平衡伺服加速度计或微机电传感器（MEMS）技术，测量偏离垂直位置的倾斜角。虽然有部分探头只监测一个平面上的倾斜，但大部分探头可以监测两个平面（A 和 B）的倾斜度，其 A、B 向互成 90°（正交）。上下两对轮轴间的距离为测斜仪探头的有效长度（通常为 2ft），倾斜代表的是该段长度的倾斜。尽管探头可以从垂直位置测量到倾斜 90°，但常用的探头测量角度是从垂直位置倾斜 30°。通过在探头有效长度（通常为 2ft）内的测读，可以得到测斜管的完整轮廓。将探头连接到测读设备的电缆比较重，应对电缆进行标记，以便探头从一组读数到下一组读数时，测读位置是恰当且始终垂直的。从仅读取当前测斜读数，到可存储数据供以后传输用，有几种类型的测读设备可供选用。图 11.6.2.3.2-1 示出测斜探头、电缆和测读单元，以及在大坝现场会看到的仪器装置的顶部。图 11.6.2.3.2-2 为测斜探头测读以及测斜数据的示意图。

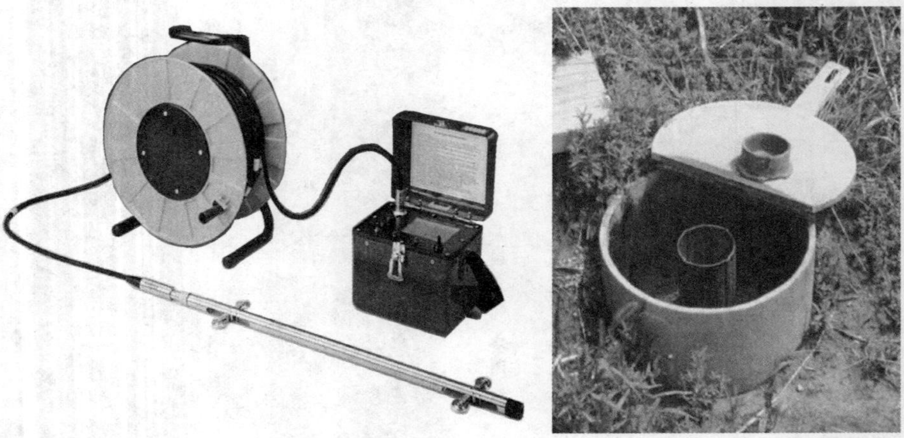

图 11.6.2.3.2-1　倾斜探头、电缆和测读单元（左）及大坝现场的仪器安装顶部（右）

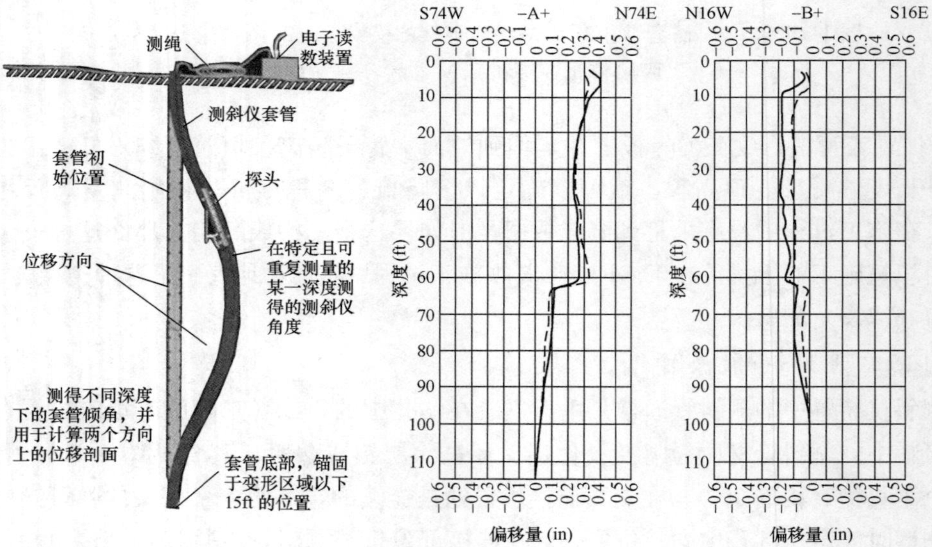

图 11.6.2.3.2-2　测斜探头测读示意图（左）及测斜数据示例（右）

（注：这是 2 个正交面上相对于套管初始准直线的变位，在深度约 61ft 处发生剪切）

11.6.2.3.3　固定测斜仪装置

固定测斜仪的传感设备与 11.6.2.3.2 节中描述的一样。不过，它是将一个或多个传感设备安装在测斜管的相应位置，作为一系列杆、支点和固定位置探头的一部分。相对于 2ft 长的探头，监测长度通常是 10ft 左右。常使用的便携式测读设备只简单显示孔中各传感器在两个方向的倾斜角度。重要的是，它只记录选定位置的角度数据，而使用测斜探头（11.6.2.3.2 节所述）则可以得到测斜管的完整轮廓。

11.6.2.3.4　沉降探头

随填筑施工埋设测斜管时，也可以在测斜管的外面用“项圈”将测斜管段与填筑体连接，然后随时间监测测斜管段的高程，以研究填筑体的压缩。显然，在这种情况下测斜管不能采用对接连接。可使用带弹簧轮的专用探头跟踪测斜管导槽，在每个连接位置处测量从测斜管顶部到上测斜管底部的长度。除了滑轮，此探头也可与 IVM 探头相比。图 11.6.2.3.4-1 是沉降探头示意图和照片。

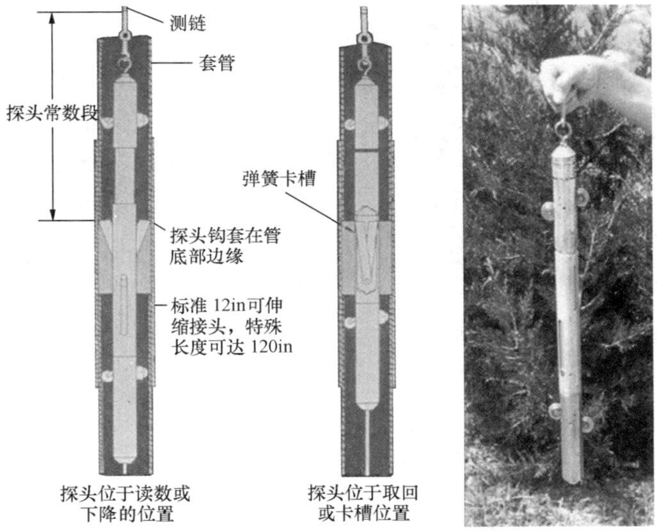

图 11.6.2.3.4-1　测读和取回测斜管沉降探头示意图（左）及探头照片（右）

11.6.2.4　倾角计

倾角计有两种基本类型。一种使用力平衡伺服加速度计或微机电系统技术，它本质上和测斜仪探头是一样的。另一种倾角计使用的传感器是由一个充满液体的玻璃瓶组成，里面嵌入了与导电液体连接的三个电极。如同一个通常的木工水平尺一样，当发生倾斜时瓶子里面的一个小气泡会移动，在电极之间便产生了电阻变化，电极是可以监测并与转动相关的。这两种类型的倾角计可以永久安装，或者放置在永久安装的专用对偶板上，以确保每次测读时对传感单元的定位一致。这两种类型的测读单元通过电缆与传感单元连接，并显示转动读数。图 11.6.2.4-1 展示了便携式倾角计以及永久安装的对偶板。

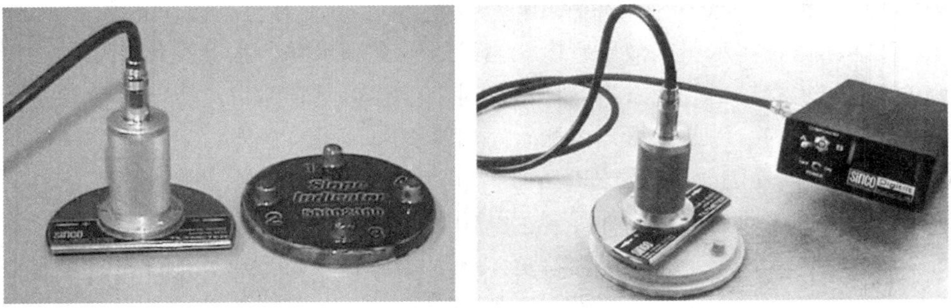

图 11.6.2.4-1　便携式倾斜仪和对偶板（左）及准备收集数据的测读装置（右）

11.6.2.5 剪切带仪

剪切带仪，由一个连接脆性材料条带的电气电路组成。电路包括在剪切带长度内运行的两个平行导线，剪切带仪由多达100个电阻器连接而成，电阻器以选定的统一间隔规则放置。剪切带仪可以长数百英尺，可以灌入钻孔中、连接到结构上以及在坝顶上的沟槽里使用等。沿剪切带仪的不同移动引起剪切带仪的剪切破坏，并破坏电路。通过了解电阻器沿电路的初始位置以及两个导线之间的电压，可以从测量破坏电路的电阻确定断裂的近似位置。远程测读单元通过电缆对两个导体施加电压，通常剪切带仪的两端分别连接电缆。测读单元可以仅显示电阻，但一般情况下，它直接代表了检测到的电路中的电阻器数量。剪切带仪可以在不同剪切或应变量下断开，以满足各种应用的需要。一旦电路切断，在电缆连接处断开后的新断开，就不能被仪器探测到。

11.6.2.6 光纤电缆变形监测

光纤电缆可提供沿光缆每隔1m处的应变数据。电缆和测读设备价格都比较昂贵，但是可以用于提供敏感的应变信息。

11.6.2.7 时域反射计

时域反射计（TDR）最初用于定位传输电缆的断裂位置，但现已被用于监测坝坡稳定性。这个设备包括同轴电缆和电缆测试仪，它们均置于钻孔中并予灌浆。电缆测试仪向电缆发送电脉冲，并且监测返回信号。通过返回信号可识别电缆的卷曲、断裂等，其距离可以通过测量脉冲的发送和反射信号到达经过的时间大致确定。通过在已知位置卷曲电缆，然后将其作为参考点来解译返回信号，可以提高距离测量的精度。

11.6.2.8 沉降传感器

沉降传感器与总压力计一样，是利用测压技术去监测其他问题。目前有气压式和振弦式两种沉降传感器，它们是运用基本的测压装置，连同液压管路和液压水箱一起，远程监测传感单元的高程变化。液压水箱以及连接传感单元和水箱的液压管，在沉降传感器处形成水压，并可远程测读（利用连接沉降传感器的测压装置）。通过设在可到达位置的液压水箱，读取水面数据，从而计算出传感单元的高程。在实践中，这些设备数据的准确性往往太粗略以致没有多少价值，特别是气压式系统。

11.6.2.9 水管式沉降仪

类似于沉降传感器，水管式沉降仪可远程确定填筑体内某关注点的高程，但水管式沉降仪的测读装置必须与关注点高程相同。传感单元一端为与测读位置水平的液压管。读数时，在测读位置将水引入液压管中。当液压管充满水时，水会在传感单元的管路端溢出，并通过排水管排出。当发生这种情况时，传感单元管路口高程与测读位置管路的水面高程是相匹配的。因此，可以监测管路口高程随时间的变化。

11.6.2.10 简易测距装置

固定点之间的相对位移（例如混凝土结构中的接头或裂缝）可以用很多方式进行手动监测，包括尺、卡尺、千分尺、惠特莫尔（Whittemore）计或其他设备。固定测量点包括任何种类的标记、固定板，或设在混凝土中的点，在混凝土中通常是使用专门制造的黄铜或不锈钢螺栓或盖螺母，并结合惠特莫尔计读数或其他更精确的方法。惠特莫尔计是采用灵敏度0.001in的千分表，更精确测量两测量点间的距离，测量点距离通常在

3～15in 之间。对于惠特莫尔计，两个测量点设置在裂缝、接头等的两侧，以监测裂缝、接头等处转角（剪切）和张开/闭合位移。另一种方法是在裂缝或接头两端安装两个透明塑料板，一个板有网格，另一个板有十字丝线，可以监测十字丝线随时间变化的相对位移。

11.6.2.11　简单的位移计

11.6.2.11.1　带式伸长计

带式伸长计用于测量大间距（如 5～50ft）的两点之间的距离，测量是用一个均匀张拉的钢测尺以及在钢尺标记之间内插定位的千分表。弹簧和张紧调节可对张力进行控制。在设备的每个末端都有一个挂钩，通常用于测量在管道或隧道内的吊环螺栓。带式伸长计也可应用于滑移区域监测点或装置的测量。

11.6.2.11.2　变位计

基岩变位计与带式伸长计有着相似的目的和设计，只是用钢杆代替钢尺。保持均匀张力不再是问题，并用千分表在可用的标准长度之间进行内插。

11.6.2.12　多点位移计

多点位移计用于测量各测点沿其长度方向的位移，通常在同一钻孔中设置不同深度的锚固点。空心管中的传递杆从每一个锚头延伸到钻孔口的基准端。位移量均在基准端进行量测。当锚固点位移时，可以测量到连接于锚头的传递杆的连带位移，其位移量是相对于基准端的。锚固点位移用机械式（使用深度卡尺）测读或电气测量（通常使用线性电位器或振弦式位移传感器）。电气测读设备可以位于远处，通过电缆与位移计端头相连。现有多种类型锚头可用，常见的有液压锚，膨胀型岩锚和“卡环”锚。通常情况下，一个钻孔中以不超过六个锚头为宜，当锚头安好后，要对钻孔进行灌浆。多点位移计通常安装在无套管钻孔中，以监测压缩或张开位移，但类似装置也可以在施工期安装在填筑体内。图 11.6.2.12-1 为多点位移计的示意图和电子读出设备的照片。

11.6.2.13　探头式位移计

通过探头在塑料管里移动而监测各测点沿着一条线的轴向位移，除多点位移计外，还存在其他方法。一种常见的方法是用钢环环绕在位移监测处的管道周围。测读探头采用有电流输出的感应线圈，当探头在钢环附近时，其电流会上升。用测尺记录获得最大电流时的距离，就可以得到钢环随时间产生的轴向位移。如果管道没有近似垂直方向安装，在管道中移动探头时可能需要电缆和滑轮系统。一个近似水平安装的管也可以通过探头监测，得到其高程轮廓，基于与水管式沉降仪或压力计同样的原理。

11.6.2.14　测缝计或裂缝计

振弦式测缝计或裂缝计横跨在接缝或裂缝两侧的锚固点之间。高强不锈钢丝密封在仪器的不锈钢保护罩内，钢丝的张力变化直接反应锚固点之间的距离变化。钢丝张力变化导致钢丝共振频率变化，相对位移与共振频率变化的相关性是由仪器制造商确定的，每一种仪器的相关性都是特定的、唯一的。测读设备通过电缆与传感单元连接，而仪器罩内线圈/磁铁组件允许远程测读设备启动钢丝振动（拉拽），从而确定其共振频率，然后可以确定锚固点之间的相对位移。

使用振弦式测距装置时，根据特定情况，在量程范围和灵敏度要求上存在多样性。

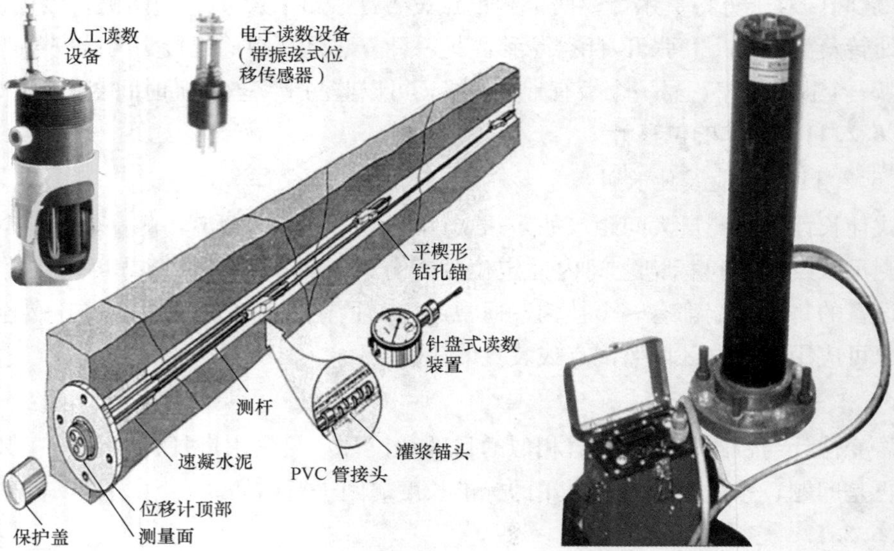

图 11.6.2.12-1　多点位移计示意图（左）及仪器装置和电子测读单元（右）

11.6.2.15　线性可变差动互感器

线性可变差动互感器（LVDT）是另一种使用电子手段精确确定点之间距离变化的仪器。LVDT 由一个可移动的磁芯，一个初级线圈和两个次级线圈组成，磁芯穿过线圈。施加于初级线圈上的励磁电压会在每个次级线圈上产生电压。感应电压受磁芯位置的影响。因此，磁芯（绑在潜在的移动点上）的移动可以通过次级线圈上的感应电压确定。当至测读单元的电缆长度较短时，LVDT 的工作最佳，因为长电缆会降低输出信号。强烈建议 LVDT 装置采用连续电源供电。

11.6.2.16　测量点

可以通过测量技术监测安装在填筑坝表面或附属结构上的标志或测量点，获知其沉降或变位。传统光学测量方法可用于测量高程和点位偏离基线的偏移量（变位）。GPS 测量方法可用于确定海拔和位置坐标的变化。填筑坝上的标志或测量点通常为 1in 直径的杆，埋入足够深度以免遭受冻胀，在它们顶部用半径 8in 锚杆锚定，嵌入部分深度约 4ft，并铺筑混凝土。附属混凝土结构的测量点由小螺栓构成，其埋入新浇混凝土中或在已有混凝土钻孔埋入用环氧树脂黏合。

利用在大坝或结构周围建立的监测网，通过三边或三角测量方法，采用全站仪和电子测距仪（EDM）设备可监测高程和变位。用最小二乘法减少冗余数据，并对结果准确性进行估算。这种情况下的监测点是测量设备发射光束的反射点。这些反射点可以是永久安装的，或者是可以移动的，只在测量期间放置在标志或测量点的顶部。

11.6.2.17　实时移动监测

如果可利用卫星，GPS 系统设备可实时监测一个或多个点的高程和位置。

11.6.2.18　合成孔径雷达干涉测量

合成孔径雷达干涉测量（InSAR）是监测大区域随时间变化的沉降或偏移量的方

法，通过飞机或卫星接收地球表面固定物体的数据。合成孔径雷达（SAR）系统充分利用雷达信号的远程传输特性以及现代数字电子技术的综合信息处理能力，提供高分辨率成像。天线发射雷达波，并在固定物体表面形成反射。根据卫星或飞机接收到的回波的相位差来生成地形模型。合成孔径雷达干涉技术是使用两个或更多的 SAR 图像生成表面沉降或隆起的图形。查看采集数据的时间序列时，精度会提高，该技术能够达到的精确度约为 0.4in。垦务局已成功地应用 InSAR 数据，查看亚利桑那州 15ft 长河段上 11 个堤防的沉降形态，该河段正在经历显著的绝对不均匀沉降。

11.6.2.19 常用变形监测仪器的优缺点

表 11.6.2.19-1 总结了一些常用变形监测仪器的主要优缺点。

表 11.6.2.19-1　　常用变形监测仪器的优点和缺点

仪器	测量内容	优点	缺点
IVM 装置	坝体压缩	简单；灵敏度令人满意	专门压实的防护墩对填筑施工造成干扰。有探头陷入伸缩套管的风险
沉降板（在填筑施工时安装）	基础沉降	同上	同上
沉降板（在填筑施工前钻孔安装）	基础沉降	对填筑施工无干扰；简单；灵敏度令人满意	没有采集大坝施工过程中的数据。在大坝填筑材料中钻孔的相关问题需要解决。回钻时可能钻不到沉降板
测斜仪（用便携式探头测读）	测斜管的侧向变形	可以得到侧斜管两个方向上的完整轮廓，沿轮廓的任何移动都可以探测到；灵敏度很高	测读费时，需要测读培训。每一次测读时，探头不会刚好在同样的点，所以数据中存在“噪声”
固定测斜仪	沿测斜管的固定点位之间的转动变位	如果潜在滑动剪切面位置是已知的，这是个经济的方法；易于测读；倾斜传感器的“固定”位置意味着高敏感性；可以自动测读实时信息	收集的数据非常有限，只有固定点之间的转动变位（不提供测斜管的轮廓）。测点之间的距离越大，探测移动的灵敏度越低
测斜管和便携式探头	填筑体压缩	简单；灵敏度令人满意	专门压实的防护墩对填筑施工造成干扰。有探头陷入伸缩套管的风险
倾角计	转动变位	简单；灵敏度高；可以自动测读实时信息	收集的数据非常有限，只有仪器位置处的转动变位
剪切带仪	足以破坏剪切带的剪切移动	简单；易于测读，可以确定剪切的近似位置；可以自动测读实时信息	无法探测剪切情况的发展（剪切带未被触动或已破坏）。采集的信息非常有限
光纤光缆	沿光缆的点位之间的距离变化	一条电缆可以长距离（几英里）铺设	读取设备和电缆费用昂贵
时域反射计（TDR）	沿电缆的弯曲位置	常用技术；灵敏度令人满意	涉及的技术并不简单

续表

仪器	测量内容	优点	缺点
沉降传感器	沉降		经验表明，灵敏度令人不满意，不建议使用
水管式沉降仪	沉降	简单；灵敏度令人满意	水平铺设的管路对下游坡存在一些较大的施工干扰
简易测距装置	固定点之间的距离变化	简单；灵敏度令人满意	
带式伸长计（收敛计）	固定点之间的距离变化	简单；灵敏度令人满意	
多点位移计	固定点之间的距离变化	简单；灵敏度令人满意；可以远程和自动测读实时信息	
探头式位移计	固定点之间的距离变化	简单	在某些情况下灵敏度不理想
接缝计或裂缝计	固定点之间的距离变化	灵敏度较高；可以远程和自动测读实时信息	振弦技术的本质是“黑盒子”，但如果遵循已知制造标准，是成熟和可靠的
线性可变差动变压器（LVDT）	固定点之间的距离变化	灵敏度较高；可以自动测读实时信息	因为测读单元必须靠近仪器，所以不适用于远程装置
填筑测量点测量	观测墩的沉降和侧向变形	简单；任何时间都方便安装；一般具有令人满意的灵敏度；根据情况可适当调整监测频率	成功监测需要经过培训的观测员和适当测量设备；测量花费昂贵
实时观测墩变形监测	观测墩的沉降和横向变形	灵敏度令人满意；可以远程监测；实时信息	监测位置需要良好的开阔性/可视性（通过多个卫星观察）；费用昂贵
合成孔径雷达干涉测量（InSAR）	沉降	对监测普通的大面积沉降是经济有效的方法	不适合突然或短期移动的问题

11.7 其他监测方法

上述 11.3、11.4、11.5 和 11.6 节只对主要仪器的类型和类别进行了讨论。还有许多其他类型存在，新仪器和新仪器类型也会被定期增加到监测选项中。11.2.6 节提到的参考信息考虑了新增加的仪器和仪器类型。通过制造商及其网站也可以了解到适用仪器的最新消息。

11.2.2 节指出，巡视检查相对于日常大坝安全监测方案的重要性。许多关键的监测参数实际上只能通过巡视检查（如新的渗透区域、新的裂缝等）监测到。与巡视检查相关的几个方面提示如下：

（1）绘图。记录环境随时间的潜在变化，绘图可提高巡视检查工作的有效性。常见的有渗流区域图和混凝土结构中的裂缝图。

（2）标记。混凝土结构的裂缝是否随着时间越来越长，如果存在不确定性，裂缝端部可以喷漆标记，并标注日期。这将使后续的巡视检查能够有效地跟踪裂缝是否延长。

（3）立桩。现有的潮湿区域（不流动）是否越来越大，如果存在不确定性，潮湿区域的边界可以立桩标示，以便比较随时间的变化。当库水位和时间与立桩时的状况相比较时，将会做出最有用的评价。通常首选的方法是在典型年“满”库水时立桩。

（4）照相机。随时间从同一角度拍摄的照片，有助于探查逐步变化的情况。此外，可在大坝现场安装摄像机并进行远程监控。对于没有配备人员的远程结构物，这样的布置可能是非常有益的，特别是在附近地震后进行快速检查。

11.8 监测方案的制定

11.8.1 已建坝的监测方案

如 11.2.1 节所述，建立一个合理的、经济有效的大坝安全监测和巡视检查方案，首先需要识别方案将面对的大坝安全威胁（潜在的失效模式）。垦务局所有与大坝安全相关部门共同对潜在失效模式进行了综合评估。利用这些信息，可以建立一个适宜的大坝安全监测方案：

（1）对于每一个代表大坝重要安全风险的潜在失效模式，确定其关键的监测参数，这些参数将表明潜在失效模式的启动或进展，或者指出使失事更易发生的当前条件。

（2）对于监测方案的每个元素，对所得数据/信息进行评估的意义是：确定其是否是直接或间接证据（直接证据是更好的），数据/信息的精度是否充分和适当，以及仪器的可靠性是否令人满意。

（3）作为一个整体的监测方案，应对大坝现场的仪器安装范围是否足够以及监测项目中是否存在不必要的冗余进行评估。

（4）对于监测方案的每个元素，应确定其预期的性能范围（符合满足要求的大坝性能）。

上述过程中，可能需要对一些已有的监测计划进行调整，以及可能需要在大坝现场安装一些新仪器。同样，根据大坝目前的监测需求和问题，有些监测仪器会被认为是不必要的。如果这些仪器在将来某个时候会有些帮助，可以将其作为备用品，否则可以废除。废除意味着可简单地无视这些仪器，或视仪器本身情况采取一些积极工作，如移除、灌浆等。如果积极废除工作是恰当的，大坝综合评估可以提出一些指导。

上述过程的重点是监测直接与具体潜在失效模式相关的活动。不过，一些适宜的监测内容可以归入“常规健康监测”的范畴，而不是绑定一个具体失效模式。这类监测几乎总是“高价值，低成本”的。每 6 年 1 次的测量填筑坝监测点沉降和变位，就是归入常规健康监测的一个实例。确定某种类型的监测是否符合常规健康监测，这是一个持续的挑战。然而，在大坝综合评估过程中，对直接或间接证据问题的监测以及精度、可靠性、范围和冗余度，都有助于确保只有适宜的监测内容才能包含在常规健康监测内。

在大坝综合评估过程中，制定的大坝和坝址安全监测方案包括文件如下：

（1）“周期监测计划表（L-23）”，其中介绍监测方案的组成部分，每个组成部分的具体监测频率，异常高库水位（即洪水事件）情况下的额外监测要求，坝址发生重大地震的后果，以及其他有关执行监测方案的注意事项。重要的是，周期监测计划表中还包括一个说明，其具体方案只适用于正常运行条件和大坝工作性能良好的情况，在发生异常情况或大坝性能异常时可能需要额外的监测要求。周期监测计划表监测要求通常涵盖了大坝的全生命周期，而最密切监测一般发生在水库首次蓄水期间。然而，在后期洪水期间或出现意外或不期望的大坝性能时，也可能需要增加监测。附录 A 为“周期监测计划表（L-23）”实例。

（2）“巡视检查清单（OVIC）”，它定义了在坝址区进行的例行大坝安全巡视检查方案。建立了巡视检查清单，清单中任何回答“是”的问题均表明有未预见的性能出现，通常需要某种形式的调查和/或跟踪。因此，包含一个或多个回答“是”的完整巡视检查清单需要包括附加信息、照片等，有助于明确提及的未预见性能。附录 A 为“巡视检查清单”实例。

（3）制定预期性能范围表。

（4）规定监测方案数据/信息传输和审查的责任和时限要求。

11.8.2 新建或改建坝的监测方案

在理想情况下，11.8.1 节所描述的用于制定已建坝监测方案的流程，也可用于一座新建或经重大改造的坝。然而，新建或重大改造坝缺乏有关性能记录，而该记录在确定已建坝安全监测方案中是重要的一部分。从而，需要对性能进行工程判断。当水库蓄水及从几年的仪器监测和巡视检查中获得了性能资料时，可用这些信息替代对大坝性能的估计，之后就可完全运用上节描述的（更可取的，潜在失效模式的和基于风险的）流程。此时，仪器工程师、主要设计人员和设计团队成员一起开展工作，建立监测方案，旨在妥善解决预期的大坝安全问题。

当新建坝或重大改造坝的最终设计逐渐成型，设计团队需要讨论仪器装备，并达成一致，包括设计图纸和技术要求。对潜在失效模式的考虑也是这些讨论中的一个重要组成部分。大坝实际表明，一些仪器装备应是完全标准化的，如：①所有的渗透和排水的水流监测装置和泥沙拦截能力；②监测未来填筑体沉降和变形的监测网点；③所有附属结构（进水口、管道、消力池等）上设置的结构监测网点。通常采用水压力监测装置，监测排水设施、防渗设施、减压井等的有效性。对坝堤/基础接触处的沉降，以及填筑施工期和之后的填筑体压缩进行仪器监测。除此之外，考虑坝址地质条件及坝体和附属结构设计的独特性、唯一性，决定每个坝址需要的特定仪器装置。如果没有很好的理由来安装某个仪器，那就应不安装。

应编制一个技术备忘录，记录监测仪器设计中的所有方面，包括为什么项目中包含这些仪器，以及有关设计的任何特殊方面。数据的预计值也应尽可能具体地呈现。在设计过程中，常常通过敏感性分析确定大坝设计参数的临界性。这样做以求提出仪器性能的目标水平。对于关键或敏感的设计参数，需要进行大量的工作，以便既建立目标水平，又跟踪仪器性能。

针对新建或重大改造坝的首次蓄水和初始运行，垦务局编制了“首次蓄水”相关文件，其中规定了需执行的监测活动。文件包括了周期监测计划表（L-23）和巡视检查清单，并对具体监测问题和出现异常或意外情况应采取的行动进行了讨论。通常，大坝的性能存在未知数时，也是大坝生命周期内最迫切需要监测要求的时刻。大坝要配备照明，以便日夜进行巡视检查，并需要每天进行不只一次的仪器测读。水库首次蓄水完成后（在某些情况下，可能是在施工完成后多年），以及首次蓄水大坝性能评估后，周期监测计划表（L-23）和巡视检查清单将修改，将减少相关要求，以符合长期运行方案。如前节所述，根据大坝的性能和设计团队的数据，在几个月或几年之后可能会对周期监测计划表（L-23）和巡视检查清单进行调整，直到新建或改造坝进行了第一次综合评价。

11.8.3 仪器装置的风险和不足

多数情况下，在填筑坝里安装监测仪器，一定程度上会损伤大坝的完整性。例如，①在坝填筑体心墙内挖槽，放置仪器和电缆，再用压实材料回填；②施工过程中，在填筑体里埋设垂直管，并在管周围填筑特殊压实材料以保护管路。这不仅造成了填筑体内的不规则，而且其施工干扰会对大坝的其他方面造成影响。例如，在坝体内垂直延伸的管以及它们的相关保护墩，实质上对设备放置和填筑材料压实造成了障碍。保护墩周边填筑材料的铺筑和压实可能处于不密实状态。如 11.2.5.5 节中提到的，1996 年 W. A. C. Bennett 大坝，在与仪器安装有关的特殊压实区域中出现落水洞，这是一个令人警醒的事件。因此，在设计新建或已建坝监测方案时，应对设置仪器的风险和缺点进行适当考虑。

可以采取措施限制与仪器安装相关的施工干扰和施工异常。只有足够强有力的理由，才可在坝填筑体核心区域内埋设仪器，这是一个显著的限制步骤。此外，可以采取措施尽量减少仪器安装产生的影响。例如，Davis Creek 坝，其基础是由上覆层材料构成，在大坝完工后几年内可能会有相当大的沉降，包括对坝体不利的潜在大量不均匀沉降。因此，需要在坝体/基础接触位置进行沉降监测。在选用沉降板还是沉降传感器时，因沉降传感器的数据记录质量不良而被放弃考虑。最终决定在基础接触部位安装金属板并测量，然后在填筑施工完成后再钻孔到该位置，而不是在基础接触部位安装沉降板并随坝体施工将沉降板装置沿竖管上引。这种方法减少了施工干扰，避免了在大坝心墙区域设需专门压实的保护墩，保护墩可能对大坝的完整性造成不利影响。这种方法的缺点是，沉降板无法收集大坝施工中的沉降数据，而且需要在施工后钻孔穿过坝体。但普遍认为该方法的优点大于缺点，因为钻孔可以使用空心螺旋钻，基本上不构成填筑体水力劈裂的风险。因此，选择了“回钻”的方法，并成功完成。（在填筑坝心墙里钻孔不是理想的方法，若没有全面评估这种钻孔的风险和益处，就不应该采用。11.10.2 节对此进行了讨论。）

11.8.4 大坝装备仪器的最低要求

垦务局对新建或已建坝的仪器装备没有最低要求。11.8.1 节和 11.8.2 节中给出的流程，描述了如何制定监测方案，而这些流程不包括对仪器装备的最低要求。

11.9 监测设计事项

11.9.1 概述

11.2.5 节提出了选择仪器时一般应考虑的问题：

（1）长期可靠性；

（2）尽可能简单；

（3）防破坏性；

（4）低维护需求；

（5）与采用的施工技术相兼容；

（6）低成本。

本节对有关设备选型的内容不再重复，讨论的主题着重于监测仪器系统和方案设计的整体性，包括以下内容：

（1）方案设计的基本事项；

（2）仪器的量程、灵敏度和准确度；

（3）变形适应性；

（4）保护装置；

（5）防雷；

（6）限制对坝的负面影响；

（7）装置标准化；

（8）识别异常的仪器数据。

大坝监测仪器系统的设计需要多方协同才能完成，它涉及大坝各类结构的设计人员、地质学家、运行人员以及一个或多个经验丰富的仪器安装工程师。设计人员在确定数据采集和监测需求方面起主要作用。然后，仪器工程师及其工作团队对系统的详细计划和规格说明进行研究开发，这样才可以通过使用适当的仪器和数据采集和传输系统，有效地完成必要的数据采集和监测。

11.9.2 方案设计基本事项

11.9.2.1 监测特定问题或关注点的仪器

为监测特定问题或关注点所安装的仪器，其监测目的通常是清晰的。然而，为获得所需信息，首先需要确定需要何种测值，适宜的仪器量程和灵敏度，以及仪器的合理布置。对监测仪器方案进行仔细、深思熟虑的设计是很重要的，因为仪器系统只能回答设计考虑的相应问题。在发生问题后才意识到方案不足是令人不快的。在大坝建设过程中，应在最经济最理想的时间段安装仪器。有一些监测，如填筑体压实，如果没有在大坝施工初期安装设备是不可能实现的。

11.9.2.2 常规健康监测仪器

对于通用的长期监测仪器，其监测方案的基本原理往往变得模糊，这是不应该的。这些仪器的目的应该与其他仪器需求一样清晰。对于与渗流相关的内部侵蚀问题，监测目的可以标示如下：

（1）监测所有的排水量和渗流量随时间增加的情况（在水库水位和环境可比较的情况下）。如果可能，所有水流最好通过可以拦截泥沙之处（堰、消力池、检查井等）。

（2）建立一个测量点网，查看渗流作用下内部材料输移的表面情况（内部侵蚀）。

在大坝上建立一个测量点网（如坝堤测量点）是一个很好的普遍做法，可以监测坝体随时间变形的一般模式。这种监测的成本比较低，但如果可监测到异常变形，则是非常有价值的。通常，在施工初期，要求在大坝填筑体内至少安装 1 个仪器，以获得填筑压实数据。这些数据可与填筑体测量点的表面沉降数据结合使用，评估地基沉降对填筑压实的影响。

坝址关键位置的水压力数据可以帮助搞清楚坝址处的基本渗流模式。水压力数据还可用于探查排水设施、减压井、灌浆帷幕的有效性随时间降低的情况。

明确监测目标便可设计一个合适的监测方案。若没有清晰的基本原理，以“通用的长期监测”为名目而安装许多仪器，往往是浪费时间和金钱。不能很好地理解为什么采集数据是很难对数据进行有效评估的。

11.9.3 仪器量程、灵敏度和精确度

需要仪器提供有足够灵敏度和精确度的数据，以回答关注问题。对于许多仪器，仪器量程和灵敏度之间存在权衡。最基本的设计问题是避免量程范围预估不足。如果仪器是“限定”的，则它提供的数据不能超过一定值，这可能会严重限制从仪器获得的信息量。因此，在设计过程中，需要估计一个保守的量程范围。选定恰当的量程范围后，再选择灵敏度。如果需要 0.01ft 的灵敏度，显然 0.1ft 的灵敏度是不可接受的，但是如果采用 0.001ft 的灵敏度也是没有意义的。在许多情况下，只要仪器能提供正确反应随时间变化的连续数据，是不需要选择非常高的精确度的。例如，连续的渗流数据可以为眼前的问题提供答案，即使数据有点不精确（高 5%～10%，低 10%等）。在很多情况下，对水压力、土压力和变形数据的需求也都属同一范畴，尽管这需要根据每个特定情况进行评估。

11.9.4 变形适应性

在施工过程中和施工结束后，填筑坝都将产生变形。设在坝体内仪器装备包括其部件应能够抵御填筑体变形产生的力，而不被损坏或失效，举例如下：

（1）对接接头不应用于测斜仪套管。当坝体压缩时，会对套管产生一个向下拖动。如果套管有伸缩接头，每段套管的连接端部预留一定的距离，在坝体压缩和套管向下拖动时可调节。否则，套管可能如同一个圆柱体在轴向荷载作用下弯曲（如图 11.9.4-1 所示的用于 Rye Patch 坝的测斜仪套管）。

（2）沉降或压缩速率不同的填筑区，可能对穿过其交界面的电缆、管道等施加较大的剪切力。如果一束电缆或管子被剪断，很多仪器会失效。给放置在坝体沟中的电缆和管道提供一些冗余（轻轻地来回摇晃线缆，而不是拉直和张紧），以适应填筑体变形，可以防止张拉作用下的剪切或失效。应特别关注从结构或坝内管道穿出的电缆或管路，

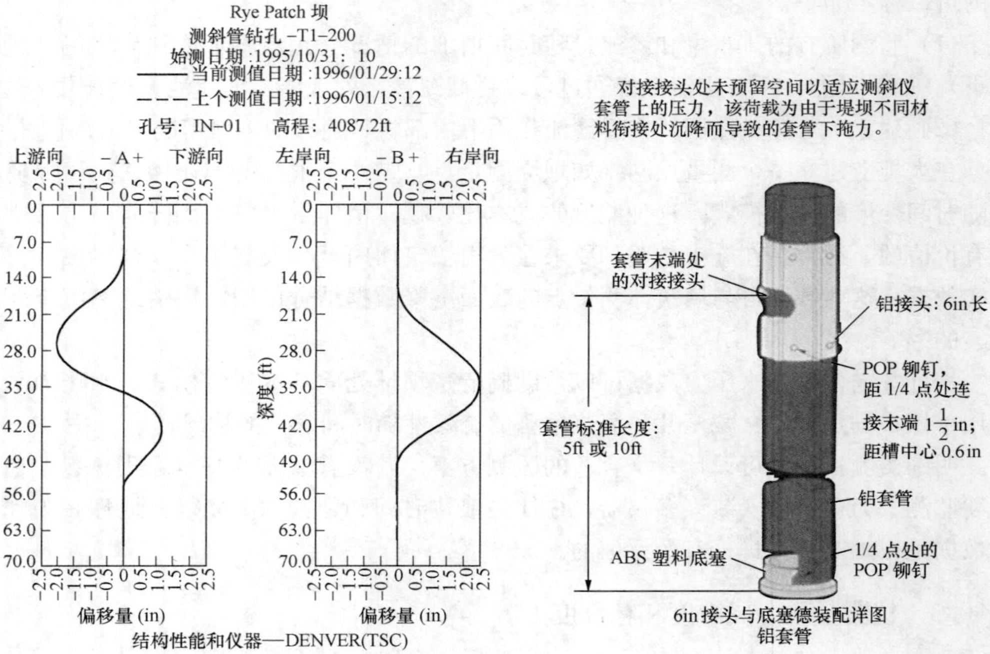

图 11.9.4-1　测斜仪倾斜数据曲线（左）及测斜仪套管弯曲（右）

因为剪切可能产生在线缆与结构交界处或管道末端。

11.9.5　仪器装置的保护

所有仪器装置设计时都应考虑对它们进行恰当地保护，以防止将来可能受到人类活动的损害（无意的或是恶意的），或者自然损害（天气、地震等）。在 11.2.5.3 节中已提及需要防止仪器装置被破坏。如果没有适当的标记和保护，操作和维修活动也可能导致仪器意外损坏或损失。可锁的坚固的外围保护（例如围栏、镇重、桩等）和仪器位置的适当标记（防止被割草设备或除雪车损坏）是很重要的。洪水和地震后的及时仪器测读是非常重要的和有价值的，所以仪器装备的设计必须考虑可承受极端负荷条件。

潮湿、污垢、灰尘等进入仪器设备外壳可能对设备有很大的破坏性。这种外壳应该符合国家电气制造商协会（NEMA）等级 4 的要求。位于外壳底部的电缆入口应密封（如果发生渗漏应能够排水）。可在外壳中放置干燥剂，并定期更换，以确保其有效性。

11.9.6　防雷

多年来，许多电气仪器因雷击引起的仪器电缆电涌，而遭受不可弥补的损坏。没有什么可以防止直接雷击对仪器的损坏。然而，可以通过如下方式减少风险：

（1）可以沿着电缆在最接近仪器处设置牺牲式防雷保护装置，该处应易于进入，以便将来更换（当防雷装置投入运行后）。这种防雷保护可吸收电涌，阻止电涌通过电缆传到仪器。目前，使用的装置是“3 阶段防雷保护”。随着时间的推移，该装置可能会被改进或被成本更低的方法取代。这种装置在遭遇雷击后无法获取仪器读数，只能更换。

(2) 仪器上设一个火花间隙避雷器，可以解决通过上述防雷保护装置后的剩余电涌。

对牺牲式保护装置下游电缆（牺牲式保护装置和仪器之间）的雷击可能会损坏或破坏仪器。不过，如有一个恰当的设计系统，这种情况发生的概率应该是很低的。

没有电器元件的仪器是防雷的，因为它们不易受到雷击和由此产生的电涌。振弦式仪器和差阻式仪器易受雷击影响，而气压、液压、竖管和光纤仪器则不易受影响。显然，这会影响坝上使用仪器类型的选择。另一种选择是使用光纤的传输线与振弦或其他电气设备连接，以限制雷电引起的电涌对仪器的破坏。

11.9.7 对大坝负面影响的限制措施

仪器是服务于大坝的，应该尽可能减少仪器设备对大坝填筑体及其附属结构的负面影响，包括以下几个方面：

(1) 最大限度地减少施工干扰。在 11.2.5.5 节和 11.8.3 节中讨论过这个话题。努力限制或阻止施工干扰，有助于提高大坝填筑质量。最明显的例子是，在填筑坝施工中的垂直埋管以及与之相关的专门的压实防护墩，这些都可能造成对施工的干扰。

(2) 尽量减少坝体内的仪器沟槽，尤其是朝向上下游方向的。虽然沿沟槽使用膨润土塞可以解决沟槽形成潜在渗流路径问题，但越少越短的沟槽仍是减少渗流问题的较好选择，更好的办法是没有沟槽。目前的做法是尽可能避免在大坝心墙安装仪器。在穿过填筑坝心墙的一个或多个断面上安装许多仪器曾经是标准做法，这样可以更好地了解水库引起的水压力在心墙部位的消散情况。然而，目前的实际情况是普遍反对这样的做法，主要原因是：①数据的价值是有限的（对这类数据已有了解）；②这些装置安装产生的施工干扰、沟槽、专门压实区等，可能对填筑坝的心墙区不利。例如，从 2002 年到 2008 年建造的 Ridges Basin 坝，在心墙区并没有安装任何水压力监测仪器。建造在大约 20 年前的 Davis Creek 坝，仪器电缆沟设在渠道出水口建筑中，以限制大坝心墙区内仪器沟的长度，避免在大坝心墙宽度方向上有连续的沟槽。

11.9.8 标准化装置

如果可行，使用标准化的装置是更可取的，主要有以下几个原因：

(1) 基于曾经使用的仪器是否有作用，标准化装置反映了随着时间推移而发展起来的集体经验。

(2) 向仪器安装者提供标准化的装置说明书、图纸和指导信息，通常是更有利的，因为这些装置已经按照描述实际安装很多次了。

(3) 当使用一致的安装方法时，仪器安装者对安装越来越精通。当由垦务局钻孔队或其他人员进行安装工作时，这种经验是特别重要的。

如果标准装置不适合于具体的应用时，应进行修改和定制。然而，若没有合理的理由放弃这些经过考验的方法，应该避免不必要的定制（在某些方面并不能改善装置）。

垦务局采用的标准化装置的相关图纸和说明书可以通过联系技术服务中心仪器和检

查组获得。

11.9.9 对异常仪器数据的识别

当仪器数据出现异常时，首先的假设通常是仪器或读数出现错误。因为这经常发生，所以假设未必是不合理的。然而，如果所有的异常数据都被认为是错误的而被丢弃，只留下符合我们期望的数据，那么采集仪器数据将没有意义。因为已经确定大坝的性能符合期望，而任何其他迹象都认为是无效的。

仪器设计人员必须意识到，识别仪器异常数据是个挑战，应能够提供必需的保证措施，以确保数据是可以信赖的。其保证措施可能包括以下一个或多个：

(1) 仪器的基本性质（尽可能简单的系统）；

(2) 一种独立的数据验证方法；

(3) 适当的仪器冗余。

处理水压力异常数据时，竖管测压计的可信度是可以明确的。虽然仪器布设的密度可能不足以使用上述（3）条款，但是仪器的基本性质和简单性［(1) 条款］，清楚地提供了强有力的论据。同时，以独立的方式来验证数据［(2) 条款］，包括：①竖管中插入压力传感器（计及水被置换问题）；②向竖管中加水，以确定所述仪器是否能恢复相同的异常读数。处理坝体内振弦式测压计的异常数据时，(1) 条款和 (2) 条款均不适用。验证取决于是否有仪器冗余［(3) 条款］，以及设备制造商提供仪器的基本可靠性（历史记录）有关，虽然这点很重要，但可能并不会解决数据的有效性问题。

Virginia Smith 大坝首次蓄水时，在心墙下游位置的几个气压式测压计的水压力数据快速异常升高。对数据有效性的支持来自仪器的本质特性［(1) 条款］和多个仪器表现出相同现象［(3) 条款］的事实。然而，设计和施工人员并没有把数据看作可以代表实际的现场条件。他们指出，渗流可能是沿着安装仪器的上游/下游沟槽发生的，从而导致数据准确但不具代表性。沿着沟槽定期安装膨润土塞，以切断渗流路径，但主要是由于膨润土塞的施工具有不确定性，仍不能有效解决数据问题。最后，在沿坝轴线其他区域的新钻孔中安装竖管测压计，可以独立核对数据［(3) 条款］，以验证气压式测压计数据的有效性和代表性。在这种情况下，由于对沿沟槽设置膨润土塞的代表性和有效性缺乏充分的信任，需要对异常数据补充验证。

坝体内的差阻式、振弦式或光纤式仪器，如果产生异常数据，都将面临数据有效性问题，因为条款 (1) 和条款 (2) 不能提供完整的数据支持。只有条款 (3)（冗余度）可用于支持数据，因此，在监测方案设计时必须考虑这点。在一般情况下，对渗流和变形数据的支持相比对水和土压力数据更为明确，部分原因是因为这些数据通常在地表面上收集，比从地下收集的数据容易验证。

11.9.10 仪器自动化

多年来，仪器装备自动化的功能不断扩展，有许多可供选择的自动化设备和监测方法。

最简单的自动化是在一个区域内采用一个数据记录仪读取和存储一个或多个仪器的

数据。可以通过移除（更换）数据记录器并将数据拷贝到电脑上，或者在数据记录仪上配备便携式电脑（在某些情况下，数据记录仪自身可以导出收集到的数据），将数据定期手动取回。这些简单的数据采集设备相当便宜，而且低功耗，很小巧。当需要对一个或多个仪器进行频繁测读，但不需要对数据进行实时分析时，采用这样安排是恰当的。例如，Yellowtail 坝在 2008—2010 年采用了这种自动监测方法，在有限的时间内对左坝肩水压力数据进行了密集采集。

自动化的下一个高层次，是在坝址处一个或更多的位置自动读取数据，然后传输到一个适当的中心位置。中央计算机通常是主要数据的存储处。从远程单元到中央计算机可以通过无线电或有线连接，或两者结合的方式进行传输。远程单元收集的数据量可能存在很大差异，有的只是回应中央计算机指令的"不太精密"的单元，而"更智能"的单元可以根据最近数据的特征自主设定何时采集数据和传输。当然，在选用较小型、更便宜及更少出现故障的不太精密单元或有更多功能的智能单元之间需要权衡。性能指标的限值可以输入到中央计算机（和远程单元），以便进行实时数据评估。中央计算机的操作人员可以看到超限信息和系统状态信息，并且中央计算机还可以通过短信、电子邮件、网站发布、自动电话等方式发送此类信息。例如，Glen Canyon 坝自 1989 年起便采用这种层级的自动化，采集大坝上众多量水堰和扬压力监测仪器的数据。

最高程度的自动化是不仅在现场中心位置收集数据，而且远程人员也可以获取数据。电话通信允许远程用户访问中央计算机，并下载数据、改变测读频率、要求在某个时间点进行测读等（如果可能的话，可以基于系统配置）。电话通信虽然方便但时间久了可能相当昂贵，甚至可能在紧急情况最需要测读时，通信不可用的，如发生洪水或地震后。电话通信通常需要远程用户定期启动联系（即不是自动的）。另一种常见的通信方式是卫星通信。卫星通信是单向通信（从站点到远程用户），因此，测读频率没有变化，有瞬时测读需求时采用。也可采用与中央计算机的其他双向通信方式。总之，常规的数据传输到远程计算机系统中可以通过卫星通信实现，其便宜、可靠且无须操作者的参与。如果需要，数据可以放网站上供大家广泛访问。卫星和电话通信两者都采用是一个好方法，因为如果出现问题时，有一个备用的通信源。再者，性能指标的限值可以输入到系统中，以便实时进行数据评估。报警通知、系统状态信息等，可通过短信、电子邮件、网站发布、自动电话等方式发送。例如，Navajo 坝的水压力和渗流数据自 1987 年起可以通过电话通信进行远程访问，自 1995 年起，可以通过卫星通信进行远程访问。

自动化系统的设计需要因地制宜。更先进的系统并不是天生更好的。他们有更多的功能，但也有一个更高的初始成本、更大的维护成本和工作量，并且常常可靠性低。一般而言，应采用最简单且有效的系统。下面对一些其他设计问题进行了讨论：

（1）远程设备供电。连接到电网不可行时，远程设备需要电池供电。电池充电可以通过定期更换电池来完成（现场通常有一个或多个充好电的电池备用）。可以用太阳能电池板（微电流充电）给电池充电，尽管可能因损坏或风暴等，有时需要修理太阳能板。完善的自动化系统和设备设计可以将电能的消耗降到较低水平，最大限度地减少为远程设备供电的困难。

（2）破坏。破坏在 11.2.5.3 节中有讨论，这对于自动化设备也是一个很重要的考虑因素。如果系统由于破坏（或其他原因）必须进行频繁维修，自动化的经济性和效益会很快地消失。需要在设计过程中提早评估自动化设备被破坏的风险，并找到合适的解决方案。如果不容易解决，可能需要重新考虑自动化方案。对昂贵的自动化设备来说，应根据破坏风险设置充分的保护箱和保护锁。自动化设备可以放置在廊道、发电厂房、仪器室，控制结构等处，这在很大程度上可以消除被破坏风险。太阳能电池板总是遭受人为破坏风险，有必要隐藏和/或提供保护措施。图 11.9.10-1 示出防止太阳能电池被破坏的实例。

图 11.9.10-1　防止太阳能板破坏的措施

（3）防雷。防雷是自动化设备应该考虑的重要因素，在 11.9.6 节中已有讨论。对于昂贵的自动化设备，雷击是一种实际威胁。因此，在可行的情况下，自动化设备应该遮蔽，避免直接雷击。在无法遮蔽的情况下，可通过有效接地减少潜在的损害。浅埋的水平铺设的长电缆是自动化设备的一部分，线路任何一个末端都有遭受大电流电涌的风险。在线路末端设置电涌防雷器和保护装置是非常重要的，同时应在沟槽中铺设电缆时采取措施，将电涌降到最低。在可行范围内，用无线通信代替埋设电缆，可以减少自动化设备的雷击风险。

（4）通知协议。异常数据、系统状态等应通知谁、如何通知，以及在什么情况下通知，仔细考虑这些问题是非常重要的。通常，频繁的相对不重要的通知会让收到信息的人有变麻木的风险，导致重要的通知在众多“噪音”中不被关注或者不被识别的状况。

大多数类型的电气仪器都是容易实现自动化的，包括振弦式仪器（测压计、总压力计、沉降传感器、应力计、测缝计、位移计、荷载传感器和应变仪）、差阻式测压计、差阻式测压计、差阻式荷载传感器、固定测斜仪、倾斜仪、线性电位计、剪切带仪和热敏电阻。气动仪器人工测读时，设备必须模拟接下来的步骤，尽管相当复杂，但气动仪器是可以实现自动化。其他可以实现自动化的仪器如下：

（1）在竖管中放置压力传感器，以实现观测井和测压计自动化。应该指出的是，在不透水土壤中安装这种仪器将有很长时间的滞后效应（见 11.4.3.10 节），除非密封传感器上方的竖管区域。同时，起泡式测线（见 11.4.3.9 节）作为装置的一部分，方便人工测读，在不移除立管中压力传感器的情况下，可以定期检查自动压力传感器数据的准确性（改变立管内的水位，而得到准确的检查读数）。

（2）压力传感器可以与水管式水压力计系统的管路结合在一起。

（3）在量水堰和测流槽处可以用压力传感器代替水位标尺。

（4）振弦式测缝计、应变仪或其他电子设备可取代游标卡尺、千分尺等，在固定点之间进行测量。

（5）用固定式测斜仪可以让已有的测斜管装置实现自动化。

与地震相关的自动化系统包括地震触发器，其探测到地震震动后启动特定的数据采集协议，采集地震后的暂态性能，这可能涉及几分钟、几小时或几天非常频繁地测读。如果合适的话，特定的数据传输协议可以设计成由地震触发。

仪器自动化的优点：

（1）可以向各种终端用户提供实时数据，包括通过网站提供（如果满足垦务局对计算机安全的要求）。

（2）可以自动实时评估数据，并定制通知异常仪器数据。

（3）由于采用连续测读和消除人为错误，可改善数据质量。

（4）与手动读数相比，这些数据更易频繁获得。在某些情况下，如果不考虑成本，自动化仪器可能是充分地或安全地监测大坝状况的唯一方法。

（5）可降低成本。自动化测读节省的人力成本，可以抵消自动化设备的初始安装成本及系统的维护和修理成本。

仪器自动化的缺点：

（1）成本可能会增加。防雷、人为损坏、低劣的系统设计、不良的系统安装、不良的或昂贵的系统支持等，会导致自动化的成本远远超过人工获取必要的读数所需的成本。在大多数情况下，仅仅因为可以节约成本而选择自动化，是不明智的。因为经验显示自动化通常不会节省成本。

（2）自动化可能导致在大坝上的人员减少，这可能意味着不能及时发现不利情况（只能通过巡视检查发现的情况）。

（3）当自动化系统出现问题期间，通常没有足够的人手来获得所有的读数。而且，数据文件可能被损坏，出现大量的错误数据，并一直持续到问题解决。

（4）自动化系统制造商可能会停业或中断某些产品生产，使得系统未来的修理和维护成为问题。

（5）在某些情况下，坝址区的监测自动化系统以及保证其充分运作所需的维护和其他活动，可能转移大坝运行人员的注意力，从关注大坝健康的中心任务转移到了持续关注自动化系统的健康运行。

总之，在实现仪器自动化的计划中应关注以下几个方面：

（1）自动化成本和效益的实际评估。

（2）人工测读（备份）所有自动化仪器的能力（独立于自动化系统之外），一旦自动化系统发生问题，提供了检查异常自动化数据的方法。

（3）解决系统风险问题的精心设计。雷电和故意损坏通常是最大的关注点，但必须妥善处理系统所有的潜在威胁。

(4) 在期望实时远程数据评估时，使用通信电话和卫星两种方式实现通信的冗余设置。

(5) 系统尽可能简单，同时与数据需求保持一致。

(6) 尽可能限定自动化项目的范围。不能仅仅因为仪器容易接入自动化系统，便对此实行自动化。不久，一个小而简单的项目可能变成一个大而复杂的项目。

(7) 认真评估自动化系统设备供应商的技术能力。

(8) 认真考虑自动化系统未来的支持和维护需求。

在适当情况下，监测自动化系统可以为大坝安全监测提供巨大的好处。然而，系统预期的益处往往不能完全实现，并且系统运行花费的时间成本和经济成本经常超出预期。在评估是否要采用自动化系统时，必须考虑这些方面。没有仔细考虑和分析，就做出仪器设备自动化的决定也许建立了一个最先进的操作系统外观，但可能是让人遗憾的。

11.9.11 仪器设备的报废

在大多数情况下，在不增加大坝安全风险的情况下，不再需要的仪器可以保留在原处。但对容易移除的仪器装置（如多点位移计的锚头）通常予以移除，以便在其他地方再次使用，或不再留在坝堤上。移除设备时，以下两种情况是很重要的：

(1) 水管式水压力计装置。沿坝上下游方向通过填筑体铺设的水管式水压力计管路，可能会造成一些渗流路径，应予关注。在某些情况下，一个或多个突出的大坝潜在失效模式可能与管路有关。水管式水压力计装置的报废必须进行适当地处理。垦务局的《大坝水管式水压力计的操作和维护指南》（当前版本是 2005 年 6 月 7 日出版的）提供了水管式水压力计报废的具体指导和信息。所有与终端井有关的水管式水压力计报废后，应对终端井中的管束入口点进行常规监测，以发现可能的渗流及由渗流引起的可能的泥沙输移。

(2) 钻孔。钻孔和在其中安装仪器（如测斜仪、测压计等）可能会造成渗流通道，从一处到另一处传输高水压力。因此，在仪器报废时，对这些通道灌注不透水的非收缩性浆液是非常重要的。

11.10 仪器安装/施工注意事项

11.10.1 概述

监测仪器的安装/施工主要由以下人员或组织实施：①垦务局人员；②签订合同的承包商；③主承包商的分包商。这些情况将在本节讨论，此处讨论的仪器安装或施工的一般注意事项，适用于以下两种情况。不论安装是由垦务局人员实施，还是由签订合同的承包商负责，实施安装的设计者与在大坝现场监督或检查安装工作的人员之间适当的沟通会加强工作的效率和有效性。对于重大项目，垦务局已经意识到施工前举行会议的益处，可以提高对计划工作的理解和沟通，并讨论各参与方的问题和关注点等。在任何情况下，在技术服务中心（TSC）的监测检查组的仪器工程师可为现场人员提供关于仪器安装问题的支持，并在出现问题时提供指导。

在大坝施工过程中，对所有已安装仪器都要进行适当的保护，以防破坏，这是很重要的。在特殊情况下，可以使用标记、围栏、标志物、屏障等。合同条款应该规定，鼓励承包商采取必要的措施避免已安装仪器遭受破坏。

仪器安装工作的基本要求如下：

（1）确保对如何实施安装工作进行适当的指导。根据合同开展的工作，包括合同图纸和规范，并应包括“施工注意事项”（可包含在合同条款中）。对于垦务局人员执行的工作，“现场踏勘要求”提供了所有安装施工所需信息。

（2）按照合同开展的工作，通常要求提交材料、设备、仪器安装/施工业绩等，应确保收到了所有要求提交的文件，并且是适当的。如果没有，应及时解决所有的不足。

（3）确保所需的材料和设备已经运到现场，并将用于安装。出现的任何问题必须立即处理。此外，应检查运到现场或其他地方的材料和设备，以确保其处于良好状态并没被损坏或污染。

（4）安装前，对所有设备进行功能测试，以查明任何不能正常运行的设备。

（5）安装前，对相关设备进行校准测试，在大坝现场确定每个仪器的校准常数。将校准的常数与设备制造商提供的常数进行比较，确保一致性和准确性，纠正高程差。

（6）检查安装工作，确保工作已按图纸和规范执行。

（7）每台仪器安装完成后，应立即对其进行功能测试，确保它能正常工作，在安装过程中没有损坏。

（8）在安装完成后发现的仪器故障可进行纠正，无须花费太大周折。在上方大量的填筑施工完成后，才发现仪器故障，纠正将成为大问题。

（9）在施工过程中，每台仪器安装后应立即开始定期、频繁的测读。这不仅可以收集可能有价值的数据，也能及时发现仪器故障，增加纠正仪器故障的可能性，也有助于确定设备故障的具体时间，并将可能与仪器故障有关的现场事件联系到一起。

（10）完整的记录仪器安装/施工工作。记录文件相关要求在 11.10.3 节和 11.10.4 节中有讨论。全面、准确的记录文件非常重要，因为：①可将仪器原始数据转交给最感兴趣的工程单位；②由于正确确认和了解监测位置、区域和材料，可对仪器数据进行恰当评估；③了解与异常数据有关的全部情况。

11.10.2 具体事宜

仪器安装/施工中的具体要求如下：

（1）量水堰和测流槽。水流从地下或四周流过，而不通过测流装置，显然会导致收集到的数据不准确。重要的是设计或安装工作都要注意这个问题，并采取适当的解决措施。在现场可采用混凝土端墙、板桩，或类似的截流屏障，切断从装置下面或四周通过的水流。安装工作完成后，可能会发生侵蚀，导致装置四周有水流动，这就需要在设计和安装时对其进行恰当地考虑并解决，并在后续测读时对装置进行定期检查。

（2）测流槽。重要的是要保证测流槽安装并维持在一定的水位。否则，使用水槽水尺测读会收集到不准确的数据。拦沙坑最好设置在测流槽所监测的渗流路径上，从而监测可能的泥沙输移及流速。

(3) 电缆和管材的标识。沿着所有埋设的仪器电缆和管路的长度方向，每隔 10ft 应该设一个标识。标识应注明其关联的电缆或管路，如果它被切断了，就不需要开挖和暴露出很多材料来确定其连接哪个线路。

(4) 电缆和管路的连接。施工作业中尽可能减少因不慎切断电缆和管路。水管式水压力计管路被切断将来会有渗漏风险，可能会导致高水压力进入原本是低水压力的填筑体。气压式仪器线路被切断，会遭受水进入仪器并干扰仪器测读的风险，这有时会需要耗时且昂贵的干燥工作。连接被切断的光纤线路是非常昂贵和耗时的。唯一的例外是振弦式仪器，虽然重新连接切断的线路需要一些时间和精力，但这不是主要问题，因为恰当的连接对振弦式仪器或它的数据没有长期的不利影响。因此，在振弦式仪器的施工过程中，有时会涉及一个有计划的连接。先将电缆铺设至仪器附近，然后将压力计附带的一小段电缆连接到电缆上，再把压力计放置在设计位置。这种被称作“反向”安装，是有益的，因为压力计元件不需要长时间放在施工现场遭受潜在的恶劣天气、施工交通等的损坏。

(5) 防护墩。在填筑施工中，对于所有垂直埋管最好设置防护墩，并在其周围至少半径 3ft 范围内用填筑材料专门压实，以防止埋管被填筑体上作业的施工设备意外损坏。应密切检查和测试专门压实的填筑材料，以确保其能达到与周围材料相当的密实度。图 11.2.5.5-1 为大坝填筑施工期间仪器装置周边保护墩的照片。施工期间限制和避免在大坝填筑体内设置竖直埋管，是为了尽可能消除或减少专门压实防护墩及其造成的施工干扰（参见 11.2.5.5 节）。

(6) 仪器沟槽中的膨润土塞。为了避免仪器沟槽中潜在的渗漏路径，所有的沟槽都应使用膨润土塞，膨润土塞至少应该有 1ft 厚并伸入边墙和沟槽底部 1ft。在仪器沟槽中每一对水压力监测仪器之间至少安装一个膨润土塞。图 11.10.2-1 为仪器电缆槽中专门压实作业的照片。这项工作的难点是沿着沟槽需要定期安装膨润土塞。

图 11.10.2-1　仪器电缆沟槽中专门的压实作业

(7) 填筑坝中的钻孔。穿过填筑坝心墙料的钻孔，如果没有一个完整风险和利益评估，是不应该进行的。不合理的钻孔会引起填筑体水力劈裂，造成穿过心墙的开放式渗漏路径，而心墙本是作为渗流屏障的。垦务局的《填筑坝钻孔和取样指南》提供了有关填筑坝中允许钻孔的详细资料。

(8) 竖管测压计的编码。在所有情况下，对于双测压计安装在一个钻孔中的装置，最低高程的测压计应该标注为“A”（如 PTP-10A），而最高高程的测压计应标注为“B”（如 PTP-10B）。同时，竖管测压计应该避免长且复杂的编码（如 PTP-10.06.2012-KG-21AAC），因为这对经常使用来说很烦琐，且可能会导致转录错误。对工程师或地质学家来说，这种编码可以包含各种信息，但对于经常测读、使用和评估资料的人来说，它就是一个麻烦。

(9) 用膨润土密封竖管测压计或观测井。对于竖管水压监测装置，膨润土密封的质量是非常重要的，因为有效的密封可以确保仪器读数真正反映作用于仪器影响区的水压力，而无效的密封可导致不准确性、无代表性和误导性的数据，且数据无效时不容易被识别的可能性也大大存在。在一个或多个无效密封仪器的水压力值可能受到仪器影响区以外水压力的影响。

重要的是，安装仪器的钻孔不破坏低渗透性层，通过在钻孔中回填，该层分隔了其上下的透水层。在可行的情况下，在低渗透性层内安装膨润土塞是非常可取的。如果这不理想或不可行，与低渗透层接触的钻孔回填材料的渗透性必须足够低，从而在透水层之间形成一个有效的渗透屏障（在低透水层上下两个透水层接触处有个影响区域是不合理的，因为不能确定记录的水压数据与哪个透水层有关）。

在钻孔中的仪器竖管周围构建一个有效的膨润土密封是个挑战，而在钻孔中仪器双竖管周围形成一个有效的膨润土密封更困难。所以应尽可能避免采用这种方法，因为不管施工多仔细，都要考虑由于使用密封而可能面临的重大风险。如果钻孔内有三个或更多的竖管，采用膨润土有效密封基本是不可能的，所以不要试图尝试。在这种情况下，可以在仪器安装时增加一个（或两个）钻孔。膨润土密封区域的长度不应少于 5ft，在施工条件不利的情况下（如深孔、水下施工、双管式仪器）还应该更长。当施工条件不利或计划安装许多仪器时，在砂和膨润土区域应该考虑使用特殊的喷射设备。

(10) 测压计或观测井安装用的级配砂。在测压计钻孔影响区回填的级配砂应该是水洗砂，其通过 8～50 号美国标准筛的数量占总级配的 95%。通过 200 号筛的不超过 2%，同时要求所有砂均可通过 4 号筛。

(11) 全注浆的测压装置。目前，在钻孔中安装振弦式测压计是一个相对较新的技术，并存在一些争议。这项新技术就是用一种特殊的浆液混合物简单地环绕在测压计周围，但没有形成一个明确的影响区（传感器四周回填砂，在其上下用膨润土塞）。这种安装方法更快且更便宜，而且被证明数据可以与传统的安装方式相媲美。垦务局不赞同使用这种方法，因为不能清楚确定新方法收集的数据代表什么。在复杂的地质环境中这将是一个问题，而当数据发生异常时，无论地质构造如何，都将是一个主要问题。

关注所有的仪器安装/施工工作是很必要的，以确保收集的数据可以代表实际的现场情况。从监测的角度来看，最坏的情况是收集一些可信但不准确的数据，这些数据歪曲了监控参数。没有提供数据的仪器比那些提供没有代表性的数据且没有被识别的仪器要好。

11.10.3 合同约定下的施工

重要的是要认识到，所有主要建筑合同的监测工作通常都是由分包商根据其与总承包商签订的合同施工的。总承包商主要关心的是合同中的主体单元工程（排水工程、开挖工程、填筑体施工、泄水建筑物施工、溢洪道施工等）都在有效并且按计划进行。有时，总承包商会把大坝监测仪器分包商的工作看作高效工作的一个障碍。当存在总承包商-分包商的情况时，必须意识到完成仪器工作的潜在困难（如工作协调和及时有效的沟通），并提前计划。

指派进行仪器工作的垦务局施工检查人员，在仪器装备方面可能经验有限，至少在初期是需要实质性协助的。在必要的情况下，从监测检查组的仪器工程师那里寻求帮助是非常重要的，以便正确地完成各个方面的检查工作。

对于重大施工项目，垦务局施工检查人员通常负责完成仪器埋设或施工工作的月度报告。这些报告应该充分记录重要的工作，并及时提供给技术服务中心监测检查组人员，记录的内容应包括以下部分：

（1）工作状况；

（2）存在的问题和/或异常；

（3）施工信息；

（4）图片；

（5）仪器读数。

在工作结束时，垦务局施工检查人员应准备一份最终的施工技术报告，该报告包含下列仪器安装信息：

（1）实际安装的材料和设备；

（2）设备安装前的检验记录（功能测试和校准测试）；

（3）仪器孔的钻孔记录；

（4）记录测试信息；

（5）存在的问题和/或异常；

（6）规格的偏差或修改；

（7）承包商索赔；

（8）图片；

（9）施工图纸和竣工资料；

（10）评论、批评和对今后工作的建议；

（11）所有安装仪器的读数。

关于上述问题的资料可以整合到施工技术报告中，或是作为报告的单独附录。

11.10.4 垦务局人员实施的安装

11.10.4.1 现场勘察要求

现场勘察要求（a field exploration request，FER）是垦务局的一种工作机制，对垦务局人员执行的仪器安装做出规定。编制现场勘察要求是一个团队工作，由相应大坝的首席地质学家牵头。对完成的现场勘察要求需要团队的所有成员，包括监测检查组的仪器工程师和大坝的主要工程师，达成一致并签字。首席地质学家和仪器工程师应协作，以确保适宜的信息已包含在FER中，使仪器安装工作能达到预期。在很多情况下，现场勘察要求在仪器的位置、高度、细节等方面具有较高的灵活性，可根据实际钻探过程中收集的信息，选择最终的仪器安装计划。首席地质学家与现场人员密切合作，以获得必要的勘探信息，之后与仪器工程师一起确定最终的监测设计细节。

现场勘察要求编制完成后，现场办公室应准备一份工作报告，记录由其负责开展的工作。在有关仪表安装的最终报告里，应该包含可与最终技术报告（上节提及）相对比的信息。

11.10.4.2 其他

垦务局人员有时会实施仪器安装工作，以响应“大坝安全”或“操作及维护”的推荐意见或其他原因。在这种情况下，现场人员需要与指派到大坝上的监测检查组的仪器工程师沟通，保证仪器安装工作适当，仪器工程师需要为开展工作的现场人员提供所有的必要支持。

工作完成后，现场办公室应准备一份工作报告，记录由其负责开展的工作。该报告应该包含可与最终技术报告（11.10.3节提及）相对比的信息。

11.11 仪器维护注意事项

尽管大多数仪器不需要太多维护或不需维护，但仍有一些值得注意的仪器维护问题：

（1）水管式水压力计。这些设施每年需要大量的维护工作，包括冲洗管路和每一个单独表计的检查读数。此项工作在垦务局《大坝水管式水压力计操作和维护指南》（当前版本为2005年6月7日出版）中有描述。

（2）量水堰。堰面需要保持清洁、无杂物，从而使水跃过堰板并可以收集到准确的数据。

（3）堰箱以及与堰相连的静水池。渗流输移泥沙的最直接证据是与渗透有关的内部侵蚀失效模式已经启动并正在发展。因此，确定知道堰箱或与堰相连静水池内汇集的泥沙来自渗流，而不是地表径流或风带来的水，这点非常重要。堰箱壁和其他边墙必须足够高，以防止地表径流流入静水池中，适当的时候，还应对其进行覆盖，以防止被风吹起的大量材料被带入静水池中。

（4）屏障与标记。应提供适当的屏障和标记，保护仪器设备免受损坏。

（5）防护装置。所有的仪器设备都需要适当的防护装置。例如，测压计和测斜装置应该配备可锁的保护罩。仪器室、终端井和观测井等的入口（门、窗等）应进行适当保护。

所有仪器装置必须符合垦务局安全和卫生标准以及所有适用的职业安全与健康管理标准。重要的是需要在水管式水压力计终端井、坝趾排水观测井和减压观测井等需要的地方设置标示其空间的指示牌并进行维护，告诫进入这些空间的人们需要采取必要的安全措施（包括使用适当的空气监测设备）。

11.12 监测信息-数据采集与传输

11.12.1 概述

可以采用人工测读仪器或自动化设备。

对于人工测读的仪器，其数据可以通过以下几种方式传送到监测检测组：

（1）邮件；

（2）传真；

（3）电子邮件；

（4）传输到 85—836000 或直接传入采集和管理仪器数据的计算机系统。

对于采用自动化设备测读的仪器，情况比较复杂，将在 11.12.3 节中讨论。

以下两节讨论与人工和自动化数据采集和传输相关的选择和问题。

11.12.2 人工获取仪器读数

除了特殊情况，一般人工获取仪器读数的步骤非常简单明了。重要的是在仪器测读时，测读的人有能力立即判断读数是否异常。这对受库水位影响的仪器数据（如渗流量和水压力读数）来说，是特别重要的，在这里仪器性能限值等同于水库水位的作用功能。这种能力很重要，其原因有以下两点：

（1）如果在阅读过程中出现错误，而没立即发现，可能会花费大量的时间和精力调查情况并纠正问题。

（2）事实上，如果异常读数是正确的，那么在弄清楚此情况是否需要响应之前，可能需要花费大量的时间。

仪器测读人员能够立即检查仪器读数并确定它们是否存在异常，这是非常理想的状况。数据传入到垦务局的计算机监测系统时，这样的数据检查是通过电脑完成的。然而，仪器测读人员在仪器上收集数据或视需要准备重新测读及准备检查周围的异常情况时，检查电脑对测读者是没有什么帮助的。下面几种方法可以解决这一需求并允许对仪器读数立即进行性能指标检查：

（1）图表。用图表描述每一个仪器的预期性能指标，将水库水位作为 X 轴、仪器读数为 Y 轴。实际上，虽然这种方法比较缓慢、笨拙且并不十分便利，但仍然可以使用。

（2）数据收集电子表格。进行数据收集时，首先确定水库水位并输入电子表格。然后，将收集数据电子表格打印出来，在每个原始测读单元上显示每个仪器的性能指标。当测读人员读取数据时，将读数填写在示出性能上、下限值的表格列中，这样就可以很容易地对读数进行快速检查。

（3）手持式设备。采集数据时，首先确定水库水位并输入到手持式设备中。当仪器测读人员读取数据时，读数被输入到手持设备中，该装置给予即时反馈，从而让测读人员知道读数是否在性能限值范围内。

如前所述，人工测读仪器所得数据可以通过邮件、传真、电子邮件传输到 85—836000 或直接传入数据采集和管理系统中。当直接传入数据采集和管理系统时，如果有任何读数超出仪器性能限值，输入数据的人是可以看到的（但显然不是在进行测读时）。

与人工获取仪器读数相关的问题：

（1）测读时进行数据检查。上面提到的方法可以对仪器性能限值进行立即检查。如果没有这种检查的水平，测读人员至少可以使用以前的读数来检查，以确定明显异常或错误的数据。证实后的异常数据应通过立即电话反馈给 85—836000 人员。

（2）对其他项目保持警觉，并报告相关信息。最明确的必须报告的信息是当测读渗流数据时发现有材料随渗流输移的迹象，如沿流动路径设置的堰箱里有浑水或泥沙沉积等。任何异常都应该注意和报告，如来自于仪器竖管的啸声、古怪的气味、竖管弯曲等。

（3）安全。进入密闭空间时，如水管式压力计终端井、坝趾排水观测井和减压观测井等，应该采取适当的措施。同时，不应该忽视与基础、岩石崩落区等有关的危险，应视情况采取相关措施，或采用自动化设备。

（4）报告干的竖管测压计和零渗漏读数信息。这些也是读数。某些地方水位高度要低于测压计高程，了解这些是很有用的，并且可绘出仪器数据曲线。对于渗流监测装置，数据表格的空白区域是表示没有读数，而不代表在读数的时候没有水流。

（5）探头卡住不要惊慌。如果测斜仪探头、IVM 探头、沉降板探针等卡在管里，第一反应往往是强力拉拔探头线。然而，如果线被拉断，问题就更糟了。面对卡住的探头，第一个理想的做法是冷静地解决问题，而不是使用反力、蛮力。

11.12.3 自动获取仪器读数

第 11.9.10 节介绍了仪器自动化系统的设计，包括如何收集自动化系统数据的详细信息，这些内容将不在这里重复。将采集到的数据传输到仪器检查组（85—836000），最常见 4 个做法是：

（1）数据通过卫星传送到爱达荷州，博伊西的西北太平洋区域办事处的垦务局计算机上，随后被转送到 85—836000 仪表计算机系统数据采集和管理系统（大坝数据采集和管理系统）。数据传输由几种不同的方法来完成：①在博伊西的系统操作人员，将一个或多个文件粘贴到一个邮件，发送到 85—836000，再由他们把数据输入到数据采集和管理系统中；②85—836000 人员远程取回博伊西计算机的数据并将数据输入到数据采集和管理系统；③85—836000 计算机按设定的频率自动取回数据，并把它以邮件方式发送给 85—836000 人员，再由他们把数据输入到数据采集和管理系统。

（2）通过电话线与数据采集器连接，远程计算机定期下载数据，再将数据文件输入数据采集和管理系统。

（3）由现场临时计算机连接到数据采集器定期下载数据文件，随后通过电子邮件发送给 85—836000，输入数据采集和管理系统。

（4）容器定期从数据采集器里换出数据存储设备，并输入到 85—836000，使得数据可以下载到数据采集和管理系统。或者，换出数据采集器以取回数据。

对于垦务局管辖大坝来说，重要的是要认识到，采用自动化系统采集数据，数据采集和管理系统并不提供采集数据的实时接口。采集到的数据需要定期人工输入到（转移到）数据采集和管理系统。可以开发将数据从一个接收服务器传送到数据采集和管理系统的自动化能力，但这种能力目前还不具备。虽然这似乎是一个明显的不足，但实际上并不是。它只是意味着，大坝现场的自动化系统是需要进行编程开发的，以实现实时检查对照性能限值，并通过电子邮件、短信、传真、自动电话等发出报警信息。数据采集和管理系统只是一个简单的保存采集数据的存储数据库。

11.13 监测信息——复查和评价

11.13.1 概述

对仪器数据的评价通常分为两大类：①即时复查。在获得读数后立即进行；②定期深入复查，这些将在下面的两节中进行讨论。具体的评价包括水压力数据；土压力数据；变形数据；渗流和排水数据。

11.13.2 即时复查数据

即时复查监测数据和信息实际上会有一些粗略，因为其基本目的是及时找出任何值得注意的异常数据。许多数据需要在短时间内复查。使用计算机生成的图和比较表等，可大大提高工作效率和有效性。

11.13.3 定期深入复查数据

只有对采用仪器的原因有充分的认识和了解，才可以对仪器数据进行最有效的评价。在监测系统设计时，应对设计决策的理由和仪器方案做充分记录。作为设计过程的一部分，仪器的预期读数应该要指明，最少是考虑过。水库首次蓄水后，可以用实际性能情况来检验设计预期，对于任何显著不一致情况，都应进行研究和评价，以确定对大坝性能的影响。

采用仪器数据进行工程计算和后评价，有助于评估大坝性能是否可控。后评价通常是一个确定性分析，但它也可以应用在风险范畴。对关键参数可能要进行敏感性研究。

定期深入复查应包含对仪器项目和数据的全面仔细复查。当评价和解释数据时，这些复查应该利用所有可以获得的信息。

11.13.4 评价水压力数据

在复查观测井、测压计、水管式水压力计、气压式测压计、振弦式测压计、光纤测压计或其他仪器的水压力信息时，与评价相关的问题主要包括以下几个：

（1）灌浆帷幕或其他防渗设施的有效性。

(2) 排水措施（如铺盖排水、减压井、横向排水等）是否能自由及有效的排水。

(3) 大坝实际的水压力模式，绝对压力大小和水力梯度，与预期的是否一致。

(4) 水压力的变化是否是可预见和可解释的。

(5) 水压力数据随时间的增大或减小，是否有令人担忧的变化趋势。

(6) 仪器是否响应库水位的变化，仪器记录的水压力绝对水平是否与库水位一致。如果不是，在坝体饱和/去饱和或两者的共同作用下，仪器在响应库水位变化时是否有滞后。

(7) 是否有任何（升高的）施工孔隙水压力。

(8) 施工孔隙水压力的消散与预期是否一致。

为了对数据更深入了解，绘制仪器记录的水压力和库水位的对比图是很有用的。这样做可以直观地看出仪器读数与水库水位变化之间的相关性。

若在大坝的某个横断面或临近横断面的地方设置有几种仪器，那么在横断面图上绘制测压计水压力表面高程，以及与这个断面相关的现场地质、填筑体特征和布置情况，也是非常有用的。

如果关心边坡稳定性（坝坡、坝肩边坡或库岸边坡），可以用水压力数据来确定沿潜在破坏面的水压力和有效应力。

对于饱和时可能垮塌的基础和坝肩材料，或隆起或潜在涌水处，水压力数据有时是非常重要的。

对于潜在的液化问题，水压力的信息可用于确定材料是否饱和易于液化。地震后立即获得的水压数据也有助于确定是否已发生液化，以及其发生的程度。

11.13.5 评价土压力数据

在复查气压式压力计、振弦式压力计或其他仪器的土压力信息时，以下几个问题和评价相关：

(1) 压力是否符合预期。

(2) 压力是否随时间变化，如果是，其变化是否是可预见和可解释的。

11.13.6 评价变形数据

复查从表面测量点、IVM（内部垂直变位）装置、沉降板、测斜仪、倾角计、剪切带仪、沉降传感器、多点位移计或其他仪器获取的变形信息，与评估相关的问题主要包括以下几个方面：

(1) 设计超高是否还维持（沉降是否超过超填）。

(2) 坝坡、坝肩边坡或库岸边坡是否有任何失稳的迹象。

(3) 是否有可能导致坝体内部开裂的不均匀移动。

(4) 是否有影响附属结构性能和完整性的绝对和/或不均匀移动。

(5) 基础沉降是否符合预期。

(6) 坝体压缩型式和幅度是否符合预期。

(7) 变化速率是否随时间递减。

(8) 施工后坝体沉降和地基沉降的总和是否约等于坝体测量点记录的沉降。

(9) 是否有异常的变形，显示材料受渗流影响的地下侵蚀。

关于地震，其关注重点为坝体或基础材料的潜在液化，以及结构承受强震摇晃，而不发生超限位移的能力。评估由于地震事件（无论是否液化）导致的结构影响和位移，变形数据在这方面是很有用的。

11.13.7 评价渗流和排水流量数据

在复查桶和秒表监测、量水堰、测流槽、水样、地球物理方法等得到的渗流和排水数据时，与评价相关的问题主要包括以下几个：

(1) 是否有显示内部侵蚀或管涌的任何证据（如在检查井、堰前、堰箱及沿流动路径等处有明显变色的渗流，或泥沙沉积）。

(2) 渗流与排水量与设计预计相比如何。

(3) 渗流及排水量是否过多。

(4) 渗流及排水量是否是预计的，是否与给定的库水位（其他相关参数保持不变）相一致。

(5) 排水措施（如减压井、横向排水等）的效率或有效性是否降低。

(6) 地下渗流形式是否符合预期，且随着时间仍然保持一致。

(7) 下游潮湿区域大小和外观（考虑水库水位，时间，天气条件等）是否是预计的，且随时间基本一致。

绘制渗流速率和库水位的对比图，以便对数据更深入了解。

对于潜在的液化问题，渗流信息可用于明确液化是否明显发生的问题。例如，观察到坝趾附近地表面涌出的水可能是由于存在“过量水”，以减轻由材料液化产生的高地下水压力。

11.14 参考文献（略）

附录 11-A　检查表

1. 周期监测计划表（L-23）
2. 巡视检查清单（OVIC）

周期监测计划表（L-23）

仪器监测和巡视检查（第1页）

大坝：示例坝　　参考图纸：99-D-2777 thru-2782：

项目：森特勒尔　　99-D-2866、－2873、－2874、－3033

州：北达科他州东部　　和－3036；以及 99-428-8164

大坝竣工日期：1983年

监测方法	监测计划
巡视检查	每月一次，(1)(2)(3)(4)(10)
振弦式测压计(5)	每月一次，(2)(3)(4)(10)
观测井(6)	每月一次，(2)(3)(4)(10)
渗流及坝趾排水监测(7)	每月一次，(2)(3)(4)(8)(10)
横向排水	每年一次，在6月份（流量最大的时候）(2)
测斜仪1-5和1-10（1-1～1-4待测）	每年一次，在6月份
应力计和应变仪	待测，没有日常监测要求
坝体测量点	在2018年监测，随后每6年监测一次
结构测量点	在2018年监测，随后每6年监测一次

注释和备注：

(1) 进行巡视检查应该使用针对此坝例定制的“巡视检查清单”执行，最新版本的可见2012年的综合评审报告。每一份完整的“巡视检查清单”的复印件在离坝址尽可能较近的合适位置进行归档。

(2) 当在前述48小时内没有降雨时，应尽可能地获得仪器读数并进行巡视检查。如果不可能，应该报告最后48小时的降水量。

(3) 无论什么时候测读仪器，都应获取和报告库水位和尾水位高程。

(4) 若库水位高程超出历史高程（当前为6168.1ft），应进行每天一次的巡视检查和仪器测读，直到库水位消落到当前历史高程以下，其中在这期间观测井仅需要每隔两天测读一次。若在坝址处发生强烈地震（估计水平峰值加速度为0.05g或更大），应迅速进行仪器测读和巡视检查。

(5) 仅针对下面的仪器进行常规监测：VW-1～VW-4、VW-10、VW-11、VW-17、VW-21～VW-25、VW-30、VW-31、VW-37以及VW-101～VW-107。下列仪器的日常监测已停止（但是将来如果情况允许可以对其进行恢复监测）：VW-4、VW-6、VW-7、VW-8、VW-9、VW-12、VW-14、VW-16、VW-18、VW-20、VW-26、VW-27、VW-28、VW-29、VW-32、VW-34、VW-36、VW-38和VW-40。

（6）下列观测井进行监测：OW-01、OW-02 和 OW-03；DH-301、DH-419、DH-427、DH-446、DH-448、DH-496、DH-538、DH-545、DH-546、DH-T _u/h 和 DH-T _ d/h。

（7）进行和下列水流相关的渗流监测：①坝趾排水出口的排水，②在泄水建筑物出入口的双向水流；③汇入坝趾排水 1 号检查井的水流；④右坝肩上的水流，此来自穿过公路路堤的金属波纹管。

（8）无论什么时候测读水流量，应检查水流携带的泥沙迹象（变色的水、堰前的泥沙沉积等），如果注意到应立即向下面列出的联系人报告。

（9）溢洪道 32+19 位置上测量点的监测是很危险的，对其的日常监测可以停止。

（10）在坝址处发生强烈地震（估计水平峰值加速度为 0.05g 或更大）和大洪水后，应立即进行监测。

在所有巡视检查信息和数据获得后，应通过以下方式尽可能快的传输到技术服务中心（TSC，代码 85—836000）：①邮件（下面的地址）；②传真（303/445-6473）；③电子邮件(qmartin@usbr. gov）或；④直接传入垦务局监测计算机数据库（数据采集和管理系统）。以上的监测计划表是在假定正常运行以及大坝性能符合要求的基础上。如果出现异常情况时，应该启动紧急行动计划（EAP/SOP）中相关措施，然后电话联系下面列出的联系人，以确定对监测计划的调整。

联系人：Joe Smith　电话：303/445-9999　电子邮件：joesmith@usbr. gov

邮寄地址：科罗拉多州丹佛市 80225-007，　25007 邮箱，垦务局岩土工程服务部门（代码 86-68300）

日期：2012 年 12 月 11 日

巡视检查清单

日期：2012 年 12 月 11 日

示例坝

计划：在正常运行条件下，如“周期监测计划表”所示每月检查一次。若库水位超出历史高程（当前为 6168. 1ft），应每天检查一次。另外，在坝址附近发生强烈地震以及发生大洪水后，应立即进行巡视检查。

检查人员：________________　日期：________________

库 水 位：________________ ft　时间：________________

天　　气：________________　温度：________________ °F

当所观察到的情况明显不同于先前情况时，应对下列列出的问题回答“是”。先前已经报告过的情况，现在也没有发生变化，回答“不”比较恰当。对任何回答“是”的问题，请按照第 9 项“附加信息”尽可能完整的补充描述信息。可以的话，可采取照片和用此报告描述。

1. 大坝上游斜坡：

a. 由于波浪作用，是否有显著侵蚀或堆积的迹象？　□不是　□是

b. 是否有落水洞、泥沼、或异常沉降区域？ □不是 □是

c. 水库是否有漩涡？ □不是 □是

2. 坝顶：

a. 是否有裂缝，横向或纵向的？ □不是 □是

b. 是否有落水洞、异常或超限的沉降区域？ □不是 □是

3. 大坝下游坡、下游坝趾以及坝肩：

a. 是否有新的渗流或潮湿区域？ □不是 □是

b. 已有渗流区域或潮湿区域情况是否有变化？ □不是 □是

c. 是否有随渗流的材料输移迹象（如变色的水或泥沙沉积）？ □不是 □是

d. 是否有落水洞、泥沼、滑动、或异常沉降或倾斜区域？ □不是 □是

e. 是否有明显的坝体隆起？ □不是 □是

4. 泄水建筑物的渠道口区域：

a. 混凝土上是否有新的或扩大的裂缝或剥落？ □不是 □是

b. 是否有异常变形或位移迹象？ □不是 □是

c. 泄水时是否有异常的水流流态或情况？ □不是 □是

d. 在入口区域上方的边坡是否有变动迹象？ □不是 □是

e. 喷锚支护后的安山岩/火成碎屑岩地方，是否有裂缝或变动迹象？
□不是 □是

f. 横向排水流量是否有增加或减少？ □不是 □是

5. 泄水建筑物闸门室：

a. 渗流是否有明显变化？ □不是 □是

b. 闸门室墙上的湿润性是否有明显的改变？ □不是 □是

6. 坝肩：（备注：两坝肩均是古滑坡。以坝 1000ft 坝肩边坡为基础进行检查，并使用望远镜从河谷位置对坝肩进行视觉上的扫描。）

a. 是否有新的渗流区域或潮湿区域？ □不是 □是

b. 已有渗流区域或潮湿区域情况是否有变化？ □不是 □是

c. 是否有随渗流材料运移迹象（如变色的水或泥沙沉积）？ □不是 □是

d. 是否有落水洞、泥沼、滑动或异常沉降区域？ □不是 □是

e. 是否有明显的斜坡隆起？ □不是 □是

7. 大坝下游的河谷区域：（备注：检查区域是坝附近 1000ft 区域。）

a. 是否有新的渗流区域或潮湿区域？ □不是 □是

b. 已有渗流区域或潮湿区域情况是否有变化？ □不是 □是

c. 是否有随渗流材料的输移迹象（如变色的水或泥沙沉积）？ □不是 □是

d. 是否有落水洞、洼地或其他异常沉降区域？ □不是 □是

8. 非常溢洪道：（备注：发生溢洪道泄洪，应每天检查。）

a. 混凝土上是否有新的或扩大的裂缝或破碎片？ □不是 □是

b. 是否有异常变形或位移迹象？ □不是 □是

c. 溢洪道沿线是否有可能的边坡失稳迹象？ □不是 □是

9. 附加信息

a. 哪一个坝趾排水检查井目前溢流？(勾选)

1 号井□ 2 号井□ 3 号井□ 4 号井□

b. 对上面回答“是”的问题，补充附加信息？

注：所有的描述都应包含具体的位置信息和所有其他看起来相关的信息。渗流区域描绘应该包括估计的渗流量和水流清晰度描述（清水/浑浊水/ 泥样水等）。裂缝描述应该包括方位和尺寸。接头处的变化的描述应该包括估计的位移量和位移方向。对劣化或剥落混凝土的描述，应该包括劣化的程度和影响区域的近似尺寸。

U.S. Department of the
Interior Bureau of Reclamation
Design Standards No. 13

Embankment Dams

美国内政部垦务局
设计标准

填筑坝

（下册）

中国水电工程顾问集团有限公司
水利水电规划设计总院
编译

中国电力出版社
CHINA ELECTRIC POWER PRESS

内 容 提 要

本书是根据美国内政部垦务局标准"Design Standards No. 13 Embankment Dams"翻译而来。本书系统地介绍了美国内政部垦务局在填筑坝设计与建设方面的理论与案例，共分二十一章，主要内容涉及设计标准概述、填筑坝设计、基础表面处理、静力稳定分析、保护性反滤、超高、抛石护坡、渗流、静力变形分析、填筑坝施工、仪器与监测、地基与料源勘察、抗震设计与分析、基础灌浆、防渗墙、水泥土护坡、土工织物、土工膜、排水与控水等。本书提供的大量参考资料，可为需要进一步了解和研究填筑坝的读者提供参考。

本书内容全面，并结合了美国内政部垦务局具体填筑坝案例，适合从事填筑坝设计和建设的相关工作人员参考与借鉴。

图书在版编目（CIP）数据

美国内政部垦务局设计标准：填筑坝/中国水电工程顾问集团有限公司，水利水电规划设计总院编译．—北京：中国电力出版社，2020.6

ISBN 978-7-5198-3709-9

Ⅰ.①美… Ⅱ.①中… ②水… Ⅲ.①填筑—筑坝—工程设计—标准—美国 Ⅳ.①TV541-65

中国版本图书馆 CIP 数据核字（2019）第 205961 号

出版发行：中国电力出版社
地　　址：北京市东城区北京站西街 19 号（邮政编码 100005）
网　　址：http://www.cepp.sgcc.com.cn
责任编辑：杨伟国　韩世韬　孙建英（010－63412369）　霍　妍　何佳煜
责任校对：黄　蓓　常燕昆　郝军燕
装帧设计：王红柳
责任印制：吴　迪

印　　刷：三河市百盛印装有限公司
版　　次：2020 年 6 月第一版
印　　次：2020 年 6 月北京第一次印刷
开　　本：787 毫米×1092 毫米　16 开本
印　　张：79.25
字　　数：1816 千字
定　　价：495.00 元

美国内政部垦务局设计标准

填筑坝 Embankment Dams

编译委员会	周建平 卢红伟 袁建新 黄晓辉 吴鹤鹤 杨 静 陈建苏 冯业林 李志山 孔令学
审 核	吴鹤鹤 陈建苏 冯业林 李志山 孔令学 周飞平 樊友海 张 雄 杨 静 刘 超 何万通 彭富平 韩益民

各章译校人

标准名称	翻 译	译 校
第 1 章 设计标准概述	陈建苏	吴鹤鹤
第 2 章 填筑坝设计	代艳华	凌云 彭富平 孔令学
第 3 章 基础表面处理	赵云秀	凌云 彭富平 代艳华
第 4 章 静力稳定分析	相彪 闫尚龙	冯业林
第 5 章 保护性反滤	黄青富 邓建霞	陈域 冯业林
第 6 章 超高	李士杰	凌云 彭富平 孔令学
第 7 章 抛石护坡	李志山、侯磊	李志山
第 8 章 渗流	黄青富 胡灵芝 陈域	冯业林 邹青
第 9 章 静力变形分析	相彪 黄青富 行亚楠	冯业林
第 10 章 填筑坝施工	易义红	晋国辉 周绍红 胡传彬
第 11 章 仪器与监测	胡灵芝 张帅	邹青 张礼兵
第 12 章 地基与料源勘察	姚翠霞 彭森良 郭波 徐敬宾	李忠 陈砺 杨传俊
第 13 章 抗震设计与分析	周飞平	李志山
第 15 章 基础灌浆	李志山 郭洁	李志山
第 16 章 防渗墙	李志山 郭洁	李志山
第 17 章 水泥土护坡	李志山 齐文	李志山
第 19 章 土工织物	周飞平 高燕	李志山 周飞平
第 20 章 土工膜	周飞平 高燕	李志山 周飞平
第 21 章 排水与控水：降水及排水系统	李志山 侯磊	李志山

译 者 序

在我国“走出去”战略和“一带一路”倡议引领下，从2017年起中国工程建设企业在国际工程承包领域业务量占比保持第一位。但国际工程大多数采用ISO、IEC标准以及欧洲、美国等西方国家技术标准，使得中国企业在国际工程建设与经营中遇到了诸多瓶颈，这成为制约中国工程企业进一步拓展海外市场、提高履约能力的重要因素之一。中国电建集团2015年设立了重大科技专项，开展“国际工程技术标准应用研究”项目。《美国内政部垦务局设计标准 填筑坝》的翻译、对照和应用指南，是该重大科技专项中课题1“国际工程水电勘测设计技术标准应用研究”的成果之一。

美国内政部垦务局隶属美国内政部，负责美国西部地区17个州的大坝、水电站和渠道的建设，是美国最大的水管理机构，还是美国西部第二大水力发电生产商。美国内政部垦务局的标准体系包括设计标准和设计手册两大类。

美国内政部垦务局的设计标准（Design Standards）是指导垦务局承担工程设计和施工的技术规范，目前共有13部（包括No.1《设计标准概述》，No.2《混凝土坝》，No.3《输水设施、过鱼设施、道路和桥梁》，No.4《电气仪表和系统》，No.5《现场安装程序》，No.6《水轮机和水泵》，No.7《阀、闸门和钢管道》，No.8《机械设备》，No.9《建筑物》，No.10《输电结构》，No.12《设备试验》，No.13《填筑坝》，No.14《坝的附属结构——溢洪道与出水口》），构成了一个覆盖水利水电工程勘测设计、施工、设备安装多专业的完整标准体系。美国内政部垦务局的每一部标准又分成若干章，各章分别编制，独立发布，编制、修订与审批互不干扰，但又能互相照应、彼此协调。增加了标准的灵活性，提高了标准制修订的速度，还保证了标准及时反映新技术成果。

本书是美国内政部垦务局的设计标准之一。考虑到美国内政部垦务局的设计标准在国际上认可度很高，且填筑坝大部分章节已于2011年以来陆续修订，因此将填筑坝的翻译及对比研究列入了中国电建集团2015年重大科技专项“国际工程水电勘测设计技术标准应用研究”中。为更好地推广利用“国际工程水电勘测设计技术标准应用研究”的成果，现将填筑坝已更新的19章标准正式出版，以供更多的技术人员参考和借鉴。

本书的翻译及译校工作由中国电建集团昆明勘测设计研究院有限公司和中国电建集团北京勘测设计研究院有限公司承担，译审及出版工作由水电水利规划设计总院和中国水电工程顾问集团有限公司负责。在中国大坝工程学会的协助下，本书的翻译出版得到了美国内政部垦务局相关人士的认可。

翻 译 说 明

《美国内政部垦务局设计标准　填筑坝》自 2011 年以来陆续进行了修订，更新的电子文件可从其官网免费下载，共 21 章，目前在其网站上公布的已完成修订的有 19 章。

《美国内政部垦务局设计标准　填筑坝》的中文版是中国电建集团 2015 年重大科技专项“国际工程水电勘测设计技术标准应用研究”的成果之一，其译审及出版工作由中国水电工程顾问集团有限公司和水电水利规划设计总院负责。中文版与原版内容的任何不符与偏差均为翻译者的理解问题，美国内政部垦务局不负任何责任。

中文版与原版在编辑方面的不同之处说明如下：

（1）美国内政部垦务局网站上公布的本书共 21 章，其中“第 14 章决策分析”和“第 18 章制图标准”不再使用，中文版沿用美国内政部垦务局对章节的编号，因此没有 14 章和 18 章。

（2）本书 19 个章节是单独成册的，每章的第一节内容有些重复，仅在前两章中保留全部内容，其后有删减。

（3）原版中附有大量彩色工程照片，但本书非彩色印刷，有些照片要说明的问题很难辨认，因此本书删减了少数效果太差的照片。

（4）原版中附有大量参考文献，中文版将所附参考文献均予省略，有兴趣的读者可查看原版。

（5）原版中有些图纸线条或注释文字不清楚，达不到出版质量要求，本书予以略去，但保留其编号，便于有兴趣的读者查看原文。

（6）原版中有些附录直接引用某具体工程的设计或施工文件作为示例，考虑到中美两国的工程实践差异，本书省略了一些附录，但在目录中仍列出，便于有兴趣的读者查看原文。

（7）原版中大部分采用英制单位，亦有一些采用国际单位之处，中文版遵循原版情况未做改动，但为方便读者，本书文前附有“英制单位与国际单位换算表”。

这套标准涵盖了填筑坝设计、施工、监测的方方面面，内容丰富，但是这也正是令译校人惶恐之处，虽然译校人大多为专业技术人员，对技术问题亦不敢说全精通，加之英文水平有限，译文难免有谬误之处，欢迎指正。

译　者

2019 年 12 月

英制单位与国际单位换算表

量	英制单位	国际单位	换算
长度	英寸（in） 英尺（ft） 码（yd） 英里（mile） 密耳（mil）	毫米（mm） 厘米（cm） 米（m） 千米（km）	1in=25.4mm 1ft=30.5cm 1yd=0.914m 1mile=1.609km 1mil=0.0254mm
面积	平方英寸（in^2） 平方英尺（ft^2） 平方码（yd^2） 平方英里（$mile^2$）	平方毫米（mm^2） 平方厘米（cm^2） 平方米（m^2） 平方千米（km^2）	$1in^2=645mm^2$ $1in^2=6.45cm^2$ $1ft^2=929cm^2$ $1yd^2=0.836m^2$ $1mile^2=2.59km^2$
体积	立方英寸（in^3） 立方英尺（ft^3） 立方码（yd^3）	立方厘米（cm^3） 立方分米（dm^3） 立方米（m^3）	$1in^3=16.4cm^3$ $1ft^3=28.3dm^3$ $1yd^3=0.765m^3$
容积	美制品脱（pint） 美制加仑（gallon）	毫升（mL） 升（L） 立方米（m^3）	1pint=473mL 1gallon=3.79L
质量	磅（lb）	千克（kg）	1lb=454g
流量	美制加仑每分（GPM） 立方英尺每分（CFM）	升每秒（L/s）	1GPM=0.063L/s 1CFM=0.4719L/s
力	磅力（lb force）	牛顿（N）	1lb force=4.45N
压力	磅力每平方英寸（PSI） 英寸水柱（in H_2O） 巴（bar）	千帕斯卡（kPa）	1PSI=6.89kPa 1in H_2O=249Pa 1bar=100kPa

总目录[1]

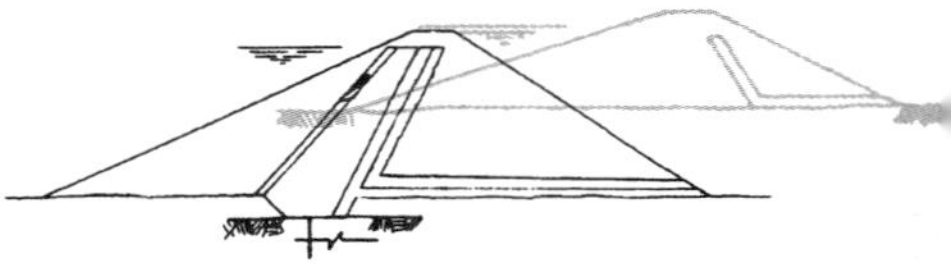

CONTENTS

[1] 美国内政部垦务局网站上公布的本书共 21 章，其中“第 14 章决策分析”和“第 18 章制图标准”不再使用，中文版沿用美国内政部垦务局对章节的编号，因此没有 14 章和 18 章。

美国内政部垦务局设计标准

填筑坝 | Embankment Dams

第12章 地基与料源勘察

2012 年 7月修订

目　　录

12.1 简介

12.1.1 目的

开展地基与料源勘察的目的是获取地基及建筑材料的相关信息以用于建筑物的分析、设计、施工及运行监测。勘察内容宜根据建筑物规模、类型，实施的研究及工程阶段而定。对大坝工程而言，坝体及其附属结构地基的渗透特征、适宜性，筑坝料源等均是地质工程的重要的考虑因素。

12.1.2 内容

本章主要描述新建、已建大坝及料场的勘察及取样程序。出于安全评估或重建设计与施工目的，可对已建大坝进行勘察。料场勘察是针对大坝或拟建大坝邻近区域拟建料场的调查。由于很多出版物中都有关于地基与料源勘察的大量内容，所以本章只对相关成果做简要概述，详细内容见引用文献原件，这些文献包括美国垦务局（USBR）、美国陆军工程师兵团（USACE）、美国土木工程师学会（ASCE）、美国农业部自然资源保护局（NRCS）、美国材料与试验协会（ASTM）以及其他知名设计机构编写的出版物和手册等。

12.1.3 适用范围

本标准适用于新建大坝及附属结构、进行安全评估的已建水工建筑物或者因工程功能变更而需改建的建筑物。对已建工程来说，比较特别的一点是，可结合收集到的原设计和施工阶段的地质和岩土工程资料开展勘察工作。当无法收集上述资料时，勘察工作应以获得结构安全性评估所需资料为目的。

12.1.4 标准使用要求

开展填筑坝及附属结构的地基与料源勘察，应遵照本标准执行。与本标准不一致的情况，应进行记录并报批，并应在报批文件中阐明未遵照本标准的理由。这类技术文件必须由符合条件的监督和管理机构审批。

12.1.5 标准的修订（略）

12.2 现场勘察

在新建坝设计与已建坝评估和改建中，有关基础条件和施工可用天然建筑材料的资料是必不可少的。勘察工作可结合室内资料整理和文献研究成果，在现场和实验室进行，应对需要收集的数据进行合理规划，以提高勘察工作效率。

12.2.1 勘察工作策划

勘察工作初期宜复核收集到的工程附近地区地质资料，例如，地质图、航拍照片、各类地质报告；现有石料场和土料场的有关描述、生产记录及性能表现，有关各料场的生产及储量记录可在部分政府机构（包括地方、州和联邦）获得。

鉴于勘探工作对建筑物安全的潜在影响，对已建工程进行勘探布置时，应首先判断勘探工作是否足够必要。按照垦务局《大坝安全计划》标准程序和一般程序，应判断不开展勘探工作的可能影响，并将之与后续勘察成本和垦务局计划优先顺序进行比较。这些影响主要是当前的风险，也包括未来条件恶化或钻孔导致问题的风险，它们都会导致未来修复成本的增加。如果可能的话，尽量使用已有资料来确定这些影响。一般来说，在开展全面的评估前，可布置小规模勘察工作。

如果决定开展勘察工作，应组建一个涵盖多个专业的勘察团队，确定获得足够的数据所需的勘察内容。勘察团队应包括主设人或岩土工程师、主要地质工程师、地球物理学家以及室内试验、原位试验或其他方面的专家。勘察团队应对资料需求和勘察计划开展全面研究，保证勘察工作获取的资料能够满足要求。

在开展勘察工作之前，宜全面搜集所有可用资料。收集资料的来源如下：

(1) 先前曾在大坝上进行作业的人员；

(2) 先前的勘察和施工工作的地质图、记录和报告；

(3) 大坝安全资料手册；

(4) 综合设施审查/全面审查报告；

(5) 岩土工程服务部文件；

(6) 天然建筑材料报告（由材料工程与研究实验室保存）；

(7) 设计和施工技术记录；

(8) 检测报告或数据；

(9) 存档记录；

(10) 施工报告（L-29）；

(11) 地区办公室和项目现场的项目记录。

勘察工作应考虑：

(1) 工作的必要性；

(2) 勘察的目的；

(3) 可能的大坝溃坝模式；

(4) 构筑物的先前性能情况；

(5) 勘探的成本；

(6) 可接受的钻孔和勘察方法；

(7) 可用的设备；

(8) 所需的样本类型和尺寸（扰动或原状）；

(9) 所需的钻孔深度、孔径及倾角；

(10) 需进行钻探和取样的材料；

(11) 设备运输通道；

(12) 公共设施、地表和地下障碍物以及施工可行性；

(13) 大坝中的导管、结构和量测仪器；

（14）填筑坝和基础的结构及其破坏风险；

（15）量测仪器和完工要求。

勘察可能需要审查、许可证和实施交通管制，必须留出获得审查和许可证的时间。大数情况下，有关活动应遵守《国家环境政策法》。根据《国家文物保护法案》，一些现场可能需要经考古学家检查，并获得有关国家历史古迹保护组织授予的许可证。垦务局的地区或区域办事处可以协助开展这些活动。

如果没有审查《应急预案》（EAP），不宜对任何大坝进行钻孔或勘察。已建坝已有《应急预案》，可以从地区或区域管辖办公室，或从量测与检测技术服务中心获得有关副本。《应急预案》会列出拟定活动应联系或通知的重要人员。工程上不乏因钻孔导致大坝事故的实例记录，而《应急预案》所含信息、各方之间良好的沟通交流是安全解决这些问题的关键。在某些工程中，还制定有《应急预案》临时补充内容，也应列入以供参考。

就垦务局的所有现场活动而言，在开始工作之前，应准备一份详细的工作风险分析报告。

12.2.2 现场详细勘察总体思路

详细勘察不是一个仅需要认真遵守一系列硬性规定和标准就能完成的简单程序。勘察团队如果没有成熟的判断及与该领域相关的实践经验，常常会浪费很多时间和资金。全面的工程地质和岩土体信息有巨大价值，因为实际获取的岩土体信息通常仅限于有限的勘探线路或露头，而各勘探线路在空间上距离较大，各线路之间的地质条件通常只能解译。除非调查人员对所勘察土体和岩石剖面有着相当清晰的概念，否则解译结果可能会误导使用者。地质信息则有助于确定场地地应力。野外勘探成果最终会概括成一系列假定，成为工程设计的基础。

地下勘察可能成本高昂，一般宜在勘察团队执行初步记录复核和现场踏勘之后考虑。团队应列出设计、分析要点及资料需求。在考虑工程特点需要和勘察成本后，再选择适当的勘察方法。勘察团队应考虑所要求数据的重要性并决定勘察精度，以满足设计数据或分析要求。

勘察宜基于工程和先前的概化地质模型。勘察工作的首要目的是验证设计团队先前假定的工程地质条件。

12.2.3 环境保护

详细勘察位置一经确定，就应仔细选择进入有关区域和具体钻孔与挖方现场的路线，将对环境的损害降到最低。这通常是勘察团队当地成员的责任。

必须始终对勘察所用设备的类型及其操作进行管控，应在使受损区域范围最小的基础上获取足够数据。改善地下勘察手段，以防止污染地下水或影响地下水系统。排水、钻井液和含水层密封都应遵循联邦、州和地方的相关法规规定。现场勘察工作完成后，应将受扰动区域恢复到其原始状态，尽量保持自然外观。

在勘察期间应遵守联邦、州及地方的环境保护法律。最终的料源选择可能很大程度上受当地环境保护法律规定和环境影响可接受程度的影响。

团队应观察勘察地点的下述情况，包括：公用设施位置；交通情况；邻近构筑物；地质条件限制；地表状况；私人领地；潜在料源。

12.2.4 现场踏勘

踏勘工作应在获得必要的预测信息之后进行。应由地质、岩土及设计工程师组成的团队在整个工程区开展踏勘工作。除工程区，团队还应关注相关区域，如周边高速公路和铁路边坡的稳定性。已建构筑物也应检查。团队应拜访熟悉工程区地质与施工状况的有关人员，以确定未知或未预见的问题。踏勘期间，应评估比选场址或构筑物位置。

坝基及天然建筑材料勘察通常涉及两个问题：①区域有哪些可用的建筑材料？②合理运输距离内可用的建筑材料储量和质量如何？坝型的选择与建筑材料的适宜性有很大关系。

踏勘过程中可乘车考察路堑开挖及已有的各种挖方区域。积极走访当地承包商、居民、地质学家、土壤学家及岩土钻探公司，这通常会有助于找到尚未开发或仅有少量开发的筑坝材料所在地。此外，他们还能提前告知可能限制勘察活动开展的条件。

如果坝基附近已有他人开展过勘探工作，可收集他们从钻孔、探槽或其他地质勘探手段中获得的数据，并加以使用。虽然这些勘探点位置可能与拟定工程区存在一定距离，但如果地基条件相似，就可能会获得有价值的信息，这将减少勘察工作量，进而缩短时间、降低成本。

12.2.5 现场勘探要求

垦务局成立了一个制定野外勘探要求的团队，以规范可满足项目和施工要求的勘察工作。该团队会确定并讨论具体的数据要求和获得数据的方法。制定野外勘探要求的团队是一个多专业多领域团队，成员包括来自岩土工程和/或土木工程、地质工程、地球物理、实验室方面（材料试验专家）的工程师，及钻孔领班，施工联络专员以及地区/区域办公室等的代表。此外，还会根据需要加入其他领域（如符合环保要求、调查）的代表。

野外勘探要求是团队对勘察工作做得最合理的预判。如果勘察方法不起作用或所揭露的现场条件存在变化，可灵活调整。此外，野外勘探要求通常会分成几个阶段，以便对数据进行阶段性审查。在整个勘察过程中，设计和现场工作人员之间的有效沟通有助于节约时间和精力。对所勘察问题的清晰了解有助于现场工作人员根据可能不同的地质条件进行调整。

野外勘探要求包括地下勘探、地表测绘、地形信息、各种调查要求、室内试验任务书、钻孔完工详情、量测仪器、记录检索、勘探位置分布图、样本运输、地球物理测试等，此外还可能包括信息电子传递的内容。附录A是野外勘探要求的示例。

12.3 地表调查

地形地貌特征与土体特性的相关性已经被反复证实。通过地形图、航拍照片及现场踏勘工作识别工程区的地形地貌特征，结合对地质作用的了解，可为天然建筑材料的选择、坝基工程地质条件的初步评价、勘探工作的布置提供重要支撑。土体的形成与水、冰川、风、重力等搬运作用及母岩风化时的物理化学作用息息相关。不同形成环境的土体反应不同的地貌形态特征，同理，地貌形态类似的土体大多具有相似的物理力学特性。从事大坝勘察和设计施工的工程师应掌握地貌与岩土体之间的关系。

建筑物基础或天然建筑材料勘察的主要目的是确定地层组成、获取代表性岩土体样品供现场观察或室内试验、开展原位测试等。很大程度上，通过勘察所获试样及其后续试验成果可基本确定工程地质条件和天然建筑材料的性能。如果所取试样或测试部位不具代表性，则勘察成果可能会得出错误的结论。由于岩土体存在多样性，所以，在布置勘探和取样位置时必须慎重。

取样规格，保存、运输方式取决于需进行的室内试验要求，详见垦务局的《土工手册》。

12.4 野外地质测绘

平面地质图和地质剖面图中涵盖大量有用的工程地质内容，可用于确定水库区、建筑物区及工程周边区域的岩土体组成和主要地质构造，相关内容可参考《小坝设计》第 5 章。建议在进行钻孔布置之前绘制地质图和地质剖面图，以便了解工程地质条件，结合建筑物的设计综合布置勘探工作。平面地质图和剖面图可指导选择钻孔位置，利于成本控制和保证勘察工作的全面性。通过整理地表调查和勘探获取的地质资料，逐步完善地质模型中的地质构造及地层岩性组成，是查明工程地质条件最有效和最具经济效益的方法。对于已建坝和水库，通过地质测绘应查明渗漏位置及估算渗漏量，详阅《最终设计流程》。

12.4.1 邻近区域地质测绘

对近场区进行工程地质测绘的目的是为项目提供地质、地形地貌的区域背景资料。测绘的范围和精度根据项目的类型和规模及区域地质情况而确定。一般而言，其范围应包括可能影响到该项目或可能受该项目影响的区域。只有综合近场区域内已有地质成果、当前补充测绘的成果和卫星影像，近场区的工程地质测绘成果才算完整。近场区区域地质图应包括已有的地质资料和当前补充的地质资料。

12.4.2 工程区地质测绘

小比例尺和详细的工程地质测绘应根据建筑物的布置而定，应包括选定的坝址区和水库区，以及土料场和石料场。在工程地质测绘中和随后的勘探中需要重点关注地表覆盖层和下伏基岩的岩性变化。地下岩土体特征的分析宜由岩土工程师、地质工程师和物探工程师合作完成，同时宜绘制二维或三维的剖面图。

12.4.3 航测照片和卫星图像

航片可为垂直照片（相机主光轴是垂直或近似垂直的）和倾向照片（相机主光轴是倾斜的）。低角度倾向航测照片包括地平线，高角度的倾向航测照片则不包括。垂直的立体航片通常被用于地形测绘、农业土壤调查和地质解译。可对航片进行解译并应用于地质学、土地利用、工程建设等用途。美国的全部区域均有航片和卫片资料。尽管可通过航天器如航天飞机上搭载的摄像机获取航片，更多的是通过卫星使用电子扫描仪以数字形式记录地物信息，这些传感器记录的多为可见的、近红外以及热红外的部分光谱，少量卫星图像为胶卷或影印的形式，大部分为数字化格式记录。航片和卫片资料保存于华盛顿的美国地质学调查中心和美国农业部，可通过索引图查询。

通过解译航片，可获得地形地貌和地质特征，这是很有用的，但是解译人员需要丰富的经验并且解译成果需要现场实地验证。解译的判别要素包括位置、地形地貌、排水和侵蚀特征、岩石露头、轮廓、色调和植被覆盖情况。解译仅限于地表和近地表。

航片可用于识别某一区域的地形特征和地貌类型。通过对大范围的立体摄影资料观察，并结合区域地形、当地地形特征和排水条件的特点，通常可以识别出大体的地形特征。航片可用于在宏观尺度上判断岩土体的分布范围和特征。解译工作最好由熟悉被解译区域的人员承担。

对坝址选择或工程功能影响重大的地质特征有时可通过航片解译获得。在很多工程实践中，如节理组、滑坡、断裂带、褶皱和其他构造特征能通过航片解译快速识别，如果采用野外测绘的话，往往很困难且耗费时间。

还可从航片识别侵蚀特征和色调。侵蚀特征可反应岩土体露头的结构构造特征。色调，包括摄影灰度值和黑白等，可反映土壤的湿度，同时还可显示出地下水面的相对位置。例如浅色调通常与排水良好的土壤相关，如砾石和沙粒，其地下水位远低于地面。航片中还可根据植被的覆盖信息解译土体的性质和湿度，近红外颜色的图像对于茂盛的植物叶片尤其敏感，美国农业部所属的全国农业影像机构利用红外图像反映的植被成长情况监测大坝渗漏，是一种新的技术手段。该机构是基于1～5年全国的影像数据进行判断的，这些数据可以通过美国农业部的网上地理信息服务器查阅。

此外，植被的变化可能说明下伏基岩地质特性发生了变化。利用植被特征判别岩土体特征，需要现场调查验证。更多关于地质学野外测绘的详细信息和说明，见参考文献。

12.4.4 摄影测量地质测绘技术

摄影测量是运用模仿人类立体视觉的原理来拍摄重叠照片的一种三维地质测绘技术，可从一个场景的二维影像上叠加出三维的视觉效果。近景摄影测量，也叫地面摄影测量，能采集的影像范围可从几英寸到一英里，可在陆地拍摄，也可将摄影设备置于船、桅杆、升降机、氢气球或悬绳上。摄影测量内容如下：

(1) 数字地形模型；

(2) 等高线；

(3) 体积测量；

(4) 地质构造面测量；

(5) 正射影像——微缩、面向现实的（若可获得调查数据）；

(6) 微缩三维模型。

摄影测量的优势在于数据获取快速，数据质量高（数10万数据点）以及成本低廉（摄影机和镜头的成本不超过300美元）。

摄影测量的局限性包括植被等的遮挡、设备误差或数据采集的空白以及影像阴影等。

12.5 地球物理勘探

地球物理勘探包括在地表或在钻孔内开展测试以获取地下信息。物理勘探解译成果需要其他勘察手段作为参考、控制和验证。在前期的现场勘察中，结合有限的地下勘察，地表物理探测可以成为最具价值的勘察方法。地表地球物理勘探可快速定位和关联相关地质特征如地层、岩性、结构面和地下水等；钻孔地球物理探测可用于弹性模量和密度的原位测量。地球物理探测，尤其是横波波速探测，在已建大坝的抗震研究中提供了有价值的信息。

地表地球物理勘探主要方法有地震波测试、电阻率测试、声波测试、电磁波测试、雷达测试、自然电位测试、地磁测试以及重力测试。钻井地球物理勘探方法主要有电法测井、核测井、声波/地震波测试、井径测井、定向测井、流体温度、重力、地磁测试和钻孔流量等的测试。表 12.5-1 总结了常用地球物理探测方法的应用、优点和局限性。

表 12.5-1　　常用地球物理探测方法的应用、优点和局限性

方法	原理及应用	局限性
浅层折射法	通过地震检波器的间隔判定基岩深度和波速度	除非速度随着深度而增大且基岩表面是规则的，否则结果可能不可靠。数据为非直接数据，仅代表平均水平。深度限制约 30m (100ft)
高分辨率地震反射波法	确定基岩深度、几何结构和断层。在数千米地下效果好。能探测基岩内的起伏情况。能探测地下水位分布	反射脉冲较脆弱，容易受到地表和浅层反射脉冲的干扰。不提供压缩速度。对地层变化的深度计算需要其他方法提供的速度数据
振动法	地震检测器记录下由机械振动器产生的横波或剪切波的传播时间。能判定振动建筑物地基设计的动弹模	波的传播速度和振动的自然周期给出一些关于土壤类型的指示。数据为非直接数据。不太适用于浅基础
孔口、孔下和孔间探测（地震直达波法）	获得特定地层的速度、动态特性和岩体质量。震源位于钻孔或地表；检测器位于地表或钻孔内	在不规则的岩层或含砾软土上，结果不可靠。孔间探测最适用于原位变形模量判定
电阻率测试	淡水/咸水边界的定位；砂砾层和黏性土层；基岩深度；地下水埋深。不同岩层的不同电阻率	地层变化大的难以解译。水位以下难以解译。未提供工程特征。适用于 30m (100ft) 内的深度范围
电磁传导率测试	探测地表引发的低频磁场，用于矿产勘探；定位近地表的管道、电缆、鼓形物和羽状污染物	固定的线圈间距使之局限于浅层地表。来自自然和建设工地（操作地）的噪音会对数值的获取产生干扰
磁性测量	矿物勘探和定位大量火成岩体。在测量导线上密集布置高灵敏度的质子磁力仪，以测量地磁场	难以进行定量解译，但可显示断层、基岩、所埋公共设施或填埋的金属物体的轮廓
重力测量	检测主要的地下建筑、断层、侵入体和洞室。基于地表材质不同的密度	不适用于浅层地表的判定但有益于区域研究。某些结果可用于定位灰岩溶洞
探地雷达	定位管道和其他的埋置物、基岩、卵石、近地表洞室、因落水洞和大坝渗流引起的排水范围。可用于对近地表地质的高分辨率测绘	未提供深度和工程特质信息。浅表层穿越区、粉砂，黏土和盐分、咸水、潜水位或其他传导材料严重限制了探地雷达的脉冲

续表

方法	原理及应用	局限性
电法测井	可使用一些不同的方法。从可通过钻孔测试数据推断出其材料类型，提供电阻率的不间断记录	提供了大量信息。最好与钻孔测试数据配合使用。仅限于无套管钻孔
中子辐射测井	提供了天然含水率的连续测量数据。可与密度探针配合使用，以定位破碎带或斜坡的含水层	源于中子探针的数据仅限于含水率数值。常与烘干的含水量不同，应予以核对
伽马-伽马测井	提供原位材质密度的连续测量数据	数据仅限于密度测量。湿密度通常比干密度更为准确
闪烁计数器（伽马线测井）	提供伽马线的测量。用于在矿物勘探中定位页岩和黏土层	对页岩或黏土形成物进行了大量评估
声波成像测井	声波在流体中产生和传播，如从空气进入水中。不间断地提供井壁 360 °图像，显示断裂和其他结构面。可用于确定倾向	除非已对成套设备进行检查，否则必须用于充满水的钻孔中。工具必须深入钻孔中心。测量速度相对较慢，在 20～75mm/s（4～15ft/min）之间。图像不如钻井内置摄像机拍摄得清晰
波速测井	可判定岩性接触、地质构造、洞室和结构面产状。可计算岩石的弹性特性。生成和测量水（P-水）的压缩性。绝大多数情况专门用于岩石探测	钻孔必须充满水流且须得知精确的孔径。孔壁外渗透约 1m。地质材料 P-水速度必须高于钻孔内的水流速度
井间地震测试	在一个孔内制造震源；在另一个（或多个）钻孔的同样深处设立接收器。可通过生成和探测到的压缩及剪切波判定材料特性。可检测出存在于低波速带下的高波速区域	钻孔间距很重要，应小于 15m、大于 3m。必须获知精确的钻孔间距，才能够利用得出的数据
井内摄像	钻孔电视或影片形式的摄像机都是可行的。电视形式的可以实时观测。可用于检测洞室、结构面、节理、断层、水井滤网，混凝土-基岩接触带、灌浆效果和许多其他情况	需要开放的钻孔。图像受水清澈度影响。影片式摄像机的光圈必须事先调整以适应孔壁材质的放射率
钻孔直径测量、记录	采用连续测量、记录钻孔直径。识别孔径扩大区域。可评估钻孔是否适合放置封隔器以开展其他试验。1-6 臂式探针设计	直径范围为 50～900mm(2～36in)。在测井前必须根据卡尺的已知最大和最小直径进行校正。为大型或巨型钻孔设计了 1.8～30m（6～100ft）（直径）的超声波井径随钻传感器
钻井温度测试	水体稳定后，不间断地测量钻孔内水体温度。可以确定随孔深变化的温度梯度	必须根据已知水温校正探针。相比闭合的钻孔，开放的钻孔中水体稳定需要更长的时间。记录速度为 15～20mm/s（3～4ft/min）

12.6 土的分类

大多数土体是尚未成岩的矿物颗粒的多相堆积。然而，工程师所使用的术语“土”实际上包括了地面上各种未胶结或者部分胶结的无机和有机土料，只有出露的坚硬岩石完全排除于“土”之外。对于从事大坝地基和土方工程设计与施工的工程师而言，土的物理特性，如密度、渗透率、抗剪强度、变形特性、与水的作用等十分重要。

用标准方法对土体进行鉴别并将其分成工程特性不同的类别或者群组是有益的，这可以统一室内设计人员和现场工程师间的语言。土的分类，包括不同粒组土体特有的工程性质，对于从事土料勘探或结构基础勘察的人而言非常重要。

1952 年，垦务局和美国陆军工程兵团与作为顾问的哈佛大学教授亚瑟·卡萨格兰德达成协议，对卡萨格兰德教授的机场土壤分类法进行修正，并命名为统一土壤分类系统（unified soils classification system，USCS）。这一系统尤其适用于大坝设计和施工，其将土壤的工程性质纳入考虑范畴，易描述并与实际土壤建立联系，在室内和现场均可灵活运用。

垦务局在 1986 年《土壤分类手册》中最后重申了 USCS 系统分类法的要求，其相关内容在《工程地质现场手册》和《土工手册》中亦有表述。采用该套分类法进行土的类别划分时，应按照要求对土的描述做到细致准确。本标准中涉及土料场和地基基础土料分类的内容，也严格参照该分类法。

12.6.1 分类方法

粒径大于 3in 的颗粒不包含在 USCS 分类系统中。但在选择筑坝材料时，大尺寸粒料占比也很重要，故勘探记录中粒径大于 3in 的颗粒数量和尺寸信息应包含在内。

USCS 分类法将土体一分为二，即粗粒土和细粒土。粗粒是指粒径大于 200 号筛孔的颗粒（即 0.075mm），其进一步可细分为以下几类：

砾石（G）：从 3in（75mm）至 4 号筛孔（6mm）；

粗砾：3in～0.75in（19mm）；

细砾：0.75in 至 4 号筛孔。

砂（S）：从 4 号筛孔至 200 号筛孔：

粗砂：4 号～10 号筛孔；

中砂：10 号～40 号筛孔；

细砂：40 号～200 号筛孔。

细颗粒（细粒土）是粒径小于 200 号筛孔的颗粒，包括两种：粉粒和黏粒。粉粒或黏粒的划分是依据其塑性特征，而非颗粒大小。在其他出版物中，粉粒和黏粒的区分是基于细粒土的数量而做出的，即依据比重计试验中大于或者小于 2μm 或者 5μm 颗粒的占比划分。

土体中砾石、砂和细粒土的百分比决定了其为粗粒土或是细粒土。细粒土中细粒占比 50%或以上，而粗粒土中细粒土含量少于 50%。

有机材料通常是土体的构成部分，不过没有特定的颗粒尺寸。其由颗粒成分而不是尺寸区分，大小范围可从分子尺度的胶体颗粒到长度为几英寸的植物质纤维片。

事实上，土体很少以砾石、砂、粉粒、黏粒或者有机质等单一粒组存在，更多时候是以上述多种粒组混合存在。USCS 分类法以识别颗粒的类型和数量为基础，将颗粒尺寸、粒组、可塑性、渗透性和压缩性纳入考虑范畴。在现场，划分土体类型是通过肉眼观察和针对细粒土或者细颗粒组分的一些简单手感经验来完成的。在室内，通过测试相关指标，对现场分类结果进行验证，并进行更加准确的分类。现场和室内土体划分都应以充分认识土体性质为目标。

表 12.6.1-1 总结了土的 USCS 分类系统。表 12.6.1-2 说明了如何使用 USCS 来划分土类，以用于不同的工程目的。

表 12.6.1-1　　USCS 土壤分类图表——试验室方法

设定群组符号和使用室内试验群组名称的标准[1]				土壤分类	
				群组符号	群组名称[2]
粗粒土 超过 50%的保留在 200 号筛孔上	砾石 4 号筛上的筛余粗粒多于 50%	纯砾石 细粒少于 5%[3]	$C_u \geq 4$ 且 $1 \leq C_c \leq 3$[5]	GW	级配良好的砾[6]
			$C_u < 4$ 且/或 $C_c < 1$ 或 $C_c > 3$[译注1]	GP	级配不良的砾[6]
		带有细粒土的砾石 细粒多于 12%[3]	细粒土分类为 ML 或者 MH	GM	粉土质砾[6,7,8]
			细粒土分类为 CL 或者 CH	GC	黏土质砾[6,7,8]
	砂 50%或更多的粗粒通过 4 号筛孔	纯砂 细粒少于 5%[4]	$C_u \geq 6$ 并且 $1 \leq C_c \leq 3$[5]	SW	级配良好的砂
			$C_u < 6$ 且/或 $C_c < 1$ 或 $C_c > 3$[译注1]	SP	级配不良的砂[9]
		含有细粒土的砂石 细粒多于 12% [4]	细粒土分类为 ML 或者 MH	SM	粉土质砂[7,8,9]
			细粒土分类为 CL 或者 CH	SC	黏土质砂[7,8,9]
细粒土 50%或更多超过 200 号筛孔	粉土和黏土 液限小于 50	无机	PI>7 且平面图在“A”线上或者在“A”线以上[10]	CL	贫黏土[11,12,13]
			PI<4 或者平面图在“A”线之下[10]	ML	粉土[11,12,13]
		有机	$\frac{\text{烘干液限}}{\text{未烘干液限}} \leq 0.75$	OL	有机黏土[11,12,13,14] 有机粉土[11,12,13,14]
	粉土和黏土 液限为 50 或者 50 以上[17]	无机	“A”线上或以上的 PI 平面图	CH	富黏土
			在“A”线以下的 PI 平面图	MH	黏质粉土[11,12,14,15]
		有机	$\frac{\text{烘干液限}}{\text{未烘干液限}} \leq 0.75$	OH	有机黏土[11,12,14,15] 有机粉土[11,12,14,16]
有机质含量高的土		主要为有机物质，颜色偏深，带有机气味		PT	泥炭

[1] 基于超过 3in（75mm）筛孔的材料。
[2] 如果现场取样包含鹅卵石和/或大卵石，则将“带有鹅卵石和/或大卵石”添加到群组名称中。
[3] 含 5%～12%细粒的砾石需要双重标志：
GW-GM 含粉土的级配良好的砾石；
GW-GC 含黏土的级配良好的砾石；
GP-GM 含粉土的级配不良的砾石；
GP-GC 含黏土的级配不良的砾石。
[4] 含 5%～12%细粒的砂需要双重标志：
SW-SM 含粉土的级配良好的砂；
SW-SC 含黏土的级配良好的砂；
SP-SM 含粉土的级配不良的砂；
SP-SC 含黏土的级配不良的砂。
[5] $C_u = D_{60}/D_{10} \quad C_c = \frac{D_{30}^{2}}{D_{10} \times D_{60}}$
[6] 如果土壤包含 15%以上的砂石，添加“含砂”到群组名称。
[7] 如果细粒土分类为 CL-ML，则使用双重标志 GC-GM 和 SC-SM。
[8] 如果细粒土含有机质，则将“含有机质”添加到群组名称。
[9] 如果土壤包含 15%以上的砾石，则添加“含砾”到群组名称。
[10] 如果液限和塑性指数标会于塑形图表上画有阴影线的面积内，则土壤是 CL-ML 粉砂质黏土。
[11] 如果土壤包含 15～29%的大于 200 号筛的颗粒，则添加“含砂”或者“含砾”（其中更重要的一项）。
[12] 如果土壤包含 30%以上的大于 200 号筛的颗粒，主要为砂，则将“砂质”添加至群组名称。
[13] 如果土壤包含 30%以上的大于 200 号筛的颗粒，主要为砾，则将“砾质”添加至群组名称。
[14] PI≥4 以及与“A”线齐平或者在其以上的平面图。
[15] PI<4 或者在“A”线以下的平面图。
[16] 与“A”线齐平或者在其以上的 PI。
[17] 在“A”线以下的 PI。
译注 1：原文误为“$1 > C_c > 3$”。

表 12.6.1-2 **压实土的工程应用**

压实土的工程学特性[1]						对于不同用途的适用性（1 是最好的）							
土壤群组名称	群组符号	渗透性[2]	剪切强度（饱和）	压缩性（饱和）	作为建筑材料的可用性	碾压土坝			渠道		基础和填土		
						均质坝	心墙	坝壳	抗冲刷	压实衬砌	不渗透	渗透	抗冻胀
级配良好的砾石	GW	透水	优秀	可忽略	优秀	—	—	1	1	—	—	1	1
级配不良的砾石	GP	透水	良好	可忽略	良好	—	—	2	2	—	—	3	2
粉土质砾	GM	半透水至不透水	良好	可忽略	良好	2	4	—	4	4	1	4	6
黏土质砾	GC	不渗透	良好至一般	很低	良好	1	1	—	3	1	2	6	5
级配良好的砂	SW	透水	优秀	可忽略	优秀	—	—	3（如果为砾质）	6	—	—	2	3
级配不良的砂	SP	透水	良好	很低	一般	—	—	4（如果为砾质）	7（如果为砾质）	—	—	5	4
粉土质砂	SM	半透水至不透水	良好	低	一般	4	5	—	8（如果为砾质）	5（侵蚀临界）	3	7	12
黏土质砂	SC	不透水	良好至一般	低至中	良好	3	2	—	5	2	4	8	7
粉土	ML	半透水至不透水	一般	中	一般	6	6	—	—	6（临界冲刷）	6	9	11
黏土	CL	不透水	一般	中	良好至一般	5	3	—	9	3	5	10	9
有机质粉土和有机质黏土	OL	半透水至不透水	不良	中至高	一般	8	8	—	—	—	7	11	—
黏质粉土	MH	半透水至不透水	一般至不良	高	不良	9	9	—	—	—	8	12	10
可塑性黏土	CH	不透水	不良	高	不良	7	7	—	10	—	9	13	8
有机粉土和有机黏土	OH	不透水	不良	高	不良	10	10	—	—	—	10	14	—
泥炭和其他有机质含量高的土	PT	—	—	—	—	—	—	—	—	—	—	—	—

[1] 压实到至少 95%的试验室最大干密度或者到至少 70%的相对密度。

[2] 不透水：<1ft/yr(1×10^{-6}cm/s)；

半透水：1～100ft/yr(1×10^{-6}～1×10^{-4}cm/s)；

渗水：>100ft/yr(1×10^{-4} cm/s)。

12.6.2 堆积土

对拟作为土料或填筑坝地基的堆积土进行勘察，需查明其年代、演化和成因。堆积土体形成过程有多种风化、侵蚀和沉积作用参与，本章不对这些作用开展详细研究和说明。地质学课本有关于堆积土形成的详细知识，垦务局《土壤手册》也提供齐全的关于土壤沉积物与对应地貌类型的信息。在填筑坝地基设计中，某些特定类型的堆积土可能是对地基不利的。了解土体成因有助于土料场调查和开发。

堆积土是在水、冰、风和重力作用下土体搬运所形成的，残积土形成则主要是由于物理化学作用，土体是这些作用的共同产物。

表 12.6.2-1 是堆积土及其特性的总结。关于各种地貌类型、形成过程以及土体组成都可以在《土壤手册》中找到。

表 12.6.2-1　　主要土壤沉积及其特性

主要分类	主要土壤沉积	相关工程特点
沉积土： 残积质 下层母岩或部分硬化土料分解形成的土料	残余砂和砾石碎片由胶结料溶解和沥滤形成，残余更多坚硬颗粒；通常是石英。	总体有利的基础条件。
	残余土由硅酸盐岩石分解、页岩分解和石灰岩中碳酸盐溶解形成的。大多变得更紧密，岩石更多，越来越深的深度也使其风化减轻。在中间期时可能反映出其成分、结构和母岩的层理。	要求详细调查的可变物性。沉积物呈现出良好的地基条件，但在潮湿和炎热气候中，其风化作用深度很深，速率也很快。
有机质 植物生长及衰变形成的高度有机土料的堆积	腐殖土。已腐烂和正在腐烂的植物的一些纤维状集合体，出现黑色和腐烂的气味。 腐泥。腐殖土沉积，提前腐烂分解，到了这个程度，其植物学形状就不明显了	极易压缩。完全不适合于支撑建筑地基
运积土： 冲积土 土料的输移和沉积通过流水进行	洪泛平原沉积。溪流山谷部分受到洪水泛滥冲击形成的沉积层。 边滩。缓和河弯的内侧或凸面形成的弧形脊和沼泽地（低地）的交替沉积。脊形沉积主要包含泥沙，沼泽地是由黏土填充的。	总体良好的地基条件；但是有必要对不连续体进行详细调查。沿河岸的水流滑动可能会成为问题。土壤是完全透水的。
	河槽淤积。当河流缩短其路线时形成的孤立废弃河弯中的沉积层。主要由泥土组成；但在上下游末端也发现有砂土及粉土。	细粒土通常可压缩。各部分可能各向异性。淤泥土通常表现出良好的地基条件。
	漫滩沼泽。河流沿岸洪泛区洪水沉积物的长期堆积，其中的物质主要是黏土，但是在河岸附近有往往变得更淤泥化。	在水平方向上相对均匀。黏土通常会有季节性体积变化。
	冲积阶地沉积。泛洪区由河流沟堑及相关应力作用形成的相对狭窄、表面平坦的河流侧翼的沉积物残余	通常是排水的、氧化的。总体为良好地基条件

续表

主要分类	主要土壤沉积	相关工程特点
冲积土 土料的输移和沉积通过流水进行	河口沉积。在宽阔的河口处和受水体潮汐影响的海相和冲积物的混合沉积。	通常为细粒，且可压缩。土壤条件有许多局部变化。
	河湖相沉积物。通过波浪、水流和有机化学过程（与冰川作用无关）沉积于湖中的土料。沉积物由不分层的有机黏土或湖中心部位典型的黏土以及周边区域的砂土组成。	通常在水平方向上很均匀。细粒土一般是可压缩的。
	三角洲沉积物。在海岸线延长的河口处形成的沉积物。	通常为细粒且可压缩。土壤条件有许多局部变化。
	山麓沉积物。在丘陵或山脚处形成的冲积沉积物。广阔的平原或冲积扇	通常有良好的地基条件
风成 土料的输移和沉积通过风进行	黄土。一种石灰质、不分层的泥土或砂土或粘土沉积物，通过已腐烂的植物根系纤维网输移。	相对均匀的沉积物，能够承受竖向开挖。可分解结构。深层风化或饱和可以改变其特性。
	沙丘砂。典型圆颗粒均匀细砂构成的土丘、山脊和丘陵。	颗粒尺寸非常均匀；可能存在于相对松散的条件中。
冰期 土料的输移和沉积通过冰川或冰雪融化的水进行	冰碛物。沉积在冰川（终碛）下面、侧边（侧冰碛）或下限处的碎屑，冰川融化使其以不规则席状铺在地表，即底碛。	包括各种粒径的砾石、碎石、黏土。沉积不分层。呈现的地基条件总体良好；但是，条件快速改变也很常见。
	冰水沉积。冰川融水沉积的粗粒和细粒土料。沉积在冰川终端之外地表的土料被称为冰水沉积平原。布满砾石的山脊被称为冰砾阜和蛇形丘。	局部变化很多。呈现的地基条件总体良好。
	冰湖沉积。冰川融水形成的湖泊中沉积的土料。包括湖泊中心部位的黏土以及周围区域粉质黏土及粉砂和黏土（纹泥）交互层。	在水平方向上非常均匀。
海运 土料的输移和沉积通过海滨和近岸海域的海浪和水流进行	海滨沉积。海岸线上海浪的输送、破坏和分选作用形成的砂和/或砾石的沉积物。	相对均匀，并且为中到高度致密。
	海成黏土。有机和无机细粒沉积物	一般在组成成分上非常均匀。可压缩，通常对重塑很敏感
崩积层 通过重力输移和沉积的土料	岩堆。不分类的岩屑和悬崖底部碎片逐渐堆积形成的沉积物。	之前的迁移显示了未来可能出现的困难。一般为不稳定地基条件。
	坡地侵蚀堆积物。包含黏质砂土、泥沙回淤或泥土的细密崩积层。	
	滑坡沉积物。从之前在陡坡位置滑下来的相当多的土和岩石。	
火成碎屑物 火山喷发物，通过重力、风和空气输移	喷出物。火山灰、火山石、火山弹等的松散堆积物。	典型的碎片状粉砂颗粒，夹较大的火山碎屑。风化和再沉积产生高塑性可压缩黏土。不常见及困难的地基条件
	浮石。经常伴生于熔岩流和泥石流，或者可能与非火山沉积物相混合	

12.7 岩石分类

岩石作为工程材料被定义为岩化或硬化的晶质或非晶质材料。岩石多呈整体状或大块状，其设计和使用有别于土体。根据成因模式，岩石可分为三大类：火成岩、沉积岩和变质岩。

12.7.1 分类方法

有大量的方法用于岩石的现场分类和岩相鉴定分类。很多分类法都要求详细的试验室岩相试验和薄片显微镜鉴定，也有的分类法则只要求现场试验和有限的岩相鉴定。垦务局建立了一套改良的 R.B. Travis 分类法。即使不全部基于现场测试或矿物鉴定手段，现有的分类法也可将岩石做一个大概分类。即使野外不能精确区分各类矿物成分的差异，导致岩性名称可能有点不正确，也不会影响到对岩石工程性质的判断。详细的矿物学鉴定和岩相分类可以取手标本或者岩芯样提交至技术服务中心的岩相研究室来完成。

《工程地质现场手册》包括关于岩石及其相关内容的深入探讨。

岩石定义、描述和鉴定的一致性对于保持地质记录、绘图以及包括多种钻孔方案、不同的编录者和测绘者的报告的连续性很重要，也对将岩石描述准确地传达给设计者很重要。

同样重要的，还有描述岩石特性时主要的直观参数。工程地质岩石描述应包括地层单元（组或段）名称、岩性描述、层理/叶理/流状结构、风化情况、硬度/强度、接触关系、结构面（包括完整程度）、渗透性数据（基于试验成果）、含水率情况。以下为简单的岩石特性分类表（见表 12.7.1-1）。

表 12.7.1-1　　基于硬度和风化作用的完整岩石分类

分类	坚硬程度[1]	判别要素：风化影响	风化级别[2]	符号	强度[3] t/ft^2
Ⅰ	极其硬（或坚固）	锤击时会有响声；要锤击很多次才能破坏样本（无可见的变质或变色标志）	新鲜	F	>2500
Ⅱ	非常硬（或非常坚固）	锤击超过一次，手持标本会破裂（从破裂开口处向内有轻度变色，其他方面则与 F 相似）	微风化	WS	2500～1000
Ⅲ	适中（或中等坚固）	刀不能刮或削。一次适度锤击可以破坏手持样本（全部变色；脆弱的矿物质已分解，比如长石。纹理可见）	弱风化	WM	500～250
Ⅳ	软（或不坚固）	用刀可以刮或削。以尖端适度打击样本可形成 1～3mm 的刻痕；手用力可以破坏低强度的样本（多数矿物质都有一点分解；纹理变得模糊，但构造得以保存）	强风化	WH	250～50
Ⅴ	非常软	适度锤击，材料会变成碎屑，也可以用刀削，但是用手很难削样本（材料分解到土壤中，但是其纹理和结构得以保存；如腐泥土）	全风化	WC	50～10
	极软	提前分解	残余	RS	<10

1 岩石类型及风化等级决定岩石坚硬程度。

2 风化等级首先用于结晶类岩石。

3 单轴抗压强度得出的关系仅供一般参考。

岩石破裂是一项重要的工程参数，有多种方法可描述破裂现象，具体方法见下文。

12.7.1.1 裂隙密度

裂隙密度是指在一个岩石露头或一段钻孔岩芯中天然破裂的间距，不包括外力形成的破裂面、剪切面和剪切带等。

12.7.1.2 岩体质量指标

岩石质量指标（RQD）是用于很多岩石分类系统的指标。RQD 值即为每进尺中 4in 及以上长度岩芯长度占总进尺的百分比。RQD 也能根据地表露头线路调查数据来确定。

12.7.1.3 岩体分类

岩体分类（RMR）属地质力学分类系统，在隧洞、边坡、基础和矿山工程中有广泛应用。该系统对岩体分类所用到的参数包括岩石单轴抗压强度、岩石质量指标、结构面间距、结构面性状、地下水条件、结构面产状。

12.8 钻探与取样方法

工程勘察中有很多钻勘探孔及开挖的方法。取样的方法则因欲贯入岩土的硬度、地下水位、可接受的样品扰动程度而异。

12.8.1 表层取样

表层取样可从以下几处取得：①挖土机挖掘的探槽；②反铲挖掘的探坑；③露头。可以进入露天探坑、探槽、平硐和竖井取样，获取最完整的地下信息，此外还可在其内直接进行岩石原位试验。除勘探钻孔外，在地下水位和覆盖层厚度条件经济可行时，推荐采用勘探方法进行基础勘探。探察包含卵石和块石的填筑材料或混凝土骨料时，坑探和槽探可能是唯一合适的获取所需信息的手段。上述勘探方法是唯一可准确评定土体原状特征，如土体结构、小范围分层的方法。

进行任何取样活动时，应遵守所有《垦务局安全与健康标准》与联邦职业安全及健康管理的要求。

12.8.1.1 探坑与探槽

探坑和探槽可以由推土机、反铲挖机、铲土机、拉铲挖土机、挖槽机或挖沟机进行快速经济的挖掘，深度通常不到 20ft。如果人员必须在挖掘坑（超过 4ft 深）中工作，四周需要支撑。在采取样品或进行原位试验的地方，必须小心地进行最后的开挖。探坑和探槽深度不宜超过地下水位。探槽常用于断层研究，测绘、取样和测年也可在探坑和探槽中进行。浅坑是常用的经济的土料场勘察方法。

《土工手册》描述了为获得地下扰动土样和原状样常用的人工和机械取样方法。

12.8.1.2 平硐和竖井

可以在平硐和竖井中进行岩石的取样和试验，以及观察节理、断层、剪切带和溶蚀通道等岩体结构的构造和物理特性。平硐和竖井一般用于探测大型地下洞室、坝基和大坝坝肩的地质情况，尤其适于确定质量较差岩体的强度，以及从地表测绘和勘探钻孔中推测的不利结构面的分布范围。对于承载荷载较大的坝肩或坝基，平硐和竖井是开展原位试验判定荷载作用下岩体应力的唯一有效方法。大型竖井常用于探测深水航道或地层中含有砾石、块石、卵石的填筑坝地基。竖井开凿过程中要求有井壁管、支撑、降水、照明和通风等措施。

《土工手册》给出了平硐和竖井中扰动样和原状样的取样方法。

12.8.2 螺旋钻孔

螺旋钻孔是提供土壤调查和取样的最简单方法之一（如图 12.8.2-1 所示），其使用方法在垦务局的试验程序 USBR 7010 中有描述。螺旋钻孔可以采用手摇钻、实心螺旋钻、斗式螺旋钻或碟式螺旋钻。手摇螺旋钻孔在现场踏勘中很有用。

图 12.8.2-1 用于土壤取样的典型手摇钻

实心螺旋动力钻（如图 12.8.2-2 所示）可用于快速获取扰动样，并常用于土料勘察。实心螺旋动力钻广泛用于取扰动样，尤其可用于钻进至较深部位后，用薄壁管取原状样。实心螺旋动力钻的钻进深度通常会受到地下水位和碎石、鹅卵石和大块石数量和最大尺寸的限制。

斗式螺旋钻（如图 12.8.2-3 所示）和碟式螺旋钻主要用于大口径钻孔或取粗颗粒土样。大型斗式螺旋钻常用于获取土料场的砾石土样。

图 12.8.2-2 实心钻杆螺旋动力钻

图 12.8.2-3 使用膨润泥浆的斗式螺旋钻

斗式螺旋钻具也能在地下水位之下使用；但是可能无法取到细粒料。大直径碟式螺旋钻（竖井设备）和套管可用于需进行地质编录和现场试验的钻孔。目前可用的大直径螺旋钻孔价格较贵，除一些砾石土地震液化勘探外，几乎很少使用。

空心螺旋钻（如图 12.8.2-4 所示）在垦务局工程中广泛使用，在已建坝体中钻孔常被优先使用。详细流程可以在 ASTM D 6151 中找到。这类螺旋钻具和取样器可成功用于地下水位之下的很多地层。但是，由于无黏性土流入钻具，该套设备在钻进无黏性土层时常遇到问题。在无黏性土层中钻进时，需采用较大的浆液压力。扰动土样可用空心钻杆螺旋钻内部的 5ft 长、分离式采样管收集。可在空心钻杆螺旋钻分离式采样管内部装好的丙烯酸衬垫中获得原状样。垦务局试验流程 USBR 7105 描述了用空心钻杆螺旋钻取原状土试样的流程。

图 12.8.2-4　空心钻杆螺旋钻

12.8.3　回转钻探

回转钻机是大坝勘探取样最重要的工具之一，如图 12.8.3-1 所示。

图 12.8.3-1　北科罗拉多区的 Gus Pech 回转钻机

根据所钻岩层硬度，回转钻机需搭配不同的钻头和取样器。《土工手册》的第二章对钻孔设备进行了介绍和详细的探讨。回转钻探通常需使用循环介质（水、钻井泥浆或空气）。

掺和了膨润土或聚合物添加剂的钻井液，对防止不稳定地层塌孔效果显著。通常，在砂土中进行钻探时，回转钻机应配合泥浆使用，而使用空心钻杆螺旋钻则会不成功。液体旋转钻机、取样筒及钻头技术已很发达，在多种地层中广泛应用。复式岩芯管取样器（丹尼逊、丹佛及皮彻）能够获取直径为 5～6in 的砂、泥浆或试验室试验用黏土的原状样品，不过现在该法已较少使用。如今，使用空心钻杆取样器更广泛。当需要进行渗透试验或安装压强计时，使用纯净水作为循环介质。

空气回转钻机包括应用牙轮钻头或潜孔锤的钻机和冲击钻机，如图 12.8.3-2 所示。

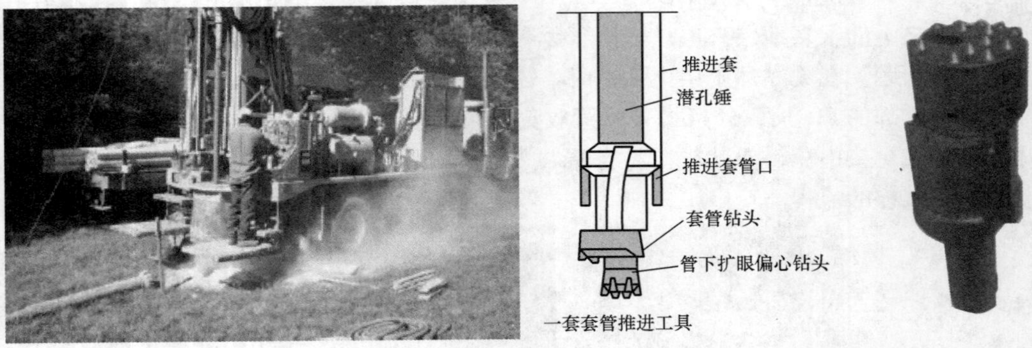

图 12.8.3-2　空气回转钻机以及 ODEX 牌潜孔锤和套管推进系统图解

垦务局广泛采用跟管钻进对卵石和大块石的松散地层进行钻孔。可以使用空气或空气泡沫作为循环介质，空气泡沫在较低循环压力下有更好的岩屑清除能力。空气冲击钻井要求高压和较高循环速度，同时必须留意避免钻孔破裂。不允许对已建填筑坝进行空气回旋钻孔取芯。冲击钻机一般用于石料场勘察，在此工作中需进行爆破试验（如图 12.8.3-3 所示）。

图 12.8.3-3　履带式空气冲击钻机

金刚石钻进是一种冲洗液回转钻进方式，实现了岩石钻进取芯。具体的操作规程在 ASTM D 2113 中有描述。聚合物钻井液是获取高质量样品及维护钻头使用寿命的最佳介质。常规岩芯钻进或绳索取芯钻进都可以使用，但是绳索取芯钻进在深孔钻孔中更受青睐，因为该工艺减少了取下钻。绳索取芯钻进是一种不提升钻杆柱而由钻杆内捞取岩芯的方法，钻杆同时起钻杆和套管的作用。通过利用钻杆移除岩芯内管来提取岩芯。该工作需要通过钻杆，并用一根绳索下放钻具内管或者解卡器来解除置于内岩芯筒顶部的锁定机制。移除岩芯后，钻具内管通过钻杆返回，然后继续取芯。绳索取芯工艺可用于岩层压水试验。用水作为循环介质钻孔时，地层破碎地段的岩芯采取率会很低。大口径钻探通常用于需要采取大直径岩芯样的混凝土钻孔中。

小型便携式回转钻机用手进行钻进操作，用于获取岩石或混凝土芯样。在深度相对较浅处取样，可用直径可变的岩芯钻管。该钻机可以用在坝基和基岩接触面，以确认岩石强度。

12.8.4 绳索钻进、冲击钻进

在回转钻进发展之前，垦务局绝大多数的早期钻探是通过使用冲击钻进技术完成的。这种钻探方式用到了三脚架、机动吊锚杆和水泵，设备精简便携。钻孔掘进是通过在注水时提升或降下一个冲击式或击入式钻头完成的。使用套管在一定程度上可稳定孔壁，因为这种钻探方法无护壁能力。可以在选定的区间进行击入式采样。由于现有钻探能力更强的回转钻探，这种钻探方式已很少采用。

绳索钻进是冲击钻进的一种独特方式，应用了更大型机械设备来进行更沉重的钻探工具冲击作业，同时用于较深水井孔钻探，如图 12.8.4-1 所示。ASTM D 5875 对绳索钻进进行了描述。

图 12.8.4-1　比塞洛斯伊瑞尔 20W 型绳索钻机

绳索钻进是利用反复提升放下加重的钻头进行钻进，并向钻孔中加水来促进钻进。因只能采取泥浆样品，故垦务局并不经常使用这种钻探方式。

12.8.5 原状取样法

对无法通过薄壁或开放式取样器获取的粉砂和粉土，可采用固定式活塞取样器进行原状取样。对十分松软的软黏土来说，固定式活塞取样器也是首选。取样步骤在 USBR

7105 中有详细介绍。对这些材料取样时，为了获得符合要求的样品采取率，必须采用适宜的护壁泥浆及泥浆钻探技术。固定式活塞取样器的优点在于可利用封闭式活塞穿过泥浆液到达钻孔最初清洗深度。图 12.8.5-1 展示了各种与空心钻杆螺旋钻一起使用的取土器。

图 12.8.5-1　几种典型的与空心杆螺旋钻一同使用的不同类型的取土器

12.8.6　标准贯入试验钻孔

贯入阻力实验及土壤取样是在标准能量之下，获取标准取样器在土壤中的贯入记录，以及获取典型扰动土样的一个步骤。试验实施步骤可见 USBR 7015 中。贯入阻力大小与土壤的原始状态直接相关。可以利用贯入阻力大小和代表性样本分类来划分地层及确定需要进行进一步勘察的区域。

标准贯入试验可测定土壤密度及采取扰动样，更多讨论见 12.14.1.1。

12.8.7　贝克尔锤钻

贝克尔贯入试验（BPT）适于砾土取样，如图 12.8.7-1 所示。

图 12.8.7-1　贝克尔锤钻正在坝体堆石料和地基材料中进行贯入试验

贝克尔锤钻在取样过程中利用了大口径空气反循环装置，并在气旋中用一个直径 3in（76mm）的内套管获取粗砾、卵石及块石样本。套管是用一个双动式打桩锤来驱动的。贝克尔锤钻所取样品为扰动样，有时细颗粒料在取样过程中会丢失。

12.8.8 声波钻进

声波钻进在某些领域有着独特的优势，声波钻机如图 12.8.8-1 所示。ASTM D 6914 中给出了声波钻进的习惯做法。声波钻进是一种融入高频振动来促进钻孔掘进的钻探技术。钻杆与取样筒以 50～180Hz 的频率振动，以使取样筒能切穿土体而正常行进。声波钻机能够非常快速地钻进，并能处理多种不同的地层和构造带，包括含有大块石的土体及填石路堤等其他钻进手段无法取样的地层。声波钻进是一种十分有效的钻探方式，可快速、连续地获取大尺寸扰动样。因钻进速度快，声波钻进也在地基加固工程中使用。因其产生水力压裂的风险最小，声波钻进利于在已建大坝钻探中使用。

图 12.8.8-1　声波钻机通过将高频共振沿着钻柱向下传送至钻头进行工作

12.8.9 已建坝钻探及取样工作标准流程

有时可能需要对已建坝土料进行勘察。垦务局为在已建坝上开展钻探和取样工作制定了一套标准流程。这些流程是技术服务中心和现场办公室在开展与实施填筑体钻探项目过程中的总体指导方针。这些指导方针强调在填筑体钻探项目开展及实施中应小心谨慎。垦务局的《土料填筑坝钻探与取样指导》为包括勘察计划、现场准备、钻孔钻进、地下试验及钻孔竣工在内的填筑坝勘察提供了详细的指导方针。如果不遵守这些指导方针，在钻探过程中很有可能破坏大坝结构。

在已建坝上开展钻探工作首要关心的是降低水力压裂风险。钻探过程可能会引起填筑坝防渗层和一些坝体材料产生水力压裂。大坝某些位置、某些坝体材料和某种条件下，具有更高的水力压裂风险，不适当的钻探方法会增加这种风险。

垦务局指导方针列出了可能产生低应力或者可能发生防渗心墙破裂的大坝部位，在这些部位容易发生水力压裂，勘探小组必须仔细选择钻探孔位，以避开这些部位。在有些部位，也可能钻井液和封堵材料会破坏排水系统。透水的坝壳层进行钻探的风险相对较小。

很多钻探方法都可用于已建坝勘探，包括使用钻井液或空气循环介质。空气回转钻探风险很大，不允许在大坝的防渗心墙区使用。使用钻井液进行钻探的方式也应谨慎使用，因为流体压力可能引发压裂。所以，空心钻杆螺旋钻、声波钻探、绳索钻或冲击钻等不使用钻井液的钻探方式对大坝来说是首选的钻探方法。选用上述钻探方法中任何一种或多种，都应该基于现场具体条件，充分考虑钻孔、经济、设备可用等条件，且应由钻探机长、地质学家和岩土工程师对勘察项目开展细致评估。

任何对填筑坝防渗心墙或含有细粒土的地基的钻探工作必须由有经验的钻探队伍实施，采用能够减小水力压裂风险的方法。因此，有必要对钻探工人进行充分培训，使其意识到水力压裂的发生原理及可引发的问题。

12.9 勘探编录

12.9.1 勘探位置

勘探位置根据目的确定。最初的勘探通常是查明地质条件，主要根据地质构造确定勘探位置。最终的勘探主要服务于工程，根据所建设的工程来确定勘探位置。每一次勘探应有明确的空间定位。勘探（点）应结合坐标网格系统确定其坐标位置，或者结合其他符合要求的方式，如布点或剖面关系，并应该确定其顶部标高。地下勘探的整体深度需全部编录，假如出于某种原因，某段无法编录，必须要做好记录并解释说明未编录的原因。斜孔的方位必须记录。

12.9.2 勘探鉴别

为了确保记录的完整性，避免混淆，通常按勘探的施工顺序进行编号，不同勘察阶段的勘探编号系列应是连续的。如果计划和规划了一个勘探点，但未实施，最好是保留其编号并在记录附注中注明为“未开钻”或“未开挖”，而不是占用其编号。然而，根据诸如现场条件变化或工程设计变更等要求，在征得勘探队同意，并保持项目编号不变的情况下，允许对勘探点位置做短距离调整。当勘探项目包括多个区域的坝址比选和料场比选时，应为每个坝址或料场使用新的编号系列或添加适当的后缀。习惯的做法是将钻孔的施工年份包括在钻孔标签中（如 DH-12-01）。

除了特征标记外，通常为试验勘探加一个有 2～3 个字母的前缀以描述勘探的类型。以下字母名称是垦务局经常使用的：DH：钻孔；AH：螺旋钻孔（手动）；AP：螺旋钻孔（机械）；SPT：标准贯入试验；BPT：贝克尔贯入试验；CPT：锥体贯入试验；DN：丹尼逊式样孔；TP：探井；T：沟槽；TT：探槽；CH：搅拌钻孔；PT：皮彻式样孔；PR：贯入阻力孔；OW：观测井；BSH：贝克尔取样孔；PRW：减压井；VST：十字板剪切试验钻孔。

12.9.3 记录形式

记录表是对材料属性及勘探中发生的情况进行的书面记录。它是分析评价的基础依据。每一条记录都应该真实、准确、清楚和完整。基岩埋深、地下水位埋深是非常重要的信息，尤其需要准确记录。

在记录覆盖层时，包含小透镜体在内的成分不同的各层需要标明深度，进行野外分类，并在记录中进行描述。结构基础的勘探记录必须说明各层和各透镜体的深度，除对物质详细描述外，还要包括土的分类。

记录中通常应该包含钻孔的尺寸、用于钻孔或挖洞的设备以及取样用的设备类型信息。同时，也应包含对用于钻孔的钻探设备类型、贯入设备或所用螺旋钻机或者探井挖掘方法的描述。其他需记录的重要信息包括使用的钻液类型、钻液返回百分比、套管的尺寸和深度、钻探者的描述。取样位置应该在记录中标明，同时，所取岩芯或原状土样的数量，应表述为占取样筒的贯入长度的百分比。需对扰动样品或岩芯进行除污或分割，以揭露其结构，并立刻拍照。钻孔需要加深时，记录还应说明钻孔加深的范围及相应加深措施。坍陷或挤压带应在钻孔记录中注明，因为该部分地层可能强度低。表层沉积中的受冲刷土样应定为低强度地层，不需进行土的分类。

记录应说明是否揭穿地下水位，并对数据可靠性做出评价。水位应从首次见水时候开始记录，并随钻孔的加深和套管的跟进做定期记录。每日钻探结束时将钻孔中的水排干，并在次日开始工作时记录水位。钻孔完工后，如果可能的话，应将钻孔的水排干，并允许重新观测水位，以便获得最真实的水位值。上层滞水面和承压水在记录中是非常重要的。记录含水单元的范围，同时需报告钻孔钻进中有水量损失的孔段。记录应该包含在钻孔试段内进行的渗透性试验的数据。正确的钻探记录填写模版，见图 12.9.3-1 及图 12.9.3-2。某些情况下，有必要在钻孔中安装水位计监测季节性的地下水位。

在筑坝土料勘探中遇到含卵石和块石层时，应确定它们的含量占比。应注明探坑的原状条件，螺旋钻孔则不用注明。螺旋钻孔揭示的粗颗粒含量的可靠性与螺旋钻的直径有关，应谨慎对待。

对贯入深度小于土料潜在剥采深度的试验孔，应在记录中备注说明，并给出终孔的原因。对于其他所有类型的钻孔，应该在记录末尾处说明工作已按要求完成，或者说明终孔原因，例如，达到了预计深度、废弃、坍陷等。

至关重要的是，记录中应一直有对岩芯缺失段的原因描述。曾有因对岩芯缺失段未描述或未认识到，设计者未意识到地基缺陷，最终结构基础失效的案例。例如，若在 5 或 10ft 长的取芯进尺范围内缺失了 0.2ft 长的岩芯，这 0.2ft 的岩芯缺失段很可能就是在该孔钻进中甚至整个勘察中所获取的最重要信息。岩芯损耗试段可能代表被钻液/钻探活动冲刷带走的砂岩单元内的弱固结粉砂质区，或者可能代表土壤单元中的低强度、软质黏土或有机层。了解与描述岩芯缺失段可能需要增加额外的勘探或调整钻探方法。

钻孔地质记录

特征：____	项目			状态：____
洞口编号：DH-123	位置：槽钢，右侧 坐标：N　E	层面：2139.2 地面高程：2139.7		倾斜（水平倾角）：－90°
施工时间：1981 年 8 月 25 日	竣工时间：1981 年 9 月 9 日	覆盖层深度：____	总深度：134.3	承载能力：____
水深、水平面高度和测量日期：见注释		记录人员：米勒		复审人员：柯林斯

失水量与水平面、套管、固井、凿洞及其他钻孔条件的注释

凿洞目的：小坝地基调查。
位置与构建：位于坝基中心线右侧 24ft 处，开始于 1985 年 3 月。平衡缓冲带开凿于用于建设钻孔材料的大约 1.5ft。
钻孔人：哈丁、斯密斯和格林。
钻孔装置：撬装长耳 34，液压推进式旋转钻孔。西北方向钻杆。
钻孔方法：0.0～3.0ft：7/2 牙轮钻头，3.0～7.3ft：NWD3 型号岩心钻管，w 型导管或对开管式内岩心筒；Nx 侧排放式金刚石钻头和洁净水。7.3～9.2ft：7/2″牙轮钻头。9.2～134.3ft：NWD3 型号岩心钻管，W 型导管或对开管式内岩心筒；Nx 底冲式钻头和洁净水，除以下注释外。63.6～79.1ft：使用恢复泥浆。
钻孔条件和钻孔人评论：0.0～2.0ft：快速且平滑，2.0～10.3ft：极快且平滑；10.3～29.9ft：中速钻孔且粗略；29.8～50.3ft：钻孔较慢且平滑；
50.3～63.6ft：缓慢、粗略、块状；
63.6～113.6ft：由慢到快，由平滑到微粗糙；
113.6～118.8ft：缓慢、粗略、块状
118.8～134.3ft：缓慢且平滑。
凿洞条件：0.0～10.0ft：重
11.5～18.5ft：轻
51.0～63.6ft：重
115.8～129.1ft：中等

洞口类型与尺寸：3L RB；NN D3；RB；NW O3

岩心收获率（%）：0，47，0，65，98，100，100，97，100，97，95，98，100，95，86，98，97，100，100，100，100，98，100，97，100

渗透试验

膨胀封隔器(封隔器编号:12)和55qpm，Hax容积 FMC水泵用于所有压水试验

深度（ft）从（P，C_u，或 C_m）	深度（ft）至	失水量（G. P. M）	应力（P. S. L）	持续时间（min）
0.0	11.6	16	G	20
0.0	20.0	18	G	20
P				
35.7	45.7	0.1	25	5
P				
44.8	54.8	0.0	25	5
P				
53.6	63.6	16.2	25	5
		28.7	50	5
		14.1	25	5
P				
63.6	73.6	0.6	25	5
		1.1	50	5
		0.4	25	5
P				
78.0	88.0	未容纳封隔器		
P				
		0.2		
83.7	93.7	0.3	25	5
		1.5	50	5
		0.4	100	5
		0.1	50	5

海拔（ft）：2137.9，2128.4，2106.6，2101.6，2097.1，2089.6，2076.0，2053.2

深度（ft）/图示录井图/测试样本

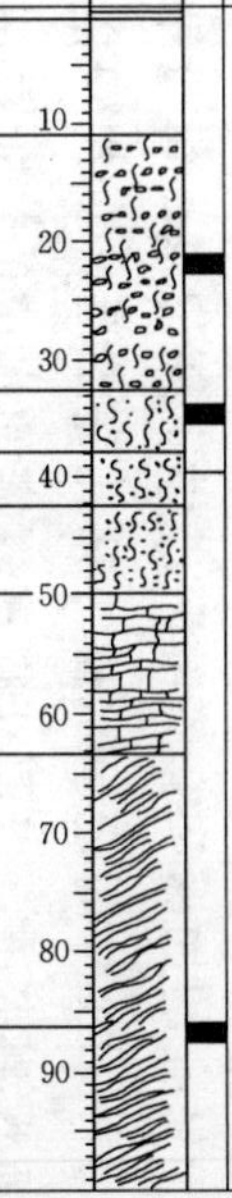

分类与实际条件

0.0～0.5ft：层面；
0.5～10.8ft：第四纪冲积层；
10.8～63.2ft：第三纪火山岩；
63.2～134.3ft：侏罗纪变质；
0.0～0.5ft：层面；
0.5～10.8ft：第四纪冲积层；
0.5～1.3ft：残积土与斜坡冲刷（Qc）。
分类于冲刷样本和裸露表面。由大约含 75%红棕色低塑性黏土（w/20%细沙）和 25%强烈风化黏土构成。0.1～0.2ft：质地软、菱角状砂岩碎屑，1.3～10.8ft：河道沉积（Qrs），1.3～6.0ft：黏质砂土。大约 50%由粗变细、坚硬、次圆沙粒；大约 25%为细、硬、次圆砾石；25%的细沙含介质塑性、高干强度、中等韧性；最大尺寸：50mm，与 w/盐酸不发生反应。坚固，均质，潮湿，红棕色。
1.3～3.0ft：无恢复。用牙轮钻头钻孔。
6.0～9.8ft：粉土，大约 55%由中粒沙变为细沙，45%为无塑性细沙。最大尺寸：中粒沙；红棕色。与盐酸无反应。
7.3～9.2ft：无恢复。用牙轮钻头钻孔。
7.8～10.8ft：不良恢复。由细、硬、圆形恢复为次圆砾石。
10.8～63.2ft：第三纪火山岩
10.8～32.6ft：焊接流纹质凝灰岩（Twr）。浅灰色，中粒。50%为长石晶体和火山玻璃碎片变为 3mm 微晶基质，10%为氧化镁铁质矿物和硫化矿。中等风化。光锈斑覆盖着许多玻璃碎片；镁铁质矿物完全被风化，岩心局部地与地坑相溶至 1/4″ft 深。岩心与轻刀压产生划痕，与重手控压力横切轴线为光锤击。轻微破碎（100%接缝）。岩心恢复到 7.3ft 最大长度（除机械损坏外）大多数在 1.5～3.0ft 之间。
接缝组合：(1) 倾斜 20～50°，通常间隔 2.0～4.9ft，开放、平面、与贫瘠、红棕色黏土覆盖于接搓不平的表面上；(2) 倾斜 10～15°，通常间隔 1.0～1.3ft，平面光滑。只现于 30.6～43.2ft 间隔之前。
32.6～49.6ft：火山灰流凝灰岩（Tft）。由粉色（干燥）变为砖红色（潮湿），w/25%灰色浮石碎片变为 0.1ft。中等风化变为轻微风化。岩心与中等刀压用圆凿开凿。通常与重手控压力对岩心轴线造成损坏。中等破碎（100%接缝）。岩心恢复在 0.7～1.0ft 长度之间。
接缝组合：(1) 类似于 10.8～32.6ft 间隔组合 (1)；(2) 倾斜 15～30°，近似平行于 10.8～32.6ft 间隔组合 (2)，间隔 0.4～2.0ft。

岩心损失
岩心恢复

阐释

洞口类型：____D代表金刚石；H代表硬质碳化钨合金，S代表钻粒，C代表搅拌器。
密封洞口：____P代表封隔器，Cm代表粘合剂，Cs代表套管底部。
洞口尺寸（X系列）：Ex为 1.1/2″，Ax为 1.7/8″，Bx为 2.3/8″，Nx为 3″。
岩心尺寸（X系列）：Ex为 7/8″，Ax为 1.1/8″，Bx为 1.5/8″，Nx为 2.1/8″。
套管外部尺寸（X系列）：Ex为 1.13/16″，Ax为 2.1/4″，Bx为 2.7/8″，Nx为 3.1/2″。
套管内部尺寸（X系列）：Ex为 1.1/2″，Ax为 1.29/32″，Bx为 2.3/8″，Nx为 3″

特征：____　例子：____　项目：____　状态：____　页码：1/2　洞口编号：DH－123

组策略对象 1980 662-651

图 12.9.3-1　钻孔地质测井记录实例

标准贯入试验　　洞口编号 DH-400　　表 1/3

项目：____　　特征：____　　面积：____　　状态：____

坐标：N 10653 E10003　　地面高程：6742.5　　倾斜（水平倾角）：90°以下

施工时间：1984 年 6 月 16 日　　竣工时间：1984 年 6 月 19 日　　基岩深度：80.4　　总深度：80.4　承载能力：____

水深：见注释　　记录人员：约翰·多伊　　复审人员：简·多伊

注释

目的：抽水厂地基调查“X”

钻孔设备：B4O-L 机动车，带有 20 台抽水机的架式凿岩机

钻孔人员：杰克·多伊

钻孔方法：

0.0～80.4ft：用 2-7/BIN 三牙轮钻头钻井，以 50s 的平均漏斗黏度将膨润土和作为钻井液。PEFORMED SPT'S 大约 5ft 间隔使用一个 1～3/BIN JD 对开式样筒采集器在西北钻孔 ROOS 处有一个 140lb 重的 DDM 安全锤（总质量：235lb）和一个 30in 的吊饰。NX 套管于 5ft 间隔前，伴随着 SPT' S 并牙轮钻头进行清理。

取样间隔注释：

15.0～16.5ft：钻柱通过铁锤和 ROOS 高度下的基座间隔下沉 0.2ft。

20.0～21.5ft：钻柱通过 0.2ftROOS 和 0.5ftROOS 与铁锤下的驱动间隔下沉 0.7ft。

25.0 ～ 26.5ft：钻柱通过驱动间隔下沉 1.2ft，0.4ftROOS，0.8ftROOS 和铁锤。钻孔干扰不明显。

30.0～31.7ft：钻柱下沉于清理深度 1.7ft，0.5ftROOS，1.2ftROOS 和铁锤。钻孔干扰不明显。

35.0～36.5ft：不均匀渗透，2 个管涌在 0.5～1.0ft 之间，9 个管涌在 1.0～1.5ft 之间。深度量减少到 1.1ft。

45.0～46.5ft：不均匀渗透，8 个管涌在 0.5～1.0ft 之间，20 个管涌在 1.0～1.5ft 之间。深度量减少到 1.1ft。

55.0～56.5ft：0.4ft 泥沼，采集器通风口因沙粒而堵塞，可能不可靠 *N* 值。

65.0～66.3ft：在驱动间隔有 50 个管达到 1.3ft，基座间隔中又 5 个管涌，25 个管涌在 0.5～1.0ft 之间，20 个管涌在 1.0～1.3ft 之间。砾石中驱动。

70.0～71.2ft：50 管涌后停止测试。可能形成干扰。10 管涌

标准贯入试验

岩心回收率（%）	管涌数量	水分含量
89	8	38.1
90	10	28.7
91	3	34.3
92	2	34.3
93	• 1	45.6
94	• 0	46.4
95	11	*27.7
96	21	18.4
97	28	*32.5
98	17	*28.5
99	25	*21.3
100	14	*28.6
	*50/1.3	*23.7
	*50/1.2	*24.3
	*50/0.4	
	*10/0.1	

每 ft 管涌数量（140 磅铁锤 30ft 吊饰）：10　20　30　40

深度比例（ft）：10　20　30　40　50　60　70　80　90

分类间隔（深度图示 / 海拔（ft））：6737.5　6706.0　6702.5

测试样本

分类与实际条件

0.0～36.5ft：第四纪湖相地层。

0.0～0.5ft：牙轮钻头间隔：低塑性黏土变为含有机物质、植被和根系的可塑性黏土。描述基于钻孔条件和回收钻屑。

5.0～6.5ft：SPI 样本。

5.0～5.8ft：低塑性黏土（CL）：大约 65%细沙含有介质塑性、中等韧性、高干强度；15%以细沙为主；最大尺寸：粗沙；与盐酸发生弱反应；潮湿、棕褐色，质地硬，均质。根系和有机物质呈现出来。

3.8～6.5ft：可塑性黏土（CH）：大约 95%的细沙含有高塑性、高韧性，极高干强度；大约 5%以细沙为主；最大尺寸：细沙；与盐酸发生弱反应。潮湿、棕褐色、由硬变软、均质、呈现部分根系。

6.5～10.0ft：牙轮钻头间隔：粉土与黏土。描述基于钻孔条件和回收钻屑。

10.0～11.5ft：SPI 样本。

黏质粉土（CL）：大约 90%细沙含有低塑性、低韧性、低干强度；大约 10%以细沙为主；最大尺寸：细沙；与盐酸发生弱反应。潮湿、灰色、质地软、薄板状。

11.5～15.0ft：牙轮钻头间隔。低塑性黏土变为可塑性黏土。描述基于钻孔条件和回收钻屑。

15.0～16.5ft：SPI 样本。

低塑性黏土变为可塑性黏土（CL-CH）：大约 95%的细沙含有中等至高等塑性、中等至高等韧性、极高干强度；大约 5%以细沙为主；最大尺寸：细沙；与盐酸发生弱反应；潮湿、灰色—棕褐色、质地软、薄板状。

16.5～20.0ft：牙轮钻头间隔。低塑性黏土变为可塑性黏土。描述基于钻孔条件和回收钻屑。

20.0～21.5ft：SPI 样本。

可塑性黏土（CH）：大约 100%细沙含有高塑性、高韧性、极高干强度；与盐酸发生弱反应；潮湿、灰色、质地非常软、薄板状。

21.5～25.0ft：牙轮钻头间隔。可塑性黏土，质地非常软。描述基于钻孔条件和回收钻屑。

25.0～26.5ft：SPI 样本。

可塑性黏土（CH）：大约 100%细沙含有高塑性、高韧性、极高干强度；与盐酸发生弱反应；极其潮湿、灰色、质地非常软、薄板状。

26.5～30.0ft：牙轮钻头间隔。可塑性黏土，质地非常软。描述基于钻孔条件和回收钻屑。

30.0～31.7ft：SPI 样本。

可塑性黏土（CH）：大约 100%细沙含有高塑性、高韧性、极高干强度；与盐酸发生弱反应；极其潮湿、灰黑色、质地非常软、均质。

31.7～35.0ft：牙轮钻头间隔。可塑性黏土，质地非常软，高韧性。描述基于钻孔条件和回收钻屑。

35.0～36.9ft：SPI 样本。

35.0～36.0ft：可塑性黏土（CH）：约 100%细沙含有高塑性、高韧性、极高干强度；与盐酸发生弱反应；潮湿、灰色—棕褐色、质地软、薄板状、均质。

36.0～36.9ft：黏质砂土：大约 70%细沙变为中等、质地硬、次菱角状沙粒；大约 30%的细沙含有高塑性，高韧性、高韩强度。最大尺寸：粗沙；与盐酸发生弱反应；潮湿、灰色

评论：　　注释：

图 12.9.3-2　贯入阻抗钻孔的地质测井实例

12.9.4 土的描述

勘探孔编录工作者应能根据 USCS 系统对土样进行鉴定和分类。在土的记录中，应包含土的典型名称及相关的描述性数据。对土进行描述后，将其适当的归类，并标注以 USCS 中的分类符号。野外勘探土的鉴定与分类，应基于野外观察和手工测试。现场记录不要求包含仅能通过使用室内设备测定的细粒成分的数据。所有土都应在现场做可视分类，并在记录中包含相应分类描述。编录人员清楚土的原状特征是很重要的，因为一旦开展土的室内试验，其特征将会遭破坏。标准的做法是在记录表上单独标注室内试验数据。依据土石坝土料勘察的目的，可将土分为两类：①筑坝用料、混凝土骨料或回填土；②大坝和附属建筑物的基础。探坑或螺旋孔记录图见图 12.9.4-1～图 12.9.4-4。详细描述见 12.5.1 节。

7-1336-A（1-86） 垦务局	试坑和螺旋钻孔记录	洞口编号：______

特征：______	项目：______
区域标记：______	地面高程：______
坐标 N：______ E：______	勘探方法：______
概略尺寸：______	记录人员：______
水深交汇：______ 日期：______	记录日期：______

分类组符号（样本描述）	材料分类和描述见 USBR 5000.5005	%＋3ft（按体积计）		
		3～5ft	5～12ft	12ft 以上
毛重（scb） 7.4ft	0.0～7.4ft 级配良好含沙粒、鹅卵石和卵石的砾石：大约 70%的碎石由粗到细、坚硬、次圆碎石；30%的碎石由粗到细、坚硬、次圆粒沙；细迹；与盐酸不发生反应。 总样本量（按体积计）：22%的 3～5ft 的坚硬、次圆鹅卵石；14%的 5～12ft 的坚硬、圆鹅卵石；2%的 12ft 以上坚硬、次圆砾石；剩余部分小于 3ft；最大尺寸：400mm。 原地条件：均质、干燥、棕色。 地质解释：冲积扇	22	14	2

附注：

鹅卵石和卵石的土壤测量百分比

精确至 0.1ft　　　　组策略对象 649-366

图 12.9.4-1 探坑和螺旋钻孔记录——带有鹅卵石和卵石的简略土壤分类组样本

7-1336-A（1-86）垦务局	探坑和螺旋钻孔记录	洞口编号：______

特征：______例子：______　　项目：______

区域标记：______　　地面高程：______

坐标 N：______E：______　　勘探方法：______

概略尺寸：______　　记录人员：______

水深交汇：______日期：______　　记录日期：______

分类组符号（样本描述）	材料分类和描述见 USBR 5000.5005	%+3ft（按体积计）		
		3～5ft	5～12ft	12ft 以上
CL 三代样本 4.2ft	0.0～4.2ft 高低塑性黏土：大约 90%的细沙含有介质塑性、高干强度、中等韧性；10%的主要细沙；最大尺寸：中粒沙，与盐酸发生强烈反应。 原地条件：质地软、均质、潮湿、棕色。 三袋 50lb 质量的样品取至试坑北侧的 12ft 宽的取样槽沟。样本混合并分成四等分			
(SC) g 块状样本 9.8ft	4.2～9.8ft 的含碎石的黏土沙粒：大约 50%的碎石由粗到细、坚硬、次菱角到次圆沙粒；25%的碎石由粗到细、坚硬、次菱角到次圆碎石；25%细沙含有介质塑性、高干强度、中等韧性；最大尺寸：20mm；与盐酸发生弱反应。 原地条件：均质、除了洁净细沙偶然镜头为 1/4～1ft 厚、潮湿、红棕色。 12 及以上的块状样本取 6.0～7.0ft 深的试坑南侧中心			

附注：

探坑取样

精确至 0.1ft

图 12.9.4-2　探坑和螺旋钻孔记录——原位条件与取样

7-1336-A（1-86）垦务局	试坑和螺旋钻孔记录	洞口编号：______

特征：______　　项目：______

区域标记：______　　地面高程：______

坐标 N：______E：______　　勘探方法：______

概略尺寸：______　　记录人员：______

水深交汇：______日期：______　　记录日期：______

分类组符号（样本描述）	材料分类和描述见 USBR 5000.5005	%+3ft（按体积计）		
		3～5ft	5～12ft	12ft 以上
GP（可视） 毛重（试验分类） 三袋样本 3.2ft	0.0～3.2ft 含沙劣级配砾石：大约 70 砾石由粗到细、坚硬、次菱角状砾石；30%的主要细沙砾石由粗到细、坚硬、次菱角状沙粒；细迹；最大尺寸：75mm，与盐酸不发生反应。 原地条件：均质、潮湿、棕色。 实验测试数据：样本中 64%砾石，34%沙粒，2%细沙，$C_u=24$，$C_c=1.8$。试验分类为含沙级配良好的砾石。 三袋 50lb 的样品取至槽沟东侧整个深度范围的 18ft 宽的取样槽沟。材料混合并分成四等分最为样本			
CL（试验分类） 一袋样本 7.6ft	3.2～7.6ft 低塑性黏土：大约 90%的细沙含有介质塑性、高干强度、中等韧性；10%的主要细沙；最大尺寸：粗沙；与盐酸不发生反应。 原地条件：坚固，均质、潮湿、黄棕色。 实验测试数据：86%细沙，14%沙粒，LL=36，PI=19。 一袋 40lb 的样本取 4.7～4.8ft 深的 12ft 宽的取样槽沟			

附注：

除可视分类外的报告试验分类

精确至 0.1ft　　组策略对象 649-366

图 12.9.4-3　探坑和螺旋钻孔记录——结合试验和可视分类

7-1336-A（1-86）垦务局	试坑和螺旋钻孔记录	洞口编号：________

特征：________　　项目：________

区域标记：________　　地面高程：________

坐标 N：________E：________　　勘探方法：________

概略尺寸：________　　记录人员：________

水深交汇：________日期：________　　记录日期：________

分类组符号（样本描述）	材料分类和描述见 USBR 5000.5005	%＋3ft（按体积计）		
		3～5ft	5～12ft	12ft 以上
页岩块 12.6ft	11.2～12.6ft 页岩块：检索为 2～4ft 的源于电力钻孔、干燥。棕色的页岩块，与盐酸不发生反应。在水中熟化 24h 后，材料被鉴定为“含沙低塑性黏土（CL）”—大约 60%的细沙含有介质塑性、高干强度、无沙质土壤、中等韧性；35%由细沙边中粒沙；5%为碎石形状页岩块			
碎砂岩 料斗 3	料斗 3 碎砂岩：商业粉碎操作产品：“含粉土不良级配沙（SP-SM）”大约 90%由细沙变为中等粒；10%为无塑性细沙；最大尺寸：中等粒；干燥，红棕色；与盐酸发生强烈反应			
碎岩石 氖库存	氖库存：加工地坑 7 中的砾石和卵石：劣级配砾石（GP）大约 90%为细小、坚硬、角砾型颗粒；10%位粗糙、坚硬、角粒砂型颗粒；最大尺寸：19mm；干燥，棕褐色；与盐酸不发生反应			
碎壳 3.2ft	0.0～3.2ft 碎壳：贝壳自然沉积；“含沙劣级配砾石（GP）”大约 60%为砾型碎壳；35%为沙粒和沙粒型贝壳碎片；5%为细沙			

附注：

材料不同于自然土壤

精确至 0.1ft　　　　组策略对象 649-366

图 12.9.4-4　探坑和螺旋钻孔记录——材料不同于自然土壤

作为筑坝用料的潜在料源，土的特性必须在勘探探坑或螺旋钻孔的记录中给予充分地描述。土的天然含水率记录相当重要。为简便起见，土的天然含水量可以分为干燥、潮湿或湿润三类。

当勘探土层选作大坝及其附属工程的地基时，土的天然结构、连续性和湿度都相当重要。地基勘探的探坑记录除描述土的成分外，还必须关注它的原位条件。地基土的天然状态非常重要，因为在荷载作用下，土体的承载力和沉降量会因土的连续性或密实性产生极大差异。因此，黏质土的硬与干、软与湿是非常重要的。土的正确分类也是必要的，以便能对地基土湿度的变化影响进行评估。除了人们已知的土分类名称外，通常使用的土的名称如黄土、钙结层等，可以帮助人们了解土的现场条件。地基土和采料区土料的记录，应划分地质单元以便解译。

如图 12.9.4-4 所示，人工土或改良土的描述，应描述土料的名称，并包含《美国统一土分类法》的土分类结果，以便项目承包商正确了解工程条件。

12.9.5 岩芯描述

岩芯描述的基本目标是提供岩芯的重要地质与物理特性的简洁记录。岩芯描述应由地质学者完成。岩芯描述资料的可用性，很大程度上取决于编录者的工程经验和工程地质知识。

基岩的描述应该包括地层定名和年代（尽可能查明）、分布和空间特性；以及常见的岩性、物理特征、与岩石强度和渗透性相关的特征如岩石层理/叶理/流纹结构、风化、硬度/强度、接触、结构面（包括结构面参数）、渗透性和含水率等。《工程地质现场手册》给出了勘探记录中描述岩芯的格式和常用图例 。

12.10 钻孔测试

仅靠钻孔岩芯样品的现场观察、研究及试验，无法获得地下地质条件的直观认识。而钻孔侧壁则为地下地质条件的展示提供了独特的视角，孔壁出露的地质结构仍处于原始状态。孔壁的观察可能非常重要，尤其是在钻孔作业过程中出现岩芯缺失段，或是难以从岩芯中获得结构面真实产状的情况下。钻孔壁观测与摄影设备包括钻孔电视（TV）、静态照相机、声波成像测井仪和定线测量设备。

关于地球物理勘探功能、设备、设备性能和使用要求的相关信息详见《工程地质现场手册》第 14 章。

具有有限聚焦功能的静态照相机可以满足观察钻孔侧壁上的特征。然而，较小的观察区域和有限的聚焦削弱了静态照相机在钻孔中的作用，例如一些具有较大延伸范围的空腔。静态照相机最适合用于观测岩芯无法采出的软弱带或地质构造带，或确定地基岩体中结构面倾向与走向。由于镜像观察区域小、观察深度小、操作方法烦琐，应用并不广泛，但是它们的使用成本相对较低。

钻孔电视可以变焦，可用于观测孔壁的地质构造、空腔尺寸以及充填清水的钻孔。声波图像（电视）系统运用声波脉冲制作出钻孔壁的图像，它在填满泥浆液的钻孔里同样适用。钻孔电视用于检查岩石中的空腔，如钙质岩层的岩溶空隙、火山岩中的冷凝节理和熔岩通道、管道、矿山、隧道和竖井等。声波电视可用于获取节理、充填物、空腔与其他结构面的产状。岩性与岩石孔隙率的变化也可以在声波电视中得到展示。

钻孔光学成像测量，通过使用记录钻孔壁在圆锥镜中反射的独特的光学成像系统，提供钻孔壁的连续、详细、全方位的图像，如图 12.10-1 所示（图略）。钻孔光学成像用于露天钻孔或有清水的钻孔，以获得完整的结构面分析，包括倾向、走向、频率及张开度等。

此外，它还提供了岩性特征、薄层探测和层面倾向、套管检测与真彩色图像。

当钻孔的垂直度与/或走向非常重要时，通常有必要采用定线测量。将仪器下到钻孔内以测量钻孔竖向偏差。需在确定位置安装仪器或需精确测定地质构造特征的深孔中，钻孔偏差数据是至关重要的。

12.11 填筑坝料源勘察

新建坝或已建坝改建的料源勘察应全面，以为设计及建设承包商提供准确的可用料数据。需查明的典型建筑材料包括心墙料、坝壳料、排水料及护坡料。对于堆筑稳定的改建坝，可能无须额外土料。建筑材料勘探总储量不能仅满足设计需要量，而应达到需要量的2～3倍。料源勘察应考虑无用料和超径料的储量占比。对于新建坝，考虑到经济运距和环境保护，建议在水库区寻找料场。

图12.11-1是料场勘察的一个样例（略）。应注意，料场勘探可采用多种勘探方式，如手工钻、机械钻机及探坑。勘探点布置常采用网格状布置。不同的料场区域通常采用分区标记，如“A区”“B区”等。可行性设计阶段勘探点间距通常为500ft，最终设计阶段勘探点间距一般为250ft。在料场边缘区域勘探点可适当加密。

坑探或槽探是料场勘察的重要手段。较长的槽探能揭露更多的土层，在勘探布置中应予以考虑。初步勘察设计中，应在料场范围布置探坑及原位密度试验、压实试验。可以通过原位试验的密度和压实度成果评价土料膨胀性。探坑或探槽勘察时应注意粒径及分层、颗粒形状、表层物质及有机杂质。上述特征可用于施工过程中湿度控制。探坑可揭露料场的不同土层，应对各土层进行分层取样。主设人应参加现场勘察工作。有时为获得满足特定工程性能的土料，需使用混合土料，勘察时应取混合土样。代表性的土样应及时进行剪切强度、渗透性和压缩性试验。

机械钻机是可用料网格状勘察的快速、经济有效手段。勘探布置主要基于地质条件，地质学家参与勘探布置是十分必要的。

对于某些材料，如风化花岗岩或页岩（板岩），土粒崩解性需要查明，必要时应进行压实试验。由于承包商可能会用超径料制作排水材料，因此需要查明超径料的储量。卵石和砾石的数量通常采用USCS分类通过体积计算，卵石被分为小于5in（127mm）和大于5in（127mm）两类，大于5in的材料常在压实填筑过程中被剔除。砾石的数量按体积计算。在一些关键项目中，需要确定超径料的数量，可进行大规模颗粒分级，但成本较高。一个配备推土设备的团队，应可运输10000～30000lb（4.5～13.6t）土料至棒条筛和筛网。

对于湿润的和低于地下水位的土料场，需要设置观察井以评估湿度的季节性变化情况。细粒土较难干燥到最合适的压实条件。在某些情况中，湿润的土料场要求在开采前开挖排水井。在另外一些情况中，干燥、崩解的土料需要在开采前进行湿润。

土料场中的不良土料应该舍弃，对弃料的体积应进行详细的调查。

12.12 建筑材料调查

通常，在枢纽邻近区域没有足够料源的情况下，应尽可能在运距较短的区域获得特定材料。此类材料包括用于心墙、保护层和铺盖的防渗土料，用于混凝土骨料、反滤层、排水沟、路面铺设以及抗侵蚀保护的砂卵砾石，用于堆石或抛石、反滤层或混凝土骨料的石块。

12.12.1 防渗材料

在心墙、保护层或铺盖中有时需要特定的防渗材料。如果在坝基或码头、均衡或调节水库发现大范围分布透水地层，且其他替代处理措施不具备经济效益时，则需要调查防渗材料的分布。USCS 系统中表明，大多数土料添加 6%～12%的细粒料后将变成防渗的。对于防渗心墙材料，有约 25%细粒含量的土料是合适的。用于挡水护岸时，需要具有合适的可塑性以更好地抵抗层内侵蚀。

通过保护层或铺盖的水力坡度较高，为防止渗流将保护层或铺盖中的细颗粒迁移到透水地基地层中，在铺盖以下设置反滤措施是十分必要的。

在大坝设计中，通过局部铺盖大量降低渗漏是几乎不可能的，但是可以通过降低渗透梯度以阻止内部侵蚀。水库铺盖不需要完全防渗，只要其渗透性低于坝基渗透性即可。

12.12.2 反滤料

耐久的砂卵砾石料主要用于过滤和排水、土坝堆石体垫层、土坝下游坝趾排水层以及防止管涌的过渡层。设计中，不太可能将天然沉积物直接用作过滤层、排水层或排水垫层材料，通常都需要经过粉碎、清洗和拌和加工。从工程区至调查确定的理想料源区的经济运距取决于工程对该特定材料的需求程度。材料工程和试验室研究建立了有关石料场的数据库，可以用于在项目区域内搜索寻找料源。

12.12.3 护坡

用于防止涌浪或水流冲刷的石块即为护坡堆石。岩石材料需满足两个主要要求：第一，可生产满足尺寸、形状、级配和重量要求的石块；第二，石块坚硬耐用，可以承受运输和堆置而不破坏，能承受正常风化、波浪作用和其他特殊堆置及使用过程的破坏力。对用于堆石的岩块，应充分取样进行评估。《岩石手册》程序 USBR 6025 大纲中有选择和测试堆石料的程序。评估料源时应采取必要的爆破试验和耐久性测试。

如果当地没有可用石料，可用其他材料代替堆石堤和堆石垫层，如水泥土或混凝土、沥青混凝土、上游坡钢护面、下游坡草皮防护。

12.13 地下水和渗透研究

12.13.1 灌前压水试验

压水试验可评估岩层渗透性，决定是否需要灌浆及灌浆可行性。压水试验确定灌浆设计是次要目的，其首要目的是确定岩土体渗透性，用于渗控设计。灌前压水试验设计需要考虑以下因素：

（1）拟建结构类型。

（2）区域的地质条件和不同区域或范围间的差异。

（3）设计渗透控制标准。

（4）可灌性和渗透性并不相关。

（5）钻孔方位对试验结果有重要影响。

（6）试验计算结果可能具有误导性。

（7）不同的岩石类型、地质构造或地应力，抗水力劈裂能力可能不同，因此压水试验压力和灌浆压力也可能不同。

（8）除非就是基于工程区场地条件得来的工程经验，否则在进行灌浆设计时，经验不足以取代试验数据。

《工程地质现场手册》第 16 章介绍了压水试验工作程序、成果计算和试验设备。其他资料请查阅《排水手册》和《设计标准》。

12.13.2 渗透性试验

大多数的岩石和土都包含了大量的孔隙，水可以储存在这些区域内也可以通过这些区域流动。渗透性即透水性表征了液体和气体通过孔隙或裂缝流动的难易程度。水在土和岩石中的通过能力很大程度上影响着施工过程中的排水能力。分析斜坡的稳定性，必须了解水在斜坡内的运动情况。《工程地质现场手册》的第 17 章讲述了进行渗透性试验的正确程序。

12.13.2.1 稳定岩体的压力渗透性试验

渗透性试验通常在岩石上进行，特别是压水试验。压水量受岩石裂缝影响，因为完整岩石的渗透性一般为零。试验段内，水可能会流入一个或多个裂缝中，但是渗透性计算中假设水在各向同性介质内做层流。试验段的长度由岩石特征决定。典型的试验间隔长度为 10ft，但是水可以流进 1/4in 长的裂缝。不建议将试验间隔长度设定为超过 20ft，因为基岩中会存在一些裂缝或小区域控制着地下水流动。压水试验段岩体的渗透性计算成果与实际岩体的渗透性可能有一个量级的差异。结构面与钻孔方向的交切关系决定了试验段内的结构面数量，从而影响渗透试验成果。试验水压力应考虑地质结构，过大压力会造成岩石破裂，从而得到偏高的渗透系数。《工程地质现场手册》第 17 章讲述了在岩石中进行水的渗透性试验的正确程序和所需设备。

12.13.3 含水层试验

在后文提到的各种单孔试验中，抽水试验是决定某一地层渗透系数的最佳方法。这些试验通常在场地排水情况下进行，以进一步了解含水层地质条件。垦务局的《地下水手册》讲述了抽水试验的试验方法。在抽水试验中，一个抽水井周围有多个不同间隔的观测井。抽水井周围的地下水下降漏斗可以在不同的流量下仍保持稳定。通过这个试验，可以得出渗透系数以外的过滤系数和存储系数。一般用含水层试验软件进行试验资料分析。

12.13.3.1 注水试验

注水试验主要用于松散或不稳定的地层。注水试验只能在垂直的或几乎垂直的钻孔里进行，因为钻孔容易坍塌。标准的试段长度为 5ft。如果地层很稳定，且地层相对均质，也可采用试段长度 10ft。当测试区含水层厚度大于钻孔直径的 5 倍时，可以稍微缩短试段长度。《工程地质现场手册》第 17 章描述了适于注水试验的程序和设备，主要描述了 4 个步骤。

12.13.3.2　降水头注水试验

降水头注水试验主要用于开孔于基岩的露天钻孔中。降水头注水试验利用可膨胀的封隔器，这与压水试验一致。如无法进行压水试验或其他试验，也用降水头注水试验代替。《工程地质现场手册》第 17 章描述了降水头注水试验的操作步骤。

12.13.3.3　振荡式渗透试验

振荡式渗透试验是使钻孔内水位快速变化。这种快速变化是由于增加或减少了少量的水、空气或是代替了地下水的物体。振荡式渗透试验通常是在场地或经费受限制的地方，或者是在抽、注水会对周围地区造成潜在影响的地区进行。在含水层不能释放足够的水来进行含水层试验的地方，或在水的引入可能改变或影响水质的地方进行振荡试验是可行的。《工程地质现场手册》第 17 章描述了振荡式渗透试验的操作步骤。

12.13.3.4　压力计试验

压力计试验可以测量水位线下的土层的横向渗透系数。这个试验可能适用于大直径钻进技术，适用于可以维持孔壁稳定的任何深度。这个试验对查明毛细水层下的哪个层面是实际的隔水层尤其有效。《工程地质现场》第 17 章描述了压力计试验的可行操作步骤和试验设备。

12.14　原位试验

原位试验是查明地下岩土体工程特性的最好方法，在某些情况下，可能也是取得有效成果的唯一办法。通过岩石原位试验可以获取破碎岩体的抗剪强度、地应力状态和变形特性。此外，岩体中软弱带、剪切带、岩石单元以及结构面的残余应力，同样可以通过原位试验获得。

12.14.1　工程地质原位试验

下面简要介绍用于确定剪切强度的原位试验方法。

12.14.1.1　标准贯入试验（SPT）

标准贯入试验对初步评估现场条件很有用。从标准贯入试验锤击数得出的 N 值可用于桩的设计中，也可以用于确定黏性土中原状样的取样深度。N 值可以用于估算地基土的承载力和无侧限抗压强度。通过上覆土体压力修正的 N 值，可以用来评价地基在地震荷载下发生液化的可能性，这是一种判别地基液化的有效方法。图 12.14.1.1-1 描述了典型的标准贯入试验样本管。

图 12.14.1.1-1　对开式 SPT 样本管

砂土中贯入阻力记录可以用于：①估算现场相对密度；②估算基础承载力；③评估液化风险。当本试验用于评估液化风险时，需要认真关注试验细节。液化风险评估的详细步骤见 ASTM D 6066。这种方法不仅限制了可使用的钻孔方法，也要求提前知道落锤的冲击能量。如果遇到砾石，应该记录下每贯入 0.1ft 的锤击数值，以便验证试验或在解析数据需要时，对锤击数进行调整。在某些情况下，应当记录每一击的贯入量。在这些情况下，可能需要制定补充试验方案。在细粒土中，贯入阻力可用于定量评价稠度状态以及不排水的抗剪强度。

12.14.1.2　贝克尔贯入试验（BPT）

BPT 可用于砾石土的抗液化评估，实际上类似于用于砂质土的 SPT 试验。初次使用时，钻头的可变能量应当根据回弹压力进行调整，现在也可以利用打桩分析仪来完成。通过 BPT-SPT 的经验公式，可将 BPT 锤击数等效转换为 SPT 锤击数。在将等效锤击数与期望的工程参数相关联之前，应当将等效的 SPT 锤击数根据覆盖层压力进行标准化处理。最近，垦务局对 BPT 和其他液化判别方法进行了评价。

12.14.1.3　静力触探试验（CPT）

CPT 作为一种廉价的原位方法，可以提供土层的详细信息，并且通过适当的关联和验证，就可以初步确定土体的力学性质。该试验方法仅限于细粒土。根据不同的土类型，可由 CPT 或邻近钻孔估算黏土的不排水抗剪强度及砂的相对密实度，也可以估算纯砂的摩擦角，但对不纯净的砂来说则不够精确。现在新的软件可以估算不同类型土的变形模量。电子显示系统可以测得连续的孔隙水压力值，促进了人们对孔隙水压力的理解（此处的孔隙水压力不代表真实值，而代表静力触探过程中土体的动态孔隙水压力）。ASTM D5778 描述了测量的操作步骤。

CPT 钻井装备和 CPT 探针分别见图 12.14.1.3-1 和图 12.14.1.3-2。

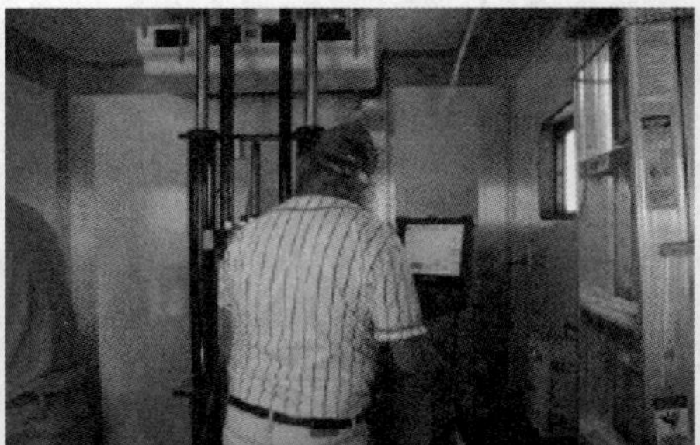

图 12.14.1.3-1　重 40 吨的 CPT 钻井装备

12.14.1.4　现场十字板剪切试验

现场钻孔十字板剪切试验可用于松软的、敏感性高的黏土中，而这些黏土都是很难取样的，现场十字板剪切试验如图 12.14.1.4-1 所示。

然而有时候试验值会偏大或偏小，所以需要按照经验方法进行调整，步骤如 ASTM D 2573 所述。这些试验结果可以和 CPT 及未扰动样的室内试验成果相互补充。垦务局目前在空心杆螺旋钻孔中使用 Nilcon 叶片装置，而不再使用《土工手册》中的装置。

图 12.14.1.3-2　通过"启动"孔来开启 CPT 探针作业

ASTM D 2573 描述了进行现场十字板剪切试验的操作步骤。

12.14.1.5　直剪试验

进行原位直剪试验所需费用很高，通常只有当对已有剪切强度成果存有疑虑，或者在坚硬层中夹有连续的薄、软夹层时，才使用原位直接剪切的试验方法。这种试验方法可用于土样或岩芯中，也可用于测试混凝土在基岩面上的摩擦系数。直剪试验法可用于测量土体的峰值强度与残余强度，或岩体在不同正应力条件下沿剪切面的滑动摩擦系数。垦务局拥有进行岩石直剪试验的特殊设备来对岩石和结构面开展剪切试验。剪切强度试验成果常用于边坡稳定性的极限平衡分析或是大型构筑物（如大坝）的基础稳定性分析。

图 12.14.1.4-1　利用钻机提供的扭矩进行十字板剪切试验（右图为不同大小的十字板）

对于岩石来说，有可在现场使用的便携式孔内直剪、岩芯直剪试验设备。便携式直剪试验需要花费时间在剪切盒中封装岩芯样品，因此也可在试验室完成。孔内原位剪切设备可用于测试破碎岩石，这些岩石在钻孔中很难被完整取芯。这些试验的步骤可见于垦务局的《岩石手册》中。

12.14.1.6　点载荷试验

岩石强度是一个重要的指标，需要一个合适的强度指标试验进行测定。单轴（无侧限）抗压试验可广泛运用于岩石强度分类，但是需要对岩样进行机械加工，是一个限定于室内试验的相对比较昂贵的技术。

点载荷试验利用简单的便携式设备就可以用于原状的岩石样本中，点载荷试验装置如图 12.14.1.6-1 所示。从本质上说，该试验实际上是在两点之间加压一块岩石。点载荷试验有许多方式，如径向加载、轴向加载，以及不规则块状加载。垦务局经验表明，试验结果可能与岩石类型以及样品条件有关。因此，应注意使用基于当地条件的经验公式，并在使用之前评估结果的可靠性。

12.14.1.7 施密特锤击试验

施密特铁锤，也称回弹锤，是测量混凝土或岩石弹性模量或强度的一种设备，如图12.14.1.7-1所示，可用于估算现场材料的强度值。通过使用弹簧驱动的重锤撞击混凝土表面，测量重锤的回弹值。该回弹值可以用来确定抗压强度。回弹值会受到锤撞击的方向、样品的局部变化及含水量的影响。因此在试验之前应该用制造商提供的校准铁砧对施密特铁锤进行校准。这种测量方式作为间接的测量方式，无法直接测量材料强度。它只是基于表面特性提供了一种指示，只适用于样品间的比较。

试验相关规定详见ASTM D5873。

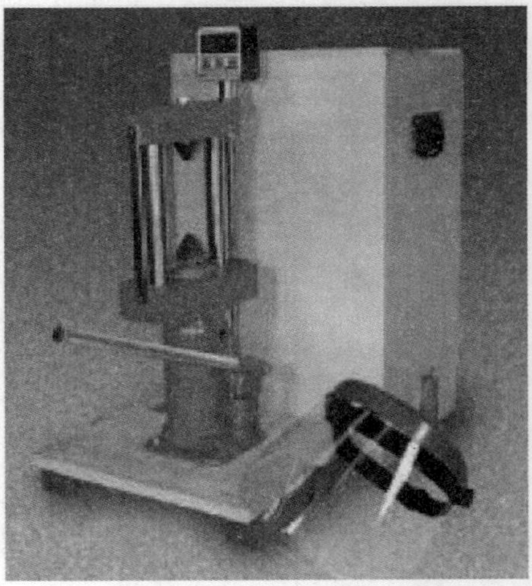

图12.14.1.6-1 点载荷测试装置

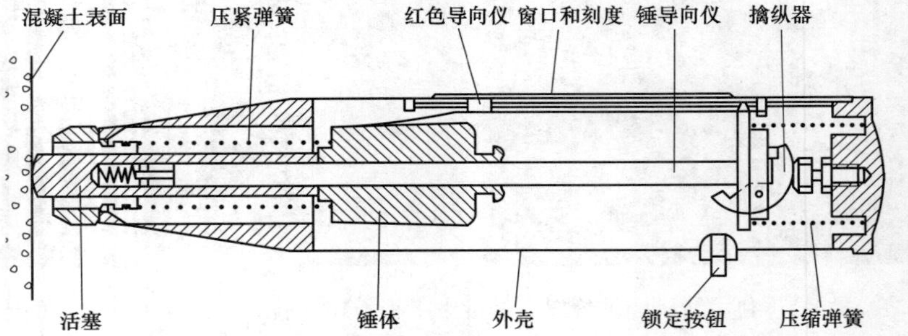

图12.14.1.7-1 施密特铁锤原理图

图12.14.1.8-1 微型贯入仪

12.14.1.8 微型贯入试验

微型贯入仪可以用于粗略估算土体的无侧限抗压强度、剪切强度，如图12.14.1.8-1所示。这个手提便携装置普遍用于对开式取土勺与薄壁管所取样品中，以大概估计饱和黏性土的无限制抗压强度，它们也可用于探坑中。

12.14.1.9 多叶片剪切试验

多叶片剪切仪是一种手持的叶片剪切装置，可用于实验室或现场快速测量黏性土的剪切强度值，如图12.14.1.9-1所示。多叶片剪切仪可以在探坑、探槽或基坑壁上使用，也可用于薄壁的末端、对开式取土勺样品、试坑取出的块土中。多叶片剪切仪可以快速测量沿不同破坏面的各个强度值，其便于操作，并且不需要制作样品，只需要一个表面直径为1in的样品。多叶片剪切仪仅适用于测定完全饱和黏性土的不排水强度，其与正压力无关。多叶片剪切仪的应力范围包括从软到硬的不同稠度的黏土。

12.14.2 地应力判定试验

地应力的原位试验结果常在有限元分析中使用，用来估计隧道和垂直压力井的荷载，也可以用来确定挖掘过程中岩爆的可能性，以及识别局部主应力和残余应力。原位试验是获得地应力大小和方向的最可靠的方法。判定岩石地应力最常用的三种方法是：套芯法、扁顶法、水力压裂法。操作这些方法的程序在垦务局的《岩石手册》中做了描述。

图 12.14.1.9-1 Torvane 多叶片剪切仪外观

土体地应力的判定更为困难，对其地应力的测量鲜有成绩。爱荷华阶梯叶片试验可以用于细粒土的地应力测试。

12.14.3 原位变形试验

地下岩土体的变形特性对于大坝和其他大型结构的动力分析和地震分析，以及隧道的静态设计来说，都是很重要的。基于此目的的岩土勘察应该由工程地质学家联合岩土工程师和结构工程师一起制定方案。变形特性通常用三个相互依存的参数术语来描述，即弹性模量、剪切模量和泊松比。这些参数仅适用于线性、弹性、均质的各向同性材料。尽管有这样的局限，这些参数还是经常用于描述土壤和岩石的变形特性。采用大尺度的原位试验可降低材料非均质的影响。

近年来，压力表和膨胀计试验越来越广泛地用于确定土或岩石的工程性质。这些性质包括抗剪强度、应力和变形。

12.14.3.1 平板载荷试验

平板载荷试验可在土体或是软岩上进行。试验用于确定地基系数，偶尔可以确定强度系数。常规程序是用千斤顶顶一个 12in 或 30in 直径的承载板，最大加载量为设计要求的两倍，然后测量逐级加荷下的挠曲量。由于花费较大，这种试验通常只在高级别设计或是施工时进行。

12.14.4 地球物理勘探方法测定动弹模

地球物理勘探方法，包括孔内和地表的方法，可用于确定原位岩土体的模量。纵波波速与材料的容重结合可以确定其动弹性模量，同理，剪切波速可用于评估动剪切模量。然而，由于应变太小，而且在地震测试中加载是短暂的，因此，模量测试结果对于其他用途来说大多偏高，在可以获得可靠的静态模量值的情况下，不应使用地震方法测模量值。即使是用于地震分析，由地震方法得出的动弹模数值也是很高的。岩土体的模量和阻尼特性与应变相关，而地震测试中加在岩体上的应变比真正意义上的地震中的应变低几个数量级。通常，随着应变水平的上升，剪切模量和弹性模量会降低，而阻尼会上升，在地震分析中考虑这些因素很必要。

12.15 室内试验

土石坝勘察中的强度、压缩性和渗透性等基本工程特性多是通过室内试验确定。样本和试验要求由野外踏勘团队的调查小组确定。针对稳定性、渗流、堆石等的专用设计标准规定了相应室内试验的具体内容。

12.16 勘探平硐与钻孔的回填

所有钻孔与勘探性挖掘都需要回填，除非需要再次利用指定保留的钻孔。回填有助于避免或最大化减小对人畜的安全隐患，避免污染地下水，将对大坝和防洪堤渗流的影响减至最小，并减小对环境的危害。用于水位测量、安装仪器、钻孔检查或是进行井下地球物理勘探的钻孔，使用完成后如果不再需要，应该回填。安装了仪器的钻孔的回填方法在《设计标准》中有描述。

废弃钻孔处理方式经常没有得到应有的重视，而且也没有详细的记录。用岩粉回填钻孔的方式是不可取的。有多种合适的钻孔回填的方法，包括高强的膨润土浆、净水泥浆以及膨胀土颗粒和薄片。钻孔回填的方法应该遵循环境许可要求。

钻孔回填记录应包括不同回填材料的孔段、填充每个孔段所需材料的计算量，以及填充每个孔段孔所用材料的实际量。钻孔填充记录至关重要，而且如果实际填充量明显高于或低于计算量时，可能表明实际情况与预期有明显差异。《岩土勘探钻孔封闭指南》第 378 条是钻孔回填工作的重要参考。

保留下来用于将来使用的钻孔至少应该包括一小段表层套管，并加盖、上锁、标记。试验井、沟槽、竖井在回填之前应有合适的覆盖物或障碍物。如果条件允许，勘探性平硐应该封堵而非回填。

12.17 岩芯与样本的保管、保存与处置

参考文献［6］列出的程序和标准规定了在勘测设计期及主体建设期的勘探岩芯与样本的保管、保存与处置，旨在存储费用最小、满足最低技术要求和避免不必要的长期存储。

当需要从套管或容器中提取样本，或使用未扰动的手取样本进行室内检验或试验得出设计参数，应根据《土工手册》和《岩石手册》取样、制备、保存和处理。样本应立即送到相应的试验室，以避免磨损及物理性质改变而对试验结果产生负面影响。《工程地质现场手册》第 23 章以及垦务局的《岩石手册》，描述了保护和运输样本的正当程

序。送样时除附上编录日志、样本数据表或是其他相关信息表之外，还应附上送样单。

12.18 试验性采石、填筑以及试验堤岸

美国陆军工程师兵团的《工程手册》可作为试验性采石、填筑工作的重要参考文件。试验性采石、填筑工作规模大，成本高，需要仔细规划，认真实施。

12.18.1 试验采石场

试验性采石常与试验性填筑同时开展，通常在需要大量石料而料场未使用过的情况下进行。在试验工作开始前，需首先开展地质勘察工作，包括：①现场地质测绘及结构面编录；②钻孔记录、岩芯、钻孔编录文件检查；③试验区地应力分析，以分析开采过程中应力释放情况；④地质平、剖面图绘制；⑤其他可能影响爆破岩石大小、质量和储量的因素分析。

12.18.2 试验填筑

在采用不常用的土料或堆石料、或借助新制的碾压机械设备开展填筑料碾压的情况下，需开展试验性填筑。尤其石料的试验性填筑是最常开展的，目的通常是查明最佳的铺筑和碾压程序。试验性填筑必须要具备良好的代表性，以取得可靠的试验成果。

通常为了查明填筑料在受水浸泡后的性状特征，或是填筑料质量不够理想时，应进行试验填筑。

12.19 参考文献（略）

12.20 补充资料（略）

附录 A 现场勘探申请示例（略）

附录 B 抛石护坡岩石取样及质量评定试验规程（略）

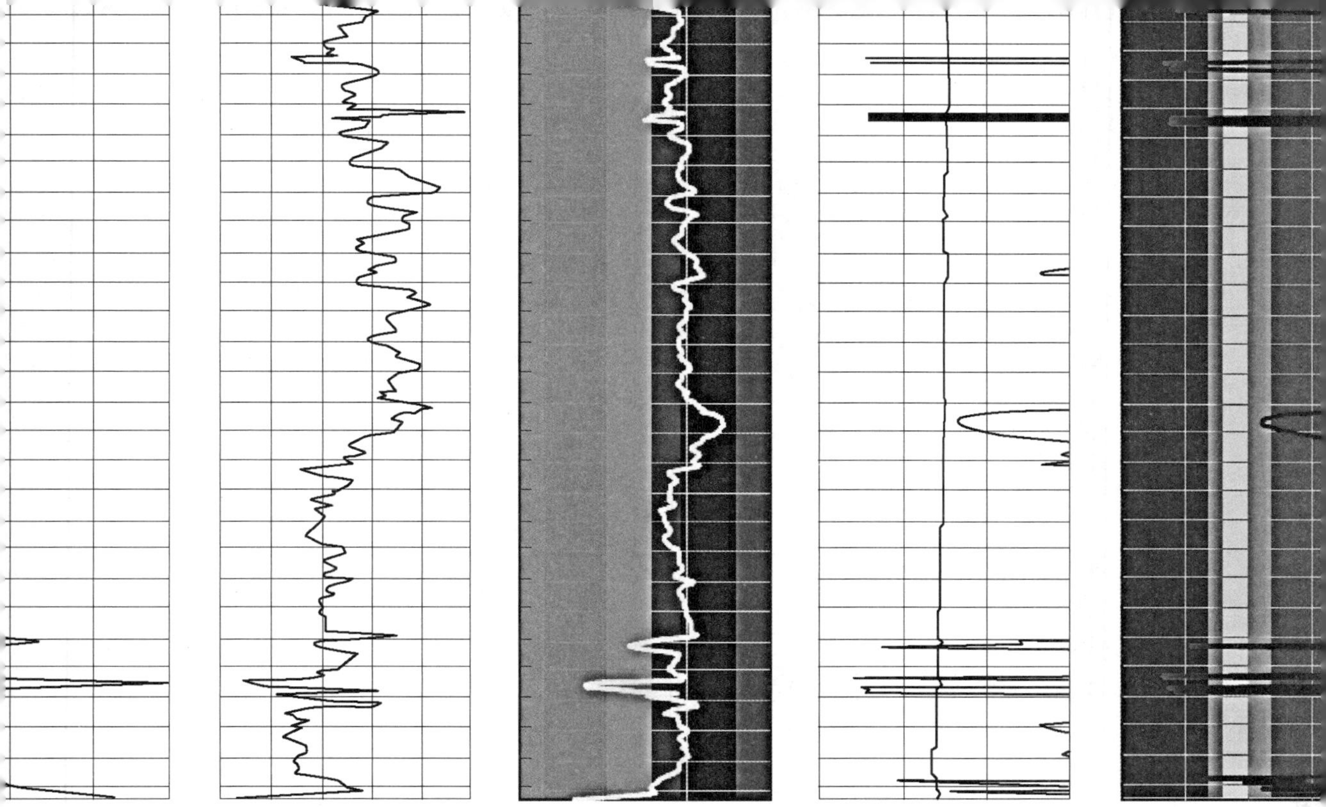

美国内政部垦务局设计标准

填筑坝 | Embankment Dams

第13章 抗震设计与分析

2015 年 5月修订

目　录

13.1 简介

13.1.1 适用性

本章所述的程序适用于由垦务局建造或评价的填筑坝的抗震分析和设计。

本设计标准不是教科书，也不是详尽的地震工程手册，并不适用于所有水坝和所有现场条件。鉴于新的研究成果不断出现，特别是在液化评估领域，本设计标准的使用者应随着标准的发展了解最新的实践状况。

在勘察或设计的所有阶段，进行全面、独立的专家评审是至关重要的。

13.1.2 与本标准不一致的情况（略）

13.1.3 关于参考资料（略）

13.1.4 本章结构

由于对填筑坝抗震分析的认识更新很快，在填筑坝设计标准中特编写本章“抗震设计与分析”，以汇总信息。本章提供一些通用内容，具体的测试和分析方法则列于附录中。随着认识的不断深入，通过这种“模块化”结构，便于更新特定主题的相关内容，而无需重编整个章节。

第13.2节～第13.11节以及附录13-A～附录13-F介绍了评估已建或拟建填筑坝抗震性能的方法和准则。其中第13.12节提供了有关新建填筑坝抗震设计的一般建议。第13.13节和附录13-G介绍了提高已建坝抗震性能的方法。

13.1.5 术语定义

本节仅提供技术术语的基本定义，具体内容将在随后的章节和附录中提供。

黏状土：黏土状和砂状或粒状土在反复加载条件下具有不同的特性，因此需要采用不同的分析方法和概念。如果土体具有足够的塑性细粒，具有黏土的一般特性，包括正常固结条件下独特的孔隙比与有效侧限应力曲线，随应力变化的不排水抗剪强度和循环抗力，那么该土体视为黏状土。细粒土（细粒超过50%）在性状上可以是黏土状或砂状，主要取决于其中的黏土颗粒含量。根据统一土体分类系统（USCS）划分为粗粒土的土体，如果细颗粒是塑性的，且质量占比超过25%～35%（取决于其塑性），足以使砂和砾石在更细颗粒基质中“漂浮”时，其实际性状为黏土状。

循环破坏：循环破坏用于描述黏状土中的屈服和较大的永久应变（在实验室试验中，循环破坏通常指2%或3%的循环应变）。发生循环破坏并不一定会导致坝体或附属结构严重损坏，这取决于每座坝及其坝基土的特性。循环破坏后，土体可能发生塑性变形，随着应变的增加，剪切阻力会产生小的损失，或者出现大幅度减少，这主要取决于黏土的敏感性和地震引起的应变量。

循环流动：参见下述有关液化的定义。循环流动是土体液化的一种类型，其应变往往受限于增加的剪切阻力，该剪切阻力是在初始有效应力和剪切阻力几乎完全丧失之后出现的。这种情况发生在中等密度的粒状土中，这样就可以解释为什么液化发生时没有发生不稳定或非常大的变形。

循环应力比（CSR）和循环抗力比（CRR）：CSR 和 CRR 分别代表地震施加于土体的荷载和土体抗液化或循环破坏的抗力，表示为循环剪切应力与有效荷载应力之比，并可随地震震级（地震过程指标）、静应力和其他因素调整。在 CSR 中，循环应力是地震施加于水平面的峰值循环应力。CRR 是土体的一种特性，是循环应力能够承受而不发生液化或循环破坏的一个指标。CSR 和 CRR 的定义是，CRR 大于 CSR 不一定能阻止发生液化或循环破坏；CSR 等于 CRR，则发生液化或循环破坏的概率约为 15%。

地震震级：地震震级是地震释放能量大小的一项指标。历史上，是利用著名里氏震级对地震进行量化的。然而，里氏震级与地震力学没有直接联系，而是通过一个特定地震仪在距震源规定距离处的反应确定的。在美国，里氏震级主要被随释放能量的对数变化的矩震级 M_w 取代。从中等到较大地震来看，这两种震级的数值非常相近，但是在特大地震中，由于里氏震级对释放能量的变化不敏感，两种震级出现了偏差。

粒状土：粒状土是具有很低的塑性或无塑性或不含黏土矿物的土体，其压缩或剪切性能与砂类似，与黏状土的特性不同。粒状土的可压缩性较小，透气性比黏状土好。这种土体在正常固结时不具有独特的孔隙比及有效应力曲线。因此，其密度受应力历史的影响较小，特别是洁净的砂和砾石。一些非塑性或微塑性细粒土，受应力历史的影响更大。但其特性类似于砂粒。

液化：发生剪切时，松散土体容易收缩。如果土体饱含水，实际上是不可压缩的，因此也就不会有体积变化，除非水能够从孔隙排出。没有体积变化，被剪切破坏的颗粒接触不会重新建立，如同在排水剪切或在膨胀性土中那样。因此，有效侧限应力以及土体的剪切阻力几乎降为零，这种现象称为液化。液化导致了边坡破坏、承载能力破坏以及缓坡地面发生大的变形。液化可能由地震循环荷载或单调荷载引起，如在 Fort Peck 坝水力充填施工期间发生的液化现象。

术语“液化”有多个定义，其中一个定义由 H. B. 西德教授提出：

“……由于高孔隙水压力积累及持续，导致土体在恒定低残余应力或低残余抗力条件下持续变形，使有效侧限压力降至非常低……”（西德，1979 年）。

这种情况通常称为流动液化以区分循环流动。在循环流动中，土体最初会发生收缩，在应变较小时，产生非常高的孔隙压力而剪切阻力很小，但在大应变时就会膨胀，导致孔隙压力降低，剪切阻力有所恢复。还有其他一些定义，包括“孔隙压力几乎等于 100%的初始有效侧限应力”和“在循环三轴试验中，双幅轴向应变大于 5%”。当然，后一个定义针对的是实验室试验，而不是现场性能。前者适用于实验室测得的孔隙水压力，或用于识别在地震期间在平坦地面液化的土体，因为没有明显的地面变形，砂涌或上涌水可能是证明发生液化的唯一证据。

在本标准中，液化包括流动液化和循环流动。

潜在破坏模式：大坝可能发生破坏的特有机制，包括始发事件或荷载。如地震或水库蓄水，以及大坝溃坝必然发生的每种情况或后续事件。单一始发事件可以与多个潜在破坏模式相关联。

拟静力分析：使用典型的边坡稳定性方法（条分或滑块分析法）分析边坡的动态稳定性，对滑动块体施加水平作用力，模拟对水平加速度的影响。

残余不排水抗剪强度 S_{ur}：在现场液化土体大应变中可能出现的抗剪强度，并维持到超孔隙水压力消散。它是一种宏观特性，可能比在实验室试件上测得的稳态剪切阻力（$S_{u\text{-}ss}$）低很多。S_{ur}通常通过某个密度指标［如静力触探试验（CPT）或标准贯入试验（SPT）］和根据实际流动滑坡反分析得出的抗剪强度之间的相互关系进行估算。有关 S_{ur} 估算的详细介绍，参见附录 13-E。

谱加速度和反应谱：当地震动记录激发具有特定振荡周期的阻尼集中质量振荡器时，谱加速度等于计算的峰值加速度。对于填筑坝，其主要用途是选择合适的地震动过程进行分析。针对一段时间段内的振荡器周期绘制谱加速度图，形成记录的反应谱。进行动态分析时，根据地震动反应谱是否适用于某一特定震源（断层或地震活动带）来选择相应的地震动。更多信息参见附录 13-A。

稳态不排水抗剪强度 $S_{u\text{-}ss}$：$S_{u\text{-}ss}$是指在孔隙比不变的情况下，在液化的土体中可得到的剪切阻力。它不等同于残余不排水抗剪强度 S_{ur}，残余不排水抗剪强度决定边坡稳定性或变形。由于现场孔隙率可能会发生变化，S_{ur}可能比 $S_{u\text{-}ss}$小很多，S_{ur}通常不会大于 $S_{u\text{-}ss}$。详细说明参见附录 13-F。

屈服加速度：在拟静力分析中，将滑块的滑动安全系数（FS）降低到 1.0 以下所需施加的最小水平加速度，这意味着会出现屈服和变形。大多数边坡稳定计算程序均可施加拟静力加速度，在计算的安全系数值小于 1.0 时，加速度才会变化。

13.2 垦务局填筑坝抗震分析方法

13.2.1 地震对填筑坝的影响

历史上，填筑坝通常在地震中表现良好（西德等，1978 年；利森迪兹等，1982 年；安布雷西，1988 年；哈德，1991 年）。然而，地震会以多种方式对填筑坝产生不利影响。最明显的方式是导致坝体或坝肩不稳定或发生大的变形，基本是由于强烈振动引起，或由于循环荷载引起孔隙压力极大增加进而强度降低。1925 年，加利福尼亚州圣巴巴拉的 Sheffield 坝因松散、饱和的地基土液化发生破坏。由于震动，大坝的强度几乎完全丧失，整个填筑坝在软弱层上向下游滑动（西德、李和伊德里斯，1969 年）。2001 年在印度发生的 Bhuj 地震中，几座小水坝的坝基发生液化，上游边坡失稳，但地震发生在旱季，水库几乎无水，所以没有发生实际溃决，如果水库当时蓄满水，结果可能会大不相同（辛格、罗伊和吉安，2005 年）。研究得最多的一个大坝液化和不稳定的案例是 Lower San Fernando 坝，1971 年圣费尔南多地震时，该坝的水力填筑部分发生液化并从基体滑脱，只留下约 3ft 高的坝体挡水（西德、哈德和钟，1989 年；卡斯特罗、凯勒和西德，1992 年）。其他著名的地震液化实例有日本新泻 Kawagishi Cho 公寓楼倾覆（西德，1987 年）以及智利 El Cobre 尾矿坝破坏（多布里和阿尔瓦雷斯，1967 年）。

大坝也常因地震造成的裂缝发生侵蚀而被破坏（如 1954 年内华达州法伦地震中的 Rogers 大坝）（安布雷西，1988 年）。目前至少有一座大坝由于其坝基断层破裂而发生破坏（1906 年旧金山地震中的 Lower Howell 大坝）（布雷，1990 年）。有趣的是，Upper Howell 坝也跨越圣安德列斯断层，但是并没有发生破坏，区别可能是 Lower Howell 坝体有泄水管穿过。由于证据经常被冲走，所以通常无法确定发生破坏的原因。

13.2.2 垦务局的风险告知式大坝安全决策过程

自 20 世纪 90 年代以来，垦务局大坝安全计划的决策主要集中在（虽然不是唯一的）对建筑结构给人类生活带来的风险水平（大坝破坏的可能性和后果）进行量化。这与传统的确定性标准有很大差异，如防止液化或边坡不稳定的最小安全系数，或者大坝可承受现场的最大可信地震（MCE）。因此，本章主要是为了支持概率风险分析，并没有提供确定性的指导原则或标准。讨论确定性分析仅仅是向垦务局人员提供历史背景。

《内政部垦务局大坝安全公众保护指南》（垦务局，2011 年）提及大坝在任何一年发生破坏的概率以及如果大坝发生破坏可能造成的生命损失。简而言之，通过将所有已确定的潜在破坏模式（PFM）分解成肯定会发生的事件和条件分量，从而对地震破坏的发生概率进行量化。然后，从设定每个分量的发生概率开始，计算每种潜在破坏模式的发生概率，这种概率通常随着发生假想地震时地震荷载的严重程度和水库水位而变化。每种潜在破坏模式的年发生概率是根据分量概率和特定地震荷载水平的年度概率计算出来的，其结果是对所有级别荷载的求和。根据每座大坝的具体情况，计算可能非常简单，只需要手工计算；也可能非常复杂，需要通过计算机辅助的蒙特卡洛分析进行详细计算（除了确定分量概率所需的工程分析外）。风险分析过程在垦务局和美国陆军工程兵团其他出版物中有介绍，主要是《最佳实践手册》。

大坝溃决的后果通常根据大坝破坏和洪水历史记录进行评估。但是，这些记录很少是由于地震破坏造成的，因此，风险分析人员需要考虑地震和基础设施损坏将如何影响警报和疏散的有效性。

13.2.3 液化、循环流动、循环破坏和循环应变势

本章大部分内容将专门介绍评估粒状土的液化势，分析具有可能液化基础或坝体的大坝稳定性和变形情况，并为稳定性不够的填筑坝提出设计改善方案。为此，粒状土被定义为缺乏明显塑性的土体，其在地震荷载下表现出砂状特性，而不是黏土状特性。布朗格和伊德里斯（2004 年）提出，可以通过塑性指数（PI）来区分这两类土，PI 范围为 4～7。请注意，这是区分砂状和黏土状特性的方式，用于选择一套适用于评估应力-应变特性的工程程序，但是其并不能区分可液化土和不可液化土。一些归类为 ML 或 MH 的土体实际上可能需要作为粒状土进行液化评估。

循环流动最可能发生在中等密度的粒状材料中，大致来说，是最可能发生在调整后的标准贯入试验（SPT）击数 $(N_1)_{60cs}$ 为 15～30 的材料中。有关标准贯入试验及其在液

化评估中应用的具体介绍参见附录 13-C。在很多历史案例中，一般认为循环流动决定了在缓坡地面中发生横向传播的特性。循环流动可使地面发生几英寸到几英尺的变形，与流动液化相比，循环流动涉及边坡不稳定和更大的变形。如果坡度较陡，则初始液化和循环流动的发生不一定会导致不稳定或变形大到足以导致大坝破坏。然而，初始液化和循环流动后陡坡的稳定性尚不完全清楚，并且很少甚至没有相应的历史案例提供指导。有关抗震分析时土体抗剪强度的详细讨论参见附录 13-F。

用于建立液化势相关性的绝大多数历史案例数据均来自没有发生大变形的现场，因此液化的发生是通过间接证据（如释放较高的超孔隙压力导致的沉降或喷砂）确定的。由于地形较平坦（至少是部分原因）导致没有发生明显的变形。然而在一些地点，虽然发生了初始液化，但是在较大的应变下（相变后），土体可能恢复了部分抗剪阻力，因此在缓坡上并未发生大的变形。由于中等密度的土体历史上没有发生大的变形，因此可以推断中等密度的土体不会出现非常大的变形。但是，在坡度相对平缓的情况下，抗滑安全系数可能仅略低于 1.0，抗剪阻力极少的恢复即可停止滑动。因此从缓坡的特性来预测陡坡的稳定性是不可靠的。

进行大坝安全分析时，应始终尝试进行多种类型的确证试验（SPT、CPT 等），而不是仅依靠一种试验来评估抗液化性。不同试验的结果可能并不总是一致的，如果出现不一致，用户必须考虑试验对于被测材料的可靠性和适用性。

敏感性细粒土的循环破坏可能与粒状土的液化相似。在循环剪切应力达到单调峰值强度的 80%～90%时，黏状土开始出现小的永久应变（几个百分点）。当应力接近或超过峰值强度时，应变和变形可能非常大。如果土体比较敏感（即它们的重塑不排水强度只占峰值的一小部分），所引起的剪切阻力的降低可导致震后不稳定，类似于液化粒状土所发生的情况。由于采用的概念和经验公式不同，细粒土的周期性特性要与粒状土分开描述（见第 13.7 节）。

本章仅为设计人员和分析人员提供指导，而未对液化评估的理论和实践进行完整描述。关于液化的其他内容，请参阅西德（1987 年）、美国国家地震工程研究中心（NCEER）（1997 年）、西德等人（2003 年）及伊德里斯和布朗格（2008 年）的相关研究。该领域新的研究成果不断出现，因此建议使用者关注新出版物。

13.2.4 一般分析程序

对地震荷载下填筑坝性能的评估通常包括以下八个基本步骤：

（1）确定和描述潜在地震荷载源的特征，是已知断层还是与已知断层无关的历史地震活动。

（2）确定分析中适用的相应荷载，可能包括以下内容：

1）确认断层或地震活动区的位置以及在该类位置发生的最大地震震级。

2）峰值地面加速度（垂直和水平）或其他表示荷载强度的参数，如可能强烈影响大坝振动周期的谱加速度（参见附录 13-A）。

3）危险性曲线，表示峰值加速度或其他负荷指标的年超越频率曲线（超越频率的倒数称为重现期，但这并不意味着超越是周期性的）。

4）一致风险反应谱，指某一超越频率的相关振荡周期内整个范围的峰值谱加速度。对于填筑坝，相关周期范围一般为0～3s。

5）地震动加速度记录（时间历程），用于分析动力响应和变形。

（3）收集和描绘现场地质情况，以揭示坝体和坝肩的几何特性、地层、测压管水位等，用于帮助识别任何软弱夹层或区域，这将有助于确定应将哪些点数据分组，以推断土体特征。液化触发和液化后不排水强度之间的关系通常基于地震中发生液化（或不液化）地层的平均数据而定。因此，重要的是将各个地层的数据分开，以便使用正确数据组对可能控制大坝整体特性的最脆弱材料的代表值进行评估。

（4）确定填筑坝和基础土的特性，包括：

1）基本指标特性包括根据统一土体分类系统（USCS）划分的土体类型、阿太堡界限、粒度分布、含水量和饱和度。

2）动态特性，主要是刚度和阻尼。

3）密度和间接密度指标，如原位贯入阻抗。

4）粒状土的液化势。

5）黏状土的敏感性。

6）先期固结压力。

7）在单向荷载或循环荷载条件下的土体剪切强度。

（5）如果是液化、敏感黏土大应变或其他原因导致抗剪强度急剧下降，要对地震后填筑坝的稳定性进行分析。

（6）预测地震动/材料强度降低引起的变形范围。

（7）确定通过大坝变形漫顶、坝体裂缝侵蚀或其他潜在破坏模式（PFM）导致的大坝破坏的可能性。

（8）评估其他结构物，如紧靠坝堤的溢洪道边墙，其破坏会引起漫顶或因内部侵蚀形成无反滤措施的出水点，从而可能导致填筑坝破坏。对附属结构物的结构分析则不在本标准的范围之内。

这里提供的基本步骤并非是完全的，也可能有其他破坏模式，包括由坝基内断层断裂引起的内部侵蚀，以及由水库地震波引起的大坝漫顶。这些需要进行不同分析，本章并未做详细介绍。

如果坝体存在可能不稳定或者有其他引起大坝破坏的巨大风险，可能需要采取一些纠正措施，诸如对大坝进行改造、限制水库水位或其他保护公众的方式。在垦务局的大坝安全计划中，一般会根据发生大坝破坏的概率和后果，确定对大坝采取的纠正措施。因此，对于一系列地震荷载，通常需要考虑整体合理的材料性质范围和坝体特性对大坝进行分析，而不是简单地用MCE对现场进行确定性分析（这曾经是垦务局典型的做法）。当然，其他大坝的所有者和管理机构有不同的要求。

对每座大坝各种分析的详细程度应根据更详细调查所需成本和潜在益处等方面来确定。如通过分析证明变形相对于可用的安全超高非常小便足够了，而不需要通过大量研究来预测实际变形量。

13.2.5 分析现场地质情况

现场地质情况对液化和稳定性分析非常重要。地层和地下水决定了基础中潜在可液化材料的范围和连续性，因此决定了应通过哪些样品和原位试验描述某一单元的特征。对所评估的大坝进行的正演分析和对现场历史情况（依此制定的程序）的反分析需保持一致。这个连续程度很重要，因为它会对稳定性和变形产生重大影响。如果没有大的探槽，就无法观测从一个钻孔或现场试验位置到另一个钻孔的材料类型和密度的连续性，因此必须进行推断。这就需要了解地质沉积环境。所有的地质信息和试验数据均应描述基础和坝体的横断面，方向最好从上游到下游和穿越河谷。绘制两个地点之间的地层需要了解沉积史。

13.2.6 分析的不确定性

地震岩土工程实践正处于发展和变化的阶段，专业人士在液化势、抗剪强度和填筑坝变形评估等许多方面的各自评估程序尚未达成共识。除了方法的不确定性外，从现场和实验室数据来解释大尺度土体特性和孔隙压力反应尚具有其自身的不确定性。所有关于地震动、液化势、材料强度、填筑坝变形等方面的预测都必须从这个角度加以考虑。

如大多数已公布的评估液化势的方法都是基于平坦地面（水平地表面剪应力很小或无剪应力）浅层土体的性状（具有较低的有效上覆压力）。然而，大型水坝的基础具有较高的上覆压力和较大的静态剪应力。从地质年代推断的大坝基础，其经验液化程序大多需要根据理论和实验室试验（K_σ和K_α，其定义和详细介绍见后续章节）进行调整。调整值对很多不容易测量的因素很敏感，在评估液化可能性时会增添额外的不确定性。

有时，一项试验或分析程序可能表明大坝运行状态在可接受的范围内，而另一项试验或程序则表明大坝的状态不可接受。工程师需要充分了解程序及其不足，以便在风险分析和决策过程中识别不确定性并做出解释。在评估高危险坝的抗液化性时，应进行不同类型的确证试验，而不是仅依靠一项试验，如通过测量剪切波速（V_s）来辅助进行砾石土的贝克贯入试验（BPT）。这些试验将在后面的章节和附录 13-B、附录 13-E 中分别进行更详细地描述。

在沉积层内，甚至在坝填筑区内，一个点与另一点的材料特性是不确定的，并且是变化的。不确定性很大程度上源于以下事实：通常实验室或现场测量力学性能是在不能准确模拟地震过程中可能发生的应力路径、应变率等的条件下进行的，或者间接通过相关性由推断得出。实验室试验和大部分原位试验的试样都是相对均匀的几英寸小样品，并且应力和应变条件受控，这些试验无法捕捉大型、非均质沉积层的宏观规模特性。填筑坝和坝基的尺寸为数百或数千英尺，即使是在最均匀的坝基中，材料的特性也会有很大的不同。地震荷载作用下的应力和应变条件在实验室中是无法完全了解或轻易模拟的。而且，最大应变和应变率在实验室试验中是受限的，填筑坝的抗震性能可能就取决于材料在大应变和高应变率条件下的性状。

13.2.7 先例和分析的作用

对于大坝的抗震分析，无论是理论还是先例都不能满足要求。数值法基于复杂的理论和基于实验室试验的本构模型，但本构模型仅仅是将非均质沉积的矿物颗粒理想化，通常将其视为连续体。分析结果必然要基于一些无法验证的简化和假设。因此，需要对大坝在历史地震中的表现进行反演分析来验证模型。由于具有指导意义的先例数量有限，且填筑坝及其坝基都是不同的，所以不太可能有直接相关的历史案例可以提供明确、纯粹的经验性指导，说明某个大坝在某次地震中的特性。需要通过理论和反分析来理解以往先例，以便通过正演分析将教训扩展到所研究的大坝。这就需要了解基础理论，了解历史表现，通过历史表现验证理论和分析方法。

13.3 分析与设计采用的地震荷载

13.3.1 垦务局目前惯例

通常由垦务局技术服务中心的地震构造和地球物理工作组或通过咨询机构，对垦务局的已建坝和拟建坝址进行现场地震构造研究。调查范围取决于分析目的、大坝破坏的后果、可用信息的质量和数量，以及总体结果对可信荷载变化的敏感性。如对于建在地震活动性中等地区岩石基础上的大坝，研究所投入的工作量与建在高度活跃的地震带冲积层基础上的大坝是不一样的。

本章不对如何分析地震荷载提供指导。但是，附录13-A概括介绍了地震构造研究，并明确了各种分析所需的产品。

在地震构造研究之前以及研究过程中，地震学家应与将使用其结果的分析人员沟通。为了提供最有用的结果，地震学家必须了解现场地形和地质条件、大坝规模和整体特性以及计划进行的分析类型。沟通对于有效和正确地选择地震动非常重要。

13.3.2 地震构造研究成果

受分析水平的限制，对一座大坝的地震构造研究可能包括以下全部或部分内容：

（1）确定地震源。地震源可以是确定的断层（地表不一定展露，但通过地球物理勘探或以前的活动已经推断出来），或未知发震断层的地震活动区。断层震源的评估通常包括一般地质信息、断层几何特性（长度、走向、倾角和下倾程度）、滑动形式（走滑断层、逆冲断层与正断层）、断层分段、滑动速率。过去，还可能包括来自每个震源的MCE，但现在这不再是垦务局的惯例。

（2）危险性曲线，可针对峰值水平地面加速度（PHA）或其他参数（如特定反应时段的谱加速度）确定年度超越频率。在概率风险分析中，一般认为超越概率等于超越频率。谱加速度显示一场独特频谱的特定地震如何强烈地激振某一特定结构，反应时间为

0.0s时，峰值水平地面加速度等于谱加速度。对于某些结构，对应于结构基本周期的谱加速度可以作为拟静力荷载。而对于填筑坝，对于除0.0s以外的周期，谱加速度危险性曲线主要用于选择地震动详细反应或变形分析。详细说明参见附录13-A。

（3）一致风险反应谱（UHS），显示与给定超越频率有关的谱加速度，按振荡周期的函数绘图。对于填筑坝，其主要用途是为动力响应和变形分析选择地震动时程关系曲线。

（4）地震动时程。通过比较加速度反应谱与一致风险反应谱的最重要振荡周期、时间历程、速度和位移的持续时间与时程（所有这些都是相互关联的），选择特定结构和分析类型的合适记录。

没有简单的规则可以确定需要进行哪些地震构造研究，即没有对大坝及其坝基进行一些基本评估就无法推断。研究取决于大坝和坝基及附属结构物的基本特性、场地地震活动水平以及大坝损坏或失事的可能后果。至少应该对场地地质、原有分析和最近的综合评估（CR）进行检验。

13.4 填筑料和坝基材料勘察

13.4.1 阶段性勘察思路

需要进行勘察以确定大坝及坝基的力学特性。在勘察开始时，需要考虑一些非常普遍的问题，如填筑料或坝基土是否会被可能发生的地震液化？然后随着勘察的进行，问题变得更具体、更细化。如在27ft深处，如何采用圆锥贯入试验揭示坝基冲积层密度？通常从已有的信息（施工和仪器记录、以前的勘察报告）开始进行阶段性勘察是最经济的，然后着手收集一般信息（地表地质、地形），最后收集更具体的数据（渗透阻力、实验室试验结果等）。一般信息有助于确定需要解决的具体问题，以回答大坝抵御地震荷载的安全性问题。钻孔、现场试验和实验室工作费用均比较高，应在充分利用已有可用信息或者获取成本较低的信息后采用。

就像确定地震构造研究的范围一样，现场勘察计划的制定也没有简单的规则。如果已确定需要对某工程进行改造，并且改造的费用对基础材料液化后强度的合理变化不太敏感，就没有理由花费大量费用完善强度估值。相比之下，改造或不改造某个结构的决策通常会涉及相当大的费用差异，如果有合理的机会，即可以证明不需要用昂贵的费用进行改造，或者使用较少的费用便可，则有必要加大勘察费用。

13.4.2 勘察的一般程序和方法

本节概述了为抗震分析而对大坝及其坝基进行的勘察，及选择适用于特定大坝的相关方法。勘察技术介绍详见垦务局的《工程地质现场手册》（1998年、2001年）。

所有现场和实验室试验应符合美国材料与试验协会（ASTM）最新版标准的要求。在本章中通过编号和标题引用了许多这类标准。每个标准编号的最后两位数字表示最新版标准的年份（如D 7382 08表示2008年版）。因标准经常更新，所以可能会有比本文引用更新的版本，因此在引用这些标准时没有标明出版年份。

13.4.2.1 搜集已有信息

13.4.2.1.1 档案资料（垦务局内部）

档案资料可能包括以前的地质或岩土工程调查结果、仪器读数、运行记录和施工记录（包括基础开挖照片和地质图、设计变更记录、取土区和填筑压实记录）。在对已建坝进行评估时，填筑坝基础的测绘图或照片可能具有较高的价值。对于垦务局的大坝工程，可能的资料来源包括大坝安全办公室文件站、地区办事处、区域办事处以及流域的文件、国家档案馆。特别要注意的是，地质和施工记录通常存放在地区或区域办事处，而不是在技术服务中心或大坝安全办公室。

13.4.2.1.2 文件数据（外部）

垦务局有些大坝是由其他机构设计或建造的。以前的业主或运营商或设计顾问公司的文件可能包含有关施工与运营的宝贵历史信息。当地居民和施工人员可能会对其修建的方式留下宝贵的回忆。

13.4.2.1.3 公布的数据

机构和行业出版物，以及技术期刊和会议文件可能包含有关结构的场址、施工、运营或维护的信息。国家机构或美国地质调查局（USGS）可能拥有该场址周边区域的一般地质信息。

13.4.2.2 地表勘察

13.4.2.2.1 实地调查

勘察或设计团队应在现场花费足够的时间熟悉地表特征，不仅仅是现场本身，也包括周边相关区域（如可能的取土区、钻探通道、附属结构等）的特征。现场考察通常是很有帮助的，可以比查看图纸和照片更好地了解现场。

13.4.2.2.2 地形图和地质图/岩土测绘图

通常可以从现有的文件信息和初步勘察来确定所需比例尺和覆盖范围。

13.4.2.2.3 地表地球物理勘探

地表地球物理勘探通常限于地震波折射产生的剪切波速（V_S）测量、表面波频谱分析（SASW）（斯特罗科等，1988年）或面波多通道分析（MASW）（帕克等，1999年；斯特罗科等，2004年）。其中，面波多通道分析是首选，因为它可以更好地检测刚性材料中的低速层。虽然也可通过剪切波速预测液化势或液化概率（附录13-E），但地表法不能单独用来确定高危险性大坝（无论已建的还是拟建的）的抗液化势。然而，地表法可用于补充其他类型的试验，也可用做井中和跨井测量位置之间的剪切波速插值，以确定总体地层情况，以及评估填筑坝及其基础场地的动力特性等。

有时也使用地表电磁试验，如一般地层的电阻率，以及用自然电位识别水位较高或渗流较大的区域。

13.4.2.3 地下勘察

地下勘察在本标准第12章“地基与料源勘察”以及垦务局的《工程地质现场手册》第Ⅰ卷和第Ⅱ卷中有更详细的介绍。这里仅提供各种可用工具的简要说明。研究报告

DSO 07 09（垦务局，2007 年）对各种液化势方法进行了详细的审查和评价。该报告的一个重要发现是，不应该依靠单一工具评价重要结构的液化势。

对填筑坝下方基础材料的勘察可能昂贵并且比较困难，其原因是勘察可能需要大型钻探设备、不同的钻探方法或施工道路。然而，填筑体下方的材料是最重要的。一般来说，在坝趾处进行钻孔和试验并不足以描述边坡下部材料的特性。除了地质上可能存在差异之外，在坝基处理期间可能已经清除了一些软弱材料并用填筑料替换，其他材料在坝体的重量下可能已经固结或致密化。需要根据材料如何影响稳定性或变形来判断填筑坝边坡下部需要勘察的范围，这可能需要进行一些初步的稳定性分析。

13.4.2.3.1　探坑、探槽

探坑或探槽通常通过推土机或反铲挖掘机开挖，或偶尔人工开挖。通过探坑或探槽可以对开挖材料相对不受扰动的块状样品或受扰动较大的开挖料以“抓样”方式对现场土体进行快速取样和目视检查，且费用较低。这种方法尤其适用于揭露非均质土（如冲积层），目视研究分层和透镜体情况，包括可能影响现场试验结果及其解释的砾石和鹅卵石的分布。通常可以现场测量密度和其他特性。但探坑或探槽的成本随着深度的增加而迅速增加，对于地表以下超过 20ft 的调查通常是不实用的。潜在可液化材料仅出现在地下水位以下，在不排水的情况下无法直接进行检查。水位以上材料的特性一直被用来推断其下方类似材料的特性，但由于不同的沉积方式或不同的应力历史，较深的材料可能有显著差异，因此需要注意。

在实施时，地质专家和实际进行分析的工程师应在场，现场查看土体，而不是仅仅依靠现场人员提供的勘探记录和照片。

探坑会对工作人员和大坝造成安全问题。对于工作人员要进入进行试验或取样的探坑，必须按照相应的安全法规（最新版的是《内政部垦务局安全和健康标准》，2014 年）和职业安全与健康管理局相关规定进行设计，同时也可能需要对边坡进行支护或放缓。在某些管辖区，则需要取得许可证。在坝趾处，探坑或其他开挖作业可能会降低边坡的稳定性或缩短渗径，从而增加渗流梯度或形成新的渗径。只有仔细评估对渗流和稳定性的潜在影响后，才能使用探坑进行勘探。

13.4.2.3.2　电子静力触探试验

电子静力触探试验（CPT 或 ECPT）在地震勘察中用于评估坝基土的抗剪强度和抗液化能力，利用与锥头和套筒阻力以及孔隙水压力响应的经验关系式测定地层组成。静力触探试验分析和试验程序的基本信息参见卢恩、罗伯逊和鲍威尔（1994 年）的文章，其在评估液化势中的应用见本章附录 13-B。在土体条件合适时，静力触探试验相比大多数其他原位试验方法具有多项明显的优势，包括近乎连续的剖面测量，几乎完全标准化的设备，以及所有测量均由贯入仪本身进行，这就意味着不用担心能量从落锤传递到锥杆再到锥头，以及锥杆上的摩擦力和钻进干扰等不利因素，所有这些因素都会使锤击贯入试验（标准贯入试验、贝克贯入试验、动力触探试验）的解释复杂化。许多圆锥贯入仪都装有传感器测量孔隙水压力（u），这被称为 CPTu 或“孔压静力触探”。除去锥头和锥套，该装置还可用于测量原位静孔隙压力和评价渗透性。如果圆锥推进过程中孔隙压力突变，可能表示材料类型发生变化。

虽然静力触探试验不取样品，但是其速度快且费用相对较低，使得这种方法在推断长间隔钻孔（包括土体取样）之间的地层和材料性质方面比较有吸引力。然而，不能将静力触探试验用做在不取样情况下评估坝基特性的唯一工具。由于粒径大小与圆锥尺寸相关，静力触探试验对砾质材料的测量结果可能无效，但是有时可穿过砾质材料进行静力触探试验，并记录其下的有效测量结果。因此，存在砾石层并不意味着不能在现场进行静力触探试验。也可对较致密的材料进行预钻孔，然后用松散的粗砂或豆砾回填，为静力触探钻杆提供横向支撑，防止在大力推进过程中发生屈曲。

垦务局的静力触探试验钻机装有小直径推管取样器，在适当的条件下可取回尺寸足够大的土样，进行基本指标试验，但对于实验室强度或固结试验来说，其尺寸过小且存在干扰。

地震波静力触探试验（SCPT 或 SCPTu）与 CPT 或 CPTu 基本相同，只是贯入仪内有加速度检波器，能够测量推管之间的下孔剪切波速。

13.4.2.3.3 标准贯入试验

由于已有数十年的使用经验，截至 2015 年标准贯入试验是垦务局评估液化实践的主力。现在通常认为，在地质情况适合于静力触探试验的情况下，现场测量土体性质时，标准贯入试验不如静力触探试验。标准贯入试验已使用多年，专业人员在这方面比其他方法具有更多的经验。相对于静力触探试验，标准贯入试验具有两项主要的优势：①能够提供试验材料样品。②由于试验是在钻孔中进行，可以用于因有过粗或超强材料覆盖而使得静力触探试验难以到达的必要深度位置（对于坝基中含有粗砾冲积层的许多垦务局大坝来说，使用圆锥贯入仪是一项难题）。另外，标准贯入试验的可重复性较小，对设备和程序看似微小的变化很敏感。由于标准贯入试验结果对程序变化很敏感，所以为液化评估进行的标准贯入试验必须严格按照垦务局和 ASTM 标准进行。通过标准贯入试验分析液化势的程序描述见附录 13-C。

13.4.2.3.4 贝克贯入试验

贝克贯入试验使用车载柴油桩锤将直径 6.7in 的套管打入地层中，对于因为粒径过大而无法通过标准贯入试验或静力触探试验得出有价值结果的材料，可采用该方法测定其密度。贝克贯入试验需要专业的钻探承包商，当现场有钻机时，试验进度相对较快且费用较低。目前，贝克贯入试验在地震工程中的主要用途是估算无砾石影响情况下测量的等效标准贯入击数。其结果用于确定液化势，或者与采用实际标准贯入击数相同的其他目的。其程序如附录 13-D 所述。应该注意的是，在很粗的颗粒材料中（含鹅卵石或大量直径约大于 2in 的砾石），贝克贯入试验可能遇到与标准贯入试验在中细砾石中相同的问题。在此类情况下，根据贝克贯入试验得出的等效标准贯入击数解释可能无效。由于钻柱仅简单锤入地层中，而不是像标准贯入试验钻柱一样在直径更大的钻孔中，所以钻柱上摩擦力的解释更为复杂。柴油锤的打桩阻力、高度、油门开度等性能也有变化。因此，贝克贯入试验与标准贯入试验相关性需要通过传递到钻柱上的能量进行测量（参见附录 13-D）。由于是用堵塞的取心钻头打入套管，贝克贯入试验不产生供检查或试验用的样品。然而，可使用相同的钻机，通过未堵塞的取心钻头钻第二个孔，利用压缩空气将钻屑提升到旋风分离器中进行取样。这些样品受扰动严重，在小型地层和结构中完全丢失，而且样品含水量指标没有意义，粒径分布也可能受到影响。还应该注意的是，由于可能造成损坏，所以垦务局通常禁止用压缩空气在填筑坝心墙或过渡带中钻进。

13.4.2.3.5　钻井地球物理勘探

对于抗震分析，最重要的地球物理测量值是 V_S，其提供了动力响应分析所用的弹性材料性质以及液化势指标。可用几种不同的方法测量 V_S，包括①上述的地面物理勘探；②井下试验，震源在地面上，受波器在井中；③井间试验，震源在一个井中，受波器在另外一个井中；④利用悬荡式测井仪，震源和受波器在同一台仪器中，放入井中。附录13-E 介绍了 V_S在液化评估中的应用。其他地球物理试验（如电阻率、自然 γ 射线强度）不常用于确定地层的相关性。

13.4.2.3.6　钻井仪器

最常见的是安装压强计测量孔隙水压力，用于液化分析，还可以安装测斜仪监测边坡移动情况或参考点的沉降。

13.4.2.3.7　现场十字板剪切试验

现场十字板剪切试验（VST）主要用在软到中等饱和的黏性土中，测定峰值、峰后和重塑强度。估算屈服加速度以及地震可能导致的变形量通常需要使用这些数值。十字板剪切试验特别适用于鉴别可能导致震后不稳定的敏感性材料。十字板剪切试验还曾建议用于测量渗透性足够低的非塑性粉土和粉砂的后液化作用和剩余不排水抗剪强度（查理等，1995 年；霍尔等，1999 年)。然而，需要注意的是，与实验室强度试验一样，十字板剪切试验强度测量不能解释震后孔隙再分布的影响或其他宏观影响的原因。附录13-F 讨论了用于抗震分析的土体强度，包括十字板剪切试验的应用。

13.4.2.4　原状土样品和实验室剪切试验

液化评估和强度测量的某些程序需要原状土样进行实验室试验。虽然没有任何钻孔方法能够获得真正的未扰动土样，但是塑性的粉质和黏质材料在取样时通常产生的扰动非常小，如果能在程序中计及扰动，如应力历程和标准化土体工程性质（SHANSEP）（拉德，1991 年；拉德和德根，2004 年)，便能够进行有效的实验室试验。黏性材料的抗震性能如第 13.7 节以及附录 13-F“用于抗震分析的土体强度”所述。

相反，清洁或粉质非塑性材料很难在无扰动情况下取样，不排水强度试验的结果对微小扰动和孔隙率的变化非常敏感（卡斯特罗等，1992 年；吉岛等，1984 年)。通过在取样前冻结地面的方式已获得成功（塞戈等，1994 年)，然而，其费用非常高，且仅能用于可自由排水的粗粒清洁材料，其冻结和融化导致的水体积变化不会干扰土体结构或影响孔隙率。由于在钻进过程中需要小心操作，通常需要的样品和钻孔直径较大且试验较复杂，非塑性材料的原状土取样和实验室试验的任何方案的费用都可能非常高。

除上述扰动问题外，实验室试验还有其他限制。三轴试验的应变限制约 10%，由于样品变形，测量结果的有效性甚至在还没达到 10%之前就有下降的趋势，与之相比，因地震导致的变形产生的应变和扰动要大得多。三轴循环试验比直接单剪（DSS）试验更便捷。然而，由于最大主应力在试验开始时近似垂直，循环剪应变主要为水平方向，所以直接单剪试验中的应力和应变更接近经受水平地震的坝基。在单一和循环试验中，直接单剪试验的抗剪强度通常要小于三轴压缩的结果（芬恩等，1971；西德和皮科克，1971 年）。最重要的是，很难用实验室试验的结果来解释现场的一些实际特性。如附录 13-F 所述，可液化颗粒土的特性受尺度影响很大，不能用仅数英寸的试样进行评价。

原状土实验室十字板剪切试验速度快且费用低。然而，必须使用原状土样，并仅限于无明显砾石或粗砂的黏性材料。测量的峰值强度可能需要进行经验校正，如同现场十字板剪切试验强度，但并未根据现场性能核验。类似于手提式土体贯入仪，无论样品质量如何，实验室十字板测量值应视为抗剪强度的指标，而不是直接测量值。也就是说，其有助于在样品间进行比较并进行一般描述，但是并不提供可用于分析的可靠强度值。

13.5 场地动力响应

13.5.1 概述

出于许多不同目的，都可能需要进行场地动力响应分析。与填筑坝有关的最常用的是测定循环应力，通过标准贯入试验获得用于西德·李·伊德里斯液化评估经验方法的循环应力比（西德，1979 年、1987 年），其更新后的类似方法为通过静力触探试验将 V_S 作为原位密度指标（这些程序在第 13.6 节简述，附录 13-B 至附录 13-F 中详述）。用于液化分析的循环应力通常利用等效线性响应分析进行计算，包含迭代线弹性响应分析。在每次迭代中调整材料性质，直到结果收敛于一组输出值（如下所述）。动态响应分析的其他用途包括估算地面结构的动荷载，预测用于选择和解释实验室循环剪切试验的应力时程。等效线性响应分析本身不会预测永久变形，但是输出的加速时间历程可用于纽马克法简化变形分析，及其加速度时程分析。本节主要针对测定用于液化评估的循环应力比，但是该分析方法也可应用于其他问题。

还可用 PLAXIS 和 FLAC（Plaxis bv，2014 年；伊塔斯卡，2014 年）等非线性有限元法（FEM）或有限差分法（FDM）程序分析永久变形。截至 2015 年，垦务局通常使用 FLAC，其中包括对地震期间超孔隙水压力的渐进累积和所导致的软化进行建模，也可用不实际计算孔隙压力变化的更简单模型进行非线性变形分析。本章不包括本构模型或非线性分析的详情。

13.5.2 材料动力特性

在等效线性响应分析中，各种材料的剪切模量 G 和阻尼系数 β 在每次迭代时调整，以反映通常随应变增加而降低的 G。初始迭代后，后续迭代的 G 和 β 为上一次迭代中应变的函数，最终应变收敛。这些分析中的应变软化通常使用 G/G_{max} 经验曲线建模，其中 G_{max} 为微小应变时的剪切模量。G/G_{max} 曲线和不同材料的应变相关阻尼系数包括在垦务局常用的各种等效线性响应程序中，包括二维（2D）程序 QUAD4M（哈德森等，1994 年）和 QUAKE/W（Geo-Slope 国际公司，2014 年），以及若干版本的一维（1D）程序 SHAKE（伊德里斯和萨恩，1992 年；奥多涅斯，2011 年）。不同类型的材料需要不同的模量和阻尼曲线。

用于响应分析的材料特性最好通过原位测量剪切波速确定，并取样确定单位容重。小应变剪切模量 G_{max} 可根据下式进行计算

$$G_{max}=\rho V_s^2 \tag{13.5.2-1}$$

其中：V_s 为剪切波速；ρ 为单位相同的质量密度（如果 V_s 单位为 ft/s，则 ρ 单位为 slug/ft^3，G 的单位为 lb/ft^3。或如果 V_s 的单位为 m/s，则 ρ 的单位为 t/m^3，G 的单位为 kPa）。动力特性也可通过实验室共振柱试验测量（大多数 G/G_{max} 关系都通过该试验确定）。G_{max} 也可在实验室中通过共振柱或循环三轴试验测量，但是很大程度上由于取样扰动的原因，不认为这些和式（13.5.2-1）中的现场 V_S 一样具有可靠性（斯托科，2004年）。另外还可以根据一些经验公式，通过标准贯入试验（西德等，1986 年）或静力触探试验（罗伯逊和坎帕内拉，1983 年）来推断 G_{max}，但是使用此类经验公式有较大的不确定性。

响应或变形分析所用的剪切波速没有像其用做液化触发分析的密度指标一样针对上覆应力进行归一化。

13.5.3 地震荷载

垦务局大坝安全实践已从基于传统的标准方法（要求大坝承受现场可能的最大荷载而不发生破坏）转变为使用概率风险分析，为大坝安全决策提供参考依据（2011 年）。因此，需要对大坝的性能及其在极震和小震下发生破坏的可能性进行评估。通常，最大的风险来源于小震，这是因为发生小震的概率要大得多，虽然在小震中发生破坏的概率要小得多。

对于较高层次分析，垦务局地震构造和地球物理小组通常为分析员提供地震危险性概率分析（PSHA）以及选择重现期的地震动。地震危险性概率分析生成表示年超越概率的峰值水平加速度曲线，以及所选振荡周期的谱加速度。对于简单抗震土工分析，这些可能就是所需的所有信息，但是对于更详细的分析，应使用危险性曲线选择与特定重现期有关的地震动。这使得风险评估小组可以根据不同的年概率评估由于荷载原因导致溃坝可能性的大小。

对于给定的地震情形，即断层几何尺寸和断裂区域，峰值水平加速度和谱加速度值以及地震动相对于坝与基础位置的不同而变化的给定组合，参见图 13.5.3-1。通常提供水平出露岩石或坚硬土体表面的峰值地面加速度/地震动的估算值，如图 13.5.3-1 中的 A 点所示。然而，评价液化势（如后面的章节所述）广泛使用的西德·李·伊德里斯简化方法需要土体表面（B 点，可稍微低于 A 点，也可大大高于 A 点）的峰值加速度作为输入值。由于坝体横截面的形状对响应有影响，坝顶（C 点）的加速度甚至可以更高。简化方法来自水平场地的一维响应分析，所以将其应用于填筑坝严格来说不正确。地震构造和地球物理小组可视需要提供危害性曲线和地震记录，以表示软土表面（B 点）、土体与基岩之间的接触面或基础较深处（D 点）的运动。使用 SHAKE 或类似程序进行一维响应分析可应用 A、B 或 D 点的记录。有限元法或有限差分法软件如 FLAC 等，通常需要在模型的底层（D 点）输入地震动。为了获得 D 点的记录，岩石出露点记录（A

点）通常在数值上“反卷积”，以解释基层标高与表面之间的材料响应。由于这些差异，工程师应该向地震学家明确规定所需地震荷载的位置，地震学家应向分析员明确识别该位置，这都是很重要的。在整个过程中应尽早向地震学家说明分析中荷载的预期用途以及所分析结构的性质，以便针对特定的分析需要定制专门的地震构造研究方案。

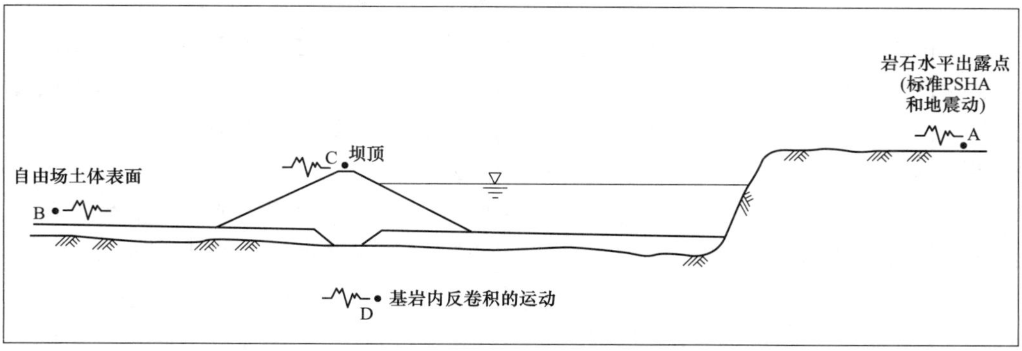

图 13.5.3-1　需要特定地震动记录的位置

13.6　液化势评估

13.6.1　概述

必须对填筑坝坝体填筑料和坝基材料进行勘察，以确定其在现场可能出现的地震荷载下发生液化的敏感性。如果土体足够饱和（或几近饱和）和松散，在循环剪切力作用下可收缩，则易发生液化。由于水几乎不可压缩，所以土体在孔隙水排出之前不会收缩。除非土体在地震持续时呈现高透水性，否则将导致孔隙水压力近乎等于总侧限应力，使得有效应力和剪切阻力都接近于零。这种情况在震动结束后还可能存在，或者可能在中等密度土体中短时存在，而在更大应变下膨胀并恢复一些剪切阻力。如果剪切阻力在较大应变下仍然非常小，则软弱层可能出现不稳定和流动或滑动现象。由于相当小的不排水应变即可破坏颗粒间的接触面，所以低密度的非塑性土最容易受影响。勘察应包括审查已有的地质、设计资料及相关的现场施工、实验室和原位试验记录。排除液化可能性需要证明土体是不饱和的，或有足够的密度或黏性不会随所考虑的地震发生液化。

可采用不同的方法评估给定地震荷载下粒状土发生液化的可能性，包括间接经验关系式和模拟作用于土体上的循环荷载的实验室试验。在目前的实践中，通常采用循环荷载严重程度与提供密度指数的原位试验之间的关系式来确定液化势。整体方法由伯克利加利福尼亚大学的博尔顿、西德教授和同事于 20 世纪 70 年代最先提出，随后又由其他人改进，其中最突出的是美国国家地震工程研究中心（1997 年）、采廷等（2004 年）以及伊德里斯和布朗格（2008 年、2010 年）在最初提出时，标准贯入试验和相对密度（D_r）用做指标，后续增加了剪切波速和静力触探试验。

还有其他有效的方法进行液化评估，如基于循环剪应变或应变能而不是循环剪应力的液化评估（约克等，1980 年；梁等，1995 年；多布里和阿布杜，2011 年）、实验室循环试验以及将动力响应与孔隙压力和变形增加相组合的计算机程序。虽然目前垦务局并未使用，但是随着未来发展，它们可能会证明其实用价值，同时提供对液化机理的深刻理解。

对于液化分析，无黏性砂状土与黏状土细粒土的区别主要在于其行为特性，而不是统一土体分类系统下的分类。黏状土通常不易液化，这是因为与洁净砂不同，土体骨架可以在受扰动时稍微弹性回弹，保持更高的有效应力。与液化的非塑性材料相比，容易发生强度损失的塑性土在此之前通常需要更多的循环应变。如果细粒土含量足够大使砂粒大部分都“漂浮”在细粒土材料基质中，则土体特性主要取决于细粒土的性质。这通常需要从约 20%的高塑性土（如塑性指数大于 12 的细粒土）至 35%的低塑性土（采廷等，2004 年）。对于细粒土（粉土或黏土）或足够控制土体性状的细料，伊德里斯和布朗格（2004 年）根据固结和应力-应变特性以塑性指数 4～7 区分黏状土和粒状土。这并不是可液化材料与不会因循环荷载而损失过多强度的材料之间的区别，而是不同性状材料的区别，因此需要不同的试验和分析方法。通常，相对于黏性细粒土而言，较粗的非塑性粉土的性状更类似于粒状土。还应该注意的是，应在通过 40 号美国标准筛的样品上测量塑性指数。如果样品中有大量的大于 40 号材料，则塑性指数为 4～7 的粒状和黏状材料之间的区别可能不大，且含有塑性细粒土的粒状土有“灰色区域”。细粒土和塑性土在第 13.7 节中详细讨论。

当场地条件与经验程序所依据的条件存在偏差时，可能不适用，有必要进行其他类型的试验和分析。所有可用于评估液化势的方法均有很大的不确定性，并且不可能在每个场地都有效。对于高风险的大坝，标准惯例是在现场使用一两种及两种以上的方法，以保证结论具有更大的可信度，或者有助于确定是否需要进行补充勘察。

13.6.2 为液化触发分析而计算的循环应力比

13.6.2.1 基本形式和公式

在大多数基于原位试验作为密度指标的液化评估经验方法中，将循环应力比用做量测荷载。与标准条件（水平地面，有效上覆应力为 1 个大气压，地震震级为 7.5）有偏差时，需要调整循环应力比。循环应力比定义为，地震在水平面上产生的平均循环峰值动剪应力 τ_{avg} 除以（震前）有效垂直应力 σ'_v。对于液化触发分析，τ_{avg} 是由等效线性分析定义，假设不产生超孔隙水压力，以便与关系式的形成方式一致（美国国家地震研究中心，1997 年；尤德等，2001 年）。循环应力比的计算公式如下：

$$CSR=\tau_{avg}/\sigma'_v=0.65\tau_{max}/\sigma'_v \tag{13.6.2.1-1}$$

其中：峰值循环剪应力 τ_{max} 通过适合于结构和地震荷载的分析测定，如下所述。由于大多数地震引起的剪应力循环峰值小于整体最大值，所以通常假设平均循环剪应力为地震引起的峰值剪应力的 0.65 倍（西德和伊德里斯，1971 年）。与最初应用于对现场性能和实验室循环剪切试验进行比较，地震引起的 τ_{avg} 应该与标准的实验室循环荷载 τ_{max} 所产生的破坏严重性大致相同，这已成为标准惯例的一部分。

估算各地层 τ_{max} 值的首选方法是利用一维计算机程序（如 SHAKE2000）或二维有限元法程序（如 QUAD4M 或 QUAKE/W），根据现场条件选定的土体特性和地震动，进行等效线性场地响应分析。虽然不太理想，但也可利用从大量一维响应分析结果得出的简化公式估算峰值循环应力为：

$$\tau_{max}=A_{max}\sigma_{v}r_{d} \tag{13.6.2.1-2}$$

其中：A_{max}为地面峰值水平加速度（表示地球重力的一部分）；σ_v为上覆总应力（也可视为上覆土层的质量）；r_d为凭经验得到的“应力折减系数”或“质量参与系数”。自20 世纪 70 年代以来，已提出了多个不同的r_d关系式，地面处均为 1.0，随深度减少。

在简化公式中，使用基岩或岩石露头的峰值水平加速度作为A_{max}是不正确的，并且可能不稳妥。因此，如果仅有露头岩石运动（图 13.5.3-1 中的 A 点），通常有必要进行动力响应分析确定土体表面（B 点）的A_{max}。在水平地形中，任何地方的A_{max}通常为岩石露头峰值水平加速度的 80%～200%以上（斯图尔特等，2003 年；布雷，2004 年）。实际比值将取决于地震频谱、剪切波速剖面以及应变水平，这些因素控制土体中的衰减量和剪切模量降低的量。通常来说，地表面加速度远大于相同地震的岩石露头值。同时还有来自坝体形状和远大于水平表面的坝顶加速度的影响。遗憾的是，没有简单准确的方法估算放大系数，虽然有些一般趋势的研究，如斯图尔特等（2003 年），未经场地响应分析的任何放大系数估值均有相当大的不确定性。

图 13.6.2.1-1（根据伊德里斯，1999 年重新绘制）为典型土质场地中r_d随深度和震级的变化情况。它是利用不同土体剖面和地震动，通过大量的 SHAKE91 运行计算剪应力反分析得到r_d进而开发的。需要注意的是，图 13.6.2.1-1 中未表示出不确定性；对于特定的土体剖面和地震，r_d的实际值可能与图 13.6.2.1-1 所示的数值有很大差异，具体取决于场地响应特性（主要是剪切波速剖面）、地震频谱（某种程度上取决于震级，因此不同的震级有不同的曲线），以及各层中发生的应变软化量（某些较早的r_d关系式仅包括一条曲线或所有震级的一系列曲线，而不是震级和深度的函数）。如果r_d可能的合理变化影响整体的分析结果（可能包括二维分析），则需要进行特定场地响应分析。

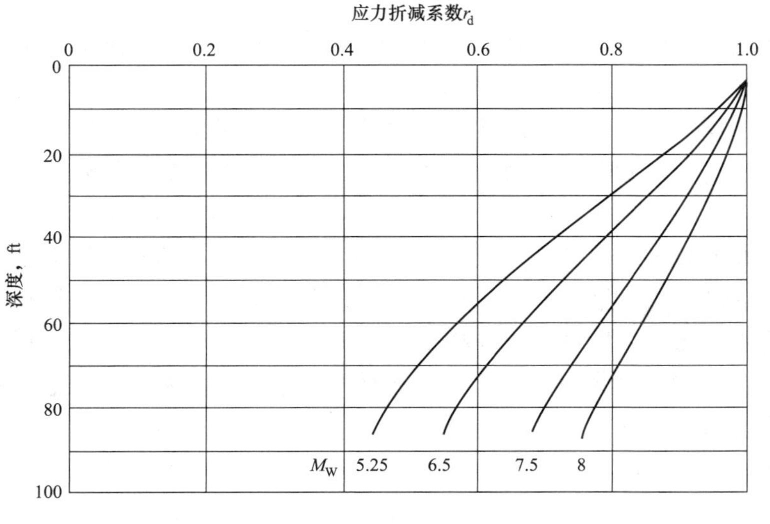

图 13.6.2.1-1 随深度变化的应力折减系数 r_d

为在电子表格或其他计算机软件中使用，图 13.6.2.1-1 中的 r_d 曲线可按下式计算：

$$r_d = e^{[\alpha(z) + \beta(z)M_W)]} \quad (13.6.2.1\text{-}3)$$

其中：深度 z 的单位为 in；M_W 为地震矩震级；且 α、β 可按下式计算：

$$\alpha = -1.012 - 1.126 \sin(z/38.49 + 5.133) \quad (13.6.2.1\text{-}4)$$

$$\beta = 0.106 + 0.118 \sin(z/37.00 + 5.142) \quad (13.6.2.1\text{-}5)$$

正弦函数的参数均以弧度为单位。

图 13.6.2.1-1 未显示特定深度和震级下 r_d 的任何变化，但是其已在其他出版物中提及（采廷等，2004 年；基希达，2008 年）。通过使用大量地震动和土体剖面（不同于图 13.6.2.1-1 中所用），采廷等以大于等于 2 的系数间隔计算出 100 ft 深度处 r_d 的上下限。基希达在萨克拉门托圣华金河三角洲场地研究中也发现了明显的变化，即使 V_s 剖面范围相当狭窄。通常来说，剪切波速越大，较深处的 r_d 越大。然而，由于深度大多小于 25ft，所以在历史液化案例的反分析中，采廷等，基希达和伊德里斯的结果之间的差别非常小。按照定义，地面处的 r_d 为 1.0，所以模型不可能在这些深度下相差百分之几以上，并且相对于其他参数的不确定性来说其影响较小。相反，对于典型大坝的正分析，最关注的是地表以下 25～250ft 的坚硬压实填料。采廷等和基希达都发现，可能值的范围在较深处变得非常宽，所以特定场地和地震动记录的实际 r_d 可能与图 13.5.3-1 所示的平均值相差很大。r_d 的不确定性随着深度的增加而变得越来越重要，如果精确值可能影响分析的整体结果，则需要对循环剪应力进行特定场地响应分析。

之所以称之为等效线性分析是因为其仅仅是对各层迭代及材料性质（剪切模量和阻尼比）调整的线性响应分析，随着上一次迭代中的峰值应变而变化。其允许应变软化，直到预期材料性质与输入性质相匹配。在每次迭代中使用各参数的单一值，分析不考虑地震过程中由于过大的孔隙水压力或液化导致的逐渐软化。因此，由等效线性分析得出的循环应力比与其说是实际应力的预测，不如说是一种易于计算的、相当一致的、能够与液化势相关的荷载指数。

虽然由于液化层中产生的超孔隙压力而导致的软化可能对实际场地响应具有重大影响，但是为得出触发相关性的循环应力比而进行的场地响应分析通常不包括超孔隙压力，所有材料均按照不产生超孔隙压力的情况处理（尤德，1997 年；尤德等，2001 年）。循环应力比是荷载严重性的指标，而不是循环应力的实际预测。这对于在等效线性分析得出与建立触发相关性一致的方法是必要的，材料性质在每次迭代过程中始终保持不变。然而也有例外，对于填筑坝来说，二维响应分析（使用 QUAD4M 或 QUAKE/W 等有限元法程序）通常比一维分析（使用某些版本的 SHAKE）更真实，所以应优先选用。二维分析需要注意的一点是，基础或坝体一个区域的液化可能导致循环剪切荷载甩到其他区域。这将增加其他区域的循环应力，而这是等效线性分析没有计及的。如果有现象表明限制区域发生液化，并且产生的甩荷载现象可能严重影响其他区域的循环应力比，则可能需要依照液化材料大为下降的刚性（其他材料保持不变），重新进行分析。方法是直接在非线性分析中建模，这不在本章讨论的范围内。

如果仅考虑循环剪应力，则等效线性响应分析可能会有误导性。如果计算应变较大，在软化层（剪切模量和剪切波速较小）中超过 0.1%，则 SHAKE（或其他程序）

将预测有大量的应变软化。这可能导致预测的强荷载下软弱层及其上层中循环剪应力和循环应力比都非常小，这是因为分析中软弱层不能将作用力传递到上覆材料中。基于循环应力比的液化-触发曲线表明液化可能性非常小。然而，预测的循环应力较高表明液化是可能的，尤其可能出现在易受影响的土体中，无论循环应力比多小（多布里和阿布杜，2011 年）。如果存在很多的应变软化，可能已经违反了等效线性分析的假设。

如果预测循环剪应变超过 0.1%，则不能依据循环应力比较小而排除液化的可能性，甚至很可能发生液化。如果 G_{max} 或 V_S 值异常偏小，或者如果模量-衰减曲线随着应变的增加而迅速下降，结果可能是预测的循环应变偏高以及预测的循环应力偏低。与硬质材料相比，软质材料在特定应变下的模量减少程度较小，因此需要不同的模量-衰减曲线。在检查结果合理性的过程中，有必要检查土体应力-应变曲线，利用等效线性分析预测的峰值剪应力确定是否可能发生预测的剪应变，可能需要更高层次的分析。

在 QUAD4M 等二维等效线性程序中，应变软化可能导致荷载甩到与最软部分相邻的较硬部分，产生复合影响。

应该使用地震即将发生前存在的有效应力计算循环应力比，可能与原位试验中的值不尽相同。用于循环应力比计算的有效应力通常假设为水库蓄水至有效库容上部的稳态渗流。对于某些大坝，如果预计不会形成稳态渗流，则假设水位较低可能是合理的（这种情况可能发生在厚黏土心墙和一年中大部分时间都处于未蓄满状态的水库）。相反，标准贯入试验（SPT）锤击数、静力触探试验（CPT）尖端阻力或用于评估液化阻力的剪切波速试验时存在相应测压条件。

13.6.2.2 针对“参照”条件调整

液化触发相关性通常是针对标准的参照条件提出的，而该条件（水平地面、有效上覆应力为 1 个大气压、震级为 7.5）很少存在于坝基中。由于小地震的震动循环通常少于大地震，并且土体对液化的敏感性取决于其静应力状态以及密度和循环荷载强度，所以需要调整其他条件。西德·李·伊德里斯程序的原始版和后续更新版的调整系数不同，每种方法最好在与开发情况一致的条件下使用。如最理想的情况是，在不依据伊德里斯和布朗格调整覆盖层的情况下使用采廷等的液化触发模型。然而，在大多数历史液化事件的反向分析中，使用不同的调整曲线将会导致反分析计算值 $CSR_{M=7.5,\sigma'=1}$ 以及利用 $CSR_{M=7.5,\sigma'=1}$ 与土体性质的任何特定组合预测的结果存在微小差异。在填筑坝的正分析中，静应力条件经常与以往案例差别很大。在进行较大程度的修正时，程序混用导致的任何不确定性可能被调整系数的不确定性掩盖。

为供大多数经验液化程序使用，必须对循环应力比［来自响应分析或式（13.6.2.1-1）］或循环抗力比进行调整，以解释不同于参照条件（水平地面、有效上覆应力为 1 个大气压约等于 $1t/ft^2$，震级为 7.5）的荷载条件。循环抗力比是土体的性质之一，等于液化概率不可能超过 15%时所能经受的循环应力比。循环抗力比并非是阻力的确定性测值。调整循环应力比得出标准化值 $CSR_{M=7.5,\sigma'=1}$，可直接与标准化值 $CRR_{M=7.5,\sigma'=1}$ 相比对，该值预计为贯入阻力或剪切波速的函数并可以调整至标准条件。该过程也可反向进行，通过反向调整根据土体性质预测的 $CRR_{M=7.5,\sigma'=1}$，将未调整的循环应力比 CSR 与预测实际应力条件和地震震级（并不是参照条件）的循环抗力比进行对比。

某些出版物使用符号 CSR* 代替 $CSR_{M=7.5,\sigma'=1}$（采廷等，2004 年；卡扬等，2007 年）。垦务局报告中接受了这种简化，条件是在文中对 CSR* 进行定义。类似地，CRR* 可用于代替 $CRR_{M=7.5,\sigma'=1}$。

有三个主要的调整系数：

(1) 震级比例系数（MSF）[也称为持续时间加权系数（DWF），或者简称为 K_M]。

(2) K_α，计及非水平地面的影响。

(3) K_σ，计及高上覆应力的影响。

更常见的是，将这三个调整系数视为土体荷载的一部分，如式（13.6.2.2-1a）所示。在反向程序中，它们被视为原位土体的性质见式（13.6.2.2-1b）。为了比较荷载和阻力，通过式（13.6.2.2-1a）调整循环应力比得出 $CSR_{M=7.5,\sigma'=1}$，与根据原位试验估算的 $CRR_{M=7.5,\sigma'=1}$ 进行比较，或通过式（13.6.2.2-1b）调整 $CRR_{M=7.5,\sigma'=1}$ 获得循环抗力比，可直接与未调整的循环应力比相比较。仅可使用式（13.6.2.2-1a）或式（13.6.2.2-1b）其中之一，不可同时使用。

$$CSR_{M=7.5,\sigma'=1}=CSR/(MSF K_\alpha K_\sigma) \tag{13.6.2.2-1a}$$

$$CRR=CRR_{M=7.5,\sigma'=1}(MSF K_\alpha K_\sigma) \tag{13.6.2.2-1b}$$

这里，对液化可能性或黏状土循环破坏的分析与粒状土不同。黏状土在 13.7 节详述。

13.6.2.3 依据地震持续时间（震级比例系数）调整循环应力比

较大等级地震通常产生较多强震周期。通常来说，地震震级（M）为 5.25 或以下的大约 3/4 周期，而震级为 8.5 的大约 25 个周期（一个全周期为各方向均出现一次最大剪应力荷载；3/4 周期对应于一个方向的峰值加速度荷载，其他方向的加速度荷载较小）。因此，对于给定的循环应力比，地震震级越大，产生的荷载越大，类似于金属疲劳。附录 13-B、13-C 和 13-E 中的液化势经验曲线已针对 7.5 级地震进行了标准化。按照定义，当 M 为 7.5 时，震级比例系数为 1.0，地震震级越大，震级比例系数越小，反之亦然。因此，将震级比例系数应用于任何其他震级地震的循环应力比，以获得附录经验关联式采用的等效 $CSR_{M=7.5}$。

震级比例系数主要适用于使用等效线性响应分析的液化触发分析。在耦合非线性分析中，超孔隙水压力的形成按照时间进程建模，因此在本构模型中考虑了较大循环次数的影响，而不是由这个单独的因素所影响（然而，震级比例系数可用于对非线性模型的结果进行近似验算）。

已知，循环次数的影响在较松散的土体中更为严重（布朗格和伊德里斯，2014 年）。然而，截至（2015 年）的典型做法是假设震级比例系数仅随震级变化，这样不会引入大量误差。

对于粒状土，震级比例系数可按下式进行计算：

$$MSF=6.9e^{(-M/4)}-0.058 \tag{13.6.2.3-1}$$

M 为 5.25 时，最大震级比例系数为 1.8（伊德里斯，1999 年）。由于土体在荷载循环增加时更容易液化，所以震级比例系数随震级的增大而减小。由于在震级约为 5.25

以下时的有效循环次数不再减少，所以震级比例系数的上限为 1.8。

采廷等人（2004 年）通过对大量液化历史案例的回归分析，通常得出类似的结果。对于 6.0 以上的震级，伊德里斯和采廷曲线均在彼此约 10%的范围内。然而，震级越小偏离越多，采廷的曲线更高（不保守）。这种差异可能是由于在数据库中小震级（小于 6.0）的历史案例数量较少造成的，这可能不足以约束较低幅度的回归结果。

除震级之外，荷载循环次数同样在某种程度上受震源距离的影响，通常随距离的增加而增加（而峰值加速度随距离的增加而减小）。一些场地，如墨西哥城和怀俄明州的杰克逊湖大坝等，通常会在来自断层的冲击波过后继续震动或减幅震荡很长一段时间，这是因为受被较硬基岩包围的较软材料盆地的影响，这些影响在目前的程序中没有明确解释。然而，还有极少数场地可能会在震动或长周期地震中产生反常态的大量循环次数，其需要使用较小的震级比例系数值（表明 $CSR_{M=7.5,\sigma'=1}$ 值较大），而不是仅使用式（13.6.2.3-1）。这将需要对特定场地地震动周期进行计数，类似于西德和伊德里斯（1982 年）和伊德里斯（1999 年）在推导式（13.6.2.3-1）及其前导过程中的做法具体参见伊德里斯和布朗格（2008 年）的研究。

13.6.2.4　依据有效上覆应力调整循环应力比

对于给定的相对密度（D_r），较高侧限应力下的土体比低侧限应力下的相同材料更容易出现导致液化的收缩特性。因此，必须通过系数 K_σ 解释高有效上覆应力对抗液化强度的有害影响。大多数经验液化程序主要是根据以往案例开发的，采用震前竖向有效应力小于或仅稍大于 1 个大气压（约为 $1t/ft^2$）。大型填筑坝可用该数值的 10 倍。最初的液化势研究中实际上并未包括 K_σ。后来主要基于实验室试验得出 K_σ，将相关性扩展到更高的深度（西德等，1983 年；海因斯和奥尔森，1999 年；尤德等；2001 年）。最初，按照定义，有效上覆应力 K_σ 达到 $1t/ft^2$ 时，均为 1.0。现在则认为，1 个大气压的有效上覆应力为 1.0，小于 1 个大气压的 K_σ 大于 1.0，通过减少较浅深度下的 $CSR_{M=7.5,\sigma'=1}$ 值来提供较小的有利影响（采廷等，2004；伊德里斯和布朗格，2008 年、2010 年）。因此，正分析和反分析中的高、低有效上覆应力均需要使用 K_σ。然而，大于 1.0 的 K_σ 值对填筑坝来说不重要，这是因为有效上覆应力通常远大于 1 个大气压。布朗格（2003 年）K_σ 关系式是基于理论与大范围侧限应力下的实验室循环剪切试验相结合而建立的。相反，采廷等（2004 年）在回归分析中将有效上覆应力作为独立变量之一。因此，K_σ 影响成为"采廷关系式"的一部分，而不是采用循环抗力比或循环应力比进行单独的调整。两个 K_σ 关系式随着上覆应力的增加而互相迅速偏离，采廷的 K_σ 在 2 个大气压（超过该值采廷不建议使用，因为缺少现场数据支持）下约偏低 20%（更保守）。

图 13.6.2.4-1 提供了随有效上覆应力和土体密度变化而变化的 K_σ 值，如标准贯入试验或静力触探试验所示。

在电子表格或其他计算机程序中使用时，K_σ 值可按式（13.6.2.4-1a）～式（13.6.2.4-1d）计算：

$$K_\sigma = 1 - C_\sigma \ln\left(\frac{\sigma'_{vc}}{p_a}\right) \leqslant 1.1 \tag{13.6.2.4-1a}$$

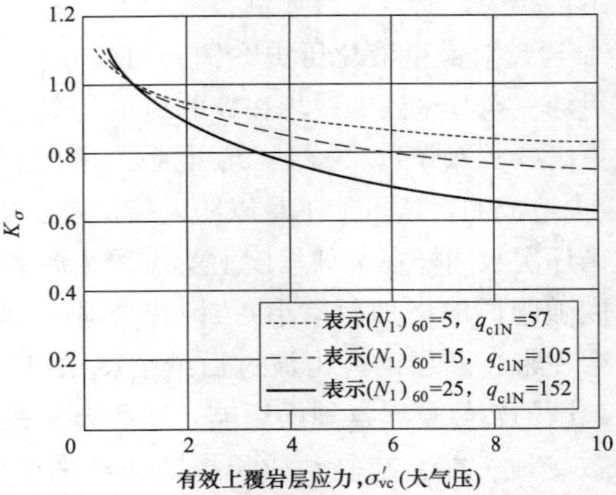

图 13.6.2.4-1　基于布朗格和伊德里斯（2004 年）的竖向有效应力对液化触发影响的 K_σ关系

$$C_\sigma=\frac{1}{19.9-17.3D_R}\leqslant 0.3 \tag{13.6.2.4-1b}$$

$$C_\sigma=\frac{1}{18.9-2.55\sqrt{(N_1)_{60}}}\leqslant 0.3 \tag{13.6.2.4-1c}$$

$$C_\sigma=\frac{1}{37.3-8.27(q_{c1N})^{0.264}}\leqslant 0.3 \tag{13.6.2.4-1d}$$

其中：p_a为大气压力；$(N_1)_{60}$为标准贯入击数；q_{c1N}为标准静力触探试验锥头阻力。$(N_1)_{60}$和 q_{c1N}的测定分别参见附录 13-C 和附录 13-B。

上覆压力较低时，在伊德里斯和布朗格（2008 年、2010 年）液化触发方法中不允许 K_σ超过 1.1，或使用采廷等（2004 年）或莫索等（2006 年）时不允许超过 1.3。此外，这里的差异在以往液化案例的反分析中非常小。K_σ的上限不太可能出现在填筑坝或其基础的正分析中，这是因为有效上覆压力通常远大于 1 大气压。

在关键情况下，主要决定取决于 K_α/K_σ精确值时，可能需通过实验室试验确定特定场地值，而不是图表和经验公式。

对于大多数项目，图 13.6.2.4-1 或式（13.6.2.4-1a）（两者等效）中的 K_σ值已足够。然而，在某种程度上，该值是由材料本身来确定的，而不是受 σ'和密度控制。蒙哥马利等（2013 年）重新评价了现有的实验室数据，包括因为与砂土液化不相关而从黏性土和致密砂数据中移除的数据。他们发现，图 13.6.2.4-1 所示的关系用于洁净砂层比较合理，图中对于粉砂来说不太清楚。图 13.6.2.4-1 和式（13.6.2.4-1a）可能稍微有所冒进，虽然可在调整上覆层的贯入阻力（标准贯入试验和静力触探试验）的过程中被细砂的影响抵消。因此，将其用于粉砂的误差可能会很小。蒙哥马利等（2013 年）发现，广泛使用的美国国家地震研究中心关系式（美国国家地震工程研究中心，1997 年；尤德等，2001 年），当应用于砂土时在某种程度上偏保守。对于不寻常的材料，如果主要决策取决于这个精确值，则可能更适合使用实验室循环剪切试验（三轴或单剪）得出材料特定的 K_σ，这样较高 K_σ（不保守）可能节约的成本也许能抵消额外费用。由于土体结

构可能会影响 K_σ，所以实验室试验最好选用原状土样品。

σ'_v、K_σ也一样，取决于测压条件。测定 K_σ所用的垂直有效应力应根据假设地震时的测压条件测定，通常是水库水位处于有效库容顶部的稳态渗流，而不是勘探时的测压管水位，这点有可能是不同的。

与震级比例系数类似，K_σ的影响在耦合非线性分析中是直接计算的，但是 K_σ值却只能通过对非线性模型的近似验算确定。

13.6.2.5 依据非水平地面的水平剪应力调整循环应力比（K_α）

抗液化强度的经验关系式完全基于几乎水平的场地（水平面上的剪应力几乎为零）数据而建立。实验室循环剪切试验显示，在施加循环荷载之前，抗液化强度随材料的静剪或偏应力大小而变化。对于密度较大的材料，特别是在较低的上覆应力下，试验显示静剪应力对抗液化强度有很大的好处，但是其通常使得松散材料的抗液化强度降低。在中密密实土体中，“预应力”可以防止或降低剪应力方向上的反向应力。在松散土体中，预应力对循环抗力不利，这是因为预应力会导致原位应力更接近不排水屈服强度。非水平地面对液化势的影响应计及系数 K_α，但应慎重。

系数 α 为水平面上的静剪应力 τ_s 与震前有效上覆应力 σ'_{vc}之比。测定 τ_s 通常需要静力有限元模型。K_α是 α 的函数，但同时也是有效上覆应力和土体密度的函数［如标准贯入击数 $(N_1)_{60}$或标准静力触探试验锥头阻力 q_{c1N}所示］。伊德里斯和布朗格（2008 年）提供的图 13.6.2.5-1 给出了粒状土 K_α的估值。

图 13.6.2.5-1 有两个单独的图，一是 1 个大气压（约 $1t/ft^2$）下的震前有效上覆应力，二是 4 个大气压下的震前有效上覆应力。当击数 $(N_1)_{60cs}$小于 12 时，两幅图仅稍有差异，但是当击数增多时差异变得很大。上覆应力增加导致曲线向下偏转，K_α值变小。图 13.6.2.5-1 右侧的图显示，在 4 个大气压的有效上覆应力下，K_α值的分水岭出现在击数 $(N_1)_{60}$约为 14 或 q_{c1N}约为 100 处。在大型填筑坝中，有效上覆应力可能远大于 4 个大气压，这将导致曲线进一步向下偏转。

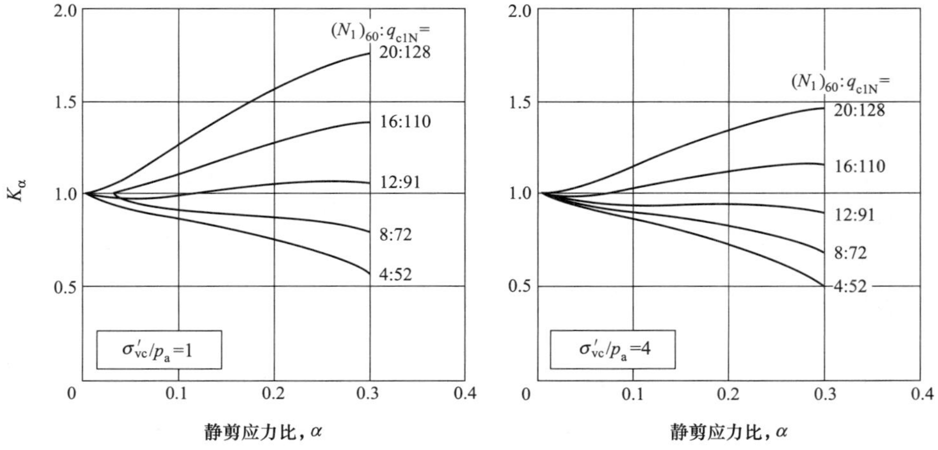

图 13.6.2.5-1 随贯入阻力和原位应力条件变化的 K_α

需要注意的是，4 个大气压的曲线从 1 个大气压的曲线处向下偏转。有效上覆应力大于 4 个大气压将会导致进一步偏转（伊德里斯和布朗格，2003 年、2008 年）

伊德里斯和布朗格（2003 年、2008 年）还提出了能够在电子表格或专用程序中进行编程的 K_α经验式，如式（13.6.2.5-1a）～式（13.6.2.5-1g）所示。由于这些公式很复杂，所以从图 13.6.2.1-1 中取值可能更简单，除非有大量数据需要分析。

$$K_\alpha = a + b\exp\left(\frac{-\xi_R}{c}\right) \tag{13.6.2.5-1a}$$

$$a = 1267 + 636\alpha^2 - 634\exp(\alpha) - 632\exp(-\alpha) \tag{13.6.2.5-1b}$$

$$b = \exp[-1.11 + 123\alpha^2 + 1.31\ln(\alpha + 0.0001)] \tag{13.6.2.5-1c}$$

$$c = 0.138 + 0.126\alpha + 2.52\alpha^3 \tag{13.6.2.5-1d}$$

$$\alpha = \frac{\tau_s}{\sigma'_{vc}} \tag{13.6.2.5-1e}$$

$$\xi_R = \frac{1}{Q - \ln\left[\frac{100(1 + 2K_\alpha \sigma'_{vc})}{a p_a}\right]} - \sqrt{\frac{(N_1)_{60}}{46}} \tag{13.6.2.5-1f}$$

$$\xi_R = \frac{1}{Q - \ln\left[\frac{100(1 + 2K_\sigma \sigma'_{vc})}{3 p_a}\right]} - [0.478(q_{c1N})^{0.264} - 1.063] \tag{13.6.2.5-1g}$$

其中作者标注特定 q_{c1N}、α 和 ξ_R的公式：

$$q_{c1N} \leqslant 21 \tag{13.6.2.5-1h}$$

$$\alpha \geqslant 0.35 \tag{13.6.2.5-1i}$$

$$-0.6 \leqslant \xi_R \geqslant 0.1 \tag{13.6.2.5-1j}$$

预测 K_α的曲线和公式是根据循环剪应力前施加的不同静预剪应力的循环三轴和直接单剪试验建立的。这些通常是以 K_O条件为中心的循环荷载试验以及施加了初始水平剪应力的循环直接单剪试验。在这两种情况下，循环应力和初始预应力的方向相同，所以试验不能获得与静剪应力不平行的震动影响情况。坝基中的静剪应力通常垂直于坝轴线，但是地震动可发生在任何方向。布朗格和西德（1995 年）表示，如果循环应力与静剪应力不平行，则中密—密实土中 K_α的有利影响大多会损失（对于密度和静预应力的组合，图 13.6.2.5-1 预测 K_α小于 1.0，影响很小）。卡墨勒等（2004 年）在后来的研究中也得出了类似的结果，其研究包括在出现多个方向循环荷载的一项试验中，更像在真实地震中的情况。这表明除非大坝建在可以防止横向应变的狭窄山谷中，否则 K_α可能会远小于图 13.6.2.5-1 所示值。在更好地解决该问题之前，有必要对高密度土体中 K_α的有利影响持怀疑态度，但是松散材料中的有害影响似乎更需要考虑。在风险分析中，可能需要根据 K_α考虑有利影响概率（而非确定性），即在估计液化概率时 $K_\alpha > 1$。

为了测定 K_α，应针对地震前存在的渗流和水库荷载条件计算 α，通常为水库有效库容上部的稳态渗流。坝体中的渗透压力影响水平剪应力和有效竖向侧限压力。

在标准击数为 13～16 或标准静力触探试验锥头阻力为 95～110 的情况下，所有 α 值的 K_α约为 1.0，这有时会很方便利用。对于击数更多的情况，垂直于静剪应力的震动分量可能会使 K_α值减小到约 1.0。在此类情况下，可假设 K_α等于 1.0，此时精度损失不大，从而使通过有限元法分析得出静剪应力的过程简化。在击数较少或上覆应力大得多的情况下不能这样做，否则将会导致出现像图 13.6.2.5-1 右侧部分的曲线向下偏转的现象。

类似于震级比例系数和 K_σ，K_α 仅在基于等效线性响应分析的简化液化分析中直接适用。耦合非线性分析能直接解释 K_α 影响，但是可采用已发表的 K_α 关系式对非线性模型进行近似验算。对于 K_σ 来说，特定场地实验室循环三轴或单剪试验可能偶尔有助于测定 K_α，虽然两者都不能解释非平行震动的影响，这需要用到专业设备。

13.6.3 适宜 T_{max} 和循环应力比的分析水平

如上所述，循环应力比可采用几种不同的方式进行估算。必须判断各种方法估算循环应力比的适宜水平，考虑各方法假设的有效性、成本分析以及从简单分析做出有偏差决定的可能性和后果。

地面处的实际峰值水平加速度或谱加速度在任何地方均为岩石露头处加速度的 0.7～3 倍（斯图尔特等，2003）。

利用 SHAKE 程序的某些版本实现一维场地响应相对来说很容易，将土体剖面模拟为一堆不同刚度的剪切梁［SHAKE 这里用于指所有版本，包括 SHAKE91（伊德里斯和萨恩，1992 年）；SHAKE96、除具有更大的阵列可以进行更长的地震记录之外，其他均与 SHAKE91 相同；或更新的 SHAKE2000（奥多涅斯，2011 年）］。地震记录可输入任何位置的水柱中，所以其可与土表记录、基岩记录（深处）或岩石露头记录一同使用。严格来说，SHAKE 仅适用于水平地面，并且常常低估填筑坝顶部和上表面附近的加速度和剪应力。因此，通常不适合于评估水力填筑坝的液化势。然而，在坝基中，结果与二维分析基本一致，SHAKE 可用于液化势的初步评估（虽然需要解释 K_α 影响）。如果地震的计算循环应力比明显远大于或小于循环抗力比，则可能不需要进一步继续分析，这是因为将有明确的答案。对于研究循环应力对地震记录或土体性质变化的敏感性来说，SHAKE 也是一种快速、廉价的工具。与二维有限元法分析一样，SHAKE 得出的峰值循环剪应力用于各层的式（13.6.2.1-1）中。

如上所述，SHAKE 和带 r_d 的简化式［式（13.6.2.1-2）］不适合于评估填筑坝的液化势（初步研究可能除外），这是因为它们属于一维分析，不能对坝体上部的响应正确模拟。即使水平地面，式（13.6.2.1-2）也可能不适合于特殊的地震动或土体剖面场地，即与 r_d 曲线所基于的典型位置极不相同的场地。这种情况下，最好使用 SHAKE，因为它可以明确地考虑到土体剖面和地震动特性。

更准确但也更费力的是使用 QUAD4M（哈德森等，1994 年）或 QUAKE/W（Geo-Slope 国际公司，2014 年）等二维有限元法软件，其使用针对专门选择场地的地震记录。根据该分析得出的峰值剪应力 τ_{max} 能用于式（13.6.2.1-1）。

在一维或二维等效线性分析中，由于预测到软弱层中极端应变软化，所以有可能出现误导性结果。必须对预测的循环应变进行检查，以确定是否足够引起液化，即使由于应变软化较大，而根据等效线性分析预测的循环剪应力较小。如果伴随有较大应变，则根据等效线性分析得出的较小循环应力比能表明有液化的可能性。这是等效线性方法的局限性。液化可能发生在循环剪应变小于0.1%的松散土体中，无论SHAKE预测到循环应力有多大（多布里和阿布杜，2011年）。

如上所述，循环应力比的简化式需要图13.6.2.1-1或式（13.6.2.1-3）中的土表峰值水平加速度和r_d。如果未提供土表峰值水平加速度，但可利用基岩露头的地震动记录，则可用SHAKE计算。然而，在式（13.6.2.1-1）中，最好使用实际土体性质和针对场地专门选择的地震记录从SHAKE得出的峰值剪应力，而不是引入r_d固有的不确定性（这个r_d关系式是根据大量的SHAKE分析，使用大范围的土体性质和可能不适合于所分析场地的地震动建立的）。遗憾的是，不经响应分析很难确定地面水平加速度峰值（A_{max}）放大率。

最初时，震级比例系数K_α和K_σ等被认为是对试验所示的土体循环抗力比的调整，而不是对地震荷载施加的循环应力比的调整（西德和伊德里斯，1982年）（循环抗力比仅仅是液化概率不超过15%时土体经受的最大循环应力比，在一些出版物中也称为CSR_L）。因此，不是如上所述用循环应力比除以这些系数，而是用循环抗力比乘以这些系数。分析中的净影响是相同的。在本文中，由于震级（如峰值水平加速度）是地震荷载的分量而不是土体的性质，所以震级比例系数与循环应力比有关（为方便起见，以及由于其代表荷载对土体的影响而不是土体性质，所以震级比例系数伴随着K_α和K_σ）。这样，可利用$CSR_{7.5}$的变化以及抗液化所需的最低土体性质的测定评价不同地震，而不是重新测定地震标准贯入试验间隔的循环抗力比。事实上，震级比例系数是M_W和土体性质的函数，但是其仅作为M_W函数所引入的误差相对较小。

如何测定循环应力比？一般来说，动力响应分析优于使用r_d的简化公式，因为响应分析是针对现场剪切波速剖面和选定的地震动，来描述附近的地震源。相反，r_d曲线为使用SHAKE的大量一维响应分析的平均值生成的，在不同地震动和速度剖面时有很大变化。然而，一般认为有时必须使用简化公式，因为其人力投入较少，并且不需要特定场地的地震动。然而，如果总体结果由于循环应力比中的不确定性而变得不明确，则需要进行更高层次的分析。

许多早期的液化触发图表都是用单一r_d曲线得出，但是附录13-C的图13-C.3.2-1则是用伊德里斯（1999年）的特定震级r_d得出的，如图13.6.2.1-1所示。由于地震动的频谱和应变软化量随地震震级的变化而变化，因此r_d不仅随深度变化，也随震级变化。

应用于$CSR_{7.5}$的系数K_α计及了静水平剪应力对循环抗力的影响，但是并未解释坝体形状对动态响应的影响。因此，应进行效果较好的二维响应分析。

进行等效线性响应分析（如SHAKE或QUAKE/W）有两点注意事项。首先，需要验算循环剪应变，而不仅是应力。在某些情况下，预计刚性材料内的软弱夹层（剪切波速较低）将出现非常大的应变，导致很大的应变软化，以及预测的循环应力比相当小乃至不发生图13-C.3.2-1所示的液化。然而，如果计算的松散或中密砂的循环应变实际超过0.1%，则有可能液化（多布里和阿布杜，2011年）。如此大的计算应变还可能起因于微小应变下剪切模量的不实输入以及较大应变下的模量衰减。等效线性方法在每次迭代中均使用恒定的剪切模量值，其不适用在地震期间的应变软化过程。在地震早期，地层实际可能经历了较大的循环剪应力，即使地震后期发生大范围的应变软化，在输出中也不会明显体现。将预测应力和应变与单一或循环剪切实验室应力-应变曲线相比较，以了解该应变水平是否可能在没有高于 SHAKE 预测值的情况下发展，这样做是有益的。

其次，如果预测有较大应变和剧烈应变软化，则响应分析可能显示有“基础隔震”影响，所以上覆层似乎没有感觉到强烈震动。实际上，应变软化不会立刻出现（如等效线性分析的假设），所以上覆层可能在地震早期实际已经受强震动，即使分析未显示。因此，这是等效线性方法的局限性，不可能总是可以从等效线性分析中获得真实的结果。

13.6.4 原位密度用作液化势的指标

一般来说，可液化材料为来自河流和湖泊沉积的松散、无黏性材料，由粉土、砂土和砾石组成。黄土等风成（风积）土通常也非常松散并可液化。现代填筑坝通常在填筑期间完全碾压密实，因此不会液化，然而，水力填筑堤坝以及某些建于 20 世纪中 50 年代的填筑坝密实度可能不足以排除液化可能性。某些较古老的土坝仅用小型马拉设备压实，或者根本没有压实。应考虑水力填筑坝甚至在相当轻微的地震荷载下的液化可能性，以及轻微压实的填筑坝在中等-重度荷载下的液化可能性。

通常由于饱和无黏性材料的取样和试验难度很大，所以进行液化评估时实际上不测定土体密度，而是采用经验公式来间接获得密度指标，主要有标准贯入试验、静力触探试验和 V_S。

当可获取 D_r值时，图 13.6.4-1 所示的西德和皮科克（1971 年）图表可提供一些基本指导，虽然其仅基于少量数据且相对密度不一定是液化势的最佳指标（如果可获取标准贯入试验或静力触探试验数据，则应优先于 D_r使用）。西德和皮科克的图表表明，相对密度大于约 75%则可排除液化，除非荷载异常偏高，在这种情况下可能需要 80%～85%的相对密度完全排除超孔隙水压力问题。相对密度小于 50%的材料特别容易液化，大于 65%的材料通常表现循环流动和有限应变，而不是流动液化，除非震后沉降和孔隙再分布于液化层顶部形成薄弱层（附录 13-F 对这种重要现象进行了更详细讨论）。

相对密度测定依赖于三个不同的量值（实验室最小值、实验室最大值和原位密度），每个值都有误差和易变性。测定原位密度可能难度很大，特别是在地下水位以下甚至不可行，而测量实验室最小密度对工艺非常敏感。相对密度试验始于 20 世纪 40 年代，但是直到 20 世纪 60 年代才标准化。因此，用于绘制图 13.6.4-1 的某些数据用现在标准的方法可能测不出来。测量最小密度需要小心地用手将松散土体放进已知体积的模具中（ASTM D 4254-00）。最大密度可通过振动台上的模具（ASTM D 4253-00）或振动锤压实模具中的土体（ASTM D 7382-08）测定。振动台必须校准，否则会出现问题。尽管垦务局的振动台校准是定期检查的，但是私人实验室和其他政府实验室则不一定总是这样。垦务局通常通过振动锤试验（ASTM D 7382-08）获得最大密度。这样获得的最大密度有时会大于用振动台的情况，所以根据原位密度计算的相对密度将稍微偏小于用常规振动台获得的最大密度。

在地下深处测定原位密度难度相当大。众所周知，活塞式取样器在插入过程中常常

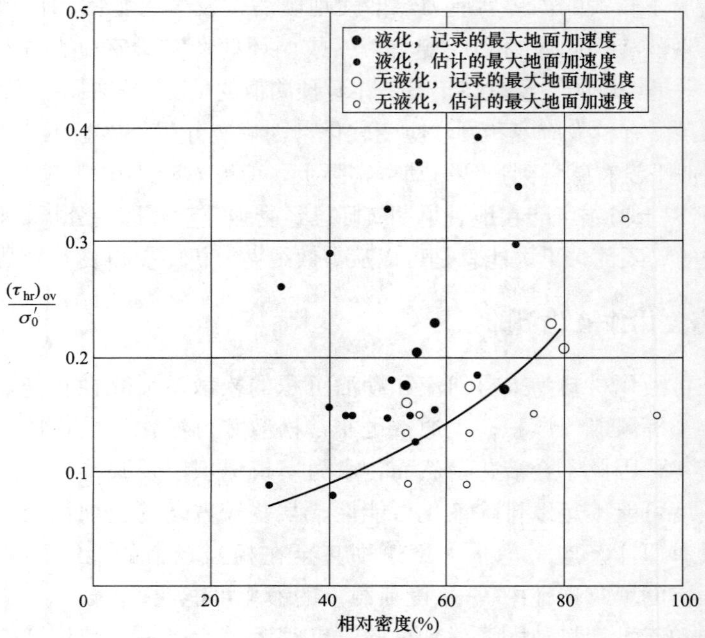

$(T_{hv})_{av}/\sigma' = 0.65T_{max}/\sigma'_v$。

图 13.6.4-1　经受地震荷载时发生液化和不发生液化土体的循环应力比和相对密度

导致洁净砂的体积变化。松散砂往往增密，而致密砂趋向于变松。细度小于10%的洁净砂取样唯一可靠的方法是冻结沉积物并取芯。这种方法的应用见塞戈等（1994年）所述。粉砂和粉土（SM和ML）通常更容易取样，较少受薄壁管或活塞取样的扰动，特别是如果它们稍有塑性和黏性时。这是因为这些土体由于渗透性较低的原因在取样过程期间几乎不排水。如果细粒含量大于等于20%，则通常可假设其在取样期间具有不排水特性。可采用试管采样测量密度，最好用大直径管。由于粉砂的黏聚力足够支撑管中土体，所以通常可用简单的薄壁管取样器对粉砂进行取样。然而，还是建议使用活塞式取样器（如Osterberg型）。可对管中样品照X光，以便在从管中抽出样品之前评价分层情况。样品在运输过程中应保持垂直并尽量减少振动，尽管再怎么小心搬运，也可能发生密度变化。在运送前非塑性管装样品排水将改变其含水量，但是可以形成微小孔隙水负压（毛细现象），有助于样品保持完好。在明挖时通过手工刮挖得到的圆柱形原状土样品，可制成优良的原状土试样用于循环三轴试验，条件是材料颗粒足够细，并且接近地表，可以在明挖获取。

对于近地表的原位密度测量，通常可按照ASTM D 1556-07用砂锥密度试验，或者按照ASTM D 4914-08或D 5030/5030M-13a，在小试验坑用已知密度的置换砂法或灌水法来测量体积。在某些情况下，大坝下游可接近的基础冲积层，很容易在地下水位以上开挖试坑。为砂锥和试坑的尺寸随粒径变化提供了标准。这些标准以获得的代表性试样的尺寸足够进行指标试验以及试坑足够大为基础。在冲积层等天然沉积物的密度研究中，由于试验的潜在误差和沉积物的固有天然变化性，所以必须进行大量试验用于统计评价。在许多情况下，沉积物很难获取，需要使用昂贵的钢套、沉箱式竖井等设备。这些测量已在 Jackson Lake 坝（米苏瓦和法拉，1988 年）和 Mormon Island 副坝（海因斯·格里芬，1987 年）进行。如果要在试坑或测井中测量，则必须提前规划尺寸要求和职业安全与健康管理局（OSHA）的受限空间安全要求（如通风）。

在原位密度测量中，分层是一个主要问题。大多数冲积土和水力冲填均按照相当均匀的粒径和不同的厚度分层沉积。如果最大密度试验将这些层进行混合，则计算的相对密度将异常偏小。这是因为将多个均匀层组合在一个实验室样品中导致更宽泛的级配混合，最小和最大密度均偏大，偶尔还会导致计算的相对密度为零或更小。为了避免这些问题，在现场勘查中应特别注意将密度测量限制在单层中。此外，由于不能总是可以避免这些误差，应进行大量的试验来评价原位密度。对很难获得相对密度小于等于 20%的材料（小型实验室置换除外），如果测量到如此小的值，可以认为是分层混合的原因，因而无效。

尝试说明含大颗粒材料的密度特性时也可能遇到类似的困难。虽然此类材料的实际原位密度可通过大直径环密度试验而不是通常的砂锥试验测量，但是这些试验更有可能受密度不同的各材料层影响，没有简单的方法可以将测量的密度与参考密度进行比较，如实验室最大密度等。当超径材料仅占总数的一小部分时，按照惯例应简单地减去超径颗粒的质量和体积，并计算剩余材料的密度，然后将结果与除去超径颗粒的基质上测量的最大和最小密度进行比较。当超径部分比例很小时，该程序能产生近似有效的结果，但当比例很大时则不能。在给定的挤压作用下，若没有超径材料，基质不会像有超径材料那样在邻近超径颗粒表面密集。如果有大量的超径材料，则有必要对含不同量的超大颗粒材料进行一系列实验室密度试验，以建立可对整个材料级配预测的趋势曲线。

在含有细粒的潮湿或饱和土体中，必须采取相应措施避免在砂锥或试坑试验期间挤压试验孔。其中包括使用木垛支承试验技术员/使用反铲挖掘机的质量，以确保坑边稳定。试孔严重挤压可由相对密度值或计算饱和度异常偏高看出，但是少量的挤压很难根据开挖外观检测到，只需要极少的挤压就能使测量的相对密度比其真实值高出 10 或 20 个百分点。

对于所含细粒超过 10%～15%的土体，不能进行相对密度试验，需要用普氏冲击压实试验代替（ASTM D 698-12）。现在尚未发布基于相对压实度（RC）（等于原位密度除以实验室最大密度，用百分比表示）的液化标准。然而，对于砂质土液化势的初步评估，可根据来自李和辛格（1971 年）的式（13.6.4-1）估算等效相对密度。式（13.6.4-1）为土体相对压实度与相对密度之间的关系式，其中 D_r和 RC 均有效。

$$\mathrm{RC}=80+0.2D_r \tag{13.6.4-1}$$

将式（13.6.4-1）与图 13.6.4-1 相结合，相对压实度小于 90%的土体特别容易液化，密度远大于实验室最大密度 95%以上的土体不太可能液化。式（13.6.4-1）和图 13.6.4-1 并非紧密关联的，所以应考虑将该范围作为一般说明，而不能当作标准。当需要更大的确定性时应额外进行试验，以进一步评价抗液化性能。

13.6.5 通过标准贯入试验评估液化势和液化可能性

在垦务局的工程实践中，标准贯入试验是目前评估液化势最常用的方法。试验包括使用 140lb 的落锤将劈管取样器打入钻孔中，并记录锤击数 N，即 30in 落锤高度将取样器打入 1ft 所需的锤击数。在记录锤击数之后，将其调整至标准试验条件，以便可与液化势（或液化概率）的经验关系进行比较。必须遵守垦务局和 ASTM 标准程序，最重要的是试验程序 ASTM D 6066-11 以及垦务局针对填筑坝钻孔的政策和大坝安全要求。其中包括下列要求：

（1）钻孔中的钻孔液或水足够深，以将孔底隆起或松动降到最低程度。

（2）控制贯入取样器和钻头退出速度，避免因抽吸隆起。

（3）测量每次落锤传给钻杆的能量。

（4）避免流体压力过高导致水力劈裂。

附录 13-C 对通过标准贯入试验调整试验数据和评估液化势的程序进行了说明。这些程序主要是由伯克利加利福尼亚大学的博尔顿·西德教授及其同事研究的（西德等，1985 年），后来的研究者又进行了补充。标准贯入试验液化程序主要适用于无黏性的洁净砂和粉砂。如果应用于塑性指数超过 5～10 的材料，则太过于保守，但什么程度还不清楚（美国国家地震研究中心，1997 年）。因此，如目前所述，标准贯入试验的解释可用于表明塑性较大的土体中发生液化的可能性较小，但不是确凿的。

标准贯入试验数据的解释可能非常复杂，特别是当试验条件不同于用于得出关系式的标准条件时，试验结果很大程度上受存在砾石、落锤设计、试验深度和许多其他因素的影响。为解释这些因素，目前已经发展了许多经验调整或修正方法，但是结果中仍然有大量的不确定性。来自锤击的能量通过钻杆上的压缩波传到取样器上，可能由于摩擦力、探杆接头松动等原因出现损失。在非常浅或非常深的位置，实际传到取样器上的能量可能远小于深度适中的位置，液化关联式主要由该位置得出。对于多碎石的情况或深度小于 10ft 时，用其他勘察工具可能比标准贯入试验更合适。

利用标准贯入试验数据评估液化势的程序可总结如下：

（1）根据现行垦务局和 ASTM 标准获取标准贯入试验数据（N、钻井记录）和土体样品。

（2）将测量的各标准贯入试验 N 值调整到标准条件（如附录 13-C 所述），包括从锤击能量、有效上覆应力、非标准设备或程序（最好避免，以便不调整）、细粒含量以及可能来自鹅卵石的干扰或过粗至影响试验意义的砾石。

（3）对所研究的每次地震在各层中引起的循环应力比进行计算，然后针对如上所述的震级和原位静应力条件对其进行调整。

（4）使用附录 13-C 中的经验曲线或公式估计各区段因地震而液化的可能性。

（5）评价并提出结果。整套数据和结果应以表格形式列出。为了便于解释，还应在地质截面图中列出数据，以助于根据各点的指标性质和密度数据推断土体特性。

在含有砾石或鹅卵石的土体中，通常每贯入 0.1ft 记录一次标准贯入击数，或者每次锤击后的累积贯入。这有助于检测并调整砾石对贯入过程的阻碍影响，相比于无砾石干扰，其相当于增加了锤击数。在累积锤击数与深度的关系图中，斜率突然增加可能表明取样器已到达砾质材料，在这种情况下，锤击数可能变得没有意义。然而，没有突变不一定意味着没有砾石干扰，这是因为整个试验区间可能都已受到影响。评价锤击数需要密切注意现场和实验室得出的回收率和材料描述。即使在某一特定场地不用担心砾石的问题，注意斜率变化还是有好处的，因为斜率变化有助于理解试验区段内的分层情况。如果有必要进行砾石调整，则记录样品的地质学家或工程师需要知道所需的详细信息有哪些。

制作电子表格是分析、制表、绘制 SPT 和其他现场数据，以及对每个钻孔区间的分析结果进行处理的方便方法，比较容易利用关于地震荷载的不同假设进行重复计算。

13.6.6 通过静力触探试验评估液化势和液化可能性

静力触探试验（CPT，也可以为电子静力触探试验或 ECPT，以区别于早期的机械圆锥贯入仪或荷兰锥）作为液化势和液化概率的指标近年来颇受青睐（罗伯逊和威德，1997 年；斯塔克和奥尔森，1995 年；莫索等，2006 年；伊德里斯和布朗格，2008 年；布朗格和伊德里斯，2014 年）。其在液化分析中的使用在概念上与标准贯入试验非常相似。贯入仪的尖端是一个 60°圆锥体，通常直径为 3.57cm（1.40in）和末端面积为 $10cm^2$（$1.55in^2$）。可按 1～2cm/s（0.4～0.8in/s）的速率将其贯入地层，通过电子荷载传感器按 2～5cm 的间隔测量贯入阻力。另一个荷载传感器测量的是锥形尖端正上方圆柱形套筒上的摩擦阻力。锥头测量值是土体密度指标，与抗液化性相关。锥头和锥套测量值一起用于粗略估计土体分类。许多圆锥贯入仪也配有压力传感器来测量贯入引起的孔隙水压力变化；这些被称为压电锥或 CPT_U，其中“*U*”表示孔隙压力。孔隙水压力测量可以帮助识别材料类型的变化，测量静态孔隙水压力和估算固结参数。附录 13-B 讨论了使用静力触探试验数据评估液化势的程序。标准静力触探试验程序见 ASTM D 5778-12。

使用静力触探试验数据评估液化势或液化概率与第 13.6.5 部分中所述的标准贯入试验类似，只是在步骤 2 中对静力触探试验数据进行了调整。衡量地震荷载的指标是循环应力比，其计算方式与标准贯入试验经验程序相同。

尽管静力触探试验不像标准贯入试验那样获取土样，但它相比于标准贯入试验具有明显的优势。与标准贯入试验不同，静力触探试验可取得近乎连续的贯入阻力记录，而标准贯入试验则是按 2.5ft 或更高的锤击高度提供单一贯入阻力值。由于圆锥贯入仪是通过稳步推进而不是锤击来推进的，并且在钻杆尖端测量力，因此不用担心锤能量、波传递或沿钻杆的能量损失。这些都是标准贯入试验存在的问题，特别是对于极浅或极深的试验情况。另外，在需要大量数据的情况下，静力触探试验通常要快得多并且成本较低，静力触探试验数据通常比标准贯入试验数据更具可重复性。如附录 13-B 所述，通过评估液化势的不同方法使用不同的方式来调整锥头阻力以说明细粒的影响，其可以是钻孔样品的实际细粒含量或套筒阻力的函数。在后一种方法中，根据细粒的实际反应进行调整，而不是按细粒的百分比调整。一些研究人员青睐这种方法，因为不同类型的细粒（具有不同塑性的黏土或泥沙）对于给定比例细粒的贯入阻力和液化势会有不同的影响。

目前已经提出并使用几种不同的调整方法。截至 2015 年，行业内没有就使用哪种方法达成共识。参见附录 13-C。

由于静力触探试验不像标准贯入试验那样获取土样进行分类或实验室试验，因此土体分类依据的是静力触探试验套筒和锥头测量，但是，这些只是粗略的估计（特别是在薄层材料中）。因此，有必要在勘探计划中加入足够数量的钻孔和取样，以验证静力触探数据对土体性质的解释。尽管静力触探试验通常是确定大型场地地层的良好选择，但仍需要进行一些钻孔以获取土样，最好是使用标准贯入试验验证静力触探试验的指标。垦务局的静力触探试验钻机仍配备了直推式采样装置，尽管其样品直径非常小，并且不是所有的材料都能成功采样，特别是在有砾石的情况下。

有时候被试验的材料是在压实的坝体填筑料或其他材料之下，其由于过硬或过密妨碍静力触探试验通过。这些情况下，可以预先钻孔通过覆盖材料。在实施静力触探试验前，通常用未压实的粗砂或豆粒砾石回填孔以提供侧向支撑，防止探杆在加力推的过程中弯曲。

13.6.7 砾石土的贝克贯入试验和其他方法

贝克贯入试验采用车载柴油打桩锤击打外径 6.7in 的双壁钢管，同时记录打入每英尺所需的锤击次数。由于其直径较大，因此可用于过度砾石化的土体，该类土体很难用标准贯入试验或静力触探试验获得有效的数据。用已经制定了经验关系式来估计等效标准贯入试验锤击次数 N_{60}，其在有砾石干扰的影响条件下可以测量 N_{60}（哈德和西德，1986；西和坎帕内拉，1994；加夫加西等，2014）（N_{60}是根据锤击能量调整的标准贯入试验锤击次数，但尚未针对上覆层应力进行归一化或针对细粒含量进行调整）。贝克等效 N_{60}的使用方式与实际的标准贯入试验锤击次数相同，但关系式引入了显著的不确定性。附录 13-D 详细介绍了贝克贯入试验程序和用于估计贝克等效标准贯入试验锤击次数的程序。

贝克贯入试验较标准贯入试验有若干优势。首先，较大的贯入仪尖端直径可对砾石材料进行贯入试验，这种材料太粗糙而无法通过标准贯入试验进行有效试验。标准贯入试验取样器的内径为 1.375in，如果砾石数量相当多，则直径小于 0.5in 的颗粒可能会造成干扰，使锤击次数超过应该测量的次数。其次，贝克贯入试验生成更持续的贯入阻力剖面。在典型情况下，是针对每英尺贯入深度记录锤击次数，而标准贯入试验记录的最小距离为 2.5ft。最后，贝克贯入试验的生产速度通常要比标准贯入试验快得多，因为试验是连续的。与贝克贯入试验不同，标准贯入试验是钻孔和试验交替进行，需要将钻杆从钻孔中取出，然后随钻头到取样器更换后重新插入。尽管移动贝克贯入试验钻机可能比较贵，但是一旦钻机在现场就位，试验很快且相对便宜。在填筑体下进行试验时，有时需要通过覆盖在待试验土体上的致密材料预先钻孔。预钻和修建必要的道路都会大大增加成本（贝克钻机比典型的标准贯入试验钻机更大、更重，因此可能需要更宽的道路和更平缓的转弯）。

贝克贯入试验作为评估抗液化性的标准化方法，其在贯入管的顶端安装堵塞钻头。因此，像圆锥贯入仪一样，贝克贯入试验可对锤击阻力进行测量，但不提供用于分类或实验室试验的样品。包括钻孔和取样等在内的勘探程序是很重要的，以便提供用于解释贝克贯入试验数据的材料指标属性。在标准贯入试验有效的区域，贝克贯入试验测点旁边布置标准贯入试验孔，这样可以进行贝克等效 N_{60} 值与标准贯入试验有效土层中的实际 N_{60} 值的比较，从而可以依据现场特点对关系式进行微调。由于解释说明的较大不确定性，在通过标准贯入试验/静力触探试验可以获得所有必要信息的场地，没有理由再使用贝克贯入试验。需要采用标准贯入试验或其他方法进行取样以便获得土体分级。否则，必须假设贝克贯入试验数据代表洁净砂，其在相同锤击次数下比粉砂或淤泥具有更低的抗液化性。试坑或探井对于了解现场粗料的组成和结构非常有用。

贝克贯入试验数据的解释由于钻柱侧面的摩擦力而变得十分复杂。哈德和西德（1986 年）提出的方法是假定每个场地摩擦力十分相似，从而使得该方法简单易用。西和坎帕内拉（1994 年）提出的方法明确地说明了侧摩擦力的影响，但是其对于每个贝克贯入试验探测都需要额外的打桩分析仪所用的时间及费用，以及针对选定的锤击进行波动方程分析。一项更新的发展是仪器化贝克贯入试验（iBPT），这与西和坎帕内拉方法有关，但在钻柱尖端和顶部使用仪器进行能量测量，从根本上消除了因摩擦引起的能量损失问题（加夫加西等，2014）。尽管垦务局在 2015 年还没有经验，但仪器化贝克贯入试验被认为是最先进的程序。贝克贯入试验数据解释与实际使用方法之间的差异在附录 13-D 中予以说明。现在可能会出现进一步的发展，它们不包含在本章中，但不应被忽视。

另外一个可替代砾石土的贝克贯入试验方法是动力触探试验（DCPT），其在中国研发，目前也在美国研究（曹等，2013 年）。本标准对此没有做更进一步讨论，但是动力触探试验价格低廉且快速，所以如果证明有用，则不应被忽略。

13.6.8　通过剪切波速评估液化势和液化可能性

粒状土的剪切波速（V_S）通常随着密度的增加而上升，土体的抗液化性也是如此。已经建立了在原位测量 V_S 和抗液化性之间的经验关系式（安德鲁斯和斯托科，2000 年；安德鲁斯等，2004 年；卡扬等，2013 年），对于过于粗糙乃至不能进行贯入试验的粗质土，以及需通过其他方法验证的土体性质来说是用的。附录 13-E 详细描述了使用剪切波速评估液化势的经验程序。地震荷载的测量指标为循环应力比，其计算方式与标准贯入试验和静力触探试验经验程序相同。

剪切波速通常在钻孔之间（跨孔测量）或从地表到井底接收器之间测量，接收器可安装到圆锥贯入仪中（罗伯逊等，1992 年）。由于跨孔测量精度更高，因此跨孔测量是首选，但由于在每个位置需要多个套管井，因此更昂贵且更耗时。地表测量方法已经取得了长足进展，这些方法越来越多地被用于地表地球物理学以检测液化材料，特别是表面波多通道分析法 MASW（帕克等，1999 年），但是跨孔测量仍然是垦务局大坝研究的主要方法。

剪切波速的测量涉及微小应变，而液化则是一种大应变现象。此外，V_S 对相对密度的变化不敏感，但预测的抗液化性对 V_S 的变化或小的测量误差非常敏感。因此，不认为 V_S 和抗液化性之间的相关性特别紧密。有可能的是，弱胶结土可能会出现高剪切波速而不存在高抗液化性。换句话说，极小的应变下它们可能是刚性的，不致密或高度抗液化。

如果是塑性土体，低剪切波速并不一定意味着是可液化材料。因此，除了剪切波速测量之外，还需要采集土样进行分类/实验室试验。

对于大坝安全分析，应始终进行不同类型的确证试验（标准贯入试验、静力触探试验等），而不是仅仅依靠V_S或任何单一方法来评估抗液化性。

13.6.9 通过实验室循环剪切试验评估液化势

已通过实验室循环三轴试验或单剪试验评估液化势（石原，1993 年；西德和皮科克，1971 年；皮莱和斯图尔特，1994 年；吉岛等，1984 年）。通过这些试验确定了经验评估中的许多原则，包括震级比例系数（MSF）、K_α和K_σ，如第 13.5.7 条所述。目前，液化势的实验室剪切试验主要用于研究，是因为高质量、未受干扰的样品价格昂贵且难以获得和试验。除非采用地面冻结等特别措施，否则很难在不影响孔隙率（或考虑到干扰影响）的情况下对非黏性、洁净砂和砾石进行取样。更重要的是，由于不均匀性和小样品所没有的大尺寸效应，大型土体（如坝基）的特性与实验室剪切试样的特性并不能直接类比。由于这些原因以及费用问题，自 20 世纪 90 年代以来，垦务局不再使用实验室循环剪切试验来评估液化势。然而，工程师可能遇到这些试验记录，应理解其含义。

但在某些场址，如果经验方法不能提供足够的可信度，实验室剪切试验可能是唯一的有效方法。特别是在原位试验时，可能无法明确细粒或塑性材料是否可液化，但它们比洁净砂更容易取样和进行试验。实验室试验可给出一般特性，如循环荷载产生多大的孔隙压力，剪切阻力是否随固结而上升等［对于这种材料，十字板剪切试验（VST）在确定峰值强度和重塑强度时非常有用，尽管不能测量应变或给出循环荷载抗力］。一些非线性有限元法和有限差分法程序需要的应力、应变参数只能在实验室试验中测得（非线性分析超出了本章的范围）。已有更广泛的实验室试验应用于评估液化后强度，最著名的是普洛斯等（1985 年）描述的稳态过程，其试图通过仔细且费时的现场测量来补偿取样扰动和孔隙率的变化，并对变化进行理论调整。

在松散可液化土体中，循环应变（有时甚至是单次应变）可以重新排列颗粒，使颗粒接触破坏，从而不再承受有效应力。总侧限应力由此部分或完全转移到孔隙水中，有效应力减小。持续大变形的阻力可能比引起应变的初始荷载低得多（应变软化）。实验室循环剪切试验可用于模拟地震荷载过程中发生的孔隙水压力的升高以及地震过程中相应强度降低的累积过程。随着试验循环，孔隙压力可升高直至恒定地（如在松散的砂流中液化），或仅在各个后续循环的部分区间（中密度砂循环流动）达到作用在砂上的总应力。这两种特性之间的差异非常重要。达到液化所需的循环次数取决于砂的密度和施加循环应力的大小。

在实验室循环试验中，液化指的是出现的孔隙压力等于 100％初始有效侧限应力，或者在循环三轴或单剪试验中，出现 3％～5％的双振幅（从峰值到峰值）应变。在致密砂中，在孔隙压力达到有效侧限应力（或循环单剪试验中的初始垂直有效应力）高度前，可达到应变准则。如果没有伴随很高的超孔隙水压力，这些材料的液化应变准则可能会具有误导性（过于保守）。尽管坝体或坝基中百分之几的剪切应变不会造成巨大变形和重大安全超高损失，但会影响坝堤内的附属结构或可能开裂而导致内部侵蚀。因此，循环试验数据的使用者必须了解如何为每个试验程序定义液化。

对于特定场地的非黏性材料实验室剪切试验的液化分析（无论是触发还是残余不排水抗剪强度），会受限于取得足够多的原状土试样困难以及费用昂贵（特别是如果存在砾石）。常规取样可能适用于低塑性粉土或粉砂。然而，对于没有太多毛细作用的非黏性材料，地表冻结可能是获得真正原状土样的唯一方法（吉岛等，1994 年）。只有在仔细研究了替代方案以及本方案可能带来的好处之后，才能决定开展实验室液化试验项目（价格昂贵）。需要考虑的因素包括样品是否足够黏结，以便能采用合适的方法获取原状土样。

13.7 细粒和黏性土

13.7.1 概述

在强烈的地震荷载作用下，由于液化或灵敏性，塑性黏土可能会出现很大的抗剪强度损失，或可能以塑性变形方式屈服变形（灵敏性被定义为单调荷载峰值强度与重塑强度之比）。尽管变形可能减少安全超高而导致内部侵蚀，或损坏附属结构，但只发生屈服和变形并不一定对大坝安全构成威胁。如果塑性黏土是饱和的并且不是高度超固结的，在地震荷载作用下其抗剪强度通常受不排水剪切的控制，这使它们比非液化颗粒材料更脆弱，因此它们可以是不受液化土体控制的不稳定或变形的“薄弱环节”。

液化主要是非黏性（颗粒状）土体（洁净砂或砂砾混合物，非塑性细粒粉砂，非塑性粉土等）的一种现象。黏土相对更耐液化。如，石原（1993 年）从实验室对尾矿的循环剪切试验中确定塑性指数大于 10 时，抗液化性随塑性指数的增加而上升。这一发现与在一场大地震中观察到的 Mochi-Koshi 黄金尾矿坝的特性一致；非塑性材料发生液化，但塑性指数为 10 的黏土粉土层并没有液化（石原，1993 年）。在地表附近的黏土中发生了液化，其有效预固结应力很低，土体尚没有固结至低空隙率和低含水量。与 Mochi-Koshi 尾矿不同，填筑坝即使仅为中型规模，其下部的黏性土通常会固化至含水量远低于其液限。黏土状土通常需要更高的应变才能达到液化状态，其很可能以循环移动而不是流动液化的形式出现（布雷和桑西奥，2006 年）。

黏土和黏性土有几个重要方面不同于粒状土。与粒状土不同，其孔隙率主要由有效预固结压力决定。与洁净砂相比，黏土土体骨架的较大可压缩性以及其随有效应力减少而下降的反弹能力，使其在受到小剪切应变干扰时，不易重塑和损失颗粒接触（这也使得取样和试验更容易）。在单调试验中，黏性土通常可以经受百分之几十的剪切应变，而且不会有显著的抗剪强度损失。通常，它们不会出现那种屈服后剪切强度突然下降的“脆性”。但也有例外，具有高敏感性的黏土可以表现得像液化砂，随着完全或部分重塑，会出现抗剪强度的严重损失。

布朗格和伊德里斯（2004 年）总结了细粒土抗液化的现状，提出了预测黏性土循环破坏的程序，其与西德·李·伊德里斯对砂土液化势评估的框架非常相似。然而，确定循环抗力比和经验调整系数（如 MSF 和 K_α）有不同的方法（文中使用的术语“循环破坏”包括黏土液化，也包括更常见的没有显著强度损失的屈服情况）。本文没有详细介绍这个程序，尽管其有某些内容对填筑坝比较重要。他们建议以塑性指数（范围为4～7）区分颗粒土和黏土，塑性指数越高表明更接近黏土，特性上的差别是一个渐变的过程。需要注意的是，这里区分的是砂土和黏土，目的是选择一套适用于评估应力-应变特性的工程程序，而不是排除液化势的标准（关于后者，参见第 13.7.2 部分）。阿太堡界限是对通过美国 40 号筛（0.425mm）的百分比进行测量，大量的粗颗粒会影响该标准是否适用于给定的土体。对于塑性指数在 7 左右土体，或者含有大量比 40 号筛更粗颗粒土体，需要逐一判断。这些判断应由负责试验或分析的工程师直接检查和处理。

通常，填筑坝边坡下的坝基中存在高水平静剪应力（在布朗格和伊德里斯黏土程序中，对于给定的 α 值，水平静剪应力比砂中的 K_α 低得多）。如果坝基由正常固结到轻度超固结黏性土构成，则屈服加速度（边坡间歇性失稳的临界加速度）通常很小。因此，在确定坝堤变形是否过大，黏性土的后屈服性状通常是最重要的。（附录 13-F 提出选择分析用强度参数的建议）。但是，例外的情况是，非常小的变形可能会导致坝体内附属结构损坏，或者大大增加因裂缝侵蚀而导致大坝破坏的风险。

然而，这意味着非液化黏土坝基会由于地震荷载而承受大的应变或者强度大幅度下降。如果有多次循环荷载，当循环荷载低至不排水抗剪强度峰值的 80%时，黏土通常开始显现出小的永久应变（百分之零点几到百分之几）（布朗格和伊德里斯，2004 年）。一旦达到峰值强度，重复或持续加载就会出现非常大的应变。大应变（百分之几到百分之几十）之后，剪切阻力可能大幅下降到峰后值或“软化”值，然后继续下降，直至黏土被剪切到重塑点。在敏感性极低的材料中，最终下降幅度可能为 30%，而对于非常敏感的土体，降幅可达 90%或更高（此处，敏感土体是指那些在重塑或受到大应变时，遭受重大剪切强度损失的土体可能会在地震导致滑动面移动几英尺时出现。有地震引起敏感性黏土中强度急剧损失的实例（布朗格等，1998 年；斯塔克和孔特雷拉斯，1998 年）。一旦重塑，极灵敏黏土的表现很像液化土体。然而，黏土的灵敏性不同于液化，因为通常需要高得多的应变引起黏土的强度损失，并且除了最敏感的土体外，超孔隙水压力比仍远低于 100%。此外，还需要一套不同的试验程序和分析方法。

在含水量高或流动性指数高、塑性指数低至中等和低超固结比的黏土中，最可能出现高灵敏性。老化的黏土及原来的盐水孔隙流体被浸出并被淡水取代的海洋黏土可能非常敏感，不过垦务局所建坝的坝址处很少发现这些土体。随含水量增加和塑性指数降低，灵敏性往往增加。高上覆应力，如在中高填筑坝下出现的，往往会降低敏感性并增加产生屈服所需的应变量。随着含水量和液化指数的降低，敏感性也下降。通常，在大型坝坝体重力作用下固结的土体中，敏感性较低，但并非总是如此。

无论敏感与否，因为不排水强度是稳定性的薄弱环节，坝体或坝基中的细粒土经常是控制坝体边坡屈服加速度的主要因素。由于基础中通常为固结或轻度超固结的黏土，其屈服加速度比建在基岩或致密土体基础上的坝小得多。换言之，在每次超过屈服加速度的动荷载循环时，压缩材料在不排水剪切条件下都会屈服。敏感黏土可能会失去所需的强度，进而失稳或出现非常大的动变形。假设不排水抗剪强度峰值和峰后值，通过简单计算得出拟静态屈服加速度，并将结果与预期的峰值地面加速度进行比较，就可以得出结论。如果没有液化势，而 $A_{\max}$ 小于或略大于屈服加速度，则坝堤本身不存在问题（附属结构可能会被破坏）。

现场十字板剪切试验对于评估细粒土的峰值抗剪强度和残余（重塑）抗剪强度非常有用（有关试验程序参见 ASTM D 2573）。峰值后抗剪强度大幅下降表明高灵敏性或潜在不稳定性或大变形。但是，十字板剪切试验除了给出定性，并不能给出地震中引起全面或部分重塑所需的应变量。十字板周围的应力和应变是复杂的，与计算抗剪强度在杆上测量扭矩时通常假设的简单圆柱体不同。用经验校正系数对其进行校正（如，比耶鲁姆，1973 年），但是这些系数是根据静态边坡不稳定性的情况反算的，包括应变率、排水、非均质性和应力路径的影响，这些影响可能与地震动的快速剪切不完全相关。由于十字板剪切试验没有提供调动峰值抗剪强度所需应变，或者峰值之后减小的应变的任何定量指示，因此可能需要组合试验方法。这可能包括其试验设备允许的应变和应变率最高的三轴/直剪试验，与十字板剪切试验一起确定灵敏性和重塑强度。静力触探试验也能快速测量沉积物的峰值和重塑强度，且成本低。由此检测到高灵敏度，但是静力触探试验对重塑强度的测量并不精确，并且与十字板剪切试验相似，静力触探试验不能示出发生完全或部分重塑所需的应变。

附录 13-F 提供了在地震稳定性和变形分析中黏土的峰值、后峰值和重塑强度的更详细信息。黏土强度的表征可能需要详细调查，包括固结试验、实验室和现场强度试验。黏土的不排水性态与应力历史有很大关系，因此任何黏土类材料不排水强度试验程序都应包括固结仪试验。

13.7.2 评估细粒和黏性土的液化势

许多研究者已经提出使用特性指数来排除细粒土的液化可能性。这一概念起源于 1979 年由王（1979 年）发表的《中国标准》，并由西德等人（1983 年）暂时采用，但后来被取代。布雷和桑西奥（2006 年）创建的一组新标准已取代了之前的标准。通过大量的案例和实验室试验，布雷和桑西奥得出的结论如下：

（1）如果塑性指数大于 18，则认为土体不可液化。

（2）如果塑性指数大于 12，只要含水量低于液限（LL）的 85%，则认为土体不可液化。

（3）如果土体确实具有一定的塑性，即使塑性指数小于 12，只要含水量小于液限的 80%，也可认为土体不可液化。

不满足以上标准中的至少一项的土体应被认为是可液化的，除非其可以通过实验室剪切试验、原位贯入阻力或其他证据来证明。布雷和桑西奥认为，如果塑性指数为 12～18，或者含水量在液限的 80%～85%，土体为中度敏感或可能易于液化，需要进一步评估。通常，实验室剪切试验对于有少量塑性的材料也是可行的。

满足这个标准并不能排除循环荷载或大的永久剪切应变所造成的严重强度损失。不排水屈服的敏感性和可能性必须在变形和震后稳定性分析中予以评估和考虑。

此外，在取样、搬运和运输过程中，含水量很容易变化。采用基于含水量的标准来排除液化势取决于有效的含水量，需要立即密封样品，避免受热和阳光直射，并且在取样后尽快测量含水量。

对于尚未完全风干的样品，最好测量液限和塑限值，因为干燥可能导致样品所含矿物变化，尤其是残留土体和来自分解的火山物质的材料。

重要的是要记住，阿太堡界限是按通过 40 号美国标准筛的过筛率测量的，而含水量则是对整个样品的测量。当数量适中的粗粒材料被粒径小于 40 号的基质材料环绕时，会影响整个样品的含水量，而不会显著影响其性能。如果 40 号筛上的剩余料量不大，则含水量可调整如下：

$$W_{\mathrm{adj}}=\frac{W-0.03\times(\text{留在 40 号筛上的百分比})}{(\text{通过 40 号筛上的百分比})} \qquad (13.7.2\text{-}1)$$

含水量 W 和调整含水量 W_{adj} 以百分比表示。实际上，假定样品中的所有水都与细于 40 号筛的材料的份额相关，但相当于较粗材料质量 3%的量除外。通常，在垦务局的工程实践中并不测量通过 40 号筛的材料的量（粒径小于 40 号筛的），除非要求完整的级配曲线。当使用这些标准时，应确定通过 40 号筛材料所占比例（如果可获取这些数据的话，可采用通过 30 号筛和 50 号筛的百分比之间的插值）。

这套标准取代了垦务局之前使用的标准。这两套标准均指明，液化可以根据高液限或小于 0.005mm 颗粒的高含量来排除，但这两个判断标准都被证明无效，垦务局不再使用。对于早期实践的更深讨论，可参见第 13.11.2 部分。之前的标准包括了对含水量和液限的比较，与布雷和桑西奥（2006 年）类似，但是它相对有些偏激，预测含水量高达液限 90%时不会发生液化。

通过十字板剪切试验和静力触探试验可以了解峰值不排水强度，并显示塑性细粒土、粉质或黏性砂在循环破坏后是否出现严重的强度损失的情况。然而，这些试验几乎没有显示引起边缘土体液化所需的震动大小，并且无法从这些试验中获得应力-应变曲线。然而，塑性材料中的永久剪切应变在循环应力为峰值强度的 80%或 90%时开始累积（布朗格和伊德里斯，2004 年），这也确实粗略指示了发生极高超孔隙水压力所需的最小循环应力。

13.7.3 含塑性细粒的粒状土

如果分类为黏质砂或黏土质砾石（SC 或 GC）的土体主要成分由通过 40 号筛并且塑性指数大于 7 的材料组成，将其视为黏土状是合理的。普遍认为，土体的强度受其粒度分布中最细的 20%～35%颗粒的控制，因为粗粒材料基本上悬浮在较细成分中（这个百分比取决于较细成分的特性）。阿太堡界限是依据通过美国标准 40 号筛（0.42mm）的过筛量得到的，而不是 200 号筛（0.075mm）所定义的细粒。因此，如果最细 35%的颗粒通过美国标准 40 号筛，土体的阿太堡界限至少在理论上应表明其整体特性。虽然这在小范围情况下可能是正确的，但没有土体是完全均匀的，其塑性细粒和颗粒大于 40 号筛的成分均匀分布。可能有些样品中含有逊于 40 号筛的颗粒含量小于 35%/塑性指数小于 7 的土层，但是整个样品的阿太堡值还是较高。在钻孔记录或实验室报告中报告的粒径尺寸实际上可能是样本内不均匀材料的平均值。考虑到不均匀性，建议只要超过 50%～60%的细粒土通过 40 号筛，黏质砂土或黏土质砾石才应被视为细粒土。这一导则是暂时性的，因为对于性状受细粒控制过渡到受粗粒控制时，细粒数量或者如何计及 40 号和 200 号筛之间的砂量没有普遍的共识（阿姆斯壮和马尔维克，2014 年）。

基于贯入阻力或剪切波速的液化触发分析通常包括对存在的细粒调整。对于塑性土采用由非塑性土发展而来的细粒调整是保守的，或许过于保守。石原（1993 年）提出，如果塑性指数大于 10，则抗液化性增加。

13.8 地震后稳定性分析

13.8.1 概述

如果是因地震引起液化或其他影响导致的抗剪强度大幅度下降，则必须在适当降低液化或敏感性材料强度的情况下分析填筑坝的震后静态稳定性。颗粒材料不会液化，但会承受孔隙压力的增加，也可能需要降低强度。

土体液化并不一定意味着强度完全丧失，特别是对于中等密度的材料［粗略地说，标准的经细粒调整的标准贯入试验锤击数（$(N_1)_{60cs}$为 15～30 次］。如附录 13-F 所述，已经提出了各种直接经验方法来评估土体的液化后强度。

稳定性分析应根据本标准第 4 章“静态稳定性分析”进行。

13.8.2 可液化沉积物的连续性或连通性

即使标准贯入试验、静力触探试验或其他数据表明某一沉积物的某些部分在特定地震下可能液化，但这些区域是充分隔离且不连续的，不会导致土体整体强度的大幅下降。发生滑动需要的液化材料的面积有一个最小范围。判断可液化材料的连续性或连通性需要试验间距相对紧密的试验数据和了解土体的沉积模式。这里使用的“紧密间距”定义为沉积模式（冲积型，湖相型等）、潜在破坏体大小以及沉积物中土体性质变化的函数。所有可用信息，包括材料类型、锤击数和地球物理勘探数据应在横截面图、剖面图和平面图上呈现。土体性质的插值和外延尚需了解土体沉积的地质过程。估算材料特性所采用的相关系数应尽可能与实际开发方法一致，如标准贯入试验锤击数与残余不排水抗剪强度之间的相关性通常用所涉及土层的平均锤击数予以确定。因此有必要了解沉积情况，以便确定现场研究应包括哪些数据内容。

13.8.3 渗流条件

稳定性和液化稳定性分析应采用地震前存在的测压管水位。通常情况下，可以假定为水库处于最高兴利库容情形下的稳态渗流。也可能需要考虑其他渗流条件，具体取决于水库的典型运行方式以及防洪库容的使用。

13.8.4 材料强度

附录13-F提供了选择用于稳定性和变形分析的材料强度指南。

在实际可行的范围内，坝基和坝体应根据材料性状的相似性进行分区。如果坝基为非均质或明显无序的，为每种材料划分不同的区域可能不切实际。在这种情况下，一个区域的总体性状可被认为是穿过该区域的最薄弱合理破坏面的平均强度。这一破坏面不必是完全平面的，但是如果一些低值出现在远高于或低于由其他物质形成的表面，则可以适当地排除这些低值。尚需依据地质剖面来做出这些判断。如果没有明显的软弱层，其合理近似值假定为该区域内所有强度测量值的33%。然而，构成可能合理破坏面的最小面积不一定明显，使得很难决定平均值中应包括哪些数据。使用CLARA（O. Hughr岩土工程研究公司，2010年）等极限平衡程序或FLAC三维有限元或有限元程序，可从三维稳定性或变形中获得一些了解。

分层和强度各向异性都很重要。在坝基中，剪切主方向通常为大致水平的，并且单个连续软弱层可控制整体强度。相反，陡峭的倾斜滑动面可能穿过多个不同强度的土层。这种情况下，整体强度近似为土层强度的平均值。不论各土层内的各向异性如何，整个区域的强度实际上是各向异性的。在这种情况下，一些边坡稳定程序允许单一各向异性强度函数覆盖所有方向。

对于膨胀材料的非液化区域，无论类型如何，通常应使用排水强度参数。不排水强度实际上可能高于排水强度，但不应依赖这一点，因为它取决于负超孔隙水压力，这可能会由于空化、预先存在的气泡或水从水库或具有较高孔隙水压力的相邻区域流入而损失。

对于收缩材料（会产生超孔隙压力但不会液化的材料）的非液化区域，不排水强度通常适用于粒状和细粒材料。

对于液化区，应使用不排水残余强度S_{ur}，如附录13-G所述，该附录提供了根据现场和实验室测量值估算S_{ur}的程序。残余不排水强度的估算不确定性很高，参数研究可能有助于理解安全系数对不同假设强度的敏感性。

13.8.5 破坏（滑动）面

应对两种常规类型破坏面的几何特性进行分析并提供报告：

（1）整体安全系数最低的破坏滑动面。

（2）会直接导致水库泄水的破坏滑动面（迎水面和背水面）。

整体安全系数最低的破坏面不一定是导致水库泄水的破坏面。在某些情况下，具有最低安全系数的破坏面对于大坝安全可能影响不大，因为它只会影响坝体的一小部分，而坝顶和重要分区完好无损。

液化坝基上坝体的稳定性对实际液化的范围非常敏感。如果只在下游坝趾和背水坡的一小部分下方发生液化，那么坝体可能完全稳定，或者任何可能发生的不稳定都不会影响大坝安全控制水库的能力。随着坝体下方的液化材料向上游延伸，对于有可能破坏坝体的破坏面而言，其安全系数会降低。在开展广泛的勘探计划之前进行边坡稳定性分析，可能有助于了解需要哪些信息，并相应地集中钻探工作。

13.8.6 安全系数和溃坝可能性

自 20 世纪 90 年代以来，垦务局使用的风险告知式大坝安全译定模式中，不存在必须满足的特定最小震后静态安全系数。然而，新建或改建坝的安全系数必须足够高，使得溃坝的风险低到符合风险准则。在关于已建坝或新设计坝可接受性的决策中，可考虑作为支撑分析中的不确定性以及未来实施过程中变化的可能性。风险水平取决于不同级别地震荷载的年概率，每类地震荷载溃坝的可能性以及溃坝的后果（通常根据公众保护准则，只考虑人类生命丧失的可能性）。当然，随着安全系数的增加，不稳定的可能性会降低，而不稳定性的出现取决于滑动面的位置和形状，这里不介绍风险分析程序，除非上下文需要。请参阅垦务局和美国陆军工程兵团最新版的《大坝安全风险分析最佳实践手册》以及垦务局的《决策指南》（2011 年）。

估算液化导致不稳定性通常需要三个步骤：①分析稳定相关关键参数可能的取值范围，以确定参数变化如何影响安全系数；②判断参数在各自范围内出现不同值的相对可能性；③判断不同安全系数下出现不稳定性的可能性。在许多涉及基础液化的问题中，最关键的参数不是液化材料的强度，而是液化范围。不仅要考虑稳定性分析中安全系数的数值大小，也应考虑假设是否保守，如是否忽视了三维效应带来的好处，或是否假定所有稳定运行时软弱材料都具有的连续性，即使连续性远未确定。

显然，如果稳定性分析预测沿滑动面的安全系数小于 1.0，在水库水位以上不留残余坝体的溃坝可能性将非常高。否则，必须根据预期残留情况判断失稳定后发生溃坝的可能性。考虑因素包括通过残留部分（可能包含损坏的心墙和反滤层）造成内部侵蚀的可能性，逆行滑动导致残留部分塌落至水库下部的可能性或者泄水建筑物等附属结构破坏的可能性。附属结构受损可能导致坝体破坏（如通过内部侵蚀），也可能遭遇地震后降低水库水位。在判断大坝失稳破坏的可能性时，不仅要考虑最关键的整体滑动面，还要考虑沿其他滑动面移动的可能性，即使它们的安全系数相对较高。

对于新建坝，标准的做法应是处理或移除基础中所有软弱、可能液化或敏感的材料，并为将来工程实施时可能发生的变化留有冗余。处理完成后，自重下的震后稳定性不应成为新筑大坝的问题，虽然动态变形可能还是问题。

13.9 填筑坝变形分析

13.9.1 一般方法

即使坝体及坝基土不会充分液化，导致在自重下失稳，但永久变形依旧可能发生。沉降可能来自坝基或坝体材料的致密化，无论是否有明显的滑动面，主要原因可能是剪切应变。如果变形足够大乃至大坝漫顶，则通常会出现快速溃坝。当变形没有大至漫顶，也会由于裂缝产生内部侵蚀或损坏附属结构而导致破坏。需要注意的是，变形可能是由顺河向移动形成的，也可能由横河向的震动产生。

评估地震变形范围的方法大致有对比经受过类似荷载的大坝实例，简单的滑动块体分析，非线性有限元法或有限差分法分析等。一般来说，分析应从最简单的开始，再到更为严谨的方法，直到获得可接受的合理的结果。下文描述垦务局的典型实践过程。

如果大坝变形可能影响挡土墙、管道或坝体内的其他结构，则应与垦务局的相关设计组合作，进行影响评估。

13.9.2 不需要进行变形分析的条件

许多大坝经受过中度地震荷载影响，但很小或完全没有变形或损坏。经验表明，修建在坚实基础上的大坝一般不会在中度地震中遭受损坏的（西德，马克迪西和阿尔巴，1978 年；USSD，1992 年、2000 年、2014 年）。图 13.9.2-1 是斯威斯古德（1993 年）在更多数据的基础上重新绘制的，显示了历史上经历过大地震的填筑坝的坝顶沉降，沉降值作为其所报道的峰值水平加速度（PHA）的函数（不同坝址的 PHA 值相对于坝体和坝基的物理位置可能不一致）。某些坝址发生了液化，但没有出现边坡失稳（只有变形）。这个沉降量已经结合了坝体和基础冲积层的高度进行了归一化处理。随着 A_{max} 的增加，沉降增加的趋势明显，而随着地震震级的增加，沉降增加的趋势不太明显。值得注意的是，只有极少数的沉降数据超过 1%，而且这些数据都发生在具有明显不利条件的大坝上，如水力充填或地基滑坡。

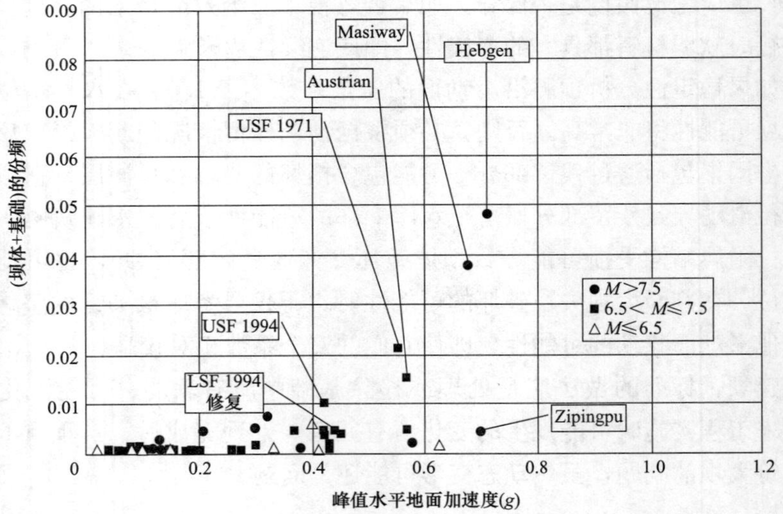

图 13.9.2-1　地震引起的填筑坝沉降

如果满足以下所有条件，通常不需要进行变形分析：

（1）大坝和坝基材料不易液化，不含敏感性黏土。

（2）大坝填筑良好，压实度至少达到实验室最大干密度的 95%，或相对密度大于 75%。

（3）大坝的边坡坡度为 2.5∶1（水平：垂直）或更缓，和/或者浸润线远低于坝体的下游面。

（4）坝基的峰值水平加速度不超过 0.35g。

(5) 所有潜在破坏面的静态安全系数（包括坝顶高程降低，即浅表面滑动以外的滑动）均大于 1.5，并且在地震即将发生前可合理预测孔隙水压力（水库水位位于兴利库容或共用库容顶部时的典型稳定渗流）。

(6) 在兴利或共用库容时的坝顶最小安全超高至少为坝体高度的 3%～5%，且不得小于 3ft（满足水库因地震波或大坝断层的同震运动所需的安全超高是另外的问题）。

(7) 没有会因坝体的小幅移动、可能的内部侵蚀或其他潜在破坏模式而受到破坏的任何附属结构。

如果满足除第（4）条以外的所有条件，则可通过简化方法评估潜在变形，并不需要使用块体滑动或非线性变形程序对特定场址进行数值分析。如果峰值水平加速度仅略小于屈服加速度，则仍会因为永久剪切应变和体积应变而发生变形，但通常较小。即使预期发生屈服，变形仍然很小。变形量取决于峰值加速度和达到或超过屈服加速度的加载循环次数。屈服加速度的计算应包括黏土材料以及其他任何不能自由排水并且可能收缩材料的不排水抗剪强度。对于膨胀、极易排水或干燥的材料，将使用排水强度。

如果不满足上述条件［第（4）条以外］，或者简化变形分析表明沉降可能会严重减少安全超高，或者沉降差很大，则可能需要更进一步分析。如简化的方法不适用于评估历时很长的俯冲带地震导致的变形可能性。即使是建在坚实基础上的填筑良好的大坝也需要进一步评估，一般使用时间相关的纽马克滑动块体法（纽马克，1965 年）或非线性有限元法或有限差分法程序（参见第 13.9.4 部分。）

上述条件并不涉及坝体开裂（横向或纵向）或附属结构（如泄水隧洞）损坏的可能性，这些需被视为单独问题另行考虑。

13.9.3 纽马克滑动块体法

在 1965 年的朗肯讲座上，纽马克教授提出了一种简单的技术来预测地震发生时的坝体变形，但只适用于没有可液化材料或敏感性黏土的情形（纽马克，1965 年）。滑动体被当做一刚性块体在倾斜面上滑动，同时坝基按记录的地面运动加速度运动。当与滑动方向相反的基础水平加速度超过屈服加速度时，边坡将从滑动体下面加速移出，滑动体沿着边坡向下移动。然而，如果边坡是静态稳定的，当地面加速度反转时，运动停止，所以滑动体是按较强的震动周期做"黏滑"的间歇脉冲运动。屈服加速度是通过计算惯性力来确定的，该惯性力通常采用极限平衡法边坡稳定程序将抗滑安全系数降低至 1.0 计算得到的，一般计算程序有 UTEXAS2（伊德里斯和赖特，1992 年）或 SLOPE/W（Geo-Slope 国际公司，2014 年）。

基于大量的针对典型地震运动的边坡实验室模型和数值分析，纽马克提供了一个可以用于初步评估运动量级的简单图表解决方案。然而，该方案最初制定时没有考虑坝体的弹性响应，这会影响滑动体的加速度。马克迪西和西德（1977 年）修正了纽马克（Newmark）法，纳入动态响应并得到一个新的图表解决方案，垦务局后来将其纳入 SEIDA 计算机程序中，如下所述。虽然它不是垦务局评估大坝的首选滑动块体法，但当峰值地面加速度和地震震级是唯一可用的加载参数时，也就是说响应谱（不同振荡周期的反映谱加速度）不可用时，它可用于筛选级研究。

使用纽马克滑动块体法的最好方式是特定场地数值分析，该分析结合场地动力响应和适合于特定场地和震源的地震地面运动。垦务局使用自己的计算机程序DYNDSP（垦务局，1983年）结合动力响应分析程序QUAKE/W与SLOPE/W（Geo-Slope国际公司，2014年）。

尽管这些方法（包括特定场地分析）的计算已经能够与实地观测的运动相当一致，但计算结果应当只视为一般性的标示，而不是对变形量的精确预测。如果可能会发生液化或产生高的超孔隙压力，则降低强度的纽马克方法可用于估计预期运动的上限和下限，但仅此而已。如果不稳定性是根据震后静态安全系数小于1或稍高于1而预测的，则不能以任何形式使用纽马克方法。

即使纽马克模型假设的滑动面没有发展，也可以通过致密化和剪切变形的方式产生一些永久位移。这些方法不考虑由于体积变化而导致的沉降。

通过极限平衡分析（使用UTEXAS2，SLOPE/W或类似程序）来确定潜在滑动面上的屈服加速度。高水位的稳态渗流条件通常适用于动态变形，但如果水库水位通常较低或可能存在洪水长期超蓄，则可能需要考虑其他渗流条件。应采用适于快速加载的每种土体的代表性强度来计算屈服加速度。但是，在强烈震动的过程中，一些材料可能会逐渐变弱，导致屈服加速度发生变化。固结不排水强度通常对于饱和材料来说是最实际的，除非它们是膨胀性的或透水性极强的（洁净砾石或较粗材料）。在回顾垦务局以前的报告时，可能会发现，假设饱和土体的排水抗剪强度时，没有考虑振动过程中产生的超孔隙水压力。结果可能会非常激进，特别是当基础包含可液化土体或正常固结黏土时。不饱和材料通常需要排水强度，但如果饱和度相当高（以致空气填充的空隙只占体积的百分之几），则可能存在高的超孔隙水压力。

纽马克型分析不允许在低于屈服应力的应力下产生永久应变，但在实验室剪切试验中，在应力达到80％屈服强度时就可能出现小的永久应变。因此，对于黏土材料，马克迪西和西德（1977年）建议使用80％屈服强度的值。当然，在可以容忍百分之几十应变的情况下，这可能是毫无必要的保守。对于密实的膨胀材料，采用排水强度略微有些保守。如果获取精确沉降值有问题，则可以使用实际强度和减少的强度来计算屈服加速度和变形，以便进行比较。

分析用假设渗流条件应包括水库水位达到兴利水位顶部时的稳态渗流条件。也可能需要分析其他荷载条件，具体取决于所分析大坝的典型运行情况。尽管降低水库水位可能发生更大的沉降，在上游滑动面上的位移通常会随着水位降低而变大。

分析最好包括坝体上部四分之一、坝体上部一半以及全部坝体的破坏面。垦务局的程序SEIDA的输入信息包括这三个破坏面的屈服加速度。对坝体的上游面和下游面都进行分析可能是适宜的。主要关注的滑动面是那些会直接影响坝顶的滑动面，而不是仅会导致边坡表面移动的浅层滑动。请注意，对于布雷-特拉瓦萨鲁（Bray-Travasarou）分析，荷载输入的是自由场谱加速度，因此只分析坝堤的上半部分的滑动可能需要响应分析，以找到潜在滑动基础上的谱加速度。

预测小于1ft的变形通常不会对大坝造成威胁，除非可能损坏关键附属结构或存在其他特殊情况。这些情况可能包括未加筋的混凝土心墙，有助于横向开裂和内部侵蚀的几何形状，如坝体高度突然变化或超高小。对于任何填筑坝，预估超过 3ft 的变形会引发对开裂和超高丧失的担忧。必须仔细评估大位移的影响，并应采用特定场地纽马克分析或非线性有限差分法分析验证简化分析的结果。

如果存在以下任何一种情况，则不应使用马克迪西-西德法和布雷-特拉瓦萨鲁法对设计或已建坝进行验证：

（1）地震震级为 8 级或更高。

（2）可用超高 4ft 或更小。

（3）坝体或坝基材料可能会液化或是敏感型。

（4）有些构件可能会受损并导致溃坝，需要对变形进行精确估算，以确定是否真的会在特定地震中发生。

如果发生上述情况，通常需要更高级的分析。

SEIDA 程序通常不能用于分析坝肩或水库边缘的滑动，因为其通过使用贝塞尔级数，将坝体近似为刚性坝基上的弹性三角形来估算坝体的响应。这也影响其对厚冲积层基础上坝体分析的有效性。通常这种情况需要特定场地的纽马克变形分析，并通过有限元法分析确定场地响应。

13.9.3.1 马克迪西和西德对纽马克法的扩展

马克迪西和西德（1977 年）通过将纽马克的工作拓展，制定了一种简化的方法马克迪西-西德来估算坝体顶部的地震位移（如果涉及液化或敏感性黏土，则这种方法也不适用）。他们根据典型地震记录生成了用于预测位移的图表解决方案，采用滑动体的峰值加速度予以标准化。通过模拟坝体的动力响应，并将其作为具有应变相关弹性特性的贝塞尔级数近似值来估计峰值加速度。坝体和土基（如有）的响应会导致坝顶的加速度比同一地震中基岩露头或岩基上的峰值水平加速度大得多。

此处计算的位移是沿滑动面的移动量。根据几何形状的不同，沉降时损失的超高可能有很大差异。

在 20 世纪 80 年代初期，垦务局需要一种无需额外勘探和分析就能评估动态变形的简单方法，对大约 200 座填筑坝进行初步安全分析。垦务局工作人员编写了计算机程序 SEIDA，以便快速使用马克迪西-西德法（阿迪亚，1982 年）。所需输入参数包括坝体底部的峰值加速度、地震震级、屈服加速度以及坝体的弹性特性。马克迪西-西德分析也可使用马克迪西和西德绘制的原始图表代替 SEIDA 程序，尽管需要迭代计算以确定坝顶的峰值加速度，这通常比基岩峰值加速度高 1.5～3 倍（可以假定坝顶峰值加速度是基岩峰值加速度的 2 倍，使用马克迪西-西德图表方案进行合理的一次近似。如果计算的变形很小，可能 1ft 或更小，则可能不需要进一步的变形分析）。

马克迪西-西德分析法输入所需的屈服加速度必须采用适用于快速剪切的抗剪强度进行计算；收缩性材料通常需要不排水强度。如果有液化可能性，则这种方法不适用（第 13.11 节描述了垦务局的早期实践。记录中发现，一些较老的马克迪西-西德分析在应采用不排水抗剪强度处，可能使用了排水抗剪强度）。这一程序可能会继续用于估算“数量级”，不应对其精度抱有期望。

13.9.3.2 布雷和特拉瓦萨对纽马克法的扩展

一些工程师认为马克迪西-西德法已被布雷和特拉瓦萨鲁（2007 年）的新方法所取代，但迄今为止，垦务局使用这种方法的经验非常有限。布雷-特拉瓦萨鲁程序依据的是基于多组地震动与边坡稳定性模型的大量纽马克数值计算的统计分析。输入参数包括屈服加速度 k_y、地震震级（作为地震历时的指标）、坝体基本周期 T_S 和等于 1.5 倍基本周期的谱加速度 $S_a(1.5T_S)$。作者发现，从统计学角度而言，由于应变软化的影响，$S_a(T_S)$ 是最佳地震荷载度量参数，因此 $S_a(1.5T_S)$ 被用于代替峰值水平加速度。

布雷-特拉瓦萨鲁法提供了两种结果：①实际上不会发生位移的概率；②如果发生，位移的估计值（小于 1cm 或 0.4in）。在这种情况下，应变软化不包括液化或敏感性土体重塑。

这种方法用手工计算会很麻烦，但它可以在电子表格中轻松实现。

迄今为止，垦务局在布雷-特拉瓦萨鲁程序方面的经验有限，其中一个复杂因素是，其需要某一期间的谱加速度荷载（而不是峰值水平加速度），而该荷载各坝是不同的。这实际上更有意义，但在必要的时间段内，危险曲线并不总是适用于谱加速度。与其相反，马克迪西-西德法需要使用峰值水平加速度，并且危险性曲线适用于垦务局的所有大坝。在垦务局拥有更多经验之前，暂时建议采用两种方法，并随时比较危险性曲线是否适用 $S_a(1.5T_S)$。马克迪西-西德程序可能会继续用于“数量级”估计，但不要对两种方法的精度抱有期望。

13.9.3.3 特定场地纽马克数值分析

特定场地纽马克分析使用记录的或合成的地震动和坝体特征值来计算随着时间变化的永久变形。关于位移的计算机程序需要进行动力响应分析以找出滑动体的加速时间历程，并通过边坡稳定性分析以确定屈服加速度和临界破坏面。

历史上，垦务局使用边坡稳定程序 UTEXAS2、纽马克变形程序 DYNDSP 以及用于动力响应的 SHAKE 或 QUAD4M（采用一项名为 UTOD 的实用程序将 UTEXAS2 输出数据转换为 DYNDSP 输入数据）。由垦务局编写的 DYNDSP 可包括随时间变化的孔隙压力和材料特性。最近，垦务局使用 QUAKE/W 和 SLOPE/W，一起实现以上所有三项功能。本文未提供其使用细节，可参阅用户手册。其他合适的程序也可以使用。

13.9.3.3.1 *破坏面*

应分析可能导致大坝坝顶移动和水库泄水的破坏面，并且上下游面都应考虑。坝体的弹性反应导致坝顶加速度大于坝体底部附近的加速度，因此，具有最低屈服加速度的破坏面可能不是最大潜在变形面。因此，分析应包括具有最低屈服加速度的破坏面（通常涉及坝体全高）以及坝体上部一个或多个破坏面。还应根据大坝的几何体型来评估其他表面的稳定，如戗堤、分区变化以及可能的软弱材料层。用户必须判断稳定性分析所表明的临界破坏面是否真实，是否与坝顶破坏相关。

13.9.3.3.2 *加速度时间历程*

计算变形的加速度时间历程最好采用 QUAKE/W 或 QUAD4M 二维响应分析获得

的滑动体质量加权平均值。QUAD4M 可以计算沿破坏面的应力过程并将其转换为滑动体的加速过程，这一独特功能是专门为纽马克分析编写的。虽然一般首选二维分析，但使用 SHAKE（伊德里斯和萨恩，1992 年）一维分析可能得出一个合理的近似值，特别是对于初步分析，或者如果填筑体和基岩之间存在厚土层（较之浅基岩上的大坝，更适合一维假设）。

与马克迪西-西德以及布雷-特拉瓦萨鲁的简化解决方案一样，SLOPE/W 和 QUAKE/W 计算得出的位移是沿滑动面的移动。如果滑动面在顶部不是陡峭的，则坝顶的垂直运动可能会显著减小。如果是陡峭的，则垂直运动与沿滑动面运动之间的差值可能相似。

纽马克法的变形分析假设单个滑动体在平面上做刚性块体运动，而实际的破坏面通常是旋转的或由多个块体组成。上游面和下游面的滑移均会导致坝顶沉降。另外，由于坝体断面内强度随位置变化（可能随时间变化），且地震动幅度随坝高变化，变形可能是由一个或几个潜在滑动面在地震中不同时间滑动产生的。大坝上部的滑动面可能被低处的滑动面完全包含，从而使上部滑动面与地面运动隔离。

无论是场地特定法还是简化方式，均需将纽马克分析视为可估算变形大小，而不是精确预测的方法。

对有液化地基的填筑坝或静态安全系数稍大于 1.0 的任何边坡，采用纽马克分析可产生不真实的大位移。如果分析表明对于稳定边坡动态位移达数十或数百英尺，可能违反了该程序的假设，结果不可信。但是，如果地震后的静态安全系数小于 1.0，则持续滑动会产生较大的位移。

13.9.4 非线性有限元/有限差分变形分析

随着计算费用相对低廉的计算技术的发展，使用非线性有限元或有限差分分析模拟土体结构的永久变形（包括饱和土体中超孔隙压的作用效应）已变得可行。现在已经出现了许多计算机程序，包括 OPENSEES、TARA、SWANDYN、PLAXIS 和 FLAC。截至 2015 年，尽管并没有某个程序被普遍推荐，垦务局几乎全部采用了 FLAC。请参阅各个程序的用户手册以及有关非线性分析的其他出版物。迄今为止，通过在已知地震荷载情况下进行反分析，成功再现了这些特性。然而，尚未对受到大地震影响的场地进行检测，来验证预测结果。这些分析不应被视为准确的预测，但它们对于显示变形和其他特性的一般趋势，以及评估对输入假设变化的敏感性非常有用。对于新建大坝或改建的现有大坝，风险考量通常表明需要充分的安全裕度，如提供足够的安全超高，而不是严格依赖变形分析的结果。

13.10 影响填筑坝抗震安全的其他问题

13.10.1 坝体开裂

强烈地震运动会导致坝体开裂，如果水流通过裂缝并侵蚀坝体或坝肩，可能导致溃坝。2010 年，塞拉尔市发生 7.2 级地震后，垦务局在全美的灌渠由于虹吸结构的内部侵蚀近乎受到破坏，在迅速采取措施后才防止了破坏（杜威和帕伦博，2011 年）。1952 年内华达州法伦地震中，Rogers 和 Coleman 坝（均为小型混凝土挡水建筑物）遭到破坏，原因是混凝土坝和坝肩之间的填土坝段产生裂缝并被侵蚀，使大坝溃决（西德、马克迪西和德尔巴，1978 年）。平行于坝轴线的不均匀沉降或强烈地震运动可能因拉伸应变而导致大坝顶部横向开裂（垂直于轴线）。由于坝体与坝肩的位移不同步，垂直于轴线的运动导致横向开裂。横向开裂最有可能发生在大坝的急弯处、坝体高度突变处（基础中的“台阶”）或坝体（或基础）中的软弱夹层处，如岩基到土基的过渡区。压实的坝体材料（除了洁净的粗粒材料）通常具有足够的表观黏聚力（由于毛细作用），故对于以某种方式形成并且不因随后震动而闭合的垂直裂缝，允许其保持达数十英尺的开度。这可能会形成水流的开放路径，如果下游没有足够的反滤层来阻止受侵蚀颗粒的移动，则可能会出现坝体溃决。

动力有限元法/有限差分法分析可能会提出导致开裂的拉伸或剪切应变的潜在位置。三维分析可以直接模拟基础材料、陡峭坝肩等的突然变化对响应和应变的影响。二维分析（更容易获取）效果不太好，然而，当对许多横断面进行分析时，如果相邻横断面的响应强烈不同步，或者沉降差异很大，则二维分析有助识别脆弱区域。

纵向开裂（即平行于轴线的开裂）是由壳体或基础的沉降、边坡不稳定或小位移的动力屈服所导致的。单纯的纵向裂缝本身并不会威胁到大坝的安全，但如果结合坝体的其他损坏（如横向裂缝），就可能成为问题。

13.10.2 坝体内部或相邻的附属结构物受损

附属结构物如溢洪道、泄水洞和压力管道可能因震动或坝体变形而受损。坝体直接受到水库渗漏水流的冲刷可能会导致大坝溃决。这里介绍几种潜在的溃决模式，但没有提供分析方法。

溢洪道泄槽和顶部结构的墙体通常作为相邻坝体的挡墙，许多较早建成的原有墙体并未按现在的地震荷载设计要求设计。当水库水位接近或高于溢洪道顶部高程时，如果墙体垮塌，坝体直接暴露在水库中，如同明渠流或者墙体倾斜而非结构完全破坏时的横向裂缝来水冲刷。因为水位通常在溢洪道顶部数十英尺高度以上，这更可能使闸门控制溢洪道成为问题（闸门本身和支撑它们的闸墩也可能是脆弱的）。

历史上挡墙的抗震分析采用简化方法估算地震荷载，主要是物部和冈部法，这是库仑主动力的延伸，以将水平加速度包括在内；以及伍德方案，该方案依据的是土体对墙体的弹性响应（物部和松岛，1929 年；伍德，1973 年）。从实验室试验和现场情况可以看出，这些方法的结果相对比较保守（阿尔蒂克和西塔尔，2009 年），但它们对于小型结构或当略保守不成问题时仍然是可以接受的。对于主体结构，简化方法已在很大程度上被动力有限元分析所取代。有关挡墙各种分析方法应用的详细信息，参阅埃贝林和莫里森（1992 年的研究）的资料。

如果泄水建筑物或溢洪道是管道式的，穿过或位于坝体底部，则坝体边坡的位移可将管道纵向拉断，使坝体遭受水流冲刷。受损管道或进水塔也可能产生新的渗流路径，导致沿导管外侧的内部侵蚀，进而有可能造成坝体内部侵蚀。

13.10.3 致密导致的沉降

如果地震动引起超孔隙压力，随着超孔隙压力消散，可能会因固结而出现沉降。松散不饱和的材料也可能密实化，从而导致在地震过程中沉降。对于高上覆应力下的极松散材料，体积应变可能高达 5%，但更可能出现小的应变。石原（1993 年）提出了一种估算超孔隙压力消散所引起应变的方法，用于 5%的上限不够精确。体积应变产生的沉降通常比剪切应变引起的沉降小得多，但谨慎的做法是检查体积应变会引发多大沉降。这可能对于坝体下尚保留有液化材料的改建坝而言很重要。

13.10.4 坝基断层破裂

如果坝基有发生断层破裂或构造褶皱的可能性，则有必要评估填筑坝对这类活动的响应。Baldwin Hills 坝的破坏被认为是由于地震断层活动造成的，其破坏了水库内脆性的沥青衬砌，引起内部侵蚀导致溃坝（詹生，1980 年）。1906 年旧金山地震发生时，直接建造在圣安德烈亚斯断层上的两座蓄水小坝，一座溃决，而另外一座则没有。可能是因为溃决的坝有一条穿过坝体的钢制泄水管道。如果坝体或坝基土由于震动而裂开，内部侵蚀可能导致大坝溃决，除非受损区域的坝基或坝体材料设有足够的反滤和排水。尽管非线性有限元法/有限差分法建模可以提供对坝体特性的一些洞察，但是没有简单的程序可以直接分析这个问题。谢拉德等（1974 年）和布雷（1990 年）总结了处理基础断层的大部分可用资料和设计方法。需要判断开裂坝体或基础土体是否会自我修复并防止出现可能导致溃坝的裂缝侵蚀。如果裂缝不会因保持张开成为优先渗径，如果级配适当的反滤层保持在原位并阻止受侵蚀颗粒进一步移动，或者如果上游材料被冲入裂缝并将其堵塞，就可能引起自我修复。薄/脆性心墙是最易受损的。宽的保护性排水和反滤对于控制断层移动后的渗流是非常重要的。需要用排水来释放因水库水流经断层和受损坝体而造成的高水压。如果排水管不能完全消除压力，应有足够的盖重来防止隆起或涌水。需要设反滤防止内部侵蚀进入排水系统，需要很宽的反滤和排水，以便它们保持连续并允许较大的断层偏移量。所有这些特点都在加利福尼亚州的垦务局 Lauro 坝改造中得以体现。Lauro 坝的基础中发现有活动断层。在 Lauro 坝泄水管道上游端安装了一个自动截止阀，这样管道损坏不会排放出大量水侵蚀坝体。

13.10.5 湖震波和孤立波

湖震波是由库盆内的水体晃动或振荡引起的长周期波，通常没有可见的表面波。观察者会认为水库表面是水平的，但是在静态水位上下波动，而在水库的另一侧则相反。对于地震造成的可能漫过大坝的明显湖震波，可能伴随大型滑坡或水库库盆的同震运动（水库内垂直断层位移或水库库盆倾斜）。1959 年的赫布根湖地震导致赫布根湖湖盆偏离赫布根大坝。水的初始运动远离大坝（上游），但是由于水库库盆倾斜，三四个长周期波涌向赫布根大坝。由于库盆的倾斜在上游，大坝实际上在地震后有更大的安全超高。虽然大坝受到其他机制的严重破坏，但波浪造成的冲蚀很小（USGS，1964 年）。孤立波和涌浪是水库突然受到扰动引起的快速移动波。这些情况可能在大型滑坡迅速滑入水库时发生，如意大利瓦依昂坝发生的灾难性事件（詹生，1980 年），或者当同震运动抬升或降低一部分库盆时发生。垦务局对怀俄明州 Jackson Lake 坝和加利福尼亚州-内华达州界线上的太浩湖进行了类似的同震分析（杜威和迪斯，1987 年）［较早的报告可能涉及垦务局研发的计算机程序 LSWAVE（皮尤和蒋，1986 年），但不再使用。］最近，垦务局聘请咨询公司使用更新的方法模拟了犹他州 Arthur V. Watkins 坝的漫溢。在这种方法中，大坝漫顶可能性与大型坝体沉降可能性有关。

尽管非常罕见，但仅仅通过地震动就可以在小型或狭窄水库中诱发 1ft 或更高的湖震波。无论是 1964 年的阿拉斯加地震，还是 2002 年的 7.9 级的德纳利地震（也在阿拉斯加），都在西雅图附近的联合湖上引起了波浪，这些波浪足以破坏游艇（巴贝罗普卢等，2004 年）。这需要持续长时间的强地面运动及与水库的自然振荡周期相当的非常长的周期。尽管可能如此，但纯粹由于地面加速度而产生的波浪不大可能会威胁大坝，除非安全超高很小。需要对水库水深和地震动频谱特征进行广泛分析，以预测地震动引起的波浪振幅。

评估湖震波或孤立波造成的漫顶需要考虑地震/同震运动可能导致大坝变形引起的坝顶高程降低。

13.11 垦务局填筑坝地震分析实践

根据本章内容定期核查垦务局每一座填筑坝的安全，包括审核原先的分析。工程师需要了解原先的内容，如此方能将原有结论与现代实践进行比较。下述的历史实践内容仅供参考，不推荐用于未来项目。

13.11.1 大坝安全的确定性评估

目前的实践与垦务局在 20 世纪 90 年代中期以前的实践，二者之间最重要的差别在于从基于标准的确定性分析几乎彻底转变为风险分析。原先，不论最大可信地震的概率有多小，大坝必须能够经受现场最大可信地震。如果分析表明大坝经受不住最大可信地震，则该大坝视为缺乏安全性，需要改造。

一般来说，地震构造和地球物理小组会从一个或多个震源处识别最大可信地震。这些震源可能是单个断层产生的最大震级或通过背景地震活动性推导出的最大震级。由于在液化或变形分析前，无法明确哪个震源实际会对既定构筑物产生最严重的荷载，因此有时会报告多个最大可信地震源。如在液化分析中，相比距离现场较近的较小地震，较远处发生的较大地震可能会更严重，即便峰值水平地面加速度并不高。这是因为较大震级会产生更多次震动循环。（参见第 13.6.2.3 部分，了解震级比例系数，该指标说明震级较大的地震周期较长）。

截至 2015 年，不再通过大坝在最大可信地震中的响应，而是通过概率风险分析（即考虑在整个可能荷载范围内发生溃坝的概率），以及通过相关荷载的概率来指导大坝安全决策（风险分析法不在此赘述；请参考其他出版物，包括垦务局最新版本的《大坝安全性风险分析手册》）。进行风险分析前，先开展地震危险性概率分析，结合多个震源以及各震源的完整震级范围和 A_{max}（不仅仅是其最大可信地震）。这样可以得出任何地震荷载等级的年发生概率；结合所给定的各荷载出现时的破坏概率，计算出溃坝出现的年概率，以便与其他大坝以及公共保护指南相比较。风险有时候主要以未超过临界值的地震控制，因为它们比极限荷载出现的可能性要大得多。

13.11.2 液化评估

自从本章以前版本出版以来，关于大坝液化问题的工程实践已经有实质性的发展。长期以来垦务局评估液化势的实践主要基于简化西德-李-伊德里斯（Seed-Lee-Idriss）法（西德、李和伊德里斯，1969 年；西德，1987 年；西德等，1985 年；西德和哈德，1990 年；美国国家地震工程研究中心，1997 年）。美国国家地震工程研究中心的报告具有非常重要的意义，其明确了抗液化工程实践的基本程序，并确定了需要进一步研究的领域。自 1997 年该研究中心报告发布后，根据大量的补充历史案例进行了更新。更新详细内容见本章节附录。历史上最常用的密度和循环抗力指标是标准贯入试验，而静力触探试验和剪切波速只是辅助。静力触探试验在目前的垦务局实践中更常用，尽管其效用在许多场地会受地质条件限制，尤其是含大量碎石或卵石的冲积层场地。

液化是某些重要地震潜在破坏模式的组成部分。这些潜在破坏模式的概率性风险分析需要确定可能地震荷载在整个范围内发生液化的概率，而不仅仅是在发生最大可信地震时的液化可能性。因此，垦务局开始采用基于历史案例数据回归分析的概率进行液化研究，最早开始于廖等（1988 年）的早期研究工作中以及后续尤德和诺布尔（1997 年）、采廷等（2006 年）、伊德里斯和布朗格（2010 年）以及布朗格和伊德里斯（2014 年）的研究中。由于方法和更新后的数据库不同，不同模型得出的概率估算值可能会大大不同。当前的 SPT、CPT 和 V_S 实践分别参见附录 13-B、13-C 和 13-E。

已发布的显示 CRR 随原位试验结果变化的曲线并不具有确定性，即使通常将其视为具有确定性，但这一点并未获得普遍认可。事实是 CSR 小于 CRR，也不一定会排除液化可能性。在 20 世纪 70 年代西德的早期研究工作中，CRR 曲线实际上仅说明液化概率约为 15%。后续伊德里斯和布朗格（2010 年）的统计分析表明，西德在 1987 年发表的 SPT-CRR 曲线非常接近 15%概率，即使后来的地震过后还添加了许多数据。根据他们的模型，当液化概率降至 2%，应用到“确定性”曲线可得安全系数为 1.15［采廷等（2004 年）得出结论，认为相比伊德里斯和布朗格的数值以及原先版本的方法的数值，15%概率应采取更低的 CSR 值］。

循环应力最常通过采用 SHAKE 的一维等效线性响应加以计算，或采用式（13.6.2.1.2）进行计算，其中早期版本的 r_d 曲线如图 13.6.2.1-1 所示，该曲线基于大量 SHAKE 试验得出的。严格来讲，图 13.6.2.1-1 和式（13.6.2.1-2）都适用于地面高程，但在坝体以下一定深度，误差会有所减少。随着二维有限元响应分析的计算机程序的问世，不需要采用一维响应分析法来分析动剪应力。

式（13.6.2.1-2）曾采用代表基岩露头（而非土体表面）的数值 A_{max}，这样是不正确的，也偏危险，因为土体往往会放大加速度。

2000 年以前的标准贯入试验锤击数和钻孔记录都需要详细审查，因为钻孔程序非常不规范。尤其是部分旧数据在地下水位以下的钻孔内测量得出，没有足够深度的钻液或水防止孔底鼓起或土沸。没有钻液或水，测量得到锤击数会异常小。即使到2000年之后，设备和程序仍然未完全标准化。

第13.7.2部分介绍了布雷和桑西奥（2006年）提出的标准，在塑性指数和含水量与液限比的基础上，排除细粒材料中的液化。这些标准取代了早期俗称为《中国标准》（王，1979年）的一套标准。《中国标准》指出，可根据高液限或粒径小于0.005mm的颗粒高百分比含量来排除液化。但是，事实证明这两个标准都未能成功地排除液化（布雷和桑西奥，2006年）。现在看来，这可能是因为王的数据集数量太少，两组标准之间才会出现较大差异。王（1979年）和布雷和桑西奥（2006年）都得出结论，认为利用足够低于液限的含水量，可以排除液化（前提是该含水量正确无误）。王的标准较为激进，设定含水量相当于90%液限时，就可以排除液化，而布雷和桑西奥则将该值限定在80%～85%。由于含水量通常采用全样本测量，但阿氏限度仅适用于粒径小于40号美国标准筛的颗粒，这样就使问题变得更复杂了。原来的分析没有根据式（13.7.2-1）或类似程序补偿和调整含水量，这相对比较冒险。（将含水率标准应用于在取样和处理中可能失去水分的样品也是不稳妥的）。

13.11.3 稳定和变形分析

在垦务局大范围运用非线性变形分析以前，一般稳定性分析的实践只是采用条分法进行极限平衡分析，最常用的是UTEXAS2、SLOPE/W或更早程序软件中使用的斯宾塞法。可接受的最小震后静态安全系数一般为1.3，如果不符合此要求，则视为大坝缺乏安全性，需要采取纠正措施。如果预计震动持续时间较长，或安全超高较低，则需要采用更高的安全系数。除非预计伴随最大可信地震可能会出现大面积液化时，一般不需要进行稳定性分析。

预计坝体或坝基出现大面积液化，或其他强度大幅损失时，利用西德和哈德（1990年）提出的标准贯入试验锤击数关系式，得出液化材料中的残余不排水抗剪强度S_{ur}，进而分析震后静态稳定性。在少量大坝中，垦务局按照普洛斯、卡斯特罗和弗朗塞（1985年）所述的方法，通过仔细取样和实验室试验，利用不排水稳态强度S_{uss}进行稳定性分析。目前公认西德和哈德关系式从某种程度上对大坝而言较为保守，因为这种方法并不考虑随着坝体填筑其下部基础覆盖重增加进而强度增加的情况（西德、伊德里斯和布朗格，2008年）。截至2015年，甚至于对S_{ur}关系式的正确格式，业内还没有就此达成共识。关于S_{uss}的试验和试验程序，与任何其他实验室方法类似，不能获取较大土体的所有特征，包括液化沉积物内的沉降影响和空隙迁移。这个影响会导致形成松动区，甚至在液化土体顶部形成一层水膜。目前关于S_{ur}的试验程序可参见附录13-F，其主要依赖于作为密度指标相关性的渗透试验。

在20世纪90年代末之前，垦务局不常用液化材料进行变形分析。原先通常利用纽马克的滑动块体分析法（纽马克，1965年）分析变形，根据场地特定地面运动的数值分析，或基于纽马克法的马克迪西-西德简化法（1977年）。马克迪西-西德分析法最常采用垦务局的计算机程序软件SEIDA。纽马克法和马克迪西-西德分析法通常采用土的排水强度（而非快速荷载作用下的饱和土的不排水强度），计算得出的沉降值很少超过十分之几英尺，这与过去填筑良好的大坝的特征一致。但是，因为液化势或细粒基础材料的不排水强度低于其排水强度，这对某些大坝而言却较为冒险。在利用原来的分析结果前，应对强度假定值加以验证。

较早的报告可能会提及一种近似分析法，该方法通过分析一定量变形后边坡的稳定性，来分析不稳定边坡的运动（这种方法俗称为"挤压大坝"分析法）。首先假设变形后的大坝构造，然后通过确定变形坝体的静态安全系数完成分析。除非计算得出的安全系数约大于 1.1（考虑动量影响），否则预期可能会出现新的移动。如果结果远远高于 1.1，则预估运动可能过高了。无论是未稳还是超了，变形坝段需修改并重新分析。

挤压大坝分析程序仅是偶尔使用，现已经很长时间未用了。目前已经有适用的非线性变形分析法了，本文在此说明仅用作历史参考。

13.12 新建大坝的抗震设计

新建大坝必须满足《内政部垦务局公共保护指南》要求，以通过大坝安全计划验收（垦务局，2011 年）。更具体来讲，必须证明大地震期间以及大地震过后，堤坝仍具有可靠稳定性，不会产生过度变形，能够经受住坝体开裂或坝基断层运动所产生的内部侵蚀。新建坝设计应确保实践状态的变化，地震灾害研究的更新以及人口增长不会增加预估风险至警戒线附近或以上。不论定量风险预估如何，新建坝必须根据需要采取防御设计措施和必要冗余度，以确保大坝性能足以经受住现场可能出现的最严重地震荷载。

最终设计前，必须开展足够的地震构造研究，确保设计中使用的抗震设计参数的有效性。一般适用的防御措施如下：

（1）清除或处理强度低或密度不足的基础材料，避免地震期间可能出现的强度损失。

（2）修整坝体建基面的形状，以减少可能引起侵蚀的裂缝出现。建基面整形应避免横河谷方向引起坝体高度骤变（台阶形基础面），同时在理想状态下，避免建基面倾向下游。在横河谷方向上，基础面坡度不应超过 2∶1(H∶V)，或倾向下游坡度不超过 4∶1(H∶V)。

（3）设置过渡和排水区，通过加工或仔细选料控制材料级配，以便在坝体或坝基发生开裂时，确保反滤料的相容性和足够的排水能力。

（4）上游砂砾石止裂区可以通过水流将其冲入裂缝以堵住裂缝，从而补充自愈能力。这一理念早在 20 世纪 30 年代就已被纳入填筑坝设计中（如美国加利福尼亚州的 Coyote 大坝），尽管其有效性还从未在具有张开的横向深裂缝的填筑坝中验证。如果设置止裂区，则必须有一个下游透水区，该区域要足够细，以防止止裂区材料经过横向裂缝被带到下游面，止裂不再有效。

（5）足够厚度的心墙、反滤层和排水区。如果心墙相对较薄（由于料源供应有限），则应在坝肩处局部加厚心墙以提供较长的渗径，因为坝肩基岩中的裂隙水流引起坝体裂隙或侵蚀的可能性较大。基础面最好采用塑性土料以获得较大的侵蚀阻力。如果料源储量允许，最好在大坝全长范围内设置较厚的心墙，以提供额外的安全冗余应对裂缝侵蚀问题。所有坝体分区都应控制压实至较高密度，通常规定的最小密度为实验室最大密度的 95%～98%（ASTM D 698 12、D 7382 08 或 D 4253 00，或其他适用标准），但是反滤层和碎石排水区除外，具体如下文所述。对于含细颗粒的坝体材料，如果铺设时的填料含水量比最佳含水量稍微湿润（而非干燥）一点，可有助于减少开裂。

（1）高水位稳态渗透条件下，静态边坡稳定性安全系数至少为 1.5。

（2）大坝安全超高至少为坝体高度的 5%～10%（取决于设计地震荷载的严重程度），但不低于 3ft，如本标准第 6 章“安全超高”所述。

（3）溢洪道和泄水洞等埋入式结构的设计需经受住地震荷载，而不产生过度挠曲，要在周围设置反滤层和排水，防止裂缝出现。埋入式建筑物的位置必须尽可能减少其对坝体性能的影响，从而不会加剧坝体开裂或使其承受内部侵蚀的能力变差。

（4）对水库周边可能的不稳定边坡进行处理。

以上所列很大程度上依据国际大坝委员会的公告（2001 年）。

对于新建坝，良好的设计应该列出所有可能的潜在破坏模式。对新建坝而言，相对于事后补救，防御措施通常只需要相对较少的额外费用。如较厚过滤层的成本并不会高很多，如果用较大的设备来建造，节省的每立方码施工成本可抵消材料的额外成本。

反滤层应根据本标准第 5 章“保护性反滤”的要求进行设计。对于一般大坝而言，尤其是建在地震区域的大坝，反滤层能够变形而不会形成张开裂缝，这一点非常重要。张开裂缝最可能出现在大坝上半部分，那里有助于裂缝闭合的上覆层压力比较小。因此，压实后的反滤层含有的细颗粒不应超过 5%，因为细粒会产生毛细张力，导致在部分饱和的反滤层中裂缝保持张开。此外，反滤层中还不得包含黏合剂或胶结剂（如颗粒表面的盐分）或超过 3%的云母，这些物质极易分解成细粒。研究发现，即使是微生物，特别是固铁菌，都可能起到黏合剂的作用。反滤层和碎石排水区不应太过松散，也不得过于致密，否则可能液化。密度越高，脆性变形和开裂的概率越大。雷德林格尔等（2012 年）和垦务局（2014 年）报告了有关开裂的反滤层性能的实验。其中一项重要发现就是压实砂反滤层中的裂缝一旦经其中的水湿润后，就无法依靠坍落度闭合，除非经过认真选择、加工处理和铺设。同时，如果反滤层和排水区压得过于密实，那么其渗透性会受损，尤其是垂直渗透性，因为过于密实会导致细粒分解，在每层顶部形成一层薄薄的低渗透层。目前尚未确定标准的反滤层密度，但暂定为至少是实验室最大密度的 90%，且不超过 94%。较高的上覆应力有助于裂缝闭合，正常运行期间也会出现饱和。合适的做法是，在坝体的不同部位使用不同的压实标准，以尽量减少饱和部分的液化势，并在正常运行中反滤层尚未饱和时，尽可能减少坝体中开裂概率升高的情况。对料源区或加工厂生产的材料进行实验室循环抗剪试验，可有助于在尽可能减少开裂和防止液化之间找到平衡。

13.13 已建坝修补措施

通常需要对已建大坝进行改造以提高其抗震稳定性、变形和开裂的安全性。这些年来，工程设计实践已经发生了很大变化，原先未知的问题已经明确，或最新的地震构造研究发现，潜在地震荷载可能比大坝设计时确定的要严重很多。一般来说，相比新建坝，已建坝升级改造以达到相同标准或风险水平的施工会更复杂（有时候费用也会更高）。这种复杂性由多种情况引起，主要包括但不限于以下方面：

（1）需要快速完成施工，和/或不能中断水库供水。

（2）工作区域狭小，导致无法使用大型施工设备。

（3）可用的料场储量有限，或料源区在水库内需要排水。

（4）由于地下水位较高，填筑坝基础处理难度大。

（5）需要挖掘的大部分坝体或其基础在水库中被水淹没。

不能为了施工的便利性和经济性，使得设计和施工方法增加对大坝下游公众的风险。

总的来说，改造的理念应采取“整体性”方法，即考虑所有潜在破坏模式（而非仅仅抗震模式）。如，若需要对坝基渗流进行反滤，则必须结合坝基土开挖和置换，以形成支撑马道的“抗剪键槽”，支持坝体下游边坡抵御地震失稳。

现有填筑坝抗震安全改造可能包括如下内容：

（1）坝基处理/增加马道，以提高坝体液化后稳定性。

（2）止裂层和反滤层，以防护基础振动或断层运动造成的坝体开裂，形成内部侵蚀。

（3）加宽坝顶，确保一部分坝体（通常为上游边坡）坍落或滑移时，不会造成水库灾难性溃水。

（4）设置反滤排水沟，以降低基础或坝体内测压管水位。

（5）溢洪道和挡墙等附属构筑物的结构改造。

（6）不合格坝体或附属构筑物全部重建。

附录 13-G 总结了目前提高已建填筑坝抗震性能的工程实践。

目前也有在不改造大坝的情况下，实现大坝安全目标的非结构性替代方案，这类方案需要作为纠正措施研究的一部分进行评估，如：

（1）临时或永久性水库限制，若必要，设置替代供水源。

（2）预警系统。

（3）改进应急行动计划。

（4）将处于风险中的人口迁移到可能淹没的区域以外。

13.14 参考文献（略）

附录 13-A 填筑坝分析用地震荷载

13-A.1 简介

附录 13-A 简要介绍填筑坝分析可能需要的地震荷载，或早期分析或现场性能有关报告中可能遇到的地震荷载。特定大坝地震构造研究的规定范围取决于可能采取的分析方法。一些分析可能只需要极为简单的输入数据，如峰值地面加速度；而另一些分析却需要适用于具体现场的综合或改良地震动记录。

在垦务局目前的实践中，技术服务中心的地震构造和地球物理小组提供用于分析的必要荷载，包括地震危险性概率分析（PSHA）、最大可信地震（MCE）（较少）、加速度时程曲线、一致风险反应谱（UHS）等。因此本附录仅包括可供工程设计分析人员使用的描述性信息，并不是荷载测定方法，后者在其他出版物中说明。

截至 2015 年，垦务局的大坝安全实践主要为“告知风险”。这意味着，做决策时会考虑的概率风险分析包括地震荷载（或其他类型荷载）年概率，不同荷载水平下发生大坝破坏的可能性以及大坝破坏的后果。这种风险告知型实践与确定性分析和决策过程形成对比，如在现场出现最大可信地震时，大坝必须具有能够抵御边坡不稳定性的最小安全系数。因此，本附录主要目的在于指导岩土工程分析，以支持概率风险分析。

大坝特征和地震构造调查的预期用途（即预期进行的分析）应尽早告知地震学家，这样可以有助于确保其工作满足分析需求，不会因增加过多研究而造成浪费或延迟。

13-A.2 地震构造研究内容

根据分析水平，给定大坝的地震构造研究可能包括以下全部或部分内容：

（1）识别地震源包括可识别的断层（地表不一定表现出来，但通过地球物理勘探或以前的活动可能识别出来），或没有确定发震断层的地震活动区，这是所有其他地震构造研究的基础。

（2）预估现场发生的最大可信地震，一般用震级和距离表示。虽然一般情况下这些活动不再是垦务局目前实践的一部分，但在以前的报告和其他资料中仍然会遇到。

（3）给出峰值水平地面加速度（PHA，也称为 PGA）数值年超越概率的危险性曲线，或其他参数［如特定响应周期的谱加速度（SA）或阿里亚斯烈度］。二者均包括加速度峰值和峰值持续时间，也作为现场地震能量的一项指标（阿里亚斯，1970 年；克莱默和米切尔，2006 年）。

（4）一致风险反应谱显示既定超越概率有关的谱加速度，依照震荡周期的函数绘图。对于填筑坝，一致风险反应谱主要用于识别特定分析的适当地震动。

（5）地震动时程曲线和特定场景相关，如特殊断层的断裂等，或某些年的超越概率（考虑所有发震源）。这些都是进行变形和循环应力数值分析所需要的。

（6）确定大坝基础中同震断层断裂的概率，或可能产生破坏性波浪的库盆移动的概率。

发震源可能是已识别的断层或其他结构特征，也可能是没有确定发震断层的地震活动区。断层震源的评估通常包括一般地质信息、断层几何特性（长度、走向、倾斜和下倾程度）、滑动形式（即走向滑移断层、逆冲断层与正断层）、断层分段、滑动速率。若可行，则利用古地震学进行研究，评估滑动速率和断层活动性，如为确定受断层运动干扰的土体位置并测定年代而进行跨断层迹挖沟、地震历史活动性（包括微震活动性）和表面变形数据［全球定位系统（GPS）、大地测量等］等研究。无已识别断层震源的震源区主要通过历史地震活动性的统计分析加以评估，然后，如果怀疑存在被上覆地层隐蔽的大断层，有时可以结合历史地震活动性、耐磨断层蠕变表面变形和大地测量，来识别确定断层。垦务局曾利用他人开展石油勘探所获得的地球物理数据，确定断层和其他结构。

震源特性是大坝安全性评估中不确定性的重要缘由，尤其是在美国西部，因其位于主要人口中心以外地区，人们对活跃断层的了解相对较少。垦务局大坝很多位于西部的农村地区，那里对断层活动和地震危害只有基本的了解。对于大坝安全风险分析，通常需要从现有信息中获得以便更好地了解地震危险。事实上，与美国西部人口中心以外地区地震灾害有关的大多数信息都来源于垦务局大坝的安全性计划。

人们往往更容易简单地对地震动、材料属性等进行保守估算，而不是消除这种不确定性。然后，这会导致做出不一定保守的设计，或做出会产生一定风险的大坝改造决定。从地震危险性概率分析中，除平均和中位危险性曲线外，对于某些荷载指标的年度超越概率，绘制第 16 和第 84 百分位曲线（或近似曲线），可以解决这一问题，对于评估是否需要开展额外地震构造研究具有重要价值。如，若假定用第 16 百分位荷载，而非平均荷载来计算风险，得到的是全然不同的结果（如是否应对现有大坝进行改造），则结果的可信度不会太高。额外的地震构造调查会有助于确定这种状况，并提高决策可行度。

针对特定场景，如根据既定断层得出的最大可信地震，或考虑从大坝大多数区域内所有震源的发生频率和震级的概率研究中，可形成地震动参数。填筑坝最常用的参数是峰值水平加速度、地震震级、加速度反应谱和加速度时程曲线。加速度反应谱（详述见下文）不直接用于填筑坝分析，有时会用于结构分析，然而，反应谱可以用于指示地震动记录中的频率内容，以确定给定记录是否适合于坝址。峰值水平地面加速度和反应谱值可以表示为单个地震场景的点估计值，或者表示为参数值与年发生概率之间关系的危险曲线。地震构造研究和数值分析中通常考虑垂直加速度，尽管对于填筑坝而言，其重要性排在水平运动之后。

为估算任何地震动参数以便在某一工程中应用，清晰理解现场深、浅层地质和动力特点，及岩石和土质场地之间的地震动存在巨大差别。重要的是利用与工程分析一致的现场条件假设，计算地震动。此外，为了动力响应和变形分析，需要使用与模型应用中地震动所在深度一致的加速度时程曲线。换言之，如果有限元模型中应用的地震动位于地表以下 50ft 处，则输入的地表运动必须在地面以下 50ft，而非表面。表面记录可以用数值调整（展开卷积），但工程师和地震学家之间的沟通至关重要，如此便于他们理解这些记录在数值模型中的应用。

13-A.3 地震震级

地震震级是地震释放能源量的一项指标（金森，1983 年）。就其本身而言，震级所指不涉及特定现场的荷载严重程度，然而，当结合震源与场地之间的距离时，震级可用于估算其他荷载测量值，包括峰值地面加速度（水平和垂直加速度）和谱加速度。震级与强震持续时间或强震循环周数关联极大，因此震级可用作液化触发机制分析和某些简化变形分析中的循环周数代用指标。震级一般缩写为 M，通常用下标表示它是如何计算的（见下述）。

里氏震级（有时“近震震级”缩写为 M_L）是首个用于量化地震总释放能量的实用方法。里氏震级于 20 世纪 30 年代建立，基于特定震中距（100km）处特定仪器（伍德-安德森扭力式地震仪）的反应得出。它并没有实际的物理意义，只是一个比较地震大小的粗略指标。目前里氏震级已经很少使用（除苏联国家），即便已经标明了其他震级标度，但术语“里氏震级”在大众媒体中经常使用，在技术出版物中也偶尔出现。里氏震级通常不会用于约 6.5 级以上的震级，因其已经饱和，也就是说随着释放的能力增加，用伍德-安德森扭力式地震仪反应的增加值并不会相应增加，因此，它不能很好区分 7.0 级与 7.5 级，也不适用距离 1000km 或更远的地震。从那时起，便又提出了基于特定类型波的强度或在不同距离处感知到的震动水平的其他震级标度。大部分震级标度经校准尽可能与里氏震级相吻合，以便达成一致，并便于比较。

目前世界大部分区域更倾向于采用地震矩震级 M_W，因为其具有物理依据，在较大震级时不会饱和。矩震级基于地震矩，是一种表示地震释放的应变能的指标。

地震矩 M_O 随断层面积、地震过程中断层位移和基岩剪切模量变化而变化。M_W 是地震矩函数：

$$M_W = 2/3 \log(M_O) - 6.0 \tag{13-A. 3-1}$$

地震矩 M_O 定义为

$$M_O = \mu A s \tag{13-A. 3-2}$$

其中：μ 为剪切模量；A 为发震断层的面积（或发震段的面积）；s 为平均位移。M_O 的单位与能量单位相同，dyne-cm，与所释放的能量大致成比例。式（13-A. 3-1）表示 M_W 每升高一级，能量 M_O 增加 32 倍。

M_W 也可根据记录的加速度时程曲线傅氏谱估算，便于根据断层特点预测的震级与实际发生的震级之间的比较。

关于断层震源，最大震级的估算通常基于断裂尺寸等断层参数，以及在过去活动中发生的位移。对于震源区，对历史数据分析，在缺乏地表表现特征断裂尺寸的物理约束，以及历史地震集中活动区尺寸进行分析，并与其他地区进行类比。最大震级估算应包括不确定性的估算。震级可用于选择适当荷载（如峰值地面加速度和加速度时程曲线）来进行大坝分析。许多简化的沉降和液化势分析将震级用做强载循环次数的代用指标。

13-A. 4 峰值水平加速度和谱加速度

在地震分析中，经常用到峰值水平加速度，包括液化触发机制和动力变形分析（峰值垂直加速度很少作为填筑坝的主要考量指标，尽管垂直加速度时程曲线常包含在反应或变形分析中）。峰值加速度根据经验地震动预测公式（GMPE）预测得出，也称为衰减曲线，其将峰值水平加速度（或其他参数）作为地震震级和现场距断层断裂表面距离的函数。随着新地震发生不断提供的新数据，地震动预测公式会定期更新。对于美国西部和中部，最新的地震动预测公式由 Next Generation Attenuation West2（NGA-West2）模型提供（博佐格尼亚等，2014 年）。美国不同地区需要不同的衰减关系，对于某些场地，因为并未明确使用哪个公式合适，可能需要采用多个地震动预测公式。在既定震级和距离条件下，美国东部和中部的地震一般会形成更高的峰值水平加速度。垦务局大部分的水坝都位于落基山脉或更远的西部，可能需要适用美国西部的地震动预测公式，而大平原上的大坝通常需要适用美国中部和东部的地震动预测公式。对于山脉与平原交界附近的大坝，其地震危险性概率分析可能需要将前述两种公式配合使用（如科罗拉多弗兰特岭内的大坝）。预测的地震动还取决于场地特点，常表述为 V_{S30}，它是顶部 30m(98ft) 的时间加权平均剪切波速（这个时间加权平均值等于 30m 除以剪切波上行至顶部 30m 的行程时间，而非地层深度加权的平均速度）。带软基岩或深厚土层的场地可能需要进行地球物理调查，以确定 V_{S30}。

谱加速度可大致说明结构对特定地震动的反应有多强烈。在既定地震记录和震荡周期条件下，谱加速度等于加速度记录器驱动的单自由度振荡器的计算峰值加速度。对于填筑坝，谱加速度主要用于为动力响应或变形分析选择适当的地震动记录，因此对震源来说具有实际意义，且会在最关注频率下激发结构（谱加速度在结构工程中还有其他用途）。通常，谱加速度经计算适用于零到几秒内的范围很宽的基本周期，并设成周期的函数以得出每个地震记录对应唯一的反应谱。一般来说，特定震荡周期内记录所含的能量越多，该周期内的谱加速度越大。如果地震记录主要包含较长周期的地震动（如 0.5s 或更长），当运用到具有类似周期的结构中时，会比运用到具有较短周期（如 0.05s）的结构时的反应更大。在采取刚性振荡器的特殊情况下，基本周期为零，谱加速度等于地震记录的峰值水平加速度。

如峰值加速度一样，基本周期不为零的谱加速度可利用地震动预测公式，根据震级和断层距离进行估算。用于预测峰值水平加速度和谱加速度等参数的经验衰减关系适用于露头基岩或硬质土体。如果工程师需要软土表面或地表以下特定深度处的峰值加速度或其他数量值，则需要进行额外计算。特别是，适用于计算液化势的西德-李-伊德里斯简化程序需要土体表面（而非基岩露头）的峰值水平加速度（美国国家地震工程研究中心，1997 年）。这样的差别非常重要，因为平坦土体表面的加速度通常是同一地震在基岩露头处所产生能量的 80%～200%，非平地（如填筑坝）可能引起很大的放大效应，基岩与上覆土层交接处的峰值加速度可能会低于裸露基岩上的峰值加速度。因此，需要沟通清楚，确定在分析中将采用何处的峰值水平加速度或地震动记录等参数的估算值，如在基岩露头、堤体内低于基岩顶部以下 40ft 处或其他位置，如果需要开展特殊调查，则必须提前告知地震学家，而地震学家应在危险性曲线和其他产物中明确标记出它们适用的位置。

13-A.5　最大可信地震

在垦务局早期实践中，一般根据最大可信地震对大坝进行评估，大坝须经受住相应荷载。顾名思义，最大可信地震就是某一已确定的震源（断层或褶皱）或某一历史地震活动区所能引起的最大地震。若大坝在最大可信地震中无法幸存，则视为该大坝存在缺陷，必须采用某些纠正措施。对于各可能震源，最大可信地震的峰值加速度和其他参数是根据距震源距离所得出的衰减曲线估算得来的。

对于已确定的断层震源，最大可信地震通常根据断层尺寸和特点以及单次地震活动中断层可能滑移的距离而确定。如果震源为某一地震活动区，而非已确定的断层，则最大可信地震通常定义为年超越概率的 1/20 000～1/5000（精确数值在某种程度上而言较为随意，因为最大可信地震并无与此有关的概率）。有时候也被称为随机或浮动最大可信地震。具体的某一年度概率并不能定义某一特定地震发生场景，因此，如现场的随机最大可信地震可能是距现场 20km 范围内震级为 5.5 级的地震，距现场 45km 范围内震级为 6.0 级的地震，或距现场 70km 范围内震级为 6.25 级的地震，这些地震均具有相同的年概率。因此，某一场地的随机最大可信地震通常表述为几组震级和距离，同样也适用于分析与断层有关的最大可信地震。实际上哪个地震代表了特定结构可能承受的最严重荷载，并不十分明了，这取决于地震震级、距现场的距离、结构特性及其基础以及所采取的分析类型。对于某些分析，如液化势，产生最高峰值加速度的地震不一定就是最严重的荷载地震，因为越大震级的地震可能会产生更多次强加速度的循环，即便峰值较低，有时需要进行工程分析，以确定哪种可能荷载工况最为严重。

一般来说，地震危险性概率分析会形成适用于基岩露头或硬质土体的危险性曲线。软土表面或坝体上的峰值加速度可能很低，或是基岩加速度的两倍。同样，地震动时程曲线通常适用于基岩露头表面，因为现代计算机技术允许开发适用于基岩内一定厚度或基岩上较厚土层处的加速度或剪切应力记录，所以可在响应模型的基础上应用（有限元或有限差分）。

尽管在垦务局的大坝安全性实践中，“确定性最大可信地震法”已经被取代，但在垦务局以外的监管机构和大坝业主中，仍然常需要采用这种方法，一些还特意规定了选择最大可信地震地震动的保守等级，如采用第 84 百分位。尽管最大可信地震不再是垦务局平常大坝工程实践的工作部分，但其在早期文件中仍常被引用。

13-A.6 地震危险性概率分析和风险分析

在垦务局当前实践中，大坝安全性决策通常基于大坝会对公共安全造成的风险程度。对于概率性风险分析，需要了解不同荷载水平相关的概率性，而不仅是现场可能出现的最大荷载。这就需要地震危险性概率分析，其会形成峰值水平加速度值和其他参数（如 1s 谱加速度）与超过各数值的年概率（严格来讲就是超越频率，而非年概率，但是为达到实用目的，可视为大坝安全性有关地震的概率）。地震危险性概率分析从根本上来讲是一种核算方法，利用地震能量-传播模型（衰减曲线），将所有震源的地震重复性信息直接整合起来。图 13-A.6-1 为典型危险性曲线，曲线给出了可能超过特定值的峰值地面加速度或谱加速度的平均年概率，附带置信界限。如任意年内峰值水平加速度超过 0.6g（极严重荷载）的概率约为 1.7×10^{-4} 或 1/6000。图 13-A.6-1 中的曲线 1 表示一定数量的震源产生的灾害总量，分别按不同活动概率、最大可能震级以及距现场距离等呈现。对于这一特定现场，大部分的峰值水平加速度灾害来自现场附近的两大断层，每个断层均能产生震级 M 最高达约 7 级的地震（曲线 3 和曲线 4）。注意从竖向求和，为给定峰值水平加速度值或其他参数增加超越概率，而非水平方向的。

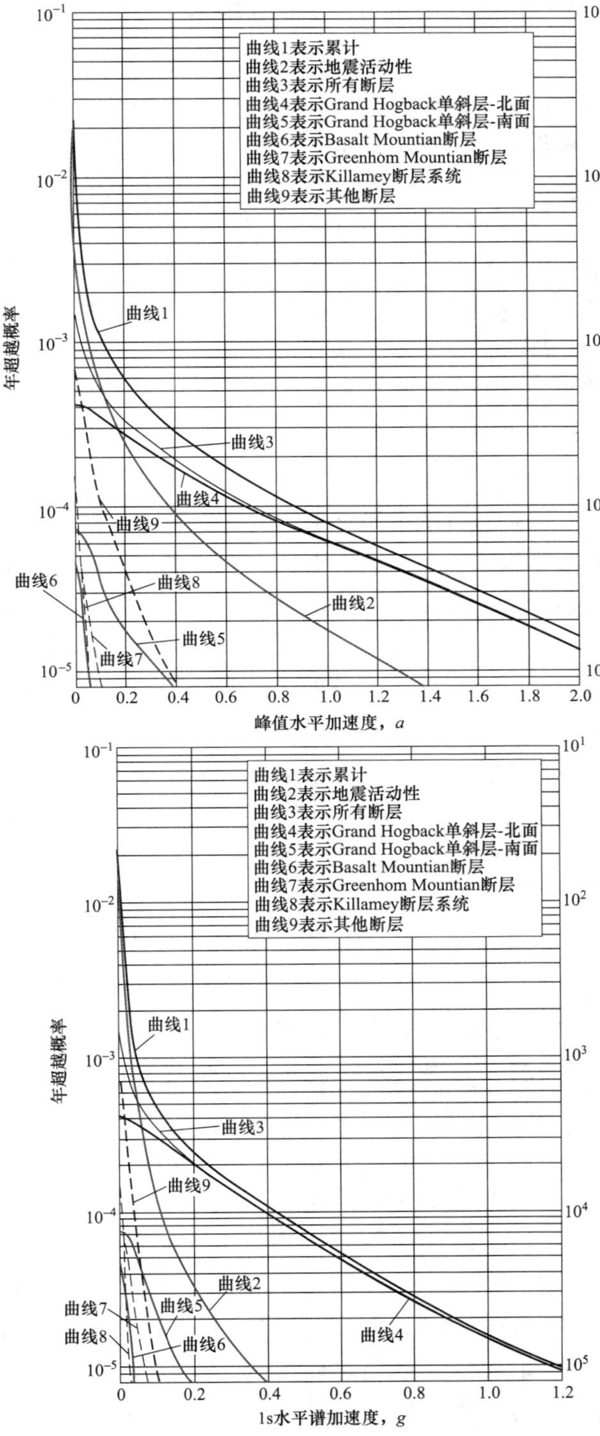

图 13-A. 6-1　典型危险性曲线图

正如上述，峰值水平加速度本身并不能说明荷载的全部情况。在简化液化触发分析中，至少需要地面处的峰值水平加速度和地震震级 M（震级用做强地震动循环周数的代用指标，因为震级和持续时间关联性极大）。反应和变形数值分析需要地震动记录（时程曲线），其含对震源和重现期有实际意义的持续时间和频率。

广泛使用的西德-李-伊德里斯简化液化触发分析法采用估算的循环剪切应力值，其为峰值水平加速度和深度的函数，通过系数 r_d（为深度的函数）加以实现（见本章主要文字描述）。因此，主要基于简化分析的风险分析可能需要仅适用于峰值水平加速度的危险性曲线（带与峰值水平加速度特定值有关的平均地震震级的某种指标）。然而，其他分析可能需要不同的荷载指标，因此，需要不同的危险性曲线。如布雷和特拉瓦萨鲁的简化变形分析（2007 年）采用周期等于基本周期 1.5 倍的谱加速度。进水塔或溢洪道闸门墩等附属构筑物的拟静力分析可将结构基本周期的谱加速度直接用于计算。在这些情况下，风险分析中荷载的主要指标可能会比峰值水平加速度重要。

反应（包括循环剪切应力）和变形的数值分析对地震动的频率内容很敏感，这些分析需要适用于特定震源的地震动记录，包括震级、距离和断层样式。因此，选择合适的记录需要适用于较长周期谱加速度的危险性曲线（详述见下文）。

与填筑坝相比，混凝土构筑物一般具有更短的基本周期，不像填筑坝那样耐受瞬时屈服和永久变形。和混凝土坝一样，溢洪道挡土墙等附属构筑物可能具有脆性破坏模式，因此需要避免屈服，不像填筑坝可以在适中的峰值水平加速度条件下会出现屈服，且其通常能够耐受这种屈服（在限制条件下）。对于刚性结构物，需要短周期危险性曲线（包括峰值水平加速度）。

在填筑坝地震风险分析中，事件树的第一条目通常是地震荷载，尽管第一个条目也可以是地震前存在的条件，如水库水位或基础特性。输入荷载通常是峰值水平加速度（或相关参数）的范围或“箱子”，在其中一般类似性状是可预期的，或是可代表特定重现期的地震动。

如果风险分析将基于简化液化分析，且循环应力比与地表峰值水平加速度成正比，那么荷载划分到峰值水平加速度范围，在实际范围内与液化概率相似。每个峰值水平加速度范围的概率只是超过下限的简单概率，而非超过上限。如果预期范围在 0.3～0.5g，图 13-A.6-1 所指处于该范围内的峰值水平加速度年度概率将为 3.9×10^{-4} 减去 2.1×10^{-4}，或 1.8×10^{-4}。

相反，如果风险分析基于更详细的分析，不论直接用场地响应计算循环应力比（而非采用 r_d 简化式），还是某些数值变形分析类型，输入通常为代表特定重现概率的地震动。如可以用 1/500、1/1000、1/5000 和 1/20 000 年代表地震动荷载进行大坝分析。在这种情况下，反应或变形假定按 1/5000 年一遇地震，那就代表重现期在1/7000～1/3000 年的所有地震动。荷载范围概率也是超过下限的年概率，但不超过上限。在这种情况下，荷载概率为 1/3000 减去 1/7000，或 2×10^{-4}。

在地震危险性概率分析中，首先要确定震源，确定各震源的重现特征，然后运用经验地震动预测公式（GMPE）确定各震源活动如何影响坝址。各震源特征和地震动预测公式可用于形成单条危险性曲线，可按震源给出坝址处峰值水平加速度年超越概率或其他参数。各概率汇总如图 13-A.6-1 所示。

在未发现有活跃断层的区域，地震灾害主要基于历史地震活动性。发生频率根据历史次数和任何可用地震仪记录加以计算。由于美国西部的观察周期相对较短，且地震仪布设较少，计算可能会很难。在大地震发生时人口分布较少的区域，可能只有少数目击者可以讲述震动的强度。重现率采用统计方法根据历史和地震活动性记录加以预估，尽管解释统计数据需要判断现场反应以及根据历史描述等推导峰值水平加速度和 M_w。

在确定存在活跃断层的区域，地震灾害主要基于历史地震活动性和古地震作用。重现间隔时间和每次地震的运动量及其相关的变异性等特性，最好根据古地震活动沟槽研究进行预估。这些研究中会测量原先每次地震产生的位移，并根据表土发展、碳年代测定和其他地质技术确定每次活动发生的时间。即便有详细的古地震活动数据，发生频率和震级的不确定性仍然巨大。在大坝地震分析的其他方面，每个地震构造研究中，地震重现期的不确定性需要估计和记录。

峰值水平加速度（或其他参数）的年超越概率为 1/1000，如有时会称为“1000 年一遇的峰值水平加速度”，而“重现间隔时间”或“重现期”指 1000 年。二者从某种程度上来讲用词并不准确，因为可能暗含这样的地震动为每 1000 年发生一次。既定 1000 年内超过 1/1000 年峰值水平加速度的概率实际上为 $1-[(1-1/1000)1000]$或 0.63（假定每年为独立试验年，无周期性）。而“重现间隔时间”和“多少年一遇地震”为常用便捷用语，有时会被误解，需要谨慎使用。用“1/1000 年地震”可能不会那么容易造成混乱。

经验地震动预测公式适用于较长周期的峰值水平加速度和谱加速度，能够生成适用于较长周期的峰值水平加速度和谱加速度危险性曲线，其对大坝具有重要意义。整个震荡期范围内的危险可在一张图中显示，其给出适用于不同重现期的一致风险反应谱(UHS)，包括与峰值水平加速度相对应的零。图 13-A.6-2 为一致风险反应谱示例。图 13-A.6-2 中的各曲线对应具有给定超越概率的谱加速度，作为震荡周期的函数。实际上，地震危险性概率分析生成了适用于 0.01～5s 周期范围的谱加速度危险性曲线。一致风险反应谱曲线就是根据各危险性曲线得出的某超越概率的图，如 1/10 000 年。关于填筑坝，一致风险反应谱主要用于进行反应或变形数值分析时选择适用的地震动。曲线形状随震源特征变化而变化。如，若主震源为远距离的大断层，那么相比震级更小的本地随机地震活动，其一致风险反应谱通常会在长周期时更高，如果距离近，即便较小地震可能会产生更高的峰值加速度。

地震危险性概率分析的主要优点：其将来自所有可能震源的危险结合起来，形成适用于坝址的地震危险完整图。然而，多种分析需要更多参数，因此没有统一的峰值水平加速度危险性曲线能够描述荷载所有分量的概率。如除了峰值水平加速度外，简化西德-李-伊德里斯经验液化分析（以及由其产生的各种方法）需要将地震震级用做荷载循环次数的代用指标（美国国家地震工程研究中心，1997 年）。不过，特定峰值水平加速度或谱加速度数值可能来自附近较小地震，或距离坝址较远处的极大地震。将所有震源整合在一条峰值水平加速度危险性曲线中，会模糊特定震源的分布情况，且可能会不能明确液化分析中所运用的震级，也不能明确以什么样的持续时间的强震记录进行变形。

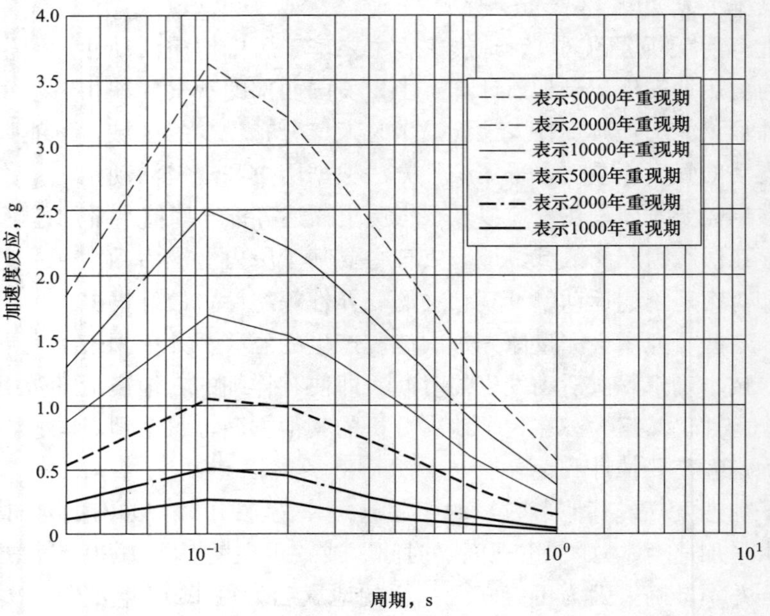

各曲线所指为对应具有既定超越概率的谱加速度，随震荡周期变化。

图 13-A. 6-2　一致风险反应谱示例

因此，需要对应不同震源的分布情况，分解整理地震危险性概率分析结果。

图 13-A. 6-3 为水平面内的震级和距离三维图，竖轴上为总危险（超越概率）的相应分布。如图 13-A. 6-3 所示，危险主要取决于距离大坝 10km 内的震源（主要按图 13-A. 6-1 中的曲线 3 和曲线 4 所示）。显然危险由不同震级的地震造成。此信息需要考虑岩土工程和风险分析类型，因为液化势和动力变形较强依赖于震动循环周数，而不仅是峰值加速度。地震越大，循环周数一般越多，且频率也趋于不同。

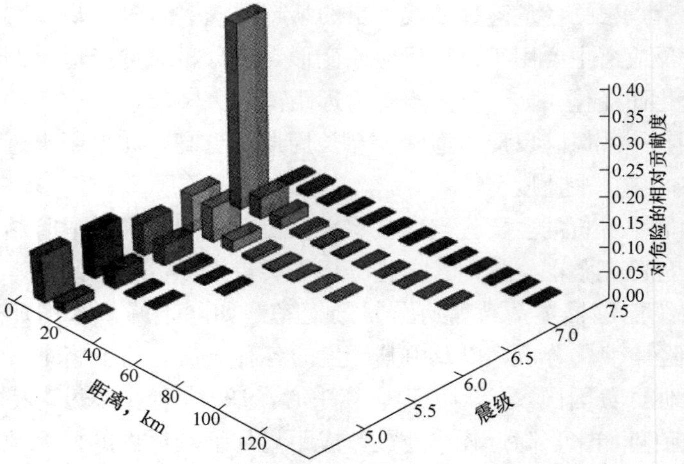

图 13-A. 6-3　万年一遇地震峰值水平加速度示例（显示不同震源的相对贡献度）

13-A.7 用于反应和变形分析的地震动

除峰值加速度和震级外，动力响应、循环应力和变形分析可能还需要更多信息。分析时还需要地面加速度随时间变化的记录，以便动力响应（加速度、剪切应力和应变力、变形等）可作为时间的函数进行计算（有时地震动以有限元或有限差分模型基础处的剪切应力进行输入，而非加速度，但相同考量也适用）。地震动可适用于特定断层所产生的最大可信地震或 1/5000 年地震等特定场景，或在考虑大坝总体区域内所有震源发震频率和震级的情况下，代表特定超越概率的地震动。

填筑坝变形通常对周期短于 0.2s 的高频震动不太敏感。相反，它对较长周期（如 1s）更为敏感。从长周期震动记录开始，然后过滤掉周期小于 0.2 的部分，可以大幅降低峰值水平加速度，但利用原始记录和过滤后记录预测的变形之间不会存在较大差异。如果峰值水平加速度超过 0.2g，则大部分坝体会经受瞬时屈服和塑性变形，除了对附属结构的任何影响之外，一般都可以承受。如果地震动主要含极短周期，那么每次间歇屈服的持续时间也极短，因此变形量很小。如果强震动主要包含较长周期，那么每次屈服的持续时间更长，永久变形量也更大。还有坝体弹性反应的影响，其会放大加速度，尤其是若地震在坝体基本周期的附近包含大量能量时更是如此。因此，地震动记录必须真实反映震源，同时又能根据大坝最关键临界期的危险性曲线加以选择。临界周期可能与坝体的基本周期有较大区别。此外，当进行反应分析以实现液化分析时，计算的循环应力比会受到记录的反应谱中较长周期部分（而不仅是峰值水平加速度）的强烈影响。为此，除峰值水平加速度外，填筑坝的地震危险性概率分析还需要包括能够反映较长周期震动的参数（如 1s 谱加速度）危险性曲线。对于高坝的变形分析，在选择地面运动时可能需要考虑 3s 的周期。

用于分析的时程曲线可能是现有的强地震动记录或计算综合记录（有关综合记录生成和现有记录修改的详细信息并不在此赘述，因为在垦务局此项工作多由地震学家而非工程师完成）。在考虑断层形式、地震震级、震源距离和特定重现期以及待分析构筑物特点后，选择地震动时间历程。在周期大约 1s 时，大型填筑坝对震动的反应可能最强烈（主要取决于填筑坝高度和坝体材料的刚性和强度）。比较而言，周期为 0.1s 时，混凝土大坝的反应可能更大。土体的反应具有较高非线性特点，且剪切模量随应变增加大幅减少，因此极低应变时的基本周期可能与较大应变、较高加速度条件下大坝的反应关系不大。但遗憾的是，目前并没有一种简单的方式，可以在无需开展实际反应分析并比较结果的前提下，就能对两种加速度记录进行比较，并确定哪一种的荷载更严重。不论是针对采用设计基准地震进行确定性分析，或是作为概率风险分析的一项输入，每一个场景或重现期都需要适用一系列不同的可能地震时程曲线。

尽管一致风险反应谱是一种将荷载的严重性作为概率函数的有用工具，但其并不与特定记录地震或地震场景的反应谱匹配。实际地震反应谱常在特定震荡周期内有一个或两个主峰值，其反应谱则低于一致风险反应谱。1/1000 年一致风险反应谱包含了被视为具有 1/1000 年超越概率的所有可能地震动。反应谱只需要在某震荡期内接触到 1/1000 年一致风险反应谱，即被视为 1/1000 年荷载。它确实与实际地震差异极大，后者在各种不同震荡周期不太可能接触一致风险反应谱。

因此，分析用地震动不一定非要与整个所有的周期范围及一致风险反应谱匹配，因此为可能造成不必要的保守。如对于某一 1/1000 年地震，可能需要地震动与 1/1000 年峰值水平加速度、1/1000 年 0.1s 谱加速度、0.2s 谱加速度、1.0s 谱加速度等相匹配。这比适合较小周期范围内 1/1000 年一致风险反应谱的地震的概率小得多。在某些现场，一致风险反应谱（包括峰值水平加速度）的较短周期部分由附近的小型地震决定，而较长周期部分则由远距离的大型地震决定。因此，与整个一致风险反应谱相匹配的地震动需要两次地震同时发生。图 13-A.6-3 说明了峰值水平加速度危害分布在宽泛的震级范围内，且反应和变形分析可能需要代表两个或三个不同震级的地震动，而且包含峰值水平加速度概率分布在其中。不论是变形分析还是液化触发，在实际开展分析前，并不能确定风险实际来自哪个震源（这需要在预算和计划表中加以考虑）。

当需要进行反应分析以得到剪切应力、变形等用于风险分析的输入，但却没有特定地震场景的适当记录时，可以把可用记录进行修改以适应实际场景。应避免将记录简单的按比例扩大或缩小来匹配特定参数，如特定周期的峰值加速度或谱反应等，如果这样，结果可能变得不切实际，但只做出较小调整的除外。目前有一些推荐技术是关于如何从数值上调整可用记录，以匹配特定震荡周期的一致风险反应谱。其中一项技术就是关于条件平均谱的（CMS）（贝克，2011 年）。有时候，并不十分确定究竟哪个周期对特定大坝最为关键，因此首选在数个现有记录中运用条件平均谱，每个记录均有两个或多个可能的临界震荡周期。由此修改的记录可用于反应和变形分析中，以确定最关键的临界震荡周期，后续的反应和变形分析则可以集中在与该周期匹配的记录上。如果坝体预期出现了非线性特性，则最关键的临界周期往往会比坝体的基本周期长。

垦务局技术服务中心地震构造小组的典型实践是针对所要求的每个重现期，提供数组的震动记录（每组由两个水平部分和一个垂直部分组成）。这些记录可能均经过调整，以适应特定震荡周期的一致风险反应谱，或适应数个不同的周期，具体取决于坝体/其他构筑物的预期特性。设计中，所有记录都视为同等可能的，因为其均与特定周期或周围范围的一致风险反应谱相匹配。因此，仅根据记录和极性进行风险分析是不必要的保守，在响应分析中会给出最差的结果。如果六组试验记录中，只有一组或两组显示大坝严重危险，那么忽略了其他记录的结果（等可能）则可能导致风险因某一言过其实的重要因素而被过度夸大。在工程分析中选取更多组的地震动可能大大增加劳动成本，但这很有必要，如此全范围的结果方能适用于风险分析。项目预算和计划表编制过程中的默认假设应为：排列组合的每个重现期和材料假定都有数个地震动，而不仅是只有那识别为最严重的单个记录。

地震动也需适应数值模型中其所在的位置，这是很重要的。一般提供的典型地震动衰减关系和历史地震记录适用于基岩露头或硬质土体表面。但是在有限元法或有限差分法的反应和变形分析中，地震动通常作为模型基础处的加速度或剪切应力记录进行输入。这就要求对其进行数值调整或展开卷积，以找出拟定深度处可能发生的加速度时间历程。一般来说，首先从露头记录开始，然后利用简单的反应分析程序软件（如 SHAKE）进行修改。参见第 13.5.3 部分“地震荷载”。

13-A.8 地震构造研究范围

目前没有一个简单的工作范围可普遍适用于所有大坝和所有深度的分析。工作深度取决于大坝的地震构造背景、基础土体、坝体性质、附属结构的特征和基础断层同震运动概率。

至少，基于液化触发和坝坡稳定性分析简化方法的风险分析需要一条峰值水平加速度危险性曲线和可用于液化分析的适当震级指标。如上文所述，从严格意义上来讲，对于峰值水平加速度的单个值使用单一震级值是不正确的，更不要说针对所有峰值水平加速度值的所有值，这是因为危险性源自多个震级，尽管在某些情况下，采用平均震级（精确性损失不多）的确可以得到一个合理的近似值。然而，在另一些情况下，却需要分解采用附近的小地震和远距离的大地震，以不同震级运用到液化触发分析中，以不同的地震动运用到反应和变形分析中。

对于支持概率风险分析而进行的非线性变形分析，需要 0～3s 整个周期范围的危险性曲线，或甚至更长周期。需要这些危险性曲线来选择或创建适用于各震源震级、距离和断层作用方式的地震动。针对待分析的每个重现期，建议提供五组或更多的地震记录（每组由两个水平分量和一个垂直分量组成）。选择的记录应与研究的具体大坝的选定震动周期的一致风险反应谱相匹配。二维分析中，可能会产生 20 种水平和垂直地震动组合，对于 5 个地震各产生 2 个水平分量，且各水平分量均应用于上游—下游和下游—上游（不同极性）模式。在这 20 种组合中，或许可以识别出能够大致描述整个范围结果的 2～4 个记录。有时，其中一个水平分量明显没有另一个分量严峻，改变水平地震动的极性变化的影响通常也较小。

13-A.9 总结

垦务局主要通过概率分析指导制订大坝安全性计划。除了解不同地震荷载等级下的大坝特性外，还需要知悉不同荷载等级对应的发生概率。在垦务局实践中，最大可信地震等地震危险确定性分析方法已经被地震危险性概率分析所取代。地震危险性概率分析将来自所有已知震源的多个地震荷载测量值（如峰值水平加速度）的年超越概率组合适用于不同地震荷载测量值（包括相关震动周期的峰值水平加速度和谱加速度）的统一危险性曲线中。根据分析水平，危险性曲线或许是足够的，或需要用于更详细的分析中得出用于坝体反应和变形数值分析的适当地震动。

即便是简化的变形和液化势分析，峰值水平加速度和概率之间的关系都不能提供足够的信息。峰值水平加速度危险曲线可能需要分解，从而确保峰值水平加速度和震级对与发生概率和液化概率（若发生）相关。

数值分析用地震记录必须适用于数值模型中记录所在位置处的构筑物、震源和位置。代表特定重现期地震的记录应按影响大坝特性最大的临界震荡周期的谱加速度危险性进行选择。因此，合适的 1/10 000 年记录的反应谱最好主要关注的振荡周期满足 1/10 000 的一致风险反应谱曲线。条件平均谱是一种用于调整一致风险反应谱以创建合适的地震动目标反应谱的技术。最重要的周期可能并不与坝体的基本周期相同，且在未利用不同记录进行初步数值分析前，可能并不能确定哪些周期最重要。地震动持续过程必须与震源实际相切合，因为在较多震动循环次数下，液化势和变形会变得更严重。因此，危险性曲线必须按不同地震震级分解出多种分布形式，因为震级是一种很好的循环周数预测指标。最后，选定记录可能需要进行数值展开卷积，如此方能运用到一定深度处（而非露头）的模型上。地震危险性概率分析结果随时间的变化反映了人类对地震不断演变的深入理解。在美国西部，新地震的测量值和观察结果持续补充着对地震机制及其产生的地震动的理解。同样地，随着新断层不断被发现和研究，对史前地震的理解也在不断变化。随着越来越先进精良的仪器被用于记录更多的地震，地震动预测公式和衰减关系也将不断演变发展。因此，任何既定地震动预测公式均被视为基于当前最佳可用信息的“即时快照”。随着越来越多的新信息可用，地震动预测公式可能需要进行调整，以反映当前的知识状态。

附录 13-B　采用静力触探试验评估液化势

13-B.1　简介

13-B.1.1　概述

本附录介绍了采用静力触探试验（CPT），也称为电子静力触探试验（ECPT），评估液化势和液化概率的经验程序。程序主要基于受地震影响的场地处的静力触探试验数据和循环荷载与历史地基性能（不论是否发生液化）之间的关系。在垦务局过去实践中，标准贯入试验（SPT）曾是主力。但是，由于标准贯入试验内部存在一系列问题（缺乏重复性、产出慢、成本高等），随着静力触探试验应用越来越多，后者在现场（当其适用时）抗液化强度分析中获得越来越广泛的认可（垦务局的许多大坝是砾石基础，不能使用静力触探试验）。

采用静力触探试验或其他贯入仪时，有很多因素会影响材料的贯入阻力并影响循环荷载下的抗液化强度，在制定经验关系式过程中做了简化假设。鼓励用户去阅读背景文献，了解所用程序的基础和限制条件。有关静力触探试验的一般信息见伦恩等（1997 年）与罗伯逊和卡巴尔（2014 年）的研究。关于静力触探试验在液化势评估中的运用见莫索等（2006 年）、伊德里斯和布朗格（2008 年）、布朗格和伊德里斯（2014 年）、罗伯逊和卡巴尔（2014 年）的研究。与任何其他液化势评估工具一样，静力触探试验并不能视为可以得出高危险大坝抗震性能最终结论的单一试验手段（垦务局，2007 年），还需要经常开展确认性研究。静力触探试验至少还需要采集土样并确定其分类和指标性能。

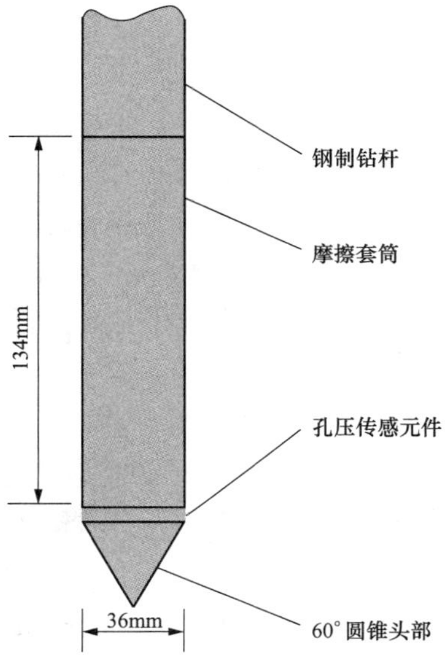

图 13-B.1.1-1　测量孔压的孔压静力触探圆锥贯入仪

电子圆锥贯入仪规范和试验程序见 ASTM D 5778-12 的规定。在标准电子静力触探试验中，圆锥形贯入仪以 2cm/s（0.8in/s）的稳定速率压入地中，仅在增加附加钻杆时才停止。标准贯入仪的头部是一个 60°圆锥，末端投影面积为 $10cm^2$（直径为 3.6cm 或 1.4in），测量孔压的孔压静力触探圆锥贯入仪见图 13-B.1.1-1）。锥头布置一测力传感器，这个测力传感器能测量推压圆锥所需的力。圆柱形套筒紧连着标准贯入仪锥头的上部，套筒直径与圆锥相同，长度通常为 13.4cm，因此套筒表面积为 $150cm^2$。套筒也布置有测力传感器，因此可以测出套筒上的摩擦力。当软土中需要更高敏感度时，可采用更长的套筒或直径大的锥头。

贯入仪常配备多孔元件和传感器，以测量推压期间的孔压，在此情况下可称为孔压静力触探或 CPTu。图 13-B.1.1-1 中的贯入仪可测量圆锥基础处的孔压，这也是最常用的配置。该测量值被称为 u_2，与圆锥面上的测量值 u_1 区分，而 u_3 则是圆锥基础上方不远处的测量值。一般来说，计算机数据采集系统会以 2～5cm 的间隔读取和记录荷载传感器和压力传感器数值。结合锥头和套筒测量值以及 u_2，可以标示材料类型、敏感度等（仅做标示，因此还需要钻孔取样）。孔压测量值也可以标示材料类型和特性，且在识别较粗材料中的黏土层或低渗透土中可自由排水材料等方面非常有用。停止推压，观察超孔隙水压力随时间流逝消散的情况，可能估算出固结特性和原位孔隙压力。需要注意的是，静力触探试验（和其他原地试验）中液化势评估的所有程序都需要静态有效上覆应力，其计算需要原位孔隙水压力从某个假定测压管液面而来，测量和计算均可。通常还有垂直渗透梯度，这意味着单独一个测压管液面并不能适用于整个坝体和基础，对于确定整个土体剖面的孔侧压条件，静力触探试验的耗散试验非常有用。

在电子圆锥贯入仪开发出来以前，过去曾使用机械式荷兰锥贯入仪，但其现在已过时。如果原先的调查中有机械锥数据，则测得的锥头阻力常与电子静力触探试验测得的数值相似，但套筒配置不同，因此套筒数据不能与电子贯入试验套筒摩擦测量值比较（因此，在原先使用机械锥的调查中，锥头数据可能常被现代液化分析取代，但套筒数据不能取代，这样就降低了原来数据的价值）。

静力触探试验数据常以标准大气压（atm）、t/ft^2、bar 或 kPa 为单位。一个标准大气压单位＝ 2116 lb/ft^2＝1.058t/ft^2＝ 1.033kg/cm^2＝1.013bar＝101.3kPa。

静力触探试验锥头阻力 q_c给出了密度和抗液化强度的经验指标。测得的阻力归一化有效上覆应力参考值，然后用于经验公式中，预测土体的抗液化能力。循环应力比代表的地震荷载，是平均峰值循环剪切应力与震前有效上覆应力之间的比率。平均峰值通常假设为整体峰值的 65%。在确定原位静态应力时，对荷载循环次数（代表为地震震级）的影响进行了基本循环应力比的调整（见本章正文内容）。土体抗液化强度表述为循环抗力比，是最不可能出现液化的经验最大循环应力比（注意经验曲线并不是液化势的严格界限，它们只是简单代表较低液化概率的线，具体如本附录后续所述）。循环应力比的测定见本章正文所述。静力触探试验数据的调整与附录 13-C“采用标准贯入试验进行液化势经验评估”中所述的标准贯入试验程序类似，尽管静力触探试验更为规范化，且所需的调整更少。采用循环应力比代表地震震级的方法与标准贯入试验相同。

自从从 20 世纪 80 年代初以来，出现了大量采用静力触探试验数据评估液化势的程序，涉及的研究人员包括罗伯逊和坎帕内拉（1985 年）、西德和阿尔巴（1986 年）、奥尔森和科斯特（1995 年）、斯塔克和奥尔森（1996 年）、罗伯逊和 Fear（1995 年）、罗伯逊和威德（1997 年）、伊德里斯和布朗格（2004 年、2008 年）、莫索等（2006 年）、罗伯逊（2009 年）以及布朗格和伊德里斯（2014 年）。本附录讲述了其中的两种程序。第一种是罗伯逊对 Robertson 和威德（née Fear）程序的更新版，原程序于 1996 年关于抗液化强度的研讨会上提出。这个研讨会由原国家地震工程研究中心赞助，该中心就是目前熟知的地震工程研究多学科中心（MCEER）。1996 年研讨会是后来十几年间常规液化实践的依据。罗伯逊和威德的程序（简称为 RW）为确定性方法，可得出以土体特性为函数的循环抗力比，当循环抗力比大于循环应力比时，基本上就不会液化（尽管后来看出这并不属于确定性分析，见下文讨论）。本附录所述的第二种程序是布朗格和伊德里斯（2014 年）（缩写为 BI）的程序，该程序是估算以土体特性和地震荷载为函数的液化概率。该程序是伊德里斯和布朗格（2014 年）早期所研究程序的一种更新和延伸，在伊德里斯和布朗格（2008 年）的研究中也出现过。

本附录讨论这两种程序涉及以下几个原因。首先填筑坝的地震风险分析常需要液化概率，而利用 BI 程序就能够得出液化概率。但是这种程序具有严重的弊端，它需要按一定间隔输入细粒含量，与只需要静力触探试验数据的 RW 程序相比，BI 程序考虑了细粉影响套筒摩擦力的作用。这样就能迅速处理大量数据，标识基础内的问题区域，指导找出后续静力触探试验触探点位置，并也能在无配套钻孔探测情形下，得出估算细粒含量的平均值，用于 BI 分析程序中。但是，莫索等（2006 年）发现在某些情况下，RW 程序中的细粒调整可能会过高估计细粒的益处。截至 2015 年，垦务局和整个行业已更倾向于采用 1997 年的 RW 程序，而不是 2014 年的 BI 程序。

循环抗力比通常定义为 15%的液化概率，布朗格和伊德里斯设定循环抗力比对应 15%概率曲线。但在循环抗力比大于循环应力比时排除液化，罗伯逊和威德的“确定性”程序实际上并不具有真正的确定性。尽管它最初的目的是确定性的，但库等人（2012 年）采用扩展数据库进行统计分析后发现 RW 的循环抗力比曲线实际上对应约 30%的液化概率。关于 RW 曲线直接类比其他循环抗力比曲线，即 15%的概率，大概需要 1.2 的安全系数。

对于净砂或具有适当细粒含量的普通砂，当震级为 6.5～8.0 时，RW 和 BI 程序预测的浅表处循环抗力比值通常相似，标准净砂层当量锥头阻力可达 100 标准大气压，这符合预期，因为采用的大部分都是历史上液化发生的条件。当土体特性或应力条件外推在数据集没能很好代表或不能代表时，不同程序得出的循环抗力比结果会各有不同。如当细粒含量较高，或预期因套筒摩擦细粒含量较高时，只有相对较少的数据能指导对细粒的循环抗力进行经验调整。

在粉砂和粉土中，当锥头阻力相同时，循环阻力会比在洁净砂中更大，因此需要进行调整。在 RW 程序中，调整是锥头阻力和套筒摩擦力函数的一个乘数，摩擦比越高表示细粒含量越高/塑性细粒越多，会导致既定锥头条件下，产生更高的循环阻力。假定摩擦比考虑了细粒影响的经验预测，摩擦比和循环阻力会受细粒百分比和细粒性质影响（莫索等将摩擦比作为一个独立的变量纳入回归分析中）。相比之下，BI 程序对细粒的调整是附加的，是配套钻孔中测得的或通过关系式估算的细粒含量函数。布朗格和伊德里斯提醒大家，塑性细粒可能需要不同的分析。对于塑性指数大约高于 7 的材料，其推荐采用专用于黏性土的分析方法。运用 BI 程序分析塑性细粒可能会导致过于保守。档案资料数据（莫索等，2006 年）（在《RW 流程》出版后变得可用）指出，较高摩擦比可能意味着黏土特性，采用 RW 程序可能是不保守的。BI 程序似乎与含细粒材料的案例非常契合，且其计算也很简单、直接、透明。但是，它也有一个较大弊端，在评估过程中，需要按一定间隔输入细粒含量。使用静力触探试验的一种主要原因就是以比钻孔更低的成本，快速获取大量详细的地下信息。如果需要在静力触探试验周围钻孔，那么其优势就没有了。布朗格和伊德里斯（2014 年）建议根据罗伯逊的参数 I_c（定义见下文，是锥头和套筒测量值的函数）得出一个大致的关系式，以估算细粒含量。但是，这个大致的关系式具有较大分散性，只能采用针对具体现场关系式分析垦务局危害性较高的大坝。

推荐同时运用 BI 和 RW 程序，分析所有具有配套钻孔的静力触探试验触探点，检查 RW 和 BI 循环抗力比结果之间是否一致（确定分别对应约 30%和 15%液化概率）。如果结果无法达到大体一致，那么应调查原因。RW 程序适用于所有钻孔，不论取样与否，它包括土体特性类型指标 I_c 的计算，它可以与针对特定地点的测量细粒含量很好地相关，从而为没有配套钻孔的 CPT 试验提供合理细粒含量估计。如果确实如此，那么 BI 程序可适用于所有探测，而不仅是有配套钻孔的探测。液化势的所有其他可用指标，如标准贯入试验或剪切波速，应包含在液化势的整体评估中。

所有这些程序的一个重要限制就是，它们都是根据有限数据集的反分析得出。即便是莫索等（2006 年）、布朗格和伊德里斯（2014 年）使用的扩展数据库，都只包括深度超过 20ft 或震级在 6.5～8.0 以外的少数地震数据。结果就是，在分析以往案例的相似条件时，不确定性会相对较小，若在某些具有较少或几乎没有数据来支撑这种推演关系的区域，不确定性会相当大。只利用简单的求回归式推求可能无法反应土体和地震的真实力学原理。如根据现场特性，并不能确定较高上覆应力对液化概率的影响，这是因为以往案例中应力范围过小，或与数据量成比例的其他变量过多。室内试验无法严格复制现场条件，受控实验中测得的趋势可能仅作参考。一系列受控条件下的室内循环剪切试验或许能够识别出比现场数据更精准的趋势，现场数据源自各种不同材料特性、地震动、上覆应力等。

下面简单描述利用经验程序评估液化势和概率的过程，其并不是该主题的完整调查。详细描述见罗伯逊和威德（1997 年）、莫索等（2006 年）、伊德里斯和布朗格（2008 年）、罗伯逊（2009 年）以及布朗格和伊德里斯（2014 年）的研究。

13-B.1.2　试验程序

静力触探试验需依据 ASTM D5778-12（ASTM，2012 年）规定进行。垦务局配备有 20t 电子孔压静力触探仪可进行此试验，许多承包商也能够进行高质量的静力触探试验。相比标准贯入试验，静力触探试验试验程序出错较少。虽然孔隙压力测量可能有问题，但由于很难在地下水位以上保持多孔元件饱和度，所以孔隙压力测量不能直接用于液化触发过程。然而，孔隙压力测量在评估材料类型、分层和静态测压条件方面非常有用（推动暂停以允许超孔隙水压力耗散）。最大试验深度通常为 100～150ft，使用专用设备可以更深。但这可能需要钻孔和套管或用细砾回填，这会增加成本并减慢勘探速度。并非所有场地均适合静力触探试验，砾石太多或有胶结区的材料不容易进行试验。但可对上覆材料预先钻孔，因此静力触探试验不必钻穿上覆材料即可达到需要试验的材料层。

现场试验期间，可在完成每次探测后立即进行静力触探试验数据的精简并绘制。这就允许对试验计划进行监控并做出更改或增加试验位置的决策。源自试验程序的数据应包括综合描述、土体描述和工程特性表，以及用于额外处理和解释的数据文件。试验记录还应包括野外调查采用的所有假设，含测压管水位以及用于估算材料性能的程序和经验参数等。野外调查通常基于假定的默认相关性，其可能不适合最终分析。

静力触探试验是对其他液化调查的有用补充，因为它能够快速揭示小范围地层，并显示潜在可液化材料的面积范围。静力触探试验可以每隔 2in（实际 5cm）或更少的间距收集数据，并且检测到 4in 薄的砂层。试验成本比标准贯入试验低得多。可以在钻孔之前或同时进行大量的静力触探试验进行探测，并且使用静力触探试验指导钻孔位置，这都是合适的。虽然钻孔速度通常比静力触探试验慢得多并且更昂贵，但采集土样仍然是必需的。

由于静力触探试验不提供土体样本，因此标准贯入试验（或其他采样方式）几乎总是与静力触探试验一起在现场进行。这除静力触探试验钻机外，通常还需将钻机移至现场，尽管许多时候一些静力触探试验钻机（含垦务局的）还可进行直接贯入采样，可取得一些基本指标特性（细粒含量、阿太堡界限）。在某些情况下，还需要未扰动样品。标准做法是在现场布置一些静力触探试验和标准贯入试验彼此非常近的点，以便进行贯入阻力比较，并将静力触探试验推断的材料类型与标准贯入试验采样的实际材料加以比较。尤其重要的是检查推断“混合”土体取样的分类，即含细粒的粗粒土（黏质砂和粉质砂，SC 或 SM）和含砂的细粒土［砂质粉土(ML）和砂质黏土(CL)］。需要对被评估材料的实际粒径分布进行试验，特别要注意分层（不应把各层混合来确定细粒含量）。

如果钻孔和静力触探试验揭示的分层结果不一致，则静力触探试验测深可能竖向偏离 10°或 20°，这可能会导致所测深度比实际深度高出 6%。对于砾质土、密实土或加固致密的现场最可能发生偏差。有时候，比周围材料更干净或更细的层可用做标记来确定正确的深度。也可能是钻孔位置和静力触探试验位置之间的地层确实不同，即使它们彼此距离非常近。蜿蜒曲折的小溪中的冲积层常常表现出材料类型的突然变化，这是由随水流变化反复冲蚀和沉积造成的。现场断面图应显示静力触探试验数据概况，以及标准贯入试验、地质和其他数据，以便更容易了解趋势、连续薄弱层、标记层等。

液化历史案例数据库主要来自含有硬质颗粒的石英砂数据集。如果存在可压缩的钙质或云母颗粒，在相同的相对密度下，其锥头阻力可能低于硬质颗粒中的锥头阻力，这可能导致密度被低估（从而表明循环抗力较低），土体分类不正确（通过影响摩擦比）。然而，尚不清楚究竟是什么真正影响确定液化势，需要检查土样中是否存在这些非典型材料，对这些材料经验程序可能不起作用，土体的地质成因可能表明存在可压缩颗粒（请咨询地质学家）。

对于非常薄的地层，如水力充填中常见的地层，锥套摩擦力测量可能不如在其他土体中那样有意义，测量值通常在计算中会被抵消，因此采取在同一深度测量，而不是同时。在分类验证和基于摩擦力测量的细粒度调整时通常需要采样。

13-B.1.3 在层内选择代表性的可调整锥头阻力

给定土层内的静力触探试验锥头阻力从来就不会完全一致。考虑到水平和垂直变化、土体沉积模式（对层连续性的影响）、静力触探试验分类图所示的土体分类以及附近的钻孔，在关注液化的土层中，从测量值中选择可代表整个土层的锥头阻力值。不同的研究人员选择代表值的程序不同，并依此制定自己的程序。然而，大多数程序（包括本附录中讨论的程序）都使用了液化层（或非液化情况下最易受影响的层）内的平均值，而不是每次静力触探试验测时层中最低锥头阻力。制作抗液化强度图表通常基于液化层内的平均、等效洁净砂锥头阻力。在正向分析中，应该对哪些值进行数值平均并不总是很明确。通常仅取水平方向的平均值，如取最小值的平均值（假设整体强度取决于穿过最脆弱区段起伏表面），对于这个根据水平和竖向的平均值开发的程序来说，可能是不必要的保守。如果材料看起来随机分布，没有太多的连续性，则整个土层内的保守近似平均值可能是适当的，如第 33 百分位数。这些判断需要仔细研究静力触探试验和其他密度指标（标准贯入试验、V_S等），并结合基础的地质状况和几何特性。没有一种规则能够适用于所有场地和所有程序。如果液化分析是风险分析的输入数据，通常需要提供代表性平均值合理范围，而不仅是数据集的统计。确定哪些数据应包含在平均值中需考虑不稳定或过度变形所需的基础的最小液化面积。

同样，某一地层的循环抗力比和液化概率不是根据层内调整后的最低锥头阻力确定的。为了保持与各种开发程序一致，它们与平均值相关。当单独地分析每个静力触探试验区间的电子表格或计算机程序考虑平均值时，低循环抗力比或高概率区间将不会被识别，计算可能会出错。因此不能简单地只考虑电子表格中的区间输出，而未将区间分组求取平均值。

13-B. 1. 4　薄层中的等效锥头阻力

静力触探试验锥头阻力受锥头下方几个锥体直径的土层影响。覆盖较软材料上的砂中测量的锥头阻力可能大大低于如果下面有更多相同的砂子时所测的锥头阻力。因此，通过使用锥头阻力和锥套摩擦力的分类图表，将埋在粉土或黏土中的薄而干净的砂层经常误归类为粉砂，且预测的抗液化强度可能不正确（过低）。罗伯逊和威德（1997 年）在美国国家地震工程研究中心《液化评估手册》中提供了调整这一情况的程序，如下所述。垦务局目前使用的计算机程序 CLiq（2015 年）可以自动执行此操作(GeoLogismiki，2014 年)，但必须尽可能对照土样检查结果。罗伯逊和威德（1997 年）提供的图 13-B. 1. 4-1 显示了对薄层的调整。

调整后的锥头阻力 q_c* 按下式计算，然后代替下面列出的估算抗液化强度程序中的实测 q_c：

$$q_c* = K_H \times q_c \tag{13-B. 1. 4-1}$$

修正系数 K_H如图 13-B. 1. 4-1 所示。修正系数是两层锥头阻力之比（q_{cA}/q_{cB}）与砂层厚度（从锥头到下方较软层的顶部测量）的函数。罗伯逊和威德（1997 年）建议根据 q_{cA}/q_{cB}假定比（实曲线）2.0 进行校正，可近似如下：

$$K_H = 0.5(0.036H/d_c - 1.45)^2 + 1.0 \tag{13-B. 1. 4-2}$$

其中：d_c为圆锥直径，H 为层厚度，二者单位相同，限于 $H < 40.6d_c$在大多数文献中，这些尺寸用 mm 表示。10cm² 圆锥的直径一般为 35.7mm，但可采用一致的任何长度单位。若采用层厚度 H 以英尺为单位的式（13-B. 1. 4-2），则 d_c为 0.117，此调整对厚度小于 600mm 或 2ft 的砂层（如砂层覆盖软黏土）适用（或至少可以考虑）。如图 13-B. 1. 4-1 所示，尽管美国国家地震工程研究中心建议的调整对厚度大于约 2ft 的层几乎没有影响，但厚度多达约 6ft(1800mm）的层可能会受到非常软的下层影响。

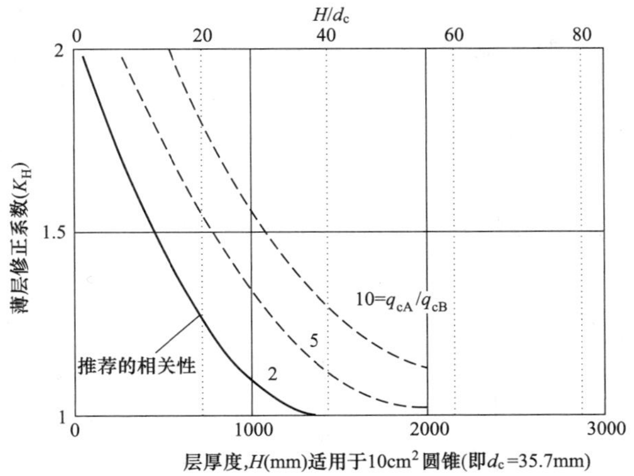

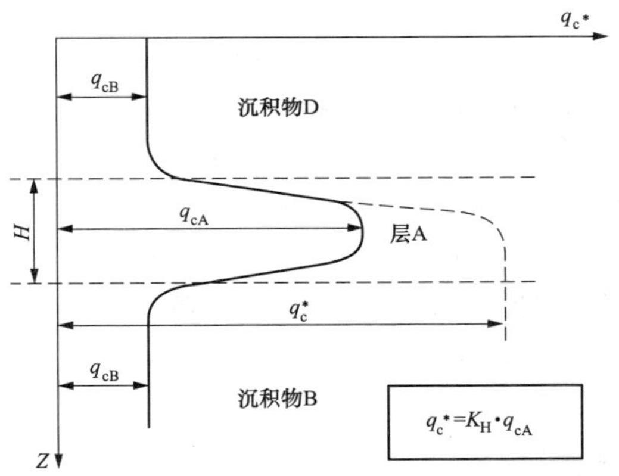

图 13-B. 1. 4-1　薄砂层覆盖软材料的静力触探试验锥头阻力调整

13-B. 2　评估液化势的更新版罗伯逊和威德程序

13-B. 2. 1　概述

通过静力触探试验预测液化势的程序应遵循罗伯逊和威德（1997 年）的建议，后来罗伯逊（2009 年）对程序进行了更新，以适应大幅增加的数据集。在 2009 年更新之前，美国国家地震工程研究中心研讨会采用 RW 流程作为首选程序。[研讨会会议记录包括奥尔森和 Koester（1997 年）的可选程序，但其尚未被广泛使用，因此未在此处介绍]。

RW 程序在概念上非常类似于广泛使用的西德-李-伊德里斯程序通过标准贯入试验进行液化势分析。针对上覆压力的影响对锥头阻力进行归一化以获得 Q_{tN}，然后将其乘以对细粒含量有益影响的调整系数 K_C得到 Qq_{tNCS}，从而可以预测循环抗力比。这些计算见下文详述。

RW 程序的使用仅限于整体性能砂质类的材料，即洁净砂、粉质砂以及没有或极低可塑性的砂质粉土。下面的图 13-B. 2. 1-1 是表示总体土体特性作为标准化锥头阻力 Q_{tN}和标准化摩擦比 F_r［（在式（13-B. 2. 1-1）和式（13-B. 2. 1-3）中定义，见下文］函数的图表。RW 程序主要适用于标记为“I_c= 2. 6”的虚线上方和左侧的材料，基本上只是区域 5、6 和 7 以及区域 4 的一小部分［I_c也在式（13-B.2.1-5）中定义，见下文］。I_c的增加相当于黏状性能增加和 K_c值增大，这是应用于锥头阻力的相乘系数，用来说明细粒越多循环抗力越高现象。最初，认为当 I_c 大于 2.6 时，已经到达区分可液化材料和不可液化黏土材料的界限。但后来发现了几个具有较高 I_c 的液化土体的例子，I_c 在 2.5～2.7 时，现在认为是从砂性到黏土性材料的转变渐进式过渡区。如果 I_c大于 2.7，则循环抗力必须通过黏性土体的方法进行评估，而不是此处所述的适用于砂性材料的程序；I_c 在 2.5 到 2.7 之间，不太清楚哪种类型的性能会出现，或者是否会介于两者之间。在该范围内需同时考虑这两种性能。

测得的锥头阻力 q_c是根据超孔隙水压力的影响而调整的。在锥体底部，图 13-B.1.1-1 中的孔隙压力测量元件正下方，有一个"肩部"，此处测量作用在锥体底部的孔隙水压力，按比例减小测得锥头阻力。通过将实际测量的锥头阻力加上所产生的水压力进行校正：

$$q_t=q_c+u_2(1-a) \tag{13-B.2.1-1}$$

其中：a 是横截面的净面积（总面积减去环面积）与横截面的总面积（通常为 10cm^2）的比值。a 值通常为 0.70～0.85，且由制造商提供。式（13-B.2.1-1）需要对 u_2进行有效测量，但是测量 u_2依赖于传感器多孔过滤器的全饱和。这并不总是很容易实现和保持的，特别是锥体在达到目标深度之前必须贯穿很厚的非饱和土体。在透水材料（干净砂或细砂含量较低的砂）中，u_2 可能很小，必要时可以假定为零，这会稍微保守一些。在软黏土或粉土中，其影响可能更重要。当 u_2测量值适用时，大多数静力触探试验数据简化程序会自动完成。

Q_{tN}是对上覆压力影响归一化所测得的锥头阻力（针对 u_2进行了调整）：

$$Q_{tN}=C_N(q_t-\sigma_{vo})/p_a \tag{13-B.2.1-2}$$

其中：p_a为大气压力，C_N为归一化系数：

$$C_N=(p_a/\sigma'_{vo})^n \tag{13-B.2.1-3}$$

且 F_r为摩擦比，并比较测得的锥套侧摩阻力与锥头阻力：

$$F_r=[f_s/(q_t-\sigma_{vo})]\times 100\% \tag{13-B.2.1-4}$$

C_N应限制在 1.7（这仅在地面非常接近时才相关）。指数 n 作为土体特性类型指数 I_c 的函数计算：

$$I_c=[(3.47-\log Q_{tN})^2+(1.22+\log F_r)^2]^{0.5} \tag{13-B.2.1-5}$$

$$n=0.38I_c+0.05(\sigma'_{vo}/p_a)-0.15 \tag{13-B.2.1-6}$$

n 值取 0.5～1.0。

可看出，Q_{tN}是 n 的函数，并且 n 是 Q_{tN}的函数，所以需要进行迭代，从 n 的假定值开始以求得 Q_{tN}的初始值，使用该 Q_{tN}来求得 I_c 和新 n，用新 n 修正 Q_{tN}，依此类推，直至结束。（尽管电子表格程序 Excel 可以自动执行迭代以达到任何期望的收敛级别，但三次迭代通常应该足够了。）

在确定 n 的情况下，采用式（13-B.2.1-3）得到的 C_N计算归一化锥头阻力 Q_{tN}和等效洁净砂（细粒已经调整的）归一化阻力。系数 K_c是颗粒特征修正系数，通常称为"细粒调整"：

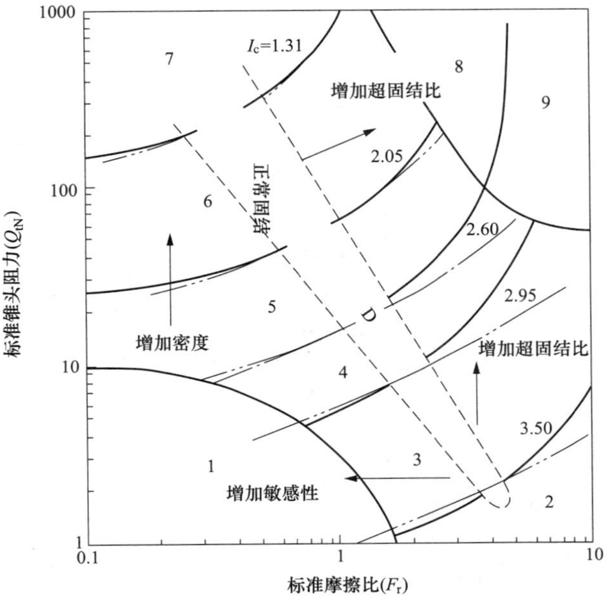

区域	土体特性类型	I_c
1	敏感性细粒土	不适用
2	有机土-黏土	＞3.6
3	黏土-粉质黏土-黏土	2.95～3.6
4	粉土混合物-黏质粉土-粉质黏土	2.60～2.95
5	砂混合物-粉砂-砂质粉土	2.05～2.6
6	砂-净砂至粉砂	1.31～2.05
7	砾质砂-致密砂	＜1.31
8	非常坚硬的砂-黏质砂*	不适用
9	非常坚硬的细粒土*	不适用

*表示大量固结或胶结。

图 13-B.2.1-1　材料分类图表

$$Q_{tN}=C_N q_c \tag{13-B.2.1-7}$$

$$Q_{tN\,cs}=K_c Q_{tN} \tag{13-B.2.1-8}$$

K_c是I_c的函数，如图 13-B.2.1-2 和式（13-B.2.1-9a）～式（13-B.2.1-9d）所示。如果I_c为 2.5～2.7，式（13-B.2.1-9d）将显示K_c值非常高，也表明静力触探试验数据中，并不是明显的砂状或黏状的土体具有很高抗砂状液化强度，虽然这可能是正确的，但它并不一定表示高黏性土具有高循环破坏性。对于初步分析，将K_c值适当限定为 2.0 或 2.5，以减少由于在I_c转变范围内高K_c值而导致可能遗漏的软弱层或可液化层。如果预期性能取决于高K_c值，则需要取样验证。参见第 13.7 节探讨细粒和黏状土体。

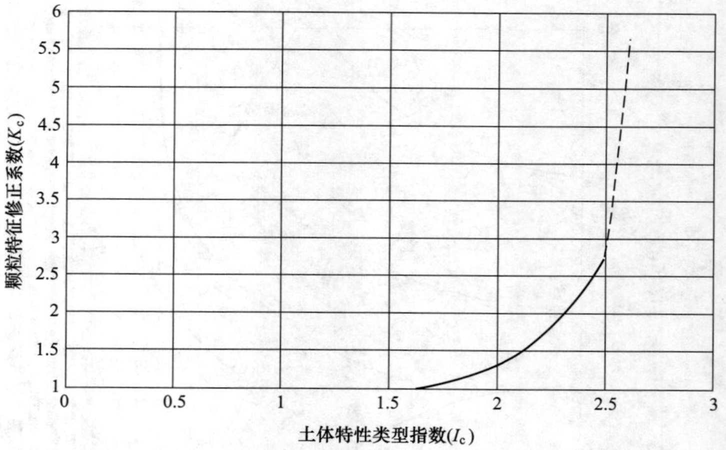

注：高 K_c 值表示高抗液化性，但不一定对黏性土体有较高抗循环破坏性。

图 13-B.2.1-2　颗粒特征修正系数（K_c）与土体特性类型指数（I_c）的函数

在图表中若 $I_c \leqslant 1.64$，$K_c = 1.0$ (13-B.2.1-9a)

若 $1.64 \leqslant I_c \leqslant 2.5$，$K_c = -0.403 I_c^4 + 5.581 I_c^3 - 21.63 I_c^2 + 33.75 I_c - 17.88$ (13-B.2.1-9b)

除以下情况外：

$$1.64 < I_c < 2.36 \text{ 且 } F < 0.5\%，K_c = 1.0 \quad (13\text{-B.2.1-9c})$$

关于罗伯逊的高 I_c 值对应 K_c 公式［式（13-B.2.1-9d)］，当 I_c 增加到 2.5 以上时，它们之间的关系变得相当大。

若　$2.5 \leqslant I_c \leqslant 2.7$，$K_c = 6 \times 10^{-7}\ (I_c)^{16.76}$ (13-B.2.1-9d)

同样，在使用式（13-B.2.1-9d）时要特别注意，该式适用于砂状和黏土状土体特性之间转变时相对应的 I_c 值。K_c 值非常高，说明抗砂性液化能力非常高，但抗黏性土循环破坏及由此产生的应变软化的性能可能不高。对于过渡区内的土体，需同时考虑砂状土和黏性土性能。

最终，循环抗力比 $CRR_{M=7.5,\sigma'=1}$ 由图 13-B.2.1-3 或式（13-B.2.1-10a）和式（13-B.2.1-10b）确定。(罗伯逊和威德实际上将其简称为 $CRR_{7.5}$；这里使用更完整的符号来与本章的其余部分保持一致)。

若　$50 < Q_{tNcs} < 160$，$CRR_{M=7.5,\sigma'=1} = 93\ [Q_{tNcs}/1000]^3 + 0.08$ (13-B.2.1-10a)

若　$Q_{tNcs} < 160$，$CRR_{M=7.5,\sigma'=1} = 0.833\ [Q_{tNcs}/1000] + 0.05$ (13-B.2.1-10b)

根据图 13-B.2.1-3 或式（13-B.2.1-10a）和式（13-B.2.1-10b），$CRR_{M=7.5,\sigma'=1}$ 值针对参照条件：$M = 7.5$ 且 $\sigma'_{vc} = 1\text{atm}$。循环荷载与循环抗力之间的比较必须在特定现场和地震条件下，循环应力比和循环抗力比之间或根据参考条件调整的数值进行，即 $CSR_{M=7.5,\sigma'=1}$ 且 $CRR_{M=7.5,\sigma'=1}$。一般情况下，为了保证项目之间的一致性，并且为了在需要评估一个等级以上的地震荷载时简化计算和表达，在概率风险分析中通常是这种情况。第 13.6.2 条描述了 $CSR_{M=7.5,\sigma'=1}$ 的确定方法。

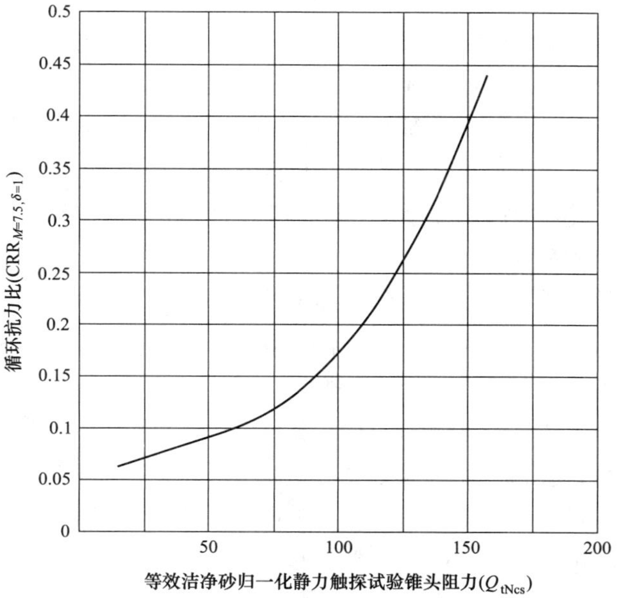

$M=7.5$，$\sigma'_v=$ 1atm。

图 13-B. 2. 1-3　循环抗力比（$CRR_{M=7.5,\sigma'=1}$）

像大多数基于原位试验的循环抗力比关系式一样，从式（13-B. 2. 1-10）或图 13-B. 2. 1-3 中求得的循环抗力比不被视为是可能导致液化的循环荷载的硬性下限。尽管它最初的目的是确定性的，库等人（2012 年）得出结论：基于一个更大数据库得出的结论是，这条曲线代表了大约 30％的液化概率。其他研究人员明确表示，其类似的循环抗力比曲线趋于约 15％的液化概率。较低的液化概率需要一个安全系数用于循环抗力比的计算。

使用公式而不是图表来确定各种参数，可以使用计算机处理并绘制完整的数据分布图，而花费的时间相对较少。垦务局已采用 Microsoft Excel 电子表格和 CLiq 等专用程序来简化数据并确定液化势（GeoLogismiki，2014 年）；程序 CLiq 可采用几种不同的程序，包括这一程序。但是，与其他任何程序或电子表格一样，必须检查输入参数，以确保单位、地下水位等无误，且所使用的程序是最新的。另外，公式所示的三位数的精度并不意味着结果是精确的！

如第 13-B. 1. 3 所述，该程序（与大多数循环抗力比和液化概率其他方法一样）基于所讨论土层的平均锥头阻力，而不是最低锥头阻力。程序或电子表格显示循环抗力比低的一些静力触探试验区间并不一定意味着整个沉积物的循环抗力比低。

RW 程序仅用于在静力触探试验中主要特性类似砂的土体。塑性特别强的细粒含量应低于 20％（超过此范围，需要采用其他评估液化势的程序），或对于粗粉砂，既勉强通过用于区分砂和粉土的美国标准 200 号筛（0.075mm）的粗粉砂，细粒含量应超过 60％。有关塑性材料，参见本附录相关内容。

RW 程序是利用质量参与系数 r_d、震级比例系数 MSF 和上覆层调整值 K_σ之间的关系开发的。在实际可行的范围内，在正分析中使用任何相关性应与制定该程序使用的假设一致。然而，对于制定 RW 程序所依据的大多数以往实例来说，由于深度（大部分在 5～30ft）和涉及的地震震级（几乎全部在 6.5～8.0），差异会相当小。对于这些条件，所有 r_d、K_σ和 MSF 关系都给出了接近 1.0 的值（根据定义），并且各种曲线之间没有太大的差异。如果在反分析中使用较新的 r_d、K_σ和 MSF 关系，则 RW 循环抗力比曲线看起来不会有太大差异。然而，当这些关系在数据范围之外外延时，如深度超过 30～40ft（通常在大坝下方），或者地震震级小于 6.5，则可能发生显著差异。

13-B.2.2 执行 RW 程序

执行 RW 程序评估砂状土体液化势所需的步骤，如图 13-B.2.2-1 所示（基于罗伯逊和卡巴尔，2007 年）。q_c、f_s和 σ_{vo}可以用任一套一致的单位来测量，因为它们是无量纲的，通过大气压力 p_a以相同单位进行归一化。

可采用与 K_c和 $CRR_{M=7.5,\sigma'=1}$相关的图 13-B.2.1-2 和图 13-B.2.1-3 或上述公式来执行 RW 程序。这些公式使得采用电子数据表或诸如 CLiq 等专用计算机程序（GeoLogismiki，2014 年）变得可行，其能以相对较少的时间处理和绘制完整的数据分布图。垦务局同时都使用 Excel 电子表格和 CLiq，通常按区间提供循环抗力比区间范围，但是需要关注的是，RW 关系是基于层内的平均值，因此具有低循环抗力比的个别区间并不一定意味着该层的循环抗力比低。

重申，关于 $CRR_{M=7.5,\sigma'=1}$的 RW 公式和图 13-B.2.1-3 并没有提供液化势的绝对界限。相反，它们代表液化概率约为 30%的条件，随着 $CSR_{M=7.5,\sigma'=1}$减小，概率迅速下降（库等人，2012 年）。因为 $CSR_{M=7.5,\sigma'=1}$远大于 $CRR_{M=7.5,\sigma'=1}$，液化的可能性会增加。

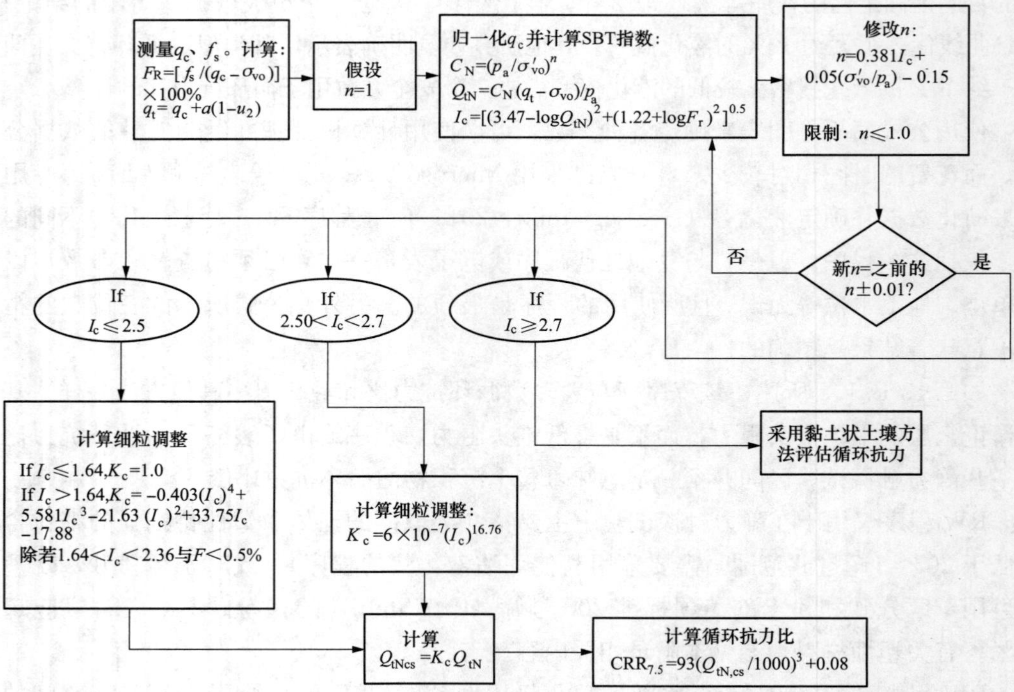

图 13-B.2.2-1 RW 程序流程图

13-B. 2. 3 细节与讨论

13-B. 2. 3. 1 土体特性指数（I_c）

依据锥头阻力和锥套摩擦力，对不同类型土体材料对应的土体特性组别进行划分，如罗伯逊和卡巴尔（2014 年）提供的图 13-B. 2. 1-1 所示（由罗伯逊和威德修改，1997 年）。最初根据土体分类绘制组别界限，图中同一位置处的土体预期会有相近的性能。后来才注意到边界是同心圆（近似），并且有人提出，粒度对液化势的影响可通过半径来预测。为了实现土体自动分类和测定 $CRR_{7.5,cs}$，土体特性类型指数 I_c 定义为圆的半径，从 Q_t 和 F_r很容易计算出。I_c 变大，相应土体特性越来越像黏土，抗液化强度也会提高。图 13-B. 2. 1-2 说明，由 Q_{tN}乘 K_c 得到 $Q_{tN,cs}$。

RW 程序主要用于图 13-B. 2. 1-1 中 5、6 和 7 区的土体，其中 I_c 小于 2. 6，而不用于 1、2、3 和 4 区（I_c大于 2. 6）。（在 8 和 9 区中，Q_t和 F_r 都很高，土体坚硬，可能是黏土性、超固结或胶结使液化或高敏感性不太可能）。I_c大于 2. 6 的特殊土体不仅可能液化，而且莫索等人（2006 年）给出 I_c大于 2. 6 的液化土体的例子，莫索等人还指出，I_c 的发展与土体分类相关，而与抗液化性无关。因此，通过 I_c预测的一般材料特性，以及由静力触探试验锥头阻力和材料性能预测的抗液化强度，I_c与抗液化强度之间的关系是间接的，而不是循环抗力与静力触探试验测量之间的直接关系。

静力触探试验探测期间测量的孔隙压力响应可能提供关于材料性能的佐证信息。如与低 q_c一致的极高孔隙压力的突然激增表明在密度较大的材料内有一层柔软的黏土层。虽然该层可能无法液化，但可能形成阻止排水的不透水层，从而对震后抗剪强度产生不利影响。（请参见附录 13-F“用于抗震分析的土体强度”）。

13-B. 2. 3. 2 成果描绘

为便于风险评估小组或其他分析人员使用，用图形描述液化评估成果往往是最有效的方式。常用形式如图 13-B. 2. 3. 2-1 所示。分析生成 $CRR_{7.5,\sigma'=1}$的分布图。对于一个或多个选定地震，可以把地震荷载、$CSR_{7.5,\sigma'=1}$绘制在同一张分布图上，使问题区域能立即显现出来。在分布图中，通常会在等效洁净砂标准贯入试验程序不适用地方有一些间隔，如砾石区或细粒层，为了避免混淆，循环抗力比数据在这些区间不显示。

呈现液化评估结果的另一种方法是绘制（q_{c1N}）$_{cs}$值，这需要提供所测（q_{c1N}）$_{cs}$附近给定荷载的 CRR 载液化值。这种描述在需要贯入目标值的地基加固研究中很有用。

如图 13-B. 2. 3. 2-2 所示，为了与 $CRR_{7.5,\sigma'=1}$曲线对比，在图上添加代表性（q_{c1N}）$_{cs}$和 $CSR_{7.5,\sigma'=1}$对应值，也是很有必要的。在这个例子中，针对两种不同地震荷载水平，显示来自基础不同部分的数据对应值显示出与预期性能有明显的差异。在 5000 年一遇的地震中，大部分基础都可能发生液化，而在较小的地震中通常表现较好。

任何液化分析报告均应包括方法参考文献、测压管水位假设，从数据集中选择 q_{c1N}代表值和其他参数的依据，确定采用薄层调整的区间，以及循环应力比假设。

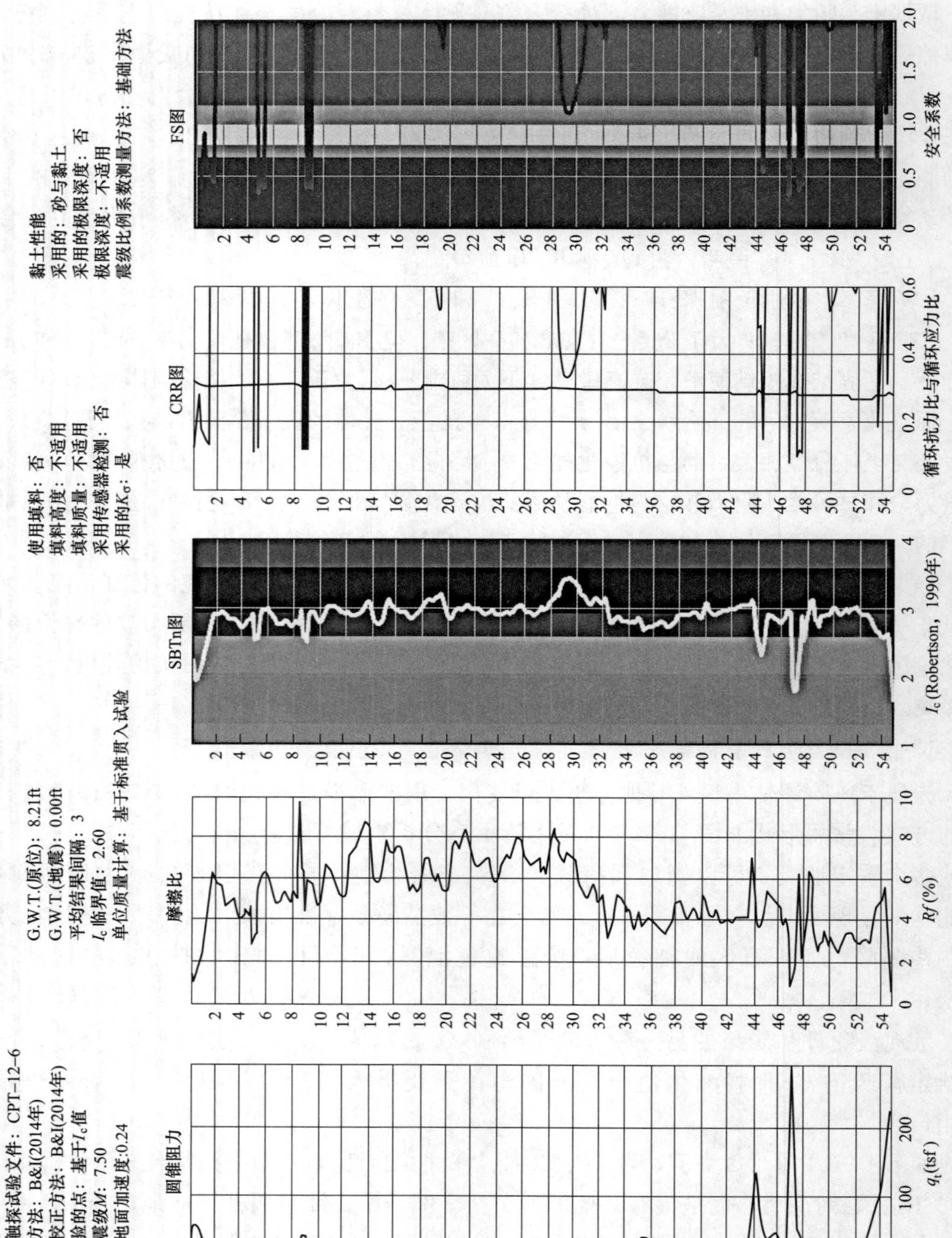

图 13-B.2.3.2-1 将静力触探试验液化分析结果描绘成循环应力比和循环抗力比的剖面图

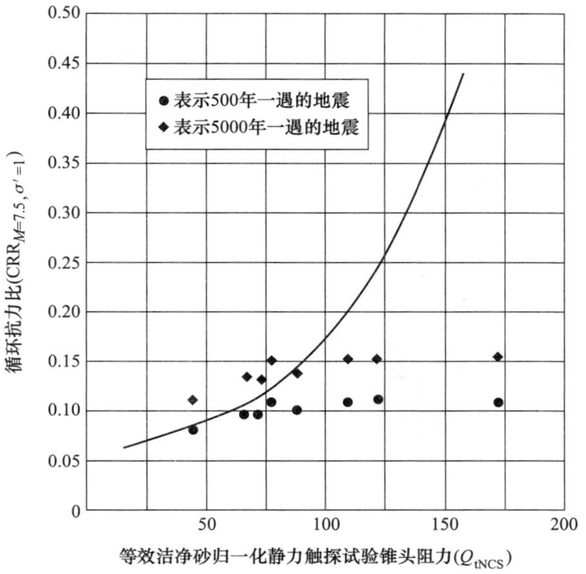

图 13-B. 2. 3. 2-2　叠加在 RW 循环抗力比关系上的静力触探试验液化结果示例

13-B. 3　评估液化势和液化概率的布朗格-伊德里斯程序

2014 年，布朗格和伊德里斯发布了一项新的研究成果（Boulanger-Idriss），其中包含最新的反分析和比 RW 更大的可用数据库（布朗格和伊德里斯，2014 年）。统计分析用来估计液化概率，以及提供循环抗力比的常规曲线（与典型实践相一致，循环抗力比定义为对应 15%的液化概率，与 RW 循环抗力比曲线上的实际值 30%非常相似）。与 RW 程序的另一个主要区别在于，该方法对细粒土的调整是可单加的，并且其是配套钻孔样品中测量的细粒含量的函数，而不是基于摩擦比的乘数。

布朗格和伊德里斯指出，砂中测得的锥头阻力 q_c 与依据孔隙水压力对锥肩影响调整后的 q_t 之间的差值很小，见式（13-B. 2. 1-1）。他们建议在 u_2 数据可用时进行调整，尽管它们始终使用符号“q_c”，并且调整是隐含的。除了透水性较低的软质材料外，两者差值相当小，保守的做法是忽略该值。

13-B. 3. 1　根据参照条件调整标准贯入试验数据

调整后的循环抗力比 $CRR_{7.5}$ 是锥头阻力 q_c 的函数，依照 1 个大气压的标准有效上覆应力进行归一化，并根据细粒的影响进行调整，以获得等效洁净砂值 q_{c1Ncs}。首先将测得的锥头阻力 q_c 转换成大气压（1atm＝2116lb/ft^2），然后再乘以经验系数 C_N（类似于罗伯逊和威德的 C_N，但值略有不同），求得 q_{c1Ncs} 值，从而得出在相同的密度且有效上覆应力为 1 个大气压时相同的砂中测得的归一化锥头阻力。

$$q_{c1N}=q_{cN}\cdot C_N \tag{13-B. 3. 1-1}$$

采用式（13-B. 3. 1-2）或图 13-B. 3. 1-1 可求得 C_N 值。

$$C_N=\left(\frac{p_a}{\delta'_{vc}}\right)^{1.338-0.249(q_{c1N})^{0.264}} \tag{13-B. 3. 1-2}$$

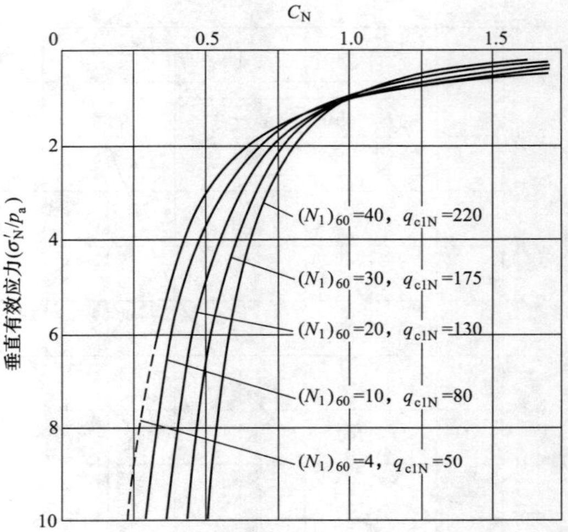

图 13-B. 3. 1-1　调整侧限应力效应的贯入阻力系数（伊德里斯 和布朗格，2008 年）

C_N是上覆应力和 q_{c1N}的函数，且实际上也为自身的函数。因此，有必要通过迭代求得 q_{c1N}，首先假设式（13-B. 3. 1-2）中的指数的特定初始值，如 0. 7，并计算 C_N，再在式（13-B. 3. 1-2）中使用 C_N求得 q_{c1N}的初始值。再在式（13-B. 3. 1-2）中采用计算出的 q_{c1N}求得新的 C_N值等，直至 q_{c1N}收敛。可采用电子表格程序 Excel（通过启用迭代计算）自动完成迭代计算，但也可通过手持式计算器完成，一般两次或三次迭代后中就可能会收敛至合适值。

为了获得洁净砂归一化的锥头阻力 q_{c1Ncs}，将调整值 Δq_{c1N}加至 q_{c1N}；Δq_{c1N}是细粒含量 FC（用小数表示）和归一化锥头阻力的函数，如式（13-B. 3. 1-1）和图 13-B. 3. 1-2 所示。这与罗伯逊和威德所称的（q_{c1N}）$_{cs}$类似，但两者都保留原始记号。

$$\Delta q_{c1N}=\left(11.9+\frac{q_{c1N}}{14.6}\right)\exp\left[1.63-\frac{9.7}{FC+2}-\left(\frac{15.7}{FC+2}\right)^2\right] \quad (13\text{-B. }3.1\text{-}3)$$

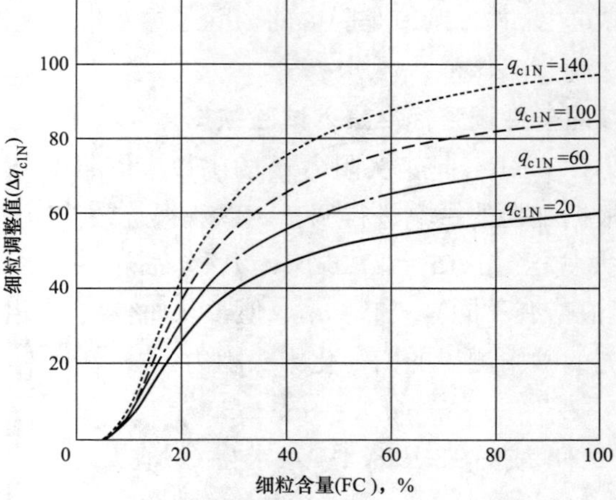

图 13-B. 3. 1-2　细粒影响调整值（由布朗格和伊德里斯重新绘制，2014 年）

13-B. 3. 2 循环抗力比

使用图 13-B. 3. 2-1 或式（13-B. 3. 2-1）评估循环抗力。因为循环抗力比被定义为对应 15%的液化概率，所以如果要对应一些非常低的概率（近似确定性分析），则循环抗力比需要使用安全系数（以下公式不含安全系数）。根据可容许多少液化概率来选择安全系数，安全系数和相应液化概率见表 13-B. 3. 2-1。

$$CRR_{M=7.5,\sigma_v'=1atm}=\exp\left[\frac{q_{c1Ncs}}{113}+\left(\frac{q_{c1Ncs}}{1000}\right)^2-\left(\frac{q_{c1Ncs}}{140}\right)^3+\left(\frac{q_{c1Ncs}}{137}\right)^4-2.80\right] \tag{13-B. 3. 2-1}$$

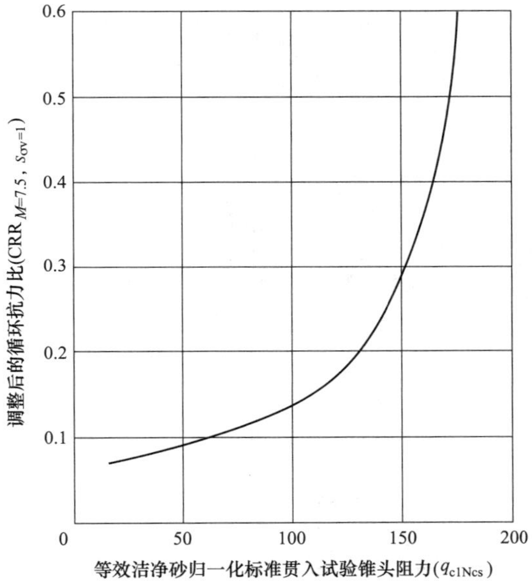

曲线为洁净砂 q_{c1N}或等效洁净砂 q_{c1Ncs}的曲线。

图 13-B. 3. 2-1 q_{c1N}函数的循环抗力

表 13-B. 3. 2-1 安全系数和相应的液化概率

液化概率（%）	安全系数
15	1. 0
5	1. 15
2	1. 25
1	1. 3

13-B. 3. 3 液化概率

地震风险分析通常需要估算地震荷载下发生液化的概率。这可以从布朗格和伊德里斯（2014 年）的式（13-B. 3. 3-1）中获得。来自同一出版物的图 13-B. 3. 3-1（a）显示了依照以往实例数据反映了式（13-B. 3. 3-1）的结果。图 13-B. 3. 3-1（b）反映了式

(13-B. 3. 3-1）的结果，虽然其没有绘制数据点，但绘制了 2％和 98％的液化概率附加曲线。

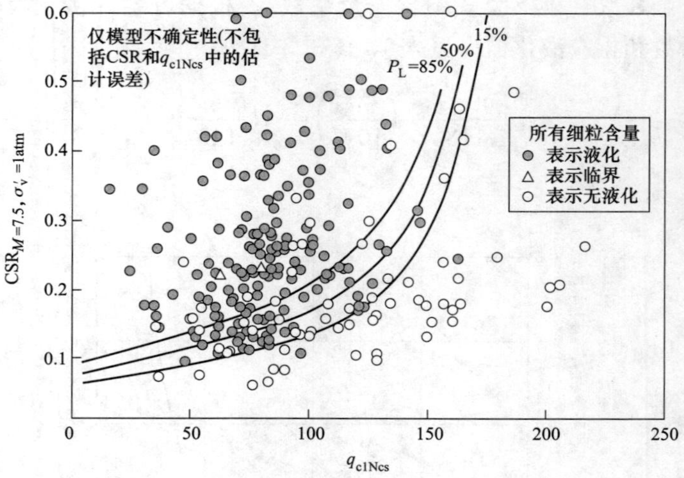

图 13-B. 3. 3-1（a） 以往实例数据的液化概率等值线图，最底部曲线（15％）对应循环抗力比（$CRR_{M=7.5,\sigma'_v=1atm}$）

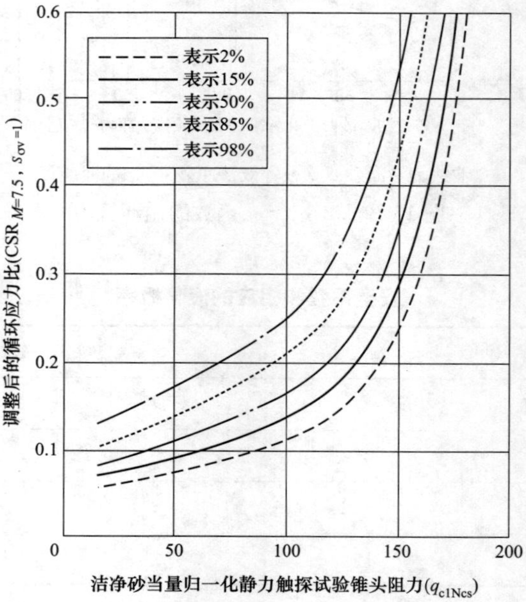

实线（15％）对应循环抗力比（$CRR_{M=7.5,\sigma'_v=1atm}$）。

图 13-B. 3. 3-1（b） 基于布朗格和伊德里斯（2014 年）绘制的液化概率为 2％、15％、50％、85％和 98％的液化概率等值线图（无数据点）

$$P_{\mathrm{L}}(q_{\mathrm{c1Ncs}},\mathrm{CSR}_{M=7.5,\sigma_{\mathrm{v}}'=1\mathrm{atm}})=$$

$$\Phi\left[-\frac{\dfrac{q_{\mathrm{c1Ncs}}}{113}+\left(\dfrac{q_{\mathrm{c1Ncs}}}{1000}\right)^{2}-\left(\dfrac{q_{\mathrm{c1Ncs}}}{140}\right)^{3}+\left(\dfrac{q_{\mathrm{c1Ncs}}}{137}\right)^{4}-2.60-\ln(\mathrm{CSR}_{M=7.5,\sigma_{\mathrm{v}}'=1\mathrm{atm}})}{\sigma_{\ln(R)}}\right]$$

(13-B. 3. 3-1)

上式中括号内是一个函数，等于调整后的循环抗力高于或低于调整后的循环应力比的标准偏差数。函数 $\Phi[x]$ 是 x 的标准正态分布，它的值是荷载超过抗力的概率。为了在电子表格中编程，括号中数量的平均值为零。数值 $\sigma_{\ln(R)}$ 是（N_1）$_{60cs}$ 给定值的循环抗力比的标准偏差，假定对于（N_1）$_{60cs}$ 的所有值都是恒定的，并且等于 0.20。在 Microsoft Excel 中，$\Phi[x]$ 被称为 NORMDIST。式（13-B. 3. 2-1）是式（13-B. 3. 3-1）的倒数，其中 P_{L}（q_{c1Ncs}，$\mathrm{CSR}_{M=7.5,\sigma_{\mathrm{v}}'=1\mathrm{atm}}$）设定为 0.15。

同时，也有其他可用的液化概率模型，最著名的是莫索等人的（2006 年）模型。但本附录选择了 BI 模型，是因为几个较新实例表明，莫索等人的程序在 q_{c1Ncs} 值较高时有点不保守。此外，还有一个问题是关于较小的地震震级和较高的有效上覆应力在数据集中是否能很好地反应，以至通过将它们作为莫索等人曾在回归分析中的独立变量来充分说明它们对 MSF 和 K_σ 的影响。一些以往实例的解释存在些差异，包含 r_{d} 不同关系的使用。

13-B. 3. 4 细节与讨论

13-B. 3. 4. 1 *更新的应力折减系数* r_{d}

BI 程序是根据更新的特定震级的 r_{d} 关系开发的（伊德里斯，1999 年）。由于地震动的频谱和应变软化量随地震震级的变化而变化，因此 r_{d} 也随震级变化而变化，而不只是随深度变化。对 r_{d} 随峰值水平地面加速度或不同剪切波速图形改变而发生的附加变化没有考虑，这将对小于 20ft 深度的以往实例反分析的结果产生微小的影响，但对于更深的潜在可液化层正分析来说，可能非常重要。为此，通常最好使用适合现场的实际剪切波速度和地震动进行现场响应分析。此外，坝基通常具有明显的水平静态剪切应力，其会对液化势产生大的影响，但这些在 r_{d} 中并未考虑（参见第 13. 6. 2. 5 部分确定 K_α）。

13-B. 3. 4. 2 *细粒含量调整*

细粒对液化触发的影响通过对 q_{c1N} 增加一项 Δq_{c1N} 得到的 q_{c1Ncs} 予以说明。由于 Δq_{c1N} 取决于实际细粒含量，BI 程序具有明显的缺点，即需要分析并提供每个区间的细粒含量的测量值或估计值。在湖相物质中，分层间距预计会更大，可以判定距采样孔一定距离外处的细粒含量，但对于垦务局的大坝（许多位于丘陵或山区）来说，这种类型的基础通常只是一个例外情况，并不规则。为此，建议同时使用 RW 和 BI 程序并将相邻采样孔的所有探测结果进行比较，现场细粒含量与 I_{c} 之间有很好的相关性，BI 程序可应用于其他静力触探试验测深，并根据相关性估算细粒［布朗格和伊德里斯（2014 年）中的相关性太过分散且没有现场验证，不适用于高风险大坝］。两个程序的液化抗力比值之间的普遍一致性将增强 BI 估计液化概率的可信度。

13-B. 3. 4. 3 *随* q_{c1Ncs} *变化的震级比例系数*

本附录对震级比例系数（MSF）做了简化。布朗格和伊德里斯在 2014 年提出，震级比例系数不仅是地震震级 M 的函数，而且还是密度的函数，用贯入阻力 q_{c1Ncs} 或标准贯入试验分析中的等值 $(N_1)_{60cs}$ 表示。一般来说，密度越大，震级比例系数与常数 1.0 的差异就越大。但是，这并没有被纳入本章中，并且旧的关系并不随密度变化而变化(参见本章第 13.6.2.3 部分)。在 M 为 6.0 时，使用旧关系，震级比例系数为 1.48。对于同一 M，新关系得到的结果从约 1.1（非常松散的砂中）到约 1.6（密实砂中）不等。这表明，对于小 M 和砂子从松散到中等密实（q_{c1Ncs} 高达约 150 或 $(N_1)_{60cs}$ 高达约 25)，虽然旧关系有点偏激，但对于较高的 q_{c1Ncs} 是保守的。当 M 大于 7.5 时，结果相反。目前尚未评估这种改进对垦务局大坝和风险分析的影响。

13-B.3.4.4　成果描绘

成果可以用与 RW 程序相同的方式进行描述，或描述成随各标准贯入试验测深深度的曲线，或通过在图 13-B.3.2-1 或图 13-B.3.3-1（b）表示，而非图 13-B.2.1-3，对叠加 q_{c1Ncs} 和 $CSR_{M=7.5,\delta'=1}$ 对应值进行描述。图 13-B.3.4.4-1 所示的是坝基各个部分和两个不同地震荷载水平的 q_{c1Ncs} 和 $CSR_{M=7.5,\delta'=1}$ 对应值，以及恒定概率曲线。这能有效帮助风险评估团队了解液化的可能性及其对荷载和静力触探试验数据的敏感性。在这个例子中，液化可能性不大，但如果出现 500 年一遇的地震荷载，则仍然有可能发生。如果出现 5000 年一遇的荷载，液化的可能性更大，在坝基的某些部分有可能达到约 50%的液化概率。

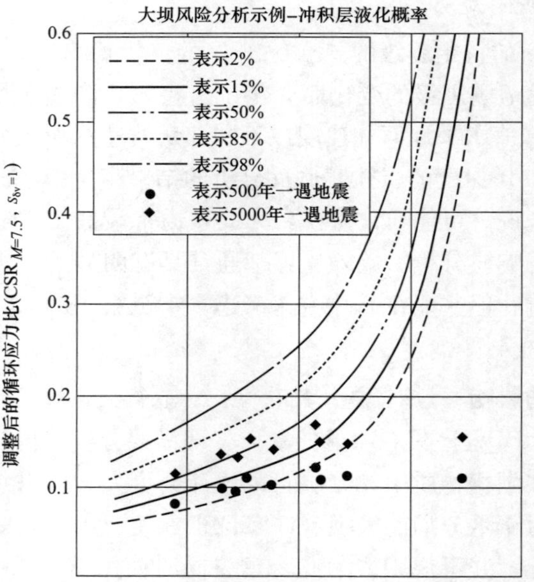

图 13-B.3.4.4-1　BI 程序液化概率图上叠加的静力触探试验数据和循环应力比

附录 13-C 采用标准贯入试验评估液化势

13-C.1 简介

本附录介绍通过标准贯入试验（SPT）评估土体液化势（由于产生的超孔隙压力接近震前有效应力而使抗剪强度接近全部损失）的程序。这些程序是基于一系列液化实例与标准贯入试验及土体指标特性之间的相关性。这些程序是由加州大学伯克利分校 B. 西德教授及其同事（H. 西德，伊德里斯和阿兰戈，1982 年；H. 西德等人，1985 年）牵头编制。该程序的某些部分在由国家地震工程研究中心（美国国家地震研究中心，1997 年；尤德等人，2001 年）主办的 1996 年研讨会中进行了更新，随后由采廷等人（2004 年）、伊德里斯和布朗格（2008 年、2010 年）以及其他人更新。

与评估液化或收集动态分析数据采用的任何工具一样，标准贯入试验也必须由其他方法进行补充。对于高危险坝而言，关于抗震性能的结论不能仅基于一种调查方法（垦务局，2007 年）。

本附录大体遵循伊德里斯和布朗格（2010 年）的程序，并酌情提出了一些例外情况，以适应垦务局的实践。存在的其他程序可能产生明显不同结果的情况，尤其是加州大学伯克利分校 R. 西德及其同事提供的详细回归模型，该模型通常表明，对于给定的荷载和标准贯入试验锤击数组合，抗液化强度较低（R. 西德等人，2003 年；采廷等人，2004 年）。这些差异主要是因对几个关键场地的不同解释（液化是否发生，哪些材料实际液化）以及对多个场地的循环剪应力的估计有所不同。截至 2015 年，行业内并未就哪个程序最正确达成共识。本附录使用者应知悉：新的研究可以取代本附录中的信息。

本附录仅为引导使用者了解进行基于标准贯入试验的触发分析的力学特性，它不是对理论、背景和解释的完整讨论，如需更多了解，可参考其他文献。

除了获取适当的技术审查和批准之外，还应记录其他方法与本附录介绍方法的偏差以及存在偏差的理由。

基于标准贯入试验（或其他试验方法）的液化触发分析结果本质上是不精确的，且包含大量的不确定性。其中包括如下几个原因：①由于土体数据的质量变化，以及许多情况下采用的循环应力的估算方法非常简单，因此基于现场性能的反分析以及标准贯入试验的液化程序是经验性的；②很少有与大型坝基相符的历史案例及应力条件，需要外推超出可用数据的范围；③涉及大量简化的假设。现场程序和设备对数据的强大影响使情况进一步复杂化。另外，专业人士对数据库的解读和对液化的理解总体上仍在继续。

液化正分析在很大程度上依赖于通过以往实例的反分析外推，这可能与研究中的大坝土体条件和地震荷载不相似。如数据库包含极少数震级 M 小于 6.0 的地震（震级代表强荷载循环次数）或有效上覆应力大于 2500lb/ft^2 的案例。相比之下，大坝安全风险分析通常必须包括 M 小于 6.0 的小型近距地震和大于 2500lb/ft^2 许多倍的上覆应力造成的风险因素。数据库不含坝坡下方发生的水平表面大型静态剪应力的记录，所以有必要使用基于理论和实验室结果的半经验系数（K_α）进行外推，而不是根据现场性能外推。如果外推法是根据土体力学原理或相关数据趋势，而不仅是数据超出数据范围的投影，则说明外推法更为可靠。

本章引用的 ASTM 标准均受 ASTM 版权保护。标准的编号格式为“D 1586-11”，其中最后两位数字是最近一次修订的年份。ASTM 标准定期审查和更新，并且可能有更新的版本取代此处引用的版本。

13-C.2　采用标准贯入试验得到的材料特性

13-C.2.1　标准贯入试验

标准贯入试验锤击数 N 是打入标准化贯入取样器 1ft 所需的标准锤的锤击数。锤重 140lb，下降 30in 落到钢砧上，通过螺纹连接将钢砧连接到钻杆上。贯入取样器的外径为 2in，内径为 $1\frac{3}{8}$in（详见 ASTM D 1586-11。）每次试验将取样器打入共 1.5ft，通常实践中每 0.5ft 记录一次锤击数。第一个 0.5ft 被称为底座区间；记录锤击数仅供比较用，锤击数未被明确使用。第二个和第三个 0.5ft 的区间一起构成实际贯入试验，并且其锤击数的总和被称为“N”。对于垦务局所有项目，现场工作人员还应记录每次锤击后的累积贯入度或每贯入 0.1ft 的锤击数，以帮助识别和纠正妨碍贯入的分层或砾石。

标准贯入试验锤击数经验性表示抗液化强度。如本附录所述，对锤击数进行调整，并考虑与参照条件不同的试验条件和土体级配的影响。然后，将其与在所考虑地震下表明足够的密度抵抗液化的锤击数进行比较。在简化方法中，地震荷载用现场响应计算确定的循环应力比表示，根据地震震级和原位静态应力效应进行归一化。第 13.6 节说明了循环应力比测定，在非线性耦合分析中使用了不同的概念，预测了孔隙压力产生及应力和应变，但是这些信息超出了本附录的范围，因此不在此处介绍。

现场测量的锤击数不仅取决于土体密度，而且很大程度上取决于细粒含量、有效上覆压力、从落锤到钻杆的能量传递效率和钻孔方法，并且在较小程度上取决于含钻孔直径在内的其他因素。

为了使标准贯入能够有效地反应液化势，必须按照 ASTM D 1586-11《一般标准贯入试验》和 ASTM D 6066-11《针对用于液化评估的标准贯入试验》规定的相应程序进行试验。偏离试验标准可能会导致误导性结果。如没有钻孔液（泥浆或水）进行的试验会由于孔底部的起伏和松动而导致错误的低锤击数。因此，钻孔需要保持钻孔液位高于地下水位，特别在处理旧数据时，应检查日志以验证是否使用了钻孔液，并注意没有使用（或可能未使用）的区间，这可能会使锤击数偏低。因此应记录任何与标准程序的偏差以及结果。

获取高质量数据除了仔细注意所需的细节之外，还需注意在钻井过程中避免损坏坝体。如当穿过坝堤不透水心墙或在其下方钻孔时，有必要监测钻孔液压力和回流，以确保压力足够小以防止水力压裂，且最好不要比钻孔液的静压高很多。

13-C.2.2　砾质材料和粗砂

如果土体含有砾石，特别是比$\frac{3}{4}$in 更粗的砾石（或大量细砾石），由于砾石颗粒妨碍取样器（内径仅为 $1\frac{3}{8}$in）的贯入，标准贯入试验锤击数可能会给出不真实的土体密度图像。标准的做法是应记录现场每次锤击后的累积贯入度，或者每贯入 0.1ft 的锤击数，而不仅仅是每 0.5ft 的锤击数。显示斜率陡增的“贯入锤击数累积曲线图”可能表明，贯入取样器已经遇到特别粗的颗粒（如砂子），需要采取措施才能继续取样。在这种情况下，可以在急剧增加至 1.0ft 之前外推锤击数，以获得第一部分标准贯入试验区间的修正锤击数，如图 13-C.2.2-1 所示。无斜率急剧变化并不能证明没有任何砾石干扰，因为在整个 1.5ft 的试验间隔内可能一直存在砾石干扰，在这种情况下，高 N 值不能可靠地表明高循环抗力（如果 N 值低，尽管砾石含量很高，但循环抗力可能很低或非常低）。即使在斜率发生急剧变化时做出修正也不能保证准确描绘土体抗液化强度的正确 N 值，因为甚至在变化之前可能已发生砾石干扰。这些效果只能通过对样品的详细描述（最好包括照片）才能正确判断。因此，记录样品的人员应充分意识到如何使用数据和描述，这一点非常重要。

现场和实验室的材料样品描述对于确定斜率变化是否由于密度变化、材料类型变化还是颗粒过大等原因非常重要。只有在有充分理由认为需要时（如在样品中发现中等或粗砾石，样品回收不良以及不稳定的锤击数等）才能进行砾石调整。任何砾石修正应做好记录，并在结果报告中重点说明。

大量液化实例来自中细砂，因此用于预测液化势的经验曲线主要反映中细砂性能。粗砂（即使没有砾石）在同等状态条件下通常会比细砂有更高的测量值 N，这表明对于给定的 N 值，粗砂更容易液化（斯坎普顿，1986 年），这在一定程度上由液化实例统计分析予以证实（廖，韦内齐亚诺和惠特曼，1988 年）。因此，基于粗砂贯入阻力的结论可能稍微不保守，但迄今为止尚未提出补偿这种效应的程序。

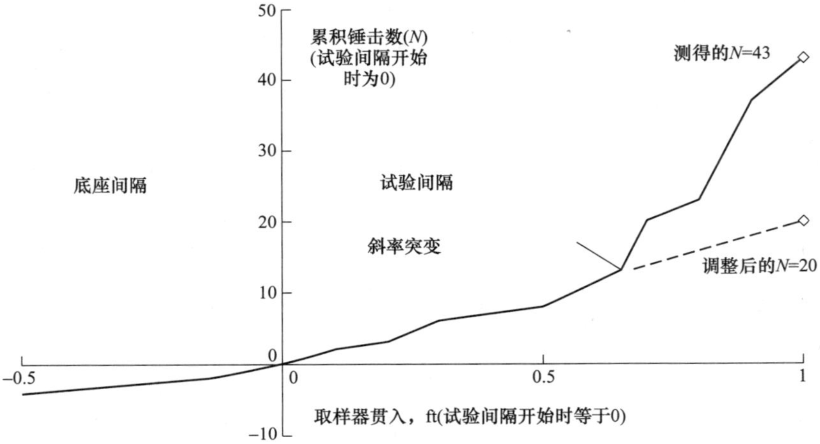

校正前进行样品描述、实验室数据及样品回收的检查。

图 13-C.2.2-1　对明显砾石干扰的标准贯入试验锤击数的校正

当已知存在砾石时，应随着标准贯入试验同时进行其他相应试验，如贝克贯入试验和剪切波速，与标准贯入试验一起用于评估液化势（使用剪切波速和贝克试验进行液化评估分别在附录 13-D 和 13-E 中描述）。

13-C.2.3　根据标准试验条件调整锤击数

标准贯入试验锤击数对试验程序非常敏感。因此，有必要根据标准条件调整测量值，然后才能与相关性一起用于预测液化势。通常通过式（13-C.2.3-1）调整试验条件所测得的锤击数。第 13-C.2.3.1～13-C.2.3.4 部分讨论各项调整。

$$N_{60}=C_E C_B C_R C_S N \tag{13-C.2.3-1}$$

其中：N_{60}是根据试验程序调整的标准贯入试验锤击数；C_E是从落锤到钻杆的能量传递效率，被以 60％理论最大值的标准值相除；

C_B是一个调整值，以考虑到钻孔直径大于标准直径的影响（垦务局通常不采用）；C_R考虑到非常短或长的钻杆对能量从落锤传递至贯入取样器的影响所做的调整；C_S考虑到配备衬套的取样器或无衬套位置的贯入取样器与有衬套位置但未使用衬套的贯入取样器之间锤击数的差异；N 是现场锤击数（为砾石影响而做出调整，如需要）。

一旦根据试验条件调整了锤击数以获得 N_{60}，就应进行附加调整，以考虑有效上覆应力和细粒含量对土体行为的影响。这样，就可以使得液化概率或抗液化强度与称为等效洁净砂标准锤击数的单个变量 $(N_1)_{60cs}$ 发生关联。在计算 N_{60} 之后发生的这些调整，在下文第 13-C.2.3.5 部分和第 13-C.2.3.6 部分中予以描述。

13-C.2.3.1　*根据从重锤传递至贯入取样器的能量情况进行调整（C_E）*

为进行液化评估，必须根据从锤传递至贯入取样器的能量大小调整标准贯入试验锤击数。所有落锤的理论能量（140lb×30in）实际上并非都传递到钻杆和贯入取样器中。尽管垦务局大多数钻机现在均使用机械杵锤，但在最初标准贯入试验中，锤由一根绳索提升，该绳索绕着一个称为锚头的不断旋转、光滑的钢制绞车卷筒缠绕两次。然后，钻工放松绳索使得绳索在锚头上滑动，使锤头落到铁砧上，然后拉紧绕着锚头的绳索以便再次提升锤。垦务局使用这种方法一直至 20 世纪 90 年代初，目前还有一些钻工仍使用该方法。由于绳索摩擦、锤摩擦、冲击波反射等原因，当用绳索和锚头提升锤时，通常在钻杆中只能测到理论最大能量的 45％～65％。由于绳索和锚头，即使在最好的钻工操作时，落差和能量传递也是波动起伏的。一个班次内是否产生这种波动，取决于操作员的疲劳程度、绳索或锚头状况以及冲击的随机变化。通常首选机械锤，因为机械锤比钻工更加稳定。机械锤通常为钻杆提供更多的能量，因为机械锤没有自锚头上的绳索及桅杆顶部的滑轮的摩擦力。但是，一些锤的落锤高度对锤击频率很敏感，如果锤运行太快，可测量多达 95％的理论能量。锤击频率必须与测量能量时的速度一致，打入速度越慢，越容易记录每次锤击后的贯入度。

钻机和锤配合使用时，应采用打桩分析仪测量能量。最好采用至少 35ft 的钻杆测量能量（这与第 13-C.2.3.3 部分中讨论的短钻杆校正有关）。如果锤工作状况与测量过程中的条件一致，则不一定需要对每个项目进行测量。对垦务局的所有钻机进行了能量测量，如果在安装时未进行任何更改并且钻机是充分维护的，则以前的测量值可用于现在较小的项目。对于大型项目，或者如果由承包商实施钻孔，则应在项目开始时进行能量测量，无论所使用的锤是机械式还是绳索锚头式。垦务局技术服务中心、材料工程和研究实验室可以为所使用锤的能量校正提供进一步的帮助。最好在试验的早期获得能量测量结果，以便在钻孔进尺很深之前能够识别和纠正设备问题。试验应符合 ASTM D 4633-10 相关规定。

已采用 60%的能量传递作为所有标准贯入试验测量值标准化的标准，因为该值是绳索和锚头提升和降落的通用安全锤的代表值（尤德等人，2001 年）。采用式（13-C. 2. 3-1）将原始或砾石调整的 N 值修正为等于 60%的钻杆能量比，并采用式（13-C. 2. 3-1）得出的 C_E：

$$C_E = (ER_i / 60) \qquad (13\text{-C. }2.3.1\text{-}1)$$

其中：ER_i是所使用的锤系统测得的钻杆能量比，用理论最大值的百分比表示。如，若传递的能量是 140lb 的锤下落 30in 产生的理论能量的 50%，则需要乘以比率 50%/60%来减少测量的锤击数，得到 N_{60}。同样，如果传递的能量是 70%，则需乘以比率 70%/60%，增加测得的锤击数。如果能量与 60%相差很大，则可以通过一个简单比率进行修正，引入误差。注意，当 N 调整为 N_{60}时，测得的 ER_i大大超过 60%的情况会大幅增加。错误的高能量比会产生非保守偏差，式（13-C. 2. 3. 1-1）对于有限范围以外的能量比率不一定有效。最好使锤子工作时的 ER_i保持在 90%以下，这样能量调整不会太大和不确定（这应在每个现场勘探要求中予以说明）。如果因为试验已经完成而无法调整，那么将式（13-C. 2. 3. 1-1）中使用的 ER_i值限制在 90%是合理的。

如果未提供能量测量结果（即从能量测量前开始分析标准贯入试验），通常假定能量约为安全锤（其中下落块是围绕杆和砧的钢管）最大值的 60%，和环形锤（即一个致密的 140lb 的钢环落在附着在钻杆上的裸露铁砧上）的 45%，尽管垦务局从未广泛使用环形锤。由于机械锤对操作速度的敏感性，所以没法提供这样的一般性建议。

13-C. 2. 3. 2　孔径调整（C_B）

垦务局标准贯入试验标准要求钻孔直径为 4in，但有时需要使用更大钻孔的数据。据观察，较大的钻孔往往锤击数稍低，并且已经提出了一个修正系数 C_B来说明这一点（斯肯普顿，1986 年）。然而，这种差异相当小，并且很多实验数据并未证实所提出的系数。因此，在研究能更好地证明 C_B前，应假设 C_B为 1.0。不进行修正是稍微保守做法。

13-C. 2. 3. 3　钻杆长度调整（C_R）

对于短钻杆（长度约小于 33ft）或非常长的钻杆（长度约大于 100ft），必须进一步调整能量。此调整见尤德等人（2001 年）提供的表 13-C. 2. 3. 3-1。伊德里斯和布朗格（2008 年、2010 年）和采廷等人（2004 年）在研究确定液化势的方法时均使用了这一相同的调整。本章较早版本使用 C_R＝0.75（对于长度小于 10ft 的所有钻杆）以及 C_R＝1.0（对于长度大于 10ft 的所有钻杆）。

表 13-C. 2. 3. 3-1　深度标准贯入试验的能量调整

钻杆长度，ft（铁砧至贯入取样器）	C_R
0～10	0.75
10～13	0.8
13～20	0.85
20～33	0.95
33～100	1.0

该调整值和钻杆的类型关系不大。垦务局通常使用 NW 钻杆，NW 钻杆比 A 和 AW 钻杆稍重，这些钻杆在垦务局以外更常见，适用于浅孔，然而分析的总体结果可能差异不大。

当钻杆很长（超过约 100ft）时，建议额外进行小幅调整，根据沿钻杆设置的应变传感器和加速度计进行的试验得出能量损失。一些能量因摩擦以及钻杆接头处松弛和冲击波反射而损失。当在很深处时进行标准贯入试验时，应使用管钳拧进钻杆接头，而不是用手拧紧，即使使用管钳仍会有来自每个接头的冲击波反射。对于深度超过 100ft，钻杆能量应该在 100ft 以外，每 10ft 杆段减少 1%（施默特曼，1978 年；法拉等人，1998 年）。

如假设通过绳索和锚头提升的常规安全锤（封闭铁砧）用于在 145ft 深度处打入贯入取样器，并且钻杆伸出地面以上约 5ft。这种锤通常在中等深度（如 30～100ft）提供 60% 的 ER_i，然而此时的钻杆能量比 ER_i 将等于 55%，即对于 100ft 以下每 10ft，60% 减 1%。因此，$(N)_{60}$ 将等于（55%/60%）$\times N$。注意：在如此深的深度处进行液化分析需要将现场性能外推至实际深度和上覆压力（远远大于该方法所基于的实例相关的深度和上覆压力，其中大部分发生在 25ft 或更小的深度，幸运的是深度超过 100ft 时，能量随着深度变化而逐渐变化，减少的精确值的变化不会对调整后的锤击数产生重大影响）。钻杆和锤组件的质量效应可能抵消了非常长的钻杆中的能量损失，杆和锤组件质量在贯入取样器头部施加大的静力，这尚未得到广泛的研究，但它可能会使锤击数偏低，这是标准贯入试验远未成为精确试验的另一个原因。

在电子表格中，钻杆长度效应的总能量调整可近似：

$$\left.\begin{array}{ll}\text{若钻杆长度为 5～33ft：} & C_R = 0.009\,\text{钻杆长度} + 0.7 \\ \text{若钻杆长度为 33～100ft：} & C_R = 1.0 \\ \text{若钻杆长度为 100ft：} & C_R = 1.0 - 0.001\,(\text{钻杆长度} - 100)\end{array}\right\} \quad (13\text{-C}.2.3.3\text{-}1)$$

如果地面以上钻杆的伸出量未知，则可以通过将长度增加 5ft 来合理地估算钻杆总长度。若钻孔深度为 10ft 或以上时，假设伸出 3ft 和假设伸出 5ft 之间的 C_R 差异较小，确切值取决于钻杆尺寸和锤子的类型，然而，相对于液化势分析中的其他不确定性，不同钻杆和锤带来的 C_R 变化被认为是较小的。

行业内就表 13-C.2.3.3-1 中的短钻杆调整存在不同意见。丹尼尔等人（2005 年）得出的结论是，计算锤击传递到钻杆上的能量通常采用的程序是有缺陷的，他们建议停止使用短钻杆 C_R。但伊德里斯和布朗格（2008 年）和采廷等人（2004 年）均使用过调整系数，并且该系数对其反分析影响重大，其中土体大部分位于地表 25ft 内。可以想象，这将间接地使更大深度处的标准贯入试验数据正分析中产生保守偏差，且在浅层试验中偏差很小或没有偏差。在此问题解决之前，C_R 应当是用于垦务局大坝。

如果需要使用标准贯入试验数据评估浅层液化势，应确定这些调整中的不确定因素并予以说明。最常用的替代方法——静力触探试验，它没有钻杆中冲击波传递的问题，但解释静力触探试验数据的确需要相同的归一化系数 C_N，其在法向应力低时变得非常大且不确定。为了确定较小深度处的标准贯入试验或静力触探试验循环抗力的估算值或代替估算值，在反铲沟中通过砂锥或核密度计进行原位密度测量可能是有帮助且经济合理的，当在地下水位以下进行试验时需要排水，然而，大坝下方竖向有效上覆应力通常比坡脚处大很多，因此在坡脚处测得的密度可能比坝体下方的密度要小。

13-C.2.3.4　贯入取样器衬套调整（C_S）

为进行液化研究而进行的标准贯入试验可接受程序要求或者贯入取样器应符合ASTM规范，其内径为1.5in，且与衬套一起使用，使其便具有1.375in的有效内径，或者实际内径为1.375in。在任何一种情况下，取样器头部的套筒靴内径为1.375in。垦务局钻探队及国外的钻探队通常使用后者，但垦务局较旧的数据或来自合同钻工的数据可能是通过使用1.5in取样器（无衬套）获得的。这样，摩擦力就会减少，从而使测得的锤击数降低10%～30%。这种差异往往会随着锤击数增加而变大，但可用的数据表现出了相当大的分散性（Kovacs和Salamone，1984年）。

若在预留衬套位置的贯入取样器中未使用衬套，根据尤德等人（2001年）的研究，锤击数应乘以C_S。C_S值介于1.1［若调整后的锤击数$(N_1)_{60}$为10或以下］至1.3［若$(N_1)_{60}$为30或以上］；若(N_1) 60在10～30，可线性内插。若由垦务局进行钻孔，应设定修正系数C_S等于1.0（即，不变），除非钻孔记录或其他信息明确指出钻工在预留衬套位置的取样器中未使用衬套，错误地采用C_S大于1.0，当然这是偏危险的。

注意，此调整是循环的，考虑到上覆压力（见下文），C_N也是循环的。这需要已知调整后的锤击数来确定调整系数。最好进行迭代调整，首先使用所有所需调整以及假定的$(N_1)_{60}$来求得修正的$(N_1)_{60}$，然后多次重复该过程。（一次迭代可能足够精确，但可以在电子表格中对该过程进行编程，以便无需怎么费事即可执行更多迭代）。

本附录的早期版本对C_S使用单一值1.2，而不是随$(N_1)_{60}$的变化而变化。截至2015年对标准贯入试验的理解，如果$(N_1)_{60}$大于20，这将是保守的；如果$(N_1)_{60}$低于20，则偏危险。

如果重要决策取决于较早的数据和衬套校正的精确值，那么严格按照最新标准（包括恒定直径贯入取样器）进行额外的钻孔以及标准贯入试验可能更为合适，而不是依赖此调整的正确性。新的钻孔程序应始终对衬套或恒定直径取样器做出明确说明，以避免因缺少衬套而进行修正（这也适用于试验程序的其他调整）。

13-C.2.3.5　对标准上覆应力（C_N）归一化

对于给定的密度或孔隙比，调整后的标准贯入试验锤击数N_{60}随着有效上覆应力σ'_v的增加而增加。因此，对于不依赖上覆层的密度来说，锤击数代表密度，N_{60}必须按标准参考值σ'_v在同一土体中归一化（同样的原理适用于静力触探试验和剪切波速，如附录13-B和13-D所述）。针对该程序，标准有效上覆应力为1个大气压或2116lb/ft²。一些其他程序，包括早期的标准贯入试验程序使用2000lb/ft²；但差异通常没有多大意义。

每个N_{60}值乘以归一化系数C_N，得出上覆层调整后的锤击数$[(N_1)_{60}]$：

$$(N_1)_{60}=C_N N_{60} \tag{13-C.2.3.5-1}$$

C_N是上覆岩层压力和相对密度的函数，以等效洁净砂调整后的锤击数$(N_1)_{60cs}$表示，其本身是（N_1）$_{60}$和细粒含量的函数。这使得出现计算循环，需要迭代计算，从假定的 C_N 开始，求得式（13-C. 2. 3. 5-1）中（N_1）$_{60}$的初始估计值。

$$C_N=\left(\frac{p_a}{\sigma_v'}\right)^{0.784-0.0768\sqrt{(N1)_{60CS}}} \qquad (13\text{-C. 2. 3. 5-2})$$

其中：σ_v' 是在试验深度处用相同单位表示的垂直有效应力。

首先，假设式（13-C. 2. 3. 5-2）中的指数等于 0.5，得出式（13-C. 2. 3. 5-1）中（N_1）$_{60}$的初始估计值，然后使用式（13-C. 2. 3. 5-2）获得更新的 C_N，回到式（13-C. 2. 3. 5-1）来更新（N_1）$_{60}$，并重复，直到接近结果，并足够精确［为了由（N_1）$_{60}$得出（N_1）$_{60cs}$，细粒调整在第 13-C. 2. 3. 6 部分予以说明］。一般不需要超过两次或三次迭代可达到所需精度，然而 Excel 电子表格程序可以自动执行迭代，直到它在非常小的误差内结束为止。

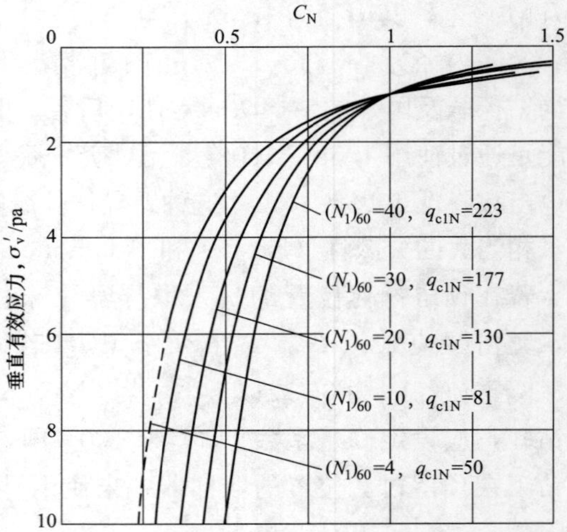

图 13-C. 2. 3. 5-1 标准贯入试验的上覆应力调整
（伊德里斯和布朗格，2004 年）

也可采用图 13-C. 2. 3. 5-1 求得 C_N；但如果要处理许多数据，则在电子表格中使用式（13-C. 2. 3. 5-1）和式（13-C. 2. 3. 5-2）处理会更有效（与公式一样，可能需要迭代）。

根据美国国家地震工程研究中心的程序（1997 年；尤德等人，2001 年），本附录的老版本规定了恒定指数为 0.5，而不是随（N_1）$_{60}$变化而变化的指数。这与图 13-C. 2. 3. 5-1 中（N_1）$_{60}$约为 14 的曲线对应。当有效上覆应力接近 1 个大气压/（N_1）$_{60}$接近 14 时，假设指数为 0.5 与使用式（13-C. 2. 3. 5-2）之间的差异非常小。在反向分析中，在制定各种程序时，这一差异只会产生很小的影响，因为很少有以往实例的有效上覆应力不在 0.5～1.5 个大气压（1000～3000lb/ft^2）范围内。式（13-6. 2. 1-3）基于更广泛的实验室试验和理论考量，但其 C_N 预测与简单版本预测之间的差异无法在现场性能中加以区分。采廷等人（2004 年）对反分析实例的统计分析说明，如果采用式（13-C. 2. 3. 5-2）（而不是指数采用常数 0.5）制定程序，则基本上没有差异。然而，在对上覆盖层可能会高出许多倍大气压的坝基进行正分析时，差异可能很重要。在相当高的大坝下上覆应力超过 10 000lb/ft^2 时，（N_1）$_{60}$的差值可超过 20%。

C_N 应限制在最大不超过 1.7，并且在式（13-C. 2. 3. 5-1）中，（N_1）$_{60}$应限制在 46 以内。（N_1）$_{60}$封顶对液化分析的结果没有影响，因为锤击数高表明材料非常密实。

为了确定（N_1）$_{60}$，有效应力应根据钻孔记录记载的钻孔时的压力条件进行计算，或根据仪器和地下水条件进行估算。需要特别注意的是，钻孔记录中的液位可能不会指示实际的地下水位和测压面，特别是使用钻孔液时，除非土体透水性相当好，否则，即使停止一整夜，从作业班次开始时进行测量也一样。

13-C. 2. 3. 6　细粒含量调整

对于给定的调整后的锤击数 $(N_1)_{60}$，抗液化强度随细粒含量的增加而增加，增幅高达约 35%（西德等人，1982 年；采廷等人，2004 年；伊德里斯和布朗格；2010 年）。作为标准，调整含 5% 以上细粒土材料的 $(N_1)_{60}$ 值，以获得具有相同循环抗力 $(N_1)_{60CS}$ 的等效净砂值。通过在 $(N_1)_{60}$ 上加上 $\Delta(N_1)_{60}$ 进行调整：

$$\Delta(N_1)_{60}=\exp\left[1.63+9.7/(FC+0.01)-(15.7/FC+0.01))^2\right] \tag{13-C. 2. 3. 6-1}$$

其中：FC 为细粒含量，用百分比表示（伊德里斯和布朗格，2010 年）。其结果是单一参数 $(N_1)_{60CS}$，包括上覆应力和细粒含量效应，其可用于预测大多数非塑性土体和轻微塑性土体的循环抗力比或液化概率。$\Delta(N_1)_{60}$ 值介于 0（对应于细粒含量小于 5%）至 5.5 倍的锤击数（对应于细粒含量为 35% 或以上）之间［若细粒含量低于 5%，假设式（13-C. 2. 3. 6-1）中的 FC 为 5%；若高于 35%，假定 FC 为 35%］。

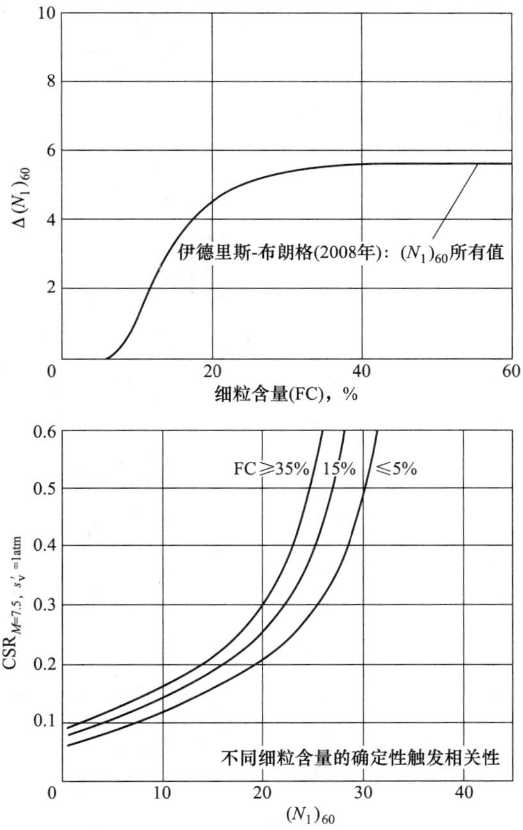

图 13-C. 2. 3. 6-1　由于细粒含量调整 $(N_1)_{60}$，得出 $(N_1)_{60cs}$（布朗格与伊德里斯，2014 年）

图 13-C. 2. 3. 6-1 说明两种形式的细粒调整。在上面的图中，作为 $\Delta(N_1)_{60}$ 值以及不同细粒含量时循环抗力比 $CRR_{7.5}$ 与 $(N_1)_{60}$ 的曲线族。在下面的图中，标记“≤ 5%”的曲线对应 $\Delta(N_1)_{60}$，因此其相当于循环抗力比 $CRR_{7.5,\sigma=1,\alpha=0}$ 的曲线，$CRR_{7.5,\sigma=1,\alpha=0}$ 作为等效洁净砂调整后的锤击数 $(N_1)_{60cs}$。

为了保持一致性，最好通过从式（13-C. 2. 3. 6-1）或图 13-C. 2. 3. 6-1 中加上 $\Delta(N_1)_{60}$ 来说明细粒的影响。图 13-C. 2. 3. 6-1 主要是为了说明细粒对循环抗力的影响。本附录的一些早期版本中，细粒调整按 $(N_1)_{60}$ 的乘数或作为不同细粒含量的 $CRR_{7.5}$ 与 $(N_1)_{60}$ 曲线族进行，然而结果是相似的。

若细粒具有一定的塑性，式（13-C. 2. 3. 6-1）和图 13-C. 2. 3. 6-1 可能比较保守，但这不容易量化。其他研究人员，特别是采廷等人（2004 年）发现，细粒产生的益处低于式（13-C. 2. 3. 6-1）和图 13-C. 2. 3. 6-1 所示。

这种用于确定液化势的细粒含量的调整与用于经验估计液化材料的残余不排水抗剪强度的 $(N_1)_{60}$ 的调整不同，参见附录 13-F。

13-C.3 $(N_1)_{60cs}$代表值，液化势和液化概率

在确定各标准贯入试验区间的$(N_1)_{60cs}$后，必须根据评估确定土体沉积层的代表值。为确立液化触发的关系，根据锤击数和CSR，用液化地层或未液化场地或可能液化地层的平均值来表示以往实例现场。在可行的情况下，正分析应遵循相同的程序。通常，$(N_1)_{60cs}$哪一个值包含在平均值中并不明显，为进行支持概率风险分析的液化分析，可确定两个或多个代表性$(N_1)_{60cs}$值，并估算其相关可能性。可作为离散或连续概率分布将其并入风险计算模型，一旦选择经调整的代表性锤击数$(N_1)_{60cs}$，可按以下两种方式之一进行液化分析：

（1）概率分析：按照根据荷载和$(N_1)_{60cs}$给定的地震荷载，计算液化概率。

（2）确定性分析：使用$(N_1)_{60cs}$确定土体的循环抗力比CRR，反之亦然，找到确定特定循环抗力比值所需的$(N_1)_{60cs}$值。

循环应力比CSR为水平面上循环剪切应力（最强地震荷载循环的平均值）与有效上覆岩层应力之比。如本章正文所述，采取以下形式：

$$CSR=0.65\tau_{max}/\sigma'_v \qquad (13\text{-C}.3\text{-}1)$$

其中：τ_{max}为地震的峰值剪应力。系数0.65说明了大部分荷载的强循环产生的应力小于峰值，因此平均峰值剪应力约为最大值的0.65倍；最初即包含了该系数，因此现场性能与室内试验均匀应力循环相关，且保留作为循环应力比CSR定义的一部分。

循环抗力比CRR是指在不发生液化的情况下预计土体可承受的循环应力比CSR。但是，土体不一定能够承受。CRR大于或等于CSR不一定表示不可能或极不可能发生液化。CRR对应大约15%的发生液化的可能性，该值并非确定的界限。因此，必须对该荷载使用安全系数，使液化的可能性变得较小，如后文所述。

在附录中，无下标的CRR、CSR分别指分析层实际地震和上覆应力的循环应力、抗力比。有下标的$CRR_{7.5,\sigma=1,\alpha=0}$、$CSR_{7.5,\sigma=1,\alpha=0}$是指按照参照条件调整的应力、抗力比：水平地面，1atm有效上覆应力，地震等级为7.5。

$$CSR_{7.5,\sigma=1,\alpha=0}=CSR/(K_\alpha K_\sigma MSF) \qquad (13\text{-C}.3\text{-}2)$$

$$CRR_{7.5,\sigma=1,\alpha=0}=CRR/(K_\alpha K_\sigma MSF) \qquad (13\text{-C}.3\text{-}3)$$

其中：K_α、K_σ和MSF为非水平地面的调整值、有效上覆应力不等于1atm和地震等级的调整值，地震震级为强荷载循环数的代用指标。调整值参见本章正文。

13-C.3.1 液化触发概率分析——一般性讨论

自20世纪90年代末以来，垦务局对大坝安全的主要决策工具为概率风险分析，其经常需要估算不同荷载条件下地基土或欠压实填筑坝的液化概率，以及后续的导致溃坝事件的可能性。本附录讲述了估算液化概率的方法，但未对其用于风险分析做进一步说明，可参见垦务局最新的风险分析指导。

从廖等人（1988年）的开创性工作开始，现已研制出了大量模型用于估算液化概率。最近，采廷等人（2004年）与伊德里斯和布朗格（2010年）的研究采用了扩展数

据集和更详细的场地响应分析以及细粒含量影响等，这些在很大程度上取代了廖等人的模型和其他在用的模型。垦务局将所述的三种模型均用于了风险分析。

两种较新的模型，即采廷等人（2004 年）与伊德里斯和布朗格（2010 年）所开发的，简称为“IB 模型”，均来自对受地震影响场地（无论是否液化）的大数据库的统计分析，采廷等人将多个独立变量（如下）代入了回归分析以预测液化概率：

（1）循环应力比，CSR。

（2）细粒含量，FC。

（3）地震震级，M。

（4）震前有效上覆应力，σ'_v。

（5）针对桩锤能量和上覆应力而不是细粒含量调整的标准贯入试验锤击数，$(N_1)_{60}$。

与采廷等人（2004 年）的研究形成对比，伊德里斯和布朗格的回归分析仅使用了两个变量：分别为地震等级和有效上覆应力的影响调整的循环应力比 CSR，$CSR_{7.5,\sigma=1,\alpha=0}$，以及等效净砂标准贯入试验锤击数，$(N_1)_{60cs}$。FC、$M$ 和σ'_v的影响由式（13-C. 2. 3. 6-1）和式（13-C. 3-2）做出了解释，其是采用实验和理论推理（如伊德里斯和布朗格的解释说明，2010 年）得出的。两种模型均有优点，回归分析中包含 FC、M 和σ'_v明确意味着无需假设各变量影响的特定形式或关系，如假设关于 FC 的影响对（N_1）$_{60}$和 M 的所有值是恒定的。缺点在于用数据库中的案例不能完全涵盖实际可能出现的所有情况，尤其是大坝。如σ'_v大于 2500lb/ft^{2}或 M 小于 6.0 的情况非常少。因此，对于数据很少或没有数据限制其位置的情况，需推断回归关系。

尽管两种模型是从与以往液化实例几乎相同的数据库得来的，但对于一些荷载和锤击数的组合，两种模型对液化概率的估算值大有不同。如对于 $(N_1)_{60cs}$为 10（较疏松土体），$CSR_{7.5,\sigma=1,\alpha=0}$为 0.10 的净砂，采廷等人（2004 年）的模型指出液化概率约为 0.8，但 IB 模型指示的概率仅为 0.01。其主要原因在于部分案例的反分析中使用了不同的关系 r_d，而在有些临界情况下做用了不同的解释（是否发生液化，哪种材料会液化）。

由于采廷等人（2014 年）的模型仅涉及两个变量，本章选用了 IB 模型。首先，对于较低的地震震级和较高的有效上覆应力，有限的数据集似乎不怎么限制有效上覆应力的大小和震级对循环阻力的影响，因此，对于较低的地震震级和较高的有效上覆应力的外推，最好采用基于力学特性考虑的关系而非统计关系。其次，采廷等人的模型中的液化概率可能受到部分场地的影响，将其作为已液化情况对待，尽管原文件表示并未液化，尤其是在经调整锤击数较低的情况下，这似乎会导致模型过于保守。未来的研究中可能取代实际在用的 IB 模型。

下述 IB 模型未对背景信息进行详细介绍，可参见伊德里斯和布朗格（2010 年）与布朗格和伊德里斯（2014 年）的研究。

13-C. 3. 2 液化概率的 IB 模型

IB 模型是通过对两个参数［$(N_1)_{60cs}$和 $CSR_{7.5}$］的回归统计开发得来。假设土体细粒的影响、K_σ影响以及地震震级等是已确定的，而不作为回归分析的一部分。$(N_1)_{60cs}$和$CSR_{7.5,\sigma=1,\alpha=0}$这一对给定参数的概率计算如下：

$$P_L(N_1)_{60}, CSR_{M=7.5\sigma'_v=1atm})=$$

$$\Phi\left[-\frac{\frac{(N_1)_{60cs}}{14.1}+\left(\frac{(N_1)_{60cs}}{126}\right)^2-\left(\frac{(N_1)_{60cs}}{23.6}\right)^2+\left(\frac{(N_1)_{60cs}}{25.4}\right)^4-2.67-\ln(CSR_{M=7.5,\ \sigma'_v=1atm})}{\sigma_{\ln(R)}}\right]$$

(13-C.3.2-1)

其中：括号内的数是一个函数，是调整后的循环抗力高于或低于调整后的循环应力比的标准偏差数。函数 $\Phi[x]$ 是 x 的标准正态分布；它的值是荷载超过抗力的概率。为了在电子表格中编程，括号中数量的平均值为零。数量 $\sigma_{\ln(R)}$ 是 $(N_1)_{60cs}$ 给定值的循环抗力比 CRR 的标准偏差，假定对于 $(N_1)_{60cs}$ 的所有值都是恒定的，并且等于 0.13。

图 13-C.3.2-1 显示了 $(N_1)_{60cs}$ 和 $CSR_{7.5,\sigma=1,\alpha=0}$ 的曲线族，各曲线对应一个固定的 P_L 值。根据一般定义，P_L 等于 0.15 的曲线与循环抗力比（$CRR_{7.5,\sigma=1,\alpha=0}$）对应。可使用式（13-C.3.2-1）直接计算 P_L，或使用图 13-C.3.2-1 在曲线间插值估算 P_L。一旦确立了电子表格，计算就能变得简单高效。不建议在 0.15 和 0.85 的曲线外进行外推计算。

作为循环应用比和调整后的 SFT 锤击数函数的同等液化概率等值线图。

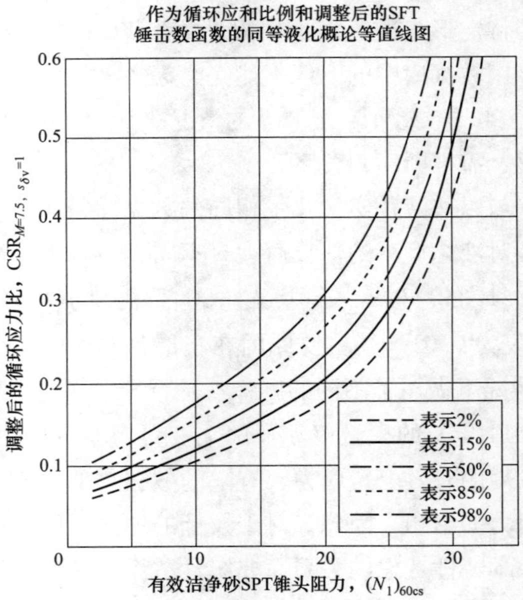

图 13-C.3.2-1　IB 模型估算的液化概率［照伊德里斯和布朗格（2010 年）］

13-C.3.3　确定性分析

在确定性分析中（更准确地叫做“伪确定性分析”），需要假设最严苛的潜在荷载（万年一遇的最大可信地震或类似情况），并有足够的抗液化和稳定安全系数，有时可特意对材料性质和地下水位做保守假设。如果结构符合所有标准，如最大变形和最小安全系数，则认为其是合格的。直到 20 世纪 90 年代后期，该方法是垦务局的主要方法，当时大坝安全决策采用“风险告知”程序，将年度概率与和违反风险等级相关的一般准则造成的后果以及纠正措施的理由进行比较。尽管美国现在通常使用概率风险分析对大坝进行评估，但垦务局工程师可能需要阅读和理解较早的报告，或者可能需要为其他机构执行或审查确定性液化触发分析。

通常，根据 $CSR_{7.5,\sigma=1,\alpha=0}$ 和 $CRR_{7.5,\sigma=1,\alpha=0}$ 对需求和能力进行对比，酌情使用安全系数。以其他形式进行比较在技术上也是可行的，如实际地震震级和静态应力条件下循环应力比 CSR 和循环抗力比 CRR，或给定荷载和安全系数的 $(N_1)_{60cs}$ 所需值和 $(N_1)_{60cs}$ 实际值。但是，这需要非常谨慎的记录以确保对 CSR 和 N 的所有调整一致且正确。

图 13-C. 3. 3-1 中的曲线可用于找到给定 $(N_1)_{60cs}$ 值的 $CRR_{7.5,\sigma=1,\alpha=0}$（伊德里斯和布朗格，2010 年）（纵轴实际标为 $CSR_{7.5,\sigma=1}$，当安全系数为 1.0 时，CRR 与 CSR 相等，因此在该图中可互换。其隐含着 $\alpha=0$）。对于所绘的案例历史数据，纵轴上的标签是液化或未液化土体经调整的 CSR，而不是可能导致液化的阈值。对于大概确定的分析而言，必须对荷载使用安全系数，因为对于 $CSR_{7.5,\sigma=1,\alpha=0}$ 等于 $CRR_{7.5,\sigma=1,\alpha=0}$，(FS=1.0)，有 15%的液化概率。或者，图 13-C. 3. 3-1 可反过来用于找到 $(N_1)_{60cs-req}$，使 $CRR_{7.5,\sigma=1,\alpha=0}$ 等于 $CSR_{7.5,\sigma=1,\alpha=0}$ 的值所需的经调整的锤击数，对 $CSR_{7.5,\sigma=1,\alpha=0}$ 使用安全系数，找到小于 15%的可容许概率所需的锤击数。表 13-C. 3. 3-1 与液化概率和安全系数有关。有些机构要求该值至少为 1.2，除特殊案例外，其可排除图 13-C. 3. 3-1 其他所示案例的所有情况。

表 13-C. 3. 3-1　安全系数和相应的液化概率

液化概率（%）	安全系数
15	1.0
5	1.1
2	1.15
1	1.2

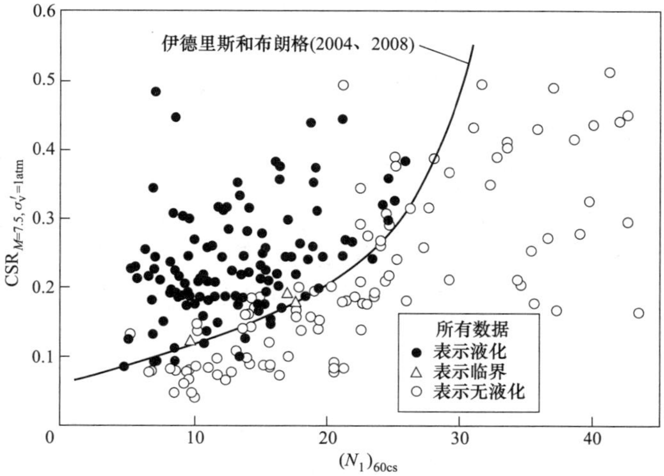

参照条件为 $\sigma'_v=$ 1atm，$M=7.5$，以及水平地面（$\alpha=0$）。曲线等同于图 13-C. 3. 2-1 中 $p_L=15\%$ 的曲线（伊德里斯和布朗格，2010 年）。

图 13-C. 3. 3-1　CRR 随 $(N_1)_{60cs}$ 变化

为代替图 13-C. 3. 3-1，根据伊德里斯和布朗格，可使用式（13-C. 3. 3-1）在电子表格或其他计算机应用中估算：

$$CRR_{7.5,\sigma=1,\alpha=0}=\exp\{(N_1)_{60cs}/14.1+[(N_1)_{60cs}/126]^2-[(N_1)_{60cs}/23.6]^3+[(N_1)_{60cs}/25.4]^4-2.8\} \quad (13\text{-C. 3. 3-1})$$

$$(N_1)_{60cs\text{-}req}=342CSR_{7.5,\sigma=1,\alpha=0}{}^{1/4}-108CSR_{7.5,\sigma=1,\alpha=0}{}^{1/3}-85CSR_{7.5,\sigma=1,\alpha=0}{}^{1/2}-11CSR_{7.5,\sigma=1,\alpha=0}-107 \quad (13\text{-C. 3. 3-2})$$

式（13-C. 3. 3-2）是式（13-C. 3. 3-1）的逆方程。可用于确定所需的锤击数，以提供安全系数或液化概率的特定值。如下所示，其指出了 FS＝1.0 或液化概率为 15％时 $(N_1)_{60cs\text{-}req}$ 的值。如果需要更低的液化概率，用 FS · $CSR_{7.5,\sigma=1,\alpha=0}$ 代替式中的 $CSR_{7.5,\sigma=1,\alpha=0}$，FS 取表 13-C. 3. 3-1 中的建议值。

13-C. 4 采用标准贯入试验进行液化触发分析的不确定性

该分析的不确定性有多种原因，包括在反分析中的模型本身和确定该模型的案例历史数据，以及在正分析中、现场标准贯入试验的锤击数及其说明，以及预测的循环应力。

概率方法解决了有效标准贯入试验结果和循环应力的不精确性和可变性，但未考虑钻探技术的不成熟和砾石干扰等造成的不确定性。它是通过非常仔细地审查现场数据和响应分析来确定的。用户不能假设概率分析，可从有误的输入得到合理的概率估算，从而忽视现场数据或循环应力估算的质量。如果将模型用于远超历史数据范围以外的荷载条件，则无论数据和响应分析多好，均存在不确定性。

即使是使用高质量数据，也无法认为模型能够提供可用于风险分析的液化概率的单个正确值。液化概率的显著变化可通过 $(N_1)_{60cs}$、CSR、静态剪切应力（K_α作用）等的适度变化进行计算。用户需要考虑输入参数中的合理预期不确定性对概率估算结果造成的影响。一般情况下，液化概率会采用概率范围而不是单个的最佳估算值表示。

标准贯入试验的设备和方法尚未完全标准化，甚至新的钻进方法需要检验其与现代标准惯例的偏差（特别参见专门针对液化评估标准灌入试验的 ASTM D 6066-11）。垦务局的当前惯例要求采用自动锤并严格遵守 ASTM D 6066-11，但垦务局的历史数据以及其他来源的数据基本上是通过各种不同的钻探方法获取的。能量校正可部分补偿击锤之间的差异，然而，即使对于确定锤型，仍可能因绳索状况（较新、磨损、湿润、油腻、结冰）、锚架上的绳索匝数、自动锤的操作速度及其他人为因素发生变化。贯入取样器可配备“捕捉器”或“篮子”防止样品滑出，所引起的收缩可轻微提高中密或密土中的锤击数。孔底会隆起或松动，如果没有钻井液或钻井液较少，无法抵消地下水压力，尤其是当从中空螺旋钻中快速取出定向钻头时，钻头充当活塞将油吸入螺旋钻底部，使土体松动，对孔底造成不良干扰。钻探或隆起造成的扰动可能导致锤击数少于标准条件下的计量数。钻工和现场地质学家需确保新勘探遵循标准惯例，使用数据的工程师负责理解其获取方式。

由于钻孔是人工操作使用绳索和锚头让标准贯入试验锤提升和落下，不能预期传递到钻杆的能量与每次锤击或其他钻机/锤的保持组合完全一致，下落高度难免存在差异。

锚架上绳索摩擦损失的能量取决于钻工的技术，钻杆可能弯曲或未用螺栓拧紧，且钻孔可能与铅垂线偏离。上述所有因素均会导致传递至劈裂式取样器的能量与分析中假设的值，或甚至之前的试验区间存在明显不同。当然，这会影响锤击数。机械锤可保证更高的一致性，但对于部分锤而言，下落和传递的能量会根据运转速率（每分钟锤击数）的变化有所不同，因此需要对发动机速度进行准确控制，并进行能量测量。参见 ASTM D 1586-11 和业主手册（现场人员需注意运转速率问题）。

在指定地震荷载等级下估算的 CSR 也是可变的、不确定的。如对于指定的地震重现期，因为适合该重现期的不同地震由不同的频率组成，因此存在可变性。由于简化的响应分析和关于材料特性的假设，因此也存在不确定性。

附录 13-D 砾石土的贝克贯入试验

13-D.1 简介

本附录描述了贝克贯入试验（BPT）。在因过于粗质而使用标准贯入试验（SPT）或静力触探试验（CPT）无法得到有意义结果的土体中，该试验可作为密度和液化势的指标。由于贝克贯入试验的贯入仪尖端的直径比标准贯入试验取样器或圆锥贯入仪的直径大得多，所以砾石大小的颗粒对贝克贯入试验的影响要小得多，而砾石含量仅大于15%～20%的土会导致标准贯入试验出现误导性结果。贝克贯入试验是使用柴油打桩锤将顶部封闭的钢套筒打入地下。记录贯入每英尺的锤击数，并根据打桩条件进行调整，然后使用经验关系式估算等效标准贯入试验 N_{60} 的值。贝克贯入试验采用贝克钻探公司的 AP-1000 型或 B-180 型钻机设备，配有 ICE 180 型封闭式柴油锤。标准配置采用外径为 6.6in 的双壁套管和堵塞式挤出钻头，最好采用 AP-1000 型钻机。

在实践中已确定了通过贝克贯入试验数据推断等效标准贯入试验锤击数的两种方法。但是，现在认为第三种方法，即仪器化贝克贯入试验，是贝克贯入试验解释的最先进方法。尽管垦务局截至 2015 年还没有相关经验，但仍强烈支持对高危险性大坝的贝克贯入试验采用该方法。

贝克贯入试验具有快速、经济的优势。每天的贯入成果可达到500ft。但是，进行贝克贯入试验无法取回样品，所以仍需要用其他方法取样，如标准贯入试验或钻取岩心（贝克钻机确实可以用于取回样品，但需要单独的孔洞，且由于采用压缩空气样品推出，并通过气旋排出，样品被完全分解，对样品上的粒径分布甚至也会存疑）。该法的另一个缺点是数据解释的不确定性。除通过 $(N_1)_{60}$ 预测土体特性已有的不确定性外，由于贝克贯入试验通常用于估算等效标准贯入试验锤击数，该步骤也会带来明显的不确定性。

土体的贯入阻力受多种因素影响，包括土体类型（粒径分布、细粒的塑性、粒径、颗粒形状和密度）、约束应力、传递到贯入仪尖端的能量、贯入仪的尺寸和形状以及贯入仪侧面的摩擦力。贝克贯入试验与标准贯入试验在好几个方面有所不同，所以不能期望贝克贯入试验和标准贯入试验的数据之间存在一致的相关性。与标准贯入试验不同的，贝克贯入试验不是在直径大于钻杆直径的裸眼中进行的，因此钻柱上存在较大摩擦力，使分析变得极为复杂。而且，贝克贯入试验的贯入仪尖端是封闭的，这也与标准贯入试验的贯入取样器不同，该特征会影响贯入仪尖端周围的变形模式。此外，与标准贯入试验受到大量中小砾石的不利影响的方式相同，贝克贯入试验可能在含有块石、卵石甚至大量粗砾石（约大于 $1\frac{1}{2}$in 或 4cm）的土体中产生误导性结果。

细粒对贝克贯入阻力和液化势之间关系的影响尚未通过试验或现场情况明确确定。通常，假设细粒的影响与对标准贯入试验的影响类似，因为贝克贯入试验不提供样品，所以需要估算钻孔附近的细粒含量，或直接忽略细粒的有益影响。

如果对某项目使用贝克钻机进行贯入试验，也可将其用于压力计安装等其他任务。但是，对于与土体密度或刚度有关的任何类型的地球物理试验，该法均不是一个好方法，因为每个贝克孔周围的土体环均会变得稠密（尽管使用开口式挤入钻头代替贝克贯入试验标准的堵塞式挤出钻头可能会减少该情况）。增密的程度未知，因此使用贝克孔测定的剪切波速可能没有意义。另外，可在贝克双壁套筒中使用旋转钻探，将测斜仪或压力计插入基岩（通过在贝克套筒顶部上方定位旋转钻机）。当然，由于时间停顿和需要第二套钻机，该法比标准贝克贯入试验的成本更高。（贝克钻机不具备旋转钻探能力）。

13-D. 2 设备和规格

贝克钻机可以使用各种设备配置进行操作，但对于贯入试验，哈德和西德推荐的标准试验装置如下：

（1）钻机：贝克钻探公司的 AP-1000 型钻机。

（2）锤：配有鼓风机的 ICE 180 型柴油锤，有助于在两次锤击之间将废气从燃烧室排出。

（3）套筒（钻杆）：外径为 168mm（6. 6in ）的双壁套筒。

（4）钻头：堵塞式挤出钻头。

哈德和西德提出的贝克贯入试验和标准贯入试验数据之间的关联依赖于严格遵守标准设备配置。只有满足全部四个条件的情况下，才能使用哈德-西德方法。发现开口钻头试验与闭口钻头标准关联度低，且不连续和存在错误，因此不能记录取样过程中用使用开口钻头和压缩空气记录的锤击数（尽管一致性较高，但开口钻头锤击数可能导致材料致密）。与 AP-1000 型钻机相比，配有 ICE 180 型锤的老款 B-180 和 HAV-180 型钻机可多传递能量约 50%。该参数已通过有限次数的能量测量临时确认，但最好避免仅指定用 AP-1000 型钻机的问题。理论上，西-坎帕内拉和 iBPT 法可与任何打桩锤配合，仅需要满足条件（3）和（4）即可。如英国 Columbia 水电站在悬挂在起重机上的摆动桩导轨上使用了 ICE 180 锤，以便在不需要修建道路的情况下在坝体斜坡上钻孔。但是，除非是特殊情况，否则应明确这四个条件（部分 ICE 锤贴有“Linkbelt”标签）。

尽管贝克贯入试验可以在没有哈德-西德法的电子数据采集情况下进行，但垦务局大坝的贝克贯入试验方案必须包含打桩分析仪（PDA）测量或最好有电子贝克贯入试验。截至 2015 年，电子贝克贯入试验和分析只能通过开发该方法的加利福尼亚大学戴维斯分校进行，这可能成为工作安排的一个问题。

13-D. 3 通过贝克贯入试验评估液化势

在含有大量砾石的土体中，所测得的标准贯入试验或静力触探试验阻力较高，具有一定误导性，可能对静力触探试验设备造成损坏（“大量”一词不容易定义，但根据砾石的大小和土体的密度，静力触探试验设备通常无法穿过超过约 30%砾石的厚砾石层，砾石含量远小于该值也可能出现误导性测量结果）。贝克贯入试验很少在勘察开始时进行，相反地，通常是在尝试标准贯入试验或静力触探试验后，发现不适用于砾石过多的环境，再使用该法。通常，贝克贯入试验不作为液化评价的唯一依据。在实际应用中，它应该通过现场特定的 SPT-BPT 进行相关校准或验证，或者通过剪切波速或其他液化阻力预测值进行验证。

贝克贯入试验锤击数（或任何其他动力触探试验的锤击数）随锥头土体特性和到达

锥头的能量变化而变化。到达锥头的能量取决于通过柴油锤传递到钻杆的能量和从钻杆顶部到锥头传递的压缩波造成的摩擦力损失的能量。

柴油锤传递到钻杆的能量不是恒定的。因为能量取决于燃烧条件，而燃烧条件受燃料条件、空气混合物、环境空气压力、打桩阻力和节气门控制等诸多因素的影响。ICE 封闭式柴油打桩锤配有反弹仓，每次锤击后上升的撞击装置在仓内压缩空气，空气充当弹簧将撞击装置推下，以进行下一次锤击（与更常见的开口式柴油锤不同，该锤仅使用重力将撞击装置归位）。通过测量反弹仓压力可间接测量燃烧能。哈德和西德的图 13-D. 3-1 显示了燃烧能对打入每英尺所需锤击数的影响方式。图 13-D. 3-1（b）显示，正如所预期的，在任何特定深度下，桩锤性能越好，贝克锤击数 N_B越小。深度为 40ft 时，1、2、3 号燃烧效率曲线对应的锤击数分别为 56、26 和 10。图 13-D. 3-1（a）显示了根据反弹压力绘制的三条贝克锤击数 N_B的曲线。已知锤击数和反弹压力，可大概推断出桩锤的性能。

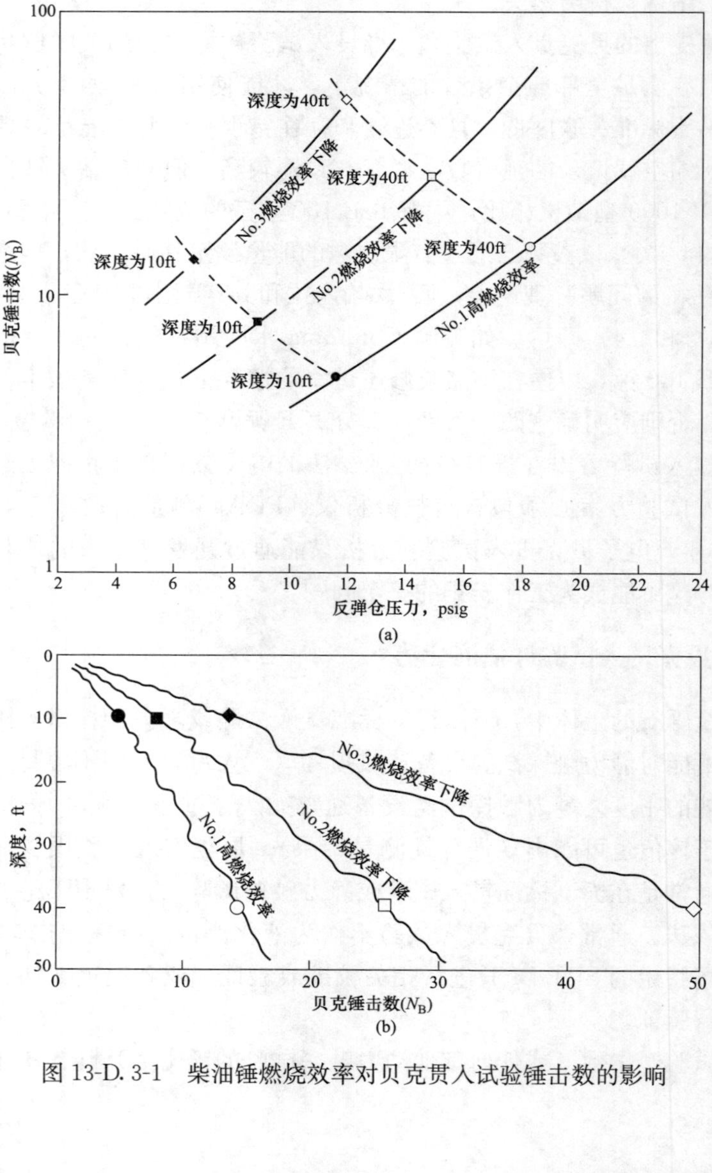

图 13-D. 3-1　柴油锤燃烧效率对贝克贯入试验锤击数的影响

因为贝克贯入试验不是在开口钻孔中进行的，与标准贯入试验一样，沿桩杆方向的摩擦力会造成打桩阻力。实际上，压缩波达到锥头前传递到钻杆的能量要减去克服摩擦力所需的能量。在深度较大的情况下，克服摩擦力会消耗桩锤所传递能量的一大部分，因此到达桩头的能量（从而也决定锤击数）对摩擦力的细微变化也十分敏感。西-坎帕内拉试图用 Pile Dynamics 公司的打桩分析仪对此进行解释，以估算摩擦力。哈德-西德法是根据对相对较浅的土体进行试验所制定的，因此摩擦力是较轻微的问题。

可以通过测量到达锥头的能量或减小摩擦力，以使其对能量传递的影响降低，直接解决钻杆摩擦的问题。对于最有潜力的方法，即电子贝克贯入试验，除顶部外，还可测量钻杆尖端的力和加速度，从而可以更直接的确定到达锥头的能量。截至 2015 年，垦务局和整个行业对电子贝克贯入试验几乎没有任何经验。但是，其他机构已使用过该法，尤其是加利福尼亚州洛杉矶水电局。2015 年 4 月，贝克贯入试验的研究人员和使用人员在加利福尼亚州戴维斯会面，就贝克贯入试验的进展和砾质土的液化评估程序进行了讨论。大家一致认为，电子贝克贯入试验是当前最先进的方法，也是重大项目的首选方法。对砾质土液化十分重要的垦务局高危险性大坝，强烈建议使用电子化贝克贯入试验法。对于套筒摩擦力较大的情况（通常是在压实坝体下进行试验时），尤其应采用该法，因为在其他两种方法中，摩擦力过大会使贝克贯入试验结果的解释更加不确定。

此外，还提出了使用直径小于 6.7in 锥头的钻杆，进行泥浆灌注贝克贯入试验作为消除摩擦力问题的方法。该方法会在钻杆周围形成充满液体的环形区域，由钻井液提供润滑以保持环形区敞开。实际上，该法存在很多缺点，包括需使用专用设备，并对钻井液进行混合和处理。泥浆灌注贝克贯入试验法在实际操作中很少使用，且垦务局没有相关经验。

对垦务局高危险性大坝液化势评价的贝克贯入试验必须包括打桩分析仪测量，或最好有电子贝克贯入试验测量。如果无法进行电子贝克贯入试验（如由于电子贝克贯入试验数据采集困难），可使用打桩分析仪测量和西-坎帕内拉法进行代替。截至 2015 年，电子贝克贯入试验和分析只能通过开发该方法的加利福尼亚大学戴维斯分校进行。对于高危险性大坝，初步计算主要考虑哈德-西德法，如在 SCAWAP 分析之前，需要使用西-坎帕内拉法。

在可行的范围内，所有贝克贯入试验方案应包括离标准贯入试验钻孔足够近的测点，以验证所使用的贝克贯入试验方法与在对于标准贯入试验足够细的土层中的标准贯入试验结果保持合理一致，从而得到有效结果。

13-D.4　解释贝克贯入试验的哈德-西德法

13-D.4.1　说明

对贝克贯入试验进行解释的哈德-西德法，通过测量反弹仓压力作为每次锤击传递至钻杆能量的间接指标。图 13-D.4.1-1 利用反弹仓压力将锤击数（按照实际燃烧条件测量）调整为在假设的恒定燃烧条件下测得的锤击数。曲线 A-A 表示贝克桩锤在接近最大燃烧效率条件下的操作（即在桩锤性能完好时以全力运行）。实际锤击数 N_B 和测得的反弹压力参见图 13-D. 4. 1-1，从这一点起，用户可沿与最近的曲线平行的路径向右画出曲线 A-A。与曲线 A-A 相交的点对应的锤击数被称为经修正的贝克锤击数 N_{BC}。进行贝克贯入试验时，尽量使桩锤靠近曲线 A-A 工作，从而使调整导致的不确定性最小化（这也能使试验尽快进行）。因此，应将节气门全开，同时击锤操作的任何数据都应该记录下来（当锤击数较少时，钻工可能更倾向于在打桩开始时使用较小的节气门开度/不使用击锤驱动操作。如果需要分析接近地面的锤击数，应将该情况告知钻工，并指示其将节气门全开。任何未全开节气门和未使用击锤的情况应记录在现场记录中）。

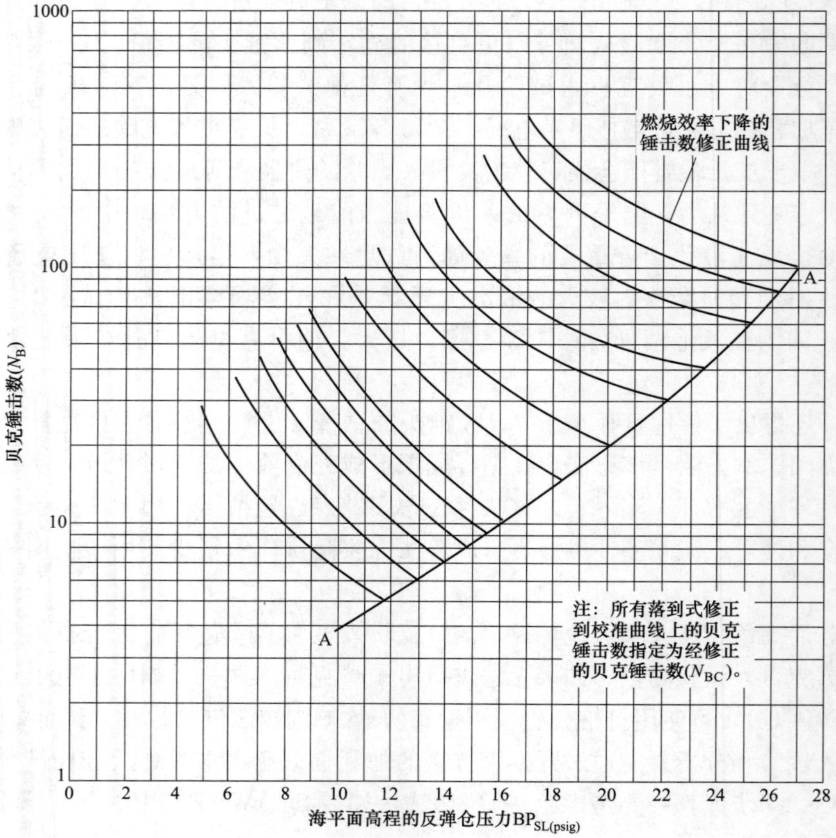

图 13-D. 4. 1-1 针对桩锤性能修正锤击数以获取 N_{BC}

为了在图 13-D. 4. 1-1 中进行调整，试验过程中需对反弹仓进行持续监测。垦务局开发了专门用于该用途的电子记录系统。该系统上的信息可从垦务局的结构性能和仪器组获取。

此外，也可以使用桩锤制造商提供的压力计手动记录数据，但压力计读数对用于连接至桩锤的软管长度较为敏感。

根据图 13-D. 4. 1-2，经修正的贝克锤击数 N_{BC} 与等效标准贯入试验 N_{60} 的值相关（该图显示了哈德和西德自 1986 年的原始关联，经更新后包含附加数据）。对于上覆应力的影响（如附录 13-C“采用标准贯入试验对液化势的经验评价”所述），用 C_N 对估算的 N_{60} 的值进行调整，以获取贝克等效 $(N_1)_{60}$，然后可将其用于 $(N_1)_{60}$ 和抗液化强度或液化后不排水抗剪强度之间的经验关系式。如果可能，建议按照现场指定标准贯入试验和贝克贯入试验数据检验 N_{BC} 和 N_{60} 曲线。图 13-D. 4. 1-2 中数据存在明显分散，部分是由于受不同位置的侧面摩擦差异造成的。现场指定关联可提高结果的可信度。

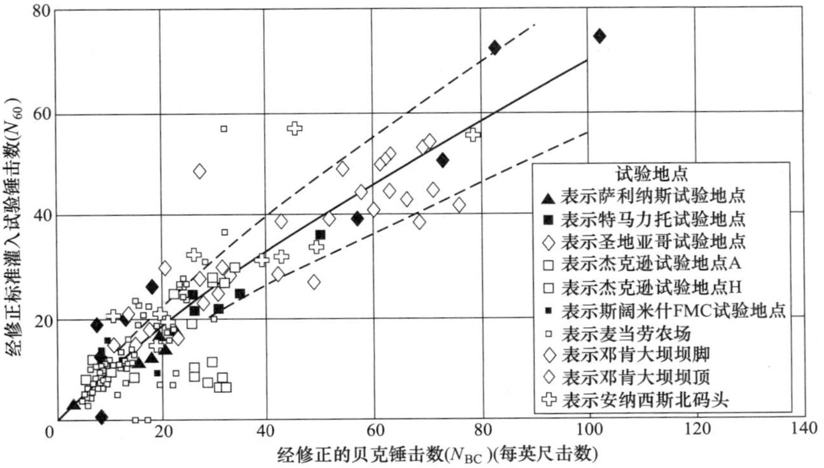

图 13-D. 4. 1-2　采用哈德-西德方法获取的修正贝克锤击数与标准贯入试验锤击数的估算关系

如果使用 B-180 或 HAV-180 型钻机而不是 AP-1000 型，则 N_{BC} 数据将通过乘以系数 1. 5 进行调整，以考虑传递到钻杆的能量差异，然而对该系数提供支持的数据非常少，最好要求使用 AP-1000 型钻机来避免整个问题。(另外两个方法，即西-坎帕内拉法和电子贝克贯入试验，由于测量的是传递至钻柱的能量，因此不受钻机选择的影响)。

哈德和西德最初的工作是基于对加利福尼亚州几个砂质场地的标准贯入试验和贝克贯入试验的比较，外加位于科罗拉多州丹佛和爱达荷州 Mackay 坝的两个砾石场地。所基于的假设是，如果不是由于大颗粒干扰取样器贯入的影响，针对砂（可获得有效标准贯入试验结果）确定的相关性可用于预测将在砾石中获得的标准贯入试验锤击数。即使是贝克锤击数也会受到卵石或大量粗砾石（直径大于 1. 5in）的影响，当然，这也会带来额外的不确定性。无论使用哪种方法，从卵石和块石较多的矿床中得到的贝克数据会极大高估等效标准贯入试验锤击数 N_{60} 和抗液化强度。所以，进行贯入试验时需掌握充分的地层信息。

13-D. 4. 2　实施

解释贝克贯入试验数据的哈德-西德法如下：

(1) 记录贝克贯入试验钻杆打入每英尺深度的锤击数（N_B）和该区间内的反弹仓压力。记录打桩条件及钻工将钻杆拉回松动的时间，该拉回松动是为了减小打桩摩擦，或为西-坎帕内拉法测量回拉摩擦力。拉回和重新打入对锤击数的影响尚不清楚，但在桩尖实际稍微穿过之前的最大深度前，锤击数较低（因此，需仔细跟踪拉出和重新打入的量）。

(2) 只有贝克钻机为 B-180 或 HAV-180 型时，N_B 需乘以 1. 5（如上所述，最好按照要求使用 AP-1000 型钻机以避免该问题）。

(3) 根据下式按海平面条件调整测得的反弹仓压力：

$$BP_{SL}=BP(1+0.00003A)+0.00043A \qquad (13\text{-D}.4.2\text{-}1)$$

其中：A 表示海拔（单位：ft）；BP 表示反弹仓压力（单位：lb/in²）（表压）。因该公式基于有限数据，应将其视为近似值。对于低于 1000ft 的高程，可忽略该调整。

(4) 在图 13-D.4.1-1 中，找出 N_B坐标点和经调整反弹仓压力的 BP_{SL}点。从这一点起，沿与最近的锤击数修正曲线平行的路径画出曲线 A-A，即恒定燃烧条件标定曲线。路径与曲线 A-A 相交处的 N_B值被称为经修正的贝克锤击数 N_{BC}。

(5) 在图 13-D.4.1-2 中输入 N_{BC}的值，找到 N_{60}的对应值，该值为标准贯入试验桩锤能量比调整为 60%时估算的标准贯入试验锤击数，但未对上覆覆盖层或细粒含量进行调整。

(6) 如本章附录 13-C（确定液化势）和附录 13-F（估算液化后抗剪强度）所述，使用贝克等效 N_{60}代替标准贯入试验的 N_{60}。

使用查表法代替图 13-D.4.1-1 和 13-D.4.1-2，可在电子表格中实施该程序。

13-D.5 解释贝克贯入试验的西-坎帕内拉法

13-D.5.1 方法说明

解释贝克贯入试验的第二种方法是由西和坎帕内拉提出的，在理论上更加精确，但实施起来成本更高、更耗时，因为需要额外的分析。认识到钻杆上的摩擦力可能引起极大的行进阻力（与在泥浆孔中进行的标准贯入试验不同），西和坎帕内拉提出使用 Pile Dynamics 公司的打桩分析仪来估算钻杆（钻柄）的摩擦和锤击能量。每次锤击，打桩分析仪将记录随时间变化的钻柱顶部的力和加速度。由此，可计算每次锤击传递至钻柱的能量（ENTHRU）。用打桩分析仪测量 ENTHRU 可减少桩锤性能、高度影响或桩锤和钻杆之间能量损失相关的问题。此外，还使用计算机程序 CAPWAP（柱波分析程序）对所选锤击记录的力和加速度历史记录进行了分析，该程序（除其他方面外）将锥头承载能力和侧面摩擦力分别造成的打桩阻力分开处理（与打桩分析仪类似，CAPWAP 最初开发是用于打桩分析）。

西和坎帕内拉在几个场地里分别进行了临近点标准贯入试验和贝克贯入试验探测，并对贝克贯入试验进行了打桩分析仪的测量。这样就要考虑到达钻杆顶部的能量而不是摩擦力损失的能量。之后，绘制能量调整标准贯入试验锤击数 N_{60}与能量调整贝克贯入试验锤击数 N_{B30}（实际称为 N_{b30}）相关的曲线族，明确说明摩擦力损失的能量。如图 13-D.5.1-1 所示，按照西-坎帕内拉法，已知贝克贯入试验锤击数、打桩能量和钻杆摩擦力，可使用图 13-D.5.1-1 找到 N_{60}的等效值，该值测量不受砾石对标准贯入试验干扰的影响。除 CAPWAP 外，可将钻杆拉出地面几英尺，将安装设备的一小段钻杆作为测力传感器以测量摩擦力。

截至 2015 年，垦务局尚无打桩分析仪或柱波分析程序（CAPWAP），所以承包商如果进行这些分析，其结果可能无法立即可用，通常要使用哈德-西德法预览，以帮助选择 CAPWAP 分析的深度，并对西-坎帕内拉法结果的合理性进行检验。

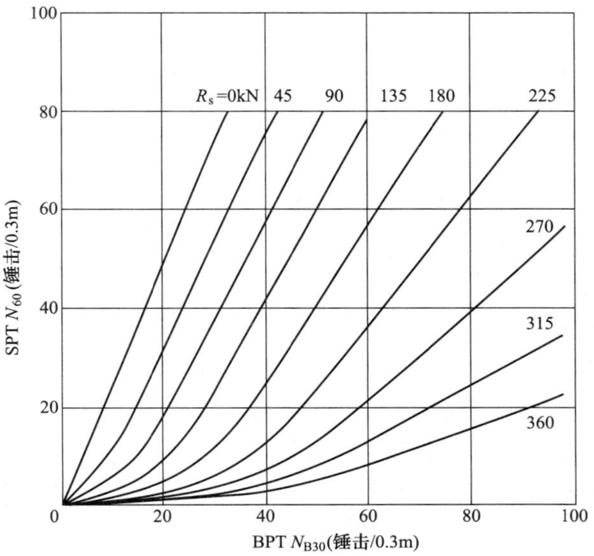

图 13-D. 5. 1-1 通过能量调整贝克锤击数估算等效标准贯入试验 N_{60} 关系图

实际上，可从每次贝克贯入试验探测的不同深度处选择两次或多次锤击，以进行 CAPWAP 分析。通过插值可得到侧面摩擦力 R_S 和深度的关系图。之后，使用图 13-D. 5. 1-1，根据西-坎帕内拉法，估算等效标准贯入试验 N_{60}。摩擦力-深度图中包含曲线族，每条曲线对应不同的侧面摩擦力的值。直接在图中输入计算的 N_{B30}，根据要求在曲线间插值，从适用曲线中读取等效标准贯入试验 N_{60}。曲线标有侧面摩擦力［单位为 kN (1kN=225lb)］。

至少理论上，CAPWAP 分析应消除不同侧面摩擦力对锤击数影响的相关问题（尽管在电子贝克贯入试验中，通过测量锥头的能量可明显降低能量的不确定性）。西-坎帕内拉法分析的主要缺点在于需要打桩分析仪测量和 CAPWAP 分析。相对于哈德-西德法，这在很大程度上提高了试验方案的成本，延缓了试验及成果产生。另外，CAPWAP 的解不是唯一的，三个不同的用户可能得到三种不同的摩擦力值。

除了用打桩分析仪确定钻杆摩擦力外，常用的还有通过定期回拉钻杆的方式由测力传感器测摩擦力。西建议使用打桩分析仪确定现场指定的反弹仓压力与估算击锤能量的相关性，然后定期测量回拉力。对于剩余孔洞，无需进行实际的打桩分析仪测量和 CAPWAP 分析即可使用该方法，但必须假设按 CAPWAP 计算的动态阻力和回拉的静摩擦力相等，这并不完全正确，假设会对预测的标准贯入试验锤击数带来额外的不确定性。

13-D. 5. 2 实施

解释贝克贯入试验数据的西-坎帕内拉法总结如下：

(1) 记录贝克贯入试验打入每 1ft 区间的锤击数 N_B。打桩过程中，打桩分析仪记录每次锤击的力和加速度的时间过程，并计算每次锤击传递到钻柱的能量（除其他方面外），称为 ENTHRU（打桩分析仪一般由顾问提供和操作，为简化承包过程，其可作为钻工分包商)。另外，记录打桩条件及钻工将钻杆拉回松动的过程，其中包括其为了减少打桩摩擦，或测量回拉摩擦力的情况。

(2) 将 N_B调整到标准打桩能量，即 ICE 180 型桩锤额定能量 8100ft-lb 的 30%或 2430ft-lb，从而取得 N_{B30}，见式（13-D. 5. 2-1)。这与将标准贯入试验锤击数调整到理论最大值的 60%以取得 N_{60}类似。

$$N_{B30} = N_B \cdot \text{ENTHRU}/(0.3 \times 2430\text{ft-lb}) \qquad (13\text{-D. 5. 2-1})$$

(3) 绘制随锥头深度变化的回拉摩擦力测量值曲线（若有）（该图为从表面到锥头的总摩擦力，不是钻杆单位面积或单位长度内的摩擦力)。根据结果的趋势和较小锤击数的深度，选择锥头深度进行 CAPWAP 分析。应考虑在 CAPWAP 值之间插值的需求来选择深度。理想情况下，在感兴趣层顶部和底部分别有一个；对于较厚层，中间也宜设一个。CAPWAP 试验的深度应在回拉试验的深度以下至少 1～2ft，从而尽量减小钻柱反向移动造成的干扰带来的任何影响。之后，顾问将选择单独的锤击进行 CAPWAP 分析。CAPWAP 分析为劳动密集型工作，成本较高，因此在贝克贯入试验方案中实施数量有实际限制。

(4) 将 CAPWAP 分析结果加到回拉摩擦力测量中，取得钻杆摩擦力和深度的关系图。如果两种类型的测量之间存在明显差异，解决该问题时，应仔细研究回拉试验过程中的地层学和钻杆拉力-位移特性。解决差异问题时，可倾向 CAPWAP 分析结果，部分原因是因为西-坎帕内拉法是用 CAPWAP 摩擦力值制定的。由于动态效应和钻杆移动反向，回拉摩擦力不一定等于打桩摩擦力。值得注意的是，测量到的摩擦力并不总是随着深度单调递增。

(5) 对于每 1ft 区间，用摩擦力图估算 R_S，确定使用的图 13-D. 5. 1-1 中曲线（或插值曲线)，根据需要在曲线间插值。通过调整的锤击数 N_{B30}用图 13-D. 5. 1-1 找到贝克等效锤击数 N_{60}。曲线上的标记单位为千牛顿（kN)。还要注意，如果假设的摩擦力被高估，等效标准贯入试验锤击数也将被高估；液化评价可能出现较大差异。

(6) 如附录 13-C（确定液化势）和附录 13-F（估算液化后抗剪强度）所述，使用贝克等效 N_{60}代替标准贯入试验 N_{60}。N_{60}是指调整上覆覆盖层或细粒含量前，至调整标准贯入试验桩锤能量比 60%的估算标准贯入试验锤击数。

如上所述，如果现场要求进行大量贝克贯入试验探测，则可能无须对其全部进行打桩分析仪测量和 CAPWAP 分析。可以考虑现场条件（高程、土体材料）与所使用的指定贝克贯入试验钻机（桩锤和钻机特性)，建立反弹仓压力和桩锤能量的相关性（这包括变更节气门设置获得更大的能量范围)。每次探测的钻杆摩擦力可通过每次增加钻杆时或其他选择间隔内的回拉试验进行测量。理论上，尽管会带来额外的不确定性，可提供不使用打桩分析仪的西-坎帕内拉法所需的所有信息。需要注意，在图 13-D. 5. 1-1 部分区域，R_S的较小变化会导致预测 N_{60}的较大变化。

除非绝对必要，否则只能在关键层之前或之后进行回拉试验，不得在其关键层内部进行回拉，因为干扰可能导致重要数据无效，或难以解释表面摩擦轮廓。

13-D. 6　仪器化贝克贯入试验（iBPT）

截至 2015 年，电子贝克贯入试验（iBPT）被认为是代表贝克贯入试验最先进的水平。该方法通过在钻杆尖端进行能量测量，绕开了测量和考虑钻杆上摩擦力的问题。采用配有加速计和力传感器的专用钻头代替标准的贝克贯入试验封闭钻头。与西-坎帕内拉法一样，按照能量比例，将贝克贯入试验锤击数归一化为 N_{B30}，这里的能量是指锥头能量，而不是桩锤的输入能量，不使用所谓的曲线族图，然后用 N_{B30} 和简单比例来估算 N_{60} 等效值。

$$N_{60}=1.8N_{B30} \quad (13\text{-D}.6\text{-}1)$$

该式实质上等同于图 13-D. 5. 1-1 中 $R_S=0$ 的曲线，尽管斜率未精确匹配。

这里未提供分析详情，因为在贝克贯入试验过程中，进行数据采集的人员已完成了所有计算。

由于这是新开发的程序，当本版本投入使用时可能会有改进。所有原始数据应安全存储，以便未来需要时进行重新分析。

截至 2015 年，电子贝克贯入试验测量和分析还只能通过开发该方法的加利福尼亚大学戴维斯分校进行。这意味着如果要进行贝克贯入试验，其现场方案需提前安排。

13-D. 7 方法讨论

几项对比已经在哈德-西德法和西-坎帕内拉法之间进行。图 13-D. 7-1（取自西、坎帕内拉和斯图尔特）显示了典型比较。正如预料的那样，在区分高、低锤击数区间方面，西-坎帕内拉法优于哈德-西德法，哈德-西德法在桩侧摩擦力较高时，可掩盖这些层。这与垦务局在 Bradbury 坝及其他场地的经验保持一致。

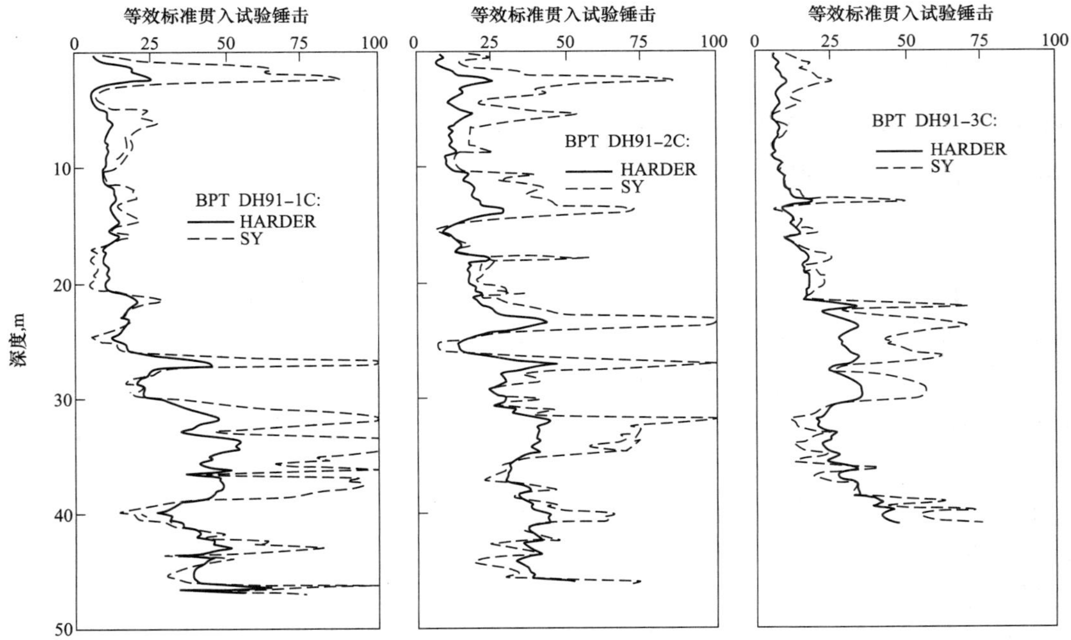

图 13-D. 7-1 比较采用不同方法预测的标准贯入试验锤击数 N_{60}

勒姆和严指出，哈德-西德法隐含了关系中的摩擦力影响。实际上，摩擦力只是调整后锤击数（N_{BC}）的函数，对于给定的锤击数，无法明确说明摩擦力是多少。哈德-西德关系根据现场数据得出的，该现场材料显示密度通常随深度增加而增加。在试验需要碾压填筑料或密实冲积层下面松散冲积层的场地，实际摩擦力可能远高于隐性值。这会导致得到的关系式过高地预测等效标准贯入试验锤击数。在 Terzaghi 坝，相对于西-坎帕内拉法，哈德-西德法始终明显低估了高锤击数孔中的贯入阻力。这是由于异常低的杆摩擦力引起的、小于哈德-西德法中高锤击数的隐性摩擦力。同样在较浅深度处的致密材料中，相对于桩端阻力而言几乎没有摩擦力，哈德-西德法可能低估 N_{60}。这种情况在美国犹他州垦务局的 Deer Creek 坝明显出现了，当时在基坑底部进行浅层贝克贯入试验探测以便确定是否需要更深开挖。一种方法表明，保留在原处的材料将产生问题，但另外一种方法则认为其没有问题。西的结论是，之所以出现这种差异，是因为 BPT 尖端的材料很致密，并且在较浅的深度处给出相当高的锤击数，而且该较浅深度处摩擦力并不大。

在杆身摩擦力可能很高的情况下，如穿过所关注材料的压实盖层或在很深的矿床中，认为西-坎帕内拉法是区分低密度层的最佳方法。如果预计有较高阻力，上覆材料有时会预先钻好，以便更容易达到相关层。这可通过使用另一台钻机钻孔并安装套管或回填砂或豆砾石，或者使用开式钻头进行贝克贯入试验预先钻孔穿过致密层并用压缩空气清除钻屑，然后将钻柱拉出，将开式钻头更换为闭式钻头来完成试验。钻工还可以将钻柱向上拉数英尺以疏松相邻材料，然后恢复钻孔。因其使用根据 CAPWAP 或回拉试验（一旦钻杆端低于预钻区间）确定的实际钻杆摩擦力值，这些措施不会使西-坎帕内拉分析无效。然而，预钻孔摩擦力或穿过密实填料的探测可能与得出哈德-西德法的场地的摩擦力不太相同。如果摩擦力太高而不和这些场地关联，将过高预测 N_{60}，而如果摩擦力太低，则会发生相反情况。如由于基本上不存在摩擦力，在 Mormon Island Auxiliary 坝和 Casitas 坝的预钻和下套管贝克贯入试验钻孔，哈德-西德分析可能不会得到可靠的等效 N_{60}。最好通过要求电子贝克贯入试验或至少在每个地点采用打桩分析仪测量来避免过多或过小摩擦力。

如前所述，建议将电子贝克贯入试验用于高危险大坝，如果电子贝克贯入试验不适用，应使用打桩分析仪测量和西-坎帕内拉法。若贝克贯入试验钻机进入到现场，与其他探测成本相比，电子贝克贯入试验或打桩分析仪试验的额外成本不会太高，也可能没有必要在现场对每项单独的贝克贯入试验测深进行打桩分析仪或电子贝克贯入试验。一旦完成一系列电子化探测，则可在反弹仓压力和锤桩能量之间建立特定场关系。有了它，再加上足够的钻杆摩擦力回拉试验，这样西-坎帕内拉法就可用了，尽管存在较大的不确定性。在一些场地，哈德-西德法可能会提供与仪器化贝克贯入试验或西-坎帕内拉法结果相似的结果，只要上覆地层和桩身摩擦力相似，结果可用于剩余探测，但是不得根据如坝趾处的良好匹配来得出结论，虽然其在 100ft 压实填料以下也吻合较好，仍然需要进行回拉试验来验证钻孔之间的杆身摩擦力是否相似。

西和坎帕内拉、勒姆和严及其他探测报告均利用西-坎帕内拉法成功解释冲积土场地的数据。不过，迄今为止，垦务局的经验与此不尽相同。在一些场地，西-坎帕内拉法的贝克等效 $(N_1)_{60}$ 值和实际标准贯入试验值完美吻合，但在其他场地并非如此。在

Bradbury 坝，对压实坝体进行贝克贯入试验。正如所料，西-坎帕内拉法通常在区分松散材料层时更为敏感，然而由于根据 CAPWAP 得出的不真实摩擦力值，部分解释的 $(N_1)_{60}$ 值不可信。(这提醒我们，对垦务局或外部咨询公司的任何分析结果均需要持怀疑态度)。

任何方法的使用者都需要知道，在估计等效标准贯入试验锤击数 N_{60} 的关系式以及估计标准贯入试验锤击数土体性质的关系式中均存在很大的不确定性。无论是通过确定性分析中适当的保守还是考虑概率风险分析结果允许存在一定的区间范围，这些不确定性需在大坝安全决策中进行考虑。

13-D.8 贝克钻探计划

试验坝基的液化势可能需要超过 100ft 深的钻井。因为大深度的冲积土或压实坝体填筑料使得贝克贯入试验达到要求深度较为困难且耗时，所以贝克钻机并不是理想选择。为此，垦务局及其他公司偶尔会使用常规钻井设备或声波钻机预先钻探大直径钻孔，钻至最感兴趣深度以上数英尺。钻孔通常需要下套管或采用松散豆砾石材料回填，以使其保持敞开。贝克钻机本身可用于预钻，使用开式钻头（而不是用于实际贯入试验的闭式钻头）和压缩空气将钻屑从钻孔中清除。由于预钻产生的钻孔直径与杆直径相同，预钻和安装套管的方式不会消除摩擦力，但是会大大减小摩擦力。在压缩空气引起的裂缝可能影响大坝安全的坝体心墙或其他地方，不得进行压缩空气钻孔。垦务局通常不允许在坝体的任何部分使用压缩空气或泡沫进行钻孔，除非在损坏可能性极小的特定情况下。

在大多数情况下，需要用合适的材料回填坝体中的贝克贯入试验钻孔。如果没有使用电子贝克贯入试验电子仪器的尖端，可在拔出钻杆时通过贝克贯入试验的钻杆来完成灌浆。闭式钻头实际上是一种带钢塞的开式钻头，可在拔出钻杆时敲下并留在地层中。在某些情况下，因为担心使用水泥浆会堵塞排水层或过滤区域，使用粗砂或豆砾石回填可能更合适。对于电子贝克贯入试验，如果没有完全将套管从地层中取出，则不可能进行回填或灌浆。如果钻孔不能稳定保持足够长时间来灌浆或回填，可将贝克贯入试验套管下入钻孔以重新打开钻孔。然后随着回填或灌浆的进行将套管收回。当然，这需要非常小心注意其可能对大坝安全产生的任何影响，如临时保持钻孔敞开或取出电子贝克贯入试验时产生的吸力。

贝克钻机非常大且重，因此其运输通道可能会成问题。应检查钻机必须跨越的桥梁的承载能力，包括溢洪道桥。用于钻探的道路可能需要比典型的土体钻机更宽，并且对于较长轮轴距，可能需要使道路转弯更平缓。

垦务局内部不具备实施贝克钻井、打桩分析仪测量、CAPWAP 分析或电子贝克贯入试验的能力，因此必须将它们分包。对于西-坎帕内拉法，如果将执行打桩分析仪和 CAPWAP 工作的咨询公司作为钻井公司的分包商聘用，而不是与垦务局直接签订合同，那么该实施过程更容易，这对于进度表变更、非预期额外钻孔等的处理更为简单。合同应明确说明记录锤击数、记录反弹仓压力、编制最终日志等的负责方。

试验期间，垦务局应在现场安排一名工程师或一名地质学家记录锤击数和反弹仓压力，并确保记录所有其他相关细节。每个钻孔的现场记录应包括任何深度测量的回拉摩擦力及钻工拉回钻杆以减少摩擦力的任何时间。由于尖端是穿过向后拉动而产生的空隙，因而从重新打桩返回至上一最大深度的锤击数是无效的（这同样适用于预先钻孔段的锤击数）。工程师或地质学家还将参与关于回拉试验深度、调整贝克贯入深度探测位置、终孔深度等的决策。

垦务局现场人员应有权查看地质剖面图并查阅先前的钻井日志，以帮助其确定应进行回拉试验的位置。这应该在每次钻孔之前与钻工讨论，但是各方应警惕需要改变计划的意外情况。

任何贝克贯入试验程序均应包括靠近标准贯入试验钻孔周围的探测，以便能直接对特定场地材料进行比较，使标准贯入试验能得到有效的结果。

附录 13-E 利用剪切波速评估液化势

13-E. 1 简介

抗液化强度和剪切刚度均随着粒状土密度的增加而增大。因此可以认为，抗液化强度与剪切波速（V_S）存在相关性（至少在某种程度上），剪切波速是剪切刚度的间接测量值。事实上，多布里和阿布杜认为，这正是基于贯入阻抗工作抗液化强度图起作用的原因，材料越致密，刚度越高，使得土体不太容易达到发生液化的临界剪切应变。许多研究发现存在这种关系，并可用于评估液化势。娟等人和卡扬等人已经发表了根据 V_S 估计液化概率的相关性。对于大坝，在砾石和鹅卵石采用标准贯入试验（SPT）和静力触探试验（CPT）测量时，V_S 最有用。对于地基响应分析，通常需要测量 V_S，而且在实际应用中，不管材料级配如何，利用这些相同的测量值来评估液化势是有意义的。但是，响应分析和液化分析的数据要求截然不同，并且这样做不总是可行的。

13-E. 2 剪切波速的测量

跨孔法是测量剪切波速的首选方法，其中一个钻孔用于波源，另两个钻孔各设一台接收器，如图 13-E. 2-1 所示。用两个钻孔也可进行本试验（一个用于波源，另一个用于接收器），但是采用两台接收器是垦务局的大坝标准要求。使用两台接收器可以更好地区分直达波（从波源到接收器水平穿过同一地层）和折射波（折射到试验区间上部或下部的高速材料中，并能超越直达波）。跨孔测试的分辨率良好，可以测量 2ft 厚的薄层。钻孔可能明显偏离垂直方向，应对每个钻孔进行测量，以便了解每个深度套管之间的实际距离。

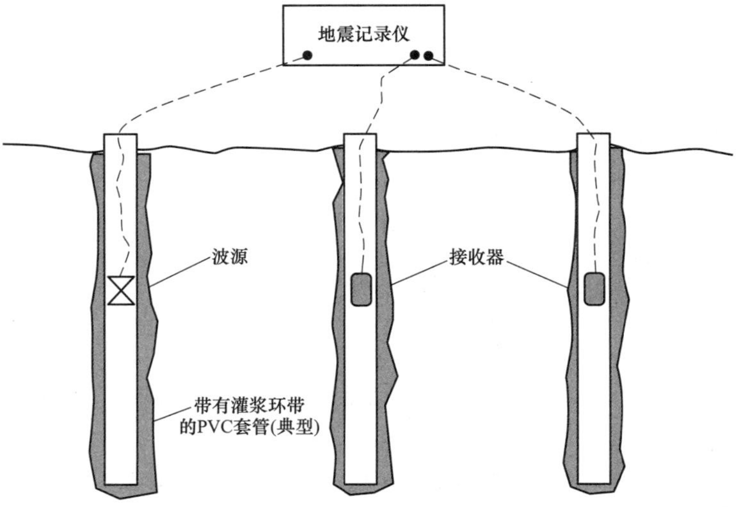

图 13-E. 2-1　用于测量原位剪切波速的跨孔法布置

下孔法比跨孔法费用低，因其只需要一个钻孔。是将接收器放入钻孔下部，而波源保留在地面上。波源通常是重型木板，利用车辆质量紧紧固定在地面上，并用大锤击打以产生剪切波。由于波的路径较长，下孔法试验不如跨孔法试验精确，其可能以不同 V_S 值穿过层，并且可能有多个路径，也更有可能错过检测 V_S 低的薄层。下孔法是可以接受的，但是只有在由于现场交通、地质条件、进度或成本等原因使跨孔法试验及其他更好的方法（如下所述）不可行时才推荐使用。

抗震静力触探试验（SCPT）本质上是一种下孔法试验，只是将接收器合并到圆锥贯入仪，而不是放入钻孔下部外。在选定深度，短暂停止贯入圆锥，同时在表面上造波，通常使用木板和大锤。在适合圆锥贯入仪的土体中，可以快速、低成本收集数据而无需钻孔，并且在同一图纸上自动绘出静力触探试验结果和 V_S，以便比较。这是一种非常有用的方法，但最好在抗震静力触探试验探测点附近进行一些跨孔测剪切波试验，以便随时进行验证。

表面波多通道分析（MASW）是一种地表法，其优点是不需要钻孔。沿地表布置一系列地震检波器组成阵列和震动源，如大锤。将接收器记录的瑞利波倒置以找到土层的深度、厚度和剪切波速的组合，使响应分析预测的运动与记录的运动相匹配。分析中的固有假设是分层、水平的，且在大范围内是均匀的；阵列的长度至少是试验深度的四倍。因此，对于许多场地采用表面波多通道分析是不适用的。利用 MASW 探测坚硬层下的薄软层是可行的，但是分辨率不如跨孔测量。早期方法是表面波频谱分析（SASW），把单个接收器放置在离波源不同距离处，波源可以是大锤或振动台。通常情况下，每个方向 6 次振动和记录，共 12 次。因在每次振动和记录之后需要移动波源和接收器，采用表面波频谱分析的方法在现场进度较慢并且需要更多劳动力。与表面波多通道分析，表面波频谱分析在非唯一反分析解决方案方面的困难更大，对背景振动产生的噪声更敏感。通常在实践中采用表面波多通道分析取代表面波频谱分析。

一项新的发展称为悬挂式测井仪的井下工具，其在单个充满钻井液的钻孔中可提供高质量 V_S 剖面。其由 P 波源和探头上的两个传感器组成，探头悬挂在钻孔（通常为无套管）中的相应深度处。通过钻井液传递到孔壁的 P 波转换成穿过土体向上传播的 S 波，再在钻井液内产生 P 波，然后由传感器检测到（严格来说这些是斯通利波，而不是 S 波，但这两种类型波的速度非常相似）。与下孔法试验相比，其具有更好的分辨率，可以在更深处使用，其垂直分辨率大约为 1ft。试验在无套管钻孔中进行，需要钻井液护壁。土体中的无套管钻孔很容易坍塌，尤其是在许多垦务局坝址常见的粗粒冲积土和冰碛土中，因此存在一些钻孔塌陷和堵塞探头的风险。随着钻井套管从钻孔中取出，悬挂式测井仪通常分段试验，每次仅收回测量 V_S 所需的土体长度的套管，这样可以降低探头损坏或丢失的风险，但并不能完全消除风险。

用于特定场地的 V_S 试验方法的选择，取决于测量所需的精度和分辨率、所用方法是否适合场地的地质情况以及成本。一般来说，三个钻孔的跨孔测量具有最佳精度和分辨率，其次是表面波多通道分析和悬挂式测井仪。下孔法试验不太理想，但是地震静力触探试验、下孔试验非常快速和经济，当静力触探试验钻机还同时用作别的作业时，可以考虑该方法。

用于 V_S 测量的钻孔需要足够深，以允许全部仪器放置到所需测量深度以下数英尺，并在钻孔底部另行需要 2ft 深度以容纳脱落材料。对于跨孔法试验，钻孔深度应超出需要测量的范围 10ft。使用悬挂式测井仪时，钻孔的深度取决于仪器的设计。目前，垦务局具有只需要 10ft 孔深的悬挂式测井仪。如果承包商使用其他品牌和型号进行试验，那么钻孔深度可能需要超过测量范围 33ft。

13-E. 3 液化势的测定

13-E. 3. 1 归一化上覆应力的 V_S

剪切波速是材料剪切刚度和材质密度的函数：

$$V_S=(G/\rho)^{1/2} \tag{13-E. 3. 1-1}$$

其中：G 为剪切模量；ρ 为质量密度，密度是指总密度，包括孔隙水的质量（单位为 slug/ft^3，kg/m^{3}或与 G 单位一致的其他单位）。

对于给定密度的土体，剪切模量 G 大致随有效侧限应力的平方根变化而变化。因此，对于给定相对密度的土体，剪切波速大致随侧限应力的四次根变化而变化。为了能够直接比较在不同上覆压力下测得的剪切波速，目前的做法是将原位测量的速度归一化为 1 个大气压（2116lb/ft^2）的参考有效上覆应力，类似于将标准贯入试验锤击数归一化为（N_1）$_{60}$。归一化速度按下式计算：

$$V_{S1}=V_{S\text{-measured}}\cdot(1\text{atm}/\sigma'_v)^{1/4} \tag{13-E. 3. 1-2}$$

以往 V_S分析可以归一化为 1t/ft^2（2000lb/ft^2）的有效上覆应力，而不是 1 个大气压。在式（13-E. 3. 1-2）中，差异无关紧要。

V_S的归一化简化了所研究的遭受大地震影响的土体现场测量的速度，以便预测土体在地震的特性表现。对于严重超固结材料，如果 K_0远远高于 0.5，可能有必要使用另一种形式的公式。

剪切波速未针对其他目的，如动力响应分析，进行归一化。

13-E. 3. 2 估算循环抗力和液化概率的模型

关于循环抗力比（CRR）作为 V_{S1}的函数，或者液化概率作为循环应力比（CSR）和 V_{S1}的函数，已得出许多经验公式。安德鲁斯等人也利用峰值地表加速度代替 CSR 得出了液化势关系。然而，CSR 依旧是首选，因其能更直接地表明应力和应变土体本构关系。卡扬等人建立的模型给出了概率和 CRR。其在本章中采用的主要原因是其建立在比任何以往研究都要大得多的数据集基础上，并且非常适合概率风险分析和确定性分析使用（但是，随着新数据的出现以及专业人员对液化认识的提高，其可能会被替代。本附录的使用者应注意该情况，并酌情将其运用到实践中）。

卡扬等人的模型简化形式见图 13-E. 3. 2-1。其显示了等效液化概率的等值线图，该等效液化概率是归一化循环剪切应力和剪切波速的函数。竖轴上的数量 CSR* 与本章中其他地方的 $CSR_{M=7.5,\sigma'=1}$非常相似，其是按照参照条件修正的 CSR，参照条件包括等于 100kPa 约为 1atm 的有效上覆应力、等于 7.5 的地震等级 M 以及水平地面，见式（13-E. 3. 2-1）。参照条件的 CRR（CRR*）对应于液化概率标记为 15%的曲线；也可按照式（13-E. 3. 2-2）计算。

$$CSR^*\approx CSR_{M=7.5,\sigma'=1}=0.65T_{max}/\sigma'_{vo}/(MSFK_\alpha K_\sigma) \tag{13-E. 3. 2-1}$$

$$CRR^{*} \approx \exp[(V_{S1}{}^{2.8011}/1.88\times10^{6})-2.943)] \quad (13\text{-E}.3.2\text{-}2)$$

CSR^* 和 $CSR_{7.5,\sigma'_v=1}$ 不能完全互换。对于 CSR^*，卡扬等人使用不同的震级比例系数（MSF）和 K_σ 关系式，因此，在本文中使用其符号用于与采用伊德里斯和布朗格曲线计算的 $CSR_{7.5,\sigma'_v=1}$ 进行区分。但是，其之间的数值差异通常很小，因此通常在正分析中互换使用产生的偏差很小。卡扬等人在计算 CSR^* 时实际上并没有包含 K_α，因其所有反分析案例的记录及大部分正分析（不包括大坝）涉及平坦地面。由于 K_α 对填筑坝的重要性，故包含在式（13-E. 3. 2-1）中。

图 13-E. 3. 2-1 和式（13-E. 3. 2-2）的简化不包括不同细粒含量对循环抗力的影响。对于给定 V_{S1}，随着细粒含量的增加，从 5%上升到约 35%，循环抗力有小幅增加。图 E. 3. 2-1 和式（13-E. 3. 2-2）基于 15%的假定细粒含量，因此，V_{S1} 不根据细粒进行调整，而是采用调整标准贯入试验或静力触探试验数据的方式。卡扬等人发现该简化假设产生的偏差很小，因此如果不知道实际的细粒含量，可将 15%用作默认值（为了使用更完整的模型计算液化概率，应明确细粒含量，如下所述）。

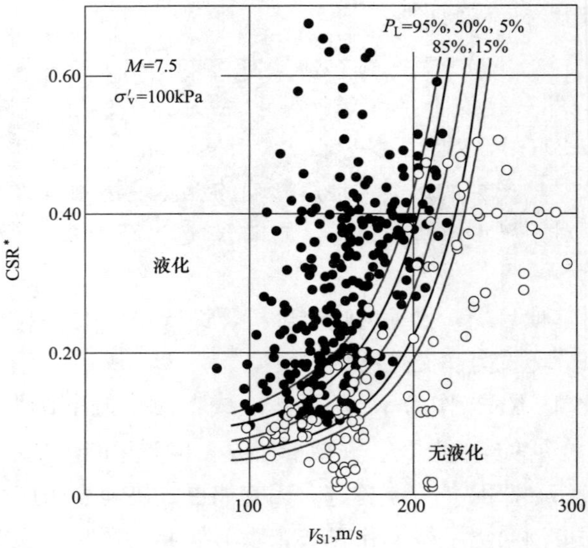

图 13-E. 3. 2-1 液化概率，其为 V_{S1} 和调整循环应力比 CSR^* 的函数

确定性大坝安全分析通常不再是垦务局实践的一部分，但是读者可能需要了解其他公司的以往报告或工作。在典型液化确定性分析中，CSR^* 与 CRR^* 进行比较，如果 CRR^* 较大，则不太可能液化。然而，按照常规定义，CRR^* 对应于液化概率 P_L 为 15%，无论来自标准贯入试验、静力触探试验还是 V_S，此概率通常不被视为“确定性”，所以安全系数是否适用于 CRR^*，取决于对分析中不确定性的认识及液化结果。表 13-E. 3. 2-1 规定了安全系数，取决于特定应用的最大可接受液化概率。如，若液化概率 P_L 需要低于 2%，则需要 1. 3 的安全系数（这些建议值基于卡扬等人的概率模型，如下所述）。

表 13-E. 3. 2-1　　实现伪确定性分析达到特定值 P_L 需要的安全系数

最大可接受液化概率（%）	CRR* 所需的安全系数
15	1. 0
5	1. 2
2	1. 3
1	1. 4

可将式（13-E. 3. 2-3）应用于电子表格（首选）中或依照图 13-E. 3. 2-1 估算特定地层的液化概率。

$$P_L = \Phi\left\{-\frac{[(0.0073 \cdot V_{s1})^{2.8011} - 1.946\ln(CSR) - 2.6168\ln(M) - 0.0099\ln(\sigma'_{VO}) + 0.0028(FC)]}{0.4809}\right\} \tag{13-E. 3. 2-3}$$

函数 $\Phi(x)$ 是 x 的标准正态分布，可在电子表格程序 Microsoft Excel 中获得（函数 NORMDIST 的平均值等于 0，标准偏差等于 1）。垂直有效上覆应力 σ'_{vo} 用 kPa（1kPa＝20. 89lb/ft^2）表示。

式（13-E. 3. 2-3）通过将地震持续时间和上覆应力作为自变量来明确它们对循环抗力的影响。因此，理论上不会通过震级比例系数 MSF 和 K_σ 调整循环应力比（可使用图形调整）。然而，在可供卡扬等人使用的数据集中，σ'_{vo} 大于 150 kPa 的情况极少。由于缺少较高的有效上覆层，与本章正文中所述的 K_σ 和图形所示的情况相比，式（13-E. 3. 2-3）与 σ'_{vo} 的相关性很小。意识到这一点，卡扬等人表示其不适用于 σ'_{vo} 大于 200kPa 的情形。但是，作为一个合理的近似，可在使用式（13-E. 3. 2-3）时，将 σ'_{vo} 设置为 100kPa，并在输入到式（13-E. 3. 2-3）前，将 K_σ 应用于循环应力比。图 13-E. 3. 2-1 需要循环应力比 CSR*，其是根据 K_σ 和震级比例系数 MSF 修改的循环应力比。

式（13-E. 3. 2-3）适用于细粒含量为 5%～35% 的情况，在此范围之外，可以用 5% 或 35% 替代。如果细粒含量未知，卡扬等人建议假设为 15%。与分析中的其他不确定因素相比，细粒含量偏差产生的不确定性相对较小（卡扬等人指出，细粒含量在 5%～35% 时的循环抗力差异相当小，大约与按照 5m/s 的速度变更的 V_{S1} 相同）。

卡扬等人使用质量参与系数 r_d（也称为应力折减系数）来建立公式，其与本章正文中所示的公式有些不同。一般来说，最好使用与建立方法一致的相关性。但是，卡扬等人使用的案例记录极少有深度超过 20ft 的，大部分都比较浅，因此不同出版物的 r_d 曲线之间的差异一般较小（因为在地面上 r_d 相同，均为 1. 0），而循环应力比的反分析成果大致相差百分之几。然而，在正分析中，r_d 关系显得更为关键，最好从特定场地的地面响应分析中确定循环应力比。

在循环抗力比 CRR* 和液化概率的公式中，卡扬等人的模型通过将震级 M 作为公式变量来考虑地震持续时间的影响。但是，需注意的是，其数据集极少包含 M 在 6. 5～8. 0 之外的地震。对于小地震，这导致震级比例系数显著低于本章正文中的伊德里斯震级比例系数关系。在震级小于 6 的液化正分析中，和使用伊德里斯震级比例系数预测的情况而言，似乎稍显保守。在大多数情况下（而不是全部），该问题较小。

13-E. 3. 3　砾石的影响

对于给定的 V_S 值，按照以往经验，较高的细粒含量表明较高的循环抗力比 CRR*。通过将该趋势推测为更粗糙的土体，或通过应用理论论证，人们可能认为砾石会产生细粒的相反影响，从而导致该程序不够保守。然而，安德鲁斯和斯托科使用的数据并没有表明这一点，而且其初步总结认为该影响较小。但是，罗林等人的确发现了砾石的影响，根据以往较小数据库，其得出结论：对于砾石土体，V_{S1} 的限值可能较高，大约为 230m/s，而不是没有砾石的 200m/s。砾石的存在并不影响剪切波速的使用，但是罗林等人的调查结果表明，如果砾石含量超过 10%～20%，配合图 13-E. 3. 2-1 和公式使用时，测得的剪切波速可能需要减小约 15%。

13-E. 3. 4　年代和固结的影响

图 13-E. 3. 2-1 和式（13-E. 3. 2-1）～式（13-E. 3. 2-3）用于未经固结的地质新生代（全新世）材料。一般来说，已确认较久的土体比新生土体更能抵抗液化。安德鲁斯、斯托科和娟已经提出，即使对于给定剪切波速，较老的土体也具有更高抗液化性，所以应修改公式以考虑这一点，并根据贯入试验进行调整。但是，适用的支持数据很少，如果年代或微弱胶结的砂在微小应变（给定高 V_S）下变硬，但强的荷载和剪切应变会破坏胶结或颗粒联结，仍可液化，因此也可能发生相反情况。在大坝基础中，年代效应可能会因上覆岩层压力的增加而受到破坏，可能导致颗粒的充分固结和重新排列，原有的颗粒接触的任何微弱胶结可能会被打破，这可能会以并不完全清楚的方式影响上覆覆盖层调整剪切波速和循环抗力比 CRR，截至 2015 年，对于高危险水坝，不建议为有利的年代效应调整 V_{S1}。

13-E. 3. 5　本标准早期版本中的方法

本标准 1989 年版第 13 章的内容建议，测得剪切波速（对上覆应力未归一化）超过 1200ft/s（366m/s）的土体可暂定为不可液化，而 V_S 低于 800ft/s（244m/s）的土体视为易于液化。V_S 在 800～1200ft/s 时，认为需要附加信息来确定液化势。随后，大量实例记录数据表明这是不必要的保守，其确定测得的速度在确定时已经针对上覆应力的影响进行调整（将测得的 V_S 转换为 V_{S1}）。2001 版第 13 章的工作草案使用安德鲁斯和斯托科的曲线；如果 V_{S1} 低于 600ft/s，与卡扬等人的循环抗力比 CRR* 相比，通常表示为较低循环抗力 $CRR_{7.5,\sigma_v'=1}$。然而，安德鲁斯和斯托科的曲线在 700ft/s 时几乎接近垂直，基本上排除了较高速度下的液化。卡扬等人使用的大扩展数据集包括当 V_{S1} 高达约 720ft/s 时的液化情况。因此，相对于安德鲁斯和斯托科的曲线，循环抗力比 CRR* 曲线（或 15%液化概率）向右（较高 V_S）进行了偏移。

13-E. 4　讨论

目前，垦务局通常将 V_S 作为用于支持通过其他方式进行液化评估的辅助工具，而不是自行使用的主要工具。风险评估小组可能遇到相互矛盾的结果，如 V_S 指示低液化概率，而圆锥贯入仪指示高液化概率。该小组需判断专门针对场地研究的各项试验的相对可信度。通常，V_S 结果可信度较低，但也可能有例外情况，如当其他试验（如静力触探试验）的结果受到砾石强烈影响时。

使用V_S进行液化评估的主要不确定因素事实上是，液化事件期间的土体性质与剪切波速测量时的土体性质完全不同。液化时剪切应变很大，土体结构完全破坏，在V_S试验中，应力和应变较小，并且土体结构保持完整，小应变和大应变特性之间没有直接因果关系，所以不应期待有一条曲线可以迅速划分可液化材料和不可液化材料。如果进行并列比较，V_S有时会表现出比标准贯入试验或静力触探试验更高的抗液化强度，这可能是老化或胶结的结果。安德鲁斯等人发现V_S和贯入试验在非胶结新生土体（土龄不到500年）中较为吻合，但在较老土体中不太吻合。这表明小应变特性比大应变特性更易受到老化影响。

附录 13-F　土体强度的抗震分析

13-F.1　简介

为了分析地震期间和刚刚发生地震后大坝的稳定性或变形情况，需要估算每种材料的抗剪强度。这需要适合于地震所施加的快速循环荷载的强度特征，和/或强烈地震结束后可用于维护填筑坝稳定性的震后强度。地震期间的强度和地震之后的强度不一定相同。

坝体和基础材料主要可以分为三大类：

(1) 循环荷载期间很少甚至不产生超孔隙水压力的致密非收缩材料。该类材料包括在低或中等侧限压力下填筑的大部分颗粒筑坝料及黏土填筑料。较高上覆应力下的大坝黏土心墙材料可能不适合该类材料。如果有效上覆应力接近或大于压实引起的表观预固结应力，则填料可能表现得像正常固结或轻微超固结黏土。在短时间地震荷载时可自由排水的干净粗粒材料有时可归为该类材料，即使其饱和并且有轻微收缩。在特定地震中不液化的土体，如果会在较大地震中液化，则不一定归类于此类材料，这种材料至少会收缩些，因而在中等地震可能会产生超高的孔隙水压力。不饱和材料通常可以指定干燥强度，即使它们是收缩的，只要按体积计，有百分之几的空隙率即可。

(2) 由于循环荷载而具有较高孔隙水压力，便出现了抗剪强度急剧丧失的可液化砂状材料。该类材料包括松散干净砂、砂砾混合料及非塑性至轻微塑性粉土和粉砂。通常，认为液化涉及的超孔隙水压力与初始有效应力几乎相等，但在陡坡情况下，较小水压力就能大幅降低有效应力和抗剪强度，从而造成失稳。

砂状材料的液化有时称为“传统液化”，以便与称为“循环破坏”的黏土状材料的软化进行区分。两者之间的差异主要是由于黏状土骨架具有随着约束减少而反弹的较大潜力，因此，有效应力不会接近于零。在实践中根据细粒含量（FC）和塑性指数（PI）进行区分。布朗格和伊德里斯得出结论，对于分类为细粒的土体，即细粒含量超过50%，如果塑性指数为4～7，将出现黏状土性质。根据实践，马尔维克等人认为如果细粒含量低于20%或塑性指数小于7，应进行砂状土体的传统液化分析。如果细粒含量高于50%并且塑性指数大于12，应进行黏状材料的循环软化分析。对于其他材料，不好明确分析方法，其建议同时使用两种方法，如有需要可进行附加原位试验和室内试验，以解决结果相矛盾问题。因此让工程师分析、检查和处理标本是非常有益的。

传统可液化土体可细分为两个子类，如图 13-F.1-1 所示。

(1) 完全收缩土体：一旦发生液化，几乎完全丧失强度。图 13-F.1-1 中的实线表示，应力和应变从震前原位应力条件开始，地震期间，超孔隙水压力产生，土体软化，直到其剪切强度大大降低。随着剪切应变的增加，剪切强度最终以较低值变平，称为稳态强度 S_{uss} 或临界状态强度（不一定是地基中可用于震后稳定性的强度）。如果该值小于重力或动态荷载所要求的稳定强度，将发生较大变形。在砂状土体中，等效洁净砂调整标准贯入试验（SPT）锤击数 $(N_1)_{60cs\text{-}Sr}$ 为 15 或更小时，最容易看到完全收缩性质 [$(N_1)_{60cs\text{-}Sr}$ 的测定在以下内容和附录 13-C 中进行讨论]。现场的震后稳定性受到剩余不

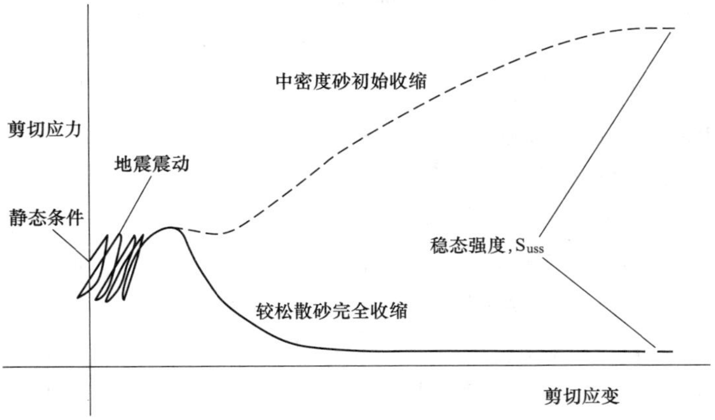

图 13-F.1-1 比较不排水荷载下中密度和松散砂的应力-应变特性

排水抗剪强度 S_r的影响，且与稳态强度有关，稳定性可能大大降低。它是一种受排水、不均匀性和时间影响的土体沉积物的宏观特性。因为来自超孔隙水压力的渗流可以降低某些位置的剪切强度，同时增加其他地方的剪切强度，所以时间非常重要。高度敏感黏土可以显示类似应力-应变特性，即使严格来说黏土不可液化。

（2）初始收缩但在较大应变下会膨胀的土体，可造成剪切强度初期急剧损失，但在一定程度变形后部分或完全恢复，见图 13-F.1-1 中的虚线。该性质有时称为"循环活性"或"具有相变和膨胀的初始液化"。经过多次不排水循环三轴或直接单剪循环后，应力-应变图通常表现出较低的剪切强度，应变接近于零，随后在数个百分比应变下，强度迅速增加，当材料开始膨胀时，孔隙水压力减小。剪切强度最终将达到恒定值 S_{uss}，远高于较松散土体中的 S_{uss}。该特性最有可能发生在 $(N_1)_{60cs}$在 15～30 的中密度土体中。较大应变下的膨胀可能或可能不足以降低超孔隙水压力，以及在地震结束时恢复坝体的稳定性，即使在地震刚刚发生后坝体保持稳定，如果没有自由排水，地震后的沉降会在液化层顶部产生一松散弱薄层，这一体制称为"孔隙再分布"，被认为引起了加利福尼亚州的 Lower San Fernando 水力填冲坝和日本的 Mochi-Koshi 尾矿坝的不稳定性及蒙大拿州的 Fort. Peck 坝和加利福尼亚州的 Calaveras 坝施工期的破坏。在地震发生后数分钟或数小时内，其他液化材料的超孔隙水压力的侵入也可能会造成不利影响。出于这些原因，对 S_{uss}和 S_{ur}进行了区分，后者为永久荷载强度，期间可能发生沉降和孔隙再分布（见第 13-F.3 部分所述）。

（3）收缩黏状土：在不排水剪切时产生正超空隙压力（除较敏感土体外），但不会像液化土体一样遭受急剧的剪切强度损失。这些土体包括正常固结至轻超固结基础土体、水力填土及由于上覆填土重压的饱和坝体碾压黏土填筑料（所以表现出与正常固结土体一样）。尽管通常不会像液化一样丧失强度，但会发生抗剪强度损失。为了工程应用，马尔维克等人建议，这些土体可通过细粒含量高于 50 和塑性指数大于 12 来进行区分，其具有一定的可信度。尽管没有严格分类为"细粒"，但因细粒倾向于主导土质特性，黏土质砂通常属于该类材料（如果细粒含量低于 20 或塑性指数小于 7，预计会出现砂状性质，剩余土体属于黏土状和砂状性质之间的过渡区）。敏感性强黏土或粉土可能与液化砂非常相似，但它被归类到其他细粒土体，见以下讨论。

13-F.2 致密材料的强度分析

如第13-F.1部分所述，致密材料为第一类材料。通常这类材料对动态荷载和静态稳定性分析使用相同的强度参数，这是合理的。

尽管强膨胀土体在剪切过程中可能产生负超孔隙压力，使其不排水强度高于排水强度，但高于排水强度的强度不可靠，通常不应使用。如果在地震期间或震后，负超孔隙压力快速消散，或如果由于气穴或气泡而减少，强度将更接近排水强度。在动态变形分析中忽略致密材料中的负超孔隙压力会产生保守性，但可能很小（通常没有时间出现很大渗漏）。在震后稳定性分析中考虑负超孔隙水压力的益处可能是偏危险的，因为地震后渗漏引起的负超孔隙压力很快就会损失掉，而孔隙水中的气穴或气泡可从一开始就防止负超孔隙压力的增长。

应该把致密土体与未经受足够循环荷载引发液化的收缩土体区分开来，后者仍然可以产生正超孔隙压力，从而降低剪切阻力。在实验室循环剪切试验中，可形成大的超孔隙水压力，液化安全系数高达1.4或更大。然后会发生什么取决于以下几项事情，如密度（决定材料是完全收缩还是只是初始收缩而在较大应变下膨胀）、在孔隙压力变高后施加的应力和应变以及在地震后的沉降和空隙再分布是否会形成薄弱层。马库森和海因斯认为，强度可以用摩擦角进行建模，该摩擦角与超孔隙水压力成反比，其可通过室内试验或其他方法预测，对于孔隙水压力的适度增加，该方法在非纯收缩中等密度材料中可能是合理的（室内试验受限于可施加的剪切应变量，但中密度材料可能会在较大应变下恢复部分抗剪强度，这在马库森和海因斯的分析中可能没有解释到）。然而，在饱和、完全收缩土体中，单剪切应变会导致孔隙压力进一步增加。

非液化材料中的超孔隙水压力并不是一个简单分析问题。逻辑的起始点是评估稳定和变形对这些材料强度的敏感性，以便确定了解它是否重要。如果对该特性进行量化对决策至关重要，那么将应力和应变与产生的超孔隙水压力相结合进行非线性数值分析可能是解决该问题最有效的方法。

13-F.3 循环荷载液化的非塑性或轻微塑性砂状土的强度分析

如第13-F.1部分所述，非塑性或轻微塑性砂状土为2a类材料。

由于这些土体的剩余强度很低，液化砂状材料几乎会失去所有抗剪强度，这通常是坝体分析的关键因素之一，无论是地震期间的动态变形还是震后的稳定性。由于地震后超孔隙压力消散，在固结作用下，其会带来较大的沉降（高达3%的体积应变），然而对于填筑坝，剪切变形通常更为重要。

很多作者对震后液化土体的残余不排水强度使用了不同的符号。本章使用S_{ur}，但文献中也有使用S_r、$S_{u\text{-}liq}$和$S_{u(liq)}$的。需要区分S_{ur}和相关“稳态”强度概念$S_{u\text{-}ss}$的差别。S_{ur}是可在地震后使用和维持的震后强度；它是一种受材料不均匀性和地震后渗流和沉降影响的宏观现象。稳态强度$S_{u\text{-}ss}$也是一种液化后强度，但是以实验室标本的尺度，在没有排水条件下，整个样本和整个实验期间具有的整体特性。对于给定土体，它只是孔隙率的函数。

因受材料不均匀性和震后孔隙率变化的影响，在大坝基础或水力填筑坝体中实际可用于维持稳定性或控制变形的强度可能与 $S_{u\text{-}ss}$ 显著不同。随着超孔隙水压力的消散，液化材料中固体颗粒的沉降通常会引起水的向上移动。这可能会形成一松散土体薄层，甚至会在液化区顶部形成一层水膜。在滑坡的任何特定时间和位置，剪切强度仍然等于 $S_{u\text{-}ss}$，但当孔隙率增加时，$S_{u\text{-}ss}$ 值减小，如果液化沉积物的顶部足够松散时，则接近零。这已证明其可控制离心模型中斜坡的稳定性。它可能是几次历史性地震边坡破坏（地震发生后数分钟至数天内出现不稳定性）及 Calaveras 和 Fort Peck 两座水力填筑坝在施工期间发生破坏的一个因素。松散层的形成最可能发生在较厚松散颗粒材料上覆盖不透水顶盖的情况下，顶盖阻止了孔隙水向上溢出，它可以使震后稳定性的可用剪切强度远低于振动期间抵御动力变形的剪切强度。对于层更薄、密度更大和更高黏土含量来说，孔隙再分布似乎不是问题。通常的做法是可假设形成松散区，除非有强有力的理由认为情况是不利的（在风险分析中，通常为每种特性分配概率是合适的）。在实验室剪切试验中，孔隙再分布的影响是识别不出来的。

评估液化势和液化土体特征的步骤在 1971 年由博尔顿·西德教授和同事们发表的两篇论文中首次公布。这些出版物讨论了液化的定义和原因以及在地震荷载下易受液化影响的土体类型。当时认识到，砂质土体可能会损失大部分或全部强度（因为有效应力全部或几乎全部损失），但是没有提出估算液化后抗剪强度的方法。

随后认识到，液化后强度（S_{ur} 或 $S_{u\text{-}ss}$）可以大于零（尤其在中密度土体中更高），并且已经制定了各种程序来进行估算。这些方法主要基于从液化和流动滑移案例记录反分析得到的强度，或实验室不排水剪切试验。截至 2015 年，对于液化土体的震后强度没有明确的指导意见，特别是对于中密度土体［粗略地说，是调整标准贯入试验锤击数 $(N_1)_{60cs\text{-}Sr}$ 为 15～30 的土体］。目前，并没有就此达成行业共识，即使是从案例历史数据中得出的认为最正确关系式或室内试验复制现场液化材料强度的能力，均没有达成共识。

尽管在实践中不常见，但实验室三轴和直接单剪剪切试验已用于估算 S_{ur}。与上述经验关系式不同，室内试验是根据被分析大坝的具体材料和应力条件专门设计的。然而，室内试验远非确定性解决方案。由于 S_{ur} 对孔隙率非常敏感，因此需要获得较高质量的无扰动样品，并在取样、运输和制备过程中考虑不可避免的孔隙率变化。事实上，对于一些重要项目，通过采用液氮冷冻地层并钻取冷冻物质来获得样品，仅在样品位于三轴剪切装置并施加了侧限压力后才发生解冻（这种方法仅限于干净的砂，因为在冻结时需要排水以允许水在冻结时膨胀）。无论取样和试验的质量如何高，室内试验只能测得土体中几英寸大小的一个小“元素”的特性，而不是坝基的宏观特性。除了时间相关效应外，如果孔隙再分布和超孔隙水压力的消散，其密度、级配、塑性和侧限应力均会发生变化。

在现有技术水平下，S_{ur} 未完全被理解，并且没有对选择适用于分析值的最佳方法达成共识。分析人员必须考虑并记录强度估算的不确定性，以便在充分了解局限性和精确度不够的情况下进行大坝安全决策。在基于风险的大坝安全分析中，通常需要考虑 S_{ur}

的范围，不同值的相对可能性以及稳定性或变形对 S_{ur} 变化的敏感性。然而，相对于液化材料的范围，液化材料强度的不确定性（在典型限制范围内）将被证明是不重要的。如对于 100ft 高的填筑坝，如果基础中液化材料的强度为 $50lb/ft^2$ 或 $150lb/ft^2$，那么总体结果通常几乎无差别，而结果对假定那部分基础为液化变得非常敏感。S_{ur} 的概率分布应该包括使用或者至少考虑多种方法来描述强度中的可变性和不确定性，以及它们如何影响风险的量化。

13-F.3.1 贯入阻力经验公式的一般性讨论

估计液化材料强度的最常用方法是贯入阻力［静力触探试验（CPT）或标准贯入试验］和现场性能反分析强度（S_{ur}）之间的关系。这些方法与实验室或现场的实际强度测量相比有两个主要优点：

（1）首先，贯入阻力的经验关系式不需要对材料进行极高质量的原状取样、运输和试验，尤其当材料易受振动干扰并且在未经进一步扰动的情况下放置到试验设备中相当困难。非塑性颗粒土体的不排水抗剪强度对孔隙率的变化非常敏感。

（2）其次，这些方法反映了不能在小型实验室样品中测量的宏观特性（尽管粗略）。孔隙的再分布或迁移可能对一些边坡的震后特性产生重大影响。在地震震动结束后，Lower San Fernando 坝和 Mochi-Koshi 2 号尾矿坝均发生滑坡。这可能是土体颗粒沉降和孔隙水向上运动的结果，在材料的某些部分，孔隙率增加了，并且不排水强度降低了。卡斯特罗指出，液化区的孔隙水压力可能会迁移到非液化材料中，导致其强度也降低。此外，流滑中发生的变形可能集中在薄的剪切区。剪切区中的特大应变（百分之数百）可能会重塑土体结构，这种结构不能在实验室三轴或单剪试验中进行复制，实验室中最大应变也就限制 20%左右，没有办法通过对小体积土体进行试验来测量这些大质量土体的特性。

然而，使用这些关系也存在一些严重困难：

（1）首先，只有大约 30 项以往实例可以作为关系的依据，并且这些案例可能并不直接适用于正在研究的特定大坝。在这 30 项案例中，可用信息的质量和详细程度相当不稳定。其中大部分涉及相当浅层的液化，而不是上覆层 50～200ft 以下的材料，如在大坝基础中发生的液化。目前所知，初始有效上覆应力大于 $2000lb/ft^2$ 的流滑实例只有 6 项，并且这所有 6 项实例的 SPT $(N_1)_{60}$ 值为 8～11 以及等效洁净砂 $(N_1)_{60\text{-}cs}$ 值为 10～14。其中 4 项实例是水力填筑或倾倒填料的静态破坏，只剩下两例为超过 $2000lb/ft^2$ 的上覆层并且在地震作用下滑坡（水力填筑的 Lower San Fernando 坝和塔吉克斯坦黄土边坡）。在所有的滑坡案例中，很少有案例涉及冲积层，也没有深覆盖层案例涉及冲积层。也许更大的数据集可能表现出更大的变化。

（2）其次，由于边坡破坏反分析抗剪强度以及测定贯入阻力代表值的复杂性，对于一些重要以往实例，研究人员对强度或贯入阻力尚未达成一致意见。在许多实例中，$(N_1)_{60}$ 或 q_{c1} 值是估算值，而不是测量值。一些强度估算值具有±50%或更高的不确定性。对于关系的最正确格式，甚至没有完全达成一致：是否应针对细粒调整锤击数？关系是应直接预测剩余不排水抗剪强度值 S_{ur}，还是应预测强度比 S_{ur}/σ'_{vo}（其中 σ'_{vo} 是震前有效上覆应力）？或者，是否应将这两种方法结合，使强度随着上覆层厚度的增加而增加，但与其不成正比？一般认为，对于给定［$(N_1)_{60}$或$(N_1)_{60cs}$］，高的有效上覆应力值应增加，但增加量未确定（对于各种材料类型或密度，增加量可能不一致）。

（3）最后，还有一个重要的概念问题：关系主要基于流滑期间较大应变下可用的抗剪强度不一定与用于防止滑动或过度变形可在较小应变下作用的强度相同。

中密度土体的液化后特性和松散土体的不同。在中密度材料中［粗略地讲，是有效洁净砂标准贯入试验锤击数$(N_1)_{60cs}$大于 15 但小于 30 的材料］，可能会有初始液化，这意味着在循环荷载期间产生了高超孔隙压力，但是材料会随着进一步应变而膨胀并恢复其抗剪强度。此时，随着孔隙水压力的消散，强度会随着时间的推移而增加。但也可能的是随着固体沉降和水上升，孔隙再分布会产生松散层或水膜。目前不存在$(N_1)_{60}$超过 13 或$(N_1)_{60cs}$大于 14 的流滑或较大侧向位移的已知案例。这可能是由以下两个原因中的一个或两个引起的：①中密度材料倾向于膨胀并恢复剪切强度和较大应变；②对于中密度土体的陡坡地层或较大填筑坝，有引起液化的足够大的地震荷载以及形成松散带或水膜的合适地层几乎没有做过良好试验。

根据加拿大 Duncan 坝的实验室不排水剪切数据，菲尔认为，液化的中密度土体的强度应随着贯入阻力的增加而急剧增加，仅仅超出现有数据这与缺乏滑坡以往实例是一致的。其他研究人员也得出了相同结论，该结论与贯入阻力和S_{ur}/σ'_{vo}或S_{ur}之间的大多数关系保持一致。然而，因为缺乏确认的实例数据，菲尔并没有建议使用她的扩展曲线进行设计。伊德里斯和布朗格得出类似结论是强度应迅速增加，尽管他们警告说，孔隙再分布可能会严重降低地震结束后可保持的强度。因此，他们提出了两种不同S_{ur}曲线，S_{ur}作为静力触探试验或标准贯入试验阻力的函数，其中一条曲线对应于S_{ur}未降低（S_{ur}约等于S_{uSS}）的理想情况，而另一条曲线用于震动后孔隙再分布降低S_{ur}的情况。

显然，外推强度与密度的相关性高于已知流滑实例是不可靠的。分析人员必须通过考虑松动或水膜的可能性来考虑较广泛的合理结果。

罗伯逊使用多种技术分析了贯入阻力数据和实验室残余强度，发现并没有适用于所有土体的贯入阻力和残余强度的独特关系。他总结说，H. 西德提出的S_{ur}-$(N_1)_{60}$关系（图 13-F. 3. 1-1 的先驱）纯粹是经验性的，不能通过任何分析方法得出。此外，它表现出比室内试验更低的强度，这与影响许多实例的孔隙迁移一致，罗伯逊的这一结论似乎也适用于其他关系。

单调室内试验表明，相对密度材料在进一步应变下的强度恢复到直接单剪的 40%，而只到三轴压缩的 20%。对于给定相对密度，这种趋势在三轴压缩中较强烈，而在三轴拉伸中较弱。在单剪中（通常是主应力路径），该特性介于另两者之间。然而，应认识到，在后循环单调试验中，强度的恢复可能不如单调试验明显，而且，如果下面有一个较松的区域可以向所述区域供水，那么即使在中等密度的粒状材料中，也可能存在空隙迁移和松动区。再次说明了，室内试验不能测得土体的宏观特性，如孔隙再分布等。

任何时候都不得依靠高于排水强度的不排水强度。虽然不排水强度高是可能的，但它需要由膨胀产生的负超孔隙压力。由于消散或气穴，负超孔隙压力的益处可能会迅速消失。

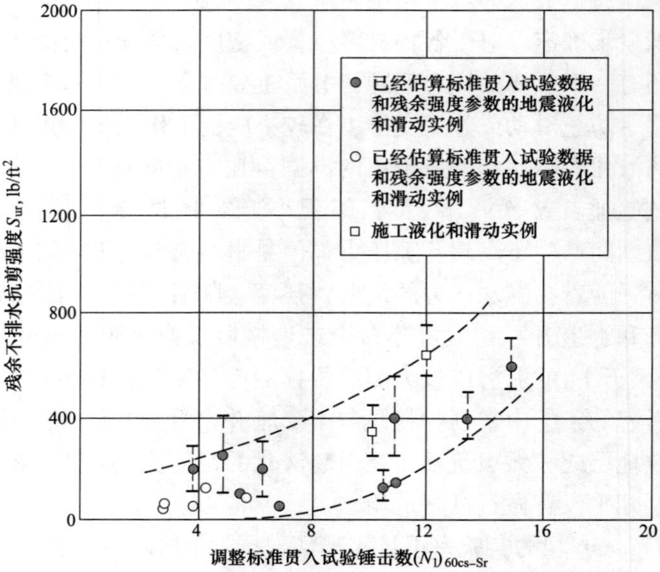

图 13-F. 3. 1-1　残余不排水抗剪强度与标准贯入试验的关系

用于评估液化势的现场调查方案通常包括许多标准贯入试验或静力触探试验数据。如果这些数据可用，即使在使用其他方法的情况下，这些数据也为估算残余不排水抗剪强度提供重要依据。除非沉积物非常均匀，否则数据之间会有很大差异。

在液化的基础土体中，临界破坏面可能沿最低平均抗剪强度穿过液化区。临界破坏面取决于坝和基础的几何结构以及各种材料之间的强度差异。有时可以合理地假设，S_{ur}是每个静力触探试验测深或标准贯入试验钻孔中的最低贯入阻力所示的强度的加权平均值，即每个位置处的“链中最弱环节”。然而，如果各孔之间的最弱层面的高程差异很大或如果地质上不存在连续的弱材料层面，那么该假设可能是过于保守的。在制定这里所述的关系时，与反分析强度相关的代表性贯入值定义为滑动中实际涉及材料的平均值。然而，在应用中，我们是试图预测其特性，而不是反分析已经发生的事情，并且应该对于哪些数据进行平均，这并不总是显而易见，这就需要经常估算特定沉积土体代表值的可能范围，而不是单一值。

图 13-F. 3. 1-1、图 13-F. 3. 2. 2-1、图 13-F. 3. 3. 1-1 的所有关系显示，对于给定标准贯入试验或静力触探试验桩端值，反分析得到的强度在很大范围内分布。由于数据集规模有限以及直接与大坝填筑坝体（高上覆压力）有关的以往实例很少，该分布不一定涵盖对特定大坝进行正分析时需要考虑的全部范围。

如果可以识别出了一个明显的较弱层，那么即使是同一覆盖层的一部分，该层的数据也应与该层以外的材料分开考虑。

当确定代表性锤击数时，必须判断需包含的水平面积，这是坝体三维几何结构的函数。如果液化只发生在上下游方向 10ft 宽的条带上，那么大坝不稳定的可能性不大，因为滑块体（面向下游）左右两侧的剪切抗力有助于块体稳定。任何可能滑动的滑块均需要在更广阔液化区域。类似地，坝体失稳需要坝体边坡的重要部分发生液化，如自上游边坡到下游边坡区域。虽然已对该问题进行了宏观研究，但是还可能需要进行特定场地的三维变形或稳定性分析。

尽管比较复杂，依照与贯入阻力的关系仍然是估算抗剪强度时最广泛使用的方法(并且通常是唯一实用方法)。下文说明了几种关系，其中一些关系预测了残余不排水抗剪强度 S_{ur}作为贯入阻力的直接函数，但其他关系预测了归一化抗剪强度或强度比 S_{ur}/σ'_{vo}，其中 σ'_{vo}是震前有效上覆压力。最新成果表明，两种方法都是做了简化的，因此提出了一种混合方法，其中 S_{ur}是锤击数和有效上覆应力的函数，但与有效上覆覆盖层不成正比。目前，对于哪种方式更合适，还没有达成共识，尽管普遍认为，对于锤击数，应随着 σ'_{vo}的增加而有所增多，即使不直接成正比。绝大多数的以往实例只涉及较低有效上覆应力。在大型填筑坝体下，不考虑上覆应力而使用贯入阻力和反算 S_{ur}值之间的关系是过于保守的，但是从低上覆应力的实例来反算强度比的情况可能刚好相反。

奥尔森和斯塔克及伊德里斯和布朗格发表的反算强度比似乎与贯入阻力并不太相关，尽管在排除 σ'_{vo}低于约 1000lb/ft^{2}的案例后，可能会有所改善（对于填筑坝，σ'_{vo}通常远大于 1000lb/ft^2）。然而，如上所述，这只剩下很少的适用案例数据，并且这些数据的锤击数均在狭窄范围内。

通常情况下，对于给定孔隙率的土体，实验室数据显示，随着固结应力的增加，抗液化强度增加。但是，在给定孔隙率下，它们通常不会显示直接成正比。考虑到只有少量液化土体（与室内试验样本相当），临界状态理论不认同强度比方法，但它不考虑坝基大面积的性质变化，也不考虑孔隙再分布或其他宏观特性。考虑到沉积物在大面积上的不均匀性（因此并非所有区域都是完全收缩的）以及部分滑动面的局部排水或膨胀，可对强度比方法做出理论论证。考虑到全部以往实例数据，与强度比 S_{ur}/σ'_{vo}相比，S_{ur}的实际值与贯入阻力更相关。考虑到有效上覆应力大于 1000lb/ft^{2}的情况很少，强度比和以往实例数据的符合性基本与直接估算 S_u的一样。结果表明，归一化最适用于较高上覆应力和较高锤击数的材料。因此，归一化似乎最适用于（N_1）$_{60}$大于 10 或相对密度大于 50%的材料。许多低锤击数的以往实例可能受到孔隙再分布的影响，孔隙再分布会产生水膜或较低密度区，进而导致不稳定。如果同样的事情发生在大型或中型坝或其基础中，其强度可能很低，使值的精确性对稳定性不重要了，同时材料液化的范围更重要。

鉴于目前的知识状态，稳定和变形的风险分析应包括评估不同强度方法对结果的影响。如果稳定性或变形分析的结果对 S_{ur}的变化非常敏感，那么给出适合的 S_{ur}概率分布，需考虑以下内容：

（1）不同强度模型中评估量的置信度。

（2）标准贯入试验、静力触探试验或实验室数据的不确定性和可变性。

（3）每个强度模型结果的不确定性。

通常情况下，并不足以产生 S_{ur}的“最佳估算值”来用于所有分析。

为了计算用于归一化标准贯入试验或静力触探试验锥头阻力的上覆应力，应使用试验时的测压管水位。为了通过强度比估算残余不排水抗剪强度，使用地震时可能存在的测压管水位确定有效上覆应力。

13-F.3.2 标准贯入试验得出的残余不排水抗剪强度

13-F.3.2.1 直接预测残余不排水抗剪强度（绝对值）

图 13-F.3.1-1 来源于西德和哈德，此外还加入了一些较新的数据。此图分别呈现了经反算得出的液化砂和砂-粉砂混合物的残余不排水抗剪强度 S_{ur} 与等效洁净砂的标准贯入锤击数（N_1）$_{60cs}$之间的关系。计算（N_1）$_{60cs}$ 值时，根据细粒含量将（N_1）$_{60}$ 的实际值加上调整值 Δ（N_1）$_{60}$（即，用原始锤击数 N 乘以上覆应力、落锤能量和取样条件的适当调整值）。[（N_1）$_{60}$ 值的计算参见附录 13-C]。自从图 13-F.3.1-1 首次发布以来，其便得到垦务局和其他机构的广泛利用，虽然其编制者之一的西德指出其正在进展的工作将很有可能会取代此图，尤其是对于具有高效上覆压力的情况。

细粒对贯入阻力的影响利用式（13-F.3.2.1-1）考虑，此式由西德首次提出，后经西德和哈德运用。调整值在表 13-F.3.2.1-1 中作为细粒含量的函数给出。贯入阻力受不排水抗剪强度和可压缩性的影响。因为细粒（尤其是塑性细粒）易使土体更具可压缩性，细粒会减少与残余抗剪强度相关的贯入阻力。因此，残余不排水抗剪强度为 300lb/ft^2 的粉砂会比具有相同残余强度的净砂得出更低的标准贯入锤击数。注意，此细粒含量调整值与附录 13-C 中所述的用于得出液化触发（N_1）$_{60cs}$ 值的调整值不同。此调整值取代附录 13-C 中所述的调整值，而非两者同时采用。此外，还有些人建议一个细粒调整值足以用于两种应用，或甚至不需要调整 。

$$(N_1)_{60cs\text{-}Sr} = (N_1)_{60} + \Delta(N_1)_{60\text{-}Sr} \qquad (13\text{-F}.3.2.1\text{-}1)$$

表 13-F.3.2.1-1　细粒含量（N_1）$_{60}$ 的调整值

细粒含量（%）	Δ（N_1）$_{60}$
10	1
25	2
50	4
75	5

注　此细粒调整值仅用于 S_{ur} 的估算；用于液化触发的细粒调整值不同于此值，可参考附录 13-C。

如附录 13-C 中所述，各标准贯入锤击数的值利用系数 C_N 针对上覆应力的影响进行归一化，获得（N_1）$_{60}$ 值。编制图 13-F.3.1-1 所用的 C_N 值并非与附录 13-C 中所述的值完全相同。然而，与分析中的所有其他不确定性相比，使用附录 13-C 中的值所导致的可能误差非常小。

西德和哈德所用的数据中约有四分之一来自在动力加载过程中发生的侧向扩展或有限变形，而非在重力荷载下发生的流滑，甚至在地震运动停止后也是如此（在伊德里斯、伊德里斯和布朗格或奥尔森和斯塔克研究中不包括这些数据）。梅比和尤德的研究发现，根据侧向扩展反算得出的强度总体上比根据具有相似贯入阻力材料的流滑反算得出的强度低。这可能是因为某些侧向扩展受制于最低强度（称为“准稳态强度”），其比在更大应变的条件下发生的实际残余（或临界状态）强度更低，如在流滑条件下发生的实际残余（或临界状态）强度。如果用于确定地震后的坝体稳定性，那就意味着将根据侧向扩展实例反算得出的强度是保守的。然而，非常高的应变会在残余强度全部投入之前产生，可能会对坝体造成严重损坏，即使实际上没有发生不稳定状况。关于这点，值得注意的是在 1971 年的 San Fernando 地震事件中，Upper San Fernando 大坝并未因此地震而变得不稳定，但大坝的下游边坡确实水平移动了 4ft，垂直移动了 3ft（该案例的数据为图 13-F. 3. 1-1 中最右边的数据点）。液化的水力填筑体被极厚的夯实填土包围，使得大坝在发生地震后仍然保持其稳定性，同时限制了应变，但这未能阻止大坝的大量位移。在 1994 年发生的北坡地震中，大坝又沉降了大约 1ft。

细粒调整值 $\Delta(N_1)_{60}$ 也是一个尚待解决的问题。仅凭经验支持调整值的可用数据太少，而且 H. B. 西德提出的调整值很大程度上仅仅依靠于主观判断。需要注意的是，图 13-F. 3. 1-1 中只有两个数据点（Merced 湖和 Ackerman 湖湖堤）实际是根据净砂试验得来；其他数据点均根据粉砂和一种砂质粉土（Mochi-Koshi 尾矿坝，细粒含量高，锤击计数接近零）试验得来。请注意，西德提出的调整值可能会夸大细粒的益处，巴齐尔和多布里在不使用任何调整值的情况下重新制图，得出了相对更紧密的相关性。但是，巴齐尔和多布里并未将 Mochi-Koshi 包括在此次制图中，因为标准贯入锤击数在地震发生后很快便进行试验的，此时液化尾矿中的超孔隙压力可能还未消散。尾矿坝在发生地震时是活跃的，但并不确定尾矿的孔隙压力和稠度是否在地震发生之前是明显不同的。其他某些数据［包括高细粒含量材料的现场十字板剪切试验（VST）测得值］至少是与西德提出的细粒调整值相协调的。然而，简化统计分析表明，在不使用细粒调整值的情况下实际上可得出相对更紧密的相关性，这可能会受到有限数据集的影响。土体的可压缩性受细粒含量和细粒特性的影响，但调整值不考虑后者。先验论者可能会认为，细粒性质会对修正值产生显著影响。当然，在利用表 13-F. 3. 2. 1-1 做较大调整时必须非常谨慎，尤其是在细粒为圆胖型颗粒的低塑性或无塑性粗粉砂时。此类材料的特性与细砂非常相似，不会像细粉砂或黏土一样对贯入阻力产生影响。西德表示在使用调整值时需要合理判断，因为不同土体的细粒特性和影响是互不相同的。如果所有的粉土都是粗颗粒，其效果可能没有较细、塑性较高的颗粒效果好。

13-F. 3. 2. 2　标准贯入试验得出的残余不排水抗剪强度率

除了图 13-F. 3. 1-1 以外，也可以采用预测 S_{ur}/σ'_{vc} 的比值关系式，其中 σ'_{vc} 为地震前垂直有效应力。此类关系式由奥尔森和斯塔克、伊德里斯和布朗格等人提出。两者之间的主要区别在于，奥尔森和斯塔克使用了归一化标准锤击数 $(N_1)_{60}$，未采用细粒含量调整值；而伊德里斯和布朗格使用了等效洁净砂归一化标准锤击数 $(N_1)_{60cs\text{-}Sr}$，计算时加上了随着细粒含量正比增长的调整值（他们使用了奥尔森和斯塔克的许多 S_{ur} 估算值）。此处只给出了伊德里斯和布朗格提出的关系图，见图 13-F. 3. 2. 2-1，因为奥尔森和斯塔克没有对大于以往实例的锤击数进行强度比值的外推，以往实例的所有 $(N_1)_{60}$ 值均小于 12。在填筑坝分析中，与这些锤击数值相应的强度通常过低，不会发生影响结果的可能异变。只有大于 12 的 $(N_1)_{60cs}$ 值或大于 15 的 $(N_1)_{60cs\text{-}Sr}$ 值，S_{ur} 的精确性才会对结果产生较大影响。因此，在以往实例都不包含适用于大坝分析的最重要范围内的锤击数的情况，外推计算是有必要的。

如果液化后的强度受制于水膜影响或因整个滑移面上的不均匀孔隙再分布而变松散

材料的稳态强度的影响，则地震前有效应力σ'_{vc}的增长不会产生任何影响。这是因为稳态强度仅仅取决于孔隙比。然而，水膜或松散作用将是不均匀的，可能会出现排水和孔隙迁移现象。潜在滑移面的某些部分会具有较低的收缩性或甚至具有膨胀性，且会承受部分覆盖层的有效应力。平均而言，此有效应力值通常会是整个区域地震前有效上覆应力的一定的百分比值，在这种情况下，残余不排水抗剪强度S_{ur}将与地震前上覆有效应力成正比，即使S_{uss}不与其成正比。强度比方法假设与σ'_{vc}值的比值是由标准贯入试验或静力触探试验得出的调整后贯入阻力的函数，且此比值适用于所有σ'_{vo}值（与此相反，直接将S_{ur}值与标准贯入试验或静力触探试验联系在一起，则假设实际地震后有效应力仅是调整后贯入阻力的函数，而与地震前有效应力σ'_{vc}无关）。

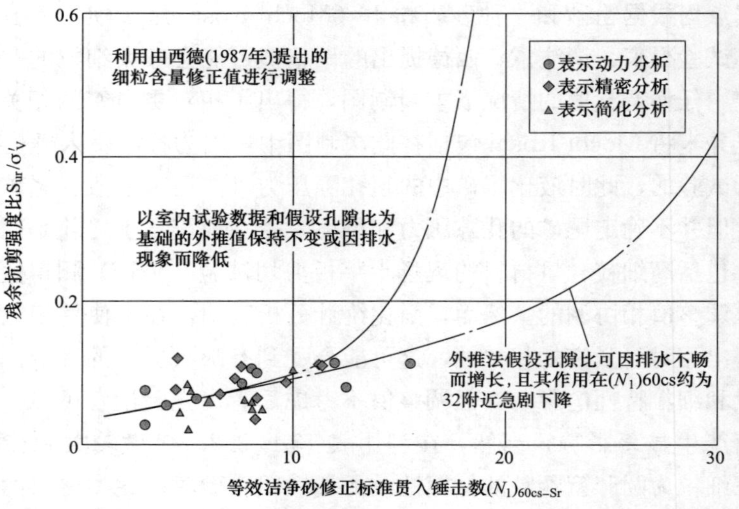

细粒调整值参考表 13-F. 3. 2. 1-1。

图 13-F. 3. 2. 2-1　预测标准贯入试验所得残余不排水抗剪强度关系图

无论是在图 13-F. 3. 2. 2-1，还是在奥尔森和斯塔克所编制的类似图中，增加的锤击数和增长的强度比之间并不存在明确的相关性。如果把上覆有效应力小于 1000lb/ft^{2}的以往实例排除在外，则会在一定程度上增加此相关性，其会极大减少可用数据的数量并缩小锤击数范围。图中显示的数据并未经整理去除上覆应力较低的数据，因此，有些最高的比值可能与上覆应力较高的大坝基础无关。

在图 13-F. 3. 2. 2-1 中，两条曲线根据室内剪切试验进行了超出现场适用数据范围的外推。这两条曲线并非用做进行S_{ur}的最佳推算。它们接近以往实例数据下限，是作者对用于典型确定性分析的合理保守值的推荐值。对于支持风险分析的稳定性和变形分析需要将此因素考虑在内，并包含全部可能合理的特性范围。

对于向基础施加高上覆应力的大坝，强度比概念通常意味着较高的强度。然而，如果根据低上覆应力的现场性能（以往实例数据系列）得出的强度比用于高上覆应力情况，如大型填筑坝的基础则其可能偏危险。此外，伊德里斯反对图 13-F. 3. 2. 2-1 中“无孔隙再分布”曲线的确定性使用，除非提供充分证据证明液化层顶部排水通畅。当利用大于 15 的调整后锤击数时，两条曲线之间的区别变得非常明显，它能区别大坝的性能是否良好。对于风险分析，通常可考虑上曲线或下曲线（或两条曲线之间的值）适用于各大坝和坝址地质条件的相对可能性。此外，对于考虑采用计算 S_{ur}值的直接强度方法或混合方法哪个会更准确，适当的模型可能会在未来的研究中进一步明确。

奥尔森和斯塔克得出结论，细粒含量的影响较小，此结论似乎通过对其数据进行检查而得到了支持。伊德里斯和布朗格利用了表 13-F. 3. 2. 1-1 中列出的细粒调整值，与西德及哈德一样。如上文所述，因为没有足够的现场数据用于该值的量化，调整值很大程度上以理论和主观判断为基础。

与第 13-F. 3. 2. 1 部分列出的西德和哈德的关系式类似，用于编制图 13-F. 3. 2. 2-1 的 C_N值与附录 13-C 中的值略有不同。同样，与其他不确定性相比，其带来的误差是不大的。

如前面所提及的，如果测压管水位随着水库水位的波动而变化，则强度相比于适用于在地震发生之前就存在的有效应力（可能与试验过程中的值不同），后者仅用于根据有效上覆应力调整原始锤击数 N，以得出 $(N_1)_{60}$值。

13-F. 3. 3　静力触探试验得出的残余不排水抗剪强度

圆锥贯入仪锥头阻力也可用于估算液化后的抗剪强度 S_{ur}。圆锥头阻力通常归一化为 1t/ft²、一个大气压、1bar、1kgf/cm²或 100kPa 的标准上覆压力（这些值在这种精度等级的度量内基本上是相等的），并进行无量纲化处理，正如附录 13-B 中对液化触发分析进行的描述。得到的值以 q_{c1N}表示，与 $(N_1)_{60}$类似，它是不受上覆应力影响的无量纲化密度指数。有关静力触探试验程序和分析的一般信息可参考伦恩、罗伯逊和鲍威尔或罗伯逊和卡巴尔的研究。

截至 2015 年，尚未有直接根据静力触探试验锥头阻力预测残余不排水抗剪强度 S_{ur}的关系（与图 13-F. 3. 1-1 类似）发布，但至少已发布三个与预测残余不排水强度比 S_{ur}/σ'_{vo}有关的关系。这三个关系类似于标准贯入试验与图 13-F. 3. 2. 2-1 的关系，但只有伊德里斯和布朗格以及罗伯逊采用了细粒调整值。奥尔森和斯塔克的关系利用了根据上覆压力（而非细粒）进行调整后的锥头阻力，但不适合细粒。

这三个关系并不比其他关系有更加匹配的可用数据。本附录选用伊德里斯和布朗格的关系（见图 13-F. 3. 3. 1-1）主要有两个原因：

（1）第一，奥尔森和斯塔克没有对其关系进行超出可用数据范围外大于 60 的 q_{c1N}值（没有细粒调整值）进行外推，因此无法为填筑坝最重要的 q_{c1N}或 $q_{c1Ncs\text{-}Sr}$值提供任何指导。对于中等高度的大坝，与历史流滑相关的强度和强度比都很低，以致其精确性对于大坝性能而言是无关紧要的。重要的范围是贯入阻力值太低无法阻止液化，而贯入阻力值太高又足以使 S_{ur}的合理变化会对结果产生影响。在采用细粒调整值的情况下，$q_{c1Ncs\text{-}Sr}$的重要范围大约为 100～180。

（2）伊德里斯和布朗格分别提出了在有、无孔隙再分布两种情况下的外推曲线，即使目前尚无 $q_{c1Ncs\text{-}Sr}$大于 90 的已知流滑以往实例（此外推计算根据室内试验和理论分析完成）。缺乏 $q_{c1Ncs\text{-}Sr}$大于 90 的流滑以往实例意味着：在过去孔隙再分布对此类材料中未起到重要作用，但可能对较松散的材料起到了重要作用。在正分析过程中，分析人员和风险评估员宜综合考虑两种情况下的强度，并根据具体案例的实际情况评估发生孔隙再分布的可能性，除非因为低渗透性而排水明显不畅的土层。

用于调整锥头阻力以获得上覆有效应力的测压管水位是试验过程中得出的水位，可能会与发生地震时的实际水位不同。而后者用于通过强度比计算强度。

13-F. 3. 3. 1　*伊德里斯和布朗格的强度比关系*

来源于伊德里斯和布朗格的图 13-F. 3. 3. 1-1 中显示，S_{ur}/σ'_{vo}为等效洁净砂量归一化的静力触探锥头阻力 $q_{c1Ncs\text{-}Sr}$的两个函数。两条曲线中靠下的一条适用于孔隙再分布，有可能会产生非常软的松动场区。另一条曲线适用于液化层顶部的排水能阻止松动区形成的场区。在图 13-F. 3. 3. 1-1 中，伊德里斯不推荐使用靠上的那条曲线，除非提供充分证据证明顶部表面或其他机制能阻止松动区的形成（然而，这两条曲线都可用于概率分析，各曲线分别得出不同的相对可能性）。

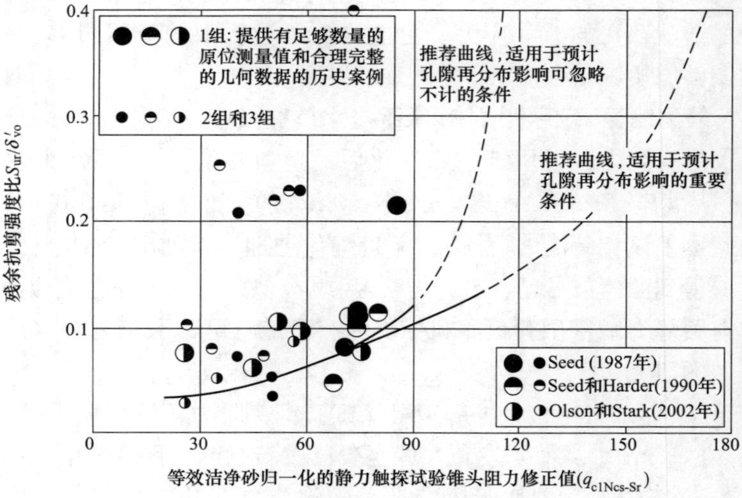

与其一同使用的上覆有效应力最高约 8000lb/ft²。

图 13. F. 3. 3. 1-1　伊德里斯和布朗格静力触探试验 S_{ur}/σ'_{vo}关系

用于调整测得锥头阻力以得出 $q_{c1Ncs\text{-}Sr}$值的步骤与附录 13-B 中描述的用于获得 q_{c1Ncs}值的步骤相同，区别在于使用了不同的细粒调整值。在计算出 q_{c1N}后，q_{c1N}给定值的净砂当量归一化锥头阻力（在图 13-F. 3. 3. 1-1 中的水平轴线上）可通过加上调整值得出，以考虑细粒的有利影响：

$$q_{c1Ncs\text{-}Sr}=q_{c1N}+\Delta q_{c1Ncs\text{-}Sr} \tag{13-F. 3. 3. 1-1}$$

调整值取自表 13-F. 3. 3. 1-1，其与表 13-F. 3. 2. 1-1 类似。值 $\Delta q_{c1Ncs\text{-}Sr}$专用于估算残余不排水抗剪强度，此值与利用静力触探试验分析液化触发所用的调整值不同。遗憾的是，此值需要得出每次试验区间的细粒含量。布朗格和伊德里斯推荐了一个通用关系式，用于根据静力触探试验锥头阻力和摩擦力比（以特性指标形式表示，I_c）预测细粒含量，但是数据来自许多地点的不同土体类型，且数据分散性过高。因此，宜使用实测的细粒含量，或者至少使用特定场地的测得细粒含量与土体特性相关参数（如 I_c）之间的关系式。同一地点可能因为存在不同类型的土体而需要使用一个以上的关系式。

表 13-F. 3. 3. 1-1 $q_{c1Ncs\text{-}Sr}$的细粒含量调整值

细粒含量（%）	$\Delta q_{c1Ncs\text{-}Sr}$
10	10
25	25
50	45
75	55

与图 13-F. 3. 2. 2-1 相似，图 13-F. 3. 3. 1-1 显示了两条曲线，一条适用于孔隙再分布可能会在液化土体顶部产生弱化层的场区，另一条适用于通畅排水会阻止松动层形成的场区。这两条曲线并不是为了 S_{ur}的“最佳推算”，它们接近数据下限，是伊德里斯和布朗格建议的用于典型确定性分析的合理保守值。风险分析以及用于支持风险分析的稳定性或变形分析需要考虑将这些曲线定义。图中显示的数据并未经整理并去除上覆应力较低的数据，因此，有些最高的比值可能与填筑坝基础无关。

用于调整锥头阻力以获得上覆有效应力的测压管水位是试验过程中测得的水位，可能会与发生地震时的实际水位不同。

13-F. 3. 3. 2　其他方法

根据静力触探试验数据估算 S_{ur}还有另外两种方法：利用归一化的锥头阻力 q_{c1N}估算等效 $(N_1)_{60}$，然后在用于图 13-F. 3. 1-1；或者根据伦恩、罗伯逊和鲍威尔的建议直接将静力触探试验锥套阻力用作土体残余强度的近似值。

目前尚无直接将 S_{ur}与 q_{c1N}关联的关系式发布，但我们可以将 q_{c1N}换算为当量值等效 $(N_1)_{60}$，然后与图 13-F. 3. 1-1 一同使用。这将需要连续使用两个经验关系式 [q_{c1N}换算为 $(N_1)_{60}$，然后 $(N_1)_{60}$换算为 S_{ur}]，这也混合了它们的不确定性。然而，这可以有效地用于快速验算其他估算值，而且这也不依赖于目前尚有争议的一种假定，即假设 S_{ur}应该用上覆有效应力进行归一化。根据 q_{c1N}估算等效 $(N_1)_{60}$需要加上细粒调整值 $\Delta(N_1)_{60}$，以得出 $(N_1)_{60cs}$，并与图 13-F. 3. 1-1 一起使用。通常，净砂的 q_{c1N}值是 $(N_1)_{60}$的大概 4. 5～5. 0 倍，因此归一化锥头阻力值 $q_{c1N}=60$ 大约等效于归一化锤击数 $(N_1)_{60}$为 12 或 13。粉砂和粉土的系数通常更低，分别为 3. 5～4. 0 和 3. 0。

虽然提倡简化，但锥套测量值无法考虑孔隙迁移或其他宏观影响。锥套测量值的使用宜仅限于为其他方法提供快速验算，可作为上限值。静力触探试验锥套侧摩阻力提供土体重塑或残余不排水强度的粗测值，其前提是渗透性不高，不足以使超孔隙水压力快速消散。对于液化材料的强度，锥套测量值的使用宜仅限于含有大量细粒的材料（可为40%或以上），可以抑制超孔隙压力的快速消散。即使如此，其依然宜用于其他方法的快速验算，因为正如对强度进行测定而非根据现场性能反算的其他方法一样，如果孔隙迁移有可能会在土层顶部产生松动区或水膜，则会高估实际强度。如果与静力触探试验锥套测力传感器的量程相比强度非常低，则无法得出精确测量值。

13-F. 3. 4　现场十字板剪切试验

对于适合采用十字板剪切试验的土体，通过十字板剪切试验测得的峰值后（重塑）

强度能以快速、经济的方式提供残余或重塑不排水抗剪强度的指标。如果黏质粉土、粉质黏土和低塑性黏土的塑性足够小，则可能会发生液化（即使不发生液化，此类土体也是很敏感的，因此大型地震诱发的应变会导致抗剪强度极大降低）。来自查理等人的有限数据展示了粉砂的十字板剪切试验重塑强度与图 13-F. 3. 1-1 中基于标准贯入试验的关系之间的合理一致性。此外，在日本 Mochi-Koshi 细尾矿液化（地震发生后很快边坡滑坡）测得的十字板剪切试验测量值也与西德反算得出的强度一致。利用十字板剪切试验确定砂质材料的 S_{ur}值并不常见，但在材料适合时可考虑使用，即当材料具有足够高的细粒含量来减少排水，含有少量或无砾石且软弱夹层很少时适用。位于美国科罗拉多州丹佛的垦务局技术服务中心配备了现场十字板剪切试验的设施。

与其他原位试验相比，十字板剪切试验在几次完全旋转后产生的抗剪强度提供了更直接的 S_{ur}值指标，且十字板剪切试验与室内试验相比更具有优势，因其能在比实际流滑更大的应变下进行。土体的强度几乎一直具有各向异性特征。对十字板旋转的阻力大部分来自试验中沿圆柱形竖向表面的剪切作用，但是潜在滑裂面通常更接近水平面。薄软弱土层实际上会使土体的强度具有很高的各向异性。除非十字板几乎完全位于软弱土层内，否则不会探测到较低强度。在这一方面，静力触探试验更具有优势，因为数据是每隔 2～5cm 记录的。对于静态稳定性和承载能力，黏质土的十字板剪切试验强度通常利用经验系数（如比耶鲁姆调整）。这能补偿各向异性、应变率的影响，以及峰值扭矩下的剪切面与通常假定的圆柱体存在显著差异的事实。而查理等人没有采用此类调整值。

为了估算 S_{ur}值，试验必须采用足够高的转速进行，使受剪土体在试验过程中基本上不排水，此外，旋转次数必须足够，以确保材料达到其残余强度。有关试验的指导参见 ASTM D-2573-08。然而需要注意的是，可能需要比 ASTM D-2573-08 标准规定更高的转速，以便在剪切过程中最大程度减少超孔隙水压力的消散。此消散会导致十字板剪切试验高估 S_{ur}值（静力触探试验的压力消散试验可以提供转速方面的指导）。

由于残余强度通常较低，因此十字板剪切试验装置宜配备滑动联轴器，以便测量和调整杆的摩擦力。

与其他测量 S_{ur}值一样，十字板剪切试验无法考虑孔隙迁移或其他宏观影响。因此，也许将十字板剪切试验用于提供 S_{ur}值的“软”上限并结合其他方法一起使用才是最有效的，如采用贯入阻力与 S_{ur}的关系式。随着细粒含量和塑性增加，土体因孔隙迁移而发生弱化可能性变小，但是其对于无黏性砂和粉砂而言可能是非常重要的。考虑到黏质土在十字板剪切试验中的屈服性能以及强度各向异性和其他特性，通过十字板剪切试验得出的黏质土峰值强度通常利用根据边坡破坏以往实例得出的经验系数进行调整。残余强度测量值可能需要使用不同的调整值，但目前尚未确定任何适用的调整值。与其他试验一样，十字板剪切试验的测量值也无法用做残余不排水抗剪强度的准确直接测量值。在具有高各向异性的土体中，测得扭矩很大程度上受到十字板周围剪切面圆柱竖向部分的影响。

13-F. 3. 5 液化粒状土体的室内强度试验

本附录仅提供背景信息，不对液化粒状土体的不扰动取样和室内剪切试验进行详述。

目前，已有人提出了几种通过室内试验估算液化后残余不排水抗剪强度的程序。所有这些程序都涉及修复相关材料的未扰动样品和不排水循环或单调剪切试验。室内循环试验可用于模拟地震荷载过程中孔隙水压力的上升，以及评估强度的相应降低。不排水单调试验中有时候也会观测到相同的一般特性，尽管单调试验不提供触发液化所需给定应力循环次数的指标。对于重构土体样品进行的试验在研究过程中是很重要的，此类试验也可用于确定特定场地的一般特性趋势，即使无法用做 S_{uss} 或 S_{ur} 的直接测量。皮莱和萨尔加多及卡斯特罗等人提供了此类试验利用的有效示例。由于取样和试验的费用非常昂贵，这也是取样和试验方法不常用于评估液化可能性和地震后残余不排水抗剪强度的原因之一。

正如本附录上文所述，对少量材料进行的室内剪切试验无法考虑土的总体特性，如孔隙再分布和不均匀性，且在普通实验室设备中发生的应变值局限于远低于在流滑中所发生应变的范围。鉴于此（包括费用原因），用于评估液化后不排水抗剪强度的实验室程序并不常用，因此不包括在本附录中。然而，只要它们的局限性被认识和记录，此类程序有时可用于理解现场基础材料的特性。

实际上，没有任何样品是真正未扰动的，在试验之前对松动的非塑性至微塑性土体的取样、搬运和固结通常都会导致土体变紧实。如与排水摩擦角相比，不排水抗剪强度对密度的微小改变非常敏感。室内试验必须包括尽可能减少扰动并将扰动考虑在内的程序。无论钻孔人员如何谨慎，从地面取样的过程会不可避免地造成一定程度的扰动。样品承受的侧限应力通过钻孔和取样释放了，从而造成样品回弹。由于测得的残余强度对孔隙比非常敏感，因此解释说明中必须考虑在取样和再固结过程中的孔隙比变化，以及其对残余强度的影响。

通过室内试验确定的稳态抗剪强度 S_{uss} 对应力路径非常敏感。直接单剪试验和三轴拉伸试验通常会得出远低于三轴压缩试验的强度值（这与可在现场动用的残余不排水抗剪强度 S_{ur} 不同，此值可能会远低于 S_{uss} 值）。某些土体在三轴单调压缩试验过程中先收缩再膨胀，但是在单剪试验或三轴拉伸试验过程中可能只会收缩。理论上，临界状态或稳态的强度应该不受应力路径类型的影响。理论和测量值之间存在区别的原因可能是，室内试验中的应变对于土体而言不足以在各类试验中真正达到稳定状态或临界状态。虽然对为液化基础的填筑坝进行的大多数稳定性分析中的加载路径是压力、单剪力和拉力的组合，但单剪试验仍被视为最接近“平均”加载路径（室内循环试验中的抗液化强度同样也根据试验类型而有所不同）。

意识到实际上不存在真正未扰动的实验室样品后，稳态试验程序有了进一步改进，明确考虑了扰动的影响。样品取自根据贯入阻力、剪切波速/土体类型确定最具液化可能性的区域。在取样、装运和试验过程中已采取各种措施尽可能减少扰动和孔隙比的变化，实际发生的变化也仔细做好了跟踪记录。对每个试样进行不排水单调三轴压缩试验，以确定其在大应变下的实验室稳态强度。还应对来自相同沉积层的重塑复合材料（混合）样品在不同空隙率下进行了一系列试验，以确定稳态线的斜率，即稳态强度与空隙率的曲线。然后假定稳态线的斜率在整个沉积过程中是相似的，只有稳态线的位置由于颗粒尺寸分布的微小变化而逐点变化。假定不排水强度-孔隙率曲线的斜率相同，则通过调整取样和试验期间孔隙率变化来调整实验室强度的方式，来估计每个取样位置的原位稳态强度。

稳态法很难正确实施，截至2015年尚未广泛用于实践中。然而，此程序曾在20世纪80年代用于垦务局的若干座大坝，试验结果可参见早期报告。

13-F.4 不可液化黏土状材料的强度考虑

如第13-F.1部分中所述，不可液化黏土状材料为第三类材料。

13-F.4.1 不排水抗剪强度的一般概念

正常固结或轻度超固结的饱和黏性土体在动力荷载条件下的特性通常受其不排水抗剪强度的控制。根据实际情况，它可能是单调荷载条件下的峰值剪切阻力，或重复循环荷载条件下的屈服阻力，或者在土体承受多次低应变循环后的特大应变下的单调剪切阻力（循环荷载后单调抗剪强度）。如果敏感黏土承受非常大的应变，则在分析过程中可能甚至需要考虑此类敏感黏土的重塑强度。适用的抗剪强度取决于预期剪应变值和土体的敏感性，土体强度可能会在地震过程中降低。不一定每种给定情况都有一个正确的表示方法，因此，风险分析可能需要包括一种以上不排水抗剪强度或在地震过程中从峰值、峰后到重塑强度逐渐变化的不排水抗剪强度。

对于许多材料而言，不排水抗剪强度可以采用评估单调荷载强度所用的方法进行评估。此类方法包括应力历史与归一化土工参数法（SHANSEP）（拉德和福特）、原位测量法，以及采用Duncan、赖特和黄的浸没边坡水位骤降稳定性强度估算方法。

黏土地基大坝的初始屈服加速度宜利用峰值不排水强度进行计算。屈服加速度通常比现场可能的地震动参数小很多，且可能在地震过程中随着黏土的软化而降低。然而，这并不意味着会发生大变形。根据荷载的严重程度（峰值加速度和震动持续时间）和黏土的应力-应变特性（峰值和峰后强度和强度降低所需的应变量），变形量通常限制在间歇的少量变形的范围内。在更强循环荷载下的瞬时屈服会引起一定程度的沉降和剪切变形，但典型黏土能承受5%或更高的应变，而剪切强度不会大幅度降低。

高等级的地震通常会产生多次荷载循环，其会产生足够重塑和强度降低，使地震结束时的强度比地震开始时的强度更低或甚至低得多。这对于太平洋西北地区可能发生的俯冲带地震而言是需要特别关注的。

术语“循环破坏”用于表示黏状土体的屈服和永久性应变，但不得与边坡破坏或严重应变软化相混淆。在室内试验中，循环破坏可能定义为平均屈服应变低至3%，这与边坡坍塌存在很大的区别，因为黏土通常能在不发生严重强度损失情况下承受更高的应变。有些文献建议在变形分析过程中将强度降低20%，因为永久性应变在循环应力低至单调屈服强度的80%时便开始累积。然而，本附录未将此建议包含在内，因为在屈服之前的永久应变可能很低，不会危害填筑坝的安全。除非坝体中嵌装了附属构筑物，或者大坝安全超高过低，或者在其他特殊情况等特例出现时。

然而，与典型黏土不同，敏感黏土会因一般大小的应变而大幅度降低。有些黏土的敏感度相当高，其重塑强度不足以在地震结束时维持坝体的静态稳定性。显然，黏土敏感度在 1964 年阿拉斯加地震期间的安克雷奇第四大道滑坡事件中起到了决定性作用，滑坡的滑动距离远高于典型非敏感黏土可能会发生的滑动距离。此次滑坡事件是非常少见的地震诱发敏感黏土大变形案例之一。目前很少有来自现场性能或室内试验的可用信息，可表明发生滑移时剪切阻力会以多快的速度下降。截至 2015 年，并没有任何简单或精确的方法用于预测剪切土体从峰值强度、峰后（软化）强度至重塑强度所需的位移量。现场十字板剪切试验可提供定性指标（指示峰值后在增加转速下剪切阻力的降低速度），但十字板剪切试验无法测量应变。原则上，土体的敏感度越高，引起抗剪强度大幅降低所需的应变越小。阿拉斯加案例中的基础黏土具有中等敏感度（敏感度约为 4），估计在发生不小于 1ft 的变形时，强度值开始从峰值强度下降，在发生将近 10ft 的变形后达到重塑强度。因以往类似实例非常少，此案例可能不是大多数黏土特性中的典型。

垦务局已将这些理念运用于加利福尼亚州的 Sisk 坝、俄勒冈州的 Scoggins 坝和犹他州的 Watkins 坝。后者是与本研究相关的大坝，因为部分基础黏质土具有敏感性。

布朗格和伊德里斯在类似于粒状土液化触发的框架下对细粒土的循环破坏和液化进行了综合研究。他们在分析过程中利用 K_α 考虑了斜坡和高静剪切应力（高 α）的作用，类似于液化触发分析中的 K_α（系数 α 是水平面上静态剪切应力与有效正应力之比）。然而，对于黏土，K_α 值经常小于 1（意味着 α 在防止循环破坏方面未起到任何有利作用），该值随着 α 值的增长急剧降低至 1.0 以下。在高 α 值时，如在填筑坝边坡上，引起循环破坏所需的地面加速度。正如布朗格和伊德里斯在分析中预测的，与利用常规不排水抗剪强度，通过简单拟静态边坡稳定性分析预测的屈服加速度相似。因此，布朗格和伊德里斯分析的详细信息不在此处赘述。

在确定不排水抗剪强度时，必须考虑应力旋转的影响，即主应力方向从固结到剪切的变化。如对于给定的预固结压力，一各向异性固结、三轴压缩试验（主应力方向与各向异性固结的相同）得出的抗剪强度比单剪试验剪切（主应力旋转 45°或更多）的强度高。相应地，单剪试验得出比三轴拉伸试验（主应力旋转 90°）更高的强度。在承受高水平加速度荷载的大坝基础中，应力路径与单剪试验更接近。沿着填筑坝心墙处的陡倾角剪切面，应力路径将更加接近三轴压缩试验（各向异性固结条件下）。

13-F. 4. 2　应力历史与归一化土工参数法

应力历史与归一化土工参数法是利用不排水抗剪强度比 S_u/σ'_{vo} 描述饱和黏土材料强度的方法体系，其中 S_u 为不排水抗剪强度，σ'_{vo} 为上覆有效应力。此比值取决于材料本身，如其超固结比（OCR）和应力路径，见式（13-F. 4. 2-1）：

$$S_u/\sigma'_{vo}=S(\mathrm{OCR})^m \tag{13-F. 4. 2-1}$$

其中：S 指正常固结条件下的强度比；m 为指数，用于考虑当上覆有效应力从正常固结的黏土移除时不排水抗剪强度有较小幅度的降低，使超固结比大于 1.0。S 根据应力路径和主应力的方向改变而变化。对于单调单剪试验中的峰值强度，S 通常取 0.20～0.26，在三轴压缩试验中测得的值较高，在三轴拉伸试验中测得的值较低。指数 m 通常取 0.7～0.9。

许多大坝基础中的黏土都因坝的自重而在下游坡下正常固结（超固结比为 1.0）。然而，上游土体可能会在水库无水时正常固结，但是在水库水位高时会轻度超固结（超固结比高至 1.9）。水库高水位会导致孔隙水压力上升，有效应力下降，从而导致超固结比升高。如果假设上游部分在水库满水位时正常固结，则结果可能过于保守。在非常高的超固结比条件下，不排水强度可能会大于排水强度，在这种情况下宜采用排水强度。更高的不排水强度需要采用负超孔隙水压力，而这是不可靠的。超固结比（OCR）的值可通过（一维）固结试验及应力历史和沉降记录的分析（若适用）获取（此外，也可以通过静力触探试验粗略估算超固结比，但需要假设若干条件）。S 和 m 的值最好通过未扰动样品的室内剪切试验确定，试验应在精确控制（已知精确值）的预先固结压力和超固结比条件下进行。此类试验包括各向异性三轴压缩试验和三轴伸长试验及直接单剪试验。现场十字板剪切试验和静力触探试验在确定具有低超固结比材料的 S 或 S_u 值时非常有效。如果直接单剪试验不适用，则假设直接单剪强度比在三轴压缩试验和三轴伸长试验分别所得值的范围内是合理的，或者略低于此范围也行。

应力历史与归一化土工参数法提供了一种有用的构架，在场地应力历史基础上，用来组织并结合所有可用的原位试验和室内试验强度测量值，其可用于为整个黏土质沉积层建立一个统一的强度模型，而无需逐点观察研究。在选择用于分析和记录的数值时，强度数据（无论是 S_u，还是归一化的 S_u/σ'_{vo} 值，还是两者）宜描绘在地质剖面图上，以便于分析时进行数据选择和归档。

13-F.4.3 原位试验

十字板剪切试验提供细粒材料峰值强度和重塑强度的直接测量值，因此便提供了一个好的敏感度指标。试验程序参见 ASTM D 2573-08 标准。由于试验中应力和应变条件与静态稳定边坡的条件存在差异，通过十字板剪切试验得出的峰值强度通常向下调整。十字板剪切试验中的高应变率会导致测得的抗剪强度高于静态的强度，高应变率也会在地震期间发生，因此采用典型调整值可能会在动力变形分析中产生偏保守结果。然而在地震结束时，坝体需要保持静态稳定性，高应变率意义不大。因此，在分析地震后稳定性过程中需要采用调整值。

静力触探试验提供峰值不排水抗剪强度 S_u 的间接测量值。锥头阻力 q_t 受控于不排水抗剪强度和上覆应力。强度值可利用式（13-F.4.3-1）估算：

$$S_u = (q_t - \sigma_v) / N_{kt} \tag{13-F.4.3-1}$$

其中：q_t 是测得的锥头阻力；σ_v 是总上覆应力；N_{kt} 是在 10～20 变化的经验系数，N_{kt} 值取决于一系列因素，包括黏土敏感性和相关性试验参考的类型。考虑到大多数相关参考试验通常是不排水直接单剪试验，此试验通常得出的峰值强度比不排水三轴压缩试验要低，而且强度可能会因重复荷载而有一定程度的降低，因此可能适合只采用 16～20 的 N_{kt} 值，除非针对具体现场实际情况的试验程序（参考适当的室内试验或原位试验）表明可采用更低值（得出更高的 S_u 值）。

静力触探试验得出的黏土材料锥套侧摩阻力约等于重塑抗剪强度，但静力触探试验无法提供峰后或软化不排水抗剪强度，其处于峰值和重塑强度之间。此外，重塑强度对于锥套测力传感器而言可能过低，无法得出精确测量值。如果可行，十字板剪切试验能得出更准确的峰后和重塑抗剪强度测量值。

确实存在根据标准贯入锤击数估算黏土峰值强度的关系式。然而，鉴于各关系式的不精确性和相互之间的不一致性（部分是因其参考的不同强度试验类型或标准贯入试验设备的差异引起的），不建议采用这些关系式。

13-F.5 结论和一般建议

如本附录所述，为了估算抗剪强度以用于动力变形和震后稳定性分析，坝体和基础土体材料主要分为以下三类：①不可液化粒状材料；②可液化材料；③不可液化细粒材料。对第一组和第三组材料的考虑与对相同材料的单剪强度的考虑非常相似。其区别在于，如果在地震期间屈服加速度相当大以致引起非常高的应变，则细粒材料可能会需要峰后或重塑不排水抗剪强度。

第二组材料，即低塑性或无塑性的可液化粒状土和细粒土，对于大坝安全而言其是最需要关注的，这也是在抗震分析中最难量化抗剪强度的一组材料。目前，可用于估算此类土体地震后不排水抗剪强度的所有可用方法都存在严重的缺点和不确定性。这些方法都无法精确、直接地得出可动用以抵御失稳或变形的强度测量值。精确度完全不适应，且对于一组给定的基础数据（标准贯入试验结果、含水量等），地震后强度的合理范围一般都相当宽泛。然而，这也不一定会导致宽泛的预测变形或安全因素，如果液化材料受到动态或静态外加应力时非常脆弱，即使将强度值增至 2～3 倍，对总体抗剪强度的影响也可能是非常小的。

当然，也存在一些过渡材料，对于这些材料而言可能无法明确最合适的材料类别和最合适的抗剪强度估算方法。在这种情况下，通常需要采用任何可适用材料类别的程序。在概率分析过程中需要考虑合理可能值的所有范围，判断在土体类别的选定和各类别所用方法的结果的不确定性。用于支持概率研究的稳定性和变形分析宜重点确定结果对强度假设条件的敏感性。在定性描述材料特性方面，尽管其通常无法得出场地可动用的抗剪强度的精确测量值，室内剪切试验也是很有用的方法。

即使土体类别很明显，执行概率分析或确定性分析时应谨慎，需要对液化和流滑实例进行分析。虽然认识到现有数据远非详尽无遗且它们的解释也不精确科学，所以强度数据的使用需要强有力的技术判断，因为其基本上超出了专业经验范围。由于存在各种不确定性，可利用远远低于“最佳估计值”的值进行新建大坝的设计或已有大坝的改造。在概率风险分析过程中，通常需要考虑强度值的合理范围以及其对稳定性和变形的影响，而不是简单地默认采用保守值。

勘察的详细程度宜根据潜在收益决定。如果在设计过程中节约的成本大于勘察成本，尤其是在通过更多的勘察可能得出现有大坝不需要改造的决定时，进行更广泛的勘察是合理的。

本附录未提供有关耦合非线性分析的详细指南，该分析包括在地震时超孔隙水压力的形成和孔隙水压力下强度的变化。截至 2015 年，耦合分析的实践运用仍在快速发展中。

附录 13-G 改善已建坝的抗震性能（略）

美国内政部垦务局设计标准

填筑坝 Embankment Dams

第15章 基础灌浆

2014年9月修订

目　录

15.1 简介

15.1.1 目的

本章的目的是介绍垦务局在对填筑坝进行基础灌浆方面的最佳实践。本章讨论的方法基于垦务局在西部 17 个干旱和半干旱州多年来获得的基础灌浆经验。数十年来，本章总结的最佳实践在垦务局所辖工程中得到了成功实施。运用此类方法灌浆的垦务局填筑坝的实践表明，它们在限制地下渗流和填筑坝下扬压力过大方面十分有效。

15.1.2 范围

灌浆广泛应用于土木工程中的基础加固。通过基础灌浆可以控制透水、加固基础或减少渗流。针对每种应用和不同基础条件，采用的灌浆类型及设备差别很大。本章仅讨论使用水泥基浆液对填筑坝下的岩层进行的基础灌浆。

为加固填筑坝基础而进行的基础灌浆是一个通过专门钻孔将水泥浆液加压灌入基础岩层的过程，旨在填充节理、裂缝、裂隙、层理面、孔穴或其他缝隙。灌浆主要用于减少侵蚀性渗漏、过大扬压力及通过基础岩石产生的高漏水量，一般适用于新建坝，但是也可用作补救措施，帮助控制已建坝的渗流。

填筑坝基础灌浆包括帷幕灌浆、铺盖灌浆和缝隙灌浆。图 15.1.2-1 示出近期一个垦务局工程中采用的帷幕灌浆、铺盖灌浆和缝隙灌浆。在减少新建坝下方基础渗流的方法中，帷幕灌浆是最常用的。此方法是沿着一条或多条与坝轴线平行且与渗流方向垂直的直线，以一定间距在基岩面上钻孔灌浆。在基础接触面存在破碎岩石的情况下，经常采用铺盖灌浆加固基础，减少近地面基岩中的渗流、降低填筑体的渗流进入基础，以及减少土石材料进入基础产生内部侵蚀的可能性。缝隙灌浆用于封闭防渗心墙基础内或周围暴露在基础表面的单独的透水不连续面。

图 15.1.2-1 在 Ridges Basin 坝上进行的灌浆作业

基础灌浆是一项施工工艺，必须由经验丰富的设计师、灌浆专家和地质专家在办公室设计和规划，然后由合格的现场施工人员实施。每一个基础灌浆工程均具有独特的条件，因此，本章内容及其他所有灌浆教科书和手册应仅作为指南使用。由于地质条件不同，所以包括设计、灌浆材料及设备等在内的有关钻孔和灌浆方法的明确规则可能在一些情况下并不适用，需要根据现场特定的地质条件进行相应调整。必须针对现场灌浆过程中的观测结果，灵活调整灌浆设计和技术要求。设计图纸上标明灌浆钻孔布置、深度和间距后，基础灌浆方案设计仍然没有完成。一个成功的基础灌浆工程要求必须逐段及逐孔做出工程技术决策，在最后一个孔段的最后一个灌浆孔完成后，基础灌浆方案设计才完成。

对于基础灌浆，有许多文献可供参考。由于本章着重介绍垦务局的最佳实践，所以仅提供了有限的参考文件。为使对灌浆有一个基本了解，霍尔斯比提供了一本实践手册，说明了灌浆设计、钻孔、勘探、设备、方法、潜在问题处理等很多问题。

应当指出的是，不应考虑用基础灌浆来解决所有填筑坝基础问题，尤其在选择方法以解决已建填筑坝的安全问题时。应认真考虑其他替代方法，或将替代方法与灌浆结合使用，或许可以更可靠地改善填筑坝基础的地质条件。

15.2 灌浆时机

对于建在岩石基础上的新填筑坝，几乎都需要灌浆帷幕。施工前现场地质勘察一般存在一定局限性，提供的信息中有关基础方面的很少。即使在已知基础渗透性较低的情况下，仍应将灌浆帷幕纳入坝的设计中，以确保施工中观测到的实际基础条件与设计假设及施工前有限的地质信息相符。

垦务局经验表明，对于水泥基浆液来说，渗透率低于 1.0×10^{-5} cm/s(10ft/a 或 1.3 吕荣）的岩层的可灌性通常极其有限。如果认为基础条件理想，渗透率较低（例如，裂缝致密且连通性和渗透率有限），且整个基础的地质勘察结果具有高可信度，则可以修改本章建议的灌浆孔间距和深度。

在新建填筑坝设计中，应评估是否需要铺盖灌浆。如果基础接触面上存在破碎岩石或节理岩石，且无法清除，则应使用铺盖灌浆加固基础，减少从填筑体进入基础的渗流及基础接触面上的渗流，进而减少防渗心墙对基础以及沿填筑体/基础接触面产生内部侵蚀的可能性。如果确信填筑体/基础接触面处的岩石质量良好，则可以在技术要求中提出铺盖灌浆孔（和/或缝隙灌浆）的规定，以封闭基础清理过程中暴露的单独裂隙或处理与设计假定不符的基础条件。其他表面处理建议可见本标准第 3 章——基础表面处理。

在勘探孔中进行压水试验是最常用的测量渗透性和评估基础可灌性的方法，虽然注入一个孔段的水量不一定说明可以注入的灌浆量。例如，多孔砂岩层可能具有高渗透性且快速吃水，但由于其空隙较小，颗粒状的浆液（水泥）却无法灌入。在不同地质条件下进行渗透性试验，例如一个孔段中具有一个大裂隙，或另一孔段中具有很多细微裂隙，这两种情况下均可能得出高“吃水量❶”，然而“吃浆量”则可能差异很大。此外，

---

❶ “吃水量”“吃浆量”在本章中分别指渗透性测试或基础灌浆过程中注入岩石中的水量或灌浆量。

岩体的初始和次生渗透性也需考虑。初始渗透性系指岩体中相互连通的孔隙空间的渗透性，次生渗透性则是岩体渗透率，通常是结构面渗透性的测量值，例如：岩体内张开的层理面、裂隙或节理等。因此，不考虑地质因素的压水试验预测的吃浆量可能是不准确的。如果使用错误的渗透性数据估算基础的可灌性，可能大大低估基础的可灌性和所需灌浆量。估算岩层的渗透性时，必须使用标准压水试验程序，包括灌浆过程中采用的压力，适合于大容量灌注的灌浆泵、供水管路和灌浆塞以及标准的钻孔尺寸和分段。渗透性试验中使用的钻孔应尽可能定向，以截断尽可能多的不连续面。

15.3 设计考虑事项

在渗流分析中，一般难以量化基础灌浆的影响。在确定填筑坝基础灌浆工程的设计和结束标准时，以下因素应考虑在内：

（1）填筑坝内需要设计合理的渗流收集系统。基础灌浆可能不会消除基础渗流和填筑体之下的高水压力。必须安全收集和监测填筑体之下的渗流。设计时必须评估和计算填筑体下方的潜在高水压力。不吃浆的小裂隙仍然可以将水压力传输到灌浆帷幕的下游侧。

（2）灌浆范围可能与工程容许的渗流损失相关。在水资源有限且几乎不容许任何渗流的区域，可以很容易地证明大规模灌浆所需费用是合理的。

（3）灌浆范围可能与工程以后的运行与维护相关。考虑岩石稳定，如果预期随着时间推移，可能出现过量渗流或高空隙水压力，导致需要增加监控、仪器、渗流收集系统等，则在考虑潜在的长期运维费用时，可证明灌浆工程所需费用是合理的。

（4）应通过评估确定灌浆对潜在失效模式产生的影响。部分考虑事项如下：

1）灌浆帷幕上下游基础内静水压力是多少？

2）灌浆帷幕对填筑坝心墙内浸润线有什么影响？

3）灌浆对填筑坝/基础接触面上的渗流有什么影响，灌浆是否有可能导致填筑坝/基础接触面上的渗流增加？

4）如何防止填筑体材料进入基础缝隙？

5）灌浆是否会增加任何潜在失效模式发生的可能性？

6）灌浆帷幕中存在“缺口”有什么影响？

（5）为评估填筑体下方的基础渗流而进行分析渗流时，采用施工良好的灌浆帷幕的渗透系数大约为 1×10^{-5}cm/s 或更低。在分析中确定灌浆帷幕宽度时，应考虑设计中采用的灌浆帷幕排数、地质条件、选定的灌浆结束标准、验证的试验结果及灌浆配合比等。在灌浆检查孔进行的压水试验极有可能是确定已灌浆岩体渗透率的最佳数据源。

15.4 施工前现场地质勘察

了解坝址处地质特征是基础灌浆工程设计和施工成功的关键环节。浆液扩散路径直接取决于岩石类型及其结构特征，例如，节理开度、间距和特征的连续性，年代、岩类、特性、结构、性质、倾斜和走向、断层大小和位置、裂隙、层面、节理、缝隙等详细的岩石地质数据及以往类似地质条件中积累的认知，均有助于形成基础灌浆工程设计的依据。根据以往类似地质条件积累的认知也应用于解释探测数据。了解现场地质条件可使设计人员和施工人员能够随着施工进度制定计划及确定实际现场条件，并采取适当行动。

在确定工程所需的灌浆范围时，设计师必须与工程地质专家和灌浆专家（工程师）一起分析现场基础特性，尤其是基础的承载能力和总渗透性。设计师了解灌浆施工对当地地下水条件的影响也同样重要。采用任何灌浆方案均应注意到，成功减少和控制填筑体之下的渗流可能导致其他位置压力增加或产生新渗流。

岩石类型对灌浆可能有重大影响。通常，与页岩或黏土岩等软岩相比，石英岩等稳定硬岩的状态可预测性更强。部分页岩和黏土岩表现出高的缩胀特性，在渗透性试验时可能闭合。由于高度变化的冷却和应力释放，玄武岩等火山岩石可能具有非常复杂的裂隙和节理。玄武岩中的孔隙可注入大量浆液。同样地，石灰岩等可溶性岩石中的岩溶地形可能形成大范围次生地下水通道，包括可溶节理、岩洞、落水洞、洞穴和大规模塌陷。邻近岩溶地形的蓄水水库可促进或抑制基岩溶解。

15.4.1 表面地质条件

确定岩体的灌浆特性需要了解表面地质条件和地下地质条件。勘察方案应包括坝址表面地质条件的详细绘图。地质图应包括拟建大坝的占地面积、坝址上下游区域、周围山脊及渗流可能接触或绕过填筑体的任何其他区域。勘察应包括确定岩石单元，其在大坝占地面积内可能不会出露，但可能出现在谷底或坝肩位置的上下游。这些单元也可能代表坝下或周围潜在的渗流路径。了解区域地质结构有助于确定肉眼可能看不到的岩石中潜在的薄弱点。有时候，这些薄弱点通过压水试验或在灌浆过程中才能确定。

应在地质图上标出暴露的基岩，以确定其范围、岩石类型、物理特性和结构特征，包括节理、层面、叶理及其他不连续面。可能影响灌浆的节理和不连续面的现场填图应包括走向、倾角、间距、连续性、开度、填充和风化。裸露的风化岩石经常导致岩石硬度和强度大幅降低，此影响在节理和不连续面上更为明显，所以对风化岩石的灌浆要求可能与地下较少风化岩石的灌浆要求明显不同。

15.4.2 节理及其他不连续面

在极端情况下，岩石内孔隙率（初始渗透性）可能使浆液在岩石内流动，但它不是基础灌浆工程中岩层渗透性的决定性因素。在大部分坝址基础中，渗流通常沿着节理及岩石内其他不连续面流动。因此，灌浆孔设计为应可能多地截断节理及其他不连续面，钻机可以相对于垂直面以小于或等于每英尺 30°倾角钻孔。除了灌浆帷幕末端的扇形孔，相对于垂直面，钻孔倾斜切勿小于 30°。主要节理组的走向和倾角在确定灌浆孔倾斜度和方向方面起着主要作用。在确定灌浆孔的方向时，也应将倾斜的层理或其他岩石结构考虑在内。当存在初始渗透性时，必须认真分析压水试验结果，并将初始渗透性考虑在内。

岩体的吃浆程度是由岩层的总渗透性决定的。岩体的渗透性主要与是否存在裂缝、断层、剪切带、溶洞和互相连接的裂隙等岩体结构面相关。节理开度和连续性决定着浆液在岩体中流动的难易程度及速度，由于浆液的流动距离相对较短，与渗流相比，连续性在灌浆中的重要性较低。节理间隙、开度及其连续性可以说明在坝址岩层中灌浆的难易程度。

《垦务局工程地质现场作业手册》包含岩体结构面特征和工程特性地质图的详细信息。

15.4.3 岩芯孔

垦务局一般采用金刚石钻头钻取岩芯，调查基础是否适合灌浆。采出的岩芯提供了地下节理和结构的详细信息，可以更精确地定位和放置渗透性试验用灌浆塞，为物探试验和摄像机检查提供相对光滑的钻孔，且为物理性能试验提供试样。在进行地下勘察工作之前，应对已有的表面和地下资料进行彻底审查。

在地下勘察初始阶段，钻孔应比基岩表面上的水头略深一倍。通常，钻几个至少为最大水头两倍的钻孔，以勘察灌浆帷幕正下方的基岩特性。垂直钻孔和倾斜钻孔都需要，以更好确定对基础灌浆的需求。为更好了解基岩条件，应按特定的方位、倾斜度和深度钻孔，以测试沿可能的帷幕灌浆钻孔方向的渗透性。

灌浆施工现场地质勘察所需岩芯孔数量因工程而异。影响实施灌浆工程前地质勘察所需岩芯孔数量的因素包括：

（1）坝址基础地质条件的复杂性，例如，岩石广泛褶皱、断层或严重破裂，基础中有一种以上岩石，天然软弱岩石，溶蚀岩，高度倾斜的基岩，不利的地下水化学性质及承压水压力。

（2）坝的长度和高度。

（3）灌浆施工预期成本。很容易证明大规模灌浆施工所需额外岩芯孔的费用是合理的。

（4）坝址岩石的渗透性及其变化。

应与工程团队成员讨论上述各项因素，以确定合理的岩芯孔数量。随着工程从初始地质勘察阶段至最终设计，极有可能需要增加岩芯孔。

15.4.4 渗透性试验和分析

评估大坝基础之下的潜在渗流和确定可能需要的灌浆量时，进行压水试验是必要的。压水试验的主要目的是确定渗透性，以便对渗流进行评估或控制。为设计灌浆方案而进行压水试验通常是其次要目的。为灌浆而进行的勘探计划应考虑以下各项：

（1）必须了解现场地质条件及其在区域或地段之间的变化。基于其他现场得出的结论通常不准确，因为地质条件取决于局部沉积史、构造史和侵蚀史的相互关系，它们决定着与现场渗透性和可灌性相关的重要地质条件。坝址基础渗透性在短距离内就会发生改变，这是由于岩性和裂隙变化，断层影响，峡谷底部水平岩层的回弹或坝肩中应力释放而导致的。正确评估压水试验结果需要将有关值与地质条件关联。应在钻孔记录中注明和标绘渗透率及吃水量和试验压力。应在记录上标明试验间隔时间，以便压水试验数据可与裂隙数据关联。

（2）理想的渗流控制水平。基于水的经济价值，与位于雨量充沛区域的大坝相比，干旱的西部地区对大坝下方允许渗流量的要求可能完全不同。

（3）潜在的内部侵蚀破坏模式。填筑坝包含或建在或邻近一个易侵蚀或分散性土或岩石基础时，压水试验及灌浆方案的有效性在大坝设计和施工中起着关键作用。

（4）岩体渗透性并不总能说明灌浆应如何实施或其是否会取得成功。破裂严重而裂隙开度较小的岩体可能渗透率极高，但使用标准水泥灌浆法基本上无法注入浆液。压水试验数据必须与地质数据结合，以正确评估可灌性。

（5）通过注入浆液截断或有效控制渗流的能力（可灌性）取决于裂隙开度、连续性、节理内充填情况及不连续面数量。如果不连续面性质限制了浆液的流动，则连通性不如以上因素重要。

（6）渗透率取决于裂隙开度、数量和连通性。严重破裂且连通性较低的岩石具有较低的渗透率，而略微破裂且连通性较高的岩石具有较高的渗透率。

（7）勘探钻孔方向可导致压水试验结果出现严重偏差。钻孔相对于裂隙的方向直接影响钻孔截断的裂隙数量。在主要为垂直裂隙的材料（例如，河床沉积物）内所钻的垂直孔可能不会截断控制岩体渗透率的裂隙。为进行有意义的渗透率试验以及为获得更有意义的岩体设计参数，钻孔应定向于穿过尽可能多的不连续面。

（8）压水试验计算结果可能误导性较高。比较在一个 1/4in 裂隙上每隔 10ft 获得的压水试验计算结果与在吃水量相同且相对闭合的许多裂隙上每隔 10ft 获得的压水试验结果，渗流和潜在吃浆量差异很大。虽然闭合的裂隙可能易于输水，但吃浆量可能微乎其微。压水试验必须单独评估。

（9）过度灌浆压力导致岩体破裂时，发生水力压裂。不同的岩石类型、地质结构或现场应力具有不同的水力劈裂和水力压裂可能性；因此，它们可接受的最高试验水压力和灌浆压力也各不相同。在注入浆液过程中，灌浆泵如同液压千斤顶，使用过度压力可能导致破坏。过度灌浆压力扩大已有的不连续面时，便发生水力劈裂。与隧洞相比，大坝基础对水力劈裂和水力压裂更敏感。水力劈裂和水力压裂可能严重破坏大坝基础。大坝基础为互层沉积岩且具有高水平现场应力时，对水力劈裂非常敏感。坚硬块状岩中的大坝基础极少发生水力劈裂。

（10）在钻孔中获得的岩石渗透性或可灌性信息应附加地质图和裂隙分析。地质图和裂隙分析是确定潜在渗流和可灌性的必要因素。仅通过钻孔数据得出的判断或许不能提供裂隙方向和连通性的真实特征，应综合所有数据去确定岩体的渗透性和可灌性。

（11）在做出灌浆决定时，经验法则并不能替代数据和判断，除非经验是专门针对现场条件的。

（12）水力模型可用作评估潜在渗流和可灌性的工具，但它们取决于切合实际的设计和数据输入参数。对于水力模型，压水试验得出的渗透性和可灌性是重要的参数。必须仔细评估压水试验，以确保模型中没有使用不良的试验数据。接近现场特征的模型通常很大且费用高昂。所以现在的趋势为构建小的且经济的模型，造成它们与现实的关联度有限。无论就质量还是数量而言，通常都难以获得符合实际的参数。很少有勘探工作能提供有意义的统计样本来充分描述现场的特征。模型输入参数和设计应是建模报告的一部分，可以正确评估输出成果。还应开展敏感性研究，评估模型输入参数的影响，且可为进一步补充勘探提供依据，以减少模型中的不确定性。

15.4.4.1 计算程序

可根据相同的现场基本数据计算出渗透率，单位为：吕荣、ft/年、cm/s 等。吕荣常用于灌浆作业，但是由于吕荣试验可以代表岩体的渗透性和/或岩体中节理的影响，所以垦务局一般以 ft/yr 和一定间隔时间内的失水量为单位报告渗透系数（k 值）。重要的是应注意，在现场进行的压水试验应测量水流稳定之后的流量，且应在每个压力段至少进行 5～10min。

1 吕荣单位等于：

在 10bar 压力下，每米试验长度 1L/min；

在 142 磅/平方英寸（lb/in^2）下，每英尺试验长度 0.010 76ft^3/min；

1.3×10^{-5}cm/s；

10ft/年。

为计算任何试验压力下的吕荣值，可使用以下公式：

$$吕荣单位=(Q/L)\times(1801/P_{eff})$$

式中 Q——流量，gal/min；

L——孔段长度，ft；

1801——换算系数；

P_{eff}——试验孔段上施加的有效灌浆压力，lb/in^2。

有效灌浆压力的计算可以通过计及以下参数获得：试验时表面上的量表压力、钻孔中水体深度、钻孔时地下水深度、灌浆塞与量表之间的线损，及地面以上或以下量表高度。关于有效灌浆压力计算的其他指南可如图 15.6.3-1 所示。

使用吕荣单位时，考虑试验间隔内裂缝尺寸和间隔。例如，在 10ft 间隔中，针对 1 个大裂缝和许多小裂缝可计算得出相同的吕荣值。对于 1 个大裂缝，如果试验间隔长度从 10ft 减少至 2ft，且其中心位于大裂缝处，则其吃浆量与 10ft 试验间隔时相同，但吕荣值却高 5 倍。因此，灌浆过程中使用压水试验结果时必须考虑其他地质因素。下文讨论的井下电视可提供有价值的信息，有助于解读压水试验结果。

15.4.4.2 地质数据

应审查地质数据，以确定最佳的钻孔方向和位置，从而使相对于垂直面倾斜 30°或以下的每英尺钻孔尽可能多的截断不连续面。层面和岩石类型等地质结构可用于设置压水试验初始最大水压。在容易劈裂或水力压裂的岩石进行压水试验，初始水压采用每英尺上覆层 0.5lb/in^2，然后基于分级压力试验或劈裂试验要求增加压力。

15.4.4.3 分级压力试验

分级压力试验是最好的压水试验方法，首选逐步增压至最大压力，然后逐步降压，一直到恢复原始压力。如果发生劈裂或水力压裂，以及裂隙被冲刷或堵塞，则对比各步试验得出的渗透率及压力与流量关系曲线，有助于说明是否是层流。由于所有未知压力和水流变量均影响试验，所以单压试验可能具有误导性。应通过分析每个独立试验的值，但不一定求平均值，确定渗透性或试验间隔的吕荣值。每个独立试验用于确定岩体的响应，从五个独立试验得出的一个值通常为适用值。

图 15.4.4.3-1～图 15.4.4.3-5 为柱状图，所示为常见压水试验结果的吕荣值与压力之间的关系。图 15.4.4.3-1 所示为裂隙层流图，无论压力及最终的吃水量如何，渗透率基本上是相同的。图 15.4.4.3-2 所示为裂隙紊流图，由于裂隙中存在紊流，所以压力和最终的流量增大，渗透率下降。图 15.4.4.3-3 所示为裂隙流量图，随着水流将材料冲刷出裂隙，裂隙增大。由于试验加大了裂隙，所以渗透率增加。图 15.4.4.3-4 所示为裂隙流量图，随着水的流动，裂隙被填充和部分阻塞，或由于试验注入水一段时间后，膨胀岩中的裂隙闭合。图 15.4.4.3-5 所示为岩石中水压试验图，沿着已有裂隙劈裂或被最高试验水压劈裂的岩石进行，水流为较低压力的层流。

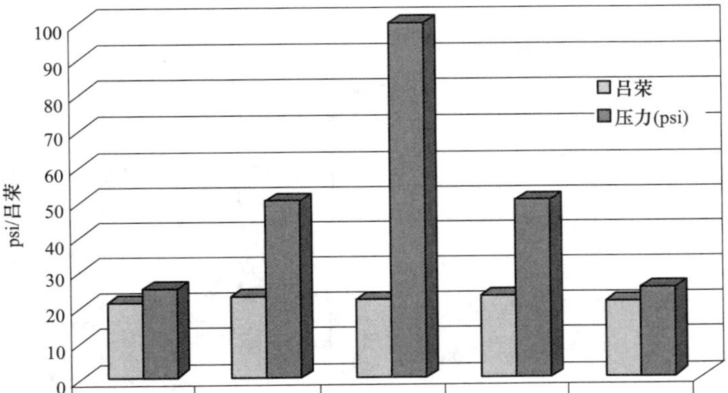

	1	2	3	4	5
吕荣	21	23	22	23	22
压力(psi)	25	50	100	50	25

测试

图 15.4.4.3-1　层流中试验压力与吕荣之间关系柱状图

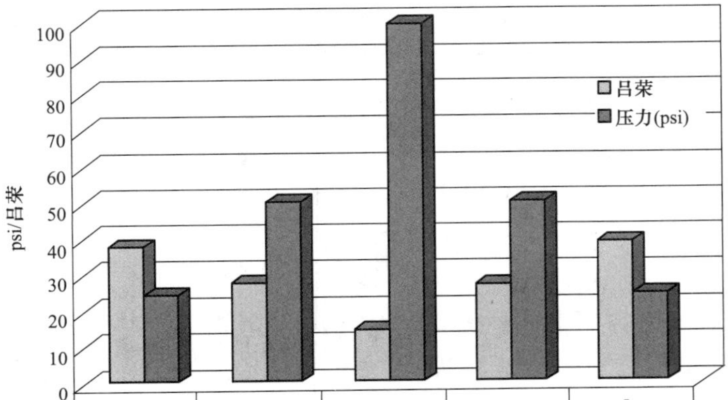

	1	2	3	4	5
吕荣	38	28	15	27	39
压力(psi)	25	50	100	50	25

测试

图 15.4.4.3-2　紊流中试验压力与吕荣之间关系柱状图

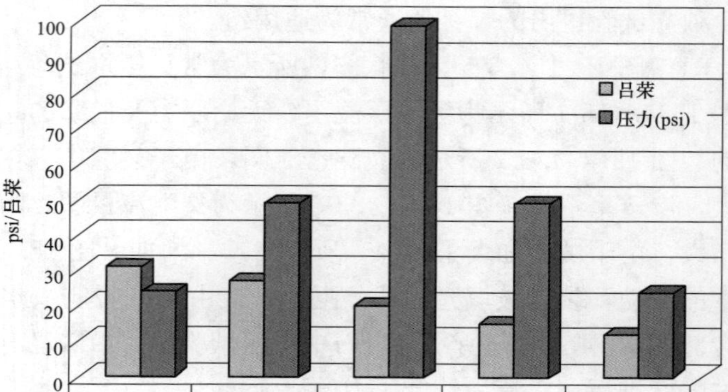

	1	2	3	4	5
吕荣	32	28	21	16	12
压力(psi)	25	50	100	50	25

测试

图 15.4.4.3-3　冲刷裂隙时，试验压力与吕荣之间关系柱状图

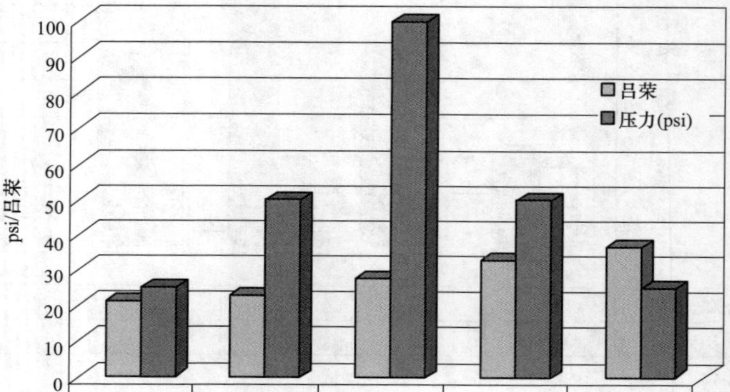

	1	2	3	4	5
吕荣	21	24	28	33	37
压力(psi)	25	50	100	50	25

测试

图 15.4.4.3-4　裂隙填充和膨胀时，试验压力与吕荣之间关系柱状图

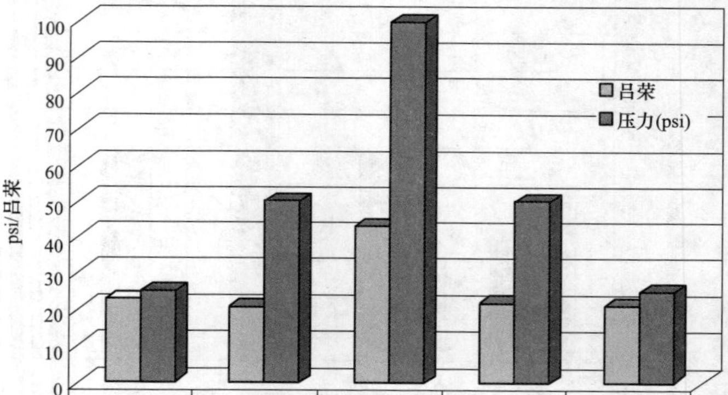

	1	2	3	4	5
吕荣	23	21	43	22	21
压力(psi)	25	50	100	50	25

测试

图 15.4.4.3-5　水力压裂岩石或劈开节理时，试验压力与吕荣之间关系柱状图

以上流动形态可能组合发生，需要仔细分析。如果压力能增大至将要发生劈裂或水力压裂的程度，则可将设计灌浆压力设置到尽可能高，以获得有效灌浆，但要防止水力压裂（或在适当的情况下诱发压裂）。如果可以获取连续压力和流量记录，则容易进行水力压裂试验分析。分级压力试验的结果可能不足以区分水力劈裂与水力压裂。图 15.4.4.3-6 所示为水力压裂/劈裂试验连续记录。

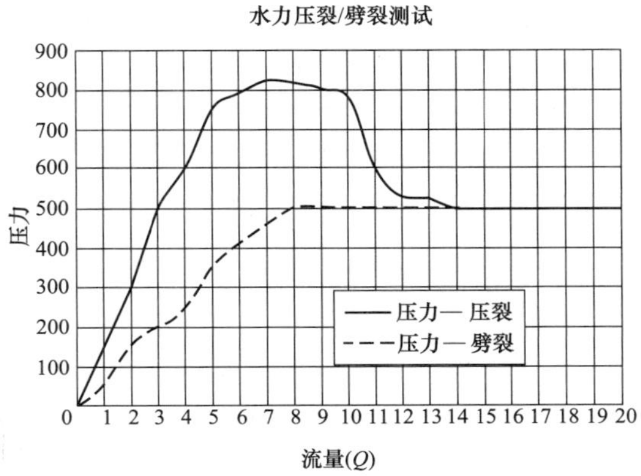

图 15.4.4.3-6 水力压裂与水力劈裂试验中压力与流量连续记录图

15.4.4.4 回压和保压

在压水试验和灌浆过程中，须确定是否存在回压或保压。每次试验结束后，应测量回压和保压。回压和保压的区别发生在分岔管处（15.15.3.2 节讨论了回压和保压的检查程序）。应仔细评估灌浆孔中产生回压的原因。在以下情况下，通常产生回压：①承压水进入灌浆孔；②试验水上顶或挤压岩层，以及岩石的重量使水从灌浆孔中流出；③基础中有压缩甲烷气体或其他气体。如果水流入灌入点上面的空隙，也可能产生回压。应在施工前地质勘察中记录是否存在承压水和甲烷气体。

15.4.4.5 试验设备

试验设备可影响试验结果。在中、高速水流时，应考虑管道和灌浆塞引起的摩擦损失，试验仪表与灌浆塞之间可能出现明显的压力损失。高速水流时，管道系统的渗透率可能是控制因素，而非试验段的渗透率。如果试验仪表位于相互关联的最佳位置，且靠近灌浆孔，则管道、软管等的布置不会严重影响浅层压水试验，同时仍应避免软管急弯、90°管件、管道和软管不必要的直径变化。将系统铺设在地面上并通过管道泵送水是一种确定系统容量的好办法，尤其在使用小直径管道或缆线灌浆塞时。

15.4.5 物探钻孔记录

物探钻孔记录可用于补充钻孔信息，从而增进对坝址地质情况的了解，以及分析灌浆塞试验数据。施工过程中及施工后，物探钻孔记录也可通过区域成像检测已灌浆区域，评估灌浆方案的有效性。与不灌浆区段相比，设计的灌浆区段包含很少开放裂隙和孔洞，与未灌浆地层相比，灌浆的地层应整体展现出较低的孔隙率。表 15.4.5-1 列出了适用于评估灌浆的物探钻孔测井类型。请注意，这里讨论的部分钻孔测井使用放射源，需要操作人员持有相应证书。测井法的适用性见表 15.4.5-1。

表 15.4.5-1　　适用于评估灌浆的物探钻孔测井类型

源类型	钻孔地球物理勘探类型	测定或经检查的物理参数	钻孔中是否需要水	在灌浆评估中的应用/备注
非放射性	钻孔井径仪	钻孔直径	否	探测可能与裂隙或孔洞相关的钻孔直径变化。 在使用较为昂贵的钻孔记录工具之前，应首先通过钻孔井径仪评估钻孔条件
	钻孔声波成像	钻孔孔壁声反射率变化	是	检查钻孔孔壁是否存在显裂纹、节理或孔洞的迹象。 可以在浑浊、不透明的水中或钻孔液中进行此测试
	钻孔光学成像	钻孔孔壁成像变化	否	检查钻孔孔壁是否存在显裂纹、节理或孔洞的迹象。 此钻井需要清水或不需要水
	声波全波钻孔记录	压缩［P-］和剪切［S-］波速	是	P-和 S-波速变化可能表明灌浆不完整，或存在显裂隙或空隙。 声波孔隙度钻孔记录可表明大孔隙度变化
放射性	γ-γ 钻孔记录	体积密度	否	探测可能与裂隙或孔洞相关的体积密度变化。 此工具使用放射源。应首先通过井径钻孔记录评估钻孔条件
	中子钻孔记录	含氢（水）量	否	探测可能与裂隙或孔洞相关的含氢（水）量变化。 此工具使用放射源。应首先通过井径钻孔记录评估钻孔条件

15.4.5.1　用于评估压裂

用于评估压裂的主要测井法包括：钻孔井径仪（Cal）、钻孔光学成像（OBI）、声波钻孔成像（ABI）和全波超音速（FWS）。可用于裂隙描述的其他测井法包括：伽马密度（GG）法和中子（Neu）法，它们均使用放射源。

15.4.5.2　用于评估地层和密度

灌浆后，预计地层密度将会增加，地层空隙率会降低。主要用于评估密度的测井法为 GG（放射性）。用于评估孔隙度的测井法为 Neu（放射性）和 FWS。

15.4.5.3　钻孔井径仪

钻孔井径仪一般为三臂或四臂，当仪器在钻孔中运行时，它们可从仪器伸出来并刮削孔壁。在钻孔测井操作中，一般先使用此设备，因为钻孔孔壁条件较差可能导致较为昂贵的仪器卡在钻孔中。钻孔井径仪数据记录了钻孔直径，以及可能与开放裂隙和空隙有关的直径变化。

15.4.5.4　钻孔声波成像和光学成像

钻孔声波成像（ABI）测井提供的图像是基于钻孔孔壁声波反射率。此测井对钻孔孔壁中的裂隙、节理和孔洞敏感，可示出钻孔中较差的吃浆量或未灌浆区段。ABI 测井操作时需要水，可以在清水、混水中或钻孔液中进行。

钻孔光学成像（OBI）测井提供钻孔孔壁图像。可以在无水或清水的钻孔中进行。与 ABI 测井记录类似，OBI 测井记录显示钻孔孔壁中的裂隙、节理和孔洞，可示出钻孔中较差的吃浆量或未灌浆区段。如有可能，ABI 测井和 OBI 测井一起使用，因为视觉图像可以补充和深化对 ABI 记录的解读。可在清水或无钻孔液的钻孔中进行记录。

因为 ABI 和 OBI 测井都可以给出清晰的孔壁图像，相互补充，一起分析。图 15.4.5.4-1 是一个 OBI 的说明。ABI 或 OBI 图像变化显示钻孔截断的未灌浆空隙或开放节理。

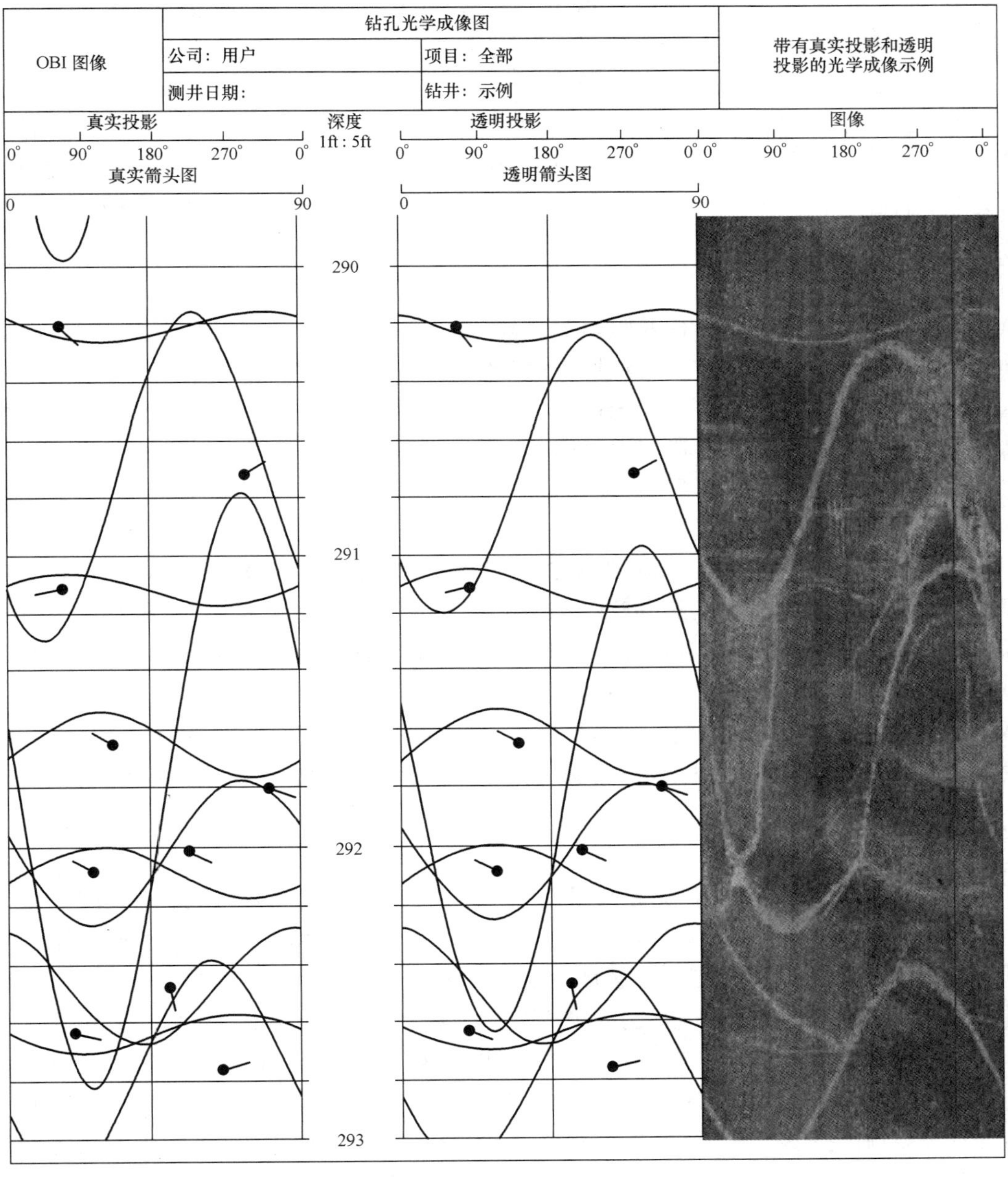

图 15.4.5.4-1 带有真实箭头图和透明箭头图的钻孔光学成像

15.4.5.5 全波声波测井法

全波声波（FWS）测井法显示的声波信号是通过钻孔孔壁传播且返回至仪器接收器的。此测井法提供的图像是依据钻孔孔壁及其孔壁背后的地震波速度。测井记录的变化可显示出较差吃浆量、空隙、节理和洞穴的位置。在灌浆前和灌浆后评估中结合 GG 密度测井记录进行时，可得出地层模量值和模量改进值。

15.4.5.6 伽马密度测井法

伽马（GG）密度测井法使用放射性伽马射线源撞击钻孔孔壁，使用记录仪器中的伽马射线计数探测器记录通过地层传播并返回至探测器的射线数量。在校准仪器中，伽马射线与钻孔周围材料的体积密度成比例。结合 FWS 测井记录使用，可以获得地层模量值。

15.4.5.7 中子测井法

中子测井法使用放射性中子源撞击钻孔孔壁，使用钻井仪器中的中子计数探测器。中子计数与钻孔孔壁周围的氢原子（例如，水分子）数量成比例。此记录变化可表明极高或极低吃浆量的区段，可以结合 ABI、OBI 和模量数据解读整体灌浆的有效性。

15.4.6 探井和平洞

探井和平洞可以提供观察基础或坝肩岩体的良好视角。通常，垦务局的探井和平洞不只用于勘察岩石的渗透率和可灌性，而是多用途的，收集灌浆设计数据也是探井或平洞的用途。结构面的详细填图用于评估岩石是否适合灌浆。从隧洞内部进行的勘探钻孔和试验可对岩体内的具体缺陷进行定向测试。

15.4.7 灌浆试验方案

尽管探孔压水试验和其他地质勘察方法可以表明基础的相对渗透性，但是地质勘察结果与坝址密封所需的灌浆量之间并无明确的或可预测的相关性。施工前勘察阶段的灌浆试验方案可提供有用的设计信息，减少灌浆方案有效性方面的一些不确定性，提高成本估算的可信性。垦务局一般不会实施几乎无法表明基础总体性状的灌浆试验方案。垦务局的经验表明，没有任何灌浆孔的表现方式是相同的，而且试验方案的结果也不能推断出总灌浆方案的效果。在多数大坝灌浆工程中，坝肩和基础底部之间没有太多相似之处。

15.5 最佳配合比

对于基础灌浆最重要的因素是采用最佳的浆液配合比。太稠浆液难以灌入细节理和裂隙，可能大幅降低细节理和裂隙的有效填充。反之，将稀浆液注入大空隙时可促使有害收缩/泌水以及浆液流动到灌浆区域之外。本标准所有章节讨论的指南均基于采用最佳配合比。垦务局将“最佳配合比”定义为：岩体可迅速接受且不会过早切断通道的最稠浆液配合比。最佳配合比应根据实际吃浆量在现场确定。对任何孔段灌浆时的最终目标是确定最佳浆液配合比，根据此配合比，完全孔段灌注，而不使用过稠浆液，以免过早阻塞灌浆通道。以正确方式对孔段灌浆至不吃浆，应不需要再次注浆，除非大空隙或严重渗漏，或者岩石发生移动的情况下，计划采用间歇灌浆。因为各灌浆孔段的特性可能不同，所以最佳配合比应逐段确定。

垦务局灌浆施工一般使用 5∶1（水灰比，按体积计）[1] 的初始浆液配合比，且针对

---

[1] 本标准所有章节中讨论的水灰比均按照体积计算，除非另有说明。

各孔段适当配超塑化剂，除非在钻孔过程中发现大空隙或灌浆主要是为了填充大间隙。初始配合比逐渐变稠，直至达到最佳配合比，且各孔段达到预期的闭合标准，同时稠浆液不会过早致使阻塞。垦务局灌浆实践使用比预期最佳配合比稍稀的初始浆液配合比，以避免遗漏需要较稀浆液的孔段。可以按需使浆液配合比逐渐变稠，但是如果在灌浆开始时，孔段过早变稠，则需要新钻孔。15.15.2 节讨论了浆液配合比变稠遵循的指南。最佳配合比技术使尽可能多的水泥注入地层中，减少工程所需的钻孔量。

如果灌浆孔的主要用途在于填充大空隙，或在钻孔过程中发现大裂隙，则应调整初始灌浆比，最大程度减少泌水，加入添加剂，以在浆液进入空隙时增强凝聚力。15.10 节包含对减少泌水的浆液配合比、可以改变黏度及改变“凝固”时间的添加剂的建议。

相对于垦务局的灌浆实践，美国及世界其他国家的一些政府机构和工程公司目前更倾向于使用“稳定”（随后变稠的）初始浆液配合比。

“稳定”浆液配合比指混合水与水泥及选定的添加剂和外加剂，以制作零泌水、低凝聚力且能够良好抵抗压滤的浆液。稳定浆液配合比几乎是零泌水，并具最佳的压滤性能。垦务局灌浆施工中所用的初始浆液配合比不符合零泌水和最佳压滤性能，因此，被称为“不稳定”配合比。应注意，如果灌浆工程师和设计师认为稳定浆液配合比是必要的，则垦务局不反对使用。但是，垦务局灌浆实践仍然建议 5：1 的初始浆液配合比，且逐渐从不稳定配合比变稠至岩体会迅速接受的预期稳定配合比。

布鲁斯和韦弗详细讨论了使用稳定浆液配合比的潜在益处。灌浆作业中排除不稳定（或较稀）浆液配合比的主要论点，以及根据垦务局多年的灌浆经验及其设施性能数据的简要意见见下述。

评论：

不稳定浆液可能发生过度泌水，导致只填充了部分裂隙。

垦务局的立场：

在数十年堤坝运行中观察到的渗流性能提供了支持或反对此意见的最佳论据。基于本标准中所述的基础灌浆最佳实践建设的垦务局堤坝一直具有良好的渗流性能。附录 A 列举五个实例，说明垦务局灌浆实践的使用。附录 A 中汇集的灌浆工程实例采用了本标准所述的最佳实践惯例。这些大坝及许多其他的垦务局大坝的渗流数据支持垦务局的立场。

以垦务局的经验，使用最佳配合比技术时，从未观察到过度泌水导致部分空隙未填充的情况。一般通过在已灌浆区域附近钻孔验证正在灌浆区域的现场灌浆质量。从垦务局灌浆施工中提出的示例表明，岩石结构面填满了高质量浆液。

自从 1976 年提堂坝溃决后，所有垦务局新建的堤坝均由填筑坝工程和建设方面知名专家独立进行同业互查。在查看垦务局的灌浆效果之后，顾问审查委员会未就由灌浆过程中过度泌水导致的裂隙填充部分问题提出进一步要求。

以垦务局的经验，将浆液加压注入基岩缝隙时，胶结颗粒将沉积在距离注入点一定距离的位置，在结构面中的阻塞点被滤出，黏附在正在进行灌浆的岩石缝隙上。随着加压灌浆持续，浆液中的水被挤出。垦务局结合孔段灌浆压力、时间和灌浆结束的吃浆量要求，将结构面中留存的泌水减至最少，以及使高质量浆液留在基岩缝隙中。

图 15.5-1　灌浆检查孔内节理中灌浆填充物的照片

图 15.5-1 说明了灌浆完成后在灌浆检查孔中观察的情况。在层面中观察到的浆液是坚硬的，且未观察到只填充部分裂隙的情况。

评论：采用稀于 3∶1 的灌浆配备比没有什么益处。

垦务局的立场：在美国西部干旱和半干旱州的大部分大坝是垦务局建设的，在这些干旱区域，水很珍贵，必须最大程度地降低渗流损失。在许多情况下，需要稀的浆液配合比以注入较细的缝隙，从而将渗流损失减少至可接受的水平。对胡佛水坝进行补救灌浆是一个绝佳的案例，它证明了稀浆液在美国西部的有效性。1937～1938 年水库初次蓄水期间，判断胡佛水坝的扬压力及泄漏至排水廊道中的水过多。认为原因是水库引起的极其大的水头，原始灌浆帷幕的深度不能够充足截断；以及地下水碱性高，水泥快速沉积，导致灌浆流动受限。1938～1947 年安装了额外排水孔并进行了补救灌浆，以降低扬压力和渗流。在补救灌浆过程中，水灰比一般介于 15∶1～5∶1，部分采用了 20∶1 的配合比。在工程开始时，水灰比介于7∶1～3∶1，但是随着工程进度更加频繁使用较稀的配合比。发现较稀的灌浆更适于降低渗流。随着灌浆推进，很少使用比 7∶1 稠的浆液，除非产生表面泄漏。额外排水孔与灌浆相结合有效地降低了渗流和扬压力。20 世纪 80 年代末，在胡佛水坝的下游右坝肩开挖了一个升降机井。在垂直延伸近 600ft 的升降机井开挖中几乎没有渗流，进一步证明了胡佛水坝采用较稀浆液配合比的有效性。

在干燥条件下，使用较稀的初始浆液配合比可以增加浆液的流动速度。现场岩石通常具有初始渗透率和次生渗透率。在将浆液注入岩层时，干岩体的空隙将吸收灌浆混合料中的部分水分。使用较稀的浆液将加强渗透，提高流动速度，因为泌水可用于润滑。

评论：稀浆液中过度泌水导致浆液耐久性变差/变低。

垦务局的立场：垦务局建设的大坝采用本章所述的最佳实践时，尚未发现此问题。并无迹象表明，垦务局工程中灌浆帷幕的性能经过一段时间后发生浆液失效。本章汇集的五个实例，均表明经过一段时间后收集的渗流量几乎未发生任何变化。

使用不稳定（稀）初始浆液配合比的部分其他益处包括：

（1）最佳配合比技术将尽可能多的水泥泵入地下。

（2）最佳配合比技术使单行帷幕灌浆向上下游流动了相对较长的距离，所以大幅减少了对多排帷幕的需求。

（3）由于不容易被接受的浆液不会过早地灌入任何孔段，所以降低了过度钻孔的可能性。

（4）浆液配合比逐渐变稠及使用最佳配合比技术的孔段灌浆结束标准均基于灌浆效

果，而非基于允许的时间，因为那样可能导致由于浆液过稠而过早封闭灌浆孔。

15.6 灌浆帷幕设计

15.6.1 帷幕位置

对于带有中心防渗心墙的分区填筑坝，灌浆帷幕一般设在防渗心墙材料基础中点上游不远处。灌浆帷幕的最终位置应基于大坝类型、大坝防渗部分的设置、渗流比降和大坝基础的地质条件。灌浆帷幕的位置应符合填筑坝设计：

（1）如果将灌浆帷幕设置在距离心墙上游坝脚较近的位置，则从心墙至基础的比降较高。

（2）如果将灌浆帷幕设置在距离心墙下游坝脚较近的位置，则从基础至心墙的比降较高。

（3）灌浆帷幕应位于大坝中心线上或大坝中心线上游。

关于灌浆帷幕位置的许多实例可见垦务局《大坝最大截面和土方工程控制统计数据》。一般情况下，垦务局近期建造的填筑坝（1970 年之后设计）的大部分灌浆帷幕位于填筑坝防渗心墙基础中点上或上游不远处。

设置灌浆帷幕时，一项非常重要的考虑事项是：如果岩石是透水的，则填筑体/基础接触面处渗透比降可能较高。设计师必须考虑心墙基础具有高比降的可能性以及此区域心墙填筑料被冲刷的可能性。对于透水的岩石基础，强烈建议采用铺盖灌浆，以减少灌浆帷幕上填筑体心墙内高比降的可能性。

确定灌浆帷幕孔的位置、方向和深度后，在灌浆帷幕线急剧变化、灌浆孔方向逆转的区域以及地下结构的下方需要有足够的重叠距离，以避免灌浆帷幕内出现“缺口”。灌浆帷幕内的“缺口”可形成高渗流比降，从而导致节理填充物或心墙填筑料被冲刷。图 15.6.1-1 为逆转灌浆孔方向如何导致灌浆帷幕中形成大“缺口”的简化图。

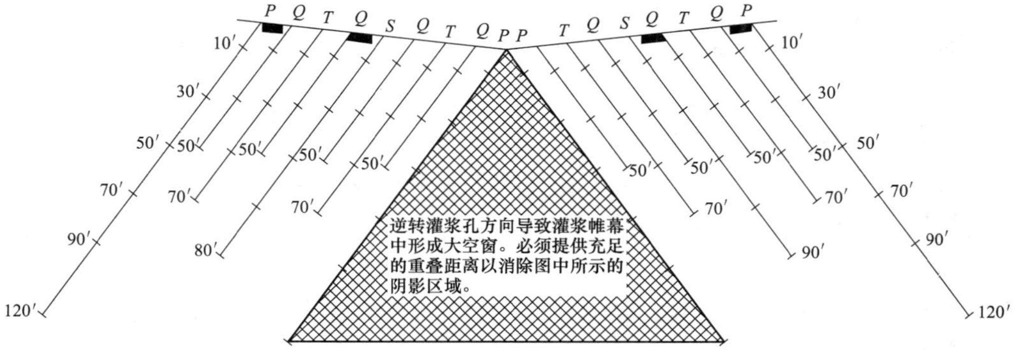

图 15.6.1-1 灌浆孔逆转导致灌浆帷幕中形成大缺口

15.6.2 帷幕深度

垦务局现在的一般做法是将一序灌浆孔延伸至岩石表面以下，深度相当于岩石表面至水库水面之间水头的 0.5～1.0 倍，有其他特殊地质条件要求的情况除外。应基于地质条件、区域地下水条件、渗透性测试结果、潜在失效模式、运维需求和渗流分析选择灌浆帷幕的设计深度。在许多情况下，各坝址的帷幕深度可能有所不同，具体取决于坝址的地质条件。

一序灌浆孔的深度选定后，对于其余中间灌浆孔深度，垦务局的一般做法是减少孔深，相对于前序灌浆孔（一序、二序灌浆孔等），规定的最小深度一般比前序减少一或两个孔段长度。因为孔段越深，施加的压力会越高，从而迫使浆液流动很远，延伸到更大的区域，所以逐渐减小中间孔的最低深度是合理的。

注意，应根据前序灌浆孔的实际吃浆量，在现场确定二序、三序和四序灌浆孔的最终深度。15.6.7 节详细讨论此问题。

15.6.3 灌浆压力

以垦务局实践，在允许灌浆压力下注入最多量的浆液，同时不会导致上抬、水平移动、破裂、断裂和浆液过度流动。一般采用从表面至灌浆塞测定深度最大注入压力 1.0lb/in^2/ft 加承压水产生的反压。必要时，根据施工前地质勘察结果、工程分析、压水试验和灌浆过程中岩体的特性及灌浆施工效果对最高注入压力进行调整。垦务局在确定灌浆孔段的最高灌浆压力时，一般不考虑浆液的静态质量、沿程水头损失或地下水位。通过总管上的压力计测定反压压力。垦务局规定使用连接岔管的短尾管；因此，不针对总管产生的水头损失或增加，对灌浆孔立管进行调整。仅建议新建大坝采用此最高灌浆压力。需特别注意，在已建填筑坝下方进行的补救灌浆，将在 15.9.1 节单独讨论。

必须始终监控和调节灌浆压力，以防止损坏基础或结构。注入浆液时，过度的灌浆压力可导致水力劈裂或水力压裂。必须根据需要调整灌浆压力，以消除水力劈裂或水力压裂。通过灌浆总管调节阀与灌浆孔调节阀之间的压力计（如图 15.6.3-3 所示）测量最高灌浆压力。总管上的压力计并不表示灌浆孔内灌浆塞底部的实际灌浆压力，通常将其称为有效灌浆压力（P_{eff}）。

灌浆塞底部的有效灌浆压力必须考虑灌浆柱的静水头、岩石表面顶部上方或下方总管压力计的标高、地下水位及压力计至灌浆塞的沿程水头损失等因素。图 15.6.3-1 为灌浆塞底部有效压力计算图。

20 世纪 80 年代末，垦务局评估了在灌浆孔内灌浆塞正下方安装压力计的必要性。现场测试结果表明，可以通过相当简单的计算近似估计灌浆塞的有效压力，但是，在测试中使用稀浆液配合比，限制了灌浆塞中的沿程水头损失。考虑到测量所需仪器产生的费用、损坏此类仪器的可能性以及在大型灌浆施工中所需的仪器数量，垦务局目前不要求使用潜孔压力计。

最高注入压力可能各不相同，具体取决于地下水、距离最近自由面的距离、灌浆目的、节理和层面的方向、岩石质量等因素。例如，与陡峭倾斜地层相比，平层面的基础更易受扬压力影响。在坚硬块状岩中，垦务局通常将超过 1lb/in^2/ft 深度的最高注入压力最多增加 50lb/in^2。在层状沉积岩石单元中，垦务局局经常减少注入压力，以避免产

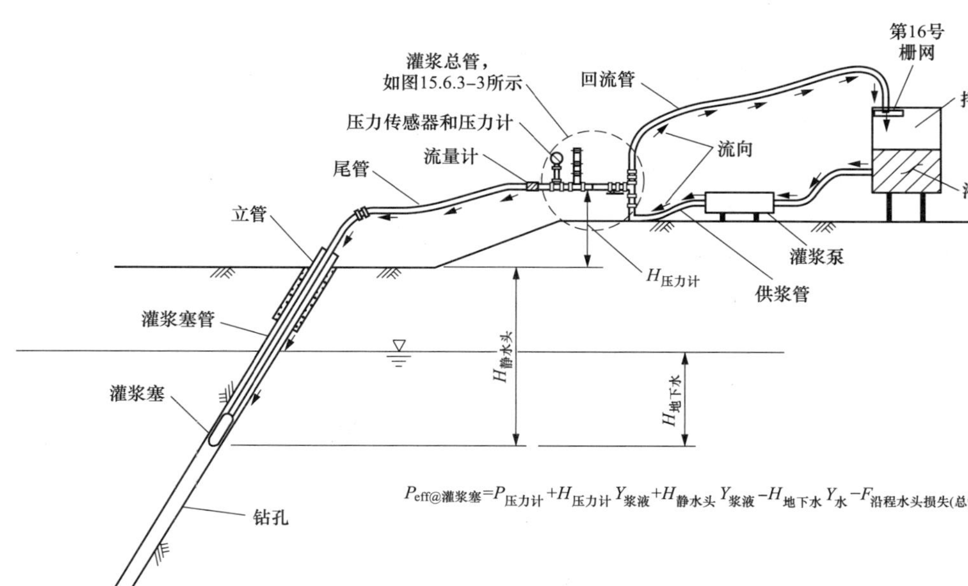

图 15.6.3-1　灌浆塞底部有效灌浆压力计算图

生扬压力和破裂。灌浆压力超过上覆地层压力时，依赖岩体中的抗拉强度和三维效应避免隆起。评估 1.0lb/in^2/ft 的注入压力是否会导致损坏岩体时，需要分析层面上岩体压力关系和抗拉强度。也应评估坝肩扇形孔中运用的灌浆注入压力，以减少坝肩顶部产生扬压力或发生岩石横向移动的可能性。

垦务局要求在基础灌浆施工使用循环灌浆管路，包含灌浆总管（又名“分岔管”）。循环管路系统如图 15.6.3-2 所示。图 15.6.3-3 所示为垦务局标准灌浆总管设计。灌浆

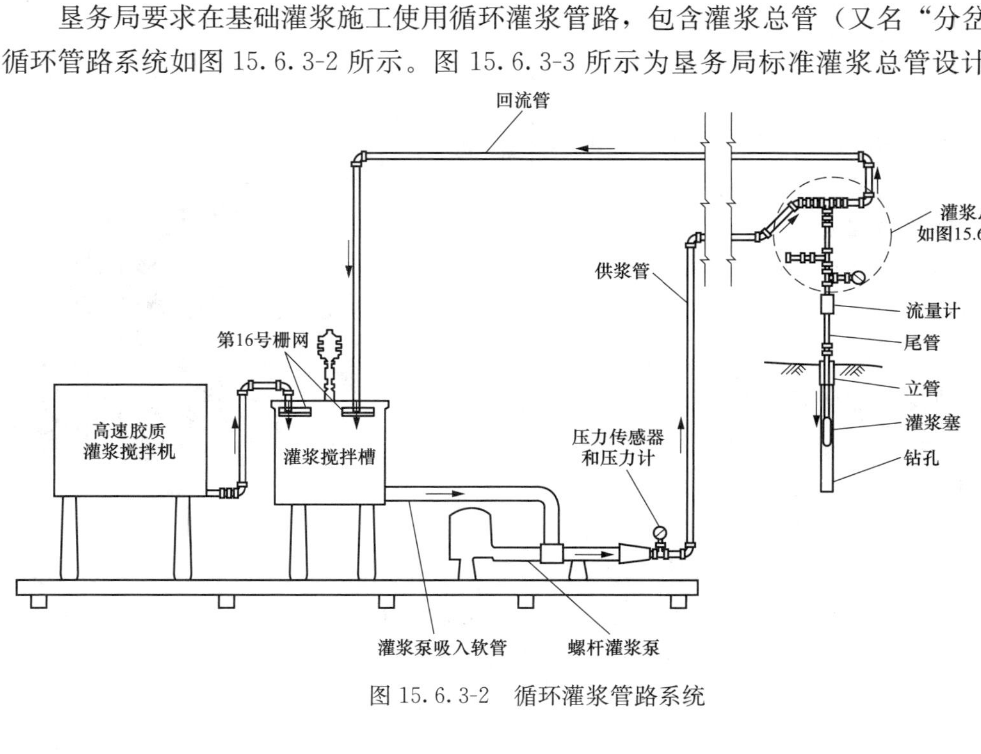

图 15.6.3-2　循环灌浆管路系统

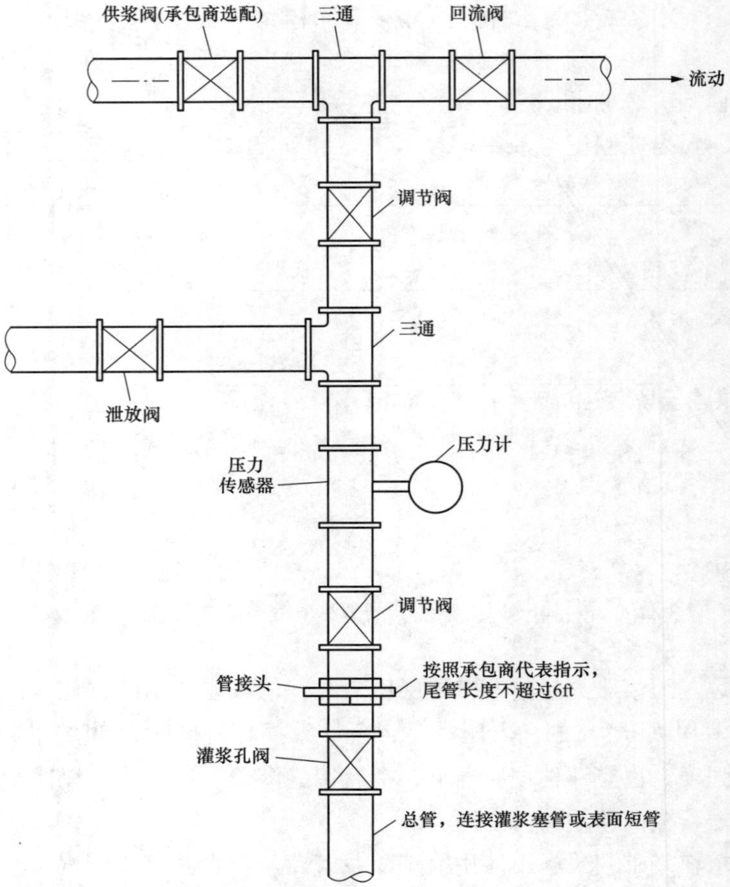

图 15.6.3-3　垦务局标准灌浆总管图纸（未显示流量计）

图 15.6.3-4　垦务局灌浆施工使用的灌浆总管

总管的标准图纸编号为 40-D-7100，并列入了本章附录 E 中。灌浆总管允许监控和调节灌浆流量和压力。图 15.6.3-4 说明了垦务局灌浆工程中使用的灌浆总管。

在灌浆过程中，确认一个孔段是否具有回压或保压非常重要。在总管区分回压和保压压力（如 15.15.3.2 中所述）。在基础灌浆施工中，通常岩层被上抬或挤压时产生回压，且岩体的岩层通常压缩灌浆孔的浆液并把它们挤出灌浆孔。灌浆在注入点上方流动时（例如，在坝肩中），也可产生回压。保压压力是正常产生的，且随着孔段接近灌浆结束状态，逐渐变大。保压压力等于泵压时，不注入浆液，因为达到了平衡点。

应在循环灌浆管路中安装两个压力计，由压力传感器提供保护。如上所述，一个压力计安装在总管上，另一个应安装在泵位置供浆管的管口处。操作人员通过靠近灌浆装置的压力计可对压力进行监控和调节，以满足正在灌浆孔段的需求。

15.6.4 灌浆方法

垦务局常用的灌浆方法包括全孔一次灌浆法、自下而上分段灌浆法和自上而下分段灌浆法。

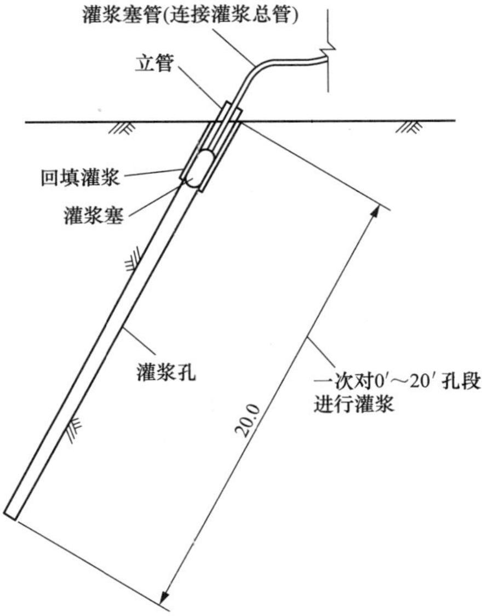

图 15.6.4.1-1　全孔一次灌浆法

15.6.4.1 全孔一次灌浆法

全孔一次灌浆法的步骤为将孔钻至规定深度、洗孔、压水试验及孔段一次灌浆。此方法仅限用于相对稳定且无重大表面泄漏的浅孔（±20ft）灌浆。全孔一次灌浆法如图 15.6.4.1-1 所示。

15.6.4.2 自下而上分段灌浆法

通过灌浆塞可以对预先确定的在任何深度的孔段进行灌浆。自下而上分段灌浆法的步骤为：将孔钻至规定深度、洗孔、在最低孔段顶部位置的钻孔内设置灌浆塞、进行压水试验和孔段灌浆。采用灌浆塞在钻孔中逐段向上进行灌浆。按照垦务局惯例，灌浆孔段达到拒浆状态后，立即对下一个孔段进行压水试验和灌浆，除非遇到反压。通过灌浆塞，冲洗两个孔段之间的钻孔。如果遇到反压，则延迟进行下一孔段的压水试验和灌浆，直至上一孔段的浆液达到初凝（2～6h）。实践中，垦务局倾向于使用自下而上分段灌浆法，因为可能只需要设置一次钻具，与自上而下分段灌浆法相比，节约了大量时间和成本。自下而上分段灌浆法如图 15.6.4.2-1 所示。

钻向上灌浆孔时，承包商和检查员必须密切监控灌浆孔中钻孔水注入速率和回水速率。如果钻孔水损失达到 50%或以上，或如果钻孔时遇到承压流，垦务局的惯例是在透水裂隙下方钻进几英尺。然后根据有关技术要求对渗透裂隙进行清洗、压水试验和灌浆。浆液凝固后，可以钻进剩余长度。图 15.6.4.2-2 说明了发生水损失时的自下而上分段灌浆。

15.6.4.3 自上而下分段灌浆法

自上而下一次钻进一个孔段，钻孔分为若干孔段。钻进第一个孔段并进行冲洗、压水试验和灌浆之后，在重新开始钻孔之前必须有足够的凝固时间，防止此段部分凝固的浆液被冲出。浆液充分凝固后，钻进下一孔段。灌浆塞放置在新孔段的顶部，然后进行压水试验和灌浆。按照类似方式向下钻进下一孔段并灌浆。由于在一个钻孔中需多次设置钻具，自上而下分段灌浆法的成本比自下而上分段灌浆法的成本高，仅在灌浆孔条件较差（例如，孔洞、挤压或灌浆塞泄漏）时使用此灌浆法。图 15.6.4.3-1 说明了灌浆孔向下灌浆。

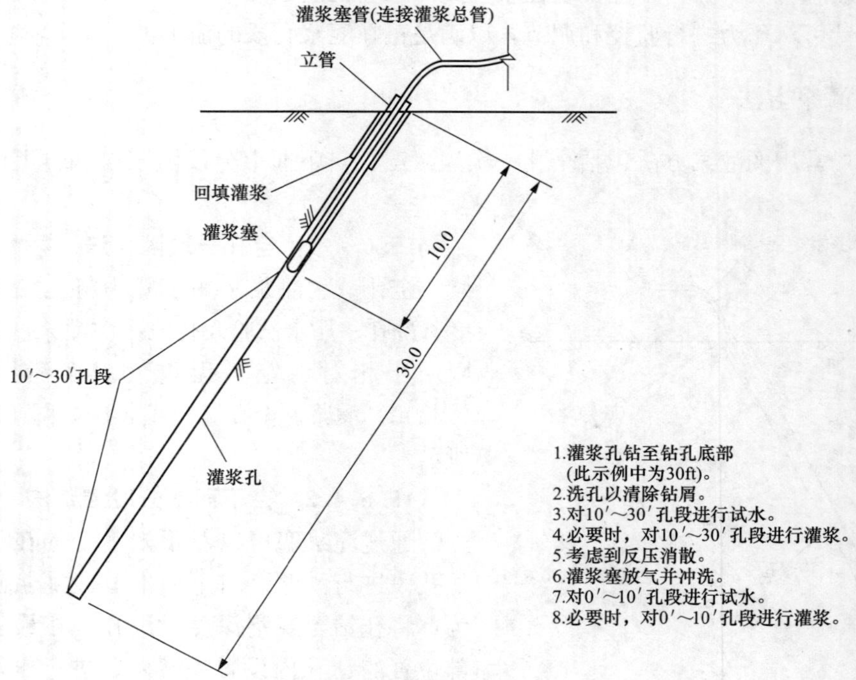

图 15.6.4.2-1　自下而上分段灌浆法

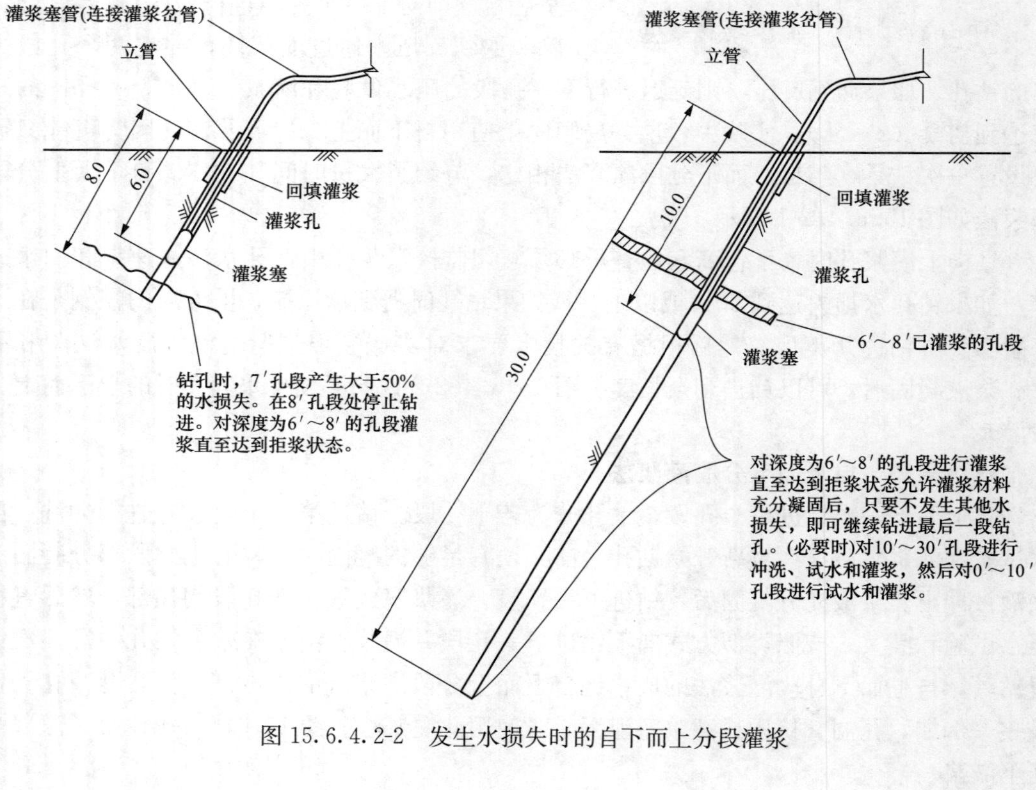

图 15.6.4.2-2　发生水损失时的自下而上分段灌浆

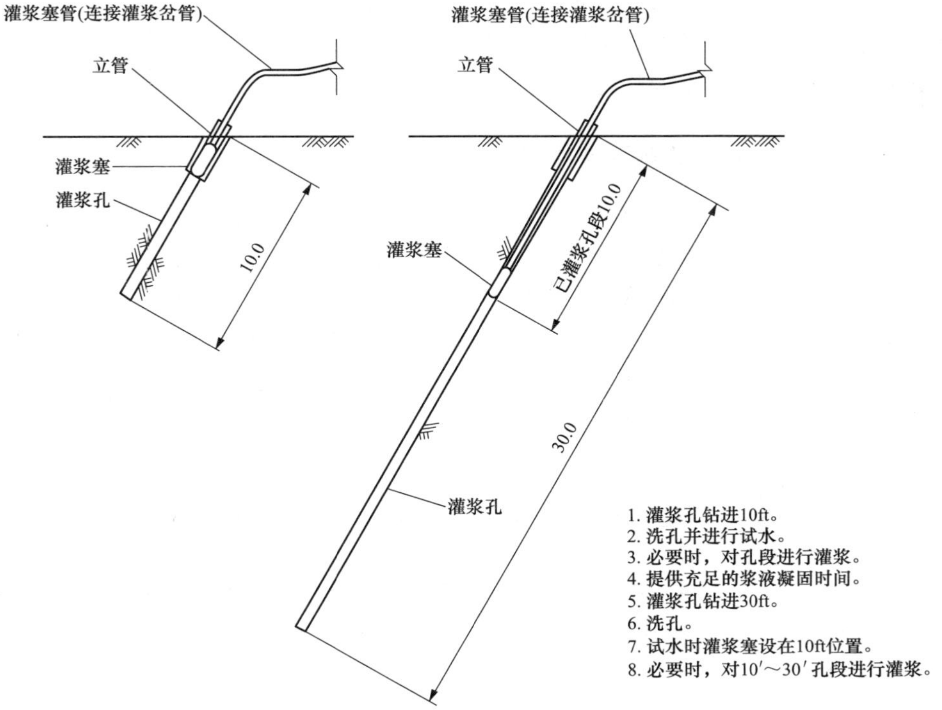

图 15.6.4.3-1　自上而下分段灌浆法

如果钻孔水损失达到50%或以上，或钻灌浆孔时遇到承压流，实践中，在渗水裂隙下方钻进几英尺。然后根据有关技术要求对透水裂隙进行清洗、压水试验和灌浆。浆液凝固后，可以钻进剩余长度。

如果设计中不包含铺盖灌浆，且发生过度表面泄漏，延误施工，则应考虑首先对帷幕孔中最浅的孔段进行灌浆，以封堵近表面泄漏，然后钻进至最低的孔段，按照自下而上灌浆步骤对钻孔中其余孔段灌浆。如果表面泄漏导致延误施工，且正在较大注入压力下对较深孔段进行灌浆，则在较低注入压力下封堵较浅孔中的近表面泄漏可节省大量时间。

基础岩层较软且钻孔水可能将钻孔冲大，可能影响向上分段中灌浆塞的正确就位，建议采用自上而下分段。此外，向下分段也有助于对节理岩石灌浆，使浆液绕过灌浆塞，或通过灌浆稳定上部岩层，及在重新开始钻进前使浆液凝固。

15.6.4.4　多端口套管

如果灌浆需要在极差的岩石条件下进行，以及上述各种方法不奏效（例如，松散岩石或坍塌的钻孔孔壁），则在多端口套管上沿着一定间隔提供灌浆口。垦务局建设的大坝尚未有必须采用多端口套管灌浆的情况。如果遇到极其困难的岩石，则布鲁斯和韦弗、美国陆军工程兵团和霍尔斯贝提供了一些关于使用多端口套管系统的指导。

15.6.5　孔段长度

垦务局一般规定，在近岩石表面位置设置较短的孔段，在灌浆孔内较深位置设置较长的孔段。注入压力随着深度增大时，采用较长的孔段。帷幕灌浆孔中最浅的孔段一般介于 0～10ft。在深度为 10～90ft 时，各孔段长度通常限于 20ft。在深度为 90～220ft 时，各孔段长度一般限于 30ft。深度超过 220ft 时，可以使用 40ft 的孔段。岩石条件较差时，可根据需要减少深层的孔段长度。

15.6.6 单排灌浆帷幕与多排灌浆帷幕

采用垦务局的最佳配合比技术时，常用单排灌浆孔形成灌浆帷幕。对于地质条件较为恶劣的大坝，例如，严重破碎的岩石、可溶岩、存在大空隙或高渗透率的岩石，可能需要多排灌浆孔以形成灌浆帷幕。如果计划三排灌浆孔，先对上下游孔进行灌浆，再对中排孔灌浆。外侧两排充当限制浆液自中间排（或闭浆排）流出的屏障。

依据当前灌浆实践，如果稳定浆液配合比仅用于某一灌浆施工，则要求采用多排灌浆帷幕。

15.6.7 灌浆孔距和闭浆标准

15.6.7.1 分序加密法

在基础灌浆中，垦务局采用分序加密法闭浆。帷幕灌浆最初按长度划分为几种“模式”。垦务局典型的闭浆“模式”长度为 80ft，且两个相邻灌浆孔之间垂直间距为 10ft，灌浆孔包括一序孔（P）、二序孔（S）、三序孔（T）和四序孔（Q）。采用最佳配合比技术时，浆液在一些情况下可以广泛流动。一序孔的 80ft 间距限制了流入邻近一序灌浆孔的可能性。图 15.6.7.1-1 显示了 80ft 闭浆“模式”内一序孔、二序孔、三序孔和四序孔的布置。

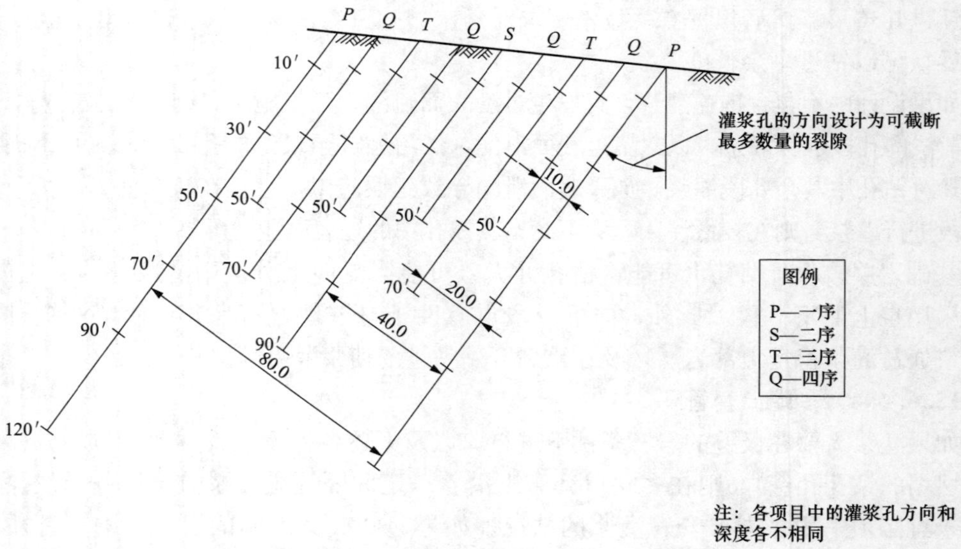

图 15.6.7.1-1 垦务局典型的 80ft 闭浆“模式”灌浆孔布置（使用分序加密法）

分序加密法的程序为：首先钻进一序孔并灌浆；在闭浆范围内完成一序孔灌浆后，在一序孔中间钻进二序孔并灌浆；在闭浆范围内下完成二序孔灌浆后，在一序孔和二序孔中间钻进三序孔并灌浆；然后在一序孔、二序孔和三序孔中间钻进四序孔并灌浆。对

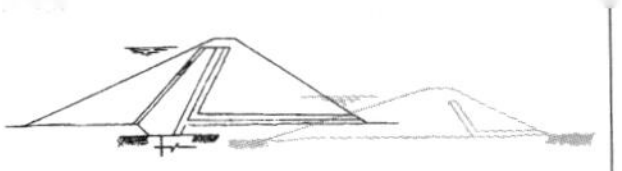

于单排灌浆帷幕或多排灌浆帷幕中的闭浆排，可能需要额外分序加密，具体取决于四序孔中的实际吃浆量和闭浆标准。第 15.6.7.4 节讨论了基于吃浆量和闭浆标准确定是否需要其他灌浆孔的方法。在对多排灌浆帷幕中的上下游排进行灌浆时，在完成各灌浆型式中预定的灌浆孔之后，无须实施额外的分序加密。

理想情况下，吃浆量和压水试验效果应随着闭浆过程不断降低。与一序孔闭浆时使用的最佳配合比相比，三序孔和四序孔闭浆时使用的最佳配合比略稀。垦务局的经验显示，一序孔可灌入水泥总量的55%～70%，二序孔可灌入水泥总量的10%～30%，三序孔可灌入水泥总量的5%～20%，四序孔可灌入水泥总量的0～5%。其他闭浆孔一般灌入量不到水泥总量的1%。如果闭浆孔中吃浆量偏高，则必须进行评估以确定原因。

15.6.7.2　灌浆孔压水试验

在灌浆帷幕孔进行压力灌浆之前，应在持续压力下使用清水对各孔段进行压水试验。所有压水试验采用的压力均应等于预期灌浆压力。在自下而上分段灌浆法中，垦务局允许承包商对最低孔段进行压水试验和灌浆，然后自下而上，对灌浆孔中的其余孔段进行压水试验和灌浆。在灌浆与压水试验之间，应用冲洗灌浆孔的水清洁灌浆塞。

图 15.6.7.2-1　承包商在压水试验时一般采用的岔管配置

进入钻孔中的水流稳定后，灌浆之前，需对各孔段进行至少 5min 的压水试验。如果吃水量较大，则可能需要更长时间，以验证吃水率或将材料冲出基础结构面时间。图 16.6.7.2-1 显示了在垦务局灌浆施工中承包商使用的压水试验总管的配置。

垦务局通过压水试验结果确定一个孔段是否需要灌浆。垦务局的经验显示，如果在 5min 压水试验时间内，一个岩段的“吃”水量不到 $1ft^3$，则此孔段几乎不会灌入任何浆液。每次作业时，必须针对灌浆帷幕线路的各个位置（左坝肩、河谷和右坝肩）及深度和地质条件变化确认每个孔段何时开始灌浆的标准（在灌浆规范段落中称之为“接续”）。垦务局建议使用 5min 内 $1ft^3$ 水作为接续初始标准。如果在偏低压水试验值（5min 内 1.0～$2.0ft^3$ 水）时吃浆量最低，则将接续标准增大至 5min 内 $2ft^3$ 水或略大。如果在偏低压水试验值（5min 内 1.0～$2.0ft^3$）时吃浆量较大，则将接续标准减至 5min 内 $0.5ft^3$ 水或略大。如果在任何时间灌浆工程师或灌浆检查员认为在某一特定孔段上需要何种灌浆接续时间，则无论压水试验结果如何，应优先基于他们的判断。

15.6.7.3　孔段结束灌浆标准

对于单排灌浆帷幕和多排灌浆帷幕中的闭浆排，如果使用 $50lb/in^2$ 或以下的压力，在 20min 内浆液流入低于 $1ft^3$ 时，或者使用 100～$250lb/in^2$ 的压力，在 10min 内浆液流入低于 1ft³时，建议中止灌浆作业。在 2h 连续泵送过程中，每小时注入不到两袋水泥，则也可中止对孔段的灌浆作业。

垦务局建议，对于三排灌浆帷幕中的上下游排，采用两倍于针对闭浆排确定的孔段结束标准。

15.6.7.4 不同灌浆型式的闭浆标准

垦务局使用注入各孔段的水泥总量确定不同灌浆型式的闭浆标准。对于单排灌浆帷幕或多排灌浆帷幕中的闭浆排，当前的闭浆标准为在各孔段有序加密的灌浆闭浆型式下每英尺线性钻孔 0.5 袋水泥。按照此标准灌浆的垦务局大坝显示具有优良性能。此外，基于此标准建设的许多大坝均位于水属于宝贵资源且希望最大程度减少渗流的区域。如果在可以接受一定程度渗流的区域建设大坝，则可将闭浆标准放宽至 1.0 袋/ft。在 20 世纪 70 年代之前，垦务局许多灌浆帷幕使用 1.0 袋/ft 作为闭浆标准，其性能是令人满意的。

对于多排灌浆帷幕中的上下游排，垦务局建议采用两倍于针对闭浆排确定的孔段结束标准，以确定各灌浆孔的最终深度。

对于单排灌浆帷幕或多排灌浆帷幕中的闭浆排，灌浆孔的最终孔距和深度取决于实际吃浆量。始终将一序孔钻至灌浆帷幕的设计深度。在技术要求中规定其他所有计划孔的最低长度。图 15.6.7.1-1 所示为深度为 120ft 的灌浆帷幕的初始布局。在 80ft 闭浆"模式"下所有其他灌浆孔的最终最大深度取决于前面序列灌浆孔（一序、二序孔等）中各孔段的吃浆量。如果任何灌浆孔中底部孔段超出了闭浆标准，则通常将邻近此灌浆孔的下一序孔的设计深度延长 20ft。

依据以下信息，确定两个一序孔之间二序孔的深度：

(1) 完成邻近一序孔之后，闭浆范围内的二序孔应延长至设计深度或一序孔的最低孔段，在此位置，吃浆量超过 0.5 袋/ft 且增加 20ft。如果一序孔中的灌浆帷幕底部的孔段的吃浆量超过 0.5 袋/ft，则设计师和现场施工人员可选择延长二序孔的深度超过一序孔的深度，以在深层实现闭合。

(2) 在现场选择二序孔两个深度中的较大深度。

(3) 图 15.6.7.4-1 示出确定 80ft 闭浆"模式"二序孔深度的实例。

依据以下信息，确定三序孔的深度：

(1) 完成邻一序和二序孔之后，三序孔应延长至设计深度或最低孔段（或较低孔段，取决于地质条件），在此位置，邻近二序孔的吃浆量超过 0.5 袋/ft 且增加 20ft。

(2) 在现场选择三序孔两个深度中的较大深度。

依据以下信息，确定四序孔的深度：

(1) 完成邻一序、二序和三序孔之后，四序孔应延长至设计深度或最低孔段（或较低孔段，取决于地质条件），在此位置，邻近三序孔的吃浆量超过 0.5 袋/ft 且增加 20ft。

(2) 在现场选择四序孔两个深度中的较大深度。

如果对于单排灌浆帷幕或多排灌浆帷幕中的闭浆排内任何四序孔孔段的吃浆量超过 0.5 袋/ft，则通过分序加密法再增加闭浆孔，直至吃浆量为 0.5 袋/ft 或以下时实现闭浆。如果作为灌浆型式下的第五序孔且将灌浆孔中心孔距减少为 5ft 仍未实现闭浆，则应考虑在灌浆帷幕上游或下游设置额外灌浆孔（六序和七序），而非设置在中心间距为

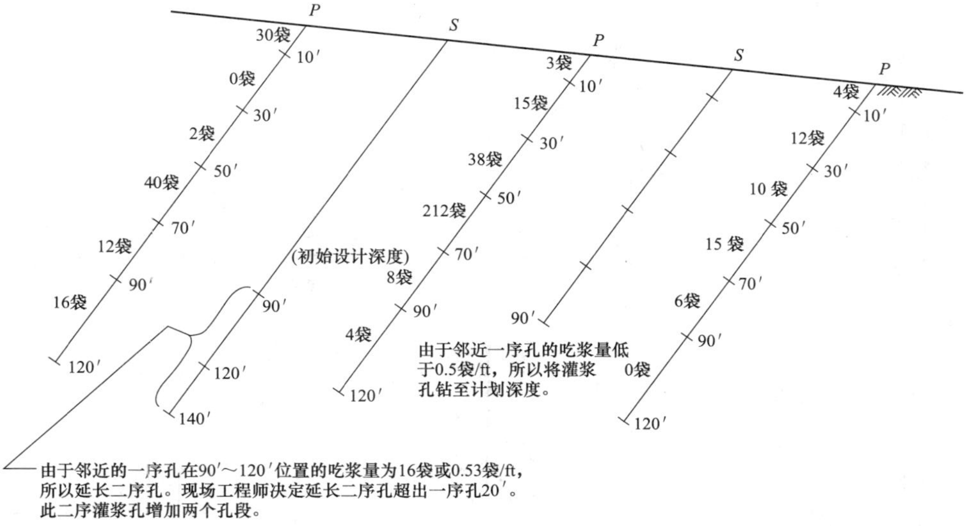

图 15.6.7.4-1　80ft 闭浆“模式”二序孔深度的确定

2.5ft 的灌浆孔上。

对于多排灌浆帷幕中的上下游排，仅对预定的灌浆孔进行灌浆。除了预定的灌浆孔以外，无须进行额外的有序加密。多排灌浆帷幕中的上下游排也采用本节讨论的导则确定各灌浆孔的最终深度。

15.6.8　灌浆立管和灌浆帽

在钻孔和灌浆之前，将灌浆立管（又名短管或灌浆环）安装在岩层中，以方便钻孔和灌浆。灌浆立管由直径适当的钢管组成，以适合灌浆所需的钻孔尺寸。在垦务局的大部分工程中，立管的内径与钻头的标称直径相同。存在钻孔坍塌问题时，一般立管直径增加 0.5in，以容纳钻孔内的套管（如必要）。立管的内径不应超过预期钻头尺寸 0.5in。使用较大的立管会导致冲洗液在立管中的流速下降，使清理钻孔中钻屑出现问题。

图 15.6.8-1 所示为常见的灌浆立管详图。在钻孔之前，将灌浆立管装在 80ft 闭浆

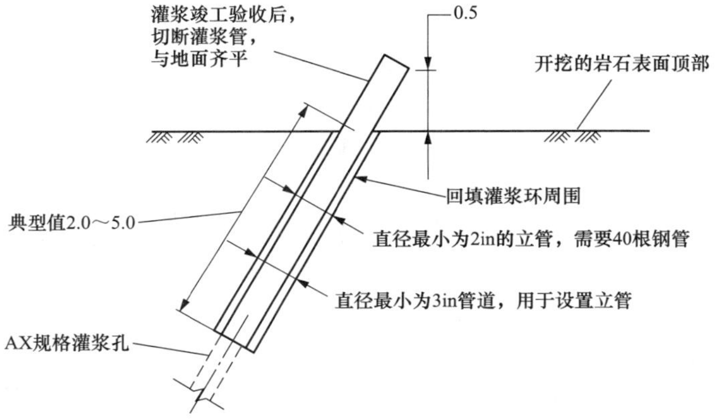

图 15.6.8-1　典型灌浆孔立管详图

段中预定的钻孔位置。灌浆立管应延伸超出岩石表面至少 6in，而且至少置入基岩中 2ft，以牢固支撑管道。可能需要增加深度以提供一个牢固基础。岩石上灌浆立管的高度不得影响规定采用的钻机。应在预期倾斜度 1°的范围（水平方向和垂直方向）内设置立管，以避免在灌浆帷幕中形成“缺口”。

图 15.6.8-2 示出承包商在单排灌浆帷幕上钻孔和设置立管。

图 15.6.8-2　承包商在单排灌浆帷幕上设置立管

如果表面下方的基岩具有严重的节理或严重破裂，则可能需要灌浆帽，以确定表面上的分界点。近表面具有严重节理或严重破裂的岩石通常导致灌浆套管周围发生表面过多泄漏。表面泄漏可能限制灌浆压力，进而限制浆液流动。在这些条件下，填补渗漏有些困难。灌浆帽一般大约 3ft 宽，3～8ft 深。如果开挖需要爆破，则可能不需要灌浆帽。垦务局在灌浆帽开挖中一般使用岩石锯和/或标准开挖设备，向开挖中浇筑混凝土形成灌浆帽。灌浆立管按规定的钻孔倾斜度和方向嵌入灌浆帽中。图 15.6.8-3 所示为常见灌浆帽的详图。

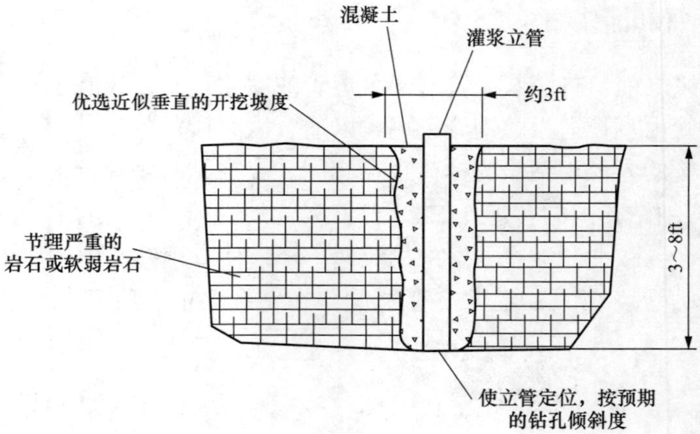

图 15.6.8-3　灌浆帽的详图

表 15.6.8-1 汇总了灌浆帽的优缺点。根据垦务局的实践，如有可能，在填筑坝下方不使用灌浆帽，因为难以密封灌浆帽与基础岩石之间的接触面。在大部分填筑坝基础中，难以将灌浆帽保持在岩石同一高度上，导致需要对此区域进行进一步基础处理及专门压实。灌浆帽的备选项可能包括延长立管的深度，或者在灌浆完成后，保持基础的高度，进行最终开挖，但前提是，最终基础开挖无须爆破。第 15.7 节所述的铺盖灌浆也可减少对灌浆帽的需要。

表 15.6.8-1　　灌浆帽的优缺点

灌浆帽	
优点	缺点
可以良好锚固立管及允许使用较短的立管	开挖和混凝土有关的成本增加
形成接触面 1 区近表面渗流屏障	可能需要专门压实，尤其在灌浆帽附近的岩石恶化的位置，或灌浆帽与基础表面不齐平
提供了适于钻孔和灌浆的良好作业平台	灌浆帽开挖可能影响（损坏）基础
控制隆起监控和检查	

15.7 铺盖灌浆

15.7.1 位置

铺盖灌浆（或称为“固结灌浆”）涉及使用低压浅层灌浆，以密封填筑坝防渗心墙下面的近表面基岩，为填筑坝提供一个更坚固的基础。对于填筑坝，铺盖灌浆用于岩石严重破裂或高渗透性区域，当水库充满水时，张开的裂隙可导致出现渗流和侵蚀问题。铺盖灌浆一般仅限于填筑体下方防渗心墙区域。在大多数情况下，防渗心墙下面的基础需要部分铺盖灌浆。由设计师、灌浆工程师和工程地质专家初步确定铺盖灌浆的范围。最终开挖表面外露时，由设计师、地质专家和现场施工人员复核及调整铺盖灌浆的最终范围。

铺盖灌浆孔为设计图纸中所示的预定灌浆孔。在帷幕灌浆之前实施铺盖灌浆以在高压帷幕灌浆过程中限制表面泄漏量。

15.7.2 深度

铺盖灌浆孔的深度一般介于 20～30ft。对于高度不到 100ft 的填筑坝，一般深度为 20ft 的铺盖灌浆孔足以满足要求。

对于更大的坝，垦务局一般使用深度为 30ft 的铺盖灌浆孔。

地质因素可影响铺盖灌浆孔的深度。

15.7.3 孔段长度

铺盖灌浆孔可以采用一段或两段进行灌浆，具体取决于在灌浆过程中观测到的深度和表面漏浆量。深度为 30ft 的铺盖灌浆孔一般以两个孔段进行灌浆：0～10ft 和 10～30ft。除非发生大面积表面漏浆，否则深度为 20ft 的铺盖灌浆孔一般以一个孔段进行灌浆。如果发生表面漏浆，则深度为 20ft 的灌浆孔可分为两个孔段，首先在较低压力下对浅孔段进行灌浆，以限制较高压力孔段产生的表面漏浆。

15.7.4 灌浆压力

对于铺盖灌浆孔顶部孔段或单孔段，在岔管处灌浆压力一般仅限于 5～10lb/in^2，加上承压流水流产生的反压。必要时，在现场调整灌浆压力，以防止发生基础位移。在坚硬的岩石中，垦务局在顶部孔段中使用 25lb/in^2 的灌浆压力。如果采用两个孔段灌浆是必要的，则较低孔段的最高灌浆压力仅限于 1lb/in^2/ft，加上从表面至灌浆塞位置测定的回压。

15.7.5 铺盖灌浆的方法

除非发生坍塌或水循环损失，否则垦务局倾向于使用自下而上分段灌浆法，因为该方法可能只需要设置一次钻具，与自上而下分段灌浆法相比，节约了大量时间和成本。

第 15.6.4 节讨论了自下而上分段灌浆、自上而下分段灌浆和一次灌浆的方法。

15.7.6 间距和闭浆标准

15.7.6.1 分序加密法

铺盖灌浆孔一般以网格方式布置，且间距介于 10～20ft，具体取决于基岩表面的性质。图 15.7.6.1-1 所示为灌浆孔中心间距大约为 10ft 的垦务局典型铺盖灌浆孔型。在各排 40ft 的中心间距上初钻一序灌浆孔并进行灌浆。一序孔的位置一般在邻近排偏移。然后，在各排一序孔的正中央位置钻进二序孔并进行灌浆。然后，在各排中一序孔与二序孔的正中央位置钻进三序孔并进行灌浆。四序孔与五序孔位于新一排内。在邻近排中一序孔与二序孔的正中央位置钻进四序孔并进行灌浆。在四序孔的正中央位置钻进五序孔并进行灌浆。如果五序孔未达到闭浆标准，则在超出闭浆标准的五序孔附近钻进补充灌浆孔并进行灌浆。图 15.7.6.1-2 所示为垦务局近期灌浆施工中铺盖灌浆孔的阵列。

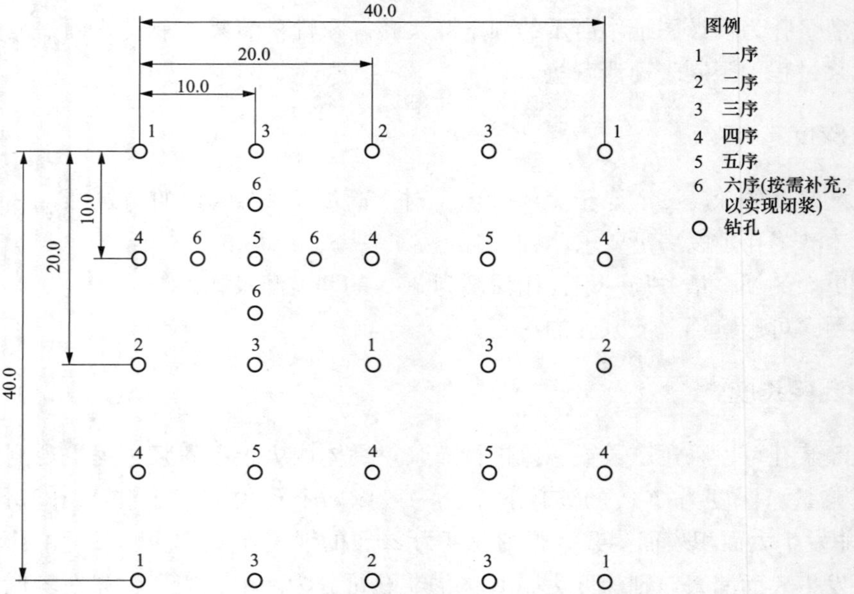

注：基于观测到的条件，在现场调整实际灌浆孔位置。

图 15.7.6.1-1 垦务局典型的铺盖灌浆孔布置平面图

15.7.6.2 压水试验

第 15.6.7.2 节已经讨论了垦务局压水试验的最佳实践以及基于压水试验结果如何

图 15.7.6.1-2 垦务局工程中铺盖灌浆孔钻孔和灌浆

选择灌浆孔段灌浆时间。垦务局对于铺盖灌浆孔的压水试验实践与帷幕灌浆中的实践类似。

15.7.6.3 孔段结束标准

垦务局关于孔段结束的最佳实践如第 15.6.7.4 节中所讨论。垦务局对于铺盖灌浆孔的孔段结束标准与帷幕灌浆中的标准类似。

15.7.6.4 网格闭合标准

铺盖灌浆孔一般与针对灌浆帷幕孔选定的闭合标准类似。如果任何五序灌浆孔超出闭合标准，则应按需补充灌浆孔，以实现闭合。图 15.7.6.4-1 所示为如何评估是否需要补充闭合孔。如图所示，其中一个五序孔具有超过 0.5 袋/ft 的孔段。因此，在超出上述闭合标准的五序灌浆孔周围补充了 4 个六序灌浆孔。

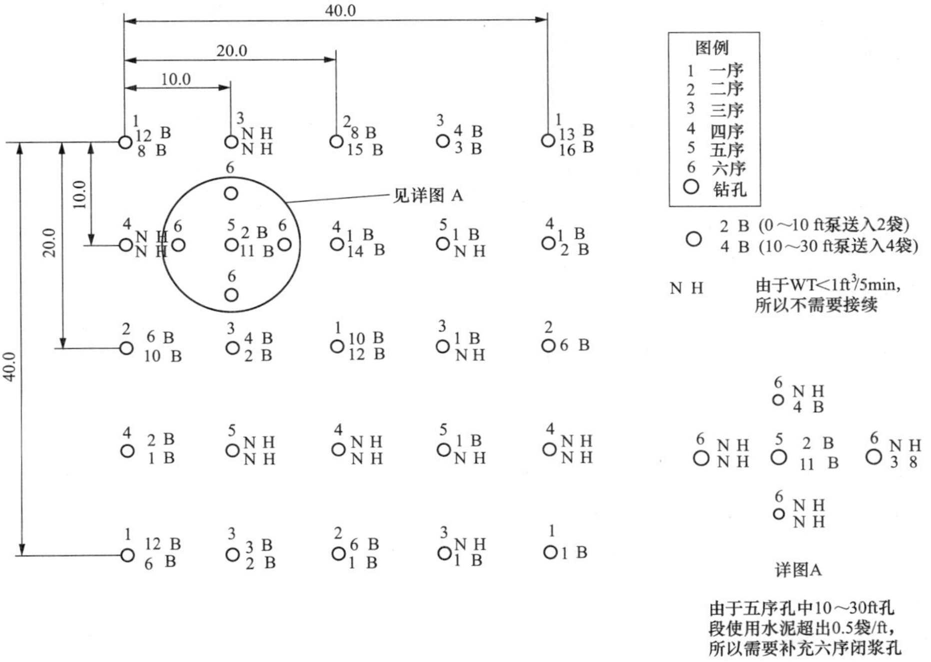

图 15.7.6.4-1 铺盖灌浆孔闭浆评估

15.8 缝隙灌浆

垦务局使用“缝隙灌浆”一词系指为封闭孤立的渗透断裂（例如，断层带）而实施的灌浆，这些渗透的裂隙暴露于铺盖灌浆区域的外侧和防渗心墙的基础表面内。在技术要求中规定允许现场施工人员为缝隙灌浆增加额外灌浆孔。

缝隙灌浆的设计与铺盖灌浆的设计极其相似。需了解裂隙的方向，以达到最佳的灌浆孔倾斜度。铺盖灌浆孔的深度一般在 30ft 左右。沿着极其大的裂隙和断层，在 20 或

40ft 的中心距设置一序灌浆孔，并根据需要在其间补充闭浆孔。

15.9 特殊条件

15.9.1 已建坝补救灌浆

如果在已建填筑坝下方实施补救灌浆，在钻孔、洗孔、压水试验和灌浆过程中必须小心，避免损坏填筑坝。在已建填筑坝下方实施灌浆时，必须始终采取“切勿损坏”的保守方法。为已建填筑坝设计补救灌浆方案时，选择浆液配合比、允许的注入压力、帷幕位置和深度、灌浆方法时，必须考虑大坝和基础的特点，例如，岩石基础内节理和层面的走向、反滤、排水、仪器等。

在钻孔和灌浆过程中可能发生的部分常见问题包括：

(1) 基础岩石内灌浆压力过大导致填筑坝水力劈裂。

(2) 填筑坝/基础接触面密封差，且钻孔液和注浆液将联合侵蚀填筑材料。

(3) 填筑坝/基础接触面密封差，且钻孔液和注浆液将联合引起填筑坝水力劈裂。

为避免上述问题发生，在对基岩进行钻孔和灌浆之前，必须在填筑体或覆盖层材料上安装套管，且套管必须至少向基岩内延伸 2ft。

15.9.1.1 钻孔

垦务局更倾向于在填筑坝中使用中空螺旋钻和声波钻进，禁止使用空气和液体钻进方法，因为在填筑坝中使用这些钻进方法可能导致水力劈裂。在填筑坝内切勿使用压缩空气钻进方法。在一些情况下，需要旋转双轴在填筑坝或覆盖层材料内钻进以实施补救灌浆时，须经批准。在特殊情况下，可能需要批准才能在双轴钻内钻柱中使用水，前提是，所有钻屑和钻孔液通过内外套管之间的空隙返回至表面。由于套管嵌入岩石中几英尺，泥浆可能堵塞填筑体/基础接触面灌浆处的裂隙，所以不建议使用泥浆。如果规定使用中空螺旋钻，则使用螺旋钻作为内钻柱的复式钻机允许在外钻柱安装平接式套管。此情况的优势在于：在外套管与立管之间的缝空隙灌浆后，可以收回螺旋钻且抽出外套管。垦务局允许以旋转方式安装外套管，不允许通过湿或干冲击方法推进外套管或内套管。在填筑体内的初期钻进可进入稳固的基岩中 2～5ft。基岩中套管的初始埋深基于填筑体/基础接触面基岩的质量。钻孔应适当倾斜尽可能截断最多数量的裂隙。

15.9.1.2 灌浆孔套管

安装外套管后，在钻孔内放置一根立管，以便其后在基岩内的钻孔和灌浆，同时通过填筑体提供适当的密封。基于基岩内钻孔和灌浆所需的钻孔尺寸选择内套管的尺寸。通常采用聚氯乙烯（PVC）管作为立管材料。

必须注意确保通过填筑体及在填筑体/基础接触面位置形成适当的密封。立管和外套管装好后，必须对两个管道之间的空隙进行灌浆。此区域的灌浆程序取决于坝体/基础接触面是否需要灌浆。对于直接在基岩上铺筑 1 区材料的大多数垦务局填筑坝，最终基础清理很可能清除基岩面上风化材料和不良岩石，直接在基岩上铺筑高质量填土并压实。在此情况下，可能不需要对接触面进行处理，而且对内外套管之间的空隙进行灌浆。在表面上通过导管对内外套管之间的空隙进行灌浆不大可能完全填充空隙，且在技术要求中不允许采用导管灌浆。应自下而上填充套管之间的空隙。灌浆时，可移开外套管；然而，必须注意，撤回灌浆时应确保浆液水平保持在外套管底部上方，以减少钻孔孔壁发生坍塌的可能性。浆液流出表面后，必须留有充足的时间，使其凝固。

在天然土料/岩石接触区灌浆时，必须对此区域进行特别处理。美国陆军工程兵团手册（EM)1110-2-3506 讨论了可能需要隔离填筑体/基础接触面的原因：

“覆盖层内可能存在渗透区；进入岩石的材料流失导致近岩石界面附近可能存在松散的软质材料区，可能是土和岩石混合过渡带，其带有空隙和/或软填充物，具有高透水性，且可导致灌浆孔发生稳定性相关的问题。在钻孔和灌浆操作过程中，必须对上述材料进行处理，同时防止这些材料被损坏。”

斯塔尔等人推荐运用多端口套管系统隔离这些条件下的填筑体/岩石接触区。垦务局支持采用此系统。源自斯塔尔等人的图 15.9.1.2-1 说明了此程序。图 15.9.1.2-1 中

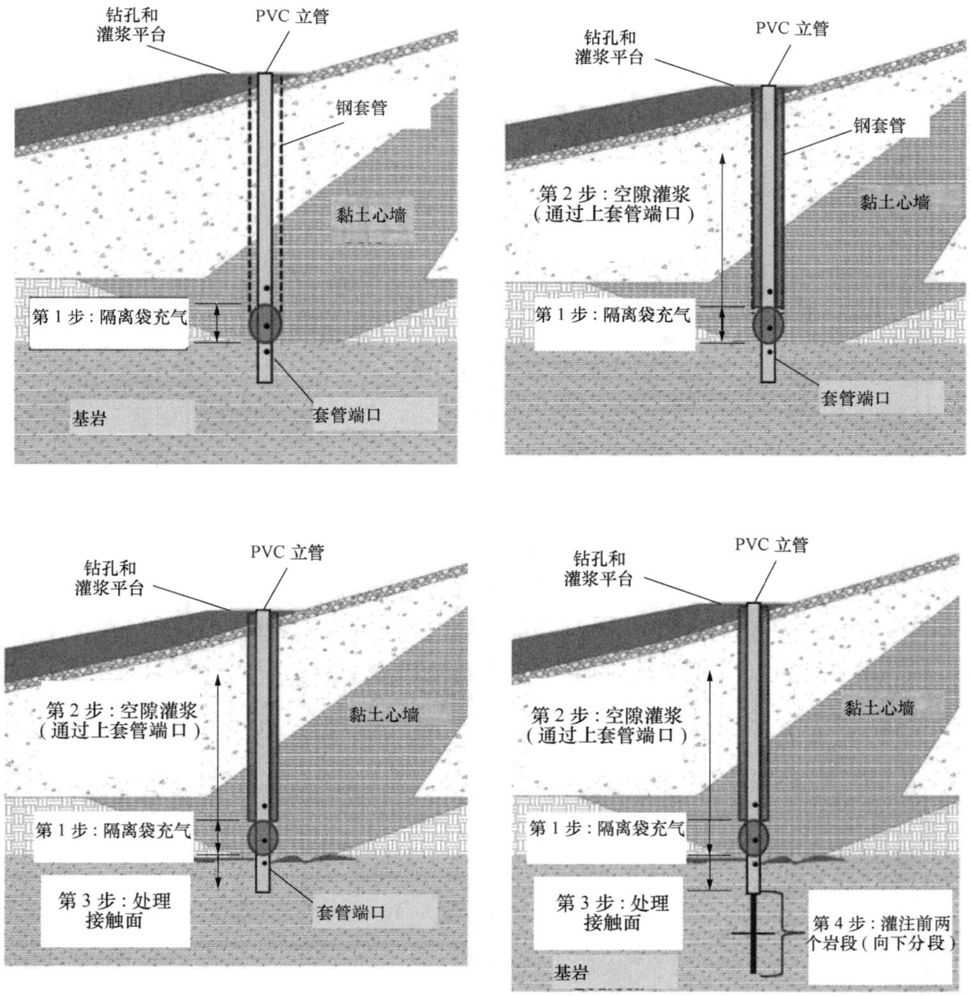

图 15.9.1.2-1　多端口套管系统的立管和接触面灌浆（经美国土木工程师学会许可）

所指出的隔离袋如图 15.9.1.2-2 所示。此方法可选择适当的浆液配合比，以密封接触

面，而不是使用填充套管之间空隙所使用的浆液配合比。此外，也可以监控注入接触面的灌浆量。填筑体/基础接触面灌浆最高注入压力应限制在 5lb/in²或以下。在此位置优先采用自重灌浆。

(a) 多端口套管

(b) 有纺织隔离袋的多端口套管

图 15.9.1.2-2　多端口套管和有纺织隔离袋的多端口套管（经美国土木工程师学会许可）

如果未使用多端口套管系统隔离土/岩石接触区，则应仔细检验立管与钻孔之间空隙填充所需的灌浆量。如果填充空隙所用的灌浆量超出空隙的近似体积，则浆液可能流入接触区。发生此情况时，应使用多端口套管系统对接触区进行正确灌浆，如下所述。

15.9.1.3　灌浆方法和灌浆压力

垦务局建议，以正确方式密封套管后，在一序孔钻进到全深并进行灌浆之前，先对填筑体下方所有预定灌浆孔进行一个或两个 10ft 长的孔段灌浆。上述第一个孔段在岔管位置建议的表压力应为每英尺覆盖层高度 0.5lb/in²或 10lb/in²的较小值；如果第二个孔段仍是自上而下的，则针对上述第一个孔段在岔管位置建议的表压力应为每英尺覆盖层高度 0.5lb/in²或 20lb/in²的较小值。应考虑填筑体和基础中的潜水面及在灌浆过程中观测到的特性等因素，对上述表压力进行调整，以便密封填筑体下的基础。如果较低孔段产生的高注入压力流动至填筑体，则可能发生水力压裂，如图 15.9.1.3-1（源自斯塔尔等人）。然后，可以采用自下而上分段灌浆法完成其余孔段。

对于已建填筑坝下方的所有其他孔段，垦务局将最高注入压力限制为以下两项中的较小值：①相当于岩石顶部最高水面的压力；②每英尺覆盖层 0.5lb/in²＋每英尺基岩 1.0lb/in²＋反压。

必要时，根据岩体和填筑体的特性及灌浆方案效果对最高灌浆压力进行调整。在高危设施下方灌浆时，可能需要评估应力，以锁定低限制应力区及确定安全的灌浆压力。务必注意避免填筑体发生水力压裂。

如第 15.13 节所述，在填筑坝下方进行灌浆时，垦务局要求进行计算机实时监控，以协助探测填筑体中的水力压裂。

15.9.2　承压流

在基础灌浆施工中，尤其在基础底部灌浆时，常遇到承压流。如遇到承压流，则灌浆总管上有效的灌浆压力应为 1lb/in²/ft 加上承压流产生的反压。对于承压流，可能需

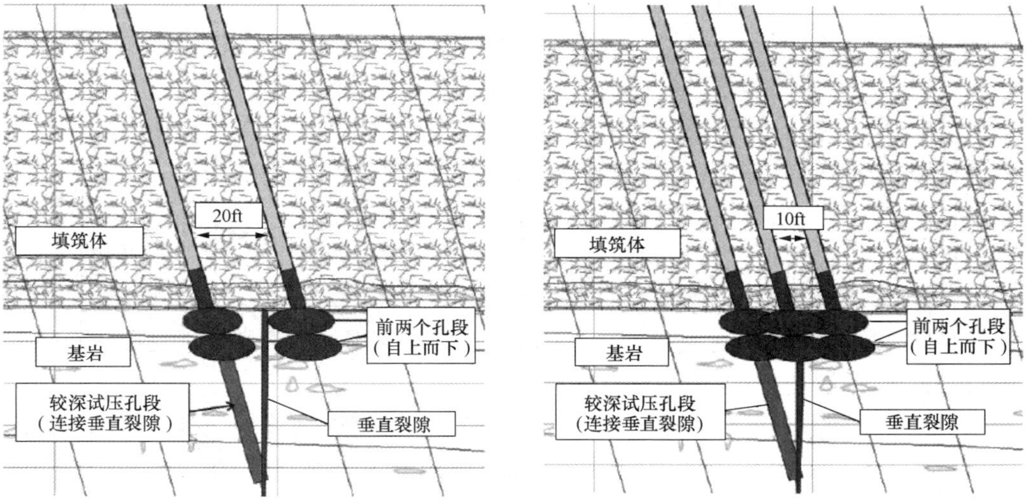

图 15.9.1.3-1 已建坝自上而下分段灌浆图

要额外的扬压力监控，尤其在铺盖灌浆或缝隙灌浆中产生承压流。经历承压流的灌浆孔段达到结束状态后，必须移除灌浆塞，直至在岔管上测定的反压消散。

15.9.3 高吃浆量

施工前地质勘察和基础灌浆施工可使基础内渗透率高的区域暴露出来。除非发现较大的地质地貌，否则一般通过逐渐变稠浆液配合比可以封闭由开节理、层面、裂隙、剪切带、孔隙等导致的基岩中渗透率较高的区域。如果泵送入最稠的浆液配合比吃浆量也没有减少，则采用间歇灌浆法是有利的。在这些情况下，应使用稳定的浆液配合比。在极罕见的情况下，垦务局采用添加细沙和氯化钙限制浆液过度流动及实现封闭，同时使用规定的现场灌浆设备。在添加氯化钙时需要有经验的人员进行操作和/或进行实验室测试，以防止损坏灌浆设备，因为基于许多因素，凝固时间可能有所不同。在这些区域可能需要增加间距小的闭浆孔，以验证高渗透率区域已经密封。

除了下文讨论的岩溶地貌以外，可导致极大吃浆量的地质地貌包括熔岩管、玄武岩顶部中的大空穴及火山沉积物快速冷却导致的过度开裂等地貌。在地质勘察过程中，必须确定上述各类型地貌。确定后，需要在设计过程中制定补充计划，以确定逐渐变稠浆液配合比不见效时，如何处理这部分基础。对于判定灌浆无效的较大地貌，额外的基础处理可能包括咬合桩、混凝土塞、低流动性灌浆（与压缩浆液配合比类似）和热沥青灌浆。对于较小的地貌，结合使用高流动性浆液与细沙、氯化钙、膨润土、锯末、纤维素、合成纤维、Diatun 胶等的多排灌浆帷幕，可有助于形成紧随中心闭浆排的上下游塞。

15.9.4 岩溶环境

岩溶地貌是一种地质地形，是由石灰岩、白云石和石膏溶解形成的。岩溶地貌一般具有地下排水路径系统、溶洞、尖礁和落水洞。填筑体下方基岩溶解可导致内部腐蚀和过度渗流相关的许多问题。经过一段时间以后，通过岩溶基岩的渗流可扩大已有地貌，可导致形成未经过滤的渗流出口点和内部侵蚀。

垦务局有一些建在岩溶地层上的大坝，包括位于怀俄明州的 Alcova 坝和位于新墨西哥州的 Brantley 坝。在这两个大坝建设过程中，为限制通过基础的渗流，实施了大规模的灌浆。陆军工程兵团最近在田纳西州 Center Hill 坝、肯塔基 Wolf Creek 坝和密苏里州 Clearwater 坝[8]遇到了岩溶问题。对上述大坝进行了大规模的基础补救（包括补救灌浆），以解决岩溶相关的大坝安全问题。阿拉巴马州电力公司在阿拉巴马州的 Logan Martin 坝遇到了坝下岩溶地貌问题，多年来，不断对该坝进行灌浆，以提高填筑体的稳定性及最大程度减少通过大坝基础的渗流。

在对岩溶地貌实施灌浆施工之前，需由知名专家在基础灌浆现场提供协助。如果设计和施工员工在处理可能产生的问题方面没有经验，则岩溶灌浆施工的成本可能非常高，而且作用不大。应注意，在可行的情况下，应尽可能避免在岩溶地貌处建设填筑坝。

陆军工程兵团在其工程师手册 EM 1110-2-3506 中详述了岩溶环境中的灌浆。所述指导适用于新建填筑坝设计或在已建填筑坝下方进行的补救灌浆。有关信息请参见EM 1110-2-3506。

15.10 灌浆材料和配合比

15.10.1 灌浆材料

基础可灌性的标准与渗透性、颗粒尺寸、空隙大小等相关，它对选择灌浆材料非常重要。灌浆材料必须具有与基础相兼容的性能，以有效降低渗透率、增加强度。在确定适于作业的最佳浆液时需考虑的性能包括：黏度、凝固时间、强度、稳定性、耐久性、干湿循环影响和毒性。此外，成本也是一项非常重要的考虑因素，且比较估算应包括材料、人工、设备和灌注的各个方面。

浆液分为以下两个主要类型：

（1）颗粒浆液包含悬浮微粒或固体颗粒，例如，水泥或黏土，且通常黏度较高。根据垦务局实践，在填筑坝下方基础灌浆施工一般采用水泥基浆液。

（2）化学浆液一般由有机化合物组成，其通常在现场发生反应，且具有可控制的初凝时间。本标准聚焦于使用水泥基浆液进行基础灌浆，未讨论化学浆液，而且强烈不建议在填筑坝下方灌浆作业中使用。

就灌浆量而言，水泥浆液通常比大多数化学浆液更经济。但是，在流水可以冲走水泥浆液的情况下，凝固时间可控制的化学浆液可能更经济，它可以作为一个临时措施，通过较少的材料减少流水。

15.10.2 水泥浆液

常结合其他材料使用的水和水泥混合料是最广泛用于改善填筑坝下方基础的灌浆材

料。灌浆混合料包括：辅助性胶凝（火山灰质）材料、黏土（膨润土）、减水剂、稳定剂或凝胶、促凝剂、填充剂和其他添加剂。除了黏度相对较高及凝固时间难以控制之外，水泥浆液的性能优于大多数其他浆液，尤其是在强度和经济性方面。

15.10.2.1 水

水泥浆液中所用的水应不包含大量的不良泥沙、有机物质、油类、盐碱类和其他杂质。此外，必须满足混凝土的用水要求（ASTM C1602——水硬性水泥混凝土生产用水标准）。此外，必须考虑水的温度。温度过高或过低可能对浆液性能产生延迟凝固至快速硬化等重大影响。

如果使用膨润土，则应对水的化学成分进行试验，以确保水中不含任何可能影响膨润土充分水合作用的杂质。

15.10.2.2 水泥

波特兰水泥是基础灌浆中最常用的水泥。水泥应为新鲜的，储存过程中不应出现结块现象，尤其在填充细裂纹或小空隙时。应满足混凝土用水泥的要求。水泥在使用之前应始终予以保护。在吃浆量相对较小处，通常使用质量为 94lb 的袋装水泥。但是，大量使用时（用于溶洞和大孔隙），出于经济性，一般使用散装水泥。

根据化合物成分和粒径，ASTM C150 将波特兰水泥分为五类：

（1）一类水泥常用于灌浆。但是，具有特殊性能的其他类型的水泥可广泛使用或用于解决具体问题。一类水泥的勃氏细度一般介于 $3000\sim5000cm^2/g$。

（2）二类水泥具有中等抗硫酸盐侵蚀性和较低的水化热。在美国西部大部分州可用于灌浆。

（3）三类水泥可产生高早期强度。因此，与其他类水泥相比，三类水泥更细。三类水泥的勃氏细度一般介于 $5000\sim7000cm^2/g$。但是，对三类水泥没有细度要求。高早期强度并不总表明更细的研磨。

（4）四类水泥具有较低的水化热且强度形成缓慢，且其成本比其他类水泥要高。所以，很少用于灌浆。

（5）五类水泥具有高抗硫酸盐侵蚀性，对于含有较高硫酸盐的地层或地下水具有重要价值。除非需要高抗硫酸盐侵蚀性，否则一般使用二类水泥，而非五类水泥，因为二类水泥成本较低。

水化水泥浆总质量的大约 90%为以下四种物质：

（1）硅酸三钙：$3CaO \cdot SiO_2$；

（2）硅酸二钙：$2CaO \cdot SiO_2$；

（3）铝酸三钙：$3CaO \cdot Al_2O_3$；

（4）铁铝酸四钙：$4CaO \cdot Al_2O_3 \cdot Fe_2O_3$。

上述化合物的化学简写如下：

$A=Al_2O_3$、$C=CaO$、$CH=Ca(OH)_2$、$F=Fe_2O_3$、$H=H_2O$、$S=SiO_2$ 和 $\overline{S}=SO_4$。

如果有 2 个 CaO 分子，则表示为 C_2。

波特兰水泥水化反应如式（15.10.2.2-1）～式（15.10.2.2-6）所示；但是，这些方程式并不代表反应的复杂性。

$$\begin{cases}\text{硅酸三钙}+\text{水}=\!=\!=\text{水化硅酸钙}+\text{氢氧化钙}\\ 2C_3S+11H\longrightarrow C_3S_2H_8+3CH\end{cases}\qquad(15.10.2.2\text{-}1)$$

$$\begin{cases}\text{硅酸二钙}+\text{水}=\!=\!=\text{水化硅酸钙}+\text{氢氧化钙}\\ 2C_2S+9H\longrightarrow C_3S_2H_8+CH\end{cases}\qquad(15.10.2.2\text{-}2)$$

$$\begin{cases}\text{铝酸三钙}+\text{石膏}+\text{水}=\!=\!=\text{钙矾石（硫铝酸钙水合物）}\\ C_3A+3C\bar{S}H_2+26H\longrightarrow C_6A\bar{S}_3H_{32}\end{cases}\qquad(15.10.2.2\text{-}3)$$

$$\begin{cases}\text{铝酸三钙}+\text{钙矾石}+\text{水}=\!=\!=\text{硫铝酸钙}\\ 2C_3A+C_6A\bar{S}_3H_{32}+4H\longrightarrow 3C_4A\bar{S}H_{12}\end{cases}\qquad(15.10.2.2\text{-}4)$$

$$\begin{cases}\text{铝酸三钙}+\text{氢氧化钙}+\text{水}=\!=\!=\text{水化铝酸四钙}\\ C_3A+CH+12H\longrightarrow C_4AH_{13}\end{cases}\qquad(15.10.2.2\text{-}5)$$

$$\begin{cases}\text{铁铝酸四钙}+\text{氢氧化钙}+\text{水}=\!=\!=\text{铁铝酸钙水合物}\\ C_4AF+2CH+10H\longrightarrow C_6AFH_{12}\end{cases}\qquad(15.10.2.2\text{-}6)$$

水化水泥颗粒由高密度水化硅酸钙（C-S-H）凝胶组成，在连续基体相中作为固体颗粒。外水化合物是毛管孔隙中的连续相，由固体 C-S-H 凝胶、凝胶孔、氢氧化钙和硫铝酸钙相组成。

除了一类或二类水泥以外的其他类水泥一般价格较高。因此，一类和二类水泥常用于水泥灌浆。美国西部州为高碱性土壤，所以一般不使用三类水泥。此外，目前生产的大部分水泥不只满足一种 ASTM 类别要求（例如，生产的水泥可满足 ASTM 的二类和四类要求）。

也有其他特种水硬性水泥，包括含有加气剂的波特兰水泥和膨胀水泥。此外，也有高铝水泥、硫铝酸钙水泥及它们的各种混合物。但是，基础灌浆可能需要特殊的化合物，以获得特定的灌浆性能，通常在搅拌浆液时添加此类化合物。预拌水泥一般不用于灌浆。

一般情况下，颗粒浆液将贯入比其最大粒径大三倍的裂隙和空隙。普通水泥中的最大粒径大约为 0.1mm（0.004in），所以小于 0.3mm（0.012in）的节理不可使用普通水泥灌浆。

也有微细水泥和超细水泥，它们经过专门研磨和加工，使得平均粒径小很多。它们的尺寸介于 0.01～0.001mm 之间及更小。例如，微细矿渣水泥的粒径分布为 98%在 7μm以下，50%在 3μm 以下。超细波特兰水泥和超细矿渣水泥的粒径分布为 98%在 10μm 以下，50%在 4μm 以下。微细和超细水泥的勃氏细度介于 8000～10000cm^2/g 及以上。这些水泥可用于孔隙或裂隙非常小的岩体。但是，这些水泥的成本可能是普通波特兰水泥的三至四倍（或更高）。设计师应认真考虑是否需要微细或超细水泥。垦务局在岩石基础灌浆施工中从未使用过此类水泥。

15.10.2.3 火山灰

火山灰是硅质材料或硅铝质材料，其本身几乎没有任何黏结性，但能与水泥中的氢氧化钙产生化学反应，形成具有黏结性的化合物。火山灰包括燃煤产生的粉煤灰、焙烧黏土和页岩、火山凝灰岩和浮岩。对于混凝土，垦务局一般只使用无烟煤或烟煤燃烧产生的 F 类粉煤灰（ASTM C618 规定）。粉煤灰与水泥具有相似的细度。可使用均质火山凝灰岩和浮岩等天然火山灰，但一般不用。页岩和黏土在使用之前通常需要在 1200～1800℉下进行焙烧及磨碎，所以，与常规粉煤灰相比，它们的使用成本更高。火山灰可以提高水泥浆液的流动性，减少泌水、收缩和渗透率。它们一般可减低早期强度，但晚期强度比无粉煤灰的浆液要高。

一般掺量是可变的，可能很高。按重量计算，掺量可为水泥的 10%～30%（F 类）。为填充部分空隙，可以使用 100%的粉煤灰，它们一般为 ASTM C618 规定的 F 类和 C 类粉煤灰的混合料。可以添加水泥以提高这些高粉煤灰混合料的强度。

15.10.2.4 膨润土

黏土是常用于水泥灌浆的外加剂。小粒径的黏土可保持水泥颗粒处于悬浮状态，防止浆液沉淀和泌水，所以可促进流动性。与净水泥浆或水泥砂浆相比，注入的水泥-黏土浆液的抗渗性更高。

黏土在碱性悬浮液中通常比较稳定，在 pH 值变成酸性时，倾向于絮凝。

膨润土（钠蒙脱石）有时也用于灌浆或与硅酸盐或其他化学物混合。膨润土有多种等级和类型。常用产自怀俄明州的膨润土，因为那里的膨润土具有一致性。怀俄明州的膨润土含有高比例的钠蒙脱石，常用于高流动性非常重要的浆液。

灌浆中使用膨润土时，搅拌顺序和质量非常重要。在用于灌浆之前，膨润土应与水化合至少 12h。但是，如果试验显示通过高剪切搅拌机可达到相同的水合作用，则可以缩短上述时间。含有未适当化合的膨润土的浆液可能存在许多问题，包括在灌浆过程中，随着膨润土化合，出现高可变性。膨润土浆中加入干水泥之后，应用高速的高剪切搅拌机连续搅拌，以保持水泥-膨润土混合物不结块。

在水泥浆中添加膨润土将降低抗压强度、提高收缩以及提高浆液的抗压滤性。但是，垦务局作业中几乎不会使用。按重量计算，膨润土的用量一般不到水泥的 2%。

15.10.2.5 减水剂和高效减水剂

目前，在浆液配合比中添加减水剂（WRA）或高效减水剂（HRWRA）是最常见做法。它们也称为塑化剂或超塑化剂。通常，添加 WRA 或 HRWRA 可减少浆液配合比中的水量，与未添加的混合料渗透性相同，但比它们的强度高。正常的 WRA 可减少浆液配合比中 5%～10%的水，同时保持近似的流动性；HRWRA 可减少浆液配合比中 15%～30%或以上的水，同时保持近似的流动性。

HRWRA 可分解结块的水泥颗粒，降低需水量。与未添加 HRWRA 的浆液相比，分裂开结块可使浆液更容易流动（较低黏度），贯入更细的裂纹。但是，在浆液配合比中添加过度的 HRWRA 可导致其中的水泥颗粒快速沉淀，形成薄弱区，新生成的 HRWRA 更是如此。对于水灰混合料，按重量计算的 HRWRA 剂量不应超过水泥的 0.5%左右。一般情况下，在水泥和水搅拌之后，添加 HRWRA 的效果更佳。如果要搅拌的浆液非常稠，有时在加水泥之前，需要向水中添加一部分 HRWRA，然后在初步搅拌后，添加剩余的 HRWRA。如果使用其他添加剂（例如，触变剂），可能需要添加更多 HRWRA，达到水泥的 2%左右（按重量计）。

15.10.2.6　触变剂

触变剂添加入浆液中会导致黏度随着剪力变化快速变化。此性能导致流体快速流动，但能够使成分悬浮或稳定。这些高分子凝胶（生物聚合物）是专门结合水泥使用的。早期触变剂使用威兰胶，近期的触变剂使用 Diutan 特种胶。

这些材料可以大幅提高抗压滤性。它们也可用于暴露在流水中的浆液，赋予其抗冲刷性。它们的用量一般较小（按质量计，大约是水泥的 0.1%）。

15.10.2.7　水合作用控制外加剂

这些外加剂可分为三个不同类别：①促凝剂；②缓凝剂；③水合作用稳定剂。促凝剂缩短凝固时间。最常用的促凝剂为硅酸钠和氯化钙。缓凝剂延长浆液胶化和凝固时间，部分产品可达到数天的凝固时间。水合作用稳定剂（缓凝剂）可用作单组分系统或双组分系统，它们涉及使用稳定剂和催化剂。稳定剂使水化进程在特定时间中止或直至将催化剂加入浆液中，之后开始水化作用。

15.10.2.7.1　促凝剂

促凝剂用于加快凝固时间，达到高早期强度。遇到流水问题时或在表面下大空隙中试图限制流动时，一般在水泥浆中加入促凝剂。水泥浆与水接触后，一般凝固时间为 4～6h。水泥的凝固时间很难在 10min～4h 之间调整。

硅酸钠溶液可以大幅加快水泥浆凝固。对于 10min 以下的凝固时间，约为水泥质量 10%～20%的硅酸钠溶液可用于促进凝固。垦务局为确定加速作用进行了试验，结果表明，通过这些促凝剂灌浆可以在数秒内凝固。

氯化钙视为一种经济型促凝剂，垦务局使用氯化钙剂量大多为水泥重量的 6.5%，且未产生任何不利影响。氯化钙通常加入稠、清水灰浆液中，以加快水泥的水化以及限制浆液流动或加快凝固时间。将会接触金属的浆液中使用氯化钙应谨慎，因为金属可能被快速侵蚀。

有些化学浆液与水泥浆兼容，可用作加快凝固的外加剂，用于密封流水和承压流。硅酸钠和丙烯酰胺均能够与水泥浆有效结合控制流水中的凝固时间。

15.10.2.7.2　缓凝剂

尽管垦务局在浆液配合比中很少使用缓凝剂，但有时使用这些外加剂降低黏度、含水量及放慢凝固时间，从而阻止浆液形成早期强度。这种外加剂可用于在浇筑之前需长距离运输的浆液。应注意，对于基础灌浆施工，切勿在工程场地外搅拌浆液。

15.10.2.8　膨胀助剂/稀释剂

另外一种常见的添加剂是膨胀助剂/稀释剂，它们一般是 HRWRA 和铝粉等膨胀剂的混合物。部分稀释剂可能包含凝胶等触变剂。在使用之前，应验证这些外加剂的实际效果，因为水泥的特殊成分可导致不同的膨胀量。过高膨胀可导致明显的强度损失。

15.10.2.9　硅灰

硅灰是另一种火山灰，是在生产硅铁合金材料过程中产生的。硅灰一般用于制作高强度的混凝土，用于灌浆，具有相同的效果。在灌浆中，硅灰也可提高稳定性（增强抗压滤性）以及减少泌水和沉淀。此外，它们也可改善浆液的耐久性。由于硅灰的粒径十分小

（大约为水泥平均粒径直径的 1%，0.1μm 左右），所以需水量极高。因此，在使用硅灰时，几乎同时也需使用 HRWRA。按质量计的硅灰用量一般为水泥质量的 5%～10%。

硅灰的质量十分轻，可以干燥且致密型式运送。如果此型式的硅灰用于灌浆中，则确保充分搅拌十分重要。如果搅拌不充分，则致密颗粒不会分解，硅灰的效果将会大打折扣。就其本质，硅灰是价格昂贵的填料。

15.10.2.10　砂

砂常用于水泥浆中，作为大空隙中的散装填充物。砂浆一般流动距离缩短，常通过间歇方式泵送一定量的砂浆用于建造屏障。砂浆泵送至凝固的间隔时间一般为 4h。砂仅应使用在浆液“吸入”条件下自由流入灌浆孔的情况下（在灌浆过程中，岔管上的泄放阀常开，以确保灌浆孔上无压力）。

对于基础灌浆，按体积计的水：灰：砂的一般比例为 1：1：1。膨润土作为使砂子悬浮在混合料中的助剂，可以按照水泥重量的 2%（或以上）的比例加入灰-砂混合料中。

用于基础灌浆的砂料级配是不相同的。100%能够通过 30 号筛子，且 15%或以上能够通过 100 号筛的砂料可以成功用于泵送。

在水泥浆液中使用砂并不一定会制作出更经济的混合料。使用等量的干燥材料时，净水泥浆液中总固体材料的量远高于砂-灰-膨润土浆。垦务局实验室试验结果表明，在水灰比为 1：1（按体积计）的净水泥浆中两袋水泥可产出 2.56ft^3 的固体。在水：灰：砂比例为 1：1：1 的水泥中，一袋水泥、1ft^3 砂和水泥总重 2%的膨润土仅产出 1.92ft^3 的固体。Teton Basin 工程的实验室试验结果表明，就产量和投标价格而言，使用净水泥浆比含水泥、砂和膨润土的浆液更经济。

15.10.3　水泥浆液特性

需要进行大量测量水泥浆液性能的试验，目的在于协助确定水泥浆液的现场性能，验证是否符合技术要求。最常进行的测试如下：

（1）表观黏度［ASTM D6910，马氏漏斗黏度计；美国石油学会（API）推荐实践 13B-1］。黏度是对流动性的衡量，一般使用马氏漏斗黏度计测定。测试程序为将一个马氏筒装入倾倒滤网的底部，然后测量 1 夸脱浆液通过漏斗流入量杯的时间。

（2）黏结力（“大坝基础灌浆”）。黏结力是屈服应力，与流体在给定压力下流经通道的距离和速度相关。黏结力可以使用隆巴迪（Lombardi）板（隆巴迪，2003）测定。

（3）初始胶化时间和最终胶化时间（“大坝基础灌浆”）。使用十字板剪力仪可以测定初始胶化时间和最终胶化时间。通过测试确定浆液达到初始胶化时间（黏结力 100Pa）和最终胶化时间（黏结力 1000Pa）所需的时间。

（4）压滤系数（API 推荐实践 13B-1）。使用 API 压滤机测定。将 400ml 浆液样本倒入压滤机顶部进行测试。然后，对样本增压至 100lb/in^2，测试 10min。测值表明，水泥颗粒停止悬浮很容易形成滤饼，可防止浆液继续贯入。然后，通过以下方程式计算压滤系数值：

$$K_{pf} = \text{挤出的流体体积} / \text{初始样本体积} \times \text{时间(min)}^{1/2}$$

（5）泌水（ASTM C940，使用仪器确定硬化水泥浆、砂浆和混凝土长度变化的标准实践）。浆液“泌水”是由浆液混合料中固体颗粒的沉积/分离导致的，可使用1000mL量筒，根据ASTM C940所述方法测定浆液的泌水率。

（6）比重（API推荐实践13B-1，水基钻孔液现场测试建议实践）。一般使用泥浆比重秤测定。可使用Baroid泥浆比重秤，根据API推荐实践13B-1所述的方法测量浆液比重。Baroid泥浆比重秤可用于测量比重和密度。

（7）初始凝固时间和最终凝固时间（ASTM C191，维卡针测量水硬性水泥凝固时间的标准方法）。可以通过维卡针测试仪确定初凝和终凝时间。

（8）抗压强度（ASTM C39，圆柱形混凝土样本抗压强度标准测试方法）。通常使用2in的立方体或直径2in、高度4in的圆柱体测定。

触变性是与可以获得某一黏结力值的时间及黏结力增加或下降时剪切或拌和影响相关的。上述试验测定的一些参数与触变性相关。以HRWRA和凝胶为主的多种外加剂可对触变性产生影响。对于包含触变剂的灌浆混合料，随着浆液的剪切速率或拌和速率下降，黏结力和黏度快速增加。

水泥浆液配合比的关键元素是水灰比、粒径和颗粒分布、压滤、泌水、胶化和凝固时间、黏结力和强度。调整浆液配合比以改变某种性能一般会影响其他性能。例如，加水降低黏度会降低强度，且可能提高压滤系数（浆液易于堵塞浆液孔或裂隙，且不能良好贯入）。但是，如果使用减水剂增加黏度，可能不会降低强度，压滤系数可能下降（浆液能够更好地贯入介质中），但泌水会略微增加。

15.10.4 垦务局的标准基础灌浆配合比

最佳配合比理论认为，初始水泥浆液的配合比应该较预期的最佳配合比稀，以免漏灌需要较稀浆液的孔段，除非已知存在较大空隙。因此，垦务局灌浆施工一般使用的初始水泥浆液配合比为5∶1（水灰比，按体积计），由水、灰和超塑化剂组成的净水泥浆，且针对各孔段采用适当的高效减水剂，除非在钻孔过程中发现大空隙，或灌浆主要是为了填充大空隙情况下例外。初始配合比逐渐变稠，直至达到最佳配合比，且各孔段达到预期的闭浆标准，同时稠浆液不会过早致使阻塞。垦务局通常采用以下的水泥浆液配合比，及适当剂量的超塑化剂，直至达到最佳配合比：5∶1→4∶1、4∶1→3∶1、3∶1→2.5∶1、2.5∶1→2∶1、2∶1→1.5∶1、1.5∶1→1∶1和1∶1→0.8∶1、0.8∶1→0.6∶1。跳过任何水泥浆液配合比可导致某灌浆段过早闭浆。

一些人可能认为超塑化剂是没必要的，在高水灰比时作用不大。早在20世纪80年代初，垦务局就使用了超塑化剂，将其加入浆液后，观察到高水灰比水泥浆的贯入性增加。在20世纪80年代之前，垦务局通常采用的初始水灰比高达8∶1～10∶1，在很多工程中，最佳配合比一般介于6∶1～3∶1。当时，垦务局内部实施灌浆的人员抵制使用较稠的初始浆液配合比，以避免灌浆段过早拒浆，同时，垦务局设计师努力减少浆液“泌水”。超塑化剂的出现在设计人员与现场施工人员之间找到了平衡。在看到使用超塑化剂的高水灰比浆液的优势之后，垦务局的灌浆政策变更为：初始水泥浆液配合比5∶1，并适当添加超塑化剂。

15.10.5 平衡-稳定的灌浆混合料

平衡-稳定的灌浆混合料几乎没有任何泌水、抗压滤性高且注入前后浆液性能只发生微小变化。“泌水”是由浆液混合料中的固体颗粒沉积导致的。压滤可测量在灌注过程中挤出的水量。

平衡-稳定灌浆混合料包含水、灰和外加剂。目前，该混合料中常用的外加剂为膨润土、威兰胶或 Diutan 胶和超塑化剂，其水灰比一般介于 3∶1～1∶1（按体积计）。膨润土的用量是水泥的 1%～3%（按质量计）。威兰胶或 Diutan 胶的用量约为水泥的 0.1%（按质量计）。超塑化剂用量一般为含膨润土浆液中水泥的 1%～3%（按质量计）。

如果基础灌浆施工使用平衡-稳定的灌浆混合料，则应在灌浆作业开始之前进行实验室试验，以确定混合料中每种材料的正确比例，从而达到预期性能及符合配料要求。

15.11 钻孔

钻孔提供了将浆液输送至岩石基础的途径。灌浆方案和钻孔技术必须结合，以尽可能多地灌入最佳配合比的浆液。钻孔孔壁相对光滑和尺寸均一非常重要，以便于设置灌浆塞。此外，将钻屑充分冲洗出钻孔也很重要，以防止钻屑封堵暴露在钻孔孔壁上的裂隙。

15.11.1 钻孔规格

垦务局数十年使用不稳定浆液配合比的经验表明，灌浆孔径应为 2.5in 或以下，以防止不稳定浆液的压滤性能差导致灌浆孔段过早拒浆。优选 1.9～2.0in 的钻孔尺寸，除非钻孔深度超过 400ft。由于垦务局在基础灌浆施工中使用不稳定浆液，规定一般采用的灌浆孔直径为 AX 规格（1.9in）。对于深度超过 400ft 的灌浆孔，规定一般的钻孔直径为 BX 规格（大约 2.4in）。在 400ft 以下深度，钻杆可能经历过度弯曲，导致钻孔方位发生不可接受的变化及钻孔直径不均一。BX 规格钻孔允许使用更高强度的钻杆，使得钻孔更加平直且直径更加均一。

鉴于上述孔径限制（小于 2in）和最佳配合比的使用，一般使用流体旋转技术钻进灌浆帷幕的灌浆孔。使用平衡-稳定灌浆混合料时，直径最大为 3in 的灌浆孔可适应成本较低的钻进方法，例如，水压潜孔旋转钻锤，但是，不建议采用直径为 3in 的灌浆孔。

15.11.2 灌浆可接受的岩石钻孔方法

有许多方法可用于岩石钻孔。无论选用哪一种方法钻进灌浆孔，垦务局始终要求用水作为冲洗灌浆孔的介质，这样可以获得最均一且平直的钻孔，并且是灌浆之前清除钻屑的最佳方法。使用空气作为冲洗介质时，可能导致裂隙过度堵塞，阻止了浆液贯入。不允许使用促进清除钻屑或保持稳定钻孔的添加剂，例如，膨润土，因为它们可以部分或完全堵塞岩石中的天然裂隙。将膨润土用作钻孔液添加剂与将其作为浆液添加剂是不同的过程。

灌浆时，垦务局倾向于使用水旋转方法。旋转钻进技术包括使用三牙轮钻头、金刚石钻头和金刚石取芯钻进。金刚石取芯钻进是一种较慢的钻进方法，但是可以获得最平直的钻孔，且钻孔孔壁最均一。如果在灌浆之前需要验证岩石条件或需要非常精确的钻孔布置时，可以使用金刚石取芯钻进。可从钻头位置将扩孔器放在钻孔上，以保持钻孔处在一条线上，以及孔壁尺寸均一和平滑。由于垦务局灌浆帷幕一般要求较小直径的灌浆孔（不到 2in），所以一般采用水旋转钻进技术。

气压或水压旋转钻锤（旋转冲击）是最快的钻进方法，尤其在结合顶驱钻锤时；但是会导致钻孔非常不规则，且迫使大部分钻屑进入岩层中。对于上部钻孔冲击，钻孔锤安装在钻具上，通过钻杆将向钻头施加能量。对于潜孔钻进方法，钻孔锤安装在钻头正上方，并通过钻孔液驱动，同时，钻头转动钻柱。在垦务局灌浆施工中顶驱钻锤可用于深度不到 20～30ft 的浅灌浆孔（例如，铺盖灌浆孔），但前提是相对于标准旋转技术，在钻进过程中不产生任何过度粉末。鉴于灌浆施工中需要相对较小的孔径，所以在较深位置，钻柱受顶驱钻锤的影响经历过度弯曲，导致钻孔方位发生不可接受的变化及钻孔直径不均一。孔径不均一可能导致灌浆塞周围发生泄漏，或损坏灌浆塞。因此，对于较深的灌浆孔，垦务局不允许使用顶驱冲击法。

潜孔钻锤法提高了冲击钻进的效率，因为钻孔锤位于钻柱末端。潜孔旋转锤一般使用某种型式的球齿钻头。现有钻头技术及配备有导向叶片的转向管柱的使用，使得钻孔孔径一致且孔壁光滑，接近金刚石旋转技术的效果。

近年来，灌浆行业一直使用潜孔钻锤法，因为通过现代化设备可钻进 2.5in 的钻孔。以前，钻孔锤的尺寸使其不适合钻进灌浆孔所需的相对较小的钻孔。与标准旋转技术相比，潜孔锤的成本较低，且钻进时间较短。此外，与顶驱锤法相比，潜孔锤能够大幅提高精确度，并能够钻进较深的钻孔。工程使用平衡-稳定灌浆混合料时，可接受使用较大的钻孔（最大 3in）和允许使用潜孔钻锤法。

对于交通受限的区域、陡峭地形或从隧洞内灌浆，可能需要使用较小的便携式钻机钻进灌浆孔。钻进时，这些钻机的扭矩和下压力一般较小，且以较低的速率钻进。因尺寸较小而一般要求使用较短的钻杆，这会延长钻进每个灌浆孔的时间。图 15.11.2-1 所示为垦务局近期工程中使用的小型便携式钻机。

图 15.11.2-1　使用 Chicago 65（CP-65）钻机在陡峭地形上钻进坝肩灌浆孔

15.11.3　选择钻孔方法

应在考虑将会遇到的岩石特征的基础上选择钻孔方法。许多坝址的基础中具有不同类型的岩石。选择钻孔方法通常是综合考虑最适于坝基内遇到的各种条件及基础中存在的各种岩石类型的钻进方法。鉴于目前有多种钻头和钻机可供使用，所以适当的结合可以获得良好的钻孔几何形状和钻进速度。可以专门针对最常见的岩石类型或坝址条件选择钻头，但是钻孔方位、钻孔平直度、孔壁完整性、堵塞和钻孔坍塌或完全受损等变化的风险将会增加。

钻屑堵塞裂隙将使浆液有效灌入这些裂隙中的能力打折扣，这也是讨论和选择灌浆孔钻进方法时面临的主要问题。以下因素可影响裂隙堵塞：

（1）裂隙宽度。

（2）钻进方法产生的钻屑尺寸。

（3）岩性。

（4）风化量。

（5）硬度。

（6）黏土/粉土含量。

（7）旋转速度和扭矩。

（8）循环流体压力和体积。

（9）钻头类型和锐度。

（10）钻速。

（11）水位。

对于可阻塞缝隙（裂隙）的钻速，火成岩和大部分变质岩一般不会产生大量的粉末。在这些类型的岩层中，如果采用不稳定浆液，且孔径较小，则允许使用潜孔锤。

对于可能阻塞细裂隙的钻速，泥质砂岩、黏土岩和页岩更易产生粉末。因此，对于这些类型的材料，建议使用水旋转钻进方法。

15.11.4 钻孔记录

应保存各灌浆孔的钻孔记录，以验证对岩体做出的灌浆设计假设是否正确。此外，通过钻孔记录也可提前了解吃浆量较高的潜在区域，以便针对特殊条件调整灌浆方案。钻孔记录应包括钻速、失水或增水区域、采用的下压力和水压、钻屑性质、遇到的任何空隙位置及钻进特点（每次钻进的平滑度或粗糙度）。

所有取芯孔也应包括各次钻进的岩芯收获率、遇到的节理位置、节理特征，例如，开度、闭合、严重破裂或破碎区域的位置和岩石类型的变化。应由接受过岩芯钻孔记录及《垦务局工程地质现场作业手册》操作要求培训的人员监控和记录取芯过程。

15.11.5 钻孔垂直度

按照设计的钻孔方位和倾斜度钻进灌浆孔是最有效的。有许多因素可以影响钻进孔的垂直度，包括岩体的特性、初始钻孔方向、需钻进的钻孔尺寸和深度、使用的钻机尺寸和类型、钻进方法、钻头、钻杆和钻孔液。将灌浆孔钻至适当的位置，将立管设置到正确的方位和倾斜度、适当地初步设置钻机和钻杆的方向。钻孔时，初始方位或倾斜度不正确，在地下是无法改正的。

在旋转钻进中，使用扩孔器有助于正确定位。潜孔旋转锤的钻头后面配备有导向叶片的转向管柱，有助于保持正确的方向。在钻进过程中，钻机操作人员必须保持下压力、钻速、旋转速度、流体体积和流体压力之间平衡，以尽可能获得垂直的钻孔。

有几种仪器可以快速验证钻孔的垂直度。三轴磁力计利用地球磁场的方向和强度确定钻孔的垂直度。但是，三轴磁力计在含铁量较高的岩石中或局部地磁异常的区域中使用效果不佳。三轴加速度计可探测与地球重力有关的仪器角度变化（称为滚转角），以确定钻孔方位和倾斜度的变化。许多仪器可结合重力和磁力使用。光学仪器可利用激光束探测钻孔方向变化。

15.12 灌浆设备

灌浆设备的主要部件包括灌浆泵、浆液拌和机、拌和罐、压力计和水表。其他必要的灌浆设备包括循环管线、灌浆塞软管、阀门、压力计、压力传感器、灌浆总管、立管和灌浆塞。在全部基础灌浆施工中，垦务局也要求使用流量计。对于大型灌浆施工，应考虑使用密度计。图 15.6.3-2 所示为常用灌浆作业设备的布局。

目前，整个灌浆行业在灌浆作业中经常使用较为精密的监控设备（例如，密度计）和自动化电子仪器记录压力、流量、体积、比重、密度、吕荣值、有效压力等。第 15.13 节讨论这些监控设备。

好的灌浆设计包括规定适用设备，下文简要讨论垦务局基础灌浆施工中一般规定的灌浆设备。关于灌浆设备的其他讨论可见霍尔斯贝、布鲁斯和韦弗。

图 15.12-1 Starvation 坝的便携式灌浆设备

便携式灌浆设备是最常用的类型，一般安装在拖车或滑轨上。由于垦务局当时建设的许多大坝位置偏远，所以常用便携式灌浆设备（如图 15.12-1 和图 15.12-2 所示）。可在不同位置使用多台灌浆设备以同时对多个部位灌浆。对于使用大量浆液的大型灌浆作业，可由承包商设计集中配料厂，以便配制大量浆液并输送至多个拌和罐及距离注入点较近的泵。图 15.12-3 所示为 New Waddell 坝采用的集中式配料设备。

图 15.12-2 Ridges Basin 坝的便携式灌浆设备

图 15.12-3 New Waddell 坝的集中配料设备

15.12.1 拌和机

灌浆拌和机必须能够均匀地搅拌包括外加剂在内的浆液，且没有任何结块。垦务局要求使用高速胶质拌和机，配备有高速离心式混合泵，拌和转速为1500～2000r/min。离心泵的回流直接正切进入圆柱形管中，在管中形成漩涡。离心作用可分解结块，限制离析。鉴于高速胶质拌和机的搅拌质量较高，所以不允许使用立桨式和机。

垦务局目前规定拌和机和搅拌罐的最小容积至少为17ft^3，以满足高吃浆量孔段的需求。

15.12.2 搅拌罐

搅拌罐起着储存罐的作用，保持搅拌后的浆液处于悬浮状态。搅拌罐通过软管将浆液输送至泵。搅拌罐一般为立式桨叶。除了旋转桨叶以外，可在罐内焊接挡板，以提高搅拌作用。垦务局每个基础灌浆施工技术要求均给出标准图纸40-D-6571，说明对搅拌罐的要求。

拌和后的浆液倒入搅拌罐后，可以拌和下一批浆液，同时灌注搅拌罐中的浆液。垦务局要求流入搅拌罐中的所有浆液（包括搅拌罐流入和总管回流的）均通过16号美国标准筛，以清除其中的所有结块。

15.12.3 水表

水表或水柱计用于拌和设备，确保浆液的水灰比是精确的。水表或水柱计的规格应足够大小，满足向拌和机供水，实现快速搅拌。

15.12.4 泵

在基础灌浆施工中，垦务局要求使用螺杆泵，因为它们能够产生均匀且无脉动的压力，具有较大的泵送能力，且可以泵送多种不同稠度的浆液。

不允许使用活塞泵，因为难以保持均匀的压力，且其需要经常清洗。

灌浆泵应与搅拌罐直接连接。填筑坝的基础灌浆不可使用配有料斗的泵与缩颈式泵。

灌浆泵的位置不得超出立管标高20ft，且距离灌浆孔不超过200ft，以防止产生相对于灌浆压力来说过度的循环管线压力。

各台灌浆设备均需配置一台备用灌浆泵。此备用灌浆泵必须能够在15min内投入使用。

15.12.5 阀门

用于灌浆的阀门必须在长时间持续灌浆后仍保持可用，且清理方便，能够承受浆液的磨耗。垦务局允许使用球阀或隔膜阀。所有球阀均应具有永久固定在阀门上的至少6in杆式手柄，清晰示出阀门的位置。阀门必须是铸铁或钢制的，不允许使用PVC或其他塑料阀门。

15.12.6 压力计和压力传感器

在注入灌浆时，总管上设置精确的压力计非常重要。垦务局一般要求在灌浆管上安装两个压力计：一个装在泵上，另一个装在总管上。不精确的压力计可能导致高压，从而引发水力压裂或劈裂。不精确的压力计也可能导致注入压力低，使灌浆不起作用。各压力计的额定值不得超过所灌浆孔段最高灌浆压力的 3 倍。

垦务局要求，灌浆过程中在总管处使用压力传感器。图 15.12.6-1 所示为灌浆总管上的压力计和压力传感器。压力传感器以顺流向安置在总管上，位于调节阀后和泄放阀前（如图 15.6.3-3 所示）。泵送胶凝浆液时，压力传感器可以提供可靠的读数。垦务局规定，所有基础灌浆施工均应采用红阀系统系列 42 压力传感器或相同传感器。

15.12.7 循环管

灌浆循环管由总管的供浆管和搅拌罐的回流管组成。供浆管和回流管允许浆液连续循环流向总管。供浆管及其全部配套阀门和管件的最小尺寸一般规定为 1in；但是，如果浆液的黏度较高，且预期“吃浆量”较高，则可规定使用 1.5in 的软管。在循环管中，承包商常使用高压挠性软管。图 15.12.7-1 所示为连接灌浆总管的循环管。

图 15.12.6-1 灌浆岔管上的压力计和压力传感器箱（红阀系列 42 压力传感器）

图 15.12.7-1 灌浆总管上的供浆管和回流管

在灌浆开始之前，水应一直在灌浆管线中循环，以确保管路不会被堵塞。

15.12.8 灌浆总管

在基础灌浆工程中，垦务局均要求使用灌浆总管系统。图 15.6.3-3 所示为垦务局局标准灌浆总管设计。要求通过总管调节压力及流入灌浆孔的浆液。

浆液从搅拌罐流出，通过灌浆泵和供浆管线最终流向总管。在初始灌浆开始前，应完全打开供浆阀和回流阀，关闭调节阀。在此情况下，流经供浆管的所有浆液均通过回流管流至搅拌罐。在管线中循环的浆液，通过调节阀和回流阀在总管位置控制进入灌浆孔的压力和流量。随着调节阀缓慢打开，浆液开始流入灌浆孔中。调节阀完全打开后，如果需要增加压力和流量，可以调节回流阀。一般情况下，应保持流向搅拌罐的部分回流。随着孔段达到拒浆状态，压力逐渐形成，需要缓慢打开回流阀，关闭总管处的供浆阀，以保持压力均匀。相关负责人和检查员对总管保持警惕，适当调节压力非常重要。

多端口的灌浆总管允许灌浆泵同时向多个灌浆孔注浆。由于总管上的各个端口均由同一泵供浆，所以连接多端口总管的各个灌浆孔必须使用相同的浆液。因此，基础灌浆施工中不允许使用多端口的灌浆总管，因为各个灌浆孔/孔段可能需要不同的浆液，如 15.5 节所述。

在灌浆过程中需要定期测量反压和保持的压力。通过关闭顶部供浆阀，同时令管中的浆液循环，在总管处会出现反压和保持压力的压差。如果压力计立即归零，则既无反压，也无保持的压力。如果压力计保持压力，则应打开泄放阀，直至压力计读数为零，然后关闭泄放阀。如果泄放后，压力计保持为零，则泄放前的压力计读数为保持压力。如果关闭泄放阀后，压力计启动，出现的是反压读数。

15.12.9 流量计

在基础灌浆施工中，垦务局一般要求使用流量计。流量计提供灌浆孔的实时流量及浆液体积。在流量计之前，检查员站在灌浆设备旁，每隔 15min 将量油尺插入管中一次。量油尺的标高差转换为体积和流速。使用流量计将减少灌浆施工中所需的检查员数量，因为可以直接在流量计上读出流量和体积，不用定期将量油尺插入搅拌罐中测量。流量计也能提供实时流量和体积读数。

垦务局更愿意将流量计放置在泄放阀与立管之间。一般规定使用超声波流量计或磁性流量计。大多数流量计上设有数字显示屏，且屏幕上的数据可以保存在读出装置中或传送至中央数据收集站。图 15.12.9-1 所示为灌浆施工中使用的超声波流量计。

图 15.12.9-1 安装在泄放阀下游的超声波流量计（照片中未显示立管）

15.12.10 灌浆塞

灌浆塞是阻止或防止注入的液体通过灌浆塞返回地面的可膨胀装置。灌浆塞用于压水试验，此外，将带有软管的灌浆塞插入预定深度即可对一段钻孔进行灌浆。垦务局一般规定使用气动灌浆塞。对于从表面进行的一次灌浆，可使用机械灌浆塞。市场上有适用于多种孔径的灌浆塞，或者也可定制用于任何孔径的灌浆塞。灌浆塞应有一个直径 1in 或以上的孔穿过，避免阻碍浆液流经灌浆塞。图 15.12.10-1 所示为垦务局灌浆施工中安置的膨胀灌浆塞。

15.12.11 灌浆塞管

在近期许多工程中，供浆管连接灌浆塞的管一般为聚乙烯气压管，最小内径为 1in，符合 ASTM D2513 的标准。如果承包商选择使用钢管，则需要平接管。标准管和管接头常因松脱或塌孔导致掉落问题。图 15.12.11-1 所示为垦务局在近期工程中将灌浆塞管装入灌浆孔中。

图 15.12.10-1 置入灌浆孔中的膨胀灌浆塞

图 15.12.11-1 装入灌浆孔中的灌浆塞管

许多承包商更愿意使用卷筒式灌浆塞管，这种管可适应工程中遇到的任何灌浆孔深度。如果不使用卷筒式灌浆塞管，则需要多种长度的管以适应不同的灌浆孔深度。因此，使用卷筒式灌浆塞管不必频繁换管，从而可节省时间。

使用卷筒式灌浆塞管时，灌浆总管连接卷筒管。灌浆塞固定在卷筒式灌浆塞管的末端，然后，下放至要求的孔段深度。灌浆开始后，浆液在向下流入灌浆孔中之前，必须流经整条灌浆塞管。

尽管卷筒式灌浆塞管具有上述优势，但是垦务局不允许在需要低流速注入的工程中使用这种灌浆塞管。遇到过在低流速时，灌浆软管内而非灌浆孔内拒浆的问题。在低流速时，浆液可能在管底部开始凝固，尤其是炎热天气，浆液凝固速度更快。由于垦务局的大部分基础灌浆施工要求低流速注入，所以不允许使用卷筒式灌浆塞管。

15.12.12 立管

在钻进灌浆孔之前，安装浅立管，以标记钻孔的位置、控制钻孔顶部的泄漏、限制地表水流入钻孔中，以及设定钻孔的方向和倾斜度。图 15.6.8-1 所示为常见立管安装详图。图 15.12.12-1 所示为垦务局近期灌浆施工中使用的 40 号 2.5in 黑色钢立管。在良好岩石中，嵌入深度一般为 2～3ft。在不良岩石中，应增加嵌入深度，直至立管紧固。不在立管上作业时，一般立管应加盖。立管的内径应等于或小于通过立管正在钻进的孔的尺寸的一半。垦务局要求使用黑色钢管作为立管。填筑施工之前，应切除完成灌浆的立管，使之与最终基础面平齐。

图 15.12.12-1　垦务局近期工程使用的立管

15.12.13　流体密度计

如第 15.13 节所述，如果认为灌浆施工需要实时计算机监控系统，则垦务局建议使用流体密度计。可随时间连续记录浆液的密度和配合比。如果需要流体密度计，则应规定使用直管型。流体密度计的精确度受灌浆管中流速的影响。为确保精确测量，应将流体密度计放置在供浆管与灌浆总管之间。应规定密度计的内径等于灌浆管的直径。

15.13　现场监督、检查和监控

基础灌浆是土建施工中比较独特的施工活动，因为需在现场根据实际吃浆量、钻进观察结果和压水试验结果对设计进行调整和施工。设计图纸提供了灌浆施工的初始设计，但是其被视为动态文件。因此，垦务局一直要求，所有钻孔和灌浆操作均应按照垦务局人员的指令进行。在工程结束后，垦务局负责大坝及其基础的安全问题。垦务局坚决相信由其人员在现场做出的关于基础灌浆施工的所有决定。美国有大量的合格灌浆承包商，在大坝基础或其他工程的钻孔和灌浆过程中应依赖他们的经验；但是，垦务局最终必须为在现场做出的工程设计决定负责。

垦务局对承包商提供的钻孔和灌浆操作所需设备、材料和人工提出了技术要求。但这并不意味着应忽视承包商的专门知识和想法。经验丰富的现场工程人员和检查人员必须配合承包商创造一种积极交流意见的氛围，以使得工程取得成功。

垦务局编制了培训手册，概述了灌浆检查员的主要目标。此培训手册概述了各项检查要求。在每次灌浆作业前，灌浆检查员和工程师应审查此培训手册。影响灌浆施工整体设计的部分检查要求如下：

（1）灌浆不是一项检查员可在现场走动，每小时均停顿的活动。而是需要操作人员100％专注于指导的钻孔/灌浆操作。

（2）如果不连续工作，大坝基础灌浆可能持续很长时间。需规定要求连续（24h）监督承包商的工作。在灌浆施工期间，确保有足够的检查人员非常关键。

（3）所有检查员均需针对每个钻孔和灌浆孔/孔段填写钻孔表和灌浆表。表中数据至关重要，因为：①根据该表格中所载信息向承包商付款；②要求填写表格的检查人员始终参与并“掌握”全局。灌浆监理评估检查员收集的信息，在必要时指导修改设计（灌浆孔间隙、方向、深度、浆液配合比、压力等）。

（4）填筑坝设计师和灌浆工程师选择使用计算机辅助监控钻孔和灌浆时，仍然需要进行现场检查。计算机永远不能替代检查员站在总管或钻机旁边。

在许多灌浆作业现场，目前常见的做法是使用实时计算机监控。这些实时计算机监控系统能够测量、记录和直观显示实施注入压力、注入速度、流体密度、体积、吕荣值、开始/停止时间或其他需要的工程信息。用于生成此类数据的设备一般包括压力传感器、流量计和密度计。数据以有线方式或无线方式传输。收到数据后，计算机将会将模拟信号转换为数字信号。

必须针对各个工程评估实时监控系统的成本/效益比。垦务局要求对已建填筑坝的基础实施修补灌浆时，使用实时监控系统，以减少灌浆过程中发生水力劈裂的可能性。灌浆施工预计超过 100 万美元时，应考虑使用实时监控系统。

垦务局使用实时计算机辅助系统监控了 Ridgway 坝、Upper Stillwater 坝、Brantley 坝、Jordanelle 坝和 New Waddell 坝。垦务局近期大型灌浆施工——Ridges Basin 坝未使用计算机监控。除了 Ridgway 坝以外，垦务局大坝使用的自动化系统均由政府设计、操作和维护。垦务局在 20 世纪 80 年代和 90 年代使用的设备、计算机监控软硬件目前已经过时。如果认为是经济的，垦务局有可能在未来的大工程灌浆施工中使用灌浆承包商提供的实时监控系统。实时计算机辅助监控系统能够存储大量数据、实时直观显示灌浆效果，以及在数据经过正确评估的情况下，做出更加合理的决定。

填筑坝设计师和灌浆工程师选择使用计算机辅助监控钻孔和灌浆时，仍然需要进行现场检查。目前一些承包商能够将通过监控系统收集的全部信息放在网上。政府应安排有关人员实时审查收集到的数据。此外，承包商也应每天向政府提供上述数据的电子版副本，并且这些数据也应实时供政府使用。承包商与政府共同负责存储上述信息。

15.14 施工顺序

垦务局一般在技术要求中对灌浆提出一些施工顺序标准。一般的施工顺序如下：

（1）在可能的情况下，应始终自下而上实施灌浆作业。在理想情况下，应从峡谷的最低点开始灌浆，然后逐渐向上对各坝肩进行灌浆。在许多情况下，灌浆分为若干孔段进行，以配合开挖、基础清理和导流等其他施工活动。如果首先对坝肩灌浆，则应尽可能从最低高程位置开始，然后逐渐向上。

（2）新建填筑坝下方基础灌浆开始之前，必须清除基础覆盖层材料，以暴露出基岩表面。灌浆之前，要进行地质绘图。绘图所需的清理见第 3 章“基础表面处理”。

（3）对于泄水工程隧道、泄洪洞及需建在灌浆帷幕中心线上下游 100ft 内的闸门室，在距离隧道/闸门室中心最少 100ft 内钻进帷幕孔及灌浆之前，一般要求进行混凝土衬砌。

（4）铺盖灌浆始终在帷幕灌浆之前进行。垦务局要求铺盖灌浆应在帷幕灌浆前面至少 80ft。

（5）灌浆开始后，必须尽量限制在已闭浆区或正在灌浆区周围实施爆破。如果必须爆破，则应针对各个位置确定质点峰值振动速度。在正在作业的灌浆孔或已闭浆区邻近的地表面测定质点峰值振动速度。在可能的情况下，应逐段作业，以便灌浆开始前可以完成爆破。如果爆破不可避免，在正在作业的灌浆孔或已闭浆区附近进行的爆破计划必须经承包商代表批准。

（6）灌浆作业完成之前允许进行填筑坝铺筑；但是，铺筑表面必须距完成灌浆处至少 100ft（沿灌浆孔口坡测定）。

15.15 垦务局的灌浆程序

15.15.1 初始配合比

如果灌浆是为了填充节理、断裂、缝隙、层理面或尺寸类似的其他孔口，垦务局采用的各灌浆孔段初始配合比一般为 5∶1（水灰比，按体积计），且适当添加超塑化剂。

如果灌浆是为了填充大孔隙和洞穴，则应使用平衡的稳定浆液配合比，以限制在所需黏度时产生的泌水。因此，下一节“调整配合比”不适用于填充大孔隙和洞穴。

15.15.2 调整配合比

下述垦务局的各项指南适于在现场调整浆液配合比，以找到最佳配合比。因为灌浆孔段各不相同，所以这些指南并非是规定。不能简单地忽视现场发生的事情。工程有关经验及了解现场条件在确定调整浆液配合比的最佳方法时起着重要作用：

（1）并不使用压水试验结果获得初始配合比。

（2）在灌浆时，始终采取保守方法，这也意味着初始浆液配合比总是比最佳配合比稀。吃浆量过度时，可以变稠浆液配合比。应始终使用 15.5 节所述的最佳配合比技术。切勿泵送不可快速灌入岩石中的浆液配合比。

（3）一般（通过添加适当超塑化剂）逐渐变稠浆液配合比：5∶1→4∶1、4∶1→3∶1、3∶1→2.5∶1、2.5∶1→2∶1、2∶1→1.5∶1、1.5∶1→1∶1、1∶1→0.8∶1 和 0.8∶1→0.6∶1。垦务局建议逐渐使灌浆变稠。跳过任何浆液配合比可导致灌浆孔段过早闭浆。在一些工程中，有必要采用 1.25∶1 的配合比。

（4）每间隔 15min 记录每小时的水泥用量。将流量计的流速读数换算成袋/h，可以很容易计算水泥用量。一些实例如下所述：

1）在配合比为 5∶1 时，15min 后，灌浆流量读数平均约为 4gal/min。此流量读数换算成以下袋/h：

$$4\,\frac{\text{gal}}{\text{min}}\times\frac{60\text{min}}{1\text{h}}\times\frac{1\text{ft}^3}{7.48\text{gal}}\times\frac{1\text{袋}}{5.5\text{ft}^3\ \text{浆液}(5:1\ \text{浆液})}=5.8\ \text{袋}/\text{h} \qquad (15.15.2\text{-}1)$$

2）15min 间隔内泵送配合比为 4∶1 的浆液 8ft^3，换算成袋/h 为：

$$\frac{8\text{ft}^3}{15\text{min}}\times\frac{60\text{min}}{1\text{h}}\times\frac{1\text{袋}}{4.5\text{ft}^3\ \text{浆液}(4:1\ \text{浆液})}=7.1\ \text{袋}/\text{h} \qquad (15.15.2\text{-}2)$$

为简化过程，向检查员发放可以将流量计显示的浆液量或体积换算成“袋/h”的表格。

（5）如果灌浆泵能够达到最高容许灌浆压力，在调整配合比之前，一般至少泵送配合比为 5∶1 的浆液 2～4h，前提是吃浆量保持不变。如果吃浆量稳定减少，则达到最佳配合比后，不应尝试变稠浆液配合比。

（6）在吃浆量较大的孔段（>40 袋/h）且在泵送 30min～1h 后，灌浆泵不能达到最高容许灌浆压力，则应考虑调整配合比。

（7）如果水泥用量稳定减少，不论速率，再等待 2h，重新评估是否应调整浆液配合比。

(8) 经验表明，一般情况下，随着浆液配合比逐渐变稠，吃浆量大约 10～15 袋/h 达到最佳配合比。水泥用量低于 15 袋/h 后，在加稠配合比前，应密切观察“吃”水泥速率。

(9) 泵送 2～4h 后，如果“吃”水泥速率一般比较稳定且超过 15 袋/h，则应考虑加稠配合比。

(10) 在加稠每种配合比之前，一般泵送 2～4h。在工程中获得一些经验之后，可能调整每种配合比的泵送时间。

(11) 浆液配合比变稠时，水泥用量应保持不变或增加。如果浆液配合比变稠且水泥用量立即下降，则可能超过了最佳配合比。如果配合比过稠，后续配料时，应考虑使用之前较稀的浆液配合比。但是，垦务局一般不这样做。如果变稠至某一浆液配合比导致过早闭浆，则在确定其后灌浆孔的浆液配合比时务必谨慎。

(12) 如果在长持续时间（>8h）内吃浆量低于 10～15 袋/h，同时帷幕孔或覆盖孔段使用相同的浆液配合比，且未达到闭浆，则灌浆工程师必须权衡继续泵送相同配合比或变稠配合比的益处。对此情况并未设定任何规定。关于此问题的决定因工程而异，而且是逐段决定。一般情况下，在长持续时间内，一般保持 3∶1 的配合比或较稠的配合比。如果确信使用较稠配合比不会由于堵塞而导致过早闭浆，则极可能转换为较稠的配合比。如果现场施工人员知道正在泵送的配合比是最佳的，则有可能在更长的持续灌浆时间内保持相同的浆液配合比。正在灌浆的地貌应是决定的考虑因素。例如，在坝肩连续应力释放节理中必须达到闭浆。

(13) 灌浆开始后，现场施工人员将会获得关于哪些有效、哪些无效的丰富经验。应根据这些经验对所述指南进行调整。

(14) 如果需要稳定浆液配合比，则稳定浆液配合比与最佳配合比技术可做如下折中：

如果在连续变稠至 2∶1 的不稳定浆液配合比后未达到闭浆，则应考虑转为使用平衡的稳定浆液配合比。做出决定后，可将浆液配合比逐渐加稠，从 2∶1（不稳定）→2∶1（稳定）、2∶1（稳定）→1.5∶1（稳定）和 1.5∶1（稳定）→1∶1（稳定）。如果转为使用稳定浆液配合比后，水泥用量立即减少，则应重新开始使用不稳定浆液配合比或在以后应使用较稀的平衡的稳定浆液配合比。

此折中限制了由于使用超过最佳浆液配合比的初始配合比导致一个灌浆孔段发生过早闭浆的可能性。

附录 A 提供了一些调整浆液配合比的示例。

15.15.3 灌浆过程中重要观测事项

15.15.3.1 扬压力监测

在灌浆过程中，承包商需提供扬压力监测设备。系统必须能够提供实时监控，合并来自各种类型仪器的数据。垂直位移需至少精确到 0.05in。如果在灌浆过程中超出预定的扬压力，则监测系统应能够发出预警。

可以使用钻孔伸缩仪、测斜仪、表面测量点、全球定位系统（GPS）和激光器实现扬压力监测。基础灌浆过程中，激光扬压力监测是承包商常用的测量扬压力的设备。在垦务局近期激光扬压力监测过程中，发现在不平地面上出现了振动、风和安装问题。在灌浆开始之前，应对这些问题进行评估。

15.15.3.2 回压和保压

在灌浆过程中，确认一个孔段是否具有回压或保压非常重要。通过关闭调节阀，在总管位置区分回压和保压压力。如果压力计归零，则既无反压，也无保压压力。如果压力计保压，打开总管中的泄放阀，直至压力计读数为零，然后关闭泄放阀。如果压力计保持为零，则泄放前的压力计读数为保压压力。如果关闭泄放阀之后打开压力计且显示有压力，则此孔段具有反压，可能损坏岩层。应仔细评估灌浆孔中产生反压的原因。通常产生反压是因为灌浆时岩层被上抬或挤压，且岩体的质量将浆液挤出灌浆孔。如果浆液注入点上方的空隙（与填筑坝上的空隙相同）或基础中的甲烷或其他气体被压缩时，也会产生反压。降低压力和/或变稠浆液可减少产生扬压力的可能性。在一些条件下，可能需要停止灌浆，以防止造成进一步损坏。对于具有反压的已完成孔段，应保持关闭立管上的阀门，直至压力消散。保压压力是正常产生的，且随着孔段接近闭浆状态，逐渐变大。

15.15.3.3 漏浆

在大多数工程灌浆过程中，表面泄漏都是不可避免的。使用垦务局的最佳配合比技术时，大多数泄漏开始时一般是水或非常稀的浆液，然后逐渐变稠。泄漏处的浆液与正在泵送的浆液具有相同的稠度后，必须堵塞泄漏。如果需要堵缝，则必须暂时去除后续浆液配料中的超塑化剂，且应减少注入压力，直至泄漏被堵住。一般用于岩石中堵缝的材料包括铅棉、麻絮、粗麻布、木楔和空水泥袋（如图15.15.3.3-1所示）。如果岩石是干净的（即，在压水试验过程中观察到的泄漏在灌浆之前已封堵），喷涂泡沫和硅基填料也能够堵缝，只要它们能够与岩石黏在一起。承包商应一直在现场配备堵缝所需的工具，例如，凿子和锤子。如有可能，在泄漏周围堆沙袋可减少泄漏，且有助于密封泄漏位置（如图15.15.3.3-2所示）。有时需要升降机进入不便于进入的区域去封堵泄漏。如

图15.15.3.3-1 将麻絮塞入砂岩裂缝中封堵漏浆

图15.15.3.3-2 用麻絮和木楔堵缝，使用空水泥袋、土料和浆液堆成一个环，以施加反压及进一步减少泄漏

果难以接近泄漏位置或无法封堵，可结合间歇泵送、稠配合比、去除配合比中的超塑化剂和降低压力等方法实现封堵。泄漏封堵后，应继续使用超塑化剂。

15.15.3.4 邻近灌浆孔连通

使用分序加密法和 80ft 闭浆型式减少邻近灌浆孔连通的可能性。如果发生了连通，则应考虑采取以下措施：

（1）如果水或空气流入邻近灌浆孔，但未观察到浆液流入，则无须采取任何措施。

（2）如果观察到浆液流入邻近灌浆孔，必须将灌浆塞放入此灌浆孔中，以堵住连通。应将灌浆塞放在浆液进入邻近灌浆孔位置的正上方。必须测量邻近灌浆孔中的压力并将其保持在容许灌浆压力以下。正在灌浆的孔拒浆后，应立即向邻近灌浆孔灌浆至其拒浆。

15.15.4 承包商轮班制

根据垦务局实践，在一个孔段开始灌浆后，需连续注入浆液，直至达到拒浆状态。在大型灌浆施工中，如果采用此做法，需要承包商实行三班制，每班 8h，或两班制，每班 12h。在工程中积累一定经验后，压水试验结果可用于表明预期吃浆量较高的时间，以助承包商排班，避免周末工作和加班费。在承包商由于突发原因需停止作业的情况下，例如，水泥用完了，则在灌浆停止后，应至少将 $20ft^3$ 水注入灌浆孔中，以便减少在重新开始灌浆后立即达到拒浆状态的可能性。承包商恢复作业后，重新开始此孔段的灌浆。

15.15.5 最短接续时间

垦务局认为，如果完成一个孔段灌浆后未观察到反压，两个孔段之间灌浆不需要规定最短的接续时间。一般灌浆过程中的一系列活动如下：

（1）钻灌浆孔。如果钻孔过程中失水量不到 50%，则将灌浆孔钻至规定深度。

（2）冲洗灌浆孔。

（3）在最低孔段进行压水试验。

（4）如果在 5min 的测试时间（或针对灌浆选定的时间）内，“吃”水量超过 $1ft^3$，则将孔段灌浆至拒浆状态。

（5）如果没产生反压，灌浆塞应放气，且通过灌浆塞管和灌浆塞注水，直至清水流出表面。

（6）对下一孔段进行压水试验。

（7）对各孔段重复以上操作。

如果观察到反压，则一般将灌浆塞留在灌浆孔中数小时，以使灌浆部分凝固。灌浆部分凝固后，移出灌浆塞，以避免失去灌浆塞，其他孔段的灌浆可以开始。

15.16 灌浆后评估

如上所述，灌浆技术要求和图纸视为动态文件。基于实际吃浆量在现场对设计进行调整；因此，在施工过程中，需不断对灌浆效果进行观察。

各灌浆孔均应有钻进记录表和灌浆记录表。灌浆检查员负责填写此记录表。在成为正式记录表之前，灌浆监理或领班负责检查这些记录表的准确性。灌浆监理负责合计上述表格中所列的付款项目。应将灌浆数据汇总在表格中，此表格总结了各项工程（对泄水工程隧洞或排水平洞等附属工程进行的帷幕灌浆、铺盖灌浆和压力灌浆）的效果。对于铺盖灌浆和帷幕灌浆，汇总表应根据位置（例如，左坝肩、右坝肩和峡谷）分别记录。汇总表应注明各序孔的吃浆量。附录 C 提供一些示例。

使用分序加密法时，追踪进度以评估闭浆的最佳方法是绘制灌浆效果图。所有基础灌浆施工现场办公室均应有最新的灌浆效果平面图和剖面图。生成这些图纸的程序各不相同，具体取决于是否使用了实时计算机监控。

对于各项基础灌浆作业，在合同中列入一定数量的验证岩芯孔。在已完成的 80ft 灌浆帷幕中钻进验证岩芯孔。这些验证岩芯孔的作用是在达到闭浆状态后，观察结构面，以及实施渗透率测试，以验证地层渗透率是否大大减少。在各验证孔中，取岩芯，记录在结构面中观察到的浆液情况和灌浆量，实施压水试验和进行一些有限的探测试。如果 5min 内，压水试验超过 $1ft^3$，则将这些孔段灌至拒浆。

在垦务局近期未使用实时计算机监控的大型基础灌浆施工中，灌浆监理和现场地质工程师负责整理在灌浆过程中收集到的所有数据，以对闭浆进行评估和跟踪付款项目。收到检查员的日报后，地质工程师将灌浆数据传送至地质工程钻孔日志，且现场工程师在现场灌浆平面图和剖面图工作副本中说明这些数据。

图纸和钻孔记录应包含以下各项：

（1）钻孔识别号（站号和序列）。

（2）钻孔倾斜角。

（3）地表面标高。

（4）地质单元接触表面。

（5）孔段长度。

（6）各孔段“吃”水量和注入压力。

（7）各孔段水泥用量。

（8）灌浆孔总水泥用量。

（9）灌浆日期。

应单独制作平面图，以追踪有关表面泄漏和灌浆孔连通的信息。

检查员的灌浆记录表也应提交给计算机辅助设计（CAD）技术员。定期向现场灌浆工程师提供更新后的灌浆平面图和剖面图，以替换现场使用的工作副本。附录 C 示出平面图和剖面图示例。

更新后的 CAD 图纸和现场工作副本的信息是相同的。

现场施工人员一般撰写日报和/或周报，简要总结已完成工程量、汇总付款项目和发生的值得注意的任何问题。垦务局要求，现场灌浆工程师在每个月底填写灌浆月进展报告（L-10 报告）。L-10 报告简要总结当月正在灌浆的区域，说明承包商的设备、预备区域、承包商轮班表、更新后的付款项目工程量、更新后的灌浆汇总表、更新后的图纸、选定的施工照片和当月发生问题的简要总结。

如果使用实时计算机监控，则几个承包商能够连接其实时灌浆数据，制作 CAD 图和灌浆汇总报告。经授权人员可在互联网网站上获取更新后的灌浆图纸和报告，追踪实时灌浆进度。应注意，此技术不是无偿的。应针对具体工程决定是否需要使用此技术。如果使用计算机监控，则应编制技术要求，以使得政府必须能够实时获取电子数据，且必须按要求的格式向政府提交所有报告和图纸的电子版。

如第 15.6.7.4 节所述，可根据上述图纸所载信息及吃浆量调整现场灌浆设计。灌浆工程师应每日审查这些图纸，以验证是否达到了闭浆状态。

所有灌浆作业完成后，生成最终灌浆报告，汇总工程结果。报告应全面总结工程及最终付款工程量、最终灌浆汇总表、竣工图纸和选定的施工照片。

15.17 实例

Ridgway 坝、McGee Creek 坝、Jordanelle 坝、New Waddell 坝和 Heron 坝的基础灌浆施工均使用类似于本章所述的设计和施工方法。这些工程可以判定为垦务局所属项目使用本文中所述最佳实践进行基础灌浆的代表。表 15.17-1 所示数据可加深了解这些工程的规模。

表 15.17-1　　灌浆施工统计数据

坝名	铺盖灌浆		帷幕灌浆		坝高 (ft)	灌浆帷幕长 (ft)	坝顶长 (ft)
	钻孔（ft）	使用水泥袋数	钻孔（ft）	使用水泥袋数			
Ridgway 坝	38 009[a]	22 168[a]	26 344[a]	9996[a]	330	2500	2460
McGee Creek 坝	5182	1223	22 465	11 872	161	2096	1968
Jordanelle 坝	29 820	6581	50 977	12 520	345	3673	3820
Heron 坝	394	5548	81 737	134 676	269	2900	1220
New Waddell 坝	221 306[c]	68 114[c]	833 651[c]	919 036[c]	440	10 900	4900[b]

[a] 由于灌浆过程中追踪技术难点，未获得左坝肩灌浆数据。由于遗漏这些数据，所以实际灌浆总量更大。

[b] 坝肩长度与在右坝肩山脊进行的帷幕灌浆无关。

[c] 近似值，未分开报告的铺盖灌浆和帷幕灌浆孔段Ⅰ的值。

自从建成以来，这些大坝渗漏极少。只出现过少数浸湿点，通过坝趾渗漏监测，渗水量一般为 0～5gal/min。这些大坝未产生渗流表明，通过基岩的渗流并不是问题。

15.18 工程量估算

垦务局基础灌浆要求一般包含以下付款项目：

（1）进出场一次性付款，包括设备运至现场、组装、拆卸、现场清理和搬离现场的费用。

（2）立管，包括钻孔和灌浆所需的立管材料和安装费用。

（3）钻机设置，包括每次移动钻孔设备至灌浆孔的费用。分段灌浆仅要求针对每个钻孔设置钻机一次，除非钻进过程中，产生50%或以上的钻孔水损失。

（4）钻灌浆孔，包括测量灌浆孔钻进长度产生的费用。不同类型的钻进应分别付款。例如，在填筑体中进行声波钻进与岩石钻进的单价不同。

（5）灌浆孔套管，包括覆盖层或已建填筑坝内套管的费用。

（6）灌浆孔接续，包括设置灌浆所需灌浆塞和设备的费用。此费用一般限制为每个孔段一次接续。

（7）灌浆时间，包括灌浆泵运行费用，从将浆液注入灌浆孔中开始，直至灌浆孔达到闭浆状态。在灌浆期间，垦务局每天向承包商提供半小时的设置和清理时间。

（8）水泥，包括实际注入灌浆孔中实际水泥袋数的费用。浪费的水泥不支付任何费用。

（9）外加剂，包括浆液中所用的任何外加剂的费用。

（10）压水试验，包括各次压水试验的费用。

为满足不同工程的需求，灌浆施工的付款项目各不相同。

基础灌浆不同于土建工程施工的所有其他活动，竣工之前，所需的全部灌浆工程量都是未知的。任何工程量估算均应视为近似成本。关于工程量估算的一些指导如下述：

（1）必须评估在地址勘察中收集到的所有信息，以确定岩层对灌浆的响应。

（2）应与工程设计师、灌浆工程师和地质工程师讨论灌浆估算中所采用的判断。

（3）为提供合理的基础灌浆工程量估算，需进行全面的地质勘察。依据不充分的地质数据可能导致基础灌浆有关的工程量超限和不足。

（4）为提供合理的基础灌浆工程量估算，需获得高质量压水试验数据。应仔细审查压水试验所用程序、设备及计算。

（5）应利用相似地质层中获得的灌浆经验。附录D载有垦务局之前许多工程钻孔和灌浆信息有关的电子数据表。附录D中所载参考数据结合新坝址的实际现场数据可进一步有效促进灌浆工程量估算。这些电子数据表可用于查看在相似地质环境中所建设大坝的结果。可获取1970年之后施工的所有垦务局工程的最终灌浆报告。

（6）灌浆专家的判断极其宝贵，工程量估算时应将其考虑在内。

（7）可以根据设计图纸上所示的灌浆孔数量，对立管、钻孔、套管、设置、压水试验和接续工作做出估算。对于各项灌浆作业，设计图纸上未显示的一定数量的闭合孔需达到闭合状态。补充钻孔的数量、平均深度及压水试验、设置和接续的次数均需估算。对于非预定灌浆孔，每个灌浆孔的设置和接续数量一般为1。

（8）压水试验、设置和接续次数必须考虑因钻孔液损失及钻孔孔壁坍塌导致需要进行阶段灌浆的可能性。

（9）必须估算每个灌浆孔的接续次数。次数取决于各序灌浆孔中孔段数量。每个灌浆孔的接续次数应从一序孔至四序孔递减，因为四序孔一般比一序孔浅，且相对于一序孔，在对四序孔灌浆时，岩层的渗透率也小很多。

（10）灌浆时间、吃浆量和所需的外加剂量等通常很难估算。对于新建填筑坝，水泥用量一般估算为每英尺钻孔0.25～3袋，大多介于0.5～1.0袋/ft之间。根据地质勘察结果、相似地质单元经验和专家建议调整数量。对于已建填筑坝，可考虑原始施工灌浆量并对此进行调整，以满足补救灌浆施工的需要。

对于帷幕灌浆，一般基于 8～15 袋/h 估算灌浆时间。对于高吃浆量估算，例如 3 袋/ft，一般基于 8～15 袋/h 估算灌浆时间。对于铺盖灌浆，一般基于 5～12 袋/h 估算灌浆时间。基于一袋水泥所需的外加剂量估算外加剂总量（例如，一袋水泥需要 8 盎司超塑化剂）。

15.19 参考文献 （略）

附录 15-A　垦务局压力灌浆施工案例

15-A.1　目的

本附录旨在简要总结采用本标准中讨论的垦务局最佳实践方法设计和施工的多个基础灌浆项目的性能。本附录中涉及的设计部分包括：

（1）填筑坝简述。

（2）坝址地质状况简述。

（3）基础灌浆设计。

（4）闭浆模式。

（5）“吃”浆量的简要总结。

（6）灌浆孔方位。

（7）孔深。

（8）所使用的混合浆液（按体积计）。

评估灌浆方案有效性的因素包括：

（1）施工前的基础渗透性。

（2）灌浆后观察到的渗漏（由历史渗漏数据）。

（3）灌浆后的基础渗透性。

15-A.2　实例

15-A.2.1　Ridgway 坝

Ridgway 坝位于科罗拉多西南部的安肯帕格里河上，1978～1987 年期间施工建设。该坝为碾压土石坝，设有黏土心墙和其他多个分区。大坝高 330ft，水库水深 200ft，坝顶长 2460ft，水库的最大蓄水量为 93 945 acre-feet。

（1）现场地质。坝址的地质状况简述如下：坝址基础主要包括侏罗纪墨里森地层第四纪冲积层的各种沉积。在不透水心墙基础范围内，冲积层开挖至河床基岩，以便于用心墙材料建造截水槽（如图 15-A.2.1-1 所示）。然而，大坝上、下游位于坝壳料下部的冲积层被保留。

图 15-A.2.1-1　Ridgway 坝心墙截水槽施工照片

墨里森地层主要由页岩和泥质岩构成，并随机分布有砂岩和粉砂岩薄层。整个地层分布有厚度为数英寸的黏土层。墨里森地层有偏向东北方向（右坝肩）的 4～5 度区域性倾斜。

为设计有效的灌浆方案，进行了广泛地现场勘查。现场勘查包括：地质绘图、航片解读、钻孔、探坑和探槽、地表及孔内物探以及实验室试验。

(2) 灌浆设计。在开始基础灌浆之前，由于表面覆盖层开挖过程中左坝肩发生滑塌，灌浆施工分为两个阶段（如图 15-A. 2. 1-2 所示）。第一阶段包括在桩号 7＋05 和 24＋75 之间形成单排帷幕灌浆，以及在指定位置的铺盖灌浆。河槽内的灌浆（桩号 13＋05 至 16＋25）最后进行，以便利用河道分流。

第二阶段灌浆包括左右两个坝肩的帷幕灌浆和铺盖灌浆（如图 15-A. 2. 1-2 所示）。右坝肩的灌浆包括两排：一排位于上游 5ft 处；另一排位于下游 5ft 处。灌浆目的在于填补断层、节理、剪切区、泉水及需要处理的任何基础缺陷。

(3) 灌浆孔布置方式、深度和方位。主坝帷幕灌浆最初使用加密灌浆孔距法设计；最终封孔的中心距为 10ft，初始灌浆孔的中心距为 80ft。为了闭浆，在桩号 18＋90 和 24＋53 之间，按照 5ft 间隔增设补充灌浆孔。

桩号 7＋00 和 29＋82 之间的帷幕灌浆孔自垂直方向向左坝肩倾斜 15°。右坝肩上游灌浆孔（桩号 4＋80 和 7＋50 之间）自垂直方向向右坝肩倾斜 30°。右坝肩下游灌浆孔（桩号 4＋80 和 7＋50 之间）自垂直方向向右坝肩倾斜 15°。

技术规范还要求在业主代表指定的所有位置，对基础进行铺盖灌浆，灌浆深度达到 30ft。设置铺盖灌浆孔，以便对张开裂缝、节理区域、高吃浆量区域及基础中的其他缺陷进行专门处理。铺盖灌浆孔深度为 30ft，中心距为 10ft。铺盖灌浆在帷幕灌浆完成后进行。

(4) 灌浆方法。设置喷嘴后，灌浆孔被钻至分段灌浆所需深度。对 30ft 深以内的孔进行一次灌浆。每段灌浆前，先进行压水试验。每段沿深度方向将水压增至 0.75psi/ft，深度至灌浆塞。当 5min 内的耗水量大于 $2ft^3$ 时，需要在段内灌浆。在总管处测得的浆液注入压力为 0.75psi/ft，深度至灌浆塞。

所灌浆液中水灰比（按体积计）通常变化区间为 8∶1～2.5∶1，但有时会使用水灰比为 1∶1 的混合浆液处理表面渗漏。在桩号 8＋25 和 23＋05 之间的灌浆孔中遇到了大股的承压水流。流速达到 35g/min，压力达到 70psi；使用水灰比为 8∶1～ 3∶1 的浆液成功将这些水流封堵。

铺盖灌浆中钻孔总进尺共计 38 009ft，共有 22 168 袋水泥充填到基础中。帷幕灌浆钻孔总进尺共计 26 344ft，共有 9996 袋水泥充填到基础中。由于采用数据自动采集系统存在技术难度，上述数量不包括左坝肩吃浆量。各区域的水泥平均用量的详细汇总见表 15-A. 2. 1-1。

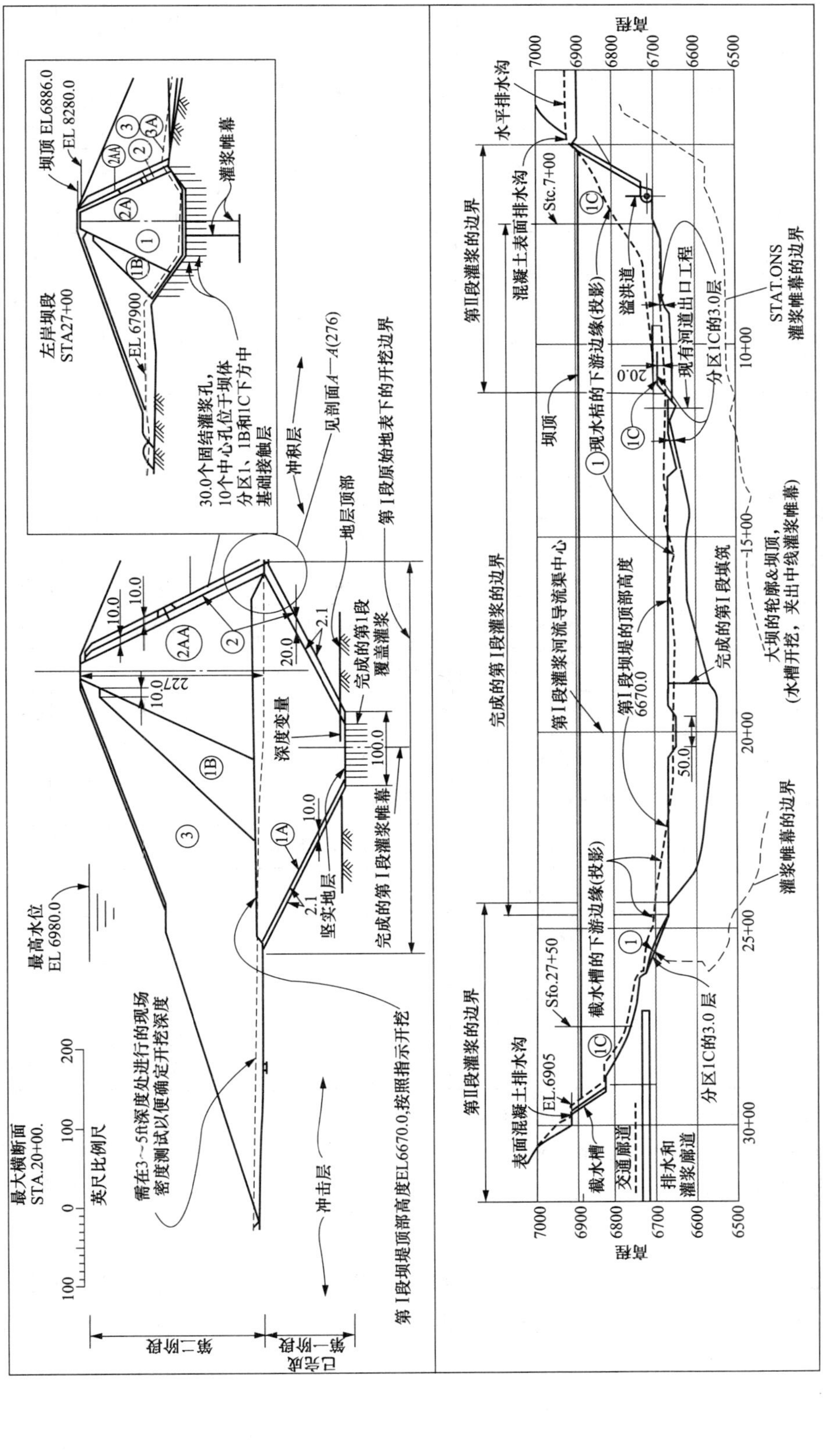

图 15-A. 2. 1-2　Ridgway 坝原始灌浆帷幕设计横剖面图

表 15-A. 2. 1-1　　　　　　　　　　Ridgway 大坝灌浆汇总

灌浆孔	间距（ft）	孔长度（ft）	自垂直方向的偏角（°）	平均水泥用量（袋/ft）
第 1 段-帷幕灌浆，主坝（桩号 7＋05 至 13＋05 及桩号 16＋25 至 24＋75）				
一序	80	150		0.89
二序	40	90		0.50
三序	20	60	－15	0.42
四序	10	30		0.45
五序	5	30		0.11
检查孔	随机	130-150	不适用	0.20
第 1 段-帷幕灌浆，主坝（桩号 13＋15 至 16＋15）				
一序	80	150		0.15
二序	40	90		0.08
三序	20	60	－15	0.10
四序	10	30		0.21
五序	5	30		0.01
检查孔	随机	不适用	不适用	0.00
第 2 段-帷幕灌浆，右坝肩（桩号 4＋81.5 至 7＋50）				
4＋81.5～ 7＋50[b]，4＋92 ～ 7＋50[c]	典型（80，40，20，10）	150，90，60，30	＋15[b]/30[c]	0.27
第 2 段- 帷幕灌浆，左坝肩（桩号 25＋51 至 29＋82）				
24＋51～ 29＋82	典型（80，40，20，10）	150，90，60，30	－15	不适用
第 1 段　铺盖灌浆，主坝（桩号 7＋07 至 13＋05 及桩号 16＋25 至 24＋75）				
	10×10	30	－15	0.31
第 2 段-铺盖灌浆，右坝肩（桩号 4＋93 至 11＋30）				
上游 115ft 至下游 75ft	10×10	30	＋30	0.74
第 2 段-铺盖灌浆，左坝肩（桩号 24＋50 至 29＋60）				
上游 245 feet 至下游 345 feet	10×10	30（50）[a]	－30	不适用

注　正数表示向右坝肩倾斜，负数表示向左坝肩倾斜。

a　高程 6750ft 以上及大坝中心线下游的灌浆孔深度为 50ft。

b　右坝肩上游帷幕灌浆孔（中心线上游 5ft）。

c　右坝肩下游帷幕灌浆孔（中心线下游 5ft）。

（5）灌浆前的基础渗透性。基础渗透率可以通过初步地质勘探过程中的压水试验计算❶。这些压水试验在每个灌浆孔内采用间距为 10～12ft 的压力灌浆塞分段进行。每段

❶　大坝桩号单位为“m”。其他案例的桩号单位为“ft”。

的渗透率可以根据垦务局的 E-18 规定（现在为 USBR-7310）进行计算。渗透率计算值通常在 0～200ft/年（低渗透性），但有时在 200～1000ft/年范围内（中等渗透性），甚至少数情况下大于 1000ft/年（高渗透性）。试验表明，大量水损失与节理有关，而少量水损失可能通过岩石孔隙发生。另外，试验还表明，Morrison 地层的泥岩随着深度增大而渗透性变小。

（6）灌浆问题。基础开挖和灌浆作业过程中，在左坝肩观察到多处表面裂缝。在此（及类似）情况中，在附近钻了新的灌浆孔，并灌浆至更大深度以提供补充保护。另外，在一个区域灌浆完成后，进行了几次钻孔压水试验。试验表明，在完成灌浆的区域一般不再渗水。如果在试验中发现仍渗水，需要进行补充灌浆。

左坝肩大型基础块体的处理包括：安装 51 个岩锚，将块体锚固到坝肩上；完成帷幕灌浆；在坝肩表面设 23 个水平排水沟；左坝肩排水洞延伸到滑坡体中进行排水，已减小孔隙水压力；同时安装仪器监测水位和块体位移。

在左坝肩上的排水洞中也进行了灌浆。左坝肩排水洞中允许进行补充灌浆。补充灌浆旨在提供额外的稳定性，因为左坝肩已经发生了多处滑塌。

（7）灌浆后渗漏观测。据 2010 CFR 所述，“在 Ridgway 坝任何位置的渗漏量都非常小”，并且“大坝的下游区域是干燥的”。目前有四个可以进行渗流监测的位置。“V 形”堰位于左侧和右侧坝趾排水沟出水口处的检查井中，“自初次蓄水以来基本上是干的”。一处可持续记录水量的渗流监测位置为左坝肩排水洞中的“V 形”堰。发现水量与水库水位相关，以往记录平均水流为 14～22gpm。排水洞中的水流较小表明，帷幕灌浆成功限制了水流通过基础。

15-A. 2. 2 McGee Creek 坝

McGee Creek 坝位于俄克拉荷马州南部的 McGee Creek 河上，1982～1987 年期间施工建造。该大坝为分区土坝。坝顶长 1968ft，水库的最大蓄水量约为 199 700 acre-feet。大坝高 161ft，坝前水深 154ft。大坝建造在砂岩、页岩和粉砂岩互层基础上。在页岩沉积物中含有分散性黏土。

（1）现场地质。大坝及附属建筑物建造在宾夕法尼亚 Atoka 地层的页岩、砂岩和粉砂岩互层基础上。地层的走向为偏离大坝轴线约 60°，倾斜度为由右坝肩中的约 35°变化至左坝肩中的 10～15°不等。施工过程中非常发现了两组突出节理；其中一组节理的间距为 0.33～2.30ft，另一组的间距为 3.28～13.12ft。大坝和建筑物的基础区域中未观察到重大断层。

（2）灌浆设计。在桩号 0+11 和 6+50❶ 之间设置单排帷幕灌浆（如图 15-A. 2. 2-1 所示），为方便灌浆和安装喷嘴，在桩号 1+49 和 4+52 之间设置了灌浆帽。在桩号 0+29 和 1+54 之间进行铺盖灌浆，以固结基础材料，防止该区域中分散性黏土填料沿着坝肩进入节理产生管涌。帷幕灌浆的施工阻断了渗漏通道。

❶ 坝桩号单位 m，其他桩号单位 ft。

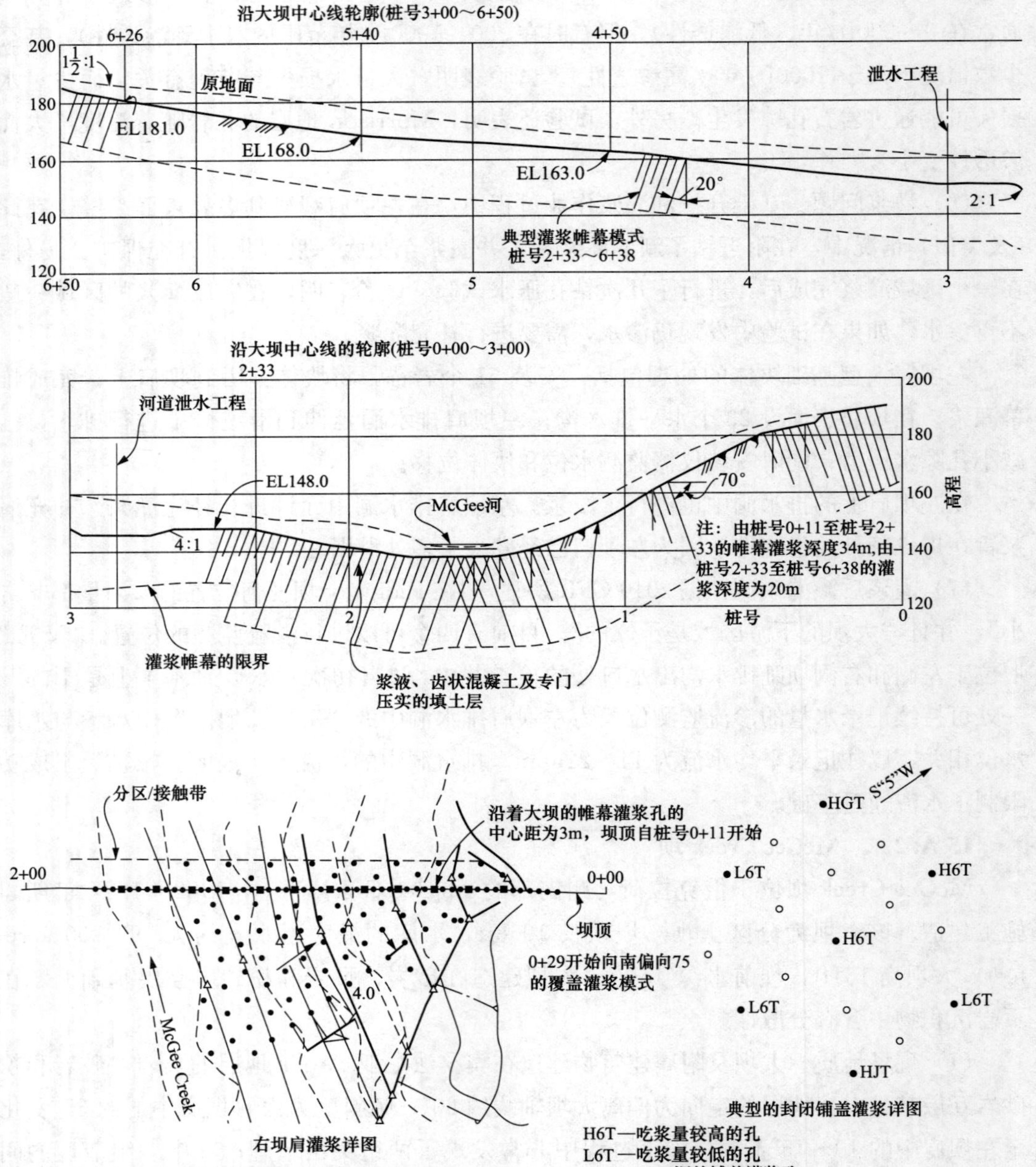

图 15-A. 2. 2-1　McGee Creek 坝最初帷幕灌浆设计剖面

(3) 灌浆孔布置方式、深度和方位。帷幕灌浆（图 15-A. 2. 2-2）采用加密灌浆孔间距法施工；最终封孔的中心间距为 10ft，一序主孔的中心间距为 40ft。为了闭浆幕，按照 5ft 中心距间隔增设灌浆孔。在主帷幕下游约 6ft 处选定位置增加了第二排帷幕灌浆孔，以进一步闭浆。

图 15-A. 2. 2-2　McGee Creek 坝帷幕灌浆照片

桩号 0＋11 和 1＋60 之间的帷幕灌浆孔自垂直方向向右坝肩倾斜 20°。桩号 1＋50 和 6＋50 之间的帷幕灌浆孔自垂直方向向左坝肩倾斜 20°。

铺盖灌浆由 107 个灌浆孔组成，设置在 26ft 菱形网格中（不同于典型的 90°矩形网格，菱形网中相邻灌浆孔之间的角度为 75°）。灌浆孔自垂直方向向右坝肩倾斜 20°，灌浆孔深度为 33～53ft 不等。

（4）灌浆方法。设置喷嘴后，将帷幕灌浆孔钻至预定深度。钻孔完成后，在 20ft 孔段中进行压水试验和灌浆。如果某一段在给定压力下的耗水量大于 $1ft^3/5min$，则需要进行灌浆。所采用的压力根据灌浆塞至该段顶部的深度决定。当灌浆塞位于地表时，采用 10psi 灌浆压力。当灌浆塞放置在孔中部时，总管处的灌浆压力为每英尺深度 0.88psi 加 5psi。

铺盖灌浆孔完成后，使用灌浆塞，分两段在孔中进行试验和灌浆。铺盖灌浆孔通常分两段：0～10ft 和 10～30ft。在总管处测到的灌浆压力基于灌浆塞至相应段顶部的深度决定。当灌浆塞位于地表时，采用 5psi 灌浆压力。当灌浆塞放置在孔中部时，总管处的灌浆压力按每英尺深度增加 0.66psi，至灌浆塞底部。

各段的初始水灰比（按体积计）基于水压试验结果确定，汇总于表 15-A. 2. 2-1 中。

表 15-A. 2. 2-1　　基于观测到的水损失确定的初始浆液配比（水灰比）

耗水量（$ft^3/5min$）	初始配比（水∶水泥）
1.1～3.5	8∶1
3.6～7.0	6∶1
＞7.0	5∶1

铺盖灌浆钻孔总进尺共计 5182ft，共有 1223 袋水泥充填到基础中。帷幕灌浆钻孔总进尺共计 22 465ft，共有 11 872 袋水泥充填到基础中。各区段水泥平均用量的详细汇总见表 15-A. 2. 2-2。

表 15-A. 2. 2-2　　McGee Creek 坝灌浆汇总

灌浆孔	间距（ft）	孔长（ft）	角度（°）	平均水泥用量（袋/ft）
右坝肩＋主坝帷幕灌浆（0＋11 至 1＋50）				
一序	40		−20	0.18
二序	20		−20	0.04
三序	10	40～119ft	−20	0.09
四序	5		−20	0.03
检查孔	N/A		−20	0.01
左坝肩＋主坝帷幕灌浆（1＋50 至 6＋50）				
一序	40		＋20	1.29
二序	20		＋20	0.85
三序	10	40～138ft	＋20	0.34
四序	5		＋20	0.25
检查孔	N/A		＋20	0.10
右坝肩铺盖灌浆（0＋29 至 1＋54）				
一序			−20	0.27
二序			−20	0.24
三序	8×8m 网格	33～53ft	−20	0.42
四序			−20	0.07
封闭孔			−20	0.13

（5）灌浆前的基础渗透性。地表 5～10ft 范围内的节理和裂隙大部分是闭合或充填的，现场渗透试验结果证明了这一点。现场渗透性试验期间的最大耗水量约为 30.4gpm，大部分耗水量小于 2.5gpm。表层到致密岩石（耗水量小于或等于 1.3gpm 的岩石）的深度为 10～120ft。

施工设计表明，将大坝基础的截水槽开挖到弱风化至微风化的基岩，并进行有效灌浆，水库因坝下渗漏和深层渗流造成严重漏水的可能性将不存在。

（6）灌浆问题。可查阅的记录中未发现灌浆过程中出现严重问题。

（7）灌浆后渗漏观测。对 McGee Creek 坝进行了严格监测，从而渗漏问题可以很容易被发现。在大坝上布置了五个渗漏监测点。这些监测点处的渗水流量通常小于 1 或 2gpm，仅在一种情形下测到最大渗水量为 5gpm。

在右坝肩下游的另外三个附加位置也布置了流量监测点。这些区域在 1987 年开始有水流前就是潮湿区域，在这些点任一潮湿区域测得的最大水量为 1.35gpm。但是，在最近几年这些区域已经逐渐变得干燥。灌浆施工和现场进行的基础处理是符合要求的，因为渗漏量已经达到最小。

15-A. 2. 3　Jordanelle 坝

Jordanelle 坝位于盐湖城西南约 25 英里的 Provo 河上，1987～1992 年期间施工建造。该大坝为分区土坝，上游和下游坡度相对较陡。坝顶长 3820ft，水库最大蓄水量约为 361 000acre-feet。大坝高 345ft，坝前水深 283ft。

(1) 现场地质。大坝及附属建筑物主要建造在 Jordanelle Stock 组的安山斑岩侵入岩浆上，下游坝趾的一部分建造在 Coyote Canyon 组的火山角砾岩上。上述部位的表面沉积物有冲积物、崩积物、坡积物、岩屑、滑坡堆积物和冲积扇形沉积物。安山斑岩侵入形成的压力导致在基础中形成剪切区、破碎区和广泛风化区。这些区域在施工前的勘探中，被称作断层、构造区、剪切和蚀变带。它们缺乏连续性、陡倾斜，宽度变化很大，没有延伸到安山岩边界外。这些区域内的主要岩石晶体不规则，被非晶体黏土矿物所取代。

预计“在基础中的灌浆是困难的……，由于节理型式变化很大……，使得很难预测灌浆孔的间距和方位。”

(2) 灌浆设计。灌浆工作包括沿着整个大坝长度范围内的铺盖灌浆和帷幕灌浆（桩号 1+97 至 38+70，如图 15-A. 2. 3-1 和图 15-A. 2. 3-2 所示）。铺盖灌浆始终在帷幕灌浆前进行。向下开挖冲积层至基岩，该区域内 I 区材料 1（zone 1）被置换，铺盖灌浆在该区域内进行。

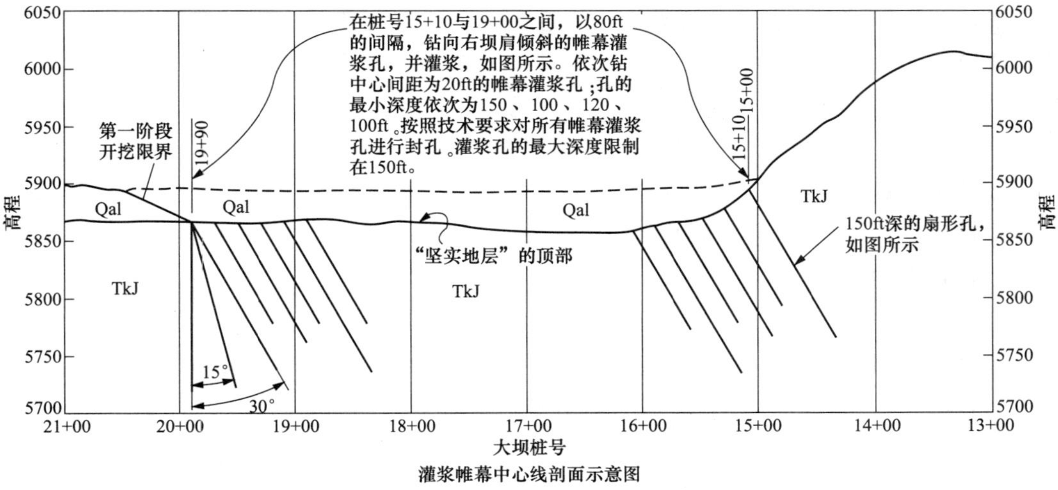

图 15-A. 2. 3-1　Jordanelle 坝初始帷幕灌浆设计剖面-第一阶段

灌浆工作分两阶段实施，以便 Provo 河改道，使灌浆可以横贯河道进行，而不被河流干扰。第一阶段施工为由桩号 14＋65 至 20＋20，第二阶段施工为桩号 1＋95 至 15＋25，及桩号 19＋90 至 38＋60。

灌浆的宽度跨越 100ft（大坝中心线上游 168～268ft 范围内），采用六排灌浆孔。其中五排灌浆孔（位于上游 168、188、228、248ft 和 268ft 处，分别称为第 1、2、3、5 排

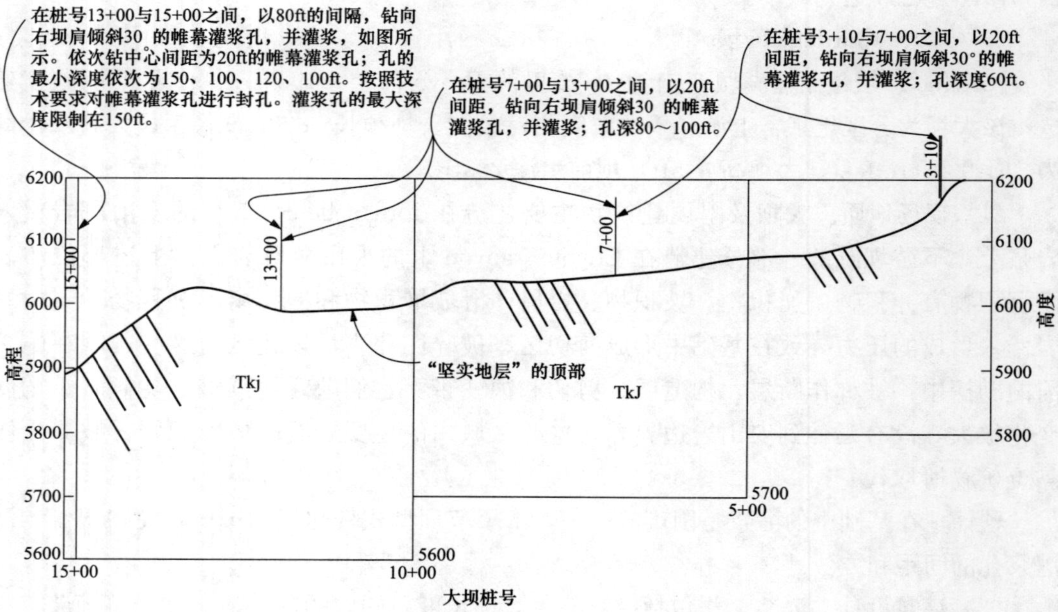

图 15-A. 2. 3-2　Jordanelle 坝初始灌浆帷幕设计剖面-第二阶段（1/2）

和第 6 排），用作铺盖灌浆层；其中位于大坝中心线上游 208ft 处称为第 4 排，用作帷幕灌浆。该布置如图 15-A. 2. 3-3 所示。

用以封闭铺盖灌浆的补充灌浆孔布置在已有各排灌浆孔的中间（基于其位置，设计称作第 0. 5、1. 5、2. 5、4. 5 排和第 5. 5 排）。大部分帷幕灌浆所需的补充封闭孔位于帷幕灌浆中心线（第 4 排）上游 10ft（第 3. 5 行）处。在某些情况下，帷幕灌浆所需的补充封闭孔设置在帷幕灌浆中心线上游 5ft（第 3. 75 排）处。

（3）灌浆孔布置方式、深度和方位。铺盖灌浆孔布置采用加密灌浆孔间距法。最终封孔的中心距为 5ft，主孔的初始中心距为 40ft。为了加密灌浆孔，按照 2. 5ft 和 1. 25ft 中心距，定期增设新灌浆孔。

帷幕灌浆孔布置也采用加密灌浆孔间距法。最终封孔的中心距为 10ft，主孔的初始中心距 80ft。为了加密灌浆孔，按照 5ft 和 2. 5ft 中心距，定期增设新灌浆孔。

铺盖灌浆孔钻至 30ft 深，方向为竖直或自竖直方向偏向最近的坝肩 30°。帷幕灌浆孔的深度根据一序孔、二序孔和三序孔在 100～150ft 变化；封孔深度 20～150ft 不等。灌浆孔方位经常与技术要求中规定的方位有出入（如图 15-A. 2. 3-4 所示），以更好地阻断断层和缝隙渗水。

（4）灌浆方法。首先进行铺盖灌浆，采用自上而下分段灌浆法。设置喷嘴后，灌浆孔钻至预定深度，然后用灌浆塞将灌浆孔分成 0～10ft 和 10～30ft 两段，进行压水试验和灌浆。采用的灌浆压力根据灌浆塞的深度确定。对于铺盖灌浆孔中的上段，总管处使用的灌浆压力为 10psi；灌浆塞放置在 10ft 深度处时，总管处使用 15psi 的灌浆压力。

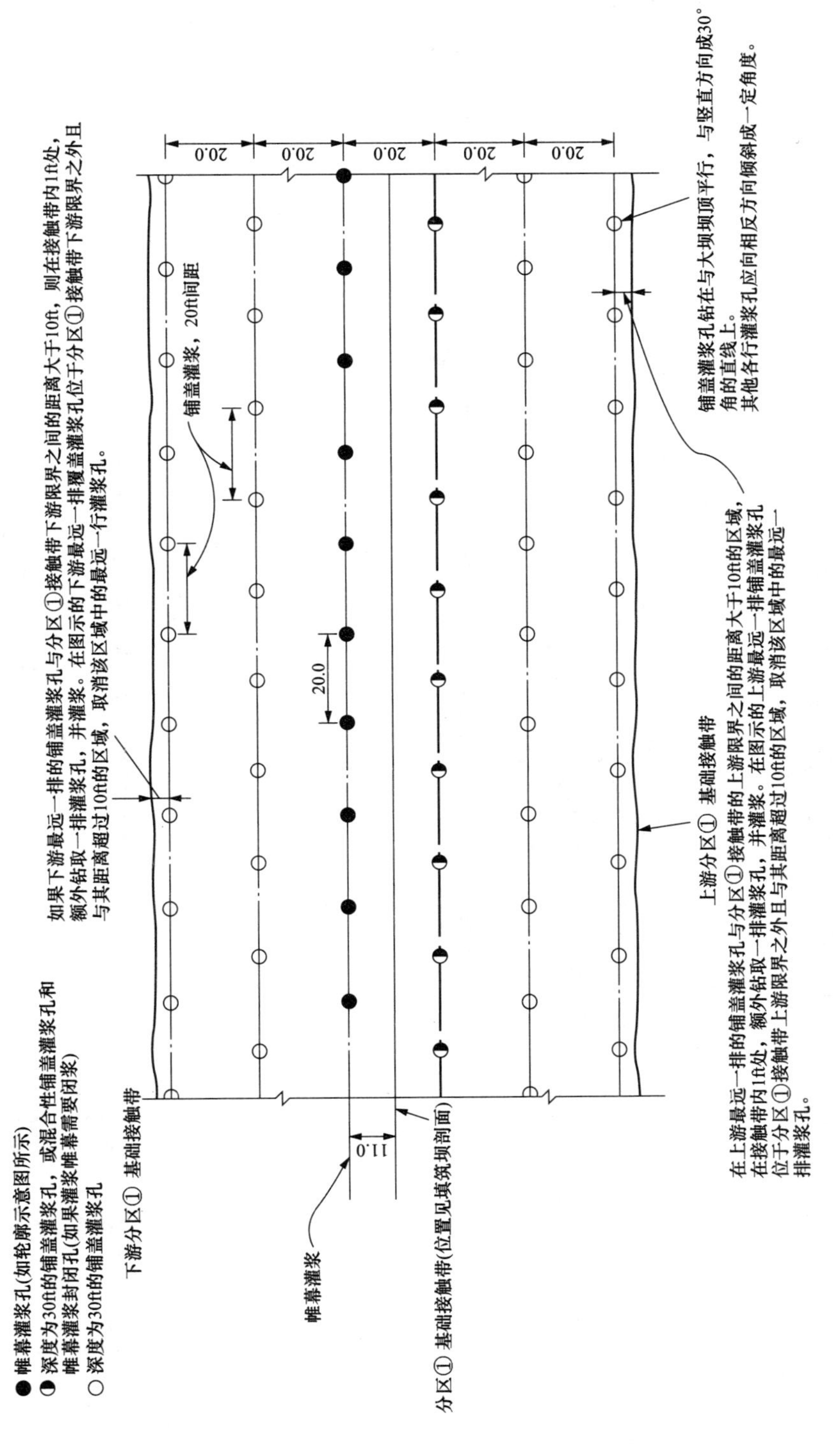

图 15-A. 2. 3-3　Jordanelle 坝的灌浆布置

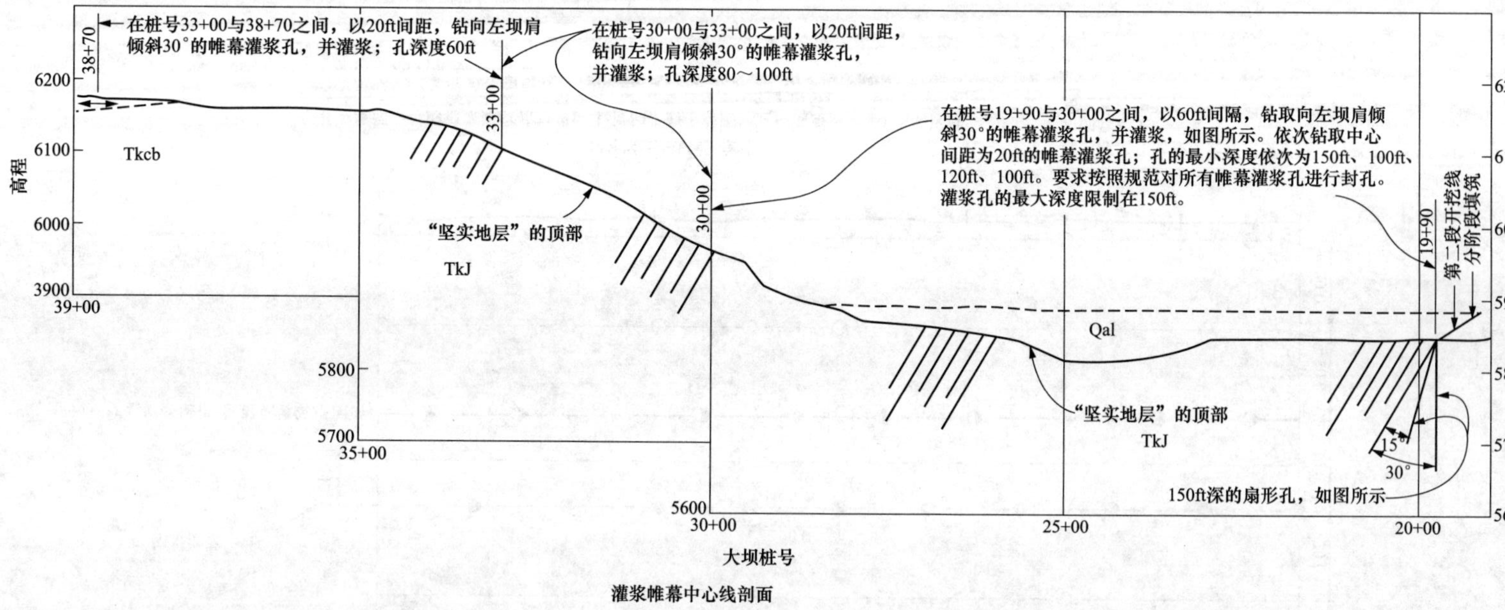

图 15-A. 2. 3-4 Jordanelle 坝初始灌浆帷幕设计剖面-第二阶段（2/2）

铺盖灌浆完成后，继续施工灌浆帷幕，自上而下分段灌浆法被采用。钻完帷幕灌浆孔后，使用灌浆塞按照 20ft 或 30ft 段长进行水压试验，在深度超过 120ft 时，段长开始由 20ft 增大至 30ft。水压试验和灌浆时，总管处采用的灌浆压力为 1psi/ft，具体取决灌浆塞底部的深度。对于某一段，如果在给定压力下"吃"水量大 $1ft^3/5min$，则该段需要进行灌浆；当"吃"浆量低于 2 袋/h 时，或浆液的用量低于 $1ft^3/10min$ 时，即认为该段的灌浆完成。所灌浆液通常为水灰比 5∶1 至 1∶1（按体积计）。

铺盖灌浆中钻孔总进尺共计 29 820ft，共有 6581 袋水泥充填到基础中。帷幕灌浆钻孔总进尺共计 50 977ft，共有 12 520 袋水泥充填到基础中。由于灌浆监控软件存在误差，灌浆变化顺序（一序、二序，等）经常贴错标签，导致最终灌浆报告产生一些误导：封孔（和后序孔）不总是被反映为较小"吃"浆量。鉴于这个原因，表 15-A. 2. 3-1 未指明所述灌浆顺序的吃浆量。然而，它注明"每排灌浆孔按照标准灌浆程序完全封闭"。

表 15-A. 2. 3-1　　Jordanelle 坝第Ⅰ段灌浆汇总

第一阶段（14+65 至 20+20）					
铺盖灌浆*			帷幕灌浆（第 4 排）		
顺序	间距（ft）	深度（ft）	顺序	间距（ft）	深度（ft）
一序	40	30	一序	80	150
二序	20	30	二序	40	120
三序	10	30	三序	20	100

第二阶段（1+95 至 15+25，及 19+90 至 38+60）					
铺盖灌浆*			帷幕灌浆**		
顺序	间距（ft）	深度（ft）	顺序	间距（ft）	深度（ft）
一序	40	30	一序	80	150
二序	20	30	二序	40	120
三序	10	30	三序	20	100
四序	5	30	四序	10	20-150
五序	2.5	30	五序	5	20-150
六序	1.3	30	六序	2.5	20-150

* 铺盖灌浆包括第 1、2、3、5 和 6 排，加补充的封闭排（第 0.5、1.5、2.5、4.5 和 5.5 排）。

** 帷幕灌浆包括第 4 排，及补充的封闭排（第 3.5 和 3.75 排）。

（5）灌浆前的基础渗透性。基础施工地质报告的附录记录了基础的渗透性。在约 75%的试验中，渗透率低于 200ft/年（低渗透性），约 20% 的试验中，渗透率在 200～

1000ft/年范围内（中等渗透性），约5%的试验中渗透率大于1000ft/年（高渗透性）。灌浆塞试验表明，“基础的渗透性易变，且不可预知，但是通常较小。”

（6）灌浆问题。一些孔需要使用套管，以防止其自行沉陷。沿帷幕灌浆线每隔40～50ft设置高程测量点监测基础上抬情况，这些点处未检测到高程变化。表面泄漏处使用麻絮和水泥填塞，但是在表面密封中起的作用并不大。使用压力传感器和流量计监测灌浆作业，由于技术上的困难，有时也暂时停止使用这些仪器。由于现场的复杂性和灌浆排数较多，垦务局的灌浆软件也并不与灌浆孔布局完全兼容，导致吃浆量在报告中出现错误。

（7）灌浆后渗漏观测。Jordanelle坝配备了较好的观测仪器，渗漏已经降到最小程度。如CFR中所述，“下游坝趾区没有任何明显的渗漏”。

通过坝趾排水系统产生的总渗漏量通常为15～30gpm，具体取决于水库水位。“相对于Jordanelle坝的规模和坝前水深，这一渗漏量非常小”。自2001年以来，在四种情况中测得渗漏量大于32gpm，且最大渗透量为60gpm。当“坝区的融雪水大幅度抬高下游水位时（高于下游坝趾排水管）”，可以观测到较大的渗漏值。

15-A.2.4 Heron坝

Heron坝位于新墨西哥州的Willow Creek河上（如图15-A.2.4-1所示），1967～1971年期间施工建造。水库的最大蓄水量为401 320 acre-feet。大坝坝顶长1220ft，高269ft，坝前水深249ft。

图15-A.2.4-1 Heron坝灌浆孔施工照片

（1）现场地质。大坝建造在Dakota和Morrison地层的沉积基岩上。这两种地层均含有页岩和砂岩岩层。在坝址处，沉积层轻微倾斜5°～10°。发现了两组主要的节理；数个南北向节理，间隔数英寸到1英尺左右；东西向节理较少，间隔50～100ft。通过提取的岩芯发现，砂岩中的节理张开1/8in～1/4in，而页岩中的节理较为紧密。砂岩表面的卸荷裂隙一小部分张开从1in到2ft或以上，最大长度达到150ft。

为设计有效的灌浆方案，进行了广泛的现场勘察。现场勘查工作包括地下测绘、钻孔及地表测绘。

（2）灌浆设计。灌浆工程（如图15-A.2.4-2所示）包含下列部分：岸堤下帷幕灌浆；沿谷底至两岸坝肩的主坝帷幕灌浆；主坝帷幕灌浆上面的铺盖灌浆（宽度3ft，深度3～6ft）；位于主帷幕灌浆上游20ft处，沿着河道底部和部分延长坝肩的第二排帷幕灌浆（不设铺盖灌浆）；每个坝肩向外延长1000ft的帷幕灌浆；防渗心墙基础某些部分铺盖灌浆以及沿着某些结构的灌浆，如泄水建筑物进口、隧洞、闸门室、闸门室支洞和交通竖井。

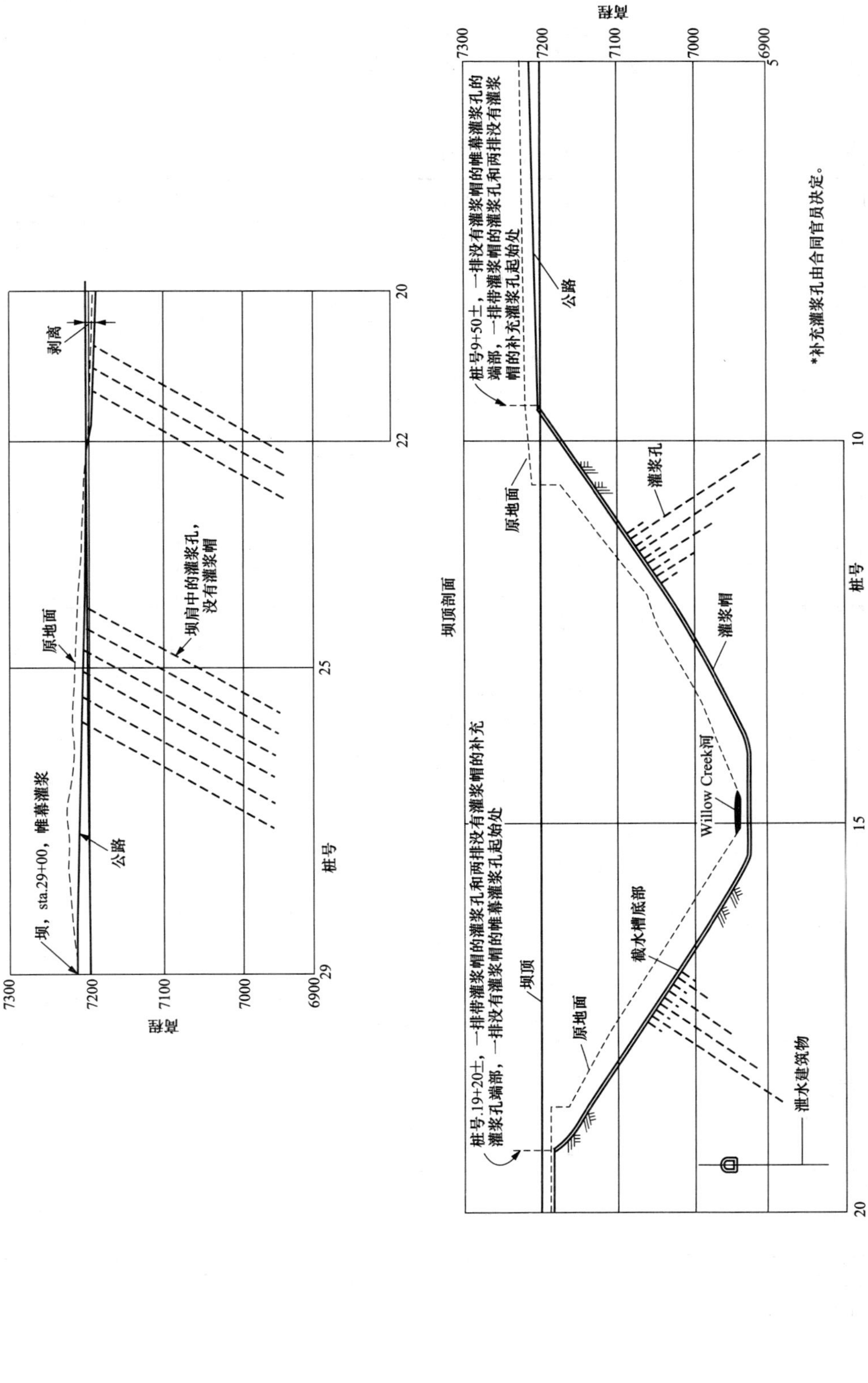

图 15-A.2.4-2　Heron 坝最初灌浆帷幕设计剖面图

设置主坝帷幕灌浆旨在阻止坝肩处节理渗漏和通过谷底的渗漏。延伸到坝肩之外的帷幕灌浆用于阻止与主河道平行的节理渗漏。

(3) 灌浆孔布置方式、深度和方位。主坝帷幕灌浆最初使用加密灌浆孔间距法；最终封孔的中心距为 10ft，初始灌浆孔的中心距为 80ft。然而，由于需要补充灌浆，一些最终封孔的中心距变为 5ft。表 15-A.2.4-1 中列出了第二排帷幕灌浆和延长帷幕灌浆的孔间距。

表 15-A.2.4-1　　Heron 坝灌浆量汇总

灌浆孔	间距（ft）	孔长（ft）	自垂直方向的偏角（度）**	平均水泥用量（袋/ft）
主坝帷幕灌浆				
一序	80	30～260（30～150）*	±24	9.11
二序	40		±24	5.62
三序	20		±24	2.48
四序	10		±24	0.77
五序	5		±24	0.57
上游帷幕（上游 20ft）				
一序	40	30～250（30～140）*	±24	0.49
二序	20		±24	0.30
三序	10		±24	0.33
四序	5		±24	0.00
延长帷幕（左坝肩）				
一序	120	60～260	+24	8.08
二序	60		+24	3.64
三序	30		+24	2.26
四序	15		+24	0.69
五序	7.5		+24	0.33
六序	3.75		+24	0.03
延长帷幕（右坝肩）				
一序	120	90～260	−24	2.81
二序	60		−24	1.65
三序	30		−24	0.70
四序	15		−24	0.34
五序	7.5		−24	0.10

* 沿着河道底部的长灌浆孔（一序、二序孔等）的长度为 150ft，沿坝肩的灌浆孔长度为 260ft。

** 正角度表示向右坝肩倾斜，负角度表示向左坝肩倾斜。

坝肩上的帷幕灌浆孔偏离竖直方向 24°，但是两坝肩方向相反。这些帷幕灌浆孔的方位从坝肩一直延伸到河床底部中心，两个方位重叠约 68ft。

帷幕中使用的浆液水灰比（按体积计）变化区间为 12∶1～1∶1，但大多数浆液采用 8∶1 水灰比。总管处测得的浆液灌注压力沿深度为 1psi/ft，至灌浆塞的安装位置（最大压力 150psi）加 10～15psi。

铺盖灌浆共钻 36 个孔，并进行了灌浆。这些灌浆孔的深度为 5～40ft，方向竖直。铺盖灌浆孔使用浆液的水灰比范围为 5∶1～1∶1。对于各灌浆孔，总管处的灌浆压力限制在 10psi 以内。

铺盖灌浆中钻孔总进尺共计 394ft，共有 5.548 袋水泥充填到基础中。帷幕灌浆钻孔总进尺共计 81 737ft，共有 134 676 袋水泥充填到基础中。各区水泥平均用量的详细汇总见表 15-A.2.4-1。

（4）灌浆方法。采自上而下分段灌浆法。帷幕灌浆孔钻完后，使用灌浆塞分段进行水压试验。当 5min 内的吃水量大于 $2ft^3$ 时，需要进行灌浆。对于深度大于 100ft 的灌浆孔，在孔的整个长度上，以 30ft 的长度分段；对于深度小于 100ft 的灌浆孔，在孔的整个长度上，以 20ft 的长度分段。在以下条件下，当吃水量小于 $1ft^3$ 时，停止孔内灌浆：

1）10min（压力小于 50psi）；

2）7.5min（压力为 50～100psi）；

3）5min（压力大于 100psi）。

为确保闭浆，将各序封闭孔（一序、二序等）的吃浆量进行比较。这些数据列在表 15-A.2.4-1 中。

（5）灌浆前的基础渗透性。本附录的参考文件中未列基础渗透性数值，也未给出灌浆施工中进行的压水试验数据。

（6）灌浆问题。本次审查中未发现严重问题。

（7）灌浆后渗漏观测。共布置了 13 个渗漏监测点：8 个位于岸堤下，5 个位于主坝下。自 1975 年以来一直监测渗漏。1980 年 9 月 11 日进行的检查发现，大坝下游发生轻微渗漏，这表明“帷幕灌浆毫无疑问地堵住了平行河谷节理产生的渗漏”。CFR 指出“建设完成后，测到的渗漏非常小或几乎不存在”。自 2003 年以来，大坝运行水库水位至少到达正常蓄水位（高程 7186.1ft）以下 10ft。这一时间段与该区域发生的干旱相对应。在此时间段内，未发现从坝趾排水系统发生渗漏。在发生干旱前，在 1983 年从任何一个坝趾排水区测得的最大渗漏量为 4gpm。

15-A.2.5　New Waddell 坝

New Waddell 坝 1992 年建设完成。大坝位于亚利桑那州凤凰城西北约 35 英里的 Agua Fria 河上。大坝最大蓄水能力为 902 000acre-feet。大坝坝顶长 4900ft，高 440ft，坝前水深 300ft。大坝建造在基岩上，但靠近坝体最大剖面位置除外；在靠近最大剖面位置，基础仅开挖到密实、透水且年代较久的冲积层的顶部。基础处理工作包括灌浆，修整基岩表面，设置反滤层，及穿过坝下基础冲积层的混凝土防渗墙。

（1）现场地质。坝址处的地质状况较为复杂，其特点是有较薄的冲积土，砾岩覆盖在夹层火山岩上。冲积土区分为形成年代较短的冲积土（Qal）和形成年代较久的冲积土（Qoal）。将大坝基础中所有形成年代较短的冲积土清除掉；对形成年代较久的冲积土（厚度为95～120ft）进行开挖或压实和疏松部位处理。冲积层的下部为砾岩，砾岩下部是各种火山岩。火山岩分为三种类型：三级安山岩、角砾化安山岩和三级凝灰岩。

砾岩大部分呈水平分层，其中有一些交错层；交错层倾斜达30°，主要分布在东南-西南方向上。基层有向右倾斜，且倾斜程度增大的趋势。火山岩位于不规则侵蚀表面上，典型流动型。

坝址的断层错动被认为并不活跃。基岩部分和大坝基础上的节理和裂隙千差万别。基岩节理的方向随机性很大，尤其是在火山岩部分。在大坝所在区域内，砾岩中的突出节理几乎垂直，并且有与大坝轴线垂直的趋势。这些节理间隔非常大，开度由完全张开到紧闭。

为设计有效的灌浆方案，进行了广泛的现场勘察。现场勘察涉及300个钻孔。随后对多个钻孔进行了压水试验，以确定渗透性。

（2）灌浆设计。灌浆工作包括沿大坝基础的铺盖灌浆和帷幕灌浆，以及沿着右坝肩西侧山脊的帷幕灌浆。帷幕灌浆分两部分进行：①试验性灌浆；②封闭灌浆。各孔的灌浆采用自上而下分段灌浆法：对于深度大于100ft的灌浆孔，在孔的整个长度上，以30ft的长度分段；对于深度小于100ft的灌浆孔，在孔的整个长度上，以20ft的长度分段。因为基岩质量较好，可以采用喷嘴灌浆，所以未使用灌浆帽。

大坝的施工分两段进行；第Ⅱ段又分成两个阶段。第Ⅰ段的工作主要包括左坝肩和右坝肩的所有铺盖灌浆和帷幕灌浆，以及右坝肩山脊的试验性灌浆。但是，由于时间限制，坝肩某些部分的灌浆被耽搁；这些部分的灌浆纳入第Ⅱ段施工。第Ⅰ段和第Ⅱ段灌浆具体执行见表15-A.2.5-1。

表15-A.2.5-1　　第Ⅰ段和第Ⅱ段灌浆作业汇总

	主坝		右坝肩山脊
	帷幕灌浆	铺盖灌浆	帷幕灌浆
第Ⅰ段	单排试验性灌浆： 9+80至57+30* 封闭灌浆：28+00至36+55	9+80至33+30** 42+50至57+30**	试验性帷幕灌浆孔
第Ⅱ段	封闭灌浆： 7+00至28+00 36+40至37+60 41+00至44+00 47+00至53+00	第Ⅰ段期间未完成灌浆的坝肩部分： 15+00至20+00 22+00至28+00 36+55至37+90 41+00至45+30	第一阶段： 第1列灌浆孔，间隔10～80ft（中心距） 第二阶段： 封闭灌浆： 第1列的附加灌浆孔； 附加的 第2列和第3列

*　在泄水建筑物隧洞施工附近或河道段未进行试验性灌浆。

**　由于时间限制和设计变更，第Ⅰ段施工期间未进行铺盖灌浆。

沿着已有混凝土防渗墙、多个咬合混凝土桩、泄水建筑物进水口和闸门室附近，以及 CAP 泄水建筑物隧洞附近也进行了灌浆。另外，施工了一条灌浆廊道，以方便将来需要时进行灌浆。本报告中未对这些附加结构的灌浆进行介绍。

(3) 灌浆孔布置方式、深度和方位。在第Ⅰ段施工期间，沿着大坝轴线布置的帷幕灌浆孔钻至 100～250ft 深。首先钻进试验性灌浆的主排孔（位于大坝中心线下游 5ft 处）并灌浆；相邻孔的间隔为 10 或 20ft。基于这些孔的吃水量和吃浆量，视需要增加补充封闭灌浆孔。补充封闭孔按照加密灌浆孔间距法增加；减小相邻孔间距，在某些区域将相邻灌浆孔的间距减小至 5ft。根据需要，在主排帷幕灌浆孔的上游和下游增加了多列灌浆孔。帷幕灌浆孔自垂直方向偏离 0°～30 °。钻孔时采用的孔直径为 AX 型（约 2in）。沿着右坝肩山脊的帷幕灌浆采用的孔深为 550ft。

在坝体 1 区心墙料基础中进行了铺盖灌浆。铺盖灌浆孔的深度为 30ft。沿 1 区心墙料的整个基础范围，灌浆孔采用 10ft×10ft 网格错开布置。灌浆孔分两段（段长 15ft）灌浆。铺盖灌浆也偏离垂直方向 0°～30°，也采用 AX 型孔（直径约 2in）。

铺盖灌浆孔和帷幕灌浆孔使用的浆液水灰比最初为 5∶1（水∶水泥），根据需要降低至 1∶1。在各孔的顶部段灌浆中，总管处的灌浆压力限制在 10psi 以内。铺盖灌浆孔底部段灌浆中，总管处的灌浆压力为 20psi。对于帷幕灌浆孔，下部段中总管处的灌浆压力沿着深度最多增加 1.5psi/ft，最大达到 400psi。

浆液中使用了大比例减水剂（HRWRA），用于提高浆液的可泵送性和确保浆液向基础中更大程度的渗透。浆液中塑化剂的量为 4～16 盎司/袋水泥。

(4) 灌浆方法。首先将灌浆孔钻至规定的最大深度。钻孔完成后，插入灌浆塞进行分段压水试验；根据需要对每段进行灌浆。对于帷幕灌浆孔，如果 5min 内的吃水量大于 $2ft^3$，则需要灌浆；对于铺盖灌浆孔，如果 5min 内的吃水量大于 $3ft^3$，则需要灌浆。在每段灌浆中，一旦满足拒浆条件，则停止灌浆；拒浆条件是指在以下条件下吃浆量小于 $1ft^3$：

1) 20min（压力小于 50psi）。

2) 15min（压力为 50～100psi）。

3) 10min（压力大于 100psi）。

在帷幕灌浆和铺盖灌浆中平均水泥用量详见表 15-A.2.5-2。

表 15-A.2.5-2　　大坝基础灌浆汇总

	分段	类型	钻孔深度	总灌浆量（袋）	平均水泥用量（袋/ft）
主坝	第Ⅰ段	覆盖和帷幕灌浆	273 331	128 519	0.47
		铺盖灌浆*	82 500*	41 500*	0.50*
		帷幕灌浆*	190 831*	87 019*	0.46*
	第Ⅱ段	铺盖灌浆	138 806	26 614	0.17
		帷幕灌浆	137 067	46 524	0.34

续表

	分段	类型	钻孔深度	总灌浆量（袋）	平均水泥用量（袋/ft）
右坝肩山脊	第Ⅰ段	试验性帷幕灌浆	12 639	25 644	2.03
右坝肩山脊	第Ⅱ段-第一阶段	帷幕封闭	90 266	458 062	5.07
右坝肩山脊	第Ⅱ段-第二阶段	帷幕封闭	402 848	301 787	0.75

* 记录中列出了铺盖灌浆和帷幕灌浆的钻孔深度和总用浆量。数值基于由设计估算的铺盖灌浆量。

（5）灌浆问题。本次审查中未发现严重问题。

（6）灌浆后渗漏观测 。从公开资料发现，发现三个区域中存在绕坝或坝基渗漏：①水泵房/发电厂房后面的开挖边坡；②左坝肩；③桩号 32＋00 附近的坝脚处。后两处的渗漏量非常小，设置排水盲沟后，桩号 32＋00 附近坝脚处的渗漏显著减小。在开挖边坡中间位置设置了三角堰，当水库水位上涨时，该处目前测得的渗漏峰值约为 15gpm，但过去曾出现过更大流速（包括 1994 年的最大渗漏量 35gpm）。

使用设置在大坝上的多个仪器测量渗漏量；坝趾排水检查井中有 9 个渗流堰，坝趾排水系统连接 2 个排水管，有 7 个测渗流位置（使用水桶和秒表测量渗流量）。这些位置的渗漏情况通常每月监测一次；发现这些位置的渗流流速随水库的水位高度而变化。水库水面高度达到峰值期间，测得从左坝趾排水口流出的流量为 17gpm。水库水面高度达到峰值期间，测得位于堤坝右侧堰处的流速（地表水流和地下渗流）高达 60gpm；当水库水面高度低于高程 1660ft 时，无出流处。CFR 指出这些位置的渗漏“并未随着时间推移发生重大变化”。

15-A.3 总结

Ridgway 坝、McGee Creek 坝、Jordanelle 坝、Heron 坝和 New Waddell 坝的基础灌浆是采用与本标准中所述方法相似的方法设计和施工的。这些项目的施工被认为是垦务局所属项目最佳灌浆实践的代表。列入表 15-A.3-1 中的数据旨在使大家对这些项目的规模有更多的了解。

表 15-A.3-1 灌浆施工统计数据

坝名	铺盖灌浆		帷幕灌浆		帷幕长度（ft）	坝顶长度（ft）
	钻孔 ft	使用水泥袋数	钻孔 ft	使用水泥袋数		
Ridgway	38 009[a]	22 168[a]	26 344[a]	9996[a]	2500	2460
McGee Creek	5182	1223	22 465	11 872	2096	1968
Jordanelle	29 820	6581	50 977	12 520	3673	3820
Heron	394	5548	81 737	134 676	2900	1220
New Waddell	221 306[c]	68 114[c]	833 651[c]	919 036[c]	10 900	4900[b]

a 因跟踪灌浆过程存在技术困难，未获得左坝肩的灌浆数据。由于缺失这些数据，实际灌浆量更大。

b 坝顶长度与右坝肩山脊的帷幕灌浆无关。

c 近似值；所报告的铺盖灌浆和帷幕灌浆第Ⅰ段的值未分开。

自最初施工完成以来，这些大坝发生的渗漏非常小。表明，这些建筑物的基础灌浆在控制通过基础发生的渗漏方面起到了有效作用。

附录 15-B　灌浆浆液配合比调整实例（略）

附录 15-C　吃浆量汇总及平面图和剖面图（略）

附录 15-D　钻孔和灌浆数据（略）

附录 15-E　标准图纸、钻孔和灌浆记录表（略）

参考文献 （略）

美国内政部垦务局设计标准

填筑坝 Embankment Dams

第16章 防渗墙

2014 年 7月修订

目　录

16.1 简介

16.1.1 目的

渗流隔层或防渗墙可作为控制坝体和坝基渗流的有效手段。自20世纪70年代初以来，随着施工方法和技术的进步，增加了可供填筑坝设计师利用的各类防渗墙设计方案。本行业在建造防渗墙的设备及其施工效率方面都取得了明显进步。对于具有长期渗流相关问题或发生过急剧渗漏事故的已建填筑坝，已越来越多地考虑用防渗墙作为主要改善部件。随着各种各样防渗墙替代方案的增多，在已建坝内修建防渗墙施工困难且水库正在运行的情况下，可以选择防渗墙作为技术优先考虑和最具成本效益的方法解决存在的渗流问题。

无论是新建坝或者已建坝改造，视所需深度、已有天然地下水条件、适用不透水材料的可获取性等因素，修建常规的碾压填土截水槽都可能是非常昂贵的。防渗墙可成为减小坝体或基础渗流的有效方法。防渗墙可以通过各种方法修建，不需要坝基排水，而其开挖量比修建常规的碾压填土截水槽大大减少。防渗墙的另一个优点是可以在非常有限的空间内修建。本章旨在为目前最广泛使用的防渗墙类型提供一般设计考虑事项和指导，这些防渗墙被认为是替代常规碾压填土截水槽的可行方案，或用作需要的不利渗流条件的隔层。

16.1.2 范围

本章为当前填筑坝中最常用的各种防渗墙类型的设计和施工提供了一般性的注意事项/指导。适当处，也有详细的设计准则。然而，为了符合本章的目的，重点是提供一般性的考虑和资料，以协助设计人员针对特定坝址做出最经济有效的渗流设计。本章不是一部非常详尽的设计指南。设计人员应当认真评估现场的具体条件，选择最经济有效的防渗墙，以满足渗流条件可接受的防渗技术要求。本指南并不能代替可靠的、充分的现场设计调查和具体设计参数的评估，但尽可能涵盖具体的设计细节和参考资料作为读者的附加工具。本章的目的是提出防渗墙设计和施工的最新实用方法。然而，随着防渗墙设计和施工实践的改进，本行业也在不断变化。因此，鼓励读者查询有关防渗墙设计的最新文献以及在该领域中实施的案例分析，从而获得最广泛的应用知识。

16.1.3 与本标准不一致的情况（略）

16.1.4 标准的修订（略）

16.1.5 适用性

本章中提出的指导原则，适用于所有控制渗流的防渗墙，在设置防渗墙后，墙前和墙后的水力坡降将显著不同，例如用来控制土坝或堆石坝等水工建筑物下方或周围渗流的防渗墙。此外，在已建渠道堤防中使用防渗墙的情况更为频繁，但其渗流控制标准往往低于用于填筑坝的防渗墙。当对填筑坝或基础内的颗粒移动和/或反向冲蚀存在疑虑时，应考虑采用抗冲刷防渗墙。防渗墙还可以通过限制水流入开挖基坑和减少水泵抽水来帮助降水。这些指南适用于上述任何一种情况，但不宜直接用于结构性支撑墙。结构性支撑墙可以使用类似的施工方法，但它们通常承受的荷载不同，并有不同的性能准则，这些在本设计标准中未涉及。在每种具体情况下，设计人员必须了解每个特定应用的整体性能和耐久性要求。使用防渗墙来容纳和隔离有害废弃物时，更需要注意降低防渗墙的渗透性及增加其抗化学作用的能力，这已超出本标准的范围。在所有情况下，设计人员都应该查阅文献，并了解防渗墙设计和施工中的新技术、新方法和实践过程中的变更。

16.2 设计原则

16.2.1 概述

防渗墙在填筑坝的主要用途是控制通过坝体或基础的渗流，但很少被认为是完全有效的（由于在施工过程中无法预见地下情况）。因此，防渗墙经常与一个完整的渗流控制系统结合使用，该系统既包括减少渗流的措施，又包含排水设施及适当的反滤构件。从本质上讲，如果设计一个新填筑坝，做法也是一样的，因为没有任何形式的防渗墙可被认为百分之百有效。

16.2.1.1 防渗墙设计一般准则

防渗墙通过消散渗透能量来减少渗流，一般位于大坝中心线上游。在大坝中心线上游设置防渗墙，高孔隙水压力和高渗流坡降对填筑坝的整体性能产生的不利影响较小，但这并不意味着其他位置形状条件就不好。对于许多已建的水工建筑物，在已建填筑坝上修建上游防渗墙需要降低水库水位，可能会妨碍上游位置形状的选择。在渠道堤防上使用防渗墙时，同样的问题也可能存在，因为施工期对渠道排水的限制会妨碍对上游防渗墙位置形状的考虑。

垦务局所属建筑物中安装的穿过基础的防渗墙作为新建构筑物的一部分，或者已建构筑物的改建部分。垦务局在填筑坝防渗墙应用中，大多数用于改建工程，除少数例外，这主要是由于填土截水槽的益处，以及 20 世纪 60 年代以来新的、更经济且技术更加成熟的防渗墙得到长足发展。许多已建填筑坝（新墨西哥州 Navajo 坝、怀俄明州 Fontenelle 坝、怀俄明州 Meeks Cabin 坝、犹他州 A. V. Watkins 坝）的改造项目以及一些新的填筑（怀俄明州 Diamond Creek 堤、亚利桑那州 New Waddell 坝、俄勒冈州 Coquille 坝）项目，都在靠近大坝中心部位建有防渗墙，并取得巨大的成功。

防渗墙的另一个作用是减少开挖排水时的外来渗水量（加利福尼亚州 Bradbury 坝、内布拉斯加州 Virginia Smith 坝、亚利桑那州 New Waddell 坝），可显著降低排水成本。防渗墙的施工方法也可应用于结构施工，如加利福尼亚州摩门教岛副堤（MIAD）关键块体的施工。在 MIAD 副堤下游坝趾开挖中，采用咬合桩在可能液化的土层中形成四边垂直开挖的框架。咬合桩用钢筋加固，既增加抗弯强度，又提供防止地下水入侵的性能。咬合桩作为结构挡土墙，容许全面开挖至基岩并用混凝土和压实土回填每个关键块体。

任何防渗墙的初步设计必须包括对地下地质（含地下水条件）的良好了解。为了尽量减少施工失误的风险，设计人员应对地下水条件、土壤类型和基岩特征（如岩溶条件、裂隙密度等）有较好的了解，包括但不限于：覆盖层中的大块石、胶结区、承压水条件或松软黏土层。基岩特征包括基岩表面细部构造（例如表面高程的变化，包括表面冲刷/冲蚀和被冲积层填满的沟槽）、风化轮廓、裂隙和节理方位、密度和硬度。通过这些数据，设计人员可以更容易地将重点放在最佳的防渗墙类型上，以最小的成本实现设计目标，同时最大限度地减少可能导致增加成本、无效渗控措施和施工进度拖延的可能性。

16.2.1.2 选择防渗墙类型时的风险告知

防渗墙类型的选择应当包括考虑渗流破坏型式的范围，以使墙体设计达到防护功能。每个设计均必须考虑技术要求、可用的当地材料、膨润土和水泥供应以及施工限制，这些因素将影响成本，以选择最具成本效益的防渗墙来实现设计目标。然而，不能只将成本作为在给定场地选择最佳方案的唯一基础。垦务局的现行做法是在风险框架内评估每个比选方案。这需要合格的技术团队通过事件逻辑树分析，来识别每个潜在的并且合理的故障模式，定量地评估每个比选方案可能实现的风险降低量。计算风险时要求以没有防渗墙结构作为初始的风险估计基线。基于风险的比选方案研究容许设计者超越成本，并且对每个方案的技术优势和弱点进行评估，每一种选择方案的风险降低程度都可与基准相比。结合考虑每种替代方案的估算成本，设计师和决策者在选择防渗墙类型时可以包括这些因素。关于估算和量化风险降低方法的讨论超出了本标准的范围。然而，应当意识到，采用风险告知方法进行方案选择是垦务局实践方法的一个组成部分，并且在考虑防渗墙的目的和/或类型时，是决策过程中的有用工具。

16.2.1.3 性能考虑

有效的防渗墙必须完全穿透透水层。图 16.2.1.3-1 和图 16.2.1.3-2 分别示出了一般填筑坝防渗墙全部和部分贯穿透水层的横剖面。根据塞德格伦对部分贯穿透水层防渗墙的流网分析，贯入 50%透水层的截面通常仅能减少 20%的渗水量。然而，部分穿透透水层的防渗墙通常被用作保护措施，将地层上部和中部的任何未发现的高透水区域截断。截断这些透水区，可以很大程度地减少堤坝排水系统出现能力不足的可能性，这些堤坝通常是根据透水层的一般特性设计的。在一些情况下，一个部分贯入的防渗墙由抗冲蚀材料组成，如水泥-膨润土（CB）、板桩或塑性混凝土等，它可以用来作为一个垂直的、抗冲蚀的截断透水区的结构物，以减少对产生管涌破坏的担忧。为了这个目的，部分贯入的防渗墙应该仔细考虑墙体结合面和墙端周围的水力坡降。水力坡降通常在防渗墙的端部增大，除非其侧向嵌入更不渗水层。过去的研究以及近期的一些研究表明，在某些渗流条件（临界速度）和渗流坡降下，土-膨润土（SB）甚至水泥-膨润土（CB）墙都可以被冲蚀。冲蚀通常最有可能发生在墙壁裂缝或缺陷处，或在墙的端部，此处穿过或环绕墙体渗流速度较快。设计人员应当考虑防渗墙存在缝隙或缺陷的可能。对防渗墙性能的影响可计入降低风险分析。

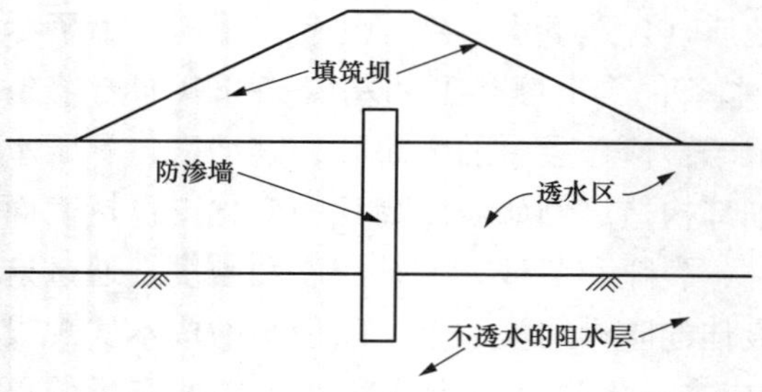

图 16.2.1.3-1　完全贯入的防渗墙
（阻止渗漏）

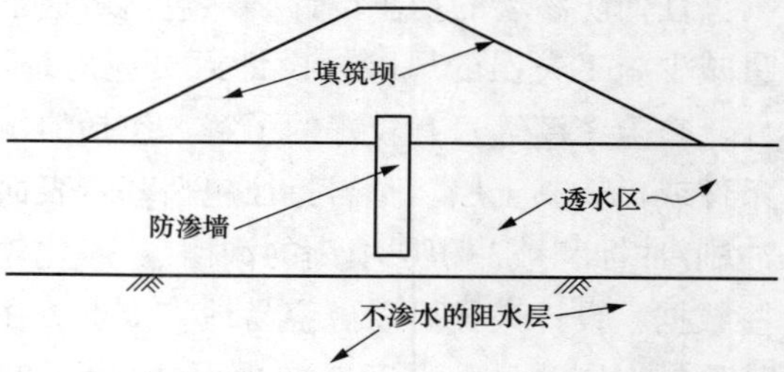

图 16.2.1.3-2　部分贯入的防渗墙
（延长渗径）

部分贯入防渗墙在降低扬压力和出逸坡降上比在控制坝体渗漏方面更为低效。通常情况下，透水层中的部分贯入防渗墙对出逸坡降影响甚微，除非其相对于纵向渗径的长度较深。通常应当在这些应用中增加辅助渗流控制措施，例如基础反滤排水或坝趾排水。如果完全贯入的防渗墙终止于半透水层中，应当仔细考虑其伸入半透水层中的深度及其对降低出逸坡降的实际作用。调查防渗墙在特定场合应用有效性的方法可见第 8 章“渗流分析与控制”。

除了考虑防渗墙下部和/或周围形成高渗流坡降的问题之外，设计中还必须考虑新设防渗墙与填筑坝中的已有结构物连接，如溢洪道或泄水管道或一条穿过的管道。如果这些结构连接没有设计好，就可能形成高渗流坡降。这些连接处的高渗流坡降尤其可能在低应力或压实不良处出现问题。连接不良可能会增大渗流坡降从而引起内部冲蚀的风险。本文中包含了在垦务局防渗墙设计中采用的一些连接方式示例。

16.2.1.4　现场勘察

防渗墙设计所需的现场勘察因场地而异。然而，至少应该沿着初拟防渗墙进行足够的钻孔和取样，以查看地质剖面特征，这些应当包括（但不限于）：

（1）完成拟建防渗墙定线下方和相邻部分土体类型划分及土体类型的空间分布；

（2）沿整个定线基岩和/或隔水层的深度（用于评估完全贯入防渗墙）；

（3）地下水深度及其年度变化；

（4）取岩芯用于确定基岩硬度、风化剖面、层理结构等；

（5）判别覆盖层材料类型、级配、超径及潜在胶结层和/或硬质层的特征；

（6）潜在软弱层的划分，如软黏土、泥炭等。

16.3　防渗墙类型

有许多不同类型的防渗墙在填筑坝或河道堤防中得到应用。有些类型被广泛地应用于填土结构，本文概述采用这些类型防渗墙时设计者和客户必须考虑的众多因素。其他类型可能并不常见，但在特定场所条件下具有很明显的优势。本设计将防渗墙分为五种特殊类型及一种通用类型：

（1）回填土泥浆槽（SB）防渗墙；

（2）水泥-膨润土（CB）防渗墙和土-水泥-膨润土（SCB）防渗墙；

（3）混凝土防渗墙，包括塑性混凝土防渗墙；

（4）土工膜防渗墙；

（5）深层土搅拌（DSM）防渗墙；

（6）其他：包括咬合桩、板桩和喷射灌浆防渗墙。

每种不同类型的防渗墙将在以下各节中分别论述。此外，还将为编写合同规范文件提供一般性指导，例如建议提交的文件、试验段要求以及特殊类型防渗墙最理想的承包方法。表16.3-1概述了自20世纪70年代中期以来，垦务局修建的各种类型防渗墙。

理论上讲，所有主要类型的防渗墙全能有效地截断渗流。然而，所有类型的防渗墙在设计和施工方面都存在很大的不确定性。设计人员应对每种类型防渗墙的优缺点有全面的认识，作为根据场址选择防渗墙类型的依据。防渗墙在每个特定场址处的应用都有其独特性，并且在很大程度上取决于该墙所要承担的功能、现场基础条件、预计墙体水力坡降、施工因素、地下水条件（淡水或咸水）和经济因素。除了成本之外，防渗墙的预计水力坡降和深度是最可能影响其类型选择的两个考虑因素。在水力坡降较高（通过缺陷产生高速集中渗流），且墙体附近存在良好的土层和/或基岩条件的情况下，如果墙体存在裂缝，则回填土泥浆槽和水泥-膨润土两种防渗墙可能会被冲蚀。除发生极端条件外，塑性混凝土和传统混凝土防渗墙通常被认为是不易被冲蚀的。极端条件包括沿着空隙产生高速集中渗流或架空粗土料可能成为冲蚀材料的来源，并阻止渗流速度逐渐衰减。实验室试验表明，在相对低速渗流通过裂缝的情况下，回填土泥浆槽、土-水泥-膨润土和水泥-膨润土防渗墙可能被冲蚀破坏。达到这点的条件是，墙体上下游附近的土料一定无法通过相邻区域土料滤出，或者裂缝有足够的空间使冲蚀发展。然而，在预计墙体出现高渗流坡降情况下，必须考虑防渗墙冲蚀破坏的可能性，这将影响防渗墙类型的选择。

防渗墙所需深度也是选择防渗墙类型的主要考虑因素。尽管随着时间的推移，长臂反铲的垂直距离不断增加，但仍然存在开挖深度的限制。而且，在开挖其能力范围以外的硬土或粗砾土时可能变得无效。一旦推荐的防渗墙深度超过了反铲的合理能力，一般将使用索铲、蛤壳式抓斗或岩石切割机开挖，并且通常将分独立墙段施工（在第16.7节“混凝土防渗墙”中讨论）。使用分段式施工方法依次开挖的深防渗墙由于其深度和长度的限制必须采用导管回填。这种施工方法更适用于较高密度材料的回填，例如混凝土或塑性混凝土，因为回填材料需要足够的重量置换沟槽护壁浆液（通常为膨润土泥浆）。

其他设计考虑因素太多难以详细描述，但对于特定应用或场地选择适宜的防渗墙类型，仍然是重要的考虑因素，设计人员应了解这些变量。其他一些变量将在以下段落中叙述各种防渗墙类型时述及。

表 16.3-1 垦务局修建的防渗墙项目[1]

序号	工程项目	工程特征	规范文件编号	防渗墙材料	防渗墙尺寸		USCS-级配土回填	最大深度(ft)
					宽度(ft)	长度(ft)		
1	Pick-Sloan 密苏里流域综合项目，北达科他州	Wintering 大坝	DC-7142	SB	5	1160	GC-CW	95
2	Seedskadee，怀俄明州	Fontenelle 大坝 试验坝段	4-SP-40-02380	混凝土 ($4000lb/in^2$)	2	1315	不适用	172
3	Seedskadee，怀俄明州	Fontenelle 大坝 第二阶段-项目改建	4-SP-40-04900/ DC-7710	混凝土	2	4615	不适用	166
4	亚利桑那中部，亚利桑那州	New Waddell 大坝	RFP 6-SP-30-04690	混凝土	3.25 3.25	80 400	不适用	82 170
5	亚利桑那中部，亚利桑那州	New Waddell 大坝	不适用	咬合桩（混凝土） （五个墙）	变化的	变量	不适用	130
6	亚利桑那中部，亚利桑那州	New Waddell 大坝	9-SI-32-00930 DC-7797	SB	4	1460	不适用	45
7	科罗拉多河蓄水工程，新墨西哥州	Navajo 大坝	RFP6-SP-40-03900	混凝土	3.25	450	不适用	400
8	Pick-Sloan 密苏里流域综合项目，内布拉斯加州	Calamus 大坝 （两种墙体宽度）	7D-C7469	SB	3 5	4000 3000	SM	115
9	Lyman，怀俄明州	Stateline 大坝	未有	CB			不适用	

续表

序号	总面积（ft^2）	投标费用（$/$ft^2$）	防渗墙施工日期		平均施工效率（ft^2/天）	开挖方法	B/W 泥浆（以重量计,%）	C/W（以重量计,%）	C或B的添加剂（以重量计,%）	备注
			开始	完成						
1	不适用	5.98	9/18/75	1975/11/18 沟槽破坏	不适用	索铲	40gal 浆液加 20lb 膨润土至	不适用	苏打、灰加入水中（3lb/300gal）	
2	160 538	32.30	9/85	10/86	2290	双轮铣（岩石研磨）	不适用	2.32	不适用	岩磨机当时最深的成槽设备
3	726 236	26.44	8/88	8/89	2370	双轮铣（岩石研磨）	不适用	不适用	不适用	岩磨机是双轮铣的通用名称
4	5500 50 000	134.22 78.08	10/86	7/87	A=51.2 B=11.7 C=4.3 D=2.4	蛤壳型抓斗（爆破）	5	不适用	不适用	垦务局在新建大坝防渗墙中首次使用
5						钻孔	不适用	不适用		建造五个独立的墙用以截断风化的基岩和冲积层渗漏通道
6						反铲				
7	132 000	75.00	5/87	4/88	不可用	双轮铣	5	不适用	不适用	美国当时在已建填筑坝上建造的最深混凝土隔水墙（1990 年 1 月）
8	439 000	3.80 6.90	7/82	7/84	1500	索铲、反铲、抓斗式	5	不适用	不适用	
9										信息未获得

续表

序号	工程项目	工程特征	规范文件编号	防渗墙材料	防渗墙尺寸		USCS-回填分级	最大深度（ft）
					宽度（ft）	长度（ft）		
10	Shoshone，怀俄明州	Diamond Creek 堤坝	DC-7779	CB	2	2500	不适用	156
11	Shoshone，怀俄明州	Diamond Creek 堤坝	DC-7779	SB	4	5190		
12	Minidoka，怀俄明州	Jackson Lake 大坝	DC-7695	土搅拌墙（DSM）	31（平均）	3985	砂土和砂砾掺加黏土搅拌	100 62 （平均）
13	Newlands，加利福尼亚州	Lake Tahoe 大坝	20-CO299	咬合桩	2	90	混凝土加钢桩	21
14	San Angelo，德克萨斯州	Twin Buttes 大坝	1425-5-SP-60-07610 60-CO339	SCB	2.5	21 000	(SM)g	100
15	Weber 流域，犹他州	A. V. Watkins 大坝		CB	2.5	32 000	不适用	65
16	亚利桑那中部，亚利桑那州	Reach11 个堤坝	2-SP-30-09520 DC-7880	土工膜	80（min）	66 000	ASTM C33 混凝土砂	65
17	Lyman，怀俄明州	Meeks Cabin 坝	DC-7881	塑性，混凝土	3	850	不适用	170
18	Cachuma，加利福尼亚州	Bradbury 坝	CO431/1425-5- CC-20-03270	SB	4	930	(SC-SM)g	85
19	Coquille，俄勒冈州（BIA）	Tarheel 和 Fourth Creek 坝	03SP101521	复合板桩	不适用	920（两座坝）	不适用	40
20	中央河谷，加利福尼亚州	Mormon Island 护堤	R10PS20114	咬合桩	直径 1	2735	不适用	43～79
21	Yakima 项目，华盛顿	Keechelus 坝	02SP101485	SB	4	750	(SC-SM)g	75

续表

序号	总面积 (ft^2)	投标费用 ($/$ft^2$)	防渗墙施工日期		平均施工效率(ft^2/天)	开挖方法	B/W浆 (以重量计,%)	C/W (以重量计,%)	C或B的添加剂 (以重量计,%)	备注
			开始	完成						
10			1989/11/16	1990/6/30		反铲	5.6	17.5-19.5	Spersene-3gal/1000gal 水	填筑体中的CB防渗墙深入基岩20ft，垂直段高30ft。无侧限抗压强度为40lb/in^2
11	171 981		1989/8/14	1989/10/12	3300～4800	反铲	5	不适用		利用工作平台挖5ft深并深入基岩5ft
12	248 312		1987/7/14	1988/7/19		不适用				灌入浆液的W/C比等于1.25
13	1890		1988	1988		26in 岸斗钻				4000lb/in^2 钢筋混凝土（W14×38）
14	1 400 000		1996	1999		凯利悬索抓斗和水力冲磨	5+1为膨润土泥浆加回填料	34		在回填SCB中最大粒径1～1/2in。胶凝材料包括粉煤灰和水泥。导管浇筑
15	1 570 000			2008/11/21	19 000	反铲	6	18	木质素磺酸盐	加入木质素磺酸盐作为缓凝剂和增塑剂
16	2 727 000	8.45 1	12/1993	02/1995	15 000	反铲	不适用	不适用	不适用	使用生物聚合物泥浆开挖沟槽护壁(EZ泥浆)[1]
17	125 000	17.38	1994/5/3	1995/6/15	根据刀轮，115ft^2/h	抓斗式，双轮铣	5	15 水泥	3 膨润土	粗细骨料比为1∶1。塑性混凝土28天强度为400lb/in^2（无侧限）
18	47 400	19.05	1995/5/1	1995/5/25	1975	反铲	5	不适用	苏打灰 100lb/B9～12t	回填料通过商业渠道进口
19	31 000（两座坝）	15.30	8/2004	11/2004		不适用	不适用	不适用	不适用	39ft长，钢纤维复合材料聚合物深入岩石20ft，地面以上19ft，周围进行填筑坝施工
20	71 100ft	$207/LF	02/2011	01/2013		钻孔				
21	51 000	8.10	2002/9/21	2002/10/16	2200	反铲	5	不适用		

[1]包括反滤和土工膜。

注 B/W=膨润土与水的比例，CB=水泥-膨润土，C/W=水泥掺水比，DSM=深层土搅拌，SB=土-膨润土，SCB=土-水泥-膨润土，W/C=水灰比。

16.4 回填土泥浆槽防渗墙（土-膨润土）

回填土泥浆槽防渗墙通过开挖狭窄的垂直沟槽来建造，一般情况下宽度为 2～5ft。如果需要有效可靠的防渗墙，则一般将开挖延伸至透水层下方相对不透水层，并且深入该层至少 3～5ft。这些开挖可能包括穿过现有填筑体和透水地基。开挖期间，沟槽内充填膨润土泥浆悬浮液。在开挖期间按需要添加新鲜浆液，以便保持泥浆面接近顶部从而保证沟槽稳定。泥浆悬浮液的水分渗入沟槽的侧壁，并在壁上留下一层密集的胶凝颗粒层（如同一层膜），通常称作“滤饼”。泥浆的静水压力和滤饼联合作用，保证沟槽侧壁的稳定性。滤饼也为完工后防渗墙整体渗透性的降低发挥主要作用。图 16.4-1 和图 16.4-2 分别示出了 Bradbury 坝的土-膨润土泥浆槽防渗墙开挖和膨润土泥浆拌和设备。

图 16.4-1　使用加长的反铲进行土-膨润土泥浆槽防渗墙开挖

（检查员用加重的卷尺来测量深度-加利福尼亚州 Bradbury 坝）

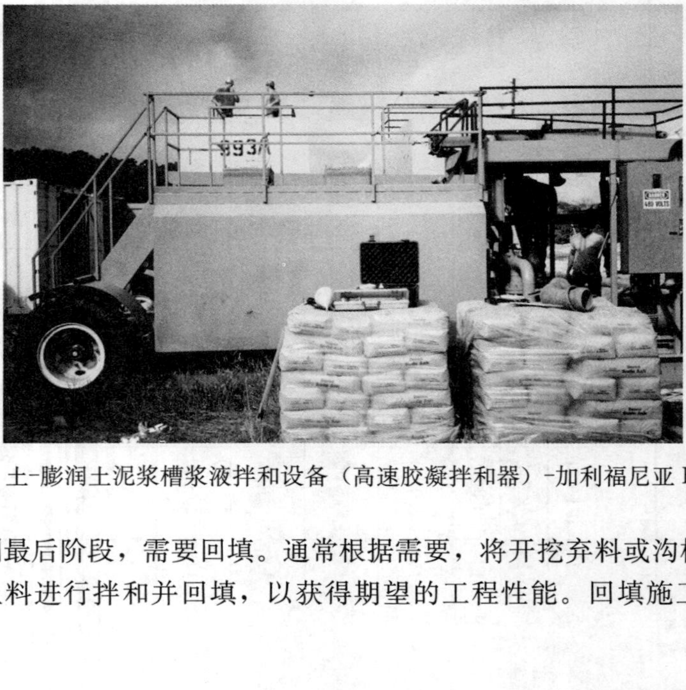

图 16.4-2　土-膨润土泥浆槽浆液拌和设备（高速胶凝拌和器）-加利福尼亚 Bradbury 坝

沟槽开挖到最后阶段，需要回填。通常根据需要，将开挖弃料或沟槽开挖料和其他来源的泥浆和土料进行拌和并回填，以获得期望的工程性能。回填施工采用混凝土导管、蛤壳式抓斗或推土机将拌和物填入沟槽，同时置换出泥浆悬浮液（见图 16.4-3 土-膨润土泥浆槽防渗墙沟槽施工示意图）。在许多情况下，先用混凝土导管进行初期回填，直至回填料高出沟槽泥浆，并且在填充泥浆的沟槽中呈现自然回填斜坡。一旦出现这种情况，通常改用推土机将回填料推入沟槽。施工过程中需要仔细测量回填料的顶部和沟槽底部，确保回填料的坡脚不会影响开挖作业，以及避免开挖料与回填料混在一起，形成未拌和料堆积坑。

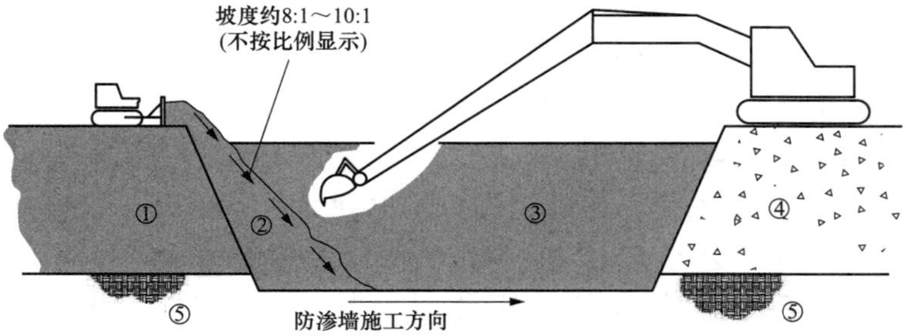

图 16.4-3　土-膨润土泥浆槽防渗墙沟槽施工示意图

16.4.1　膨润土泥浆配比设计

膨润土泥浆拌和物可用作不同类型防渗墙沟槽的临时支护，包括：回填土泥浆槽防渗墙、混凝土防渗墙和塑性混凝土防渗墙。当膨润土泥浆支护用作防渗墙施工时，设计一般原则概述如下。

膨润土泥浆一般由悬浮在水中的粉状膨润土胶质悬浮液组成。膨润土应是天然的粉末状、纯净、优质的怀俄明型（Wyoming-type）、具有高膨胀特性的钠离子基膨润土。不宜使用颗粒形式的膨润土。目前，很多商业膨润土添加了某种无机添加剂或填充剂以增加产量。化学和物理两种添加剂可以用来改善黏度、密度、凝胶强度和液体损失。这些产品的使用依据具体应用条件通常被认为是可接受的。然而，设计人员应当考虑超量使用添加剂［特别是有机添加剂，如用于增加黏度的羧甲基纤维素（简称 CMC）］对防渗墙长期工作性能潜在的有害影响。这种特定有机产品可以使膨润土滤饼自身发生分解，从而导致墙壁上的滤饼的渗透性在长期工作状态下不断增加。其他添加剂不胜枚举，新添加剂正在随时研制中。设计者无法知道承包商可能提出的每种添加剂及其对防渗墙性能的长期潜在影响。但是，设计者应当了解可能使用的添加剂，并要研究其使用后潜在影响的资料。设计者应当始终要求承包商在提交的技术文件中列出建议的膨润土添加剂，以便研究和/或识别和评估任何可能存在的潜在冲突（参见第 16.6.1 节“水泥-膨润土和土-水泥-膨润土防渗墙的提交资料要求”）。

泥浆中膨润土的浓度（以干膨润土重量与水重之比计量）通常为 5%，具体取决于所使用的添加剂类型和所需的泥浆特性。

16.4.1.1 泥浆特性

以下段落提出影响泥浆性能的五种最重要特性，以使设计人员熟悉这些特性对防渗墙施工及长期工作性能的影响。然而只有两种特性（密度和黏滞度）在现场容易量测。此外，要使这些性能发生变化，一般需要添加剂，而这些添加剂可能对防渗墙长期工作性能产生不利影响。通常的做法是在注入前只规定膨润土的等级和泥浆中膨润土的含量。设计阶段可以在实验室试拌泥浆，并开展其他泥浆性能试验。

（1）密度——泥浆的密度或容重为开挖期间稳定沟槽侧壁提供了所需的静水压力。泥浆的密度由水重加上悬浮液中胶质和非胶质颗粒数量确定。典型的浓度5%（以重量计）的膨润土泥浆，其密度约为65.5lb/ft^3。一旦泥浆注入沟槽，加上悬浮的非胶质颗粒（粉土和砂），泥浆密度很容易超过80lb/ft^3。一般而言，浓度5%的膨润土一旦被注入沟槽中，泥浆密度很容易保持在70～75lb/ft^3。稳定性分析应当使用70～75lb/ft^{3}密度来进行。如果为了稳定需要增加静水压力，则应在设计中提出增加泥浆压力的措施。设计人员不应当规定在泥浆槽中使用添加剂或增加搅拌来提高泥浆密度超过上述值，应规定沟槽中泥浆密度的最大值。达布诺尼亚指出这个最大值应比回填土的最大总容重（典型情况下为105lb/ft^3）至少低15lb/ft^3，但不能过度限制。一般认为，最大泥浆密度值为90lb/ft^{3}是可以接受的。这种密度确保了施工期间回填料能置换出泥浆。含砂量高的泥浆具有高密度。因为回填的效果取决于泥浆和回填物的密度差，所以高密度的泥浆可能导致回填不满意和/或不均匀。此外，含砂量高可能导致更多的材料沉积到沟槽底部，从而影响回填并在防渗墙基础形成透水区。设计人员应在回填施工前验证泥浆在整个沟槽中的适宜性。最好通过对沟槽中的泥浆进行测试（特别是靠近底部）确定其含砂量，如果需要，在回填置换前利用除砂设备清除沉砂。这些内容适用于泥浆支护和需要回填材料置换泥浆的各种防渗墙。这些要求在垦务局实践中是技术规范的一部分。

（2）黏滞度——泥浆悬浮液应有足够的黏滞性以限制泥浆在形成滤饼之前渗到原位土壤结构中。初始时，静水压力随着泥浆渗入的距离而消散。渗入越远，实际作用在潜在破坏楔体上的静水压力就越小。滤饼形成后，静水压力会传递到沟槽表面的滤饼上，原来的渗入距离失去意义。浆液的黏滞度，一般在粗砂和砾石地层中更为重要。但是，对悬浮的非胶质颗粒在堵塞孔隙和限制泥浆渗入深度方面所起的作用尚不完全清楚。一般地讲，对于膨润土浓度为5%的泥浆悬浮液注入沟槽之前，其马氏漏斗黏滞度介于40～50s（使用标准的马氏漏斗排出946mL泥浆所需时间，ASTM D6910/ASTM D6910M-09）。图16.4.1.1-1所示为新鲜膨润土泥浆进行马氏漏斗黏滞度试验。40～50s

图16.4.1.1-1 新鲜膨润土浆液进行的马氏漏斗黏滞度试验

这个值，对大多数应用场合来说都是可以接受的。设计人员应避免指定泥浆在沟槽中的马氏漏斗黏滞度，因为由于开挖引起的悬浮固体将严重影响测得的黏滞度值。

（3）凝胶强度——泥浆悬浮液应有足够的凝胶强度（即产生流动所需的最小剪切应力），以保持足够量的非胶质颗粒悬浮在所需密度的浆液中。理论上讲，悬浮液中呈悬浮状态的最大粒径与泥浆悬浮液的凝胶强度直接相关。但是，悬浮液中非胶质颗粒呈悬浮状态的实际数量受开挖作业时的搅动量影响很大。膨润土泥浆具有触变性。触变流体在静态条件下表现出黏滞性，并且在搅拌或受剪切时变为流体，或黏滞度降低。使用膨润土黏土，可以通过强化颗粒相互之间的作用力来构建一个颗粒相互关联的絮凝系统。这就意味着凝胶强度不是固定不变的，而在静态条件下随时间而增强。凝胶强度指标在现场最常用的是测量10min凝胶强度。5%膨润土浓度泥浆悬浮液，一般在10min产生的凝胶强度为10～15lb/100ft^2。在正常开挖作业条件下，这样的强度足以产生密度为70～75lb/ft^{3}的泥浆悬浮液。因悬浮状态中非胶质材料的存在，在现场测定10min凝胶强度受到限制。设计人员应避免规定沟槽中泥浆的凝胶强度。

一般情况下，规定的初始胶凝强度值高于典型5%膨润土泥浆获得的，这使泥浆的密度比期望得到的要高，反过来需要大量的除砂操作来降低密度，导致泥浆中的添加剂增多，这可能对沟槽的长期工作性能产生不利影响。如果开挖作业停顿时间长，则采用机械搅动是保持所需密度的较好方法。

（4）过滤损失——正如在“黏滞度”段落中所讨论的，形成相对不透水的滤饼是将泥浆的全部静水压力施加到沟槽壁的首要措施。此外，滤饼是有助于防渗墙长期保持低渗透性的因素之一。滤饼应足够薄，使其不至于被开挖设备严重破坏，仍能提供必要的阻水，以确保全部的静水压力都作用在沟槽壁上。目前用于测量滤饼形成特性的现场试验是过滤损失试验［即在恒定压力下，测定泥浆30min内通过滤纸的损失量，美国石油学会（API）规范13A，ASTM D5891］。与大多数现场试验一样，该试验成果因受到悬浮的非胶质颗粒影响，并不适合用于控制沟槽中泥浆。试验可以在实验室或者室外进行。设计人员只能将这个试验作为注入沟槽之前新鲜泥浆过滤特性的度量或指标。典型5%膨润土泥浆悬浮液，在100lb/in^{2}压力下，一般每30min内产生的过滤损失少于20cm^3。在15～25cm^{3}之间的典型容许值可以确保形成良好滤饼。沟槽壁上滤饼的真正形成，在很大程度上取决于泥浆中悬浮固体的性质以及沟槽壁上天然料的级配。然而，典型的约5%浓度的膨润土泥浆，一般都足以形成滤饼。

（5）膨润土泥浆中的水——土-膨润土防渗墙的完成通常需要大量的水。在泥浆制备和回填中都需要用水。水中的污染物，无论是天然的还是来自地表的污染，都可能抑制膨润土完全水合作用或引起絮凝，导致滤饼形成能力较弱，黏滞度较低。对于膨润土泥浆，应当确定其潜在的水源，并在技术要求中规定要承包商使用。如果可能，应当确定可以提供所需容量的多个水源。每处水源应采用标准水质指标进行检验，并在技术要求中提供测试数据表，以使承包商能够决定采用何种水处理措施来最大限度地提高泥浆和土-膨润土回填性能。一般来说，水应当是质量好的，含有极少量的杂质，不含油、酸、碱、有机物或其他有害物质。使用硬水将需要更多的膨润土和更长的拌和时间。盐水或微咸水应当避免使用。超过百万分之五百（500ppm）氯化钠或超过100ppm的钙盐可降低膨润土的溶胀能力并产生低黏度凝胶。所需全部试验的广度超出了本章的范围，但应当至少包括以下特性试验：①pH（试验方法：API RP 13B-1）；②硬度（试验方法：API RP 13B-1）；③总溶解固体［试验方法：美国环保署（EPA）600/4-79/020］；疑似污染物需要的其他试验。此外，应当鼓励投标人在准备投标书时自己对潜在水源进行试验。在拌和水中经常加入苏打粉来改变水的 pH，并为膨润土的完全水合创造条件，特别是当水含有大量的钙和/或镁离子时。

16.4.2 施工期间泥浆槽的稳定性

设计人员应确保明挖泥浆槽在预期合理的现场荷载条件范围内是静态稳定的。要考虑的荷载组合应当包括：设备超载、地下水位、预期的泥浆液面和泥浆密度。如果开挖沟槽弃料被放置在沟槽旁边，设计人员在计算沟槽稳定性时还应当考虑开挖材料产生的荷载。下面讨论的沟槽稳定性适用于长的连续沟槽。对于泥浆护壁的板桩结构，其稳定性可以考虑三维作用和拱效应。

16.4.2.1 泥浆槽稳定性分析

泥浆槽稳定性问题非常广泛，本节仅提供一般性指导。读者应参考引用的大量参考资料，详细了解泥浆槽稳定性方法和假设。一般情况下，泥浆液面应维持在沟槽顶部以下 2ft 内，最少在天然地下水位以上 3ft。任何可将泥浆的静水压力施加于沟槽壁的方法，均可用来分析泥浆槽的稳定性。一般采用简单的楔体分析法即可。对于需要泥浆槽的大多数透水地基，在稳定性分析中采用排水抗剪强度是合适的。若遇到大量沉积的粉砂或软黏土层，则应当考虑采用不排水抗剪强度。设计人员应当避免规定增加泥浆的密度来保证开敞沟槽的稳定性。在实际应用中，使用较高密度的泥浆，在不进行连续搅动的情况下，将难以维持沟槽下部泥浆密度低于最大密度值。在计算的稳定性不足时，设计人员常用的方法是规定采用戗道抬高工作面，通过提高泥浆液面产生额外的静水压力。

一个连续沟槽稳定性计算的关键部分是估算泥浆渗入沟槽壁的液面以及在沟槽壁面形成密封的机理，这些将影响泥浆阻力的大小。在黏土、粉沙或砂砾等复合细土层中开挖泥浆槽时，水合膨润土泥浆悬浮液将渗入侧壁，逐渐形成薄而致密的填充胶质颗粒膜，称为“滤饼”。滤饼的不透水性使沟槽中泥浆悬浮液的全部静水压力作用在侧壁上，抵抗发生的滑动楔形块。滤饼也为降低防渗墙的渗透性做出了主要贡献。根据水力坡降不同，膨润土泥浆渗入砂土地基深度一般可达 1～3in、砂和砾石混合地基可达 3～6in、砾石地基可高达至 1ft。每种情况都会在沟槽壁表面形成滤饼，阻止进一步渗漏的发生。

在开挖较粗粒土层时，如粗砾石和卵石（可能夹有孤石），沟槽稳定性计算更加关键，特别是在高地下水位时。在这些土层中，泥浆可能进一步渗到沟槽壁中，并且可能不像在细土中那样形成滤饼。在这些情况下，泥浆直接流入孔隙较多的地层，直至受到其自身剪切强度的约束，这通常被称为流变阻塞。泥浆以这种方式可以渗入粗粒地层多达几英尺。这还导致稳定沟槽需要更多的泥浆，存在突发或快速出现泥浆损失的可能性。该过程的特点是泥浆在渗入区内逐渐胶凝化。与使用沟槽中泥浆全重量或密度计算静水压力和假设沟槽壁基本是不透水的情况相比，渗透的结果导致泥浆施加在沟槽壁上的阻滞力降低，实际上泥浆阻滞力的减少可能难以计算。这是因为必须知道泥浆渗入沟槽底部地层的实际长度才能计算泥浆阻滞力。阻滞坡降 i。(地下水位以上的泥浆高度 h 除以渗透长度 l 用于计算阻滞力。

16.4.2.2 泥浆槽宽度

一般来说，确定防渗墙的位置、布局、轮廓和深度，主要依据地质条件、项目要求和场地条件。然而，土-膨润土泥浆槽防渗墙的宽度一定要满足在最大水头差下，能够提供合适的安全性以抵御渗流坡降产生的挤出破坏。挤出被定义为防渗墙回填料的破坏，回填料中的泥浆和/或细颗粒由于沟槽的挤出坡降作用而被迫从回填区进入地基层(渗流压力超过泥浆凝胶强度)，导致防渗墙渗透性增加并且可能形成缺口。由于确定挤出坡降时存在许多不确定因素，推荐抵抗挤出破坏的安全系数不得小于4，以补偿施工缺陷和其他局限。此外，设计人员应当意识到，由于超挖，实际的沟槽开挖宽度以及随后的防渗墙将大于设计的宽度。但是，不推荐在挤出梯度的计算中包含额外的宽度。对于墙体水头差非临界值之处，防渗墙最小沟槽宽度应当基于实际情况来考虑，例如使用开挖设备类型和设备的标准宽度，因为使用非标准宽铲斗可能会增加成本。

如上所述，克服回填料中膨润土泥浆凝胶强度，并将膨润土从回填料中挤压出来所需的水力梯度通常通过挤出梯度试验来测量。如达布诺尼亚和 Xanthakos 所述，该试验是在压力装置中将一定的水力梯度作用在1ft厚的试件上。通常情况下，对于土-膨润土泥浆槽防渗墙的典型回填级配料［10%～30%的细料粒径小于 3in (200 号筛)］，在30～40 的水力梯度下似乎出现了挤出破坏。对于初步估算，建议使用 32 梯度。采用假定安全系数 4，如所建议的那样，意味着通过水头差除以 8 可以找到近似的防渗墙厚度。这种方法可能过于保守，当预计横跨沟槽的水头差非常高时，应谨慎使用。传统的回填土泥浆槽防渗墙已经修建在横跨防渗墙的水头差超过 40～50ft (40ft 意味采用上述标准需要 5ft 宽的防渗墙) 之处。在这种情况下，可对建议的回填料进行挤出测试，以在较高水力梯度下验证其性能。另一个选择是考虑使用更强的回填料，如水泥-膨润土。然而，设计人员应牢记，实验室结果转化为现场应用是有很大问题的。虽然试验可以给出克服泥浆凝胶强度所需的水力梯度合理值，但是回填料的现场破坏机理是不同的。沟槽中回填的实际围压可能受到拱效应的严重限制。经验表明，填筑的回填料产生水力劈裂是可能的。与泥浆和细料进入周围地层产生的挤出破坏相比，这是一种不同的破坏模式。滤饼可能有助于防止水力劈裂，但滤饼在这方面的作用还不是很清楚。鉴于潜在的水力劈裂和挤出破坏存在不确定性，建议设计人员在设计回填料配比时采取保守的方法 (见第16.4.5 节“回填料配比设计”)。通常情况下，沟槽的宽度将由估算的横跨沟槽最大水头差确定，在较少情况下根据开挖设备需求确定。与回填性能相关的不确定性妨碍了更精确地计算所需的宽度。由于很多性能良好的土-膨润土泥浆槽防渗墙可能不满足上述安全标准，因此设计人员在设计沟槽宽度时有责任考虑其他因素，例如回填料级配、地基材料和沟槽宽度的实际案例。

16.4.2.3 有关稳定性的其他考虑

在所有设计中，设计人员均应当认真关注现场的地质情况，并确保在施工期间完成足够的勘探工作，以充分了解土层变化、构造和预测施工期间地下水位变化情况，因为这些因素可能对计算沟槽稳定性有显著影响。防渗墙通常被设置在透水的冲积层中，其通常由很多种构造组成，可能包含水平层状、高度透水的透镜体或水平的连续软弱层。例如，在较细的冲积沉积物中含有粗而干净的砾石透镜体，它可以使沟槽壁承受更高的静水压力，和/或者容许更多的泥浆渗透到透镜体中。设计人员应当意识到这种变化，并且在评估沟槽稳定性时考虑局部或部分沟槽失稳的可能性。类似地，如果在沟槽壁内存在松散、软弱或高塑性饱和的黏土透镜体，则开挖过程中侧向应力的变化可能导致黏土内孔隙压力增加，而降低不排水载荷下有效剪切强度。在这种情况下，使用不排水剪切强度进行稳定分析可能仅适用于黏土原位或实验室试验。

设计人员还应当考虑影响沟槽稳定性的其他因素，如施工顺序、泥浆质量控制、开挖方法，以及由于水力劈裂或先前存在的裂缝造成泥浆快速流失的可能性。施工顺序包括通过在给定时间内控制开挖和回填速率限制开敞式沟槽的长度，这样可以有效地控制沟槽回填坡趾与开挖前部之间的距离，从而使沟槽壁任何部位只靠泥浆支护的时间最少。

泥浆质量控制至关重要，因为将泥浆注入到不完全水合的沟槽中可能降低沟槽壁上的静水压力，可能导致很多问题，将在第 16.4.7 节“施工控制”中讨论。如果沟槽稳定性存在问题或土层变化特征不能充分说明，设计人员可能要考虑板桩施工，不仅要考虑限制开敞式沟槽任一断面的长度，还要考虑设置板桩三维作用对整体稳定性的影响。然而，板桩施工可能明显增加防渗墙的成本，这将在第 16.7 节“混凝土防渗墙”中详细讨论。

可能影响沟槽稳定性的另一个关键因素是泥浆快速流失，槽壁上泥浆减少的水头比补充的快。泥浆快速流失可能导致膨润土的水化不足、水力劈裂，或泥浆通过颗粒非常粗的透镜体、先前存在的裂缝或缺陷流失。设计人员应当始终考虑沟槽开挖过程中低应力区导致水力劈裂和泥浆快速流失的可能性。低应力区可能存在于基底不规则处，因为基岩表面的陡峭不规则会引起上覆土层的拱起；或者在建筑物附近的填筑体中，上覆和/或邻近土层碾压不密实也可能产生低应力区。其他导致泥浆流失的现象是啮齿动物洞和其他动物的洞穴，这些洞通常可以在堤岸或地基中延伸很长距离。在地质勘察期间，可以对挖沟区域进行表观检查，以确定洞穴的存在。其他可能的泥浆流失位置包括：干缩裂缝或不均匀沉降引起的裂缝、基岩的张开节理、应力释放裂缝、粗砾和卵石层或喀斯特地基条件。泥浆流失将在第 16.7.9 节“墙段或沟槽中的泥浆损失”中详细讨论。

16.4.3 试验段

只要可能，特别是对泥浆槽稳定性存在疑问时，应当考虑通过一个规模相同的试验段来评估拟采用的泥浆、开挖方法和沟槽稳定性。在软土层或存在干缩或不均匀沉降引起裂缝的堤坝上开挖沟槽时尤其如此。同时，泥浆性能可与拟议的施工方法一起评估。试验段的长度取决于许多因素，但长度应足够承包商试验整个施工顺序，包括：①开挖设备；②拌和设备和方法；③现场特定地层中防渗墙施工（回填方法）。

16.4.4 防渗墙渗透性

回填土防渗墙的渗透性，是槽壁上形成滤饼和回填到沟槽中的土料二者各自渗透率的函数。上述两个渗透性对防渗墙整体渗透性的相对影响取决于两种组成成分的相对厚度。防渗墙的总渗透性，当回填土渗透率低时就受控于回填土；当回填土渗透率高时就由滤饼控制。达布诺尼亚建议，典型宽度的回填土泥浆槽防渗墙的总渗透系数的上限约为 1×10^{-6}cm/s，即使对透水性高的回填土也是这样，因为滤饼的渗透性很小。据报道，渗透系数的下限值为 1×10^{-8}cm/s（甚至更低）。此处引用的渗水系数范围，回填土料中必须有足够的细颗粒以填充较大颗粒的空隙。级配良好的回填土更有可能满足这一要求。然而，如果回填土料级配过宽，设计师就必须考虑其内部的稳定性。

16.4.5 回填料配比设计

回填土料的渗透性取决于土料级配和所用膨润土量。典型情况下，膨润土的浓度每增加1%（按回填土干容重计），回填土的渗水系数就降低一个数量级。标准做法是把回填用的土与泥浆（通常泥浆含有干容重5%膨润土）混掺。如果回填土原本是干的，那么，当加了足够的泥浆，坍落度达到2～6in(50～150mm)（坍落度试验基于ASTM C143/C143M-12）时，回填土中的膨润土含量最多为其干容重的2%。在典型填筑条件下，2～6in的坍落度一般会形成10：1～15：1的坡度，处于可接受的范围。含水量与回填料坍落度有直接关系，含水量为20%～30%时，坍落度一般在2～6in内。从地下水位以下开挖的土料，通常含水量在10%～20%，即使有排水措施也是如此。因此，为了得到所需坍落度而添加足够泥浆时，其膨润土的含量可能仅为0.5%～1.5%。

为了减少任何潜在的水力劈裂引起内部冲蚀的可能性，设计人员应采用谢拉德等人和垦务局提出的沟槽回填土和原状粗粒土之间的反滤标准。这些标准基于防止填筑坝心墙开裂产生管涌，可直接应用于防渗墙回填设计。在级配良好的砂砾/砾石拌和物中，含有1%膨润土和20%细料（通过200号筛）的回填土料适用于大部分情况。砾石颗粒的最大粒径应限制在1～1.5in（25～38mm），以便使填筑过程中离析最少。然而，也有许多使用较大尺寸的成功实例，如表16.4.5-1所示。作为一般性指南，以下回填土料级配范围已经用于欧洲、澳大利亚和美国，可指导设计人员初步确定适宜的回填土料。

表16.4.5-1 土-膨润土回填料典型级配上限值（欧洲、澳大利亚、美国）

筛尺寸	欧洲和澳大利亚	美国
	过筛百分比（以重量计）	过筛百分比（以重量计）
3in	80～100	80～100
3/4in	40～100	50～100
4号筛	30～70	30～70
30号筛	20～50	25～60
200号筛	10～25	10～30

设计人员应当理解，这些典型级配仅作为一般性的指南。每种情况都是不同的，并

且应当满足沟槽回填土料和原状土的反滤性，尤其是预计横跨防渗墙的水力梯度较高时。在一些情况下，防渗墙开挖通过粗粒料，由于其颗粒太粗或特性不稳定，这些开挖料与膨润土泥浆拌和后也不能作为回填料。在某些实例中，料场开采或购买能提供可接受的回填料，其渗透性较低，且满足与周围原状土之间的反滤标准，例如垦务局的 Diamond Creek 堤、Keechelus 坝和 Bradbury 坝。与膨润土泥浆拌和的开挖料如果颗粒太粗且级配间断，便不能作为合适的回填料。因此，需要引进更适合的回填料，与新鲜膨润土泥浆拌和，回填于沟槽。由于水力坡降高，如果因反滤问题而导致回填料损失的风险很高和/或挤出破坏需关注，设计人员可考虑采用其他类型的防渗墙。

16.4.6 填筑体心墙/回填土防渗墙的连接

如果要保持防渗系统的完整性，则填筑体心墙与防渗墙顶部的连接需要特别关注。一般情况下，拱效应将严重限制回填土在自重作用下产生的固结量。实测沉降量从一英寸到几英寸都是常见的。因填筑体作用在防渗墙的荷载而增加的沉降，也将由于拱效应而被局限在回填土的上部。然而，需要采取一些预防措施确保在坝体和防渗墙顶部之间不会出现分离或低应力区。可在竣工后的防渗墙顶部铺设一个过渡区，坡度为 2∶1（H∶V）或更缓，以利于将应力传递到防渗墙。

一般情况下，过渡区用与不透水心墙相同的材料铺筑，但是其含水量应略湿于最优含水量，以增加湿度，从而在被水库水饱和之前提供柔和的应变特性。图 16.4.6-1 给出了心墙/回填土防渗墙过渡区断面一般示意图。该示意图可能会有很大变化，设计人员应当考虑现场的具体要求。

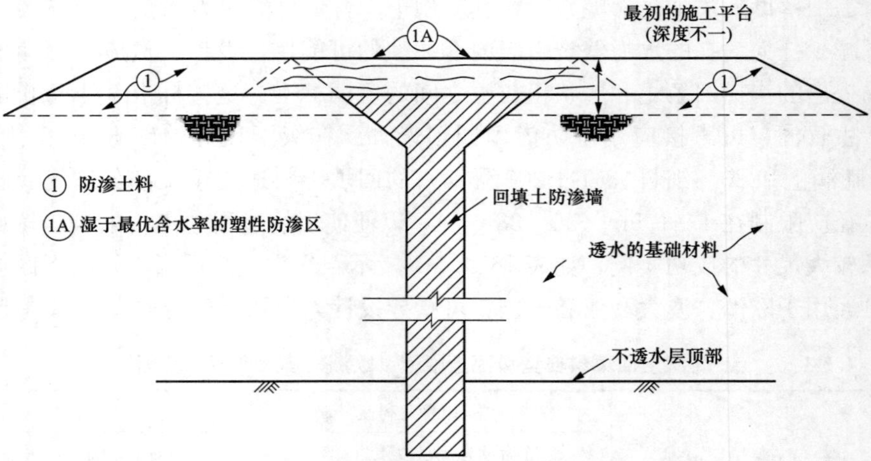

图 16.4.6-1　典型的回填土防渗墙/填筑体连接详图

上部填筑体与防渗墙之间接触面的另一个问题是土-膨润土防渗墙上部会出现干燥和/或开裂。无论怎样小心地保护表面，该防渗墙上部几英寸至几英尺范围内均会受到影响和/或污染，这应当在铺设上部填筑体的合同技术要求中说明。技术要求中应提出在铺筑过渡区之前至少清除已建防渗墙的顶部，以确保过渡区铺筑在坚实、均匀、未开裂或干燥的回填土-膨润土上。承包商应在准备填筑过渡区材料时将土-膨润土回填表面不合适的材料清除，清除不宜提前，以尽量减少因暴露在大气中而干燥。在填筑过渡区之前，土-膨润土回填的最终表面应进行全面检查，并得到设计人员的核准。

防渗墙与其上部填筑体之间的任何连接细部构造均应考虑具体的位置形状、防渗墙回填土的类型和周围的基础状况来确定。

16.4.7 施工控制

设计人员必须高度参与承包商对修建回填土防渗墙方法的选择和控制。然而，设计人员应对什么是重要的、什么是不重要的有一个清晰的了解，避免提出的技术要求过分地限制承包商，使其从施工关键部分转移注意力。许多泥浆槽承包商在这一专业领域拥有丰富的施工经验。

(1) 泥浆配比。正如前文关于配比设计的叙述，泥浆的物理特性是很难在泥浆槽内测定的。此外，由于涉及大量的不可量化因素，施工期间通常无法确定性能相关的特定数值。经验表明，膨润土浓度为5%～6%的泥浆（取决于所用添加剂的类型），一般具有的初始马氏漏斗黏滞度约为40s。具有这些特性的泥浆通常将产生令人满意的结果。设计人员一般将泥浆性能的规格要求限制在以下范围内：

1) 膨润土等级。天然生成、优质级、怀俄明型、钠离子基、膨胀特性高的膨润土。膨润土应符合美国石油学会（API）现行的技术规范 API 13A 第 9 节“钻孔液体材料规范”规定的所有膨润土标准，并在容器上贴有 API 批准标志。膨润土通常由蒙脱石黏土矿物组成，遇水具有很高的膨胀能力。垦务局通常将膨润土规定为天然粉末状、纯净、优质怀俄明型钠离子基，具有泥浆槽施工需要的高膨胀特性。然而，这并不意味着膨润土必须来自怀俄明州。怀俄明州以外的其他来源也可以生产具有所需性能的膨润土，并已被用于垦务局的项目。过去，垦务局通常规定膨润土必须由含量为90%的蒙脱石组成。由于全球膨润土产品的使用量增加，可能很难找到此百分比的膨润土。85%的比例已被成功应用（Watkins 坝），且通常被认为是可接受的。设计人员在指定膨润土时应当考虑此特点，并且要求提交一份文件，列出膨润土供应商和膨润土特性作为合同技术要求的一部分，以供批准。

2) 膨润土浓度。膨润土制造商或供应商一般提供两种或者三种级别的膨润土（均符合 API 标准），其浓度较高或较低，以便配置所需性能的泥浆。各种等级的膨润土通常通过增加无机添加剂或增量剂来提高膨润土的产量。目前，用于泥浆槽施工的所有等级的膨润土都使用添加剂。然而，设计人员可以考虑使用产量较低（较少添加剂）的膨润土级别，以确保防渗墙具有令人满意的长期工作性能。设计人员应当在施工前规定承包商提出的每种膨润土品牌和级别的浓度。这些浓度应当基于要求的至少 40s 内获得的马氏漏斗黏滞度。

3) 过滤损失。过滤损失是一项重要试验，可以在将泥浆注入沟槽之前，对制备的水合泥浆进行试验。该试验可以对泥浆形成滤饼的能力以及容许作用在开挖沟槽壁上的泥浆全静水压头给出定量值。按照 ASTM D5891 所述的试验程序，并使用 API 13A 推荐试验得出的最大滤液体积测值，应能提供可靠的泥浆形成滤饼的能力。

泥浆的现场控制应当集中在确保浆液按规定的膨润土浓度制备。对于在拌和区中经水合作用但尚未注入到沟槽的泥浆，规定 40s 的马氏漏斗黏滞度，是有助于控制膨润土浓度的间接方法。然而，重点在于确保所规定的膨润土重量（桶、袋等）添加到适量的水中，以达到所用膨润土级别规定的浓度。设计人员应按要求限制槽内试验，以确保不超过最大密度限值。如果规定了最小密度，也可以使用相同的密度试验来检查。

（2）回填料拌和。回填料的施工控制应当把注意力集中于确保混合料具有规定的级配，是均质的且具有铺筑所需要的稠度和膨润土含量。两个最适用的现场试验是级配分析和传统的混合物坍落度试验。回填土通常使用推土机和其他设备，在临近沟槽的平坦区域分批拌和。设计人员应当规定，每批料铺筑前必须进行至少一次级配分析和一次混合物坍落度测试。

（3）一般施工注意事项。泥浆槽的施工通常需要修建戗道，以获得水平的工作面，将泥浆拦挡在沟槽中。工作面的高程可以选择，以便通过增加泥浆和天然地下水之间的水头差来提高开挖的稳定性。在施工现场高程变化显著之处，如在许多河谷中，也可以采用分段的多级戗道或工作面修建泥浆槽。为了使泥浆经过毗邻的已完工段的水力劈裂而造成损失的可能性降至最小，泥浆槽的分段施工应始终由高处到低处进行。泥浆槽施工的延误往往对大坝整体施工工期有重大影响。设计人员应当既要选择工作面的高程，也要选择恰当的施工顺序，以确保泥浆槽的施工尽可能顺利进行。在给定位置泥浆槽回填完成之后，通常用松散的土体覆盖沟槽表层，以减小土-膨润土防渗墙表面干燥和顶部开裂。

在开挖过程中，粉土和沙等固体颗粒悬浮在泥浆中，致使沟槽内的泥浆变得太稠密，这种现象在接近沟槽底部时特别明显。施工人员应当定期在不同深度的槽内采集泥浆样品，测量其总密度。如果泥浆变得过于稠密，可能阻止土-膨润土回填料的移动。这种情况的程度取决于许多因素，包括泥浆的凝胶强度、开挖方法和周围土层的级配。在市场上有许多类型的泥浆取样器，可用于在沟槽内的不同深度取样。如果泥浆变得太稠密，则可能需要使用除砂设备来分离和移除泥浆中的悬浮固体。

在一些泥浆槽开挖中，经常会遇到嵌埋的巨石和/或难以开挖的区域，例如胶结的砾石或硬质地层。如果预计可能发生这种情况，技术要求中应清楚地描述这种可能性。通常，承包商将提供配有凿子的凯氏方钻杆。个别巨石有时可以用悬索抓斗或蛤壳式抓斗从沟槽挑出。如果不能移除胶结材料或嵌埋的巨石，则可以用凿子将胶结材料或巨石破碎成可以移出的较小块体。如果防渗墙要嵌入一个不透水的坚硬区域，如基岩，挖掘机可能无法操作，除非该区域是风化或软化的，或者在斗背上配备可以开凿基岩表面的齿状物。在某些情况下，凿子可以嵌入岩石。垦务局在华盛顿的 Keechelus 坝施工土-膨润土防渗墙时，挖到一个不规则的巨石，估计直径为 10～20ft。在这种情况下，在巨石周围重新布置沟槽路线，在巨石的两侧（但不在下面）进行开挖，然后回填土-膨润土材料以便将巨石包裹（图 16.4.7-1、图 16.4.7-2）。

泥浆槽开挖和防渗墙施工操作可能导致工作场所凌乱。最受关注的是膨润土拌和及水合区域，以及开挖和回填沟槽。由于回填作业是沿沟槽布置进行的，沟槽里的膨润土泥浆会移位，必须妥善处理。合同应要求承包商详细描述拌和、开挖和回填作业，相信随着泥浆处理技术的提高可创造更加干净的施工现场。

（4）确认沟槽深度。通常将一个加重的卷尺放入沟槽底部来确认沟槽的深度，同时。可用蛤壳式或开挖机铲斗沿沟槽垂直和水平地通过来确认其连续性。通常情况下，当防渗墙嵌入一个隔水层后，可通过目测开挖和碎屑来确认已进入隔水层，再由一个加重的卷尺来验证进入隔水层的整个深度。同时，可沿着沟槽布置足够的钻孔，确认基岩的轮廓，进一步验证沟槽是否完全嵌入到隔水层。

图 16.4.7-1　从防渗墙沟槽处移除的嵌埋孤石，华盛顿州 Keechelus 坝

图 16.4.7-2
沟槽附近拌和回填用土-膨润土，华盛顿州 Keechelus 坝

16.4.8　支付计量

对回填土泥浆槽防渗墙的支付计量通常是以平方英尺为单位对完成的面积进行测量的，测量断面为从防渗墙顶部到底部沿着中心线的垂直平面。每平方英尺的单价应当包括从开挖到填筑防渗墙的所有费用，包括拌和厂、劳动力、设备和材料等。如果这些工作面在设计中可以很好地界定，应考虑把建立水平工作面而修建的戗道列为一个单独的计费项目。对于某些较深的防渗墙，浅层和较深的部分可能需要不同的开挖方法（即反铲用于上部，而蛤壳斗用于较深部）。在这种情况下，对每种开挖方法进行单独投标分项是恰当的。另外，如果使用异地购买或料场开采来提供回填料，则应作为独立的项目。

16.4.9　提交资料的要求

提交资料的要求可能因工作而异，主要由设计人员和现场施工人员负责。在编制合同技术文件时，设计人员应当与施工现场工作人员密切合作，制定清单。以下是施工回填土防渗墙所需提交批准的建议清单：

（1）资格：现场监理简历。

（2）土-膨润土防渗墙计划：

1）施工顺序的横道图，显示预期的防渗墙施工和完工日期。

2）预计的生产率，ft^2/天。

3）监测沟槽定线布置、深度和垂直度的方法和频率。

4）沟槽拟用开挖方法的描述，包括设备和防渗墙的施工顺序。

5）除砂方法，包括设备描述。

6）土-膨润土的拌和方法及填筑方法。

7）沟槽开挖过程中阻止泥浆快速流失的方法。

8）膨润土-水混合方法、设备、储存区域大小和位置以及水合期。

9）施工用水源。

10）抽水设备、容量和备用设备。

11）使用的添加剂类型和使用的条件。

12）回填土料源、级配和物理性质（如果回填料来自沟槽开挖之外的其他来源）。

（3）材料损耗：

1）泵送管路中的膨润土泥浆。

2）沟槽底部清理出的泥浆。

3）冲洗泥浆泵管路的方法，用后冲洗水的处理及冲洗条件。

（4）泥浆槽底部取样方法。

（5）开挖胶结土、卵石和/或巨石的方法和设备描述。

（6）泥浆系统冬季运行方法，包括保护暴露的泥浆表面及防止管路和泵中的水冷冻（如果适用）。

（7）运输计划。

（8）材料审批数据：

1）膨润土材料和添加剂的名称和制造商。

2）符合技术要求的膨润土料源及合格证书。

（9）校准证书：

用于测量和拌和膨润土泥浆的所有设备的校准证书。

此清单是对可能需要提交资料的建议清单，设计人员应当考虑有些现场具体要求的提交资料可能未在此处列出。

16.5 水泥-膨润土防渗墙

16.5.1 概述

水泥-膨润土（CB）防渗墙，通常通过开挖一道垂直的窄槽来建造，一般情况下槽宽为 2～3ft。与回填土泥浆槽不同，开挖过程中使用的稳定液是水泥-膨润土-水拌和物，它们在开挖后仍留在槽内，以便在固化之后形成一道抗冲刷的不透水隔层。使用这种方法不要求单独的操作及必需的空间来拌和回填料。水泥-膨润土沟槽可以类似于回填土泥浆槽，在一定深度内连续地开挖。然而，在很多应用场合，都是采用间隔交替开挖墙段技术。这种技术是在水泥-膨润土泥浆悬浮的条件下，开挖一组长 10～20ft 的一期墙段，达到最终尺寸。在一期墙段水泥-膨润土悬浮液初凝后，就在其间开挖二期墙段，并深入一期墙段几英尺。然而，很多水泥-膨润土防渗墙的开挖已成功采用连续开挖方法，其造价相对低廉。犹他州 Watkins 坝 6mi 长水泥-膨润土防渗墙就是采用了连续开挖沟槽的方式。为了沟槽的连续性，规范要求每天早上新开挖的水泥-膨润土沟槽沿着深度方向嵌入前一天回填的防渗墙体至少 5ft。1 天后的水泥-膨润土防渗墙体强度非常低，可以用反铲轻松开挖。通常，用作增塑剂的木质素磺酸盐等添加剂也可以作为一种缓凝剂加入，可以更容易地开挖前一天回填的水泥-膨润土墙体。

由于开挖料不用于回填沟槽，所以水泥-膨润土防渗墙的开挖将产生大量的弃料，包括开挖土料、膨润土、水泥和少许外加剂。因为这些材料并无害，所以可能会被废弃（通常埋在采料坑中）或用于工程的其他部位。如果可能，设计人员应考虑使用这些材料。Watkins 坝将开挖的材料直接铺筑于填筑坝的下游面，使其干燥，然后形成宽缓的平台，以增加下游的稳定性。平台被表土覆盖并播种。

尽管水泥-膨润土防渗墙作为渗流补救措施普遍应用于已建的填筑坝中，但也可用于新填筑坝，如垦务局怀俄明州的 Diamond Creek 堤，在此应用中，水泥-膨润土防渗墙按深 30ft 的垂直段施工。首先施工新填筑体，然后在新填筑坝上以一侧到另一侧以 30ft 垂直段连续开挖水泥-膨润土防渗墙。每段沟槽（墙）的顶部向外延伸一部分，以确保下一个 30ft 垂直段防渗墙的底部与前一段墙体垂直。

16.5.2 水泥-膨润土泥浆配比设计

水泥-膨润土泥浆由膨润土泥浆（第 16.4.1 节"膨润土泥浆配比设计"）和适合当地环境的Ⅰ型、Ⅱ型或Ⅴ型硅酸盐水泥组成。通常情况下，膨润土浓度在 3%～6%之间。在该浓度范围的上限，拌和物很难泵送，承包商可能选择使用增塑剂，以使拌和物泵送较长距离。膨润土泥浆的主要作用是协助水泥保持悬浮状态，直至发生初凝。水泥应在膨润土完全水化后再加入，禁止将膨润土和水泥同时加入水中。对于第 16.4.1 节中建议的膨润土泥浆而言，水灰比将成为决定回填料的强度、变形性能和渗透性能的控制因素。

水泥-膨润土泥浆最常用的配比是三袋配比法，将三袋水泥（约 300lb/yd^3）添加至膨润土浓度为 6%（以水重计，约 100lb/yd^3）的典型膨润土泥浆中，通常认为，这种配比能得到希望的强度和变形性组合，并且相当于约 18%的水泥占比（以水重计）。通常情况下，水泥掺水比较高将会增加墙的强度和刚度，而膨润土浓度较低会导致墙体渗透性较强和刚度较大。对于特定场合应用的膨润土泥浆，其灰水比与刚度、变形性和渗透性的相关性，应经常进行实验室试验。设计还必须考虑水泥用量，包括在开挖过程中被浪费的水泥量。由于在开挖过程中需要水泥-膨润土泥浆稳定沟槽，大量的水泥和膨润土也将随着开挖弃料一起被丢弃。虽然废弃量各不相同，但施工所用水泥和膨润土的总体积可能比单独按沟槽尺寸计算的用量高出 40%。

火山灰材料有时用作水泥的替代品。高炉渣和粉煤灰有时在泥浆拌和物中分别替代 90%和 70%的普通硅酸盐水泥。使用这些替代品时，会改变两种重要的泥浆性能：①泥浆的凝固时间延长，容许泥浆保持流体并且使用时间更长；②黏滞度、凝胶强度、形成滤饼（膨润土泥浆的性质）的能力均小于全水泥拌和物。高炉渣和粉煤灰与水泥一样不会损坏膨润土。这些添加剂的其他影响因素包括：

（1）降低泛浆速度。

（2）通过尽可能长时间的搅动，维持凝固能力。

（3）已建墙的低渗透性。

（4）减少对化学侵蚀的敏感性。

考虑使用水泥替代品时，工程师必须认真考虑所需的防渗墙主要特性。一些情况下，使用替代品可以增强性能，同时也降低总成本。

水泥-膨润土泥浆将在几小时内开始凝固。可以使用缓凝剂来延迟凝固，提高泥浆的和易性，并使泥浆能泵送更长的距离。水泥-膨润土泥浆泵送距离的增加减少了长沟槽所需配置的设备数量，从而可降低成本。此外，更长的凝固时间在其他方面也是有益的，例如可以增加渗入存在严重裂缝和可能存在空隙地层的泥浆量。由于泥浆处于流体状态的时间较长，增加了对特征地层的填充，从而增加了防渗墙的长期性能。设计人员应在批准其使用之前，调查使用缓凝剂对防渗墙长期性能的潜在不利影响。木质素磺酸盐是常用的添加剂，用于增加流动性和凝结时间。木质素磺酸盐是使用亚硫酸盐管道生产木浆的副产物，在拌和物中使用可以减少拌和用水量，同时保持流动性。

16.5.3 水泥-膨润土防渗墙的渗透性

对于典型的水泥和膨润土配比［即5%～6%的膨润土和18%水泥（以重量计），原状渗透系数为 $10^{-5}\sim10^{-6}$ cm/s］的防渗墙，其渗透性可以预测。对于含有2.5%～7.5%高炉矿渣的水泥-膨润土防渗墙，其渗透系数可降低一个数量级。

16.5.4 水泥-膨润土防渗墙的强度

与其他水泥拌和物相比，水泥-膨润土防渗墙强度较弱。对于上述典型的配比，防渗墙28天无侧限抗压强度预计达到10～20lb/in²。虽然随着配比设计和添加剂的使用，墙体强度可显著提高，但最终的无侧限抗压强度可能小于50lb/in²。这使得水泥-膨润土防渗墙因堤坝应力而产生应变时，具有柔韧性和更大的抗开裂性。试验表明，典型的水泥-膨润土防渗墙能够承受百分之几的应变而不开裂。同时，水泥-膨润土防渗墙与周围土层在强度、刚度和弹性模量上的相容性更好。刚度大的防渗墙裂缝可能由于周围土层中较小的应变而开裂。

16.5.5 水泥-膨润土防渗墙的施工

水泥-膨润土防渗墙施工可以采用分墙段或连续开槽方式。这两种方法都已经被成功应用，且各有优点。一般来说，连续开槽方法的成本较低。当评估承包商提出的开挖方法或选择施工方法时，设计人员必须考虑墙体的总深度、稳定性、泥浆损失的可能性以及拌和物的凝固时间。通常情况下，如本文所述，采用连续开槽和典型配比，水泥-膨润土回填料的强度足够低，可以在几天内通过反铲很容易地完成开挖。使用缓凝剂可以延长凝固时间。在水泥-膨润土防渗墙采用连续开槽施工时，灰水比高的水泥-膨润土拌和料可能更难开挖。

为了获得最佳的水泥-膨润土性能，膨润土应在添加水泥之前完全水合。使用高速胶体剪切拌和机，将水泥尽快地添加到完全水合的膨润土泥浆中。通常，采用高速剪切拌和机（>1400r/min）将使墙体具有较低渗透性和较高无侧限抗压强度。图16.5.5-1和图16.5.5-2示出垦务局在犹他州奥格登附近的Watkins坝水泥-膨润土防渗墙施工。

图 16.5.5-1　水泥-膨润土防渗墙的连续开挖（Watkins 坝，犹他州）

图 16.5.5-2　水泥-膨润土拌和站（Watkins 大坝，犹他州）

在施工水泥-膨润土防渗墙时，首要考虑因素是墙体的良好连续性。采用分墙段施工方法可用或不用端头管。端头管通常由直径等于沟槽宽度的钢管制成，其长度等于开挖沟槽的深度。端头管垂直插至墙段的末端或每班完成的端部，作为回填的终点。通常一旦回填段的初始凝固开始，将通过液压顶将端头管拔出。管拔出后墙端将留下一个干净、无损的垂直表面，有助于保持与相邻新墙段的连续性。无论使用端头管分墙段施工还是采用连续开槽方法开挖，最重要的是每个新墙段都必须嵌入相邻的墙体（分墙段施工）或前一天的施工的墙体（连续开槽施工）。对于连续开槽方法，重要的是沿整个防渗墙高度挖除前一天回填的一部分。在垦务局，通常挖除前一天已灌注的 5ft 深墙体。

水泥-膨润土防渗墙施工过程中，泥浆快速流失是影响沟槽稳定性的关键问题。由泥浆护壁的沟槽或开挖也存在同样问题。第 16.7.9 节“墙段或沟槽中的泥浆损失”有更详细的说明。

初始凝固后，由于干燥和收缩，水泥-膨润土防渗墙表面附近会出现裂缝（图 16.5.5-3 和图 16.5.5-4）。这些裂缝通常是几英寸深。设计人员必须确保在铺筑上部填筑体之前清除裂缝区，达到未开裂的均质水泥-膨润土区域，并在防渗墙/填筑体接触面提供适当的连接。如果裂缝区的顶部高程高于水库的顶部，例如 Watkins 坝，仍应清除裂缝区，以便为上覆填筑提供一个合格的表面。

图 16.5.5-3　初始凝固后的水泥-膨润土防渗墙（显示裂缝）(Watkins 坝，犹他州)

图 16.5.5-4　初始凝固后的水泥-膨润土防渗墙（Watkins 坝，犹他州）

16.6 土-水泥-膨润土防渗墙

土-水泥-膨润土（SCB）防渗墙是土-膨润土和水泥-膨润土防渗墙的组合，近年使用越来越频繁。这种类型的防渗墙结合了土-膨润土和水泥-膨润土防渗墙的施工和铺筑方法。

土-水泥-膨润土防渗墙是一种特殊设计的防渗墙，通过控制土料、膨润土和水泥用量生成与标准土-膨润土或水泥-膨润土防渗墙不同的性能。通常情况下，与标准土-膨润土或水泥-膨润土相比，土-水泥-膨润土防渗墙限于更高强度的应用。此外，由于硅酸盐水泥阻碍膨润土达到完全膨胀，所以土-水泥-膨润土材料的渗透性通常会略高于土-膨润土回填料。土-水泥-膨润土防渗墙强于水泥-膨润土防渗墙的优点是，由于混合料中使用水泥较少，以及水泥不会随开挖弃料浪费，所以成本通常较低。它也可以具有土-膨润土防渗墙的优点，其开挖土可用于回填。

相较于水泥-膨润土防渗墙，土-水泥-膨润土防渗墙的施工方法与土-膨润土防渗墙更相似，然而，最终的性能可能更像水泥-膨润土防渗墙。开挖沟槽使用标准膨润土泥浆护壁。开挖土，如果可以用作回填料，通常会被运送到拌和区。判断开挖土是否可作为回填料，在通常级配（表 16.4.5-1）和与周围土层的相容性方面，与土-膨润土防渗墙回填料的考虑是相同的。另外，含有有机材料或塑性黏土区域的开挖土可能并不适用于回填，因为其不会产生均匀的拌和物。拌和区通常在封闭的区域或大型箱体内，以便更好地控制土、水泥和膨润土拌和物的特性，使拌和均匀。以这种方式，加入一定体积的浓缩膨润土泥浆和水泥浆可以制成回填料。在某些情况下，加入增塑剂（如木质素磺酸盐）的浓缩膨润土泥浆（5%～10%）可以添加到拌和料中，以降低黏滞度。虽然水泥通常以水泥浆形式（水和水泥）加入到回填料中，但也添加干水泥粉末。首先将一定体积的从泥浆槽开挖或料场开采获得的回填土料添加到拌和区，然后加入水合膨润土泥浆或浓缩膨润土泥浆和水泥，通常利用流量计来控制每种材料的配比，土、水泥和膨润土的配比由实验室的配比设计试验预先确定。拌和通常用挖掘机或推土机完成，直到拌和均匀，不夹杂未拌和土，并且具有约 6in 的坍落度。未拌和土的存在可能是土-水泥-膨润土防渗墙施工中应关注的最大问题之一。如果土中含有一些塑性细料或黏土层，则更容易夹杂未拌和土。这些可能会导致已建防渗墙发生问题，在墙体出现薄弱区域甚至较高渗透性的缺口，而这些区域可能比墙体其他部分更易被冲蚀。

将拌和的回填料填筑到开挖沟槽中，通常像土-膨润土防渗墙回填一样，使用挖掘机或推土机在沟槽前部将回填料放入泥浆槽，并容许在槽内置换泥浆。随着回填进展，通常可以沿着沟槽形成 5∶1～8∶1（水平：垂直）的斜坡。可使用初始最小坍落度 6～7in 的拌和物来回填。回填保持在开挖坡脚前进行，但距离至少 50ft，这使任何时段内敞开沟槽的量最少。

在德克萨斯州圣安吉洛附近，垦务局 Twin Buttes 坝的土-水泥-膨润土防渗墙，其施工采用导墙、一期/二期墙段以及岩石碎石机和蛤壳式抓斗组合开挖设备（见第 16.7 节“混凝土防渗墙”）。这种土-水泥-膨润土防渗墙是迄今为止由垦务局施工的第一个也是唯一的防渗墙。这个实例，与建造混凝土防渗墙的过程类似，将土-水泥-膨润土回填拌和物通过导管注入到每个墙段。由于基础中存在钙质层和钙质胶结的砂和砾石，无侧限抗压强度高达15 000lb/in²，所以有必要使用一台岩石碎石机进行部分开挖。此外，由于基础材料中存在大量泥浆损失，在某些情况下渗水率达到每年 5×10⁵ft，因此要持续关注沟槽稳定性问题。蛤壳式抓斗用于开挖没有胶结土的沟槽。传统的反铲设备无法完成钙质胶结材料的开挖，100ft 的最大防渗墙深度超出了长臂反铲的能力。图 16.6-1 示出了 Twin Buttes 坝使用的岩石碎石机，图 16.6-2 示出了在防渗墙开挖中使用的岩石碎石机、抓斗和用作模板的导墙。图 16.6-3 示出了土-水泥-膨润土的水下导管浇筑。

图 16.6-1　用于土-水泥-膨润土防渗墙开挖的碎石机（德克萨斯州的 Twin Buttes 坝）

图 16.6-2　岩石碎石机、抓斗、土-水泥-膨润土防渗墙开挖（德克萨斯州的 Twin Buttes 坝）

图 16.6-3　导墙和土-水泥-膨润土导管回填浇筑沟槽（德克萨斯州的 Twin Buttes 坝）

土-水泥-膨润土防渗墙的渗透性和强度可随各种成分的体积和比例的不同显著变化。下面讨论两个例子：

（1）对于加利福尼亚州的土-水泥-膨润土墙，具有约 5×10^{-7}cm/s 的渗透率，28 天时的最小无侧限抗压强度为 15lb/in²：

1）粉沙混合物，含有 40%～50%比 200 号筛细的材料。

2）水灰比（W/C）约为0.6。

（2）对于德克萨斯州圣安吉洛附近的垦务局Twin Buttes坝的土-水泥-膨润土防渗墙，墙体目标配比是28天强度为$100lb/in^2$（UCS），28天渗透率为$1\times10^{-6}cm/s$。最终的配比设计包括：180lb水泥、51lb粉煤灰、2542lb土（干重）、50gal膨润土浆和31.2gal库水。拌和物含9%胶凝材料，水/胶比（W/C）为0.34，膨润土为0.9%。拌和物容许的土级配范围从含砂的粉砂砾$(GM)_s$到含砾石的粉砂$(SM)_g$，最大粒径为1～1/2in。在这种情况下，强度是至关重要的，横穿防渗墙的潜在水力梯度高达48(120ft/2.5ft)。

拌和物28天平均强度（UCS）为$158lb/in^2$，平均90天强度为$191lb/in^2$。由于流动性问题，在施工期增加94lb胶凝材料（73lb水泥和21lb粉煤灰）改变设计配比。对拌和物中土的粗/细比例和水量进行了改变。各种拌和物28天强度（UCS）范围为85～$195lb/in^2$，在实验室渗透率范围为1×10^{-7}～$2.6\times10^{-8}cm/s$。

这些只是配比设计的两个例子。重要的是要完成全面的实验室试验项目，评估各种配比设计，确定土、水泥和膨润土的有效比例，达到要求的设计强度和渗透率参数目标。试验项目还将提供施工期间重要的可操作性的配合比数据。对于大多数土-水泥-膨润土拌和物，设计人员可以期望回填的强度随着时间的推移而增加。然而，土-水泥-膨润土拌和物的渗透性不太可能随时间而显著变化。在拌和物的设计强度中要考虑的另一个因素是防渗墙在现场可能受到的应力（特别是剪切应力）。对于Twin Buttes坝，防渗墙建造在坝趾处，由于填筑坝的存在，通常会在墙上产生较高的剪切应力。这些荷载可能控制设计强度目标。

16.6.1 水泥-膨润土和土-水泥-膨润土防渗墙的提交资料要求

当水泥-膨润土或土-水泥-膨润土防渗墙施工承包时，工程师应当要求在工作开始前提交供批准的材料，以表明承包商有完善的方法来拌和回填料并将其填筑在沟槽内。还应当要求提供经验丰富的现场工作人员情况。第16.4.9节“提交资料要求”中建议的土-膨润土防渗墙提交要求通常适用于水泥-膨润土和土-水泥-膨润土防渗墙施工，并随着计划施工的类型有明显调整。设计人员可能会考虑的其他需要附加的要求如下。其他提交资料可能是必要或要求的，应当根据具体工作需要确定。

（1）胶凝材料的名称和制造商。

（2）胶凝材料合格证书和测试报告。

（3）缓凝剂。

（4）建议的水泥替代品。

（5）水泥-膨润土或土-水泥-膨润土的损耗方法［和冲洗水泵管路（水泥-膨润土）］。

（6）冲洗管路和冲洗水的处理（水泥-膨润土）。

（7）土-水泥-膨润土回填材料的建议拌和方案。

（8）回填沟槽方法。

（9）现场监理。

16.7 混凝土防渗墙

有时采用混凝土防渗墙来截断通过坝体和/或透水岩基或土基的渗流。混凝土防渗墙的底部应延伸到不透水层。混凝土防渗墙是通过在一系列泥浆槽内修建现浇或极少数预制的混凝土墙段形成的。泥浆槽通常有一定的长度限制（称为墙段）、是非连续的，并交替施工。由于难以使用标准的成槽设备将其楔入到前一部分的墙体中，因此连续开槽施工几乎不用于混凝土防渗墙。防渗墙承包商经常使用专门设计的设备（在下一节中描述），通过切割墙体底部的硬岩或相邻的混凝土墙体提供一个键槽。这类设备的开挖深度远远超过经过改造的反铲深度。通过分墙段施工和专用设备，已经成功建成了超过400ft 的防渗墙。泥浆在开挖期间和混凝土浇筑之前为沟槽提供稳定性。采用导管浇筑法将混凝土从下到上浇筑在沟槽中，以置换泥浆。需要提出处理置换泥浆的方法。在修建高质量现浇混凝土防渗墙时，混凝土的和易性或流动性是非常重要的特性。如果分析表明防渗墙内存在高应力，则可能需要使用钢筋。一般来说，在已建坝改建过程中，增加钢筋不是必需的。如果需要，可以在拌和物中加入膨润土，以产生柔性混凝土墙，通常称为塑性混凝土。

16.7.1 应用

混凝土防渗墙具有广泛的应用。一般来说，混凝土防渗墙的施工比土-膨润土、水泥-膨润土或土-水泥-膨润土防渗墙更昂贵。大部分增加的成本是由于建造这种类型的防渗墙需要使用分墙段施工方法及高水泥含量导致的水泥成本增加。一般来说，这些墙的沟槽可以使用反铲、索铲、抓斗和双轮反循环钻机（有时称为碎石机或双轮铣）进行开挖。然而，由于使用分墙段施工技术建造混凝土防渗墙需要垂直切割，所以索铲和反铲在这些墙的应用受到限制。在大多数情况下，使用蛤壳式抓斗或双轮反循环钻机，因为它们活动的深度范围更大，并且当垂直度至关重要时，可以保持较小的偏差。混凝土防渗墙可用于填筑坝体、填筑坝基础以及深度超过索铲或反铲能够开挖的地方，或空间有限的区域。双轮反循环钻机能够钻切坚硬的岩石基础，比其他开挖设备更具优势。在混凝土防渗墙需要开挖进入基岩的情况下，使用标准灌浆方法对墙体以下基岩进行灌浆可以增强防渗墙的有效深度。混凝土防渗墙也具有比土-膨润土、水泥-膨润土和土-水泥-膨润土防渗墙更高的强度和钢性，更易于开裂，特别是在弯曲应变或地震荷载条件下。如果开裂，混凝土防渗墙可耐受渗流冲蚀。随着钢筋在墙体中的使用，产生裂缝的开度会变小，抗剪强度会提高。在对墙体开裂特别关注的情况下，可以通过添加膨润土而形成“塑性混凝土”，从而建成一个刚度较低的防渗墙。与传统的混凝土防渗墙相比，塑性混凝土防渗墙在开裂前能经受更大的应变。这两种类型的混凝土防渗墙将在以下段落中讨论。

16.7.2 现场勘探

混凝土防渗墙设计和施工所需的地下勘探钻孔可能与第 16.2.1.4 节“现场勘察”中描述的土-膨润土、水泥-膨润土或土-水泥-膨润土防渗墙所需的钻孔不同。为了确定拟开挖材料的性质和所需的防渗墙深度，设计人员有责任制定专门的勘探措施。应获取样品以确定开挖料的性质，特别是防渗墙需要嵌入岩石中的情况下。强度试验和岩石硬度试验有助于选择设备和施工方法，以便更好地开挖墙体并形成键槽。勘探采用的间距及深度应能够完全确定地质条件。影响防渗墙施工的基岩特征包括：风化、硬度、由于存在的冲刷和侵蚀或冲积填充沟槽而产生的基岩表面几何形状变化、距离基岩的深度。可能影响贯穿覆盖层开挖的因素包括：覆盖层中存在的层状软黏土或塑性黏土、地下水条件（例如承压水）、覆盖层中存在的大孤石或胶结层，以及可能导致泥浆损失的高渗透性区域。

16.7.3 泥浆特性和泥浆配比设计

开挖的泥浆槽在浇筑混凝土之前，由膨润土泥浆提供护壁。在第 16.4.1 节“膨润土泥浆配比设计”和第 16.4.1.1“泥浆特性”中描述的泥浆性质、泥浆配比设计和材料试验也适用于混凝土防渗墙施工中使用的泥浆。膨润土应是天然的粉末状、纯净、优质的怀俄明型（Wyoming-type）、具有高膨胀特性的钠离子基膨润土。

16.7.3.1 密度

为了便于浇筑混凝土，泥浆槽泥浆的密度在混凝土浇筑前宜小于 78～80lb/ft^3。该密度相当于比重 1.25，使新鲜混凝土凭借侧向流动先置换开挖槽底部的泥浆，然后逐步向上置换。

16.7.3.2 砂含量

在文献和以前的混凝土防渗墙施工项目中，根据美国石油协会（API）标准 RP 13B 进行试验时，混凝土浇筑前浆液的砂含量通常被限制在最高 5%。砂含量高的浆液可能密度太高，难以成功地采用导管浇筑混凝土。与土-膨润土回填料的浇筑一样，混凝土成功地置换浆液依赖于浆液和混凝土之间的密度差。此外，浆液中砂含量高可能导致比较多的砂沉降在槽底，形成透水缺口。如果浆液中悬浮颗粒变得太重，则可能需要使用除砂设备清除浆液中的砂。

16.7.4 开挖

混凝土防渗墙的开挖可以通过许多类型的设备完成，包括反铲、蛤壳型抓斗、索铲或双轮反循环钻机（有时也称为碎石机）。有时，采用组合开挖设备是最经济的。混凝土防渗墙通常分墙段施工，需要在墙段的两端垂直切割。通常情况下，施工分一期和二期墙段（如图 16.7.7-1 所示）施工。在特殊情况下，可以使用连续的成槽设备来建造，但考虑混凝土浇筑的连续性问题建议不首选采用，因为在这种连续施工中，混凝土的连续浇筑非常重要，需要在先浇混凝土初凝之前，在其上浇筑新的混凝土，此外在接头部位易产生缺陷。尽管这里提到了完整性，但是连续沟槽施工不容许发生任何的延误。在大多数情况下，这种施工方法对大坝应用来说被认为是不现实或不可行的。对于分墙段施工方法，蛤壳式抓斗（图 16.7.4-1）或岩石碎石机（图 16.7.4-2）是首选的开挖设备，与其相较，反铲和/或索铲开挖深度有限，并且难以形成洁净的垂直接头。这些都是混凝土防渗墙考虑的关键因素，因为墙块之间接头不良可能导致集中渗漏。

使用垂直端头分墙段施工的目的是在任何给定点上减少沟槽敞开的量，并容许建造一个洁净和连续的接头。在连续沟槽施工中，新浇筑混凝土底部必须尽可能靠近开挖面，以减少在任何给定时间内的沟槽敞开量。在大多数应用中，导墙的使用与结构物相结合，以便于校对混凝土防渗墙布置。导墙在第 16.7.5 节有描述。蛤壳式抓斗机既可

图 16.7.4-1　塑性混凝土防渗墙部分的蛤壳式抓斗开挖（犹他州 Meeks Cabin 坝）

图 16.7.4-2　用于开挖塑性混凝土防渗墙部分的岩石碎石机（犹他州的 Meeks Cabin 坝）

以用悬挂缆索，也可以配备凯莉杆。凯莉杆是用来引导和控制开挖垂直度的，并提供额外的重量，协助抓斗闭合。如果预计是超大型岩石，有时用带缆索支撑的蛤壳式抓斗清除有更大的灵活性。如果需要，凿岩机可以用来分解开挖过程中的超大岩石。

岩石碎石机或双轮反循环钻机通常是最昂贵的开挖工具；然而，它们在特定应用中非常有效。这些开挖机械由液压操作，旋转刀具能够切割致密的土层，铣削或研磨硬质岩石，以便开挖。此外，在一期建造的墙段之间开挖二期墙段时，岩石碎石机能够挖穿先前浇筑的混凝土。在大多数情况下，它们由装在大型框架内的井下电动机组成，具有反向泥浆循环功能。开挖通过切割土层或研磨破碎岩石实现，切削的岩屑悬浮在膨润土泥浆中。带有悬浮切屑的泥浆，连续循环到表面并利用去砂设备清除切屑，然后返回到沟槽中。除砂设备由一个空气提升器与放在墙底附近的吸力端组成，大部分悬浮的切屑随着松散的材料一起积聚在墙底附近。含有悬浮切屑的泥浆从下方被带至表面，然后通过机械分离器移走。通常情况下，震动筛被用于收集砾石和粗砂颗粒，而气旋机用来分离细砂，然后，再将洁净的泥浆返回到泥浆槽中。

16.7.5　导墙

导墙是少量配筋的混凝土墙，沿着沟槽的定线修建在其两侧。导墙的作用是控制沟槽的边线和坡度，使沟槽能在其保护下开挖，可为重型施工设备提供稳定性，并容许在泥浆槽边缘附近作业，如图 16.7.5-1 所示。导墙也需要用于支撑墙端的接头管并固定其端部。在泥浆槽与地面的交界处，通过导墙对泥浆槽侧壁的支撑，可使超挖量最小。在此交界处，导墙所提供的刚度可减少开挖期间因疏忽而落入沟槽的弃料量。导墙之间的间距等于混凝土墙的宽度加上混凝土防渗墙每一侧额外预留的 2in 间隙，以利于开挖设备进入。设计人员应核实间距要求，因为所需的间距取决于开挖设备。导墙的基础应建在坚硬、密实的材料上。导墙的典型尺寸为 1ft 宽及 3ft 深。

图 16.7.5-1　用于施工混凝土防渗墙的典型导墙（犹他州 Meeks Cabin 坝）

16.7.6　墙段的连接（接头）

相邻墙段之间的连接通常使用接头管，或利用孔内开挖设备从已浇好的一期墙段清除部分混凝土形成。在浇筑混凝土之前，将接头管放置在一期墙段的端部。在混凝土达到一定的强度，足以保持管形状，并确认撤除接头管所产生的空隙不会塌落后，通常先旋转接头管，使其脱离与混凝土的任何接触，然后将管顶出混凝土，从而留下一个朝向相邻或二期墙段的混凝土面，以便修建相邻的混凝土墙段。二期墙段的开挖将暴露出混凝土浇筑的半圆形表面。在某些情况下，切削设备能够将二期墙段两侧的接头开挖到相邻的一期墙体内。在某些情况下，一期墙段采用彩色混凝土，以便在二期墙段的开挖过程中，更易视觉确定和验证一期墙段被切削状况。

连接相邻墙段的另一种方法是利用孔内开挖设备。在开挖二期墙段时，利用孔内开挖设备清除一期墙段内 6～8in 的混凝土，使二期墙段两端的一期混凝土表面暴露在外。二期墙段的混凝土沿着一期墙段流动形成接缝。由于缝内有膨润土，且接缝附近的土层被泥浆浸透，因此这些接缝很少发生明显的渗漏。当使用碎石机时，旋转的底部切刀通常设置成能够切入相邻墙段的角度，以清除厚达 6～8in 的混凝土，这就产生了一个新鲜的表面，与二期墙段新浇混凝土黏接而形成紧密的接缝。

16.7.7　墙段的厚度、长度和施工顺序

防渗墙的厚度取决于设备类型、导管设备限制和墙体偏差要求。薄墙不一定是经济的，因为它可能需要专门的开挖和导管浇筑设备。薄墙（小于 2ft）可能需关注混凝土浇筑的流动性、拱效应和接缝的连接。薄墙需要更小的偏差和严格的现场控制方法来实现和验证接缝的连续性。如果在一个薄的防渗墙内回填混凝土拱起，则需关注由于弯曲引

起的拉应力和应变导致的开裂。

防渗墙段的长度取决于沟槽的稳定性、混凝土浇筑要求以及用于开挖沟槽的施工设备。通常情况下，长墙段减少了所需的垂直接缝数量，这是一个优点，因为这些接缝是造成墙体可能不连续的源头。实际应用中最大的墙段长度为 30ft，这种长度的墙段，可以在至少 24in 厚的墙内用 2 个导管有效地浇筑混凝土。防渗墙的深度和混凝土拌和厂的生产能力，都是选择墙段长度时需要考虑的因素。混凝土的供应应当做到不产生冷缝。当为了沟槽的稳定而需要依靠土的拱形效应，或当泥浆存在通过地下空隙损失的危险时，短墙段要优于长墙段。各墙段的施工，要先开挖所选最长墙段的沟槽，其间距约等于以后开挖设备一次移位能开挖的长度。然后在一期墙段内浇筑混凝土，经足够的凝固时间后，再在一期墙段之间开挖二期沟槽并浇筑混凝土。二期墙段的长度通常为 4～8ft。图 16.7.7-1 示出了混凝土防渗墙墙段的施工顺序。

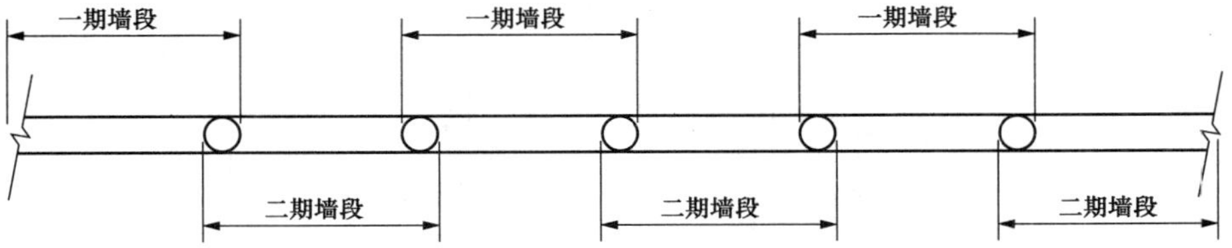

图 16.7.7.-1 混凝土防渗墙墙段的施工顺序

16.7.8 与已有建筑物的连接

有些情况下，混凝土防渗墙需要修造在已建填筑坝上，防渗墙往往会与穿过大坝的结构物相交或连接。这些结构物可能包括泄水孔、溢流道和输水管。在其他情况下，防渗墙的末端可能需要连接到这些结构物。与这些结构物的连接对成功执行截水是至关重要的，因为如果这些连接点没有合理的设计和施工，可能成为集中渗水区域并且产生较高的水力坡降。另外，这些位置也可能是存在低应力或在坝体碾压中存在瑕疵和缺陷的区域，可能会加剧集中渗流的影响。所以，当需要与这种结构物连接时，必须认真考虑。另外，由于每个结构和填筑坝都是不同的，所以在任何情况下都没有通用的连接细节，每个连接都必须独立考虑。另一个主要考虑因素是在施工防渗墙接头过程中损坏已有结构的可能性。这项工作通常采用重型设备进行泥浆护壁挖沟，不能直接观察到已有结构，表面能看到的除外。通常需要严格控制设备活动的偏差，以尽量减少损坏的可能性。

在大多数情况下，防渗墙的开挖需要穿过已有的填筑坝体，并且必须连接到已有的结构上，这些结构往往是混凝土的。在某些情况下，特别是输水管，可能是钢的。几乎在所有情况下，这些连接是非结构性的，但必须是防渗的。这将需要清理表面，以便与防渗墙紧密连接。已有结构的表面应用专门的设备刮削，清除附着在表面上的任何土。然而，在某些情况下已有结构和防渗墙之间的直接连接可能太困难，或者可能会有过度损害已有结构的风险。在这种情况下，可使用其他连接方法以使对已有结构的损害最小。由于每个连接都是独一无二的，本章提供了已有结构与新建防渗墙之间的连接示例，这些示例已用于垦务局实践中。

如垦务局 Fontenelle 坝，在 1965 年该坝接近失效后，穿过填筑坝体修建了一个混凝土防渗墙。防渗墙的布置与泄水孔管道相交。与泄水孔管道详细连接如图 16.7.8-1 所示。

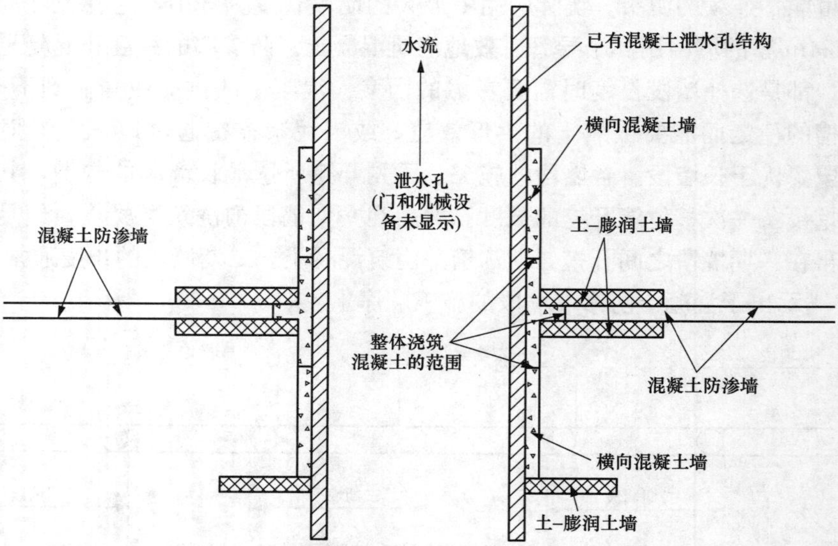

图 16.7.8-1　Fontenelle 坝混凝土防渗墙与泄水孔管道连接示例

在这个实例中，首先在靠近并平行已有泄水建筑物墙壁处建造一个整体混凝土墙。然后，建造两段平行的土-膨润土（SB）墙与整体混凝土墙垂直相交。在两段土-膨润土墙之间可以修建新的混凝土防渗墙并直接与整体混凝土墙相连。整体混凝土墙的用途是提供一个混凝土面与新的防渗墙连接，如果该墙被开挖设备轻微损坏，也不会破坏泄水建筑物本身的完整性。此外，在整体墙的上游端建造一段横向土-膨润土防渗墙，为该关键接头处提供阻止渗漏的第二道屏障。

在另一个实例中，垦务局的 Reach 11 号堤坝修建了一道土工膜防渗墙，并与四个不同的混凝土泄水结构相交。第 16.8 节“土工膜防渗墙”中讨论了这种连接方式。

16.7.9　墙段或沟槽中的泥浆损失

泥浆损失对墙段或沟槽的稳定性是危险的。对于任何泥浆护壁的开挖包括水泥-膨润土防渗墙都是如此。如果发生大的泥浆损失，需要立即采取行动，以保持泥浆液面距离沟槽或导墙的顶部 2～3ft。可用于泵送到墙段的完全水合泥浆的总量在任何时间内应至少是填充所有开挖段和未完墙体部分所需体积的两倍。考虑到回填的坡度和坡脚到开挖面的距离，可用于泵送到连续沟槽的泥浆量可以适当变化，但应当是开敞的泥浆护壁沟槽所估计体积的两倍。应当提供足够的泵送能力，以便在 60min 内将所有泥浆送至施工墙段。通常可以利用以上这些储备处理小的泥浆损失。不管是单个墙段还是连续性沟槽，大量或快速的泥浆损失被认为是非常严重的情况，应立即采取措施来稳定墙段或沟槽。发生此种情况，墙段应立即回填颗粒材料、膨润土浆、砂或从沟槽开挖中获取的任何材料。墙段必须保持稳定，损失源必须在继续开挖之前确定。鉴于许多较深的分段式混凝土防渗墙是穿过已有坝体来控制渗流的，在设计阶段必须考虑泥浆流失到已有缺陷，或由泥浆引起的水力劈裂造成缺陷的可能性。裂缝产生于回填拱效应引起的低侧向应力区，例如靠近陡坝肩接触面或靠近结构物压实较差处。坝体上还可能存在导致泥浆损失的已有缺陷。这些缺陷的产生可能是由于预先存在的渗流管涌通道、由于过度沉降或湿陷性土基引起的水平和/或横向裂缝、由于压实不良或粗料区导致的高渗透性区域，以及动物洞穴、基础某种岩石中存在的孔空隙等局部缺陷。如果岩石是火山岩类，例如玄武岩，或随着时间的推移被渗流溶解的岩石，如石膏或石灰石，岩基中的空隙应当被考虑。在这些情况下，应当进行全面地质勘察。其他处理措施包括在防渗墙建造之前对基础岩石进行压力灌浆。

16.7.10 垂直度

垂直度要求应根据现场的具体条件决定。在特定土基或岩基中保持垂直度的能力取决于诸如土的成分、超大型鹅卵石和巨石的存在以及开挖设备类型等因素。当确定垂直容许误差时，设计人员应当考虑这些因素。通常情况下，容许施工误差是墙高的1.0%。除了让墙体垂直之外，维持适当的误差将改善一期和二期墙段之间的连接，并减少接缝缺陷的可能性。新一代碎石机或双轮反循环钻机通常配备有位于削切器框架上的液压千斤顶和整平器，其感应垂直度的偏差并进行适当的调整，以恢复适当的偏差。导墙有助于定位并协助维持垂直度。可以使用物探方法（如声纳或机械卡尺）监测沟槽侧壁，测量侧壁的垂直度。

16.7.11 混凝土配合比

防渗墙的混凝土配合比设计取决于设计者所期望的性能。一般来说，在填筑坝中，防渗墙主要的期望性能是非常低的渗透性。虽然混凝土的强度可能是次要的设计性能，但在特定的应用中，墙体也将作为结构元素发挥作用。此外，柔性和抗开裂性也可能是设计要考虑的重要性能。本节是配合比设计的一般性指南，分为两种类型的墙体：混凝土和塑性混凝土。

（1）混凝土。混凝土必须具有高和易性和流动性，以便顺利地通过导管并且推动之前灌入的混凝土向前移动，避免堵塞导管。混凝土也应当不易离析。配合比设计应符合美国混凝土协会（ACI）的程序。为了达到必要的适宜导管浇筑的流动性，坍落度一般介于6～9in之间。最大的水灰比，一般按重量比为0.5～0.6。采用这种水灰比，通常可获得3000～4500lb/in^2（28天强度）的无侧限抗压强度，将形成结实的防渗墙，但是刚度大，在较小应变下容易开裂。

1）骨料。将最大骨料粒径限制在1in，可降低混凝土离析的趋势，并改善其和易性。骨料应级配良好，可通过使用天然河床沉积的卵石骨料改善混凝土的和易性。

2）加气剂。加气剂可改善混凝土拌和物的和易性，但也会降低混凝土的强度，所以设计人员必须对为改善和易性而损失的混凝土强度的程度做出决定。在一般配合比设计中，采用的加气剂介于4%～7%。

3）缓凝剂。缓凝剂被用来防止混凝土过早硬化，或在浇筑困难的地方或墙很深需要更多时间来填筑混凝土的地方延缓其硬化。在容许使用缓凝剂之前，设计人员应当将凝固时间和混凝土浇筑所需时间进行对比检查。已经使用超级增塑剂来延缓混凝土的凝固时间，并使混凝土更和易。是否使用缓凝剂取决于混凝土浇筑深度，使用缓凝剂也会使防渗墙体的开裂减少。

4）水泥。防渗墙混凝土通常用Ⅰ型水泥。设计人员应当调查化学作用对混凝土的可能影响；必要时，可以使用耐硫酸盐的Ⅱ型或Ⅴ型水泥。

（2）塑性混凝土。塑性混凝土是从传统混凝土演变而来的，包含部分替代水泥的膨润土以及其他混凝土拌和物，如砾石、砂、水泥和水。塑性混凝土首先用于填筑坝体或软基条件，由于预期的沉降或弯曲，这些地方的防渗墙需要更大的柔性（应变破坏），而强度可能不再是其主要设计特征，因此。塑性混凝土通常被认为是含有膨润土的混凝土，其最终的无侧限抗压强度小于 1400lb/in^2。随着其强度降低和柔性增大，塑性混凝土的弹性模量远低于传统混凝土。另外，塑性混凝土在较低的应力范围内表现为弹性，割线模量或杨氏模量（应力/应变曲线在弹性范围内是线性的）通常被用于变形分析目的。

塑性混凝土防渗墙应当考虑用于高地震区的填筑坝，地震过程中可能会引起填筑体明显的弯曲应变；同时考虑用于常年经受水位波动而可能引起应力/应变变化的填筑坝上。尽管垦务局在很多大坝上修建了混凝土防渗墙，包括 Fontenelle 坝、Navajo 坝、New Waddell 坝和 Meeks Cabin 坝，但只有 Meeks Cabin 坝的防渗墙是塑性混凝土的。在凤凰城和亚利桑那州斯科茨代尔市的垦务局 Reach11 号滞洪坝中，修建了相对较短的塑性混凝土翼墙，以便在每个堤坝的进/出水口结构上与土工膜防渗墙形成连接。当考虑使用塑性混凝土作为防渗墙时，应当完成一个完整的实验室测试程序，以选择最优配合比设计，优化防渗墙所需的性能。当考虑塑性混凝土配合比时，通常使用以下参数：①胶凝材料量；②膨润土含量；③水灰比；④粗细骨料比。这些术语的定义将在后文描述。表 16.7.11-1 列出了在其他项目中使用的塑性混凝土的设计配合比。设计人员要根据具体设计确定配合比和性能。

表 16.7.11-1　　用于已建工程的塑性混凝土防渗墙的设计配比

坝名	胶凝材料量（lb/in^2）	膨润土含量（占水泥%）	W/C 比	粗/细骨料比	28 天 UCS（lb/in^2）
Island Copper Mine	239	22	2.78	1.0	220
Wister	350	10	1.0	1.39	598
Meeks Cabin	255	15	1.85	1.0	415①

① 基于所显示配合比的平均值。

1）胶凝材料量。定义为塑性混凝土 1yd^3 中的水泥和膨润土的总量，以重量计。胶凝材料量可根据所需的塑性混凝土性能不同而改变。它还包括火山灰替代品，如粉煤灰或高炉矿渣。

2）膨润土含量。膨润土量占胶凝材料量（包括火山灰）的重量百分比。设计人员应仔细考虑膨润土如何与其他组分混合。当膨润土尚未完全水合时，向干燥水泥和膨润土中加入水可能会产生问题，因为膨润土在水中会继续水合，这可能会显著减小拌和物的坍落度，抑制拌和物在导管和面板中的适当流动性。在 Island Copper Mine 项目中，首先将膨润土和水在高速胶体拌和器中混合，并放在一个预混合的卡车中，膨润土在加入水泥和骨料之前在卡车中水合。这个问题会随着膨润土含量的增多，变得更加重要。

3）水灰比。水重量与水泥加膨润土干重之比。这个数值可能会有很大差异，也是影响塑性混凝土拌和料整体强度的最重要因素。由于有非常多变量会影响水灰比，所以应当根据所需的具体设计特性、实验室试验成果和施工要求做出。

4）粗细骨料比。细骨料与粗骨料之比，以重量计。该变量将影响防渗墙的密度，甚至在一定程度上影响整体强度。1∶1 的常用比例将产生宽级配和密实的拌和物，导致出现整体固结较少。最大粒径通常限制在 3/4in 或 1in。

塑性混凝土拌和物的坍落度也是一个重要特性。通常规定坍落度大约为 8in，以确保塑性混凝土可以通过导管回填，并置换沟槽或墙段的护壁液体（通常为膨润土浆液）。大多数塑性混凝土设计规定的坍落度是 8in 或者 7～9in 之间。较高的坍落度可能使拌和物流动性增高，而不会完全置换膨润土泥浆，同时可能导致水灰比高而使强度变低。

另一种要在施工中考虑的可能影响塑性混凝土防渗墙性能的是回填拌和物在沟槽中的固结。当拌和物在凝固之前固结时，容易挤出水分，从而降低水灰比、增加胶凝材料占比，这将在沟槽底部附近产生更高强度的墙，此处固结应力也最高。在某种程度上，当塑性混凝土在沟槽中形成并由于侧面摩擦开始产生拱效应，这种作用可能会减少或停止。

塑性混凝土的渗透性可预估在 1×10^{-7}～1×10^{-9}cm/s 之间，具体取决于许多不同的因素。一般来说，在水灰比不变的情况下，加入膨润土可以降低渗透性；渗透性随水灰比的增加而增加；渗透性随着侧限应力的增加而降低；渗透性随着时间的增加而降低。添加更多的膨润土不一定对渗透性降低有相应的影响，这通常是由于需要添加更多的水并增加水灰比。与普通混凝土相比，添加水泥替代物，如高炉矿渣，通常会导致整体渗透性降低。

16.7.12 钢筋混凝土防渗墙

由于填筑坝内的混凝土防渗墙可能由于沉降和/或弯曲荷载而开裂，所以有时将钢筋放置在沟槽或墙段中，以形成更加耐开裂的钢筋混凝土墙。加固用的钢材可以是钢筋笼或单独的 H 或 WF 截面钢梁。分段式施工的防渗墙更适合采用钢筋防渗墙，因为钢筋框架通常要在现场施工，在混凝土料浇筑之前，提升、下放到泥浆护壁的沟槽中。钢筋框架可能很笨重，会导致重大的施工问题。将钢筋框架限制在一个墙段长度内，可限制框架的重量和尺寸，将有助于减少施工问题。钢筋混凝土防渗墙施工时要克服的其他困难是在深处安装钢筋过程中，如何防止其在起吊和插入时变形，如何保持沟槽的垂直度和间距，如何为混凝土导管和振动设备提供空间，钢筋如何穿过接头处。设计人员在评估防渗墙内是否需要钢筋时，应当考虑这些问题。每个特定的问题都有解决方案，但会增加额外的费用或时间，应当仔细考虑。设计人员可能会发现与行业承包商合作是有益的，有一些方法可以克服此处提到的一些困难。

16.7.13 混凝土浇筑

在混凝土浇筑之前，必须将沟槽底部所有疏松的材料清除干净。在现场具备足够的混凝土供应能力，且确保导管内始终充满混凝土之前，不能浇筑任何混凝土，即使发生混凝土损失也不能破例。混凝土浇筑应在先浇的混凝土开始凝固前完成。混凝土浇筑通常应在 4～6h 内完成。

(1) 运输。混凝土应用搅拌车运输到浇筑地点，防止材料离析。

(2) 导管法。防渗墙的混凝土用导管方法浇筑。推荐的做法在 ACI-304 的第 8 章“导管混凝土”中有描述。混凝土通过导管灌入，并靠重力置换泥浆，如图 16.7.13-1 所示。泥浆的置换量取决于两种材料的密度差。随着导管的放置，还必须有步骤地收集置换出的泥浆。导管通常直径为 6～10in。经验法则是，导管的直径至少等于骨料最大粒径的 8 倍，以防阻塞管子。混凝土导管推荐用钢管，因为曾经报道与铝管接触而致的污染严重削弱了混凝土。一根导管所能灌注的墙段最大长度为 15ft，更长的墙段则需要使用更多的导管。鉴于沟槽稳定性和混凝土拌和站的拌和能力，通常将墙段的长度限制在两个导管所能浇筑的长度。为了避免冷缝，混凝土的浇筑必须使用两个导管同时进行。

图 16.7.13-1 混凝土防渗墙的导管浇筑法（犹他州的 Meeks Cabin 坝）

在导管中插入称为“清管器”的隔离塞后开始浇筑。隔离塞被新混凝土推入导管中。隔离塞可以由水泥砂浆或蛭石等其他材料组成，隔离塞的设计应可防止混凝土和膨润土泥浆相互混杂，且不会坍塌，并且在提升浇筑管之后返回（浮）到表面。

在混凝土浇筑期间，导管的端部应当保持浸没在铺筑的混凝土表面以下，避免混凝土与泥浆混合。除了浇筑开始时，导管的末端应一直浸没在混凝土内至少 10ft。应避免从浇筑的混凝土中取出导管时引起泥浆掺入，如果导管在大体积混凝土内埋得过深，取出时会导致大量泥浆进入。为了避免冷缝，混凝土浇筑应不间断地进行，直到达到所要求的高程。如果要建造钢筋防渗墙，设计人员必须在钢筋笼内为导管提供空间。

(3) 缺陷。由于过早取出导管所产生的典型缺陷是冷缝、离析区或污染混凝土。如果混凝土不能正常流动，泥浆可能会污染混凝土，并且在墙段两端可能出现空腔。所有与冷缝相关的污染混凝土应在继续混凝土浇筑之前清除。

(4) 施工控制。在第 16.4.1.1 节“泥浆特性”和 16.4.2“施工期间泥浆槽的稳定性”中讨论了泥浆的施工控制。为了成功地浇筑混凝土，必须监测泥浆的密度和砂含量，特别是深墙体的密度和砂含量，以便混凝土置换泥浆，从而获得高质量的防渗墙。可以使用除砂设备来降低泥浆的密度。碎石机或双轮反循环钻机可用于从沟槽的底部提起泥浆并除砂。从沟槽或墙段底部取样是必要的，以确保从底部清除所有沉积物。通常采用真空泵或气压泵从沟槽或墙段中清除沉积物。真空泵在大约100ft深度是最有效的。在深度大于100ft的地方，气压泵更有效。如上所述，在大量泥浆损失的情况下，应当有足够多的泥浆储存池。

混凝土的施工控制包括拌和物的监测和试验（即坍落度试验、温度等）、混凝土骨料试验和混凝土圆柱体试验。高品质保证和质量控制很重要。沟槽或墙段应当测深，以确定沟槽或墙段底部已达到设计高程，并提供数据以预计要浇筑的混凝土体积。现场检查人员应确保有足够的混凝土可用于全部浇筑，减少发生冷缝的可能性。一旦泥浆已经除砂，达到合适的密度，混凝土就开始浇筑，沟槽或墙段应该定期测深，以确保导管埋入混凝土达到指定深度。

导管浇筑时，置换的膨润土泥浆也需要在墙的顶部处理，以保持工作面清洁。

16.7.14 提交资料的要求

对于深混凝土防渗墙，特别是要穿过填筑体建造的防渗墙，在技术上具有挑战性。设计人员应当采用采购谈判流程，容许在授予合同前提交技术建议供审议。在项目授标后，在建议过程中或在开始施工之前，应要求提交一份完整的资料清单。除第16.4.9节“提交资料要求”中建议的关于回填土泥浆防渗墙的资料提交要求外，还应考虑针对混凝土防渗墙的要求，这些可能包括：

（1）资格：

1）现场监理简历。

2）具有相似尺寸和复杂性的混凝土防渗墙施工经历。

（2）混凝土防渗墙计划：

1）施工顺序横道图，示出防渗墙预计开工和完工日期。

2）预计生产率，ft^2/天。

3）监测沟槽定线、深度和垂直度的方法和频率。

4）沟槽开挖方法的描述，包括设备和建造防渗墙的顺序。包括墙段尺寸和顺序。

5）发生泥浆快速流失的情况下，开挖过程中采用的膨润土泥浆拌和方法和现场需存有的水合泥浆量。

6）挖沟过程中阻止泥浆快速流失的方法。

7）在沟槽或墙段底部取泥浆样的方法。

8）除砂法，包括清除重质泥浆的方法和设备描述。

9）沟槽中开挖破碎和/或胶结土和/或巨石的方法以及设备描述。

10）创建接头和确保其连续性的方法。

11）导管设备和导管浇筑方法，包括在混凝土浇筑期间处理置换泥浆。

16.7.15 合同要求

如以上章节所述，采购谈判流程非常适合作为防渗墙的承包方法。

16.8 土工膜防渗墙

尽管土工膜防渗墙在填筑坝中并不常用，但是在有些情况下不仅用于填筑坝，而且还作为截渗设施用于污染地下水集水沟。一般来说，由于安装的复杂性和接头细节问题，采用土工膜防渗墙对所建墙体的均匀性和有效性可能不会太好。然而，仔细地规划，选择适当的土工膜防渗墙型式和施工方法可以显著减轻这些担忧。与其他防渗墙类型相比，土工膜防渗墙的成本可能不具有竞争力，因为需要开挖沟槽安装土工膜和回填。土工膜防渗墙的主要优点是可以将膜安装在沟槽中，以提供截渗功能，而沟槽可以用砂或砾石材料回填用作反滤和/或排水。在亚利桑那州凤凰城的 Reach 11 堤坝上，采用了大约 12.5mi 的土工膜防渗墙。该堤坝为均质坝，最初建造在由易侵蚀和离散土料组成的湿陷性地基上，土工膜和反滤砂层为该堤坝提供了一个防渗和过滤区。有关土工膜类型和特性的详细信息，参阅第 20 章“土工膜”。

16.8.1 概述

土工膜防渗墙通常安装在垂直开挖沟槽内，沟槽由生物聚合物泥浆护壁，见第 16.8.2 节“生物聚合物泥浆”所述。膨润土泥浆通常不会用于安装土工膜防渗墙，因为沟槽被土回填，从而形成一般不需要的冗余（例如，在土-膨润土防渗墙内又设了一道土工膜防渗墙）。然而，这种应用在某些条件下可能是有益的，因为使用膨润土可能具有更好的沟槽稳定性以及土-膨润土和土工膜结合增加了防渗冗余。然而，通常情况下，土工膜防渗墙的沟槽用反滤砂或砾石材料回填，它们能分别用作反滤层或排水区，收集渗水，因此，膨润土是不可接受的。根据用途，土工膜防渗墙可以安装在沟槽的上游或下游侧壁上。截渗使用的土工膜可以安装在具有类似于桩板的联锁接头的预制板中，或者可以采用现场焊接相邻板块的方法作为连续墙安装。后一个过程更复杂，需要现场检查，并且沟槽中安装控制困难，难以保证完全截断渗流。

16.8.2 生物聚合物泥浆

目前各种类型的生物聚合物液体可用于沟槽施工。生物聚合物是高分子的有机化学品，像膨润土一样会在水中膨胀并增加水的黏度。这些泥浆可以由有机、人造化学品或天然产物如研磨的瓜豆、水和专用可降解添加剂组成。因为土工膜防渗设施往往是为了收集地下渗漏水，或者像亚利桑那州的 Reach 11 堤坝，用作防水隔层，为了安装土工膜而开挖的沟槽需要泥浆护壁保持稳定，如图 16.8.2-1 所示。在一些情况下，土工膜可插入膨润土泥浆槽中，然后用土-膨润土或水泥-

图 16.8.2-1 生物聚合物泥浆槽
（亚利桑那州 Reach 11 号堤坝）

膨润土回填，形成复合防渗墙。然而在大多数情况下，使用可降解的生物聚合物泥浆。这些泥浆长期以来一直用于钻井行业，分为天然或合成两大类。每种泥浆的性质差异很大，而且生物聚合物泥浆性质与膨润土泥浆不同。可降解的生物聚合物泥浆被设计成能自然还原，或者加入氯或次氯酸盐溶液，使其能够自然排出沟槽或被回收。这样就会留下一个未受污染的区域，以便进行过滤层或排水区的回填。生物聚合物泥浆还具有比膨润土泥浆更低的黏度，不会形成滤饼使静水头作用在沟槽壁上，从而使沟槽产生稳定性。生物聚合物泥浆往往用于临时密封沟槽壁，但是代替滤饼（如用膨润土泥浆时）的是非常薄的黏稠明胶状物质，它跨过地层空隙，以高凝胶强度支撑沟槽，并容许在沟槽壁上形成静水头。

由于泥浆的黏度较低并且随着时间的推移而逐渐降低，所以在粗孔隙率的粗粒土层中应当谨慎使用生物聚合物泥浆，可能导致沟槽不稳定和坍塌。瓜尔胶浆的一个主要限制是其有效寿命为1天或2天。由于土壤和当地地下水中酶的作用，瓜尔胶会自然变质，只留下土壤微生物所消耗的水和单糖。然而，在开挖过程中沉淀物悬浮在生物聚合物泥浆中，其密度将增加。生物聚合物泥浆的成功取决于在开挖期间将泥浆保持在活性状态(黏滞性)，这可以延长泥浆的性能长达2周。

生物聚合物泥浆的性能试验类似于膨润土泥浆试验。泥浆的主要质量控制参数为黏滞度、密度、过滤损失和pH值。化学添加剂可用于调整新拌泥浆和沟槽中泥浆的性能，延长其使用寿命。

（1）泥浆密度。泥浆的密度或容重为开挖期间稳定沟槽侧壁提供了所需的静水压力。泥浆的密度由水重加上悬浮液中胶质和非胶质颗粒数量确定。典型生物聚合物泥浆的密度基本上是水的密度，在62.4～63.0lb/ft^{3}之间。在开挖过程中，沟槽中的泥浆悬浮非胶体颗粒（粉砂和砂），泥浆密度可能超过70～75lb/ft^3。在进行稳定性分析时应当使用63.0lb/ft^{3}的密度。如果为满足稳定性需要增加额外的静水压力，则应当在设计中提出增加泥浆压力的规定。与膨润土泥浆一样，如果在沟槽中回填砂或砾石，沟槽中的泥浆密度上也应取最大值。这个最大值可能取决于所使用的生物聚合物泥浆的类型和泥浆在沟槽中的预期最大密度。与膨润土泥浆相同，生物聚合物泥浆采用最大密度的目的是使浆液密度与回填材料的密度有足够的差，以便回填材料能置换泥浆。如果回填料用作排水或过滤，置换泥浆将变得更为重要，因为泥浆中可能含有降低回填料渗透性的胶质和非胶质颗粒。图16.8.2-2示出Watkins坝安装排水管用于协助沟槽排水。Watkins坝沟槽用生物聚合物泥浆护壁。一旦沟槽完全开挖完成，除了放置多孔排水管和水泵之外，还将满足ASTM C33要求的混凝土砂填在沟槽中。将悬浮的粉砂和砂减至最少，以降低泥浆密度便于置换和确保足够的渗透性，这是至关重要的。

图16.8.2-2 生物聚合物泥浆槽
（Watkins坝，犹他州）

（2）黏滞度。应监测泥浆的黏滞度，以确保足够高的凝胶强度，使泥浆能够架接在材料孔隙上。一般情况下，使用类似于膨润土泥浆的马氏漏斗黏滞度检测，即从标准马氏漏斗排出 946mL（相当于 1 美国夸脱）浆液所需的时间。与膨润土泥浆一样，设计人员应避免指定泥浆在沟槽中的马氏漏斗黏滞度，因为由开挖引起的悬浮颗粒将严重影响检测值。由于生物聚合物变化显著并且是专有的，因此所需的最小马氏漏斗黏滞度在沟槽中是否成功实现尚未明确定义。有承包商推荐使用瓜尔基生物聚合物泥浆的目标塑性黏滞度为 40cP。赞萨科斯在关于泥浆类墙体的书中提出了一种将塑性黏滞度（cP）与马氏漏斗黏滞度相关联的关系式。使用这种关系，40cP 的目标塑性黏滞度将相当于 125s 的马氏漏斗黏滞度。其他生物聚合物制造商表示，在干燥的砂或砾石中，大约 60s 的马氏漏斗黏滞度通常足以防止液体通过沟槽壁损失。与其他生物聚合物专家进行的个人沟通表明，最佳黏滞度为 34～80s 马氏黏滞度是可以接受的；然而，使用的聚合物类型和地层土壤类型也必须要考虑。

（3）凝胶强度。泥浆悬浮液应有足够的凝胶强度（即产生流动所需的最小剪切应力），以保持足够的非胶质颗粒悬浮在浆液中所需的泥浆密度。理论上讲，悬浮液中保持的最大粒径与浆液悬浮液的凝胶强度直接相关。作为一般规则，天然瓜尔基生物聚合物泥浆将具有比合成生物聚合物泥浆更高的黏滞度（更大的凝胶强度）。

（4）过滤损失。虽然生物聚合物液体不像膨润土泥浆那样能形成滤饼，但过滤损失试验（在施加恒定压力的情况下，在 30min 内泥浆通过滤纸损失的测量值）仍然可以用作泥浆性能的指标。与大多数现场试验一样，该试验受悬浮的非胶质颗粒影响很大，不应用作沟槽中泥浆的控制。设计人员应当将此试验仅作为灌入沟槽之前新鲜泥浆过滤性能的指标。对生物聚合物泥浆而言，在该试验中测得的过滤损失通常比典型的 5%膨润土泥浆更大。由于许多生物聚合物液体是专有的，并与添加剂有关，设计人员可能要依靠承包商提出质量控制值。即使是这种情况，过滤损失值高也应当引起人们对沟槽稳定性的关注。瓜尔基生物聚合物一般会比合成聚合物过滤损失低很多。

（5）pH 值。生物聚合物浆液的 pH 值通常最好在 7～10 的范围内。某些情况下，pH 值必须保持在 8.0 或更高，以限制土壤中存在的天然酶对泥浆的破坏。一旦沟槽完成，通常通过添加诸如次氯酸盐溶液和专有添加剂的化学物质来加速泥浆的分解。因此，泥浆的 pH 值对其在开挖过程中的成功运用非常重要，并且需要有经验的生物聚合物工程师随时在场。

（6）生物聚合物泥浆用水。水质可以对特定生物聚合物泥浆的性能起重要作用。一般的指导原则是 pH 宜在 6～8 之间，溶解的固体总量应当小于 1000mg/L。然而，承包商应对预计使用的水源进行测试，以确保水质符合给定生物聚合物泥浆的要求。这些要求通常可以从制造商处获得。

16.8.3 土工膜

防渗墙使用的土工膜类型和物理性质应当由设计人员通过公开获取的数据、制造商的技术说明以及对设计及性能要求的评估来确定。在选择安装方法时，设计人员还应考虑沟槽的结构尺寸。对于浅沟槽，通过在现场进行接头焊接，得到连续的土工膜防渗墙。在土工膜被放入沟槽之前，通常在其底部附加一些配重，以便其顺利穿过泥浆到达底部。在这个过程中，必须在沟槽顶部进行固定以避免土工膜掉入沟槽中。这种安装方法的可靠性较低，需要对安装密切监控，才能实现成功的防渗隔断。

对于深层安装，建议使用互锁的土工膜墙段施工法。在这种方法中，土工膜墙段之间设有互锁接头（通常是工厂生产并交付到现场）。每个墙段的土工膜通过放置在地面上的水平钢框架展开，然后垂直下放到沟槽中，使新墙段的互锁接头与已就位墙段的接头连接（见图 16.8.3-1 和图 16.8.3-3）。接头的连续性可以通过安装在每个接头处的导线来验证，当新墙段的接头达最底部时，其导线与先前就位墙段中的导线相接形成电路环路。图 16.8.3-1 示出典型土工膜墙段连接方式，图中所示的特殊接头为 SLT 公司在 Reach11 堤坝项目中所使用。土工膜墙段上使用互锁垂直接头的一个优点是由于它沿着接头滑动，因此墙段被限定只能垂直移动，在 Reach11 堤坝项目中，这被认为是一个关键的设计因素，因为堤坝严重开裂的主要原因是土的湿陷性和不均匀沉降引起的基础坍塌。

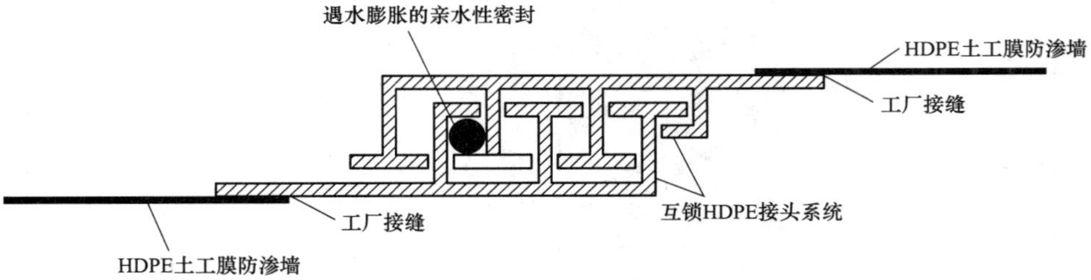

注：用于亚利桑那州 Reach 11 堤坝的土工膜防渗墙分段施工。

图 16.8.3-1　GSE 公司施工的防渗墙互锁接头典型示意图

在 Reach11 堤坝项目中，沿着定线，土工膜防渗墙与四个泄水孔相连。每个泄水孔都有垂直的侧墙。靠近这些侧墙的土的压实可能不如堤坝，没有反滤，并且堤坝填土容易被冲蚀，因此这种接触面被认为是发生管涌的关键位置。由于担心分离，以及在接触处需要将反滤作为一个基本要素来考虑，设计人员不应将土工膜直接粘贴到泄水结构壁上。图 16.8.3-2 示出泄水孔的详细接头。首先，在每个泄水孔混凝土壁上，沿着土工膜

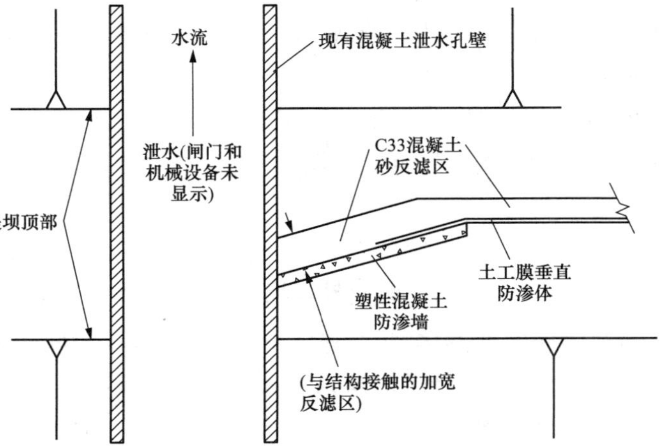

图 16.8.3-2　亚利桑那州 Reach11 堤坝垂直土工膜防渗墙与泄水结构连接细部图

防渗墙的深度横向施工一个 20ft 长的塑性混凝土防渗翼墙。翼墙是在膨润土泥浆护壁的沟槽内建造的。之后，在用于垂直土工膜安装的生物聚合物沟槽开挖期间，直接将沟槽挖到泄水孔边墙下游并与塑性混凝土防渗墙相连。在这个位置，生物聚合物沟槽也从 2ft 变宽到 4ft。土工膜与塑性混凝土防渗墙的接头部位长度为 10ft，以确保与防渗墙的重叠。这些细部连接为填筑体与泄水孔侧墙的关键交界面提供了一个防渗体和加宽的反滤区。

图 16.8.3-3　将土工膜防渗墙安装到生物聚合物泥浆槽中（亚利桑那州 Reach 11 堤坝）

16.9　板桩防渗墙

垦务局一直都使用板桩防渗墙，它主要用作截断渗流、围堰临时防渗，有时作为混凝土溢流堰结构的支撑。垦务局最近一次应用板桩是 2004 年将其作为截断渗流隔层用于俄勒冈州科基尔印地安保护区 Tarheel 和 Fourth Creek 坝改造。在某些实例中，例如 1936 年建成的内华达州的 Rye Patch 坝，钢板桩穿过粉砂土和砂质冲积层地基，用于截断渗流。这些板桩嵌入弱胶结湖积层下方，以便提供一道可靠的防渗屏障。

16.9.1　概述

板桩防渗墙传统上由钢材制成。钢板桩非常坚固，并且在安装过程中能够经受锤击。它们的强度也容许被敲击嵌入较硬的材料，并且具有良好的抗弯曲性。然而，从历史上来看，在填筑坝中使用的板桩材料已经发生变化，从木材、钢材，发展到最近的柔性聚氯乙烯材料和更坚固的增强聚合物复合材料，以及纤维增强材料，这些材料用在 Tarheel 和 Fourth Creek 坝中，如图 16.9.1-1 所示。这两座大坝位于科基尔印地安保护区。根据制造商的不同，板桩具有不同的形状和不同的接头型式，但都是为了强度、接头连续性和其他弹性模量及剪切弹性模量等特性而设计的。它们在土中被认为基本不透水。

图 16.9.1-1 板桩防渗墙安装（俄勒冈州的 Coquille 坝）

16.9.2 设计

拟使用板桩时，许多设计因素必须要考虑，这些包括：

(1) 强度。设计人员在选板桩类型时应考虑施加在墙上的荷载，包括垂直荷载、横向剪切荷载和弯曲荷载。此外，当确定最好的板桩类型时，必须考虑板桩将要贯入或嵌进的土层和/或材料的类型。还必须考虑锤击荷载。

(2) 荷载条件。当选择板桩类型时，板桩可能受到的荷载条件是至关重要的。在静态条件下，作用荷载将取决于板桩在填筑坝内的位置。布置在中间且穿过坝体中心和/或基础的板桩有大致对称的作用荷载。如果板桩防渗墙向在上游或下游偏移，则会产生横向荷载，从而在墙体上产生剪力并出现弯矩。这些荷载可能会因不均匀沉降、水库年水位下降和蓄水上升周期以及板桩的底部被嵌入更硬的、更坚固的土层或岩石而加剧。

由于沉降，地震荷载可导致垂直应力增加，由于晃动导致横向荷载增加，并且如果出现斜向移动或不均匀错动，可导致弯曲荷载增加。在选择板桩类型时，应当仔细考虑将要承受的所有类型的荷载。

(3) 特殊设计考虑。其他设计考虑包括：板桩的安装方法、将要贯入的土层类型、土层周围环境和地下水。

1) 安装。板桩通常用气动振动锤安装。有一些板桩通过水力喷射进行辅助安装；然而，喷射方法不能在填筑坝或基础中应用，因为存在毁坏坝体或基础的风险。当桩贯入停止或减速到特定的速度时，安装人员不得继续使用振动锤。这表明存在障碍物或非常硬的土层，为这种情况应当规定不同的要求。这些要求可以包括：在桩的底部附加特殊的靴状防护物，以便进一步贯入、增加锤击力和/或移出该桩，代之以穿透障碍物能力更大的板桩。例如，在 Tarheel 和 Fourth Creek 坝施工中，承包商用装有锋利靴状防护物的板桩替代被阻碍的强效聚合物复合桩，以穿透基础土层中的埋藏树桩。在某些情况下，可以做出决定容许调整板桩墙的定线，以便板桩墙绕过障碍物。在可能存在大而硬的巨石嵌入土层的情况下，使用板桩不太实际，或许需要规定对板桩墙深度或定线的调整。

另一种强度较弱和更柔软的板桩安装方法是将较硬的轴棒（通常为钢制）附加到板桩上，然后振动贯入这些轴棒或靴状防护物到达所需深度后取出，将板桩留在预定位置。在这种类型的安装中可使用许多不同的专门类型的轴棒和安装方法。如果考虑使用更柔软的板桩，设计人员还必须考虑可能采用的安装方法。

2）土层类型。一般来说，板桩的使用被限制在低密度、软土层和颗粒细的土层，含有大量鹅卵石和/或巨石的冲积层可能不适合板桩。此外，含有硬磐层或强胶结带的冲积层和河流相湖积土可能也不适用板桩。在考虑这些土层类型时，进行试验性安装可能是适当的，以评估选定板桩的可行性。

3）需考虑的土层和地下水事项。设计人员应当考虑土和地下水的化学成分，这些化学成分可能会影响所用桩的类型。钢板桩或聚涂层钢板桩可能在咸水或盐水中腐蚀。对于大多数垦务局的填筑坝，这些都不是问题。任何情况下在应用中都应当咨询防腐专家。

16.10 咬合桩防渗墙

咬合桩防渗墙是通过在一系列重叠钻孔中回填混凝土，形成一道连续的截渗屏障。咬合桩防渗墙也可作为结构墙体用于开挖支护和截断地下渗水。如果需要增加强度，也可以加固咬合桩。咬合桩的优点是可以穿过地下水位以下松散的无黏性土、鹅卵石和巨石、以及穿过岩石。在亚利桑那州 New Waddell 坝，垦务局利用咬合桩防渗墙拦截右坝肩基岩内埋藏的冲积河槽渗漏。在加利福尼亚州的摩尔曼岛副坝，垦务局采用咬合桩作为地下垂直开挖的支护，咬合桩穿过粉砂、砂、砾石、卵石、巨石，最后嵌入下部角闪片岩基础。

16.10.1 概述

咬合桩防渗墙的施工与混凝土防渗墙类似，通过交替采用一序（初始）桩和二序（闭合）桩来建造（图 16.10.1-1）。首先是一序桩施工，随后是二序桩。应当设计一序桩和二序桩的间距，以便二序桩插入（重叠）一序桩，使之形成连续的防渗墙。由于咬合桩是采用钻孔方法施工的，所以它是圆形的。典型的钻孔方法包括“凯利（Kelly）钻法”，它容许在套管孔内使用不同类型的钻具，并有助于维持垂直度。凯利钻孔通常是指通过一对套管、旋转装置或旋转台钻进的任一类型的多边形管段。该套管通过旋转台旋转，旋转台转动钻杆并使其垂直运动。套管与钻头同时进行，保持了孔的稳定性并加强钻杆刚度。顶置式旋转履带钻机非常适合，并且可以使用振荡器附件来协助推进外侧套管，并抽取套管（参见图 16.10.1-2 和图 16.10.1-3）。咬合桩施工中使用的典型孔直径为 24～48in。一旦孔深达到设计高程，在回填混凝土之前，可以将 H 型钢、宽翼缘钢或钢筋笼放入套管中。

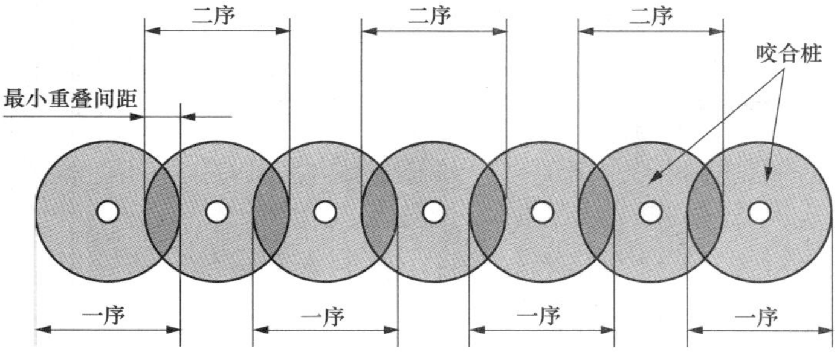

图 16.10.1-1　咬合桩防渗墙分段顺序示意图

图 16.10.1-2　咬合桩防渗墙施工使用的钻头
（加利福尼亚州摩尔曼岛副坝）

图 16.10.1-3　咬合桩防渗墙的施工
（加利福尼亚州摩尔曼岛副坝）

16.10.2　设计

咬合桩墙的设计类似于混凝土防渗墙的设计，关键的设计特性是强度、渗透性和施工性问题，包括定位（垂直度）和连贯性。

（1）强度。咬合桩墙中使用的回填混凝土的强度必须根据现场需要和墙体的预期功能进行设计。由于咬合桩墙是混凝土防渗墙的一种类型，所以对于这种类型的墙，同样的强度考虑也适用于第 16.7.11 节“混凝土配合比”。防渗墙的预期目的主要是确定强度要求，包括评估荷载差异、沉降、弯曲、开裂及水库蓄水和泄降引起的季节性荷载变化。这些荷载条件将确定强度要求，并影响有些条件，如需要增加钢筋，使用改变强度的添加剂，添加膨润土，在咬合桩回填中形成塑性混凝土。

（2）渗透性。由于咬合桩通常使用混凝土回填，影响咬合桩渗透性的因素与对混凝土渗透性的影响因素相同。这些因素包括：水泥用量、水灰比、粗细骨料级配、火山灰替代品的使用、添加膨润土，重叠部位连续性以及拌和物中所用骨料的渗水性。一般来说，混凝土咬合桩防渗墙的渗透性非常小（$<10^{-9}$cm/s），主要是没有任何缺陷的墙体的混凝土渗透性很小。咬合桩墙重叠部位连续性可能是实际中最关键的渗透性因素。由于在施工过程中的瑕疵或缺陷，或由于接头不良，墙体的实际渗透性可能高出几个数量级。如果需要一个非常低的渗透率值，建议通过试验来评估各种配合比，并且需要谨慎的质量控制。

(3) 可施工性。建造有效的咬合桩防渗墙最关键的是墙的连续性。这需要对每个桩进行精确钻孔，并能实现和验证每个二序桩和一序桩的精确重叠。除了垂直精度外，横向精度也很重要，通常沿着地表面测量。横向精度可以通过与分墙段施工的混凝土防渗墙相似的方式来实现：通过导墙的施工，或者需要更高的精度时使用模板导向槽，实际上是用混凝土或者钢模板来标出每个桩的顶部。

对于垂直精度，最重要的是在钻孔过程中持续检查钻杆的垂直度。使用凯利钻杆和套管，加大了钻杆刚度，有助于这一过程。各种井下测量技术可用于验证垂直精度。用于垂直度保证和控制的仪器有时是专用的，例如声波探伤仪或井下测量技术，有时类似于测斜探头。在垦务局 New Waddell 坝咬合桩防渗墙施工时，钻孔桩主要穿过岩石和非常粗糙的砾石阶地，其中含有卵石和巨石，且高于地下水，故场地干燥。这些咬合桩直径小（15in)，其规格要求是每个桩的重叠点的厚度最少为 8in。在每个二序孔中都使用了一个井下摄像机，以直观地检查二序咬合桩孔的每一侧与每个相邻的先前浇筑的一序混凝土咬合桩交叉重叠情况。这在验证连续性方面是非常有效的。如果咬合桩被认为超出了垂直偏差范围，或者不符合与相邻桩规定的最小重叠要求，则可以用贫混凝土回填并重新钻孔。然而，这种方法对于泥浆护壁的桩孔不起作用，但这种情况很常见。

咬合桩的回填是用导管法完成的（图 16.10.2-1)。这需要密切控制回填混凝土的坍落度和导管埋入混凝土的深度。第 16.7.13 节“混凝土浇筑”中所述的要求适用于在咬合桩中浇筑混凝土。在高于地下水的某些情况下，咬合桩是用钢套管安装的；如果咬合桩低于地下水并使用泥浆护壁，则水或膨润土泥浆可以充填套管。在这些情况下，存在像混凝土防渗墙一样需要完全置换水和泥浆的问题。

当咬合桩中含加筋时，设计人员必须确保桩内有足够的侧向空间，以便导管完全延伸到咬合桩的底部。在过去完成的咬合桩防渗墙中，加筋有预制钢筋笼和单个宽翼缘截面型钢两种。摩尔曼岛副坝的咬合桩装设了宽翼缘截面型钢，以增加每个键块的剪切和弯曲强度。图 16.10.2-2 示出了开挖后包含一部分键块的咬合桩，并且可以看到宽翼缘截面型钢暴露在一些咬合桩中。

16.10.3 提交资料的要求

咬合桩防渗墙安装需要熟练且经验丰富的承包商，他们应当了解钻孔和混凝土浇筑方法。因为咬合桩防渗墙（像混凝土防渗墙一样）的成功取决于垂直接头的连续性，所以安装必须严格控制在容许偏差内。对于这些专业的作业，设计人员应当采用采购谈判流程，容许在授标前提交技术建议以便审核。项目授标后，在建议过程中或在开始施工之前，应当要求一份完整的提交资料清单。除第 16.7.14 条“提交资料要求”中引用的混凝土防渗墙提交要求之外，还应考虑提交专门针对咬合桩防渗墙的补充内容。这些资料可能包括：

图 16.10.2-1　导管法回填咬合桩
（加利福尼亚州摩尔曼岛副坝）

图 16.10.2-2　开挖暴露的咬合桩，
在墙上的键块中，露出宽翼缘截面型钢
（加利福尼亚州摩尔曼岛副坝）

（1）资格：

1）现场监理简历。

2）类似规模和复杂性项目的工作经历。

（2）咬合桩防渗墙计划：

1）施工顺序横道图，显示防渗墙预计的开工和完工日期。

2）预计生产率（ft/天）。

3）确保定线、深度、垂直度和重叠的方法。

4）建议的钻孔设备和施工顺序描述；咬合桩直径、桩重叠交叉处的宽度，以及在现场穿过特殊材料钻孔的方法；清理桩重叠接头的方法。提出并描述纠正或替换被认为不符合容许偏差或重叠要求的咬合桩的拟议方法。

5）导管设备和混凝土导管浇筑方法。

6）处理泥浆和废弃泥浆的方法。

7）混凝土拌和水水源及其化学测试结果。

8）如果需要加固咬合桩，承包商必须说明在混凝土浇筑过程中如何保持桩的垂直和侧向定线、型式和间隔顺序。

16.11　深层土搅拌防渗墙

深层土搅拌（DSM），也称土拌和墙（SMW），是一种原状土处理方法。该方法将原位土与胶凝或其他化学材料掺合并搅拌，形成截渗屏障或基础构件，或提高地基强度并降低压缩性。尽管这里引用的应用是控制地下水渗漏的防渗墙，但是深层土搅拌技术已经被用于许多其他应用，例如地震修复，但这超出了本文的范围。深层土搅拌工艺自20世纪50年代开始使用，最初用于处理软黏土。该方法经过改善可以在原位建造改良土墙，并在日本、欧洲、美国广泛应用。20世纪80年代，垦务局在怀俄明州的Jackson Lake坝首先使用深层土搅拌建造上游防渗墙。此外，在Jackson Lake坝的改造工程中，该坝的上下游两端修建了网格式结构，以限制潜在液化土液化。

16.11.1 概述

深层土搅拌技术和设备因承包商不同而有所差异，这与其他形式的专业岩土工程类似，如喷射灌浆等。在大多数情况下，将水泥浆（湿法）注入土中，然后使用功率强大的重叠多螺旋钻在原位拌和水泥浆，形成由重叠的水泥土桩组成的结构，如图16.11.1-1和图16.11.1-2所示。与其他类型的水泥使用一样，也可用火山灰替代水泥，以改变原位土的性能。此外，可以掺加膨润土以形成较低渗透性的墙。

图16.11.1-1 深层土搅拌螺旋钻系统（怀俄明州Jackson Lake坝）

图16.11.1-2 深层土搅拌（多重螺旋钻）

另一种技术是将干燥水泥（干法）导入含有足够水的土中，在土中水泥与水发生反应。在这种情况下，使用压缩空气将水泥输送到地面以下的土中。深层土搅拌处理的基本模式包括单独的桩体、几排重叠桩或网格模式的水泥土桩。这些典型模式中的任何一种都可以用于改善填筑坝特性，如作为截流屏障、改善地基和抗震加固。典型的防渗墙可以由单排重叠的水泥土桩构成，或由两排或更多排重叠的桩体构成，以形成较宽的防渗墙。

现代深层土搅拌设备通常由多个旋转装置、多重螺旋钻或切割刀具组成，由单个框架支撑并需要通过凯利杆系统操作（图16.11.1-2）。这样具有较高生产率，安装的水泥土桩和防渗墙具有良好的垂直和横向精度。深层土搅拌在非塑性的细颗粒土中最有效，例如粉土（ML）、粉砂（SM）、含砾石的粉砂（SM)g，粉砂砾（GM）等。深层土搅拌已成功地运用在某些黏土中。此外，在渗透性很低的塑性黏土中，使用深层土搅拌建截水墙的可能性较小。在含有鹅卵石和巨石的粗颗粒土层中使用多个重叠螺旋钻，系统的效率将受到的影响，并且可能会产生不太有效的拌和。

典型的深层土搅拌生产顺序包括螺旋钻缓慢旋转（10～20r/min），以每分钟 2～6ft（ft/min）的速度钻进。在旋转和钻进过程中，水泥浆通过空心钻杆由螺旋钻尖端注入土中。搅拌桨在螺旋钻上方并沿轴布置，用于搅拌水泥浆与土。水泥浆还用作润滑剂和输送液，将废渣带到地面。这些废渣类似于在地下产生的土固结拌和物。一旦达到桩的最终深度，在底部的拌和时间会持续很短（通常最多2min）。然后缓慢提升整个螺旋钻系统，其速度约是向下拌和速度的两倍，并且以减小的速率继续进行水泥浆泵送，直至达到孔的顶部。

图 16.11.1-3　深层土搅拌

另一个深层土搅拌系统，采用新技术，包括一个刀轮，用于切割并且搅拌成一个矩形水泥土墙段，而不是通过螺旋钻搅拌成重叠水泥土桩（图 16.11.1-3)。实际上，这是混凝土防渗墙段施工的一种混合方法，普通的墙使用泥浆护壁和多个重叠螺旋钻系统。刀轮系统的优点是能够穿过含有超大颗粒（最多 8in）的硬土层，并且轮式刀具可以切割岩石并形成一个键槽，切割岩石最大强度可达 5000lb/in^2（无侧限抗压强度）。它还具有深层土搅拌方法的优点，即就地搅拌水泥土混合物，并且开挖墙段不需要泥浆护壁和导管回填。类似于混凝土防渗墙，两种建造防渗墙方法都是分一序、二序施工。图 16.11.1-4 示出了一个使用三重叠螺旋钻系统的典型施工顺序。

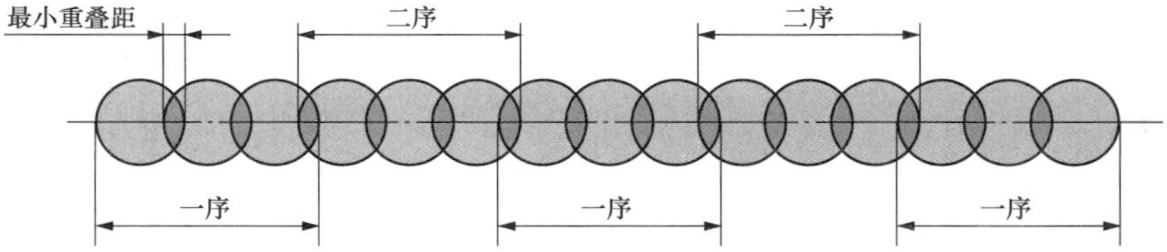

图 16.11.1-4　使用三重螺旋钻系统的深层土搅拌防渗墙一序和二序墙柱的典型施工顺序

16.11.2　设计

当考虑采用深层土搅拌修建防渗墙时，主要考虑的因素是建成后墙的渗透性、水泥土混合料的均匀性以及减少渗透梯度所需的墙有效宽度。与大多数防渗墙一样，如果墙的基础可以键入基底下的低渗透性土层或岩石，防渗效果将得到优化。深层土搅拌螺旋钻系统在坚固、坚硬的土层或岩石中的开凿键槽的能力有一定的局限性，如果这种开凿是必须的，在设计过程中应当考虑这一点。当深层土搅拌墙主要用于渗流控制时，建造过程中改良土混合物的强度将是次要的设计考虑。类似于第 16.7.11 节"混凝土配合比"中关于非常坚硬的混凝土墙的讨论，一个变形能力大、刚度较小的防渗墙可能是更可取的。由于深层土搅拌设备的限制，防渗墙的深度是另一个考虑因素。已建成深层土搅拌墙的深度超过 100ft，随着技术的进步，还能建造更深的深层土搅拌墙。

深层土搅拌方法不适合在已建填筑坝内建造防渗墙，因此通常不建议用于此目的。螺旋钻系统会自然地破坏钻周围坝体内的完整性，并可能在坝内留下未混合和受扰动的填土区。深层土搅拌的另一个特点是，水泥土混合料的最佳拌和方式是从孔的底部向地面。而螺旋钻钻孔系统在地面启动，向下钻进，该系统不太适合改良深处的孤立区域。在钻孔过程和螺旋钻系统拔出过程中，地表和被处理区域顶部之间的原位土将受到扰动。

设计一个成功的深层土搅拌防渗墙，关键是对地下地质情况、土的类型识别、原位土含水量、地下水位高程以及供实验室搅拌设计试验用的土样提取进行全面了解。与其他专有的地基改良方法一样，设计人员有责任与承包商密切合作，以便承包商可以进行必要的调整，以达到现场所需的土的性质。为了获得最佳效果并尽量减少风险，建议修建一个试验段来评估各种参数，并优化所需的施工变量，以达到预期的结果。与其他原位地基改良技术一样，质量控制/质量保证（QA/QC）的大部分内容将取决于深层土搅拌柱的钻孔取芯，以获取实验室试验用样品，并确认施工的连续性和均匀性。此外，设计人员必须意识到，即使有良好的钻孔、样品提取以及实验室测试成果，质量保证的一些部分仍然取决于对结果的主观解释和评估。

（1）强度。通过搅拌过程产生的水泥土桩的现场强度取决于多种因素，包括土的类型、每单位土体中添加的水泥量、水灰比、火山灰替代品、膨润土添加量和土壤基质中土颗粒大小。采用的合适的土、水、拌和条件和强度，无侧限抗压强度可达到 600lb/in^2 及以上。一般来说，它们将在普通混凝土无侧限抗压强度的 1/5～1/10 之间。较高范围的强度通常与水灰比小于 1.0（在 0.7 范围内）和土中水泥含量至少为 500lb/yd^3 相关。水灰比为 1.0～1.5，可以获得较低的强度。通过实验室使用原位土进行拌和设计试验，以及随后的试验墙段，是了解现场所能达到的实际强度和降低生产过程中施工问题风险的最佳方法。对原位拌和物的均匀性、强度和渗透性的评估将包括仔细地钻孔和取芯以及推断整个墙的结果。

深层土搅拌水泥土桩的模量值将远低于传统混凝土的模量值，其模量值与土-水泥-膨润土拌和物的模量值相似。模量值因拌和设计不同而有很大差异，通常范围在普通混凝土的1/5～1/10 之间。这些数值应当在实验室进行拌和设计时确定。

（2）渗透性。深层土搅拌水泥土桩的渗透性可能变化很大，应该通过实验室拌和设计试验来判断，以获得最佳的认识。实验室样品应当采用 ASTM D 5084-03"使用一个柔性墙渗透仪测定饱和多孔材料的透水性的标准试验方法"中的试验方法。设计人员必须记住，实验室结果只是定义实验室样品的渗透性。实际的现场渗透性取决于承包商设备和搅拌技术所能达到的拌和均匀性和质量。其渗透性通常类似于水泥土的渗透性，渗透性范围与其他由泥浆技术建造的防渗墙类似（$1\times10^{-5}\sim1\times10^{-7}$ cm/s），并取决于土的类型、水泥和膨润土的用量、搅拌质量。土的拌和质量和均匀性取决于许多因素，包括土的均匀性、可塑性、地下水条件、密度，级配等。天然土的变化性和深层土搅拌设备的实际性能使得原位渗透性难以预测。实际的渗透性可能在水平和垂直方向都有变化，这往往会降低估算整个防渗墙整体渗透性的确定性。每个墙都有其独特性，拌和质量和原位渗透性应当由试验段来确定，如果可能，需要结合原位土取样和实验室取样实验。防渗墙回填料的现场渗透性能可通过实验室拌和试验进行合理的估计，而深层土搅拌水泥土桩的渗透性必须通过现场芯样的实验室试验估算，以获得最佳结果。这是由于在拌和之前难以预测实际水泥土桩中混合物组成成分的最终比例。

16.11.3 可施工性

深层土搅拌防渗墙已成功应用于世界许多地区，已被证明是项可靠的技术。成功的建造主要取决于连续性和均匀性，以达到防渗的设计意图。因此，质量控制是关键，它对确保使用该技术修建的水泥土桩是连续的、均匀的和重叠的至关重要。使用导向槽或地面模板可以协助确保横向连续性。在现场使用设备仪器严格验证垂直偏差对于实现纵向连续性和对齐是至关重要的。然而，对施工性的最好评估是实验室的良好拌和试验和现场试验段的施工。作为截渗防渗墙，这种方法在含有有限的卵石和石块的非黏性颗粒状土中工作效果最好，卵石和石块可能缠绕螺旋钻或使钻杆偏离。高塑性黏土区域也可能有问题，因为它们不能与水泥混合均匀，从而导致未混合的土中夹有杂物。根据螺旋钻系统的设备类型和钻头端部设计，深层土搅拌设备能够使防渗墙完全贯入软岩、风化岩和较硬岩石。深层土搅拌技术使用上的主要限制是深度及其设备保持对齐和垂直度的能力。深层土搅拌设备在孤立区域拌和能力有限，因为螺旋钻系统将一定体积（浆液）注入土中，并且土/水泥拌和物在螺旋钻旋转期间推动螺旋柱向上移动。不均匀拌和也是一个问题，因为这可能在墙上留下透水缺口，而取芯样时可能也没发现。

深层土搅拌施工的质量保证和控制主要依靠钻孔取芯来验证连续性、均匀性，并获得实验室强度和渗透率试验的试样。在某些情况下，当正在拌和时，可以在深度位置获得水泥土拌和物的湿样品，然而，这种方法只能获得有限的成功。它不能像其他取芯一样提供连续性和均匀性的数据。因此，无论是在施工试验段期间还是在生产过程中，深层土搅拌的可施工性在很大程度上取决于承包商或客户在深层土搅拌墙柱上执行钻孔取芯的能力。设计人员拟采用这种方法时应考虑到这一点。

16.11.4 提交资料要求

使用深层土搅拌技术建造防渗墙是经过验证的方法，能节约成本。与任何防渗墙一样，成功的效果取决于接缝的垂直连续性。对于这样的专业工作，设计人员应当采用采购谈判流程，容许在授标前提交技术要求供审核。项目授标后，在建议过程中或开始施工之前，应当要求提交一份完整的资料清单。除了第 16.7.14 条“提交资料要求”中引用的建议外，对于具体的防渗墙，还应提交专门针对深层土搅拌防渗墙的补充内容。这些内容可能包括：

（1）资格：

1）现场监理简历。

2）类似规模和复杂性项目的工作经历。

（2）深层土搅拌防渗墙规划：

1）施工顺序横道图，显示防渗墙预计的开工和完工日期。

2）预计的生产率，以防渗墙每天的直线英尺或平方英尺进度为单位。

3）确保墙的定线、深度、垂直度和重叠的方法。

4）拟议钻孔设备和施工顺序的描述，线性连续或一序和二序墙段。包括深层土搅拌柱直径、柱的重叠宽度以及在现场钻进穿过特定材料的问题。提出并描述纠正或替换被认为不符合容许偏差或重叠要求的深层土搅拌柱的拟议方法。

5）描述湿取样方法。

6）灌注水泥的计划。干法或湿法、灌注速率、灌注压力，包括推荐的每立方码混合土中水泥用量。

7）描述任何计划的添加剂或火山灰替代品。

8）描述水泥拌和及拌和厂，以及输送到灌注点的方法。

9）确定水泥浆的水源和水化学测试结果。

16.12 高喷灌浆防渗墙

与其他方案相比，高喷灌浆法在横向连续性方面具有优势，但是在基础内容易出现垂直的孤立渗水区。高喷灌浆法具有在孤立区内构建水泥土桩防渗结构的能力，与其他方法相比可以节省潜在的成本。使用高喷灌浆法，在世界许多地方建造了非常有效的渗流截断屏障。然而，由于高喷灌浆桩之外存在地面开裂的可能性，在填筑坝附近使用时具有显著的局限性和困扰。在许多地方使用高喷灌浆时，已经注意到这种效应。因此，这种方法不宜在已建填筑坝中使用，在已建填筑坝附近的基础设施中使用时应慎重评估。只能将其作为一个可能的选择方案用于已建填筑坝下部，并仔细评估地面开裂问题。同时认识到，该方法需要为每个高喷灌浆桩钻一个大直径的孔。在灌浆过程中，大直径的孔是必要的，以便容许废弃料返回（混合土、气、水和水泥浆）。在高喷灌浆过程中，废弃料沿着钻杆和孔之间的环形空间向上移动，防止在地下喷射点由于高压和喷射液体体积而孔压增大。当完成后，留下一列水泥土桩，由于从桩顶部至表面对土的扰动，在任何条件下对已建填筑坝内部都是无法接受的。如果施工填筑坝之前在基础建造高喷灌浆防渗墙，并且设计上考虑采用适当的防渗和反滤措施，则可能适用。

基于上述考虑，使用高喷灌浆法作为填筑坝的渗流截断措施存在显著的局限性。然而，它之所以被包含在本标准中，是因为在一些适用处，使用高喷灌浆防渗墙，在经济和技术上是可行的。

16.12.1 概述

高喷灌浆法是一种原位土混合技术，在地面以下采用高压灌注水泥浆或\和水或\和空气以形生一个水泥土桩。高喷灌浆中使用的浆液、空气、水被称为“流体”或“介质”。与传统的基岩灌浆不同，它基本上是一种流体动力现场混合技术。20 世纪 70 年代以来，日本和欧洲已经有了高喷灌浆技术。该技术现在世界各地使用，并且像许多基础改良方法一样，每个高喷灌浆承包商使用自己的专有设备、喷嘴设计、浆液配比和喷射参数来实现符合设计者规格的可接受的水泥土加固产品。这种包含喷嘴和钻头的高喷灌浆用钻杆部分常被称为监测器。由于高喷灌浆中使用的许多工具和操作机理具有专有性，以下指南通常没有其他防渗墙施工方法具体。

高喷灌浆通常被用来在地下土体内形成圆形水泥土桩。然而，当使用直径相反的喷嘴时，可以缓慢地前后旋转监测器（不完全旋转）来建造防渗墙，同时升高监测器并且从上方观察时，形成如蝴蝶结状的墙段。通过使用一序和二序墙段施工方法，可以建造一个线性连续墙（图 16.12.1-1）。

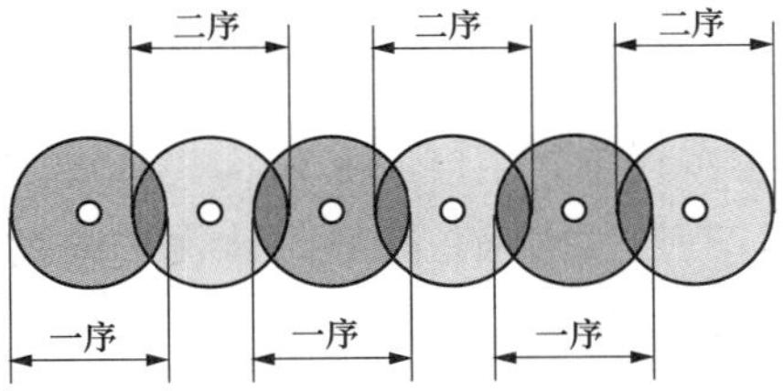

(a) 圆形重叠水泥土固结墙

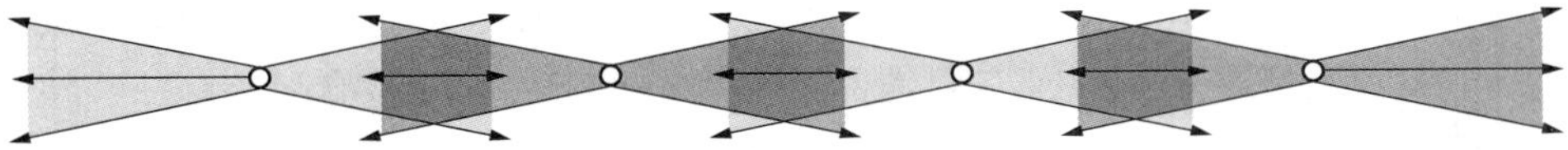

(b) 使用喷射灌浆形成的线性相交水泥土固结墙

图 16.12.1-1　高喷灌浆防渗墙的类型——一般平面图

在高喷灌浆施工中，采用三种灌浆系统：①单管；②双重管；③三重管。有时候，术语“流体”与“介质”同义使用。这些系统在如何利用水泥浆、水和/或空气来建造水泥土桩方面有所不同。有的系统使用单个喷嘴，而另一个系统可能在监视器上使用两个直径截然相反的（有时垂直的）喷嘴。三重流体管系统使用的喷嘴沿着监测器垂直分开。每个系统一般如图 16.12.1-2 所示。单流体管系统仅使用高压灌注水泥浆，以侵蚀周围的土层，并将水泥浆与土混合起来以形成水泥土固结体。双重流体管系统使用空气和水泥浆，在该系统中，在高压下注入水泥浆，同时从水泥浆喷嘴周围的同心环形喷嘴将压缩空气注入。压缩空气围绕或者覆盖水泥浆，减少摩擦并限制水泥浆流，使得土层侵蚀更有效，并且可以喷射更远的距离。

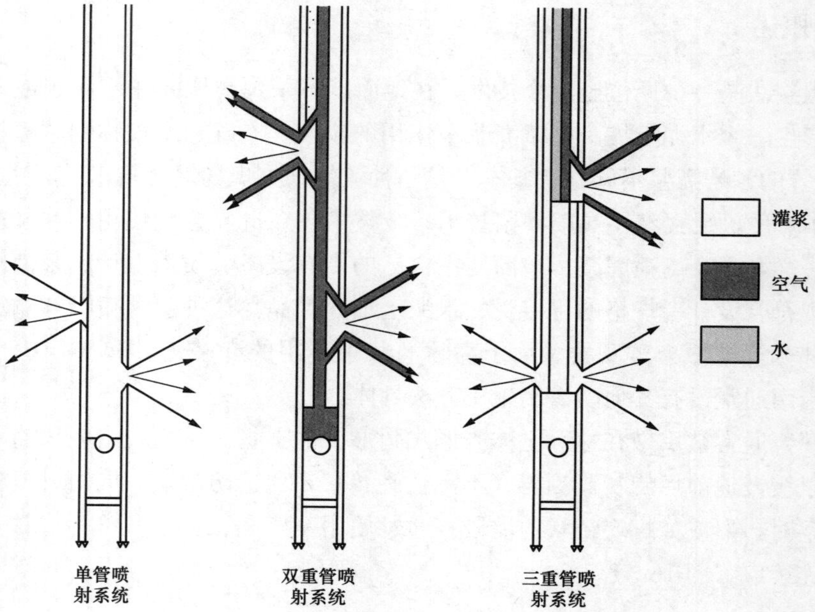

图 16.12.1-2　普通高喷灌浆系统示意图

三重管高喷灌浆系统使用水泥浆、空气和水来构建水泥土固结体。通常情况下，在三重管灌浆系统的监测器上，高压喷水嘴位于喷射水泥的喷嘴垂直上方，被同心高压喷气嘴包围。由于高喷灌浆从孔的底部向上进行，水/空气喷嘴用于预处理和破坏土基质，以产生空气提升效应，排除大部分土屑。在下部较低的喷嘴注入的水泥浆几乎全部置换桩内的土，并且可以用比通常的单管和双重管系统更低的压力进行喷射。在使用三重管灌浆情况下，聚合物钻孔液与水结合，帮助切屑悬浮并提升至表面。在撰写本文时，对这些聚合物对水泥浆的影响以及它们是否会对其强度产生负面影响已经有一些担忧。在加州 MIAD 高喷试验段的建后评估中提到了这个问题。作为这个问题的结果，以及对 MIAD 下游基础上疏浚矿尾矿中高喷灌浆有效性的考虑，高喷灌浆作为基础改造方案已经被淘汰。在这方面进行了另外的研究，设计人员应当考虑这个因素，并且在提出使用三重管高喷灌浆时了解当前的实践状态。

在高喷灌浆过程中的任何时候，由土、水泥浆、水和空气组成的废弃料通过钻杆和灌浆孔之间的空间流动到地表，在那里被引导进入沟槽，并在重力作用下流入废料坑。在土可能被污染或空间受到限制的地方，可以通过其他方法收集高喷灌浆废弃料，例如将其泵送到临时储存罐中处置。在大多数情况下，废弃料在坑中放置整夜，然后将其开挖并移到合适的处置场所。经过整夜，废弃料发展成半固态，使其易于开挖和与原位土混合或如果有必要，废弃。在许多情况下，水泥土弃料被埋在附近的废料区。然而，在一些情况下，废弃料可以用作回填料。垦务局 Wickiup 坝进行地震修复时，就使用了大量高喷灌浆的废弃料。在废料坑中经过一晚沉淀后，废弃料被运到一料场，在那里被磨碎，并以 1∶1 的比例与粉砂和黏土砂混合，然后用作下游护堤回填料。

由于在高喷灌浆过程中可以注入各种成分和采用不同的喷射压力，以及原位拌和的需要，执行工艺所需的设备数量随着增加每种额外流体（空气、水泥浆和水）而增加。喷嘴的加工和设计都是专有的。双壁管和三壁管分别用于双重管和三重管高喷灌浆，以将流体传输到喷嘴。此外，各种高压流体的使用要求设备能够提供高压以及具有高度安全性并防止故障。尽管不同流体由于各自特点、土的类型、高喷灌浆系统和桩直径的不同喷射压力相差很大，表 16.12.1-1 列出了一般范围，可作为指南；然而它不应被认为是绝对的。每个高喷灌浆承包商根据经验、现场具体情况和客户对成品的要求，设置自己的喷射压力。

表 16.12.1-1　　用于高喷灌浆的一般流体压力

高喷灌浆系统	不同流体成分的喷射压力（lb/in^2）		
	空气	水泥浆	水
单管	不适用	4000～10 000	不适用
双重管	100～200	4000～10 000	不适用
三重管	100～200	700～1500	4000～10 000

设计人员应当注意到一个关键问题是，在地面附近进行高喷灌浆的局限性。如果高压喷射离地面太近，由于高喷射压力和对附近人员的威胁，这种施工方法不能从防渗墙的底部到地面进行。该方法对封闭的透水区和地表以下深处都能很好地工作。如果防渗墙需要延伸到地面，设计人员需要将其他构筑部件并入到靠近地面的防渗墙上部。事实上，高喷灌浆法已经应用于许多项目。

高喷灌浆的另一个考虑因素是防渗墙的深度。因为高喷灌浆在钻杆的末端进行，可以达到的深度是显著的。然而，在较深处的侧限应力将会影响特定设计几何形状所需的高喷灌浆参数。高喷灌浆已经成功应用于超过 100ft 的深度，因此，它有可能适用于许多场址。

16.12.2　设计

由于高喷灌浆设备和灌浆参数的专有性质，在大多数情况下，设计人员（或业主）将主要确定所需的几何形状，包括宽度、长度和深度，以及完成后渗透性和/或强度性能。为了全面了解土的性质和地下水条件，对高喷灌浆土进行足够的现场勘探、取样、实验室试验也至关重要，包括：高喷灌浆区内横向和纵向土的类型变化，以及超径颗粒诸如砾石、鹅卵石和巨石的存在。大于砾石尺寸的岩石可能会产生遮蔽效应，阻止浆液流过颗粒物。如果墙体要楔入不透水层，例如黏土或岩石，不透水区的物理性质应当被确定，包括等级、塑性、密度和剪切强度。如果防渗墙要楔入基岩，则要确定岩石类型、硬度、风化剖面和表面高程剖面等重要特性。

在确定了这些参数之后，通常由高喷灌浆承包商选择最合适的灌浆方法，并设计灌浆参数，以达到设计要求的防渗墙尺寸、均匀性和物理性能。高喷灌浆承包商将确定最合适的混合料水灰比，并确定喷射参数，包括喷射压力、水灰比、流速、喷射体积（包括空气在内的所有流体）、监测器转速、监测器提升速率和预计的桩直径、实现重叠所需的间距。承包商选择的参数将基于其经验和设备。

（1）试验段。灌浆试验段几乎是所有防渗墙设计的重要组成部分，所以每次都应当考虑。如果没有试验段，设计人员会冒损失时间及金钱的风险。高喷灌浆效果对于土的塑性、密度以及鹅卵石和巨石的存在等地下土的某些变化可能是敏感的。因此，获得均一的、不透水的防渗墙在很大程度上取决于承包商的经验。然而，承包商将评价执行试验段的能力，并了解现场特定条件和高喷灌浆的挑战，包括评估不同的水灰比和喷射参数。试验段可用于评估不同的桩距、提升速度、旋转速度和喷射压力，以确定最有效的几何形状和喷射参数，在开始工作之前进行调整。试验段还容许客户花时间对水泥土固结体钻孔取芯，并评估与特定目标性能和几何尺寸相关的喷射参数的有效性。在试验段灌浆期间，从流动的废弃料中收集湿样，也提供了形成新鲜水泥土固结体试件的第一次机会，用于养护和试验。

如前所述，在原位水泥土固结体进行取芯将被作为最低要求，用于评价处理的有效性。自地表水泥土桩取芯要等到水泥土凝固以及无侧限抗压强度（UCS）达到约 50lb/in^2 时才能进行，以保证芯样质量良好。除了取芯之外，一些试验段已经使用三维地下地震层析成像技术开发地下灌浆的三维图像。这种方法在垦务局 Wickiup 坝使用时效果有限，但这个信息是有用的。该方法还要求在该区域周围的套管钻孔中进行跨孔剪切波测量和引入地震源。测量穿过土和穿过由高喷灌浆形成的水泥土结构的剪切波。S 波的速度取决于材料的流变性（密度和弹性），这些数据理论上可用于构建地下水泥土构件的三维图像。如果使用这种方法，设计人员需要与执行操作的物探工程师密切合作，以便在正确的位置设置辅助钻孔。在一些高喷灌浆试验段，水泥土桩位于试验区内，容许围绕桩进行开挖以暴露它们。这是评估高喷灌浆的最佳方法之一，因为可以直接观察水泥土固结体的几何形状和直接在原位桩取样。为了观察横截面，也可以开挖或切割水泥土桩，以便查看其横截面，从而提供良好的目测和有效性验证。客户与高喷灌浆承包商之间的良好合作关系在试验阶段非常重要。它为客户提供了一个机会，分享从试验段勘察获得的信息，并与承包商合作，对高喷灌浆参数和/或水泥土桩布置的结构尺寸进行必要的调整。

试验段可以确定高喷灌浆在给定场地是否可行，并提供在施工开始之前调整参数的机会，从而降低了成本超支或进度延迟的风险。

（2）强度。高喷灌浆过程产生的原位水泥土固结体的强度取决于多种因素，包括土的类型、单位土体中水泥用量（水/水泥比、提升速率和旋转速度）、水灰比、火山灰替代品、监测器和喷嘴设计，以及土壤基质中颗粒的大小。采用的合适的土、水和拌和条件强度，可以达到类似于混凝土的无侧限抗压强度（UCS）。由于水泥浆和混合土部分或接近完全置换基土，所以与其他一些形式的原位拌和物相比，高喷灌浆方法可使其实现更高的强度。用高喷灌浆可实现的原位无侧限抗压强度（UCS）范围非常广，而且通过添加常用的火山灰代用品，如磨碎的高炉矿渣，可以对其强度施加影响。垦务局在俄勒冈州的 Wickiup 坝上，通过使用双重管高喷灌浆系统对基础进行抗震加固，在非塑性粉质材料中形成了大块水泥土固结体。这项工作在坝下游距地面 90ft 或更深处起至地表以下约 20ft 的地方。指定的 28 天强度目标 UCS 为 200lb/in^2，从原位水泥土桩提取的岩芯强度的28天UCS平均约为$600lb/in^2$。这些强度是从使用1.15∶1～1.25∶1不同的水-水泥浆得到的。在这些特定的土中，使用承包商的专有双流体系统，桩直径15～16ft。然而，设计人员必须牢记，在任何给定的地点达到的强度和桩的几何尺寸将取决于许多其他因素（如上所述），而不仅仅是灌入水泥浆的水灰比。

高喷灌浆形成的水泥土固结体的模量值也有很大差异。虽然膨润土在高喷灌浆中不常用，但是有些应用中将其作为高喷灌浆拌和物的一部分。类似于对其他水泥拌和物的影响，使用膨润土倾向于降低模量值并增加破坏时的应变。高喷灌浆的一些研究已经建立了高喷灌浆水泥土固结体UCS与割线模量之间的经验关系。虽然数据分散，但总体趋势是割线模量随UCS增加而增加，这种变化关系取决于土的类型（黏土或砂）和水灰比。

（3）渗透性。高喷灌浆产生的水泥土固结体的原位渗透率可能非常低。然而，如果不建造试验段来评价不同的水灰比和喷射参数，很难预测渗透率。不同于其他防渗墙回填料的原位渗透率可以用实验室拌和样品试验合理估计，而高喷灌浆渗透率必须通过现场芯样的实验室试验来估计，以获得最佳结果。这是由于在拌和之前难以预测混合物组成成分在实际水泥土固结体中的最终比例。

16.12.3 可施工性

高喷灌浆防渗墙已成功安装在世界许多地区，已被证明是项可靠的技术。然而，他们作为填筑坝的防渗墙用途非常有限，主要原因是对在已建填筑坝和/或基础内使用高喷灌浆存在担忧，使用高压流体和/或空气存在发生开裂的可能性。在考虑新建填筑坝基础内防渗方案时，其他类型的防渗方案由于更容易质量保证（并且成本可能更低）及有关长期历史性能或可靠性的数据，也可能更为可取。

与高喷灌浆相关的一个主要施工问题是确保桩直径的均匀性。当考虑使用高喷灌浆作为填筑坝基础防渗墙时，防渗墙很可能建造在冲积层或河湖相土层内。土层通常是异质的，在湖泊沉积物的情况下，可能含有各种硬度的水平层。在整个桩的高喷灌浆中监视器通常使用恒定的提升速率和旋转速度。因此，当通过土层时，距离监视器的有效侵蚀半径将随材料硬度、塑性以及颗粒粗细而变化。随着喷嘴垂直向上移动，这些会导致缩颈和桩直径的不均匀。为了实现防渗墙每个桩的重叠，各高喷灌浆桩的中心距离必须谨慎地设计（基于特定的系统和基础条件预计可达到的桩直径），以确保每个桩和两侧相邻桩重叠。否则，出现防渗墙缺口的风险就会增加。只要能够识别这些未灌浆缺口，可以通过局部灌浆补救。风险在于质量保证中钻孔取芯不足以识别每一个缺口。通常情况下，密度大的土层或引起缩颈的高塑性土层，并不是高喷灌浆的关键土层。在这种情况下，出现一些缩颈桩和/或相邻桩不重叠是可以接受的。Wickiup坝是存在非常致密淤积层的实例，它夹在松散的硅藻土之间。在致密的淤积层预测并观察到缩颈，但由于该区已经是致密状态，不需要修复。设计人员必须意识到这种情况可能发生并做出相应的计划。

一个成功的高喷灌浆防渗墙建造主要取决于连续性和均匀性，以实现渗流减少。对于确保由该技术创建的水泥土桩是连续的、均匀的和重叠的，质量控制是关键。基于高喷灌浆试验段的结果，可以确定桩间距和随后成品桩的最小重叠距。然后通过测量在现场打桩标注每个桩的中心位置。通过使用安装在钻杆和支架上的仪器设备，可在现场验证每个桩的垂直偏差。作为截渗性防渗墙，这种方法在无黏性土、细粉砂、砂土、夹有少量或几乎没有卵石和巨石的砾质土中效果最好。在粗粒土中进行高喷灌浆是可行的，但是随着粒径的增加也会带来更多的问题，由于卵石和巨砾的“遮蔽”影响，以及如果高渗透层出现大量渗漏则存在地下水冲走浆液的可能性。考虑在含有卵石和巨石的粗粒土中使用高喷灌浆时，其有限的使用成功率可能是一个负面因素。粗粒土可能是造成与渗漏相关的失效模式风险的重要因素，而高喷灌浆也不能为减少风险提供信心。

根据设备的类型和喷射参数，高喷灌浆设备能够键入密实的土层、黏土、软岩和风化岩石而创建一个完全贯穿透水层的防渗墙。在这些材料中，不能实现全直径，并且将发生相当大的缩颈（即桩直径减小）。高喷灌浆的一个主要优点是可以处理孤立透水区，从而减少浪费和总成本。

高喷灌浆防渗墙通常使用一序、二序、三序或更多的喷浆模式（例如，在一个定义模式内跨越相邻的桩），以避免在邻近一个新完成的桩附近喷射另一个水泥土桩时，冲蚀新完成的桩。图 16.12.1-1 示出了使用一序和二序施工次序建造圆状的线型高喷灌浆防渗墙。施工次序取决于预计的水泥土固结强度，应当由高喷灌浆承包商负责。

高喷灌浆防渗墙施工的质量保证/质量控制（QA/QC）主要依靠钻孔取芯来验证连续性、均匀性，并获得实验室强度和渗透性试验所需的试样。在喷射期间，对钻杆周围地面流动的废弃料采取湿抓的方法收集样品，通常是首次从试验室获得水泥土固结体性质实际数据的机会。这些将不会提供原位水泥土固结体连续性和均匀性的有关数据，因此必须进行连续钻孔取芯。

高喷灌浆要考虑的第二个问题是灌浆过程中引起的地表扰动和污染。灌浆完成后，必须将该区域完全剥离，清除所有受污染和受扰动的材料。如果要施工上覆的填筑坝或结构物，则基础表面必须根据具体的结构要求进行处理。参见第 3 章“基础表面处理”。

如果需要一个从深处到地表的全面渗流隔断，或者所需的整个防渗墙的深度超过普通开挖设备能达到的深度，设计人员可以考虑使用另一种防渗墙方法与高喷灌浆相结合来创建复合防渗墙。施工顺序成为一个因素。在这种情况下，高喷灌浆防渗措施可从底部向上首先施工，直到达到地面以下给定深度，并且完成验证；然后，可以从地面到高喷灌浆水泥土防渗墙的顶部构建第二种防渗墙。对于上部分防渗墙，本章引用的大多数防渗墙方法都是可行的选择方案。确定一种组合防渗墙是否经济，需要通过设计评估和成本估算来确定。

16.12.4 合同签署和提交资料

高喷灌浆与其他专业工作一样，签署合同只能通过采购谈判程序进行，容许在合同被授予之前提交技术要求供审查。此外，强烈建议修建试验段，而且应当被视为强制性的，除非工程很小。设计人员应当设计高喷灌浆防渗墙的几何形状和原位水泥土固结体所需的物理特性。通过对高喷灌浆技术文献和以前完成的高喷灌浆项目进行全面的审核，可以为设计人员提供一个总体思路，诸如桩的直径、水泥含量、强度、废弃物体积和渗透性。试验段合同应规定最终防渗墙的几何形状和性能，并容许承包商提出计划使用的设备类型、间距和灌浆参数。容许间距、灌浆参数、浆液配比等变化是有益的，它可以评估这些变量的不同组合。这将提供更多的信息来微调这些变量，以便确定最有效的喷射参数和桩的几何形状组合，以实现项目目标。在整个施工工作定型以前，试验段需要时间来评估和研究成果。试验段合同应始终作为单独的合同签订，不得与施工工作挂钩。这将增加试验段的成本，但是如果所需的最终产品有缺陷或无法建造的，则容许设计人员最大限度地调整方法或取消高喷灌浆方案。

质量保证和质量控制可在试验段施工期间进行监测，通常包括观察承包商的钻孔、高喷灌浆和废物处理程序。在地表以下，通常需要钻孔才能评估原位水泥土固结体的质量。在某些情况下，可以开挖高喷灌浆桩，使桩暴露出来以便进行观察和试验。单独进行钻孔取芯，高质量的取芯至关重要。此外，设计人员应当认识到，即使取芯质量高，对水泥土固结体的混合、均匀性和原位性能的总体评估总是有主观性的。

试验段和施工合同都需要一份完整的提交资料清单。水泥材料和火山灰替代品的提交资料可参见第16.6.1节“水泥-膨润土和土-水泥-膨润土防渗墙的提交资料要求”。建议提交的资料要包括在高喷灌浆合同中，并应当至少包括以下内容：

（1）资格：

1）高喷灌浆现场监理发简历。

2）类似规模和复杂性项目的工作经历。

（2）高喷灌浆防渗墙计划：

1）施工顺序横道图。

2）高喷灌浆方法：

a. 工厂、设备、高喷灌浆系统、喷嘴几何形状和材料描述（即水泥浆、水、空气和添加剂）。

b. 浆液拌和和喷射设备的布置和定位。

c. 计划钻探设备和方法（如需要，应包括适合穿过现场难度较大材料）。

d. 灌浆配比设计、材料来源和表明符合规格的材料数据。

e. 桩施工顺序、布置模式和进度。

f. 预计的桩直径和间距。

g. 水泥交付、仓储和处理计划。

h. 高喷灌浆废弃物管理计划。

3）高喷灌浆记录：

承包商应当提出获得高喷灌浆记录和提供审查的程序和方法。这些记录是通过自动数据采集设备提供的，并且应按不超过0.2ft桩间隔提供，内容包括：

a. 每根桩使用的所有设备识别。

b. 时间和日期。

c. 深度。

d. 喷射水泥浆的密度。

e. 浆的累积喷射量。

f. 灌浆压力。

g. 灌浆速度。

h. 空气注射压力和速度（如果使用双相系统）。

i. 注水压力和速度（如果使用三项系统）。

j. 提升速度和转速。

k. 每个孔钻孔时间。

l. 每个桩总灌浆时间和总体积。

m. 每个桩注入水泥总重量。

n. 每个桩的顶部和底部高程。

o. 每个桩废弃物回收量估算。

16.13 防渗墙的监测仪器

防渗墙安装观测仪器的需求将有很大差异。首先位于墙上游和下游的水压力计可能会提供关于防渗墙效果的最佳信息。墙下游的监测仪器应当有水压力计，不用水压力计尖端测头应分别埋入基岩、透水性基础材料（如冲积层）和上覆的填筑坝体。如果由于渗漏造成的下游水位比预期高，则应对地质资料、钻探记录以及各处的监测仪器进行彻底检查，可以帮助确定问题是产生在防渗墙接头处、还是有基岩裂隙穿过墙下。可以安装测斜仪和沉降计监测防渗墙上的变形。监测仪器对于评估防渗墙的总体性能至关重要，但是仪器的类型和布置密度将取决于经费、设计需求以及其他很多因素，这里不详细引述。然而，在设计过程中，设计人员与设计团队应该预测和计划足够的监测仪器来评估性能。有关监测仪器仪的一般指导可参见第 11 章“仪器与监测”。

16.14 结语

本章旨在协助设计人员在为填筑坝和/或其基础选择渗流截断型式时提供一个总体指导，囊括了业界普遍采用在填筑坝和其他岩土结构领域的大多数防渗墙类型。为了帮助设计人员选择技术有效、经济合理的优化方案，尽可能多地提供了每个防渗墙类型和施工方法的优点和缺点。本标准并不是指导设计人员一步一步完成设计过程的设计手册。每个防渗墙的场地和应用都是独一无二的，设计人员必须确保完成足够的地质/岩土和实验室勘察试验，以编制出良好的设计方案。另外，用于建造防渗墙的设备也在不断发展、改进和改变，设计人员有责任了解最先进的技术变革和技术改进。在许多情况下，本章中包含的参考资料以及垦务局过去的防渗墙设计和技术规范都可以为设计人员带来更多益处。与使用特定方法的其他设计人员、专家、顾问和承包商的沟通也可以提供有用的信息。

16.15 参考文献 （略）

16.16 术语表

生物聚合物流体	在生物系统中形成的一种高分子物质（如蛋白质或多聚糖）或结合防膨剂、生物降解抑制剂和 pH 增强剂形成的合成纤维素衍生物。当生物聚合物与水混合时，能够增加水的黏度，可用作沟槽开挖护壁用泥浆
矿渣	通过炉渣淬火产生的一种玻璃状颗粒物（制造钢铁的副产品），从鼓风炉到水或蒸汽中，然后将其干燥并研磨成细粉
羧甲基纤维素（CMC）	羧甲基纤维素中的氯化钠，来自纤维素（植物细胞壁的主要成分），并沿着纤维素链引入羧甲基使其水溶，使分子水化成为可能。可用作黏度调节剂
胶质悬浮液	黏土颗粒（通常为膨润土），均匀分散在水中
防渗墙	坝堤岸或基础内形成的渗漏屏障
深层土搅拌（DSM）	参见深层土搅拌防渗墙
除砂设备	使用水力旋流器从泥浆流中分离砂子和淤泥的固体控制设备
絮凝	胶体通过接触和电吸引形成较大尺寸的团簇或絮体的过程，但不会从悬浮液中析出
粉煤灰	煤燃烧过程中产生的飞灰，其中含有大量的二氧化硅（SiO_2）和氧化钙（CaO）
高压灌浆	地下原位土改性方法，水泥浆、空气和/或水在高压下通过旋转钻杆（监测器）被注入地下，以便混合、改性或替代现有的土层并创建一个土-水泥构成体
木质素磺酸盐	水溶性聚合物，是生产木浆的副产品
火山灰	一种硅质和/或含有铝质的材料，本身具有很少或不具有胶结价值，但以细分散形式在水中与氢氧化钙发生化学反应，形成具有凝胶性质的化合物
咬合桩	紧密排列的钻孔桩，其施工顺序包括一序桩之间的中心间距小于桩的两个直径，然后填充二期桩并与每个一序 v 桩交叉重叠，形成一个连续的垂直屏障
泥浆	一种稀的液体混合物，特别指水的混合物，其中包括几种细碎物质如黏土、水泥或专有有机和无机物质中任何一种悬浮物
土拌和墙（SMW）	原位拌和的垂直墙，一般情况下指在原位土中注入水泥浆。通常通过安装在多重螺旋钻杆或旋转刀轮系统内的喷嘴进行

美国内政部垦务局设计标准

填筑坝 Embankment Dams

第17章 水泥土护坡

2013 年 8月修订

目　　录

17.1 简介

17.1.1 目的

本标准的目的是将现行选择、设计和规范填筑坝或堤的上游水泥土护坡的指导原则汇编成文件，以提供使用指南。水泥土护坡是一种土、水泥和水拌和物，碾压后均匀、密实，用以代替抛石护坡。与抛石护坡相比，水泥土护坡在垦务局几个工程中已经被证明是耐久、安全和经济的方案。垦务局第一次使用水泥土护坡是在 1951 年修建的 Bonny 水库试验坝段，目前已经在垦务局设计的多座填筑坝上考虑或使用，如表 17.1.1-1 所示。

17.1.2 范围

本标准主要是针对如第 17.5.3 节“铺筑方式”所描述的台阶式和贴坡式施工的水泥土结构，其目的在于保护填筑坝的上游面承受风浪引起的冲刷，并免受冰与漂浮物的损害。这些指南以过去的工作经验和当前的研究成果为依据，构成水泥土护坡选择、设计与技术规范的基础。

除保护坝面，水泥土已经用来保护上游区域，防止波浪冲刷与地表径流冲刷。这些区域包括水库库岸和渠道衬砌，这些部位一般采用平行于边坡铺筑薄层水泥土护坡的贴坡法，而不用台阶法施工。在 Merritt 坝、Palmetto Bend 坝、Choke Canyon 坝和 Virginia Smith 坝，以及 Warren H. Brock 坝上，都采用了贴坡法，本章对此法提出一些指导性原则。

17.1.3 与本标准不一致的情况（略）

17.1.4 本标准的修订（略）

17.1.5 适用性

本标准适用于填筑体结构的水泥土护坡设计，包括新建和已建的大坝。

17.2 设计总则

17.2.1 概述

在大坝任何部件设计中，安全和经济是应考虑的两个主要的设计因素。这两点是所有上游护坡设计方法必须遵循的准则。

17.2.2 经济与安全因素

从历史上看，抛石一直是用得最广泛的上游护坡材料。在许多坝址处多年良好的工作性能以及施工费用的比较表明，抛石护坡是一种安全且通常也是最经济的选择。但是，

表 17.1.1-1　　　　垦务局采用水泥土项目的统计

部　位	施工日期	推荐或规定的水泥含量，占干土重的百分比（%）	满足 Bonny 坝要求（注 1）所需的水泥含量（%），除非另有标明				施工中采用的水泥含量（%）	土料 %，细粒	上游坡度（$H:V$）	距石料距离	距土料距离	备　注
			干-湿	冻融	7 天强度	28 天强度						
Bonny 试验段（靠近科罗拉多州伯灵顿）												
A类（较细）	1951 年	10.4	9	10.4	<8	8	10.4	22～35	2∶1	250mil		
B类（较粗）	1951 年	8.1	<8	8.1	8.1	8.1	8.1	12～22	2∶1	250mil		
Merritt 坝（靠近内布拉斯加州瓦伦丁）			测试数据不可靠				14	平均 18		>100mil		大量松散；施工控制试验结果显示，强度极高 - 7 天 1400psi，28 天 1800psi
原施工	1964 年	14							4∶1			
右坝重建	1968 年	14	测试数据不可靠						10∶1	>100mil		重建部位上层"隆起"
Cheney 坝（靠近堪萨斯州威奇托）	1964 年	12	8.5	<8	12	11.5	平均 12.5		2.5∶1，3∶1			平均层厚 9in（范围为 5～11in）；迄今为止仅面层出现破坏；未规定 Bonny 标准加 2%水泥含量
Lubbock 调节水库（靠近德克萨斯州 Lubbock）	1966 年	12 用于边坡；7 用于底部	9.5	7.6	8.5	8						
Glen Elder 坝（靠近堪萨斯州 Glen Elder）	1967～1968 年	12	9	<8	10.2	9.6		10～25	2.5∶1，4∶1			测试段采用 8in 层，仅使用轮胎压路机压实
Downs 堤坝（靠近堪萨斯州 Glen Elder）	1967 年	12	<8	<8	9.2	10		10～25	2.5∶1			
Cawker 市堤坝（靠近堪萨斯州 Glen Elder）	1968 年	12	<8	<8	9.2	10		10～25	2.5∶1			
Starvation 坝（靠近犹他州杜谢恩）	1969 年	12	<10	<10	13	13			2.5∶1			最终水泥土报告（日期 5/7/1970）未找到
Little Panoche Creek 蓄洪坝（加利福尼亚州洛斯邦诺斯）	（注 2）	6.3	<6	<6.3	平均 6.3	平均 6.3			2.25∶1，2.5∶1			未建造
Red Bluff 水库（靠近加利福尼亚州雷德布拉夫）	（注 2）	9	<5.5	<6	7	7.6			2∶1，3∶1			未建造
Conconully 坝（靠近华盛顿州奥卡诺根）	（注 2）	13	<9	<9	13.5	13.4			2.5∶1			未建造

续表

部位	施工日期	推荐或规定的水泥含量，占干土重的百分比（%）	满足 Bonny 坝要求（注 1）所需的水泥含量（%），除非另有标明				施工中采用的水泥含量（%）	土料%，细粒	上游边坡（$H:V$）	距石料距离	距土料距离	备注
			干-湿	冻融	7 天强度	28 天强度						
Cutter 坝（靠近新墨西哥州法明顿）	1972 年	8				平均记录芯样=920psi	8～9.7；平均 8.6	平均 24	2.5∶1			
Palmetto Bend 坝（靠近德克萨斯州埃德纳）	1979～1980 年	12	<6	<6	10	10			3∶1			
McPhee 坝（靠近科罗拉多州多洛雷斯）	（注 2）	12	<8	<8	8.7	8.8			大坝 2.5∶1 堤岸 3∶1	50mil		建议使用粉煤灰；骨料由破碎的达科他州砂岩构成
Choke Canyon 坝（靠近德克萨斯州三河城）	1980～1982 年	12	<8	<9.5	<8	9	12～10.5		3∶1			
Virginia Smith 坝（靠近内布拉斯加州布韦尔）	1983～1985 年	11	<8	<8	<8	<8	11	7～20	3∶1	170mil	3mil	
Ute 坝加高（靠近新墨西哥州洛根）	1984 年	9	类似于原施工，规定水泥含量 7%				8.6～13.2；平均 9.1	平均 11	2.3∶1		1/4mil	
Monument Creek 坝（科罗拉多州）	（注 2）	12	与拟用于 McPhee 大坝的相同							75mil	现场	未建造
Jackson Lake 坝（靠近怀俄明州杰克逊镇）	1988 年	5～9	<8	<8	<8	<8	9	平均 7	3∶1	>100mil	1mil	称作"粗水泥土"，基本上是压路机压实的细料混凝土（但不是粉煤灰）
Davis Creek 坝（靠近内布拉斯加州北卢普）	1990 年	10	<8	<8	<8	<8	10	7～20	3.5∶1，1∶1	170mil	20mil	
Warren H. Brock 水库（靠近加利福尼亚州埃尔森特罗）	2010 年	14	<12	未测试	12	12	15.8	15～40	3∶1		现场	
Deer Flat 坝（靠近爱达荷州南帕）	1990 年	<10	<10	<10	<10	<10	平均 8.6	1～6	3∶1			水泥土中使用的土料商业采购获得

注 1：Bonny 水库标准：干湿耐久性测试中最大损失为 6%；冻融耐久性测试中最大损失为 8%；最低 7 天强度为 600lb/ft^2；最低 28 天强度为 875lb/ft^2。

注 2：可行性或技术条款设计中考虑了水泥土，但未建造。

有些场合，在经济的运距范围之内缺少质量合适的石料。在这种情况下，水泥土可能是较经济的选择。

首次试验性采用水泥土作为护坡是在1951年，由垦务局在科罗拉多州东部的Bonny水库建造了一个试验段。垦务局沿着Bonny水库一部分建造了一个阶梯斜坡面，以评估在严酷气候条件和波浪作用影响下水泥土的耐久性。图17.2.2-1显示部分水库试验段。水泥土采用阶梯法进行铺筑，厚度为6in，水平宽度为8ft。

图17.2.2-1　科罗拉多州Bonny水库的水泥土试验段

Bonny水库试验段的性能观察期长达10年。在此期间，试验段平均每年经历逾100次冻融周期及高度超过8ft的风成波。鉴于当地缺少可用的抛石来源，并且Bonny水库试验段的性能良好，才选用水泥土作为Merritt坝的上游护坡（1963年竣工）。自1960年以来，已经在诸多垦务局大坝及非垦务局（公用坝和私营坝）设计和建造的大坝修建了水泥土护坡。

堪萨斯州Cheney坝的水泥土护坡在恶劣天气里受到损坏。1964年，在大坝施工过程中，使用台阶式铺筑方法将水泥土铺筑在2.5H∶1V和3H∶1V的上游坝坡上，台阶宽8ft。1971年3月发生了持续3天的风暴，风速达到57mil/h，阵风风速高达82mil/h。据报道，波浪高达7～9ft。相关损坏在1971年秋天得以修缮。多年后Cheney坝的水泥土又出现了其他劣化，因此在1981年和2000年再次对其进行了维修。图17.2.2-2展示了在1999年10月观察到的部分受损的水泥土护坡。大部分损坏是沿着正常水库水位高程发生的。从图17.2.2-2中的人物后方可看到先前进行的维修工程。

图17.2.2-3和图17.2.2-4示出，通过在毁坏的水泥土护坡上填筑混凝土来完成维修工作。图17.2.2-3显示Cheney坝上游边坡上高于正常水库水位的混凝土修补（朝向左坝肩方向）。图17.2.2-4是上游坝坡上混凝土修补的特写镜头（朝向右坝肩方向）。这些照片是在2007年综合设施评估检查过程中拍摄的。

由于冰荷载和波浪作用，内布拉斯加州Merritt坝的上游水泥土护坡出现恶化，需

图 17.2.2-2　堪萨斯州 Cheney 坝上游边坡上受损的水泥土护坡

图 17.2.2-3　堪萨斯州 Cheney 坝的上游水泥土护坡和修补混凝土

图 17.2.2-4　堪萨斯州 Cheney 坝水泥土护坡混凝土修补近照

要所属灌区进行持续维护。多年以来，此水泥土护坡经过了多次维修（或修补）。在冬季水库水面高程的区域，恶化情况最为严重。图 17.2.2-5 和图 17.2.2-6 所示为在 2008 综合设施评估检查过程中观察到的水泥土护坡状况。图 17.2.2-5 显示了部分混凝土维修。在上游 4H：1V 边坡上，采用台阶式铺筑方法施工，层厚 6in（压实厚度）。压实的水泥土层的水平宽度为 8～10ft。只要水泥土护坡在必要时得到持续维护和维修，就能够发挥预期作用。

尽管有一些损坏和需要维修，但据信在 Cheney 坝和 Merritt 坝铺筑水泥土护坡需要的前期施工、运营和维护总成本仍大幅低于在类似大坝填筑抛石护坡的相关成本。

图 17.2.2-5 内布拉斯加州 Merritt 坝上游护坡典型状况

图 17.2.2-6 内布拉斯加州 Merritt 坝水泥土护坡的部分混凝土修补

水泥土护坡会出现横向裂缝，并可能从坡顶延伸至坡底。除非这些裂缝特别宽，并随着时间而恶化或连通，否则不会对护坡造成损坏。通常情况下，裂缝可用较小粒径或风积材料予以填补。裂缝的好处是可以释放产生的水压力。然而，也应格外注意裂缝表面，以确保随着时间流逝，波浪不会冲刷到基础材料。

17.2.3 小结

为编制并且实施安全而经济的水泥土护坡设计，必须考虑许多的特定因素。在给定的坝址处选用水泥土作为上游护坡是否恰当，主要取决于抛石所需合适石料的可获取性与水泥土所需合适土料的可获取性二者的比较。如果水泥土护坡所需的材料是合适的，得当的水泥土设计包含两项主要任务：第一是制订详尽的野外现场勘察与室内试验计划，以便确定所需的水泥用量和可用土的级配，第二是确定护坡的实际尺寸和形状。新的水泥土护坡设计，在很大程度上依据的是 Bonny 水库试验段的设计与施工，以及其后对水泥土设计所做的改进。适宜的水泥土护坡技术规范与施工，同样是根据以往的经验推导出来的。对于最近的规范和施工经验应当进行审查，以便能够将最新知识吸收到后续的规范中。

17.3 水泥土方案的选用

17.3.1 概述

在垦务局《小坝设计》列举的一些实例中，填筑坝上游护坡的抛石运距在 100mil 以上。在这些实例中，抛石护坡的施工早于 1951 年施工的 Bonny 坝。对于 Bonny 坝，合适的抛石护坡用石块的运距超过 250mil。依据现在的水泥土护坡经验，一些填筑坝采用水泥土护坡会更为经济。

17.3.2 规划考虑与导则

一般来说，当石料场的距离很远时，水泥土护坡在造价上便可与抛石护坡竞争。《土工手册》一书建议，若距离适用石料的料场超过大约 20mi 时，应将水泥土考虑为一种可选用的护坡方案。

水泥土技术原本是垦务局作为平原各州境内工程代替抛石的一种可能的经济方案加以研究的。但是，即便是在山区，合适的石料场也会运距很远，以致水泥土方案可能更经济。犹他州采用水泥土护坡的 Starvation 坝就属于这种情况。还有 McPhee 坝和处于可行性研究设计的 Monument Creek 坝，也考虑采用水泥土，这两座大坝均位于科罗拉多州西南部。这两座坝水泥土中考虑采用的粉砂料要从 Dakota 砂岩破碎获得。室内试验证实，在水泥用量合理的条件下，水泥土可获得足够的耐久性及强度。另外，如果抛石垫层造价昂贵或需要两层垫层料才能满足抛石和坝体材料之间的级配兼容性，则水泥土可能是更加经济的方案。垦务局其他一些工程的经验表明，水泥土护坡可显著节约费用，包括掺用级配适当的粉砂料以及含有大量砾石的级配适当的材料。

根据所需土的类型和特性，对水泥的要求也有所不同。美国混凝土学会文献指出，水泥用量范围按干土重量可由最低 2%至最高 16%。迄今为止，垦务局大多数工程都要求水泥用量为干土重量的 12%。在内布拉斯加州的 Virginia Smith 坝（以前的 Calamus 坝），通过掺混取自不同料场的粗砂与细沙，极大地降低了水泥费用。室内试验证明，满足强度和耐久性最低要求的水泥用量只需占8%。允许将此量加大到11%，以适应各种不确定因素，诸如恶劣气候、极长的吹程、料场级配变化以及碾压方法。弗吉尼亚史密斯 Virginia Smith 坝所调查的未筛分风积沙（即未经掺混的），考虑不确定性加大之后，水泥用量要求达到14%。而采用掺合土料后，水泥用量减少了3%。

对于新墨西哥州 Ute 坝改建时的延伸护坡，将细砂掺入未筛分的级配不良的砂里，从而获得级配较好的土料。基于实验室试验，其所需的水泥用量确定为大约7%（规定为9%），远低于常用的平均值12%。原 Ute 坝的护坡，采用的不良级配的砂中砾石含量高达25%（砾石最大粒径为3in），所需的水泥用量比较低，是7%。原护坡从来没有经受过严重波浪作用，尽管水泥用量比垦务局正常准则低，仍能够满足要求。这些实例表明，采用掺混土，能够降低水泥用量。

如果当地没有可用的抛石来源，而可获得水泥土所用的土料，需要对将用于水泥土的土料进行补充勘察和实验室试验。应进行成本比较，以确定抛石或水泥土是否明显为最经济的方案。在造价相仿的情况下，可将两种方案作为备选项目列入设计技术规范中，由承包商决定最经济的方案。

为了确保建造出安全又经济的水泥土护坡，还必须考虑成本以外的一些重要设计和施工因素：

(1) 建成后的坝体/地基的沉陷会导致护坡发生有害的裂缝和变形。

(2) 水泥土护坡可能与分散性黏土坝体不相容，除非采用专门的设计措施，而这又会增加造价。刚性护坡会妨碍观测上游面塌坑的发展。

(3) 施工季节长短可能会影响造价。潮湿或寒冷的天气对水泥土的铺筑会有负面影响，但不会影响抛石的铺筑。

(4) 水泥土的平均造价，可因预期的波浪作用的大小而有所增减。在预期波浪作用严重的坝址处，建议增加对结合处理的关注，如第17.5.7节“层间附加结合”所述。在预期波浪作用较弱的坝址处，则有理由减小护坡的厚度及水泥用量。

(5) 设有水泥护坡的填筑坝，可能需要增加坝高（增加安全超高），这是由于在较光滑的表面上的波浪爬高较大，如第17.5.1节“安全超高要求”中所述。

(6) 可以调整填筑坝分区与坝坡，以利用水泥土护坡的不透水性和结构特性。在新墨西哥州 Cutter 坝和内布拉斯加州 Merritt 坝上，防渗区紧邻水泥土护坡，利用该护坡不透水结构的优点。在内布拉斯加州 Davis Creek 坝上，水泥土护坡的结构强度允许将上游坝坡的上部18ft加陡，从而显著减少了坝体方量，降低了造价。

17.4 水泥土混合料设计

17.4.1 概述

水泥土是土、硅酸盐水泥和水经良好压实的混合物。有时，水泥土混合料还可添加火山灰。水泥土混合料的设计，系依据实验室内专门制备的样品得出的试验结果，确定土料级配与水泥用量在某一范围内的耐久性与强度特性。将这些试验结果与 Bonny 水库试验段及其后工程所进行的类似试验结果比较后，确定推荐使用的土料级配与水泥用量。

17.4.2 土料

17.4.2.1 土料级配

几乎所有类型的土，都可以设计出耐久性良好，强度符合要求的水泥土混合料，并建成护坡。通常情况下，在公路建设中，已经成功地使用过的土的类型与级配范围很广。但是，在填筑坝的水泥土护坡中，只有某些类型的土才适用。最适用于水泥土的是粉砂（SM），其具有良好的粒径分布，通过 No. 200 筛的粒径占 15%～25%。除此之外，其他土料也可以使用，但需要混合更多水泥才能满足所需的强度和耐久性要求。

17.4.2.2 垦务局经验

垦务局以往的填筑坝规定使用土，一般是细砂和粉砂，按美国“统一土分类系统”，可划分为 SM 或 SP-SM 的细粉砂。垦务局早期水泥土护坡中，采用的许多典型土，具有以下特征：

最大粒径：1.5in；

No. 4 号筛的最低通过率：85%；

No. 200 号筛的通过率：10%～30%；

塑性很低或非塑性细粒料。

清除粒径大于 1in 的黏土团粒，且小于 1in 的黏土团粒的含量限制为 10%。

但是，指出以下情况是重要的，即最近的几座垦务局工程采用了比较粗的或级配更好的土料。这些工程在施工技术要求中规定了特定的级配限制。室内试验表明，粒径范围广的粉砂，能够以比均匀级配的细粉砂更低的水泥用量，制造出耐久性与强度均适合的水泥土。减少水泥用量而节约的费用，必须等于或超过为节约水泥而进行专门处理的附加费用。经验表明，附加的处理费用能够低于节约的水泥费用。

规定土料级配范围，有助于确保规定的水泥用量将得到具有均匀耐久性与强度的水泥土。必须根据承包商采用的土料掺混方法与土料场级配变化，对级配的稳定性做出判断。为了确保水泥土达到所需的耐久性与强度，可能需要根据一种假设的最差级配，规定偏于保守的水泥用量。

目前，尚未对用于大坝护坡的水泥土采用塑性土（黏土）进行广泛的研究。但是，预计土、水泥和水难以均匀地混合。黏土团粒的存在也不利于水泥土均匀混合。因此，应避免使用塑性土。

17.4.2.2.1 Virginia Smith 坝

Virginia Smith 坝的水泥土混合料设计说明了土料掺混作业如何可以降低水泥费用。在该案例中，将取自料场 D 的较粗砂与料场 A 和 B 的较细粉砂掺混，生产出一种级配更合适的粉砂。要求承包商进行必要的掺混作业，以达到规定的级配范围。通过土料的掺混，设计人员得以将水泥用量减小 3%，达到占干土重的 11%。节约的水泥费用估计约为每立方码水泥土4美元，或整个水泥土工程节约大约70万美元（1985年费用）。土料掺混增加的费用无法确定，但估计远比减小水泥用量而节约的费用少。

一般来说，在指定要进行土料掺混之前，应将处理与监测的附加费用，与使用天然土料时所需多用的水泥费用进行比较。Virginia Smith 坝的经验表明，要混合来自不同料场的土料，需要做大量的工作。需要额外的设备（例如，推土机、装载机、储料斗），视承包商采用的土料掺混方法而定。而且，当来自不同料场的土料分别堆存时，须分别监测每一堆料的级配和含水量的稳定性。将土料加入拌和厂的连续给料搅拌机时，其级配的均匀性和湿度是确保压实后水泥土均匀性的最重要因素。

关于以往工程中所采用的土料掺混方法实际是否达到不同土料的掺混，还有争议。在 Virginia Smith 坝，对掺混的土料借目力观察时，看出级配有间断，尽管级配试验并未显示这一点。这种级配间断，可能是由于掺混不当，也可能是由于搬运和碾压方面偶然因素所致。有几次，为了使细粒料含量达到技术规范规定的限度，又额外添加了粉土。粉土作为细粒料有效地分散到整个土料中，还是比较少的，因为粉土掺混加工后变成很小的粉土团粒。建议设计人员在确定土料掺混之前，考虑这些经济和技术因素。

17.4.2.2.2 Little Panoche Creek 滞洪坝和 Red Bluff 水库

垦务局考虑过采用非粉砂土料修建水泥土护坡。Little Panoche Creek 滞洪坝和 Red Bluff 水库的勘察研究了比较粗的土料。这两个工程的室内试验土料，含有50%的砾石。根据室内耐久性与强度试验的结果，分别提出其水泥用量为6.3%和9%。这两个工程的水泥用量，比一般工程所用的平均12%的水泥用量小得多。在其施工技术要求中，附有抛石护坡和水泥土护坡两种可供选择的投标进度表。尽管低水泥用量具有节约费用的潜力，但这两项工程仍选用了抛石方案。预期粗级配的水泥土难以搅拌和铺筑成均匀层，从而放弃了水泥土而选用抛石护坡方案。应该指出，原来的 Ute 坝护面，用的骨料含有25%的砾石，铺筑方面并没有很大困难。由于近来碾压混凝土技术使拌和方法与施工方法得到改进，含有骨料的水泥土得到广泛应用。设计人员应当考虑在水泥土护坡中采用较粗的骨料（当可获得时）。

17.4.2.2.3 Jackson Lake 坝

最近应用粗骨料水泥土的一个极好实例是怀俄明州 Jackson Lake 坝。Jackson Lake 坝最初于1911年建造。大坝改造工程于20世纪80年代末完成，旨在纠正大坝的抗震安全缺陷。改造工程包括在大坝上游面铺筑水泥土护坡。图17.4.2.2.3-1示出2010年综合设施评估检查过程中所观察到的水泥土护坡状况。

Jackson Lake 坝水泥土所用的土料组成是：通过1.5in 筛孔的颗粒为100%，通过 No.4 号筛的平均50%，通过 No.200 号筛的平均为7%。这种土料类似于碾压混凝土中所用的骨料。水泥土用铺路机铺筑，并用钢筒碾压机碾压。特别关注含水量适当和离析最小，未见任何明显的拌和、铺筑或碾压问题。当铺筑时的含水量大于最优含水量时，这种特殊的拌和料形成一种近乎“流动的”拌和料，使得碾压机具难以在其上行走和压实。因为这种土料相对粗，各个阶段的作业都进行了监测，以确保施工期间所铺筑的是级配良好的混合料。

图 17.4.2.2.3-1 怀俄明州 Jackson Lake 坝的水泥土护坡

17.4.2.2.4 Conconully 坝

曾针对 Conconully 坝改造工程勘察研究了较细的土料。试验土料为含有 95%细料和 5%砂的石粉。根据室内耐久性和强度试验，推荐采用的水泥用量为 13%。室内试验表明，细粒级配料难以使水泥拌和均匀。因为找到了位置合适的石料场，用抛石修建了护坡，这种土料的现场性能未得到确认。

17.4.2.3 土料场

以确保有足够数量的合格土料，土料通常从经过详细勘察的取土区获得。相对较均匀或均质的土料场最为理想。与其他潜在料源相比，如果选择性开挖和加工处理更加可行和经济，也可以使用层状堆积的料场。在堆存过程中，可能需要进行选择性开挖和混合，以提供在级配和水分含量方面尽量均匀、均质的土料。需要使用筛选设备去除超径颗粒，以及去除或降低砂、粉土和黏土聚合体（称作“黏土团粒”，其易形成于含有黏土防渗层的土料场）粒径。

当评价土料场时，还应考虑下列各种因素：

(1) 粒径范围很广的粉砂是级配良好的土料。含有这种天然土料（即无须专门加工处理的土料）的比较远的土料场，比含有级配较差土料的附近土料场可能更经济。盈亏平衡运距是难以确定的。

将附近几处土料场级配较差的土料掺混起来，使其达到可取的级配，可能是经济的。这种方法在 Virginia Smith 坝上用过，也曾用于 Davis Creek 坝。

(2) 对拟定的土料场应加以评估，以确定其形成黏土团粒的可能性。这些掺混物主要是由黏土质细料构成的圆形团粒体，在正常的加工处理过程中不会破碎。碾压过后的填土层在外观上有小斑点或凹凸不平，证明该土层内存在着黏土或粉土团粒。这表明可能存在着耐久性、强度及层间结合力较低的区域，并且会影响护坡作为一个整体的功能。施工期间的观察还表明，黏土团粒往往在填筑层土上留下痕迹。如果在铺筑下一层填土层之前没有仔细彻底地用刮帚清扫该层表面，层间结合度就会下降。在螺旋钻孔土样中，出现约 10%以上的黏土团粒，即使是比较小的黏土团粒，也是施工期间可能出问题的因素。在试验坑或其他取样方法中，黏土团粒可能不太明显。

（3）对拟定的土料场应加以评估，以确定土的酸度。pH 值低于 5.5 可能会对水泥反应产生不利影响。

17.4.3 水泥型号

凡是符合最新版美国材料试验学会（ASTM）、美国国家公路与运输协会或联邦规范的硅酸盐水泥均可使用。Type Ⅰ型或普通硅酸盐水泥最常用，因为水泥土护坡通常不需要其他类硅酸盐水泥的特性。然而，选择用于特定水泥护坡的水泥型号，取决于出现硫酸盐侵蚀和（或）碱性骨料反应的可能性。用于混凝土的指导原则，同样可用于水泥土。

硫酸盐对混凝土的侵蚀影响，已有许多实例，但其对水泥土影响尚未在文献中见到。尽管如此，当可溶性硫酸盐达到有害含量时，预期水泥土护坡也会像混凝土结构那样发生膨胀和破坏。

正如《混凝土手册》中所述，达到有害程度的可溶性硫酸盐可能出现于地下水、拌和水、土骨料及毗邻的土体中。硫酸盐侵蚀能力随着土和水中可溶性硫酸盐浓度的增加而增加。为了抑制其化学反应，应按照《混凝土手册》规定采用抗硫酸盐的水泥。对于受中等程度硫酸盐侵蚀的水泥土，建议使用 Type Ⅱ型水泥；而当预期会受到更为严重的硫酸盐侵蚀时，则宜于采用 Type Ⅴ型水泥。若可溶性硫酸盐含量很少，低于有害的界限值，则应规定采用 Type Ⅱ型水泥，其价格一般与 Type Ⅰ型水泥相同。

水泥土还有可能因碱骨料反应而开裂和变质。这种反应是在水泥里的碱与某些骨料的矿物质成分之间发生的。在受到影响的混凝土中，观测的结果有：随机的裂缝、过度的膨胀和普遍加速的变质。这种反应可以采用低碱性水泥、不受碱性侵蚀的骨料，或掺加某种数量的经过选择的火山灰加以抑制。迄今为止，尚未在已建的任一水泥土护坡上观测到这种反应，这可能是因为所建成的水泥土护坡较传统的混凝土来说，其水泥用量低，且孔隙体积小。

在现场与实验室的试验研究，以及最终设计阶段，均应考虑硫酸盐侵蚀与碱性骨料反应的可能性。应采集当地地下水的水样及拟用的土料场土样，送往垦务局研究与实验服务处进行试验，以确定所需的水泥型号及其他准则。

一些水泥土项目使用火山灰来替代部分水泥。火山灰可包含 F 级和 C 级粉煤灰或矿渣水泥。

17.4.4 水质

来自大部分水源的水（无论是自然水或净化水）都适用于水泥土。但是，在水泥土施工时所用的水，不得含有能使水过分变质的杂质。新近的施工技术要求规定水泥土所用水的水质应与混凝土结构所用水的水质相同。特别是水中不得含有有害含量的有机质、碱、盐和其他杂质，特别是可溶性硫酸盐。水泥技术规范允许可溶性硫酸盐的最大浓度为 3000mg/L，并且如前所述，还要求采用特定型号的水泥。为了证实是否有问题，用高质量水和劣质水制备试件，进行耐久性与强度对比试验。

值得注意的是，在几个工程，包括得克萨斯州的 Barney M. Davis 电站的冷却水池工程，曾成功地采用海水作为拌和水。《混凝土手册》给出了用海水制成合格混凝土的实例，以及其他一些采用氯化钠溶液作拌和水导致强度明显下降的实例。

一般来说，水泥土护坡的技术规范应要求拌和水的质量为适合混凝土结构的水质。关于拌和水中所含有害物质的影响方面的补充资料，载于《混凝土手册》。

17.4.5 实验室试验计划

执行实验室计划，是为了确定水泥土护坡所需的土料级配与水泥用量。本节所列试验计划的内容，不包括为了评估特殊要求，特别是有关硫酸盐侵蚀或碱性骨料反应的可能性而进行的试验。应予指出，试件应尽可能多地代表水泥土护坡预期的各种现场性质。同时，关于土料级配与水泥用量方面的建议，应考虑计算实验室控制性状与预期的现场性状两者之间可能的偏差。

室内试验计划，包括标准化的耐久性试验与强度试验。水泥土护坡，在其整个寿命期内，将承受各种侵蚀力，包括下列重复循环作用：

(1) 以水库水位变动与波浪飞溅形式出现的干湿循环。

(2) 因气温的季节性变化而致的冻融循环。

(3) 因库冰、风及风浪抛掷碎屑而致的磨损。

(4) 因波浪的动力作用使结合不好的水泥土铺层隆起（如同未支撑的悬臂板）。

进行标准化的干湿试验与冻融试验，是为了评价水泥土拌和料在某种范围内的耐久性。在这些试验中，圆柱体试件经 12 个干湿循环或 12 个冻融循环之后，再施加规定的冲刷，求得累计重量损失，从而评价圆柱体试件的耐久性。还要在制备好的圆柱体试件上进行无侧限抗压强度试验。然后将室内耐久性与强度试验所建立的相关关系，与施工控制期间所进行的抗压强度试验相比较，评价水泥土是否达到了足够的耐久性。

标准化的耐久性与强度试验都是在专门制备的试件上进行的。试件的制备包括水泥土圆柱体的均匀拌和、铺筑、压实和养护。所有的试件都要压实至接近或达到最佳含水量和实验室最大干密度，或由设计者选定的实验室最大干密度的某个百分数。

耐久性与强度试验是在针对某一范围的土料级配和水泥用量而制备的圆柱体试件上进行的。典型的试验计划是在一组按估算的水泥用量制备的圆柱体试件上和另外两组分别比估算的水泥用量高和低两个百分点制备的圆柱体试件，进行标准的干湿试验（ASTM D 559)、冻融试验（ASTM D 560）和抗压强度试验（ ASTM D 1633 ）。这套试验可针对土料级配范围内的各具体土料级配重复进行。

具体项目的水泥土设计应当在试验室初步研究中考虑是否需要进行冻融试验。如果项目所在区域不会出现冻结温度，可以不要求进行冻融耐久性试验。但冻融试验可能仍需要进行，以评估水泥土混合料的性能（一般耐久性)。

土料级配也是一个要研究的变量。所有代表性试样，包括最细的、平均的、最粗的，都应当提供给实验室进行试验。在 Virginia Smith 坝之前修建的工程中，一般只对距离最近的土料场的合适土料进行试验，因为当时相信运距是控制因素。但是，现在大量的试验表明，当采用适当级配的粉砂时，由于所需的水泥用量少，而可能节约不少费用。在总费用的组成中，土料级配是与运距同样重要的。针对某一具体工程提出试验与勘探计划时，应考虑这一因素。

根据工程具体情况，可能有必要对全部可能的级配范围进行试验。要试验的级配范围，取决于由类似坝址所取得的经验，也取决于是采用特定土料场取得的未筛分土料，还是采用多个土料场经专门加工处理的土料。将拟建工程的具体情况与以往的类似工程对比，可使采样与实验的费用降至最少。例如，Virginia Smith 所执行的广泛的实验室试验计划，对减少附近的 Davis Creek 坝所需试验工作量就很有用。

关于土样制备与试验具体方法的细节，可自垦务局材料工程和研究实验室得到，并且载于垦务局出版的《土工手册》中。在采样与试验中，一组典型的耐久性与强度试验，采用三种不同水泥用量制备圆柱体试件，土料为天然级配，当在不同掺混比例下试验时，所需土料多达 2000lb（40 袋，每袋 50lb）。

17.4.6 水泥用量与土料级配的选择

17.4.6.1 土料级配

再次强调，粒径范围广的粉砂可以制成耐久性与强度合格的水泥土，其水泥用量低于均匀级配砂的水泥用量。此外，随着碾压混凝土技术的发展，出现了更好的拌和、施工技术和试验方法，含有大量砾石的粗粒土也能够工作良好。水泥用量比较少，或许是费用节省的最佳标志。运距及为了获得特定级配而进行的加工处理，也影响费用，但其影响程度往往比较小。最终选定的级配必将取决于各种土料的可获取性。在施工技术要求中规定土料级配时，应考虑上述这些因素以及在所研究的级配和水泥用量范围内进行的室内耐久性与强度试验结果。

17.4.6.2 水泥用量

规定水泥用量判断依据的是室内耐久性与强度试验结果，以往工程的设计、施工与运行经验，以及与具体坝址允许的风险程度有关的其他一些因素。

对于压实到实验室最大干密度的试件，采用垦务局试验程序最低的耐久性与强度准则（通常称为“ Bonny ”准则）如下：

- 干-湿耐久性——经 12 个循环后，试件的最大重量损失为 6%。
- 冻-融耐久性——经 12 个循环后，试件的最大重量损失为 8%。
- 试件的 7 天最小无侧限抗压强度为 600lb/in^2（试件的长度与直径比为 2∶1）。
- 试件的 28 天最小无侧限抗压强度为 875lb/in^2（试件的长度与直径比为 2∶1）。

请注意，按照 ASTM D 559 制作的试件（4.0×4.584in 试件）的抗压强度的最低要求为 675lb/in^2（7 天）和 1000lb/in^2（28 天）。与 ASTM 试验程序相比，垦务局试验程序的调整产生了不同的试件尺寸，因此，具有不同的长径比。在 Warren H. Brock 水库进行水泥土试验所用的该抗压强度试件按照 ASTM D 559 制作，并依据 ASTM D 1633 进行试验，从而产生更高的规定强度标准。

自从修建 Bonny 水库试验段以来，已经在垦务局的多个挡水建筑物上铺设了水泥土护坡。见表17.1.1-1，研究这些工程的实验室试验报告、设计文件及施工报告，发现规定的水泥用量一般都比满足Bonny准则所需的水泥用量大两个百分点。这种加大水泥用量的目的，据报道是给施工偏差留有裕度，诸如土料级配的变化，土、水泥和水的拌和不均匀，以及有些部位碾压不当。在这些情况下，现场出现两个百分点的偏差是有可能的。

将规定的水泥用量加大到超过最小准则值，还有其他的理由。对某些建筑物来说，可将护坡看成是不透水区的重要组成部分。另一些护坡可认为是保护下部可能冲刷区的关键设施（例如，Virginia Smith坝）。在这些情况下，保持护坡的整体性是至关重要的，而要想达到这一目的，加大水泥用量被视为是最好的方法。

Bonny水库试验段在比较恶劣的气候条件与荷载条件下，成功地运行了六十余年。据估计，该试验段已抵抗了几次大的波浪作用循环，以及多次干湿与冻融循环。但是，现有一些坝址预期要经受更为严重的负荷条件。在这些坝址处，Bonny水库试验段的成功经验只是部分地适用，故加大水泥用量很可能是合理的。这样的场合包括：护坡经受的风成波大于Bonny水库试验段预测的风浪（沿西北方向的吹程约1mil），如Virginia Smith大坝；或者护坡遭遇苛刻的气候，如Jackson Lake和Deer Flat坝。相反，也有一些坝址，它们经受的荷载条件严重程度较小。这样的场合包括：承受不大的波浪作用的护坡（可能是由于吹程较短所致，例如Cutter大坝），或者处于温和气候条件下的护坡。

下文列举设计人员在选定最终水泥用量时必须考虑的几点补充意见：

（1）规定水泥用量高于Bonny准则（最低水泥用量要求与Bonny准则被认为是可以互换的）两个百分点的常规做法，在许多场合中可能是过于保守的。虽然设计文件没有规定，但在以往的大多数工程里都决定加大水泥用量，而这是考虑到室内试验与野外现场条件之间的差异，这些差异包括天然土料级配的变化及施工质量可能不均一。虽然这些问题确实存在，但设计人员还应考虑在Bonny试验段以后的各工程里，施工质量很可能比较均一，如：采用叫作“拌和楼”的中央拌和厂，而不是Bonny水库试验段在每一填土层上所用的那种拖拉机牵引的现场拌和机，以及改进了施工控制，使最近建成的护坡的质量有所改进。由于Bonny水库试验段的施工质量达到要求，运行良好，如果再以可能的施工偏差为理由，按常规办法加大水泥用量，则是过于保守的。

土料级配的变化显著影响耐久性和强度。因此，应对预期的级配范围和相应规定的水泥用量进行室内试验。还应规定级配界限，并且为了确保符合这些界限，应进行施工控制试验。控制级配可能不方便，因取土区的特性并非如所预料，或因承包商的开挖、掺混、拌和作业不当，会发生这种情况。

因为存在这些不确定性，在施工问题解决以前，先采用较高的水泥用量可能是对的。当质量有保证时，且当现场强度高时，垦务局经常允许减少水泥用量。在得克萨斯州的Choke Canyon坝，采用了一种有效的技术，随着承包商的作业逐渐稳定，允许将规定的最大水泥用量向下调整。施工技术要求规定的水泥用量为12%，当施工控制检查与试验表明，在较低的水泥用量下，可稳定地达到7天最低强度时，水泥用量减少了

0.5个百分点。在 Choke Canyon 坝，视承包商获得稳定产品的能力，水泥用量介于12%～10.5%之间。

（2）对垦务局以往的水泥土工程的实验室试验成果的研究表明：Bonny 强度标准通常控制了所需的最小水泥用量（见表17.1.1-1）。当采用最小水泥用量时，干湿循环与冻融循环的重量损失均远低于 Bonny 准则所容许的最大重量损失。不要求为了确保耐久性，将水泥用量加大而超过最小水泥用量。

Bonny 强度标准是否恰当难以评价。水泥土的强度对板块抵抗波浪作用的破坏是重要的。迄今为止所建成的大多数护坡在这方面的运行都令人满意。唯一值得注意的就是 Cheney 坝在1966、1969年出现中等程度的损坏，以及1971年的严重损坏。另外，该护坡规定了最小水泥用量（未采用常规的加大两个百分点的水泥用量）。还应指出，Cheney 坝主风向的吹程比 Bonny 水库试验段的长得多（分别为8mil，1mil）。Cheney 坝的经验表明，对于承受类似于 Cheney 坝所经受的波浪荷载的护坡来说，必须改善其抵抗破坏的强度。Bonny 强度标准，对于承受类似于 Bonny 水库试验段波浪荷载的护坡来说，是足够的，但对于更大的有效吹程和波浪荷载来说，可能是不适用的。

（3）对于加大水泥用量或改善层间结合，是否能改善板块对波浪的抵抗力，还有争议。如果改善层间结合是有效的，则费用比加大整个护坡的水泥用量要便宜得多。只在预期波浪作用严重的选定区域加大水泥用量，在经济上才会有竞争力。这两种方式结合起来，可能是最好的。大量实验室试验表明，可以通过在层与层之间加干水泥粉或水泥浆而显著改进层间结合。在 Cutter 坝、Palmetto Bend 坝以及 Jackson Lake 坝，修建了试验段，以评价各种层间结合方式的效果。对单纯扫毛、扫毛加撒干水泥粉，以及扫毛加水泥膏或水泥浆，都做过试验研究。并从护坡上取芯样，检验其层与层之间的结合程度。取芯研究表明，在用水泥处理过的区段上，整体结合占25%～50%，而在单纯扫毛的区段上则毫无结合。Jackson Lake 坝的试验结果也表明，在经过处理的区内取芯后整体结合约50%。由于取芯过程的破坏，故难以定量地评价其改进程度。然而，能够肯定地做出结论，用水泥处理可改善层间结合。推荐在水泥土层间使用黏合材料。

本章以前的版本中，进行了简单的梁分析，评估加大水泥用量是否能显著改善无支承悬臂板的抗破坏能力。对典型的 $3H:1V$ 的坝坡，水泥用量加大两个百分点，其抗破坏能力估计提高17%。抗破坏能力的这种增加，对防止波浪作用而致的损坏并不特别有效。

一些实验室报告指出，在规定水泥用量时，垦务局的标准符合 Bonny 准则的最小水泥用量再加2%。尽管迄今所建的大多数水泥土护坡都用过这种方法，但这种方法并非完全正确。鼓励设计人员在规定水泥用量之前，仔细考虑上述的各种因素、最新的研究成果以及已有护坡的运行经验。

17.5 细部设计

17.5.1 安全超高要求

具有水泥土护坡的坝，其安全超高的计算方法基本上与采用抛石护坡的坝相同，主要差别在于波浪爬高的计算。台阶状水泥土表面上的波浪爬高通常比抛石上的波浪爬高超出约 50%。水泥土的各台阶最终都要被风化成粗糙的羽状边缘。这些台阶在消波方面不如抛石有效，但比光滑的混凝土边坡有效。因此，台阶状水泥土护坡上的波浪爬高介于抛石与光滑混凝土之间。由于边坡相对光滑，贴坡式水泥土护面的波浪爬高大于使用抛石或台阶水泥土所历经的波浪爬高。

波浪爬高和超高要求的计算方法参照第 6 章“超高”中的论述。

水泥土护坡的波浪爬高较大，在大多数情况下，要求坝高比采用抛石护坡时大一些。这一因素，在对水泥土与抛石方案进行费用比较时，应加以考虑（参见第 17.3.2 节“规划考虑与导则”）。

17.5.2 保护范围

17.5.2.1 保护的区域

一般来说，坝体、坝肩及水库岸边需要防冲保护的区域，都适于用水泥土护坡保护。除了上游坝面的护坡以外，下述区域也可采用水泥土保护：

• 在坝顶上，用作坝顶路面的基层或路面，为大风暴期间可能发生的极端波浪爬高和过流冲刷提供保护。

• 用于附属建筑物的进水渠和引水渠，以防止波浪作用和水流冲刷。

• 用于上游防渗护面（或铺盖），以防止波浪和表面径流的冲刷（特别是风引起的沿岸材料搬移）。

• 沿水库岸边受波浪和降雨冲刷的关键地区。

17.5.2.2 保护程度

对某一特定地区来说，其所要求的保护程度，取决于预期荷载条件的严重程度、施工可靠性，以及该建筑物安全对该地区的重要性。预期荷载最严重的以及施工困难的关键地区，要求的保护程度最高。

保护程度的提高，可由下列措施之一或组合来达到：

（1）加大护坡的竖向和（或）横向范围。

（2）在已确定修建护坡的区域内：

• 增加拌和物的水泥用量。

• 在填筑层之间进行结合处理。

• 提供更为频繁的监测和施工控制，特别是控制土料级配。

17.5.2.3 上游坝面

通常坝体上游面需很高程度的保护，因为一般预计这里的风荷波浪荷载很大，特别需要保护护坡下坝体中易冲蚀土料。正常情况下，护坡都是从坝顶高程一直纵向延伸到低于死水位。在侧向，护坡的延伸范围应当与抛石护坡的一样，并且可与需要保护的坝肩或水库岸边连成一片。对于水泥土护坡，可考虑采纳美国陆军工程兵团仅在关键水库水位处采用抛石带的做法。

第 17.4.6 节讨论的确定水泥用量的导则和因素及规定的水泥用量，适用于承受严重荷载的关键地区，如上游坝面护坡。

17.5.2.4 坝顶

坝顶水平面的防护等级较低是正当的。如果坝顶路面要求水泥土保护是因为可能发生极端的波浪爬高，则护面的水泥用量可较少，因为这些荷载偶尔发生且历时很短。用作路基的水泥土中水泥用量较低也是可以的。但是，如果铺筑量很小，调整水泥用量则是不实际的。

Virginia Smith 坝的经验表明，水泥土中出现的收缩裂缝是通过沥青面层表现出来的。这些裂缝是较难被看到的，需定期予以维护（填充）。设计人员应注意在这类应用中可能发生开裂。

17.5.2.5 渠槽

对于水道建筑物，如渠道、引水渠和进水渠，尚无可应用的标准导则。估计其所需的强度和耐久性比上游坝面护坡的小得多，因为其所受的波浪作用严重程度小。耐久性要求相同。因此，通常规定平行于边坡铺筑，并碾压成一个相对薄的 9～12in 的护坡层。典型密度应予规定，但其碾压方法没有指定。在 Palmetto Bend 坝、Choke Canyon 坝和 Virginia Smith 坝的渠道施工经验表明，使用气胎振动碾或振动平碾，以及在稍小的范围内采用履带式拖拉机碾压，就可在边坡上达到适当的压实效果。第 17.6.3 节详细论述了渠槽边坡上的碾压问题。

迄今，这些区域所规定的水泥用量与上游护坡的相同。鉴于预期的工作荷载较小，只要充分压实和达到所需的密度，水泥用量可以降低。

17.5.2.6 上游防渗护面

用于上游防渗的水泥土护面（或铺盖），预期所承受的荷载严重程度要比上游护坡的小得多。会发生某种较小的波浪作用和沿岸泥沙输移冲刷。通常，护面具有平缓的坡度，因此不使用台阶法施工（与渠槽底板类似）。填筑层是平行于其坡度的。尽管施工方法不同，但要求的保护程度较小，水泥用量可以降低，并且无须结合处理。Virginia Smith 坝的护面铺设曾成功地采用比较厚的填筑层（12in），用振动碾碾压，比采用传统的两个 6in 填筑层节省了费用。在有关 Lubbock 调节水库的文献中，可见一条指导原则：该工程规定上游护坡水泥用量 12%，上游防渗护面的水泥用量为 7%。

17.5.2.7 水库库岸

水库库岸所需的保护程度因具体水库而异。但是，在设计库岸边坡保护时，有关上游坝面护坡的所有事项均应加以考虑。

17.5.3 铺筑方式

水泥土护坡采用台阶式与贴坡式两种方法铺筑。台阶式铺筑法用于遭受到严重程度波浪作用的边坡。台阶法用于修建许多近乎水平的、压实的水泥土铺筑层。每一铺筑层缩进一段距离，其值等于压实的填筑层厚度乘上坝坡角的余切，从而形成一种近乎平行于最终坝坡的台阶状，如图 17.5.3-1 所示。这种方法用于坝的上游面，在坝肩和水库库岸也会需要采用此法，视所需的保护程度而定。图 17.5.3-2 示出了在加利福尼亚州

Warren H. Brock 水库完成的台阶水泥土铺筑。考虑到潜在的高速水流可能造成水泥土的冲刷，因而在进水-出水结构相邻的区域采用了台阶法铺筑水泥土。

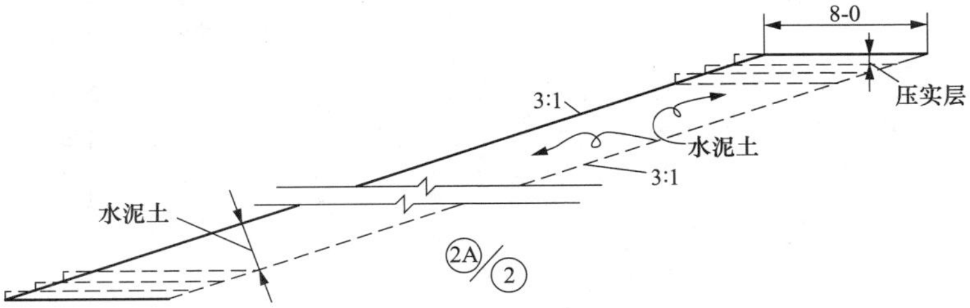

图 17.5.3-1 典型的台阶式水泥土结构

图 17.5.3-2 加利福尼亚州 Warren H. Brock 水库台阶式水泥土

贴坡式铺筑方法定义为由一层或多层与边坡平行铺筑水泥土护坡。对于遭受不严重波浪作用的小坝，可以考虑采用贴坡式铺筑方法。即使针对小型坝，一般也不考虑将这种方法用于预期遭受严重波浪作用的区域，例如，大坝的上游面和水库库岸边坡。与台阶式铺筑方法相比，贴坡式使用的水泥土较少。然而，这种铺筑方法所需要的较平坦边坡，只能为波浪爬高提供较小的阻力，可能需要更高的超高。图 17.5.3-3 示出了在加利福尼亚州 Warren H. Brock 水库完成的贴坡式铺筑的水泥土。

平行于坡面铺筑的层，可能形成平行于水流的或垂直于水流的施工缝。坡度较陡的渠槽边坡要求各铺筑层顺边坡往下铺，这就形成垂直于水流方向的施工缝。铺盖与岸边坡地一般很平缓，足以使填筑层既可以向上、下铺筑，也可以沿边坡铺筑。

顺坡向上、下铺筑的层，可能形成垂直于坝轴线方向（沿着波浪爬高方向）的施工缝，而且比较容易施工。图 17.5.5-2 和图 17.6.5-1 示出在坝坡上顺坡向铺筑水泥土产生的纵向施工缝。压实设备在边坡上、下操作，而非横穿边坡操作，因此施工过程更加安全。

除了在平坦边坡和上游铺盖上铺筑，设备碾压的贴坡式铺筑层平行并横穿坡面（水

图 17.5.3-3　加利福尼亚州 Warren H. Brock 水库贴坡式水泥土

平向）铺筑，而不是沿坡面上、下铺筑，不太理想。随着边坡变陡，施工性和安全性应予以考虑。水泥土铺筑层之间的水平缝变成为薄弱面，难以保证水泥土的均匀压实。

一般来说，采用贴坡式铺筑法修建水泥土护坡时，最陡的实用坡度为 $3H:1V$。如果不采用特殊的施工方法，则很难甚至不可能在建筑物和弯道周围的有限区域使用台阶式或贴坡式铺筑法。贫混凝土和特殊压实方法（小型压路机、轮式碾压、人工压实）已成功用于这些区域。

17.5.4　护坡厚度

应当规定尽可能薄的护坡，以使费用减至最小。一般情况下，施工条件控制着护坡厚度。采用台阶法施工时，水平宽度要求 8～10ft，以便于布置铺筑和碾压设备（参见第 17.6.3 节“运输、摊铺与压实”）。对大多数填筑坝上游坡来说，一般厚度为 2～3ft。例如，水平宽度 8ft，$3H:1V$ 边坡和 6in 厚层产生的最低水泥土护坡宽度约为 2.5ft。图 17.5.4-1 示出在不同边坡上填筑水平宽度 8ft 的水泥土护坡的一般厚度。

坡度 $H:V$		1∶1	1.5∶1	2∶1	2.5∶1	3∶1	4∶1
6in 层厚	外侧	6.4	5.0	4.0	3.3	2.8	2.2
	内侧	5.7	4.4	3.6	3.0	2.5	1.9
12in 层厚	外侧	6.0	4.7	3.8	3.2	2.7	2.1
	内侧	5.7	4.4	3.6	3.0	2.5	1.9

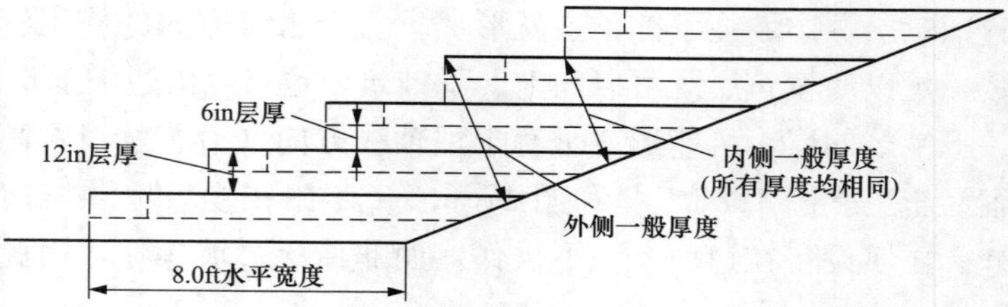

图 17.5.4-1　不同边坡的水泥土一般厚度

通常情况下，垦务局规定采用台阶法铺筑的上游水泥护坡最小水平宽度为8ft，而不论具体场址需要1ft还是3ft厚的抛石护坡。然而，采用标准宽度的设备和较小摊铺机也可能施工更薄的台阶式护坡。水泥土与一条窄的坝体填筑层并排铺筑，用碾压设备一起碾压。这种施工方法要求两种材料能用同一种设备碾压，并且在摊铺和碾压过程中防止水泥土被污染。这种方法曾用于Ute坝的水泥土护坡。

较薄的台阶式水泥土护坡已经用皮带铺筑系统代替自卸卡车施工。因没有合适的较窄自卸卡车，为满足卡车行走所需，要求护坡有一个最小的水平宽度。但是，比较窄的摊铺机和碾压机是有的，并且可与皮带运输机结合使用，建造比较薄的护坡。设计人员应确保所规定的任一较窄的碾压设备都要具有足够的压实能力。

若应用较窄的台阶法施工，则应考虑水泥土护坡抵抗波浪作用的实际机理。抵抗能力一部分来自护坡的质量，一部分依靠护坡的整体强度。

17.5.5 铺筑层厚度

采用台阶法铺筑的水泥土碾压厚度范围为6～9in。图17.5.5-1示出了在加利福尼亚州Warren H. Brock水库采用台阶法铺筑的部分9in厚水泥土层。图片摄于采用台阶法与贴坡法铺筑的水泥土的过渡连接处。

在台阶法施工中采用比较厚的铺筑层，其优点为：

(1) 产生的结合面比较少，使需要结合处理的总费用减少。

(2) 如果任何一层的悬臂板破裂，厚层所形成的大块体，不易被波浪从护坡上冲走。

图17.5.5-1 加利福尼亚州 Warren H. Brock 水库台阶法铺筑的水泥土

其缺点为：

(1) 废弃量增加（毛边尺寸)。在此情况下，毛边是压实最少的水泥土铺筑层外侧边缘。

(2) 可能难以在整个填筑层厚度内全部达到恰当的压实。

根据碾压与铺筑试验，12in厚填筑层可以得到充分压实。在Virginia Smith坝，利用光面振动碾，使上游铺盖处碾压后的12in厚填筑层达到了充分的压实。

关于因填筑层较厚而形成的较长悬臂板，对抵抗在 Cheney 坝观测到的那种类型的破裂是否有益的问题，一直有争议。本标准以前版本中载有对台阶法施工形成的无支承悬臂板简支梁的分析。该分析表明，板抵抗上抬破坏的能力，与铺筑层的厚度无关。板的抵抗能力随着无侧限抗压强度的加大（亦即水泥用量的加大）和护坡变陡而增加。

在过去垦务局施工的多个项目中，平行边坡铺筑的水泥土层（贴坡式）已经完成，包括单层和多层。铺筑层厚范围为 6～12in。水泥土护坡一般需要至少 9～12in 的贴坡厚度。在加利福尼亚州 Warren H. Brock 水库，9in 厚的单一水泥土层铺筑在位于 $3H$ ∶ $1V$ 坝坡的土工膜上，如图 17.5.5-2 所示。

图 17.5.5-2　加利福尼亚州 Warren H. Brock 水库贴坡法铺筑水泥土
（注意垂直施工缝）

Palmetto Bend 坝溢洪道进水渠的 $3H$ ∶ $1V$ 边坡铺筑水泥土护坡，铺筑层厚 12in，而其底板厚度为 3ft，则由每层 6in 的碾压层分层铺筑。在 Virginia Smith 坝，泄水建筑物进水渠的底板和 $3H$ ∶ $1V$ 的边坡是由单一的 12in 厚铺筑层构成。在 Merritt 坝 $10H$ ∶ $1V$ 河岸边坡上铺筑的水泥土护坡分两个 6in 碾压层。Merritt 坝河岸边坡的上部 6in 厚护坡层发生过隆起。图 17.5.5-3 示出了这种损坏。如果把该护坡按单一填筑层铺筑，不

图 17.5.5-3　内布拉斯加州 Merritt 坝 $10H$ ∶ $1V$ 边坡的受损水泥土护坡

知是否还会发生这种“隆起”效应。鉴于这种性能问题和碾压层之间出现不良结合的可能性，在规定采用贴坡法铺筑时，单一碾压层优于多个碾压层。如果规定采用多个碾压层，建议在碾压层之间进行黏合处理（参见第 17.5.7 节）。

17.5.6 坝趾、结构物及坝肩部位细部

17.5.6.1 概述

下文讨论了在某些场地需要的或有用的细部设计。对这些细部构造的需要，取决于对具体场地的保护范围和保护程度。

17.5.6.2 坝趾平台

垦务局大多数的工程，都在坝趾处修建平台。这些平台设置的目的在于提供一个初始的水平工作面，以便于施工，并且作为护坡最低高程界限，在该高程以下的上游边坡无须设护坡。坝趾平台的常规构造是在某一选定的低水位以下 3～5ft 高程处的一条 15～20ft 宽的平台。一般情况下，该低水位就是非活动水位或死水位。水泥土护坡设在马道以下 1.5～3ft，以防止最低库水位时的波浪淘刷和降水径流的淘刷。护坡与平台连接处的 V 形槽，在早期工程中，是用抛石回填的，而近来的工程中是用分区填筑料回填的。

Palmetto Bend 坝和 Choke Canyon 坝，未采用坝趾平台。Palmetto Bend 坝的护坡，在稍低于非活动水面的坝坡变坡点终结。Choke Canyon 坝的护坡，一直向下延伸至原地面，没有设马道。规定水泥土铺筑层起始高程，能够得到一个适当的工作面和充分的防冲保护。

在 Davis Creek 坝，水泥土一直向下延伸至原地面，未设坝趾平台。但是，在水泥土与原地面接触面上，铺筑了一道坡度为 $8H : 1V$、最大厚度为 5ft 的压实黏土斜垫层，以防止冲刷与淘刷。

17.5.6.3 结构物细部

上游坝面护坡与附属建筑物进水口区域的交界面处，通常有体型突变、急弯及狭窄的工作空间在许多实例中，压实是难以达到或不可能达到的，而且对承包方来讲，压实费用也会很高。在 Palmetto Bend 坝上，这些部位采用贫混凝土代替水泥土。贫混凝土拌和料的最大粒径为 1.5in，每立方码混凝土用 3.25 袋水泥。这种拌和料的铺筑比特殊压实水泥土要容易得多，并且强度也较高。

在狭窄部位，可以采用特殊压实的水泥土。但是，如果压实困难，则应考虑加大这些部位所用拌和料中的水泥用量。图 17.5.6.3-1 示出加利福尼亚州 Warren H. Brock 水库专门压实与混凝土结构物相邻部位的水泥土。

17.5.6.4 坝肩细部

视坝址地形的不同，坝体与坝肩接触面，既可以是突变的，也可以是平顺的，并且其所承受的冲刷力（一般是因波浪及地表径流所致）可以很大，也可能很小。此外，水泥土既可与岩石坝肩，也可与土质坝肩相接触。在设计坝肩细部时，对这些因素应加以考虑。

对于陡峭的接触面，例如在斜坡或陡峭坝肩变化时（陡峭坝肩的实例 Cutter 坝），水泥土难以达到充分压实。这些狭窄的地区还往往受到集中冲刷。可以规定采用专门压

图 17.5.6.3-1　加利福尼亚州 Warren H. Brock 水库水泥土与混凝土结构物相邻部位的水泥土

实的水泥土或贫混凝土贴角。若护坡与土质坝肩相接触，则建议采用特殊的措施，诸如块石折流体和（或）将护坡嵌入，以免下垫的填土被冲刷，继而淘刷护坡。

当在土中平滑接触时，则无论是将护坡嵌入还是利用压实的黏土贴角，都足以控制折流体处的冲刷。当在岩石中平滑接触时，则无须特殊处理。

17.5.7　铺筑层间的附加黏合处理

Cheney 坝因严重风暴，造成水泥土护坡损坏；Merritt 坝因中等程度的波浪作用造成水泥土护坡损坏。两个坝的破坏包括板块破裂和位移，以及下垫的坝体填土被冲刷(仅 Cheney 坝)。这些问题都是由于台阶法施工造成的个别无支承悬臂板的强度不足所致。由于水泥土块仍然完好无损，护坡损坏似乎并不是因水泥土护坡的耐久性不足而致。护坡损坏可能因波浪作用造成的浮升力而沿着混凝土层发生。

如第 17.4.6 节“水泥用量与土料级配的选择”所述，有两种方案解决因波浪作用造成的潜在破坏：

(1）增加水泥用量，以增加无支承悬臂部分的抗弯强度。

(2）加大层与层之间的结合强度。

因为将使施工困难和增加材料费用，所以布设受拉钢筋被认为是不实用或不经济的。

对代表一个台阶的无支承板进行的均匀荷载悬臂梁分析表明，将水泥用量加大两个百分点并不能显著增加其对动态波浪的抵抗能力，并且如前所述，费用是昂贵的。

如前所述，加大层面结合强度，看来在减轻板块破裂方面具有良好的潜力。单纯的扫毛，看来在加大结合强度上不是有效的。建议在所有水泥土层之间采用水泥稀浆或水泥浆进行黏合处理。洒干水泥粉也曾成功作为一种黏合处理方法。干水泥均匀地施用于整个水泥土层宽度范围内，施用量约为每平方码 1lb。水泥应在填筑下一层之前迅速施用于润湿表面。但干水泥面临的一个问题是其容易被吹走。因此，推荐使用水泥稀浆和水泥浆处理。Warren H. Brock 水库所用水泥浆的水灰比为 0.70，作为水泥土层之间的黏合剂。水泥浆在配料场搅拌并运输至现场。图 17.5.7-1 所示为加利福尼亚州 Warren H. Brock 水库的水泥浆铺筑。

图 17.5.7-1 加利福尼亚州 Warren H. Brock 水库的水泥浆铺筑

一层铺筑层的最终压实和上面一层填筑层铺筑之间的时间间隔，是实现层间结合的一个重要因素。在 Ute 坝两层之间的间隔时间最短，其层间结合较好。该坝每天铺筑三层，它们的长度只及坝顶长的一半，而不是在铺筑下一填筑层之前，就把整个坝顶长度的单一铺筑层全都完成。Cheney 坝采用两次铺筑作业法，也获得良好的层间结合。水泥土芯样记录表明，按这种方式修建的各层之间结合良好。

通过疏松下一层的水泥土表面，能够改善层与层之间的结合。电动扫帚可以用来将表面疏松至 1/8～1/4in 深。图 17.5.7-2 所示为加利福尼亚州 Warren H. Brock 水库疏松的水泥土层。在铺筑下一层之前应清除松散材料和堆积杂物。图 17.5.7-3 所示为加利福尼亚州 Warren H. Brock 水库用于疏松和清理水泥土层的设备。在每天作业结束时，或施工操作中断超过 1h 时，疏松工作尤为关键。

图 17.5.7-2 加利福尼亚州 Warren H. Brock 水库疏松的水泥土层

图 17.5.7-3 加利福尼亚州 Warren H. Brock 水库用于疏松清理水泥土层的设备

17.5.8 排水方面的考虑

关于水泥土护坡是否设置排水的问题，有些争议。在水库经长期高水位之后水位快速消落期间，水泥土护坡会妨碍坝体孔隙水压力的消散。未释放的孔隙水压力可能足以使护坡产生位移，导致护坡的开裂、扭曲或滑移。但是，迄今为止，在垦务局的任何一项工程里，尚未观察到这类情况。

大多数垦务局工程水泥土护坡没有排水系统，为了这种目的设置排水结构的工程实例为 Merritt 坝。在 Merritt 坝的右坝水泥土护坡上，在三个高程设置了 3 排排水孔，孔的直径为 3～5in。这些排水孔是在护坡施工之后，在护面上钻出的。高程 2944m 处，有 118 个孔，中心距为 10ft；高程 2939m 处，有 82 个孔，中心距为 10ft；高程 2933m 处，有 33 个孔，中心距为 10ft。这些排水孔都用砾石回填。上游面的坡度为 $10H:1V$。水泥土护坡深入由砂组成的 2 区坝体之下。

除在 Virginia Smith 坝和 Starvation 坝铺筑的水泥土护坡以外，垦务局大坝的水泥土护坡都建筑在防渗区内（一些填筑坝进行了分区，而另一些基本上是均质的）。在 Virginia Smith 坝和 Starvation 坝，水泥土护坡紧靠相对可渗透的坝壳料区铺筑。在这些地方，间隔 10～25ft 的水泥土层中出现的横向收缩裂缝可实现充分的排水。

在垦务局工程中，Warren H. Brock 水库的独特之处在于其坝体的防渗体是由水泥护坡保护的土工膜。出于对 Warren H. Brock 水库水位骤降的担忧，在土工膜和水泥土贴坡层之间设置了排水构件，包括在 $3H:1V$ 边坡上铺设土工布和土工复合材料，以及在坡脚铺设砾石排水。

目前，除非可能发生异常严重的水位泄降情况，几乎不需要排水。

17.6 技术规范与施工要求

17.6.1 概述

技术规范的章节与图纸应包括对承包商承建水泥土护坡的所有要求。施工要求则解释设计的合理性及预计遇到的各种条件，并应包括在技术规范的有关章节内，以便现场人员和承包商能够了解设计意图及其复杂性。读者应参考现行的施工技术规范，有助于编制这些文件。

有关技术规范和施工要求有大量重复之处。下文只扼要论述重要项目。读者可参考各工程的施工总结报告及其他详细描述实际施工过程的有关文献。

17.6.2 配比与拌和

变化趋势最大的施工步骤是水泥土拌和料的生产，从原材料选择到拌和机出料这一段时间内。为了确保生产的拌和料在所需的土料级配、含水量及水泥用量方面保持一致，在技术规范内应包括下列几点：

（1）应规定可以接受的土料级配范围及料源。应结合实验室试验计划，对料源进行全面彻底的调查研究，以确定级配的界限。

（2）应规定按干土重计的大致水泥用量。实际水泥用量应在施工过程中确定。实际水泥用量是可以改变的，视承包商的作业和土料级配的变化而定。

（3）对于大多数项目，拌和厂应规定为固定双式搅拌机，额定的拌和能力至少为 $200yd^3/h$。经验已证明这种形式和额定能力的设备，能够在所需的时间内生产出足够数量的均匀拌和料。图 17.6.2-1 示出加利福尼亚州 Warren H. Brock 水库用于制作水泥土的搅拌机。如果项目所需的水泥土量较小，可使用较低产能的设备。在这些情况下，允许采用转筒式搅拌机；但可能需要较长的搅拌时间和更为频繁的转筒清理。

图 17.6.2-1 加利福尼亚州 Warren H. Brock 水库用于制作水泥土的搅拌机

碾压时的含水量限制，以往规定为介于最优含水量±1%的范围。迄今为止，垦务局已建成的大多数工程使用的含水量都是最优含水量或比最优含水量干的拌和料。当拌和料太湿时，可能发生运输困难和碾压困难，并且在碾压期间会使铺筑层发生过量的扭曲和开裂。如果拌和料太干，则可能达不到规定的密度。在规定含水量时应考虑现场气候。如果现场位于干燥气候区域内，考虑到蒸发情况，可能需要规定较高的含水量。针对 Warren H. Brock 水库（位于加利福尼亚州-墨西哥边境沿线）规定的含水量范围为最优含水量的$-1\%\sim+2\%$。设计人员应考虑规定的铺筑含水量范围为最优含水量的$\pm2\%$。应进行试验，以确保在这些含水量限制条件下能够达到足够的密度。

17.6.3 运输、摊铺与压实

台阶式护坡施工方法是常规的，并在垦务局项目中得到一致遵守，而贴坡式护坡施工方法不是常用方法。得克萨斯州肯尼代尔附近的 Cedar Creek 水库、科罗拉多州帕克附近的 Reuter-Hess 坝及垦务局加利福尼亚州埃尔森特罗附近的 Warren H. Brock 等多个项目都采用了贴坡式铺筑的水泥土护坡。无论采用何种铺筑方法，都应着重考虑以下施工细节：

（1）必须规定拌和与碾压之间的间隔时间，以确保水泥土层能够在硬化之前得到充分的碾压。由拌和机出料到运至铺筑层的运输时间，限制为 30min。在铺筑之后的 60min 之内，必须完成填筑层的最终压实作业。当气候异常干燥炎热时，这段时间应短于 60min。例如，在 Davis Creek 坝，遇到了炎热、干燥、多风的条件，其技术规范规定在铺筑后 30min 之内完成最终碾压。对于所有的工程，都有一个附加的标准要求，即凡材料放置未用超过 30min，务必清除，更换新料。

（2）水泥土拌和料应用具有洁净、不渗漏及光滑车厢的卡车运至现场，以利施工，并减少对拌和料的污染。卡车须加覆盖物，以免拌和料被风过分吹干，或被雨水或尘土污染。

（3）采用台阶式和贴坡式施工时，待铺筑水泥土层的表面，应经专门处理。土质表面必须碾压至规定的密度和含水量。水泥土表面应扫毛，使其干净，并保持湿润，以改善层间结合程度，并采用推荐的方法进行层间处理。然后将拌和料铺筑至要求的边线和坡度处，且其铺筑厚度能形成所需的压实厚度（9in 的铺筑厚度碾压后大约 6in）。台阶式各层既可以水平铺筑，也可以朝向水库以 $8H:1V$ 斜坡铺筑。在缓坡上铺筑，加大了工作宽度，并且更好地适应施工设备。但是从斜坡层上松散开来的块体更容易在波浪作用下脱离面板（例如，Merritt 坝和 Cheney 坝）。如果必要的话，应考虑采用较窄的设备铺筑水平填层，如第 17.5.4 节“护坡厚度”中所述。

在较平坦的表面上采用贴坡法施工时（渠槽底板、铺盖），其做法与台阶法施工相同。

铺筑施工曾在 $3H:1V$ 和更平坦的边坡完成。迄今为止，垦务局尚未规定铺筑与压实方法，但规定了最终压实密度，承包商铺筑和碾压的水泥土护坡必须达到要求的密度，通常为普氏最大干密度的 98%（Palmetto Bend 坝为 95%，Warren H. Brock 水库为 97%），虽然并非总是规定特定的密度标准。在 Virginia Smith 坝，规定采用胶轮压路机碾压渠道边坡部位，也允许采用履带式拖拉机作为替代办法。在 Virginia Smith 坝和 Palmetto Bend 坝，履带式拖拉机获得的密度比较低（但仍可接受），但是这种方法修建的护坡表面粗糙，且含有松散的水泥土块。若采用履带式拖拉机，应考虑既要用平整的推土机履带，又要将碾压后遗留的粗糙和松散的表面材料清除掉。关于履带式拖拉机的铺筑效率，在 Virginia Smith 坝的渠道施工证明，从顶到底（而不是从底到顶）进行铺筑作业可以得到最佳的效果，即护面厚度比较均匀，且废弃材料最少。但是，要确保均一的厚度，就必须对施工作业赋予细心的关注。

Warren H. Brock 水库采用贴坡法铺筑水泥土护坡。坝坡高 28ft，坡度 $3H:1V$。水泥土采用宽轮距履带式推土机分层铺筑，并使用振动式钢轮压路机压实。铺层厚度、含水量和密度要求是规定的，摊铺作业和碾压边数未规定。水泥土未直接铺筑在土基上，而是铺筑在土工织物和土工复合材料上，其中土工复合材料为 60mil 的高密度聚乙烯土工膜。土工膜作为大坝防水层。图 17.6.3-1 所示为加利福尼亚州 Warren H. Brock 水库贴坡式水泥土摊铺和压实作业。

图 17.6.3-1　加利福尼亚州 Warren H. Brock 水库贴坡式水泥土摊铺和压实作业

垦务局在早期的台阶法施工的水泥土护坡项目中，每层通常由羊足碾压实 6 遍，然后再由胶轮压路机压实 4 遍。图 17.6.3-2 所示为犹他州斯 Starvation 坝使用羊足碾和胶轮压路机压实 6in 的水泥土层。振动式钢轮压路机也曾用于振动压实水泥土。现在，胶轮压路机或钢轮压路机是台阶式施工中最常用的水泥土压实设备。图 17.6.3-3 所示为加利福尼亚州 Warren H. Brock 水库使用振动式钢轮压路机压实 9in 的水泥土层。

图 17.6.3-2　犹他州斯 Starvation 坝使用羊足碾和胶轮压路机压实 6in 的水泥土层

最新规范中包含了水泥土施工的具体含水量和密度要求。在拌和厂，水泥土的最优初始含水量为－1%～＋2%。由于材料变化和现场气候，初始含水量应每天进行确定。

图 17.6.3-3 加利福尼亚州 Warren H. Brock 水库使用振动式钢轮压路机压实 9in 的水泥土层

在开始压实时，水泥土混合料的含水量应为最优含水量或略高。压实和水泥水化作用需要适当的含水量。在开始压实时，最好有略高的含水量，而不是含水量不足。含水量应根据需要调整，以实现所需的密度及在碾压层面上留下最少的车辙。具体密度要求范围为最大干密度的 95%至 98%。Warren H. Brock 水库规范要求水泥土应均匀地压实至最低为实验室最大干密度的 97%。然而，该要求后来被修改，最大可接受密度至少应达到 95%。Davis Creek 坝水泥土应均匀地压实至最低为实验室最大干密度的 97%，且其平均密度为实验室最大干密度的 98%。任何水泥土作业都需要进行施工控制测试，以验证整个碾压层是否达到足够的密度。

在 Glen Elder 坝和 Virginia Smith 坝及 Warren H. Brock 水库，都曾铺筑了试验段。Glen Elder 坝和 Virginia Smith 坝的试验段用于研究较厚的碾压层和压实方法，而 Warren H. Brock 水库的试验段用于评估贴坡式水泥土的填筑和压实方法。在 Glen Elder 坝，针对较厚的铺筑层，通过气胎碾碾压 10 遍获得了恰当的层间结合与密度。在 Virginia Smith 坝，利用一台光面振动碾振动碾压和静碾压共 6 遍，使 6in 厚的台阶式铺筑层和 12in 厚的贴坡式铺筑层得到充分压实。这种光面振动碾产生表面剪切作用，导致铺筑层之间的结合稍弱。但是，这些问题通过施工试验，找出一种其重量能与水泥土拌和料相匹配的碾压机便可克服。在 Warren H. Brock 水库，承包商的原计划是使用由推土机、挖掘机、滑车、缆索和 Cat CS76 压路机组成的"悠悠球"配置，采用贴坡式施工来压实水泥土。由于表面剪切和强度不足，拟定的压实方法不能带来令人满意的结果，承包商最终选用 Sakai CV550T 碾压机（如图 17.6.3-1 所示）。需要重点强调的是，如果规范中规定或承包商提出不同于垦务局项目中通常所用的压实方法，则在水泥土施工开始时，应利用试验段来评估压路机性能，并改进压实细节。务必预留充分的时间来评估试验段结果。

如果运料路铺设在水泥土上，则需要采用至少 2ft 厚的土料覆盖来防止设备运动对水泥土造成损坏。针对铺设在水泥土边坡上的坡道，也需要在整个运料坡道长度采用 2ft 厚的覆盖。在 Virginia Smith 坝和帕 Palmetto Bend 坝上的水泥土护坡，因为在靠近运输坡道顶部的地方土料覆盖层不够，所以被施工设备损坏了。

17.6.4 养护和层间结合

所有永久露天的水泥土表面，都应至少养护 7 天。可以采用洒水、水喷雾法水养护，或覆盖至少 6in 厚的湿土养护。如果使用覆盖土层养护水泥土，则土料覆盖层必须保持湿润达 7 天。完成养护后，应清除土料覆盖层。如不清除，则可能因波浪作用和降雨导致的腐蚀而产生不雅外观。图 17.6.4-1 所示为加利福尼亚州 Warren H. Brock 水库使用喷洒装置进行水养护。

碾压后的水泥土表面，当需上覆或毗邻铺筑另一层水泥土时，必须保持清洁及湿润，以便于层间结合。利用一台动力驱动的钢路帚对结合面进行清扫，清除所有松散、未胶结的材料。除非上覆的水泥土填筑层在 1h 之内铺筑，否则承包商不应在 1h 之内清扫表面，因为这时清扫往往过多地清除了尚未足够硬化的填筑层表面，导致不必要的浪费，并加大水泥费用。过去，也曾利用这种清扫方法使填筑层表面形成条痕，以改善填筑层之间的结合力。如前所述，采取芯样、试验段及研究工作都表明：这样的清扫工作看来对改善结合并无明显的作用。

图 17.6.4-1　加利福尼亚州 Warren H. Brock 水库使用喷洒装置进行水养护

如第 17.5.7 节“填筑层间的附加黏合处理”中所述，干水泥粉或水泥浆等特殊黏合处理可用于提高水泥土层之间的结合性。在制定其技术规范时，设计人员应考虑以下因素：

（1）采用干水泥粉黏合时，干水泥很容易从结合面吹走，除非将它们洒在湿润的表面上。

（2）采用水泥浆黏合时，会很快干燥。

（3）无论选用哪一种黏合处理，都应在即将铺筑下一层之前实施。

17.6.5 施工缝

施工缝可以在工作停顿时沿横向和纵向出现，但是无须规定这些缝的位置。这些缝应修整成直线状的竖直缝。图 17.6.5-1 所示为加利福尼亚州 Warren H. Brock 水库修整过的垂直施工缝。在填筑下一层之前，应清除任何松散的材料，以提供干净的表面，表面应当湿润，并且按照第 17.6.4 节“养护与层间结合”中所述，进行特别黏合处理。采用台阶法时，依次铺筑层施工缝不得处于同一位置，因为那样做可能会产生一条连续的垂直缝。

图 17.6.5-1 加利福尼亚州 Warren H. Brock 水库修整过的垂直施工缝

17.6.6 施工控制

17.6.6.1 概述

施工控制分为两类：

(1) 控制水泥土拌和料的质量。

(2) 控制护面施工的质量。

17.6.6.2 拌和料的质量

为了确保能生产出具有所要求的级配与水泥含量的水泥土拌和料，制定出下述的一般方法：

(1) 对进入拌和设备的最终拌和土料，应时常进行级配、比重、阿太堡(Atterberg) 界限及含水量的监测。验证土料级配是首要的。承包商所用的开挖方法和掺混方法也应加以监测。

(2) 经验表明，校准土、水泥和水的给料设备，对于达到适当的级配是最重要的。水泥和水的给料比土的容易控制。由于土的性质的变化（如级配、含水量和最大密度），通常要求付出更多的努力去校准所生产土料的干容重。建议采用“无水泥”的切断控制，以确保水泥供料适当。此外，技术规范应要求，每天校准所有的给料设备，并且当物料性质改变时以及因修理或雨天停用之后，也都要进行校准。

(3) Warren H. Brock 水库采用中和热法以在施工过程中确定水泥用量。

17.6.6.3 护坡施工质量

进行室内试验和现场试验，验证所生产的拌和料的质量和所使用的施工方法。监测施工方法是为了验证密度和层间结合是否适当。

从同一批水泥土的拌和料中取样，并在实验室内进行试验，以确定其压实特性和水泥含量。试验用试件的制备时间同现场压实时间大致相同，以便计及时间对水泥土的作用。

现场密度试验应在压实后尽可能快地在护面取样点附近进行（其水泥土料与实验室压实试样相同）。图 17.6.6.3-1 示出使用核子仪表在加利福尼亚州 Warren H. Brock 水库进行现场密度测定，图 17.6.6.3-2 示出使用砂锥法在加利福尼亚州 Warren H. Brock 水库现场进行密度测定。然后与实验室密度进行对比，以确定该层是否得到充分碾压。

在现场取样材料中发现的含水量，按试验方法要求的标准来制备无侧限抗压试验的试件。实验室试件是按各种不同的龄期加以试验的，以便确定强度特性，并确保水泥土随着龄期的增加获得了适当的强度。

图 17.6.6.3-1　使用核子仪表在加利福尼亚州 Warren H. Brock 水库进行现场密度测定

图 17.6.6.3-2　使用砂锥法在加利福尼亚州 Warren H. Brock 水库进行现场密度测定

17.6.6.4　钻孔取芯记录

在选定位置的护面上钻孔取芯，以检验水泥土层的厚度并获取试件，供实验室进行耐久性与强度试验。这些芯样的无侧限抗压强度与耐久性试验结果，与施工前的试验结果及设计标准进行对比，以确定该护面是否合格。取芯孔应采用混凝土或水泥土回填。

17.6.7 计量与支付

在标书费用表中列有两个付费项目是与提供和铺筑水泥土护坡有关的。一个项目是水泥土护坡所用的水泥的供应和运送。在此项目下，设计人员要注意仔细准确规定哪些水泥将是付费的，亦即所有的水泥，包括浪费的和超建的都付费（一种极端条件），或只有用于规定线和规定坡度之内的水泥才付费（另一种极端条件）。第二个项目是其他一切与铺筑护面有关的费用。水泥通常是按吨付费的，施工费用则是按规定的线、坡度和尺寸计量出来的现场压实过的水泥土方量来付费的。经验表明，施工浪费料高达10%～20%是可能的。为了对所有各方公平起见，技术规范在有关是否付费或哪些超建部分将予以付费方面，应特别明确。Virginia Smith 坝施工人员建议，水泥土施工需提出较严格的裕量，以控制承包商超填的倾向。

17.7 参考文献（略）

美国内政部垦务局设计标准

填筑坝 Embankment Dams

第19章 土工织物

2014 年 6月修订

目　　录

19.1 简介

1970 年法国瓦尔克罗斯大坝的填筑坝首次使用土工织物。当时土工织物用做反滤料，在下游边坡围裹砾石排水沟，然后在填筑体和抛石之间的上游边坡上另行铺设土工织物。20 世纪 80 年代，土工织物的使用得到迅速推广，适用范围涵盖挡水坝、尾矿坝、煤矸石坝、污水池。虽然大坝的土工织物装置目前尚无记录在案的性能问题，不过已有若干实例表明土工织物用在公路、填埋、渠道和一般性土工工程方面的效果不佳。设计人员需考虑工程应用的关键因素和土工织物未能达到预期效果时产生的后果。土工织物在安装时极易受损，同时使用寿命相对有限（通常为 50～150 年），而且过度堵塞会导致其丧失透水性。由于土工织物很难保证预期效果，所以严禁在对大坝安全至关重要的位置使用。同时，因为其使用寿命有限，所以对需深埋的位置或更换时需采用高昂费用、高难度措施的部位不得使用土工织物。

19.1.1 目的

本章规定了填筑坝内设计、安装土工织物与土工复合排水材料的指导方针。本标准不适用于土工膜或复合土工膜（由土工膜和土工织物垫层粘贴合成），这两者是本标准第 20 章的内容。

19.1.2 范围

本标准旨在帮助读者理解土工织物材料及其在填筑坝内的功能，同时也介绍了设计准则。本标准按功能讨论土工织物的应用设计，其中包括反滤、排水、隔离、保护、加筋及侵蚀控制。提出选择土工织物关键性能的准则，包括表观有效孔径（AOS）（粒子截留性）、排水特性（透水率和导水率）、界面摩擦力、单位面积质量及抗拉强度。由于土工织物安装时易受损伤，所以还包含妥善搬运、安装方面的指导意见。

19.1.3 与本标准不一致的情况（略）

19.1.4 本标准的修订（略）

19.1.5 适用性

本标准适用于填筑坝中土工织物的设计和安装。

19.2 土工织物材料

土工织物是土方工程项目中使用的织物。虽然可使用自然纤维制成的织物生产许多防侵蚀产品，但是多数土工织物是源于合成聚合物的纤维制成。由于聚丙烯具有惰性、低成本、制造工艺简单的特点，所以目前 95%以上的各式土工织物均由聚丙烯制成（科纳，2012 年）。剩余的 5%土工织物由聚酯、聚乙烯及聚酰胺制成。土工织物的设计与技术要求需要理解聚合物性能以及材料制造所用纤维的类型与配置。如各种聚合物在接触到紫外光后均会降解（失去强度），因此，聚合物需添加炭黑和其他物质，从而增强其接触阳光时的抗降解能力。即便如此，安装后也应尽快用土或其他适当的覆盖物覆盖土工织物，以便减少强度的损失。表 19.2-1 中简要比较了用于制造土工织物的各种合成聚合物。

表 19.2-1　　土工织物制造用聚合物的一般说明（科纳，2012 年）

聚合物类型 别名	估计密度（因添加剂不同有所变化）	热膨胀系数 （$\times10^{-5}$/1℃）	剥　蚀
聚酯（PET）	1.22～1.38 沉入水中	4～5	对接触紫外线具有一定的抵抗力。在 30 天内覆盖。会受高 pH 水影响。避免接触新鲜混凝土
聚丙烯（PP）	0.91 浮在水中	6	为抗光照需要使用炭黑。在 14 天内覆盖。具有良好的耐化学性
聚乙烯-高密度与线性低密度聚乙烯（HDPE、LLDPE）	0.90～0.96 浮在水中	13	为抗光照需要使用炭黑。在 14 天内覆盖。具有良好的耐化学性
聚酰胺（PA）（尼龙）	1.05～1.14 沉入水中	5.5	接触低 pH 水和酸时会剥蚀

19.2.1　术语

黏合强度：将黏合在一起的两种材料分开时需使用的作用力。

锚固槽：为保持材料位置，用于固定柔性土工合成材料边缘的开挖沟槽。

表观有效孔径（AOS）：也可称为 O_{95}，这是可穿过土工织物的最大颗粒的大致尺寸。AOS 通常作为美国标准筛网尺寸，O_{95} 以毫米（mm）为单位。如 100 的 AOS 等同于 0.15mm 的 O_{95}。可使用玻璃珠按照干筛方法开展试验（ASTM D4751-04《测定土工织物表观开孔尺寸的试验方法》）。

遮蔽：部分贯入表面开孔的颗粒塞住了土工织物滤层/形成表面覆盖层或表层，进而降低土工织物的透水性。

阻塞：在织物孔内堆积的颗粒（土颗粒、化学品或生物沉积物）造成织物堵塞。土工织物开孔内截留的颗粒会降低土工织物的透水性。

蠕变：材料处于恒定应力作用下不断增加的变形（拉伸）。

降解：由于某一过程或物理/化学现象导致的材料预期物理特性的下降或损失。

直剪试验：使用剪力盒测定土体与土工合成材料之间界面摩擦性能的试验（ASTM D5321）。

分散性黏土：由于电化学性质，分散性黏土同“普通”黏土不同。分散性黏土的颗粒上钠阳离子通常占主导地位，而普通黏土占主导地位的是钙和镁阳离子。因结构引起的电荷不平衡使分散性黏土在水环境下出现散凝（扩散）现象。由于粒子间的排斥力超过吸引力，所以才出现这种反絮凝现象。即使水缓慢流动或保持静止，黏土颗粒也呈悬浮状态。这意味着分散性黏土是极易被侵蚀的。水流经分散性黏土的缝隙时，会快速侵蚀土体，导致缝隙迅速变大。标准土壤试验（包括机械分析和液塑限试验）无法检测到分散性黏土，因此要求采用专项试验，如碎屑试验、双比重计试验以及针孔试验，检测是否存在分散性黏土。

排水：汇集并传输水流的结构、管道或多孔材料。

纤维：织物的基本组成成分，特点在于其是一种长度至少是宽度100倍的柔韧材料，可纺织成纱线或以其他方式制成织物。

反滤层：一种材料区，专用于实现排水的同时避免土体颗粒因水流而移动。

土工复合材料：由两种或多种材料构成的土工合成产品，有很多不同型式，如：

（1）土工复合排水材料：反滤专用土工织物与结构材料的结合，如土工网、土工管道或可用做排水的其他材料。

（2）复合土工膜：土工膜与土工织物的结合。土工织物可提高土工膜的强度和耐刺穿性。

（3）土工合成材料黏土衬垫：在两层土工织物间放置一层黏土形成的组合物。因黏土的水合作用可形成阻水屏障，堵塞流体通道。

土工格栅：一种用于加固土体的网格状人工合成产品，而且网孔大小足以使土体粗粒穿过。大多土工格栅是在聚合材料板上打孔，然后在控制温度下对它进行拉伸形成所需的形状和孔口。拉伸使聚合物软化，提高其抗拉强度。土工格栅可用于土体加固，满足土体抗拉强度需要。

土工膜：一种薄而不透水的薄膜状合成材料，用来阻止液体的流动。常见用途是用于透水土体上建造的池塘的防水里衬。

土工网：使用平行聚乙烯束制成的合成材料产品，可形成类似于渔网的外观样式，以适当方式堆叠线束即可通过材料实现面内排水。双层和三层土工网由两组或三组平行材料束构成。通常在两层土工织物之间、两层土工膜之间、或一层土工膜和一层土工织物之间放置土工网，从而固定土体，允许液体流出。

土工合成材料：土方工程中使用的人造材料。这是许多合成材料产品的通称，包括土工织物、土工膜、土工网、土工格栅、土工泡沫和土工复合材料。

土工织物：土方工程中使用的可渗透性织物。该织物通常是合成聚合纤维做成的织布、无纺织物或针织物。

透水率试验：使用土工织物评估土体反滤性能的试验方法（ASTM D5567）。该试验方法只适用于透水率为5×10^{-2}cm/s条件下的土体渗透性；否则，应开展水力坡降比试验（ASTM D5101）。

内部侵蚀：描述水流导致土体颗粒不当移动的通用术语。过去土工技术规范将此称为“管涌”，目前认为是几种不同的侵蚀过程，如冲刷、潜蚀、管涌、内部迁移等的统称。在土工织物反滤层情况下，该术语指反滤层未能阻止土体颗粒穿透滤层平面迁移的情况。

最小平均轧辊值（MARV）：这是对制成的织物卷进行代表性抽样和测试所确定的最小值。该数值是低于试验结果平均值两个标准偏差所对应的数值。也就是，2.5%的样品具有低于MARV的数值。MARV是表达土工织物的特性。当一个指定的特性不应大于规定值（如在土体保持的情况下的开孔大小）时，最大值比 MARV 更适用。

空隙百分比（POA）：在织物平面上无纤维的空隙指标。该数值提供织造型土工织物的渗透性指标。

薄膜窄条：一种通过切割、挤压薄合成材料膜（或薄片）而成的带状纤维。薄膜窄条可作为纤维单独制作土工织布，或撮合形成纱线。如果单独条带本身具有多孔隙，可以称其具有原纤维组织特性。

人造短纤维：由切割长丝形成的短纤维。通常切割成 1～4in 的长度，用于制造无纺土工织物。当然，也可将短纤维纺成纺织用的纱线。

合成纤维：细长类似线的人造材料。合成纤维一般是通过融化、拉伸人工合成聚合物或把特薄的聚合物板切割成细长丝状而制成的。也可将纤维进一步加工成其他形式，如多纤维纱线，或在制成织物前涂敷化学涂层。

19.2.2 土工织物

根据制造时所用纤维类型和形式的各种不同组合，可提供多种多样的土工织物。制作方式包括纺织物、无纺织物及针织物。纤维制作包括聚合物熔化成丝或将挤压型薄板切割成带状纤维。在制备织物前，可将土工织物纤维进一步加工成多纤维纱线，而后切割成短纤维（称为“人造短纤维”），或切割并纺成短纤维纱线。关于制造方法的进一步讨论，参见《土工合成材料设计》第 1 卷（科纳，2012 年）。土工织物的常见类型包括单纤维土工织布、多纤维土工织布、薄膜夹条土工织布、针织短纤维织无纺土工织物、纺粘（热熔）连续长丝无纺土工织物和针织多纤维土工织物。土工织物的类型选择在很大程度上取决于所需的材料功能及工程特性。

19.2.2.1 织造型土工织物

机织土工织物是通过合成纤维或纱线（经纱和填充物）交织而成的织物，从而制成土工织布。编织方法类似于纺织行业为生产服装织物使用的方法。通常以简单的矩形花式安排编织。可使用不同类型的纤维：单线（单纤维）、多线（多平行纤维）、薄膜夹条（带状纤维）及原纤维化材料（含许多短薄膜夹带纤维）制造织造型土工织物。也可以形成其他变种，可将不同类型的纤维纺成多纤维纱线，也可用于纺织。织造型土工织物的成本价格一般比其他类土工织物更高。当然，相比其他类型的土工织物，其强度和模量也是最高的，强度会随着所用的纤维和纺织方法而有所变化。这类织物具有最低的断裂伸长率。因此主要在需要高抗拉强度织物之处使用。常见用途包括加固陡坡的土堤加筋改进承载能力并避免土体侵入自由排水骨料的路堤下方加筋，作为淤泥围栏临时保留和过滤浑水。早前许多用无纺土工织物进行排水和过滤，其实通常更适合于上述织物。由于制作工艺上的原因，单纤维和薄膜夹带纤维织成的土工织布具有简单的孔隙结构。织造型土工织物由多纤维和原纤维形成的薄膜夹带纤维制成，纤维本身具有二次孔隙。图 19.2.2.1-1 与图 19.2.2.1-2 所示为织造型土工织物的部分示例。

19.2.2.2 无纺土工织物

无纺土工织物具有不规则方向的纤维。可使用三种方法制造该织物：针刺、粘纺和树脂黏合。针刺采用装有倒钩的针穿刺，然后缠绕大量合成纤维形成织物。人造短纤维

沿照片底部显示 1mm 刻度的比例尺。垂直与水平纤维之间的交叉点有孔隙空间。
由于水平纤维内的二次切割（原纤化作用），水平纤维还具有二次孔隙，可在照片上看到。
图 19.2.2.1-1 单纤维（垂直纤维）和原纤维形成的薄膜夹带（水平纤维）制成的织造型土工织物放大图

本织物具有较高的孔隙度，因此相比于图 19.2.2.1-1 具有更好的渗透性。
图 19.2.2.1-2 原纤维形成的薄膜夹带土工织物放大图（1mm 比例尺）

（切割纤维）通常用于制造针刺型织物。粘纺是挤压纤维，然后将纤维铺在传送带上形成纤维网或纤维垫的工艺。纤维层会在朝向随机的情况下缠结在一起。粘纺是一种统称；从机械角度上可以采用针刺（较为少见）或热黏结（又称为“热定型”）土工织物，即通过将纤维熔化在一起制成织物。在制造无纺土工织物时较少使用树脂黏合。树脂黏合会产生化学兼容性和树脂耐久性问题，会缩短土工织物的使用寿命。热黏合工艺通常应用于生产作排水带滤层使用的轻型土工织物。

无纺土工织物有多种质量规格可供选择。由于该类织物具有可压缩性，所以按每单位面积质量（oz/yd^2），而非厚度予以规定，这是使用土工膜的常例。工程施工常用的土工织物规格为 $8oz/yd^2$、$10oz/yd^2$、$12oz/yd^2$、$16oz/yd^2$ 及 $32oz/yd^2$。由于 $4oz/yd^2$ 的土工织物易撕破，所以通常使用 8oz/yd^2 或更重的织物。

非织造土工织物是大多数土体过滤应用的首选材料，在大多数反滤（土体保持）应用中已取代机织土工织物。由于非织造土工织物具有一些抗穿刺性能，所以较厚的无纺土工织物（16 与 32oz/yd^2）主要用于提供保护，如在土工膜和有棱角的砾石之间提供隔离保护。这类织物在平面内还可以输送水流，因此有时可用于排水用途。土工复合排水由两层土工织物之间夹一层土工网构成，是在土工合成材料平面内输送水流的常见手段。可采用特殊订单订购 64oz/yd^2 的无纺土工织物，这是现有最重的土工织物，可一起用针刺处理两层 32oz/yd^2 织物生产该土工织物。通常，可接合两层 8oz/yd^2 的织物制造更厚织物，由此制成一层 16oz/yd^2 的织物，然后接合两层 16oz/yd^2 的织物制成一层 32oz/yd^2 的织物。依此类推，还可结合两层或多层性质各异的土工织物（如排水特性各异）制成复合土工织物。图 19.2.2.2-1 所示为针刺型无纺土工织物，而图 19.2.2.2-2 所示为针刺型短织无纺土工织物。

顶部是一片 4oz/yd^2 的土工织物，而左下方是一块 32oz/yd^2 的土工织物。

图 19.2.2.2-1　显示厚度随质量变化的针刺型无纺土工织物示例

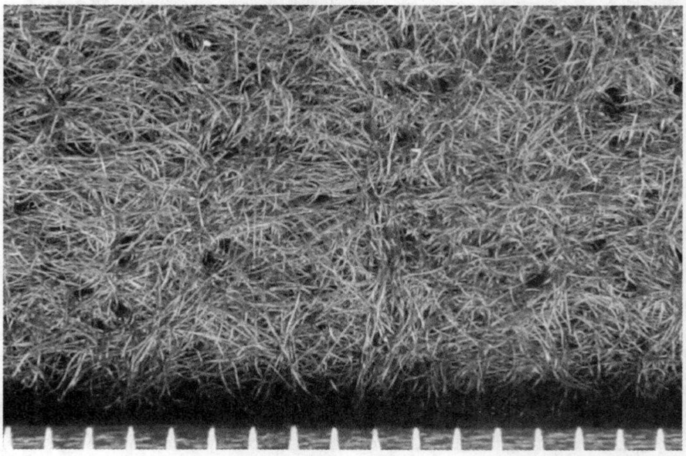

针孔和纤维缠绕使织物连在一起。

图 19.2.2.2-2　针刺型短织无纺土工织物放大图（比例尺 1mm）

虽然针刺型土工织物是最常见的织物形式，但在排水带等用途上多使用热黏合型土工织物来过滤粒度极细的土体，如黏土等。热黏合法可使土工织物的开孔尺寸更稳定，而且形成的织物强度更高。热黏合法还可使得织物表面顺滑，减少界面摩擦力角，当表面光滑时，可以将排水带较深地插入土层内。虽然可在隔离以及其他用途中使用热黏合型土工织物，不过这类织物的表面摩擦力较低不利于在坡面施工使用，表面摩擦力低可导致边坡不稳定。热黏合工艺可用于制造相对较薄（20～40mil）的轻型土工织物，而针刺工艺通常用于制造厚度较大（40～200mil 以上）的织物。目前有一种单面采用热黏合略加处理针刺型无纺织物的方法，这样织物表面就有两种不同的构造——一面顺滑、一面粗糙。

热黏合工艺制成的光滑表面具有一定的憎水性。水要流入并穿过热黏合成的无纺土工织物，通常需要具备一定的水位差压力。通常，在浅土层中放置土工织物时，针刺型无纺土工织物是排水与反滤用途的首选。图 19.2.2.2-3 为连续长丝型针刺纺粘型无纺土工织物，图 19.2.2.2-4 为连续长丝型纺粘与热黏合型无纺土工织物。

该土工织物只稍稍经“热定型”处理（轻轻地熔合在一起）。

图 19.2.2.2-3　连续长丝针刺纺粘型无纺土工织物放大图（比例尺 1mm）

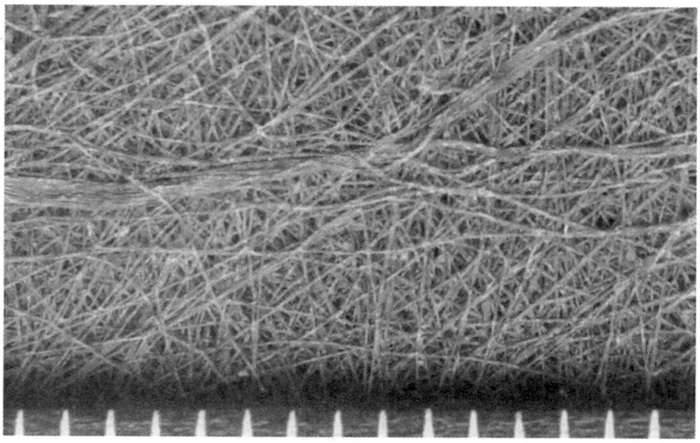

该土工织物中的纤维经高度“热定型”处理。纤维经过比图 19.2.2.2-3 上的示例更为彻底地熔合，从而使纤维熔合在一起。该土工织物可用做排水带的反滤层。

图 19.2.2.2-4　连续长丝纺粘与热黏合型无纺土工织物放大图（比例尺 1mm）

19.2.2.3 针织土工织物

针织土工织物是通过一条或多条纺线将一系列圈环相互连接而制成的织物。单纤维、多纤维和纤维纱线均可用于制造针织土工织物。针织土工织物可轻松地拉伸并扭曲变形，从而改变其开孔尺寸，因此，在运输、储存、搬运和安装时要求特别注意避免扭曲土工织物，否则可能会导致土颗粒穿过织物（未能起到反滤土颗粒的作用）。图19.2.2.3-1 所示为多纤维土工针织物。

该织物可用做围绕穿孔管铺设的滤层。

图 19.2.2.3-1　多纤维土工针织物放大图（比例尺 1mm）

有些聚乙烯排水管制造商可提供一种编织的聚酯土工织物作为反滤措施，用以包裹在开槽（穿孔）管道上。这种产品有时被称为“滤袜”（编织土工织物），放置在排水管（管）周围，通常随已装在管道上的土工织物一同供应。由于含土工织物反滤层的排水管易于堵塞，而编织式土工织物直接接触天然土体使用时效果不佳。因此，垦务局建议包裹排水管使用的土工针织物仅限于与工程滤沙袋接触的设施。

19.2.2.4 土工织物卷尺寸

通常，土工织物以 12.5ft 或 15ft 的宽度成卷供应（也可制造宽度更大的织物卷）。标准长度有 150ft、300ft 和 360ft，不过目前供应的重型土工织物长度相对较短（150ft 和 300ft 两种规格）。当需要覆盖更大的面积时，土工织物可以在现场进行接合。可以采用缝合、U 形钉、热焊接、打结、黏合及搭接方式接合土工织物片。每种方法各有利弊。接缝无法实现像土工织物本体一样强韧。高品质的缝合接缝一般也只能实现土工织物抗拉强度的 50%～70%。19.6.3 部分详细讨论了缝合法。

19.3 土工织物功能

土工织物具有反滤、排水、隔离、保护、加筋和控制土体侵蚀等功能，见表 19.3-1。土工织物常用于公路和高速路等土木工程施工项目中，这也是土工织物的主要用途之一。在无土工织物的年代，过去土方项目会使用厚厚的数层天然材料，如沙子、砾石和岩石，以期实现目前土工织物所承担的多种功能。轻型强韧的土工织物通常在实现必要功能的同时也具有较好的经济性，无需再使用大量天然土体或岩石。同时，土工织物质量较轻，这一特点从经济角度看也具有很好的搬运优势，当然也有土工织物容易受损的缺点。由于土工织物的表现不同于自然材料，它们的设计和规格更为复杂，需要专门的知识和经验。如果设计或安装不当，土工织物的性能和经济效益将无法实现。另外，在进行设计时需考虑土工织物的使用寿命和更换要求。

虽然通常土工织物按功能进行设计，不过在使用时往往涉及其若干功能。基本功能，如反滤也依赖于像排水等辅助功能，才能保证良好的使用效果。成功的设计往往要求进行土工织物若干使用功能的评估。表 19.3-1 介绍了土工织物在土坝不同位置的功能，而图 19.3-1 采用图示法说明土坝内土工织物的若干功能。

在填筑坝内天然材料（如沙子和砾石）通常比合成材料更受欢迎。合成材料虽然比天然材料更便宜，但使用天然材料可以更长期保证良好性能，而成本因素对大坝而言往往没有其良好性能的长期性重要。在工程场地附近天然材料短缺时，人工合成材料才具吸引力。

表 19.3-1　　土坝不同位置的土工织物功能

位置	用途	水流或加载的类型	故障严重性	维修便利性
下游边坡保护	降雨冲蚀的控制	偶然的地表水流	非关键	简单
下游表面排水	排除表面渗漏	连续的局部渗漏	非紧急的，局部湿润区会反复出现	简单
上游边坡保护	控制因水位下降期间水向外流和波浪作用造成的侵蚀	波浪作用期间反复水流、水位下降期间的小水流	通常非灾难性	可行的
临时内部排水	湿土回填施工期间使超孔隙压力消散	临时性水流。如果排水管未堵塞，则允许少量细粒流失	非灾难性。施工期或延误期间可导致失稳	无
上游内部填筑边界	避免细粒向上游方向移动	水位骤降期间的瞬时细流	非灾难性。只有移动范围较大且连续时才重大	无
下游内部接触面，无来自水库的连续渗水	避免细粒移动	因降雨渗透才会出现水流	有限且非灾难性	为安全，需降低水库水位后进行开挖处理
下游内部接触面，有来自水库的连续渗水	避免内部侵蚀，包括缝隙内汇集水流造成的影响等	来自水库的持续渗水，可能较大并不断增大	可能产生灾难性后果且发展迅速。来自下游边坡的一般性渗流只会引起缓慢失效	通常无。为安全需降低水库水位，需对下游反滤层剔除后再行恢复
堆填区之间	避免各区之间交叉混杂	持续性渗漏	堵塞可导致孔隙压力积聚和边坡稳定性问题，如果释放会导致灾难性后果	无。为方便维修需要大范围开挖并降低水库水位

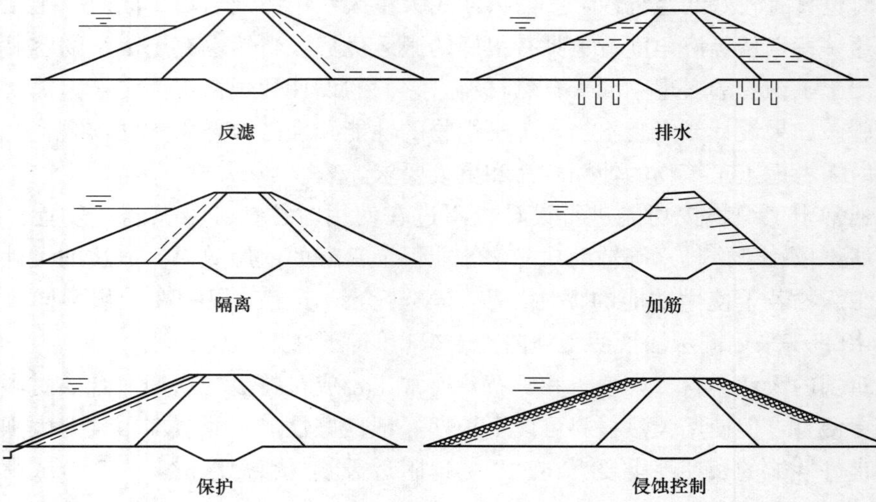

图 19.3-1　土坝中各种土工织物功能的图解

19.3.1　反滤

借助反滤功能，流体可流过土工织物的平面，同时在土工织物的上游侧保留土体颗粒。由于安装期间的撕裂、穿刺和接缝隔离以及安装后的堵塞会削弱土工织物的功能，所以最好不要将土工织物作为土坝内排水或主要反滤层。虽然使用土工织物代替天然材料制成的滤层（如沙子），可显著节省成本，但是如此替代会产生风险。如果土工织物作为埋设在土石坝内的主要防护滤层，可视为偏离了本标准的要求。通常只可以在少数情况下这样做，如坝趾排水系统或在坝体上部等，这些情况下进行反滤层的更换维护相对比较简单易行。目前日渐流行的一个趋势是在干燥的环境下使用土工织物滤层维修出现裂缝的大坝（德尔格等人，2011 年）。

反滤设计要求考虑渗流的特性，评估有待过滤的土体，之后考虑该环境下土工织物的性能。土工织物滤层必须满足两个相对立的准则。土工织物的孔径必须够小，才能充分保留过滤的土体，不过土工织物又必须具有足够的透水性，才不会限制液体流出土体穿过土工织物。第一个标准讲的是土体保留，这取决于相比土工织物的开孔，有待过滤的土体颗粒尺寸（粒度）。而第二个标准是透水性，这取决于随时间流逝土工织物堵塞可能性的评估结果。

液体流过土体的特性也是设计时需要考虑的一项因素。渗流与土体之间水化学差异可导致形成沉淀物，进而引发堵塞。有机质富集的水体或土体可导致生物堵塞。此外，土体颗粒背离或向土工织物移动均可导致颗粒堵塞。土工织物滤层在使用时应该预计到会产生一定程度的堵塞。当堵塞范围较大以致土工织物无法正常工作输送液体时，即可视为过度堵塞，应避免此种情况的发生。在如下情况下不建议将土工织物用做反滤层（科纳，2005 年第一季度）：

（1）级配小的土体，如黄土、石粉或碎石细粉。底土由尺寸较为一致的颗粒构成时，难以在土工织物上形成各种土体颗粒分层而成的滤层块。

（2）分散性黏土：这种黏性土体倾向于絮凝成细粒，由此易于穿过土工织物。

（3）级配间断的无黏性土体：除非较细的部分表明具有多种颗粒尺寸，否则难以形成滤层块。

（4）浑水：如受疏浚施工作业影响的水体，泥浆水会导致快速过度堵塞。

（5）充满微生物的水体：来自农业生产的水可导致滤层过度堵塞。

19.3.1.1 渗流

设计人员必须评估有待反滤的渗流的特性。这要求了解相关的水化学、水流变化和水力坡度。水化学通常是废物积留产生的原因，而非水库引起。如果预计水体呈强碱性（pH 大于 10），则可能会损害由聚酯树脂制成的土工织物（科纳，2012 年）。酸性水（pH 值小于 3）可降解聚酯和聚酰胺（尼龙）土工织物。在极端 pH 值情况下，应考虑聚丙烯或聚乙烯作为土工织物的制造材料。

流量变化是需要考虑的另一个因素。将土工织物放在堤坝的下游部位时，如放在坝趾排水系统中时，该土工织物具有相对稳定的渗流，该渗流随着水库水位变化逐渐改变。通常在接触下游的砾石层或砂层情况下放置相应土工织物，而水流会在该砾石层或砂层中移动，而后快速移走。这种水流是单向流动的。鉴于土工织物放在堤坝上游边坡保护材料如抛石的下方，则该土工织物会面临不稳定的动态水流。水流会快速变化，而水流方向会因波浪作用和堤坝阻挡而来回折返。

在两种不同的土体之间铺设土工织物且水流可以逆向流动时，应考虑其反滤性能，避免颗粒在任一方向穿过织物。

在目前已有的一些失败的案例中，其中块状护坡材料直接放在土工织物之上。岸坡覆盖的土工织物面积太大，露在外的排水面积很小。因此在暴风雨期间，波浪作用引起坝体土体中的地下水位抬升，进而导致随退潮出现反向流动的情况。坝体无法快速排水，所以抬升的地下水面导致岸坡垮塌。

在流速较大的高渗流坡降和或动态坡降情况下也可影响土工织物的反滤性质。应在较高坡降情况下考虑土工织物的性能。高渗透压力可使土工织物扭曲，由此会改变其土体保留特性。应该考虑在这种安装环境下，进行相应的土工织物和土体实施实验室实验（科纳，2012 年）。

19.3.1.2 土体保持

土体保留的滤层设计采用同粒状滤层设计原理类似的原则（参见第 5 章“保护性反滤”）。对于用作滤层的土工织物，关键特征是开孔尺寸，开口的大小控制固体颗粒的截留及其透水性。关于土工织物的反滤层设计，参见 19.4.1 部分。

19.3.1.3 土工织物透水性

在土工织物许多用途中，最重要的是水流能穿过织物。在作为滤层使用时，重要的是输送水流的能力。土工织物的多数安装施工情况表明，有时因堵塞使安装后透水性会显著降低。土体颗粒填充土工织物的孔隙降低其输水能力时，即出现堵塞。透水性的降低幅度同异物堵塞的孔隙量成正比。堵塞可因土体、生物、微生物及其副产品或无机化学沉淀物等填充孔隙引起。当然，土工织物滤层本身也始终会对水流形成一定程度的堵塞。如果在土工织物中有大量孔隙堵塞，则可能彻底无法实现预期的反滤与排水功能，这就是所谓的过度堵塞。工程应用中严禁出现过度堵塞。排水系统的过度堵塞可抬升大坝填筑体内的地下水位，可致填筑体边坡稳定事故。

关于化学堵塞，是指矿物质在土工织物纤维上的沉积，不包含生物微生物的影响。水可溶解并在溶液中携带矿物质，当水体中矿物溶解性下降时就形成沉积物，多种因素都可造成溶解性下降。水的溶解性主要受水温、pH 值或盐度变化的影响。从还原到氧化条件的变化，或矿物质饱和水的蒸发也是形成沉积物的重要原因。水体 pH 变化是造成大量矿物质沉积的最重要因素。

水体 pH 会因两种不同的水源混合，地下水渗流同土体中的矿物质发生化学反应，氧化环境变化，溶解或释放二氧化碳等可溶解性气体等而变化。当有强碱性地下水流时，土工织物中通常会有矿物质沉积。沉积物的类型诸如钙、钠或镁取决于水的化学性质。

微生物/其副产物覆盖纤维并填充土工织物中的孔隙时，会出现生物堵塞。由此产生的引起堵塞的物质通常称为“生物膜”或“生物软泥”，通常由存活与死亡的生物体和矿物质沉积物构成。微生物需要养分作为新陈代谢和成长繁衍的能量源，在营养物质与生长基质结合的情况下才能茁壮成长。生长基质是具有较大表面积从而可供生物附着的材料（如土工织物）。过度的生物堵塞不仅限于土工织物。砾石排水、砂土滤层和割缝的井管滤网也是典型的生长基质，它们的表面积很大，容易受到生物沉积的影响。有氧与厌氧环境均会出现生物堵塞现象。目前有水化学和微生物的多种组合均可导致生物堵塞类型的出现。经验表明，存在铁氧化或硫酸盐还原的过程均会在大坝上引发问题。

“赭红色生物膜”即黄褐色至红色的含氧化铁物质和有机物（存活的与死亡的细菌）的形成是填筑坝排水系统出现过度生物堵塞的最主要原因，同时还会影响土工织物滤层。当含溶解性铁元素的渗流水进入滤层或排水管等富氧环境时，会有赭红色沉积物形成，其机理涉及铁元素从 Fe^{2+} 至 Fe^{3+} 的氧化和 Fe_2O_3 的后续沉淀。该机理在自然中会通过无机过程显现，不过速度极慢。研究表明，微生物能显著加快这种化学过程（东卡等人，2003 年）。据推测，建造排水使其保持浸没状态，可缓解赭红色堵塞问题（东卡等人，2006 年）。在南非的厄尔戈尾矿坝，使用一个“p”形存水弯定期将排水环境从有氧变为厌氧，以此控制生物堵塞（莱杰，2004 年）。厌氧生物堵塞机理的示例涉及含铁元素和硫酸盐的酸性水体。在此情况下，硫酸盐还原细菌会在贫氧环境中起作用，从而形成由有机物混合硫化铁构成的黑色生物软泥。

在一些尾矿坝上铺设土工织物是有问题的，尽管人们认为砂反滤也会遇到类似的堵塞问题（舍伦伯格，1982 年）。这种现象在采矿业中是相当值得研究的课题。在水处理与排水系统中生物软泥会堵塞水流通道，从而无法使用硫酸盐还原细菌来进行矿山废水脱酸与去除金属的处理。

19.3.2 排水

土工织物不仅可以在垂直于土工织物层平面（像滤层）的方向输送水流，还能起提供平面排水（平行于土工织物层的水流）作用。该性能取决于输水率（在平行于土工织物平面方向的单位坡度、单位宽度的水流体积），见 ASTM D4439 的相关规定。针织土工织物输水率几乎为零，因此不能用做排水。较厚的无纺土工织物、复合土工网（土工织物黏结成土工网）和土工排水板结构都可实现平面排水。图 19.3.2-1～图 19.3.2-3 为部分复合土工排水产品的示例。

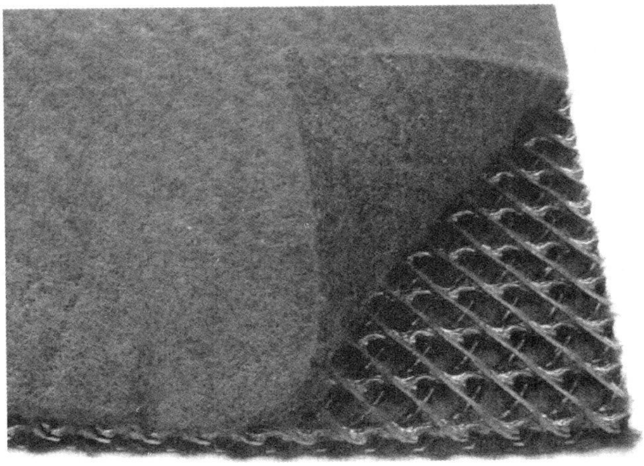

向后剥离上部土工织物层的一角，显示出下面的土工格网芯。

图 19.3.2-1　由三角格网每侧黏结无纺土工织物而成的复合土工网排水板

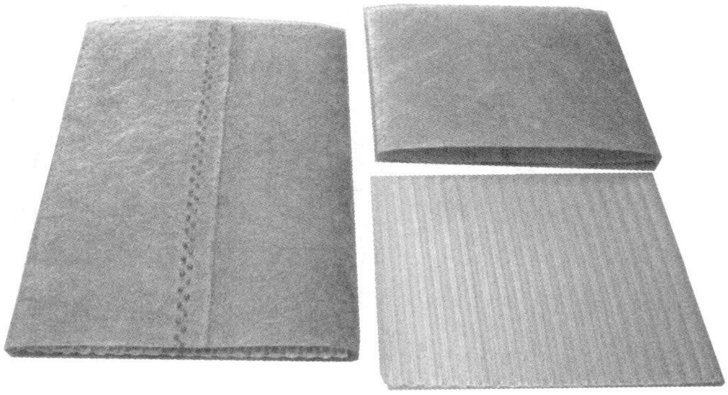

左侧是装配好的排水板，右侧是构件。

图 19.3.2-2　由聚合瓦楞芯和外部热定型无纺土工织物构成的排水板

图 19.3.2-3　通过在无纺土工织物内封装一排穿孔土工管形成的土工复合排水板

除照片中所示的排水产品外，还有其他多种复合土工排水产品。排水功能设计的重点在于考虑流量与综合强度。土工织物和相关产品的一些典型值：

（1）针刺型无纺土工织物：常规尺寸为 3～10mm 厚，透水性为 10^{-4}～10^{-3} m/s，输水率为 10^{-7}～10^{-6} m^2/s。

（2）土工网复合材料：一般 10～20mm 厚，透水性为 10^{-1}～1m/s，输水率为 10^{-3}～10^{-2} m^2/s。

在承受压应力时，其厚度、透水性和输水率的数值都会下降。因埋设形成的压力会在一定程度上压缩土工织物与土工复合排水管，由此会大幅降低其承受和输送水流的能力。对于无纺土工织物，在压应力 100kPa 左右时，输水率下降（约为非压缩值的 20%～30%）且基本为一恒定值。因此，在远在这个应力水平以前，其结构足以在承受负载的同时继续输送液体（科纳，2012 年）。

19.3.3 隔离

在施加荷载时，当两层土受挤压有相互混合的趋势时，需要土工织物铺设在这两层土之间起隔离作用，这通常出现在与反滤不相容的土体，也是为了防止出现导致细土颗粒迁移进入较粗的土体中。虽然多数土工织物本身就有隔离功能，不过当土工织物输送水流的需求居于次要地位时，隔离可视为主要功能。隔离的典型应用为在铺设路基砾石层前，在细粒土体地基上先铺设土工织物，可避免细土填充较粗的砾石，从而削弱砾石的排水与剪切强度。在上述用途中，截留颗粒是其主要功能。土工织物还必须有足够的强度，可抵抗破裂、撕裂和穿刺（科纳，2012 年）。垦务局在土石坝中应用了此功能，其在下游砾石排水区上放置土工织物，从而避免土层细料填充砾石孔隙并降低其透水性。其他情况应用情况：高速流动环境（10～25ft/s）中在灌浆处理的抛石下方使用土工织物，避免薄浆渗入可渗透地基，如砾石，这需要保持自由排水，避免形成扬压力。已在大坝中使用无纺织物、织布和土工复合产品的隔离功能。另外，在边坡上放置土工织物时，会形成潜在薄弱层，必须评估边坡的稳定性。需要注意，土工织物和土层之间接触面的摩擦角可能大大低于土体的摩擦强度。

如含 36°内部摩擦角的沙子放置在土工织物上时，其接触面只有 23°～26°的摩擦角。这会大大降低边坡稳定强度。另外更有争议的应用是在光滑的土工膜上使用土工织物，其接触面的摩擦角极小（6°～24°）。当然，有织纹的土工膜通常是搭配土工织物使用的首选材料。对于搭配糙面土工膜使用的土工织物，其通常接触面摩擦角的范围是 11°～32°。

19.3.4 加筋

可通过在土层间铺设土工织物（水平加筋）的方式来提高外露坡面的稳定性（竖向加固），或通过完全覆盖的方式加固土体。土体通常可抵抗压力，但无法抵抗拉力。土体加筋可以通过向土体引入结构元素从而获得抗拉强度与剪切强度的方式实现。还可使用其他产品，如土工格栅，见图 19.3.4-1，通过将松散的聚合纤维混入土体，或将钢棒或玻璃纤维棒（土钉）嵌入土体，从而实现土体加筋。土工织物通常是低强度粉土和黏土加筋时的首选材料。可在夯实的土层间加入土工织物。强化效果是土工织物的强度以及土工织物与土体接触面摩擦力的综合函数。尽管针织土工织物具有良好的抗拉强度，但是相对无纺土工织物，其表面摩擦系数较低。在选择加筋材料时，需要对土体进行考虑及评估。土工格栅专供高抗拉强度用途的土体加筋使用，其常用于粗粒土。而对于细粒土，相比土工格栅，土工织物同土体接触的表面积更大，细粒土体加筋更多的选用土工织物。土工织布与土工格栅均能在微小应变下产生较大的力。

公路填筑体和其他很多项目都采用土工织物加筋，相对普通土体，加筋土体可允许更陡峭的边坡。对于土石坝工程，使用土工织物加筋实现了稳定的较陡边坡，而这对于普通土体是不可能稳定的。随着强度的提高，在持续荷载作用下的拉伸和蠕变变形变得非常重要。建议土工合成材料的加筋结构要具有弹性，能自行调节以适应应力作用下的内部变形。土工合成材料在达到设计工作荷载前应变变形可达几个百分点。同时，温度的升高也会影响材料性能，这也是某些施工安装条件下需要考虑的事项。

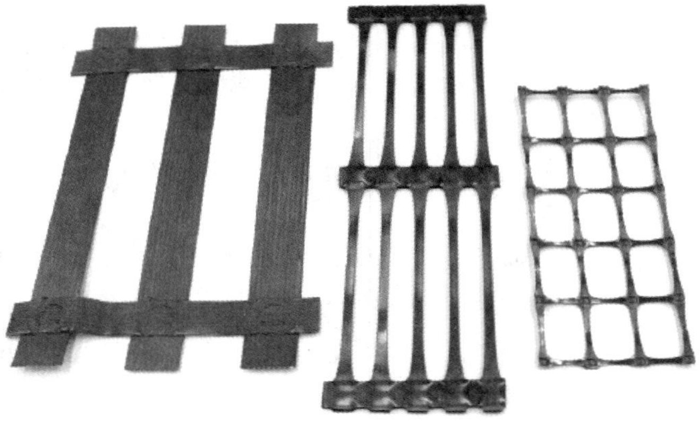

土工格栅已在许多粒状土高强度加筋的工程应用中替代了土工织物。

图 19.3.4-1　土工格栅实物

19.3.5　保护

虽然之前只考虑土工织物的单独功能，不过目前认为隔离功能应包含保护功能。通常，其保护功能是应用在土工膜和砾石层或其他岩土层之间铺设的土工织物，否则砾石或石质土可刺穿土工膜并削弱该膜的隔水效果。为达到理想的保护效果，有必要考虑土工织物出现破裂、撕裂和穿刺的情形。除了进行计算外，有时还需运用实验室试验和现场验证的方式来检验关键部位的保护效果。在采矿业中，已采用实验室试验来模拟土工合成材料的埋深效果。现场验证就是在现场检测区放置多种设计部件，然后让它们承受预期的加载条件，最后仔细地把检测材料挖掘出来，目测所达到的防护等级。垦务局已经在使用土工织物保护土工膜时采用了现场验证方法。

19.3.6 侵蚀控制

侵蚀指水流穿过土体表面带走土体颗粒的过程。之前将侵蚀控制视为土工织物的单独功能，不过目前认为这包含隔离、过滤和排水功能。坝工中使用土工织物控制侵蚀主要做法如下：

（1）在土石坝的上游边坡上，于石块和土体之间放置土工织物，从而避免因波浪作用造成细土颗粒的侵蚀。当然，采用碎石垫层最好，不过如果石块尺寸较小且填筑体土体的腐蚀性强，则可使用土工织物。

（2）在土工织物上方铺设垫层，用以在上部抛石块层施工期间保护织物。

（3）在输水明渠的干砌石下方使用土工织物替代碎石垫层，从而保护下面的土体免遭冲蚀。

（4）编织土工织物被用做临时覆盖物来保护已播种土体，直到植被长出。这类土工织物经常称为“防护毯”。相比于稻草覆盖层提供的侵蚀保护，土工织物是侵蚀保护的高级形式，常在降雨密集区的陡坡上（坡度为1∶2或更陡）使用。可在土石坝的下游边坡上使用防护毯，从而促进植被的长成。目前使用的土工织物基本是由天然材料、合成材料以及天然与合成材料混合制成。鉴于合成材料在接触特定物质时会降解，所以通常优先选用这类合成材料制作防护毯。可在半干燥地区内使用防护毯，从而防止苗床的水分损失。

（5）称作“拦砂网”的针织土工织布通常会在大坝施工中用做临时栅栏，以便从富集沉积物的洪水中拦截悬浮颗粒。

（6）针织土工织物可用做河道或水库中铺设的“隔泥幕”，从而滞留水下挖掘和土方堆放施工产生的悬浮颗粒。

（7）在土石坝顶部的砾石表层下方铺设土工织物，从而避免因行车形成车辙并保护下层填土免于出现干燥裂缝。

土工织物控制侵蚀的用途，推动了多种产品的开发。除土工织物外，大坝工程还使用由砾石填充的土工格室作为植被边坡的备选方案。鉴于在干旱地区植被难以种植和生长，所以砾石填充的土工格室是干旱地区有效的侵蚀控制方法。本章下面仅讨论上述前两种用法，用土工织物代替碎石垫层防止水流侵蚀。

19.4 设计程序

相比反滤层和排水使用的天然材料，如沙子和砾石，土工织物可以大幅节省成本，同时也可减少施工时间。在使用时，可用厚度不到1in的合成材料替代厚达2ft或以上的天然材料。如果降低土工织物的性能，则无法实现其重大经济与技术优势。土工织物安装后出现性能问题有下述多个因素：

（1）滤层与排水过度堵塞。

（2）土体颗粒穿过滤层与排水造成内部侵蚀。

（3）压力扭曲。

（4）环境降解。

（5）边坡不稳定。

（6）破裂。

（7）施工能力。

设计不当、安装不良、安装后损坏、降解退化均可导致性能问题。因为土工织物易于因安装受损且使用寿命有限，所以如果土工织物可能未能达到预期效果，则不得在对大坝安全至关重要的部位使用。所有合成聚合物都会随时间流逝氧化并失去强度。对于设计和安装良好的土工织物，可认为其有效使用寿命大约为 50～150 年。由于使用寿命有限，所以垦务局严禁土石坝在深埋部位或需采用昂贵、困难的措施才能实现维修或更换的位置使用土工织物。垦务局已规定土石坝中使用土工织物的范围：

（1）以较浅的埋设深度，在坝趾排水系统中用做反滤层。

（2）在下游砾石排水区和上覆的下游填筑体壳层之间用做隔离层或滤层。

（3）为保护上游边坡免受波浪影响放置抛石时，在抛石下方用做滤层或垫层。

（4）铺设在骤雨排水沟内抛石下方，用做滤层或垫层。

（5）通过变陡边坡以增加坝高，用做坝体加固。

（6）用做覆盖软土加筋或隔离。

（7）铺设在土石坝顶部砾石路面下方，作为防护屏障。

（8）作为防止上游隔水土工膜被刺穿的保护层。

（9）作为控制临时侵蚀的材料，保护播种的边坡恢复植被。

在设计、选择和指定土工织物时应遵循系统方法。建议为某一特定设计考虑几种备选方案，并对所选方案的理由予以记录。土工织物的设计与规格选择需要专用知识和经验。在缺乏充分工程评估和比较的情况下，只是因为之前曾在类似的项目使用过，就认为土工织物会有效或是最佳选择，这不是一种合格的工程设计。佩洛夫与巴伦的土工织物系统设计方法（1976 年）见表 19.4-1。

表 19.4-1　　土工织物系统设计方法

序号	设 计 活 动
1	确定用途并明确问题范围（功能和边界条件）
2	调查并记录现场的相关土工技术条件（地质概况、土体、水文学、水化学等）
3	制定设计概念，包括若干可行性备用选项
4	建立需要分析问题的模型，确定每个模型的参数
5	开始实施并记录分析
6	比较结果并选择最适合的设计。考虑备选方案的成本比较、施工可行性、可靠性、耐久性等。如有必要则修改设计
7	编写所选方案的详尽设计，包括计划与技术规范
8	观察并记录施工情况
9	观测性能，记录并报告经验和教训

为特别用途而选择最佳土工织物特性时，应以是否符合功能性要求、施工能力要求和耐久性要求而定。表 19.4.1-1 列出了各种功能用途的土工织物具体性质，同时也说明

土工织物功能与性质之间的关系。这些特性应根据项目特点因地制宜考虑，不是所有的特性对每一个项目应用都是重要的。

传统上土工织物设计有以下两种方法：

（1）基于各种使用条件下所得的经验，按材料规格进行设计：美国州公路与运输协会（AASHTO）在 M288 土工织物技术要求方面使用此方法，其应用于许多公路与高速路。同时，虽然有拦砂网柱间隔、拦网高度、织物强度等的计算程序（科纳，2012 年），不过实践中很少用到。较为常见的是详细说明现有产品，同时设计会基于过去类似用途的经验，强调土工产品的施工铺设过程（卡彭特，2006 年）。

（2）在新增安全系数（FS）（科纳，2012 年）情况下，基于所需材料特性值的计算结果，按功能进行设计（除拦砂网外），这是本标准选用土工织物的优先方法。

19.4.1 用于滤层的土工织物设计

表 19.3-1 列明土坝不同位置的土工织物滤层特性，表 19.4.1-1 列出有关过滤用途的重要原则和性质。反滤包括液体从基土向滤层流动（单向流动条件）时在细土（基土）和粗粒土或土工织物（滤层）之间形成稳定的接触面。良好设计的土工织物滤层必须满足同颗粒滤层与下效果相同的准则：

（1）滞留。

（2）透水性。

（3）无堵塞。

表 19.4.1-1　　过滤与排水应用中重要准则与性质

准　则	性　质
可施工性	厚度 质量 吸水率（湿重） 柔韧性 抗拉强度 抗穿刺性 抗切割性 接缝强度 可燃性 抗撕强度 紫外线稳定性
耐久性	化学稳定性 生物稳定性 热稳定性
水力学	土体保留 厚度 透水性 抗堵塞性

可结合实践经验、实验室试验和理论性等来制定颗粒滤层的过滤准则。颗粒滤层的

设计最初仅考虑有关平均土体粒径，现在随时间发展开始考虑其他因素，如土体的内部稳定性、分散性土体的存在、施工（克莱纳，2005 年）。如本标准第 5 章“保护性反滤”所示，根据当前设计流程设计的工程可产生稳定的颗粒滤层，这已被这些年来许多成功的工程实例所证实。同理，初始土工织物滤层的设计准则在很大程度上基于土颗粒平均粒径来考虑。曾经出现性能不良的记录，主要原因有：①因在土工织物内侧积聚低透水性的细粒土层，当内部液压导致基土需要反滤排水时，出现土工织物过度堵塞，排水失效；②在有机物富集环境中，细菌会在土工织物纤维上生长，由此引起过度堵塞；③因滤层滞留机制不合理，使得细粒穿透土工织物造成内部侵蚀，未考虑分散性黏土基土的渗流性能；④织物在安装与覆盖期间撕扯与穿刺，导致细粒穿过土工织物造成内部侵蚀。

同颗粒滤层的设计相似，土工织物滤层设计经过了几十年的发展，已从工程实践、实验室研究以及理论研究中吸取了经验教训（克里斯托弗和费希尔，1991 年；基洛德，2010 年）。过去出现的堵塞问题在很大程度上是源于对土工织物反滤性能不了解和设计原则不合适造成的。

在过滤时，土体保留下来而液体会穿过土工织物平面流走。同颗粒滤层的设计相似，土工织物滤层的设计也要求按均衡对立的准则。滤层开孔必须足够小，才能避免大量基土的损失（满足颗粒保留准则），而同时开孔足够大才能不产生堵塞和有效输送水流（满足透水性与堵塞准则），见图 19.4.1-1。

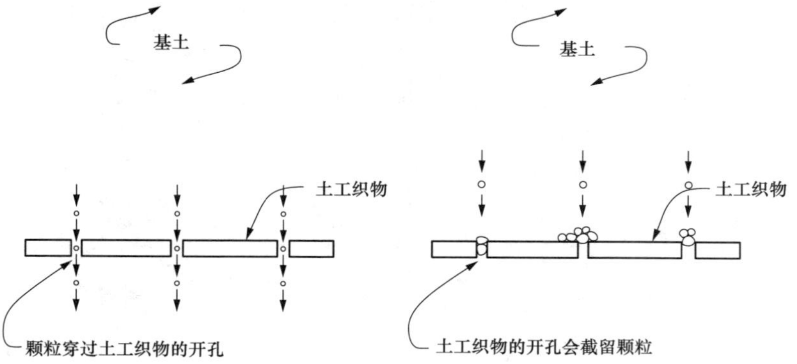

内部侵蚀：土工织物开孔过大，小颗粒会穿过织物造成侵蚀。
过度堵塞：土工织物开孔过小，可避免渗流穿过土工织物。

图 19.4.1-1　土体内部侵蚀和过度堵塞的土工织物滤层

在各种情况下，无法形成渗透“滤饼”，因此，这样的土工织物不适合用作滤层。土工织物滤层的设计包含识别合适的纤维，能促进在织物侧畔形成“滤饼”或“桥状网格”（华生和约翰，1999 年；艾迪莱克，2006 年）。由各粒径混合物构成的土体“滤饼”会在基土和滤层之间积聚，见图 19.4.1-2 和图 19.4.1-3。一旦形成滤饼，就能在保证渗流持续流动的同时截留最小的土体颗粒。

滤饼是通过改变受滤层保护的基土而形成的过渡区。在渗流开始后，在靠近土工织物的基土中颗粒松动，这时尺寸最小的颗粒穿过土工织物流走，而在土工织物上和附近留下中等颗粒与较大颗粒。

图 19.4.1-2 织布纤维间开孔的土工织物（放大图）

图 19.4.1-3 在土工织物上积聚的和横跨纤维间开孔的土体滤饼（放大图）

基土和土工织物之间形成了土体滤层，其不仅可保留剩余的基土层，还能使渗流通过。在此理想情况下，既不会出现过度的内部侵蚀，也不会出现过度堵塞现象。由于形成滤饼需要多种土体颗粒尺寸，所以土工织物在某些土体中难以形成有效的滤层。高分散性黏土以及间断级配和窄级配的无黏性土体趋向于过度堵塞，而非形成滤饼。土工织物也许可过滤上述土体，但需经过精心设计、选择，当然也需要必要的实验室试验。在这种情况下最好的选择是使用粒状砂滤层，而非土工织物。

在颗粒滤层和土工织物滤层情况下，在基土和滤层之间的接合面会出现重新排布的土体颗粒。渗流会移动来自基土的较小土体颗粒。最初，一些最小土体颗粒会穿过滤层，而那些过大无法穿过滤层的颗粒会在滤层材料内和表面堆积。

相比颗粒滤层，土工织物滤层的性能有所不同。由于颗粒滤层比土工织物厚得多，所以有可能在颗粒滤层上或在颗粒滤层深处形成滤饼。良好设计的颗粒滤层可在土体渗流面或附近快速形成滤饼。

不同于颗粒滤层会牢牢贴合不规则的基土渗流面，并向该渗流面施加压力，土工织物滤层很难不产生间隙和褶皱而牢牢贴靠在不规则的基土面上，这样，土工织物无法把正压力传递给基土面。由于土工织物是弹性的，所以必须在织物的下游侧放置材料，用于固定织物不向排水口变形移动。如果在土工织物下游侧使用粗砾骨料排水层，则一旦开始渗流，织物就会向排水口变形（见图 19.4.1-4）凸出。水流会使基土中的土体颗粒松动，并移动填充基土和土工织物之间的空隙。细粒土填充空隙，从而产生厚厚的低透水区，其“遮蔽”（过度堵塞）了滤层，因此形成不了预期的滤饼。

土石坝中反滤层的过度堵塞会导致潜水面抬升，可能引起相关安全问题，如隆起、喷水和边坡不稳定性。

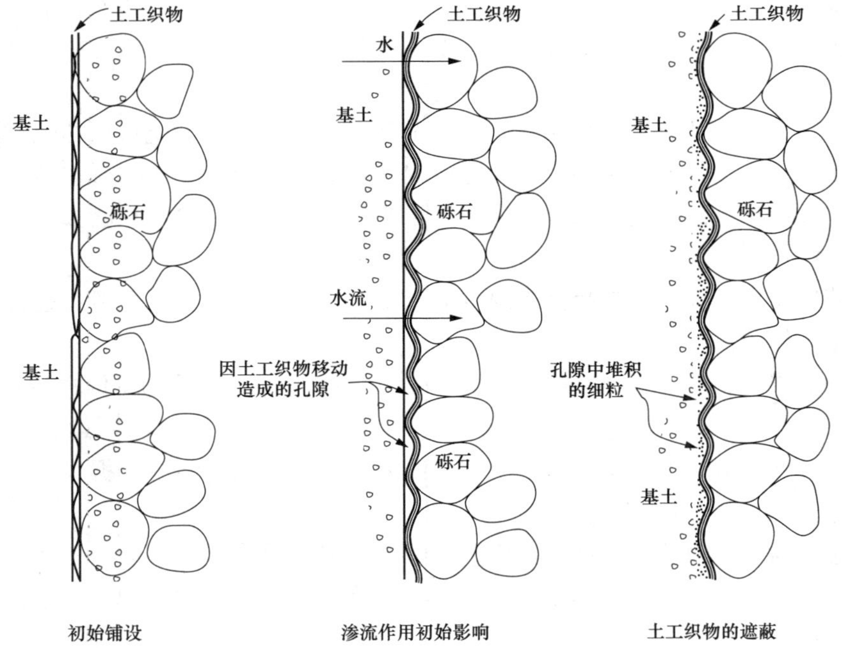

这是一层土体细粒在土工织物上堆积造成的过度堵塞。如果使用的排水骨料尺寸过大，就会出现这种现象。

图 19.4.1-4　导致土工织物遮蔽的顺序步骤

有些基土粒径也许太均一，所以无法在土工织物上形成可充分透水的滤饼。如果所有可移动的颗粒粒径相近，则可形成透水性相对较低的颗粒层。使用颗粒砂滤层时很少出现透水性滤饼无法形成的问题，因为基土的细粒会侵入砂子，同时可借助多种粒径的砂粒混合物搭配基土的细粒形成滤饼。为此，对于含 20%或以上细粒的分散性土体，当前的土工织物滤层准则建议：在基土和土工织物之间铺一层滤砂或使用砂粒滤层代替土工织物。

对于可有效起滤层作用的土工织物，必须保证开孔特性同周围土体兼容，以保持自由排水。如果基土中有开放的孔隙或如果基土面不规则从而影响与土工织物形成和保持良好接触面，也会出现遮蔽问题。当在紧靠垂直或陡坡铺设土工织物时，问题更为明显。需要采取以下预防措施消除遮蔽可能：

(1) 确保基土面顺滑、规则，铺设土工织物时尽量减少褶皱并紧靠基土。

(2) 在土工织物的下游侧使用最大粒径为 1in 左右的细砾（或沙子），而不是粗粒岩石，作为排水层。

(3) 铺设接触土工织物的砾石时，限制砾石粒径，从而使其紧靠基土牢牢固定土工织物（基洛德，1997 年）。建议紧贴土工织物使用的砾石最大粒径是 0.75～1.5in（基洛德，1997 年；范泽尔与罗伯逊，1980 年）。最好使用级配优良的砾石，其中含有尺寸各异的颗粒。如最小粒径为 0.25in，最大粒径为 1in 的优良级配砾石是紧贴土工织物滤层铺设排水材料时的合适选择。

当前的土工织物滤层设计是一个多步骤的过程（吕蒂希等人，1992 年），其中包含

(1) 确定过滤与排水要求：每座大坝具有独特的地理、体形和水文条件。

(2) 确定基土边界条件：必须确定上游反滤基土的性质和紧贴土工织物铺设的下游材料性质。

(3) 确定基土滞留要求：使用基于吕蒂希等人（1992 年）研究得出的流程图。

(4) 确定土工织物透水性要求：为避免因滤饼造成部分堵塞而阻碍渗流，土工织物滤层的透水性必须始终是基土透水性的 10 倍以上。规定土工织物的透水性要比基土大得多（大 40～100 倍）。

(5) 确定防堵塞要求：选择高孔隙度的土工织物，严禁在已知会引起过度堵塞的环境中使用土工织物滤层。

(6) 确定强度与耐久性要求：土工织物必须在安装期间和使用期能抵抗撕裂和穿刺。

(7) 选择作为滤层的土工织物：从制造商公布的土工织物性质数据中选择产品，然后比较所选土工织物的性质和滤层所要求的特性，检查是否安全可用。

(8) 必要时，可取现场土体和拟用土工织物开展实验室性能检验——使用导水率试验（ASTM D5567-94）评估滤层性能，同时采用剪切盒试验评估与边坡稳定性相关的接触面剪切强度。

19.4.1.1 过滤与排水要求

必须确定土工织物的整体反滤和排水要求。每个工程均具有独特的地理、地形和水文条件。利用平面图和剖面图有助于对拟安装土工织物的工程现场地形与地理条件进行汇编。地形条件很重要，其会揭示施工顺序和边坡稳定性等各种问题。此外，必须明确土体的水压条件，包括渗流通道、预期梯度、流量及水流特性。如果预期水流条件变化甚至逆转，则应仔细评估相应情况。

19.4.1.2 土体边界条件

必须确定有待土工织物铺设接触的土体性质。对于单向水流，相比下游侧的土体，需要有关土工织物上游侧基土的更多信息。如果可能逆向流动，则必须在反滤方面评估土工织物两侧的材料。必须明确反滤基土的级配、塑性指数（PI）、密度、均匀性系数及透水性（通常基于土体级配进行估计）。除浅埋外应评估作用于土工织物的围压，明

确是否会改变土工织物的性质，如表观有效孔径（AOS）和透水性等。应评估基土是否属于分散性黏土、间断级配或宽级配型（内部不稳定的）非黏性土体。这些土体易于发生内部侵蚀，只有有限的几种土工织物产品可作为这些土体的有效滤层。土工织物可更轻松地过滤内部稳定的基土和塑性黏土，并且可能有更广泛的土工织物来过滤这些类型的基土。

基土可以是天然出现的沉淀物（就地出现），如坝趾排水系统接触的大坝地基或在施工期间铺设的填土。基础土体的选择可能会因土体变异而变得复杂，因为土体的变异性在检查许多样品的级配和指数特性试验结果时变得很明显。在评价地基土变异性时应遵循本标准第 5 章第 5.4.1 部分的讨论和程序，并被视为本章的一部分。如尽管基土含有大于 4 号筛的颗粒，但其只代表小于 4 号筛的颗粒。

19.4.1.3 反滤准则

用于单向水流滤层的土工织物无法切实过滤来自土体的水分，不过在源自基土的稳定土体滤层区（滤饼）形成过程中，该土工织物会起催化剂的作用。土体过滤区实际上是一种颗粒过滤器，它完全由原地土体颗粒衍生而来。良好设计的滤层可避免内部侵蚀和堵塞。基洛德著述的论文（2010 年）对土工织物的土体滞留理论做出了最佳解释。

以下为定义土体反滤的重要滤层设计参数：

C_C（土体曲率系数）：$(D_{30})^2/(D_{60}\times D_{10})$。

C_u（土体均匀系数）：D_{60}/D_{10}。

C'_u（土体线性均匀系数）：$D'_{60}/D'_{10}=\sqrt{(D'_{100}/D'_0)}$，画一条直线穿过级配图的中心部分，用这条直线的两端定义 d'_{100} 与 d'_0（这条直线接近基土级配曲线）。

D_X 为土体粒径，其中 X 是粒径小于规定尺寸的土体颗粒百分数。

D'_X 为土体粒径，其中 X%更小且得自土体粒径分布的直线近似值（线性粒径）。

DHR 为按照《使用双液体比重计的黏土分散性特性标准试验方法》（ASTM D4221-11）测定的土体双液体比重计比值。

I_d（土体相对密度）：$(e_{max}-e)/(e_{max}-e_{min})$，其中 e 是土体孔隙比。

PI 为土体塑性指数。

O_x 为土工织物开孔尺寸，其中 x%的开孔小于规定的尺寸（通常定义为 O_{95}，其中 95%的开孔小于指定的尺寸）。注意 O_{95} 的单位通常为 mm，而产品文献中报告的 AOS 是美国标准筛孔孔径（需要注意孔径的单位）。

POA 为土工织布的开孔区百分数。

太沙基制定出著名的公认颗粒滤层滞留准则：

$$D_{15}\text{滤层} < 4D_{85}\text{基土} \qquad (19.4.1.3\text{-}1)$$

虽然公式对多种基土而言均有效，不过其无法为高匀质系数的宽级配土体细粒部分提供反滤（基洛德，2010 年）。颗粒滤层设计逐渐考虑不同土体的不同性能，除粒径外还会考虑其他特性参见第 5 章“保护性反滤”。同样，土工织物的各种早期滞留准则因类似原因无法对所有土体有效，目前认为其已经过时。

当前土工织物滤层土体颗粒滞留准则不仅会考虑基土粒径，还会考虑基土的匀质系数、细粒含量、塑性指数及分散性。本标准要求使用吕蒂希等人制定的滞留准则（1992

年)，其被广泛普及的教科书《土工合成材料设计》(科纳，2012 年) 转载。表 19.4.1.3-1 简要概述上述准则。

表 19.4.1.3-1　致密土体和稳定渗流的土工织物颗粒滞留准则

按土体类型	参考文件	注　释
对于 $D_{20}<0.002$mm 的土体： $O_{95}<0.21$mm 对于 $D20>0.002$mm、$C_u>3$ 的土体： $O_{95}<18d_{50}/C_u$ 对于 $D20>0.002$mm、$C_u<3$ 的土体： $O_{95}<2C_uD_{50}$	(吕蒂希等人，1992 年)	从稳态水流条件看，该方法会为确定土工织物开孔尺寸使用流程图。在该图中提供松散、中等与致密 ($I_d>65\%$) 土体的准则。本表仅显示致密土体的准则，适用于适当夯实的填筑体。 对于分散性黏土，将在基土和土工织物之间铺设细砂层 (比 C33 沙子更细)，而土工织物专用于过滤细砂

计算 O_{95} 滞留值不宜采用较大的安全系数，因为这会在一定程度上降低土工织物的开孔尺寸，使其易于堵塞。虽然开孔尺寸小于或等于计算值的土工织物需要满足滞留要求，但是开孔尺寸越小，透水性越小，也越容易堵塞。根据透水性与无堵塞要求决定 O_{95} 的许可下限。对于一些重要的应用，会用相关反滤试验，如通过导水比试验 (ASTM D5567) 来确认备选土工织物滤层的土体滞留能力。

许多种土工织物，包括针刺型无纺土工织物、热黏型无纺土工织物、织物 (通常为单纤维) 以及土工针织物，已经成功应用于土石坝的反滤。每类土工织物在反滤应用中均占有一席之地。虽然无纺土工织物最常用做滤层，但它并非自然而然就是指定应用的最佳选择。如土工织物已经成功用做海滨护坡衬砌下的滤层，而护坡衬砌处剧烈的波浪作用或快速水位下降会造成倒流，进而导致土工织物下方积聚孔隙压力。土工织物只能在搭配上游浅埋砂滤层时使用。与土工织物工业性能相关的关键过滤性质，如表 19.4.1.3-2 所示。

表 19.4.1.3-2　土工织物的反滤性质

织物类型	开孔尺寸 (O_{95}) ASTM D4751 (mm)	渗透性 ASTM D4491 (s^{-1})	注　释
单纤维织物	常用范围：0.15～0.85；可低至 0.05 (Ramsey 与纳雷乔，2005 年)	常用范围：0.05～1.5；范围：0.01～4.0 (Ramsey 与纳雷乔，2005 年)	不会在土工织物平面内输送水流。更难实现刚性的直接土体接触。相比无纺织物，具有更低的接合面摩擦强度。热黏合工艺 (在编织交叉点将纤维熔合在一起) 可提供优良的尺寸稳定性 (维持 AOS)。空隙百分比 (POA) 可用于透水性设计
开缝薄膜织物	0.35～0.6	0.05～0.6	此织物 AOS 变化较大，不建议用于过滤。相比无纺织物，此种织物具有更低的接合面摩擦强度

续表

织物类型	开孔尺寸（O_{95}）ASTM D4751（mm）	渗透性 ASTM D4491（s^{-1}）	注　释
针刺型无纺织物	常用范围：0.15～0.5；可低至 0.074（Hwang 等人，1998 年）	常用范围：0.7～2.5；可低至 0.5（Ramsey 与纳雷乔，2005 年），并高至 4.5（Hwang 等人，1998 年）	具有弹性，可充分贴合土体面，相比土工织布或热黏型土工织物，具有更高的接合面摩擦。相比热黏型土工织物可提供更高的流速，同时还可在织物平面中输送水流。增加埋设深度可降低透水性和 AOS，进而可导致堵塞。较厚的织物虽强度更大，却会堵塞
热黏型无纺织物	0.1～0.3	0.2～0.8	较薄，比针刺型无纺织物更硬挺，具有疏水性，需要推动性压力才会出现水流。热熔纤维具有优良的尺寸稳定性，可保持 AOS。排水带会使用这种土工织物过滤细粒黏土和泥沙
针织物	0.6		主要用途是包裹瓦楞穿孔排水管的聚酯"袜套"。拉应力可导致 AOS 变化。仅供在砂滤层内浅埋使用

19.4.1.4　透水性准则

渗流必须从基土穿过反滤层进入排水区，而不会受到明显的限制。应避免在基土中积聚过度的孔隙压力。如果接受渗流的下游部分（滤饼、土工织物和排水区）逐渐比基土透水性更好，则可以满足此条件。描述土体水力特性时的术语“导水率”更常用。在本章中，为简化讨论，土工织物和周围的土体会采用术语“渗透率”。另一个术语“渗透率系数”常用于描述穿过土工织物的垂直水流。由于无纺土工织物可压缩，所以透水性会随厚度变化。而渗透率系数是渗透率除以土工织物厚度的结果，可用于详细规定横穿平面的土工织物水流特性。

同时，在设计土工织物滤层时，下游排水必须具有足够的容量，才能输送从滤层流出的渗流。滤层下游不得有妨碍水流的低透水区和结构。建议滤层下游侧的排水结构，如砾石排水区、坝趾排水管道、土工网排水区等的结构尺寸足够大，具备比整体设计渗流量更大的过流能力。按本标准规定，所需的设计流量至少是渗流估计所需流量的 2 倍。不过，最好具有渗流量 4 倍或以上的流量（在许多情况下 10～20 倍也并非不合理），由此平抑估计渗流量时的不确定性，并考虑日后在渗流性能方面的变化。

太沙基建议，确定颗粒滤层的颗粒级配尺寸时使用下列透水性准则：

$$D_{15}\text{滤层} > 4D_{15}\text{基础} \quad (19.4.1.4\text{-}1)$$

然后，现在设计要求需要使用透水性更好的颗粒滤层（透水性约为基土透水性的 25 倍以上）。在第 5 章中，颗粒滤层的最新透水性准则：

$$D_{15}\text{滤层} > 5D_{15}\text{基础} \quad (19.4.1.4\text{-}2)$$

不过 $D15$ 滤层不小于 0.1mm，而且颗粒滤层所含小于 200 号筛孔的细粒不得超过 5%。

土工织物滤层还需要具有比基土高得多的导水性。在土工织物面上形成滤饼时，透水性不得降低太多乃至限制基土的渗流。因为土工织物滤层比颗粒滤层薄，所以理论透水性要求较为宽松。相关研究表明，如果形成滤饼后土工织物的透水性比基土高至少 10

倍，则不会对基土渗流有较大影响（基洛德，2010 年）。下列公式可用于确定土工织物的透水性要求：

$$k_g > FS \cdot k_s \quad (19.4.1.4\text{-}3)$$

其中：k_g为土工织物的垂直透水性（穿过织物平面的透水性）；FS 为土工织物透水性的安全系数；k_s为基土的透水性（导水性）。

过去，一些学者（劳迪埃等人，1983 年；克里斯托弗与费希尔，1991 年）建议 FS 数值在 10～100。本标准的前版容许：普通低危险结构的透水性 FS 可低至 10，而关键的高危险结构的透水性数值远大于 10。法国大坝规程建议其最小值为 100（德古特与弗莱，2002 年）。诸多土工织物设计指南仍建议采用最小值 10，不过即使对包括普通结构在内的安装而言，10 确实太低。滤饼的形成会降低透水性，同时上层土体的质量向无纺土工织物加压，会进一步降低系统的透水性。虽然机织土工织布在荷载下透水性鲜有变化，不过埋设在 150ft 的致密土体下时，无纺土工织物的透水性系数的降低在 2～8 (Carroll，1987 年)。考虑到加压和滤饼的形成会降低滤层系统的透水性，如果预期设计值在安装后不小于 10，则设计值须大于 10。按本标准规定，透水率 FS 的最小值为 40，且在关键位置该值为 100。当没有进行土工织物与土体滤层组合的实验室试验，或可能出现堵塞时，则即便是浅埋也建议使用 100 或以上的因数。而深埋更需要考虑压缩效果。

多数无纺土工织物和某些机织土工织物均具有高透水性。许多土工织物在大多数应用中通常可轻松满足透水性准则。在给定水头下，具有相同透水率的两种土工织物却可能具有不同的横截面流量。按照达西层流定律，对于层流：

$$q = kiA \quad (19.4.1.4\text{-}4)$$

其中：q 为流速；k 为透水性；i 为水力坡降，即水头变化除以水流通道的长度（$\Delta h/L$）；A 为横截面面积。

由于梯度同水流通道的长度呈正比，所以厚土工织物相比透水性类似的薄织物，穿透的水流更少。为克服厚度问题，渗透率系数概念可用于直接比较不同织物之间的过流能力。土工织物产品的资料会说明土工织物的渗透率系数和其未经压缩的厚度。可使用下列公式依据渗透率系数和厚度信息得出备选土工织物的透水性：

$$k_g = \psi_g t_g \quad (19.4.1.4\text{-}5)$$

其中：k_g为垂直于织物平面的土工织物透水性；ψ_g为土工织物渗透率系数，由制造商提供或来自试验（ASTM D 4491），是在土工织物平面的法线方向，在层流条件下单位水头、单位横截面积的体积流量；t_g为土工织物厚度。

表 19.4.1.4-1　　土工织物电容率与透水率的典型值

土工织物类型	渗透率系数（s^{-1}）	渗透系数（k_g）（cm/s）
单纤维织物	1.5～0.05	10～0.001
接缝薄膜织物	1～0.01	0.01～0.001
针刺型无纺织物	2.5～0.7	1～0.01
热黏型无纺织物	0.8～0.2	0.1～0.005

评估备选土工织物的渗透性，然后检查其最小允许值，以确定所提供的安全系数FS，这应该是一个比较大的值（40或更多）。以土工合成材料学会提出的方法（科纳，2005年，2012年），计算最小允许渗透率系数，然后运用各种折减系数确定土工织物的允许渗透率系数。设计首先确定土体透水性，可以通过实验室试验确定，如ASTM D 5084，对于不太关键的应用，可基于土体级配 d_{10} 尺寸估计土体透水性（参见吕蒂希等人，1992年）；然后确定土工织物的最小容许透水性。

19.4.1.5 不堵塞准则

不堵塞准则是为了确保土工织物滤层具有足够的开孔，即便堵塞部分开孔也不会阻碍长期渗流。堵塞的预测是难以量化的，土工织物投入使用时会出现部分堵塞。土工织物必须保持足够的开孔，这样积聚的颗粒和化学与生物沉积物不会使透水性降低以致滤饼/土工织物系统的透水性小于基土透水性。设计人员应在坚持滞留准则的同时尽可能实现土工织物的透水性和孔隙度。这样即使安装时土工织物受到压缩，滤饼形成造成的部分堵塞以及其他因素造成比较大的透水性下降，最后反滤设施的整体透水性还是远超于基土的透水性。其他需要考虑的因素之一是汇流，如果土工织物的孔隙度（n_g）小于基土的孔隙度，水流寻求土工织物内有限的入口点时会出现汇流。由于汇流倾向于移动土体颗粒进而导致过度堵塞，所以在滤层边界出现的汇流是不合适的。可使用含大量孔隙的土工织物来避免汇流，应满足下列准则：

（1）使用满足滞留准则的最大开孔尺寸。

（2）可使用现有最大孔隙度符合其他设计要求的无纺土工织物，不过其孔隙度不小于55%［$n_g>55\%$（或0.55）］。

（3）对于土工织物，可使用现行的最大空隙百分比（POA），不过不小于10%。

（4）严禁在可能形成沉积物的环境中只用土工织物滤层。避免强碱性地下水，因为这种地下水可形成钙、钠或镁沉积物。同时还应避免酸性渗流，因为这可形成氢氧化铁和氢氧化铝沉积物。

（5）避免在内部不稳（$C_u>20$）的土体或扩散性土体使用土工织物。

（6）避免有机物富集环境，如农业排水、垃圾填埋浸出液以及会形成铁细菌的场地。

（7）严禁使用土工织物包裹穿孔管；禁止使用土工织物包裹砂砾保护壳。

（8）确保土工织物滤层紧贴土体。

（9）严禁紧挨含孔隙的黏性土体铺设土工织物垫层。

对于无纺土工织物，产品资料通常不会给出孔隙度，但可使用公式计算孔隙度：

$$n_g=1-(u_g/\rho_g\times t_g) \tag{19.4.1.5-1}$$

其中：n_g为以十进制百分比表示的土工织物孔隙度（无量纲）（55%=0.5）；u_g为单位面积的土工织物质量；ρ_g为聚合物密度；t_g为土工织物厚度。

多数作为滤层用途的规定使用无纺土工织物。本标准的前版要求30%的最小孔隙度。这类似于天然土体和颗粒滤层20%～30%的孔隙度。基洛德（2010年）规定无纺土工织物滤层的孔隙度应为55%及以上。幸运的是，多数针刺型无纺土工织物产品的典型孔隙度数值均处于60%～95%的范围内。

对于土工织布滤层，本标准的前版要求4%的最小POA，目前认为该要求已过时。这个4%来源于过去的实践，那时尚未发明无纺土工织物，只有有限的几种机织土工织物（基洛德，2003年）。基洛德从理论上提出采用较高POA，其为了避免在滤层接触面出现汇流。目前对实践中的最小POA数值尚无定论，多数著作依赖旧有的4%准则。虽然基洛德（2003年）主张30%的POA，他的最新分析结果（基洛德，2010年）规定10%的POA。考虑到过去土工织布滤层过度堵塞问题的记录，经验表明需采用高于4%的数值更合适。有些土工织物制造商认识到旧有的4%数值过低了，目前正生产POA数值范围在6%～8%的土工织布产品。有些产品的POA值甚至高达30%～50%。本标准要求土工织布滤层最小POA为6%。可能时，应考虑满足基洛德建议的10%POA。

除上述准则外，在$C_u>20$宽级配土体、分散性黏土的用途中以及宽级配砂土等的应用中还是出现了问题，其中宽级配砂土中包含不足20%的粉质黏土细粒且细粒比土体中的细砂粒径小10倍。即便采用现行滤层标准，相应土体也易于紧靠在土工织物形成透水性相对较低的土层，而不是透水的滤饼（Fluet与吕蒂希，1993年）。这些土体需要在过滤性能方面详加考虑。相比土工织物，砂滤层可能是更好的选择。如果使用砂滤层，则需小心谨慎地为滤层选取适当级配。

在分散性黏土情况下，现行滞留准则要求在扩散性土体和土工织物滤层之间铺一层砂。此时，通常的C-33混凝土砂不再适用，很有可能需要加入小粒砂（60～100目左右）改进C-33砂级配，为截留分散性黏土小颗粒创造有效滤层。黏土没有这种问题，因为渗流作用力会将土体打散成颗粒块，同时在过滤性能方面这种黏土类似于由大粒径颗粒构成的土体。应遵守本标准第5章“保护性反滤”规定的设计程序，进而确定在分散性黏土情况下搭配土工织物使用的砂滤层级配。

不堵塞是基本要求时，建议进行实验室性能试验，包括渗透系数、水力坡降和生物堵塞试验。原美国陆军工程兵团制定的水力坡降试验（ASTM D5101）有些问题，如沿圆柱体试块侧壁出现土体的内部侵蚀且时间较长，需数月才能完成试验等。现已使用渗透性试验（ASTM D5567）代替该试验，后者采用柔性壁渗透仪，所以速度相对较快（科纳，2012年）。

无纺土工织物由随机排布的土工织物纤维制成。重叠的纤维形成各种尺寸的孔隙。传统滤层设计只关注特有的开孔尺寸，如O_{95}，而穿透无纺土工织物的土体颗粒会遇到各种尺寸的孔隙。较大的孔隙可使本应截留的颗粒穿行而过，而较小的空隙收缩，可以捕获和保留土体颗粒。正如土工织物有多种开孔尺寸一样，无纺土工织物也有多种收敛性各异的通道（基洛德，1997年）。对于同种材质的土工织物，要提高强度就需增加厚度，其相应最小收敛管道尺寸的变化不大，所有水流通道倾向于具有尺寸相近的小收敛通道。如果无纺土工织物过薄，则开孔尺寸变化范围就较大，这对土体滞留而言就显得不太可靠。随着无纺织物加厚，产品性能就更为均匀。当土工织物的收敛级别最小达25时，穿透土工织物造成内部侵蚀的风险就相当小了。当然，土工织物滤层太厚了也会出问题，厚的织物层可降低穿透土工织物的开孔尺寸的变化性，从而导致堵塞。将收敛级别的最大数量限制为40左右，有助于避免厚土工织物的堵塞现象。目前已有设计收敛级别的计算方法（基洛德，2010年）：

$$N_{收敛管道}=u_g/(\rho_g\times d_f\times\sqrt{1-n_g})\qquad(19.4.1.5\text{-}2)$$

其中：$N_{收敛管道}$为无纺土工织物滤层的收敛级别（25～40）；u_g为单位面积的土工织物质量；ρ_g为聚合物密度；d_f为无纺土工织物的纤维直径；n_g为由之前所示公式：$n_g=1-(u_g/\rho_g\times t_g)$计算得出并用十进制百分数（55%＝0.55）表示的土工织物孔隙度（无量纲）。

关于收敛级别的上述计算方法尚未在设计中采用，这里给出仅供参考。

19.4.1.6　耐久性与强度要求

土工织物必须具有足够的耐久性与强度，才能在安装和使用过程中没有大的影响功能的损坏。耐久性同土工织物将面临的环境条件相关。土工织物必须抵抗因紫外（UV）光线、氧化和化学环境造成的降解。当然，一旦埋设，土工织物受紫外线和氧化的影响就是次要问题了。同时，土工织物必须够强韧，才能承受运输、存储、安装和覆盖过程中的拉伸、撕扯、磨损和穿刺等不利因素。

在土工织物的抗降解方面，这个问题已很大程度上得以解决（科纳，2012年）。在埋设土工织物的多数应用中，其预计使用寿命可达100年或更久。除极高或极低pH环境或其他包含强性化学作用的应用外，土工织物对一般的化学侵蚀都是惰性的，其主要问题还是抗紫外线和抗氧化问题。土工织物应在安装后的2周内进行覆盖，尽量降低因暴露于阳光下造成的强度下降。当然，如果经证实长时间的暴露不会损害土工织物的强度，则不须遵守本标准相关覆盖要求。这需要通过现场试验来确认，即把试验样品放置在阳光下标准的时间间隔后，对试验样品进行强度实验，评价其降解退化效果。设计人员应考虑在规定时限内覆盖条件下的施工安装可行性。当然，为防止紫外线暴露进行临时性遮盖，或覆盖一层薄土也是可行的。

相比紫外线暴露，氧化在降低土工织物强度方面是缓慢的过程。用土覆盖土工织物也可延缓氧化过程。在浸没地下水中时，由于相比于空气中的含氧量更低，因此氧化过程要慢10 000倍以上。

提供的土工织物需合适强度才能耐受住施工过程，这是要重点关注的。一项100次的土工织物安装的研究结果（科纳，1990年）表明，质量小于8oz/yd^{2}的土工织物有可能在施工过程中受损。设计与施工规范规定，除非在施工过程中专门采取针对安装损坏的特殊预防措施，如砂垫层和低压力设备的使用，否则不得使用比8oz/yd^{2}更轻的织物。

选择适当符合强度要求的土工织物大致有两种方法：基于过去经验的选择和基于预期应力计算结果的判断。在过去，强度要求在公路和高速路的发展主要依靠在工程建设过程中积攒的经验，试验手段进行评估是后来逐步发展起来的。在AASHTO（1996年）后，土工织物的强度要求公布了，其是基于应用的严苛程度的要求。美国国内的现行土工织物设计依然依赖源于公路工程的经验数值。从排水应用角度看，下列强度要求作为指导准则：

表 19.4.1.6.1　　建议的土工织物强度要求

用途	接触应力	抓取强度 (lb) ASTM D4632	伸长率 (%)	缝合的接缝强度 (lb)	穿刺强度 (lb) ASTM D4833	爆裂强度 (lb)	梯形撕裂 (lb) ASTM D4533
地下排水	高应力：带有棱角的排水介质、重型夯实、高围压应力	180	—	160	80	290	50
地下排水	低应力：圆化的排水介质、轻型夯实、低围压应力	80	—	70	25	130	25
加固的侵蚀控制	直接铺设石块	200	15	180	80	320	50
加固的侵蚀控制	砂垫层、低落差	90	15	80	40	140	30

在深埋和严苛环境的条件下，设计人员应评估可能的应力，需要考虑比表中要求更高的土工织物。本标准只为像针刺强度之类的少数情况制定了基于应力条件下土工织物强度要求的计算程序（参见本标准 19.4.3 部分）。在薄覆盖层和重型设备运转的情况下，还需要考虑施工过程的动荷载且有可能需要比表中所示浅埋条件下的织物更加强韧。

19.4.2　用于排水的土工织物设计

排水表明水流能在土工织物或土工复合材料的平面内进行输送。相比之下，过滤考虑垂直于土工织物平面的水流。如果滤层也可用做排水，则土工织物首先能起到滤层的作用。在相应情况下，土工织物排水必须满足 19.4.1 部分讨论的所有过滤要求（颗粒滞留、透水性、不堵塞、耐久性与强度准则），而且土工织物排水还必须具有足够所需的平面内输水能力。以透水率来评估土工织物的输水能力。主要有三类土工织物产品可供平面内排水用途使用：①厚针刺型无纺土工织物；②多层针刺型无纺土工织物（在透水率较低但颗粒滞留特性更好的无纺土工织物之间，夹入高透水率的无纺土工织物）；③由网状或其他结构的合成材料和一两层土工织物或预制竖向排水管黏合而成的土工复合排水管，这里预制竖向排水管是由排水芯插入热黏合的土工织物包层而成。机织土工织物与热黏型无纺土工织物本身较薄，在织物平面内只能输送较小的流量，因此，排水这类应用通常不会考虑这两种土工织物。

土工织物和土工复合排水通常使用在一些浅埋型的工程应用中，如道路基层的专用排水系统和建筑地基排水。排水功能在垃圾填埋浸出液收集系统和垃圾填埋覆盖层的设计中起重要作用。本行业曾经历许多与流量减少相关的事故，流量减少是因压缩、蠕变以及矿物堆积物和生物有机物引起的过度堵塞。另外也有因排水能力减少导致孔隙压力在排水复合材料上累积带来的边坡不稳定性问题。大量的研究与现场调查使得对在垃圾填埋场这种实际使用条件下的土工织物与土工复合材料的排水性能有更多的了解。数值范围在 10～20 的流量安全系数已经应用于垃圾填埋覆盖和浸出液收集系统，以确保长期的排水性能。

土工织物输水率。用输水率衡量土工织物平面排水的特性，将此定义为：

$$\theta = k_{\mathrm{p}} t \tag{19.4.2-1}$$

其中：θ 是以 m^2/min 或 ft^2/min 为单位的土工织物输水率；k_p为织物平面内的土工织物透水性；t 为在规定正常压力下的土工织物厚度。

平面内流量可运用如下关系式确定：

$$q = k_{\mathrm{p}} iA = k_{\mathrm{p}} i(Wt) \tag{19.4.2-2}$$

其中：q 为土工植物平面内的流量；k_p为沿土工织物平面的导水率；i 为水力坡降；A 为横截面积；W 为土工织物的宽度；t 为土工织物的厚度。

因为输水率同厚度成正比，所以埋设产生的压力能降低土工织物和土工复合材料的输水率。当法向应力达到 500lb/ft^2（24kPa）左右时，无纺土工织物的输水率显著降低。法向应力大于 500lb/ft^2（约 4.5ft 的土体盖层）时，多数织物的输水率尽管小但是恒定。纤维结构有足够紧密，可以支承逐步增长的荷载，同时可以依靠本身厚度继续输送水分（输水率为 $1\times10^{-6}\sim5\times10^{-4}$ m^2/min）。另外，土工复合材料表现出高输水率［大于 1gal/min · ft(2×10^4 m^2/s)，约相当于 1.0 梯度下 6in 厚可自由流动的砂］且通常可用在 1000lb/ft^2（48kPa）以上应力作用下。土工复合材料的制造工艺多样，因此其功能特性也无法简单概括。土工网结合了土工膜和土工织物的优点，土工网是最有效、相对经济实惠的输水材料之一，其所能承受的正常应力条件范围广泛（科纳，1986 年）。

输水率可通过在给定的正常压应力下用各种坡度进行试验评估（ASTM D 4716）。试验包括指标试验和设计试验，指标试验是土工织物夹在两块不锈钢板之间测试的，设计试验是在现场土体和预期正常负载的条件下实施的试验。本试验要求 100h 的持续时间，这需耗费大量的费用和时间。应根据现场实际情况选择水力坡降。指标试验与设计试验的结果是有所不同的。指数试验中使用的刚性钢板产生的压缩通常和设计试验的土体边界条件产生的压缩是不一样的。因此，指数输水率数值也和模拟实际现场条件设计试验的值不一样。鉴于土工织物受到浸染，土体颗粒填充到土工复合材料孔隙中，使得土工合成材料的输水率比钢板平面指数试验有较大地减少，这种变化对土工合成材料的应用是最为重要的。这里土工织物邻近的土是软的（如在垃圾填埋场），土体的侵入使得输水率大大低于指数试验的值。此外，流量计算使用达西定律（$q=kiA$），它假设为层流条件。在高梯度，湍流条件下，也会使得输水率降低。输水率的安全系数建议最小也得采用 5～10（科纳，2012 年）。

在流量小的排水工程中，土工复合排水网排水管比土工织物的应用更为常见。土工网排水的设计程序可见科纳（2012 年）的研究。

19.4.3 隔离用途的土工织物设计

在挡水土石坝中，可使用土工织物防止细颗粒土体侵入粒径较粗的土体内。较粗土体不满足小粒径土体的反滤要求，而除非使用土工织物，否则细粒土体会向粗粒土体的孔隙移动。土工织物必须首先具备隔离的功能，其次是其他功能（如排水与过滤）才能有效。

表 19.4.1-1 列明了一些土工织物用做隔离功能的应用。如果颗粒材料不具备可避免临近区材料侵入的适当级配，则可使用土工织物把临近区进行隔离。可在排水砂井周围使用土工织物，防止砂子被周边土体颗粒侵入并保持排水能力。在施工期间，土工织物

可作为许多临时或永久结构的材料。可在充填料铺设期间使用土工织物避免区料间交叉混淆，土工织物可用于安装设备或其他结构，也可用于筑路或改进重型设备和结构的地基条件，以及其他用途。另外重要的是，需要考虑到土石坝内的土工织物很难（甚至不可能）去进行维修，同时应考虑到土工织物的使用寿命很有限。

19.4.3.1 设计准则

滞留特性通常同土工织物所需的过滤与排水性能一样普遍。因此，用做隔离的土工织物，即便排水并非主要考虑事项，其滞留准则是应该明确的。同时，应遵守透水性准则且土工织物应具有适当的透水性，其透水性最起码比细粒土体的透水性要高。当用做铺设在边坡上的隔离材料时，土工织物可能会产生薄弱面，因此需要评估其边坡稳定性。土工织物接触面的摩擦强度是稳定性分析所需的关键参数。

土工织物通常的隔离用途是在建成公路时作为细粒土体和骨料层之间的铺设织物。计算所需的抗爆裂性、抗拉强度、穿刺抗性及抗冲击性等参数，有相应的计算公式（科纳，2012 年）。对于计算需要卡车轮胎内充气压、骨料尺寸等信息。对于抗冲击性，计算会确定土工织物上落石产生的能量。垦务局尚无在设计中使用上述计算程序的经验，但是，其除了基于过去的经验按照现有程序选定土工织物外，还有别的优势（AASHTO，1996 年）。垦务局在大坝重建项目中常会使用两种土工织物作隔离用途：①在大坝上游面实施侵蚀保护，用做替代抛石下方碎石垫层；②在土石坝下游侧，替代作为砾石排水和下游堆填壳填土之间颗粒滤层。

19.4.3.2 用于填筑体和抛石之间隔离物的土工织物

为保护大坝填筑体边坡免受波浪作用的冲蚀，传统方法是铺设颗粒垫层并用尺寸适当的抛石覆盖在其上。本标准第 7 章“抛石护坡”涵盖了这类设计。如果抛石直径较大，通常需要使用两层垫层（一层是卵石尺寸级而另一层是砾石尺寸级）在填筑体土体和抛石之间实现滤层兼容性。使用土工织物代替一层或两层颗粒垫层，一般认为其是更为经济的选择。但是，应格外关注的是，尽管可使用土工织物替代颗粒垫层，可是因为聚合物的氧化，土工织物的使用寿命是相对有限的。织物需要定期维修更换，浅埋织物的使用寿命大约在 50～100 年。对于较长的大坝，在有大面积覆盖颗粒垫层的情况下，由于日后维修时需要耗费大量精力移除抛石，更换土工织物，所以土工织物并不一定是好的选择。对于一些颗粒垫层覆盖面积并不大且颗粒骨料既来源有限且昂贵的小坝，则垦务局通常会选择土工织物替代其颗粒垫层。建议在使用土工织物作为抛石或其他护坡材料的垫层时，设计人员应记录为什么颗粒垫层或水泥土边坡防护并非是用于防波浪冲蚀的最佳选择。在第 17 章“水泥土护坡”中讨论水泥土的内容。

最基本的要求是，在土工织物上放置较大抛石时将抛掷高度降低至数英寸并避免土工织物的起皱或滑动。换言之，为避免因冲击造成的穿刺，有必要在土工织物上铺设沙子或碎石垫层。垦务局规范通常会将土工织物上的抛石高度限制在 1ft 以下，从而避免冲击造成的穿刺，同时要求使用带“拇指”附件的挖掘机铲斗，其可以对单块岩石进行摆置。垦务局通过铺设方法的现场示范来揭示冲击损坏的潜在可能性。在一个试验区，在土工织物与抛石覆盖层都施工完毕后，小心仔细地移除抛石层，检查土工织物是否受损。如果发现有损坏，可改进铺设方法，诸如降低抛掷高度（将其降至 1in 或以下），或按照项目要求增加砂石垫层。当土工织物与抛石之间不铺设颗粒垫层时，抗冲击性计算

(科纳，2012 年）在土工织物设计中很重要。由于这个计算程序较新，其尚未在垦务局的项目中使用过。

为确保放置了抛石的土工织物边坡的稳定性，要求注意排水、接合面摩擦强度和铺设体型。土工织物和抛石防护应用在亚利桑那州的一座小坝上游边坡的防侵蚀工程上。堤坝上游面已经侵蚀成变坡度的面：靠近坝肩处坡度为 1：2(V：H)，而最大断面处坡度为 1：1.5(V：H)。施工人员从坝顶作业，先安装无纺土工织物，然后在从库水位以下的数英尺处至大坝顶部区域范围铺设抛石，见图 19.4.3.2-1。在从右侧坝肩向最大断面铺设抛石过程中，边坡变得越来越陡，乃至抛石会滑坡［坡度约为 1：1.7(V：H)］并撕裂织物。

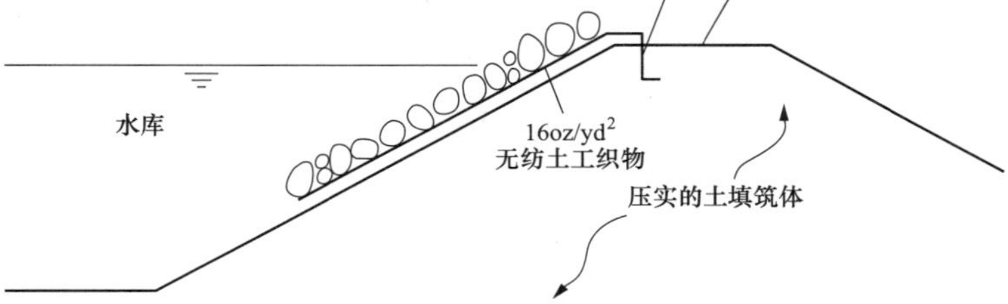

此时面临边坡损坏。抛石会沿与下层土工织物之间的接触面滑动。

图 19.4.3.2-1　在亚利桑那州小型水坝的土工织物垫层上的抛石

曾经请垦务局对现场条件进行评估。经确定，未在边坡底部提供台阶或支撑点，这样抛石悬挂在土工织物上而没有下方支撑。当下滑力超过土工织物与抛石之间接触面的摩擦力时，就出现了滑坡。图 19.4.3.2-2 为土工织物上铺设抛石情况下受力示意图。

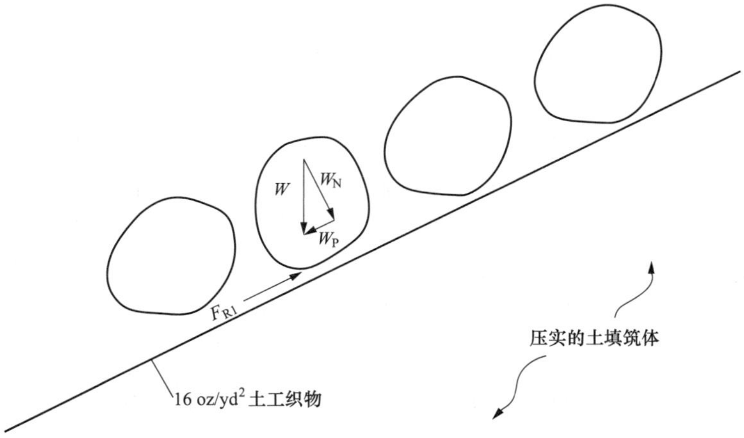

推力是平行于边坡（W_P）的抛石质量（W）的分矢量。抵抗力（F_{R1}）是在抛石和土工织物面之间产生的接触面摩擦力。该摩擦力等同于正交（垂直）于边坡的抛石质量（W_N）分量乘以抛石与土工织物之间接触面摩擦角正切（$F_{R1}=W_N \tan\phi_{接合面}$）的乘积。如果 W_P 大于 F_{R1}，则抛石不稳定且会滑动。

图 19.4.3.2-2　在土工织物上铺设抛石情况下的受力示意图

得到的结论是，在坡度为 1∶2（V∶H）的边坡上铺设时抛石只会保持临时稳定性，且日后也会因为波浪作用于抛石的新增作用力而滑动。波浪作用会随退潮在抛石上施加牵引力，而且如果波浪临时抬升土体填筑体内的地下水位，将会导致抬升土工织物和抛石的孔隙压力的升高。建议的纠正方法是去除现有的所有抛石和土工织物，按 1∶2（V∶H）的坡度恢复整个上游边坡，然后将填筑体边坡（见图 19.4.3.2-3）设置成台阶形状，从而插入铺设物，或在边坡趾部处开始放置抛石，这样抛石体除了有自土工织物接触面的摩擦力支撑外，还可从台阶处或边坡坡脚得到额外的支撑力。注意台阶可能如图中所示是倾斜的或水平的。

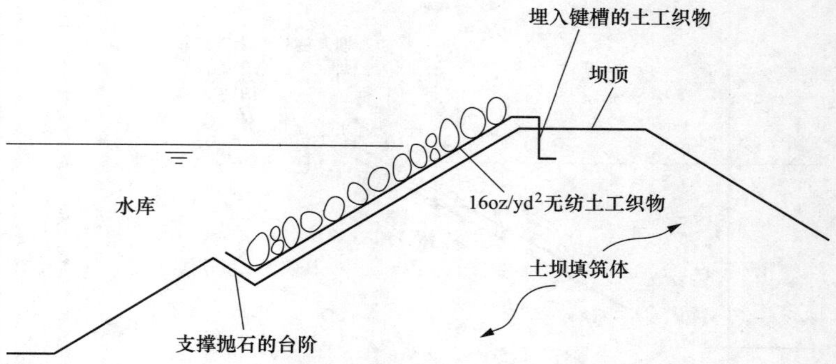

除了抛石和土工织物接触面的摩擦力提供支撑外，台阶也会提供支撑力，
从底部的抛石块逐步向坡顶传递，从而阻止抛石块下滑。

图 19.4.3.2-3　为提高边坡稳定性，采用台阶支撑在土工织物垫层上铺设的抛石

其实前面的讨论是将问题简化处理的，实际的问题更为复杂。还需要考虑土工织物与下层土体接触面之间的摩擦力问题，以及铺设物水下部分的浮托力的影响，还有水位快速下降时和波浪作用情况下有待考虑的孔隙水压力（上托力）影响。同时，如果土工织物之间的连接是通过搭接而非缝合方式，则应考虑在土工织物搭接面上摩擦力是否满足要求。

抛石护坡设计应进行边坡稳定性分析。在边坡上使用土工织物时，也应评价所有接触面的稳定性。图 19.4.3.2-4 所示为在颗粒垫层上放置抛石的情况，其相对应的情况就是在夯实的细粒填筑的土坝上铺设土工织物并在该土工织物上放置抛石。在此种情况下，有三项稳定性需要评估：①在颗粒垫层上铺设的抛石；②在土工织物上铺设的颗粒垫层；③在填筑坝体坡面上铺设的土工织物。需要注意在评估第二项稳定性时，需要同时考虑抛石体和颗粒垫层的共同质量，从而确定在接触面的总推力与抵抗力。需要说明的是，这已经是对作用力进行了简化的结果。考虑到水库静水和波浪作用，因而被浸没的部分边坡受到浮力影响。此外，还有波浪在边坡上产生的牵拉力与浮托力。这可能是最不利的工况了，不过还应考虑水位快速下降情况的影响。如果使用支撑台阶，则评估中应考虑有关台阶物理形状的循环破坏与滑动破坏问题。虽然键槽可提高土工织物的稳定性，不过应将此视为促进施工的临时性措施，不能在长期静态稳定性分析中考虑它的影响。

公布的接触面摩擦系数值（科纳与纳雷乔，2005 年）可用于初步设计。强烈建议采

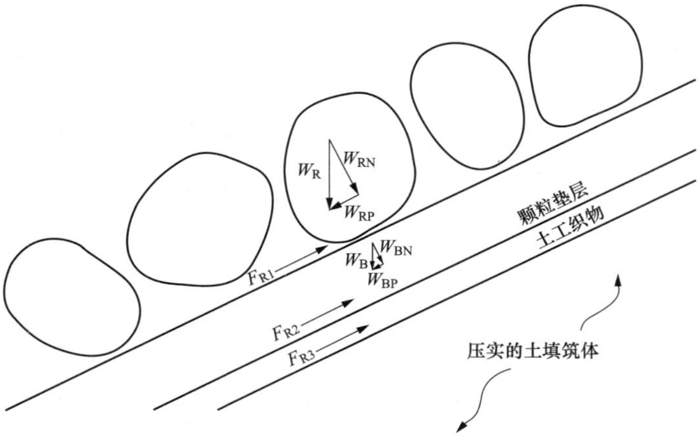

F_{R1}为颗粒垫层上的抛石；F_{R2}为土工织物上的颗粒垫层；F_{R3}为夯实坝体上的土工织物。

图 19.4.3.2-4　待评估三种摩擦接触面的静力作用示意图

用剪切盒试验（ASTM D5321）确定土工织物与拟接触土体之间的接触面摩擦系数。尽管无法在剪切盒内测试较大的抛石的摩擦系数，不过可使用剪切盒测试较粗的砾石（不含细粒）的摩擦系数，或建成可倾斜的大工作台，可测试小抛石沿土工织物的接触面滑动的临界角度。通过和热黏型无纺土工织物或土工织物等的对比，由于它们通常接触面摩擦系数较低，因而接触面摩擦系数较高的针刺型无纺土工织物成为首选。

根据科纳（2012 年）的描述，在铺路砖之间缝隙很窄且土工织物排水很小的情况下，在土工织物上平铺方形铺路砖时会出现边坡失稳现象。由于大波浪可导致土工织物下方细粒土体内的地下水位临时上升，从而出现边坡失稳。上升的水体在波浪小循环期间不能穿透土工织物快速排放。由此造成孔隙压力升高，进而导致护坡砖体的抬升和滑动。如果要保持稳定性，则相应护坡必须能快速排水且不会有过度堵塞问题。整体性设计包括反滤、透水性、排水及强度要求（其中包含边坡稳定性考虑）的评估。施工时必须保持结构足够的透水性和排水能力，从而确保边坡的长期稳定性（阿布洛米特，2002 年）。

19.4.3.3　用于砾石排水与填筑体下游坝壳料之间隔离物的土工织物

土体保持、抗穿刺性及边坡稳定性是这类用途的设计主要考虑事项，见图 19.4.3.3-1。根据现场实际情况来看，在此应用中，土工织物作为充分有效的反滤层，这一点并非至关重要。降水会进入可透水填筑体，如果土工织物堵塞，则会使孔隙压力积聚。应通过稳定性分析评估沿土工织物接触面出现滑动破坏的可能性。

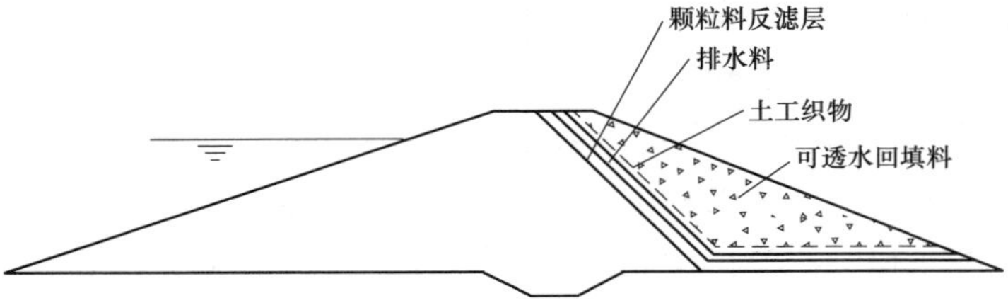

图 19.4.3.3-1　用于隔离下游砾石排水和上覆填筑体（坝壳材料）的土工织物示意图

19.4.3.4 隔离用设计——防护层

在土石坝上游边坡上（或之内）安装一层防水土工膜，然后在其上铺设一层厚的无纺土工织物作为防护垫层，这是很常见的工程应用。这类用途要求在确定垫层适用性时考虑边坡的稳定性问题。通常，豌豆大小粒径的砾石层不需考虑厚土工织物（16oz/yd^2）。如果碎石垫层具有尺寸较大的块石，垦务局通常运用现场试验来检验垫层是否适用。

19.4.3.5 隔离用设计——坝趾排水系统

土工织物可用于避免排水反滤颗粒进入排水花管。坝趾排水系统的传统结构通常为在排水花管周围包裹砾石骨料层，而砾石骨料层外侧环绕细砂反滤层，结构如图19.4.3.5-1所示。可以使用土工织物作为备选方案。可使用土工织物替代一种或多种颗粒材料，从而降低建造成本。

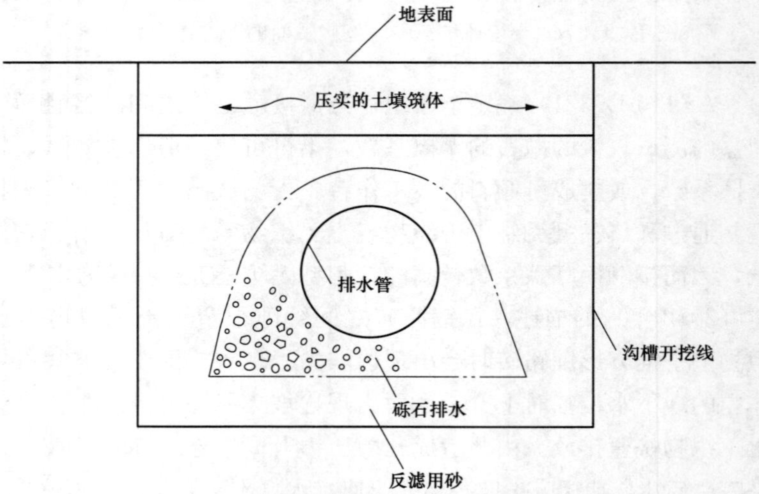

常规方法——反滤砂、砾石排水体以及开孔排水花管

不使用土工织物，在排水花管周围铺设细砂反滤层。

图 19.4.3.5-1 常规坝趾排水系统

虽然可围绕排水管直接铺设土工织物，但由于有多个工程事例表明因土工织物过度堵塞造成整个排水系统失效，所以很少建议如此布置。通常会用开孔尺寸为0.6mm（30号筛）的针织聚酯作为“袜套”包裹排水花管，当然也可用热黏型无纺土工织物，不过需要为订购预留一定的时间。虽然也可由施工人员现场切割适当宽度的无纺土工织物铺设包裹排水花管，但由于这样容易出现过度堵塞，所以最好不使用此方法。

除非土体是可自由排水的砂，否则不建议将土工织物包裹的排水管直接放入填满土体的管槽。紧靠土工织物包裹的管道为细粒土体时，土工织物可能会堵塞。在直接紧靠管道铺设土工织物情况下，土工织物只有较小的表面积能向管道输送水流。此种情况会导致在管道开孔附近出现汇流，通常会引起织物快速过度堵塞。一旦临近管道开孔的土工织物堵塞，则排水管就不再有效。包裹管道的备用材料为井管滤网，虽然每英尺成本更高，但这能实现排水与反滤，且可以不必关注堵塞和长期性能不良情况。

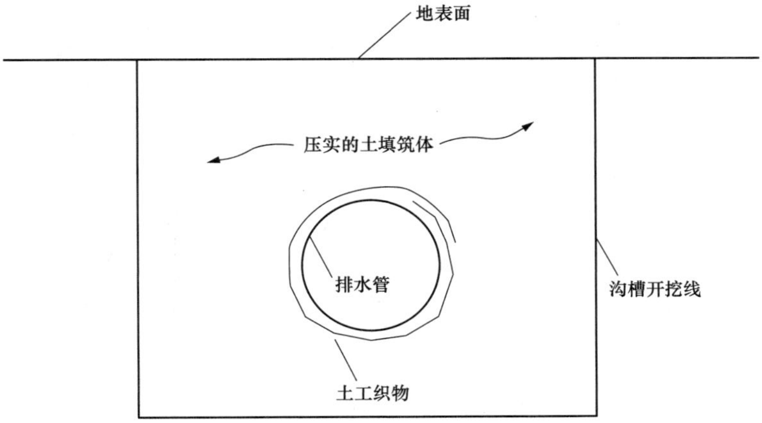

易于发生堵塞的不当方法——使用土工织物包裹多孔管

虽然此方法不需砂与砾石，但有大量工程实例表明会出现土工织物过度堵塞。

图 19.4.3.5-2　在排水花管周围铺设土工织物滤层形成的坝趾排水系统

图 19.4.3.5-3 所示结构也易于发生过度堵塞，所以不建议采用。在此示例中，由于在砾石排水材料和土工织物均堵塞后，排水才会失效，因此排水管将在更长的时间后发生过度堵塞。虽然相比图 19.4.3.5-2 所示结构，其失效的起止时间更长，但图 19.4.3.5-3 中所示结构最终还是会失效，因此不得使用该结构。

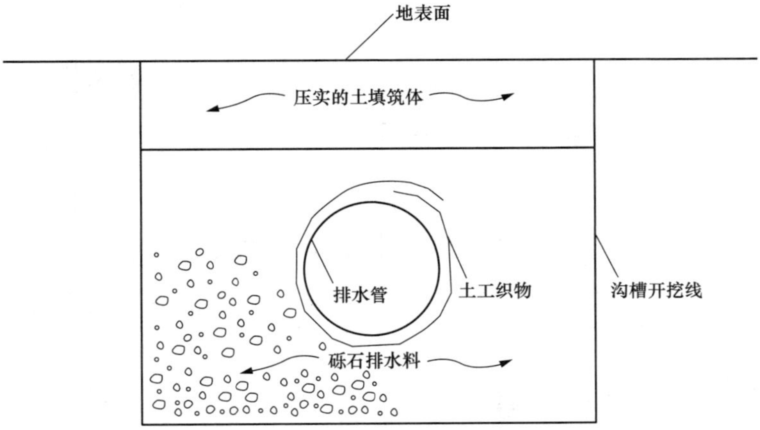

不合适的方法——砾石与土工织物均易于堵塞

砾石骨料环绕排水花管，形成坝趾排水系统。如果砾石无法反滤周围的填筑土体，则易产生堵塞。

图 19.4.3.5-3　在排水花管周围铺设土工织物滤层的坝趾排水系统

更为合适的设计是在砾石排水骨料中埋设排水花管，然后用土工织物包裹在砾石外围，如图 19.4.3.5-4 所示。这样可提供表面积大得多的土工织物反滤，也避免了在土体与土工织物的接触面的汇流，也降低了土工织物堵塞的可能性。也有其他相对比较适用的排水结构，如在反滤砂内埋设土工织物包裹的排水花管，如图 19.4.3.5-5 所示。沙子应用于反滤层周围的基土的设计见第 5 章“保护性反滤”中提出的方法。

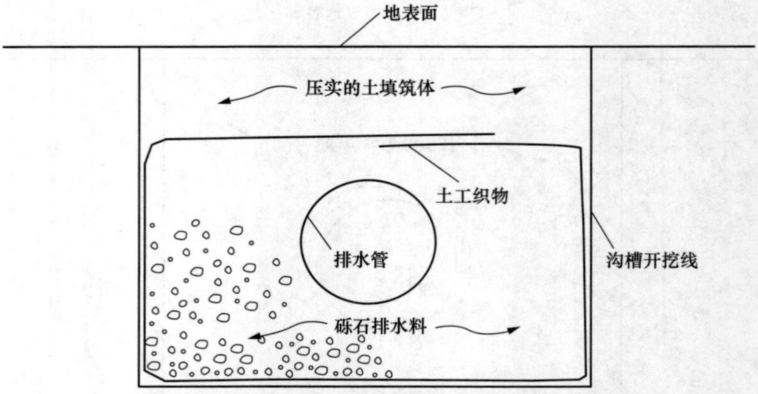

图 19.4.3.5-4 围绕砾石骨料排水铺设土工织物滤层而形成的坝趾排水系统

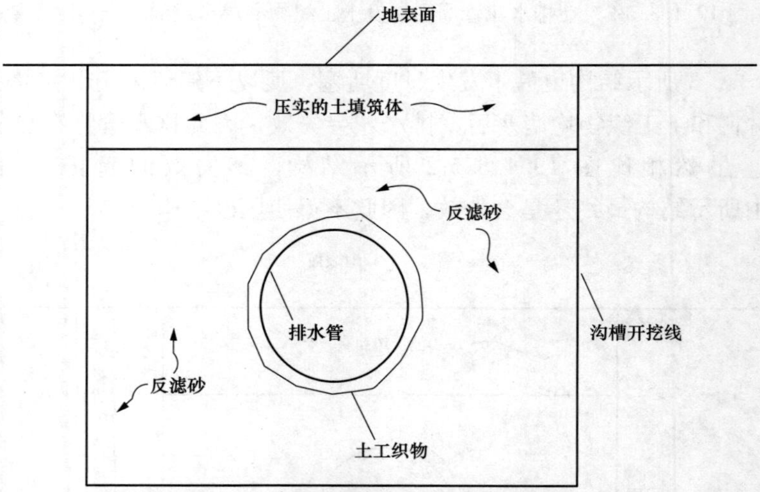

图 19.4.3.5-5 围绕排水花管铺设土工织物滤层而形成的坝趾排水系统

19.4.4 用于加筋的土工织物设计

土工合成材料的加筋体系是由回填土内分层排布的土工格栅材料/土工织物构成，可抵抗拉伸力。采用土工合成材料加筋的土体具有延展性和弹性，由此土体可抵抗通常由静荷载、活荷载和地震荷载造成的变形和裂缝。鉴于土石坝坝顶需要特陡坡或竖墙，垦务局在相应部位使用土工合成材料进行加筋。使用土工合成材料进行土体加筋一般分为三类：

（1）堤坝基础——分配荷载并改进承载能力；

（2）土坡——提高稳定性并可以使得边坡更陡；

（3）挡土墙——使得靠近竖墙区域的回填土具有一定的抗拉强度。

当前的设计方法还包括作为抗拉单元的加筋材料。不过，还会继续研究土体中多个紧密间隔的土工合成材料互层对土体性质的改善（亚当斯等人，2012 年）。联邦公路管理局（FHWA）支持这一原理并用在了桥台竖墙设计中，但是，该原理尚未获得堤坝地基设计方法的认可。本标准侧重于将土工合成加筋材料视为抗拉单元的方法（伊莱亚斯等人，2001 年；科纳，2012 年）。

本部分所述的方法旨在为工程实践提供一般指导。可在科纳（2012 年）编写的参考文件和伊莱亚斯等人的研究结果（2001 年）查找更详细的设计方法。FHWA 与 AASHTO 会定期公布土工织物作为加筋材料的最新结构设计方法。

19.4.4.1　土工合成材料的加筋强度

使用局部安全系数方法确定土工合成材料的允许抗拉强度。可用折减系数来考虑具体环境条件的影响，如安装损坏、聚合物蠕变效果及其他等问题。

设计技术采用折减系数来降低材料的极限性质，如通过各种折减系数来影响材料的抗拉强度，最后综合得到材料的长期设计性能。符号 RF 及其下标可用于表明那些适用于影响土工织物极限承载力的折减系数。各分项系数相乘可得总体折减系数。必须根据具体用途和拟议环境严重程度进行判断，以此确定特定待评估材料性质的折减系数值（科纳，2012 年）。

在加筋情况下，材料的抗拉强度是主要考虑的，长期抗拉强度（T_i）可定义为：

$$T_i = \frac{T_{ult}}{RF} \tag{19.4.4.1-1}$$

其中：T_i 为长期抗拉强度（设计强度）；T_{ult} 为基于实验室试验的极限土工合成材料抗拉强度（由生产商提供）；RF 为所有折减系数的乘积（即 $RF = RF_{CR} \times RF_{ID} \times RF_{CD}$）；$RF_{CR}$ 为蠕变折减系数；RF_{ID} 为安装损坏折减系数；RF_{CD} 为化学降解折减系数。

一般 RF 数值范围在 1.5～4.0，彼此相乘得出的整体 RF 因数大概在 3～7。极限强度除以整体 RF 得出长期强度。其并没有包含设计假设变化的所需考虑安全系数。在设计中另行考虑了安全因数（如静态边坡稳定性的 FS＝1.5），由此得到相对保守的土工合成材料的设计强度。

19.4.4.2　填筑坝基础加筋

在填筑体底部铺设土工合成材料进行加筋，从而加强地基强度抵抗如图 19.4.4.2-1 所示的破坏模式。地基加筋后，增加了对承载能力失效［图 19.4.4.2-1 (a)］、坝体滑坡［图 19.4.4.2-1 (b)］、坝体塌坡［图 19.4.4.2-1 (c)］的抵抗能力，提高了稳定性。

垦务局在一些工程的局部使用土工织物来加强地基，诸如在更换、维修小型堤坝的出水口工程和大坝下游工程开挖中遇到软基情况时。土工合成材料加筋物可能会提供集中顺畅的渗流通道，而这需要适

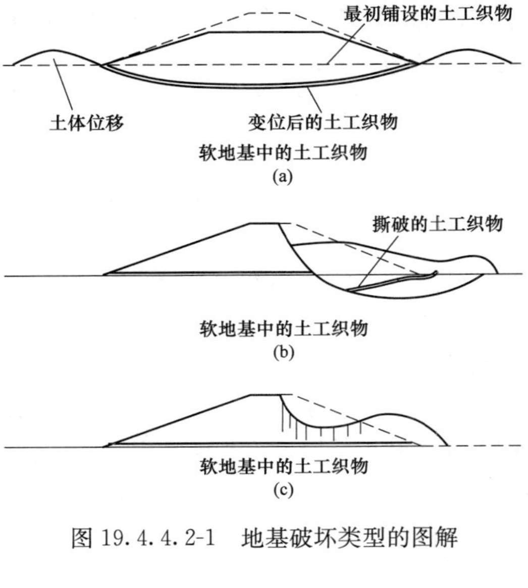

图 19.4.4.2-1　地基破坏类型的图解

当的预防措施（如反滤层和或防渗墙）以保护地基或填筑体土体免受内部侵蚀。在软土上的排水口下方铺设土工织物时，可同时使用截水墙和下游反滤层。此外，应评估土工织物的破损是否会导致大坝破损这种无法接受的风险。

土工织物也用在堤坝顶部区域的土体加筋工程，这样可以增加边坡坡度，抬高坝顶高度。这通常用在堤坝加高、水库扩容工程中。讲述本部分内容主要用于对加筋的堤坝的设计，该加筋堤坝并无长时间挡拦静水的功能。由于其对垦务局堤坝适用的有限性，所以本标准概述了堤坝地基加筋材料使用加固的步骤。可在科纳的研究中（2012 年）查阅具体的设计信息。

需要利用传统的岩土工程改良配筋设计程序进行稳定性和沉降分析计算。通常利用不排水强度分析来分析软地基上的堤坝的稳定性。可使用排水强度方法计算稳定性，但是在设计与施工阶段中应进行精确的孔隙压力测量。可以考虑土工合成材料和土逐层碾压铺设，通过多层小间隔的构造，从而可实现稳定性所需的抗拉加筋。对加筋土石坝地基的设计步骤概述如下：

（1）详细说明堤坝的尺寸与荷载条件。

（2）建立基础剖面并确定地基土体的工程性质。

（3）获取坝体填筑材料的工程特性。

（4）确定坝体适用的最小安全系数和最大沉降度。

（5）检验承载能力。

（6）对未加筋的填筑体和地基进行圆弧形滑动面稳定分析，以此确定剪力条件下的临界破坏面和安全系数。如果满足最小安全因数要求，则不需要防止圆弧式滑动破坏的加筋物。如果不符合最小 FS 要求，则应确定所需的加筋强度以保证足够的安全系数。

（7）进行边坡坍塌稳定性分析。如果符合最小安全系数要求，则无需为避免坍塌实施加筋。如果不符合最小安全系数要求，则应确定所需的加筋物抗拉强度。

（8）确定容许的土工合成材料变形要求并计算所需的加筋模量。

（9）确定土体的锚固或拉拔要求以确保加筋超过破坏区的范围。

（10）确定土工合成材料的性质（包括纵向和横向的抗拉强度）、土体与土工合成材料之间的接触面摩擦角、排水要求、环境条件及可施工性要求。在选择土工合成材料时应考虑蠕变作用，尽管只有在加筋材料的蠕变率大于因地基固结而获得的强度时才作为一个系数考虑。

选择适当的填筑材料也是设计考虑的重要事项。尤其是对土工合成材料顶部最初几层，优先选择颗粒填筑。

19.4.4.3 边坡加筋

相比于普通边坡，土工合成材料加筋的土质边坡可建造得更陡峭。垦务局在土坝坝顶加高的改造设计中选择使用土工合成材料加筋来加陡边坡。如在 Pactola 大坝的坝顶加高中使用加筋方法。但是必须注意确保长期蓄水、静水压力或渗流条件不会对加筋边坡或大坝的性能造成负面影响。由于土工合成材料的加筋物会产生顺畅渗流通道和集中渗流压力，设计人员应警惕内部侵蚀的可能性。静水压力也会产生整体稳定性问题，应进行检查复核。

加筋边坡的整体设计方法类似于一般边坡的设计方法，都需考虑短期工况和长期工况以及局部破坏和整体破坏模式下的稳定性问题。加固边坡目前采用经典极限平衡边坡稳定方法的修正版本进行分析。假定圆弧形或楔形的潜在破坏面通过比较滑动力与抵抗力或力矩得出安全系数，然后在设计考虑加筋层的影响效果，由于加筋层横穿过滑动破坏面，进而提高了抗拉能力和弯矩抵抗力。为了便于施工，土工合成材料加筋层通常会水平方式铺设。加筋材料的抗拉力是在滑动体后面或内部的拉拔阻力的函数。必须考虑各种各样的潜在破坏面，包括穿过加筋区或在加筋区后的深嵌面。加筋边坡的破坏模式主要情况如下：

（1）破坏面穿透加筋材料。

（2）破坏面经过加筋土体的后面和下方。

（3）破坏面穿透经加筋的土体和该土体的后方。

（4）加筋物的拉拔破坏。

（5）加筋物的受拉破坏。

（6）在加筋物与土体之间的接触面会出现滑坡破坏。

加筋斜坡的详细设计是一个迭代过程，通过各种布置加固方案确定足够的安全系数。加筋边坡设计的通用步骤：

（1）确立设计的几何图形、荷载及性能要求。

（2）确定基础的土体地层分布和工程性质。

（3）确定适用的填筑土的工程性质。

（4）评估加筋物的设计参数。

（5）确定非加筋边坡的 FS。

（6）设计加筋物从而实现边坡稳定性要求。

（7）核验整体稳定性。

（8）核验坝体的抗拉拔长度。

（9）评估渗流、静水压力和地表水控制的要求。

条分法可用于带黏结和摩擦角填土的边坡。得到全应力和有效应力圆弧破坏条件方程，对应于图 19.4.4.3-1，分别是

$$\mathrm{FS}=\frac{\sum_{i=1}^{n}(N_i\tan\phi+c\Delta l_i)R+\sum_{i=1}^{m}T_iY_i}{\sum_{i=1}^{n}(W_i\sin\theta_i)R} \tag{19.4.4.3-1}$$

$$\mathrm{FS}=\frac{\sum_{i=1}^{n}(N'_i\tan\phi'+c'\Delta l_i)R+\sum_{i=1}^{m}T_iY_i}{\sum_{i=1}^{n}(W'_i\sin\theta_i)R} \tag{19.4.4.3-2}$$

其中：FS 为安全系数；N_i 为 $W\cos\theta_i$；W_i 为每条块总质量；W'_i 为每条块的有效质量；θ_i 为每条块的底部坡角；Δl_i 为每条块的弧长；R 为圆弧滑动面的半径；ϕ，ϕ' 分别为抗剪总应力角和有效应力角；c、c' 分别为总黏聚力和有效黏聚力；T_i 为允许土工织物抗拉强度；Y_i 为土工织物的矩臂；n 为土条数；m 为土工织物层数；$N'_i=N_i-u_i\Delta x_i$，其

中：u_i为孔隙水压；Δx_i为土条宽度。

按不排水条件下的细粒黏性土的方法要简单得多。由于土体强度并不取决于剪切平面上的摩擦力，所以没有必要切条。图 19.4.4.3-2 示意了细粒土体时的边坡稳定分析。由此可将边坡稳定性等式简化成

$$FS=\frac{c\,L_{arc}R+\sum_{i=1}^{m}T_iY_i}{WX} \qquad (19.4.4.3\text{-}3)$$

其中：FS 为安全系数；c 为黏结力；L_{arc}为每土条的弧长；R 为圆弧破坏面的半径；T_i为土工织物允许抗拉强度；Y_i为土工织物的矩臂；W 为破坏区的质量；X 为破坏区重心的力臂。

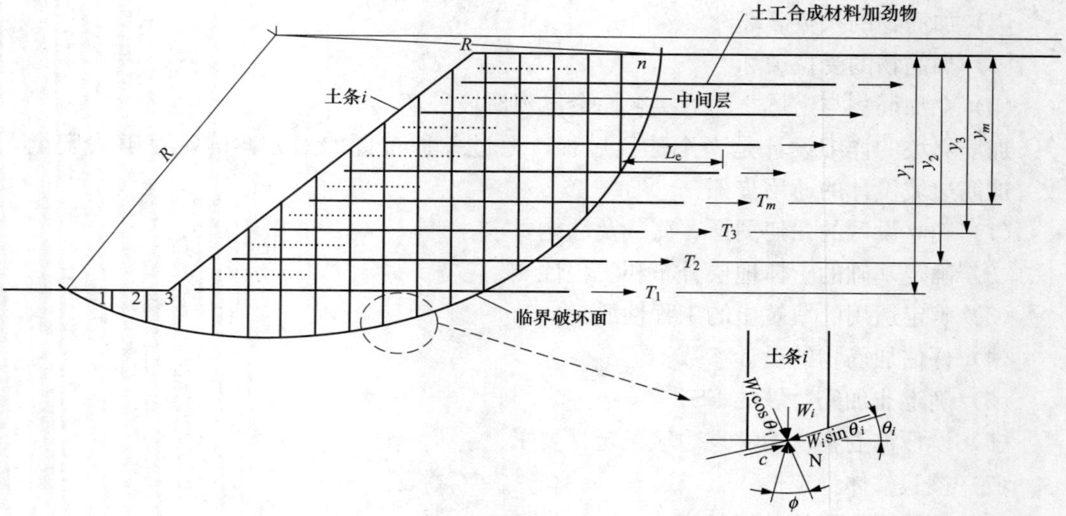

图 19.4.4.3-1 存在 c 和 ϕ 值土体的弧形滑动面边坡稳定性分析

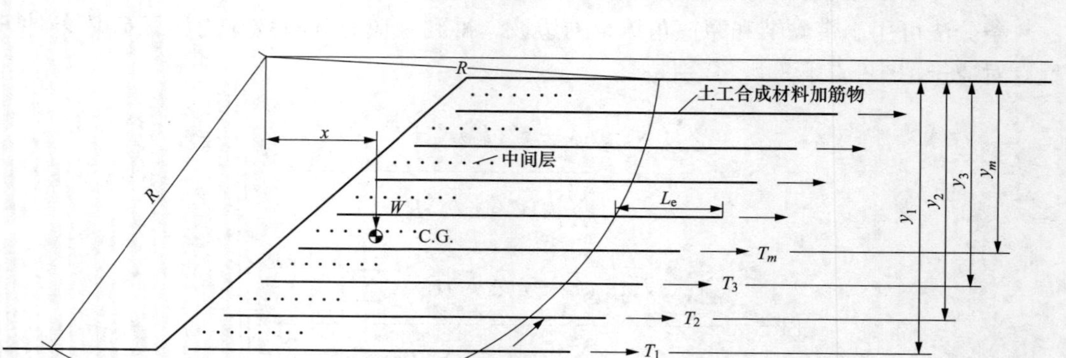

图 19.4.4.3-2 仅有黏聚力 c 值土体的弧形滑动面边坡稳定性分析

每个加筋层的锚固长度（L_e）是土工合成材料从破坏面伸入边坡长度。L_e 是抗拉

拔力的函数，加上土工合成材料从破坏面至边坡面的长度，就是土工合成材料总长度。L_e不小于3ft，且可通过关系式得到：

$$L_e = \frac{T_i \mathrm{FS}}{2E[c + \sigma_v(\tan\delta)]} \geqslant 3\mathrm{ft} \quad (19.4.4.3\text{-}4)$$

其中：L_e为锚固长度；T_i为土工合成材料允许抗拉强度；FS为安全因数；E为摩擦阻力传递率（对于土工织物通常为0.8～1.2）；σ_v为土工合成材料层上方的压应力；δ为土工合成材料与土体之间的接触面摩擦角。

E与δ最好借助实验室或现场试验来确定，不过可在公开发行的资料［如科纳(2012年)］中查阅经验值。因为边坡面方向的压应力更小，所以预计滑动土体范围内的加筋物长度比临界破坏面后的加筋物更长。可在主要抗拉层之间使用较短的加筋层，从而尽量减小边坡的表面侵蚀，提高压实质量并尽量减少滑坍破坏。

边坡稳定性计算分析既繁琐又费时，边坡稳定性计算程序作为设计工具已广泛使用。目前有若干商业边坡稳定性程序也具备计算内含加筋的能力。检验数值建模是否同公认的分析方法相适应是很好的方法。

19.4.4.4 土工合成材料加筋挡墙

土工合成材料加筋墙是将土工织物作为土体加筋材料。当不能大幅改动坝坡体型时，垦务局使土工合成材料加筋墙进行坝顶增高。目前已经提出了若干设计方法，不过最常用的方法是基于传统朗肯土压力理论结合抗拉土工合成材料层得出，而土工合成材料层会延伸至假想破坏面之外以用做“拉绳”。当边坡的坡度角多大时，边坡可以视为挡墙来分析，并用朗肯土压力理论代替限制平衡边坡稳定性分析法，受到了广泛争论。FHWA目前认为当边坡角大于70°时可使用朗肯土压力理论。对于一般的挡水建筑物，还必须考虑建筑物整体稳定性和挡墙沉降问题。土工合成材料挡墙的一般分析步骤如下：

(1) 确立设计条件、项目范围和外部荷载。

(2) 确定地基土体的工程性质。

(3) 确定加筋填土（最好为颗粒料）和已有回填土的性质。

(4) 确立设计安全因数和性能准则。

(5) 确定初步的挡墙尺寸。

(6) 绘制加筋剖面横向土压分布图。

(7) 核验挡墙的外部稳定性。

(8) 使用传统方法估算加筋剖面的沉降情况。

(9) 计算各加筋高程的最大水平应力。

(10) 复核内部稳定性并确定是否需要加筋。

(11) 根据朗肯破坏楔形体的抗拉拔需要，复核所需的加筋长度。

目前有若干内部稳定性分析方法，不过美国农业部林务局处给出的方法已得到广泛认同且应用成功并效果良好。如图19.4.4.4-1所示，总内部横向土压（σ_h）是土压（σ_{hs}）、附加压力（σ_{hq}）和活荷载（σ_{hl}）施加的横向应力之和。可从挡墙顶部向下确定任一深度（Z）的横向应力，这里：

$$\sigma_{hs}=K_a\gamma \quad (19.4.4.4\text{-}1)$$

$$\sigma_{hq}=K_a q \quad (19.4.4.4\text{-}2)$$

$$\sigma_{hl}=P\frac{x^2 Z}{R^5} \quad (19.4.4.4\text{-}3)$$

$$\sigma_h=\sigma_{hs}+\sigma_{hq}+\sigma_{hl} \quad (19.4.4.4\text{-}4)$$

其中：K_a为有效土压力的系数［$\tan^2(45°-\phi/2)$］；ϕ 为抗剪切角；γ 为土体的单位质量；q 为 $\gamma_d D$；D 为附加土体厚度；γ_d为附加土体的单位质量；P 为在坝体表面作用的集中活荷载；x 为荷载距离挡墙的水平距离；R 为挡墙上荷载点的径向距离。

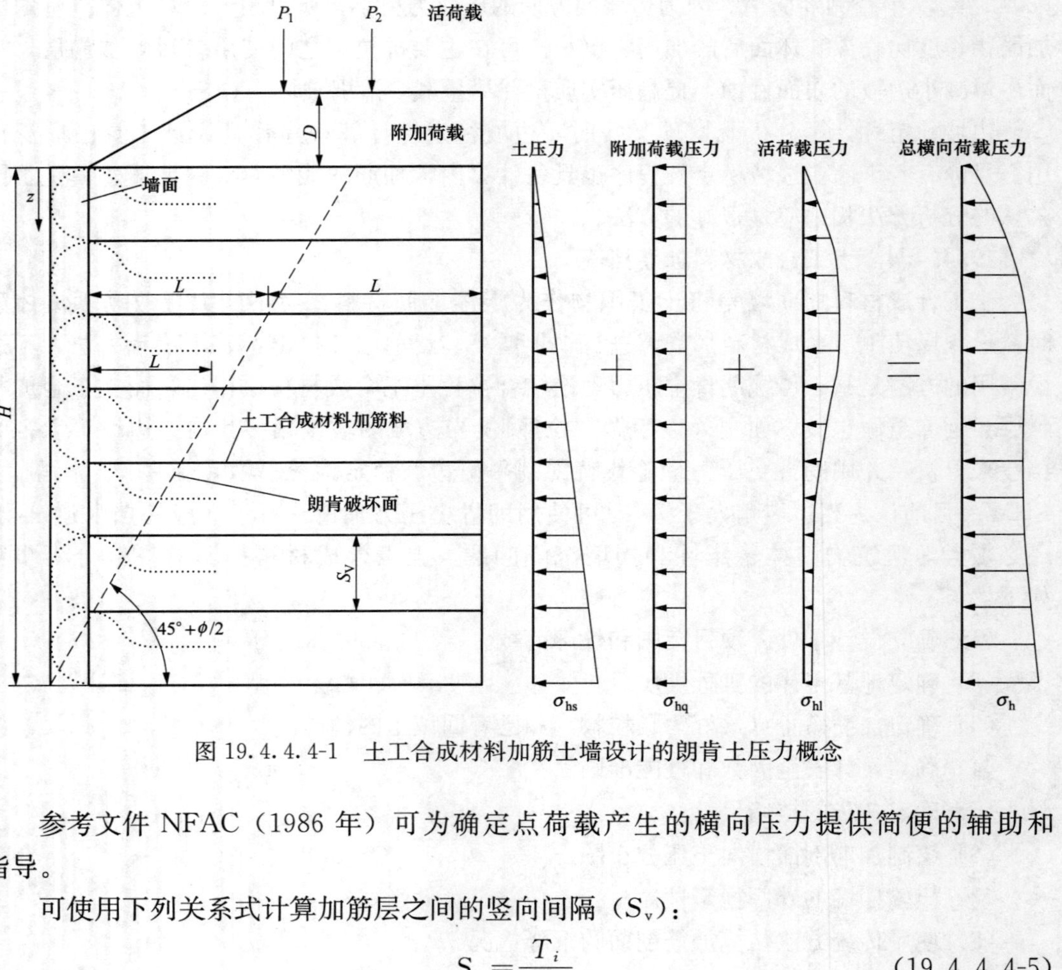

图 19.4.4.4-1 土工合成材料加筋土墙设计的朗肯土压力概念

参考文件 NFAC（1986 年）可为确定点荷载产生的横向压力提供简便的辅助和指导。

可使用下列关系式计算加筋层之间的竖向间隔（S_v）：

$$S_v=\frac{T_i}{\sigma_h \mathrm{FS}} \quad (19.4.4.4\text{-}5)$$

其中：T_i为允许的土工织物抗拉强度；σ_h为给定深度的总横向土压；FS 为安全系数。

加筋层的长度可定义：

$$L=L_R+L_E \quad (19.4.4.4\text{-}6)$$

其中：

L 为加筋层的长度；L_R为在破坏区的长度和，即：

$$L_R = (H - z)\tan\left(\frac{45 - \phi}{2}\right) \tag{19.4.4.4-7}$$

L_E为锚固长度，即：

$$L_E = \frac{S_v \sigma_h FS}{2(C_a + \gamma z \tan\delta)} \tag{19.4.4.4-8}$$

其中：C_a为土体与土工织物之间的黏结力（假定对粒状土而言为零）；δ 为土工合成材料与土体之间的内部摩擦角。

对于外包墙，可使用下列关系式得到搭接长度（L_o）：

$$L_o = \frac{S_v \sigma_h FS}{4(C_a + \gamma z \tan\delta)} \tag{19.4.4.4-9}$$

由于不良的设计排水条件和填土品质低，土工合成材料的加筋挡墙经常出现破损。应注意避免内部静水压力与渗流压力的增加，而填土质量控制应在遵守表 19.4.4.4-1 中列出的最低土体级配要求条件下具有较高质量。

表 19.4.4.4-1　　建议的挡墙最低填土要求

筛眼孔径（mm）	过筛百分数（%）
19	100
4.75	20～100
0.425	0～60
0.075	0～15
塑性指数小于等于 6	
四次循环后，钙镁硫酸盐的安定性损失 30%	

来源：伊莱亚斯等人（2001 年）。

对于传统挡土墙来说，土工合成材料加筋挡墙的巨大优势在于其每平方英尺外露面成本低，且可使用多种饰面选择，从而带来建筑便利和美学选择空间。挡墙饰面有模块式砌块墙体、卷绕饰面、分段预制混凝土板、木材和格宾网格等。每种饰面均需设计考虑其土工合成材料依附性、抗震性能、可维护性和施工便利性。

19.5　储存与搬运

土工合成材料需小心储存和搬运以免其在安装前受到损坏。在从工厂运出到完工安装的过程中随时会出现损坏。在不良装载、运输和卸载过程引起的典型损坏包括由栓系固定物、运输期间的荷载偏移、固定物的拆卸不当等造成的撕裂和穿刺以及拖动材料造成的磨损。

应对交付的材料进行检查。在卡车上卸除固定物前应目检材料，见图 19.5-1，应该对固定物拆卸、货物卸下和搬运至临时储存点的过程进行监控。

在卸货和场内搬运时最好使用帆布吊索，见图 19.5-2，或用吊具杆和探针（如钢管）穿过织物卷筒中心，从而避免撕扯或刺穿土工织物。这样可避免通过拖拽、叉车叉运或使用挖掘机勺斗抬升等不合适方式来搬运织物卷。

在卡车前部的系带勒进了顶部产品卷，使顶部产品卷外形扭曲，
对此必须予以检查，确认是否损坏顶部产品。
图 19.5-1 向工地交付土工合成材料卷

可使用布悬带，而非升降机叉斗，妥善卸载货物。
图 19.5-2 比较合适地卸载土工织物

土工织物的污染来源于露天场地的储存过程、化学品的意外溢出及在多尘环境中的储存与运输。颗粒污染会因堵塞降低过滤与排水性能。化学污染可造成聚合物复合材料降解，进而造成严重的强度损失。

通常会在运往工地前在工厂内使用防紫外线的包装材料覆盖土工织物材料。当防护性包装材料受损（见图 19.5-3）时或货卷包装已经拆开但安装延迟时通常会引起曝光问题。

现有标准指导（ASTM 2002）明确了土工织物的妥当存储和搬运方法。应使用下列信息标记产品卷和/或在产品卷上贴设标签：①产品标识，包括制造商与类型。②批号和卷号。③卷长度、宽度和质量。应至少在三个位置提供上述信息：外包装、产品卷和内卷表面。

在存储区地面铺设一层细粒土，从而避免直接在岩石上放置产品卷，可在照片左侧看到这一点。
防护性包装材料的末端发生损坏很明显的，检查员要求用帆布覆盖产品卷，
以避免灰尘污染并避免长期接触紫外线造成降解。
图 19.5-3 土工织物的储存

在工厂内，通常会在耐用的强纸板筒上卷绕土工织物，这样方便储存、搬运和装卸及运往工地现场。在交货前应准备现场的储存地点。如果存放在裸露地面上，应使地面干净整洁，没有岩块和植物。其他存储方法包括在货盘、胶合板、沥青或混凝土板上放置土工织物卷。

制造商通常会规定产品卷的最大堆叠高度，从而确保储料堆质量不会压坏产品。在防护性外包装损坏或卸下情况下，长期露天储存会带来紫外线造成的降解问题。因为紫外线降解是不可见的过程，检查员必须明确认识该问题并勤勉频繁地检查储料堆的状态，以确保防护性外包装完好无损。

19.6 安装

土工织物的性能受其施工安装品质的显著影响。最重要的是，施工作业不影响土工织物的力学和水力性能。必须避免长时间的紫外线照射、污染、磨损、穿孔、撕裂以及施工过程中的土工织物错位。为确保成功安装，设计必须考虑施工可行性，土工织物必须能承受预期的施工应力，相关规范必须明确规定适当的安装要求，同时必须严格执行质量保证程序。

19.6.1 地基准备与验收

对将铺设土工织物的基础表面（地基）进行处理，这是安装过程的第一步。地基准备要求是项目要求中重要的一方面。对于多数工程，要求地基整洁坚实、没有孔隙和凸出的岩石。而在高速路和公路工程中，已经制定了三个层次的地基分类体系（AASHTO，1996 年）。基于地基不同质量，规定了土工织物的相关强度要求。对于大坝工程，目前尚未采用该分类系统。垦务局已采用 A 级和 B 级的两层次分类法，如下

所述：

A类——该类用途中其安装应力比B类更严苛，其中有尖锐棱角的骨料占较大百分数，或覆盖材料要求夯实度95%以上。

B类——该类用途中基础/地基顺滑，不含尖锐的棱角突出物。严禁使用有尖锐棱角的骨料，且夯实度要求小于95%。

不管路基的确切性质如何，土工织物必须与它们正在使用内或使用上的土体紧密接触。对于较硬的土工织物，应尽可能保证土体表面光滑。无纺土工织物更柔软，会更好地贴合不规则的表面，不过还是应为无纺土工织物提供尽可能光滑的表面。通常，使用光面的碾压机夯实地基，见图19.6.1-1，用推土机将地基铲推平顺（如果坡度为1∶3，或更平缓时），然后用光面碾辊碾压机进行夯实。对于坡度大于1∶3的，将以安全方式固定碾辊，在坡面上往返移动进行碾压，根据材料不同，可以使用振动碾，其目标为使地基表面顺滑而无凸出的岩石。建议施工人员移除基础面上岩石、突出物并对孔洞进行回填，见图19.6.1-2。可用砂子填充粗碎块形成的缺陷，从而实现光滑的地表面。其旨在去除所有石块尖角，以免穿刺/撕扯土工织物，同时填充地基内的孔隙。圆角的岩石不太可能损坏土工织物。

图19.6.1-1　为铺设土工织物，碾压设备正在处理地基表面，以保证其平整光滑与坚实

在垂直或边坡陡峭的沟槽内铺设土工织物时，常常无法实现表面光滑。可视需要稍微修整沟槽侧面，就在土工织物安装前可使用光滑的挖掘机勺斗（不含齿）刮扫使沟槽底部变得光滑，从而去除较大的不规则外形。

19.6.2　摊铺

一旦地基处理批准通过，就可开始摊铺土工织物。为了提高安装效率，最好在土工织物运往安装区前，先检查所需设备和物资（如沙袋）是否准备齐全。从现场存储区向安装区运输土工织物须小心谨慎，现场运输过程可能会损坏土工合成材料。常见问题包括织物卷的不当抬升，如使用挖掘机勺斗或叉车抬升织物卷的方法会造成应力集中，从而拉伸或撕扯土工织物。在某些情况中，出现叉车刺穿织物卷，从而造成严重的穿刺破

检查员会拒收这部分地基，且要求对其进行填充和碾压平整。

图 19.6.1-2 处理过的地基表面的缺陷

坏。在运往摊铺区过程中，应确保产品不会受到磕碰从而造成磨损、穿刺或撕扯土工合成材料，见图 19.6.2-1。

观察员（在设备前行走的人员）需要确保土工合成材料产品不会撞击可能损坏材料的其他物体。

图 19.6.2-1 使用管子、撑杆及观察员移动土工合成材料卷

在经工程师批准后，通常由安装人员负责铺面布置和土工织物裁剪。宜按照预期的水流方向或移动方向展开土工织物。在土工织物末端重叠处，应使得坡上的土工织物压在坡下的土工织物之上。有些土工复合材料，如三维土工网复合材料，应使得水流方向和材料相关功能方向一致。在加筋工程应用中，应以垂直于填筑体中心线的方式铺设土工织物。目的在于沿应力（水流或加筋）方向避免（或尽量减少）接缝。

通常会在边坡顶部使用锚固沟（见图 19.6.2-2）来固定土工织物。锚固沟的常规尺寸至少为 3ft 深、2ft 宽，以便使用手夯锤夯实回填土。土工织物应横穿锚固沟沿边坡向

下延伸。在某些应用中，如果有足够的空间，在长边坡上，将低地或平台作为中间锚固措施，可无需锚固沟，见图 19.6.2-3。

图 19.6.2-2　土工复合材料的大坝锚固沟

注意留充分位置，以便停留设备、人员和物资。

图 19.6.2-3　用于长边坡并提供中间锚固的平台

平台可方便土工织物的安装，也可使用轮式装载机和其他更大设备来放置土工织物并夯实锚固沟填土。其间或可替代锚固沟。

铺开并定位土工织物的时候可能会使地基面松动或使石块裸露。因此，对摊铺开的土工织物进行踩踏并仔细观察是重要的，以避免有凸出的石块会穿刺和撕扯土工织物或使得土工织物无法紧贴地基面。

随着摊铺的开展，其施工活动可能会影响和损坏邻近区域的地基。因此，有必要在铺设土工织物前随即检查地基表面情况。在土工织物铺设前必须修复出现辙痕或受扰动的地基面。如果地基变得潮湿和泥泞，应停止安装。除非设计要求在又软又湿的地基建造公路，否则严禁在可能会堵塞织物的泥泞地面上铺设土工织物。同时还应避免干燥的灰尘条件，从而避免灰尘颗粒堵塞土工织物。

19.6.3 接缝处理

接缝处理方法包括叠合、缝合、热黏合、钉合、打结、焊接和黏合。热接缝接合法用在连接织布片时最有效。叠合法需要的人力成本较少，但要求使用更多的土工织物产品。缝合法可为接缝提供最可靠的强度保证，但需要更高的人力投入成本。视土工织物的成本和重叠距离而言，相比叠合法，缝合法通常物有所值（科纳，2012 年）。

从已有工程经验看，在重叠宽度为 6in～1ft 时，由于覆盖土体施加负载使得现土工织物出现移动，从而导致结合失败（出现覆盖间隙）。对于采用叠合法的接合，建议采用 1～3ft 的重叠距离，在软土条件下重叠距离应更大。本标准建议，在土工织物接合面两侧基础坚实时，其最小重叠距离为 1ft。

如果遵循相关的重叠要求时，叠合法施工需要花费较大的附加材料成本。科纳（2012 年）分析建议，只在相对坚实的地基上，在接合轻质土工织物时，缝合法才不如叠合法经济。在软土上铺设土工织物时应尽量考虑采用缝合法。

同时，除覆盖不严密的间隙风险外，叠合法还有边坡稳定破坏的风险。研究表明，重叠织物之间的摩擦力显著低于织物与土体之间的摩擦力（科纳与纳雷乔，2005 年）。

缝合法可得到的接缝强度约为土工织物本身强度的 50%～90%。土工织物的强度越高，这个百分数越低。过去，通常使用凯夫拉线进行缝纫。现在，使用比土工织物更结实的线或使用别的材质的线不再被看好，而通常采用同土工织物材料相同的聚合物制成的线。另外，现场缝合的接缝强度通常不及工厂缝合的。

缝合土工织物有三种基础类型的接缝（科纳，2012 年）：平坦或跪式、J 或双 J 形及蝶形接缝。图 19.6.3-1 所示为典型缝合接缝示意图。

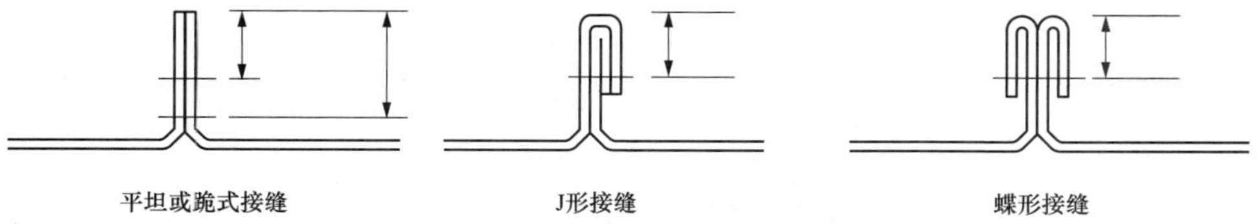

图 19.6.3-1　土工织物缝合接缝类型图解

接缝通常具有 1～3 排的缝合针脚。较轻的土工织物应采用每 3ft，400 个针脚左右的针脚密度。而较重的土工织物应采用每 3in，200 个针脚左右的针脚密度。由于锁针法不太可能被解开，所以通常应使用锁针法进行缝合。另外，还可使用单线或双线的链形针法。当施工方法得当时，缝合的接缝可进行临近土工织物片之间的应力传递。

应评估织物接缝在荷载下崩开的可能性，这有可能会产生不受保护的区域，而在该区域内会在静水压力或水流作用下形成管涌。推荐使用重叠 J 形接缝，建议可使用双重缝合法。不建议使用过去惯例的高强度聚酯、聚丙烯或凯夫拉线。目前通常使用由土工织物所用聚合物材料制成的线，且由供应土工织物的相同制造商提供这种线。

打结法是主要用于土工合成材料，如土工网的结合。订合法可用于侵蚀控制毯，不过其不得用于土体保留为基础功能的滤层或隔离土工织物。

土工复合排水可使用对接法或重叠法接合。由于需要在接缝上对齐（均匀表面）并铺设条状土工织物避免土体渗入排水区，所以很难对接。使用尼龙扎带将土工复合排水的接缝结合起来并用其接合土工复合排水管，而周围的土工织物部分采用热黏合处理。

热黏合设备主要有楔形焊接机、热风和丙烷吹管等。随着新型轻量型现场焊接机的开发，热黏合/焊接会变得越来越常用。操作上述设备需要进行操作员培训和必需的设备维护。要确保不会发生烧毁或损坏土工织物的现象，加热元件的温度控制与均匀性均至关重要。

19.6.4 覆盖

土工织物一旦现场安装，就应尽快用设计的材料对它进行覆盖。在许多项目中，承包商总想拖延到铺设全部土工织物后再进行覆盖。对于 UV 敏感的土工织物，宜在外露 3～5 天内进行覆盖，而对于抗 UV 处理型和低 UV 敏感性聚合物土工织物，应在 14 天内覆盖。在某些情况下可延长土工织物覆盖的时限最多至 30 天，不过有可能材料会出现一定程度的降解。所以必须有现场露天试验证明：这种额外的 UV 曝光不会对规定的土工织物强度性能造成不利影响。

此外，接触雨水的土工织物（尤其是针刺型无纺织物）会吸收大量水，变得沉重且难以搬运，因此需要预先定位好。必须保护好用做滤层或传输介质的土工织物，避免灰尘、污垢和泥土造成的污染。在水下工程中，建议在摊铺的同一天进行土体覆盖。

在进行覆盖施工时，必须小心以避免损坏土工织物。在覆盖前，应随即检查安装的土工织物，以确保土工织物未移动且基础未损伤。覆盖用土体必须符合相关规范要求。在边坡上进行覆盖施工时，宜从坡脚开始沿边坡向上铺设覆盖层土体，因为当覆盖层厚度太薄或沿边坡向下推动覆盖层填土，施工设备会损坏土工织物。对于重型设备，应增加覆盖层的厚度，见图 19.6.4-1。在边坡上铺设土体覆盖层时，最大允许坡度为土体与土工织物之间的最小摩擦角。填土材料卸下后，可使用小型低压力（LGP）推土机或正铲摊铺填土。

图 19.6.4-1　为保护土工织物免受重型设备加负载的影响，运输道路覆盖层厚度临时增至 5ft

通常使用 LGP 推土机消除土工织物上额外的穿刺应力。然而，同等或更重要的是在覆盖土作用下沿路基土/土工织物（下界面）和覆盖土/土工织物（上部界面）发展的剪应力，当施工机械操作员试图一次性推动过多材料时，就有可能产生较大的接合面剪切应力。不当操作的特征之一为推土机推动的土堆高度比刮刀顶部更高。而且，如果在尝试推土时推土机左右扭动旋转改变路径，则意味着其是严重超载的。如果在推土机前未覆盖的土工织物出现了褶皱或波浪起伏，则这是不当的操作。如果土工织物下方产生的剪切应力超过接合面剪切强度，则会出现局部打滑，导致土工织物的拉扯甚至破坏撕裂。许多建筑质量检查员未必认识到这种情况，通常检查员关注于覆盖土的所需最小厚度以及推土机履带和刮板意外接触土工织物产生的损坏痕迹。检查员需要意识到避免推铲厚土层的必要性。可使用挖掘机对自卸式卡车卸土产生的高卸料堆进行安全降低，如图 19.6.4-2 所示。严禁卡车直接在土工织物上卸料。卡车最好在之前铺设的覆盖材料层上倾卸土料。

如果试图用推土机直接推动这么厚的料堆，可能会因为所需的牵引力过大而损坏土工织物。

图 19.6.4-2　挖掘机搬挖大堆覆盖材料

通常，没有必要对首层盖土进行额外的压实，因为可以通过设备的静态质量实现足够的压实。如果需要夯实，则应避免在第一层土上使用重型设备。在低压设备施工时应保持的最小覆盖层厚度为 12in。在任一层铺设的土体最大厚度不得超过 18in。覆盖层土体的级配和棱角是其重要参数。粗砾石覆盖层不应超过 12in 厚。当覆盖土体中有高比例的沙子/黏土或“豆砾石”时，层厚可以提高到 18in 厚，如图 19.6.4-3 所示。

传送机已被用于在土工织物或土工复合材料上铺设初始覆盖层，从而避免设备行驶反复碾压可能造成的损坏。图 19.6.4-4 所示为伸缩式输送机的使用情况，该输送机用于垦务局大坝的 C-33 反滤砂覆盖土工复合材料，以快速提供所需保护，避免 UV 退化，直至反滤区可以施工为止。

安装土工织物作为排水沟内的反滤层时，应仔细铺设骨料填土，从而确保土工织物紧密贴合排水沟底部和沟壁（英戈尔与米勒，1988 年）。排水沟的有效施工程序如下：

要沿边坡向上推动材料，且保证质量监控检查员在场。

图 19.6.4-3 低压力推土机将覆盖层材料推平至 1.5ft 均匀厚度

通常严禁从上坡向下坡铺设覆盖层，以下坡方式使用其他类型的设备会损坏土工织物。

图 19.6.4-4 Red Wilow 坝使用伸缩式输送机在土工复合材料上进行初始砂覆盖层铺设（2012 年）

（1）观察排水沟表面并去除尖锐的石头和突出物。

（2）将土工织物铺入排水沟，同时将额外的材料伸出水沟两侧。

（3）沿排水沟顶部边缘以一定的间隔铺设小石头或砾石堆，从而在适当位置轻轻地固定织物。重要的是，不得牢牢固定织物。

（4）视需要轻轻地拉动或重新铺设部分土工织物，以便去除其褶皱。

（5）使用设计的细粒骨料（最大尺寸为 0.75～1in）进行填塞，以使土工织物和排水沟基础土体紧贴。

（6）使用不含可能堵塞排水细粒的洁净排水骨料。

（7）缓缓铺设洁净的排水骨料，在排水沟底部形成初始垫层。铺设时应避免较大的落差。

（8）在垫层上铺设排水管。

（9）缓缓地铺设余下的薄薄干净的排水骨料层。允许部分土工织物滑入排水沟内，从而契合侧壁的变化。

（10）对剩余的土工织物片进行折叠，从而封闭填料排水沟的顶部。

在土工织物上侵蚀保护材料的布置取决于待用的防护材料类型（抛石、整体混凝土垫等）。常常会在土工织物上直接铺设小抛石，见图 19.6.4-5。安装大抛石时通常会使用防护性土覆盖层（垫层），见图 19.6.4-6。为边坡侵蚀保护铺设抛石时垦务局会考虑下列事项：

用此方法覆盖的边坡高度受设备可达范围的限制。

图 19.6.4-5　在土工织物上铺设抛石

在将大石块轻轻放置在适当位置前，已在相应位置铺设垫土层。

图 19.6.4-6　铺设大抛石作为边坡保护

(1) 从边坡表面角度看，应始终从边坡底部开始沿边坡向上铺设，同时最好从中间向外铺设。

(2) 无垫层条件下，在处理好的地基上铺设土工织物（AASHTO B类）时，其质量小于 250lb 的石头铺设抛掷落差应小于 12in，而质量大于 250lb 的石头应无自由落差。

(3) 在土工织物上有铺设垫层时，对于在处理好的地基上铺设的土工织物（AASHTO B类），质量小于 250lb 的石头铺设抛掷落差应小于 36in，质量大于 250lb 的石头应无自由落体情况下铺设。

(4) 无垫层情况下，在处理不良的地基（AASHTO A 级）上铺设土工织物时，其质量小于 250lb 的石头落差应小于 12in，而质量大于 250lb 的石头应在无自由落体情况下铺设。

(5) 有垫层情况下，在处理不良的地基（AASHTO A 级）上铺设土工织物情况下，对这种土工织物而言，质量小于 250lb 的石头落差应小于 24in，而质量大于 250lb 的石头应在无自由落体情况下铺设。

19.7 质量控制与质量保证

土工织物用途与安装方面的问题常归咎于业主方的不当产品验收与施工监控程序和承包方的施工安装方法。规范中应明确规定验收相关准则。重要的是，整个施工安装过程应该由一位经验丰富且具备资质的检查员进行监控。在土工织物到货的验收方面有 ASTM 标准。此外，还有在施工期间的标准取样与试验要求（ASTM，2002 年）。

规范通常要求承包商制定、提交并遵守质量控制计划，且按规定进行样品取样与试验。同时，设计工程师通常会制定质量保证计划，指导垦务局开展检查与独立的取样试验。现场检查的核对清单如下：

(1) 审核施工计划与规范。

(2) 检验并记录所供应土工织物的材料性质，然后对比规定的性质值。

(3) 在卸载前检查荷载。

(4) 查看在现场卸下并妥善保存的产品卷，检查其是否有损坏。

(5) 记录产品卷和批号，从而检验其是否和证明文件符合。

(6) 检查并记录按照规范的规定建造地基与锚固沟（如有规定）。

(7) 观察在不损坏土工织物的条件下展开并在地基上铺设的土工织物。

(8) 观察每卷材料，从而确保材料相同；检查产品卷是否有瑕疵和出入之处。

(9) 按照规范要求取得试样。

(10) 监控接缝接合的施工操作。

(11) 注意需要维修的接缝，在工厂和现场检查所有接缝是否有瑕疵。

(12) 为开展试验在工厂和现场收集接缝样品。

(13) 观察有关覆盖层材料铺设的所有施工过程，以确保没有损伤土工织物。

(14) 维修观察到的所有受损坏部位。

应以照片和详尽的日常报告记录所有施工活动。

19.8 土工织物的试验室试验

19.8.1 ASTM 试验标准

D 1987-02 《土工织物或土体/土工织物滤层的生物堵塞试验方法》

D 4354-04 《试验用土工合成材料取样规程》

D 4355-05 《因接触紫外线与水造成的土工织物变质试验方法（氙弧型仪器）》

D 4439-04 《土工合成材料的术语》

D 4491-04 《按电容率确定的土工织物透水性试验方法》

D 4533-04 《土工织物指数梯形抗撕强度的试验方法》

D 4594-03 《温度对土工织物稳定性的影响试验方法》

D 4595-01 《由宽幅条带法确定的土工织物抗拉性能试验方法》

D 4632-03 《土工织物抓破负载与伸长率的试验方法》

D 4716-04 《土工织物与相关产品的恒定压头液压过滤系数试验方法（平面内水流）》

D 4751-04 《确定土工织物表观开孔尺寸的试验方法》

D 4759-02 《确定土工合成材料规格一致性的规程》

D 4833-00 《土工织物、土工膜及相关产品的指数穿刺抗性试验方法》

D 4873-02 《土工织物识别、储存与搬运的指导准则》

D 4884-03 《缝合土工织物的接缝强度试验方法》

D 4886-02 《土工织物的抗磨性试验方法（砂纸/滑块方法）》

D 5101-01 《使用坡降测量土体与土工织物系统堵塞可能性的试验方法》

D 5141-04 《使用工地特有土体为拦砂网用途确定土工织物过滤效率和流速的试验方法》

D 5199-01 《测量土工织物与土工膜额定厚度的试验方法》

D 5261-03 《测量土工织物单位面积质量的试验方法》

D 5321-02 《采用直接剪切方法确定土体与土工合成材料之间或土工合成材料之间摩擦系数的试验方法》

D 5322-03 《评估土工合成材料与液体之间化学抗性的浸没程序规程》

D 5493-03 《负载下土工织物电容率的试验方法》

D 5494-99 《确定不受保护与受保护土工膜的金字塔抗穿刺性试验方法》

D 5496-98 《土工合成材料的现场浸没试验规程》

D 5514-01 《土工合成材料的大规模静水压力穿刺试验方法》

D 5567-01 《土体/土工织物系统的导水比（HCR）试验方法》

D 5617-04 《土工合成材料多轴抗拉试验的试验方法》

D 5819-05 《实验评估土工合成材料耐久性的试验方法选择指南》

D 6364-04 《确定土工合成材料短期压缩性能的试验方法》

D 6389-99 《土工织物与液体之间化学抗性评估的试验规程》

D 6461-99　《拦砂网材料的规格》

D 6685-01　《织物型混凝土的试验方法选用指南》

D 6707-05　《用于地下排水用途的环形针织土工织物规范》

D 6917-03　《预制垂向排水系统（PVD）的试验方法选择指南》

D 6992-03　《使用阶梯式等温方法基于时间-温度叠加法的土工合成材料加速抗拉蠕变和蠕变断裂试验方法》

D 7005-03　《确定土工合成材料黏着强度（层间黏合）的试验方法》

19.8.2　土工合成材料研究机构的试验方法

GT1　《通过长期水流（LTF）试验的土工织物滤层性能》

GT2　由 ASTM D1987 替代

GT3　由 ASTM D5970 替代

GT4　由 ASTM D5493 替代

GT5　由 ASTM D5262 替代

GT6　由 ASTM D6706 替代

GT7　土工织物长期设计强度的确定

GT8　使用土工织物滤层的精细过滤

GT9　《土工织物与土工格栅的宽幅试验用把手类型》

GT10　《用作海岸与河岸结构的高强度土工织物管试验方法、性能与频率》

GT11　《用作海岸与河岸结构的土工织物管安装》

GT12（a）《用作防护（或垫层）材料的无纺土工织物试验方法与性能》—ASTM 版本

GT12（b）《用作防护（或垫层）材料的无纺土工织物试验方法与性能》—ISO 版本

GT13　《用作地基土体与骨料之间隔离物的土工织物试验方法与性能》

GT14　《用于土工织物管道与容器的织物现场评估吊袋试验》

19.9　参考文献（略）

19.10　其他资料（略）

附录 19-A 使用土工织物的工程实例

19-A.1 Asaayi 坝 用于砾石排水和下游坝壳料之间隔离及作为抛石下垫层/过滤的土工织物

工程：Asaayi 坝。

位置：美国，新墨西哥州，麦金利县。

安装的土工织物材料：隔离层：无纺针刺土工织物，表观孔口尺寸为 70 号筛分粒度（0.212mm），质量为 $8oz/yd^2$。

安装日期：2008 年 4 月。

总结：土工织物布置于砾石排水层和下游填筑料之间，以阻止细颗粒进入砾石中。工程位置偏远导致需要花费高成本进口颗粒状材料，如过滤砂和颗粒垫层材料。共有 $5000yd^2$ 的无纺土工织物替代 $2500yd^3$ 的进口滤砂，从而节省了 200000 美元的工程费用。

工程详述：在 Asaayi 坝下游坝趾以上大约 6ft 处的坡上长着四棵树。移除这些树大约 1 年后，树桩位置处出现渗漏浑水。该大坝是均质填筑坝，没有过滤和排水结构。为了阻止渗漏，实行了水库运行限制。评估表明，大坝易受内部侵蚀，因此决定在下游安装过滤和排水结构。

原有大坝的坝趾被挖到基岩，并增设了砂反滤和砾石排水区，见图 19-A.1-1～图 19-A.1-3。大坝还需要增加坝高和一个新的溢洪道，以增强通过大洪水事件的能力。增加坝高用的土料场为细砂质粉土，与砾石排水过滤不相容。将这种材料放在砾石排水上很可能会导致细砂和淤泥堵塞排水区。为了不花费进口过滤兼容颗粒材料费用，选择土工织物为砾石排水和上覆填筑料之间提供隔离。无论是砾石还是细粒覆盖土都没有刺穿土工织物的显著风险，因此选 $8oz/yd^2$ 的土工织物。随着大坝升高，便决定将下游坡从 $2H:1V$ 变缓至 $2.5H:1V$。由于土工织物被放置在已有的 $2H:1V$ 路堤边坡上，边坡稳定性是一个值得关注的问题。边坡稳定性分析被用以验证安装的安全性。

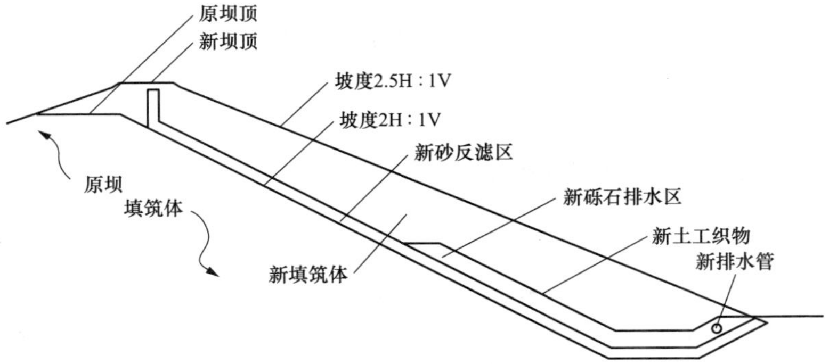

图 19-A.1-1 土工织物隔离物阻止新筑坝料中的细颗粒进入到砾石排水区的剖面图

性能：自 2009 年重新蓄满水库以来，大坝运行良好。在已有大坝坝顶钻孔装有压力计，通过延长竖管穿过升高的坝体表面来保护这些仪器，自从重新充满水库以来，压力计显示的测压管水位与渗水事件之前的水位相似。

图 19-A. 1-2　砂反滤层（挖掘机下面及部分在坝坡上）、砾石排水（浅色材料）、土工织物（黑色材料）和新坝体填料

图视角为从坝顶往下看的视角。

图 19-A. 1-3　放置在土工织物隔离层上的填筑料的压实

19-A. 2　Many Farms 坝　坝趾排水管周围的土工织物

工程：Many Farms 坝。

位置：美国，亚利桑那州，阿帕切县，纳瓦霍印第安人居留地。

安装的土工合成材料：土工织物包裹穿孔的高密度聚乙烯（HDPE）排水管。土工织物作为坝趾排水管周围的反滤，此排水管是单壁波纹管，上有 1/16in 宽的开槽穿孔。排水管上覆盖了表观开孔尺寸（AOS）为 30 号筛分粒度（0.6mm）的针织涤纶土工织物。

安装日期：2000 年 7 月。

总结：包裹在坝趾排水管上的土工织物，消除了滤砂和坝趾排水之间设两层反滤的需要。这种设计方法允许在垂直沟槽使用屏蔽轮式挖沟机开挖及安装滤砂和坝趾排水管，不需要排水。

工程详述：Many Farms 坝有一个不透水的心墙结构，由当地粉砂土建造而成，其中含有高度分散性黏土。大坝填筑体及其地基遭受分散性土材料的内部侵蚀。大坝的修复包括铺装反滤和排水系统及下游坝趾排水管。

高度分散性黏土需要细级配的砂进行反滤。坝趾排水管的设计表明：砂太细易通过排水管内的缝隙造成侵蚀。通常会把包含细砾的反滤放置在排水管和滤砂之间。

大坝长 2700ft，位置偏远，滤砂和干净砾石需外运而来，价格昂贵。为了节省滤砂和砾石的需求量的同时使用挖沟机最大限度减少开挖尺寸，同时获得机器安装的高生产率。挖沟机可以同时安装回填材料和管子，但是只能安装一种类型的回填材料。由于两层颗粒反滤不能通过机器有效放置，因此土工织物包裹的排水管在重新设计的坝趾排水中替代砾石，如图 19-A. 2-1 所示。

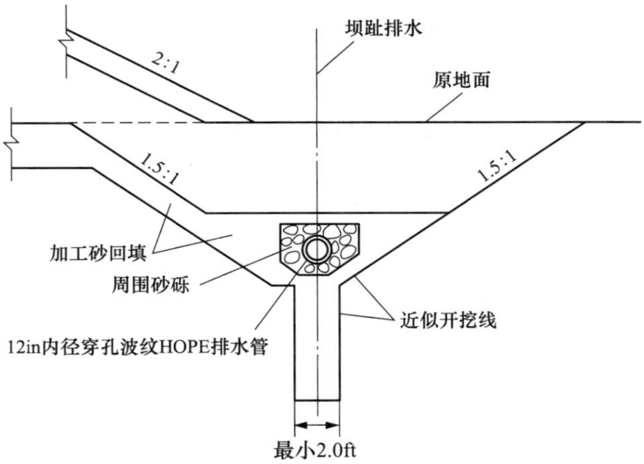

Many Farms坝坝趾排水，带明沟和二级料反滤

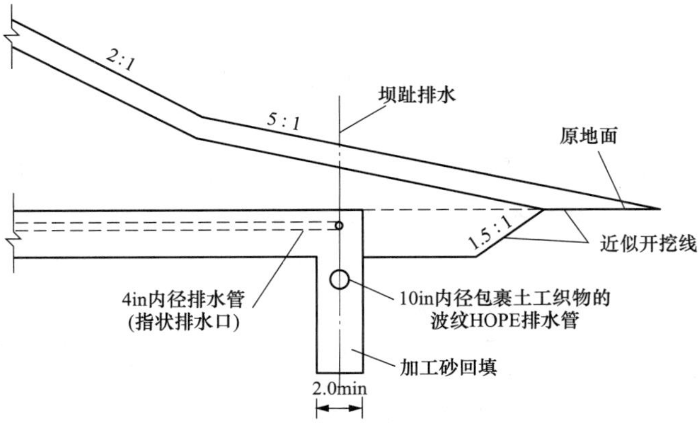

Many Farms坝坝趾排水，带垂直沟槽和两层土工织物反滤

图 19-A. 2-1　Many Farms 坝原来的两层料反滤（在顶部）坝趾排水设计和重新设计的单层颗粒反滤的坝趾排水（包含土工织物包裹的排水花管）

通过修改设计，减少挖掘尺寸及所需的大量昂贵回填过滤料从而降低了费用。三种不同的坝趾排水配置所需的挖掘形状比较如图 19-A. 2-2 所示。

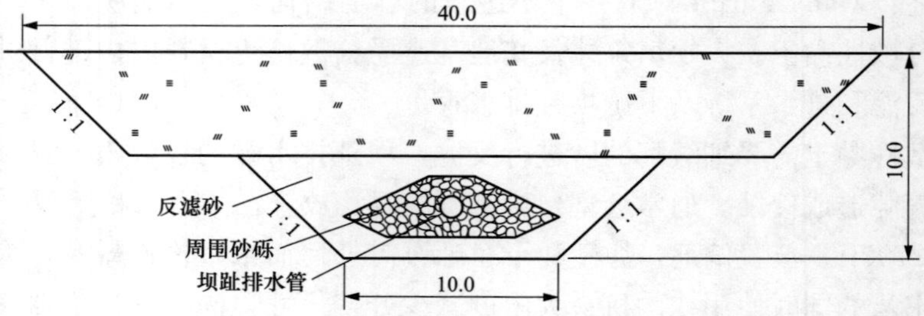

案例1：带砂砾包围和砂滤层的传统两层反滤坝趾排水。台阶式构造。开挖为9.3yd^3/ft。

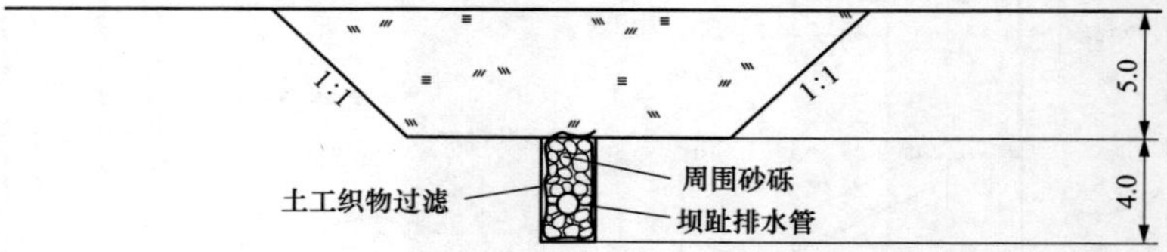

案例2：带砂砾包围和土工织物反滤的传统两层反滤坝趾排水。
台阶和挖沟相结合。开挖为3.5yd /ft。

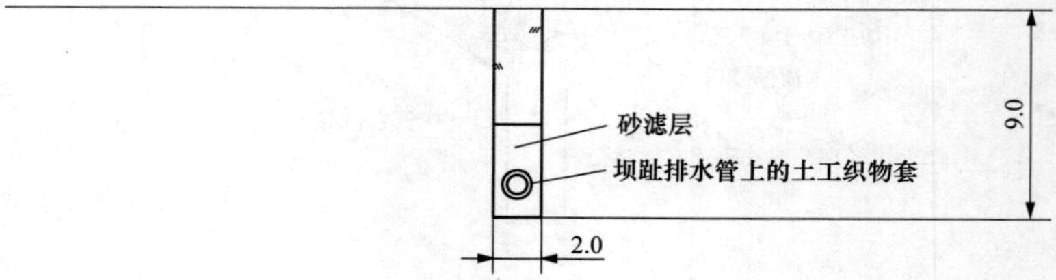

案例3：带土工织物套和砂砾包裹的两层反滤坝趾排水。用挖沟设备建造。开挖为0.7yd^3/ft。

图 19-A. 2-2　三种不同的坝趾排水结构所需开挖形状

这种非传统设计因细粒土流失或随时间推移可能发生土工织物堵塞的问题引起了垦务局的关注。土工织物/波纹管组合将需要保留一层过滤（细砂）材料，不会造成细粒土通过土工织物大量流失和进入排水管。由于堵塞可能会降低坝趾排水系统的水流能力，土工织物还需要在不堵塞的情况下，传输大量渗流。

有关细粒土流失和土工织物堵塞的问题可利用指定的滤砂和所建议的土工织物包覆的排水管进行全尺寸实验室测试来解决（Swihart，1999 年）。需要建造水密试验箱来模拟坝趾排水系统，这个箱子是密封的，所有水流都必须从排水管的一端流出。水被泵送入箱，导致水流通过滤砂，穿过土工织物，并进入波纹排水管的缝隙。增加初始流速，直到测试箱开始溢出，略微减少流速，直至系统适应最大稳定流速每分钟 7.3gpm/ft。该流速几乎是预计实际安装时的设计渗透速率 0.08gpm/ft 的 100 倍。

试验以最大流速进行 13 天。从管道中流出的水被引导到一个水库，在那里捕获因水流过系统带走的沙子。定期去除、干燥和称重流失的过滤材料，并绘制相关时间图。

试验表明每英尺的管道长度流失 1000g 过滤材料，之后形成稳定的过滤且不会造成进一步的材料流失。这一材料流失相当于管道周围 0.087in 厚的材料。

试验结束后打开箱子，仔细挖掘滤砂以暴露土工织物周围的区域。级配砂反滤在土工织物包覆管的外部周围建立。该过滤料在管下半周的下方大约 1in 厚，且在管道周长的其余部分周围更薄（不到 1/2in 厚）。由于材料流失的数量比预期的要高，所以修改了设计，以提供较粗的反滤砂级配，如表 19-A. 2-1 所示。

表 19-A. 2-1

筛分粒度	原反滤料规格（小于%）	修改后的反滤料规格（小于%）
0.75	100	100
0.375	100	85～100
4 号	95～100	70～90
8 号	90～100	60～80
16 号	70～100	50～70
30 号	40～85	35～60
50 号	20～55	20～45
100 号	10～30	10～30
200 号	0～3	0～5

性能：向施工现场提供反滤砂的采石场无法满足高生产力挖沟机设置的要求，见图 19-A. 2-3 和图 19-A. 2-4。

图 19-A. 2-3　挖沟机挖掘沟槽并使用土工织物包裹的排水管（被回填砂包围）回填

对于未来的工程，将要求在挖沟和管道安装工作开始前在现场放置足够的砂堆。大坝修复后，该地发生了长期干旱。水库在 2005 年首次蓄水，坝趾排水管中尚未发现水流。

挖沟机效率太高，导致砂子到施工现场的运输跟不上管子安装速度。

图 19-A. 2-4 坝趾排水沟槽还没有回填砂的土工织物包裹的排水管

图 19-A. 2-5 Many Farms 坝坝趾排水沟完成处的土工织物包裹的排水管

19-A. 3 Heart Butte 坝 用于过滤泄水管道内渗漏的土工织物

工程：Heart Butte 坝。

位置：美国，北达科他州，格兰特县。

安装的土工合成材料：无纺针刺短纤土工织物，AOS 为 100 号筛分粒度（0.15mm），质量为 $16oz/yd^2$。

安装日期：2013 年 3 月 6 日。

总结：在排水管道中放置一块土工织物作为过滤材料，以阻止淤泥和细砂的迁移，这些淤泥和细砂是通过混凝土管道中的一个接缝渗透的。

工程详述：自大坝建造以来，一直对排水管道进行裂缝和接缝渗漏监测。2013 年 1 月，在管道中发现了砂沉积，见图 19-A. 3-1。对砂样进行了级配分析，经确定，细砂和淤泥是通过管道中的施工缝渗流而来。这种形式的内部侵蚀被认为是对大坝的一个威胁。

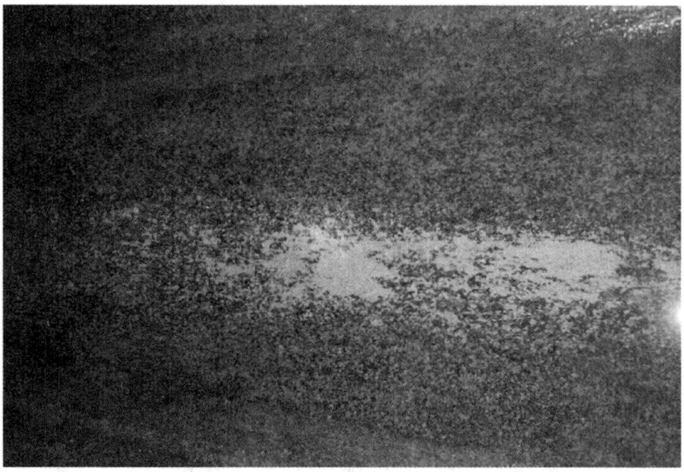

图 19-A. 3-1　在排水管道内发现的砂沉积

于是决定在接缝上放置土工织物过滤材料，由于管道在运行中没有遇到压力流，因此在管道内放置过滤材料是可行的选择，它将允许继续渗流，但会对水流过滤，防止细土颗粒进一步进入管道。另一种选择是通过注入密封剂来封住接缝，但这种方法不太可取，因为它会阻止渗流，而渗流可能会找到另一条路径，如沿着管道的外侧。大坝的建造时没有设置反滤设施，因此渗流到下游坝趾可能会导致另一个位置内部侵蚀的发展。

选择应用 AOS 为 100 号筛分粒度（0.15mm），质量为 $16oz/yd^2$ 的非织造土工织物。可选择小尺寸的 AOS，这样过滤材料就可以留住由渗流输送的泥沙和细砂。制作 28×52in 大小、厚度 3/6in 的不锈钢盖板用于匹配管道内部的弯曲形状。此盖板（见图 19-A. 3-2）使用螺栓连接到管道内部，在管道运行时将土工织物固定在正确位置。

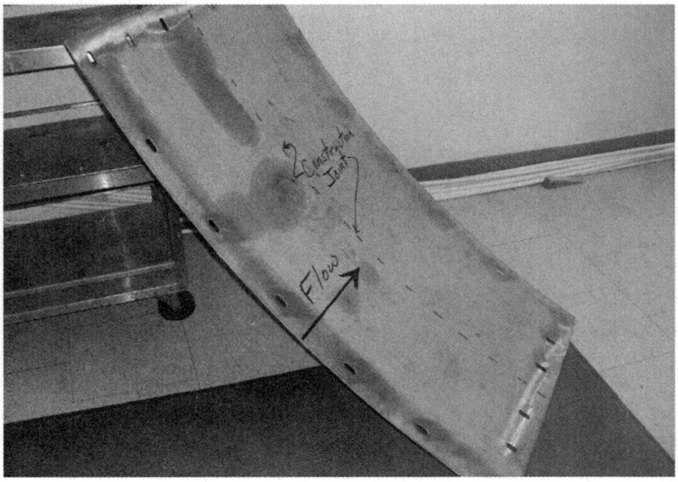

用于将土工织物连接到排水管道。注意中下位置允许渗流通过盖板的缝隙。

周围的孔是用于锚固螺栓的。

图 19-A. 3-2　不锈钢板

虽然使用了厚土工织物，但事实发现需要两层土工织物来应对管道表面的不规则性。安装锚固螺栓，拧紧螺母以固定土工织物。其目的是与混凝土管道紧密贴合，但不至于过度压紧土工织物，导致严重限制渗流。该装置于 2013 年 3 月 6 日，由垦务局 Dakotas 地区办公室人员安装成功（见图 19-A. 3-3～图 19-A. 3-5）。渗流仍在继续，但未发现进一步的砂沉积。

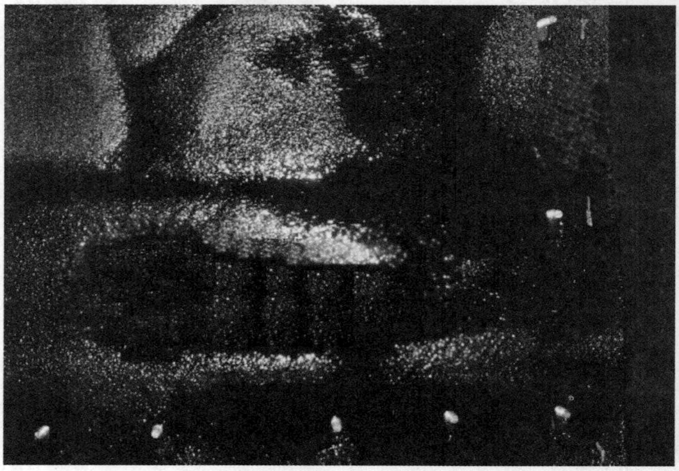

图 19-A. 3-3 两层土工织物放在管道接缝和锚固螺栓上

图 19-A. 3-4 工人将盖板降低至适当位置

性能：通过接缝的渗流继续流动，根据观察，渗流通过了盖板中的缝隙和螺栓孔。同时，流动的一些限制也被观察到，拧紧螺母时渗透限制范围扩大。从接缝处流出的渗漏量比钢板的外部限制范围高出 6in。幸运的是，过滤层外部接头部分的水流并不输送土颗粒。验证安装的方式是在距渗流区 10ft 的地方放置一个填砂内管，在管道内形成一个浅池来截留沉积物（见图 19-A. 3-6），尚未发现沉积物。

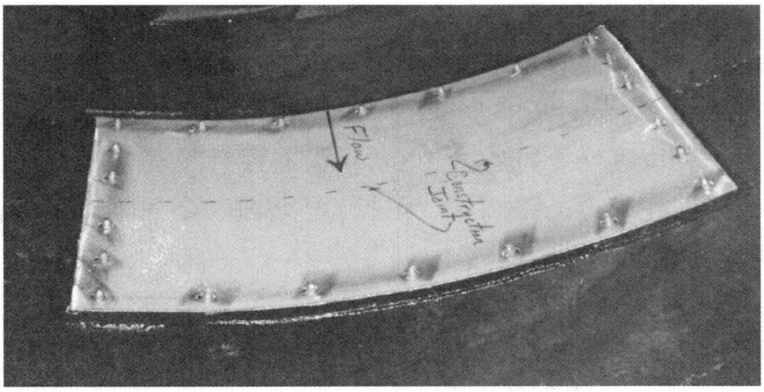

图 19-A. 3-5　螺母已拧紧以完成盖板和下层土工织物过滤器的安装

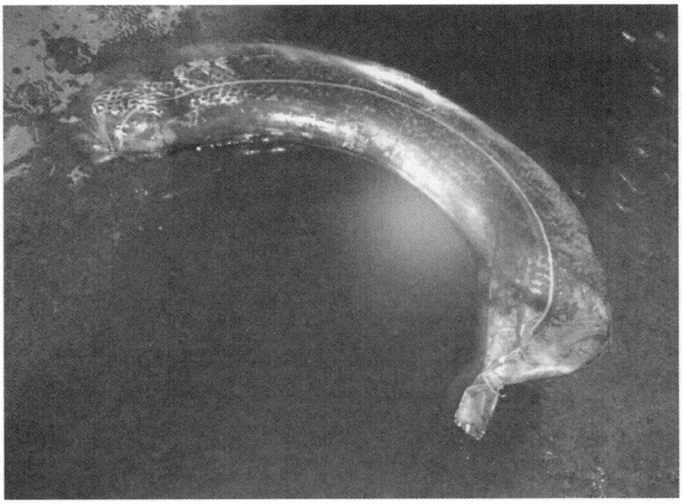

用于构成管道内临时的沉淀井，距土工织物过滤器约 10ft。

图 19-A. 3-6　一根填砂内管

19-A. 4　Red Willow 坝　土工复合材料的过滤和排水

工程：Red Willow 坝。

位置：美国，内布拉斯加州，雷德威洛县。

安装的土工合成材料：土工复合材料用做过滤和排水。5mm 厚双肋土工排水网，每边黏合了无纺针刺土工织物。其中一个土工织物为 $16oz/yd^2$，AOS 为 100 号筛分粒度（0.15mm），另一个土工织物为 $6oz/yd^2$，AOS 为 70 号筛分粒度（0.6mm）。

安装日期：2012 年 7～12 月。

总结：填筑坝内出现的不均匀沉降和裂缝要求对大坝进行维修，以保护坝体免受渗透引起的内部侵蚀。两级烟囱式反滤排水区（主要）和一层土工复合材料（次要）被铺装。土工复合材料在坝开挖的下游坡和烟囱区之间进行安装，其宽度跨越坝体中已有的裂缝，防止了该裂缝穿过烟囱过滤/排水区的扩展趋势，并且也提供了一个边界范围，在该范围内烟囱砂滤层不会在放置过程中掉进开口的裂缝中。此外，土工复合材料与主要烟囱区结合，充当了坝体内的二级过滤和排水系统。土工复合材料用于烟囱区顶部上方的主要过滤/排水保护。但是，如风险框架中所确定的，该应用对大坝的安全性不重要。

工程详述：所维修均质坝最初是在 1962 年没有设计反滤的情况下建造的。针对坝体内部存在侵蚀损坏的高风险，在 2011 年进行了大坝安全性维修，根据垦务局公共保护准则，已将风险降低至可接受的水平。

如图 19-A. 4-1 所示，烟囱过滤和排水区包含一个土工网（两边黏合了土工织物）、一个改进的 ASTM C33 细骨料砂滤区（2 区）、一个 C33 粗骨料 No. 57 砾石排水管（2A 区），以及 2A 区顶部的土工织物隔离装置，以保护砾石不受上覆 1 区坝体马道材料的污染。规定土工复合材料的土工网部分的最大厚度为 5mm。规定土工复合材料上游侧（与开挖坝体表面接触的一侧）的土工织物为较重级，为 16oz/yd、非织造、针刺土工织物。用于保留的设计计算假定土工织物的 AOS 小于基底（粉土路堤）材料 D_{85} 的 2～3 倍。设计团队认为这是令人满意的保留标准。上游土工织物的 AOS 应约为 0. 15mm（100 号筛分粒度），即约为筑坝材料平均 D_{85} 的 2. 5 倍。规定下游侧的土工复合材料为 6oz/yd，能够充分保留来自烟囱过滤区的砂。

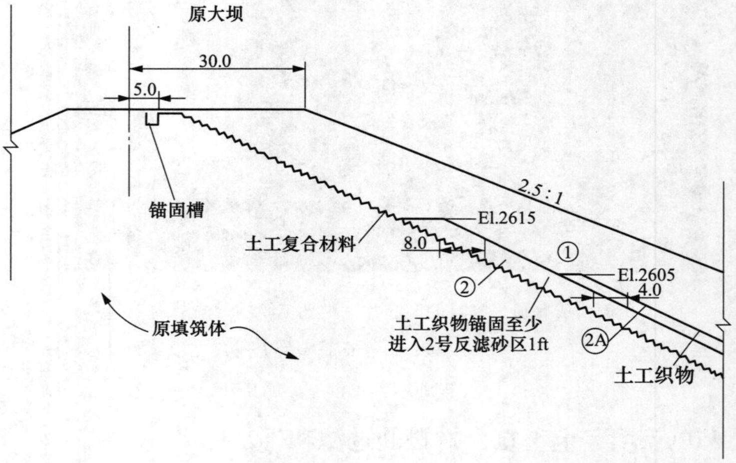

图 19-A. 4-1　Red Willow 坝的烟囱式反滤和排水区，包含土工复合材料

由于开挖边坡陡峭，有些地方达 2H∶1V 至 $1\frac{1}{2}$H∶1V，故基础准备工作需要特别的谨慎。表面开挖需要用推土机拖曳以及人工扒除松散土材料。基础面要求为坚固、相对均匀和平滑的表面，无偏移、突变的缺口/表面突起超过 $1\frac{1}{2}$in。图 19-A. 4-2 为准备好的表面和土工复合材料板的初始安装。

从坝顶往下直到现有砂垫层区的顶部，放置在坝体下游开挖表面上的土工复合材料被分块安装（土工复合材料的一个宽度）。通过与相邻块重叠至少 6in 实现缝合。顶部和底部的土工织物部分通过热焊接进行缝合（见图 19-A. 4-3 和图 19-A. 4-4）。利用尼龙扎带以 5ft 的间距系牢土工复合材料，见图 19-A. 4-5 和图 19-A. 4-6。

图 19-A. 4-2　准备好的下游表面以及土工复合材料的初始安装

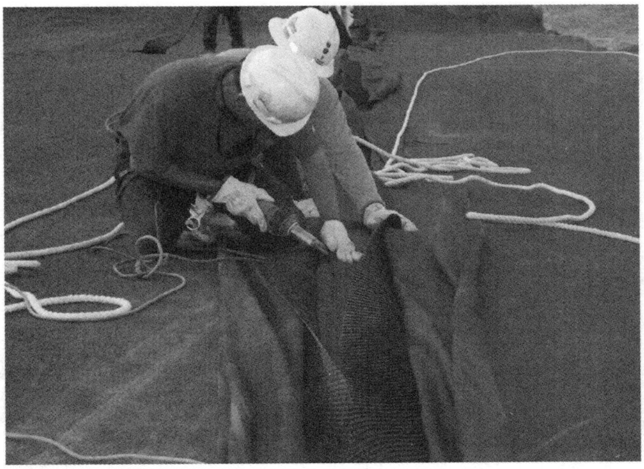

图 19-A. 4-3　土工复合材料中土工织物（16oz/yd²）的热黏合接缝

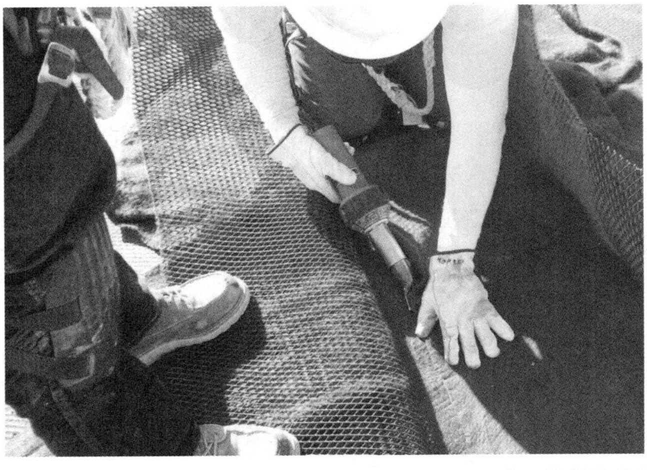

图 19-A. 4-4　土工复合材料中土工织物（16oz/yd²）热黏合接缝

图 19-A. 4-5　使用尼龙扎带连接复合材料的土工网层

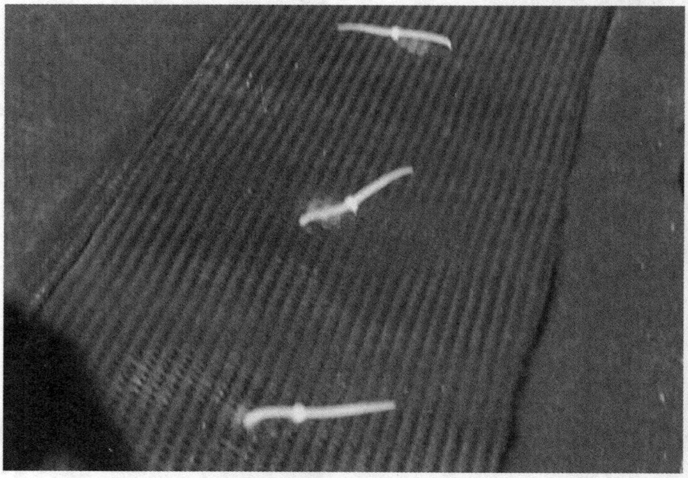

图 19-A. 4-6　使用尼龙扎带连接土工复合材料土工网层的放大图

在土工复合材料的顶部放置一层厚度至少为 3in 的砂子，以保护顶部裸露的土工织物层免受紫外线降解。虽然规范要求在安装 14 天内覆盖土工复合材料（根据制造商指南），但是根据顶部土工织物（$6oz/yd^2$）的一些现场试验和实验室测试，这一要求更改为允许裸露最多 30 天，如图 19-A. 4-7 所示。现场试验表明，土工织物的抗拉强度在裸露 30 天以内不低于规定强度的 70%。

覆盖砂由承包商铺设，如图 19-A. 4-8 所示。用伸缩式输送机覆盖土工复合材料，第一层为 C33 砂。此覆盖是为了防止由于暴露于太阳下而造成紫外线降解，此覆盖直到烟囱区建成。需要注意的是，通常不允许从上坡到下坡放置覆盖土，这是因为来自覆盖土和设备行进的组合力会损坏土工织物，而伸缩式输送机放置设备不会在覆盖土上行进。

烟囱区终止于原铺盖排水区。对这些铺盖进行了改造，以便将新的坝趾排水管放在

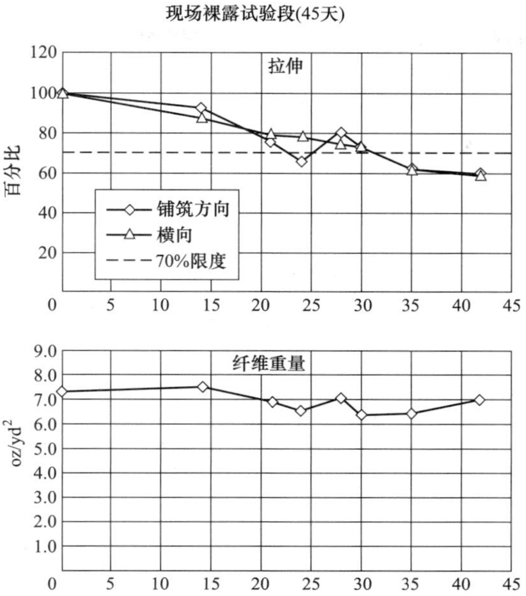

横轴是裸露时间（天），上图的纵轴是保留的抗拉强度百分比。下图的纵轴是土工织物质量（oz/yd²）。

图 19-A. 4-7　Red Willow 坝土工织物现场裸露试验结果

图 19-A. 4-8　伸缩式输送机将砂覆盖在 Red Willow 坝的土工复合材料上

砂砾层内。用于改造的土工织物的其他用途包括在砂砾料上放置 16oz/yd 无纺针刺土工织物，保护其不受 1 区材料的污染。坝趾排水层包含一个直径 12in 的 HDPE 排水花管，周围包裹 1ft 厚的砂砾料，如图 19-A. 4-9 所示。土工织物在砾石上面的安装以及细粒材料的最初铺设如图 19-A. 4-10 所示。

在烟囱反滤和排水区上游放置土工复合材料的一个风险是造成土工织物堵塞。过多的堵塞会阻碍渗流到达砂滤区和砾石排水区的下游。这一风险已被考虑，并被认为对该特定场地来说风险最小。大部分坝体很干燥，如果发生土工织物堵塞，只是局部性的，

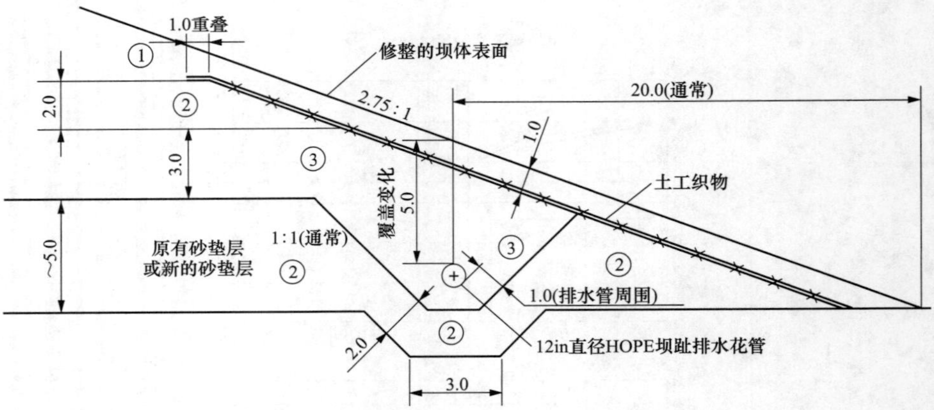

利用土工织物将 1 区与 2 区砂子和 3 区砾石隔开。

图 19-A. 4-9　坝趾排水横截面详图

图 19-A. 4-10　在坝趾排水层上安装土工织物和 1 区施工

不会影响系统的整体性能。

性能：大坝安全性改造于 2013 年 12 月完成。但是水库蓄水还未开始。

19-A. 5　Summitville 矿山　导流渠灌浆抛石下过滤用的土工织物（略）

附录 19-B　样品规范

垦务局土工织物材料和安装标准规范（第 02342 节——土工织物）

1　概述

1.1　计量与支付

土工织物：

a）计量：需要覆盖的表面面积[1]（包括放在锚槽中的土工织物），除未允许之外，将用于接缝重叠、修复或浪费。

b）支付：计划表中提供的平方码价格。

1.2　参考文献

美国材料与试验协会（ASTM）：

ASTM D 3786-06	织物水力破裂强度-薄膜破裂强度试验器法
ASTM D 4355-07	氙弧型仪器中曝露于光、湿气和热的土工织物损坏用标准试验方法
ASTM D 4491-99a（2004）	通过介电常数测试水工织物水渗透性的标准试验方法
ASTM D 4533-04	土工织物的梯形抗扯裂强度的标准试验方法
ASTM D 4632-91（2003）	土工织物的断裂荷载和延伸度的试验方法
ASTM D 4751-04	测定土工织物表观孔径的标准试验方法
ASTM D 4833-00	土工织物、土工膜及其有关制品的抗击穿指数
ASTM D 5261-92（2003）	土工织物单位面积的质量测定

1.3　提交文件

1.3.1　依据《第 01330 节——提交物》提交以下文件：

1.3.2　RSN 02342-1，制造商证书：

所提供的土工织物满足特定的化学、物理和制造要求。

1.3.3　[2]RSN 02342-2 样品：

1.3.3.1　包括制造商认证的测试结果，该测试结果包括表 2～表 4“土工织物物理性质”中所列的性质。

1.3.3.2　样品：整卷宽度为 1yd 长。

1.3.3.3　样品标记：

a）项目名称和合同号。

b）产品标识。

c）批号。

d）卷号。

---

[1] 如果锚槽需要，则包含在内。

[2] 建议提交时间：至少在交货到施工现场前的 45 天。如果是 TSC 负责审查提交文件，则提交至 86-68180。

e）机器方向。

f）数量。

1.3.3.4 [3]样品数：表 1 为土工织物取样要求。如果土工织物样品不符合规格要求，取样频率可能会增加。

[4]表 1　　土工织物取样要求

要提供的卷数	要取样的卷数
1～2	1
3～8	2
9～27	3
28～64	4
65～125	5
126～216	6
217～343	7
344～512	8
513～729	9
730～1000	10

1.3.4 [5]RSN 02342-3 保护方法：

保护暴露的土工织物的方法（当在 14 天内无法覆盖时）。

1.3.5 [6]缝纫接缝：

1.3.5.1 证书说明用于缝纫的聚合线具有与织物相同或超过其化学抗性的特性。

1.3.5.2 数据显示缝纫接缝的抗张强度不低于指定的土工织物材料的百分比。

1.4 交付、储存和处理

1.4.1 用相对不透水和不透明的保护罩包裹土工织物卷。

1.4.2 在土工织物卷上标记制造商名称、产品标识、批号、卷号和卷尺寸。

1.4.3 在土工膜上标记特殊处理要求，如“此面朝上”或“此面对着土体”。

1.4.4 保护土工织物不受紫外线照射，温度不得超过 140℉(60℃)，不受降水、淤泥、脏物、灰尘、刺穿、切割或其他有害条件的影响。

1.4.5 用防水膜盖住储存在外面的材料。

2 产品

2.1 土工织物

2.1.1 针刺非织造土工织物，由至少含 85%（质量）的聚烯烃或聚酯组成的长链聚合物长丝制成。

[3] 对于大部分作业来说，一个样本就足够了。上面的表格只用于大型作业。

[4] 编辑表格以便与要提供的卷数合理地对应。样本数是最大数的立方根。

[5] 建议提交时间：至少在交货到施工现场前的 45 天。如果是 TSC 负责审查提交文件，则提交至 86-68180。

[6] 建议提交时间：至少在交货到施工现场前的 45 天。如果是 TSC 负责审查提交文件，则提交至 86-68180。

2.1.2　长丝以固定方向形成稳定的网络，在处理、放置和长期使用时保持其结构不变。

2.1.3　添加到长丝基材中的稳定剂或抑制剂：抵抗紫外线或热暴露造成的劣化。

2.1.4　土工织物边角：织边或封边以防止外层材料抽丝。

2.1.5　符合表 2～表 4 土工织物的物理性质中所列的值。

2.1.5.1　所列值为最小平均卷值（MARV），除非另有说明。

2.1.5.2　弱主方向的测试结果应达到或超过表中所列的最小值。

2.1.5.3　单位面积的质量是一个标称值，仅供参考。

2.1.6　直接暴露在阳光下：可经受 14 天，无可计量的劣化。

[7]表 2　　土工织物的物理性质（1）

性　质	试验方法	所需的值
单位面积质量，标称值	ASTM D 5261	$4oz/yd^2$
抗拉强度	ASTM D 4632	90lb
断裂伸长率	ASTM D 4632	50%
梯形撕裂	ASTM D 4533	40lb
刺穿强度	ASTM D 4833	50lb
破裂强度	ASTM D 3786	$140lb/in^2$
介电常数	ASTM D 4491	$1.5s^{-1}$
表观孔径（最小美国筛分粒度编号/最大表观孔径）	ASTM D 4751	70 美国筛分粒度
抗紫外线——第 500h 保留的抗拉强度，最小值	ASTM D 4355	70%

表 3　　土工织物的物理性质（2）

性　能	试验方法	所需的值
单位面积质量，标称值	ASTM D 5261	$8oz/yd^2$
抗拉强度	ASTM D 4632	200lb
断裂伸长率	ASTM D 4632	50%
梯形撕裂	ASTM D 4533	70lb
刺穿强度	ASTM D 4833	90lb
破裂强度	ASTM D 3786	$300lb/in^2$
介电常数	ASTM D 4491	$1.0s^{-1}$
表观孔径（最小美国筛分粒度编号/最大表观孔径）	ASTM D 4751	70 美国筛分粒度
抗紫外线——第 500h 保留的抗拉强度，最小值	ASTM D 4355	70%

❼ 根据设计和施工要求选择表格。删除不需要的表。将表格重新编号（如果需要一个以上的织物质量）。

表 4　　土工织物的物理性质 (3)

性　能	试验方法	所需的值
单位面积质量，标称值	ASTM D 5261	$16oz/yd^2$
抗拉强度	ASTM D 4632	380lb
断裂伸长率	ASTM D 4632	50%
梯形撕裂	ASTM D 4533	140lb
刺穿强度	ASTM D 4833	230lb
破裂强度	ASTM D 3786	$700lb/in^2$
介电常数	ASTM D 4491	$0.5s^{-1}$
表观孔径（最小美国筛分粒度编号/最大表观孔径）	ASTM D 4751	100 美国筛分粒度
抗紫外线——第 500h 保留的抗拉强度，最小值	ASTM D 4355	70%

2.2　钢销钉

钢销：直径为 3/16in、长为 18in 的钢销，一端为尖头，另一端为直径为 $1\frac{1}{2}$in 的垫圈。

2.3　碎砾石

依据《第[8]02 _ 节——砾石》。

3　安装

3.1　基础准备

3.1.1　准备一个坚固、平整的表面（用于放置土工织物）且无偏移、无突然凹陷、无大于 $1\frac{1}{2}$in 的突出材料。

3.1.2　[9]用振动压路机滚动。

3.1.3　用碎石或压实的天然材料填充低点。

3.1.4　在安装土工织物前取得 COR 路基批准。

3.2　安装

3.2.1　将土工织物按图纸上的方式和位置放置。

3.2.2　平滑铺设土工织物，避免拉力、应力、折叠、褶皱或折痕，除非本规范另有要求。

3.2.3　在斜坡上重叠，将上游卷放置在下游卷上面[10]（在比 _ H：_ V 更陡的斜坡上，将土工织物向上或向下铺开）。

3.2.4　用钉子或重物将土工织物固定在正确位置[11]（不要用锚栓刺穿底层土工膜）。

---

❽ 完成章节编号。

❾ 当需要非常光滑的表面且路基为粗糙材料尤其是带角的材料时，包含该条内容。

❿ 当土工织物要求放置在相对陡峭的斜坡上时，包含该条内容。插入陡坡的限定。

⓫ 如作业中未使用土工膜，则删除该条内容。

3.2.5 锚端终止在土工织物上，使得截水槽和护坦在边坡的顶部和底部。

3.2.6 在有风的情况下，用沙袋或类似物加重在土工织物上，直至放置了覆盖材料。

3.2.7 不要让石头、泥土、过多灰尘或水分进入土工织物，这会损坏土工织物或影响之后的缝合。

3.2.8 不要直接在土工织物上驱动或操作设备。设备在土工织物上行进所需的覆盖材料深度（最小）[12]。

3.2.9 [13]利用低对地压力（LGP）宽轮距履带式推土机放置覆盖材料。

3.2.9.1 最大对地压力：5lb/in^2。

3.2.9.2 放置过程中在 LGP 轨道下面保持 1.5ft 的覆盖材料。

3.2.9.3 在斜坡区域撒布材料时，保持推土铲上最高 1.5ft 的推动高度。

3.2.9.4 往上推动覆盖材料。

3.2.10 覆盖材料最大降落高度[14]。

3.2.11 铺设土工织物后 14 天内覆盖土工织物。

a）如果用指定材料覆盖土工织物在 14 天内不可能实现，用政府批准的适当遮盖物保护暴露的土工织物。

b）更换不受保护的土工织物。

3.2.12 [15]依据《第 02302 节——压实土料》压实填土。

3.3 接头缝合

3.3.1 通过[16]重叠、缝合或热焊接连接相邻的土工织物。

3.3.2 重叠接缝：

3.3.2.1 最小重叠部分[17]。

3.3.2.2 上游/上坡卷放置在下游/下坡卷上面。

3.3.2.3 在布置覆盖材料期间，在 3ft 中心区上加重或插销以固定重叠区域。在土工膜上安装时不要使用销钉。

3.3.3 [18]缝合接头：

3.3.3.1 互锁或两次缝合。

3.3.3.2 线。

a）对比色。

b）耐化学性：等同于土工织物。

3.3.3.3 连续缝合土工织物。不允许断开缝合。

3.3.3.4 缝合接缝强度：不低于母材强度的 70%。

---

[12] 插入所需的覆盖材料深度。

[13] 当需要在土工织物上行进设备以放置覆盖材料时，包含该条内容。

[14] 根据施工条件指定降落高度。一般为 1ft、2ft 或 3ft。

[15] 当要求压实覆盖材料时，包含该条内容。通常不要求土工织物覆盖材料的最小密度。

[16] 选择允许的缝合类型。

[17] 根据路基坚固性指定重叠部分。一般为 12in、24in 或 36in。

[18] 如果不允许或不要求缝合接缝，则删除该条内容。

3.4 [19]抛石安装

3.4.1 放置抛石或回填材料，以免损坏土工织物。

3.4.1.1 直径小于 6in 的抛石：直接放置在 8oz 的土工织物上，降落高度不超过 3ft。

3.4.1.2 直径为 6～12in 的抛石：直接放置在 16oz 的土工织物上，降落高度不超过 1ft。

3.4.1.3 直径大于 12in 的抛石：在 16oz 土工织物上使用 4in 的砂砾垫层。降落高度不超过 1ft。

3.4.2 在放置抛石前，应证明放置方法不会对土工织物或下层土工膜造成损坏。如果能证明抛石的安装会损坏土工织物，则更改抛石放置方法（如减少降落高度，安装多一层土工织物或安装砂砾垫层）。

3.4.3 在边坡底部开始放置抛石，然后沿坡向上。

3.5 修复

3.5.1 在放置时，如果土工织物有缺陷、裂缝、孔洞、瑕疵、劣化、污染或损坏，土工织物将会被拒绝。

3.5.2 在安装或放置覆盖物期间以下列方式更换或修复损坏的土工织物：

3.5.2.1 移除土工织物受损区域的覆盖物。

3.5.2.2 去除任何可能刺穿撕裂土工织物的土体或其他材料。

3.5.2.3 修复受损土工织物的方法是，用额外的土工织物覆盖受损区域，[20]并根据上述缝合要求将修补物缝合到未损坏的土工织物上或至少重叠 3ft 未受损的土工织物。

3.6 [21]安全

如果使用的是白色土工织物，应采取措施应对“雪盲”人员。

3.7 现场质量控制

3.7.1 安装后，检查整个土工织物表面，以确保不存在有害的异物（如针头）。

3.7.2 去除异物或更换土工织物。

---

⑲ 如作业中未使用抛石，则删除该条内容，适当修改其他材料。如果使用了抛石，删除本节和“第 02375 节——抛石”之间的冗余部分。

⑳ 如果不包括缝合接缝，删除该内容。

㉑ 仅针对大型作业。对于大部分作业可删除该内容。

美国内政部垦务局设计标准

填筑坝 Embankment Dams

第20章 土工膜

2014 年 3月修订

目　　录

20.1 简介

自第二次世界大战以来，合成聚合物的开发为我们带来了大量新型建筑材料，包括土工膜、土工织物、土工格栅、塑料管等。垦务局对许多工程合成材料，尤其是对用作填筑坝中防渗体或用作渠道衬砌材料的土工膜进行了广泛的实验室研究和现场研究。

自 20 世纪 90 年代以来，土工膜的使用急剧增多，包括在蓄水坝、输水道、尾矿坝、危险废弃物污染控制、固体废物填埋和堆浸中的应用。虽然土工膜可以有效防渗，但是仍然存在一些因铺设不合理、土料覆盖层不稳定、与附属结构的连接有缺陷及坝肩处应变不协调等性能问题。设计人员应考虑应用场合的关键特性和要求，以及土工膜不能实现预期效应产生的可能后果。

土工膜容易出现安装损坏，其使用寿命也有限。如果不予以遮盖，其使用寿命通常为 10～20 年。如果遮盖，其使用寿命可以大幅度延长；但是由于涉及因氧化造成的降解和因植物根系渗透或穴居动物造成的损坏等问题，其使用寿命不大可能无限期延长。垦务局通常不将土工膜用在关键部位或用作控制或减少渗流的唯一防线。

20.1.1 目的

本章旨在提供填筑坝中使用土工膜的设计指南。土工膜可以用作填筑坝中的防渗体，也可以用于水库防渗封闭。本章的目的并不在于对土工膜的不同制造方法、其在其他行业的使用和应用进行讨论，也不在于识别目前市场上有售的各种类型土工膜。

本章不适用于土工织物，土工织物介绍详见第 19 章。

20.1.2 范围

本章范围限于：①向读者提供土工膜的基本认识及其在填筑坝和水库中的使用；②介绍可以用于新建和已建填筑坝的各种应用技术；③介绍典型的设计注意事项；④提供有关技术要求和施工注意事项的指南。

20.1.3 与本标准不一致的情况（略）

20.1.4 标准修订（略）

20.1.5 适用性

本设计标准适用于土工膜用作填筑坝或水库中不透水构件的情形。本标准涵盖土工膜的性能、应用、设计、施工和监测。

20.2 土工膜材料

土工膜为薄片状低渗透性的合成膜衬或隔层材料，用于控制液体迁移的。土工膜的常见应用包括用作土石构筑的土工结构（如填筑坝）的防渗体。“土工膜”是一个通用术语，已提议用于代替多个术语，如合成膜、高分子膜、塑料衬砌、柔性膜衬砌、不透水膜和隔水层等。就本标准而言，含有多种人造或天然助剂的压实土衬砌及钢、混凝土、压力喷浆、沥青混凝土及水泥土之类的硬表面衬砌不视作土工膜。

符合前述定义的土工膜包括主要使用高分子材料在工厂制造的土工膜，无论其是否使用织物加固。ASTM D4439 将“土工膜”概括为“由一种或多种合成材料构成的基本不透水的片状土工合成材料”。土工膜还包括由沥青制品制成的，但是由于美国垦务局限制使用这种膜，本章对其不做讨论。欲了解有关沥青土工膜的更多信息，请参考国际大坝委员会（ICOLD）135 号公告。此外，对于现场制作的衬砌和隔离材料（如浸渍的土工织物和喷涂的衬砌），由于其使用有限和铺设过程中需要有利的气候条件，本章未予讨论。有关此类土工膜的其他信息可以参考 ICOLD 78 号公告。

鉴于在美国垦务局使用广泛，本章主要关注在工厂制造的聚合物类土工膜。

20.2.1 常见土工膜类型

土工膜的设计和技术要求需要了解用于制作土工膜的聚合物的性能。例如，各种聚合物的柔韧性不同，会影响铺设便利性。聚合物暴露在紫外线光下会发生降解，因此向聚合物中加入炭黑和其他添加剂，以提高其耐阳光照射抗降解性能。此外，增加厚度会延长其使用寿命。

表 20.2.1-1 为有关土工膜中所用聚合物的一般性评价。

表 20.2.1-1　　土工膜中所用聚合物的一般性评价

土工膜类型	缩写	聚合物类型	大致的树脂配比（总重量的百分数）（%）	评　　价
高密度聚乙烯	HDPE	热塑性	95～98	耐紫外光和化学降解性较高，易发生应力开裂
线型低密度聚乙烯	LLDPE	热塑性	94～96	耐紫外光和化学降解性较低，柔韧性稍高于 HDPE，延伸性能优异
聚氯乙烯	PVC	热塑性	30～40	在各温度下柔韧性均较好，可以快速降解（取决于塑化剂）
氯磺化聚乙烯	CSPE	热塑性橡胶	40～60	由于硫化作用，土工膜一旦铺设，难以修补
乙烯-丙烯-二烯三元共聚物	EPDM	热固性	25～30	柔韧性优异。接缝必须用胶粘，耐久性可能不如其他膜
聚丙烯（柔韧）	fPP	热塑性	85～96	一种新产品，使用寿命尚不明确；具有柔韧性，容易铺设

20.2.1.1 覆盖的土工膜

许多土工膜只用于被覆盖环境，当埋入地下后，预计可以存在数百年。有一份报告中提到土工膜使用寿命超过 950 年。此外，被覆盖的土工膜可以免于受到许多可能的损坏因素（如氧化、磨损、紫外光降解、冻融、动物侵扰、风力和故意毁坏）的影响。

20.2.1.2 露天的土工膜

用于露天环境的土工膜的使用寿命通常约为30年。不过，也有一些铺设在坝面上的土工膜使用时间超过30年，其原有物理性能损失很小或无损失。

20.2.1.2.1 增塑聚氯乙烯

土工膜通常制作成宽6ft、长1000ft、重2t的卷材。土工膜卷可以加工成任何形状和厚度（30～100mil)，其尺寸通常受到搬运或重量因素限制。加工后柔韧的土工膜（如PVC和CSPE）可以折叠或卷起来运输，较硬的土工膜（如HDPE和LLDPE）成卷装运。

20.2.2 制造工艺

光滑或有纹理的土工膜主要由聚合物材料掺混其他添加剂（根据需要）制作而成，是相对均匀的。此外，土工膜可以制作成多层、不同颜色、不同纹理（单面或双面）或膜内部或表面加筋的产品。不同配置的主要目的是提高土工膜的力学性能（如抗拉强度)，或者对于多层土工膜，只是提高外层的性能，从而降低成本。其他信息可参考ICOLD 135号公告。

土工膜的三种最常见制造方法是：挤压、压延、涂刷。

第20.2.2.1～第20.2.2.3节对制造工艺做了简要介绍。有关土工膜制造工艺和成分的更详细介绍可以查阅已发表文献或通过访问制造商的网站了解。

20.2.2.1 挤压

挤压工艺是生产HDPE、LLDPE和聚丙烯（fPP）土工膜的最常见工艺。熔融聚合物通过一个模具挤压形成一张聚合物薄片。熔融聚合物的延展是通过模具在其上施加压力，或通过圆形模具使其形成管，并吹出其中的空气。

挤压工艺还可以用于生产有纹理的土工膜（即表面粗糙的土工膜），这种膜表面的摩擦力较大。使土工膜具有纹理的四种方法包括共挤压、冲击、层压和结构化。美国最常用的方法是共挤压和结构化。每一种方法均可以产生一个有纹理的表面，这种表面可以提高土工膜与土体交界面的摩擦阻力。

20.2.2.2 压延

压延工艺是生产PVC、CSPE和织物增强（-R）土工膜（包括CSPE-R和fPP-R）的最常用工艺。热聚合物经过一系列加热辊，形成一张聚合物板。多张聚合物板可以同时压延，并相互结合形成一张“多层”土工膜。这种方法最常用于黏合具有互补特性的聚合物板。但是，在二十世纪七十年代，非增强压延土工膜通常由相同的两层构成。此工艺的目的在于降低土工膜出现穿透性针孔的风险。针孔是指因粗砂或制造过程造成聚合物片中存在的小洞。辊子通常较为光滑，不过，有时使用表面有花纹的辊子生产表面有纹理的土工膜。

20.2.2.3 涂刷

涂刷工艺通常用于生产土工织物（一种土工合成材料）增强的土工膜。通过该工艺，在织造或非织造土工织物上涂一层均匀的熔融聚合物（该制造工艺很少使用)。

20.2.3 不同土工膜的对比

20.2.3.1 高密度聚乙烯

高密度聚乙烯（HDPE）土工膜由具有较高耐化学制品（如酸、油和溶剂）腐蚀性的热塑性晶体状聚合物组成。大多数 HDPE 土工膜含有 2%～3%炭黑，使其具有耐紫外线降解性。这种土工膜具有较高的耐撕裂和刺穿性，在美国广泛使用。为方便铺设，HDPE 土工膜可以制造成多种尺寸、厚度和颜色。

由于 HDPE 土工膜为半晶质，非常硬，尤其是在寒冷气候条件下因此难以在狭小的拐角处铺设。由于其膨胀系数较大，因此常发生起皱现象。由于 HDPE 在铺设过程中吸收太阳辐射热会膨胀，会影响接缝连接作业和铺设保护层。HDPE 土工膜在不加以遮盖的情况下，能很好地发挥作用；但是如果树脂不合适，容易发生应力开裂。HDPE 土工膜接缝必须进行热焊接。

20.2.3.2 线型低密度聚乙烯

线型低密度聚乙烯（LLDPE）[有时也被称作“非常柔韧的聚乙烯（VFPE）”]土工膜与 HDPE 基本相同，不同之处在于，其密度较低，通常低于 $0.94g/cm^3$。因此，LLDPE 土工膜比 HDPE 土工膜更柔韧，并且在被拉长时，具有更高的耐刺穿性。但是，其抗拉强度较低。LLDPE 具有优异的延伸性能，这一性能对于不均匀沉降或粗糙路基情况尤为重要。这种土工膜在美国普遍使用，并具有一定的耐环境降解性。由于 HDPE 在寒冷气候条件下不容易铺设和应力开裂问题，在北方气候条件下使用时，通常选用 LLDPE。LLDPE 也可以制作成多种尺寸和厚度，并有一定纹理，以满足设计和施工需求。

尽管 LLDPE 相比 HDPE 更加柔韧，但是比其他产品（如 PVC、fPP 和 EPDM）相对更硬。因此，与 PVC 或 fPP 相比，LLDPE 更难以铺设在狭小区域。LLDPE 土工膜接缝必须进行热焊接。

20.2.3.3 聚氯乙烯

聚氯乙烯（PVC）土工膜也可以制作成多种宽度和厚度。大多数不增强，如需增强则使用织物增强。与欧洲生产的土工膜的应用环境不同，美国生产的大多数 PVC 土工膜不适用于露天场合。土工膜含有 40%的一种或多种增塑剂，使得膜具有柔韧性。根据应用场合和所需的使用寿命，PVC 土工膜中可以添加不同的增塑剂。增塑剂损失是 PVC 土工膜降解的主要原因。增塑剂损失由高温造成的挥发引起。但是，根据对一些垦务局设施铺设的 PVC 土工膜进行的观察和试验发现，对 PVC 土工膜加以遮盖，其仍可以发挥令人满意的作用。遮盖的土工膜，随着时间推移发生的增塑剂损失非常小。此外，随着增加对增塑剂挥发问题的了解，已通过加入迁移速率较小的高分子增塑剂生产出了更高质量 PVC 土工膜。

PVC 土工膜具有良好的抗拉强度、伸长率、抗刺穿和抗冲刷磨损性能。可以使用溶剂焊接、胶黏剂和加热或介电方法接合 PVC 土工膜接缝。由于 PVC 的柔韧性和制造工艺，其与下伏土料或上覆土料交界面的摩擦角通常高于其他光滑土工膜。PVC 土工膜在美国和欧洲均广泛使用。实际上，PVC 土工膜是全球填筑坝中最广泛使用的产品。添加符合欧洲标准的添加剂的特制 PVC 土工膜（使用最优质紫外线稳定剂）可在坝面上露天使用。

20.2.3.4 氯磺化聚乙烯

氯磺化聚乙烯（CSPE）土工膜为热塑性橡胶，是相对较新的一类土工膜。氯磺化聚乙烯土工膜在相对高温及塑性状态下加工成形；当冷却至正常环境温度时，其性能与硫化橡胶无异。与 HDPE 和 LLDPE 土工膜一样，氯磺化聚乙烯土工膜的接缝也可以进行热焊接。但是，其长期耐用性只有 25 年的应用实例；由于热塑性橡胶因年久发生交联或硫化作用，使其更难修补。

20.2.3.5 三元乙丙橡胶

三元乙丙橡胶（EPDM）土工膜具有较优异的耐风化性、耐紫外光降解性、耐磨损和抗撕裂性能。EPDM 可以耐极端温度，并且在低温下保持柔韧性。EPDM 土工膜为热固性聚合物，需要专门黏接，并且在铺设时要仔细，以确保现场接缝连接效果令人满意。应进行高标准的质量控制测试和观察流程，以确保长期耐用性。

20.2.3.6 含氟聚丙烯

含氟聚丙烯（fPP）土工膜使用聚丙烯和热固性橡胶制成，具有柔韧性，与 PVC 和 EPDM 土工膜相似。这种土工膜耐久性相对较好，但是由于含有有机酸而容易发生降解，在裸露的弯头处可能会开裂。由于其较为柔韧，因此比 LLDPE 和 HDPE 土工膜容易铺设。与 HDPE、LLDPE 和 CSPE 土工膜一样，这种土工膜也可以热焊接。但是，与 CSPE 土工膜相反，fPP 土工膜一般更容易修补。

20.3 土工膜在填筑坝上的应用

土工膜在填筑坝上的应用包括：填筑坝的防渗面板、填筑坝防渗部位、大坝加高、水库衬砌（通常称作“上游铺盖”）、防渗墙、大坝渗漏修补、临时应用（围堰和基坑防渗）。

土工膜在其他行业也有多种应用，本章不做讨论。

土工膜的性能取决于与其接触的材料。结合保护层、排水层和支撑层（其可以是排水层或低透水性材料），可以使用一种或多种土工膜形成一个衬砌系统或渗透隔层。衬砌系统的选择是渗漏控制设计的第一步。在选择衬砌系统及其位置时，可能的渗漏率是需要主要考虑的因素，不过，其他因素，如土坝稳定性的影响、耐刺穿性、长期耐久性、铺设简便性和长期维护需求也是非常重要的。结合具体的垦务局项目，下文对设计新填筑坝和修复已建填筑坝时需要考虑的各种因素进行讨论。

20.3.1 填筑坝护面

土工膜可以用作填筑坝上游面的防渗衬砌，用以减少水向坝内的渗漏。图 20.3.1-1 示出了填筑坝护面上土工膜的两种应用方式。

由于水的渗透作用，会通过土工膜发生极少量的渗漏。如果土工膜有缺陷，则会发生大量渗漏。缺陷可能是因制造工艺不良（这种情况现今已非常少见）、接缝接合不严（这是难以彻底消除的）和意外刺穿（这是可能始终存在的）造成的。设计中必须考虑到可能因缺陷造成的渗漏，但是与坝肩和上游坝趾的连接通常是渗漏的主要源头。因此，铺设在土工膜下面的材料必须是透水的，足以排走土工膜渗漏的水。如果允许水在土工膜下方积聚，那么在水库水位骤降过程中，这些水就会将土工膜顶起。在土工膜的上面铺设保护性土层可以减小土工膜被顶起的可能，但是并不能完全防止发生。

在图 20.3.1-1（a）中，土工膜用作大坝上游面上的单一防渗衬砌。在坝顶和上游面坝趾处，可以将土工膜固定在一道用压实土回填的沟槽中，也可以将其连接到混凝土梁上，或仅仅将其水平铺设（坝趾处混凝土梁的下面可以设置一道防渗墙）。平铺与锚固相比的优势是土工膜承受较小张拉应力。美国和欧洲的许多坝都使用了这一基本结构形式 。

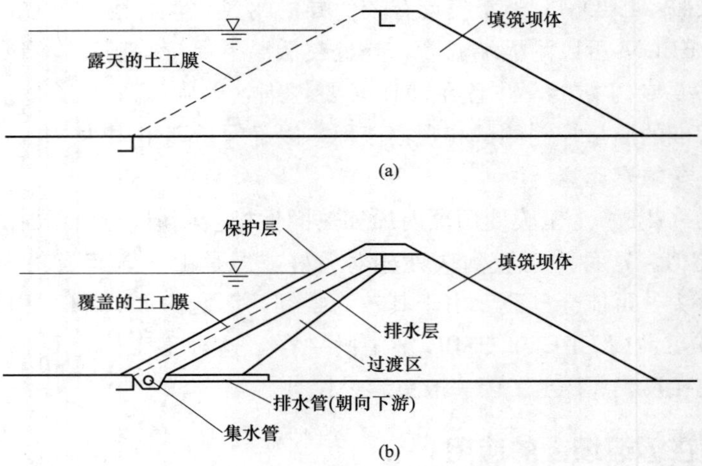

图 20.3.1-1　填筑坝护面上土工膜的两种应用方式

（a）基本暴露的防渗体；（b）设有保护层和排水措施的土工膜系统

在许多土工膜的铺设中，都在其下设置一排水层，在上面铺设一防护层。图 20.3.1-1（b）示出了上游面设置被覆盖土工膜的大坝的典型横截面。在排水层与坝体之间可能需要一个或多个过渡层（反滤带）。在某些情况下，可能需要一个双防渗衬砌来监控渗漏或提供备用防渗体。这是一种选择而不是要求，应仔细权衡效益和成本问题。

20.3.1.1　McDonald 坝

McDonald 坝的改建是由垦务局印第安事务局（BIA）设计的，是土工膜应用于上游护面的一个实例。其为均质土坝，坝长 1500ft，坝顶高程 3604ft，坝高 49ft，蓄水 8225acre-ft。大坝在上游边坡高程 3545～3601ft 范围构筑了一个防渗系统。该系统由主要防渗层（土工膜）和其下的次防渗层（压实黏土层）构成。McDonald 坝上游防渗护面的结构如图 20.3.1.1-1 所示，从上至下依次为：抛石、土工膜覆盖材料、糙面土工膜[60mil（VFPE）]、非织造土工布（10 oz/yd^2）、垫层材料、不透水填土层（压实黏土衬砌）、反滤材料。

防渗系统的铺设如图 20.3.1.1-2 所示。

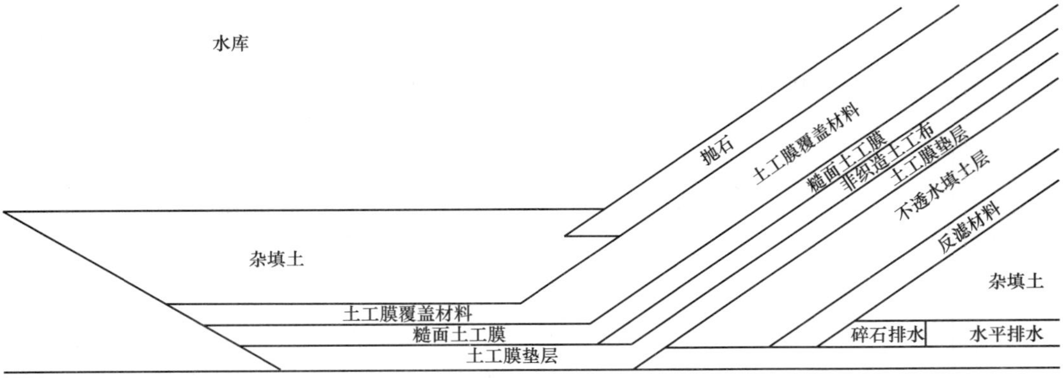

图 20.3.1.1-1 McDonald 坝上游防渗护面的结构

(a) (b) (c) (d)

图 20.3.1.1-2 防渗系统的铺设

(a) 土工膜铺设；(b) 土工膜及其覆盖材料；(c) 铺设土工膜覆盖材料；(d) 在铺设土工膜前完成预焊（或试焊）

20.3.2 填筑坝心墙

土工膜可以代替或增强防渗心墙（1 区）。这可以通过在坝内而不是在上游面上铺设土工膜实现。换言之，土工膜用于代替填筑坝的不透水材料。图 20.3.2-1～图 20.3.2-4 分别列出了四种应用。图 20.3.2-1 所示的土工膜心墙是在坝体完工后，通过开挖一条由膨润土泥浆护面的槽，然后插入采用专门技术连接的土工膜板构筑而成。这一工艺将在第 20.3.4 节“防渗墙的设计和施工”介绍。

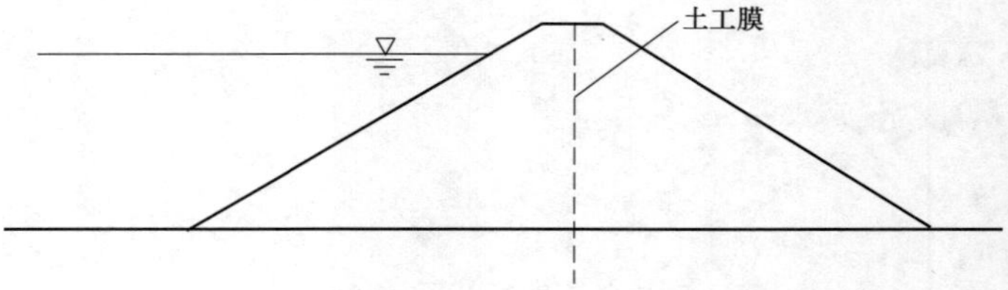

图 20.3.2-1 土工膜板作为竖向防渗体

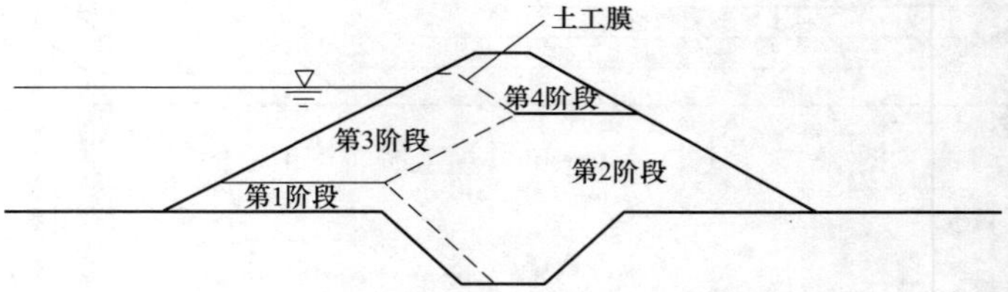

图 20.3.2-2 分段施工的土工膜防渗体

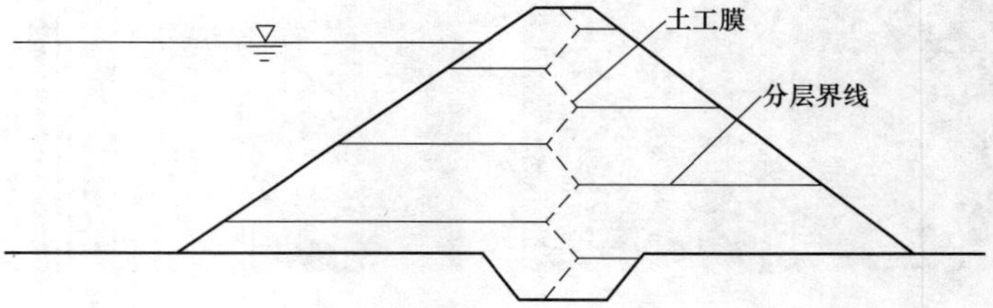

图 20.3.2-3 分层施工的土工膜防渗体

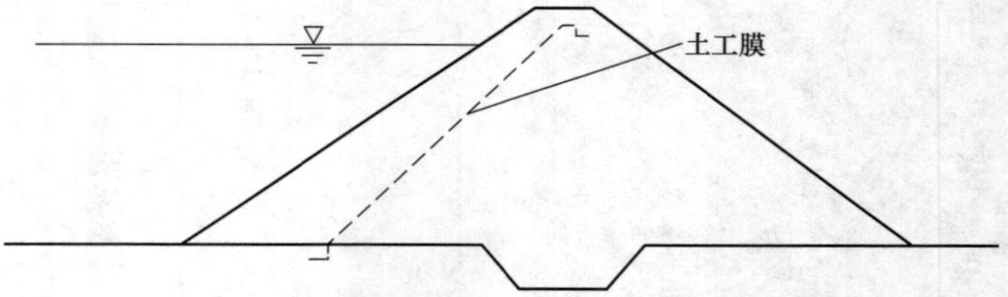

图 20.3.2-4 上游坝壳内采用土工膜防渗体

土工膜心墙可以随坝体施工进度构筑，典型横截面如图 20.3.2-2 所示。填筑坝分多个阶段填筑，每一阶段结束时，铺设土工膜，并使其与已有土工膜搭接。土工膜所在位置应确保其不会为上游及下游边坡形成滑动面。如果不能保证，应考虑使用糙面土工膜。有时可以考虑采用“之”字形如图 20.3.2-3 所示，以减小土工膜的表面积，适应坝体沉降对土工膜造成的较小应力。但是，因为施工困难所以并不建议采用“之”字形，并且与图 20.3.2-4 所示的断面图相比，其并不会显著减少土工膜表面积。需要注意的是，一旦坝体施工完成，上述铺设方式均会使土工膜的修补变得非常困难。建议在采用上述铺设方式时，应额外设置一些备用措施（如滤层和排水层或其他防渗措施），以减少可能的内部冲蚀问题；并且不依赖土工膜作为唯一的防线。根据现场的具体情况和影响，可能需要设计其他控制措施。

土工膜也可以结合传统施工技术用于加高填筑坝的坝顶高程，图 20.3.2-5 中给出了两个实例。在任何情况下，确保土工膜不会促进滑动面的形成至关重要。因此，必须进行稳定性分析（见第 20.4.10 节），以确保正确选择土工膜的位置和类型（如选用糙面还是光滑的土工膜）。

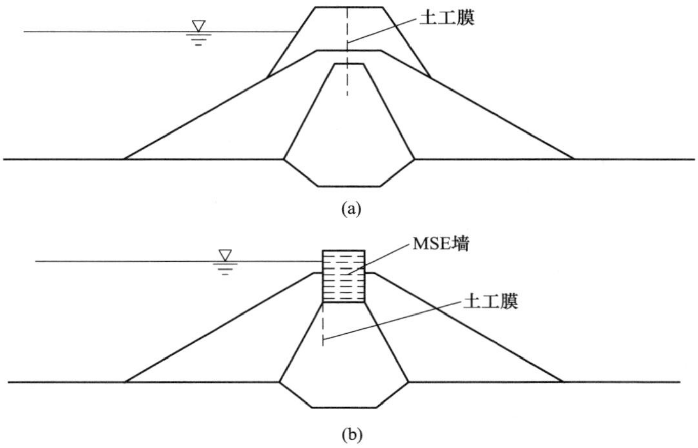

图 20.3.2-5　大坝加高使用土工膜

（a）竖向土工膜嵌入已有心墙（1 区）；（b）竖向土工膜护面（土工膜嵌入原心墙中）的加筋土（MSE）墙

20.3.2.1　Pactola 坝

Pactola 坝是垦务局在坝顶加高处设土工膜的一个工程实例。填筑坝长 2236ft，坝顶高程 4655ft，坝高 245ft，蓄水 99000acre-ft。填筑坝坝顶加高约 15ft，斜铺 40mil 厚 HDPE 土工膜。土工膜嵌入原有大坝心墙中（1 区），如图 20.3.2.1-1 所示。

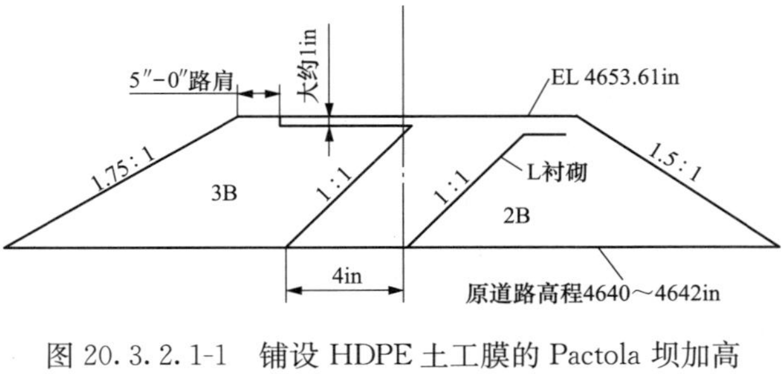

图 20.3.2.1-1　铺设 HDPE 土工膜的 Pactola 坝加高

土工膜防渗体自高程 4652.5 处向下嵌入原心墙 1 区的顶部。土工膜的下面铺设有非织造土工织物，用于保护土工膜，防止其被下伏 2B 区中材料刺穿造成损坏。在土工膜上设置 1ft 覆盖材料（2A 区），用于保护土工膜，防止其因铺设 2B 区材料而损坏。上锚固槽的尺寸为 2ft×2ft，在回填前，铺设 2ft 土工膜。土工膜与原心墙之间的下固锚槽（或坝基防渗墙槽）连接详情如图 20.3.2.1-2 所示；混凝土锚嵌入基岩中的详情如图 20.3.2.1-3 所示。坝顶加高施工照片如图 20.3.2.1-4 所示。

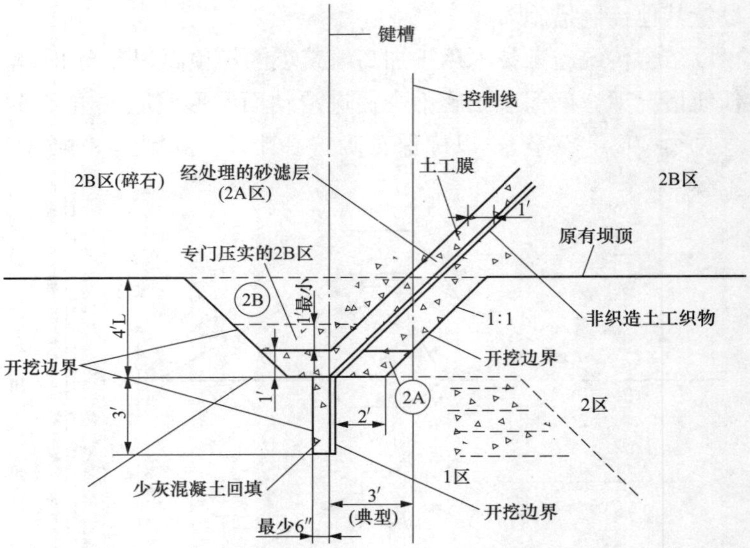

图 20.3.2.1-2　土工膜与已有心墙之间的下固锚槽（或坝基防渗墙槽）连接详图

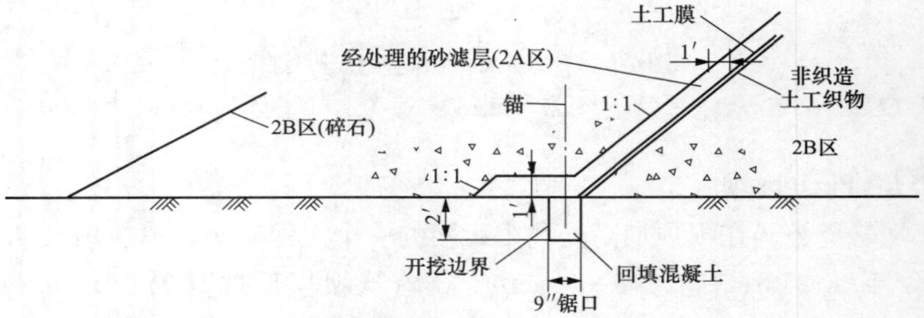

图 20.3.2.1-3　混凝土锚嵌入基岩中的详图

20.3.3　水库衬砌和上游铺盖

上游土工膜铺盖可以用于降低坝下渗漏，如图 20.3.3-1 所示，既可以采用局部覆盖，也可以全衬砌。Horsetooth 水库、Warren H. Brock 水库、Mt. Elbert 水库、Black Lake 坝和 Pablo 坝是属于此类型的五个实例，下文做进一步介绍。涉及整个或局部水库衬砌的其他垦务局项目还有 San Justo 水库、Black Mountain Operating 水库和 Ochoco 大坝。

如果在薄弱的或可能坍塌的（如岩溶地貌）土质区铺设局部或整体覆盖土工膜，应考虑不均匀沉降问题。为稳定，可以在土工膜的下面铺一层土工合成材料（土工格栅或高强度/高模量土工织物）来加固。

在水位骤降过程中，上游土工膜铺盖可能隆起，这一问题将在第 20.4.7 节进一步讨论。应采用数值计算方法检查最终设计，对于复杂的地基和渗流条件，应始终采用数值计算方法进行复核。此外，应对渗流出溢点处的土体进行评估，以确保不超过临界出溢坡降。

图 20.3.2.1-4　坝顶加高施工照片

(a) 铺设土工织物和土工膜；(b) 键槽；(c) 挤压焊接 HDPE 接缝；(d) 铺填覆盖材料；
(e) 土工膜铺设在混凝土面上；(f) 在土工膜/混凝土连接处设置压条

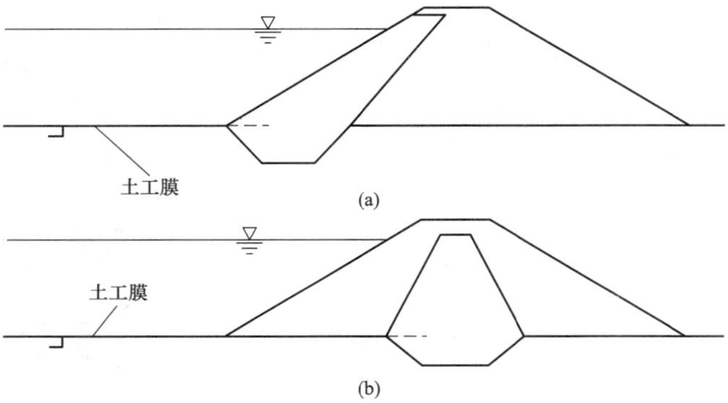

图 20.3.3-1　典型的水库衬砌

(a) 嵌入上游防渗键槽；(b) 穿过上游坝壳嵌入的心墙和截水槽（应进行稳定性分析，防止上游坝坡不稳定）

20.3.3.1 Horsetooth 水库

使用土工膜作为上游局部防渗铺盖的实例为 Horsetooth 坝。水库由四座坝顶高程为 5444ft 的填筑坝围筑而成。这四座坝由北至南分别为 Horsetooth 坝、Soldier Canyon 坝、Dixon Canyon 坝和 Spring Canyon 坝。土工膜防渗体设置在 Horsetooth 坝的上游坝趾处，以应对大坝下面的岩溶问题。图 20.3.3.1-1 所示的塌坑可以证明存在岩溶情况。

图 20.3.3.1-1　Horsetooth 坝上游坝趾附近的塌坑

对塌坑和相关缺陷的初步修复包括：在塌坑口浇注混凝土塞，之后进行岩石灌浆；然后在塌坑上铺设一层厚 3ft 的砂砾石料；随之在塌坑区铺设一层 80ft×100ft 的 40mil PVC 土工膜。最终修复包括：用 40mil 厚 LLDPE 土工膜覆盖塌坑区域和溶岩区域，LLDPE 土工膜覆盖面积约为 300ft×800ft，如图 20.3.3.1-2 所示；然后在 LLDPE 土工膜上铺设 5ft 厚的砂质黏土层，40mil 厚 PVC 和砂质黏土覆盖材料，如图 20.3.3.1-3 所示。

图 20.3.3.1-2　LLDPE 土工膜铺设

图 20.3.3.1-3　PVC 土工膜上的黏土覆盖层

20.3.3.2　Warren H. Brock 水库

垦务局将土工膜用于整个水库衬砌的实例为 Warren H. Brock 水库。填筑坝高 26ft，坝顶高程 158，蓄水约 8000 acre-ft。

水库底的防渗体由 60mil 厚 HDPE 土工膜和上覆的 2ft 保护性土料层构成。填筑坝的上游面防渗体从上至下由以下部分构成：①9in 厚水泥土；②由土工织物、土工合成材料和砾石反滤层构成的排水层；③60mil 厚糙面 HDPE 土工膜。Warren H. Brock 水库的设计横剖面如图 20.3.3.2-1 所示。选用白色土工膜，以减少炎热环境情况下发生褶皱现象。

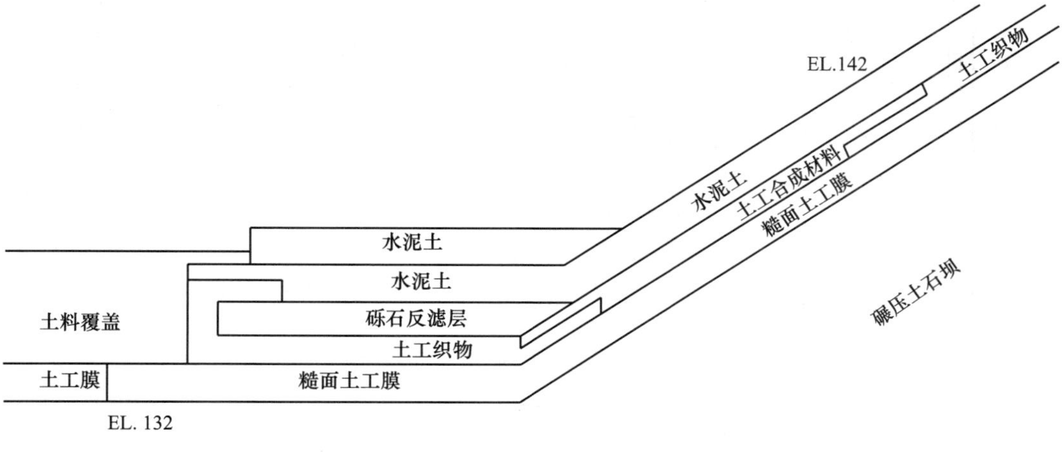

图 20.3.3.2-1　Warren H. Brock 水库的设计横剖面（未按比例）

Warren H. Brock 水库的衬砌照片如图 20.3.3.2-2 所示。

20.3.3.3　Mt. Elbert 水库

垦务局将土工膜用作整个水库衬砌的另一个实例是 Mt. Elbert 水库。这个河道外水库用长 2600ft、高 92ft 的填筑坝围筑，蓄水量 11530acre-ft。该水库是 Twin Lakes 发电厂的发电前池。水库的水来自 Turquoise 湖（管道输送）和 Twin Lakes 水库（泵送）。由于发电需要，该水库通常是满的。水库衬砌铺设至高程 9650ft，比坝顶高程低 2ft。

(a) (b) (c) (d) (e) (f)

图 20.3.3.2-2 Warren H. Brock 水库的衬砌照片

(a) 卸载土工膜卷；(b) 准备铺设衬砌的地基；(c) 在土工膜上铺设土工织物；(d) 热楔焊接 HDPE 接缝；(e) 在砾石排水层上铺设水泥土；(f) 土工膜上铺设保护性水泥土覆盖层

该水库采用 45mil 厚增强聚氯乙烯（CPE）土工膜衬砌，夹于两层保护性材料之间。CPE 比 HDPE 更柔韧，具有较好的耐化学腐蚀和耐紫外光降解性。其化学结构处于 PVC 与 CSPE 之间。Mt. Elbert 水库边坡上铺设土工膜（铺设过程中用轮胎作为临时压载物）土工膜的铺设如图 20.3.3.3-1 所示，在 Mt. Elbert 进/出水口处进行接缝连接作业如图 20.3.3.3-2 所示。

20.3.3.4 Black Lake 大坝

土工膜作为水库局部衬砌的其他实例是垦务局设计的 Black Lake 坝。填筑坝坝长 544ft，坝高 65ft，蓄水 5200acre-ft。由于溶洞和塌陷，水库曾受限运行。为防止渗漏水进入坝体、坝肩和基础，设计并修建了防渗体。

防渗体从上到下由以下部分组成：①保护性覆盖层；②60mil 厚糙面 VLDPE（其密

图 20.3.3.3-1　Mt. Elbert 水库边坡上铺设土工膜（铺设过程中用轮胎作为临时压载物）

图 20.3.3.3-2　在 Mt. Elbert 进/出水口处进行接缝连接作业

度略小于 LLDPE）；③10oz/yd^2 非织造土工织物；④素土夯实地基。边坡上铺设保护性堆石。Black Lake 坝的防渗系统设计如图 20.3.3.4-1 和图 20.3.3.4-2 所示。

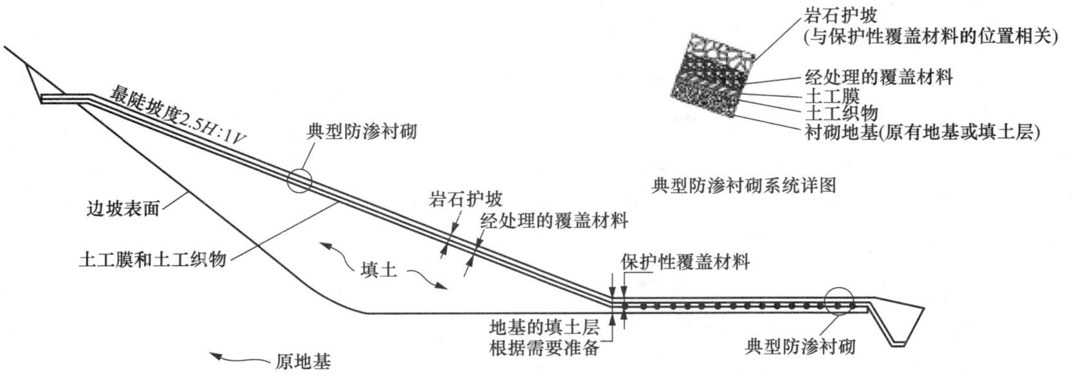

图 20.3.3.4-1　Black Lake Dam 防渗系统详图

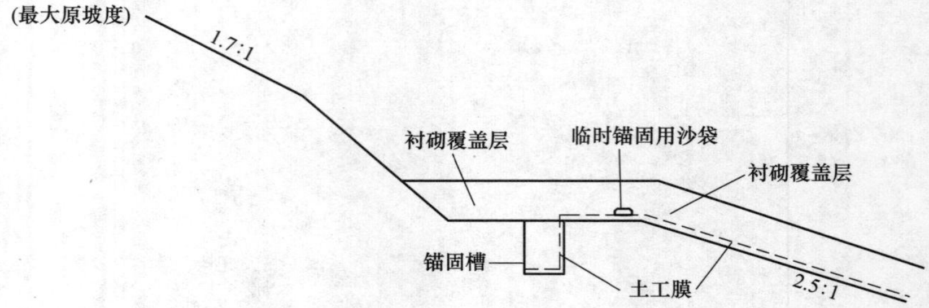

图 20.3.3.4-2 Black Lake 坝上拟用锚固槽详图

20.3.3.5 Pablo 坝

用土工膜作为局部上游铺盖的实例是由垦务局设计的 Pablo 大坝，位于蒙大拿州巴勃罗附近。Pablo 坝为土坝，坝高 43ft，坝顶高程 3220ft，蓄水 28 400acre-ft。该坝在坝顶部位曾发生过量渗漏，并出现过落水洞。使用透水材料在原坝上游高程 3201 建筑了两道堤坝，然后以堤坝为平台在高程 3198～3212 范围设置了防渗体。

防渗体包括铺设在夯实基础上的 60mil 厚 HDPE 土工膜，土工膜的上面铺设了 1ft 厚保护性覆盖层和 1ft 厚堆石垫层，随后又在其上铺设了 3ft 堆石。上部锚固槽尺寸为 2ft×2ft；在锚固槽回填前，设 2ft 富余长度。下部锚固槽深 3ft，宽 2ft。上游截水设计和土工膜铺设照片分别如图 20.3.3.5-1 和图 20.3.3.5-2 所示。

20.3.4 防渗墙

土工膜可以用于建造穿过填筑坝或位于填筑坝下面的垂直防渗墙。现有信息表明，此类应用中只使用 HDPE 土工膜，其典型厚度为 1.5～3mm（60～120mil）。HDPE 板的宽度视铺设步骤，由 3～30ft 不等。

对于防渗墙，土工膜板采用垂直铺设。两相邻段简单重叠不足以提供水密封性。使用聚乙烯制作的专用互锁结构，与传统钢板桩连接的互锁结构相似。一般土工膜防渗墙布置如图 20.3.4-1 所示。

互锁结构采用机械方式，不能完全防水，可以通过向互锁结构中灌浆、设置膨胀材料棒（如与互锁结构中的水接触时膨胀的高分子化合物）或使用可以进入管状互锁结构中的焊接设备进行挤压焊接获得额外防水性。在最后一种方法中，焊接前向管中吹入热空气，以消除水分并预热，从而方便焊接。在插入地面中前，将互锁结构焊接到土工膜上。HDPE 互锁结构通常比土工膜厚，以确保在拉伸时土工膜能伸展，而互锁结构不损坏。土工膜互锁结构实例如图 20.3.4-2 所示。

土工膜防渗墙可以采用多种工艺设置，包括：①土工膜板连接在芯轴上，通过振动打入土体中；②土工膜板与刚性框架连接，再通过射水法打入土体中；③将土工膜板与刚性框架连接沉入泥浆槽中。防渗墙可以部分或完全贯入透水层。但是，为确保效果，防渗墙通常必须完全贯入透水地层。

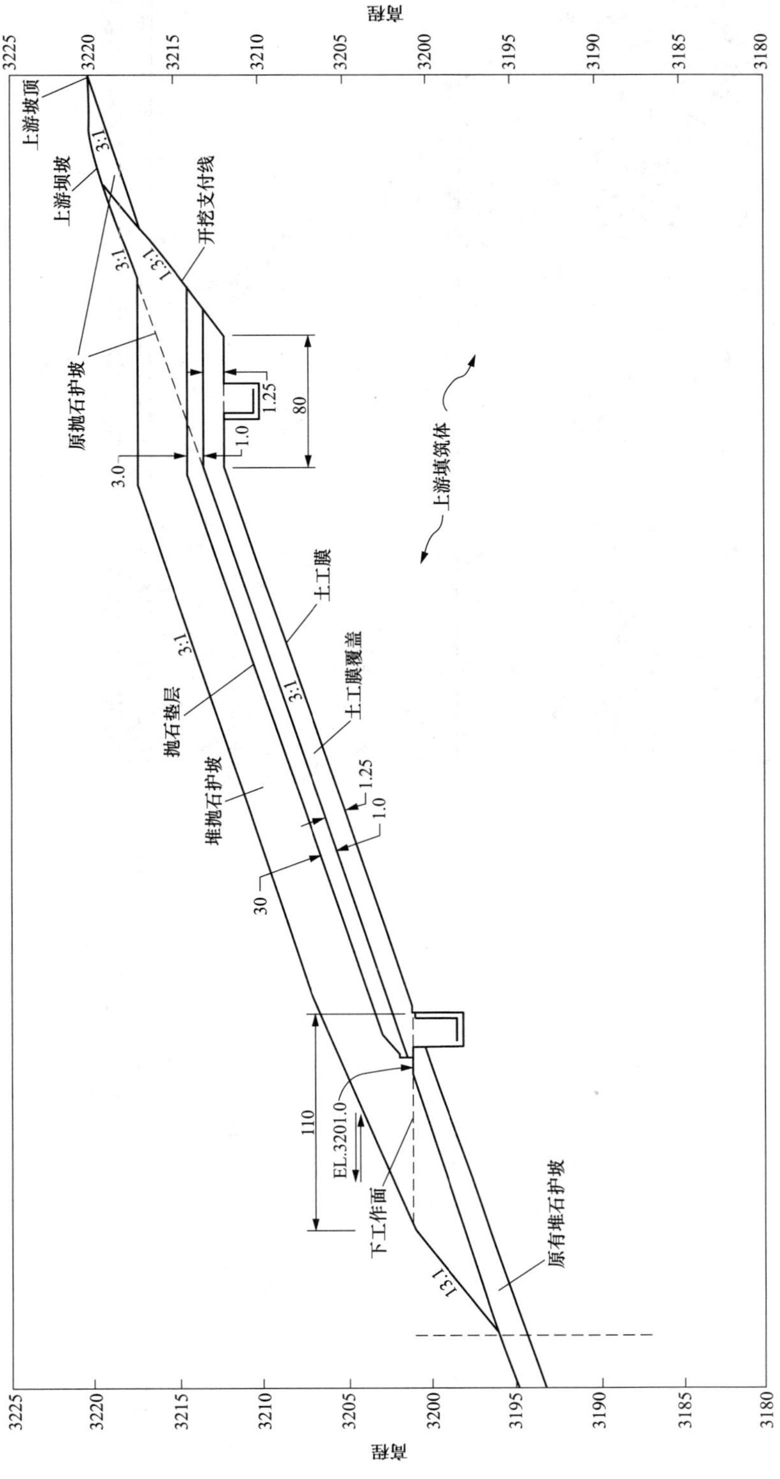

图 20.3.3.5-1　Pablo 坝上游土工膜防渗设计

(a)

(b)

图 20.3.3.5-2　土工膜铺设照片

（a）锚固槽开挖；（b）土工膜铺设

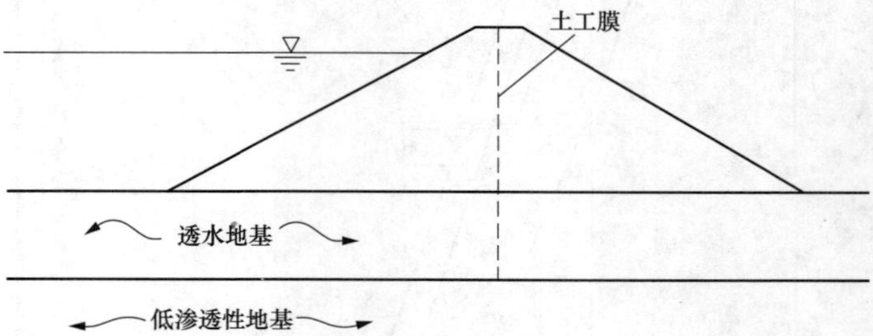

(a)

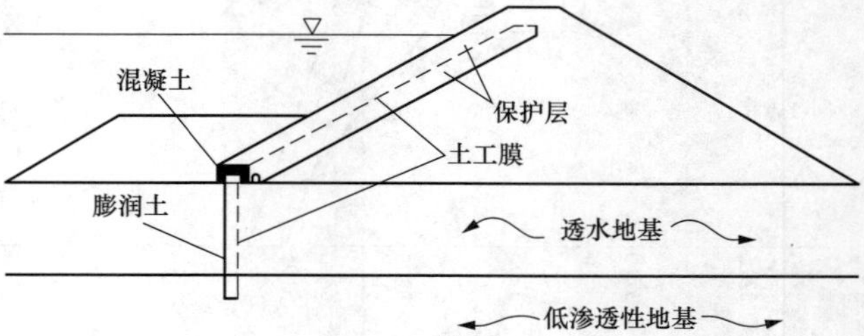

(b)

图 20.3.4-1　一般土工膜防渗墙布置

图 20.3.4-2　土工膜互锁结构实例

20.3.4.1　Reach 11 堤坝

垦务局使用土工膜作为顶部防渗墙的一个实例是 Reach 11 堤坝。该堤坝为填筑土坝，是亚利桑那州菲尼克斯 Hayden/Rhodes 渡槽的组成部分。堤坝和地基的渗漏量大，需要布设一道可以贯穿至不透水地层的防渗墙。

防渗体由垂直铺设的 80mil HDPE 土工膜板构成，沿堤坝中心线布设，在土工膜的下游设有烟囱式反滤。沿着堤坝每隔 500ft 设置排水管，这些排水管与排水沟连接，以安全地排出进入沟中的渗漏水。排水沟用可恢复的生物聚合物浆支撑，宽 2ft，延伸进入下伏地层中 10ft。防渗墙设计和铺设土工膜板分别如图 20.3.4.1-1 和图 20.3.4.1-2 所示。

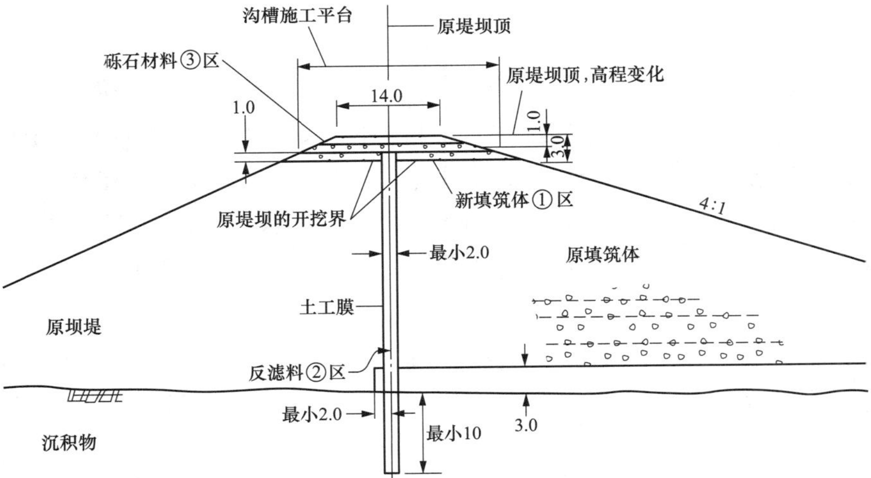

图 20.3.4.1-1　土工膜防渗墙设计

20.4　设计考虑事项

以下各节简单介绍已建或新填筑坝铺设土工膜时的一些重要设计事项。但是，在新施工项目或修复项目选用土工膜类型时，应考虑以下选择标准：长期性能（性能降低、开裂等）；铺设方便（褶皱、接缝、寒冷/炎热天气要求、质量控制和保证等）；成本；

(a)

(b)

图 20.3.4.1-2　铺设土工膜板

（a）设置土工膜板；（b）设置土工膜板（俯视图）

界面结合强度（如果覆盖）；维修方便（长期）；耐刺穿性（坠落物、冲击、邻近土体的颗粒尺寸等）；撕裂强度和厚度（耐不均匀沉降）。

20.4.1　实验室试验

以下各节概述了设计或施工质量保证（CQA）过程中经常会遇到的典型实验室试验。

20.4.1.1　物理性能

土工膜的物理性能与质量、尺寸和组成成分有关。在收到土工合成制品时，每一单独的卷或产品均有合格证明，上面载有各种物理性能，包括每单位面积的质量、密度、厚度等，需要检查这些物理性能信息是否符合设计技术要求。常用物理性能试验室试验（ASTM）见表 20.4.1.1-1，通常不由设计人员实施；但是，铺设过程中的符合性抽样通常需要按照第 20.5.2 节中的要求进行下列多项实验室试验。物理性能的典型值由土工膜制造商提供。

表 20.4.1.1-1　　常用物理性能实验室试验（ASTM）

物理性能	PE	PVC	CSPE	fPP	EPDM
密度	D792 或 D1505				
厚度	D5199（光滑）或 D5994（糙面）				
热膨胀性	D696				
炭黑含量	D1603 或 D4218（不适用于 PVC 和 EPDM）				
尺寸稳定性	D1204 或 D1042（不适用于 LLDPE 和 HDPE）				

20.4.1.2　力学性能

土工膜的力学性能包括：①土工膜在施加荷载情况下的特性；②土工膜在铺设过程中的耐破坏性；③土工膜与相邻材料的相互作用。土工膜的力学特性主要与平面内的拉应力有关。由于土工膜的功能基本是二维的，且很薄，因此应力集中可能会致其损坏。最后，土工膜与相邻材料之间的界面抗剪强度对于系统稳定性和土工膜内接缝的完整性和强度而言非常重要。常用力学和水力性能实验室试验（ASTM）见表 20.4.1.2-1，通常在设计和铺设（质量控制）阶段进行。

表 20.4.1.2-1　　常用力学和水力性能实验室试验（ASTM）

力学性能	PE	PVC	CSPE	fPP	EPDM
抗拉性能[1]（剥离/剪切）	D6693	D882	D6693	D6693	D882
宽度方向抗拉强度	D4885				
多轴抗拉强度	D5617				
撕裂强度	D1004 或 D5884（如果增强）				
耐刺穿性[2]	D4833 或 D5514				
耐冲击性[3]	D1424、D1709、D1822 或 D3029				
界面抗剪强度	D5321				
耐应力开裂性	D5397	N/A	N/A	N/A	N/A
渗透性（水蒸气）	D5886 或 E96				

[1] 对于增强膜，采用 ASTM D751 和 D413。

[2] 对于增强膜，ASTM D6241 更合适。

[3] 所列试验未提供与现场条件的直接相关关系。

20.4.1.3　耐久性

材料的物理性能随时间推移发生的任何降低会降低膜制品的寿命。材料降解严重程度因聚合物材料不同而异，通常包括在应力-应变响应曲线中的脆性随时间增加而增大，还包括力学性能降低、渗透性增大和土工膜接缝损坏。如表 20.4.1.3-1 所列，有许多可以指明材料适合性的预测性试验，需要提到的是，已针对下列步骤进行了广泛试验，这些试验可以指导设计人员不必根据具体现场条件进行试验即可选用适合给定气候条件的聚合物。

表 20.4.1.3-1　　常用耐久性实验室试验（ASTM）

耐久性	PE	PVC	CSPE	fPP	EPDM
低温试验	D746	D1790	D746	D1790	D746
高温试验	D412	D638	D412	D638	D412
氧化降解	D3895 或 D5885				
紫外线降解	D7238（实验室）或 D4364（现场）				
耐化学性[1]	D5322				

[1] 对于大部分垦务局水库而言，化学降解通常并不是一个需要担忧的问题。

20.4.2　界面结合强度

铺设在倾斜表面上的土工膜通常会受到剪切应力。如果土工膜与邻接材料之间的滑动阻力小于剪切应力，则在界面处会发生滑动，衬砌系统或整个结构倚靠锚固槽或变得不稳定。应按照本标准第 4 章和第 20.4.10.1 节所述详细要求进行边坡稳定性分析。

系统内的任何界面均可能会发生滑动，如：土工织物与土体之间，或土工织物与合成排水层之间。因此，应评估所有界面的抗剪强度。

ASTM D5321（界面直接剪切）用于确定土体-土工合成材料界面和土工合成材料-土工合成材料界面的抗剪强度。

20.4.2.1　界面结合强度情况

针对界面结合强度，通常考虑两种现场情况。对于锚固槽，土工膜的一部分埋入土体中。如果土工膜的裸露部分受到拉应力，这些拉应力易于将埋置的土工膜拉出锚固槽。但是，设计人员通常会忽略其锚固作用，只考虑土工膜与邻近土体之间界面摩擦力提供的稳定性。其次，如果大坝上游面铺设的土工膜用数英尺土料覆盖，以防止其被环境降解，则土工膜上土料的稳定性必须加以考虑。由于水库水位上升和下降，覆盖土料可能会沿着土工膜/土体界面局部或全部脱落。

一般来说，土工织物和土工格栅已经进行过大范围的抗拉拔试验，而土工膜只进行抗剪试验，原因在于土工膜的锚固槽很少是关键的设计问题，而铺设土工膜的边坡的稳定性则始终是一个严重问题。因此，下文只讨论界面抗剪试验。如果界面抗剪强度试验表明其值不够大，可以通过使用糙面土工膜代替光滑土工膜或通过将土工膜黏结到土工织物来提高抗剪强度。在分层的防渗系统中，除了土工膜界面，界面结合强度试验还应考虑其他层（如防渗系统中黏土层的抗剪强度可能会小于与土工膜接触的材料的）。

20.4.2.2　典型的界面结合强度值

许多研究人员公开了土体或其他土工合成材料与土工膜接触的抗剪试验的结果：萨克塞纳和翁、马丁等人、阿克伯等人、威廉姆斯和霍利汉、德古特和马修、科纳等人及 Eigenbrod 和 Locker。表 20.4.2.2-1～表 20.4.2.2-3 汇总了摘自科纳和纳雷乔收集的数据库中的典型界面结合强度值。这些强度值可以用于初步设计，但是最终的设计强度值应通过对具体现场材料进行的界面直剪试验确定。

表 20.4.2.2-1　　HDPE 土工膜与各种材料对比

1 号界面	2 号界面	峰值摩擦角 (°)	残余摩擦角 (°)	峰值附着力 (lb/ft^2)*	残余附着力 (lb/ft^2)
HDPE-S	粒状土	21	17	0	0
HDPE-S	黏性土				
	饱和	11	11	150	0
	不饱和	22	18	0	0
HDPE-S	NW-NP GT	11	9	0	0
HDPE-S	土工网	11	9	0	0
HDPE-S	土工复合材料	15	12	0	0

续表

1 号界面	2 号界面	峰值摩擦角 (°)	残余摩擦角 (°)	峰值附着力 (lb/ft^2)*	残余附着力 (lb/ft^2)
HDPE-T	粒状土	34	31	0	0
HDPE-T	黏性土				
	饱和	18	16	210	0
	不饱和	19	22	480	0
HDPE-T	NW-NP GT	25	17	165	0
HDPE-T	土工网	13	10	0	0
HDPE-T	土工复合材料	26	15	0	0

* lb/ft^2＝磅每平方英尺，S 表示光滑，NW-NP GT 表示非织造、针刺土工织物，T 表示糙面。

表 20.4.2.2-2　　LLDPE 土工膜与各种材料对比

1 号界面	2 号界面	峰值摩擦角 (°)	残余摩擦角 (°)	峰值附着力 (lb/ft^2)	残余附着力 (lb/ft^2)
LLDPE-S	粒状土	27	24	0	0
LLDPE-S	黏性土	11	12	260	75
LLDPE-S	NW-NP GT	10	9	0	0
LLDPE-S	土工网	11	10	0	0
LLDPE-T	粒状土	26	25	160	110
LLDPE-T	黏性土	21	13	120	145
LLDPE-T	NW-NP GT	26	17	170	200
LLDPE-T	土工网	15	11	75	0

注：S 表示光滑，NW-NP GT 表示非织造、针刺土工织物，T 表示糙面。

表 20.4.2.2-3　　PVC 和 CSPE-R 土工膜与各种材料对比

1 号界面	2 号界面	峰值摩擦角 (°)	残余摩擦角 (°)	峰值附着力 (lb/ft^2)	残余附着力 (lb/ft^2)
PVC-S	粒状土	26	19	8	0
PVC-S	黏性土	22	15	19	0
PVC-S	NW-NP GT	20	16	0	0
PVC-S	NW 热黏合	18	12	0	0.1
PVC-S	织造，切膜	17	7	0	0
PVC-罗缎	NW-NP GT	27	23	5	0
PVC-罗缎	NW 热黏合	30	27	0	0
PVC-罗缎	织造，切膜	15	10	0	0
CSPE-R	粒状土	36	16	0	0
CSPE-R	黏性土	31	18	120	0
CSPE-R	NW-NP GT	14	10	0	0
CSPE-R	NW 热粘合	21	10	0	0
CSPE-R	织造，切膜	11	11	0	0

注：S 表示光滑，NW 表示非织造土工织物，NW-NP GT 表示非织造、针刺土工织物，R 表示增强。

20.4.3 边坡几何形状

填筑坝采用土工膜衬砌时，通常情况下其边坡坡度不大于 1V∶3H。这种结构是从可施工性角度的谨慎考虑，而非设计限制。坡度陡于 1∶3 的边坡可以用土工膜成功衬砌，但是其铺设较为困难，并且铺设人员通常需要使用安全绳和其他专用安全设备，这会降低铺设速度。垦务局许多项目在陡于 1∶3 的边坡上铺设了土工膜，包括 Warren H. Brock 水库。

另外还应尽量避免长边坡，以降低短期加载（如铺设保护性覆盖材料）或长期加载（如水库水位波动）造成土工膜接缝之间过度拉紧的可能性。土工膜卷通常应垂直铺设（沿着边坡由坝顶向下），水平接缝限制在坡底 1/3 处，尽量不在边坡上设置接缝。如果水平接缝设置在边坡上，应错开，从而确保这些接缝在整个边坡上处于不同高程。建议的最大边坡长度一般为 250ft。如果需要更长的边坡，建议增设台阶，将水平接缝布置在台阶处。如果设计边坡长于 250ft，并且无法设置中间台，则设计人员应使用下列公式复核土工膜的抗拉强度：

$$\alpha = \gamma T \sin\beta x \tag{20.4.3-1}$$

式中 α——土工膜单位宽度的张力（lb/ft）；

γ——土工膜的单位重量（lb/ft^3）；

T——土工膜的厚度（ft）；

β——坡度（°）；

x——沿边坡的平行距离（lb/ft）。

如果准备在土工膜上铺设保护性覆盖层，必须按照第 20.4.10 节要求确认该系统的设计和稳定性。

20.4.4 接缝设计

对于符合以下条件的大坝，土工膜卷有时水平铺设（即横穿大坝的边坡）：①高度较小（如度小于 30ft）；②长度特别大（如数千英尺或更长）；③上游坡度不大（如小于 1∶3）。在所有情况下，设计必须确保其水平接缝的拉应力不会过大。

但是，大多数情况土工膜卷都是顺着边坡铺设的。在这种情况下，由于采用锚固槽和重叠的需要，应确保土工膜卷的长度略大于铺设处边坡的长度。设计人员应在选择土工膜时，与多家制造商确认他们能够生产的土工膜卷的最大长度是否能够满足工程需要。为减少浪费，有时可以根据所需的土工膜总数量，订购定制长度的土工膜卷。

土工膜铺设成功与否在很大程度取决于所有接缝的完整性。第 20.5.1 节讨论在现场和工厂接缝的连接技术。还需要注意的是，对于热黏合土工膜，建议厚度至少为 60mil，避免接缝接合质量差。一般来说，这个厚度适用于大多数项目，除非还有其他不利因素，如地基条件不理想、容易发生不均匀沉降等。

20.4.5 锚固槽和连接

本节介绍锚固槽的设计方法，并提供有关土工膜与刚性结构连接方法的实用资料。

20.4.5.1 锚固设计

水库内土工膜的典型铺设方法是顺着边坡铺设，终止于浅沟槽内，超出沟槽数英尺（漫铺）。锚固槽通常使用小型铲斗或挖沟机开挖。应该根据锚固需要确定锚固槽的深度和宽度，规格尺寸应基于现场具体情况确定，但是很多制造商预先规定最小漫铺长度和锚固槽深度分别为 3ft 和 2ft。

下文概述推荐的锚固槽设计方法，也可以采用其他已公开方法。典型土工膜锚固槽设计如图 20.4.5.1-1 所示。

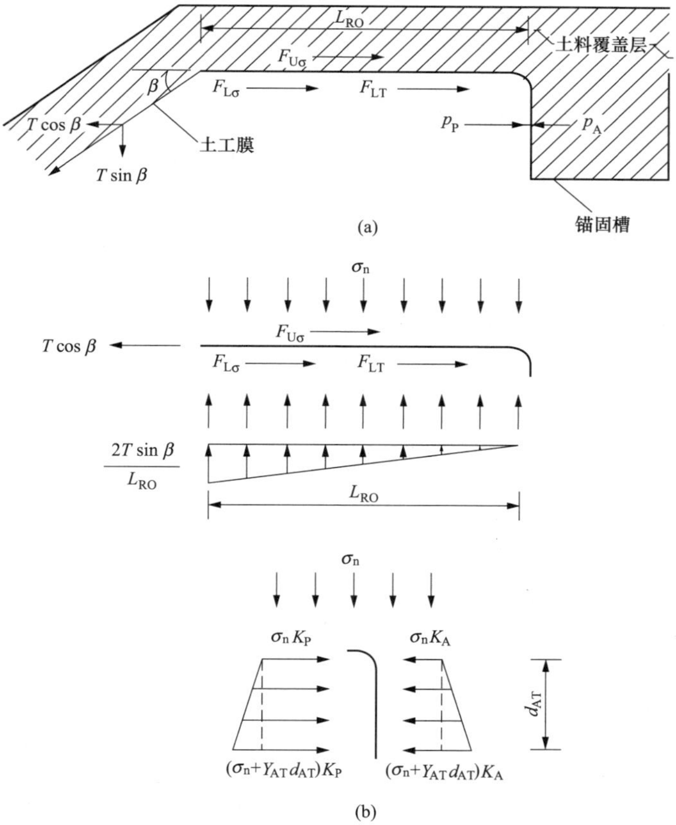

图 20.4.5.1-1 典型土工膜锚固槽设计

（a）横截面图；（b）受力图

如下列所示，折坡与锚固槽之间的水平漫铺长度和将土工膜的垂直部分限制在锚固槽中的被动土压力，在提供合适锚固方面发挥了有效作用。使用上述受力简图，并计算横向合力，得到以下关系：

$$\sum F_x = 0 \tag{20.4.5.1-1}$$

$$T_{allow}\cos\beta = F_{U\sigma} + F_{L\sigma} + F_{LT} - p_A + p_F \tag{20.4.5.1-2}$$

式中 T_{allow}——土工膜中的容许力 $T_{allow}=\sigma_{allow}t$（lb）；

σ_{allowt}——土工膜中的容许应力（lb/ft）；

t——土工膜的厚度（ft）；

β——侧坡坡度（°）；

$F_{U\sigma}$——覆盖土体引起的土工膜上的剪切力（lb/ft）；

$F_{L\sigma}$——覆盖土体引起的土工膜下的剪切力（lb/ft）；

F_{LT}——T_{allow} 的垂向分量引起的土工膜下的剪切力（lb/ft）；

p_A——紧靠锚固槽回填侧的主动土压力；

p_F——紧靠锚固槽原位侧的被动土压力。

用相应的设计变量代替上述水平方向合力后得到：

$$T_{allow}\cos\beta=\sigma_n\tan\delta_n(L_{RO})+\sigma_n\tan\delta_L(L_{RO})+0.5\left(\frac{2T_{allow}\sin\beta}{L_{RO}}\right)(L_{RO})\tan\delta_L-p_A+p_P \tag{20.4.5.1-3}$$

式中 σ_n——由覆盖土体施加的正应力（lb/ft^2）；

δ——土工膜与邻近材料之间（上界面或下界面）抗剪力的角度（°）；

L_{RO}——土工膜漫铺长度（ft）。

主动土压力和被动土压力（分别用 p_A 和 p_P 表示）的值由横向土压力理论得出；该理论在大部分大学土力学教科书中均有涉及，如下：

$$p_A=(0.5\gamma_{AT}d_{AT}+\sigma_n)K_Ad_{AT} \tag{20.4.5.1-4}$$

$$p_P=(0.5\gamma_{AT}d_{AT}+\sigma_n)K_Pd_{AT} \tag{20.4.5.1-5}$$

$$K_A=\tan^2(45-\varphi/2)$$

$$K_P=\tan^2(45+\varphi/2)$$

式中 γ_{AT}——锚固槽中土体的单位重量（lb/ft^3）；

d_{AT}——锚固槽深度（ft）；

σ_n——由覆盖土体施加的正应力（lb/ft^2）；

K_A——主动土压力系数；

K_P——被动土压力系数；

φ——土体内部摩擦角（°）。

需要注意的是，由于覆盖土层中的裂缝，土工膜上的剪切力通常被忽略。

求解上述方程时，有两个未知变量，即土工膜漫铺长度（L_{RO}）和锚固槽的深度（d_{AT}）。实际中，设计人员必须假定漫铺长度，然后求解所需的锚固槽深度，反之亦然。土工膜中的容许力（T_{allow}）应已考虑了安全系数。

表 20.4.5.1-1 汇总了初步设计中使用的各土工膜在最大应力和极限失效应力时的典型应力值（σ）。大多数制造商将提供计算 T_{allow} 需用的最大和极限应力值。可以考虑不在边坡顶部（或坝顶）设锚固槽或漫铺区，设置 V 形沟是一个较好的折中方案。设锚固槽的深度（d_{AT}）等于零，求取漫铺长度（L_{ro}），可以满足边坡顶部的锚固要求，并使土工膜中的拉应力最小。发生微小移动是可以接受的，并希望借助这些微小移动使土工膜进入边坡材料中。

表 20.4.5.1-1　　土工膜的典型拉伸性能

测试性能[1]	单位	HDPE	LLDPE	PVC	fPP-R[2]
最大应力和相应应变	kip/ft^2 (%)	330 (15)	160 (400+)	290 (210)	650 (23)
模　量	kip/in^2	65	10	3	44
极限应力和相应应变	kip/ft^2 (%)	230 (400+)	160 (400+)	290 (210)	60 (79)

注：标称厚度：HDPE=1.5mm，LLDPE=1.0mm，PVC=0.75mm，CSPE-R=0.91mm。

+表示试样未损坏。

$kip/ft^2=kip/in^2$=千磅每平方英寸。

[1] 值来源于宽度方向抗拉试验。

[2] 增强。

20.4.5.2　与刚性结构连接

设计人员必须确保与各种材料的连接平滑过渡，并在刚度变化最小的情况下与其他材料黏结。土工膜与刚性结构的连接必须满足两个条件：不透水；在发生不均匀沉降时密封性不受损。

密封性可以通过以下措施获得：

(1) 混凝土结构必须自身具有防水性，因此必须使用防水性材料（如止水片）构筑。

(2) 混凝土结构应尽可能光滑。可以在混凝土与土工膜之间垫一层或多层软橡胶。应使用压条保持土工膜与混凝土结构紧密接触，压条用螺栓连接到混凝土结构上。

(3) 可以使用土工膜封条盖住压条，以防止沿着螺栓渗漏。建议使用椭圆形截面的压条，以便为封条提供平顺支撑。在坝面上游侧自坝顶至坝趾的封条具有潜在风险，如果封条渗漏，其中将会充满水，水位等于水库水位。当大坝水位下降时，如果渗漏处靠近顶部，封条将不排水。由封条形成的管受压可能会爆裂，造成土工膜撕裂。因此，如果封条从坝顶至坝趾铺设，每隔约 10ft 应充填塑性密封胶。

(4) 不强制要求使用压条。也可以用胶将土工膜粘在混凝土上，或将其插入混凝土结构的狭槽中，并用水泥浆或树脂回填。

可以按照第 20.4.8 节建议及使靠近连接处的土工膜松弛（以便移动）的方式，来提高抵抗不均匀沉降的性能。

土工膜与混凝土结构连接的两个实例如图 20.4.5.2-1 和图 20.4.5.2-2 所示。

20.4.6　渗漏

鉴于大坝的作用是挡水，土工膜的作用是防水，因此渗漏控制是大坝中土工膜应用设计的重要部分。大坝中所有土工膜应用设计应考虑渗漏控制问题。在所有应用中，评估土工膜的防水能力非常重要。因此，必须对铺有土工膜的填筑坝进行渗漏分析和计算。渗漏控制设计包括确定衬砌的类型、评估渗漏和设计渗漏收集及效果检测（如适用）。

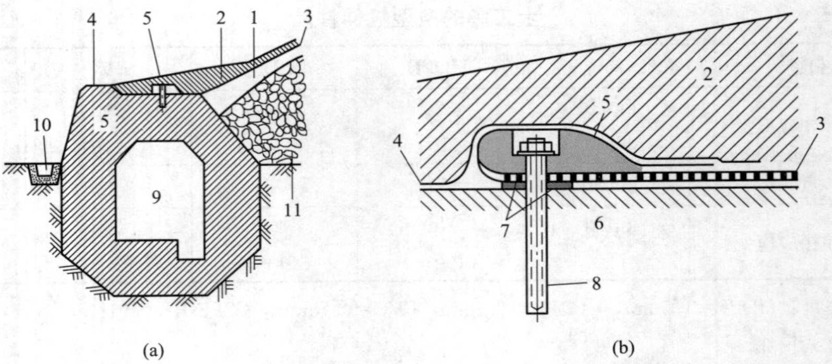

图 20.4.5.2-1 土工膜与混凝土结构连接实例

(a) Codele 坝土工膜与廊道连接（显示混凝土坡面）；(b) 施工详图

1—支撑层（沥青混凝土）；2—混凝土覆盖层；3—土工膜衬砌；4—土工膜截水；5—HDPE 压条；6—混凝土；7—丁基合成橡胶条；8—螺栓；9—廊道；10—黏土填充槽；11—堆石

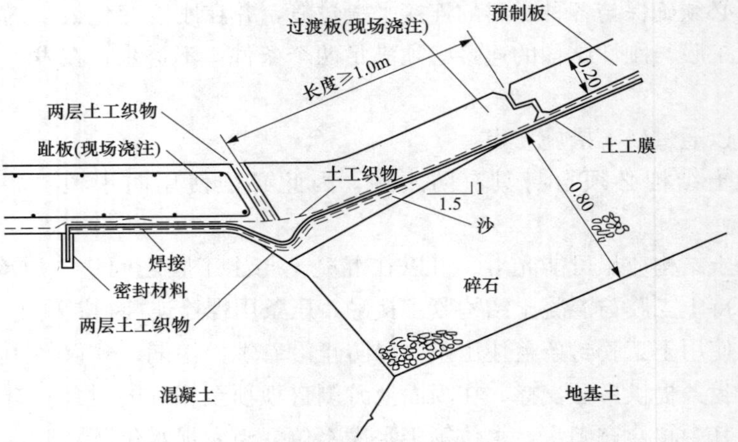

图 20.4.5.2-2 Cixerri 坝土工膜末端（显示重要坡面和凸状支撑系统）

需要注意的是，土工膜并不是绝对不透水，并且不能保证土工膜在较大区域上铺设时不出现一定数量裂缝。因此，虽然铺设有土工膜的大坝的渗漏少于其他大坝，但是渗漏不能完全消除，这在设计中应考虑到。另外，大坝中铺设的土工膜在一些极端情况（如地震、上游坡不稳定）下会发生破裂，所以设计必须确保土工膜发生大面积破裂不会对大坝造成严重损坏或导致大坝失事。因此，渗漏控制设计中应考虑以下事项：

(1) 评估并使水库渗水量最少。

(2) 当大坝中或坝基中的土体对水较为敏感（易受冲蚀、溶解或坍塌土体等）时，应评估并使进入土体的渗流最少。

(3) 如果可能，大坝的设计应确保可以探测、评估和定位通过土工膜衬砌发生的渗漏，以便大坝所有者决定是否和何处需要修补。

(4) 大坝的设计应确保，在任何情况下，土工膜衬砌的严重破坏不会导致大坝病害（通过内部冲蚀、超孔隙水压作用等）；大坝病害可能需要高昂的修理费用，甚至导致大坝失事。

(5) 在新坝施工中，不应将土工膜作为唯一的工程防渗控制措施（即应采用反滤、排水和其他不透水构件等工程措施）。

(6) 如果土工膜的末端在水下，则水会在土工膜末端附近找到“出路”。了解土工膜在水下的终止位置，并根据需要在相应位置构筑防渗墙。

20.4.6.1 渗漏评估

通过土工膜渗漏的机理主要有两种：通过未受损土工膜发生的流体渗透（扩散）和通过土工膜缺陷处发生的流动。流体渗透可以通过适当的实验室试验确定，因此发生的渗漏量几乎可以忽略。土工膜缺陷包括针孔和孔洞；希罗德对针孔和孔洞的定义如下：

(1)“针孔”可以定义为尺寸（如直径）显著小于土工膜厚度的开孔。针孔的主要来源是生产缺陷。以前的土工膜生产技术常常会产生大量针孔。但是，现在的生产工艺、质量保证和聚合物配方已非常先进，针孔已比较少见。

(2)“孔洞”可以定义为尺寸（如直径）等于或大于土工膜厚度的开孔。孔洞通常是因搬运、铺设、用土体覆盖过程中的刺穿和撕裂，以及被上面或下面的砾石或鹅卵石刺穿及接缝接合过程中产生的缺陷造成的。

通过渗透和针孔发生渗漏不受与土工膜接触的材料影响，其渗漏量并不大，对水库水量损失的影响基本可以忽略，因此后文将不做进一步讨论。

相比之下，通过孔洞发生渗漏的渗漏速率受与土工膜接触的材料、土体与土工膜接触（如褶皱）、土工膜厚度和土工膜柔韧性的影响较大。

20.4.6.1.1 因孔洞造成的渗漏

为制定渗漏检测规则，对铺设时采取了不同程度的质量保证措施的土工膜衬砌进行了调查。该调查连同其他现场数据汇总在表20.4.6.1.1-1中，表明采取铺设质量控制措施后，预计的铺设缺陷数量。

表20.4.6.1.1-1 典型的铺设缺陷

铺设质量	每英亩缺陷数量	铺设质量	每英亩缺陷数量
优良	最多1	一般	4～10
良好	1～4	差	10～20

于是，美国环境保护署（EPA）和希罗德针对设计建议了两种孔洞尺寸：最坏情况，$0.16in^2$；平均情况，$0.016in^2$。

对于较大孔洞，应考虑排泄预期的渗流措施，并考虑下游的反滤和排水。

通过孔洞发生渗漏的渗漏量通常被下伏土体衰减。然而，迄今，波拿巴等人、希罗德、图兹-福茨和希罗德及韦伯、Zornberg开发的大多数方程均考虑了限制性水头条件。希罗德针对通过下伏高、中和低渗透性土体的土工膜发生的渗漏，进行了大量相关关系分析；但是，对于适用的关系式，水位差必须小于约10ft。因此，建议采用最初由波拿巴等人和希罗德提出的适用于通过开孔自由流动情况的Bernoulli方程的修正版，如下：

$$Q = C_d a n \sqrt{2gh} \qquad (20.4.6.1.1\text{-}1)$$

式中 Q——渗漏流量（gpm）；

C_d——排水系数，通常取 0.6（无量纲）；

a——缺陷面积（ft^2）；

n——缺陷数量；

g——重力加速度（ft^2/s）；

h——衬砌上的水头（ft）。

虽然上述方程具有一定的保守性，但是适用于高水头条件（即大于 30ft）的为数不多的方程式之一。高水头条件是大多数垦务局工程均存在的情况。当土工膜下伏为低渗透性土体时，根据上述关系预测的渗漏流量将被高估；但是，本文仍列入了该关系式，以便为设计提供初步估计。

20.4.6.2 避免土工膜刺穿的设计考虑

在垦务局和其他实验室进行的试验表明，采用土工织物保护，可以在很大程度上防止土工膜被刺穿。在粗糙地基上，首先铺设土工织物，然后铺设土工膜（见图 20.4.6.2-1）。在边坡上，与土工织物接触的土工膜表面应粗糙，以提高土工织物与土工膜之间的滑动阻力。土工织物应为非织造针刺织物或通过实验室试验确定的其他织物。相比在含有棱角颗粒地基上使用的土工膜，在含圆形颗粒地基上使用的土工膜不太需要土工织物保护。

如前文所述，对于粗糙地基或严苛施工条件，最好使用高弹性土工膜材料（如 LLDPE、PVC 或 fPP）；如果使用高脆性、低弹性材料（如 HDPE），则易于撕裂或刺穿。低弹性材料也更可能发生应力开裂。通常要规定凸起的最大高度，即高出碾压后的最终地基表面的高度。地基的碾压通常使用光滑滚筒碾，沿着边坡上下进行，确保与土工膜铺设方向平行（见图 20.4.6.2-2）。

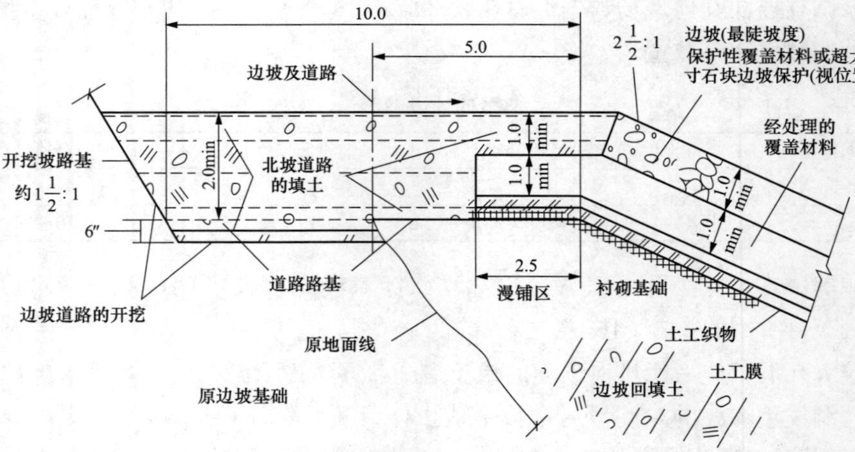

图 20.4.6.2-1 蒙大拿州 Black Lake 水库大坝边坡顶部衬砌铺设详图
（列出了漫铺区、土工织物垫、土工膜和覆盖材料）

20.4.6.3 渗漏收集和检测

渗漏收集和检测系统在尾矿储存设施、城市垃圾处置库和存放污染水或废弃材料的废料库中更为常见。但是，也可能存在一些必须在土工膜下面或直接在土工膜后面设置

图 20.4.6.2-2 蒙大拿州 Black Lake 坝土工膜衬砌系统下伏基础材料的最终碾压

排水系统的情况，如在碾压式填筑坝或砌石坝的上游面（在此类上游面上可以设置人工排水系统，如土工网）或在其后替代垂直防渗墙的颗粒料反滤层。

土工膜衬砌下面应设置排水层，以排走通过土工膜的渗漏水流（即排水层应具有足够的水流传送能力，并且排水层及下面的土体不应被水流破坏）。排水层可以由颗粒反滤料或合成材料排水层（如较厚的针刺非织造土工织物、土工网或土工复合材料）构成。不过，相比土工织物，土工网或土工复合材料的排水效果更好。

排水层设计中的第一步是采用第 20.4.6.1.1 节所述方法，估算通过土工膜的渗漏量。然后，确定相关颗粒反滤料或合成材料排水系统的泄水能力或透水率，以确保有充分的排水能力。许多参考文献中概述了上述各种设计条件的设计流程，包括水头、坡度角、颗粒反滤料和合成材料滤水系统，及合成材料系统的压缩系数限值。对于反滤设计和防渗控制，应参考本标准第 5 章和第 8 章。

20.4.7 抬起

20.4.7.1 大风

所有应用土工膜的工程（填埋场、水库衬砌、大坝等），铺设过程中都可能会发生衬砌因风而掀起的问题。此外，在土工膜裸露的应用工程中，随时会发生衬砌因风而掀起现象。通常，土坝岸坡上或库盆中的土工膜用土料覆盖，这样可以防止因大风掀起。但是，如果土工膜必须保持露天（如在混凝土坝的上游面或土坝的陡坡段上），土工膜上的裂缝或大缺陷均会引发因风造成地掀起，继而土工膜因较大张力或被从其锚固点处拉起导致损坏。

有多种实用方法可降低铺设阶段和土工膜运行期因大风造成地掀起。在铺设过程中，通常在前面的土工膜边缘放置沙袋，但是沙袋需要连续放置才有效，否则低速风仍能够将土工膜掀起，并且如果在风将土工膜掀起过程中带动着沙袋移动，可能会损坏土工膜。设置防护性薄土盖层或低土堆可以有效降低土工膜掀起，即使土层只有数英寸；并且比随机放置沙袋更有效。在进行铺设作业前，铺设人员应确定临时固定方法。

20.4.7.1-1 示出了放置在土工膜边缘的沙袋，以防大风将土工膜掀起。

图 20.4.7.1-1 用沙袋压在土工膜边缘进行临时固定

边坡的最终防渗布置方案对被风（和牵引力）掀起问题有重大影响。如果土工膜露天或局部裸露，则需采用中间台阶、中间锚固槽、路面板、土工模袋、混凝土板等措施，以有效固定土工膜。具有上述设计结构的实例如图 20.4.7.1-2 所示。

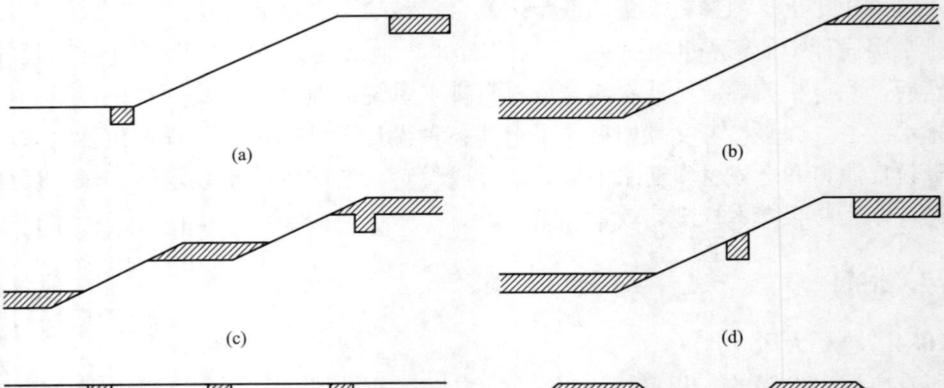

图 20.4.7.1-2 土工膜附加锚固设计方案

(a) 锚固槽；(b) 路面或土体锚固；(c) 中间台阶；(d) 中间锚固槽；(e) 库盆锚固槽；(f) 库底土料锚固

土工膜掀起的分析不属于本文范围。

20.4.7.2 浮起

浮起问题发生在水库局部或整体衬砌和大坝加高情况下。第 20.4.8 节讨论设计方面涉及的衬砌系统抵抗不均匀沉降和缺少支撑问题。

还有一些令人担忧的问题：在水库水位骤降情况下，库盆上游岸坡土工膜铺盖可能会因其下部水压而被抬起。确实，水位骤降时，土工膜铺盖下面有水压；但是，对于铺设在大坝上游坡上的土工膜来说并不严重。由于土工膜之下水的来源限于铺盖下伏土体中所含的水，并且由于水不可压缩，铺盖稍微被掀起即可以将压力释放。从这个角度来看，土工膜铺盖比黏土铺盖优越很多；黏土铺盖在相同条件下会开裂。当坝体中储存的水在铺盖下面形成自流，靠近坝趾位置的土工膜铺盖则可能被掀起。这种情况可以通过在大坝内部适当排水，在坝趾附近的铺盖上铺土覆盖，或采用图20.4.7.1-2中所述的加强锚固设计来避免。

另一个关键位置是铺盖的上游末端；在该位置，应将土工膜适当锚固在地面上，以降低渗流水绕过土工膜的风险。在铺盖的上游末端构筑防渗墙有助于减轻这一问题。

如果采取合适的锚固和排水措施，土工膜被掀起的风险并不严重，因此格罗斯曼和桑格建议使用排水阀的提议在大多情况下似乎并不适用。

20.4.8 沉降

土工膜可能会由于不均匀沉降而失去作用，尤其是在下伏地质媒介显著不同的区域（如坝面与坝肩之间的沉降）。

下面的讨论解决不均匀沉降问题，尤其是：

（1）与坝肩的连接。

（2）与混凝土结构的连接。

20.4.8.1 与坝肩的连接

为了安全使用土工膜或任何其他类型覆盖层，应采用传统设计和施工方法减少大坝与坝肩之间的不均匀沉降。传统方法包括：

（1）部分或全部更换地基土。

（2）固结或夯实地基土。

（3）修整坝肩，使其平滑，以避免坡度突变。

（4）正确选择所用材料。

（5）浸透堆石料。

（6）充分压实大坝填料。

（7）增加土工膜的厚度，获得较高的抗撕裂性。

（8）选用不同的土工膜，以获得高延展性。

20.4.8.2 与混凝土结构的连接

土工膜与混凝土结构的连接处具有不均匀沉降的重大风险。从不均匀沉降的角度来看，混凝土结构的类型有两种：

（1）位于土工膜边缘的混凝土结构，如防渗墙的锚固梁、防渗墙顶或墙帽等。

（2）穿过土工膜的混凝土结构，如上游面的进水塔或泄洪塔。

应尽可能减少后一种结构方式，因为对于某些土工膜而言，在各方向上铺设并使土工膜有一定松弛度极其困难，甚至不大可能。但是，如果建筑物建造在基岩上，不均匀沉降的影响可能不是很大。位于土工膜外围或边缘的结构较易处理，尤其是此类结构为直槽型时，如图20.4.8.2-1所示。

土工膜预留所需松弛量，以适应不均匀沉降的最好方法并不是铺设土工膜时使其有

图 20.4.8.2-1 土工膜与混凝土结构连接（采用不锈钢压条，每隔 6in 用不锈钢螺栓固定）

褶皱，原因如下：

（1）由于风的作用、热膨胀和收缩及某些土工膜较硬，在土工膜铺设过程中褶皱很难控制。查普尔等人的文献介绍了避免褶皱的铺设方法。

（2）土工膜相对其支撑物移动（因风、热膨胀和收缩、维护作业等造成）时，所产生的位移向着坡下，因此褶皱易于向坡下移动。

（3）褶皱可以通过表土或水压抚平；但正如斯通研究发现，会引起土工膜，尤其是在接缝中，出现不希望出现的集中应力。

（4）尽管褶皱可能靠近土工膜受到拉伸的区域，但是鉴于与下伏材料的摩擦力，其通常不移动（即使土工膜的上面没有覆土）。

希罗德和霍特提出的一个更好方案：

（1）使邻近混凝土结构的坝段呈凸形，当坝体相对混凝土结构沉降时，会造成松弛。

（2）在土工膜与坝体之间局部铺设低摩擦力的土工织物，但是必须将其限制在一个相对较小区域，以减少土工织物-土工膜界面成为滑动面的风险。

（3）混凝土结构适当倾斜。

该方案如图 20.4.8.2-2 所示。但是，需要注意的是，上述三条建议的第一条只适用于直线型混凝土结构。将该建议应用于穿过土工膜的塔体在实际中是不可行的，因为需要相当多地裁切土工膜。看似很好的方案可能经证明并不适合在三维空间实施。

20.4.8.3 用土体加固减小不均匀沉降

在坝顶加高时，可采用土料加固（以钢筋、土工织物或土工格栅）减小两种不同土体区域之间的不均匀沉降。另外，可以基于预计的不均匀沉降，根据希罗德所述方法计算土工膜的厚度。如果膜厚度不合理，可能需要修正，以减少预计的地基问题。上述方案的详细设计不属于本设计的范围；不过，可以查阅第 9 章和其他大量土工合成材料土体加固设计参考资料，了解有关静态变形分析的更多信息。

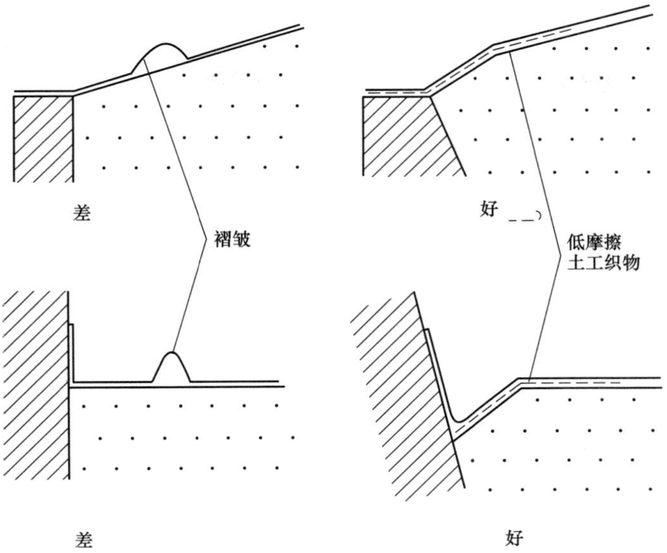

图 20.4.8.2-2　土工膜与混凝土结构的正确连接

20.4.8.3.1　土工膜系统覆盖空隙

如果无法避开大空隙或岩溶地形，考虑采用其他设计方案，包括进一步地基处理和大规模修补。首选解决方案应包括用土料、石块或混凝土填充空隙。设计人员可以考虑两种空隙的处理：

（1）深空隙（即深裂缝、岩溶塌陷和基岩裂隙）。

（2）浅空隙（即土体溶蚀、轻微不均匀沉降和局部沉陷）。

对于深空隙，假定即使土工膜出现较大应变，也不会达到空隙的底部。因此，在这种情况下，只有两种可能：①土工膜架空，跨过凹陷处；②土工膜破裂。

对于浅空隙，会出现三种可能：①土工膜架空，跨过凹陷处；②土工膜破裂；③土工膜达到空隙的底部。

空隙上土工膜的设计可以结合使用被张拉膜理论和经典的土拱理论进行。结合上述理论，希罗德开发了方程式帮助设计人员进行以下工作：选择所需的土工合成材料性能（包括厚度）；确定给定土工合成材料系统可以跨过的最大空隙的尺寸；评估给定系统的承载能力。

为简洁起见，本文未赘述上述参考文献的设计方程式。如果选用的土工膜强度不够或太容易变形以至于不满足容许挠度标准（即容许应变），有多种备选方案供考虑：

（1）使用更厚的土工膜或附加一层土工膜，使得：①强度足够大，可以跨过空隙；②具有更大模量，从而降低挠曲；③更易变形，从而可以达到空隙底部（如果可行且与容许挠度“兼容”），如果土工膜满足挠度标准（如有），该解决方案可接受。

（2）如果无法找到满足要求的土工膜，设计人员可以在土工膜上直接铺设土工织物（通常是高强度/高模量织造土工织物）。最好将土工织物和土工膜复合材料黏结，以避免两种材料之间的滑动。

(3) 如果土工膜下面铺有保护性土层，则该土层可以用高强度/高模量土工织物或土工网加固，在土工膜的下面形成“加固”垫层，以降低不均匀沉降或形成空隙的可能性。

20.4.9 暴露的和被覆盖的土工膜比较

在大多数应用土工膜的大坝工程中，土工膜铺设在上游面或上游面附近；在这些应用中，大部分的土工膜上铺有保护性覆盖层。一些土工膜（如具有较高耐紫外线降解性能的 PVC 或 HDPE）可以裸露很长时间，而性能损失较小。但是，大部分裸露的土工膜将随着时间的推移而降解，并且易于因石块、碎屑、设备、被风掀起、环境降解、动物侵入和故意破坏行为而损坏。

20.4.10 保护性覆盖层的设计

保护性覆盖层的设计应包含两方面：①衬砌系统（即保护性覆盖层、土工膜衬砌和相关排水层）在受重力、地震和孔隙水压作用下的稳定性；②保护性覆盖层耐波浪侵蚀的性能。在很多情况中，大坝使用的土工膜采取土体或混凝土覆盖层加以保护。覆盖层移动会带来相关问题，如因边坡上土料覆盖层的不稳定造成的大位移会影响覆盖层的完整性，并会损坏土工膜。并且，混凝土覆盖层与土工膜之间的小位移可能会引起土工膜中出现拉应力。在所有情况中，重要的是首先确认土工膜能够在未铺设覆盖材料的情况下自行稳定。

20.4.10.1 土料覆盖层

通常至少需要两层覆盖材料。第一层紧贴土工膜，用于保护，应尽可能使用细颗粒对土工膜提供最佳保护；圆形颗粒比较好，但是必须稳定在边坡上。第二层及随后的层用作保护，抵御波浪作用。这两层覆盖材料必须具有彼此反滤兼容性，尤其在会出现波浪作用的位置。

当在土工膜或任何土工合成材料上铺设土料覆盖层时，重力应力会急剧增大。这会导致两种移动：①土料覆盖层内的滑动；②沿着土体/土工合成材料或土工合成材料/土工合成材料界面滑动。评估土料覆盖层稳定性必须考虑两种情况：①厚度均匀的土料覆盖层；②厚度不均匀的土料覆盖层。另外，还讨论了水位骤降过程中的稳定性。

20.4.10.1.1 厚度均匀的土料覆盖层的稳定性

在很多情况中，土料覆盖层的厚度均一。在此情况下，可以考虑两种分析：①无限边坡分析；②有限边坡分析。

20.4.10.1.1.1 无限边坡分析

对边坡上土体-土工合成材料系统进行稳定性分析的简单方法是将边坡考虑为是无限边坡。如果土体-土工合成材料系统的厚度比边坡的长度小，的确可以将边坡考虑为无限的。理想的无限边坡稳定性自由体受力图如图 20.4.10.1.1.1-1 所示。

如果土体与土工合成材料界面只受摩擦力控制（即无土体黏结力或界面附着力），则无限边坡上的防滑安全系数基于极限平衡，由下式给出：

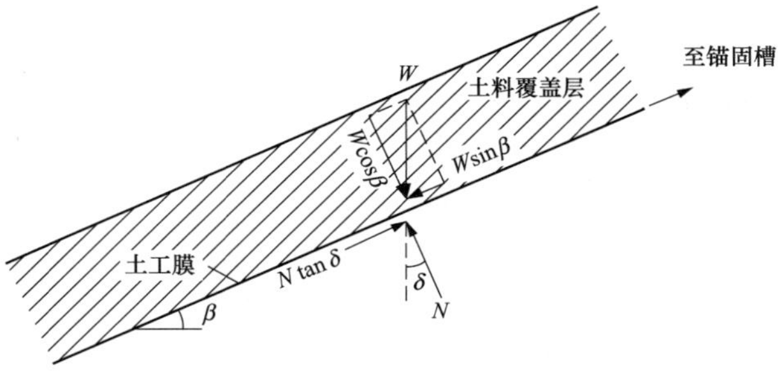

图 20.4.10.1.1.1-1　理想的无限边坡稳定性自由体受力图

$$FS=\frac{\text{抵抗力}}{\text{驱动力}} \tag{20.4.10.1.1.1-1}$$

$$FS=\frac{F}{W\sin\beta}=\frac{N\tan\delta}{W\sin\beta}=\frac{W\cos\beta\tan\delta}{W\sin\beta}=\frac{\tan\delta}{\tan\beta} \tag{20.4.10.1.1.1-2}$$

式中　β——坡度角（°）；

δ——土料覆盖层与土工膜之间的摩擦角（°）；

W——上覆土料覆盖层的重量（lb）；❶

F——抵抗力（lb）；

N——垂直于破坏面的力（lb）。

上述方程表明，如果坡度角小于土料覆盖层与土工膜之间的摩擦角，则覆盖在边坡上土工合成材料系统上的土料覆盖层可能是稳定的。

20.4.10.1.1.2　有限边坡分析

实际上，边坡并不是无限的，通过“无限边坡”分析确定的不稳定边坡可能是稳定的。有限边坡比无限边坡稳定的原因有两个：

（1）坡顶处土工合成材料的锚固。土工合成材料通常锚固在坡顶。由于滑动沿着土工合成材料临界界面发生，位于临界界面上的土工合成材料中产生拉力。这些拉力有利于潜在滑动块的稳定。

（2）坡脚处的土体支撑。假定坡脚处的土料覆盖层设置在坚实基础上。由于沿着临界界面发生滑动，土料覆盖层的向下移动被坚实基础支撑。这一“坡脚支撑作用”有利于土料覆盖层的稳定。

下文所述的方法对无黏性土或黏性土均有效。对于有限长度边坡，在坡脚处存在一个小型被动楔，其上面是主动楔。厚度均匀的土料覆盖层的有限长度边坡的受力简图如图 20.4.10.1.1.2-1 所示。

上述条件的安全系数由下式给出：

$$FS=\frac{-b+\sqrt{b^2-4ac}}{2a} \tag{20.4.10.1.1.2-1}$$

❶　如果土料覆盖层在水下，使用浮重。

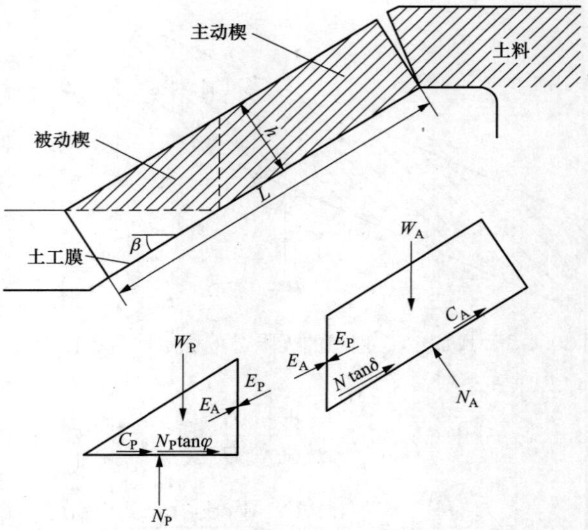

图 20.4.10.1.1.2-1 有限边坡稳定性剖面图和受力简图

其中：

$$a=(W_A-N_A\cos\beta)\cos\beta$$

$$b=-[(W_A-N_A\cos\beta)\sin\beta\tan\varphi+(N_A\tan\delta+C_a)\sin\beta\cos\beta+\sin\beta(C_p+W_P\tan\varphi)]$$

$$c=(N_A\tan\delta+C_a)\sin^2\beta\tan\varphi$$

$$W_A=\gamma h^2\left(\frac{L}{h}-\frac{1}{\sin\beta}-\frac{\tan\beta}{2}\right)$$

$$W_P=\frac{\gamma h^2}{\sin^2\beta}$$

$$N_A=W_A\cos\beta$$

式中 W_A——主动楔的总重量（lb）；

W_P——被动楔的总重量（lb）；

N_A——垂直于有效楔破裂面的有效力（lb）；

γ——覆盖土体的单位重量（lb/ft^3）（当土料覆盖层在水下时，采用浮重）；

h——土料覆盖层的厚度（ft）；

L——沿着土工膜测得的边坡长度（ft）；

β——土工膜下面土体坡度角（°）；

φ——土体内摩擦角（°）；

δ——覆盖土体与土工膜之间界面摩擦角（°）；

C_a——主动楔土料覆盖层与土工膜之间的黏滞力（lb/ft^2）；

C_p——被动楔土料覆盖层与土工膜之间的黏滞力（lb/ft^2）。

如果使用上述方程式计算的安全系数小于本标准的第 4 章中所述的垦务局指导值，则可以通过放缓边坡，使土料覆盖层厚度从上至下厚度逐渐增大，或采用土工合成材料（即糙面土工膜）增大界面摩擦角。

20.4.10.1.2 厚度不均匀的土料覆盖层

在一些大坝工程中，铺设在土工膜上的土体的厚度不一致。如前文讨论的，有两种移动可能会导致土料覆盖层/土工合成材料系统不稳定：①土料覆盖层内的滑动；②土料覆盖层/土工合成材料界面处的滑动。第一种情况可以使用保守的无限边坡分析法分析。也可以采用经典的楔形体分析法评估土料覆盖层/土工合成材料界面的稳定性。鼓励设计人员使用二维极限平衡软件，并按照本标准第4章中所述，评估锥形或非均匀土料覆盖层的稳定性。

20.4.10.1.3 水位骤降过程中的稳定性

上述方法假定水库或空或满。如果水库中的水位降低，则土料覆盖层中的水位向下移动。如果水库水位下降较快，土料覆盖层中会产生额外的孔隙水压力，会使覆盖层不稳定。这种现象也称作“水位骤降”，当土料覆盖层渗透率小于通过下式确定的值时，会出现这种现象：

$$k = v/\sin^2\beta \qquad (20.4.10.1.3\text{-}1)$$

式中 k——要求的导水率（长度/时间）；

v——水位下降速率（长度/时间）；

β——坡度角（°）。

对典型的水位下降速率，该方程式表明，只有干净的粗沙或砾石才可以迅速排水。如果覆盖层含有粉质材料，该表达式可能不适用。土料覆盖层的设计中，考虑水位骤降情况非常重要。

对于沿着土工膜界面滑动或土体内滑动的情况，水位骤降的最坏情况发生在水位由最高水位下降至上游坝趾处。土料覆盖层的稳定性可以通过考虑土料覆盖层中的孔隙压力或渗流力，用上述方法进行评估。另外，还可以使用商用的边坡稳定分析软件进行评估。

20.4.10.2 混凝土和水泥基覆盖层

也可以使用混凝土或水泥基（如水泥土）作为保护性覆盖层，保护设有土工膜衬砌的大坝上游坡。水泥基覆盖层可以是预制板、平板、铺面、现场浇注，或使用传统的土方设备铺设水泥土。水泥基覆盖层由于抗压强度高，且通常设立在坝趾处的混凝土基础（如基座）上，在重力作用下，一般较为稳定。对于上述类型的覆盖层，唯一潜在的不稳定源于：

（1）水位骤降情况中的反向压力。

（2）波浪作用引起的振动和反向压力。

（3）冻融作用。

水泥基覆盖层与土工膜之间可能需要排水，以减小压力积聚。解决排水问题的可能方案是在混凝土覆盖层与土工膜之间放置较厚的针刺非织造土工织物。该土工织物可以保护土工膜，防止施工和运行过程中（尤其是在波浪作用下）由混凝土覆盖层造成的土工膜损坏。但是，设计人员必须仔细评估上述系统的稳定性。对于提供充分保护并具有充足导水系数的土工织物，建议每单位面积的质量至少为10oz/yd^2，最好为12～18oz/yd^2。

水位骤降情况下，防止形成过大水压力所需排水层的导水率可以使用第20.4.10.1.3节给出的方程式计算。

因此，在因混凝土覆盖层的重量造成的压应力下的导水率大于 3.28×10^{-3}ft/s 的针刺非织造土工织物可以提供水位下降速度小于 3.28×10^{-4}ft/s（即小于 28ft/天）情况下所需的排水。实践中，水位下降速度并没有这么快。

由于水位波动比水位骤降快很多，波浪作用造成的状况更严重。因此，典型的非织造土工织物并不能满足第 20.4.10.1.3 节中方程式表达的条件。排水能力可以通过预制板下面的槽、穿透平板的孔或插入混凝土保护层中的排水管提高。此外，还有一些土工复合材料有利于保护下伏土工膜和提高导水系数。

20.5 技术要求和施工注意事项

20.5.1 接缝技术

不同类型的土工膜有其相应的接缝方法；但是，大多数情况下，优先选用热焊接法。有些土工膜可以使用多种不同方法接缝，这些方法将在下文详细介绍。垦务局在过去曾使用多种技术构建土工膜系统。下面列出了最常用的聚合物土工膜接缝方法：

（1）纯加热。

（2）采用热基产品（挤压制品）。

（3）使用溶剂和/或黏合剂。

（4）使用硫化胶带或胶黏剂。

加热方法只适用于对热敏感材料（即热塑性产品或热塑性橡胶）制作的土工膜。所有接缝连接方法均可以在工厂或现场使用。但介电方法除外，该方法不在现场使用，因为其对灰尘和湿度敏感，且设备笨重。

20.5.1.1 接缝类型和接缝方法

目前工厂用于制造热塑性土工膜板或现场将土工膜板或卷组装成最终衬砌的接缝工艺包括：

化学方法：

净溶剂进行溶剂焊接、醇类溶剂、专用胶黏剂。

加热方法：热风枪、熔接、介电接缝连接、挤压焊接、热楔、超声波。

表 20.5.1.1-1 根据聚合物、化合物类型和接缝加工地点（工厂或现场），列出了可行的聚合物材料接缝备选方法。

表 20.5.1.1-1 土工膜的接缝连接方法

土工膜类型	挤压法	加热法	化学法	粘合法
HDPE	×[1]	×		—
LLDPE	×	×	—	—
PVC	—	×	×	×
CSPE	—	×	×	×
fPP	×	×	—	—
EPDM	—	—	—	×

[1]×表示可用方法。

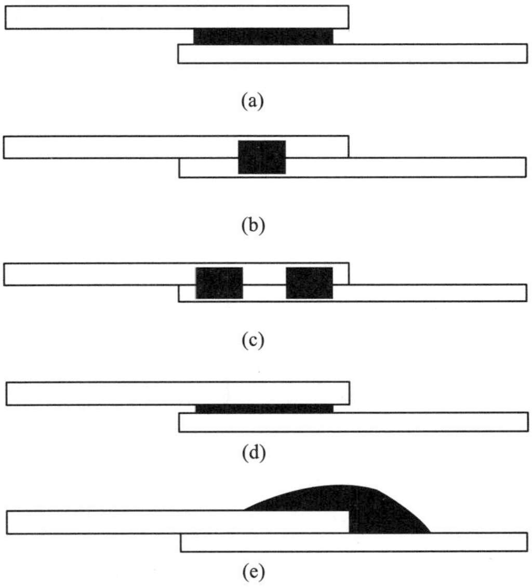

图 20.5.1.1-1 各种接缝方式

(a) 化学黏合或融合；(b) 单热楔；(c) 双热楔；
(d) 加热或介电；(e) 挤压角焊

图 20.5.1.1-1 列出了各种接缝布置及接缝连接方法。接缝搭接要求因土工膜制造商、土工膜类型和接缝连接程序而异。建议搭接长度为 4～12in。

20.5.1.1.1 化学法

鉴于非结晶热塑性高分子组合物可以溶解在合适溶剂中且无交联作用，基于非结晶热塑性聚合物（如 PVC 和 CSPE）的土工膜可以使用化学溶剂混合物或溶剂（土工膜化合物在其中溶解形成醇类溶剂）进行接缝连接。有时，考虑到化学溶剂对水质的影响，不允许在供水水库中使用溶剂。下面两节介绍使用上述方法连接接缝。

20.5.1.1.1.1 溶剂焊接

使用纯溶剂进行的非结晶热塑性土工膜溶剂焊接可以通过在土工膜的接触面上涂抹适用于该土工膜的溶剂或溶剂混合物实现。然后，在一个坚固底座上将两表面紧紧挤压在一起（如使用辊子“压合”）。此类接缝“固化”所需的时间由土工膜类型和环境条件而定，一般为 5min～1h。等待溶剂完全从接缝中蒸发掉，接缝达到最大强度的时间可能需要长达 28 天时间。尽管该方法在现场和工厂均可以使用，但是其对气候条件（如温度、湿度和风）较为敏感。在低温下效果较为理想的挥发性溶剂在高温下会蒸发过快，或在潮湿条件下由于水汽凝结而无法正常黏结而失效。在修补时，还需要更换或清理裸露表面，清除土工膜表面的灰尘、渗出物（如蜡和水分）。

20.5.1.1.1.2 醇类溶剂

使用醇类溶剂连接热塑性土工膜接缝是前述溶剂“焊接”法的改进版。醇类溶剂是土工膜化合物在溶剂混合物中进行接缝。两面均涂抹“胶黏剂”，待两面变得“发黏”后，将它们压在一起。两面连接在一起时，应不出现表面“结皮”或胶黏剂干燥现象。

相比直接溶剂，醇类溶剂的最大优势是溶液的黏度增大，使得胶黏剂的蒸发更容易控制，并有助于黏结边坡上的接缝。醇类溶剂的另一个优势是溶解的聚合物填满空隙或土工膜表面缺陷，提高了接缝的一致性和强度。如溶剂“焊接”一样，醇类溶剂只适用于可以溶解于相应溶剂混合物的热塑性材料。

醇类溶剂方法可以用于在工厂中连接土工膜，并且更适用于现场。其主要用于缝合 CSPE 和 PVC 土工膜接缝，及在土工膜铺设过程中进行现场修补。接缝的检查必须等到接缝溶剂透过土工膜蒸发掉或通过加热驱除后再进行。

20.5.1.1.2 加热法

有多种接缝加热缝合法，将待缝合的两张膜融合在一起，适用于在高温下变软、熔化和可以流动的热塑性土工膜。接缝加热法包括：

热风枪、熔接、接缝介电连接、热楔焊接、超声波焊接。

20.5.1.1.2.1　热风枪

热风枪焊接已用于工厂和现场条件下的所有类型热塑性土工膜，包括修补未裸露的衬砌。使用该方法，在两张膜之间引入高温空气或惰性气体（如氮气），熔化待缝合的表面。然后，施加压力使两张膜结合在一起，待其冷却形成搭接缝。

热风枪方法的最大优势是适用范围广，适用于多种热塑性材料。为确保接缝均匀且操作持续，其两个缺点需要特别关注：在缝合过程中，热风容易氧化和降解土工膜的表面，因此造成结合质量不佳。该方法还要求待连接的土工膜表面干净、无水分、灰尘、油污和任何溶剂。在现场进行缝合作业时，尤其是缝合裸露在外的土工膜接缝时，这些要求会引发问题。

20.5.1.1.2.2　熔接

接缝加热连接法，熔化和结合两层热塑性土工膜所需的热量通过将两张膜夹在一起的夹具施加。电流流过电阻丝快速加热夹具。切断电流后，膜保持被夹紧在夹具中达到预设的一段时间，最后熔化的聚合物凝固形成搭接缝。

熔接的优势是整个黏合周期很容易通过计时器控制，因此，接缝可以快速形成并重复实施。另外，由于加热塑料暴露在空气中很少，减少了氧化和脆裂问题。

热密封的另一种形式是使用可将接缝的两侧压紧和熔化的加热辊子（可以手动），但是其并不比夹紧法有优势。辊子和夹紧加热封接机有一个共同的缺点：热量必须经过接缝，因此其适用范围通常局限于相对较薄土工膜。对于较厚的膜，黏合过程非常缓慢，加热表面容易液化流动，使得在黏合表面充分熔化前变薄。

20.5.1.1.2.3　接缝介电连接

接缝介电连接是通过将射频区域中的电磁能引入接缝中，在接缝内部形成热量。能量场振荡，并导致聚合物中的稳定或感生偶极子以相同频率振动，从而产生内部摩擦和热量。接缝介电连接法的优势在于：土工膜的整个横截面被快速、均匀加热；加热可以立即开始和停止。该方法效率较高，因为其不产生废热；并且过程容易控制且高度稳定。施加压力直至正在缝合的区域冷却，并形成高强度黏结。

接缝介电连接法仅适用于使用由易极化单体合成的热塑性聚合物制作的土工膜。露天土工膜中有水会导致土工膜爆裂和海绵化，因此该工艺仅适用于满足设备环境要求的工厂作业。该连接方法适用于 PVC、CPE 和 CSPE 类聚合物制作的土工膜；聚乙烯类（PE）化合物制作的土工膜不能用该方法缝合接缝。在上述限制范围内，接缝介电缝合法提供了非常快速且可靠的缝合，但是其不适用于现场操作。

20.5.1.1.2.4　热楔焊接

热楔法包含刀片状或 V 形楔状的电加热元件。该元件通过待缝合的两张膜之间，与待连接的两张膜接触，加热元件熔化并涂抹两个表面，使新鲜材料到达表面。熔化后，立即用辊子压合熔化表面，形成均匀的熔融接缝。

热楔法尤其适用于厚度大于 0.75mm（30mil）的 LLDPE、HDPE 和 PVC 土工膜，也可用于增强的热塑性塑料。单热楔和双热楔系统（见图 20.5.1.1.2.4-1）均可用。双热楔焊接在两焊缝之间形成连续的空气通路。可以向该空气通路中注入空气来检测接缝的连续性。焊接速率（机器的移动速度）、温度和辊子压力是可调节并持续监测的。调节可根据环境条件（如环境温度和湿度）进行。鉴于双热楔法的可靠性和可验证性，垦务局优先选用该方法。

图 20.5.1.1.2.4-1　双热楔焊机

热楔法已在面板的工厂制作和现场安装过程中得到应用。该方法尤其适用于较长、连续且直的接缝。但是，当接缝线为非直线不规则时，如不进行专门改良，是不适用的。封闭环路不能使用双热楔焊机焊接。

双热楔焊接法被认为是一种比超声波焊接优越的接缝连接方法。垦务局规定只采用双热楔焊接法进行接缝，只采用挤压焊接法修补补丁和进行穿透作业，除非特殊情况。

20.5.1.1.2.5　超声波焊接

新引进的土工膜接缝用焊机使用了超声波能量。该设备将振动能集中在两张待缝合土工膜的接触点上，使土工膜在因摩擦产生的热量的作用下熔化。熔化后，用两个辊子立即穿过膜表面，两张膜被挤压在一起形成宽度为 1～2in 的接缝。焊机安装在一个三轮机架上。辊子由电动机驱动，以受控速度沿着接缝线移动。该缝合方法已应用于厚度为 0.010～0.125in 的热塑性膜，但不适用于更厚的土工膜。

20.5.1.1.2.6　挤压法

挤压焊接法更常用于土工膜修补或小型接缝连接作业（如角落周围或结构物附近的接缝连接），而不是大型接缝连接。HDPE 土工膜的接缝是在现场使用专门设计的接缝连接设备进行的，熔化同成分的 HDPE，置于待连接的两土工膜之间挤压形成搭接焊缝或在上层土工膜边缘处形成焊珠或填角焊缝。另外，已设计了基于热风枪的接缝连接设备，盘绕的塑料焊条或带材可以在其中熔化和放置。将焊条送入接缝区，熔化形成角焊缝。

第一种挤压焊接法，向搭接区注入热气流，以吹走碎屑，并加热待焊接区。随着热气流，通过挤压机喷嘴向搭接处直接注入与连接土工膜同成分的已融化高分子化合物。

在挤压机喷嘴后移动的辊子将搭接处压在一起，从而膜被挤压带融合。焊接速度、压力辊移动速度和温度均可调节。最终形成可以承载负载的均匀焊缝。

第二种挤压焊接法，手持式挤压机（其中已放置熔化的焊接颗粒或焊条）将已熔化PE颗粒珠或焊条放置在两张待连接土工膜的搭接处。连接前，须清理并擦净土工膜的表面，并且对较厚土工膜的边缘进行斜切处理，以获得更大接触表面，并确保上层土工膜的边缘处无气泡。焊接时，固定上层土工膜的位置，使用热风枪或胶带将上层土工膜黏到下层土工膜上。此接缝连接方法既用于土工膜的铺设，也用于土工膜的修补。

挤压和熔化两种连接法允许在较大环境温度范围内，在现场获得超长连续焊缝。土工膜和挤压物的温度非常关键。焊接可以在土工膜温度高于35°F下进行。通过采取额外措施，如：①降低焊接速率；②预热土工膜；③为焊机设置风挡，焊接温度可以降低至5°F的膜温度。应通过试焊确定能否在低温下成功焊接。

挤压连接法与所有其他连接方法一样，需要仔细处理待连接的表面（即干燥、擦拭、清除氧化层，适当调整待连接层的表面温度），以确保界面处高分子聚合物的混合和融合。

20.5.1.1.3　连接土工膜接缝的其他方法

除前述的热塑性和热塑性橡胶土工膜的接缝连接法，交联土工膜（即丁基橡胶［IIR］、EPDM、聚氯丁烯［CR］和一些热塑性塑料）的接缝连接还使用了其他方法。鉴于目前使用的土工膜采用了上述方法连接，并且垦务局对这些方法进行了研究，本文列入了对这些方法的讨论，供参考。

也曾使用过其他连接方法，包括热硫化和硫化胶，但是现在已不常用。

20.5.1.1.3.1　溶剂黏合剂和接触胶黏剂

“溶剂黏合剂”是胶黏剂行业用于表述大量溶解于非水溶液中的化学胶黏剂的表述术语。结合强度在溶剂挥发的同时或挥发后实现。因此，溶剂黏合剂可以是由热塑性树脂至接触黏合剂的任何物质。有两种溶剂黏合剂对衬砌行业而言较为重要：

(1) 接触黏合剂。

(2) 在形成黏结结合的同时溶剂挥发的化学胶黏剂。

使用第二种胶黏剂黏合的表面通常在溶剂黏合剂仍较“湿”时被压在一起。对于许多溶剂来说，聚合土工膜材料的渗透率较低，因此选用在接缝中可以挥发的化学胶黏剂非常重要。在胶黏剂溶解或部分溶解于土工膜表面，可能会与衬砌材料形成相互黏合。

接触黏合剂是指在湿状态时涂覆在待黏合的土工膜表面，并在两表面结合之前，等待干燥成“非黏性”、无溶剂状态的胶黏剂。使用此类胶黏剂时，要求在黏合前仔细将土工膜对齐，因为一旦组装完成，已结合表面将无法重新对齐。结合后，应使用钢质或塑料辊在垂直于接缝边缘方向滚压接缝。

在满足安全要求的情况下，溶剂黏合剂可以在现场或工厂使用，用于连接土工膜接缝，但是通常只在现场使用。

20.5.1.1.3.2　胶带

胶带曾在过去用于土工膜接缝的现场连接。胶带是通过将压敏胶涂在柔性基体的两面或涂在柔性基底上制作而成。一旦将胶带贴在待结合表面的其中一面上，即取掉柔性基体或基底。胶带可用于在使用其他连接方法时，固定土工膜；也可以用于永久性黏合。胶带可以用于现场连接 HDPE 和 LLDPE 土工膜接缝；但是，不建议只用胶带进行土工膜接缝的永久性连接。

20.5.2 施工质量保证和质量控制措施

施工质量保证（CQA）是有计划的系统模式，旨在保证项目或服务的所有手段和方案符合规范要求，并按要求执行。就土工膜衬砌设施而言，CQA 是指垦务局通过质量保证小组确保设计、生产（即制造和加工）和施工符合质量保证计划及图纸和规范要求的手段和方案。

下文提出与填筑坝铺设土工膜有关的 CQA 要素。质量保证计划是一份文件，作为 CQA 的一部分，介绍为确保土工膜衬砌设计、施工和运行所有阶段达到最优质量而需采取的方案。

具体项目的 CQA 应详细描述各方的职责和相互沟通方式。各方应具有证明其履行指定职责所需能力达到的水平要求的特定证明文件或资格证书。下面列出了参与填筑坝土工膜及其他土工合成材料制造、加工、铺设和运输各方的所需资质：

（1）制造商。土工膜制造商负责用聚合物材料生产土工膜。要求制造商证明其具备能够生产性能稳定的高质量材料的充足生产能力，还应证明其在生产大量类似材料方面的经验，并展示过去和当前产品的质量控制设施和质控过程。土工膜制造商应经垦务局资格预审并批准。

（2）聚合物或树脂供应商。聚合物或树脂供应商生产并向制造商交付聚合物原材料（通常是以薄片或球丸形式）。聚合物供应商的资格是针对制造商要求的。聚合物供应商应能证明其供应的聚合物原材料性能一致。

（3）加工商。土工膜加工商负责用制造商供应的土工膜卷进行工厂预制土工膜板的加工，还负责将工厂预制土工膜板运送至现场。加工商应出示制造商提供的证明文件，证明其具有的加工和处理制造商产品的经验和专用设备。

（4）运输商。运输商负责将土工膜卷由制造商处运送至现场的加工商处，并/或将工厂预制土工膜板由加工商处运送至现场。负责装载、运输和卸载土工膜的所有人员必须充分意识到损坏土工膜的后果，并熟悉制造商和/或加工商要求的搬运和/或运输限制条件。

（5）铺设方。土工膜铺设方负责土工膜的现场搬运、储存、铺摊、接缝、加重物（防风）及其他土工膜安装工作。铺设方还负责根据现场具体条件调整土工膜板并进行连接。对于较长的矩形土工膜适合不同地面，而不出现褶皱、折痕、过度浪费或接缝问题，铺设方的经验起到关键作用。每项工作都是不同的，因此具备土工膜铺设方面的专门知识异常重要。铺设方可能还负责将土工膜运送至现场，及铺设过程中固定土工膜所需的锚固槽设置及所有临时锚固或压重工作。铺设方应出示制造商提供的证明文件，证明其具备该制造商产品和专用设备的安装方面的经验。铺设方应具有类似项目的重要经验，并能够提供将参与本项目的有经验人员的履历。

（6）合同方代表。在铺设土工膜之前，合同方代表和检验人员应接受适当培训。合同方代表应实施检验方案，以确认土工膜是按照既定要求铺设和施工的。有效的检验方案在很大程度上取决于对要监控的所有施工活动和每项监控职责的了解。通过质量保证文件来验证每项活动是最有效的。检验人员应用文件记录“所有质量保证要求均满足”。设计人员应考虑进行施工后渗漏检查，以确认土工膜发挥预期作用。有关的渗漏检测方法见第 20.5.10.2 节。

20.5.3 土工膜制造厂

在很多情况下，土工膜卷直接运送至现场，不需要在场外拼接成大块土工膜板。土工膜卷有时水平铺设，即横跨大坝边坡（但是，应尽可能避免采用这种铺设方式）。但大多数情况下，土工膜卷是顺着边坡铺设的。在这种情况下，保证各卷的长度略大于相应土工膜卷铺设位置处边坡的长度非常重要。因此，制造商应具备按要求制造不同长度土工膜卷的能力；由于各卷的长度不同，应加贴合适的标签。

要求制造商在将土工膜卷运送至现场时或之前提供：

（1）树脂供应商针对本项目用专门材料提供的各批树脂的“质量控制证明”复印件，包括挤压焊接用树脂的证书。

（2）制造商对制造本项目用专门材料所用树脂进行的质量控制试验的结果。

（3）树脂与相关土工膜卷和焊条清单。

（4）土工膜卷“质量控制证明”复印件，建议至少每 50 000ft^2 土工膜提供一份证明。证明中应包含下节中所列性能的测试结果。

20.5.3.1 符合性测试

土工膜生产过程中，垦务局应对样品进行符合性测试，以确认材料符合规范要求。建议土工膜每 150 000ft^2 测试一次，在土工膜的整个宽度上取样。样品不得从土工膜卷的前 3ft 范围内裁取。应对每一份样品进行表 20.5.3.1-1 中所列项目的测试。

表 20.5.3.1-1 建议至少应进行的土工膜测试（ASTM）

项　　目	测 试 方 法
厚度	D5199（光滑）或 D5994（糙面）
复合物密度	D1505 或 D792
炭黑分布	D5596
炭黑含量	D1603 或 D4218
极限抗拉强度	D6693 Ⅳ类
断裂伸长率	D6693 Ⅳ类
耐刺穿性	D4833 或 D5514
抗剪强度	D6392 或 D751
剥离强度	D6392 或 D751

20.5.4 大片土工膜的加工

大片土工膜是在加工厂将各卷拼接在一起加工而成，通常用于加工窄小卷的柔性土工膜，如 PVC 和 CSPE 土工膜。由于 HDPE 和 LLDPE 土工膜较硬，并且通常制作成大卷，因此一般不进行大片的加工。

土工膜的加工是指将各卷材料拼接成大片，以满足现场的实际要求。只要可行，可在工厂将各土工膜卷拼接成便于使用的土工膜块；这些土工膜块一般重 2t 或面积为 20 000ft^2。通常，将土工膜卷到管子上装箱运送至现场，一些较薄的可以折叠的土工膜除外。

20.5.5 运输

运输过程包括将土工膜卷或工厂预制土工膜板由制造厂运送至现场或加工厂，或者由加工厂运送至现场的。与运输有关的三个重要事项是包装、贴标签和交付。

20.5.5.1 包装

应注意确保土工膜卷或土工膜板在运输过程中不发生损坏。加工后的土工膜板通常折叠后装入纸箱中运输。不建议使用带有钉子的木箱；因为如果在运输过程中，钉子与土工膜接触，会严重损坏土工膜。

由制造厂直接运送至现场的土工膜卷通常不采取保护措施。因此，在搬运过程中会发生损坏；土工膜卷的前 10ft（约 1 圈）应予废弃。在整卷都被损坏的情况下，必须废弃。

20.5.5.2 贴标签

装有土工膜卷或土工膜板的包装箱应加贴标签，注明：

（1）制造商的名称。

（2）土工膜类型。

（3）厚度。

（4）卷数。

（5）批号。

（6）土工膜板铺设编号（如适用）。

（7）卷的尺寸和重量。

（8）专门的搬运说明（如要求）。

20.5.5.3 交付

土工膜卷或板交付前，应检查包装箱上的所有标签，以确认所交付材料正确且交付了所有要求的土工膜卷或板。在取掉系绳之前和之后，应检查产品的状况。应对卸载和将土工膜卷或板运送至临时仓库的过程加以监控。应使用穿过土工膜卷的宽布条或钢管起吊，切勿用叉车的叉子或可能会损坏土工膜的其他方法运送土工膜卷。

20.5.6 储存

在土工膜铺设前，应注意防止损坏。如果可能，所有土工膜应避光储存，以防止降解。土工膜应存放在整洁地面上，以防被刺破。应知晓并遵守制造商建议的土工膜卷堆叠数量限制，因为土工膜卷堆叠数量过多会导致损坏。土工膜还应加以保护，防止受过热、过冷、剪切、刺穿或其他有害条件影响。现场储存土工膜时的另外一个重要注意事项是防止故意破坏和被盗。

一旦开始铺设土工膜，可以使用正铲铲车或其他合适设备和如图 20.5.6-1 所示的合适吊索或其他吊装装置将土工膜由储存现场移至施工现场。应注意避免损坏土工膜表面。

图 20.5.6-1 土工膜卷存放在土工织物上，防止被下面的材料损坏（注意：起吊使用尼龙带）

20.5.7 铺设

20.5.7.1 基础验收

应检查地基，确保其坚实，无尖锐石块、碎屑或积水。如果检查发现基础表面需要进一步处理，则应按要求处理。应每天检查地基，确认其达到铺设要求。如果需要，应在土工膜铺设前，将地基恢复至最初验收合格的状态。如果表面高低不平，可能需要铺设额外材料（如黏土或沙），并重新压实，以确保表面均匀、平滑。合格地基表面实例如图 20.5.7.1-1 所示。

20.5.7.2 铺设规划

在铺设土工膜前，应审查并批准土工膜板布置图。该图纸通常由铺设方提供，图中示出拟定的铺设布置及现场接缝，还包括穿过管线及与附属结构连接的位置。布置图应足够详细，可以用作施工方案，并应包含土工膜板尺寸和数量、接缝数和与附属结构的连接等内容。

20.5.7.3 目视检查

现场作业过程中应对目视检查项目加以记录，包括：

(1) 观测确保土工膜无污物、尘土和水分。

(2) 观测确保接缝材料和设备符合规定要求。

(3) 观测确保基础适合土工膜摊铺和接缝。

图 20.5.7.1-1　土工膜铺设前的基础处理

(4) 确保天气适合进行接缝作业（如温度、湿度和风力）。

(5) 测定温度、压力和接缝速度（如适用），以确保符合规定要求（检查并记录仪表和刻度盘读数）。

图 20.5.7.3-1　双热楔焊机接缝作业的目视检查

(6) 观测确保土工膜在接缝过程中未被设备或作业人员损坏。

图 20.5.7.3-1 给出了正在记录的接缝作业实例。

20.5.7.4　铺设

通常情况下，土工膜板铺设时，应确保现场接缝沿着边坡方向延伸。这可以降低保护性覆盖层铺设过程中作用接缝上的短期应力以及运行期因水库水位波动作用在接缝上的长期应力。为了防止土工膜板被大风掀起，应放置足够重的压载物（如沙袋）进行固定。如果天气恶劣影响接缝作业，则应避免在该天气条件下进行土工膜的铺设。

应在地基上相对平顺地铺拉土工膜，如果地基平整紧实，则土工膜在地基上应相对平顺。但是，必须使土工膜有足够的松弛度，以适应因温度变化可能造成的收缩。土工膜一旦铺设完成，由于自重和与地基的摩擦，将很难调整，尤其是糙面的土工膜。当土工膜上覆盖有土料时，大尺寸土颗粒可能会滚落从而损害土工膜和水库，务必注意防止移动已铺设的土工膜。

确保土工膜下部不出现架空非常重要，架空是土工膜下方的地基面出现角度（如两个戗道成90°汇合）造成的。架空是当土工膜由一个角的一侧延伸至另一侧时，在角的顶点处土工膜的下面留出空隙的一种现象。架空最常发生在渗透破坏处和陡峭侧壁与地基的交汇处。需特别注意上述位置，保持土工膜与地基接触，并使土工膜保持松弛状态。

在填筑坝边坡上，如果有横穿上游坡的水平台阶，可能会出现架空。在这种情况下，最好是分两段铺设土工膜，并将水平接缝设置在台阶上。另外，还应注意不要将土工膜铺设在由于水压作用而最终会发生凹陷的区域。曾有报道因暗沟回填质量不佳导致沉降而造成土工膜失效。

除非采取特殊措施，土工膜应在干燥天气、35～100℉环境温度下铺设。如果实际可行，所有土工膜应在基本相同温度条件下铺设，以避免相邻板之间的长度差，导致接缝过程中出现“鱼嘴”现象。铺设工作也可以在极度寒冷、极度炎热和/或潮湿天气进行，但是应证明该恶劣天气条件不会影响所铺设衬砌的完好性。铺设 HDPE 土工膜时，需特别注意环境条件，因为其热膨胀系数较大，在炎热天气铺设时，可能会产生褶皱。如果无法避开炎热天气，可以考虑在夜间铺设土工膜，另外也可以选用在炎热天气情况下不会过度膨胀的类型或颜色的土工膜。

20.5.8 接缝

土工膜铺设质量保证的另外一个重要方面是完整的接缝作业记录；对于每段接缝，记录作业人员的姓名、所使用设备、日期、天气情况等。在连接土工膜卷或板之前，检验人员应观察每班工作开始时为了测试作业人员及其设备在其他土工膜上进行的接缝试验（第 20.5.8.3 节讨论）。当然，接缝试验成功只能表明作业人员和设备在试验时间和试验条件下工作正常，可用于当班次接缝作业。

所有接缝和无接缝区域应进行 100%外观检查，以识别缺陷、孔洞、起泡、原材料未分散和因异物造成的污染。由于土工膜的反光有助于检测缺陷，因此在检查时，土工膜的表面应干净。如果土工膜表面灰尘或泥土妨碍检查，铺设人员应予清理。

20.5.8.1 接缝布置

通常情况下，接缝应平行于最大坡度线（即面向下，而不是横跨斜坡）。应减少角落和几何形状怪异位置处的现场接缝数量。如果无法避免水平接缝，则其距离坡脚不应小于 5ft。接缝也应对齐，防止褶皱和“鱼嘴”现象。如果在铺设过程中，“鱼嘴”或褶皱无法避免，则应移除并覆盖。土工膜板接缝应有充分搭接长度，以便在接缝上进行剥离试验。

20.5.8.2 接缝一般步骤

下文列出了连接相邻土工膜块时，需遵守的步骤：

（1）待接合区域应干净，土工膜上无水分、碎屑或任何标记。

（2）在接缝搭接处的正下方放置一块平板、衬片或类似硬质表面，以提供所需的支撑。

（3）沿着褶皱的脊切掉接缝搭接处的“鱼嘴”或褶皱，以确保搭接处平整。应对“鱼嘴”或褶皱进行缝合；如果搭接长度不足，应贴补一块与土工膜材质相同的椭圆形或圆形补丁，补丁在各方向上延伸出切口处至少 6in。

（4）将接缝延伸至放置在锚固槽中的土工膜板的外边缘。

T-接缝是指在符合以下条件的位置处的接缝：在该位置，三块土工膜板相互交叉，并且双楔焊缝通常以约 90°角跨过另一接缝。T-接缝上应覆盖一块土工膜（该块土工膜在各个方向上超出 T-接缝交叉处至少 1ft)，并根据土工膜材料，进行挤压焊或化学焊。

20.5.8.3　接缝试验

在以下情况下，建议针对所有类型焊缝进行接缝试验：在每个接缝作业开始时的 30min 内；当天使用的接缝设备停止使用超过 30min 或以上（如因午饭用餐、天气状况等）之后再开始进行时，或需要更多的接缝设备时。如果环境温度变化超过 20°，需要重新进行接缝试验。接缝试验长度至少 10ft，在现场用张力计进行剥离强度和抗剪强度测试。在未通过剥离和抗剪测试前，不得开始土工膜板接缝作业。作为接缝试验过程的一部分，铺设人员应在试验焊缝上标注日期、环境温度、焊机编号、焊工信息、机器温度和机器设置等信息。试验接缝实例如图 20.5.8.3-1 所示。

图 20.5.8.3-1　在合适、干净表面上进行的焊缝试验

20.5.9　贴补丁和修补

技术要求中列出有损检测不合格情况下需遵守的程序非常重要。在实验室试验结果出来时间明显滞后于覆盖材料的铺设工作时，尤其如此。同样，技术要求中必须明确说明修补因试验取样产生的孔洞的步骤。第 20.5.10.1 节概述目前采用的用于评估接缝的测试和修补情况。

20.5.10　现场测试

20.5.10.1　接缝

土工膜接缝应进行无损检测，以评估接缝的连续性。“连续性”是用于描述接缝存在，而非接缝强度的术语［即接缝可能在其整个长度上连续（100%连续），但是由于其不牢固，因此可能会因轻压或热梯度原因而损坏］。因此，还需要评估接缝的强度和连续性。目前，没有用于测试接缝强度的已知无损检测方法。因此，有损和无损检测方法均需要。楔焊接缝的空气压力测试如图 20.5.10.1-1 所示，土工膜补丁的真空测试如图 20.5.10.1-2 所示。空气压力测试时，将针管插入双热楔焊机形成的通道中，通道另一端塞住。施加空气压力，要求接缝在规定的时间内保持压力不下降。垦务局优先选用该测试方法。空气压力和持续时间因土工膜类型和厚度而异（ASTM D5820）。一旦检测到接缝中的缺陷，并定位，应用一条土工膜盖住，土工膜条在各方向上延伸超出缺陷至少1ft。在某些情况下，如果无法找到缺陷位置，可能需要盖住整个正在测试的接缝。根据材料不同，盖条采用挤压焊或化学焊连接，以使缺陷处渗漏尽量少。

图 20.5.10.1-1　双楔焊接接缝的空气压力测试

图 20.5.10.1-2　挤压焊接补丁的真空测试

在实际可行情况下，接缝应进行100%无损检测，测试其连续性。表20.5.10.1-1介绍目前在用的无损检测。

表 20.5.10.1-1　　评估接缝连续性的无损检测

测试	描　　述	适用范围	评　　价
真空箱	在土工膜上滴肥皂溶液。将带有透明窗的箱子封在土工膜上，箱子内形成真空。如果有渗漏处，将会有肥皂泡形成	主要适用于硬挺土工膜	（1）是厚度超过30mil的硬挺土工膜（如HDPE）最常采用的测试。 （2）在不使用专用仪器情况下，不得在角落处或小半径周围采用。 （3）由于测试区域受真空箱尺寸限制，测试过程相对较慢

续表

测试	描述	适用范围	评价
空气压力（ASTM D5820）	使用一个带有中间开放通道的双接缝。向所述通道中吹入加压空气。如果不能保持规定的恒定气压达到规定的一段时间，则说明有渗漏。压力和时间要求因聚合物类型和厚度而异	可以在具有热熔双接缝的所有土工膜上采用	（1）仅限用于带有中间开放通道的双接缝（即使用热楔或热空气制作的接缝）。 （2）相比真空测试，加载负荷更大，但是只测试接缝强度的一小部分。 （3）由于必须切取“引导孔”，会对土工膜造成轻微损害。 （4）鉴于一次可以测试多个长接缝段（长达 100m），是一种非常高效的方法。 （5）当发现缺陷时，通常使用真空箱确定缺陷的位置。 （6）下层可能会损坏，在这种情况下，接缝需要加以遮盖
超声波（ASTM D7006-03）	使用了多种超声波方法评估接缝的连续性：①可以将接缝的实测厚度与其应具备的厚度对比；②可以直接检测接缝中的空隙	化学法融合的土工膜	（1）当由经验丰富的检测人员在较小区域进行测试时，其是非常可靠的。 （2）由于操作人员疲劳，很难在长时间内进行连续读数
火花测试	接缝接合过程中，将一根导线放在接缝中。如果该导线裸露（即接缝的一部分缺失），则会在导线与电气装置之间产生火花	适用于所有土工膜，但是要求将导线插入接缝中	（1）难以在较大区域上准确设置。 （2）适用于无法使用真空的区域（角落等）。 （3）结果并不总是可靠
空气喷管	使用带有喷嘴的管子在接缝的边缘吹加压空气。如果接缝不连续，空气会在土工膜下面流动，并使土工膜膨胀或振动，通常可以听到声音	最适用于柔韧性土工膜	（1）仅仅是定性测试。 （2）结果的再现性不高
探针	使用刚性探针（如不锋利螺丝刀）以机械方式确认接缝是否连续	边缘界限清晰的所有土工膜和接缝	（1）仅仅是定性测试。 （2）结果的再现性不高

应限制有损检测的使用，因为土工膜衬砌在取样过程中会被损坏。取样频率应在技术要求中加以说明，但是实际取样位置应只有在接缝工作完成后再确定。取样位置应由检验人员根据其经验和判断选择。建议的有损检测频率为每 500ft 接缝进行一次或每天至少取一个样品，二者中选较大者。虽然在土工膜板的端部选取有损检测样品可以避免在铺设良好的土工膜上产生孔洞，但是建议每隔一定间隔沿着接缝取样，以保证质量，作业人员在已知进行了有损检测用样品取样的区域进行接缝时会特别注意。典型补丁如图 20.5.10.1-3 所示，有损检测样品是沿着接缝获取的。

实验室有损检测应包括剪切试验和剥离试验。应尽快提供这些测试的结果（通常是在取样后 48h），以便在测试发现不合格时，立即采取措施。在未获知测试结果前，不得铺设土工膜覆盖材料。有损测试样品应：①使用张力计在现场进行测试；②由有资质的实验室进行测试；③如果可能，在铺设方的实验室进行测试。现场也应留有一部分样品。

图 20.5.10.1-3　采用挤压法连接的接缝的有损检测样品补丁（Warren H. Brock 水库）

20.5.10.2　渗漏检测方法

渗漏检测方法分为两大类：①基于观测双衬砌系统上下衬砌之间的渗漏探测和排水系统的排水层技术；②使用遥感技术的方法。

在双衬砌系统的上下衬砌之间使用排水层检测渗漏的方法是通过监测排水层集水坑中积聚的水，检测是否有渗漏。该检测方法有多个引人注目的特点。除了提供渗漏检测，该方法还提供所收集的渗漏水体积的信息。排水层监测上衬砌的性能是一种直接的渗漏检测方法，不需要复杂的数据解释。

遥感法是可以确定是否有渗漏及渗漏位置的方法，从而即使覆盖有保护性土料，也可以修补渗漏处。目前可用的方法有电阻率法、时域反射法和声发射监测法。其他不是很成熟的方法包括：渗漏测定、地震测量、电磁法和地震块体法。EPA 对这些遥感技术做了详细介绍。对于重要的项目，强烈建议采用该方法。Warren H. Brock 水库采用了电阻率遥感技术，发现了因铺设土料覆盖层造成的大量土工膜缺陷，如图 20.5.10.2-1 和图 20.5.10.2-2 所示。

图 20.5.10.2-1　使用电阻率遥感技术在 Warren H. Brock 水库保护性土料覆盖层下发现的土工膜轻微损坏

图 20.5.10.2-2 使用电阻率遥感技术在 Warren H. Brock 水库保护性土料覆盖层下发现的土工膜重大损坏

电阻率测量费用非常昂贵。但是，如果项目经济允许，强烈建议采用这种方法，可以提高土工膜完整性的可信度。Warren H. Brock 水库采用的典型的探针和设备布置如图 20.5.10.2-3 所示。

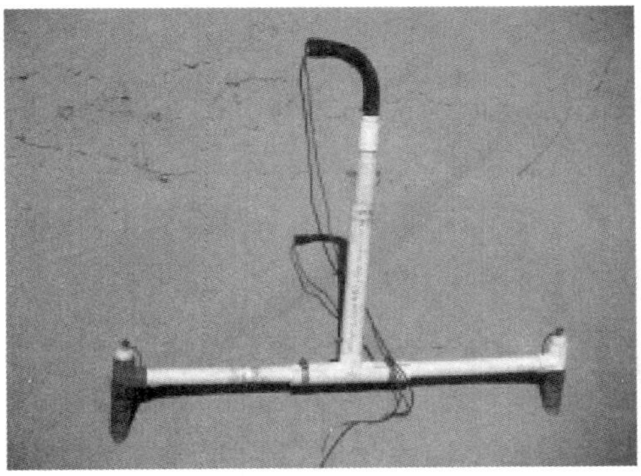

(a)

(b)

图 20.5.10.2-3 Warren H. Brock 水库采用的典型的探针和设备布置

(a) 典型的电阻率探针；(b) 设备布置

20.5.11 纠正措施

如果经监测得知土工膜衬砌大坝有一些缺陷（如渗漏），可以根据渗漏的大小、设施类型和衬砌系统的类型，采取多种措施。如果可能，应将水库中水排掉，并尽快修补。但是，应注意确保水库水位骤降不会引发稳定性问题，并且还应注意不损坏土工膜衬砌。进行修补工作的人员应由熟悉土工膜的人员进行监督，以确保防止另外发生刺穿或撕裂情况，或如果发生，应进行修补。

也可以采用不需要排空水库即可以修补渗漏大坝的水下技术。欲了解有关该技术的更多信息，读者可以查阅唐纳德等人和克里斯坦森等人的文献。

20.5.12 最终验收

通常情况下，承包商应保留土工膜的全部所有权和责任，直至最终验收。在以下条件均满足时，由垦务局对土工膜进行验收：

(1) 铺设工作完成。

(2) 完成了所有接缝和补丁适宜性的验证（包括相关测试），并编制了所有质量控制文件。

(3) 铺设单位向垦务局提供了包括质量控制证明文件的各种证书。

(4) 全部保护覆盖层的铺设工作完成。

20.5.13 保护性覆盖层观测

在已铺设完成的土工膜上面铺设材料的步骤取决于土工膜的类型、覆盖材料的类型和土工膜的应用场合。本文讨论两种覆盖材料的铺设：

(1) 水泥基材料；

(2) 粒状材料。

20.5.13.1 水泥基覆盖层的铺设

使用了多种水泥基覆盖材料，包括预制铺面或预制板、现场浇注混凝土或压实水泥土。

20.5.13.1.1 预制铺面或预制板的铺设

预制铺面或预制板是相对较小的构件，它们重量太轻，无法单独抵挡波浪作用。它们能够发挥作用的唯一原因是互锁在一起。因此，铺设时确保互锁非常重要。

土工膜与预制混凝土铺面或预制板之间应设置针刺非织造土工织物，以便在铺设过程中和铺设后对土工膜提供保护。

20.5.13.1.2 混凝土和水泥土覆盖层

在铺设水泥基材料前，应在土工膜的上面放置针刺非织造土工织物，以在施工过程中保护土工膜和提高覆盖层稳定性。

20.5.13.2 粒状材料的铺设

铺设在土工膜上的粒状材料的最大颗粒尺寸应限制在 0.5in，以防止土工膜损坏或刺破。可以考虑在土工膜与粒状材料之间设置一层土工织物保护层，但是必须确保边坡稳定性。覆盖层的铺设过程中，应特别注意防止损坏土工膜。不得沿着边坡将覆盖材料推下，因为重力可能会导致土工膜从锚固槽中拉出来或导致衬砌撕裂。另外还应注意确认正在铺设的覆盖材料的厚度。

不允许铺设覆盖材料的设备直接在土工膜上运行。应注意防止操作员操作错误造成土工膜（或下面的土工合成材料）损坏。当施工设备（有履带或橡胶轮胎）在覆盖材料上急转弯或快速刹车、急停时，也会损坏下面的土工膜。此外，如果允许重型施工设备在邻近土工膜的位置工作，重型施工设备的铲子或铲斗也会破坏土工膜。图 20.5.13.2-1 所示的推土机应规定为低地面压力式配置。允许设备在土工膜上运行前，应铺设至少 18～24in 厚的覆盖材料。当使用大型卡车或铲运机运送覆盖土料时，应规划专用的运输线路，并临时增加该专用运输线路上的覆盖土料（3～6ft，具体视设备大小而定），以保护下面的土工膜。

随着土料覆盖层铺设作业的进行，应注意防止在土料的前缘处形成褶皱，如图 20.5.13.2-2 所示。

图 20.5.13.2-1　土工膜上保护性覆盖层的铺设

图 20.5.13.2-2　保护性材料的前缘处形成褶皱

土工膜应与下面的基础紧密接触，否则褶皱会折叠并在末端处被拉紧，将随着时间的推移会产生应力裂缝，造成大量渗漏。可以查阅相关文献了解现场避免褶皱的方法及量化方法。

表 20.5.13.2-1 中汇总了摘引自科纳文献的褶皱预防和纠正方法及其优缺点。

表 20.5.13.2-1　　建议的褶皱预防和纠正方法及其优缺点

方 法	优 点	缺 点
推/积聚/切割/接缝	快速、成本低	挤压焊接，留有渗漏隐患
用戗道或桩进行固定	帮助使板块保持较高位置	速度慢，费用高
白色块	快速、方便	仍存在小起伏
临时遮盖	有一定帮助	成本高，生产效率低
夜间或早晨回填	板是凉的	限制生产效率，增加安全关注

20.6 参考文献（略）

美国内政部垦务局设计标准

填筑坝 Embankment Dams

第21章 排水与控水：降水及排水系统

2014 年 9月修订

目　　录

21.1 简介

21.1.1 目的

许多传统水利工程如水坝、堤、渠道、虹吸管和泵站等的施工往往需要一定程度的开挖，这些开挖经常延伸到局部地下水位以下。根据所需深度、地表下材料和地下水条件，开挖费用可能很高。排水与控水系统通常与其他技术一起使用，例如采用排水法和/或防渗墙，用以控制开挖部位及其周围的水与渗流。排水与控水系统可以通过多种方法单独或组合式构建，以有效地排出和控制地下水，以便在“干燥条件”❶ 下进行开挖和施工活动，并维持开挖边坡的稳定性。有效的排水与控水系统对施工进度、施工人员的安全、下游人群和基础设施及填筑坝自身的安全性也很重要。

21.1.2 范围

排水与控水系统的设计在理论和计算上依赖于经验。每个现场都是独一无二的，没有任何两套系统会完全相同。此外，尽管有些设计可能比其他设计更适用于特定的现场条件，然而却没有一个符合公认准则的设计。实现所需目标，一个适当的设计可能涵盖采用不同技术和配置的多个构件。

本章主要是提供一般性指导，如何时应考虑排水以及何时排水与控水专业人员/专家应加入设计团队等。本章还旨在让设计工程师了解排水与控水专家为协助设计所需的数据类型，以及专家可提供哪些类型的支持。

本章所用的排水与控水是一个通用术语，指任何以排出和/或控制现场地下水和/或地表水为目的的系统。排水与控水系统可以由降水和/或排水部件组成。降水系统是一个专用名词，指任何以排出或控制施工现场及其周围的地下水为目的设计的系统；排水系统是一个专用名词，指任何以排出或控制地表水或渗流水为目的的系统。

本章主要介绍当前广泛使用的各种类型降水及排水系统的一般设计考虑。目前，这些系统被认为在排出和控制与填筑坝及其相关结构有关的地下水方面是可行的方案。适宜处也包括详细的设计标准。但是，为了符合本章的目的，重点放在提供一般性考虑与信息，以帮助设计人员为特定场址开发最具成本效益的设计。本章不包含关于如何设计或评估排水与控水系统的具体信息，但为更深入地讨论如何设计和评估排水与控水系统提供了相关参考资料。

本章假定排水与控水系统设计人员对水文地质概念及实践的理论和应用方面有着深刻的理解和经验。因此，除非用于说明一个观点，否则不会详细阐述地下水流、井水力学和井设计的基本概念。有关水文地质基本概念的详细和更深入的讨论，可参考引用的参考文献（鲍尔斯等人，2007；斯特雷特，2007）。

---

❶ “干燥条件”没有正式的定义；用在开挖和施工应用中，意味着土体和/或沉积物相对没有液体和水分，因而开挖稳定，开挖底板为施工设施奠定了坚实的基础（地基、墙壁、板等），并且施工活动可以在不受“潮湿”条件影响的情况下进行。

本章使用商号或公司名称仅用于说明性目的，并不构成垦务局或美国政府的认可。

21.1.3 与本标准不一致的情况（略）

21.1.4 标准的修订（略）

21.1.5 适用性

本章提出的指导方针适用于排出和控制填筑坝及其相关结构内和其周围地下水的排水系统，可作为永久性设施或临时设施，以方便开挖和施工活动。案例包括采用排水系统来控制水工结构下方或周围的水流或扬压力。控制和隔离危险废弃物的排水系统的使用不在本标准指导范围。

21.2 缩写和术语/定义

21.2.1 缩写（略）

21.2.2 定义/术语

除另有说明外，本章所有定义均来自斯特雷特（2007）的书籍。注释和/或强调的信息以斜体字表示。

人为的：指由人创造或由人类活动引起的，选自 Collins English Dictionary-Complete and Unabridged（Harper-Collins Publishers，2003）。

含水层：指一种地层、一组地层，或一部分地层，它含有足够的饱和渗透性物质，为井和泉提供水量。含水层储存和输送水。

含水层试验：指利用井抽水或注水测量地下水量，以及测量抽水或注水期间或之后含水层内水头的变化的一项试验（德里斯科尔，1995）。

含水层试验通常也被称为抽水试验或压水试验，这些试验可能是也可能不是等效的。含水层试验可以是一种短时的微水试验，或持续几个小时至一天的阶梯式试验，以及持续时间较长（几天至一周，也可能持续几个月）的恒速试验。

人工开发井：见“井开发”。

保水试验：在静态水情况下，从敞口井中瞬时移除已知体积的水，同时记录水位的下降，并记录水位随时间恢复到静态或接近静态的情况。

该定义使用“瞬时移除”这一术语，即对保水试验的分析假定“瞬时移除”；然而，在实际使用中，移除水不是瞬时的，而是应该“非常快”或“近乎瞬间”的。

降落漏斗：指在抽水过程中，地下水位或静水面在井周围形成倒锥形的漏斗。用于定义井的影响范围（即影响区）。

承压含水层：指被不透水地层与大气层隔离的一种含地下水地层。通常，承压地下水受到的压力大于大气压力。

承压封闭层不一定必须是不透水的；相反，它只需要比下卧层和上覆层的渗透性更低即可。在旧的命名法中，封闭层被称为“弱透水层”或“隔水层”[1]。

D_x：D_x（d_x）是指沉积物/材料中含量 $x\%$ 的颗粒料是细料（D 或 d），当探讨筛分（也称“级配分析”）时，通常称为 $x\%$ 的过筛率。

一些作者和/或数值公式中 D_x 为 $x\%$ 筛余值，与 $D100\text{-}x$ 通过的粒径相同。重要的是知道正用在讨论中或公式中的术语的含义（过筛百分比或筛余百分比）。在缺乏任何明确声明其为过筛百分比或筛余百分比时，假设是一个或另一个是不合适的。当提及指定的过筛百分比或筛余百分比“有效尺寸”时，则使用 D_e（参见“有效尺寸”）。小写字母“d”有时用来代替大写字母“D”。

降水：指从地表或其他施工表面以下排出地下水或渗水，以及对这些水的控制。

降水系统：通常指任一井系统和/或井点，以及相关的水泵、集水管、排水总管、电源和其他必要的附件，用于排出和控制特定区域内的地下水。在通常使用中，一般包括临时排水设备和系统。在本章中指任何专门设计和安装的用于排出地下水的系统或部件。

喷射器（也称为喷射泵或射流泵）：指一种型式的泵，这种泵可以通过文丘里效应将一种流体（液体或气体）的能量转移到另一种流体。当工作流体通过锥形喷嘴射流时，动能增加，压力减小，将流体从吸入口抽吸到流动的水流中（鲍尔斯，1993）。

有效尺寸 D_e（也称有效直径、有效粒径尺寸、有效颗粒粒径尺寸）：根据哈森（1893）的定义，指沉淀物中含量小于 10%的对应的颗粒粒径（过筛百分比为 10%）和含量大于 90%的对应的颗粒粒径（筛余百分比为 90%），其他作者另有注明的除外。D_e 不同于 D_{10}。

反滤料（也包括砂料或砾石料）：指光滑、均匀、干净、圆润和硅质的砂或砾石料。这些材料被放置在井的周围，位于孔壁与井管滤网之间，以防止地层材料进入滤网内。

水力传导系数 K：指地质材料传输水的能力。它表示为现有运动黏度下水的体积，在单位时间内，在单位水力梯度下，通过一个与水流方向成直角的单位面积的长度。K 的单位是 $[l/t]$（长度/时间）（United States Geologic Survey，1923）。

L-23：一种垦务局报告，其中列出施工紧急行动计划（CEAP）中提到的专用监测仪器，施工期间供承包商采用和垦务局监测项目。L-23 包括读取仪器的时间表，以及一个允许参数（如高水压、过度变形等）之外的读数的协议（见第 21.7 节）。

自然开发井：见“井开发”。

渗透率 k：指多孔岩石、沉积物或土层中传输气体或流体（包括水）的特性或能力，也是流体在不均匀压力下流动相对容易度的度量。其中，渗透率的单位是达西 $[L^2]$，或者更常见的毫达西（1 达西约等于 10^{-12}m^2）。

与水力传导系数不同，渗透率是与时间无关的，适用于任何气体或流体，而水力传导系数是依赖时间的，只适用于水。

---

[1] 弱透水层（减缓液体流动的地下材料）和隔水层（阻止液体流动的地下材料）已被“封闭层”这一专业术语所取代。

孔隙率 ρ：指无论是孤立的还是连通的空隙，其所占岩石或土的总体积的百分比。在一些方程中也显示为 η。

势能面：一个假想的水面，表示含水层中地下水的总水头，由水在井中上升的水位而定义。

初始渗透性（基质渗透性）：指在岩石主要孔隙间中的水流（雷诺兹，2003）。

抽水试验：见“含水层试验”。

准三维（3D）模型：在准三维模型中，一个完整 3D 模型的一个或多个模型层不被模拟。然而，未模拟层的垂直传导率仍然被用来计算边界（上覆层和下卧层）模拟层之间的传导率。水流通过未模拟层的流动被认为是完全垂直的。如果未模拟层的传导率明显低于边界层的传导率几个数量级或更多，那么仅有垂直流动通过未模拟层的假设对建模目的来说是足够精确的（U. S. Geological Survey，2014）。

影响半径 R_o：从井的中心点到水位没有降低的点或势能面（降落漏斗的边缘）的径向距离。r_o有时在方程式中代替 R_o。

次生渗透性（破碎带渗透性）：指在岩石裂缝或断裂（如破碎带、溶洞、层间等）中的水流。这些裂缝或断裂并不改变基质的渗透性，但它们确实改变了渗流网的有效渗透率（雷诺兹，2003）。

微水试验：将已知体积的水（微水）瞬时加入到水位处于静止状态的敞口井中，并记录随着微水的消散水位恢复到静止状态的时间。微水试验也被作为一个通用的项目用于单个井的任何试验，包括水的瞬时添加或移出（参见“保水试验”）。

该定义使用了“瞬时添加”这个术语和保水试验对“瞬时添加”的分析；然而，在实际使用中，微水添加不是瞬间的，而是应该“非常快”或“近乎瞬时”的。

单位出水量 S_p：指井内水位每下降一个单位深度，排出的水量变化率，通常以 gal/min/ft 表示，或以 m^3/day/m 表示。S_p随排水时间变化而变化。

S_p本身并不是排水设计的关键参数。然而，对于设计井的排水能力却是一个有用的特性。此外，它是一个快速和简单的现场测量值，能发现特定抽水井出水量减少的潜在问题。随着水位下降，S_p通常会减小。

持水率 S_r：指给定体积的岩石或土体内能抵抗重力而保持的水的体积与其自身体积的比值，通常以百分数表示。

给水度的伴随参数，并与给水度相加等于饱和孔隙率。

单位储水量 S_s：在单位水头变化时，单位体积的多孔介质释放或储存水的体积量，单位（$1/l$）。（ASTM，2011）。

储水量的变化是由含水层的压缩性和水的压缩性引起的。

给水度 S_y：指给定质量的饱和岩石或土体内在重力作用下释放的水的体积与给定质量的体积的比值，用百分比表示（见斯特雷特，2007 中的图 2.5）。

持水率的伴随参数，与持水率相加等于饱和孔隙率。

给水度是与岩石或土体材料的颗粒大小、颗粒形状和级配相关的函数，与水头无关。因此，它可以与水力传导系数相关联，图 21.2.2-1 所示的为相同特征的函数。给水度、持水率、孔隙率和有效（颗粒）粒径尺寸之间的一般关系如图 21.2.2-2 所示。给水度由未扰动的岩芯试样在实验室检测确定。

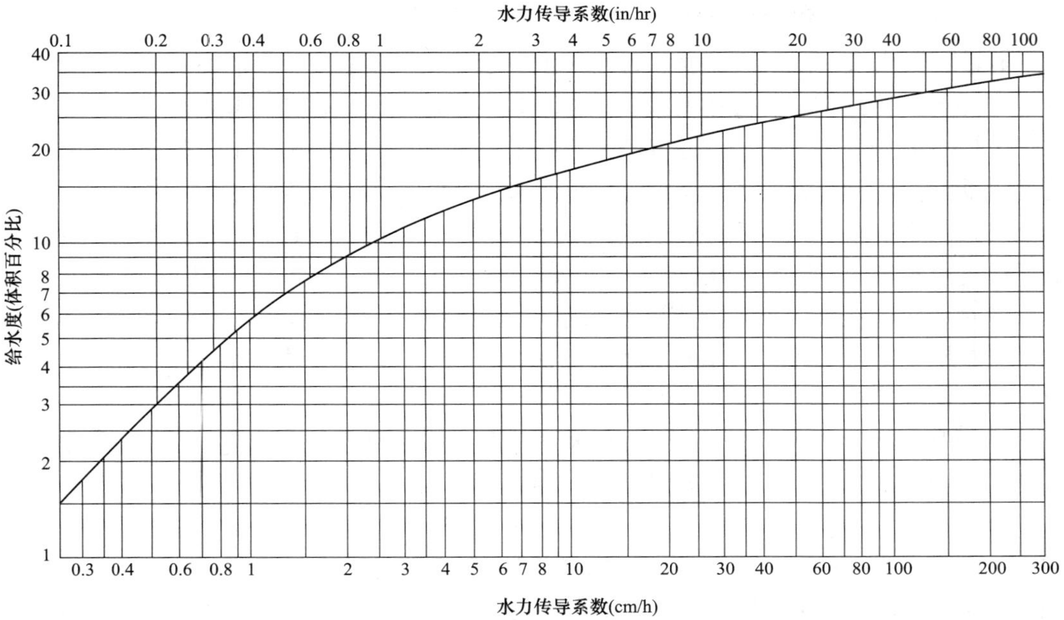

图 21.2.2-1 给水度（S_y）与水力传导系数（K）的相关关系（垦务局 1993 修订）

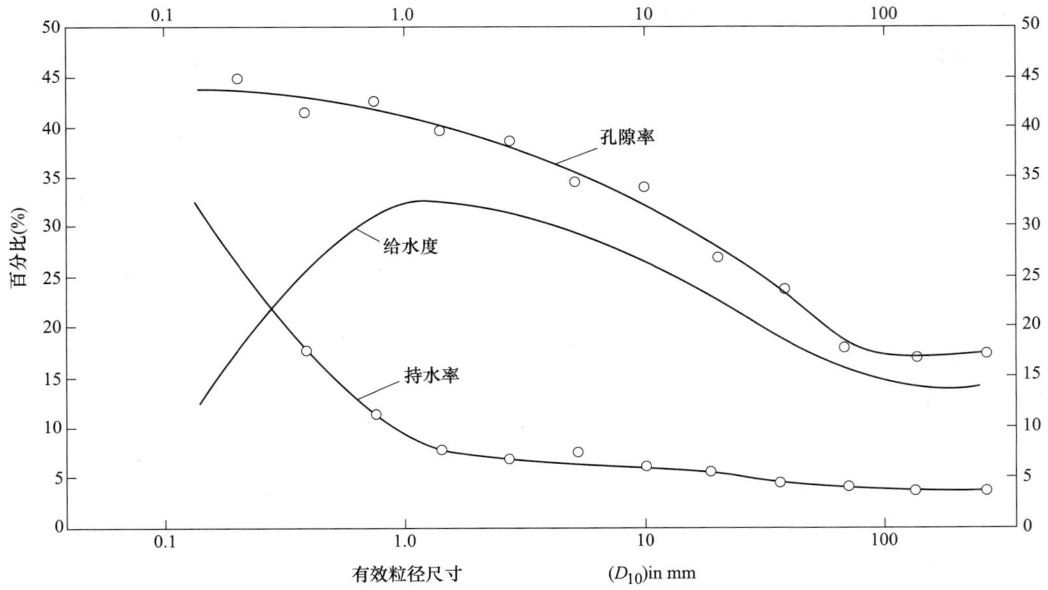

图 21.2.2-2 给水度（S_y）、持水率（S_r）、孔隙率（ρ）和有效粒径尺寸（D_{10}）之间的关系［美国陆军工程兵团（USACE）2004 修订］

释水系数 S（储水系数）：水头变化一个单位时，单位面积含水层释放或储入水的体积（S 表示释水系数时，是斜体和粗体）。

在非承压含水层中，水头被表示为地下水位。储水的释放来自含水层材料的排水，释水系数值通常约为 0.2（S 是无量纲的，当在方程式中需要表示其单位时，空的方括号［ ］用来表示没有与 S 关联的单位）。

在承压含水层中，水头被表示为饱和含水层材料顶部上方的势能面。储水的释放来自水在减压下的膨胀和在有效应力增大的情况下含水层基质的压缩。释水系数在 0.000 05～0.005 之间（S 为无量纲）。当势能面降低到饱和承压含水层的顶部时，含水层不再受限，从蓄水层中继续释放的水必须来自含水层材料的排水。

三维模型（3D）：数值模型，在数值模拟的笛卡尔坐标系中，在三个维度上模拟参数，分别是长度、宽度、高度或 x、y 和 z。

导水率 T：在单位水力梯度下，水通过含水层单位宽度的速率。在美国惯用系统中，导水率值为在水力梯度等于 1 时，每分钟通过 1ft 宽含水层垂直剖面的加仑数，含水层高度范围为全饱和高度。

国际单位制（SI）定义导水率为在水力梯度等于 1 时，每天通过 1m 宽含水层垂直剖面的水量（m^3），含水层高度范围为全饱和高度。

导水率（T）也被定义为水力传导系数乘以饱和层厚度。在非承压含水层中，T 将随含水层材料排水量而变化，并且会随着泵井的降落漏斗产生横向变化。在承压含水层中，只要含水层在一定区域规模内基本上是均匀的，并且保持在受限条件下，T 就是相对恒定的；否则，它将作为一个非承压含水层来响应。

在高导水率的材料中，降落漏斗是浅而宽的；而在低导水率的材料中（其他所有因素都是相同的），降落漏斗会窄而深。

二维模型：数值或分析模型，模拟或评估三个物理维度中的两个维度，即长-宽（x-y）、长-高（x-z）或宽-高（y-z）。

非承压含水层：指地下水位通过上覆材料的敞口暴露在大气中或上表面处于大气压下的一个含水层。

均匀系数 C_u：混合的天然土或反滤料中粒径大小变化的数值表达式，定义为筛余率为 40%（D_{40}）（按重量计）的相应筛孔尺寸与筛余率为 90%（D_{90}）的相应筛孔尺寸的比值。

如果与 D_x 的定义相一致（参见上述的 D_x 定义），则是 D_{60}（过筛）除以 D_{10}（过筛）的比值。

排水：指排出及控制积水或地表水流。

排水系统：无正式定义；通常指任一系统，包括排水、集水池、沟渠、堤防和露天抽水系统，以及相关的水泵、集水总管、排水总管、电源和其他必要的附属设备，用于排出和控制一个特定区域内的积水或地表水流。本章指任何专门设计和安装的用于排出和/或控制地表水的系统或部件。

渗流区：压力低于大气的含水层，包括土中水、中间渗水和毛细水。

排水与控水：无正式的定义。当对降水或排水的组件、系统或活动没有直接或隐含指明时，在这里一般指降水和/或排水。

排水与控水专家：有资质和有经验的人负责设计、安装、试验、操作、维护、监控和拆除排水与控水系统和/或系统组件。在整个项目期间，专家可能是同一个人或一些人员，或者在排水与控水活动的不同阶段有不同的人，例如，设计排水与控水系统阶段，监督系统的安装和试验阶段，监督系统的运行、维护和监测阶段，监督系统的拆除或废弃阶段。

地下水位：渗流区与饱和区之间的接触表面。非承压地下水的表面，其压力等于大气的压力。

水试验：见“含水层试验”。

井点：指一段长度较短并与集水套管的下端相连的滤管。在浅含水层中，套管和井点设置在所需深度。在井点的下端附加一个锻造的钢尖，以便于穿透。

井开发：当涉及反滤中的材料时，井开发可以是人工的，也可以是自然的。人工的是指在井管滤网与井壁之间的环形空间中放置的级配颗粒反滤料。自然的是指天然材料中形成的反滤料，可以在滤网周围塌落。

井管滤网：一种用来防止泥沙进入井的过滤装置。

21.3 排水与控水：在填筑坝中的应用

21.3.1 概述

填筑坝经常建造在冲积层上，这些冲积物在基岩以上由不同厚度的粗砂、砾石、粉土或黏土组成。填筑坝通常在基础利用截水槽、防渗墙或其组合来控制渗流和/或延长坝下的渗径。建造截水槽和/或防渗墙可能需要基础降水。在已建坝下游的改建施工中，特别是当施工中水库保持蓄水时，基础降水几乎总是需要的。

在施工过程中，如果对地下水渗流和地表排水控制不充分，在开挖边坡稳定和保持基础表面干燥上可能会出现重大问题。如垦务局的《土工手册》(Earth Manual) 中所述：

“降水是为了能够在干燥处施工，并增加开挖边坡的稳定性……，通常情况下，降水包括单独或组合采用排水沟、排水沟和集水井、深井和井点，以达到最理想的效果。降水应保持一个足够低的水位，以满足理想的开挖和回填条件。必须仔细设计降水系统，以确保该系统的充分性。”

渗流分析及其控制在第 8 章“渗流”中有更详细的讨论，可适当参考。

排水与控水系统往往是在开挖和施工活动中，唯一有效地排出和降低地下水的方法。然而，在某些情况下，使用防渗墙、板桩墙、围堰和其他截水屏障，可以显著提高排水与控水系统运行的有效性，同时减少整个排水与控水系统的规模和/或运行时间。

在某些情况下，一些特定的坝址可能需要排水与控水系统作为永久运行和维护项目的一部分，长期控制地下水。在这种情况下，排水与控水系统的设计将需要比本章讨论的更详细，需要关注现场地下水条件、水源区域、排水区域、本地和区域水文特征、水力梯度和季节变化等。

21.3.2 设计与承包考虑事项

有时，为承包商按照垦务局标准进行排水与控水系统的设计和施工，编写排水与控水系统性能技术要求。承包商设计的优点是承包商可以使用他们自己的专门系统以较低的成本投标；承包商设计的主要缺点是，中标承包商可能已经将排水计划减到最小，或者在其设计中做出了非保守或不正确的假设。由于降/排水是施工成本的一个重要组成部分，在很大程度上存在不确定性，因此大量的最低标设计方案历来都是不保守的。对于那些特别依赖于排水与控水系统成功的项目（如公共安全或施工人员安全濒临险境之处、大坝安全、时序要求严格的项目等），建议排水与控水系统由垦务局设计。垦务局在设计排水与控水系统方面有相当丰富的经验，推荐采用垦务局设计系统的施工技术规范，以便降低索赔、施工延误和成本超支或将其最小化。

如果预期排水与控水系统复杂，或者系统在实施和成功运行中存在重大风险，建议在施工技术规范中包括：垦务局设计系统和由排水与控水专家开发的排水与控水系统合同技术要求。如果认为由承包商设计排水与控水系统对政府有利，那么其施工技术规范中还应该有一个章节来讨论设计、所需的设计元素以及要求的性能目标。排水与控水专家将对承包商设计的排水与控水系统进行技术审查。

采用由承包商设计排水与控水系统的可能原因包括：

（1）承包商将采用专有的方法或降水作业与施工活动深度融合。

（2）降水作业相对简单，并对施工或大坝安全没有太大的影响。

（3）承包商设计的排水与控水系统能显著节约成本，并减少施工时间，和/或降水系统即使失败对大坝、大坝结构或人员安全造成威胁的风险很小。

即使承包商设计了排水与控水系统，垦务局也必须独立地设计一个系统，以估算成本、评估投标文件或技术建议书。垦务局设计的完善的排水与控水系统，所有必需的数据要在设计过程中获得。

对于承包商在投标中包括的排水与控水系统设计，设计所需的信息，包括地质日志、抽水试验结果、实验室试验结果，可由排水与控水专家汇总，并包含在合同文件中，或在合同中规定允许承包商获得必要数据的时间。排水与控水可能是承包商的索赔源之一，因此对任何一个包括排水与控水项目的工程来说，充分数量的设计数据是必要的。

此外，包括排水与控水专家在内的垦务局设计团队，必须确定对项目有监管管辖权的联邦、州和/或地方机构，确定哪些法规将影响项目，并确定需要哪些联邦、州和/或地方许可证。设计团队还必须确定哪些许可证（如有）需要通过垦务局获得，哪些许可证是承包商应该获得的。

21.3.3 需考虑的应用性能

在可行的情况下，有效的排水与控水系统完全贯入透水层。可以设计部分贯入的排水与控水系统，有效地排出和控制开挖区中的水；然而，这种系统的规模和复杂性可能导致造价昂贵且难以安装和操作。在透水地层中，部分贯入的系统常被作为一种控制措施，用于开挖区内的特定高渗透层的减压和/或降水。

排水与控水系统可用于填筑坝的基础区域，降低未固结材料的饱和度，以提供稳定的开挖边坡，并使开挖过程“处于干燥”的工作条件，和/或对开挖区下方的地层减压。

特定的场地条件常常决定了适于现场的排水与控水系统的复杂性和类型。系统应该能够在施工活动期间实现并维持所需的降低饱和度和/或减压量，并在可能发生的极端水文事件中有足够的容量，例如大雨期或水库充满期。在大多数情况下，几乎不能满足最低要求的系统很容易在极端条件下失效。这些极端条件应在设计之前确定，并可能成为系统的关键设计参数。

排水与控水系统常用于降低开挖区下方细颗粒地层或基岩中的扬压力。用于开挖区下方的饱和层减压或为开挖边坡提供稳定性的排水与控水系统，可以在施工完成后为运行与维护提供短期或长期的减压条件。排水与控水系统的设计还应考虑到某些关键部件对填筑坝安全的重要性，应包括适当的设计冗余。

21.4 排水与控水：降水、排水、减压及渗流控制方法

21.4.1 概述

排水与控水方法的选择取决于当地地质与水文条件（图 21.4.1-1）、降水的原因（表 21.4.1-1）、可用设备的类型以及相关的成本。选择系统类型的另一个主要考虑是选定系统各组件的运行时间和每个组件必须运行的条件。

排水与控水专家和承包商的经验对选择排水与控水方法，以及成本和施工限制都起着重要的作用。排水与控水专家的主要作用是，根据过去的经验和现场条件，协助设计团队选择足够灵活的系统组件。排水与控水专家可以确保提供的设计是适宜的，如果遇到极端情况，也有替代方案来达到降水的目的。

德里斯科尔（1995）列出了降水系统设计中两个最重要的考虑因素：释水系数和导水率，因为这些因素控制着该区域地下水的水量，以及可以排出地下水的速度。后来的作者（斯特雷特，2007；鲍尔斯等，2007）又添加几项到德里斯科尔已明确的“重要考虑”中。在特定或独特的条件下，任何一项或一些项的组合，可能比其他项更重要。本章在适当处将会提出这些重要的考虑事项。

21.4.2 降水系统的类型

下文讨论常用的降水方法。

21.4.2.1 深井系统

深井系统是由一个或多个深井，包括水平井构成的系统，连接到一个共用的或几个独立的排水总管。“深”是一个相对的词。本章所指的是通常运行在井点和集水井高程以下的井。

21.4.2.2 井点系统

井点系统是由一个或多个井点单元构成的真空系统，其中每个井点单元由一系列连接到一个共同的排水歧管和一个共同的井点泵的井点组成。

21.4.2.3 喷射井系统（也可称喷射泵或射流泵）

喷射井系统是由一个或多个喷射井单元构成的井下真空系统，每个单元由一个或多个连接到一个共同水泵系统和一个共同排水歧管的喷射井组成。

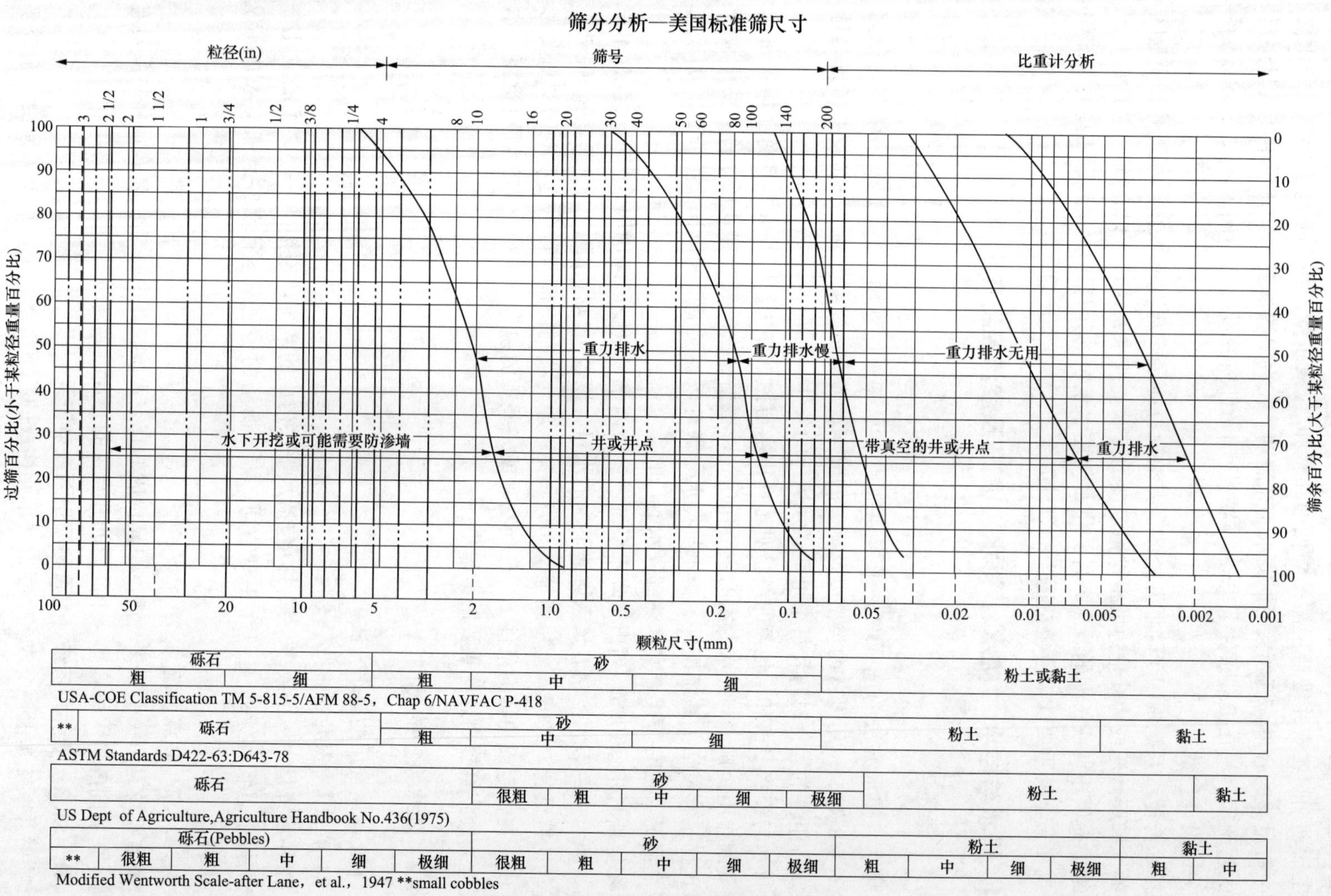

图 21.4.1-1　不同类型松散材料的降水方法/技术的应用界限

表 21.4.1-1 地下水排除与控制：方法与应用

方法（章节和标题）	应　用	备　注
21.4.2（1）深井系统（降水）	用于可重力排水的材料降水；通常用于大型和/或较深的开挖	可提前安装进行预降水；范围广大
21.4.2（2）井点系统（降水） 21.4.3（5）井点（排水） 21.4.5（1）井点（渗流控制）	用于可重力排水的浅层土降水；用于缓慢排水以及细颗粒和浅土层的排水	常用作浅层开挖或分段开挖；每段的高差限于 15ft 左右；可快速安装
21.4.2（3）喷射井系统（降水） 21.4.5（2）喷射井系统（渗流控制）	用于可重力排水的土层降水；通常用于较深的开挖，在这些开挖处，预测到小股的水流在这些较细颗粒的材料中	约 100ft 内有效；需要大量管道和稳定的供水；可连接到真空系统来提高排水量
21.4.2（4）集水井（降水） 21.4.3（1）集水井（排水）	用于可重力排水的材料降水；通常用于基坑底部局部水位高的地方	只能将地下水位降低到集水井底部以上 1ft 左右；在排水良好、级配良好、部分胶结或多孔的土或岩石中，集水井排水最有效
21.4.3（2）截水沟（排水） 21.4.5（3）截水沟（渗流控制）	在开挖过程中截流、改道并排出来水或积水	水位只能降低几英尺；被动系统
21.4.3（3）排水沟（排水） 21.4.5（3）排水沟（渗流控制）	在开挖过程中截流、改道并排出来水或积水	水位只能降低几英尺；被动系统
21.4.2（5）垂直砂井（降水）	将水从上层输送到透水性更好的下层	在没有屏蔽的情况下，在上层相对不透水地层降水；在高透水地层或向上压的水力梯度下无效；过程缓慢
21.4.3（4）开敞式抽水（排水）	排出与控制地表径流和积水	能有效地排出积水或地表逕流，如降雨或雪融的径流
21.4.4（1）减压井	减少并控制施工开挖面下部的承压水头	为了防止上下含水层之间的交叉连通，需要进行专门的设计和施工
21.4.4（2）真空减压井	减少并控制施工开挖面下部的承压水头	真空增加井点附近的水力梯度，增加流动性；如果松散材料层超过 15ft，附加益处几乎没有
21.4.5（4）反滤和封闭（渗流控制）	限制或排出地表渗流	对离散区域或定点的小流量有效
21.4.6（1）～（4）地下水的截水结构	当安装到不透水的地层时，阻止或减少水流和/或渗流进入开挖区	非常有效，但取决于现场条件和使用的方法；实际的结构容易受到防渗墙缝隙的影响

21.4.2.4 集水井

从本质上讲，集水井是大直径的、开挖较浅的井。水位只能降低到靠近集水井底部的点。在相对透水的材料中，集水井可以有效地降低局部的高水位，但对大面积区域来说是无效的。

21.4.2.5 垂直砂井

垂直砂井由一个竖井或大直径钻孔组成，其中填满了高透水性材料，如反滤料、豆状砾石或粗砂。井筒或钻孔穿过含水层及将含水层隔离的低透水材料，从而提供了一个重力排水通道，降低含水层上部的水位。此处假设含水层下部没有承受自流压力。

21.4.3 排水系统的类型

下文讨论常用的排水方法。

21.4.3.1 集水井

集水井是一个开挖的孔洞，垂直安装有一个穿孔或开槽的管，并且在管周围的洞里回填粗过滤料，如砾石或砾石和沙混合料。在垂直管道内安装一台抽水泵或抽污泵，并在必要时将积水排出。

21.4.3.2 截水沟

截水沟是浅层的线性开挖，通常平行于斜坡或渗流区域，并将水排入集水井或其他低洼处，在那里将收集的水从施工开挖区中导出去。截水沟通常填满砂砾或其他粗颗粒材料。如果预料到沟岸存在侵蚀或崩落的情况，可以在填满砾石之前用土工织物或土工膜衬砌。截水沟通常用水泵排水。

21.4.3.3 排水沟

排水沟是敞开的或封闭的、浅的或深的线性沟渠［封闭的排水沟在回填以前需将一个穿孔管（法式排水管）放置在砾石或其他多孔介质的沟床上］，该沟渠回填砾石和砂混合料，并覆盖了从沟槽中开挖出来的原材料。排水管连接到一个集水井，或者如果它们安装在斜坡上，就可以直接地排水到表面。

21.4.3.4 开敞式抽水

开敞式抽水是指用一个排污泵或“污”[1] 水泵，根据需要，清除局部的死水或积水。开敞式抽水与集水井的不同之处在于水泵没有置于开挖或准备的集水井里，它被放置在一个临时积水面上的一个低洼点。因此，水泵可以从一个低洼点移动到另一个需要的低洼点。

21.4.3.5 井点

井点被用于一个需要排水的较大区域（通常不平坦）或者要排出过多悬浮沉积物的开敞式抽水处。一排或数排井点可以沿着渗流区安装或安装在经常积水需要频繁排出并使土变得干燥的地方。井点排水将是非常浅的。

21.4.4 减压系统的类型

下文讨论常用的减压技术。

21.4.4.1 减压井

减压井是一种永久性或临时性的专门的深井，旨在减少和控制施工开挖面以下的承压水头。它的设计并不一定是为了承压含水层的降水；更确切地说是为了减轻承压水头和减少水的扬压力，这些可能导致开挖底板的局部或大面积隆起。

21.4.4.2 真空减压井

真空减压井是一种临时减压井，具有在承压含水层中抽真空的能力，进一步提高低

---

[1] 污水泵和排污泵，一种用于泵送含泥沙水或最大直径 1in 碎屑的泵。

导水材料的减压量，并补偿随着时间的推移水力梯度产生的损失。

21.4.5 渗流控制系统的类型

下文讨论常用的局部渗流控制方法。

21.4.5.1 井点

井点系统是一种有效的控制局部渗流的方法，可以在水到达关键区域之前将其截住。

21.4.5.2 喷射泵系统

喷射泵系统是一种适合于局部渗流控制的技术，依据在渗流过程中水流在渗流材料内流动或穿过的水力传导性和渗流量。

21.4.5.3 截水沟和排水沟

截水沟和排水沟对收集局部渗水并将其从施工区域引开是有效的。

21.4.5.4 反滤和封闭

根据渗流水的来源和到达渗流区的途径，使用表面过滤材料或封闭，如注浆，可能是控制局部渗流的可行手段。

21.4.6 控制地下水的防渗墙

防渗墙有时用于降水和排水系统，常用控制地下水的防渗墙见下文。

21.4.6.1 板桩

板桩防渗墙是互锁的钢板，被贯入地下并进入下方的低渗透地层，形成地下水的截渗屏障或延长渗径，从而减少需要排出和控制的水量或水头。

21.4.6.2 泥浆槽

泥浆槽是由低渗透泥浆回填的沟槽，以拦截地下水或类似于板桩防渗墙延长渗径。泥浆通常由膨润土-水泥混合物或土-膨润土混合物构成。

21.4.6.3 咬合桩

咬合桩防渗墙是通过施工一系列重叠的回填混凝土的钻孔桩，这些桩延伸至低渗透地层，形成一道截渗屏障，类似于板桩被嵌入低渗透地层一样。

21.4.6.4 深层土搅拌桩

深层土搅拌桩防渗墙包括一系列重叠的水泥土桩，这些桩通过使用大直径空心杆螺旋系统形成。该系统在提取螺旋钻的同时从空心杆中喷射水泥浆，利用螺旋钻将水泥浆与土拌和。

防渗墙更详细的讨论见第 16 章“防渗墙”。

21.5 排水与控水：设计过程考虑事项

21.5.1 概述

在工程的设计和施工过程中，每一阶段都必须考虑排水与控水。这是由于排水与控水系统潜在的成本高，对工程进度影响大，同时排水与控水对工程能否成功实施和大坝安全性能至关重要。评估排水与控水系统全部或部分失效对工程进度的影响应包括以下方面的潜在影响：

（1）施工期间填筑坝的安全。

（2）施工活动的安全。

（3）人员安全，包括现场人员和下游风险区域的人口。

因此，对需要开挖的每一个工程部位都应评估其对排水与控水的潜在需求。此外，在靠近湿地、饱和土或地下水位高的地区（即使开挖不是必需的）施工的任何部位都必须评估对排水与控水的潜在需求。在现场要求降水的情况下，收集降水数据是设计数据包不可或缺的重要部分，必须在资金、人员配置、时间和人员数量方面给予必要的优先权，以尽量减少可能出现的问题，例如昂贵的施工延误和承包商索赔。

排水系统的设计数据应与构造设计数据同时获得，并与其相协调。在某些情况下，州或地区对排水与控水系统有设计要求，应在可行性设计阶段确认并纳入工程考虑之中。如果降水可能对已有的邻近结构、设施或水源产生影响，则有必要对场地周围区域进行研究，以确定并记录可能的影响，作为数据收集的一个组成部分。在降水系统启动之前，应该对附近的结构进行彻底调查，在施工过程中密切监测其状况。施工紧急行动计划应包含应对任何结构出现任何变化的行动计划。

高效的降水系统设计需要具体场地的数据（见第4章第9节“排水井”），大坝设计数据的地质和岩土设施部分通常不收集这部分内容。因此，在准备现场勘探要求和设计数据收集计划时，应征询垦务局排水与控水专家对输入数据的意见，特别是基础、场地和地下水特征等活动。如果现场有现成的监测仪器，那么丹佛技术服务中心的仪器和检查小组可以提供一个施工紧急行动计划的仪器检测报告（L-23），该报告列出了收集有价值数据的地点、阅读进度和其他关键细节。

合适的地表和地下数据应适合施工工程的设计或关键性质，这些对排水系统的合理设计、安装和运行是必不可少的。数据类型、数据量、覆盖区域、数据的完整性直接关系到现场条件、所需部件的大小和复杂性、施工时间和其他相关因素。在某些情况下，降水系统设计所需的数据量可能等于或超过了构造设计所需的基础数据。

所需数据的详细程度和需求数据的覆盖范围应适合预期的降水要求和降水系统。例如，如果需要含水层试验，试验井应接近预期的排水井的大小和容量。在预计或预期地下条件要改变的大面积施工项目中，需要进行多个含水层试验跨过施工场地。如果合适的话，应保留这些设施，并使潜在承包商能够进行试验和/或使用。

21.5.2 评估设计阶段

在评估设计阶段，项目团队的重点是确定工程的问题、需求和机会。这个过程将产生一定数量的备选方案，排水与控水专家应参与每一种方案的选择：

（1）审查可用的地质信息、仪器数据和计划概念。

（2）识别潜在的降水要求、范围和可行的系统。

（3）为每一个可行的排水与控水系统提供一个通用的工程量估算范围。

（4）协助提出最终设计所需的地质数据要求和水文地质数据要求。

21.5.3 可行性设计阶段

在可行性设计阶段，更准确描述和定义工程的备选方案，然而排水与控水的考虑仍然是初步的，因为只有有限的地质和水文地质数据可用于系统设计。

通常情况下，在施工活动之前就需要开始排水与控水作业，这可能是由于采用的排水系统类型、需要降水的地下材料类型或大坝设施的操作限制。在这种情况下，降水活动可能在一个单独的合同下，而排水与控水系统设计可能需要在施工合同之前进行最终设计。因此，收集必要的设计数据和完成最终设计将是整个项目管理计划中的关键路径项目。在州或地区对特定项目或环境有设计要求的地方，此时应将其纳入工程设计考虑中。

基于工程设计图纸、地质资料和水文地质资料，排水与控水专家的职责是：

（1）为评估阶段的每个备选方案提供一个或几个概念性的排水与控水系统，并达到可行性阶段水平。

（2）为成本估算提供工程量表。

（3）协助提出最终设计所需的地质和水文地质勘探要求，以及排水与控水需要的专门试验。

排水与控水活动是单独设计合同的情况下，排水与控水专家的职责包括：

（1）通过以下工作协助进行实地勘察和数据收集：

1）协助和/或确认获取设计参数所需土工试验的要求。

2）完成现场试验（含水层试验等）并评估结果或监督这些活动。

（2）提供最终设计。

（3）在制定工程进度时提前提供估算。

（4）编制最终工程量估算表。

（5）编制施工技术规范和排水与控水设计主要参数汇总，列入合同文件。

可行性设计阶段是确保所有要素都被考虑的最佳机会。根据采用的排水与控水系统的类型，降水的安装和开始工作时间可以大大提前，直至将地下水位降到要求的施工水平；在工程进度中抓住这一点非常重要。在这个时候，确定排水与控水的合同方式也很重要（例如：排水与控水系统由承包商设计或垦务局设计），以及考虑井的寿命和所用监测仪器，因为这将影响其他构件的设计。

21.5.4 最终设计阶段

如果排水与控水系统的最终设计没有在单独的合同中完成，排水与控水专家的职责包括：

（1）审查和综合已完成的地质勘察资料，包括渗流和边坡稳定性分析。

（2）评估完成的土工试验，以获取设计参数。

（3）完成现场试验（含水层试验等），并评估结果。

（4）结合岩土工程分析和设计完成排水与控水设计。

（5）为编制工程进度提前评估排水与控水。

（6）编制最终的设计图纸和规范。

（7）编制最终工程量表。

（8）编制施工规范和排水与控水设计主要参数，列入合同文件。

21.5.5 需考虑的应用性能

对于承包商设计的排水与控水系统，承包商的排水与控水专家或分包商将负责第21.5.4节的各项。垦务局的排水与控水专家将在安装之前对承包商的系统进行技术审查，并提供施工支持以确保系统的正常运行。垦务局的排水与控水专家将负责第21.5～21.8节中讨论的各项。此外，垦务局的排水与控水专家将监督第21.5.4节确定的任何数据收集，并为政府独立的成本估算编制最终的设计和工程量估算表。

对于垦务局设计的排水与控水系统，垦务局的专家将负责第21.5.4节所讨论的各项。施工规范将提出对系统的安装和维护的要求。垦务局的排水与控水专家将提供施工支持，以确保系统安装符合规范，并按照设计的功能运行。

21.6 排水与控水：收集资料和确定水文地质参数考虑的事项

21.6.1 概述

数据采集和确定水文地质参数涉及很多步骤：

（1）定义问题和识别潜在的关键设计参数。

（2）识别现场数据收集的要求和编制现场勘探要求的输入信息。

（3）实验室试验。

（4）现场试验。

（5）分析关键设计参数。

21.6.2 定义问题

对于工程现场物理特征的关键要素、描述现场特征所需数据以及满足工程目标的概念化方法都应该系统地加以识别。在ASTMD 5979-96（2008）《地下水系统概念化和特性化的标准指南》中描述了这种系统方法。

任何系统的方法都应包括至少一次实地查勘，以建立现场和工程的概念模型，识别实际系统的特征和动态变化，包括：

（1）水文系统的主要要素（地表水和地下水）。

（2）确定关键或控制系统流程。

（3）确定近似的可接受的简化假设。

（4）确定关键的系统要素。

1）流程；

2）当前状态；

3）应力。

（5）确定流程的规模和维度。

（6）确定外部（非地下水）要素。

1）流程；

2）当前状态/条件；

3）应力。

概念模型是一个基本框架，用于确定关键设计参数、设计数据收集程序、分析数据和开发模型。在一个工程中，很多时候，可行性设计阶段和最终设计阶段的目标就是确定是否可以有效地使用多或少的复杂系统。因此，定义这些潜在系统每项如何工作是一个关键问题。流程、当前状态和现行条件可能是估算现场条件的范围值。当提供了补充数据时，可以对适用条件进行调整。

21.6.3 定义潜在的关键设计参数

基于概念模型，可以确定关键的设计要素。

排水与控水专家应该首先定义一组“试验标准”[1]，用于确定自然系统的任何元素对设计过程和工程目标是否具有关键性。该标准对现场、工程和工程目标是特定的，但通常会归入以下基本类别：

（1）天然、削切和开挖边坡的稳定性。

（2）填筑坝与坝内材料分区的整体性。

（3）降水的深度和范围。

（4）对（或来自）施工活动和进度的影响。

（5）外部影响（极端天气事件、大坝运行等）。

（6）公共安全与工人安全。

（7）系统效率和成本效益。

（8）对周围基础设施的影响。

（9）排放水的处理与水质。

标准在概念模型中的系统应用将识别潜在的关键要素，描述和评估关键要素的数据可以逐项列出。经过进一步的细化和数据分析，一些潜在的关键要素可能会变得不再重要。保守一点总是比较好的，而且一些潜在的关键因素转成非关键因素要比成为不利因素好。

需要强调的是，任何土或岩石的次生渗透性可能是设计排水与控水系统的控制因素。例如，在坚硬岩石和弱胶结砂岩/黏土岩等材料中，裂缝的次生渗透率可能远远大于通过岩体的初始渗透率。这在坚硬岩石中更为重要，因为在坚硬的岩石中，次生渗透率的数量级要大于初始渗透率，这也适用于一些粉土和黏土冲积层。因此，在建立试验程序时应考虑次生渗透率的概念。在钻孔或现场试验的间隔中，可能不会遇到穿过致密地层的断裂。级配和其他实验室试验可能也不会揭示这些信息。只有现场范围的测图和大规模的现场试验可能识别和测量地下部位的次生渗透性。

[1] 此处提及的试验标准是指用于识别和量化所列标准的试验或评估的类型，以及与试验相关的质量保证/质量控制程序。

21.6.4 现场资料收集：确认需求

应该使用潜在关键要素清单及描述和分析元素的数据作为指南，审查所有相关的和现有的资料。典型的现有数据类别包括地质研究和报告、供水记录、测井记录、岩土调查、地形数据、洪水区域图、历史图、实用地图、其他工程或附近工程（大坝、道路、桥梁基础、埋藏公共设施等）的钻孔记录和以往现场或附近的施工经验。审查的目标是：

（1）收集、分类及汇总有关现场和当地情况的现有信息。

（2）识别任何可能的关键要素，这些要素可以根据现有信息重新归类为非关键要素。

（3）生成现场勘探要求和设计数据要求，填补现有数据的空白。

现场勘察对排水与控水专家非常有利，特别是在生成概念模型方面，但之后也要验证概念模型及潜在的关键要素，并布置现场勘查和数据收集点。排水与控水的外业数据收集应满足地质勘探数据收集需求。因此，地质工作者和排水与控水专家密切协调可以避免在收集两个专业所需的设计数据方面的大量重复工作。

以下列出的广义现场数据，适用于岩土工程和水文地质调查。在项目评估阶段，其中一些项目可能是概念性的或高度概括的。但是，他们将通过现场数据收集活动和从项目评估到最终设计的过程改进。

21.6.4.1 通用信息与区域信息

（1）气候资料，包括气温和降水量，以每天或其他时段为基准，为最近气象站一个时期的记录。此外，还包括有关地区严重风暴和其他类似事件发生的细节。

（2）设计团队应该首选一种电子格式，所有的空间数据都应该以首选的格式输入一个公共数据库中。

（3）现场平面图与适当比例和等高线间距的地形图。

（4）地质图和局部及区域地质的断面描述，特征地表地质情况的断面描述，以及对材料的描述，包括土、崩积物、冲积层、滑坡沉积物、以前工程回填料（大坝、道路、桥梁等）、弃料和料场等。

（5）现场平面图，包括现有的场内外基础设施，例如道路、建筑物、地下及地面公共设施；政治和管辖边界、附近的地表水，如湖泊、溪流和湿地；以前的勘探包括钻孔、试验孔、测压计、观察井、试验井、试验坑和横断面线的位置。

（6）在适当情况下，河流的流量和水位、湖泊或水库的水位高程、洪水频率和水位，以及其他类似的数据记录。

（7）在施工前和施工期间计划或预期的水库运行。

21.6.4.2 施工规划

（1）开挖平面，包含的平面图上应显示开挖线、交通线路、开挖坡和分区。在项目评估阶段，这可能只是概念性的或高度概括的。

（2）整个开挖断面，包含的开挖断面图上应显示开挖深度，沿开挖深度的变化，以及开挖材料（填筑坝分区、地基、基岩等）。

（3）可能的沉淀池位置，可能的排放点（排放来自降水和/或排水系统的水），以及潜在的地表水控制部件（如围堰、沟渠、填筑坝等）。

（4）施工顺序，包括预计的开挖时间和何时开挖（年度或季度的某时）。

21.6.4.3 地表信息

地表信息应包括反映可能有利或不利条件的数据，如土侵蚀或阻力、径流以及大规模移动和边坡失稳的可能性。有关排水与控水设计适用而有价值的典型岩土勘察包括：

（1）表面材料的渗透和渗透性。

（2）无黏性地层的级配和密度。

（3）鹅卵石和漂砾的存在。

21.6.4.4 地下信息

地下信息应包括提供特定现场和现场范围的代表性含水层性质的数据、相对导水率和储水系数的区域分布、潜在补给源或/和截水屏障的位置、强度，以及地下水系统中已知或预期的季节变化。水文地质调查的资料通常包括：

（1）地下地层情况。

（2）钻孔的岩芯、试验孔、测压计、现有井、试验坑材料的深度和厚度、材料的描述、试样和原状试验的结果（现场和/或实验室试验）。

（3）场地和周围区域的地质测绘，包括地质剖面图，图上显示钻孔、试验坑和任何其他地下勘察［例如标准贯入试验（SPT）日志］中遇到材料的垂直和横向变化。

（4）材料取样的结果，包括深度、描述、力学分析和液体比重计分析。

（5）适宜情况下的物探测井。

（6）含水层试验和其他类似试验的结果（例如微水试验），包括试验孔的布置、试验井和测压计的深度和设计、试验结果列表包括出水量、水降落时间、试验前和后的静态水位以及水恢复数据。

（7）分析含水层试验或其他类似试验的结果，包括计算或推断的各地层的水力传导系数。

（8）地下水高程（浅、深、栖息、地下水位和/或承压水头），来自监测的观察井、测压计、试验井、钻孔和探坑，记录期间，利用水位监测数据获得地下水力梯度。

（9）含水层类型和边界，包括地下水补给的潜在或已知来源，以及来自泉水和渗流的位置和流量（地下水排出）。

（10）地下水化学和污染情况，应视需要和情况进行水质分析。

（11）如果有证据表明附近的地表水和地下水之间存在水力连通，建议对两个区域连续监测几个水文循环。

21.6.4.5 专业的水文地质资料

专业的水文地质资料，如果需要，应包括：

（1）封闭单元的垂直渗透率（以前称为弱透水层或隔水层）（见第 21.2.2 节“承压含水层”一词）。

(2) 极细材料的重力排水率。

(3) 下伏地层的承压水头。

(4) 水位、承压水头和水力梯度的长期监测。

现场调查和资料收集计划在垦务局的《地下水手册》(Groundwater Manual,1995)中有详细讨论。设计资料收集的一般准则可在垦务局手册《设计资料收集指南》(Design Data Collection Guidelines) 第 4 章“标准设计”第 1 节“大坝”中找到。具体设计标准可在垦务局的设计标准 No. 1-通用设计标准(Design Standards No. 1-General Design Standards,2009)及本标准中找到。

21.6.5 现场勘探要求

每个施工现场都有自己独特的条件、特点、设计要求和考虑因素。排水与控水系统设计不仅应符合现场条件,而且还应结合已有条件,提高系统的有效性。排水与控水系统设计有附加的要求/约束,即它必须与开挖计划和施工通行条件相兼容。

勘探计划获取的设计数据是必要的、独特的和具体的。如前文讨论,许多岩土设计数据调查都是针对一个项目(例如,填筑坝改造工程),可以和排水与控水系统设计数据的收集结合。因此,重要的是排水与控水专家要参与到现场勘探要求的准备和数据采集程序的设计工作中,以确保用必要的信息来设计一个高效的、具有成本效益的排水与控水系统。此外,让排水与控水专家参与到勘探计划中,大大降低了如重复工作、资源与人力的浪费、项目延迟、丢失和/或采用不恰当数据的可能性。

尽管是广义的术语《施工中降低地下水》(卡什曼和普瑞恩,2001)和《施工降水与地下水控制》(鲍尔斯等人,2007)都投入几个章节论及勘探/数据收集计划的布局和实施。并不是卡什曼和普瑞恩(2001)或鲍尔斯等人(2007)以上所考虑或讨论的所有事项在特定的坝址上都是适用或必要的,很可能有独特或非同寻常的现场条件,这时可以向熟悉该领域的外部排水咨询专家寻求帮助,以确定独特的设计数据需求和专门的数据收集要求,并为项目量身定制一个专属的排水与控水系统。

21.6.6 实验室试验

实验室试验由几种不同类型的试验组成,这些试验是在岩土工程勘察和勘探钻孔过程中采集的。岩土工程勘察和实验室分析可以为设计排水与控水系统提供有价值的信息;在缺乏勘探钻孔和现场试验的情况下,这可能是获得合理估计含水层参数的唯一来源。

21.6.6.1 估算 *K* 值的级配分析

最简单的实验室试验是级配分析。这个试验通常使用从试验探坑和勘探钻孔获得的样品进行。样品需要完全干燥,并分解未固结的材料,以及收集足够数量的样品进行代表性分析。

建议每一层或间隔收集几个样品。每个级配分析所需的最小样品数量取决于材料的最大粒径,范围从 50g [最大粒径为通过 No. 40 筛(0.017in)的材料] 到 70kg(最大粒径通过 3in 的材料)(ASTM,2009)。建议收集的样品数量应至少是每个级配分析所需数量的三倍，以便样品制备、样品筛分、重复分析和样品损失❶。

通过对水力梯度曲线的视觉曲线拟合，或利用若干经验公式中的一个计算 K，可以获得样品的水力传导系数的估算值。

（1）视觉曲线匹配。估算 K 是基于级配曲线，并将其与图 21.6.6.1-1 进行比较。级配分析受现场取样技术和材料选择分级❷的影响较为显著。从钻孔碎屑中获取的样品可能是钻孔中几个不同地层的混合料；如果使用泥浆钻井液，则细颗粒可能被冲走或添加到样品中。芯样或选取的试样大小受限于取芯孔管开口的尺寸，比开口大的材料会被管口堵塞，阻止了获取代表性样品。

（2）非常细粒的砂和未固结材料可能在被取出时从桶中掉出来，并且只有一部分样品可能被收回。即使对于好的样品，从芯桶中提取材料试样的方式也会影响级配结果。需要考虑的相关问题是：样本是否来自同一水平地层？样品是否为不同地层或一个水平地层的混合料？样品代表的是芯样还是地层？记录是否对所遇到的不同类型材料取样和进行描述？材料是否经常变化，作为混合物的材料能被合理地取样和记录吗（当处于薄层情况）？

（3）对于比图 21.6.6.1-1 所示的等级更优的级配，应使用级配曲线的细端来估算 K 值。对粉质黏土或黏性土的分析应按照垦务局标准进行。

（4）视觉曲线匹配假定材料是均匀的和各向同性的，所以一些非代表性的试样可能会明显曲解 K 的评估。因此，建议从每种材料类型、从每种材料类型的多个位置、从每种材料类型的多个深度获取多个样品。

（5）经验公式。基于级配分析法，已有六种常用的水力传导系数估算经验公式。但它们都有上文（1）所述的局限性。采用级配分析得到有效的粒径尺寸（或简化为材料有效尺寸）和材料的均匀系数（U）（或颗粒均匀性）。

这些公式是武科维奇和索罗（1992）开发的通用方程式（加里克，2011）的改编版：

$$K=\left(\frac{g}{v}\right)\times C\times f(\eta)\times D_e^2 \tag{21.6.6.1-1}$$

式中 K——水力传导系数（单位为 m/day，另有说明除外）；

g——重力加速度，m/s^2；

v——流体的运动黏度（由流体的动态黏度与密度的比值确定；在这种情况下，流体为水），m^2/s；

C——分选系数，取决于级配分析中使用的方法（无量纲）；

$f(\eta)$——孔隙度函数，取决于颗分方法。孔隙度（η）可能在实验室实测或来自经验关系式：

$$\eta=0.255(1+0.83^{C_u}) \tag{21.6.6.1-2}$$

D_e——有效粒径，取决于粒度分析所用的方法；

C_u——均匀系数，取 D_{60}/D_{10}（过筛百分率）。

---

❶ 指的是由于正常的试验程序而导致的样品材料的损失，例如取样袋中残留的材料、黏在样品分离器的材料、样品的灰尘，以及样品材料从一个容器转移到另一个容器时不可避免的损失。

❷ 是指测定样品中粒径大小的范围。

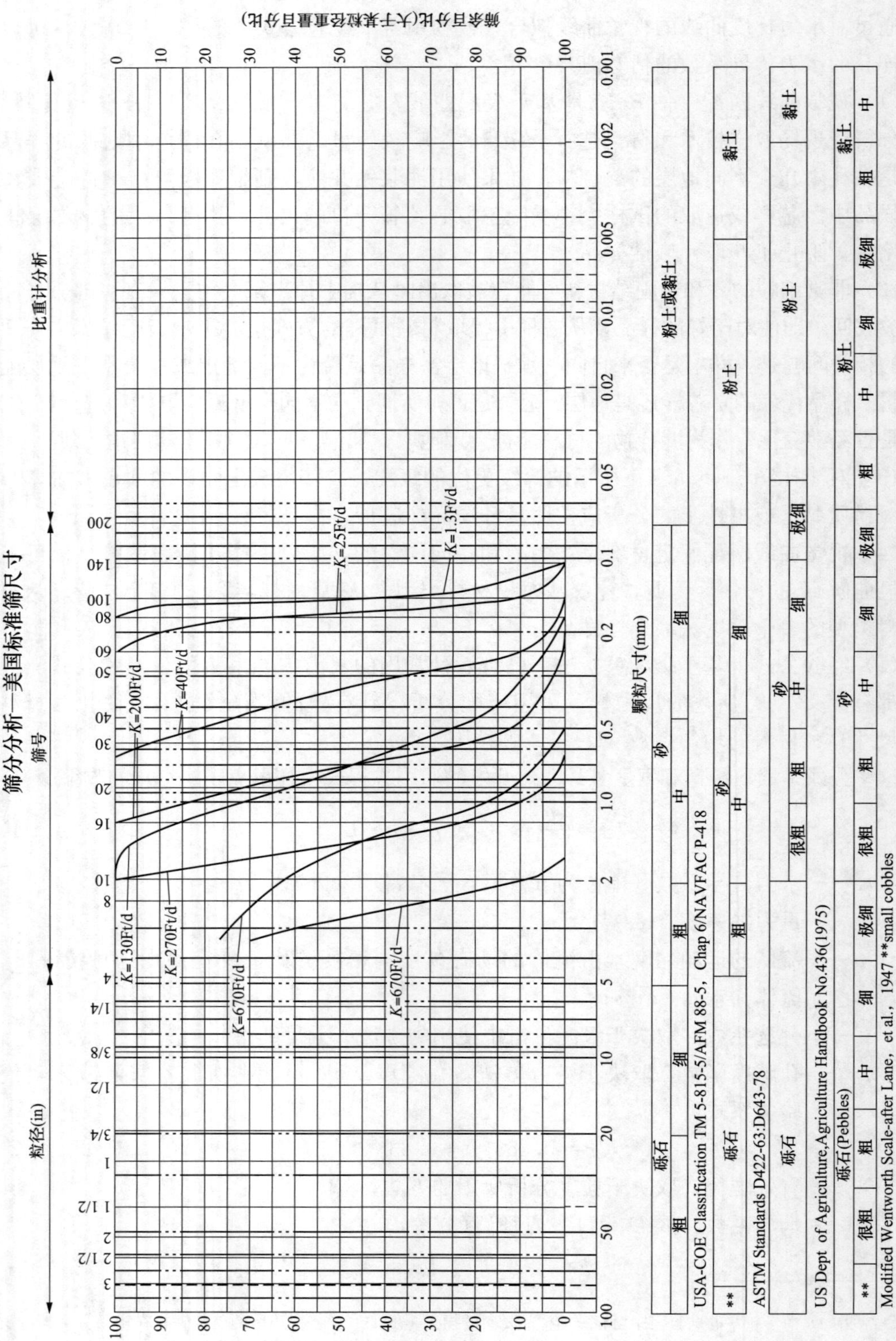

图 21.6.6.1-1 基于级配曲线形状的水力传导系数与颗粒大小之间的关系

下列公式没有以其第一次出现在文献中的原始形式呈现，而是为了使用一致的符号和命名法而被重写。此外，它们的呈现顺序通常是由最精确或最常用到最不准确或最不常用。常规呈现顺序为：Slitcher 和垦务局的方法始终排在最后，而 Kozeny-Carman、Hazen、Terzaghi 和 Breyer 公式始终排在前三名。但由于作者不同，因而对公式的排序也不尽相同。

在使用这六种公式中的任何一种时，重要的是要注意在什么条件下设定了公式，同时不违背这些假设。这六个公式（或七个公式，因为 Terzaghi 公式有两个版本）的常用用法是：

（1）Kozeny-Carman 公式。该公式适用于大多数土质，除了有效粒径大于 3mm 的土或黏性土。输入参数要求：

1）总孔隙度（η）为几分之一的分数。

2）D_{10}的有效直径以 mm 为单位。

$$K=\left(\frac{g}{v}\right)\times 8.3\times 10^{-3}\left[\frac{\eta^3}{(1-\eta)^2}\right]\times D_{10}^2 \qquad (21.6.6.1\text{-}3)$$

（2）Hazen 公式。该公式适用于粒径在 0.1～3.0mm 之间的砂和砾石，D_{60}/D_{10}的均匀系数小于 5。输入参数要求：

1）D_{60}和 D_{10}为材料中含量小于 60%和 10%的对应的粒径（各自过筛百分率），以 mm 为单位。

2）水温，以摄氏度（℃）为单位（用于确定 v）。

3）经验系数的典型值为黏土和非均匀砂的 0.4～0.8，干净和均匀砂的 0.8～1.2（砂粒越均匀，系数越高）。

4）D_{60}/D_{10}的均匀系数（过筛百分率）在 Hazen 公式之外计算：

$$K=\left(\frac{g}{v}\right)\times 6.0\times 10^{-4}\times[1+10(\eta-0.26)]\times D_{10}^2 \qquad (21.6.6.1\text{-}4)$$

（3）Terzaghi 公式。该公式主要适用于粗砂和砾石。输入参数要求：

1）地层水温度以摄氏度（℃）为单位（用于确定 v）。

2）总孔隙度（η）为几分之一的分数。

3）D_{10}的有效直径以 mm 为单位。

4）修正系数 β_T，用来解释光滑或有棱角的砂粒。

$$K\left(\frac{\text{cm}}{\text{s}}\right)=\left(\frac{g}{v}\right)\times\beta_T\times\left(\frac{\eta-0.13}{3\sqrt{1-\eta}}\right)^2\times D_{10}^2 \qquad (21.6.6.1\text{-}5)$$

式中　$\beta_T=10.7\times 10^{-3}$用于计算光滑的砂砾；$\beta_T=6.1\times 10^{-3}$用于计算有棱角的砂砾。

（4）Breyer 公式。该公式适用于颗粒级配不均匀的非均质土，有效粒径在 0.06～0.6mm 之间，均匀系数在 1～20 之间。Breyer 公式的输入参数如下：

1）均匀系数。

2）D_{10}的有效粒径。

$$K=\left(\frac{g}{v}\right)\times 6\times 10^{-4}\times\log\left(\frac{500}{C_u}\right)\times D_{10}^2 \qquad (21.6.6.1\text{-}6)$$

式中 C_u——均匀系数，取 D_{60}/D_{10}（过筛百分率）。

（5）Slichter 公式。该公式适用于有效粒径在 0.01～5.0mm 之间的砂和砾石，D_{60}/D_{10}的均匀系数小于 5。与经验系数不同的是，Slichter 公式采用了砂总孔隙度修正系数，以及水温修正系数。输入参数要求：

1）D_{60}和 D_{10}，粒径在毫米（mm）中，60%和 10%的材料更细（各自过筛百分率）。

2）水温，以摄氏度（℃）为单位（用于确定 v）。

3）砂总孔隙度（η）为几分之一的分数。

4）D_{60}/D_{10}（过筛百分率）的均匀性系数是在 Slichter 公式之外计算的。

注意，在 Slichter 公式中，D_{60} 和 D_{10} 值为“过筛百分率”，用于计算均匀系数；然而，当输入到该公式时，D_{10}值为筛余百分比（90%过筛百分率）。

$$K=\left(\frac{g}{v}\right)\times 0.01\times \eta^{3.287}\times D_{10}^{2} \tag{21.6.6.1-7}$$

假设纯水温在 4℃，并结合常数，方程可以简化为

$$K\left(\frac{\mathrm{m}}{\mathrm{day}}\right)=4960\times \eta^{3.287}\times D_{10}^{2} \tag{21.6.6.1-8}$$

（6）垦务局公式。该公式适用于有效粒径 D_{20}（mm）为中粒径的砂，均匀系数小于 5。温度没有校正，也没有经验系数。唯一的输入参数是 D_{20} 粒径大小。

$$K=\left(\frac{g}{v}\right)\times 4.8\times 10^{-4}\times D_{20}^{0.3}\times D_{20}^{2} \tag{21.6.6.1-9}$$

假设纯水温在 4℃，并结合常数，方程可以简化为

$$K\left(\frac{\mathrm{cm}}{\mathrm{sec}}\right)=0.036\times D_{20}^{2.3} \tag{21.6.6.1-10}$$

据报道，Kozeny-Carman 公式是使用最广泛且接受度最高的经验公式（加里克，2011）。然而，其他作者指出，在美国更为广泛使用的是垦务局公式。仅用一个参数的垦务局公式是最不精确的，但使用的参数可以在现场评估。其他的公式使用参数，在现场不具有或不能很容易地被评估，而且精度通常被认为是介于 Kozeny-Carman 公式和垦务局采用的公式之间。

从垦务局采用的公式中得到的 K 值乘以 36，将会得到与 Hazen 公式、Kozeny-Carmin 公式和 Breyer 公式类似的值。将垦务局的 K 值乘以 16 将会产生一个类似于 Slitcher 公式的值，而将它乘以 240 将会得到一个类似于 Terzaghi 公式的值。

除了上述七个公式之外，还存在针对具体情况或特定材料开发的其他公式，如最初的 Kozeny 公式、Sauerbrei 公式、Pavchich 公式、Kruger 公式、Boonstra 公式和 de Ridder 公式、Zamarin 公式和 Zunker 公式（Kasenow，2002）。这里没有讨论这些公式，它们通常需要的输入参数包括颗粒的形状系数或来自经验数据表。

21.6.6.2 渗透仪试验

实验室渗透仪试验包含两种技术：①降水头试验；②常水头试验（USACE，2004；ASTM，2007）。

（1）常水头试验。在一个常水头试验中［图 21.6.6.2-1（a)］，将长度 L 和横截面 A 的土样或岩样紧密地装入一个圆筒管中，并在两端用多孔板盖住。在整个试样上设立一个恒定的水头差 H，测量出流 Q，Q（时间 t 时对应的体积 V）是水通过该系统的稳定流。

（2）降水头试验。在降水头试验中［图 21.6.6.2-1（b)］，试样放置与常水头试验相同。不同的是，在已知的横截面的管中，水头可以从 h_0 下降到 h，并记录时间。

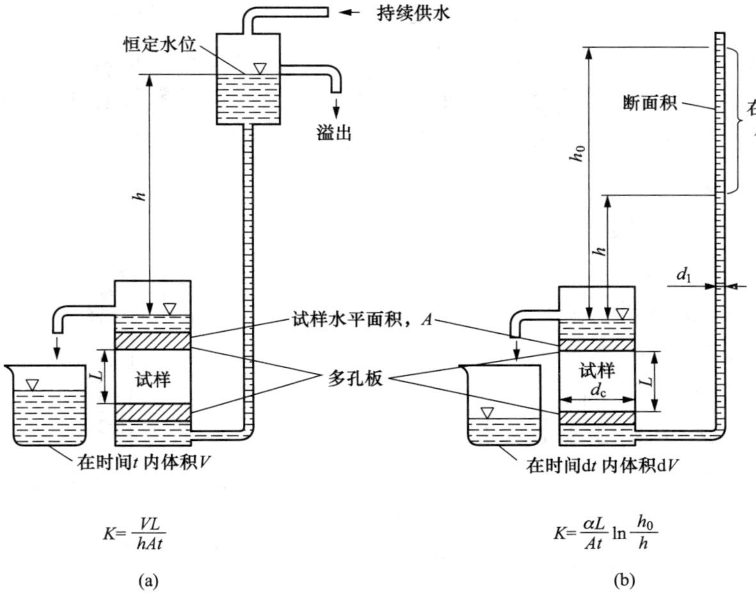

图 21.6.6.2-1　渗透试验

（a）常水头；（b）降水头

第一种情况，常水头试验，将已知的值代入达西定律中，并解出 K。

$$K=\frac{QL}{Ah} \tag{21.6.6.2-1}$$

第二种情况，降水头试验，已知的值被代入一个经略微修改过的达西定律的公式中，并解出 K。

$$K=\left[\frac{\alpha L}{At}\right]\ln\left(\frac{h_0}{h_1}\right) \tag{21.6.6.2-2}$$

理想情况下，试验应该在未受扰动的材料样本上进行。然而，采集样本的简单活动，通常是以岩芯样本的形式，将会引起沿样本壁的扰动。另外，当试验一个垂直的岩芯样本时，求得 K 值是垂直的 K（K_v）。K_v 通常小于水平水力传导系数 K_h，可以小于一个或多个数量级。

过度扰动的样本和重构的样本可以进行试验，但是 K 值存在不确定性，而且可能只用于 K 的粗略估计。

无论如何，在实验室中试验的任何样本只提供该样本的水力传导系数，以及样本在现场的位置和深度。样品或许不能代表排水的材料。需要在不同的深度、不同的材料，以及横跨场地的多地进行试验，得到大量的样品，以获取现场垂直和水平含水层参数的变化。

在渗透试验中使用的小尺寸样本不能获取大规模土层的特性，并且所得到的现场水力传导系数值可能大于实验室的试验值。

21.6.7 现场试验

除了岩土工程勘察之外，获取水文地质资料的主要手段是通过钻孔试验（地球物理实验和微水试验）和含水层试验（也称为水泵试验、抽水试验）。最重要的排水与控水系统的设计参数是：水力传导系数（K）、储水系数（S）、孔隙度（η）。

现场试验是确定原位水力传导系数的唯一方法。水力传导系数能在单个井中确定，但只有紧邻井的材料才会被评估；在多个井试验中，井间的材料才能被评估。确定水力传导系数（K）的方法，从最不精确到最精确依次是：

（1）现场试样的目测分类。

（2）地球物理勘探试验。

（3）单井试验（微水和保水试验）。

（4）单井抽水试验（一个抽水井，无观察井）。

（5）多点单井试验（一个抽水井和多个观察井）。

（6）多井试验（多个抽水井和观察井）。

许多垦务局的工程都在相对狭窄的河谷，其边界条件可以控制后期的水流进入排水与控水系统，而不是导水率和储水性。边界条件通常包括：

（1）由于水库水位的影响，坝基地层中恒定高水头。

（2）由于河谷两侧的基岩，河谷为相对不透水边界。

（3）由于大坝溢洪道和/或泄水工程或导流渠道的泄放，流经或临近开挖场地的溪流/河流产生持续的补给水源。

在这种条件下，可以采用一项或多项试验，同时包括几个紧密间隔的井同时抽水，以获得更清晰的干扰和边界效应图像。

尽管不能直接在现场测量，但其储水性可以通过现场含水层试验的结果来计算。孔隙度只能在实验室中准确测定。

21.6.7.1 从目测分类中估算系数 *K*

现场样品的目测分类：根据含水层材料的现场分类估算系数 K，并将材料与图 21.6.7.1-1 或图 21.6.7.1-2 进行比较。需要注意的是，如图 21.6.7.1-2 所示，许多材料的 K 值范围很广。对于非固结材料，K 是材料物理性质的函数，如级配范围、有效尺寸、孔隙度和均匀系数。结果依赖于观察者对现场样本分类的熟悉程度和经验。

在缺乏实验室试验的情况下，K 的估计值可以从上文所述的某一图表中选择，或者使用文献中所报道的特定类型材料的“平均”或“常用”值❶。许多教科书，以及一些

❶ 在文献中或在各种图表或其他数据中所显示的平均值或常用值，都是基于某些特定材料类型的测量值的平均值或普遍接受的范围值。

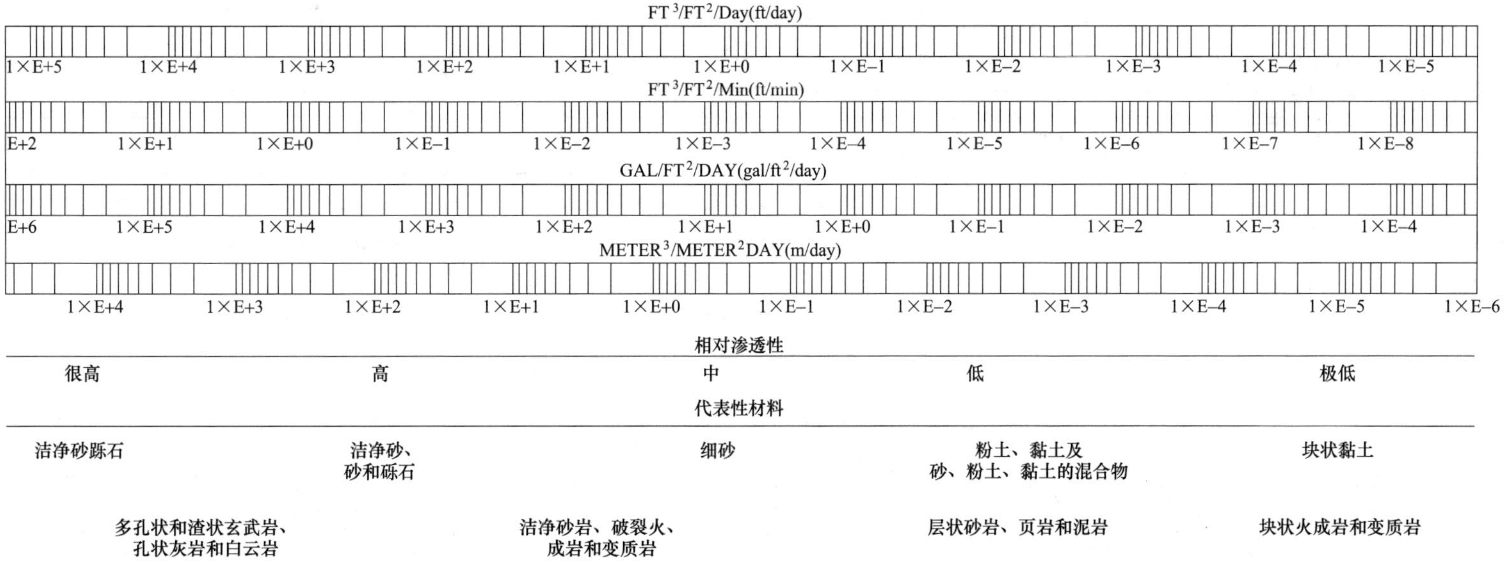

图 21.6.7.1-1　广义材料分类的水力传导系数比较

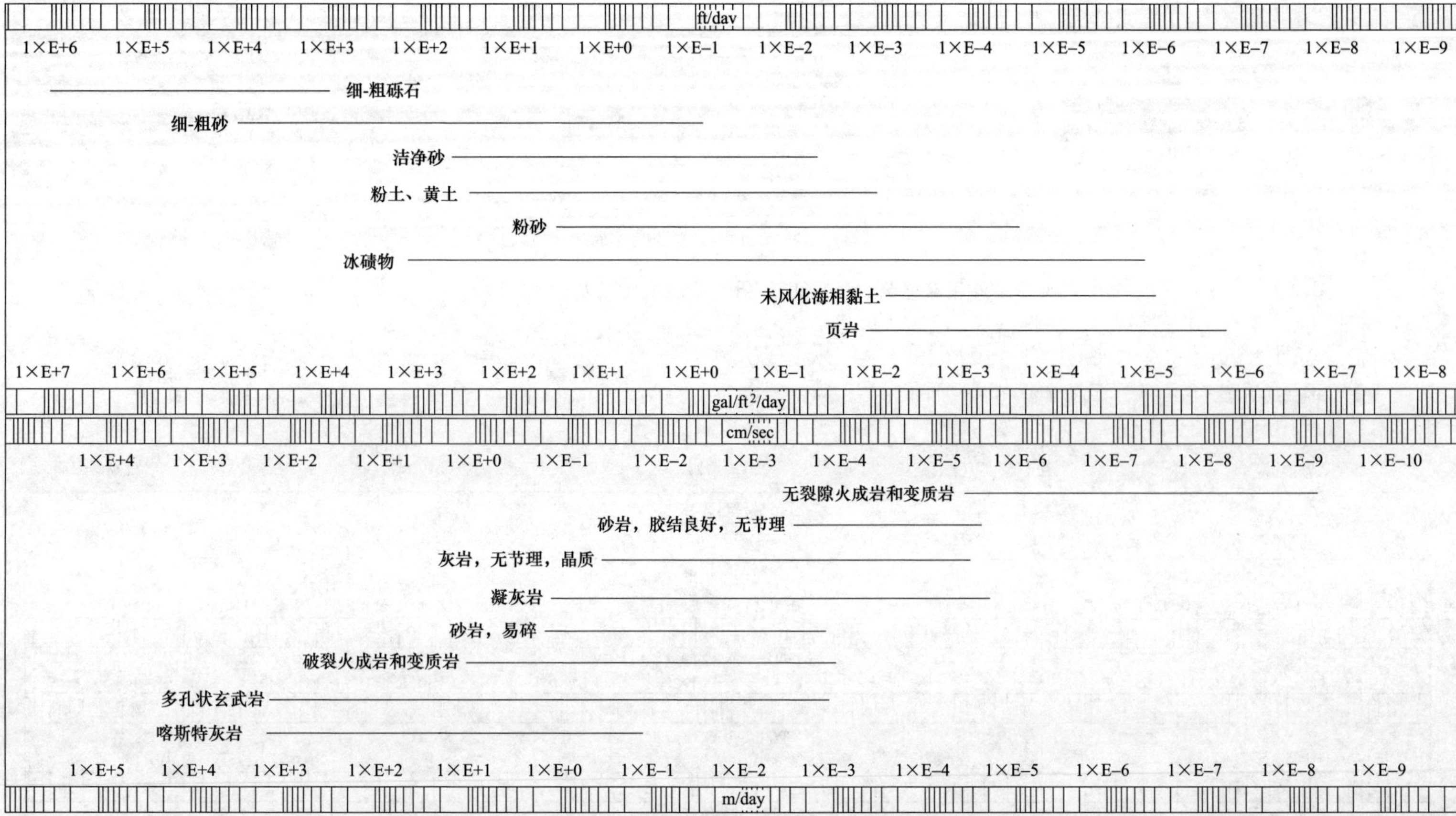

每种材料所示的范围不考虑材料密度、材料孔隙度、地层温度或流体黏度的修正（几种常见材料的水力传导系数图和材料之间的范围比较。

每种材料所示的范围不考虑材料密度、材料孔隙度、地层温度或流体黏度的修正。

图 21.6.7.1-2　几种常见材料的水力传导系数图和材料之间的范围比较

网站，载有各种平均或常用的含水层参数表。其中一些只有少量的材料和/或一些参数，而另一些则有更多或两者兼而有之。表 21.6.7.1-1 是材料类型和含水层特性的汇编，来自加拿大安大略省滑铁卢的 Waterloo Hydrogeologic，Inc. 的两个软件包。

表 21.6.7.1-1　一些常用材料的水力传导系数、给水度、单位储水量和孔隙度的平均值和/或代表值（在数据库中所写为 SI 单位，并没有转换为英制单位）

材料	水力传导系数（m/s）		给水度		单位储水量（m^{-1}）		孔隙率	
	低值	高值	低值	高值	低值	高值	低值	高值
冲积层	1.70E-05						0.20	0.40
冲积层、有黏性透镜体的砂和砾	0.001*							
硬石膏	4.00E-11	2.00E-08						
玄武岩	2.00E-11	4.20E-07	0.02	0.10	5.00E-2	3.00E-01	0.04	0.18
破碎玄武岩	1.20E-06	5.00E+00	0.01		3.80E-06		0.05	0.50
有气孔玄武岩	5.00E-07	1.00E-02	0.04				0.50	
风化玄武岩			0.07				0.34	
玄武岩熔岩和沉积物	1.80E-03	1.80E-01					0.10	
白垩岩	1.00E-04	1.10E-03					0.00	0.50
破碎白垩岩	2.20E-03							
黏土	1.00E-13	1.00E-08	0.00	0.18	1.00E-04	1.00E-02	0.20	0.70
未风化海洋黏土								
黏土质砂	1.00E-08	1.00E-06						
黏土质粉砂	2.00E-08	3.00E-07			1.00E-04	5.00E-04		
黏土质板岩	3.00E-06	5.30E-06						
煤炭	8.10E-07	7.50E-06	0.01		6.00E-05			
白云岩	1.00E-09	5.10E-04	0.01	0.15			0.00	0.20
白云岩和石灰岩	2.20E-04	6.60E-04					0.04	0.08
破碎白云岩和石灰岩	7.00E-08	7.30E-03	0.02	0.05			0.06	0.60
破碎的白云岩	7.80E-06	8.80E-04					0.01	0.20
风化的白云岩	2.00E-05							
风化辉长岩	5.50E-07	3.80E-06						
冰川冰碛	3.60E-05	3.30E-03	0.20	0.30			0.35	
冰碛物	8.00E-12	8.50E-06	0.03	0.18	2.00E-04	1.00E-03	0.30	0.35
冰碛物和细砂	2.70E-05						0.00	0.01
片麻岩					6.90E-06	2.20E-05		
破碎片麻岩	1.80E-06				7.60E-07	2.20E-06		
花岗岩	6.00E-12				1.60E-03		0.02	
破碎花岗岩	3.00E-05	5.80E-05			1.70E-05	1.10E-04		
风化花岗岩	5.80E-06	1.60E-05	0.01					
砾石	1.00E-04	3.00E+00	0.15	0.30	1.20E-05	6.90E-05	0.20	0.34

续表

材料	水力传导系数（m/s）		给水度		单位储水量（m^{-1}）		孔隙率	
	低值	高值	低值	高值	低值	高值	低值	高值
砾石和鹅卵石	2.90E-03						0.22	
粗砾石			0.12	0.26				
细砾石			0.13	0.40				
砾石，与粉砂分层	8.10E-05		6.60E-03					
中砾石					0.13	0.44		
砾质土	1.00E-10	1.00E-07						
砾质粉土	1.00E-07	1.00E-06						
破碎火成岩和变质岩	8.00E-09	3.00E-04	0.02	0.05	1.00E-07	2.00E-05	0.00	0.10
非破碎火成岩和变质岩			0.00	0.03	1.00E-05	1.00E-04	0.00	0.05
风化火成岩和变质岩			0.10	0.20			0.20	0.40
石灰岩	1.00E-09	1.00E-04	0.00	0.36			0.02	0.35
破碎石灰岩	9.00E-05	2.50E-02			1.00E-07		0.01	0.05
喀斯特石灰岩	1.00E-06	2.40E+01					0.05	0.50
黄土	1.00E-09	2.00E-05	0.14	0.22			0.45	0.50
盐	1.00E-12	1.00E-10						
砂	1.00E-06	1.00E-02	0.02	0.30	5.00E-06	3.00E-04	0.25	0.50
砂砾石	1.00E-05	2.00E-03	0.20	0.35	1.00E-05	3.00E-05	0.15	0.35
含黏土晶体的砂砾石	9.00E-04						0.30	
冰洪积砂砾石	5.90E-07	4.30E-02					0.07	0.40
砂、黏土和粉土	5.00E-04						0.25	
粗砂	9.00E-07	6.00E-03	0.18	0.43			0.12	0.35
风积砂	2.30E-04		0.25	0.47			0.40	0.45
细砂	2.00E-09	2.00E-04	0.01	0.46			0.45	
河流砂	7.00E-05	1.70E-02			1.70E-08	2.70E-05	0.40	0.45
冰洪积砂	1.70E-08	7.60E-05					0.30	0.40
砂、砾石和粉土	1.30E-03						0.25	0.40
中砂	9.00E-07	5.00E-04	0.15	0.46			0.25	0.40
极细砂	1.50E-04						0.50	
砂岩	3.00E-10	1.00E-04	0.01	0.25			0.00	0.30
含砂、粉土和黏土的砂岩	2.90E-10						0.23	
细质砂岩	2.30E-06		0.02	0.40				
中等砂岩			0.21	0.41				
砂质黏土			0.03	0.12				
砂质粉土	2.00E-09	1.00E-06						
片岩			0.02	0.03				

续表

材料	水力传导系数（m/s）		给水度		单位储水量（m^{-1}）		孔隙率	
	低值	高值	低值	高值	低值	高值	低值	高值
破碎片岩和片麻岩	3.60E-07							
页岩	1.00E-13	2.00E-09	0.01	0.05			0.00	0.10
风化页岩	2.00E-06	3.00E+06			6.00E-05			
粉土	1.00E-10	2.00E-05	0.01	0.39			0.35	0.50
粉砂岩	1.00E-11	1.40E-08	0.01	0.33			0.05	0.20
粉质砂土	1.00E-07	1.00E-03						
凝灰岩	1.70E-06	2.30E-06	0.02	0.47				

* 合并单元格只有一个值表明只报告了一个平均或单个值（Schlumberger Water Services，Enviro-Base Pro 1.0 ®®2003 和 EnviroBrower Pro 1.0，2007）。空白单元格表明，数据库中这些参数没有包含指定材料类型的值。所试验的各种材料的参考资料和所获得的值都列在 envirobase Pro 1.0 和 EnviroBrowser Pro 1.0 数据表中。

表 21.6.7.1-1 给出了许多不同材料含水层特性的平均值和代表值（SI 单位）。在大多数情况下，这些数值是通过大量实验室分析和/或实地试验取得的。在某些情况下，只提供某种材料的一个值，在这种情况下，“低”和“高”列的单元格被合并，并且只显示一个值。

当无法获得现场特定数据时，表 21.6.7.1-1 中的值可用于在初始设计阶段评估，例如评估阶段深度或 30%设计进程情况下的估算。在要达到 60%设计进程之前，估算需要有现场特定数据。在没有现场特定数据的情况下，设计一定要是超保守的，这也是必要的。在可能的情况下，一个好的做法是为要降水的地层选择高值和低值区域，并在一定的可能值范围内进行初始设计。

21.6.7.2 地球物理勘探试验

结合物理试验方法（勘探钻井、含水层试验等）进行降水工程的地球物理勘探试验。地球物理勘探试验的主要目的是确定材料的水力传导系数，以及地下材料的分层和范围。地球物理勘探方法只能间接测量含水层的性质，无论是在现场还是在实验室环境中都必须与物理试验方法相关联。地球物理勘探结果用于改进排水与控水系统设计，包括降水井的位置、深度和间距。这是由于地球物理勘探是沿剖面线提供横向和深度上广泛的覆盖，而不是来自钻探数据和岩土工程勘察的点位置信息。地球物理勘探数据和钻探数据相结合，可以开发出比单独用钻井数据更完整的现场特征评估。地球物理勘探试验方法分为两大类：①地表地球物理勘探方法；②钻井地球物理勘探方法（见表 21.6.7.2-1）。

附录 21-A 更详细地讨论地球物理勘探方法及其在获得含水层参数方面的应用。

21.6.7.3 井试验

（1）单井试验（微水或保水试验）。针对单井一般有两种配置：一种配置是井的开口端只在很短的间隔内开放（例如在单层内）；另一种配置是井的整个长度或很大一部分长度是敞开的。在这两种情况下，试验都是通过移出已知体积的水（保水试验）或添加已知体积的水（微水试验），使测井静水位产生瞬时变化而进行的。

表 21.6.7.2-1　　地质/水文勘探目标和适用的地球物理试验方法示例

地质/水文勘探目标	地球物理勘探方法	
	地表法	测井法
基岩构造	地震折射波或反射波法、电阻率法、EM[1]、磁法[LF]、重力法[LF]、GPR[LF2]	不适用
地层情况	地震折射波或反射波法、电阻率法、EM	声波、电测或放射性测井；自然伽马测井、SP
区域断层模式	重力法、磁法	不适用
局部断裂带/断层	地震反射波法、电阻率法、EM、SP[3]	声波测井、钻孔成像、层析成像
渗流/地下水流	SP	温度测井、流量计
最高水位	地震折射波或反射波法、电阻率法、EM	不适用
地质材料的孔隙度	不适用	声波、电测或放射性测井
地质材料的密度	重力法	放射性测井
黏土含量、含水层和隔水层测绘	电阻率法、EM	电测、自然伽马测井或放射性测井
地下水酸碱度	电阻率法、EM	电磁测井

[1]EM＝电磁法。

[2]GPR＝地质雷达法。

[3]SP＝自然电位法。

[LF]在这些应用中使用频率较少。

通过快速插入或提取已知体积的固体圆筒（坎宁安等人，2011）可以达到同样的效果。三种试验配置都是可能的，这取决于地下水位的位置或不透水边界相对于井中的水位［图 21.6.7.3-1（a）］，分别称为条件Ⅰ、Ⅱ和Ⅲ。

在地下水位或不透水屏障低于试验区间间隔的情况下时，可以在适当的情况下用图解法［分别为图 21.6.7.3-1（b）和 1（c）］，在Ⅰ或Ⅱ（视情况而定）条件下，现场在试验间隔下快速估算出微水试验结果。或者，K 可以用以下适当的方程式［分别为式（21.6.7.3-1）或式（21.6.7.3-2）］计算，并在列线图［图 21.6.7.3-1（b）或 1（c）］中示出。

当地下水位高于试验间隔时，也称为条件Ⅲ［图 21.6.7.3-1（a）］，K 可以使用式（21.6.7.3-3）计算［美国环境保护署（EPA），1994］。

条件Ⅰ列值线图的使用条件如下［参见图 21.6.7.3-1（a）］：

h 为井底以上的保持水深。

T_u 为从保持的水面到地下水位或不透水层的深度。

r 为井的半径。

Q 为水流入井的恒定速率。

1）计算 h/r；在 h/r 和 Q 之间适当的轴上画一条直线。

2）在直线 1 和轴 A 的截距与极右垂直轴上的 h 值之间画一条直线。

K 值是 K 轴上的点，在第 2 条线上与 K 轴相交。

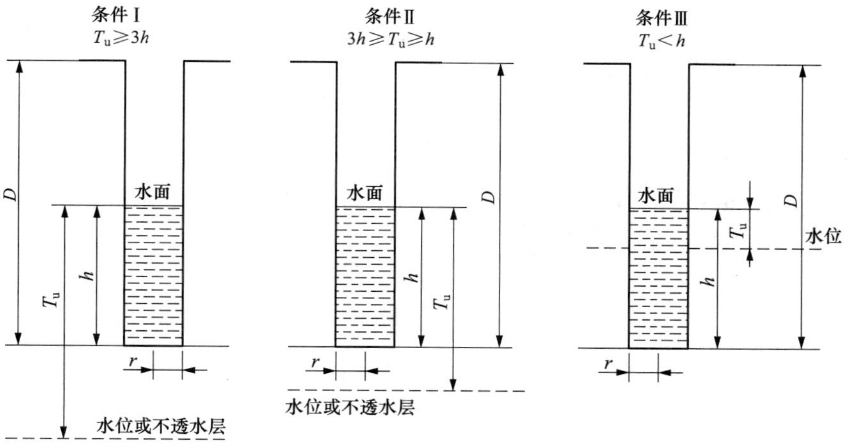

图 21.6.7.3-1（a） 条件Ⅰ、条件Ⅱ和条件Ⅲ试验配置图

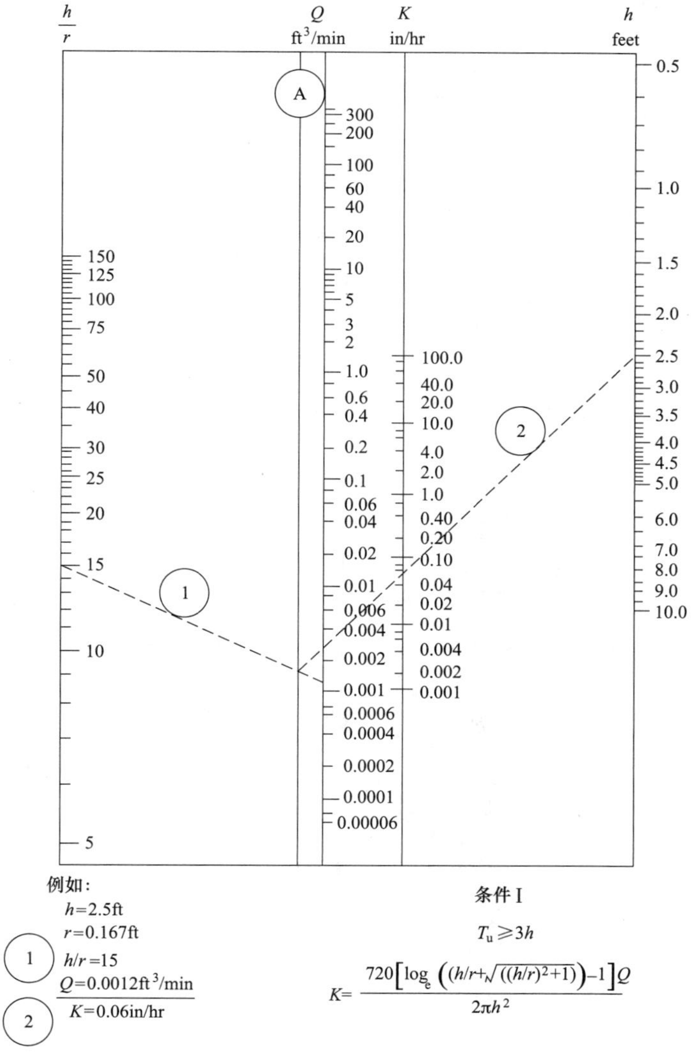

图 21.6.7.3-1（b） 从浅井泵试验资料确定水力传导系数的条件Ⅰ列值线图

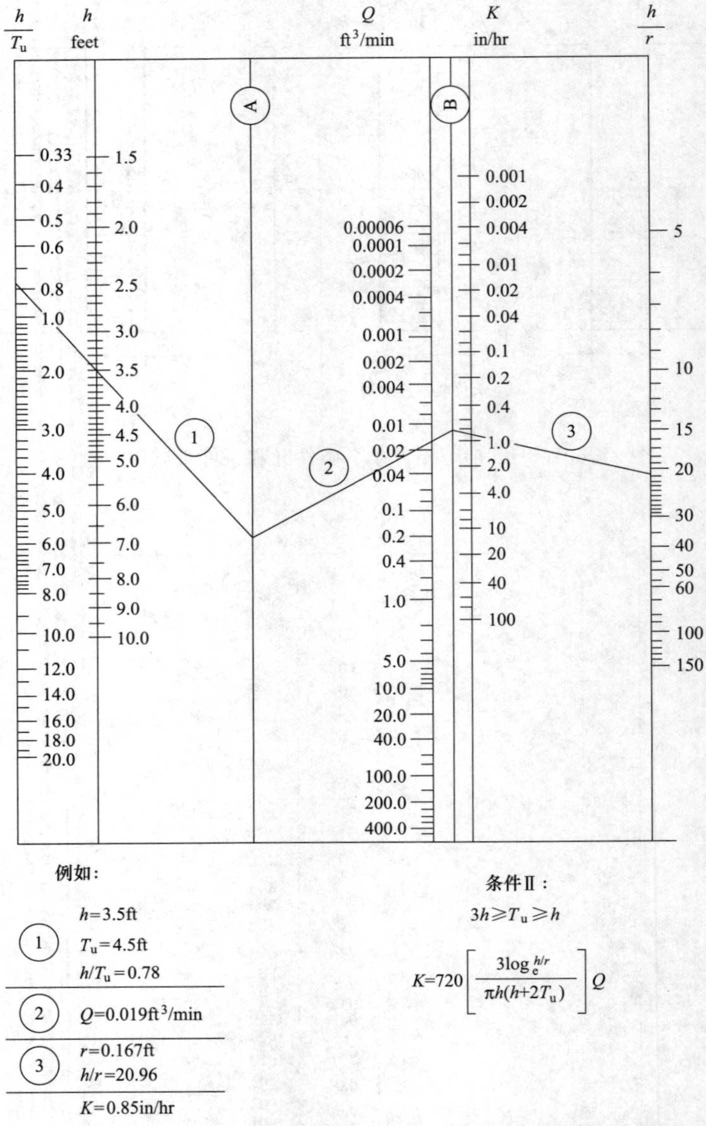

图 21.6.7.3-1（c） 从浅井水泵试验资料确定水力传导系数的条件Ⅱ列值线图

条件Ⅱ列值线图的使用条件如下［参见图 21.6.7.3-1（a）］：

h 为井底以上的保持水深。

T_u 为从保持的水面到地下水位或不透水层的深度。

r 为井的半径。

Q 为水流入井的恒定速率。

1）计算 h/T_u；从 h/T_u 穿过 h 画一条直线与垂直 A 轴交叉。

2）从直线 1 和轴 A 的交叉点，穿过 Q 画一条直线与垂直 B 轴交叉。

3）计算 h/r；在直线 2 与轴 B 的截距和极右垂直轴上的 h/r 和 Q 之间画一条直线。

如图 21.6.7.3-1（a）所示的三种条件Ⅰ、Ⅱ、Ⅲ，三种微水试验方程为：

条件Ⅰ：当 $T_u \geqslant 3h$ 时：

$$K=\frac{720\left[\log_e\left(\left(\frac{h}{r}\right)+\sqrt{\left(\left(\frac{h}{r}\right)^2+1\right)}\right)-1\right]Q}{2\pi h^2} \tag{21.6.7.3-1}$$

式中 K——水力传导系数，ft/s；

r——井套管半径，ft；

h——初始静水位；

T_u——h 与地下水位或不透水边界的距离。

条件Ⅱ：当 $3h \geqslant T_u \geqslant h$ 时：

$$K=720\left[\frac{3\log_e \frac{h}{r}}{\pi h(h+2T_u)}\right]Q \tag{21.6.7.3-2}$$

条件Ⅲ：当 $T_u < h$ 时：

$$K=\frac{r^2\ln\left(\frac{L}{R}\right)}{2LT_0} \tag{21.6.7.3-3}$$

式中 L——井管滤网或开孔段的长度，ft；

R——过滤层或井孔半径，ft；

T_0——t 对应 $(h-h_t)/T_u$ 在半对数图上的值，其中 $(h-h_t)/T_u=0.37$；

h_0——当 $t=0$ 时水位；

h_t——当 $t>0$ 时对应的水位。

对于 $\left(\frac{L}{R}\right)>8$ 且静态水位高于井管滤网或开孔段顶部时：

式中 K——水力传导系数，ft/s；

r——井套管半径，m；

L——井管滤网或开孔段的长度，ft；

R——过滤层或井孔半径，ft；

T_0——t 对应 $(H-h)/T_u$ 在半对数图上的值，其中 $(H-h)/T_u=0.37$；

H——初始静态水位；

H_0——$t=0$ 时的水位；

H——$t>0$ 时对应的水位。

在试验开始之前，记录静态水位；在试验开始时，记录井中水位的瞬时变化；在试验开始后，记录好返回到试验前静态水位的时间。在整个试验过程中，应定期测量剩余水头或剩余的压降，以及测量的时间。参见刊物《美国地质调查（U.S Geological Survey)》(2011f）关于使用机械塞和压力传感器进行瞬时微水试验程序的讨论。

单井试验的最大局限是，只有邻井的材料，以及在壅水影响区（微水试验）或降落漏斗（保水试验）范围内的材料才会被试验。其他限制包括：

1）假定静态水位的变化是瞬时的。

2）在很短的时间内可以移出或添加的水量是有限的，因此，测压计的初始水头变化量也是有限的。

3）这些井一般都是小直径井，因此，可供移出或添加水的井下空间和水位测量装置是有限的。

4）大直径井要求添加或移出大量的水以引起足够的水头变化从而获得良好的试验结果。《美国地质调查（USGS，2011f）》建议0.5～3.0ft的水头变化是足够的，这取决于井的直径型式，像这样较大直径井需要更多的水头变化。尽管没有严格的规则来规定需要改变多少水头，但大多数参考书、教科书和发表的文章都一致认为，2-1/2～3倍的水头变化通常会产生可靠的结果。

（2）单井抽水试验。单井抽水试验通常包括抽水（排出）井和多达八个井布置在抽水井（也称为试验井）周围的观察。这些试验包括记录抽水井的抽水率，以及在整个试验期间抽水井和观察井的水位（通常称为含水层试验、泵水试验、抽水试验或水泵试验）。此外，当水位恢复到抽水前水位（通常称为试验的恢复期或恢复阶段）时，所有井的水位都被记录下来。

这些试验并没有专门试验紧邻水井的材料；相反，它们试验含水层系统本身，或者至少是试验井和观察井之间的含水层的部分。该试验为整个含水层系统如何响应降水活动提供了试验成果，并且该成果是用来排水系统设计和容量确定的一种好方法。

观察井一般布置在以抽水井为中心的2～4口井的垂直线上（即抽水井在字母L的顶点处）。在可能的情况下，L的臂被布置成一个臂平行于主地下水力梯度。观察井之间的间距取决于抽水井的预期影响半径，最近的观察井距离抽水井约10ft，而最远处井接近预期的影响半径。

通常进行两种类型的单井抽水试验：①阶梯式试验；②恒速试验。阶梯式试验包括3～4个持续相同时间的步骤和增加抽水量，抽水量从预期抽水量的25%开始，到预期抽水量的110%结束。每一步的抽水量一直保持下去，直到抽水量下降。阶梯式试验的主要目的是确定最大可持续抽水量，以便在恒速试验中使用。

典型的恒速试验是在恒定抽水量的情况下运行超过3～5天，并伴有2～3天的恢复期。目标是在持续抽水阶段，直到每一个井水位下降的速率都是零。从理论上讲，影响的半径永远不会达到平衡，下降的幅度会继续增加。然而，随着降落漏斗的扩大，下降速率的变化会越来越小。因此，在实际情况下，在超过至少4个连续小时内，下降速率应该小于0.01ft/h。当井中水位下降的速率达到这个条件时，井中的水位下降就会被认为是“稳定的”❶。恢复阶段一直持续到所有井的水位恢复到预先测试的静态水位为止。实际上，水位几乎从未恢复到精确的静态水位，当水位恢复到试验前水位95%以内和在超过连续4h内水位变化的速率小于0.01ft/h的，水位恢复被认为完成。

早期的水位下降和水位恢复都是关键值，因此尽可能多地捕获早期的值是很重要的。使用自动数据记录器，读数的频次只受传感器（例如压力传感器）的延迟所限制。

❶ 从理论上讲，随着抽水泵的运行，水井水位会持续降低。然而，在抽出一定数量的水后，下降变化的速率将接近一个非常小的值（例如，每天数百分之一英尺）。当变化率在测量装置的测量误差范围内时，就可以说下降是“稳定”的。

延迟是传感器预热并获得测量总的时间。在现代传感器中，延迟时间是 5～10ms 级。使用手动记录仪（即一个人使用电子水位指示器、钢尺或其他方法测量）时，通常每个井要两个人才能获得可靠的读数；每 15s 获取一次读数通常被认为是快速的。值得注意的是，即使自动数据记录器每秒钟能获得每个井 10～20 个读数，这样的频率每分钟会产生数千个读数，但这绝对是不太好的情况。大多数数据记录器能够从开始每秒一次读取对数类型上的数（每个井），降低到一个用户定义的频次，而且数据记录器转换成线性类型。在没有内置对数刻度的情况下，用户通常可以使用半对数类型的频率程序。有许多不同的半对数类型被推荐，并且每个压力传感器的制造商都有一个基于传感器的能力而推荐的半对数类型。

在读数 10min 后，读取的频次会逐渐降低，直到每 15min 一次。对于极长的试验，或者长期观察，读取的频率可能是每小时一次，甚至降到每天一次。

大多数自动数据记录器和独立压力传感器都有内置的默认半对数类型。是否可以修改默认的半对数类型，取决于使用的数据记录器或压力传感器的具体模型。如果没有制造商推荐的或默认的类型，一个可能的半对数类型，在大多数情况下将获得可靠和有用的读数，见表 21.6.7.3-1。

表 21.6.7.3-1　　半对数水位读数频次表

读数编号	从 $t=$	到 $t=$	频次
10	0s	10s	1/s
10	10s	30s	1/2s
18	30s	120s	1/5s
60	2min	12min	1/10s
60	12min	42min	1/30s
60	42min	102min	1/min
60	102min	402min	1/5min
60	402min	1002min	1/10min
4 次/h	1002min	抽水结束	1/15min

从阶梯式试验和恒速试验的抽水和恢复阶段获得的时间-距离-抽水量-水位下降数据，采用几种方法进行分析，几种方法在多种参考书籍和教科书中被描述，如弗里兹和彻丽（1979）、费特斯（1980）和斯特雷特（2007）。

恒速试验通常能更好地分析现场范围的条件，而阶梯式试验更适合于分析高度非均匀材料存在的局部条件。

存在几个专有的计算机程序，它们不仅将执行分析，而且还可以直接导入数据记录器数据文件。

就像在单井试验中一样，单井抽水试验也有局限性，包括：

1）静水位从来都不是真正静止的；由于气压变化，它们不断变化。

2）由于抽水井的效率影响，抽水井水位下降通常不能代表井附近的含水层的水位立即下降。

3）含水层的恢复能力可能是有限的，是因为在试验过程中从含水层中抽取了水量；含水层范围越小，在试验过程中产生的水量的影响就越显著。

4）在 K 值较低的含水层中，含水层可能需要数天时间才能恢复最后 5%的试验前水位，因为所涉及的水力梯度非常小。

（3）多点单井试验。鉴于填筑坝通常位于溪流或河谷或宽阔的冲积平原上，预计在整个场地内地下水文条件将变化很大，填筑坝材料将是相当均匀的，在局部地下水系统中表现出独特的边界条件。因此，强烈推荐在整个场地内进行多点单井抽水试验，特别是在计划的开挖范围内。

已知材料显著不同的区域，如回填材料（压实或疏松）、原状河道沉积物和岸边沉积物、重新加工的区域等，都应进行试验，并应尽可能确定它们的范围。还应对地下地层已知或可疑的补给源内或附近的材料进行评估，以确定补给水源的数量和流动路径。

（4）多井试验。多井试验通常包括至少两个抽水井（外排）和多达八个观察井（测压计）布置在每个抽水井的周围。这些试验包括对每个抽水井进行一次抽水试验，并允许在两次试验之间含水层恢复试验前的水位。一旦所有的单井抽水试验完成，所有的井都将被试验，无论是并联井还是串联井。在并联试验时，所有井的抽水泵都同时开启，抽水阶段一直持续，直到所有抽水井和观察井的水位降落都稳定下来。在串联试验时，一个井抽水开始，当井的水位下降并且相关的观察井已经稳定时，这个串联井下一个泵井就开始抽水。因此，抽水井依次开始运行，直到所有抽水井同时运行。当所有井的水位降落都稳定了，抽水井可以同时关闭或依次关闭。

作为多井试验的替代方案，目前计算机（数值）地下水模型，如 MODFLOW、FEFLOW❶ 和其他地下水模型，可以用来模拟多井试验。计算机模型仅仅是基于数据输入到模型中的模拟，不能被过分强调。如果输入不精确或错误的数据，计算机模拟将与输入准确或正确的数据时同样运行，除非数字算法“崩溃”❷。这只是水文地质学家和/或排水与控水专家在评估现有条件、进行有效设计和有效的排水与控水系统方面所发挥的重要作用的众多方面之一。

这一类型的试验表明，含水层系统作为一个整体可能如何响应降水活动，并且它是用来设计和确定排水与控水系统能力的一种好方法。虽然很少进行大范围的多井试验，但是一个含有两或三个抽水井的简化版试验将提供有价值的资料，用来对地下水数值模型的校准。正如后来所讨论的，数值模型是设计和试验排水与控水系统一个有价值的工具，并且模型的校准对任一模型模拟的准确性是至关重要的。

---

❶ MODFLOW 和 FEFLOW 是公共领域，三维地下水模型代码由 USGS 开发和维护。MODFLOW 代表模块化三维有限差分流动模型；FEFLOW 代表有限元三维流动模型。

❷ 计算机模拟将“崩溃”，当模型代码遇到模拟中的许多状况时，如除以零，计算进入一个无限循环，或者迭代计算不能收敛到一个解，结果模拟终止没有达成解决方案。

在选择微水和/或含水层试验位置时应考虑的因素是：

（1）地下材料及其范围内的已有资料：

1）已有井、测压计等钻井记录。

2）岩土勘察，如探坑、标准贯入试验（SPT）、圆锥触探试验（CPT）等。

3）地质横剖面图。

4）以前的施工报告。

（2）水位数据来源：

1）已有的井和/或测压计。

2）溪流/河流观测站。

3）水库水位。

4）水库运行-下泄时间和流量。

5）地下水位、水库水位、溪流/河流水位和水库下泄的关系。

（3）以前的施工排水与控水方法和记录，包括以前的含水层试验结果。

（4）正在进行的活动，可能会影响试验井的位置。

（5）计划开挖的位置和大小。

（6）可以执行的每种类型试验的数量，考虑对外交通、可利用设备、时间和成本。

例如：在近期的一个水坝改造现场，一个含水层试验得到了资助。坝趾的右侧有三口水井，那里有大坝招标者的房子，还有几个沿着坝趾的古老的测压计。三口井都有日志，几个压力水表也是可以用的。大坝招标者的房子和水井都在计划开挖的范围内，因此将被拆除。

测压计和井的水位数据非常稀少且太久远。水库的水位和运行数据都是最新的，但是最近的河流水位站在施工区下游。在最初的施工过程中，要求设排水与控水系统，但没有记录下被排走的水量、泵的大小或运行的长度。

因此，为了最大限度地获得数据量，就开展了含水层试验，利用已有的三口井和几处测压计作为观察井。

这个实例说明了含水层试验对设计排水与控水系统的价值。专门设计的含水层试验更是排水与控水系统设计成功的关键。然而，在缺乏特定含水层试验的情况下，使用已有井或其他调查所获得的任何试验数据都是有价值的。

一些含水层试验分析计算了含水层的导水率，而非水力传导系数，特别是在承压含水层中。导水率（T）与水力传导系数是相关的：

$$T = Kb \tag{21.6.7.3-4}$$

式中：b 为含水层的饱和厚度。在承压含水层中，T 是一个常数；然而，在非承压含水层中，饱和厚度随水位变化而变化，T 为变量。导水率也因材料类型不同有一个较宽的取值范围（图 21.6.7.3-2）。由于 T 也是饱和厚度的函数，因而在不知道饱和厚度的情况下，估计 T 的平均值比基于材料类型或特征估计 K 的平均值更不确定。

在高导水率材料中降落漏斗会浅而宽；在低导水率材料中（所有其他因素都相等的情况下），降落漏斗将窄而深。

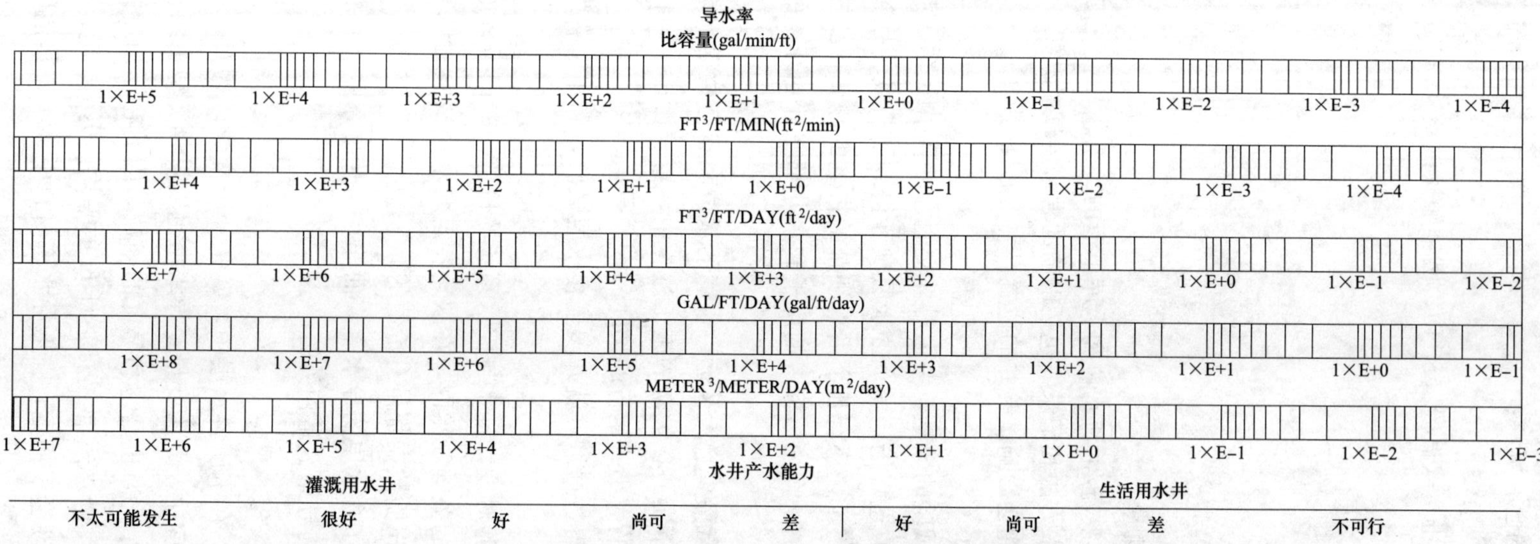

注：导水率$T=K\times M$，式中K—水力传导系数；M—饱和含水层厚度。比容量值基于约8h的抽水时间，但是广义的。

图 21.6.7.3-2　广义材料分类的导水率比较

21.6.8 关键设计参数分析

第 21.6.3 节介绍了关键设计参数的一般类别，第 21.6.4 节中列出了根据情况应该收集的特定类型的数据。每个现场和每项施工活动将结合起来创建一组独特的关键设计参数，这些参数可能或不太可能显而易见。最初可能看起来是一个次要的或无关紧要的参数，但其可能是决定一个或多个其他参数是否重要的关键。

例如：在前面章节所讨论的同一坝址上，排水系统应该只需要九个抽水井和九个观察井。在井安装并投入运行后，抽水量从 5～10gpm 不等到大约 300gpm。抽水大约两周后，水位已经大大稳定在预期水位以上。在水位高的地方新增水井；然而，对于每一个新井上线，附近井的产水量将会下降相应的量，这样所有井的累积抽水量基本保持不变。这将一直持续到 36 个抽水井安装完毕。最后安装的两口井贯入了一个高产砂层，这两口井上线，整个工地的水位开始迅速下降。

这一高产水量区几乎为现场提供了所有的补给。该区域在大坝上游较远处的右坝肩上，据悉原来的施工队伍是知道的，但是当它通过坝下和低于大坝防渗墙时，就变得不再重要，并且没有任何施工图纸或报告提及。如果它被提及，可作为专门针对目标安装的第一批井之一，可能节约相当多的时间和金钱。

如第 21.6.2 和 21.6.3 节所述，在建立了地下水系统特征分析方法后，排水与控水专家将识别潜在的关键设计参数，并收集用于分析参数所需的适当数据。使用所收集的数据，将第 21.6.3 节中列出的试验标准应用于分析潜在的关键设计参数。

分析潜在的关键设计参数的目标是：

（1）潜在的关键设计参数的确定实际上也是关键的。

（2）确定每个设计参数对项目的关键程度（例如，如果由于断电而导致降水系统失效，则开挖边坡会存在立即失稳的危险，或需要数小时或数天才能到达潜在故障点）。

（3）按每个参数的关键程度对参数进行排序（此排序可用于设计系统冗余、紧急响应、缓解措施等）。

（4）确定是否忽略了任何关键参数。

不同参数的分析法常常是不同的，并且可能用一些类似“信封背面”❶ 的简易方法进行计算或专业判断，或者是详细的数值分析、实验室试验、模拟或数值模拟（如系统物理模型或一个计算模型）。

21.7 施工与 L-23 作用

对于每个建筑和大坝安全项目，施工紧急行动计划都是为了详细说明项目的应急程序和项目专门联系信息。每个垦务局大坝都有一个紧急行动计划用于大坝正常运行。紧急行动计划可以修改成施工紧急行动计划，供大坝施工时使用。列出已知的风险，通过协议来减轻对施工辅助人员和下游危险区人口的潜在风险。在发生紧急情况时，应当遵

❶ “信封背面”这个词是一个俚语，指的是一个非常简单的计算方法，它可以很容易和快速地完成，而不需要付出很大努力，比如使用计算器、进行现场或实验室试验，或者建模，但仍然是相当准确的。

循施工紧急行动计划，包括联系关键决策者。垦务局和承包商双方都应为工程编写施工紧急行动计划。非常重要的是，承包商的紧急行动计划必须被审查，并在必要时更新，包括签约方官方代表的联系信息，即在该项目中代表垦务局和政府利益的主要联系人。

施工紧急行动计划将参考由承包商和垦务局在施工期间使用的具体监测仪器。这些仪器被列在一个被称为 L-23 的报告中，报告中包括一个读取仪器的时间表，以及超出了允许的参数之外读数的协议（如高水压、过度变形等）。当在施工过程中安装额外的仪器用于降水时，应将设备添加到与施工紧急行动计划一起使用的新的 L-23 中，并记录清楚程序，以便在承包商和签约方官方代表之间传递关于项目状态的信息。

降水系统的运行和潜在失效通常对大坝及其相关结构的稳定有一定影响，在施工过程中，它们对生命安全和现场安全有一定的影响。所以，适当的仪器和观测（包括在某些情况下设置带有报警的自动化仪器）是施工运行的关键要素。在某些情况下，现有的仪器可以用来补充施工监测仪器。在设计降水系统之前，审查每个工程的 L-23 报告，调整处于有利位置的已有仪器的读数计划，可以节省时间和成本效益。

21.8 排水与控水：系统设计考虑事项

21.8.1 概述

有许多工具可供排水与控水专家用来：

（1）评估现场条件和参数。

（2）辅助进行系统设计。

这些工具在本质上有模拟的、分析的或数值的，并且每个工具都有其自身的优点和局限性。无论使用哪种工具（通常使用工具的组合），目标是了解现场条件和控制排水与控水系统有效性的现场因素，然后利用现场条件进行设计，以实现系统的优势。

降水和排水系统有许多共同的考虑因素，降水或排水也有其特殊的考虑事项。在很大程度上，这些考虑事项将决定采用何种技术，或是在设计中采用何种程度的冗余度，可能需要何种类型的二次渗流控制，以及如何最好地使用仪器和监测系统。

21.8.2 分析与工具

分析方法和相关工具可分为三大类：模拟法、分析法和数值法。模拟法用物理模型来表示系统，不在本章中讨论。分析法用数学模型来表示系统或系统的某些方面。数值法用数值（数字）计算模型来表示系统。这三种方法的目标都是相同的——评估系统以及它对外界压力的反应，如开挖、排水、承载以及对现有条件的类似变化。

模型模拟了给定条件和假设建模时的条件，模拟结果通常高度依赖于输入到模型中的数据的数量、类型和准确性。

21.8.2.1 分析法

分析法包括收集现场数据和利用数学模型对数据进行评估，并估计建模的特征或条件如何响应变化的现场条件。分析法通常是二维的，如 x-y 或 x-z 平面，在任何给定的模拟中仅能评估有限数量的参数。边坡稳定性分析是一种常用的分析法，它利用数学模型对现场条件进行评估，并估计对现场条件变化的响应。

地下水状态，由于其性质，必须以三维的方式进行分析，对于简单的地下水系统或非常局部的施工项目，准三维分析通常是足够的。

在评价含水层参数时，数学方法在评价现场条件和排水与控水系统的设计中起到了重要作用，并在其他数学模型或数值模型中使用。第 21.8.3 节涵盖了排水与控水设计和评估中常用的数学模型。

21.8.2.2 数值法

数值模型也依赖于地下水状态参数的数学表示法（类似于分析模型）。数值模型与分析模型不同的是，它们将许多不同的参数集成到一个模型中。数值模型能对地下水状态进行准三维和真三维表示；因此，它们有能力评估累积效应，以及系统的个别响应，去应对多重外部压力。

基于地下水系统的复杂性，数值模型可以是简单的 Excel 电子表格，也可以是详细的计算模型（如 MODFLOW、FEFLOW、SEEPW❶ 或一些专有模型）。数值模型比其他两种方法的数据密集程度更高，可以提供更详细和完整的估算。当获得关于系统响应的新数据时，它们也可以不断更新。

21.8.3 模型建立

在排水与控水实践中，分析模型被用来估计已有地下水系统的状态。分析模型一般包括一些简化的假定，如均质土和土的各向同性，并通常假定导水率的垂直平均值。数值计算模型既考虑了含水层特性的时间和空间变化，又考虑了模型的边界条件，为模型的每个点定义施加应力。在可能的情况下，以经验和合理的推理为指导的分析法往往是分析地下水流动问题的最快和最简单的方法。适合使用数值模型情况如下：

（1）层状含水层：在水力传导系数或含水层厚度方面有显著空间变化。

（2）含水层各向异性和竖向流动：分析模型假设地下水水平流动，这种不适用于有防渗墙等情况，这些地方竖向流动是影响降水系统性能的关键。

（3）邻近的或不规则的边界：此种情况下，系统的边界不能被假定为规则的、远距离的，此时的流网不是一个合适的模型。

（4）非稳态或瞬态分析：多点抽水井或含水层性质的变化，使其不适用于非平衡方程。

（5）部分贯入：此种情况下，随着水的抽排，细长的水流路径和收敛的水流会在含水层中形成垂直水力梯度，这代表背离完全贯入井的径向流动模式。

（6）次生渗透率：显著高于某些低渗透层的初始渗透率。

设计一个模型系统有一系列步骤，包括总结问题和确定要使用的数学模型。步骤如下：

（1）定义需求和目的。如果一个分析模型可以用来解决这个问题，那么需要付出额

---

❶ SEEPW 是一个基于 CAD 的三维有限元渗流计算模型代码，是一项专利 Geo-Slope。

外努力和费用模型是不合理的。定义模型的目的有助于描述构建模型所需的附加信息，并帮助识别模型的范围。

(2) 开发概念模型。这一步骤包括汇集该区域所有相关的地质、地下水和土的信息，并对这些数据集相互作用进行更深一步的理解。这一步骤包括利用和开发必要的横截面来可视化和开发地下水模型。它还有助于澄清哪些信息仍然缺失，哪些需要进行额外的实地勘探获得。如果无法获得额外的信息，则可以在此阶段定义一个不确定分析，以帮助解释模型结果。

(3) 选择建模程序。有许多可用的模型（公共领域和专有模型）来模拟不同的问题。重要的是选择一个可靠的、熟悉的，并且能够满足概念模型❶的目的。

(4) 构建计算模型。该模型由含水层性质、边界条件、初始状态和预期变化（如补给、地表水渗透等）组成。

(5) 验证计算模型。将模型输出与分析法的结果进行比较，并验证输入到模型中的参数。这个阶段建立了对计算模型的信心，并允许建模人员验证模型函数的合理性。

(6) 校准计算模型。这一步骤包括调整含水层的性质，以匹配已知的、现有的实地观测，这是对模型的另一个验证试验。

(7) 应用模型。使用模型对降水系统的结果和性能进行估计。用模型完成参数分析，增强理解模型对特定参数的灵敏度。允许建模者确定是否需要进行额外的勘探或试验，以确定这些属性的实际范围。

上述步骤在“地下水系统概念化和表征的标准指南”（ASTM，2008）和相关的 ASTM 标准中进行了更详细的解释并以流程图的形式展现。

三维软件程序通常用于模型、设计和评估排水与控水系统，包括公共领域和专有软件包。最常用的公共领域包包括 USGS 的 MODFLOW 和 FEFLOW 软件包。最常用的专有软件包包括：Schlumberger Water Service 公司可视化的 MODFLOW 软件包，BOSS International 公司的 Groundwater Modeling System 软件，以及 Environmental Simulations 公司的 Groundwater Vistas 软件。此外，许多州的水资源机构都有专门为其所在的州设计或改造的模型包（例如加州水资源部，Integrated water flow model，v4.0）。

21.8.4 系统设计建议

分析结果将为专家提供一组以排水与控水系统的类型、大小和组件为基础的推荐因素。建议在不迟于完成了 30%设计进程时，连同一份草图和一份工程量估算书，一起提交给工程管理者。由于开挖计划和进度可能不足以提供专家需要的信息，所以提前提交可能并不实际。

排水与控水系统的设计中有很多应该考虑的因素。要考虑因素的数量，以及可能的因素组合，因排水与控水系统的现场不同而异。此外，在任何给定的场址，某一个或多

❶ 概念模型：正确的过程是定义问题并选择能够解决问题的模型代码，而不是选择模型代码并尝试将模型代码与问题相匹配。

个因素可能比其他因素更关键。

确定推荐何种类型排水与控水系统（排水、降水、无控制，或组合）的常见因素，以及排水与控水系统（深井、集水坑、井点、围堰等）的组成部分是：

（1）土的特性包括但不限于密度、级配、压实度、淤泥和/或黏土的数量和类型、分层。

（2）基岩包括但不限于类型、深度、裂缝和/或节理及其性能。

（3）水文特征包括但不限于静态水位、与补充源的距离和类型（包括风暴事件引发的径流）、饱和材料的水力传导系数和边界条件。

（4）开挖特点包括但不限于深度、尺寸、开挖方法、对外通道、开挖边坡支护、开挖次序、明挖持续时间。

（5）其他考虑包括但不限于附近的建筑物、附近的地基、排水与控水组件的通道、排放地点，以及在排水与控水系统影响范围内的潜在污染源。

鲍尔斯等人（2007）分别总结了当条件可能有利于或不利于开敞式抽水（预排水或首选截水）的情况，以及预排水方法的检查，提供了推荐和设计排水与控水系统的初始指南。最好的且唯一的专家指导是经验与充足的现场数据结合。

21.8.5 降水井设计

在降水井设计中，不管最终会采用哪种系统，许多考虑事项都是相同的；而且，在某些情况下，多种类型的系统可能比单个类型更合适。设计团队的讨论应包含在设计过程中，评估所涉及各种参数的相对重要性，并验证排水与控水系统设计中采用的假设。

设计考虑事项应包括：

（1）开挖的最大深度。降水的目标通常是将地下水位降低到最低开挖面以下至少5ft，以确保在开挖过程中处于“干燥”的工作条件。然而，根据开挖所需的工作条件，将地下水位降低 3ft 可能是足够的。由于井的水力条件和设计的相邻井之间的干扰，井的底部应该比预期的地下水位至少低 10ft（或至少低于开挖的最低点 15ft）。

（2）降水最大的区域。区域大需要更充裕的排水系统。

（3）泵的规格。泵的规格取决于几个因素：

1）预期的井出水量。预期的出水量是基于某一特定井所需的最高出水量的分析或模型估算。

2）总动态水头。所需的总动态水头，计算抽水水位到地面的距离＋立管和排水管线的长度（管道摩擦损失）＋从地面到排放点的高程变化＋由于管道配件（肘管、弯管、阀门等）导致的摩擦损失，以及在较小范围管道直径和内部压力区导致的摩擦损失。

3）可用功率。线路的相位和电压，如果在现场可用，可能会限制泵的最大功率。

4）材料的饱和厚度和导水率。这些要素将影响降落漏斗的形状、如何迅速抽水使水位下降到泵的入口以下以及井之间的间距。

（4）井的直径。井的直径由泵的大小和直径决定。

（5）材料特性。这些需要降水的材料的特性会影响一些设计考虑因素，讨论如下：

1）水力传导系数。水力传导系数将影响井距和预期的出水量。如所有其他因素相同，则高水力传导系数材料将比低水力传导系数材料有更宽、更浅的降落漏斗。水力传导系数下降一个数量级，将导致压降增加大约一个数量级，而降落漏斗的宽度减少约一半。

2）材料的可变性和范围。由于填筑坝的特定位置，所遇到的当地基础材料很少，即使有，大范围内也相对单一或均匀（比整个场地小得多）。填筑坝的填筑料，以及在大坝施工或以前的施工活动中留下的回填料或废料，与当地材料有很大的不同，需要特别考虑。尤其注意的是，如果在填筑坝内或穿过坝体钻孔，则应由垦务局钻井队人员执行，或在最严格的监督下和指导下的非垦务局钻队进行。

3）次生渗透率。许多材料的次生渗透率可能比初始渗透率更重要，是地下水流和/或渗流的更大贡献者。次生渗透率通常很难观测，并且在一个大的场地很少均匀。次生渗透率通常最好的评估方法是在大面积范围内开展多处含水层试验。

4）材料的黏结性。地下材料的黏结性将影响井的设计和安装方法；不易崩落的黏性材料可能允许不加套管或加套管而不设反滤的井；黏结性小或易崩落的材料则需要加套管、排水花管和设反滤的井。

5）级配。除了选择要使用的系统类型外，材料的粒径分布将对井的设计产生重大影响（见图 21.4.1-1）。细颗粒材料（淤泥和黏土）的量将直接影响对井管滤网的需要，以及其开槽大小和相应的、适当的反滤设计。以细粒为主的材料通常不以重力排水，所以可能需要间隔小的井。此外，即使是间隔小的井也未必有效，在这种情况下，唯一的选择是截断、减少或以其他方式控制材料的渗流（见第 21.8.6 节）。

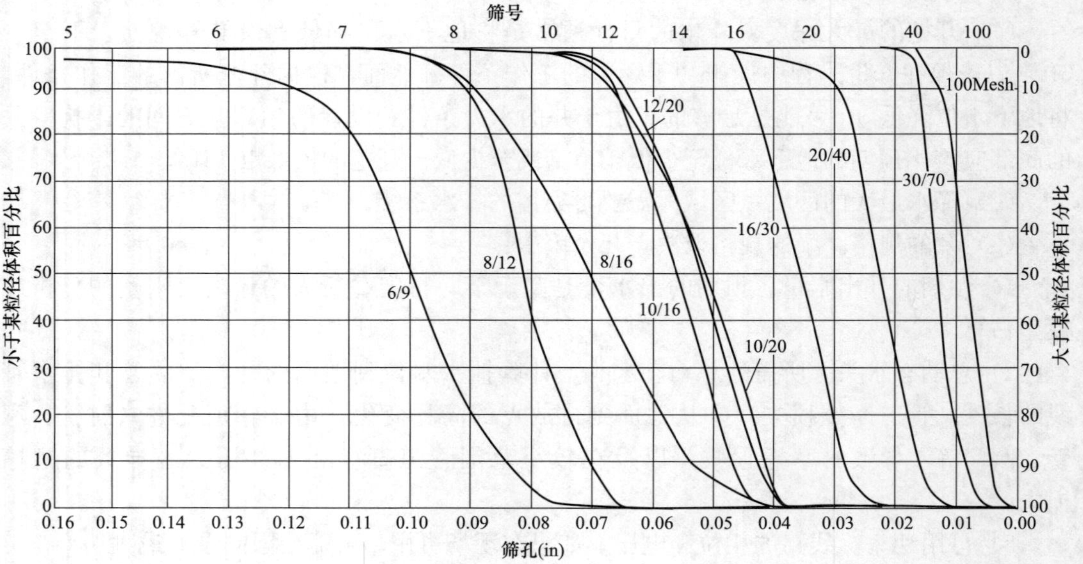

注：反滤层的 K 可以用第 21.6.6.1 节中的任一公式计算或与图 21.6.6.1-1 比较。

图 21.8.5-1　标准的科罗拉多硅砂（Colorado silica sand）反滤层典型级配曲线

6）反滤。如果使用反滤（也称为砾石或砂，或砾石包），则其级配应与地层级配和井管滤网开孔大小相匹配。反滤层的级配应该设计成保留 90%的地层材料。此外，反滤层应比周围的地层具有较高的水力传导系数（使用图 21.8.5-1 和图 21.8.5-2）。

过筛率

美国筛号	孔径 (in)	6/9	8/12	8/16	10/16	10/20	12/20	16/30	20/40	30/70	100
5	0.1575	97.5									
6	0.1319	95.5	99.5								
7	0.1102	82		100							
8	0.0929	27.5	94	95	100	100	100				
10	0.0787	2.5	36	71	99	99	99				
12	0.0669	0	2.5	41	93	91	95				
14	0.0551		0.3	12	46	63	63	99.5			
16	0.0465		0	4	8	32	22	99	99.5		
18	0.0394			0	0	1.4	1.2	69			
20	0.0335					0.8	0.5	39	95		
25	0.0280						0	7	87		
30	0.0236							1	56	100	
35	0.0197							0	32		
40	0.0167								10	96	100
50	0.0118								0.5	29	86
60	0.0098									15	68
70	0.0083									7.5	50
100	0.0059									1	22
140	0.0042										7.5
200	0.0030										1.7

图 21.8.5-2　标准的科罗拉多硅砂反滤的典型级配

（6）水化学。水化学没有在本章专门讨论，因为大多数排水与控水活动都历时短；然而，在较长时间运行时，水化学可能成为一个问题。

例如：在先前讨论的同一项目中（第 21.6.7 和 21.6.8 节），在开挖活动实际启动前一年多开始进行降水。在此期间，由于铁细菌污染，许多抽水的井产能降低（图 21.8.5-3），不得不“恢复”。尽管通过清洗和添加漂白剂来补救，但它们从未恢复到原来的能力——这可能是因为过滤层也被污染了，而氯化/消毒在过滤层中只是稍微有效。

(a)

(b)

图 21.8.5-3 降水井中排水管铁细菌污染：所有的管线均为同一个排水与控水系统，排水量 10～125gal/min 不等。连续抽水超过 1 年的时间，这取决于井安装的时间
(a) 安装约 1 年的排水管；(b) 在井中运行 1 年的排水管

(7) 建议的开挖方法、开挖交通、边坡支护。开挖方法，如采用索铲、抓斗、挖掘机、铲土机、装载机和/或推土机等将对排水与控水方法有影响。开挖交通路线会影响排水与控水设施、管线、沉砂池等的布置。所采用的边坡支护形式（板桩、加固梁、绝缘层材料、反滤铺盖等）的地面支撑将影响排水与控水设施的布置、设施的交通、排水管线布置以及类似特征。

(8) 施工进度和时间。施工进度的长度、年内明挖的时间、明挖的时间长短将会影响排水与控水系统设计的几个考虑事项，例如降水是否需要加快或减缓水位下降；进行预排水是否可能；来自外部补水源的潜在影响、与天气相关的补给水的潜在影响，以及排水与控水系统延迟运行对施工进度的影响。

(9) 人为因素。虽然在大多数坝址上一般都不需要关心，但在排水与控水系统的设计和开挖计划中也会出现人为的问题。最常影响排水与控水系统开挖设计的人为因素包括：地下或地上管线、公用设施走廊、道路、已有建筑物（如大坝投标者房屋、泵房、溢洪道、闸门控制系统等），以及历史或考古遗址。

(10) 污染。排水与控水系统施工一般不涉及污染物运输问题；然而，需要对降水施工引起附近地区污染的可能性进行评估，并且可能需要进行现场或场外处理或处置。此外，如果在排放水内发现污染，就必须尽快实施计划，以尽量减少污染对当地水的影响，以及避免或尽量减少可能违反国家排放许可的规定。

(11) 井开发。不管井的类型或规格，在含水层材料和井管滤网之间建立最佳可能连接是至关重要的（图 21.8.5-4）。在井的安装过程中，建立这种连接是正确的井开发中最重要的步骤。井开发过程的目标是移除所有来自反滤（如果安装的话）和邻近地层材料的细颗粒，从而在井周围地层形成一个均匀分布的区，比周围其他地层具有更高的水力传导性。

(12) 生产水处理。对任何类型的排水与控水系统和/或系统的组件来说，常见的方法是将降水和排水组件产生的水输送出去并排放。水质参数作为系统运行变化的指标，排放水应不断地被监测。通常监测的参数包括含砂量、浊度、温度、pH 值和水力传导系数。在现场条件允许的情况下，可以增加其他参数，如溶解的成分等。还应该考虑排水总管和排水管长度、路径、尺寸，以及与其他施工活动或来自其他施工活动的干扰等。在可能的情况下，排水管和总管应该是重力流，这意味着管线的尺寸应超大以减少管内的压力累积以及减少限制水流和可能导致额外增加管线的"瓶颈"❶。当水从排水管道流出，或从一个系统转移到另一个系统（例如，从排水管流到明渠或沉砂池）时，水流应该被控制，以避免产生人为或自然特征的侵蚀。

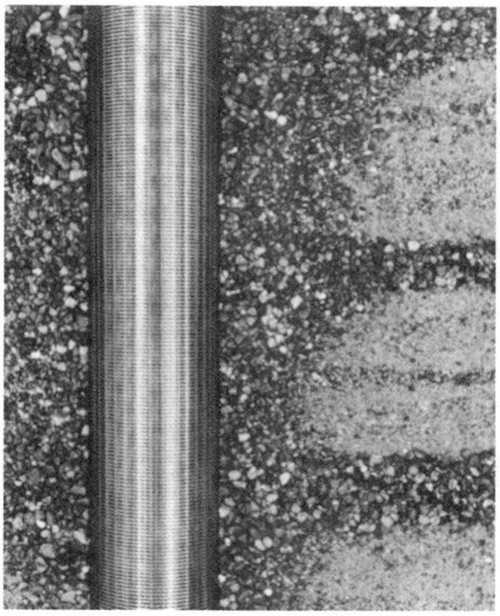

图 21.8.5-4 井管滤网周围施工良好的、均匀的反滤实例

21.8.5.1 深井

在深井系统中，对井的数量、深度和单井容量没有多少限制；然而，许多实际的限制确实存在，其中包括：

（1）降水井通常应设置于开挖地基外，尽量减少施工设备对井的损害或毁坏。

（2）填筑坝周围的降水深井通常设有直径8～16in的井管滤网，长度达到300ft或更长，一般在井管滤网周围设反滤以阻止基础材料渗透到井中，提高井的出水量（注：井的直径、套管和井管滤网以及标称泵的直径，通常不标注SI单位）。

（3）如果地质和/或开挖条件需要在开挖基坑内中安装一个或多个降水井和/或观察井，则应在井的设计中采用专用施工构件，以保护这些井不受施工破坏，并允许其随着开挖深度而加深。

（4）在相对平坦的冲积河谷内，地质条件在具体地点可能变化很大。因此，每个井系统都需要根据安装现场条件来设计。一般的设计可以按规范进行，但是可以现场修改技术要求，以满足现场条件。

（5）系统中不是所有的井都安装在同一深度，也不会有相同的设计出水量。地下条件总会有一些相关的变化，因此，在设计之前进行足够充分的勘察是至关重要的。

（6）深井系统设计（深度、间距、井管滤网间隔等）将受到局部条件的影响，如位置、范围、地下材料类型、潜在的补水源等。在排水与控水系统设计中，开挖计划将是一个主要因素。

（7）深井不适合低渗透材料和/或每个井预期出水量少于5gpm（$0.011ft^3/s$）之处。然而，这些井可以安装自动关闭系统，当井中达到某一水位时自动关闭。

深井，以最简单的术语来说，是井点正常运行深度之下的钻孔和安装潜水泵的集水坑。它们可能设或不设套管、井管滤网和反滤，直径一般从3～24in不等，深度从20ft到几百英尺不等，产量从十分之一秒一加仑到每分钟数千加仑不等。由于潜水泵不通过抽吸进行工作，所以它们不会受到与井点和喷射井一样的深度限制。但是，它们会受到

❶ "瓶颈"是指在排水管道中的任何扭结、弯曲、收缩或部分堵塞，这将限制或阻碍水流通过管道的自由流动，包括尺寸过小的流量计和/或阀门配件，以及直径从大到小变化的异径管件。

井的总动态水头，以及井管滤网的进水速度、井直径的限制，这恰好是水泵尺寸和选型中比较重要的设计考虑因素中的几个。

普通的常用泵的标称直径为4in、6in、8in和10in，但泵的标称直径也可达18in，为适合2in直径的井而设计的小型泵也是可用的。然而，这些较小和较大直径的泵通常只在特殊情况下使用，而很少用在填筑坝上。

深井更适合于以下条件：

(1) 较高水力传导系数的材料。

(2) 松散、均匀的粒状土。

(3) 相对厚的饱和厚度。

(4) 高地下水头。

(5) 承压水条件。

(6) 临近补水源。

(7) 较大的水位下降需求。

深井可以使用许多不同的材料和许多不同的配置安装。深井没有“一刀切”的设计：尽管在填筑坝情况下，绝大多数降水井是短期的、临时的，其目的很简单：尽可能多地抽水，尽可能多并快地降低势能面/地下水位，并在明挖时保持水位降低，这使得排水与控水系统的深井设计相对简单，并且主要考虑如下：

(1) 达到必要的水位下降所需的井深。

(2) 与必要排水量相适应的泵尺寸所需要井的大小。

(3) 达到必要排水量所需的井管滤网长度和孔尺寸。

(4) 井是人工的还是天然的。

深井的显著特征如图 21.8.5.1-1 所示。各州有关临时井的设计标准（例如，是否需要表面卫生密封，以及需要多深的密封；什么材料可以用于环形回填）是不同的，因此在排水与控水系统满足60%设计进程之前，核查项目区域所在州和地方的相关规定是很重要的。

深井适用于与井点系统和/或喷射井点联合使用。深井可与真空系统结合使用，用于小而深的地下隧洞、竖井或沉箱开挖，这些位于地下水位以下相对细粒或层状透水土层或岩石材料中。在井管滤网和反滤中加入真空可以增加朝向井的水力梯度，并能在周围的土中产生真空，从而防止或最小化地阻止上层滞水渗入开挖空间。这种类型的装置需要足够的真空能力，以确保系统的有效运行。

深井的特殊形式是水平定向钻井。这些类型的井的优点是其可用于那些传统钻机无法进入的地方；用于那些表面交通受限的地方，为滑坡体和/或大型滑动材料、针对特殊的薄层而进行降水；以及那些使用其他方法存在障碍的现有的结构。虽然在填筑坝的改造中不常用，但在条件允许的情况下，它们仍然是可行的选择方案。

降水井及其井系统需要设计成为现场降水，并在较长时间内可靠地维持降水条件。这些井应足够深，以将水位降低到一些需要的深度（通常为3～5ft），低于开挖的最低部分。当开挖是露天时，井应能连续作业。这些井应能够排出预期的出水量，并且排水系统应该能够将预期的出水量排放到施工区域外的排放点。

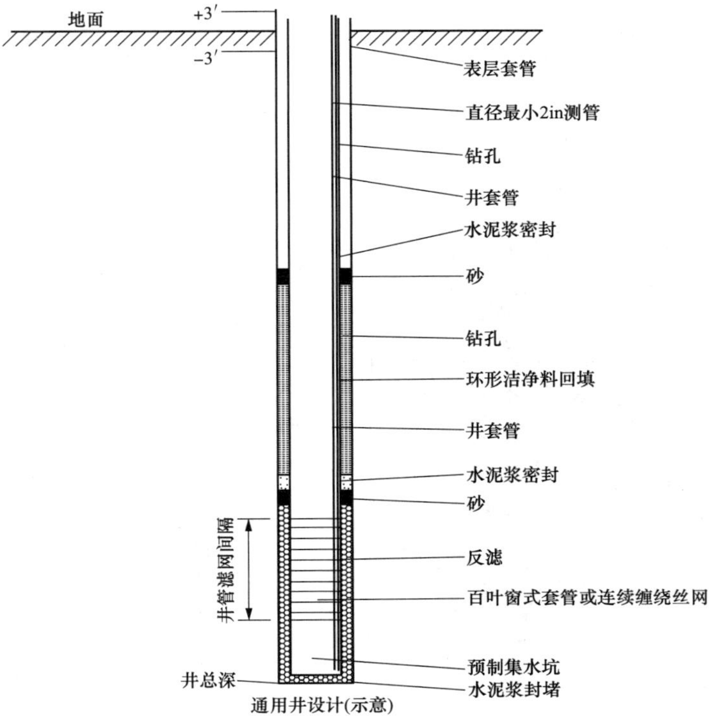

注：外套管和井管滤网可以是任何合适材料。底部集水坑的大小满足安装水泵要求，使水井水位达到最大降深。井管滤网筛孔尺寸和过滤层（如果需要）必须大小适当，适应需要降水的材料。根据各州规定，临时排水井可能需要或不需要显示全部或部分构件。

图 21.8.5.1-1 具有永久降水井显著特点的通用井设计

此外，这些井在排水时不应再产生大量的细粒（出砂）。在任一井中砂和/或细颗粒若超过 20ppm，则过量的砂和/或细颗粒就会损害或毁坏水泵。在坝基上或邻近坝基上的任何井中，如果一个或多个井中的出砂率超过 50ppm，则表明该坝基存在发生有害管涌的可能。在制定施工紧急行动计划时，应考虑基础管涌破坏模式。当过量的出砂率发生时，应立即通知签约方官方代表。

21.8.5.2 井点

常规井点系统由一个或多个井点系列组成，井点设有直径为 $1\frac{1}{2}$～2in 的立管，以 3～10ft 的间距，呈线型、圆型或其他型式安装（图 21.8.5.2-1）。这些管连接到与一个或多个井点泵一起的公用总管（图 21.8.5.2-1）。带有井管滤网的井点一般尺寸范围为直径 2～4in、长度 2～5ft，施工采用封闭端或自喷端（图 21.8.5.2-2）。它们周围可能设或不设反滤，这取决于土的排水类型。在某些情况下，井管滤网和立管可能高达 6in（非典型）、长 25ft。一个井点泵使用一个组合的真空泵和一个连接到总管的离心泵，在系统中产生真空，并将汇到各井点的水排走。

图 21.8.5.2-1 单级（一层）井点系统

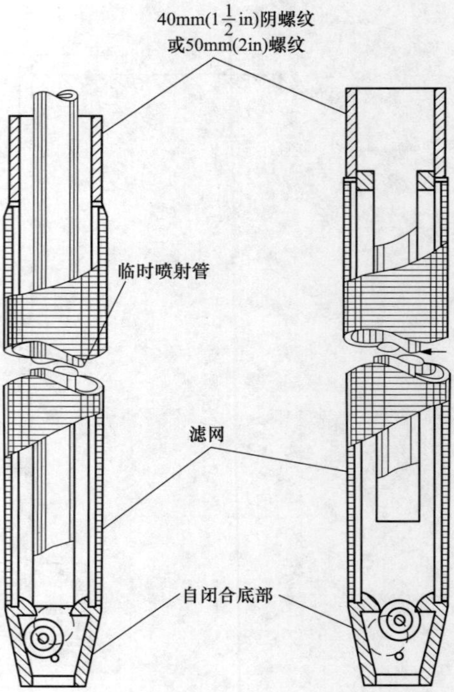

图 21.8.5.2-2 典型的带有自喷端的井点装备

井点特别适合于以下条件：

(1) 细颗粒的材料。

(2) 低渗透性土。

(3) 要求最小降水（<15ft）的浅开挖。

(4) 大面积的浅层降水。

井点系统通常是最实用的降水方法，用于场地可以到达以及开挖和降水含水层不太深的地方。对于深度超过 30ft 或 40ft 的大型开挖或深挖，或在深层含水层中承压水压力必须减少的地方，更为实际的做法为采用喷射式井点或深井作为主要降水方法，如果局部需要降水，则采用井点作为补充方法。对于井管滤网淹没深度小和需要小间距拦截渗流的地方，井点比深井更合适。

低渗透性的粉土和砂质粉土（$D_{10}=0.002$in）（图 21.4.1-1）不能依靠重力法排水，但这种土常常可以通过真空井点系统稳定。真空井点系统是一种传统的井系统，在井点和进水管周围的反滤中保持部分真空。这部分真空将增加朝向井点的水力梯度，并将改善周围土的排水和稳定性。如果提升力超过 15ft，则井点系统获得的真空效果相对较小。井点系统的有效提升力也会随着海拔的增加而减小——正如大多数作者所指出的，一般的经验法则是海拔每升高 1000ft，有效提升力就会随之降低约 1ft。

与深井结合使用时，井点系统特别适合作为补充降水系统，因为它们易于安装且安装较快，并且可以安装在钻机可能无法到达的地方。

除了考虑井点的优点和局限性外，井点系统的设计与深井系统基本相同。井点系统有许多优点和缺点。

优点：

（1）井点系统可以安装在施工区外以拦截地下水流。

（2）井点可以安装在开挖区内用于区域个别降水点的缓慢排水。

（3）井点可以通过嵌入（不推荐）、推进、钻井或喷射的方式来安装。

缺点：

（1）需要足够的空间来布置井点、排水总管以及为施工设备留有足够间隔的井点泵，以最大限度地减少施工设备对系统的一个或多个部件造成损害或毁坏的潜在可能性。

（2）独立的井点不会有大的排水量；然而，根据井点泵的容量，一个系统可以有相当大的排水量。井点系统不适合排走大量的水，而且可能需要增压泵来提升深层开挖所产生的水。

（3）最显著的缺点是常规的和真空的井点系统的有效深度约为15ft的提升力。

井点系统与深井有许多相同的性能考虑。它们需要设计成在明挖过程中为现场降水并维持降水条件，因此每个井点系列/组需要设计成在较长时间内能够可靠地运行。每个井点系统，无论是单独分段使用，还是作为其他降水方法的补充，都应穿透饱和材料的重要部分。当露天开挖时，这些井应能全天候运转。井点系统应该能够排出预期的出水量，而排放系统应该能够将预期的出水量排放到施工区域外的排放点。

此外，无论是独立井点还是井点系统，都不应该在排水中产生大量的细颗粒（喷砂）。过量的砂和/或细颗粒会损害或毁坏水泵。在坝基或邻近坝基的任何井中，如果一个或多个井中的出砂量过大，则表明该坝基存在发生有害管涌的可能。

井点系统适合与深井和/或喷射井系统结合使用。

21.8.5.3 喷射井点

喷射器（或喷射泵）系统是一种利用高速水流或气流在井点上形成真空的系统，它通过文丘里效应产生吸力，从周围材料汲取大量的水。该喷射器包括安装在小直径井或井内滤管中的锥形喷嘴、附接在双进水管末端安装的喷射泵上、用于供给喷射泵的压力管以及用于喷射泵排水的另一根管。喷射器系统能够将地下水位从开挖顶部降低100ft。如果需要反滤，喷射井点与常规井点的安装方式相同。喷射井点需要两个单独的总管：一个总管在压力下向喷射器供水，另一个总管则用于排除井点的水（图21.8.5.3-1）。与井点或真空井点相比，喷射井点由于文丘里效应而具有更大的有效提升力（提升力高达100ft）。喷射系统的应用类似于井点系统和深井，它们可以间隔紧密（像井点），并且可以比井点系统降水深度更大（像深井）。

喷射井点系统对于低渗透性和细粒土而要求降水小的深基坑是最有效的。

除了不能被嵌入或推进外，喷射系统具有所有与井点系统相同的设计考虑，它们只能被钻井或喷射。除了这些设计考虑之外，喷射系统还有其他的考虑：

（1）所用电功率比井点或深井大3～5倍（鲍尔斯等人，2007）。

（2）是劳动和维护密集型（鲍尔斯等人，2007）。

（3）需要较长的管线用于压力管和回水管（鲍尔斯等人，2007）。

(a) 高压提取泵　　(b) 井点降水系统

图 21.8.5.3-1 (a) 亚利桑那州 Many Farms 大坝泄水建筑物的降水作业，8in 的供水管线和 14in 的喷嘴连接到喷射井上；(b) 摩门岛副坝关键开挖中的井点降水系统

(4) 如果回水不能被过滤和再循环，则需要大量的水。

如同井点系统，喷射系统需要设计成在明挖时为场地降水并维持降水条件，因此每个口井都需要设计成在较长时间内能够可靠地运行。当露天开挖时，这些井应能连续运行，排出预期的出水量，并且排放系统能将预期的出水量排放到施工区域外的排放点。

滤网槽孔尺寸和反滤（如果需要）设计适当的井，排水时不应产生大量的细颗粒（称为“喷砂”）。过量的砂和/或细颗粒会堵塞反滤系统，损害或毁坏循环泵。在坝基或邻近坝基的任何井中，如果一个或多个井中的出砂量过大，则表明该坝基存在发生有害管涌的可能。

喷射井点系统适用于与井点（图 21.8.5.3-2）和/或深井结合使用。

21.8.5.4 集水坑、截水沟和排水系统

集水坑、截水沟和其他开敞式抽水的共同特征就是可以直接设在开挖的底部，在预期有地表水的地方收集水流。它们也可以用来帮助维持开挖面的降水和排水条件，依靠截获和移除潜在的“补给源”，或在其他排水系统可能不切实际的特定的地方增加额外的除水能力。在细颗粒的材料（尽可能长的保持土的稳定性）降水中，集水坑是一个合理的选择，因为它很容易保持足够的排水要求。通常，这些系统都需要在径流到达开挖边缘之前拦截径流，并将其从场地引入沟渠或集水坑。这些系统非常灵活且易于适合布置和施工条件的变化。这些系统相对便宜，可以在“基于需要”的基础上相对较快地安装。

排水砂井是一种开敞式控水的专门形式。砂井（可以包括多孔管）包括一个嵌入或

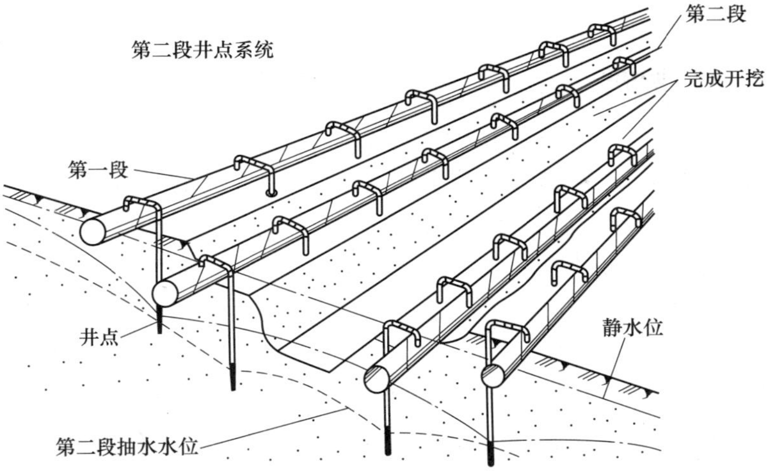

图 21.8.5.3-2　多段（两段）井点降水系统

钻进的井，或一个开挖的用砂回填的截水沟，用以拦截渗流或上层含水层的滞水并将其移到一个位置较低的、正在通过其他方式积极排水的更具渗透性的地层。

当地下水的水位必须降低超过几英尺时，通常不应将集水坑、截水沟和开敞式抽水作为主要的排水方法考虑。然而，当作为排水系统的一部分时，它们可以非常有效地与其他降水方法一起使用。在许多情况下，集水坑被用作局部区域渗流控制的辅助方法。

在下列情况下，集水坑是最有用的：

（1）降水过程中形成的面流（例如，径流）。

（2）开挖需要的降水小。

21.8.5.5　观察井与测压计

观察井和/或测压计是所有排水与控水系统运行的关键部分，无论是在深度还是在面积范围内，或两者兼而有之，它们都能穿透地下水位到有效的程度。监测系统应该是所有排水与控水系统的有机组成部分。在施工前和施工期间，观察井和/或测压计是在工程区内获得准确可靠地下水位或势能水位的唯一方法。观察井和测压计的主要区别在于，观察井通常滤透几层不同类型的材料和含水层，而测压计通常只滤透一个特定的含水层。

在一些参考文件中，“测压计”一词也被用来指压力传感器，它用在孔内测量和记录由于孔内水位变化而产生的压力变化，然后将这些测量值转换为传感器上方的水位，从而计算出孔内水位和水位的变化。这种类型的测压计稍后将在第 21.8.10 节讨论。本节所用到的测压计是指用在一个相对独立的含水层中进行滤透的观察井，而不是在多个含水层中进行滤透的观察井。

观察井和测压计是排水与控水活动的关键，并且有许多相同的目标，即：

（1）监测初始现场条件，以进行排水与控水设计。

（2）开挖活动前，监测预排水期间地下水位或势能水头的下降。

（3）明挖时，监测施工区域内及其周围的水位。

（4）识别引起降水井产水率降低而不是地下水位下降的原因。

（5）确定地下水位的上升或波动或部分地下水位，这可能在出现问题之前，显示开挖区条件发生了变化。

除了上述目标之外，测压计还监测不连续含水单元的水位和孔隙压力，如滞水区或细粒料那里不太可能排水，从而导致渗流问题。测压计的另一个优点是，如果它们布置成一个三角形并且位于同一含水单元，也可以用来确定水力坡度和流动方向。如果两个或更多的测压计安装在同一个钻孔内（嵌套式测压计或测压计组），它们也可以用来确定含水单元之间的垂直梯度。

观察井和测压计需要分层定位，以有效地监测降水系统对地下水系统的影响。它们需要尽可能地接近开挖最深的区域，但不妨碍施工。它们不应该太靠近实际的排水系统，因为这可能会错误反映开挖中心的排水效果。

由于观察井和测压计依赖于井管滤网和含水单元之间的良好连通，因此它们的安装和开发也同样重要（就像抽水井一样）。任何会沾染钻孔壁的钻具或方法应避免使用。喷射或旋转的方法最适合安装观察井和测压计。如果有必要使用钻井液，应在州和地方法规允许的情况下使用生物可降解添加剂，并在开发过程中使用分解剂。

观察井和测压计的显著特征分别在图 21.8.5.5-1 和图 21.8.5.5-2 中示出。有关临时井的某些设计标准规定（例如：是否需要表面卫生密封，密封深度，什么材料可以用于环形回填等），州与州之间是不同的。因此在设计观察井和测压计满足 60%设计标准之前，核查项目区域所在州和地方的相关规范是很重要的。测压计设计和施工在第 11 章“仪器”中论述。

此外，专家应与其他设计小组例如仪器组进行协商，以确定已有测压计是否可以纳入观察井/测压计序列。专家还应与项目负责人协商，以确定观察井/测压计序列中的任何单元是否应作为大坝永久监测系统的一部分继续在施工后维持。在一些规划中，作为数据收集阶段的一部分井可以在施工阶段作为观察井序列的一部分。

21.8.5.6 减压井

减压井是特殊用途的井。主要用来降低承压含水层的压力，从而减少或减轻地下水通过上覆材料的渗流，和/或减少或消除开挖底板下方或基础下方的扬压力（“井喷”❶），直到开挖回填结束为止。承压含水层的降水（即去饱和度）并不一定是必须达到或需要的。

任何类型的井，包括深井、喷射井点，甚至在非常特殊情况下的正常井点，都可以用于减压，只要其能够在仅有的承压含水层中适当过滤即可。井型的选择更多地取决于深度对承压含水层的作用，以及有多少压力需要减轻。

因为水泵需维修等，只要有可能，长期减压井应该采用重力井，这种减压井设计超

❶ “井喷”是施工术语，通常指开挖底板或开挖底部垫层受其下方向上静水压力的作用，抬升或破坏开挖底板或底部垫层。

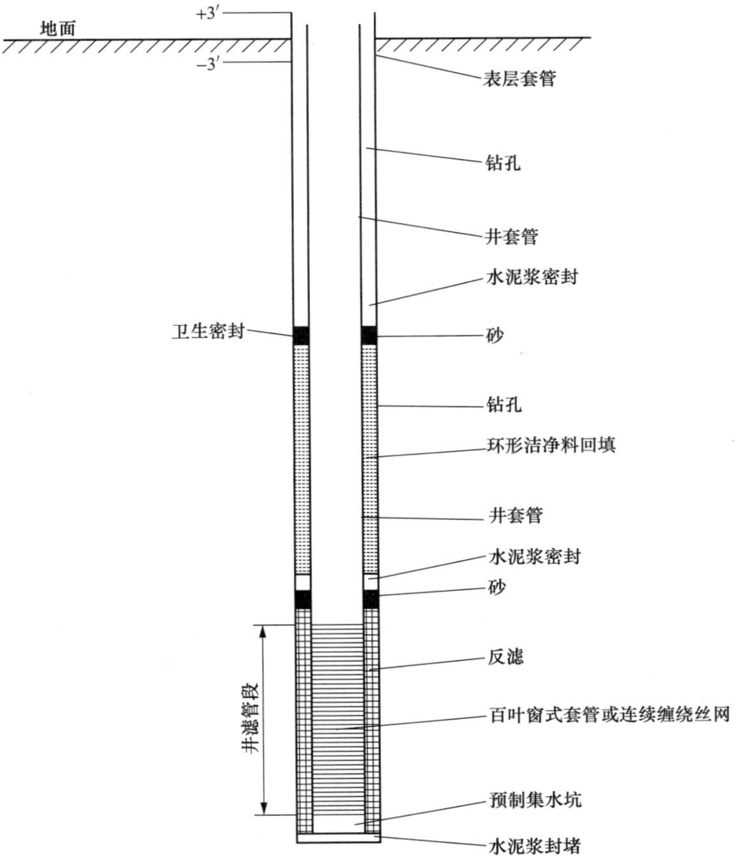

注：外套管和井管滤网之间可以使用任何合适的材料；井管滤网孔尺寸和反滤层（如果需要的话）颗粒尺寸应该与周围的材料相匹配。临时观察井不一定要求井表层进行卫生密封，或井底进行水泥灌浆。对其他的组成部件，各州可能有规定，也可能没有。

图 21.8.5.5-1　永久观察井通用设计

出了本章的范围。

21.8.5.7　真空减压井

真空减压井也是特殊用途的井，非常类似于减压井。两种井之间的主要区别在于真空减压井（也称为真空辅助减压井）有真空泵与水泵串联，其主要目的是减轻低渗透材料的压力。

如图 21.4.1-1 所示，细颗粒材料不易排水，根据当地情况，可能不需要实际降水，仅缓解孔隙水压力就足够了。对于一个饱和细颗粒单元的开挖，仅缓解开挖面后的孔隙水压力，并使用一个集水坑来收集排水，便可能是减少单元渗流和稳定边坡所需的全部。在某些情况下，真空的应用可以显著改善建在细颗粒材料中井的性能："真空可以使低水力传导系数的地层出水量提高 20%"（鲍尔斯等人，2007）。

真空辅助对细颗粒材料中的近间距井最有效。因此，它适用于井点和喷射井

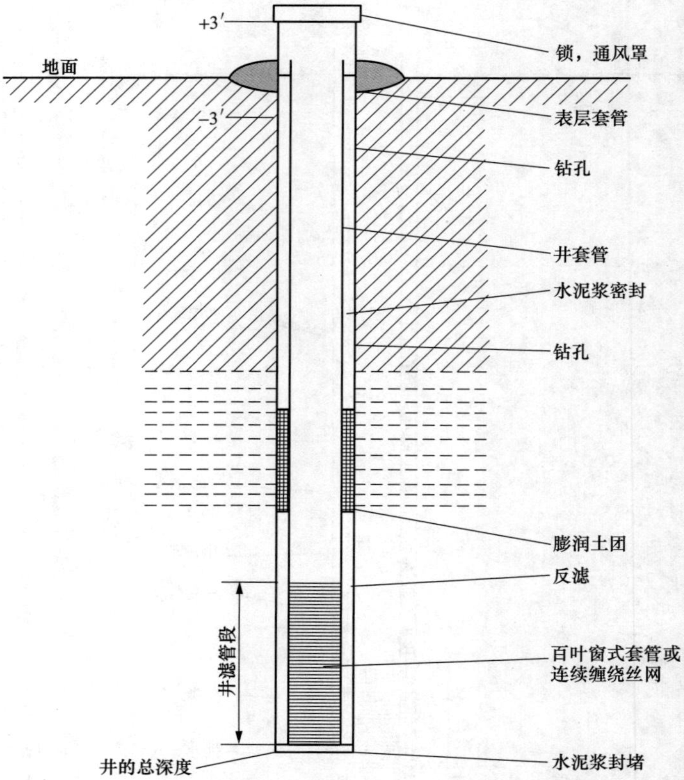

注：外套管和井管滤网之间可以使用任何合适的材料；井管滤网孔尺寸和过滤层（如果需要的话）颗粒尺寸应该与被监测含水区域的材料相匹配。临时测压计不一定要求井表层进行卫生密封。对其他组成部件，各州可能有规定，也可能没有。

图 21.8.5.5-2　永久测压计通用设计

点。虽然真空辅助对深井也有益，但在深井 5～15ft 的中间安装是不实际且费用昂贵的。

21.8.6　排水与控水设计

排水系统的目的是控制和排出表面积水，无论是来自天然降水还是从开挖暴露出的饱和极细颗粒沉积物中缓慢渗出的水。因此，它们的用途可能是临时性和间歇性的，而排出的水量可能是变化的。唯一必要的性能参数是确定位置，以便它们能够拦截、疏通和排出来自开挖内部和周围的地表水。

使用集水坑、截水沟和开敞式抽水及其他控制积水或渗水进入基坑的方式，而不能用其他方法拦截或控制的，一般都属于排水的类别。在开挖过程中，天然降水或流动的地表水可能是基坑中积水的主要来源，但当饱和的极细颗粒的材料出现缓慢渗流时，它也可能是一个重要的来源。小缝隙或颗粒状材料的透镜体使用集水坑和排水沟降水/排水比使用井也可能更有效。

排水系统没有标准的“设计”。每个系统都必须根据现场的情况和可能导致积水汇集的预期事件进行调整。排水用的集水坑、截水沟和开敞式抽水在需要的地方和需要的时间安装，而不是提前布置和安装。如果可能需要在基坑底部设集水坑或截水沟，则可以提前制定总体规划，并在需要时实施。

集水坑排水系统的缺点是：①斜坡排水缓慢；②开挖和回填时出现潮湿情况，可能阻碍施工并对基础土层产生不利影响；③排水沟、截水沟、集水坑和水泵对空间有要求。

集水坑、截水沟和其他具有开敞式抽水特征的构件可以安装在开挖基坑的底部，在预期地表水流的地方直接排水和收集水流。它们还可以用来帮助保持开挖过程中的排水条件，主要依靠拦截和清除潜在的补给源，或在其他排水系统可能不切实际或效率低下的特定地点增加额外的排水能力。这些系统是非常灵活的，易于适应布局和施工条件的变化。此外，它们相对便宜。

集水坑和截水沟对于将降水产生的地表水流（即径流）从基坑中排出特别有效。通常情况下，这些系统都是在径流到达开挖边缘之前需要被拦截，并将其从场地排出或流入集水井。如果现场条件允许，可能不需要抽水。

集水坑和截水沟可能只不过是开敞的孔洞和沟槽。然而，如果预期有大量的水，集水坑可以用砾石或其他一些多孔材料回填或衬砌，并且清污泵可以安装在集水坑内多孔涵管内。同样，截水沟可以用砾石填充，一个多孔的排水管可以埋设在沟槽中，截水沟可以用土工织物衬砌，也可以用多种方法的组合。该系统可根据现场情况进行调整。安装和维护这些系统的承包商通常知道什么方法适合当地条件。

依据现场条件，当地下水的水位必须降低几英尺时，不应将集水坑、截水沟和开敞式抽水作为主要的降水方法考虑。然而，排水与降水一起使用非常有效。

21.8.6.1 截水沟与排水沟

截水沟和排水沟最适合沿着斜坡的底部，这些地方可能出现渗流，或者如果出现可能是一个问题，但是这些渗流还不足以必须要安装真空减压系统。它们通常根据需要安装，并且可能是暂时性的或出现在明挖的整个过程中。如果预期渗流，专家应与开挖设计人员协商，以确保在基坑的底部或在任何开挖边坡的底部有足够的空间布置截水沟或排水沟。

截水沟和排水沟就像沿着斜坡底部的沟槽（沟渠）一样简单，收集斜坡上的渗流或径流（图 21.8.6.1-1），排放到基坑外部或者是流入集水坑，或者像土工织物衬砌的沟渠（一个排水沟），其中都有一套排水管和用砾石或其他排水介质回填。其尺寸是可变的，依赖于需要控制的水量。

水平嵌入斜坡或垂直墙的一个井点或者一段井管滤网是一种特殊型式的排水，以缓解孔隙水压力，并控制在防渗墙、挡土墙或其他必需明挖的结构之后的水位增高。

21.8.6.2 集水坑

集水坑是一个开挖浅坑或凹陷，其中设某种类型的泵。泵有多种尺寸和类型，这完全取决于预期管理的水量和水的特性（例如含有多少悬移物）。如果预期抽水是间歇性的，则这泵可以配备某种浮子开关或根据需要手动操作。如果预期有大量的水，集水坑

注：坡面侵蚀由覆盖在斜坡上的覆盖物和坡脚附近的拦沙栅控制。

图 21.8.6.1-1 斜坡底部的衬砌截水槽/沟

可以用砾石或其他一些多孔材料回填或衬砌，并且清污泵可以垂直安装在集水坑内多孔涵管内。

水通常通过截水沟和排水沟流入集水坑。若在基坑底部泛水应引起关注，即不受控制的渗流可能产生渗透影响，并应监测内部初见端倪的侵蚀。该系统可以根据现场条件设定，并易于适应当地和/或变化的条件。安装和维护这种系统的承包商通常知道什么方法适合当地条件。

21.8.6.3 垂直排水砂井

垂直排水砂井是一种被动的排水方法，通过一种低渗透性材料将水从一种上层的高渗透性材料排到低层的高渗透性材料。垂直排水砂桩的目的是为上层含水单元的水创建一条通道，使其排入较低压力下的下部的含水单位。这将有利于上部单元的降水，尤其是在下部的单元具有较高的水平渗透性并且处于较低的压力的情况下。例如，一个直径12in 的砂井，其中用干净的反滤砂填充，反滤砂的水力传导系数 K 为每天每平方英尺1000gal（或每天 7480ft），据报道，砂井在水力梯度为 1 的条件下，输水能力高达0.5gpm（0.0011cfs）（鲍尔斯等人，2007）。

垂直排水砂桩适用于上层滞水位或浅层含水单元的降水，该处使用抽水井效率低，或者在水进入开挖区周围之前，将水直接在与补给源相连的较浅的单元处拦截，其效果更好。低渗透率单元介质可以与排水砂井中的反滤材料相连或隔开。

当不同含水层之间的相互连接存在问题或国家明令禁止在不同含水层之间打开通道的地方，采用垂直排水砂井是不合适的。

21.8.6.4 开敞式抽水

最简单来说，开敞式抽水就是指从基坑中排除积水或汇水（图 21.8.6.4-1），而不论其来源。施工现场一些最常见的来源可能包括降水、混凝土养护用水、管线漏水（公用设施、排水与控水管线、供水管线）、设备清洗或去污，以及边坡上的轻微渗流。

截水沟、排水沟和集水坑是开敞式抽水的一种形式。开敞式抽水也可以是临时的、

注：围堰由柔性集装袋（也称大袋、散装袋、巨型袋）组成，里面用当地砂土填充。开敞式抽水用于排除许多不同大小和深度的池中积水（Savage Rapids 坝拆除和重设抽水设施，俄勒冈州）。

图 21.8.6.4-1 俄勒冈州 Rogue 河上沙袋围堰后面的排水

简单的，暴雨后可以在低洼处“即刻”[1] 设一个清污泵。正如鲍尔斯等人（2007）所言，“……开敞式抽水……不是一种可以从书本中学到的东西，它是在泥浆中学到的，最好配备一双高筒靴。”

开敞式抽水不能提前布置，它只能随着条件的改变和需要而设置。因此，专家需要认识到，随着工作的进展，可能会需要开敞式抽水和有潜在需求。每次开挖都有它的个性，需要特定的技术。降水工程师必须准备好处理各种各样的变化（鲍尔斯等人，2007）。

21.8.6.5 井点

除了适用于浅层降水之外，井点也适用于如排出积水之类的应用，但去除悬浮的细颗粒则不理想。井点系统具有非常灵活的优点，例如，可以快速安装；可以在需要的地方安装；可以按照各种模式安装，包括随机的；可以在不同的深度安装；并且可以根据需要在系统中有或多或少的井点。

21.8.6.6 反滤

反滤本身并不是一种排水技术，而是一种内部侵蚀控制技术。它们与排水系统相结合，有助于控制沉积物的移动，特别是较细的沉积物。可作为反滤使用的各种材料几乎随着它们可以使用的情况不同而变化。

（1）土工织物。截水沟和排水沟的衬砌、浇注混凝土板下的衬层或工程“反滤”用的铺盖、穿孔排水管周围的包裹、一些排水管道的内衬、沿施工场地周围的沉积物栅栏。

（2）工程“反滤”铺盖。沿着坡脚或边坡表面上不同粒径的级配颗粒过滤材料。

（3）砂反滤。用于截水沟和排水沟回填、坡脚反滤铺盖以及垂直排水砂井内的

---

[1] 在这里，“即刻”是指在“必要”的基础上，对突发的、意外的事件或情况采取的行动。

回填。

(4) 草捆、纤维卷材、沉积物栅栏。沉积物屏障和“栅栏”可以过滤施工场地的径流，沉积物“屏障”是在渗流或排水进入排水沟或排水管前的过滤。

(5) 沉淀池。尽管通常不被认为是一种反滤结构，但沉淀池作为一个过滤结构过滤来自施工场地或排水与控水（WR&C）运行中排放水中的悬浮沉积物，然后将水排放到溪流中，或将其循环到施工现场用于钻孔用水、除尘或其他非饮用水用途。

反滤通常不是排水与控水专家的责任，但是专家可以（也应该）与其他施工团队合作，在排水与控水的任何应用中设计最有效并有效率的系统。

21.8.6.7　封堵

像反滤一样，封堵是一种控水技术，而不是一种排水技术。封堵的目的是防止水在不希望或甚至流动水会有害的地方或条件下流动。此外，像反滤一样，封堵通常也不是排水与控水专家的责任，除非其包含在井的设计中。

当与排水技术相结合时，封堵通常可以变得更有效。例如，在开挖坡面上喷射混凝土是防止某一特定表面渗流的有效方法。阻止渗流从表面流出存在风险，即封堵后的水压力会增大到足以穿透封堵。在封堵后加入某种排水系统将有助于控制水压的增大，从而使喷射混凝土封堵更加有效。

21.8.6.8　防渗墙

防渗墙，也被称为截水帷幕，是一种有效的方法，当其能够安装在不透水层时，可以阻止或减少水流和/或渗流进入基坑。防渗墙可以采用驱动式钢板桩或其他类型的板桩制作，可以通过开挖沟槽和回填膨润土/土或土/水泥浆混合物的泥浆、通过在土中压力灌浆、通过在现地拌和水泥浆和土或通过咬合桩墙和灌浆制成。像反滤和密封一样，截水结构不是排水与控水专家的职责。然而，降水和/或排水技术与截水结构在结合使用时比单独使用时更加有效和高效。防渗墙更详细地讨论见第16章“防渗墙”。

21.8.7　设计冗余

设计冗余，也称为设计意外事件或备用系统，是必要的，经常被置于排水与控水系统中，并且比与填筑坝相关的其他系统考虑更频繁。有许多条件促使设计冗余成为一个非常可取的设计准则，例如：

(1) 地下条件的不确定性。由于场地条件的性质，从来没有足够的设计数据可以100%确定地下材料每一个可能的变量和性质。因此，排水与控水系统设计必须基于最好的可用信息，再加上专家的经验和知识，以说明大多数可能遇到的情况。

(2) 设备故障/服务中断。设备故障或关键设备部件破坏或电力供应等关键服务中断。

(3) 损伤/破坏。由于施工活动对排水与控水设施、部件、运行造成的损伤或破坏，例如井被施工撞击或碾压、排水管线或电源线被切断。

(4) 突发性自然事件。突发性大暴雨、突发性洪水、山火、雷击和类似的自然现象，可能会破坏或影响排水与控水设施和运行。

地下条件的不确定性通常可以通过保守设计来解决，该设计会有一个内置的冗余：

1）略大的抽水容量（分别在特定区域或整个系统）。

2）在井点系统中增加几个额外的井点。

3）井加深。

4）设计比要求更大的水位降低幅度。

5）最大限度地增大主管系统和沉淀池尺寸，在可能的情况下，维持重力流。

6）假定适当的高层或低层含水层的性质。

7）设备和部件安装在额外的深井或井点，它们位于施工现场附近或在合理的时间内可以被调到施工场地。部件的失效对施工活动或大坝的安全影响越大，其允许运输到施工现场的时间越短。

关键设备部件的故障/失效或关键服务的中断可能是影响排水与控水正常运行的最常见事件。连同由于施工活动造成的排水与控水设施、部件或运行的损伤或破坏，这些状况是最容易计划的，而且计划和准备工作基本上同时进行。

1）在现场（或在安全的、易接近的非现场位置）保持适当的更换或备份部件的供应，并以适当的工作顺序，可以在短时间内安装以更换损坏或故障的部件。这包括但不限于：排水软管和配件；流量计；各种尺寸的泵，包括阀门、配件和相关辅助部件；电缆和电气控制盘；表面钢套管，包括水泥；泵的进水立管；安装深井和/或井点所有必要的设备和材料；仪器仪表，例如压力传感器、数据记录器、流量计、水位测深仪、笔记本电脑、数据电缆等。

2）保持备用发电机，其容量能够为现场整个排水与控水系统供电，且处在备用/就绪状态下。它们应该直接连到电力系统中，以便在发生重大电力故障（如果当地电线是可用的且正在使用）时自动切换带电，特别是当排水与控水系统在任何显著时间长度上的故障可能或危及基坑的稳定性或其他建筑物或危及人的生命时。显著时间长度将取决于基坑从开始到水淹有多快，以及洪水会以多快的速度到达某一点而影响基坑的稳定性或使其他现场工作会受到危害。备用电力系统应在正常运行负荷下至少每周运行几个小时。

3）排水管线、电力电缆、控制电缆、仪表电缆等，应尽可能布置在开挖活动区之外。如果这些管线必须在开挖区内或穿越交通线，则必须保护它们免受施工设备的损坏。通常，对于道路交叉口，电缆通过一根长度和内径合适的钢管来输送，然后埋设在道路下面。其他选择可能包括在关键连接点安装旁通管，将不同的系统划分为独立的分支，以避开特别繁忙的交通路口或施工设备通过路线，或者在主要道路或拖道上游建造一个具有几小时泄流容量的中间封闭系统，以确保整个系统不会由于排水管的中断而脱离运行。这决定因素所涉及的将是水流或电力中断的风险程度，例如如果几个小时的中断不会对露天开挖或基坑的稳定性造成风险，则管路替代方案、旁通管或临时围护系统将不那么关键。然而，如果即使是短暂的中断，也会对填筑坝的开挖、稳定或安全造成重大风险，或危及人员的安全（仅列出一些潜在的重大风险），备用系统、旁通管、额外的保护措施和应急计划就是关键的设计特征。

突发自然现象是最难预料或准备的事件。为故障和失效而进行的计划和准备一般也涵盖自然现象。唯一能做的事情就是确保所有的设备在任何时候都尽可能地受到保护，并且制订一个在极端紧急情况下的计划。

21.8.8 时间安排

排水与控水专家掌控之外的许多因素将影响甚至控制排水与控水系统的设计、安装和运行。这些因素可能包括；

(1) 工程进度——里程碑、完成日期等。

(2) 施工进度——明挖的总时间，每年明挖的开始时间以及一年中的施工窗口。

(3) 开挖设计和布置。

(4) 水库水位与下泄。

(5) 可用数据的数量、类型和质量。

(6) 关于排水与控水系统的数据收集、设计、安装和运行的项目资金和金额。

每个项目都与众不同、独具特色，每个项目都有自己的约束条件和时间表。对于排水与控水设计过程在什么时候开始，或在设计过程的哪个阶段排水与控水专家必须加入设计团队都没有硬性规定或指导方针；无论如何，专家在团队中越早出现，排水与控水的设计在效率、效果和成本方面会越好。

例如：在第 21.6.7.3、21.6.8 和 21.8.5 节讨论的同一座大坝中，排水系统安装并测试了整整一年才计划开工。由于坝址下有未在地图标注的高产水区域（第 21.6.8 节），如果排水系统的试验和运行在计划开工前的几个月才开始，那么建设工程将被推迟一年，或者排水系统的成本相当高，且超出其自身承受范围，因为在下游坝址的施工过程中试图降低水位而在坝址下游安装井的计划本来就不充分。

在这个特殊案例中，排水与控水专家在设计过程中已足够早地加入了设计团队，可以预先设计、安装和试验排水与控水系统，并且遇到的问题可以以循序渐进的方式予以解决。

21.8.9 次生地下水/渗流控制系统

通常，降水和/或排水系统无法 100%控制基坑内的地下水或渗流，但是若到达基坑的水流太少，以至于在降水或排水系统中增加额外的设施都是不切实际或没有成本效益的。在这种情况下，可以独立使用开敞式抽水或各种防渗屏障，或与其他设施联合使用来控制水（图 21.8.9-1）（参见第 13 章“地震设计分析”）。在第 21.8.6.4 节讨论了开敞式抽水。

围堰、旁通管和临时导流结构不在排水与控水专家的职责范围内。然而，在设计排水与控水系统时，专家必须考虑到这些设备。

如果附近或相邻的地表水，如溪流或河流、渠道、消力池等成为地下水系统的一个固定补给源，暂时去除水源可能是更有效、更经济的方法，主要通过阻断地表水的流动特征，通过旁通结构将水流改道进入溪流，或绕场地周边或将水流导进不同的渠道以使水流远离施工工地。

围堰和临时导流结构也可用于收集径流或渗流，并在排除之前将其包含，特别是在积水不能依靠重力抽走的地方。导流结构对于导走工作区域的地表水或径流非常有用。

排水与控水专家应与工程设计人员紧密合作，以确定最有效的控制补给源的方法，

图 21.8.9-1　俄勒冈州 Rogue 河上的挡护桩与沙袋围堰后的基坑降水和排水
（Savage Rapids 大坝拆除和重设抽水设施，俄勒冈州）

包括在施工中尽可能地降低水库水位。

21.8.10　监测和仪器操作

为了确保排水与控水系统能够正常运作，实现排水与控水计划的目标，需要持续监测与调整其运行。正如第 21.10 节的讨论，需要持续监测的关键运行参数是：

（1）每个系统的来流/排水流量。

（2）系统中每个组件的来流/排水流量。

（3）每个组件的排水特性。

（4）抽水井、观察井、测压计、集水坑和沟槽的水位。

（5）排水与控水（WR&C）系统的电力供应。

（6）在较小范围内，当地补给源的条件。

幸运的是，这种监测所需的仪器并不复杂或难以操作（图 21.8.10-1）——事实上，大多数监测都可以手动完成。然而，在监测一致性、准确性、安全性和成本效果方面，采用模拟、自动测量和记录设备的结合是监测排水与控水系统运行和有效性的首选方法。

观察井和测压计是获取地下水动态的主要手段，用于监测地下水位，而抽水井是监测水质的主要手段。抽水井也可用来监测水位，然而，读数应该谨慎看待，因为抽水井的水位读数受到井参数如井效率和湍流等的影响可能导致非代表性水位读数。

用于监测水位和水质及其应用的最常用仪器及其应用是：

（1）流量计。许多类型的流量计通常都是可用的，而且大多数是可以接受的。流量计应在使用前校准、使用期间定期校准以及使用后再次校准，以确保获得精确的读数，并且校准在操作过程中没有显著变化。流量计应该有双重测量：瞬时流量和累积流量。在每一个系统的排水侧，应按照制造商的指南正确安装流量计，在深井的情况下，在泵的排水侧也应安装（图 21.8.10-2 和图 21.8.10-3）。

图 21.8.10-1 现代的数据记录仪和独立的自动传感器和其他传感器非常容易由经过适当训练的现场人员来操作

注：流量计的上游和下游都需要直管段，以确保非湍急水流通过流量计，而读数准确。所需的直管段长度将随仪表尺寸和设计而变化（怀俄明州的 Grassy Lakes 坝）。

图 21.8.10-2 安装在排水管线垂直断面上的嵌入式累积流量计

系统或系统的一个组件的流量降低可表明几种地下条件：一种条件是理想的，而其他条件则是不可取的。理想的情况是水位正在下降，而不可取的情况包括：

1）井管滤网被堵塞或开孔尺寸过小。

2）反滤料的级配过细。

3）井效率过低。

4）连通式除沙弯管填满或阻塞。

5）水泵过度磨损（不太可能的情况）。

一个阻塞或故障的流量计也可以类似于降低的流量。如果流量计被怀疑有堵塞或故障，可以使用桶和秒表、堰或其他人工测量流量的方法来验证流量。

(2) 排放水的特征。每个排水与控水系统和每个组件排放水特征都应在系统投入运行后定期监控。应监测的主要参数是颜色、浊度和砂光率。

注：流量计的上游和下游都需要直管段，以确保非湍流水流通过流量计，而读数准确。
因为在此试验中获取的低持续排水流量，故上游长度为 2ft，下游长度为 1ft。
注意在管道末端的蝶阀用于控制排水流量（内布拉斯加州 Red Willow 坝）。
图 21.8.10-3　安装在排水管线垂直断面上的嵌入式累积流量计

1）色度计和色标。排水的颜色可以表明水质的变化，如溶解的矿物质、有机质腐烂和藻类生长。

2）浊度计。如颜色一样，浊度是一项水质指标；此外，它是一种水中非常细粒的悬浮沉积物的指标。

3）Rossum®砂测试仪（或等效仪器）。出砂率是从井的反滤和/或地层中排除细颗粒的指标。

随着持续的抽水或进一步的发展，除了水的颜色，这三个特征都应该随着时间的推移而逐渐消除。水的颜色可能是含水层的固有特性，而且可能永远不会消除。

很少情况下，现场可能需要进行初步的背景水质试验，例如已知或可疑的污染区、差水质区、潜在有害的内部侵蚀区等。如果定期监测水的颜色和浊度以表明水质恶化或变化情况，可以进行后续水质检验，并与背景水质结果进行比较，以确定变化，并评估对排水与控水系统的影响和施工活动/计划。

任何没有消除或变得更糟的特征都可能预示着井或地层条件的变化，并且可能是井或排水与控水系统中重大问题的前兆。最令人关注的特征是出砂率。非常高的出砂率[100＋ppm 的阶数（mg/L）]，随着时间的推移没有降低，或实际上增加，可以表明地下条件类似于管道地表排水的管涌。此外，高出砂率可能减少泵的使用寿命从几年到几个月，并且引起阀门、仪表和管道的过度磨损。

（3）水位监测仪。从人工模拟设备到自动数字系统，有许多不同的方法可以获得水井和测压计的水位读数。手工方法可以包括“砰砰”❶ 线、粉笔标注钢卷尺❷、电子水

❶ “砰砰”线是一种末端有钟形重物的卷尺。当卷尺在水面上下摆动时，钟形的重物会在接触水面时发出砰砰的声音，从而表明水面的深度。

❷ 在钢卷尺的末端使用可擦除的粉笔末，然后将卷尺放入井中，达到特定的深度。当卷尺被取回时，卷尺上水湿粉部位就表明了水面距地面的高度。

图 21.8.10-4　电子水位传感器

位指示器（图 21.8.10-4）等，这些方法最容易在读数中出现人为误差，精度一般在 0.1ft 以内，它们也是测量和记录水位最耗时的方法。使用这些手工方法的程序参阅 USGS（2011a、b、c 和 d）。

获取读数的自动化方法包括安装在井中的某种压力传感器/传感器（图 21.8.10-5）（有时称为测压计），或是独立的，或是连接到一个记录设备，例如数据记录器和/或笔记本电脑（图 21.8.10-6 和图 21.8.10-7）上，这些设备精度非常高（尽管它们也要求制造商的设备定期校准），在 psi 之内。它们可以获得并记录测量数（读数），以每秒钟数几次读数到每天/周/月一次读数。此外，它们还可以存储数月或数年的读数以供日后检索。有些传感器可以自行校正气压变化，而另一些传感器则可以储存气压，用于以后的修正。使用压力传感器的程序参阅 USGS（2011e）。

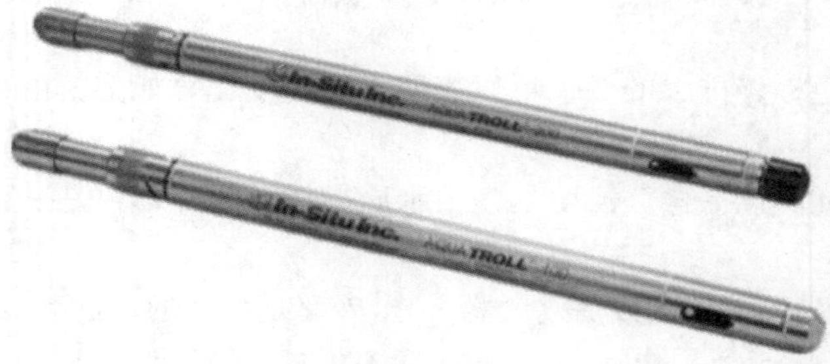

图 21.8.10-5　没有数据电缆或传递电缆的专用压力传感器实例

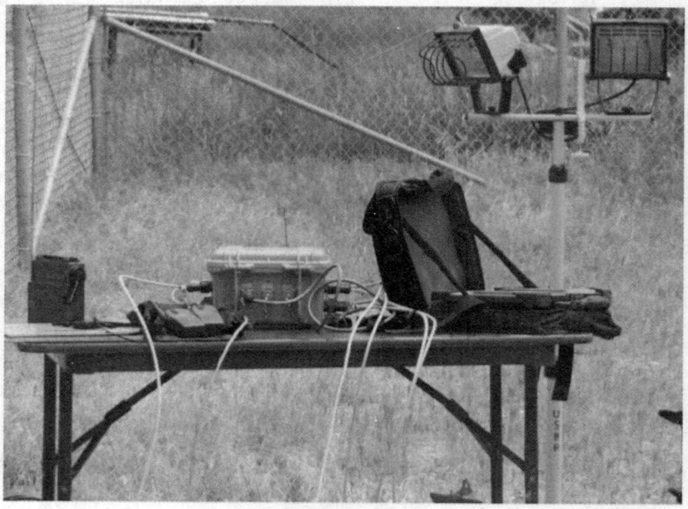

数据记录器通过黄色通信电缆连接到专用压力传感器。在数据记录仪故障的情况下，每 8h 下载一次数据到笔记本电脑上。灯塔用来夜间监测含水层试验（内布拉斯加州 Red Willow 坝）。

图 21.8.10-6　原位 Hermit 3000Ⓡ数据记录仪和野外用加固版笔记本电脑

数据记录器通过黄色通信电缆连接到抽水井中的专用压力传感器。每小时人工记录水位降低多少，
并且在数据记录器或传感器故障的情况下，手动记录相应的数据记录器读数。

图 21.8.10-7 原位 Hermit 3000®数据记录仪和“防雨式”笔记本

除了压力读数之外，许多自动传感器还可以读取其他水的特征参数，如温度、pH 值、导水率、溶解氧、潜在的氧化还原以及水中的各种成分。大多数旧的传感器只记录压力，而较新的传感器通常记录压力和温度，更复杂的设备除了记录压力和温度之外，可互换传感器还能记录多达 3～4 个参数。

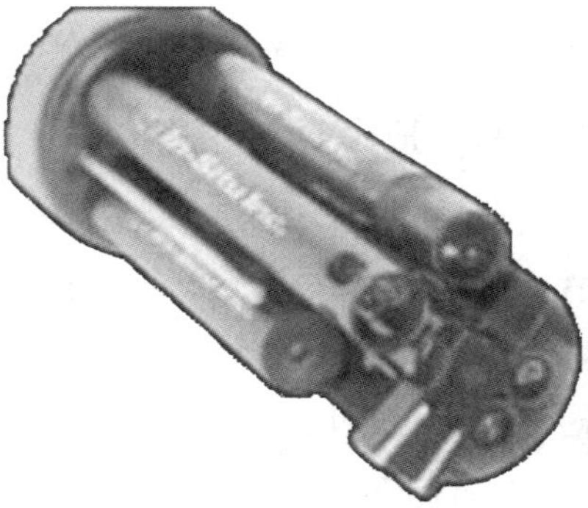

图 21.8.10-8 具有可互换传感器组的多参数自动探头

（4）电力供应监测。电源，也就是泵的控制，需要不断监测，以确保排水与控水系统保持正常运行（图 21.8.10-9）。降水系统电力或运行的任何中断都会对开挖的稳定性和施工人员的安全构成重大风险，而且可能会导致施工进度严重延误。

通过将报警系统连接到电源，可以很容易地监测电源，这样一旦电源发生故障，报警系统就会被激活。与此同时，可能会有一个自动继电器来启动备用供电系统，以接管排水与控水系统的供电。

如果独立的发电机提供主电源（线路电力不可用或无法提供所需电力）或备用电源，这也包括定期检查发电机的燃料水平并重新添加。

（5）本地的补给源。本地的补给源可以通过观察或传感器进行监控。在静态的水体中，压力传感器足以监测水位，以确定它是否对补给有贡献，如果有，则达到多大程度。在河道或泄水建筑物中，测量站或堰是监测潜在补给源的合适手段（即上游和下游测量点之间流量的损失或增加）。此外，接近水体附近具有重要位置的观察井或测压计，将能够监测水体附近地下水水力梯度的变化。地下水水力梯度的变化可能表明，井的影响范围与水体相交而引起的来自水体的补给。

数据记录仪与抽水井和观察井的压力传感器相连接，并设置在为潜水泵供电的发电机附近。
这样使得排水与控水专家能够监测含水层试验和电力供应的进程（怀俄明州 Grassy Lake 坝）。

图 21.8.10-9　典型的含水层试验装置

21.8.11　技术要求与图纸

对于非谈判合同，排水与控水专家通常会设计排水与控水系统。地表水系统通常由承包商设计，并提交垦务局审批。然而，在非谈判的合同中，垦务局的排水与控水专家可以与开挖设计人员合作设计具体的降水和/或排水组件。计划与技术要求通常应包含施工期间详细的降水要求和其他排水控制措施。对于已协商的合同，施工承包商一般都设计了控水系统，并且这些系统是提交给垦务局审查的。如果可以的话，技术要求中必须提供设计用的数据。否则，承包商将被要求收集必要的数据，而这需要在合同中给予充足的时间许可。

承包商的降水方案不会与拟议的施工系统相衔接。因此，技术要求需要明确和强烈地指出，在进行开挖前降水系统必须达到什么程度。允许承包商设计降水系统的书面技术要求必须完全清楚系统的目标、必须满足的运行条件以及必须遵守的程序。这些技术规范必须要求监测系统是排水系统的一个组成部分，监测和评价降水系统有效性的目标明确规定必须满足的运行条件，以及垦务局所需的文件。

21.9　排水与控水：系统安装考虑事项

21.9.1　概述

在任何排水与控水系统的设计和安装中都有许多因素发挥作用，包括场地条件（最重要的场地条件包括地质、交通、天气、地下水条件和填筑坝运行状况）、开挖计划、施工进度、工程目标和目的。

本节讨论与排水与控水系统整体安装和试验相关的一些实用指导原则和考虑事项。虽然每个排水与控水系统都有其独特的特性，但在大多数系统中，许多方面都是通用的。因此，一些实用的指导原则适用于大多数（如果不是全部的话）的系统安装。下面将对这些指导原则展开讨论。

21.9.1.1　涂抹

涂抹是在钻孔的过程中出现的一种情况，地层中的细颗粒重新排列，以堵塞颗粒间的空隙。这就降低了井壁的渗透性，使开发更加困难，并可能降低井的整体效果。虽然涂抹通常是一种暂时的情况，在排水与控水系统的整个运行期间可以明显地消除，但不能假定它在系统运行时就会消除，这就是为什么充分的开发（第 21.9.1.3 节）对于获得效果好、效率高的井是至关重要的。而有些钻探方法比其他方法更容易被涂抹（见表 21.9.1.1-1）。

表 21.9.1.1-1　　井和井点安装中不同钻井方法的优缺点

钻井方法			优　点	缺　点
循环流体（包括空气）	旋转式	正向循环式（空气或钻井液）[图 21.9.2-3（b）和图 21.9.2-5]	（1）大多数材料中渗透率相对较高。 （2）钻孔时需要的套管最小。 （3）钻机动员和遣散速度较快。 （4）井管滤网作为套管安装的一部分很容易安装。 （5）最少 2 人即可操作	（1）钻机维护要求高。 （2）交通和现场移动可能受到限制。 （3）精确收集样品需要特殊的程序。 （4）低温下钻井困难，且成本昂贵。 （5）钻井的快速卸荷可能导致井喷。 （6）钻井泥浆的使用可能会导致某些类型的地层堵塞。 （7）钻井液管理需要额外的知识和经验
		反向循环式[图 21.9.2-3（b）和图 21.9.2-5]	（1）相邻钻孔材料中的孔隙度和渗透率干扰最小。 （2）大口径钻孔钻速相对较快、经济。 （3）钻孔时不需要套管。 （4）井管滤网作为套管安装的一部分很容易安装。 （5）适用于除火成岩和变质岩外大多数材料。 （6）在非固结材料的高穿透速率。 （7）使用较少的钻井泥浆添加剂，开发更容易也更快	（1）需要供应大量的水。 （2）钻机更大、更昂贵。 （3）需要大的泥浆池。 （4）大型钻机限制了现场移动和通往一些地点。 （5）钻杆、空气压缩机和特殊钻机配件需要额外的费用。 （6）钻杆的操作时间随钻孔深度的增加而增加。 （7）需要更多人员操作（与其他方法相比）
		套管推进式	（1）非常适合松散地层。 （2）在整个钻井过程中井孔稳定。 （3）穿透速率很快。 （4）消除了泥浆漏失问题。 （5）准确的地层和水取样是可能的	（1）使用的设备比大多数其他方法更昂贵。 （2）黏土、膨胀黏土或其他黏性材料会限制钻孔深度。 （3）比其他方法产生更大噪声

续表

钻井方法			优点	缺点
循环流体（包括空气）	旋转式	双壁空气旋转式	（1）粒径大的冲积层或破碎、存在裂隙的岩石穿透速率可能很高。 （2）冲刷区逐渐减小或消失。 （3）连续地层和水取样是可能的。 （4）在钻井时可以获得地层含水量的估算。 （5）可安装常规套管/井管滤网系列	（1）钻机和设备都很昂贵。 （2）钻井工需专门培训。 （3）洞的直径仅限小于 10in。 （4）在冲积层中，井的深度限制在 1400ft，而在坚硬岩层中井的深度限制在 1900ft
非循环流体（或无流体）	非旋转式	缆索工具式（图 21.9.2-4）	（1）钻机通常较为便宜，需要最少的维护，而且操作时能耗低。 （2）钻机很少有交通或现场条件限制。 （3）在整个钻井过程中，井孔稳定。 （4）可以用空气或最少量的水来钻井。 （5）沿着整个井深度进行准确位置地层上的取样是可能的。 （6）井筒中的任何一点都可以在钻井过程中获得井中的水位	（1）穿透速度缓慢。 （2）可能需要较大的直径或较重的套管壁厚，因此套管成本可能很高。 （3）在某些情况下，可能需要专门的设备来回收长套管
		斗式螺旋钻（图 21.9.2-8、图 21.9.2-1 和图 21.9.2-2）	（1）适用于大口径井。 （2）套管/井管滤网可以安装在空心杆式钻机内	（1）深度限制在 100ft 左右。 （2）只适用于没有大卵石或巨砾的松散沉积物。 （3）造成涂抹的程度最大
		压力喷射式（图 21.9.2-7）	（1）产生清洁的孔壁和最有效的井；几乎没有涂抹或堵塞。 （2）适用于最多含有小卵石尺寸大小和中等软黏土的松散材料。 （3）适用于安装许多紧密间隔的井。 （4）可用于安装最大直径达 24in 的井	（1）使用大量不循环的水。 （2）要求压力最大达到 300psi。 （2）会暂时淹没工地。 （3）深度限制约为 120ft
		直接推进式（图 21.9.2-2）	（1）快速而经济。 （2）设备小，质量轻。 （3）适用于疏松到中等密度的砂土和中等硬度的黏土	（1）井的直径限于 2in 之内。 （2）井深限于设备的反应重量。 （3）可能会引起较细颗粒的材料被涂抹在较低、颗粒较粗的材料上

21.9.1.2 地层堵塞

地层堵塞是由于使用钻井泥浆造成的。钻井泥浆在某些地层中有利于保持钻井的敞开、提高钻井进度、延长钻头寿命、减少钻井液循环损失。但是，钻井泥浆的这些有利性质也导致了孔隙空间堵塞的不良影响，孔隙堵塞在非常多孔的地层中可以延伸相当大的距离，这可能会影响井的开发，要么降低开发的效果，要么延长开发所需的时间和努力（见表 21.9.1.1-1）。

21.9.1.3 井开发

井开发是指修复含水层损坏的过程，损坏是由于在含水层或井周围产水区钻进导致孔隙度和渗透性增加（图 21.8.5-4）。修复是通过搅拌产水区（或相邻区域）中的材料实现的。这种搅拌将较细的材料移到井中，然后将其移走，从而消除涂抹和堵塞形成的影响。

这种搅拌方法还有一个额外好处，可以打破人工反滤料中的架空，并压实反滤料。

搅拌越剧烈，在井中特定区域或区间内时间越长，就会去除越多的细颗粒，进入地层的效果也越大。井开发过程还包括去除随着含水区域的开发而累积的细颗粒，这通常是通过抽水或舀出集水坑的水来完成的。

井开发类型有两种：人工井开发和自然井开发。在这两种情况下，井开发都是指修复与井管滤网相邻的材料，而不是搅拌材料。人工井开发是指在井周围设置人工反滤。人工反滤是一种在井管滤网与井壁之间的环形空间中放置级配粒状材料。自然井开发是指在钻井内形成一种自然反滤料，允许其在井管滤网周围塌落，从而形成反滤。

21.9.1.4 运行

排水与控水系统如何运行将影响设计和系统组件的安装。例如，如果抽水井或观察井在施工中将被破坏，那就可以用低成本的材料，例如聚氯乙烯（PVC）而不是钢材。同样，开发过程也不会投入太多成本。

如果一个组件要使用几次，这通常是井点的情况，就应该使用高成本、耐久的材料。

一般情况下，井和井点在降水时的初始流速高于达到降水目标后的流量，而排水与控水系统则简单地保持降水状态。在这种情况下，安装井中的泵和井点抽吸泵必须能够在两种流量下有效运行，或者在操作的某一点必须关闭。

并不是所有井或井点都是持续运行的，有些可能只需要间歇运行以保持降水状态。在这种情况下，就需要不同类型的泵或不同的控制系统，以根据需要循环打开或关闭泵。

21.9.1.5 有效性

任何排水与控水系统的目标都是尽可能地成为最有效的系统（在运行效率和成本效益方面）。一个精心设计和正确安装的排水与控水系统将是最具操作性的系统，它将在组件数量、维护、更换和运行历时方面降低成本。

理想的完美系统应有确切数量的必要组件，并且能够100%的有效运行，在运行期间不会有组件失效或损坏，而地下水系统也将按照预期的方式做出响应。然而，完美的系统几乎是无法实现的，因为这需要对地下水系统的各个侧面进行全面彻底了解，并准确地估计地下水系统怎样反应，加之，设备故障、事故，很少有人工设计的系统能够按设计精确执行。因此，内置冗余是必要的（第 21.8.7 节），以确保响应变化或意外情况，并有效地弥补系统的先天缺陷。

21.9.2 安装设备

排水与控水系统的安装设备随着系统本身的不同而变化，而且所使用的设备取决于所安装的排水与控水系统类型、当地的地质/土层条件、系统组件的尺寸、安装方法、安装系统的可用时间、可用的现场交通和预算。

安装设备可以包括由手铲到大吨位、大直径、深能力钻机的所有设备。被安装的排水与控水组件类型将确定在安装过程中使用哪种类型的设备。然而，它通常是基于排水与控水承包商可用的设备类型。大多数现代化钻机可以执行两种或更多种安装方法，而有些方法是相斥的。例如，为旋转设备设计的钻机将不能使用缆索设备。

典型的安装方法包括（表 21.9.1.1-1）：

（1）旋转方法：

1）空气旋转。

2）泥浆旋转。

3）泥浆反向旋转。

4）螺旋杆旋转。

5）空心螺旋杆旋转。

（2）非旋转方法：

1）缆索工具。

2）斗式螺旋钻。

3）压力喷射。

4）直接推进。

5）挖土机或其他开挖设备。

6）手动开挖。

每种类型的排水与控水系统都有一个典型的常用设备分类，并且系统类型之间存在一些重叠，这就使得其中一些系统类型适合安装各种排水与控水组件。若按系统类型或组件来划分，常用的设备是：

（1）深井、喷射井点、观察井、测压计和减压井。井的深度和尺寸决定使用哪种类型的设备。深井和深喷射井点的安装需要一个适当尺寸的钻机（图 21.9.2-1～图 21.9.2.5），以及通常的支持车辆，而不是小型钻机。

图 21.9.2-1　安装在平整地形上的连续式螺旋钻

1）管道运输卡车。一种平板卡车，用来运送额外的钻杆、井套管和井管滤网。它也可以运输反滤材料、水泥、膨润土密封材料、水箱等［图 21.9.2-6（a）］。

2）支持车辆。用来搬运工具和备件的卡车。钻井人员通常将它用于钻井工地和住宿地之间的出行［图 21.9.2-6（b）］。

3）储水车（或罐车）。如果当地水源不可用，可用来为钻井液提供水的卡车。

4）辅助车辆。虽然不直接参与钻井和安装过程，但可能需要一台推土机来平整钻井平台和其后勤车辆的钻井平台，施工通往钻井现场的通道，并建造一个泥浆池、沉砂池和与之相关的土方活动。挖土机或类似的设备也可用来建造泥浆池和沉砂池。

（2）井点和浅喷射井点。井点深度和井点安装材料将决定所使用的设备。安装井点的四种常用方法是：

(a) 皮卡安装钻机　　(b) GeoProbe®跟踪轨道安装钻机

图 21.9.2-2　小直径钻机平台的实例

(a) 拖车式安装钻机　　(b) 垦务局上科罗拉多地区的钻机

图 21.9.2-3　大直径（井最大直径达 8in）、深度可达 300ft 的钻机

图 21.9.2-4　1935 年最先进的缆具式钻机

图 21.9.2-5　上科罗拉多地区钻井队 Gus Pech 3000 CHR 顶驱旋转钻机；
30 000 扭矩、32 600lb 的提升力（A. V. Watkins 坝，2011）

(a) 运载用的起重卡车

(b) 运输人员的载人卡车

注：(a) 用于运载钻杆、井套管和井管滤网、便携式发电机、焊接设备等的起重卡车，通常也用于安装和拆卸水泵；(b) 用于运输工作人员到工地、携带发电机燃料、携带工具和备件的工作人员车辆

图 21.9.2-6　支持车辆实例

1）驱动。井点被打入（连续重击）土中；驱动力可以是手动的（使用标锤）或机械的（使用独立的滑轮锤组件或车载滑轮锤组件）。有一种淬硬钢驱动头专用于驱入井点，在井点被推进时，钢管或镀锌钢管与被驱动的井管滤网连接。这种方法适用于松散的、细颗粒土，其中很少或没有碎石和卵石。

2）推进。使用车载撞锤将井点推进到土中，类似于岩土探测的推进方式。这种方法适用于松散的、细颗粒土，其中很少或没有碎石和卵石。

3）喷射。利用特殊的井点尖端喷射的高压水将井点喷入地面［图 21.9.2-7（a）和图 21.9.2-7（b）］。井点随着前面的土被冲而前进。这种方法适用于含有一些砾石或卵石的细颗粒土。

4）钻孔。井点安装在钻孔中，钻孔通常使用螺旋钻钻头［图 21.9.2-8（a）和图 21.9.2-8（b）］。井点可以用反滤和密封完成。

(a)

(b)

图 21.9.2-7 喷射井点手动安装方法

（a）因架空电力线使得钻机无法使用；（b）喷射井

（3）垂直排水砂井。垂直排水砂井的深度和直径是选择使用哪种设备类型的决定性因素。典型的安装设备包括：

1）喷射排水。对于浅层系统，只需简单地通过细颗粒层的喷射钻孔，连接上、下高渗透性层就足够了，尤其是当上层的材料塌陷进钻孔时。

2）钻孔排水。对于较深层系统，钻孔是建立两个高渗透性层之间连接的有效方法，依靠允许上层塌陷到钻孔中。

3）套管和回填料排水。挡封闭层的材料不合格或上层有很大比例的细颗粒时，套管则可以与喷射工具或钻头一起推进以维持钻孔张开，并且在套管被取出前，孔内填满干净的反滤砂。

（4）截水沟、排水沟、集水坑。这些都是典型的地表构筑物，可以用铲子手工完成，满足规模较小的临时性排水需求。挖掘机将适用于更大区域和/或更大水流的开挖作业，预计在明挖时持续一段相当长的时间。

（5）开敞式抽水。根据定义，开敞式抽水本身不需要任何开挖；确切地说，它主要包括将一个清污泵或类似的泵放在一个积存地表水的池中，然后在水池排水完成后再将水泵移走。这并不比把一个泵放进水池中央更复杂，穿着合适的防水鞋，并把排水管道移到一个自然排水点或已有的集水坑。

（6）反滤、密封和防渗墙。具有这些特性的排水与控水类型通常在排水与控水专家的职责之外，也不是本章的目标（参见第 16 章“防渗墙”）。

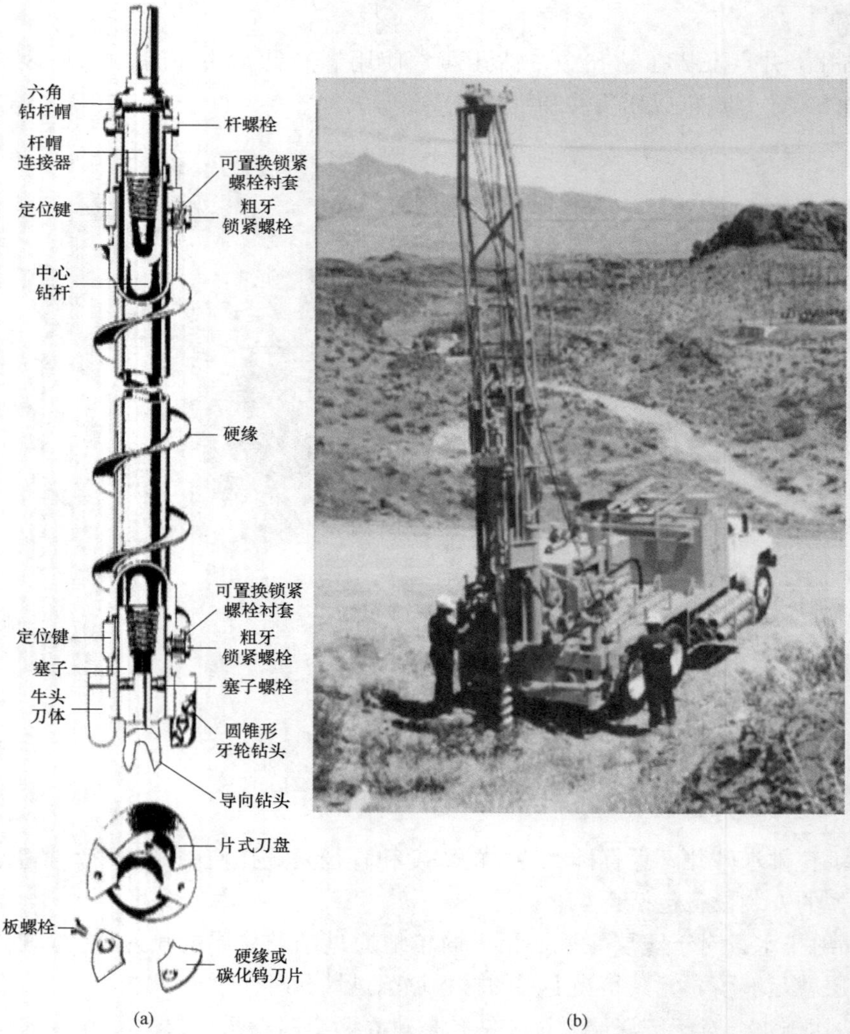

图 21.9.2-8 （a）带中心堵头的空心杆螺旋钻；（b）典型的旋转钻机

21.9.3 控制泥砂

控制泥砂是任何排水与控水系统的一个关键目标。排放到地表水体的排水与控水系统，如河流或湖泊，通常需要排放许可。大多数排放许可对多少泥沙可以排放到地表水体有限制和控制。一般来说，正确安装深井、喷射井点和传统井点，一旦充分开发，就会有很低的出砂率。如果是这样，一旦确立了最终的出砂率，通常就可以直接排放到地表水体内。降水系统的最终出砂率可以通过对排水系统各个组件的后期开发试验，以及在进行现场降水运行之前的整个系统试验中得到相当准确的估计。

然而，对于没有适当设计、施工和/或开发的排水或降水系统，情况并非如此。这些系统的出砂率可能永远无法清除到满足直接排放到地表水体的许可要求。因此，排放水需要某种程度的处理后才能被排放到地表水体中。处理具有高悬浮固体浓度的排放水的最常用方法是沉砂池。只要有足够的开敞区域，就可以在开挖范围之外的任何地方修建沉砂池。沉砂池的容积应能汇集所有系统 100%的最大预期排放量，并至少保持 1h。

沉砂池的容积需要定期监测，因为随着排水与控水系统淤积物的沉淀，沉砂池的容积将会逐渐减小，可能不满足最少 1h 滞留时间。如果出现这种情况，则排水与控水系统的排水量必须减少，或者必须清理沉砂池（或两者兼有）。

替代沉砂池的方案是在适当的开敞区域和其他条件允许的地方选择一个延绵的凹地。延绵凹地是在排放水路径上的一个大的浅盆地。盆地大小和底部的材料允许排放的水扩散并渗入地面或蒸发（或两者兼而有之）。这将防止任何问题泥砂排放到地表水体。盆地的主要关注问题是，它们必须远离开挖点，以防止渗水返回到基坑不断地被抽取。

局部的泥沙控制（如来自施工现场、开挖坡、弃渣堆等径流）可以利用秸秆捆、过滤介质管、拦沙栅和其他过滤手段，在径流离开施工现场前将泥沙从径流中过滤出来（图 21.8.6.1-1）。这些材料将按需安装在需要的位置，并将在开挖期间或仅在某一特定降水持续时间内放置。

一种通常被忽视的过量泥沙到达地表水体是对排放点或排放点下游由排放本身引起的冲刷。最初，在排水与控水过程的降水阶段，降水系统的排水量可以达到每秒数百立方英尺，甚至超过 1000ft/s，直到完成降水。这会导致排放水流入地表水体处的河流或湖泊遭受严重冲刷。另外，一股在每秒数百立方英尺的流量中处于平衡状态的水流，在突然遭受到正常范围内两倍或三倍水流冲击时，在排放下游会遭受到严重的冲刷。排放点应始终采取一些加固或其他保护措施，保护排水以及地表径流集中点引起的冲刷（图 21.9.3-1）。

排水与控水专家应与环境专家和岩土工程师合作，确定恰当的缓解措施，以保护排水点与下游的自然条件。

图 21.9.3-1　排放点的侵蚀保护，排水量为 1000gpm
（新墨西哥州里奥格兰德 San Ildefonso Pueblo 集水示范井）

21.9.4 系统安装

系统安装将由四个主要因素控制：

（1）排水与控水系统的特定类型或组件。

（2）施工进度。

（3）开挖计划与进度。

（4）预计的泄水时间。

由于每个场地和每个施工活动都有一些独特之处，所以对于系统安装没有硬性的指导原则。在排水与控水系统的设计中已经讨论了两个控制因素（施工进度和开挖计划与进度）。

希望排水与控水系统实现定位、运行和试验，以确保它们足以在实际开挖和施工活动之前达到必要的降水目标。然而这并不总是可能的。有些因素和条件可能决定了排水与控水系统先于施工活动和开挖几个月或几周。在极少数情况下，一些条件（自然、经济、政治或其他条件）甚至可能需要排水与控水系统的安装与开挖活动同时进行；在更罕见的情况下，同时进行开挖和排水与控水系统的安装可能是有利的。

相对于开挖和施工活动，无论排水与控水系统何时安装，关键是安装正确、充分开发并在上线之前进行过运行试验。

所有的井和测压计都应安装锁定盖，防止碎片落入井中或测压计上，防止小动物误入井中，并防止人为破坏（图 21.9.4-1～图 21.9.4-4）。井盖应置于井和测压计之上，当井或测压计不使用时，就应当被锁住。

注：竖立的部分（井的一部分和地面以上表面套管）是 2ft、6in。钢套管，通常称为表面套管，被固结在地面上，主要是为了保护 PVC 管的地上部分。表面套管与延伸到地表的井套管不同。一个锁定钢帽已被移除以便进入。

图 21.9.4-1 一个内径为 2in 的 PVC 观察井，被外径 6in 的钢管（漆成白色）所保护

21.9.5 组件试验

排水与控水系统的任一组件安装都分为五个步骤，它们是：

（1）组件安装：正如前面所讨论的，这一步骤包括一个井、井点或其他组件的实际安装。

注：探头被固定在适当的深度，附带的传感器电缆连接到井顶部的表层套管上，如最近的井上所见，最近的井有额外的黄色电缆，用电工胶带绑在表层套管的顶部（内布拉斯加州 Red Willow 坝）。

图 21.9.4-2 现场一行共有四口井，用于监测含水层试验，因此所有井的锁帽都被移除，并安装了临时压力探头

图 21.9.4-3 测压计典型的地表部分

（2）井点清理：正如前面所讨论的，对于井和井点而言，清理是安装过程中的一个关键步骤。这一步骤建立了井或井点与地层/含水层/含水材料之间的连接，最终控制了该井点在实现其安装目标时的效率和有效性。

（3）组件试验：在连接到其他组件以形成一个“系统”之前，每个组件必须经过试验，以确保它已经被正确安装和充分清理，并且能够实现其所安装的目标。试验主要用于深井（包括减压井和真空减压井）、喷射井点与传统井点。试验其他类型的组件，如观察井、测压计、集水坑、排水沟等，并不像设计用来做大部分降水任务的组件那样重要。前面描述的任何试验都可以用于测试给定的组件。如果任何组件试验失败，那么排水与控水专家必须决定采取什么措施来修复组件，增强其性能，或者弃用并替换组件。

（4）连接到其他组件以创建一个系统：通过试验，将组件连接到其他组件以形成预期的系统。

图 21.9.4-4　含水层试验的抽水井设置（内布拉斯加州 Red Willow 坝）

（5）系统试验：在系统施工的每个阶段，当添加新组件时，应在运行条件下对系统进行试验，以确保系统仍按照设计的功能运行。

21.9.6　系统试验

理想情况下，每个系统都应该在投入使用之前在运行条件下进行试验，以确保系统按设计运行，并且能满足其设计的目标。这意味着当每个组件被添加到系统中时，系统将重新进行试验。例如，在一个系统中有 10 个相互连通的深井，发现了其中一个井在与系统连接时没有开发足够的水头，这种情况比等到所有 10 口井都连接起来之后才发现其中一个有问题要好一些。此外，这意味着系统可以在所有组件连接之前进行操作和服务，从而在排水与控水过程中获得领先优势。

系统试验通常不像单个组件试验那样详细；相反，而是更加注重系统的完整性和整体运行。因此，系统试验应该包含验证以下条件是否满足：

（1）所有的连接件和连接都是紧密和不漏水的。

（2）电源系统足以应对排水与控水系统中所有组件的启动和运行负载。

（3）所有阀门和流量计都工作正常。

（4）每一个部件都能承受抽水在排水管线形成的水头压力。

（5）当排水与控水系统的任何独特的特性或组件与系统的其余部分连接时，都可以按照设计运行。

当排水与控水系统或其任何单个组件不按设计或预期运行时，故障部件必须被隔离，或者整个系统必须被关闭直到问题被纠正为止。在故障组件（不考虑原因）与系统隔离和/或修复或替换之前，系统不应投入使用。

21.10 排水与控水：运行与性能

21.10.1 现场观察、监测、运行与维护

排水与控水系统有效性的持续监测是系统的关键组成部分，其用来探测可能出现的问题或现场条件的变化，并在它们出现问题之前对其做出响应。

一旦排水与控水系统安装、试验并投入使用，就必须对系统的性能持续监测，以确保其运行良好，实现系统的目标，并保持地下水条件。

系统监测包括系统组件的周期性观察（读数）、记录读数，并评估整体观察中的个别读数与趋势。系统监测的目标是：

（1）确保系统按设计运行，所有部件正常工作。

（2）确保系统的目标得到满足，地表与地下水条件得以维持。

（3）识别操作条件的任何变化，确定原因，并确定这些变化是否是预期的或异常的。

（4）识别系统、系统组件、地表水和/或地下水条件的潜在问题，以便在这些潜在问题变成问题之前能被减轻或解决。

为了确保系统监测的目标得到满足，监测计划应至少包括下列各组成部件/部分/行动：

（1）观察进度。系统组件定期观察的进度表和观察的日志，包括但不限于：

1）所有观察井和测压计的水位。

2）所有抽水组件的水位（视情况而定）。

3）所有安装的流量计所示的瞬时和累积流量。

4）歧管系统的压力。

5）所有抽水组件的砂光率（视情况而定）。

6）系统排放水的质量（砂光率、颜色、气味、浊度）。

（2）维护日志。组件维护需求的进度表，通常是由组件制造商推荐的，以及一个记录组件维护的日志。

（3）校准日志。制造商推荐的所有组件的校准进度表（视情况而定），以及记录组件校准的日志。

（4）检查日志。定期目视检查管道、排水管线、进水总管、歧管、阀门和其他配件的泄漏情况和系统的完整性。

（5）运行日志。与排水与控水系统操作有关的日常活动日志或事件的叙述，包括但不限于：

1）停电与持续时间。

2）将一个或多个组件隔离用于维护、修复或更换。

3）影响水位读数或系统运行的天气事件。

4）目视检查和监测结果摘要。

5）现场访问的描述和结果，包括工程管理者、州和/或联邦监管机构的代表和其他

实体。

此外，监测计划应包括一个给工程管理者的定期报告，其涉及排水与控水系统的运行和状态，以及关注任何趋势变化、组件故障及任何超出正常或预期情况的其他事件。需要立即纠正措施的条件应立即报告给工程管理者。

观察、维护、校准、检查等计划的频次将取决于以下几个因素：

1）维护和校准进度要求应符合制造商的建议。

2）没有制造商推荐的维护或试验进度（如备用发电机、备用设备等）的组件应根据组件的重要性进行试验。例如，在随时停电的情况下，备用发电机可能是非常关键的组件；因此，备用发电机应该比备用泵或流量计更频繁地进行试验。

3）在系统启动时，应在不超过 5min 的情况下，监测井和泵流量的下降情况，直到确定泵运行正常，水位下降稳定。

4）在降水阶段，抽水流量将会上升及水位下降情况将会稳步增加。然而，一旦达到了降水目标，排水与控水（WR&C）系统的运行将从现场降水到维持降水条件，流速会降低，水位下降情况将稳定，获得水位读数和流量的频次能减少（例如，从每小时变一次到每班变一次）。

5）任何一个组件的故障都会对开挖的稳定性、大坝的安全及/或现场人员安全构成高风险，都按照与所涉及的风险水平相当的进度表进行监测。

21.10.2 排放水控制与环境要求

第 21.9.4 节讨论了排放水的控制和环境考虑事项。基本上，每个州和地方政府都有自己的排放许可要求，同时也有自己对水质、现有环境的保护和下游影响的规定。每一个排水与控水系统都应遵守州和当地许可的要求。在缺少州许可要求的情况下，或在州没有管辖权的情况下，排水与控水系统应遵守美国环境保护署 402 和 404 许可证标准和条例。

地下水不一定与其排入的地表水具有相同的化学性质。地表水可能含有因地下水排放或泥沙聚积而受到损害的有机物，它们直接来自排放水或者来自排放引起的侵蚀。因此，了解地下水排放到地表水的物理、生物和化学环境影响是很重要的。

21.10.3 仪器

在排水与控水系统中，通常安装或可安装的设备类型在第 21.8.10 节中已讨论过。监测计划应当确定应安装仪器的类型和地方。

自动监测最适合于需要精确读数、在短时间内大量读数（高频次读数）、以及/或从远程或难以到达位置读取数据的条件。排水与控水系统的自动监测通常仅限于水位读数、系统压力和流量读数。然而，有时温度数据、气压数据和水质监测常用参数（如电导率［盐度］、pH 值和总溶解氧）的收集对评价地下水条件是有益的。降水运行中常见的地下水水质参数的变化共同原因可以表明：①补给水源的变化；②降水区域的转移；③降水系统影响区域开发的转变；④下层材料管涌的出现；⑤影响区域遇到边界条件。

手动监测最适用于目视检查、低频次读数、砂光率、管线流量计读数、现场读数等。此外，还强烈推荐手动读数作为自动监测系统的备份和检查。自动化仪表的手动读数将探测出故障的监测设备，并将确保在自动设备完全失效的情况下仍将收集一些数据。

21.10.4 文档

文档在前面的章节中讨论过。一般来说，排水与控水系统文件应包括：

(1) 在现有条件分析中收集或使用的所有现场数据，包括样本保管链、实验室分析报告、含水层试验记录等。

(2) 模型输入文件、电子表格、计算书以及在排水与控水（WR&C）系统设计中使用的其他所有方法。

(3) 制造商提供的材料的认证，在有特殊要求的地方（如井管滤网开槽尺寸、反滤料级配、套管挤压强度、泵容量）。

(4) 制造商的保证条款、技术规范、维护和校准说明和建议。

(5) 与排水与控水（WR&C）系统相关的现场安全计划和紧急行动计划（EAP）。

(6) 组件安装、开发和试验记录。

(7) 所有需要定期维护设备的维护日志。

(8) 所有需要定期校准设备的校准日志。

(9) 运行日志和监测日志。

(10) 提交给工程管理者、州和/或联邦监管机构所有报告的复印件、许可证以及与排水与控水（WR&C）系统的运行、监测和维护相关的任何沟通文件。

(11) 系统关闭和系统拆除报告。

21.10.5 系统关闭

系统关闭可能发生在某个步骤或阶段，可能是渐进的，也可能同时发生。系统关闭也可能是间歇性的，并与系统运行重叠（例如，井点系统已经达到了预期的结果并被关闭、拆除和重新安装在不同的位置）。

排水与控水系统或系统的组件，在任何给定组件的抽水量太低以至于这些组件连续运行是无效的地方，也可以间歇性地被关闭。在这种情况下，一个或多个系统组件可以循环运行，这将使它们能够在水位恢复到规定的水位时进行周期性地关闭和运行。

一旦达到降水目标，排水与控水系统仅运行用于维持目标水条件，系统的某些部分可能会被关闭并与系统的其他部分断开，间歇性地关闭，或由压力传感器控制，这将取决于每个现场的独特条件。

大多数地表水系统将很快从排水与控水的活动中恢复，而大多数地下水系统将以较慢的速度恢复。在某些情况下，从施工的角度来看，可能需要控制水系统恢复的速度；在这种情况下，排水与控水系统可能会在某个步骤或阶段被关闭。

一般来说，系统的关闭，无论是分阶段还是一次性的，都将由施工活动和它们的要求来控制，以维持水位和控制地表及地下水条件。这些关闭程序应记录在运行计划中。

21.10.6 系统拆除

在永久关闭时，排水与控水系统应根据美国环境保护署、州或当地的要求被拆除和/或弃用，系统的单独组件，如单井、集水坑或一组井点也不再需要，即使整个排水与控水系统保持运行。这些应当根据环境保护署、州或地方要求而被拆除和/或放弃，除了先前按永久设计的系统组件或组件组应保持在适当位置并运转正常外。

排水与控水系统的关闭和拆除将根据所安装的系统类型和安装的各种组件不同而有所变化。一般来说，降水系统和组件通常不被指定为永久系统，并且可以拆除或“摧毁”。泵、管道、总管和其他临时设备也可拆除。集水坑、截水沟、排水沟等，可以拆除或用适当的材料回填平整，场地应符合周围的条件。垂直排水砂井可以拆除，并在必要时进行回填，但它们通常被弃在原地。

两个含水层之间的水力连通钻孔可能需要废弃，以完全切断连接。因此，可能需要用水泥浆或水泥膨润土注入或振捣到含水层之间的孔中。

与排水系统和/或组件相比，降水系统和/或组件更有可能被指定为永久设施。降水系统和/或组件被指定为永久设施的典型用途是：

(1) 深井和/或井点用来维持长期降水或地下水控制。这种决定是基于正在施工设施的要求，并将在项目设计阶段确定。因此，排水与控水专家将把这些特殊的排水与控水系统和/或组件设计为永久设施，而不是临时设施。

(2) 观察井和/或测压计被纳入大坝的监测系统。在设计阶段，排水与控水专家将与仪器设计人员合作，以确认哪里需要特定的永久性设施，并且他们通常可以将这些站点纳入排水与控水系统监测计划中。然后，排水与控水专家将这些井和/或测压计设计为永久设施，而不是临时设施。

排水系统的井点由于其深度很浅，通常应拆除而不废弃在原地。地表组件（水泵、歧管、排水管线等）被拆除后，井点被拉出并用适当的材料将孔回填。钢制的井点很容易拆除，在大多数情况下，PVC 井点也能拆除。如果 PVC 井点不能拆除，或州规定要求废弃（无论是钢或 PVC 井点，或两者兼备），则应按照州的规定拆除地表设备，井点用水泥或膨润土浆回填。井点上部 5ft 左右应当被拆除（折断或切断），场地应平整。

包括深井在内的排水与控水系统也有类似的拆除或弃用的过程。因为深井比一般的井点更深，所以它们更容易被废弃在原地。在填筑坝施工现场的深井很少超过 100ft，除非它们安装穿过填筑坝。因此，在大多数钢套管施工的井中，外套管和井管滤网能被区回（拉出）。简单地放弃 PVC 井比拉出它们往往更容易和更经济。然而，根据井的深度、如何施工以及穿透材料的类型，拉出 PVC 井也是有可能的。

当一口井被废弃时，应拆除地表设备、泵或其他设备、测深管及立管，按照州的规定用水泥或膨润土浆回填井，井或井点上部 5ft 左右应当拆除（折断或切断），场地应平整。

如果州没有规定，井或井点的拆除或废弃通常留给承包商或排水与控水分包商来决定。因为在垦务局的工程技术要求/合同中，排水与控水系统中使用的任何设备或材料通常被视为承包商或分包商的财产。

大多数州对于井的废弃都有要求，所有废弃的井和/或井点都必须符合州的规定。在州规定不适用或不具有管辖权的情况下，在垦务局工程项目中，废弃井的明智做法是仍执行州的规定，以避免“事后”任何潜在的牵涉或问题。

21.10.7 项目收尾报告

在完成施工项目，或完成与施工项目相关的排水与控水活动后，排水与控水专家必须提交一个排水与控水项目的收尾报告，作为垦务局工程文件。该报告通常至少包含以下内容：

（1）所有竣工图、测井记录、被指定为永久设施的井和/或井点的竣工报告。

（2）维护日志、校准日志、制造商说明书、操作员手册的复印件和其他与永久安装组件相关的文档。

（3）没有指定为永久设施的井和井点的废弃报告。

（4）排水与控水系统的现场数据采集、设计、安装、运行和关闭的叙述说明。

（5）数据附录包含：

1）现场试验数据。

2）永久安装组件的安装、开发和试验数据。

3）运行数据，如水位读数、流量读数等。

4）有关中期报告和沟通文件。

21.11 参考文献（略）

附录 21-A　地球物理勘探试验

地球物理勘探试验被用来确定含水层的性质（主要是水力传导系数）已经在世界范围内众多的研究中和许多地点得到应用和评估。一般来说，物探方法只能间接测量含水层的性质，无论是在现场还是在实验室环境中都必须与物理试验方法相结合。因此，物探法是与物理试验方法结合使用的工具，如果没有其他方法与其结果关联，它们不应该单独使用。

在现有或拟建的填筑坝坝址上进行降水工程设计，可以利用物探勘察结果来改进降水井的位置、深度和间距。这是由于物探勘察能够沿剖面线提供横向和深度上广泛的覆盖，而不是根据钻孔数据通常导出的点位置信息。利用物探勘察数据和钻探数据相结合的方法，可以开发出比单独使用钻井数据更完整的现场特征评估。

该文献充分研究了物探方法在确定含水层性能方面的有效性。正如艾哈迈德等人（1988）所言，利用物探方法本身就极具吸引力。“根据定义，含水层只不过是含水的地质构造，因此物探或者说是物探勘查方法，对地下水调查应该是有用的。”然而，简单地定位含水岩层不足以描述含水层的特征。含水层参数对了解某一地区的地下水特征至关重要，而这又是设计一个有效降水系统所必需的。物探法分为两大类：地表物探法和钻井物探法（见表 21-A. 1）。

在降水设计中，物探调查的典型成像目标包括饱和粒状土区、基岩构造的顶部、基岩隐藏的通道以及黏土层。一般来说，电法和地震法比重力法、磁法、电磁法（EM）或探地雷达使用更加频繁，尽管后几种方法可能偶尔会在专门的应用中看到。在电法中，电阻率成像法（ERI，也称为直流电阻率法）和自然电位法（SP）可能是最广泛使用的。在地震法中，地震折射层析成像法（SRT）和常规地震折射法是最常用的方法。下面的讨论重点在 ERI、SRT 和 SP 在地基降水设计中的应用。

表 21-A. 1　　地质/水文勘探目标和适用的物探方法示例

地质/水文勘探目标	物探法	
	地表法	钻井法
基岩构造	地震折射波或反射波法、ER、EM；较少使用的是磁法、重力法、GPR	N/A
地层情况	地震折射波或反射波法	声波、电测或放射性测井；自然伽马井、SP
区域断层模式	重力法、磁法	N/A
局部断裂带/断层	地震反射波法、ER、EM，SP	声波测井、钻孔成像、SRT
渗流/地下水流	SP	温度测井、流量计
最高水位	地震折射波或反射波法、ER、EM	N/A
地质材料的孔隙度	N/A	声波、电测或放射性测井
地质材料的密度	重力法	放射性测井
黏土含量、含水层和隔水层测绘	ER、EM	电测、自然伽马测井或放射性测井
地下水酸碱度	ER、EM	电法测井

注　ER 表示电阻率法，N/A 表示不适用。

21-A. 1 地表物探方法

地表物探方法通常更适合于广泛的调查，并要求钻井勘探和取样，将结果与特定的地下条件关联起来。地表物探法不适用于评价或确定地下材料的水力传导率。

21-A. 1. 1 电阻率成像法

电阻率成像法（ERI）是一种有效的物探方法，在将受控电流供入其他位置的同时，测量特定位置的电势差（凯勒和弗里施克纳，1966；汉堡，1992）。该方法的理论认为，在一个完全均匀的半空间中，可以通过知道供入的电流，然后测量在特定位置处产生的电势来计算出该地下的电阻率值，然而地下的均匀性是非常罕见的，当导入电流时，会倾向于遵循最小电阻的路径，集中在导电材料的区域，并且避开电阻材料的区域。

图 21-A. 1. 1-1 示出了地下电流流动概念示意图以及电流流动是如何受地下不均匀性影响的。

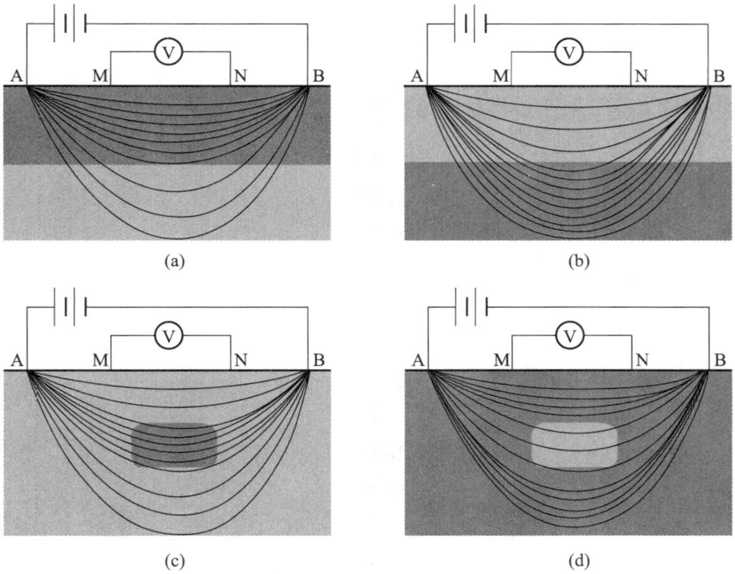

注：在所有的图像中，蓝色的材料比橙色的材料导电性更好。在图像（a）中，大部分电流流动靠近表面导电性好的层中，极少量的电流穿过深处的电阻层。在图像（b）中，电流被吸引到深处导电性能好的层。在图像（c）中，电流线在通过勘测中心的异常导电区域时集中。在图像（d）中，电流线偏离勘测中心的电阻异常区。

图 21-A. 1. 1-1　地下电流密度将随着大地电阻率的变化而变化

欧姆定律描述了电流流经电阻材料［式（21-A. 1. 1-1)］。该定律的基本概念与穿过电阻器的电流（I）和横跨电阻器的电压（V）和电阻器的导电率有关。导电率的值与电阻（R）成反比。

$$R=\frac{V}{I} \tag{21-A. 1. 1-1}$$

重要的是注意电阻和电阻率之间的差别。电阻不是，但电阻率是一种固有的物理材料性质。电阻，单位用欧姆表示，测量的是电流流过材料固定体积的阻抗。电阻率，通常在欧姆表中被定义为一种标准化，并且测量电流通过材料的难易程度，而不管材料的形状和几何尺寸。这一概念可以通过想象电流通过导线来说明。导线的电阻率是由导线的材料组成（例如铜）来确定的一个特定值，并且不管导线的物理形状如何都是相同的。导线的电阻取决于导线的长度和厚度（测量截面），并且随着导线几何形状的不同而变化。图 21-A. 1. 1-2 示出了同一导线长度的电阻和电阻率之间的差异，以及这两个概念之间的数学关系。

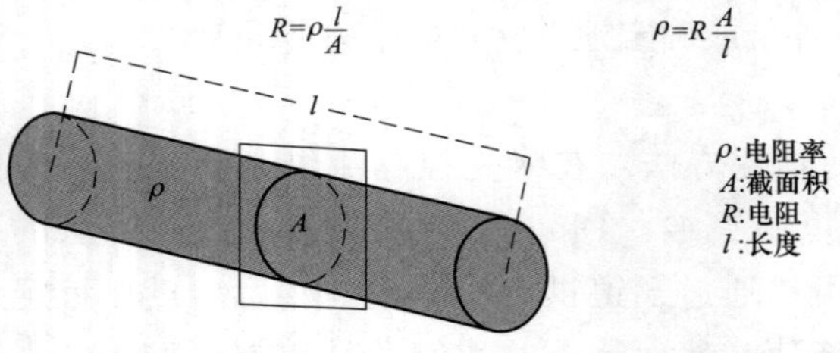

图 21-A. 1. 1-2　电阻与电阻率之间的关系

用电阻率（ρ）替代式（21-A. 1. 1-1）中的电阻（R），欧姆定律可以改写为式（21-A. 1. 1-2），其形式是通过定义体积的横截面面积（A）和长度（l）来考虑材料的体积。

$$\rho=\frac{A}{l}\cdot\frac{V}{I} \tag{21-A. 1. 1-2}$$

ERI 的目的是模拟地球上某些体积的 ER 结构。从每一个 ERI 的测量中，可以获得关于地下某一体积的平均电阻的信息。地下材料电学性质的变化使得确定这些材料的准确 ER 模型几乎是不可能的。相反，从 ERI 的勘探中直接计算得到的数值称为视电阻率（ρ_a）。视电阻率可以被看作是测量附近所有真实材料电阻率的加权平均值。视电阻率（ρ_a）是利用供入电流和测量的电势来计算的，但它也包括一个术语，用来描述供入电流和电势测量电极的相对位置，称为装置系数（K）。装置系数与三维空间中的电阻和电阻率有关，且概念上可与图 21-A. 1. 1-2 中的导线长度和测量截面进行比较。通过修改欧姆定律来解释 ERI 勘探所特定的条件，视电阻率的基本公式变为式（21-A. 1. 1-3）。

$$\rho_a=K\frac{V}{I} \tag{21-A. 1. 1-3}$$

ERI 勘探有时被称为四针电阻率勘探，因为数据采集至少需要四个电极。两个电极用于电流供入，两个电极用于电势测量。四个电极可以被放置在各种各样的配置或排列中。每个数组都有一个特定的装置系数。图 21-A. 1. 1-3 示出了确定任意排列装置系数的基本公式。按照惯例，电流供入电极被称为“A”和“B”，而电势测量电极被称为“M”和“N”。图 21-A. 1. 1-3 示出了任意的电极布局和由此产生的装置系数（K）。大多数 ERI

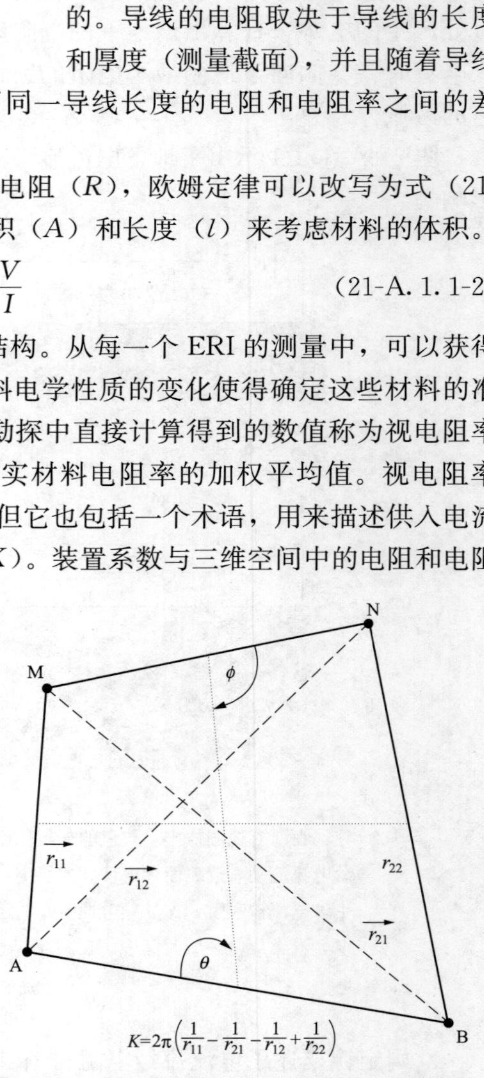

注：对于任何可能的 ERI 排列，只要已知电极位置，就可以确定其装置系数。这是一个两个电流供入电极和两个电势测量电极的任意布置。

图 21-A. 1. 1-3　装置系数（K）的概念图解，用来 ERI 勘探的测量值的计算视电阻率值

勘探都是使用常规定义的电极排列的一种进行的。这些排列通常是线性的，特别是对于二维剖面勘探。使用一致和定义的排列的优点是简化了得到的装置系数，并且可以更有效地完成每个测量的视电阻率计算。

21-A. 1. 1. 1　电阻率数据采集

对于大多数的现场特征研究，两个常用的电阻率排列是温纳和施伦贝尔热排列。每个排列类型都有它的优点。温纳电阻率排列为一维地球提供了更好的深度分辨率，而施伦贝尔热排列由于其狭窄的电势电极间距，被认为不太容易发生近地表的横向变化。在一项勘探开始时，常见的做法是试验多个 ERI 排列，以确定哪个排列对所期望的勘探目标具有最佳的分辨率。图 21-A. 1. 1. 1-1 示出了温纳和施伦贝尔热排列类型及其各自的装置系数。

图 21-A. 1. 1. 1-2 示出了在相同的剖面线上温纳和施伦贝尔热排列勘探的数据。虽然在深度上地电结构有些不同，但两项勘探大体上显示了相同的特征。

温纳排列

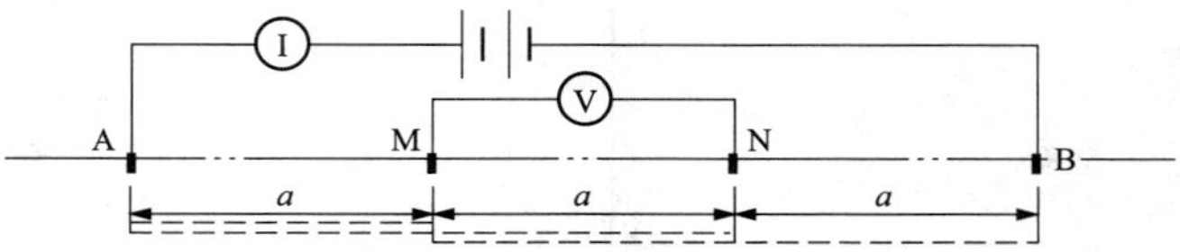

$r_{11}=a$　　$r_{12}=2a$

$r_{21}=2a$　　$r_{22}=a$

$$K=2\pi\left(\frac{1}{r_{11}}-\frac{1}{r_{21}}-\frac{1}{r_{12}}+\frac{1}{r_{22}}\right)^{-1}$$

$$K=2\pi\left(\frac{1}{a}-\frac{1}{2a}-\frac{1}{2a}+\frac{1}{a}\right)^{-1}$$

$$K=2\pi a$$

施伦贝尔热排列

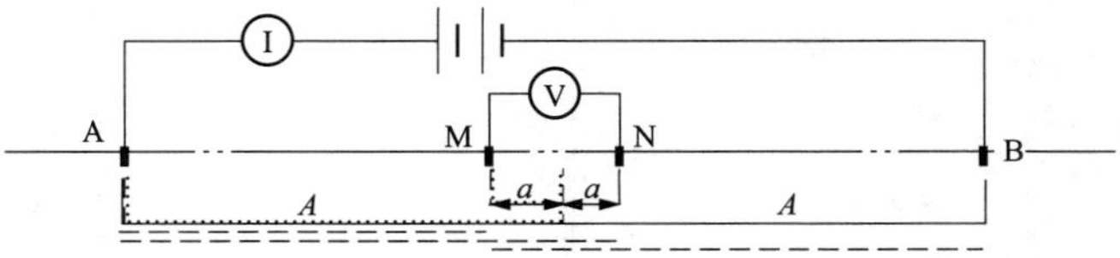

$r_{11}=A-a$　　$r_{12}=A+a$

$r_{21}=A+a$　　$r_{22}=A-a$

$$K=2\pi\left(\frac{1}{r_{11}}-\frac{1}{r_{21}}-\frac{1}{r_{12}}+\frac{1}{r_{22}}\right)^{-1}$$

$$K=2\pi\left(\frac{1}{A-a}-\frac{1}{A+a}-\frac{1}{A+a}+\frac{1}{A-a}\right)^{-1}$$

$$K=\pi\left(\frac{A^2-a^2}{2a}\right)$$

图 21-A. 1. 1. 1-1　温纳和施伦贝尔热排列类型显示的电极布局和每个排列的装置系数计算

采用市场上购买的设备进行的 ERI 勘探通常是将一系列 28～56 个不锈钢电极安装进入地面来进行的。电极一般为 18in 长，通常安装在约 1ft 的深度。电极通过电缆连接到计算机控制的系统单元。控制单元是用一个脚本文件编写的，它规定了当前供入的电

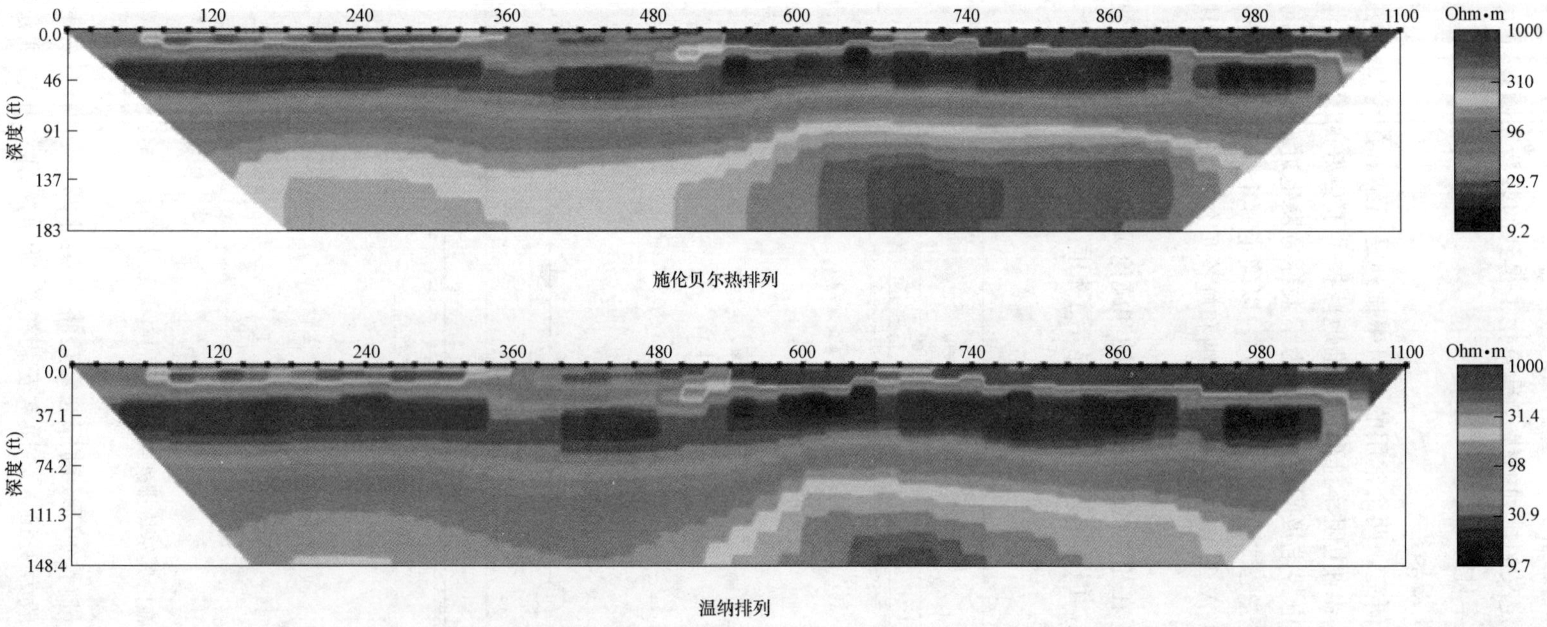

注：施伦贝尔热排列结果显示在上部，而温纳排列结果显示在下部。这两种排列类型都产生了类似的地下电阻率模型，尽管施伦贝尔热排列似乎在深度上显示了较高的电阻率。

图 21-A. 1. 1. 1-2　使用相同电极位置的两种不同排列类型收集的 ERI 数据实地反演

极，以及用来测量电位差的电极。对于任何一个数据测量，系统只使用 56 个电极中的 4 个。图 21-A. 1. 1. 1-3 示出了一个典型的 ERI 勘探的仪器设置。

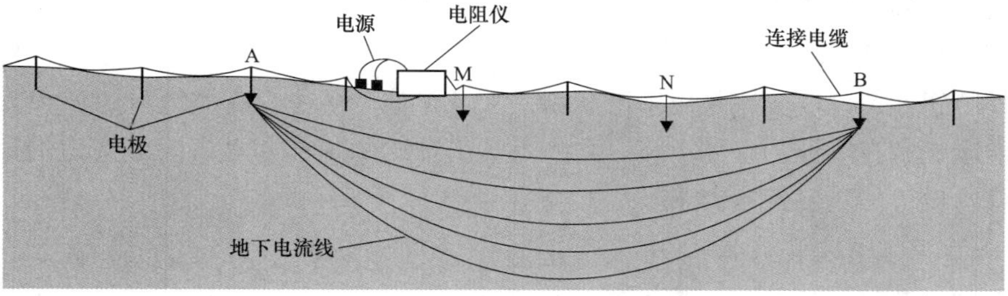

图 21-A. 1. 1. 1-3 ERI 勘探排列和仪器的概念布置

21-A. 1. 1. 2 ERI 数据的使用

ERI 和 SP 的勘探通常是一起执行的。图 21-A. 1. 1. 2 显示了一个 ERI-SP 组合的勘探结果。在地基上的导电区域，也可以观察到在 SP 剖面上的变化，这很可能是降水井的候选位置。

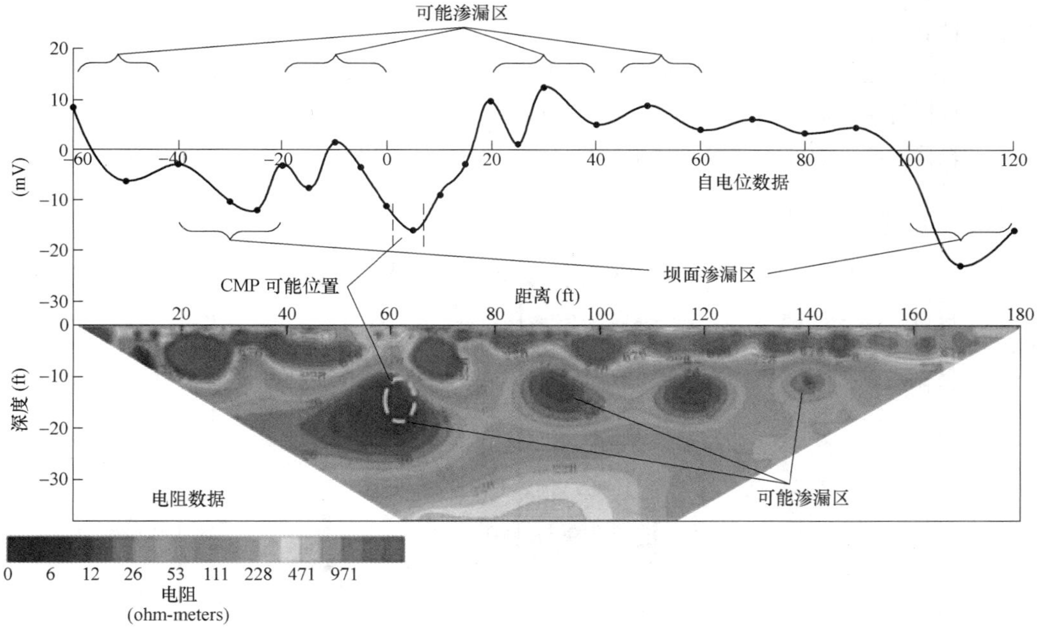

图 21-A. 1. 1. 2 ER 和 SP 沿着填筑坝坝趾的剖面成果。降水井的位置和设计可以依据坝趾下游的剖面线覆盖

21-A. 1. 2 地震法

地震折射层析成像（SRT）是一种应用广泛的地震法，在降水设计中有着重要的应用价值。该方法依赖于地震波能量随着波速或通过各种类型的基础地质材料速度的变化产生弯曲（折射），特别是黏土和颗粒材料的含水饱和度会导致这些材料的压缩波速（p-）显著增加。这种增加作为诊断用于地震法确定饱和材料的存在和构造。此外，硬

基岩的顶部经常被观察到地震速度的另一种增加。SRT 可以与其他现场信息一起使用，以开发地基土材料范围和可能饱和条件的地下图像。

地震折射勘探用来描述地震速度分层与深度和距离的关系。速度可以是压缩（*p*-）波或剪切（*S*-）波，但在降水应用中，*p*-波勘探更为常用，这是由于 *p*-波速度对饱和度增加更具敏感性。速度分层是用来推断哪些区域可能产生水，哪些区域可能代表弱透水层，从而影响水在场地的整体运移。此外，基岩结构的顶部和基岩隐藏通道的存在，是大多数降水设计的重要控制因素。

21-A.1.2.1　地震数据采集

压缩波震源包括锤击源、落重源、振动源和爆炸源。锤击源使用传统的大锤，配备振动敏感开关，启动地震记录系统。大锤锤击在一般是用铝制的金属垫板上。锤击勘探能量是有限的，这取决于大锤操作员的力量和场地背景噪声水平。在锤击勘探中常用的是信号叠加法（或汇总）。虽然这增加了锤击勘探的能力，使其在更多点成像更深，但在实际应用中，锤击勘探在可靠深度成像上通常限于 0～20ft。

落重源比锤击源激发更多的能量，而且它们通常使用电动马达或其他系统来抵抗来自弹性带或弹簧的力而增加重量。当收到操作员发出的信号后，释放重锤，并由弹力或弹簧的力量向下加速。

落重源通常附着在卡车或多用途车辆上的牵引悬挂装置上（图 21-A.1.2.1-1）上，这是一种非常有效的方法，可以在深度勘探中产生 *p*-波能量，而在这种地方，锤击是不够的。落重源勘察的深度与场地和噪声有关，但深度可以达到 75～100ft 或更深。

图 21-A.1.2.1-1　安装在多用途车后部的落重源。通过大弹性带和金属垫板的影响来加速落重活塞的重量

当场地特征必须发生在约 100ft 或更深的位置时，需要爆炸源（图 21-A.1.2.1-2）。炸药通常放置在爆破坑里，用砂子或其他材料回填埋实。一个时断电缆向地震系统提供触发信号并开始记录。爆炸源是可扩展的，因为所使用的炸药量与传至地下的能量有关。在一个给定地点，确定需要多少炸药通常是很简单的任务。使用炸药的缺点包括提

高安全要求，并加强环境和公共安全许可。在现场降水工程中，常见的深度一般不需要爆炸源；然而，对于非常深入的研究，落重源可能没有足够的能量。

图 21-A. 1. 2. 1-2 SRT 勘探的爆炸震源

剪切（S-）波源通常不用于降水场地特征中，但可能需要用于其他并行的现场勘察。用于小规模勘察的 S-波源包括剪切波板、特定用途的剪切波笼和倾斜的落重源。剪切波板用于产生水平极性的 $S[h]$ 能量。在使用过程中，将一根木板放在地面上，一辆汽车用一组轮子在木板上驱动，这样用大约一半的汽车重量压住木板。然后用大锤锤击木板的一端来记录具有特定水平极性的剪切波。一旦记录了来自一个极性的地震波，对于相反极性信号，就会在平板的另一端重复该过程。特定用途的剪切波笼每一面都类似于木板，都受到锤击，从而产生偏振水平剪切波。倾斜的落重源利用重量以一个角度撞击地面的事实，从而产生 p-和 S-波。通过将重物倾斜到一边和另一边，可以产生偏振的剪切波。

地震数据是通过地震电缆将检波器连接到地震记录系统来记录的［图 21-A. 1. 2. 1-3（a）］。

地震检波器包含一个被线圈缠绕的磁铁。磁铁附着在一个钢钉上，钢钉插入地面。当地震振动发生时，钢钉和磁铁都相对于线圈移动，并产生电压。该电压与振动运动成正比，并由地震仪记录。

地震检波器可以单独使用或成组使用［图 21-A. 1. 2. 1-3（b）］，后者的优点是可以将每个检波器的信号输出添加到更高的电压信号中，同时也可以抑制噪声。

在工程研究和地下水勘察中使用的地震仪是便携式的，一般在 12V 直流电下运行，所以通常由汽车电池供电［图 21-A. 1. 2. 1-3（c）］。一个完整的 48 道地震系统可以携带在卡车或越野车上。

21-A. 1. 2. 2　地震波传播

地震 p-波和 S-波通过斯涅尔（Snell）定律［式（21-A. 1. 2. 2-1）］描述的在地下传播射线角，它指定了光线如何与给定的地震速度形成对比，i 是入射角，r 是折射角，V_i 是事件层（上覆层）的地震速度，而 V_r 是折射层（下卧层）的速度。

(a)

(b)　　(c)

图 21-A.1.2.1-3　(a) 检波器通过地震电缆连接到记录系统；(b) 成组使用的检波器；(c) 整个 48 道地震系统

$$\frac{\sin(i)}{\sin(r)}=\frac{V_i}{V_r} \tag{21-A.1.2.2-1}$$

在所谓的临界角 i_c［式 (21-A.1.2.2-2)］中，折射角为 90°，地震波沿层边界传播。这导致了在地面上可探测到折射波能量，如图 21-A.1.2.2-1 所示。

$$i_c=\sin^{-1}\frac{V_i}{V_r} \tag{21-A.1.2.2-2}$$

地震折射法勘探可以探测到这些折射光线，然后对数据进行分析，以形成地下速度和深度纵剖面。

21-A.1.2.3　*地震折射层析成像*

SRT 是一种常用的地震成像技术，用于描述基岩顶部、饱和土顶部、各种类型土的层位以及断层的可能位置。SRT 可以与上面讨论的任何地震源类型一起使用。SRT 勘探的结果通常是作为地震速度与深度和剖面线距离的关系图。速度可以是 p-波或 S-波，这取决于使用何种类型的地震源和接收器。

对于 SRT 在降水中的应用，非饱和砂、淤泥和砾石一般表明 p-波速度小于 5000ft/s，更常见的是在 2000～3000ft/s 的范围内。随着深度的增加，这些相同的土层单元可能含有接近 100％的孔隙流体饱和度，此时 p-波的速度会突然增加到 5000～6000ft/s，这取决

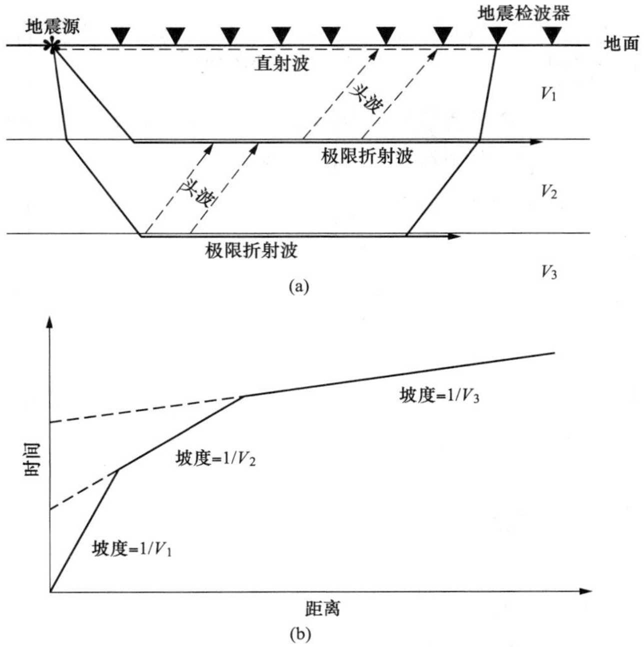

图 21-A. 1. 2. 2　地震折射射线路径［图（a)］和历时曲线［图（b)］

于土的粒度组成。饱和砾石比饱和砂或淤泥具有更高的纵波速度。

由于黏土的渗透性比颗粒土更小，黏土层在速度上可能表现出更多的梯度变化，在孔隙饱和度和潜水面高程变化方面表现出更多的滞后。一个被最近潜水面上升而增加的“淹没”单元可能表现出不饱和单元更具特征的速度，这仅仅因为它需要更长的时间才能使黏土或粒状土完全饱和。注意在 p-波勘查中，90%～95%水的孔隙饱和度将呈现为“不饱和”，因为压缩波效应能够压缩孔隙气体。

与上述情况相反的是，抽水降低了场地潜水面高程主要依靠该区的粒状土单元的排水能力。黏土单元需要更多的时间来排水，并且在此滞后时间里，这些黏土单元的 p-波速度可能仍然表明饱和的状态。然而，由于黏土中的渗透性较低，这些黏土单元渗出的水很少，因而对颗粒状土单元的降水运行并没有明显的阻碍。

在应用中，SRT 可用于描述降水系统设计之前的潜水面高度，也可用于表明基岩高低相对位置。基岩层经常表现出超过 6000ft/s 的地震纵波速度，因此，在土单元序列下部将出现高速分层。

勘探结果可表明在解析基岩顶部的相对高和低也表明可能隐藏的通道特征（图 21-A. 1. 2. 3，略），如果场地的特征和设计没有考虑到这些明显的通道特征，降水条件可能与设计假定大不相同，可能导致降水能力不足。

21-A. 1. 2. 4　自然电位法

自然电位法（SP）勘探用来表征地下渗流条件，基于在土和岩石材料中由于流体静水头的变化产生的所谓流动电位（科温，2005)。SP 勘探经常被用来评估土石坝周围的渗流条件，作为表征可能的内部侵蚀点的手段。因此，利用同样的技术来表征降水设计中的地下水流是可行的。下面的讨论主要基于科温（2005）给出的材料和其中列出的参考文献。

21-A. 1. 2. 4. 1　流动电位

土和岩石材料浸泡在水中时会形成双电层。当大多数矿物颗粒在晶粒表面含有负电荷时，正电荷从水中吸引到矿物颗粒的表面，这些正电荷中一些是流动的，可以被渗流所携带，其结果是在渗流路径的上游端周围为净正电荷，在下游端周围为净负电荷。所产生的流动电位电压的大小示于式（21-A. 1. 2. 4. 1）中。

$$V=\frac{\rho\varepsilon\zeta}{4\pi\eta}\Delta P=C_P\cdot\Delta P \qquad (21\text{-A. 1. 2. 4. 1})$$

式中　V——流动电位；

ρ——孔隙水电阻；

ε——孔隙水介电常数；

ζ——Zeta 电位（土壤矿物学的性质）；

η——水黏度；

ΔP——沿渗流路径的静水压差；

C_P——流动电位交叉耦合系数。

从式（21-A. 1. 2. 4. 1）可以看出，流动电位的电压与静水压差和电阻（ER）成正比，并强调需要与 SP 勘探同时进行电阻率测量。为了观察流动电位，一些流动一定要发生，因此，对于正在勘察的地基，要假定地下水流条件。

21-A. 1. 2. 4. 2　填筑坝周围自然电位的显著特征

基于以上讨论得知，通常在渗流入口或渗流进入地基的区域以上区域观察到自然电位（SP）的负极特征。同样地，SP 的正极特征通常在渗流出口或以上区域被观察到。填筑坝或基础均匀和非均匀的渗流都有其典型的模式。非均匀渗流是有意义的，因为这可能意味着优先渗流，会影响到内部侵蚀和基础降水设计。

图 21-A. 1. 2. 4. 2-1（博戈斯洛夫斯基和奥格威，1970）展示了一种在填筑坝上和周围的一种具有均匀渗流条件的 SP 轮廓线的概念图。在（a）部分中，渗流进入上游坝趾附近的基础，在这一区域可以观察到负的 SP 值。渗流沿下游出口流出，并可观察到正的 SP 值。来自同一地点的剖面数据［(b) 部分］将在高位水池中显示出更多的负值，因为静水压差会更大。

非均匀渗流（图 21-A. 1. 2. 4. 2-2：博戈斯洛夫斯基和奥格威，1970）将产生具有更多不规则形状的 SP 轮廓线，(b)～(c)，这是由于渗流路径的几何形状和流速在水平和垂直方向上将发生变化。在坝基土中，土的级配变化也会有助于观察到的 SP 变化，因为土的级配变化可能伴随着耦合系数或渗透率的变化，以及由此引起的静水压头梯度的变化。

图 21-A. 1. 2. 4. 2-3 展示了沿着填筑坝坝顶进行的 SP 勘探的结果。在本次勘探中，观察到几个可能的渗流区域。当应用于排水设计方案时，SP 和电阻率勘探一起能表明填筑坝和基础材料内的渗流路径。

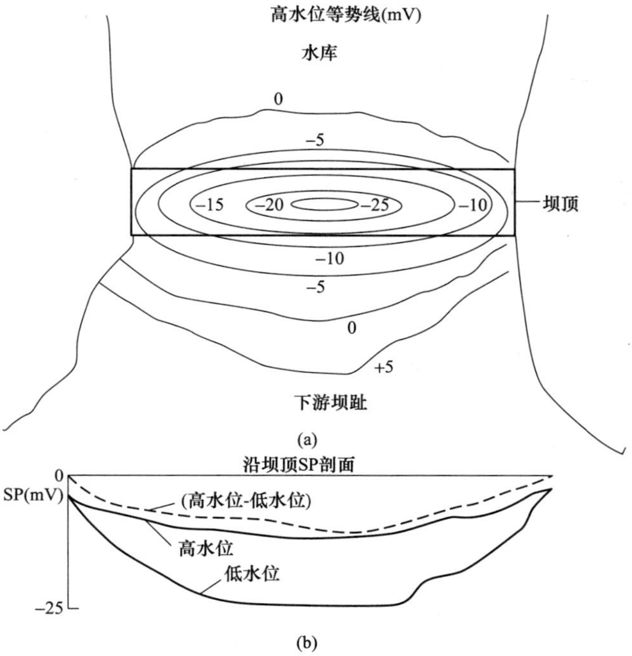

图 21-A.1.2.4.2-1　填筑坝上和周围的均匀渗流的 SP 值

(a) 平面图；(b) 剖面图

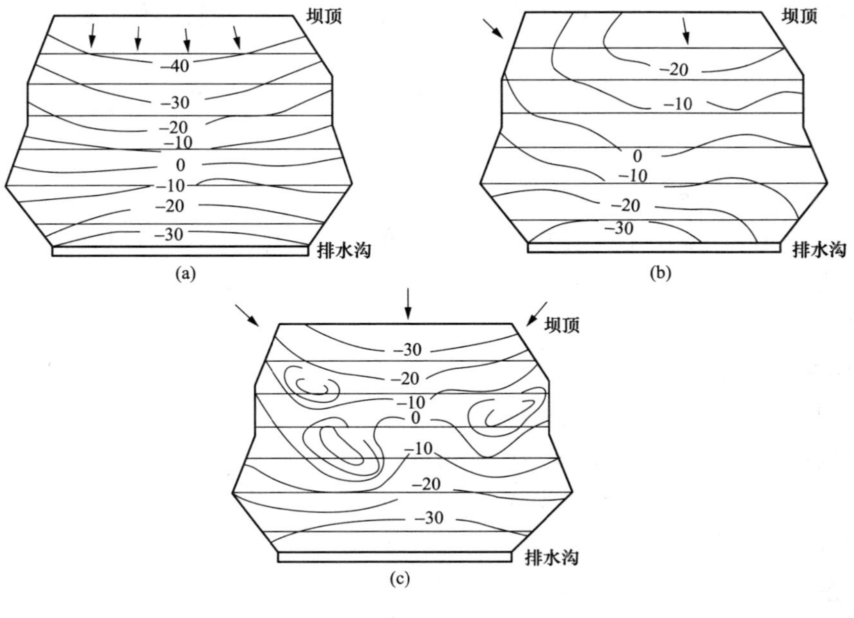

图 21-A.1.2.4.2-2　填筑坝上和周围的均匀和非均匀渗流的 SP 值

(a) 均匀渗流；(b) 渗流从坝肩进入；(c) 随土类型变化的非均匀渗流

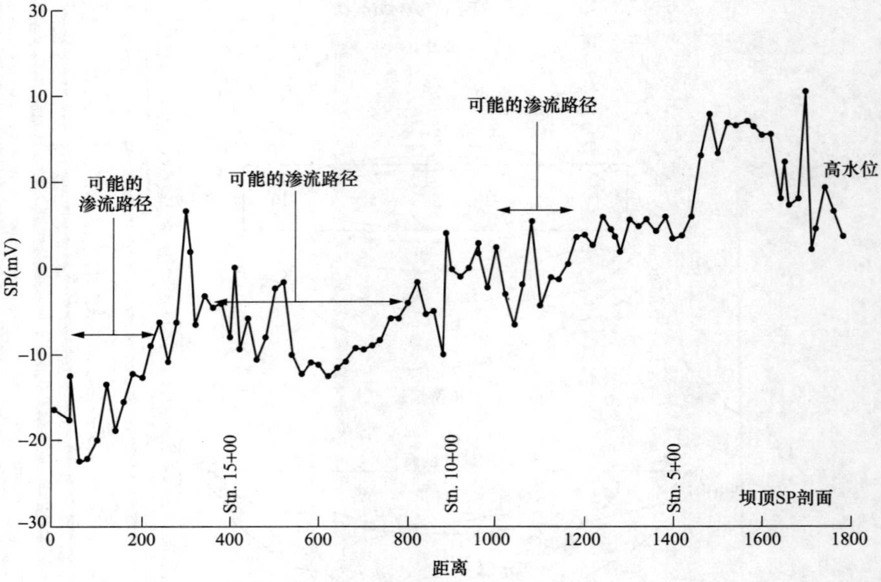

图 21-A.1.2.4.2-3 对填筑坝坝顶进行的 SP 勘探，表明可能有非均匀渗流通过或在填筑坝下方

21-A.1.3 钻井物探法

现今有多种类型的钻井物探方法。然而，用于地下水应用的大多数钻井方法都是测井法。物探钻孔测井包括测量钻井周围地质材料的各种物理性质。物探测井是通过将仪器放入钻井中进行测量，并用位于地面上的设备记录数据，获得物探测井曲线。对物探测井资料的解析可以提供有关地下材料特性的定性信息，有时还可以提供定量信息。

下面讨论了三种最相关的钻孔物探试验方法（基于常见用途及其识别含水层参数的能力）。

21-A.1.3.1 电阻率

电阻率（ER）测井广泛应用于油气工业中的地层对比，并获得储量的估算。在水利行业，ER 受到诸多因素的阻碍而限制其应用，而且往往会掩盖读数的实用性。这些因素包括：

（1）钻井的尺寸。

（2）如果存在，套管的尺寸和材料（特别是钢套管）。

（3）钻井使用或留在钻井内泥浆的电阻率。

（4）钻井泥浆渗入含水地层的潜在渗透性。

（5）原生水和/或沉积后补给水的存在和导电性。

（6）测井仪器电极间距对地层相对厚度的影响。

（7）地层的均质性或非均质性程度。

所有这些物理限制都加剧了 ER 读数意义的内在不确定性，因为根本不知道 ER 和原位水力传导系数（K）之间的关系。

钻井技术的进步大大降低了上述大部分因素的影响或将影响减至最小化。随着现场试验和 ER 测井之间越来越多的相关性的确定，以及更多与 ER 测井相关的取芯和水样的实验室结果的获取，可以建立一个针对特定的区域的经验关系数据库，以便在估计 K 值时，ER 测井可以变得非常可靠（Archie，1942）。

然而，直到 2011 年，在水文地球物理学中，ER 和 K 之间的关系仍然是最不了解的关系之一。正如艾哈迈德等人（1988）所述：

“水力传导系数与电阻率的关系是水文地球物理学领域中最困难、最具挑战性的研究方向之一。这种关系中积极的一面是在电流和水流之间的类比，而大的歧义是两个量之间的无量纲。对于不同位置的不同类型含水层的测量的水力传导系数与电阻率的关系，无论来自地面的，或是电阻率测井或岩芯的，都已经被发布。一般来说，这些关系是经验的和半经验的，并且局限在少数的位置。这种关系在一些研究中具有正相关性，在另一些研究中则是负相关的。到目前为止，还没有潜在的物理定律可以控制这种关系，这还不能完全被理解。

声波（和地震）方法虽然不能确定含水地层的水力特性，但对建立基岩轮廓线、地下水位轮廓线、地层岩性变化以及对含水层材料或地层的垂直和侧向范围的其他控制方面非常有用。

一种特殊类型的地震法研究，即井间地震层析成像，可用于钻井之间特定结构区域内的成像。可以估计的特性有：材料类型、压实度或胶结度、孔隙度、饱和度和破裂度。所有这些特性都会影响 K。典型的钻井间距为 50ft 或更少，因此可能需要大量的跨孔对来对一个大型的项目区域成像。

21-A. 1. 3. 2　流量计测井

垂直流量计测井虽然不能直接测量含水层的性质，但在与其他井下物探法结合使用时，它仍是一种有用的工具。流量计数据可用于现场水力试验的设计和解析，用来识别化学水取样的区域或层，识别目标滤水区域和/或封闭区域，并细化项目现场的概念模型。

单孔垂直流量计测井可以直接测量钻井离散区域内垂直水流的速率和方向。另外，垂直流量计测井可以用来建立相对的水力梯度，并识别出钻孔剖面内的导水区、层或裂缝。

跨井流量计测井利用两个间隔近的井，其中一个井以恒定的速率抽水（或以恒定速率注水），并在邻近的井内进行流量计测量。这些井必须足够近，这样在一个井抽水就会对第二个井产生影响。当与其他测井试验数据一起使用时，跨井流量计数据可以识别孔间连通，并提供数据用来估算导水率、水头和/或储水系数。

流量计通常是热脉冲流量计（HPFM）、电磁流量计（EMFM）或旋转流量计（图 21-A. 1. 3. 2）。在垂直流量计测井（U. S. Geological Survey，2011）中讨论了每一种流量计的特点和使用情况。

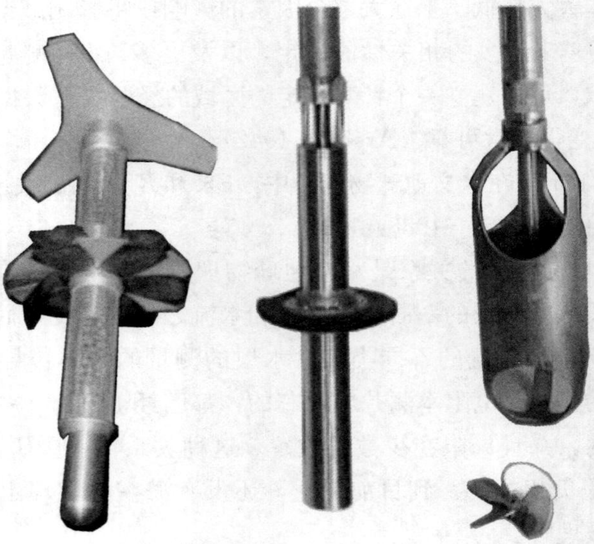

(a) (b) (c)

图 21-A.1.3.2 三种主要类型的流量计的照片

（a）HPFM 工具带有转向器的加热网和传感器区域；（b）EMFM 工具传感器区域；

（c）旋转流量计笼和传感器区域，工具旁边陈列的是叶轮叶片

21-A.2 参考文献（略）

美国内政部垦务局关于翻译出版《填筑坝》的许可函

Re: [EXTERNAL] FW: Letter to Bureau of Reclamation

Medina, Angela

收件人：chincold-en@vip.126.com

抄送：Thomas Luebke；Annette Vigil

Dr. Zheng,

Thank you for your inquiry to USSD and the Bureau of Reclamation, Technical Service Center, regarding permission to translate *Embankment Dams Design Standards No. 13*.

Reclamation publications are not copyrighted. You may use the material and translate but we ask that you provide credit to the "Bureau of Reclamation" and include "Any discrepancies or inaccuracies in translation are not the responsibility of the Bureau of Reclamation."

I wish you well with your project.

Kind Regards,
Angela

Angela M. Medina |Senior International Affairs Specialist |Bureau of Reclamation| Denver, CO| Phone 303-445-2139 | Cell 303-478-8034 | Fax 303-478-8034 |

附：中国大坝工程学会向美国内政部垦务局征询翻译出版《填筑坝》的信函

中国大坝工程学会向美国内政部垦务局征询翻译出版《填筑坝》的信函

中国大坝工程学会

Chinese National Committee on Large Dams

CHINCOLD

To: Bureau of Reclamation
Cc: Sharon Powers
Secretary General of U.S. Society on Dams
From: Dr. Jia Jinsheng
Vice president and Secretary General of CHINCOLD
Hon. President of ICOLD

Subject: Request about "Embankment Dams" (Design Standards No.13)

To Whom It May Concern,

The China Renewable Energy Engineering Institute (CREEI), one member of CHINCOLD, is willing to translate one Reclamation standard "Embankment Dams"(Design Standards No.13) and publish it in Chinese version, and would like to get the authorization to do so.

The Reclamation Design Standards are of great value and have provided good references for hydropower projects all over the world. We noticed that Reclamation Design Standards has currently being updated since 2011. There are numerous embankment dams in china, including some high dams under construction. A lot of Chinese dam engineers are working on them. Considering most Chinese engineers are not so professional in English. We sincerely believe that the publishing of this Standard will be very helpful for Chinese dam engineers.

CREEI is a consulting institution for development of hydro, wind and solar power in China and also involves in the development management of new energy, including work related to standards. It has accumulated a lot of experience in technical standards translation and will be qualified to overtake the work. All expense related will be covered by CREEI.

Your consideration and consent will be highly appreciated.

Best Regards,

Jia Jinsheng
JIA Jinsheng